第三十三届全国水动力学研讨会论文集

Proceedings of the 33rd National Conference on Hydrodynamics

吴有生　王本龙　杨胜发　主编
EDITDRS-IN-CHIEF: WU Yousheng　WANG Benlong　YANG Shengfa

主办单位
《水动力学研究与进展》编委会
中国力学学会
中国造船工程学会
重庆交通大学

Sponsors
Journal of Hydrodynamics Editorial Board
Chinese Society of Theoretical and Applied Mechanics
Chinese Society of Naval Architecture and Marine Engineering
Chongqing Jiaotong University

海洋出版社
China Ocean Press
2022年·北京

图书在版编目(CIP)数据

第三十三届全国水动力学研讨会论文集/吴有生，王本龙，杨胜发主编. —北京：海洋出版社，2022.9
ISBN 978-7-5210-1006-0

Ⅰ.①第… Ⅱ.①吴…②王…③杨… Ⅲ.①水动力学-学术会议-文集 Ⅳ.①TV131.2-53

中国版本图书馆CIP数据核字(2022)第178036号

策划编辑：方　菁
责任编辑：杨传霞
责任印制：安　淼

海洋出版社　出版发行

http://www.oceanpress.com.cn
北京市海淀区大慧寺路8号　邮编：100081
上海商务联西印刷有限公司印刷　新华书店北京发行所经销
2022年10月第1版　2022年10月第1次印刷
开本：787 mm×1092 mm　1/16　印张：76.75
字数：1800千字　定价：280.00元
发行部：010-62100090　邮购部：010-62100072　总编室：010-62100034
海洋版图书印、装错误可随时退换

第三十三届全国水动力学研讨会论文集

编辑委员会

主 任 委 员：吴有生

副主任委员：王本龙　杨胜发

委　　　员：(以姓氏笔画为序)

　　　　　　马　峥　卢东强　孙　奕　刘　桦　周连第

　　　　　　戴世强

主　　　编：吴有生　王本龙　杨胜发

执 行 主 编：周连第

执行副主编：马　峥

第三十三届全国水动力学研讨会论文集

承 办 单 位

中国力学学会流体力学专委会水动力学专业组
上海中船编印社有限公司
中国造船工程学会船舶力学学术委员会
重庆交通大学河海学院

目　　录

大会报告

水力机械旋转分离流动工程计算方法及控制策略
Investigation on engineering computation method and control strategy of rotating separation flows in hydraulic machinery
　　王超越，王福军，赵浩儒，王昊，姚志峰，肖若富
　　WANG Chao-yue, WANG Fu-jun, ZHAO Hao-ru, WANG Hao, YAO Zhi-feng, XIAO Ruo-fu . (1)

钝体流致振动的数据同化建模研究
　　史子颉，高传强，张伟伟………………………………………………………………………(11)

近自由面下空泡通气机理研究
Study on the unsteady effect of the ventilating phenomena of a cavitation bubble near free surface
　　王广航，王静竹，王一伟
　　WANG Guang-hang, WANG Jing-zhu, WANG Yi-wei……………………………………(16)

水翼非定常涡空化的高精度数值模拟研究
　　谢楠，唐雨萌，柳阳威………………………………………………………………………(20)

明渠湍流结构与颗粒运动研究进展
Research progress on turbulent structure and particle movement in open channels
　　杨胜发，胡江，付旭辉，张鹏，金健灵，王永强
　　YANG Sheng-fa, HU Jiang, FU Xu-hui, ZHANG Peng……………………………………(25)

船舶复杂流场精细化模拟与水动力噪声预报
　　万德成，于连杰，赵伟文，王建华，曹留帅，庄园………………………………………(28)

多尺度空化流建模及其在空蚀预报中的应用
　　季斌……………………………………………………………………………………………(29)

基于PIV的三维复杂流场高精度测量
　　高琪……………………………………………………………………………………………(30)

水动力学基础

基于守恒量分析的南海内孤立波相互作用研究
Numerical solution of hydrodynamic stability equation of unbounded domain flow with coordinate transform

尤翔程

YOU Xiang-cheng……………………………………………………………………………(31)

基于旋转控制的圆柱流致振动智能主动控制

Intelligent active control for flow induced vibration of a circular cylinder via self-rotation

任峰，胡海豹

REN Feng, HU Hai-bao……………………………………………………………………(37)

不规则波作用下三箱系统水动力共振问题分析

Analysis of hydrodynamic resonance of three-box system under irregular waves

魏丹丹，冉雅晴，姜胜超

WEI Dan-dan, RAN Ya-qing, JIANG Sheng-chao……………………………………………(42)

考虑气液两相间滑移的平板边界层自然转捩的数值研究

Natural transitions of flat-plate boundary layers considering the gas-liquid interphase slip

刘斌，刘建华，张永明

LIU Bin, LIU Jian-hua, ZHANG Yong-ming…………………………………………………(51)

考虑前缘区影响的超疏水表面平板边界层自然转捩的数值研究

Natural transitions of flat plate boundary layers on super hydrophobic surfaces considering the influence of the leading edge region

刘斌，张永明

LIU Bin, ZHANG Yong-ming………………………………………………………………(59)

雷诺数变化对水下回转体自然转捩的影响

Reynolds number effect on natural transition of the boundary layers for underwater axisymmetric bodies

刘竟成，刘建华，张永明

LIU Jing-cheng, LIU Jian-hua, ZHANG Yong-ming…………………………………………(66)

附属圆柱与强制旋转对圆柱流致振动的联合作用研究

The combined effect of attached cylinders and forced rotation on cylindrical flow-induced vibration

包燕旭，刘炳文，刘家睿，王坤，陈威

BAO Yan-xu, LIU Bing-wen, LIU Jia-rui, WANG Kun, CHEN Wei……………………………(73)

Von Kármán 黏性涡流的解析解

Analytic solution to the Von Kármán swirling flow

杨宇，廖世俊

YANG Yu, LIAO Shi-jun……………………………………………………………………(82)

超声速流动问题之同伦分析方法研究

Homotopy analysis method for supersonic flow problems

刘玲，李靖，廖世俊

LIU Ling, LI Jing, LIAO Shi-jun……………………………………………………………(87)

弦向环量分布对螺旋桨空泡影响的分析

Analysis of the effect of the chordwise circulation distributions on cavitation property of propeller

石碧亮

SHI Bi-liang………………………………………………………………………………(93)

基于掺气泡群对冲击波缓冲作用的掺气减蚀研究
Buffering effect of entrained air bubbles on shock waves emitted from collapsing cavitation bubbles
  夏定康，苏昆鹏，吴建华
    XIA Ding-kang, SU Kun-peng, WU Jian-hua…………………………………………………… (102)

大型框架式结构流固耦合分析
Fluid-structure coupling analysis of large frame structure
  俞俊，程小明，刘小龙，倪歆韵，蔡志文
    YU Jun, CHENG Xiao-ming, LIU Xiao-long, NI Xin-yun, CAI Zhi-wen……………………… (108)

基于仿生侧线感知的翼型外流场流速与攻角估计
Flow velocity and angle of attack estimation of a hydrofoil based on bionic lateral line sensing
  徐文华，许国冬
    XU Wen-hua, XU Guo-dong………………………………………………………………………… (117)

考虑旋涡效应的空化/湍流模型的修正与评价
Modification and evaluation of cavitation / turbulence model considering vortex effect
  洪伯杰，胡常莉
    HONG Bo-jie, HU Chang-li……………………………………………………………………… (123)

不同回转体空化噪声特性对比分析
Numerical analysis of cavitation noise characteristics of different axisymmetric body
  高健，胡常莉，周毅，程诚
    GAO Jian, HU Chang-li, ZHOU Yi, CHENG Cheng…………………………………………… (130)

基于 Liutex-shear 相互作用的流动行为分析
Flow behavior analysis based on Liutex-shear interaction
  庞碧玉，丁媛，王义乾
    PANG Bi-yu, DING Yuan, WANG Yi-qian……………………………………………………… (139)

不同外形物体小角度高速触水滑跳特性数值研究
Numerical study on the high-speed water skipping of vehicles with different shapes at small incident angle
  孙士明，郁伟
    SUN Shi-ming, YU Wei…………………………………………………………………………… (145)

水下球体垂向逼近冰板过程的水动力研究
Hydrodynamic study of the vertical approach of an underwater sphere to an ice plate
  谭浩，倪宝玉，周朔，李好纯
    TAN Hao, NI Bao-yu, ZHOU Shuo, LI Hao-chun……………………………………………… (155)

随机波背景下基于 NLSE 模型的极端波预测与分析
Prediction and analysis of rogue waves based on NLSE model under the background of random waves
  刘俊鹏，冯兴亚
    LIU Jun-peng, FENG Xing-ya…………………………………………………………………… (161)

冰间航道下浸没圆柱运动的数值模拟
Numerical simulation of submerged cylinder motion in the ice channel
  熊航，倪宝玉，曾令东
  XIONG Hang, NI Bao-yu, ZENG Ling-dong………………………………………………(167)

跌坎水跃自由面非稳定性及掺气特性研究
Free surface characteristics and aeration characteristics in hydraulic jump with an abrupt drop
  郑晓慧，刘善均，白瑞迪，宁荣福，郭艳梅，张亚芳，王浩，颜洲，王宇豪
  ZHENG Xiao-hui, LIU Shan-jun, BAI Rui-di, NING Rong-fu, GUO Yan-mei, ZHANG Ya-fang, WANG Hao, YAN Zhou, WANG Yu-hao……………………………………(176)

抛物型海脊俘获波的完整解析理论
A complete analytical investigation of trapped ocean waves along a parabolic ridge
  刘建豪，王岗，郑金海
  LIU Jian-hao, WANG Gang, ZHENG Jin-hai……………………………………………(186)

不同增长速率斜坡函数对瞬态波浪传播过程的影响研究
Study on transient waves propagation considering the influence of ramp functions with different growth rates
  陈群斌，冯兴亚
  CHEN Qun-bin, FENG Xing-ya…………………………………………………………(195)

水动力学试验与测试技术

船舶不沉性模型试验方法
Motel experiment method for unsinkability design of ships
  杨春蕾，王金宝，范佘明
  YANG Chun-lei, WANG Jin-bao, FAN She-ming……………………………………(201)

基于黏流求解的螺旋桨敞水效率优化设计及模型试验验证
Optimal design based on the viscous flow solution and model test verification for the propeller open water efficiency
  李亮，谢硕，刘登成，王琦
  LI Liang, XIE Shuo, LIU Deng-cheng, WANG Qi……………………………………(209)

操舵作用下喷水推进船的水动力试验研究
The hydrodynamics analysis of water-jet propelled ship regarding to rudder deflection
  刘小健，孟小峰，沈佳诚，范佘明
  LIU Xiao-jian, MENG Xiao-feng, SHEN Jia-cheng, FAN She-ming…………………(216)

双层流水槽中简谐波造波理论研究
Theoretical study on linear harmonic wave generation in a two-layer fluid flume
  闫雪，勾莹，滕斌
  YAN Xue, GOU Ying, TENG Bin………………………………………………………(223)

基于水池模型试验的船舶运动视景仿真系统实现方法研究

Study on implementing ship motion simulation system based on tank model test

    李震缘，魏纳新

    LI Zhen-yuan, WEI Na-xin.. (232)

绕振荡水翼空化流动实验研究

Experimental investigation of cavitating flow of a pitching hydrofoil

    张孟杰，冯付勇，黄彪，王国玉

    ZHANG Meng-jie, FENG Fu-yong, HUANG Biao, WANG Guo-yu................. (242)

基于粒子图像测速技术的斑马鱼游动机理研究

Research on swimming mechanism of zebrafish based on particle image velocimetry

    梁泽军，郭春雨，韩阳，邝云飞，徐鹏

    LIANG Ze-jun, GUO Chun-yu, HAN Yang, KUAI Yun-fei, Xu Peng................ (250)

风浪联合作用下桥面板波浪荷载试验研究

Experimental research of wave loads on bridge deck under the combination of wind and waves

    刘智超，郭安薪

    LIU Zhi-chao, GUO An-xin.. (257)

规则波作用下悬浮隧道节段缩尺模型水动力实验研究

Hydrodynamic experimental study on segmental scaled model of submerged floating tunnel under regular wave

    袁修文，郭安薪

    YUAN Xiu-wen, GUO An-xin.. (264)

近矩形凹槽空化泡动力学行为实验研究

Experimental study on dynamic behaviors of cavitation bubbles near a rectangular groove

    曾卿丰，曾添宝，黄勇浩，何志博，郑智颖，王璐，李惠

    ZENG Qing-feng, ZENG Tian-bao, HUANG Yong-hao, HE Zhi-bo, ZHENG Zhi-ying, WANG Lu, LI Hui (273)

循环水槽扩散段设计及流场数值评估研究

The design and fluid field simulation of tunnel-circulating water channel

    翟树成，彭晓星，樊晓冰，洪方文

    HAI Shu-cheng, PENG Xiao-xing, FAN Xiao-bing, HONG Fang-wen............... (281)

多环境因素下网衣水动力特性试验研究

Experimental study on hydrodynamic characteristics of fishing net under multiple environmental factors

    范亚丽，匡晓峰，辜坚，赵战华

    FAN Ya-li, KUANG Xiao-feng, GU Jian, ZHAO Zhan-hua............................... (288)

中长周期波作用下防波堤施工推填断面稳定性试验研究

Experimental study on stability of breakwater construction section under medium and long period wave

    关博文，马玉祥，赵刘群，马小舟

    GUAN Bo-wen, MA Yu-xiang, ZHAO Liu-qun, MA Xiao-zhou......................... (296)

卷破波比尺效应的实验研究
Experimental study on scale effects of plunging waves
  台兵，马玉祥，董国海，张永辉
  TAI Bing, MA Yu-xiang, DONG Guo-hai, ZHANG Yong-hui……………...…………… (305)

一种准二维的流体实验装置
A quasi-two-dimensional apparatus for fluid experiments
  陈兴，孙姝悦，田新亮，刘磊
  CHEN Xing, SUN Shu-yue, TIAN Xin-liang, LIU lei……...…………...…………… (311)

波浪水池消波装置反射系数试验研究
Experimental study on reflection coefficient of wave absorber for wave basin
  兰波，喻太君，湛俊华，胡定健
  LAN Bo, YU Tai-jun, ZHAN Jun-hua, HU Ding-jian……...…………...…………… (322)

锚泊辅助动力定位平台运动性能试验研究
Experimental research on assisted dynamic positioning of a moored semi-submersible platform
  刘长德，张隆辉，胡定健，范亚丽
  LIU Chang-de, ZHANG Long-hui, HU Ding-jian, FAN Ya-li…….…...…………… (328)

水下高速外流减摩阻功效测试方案设计与验证
Design and verification of the skin friction reduction test scheme for underwater high-speed external flow
  孙海浪，徐良浩，陈默，李永成，潘子英，张华，朱爱军
  SUN Hai-lang, XU Liang-hao, CHEN Mo, LI Yong-cheng, PAN Zi-ying, ZHANG Hua, ZHU Ai-jun. (336)

截锥型弹体小角度入水空泡及冲击载荷特性实验研究
Experimental study on the cavity dynamics and impact load of the shallow angle water entry of the truncated-cone projectile
  隋宇彤，李帅，明付仁
  SUI Yu-Tong, LI Shuai, MING Fu-Ren…….………...…………...…...…………… (344)

突变水深下波浪非线性传播和陷波现象的数值模拟与试验研究
Numerical and experimental study of trapped waves propagation over a submerged step
  吴倩，冯兴亚，董优
  WU Qian, FENG Xing-ya, DONG You…….……...…………...…...…………… (354)

基于自适应 PIV 算法的气泡尾流实验观测
Experimental observation of bubble wake based on an adaptive PIV algorithm
  叶鑫玮，牛小静
  YE Xin-wei, NIU Xiao-jing………...……………...…...…………… (360)

浮式风机半实物模型试验方法：系统开发及初步验证
Hybrid model test method for floating wind turbine: System development and preliminary verification
  江志昊，温斌荣，陈刚，魏汉迪，田新亮，董晔弘
  JIANG Zhi-hao, WEN Bin-rong, CHEN Gang, WEI Han-di, TIAN Xin-liang, DONG Ye-hong. (368)

圆管水跃紊动掺气特性的初步实验研究
Preliminary experimental study on turbulence and air entrainment characteristics of hydraulic jumps in a circular pipe
　　刘芸，倪诚阳，王航
　　　LIU Yun, NI Cheng-yang, WANG Hang……………………………………………… (382)

楔形云空化形成及演化过程的实验研究
Experimental study on the formation and evolution of cloud cavitation over a wedge
　　周泽才，程新生，张凌新，邵雪明
　　　ZHOU Ze-cai, CHENG Xin-shang, ZHANG Ling-xin, SHAO Xue-ming………………… (392)

计算流体力学

船舶推进器在水-淤泥两相流中的水动力特性数值研究
Numerical study on hydrodynamic characteristics of ship propeller in water-muddy two-phase flow
　　李浩然，冀楠，胡茂林，罗意，万德成
　　　LI Hao-ran, JI Nan, HU Mao-lin, LUO Yi, WAN De-cheng………………………… (398)

船舶浅水阻力计算及尺度效应研究
Calculation of resistance and study on scale effect of a ship advancing through restricted waters
　　马忠鑫，冀楠，罗意，胡茂林，万德成
　　　MA Zhong-xin, JI Nan, LUO Yi, HU Mao-lin, WAN De-cheng………………………… (408)

基于PINN方法的浅水方程数值模拟研究
Numerical study of shallow water equations based on the PINN method
　　孙岸竹，孙泽，丁军，周叶
　　　SUN An-zhu, SUN Ze, DING Jun, ZHOU Ye………………………………………… (416)

低雷诺数下带有固定式分隔板的弹性支撑圆柱流致振动特性数值模拟研究
Numerical investigation into the flow induced vibration of an elastically mounted circular cylinder with a fixed splitter plate at a low Reynolds number
　　赵思涵，王恩浩
　　　ZHAO Si-han, WANG En-hao………………………………………………………… (421)

亚临界雷诺数下刚性连接并列双圆柱流致振动数值模拟研究
Numerical study on flow-induced vibrations of two rigidly coupled circular cylinders in side-by-side arrangements at a subcritical Reynolds number
　　余志鹏，王恩浩
　　　YU Zhi-peng, WANG En-hao…………………………………………………………… (429)

基于螺旋度修正PANS模型的三维水翼空化流动模拟
3D hydrofoil cavitation flow simulation based on helicity modified PANS model
　　耿晨，刘德民，罗先武
　　　GENG Chen, LIU De-min, LUO Xian-wu……………………………………………… (435)

基于 PINN/HFM 的神经网络在圆柱绕流模拟中的应用
The application of PINN/HFM in the simulation of flow around a circular cylinder
　　闫铃娟，强以铭，吴天祺，褚学森
　　YAN Ling-juan, QIANG Yi-ming, WU Tian-qi, CHU Xue-sen……..……......................... (447)

孤立波与海岸结构物相互作用的 SPH 模拟研究
SPH simulation of interaction between solitary wave and coastal structures
　　蔡国朕，魏昭恒，赵西增，罗敏
　　CAI Guo-zhen, WEI Zhao-heng, ZHAO Xi-zeng, LUO Min……..……...................... (452)

波浪流经柔性细杆群衰减规律的数值研究
Numerical study on attenuation law of wave flowing through flexible thin rod groups
　　金彩平，张景新
　　JIN Cai-ping, ZHANG Jing-xin……..……... (459)

基于涡定义的大涡模拟亚格子模型
Subgrid model of Large Eddy Simulation based on vortex definition
　　丁媛，庞碧玉，王义乾
　　DING Yuan, PANG Bi-yu, WANG Yi-Qian……..……... (467)

基于广义有限差分法的两类数值水槽及其动力特性模拟
Simulation of dynamic characteristics in two numerical flumes based on generalized finite difference method
　　傅卓佳，李兰兰，曾维鸿
　　FU Zhuo-jia, LI Lan-lan, ZENG Wei-hong.……..……... (470)

尾流干涉作用下柔性圆柱结构流激振动数值模拟研究
Numerical study of flow-induced vibrations of long flexible cylinder under wake interference effect
　　林柯，王嘉松，范迪夏
　　LIN Ke, WANG Jia-song, FAN Di-xia……..……... (476)

基于机器学习方法的波浪预测分析
A machine learning model for wave prediction based on support vector machine
　　刘强，冯兴亚
　　LIU Qiang, FENG Xing-ya……..……... (486)

基于 LBM 湍流大涡模拟壁面边界处理方法研究
Research on turbulent near-wall region boundary treatment methods with large-eddy simulation based on the Lattice Boltzmann method
　　杨旭，丁鹏
　　YANG Xu, DING Peng……..……... (492)

基于直角网格方法的风浪流长时历演化数值模拟
Numerical simulation of wind wave current evolution
　　柴冰，刘成
　　CHAI Bing, LIU Cheng……..…….. (502)

数值模拟交错布置形式下不等直径双圆柱绕流现象
Numerical simulation of flow around two unequal diameter cylinders in staggered arrangement
  季孟洁，雷林，石伏龙
  JI Meng-jie, LEI Lin, SHI Fu-long…….…………......…………. (508)

通过主动造波消波边界条件方式数值求解波浪与圆柱相互作用问题
Numerical simulations of the interaction between waves and cylinders by generating-absorbing boundary conditions
  霍帅文，赵伟文，万德成
  HUO Shuai-wen, ZHAO Wei-wen, WAN De-cheng…….…………......…………. (519)

基于 CFD 方法预报 REGAL 船的阻力和精细化流场
CFD prediction of the resistance and fine flow field of REGAL ship
  邵聿明，王建华，万德成
  SHAO Yu-ming, WANG Jian-hua, WAN De-cheng.......…………......…………. (532)

仿鸮前缘突节风机叶片气动流场数值模拟
Numerical simulations of areodynamic flow field of bionic blade with a convex leading edge by owl wing
  薛瑛杰，赵伟文，万德成
  XUE Ying-jie, ZHAO Wei-wen, WAN De-cheng…….…………......…………. (542)

基于 WinFm-SJTU 的 Horns Rev 风场尾流快速预报
Numerical simulations of vortex-induced vibration of three risers in tandem arrangemnet
  王魁，王尼娜，万德成
  WANG Kui, WANG Ni-na, WAN De-cheng…….…………......…………. (553)

基于 MPS-DEM 方法数值分析不同浓度下固体颗粒对水平管道混输运动的影响
Numerical analysis of the influence of concentration of solid particles on the characteristics of horizontal pipe transportation based on MPS-DEM method
  李仁祥，潘宣景，万德成
  LI Ren-xiang, PAN Xuan-jing, WAN De-cheng…….…………......…………. (562)

MPS 方法模拟单气泡上升与悬浮过程
Numerical simulation of a single bubble rising and suspended on water surface by MPS method
  管祥善，查若思，万德成
  GUAN Xiang-shan, ZHA Ruo-si, WAN De-cheng…….…………......…………. (571)

基于深度强化学习的波浪中船舶航向 PID 控制器参数智能匹配研究
Research on intelligent matching of ship course PID controller parameters in waves based on deep reinforcement learning
  刘义，马翔，赖鹏宇，汤雅敏，徐辉，张伟
  LIU Yi, MA Xiang, LAI Peng-yu, XU Hui, ZHANG Wei, TANG Ya-min………………. (581)

用 CFD-FEM 方法数值模拟带弹性障碍物溃坝流动
Numerical simulation of dam break flow with elastic barriers based on CFD-FEM method
  贺帆，王建华，万德成
  HE Fan, WANG Jian-hua, WAN De-cheng …….…………......…………. (589)

基于虚实结合的波浪环境下船舶操纵运动机器学习建模研究
Machine learning for ship maneuvering in wave
  刘义，黄文斌，马翔，张伟
  LIU Yi, HUANG Wen-bin, MA Xiang, ZHANG Wei………………......…………(597)

工业流体力学

液态 CO_2 射流与水射流相变特征对比分析
Comparative analysis of phase change characteristics of liquid CO_2 jet and water jet
  何林漪，付旭辉，罗媛媛，朱海彬
  HE Lin-yi, FU Xu-hui, LUO Yuan-yuan, ZHU Hai-bin………………......…………(604)

气体泄漏对海管水动力特性的影响分析
Effect of gas leakage on the hydrodynamic characteristics of flow around a free span pipeline
  朱红钧，胡洁
  ZHU Hong-jun, HU Jie………………………......………......…………(614)

可拉伸气囊结构在水中的静力特性
Static performance of stretchable airbag structures in calm water
  柏玉，勾莹，滕斌
  BAI Yu, GOU Ying, TENG Bin………..…………………………......…………(622)

内流场持气率对提升管道耦合振动影响的数值模拟
Numerical simulation of influence of gas holdup of internal flow field on coupling vibration of lifting pipeline
  张华宇，陈圣涛
  ZHANG Hua-yu, CHEN Sheng-tao………..…………………………….………(634)

神经网络方法在致密油藏渗流模型中的应用
Application of neural network method in tight reservoir seepage model
  丁荷颖，宋付权，汪勇，孙业恒
  DING He-ying, SONG Fu-quan, WANG Yong, SUN Ye-heng………..……..………(640)

异步数据准确回归对流换热准则式的方法
Accuracy convective correlation regression with asynchronous experimental data
  冷学礼，王美霞，田茂诚，张冠敏
  LENG Xue-li, WANG Mei-xia, TIAN Mao-cheng, ZHANG Guan-min……...………(646)

旋流器内油水两相流动机理研究
Study on oil-water flow mechanism in cyclone separator
  罗炼，陈瑶瑶，李斌，杨乐乐
  LUO Lian, CHEN Yao-yao, LI Bin, YANG Le-le………..…………………………(653)

反导叶分流叶片对水泵水轮机导叶-反导叶干涉的影响规律
The effect of return channel with splitter vane on inner flow in pump-turbine
    台格园，王文杰，裴吉，张晨滢，孙菊
    TAI Ge-yuan, WANG Wen-jie, PEI Ji, ZHANG Chen-ying, SUN Ju……………..…………… (660)

基于致动线模型对潮流能水轮机的尾迹特性研究
Wake characteristics analysis of tidal turbines using actuator line model
    赵梦晌，吴晓笛，万德成
    ZHAO Meng-shang, WU Xiao-di, WAN De-cheng…………………….......…………… (668)

船舶与海洋工程水动力学

叶梢倾角对船舶螺旋桨性能的影响研究
Research on the influence of blade tip inclination on the performance of marine propellers
    朱文才
    ZHU Wen-cai…….....……………………………………………………….......…………… (678)

规则斜浪中船舶多自由度运动与波浪增阻数值计算研究
Numerical solution of motion responses and added resistance of ships advancing in regular oblique waves
    杨云涛
    YANG Yun-tao…….....……………………………………………………….......…………… (684)

内倾船首柱倾角对运动和载荷的影响研究
Research on the effect of bowsprit inclination angle on motion and load of inwardly inclined ship
    周辉，胡开业，毛丽君，廖康平
    ZHOU Hui, HU Kai-ye, MAO Li-jun, LIAO Kang-ping……..………….......…………… (691)

倾斜布置柔性管涡激振动响应与 IP 准则适用性评价研究
Research on vortex-induced vibration Response and Applicability Evaluation of IP principle for flexible cylinder with yaw angles
    朱红钧，张旭，赵宏磊
    ZHU Hong-Jun, ZHANG Xu, ZHAO Hong-Lei……..………….......…………………… (701)

横浪中船舶横向运动黏性水动力数值研究
Research on viscous hydrodynamics of ship's horizontal motion in transverse waves
    张杰杰，马翔，刘义，张伟，夏召丹，范佘明
    ZHANG Jie-Jie, MA Xiang, LIU Yi, ZHANG Wei, XIA Zhao-Dan, FAN She-Ming……… (709)

阻塞效应对近岸船舶自航性能的影响研究
Study on the influence of blockage-effect on the self-propulsion performance of nearshore ships
    钱志鹏，冀楠，罗意，胡茂林，万德成
    QIAN Zhi-Peng, JI Nan, LUO Yi, HU Mao-lin, WAN De-cheng…………......………… (720)

波浪作用下带横摇运动并联双箱间窄缝水体共振问题研究
Numerical study of gap resonance coupling with rolling motions of two side-by-side boxes under wave action
    刘浩，姜胜超
    LIU Hao, JIANG Sheng-chao……………………………………………...…………… (731)

完全非线性波浪与二维有吃水大型漂浮弹性板相互作用的数值模拟
Numerical simulation of interaction between fully nonlinear waves and a 2D large floating elastic plate with draft
    梁爽，滕斌，勾莹
    LIANG Shuang, TENG Bin, GOU Ying……………………………………..………… (739)

全海深载人潜水器水面拖航作业偏荡运动影响因素研究
Study on interfering factor of slewing during towing operation for full ocean depth submersible
    张凤伟，倪阳，湛俊华，潘子英
    ZHANG Feng-wei, NI Yang, ZHAN Jun-hua, PAN Zi-ying….......………...…………… (745)

基于间接时域法的甲板上浪及对船舶运动性能影响研究
Study on green water and its influence on ship motion performance based on indirect time domain method
    田浩枫，朱仁传
    TIAN Hao-feng, ZHU Ren-chuan………………………………..………...…………… (753)

船舶螺旋桨模型表面流动形态分析
Analysis of flow pattern on the blades of marine propeller model
    洪方文，郑巢生，翟树成，陆芳
    HONG Fang-wen, ZHENG Chao-sheng, ZHAI Shu-cheng, LU Fang…….....………… (759)

内河船舶舵力特性研究
Study on the rudder hydrodynamic performance of inland navigation vessel
    师超，韩阳，邱耿耀
    SHI Chao, HAN Yang, QIU Geng-yao……………………….......…………….……… (770)

海洋结构分析通用软件 SAM 研发及其在典型工程中的应用
The development of Structure Analysis of Marine Structures and its application in typical projects
    李敏，丁军，王墨伟，严伟，孙晓颖
    LI Min, DING Jun, WANG Mo-wei, YAN Wei, SUN Xiao-ying…………...………… (776)

泵喷推进器水动力性能及尺度效应数值研究
Numerical study on hydrodynamic performance and scale effect of pump-jet propulsor
    杨春，郭春雨，孙聪，王超，岳启辉
    YANG Chun, GUO Chun-yu, SUN Cong, WANG Chao, YUE Qi-hui ………………… (791)

基于液面监测数据的非圆柱体波浪荷载识别方法
Wave load identification for noncircular cylinders based on wave elevation data
    刘嘉斌
    LIU Jia-bin………………………………………………………….......………………… (801)

冰缘区船舶辐射与绕射水动力特性研究
Hydrodynamic force on a ship floating near the marginal ice zone
   李志富，石玉云
   LI Zhi-fu, SHI Yu-yun……………………………………………………………… (805)

载人潜水器VR系统航行运动仿真技术研究
Research on diving and motioning technologies for VR system of Human Occupied Vehicle
   赵鑫，金建海，田志峰，钱卫东
   ZHAO Xin, JIN jian-hai, TIAN Zhi-feng, QIAN Wei-dong………………………… (811)

基于量子粒子群优化算法的螺旋桨设计优化方法研究
Research of propeller design optimization method based on quantum particle swarm optimization algorithm
   金建海，华隽杰，强以铭，李超，孙俊
   JIN Jian-hai, HUA Jun-jie, QIANG Yi-ming, LI Chao, SUN Jun…………………… (823)

船型参数对骑浪/横甩薄弱性衡准的敏感性分析
Sensitivity analysis of ship form parameters on the vulnerability criteria for surf-riding and broaching
   储纪龙，黄苗苗，曾柯，王田华，卜淑霞
   CHU Ji-long, HUANG Miao-miao, ZENG Ke, WANG Tian-hua, BU Shu-xia……… (830)

基于空化特征的实船机动状态支架臂进流有效攻角评估方法
A proposed method to evaluate the effective angle of full scale shaft bracket under manoeuvring state
   曹彦涛，徐良浩，彭晓星
   CAO Yan-tao, XU Liang-hao, PENG Xiao-xing…………………………………… (837)

浮冰区波浪传播理论分析方法与响应特性研究
Fast numerical solution of wave propagation in marginal ice zone
   石玉云，李志富
   SHI Yu-yun, LI Zhi-fu……………………………………………………………… (843)

载人潜水器水平面航行仿真研究
Research on Simulation of horizontal navigation motion of manned submersible
   李德军，张伟，何巍巍，沈丹，杨申申，谢飞
   LI De-jun, ZHANG Wei, HE Wei-wei, SHEN Dan, YANG Shen-shen……………… (848)

岛礁环境条件下浮式栈桥运动特性研究
Research on the motion properties of floating trestle bridge near the islands and reefs
   苗玉基，陈徐均，叶永林，蔡志文，计淞
   MIAO Yu-ji, CHEN Xu-jun, YE Yong-lin, CAI Zhi-wen, JI Song………………… (853)

内孤立波作用下水下航行体控制方法及其效果研究
Study on the control method of underwater vehicle under the action of internal solitary waves and its effect
   程路，杜鹏，张淼，汪超，李卓越，胡海豹，陈效鹏
   CHENG Lu, DU Peng, ZHANG Miao, WANG Chao, LI Zhuo-yue, HU Hai-bao,
   CHEN Xiao-peng……………………………………………………………………(861)

内孤立波作用下水下航行器运动响应特性试验研究
Experimental study on motion response characteristics of underwater vehicle under the action of internal solitary waves

  高德宝，苏博越，姚志崇，张军，樊晓冰，周根水

  GAO De-bao, SUBo-yue, YAOZhi-chong, ZHANGJun, FANXiao-bing, ZHOU Gen-shui. (867)

中型邮轮耐波性与波浪增阻特性研究
Research on seakeeping performance and added resistance characteristics of medium-sized cruise ship

  张宏绪，张志恒，张新曙，鲁江，汪学锋

  ZHANG Hong-xu, ZHANG Zhi-heng, ZHANG Xin-shu, LU Jiang, WANG Xue-feng .... (876)

基于神经网络的船舶剖面参数化建模与辐射水动力系数预测
The parametric modeling of ship profiles and prediction of radiation hydrodynamic coefficients using neural network

  尚凡成，孔繁钰，朱仁传

  SHANG Fan-cheng, KONG Fan-yu, ZHU Ren-chuan………………………………… (889)

基于 LSTM 的船舶波浪中实时运动预报
Real-time motion prediction of a ship advancing in waves based on LSTM

  何国联，姚朝帮，孙小帅，董国华

  HE Guo-lian, YAO Chao-bang, SUN Xiao-shuai, DONG Guo-hua………..………… (898)

动力定位能力评估方法对比分析研究
Comparative analysis of dynamic position capability calculation

  刘正锋，张隆辉，滕延斌，魏纳新

  LIU Zheng-feng, ZHANG Long-hui, TENG Yan-bin, WEI Na-xin……………..…… (910)

基于深度学习的水下航行体对内孤立波的实时水动力感知
Real time hydrodynamic perception of underwater vehicle to internal solitary waves based on deep learning

  张淼，杜鹏，程路，汪超，李卓越，胡海豹，陈效鹏

  ZHANG Miao, DU Peng, CHENG Lu, WANG Chao, LI Zhuo-yue, HU Hai-bao,

  CHEN Xiao-peng……………………………………………………………......……… (918)

旅游平台水弹性响应分析
Hydroelastic analysis of the tourism platform

  王琦彬，丁军，倪歆韵，程小明，张欣玉，吴有生，何春荣

  WANG Qi-bin, DING Jun, NI Xin-yun, CHENG Xiao-ming, ZHANG Xin-yu, WU You-sheng,

  HE Chun-rong………………………………………………………………......……… (923)

旁靠多浮体系统水动力性能研究
Hydrodynamic analysis of side-by-side multi-body floating system

  陈天文，范菊

  CHEN Tian-wen, FAN Ju……………………… …..………………………...……… (930)

破口参数对破损船舶进水过程的影响
Investigation on the effect of damage openings on the flooding process of a damaged ship
　　卜淑霞，郝寨柳，张培杰，顾民
　　BU Shu-xia, HAO Zhai-liu, ZHANG Pei-jie, GU Min.. (941)

月池流体共振的数值分析
Numerical analysis of the moonpool fluid resonance
　　兰俊杰，姜胜超
　　LAN Jun-jie, JIANG Sheng-chao.. (950)

风电运维船动力定位与运动补偿舷梯协同作业技术研究
Research on cooperative operation of dynamic positioning and motion compensation gangway of service operation vessel
　　孙强，张震
　　SUN Qiang, ZHANG Zhen.. (958)

面向浮式风力机组混合模型试验的多通道载荷复现器设计与性能测试
Design and performance test of multi-channel aerodynamic loading simulator for hybrid model test of floating offshore wind turbines
　　梁泽浩，田新亮，温斌荣，彭志科，李欣，武广兴
　　LIANG Ze-hao, TIAN Xin-liang, WEN Bin-rong, PENG Zhi-ke, LI Xin, WU Guang-xin. (967)

风浪联合作用下浮式风力机整体耦合流场的数值模拟
Numerical simulation of the coupled flow field of floating wind turbine under combined wind and wave action
　　陈斯麒，赵伟文，万德成
　　CHEN Si-qi, ZHAO Wei-wen, WAN De-cheng... (977)

规则波下中型邮轮运动响应及砰击载荷的 CFD 数值预报
Numerical prediction of the motion response and slamming load of a medium-sized cruise ship under regular waves based on CFD
　　王澳，王建华，万德成
　　WANG Ao, WANG Jian-hua, WAN De-cheng... (987)

深水缓波形立管非线性动力响应数值研究
Numerical study on nonlinear dynamic response of steel lazy wave riser in deep water
　　吴颖，范菊
　　WU Ying, FAN Ju.. (997)

船体首部舷外结构入水砰击数值模拟研究
Numerical simulation of water entry slamming problem of the hull gangway structure
　　杨淮国，孙树政，方昭昭
　　YANG Huai-guo, SUN Shu-zheng, FANG Zhao-zhao... (1007)

台风过境全过程半潜式平台波浪砰击荷载研究
Study on wave slamming load of semi-submersible platform during typhoon transit
　　朱庭瑞，柯世堂，李文杰，陈静，员亦雯，任贺贺
　　ZHU Ting-rui, KE Shi-tang, LI Wen-jie, CHEN Jing, YUN Yi-wen, REN He-he........... (1016)

船舶最小推进功率新旧导则评估方法研究
Study on evaluation method of guidelines for minimum propulsion power of ships
　　王艳霞，郑安燃，宗涛
　　WANG Yan-xia, ZHENG An-ran, ZONG Tao... (1023)

准零刚度浮式防波堤消波性能研究
Analytical investigation on wave attenuation performance of a floating breakwater with quasi-zero stiffness
  金华清，张海成，徐道临
  JIN Hua-qing, ZHANG Hai-cheng, XU Dao-lin .... (1030)

从"海洋立管涡激振动数字孪生"看"流体智能与信息化"
DigiMaR: Digital twin modeling for marine riser flow-induced vibration
  范迪夏
  FAN Di-xia.. (1045)

海岸环境与水利水电和河流动力学

陡坡阶梯溢洪道预掺气研究
Study on pre-aeration of stepped spillways with steep slopes
  马飞，吴建华，刘进
  MA Fei, WU Jian-hua, LIU Jin.. (1047)

拦沙坝影响下山洪沟水沙动力学过程数值模拟研究
Numerical investigations on the flash flood process in Xihe gully with a sediment storage dam
  翟静静，杨青远，王协康
  ZHAI Jing-jing, YANG Qing-yuan, WANG Xie-kang .... (1054)

西沙不同岛礁波浪环境特征分析
Uncertainties in extreme wave analysis
  孙泽，丁军，孙岸竹
  SUN Ze, DING Jun, SUN An-zhu.. (1063)

实尺度船舶驶经丁坝水动力特性及尺度效应研究
Hydrodynamic characteristics of full-scale ship passing through spur dike and scale effect study
  黄浩东，冀楠，胡茂林，罗意，万德成
  HUANG Hao-dong, JI Nan, HU Mao-lin, LUO Yi, WAN De-cheng............... (1068)

西沙海域极端风速预报与分析
Prediction and analysis of extreme wind speed in Xisha Islands
  周叶，孙泽，丁军，孙岸竹
  ZHOU Ye, SUN Ze, DING Jun, SUN An-zhu.. (1077)

江西省靖安县"7.21"旅游景区山洪灾害成因及风险分析
Flash flood disasters, risk analysis in mountainous tourist attractions: the case study of Lvyang cave Area, Jiangxi Province
  王协康，雷声，王小笑，杨坡
  WANG Xie-kang, LEI Sheng, WANG Xiao-xiao, YANG Po............................. (1083)

汤加火山爆发中气压扰动诱发太平洋沿岸海啸的机制分析
Analysis of pressure disturbance induced tsunami along the Pacific coast in the volcanic eruption of Tonga
  周裕成，牛小静，赵广生，叶鑫玮
  ZHOU Yu-cheng, NIU Xiao-jing, ZHAO Guang-sheng, YE Xin-wei............... (1090)

基于探地雷达的白沙河入汇岷江交汇段边滩演变特征探究
Study on channel evolution of river confluence zone between Baisha River and Minjiang River using GPR method
  陈豪爽，许泽星，王协康
  CHEN Hao-shuang, XU Ze-xing, WANG Xie-kang.............................. (1102)

广东省核电站周边海域海啸风险评估
Tsunami hazard assessment in the sea area around nuclear power plant of Guangdong Province
  高星宇，牛小静
  GAO Xing-yu, NIU Xiao-jing.. (1108)

琴键堰工程应用初步设计方法与水力优化建议
Preliminary design method and hydraulic optimization suggestions for Piano Key weir project
  李珊珊，李国栋，沈桂莹，郭利豪，姜铎
  LI Shan-shan, LI Guo-dong, SHEN Gui-ying, GUO Li-hao, JIANG Duo............. (1115)

湿地植被对辽河口海域水动力环境的影响研究
Effect of wetland vegetation on hydrodynamic environment in Liaohe Estuary
  代晓瞳，马玉祥，艾丛芳，孙家文
  DAI Xiao-tong, MA Yu-xiang, AI Cong-fang, SUN Jia-wen....................... (1128)

海南岛历史风暴潮模拟和灾害风险评估
Simulation of historical storm surge and hazard assessment in Hainan Island
  赵广生，牛小静
  ZHAO Guang-sheng, NIU Xiao-jing.. (1136)

漂浮植被沿程流速纵向分布计算模型
An analytical model for the longitudinal distribution of the streamwise velocity along the open channel with suspended canopies
  桂子钦，孙思晨，刘超，单钰淇，刘兴年
  GUI Zi-qin, SUN Si-chen, LIU Chao, SHAN Yu-qi, LIU Xing-nian.................. (1144)

真实形态植被群落内近底区流速和紊动能分布解析模型
An analytical model for the distribution of longitudinal velocity and turbulent kinetic energy in the open channel with a real-shape vegetation patch
  孙思晨，桂子钦，严春浩，单钰淇，刘超，刘兴年
  SUN Si-chen, GUI Zi-qin, YAN Chun-hao, SHAN Yu-qi, LIU Chao, LIU Xing-nian..... (1154)

孤立波与沉水植物相互作用的三维数值模拟研究
3-D numerical simulation of interaction between solitary waves and submerged vegetation
  张宸浩，张明亮
  ZHANG Chen-hao, ZHANG Ming-liang .... (1162)

台风-海啸耦合作用下海啸波波高演变特性
Characteristics of tsunami wave height evolution under typhoon-tsunami wave coupling
　　蔡青格，柯世堂，刘凌峰
　　CAI Qing-ge, KE Shi-tang, LIU Ling-feng.. (1174)

生物污染网衣流场特性研究
Study on flow field characteristics of hydroid-fouled net
　　龚方玉，李鹏，秦洪德，于松辰
　　GONG Fang-yu, LI Peng, QIN Hong-de, YU Song-chen .... (1180)

基于数学模型和多目标优化的雨水调蓄池设计研究
Design of stormwater detention tank based on mathematical model and multi-objective optimization
　　王静怡，尹海龙
　　WANG Jing-yi, YIN Hai-long .... (1192)

基于集成学习的海表流预测研究
Forecasting of sea surface currents using integration learning algorithms
　　任磊，杨凌娜，王和旭，韦骏
　　REN Lei, YANG Ling-na, WANG He-xu, WEI Jun .... (1199)

水力机械旋转分离流动工程计算方法及控制策略

王超越[1]，王福军[1,2*]，赵浩儒[3]，王昊[1]，姚志峰[1,2]，肖若富[1,2]

（1. 中国农业大学水利与土木工程学院，北京 100083, Email: wangfj@cau.edu.cn;
2. 北京市供水管网系统安全与节能工程技术研究中心，北京 100083;
3. 清华大学能源与动力工程系，北京 100084）

摘要： 水力机械内的旋转分离流动表现为强旋转、大曲率、多壁面等诱导的流动分离及复杂湍涡结构，如何对此开展高效工程计算并提出有效控制策略是水力机械内流领域的重要课题。针对这一工程需求，详细分析了水力机械旋转分离流动的特点，发展了时间尺度驱动的混合 URANS/LES 模型，避免了常规 URANS/LES 模型因与网格空间尺度显式相关而难以保证单调网格收敛的问题。在此基础上，提出了叶片载荷分布与叶轮域固有二次流之间的关系，提出了更具普适意义的叶片加载策略，形成了一种广义交替加载技术，为旋转分离流动控制提供了理论依据。

关键词： 旋转分离流动；水力机械；工程计算；湍流模型；流动控制；叶片载荷

1 引言

水力机械是水利、海洋和能源领域广泛使用的能量转换设备，如水泵、水轮机和螺旋桨等。水力机械叶轮流道呈强旋转、大曲率、多壁面的特点，相应的内部流动则表现出旋转效应突出、流线曲率大、逆压梯度高等特征[1]，因而容易诱发旋转分离流动，如叶片脱流、旋转失速、喘振等不稳定现象，严重威胁水力机械及系统的安全稳定运行。水力机械内旋转分离流动的特殊性在于旋转与曲率效应诱导的流动分离及复杂涡旋结构，如何对此开展高效工程计算并提出有效控制策略，是水力机械内流研究的重要课题。

对于旋转分离流动的工程计算，目前混合 URANS/LES 模型得到了较为广泛应用，其原因在于该模式结合了结合 URANS 方法的低成本优势与 LES 方法的高精度优势。混合 URANS/LES 模型是尺度化解析思想的直接体现，目前典型混合 URANS/LES 模型包括 DES 类模型、VLES 模型、FBM 模型、PANS 模型、SAS 模型等[2-3]。然而，这些混合 URANS/LES

基金项目：国家自然科学基金(51836010, 51779258)

模型存在的普遍缺陷是：用于激活类 LES 求解模式的涡粘调节函数多与网格空间尺度显式相关，这在复杂分离流动中常常难以保证单调的网格收敛，即出现数值计算精度随着网格尺度的细化反而下降的现象[4]，且需要研究者对期望的网格分辨率水平及兼容的网格方案进行先验性选择，这将直接影响工程湍流计算的高效性。为此，MIT 的 Baglietto E.等[5-6]提出了一种时间尺度驱动的混合策略，即仅利用湍流时间尺度来调节涡粘而使之不与网格空间尺度显式相关，这一思路与上述通过网格空间尺度来桥接 URANS 模式和类 LES 模式的混合策略均不相同。实践证明，这一策略可以保持 URANS 的计算效率和鲁棒性，并同时扩展对复杂湍涡结构的局部解析能力，在普通 URANS 网格可获得接近 LES 的模拟精度并大幅节约计算时间，且随着网格分辨率的提高可以实现预期的单调网格收敛[7]，从而克服了常规混合模型的重要缺陷。根据这一模化思想，并针对水力机械旋转湍流的特点，作者发展了适用于水力机械旋转分离流动的时间尺度驱动的混合 URANS/LES 计算模式，并结合不同需求形成了系列湍流模型[8-11]，将在第 2 节对其主要思想及结果进行详细阐述。

对于水力机械旋转分离流动的工程控制，目前基本上采用 Zangeneh 和 Goto 等提出的叶片载荷理论及据此发展的叶轮逆向设计方法[14-15]。基于该理论体系，水力机械领域出现了许多抑制二次流、降低压力脉动的设计技术，如离心泵叶轮交替加载技术（Alternate Loading Technique，ALT）[16-17]。然而，这些成果的明显缺陷是：定解条件中的叶片载荷分布未考虑环量导数与真实叶片载荷 δp 的差异，而叶片堆栈条件实为叶片的几何倾斜方式，这共同导致了基础流动认识不足而正向经验参与过多的问题，从而困扰着水力机械叶轮性能的提升。因此，现有技术难以实现对叶轮域二次流的控制，需要在进一步厘清叶轮域二次流产生机制的基础上提出更具普适意义的叶片加载策略。为此，作者主要以叶片泵为研究对象，首先提出了新的描述叶片泵叶轮域二次流产生机制的动力学方程，清晰地指出势转子焓梯度 PRG 是主动诱导二次流的动力源，而后明确了叶轮泵叶轮域固有 PRG 分布特征及其对应的固有二次流趋势，由此建立了叶片载荷分布与二次流产生之间的关系，最后提出了更具普适意义的叶片加载策略，本文将在第 3 节对其主要思想及结果进行详细阐述。

2 旋转分离流动的工程计算方法

2.1 时间尺度驱动的混合 URANS/LES 的建模策略

时间尺度驱动（Time-sacle-driven，TSD）的混合 URANS/LES 的建模策略在于根据湍流涡结构的解析时间尺度 t_r 与模化时间尺度 t_m 的相对大小来决定涡粘的调节程度。如图 1 所示，解析时间尺度 t_r 表征求解雷诺方程而得的平均运动的特征时间尺度，与解析部分的特征频率 f_r 直接相关；模化时间尺度 t_m 表征求解湍动能方程而得的湍流耗散的特征时间尺度，与模化部分的特征频率 f_m 直接相关。当 f_r 显著高于 f_m 时，现有网格条件已经允许直接求解得到更小尺度的湍流涡结构，故而可通过适时地调节涡粘以减小湍流的模化程度而增大其解析程度，即更大程度地发挥现有网格条件的解析能力。因此，相比于单纯的 LES 模型，该混合策略因更高的模化比率而能降低计算成本；相比于单纯的 URANS 模型，该混合策略因更宽的解析尺度而能提高模拟精度；相比于常规的混合 URANS/LES 模型，该混合策略可有效避免非单调网格收敛问题而能保证数值计算的鲁棒性。

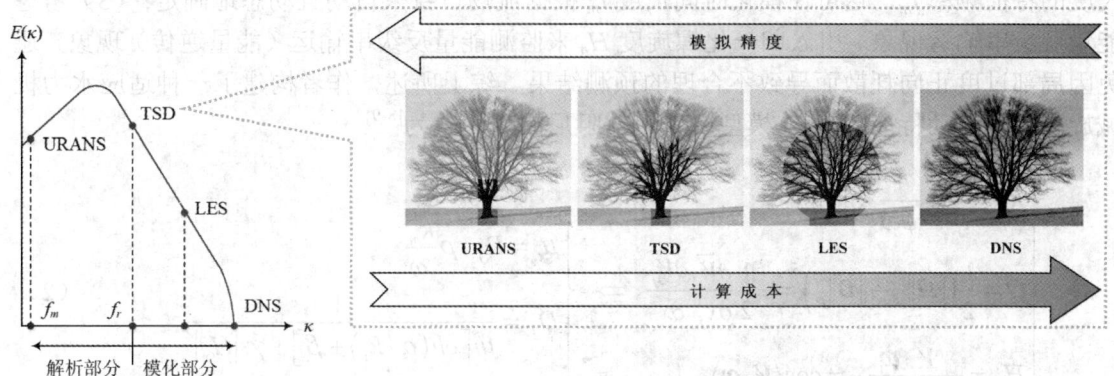

图 1 时间尺度驱动(TSD)的混合 URANS/LES 的建模策略

根据 Baglietto E.等的研究，解析时间尺度 t_r 与模化时间尺度 t_m 的计算式可取为[6]

$$\begin{cases} t_r = \dfrac{1}{f_r} = \dfrac{1}{\sqrt{|Q|}} \\ t_m = \dfrac{1}{f_m} = \left\langle \dfrac{k_m}{\varepsilon} \right\rangle \end{cases} \Rightarrow \begin{cases} \mu_t = D_f \cdot \rho C_\mu \dfrac{k_m^2}{\varepsilon} \\ D_f = min\left(\dfrac{t_r}{at_m}, 1\right) \end{cases} \quad (1)$$

式中，f_r 为解析尺度的特征频率，f_m 为模化尺度的特征频率，Q 为速度梯度张量 ∇V 的第二不变量，是经典的涡旋识别参数，能有效描述局部流体旋转率与应变率的相对大小[8]。可见，解析时间尺度反映了解析部分的湍流涡结构运动特征，而模化时间尺度则反映了模化部分的湍流涡结构运动特征，故时间尺度驱动的混合 URANS/LES 的建模思想还可进一步理解为通过识别局部湍涡特征来调节涡黏。相关流动测试发现，这一建模策略在普通 URANS 网格可获得接近 LES 的模拟精度并大幅节约计算时间，且随着网格分辨率的提高可以实现预期的单调网格收敛，这一优点是实现工程湍流高效计算的重要保障，正可成为水力机械旋转分离流动高效求解的优秀选项。

2.2 适应旋转分离流动特征的 TSD 模型的构建

水力机械内的旋转分离流动具有旋转效应突出、流线曲率大、逆压梯度高等特征，故在应用上述 TSD 建模策略时应考虑如下需求：（1）基底模型对高逆压梯度应有较好的灵敏度；（2）湍涡特征参数应具有较好的流动自适应性以避免涡粘调节的人为任意性；（3）旋转湍流中显著的能量反级串输运（或称能量逆传）现象应予以明确考虑。因此，为构建适应水力机械旋转分离流动特征的 TSD 模型，作者提出如下针对性改善方案：（1）调整基底

URANS 模型。基底 URANS 模型采用带有 Spalart-Shur 修正（即考虑旋转-曲率修正）的 SST k-ω 模型，这在近壁区能保持 Wilcox k-ω 模型的健壮性和精确性，而在主流区则可充分利用标准 k-ε 模型的优势；（2）定义自适应时间尺度比 R_t。直接取比耗散率 ω 作为模化尺度的特征频率 f_m，这可使模化时间尺度 t_m 根据流场自身来自动且动态地确定；（3）考虑能量反级串输运现象。引入归一化螺旋度 H_n 来监测能量反级串输运（能量逆传）现象，避免因局部过度正向耗散而导致不合理的预测结果。综上所述，作者构建了一种适应水力机械旋转分离流动特征的 TSD 模型，其涡粘阻尼的表达式为[8-9]

$$\begin{cases} R_t = \dfrac{t_m}{t_r} = \dfrac{1}{\varphi\omega}\cdot\sqrt{|Q|} \\ Q = \dfrac{1}{2}\left(\|\boldsymbol{\Omega}\|_F^2 - \|\boldsymbol{D}\|_F^2\right) = -\dfrac{1}{2}\dfrac{\partial \overline{V_i}}{\partial x_j}\dfrac{\partial \overline{V_j}}{\partial x_i} \\ H_n = \dfrac{\boldsymbol{V}\cdot\boldsymbol{\omega}}{\|\boldsymbol{V}\|_2\cdot\|\boldsymbol{\omega}\|_2} = cos\langle\boldsymbol{V},\boldsymbol{\omega}\rangle \end{cases} \Rightarrow \begin{cases} \mu_t = D_f\cdot\rho\dfrac{k_m}{\omega} \\ D_f = \dfrac{1}{ln\left[ch(\alpha\cdot R_t)+\beta\right]+\gamma\cdot|H_n|^\lambda} \end{cases} \quad (2)$$

为验证所建立的 TSD 模型对水力旋转分离流动的应用效果，作者以旋流突扩管流、水翼及圆柱绕流、水翼间隙泄漏涡流、离心叶轮失速流动等经典案例进行详细测试[9,12-13]。研究发现，相比于 Baglietto E.等提出的原始模型，改进后的 TSD 模型能更好地预测水力旋转分离流动的流场特性。如图 2 所示，一方面，TSD 模型的涡粘阻尼 D_f 能被适度降低，从而有效调节涡粘度 μ_t 以捕捉更丰富的湍涡结构和脉动信息；另一方面，在相近计算精度的前提下，TSD 模型所需的网格数目及计算时长较 LES 大大降低，即能有效地平衡计算成本与模拟精度。因此，这为水力机械旋转分离流动的工程计算提供了一种更高效的计算模式。

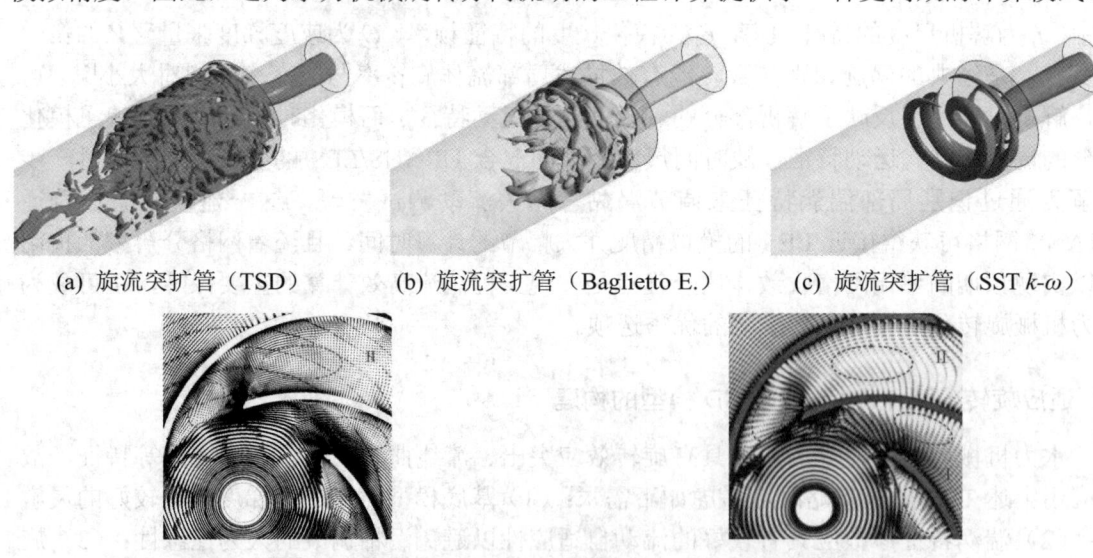

(a) 旋流突扩管（TSD）   (b) 旋流突扩管（Baglietto E.）   (c) 旋流突扩管（SST k-ω）

(d) 离心泵失速流动（TSD）   (e) 离心泵失速流动（LES）

图 2 适应旋转分离流动特征的 TSD 模型的构建与测试

2.3 时间尺度驱动的混合 URANS/LES 策略的迁移与拓展

正如 2.1 节所述，时间尺度驱动的混合 URANS/LES 的建模思想可被进一步理解为通过识别湍流涡结构的局部运动特征来调节涡粘，而根据此"涡特征驱动"思想，TSD 混合策略可被进一步迁移与拓展。

前述 TSD 模型中，解析尺度的特征频率 f_r 通过速度梯度张量的第二不变量 Q 来确定，这是经典的涡旋识别参数，其定义为旋转率张量与应变率张量的 F-范数平方之差，能有效描述流体旋转强度与剪切强度的相对大小，与之直接相关且类似的涡特征参数还包括 Truesdell 提出的涡度数 N_k 和刘超群等提出的涡浓度 Omega，两者均与旋转率张量与应变率张量的 F-范数之比有关，在涡特征识别方面具有对阈值不敏感的特点，更便于区分湍流涡结构的旋转及剪切等运动特征，而以此涡特征参数来调节涡粘在理论上可达到与 TSD 模型类似的效果，即既在一定范围内拓宽解析能力又不与网格空间尺度显式相关。

基于上述思考，作者分别利用 Omega 及 N_k 来构造涡粘阻尼函数，并进一步发展了 Omega-PANS 模型[10]及 N_k-VLES 模型[11]，在具有强旋转特征的区域（Omega→1 或 N_k→∞）均可适度降低涡粘以捕捉更小尺度的湍涡结构。通过 Taylor-Couette 流动、旋流突扩管流、水翼绕流、轴流泵失速流动等案例进行测试后发现这一"涡特征驱动"策略同样可以有效提高水力旋转分离流动的预测精度，证明了这一思路的可行性。图 3(a)给出了离心叶轮内的湍动粘度分布情况，图 3(b)给出了轴流泵扬程在驼峰区的预测情况。可以看出，借助改进的 N_k-VLES 模型，流量-扬程曲线在马鞍区的预测精度大大改善。

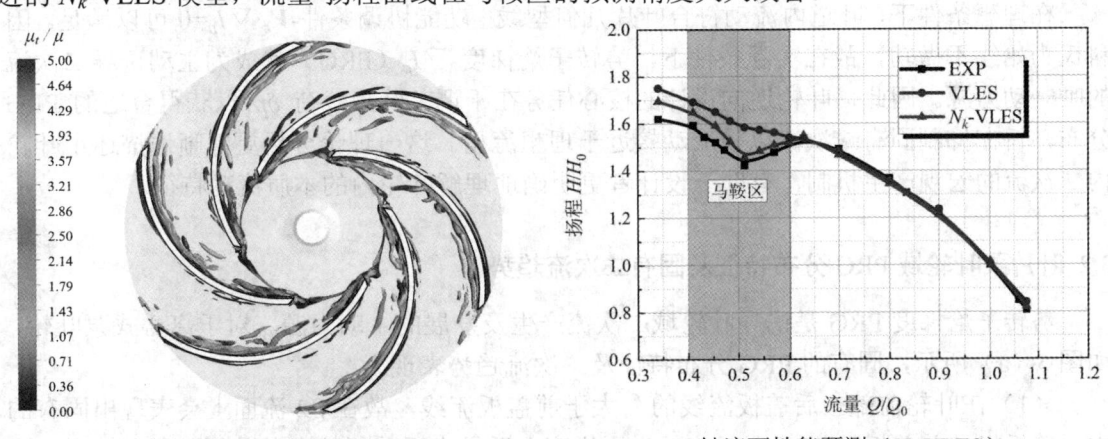

(a) 离心泵叶轮流动（Omega-PANS）　　(b) 轴流泵性能预测（N_k-VLES）

图 3　时间尺度驱动的混合策略的迁移与拓展

3 旋转分离流动的工程控制策略

3.1 叶片泵叶轮域二次流产生机制

二次流是水力机械内常见的不良流态，是旋转分离流动的"前身"。传统二次流理论认为简单剪切流因偏转而诱导产生的涡量流向分量 $V_r \cdot \Omega_a$ 是二次流生成的标志[14]。然而，这一认知存在的问题是：绝对涡量 Ω_a 不能合理表征涡旋，故拟螺旋度 $V_r \cdot \Omega_a$ 不能合理表征二次流[19]，故其只能对二次流产生过程作粗略的定性解释，难以直接指导二次流的控制。因此，基于"定常、无粘、叶片零厚度"的基本假设，从叶轮域相对运动的力学平衡关系出发，作者推导了一个新的运动学方程

$$\Delta I_p - 2\omega_i \cdot \nabla \times V_r = 2Q_r \tag{3}$$

式中，$I_p = p/\rho - \omega_i^2 r^2/2$ 为势转子焓，Q_r 为经典涡旋识别准则，ω_i 为叶轮角速度矢量，V_r 为叶轮域相对速度矢量。该式表明，叶道内的二次流（$Q_r > 0$）由势转子焓梯度和科氏力共同驱动，是"二力争衡"的作用结果（图4）。

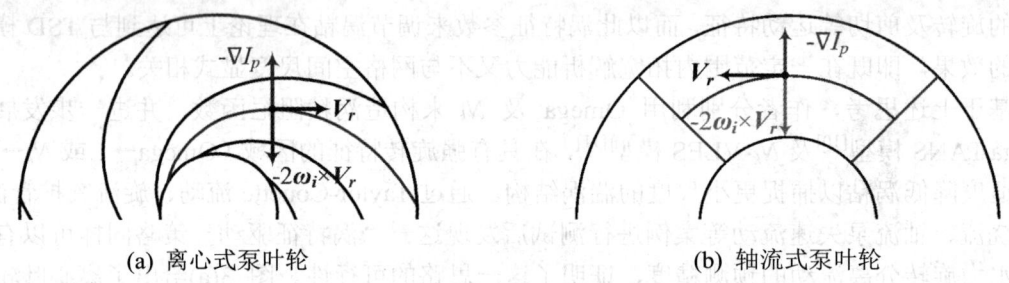

(a) 离心式泵叶轮   (b) 轴流式泵叶轮

图 4 叶片泵叶轮内的"二力争衡"过程

在理想条件下，叶道内流动符合叶片几何型线，功能协调条件 $-V_r \cdot \nabla I_p = 0$ 可以满足。因科氏力始终不做功，故在实际条件下，势转子焓梯度 $-\nabla I_p$（PRG）就成为主动诱导二次流的唯一动力源。因此，叶轮逆向设计的核心任务在于调节叶片载荷 δp 以获得合适的 PRG 分布，旨在抑制固有二次流以使流动接近于理想流型。这一理论分析更清晰地描述了叶轮内二次流的宏观产生机制，有助于设计者更明确地理解叶轮内的本质流动特征。

3.2 叶片泵叶轮域 PRG 分布特征及固有二次流趋势

势转子焓梯度 PRG 是诱导叶轮域二次流产生及发展的主动动力源。对于离心式泵叶轮，如图 5（a）所示，固有的 PRG 分布特征及二次流趋势表现为：

（1）在叶轮前部，后盖板流线的 I_p 大于前盖板流线，故在 S2 流面上会表现出固有的由后盖板指向前盖板的 PRG，对应的逆压梯度会诱导由后盖板偏向前盖板的 $H \rightarrow S$ 型二次流；

（2）在叶轮叶片中部，I_p 的最大值出现在叶片压力面，故在 S1 流面上会表现出固有的由压力面指向吸力面的 PRG，对应的逆压梯度会诱导由压力面偏向吸力面的 $P \rightarrow S$ 型二次流，即产生"轴向涡旋"；

（3）在叶轮后部，叶片压力面和吸力面上 I_p 的差异逐渐减小，逐渐占优的科氏力会导致流动由吸力面偏向压力面，即产生"速度滑移"。

对于轴流式泵叶轮，如图 5（b）所示，固有的 PRG 分布特征及二次流趋势表现为：

（1）在叶片进口轮缘侧，最小的 I_p 值存在于轮缘点，故在 S2 流面上会表现出固有的由轮毂侧指向轮缘侧的 PRG，对应的逆压梯度会诱导 $LH{\rightarrow}S$ 型二次流；

（2）在叶片出口轮毂侧，最大的 I_p 值存在于轮毂点，故在 S2 流面上会表现出固有的由轮毂侧指向轮缘侧的 PRG，对应的逆压梯度会诱导 $TH{\rightarrow}S$ 型二次流。

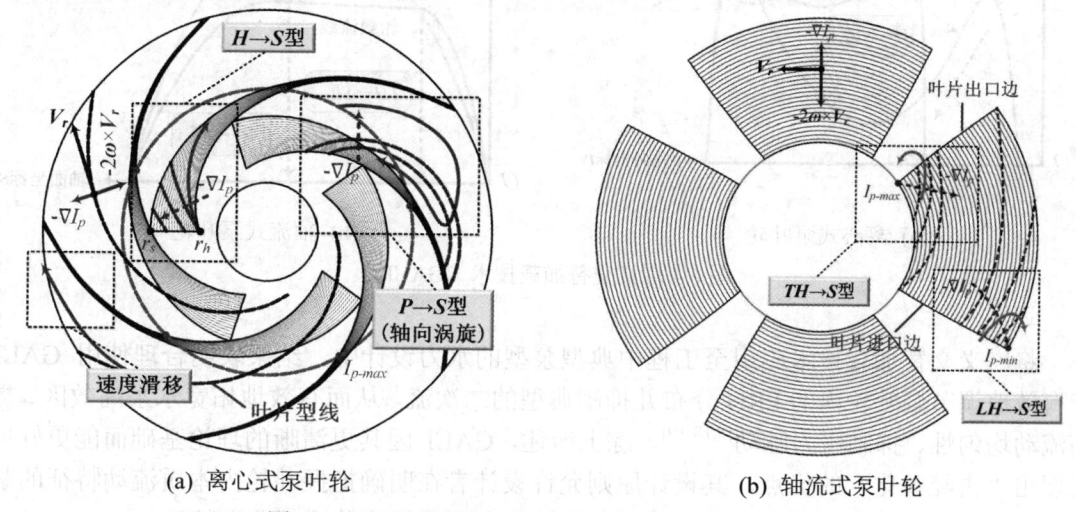

(a) 离心式泵叶轮　　　　　　　　　　　(b) 轴流式泵叶轮

图 5　叶片泵叶轮域 PRG 分布特征及固有二次流趋势

3.3 广义交替加载技术及其应用

根据叶轮固有 PRG 分布特征，作者建立了叶片载荷分布与二次流产生之间的关系。对于离心式泵叶轮：

（1）在叶轮前部，后盖板流线上 δp 快速增加会导致后盖板侧的 I_p 过快增长，这会助长固有的不利 PRG，从而更易诱导 $H{\rightarrow}S$ 型二次流；

（2）在叶轮中部，流线上的 δp 过高会导致中锋压制不足、轴向涡旋加剧，这会助长固有的不利 PRG，从而更易诱导 $P{\rightarrow}S$ 型二次流；

（3）在叶轮后部，前、后盖板流线上的 δp 差异过大会导致速度滑移与不利 PRG 进一步叠加，更易降低叶轮出口流动的均匀性。

对于轴流式泵叶轮：

（1）在叶轮轮毂侧，轮毂流线的做功任务过高且前部 δp 增加较缓会导致出口处 I_p 过快增长，这会助长固有的不利 PRG，从而更易诱导 $TH{\rightarrow}S$ 型二次流；

（2）在叶轮轮缘侧，轮缘流线的做功任务过低且前部 δp 增加较快导致进口处 I_p 过快增长，这会助长固有的不利 PRG，从而更易诱导 $LH{\rightarrow}S$ 型二次流。

根据上述关系，可建立新的更具普适意义的叶片加载策略，结果如图 6 所示。将这种通过调节叶片 PRG 分布特征来有针对性地抑制固有二次流趋势的水力预控技术称为广义交替加载技术（General Alternate Loading Technique，GALT）[8,18]。

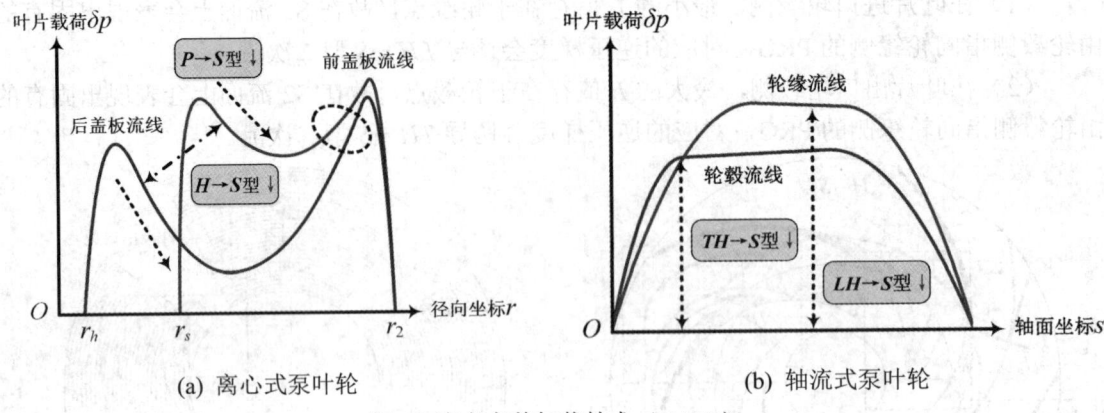

(a) 离心式泵叶轮　　　　(b) 轴流式泵叶轮

图 6　广义交替加载技术（GALT）

将广义交替加载技术应用至工程中典型泵型的水力设计中，结果表明合理使用 GALT 能有效地调节泵叶轮内的 PRG 分布并抑制典型的二次流，从而有效地拓宽水泵高效区、提高流动均匀性、抑制压力脉动[8,18-19]。综上所述，GALT 因其更清晰的理论基础而能更好地表现出"去经验化"的优点，其设计原则允许设计者在明确把握叶轮内本质流动特征的基础上来获得高性能产品，这可为水力机械旋转分离流动的高效控制奠定基础。

4　结论

水力机械内的旋转分离流动表现为强旋转、大曲率、多壁面等约束条件下的流动分离及复杂湍涡结构，如何对此开展高效工程计算并提出有效控制策略是水力机械内流流体力学的重要课题。作者针对这一工程需求开展了一系列研究工作，主要结果总结如下：

（1）针对旋转分离流动的工程计算需求，引入时间尺度驱动的混合 URANS/LES 建模策略，提出了以考虑 Spalart-Shur 修正的 SST k-ω 模型为 URANS 基底、以自适应时间尺度比来调节涡黏阻尼、以归一化螺旋度来监测能量反级串输运现象的适配性方案，形成了适应旋转分离流动特征的 TSD 模型，并通过相关案例证明了其可行性。在此基础上，进一步拓展形成了通过识别湍涡结构的局部运动特征来调节涡粘的"涡特征驱动"思想，并成功构建了 Omega-PANS 模型及 N_k-VLES 模型。时间尺度驱动的混合计算模式能更好地平衡计算成本与模拟精度，可有效保证水力机械旋转分离流动工程计算的高效性。

（2）针对旋转分离流动的工程控制需求，提出了描述叶片泵叶轮域二次流产生机制的运动学方程，明确了势转子焓梯度 PRG 是泵叶轮内诱导二次流的主动力源，阐释了离心式和轴流式两类典型形式的叶片泵叶轮内固有的 PRG 分布特征及二次流趋势，建立了叶片载荷分布与二次流产生之间的关系，并据此提出了更具普适意义的叶片加载策略，形成了一种广义交替加载技术（GALT），并通过相关案例证明了其可行性。GALT 因其更清晰的理论基础而能更好地表现出"去经验化"的优点，即允许设计者在明确把握叶轮内本质流动特征的基础上来获得高性能产品，这可为水力机械旋转分离流动的高效控制奠定基础。

参考文献

1 王福军. 水泵与泵站流动分析方法 [M]. 北京: 中国水利水电出版社, 2020.
2 Chaouat B. The state of the art of hybrid RANS/LES modeling for the simulation of turbulent flows [J]. Flow. Turbul. Combust., 2017, 99(2): 279-327.
3 Pereira F S, Luís E, Vaz G, et al. Toward predictive RANS and SRS computations of turbulent external flows of practical interest [J]. Arch. Comput. Method. E., 2021(28): 3953-4029.
4 Gant S E. Reliability issues of LES-related approaches in an industrial context [J]. Flow. Turbul. Combust., 2010, 84(2): 325-335.
5 Baglietto E, Lenci G, Concu D. STRUCT: A second-generation URANS approach for effective design of advanced systems [C]. ASME Fluids Engineering Division Summer Meeting, Waikoloa, Hawaii, 2017.
6 Lenci G, Feng J Y, Baglietto E. A generally applicable hybrid unsteady Reynolds-averaged Navier-Stokes closure scaled by turbulent structures [J]. Phys. Fluid, 2021, 33: 105117.
7 Feng J Y, Baglietto E, Tanimoto K, et al. Demonstration of the STRUCT turbulence model for mesh consistent resolution of unsteady thermal mixing in a T-junction [J]. Nucl. Eng. Des., 2020, 361: 110572.
8 王超越. 离心泵失速流动分析方法及失速特性研究. 北京: 中国农业大学, 2021.
9 Wang C Y, Wang F J, Li C F, et al. A modified STRUCT model for efficient engineering computations of turbulent flows in hydro-energy machinery [J]. Int. J. Heat. Fluid. Fl., 2020, 85: 108628.
10 Wang C Y, Wang F J, Wang B H, et al. A novel Omega-driven dynamic PANS model [J]. J. Hydrodyn., 2020, 32(4): 710-716.
11 Zhao H R, Wang F J, Wang C Y, et al. A modified VLES model for simulation of rotating separation flow in axial flow rotating machinery [J]. J. Hydrodyn., 2022. (Accepted).
12 Wang C Y, Wang F J, Ye C L, et al. Application of the MST turbulence model to predict the tip leakage vortex flows [J]. Eng. Computation., 2020, 38(1): 344-353.
13 Wang C Y, Wang F J, Chen W H, et al. A dynamic particle scale-driven interphase force model for water-sand two-phase flow in hydraulic machinery and systems [J]. Int. J. Heat. Fluid. Fl., 2022, 95: 108974.
14 Goto A. Historical perspective on fluid machinery flow optimization in an industry. Int. J. Fluid Mach. System., 2016, 9(1): 75-84.
15 Zangeneh M, Goto A, Harada H. On the design criteria for suppression of secondary flows in centrifugal and mixed flow impellers [J]. J. Turbomach, 1998, 120(4): 723-735.
16 王福军, 姚志峰, 杨魏, 等. 双吸离心泵叶轮交替加载设计方法. 农业机械学报, 2015, 46(06): 84-91.
17 Yang W, Liu B Q, Xiao R F. Three-dimensional inverse design method for hydraulic machinery [J]. Energies, 2019, 12(17): 3210.

18　Wang C Y, Wang F J, An D S, et al. A general alternate loading technique and its applications in the inverse designs of centrifugal and mixed-flow pump impellers [J]. Sci. China. Technol. Sc., 2021, 64(4): 898-918.

19　Wang C Y, Zeng Y S, Yao Z F, et al. Rigid vorticity transport equation and its application to vortical structure evolution analysis in hydro-energy machinery [J]. Eng. Appl. Comp. Fluid., 2021,15(1): 1016-1033.

20　Wang C Y, Wang F J, Li C F, et al. Investigation on energy conversion instability of pump mode in hydro-pneumatic energy storage system [J]. J. Energy. Storage., 2022, 53: 105079.

Investigation on engineering computation method and control strategy of rotating separation flows in hydraulic machinery

WANG Chao-yue[1], WANG Fu-jun[1,2*], ZHAO Hao-ru[3], WANG Hao[1], YAO Zhi-feng[1,2], XIAO Ruo-fu[1,2]

(1. College of Water Resources and Civil Engineering, China Agricultural University, Beijing 100083, China, Email: wangfj@cau.edu.cn;

2. Beijing Engineering Research Center of Safety and Energy Saving Technology for Water Supply Network System, Beijing 100083, China;

3. Department of Energy and Power Engineering, Tsinghua University, Beijing 100084, China)

Abstract: Rotating separation flows in hydraulic machinery are characterized by the flow separation and complex turbulent vortical structures induced by the effects of strong rotation, large curvature and multiple wall surfaces, and it is an important topic to conduct efficient engineering computations and propose effective control strategies for the rotating separation flows. To meet this engineering demand, a series of studies on the efficient simulation method and control strategy have been carried out by the authors and some progresses are obtained. For the simulation method, a time-scale-driven (TSD) hybrid URANS/LES strategy that is suitable for rotating turbulence in hydraulic machinery is developed, and it can avoid the problem of non-monotonic grid convergence, which supports the efficient computation of rotating separation flows. For the control strategy, the relationship between blade loading distributions and inherent secondary flows in the impeller domain is established, and a general alternate loading technique (GALT) is proposed, which supports the efficient control of rotating separation flows.

Key words: Rotating separation flows; Hydraulic machinery; Engineering computation; Turbulence model; Flow control; Blade load.

钝体流致振动的数据同化建模研究

史子颉，高传强，张伟伟

(西北工业大学 航空学院，西安 710072)

摘要：涡致振动与驰振是两种典型的钝体流致振动问题，常会造成结构疲劳损伤与破坏。现有的工程半经验模型（如尾流振子模型）尽管效率高，但预测精度有限；数值仿真和风洞试验结果相对准确，但是成本较高，因此工业界亟需一种高效准确钝体流致振动预测方法。本文针对一种方柱流致振动半经验模型，基于实验数据，展开集合卡尔曼滤波据数同化研究。针对该模型的经验参数开展敏感性分析，通过选择敏感性最强的参数组合为数据同化的目标变量，接着扰动他们以生成初始集合成员。在验证本文数据同化方法有效性的基础上，针对驰振与涡致振动锁频展开数据同化，以修正模型的经验参数。结果表明，数据同化模型与实验值吻合良好，且精度最大提升将近300%。

关键词：流致振动；数据同化；涡致振动；驰振；钝体绕流

1 引言

钝体流致振动问题（Flow-induced vibration，FIV）广泛存在于航空航天工程、风工程与海洋工程等领域。由于振动所带来的载荷会引起结构疲劳甚至直接破坏，因此在流致振动问题在工程领域得到广泛的关注与研究[1]。为了更好地预测流致振动现象，研究者发展了许多高精度数值方法。但是，现有的高精度数值方法成本之高，耗时之长是工程实际不可接受的[2]。因此开发了许多工程经验模型以进行流致振动问题快速预测。如涡致振动中的"尾流振子模型[3]"，驰振中的"准定常模型[4-5]"，以及两种气动弹性同时出现的耦合模型[6]。但由于作用于弹性体上的气动力是结构与流动的耦合函数，且由于研究问题的非线性、耦合性以及高维性，已有的经验模型存在很大误差[7]。另外大量经验性的参数会使得经典模型预测精度参差不齐，无法很好捕捉全部物理信息。因此，需要一种方法来增强这些经验模型的预测能力。

近年来，数据驱动的智能方法在流固耦合研究中中得到了广泛应用。如利用数据驱动的 ARX 模型针对复杂气动弹性问题的建模以及预测[8]。以及非线性神经网络模型的广泛使用[9]，均体现出数据驱动方法的在精度以及预测效率方面的优势。数据同化（Data Assimilation，DA），是一种基于观测数据与系统本身的状态模型，通过量化的不确定性，以赋予系统状态值与观测值信任度，以此来改善系统状态的数据驱动的方法。在相当复杂的湍流建模建模领域内，数据同化方法已经得到了广泛的应用[10]。而目前，鲜有研究将流固耦合半经验模型与数据驱动的同化方法相结合，以增强其预测能力。

2 研究方法与结果

本文针对 Han 等人[11]构建的涡致振动耦合驰振的非线性模型展开研究。考虑一个弹性支撑的方柱，方柱的横向运动通过 $Y(t)$ 表示。定义无量纲的参数：质量比 μ，阻尼比 ξ，减缩风速 U_r，无量纲时间 t，无量纲位移 y，减缩圆频率比 δ，m 为代表系统总质量，既包括结构质量 m_s 也包括附加质量 m_a。方柱动力学响应可以通过以下无量纲方程组表示：

$$\begin{cases} \ddot{q} + \varepsilon(q^2 - 1)\dot{q} + q = B_1 \ddot{y} + B_2 \dot{y} \\ \ddot{y} + (2\xi\delta)\dot{y} + \delta^2 y = H \cdot \{C_{L0} q / 2 + [A_1(2\pi St \dot{y}) - A_2(2\pi St \dot{y})^3 + \\ \qquad A_3(2\pi St \dot{y})^5 - A_5(2\pi St \dot{y})^7 + \cdots]\} \end{cases}$$

上式表示为两个振子耦合的模型，包括一个结构运动振子模型以及一个尾流振子模型。其中，$q(t) = 2C_L^v / C_{L0}$ 为无量纲尾流变量，表示钝体涡脱产生升力（C_L^v）与固定方柱升力（C_{L0}）的比值。其中 $H = 1/(8\pi^2 St^2 \mu)$，式中求导指对无量纲时间求导。ε 是表示尾流振荡从静止开始的增长有关的参数。我们在这里使用 $\varepsilon = 0.3$ 的值。表 1 展示了上述耦合模型中通过实验标定的参数，其中 A 为影响驰振的模型参数，而 B 为影响涡致振动的模型参数，后文数据同化则在此范围内进行同化修正。具体模型细节，详见文献。

表 1 耦合模型可变参数

振动类型	驰振	涡致振动
模型参数	A_1、A_2—A_6	B_1、B_2

本文使用集合卡尔曼滤波方法（Ensemble Kalman Filter，EnKF）开展数据同化。本文同化步骤分为参数敏感性分析、预测步骤以及更新步骤。由于 ENKF 利用了集合成员预报的思想，因此初始集合成员的质量很大程度上决定了同化效果。定义 RES，本文通过量化集合成员与其平均值之间的偏差，来比较参数的敏感性大小。针对表 1 中的模型参数，选取 RES 大的参数组合作为同化目标变量。更多关于集合卡尔曼滤波的技术细节与数学推导，见专著[12]。

$$RES = \frac{1}{n} \sum_i^n \sum_j^N | X_{ij} - Xmean_{ij} |$$

针对驰振与 VIV 锁频问题展开数据同化建模。驰振的基础模型与实验数据来自文献[13]，其中初始参数为 A_1=4.88、A_2=290.9、A_3=3 014、A_4=1 173 000、A_5=17 330 000、A_6=87 490 000、B_1=10、B_2=0.1 为通过实验拟合标定。通过敏感性分析，我们选取 A1 作为同化目标变量，同化后 A_1=3.697 2。图 1 展示了基于原始架构的同化结果（红线）与 Han.开发的原始模型（黑虚线）以及 Coreless 的经典准定常模型[7]（绿虚线）对比。明显看出传统模型预测的幅值远远大于真实实验值。

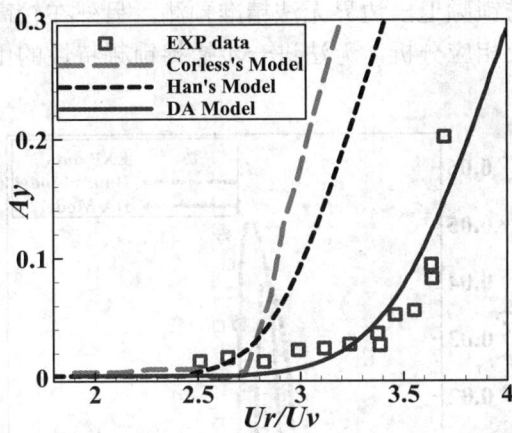

图 1 驰振数据同化模型与典型模型预测结果比较

图 2 展示了典型的响应特性。从中可以看出，在无量纲风速为 3 时，同化模型产生微弱的结构响应，因此可以得到结论，经过数据同化后推迟了驰振的发生，使得整体模型预测精度提高。而这一定程度上印证了准定常模型在校减缩风速预测误差较大的结论。

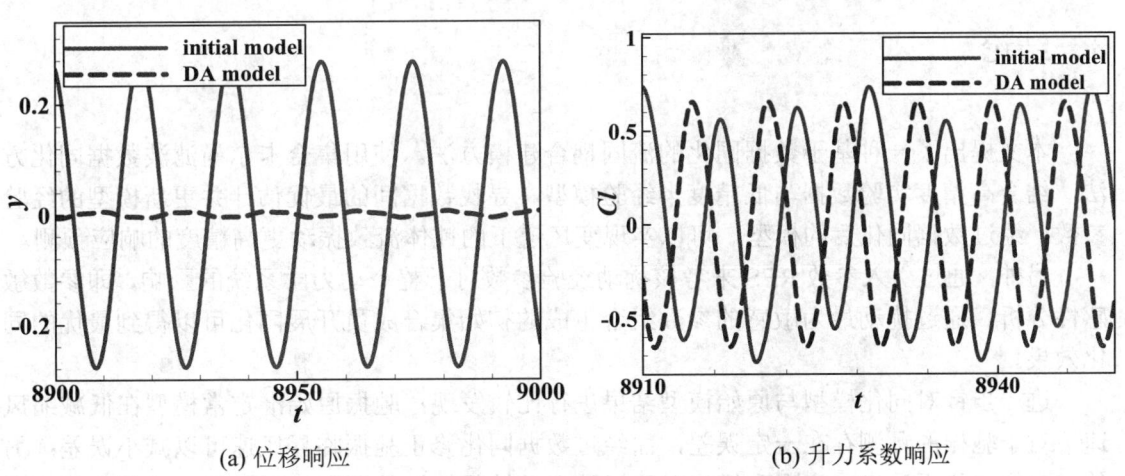

(a) 位移响应　　　　　　　　　　(b) 升力系数响应

图 2 Ur/Uv=3 时原始模型与同化模型响应特性比较

另外针对结构质量阻尼比为 87.7 的"纯 VIV"现象展开数据同化。本节使用文献[13]中的实验数据与设置展开研究。通过计算不同参数组合的 RES，我们选取 $A_1B_1B_2$ 为数据同化的目标变量，其原始值如前一致。具体同化结果为：A_1=4.77，B_1=14.33，B_2=0.107。数据同化的结果如图 3 所示，通过对于参数的修正，使得整体涡致振动锁频的最大振幅增大。与实验值相比，数据同化模型可以更好地预测涡致振动锁频的最大振幅。同化后对于涡致振动的预测误差能减小 57.84%。但是，同化模型无法精确捕捉到锁频峰值迟滞的物理情形，且对于锁频区间的宽度与锁频退出边界无法精准预测。另外在较高风速时，出现与实验值明显偏差。经过频谱以及相应分析，无法进一步捕捉锁频特性的由于原始模型架构的缺陷导致。

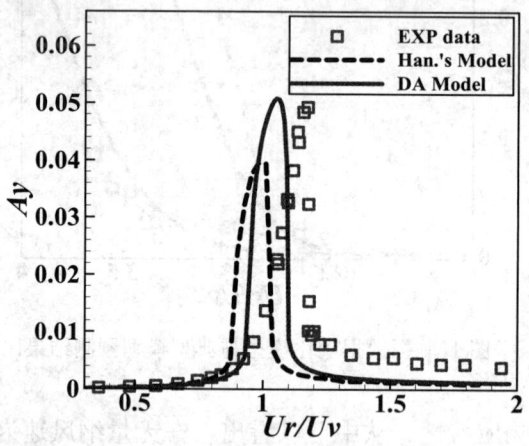

图 3 涡致振动同化模型与原始模型预测结果比较

3 结论

本文提出了一种基于数据同化的流固耦合建模方法。使用集合卡尔曼滤波数据同化方法，结合高精度实验数据与低精度半经验模型，寻找数据间的最优估计并更新模型的经验参数。经过数据同化后的模型，可以实现变风速下的钝体流致振动更高精度的响应预测。

另外，通过引入参数 RES 来考核扰动经验参数对于整个动力学系统的影响，即参数敏感性分析。通过扰动最为敏感的参数组合生成的初始集合成员开展同化可以得到最优的同化效果。

进一步针对同化模型与原始模型结果进行比较发现：驰振原始准定常模型在低减缩风速下对于驰振的预测存在一定误差，而经过数据同化修正驰振临界风速可以减小误差；另外，数据同化无法进一步提升模型对于涡致振动锁频特性的预测，而这是由于现有尾流振子模型架构缺陷，需要进一步研究。

参考文献

1. Wang J, Fan D, Lin K. A review on flow-induced vibration of offshore circular cylinders [J]. Journal of Hydrodynamics, 2020, 32(3): 415-440.
2. Voie P E, Wu J, Resvanis T, et al. Consolidation of Empirics for Calculation of VIV Response [C]. ASME 2017 36th International Conference on Ocean, Offshore and Arctic Engineering-Volume 2: Prof. Carl Martin Larsen and Dr. Owen Oakley Honoring Symposia on CFD and VIV. 2017.
3. Hartlen R T, Currie I G. Lift-oscillator model of vortex-induced vibration [J]. Journal of the Engineering Mechanics Division, 1970, 96(5): 577-591.
4. Parkinson G V, Brooks N P H. On the aeroelastic instability of bluff cylinders [J]. 1961: 252-258.
5. Parkinson G V, Smith J D. The square prism as an aeroelastic non-linear oscillator [J]. The Quarterly Journal of Mechanics and Applied Mathematics, 1964, 17(2): 225-239.
6. Corless R M, Parkinson G V. A model of the combined effects of vortex-induced oscillation and galloping [J]. Journal of Fluids and Structures, 1988, 2(3): 203-220.
7. Chaplin J R, Bearman P W, Cheng Y, et al. Blind predictions of laboratory measurements of vortex-induced vibrations of a tension riser [J]. Journal of fluids and structures, 2005, 21(1): 25-40.
8. Gao C, Zhang W, Ye Z. A new viewpoint on the mechanism of transonic single-degree-of-freedom flutter [J]. Aerospace Science and Technology, 2016, 52: 144-156.
9. Kharazmi E, Fan D, Wang Z, et al. Inferring vortex induced vibrations of flexible cylinders using physics-informed neural networks [J]. Journal of Fluids and Structures, 2021, 107: 103367.
10. 何创新, 邓志文, 刘应征. 湍流数据同化技术及应用 [J]. 航空学报, 2021, 42(04): 167-184.
11. Han P, Pascal Hémon, Pan G, et al. Nonlinear modeling of combined gallopin and vortex-induced vibration of square sections under flow [J]. Nonlinear Dynamics, 2020: 1-13.
12. Evensen G. Data assimilation: the ensemble Kalman filter [M]. Berlin: springer, 2009.
13. Mannini C, Massai T, Marra A M, et al. Modelling the interaction of VIV and galloping for rectangular cylinders [C]. The 14th International Conference On Wind Engineering. 2015: 1-20.

近自由面下空泡通气机理研究

王广航，王静竹*，王一伟

（中国科学院力学研究所，北京 100190, Email: wangjingzhu@imech.ac.cn）

摘要：近自由面空泡振荡会诱导自由面会发生不同强度的变形。当空泡与自由面距离非常近的情况下，自由面会发生破碎或飞溅等强非线性行为。针对空泡脉动与飞溅水层演化强耦合作用已开展的研究大都针对形态描述，其内部机制尚不清楚。本文主要通过实验和数值模拟方法研究强耦合作用下的飞溅水层的闭合机理。在实验中，利用脉冲激光在水中聚焦的光学击穿原理生成空泡。定义空泡产生位置与自由面的距离 h 和无限水深最大空泡半径 Rmax 的比值为 γ。在数值模拟中，采用 OpenFOAM 可压缩求解器求解此耦合过程。并使用大涡模拟(LES)与流体体积法(VOF)方法来捕捉流动的小尺度结构。由实验中水下空泡的闭合形态，将水花分为完全敞口型、准闭合型到闭合型三类。针对闭合类水花，空泡初始膨胀并发生通气，内部高压气体排出。当外部气压大于空泡内部气压时，外部气流侵入，导致飞溅水层向中心运动并闭合。最后，基于势流理论，通过分析数值模拟的速度场信息，发现空腔内外压强差主导水花闭合过程，而速度非定常项是求解内外压强差不可或缺的主导因素。

关键词：空泡破碎；通气；非定常项；水花闭合；大涡模拟

1 引言

当液体局部压力瞬间低于其饱和蒸汽压，会发生相变形成空化，这一现象普遍存在于自然界及工程领域中。空化泡在非球形演化过程中，会生成高速射流、冲击波等，包含了相变传质、非稳态及可压缩等复杂因素。由于自由面的惯性约束非常小，故近自由面空泡在振荡过程中会涉及到自由面的非线性变形、破碎及飞溅等现象，是流体力学和气泡动力学研究的关键点。迄今为止，许多研究都是致力于探索自由面与空泡的弱相互耦合作用[1,2]，即空泡和自由面不发生界面接触等作用。但当空泡与自由面距离更近时(γ<0.3)，空泡会和外界空气进行连通，伴随着自由面的破碎、失稳等强非线性行为[3,4]。而对于此类强耦合作用研究大都针对形态描述，对于空泡脉动与飞溅水层演化的强耦合机制尚不清楚。故本研究基于脉冲激光水下聚焦技术和开源的计算流体力学软件 OpenFOAM，对上述空泡与自由面强耦合作用进行了探究，得到了空泡振荡作用下水花破碎的三种主要类型，并针对闭合类型水花的闭合过程与机制进行了分析。

2 实验与仿真

图 1 为自由面约束下空泡脉动及自由面演化规律的激光空化系统与高速摄影系统。实验中，使用 Nd: YAG 调 Q 脉冲激光（波长 532 nm，脉宽 10 ns）透过凸透镜聚焦在实验水池内，较高的激光能量使得水发生电离，产生高温高压等离子体，进而形成空泡。实验采用微距镜头及高速像机，拍摄帧数为 100 kfps，曝光时间 300 ns。在相机对面位置架设一台高功率 LED 灯，确保足够的光照，保证相机可以清晰拍摄空泡与自由面。同时使用同步仪，将高速摄影机与激光器进行连接，保证激光诱导空泡产生的同时高速摄影可以拍摄记录。

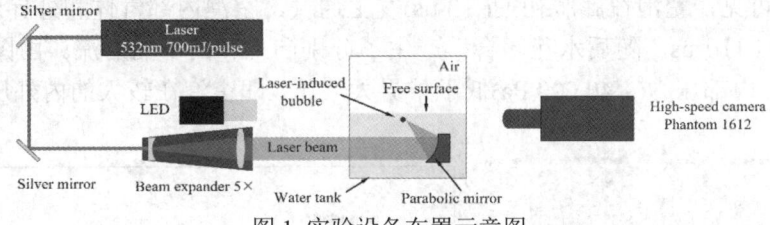

图 1 实验设备布置示意图

图 2 所示是数值仿真的计算设置。为节省计算时间和成本，采用轴对称计算模型，选用如图 2(a)所示的楔形体计算域，空泡模型位于 yoz 平面内。为减少计算域边界对结果的影响，在 y 方向和 z 方向分别取无限水深空泡最大半径 R_{max} 的 17 与 34 倍，并在旋转方向上取 1°旋转角。计算的边界条件和空泡初始设置如图 2(b)所示，前后面采用 wedge 边界，其他面均采用 outlet 出口边界。图 2(c)是空泡的网格分布，本文采用笛卡尔网格，并在界面变形严重的地方进行加密，初始空泡的网格分辨率如图 2(d)所示。

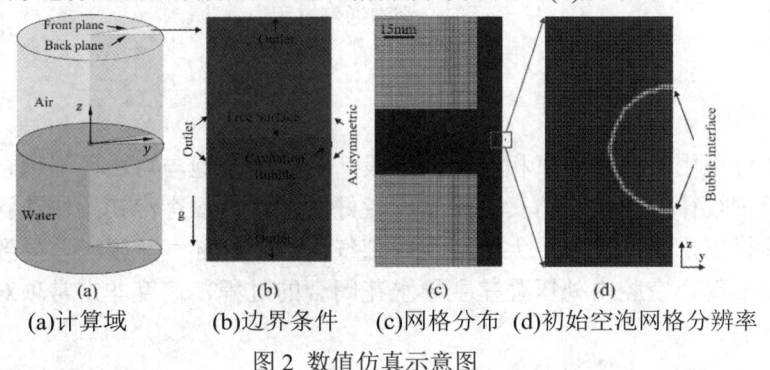

(a)计算域　　(b)边界条件　　(c)网格分布　(d)初始空泡网格分辨率

图 2 数值仿真示意图

3 结果与讨论

实验与仿真结果(γ=0.15)对比如图 3 所示。左侧是仿真的相分数场，红色表示液相，蓝色代表气相。可见，实验与仿真结果具有较好的一致性。

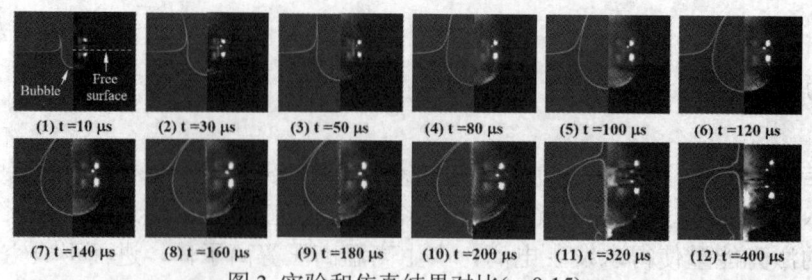

图 3 实验和仿真结果对比(γ=0.15)

为探究上述自由面破碎和闭合的强耦合作用,提取了速度场和空泡内平均压力场分布如图 4 所示。可见,空泡在膨胀初期(t~3 us)发生通气,空泡内部气体和外界进行了交换,通气时间持续约 110 us。随后水花闭合,产生了分别向上和向下的射流。由图 4(b)可知,空泡在闭合时,内部压力(~ 40 000 Pa)低于外界大气压,即空泡在较大的内外压差下形成闭合。

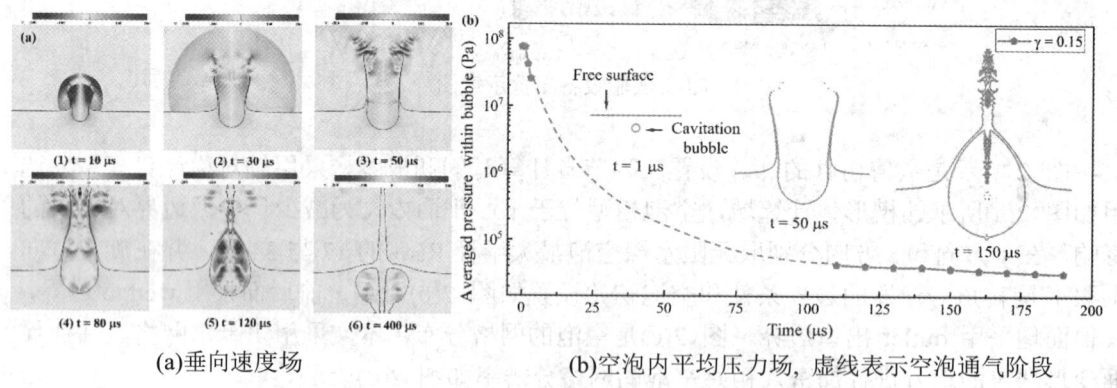

(a)垂向速度场　　　　　　　　(b)空泡内平均压力场,虚线表示空泡通气阶段

图 4 空泡通气过程

4 结论

本研究主要采用实验与仿真相结合的手段,探讨了空泡与自由面强耦合作用下的飞溅水层的闭合机理规律。实验与仿真结果具有较好的一致性。空泡初始快速膨胀通气,使得泡内高压气体排出,当外部气压大于空泡内部气压时,外部气流侵入,导致飞溅水层向中心运动。研究发现,空腔内外压强差主导水花闭合的过程,速度非定常项对于内外压强差具有较大的影响。

参考文献

1 Zhang S, Wang SP, Zhang AM. Experimental study on the interaction between bubble and free surface using a high-voltage spark generator [J]. Physics of Fluids, 2016, 28(3): 0321096.

2 Huang J, Wang G, Wang Y, et al. Effect of contact angles on dynamical characteristics of the annular focused jet between parallel plates [J]. Physics of Fluids, 2022, 34(5).
3 Wang J, Li H, Guo W, et al. Rayleigh-Taylor instability of cylindrical water droplet induced by laser-produced cavitation bubble [J]. Journal of Fluid Mechanics, 2021, 919: A42.
4 Rosselló J M, Reese H, Ohl C-D. Dynamics of pulsed laser-induced cavities on a liquid–gas interface: from a conical splash to a 'bullet' jet [J]. Journal of Fluid Mechanics, 2022, 939: A35.

Study on the unsteady effect of the ventilating phenomena of a cavitation bubble near free surface

WANG Guang-hang, WANG Jing-zhu[*], WANG Yi-wei

(Institute of Mechanics, CAS, Beijing 100190, Email: wangjingzhu@imech.ac.cn)

Abstract：A near free surface cavitation bubble oscillation will induce different intensities of deformation for the free surface. The interfacial behaviors are more complicated with a closer distance, such as the strong coupling interactions of bubble pulsation and water spray. Most of studies on the strong coupling interactions are focused on the morphological characteristics, but the hidden mechanism is still unclear. In this paper, the closure mechanism of the liquid film under the strong coupling is studied by experiments and simulations. In the experiment, a cavitation bubble is generated based on the optical breakdown principle. A dimensionless quantity γ is defined as the ratio of the distance h between a bubble and free surface scaled by the maximum equivalent radius R_{max} in free field. In the simulation, the compressible InterFoam solver embedded in OpenFOAM is used to solve the strong coupling interactions. Large eddy simulation (LES) and volume of fluid (VOF) methods are used to accurately capture the small-scale structure during the ventilating process. The spray can be divided into three types: fully open, quasi-closed and closed types according to the closed shape of the cavitation bubble in the experiments. For the third one, the bubble initially expands and ventilates, inducing the free surface to form a transparent liquid film. The high-pressure gas within bubble rushes out. When the pressure of external air is greater than that of the bubble, the external air intrudes, causing the liquid film moving toward the center and closure. Finally, based on the potential flow theory, it is found that the pressure difference inside and outside the bubble dominates the closing process of spray through the analysis of the velocity field obtained in the simulation. The unsteady term of velocity is an indispensable leading factor to solve the pressure difference inside and outside the bubble.

Key words：Bubble bursting; Bubble ventilating; Unsteady term; Splash closure; LES.

水翼非定常涡空化的高精度数值模拟研究

谢楠，唐雨萌，柳阳威*

(北京航空航天大学 能源与动力工程学院，北京 100191;
北京航空航天大学 航空发动机气动热力国家级重点实验室，北京 100191,
E-mail: liuyangwei@126.com)

摘要：网格自适应模拟(Grid-Adaptive Simulation, GAS)是课题组基于 Kolmogorov 能谱新提出的一种 RANS-LES 混合方法，能够有效克服现有常用 RANS-LES 混合方法对网格依赖高的缺点。本文采用 GAS、尺度自适应模拟（SAS）及大涡模拟（LES）三种方法对水翼空化流动开展了数值模拟研究，并和实验数据进行了对比，分析了三种方法对空化流动的预测性能。结果表明，相较于 SAS，GAS 可以更准确地捕捉泄漏涡空化、分离涡空化和前缘空化，且能捕捉到更多的小尺度涡，接近 LES 水平。最后基于 LES 结果对比分析了不同涡识别方法对旋涡结构的辨识效果，利用课题组提出的当地迹旋涡识别方法可以识别出泄漏涡发展过程中的旋转模式变化规律。

关键词：泄漏涡空化；前缘空化；大涡模拟；网格自适应模拟；旋涡识别

1 引言

空化是水力机械、航空航天、水下航行和发射等多个领域面临的关键科学技术问题。空化流动包括多种复杂流动现象：多尺度湍流、相变、多相流和可压缩性等[1]。空化流动的数值模拟主要涉及到空化模拟和湍流模拟，因此，湍流模拟方法的选择对空化的预测结果有很大影响。目前，湍流模拟方法主要分为直接数值模拟（DNS）、大涡模拟（LES）、雷诺平均 Navier-Stokes 方法（RANS）和 RANS-LES 混合方法。其中，DNS 和 LES 方法由于较大的计算耗费，难以在工程上广泛应用，仅用于空化机理研究。而 RANS 方法由于湍流模型精度不高，使得预测的空腔尺度往往与真实情况有较大差距。混合 RANS-LES 方法结合了 RANS 计算耗费小和 LES 精度高的优点，平衡了计算耗费和精度，在近年展现出广阔的应用前景。

本文对比了课题组新提出的网格自适应模拟（GAS）、尺度自适应模拟（SAS）及大涡模拟（LES）对水翼空化流动的预测精度，并基于 LES 结果分析了不同涡识别方法对旋涡结构的辨识效果，采用课题组提出的当地迹旋涡识别方法分析了泄漏涡发展过程中的旋转模式变化规律。

基金项目：国家自然科学基金(51976006, 52106039)

2 模型和方法

2.1 GAS 方法

GAS 是课题组[1]基于 Kolmogorov 能谱提出的一种网格自适应的混合 RANS-LES 方法，GAS 方法可以根据不同的网格分辨率给出适当的亚滤波尺度湍动能和湍流粘性，可通过调整湍流粘性耦合常用湍流模型。GAS-SST 方法简介如下：

$$v_{sfs} = \frac{a_1 D_f k_m}{\max(a_1 \omega_m, SF_2)} \quad (1)$$

$$D_f = \min\left[\left(\frac{(1-F_{GAS}) \cdot 1.074 \cdot \Delta^* + F_{GAS} l_m}{l_m}\right)^{2/3}, 1\right] \quad (2)$$

$$\Delta^* = C_{GAS}\left[(1-F_{GAS})\Delta_{vol} + F_{GAS}\Delta_{\max}\right] \quad (3)$$

$$F_{GAS} = 1 - \min\left[\alpha(1-F_2), 1\right] \quad (4)$$

$$\alpha = \max(0.6 Re_t^{0.7}, 1) \quad (5)$$

式中，k_m 和 ω_m 分别为 SST $k-\omega$ 模型中的湍动能和比耗散率，$l_m = \frac{\sqrt{k_m}}{\beta^* \omega_m}$，$Re_t = \frac{k_m}{v \omega_m}$，$C_{GAS} = 0.6$。

2.2 NACA0009 水翼计算方法

本文采用 GAS、SAS 和 LES 三种湍流模拟方法结合 ZGB 空化模型对 NACA0009 水翼空化流动进行数值模拟。水翼几何、计算域和 Dreyer[2]的实验保持一致，如图1所示，叶顶间隙为弦长的10%（弦长 C=100 mm）。进口速度为 10 m/s，进口静压保持为 100 kPa。

采用局部加密的多面体网格，其核心区域为六面体网格。LES 所用网格数约 1183 万，GAS 与 SAS 所用网格数约为 767 万。通过网格质量评价确定以上网格均满足计算需求。

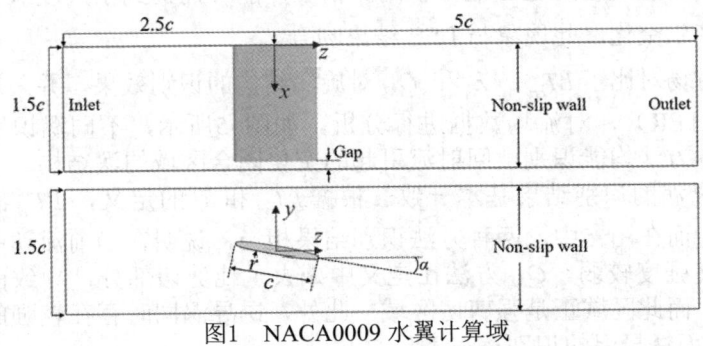

图1　NACA0009 水翼计算域

2.3 LT_{cri} 旋涡识别方法

旋涡识别是分析流动结构的常用方法。一些常用的涡识别方法，如 Q 准则[2]、Ω 准则[3]、Liutex 方法[2]等，广泛用于分析旋涡结构。最近，课题组柳阳威等[2-3]提出了当地迹准则（LT_{cri}）和基于 LT_{cri} 的椭圆域（LTER）指示法，可分析旋涡旋转模式和压缩/膨胀特性。对于某一流体质点的当地速度梯度张量 ∇u，其特征方程判别式 $\Delta > 0$ 时，∇u 具有一个实特征值 λ_r，和一对共轭的复特征值 $\lambda_{cr} \pm i\lambda_{ci}$，此时当地流体质点的轨迹存在螺旋特征，轨迹方程可由以单位特征向量 (v_r, v_{cr}, v_{ci}) 为基的坐标系表示。而当 $\Delta \leq 0$ 时，∇u 具有三个实特征值，质点运动轨迹不具有螺旋特征。当 $\Delta > 0$ 时，λ_r 体现螺旋轨迹线轴向拉伸或压缩，λ_{cr} 体现径向的扩张或收缩，λ_{ci} 反映了旋涡的旋转强度。

LT_{cri} 构造了一个新张量 $\Psi = (\nabla u)^2 / 2$，当 Ψ 的第一不变量 $I_\Psi = -tr(\Psi)$ 为正时，认为流体质点位于旋涡的核心区域。实际应用中为减少计算量，对 $\Delta \leq 0$ 的情况进行简化，最终 LT_{cri} 的表达式为：

$$LT_{cri} = \begin{cases} 0 & \Delta \leq 0 \\ -\lambda_r^2/2 - \lambda_{cr}^2 + \lambda_{ci}^2 & \Delta > 0 \end{cases} \tag{6}$$

式中，满足 $LT_{cri} > 0$ 的点位于旋涡核心区域。

3 结果和分析

将计算结果与 Dreyer[3]测得实验数据进行对比，图 2所示为间隙一侧原点下游一倍弦长处时均轴向速度，图 3展示了时均空腔结果。LES 能够准确捕捉泄漏涡空化、分离涡空化和前缘空化。而 SAS 预测的泄漏涡空化、分离涡空化和前缘空化均明显弱于实验水平。较大的湍流粘性抑制了泄漏涡等旋涡结构的发展，导致旋涡强度快速下降，空腔过早闭合且涡核尺度较大。GAS 通过合理降低湍流粘性，提高了对泄漏涡涡核位置和尺度的预测精度，对空化的预测精度达到了 LES 水平。

图 4基于瞬时场展示了三种方法预测的旋涡结构和空腔。与 LES 对比，SAS 由于较大的湍流粘性使得前缘空化不能正常发展，泄漏涡和分离涡也由于旋涡强度不足导致涡核压力较高。而 GAS 方法通过适当地释放湍流粘性，能够捕捉到小尺度涡，且远下游较强的小涡同样可以产生空化，此现象与 LES 结果吻合。

采用基于瞬时场对比了 LT_{cri}、λ_{ci} 和 Q_M 对旋涡结构的识别效果，并采用基于 LT_{cri} 的旋涡识别指示法（LTER），对流场数据进行分析。如图 5所示，不同涡识别方法与空腔形态进行对比，三种方法均能识别出回射流引起的空化闭合区域的涡结构。三种方法对脱落涡、泄漏涡和分离涡的识别结果基本一致。根据 LT_{cri} 和 λ_{ci} 的定义，LT_{cri} 额外考虑了旋流拉压作用的影响，而在图 5中，两种方法识别结果相当，说明在当前流动中流体的拉压作用强度相对于旋转强度较弱。Q_M 方法在定义中减去了纯剪切部分，导致前缘空化区域识别的涡结构更少，而此区域正是强剪切区域。此外，诱导涡同时存在较强的旋转和剪切作用，因此 Q_M 对壁面诱导涡的识别存在不足。

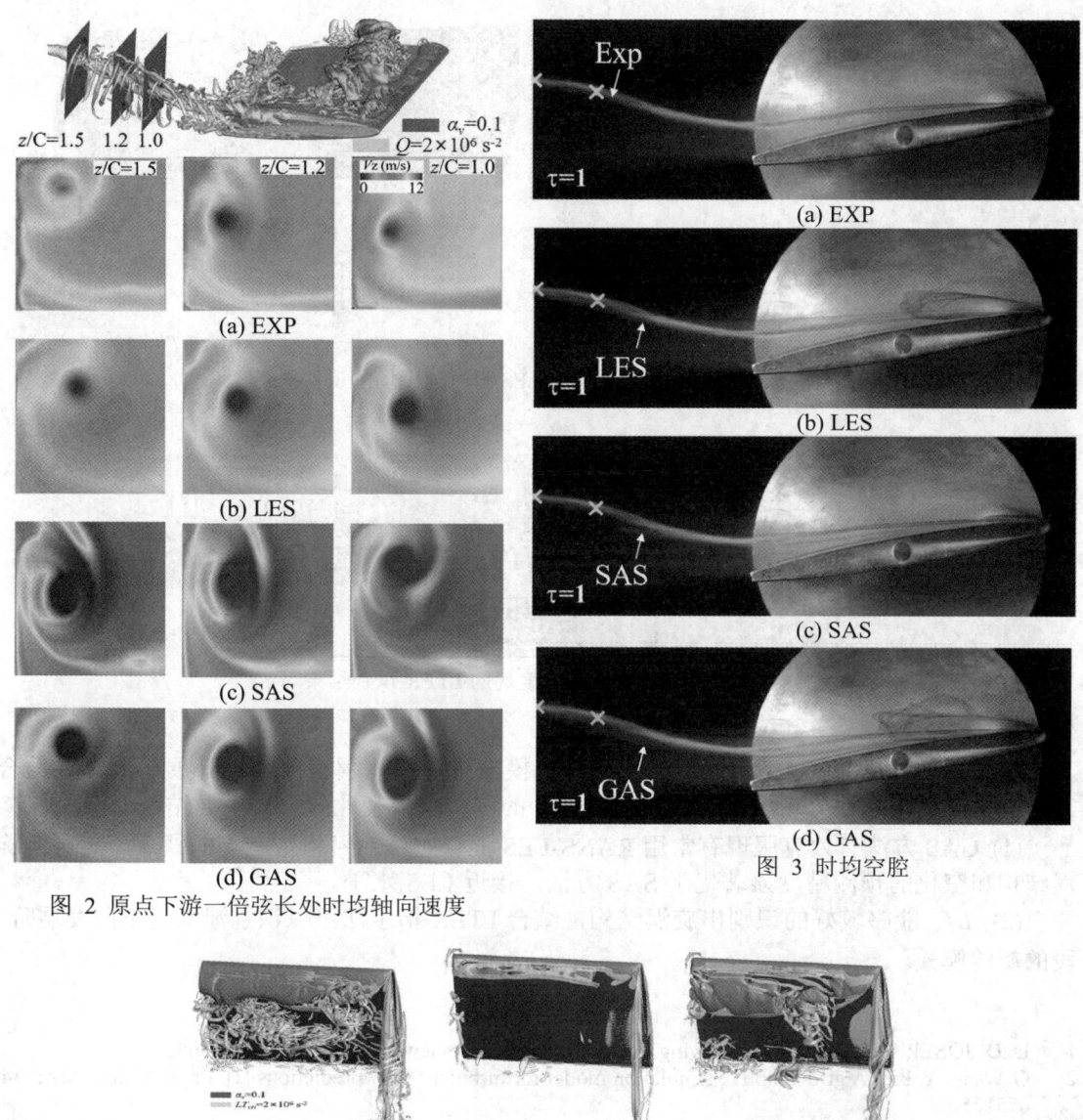

图 2 原点下游一倍弦长处时均轴向速度

图 3 时均空腔

图 4 瞬时旋涡结构和空腔

图 6基于时均速度场对泄漏涡旋转模式进行了分析。根据定义 $\xi_{LT} = \lambda_{cr}/|\lambda_{ci}|$，$\xi_{LT}>0$（洋红色）代表旋涡沿轴向拉伸，$\xi_{LT}<0$（青绿色）代表沿轴向压缩。在泄漏涡的发展阶段，涡核区域中心为轴向拉伸的旋转模式，涡核外围区域主要为轴向压缩旋转模式。而在泄漏涡受到分离涡和尾迹扰动时，轴向压缩的区域向涡核内部扩张并占据主导。在远下的粘性耗散阶段，旋转模式变得交错复杂。

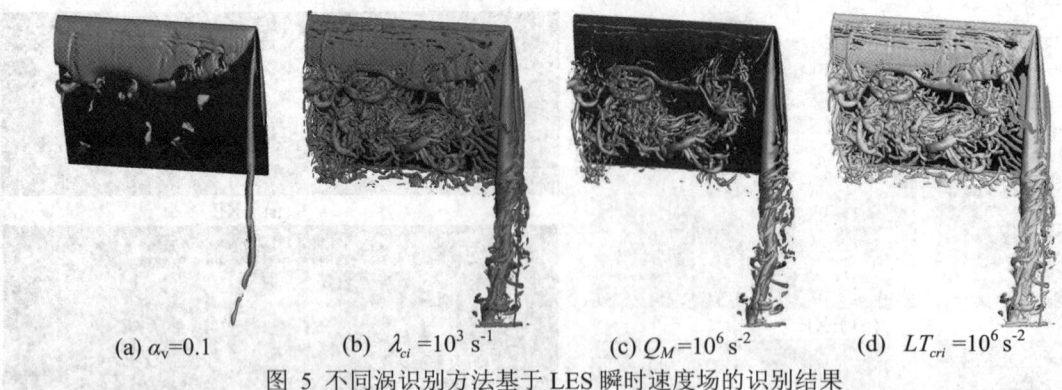

(a) $a_v=0.1$　　(b) $\lambda_{ci}=10^3\ s^{-1}$　　(c) $Q_M=10^6\ s^{-2}$　　(d) $LT_{cri}=10^6\ s^{-2}$

图 5 不同涡识别方法基于 LES 瞬时速度场的识别结果

图 6 基于 LES 时均速度场的 LTER 识别结果

4　结论

本文采用 GAS、SAS 及 LES 三种湍流模拟方法对水翼空化流动开展研究,并结合 LT_{cri} 和 LTER 指示法分析了泄漏涡发展过程中的旋转模式变化规律。主要结论如下:

(1) GAS 方法有效克服现有常用 RANS-LES 混合方法对网格依赖高的缺点,对水翼旋涡结构和空化的预测精度显著优于 SAS 方法,接近 LES 水平。

(2) LT_{cri} 能够较好的识别出旋涡结构,结合 LTER 指示法可以识别泄漏涡不同发展阶段的旋转模式。

参考文献

1. D. D. JOSEPH. Cavitation in a flowing liquid [J]. Physical review: E. 1995, 51: 1649-1650.
2. G. Wang, Y. Liu. A grid-adaptive simulation model for turbulent flow predictions [J]. Phys. Fluids. 2022, 34, 075125.
3. Dreyer M. Mind the gap: Tip leakage vortex dynamics and cavitation in axial turbines [D]. École Polytechnique Fédérale De Lausanne, 2015.
4. J. C. R. Hunt, A. A. Wray, P. Moin. Eddies, streams, and convergence zones in turbulent flows [R]. Report No. CTR-S88 (Center for Turbulence Research, 1988).
5. C. Liu, Y. Wang, Y. Yang, et al. New omega vortex identification method [J].Sci. China: Phys., Mech. Astron. 2016, 59(8): 684711.
6. Y. Gao, C. Liu. Rortex and comparison with eigenvalue-based vortex identification criteria [J]. Phys. Fluids. 2018, 30(8): 085107.
7. Y. Liu, Y. Tang. An elliptical region method for identifying a vortex with indications of its compressibility and swirling pattern [J]. Aerosp. Sci. Technol. 2019, 95, 105448.
8. Y. Liu, W. Zhong, Y. Tang. On the relationships between different vortex identification methods based on local trace criterion [J]. Phys. Fluids. 2021, 33: 105116.

明渠湍流结构与颗粒运动研究进展

杨胜发*，胡江，付旭辉，张鹏，金健灵，王永强

（重庆交通大学国家内河航道整治工程技术研究中心，重庆 400074，Email: ysf777@163.com）

摘要：泥沙起动是泥沙运动力学研究的基础理论问题之一，然而，目前对明渠湍流拟序结构与泥沙起动的物理本质过程认识不清楚，极大限制了拟序结构成果应用于泥沙输运机制的重要研究课题。本文基于长江原型观测以及室内水槽试验提出了大水深明渠湍流结构运动形式，不同尺度Q-动量区动量交换后成正弦曲线形态，大尺度上升流和大尺度下扫流构成斜对角正弦曲线流动，并构成1个大尺度发夹涡。每个大尺度发夹涡包含(4-6)个内层壁面涡组成的涡群，每个内层壁面涡群含(4-6)个壁面小涡；探研了明渠湍流结构瞬态运动过程，表现为水面区造成 Q4 结构向下运动,挤压、推进、爬升床面区的 Q2 结构伴随其自身形变的瞬态发展过程；解析了明渠湍流结构尺度分布以及携带湍动能占比特征，探研了明渠湍流结构瞬态运动的能量转换过程。基于具有时间解析能力的 3D3C-PIV 以及颗粒受力测量系统，同步开展大范围三维瞬时流场和颗粒受力高频率精细测量，初步研究了床面粗糙颗粒对明渠湍流结构的尺度分布影响特征。进一步开展床面颗粒起动机制研究，通过振幅调制建立超大尺度结构与颗粒以滚动或跳跃方式起动前后的互反馈机制；揭示超大尺度结构瞬态运动对颗粒起动的物理本质过程。研究结果将进一步丰富明渠湍流拟序结构理论体系，为泥沙输运、污染物扩散等泥沙动力学中重要问题的研究提供理论基础。

关键词：泥沙起动；明渠紊流；超大尺度结构；振幅调制；互反馈机制

基金项目：国家自然科学基金(51679020)；国家重点研发计划资助项目(2018YFB1600400)

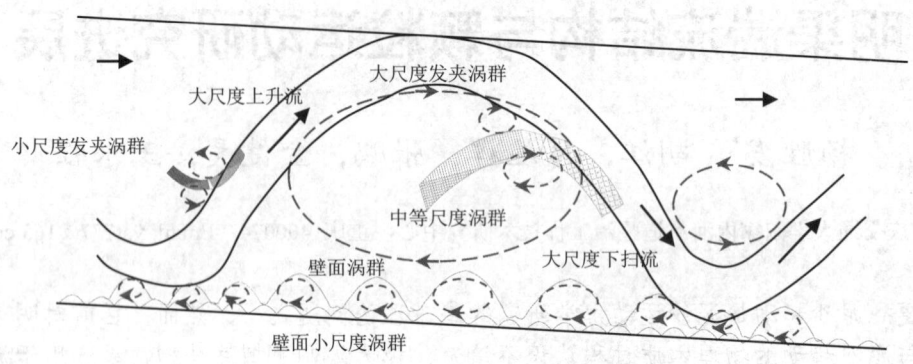

图 1 大水深明渠运动形式

图 2 粗糙床面明渠湍流结构试验

Research progress on turbulent structure and particle movement in open channels

YANG Sheng-fa[*], HU Jiang, FU Xu-hui, ZHANG Peng

(National Inland Waterway Regulation Engineering Research Center, Chongqing Jiaotong University, Chongqing 400074, Email: ysf777@163.com)

Abstract: Sediment initiation is one of the basic theoretical issues in the study of sediment movement mechanics. However, the current understanding of the physical nature of the turbulent coherent structure of open channels and sediment initiation is not clear, which greatly limits the application of the coherent results to sediment transport. Based on the prototype observation of the Yangtze River and flume test, this paper proposes the turbulent motion form of the large water depth open channel. The Q-momentum region of different scales forms a sinusoidal shape after the momentum exchange and form a large-scale hairpin vortex, each large-scale hairpin vortex contains a vortex group composed of (4-6) inner wall vortices, and each inner wall vortex group contains (4-6) small wall vortices eddy. The transient motion characteristics of the open channel were evident mainly in the down-stream movement of Q4 resulting from the water surface area and in the extrusion, uplift, and climbing behavior of the Q2 structure in bed region accompanying the transient development process of its deformation. The scale distribution and the proportion of the turbulent kinetic energy carried, the energy conversion process of the transient motion of the open channel turbulent structure was investigated. Utilizing high-resolution and time-resolved 3D3C particle image velocimetry and particle force measurement system to synchronously carry out measurement of large-scale three-dimensional instantaneous flow field and particle force. Based on the wavelet spectral analysis method, the instantaneous motion process of very large-scale motions will be extracted, and the mutual feedback mechanism between very large-scale motions and particles before and after rolling or jumping will be established by amplitude modulation. The physical essential process of particle initiation caused by the transient motion of very large-scale motions will be revealed. The research results will further enrich the theoretical system of turbulent coherent structure in open channel, and provide a theoretical basis for the study of important problems in sediment dynamics such as sediment transport and pollutant diffusion.

Key words: Sediment initiation; Turbulence; Super large-scale structure; Near-amplitude modulation; Mutual feedback mechanism

船舶复杂流场精细化模拟与水动力噪声预报

万德成，于连杰，赵伟文，王建华，曹留帅，庄园

（上海交通大学 船海计算水动力学研究中心(CMHL),船舶海洋与建筑工程学院，上海 200240）

摘要：水动力噪声对船舶隐蔽性和舒适性有重要影响，水动力噪声的准确预报意义重大。水动力噪声实验测试存在显著尺度效应，干扰因素复杂且难以区分，因此，数值计算预报已成为解决船舶水动力噪声问题越来越重要的手段。船舶复杂流场精细化模拟是水动力噪声准确预报的基础。根据船舶流场特点，本报告分为两个方面介绍。第一个方面是主要针对潜艇、鱼雷等水下航行体，不含水气界面单相流情况，报告主要介绍CMHL研究中心团队利用DES、LES等方法在求解复杂几何边界层压力脉动捕捉方面的工作，以及发展动态重叠网格技术、六自由度运动求解、多级物体运动求解等技术，用来精细化模拟不同航行体航行姿态和操纵运动的复杂湍流边界层流动和湍流涡流场。报告介绍了近年来CMHL研究中心团队针对end-cap问题，改进了可穿透FW-H方法，推导出数值补偿项，提出了一种高鲁棒性噪声预报方法，使其能够在精细化流场结果前提下消除虚假噪声信号，并以DTMB螺旋桨和SUBOFF潜艇为例进行介绍说明。第二个方面是针对水面舰船，含水气界面两相流情况，介绍三个方面工作：在自由面流动方面，采用PLIC等方法捕捉界面，开发了数值造波模块，能够准确模拟立柱、海洋平台等与各类波浪相互作用的复杂自由面流场；在水气泡混合流方面，开发了欧拉-拉格朗日耦合方法、双流体方法等，模拟波浪破碎、水气泡混合流在平板、水翼等结构下的脉动压力和相分数等变化；在空化流动方面，采用Schnerr-Sauer等空化模型，精细化模拟水翼、螺旋桨等的空化流动。这些都为含水气界面船舶两相流噪声的预报奠定了基础。报告介绍了CMHL研究中心团队基于Deane-Czerski模型预报的自由面破波噪声功率谱，采用直接体积分预报方法，实现高精度的非线性声压预报，采用球状声辐射规律考虑空泡声源，并进行两相声速插值计算，以NACA0012水翼为例介绍了空化噪声求解过程。报告还对船舶复杂流场精细化模拟与水动力噪声预报未来需要开展的工作进行了展望，包括全面准确有效获取流场和声场信息，声场和流场物理耦合作用机理，水动力噪声实尺度计算，水动力噪声高精度计算与高效预报等。

关键词：水下航行体；水面船舶；精细化流场；水动力噪声；数值计算

多尺度空化流建模及其在空蚀预报中的应用

季斌

（武汉大学 水资源与水电工程科学国家重点实验室，武汉 430072，
Email: jibin@whu.edu.cn）

摘要：空化是水利水电、船舶海洋、水中兵器等工程中的一种常见水动力学现象，往往伴随着性能下降、振动增强、空蚀破坏等不利影响，严重影响水力机械及水工建筑物的安全、高效运行，一直是水动力学领域关注的重点和难点课题之一。然而，空化作为一种宏观空穴演变与微观气泡行为相互耦合的多尺度复杂非定常流动，对空化流动的数值模拟方法提出了巨大的挑战。本报告提出并构建了一套基于欧拉-拉格朗日方法的多尺度空化流动精细模拟程序。对绕水翼的外部空化流动和工业喷管内部的空化流动进行数值模拟研究。分析了非定常空化流动的多尺度结构特征，揭示了宏观空化流动对微观气泡团的影响规律，进一步基于流场中近壁面气泡信息，提出了一种考虑气泡非对称坍塌效应的空蚀预报方法，阐明了空蚀破坏的微观机理。该研究成果为深入研究空化不稳定性机制提供了一种可靠方法。

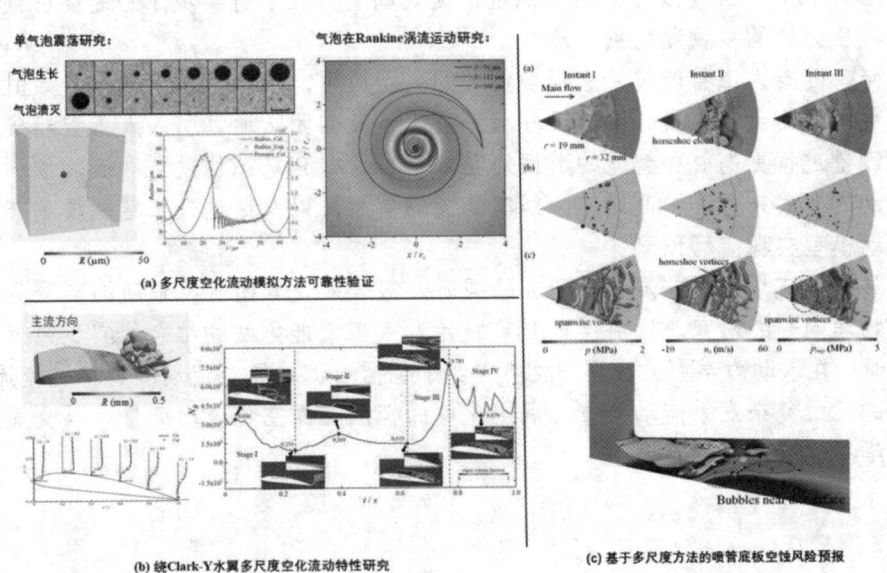

基于多尺度方法的非定常空化流动模拟结果

基于 PIV 的三维复杂流场高精度测量

高琪

（浙江大学 航空航天学院流体工程研究所，杭州 310058）

摘要：近年来，随着对流体物理问题认识的不断拓广和加深，人们对实验测量技术也提出了更高的要求。研究不再满足于对单一物理量的单点或者平面数据进行测量，力求获得多物理场耦合的三维空间体内高精度的测量结果，因此激励着实验测量方法和数据处理技术的不断发展。其中，粒子图像测速(PIV)被认为是最具发展前途的速度场测量技术，目前已经发展到了三维测量的层面，即层析 PIV(tomographic PIV)，但仍在快速发展中。当前的技术发展方向主要有：(1)实现流动物理问题的高时空分辨率精细化测量；(2)实现多物理场耦合测量；(3)引入物理约束来提升测量的精度。本报告将重点介绍基于 PIV 的三维复杂流场高精度测量前沿技术，以及报告人及其团队在这一领域的研究和成果。

报告将首先介绍通过引入流动控制方程来优化实验测量的方法。引入的流动控制方程主要包括不可压缩流动的速度场无散方程、加速度场的无旋方程和流动动量方程等。通过这些物理约束可以实现速度场误差抑制、坏点剔除和流场修复等功能。在此基础上，基于时间解析层析 PIV 三维速度场的实验测量，通过动量方程求解实现了和速度场耦合的流场加速度场和压力场的多物理场耦合测量。

近几年，随着人工智能技术在很多领域的成功应用，流体力学领域也开始引入这项新技术，并成功应用于湍流模化和流场分析。报告人及其团队通过引入人工智能技术对实验流体力学测量进行更高效和智能的数据处理。尤其是在 PIV 图像处理和流场预测方面，通过数据驱动的方式来预测更高时空分辨率的流场信息，以及通过人工智能技术来建立难于模化的流动模型实现流场预测。

在开展三维流场测量前沿技术研究的同时，报告人及其团队将最新的实验测量技术应用于流体物理问题的研究。目前层析 PIV 技术和人工智能方法的结合能实现绝大多数复杂流动的测量。在水动力学中的应用，成功实现了包括湍流边界层流动和钝体绕流流动测量，活鱼仿生的三维复杂涡系流动测量，涡空化中的梢涡临界空化流动测量，以及气泡流动中的气泡三维尾迹流动测量等。

基于守恒量分析的南海内孤立波相互作用研究

尤翔程

(中国石油大学（北京）石油工程学院，北京 102249, Email: xcyou@cup.edu.cn)

摘要：海洋内孤立波的研究与海洋资源开发，海洋工程和海洋生态环境保护等学科有着密切的联系，内孤立波在传播过程中携带的巨大能量对石油钻井平台、船舶海上航行等可能产生严重危害。我国南海海域是强内孤立波频发区域之一，因此对内孤立波的研究具有重要的理论和现实意义。对于浅水区域中单向传播的较小振幅海洋内波，通常采用一维动力学模型，即对非线性项和色散项具有一阶近似的 Korteweg-de Vries（KdV）方程来描述其传播特征。目前国内关于南海内孤立波的研究主要是基于观测基础上的初步分析和数值模拟，较少有解析研究。本研究使用了质量、动量和能量守恒量，对基于 KdV 方程的海洋内波非线性相互作用进行近似解析研究，应用守恒量等式计算合并波形，无需求解相关的非线性偏微分方程。比较了两个下凹型内孤立波的近似合并波形解析结果，基于 Fluent 商业软件数值结果和层析内波理论文献计算结果表明，该方法具有较好的工程近似精度。使用守恒量近似分析方法研究海洋内波双孤子相互作用，可以用较小的计算量获得有效的计算结果进行初步的定性研究。

关键词：南海内孤立波；KdV 方程；相互作用；守恒量

1 引言

世界上有一些热点海域经常会出现波幅很大的内孤立波，例如南海、巴厘海、安达曼海等[1-2](图 1)。目前，内孤立波的驱动机制是比较清楚的，包括背风波、潮汐、剪切流、大气压强变化和水下滑坡等。海洋上下层之间水密度的微小变化，会使内孤立波具有显著的附加力，对海洋工程和船舶航行造成巨大的危险。为保障海上作业安全，厘清内孤立波在我国南海海域的生成、发展、演化、传播等，对于我国的南海深水油气资源开发具有重要意义。

图 1　南海北部内孤立波分布示意图[2]

世界各地的学者利用多种方法对海洋内波进行了深入研究，如利用 SAR 遥感图像[3-4]，模型实验方法[5-6]，数值模拟方法[7-8]等。在弱非线性、弱色散且两者平衡条件下建立的一类内孤立波理论模型 KdV 方程，广泛应用于海洋内孤立波特性研究。两个内孤立波相互作用问题，因其复杂性引起了国内外学者的广泛关注。然而，基于守恒量对这一问题的研究尚属空白。Hsu 等[6]在波浪水槽的两层流体中进行了一系列两个下凹型内孤立波迎面碰撞的实验研究。石新刚等[7]研究了南海东北部深水海域大振幅内孤立波的数值模拟，发现正压涨落潮潮流对内孤立波主孤立子波形和振幅影响的差别较小。Terletska 等[8]在分层流体的 Navier-Stokes 方程框架内，数值研究了两个内孤立波迎面碰撞过程中的波面变化。杨金鑫等[9]分别基于 Fluent 商业软件和层析内波理论，对两层流体间两个下凹型内孤立波的迎面碰撞问题进行了数值模拟研究。

本研究目的是基于守恒量对两个下凹型内孤立波碰撞的问题开展近似解析研究，并使用文献[9]的层析内波理论和 Fluent 数值结果进行对比验证。研究的安排如下：第 1 节介绍了研究现状；第 2 节对基于守恒量的内孤立波理论的基本原理和相关公式进行介绍；第 3 节对两个下凹型内孤立波的迎面碰撞进行了算例分析；第 4 节中给出了相关结论。

2　基于守恒量的内孤立波理论分析

假设两层流体均为理想不可压缩而且无旋，在流体处于静平衡状态时，上层流体深度与密度分别为 h_1 和 ρ_1，下层流体深度与密度分别为 h_2 和 ρ_2。当内孤立波是弱非线性、弱色散而且两者平衡条件时，两层流体 Green-Naghdi 模型可简化为如下的 KdV 方程[5]：

$$u_t + c_0 u_x + c_1 u u_x + c_2 u_{xxx} = 0 \tag{1}$$

其中

$$c_1 = -\frac{3c_0}{2} \frac{\rho_1 h_2^2 - \rho_2 h_1^2}{\rho_1 h_1 h_2^2 + \rho_2 h_1^2 h_2}, \quad c_2 = \frac{c_0}{6} \frac{\rho_1 h_1^2 h_2 + \rho_2 h_1 h_2^2}{\rho_1 h_2 + \rho_2 h_1} \quad (2)$$

方程(1)有如下定态内孤立波解，也可称为 KdV 理论解

$$u = a\operatorname{sech}^2\left[\lambda_{\mathrm{KdV}}(x - c_{\mathrm{KdV}}t)\right], \quad \lambda_{\mathrm{KdV}} = \sqrt{\frac{ac_1}{12c_2}}, \quad c_{\mathrm{KdV}} = c_0 + \frac{ac_1}{3} \quad (3)$$

式中，a 为内孤立波振幅，c_{KdV} 为内孤立波 KdV 理论解的相速度。

内孤立波 KdV 方程的质量、动量和能量守恒量分别为[10]：

$$I_1 = \int_{-\infty}^{+\infty} u\,\mathrm{d}x, \quad I_2 = \int_{-\infty}^{+\infty} u^2\,\mathrm{d}x, \quad I_3 = \int_{-\infty}^{+\infty} \left(u^3 - 3u_x^2\right)u\,\mathrm{d}x \quad (4)$$

如果两个下凹型内孤立波合并，则可以将守恒量增加到另一个波的不变量中，从而得到合并波形的合并质量、动量和能量。KdV 方程有无穷多个守恒量，利用前三个具有实际物理意义的守恒量，这三个量是理解应用守恒量计算两个下凹型内孤立波相互作用波形方法的关键。因为提供了三个已知参数，从中可以找到合并波的良好近似解析值。对于具有不同振幅 a_1 和 a_2 的两个下凹型内孤立波完全相互作用时，这些不变量将守恒。通过利用这些守恒量特性，可以用最小的计算量获得内孤立波相互作用近似合并波形的各种有用计算结果。使用 Mathematica 或者 Maple 可以很容易计算得到守恒量的积分，对于 KdV 方程近似完全合并守恒量等式为：

$$I_{1\mathrm{KdV}} = 4\sqrt{3}\left(a_1^{1/2} + a_2^{1/2}\right) = \frac{2a}{\lambda_{\mathrm{KdV}}} \quad (5)$$

$$I_{2\mathrm{KdV}} = \frac{8}{\sqrt{3}}\left(a_1^{3/2} + a_2^{3/2}\right) = \frac{4a^2}{3\lambda_{\mathrm{KdV}}} \quad (6)$$

$$I_{3\mathrm{KdV}} = \frac{8\sqrt{3}}{5}\left(a_1^{5/2} + a_2^{5/2}\right) = \frac{16a^2\left(a - 3\lambda_{\mathrm{KdV}}^2\right)}{15\lambda_{\mathrm{KdV}}} \quad (7)$$

3 内孤立波相互作用算例

两个下凹型内孤立波相互作用算例参数见表 1，两层流体系统中上层流体的密度为 $\rho_1 = 0.83$ g/cm^3，厚度为 $h_1 = 2$ cm；下层流体的密度为 $\rho_2 = 0.998$ g/cm^3，厚度为 $h_2 = 20$ cm。左侧波幅 $a_1 = 5$ cm，右侧波幅 $a_2 = 1.25$ cm 迎面碰撞，相互作用数值模拟结果(图 2(a))。此外，守恒量近似解析得到两个下凹型内孤立波相互作用的最大波幅是 3.75 cm，文献[9]基于

Fluent 商业软件得到的波幅是 3.77 cm,层析内波理论得到的波幅是 3.79 cm,计算结果比较如图 2(b)所示,最大波幅误差仅为 0.5%。应用守恒量等式计算合并波形,无需求解相关的非线性偏微分方程。可以用最小的计算量获得内孤立波相互作用近似合并波形的计算结果,该方法具有较好的工程近似精度。

表 1 内孤立波相互作用算例参数

h_1/h_2 (cm)	ρ_1/ρ_2 (g/cm^3)	左侧波幅 a_1 (cm)	右侧波幅 a_2 (cm)	c_0	c_1	c_2
2/20	0.83/0.998	5	1.25	1	-0.661449	7.750771

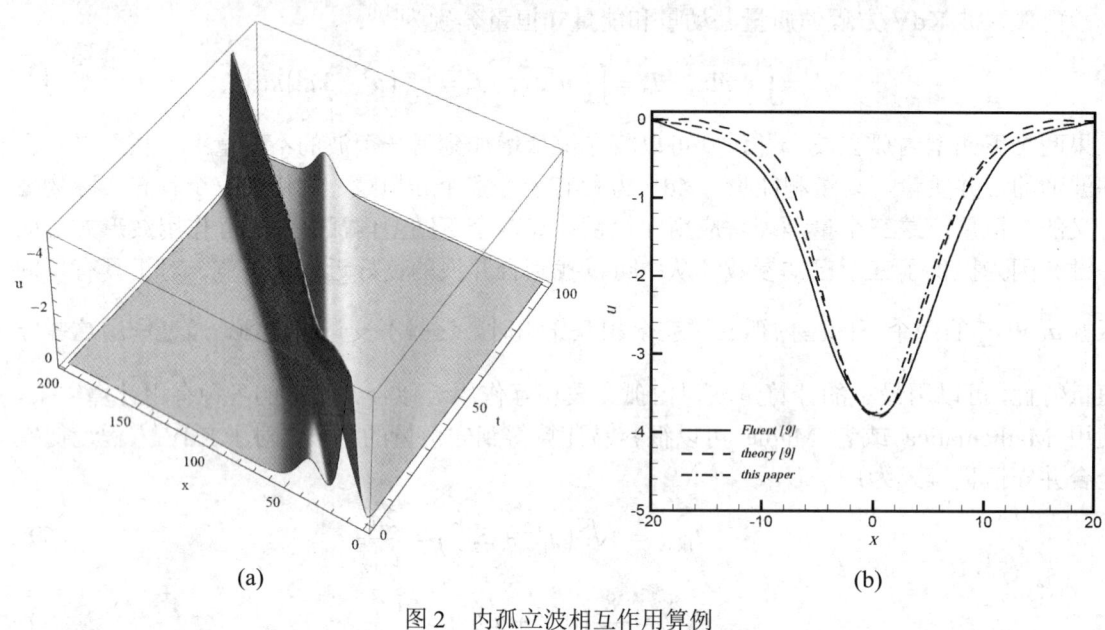

图 2 内孤立波相互作用算例

4 结论

本研究了两个下凹型内孤立波的完全相互作用,应用守恒量等式计算合并波形,无需求解非线性偏微分方程。计算结果表明,使用守恒量近似分析方法研究内孤立波相互作用,具有良好的近似解析模型,可以用最小的计算量获得较好的工程近似精度,未来可进一步应用于内孤立波与海洋结构物相互作用的载荷研究。

致谢:本研究工作是在国家自然科学基金(批准号:12002390)资助下完成。

参考文献

1. 王火平, 陈亮, 郭延良, 等. 海洋内孤立波预警监测识别技术及其在流花16-2油田群开发中的应用 [J]. 海洋工程, 2021, 39(2): 162-170.
2. Chen Liang, Zheng Quanan, Xiong Xuejun, et al. Dynamic and statistical features of internal solitary waves on the continental slope in the Northern South China Sea derived from mooring observations [J]. J Geophys. Res.-Oceans, 2019, 4078-4097.
3. 王展, 朱玉可. 非线性海洋内波的理论、模型与计算 [J]. 力学学报, 2019, 51(6): 1589–1604.
4. 李娟, 顾行发, 余涛, 等. 基于变系数模型的吕宋海峡海洋内波模拟研究 [J]. 水动力学研究与进展, 2011, 26(2): 157-166.
5. 黄文昊, 尤云祥, 王旭, 等. 有限深两层流体中内孤立波造波实验及其理论模型 [J]. 物理学报, 2013, 62(8): 084705.
6. Hsu J R C, Cheng M H, Chen C Y. Potential hazards and dynamical analysis of interfacial solitary wave interactions [J]. Nat. Hazards, 2013, 65(1): 255-278.
7. 石新刚, 范植松, 李培良. 正压潮流对南海东北部深水海域大振幅内孤立波影响的数值模拟 [J]. 中国海洋大学学报, 2009, 39: 297-302.
8. Terletska K, Jung K T, Maderich V, et al. Frontal collision of internal solitary waves of first mode [J]. Wave Motion, 2018, 77: 229-242.
9. 杨金鑫, 赵彬彬, 段文洋, 等. 两层流体间下凹型内孤立波迎面碰撞问题研究 [C]. 第十六届全国水动力学学术会议暨第三十二全国水动力学研讨会论文集, 北京: 海洋出版社, 2021.
10. 尤翔程, 刘曾, 崔继峰. KdV与BBM方程孤立波完全相互作用近似解析研究. 舰船科学技术, 2022, 44(5): 76-79.

Numerical solution of hydrodynamic stability equation of unbounded domain flow with coordinate transform

YOU Xiang-cheng

(College of Petroleum Engineering, China University of Petroleum (Beijing), Beijing 102249, Email: xcyou@cup.edu.cn)

Abstract: The study of internal solitary waves is not only closely related to the exploitation of marine resources, marine engineering and marine ecological environment protection, but also brings serious harm to oil drilling platform and ocean navigation due to the huge energy carried in the propagation process. The South China Sea is one of the regions where strong internal solitary waves occur in the world. Therefore, it is of great theoretical and practical significance to study the internal solitary waves in the South China Sea. The one-dimensional dynamics model, the Korteweg-de Vries (KdV) equation with first-order approximation for the nonlinear and dispersion terms, is usually used to describe the propagation characteristics of small amplitude unidirectional waves in shallow water. In view of the fact that the domestic researches on the internal solitary waves in the South China Sea are mainly based on the preliminary analysis results on the basis of observation and numerical simulations, there are few analytical studies. In this paper, we use the conserved quantities of mass, momentum and energy to approximate analytically study the nonlinear interaction of waves in the ocean based on the KdV equation. We use the conserved equations to calculate the combined waveform without solving the related nonlinear partial differential equations. The numerical results of Fluent commercial software and the computed results of tomographic internal wave theory are compared. Using the approximate analysis method of conserved quantities to study the interaction of two-solitons, we can obtain various useful results with a small amount of calculation and conduct preliminary qualitative research. The results show that the method has good engineering approximate accuracy.

Key words: Solitary waves in the South China Sea; KdV equation; Interaction; Conserved quantity.

基于旋转控制的圆柱流致振动智能主动控制

任峰*，胡海豹

(西北工业大学 航海学院，西安 710072, Email: renfeng@nwpu.edu.cn)

摘要：近些年来机器学习的蓬勃发展为主动流动控制提供了许多新颖的研究思路，其中典型的方法包括遗传规划和深度强化学习等。本研究将深度强化学习这一半监督式的机器学习方法应用到圆柱流致振动这一经典的问题中，构建了以旋转为主要激励方式，多种传感器提供反馈信号的闭环控制回路，以期实现抑制圆柱流致振动的目标。本研究中，以格子 Boltzmann 方法为核心求解器模拟主动控制下的非定常流动环境，并辅以浸没边界求解模块，从而实现流场的高效求解。在智能控制方面，本研究采用近端策略优化这一主流的基于策略的深度强化学习方法，通过两套独立的神经网络在训练过程中分别实现动作决策和效果评估的目的，并充分引入状态空间的时序历程。利用上述智能主动流动控制框架，成功实现了圆柱流致振动主动控制，为发展一般性的复杂流动主动控制方法提供了详实的参考案例，并为解读智能控制策略中的物理机制提供了一些初步的观点。

关键词：主动流动控制；深度强化学习；流致振动；格子 Boltzmann 方法

1 引言

主动流动控制在科学研究和工程应用中均扮演着重要角色，是流体力学中的重要研究领域。其中，开环控制借助于吹/吸射流、合成射流、旋转控制、等离子体等激励手段，常用于对控制前后物理现象及对控制规律的探索。在此基础上，闭环控制通过在流动系统中引入传感器采集流动相关信息，反馈给控制律，进而得到能够随环境变化自动调节的激励器输出。与开环控制相比，闭环控制在综合效能、鲁棒性等方面更具优势，但在控制律设计方面也颇具挑战。受制于流动系统的高维、非线性等复杂特征，目前仍缺乏湍流、流固耦合等复杂流动条件下的一般性有效闭环控制方法[1-2]。

基金项目：自然科学基金青年项目(12102357)和中央高校基本科研业务费专项资金(3102021HHZY030002)

人工智能的兴起为闭环主动流动控制提供了新的解决思路和实现途径，其中侧重于同环境交互的深度强化学习方法契合了该问题的需求[2]。如图 1 所示，在闭环流动控制的框架中，深度强化学习被用以构建控制律，即由传感器反馈信号到激励器动作输出的映射关系。其中，深度强化学习采用两套独立的神经网络，即"动作器"和"评估器"，分别在给定系统状态信息的基础上输出激励器的动作并评估出控制效果，实现了数据驱动的控制律表达。本研究所使用的近端策略优化算法，能够在不断的学习中探索并调整控制策略，直至获得符合要求的控制策略。

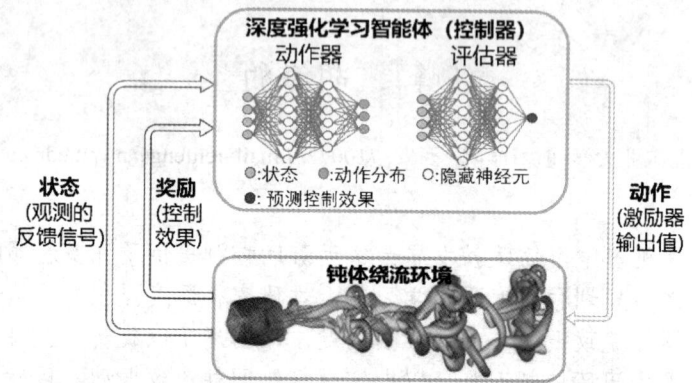

图 1　基于深度强化学习的闭环主动流动控制框架

式(1)列出了优势函数的定义，即实际奖励值相比"评估器"根据当前状态预测的奖励值的增益，而"评估器"的目标即根据当前状态预测尽可能预测准确地奖励值，即公式(2)。

$$\hat{A}_t = \sum_{t'>t}\gamma^{t'-t}r_{t'} - V_\Theta(s_t) \tag{1}$$

$$J_{critic}(\Theta) = \hat{E}_t\left(-\hat{A}_t^2\right) \tag{2}$$

式(3)代表"动作器"的目标函数，即根据上述增益的正负判断网络更新的方向并对网络更新的幅度进行限定，其中 R_t 表示新的策略相比原先策略的变化幅度。

$$J_{actor}(\Theta) = \hat{E}_t\left\{\min\left(R_t(\Theta)\hat{A}_t, clip(R_t(\Theta), 1-\varepsilon, 1+\varepsilon)\hat{A}_t\right)\right\} \tag{3}$$

在基于深度强化学习的闭环主动流动控制中，除智能算法本身的决策性作用外，也高度依赖于从实时的流体环境中提取的高保真数据。本研究在流体环境搭建方面，以格子Boltzmann 方法作为核心的求解器获取可靠的流场时空演化过程，利用浸没边界灵活处理复杂几何外形边界以及计及结构振动的动边界问题，利用多块网格划分方法在增加近壁区网格分辨率的同时提升计算效率。

此外，在算法实现中，借助基于统一计算设备架构（CUDA）的 GPU 并行计算技术，在不牺牲计算精度的前提下，大幅减小单次训练所需计算时间，满足了深度强化学习对计算精度和计算效率的双重苛刻要求[3-4]。

2 问题描述

本研究中，将基于深度强化学习的闭环主动流动控制用于圆柱的涡激振动问题中。如图 1 所示，直径为 D_0 的圆柱浸没于流速为 U_0 的均匀来流中。圆柱的质量为 m，与刚度为 K 的弹簧连接。在来流作用下，圆柱上下表面产生非对称的卡门涡街，其在脱落过程中会对圆柱施加周期性变化的展向作用力，使得圆柱发生振动。振动圆柱与流动的耦合作用导致对该问题的分析颇为复杂，也增加了对这一系统施加主动流动控制的难度。

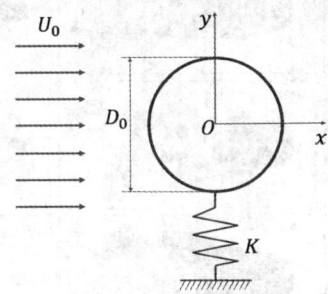

图 2 涡激振动物理模型

3 结果与讨论

本研究中，将基于深度强化学习的闭环主动流动控制用于圆柱的涡激振动问题中。如图 3 所示，控制前后圆柱水动力特性和振动特性显著变化：圆柱所受到的阻力及其波动大幅降低，达到静止圆柱的阻力水平；升力波动和展向振动几乎被完全抑制。控制进入稳定状态后，施加的无量纲旋转激励仅为 0.4 左右。

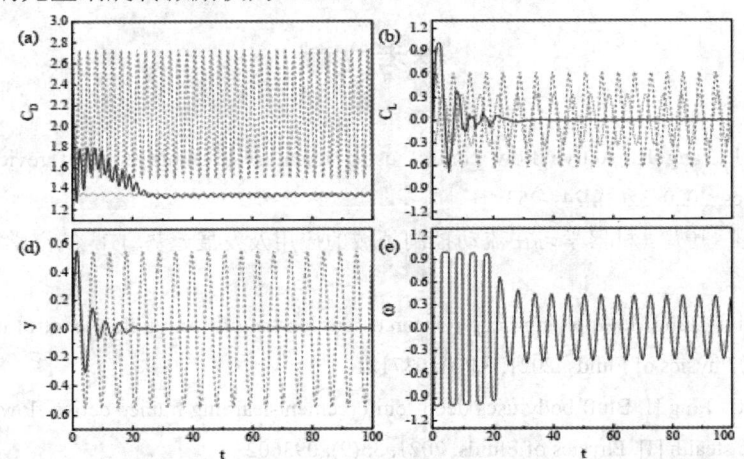

图 3 控制前后物理量的变化比较(a)阻力; (b)升力; (c)展向位移; (d)控制作用

利用动态模态分解最控制前后的流场进行降阶分析,并同静止圆柱作对比(图4),可以发现:在施加控制后,VIV 圆柱绕流流场相比未控制前显著变化,达到了与静止圆柱相接近的水平,而回流区长度略微变大。

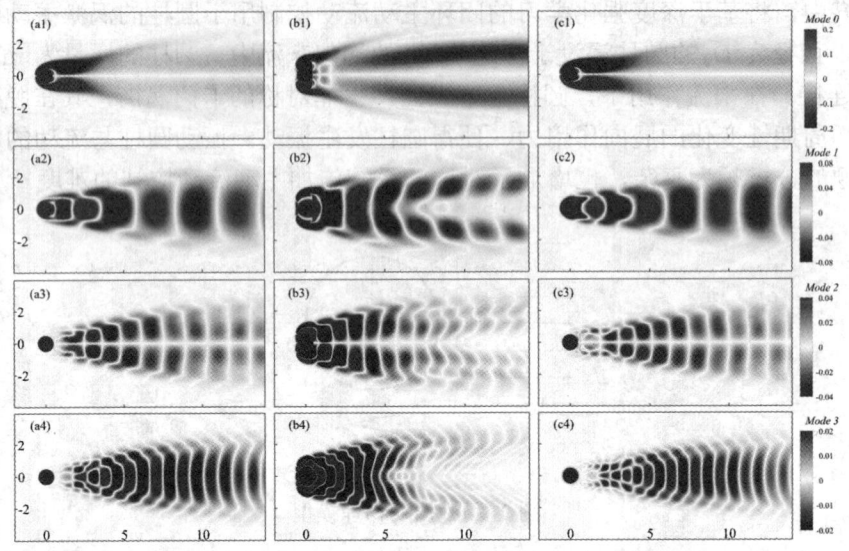

图 4 动态模态分解(a)静止圆柱; (b)控制前 VIV 圆柱; (c)控制后 VIV 圆柱

4 结论

本研究中,将基于深度强化学习的闭环主动流动控制用于圆柱的涡激振动问题中,成功实现了圆柱涡激振动的抑制,并通过动态模态分解对控制前后的流场进行了解读。

参考文献

1. Ren F, Hu H, Tang H. Active flow control using machine learning: A brief review [J]. Journal of Hydrodynamics, 2020, 32(2): 247-253.
2. 任峰, 高传强, 唐辉. 机器学习在流动控制领域的应用及发展趋势 [J]. 航空学报, 2021, 42(04): 152-166.
3. Ren F, Rabault J, Tang H. Applying deep reinforcement learning to active flow control in weakly turbulent conditions [J]. Physics of Fluids, 2021, 33(3): 037121.
4. Ren F, Wang C, Tang H. Bluff body uses deep-reinforcement-learning trained active flow control to achieve hydrodynamic stealth [J]. Physics of Fluids, 2021, 33(9): 093602.

Intelligent active control for flow induced vibration of a circular cylinder via self-rotation

REN Feng[*], HU Hai-bao

(School of Marine Science and Technology, Northwestern Polytechnical University, Xi'an 710072,
Email: renfeng@nwpu.edu.cn)

Abstract: In recent years, the rapidly developing machine learning has provided many novel as well as effective solutions for active flow control, where typical approaches include the genetic programming and the deep reinforcement learning (DRL). In this study, the DRL is applied to the classical problem, i.e., active control of flow-induced vibration of a circular cylinder, where a closed-loop control is established using a rotary actuator and multiple sensors providing feedback signals. As the core solver, the lattice Boltzmann method is applied to simulate the unsteady flow environment under active control, where the immersed boundary method is incorporated for fluid-solid interactions. In this intelligent control, the proximal policy optimization algorithm is adopted to explore the optimal control strategy, where two sets of independent networks are used for decision-making and performance evaluation.

Based on this intelligent active flow control framework, VIV control is successfully realized, providing detailed references for generalized solution of closed-loop active flow control, as well as preliminary insights for interpretable intelligent active flow control.

Key words: Active flow control; Deep reinforcement learning; Flow-induced vibration; Lattice Boltzmann method.

不规则波作用下三箱系统水动力共振问题分析

魏丹丹，冉雅晴，姜胜超*

(大连理工大学 船舶工程学院，大连 116024，Email: jiangshengchao@foxmail.com)

摘要：本文采用基于 OpenFOAM 的二维数值波浪水槽对并联三箱流体共振问题进行研究，将不规则波作用下三箱系统的水动力共振问题与规则波作用下进行对比研究。通过与现有文献中的实验数据和数值结果对比，验证了模型的准确性。研究发现，与规则波相比，不规则波作用下两窄缝中波浪响应在共振频率处均无明显峰值；相同入射波作用下，比较直角箱体系统和圆角箱体系统窄缝中响应波高。可以发现：圆角箱体系统窄缝中响应波高更高，这是由于圆角箱体系统窄缝中产生的涡流小，结构拐角处的能量耗散小；在三箱直角系统中，入射波有义波高增大，两窄缝中能量耗散增大，波浪响应减小。在三箱圆角系统中入射波有义波高对两窄缝中波浪响应影响较小。

关键词：窄缝共振；不规则波；拐角形状

1 引言

近年来，我国海洋产业进展快速，海洋经济的增长速度大大超过了我国国民经济的增长速度。海洋油气业蓬勃发展，各类海洋平台和运输船被应用于海洋油气开采和运输。在油气开采中，往往需要浮式生产储油卸油装置和运输船联合作业；采用带有月池结构的钻井平台、钻井船。相关研究表明，作业过程中浮式结构物间形成的窄缝可能会发生窄缝共振现象。当入射波频率接近浮体结构窄缝中流体的固有频率时，窄缝中的流体将产生大振幅振荡。这会对浮体结构安全构成威胁，影响结构作业效率。在比较受关注的超大型浮体结构中也存在窄缝共振现象。考虑到多浮体模块的窄缝共振问题，本文对并联三箱系统水动力问题进行了研究。

大量文献表明，线性势流模型可以很好地预测多浮体系统窄缝中流体的共振频率，但会高估共振频率处窄缝内的共振波高。因此许多人在势流模型中引入了阻尼项来模拟窄缝共振问题[1]，但该方法需要通过实验测量的方法来确定阻尼系数。近年来更多专家学者采用数值模拟的方法进行研究。宁德志等采用高阶边界元法研究了毗邻双箱和带窄缝多箱体在波浪作用下的耦合水动力共振问题[2-3]，分析了非线性波浪的影响和能量耗散的原理。Jiang 等研究了垂荡激励下月池边缘结构对共振问题的影响[4]，研究表明，较大的开口尺寸会导致较高的共振频率和月池中共振振幅更大。本文也将箱体边缘结构的影响考虑了进来。以上的论文均基于规则波进行研究，但实际海浪并不是全可以简化成简单的规则波，因此本文考虑了不规则波作用下窄缝共振现象，与规则波形成对比，这对于实际海况中窄缝中波浪响应的预测具有重要意义。

2 基本原理与控制方程

本文研究了结构物和流体耦合作用的问题，在欧拉参考系下，采用不可压缩黏性流体的 Navier-stokes 方程：

$$\frac{\partial \rho}{\partial x_i} + \nabla \cdot (\rho \mathbf{u}) = 0 \tag{1}$$

$$\frac{\partial \rho \mathbf{u}}{\partial t} + \nabla (\rho \mathbf{u}\mathbf{u}^T) = -\nabla P - (\mathbf{g} \cdot \mathbf{x})\nabla \rho + (\mu \nabla \mathbf{u}) + \sigma_t k_\alpha \nabla \alpha \tag{2}$$

式中，$\mathbf{u} = (u,v,w)$ 和 $\mathbf{x} = (x,y,z)$ 分别是流体速度向量和坐标系向量；P 是超过静水部分的压力；g 是重力加速度；σ_t 和 k_α 是表面张力系数和表面曲率。20℃时，空气和水之间的表面张力系数是 0.074 kg/s²。ρ 和 μ 分别是流体密度和流体动力黏性系数，它们随计算单元中流体相函数 α 而变化。对空气和水同时求解上述方程，并使用 α 追踪流体界面。

本文采用流体体积法（VOF）[5]捕捉自由表面运动。其中流体相函数 α 定义如下：

$$\begin{cases} \alpha = 0, & \text{空气中} \\ 0 < \alpha < 1, & \text{自由表面} \\ \alpha = 1, & \text{水中} \end{cases} \tag{3}$$

流体相函数 α 的分布满足以下平流方程：

$$\frac{\partial \alpha}{\partial t} + \nabla(\alpha \cdot \mathbf{u}) + \nabla \cdot [\alpha(1-\alpha)\mathbf{u}_r] = 0 \tag{4}$$

式中，$\mathbf{u}_r$ 是水和空气之间的相对速度。在数值模拟中，$\alpha = 0.5$ 的等值线用于表示水气之间的自由表面。流体的密度和动力黏性系数在空间中的分布可以用下式表示：

$$\begin{cases} \rho = \alpha \rho_W + (1-\alpha)\rho_A \\ \mu = \alpha \mu_W + (1-\alpha)\mu_A \end{cases} \tag{5}$$

式中，下标 W 和 A 分别表示水相和空气相。

Jacobsen 等[6]提出的工具箱"waves2Foam"可用于生成入射波并避免波反射，其中在数值波浪水槽的入口和出口边界处定义了消波区。指数松弛函数

$$\phi_R(\chi_R) = 1 - \frac{\exp(\chi_R^{3.5}) - 1}{\exp(1) - 1}, \quad \chi_R \in [0,1] \tag{6}$$

被应用于消波区。其中

$$\vartheta = \phi_R \vartheta_C + (1 - \phi_R) \vartheta_T \tag{7}$$

式中，ϑ 表示速度 **u** 或者流体相函数 α，下标 C 和 T 分别表示计算值和目标值。

采用 OpenFOAM 软件包进行数值计算。零速度和静水压力被指定为初始条件。在固体壁上施加无滑移边界条件，包括物体表面、海床和垂直壁。控制方程(1)和方程(2)以及平流输运方程采用有限体积法进行求解。速度和压力通过 PISO 算法[7]解耦。

在数值模拟中，采用一个改善的 JONSWAP 谱来描述入射不规则波：

$$S(f) = \beta_1 H_S^2 T_p^{-4} f^{-5} \exp\left[-\frac{4}{5}(T_p f)^{-4}\right] \cdot \gamma^{\exp\left[-(f/f_p - 1)^2/2\sigma^2\right]} \tag{8}$$

式中，β_i 是一个系数，$\beta_j = \frac{0.06238}{0.230 + 0.0336\gamma - 0.185(1.9+\gamma)^{-1}} \cdot (1.094 - 0.01915\ln\gamma)$；$H_S$ 是有义波高；T_p 是谱峰周期，$T_p = \frac{T_{1/3}}{1 - 0.132(\gamma + 0.2)^{-0.559}}$；$\gamma$ 是谱峰升高因子，通常取 3.3；f_p 是谱峰频率，当 $f \le f_p$，$\sigma = \sigma_a = 0.07$；当 $f > f_p$，$\sigma = \sigma_b = 0.09$。

3 数值模型和验证

图 1 所示为黏性数值波浪水槽的示意图，用来模拟不规则波和不规则波作用下箱体间的波浪响应问题。数值波浪水槽长度为 24 m、水深为 h=0.50 m，水槽高度为 1 m。在水槽两端设置了两个 5 m 的消波区，分别用于产生入射波、吸收反射和透射波。在数值波浪水槽中间的位置布置三个并联的箱体，箱体高度和宽度均为 0.5 m，窄缝宽度 B_G = 0.05 m。该三箱系统的两个共振频率分别为 4.9 rad/s 和 5.5 rad/s。然后通过改变箱体下边缘结构形状研究三箱圆角系统中窄缝间水体共振问题，圆角半径 R = 0.05 m。三箱圆角系统的两个共振频率分别为 5.0 rad/s 和 5.7 rad/s。在箱体前 2L 处布置两个间隔 0.25L 的浪高仪 G3 和 G4，用于计算入射规则波的波高；在两个窄缝中间分别布置浪高仪 G1 和 G2，用于测量入射不规则波的统计波高和窄缝中的波浪响应。

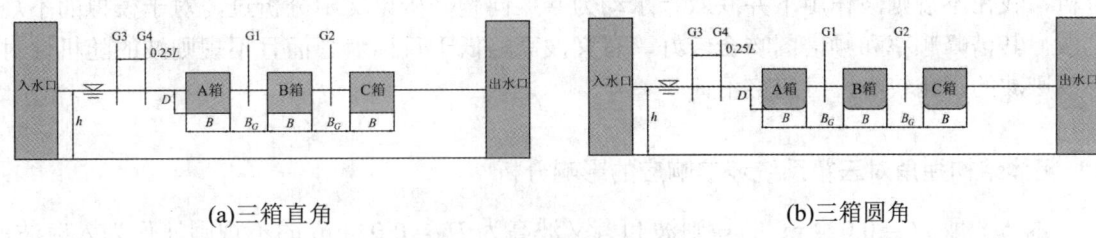

(a) 三箱直角　　　　　　　　　　　　　　　(b) 三箱圆角

图 1　数值模型示意图

在网格收敛性验证后，在 x 轴方向上，结构物附近采用网格大小为 $\delta x = 120 / L_p$ 的均匀网格进行计算，L_p 表示谱峰频率对应的波长，在消波区附近采用分辨率更低的网格计算；在 y 轴方向上，考虑到节约计算成本，选取了不均匀网格进行计算，在自由表面和箱体附近进行了加密，自由表面附近一个波高对应约 10 个网格。

为了验证现有模型的准确性，对上述三箱直角系统形成的两个窄缝的波浪响应进行了验证，入射波波高为 $H_i = 0.024$ m。采用上述网格进行数值计算，与已有的势流结果以及 Iwata 等[7]的实验结果和 Lu 等[8]的数值结果进行对比，得到图 2。从图 2 中可以看出，窄缝 1 中可以观察到明显的双峰现象，现有模型可以很好地预测共振频率；窄缝 2 中势流模型预测的第二共振波幅消失了，这主要是由于线性势流模型忽略了流体黏性造成的。现有的黏性流体模型与 Iwata 等[7]的实验结果和 Lu 等[8]的数值结果吻合的较好，表明目前的数值模型可以准确地预测三箱系统中窄缝的波浪响应。

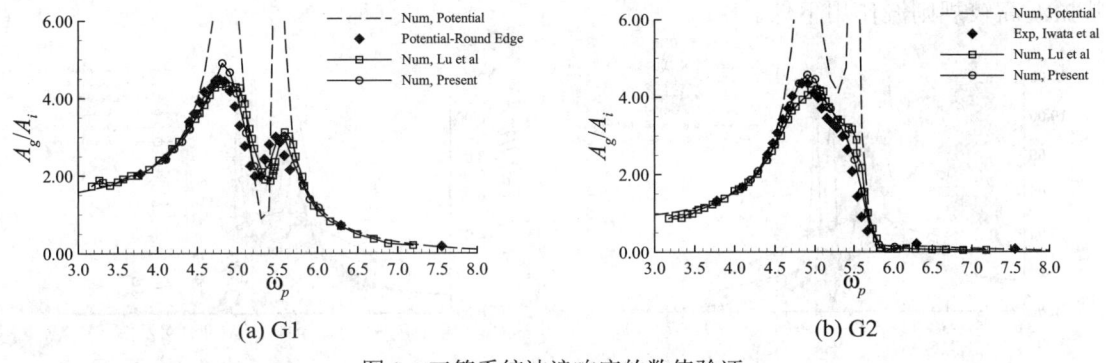

(a) G1　　　　　　　　　　　　　　　(b) G2

图 2　三箱系统波浪响应的数值验证

4　数值结果和分析

在数值模拟中，入射波取波高为 $H_i = 0.024$ m 和 $H_i = 0.032$ m，频率为 $\omega = 4.0$-6.0 rad/s 的规则波，以及有义波高为 $H_S = 0.024$ m 和 $H_S = 0.032$ m，谱峰频率为 $\omega_p = 4.0$~7.0 rad/s 的不规则波，选取图 1 的两种三箱系统进行数值模拟。关于不规则波准确性验证和随机性分析，我在不规则波作用下并联双箱水动力共振问题分析论文中分析过，对于模拟的不规则波，其谱峰频率和频谱图吻合较好，有义波高略低于目标值。而且不规则波的随机性对不规则波的影响较小，可忽略不计。

4.1 箱体结构拐角对三箱系统波浪响应的影响分析

本节选取 $H_i = 0.024$ m 的规则波和有义波高为 $H_S = 0.024$ m 的不规则波作为入射波，对三箱直角系统和三箱圆角系统窄缝间的波浪响应分别进行数值计算，分析箱体结构拐角对三箱系统窄缝内响应波浪的影响。图 3 记录了三箱系统窄缝内的归一化波高随频率变化的曲线，包括规则波作用下的势流结果和黏性流结果以及不规则波作用下的黏性流结果。如图 3 所示，在规则波作用下，窄缝 1 中直角箱体和圆角箱体间窄缝中的共振波高均呈现双峰，且共振频率均与势流结果相同；窄缝 2 中圆角箱体间共振波高仍呈现双峰，且共振频率与势流结果吻合很好，而直角箱体第二共振波高消失了。从粘性流结果来看，在直角箱体系统中，第一共振频率对响应波高的影响更大，而在圆角箱体系统中，第二共振频率对响应波高影响更大。不规则波作用下，两种箱体系统两个窄缝中响应波高均无明显双峰，在频率范围内圆角箱体间窄缝中的共振波高明显高于直角箱体。这主要是由于圆角箱体间产生的涡流小，结构拐角处的能量耗散小，从而产生了更大的共振波高。在圆角箱体系统中，在靠近两个共振频率处，不规则波作用下窄缝间共振波高较规则波作用下低；而在远离两个共振频率处，则是相反的结果。这种现象在直角箱体系统窄缝 1 中也可以发现，但窄缝 2 中只在靠近第一共振频率处，不规则波作用下窄缝间共振波高较规则波作用下低。

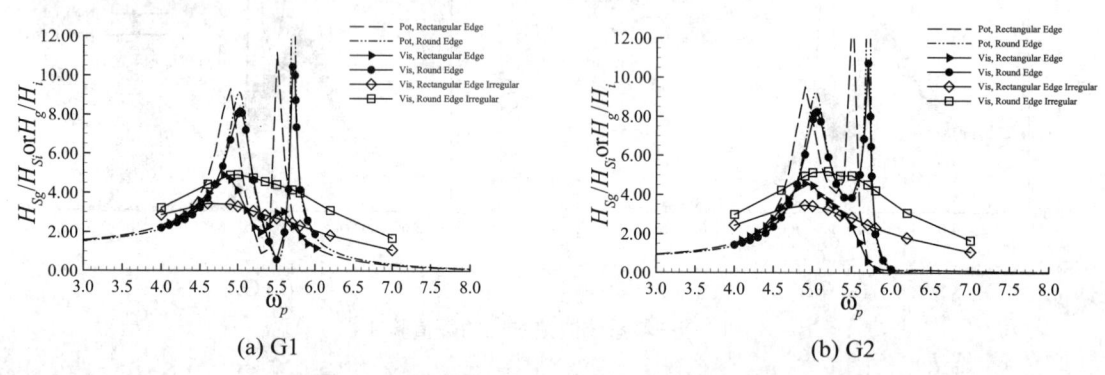

图 3 三箱系统波浪响应随谱峰频率的变化

通过自相关函数法计算了入射波谱峰频率等于共振频率处，入射不规则波频谱图和直角、圆角箱体系统两窄缝间响应波浪的频谱图，得到图 4。左侧坐标轴表示不同频率下窄缝中响应波浪的谱值，右侧坐标轴表示不同频率下不规则波对应的谱值。如图 4 所示，圆角箱体窄缝间响应波浪的能量较直角箱体更大。在入射波频率等于第一共振频率时，响应波浪谱中第一共振频率占主导；在入射波频率等于第二共振频率时，圆角箱体系统窄缝间响应波浪谱中第二共振频率占主导，而直角箱体系统窄缝间响应波浪谱两峰值相差不大。窄缝中响应波浪总是在共振频率附近振荡。

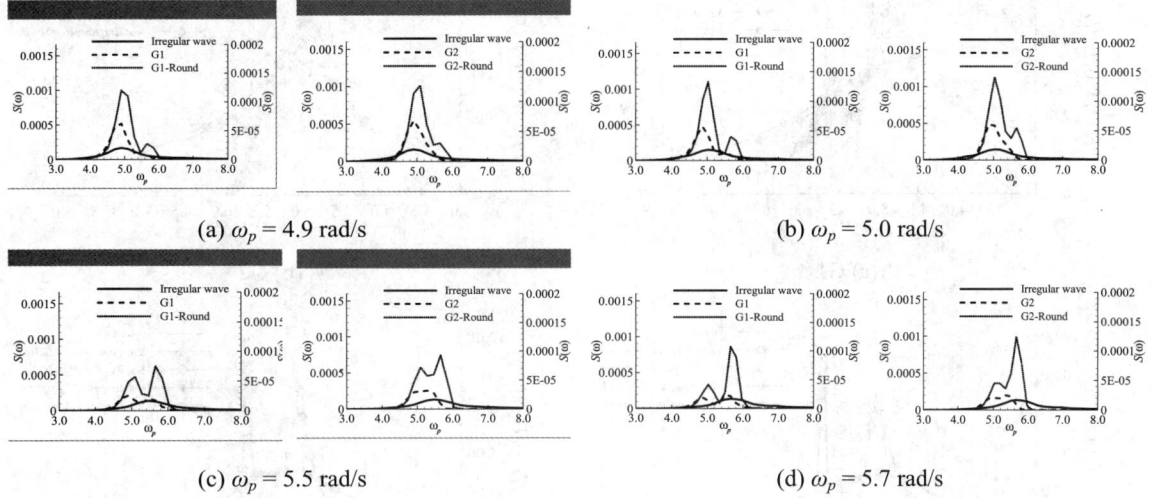

图 4 共振频率处频谱图对比（图 a、c 为直角箱体系统共振频率；图 b、d 为圆角箱体系统共振频率）

4.2 波高对三箱系统波浪响应的影响分析

本节选取 $H_i = 0.024$ m 和 0.032 m 的规则波以及有义波高为 $H_S = 0.024$ m 和 0.032 m 的不规则波作为入射波，对三箱直角系统和三箱圆角系统窄缝间的波浪响应分别进行数值计算，对比分析入射波波高对三箱系统波浪响应的影响。图 5 记录了三箱系统窄缝内的归一化波高随频率变化的曲线，包括规则波作用下的势流结果和黏性流结果以及不规则波作用下的黏性流结果。图 5(a)和图 5(b)分别表示三箱直角系统窄缝 1 和窄缝 2 处响应波高随频率的变化；图 5(c)和图 5(d)分别表示三箱圆角系统窄缝 1 和窄缝 2 处响应波高随频率的变化。如图 5 所示：在三箱直角系统中，规则波做用下窄缝 1 中响应波高呈明显双峰，窄缝 2 中第二个峰值消失；在靠近共振频率处，入射波高越高，归一化响应波高越低。不规则波作用下，在全频率范围内，入射有义波高越高，归一化响应波高越低。这表明：入射波高越高，能量耗散越大，所以窄缝内波浪响应越小。如图 5(c)和图 5(d)所示，无论是规则波作用，还是不规则波作用，波高对于窄缝内波浪响应的影响均很小。不规则波作用下，在三箱圆角间窄缝中响应波高最低点所对应频率，即 $\omega_p = 5.5$ rad/s 时，入射波高窄缝内波浪响应影响较大，入射有义波高越高，归一化响应波高越低。入射波有义波高越高，窄缝内响应波高随频率变化的曲线越偏向双峰化。

计算了入射波谱峰频率 $\omega_p = 5.0$ rad/s（即三箱圆角系统第一共振频率）和 $\omega_p = 5.5$ rad/s（即三箱圆角间窄缝中响应波高最低点对应频率）时，两窄缝间波浪响应的频谱图，得到图 6。同样，左侧坐标轴表示不同频率下窄缝中波浪响应的谱值，右侧坐标轴表示不同频率下不规则波对应的谱值。可以看出：窄缝内响应波高的频谱图均呈现明显双峰；入射有义波高增大，窄缝内波浪响应的频谱图谱形不发生变化，但谱值明显增大。

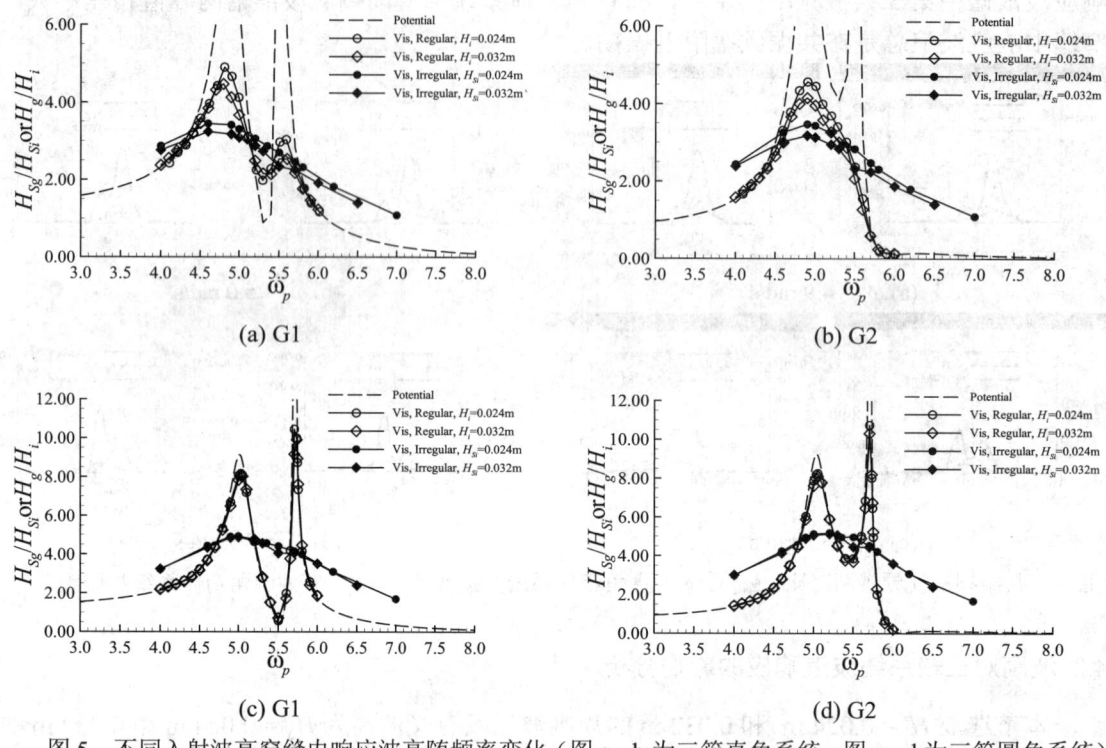

图 5 不同入射波高窄缝内响应波高随频率变化（图 a、b 为三箱直角系统，图 c、d 为三箱圆角系统）

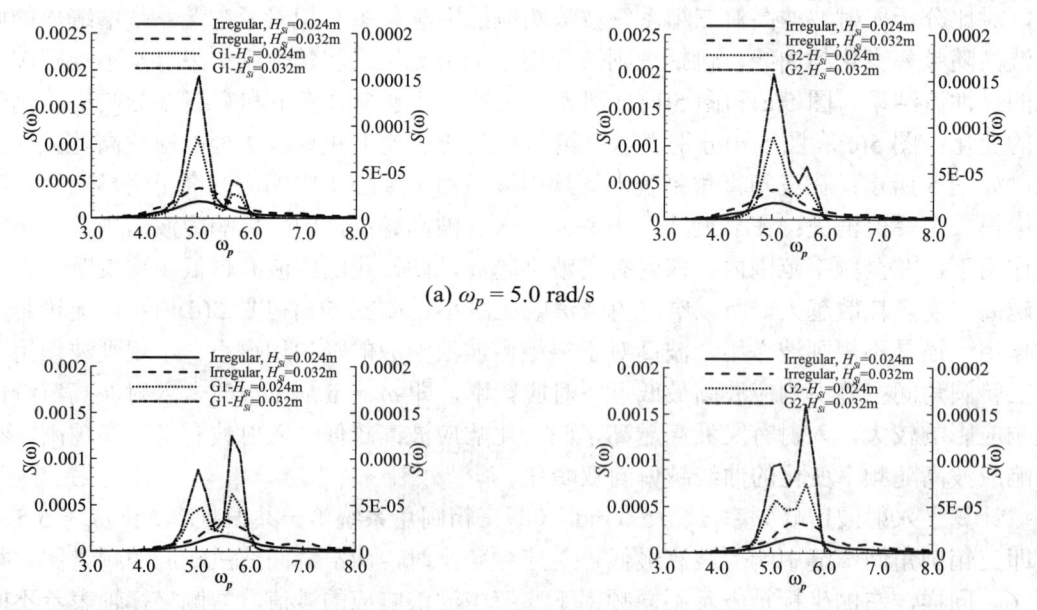

(a) $\omega_p = 5.0$ rad/s

(b) $\omega_p = 5.5$ rad/s

图 6 特定频率点频谱图对比

5 结论

基于 OpenFOAM 对不规则波作用下并联三箱系统的水动力共振问题进行了数值模拟，与规则波形成对比。首先介绍了数值模型的计算原理和基本参数，根据现有的数据结果验证了数值模型的准确性，主要分析了箱体边缘结构和入射波浪参数对窄缝内水体共振响应的影响。主要结论如下：①与规则波相比，不规则波作用下两窄缝中波浪响应在共振频率处均无明显峰值，窄缝内响应波高随频率变化更不敏感。②在靠近共振频率处，不规则波作用下窄缝间共振波高较规则波作用下更低；而在远离共振频率处，不规则波作用下窄缝间共振波高则更高。③相同入射波作用下，圆角箱体间窄缝中响应波高更高，这是由于圆角箱体系统窄缝中产生的涡流小，结构拐角处的能量耗散小，流线型结构更容易激起大的水体共振现象。④在三箱直角系统中，入射波有义波高增大，两窄缝中能量耗散增大，波浪响应减小；而在三箱圆角系统中入射波有义波高对两窄缝中波浪响应影响较小。入射波有义波高越高，窄缝内响应波高随频率变化的曲线越偏向双峰化。

参考文献

1 Newman J N. Progress in wave load computations on offshore structures [C]. 23th OMAE Conference. 2004.

2 宁德志, 邱诗惠, 张崇伟. 毗邻双箱间水体共振的非线性特征 [J]. 哈尔滨工程大学学报, 2019, 40(2): 234-239.

3 宁德志, 苏晓杰, 滕斌. 波浪与带窄缝多箱体作用共振现象的模拟研究 [J]. 海洋学报, 2015, 37(3): 126-133.

4 Sheng-chao Jiang, Pei-wen Chong. et al. Numerical investigation of edge configurations on piston-modal resonance in a moonpool induced by heaving excitations [J]. Journal of Hydrodynamics, 2019, 31(4): 682-699.

5 Hirt C W, Nichols B D. Volume of fluid (VOF) method for the dynamics of free boundaries [J]. Comput. Phys, 1981, 39: 201-225.

6 Jacobsen N G, Fuhrman D R, Fredsoe J. A wave generation toolbox for the open-source cfd library: Openfoam [J]. Int. J. Numer. Methods Fluids, 2012, 70: 1073–1088.

7 Iwata H, Saitoh T, Miao G. Fluid resonance in narrow gaps of very large floating structure composed of rectangular modules [C]. Proceedings of the Fourth International Conference on Asian and Pacific Coasts, 2007, pp. 815-826.

8 Lu L, Cheng L, Teng B, et al. Numerical investigation of fluid resonance in two narrow gaps of three identical rectangular structures [J]. Applied Ocean Research, 2010, 32: 177-190.

Analysis of hydrodynamic resonance of three-box system under irregular waves

WEI Dan-dan, RAN Ya-qing, JIANG Sheng-chao[*]

(School of Naval Architecture, Dalian University of Technology, Dalian 116024,
Email: jiangshengchao@foxmail.com)

Abstract: In this paper, the two-dimensional numerical wave tank based on OpenFOAM is used to study the fluid resonance of three-box system under the action of irregular wave, which is compared with that under the action of regular wave. The accuracy of the model is verified by comparing with the experimental data and numerical results in the previous papers. The results show that compared with regular waves, the wave response in the two narrow gaps under irregular waves doesn't have obvious peak at the resonance frequency; Under the same incident wave, the response wave heights in the narrow gaps between rectangular edge boxes and round edge boxes are compared. It can be found that the response wave height in the narrow gaps of the round edge boxes is higher, which is due to the smaller vortex generated in the narrow gaps of the round edge boxes and the smaller energy dissipation generated at the corner of the structure; In the rectangular-edge-box system, the meaningful wave height of the incident wave increases, the energy dissipation in the two narrow gaps increases and the wave response decreases. In the round-edge-box system, the meaningful wave height of the incident wave has little effect on the wave response in the two narrow gaps.

Key words: Narrow gap; Irregular wave; Corner shape.

考虑气液两相间滑移的平板边界层自然转捩的数值研究

刘斌[1]，刘建华[2]，张永明[1,3]*

(1. 天津大学力学系，天津 300072;
2. 中国船舶科学研究中心，无锡 214082;
3. 天津市现代工程力学重点实验室，天津 300072, Email: ymzh@tju.edu.cn)

摘要：本研究针对大型水面舰船航行时舰首形成的含微气泡的气液两相流，研究了考虑气液两相间滑移的平板边界层自然转捩。基于流体黏性的物理成因建立气液两相间滑移模型，给出混合相黏性的修正表达式，并在滑移模型的基础上研究了不同空隙率和不同来流速度条件下的计算结果，得到了气液两相边界层与液体单相流之间的差别。主要表现为：(1)气液两相边界层厚度变得更薄；(2)不稳定区变得更大；(3)转捩位置更靠前缘，微气泡引起的转捩提前距离也越大，且与空隙率成正比；(4)层流区壁面脉动压力幅值变得更大，频谱峰值所对应的频率缓慢升高。随来流速度升高，转捩提前系数变得越小。此外，我们也基于传统的均相流模型计算了气液两相流的结果，发现其结果与液体单相流的几乎没有差别，这说明上述气液两相流与液体单相流的差别是由相间滑移引起的。

关键词：气液两相流;平板边界层;自然转捩;相间滑移

1 引言

气液两相边界层转捩是流体力学中的前沿问题，同时又与工程实际问题密切相关。水面舰船在航行时，波浪受到舰首的抑制作用，会在水下形成大量气泡。其中尺寸较大的气泡在浮力作用下会很快升起，而尺寸较小的微气泡，如几十微米到几百微米的气泡，会在较长的时间里留在水中。舰首边界层内的微气泡，使其成为了气液两相边界层。很多舰首内部安装了探测声呐，首部边界层的转捩对声呐有很强的影响。在特定航速范围内，边界层转捩位置的变化，会导致声呐自噪声激增[1]。因此，气液两相边界层转捩问题的研究，具有重要的工程实际意义。

基金项目：国家自然科学基金(91952301, 12072230, 11732011)

在水中含气泡流动的实验研究方面，人们针对不同大小的平板，研究了通气量、气泡尺寸和来流速度等因素对减阻效果的影响[2]。随着实验技术和设备的发展，准确测量空隙率（气体在两相流中的体积占比）的大小成为可能，于是人们在真实环境[3-4]和实验室环境中[5-7]得到了微气泡的空隙率，他们的空隙率约为 0.05~0.35，具体值见表 1。其中，在文献[3-4]中是在湖海中实际测量得到的自然产生气泡的结果，空隙率相对比较低；在文献[5-7]中是在实验室的水槽中人工通气产生的气泡，这样得到的空隙率比较高。

表 1 实验测得微气泡的空隙率

参考文献	模型	来流速度	空隙率	实验环境	气泡产生方式
Johansen et al[3]	47米长雅典娜科考船	≈4~4.5m/s	0.005~0.01	海洋实测	自然产生
Perret and Carrica[4]	6米长平底船	5.14~9.26m/s	0.01~0.10	湖海实测	自然产生
Jiao et al.[5]	喷嘴	无	0.05	水槽	人工通气
Yanuar et al.[6]	2米长船模	0.5~1.38m/s	0.20、0.30	水槽	人工通气
Song et al.[7]	0.3米长轴对称体	6~10m/s	0.35	水槽	人工通气

气液两相流的数值计算，一直是计算流体力学中一个很难的问题。目前研究气液两相流的模型，根据是否使用均相流假设，可以分为均相流模型和非均相流模型。前者基于均质平衡流理论，对各相不加区分，而是简化为均质模型进行模拟；后者则考虑气液两相的区别，以及两相间的相互作用，但是计算量要大很多。

我们知道，液体的黏性和气体的黏性，其物理成因不同[8]。液体的黏性是由分子间的内聚力形成的，而气体的黏性是由分子碰撞交换动量形成的。气液两相流中，由于液体中有微气泡，液体分子间的内聚力减弱，因此两相流的黏性也会变小，这就在宏观上表现出"滑移"效应。气液两相间滑移效应带来的黏性变化，会使雷诺数也发生改变。而雷诺数是流动中极为重要的一个参数，会对流动产生非常显著的影响，尤其是对边界层的稳定性和转捩至关重要。因此，研究两相流边界层转捩时，有必要考虑相间滑移。而已有的均相流模型并未考虑相间滑移，而非均相流模型只是在考虑相间作用力时使用了经验公式建模，缺乏充分的物理依据，在使用时需要根据经验调整参数。

本研究使用数值计算的方法研究水下平板气液两相边界层的自然转捩，并且在基本流计算和稳定性分析中都考虑气液两相间滑移。首先建立更符合物理实际的、考虑气液两相间滑移的模型。然后求解 Blasius 方程，计算整段计算域内的层流基本流。进而使用基于线性稳定性理论的 eN 方法预测转捩位置。此外，基于稳定性分析的结果，对层流区的壁面脉动压力频谱进行了预测。在第 2 节中具体阐述了滑移模型、控制方程和数值方法。在第 3 节中研究了不同空隙率和不同来流速度条件下的计算结果。

2 控制方程和数值方法

2.1 气液两相间滑移模型

考虑到目前常用的气液两相流模型都有各自的局限性，本研究从液体黏性和气体黏性的物理成因出发，在均相流模型的框架下，建立气液两相间滑移模型。既从物理上考虑了相间滑移，又可比较方便地用在两相流的计算中。该模型的核心思想是，先从液体黏性和气体黏性各自的物理成因出发，进而考虑气液两相流中黏性的物理成因，并将两相间的滑移考虑进来，从而建立起气液两相流的滑移模型。

需要强调的是，本研究建立的滑移模型使用了两个假设条件。第一个是微气泡假设，即两相流中的气泡都是微小的气泡；第二个是液相占优假设，即两相流中液体的体积分数要高于气体的体积分数（空隙率）。在这两个假设下，液体黏性对气液两相流黏性的贡献占绝对优势，可以基于液体的黏性来对气液两相流的黏性建模。而两相流中的气体分子虽然在微气泡内可以做随机运动，但是不能随意进入液体内部做随机运动（本研究中的气泡中气体为空气，考虑空气为非可凝结气体的情况，不会发生相变），因此不能基于气体黏性的物理解释建模，而要基于液体黏性的物理成因建模。以气体的体积分数为1/N的情况为例，每层两相流上气体分子的体积占比也为1/N，具体会出现两种情况。一种情况是上下两层流体中的气体分子不相邻，如图1(a)所示，这种情况出现的概率为（1-1/N）。这时相邻液体分子间的内聚力仍存在，而相邻的气体和液体分子之间的内聚力可以忽略，即出现滑移，则总的内聚力比单相液体流动的情况减小了 2/N。另一种情况是上下两层流体中的气体分子相邻，如图1(b)所示，这种情况出现的概率为 1/N。这时相邻两层气体分子在各自不同的气泡中，无法穿透气泡与另一层的气泡做动量交换，也没有内聚力，相互之间也是在滑移；而液体分子间的内聚力仍存在，总的内聚力比单相液体流动的情况减小了 1/N。考虑到气体分子不相邻和相邻两种情况各自出现的概率分别为（1-1/N）和 1/N，则可以得到两相流的动力学黏性数应为单相液体流动黏性的$(1-1/N)^2$倍。其算式为

$$\mu_m^* = \mu_l^* \left[\left(1 - \frac{2}{N}\right)\left(1 - \frac{1}{N}\right) + \left(1 - \frac{1}{N}\right)\frac{1}{N} \right] = \mu_l^* \left(1 - \frac{1}{N}\right)^2 \tag{1}$$

式中，μ_m^* 为两相流的动力学黏性系数，μ_l^* 为液体的动力学黏性系数。本研究中上角标"*"表示有量纲量，无"*"的量为无量纲量，下角标"m"表示两相流的量，下角标"l"表示液体的量。

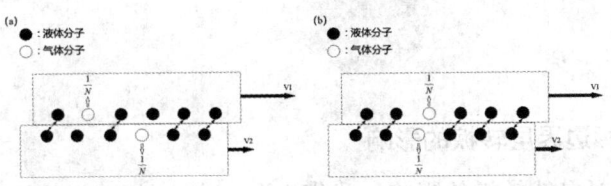

(a) 上下两层气体分子不相邻　　　　(b) 上下两层气体分子相邻

图 1 气液两相流的黏性示意图

文献中常用 α 表示空隙率，即 $\alpha \equiv 1/N$。则两相流的黏性系数为

$$\mu_m^* = \mu_l^*(1-\alpha)^2 \tag{2}$$

另外，在微气泡假设下，可以使用均相流模型计算两相流的密度，即

$$\rho_m^* = \rho_l^*(1-\alpha) + \rho_a^*\alpha \tag{3}$$

式中，ρ_m^* 为两相流的密度，ρ_l^* 和 ρ_a^* 分别为液体和气体各自的密度，本研究中下角标"a"表示气体的量。方程（2）和方程（3）即为本研究中考虑相间滑移的气液两相流模型所用的基本方程。

2.2 水下平板气液两相边界层层流基本流

本研究在微气泡条件下使用均相流模型，所以只需针对气液两相流求解一套 N-S 方程。同样的道理，在计算基本流时，我们也只需考虑一套 Blasius 方程：

$$\begin{cases} f'''(\eta) + \dfrac{1}{2}f(\eta)f''(\eta) = 0 \\ f = f' = 0 \ at\ \eta = 0 \\ f' = 1 \ as\ \eta \to \infty \end{cases} \tag{4}$$

其中，无量纲变量 $\eta = y^*/\sqrt{(\mu_m^*/\rho_m^*)x^*/U_\infty^*} = y^*\sqrt{U_\infty^*/(\mu_m^*/\rho_m^*)x^*}$，无量纲函数 $f(\eta) = \Psi^*(x^*,y^*)/\sqrt{(\mu_m^*/\rho_m^*)U_\infty^*x^*}$，$\Psi^*(x^*,y^*)$ 是流函数。与单相流中的做法相似，可以使用 Runge-Kutta 法和打靶法求解方程（4），得出水下平板气液两相边界层的层流解。

2.3 预测转捩的 eN 方法

本研究使用基于线性稳定性理论的半经验 eN 方法预测水下平板气液两相边界层的自然转捩位置，其中转捩处的 N 值需要实验来标定，本研究暂取 7~10 这一范围。

2.4 层流区壁面脉动压力频谱预测方法

在层流区的每个位置，计算各个频率小扰动形成的壁面压力脉动幅值在当地的放大倍数，从而得到当地的壁面脉动压力频谱分布。

3 结果与讨论

3.1 空隙率对气液两相边界层转捩的影响

先研究空隙率 α 对自然转捩的影响。我们先取一个中等来流速度（$U_\infty^* = 10$ m/s），对不同空隙率(0、0.005、0.01、0.05、0.1、0.2、0.3 和 0.35)的情况进行计算，其中 $\alpha=0$ 代表液体单相流动，其余 7 组都代表含微气泡的气液两相流动。需要指出，本研究针对水面舰船艉

部含微气泡的气液两相流，目前湖海实验得到自然产生含气泡流动的空隙率比较低[3-4]，其中较高的也只到了 0.10，符合液相占优的条件，这些空隙率较低的工况自然可以使用本研究的相间滑移模型；而实验室水槽中人工通气得到的空隙率则比较大[5-7]，可高达 0.35，但仍满足液相占优，所以本研究仍使用相间滑移模型对这些空隙率较高的工况进行计算和分析。

首先，图 2 画出了空隙率为 0.35 时流向位置 $x^*=0.2$ m 处的流向速度 U^* 剖面。为了对比，图 2 中还画出了液体单相流的剖面，以及传统均相流模型的结果。可以看出，考虑相间滑移的两相流速度剖面，比液体单相流的更饱满，这表明混入水中的微气泡使得边界层变得更薄。而均相流模型的速度剖面，与液体单相流的结果几乎没有差别，这表明该模型不能捕捉到微气泡对基本流的影响。由于相间滑移模型与传统均相流模型的区别就在于考虑了相间滑移，因此气液两相流速度剖面相较于液体单相流的变化，正是由相间滑移效应造成的。

接下来基于滑移模型来研究不同的微气泡空隙率的影响。我们比较了不同空隙率条件下在 $x^*=0.2$ m 处的流向速度剖面（图 3）。可以看出，随着空隙率的增大，速度剖面更加饱满，边界层变得越来越薄。

图 4 画出了不同空隙率下的中性曲线。可以看出，空隙率越大，不稳定区越大。随着空隙率的增大，不稳定区临界流向位置逐渐向上游移动。这表明微气泡对边界层不稳定性的增强效果，随空隙率的升高而变得更为显著。

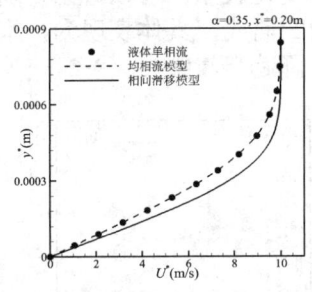 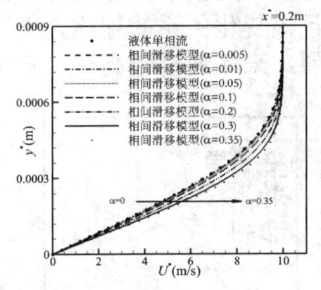 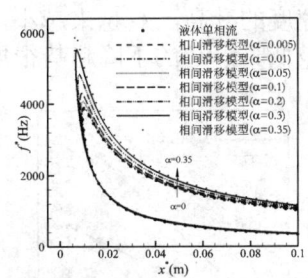

图 2 空隙率为 $\alpha=0.35$ 的 U^*　　图 3 不同空隙率下的 U^*　　图 4 不同空隙率下的中性曲线

图 5 中画出了预测的转捩位置 x_{tr}^* 随空隙率 α 的变化。图 5 中实线为转捩判据取 7 的结果，虚线为 10 的结果，两条线之间的阴影部分表示本研究预测的转捩位置范围。可见，随着 α 的增大，转捩位置 x_{tr}^* 单调减小，这表明两相边界层的空隙率越大，转捩位置越靠上游。

为了更直观地观察微气泡造成的转捩提前效果，图 6 画出了转捩提前距离 Δx_{tr}^* 随 α 的变化。其中 Δx_{tr}^* 表示气液两相边界层的转捩位置，相对于液体单相边界层转捩位置的提前量。可见，随着空隙率的增大，Δx_{tr}^* 也越来越大。这表明两相边界层的空隙率越大，转捩提前的效果越明显。此外，从图 6 中还可以看出，Δx_{tr}^* 随 α 的变化呈线性变化，可以用关系式 $\Delta x_{tr}^*=k^*\alpha$ 近似表示，其中 k^* 为转捩提前系数，单位为 m。对于转捩判据 $N_{tr}=7$ 和 $N_{tr}=10$ 时的情况，使用最小二乘法得到的近似关系式 $\Delta x_{tr}^*=0.2245\alpha(m)$ 和 $\Delta x_{tr}^*=0.3762\alpha(m)$ 也画在了图中。

图 7 给出了 $x^*=0.15m$ 处不同空隙率下的壁面脉动压力频谱分布。可见，随着空隙率的增大，壁面脉动压力幅值变得越来越大，且峰值对应的频率也在缓慢升高。这表明微气泡对壁面脉动压力的增强作用，随空隙率增大而越发明显。

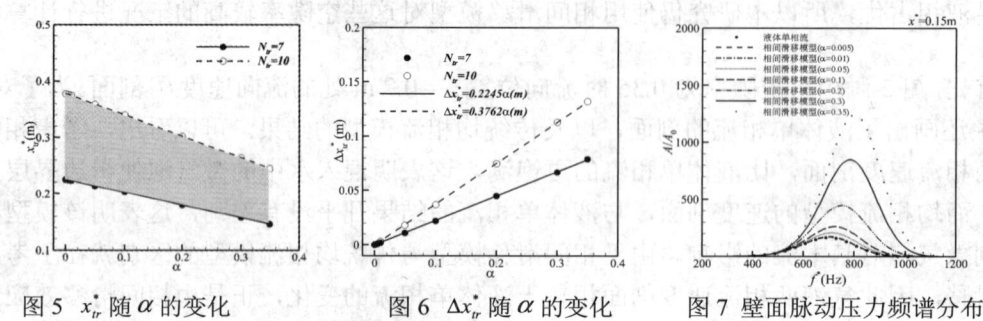

图 5　x_{tr}^* 随 α 的变化　　图 6　Δx_{tr}^* 随 α 的变化　　图 7　壁面脉动压力频谱分布

3.2 不同来流速度下气液两相边界层的转捩

这一部分我们研究不同来流速度下气液两相边界层的自然转捩，其中来流速度分别为 0.5 m/s、1 m/s、3 m/s、5 m/s、7 m/s、10 m/s、11 m/s、13 m/s、15 m/s、17 m/s 和 20 m/s。

图 8 中画出了不同来流速度下 Δx_{tr}^* 随 α 的变化情况。可以看出，在所取的来流速度范围内，随着空隙率的增大，转捩提前距离也越来越大，而且 Δx_{tr}^* 与 α 基本呈线性变化关系。通过最小二乘法得到的线性关系式 $\Delta x_{tr}^* = k^* \alpha$ 也画在了图中。对于不同的来流速度，转捩提前系数 k^* 是不一样的。于是，我们在图 9 中画出了 k^* 随来流速度的变化关系。可以看出，随着来流速度的升高，k^* 越来越小。且该变化关系的连线为下降的凹曲线，具体表现为，来流速度较低时，k^* 的下降趋势很剧烈，来流速度较高时，k^* 的下降趋势较缓慢。

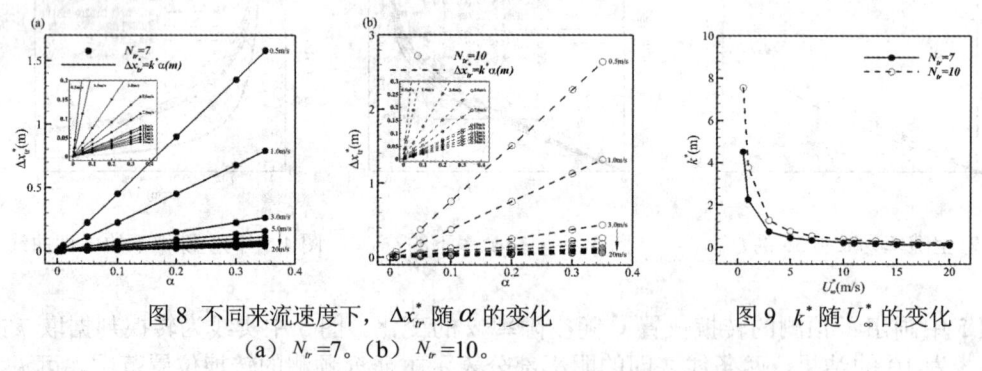

图 8　不同来流速度下，Δx_{tr}^* 随 α 的变化　　图 9　k^* 随 U_∞^* 的变化
(a) $N_{tr}=7$。(b) $N_{tr}=10$。

4　结论

针对水中混入微气泡的流动，本研究使用数值计算的方法研究了水下平板气液两相边界层的自然转捩，得到以下结论。

(1) 建立了一种气液两相间滑移模型。基于液体黏性和气体黏性的物理成因，该模型给出了气液两相流黏性的微观物理机制和宏观上的修正表达式。该模型仍基于均相流模型，但在其基础上考虑了气液两相间的滑移，因此与单相流的计算相比，使用该模型的计算量未有实质性的增加，可以较方便地用在两相流的计算中。

(2) 随着空隙率的增大，边界层变得更越来越薄；气液两相边界层的不稳定区越来越大，一方面的不稳定区的临界位置越来越靠上游，另一方面不稳定区的上边界向高频方向移动；气液两相边界层的自然转捩位置也更靠前缘，相对于液体单相流的转捩提前距离也越来越大，且转捩提前距离随空隙率的变化呈线性关系；气液两相边界层层流区壁面脉动压力幅值显著升高，而峰值所在的频率则缓慢升高。

(3) 不同的来流速度下，气液两相边界层的转捩位置随空隙率增大时表现出的变化规律定性上是相同的。定量上，随着来流速度的升高，转捩提前系数越来越小。

(4) 传统均相流模型的计算结果与液体单相流的几乎相同，而滑移模型与传统均相流模型的区别就在于考虑了气液两相间的滑移，这表明上述两相流的计算结果与液体单相流的区别，主要就是由于气液两相间的滑移造成的。

参考文献

1. 徐嘉启，梅志远. 声呐导流罩边界层壁面脉动压力研究进展 [J]. 中国舰船研究, 2018, 13: 57-69.
2. Qin S, Chu N, Yao Y et al. Stream-wise distribution of skin-friction drag reduction on a flat plate with bubble injection [J]. Phys. Fluids 29, 037103(2017).
3. Johansen J P, Castro A M, Carrica P M. Full-scale two-phase flow measurements on Athena research vessel [J]. Int. J. Multiphase Flow, 2010, 36: 720-737.
4. Perret M, Carrica P M. Bubble-wall interaction and two-phase flow parameters on a full-scale boat boundary layer [J]. Int. J. Multiphase Flow, 2015, 73: 289-308.
5. Jiao L F, Kunugi T, Li F C, et al. Development of microbubble generation method [J]. Green Energy and Technology, 2012, 108: 287-293.
6. Yanuar, Waskito K T, Rahmat B A, et al. Micro-Bubble drag reduction with triangle bow and stern configuration using porous media on self propelled barge model [C]. IOP Conference, 2018, 105.
7. Song W, Wang C, Wei Y, et al. The characteristics and mechanism of microbubble drag reduction on the axisymmetric body [J]. Mod. Phys. Lett. B., 2018, 32: 1850206.
8. Rex A F, Wolfson R. Essential College Physics. 1st edn [M]. Addison-Wesley, Boston, 2009: 221-222.

Natural transitions of flat-plate boundary layers considering the gas-liquid interphase slip

LIU Bin[1], LIU Jian-hua[2], ZHANG Yong-ming[1,3]*

(1. Department of Mechanics, Tianjin University, Tianjin 300072;
2. China Ship Scientific Research Center, Wuxi 214082;
3. Tianjin Key Laboratory of Modern Engineering Mechanics, Tianjin 300072,
Email: ymzh@tju.edu.cn)

Abstract: In this paper, natural transitions of flat-plate boundary layers considering the gas-liquid interphase slip are studied for the gas-liquid two-phase boundary layers with air microbubbles formed at the bows of large ships. We established an interphase slip model for calculating the viscosity of the gas-liquid mixed phase, which is based on physical causes of fluid viscosity. With this model, we investigate the natural transition at different void fractions and oncoming flow velocities and obtain the differences between the gas-liquid boundary layers and the liquid single-phase flow, including the following four points. (ⅰ) The thickness of gas-liquid boundary layers becomes thinner. (ⅱ) The unstable zone becomes larger. (ⅲ) The transition location moves upstream, and the transition advancement distance caused by the microbubbles becomes longer, which is proportional to the void fraction. (ⅳ) The wall fluctuating pressure in the laminar region becomes stronger, and its peak frequency becomes higher slightly. As the oncoming flow velocity increases, the transition advance coefficient becomes smaller. In addition, the results of the homogeneous flow model ignoring the interphase slip are almost no different from those of the single-phase flow. This suggests that the above differences between the two-phase flow and the single-phase flow are caused by the gas-liquid interphase slip.

Key words: Gas-liquid two-phase flow; Flat-plate boundary layer; Natural transition; interphase slip.

考虑前缘区影响的超疏水表面平板边界层自然转捩的数值研究

刘斌[1], 张永明[1,2]*

(1. 天津大学力学系, 天津 300072;
2. 天津市现代工程力学重点实验室, 天津 300072, Email: ymzh@tju.edu.cn)

摘要: 超疏水表面平板边界层的自然转捩目前正处在流体力学研究的前沿。已往的工作在计算层流基本流时忽略了前缘区影响，进而在研究流动稳定性和转捩时也忽略了该影响。为此，本研究提出了一种考虑前缘区影响的超疏水表面平板层流边界层流动的计算方法，即 Navier Stokes + Boundary Layer（NS+BL）方法，该方法可以得到从前缘到下游整个计算域内准确的层流基本流，且计算量小。将所得结果与忽略前缘区影响的结果对比，得到了前缘区影响的效果。发现前缘区影响使得超疏水表面的层流边界层变得更薄，壁面处的滑移速度也变得更大。基于考虑前缘区影响的基本流研究了超疏水表面边界层的稳定性和自然转捩，发现前缘区影响延迟了临界失稳位置，缩小了不稳定区，使得转捩位置更靠近下游，且延迟效果随滑移长度的增大和来流速度的升高都会增强。此外，我们还提出了一种水下航行体层流区壁面脉动压力频谱的预报方法。发现越靠近下游位置，壁面脉动压力越强，频率范围越低，而超疏水表面会抑制壁面脉动压力，而考虑前缘区影响则增强了这种抑制作用。

关键词: 超疏水；平板边界层；自然转捩；前缘区

1 引言

边界层转捩一直是流体力学中的基础性难题之一。超疏水表面平板边界层的自然转捩问题，由于近壁区流动复杂、水下实验精细测量困难等因素，比普通表面的边界层转捩要更为复杂，正处在流体力学相关研究的前沿。最近，我们发现前缘区会影响超疏水表面平板的层流基本流，进而影响边界层的稳定性，并最终影响转捩位置。

人们确定超疏水/疏水表面存在滑移速度，经历了一段较长的历史。最早可以追溯到大约 200 年前，Navier[1]提出线性滑移边界条件假设，认为壁面处滑移速度 U_s^* 与壁面处剪切

基金项目: 国家自然科学基金(12072230, 91952301, 11732011)

成正比，即

$$U_s^* = \lambda^* \left.\frac{\partial U^*}{\partial y^*}\right|_{wall} \tag{1}$$

式中，U^*是切向速度，y^*是壁面法向，λ^*称为滑移长度。此后的100多年以来，由于实验设备和技术的限制，一直没有让人信服的实验结果来证实这个假设。直到20世纪末21世纪初，人们才通过实验证实了超疏水表面存在滑移速度。例如Watanabe等[2]在圆管实验中测得了超疏水表面的滑移速度剖面，而且他们实验中测量的滑移长度λ^*并不随来流速度的改变而变化。其他学者也相继在各自的实验中测量得到了多种超疏水材料表面的滑移长度，Liu和Zhang[3]对部分实验中测得微米级的滑移长度进行了整理。Samaha和Gad-el-Hak[4]对过去10年里关于滑移表面的研究进行了回顾。

平板边界层是非平行流动，在滑移速度边界条件下流动状态变得更加复杂，因此相关研究进展相对滞后。其中，Martin和Boyd[5-6]的工作非常具有代表性，他们针对壁面滑移速度边界条件，使用打靶法求解Blasius方程，得到了几个边界条件无量纲参数下的速度剖面，但没有给出超疏水表面整段计算域内的层流解。在他们的基础上，最近Liu和Zhang[3]仍然针对滑移速度边界条件下的Blasius方程，发展出超疏水表面整段计算域内平板层流基本流的计算方法。此外，他们还得到了超疏水表面稳定性分析的结果，并用e^N方法预测了自然转捩发生的位置，发现超疏水表面可以延迟转捩的发生，并找到了转捩位置受材料性质（即滑移长度）和来流速度的影响关系。值得注意的是，Martin和Boyd[5-6]以及Liu和Zhang[3]都注意到了滑移速度边界条件下Blasius方程的解不再是相似的，但均未考虑前缘区对超疏水表面平板层流基本流下游速度剖面的影响。

事实上，由于超疏水表面存在滑移速度，Blasius方程的边界条件变为非齐次的，不同流向位置的速度剖面不再具有相似性，因而上述使用Blasius方程得到的流场结果是不准确的。Martin和Boyd[5-6]以及Liu和Zhang[3]的结果只能算是在下游区人为地忽略了前缘区影响的结果。那么，在边界层方程和Blasius方程不适用的前缘区，此时需要使用NS方程才能计算出准确的结果。

本研究用数值计算的方法考虑前缘区影响的超疏水表面平板边界层自然转捩问题。首先，使用本研究提出的一种考虑前缘区影响的NS+BL（Navier-Stokes + Boundary Layer）方法计算基本流，得到从入口到下游整个计算域内的层流基本流。再对层流流场进行线性稳定性分析。并然后基于稳定性分析的结果，使用半经验的e^N方法预测转捩位置。此外，基于稳定性分析的结果，还提出一种预测水下航行体表面层流区壁面脉动压力频谱的方法，并用该方法得到超疏水表面的预测结果。具体的控制方程和数值方法在第2节中进行阐述。在第3节中，分析了考虑前缘区对超疏水表面自然转捩的影响。

2 控制方程和数值方法

2.1 考虑前缘区影响的超疏水表面的层流基本流计算

本研究所提出的方法结合了NS方程和边界层方程，考虑了超疏水表面平板前缘区的影响，计算结果可靠，计算量较小。图 1 中画出了 NS+BL 方法的示意图，图 1 中取 x^* 轴沿平板表面并与来流方向一致，坐标原点为平板前缘点，上标"*"表示有量纲量，没有上标"*"的量为无量纲量，下标"∞"表示边界层外来流中的量。NS+BL 方法具体分为三步。

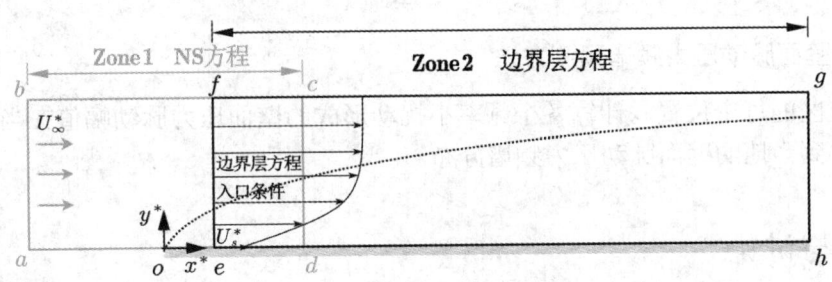

图 1 NS+BL 方法示意图

第一步，在包含前缘区的 Zone1 计算域内求解 NS 方程，其中 Zone1 对应图 1 中灰色矩形 abcd。具体地，首先取远离平板前缘一定距离的上游位置 ab 作为 Zone1 的入口；然后取远离平板前缘一定距离的下游位置 cd 作为 Zone1 的出口。再对 Zone1 进行网格划分，最后使用有限体积法求解滑移 NS 方程，得到 Zone1 内的层流基本流场。其中，所求解的定常二维不可压缩 NS 方程的形式如下：

$$\begin{cases} \dfrac{\partial U_j^*}{\partial x_j^*} = 0 \\ U_j^* \dfrac{\partial U_i^*}{\partial x_j^*} = -\dfrac{1}{\rho^*}\dfrac{\partial P^*}{\partial x_i^*} + \nu^*(\dfrac{\partial}{\partial x_j^*}\dfrac{\partial}{\partial x_j^*})U_i^* \quad (i=1,2\,;\,j=1,2) \end{cases} \tag{2}$$

方程（2）为约定求和形式的方程；U_i^* 是速度；x_i^* 是坐标；$i=1$ 代表流向；$i=2$ 代表法向；ρ^* 是密度；P^* 是压力。

第二步，在 Zone2 大计算域内求解边界层方程，其中 Zone2 对应图 1 中黑色矩形 efgh。具体地，首先取距离 Zone1 内出口 cd 向上游一定距离的位置 ef 作为 Zone2 的入口；然后取工况要求的出口位置作为 Zone2 的出口。再选取 Zone1 内 ef 处的速度 U^* 和 V^* 剖面作为 Zone2 内平板边界层方程的入口条件，最后使用有限差分方法沿流向推进求解滑移边界层方程，得到 Zone2 内的层流基本流场。其中，所求解的定常二维不可压缩边界层方程为

$$\begin{cases} \dfrac{\partial U^*}{\partial x^*} + \dfrac{\partial V^*}{\partial y^*} = 0 \\ U^*\dfrac{\partial U^*}{\partial x^*} + V^*\dfrac{\partial U^*}{\partial y^*} = \nu^*\dfrac{\partial^2 U^*}{\partial y^{*2}} \end{cases} \tag{3}$$

第三步，将 Zone1 内和 Zone2 内的流场合并到一起，最终得到考虑前缘区影响的超疏水表面平板边界层从入口到下游整个计算域内的层流基本流场。

2.2 基于线性稳定性理论的 e^N 方法

本研究使用基于线性稳定性理论的 e^N 方法（Smith 和 Gamberoni[7]；Van Ingen[8]）预测自然转捩位置。具体可见参考文献[3,9]，其中转捩处的 N 值需要实验来标定，暂取 7。

2.3 层流区壁面脉动压力频谱预测方法

在层流区的每个位置，计算各个频率小扰动形成的壁面压力脉动幅值在当地的放大倍数，从而得到当地的壁面脉动压力频谱分布。

3 结果与讨论

3.1 考虑前缘区影响的超疏水表面边界层转捩

我们取滑移长度 239 μm、来流速度 0.186 m/s 的工况为例，对比了 NS+BL 方法的结果和滑移 Blasius 解[3]。首先使用 NS+BL 方法，得到整个计算域内的层流基本流场，图 2 给出了在 $x^* = 0.1$ m 处流向速度 U^* 的对比结果。可见 NS+BL 方法的结果与滑移 Blasius 解存在差异，前者的速度剖面更加靠近壁面，边界层变得更薄。结果表明，前缘区的影响使得超疏水表面边界层剖面更饱满，厚度更薄。

得到层流基本流后，通过线性稳定性分析可以得到中性曲线（图 3）。从图 3 可以看出，由于前缘区的影响，不稳定区的开始出现临界位置向下游移动，不稳定区的范围变得更小，这表明前缘区的影响使边界层变得更稳定。

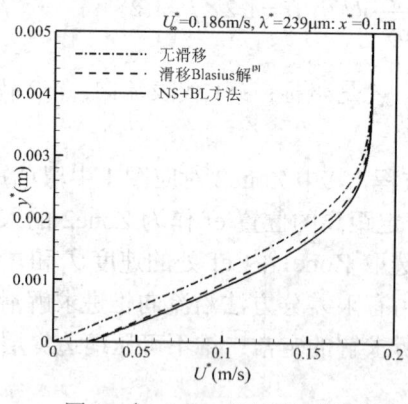
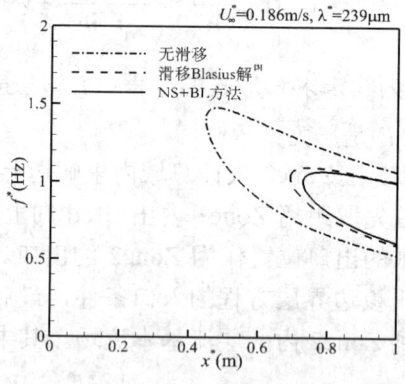

图 2 $x^* = 0.1$ m 处速度 U^* 的剖面　　　图 3 平板边界层的中性曲线

根据本研究选取的转捩处的 N 值，可以研究前缘区对不同超疏水表面（滑移长度）转捩位置的影响，图 4 给出了转捩位置 x^*_{tr} 随滑移长度 λ^* 的变化，图 5 给出了由前缘区影响带来的转捩延迟量 $\Delta x^*_{tr\_LE}$ 随滑移长度 λ^* 的变化。可以看出，前缘区影响导致的转捩延迟效果，随滑移长度增长而越发明显。

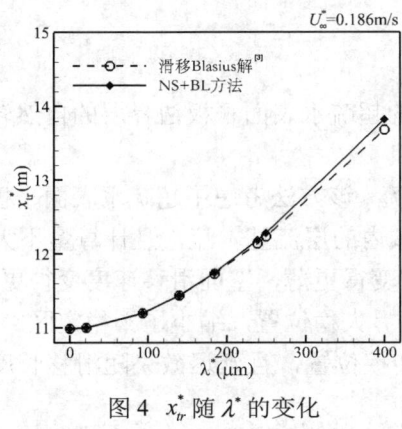
图 4 x_{tr}^* 随 λ^* 的变化

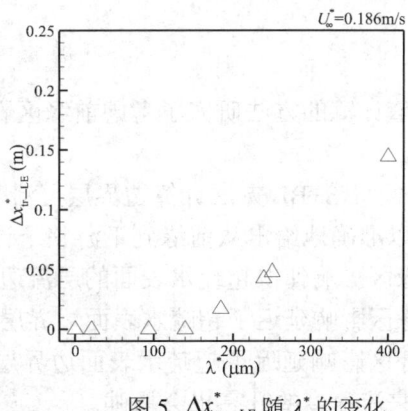
图 5 $\Delta x_{tr\_LE}^*$ 随 λ^* 的变化

研究了不同来流速度下前缘区影响对超疏水表面平板边界层转捩的效果，图 6 画出了预测的转捩位置 x_{tr}^* 随来流速度 U_∞^* 的变化，图 7 画出了不同来流速度下的 $\Delta x_{tr\_LE}^*$。可以看出，前缘区影响导致的转捩延迟效果，随来流速度升高而增强。

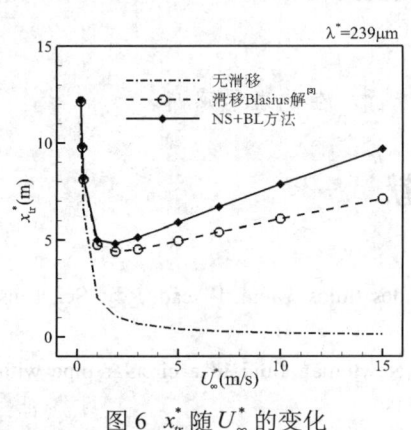
图 6 x_{tr}^* 随 U_∞^* 的变化

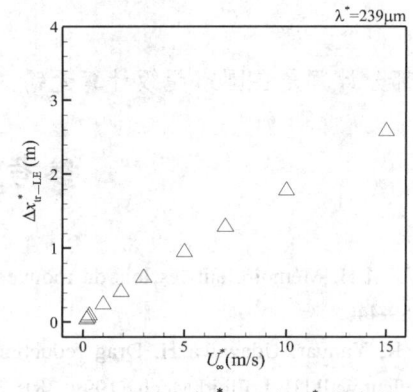
图 7 $\Delta x_{tr\_LE}^*$ 随 U_∞^* 的变化

3.2 考虑前缘区影响的超疏水表面层流区壁面脉动压力频谱

使用本研究提出的层流区壁面脉动压力频谱预测方法，得到了考虑前缘区影响的超疏水表面平板的结果。图 8 为 $U_\infty^*=0.186$ m/s、$\lambda^*=239$ μm 工况下三个不同位置处的壁面脉动压力频谱分布。可以看出，从上游到下游，壁面脉动压力频谱的幅值在升高，频率范围向低频移动。相对于无滑移平板，超疏水表面平板结果中的幅值要低一些，这表明超疏水表面抑制了壁面压力脉动。此外，考虑前缘区影响的幅值低于忽略前缘区影响的结果，说明前缘区影响增强了超疏水表面对壁面脉动压力的抑制作用。

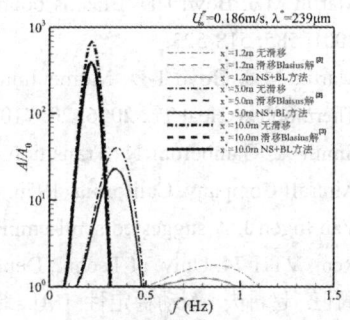
图 8 层流区壁面脉动压力频谱分布

4 结论

使用数值计算的方法研究了考虑前缘区影响的超疏水表面平板边界层的自然转捩,得到以下结论。

(1) 提出了 NS+BL 方法计算边界层层流基本流,该方法考虑了超疏水表面平板前缘区的影响,可以准确地给出从前缘到下游整个计算域内的层流基本流,且计算量不大。

(2) 前缘区影响使得超疏水表面的层流边界层变得更薄,壁面滑移速度变得更大。

(3) 前缘区影响延迟了超疏水表面边界层的临界失稳位置,缩小了不稳定区。

(4) 前缘区影响延迟了超疏水表面边界层的转捩位置,且延迟效果随滑移长度的增大而增强,随来流速度的升高也会增强。

(5) 提出一种预测水下航行体表面层流区壁面脉动压力频谱的方法。该方法的计算结果表明,在层流区越靠近下游,壁面脉动压力频谱的幅值越高,频率范围越靠近低频。超疏水表面有抑制壁面压力脉动的效果,而前缘区影响则进一步地增强了这种抑制作用。在大的壁面滑移长度和高来流速度下,前缘区影响则更为明显。

致谢

本研究部分计算是在国家超级计算无锡中心进行,在此表示感谢。

参考文献

1. Navier C L M H. Mémoire sur les lois du mouvement des fluids. Mém. l'Acad. Roy. Sci. l'Inst. France, 1823, 6: 389-440.
2. Watanabe K, Yanuar, Udagawa H. Drag reduction of Newtonian fluid in a circular pipe with a highly water-repellent wall [J]. J. Fluid Mech., 1999, 381: 225-238.
3. Liu B, Zhang Y M. A numerical study on the natural transition locations in the flat-plate boundary layers on superhydrophobic surfaces [J]. Phys. Fluids, 2020, 32: 124103.
4. Samaha M A, Gad-el-Hak M. Slippery surfaces: A decade of progress [J]. Phys. Fluids, 2021, 33: 071301.
5. Martin M J, Boyd I D. Blasius boundary layer solution with slip flow conditions [J]. Philos. Mag. Part B, 2001, 585: 518-523.
6. Martin M J, Boyd I D. Momentum and heat transfer in a laminar boundary layer with slip flow [J]. J. Thermophys. Heat Tr., 2006, 20: 710-719.
7. Smith A, Gamberoni N. Transition, pressure gradient and stability theory [R]. Rept. ES 26388, Douglas Aircraft Company, California, 1956.
8. Van Ingen J. A suggested semi-empirical method for the calculation of boundary layer transition region [R]. Rept. VTH-74, Univ. of Techn., Dept. of Aero. Eng., Delft, 1956.
9. 周恒, 赵耕夫. 流动稳定性 [M]. 北京: 国防工业出版社, 2004.

Natural transitions of flat plate boundary layers on super hydrophobic surfaces considering the influence of the leading edge region

LIU Bin[1], ZHANG Yong-ming[1,2*]

(1. Department of Mechanics, Tianjin University, Tianjin 300072;
2. Tianjin Key Laboratory of Modern Engineering Mechanics, Tianjin 300072, Email: ymzh@tju.edu.cn)

Abstract: The natural transition problem of flat plate boundary layers on superhydrophobic surfaces has been at the forefront of fluid mechanics. In previous research, the influence of the leading edge is ignored in the simulations of basic laminar flow, flow instability and natural transition. Therefore, a calculation method for flat plate boundary layer flow on superhydrophobic surfaces considering the influence of the leading edge region is proposed, namely Navier Stokes + Boundary Layer (NS+BL) method, which accurately obtains the basic laminar flow field in the whole computational domain from the inlet boundary to the downstream region with an acceptable computational expense. The results obtained by NS+BL method are compared with those that ignore the influence of the leading edge. It is found that the influence decreases the thickness of the boundary layer and increases the slip velocity on superhydrophobic surfaces. The flow instability and natural transition are also investigated based on the flow field considering the influence of the leading edge region. The influence delays the critical location of flow instability, narrows the unstable zone, and delays the transition location. This delay effect on superhydrophobic surfaces becomes stronger as the slip length or the oncoming flow velocity increases. In addition, a method is proposed to predict the spectrum of wall fluctuating pressure in the laminar flow region over underwater vehicles. The amplitude of the wall fluctuating pressure increases and the frequency range decreases at the downstream region. The superhydrophobic surfaces suppress the wall fluctuating pressure, which is enhanced by considering the influence of the leading edge region.

Key words: Superhydrophobic; Flat plate boundary layer; Natural transition; Leading edge region.

雷诺数变化对水下回转体自然转捩的影响

刘竟成[1]，刘建华[2]，张永明[1,3]*

(1. 天津大学力学系，天津 300072；
2. 中国船舶科学研究中心，无锡 214082；
3. 天津市现代工程力学重点实验室，天津 300072, Email: ymzh@tju.edu.cn)

摘要：雷诺数变化对水下回转体首部绕流边界层自然转捩的影响这一问题不但是流体力学中的重要基础问题，同时还具有重要的工程实际意义，本文采用数值计算的方法研究该问题。由于几何尺度和航行速度不同，水下回转体缩比模型实验的雷诺数与实尺度航行体流动的雷诺数相差几个量级，而转捩又会受到雷诺数变化的影响。因此，很有必要在实验室雷诺数到实体雷诺数这一范围内，研究雷诺数对水下回转体首部绕流边界层转捩的影响。本文选取了不同首部线型，对直径雷诺数量级为 $10^5\sim10^8$ 范围内的不同工况进行了转捩位置预测，预测方法为基于线性稳定性理论的 e^N 方法。先在相同直径雷诺数下比较了不同首部线型的稳定性分析和转捩位置结果。然后研究随着直径雷诺数增大，每个首部线型的结果如何变化。从结果可以看出，相同雷诺数下，由于首部线型的不同，水下回转体的稳定性分析结果和转捩位置差异明显。而随着直径雷诺数增大，每个线型的无量纲转捩位置的定性的变化规律都是类似的，都随雷诺数的增大而向上游靠近，且在低雷诺数时，转捩位置变化更明显。但是，随着雷诺数增大，不同线型的无量纲转捩位置的定量变化则差异明显，这导致不同线型的转捩位置先后顺序并不固定，且没有明显的规律性，而是随雷诺数增大而发生显著变化。最后，从基本流方程和稳定性方程的性质出发，分析了出现这种无规律性的原因。

关键词：水下回转体；自然转捩；雷诺数效应；首部线型

1 引言

边界层的自然转捩是一种重要的流动现象。转捩发生的前后，边界层的流动性质有显著变化。回转体作为水下航行体首部常用的形状，其边界层转捩位置对一些工程上迫切关心问题，如流动自噪声干扰声呐探测的问题等，有重要影响。由于几何尺度和航行速度不

基金项目：国家自然科学基金(91952301, 12072230, 11732011)

同，水下回转体缩比模型实验的雷诺数与实尺度航行体流动的雷诺数相差几个量级。因此，讨论雷诺数对回转体壁面边界层自然转捩的影响有重要的科学意义和工程意义。

在飞机机翼、风力发电机叶片以及螺旋桨的研究过程中，很多学者已经注意到了雷诺数变化对壁面边界层自然转捩的影响。Yang 等研究了机翼边界层内雷诺数对 TS 波的影响，发现顺压梯度会降低 TS 波对雷诺数变化的敏感性[1]。为了预测大型风力发电机叶片的转捩位置，Yong 等采用转捩模式与 e^N 方法进行了研究，并与实验结果进行了比较，通过研究评估了不同雷诺数范围所采用转捩预测方法的精度[2]。Baltazar 等基于 RANS 方程，采用转捩预测模式对螺旋桨叶片的转捩过程进行了研究，说明了不同雷诺数下，由于尺度效应对转捩造成的影响[3]。而关于水下回转体在不同雷诺数下转捩的研究，目前公开发表的文献中相对较少。

转捩机理研究以及转捩预测方法研究的普遍目的是要通过各种方式影响边界层内的转捩位置，以达到改善航行体气动力或水动力性能的目的[4]。针对回转体首部边界层，合理的选择回转体的首部外形，能带来很高的收益[5]。因此，我们在研究不同雷诺数对水下回转体转捩位置的影响时，还考虑了不同外形带来的影响。

当前被广泛使用的转捩预测方法有 e^N 方法和转捩模式等。其中，e^N 方法是一种半经验半科学的方法，是目前工程上可用的转捩预测方法中，科学依据最牢靠的一种。已有的研究结果表明，e^N 方法在预测高雷诺数转捩的过程中精度更高[6]。关于水下回转体边界层的自然转捩，早期有学者对水下回转体边界层的实验和线性稳定性分析的结果进行了比较，证实了线性稳定性理论适用于回转体边界层[7]。近期，刘竟成等发展了适用于水下回转体的 e^N 转捩预测方法[5]。

本文的第二节介绍了控制方程和数值方法，包括基本流计算、稳定性分析、e^N 方法的相关内容。第三节分析了雷诺数变化对水下回转体自然转捩的影响。

2 控制方程和数值方法

在这一部分中，我们介绍本文所用的控制方程，包括层流基本流计算、带曲率的线性稳定性分析以及 e^N 方法的相关内容。

2.1 基本流计算

对于零攻角回转体，在柱坐标系下可以简化为二维流场，因此，我们通过在柱坐标系下求解二维不可压 NS 方程，获得层流流场的分布情况。

2.2 稳定性分析

由于扰动沿壁面发展，在得到层流流场后，我们在正交曲线坐标系下通过求解线性稳定性方程的特征值问题，获得扰动在边界层中的线性增长放大率。

2.3 e^N 方法

求得各频率扰动的增长率后，通过 e^N 方法可以求得扰动的幅值放大因子 N 值随轴向位置的分布，并结合 N 值的分布和转捩判据 N_{tr} 进行转捩位置预测。

本文采用的数值方法在文献[5]中有详细介绍，在此仅简要介绍。

3 结果和讨论

3.1 首部线型对转捩的影响

在两个雷诺数（$Re_D=2.52\times10^6$、$Re_D=2.32\times10^8$）下，我们选择了 8 种回转体首部线型进行分析。其中 SUBOFF 线型由美国国防高等研究计划署提出[8]，YLW1、YLW 2、YLW 3、YLW 4、LGLS 5 种线型为中国船舶科学研究中心提出的线型[9-10]。Ellipse 和 2E 线型是由刘竟成等提出的两种有解析式的线型[5]，八种线型如图 1 所示。

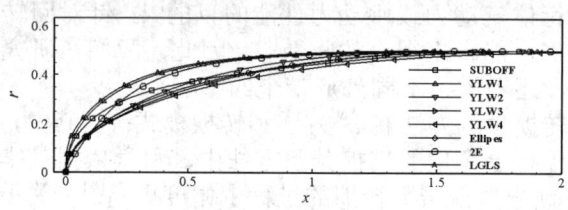

图 1 8 种回转体首部线型

通过基本流计算及稳定性分析，求得两个雷诺数下各线型的中性曲线如图 2 所示。中性曲线内部是小扰动不稳定区，可以看出，由于首部线型的不同，小扰动在首部边界层中的发展有明显的区别，包括扰动开始增长的临界位置，增长区的频带范围。雷诺数越高，边界层内的扰动线性增长段越短，我们在不同雷诺数下，关注的轴向区域不同。

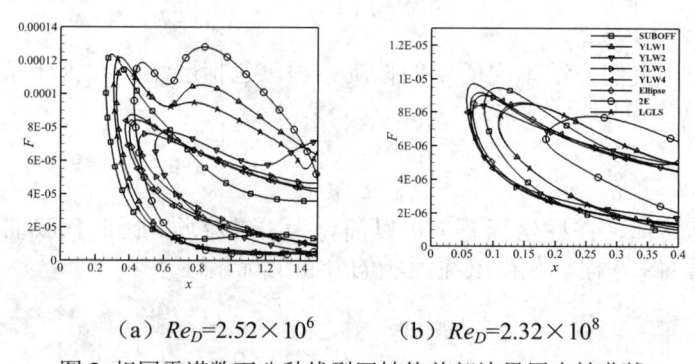

（a）$Re_D=2.52\times10^6$　　（b）$Re_D=2.32\times10^8$

图 2 相同雷诺数下八种线型回转体首部边界层中性曲线

进一步的，通过 e^N 方法，我们对各频率的扰动，从中性曲线的下支开始，对增长率进行沿壁面弧长的积分，获得幅值放大因子 N 值分布。将轴向每一位置处的不同频率扰动 N 值的最大值，即 N_{max} 值，绘制在图 3 中，得到 N_{max} 曲线分布。在 N_{max} 曲线上，我们标出了 N_{max} 为转捩阈值 $N_{tr}=7$ 的位置，对应的轴向位置就是预测的转捩位置。

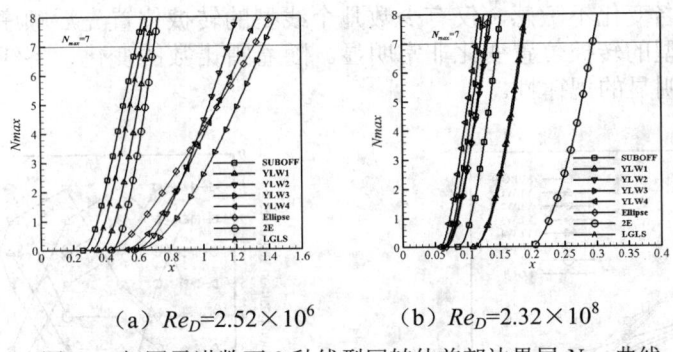

（a）$Re_D=2.52\times10^6$ （b）$Re_D=2.32\times10^8$

图 3　相同雷诺数下 8 种线型回转体首部边界层 N_{max} 曲线

可以看出，较低雷诺数下各回转体 N_{max} 曲线的抬升速度有明显区别，其中 YLW2、YLW3、YLW4、Ellipse 4 种回转体的 N_{max} 曲线增长趋势较慢，其余 4 种回转体的 N_{max} 曲线增长趋势较快。较高雷诺数下各线型回转体 N_{max} 曲线的增长趋势差别较小，对转捩位置的影响主要是 N_{max} 曲线开始增长的位置，也就是中性曲线的临界位置。

3.2 雷诺数变化对转捩的影响

接下来我们看同一线型，随雷诺数变化的结果分析。以 LGLS 线型回转体为例，我们在直径雷诺数量级为 $10^5\sim10^8$ 范围内取 9 个雷诺数（$Re_D=1.79\times10^5$、2.98×10^5、4.17×10^5、8.94×10^5、2.52×10^6、1.16×10^7、5.79×10^7、1.16×10^8、2.32×10^8），分别分析其稳定性及转捩预测结果。计算所得的中性曲线及 N_{max} 曲线结果如图 4 和图 5 所示。

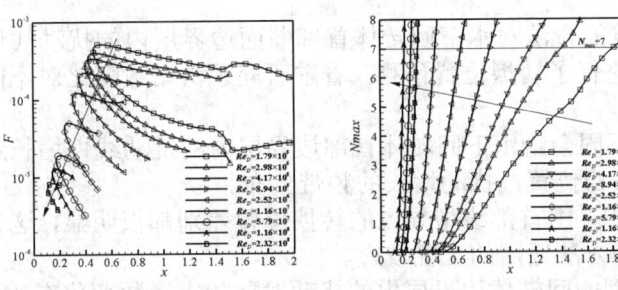

图 4　LGLS 回转体不同雷诺数中性曲线　　图 5　LGLS 回转体不同雷诺数 N_{max} 曲线

从中性曲线可以看出，随着雷诺数的升高不稳定区的分布有明显的规律，中性曲线的临界位置明显前移，中性曲线的上支和下支均向无量纲低频方向移动。通过 N_{max} 曲线分布我们可以看到，随着雷诺数的增大，N_{max} 曲线的抬升速度变快，转捩位置也更靠前。

我们将 8 种线型回转体转捩位置随雷诺数的变化统计在图 6 中。可以看出，随着雷诺数增加，各线型回转体的无量纲转捩位置均向上游移动，而且雷诺数越小，转捩位置对雷诺数的变化越敏感。其中 YLW4 线型非常明显，低雷诺数时提高雷诺数，转捩位置会发生剧烈的变化。

进一步的,将各工况回转体转捩位置排名统计在图 7 中。在较低的雷诺数和较高雷诺数时,转捩位置排名变化不敏感,仅有少数几个线型的转捩位置先后顺序出现的交换。在中雷诺数时,各线型的转捩位置变化非常明显。随着雷诺数的变化,各线型转捩位置的排名一直在变,没有明显的规律性。

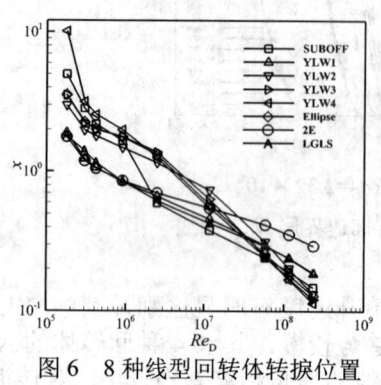 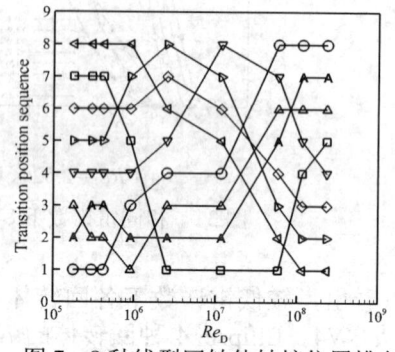

图 6 8 种线型回转体转捩位置　　　　　图 7 8 种线型回转体转捩位置排名

出现上述转捩位置随雷诺数变化无规律性的原因,是回转体首部转捩位置由层流边界层基本流和稳定性分析结果确定。其中,基本流不具有相似性,需要求解 NS 方程得到,而 NS 方程的解强烈地、非线性地依赖雷诺数变化和首部线型条件。稳定性分析需要求解特征值问题,特征值问题的解又强烈地依赖基本流和雷诺数,二者的变化,会引起增长率的显著变化,进而影响转捩位置。

4 结论

本文采用数值计算的方法对水下回转体首部曲面边界层内的扰动线性增长过程进行了研究,并采用 e^N 方法进行了转捩位置预测。着重研究了雷诺数变化对不同首部线型转捩位置的影响。

(1)首部线型的不同会给水下回转体首部边界层内的扰动线性增长过程带来明显的差异,包括扰动的临界失稳位置,扰动增长的频带分布。

(2)不同雷诺数下,由首部线型导致的转捩位置差别都很明显,这说明通过改变首部线型以改变转捩位置的方法适用的工况较广。

(3)同一首部线型的回转体边界层内的扰动发展随雷诺数变化有明显的规律。随着雷诺数升高,扰动失稳的临界位置会向回转体的前缘方向移动,扰动的不稳定区无量纲频带范围会向低频方向移动。

(4)同一线型,随着雷诺数的增加,转捩位置会向回转体前缘移动,且低雷诺数下,移动的更明显。

(5)随着雷诺数的改变,各线型回转体的转捩位置排名并不固定。出现转捩位置无规律的原因是转捩位置由基本流方程和稳定性方程的性质决定。

参考文献

1. Yang T, Zhong H, Chen Y, et al. Transition prediction and sensitivity analysis for a natural laminar flow wing glove flight experiment [J]. 中国航空学报: 英文版, 2021, 34(8): 14.
2. Yong S J, Vijayakumar G, Ananthan S, et al. Local correlation-based transition models for high-reynolds-number wind turbine airfoils [J]. Wind Energ. Sci., 2022 ,7: 603-622.
3. Baltazar J, Rijpkema D, Campos J. Prediction of the propeller performance at different reynolds number regimes with RANS [J]. J. Mar. Sci. Eng. 2021, 9, 1115.
4. Ruan X, Zhang X, Wang P, et al. Investigation on the boundary layer transition with the effects of periodic passing wakes [J]. Physics of Fluids, 2020, 32(12): 125113.
5. Liu J, Chu X, Zhang Y. Numerical investigation of natural transitions of bow boundary layers over underwater axisymmetric bodies [J]. Physics of Fluids, 2021, 33(7): 074101.
6. Ceyhan O, Pires O, Munduate X, et al. Summary of the blind test campaign to predict the high reynolds number performance of DU00-W-210 airfoil [C]. AIAA SciTech Forum, 35th Wind Energy Symposium, 9-13 January 2017, Grapevine, Texas.
7. Kegelman J T, Mueller T J. Experimental studies of spontaneous and forced transition on an axisymmetric body [J]. Aiaa Journal, 2015, 24(3): 397-403.
8. Groves, N C, Huang, T T, Chang, M S. "Geometric characteristics of DARPA SUBOFF Models (DTRC Model Numbers 5470 and 5471)" [R]. DTRC/SHD-1298-01, David Taylor Research Center, Maryland, USA, 1989.
9. 俞孟萨, 吕世金, 吴永兴. 水下航行体艏部低噪声线型的声学设计方法 [J]. 水动力学研究与进展A辑, 2002, 17(05): 529-537.
10. 吕世金, 高岩, 刘进, 等. 水下航行体表面水动力激励力预测模型 [J]. 水动力学研究与进展A辑, 2020, 35(6): 705-710.

Reynolds number effect on natural transition of the boundary layers for underwater axisymmetric bodies

LIU Jing-cheng[1], LIU Jian-hua[2], ZHANG Yong-ming[1,3*]

(1. Department of Mechanics, Tianjin University, Tianjin 300072;
2. China Ship Scientific Research Center, Wuxi 214082;
3. Tianjin Key Laboratory of Modern Engineering Mechanics, Tianjin 300072, Email: ymzh@tju.edu.cn)

Abstract: The effect of Reynolds number variation on the natural transition in the bow boundary layers over underwater axisymmetric bodies is not only an important fundamental problem in fluid mechanics, but also has engineering significance. In this paper, the numerical method is used to study the problem. The transition positions are predicted within the wide range of diameter Reynolds number. The transition prediction is conducted by using e^N method. Firstly, the results of different forebody shapes are compared at the same diameter Reynolds number, and the results are significantly different for different forebody shapes. Then we study the variation of transition location as the diameter Reynolds number increases. As the diameter Reynolds number increases, the dimensionless transition positions of different forebody shapes decrease. However, the sequential order of transition positions of the forebody shapes is not fixed at different Reynolds numbers, and no obvious regularity of the sequential order can be seen. This irregularity occurs because the transition positions over the axisymmetric bodies are determined by the basic flow of laminar boundary layers and the stability analysis results, which are strongly affected by the Reynolds number.

Key words: Underwater axisymmetric bodies; Natural transition; Reynolds number effects; Forebody shape.

附属圆柱与强制旋转对圆柱流致振动的联合作用研究

包燕旭[1]，刘炳文[1]，刘家睿[2]，王坤[1]，陈威[2*]

（1. 武汉理工大学 理学院，武汉 430063；
2. 武汉理工大学 船海与能源动力工程学院，武汉 430063；Email: whutcw01@126.com）

摘要：为探讨附属圆柱与强制旋转对圆柱流致振动的联合作用特性，基于 CFD 方法对附属圆柱-强制旋转联合作用下的圆柱流致振动进行数值模拟研究，改变附属圆柱的摆放攻角(0°、15°、30°、45°、60°)以及旋转圆柱的转速比(0、0.2、0.4、0.6、0.8、1)。发现联合作用总体上加强了 FIV 振幅响应，在某些工况下振幅被显著抑制(如 $\beta=0°, \alpha=0.4$)。旋转导致圆柱不同攻角下振幅范围发生扩散，加强了附属圆柱的方向敏感性。旋转对圆柱表面减阻作用有限。本研究成果有助于海洋钝体结构物流致振动抑制技术发展。

关键词：流致振动；圆柱；控制杆；流固耦合

1 引言

在海洋工程领域(系泊线、立管)，以及基础设施领域(建筑物、桥梁)，通常会观察到钝体绕流现象，结构受绕流影响会发生流致振动(FIV)。FIV 是海洋立管等海洋钝体体结构物遭受疲劳损伤的根源。由于 FIV 的危害性，圆柱 FIV 的抑制问题受到工程界和学术界的广泛关注。

圆柱 FIV 的抑制方式主要以被动抑制为主，即改变表面形状或放置附体结构物，其中立管周围放置附属圆柱(控制杆)是有效减少 FIV 的方式之一，三附属圆柱模型是学者们研究的典型对象[1-3]。附属圆柱通过影响主圆柱表面边界层来抑制圆柱表面漩涡的生成和脱落，从而抑制圆柱的 FIV 振幅。但附属圆柱具有方向敏感性，不同的来流方向对 FIV 的抑制效果影响显著，甚至引起加剧圆柱 FIV 振幅的负面效果。

对圆柱施加强制旋转也能影响圆柱表面边界层，在一定的转速下能显著抑制圆柱表面漩涡的生成脱落[4]，从而抑制圆柱 FIV。由于附属圆柱和强制旋转都能抑制圆柱 FIV，二者联合作用下的圆柱 FIV 响应值得研究。本研究问题有：①附属圆柱-强制旋转联合作用能否进一步抑制圆柱 FIV 响应；②强制旋转能否减弱附属圆柱的方向敏感性；③联合作用能否进一步降低圆柱表面阻力。基于以上问题，对附属圆柱-强制旋转联合作用下圆柱的流致振动问题进行了数值模拟研究，主要分析了圆柱振幅响应、表面流体力和尾流漩涡脱落模式，为研究抑制立管涡激振动了提供新思路。

2 计算模型及方程

2.1 计算模型

本文基于 Ansys/Fluent 软件实现数值模拟求解；自主编译用户定义函数(User Defined Function，即 UDF)，实现了基于四阶 Runge-Kutta 法的双向流固耦合计算迭代求解；基于 Fluent 动网格技术中的网格重构模型实现了圆柱运动过程中网格的实时更新。

整个附属圆柱-旋转圆柱系统共由主圆柱、附属圆柱和弹簧-阻尼系统组成，其物理模型见图 1。计算域大小在顺流方向为 65D，横流方向为 40D，阻塞比为 2.5%，流场宽度对结构响应的影响可忽略。流体介质为水，水的密度为 $\rho = 998.2 \, kg \cdot m^{-3}$。本研究雷诺数设为 200，主圆柱的质量比设为 2.6。雷诺数定义为 $Re = UD/v$，其中 $v = 1.004 \times 10^{-6} \, m^2 \cdot s^{-1}$ 为流体运动黏度。在主圆柱的附近放置三个附属圆柱，三个附属圆柱彼此成 120° 角，附属圆柱跟随主圆柱同步位移。附属圆柱与主圆柱直径之比 $d/D = 0.25$，附属圆柱与主圆柱间隙比为 $g/D = 0.5$，附属圆柱摆放攻角见图 2。支撑圆柱的线弹性弹簧 K_1(横流向)和 K_2(顺流向)，k 代表系统的弹性系数。阻尼系统 C_1(横流向)和 C_2(顺流向)，c 代表系统的阻尼系数(本研究取值均为 0)。约化速度定义为 $V_r = U/(f_n \times D)$ (本研究约化速度取值为 5)，$f_n = 1/2\pi\sqrt{k/m}$ 为圆柱固有频率。圆柱绕其轴逆时针旋转，转速比由 α 表示($\alpha = D\Omega/2U$，Ω 为旋转圆柱的角速度)。左侧为入流边界，其边界条件为 $u = U, v = 0$；流体从入流边界均匀流向右侧的出口边界；其出口边界条件为 $\partial u/\partial x = 0, \partial v/\partial x = 0$；上下边界设置为对称边界，其边界条件为 $\partial u/\partial y = 0, v = 0$；圆柱表面为无滑移壁面。

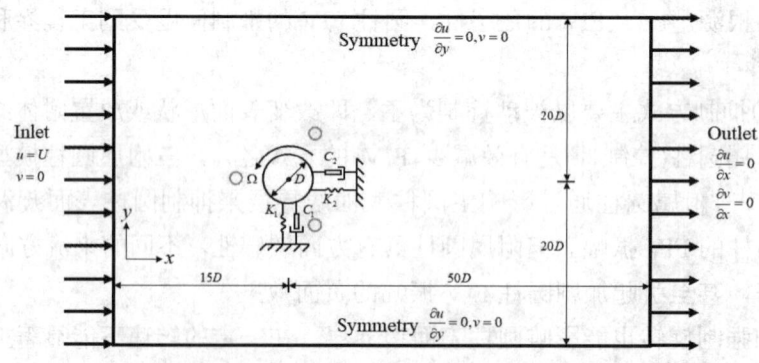

图 1　附属圆柱-旋转圆柱系统的计算模型

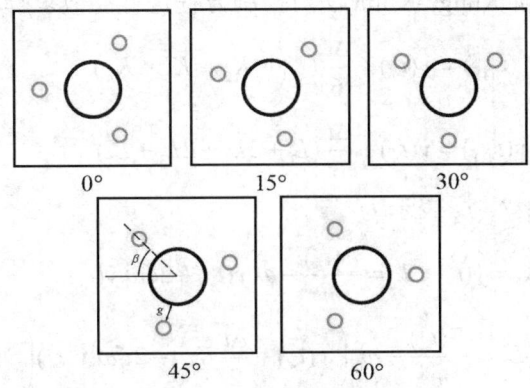

图 2 附属圆柱摆放攻角示意图

2.2 控制方程及迭代方法

基于二维雷诺平均 Navier-Stokes 方程描述不可压缩的流动。控制方程包括质量守恒方程、动量守恒方程和能量守恒方程。经过圆柱的二维流动可看做是不可压缩的流动，因此雷诺平均 N-S 控制方程只包括质量守恒和动量守恒方程，其表达式如下：

$$\frac{\partial u}{\partial x}+\frac{\partial v}{\partial y}=0 \tag{1}$$

$$\frac{\partial u}{\partial t}+u\frac{\partial u}{\partial x}+v\frac{\partial u}{\partial y}=-\frac{1}{\rho}\frac{\partial p}{\partial x}+\upsilon\left(\frac{\partial^2 u}{\partial x^2}+\frac{\partial^2 u}{\partial y^2}\right) \tag{2}$$

$$\frac{\partial v}{\partial t}+u\frac{\partial v}{\partial x}+v\frac{\partial v}{\partial y}=-\frac{1}{\rho}\frac{\partial p}{\partial y}+\upsilon\left(\frac{\partial^2 v}{\partial x^2}+\frac{\partial^2 v}{\partial y^2}\right) \tag{3}$$

式中，u,v 为顺流向和横流向的速度，p 为压力，υ 为流体的运动黏度。

圆柱的振动系统设置为质量-弹簧-阻尼系统。圆柱流向和横向运动的控制方程为二阶常微分方程：

$$\ddot{y}(t)+\frac{4\pi c}{V_r}\dot{y}(t)+\left(\frac{2\pi}{V_r}\right)^2 y(t)=\frac{C_l}{2m^*}$$

$$\ddot{x}(t)+\frac{4\pi c}{V_r}\dot{x}(t)+\left(\frac{2\pi}{V_r}\right)^2 x(t)=\frac{C_d}{2m^*} \tag{4}$$

式中，$m^*=4m/(\rho\pi D^2)$ 代表圆柱质量比。圆柱表面顺流和横流力系数定义为 $C_d=2F_x/\rho DU^2$，$C_l=2F_y/\rho DU^2$。F_x，F_y 表示圆柱在顺流和横流向上受到的流体力。圆柱在横流向和顺流向上的无量纲化位移、速度和加速度分别用 $y(t)$，$\dot{y}(t)$，$\ddot{y}(t)$，$x(t)$，

$\dot{x}(t)$,$\ddot{x}(t)$ 表示。采用四阶 Runge-Kutta 法对控制方程进行离散求解,式(4)可离散为:

$$y(t_{n+1}) = y(t_n) + \frac{\Delta t}{6}(K_1 + K_2 + K_3 + K_4)$$
$$\dot{y}(t_{n+1}) = \dot{y}(t_n) + \frac{\Delta t}{6}(L_1 + 2L_2 + 2L_3 + L_4)$$

(5)

式中,$K_1, K_2, K_3, K_4, L_1, L_2, L_3, L_4$ 表示为:

$$K_1 = \dot{y}(t_n),\ L_1 = \frac{F(t_n)}{m} - \omega_0^2 y(t_n) - 2\zeta\omega_0 \dot{y}(t_n)$$

$$K_2 = \dot{y}(t_n) + \frac{\Delta t}{2}L_1,\ L_2 = \frac{F(t_n)}{m} - \omega_0^2\left(y(t_n) + \frac{\Delta t}{2}K_1\right) - 2\zeta\omega_0\left(\dot{y}(t_n) + \frac{\Delta t}{2}L_1\right)$$

$$K_3 = \dot{y}(t_n) + \frac{\Delta t}{2}L_2,\ L_3 = \frac{F(t_n)}{m} - \omega_0^2\left(y(t_n) + \frac{\Delta t}{2}K_2\right) - 2\zeta\omega_0\left(\dot{y}(t_n) + \frac{\Delta t}{2}L_2\right)$$

$$K_4 = \dot{y}(t_n) + \frac{\Delta t}{2}L_3,\ L_4 = \frac{F(t_n)}{m} - \omega_0^2\left(y(t_n) + \frac{\Delta t}{2}K_3\right) - 2\zeta\omega_0\left(\dot{y}(t_n) + \frac{\Delta t}{2}L_3\right)$$

(6)

式中,Δt 为计算时间步长。

3 网格模型及验证

计算区域的网格定义见图 2。为精确进行流固耦合迭代,设置(A)振动区,其网格尺寸较小。为捕捉圆柱下游尾流结构,设置(B)尾流区,网格尺寸一般。为尽量减少计算时长,设置(C)外流区,网格尺寸较大。计算采用非结构化的三角形壳面网格。为验证该模型的网格尺寸独立性和有效性,对固定圆柱绕流进行了数值计算和验证。根据三个区域的网格大小,设计了三种密度的网格,具体尺寸见表 1。计算参数和结果见表 2,C_{d-mean} 表示阻力系数均值,St 表示斯特劳哈尔数。比较三种不同网格大小的数值模拟结果,Normal 网格和 Dense 网格得到的结果基本相同,说明 Normal 网格大小能够满足精度要求,出于计算量的考虑选择 Normal 网格。通过和前人研究数据[5-6]进行对比,验证了本研究数值方法和模型的有效性。

表 1 不同区域的网格尺寸

Mesh	$\Delta x / D$		
	(A)	(B)	(C)
Dense	0.02-0.04	0.04-0.10	0.10-0.30
Normal	0.05-0.10	0.10-0.20	0.20-0.50
Coarse	0.10-0.20	0.20-0.40	0.40-1.00

表 2 圆柱绕流参数及对比

Case	Mesh	C_{d-mean}	St
A1	Dense	1.33	0.19
A2	Normal	1.36	0.19
A3	Coarse	1.30	0.19
Braza et al.[5]		1.38	0.20
Mendes et al.[6]		1.46	0.21

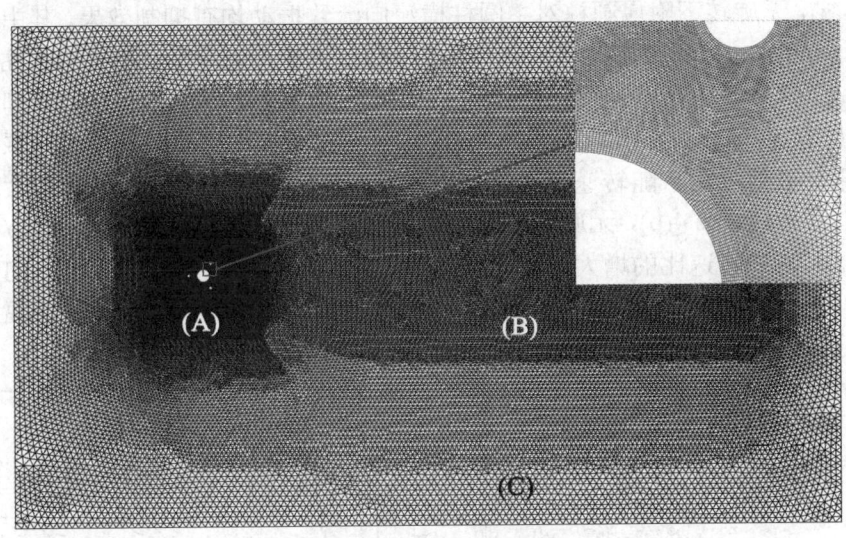

图 3 网格定义区域图

为进一步对本研究数值方法进行有效性验证，对无旋转圆柱流致振动进行了数值模拟与分析，质量比和雷诺数等参数选取与 Shiels 等[7]的研究相同（$m^*=1.25, Re=100$）。表 3 给出了本研究 A_y、C_{l-AM}、C_{d-mean} 以及 S_t 计算结果与文献[7]至文献[9]研究结果的对比，本文数值模拟结果与他人研究结果吻合良好，进一步验证了本研究数值方法的可靠性。

表 3 无旋转圆柱流致振动参数及对比

Study	A_y	C_{l-AM}	C_{d-mean}	St
Shiels et al.[7]	0.58	0.77	2.22	0.196
Shen et al.[9]	0.57	0.83	2.15	0.190
Bourguet et al.[8]	0.57	0.88	2.08	0.188
Present	0.57	0.86	2.10	0.190

3 计算结果与分析

为捕捉尾流结构，分析圆柱表面流体力以及圆柱的振幅响应，改变附属圆柱放置攻角（$0° \leq \beta \leq 60°$，增量为15°）与主圆柱转速比（$0 \leq \alpha \leq 1$，增量为 0.2），对圆柱流致振动进行数值模拟。

3.1 振动响应

不同转速比与攻角下的主圆柱振动响应见图 4，其中黑色虚线为无旋转下裸圆柱振动响应。如图 4(a)，无旋转下附属圆柱对主圆柱横流向流致振动均有抑制效果，其中 $\beta = 0°$ 的抑制效果较好，$\beta = 15°$ 抑制效果较弱，其他攻角抑制效果相似且最弱。随着主圆柱转速比的增加，$\beta = 0°$ 下圆柱横流向振幅变化明显，并且在某些转速比下较无旋转明显抑制了横流向流致振动(如 $\beta = 0°, \alpha = 0.4$)，表明附属圆柱-强制旋转联合作用对圆柱横流向振幅具有明显的抑制效果。其他攻角下随转速变化较小，横流向振幅总体上呈现随转速增大而先减小后缓慢增大的趋势。如图 4(b)，无旋转下附属圆柱对主圆柱顺流向流致振动仅在 $\beta = 0°, 60°$ 具有抑制效果。随着转速比的增大，顺流向振幅大致呈线性增大的趋势，顺流向振幅与横流向振幅的抑制保持同步。对比同一转速比、不同攻角下圆柱横流、顺流向振幅，发现振幅随攻角的分布发生扩散，表明强制旋转加强了附属圆柱的方向敏感性。

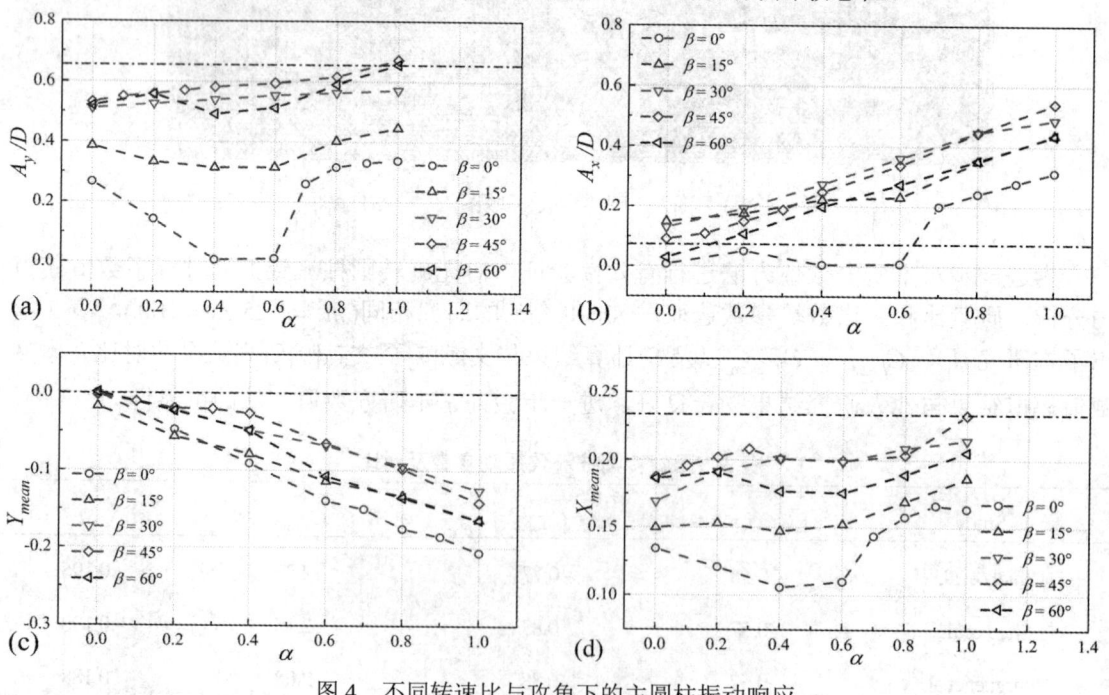

图 4 不同转速比与攻角下的主圆柱振动响应
(a)横流向振幅；(b)顺流向振幅；(c)横流向时均位移；(d)顺流向时均位移

图 4(c)为主圆柱的横流向时均位移,无旋转下,不同攻角下主圆柱的横流向时均位移呈对称分布。随着转速比的增大,由于马格努斯效应,圆柱横流向时均位移偏离无旋转情况下的平衡位置,偏移量大致随转速比增大线性增长。主圆柱的横流向时均位移如图 4(d)所示,附属圆柱对顺流向时均位移的抑制效果明显。无旋转下附属圆柱对顺流向时均位移的抑制效果也呈对称分布。随着转速比的增大,顺流向时均位移呈现先减小后增大的趋势。顺流向时均位移与横流向振幅的抑制保持同步。

3.2 流体力

主圆柱表面升力系数均方根值如图 5(a)所示,其规律与圆柱横流向振幅(图 4(a))相似。在无旋转下,$\beta = 30°, 45°, 60°$ 下升力系数均方根值大于裸圆柱情况。随着转速比的增大,$\beta = 0°$ 下存在明显的联合抑制作用,抑制区间与横流向振幅同步,其他攻角升力系数均方根值随转速比的增大呈缓慢增大的趋势。图 5(b)为圆柱时均表面阻力系数,其规律与圆柱顺流向时均位移相似,表明旋转对圆柱表面减阻作用有限。附属圆柱的作用对圆柱表面阻力有明显的抑制效果,虽然旋转导致某些攻角下圆柱时均阻力上升,但仍然低于裸圆柱情况。

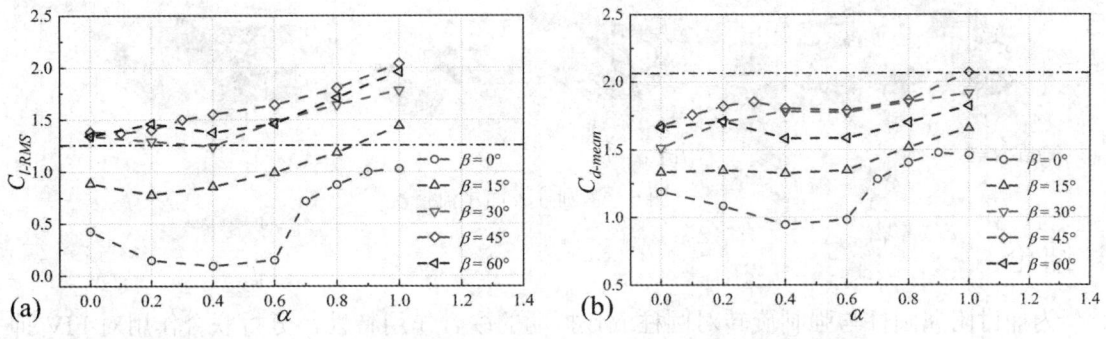

图 5 主圆柱表面升力系数均方根值与阻力系数时均值

3.3 尾流结构

基于振动响应与流体力在不同攻角下的趋势,本节选取 $\beta = 0°, 15°, 60°$ 攻角下圆柱表面脱涡情况和近圆柱流场进行了分析。

主圆柱表面尾流情况见图 6,在圆柱从下向上运动至平衡位置时对流场进行捕捉。由于附属圆柱边界层对主圆柱边界层的干涉以及强制旋转对边界层的影响,圆柱表面脱涡和近圆柱流场变得复杂。对于 $\beta = 0°$,$\alpha = 0, 1$ 时主圆柱下侧边界层与两根附属圆柱的下侧边界层发生汇聚,漩涡汇聚发生在漩涡生成期间;$\alpha = 0.6$ 时未发生汇聚,且主圆柱表面漩涡的生成和脱落受阻。对于 $\beta = 15°$,主圆柱下侧边界层与两根附属圆柱的下侧边界层发生汇聚。对于 $\beta = 60°$,$\alpha = 0$ 时主圆柱下侧边界层与一根附属圆柱的边界层发生汇聚,$\alpha = 0.6, 1$ 时主圆柱上下两侧边界层均与附属圆柱边界层发生汇聚。

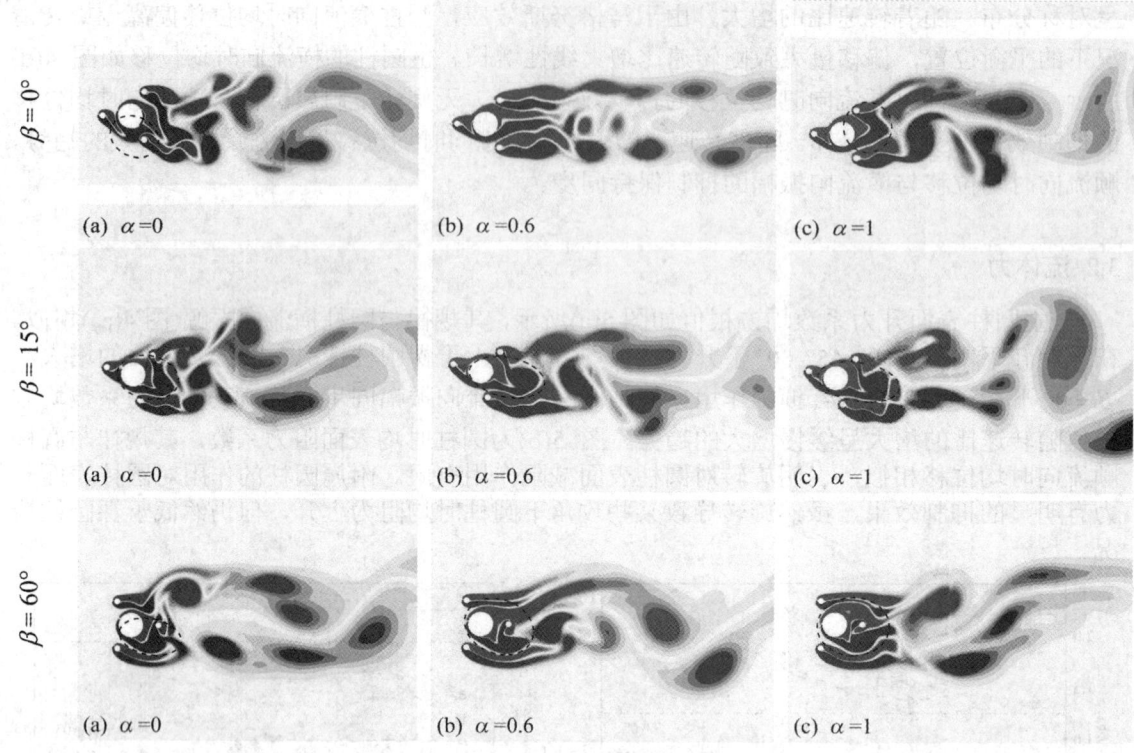

图 6 主圆柱表面尾流情况

4 结论

为探讨附属圆柱与强制旋转对圆柱流致振动的联合作用特性,分析联合作用对 FIV 抑制、附属圆柱攻角敏感性降低以及圆柱表面减阻的有效性,本研究基于 CFD 方法对附属圆柱-强制旋转联合作用下的圆柱流致振动进行数值模拟研究,改变附属圆柱的摆放攻角(0°、15°、30°、45°、60°)以及旋转圆柱的转速比(0、0.2、0.4、0.6、0.8、1)。结果表明:随着转速比的增大,附属圆柱-强制旋转联合作用相较于附属圆柱整体上缓慢增强了圆柱 FIV 响应,在某些组合下显著抑制 FIV 响应(如 $\beta=0°, \alpha=0.4$)。施加强制旋转后振幅随攻角的分布发生扩散,表明强制旋转加强了附属圆柱的方向敏感性。旋转对圆柱表面减阻的作用有限。FIV 被显著抑制的情况中主圆柱表面边界层与附属圆柱表面边界层没有发生汇聚,而其他情况下发生了汇聚。

参考文献

1 徐万海, 杨猛, 芦燕. 控制杆对柔性圆柱涡激振动的抑制效果研究 [J]. 船舶力学, 2019, 23(2): 8.

2. Song Z, Duan M, Gu J. Numerical investigation on the suppression of VIV for a circular cylinder by three small control rods [J]. Applied Ocean Research, 2017, 64: 169-83.
3. Lu Y, Liao Y, Liu B, et al. Cross-flow vortex-induced vibration reduction of a long flexible cylinder using 3 and 4 control rods with different configurations [J]. Applied Ocean Research, 2019, 91.
4. Mittal S, Kumar B. Flow past a rotating cylinder [J]. Journal of Fluid Mechanics, 2003, 476: 303-34.
5. Braza M, Chassaing P, Minh H H. Numerical study and physical analysis of the pressure and velocity fields in the near wake of a circular cylinder [J]. J Fluid Mech, 1986.
6. Mendes P A, Branco F A. Analysis of fluid-structure interaction by an arbitrary Lagrangian–Eulerian finite element formulation [J]. International Journal for Numerical Methods in Fluids, 1999.
7. Shiels D, Leonard A, Roshko A. Flow-induced vibration of a circular cylinder at limiting structural parameters [J]. Journal of Fluids and Structures, 2001, 15(1): 3-21.
8. Bourguet R, Jacono D L. Flow-induced vibrations of a rotating cylinder [J]. Journal of Fluid Mechanics, 2014.
9. Shen L, Chan E S, Lin P. Calculation of hydrodynamic forces acting on a submerged moving object using immersed boundary method [J]. Computers & Fluids, 2009, 38(3): 691-702.

The combined effect of attached cylinders and forced rotation on cylindrical flow-induced vibration

BAO Yan-xu[1], LIU Bing-wen[1], LIU Jia-rui[2], WANG Kun[1], CHEN Wei[2*]

(1. School of Science, Wuhan University of Technology, Wuhan 430063, China;

2. School of Naval Architecture, Ocean and Energy Power Engineering, Wuhan University of Technology, Wuhan 430063, China; Email: whutcw01@126.com)

Abstract: In order to investigate the combined effect of the attached cylinder and forced rotation on the cylindrical flow-induced vibration, this paper presents numerical simulation studied of the cylindrical flow-induced vibration under the combined effect of the attached cylinder and forced rotation based on CFD method, varying the attack angle of the placement of the attached cylinder (0°, 15°, 30°, 45°, 60°) and the rotation rate of the rotating cylinder (0, 0.2, 0.4, 0.6, 0.8, 1). The combined effect was found to enhance the FIV amplitude response overall; the amplitude was significantly suppressed at certain working conditions (e.g. $\beta=0°, \alpha=0.4$). Rotation causes a spread in the range of cylindrical amplitudes at different attack angles, enhancing the directional sensitivity of the attached cylinder. Rotation has a limited effect on the deag reduction of the cylindrical surface. The results contribute to the development of the technique for the flow-induced vibration suppression of bluff bodies in ocean engineering.

Key words: Flow-induced vibration; Cylinder; Control rod; Fluid-solid coupling.

Von Kármán 黏性涡流的解析解

杨宇，廖世俊*

（上海交通大学 船舶海洋与建筑工程学院，上海 200240, Email: sjliao@sjtu.edu.cn）

摘要：我们通过同伦分析方法得到 Von Kármán 黏性涡流问题的收敛并精确的解析级数解。同伦分析方法是用于求解强非线性问题的解析方法。不同于摄动方法，同伦分析方法不需要依赖任何的物理小参数。并且，不同于其他的解析方法，同伦分析方法通过引入控制收敛参数，给我们提供了一个简单有效的方法去保证级数解的收敛性。另外，在同伦分析方法的框架下，它给我们提供了很大的自由度去选取基函数，线性算子，初始猜测解，因此能高效得到解析解。并且通过同伦帕德近似的手段，我们能加快得到收敛的级数解。我们通过同伦分析方法得到的级数解与数值结果极好地吻合。我们成功应用同伦分析方法求解了这个耦合的强非线性 Von Kármán 黏性涡流问题。这说明了同伦分析方法用于求解流体中强非线性问题的有效性和潜力。

关键词：边界层流动；解析解；同伦分析方法

1 引言

自然与工程应用中存在着许多非线性的问题，针对于求解强非线性问题，廖世俊将拓扑中的同伦概念引入非线性方程解析近似的求解，创立了同伦分析方法[1-2]。不同于广泛使用的摄动方法，同伦分析方法不需要依赖任何的物理小参数。并且，不同于其它的解析方法，同伦分析方法通过引入所谓的控制收敛参数，给我们提供一个简单有效的方法去保证级数解的收敛性。另外，在同伦分析方法的框架下，它给我们提供很大的自由度去选取基函数，线性算子，初始猜测解，因此能高效得到解析解。同伦分析方法已成功应用于求解在自然，科学与工程中诸多复杂的非线性问题。

Von Kármán 黏性涡流考虑是一块无穷大圆盘中绕自身轴线旋转产生不可压黏性流体的层流问题，其中包含物理参数 s 表示无穷远处流体与圆盘的角速度的比率。该 Von Kármán 黏性涡流问题的控制方程为如下形式[3]：

$$\frac{d^3H}{d\eta^3} - H\frac{d^2H}{d\eta^2} + \frac{1}{2}\left(\frac{dH}{d\eta}\right)^2 - 2G^2 + 2s^2 = 0, \qquad (1)$$

$$\frac{d^2G}{d\eta^2} - H\frac{dG}{d\eta} + G\frac{dH}{d\eta} = 0 \qquad (2)$$

其边界条件为

基金项目：国家自然科学基金(91752104)

$$H = \frac{dH}{d\eta} = 0, \ G = 1, \ \text{at} \ \eta = 0, \quad \frac{dH}{d\eta} \to 0, \ G \to s \ \text{as} \ \eta \to \infty \tag{3}$$

其中假设[4]

$$H''(\infty) \to 0, \quad H'''(\infty) \to 0$$

针对该 Von Kármán 问题，应用同伦分析方法求解该耦合的非线性微分方程组，成功得到了解析解，并与数值结果进行比较。我们发现同伦解析解与数值结果吻合极好。说明了同伦分析方法对于求解强非线性问题的有效性和潜力。

2 同伦分析方法

现在，我们应用同伦分析方法求解该 Von Kármán 问题。根据边界条件，$H(\eta)$ 和 $G(\eta)$ 可以表示为如下的形式

$$H(\eta) = a_{0,0} + \sum_{i=1}^{+\infty}\sum_{j=0}^{+\infty} a_{i,j} \eta^j e^{-i\eta}, \tag{4}$$

$$G(\eta) = b_{0,0} + \sum_{i=1}^{+\infty}\sum_{j=0}^{+\infty} b_{i,j} \eta^j e^{-i\eta}, \tag{5}$$

式中，$a_{i,j}$ 和 $b_{i,j}$ 是系数。根据基表达原则和解表达形式，初始解可以取为

$$H_0(\eta) = e^{-\eta} + \eta e^{-\eta} - 1, \tag{6}$$

$$G_0(\eta) = s + (1-s)e^{-\eta}. \tag{7}$$

根据控制方程和解表达形式，辅助线性算子可选为

$$\mathcal{L}_H[\Phi(\eta;q)] = \frac{\partial^3 \Phi}{\partial \eta^3} - \frac{\partial \Phi}{\partial \eta}, \tag{8}$$

$$\mathcal{L}_G[\Theta(\eta;q)] = \frac{\partial^2 \Theta}{\partial \eta^2} - \Theta, \tag{9}$$

辅助线性算子有如下的性质

$$\mathcal{L}_H(C_1 + C_2 e^{\eta} + C_3 e^{-\eta}) = 0, \tag{10}$$

$$\mathcal{L}_G(C_4 e^{\eta} + C_5 e^{-\eta}) = 0. \tag{11}$$

我们建立零阶形变方程

$$(1-q)\mathcal{L}_H[(\Phi(\eta;q) - H_0(\eta)] = c_0^H q \mathcal{N}_H[\Phi(\eta;q), \Theta(\eta;q)], \tag{12}$$

$$(1-q)\mathcal{L}_G[(\Theta(\eta;q) - G_0(\eta)] = c_0^G q \mathcal{N}_G[\Phi(\eta;q), \Theta(\eta;q)], \tag{13}$$

其中

$$\mathcal{N}_H[\Phi(\eta;q), \Theta(\eta;q)] = \frac{\partial^3 \Phi(\eta;q)}{\partial \eta^3} - \Phi(\eta;q)\frac{\partial^2 \Phi(\eta;q)}{\partial \eta^2} + \frac{1}{2}\left[\frac{\partial \Phi(\eta;q)}{\partial \eta}\right]^2 - 2[\Theta(\eta,q)]^2 + 2s^2, \tag{14}$$

$$\mathcal{N}_G[\Phi(\eta;q),\Theta(\eta;q)] = \frac{\partial^2 \Theta(\eta;q)}{\partial \eta^2} - \Phi(\eta;q)\frac{\partial \Theta(\eta;q)}{\partial \eta} + \Theta(\eta,q)\frac{\partial \Phi(\eta;q)}{\partial \eta}, \tag{15}$$

有着边界条件

$$\Phi(0;q) = \frac{\partial \Phi(\eta;q)}{\partial \eta}\bigg|_{\eta=0} = \frac{\partial \Phi(\eta;q)}{\partial \eta}\bigg|_{\eta=+\infty} = 0, \Theta(0,q) = 1, \Theta(+\infty,q) = s. \tag{16}$$

根据泰勒级数展开，我们有

$$\Phi(\eta;q) = H_0(\eta) + \sum_{k=1}^{+\infty} H_k(\eta) q^k, \tag{17}$$

$$\Theta(\eta;q) = G_0(\eta) + \sum_{k=1}^{+\infty} G_k(\eta) q^k, \tag{18}$$

其中

$$H_k(\eta) = \frac{1}{k!}\frac{\partial^k \Phi(\eta;q)}{\partial q^k}\bigg|_{q=0}, \quad G_k(\eta) = \frac{1}{k!}\frac{\partial^k \Theta(\eta;q)}{\partial q^k}\bigg|_{q=0}, \tag{19}$$

将式(17)和式(18)代入式(12)和式(13)，我们可以得到高阶形变方程

$$\mathcal{L}_H[(H_m(\eta) - \chi_m H_{m-1}(\eta)] = c_0^H \delta_{m-1}^H(\eta), \tag{20}$$

$$\mathcal{L}_G[(G_m(\eta) - \chi_m G_{m-1}(\eta)] = c_0^G \delta_{m-1}^G(\eta), \tag{21}$$

其边界条件为

$$H_m(0) = H_m'(0) = H_m'(+\infty) = G_m(0) = G_m(+\infty) = 0, \tag{22}$$

式中，$\chi_m = 0$，当 $m=1$；$\chi_m = 1$，当 $m>1$，

$$\delta_0^H(\eta) = H_0'''(\eta) - H_0(\eta)H_0''(\eta) + \frac{1}{2}H_0'(\eta)H_0'(\eta) - 2G_0(\eta)G_0(\eta) + 2s^2,$$

$$\delta_k^H(\eta) = H_k'''(\eta) - \sum_{n=0}^{k}\left[H_n(\eta)H_{k-n}''(\eta) - \frac{1}{2}H_n'(\eta)H_{k-n}'(\eta) + 2G_n(\eta)G_{k-n}(\eta)\right], k>0,$$

$$\delta_k^G(\eta) = G_k''(\eta) - \sum_{n=0}^{k}\left[F_n(\eta)G_{k-n}'(\eta) - F_n'(\eta)G_{k-n}(\eta)\right], k\geq 0.$$

则 M 阶级数解为

$$H(\eta) \approx H_0(\eta) + \sum_{k=1}^{M} H_k(\eta), \tag{23}$$

$$G(\eta) \approx G_0(\eta) + \sum_{k=1}^{M} G_k(\eta). \tag{24}$$

3 计算结果

我们将应用同伦分析方法所得到的解析解与数值结果进行比较，其中数值结果是用有限差分方法得到的。我们考虑 $s=0.05$ 的情况，图1是 $H(\eta)$ 和 $H'(\eta)$ 的计算结果，图2是 $G(\eta)$ 的计算结果，这里我们令控制收敛参数 $h=-1$。随着同伦解析解的阶数增大，级数解

逐渐向数值解靠近，我们发现 12 阶的同伦级数解与数值结果极好地吻合。而后，我们对比重要物理量 $H(+\infty)$ 的计算结果，该物理量与压力相关。为了加速同伦级数解的收敛速度，我们使用了同伦帕德近似计算 $H(+\infty)$ 的值，并与数值结果进行比较，我们发现[8,8]阶同伦帕德近似的结果与数值解极好吻合。因此，我们成功应用同伦分析方法得到了该 Von Kármán 问题的精确的解析级数解。

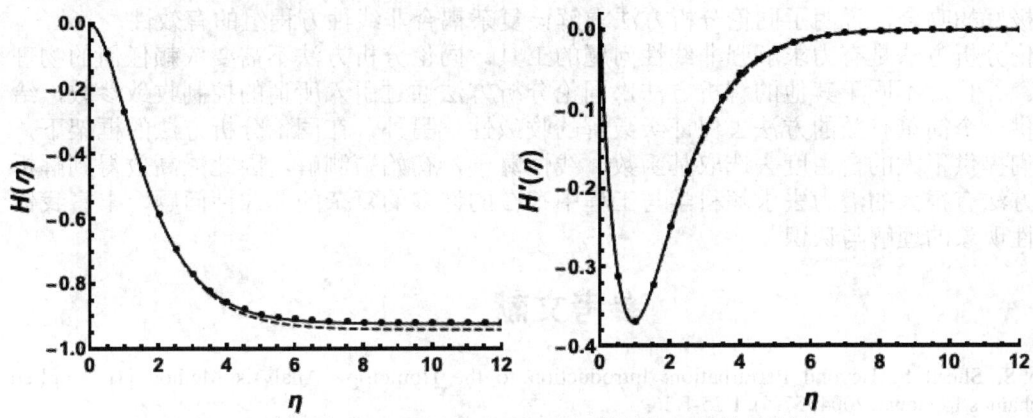

图 1 $H(\eta)$ 和 $H'(\eta)$ 同伦级数解与数值结果比较
(虚线: 4 阶同伦级数解; 实线: 12 阶同伦级数解; 点:数值解)

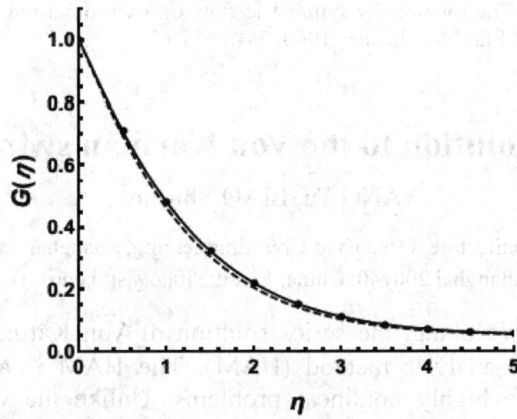

图 2 $G(\eta)$ 同伦级数解与数值结果比较
(虚线: 1 阶同伦级数解; 实线: 12 阶同伦级数解; 点:数值解)

表 1 不同阶数的同伦帕德近似结果 $H(+\infty)$ 与数值结果比较

	HAM-Pade [5,5]	HAM-Pade [7,7]	HAM-Pade [8,8]	HAM-Pade [9,9]	Numerical result
$H(+\infty)$	-0.9186	-0.9177	-0.9178	-0.9178	-0.9178

3 总结

我们成功应用同伦分析方法得到了该 Von Kármán 问题的收敛的解析级数。Von Kármán 黏性涡流考虑是一块无穷大圆盘中绕自身轴线旋转产生不可压黏性流体的层流问题，其中包含物理参数 s 表示无穷远处流体与圆盘的角速度的比率。同伦解析级数解与数值结果极好的吻合，说明了同伦分析方法求解该复杂耦合非线性方程组的有效性。

同伦分析方法是有力求解强非线性问题的工具。同伦分析方法不需要依赖任何的物理小参数。并且，不同于其他的解析方法，同伦分析方法通过引入所谓的控制收敛参数，给我们提供一个简单有效的方法去保证级数解的收敛性。另外，在同伦分析方法的框架下，它给我们提供很大的自由度去选取基函数，线性算子，初始猜测解，因此能高效得到解析解。该方法有很大的潜力去求解科学与工程中存在的许多的复杂的非线性问题，丰富我们对非线性现象的理解与认识。

参考文献

1. Liao S, Sherif S. Beyond Perturbation: Introduction to the Homotopy Analysis Method [J]. Applied Mechanics Reviews, 2004, 57(5): B25-B26.
2. Liao S. Homotopy Analysis Method in Nonlinear Differential Equations [M]. 高等教育出版社, 2012.
3. Lai C, Rajagopal, Szeri A Z. Asymmetric flow above a rotating disk [J]. J. Fluid Mech. 1985, 157(-1): 471-471
4. Rogers M H, Lance G N. The rotationally symmetric flow of a viscous fluid in the presence of an infinite rotating disk [J]. Journal of Fluid Mechanics, 1960, 7(4): 617-631.

Analytic solution to the Von Kármán swirling flow

YANG Yu, LIAO Shi-jun[*]

(School of Naval Architecture, Ocean and Civil Engineering, Shanghai Jiao Tong University, Shanghai 200240, China, Email: sjliao@sjtu.edu.cn)

Abstract：In this paper, we obtain the series solution of Von Kármán swirling viscous flow problem by the homotopy analysis method (HAM). The HAM is a powerful and effective analytical method to solve highly nonlinear problems. Unlike the widely used perturbation method, the HAM does not depend on any small physical parameters. Besides, different from other analytical methods, the HAM provides us with an effective method to ensure the convergence of the series solution by using the so-called control convergence parameters. In addition, in the framework of the HAM, it provides us with large freedom to choose base functions, linear operator and initial guess, so that we can obtain analytic solutions efficiently. By means of the HAM-Pade technique, we can get the convergent series solution faster. It is illustrated that the convergent series solution is in great agreement with the numerical result. We successfully apply the HAM to solve the coupled strongly nonlinear Von Kármán swirling viscous flow problem. This shows the effectiveness and potential of HAM for solving strongly nonlinear problems in fluid mechanics.

Key words：Boundary layer flow; Analytic solution; Homotopy analysis method.

超声速流动问题之同伦分析方法研究

刘玲[1]，李靖[1,2*]，廖世俊[1,2*]

(1. 上海交通大学 船舶海洋与建筑工程学院，上海 200240;
2. 海洋工程国家重点实验室，上海 200240, Email: lijing_@sjtu.edu.cn & sjliao@sjtu.edu)

摘要：超声速边界层流动是高速空气动力学的一个值得关注的主要问题，本研究应用同伦分析方法对超声速层流边界层的问题进行了研究，获得了一个收敛的级数解。值得注意的是，所得到的级数解在整个空间域上是有效的。另外，这种级数解在马赫数高达 40~50 时仍然能保证收敛性。通过和数值解对比发现，同伦分析方法所获的收敛结果与数值解是高度一致的，这一点验证了同伦分析法的有效性。此项研究的结果对实际工程领域内超音速问题具有参考性价值。同时说明同伦分析方法具有很大的潜力去求解气动力学上更复杂的流动问题。

关键词：超声速流动；高马赫数；同伦分析方法；级数解

1 引言

在高速空气动力学中，超声速流动问题是一个备受研究者关注的领域。近年来，许多研究者应用可压缩线性稳定性理论、直接数值模拟等其他数值技巧对超声速边界层流动的转捩、稳定性等方面进行了研究[1-4]。本研究选取二维可压缩的无量纲超声速边界层方程[5]：

$$Cf''' + ff'' = 0, \quad (1)$$

$$Cg'' + P_r fg' + (\gamma-1)M_a^2 P_r C f''^2 = 0, \quad (2)$$

其中边界条件为：

$$\eta = 0: f(\eta) = f'(\eta) = 0, g(\eta) = T_w^*; \eta = \infty: f'(\eta) = g(\eta) = 1. \quad (3)$$

式中，M_a 是马赫数，$P_r = 0.72$ 是普朗特常数，$\gamma = 1.4$ 是空气的比热比，C 是一个常数，一定程度上能反映方程的耦合程度，T_w^* 代表恒定的壁温条件，被定义为[6]：

基金项目：国家自然科学基金(91752104)

$$T_w^* = 1 + \sqrt{P_r}(\gamma-1)M_a^2/2. \tag{4}$$

方程(1)至方程(3)是一个耦合的非线性系统,看似并不复杂的方程,解析求解这个系统却并非容易。本研究采用了一种求解强非线性问题的解析方法,即同伦分析法[7-9],来成功地求解了超声速边界层流动。同伦分析方法不同于以往任何解析技巧,它不依赖于任何大小物理参量,并且引入了一个收敛控制参数 c_0,人们可以自由灵活地选取初始猜测解、基函数、辅助线性算子以及可以通过最小残差化来选取最优的控制参数来加速收敛。同伦分析方法已经被成功应用在工程[10]、量子力学[11]、金融等多领域[12],本研究的成功应用再次验证了同伦分析方法的潜力和有效性。

2 数学模型

在同伦分析方法的框架下,针对本系统,需要选取合适的基函数、初始猜测解、辅助线性算子,建立零阶形变方程和高阶形变方程。我们建立所谓的零阶形变方程:

$$(1-q)L_f\left[\Phi(\eta;q)-f_0(\eta)\right] = qc_0 N_f\left[\Phi(\eta;q)\right], \quad q \in [0,1] \tag{5}$$

$$(1-q)L_g\left[\Theta(\eta;q)-g_0(\eta)\right] = qc_0 N_g\left[\Phi(\eta;q),\Theta(\eta;q)\right], \tag{6}$$

其中

$$L_f\left[\Phi(\eta;q)\right] = \frac{d^3\Phi}{d\eta^3} + \frac{d^2\Phi}{d\eta^2}, \tag{7}$$

$$L_g\left[\Theta(\eta;q)\right] = \frac{d^2\Theta}{d\eta^2} + \frac{d\Theta}{d\eta}, \tag{8}$$

分别是两个辅助线性算子;

$$N_f\left[\Phi(\eta;q)\right] = C\frac{\partial^3\Phi(\eta;q)}{\partial\eta^3} + \Phi(\eta;q)\frac{\partial^2\Phi(\eta;q)}{\partial\eta^2}, \tag{9}$$

$$N_g\left[\Phi(\eta;q),\Theta(\eta;q)\right] = C\frac{\partial^2\Theta(\eta;q)}{\partial\eta^2} + P_r\Phi(\eta;q)\frac{\partial\Theta(\eta;q)}{\partial\eta} + (\gamma-1)M_a^2 P_r C\left(\frac{\partial^2\Phi(\eta;q)}{\partial\eta^2}\right)^2, \tag{10}$$

分别是对应原方程的两个非线性算子。我们选取如下初始猜测解:

$$f_0(\eta) = \eta - \frac{1-e^{-\lambda\eta}}{\lambda}, \quad g_0(\eta) = 1 + \left(T_w^*-1\right)e^{-\lambda\eta}. \tag{11}$$

式中，λ 是空间尺度因子。上述数学模型中，通过引入辅助参数 q 建立了零阶形变方程，当 q 从 0 变到 1 时，可以使得形变函数从初始猜测解连续形变到原始方程(1)至方程(3)的精确解。

3 验证分析

选取马赫数 M_a=4 时，参数值 C=0.6，绘制了本研究中同伦分析法所获得的收敛级数解与数值解的对比曲线（图1）。从图1中可以看出，收敛级数解与数值解高度吻合，这表明了超声速边界层流动中所获级数解的有效性。

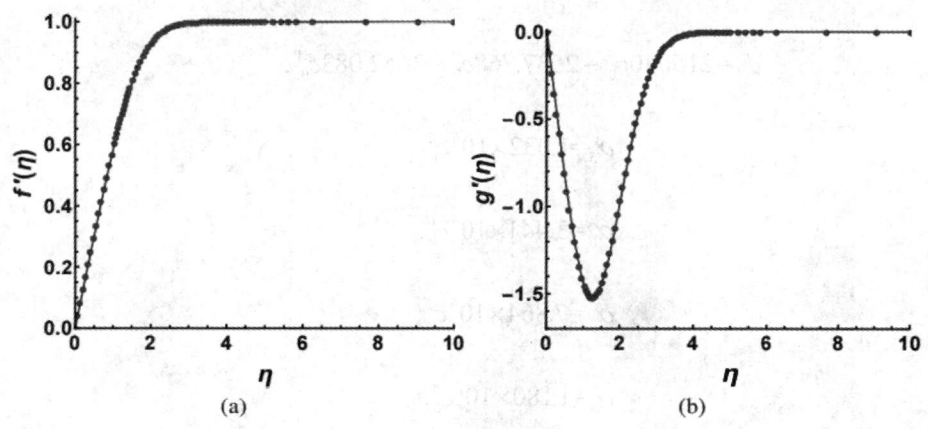

图1 收敛同伦解 $f'(\eta)$ 和 $g'(\eta)$ 与数值解比较

实线：收敛同伦级数解 $c_0=-0.4464, \lambda=4$；圆点：数值解

4 摩擦/传热系数级数解

摩擦系数 c_f 和传热系数 C_H 是超声速边界层流动中两个重要意义的物理量，本研究通过解析求解出温度分布和速度分布，从而进一步得到了一个显式的10阶摩擦系数表达式：

$$c_f\sqrt{Re_x} = C_w \sum_{k=0}^{10} \alpha_k C^k, \tag{12}$$

式中，$C_w = \sqrt{T_w/T_e}(T_e+S)/(T_w+S)$，$T_w = T_w^* T_e$，$S=110K$，$T_e$ 是自由流处温度。$\alpha_k (k=0,1,...,10.)$ 是与收敛控制参数 c_0 相关的系数：

$$\alpha_0 = 4 - 5c_0 - 9.375c_0^2 - 28.64c_0^3 - 88.94c_0^4 - 249.811c_0^5 - 597.529c_0^6 \\ - 1153.653c_0^7 - 1676.63c_0^8 - 1626.916c_0^9 - 789.930c_0^{10}, \tag{13}$$

$$\alpha_1 = 160c_0 + 100c_0^3 + 401.042c_0^4 + 1280.738c_0^5 + 3330.82c_0^6 \\ + 6828.906c_0^7 + 10382.876c_0^8 + 10432.362c_0^9 + 5206.132c_0^{10}, \tag{14}$$

$$\alpha_2 = 2880c_0^2 - 962.5c_0^5 - 4269.125c_0^6 - 11419.954c_0^7 - 20486.719c_0^8 \\ - 23073.057c_0^9 - 12518.834c_0^{10}, \tag{15}$$

$$\alpha_3 = 30720c_0^3 + 3252.667c_0^7 + 11419.954c_0^8 + 18210.417c_0^9 + 12305.613c_0^{10}, \tag{16}$$

$$\alpha_4 = 215040c_0^4 - 2537.768c_0^9 - 3642.083c_0^{10}, \tag{17}$$

$$\alpha_5 = 1.032 \times 10^6 c_0^5, \tag{18}$$

$$\alpha_6 = 3.441 \times 10^6 c_0^6, \tag{19}$$

$$\alpha_7 = 7.864 \times 10^6 c_0^7, \tag{20}$$

$$\alpha_8 = 1.180 \times 10^7 c_0^8, \tag{21}$$

$$\alpha_9 = 1.049 \times 10^7 c_0^9, \tag{22}$$

$$\alpha_{10} = 4.194 \times 10^6 c_0^{10}, \tag{23}$$

式中，c_0 是收敛控制参数，我们强调，本研究中已经得到一个可直接应用的收敛控制参数经验表达式：

$$c_0 = -1.23e^{-3.238C} - 0.3761e^{-0.5518C}, \ 0.5 \le C \le 1.5. \tag{24}$$

这个表达式对高达 40~50 的马赫数都是适用的，它仅依赖于一个参数 C，通过这个收敛控制参数的经验表达式(24)及式(12)~式(23)，可以直接用来评估摩擦系数。这在风洞实验等工程应用中具有一定意义的参考价值。进一步根据雷诺数类的关系，当地传热系数表达式可以通过 Stanton 数来表达[5]：

$$C_H = \frac{c_f}{2P_r^{2/3}}, \tag{25}$$

从而，当地传热系数也可以直接评估。

5 结论

此次研究中，应用同伦分析方法成功地求解了超/高超声速边界层流动，获得的级数解可以在整个空间域上保证收敛。通过与数值解的对比验证，证明了同伦分析方法在边界层模型中的有效适用性，表明此方法具有求解更复杂气动力学问题的潜力。同时，在本研究中，获得了一个可以直接用来评估摩擦系数和传热系数的 10 阶显式的收敛公式，此公式涵盖了高马赫数(可达 40~50)的适用范围，具有实用价值和方便性，它可以在工程中，例如风洞实验等方面进行理论性的参考应用。

参考文献

1 Egorov I V, Sudakov V G, Fedorov A V. Numerical modeling of the stabilization of a supersonic flat-plate boundary layer by a porous coating [J]. Fluid Dynamics, 2006, 41 (3): 356-365.

2 Yu M, Luo J S. Nonlinear interaction mechanisms of disturbances in supersonic flat-plate boundary layers [J]. Science China Physics, Mechanics & Astronomy, 2014, 57 (11): 2141-2151.

3 Mack, Leslie M. Linear stability theory and the problem of supersonic boundary-layer transition [J]. AIAA Paper, 1975, 13 (3): 278-289.

4 Liu Y, Dong M, Wu X. Generation of first mack modes in supersonic boundary layers by slow acoustic waves interacting with streamwise isolated wall roughness [J]. J. Fluid Mech, 2020, 888, A10.

5 White F M. Viscous fluid flow, Third Edition [M]. Osborne McGraw-Hill, 1991.

6 Van Driest E R. Investigation of laminar boundary layer in compressible fluids using the Crocco method [R]. Technical Report Archive & Image Library, 1952, pp. 1-79.

7 Liao S J. The proposed homotopy analysis technique for the solution of nonlinear problems [D]. Shanghai Jiao Tong University, Shanghai, 1992.

8 Liao S J. Beyond perturbation: introduction to the homotopy analysis method [M]. New York: Chapman and Hall/CRC, 2003.

9 Liao S J. Homotopy analysis method in nonlinear diffferential equations [M]. Springer-Verlag GmbH Berlin Heidelberg, 2012.

10 Zhong X X, Liao S J. Analytic approximations of von kármán plate under arbitrary uniform pressure-equations in integral form [J]. Science China Physics, Mechanics & Astronomy, 2017, 61 (1): 014611.

11 Liu L, Rana J, Liao S J. Analytical solutions for the hydrogen atom in plasmas with electric, Magnetic, and Aharonov-Bohm Flux Fields [J]. Phys. Rev. E, 2021, 103: 023206.

12 Cheng J. Zhang Jin E. Analytical pricing of American options [J]. Review of Derivatives Research, 2012, 15 (2): 157-192.

Homotopy analysis method for supersonic flow problems

LIU Ling[1], LI Jing[1,2]*, LIAO Shi-jun[1,2]*

(1. School of Naval Architecture, Ocean and Engineering, Shanghai Jiao Tong University, China;

2. State Key Laboratory of Ocean Engineering, Shanghai 200240, China,

Email: lijing_@sjtu.edu.cn & sjliao@sjtu.edu.cn)

Abstract: Supersonic boundary layer flow is one of the main problems in high speed aerodynamics. In this paper, homotopy analysis method is used to study the supersonic laminar boundary layer. A convergent series solution is obtained. It is worth noting that the series solutions obtained in this paper are valid in the whole spatial domain. In addition, the series solution can guarantee convergence even for the high Mach number up to 40-50. Compared with the numerical solution, it is found that the convergence results obtained by homotopy analysis method are highly consistent with the numerical solution, which verifies the effectiveness of homotopy analysis method. The results in this study provide reference value for supersonic problems in practical engineering field. It also shows that homotopy analysis method has great potential to solve more complex flow problems in aerodynamics.

Key words: Supersonic flow; High Mach number; Homotopy analysis method; Series solution.

弦向环量分布对螺旋桨空泡影响的分析

石碧亮 [1,2*]

(1. 中国船舶科学研究中心，无锡 214082, Email: 1130197844@qq.com;
2. 深海技术科学太湖实验室，无锡 214082)

摘要：空泡性能是船舶螺旋桨设计的一个重要指标，关乎螺旋桨激振力、水动力噪声和剥蚀等问题。传统的螺旋桨设计方法多采用机翼理论中的无震进流设计理念和其弦向环量分布形式，然而螺旋桨的运转条件与机翼不同，由于船后伴流场的不均匀性，在螺旋桨运转一周的过程中，仅有个别相位满足无震进流，高伴流区桨叶剖面仍会出现吸力峰，可能出现较为强烈的空泡，若空泡破裂在叶片区内则螺旋桨存在剥蚀风险。本文依据新建立的弦向环量分布形式设计螺旋桨并制作桨模，通过在中国船舶科学研究中心循环水槽的船后空泡试验分析弦向环量分布对空泡性能的影响。

关键词：螺旋桨设计；弦向环量分布；空泡；剥蚀

1 引言

船舶螺旋桨在运转过程中叶背压力降低、叶面压力升高，压力差形成的推力推动船舶向前运动，而当叶背压力低于饱和蒸气压时剧烈汽化产生的水汽进入气核，进而产生空泡。由于螺旋桨运转于周向不均匀的船后伴流场中，压力的变化导致空泡迅速地产生与溃灭。根据 Bark 等学者的研究成果，由于回射流作用，末端的空泡脱离主空泡可形成聚集的云空泡团[1]。随着压力的升高，云空泡团外层的微气泡破裂，能量向云空泡团中心聚集，若该云空泡团最终溃灭在桨叶上，则会对桨叶产生剥蚀作用。同时，空泡形态变化产生的脉动压力通过桨轴传递给船体，可能引起强烈的船艉振动[2]。因此，螺旋桨的设计不仅以在给定转矩下获得最大推力为设计目标，而是一个综合考虑效率、空泡、脉动压力的多目标设计问题[3]。

当前，螺旋桨升力面理论设计多采用机翼理论中的无震进流设计理念，使用没有导边吸力峰的 $NACA_{a=0.8}$ 的弦向环量分布形式[4-5]。而实际上船后螺旋桨与平动机翼的运转工况有很大区别，螺旋桨剖面运转的流场在周向极不均匀，理论设计却以周向平均的流场作为输入条件，因此桨叶剖面仅在特定角度满足设计工况，而在其他角度均无法满足无震进流而产生导边吸力峰,压力的急剧降低仍会产生空泡。若末端空泡从主空泡脱落形成聚集云空泡团,并溃灭在叶片区内,螺旋桨将会有较大的剥蚀风险。事实上无论采用何种桨叶剖面类型,在高伴流区螺旋桨空泡均无法避免,因此本文尝试通过改变弦向环量的分布形式适当地改变空泡形态,使脱落的聚集云空泡溃灭在叶片区外,从而减小桨叶的剥蚀风险。

根据薄翼理论建立新的螺旋桨叶剖面弦向环量分布形式,从而改变桨叶剖面的压力分布,并对某集装箱船进行螺旋桨升力面理论设计,通过船后螺旋桨空泡试验分析弦向环量分布对螺旋桨空泡性能的影响,并对减小螺旋桨剥蚀风险提出了建议。

2 弦向环量分布模型

薄翼理论中,二维机翼绕流可以线性分解为一零厚度拱弧面绕流和一零攻角对称翼绕流的叠加[6]。零厚度拱弧面绕流可用一涡片表示(图1)。涡量场对场点的诱导速度为:

$$v(P) = -\frac{1}{4\pi}\iint_{S-\Delta S}\frac{\boldsymbol{R}\times\boldsymbol{\gamma}}{R^3}dS - \frac{1}{4\pi}\iint_{\Delta S}\frac{\boldsymbol{R}\times\boldsymbol{\gamma}}{R^3}dS \tag{1}$$

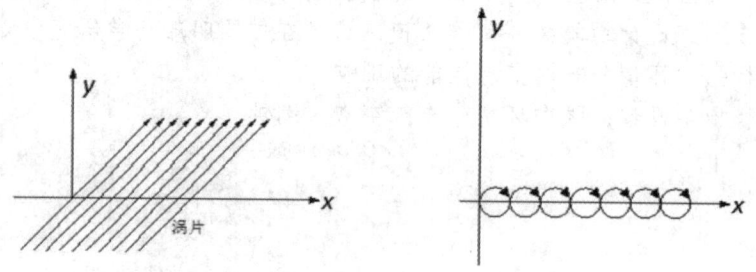

图1 无穷长涡片代替二维零厚度拱弧面

式中,R 为涡面积分点到场点 P 的矢径,γ 为涡强分布密度,S 为奇点所分布的曲面,ΔS 为包含场点 P 的面 S 上的面元。

当场点 P 和积分点重合时,积分产生奇性,叶背 P^+ 与叶面 P^- 的诱导速度出现跳跃:

$$\begin{cases} v(P^+) = -\frac{1}{4\pi}\iint_{S-\Delta S}\frac{\boldsymbol{R}\times\boldsymbol{\gamma}}{R^3}dS + \frac{1}{2}\boldsymbol{n}\times\boldsymbol{\gamma} \\ v(P^-) = -\frac{1}{4\pi}\iint_{S-\Delta S}\frac{\boldsymbol{R}\times\boldsymbol{\gamma}}{R^3}dS - \frac{1}{2}\boldsymbol{n}\times\boldsymbol{\gamma} \end{cases} \tag{2}$$

式中,$\boldsymbol{n}$ 为曲面 S 外表面单位法向矢量,定义 x 方向为切向。

因 $\frac{1}{4\pi}\iint_{S-\Delta S}\frac{\boldsymbol{R}\times\boldsymbol{\gamma}}{R^3}dS$ 切向分量为零,故零厚度拱弧面引起的切向诱导速度仅由 $\frac{1}{2}\boldsymbol{n}\times\boldsymbol{\gamma}$ 项提

供，即

$$\begin{cases} u_{xc}^+(x) = \dfrac{\gamma}{2} \\ u_{xc}^-(x) = -\dfrac{\gamma}{2} \end{cases} \tag{3}$$

根据 Bernoulli 原理，薄翼表面压力分布满足

$$\frac{\rho}{2}V^2 + P_0 = \frac{\rho}{2}\left[(V\cos\alpha + u_x)^2 + (V\sin\alpha + u_y)^2\right] + P \tag{4}$$

忽略二阶小量，式(4)简化为

$$P - P_0 = -\rho V u_x \tag{5}$$

将等式右边项线性化分解为零厚度拱弧面和零攻角对称翼诱导速度的叠加

$$P - P_0 = -\rho V u_{xc} - \rho V u_{xt} \tag{6}$$

因此，由零厚度拱弧面引起压力系数变化可表示为

$$\begin{cases} Cp^+(x) = \dfrac{P^+(x) - P_0}{\dfrac{1}{2}\rho V^2} = \dfrac{-\rho V u_{xc}^+(x)}{\dfrac{1}{2}\rho V^2} = -\dfrac{\gamma}{V} \\ Cp^-(x) = \dfrac{P^-(x) - P_0}{\dfrac{1}{2}\rho V^2} = \dfrac{-\rho V u_{xc}^-(x)}{\dfrac{1}{2}\rho V^2} = \dfrac{\gamma}{V} \end{cases} \tag{7}$$

将以上结论应用于螺旋桨，可得由零厚度拱弧线引起的桨叶表面压力分布与弦向环量分布成正比，线性叠加零攻角对称翼的压力分布可获得螺旋桨的剖面压力分布。

目前的螺旋桨理论设计一般采用机翼理论中的无震进流设计理念，使用 NACA $_{a=0.8}$ 的弦向环量分布形式，旨在尽可能地使桨叶剖面压力均匀分布而不产生导边吸力峰，推迟空泡初生。但由于船舶螺旋桨运转于周向极为不均的船艉伴流场中，螺旋桨各剖面的攻角时刻变化，仅在个别相位满足设计工况，其他相位均无法保证无震进流攻角，在高伴流区仍会出现吸力峰，出现强烈的空泡，若产生由主空泡脱落的聚集云空泡并破裂在桨叶上可能会对螺旋桨产生剥蚀。本文的思路为不在有限的角度遏制空泡的产生，而是适当增强空泡强度、增大空泡体积，延缓其溃灭至叶片区外，降低空泡剥蚀风险。

新建立的弦向环量分布模型基于 NACA $_{a=0.8}$ 分布形式，保持后 70%弦长的环量分布不变，增大其导边的环量为常数段的 2 倍，导边至 30%弦长的环量分布采用二次函数表述，在与常数段连接处保持一阶导数连续，并以 TYPE1 表示（图2）。

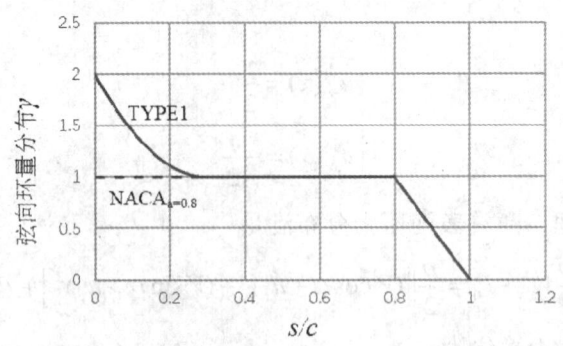

图 2 新建立的弦向环量分布模型与 NACA$_{a=0.8}$ 分布模型

3 螺旋桨实例设计

以某集装箱船螺旋桨为设计对象，忽略径向、切向伴流，以周向平均的轴向伴流场为来流对螺旋桨进行升力线最佳环量设计，周向平均的轴向伴流如图 3(a)所示，升力线最佳环量分布如图 3(b)所示。

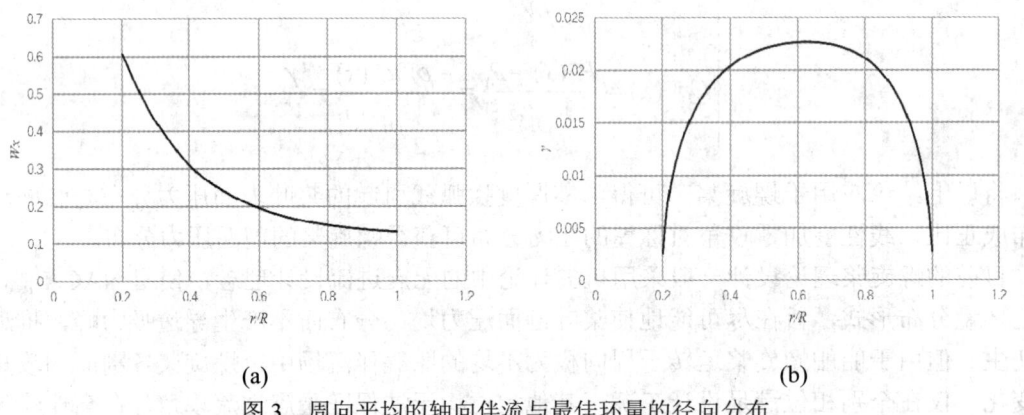

(a)   (b)

图 3 周向平均的轴向伴流与最佳环量的径向分布

以升力线设计的结果作为输入，分别使用新建立的弦向环量分布形式和 NACA$_{a=0.8}$ 分布形式对螺旋桨进行升力面理论设计。保持原型桨直径、弦长、侧斜、纵倾、和叶剖面厚度分布等参数不变，仅对螺距和拱弧线进行设计。两设计螺旋桨的螺距比如图 4(a)所示，最大拱度比如图 4(b)所示，由图 4 可见 TYPE1 桨各半径的螺距比均大于 NACA$_{a=0.8}$ 桨，而其各半径的最大拱度比均小于 NACA$_{a=0.8}$ 桨。

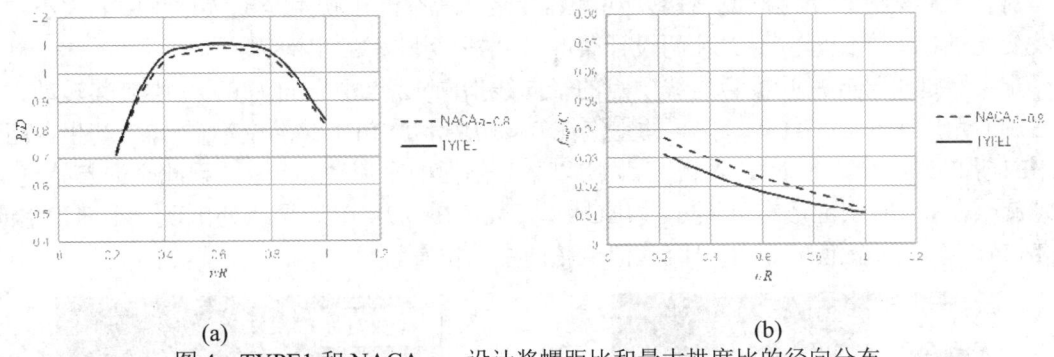

(a) (b)

图 4 TYPE1 和 NACA$_{a=0.8}$ 设计桨螺距比和最大拱度比的径向分布

4 螺旋桨船后空泡试验

对设计的螺旋桨进行模型加工,桨模安装在拥有相同缩尺比试验船模的桨轴上,并在船艉安装相同缩尺比的模型舵(图 5)。在中国船舶科学研究中心的循环水槽对各设计桨进行船后空泡试验。试验过程中,保持各螺旋桨转速为 26r/s,依据等推力系数原则确定水流速度。

图 5 试验模型的安装

根据相似准则,以实船螺旋桨 12 点钟 0.8R 处的空泡数 $\sigma_{n(0.8R)}$ 定义模型试验空泡数。大气压设置为 101.2kPa,饱和蒸气压为 1.74kPa,空泡数的计算式为

$$\sigma_{n(0.8R)} = \frac{p_0 + \rho g h - p_v}{\frac{1}{2}\rho(2\pi n R_{0.8R})^2} \tag{8}$$

根据实船空泡数 $\sigma_{n(0.8R)}$ 确定循环水槽工作压力,确定各桨模的试验工况。

对各螺旋桨进行空泡观测试验,观测螺旋桨叶背空泡由初生至溃灭过程中的大小、形态及变化过程。本试验主要关注两设计桨叶背 0.7R 至叶梢的空泡。

定义穿过 1 号叶片叶根鼻尾线中点的径向线指向 12 点中方向为 0°,螺旋桨转动方向(右旋)角度为正。NACA$_{a=0.8}$ 桨的空泡在 0° 初生,TYPE1 桨的空泡在-10° 初生,因为 TYPE1 桨的螺距角大于 NACA$_{a=0.8}$ 桨,所以桨叶剖面的来流攻角更大,因此空泡起始更早。两螺旋桨在 0° 时空泡形态见图 6,NACA$_{a=0.8}$ 桨仅在 0.9R 附近导边处出现一小面积空泡,而 TYPE1 桨的片空泡在 0.8R 已经延伸至弦向中部位置。

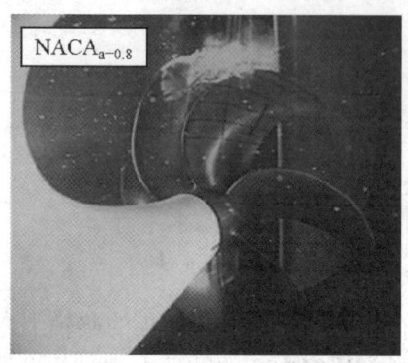 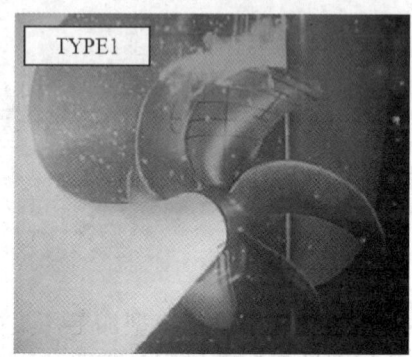

图 6　两设计桨在 0°的空泡形态

两螺旋桨叶背片空泡在 20°处均得到了较为充分的发展,空泡边界清晰(图 7)。NACA$_{a=0.8}$ 桨空泡由导边 0.8R 处起始,延伸至 3/4 弦长处;TYPE1 桨的空泡区域更大,由导边 0.78R 处起始,片空泡在其末端向叶梢收缩,并在 0.92R 处汇入梢涡空泡之中。

 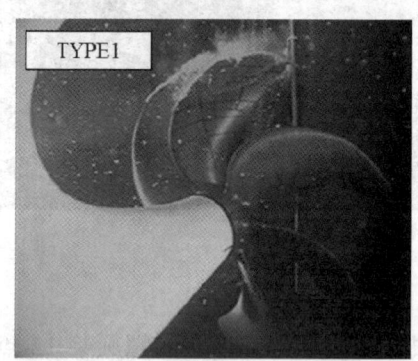

图 7　两设计桨在 20°的空泡形态

在 40°处,两螺旋桨的空泡区开始向桨叶随边方向移动(图 8)。NACA$_{a=0.8}$ 桨 0.8~0.9R 处的片空泡离开导边,稳定的片空泡自 0.8R 以外半径泄出,并汇入梢涡空泡;TYPE1 桨 0.75R~0.9R 处的片空泡离开导边,空泡前端的波动区域较大,后端稳定的片空泡自 0.8R 至叶梢延伸至叶片区外。

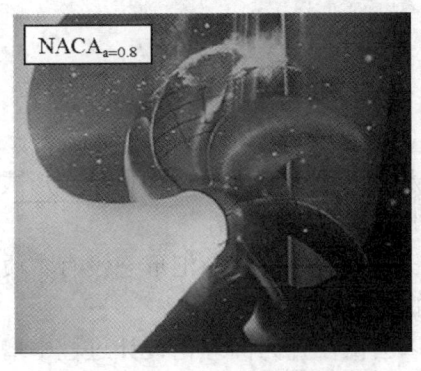 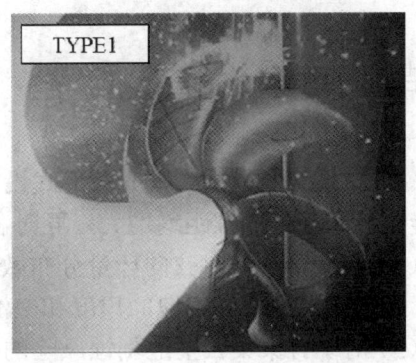

图 8 两设计桨在 40°的空泡形态

在 65°处,两螺旋桨的空泡区明显收缩,且向随边移动(图 9)。NACA $_{a=0.8}$ 桨 0.9R 以内空泡有从主空泡脱离的趋势,但其面积较大,且靠近随边位置,并无溃灭在叶片区的风险;TYPE1 桨 0.9R 以内半径有一脱离主空泡的局部空泡,面积较 NACA $_{a=0.8}$ 桨更大,且更靠近随边,无溃灭在叶片区的风险。

 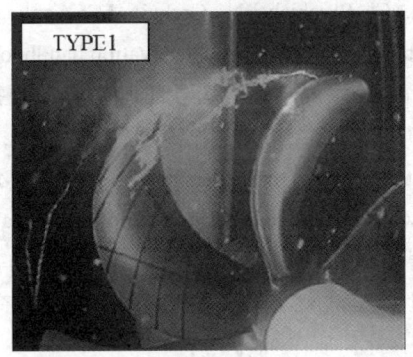

图 9 两设计桨在 65°的空泡形态

仅考虑船后空泡性能,两种弦向环量分布设计的螺旋桨均可接受,由主空泡脱落的局部空泡没有产生聚集云空泡并破裂在叶片区内的趋势。但相比 NACA $_{a=0.8}$ 桨,TYPE1 桨的空泡起始更早、强度更大、能量更高,TYPE1 桨脱离的局部空泡更靠近随边,进入尾涡溃灭在叶片区外的趋势更明显。对于不同船型、不同工况设计的螺旋桨,从高伴流区向低伴流区转动的过程中可能产生脱落在叶片区的聚集云空泡,可以适当地增强导边处环量强度,从而增大空泡的能量,使其溃灭在叶片区外,降低剥蚀的风险。

5 结论

（1）与采用 NACA $_{a=0.8}$ 分布形式设计的螺旋桨相比，采用增强导边环量分布形式设计的螺旋桨各半径处的螺距均增大，同时各半径处的拱度均有所减小。

（2）螺旋桨空泡对弦向环量分布敏感，在本研究中，两螺旋桨空泡形态没有本质上的不同，区别主要集中在空泡的尺度和空泡现象发生的时间上。

（3）对于有聚集云空泡剥蚀风险的螺旋桨，可以尝试在升力面理论设计过程中增强其外半径导边处的环量，从而增强其空泡强度，延缓聚集云空泡的溃灭至叶片区外，从而降低螺旋桨空泡剥蚀风险。

参考文献

1　Bark G, Berchiche N, Grekula M. Application of principles for observation and analysis of eroding cavitation-The EROCAV observation handbook [Z]. Göteborg, Sweden, 2004.
2　黄红波. 螺旋桨空泡诱导的脉动压力预报及振动风险评估新方法 [J]. 船舶力学, 2020, 24(11): 1375-1382.
3　Carlton J. Marine propellers and propulsion [M]. UK: Butterworth-Heinemann, 2006.
4　Kerwin J E, Hadler J B. The principles of naval architecture Series: propulsion. New Jersey, USA, 2010.
5　石碧亮, 黄国富. 弦向负荷分布对螺旋桨效率影响的分析 [J]. 中国造船, 2021, 62(4): 286-292.
6　董世汤. 船舶螺旋桨理论 [M]. 上海: 上海交通大学出版社, 1985.

Analysis of the effect of the chordwise circulation distributions on cavitation property of propeller

SHI Bi-liang[1,2] *

(1. China Ship Scientific Research Center, Wuxi 214082, Email: 1130197844@qq.com;
2. Taihu Laboratory of Deep-sea Technological Science, Wuxi 214082)

Abstract：Cavitation performance is an essential indicator in ship propeller design, it has effects on exciting force, hydrodynamic noise and erosion of propeller. Traditionally, no-shock inflow and its chordwise circulation distributions of wing theory is used in propeller design method. However, the operating condition of propeller is different with wing. Because of the nonuniformity of wake field, only few phase positions could satisfy no-shock inflow during one revolution. The suction peak will still occur in high wake position, heavy cavitation might occur, and propeller has risks in erosion if these cavities are collapsing in blade area. Herein, propellers are designed by new types of chordwise circulation distributions, model propellers are manufactured and behind ship cavitation tests are performed in large cavitation channel of CSSRC. And analysis of the effect of chordwise circulation distributions on cavitation property of propeller are made.

Key words: Propeller design; Chordwise circulation distribution; Cavity; Erosion.

基于掺气泡群对冲击波缓冲作用的掺气减蚀研究

夏定康,苏昆鹏*,吴建华

(河海大学 水利水电学院,南京 210098, Email: kpsu@hhu.edu.cn)

摘要:水利工程中将掺气浓度作为能否有效减蚀的首要判断指标,但影响减蚀效果的因素繁多,掺气减蚀机理十分复杂。本研究考虑掺气泡群对空泡溃灭冲击波的缓冲作用,探讨了冲击波通过掺气泡群过程中的能量损失与掺气浓度、泡径的相关关系。分析发现,掺气泡群对冲击波的缓冲作用主要是冲击波克服掺气泡表面张力做功所致。本研究采用超声振荡方法产生空化空蚀,采用微孔鼓泡方法向试液中掺入亚毫米级小气泡,通过改变通气压力和孔径控制掺气浓度和泡径,研究了不同掺气条件下的减蚀效果。结果表明,减蚀效果与冲击波克服表面张力做功之间存在显著的相关性。掺气泡径相同时,掺气浓度越大,减蚀效果越好;掺气浓度相同时,小泡径具有更好的减蚀效果。

关键词:空化空蚀;掺气减蚀;掺气泡径;缓冲作用;表面张力

1 引言

随着 300 m 级高坝开发建设需求的增加,泄洪消能、空化空蚀、泄洪雾化和流激振动等复杂的高速水流问题亟待解决,其中,泄水建筑物的空化空蚀问题一直是水利工程中面临的重大关键技术难题之一[1-3]。工程中往往采取人工强迫掺气的方式,该方式已被广泛应用于高水头泄水建筑物中[4]。通过大量原型观测和室内试验,发现在掺入较少空气时,往往能显著减轻甚至避免发生空蚀破坏[5-8]。

国内外研究普遍发现,掺气量越大,减蚀效果越显著[9-11]。另外,也有研究发现掺气量这一单一指标作为减蚀判据并不充分,掺气泡尺寸等其他因素有时也会影响减蚀效果。陈先朴等[12]认为影响减蚀效果最重要的因素是靠近过流壁面附近单位体积内气泡的数量,尤其是小尺寸掺气泡的数量;Wu 等[13]研究了不同掺气泡尺度下金属空蚀特性,发现相同的

基金项目:国家自然科学基金(51779081);中央高校基本科研业务费(B220201043);江苏省卓越博士后计划

掺气浓度时，尺寸小一些的掺气泡具有更好的减蚀效果。

除了影响掺气减蚀效果的因素十分复杂，减蚀的机理也尚无定论[4, 14]。空泡溃灭产生强烈的冲击波到达壁面后可在数微秒内造成边壁破坏。掺气泡的大量反射作用能够耗散冲击波的能量[15]；另外，掺气泡易于压缩，冲击波的能量在传播过程中会转化为压缩后气泡的表面势能，这部分势能主要会在气泡破裂和破裂后形成的微小气泡重新膨胀这两部分过程中通过热传导消散[16]。因此，厘清掺气泡群对冲击波缓冲作用的影响具有重要的理论和现实意义。

本研究通过掺气泡群对冲击波缓冲作用的理论分析，利用微孔掺气装置改变掺气浓度和掺气泡尺寸，利用超声空蚀设备进行掺气减蚀试验，研究掺气对空蚀的影响。

2 掺气泡群对冲击波缓冲作用理论分析

如图1所示，在空泡溃灭冲击波的作用下，初始半径为 R_0 的掺气泡被冲击波压缩，并吸收冲击波的能量；当掺气泡被压缩至临界破碎状态时，此时半径为 R_c，此后掺气泡瞬间破裂，具有的势能通过热传导耗散到周围液体中，形成微小气泡群。微小气泡由于压力的不平衡不断膨胀，其具有的能量在此过程中进一步耗散。

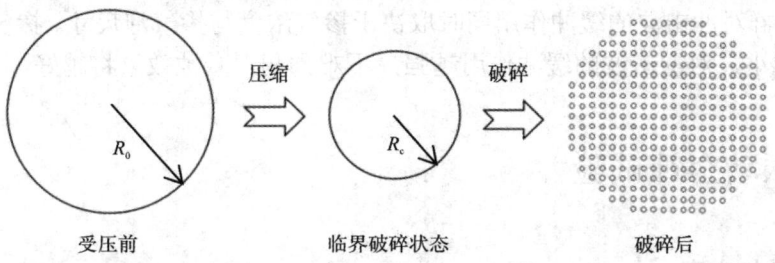

图 1 单个掺气泡在冲击波作用下的受压破碎过程

苏联的加尔基等[17]发现，冲击波的能量绝大部分消耗在压缩气泡群的过程中，且这一过程十分迅速，因此可假设压缩过程绝热，单个气泡被压缩至临界破碎尺寸所做的功为

$$W = -\int_{V_0}^{V_c} p\,\mathrm{d}V = -\int_{V_0}^{V_c} \frac{p_0 V_0^\gamma}{V^\gamma}\,\mathrm{d}V = \frac{4\pi p_0 R_0^3}{3(\gamma-1)}\left[\left(\frac{R_0}{R_c}\right)^{3(\gamma-1)} - 1\right] \quad (1)$$

式中，V 与 p 为掺气泡体积和压强；V_0 与 V_c 分别为受压前和处于临界破碎状态的掺气泡的体积；p_0 为受压前掺气泡压强；γ 为气体的绝热比，可近似为4/3；R_0 与 R_c 分别为掺气泡受压前的半径和掺气泡被压缩至临界破碎时的半径。假定掺气泡的极限受压程度不变，即 $R_c/R_0 = \xi$，则式（1）可进一步写为

$$W = 4\pi R_0^3 p_0 \left(\xi^{-1} - 1\right) \quad (2)$$

掺入气体体积浓度为 φ，取距离固壁 h 处的微元 dh，那么在单位面积上这段微元长度内，掺入气泡的数量 N 为

$$N = \frac{\varphi dh}{\frac{4}{3}\pi R_0^3} \quad (3)$$

令固壁与液面的距离为 d，根据 Young-Laplace 公式，可以计算冲击波穿过 dh 单位面积上掺气泡群，并将每个气泡压缩至临界破碎尺寸所做的功为

$$dW_{\text{total}} = NW = 3\varphi\left(\xi^{-1}-1\right)p_0 dh = 3\varphi\left(\xi^{-1}-1\right)\left[\frac{2\sigma}{R_0} + \rho_f g(h+d)\right]dh \quad (4)$$

式中，σ 为表面张力系数；ρ_f 为液体密度；g 为重力加速度。

对式（4）积分可得冲击波穿过单位面积掺气泡群到达壁面过程中所做的功为

$$W = \int dW_{\text{total}} = \int_0^h 3\varphi\left(\xi^{-1}-1\right)\left[\frac{2\sigma}{R_0} + \rho_f g(h+d)\right]dh = 3\varphi\left(\xi^{-1}-1\right)\left[\frac{2\sigma}{R_0} + \rho_f g\left(\frac{h}{2}+d\right)\right]h \quad (5)$$

从式（5）可以看出，冲击波穿过掺气泡群做功与掺气浓度成正比，与掺气泡尺寸负相关。即掺气泡群对冲击波的缓冲作用同时取决于掺气浓度与掺气泡尺寸。掺气泡群越密集，掺气泡尺寸越小，对冲击波的缓冲作用越强，不难预测，减蚀效果将越好。

3 超声振动空蚀试验

3.1 试验条件与方案

试验整体装置如图 2 所示。本试验使用磁致伸缩仪（KJ-1000，无锡市科洁超声电子设备有限公司）产生超声空化，超声波发生器输出功率为 1 kW，工作频率为 20 kHz，振幅为 50 μm，误差均控制在 5%范围内。为了向水中均匀掺入微小气泡，在 10 cm × 10 cm 的不锈钢薄片上钻有总面积相同的小孔，三种孔数分别为 10000、2500 和 400，分别对应孔径为 10 μm、20 μm 和 50 μm，通过小孔向试液中鼓泡。利用掺气浓度仪（CQ6-2005，中国水利水电科学研究院）测量容器壁附近的掺气浓度，利用精密测压计实时监测供气管中的气体压力，利用激光粒度仪（Mastersizer 2000，Malvern Panalytical Ltd.）测得平均泡径。

试验依照国家标准《GB/T 6383-2009 振动空蚀试验方法》[18]进行。试液选用蒸馏水，液面高度为 10 cm，温度保持在 25℃；试件材料选 45 号钢，试件表面浸没在液面下 2 mm。每个试件试验时间为 240 min，前 120 min 每隔 20 min、后 120 min 每隔 40 min 称重一次。

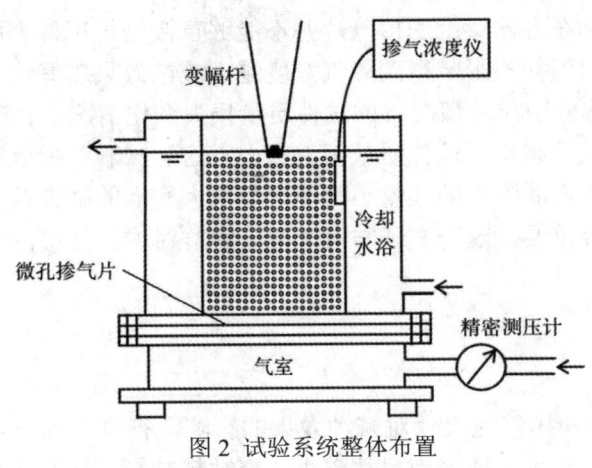

图2 试验系统整体布置

通过预试验发现，在掺气压力和孔径条件下，试件附近处的气泡尺寸在亚毫米尺度。忽略孔口进气速率对泡径的影响以及孔口阻力系数对掺气量的影响。当通气压力为 30 kPa，对于孔径为 10 μm、20 μm 和 50 μm 的掺气片，掺气泡平均尺寸约为 0.19 mm、0.29 mm 和 0.45 mm；对于孔径为 50 μm 的掺气片，当通气压力为 20 kPa、30 kPa 和 40 kPa 时，测得掺气浓度分别为 2.6%、3.1%和 4.4%。因此可以研究不同泡径和掺气浓度的影响。

3.2 试验结果与分析

空蚀量采用试件累积质量损失，每个工况下的空蚀量随试验时间的变化见图3。由图3可知，在本试验范围内，掺入空气均可以有效地减免空蚀破坏。

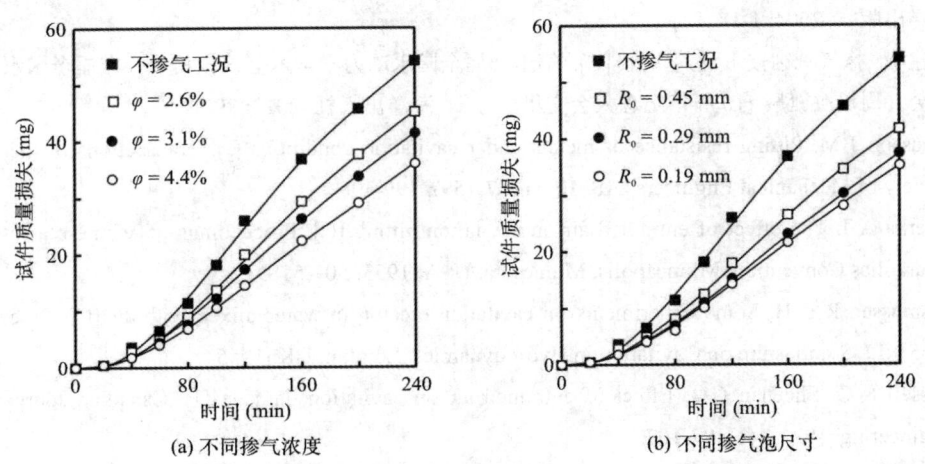

(a) 不同掺气浓度　　　(b) 不同掺气泡尺寸

图3 掺气浓度 φ 和掺气泡尺寸 R_0 对试件质量损失的影响

图3(a)为不同掺气浓度情况下的试件质量损失变化情况。对于相近泡径，掺气浓度越大，试件质量损失越少。对于4.4%的掺气浓度，试件质量损失相比不掺气工况减少了大约

三分之一。虽然粘贴在容器壁上的掺气片并不能够直接测得试件表面附近的掺气浓度值，因而可能存在误差，但并不影响得到掺气浓度越大减蚀效果越好这一结论。

图 3(b)为不同掺气泡尺寸情况下的试件质量损失变化情况。试验结果显示，当掺气浓度恒定时，掺气泡尺寸越小，试件质量损失越少。这意味着，掺气浓度并非减蚀效果的唯一决定性因素，试件表面附近的大量小气泡比少量大气泡的减蚀效果更好，掺气泡的尺寸和数量的作用也十分重要。这一发现与前文掺气泡群对冲击波缓冲作用分析结果相一致。

4 结论

研究了掺气浓度和掺气泡尺寸对减蚀效果的影响，得到了如下结论：①基于掺气减蚀试验研究，掺气浓度越大，掺气泡尺寸越小，空蚀越减轻。②基于掺气泡群对冲击波缓冲作用理论分析，掺气泡群对冲击波缓冲作用主要取决于掺气泡群被压缩导致冲击波能量的减少，越多越小的掺气泡被压缩所需做功越多，缓冲作用越强。

参考文献

1　Hager W H, Schleiss A J, Boes R M, et al. Hydraulic engineering of dams [M]. Boca Raton: CRC Press, 2020.

2　许唯临, 罗晶, 卫望如, 等. 高坝水力学细观成因分析方法研究进展 [C]. 第二十九届全国水动力学研讨会论文集. 北京: 海洋出版社, 2018: 12-21.

3　吴建华. 水利水电工程中的空化与空蚀问题及其研究 [C]. 第十八届全国水动力学研讨会文集. 北京: 海洋出版社, 2004: 1-18.

4　吴建华. 掺气减蚀技术及其研究 [C]. 第十一届全国水动力学学术会议暨第二十四届全国水动力学研讨会并周培源诞辰 110 周年纪念大会文集. 北京: 海洋出版社, 2012: 89-94.

5　Mousson J M. Pitting resistance of metals under cavitation conditions [J]. Transactions of the American Society of Mechanical Engineers (ASME), 1937, (59): 399-408.

6　Peterka A J. The effect of entrained air on cavitation pitting [C]. Proceedings of Minnesota International Hydraulics Convention. Minneapolis, Minnesota, USA, 1953: 507-518.

7　Rasmussen R E H. Some experiments on cavitation erosion in water mixed with air [C]. Proceedings of 1955 NPL Symposium on Cavitation in Hydrodynamics. London, UK, 1955.

8　Russell S O, Sheehan G J. Effect of entrained air on cavitation damage [J]. Canadian Journal of Civil Engineering, 1974, 1(1): 97-107.

9　Knapp R T, Daily J W, Hammitt F G. Cavitation [M]. New York: McGraw-Hill Book Co, 1970.

10　Hammitt F G. Cavitation and Multiphase Flow Phenomena [M]. New York: McGraw-Hill Book Co., 1980.

11　Wu J H, Luo C. Effects of entrained air manner on cavitation damage [J]. Journal of Hydrodynamics, 2011, 23(3): 333-338.

12	陈先朴, 西汝泽, 邵东超, 等. 掺气减蚀保护作用的新概念 [J]. 水利学报, 2003, (8): 70-74.
13	Wu J H, Su K P, Wang Y, et al. Effect of air bubble size on cavitation erosion reduction [J]. Science China Technological Sciences, 2017, 60(4): 523-528.
14	张法星, 徐建强, 徐建军, 等. 掺气减蚀机理的研究进展及讨论 [J]. 水力发电学报, 2010, 29(2): 7-10, 30.
15	张法星, 许唯临, 朱雅琴, 等. 空蚀冲击波模式下气泡尺寸在掺气减蚀中的作用 [J]. 水利水电技术, 2005, 36(10): 5-7.
16	李泽华, 白春华, 刘庆明, 等. 气泡帷幕减弱水中冲击波强度的研究 [J]. 中国安全科学学报, 1999, 9(5): 69-73.
17	加尔基, 王中黔, 吕毅, 等. 水下爆破工程 [M]. 北京: 人民交通出版社, 1992.
18	GB/T 6383-2009. 振动空蚀试验方法 [S]. 北京: 中国标准出版社, 2009.

Buffering effect of entrained air bubbles on shock waves emitted from collapsing cavitation bubbles

XIA Ding-kang, SU Kun-peng[*], WU Jian-hua

(College of Water Conservancy and Hydropower Engineering, Hohai University, Nanjing 210098, Email: kpsu@hhu.edu.cn)

Abstract: To mitigate cavitation damage of dam spillways or tunnels, the air entrainment method is widely used and air concentration has been considered a dominant factor for designers. However, several other factors regarding entrained air bubbles would affect erosion mitigation. In the present work, the attenuation of shock waves by the entrained air bubbles was calculated. For the same air concentration, it is difficult to compress smaller air bubbles due to surface tension. To explore this buffering effect, cavitation erosion tests were conducted. For continuous and uniform introduction of air bubbles, stainless-steel sheets with different micron-scale orifices were used. The bubble size and air concentration were changed by orifice diameters and air chamber pressures, respectively. It revealed that smaller air bubbles and higher air concentration resulted in more erosion reduction, which means the size and number of entrained air bubbles also had a significant effect on cavitation erosion alleviation. This result validated the better buffering effect on shock waves by smaller air bubbles.

Key words: Cavitation erosion; Air entrainment; Bubble size; Buffering effect; Surface tension.

大型框架式结构流固耦合分析

俞俊*，程小明，刘小龙，倪歆韵，蔡志文

（中国船舶科学研究中心，无锡 214082, Email: yyj@cssrc.com.cn）

摘要： 水动力分析是浮式结构物性能评估的重要环节，逐渐由沿海向深海发展的大型渔业养殖平台在波浪作用下遭受巨大环境载荷，因此有必要研究其在波浪作用下的水动力响应。不同于一般的浮式结构物，网箱通常是柔性的，在海洋环境作用下可变形，使得其水动力响应有异于刚体，且养殖平台中网衣占比很高，整个平台受到的黏性力也不可忽略。本研究基于柔性多体动力学，并结合黏性流体载荷计算方法，开发了用于评估渔业养殖平台的流固耦合程序，时域模拟柔性网衣及平台主体结构在海洋环境下受到的水动力。采用基本算例与水动力分析软件 Orcaflex 进行对比分析，部分验证了程序的有效性。同时，对一大型渔业养殖平台实例在开展了时域数值模拟，初步对比了 AQWA 中采用刚体分析方法和自编程中柔性体分析方法所得的运动响应的差异。这些工作为后续大型渔业养殖平台波浪中运动响应评估奠定了基础。

关键词： 渔业养殖平台；时域流固耦合；柔性网衣

1 引言

在过去几十年内，网箱养殖发展迅速，目前随着全球化压力的加剧和全球对水产品需求的增大，网箱养殖正经历快速的变化，出现了集成现有网箱并开发使用更集约的网箱养殖系统的趋势[1]。特别是由于需要合适的养殖场所，海洋渔业正逐渐由沿海向深海发展。刚性养鱼场的概念是为了克服传统养鱼场的空间限制而提出的，半潜式近海渔场是最具发展前景的水产养殖设备之一。大型框架式网箱具有优良的抗风浪能力，并且稳定性好，变形小，适应性强，技术水平高，自动化程度高，运作成本低，对环境的影响小。

国内外相关企业都进行了大量的尝试，挪威 Ocean Farm[2]是大型框架式海上渔场设备，直径 110 m，高 67 m，体积 24.5 万 m。国内首座单柱式半潜深海大型渔场"海峡 1 号"[3]，由 De Maas SMC 设计，直径 140 m，总体高度 40 m，直径 140 m，总体高度 40 m，网箱高度 12 m，养殖水体 15 万 m^3。

基金项目：工信部项目[2019]360 和江苏省青年基金项目(351510008K0708LA00)

然而，广阔而丰富的深海也意味着渔场将处于恶劣的海洋环境中，为了确保结构能够承受恶劣的海洋环境，需要开展水动力性能评估及优化设计。Chu 等综述了从传统近岸渔场到下一代离岸渔场的鱼笼发展历程[4]，介绍了各种类型的网箱设计在不同海洋环境中的功能和经济可行性。Dou[5]在 HydroD 中建立 Ocean Farm 1 浮体框架的水动力模型，在 SIMA 中建立 Morison 阻力模型，采用屏模型法获得网上波浪荷载。编写 Fortran 程序计算漂浮物网板上分布荷载引起的总力和力矩，并将其作为外力在 SIMA 中进行时域仿真。桂福坤[6]以物理模型试验为主，对深水重力式网箱的浮架系统、网衣系统、配重系统以及网箱整体结构的水动力特性进行了较为系统的研究。Zhao 等[7]通过实验和数值模拟研究了平面网在波浪中的水动力特性。实验表明，Kc 数对波浪阻力系数的影响不显著，网的惯性力相对于曳力要小得多。基于自己的实验结果建立了一个数值模型来模拟渔网在波浪中的动态行为。Klebert 等[8]综述了网箱内及网箱外流体力学的研究现状，为了解网箱内及网箱外主要环境参数的时空变化提供了一个框架。主要介绍了当代网板、网箱缩尺比模型试验、鱼的生物效应、鱼的运动和污垢等实验。提高流经养殖网箱内水运动知识对于未来发展高效和可持续的水产养殖以及向更暴露的地区转移至关重要。Zhao 等[9]对箱形网箱的动力特性进行了专题讨论，并将箱形网箱与柱形网箱进行了比较研究。为了分析网箱形状对动力响应的影响，对箱形网箱和柱形网箱在纯波和纯流条件下进行了仿真和比较。结果表明，在波浪和水流作用下，柱形网箱比箱形网箱更稳定，保留的养殖体积更多。

由于开放水域有许多吸引人的优势，水产养殖业的目标是将近岸地区的养鱼场转移到开放水域。然而，一个主要的挑战是设计结构来承受风、浪和流造成的环境负荷。大型框架式网箱结构的特点是利用立柱及横斜撑将网衣支成固定的形状，保证其有效养殖容积基本保持不变，即使在强风浪流情况下也不会造成容积损失。

网箱在波浪和水流作用下的水动力特性是设计和管理公海网箱的基础。用于研究网箱的技术通常包括使用缩比物理模型试验和数值模型，并在可能的情况下，进行现场测量。与模型试验和现场实测相比，数值模拟方法具有成本低、易于管理、节省时间等优点。

作用在网板和水产养殖网箱上的流体力较为关键，可以采用 CFD 计算[10-11]，考虑到计算效率，工程评估上主要采用经验公式。这些经验公式可分为两类：基于莫里森方程[12-14]的公式和基于屏模型[15-16]的那些。

对于网等复杂柔性结构，水动力及其变形的确定是一项具有挑战性的任务。准确预测网箱动力响应是设计养鱼场设施的关键步骤之一。简单网箱的基本物理原理，可以用实验研究来解决。然而，为了设计更复杂的各种环境条件下的网箱系统，一个可靠的数值模拟工具是必不可少的。到目前为止，为模拟水产养殖网箱的网，建立的的有限元模型[17-18]主要有三角单元模型，桁架模型和质量-弹簧[19-20]模型等。所有的模型都是用微分方程组来表示的，这些微分方程可以用数值方法在时域内求解。本文基于柔性多体动力学，并结合黏性流体载荷计算方法，开发了用于评估渔业养殖平台的流固耦合程序，时域模拟柔性网衣及平台主体结构在海洋环境下受到的水动力。并通过商业软件进行对比分析，部分验证了程序的有效性。

2 计算方法

2.1 势流理论

分别采用自编程序和商业软件 AQWA 对渔业平台的水动力进行计算评估。在三维势流理论中,假定流体为理想状态,假定流体无黏性和不可压缩,流动无旋,所以存在势函数。根据线性势流理论,可将流场中总的速度势 Φ 分解为入射势 Φ^I、绕射势 Φ^D 和辐射势 Φ^R。

$$\Phi(x,y,z,t) = \Phi^I(x,y,z,t) + \Phi^D(x,y,z,t) + \Phi^R(x,y,z,t) \tag{1}$$

由于假定浮式结构物在平衡位置周围作微幅的简谐振荡,可将速度势分解成空间速度势和时间因子的乘积,这样便可以转化为定常的求解问题。

$$\Phi(x,y,z,t) = Re\{\phi(x,y,z,t)e^{-i\omega t}\} \tag{2}$$

$$\phi(x,y,z,t) = \phi^I(x,y,z,t) + \phi^D(x,y,z,t) + \phi^R(x,y,z,t) \tag{3}$$

2.2 Morison 公式

平台主体结构均由细长杆形部件构成,与波长相比尺度较小的细长柱体的波浪力计算,在工程设计中广泛采用莫里森方程。它是以绕流理论为基础的半经验公式。该理论假定柱体的存在对波浪运动无显著影响,认为波浪对柱体的作用主要是黏滞效应和附加质量效应。双浮筒渔业平台的大部分形式的结构可用圆形截面 Morison 单元模拟,由于杆单元会因水流和波浪的存在而移动,因此分别利用杆单元和流体速度之间的相对加速度和速度来计算惯性和阻力载荷。本报告计算水动力运动及载荷采用 ANSYS 公司旗下的 AQWA 软件。对非圆形截面的杆件采用截面等价后的等体积圆形截面 Morison 单元替代。对网状结构,考虑到其通透性,也采用截面等价的圆形杆件代替。采用商业软件 AQWA 和自编程的主要区别在于 AQWA 中的渔业平台的主体框架和网衣都假定为刚性,在自编程序中可以考虑结构的柔性,通过对比分析可以看出渔业平台在不同数值模拟条件下的运动响应情况。

Morison 单元单位长度垂直于杆件方向的水动力由以下公式计算:

$$dF = \frac{1}{2}\rho D C_d (u_f - u_s)|u_f - u_s| + \rho A C_m \dot{u}_f - \rho A (C_m - 1)\dot{u}_s \tag{4}$$

式中,D 为杆件的特征直径,u_f 为垂直杆件方向的流体质点速度,u_s 为垂直杆件方向结构自身的运动速度,A 为杆件截面面积,ρ 为流体的密度,C_m 为惯性力系数,C_d 为阻力系数。

2.3 框架式渔业平台基本参数

为了对比验证算法,本研究设计了一种框架式渔业平台方案进行水动力分析。渔业平台主体结构呈现正六边形。外围一圈是六根直径 3.6 m 的立柱,用于提供整个平台的主要浮力。大型立柱通过撑杆相连接，网衣挂在撑杆上。框架式渔业平台的主体框架见图1，平台参数见表1。

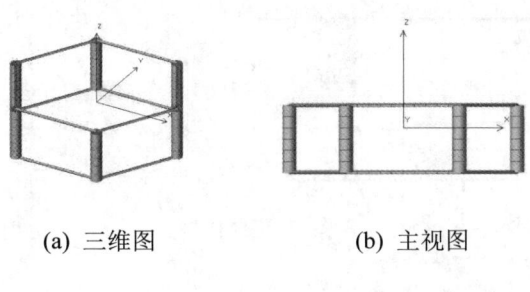

表1 渔业平台主尺度参数	
项目	数值
外直径/m	30
型深/m	18
排水量/kg	7.348×10^5
吃水/m	12
重心纵向位置/m	0
重心横向位置/m	0
重心垂向位置/m	9
横摇惯量/kg·m²	7.372×10^7
纵摇惯量/kg·m²	1.652×10^8
艏摇惯量/kg·m²	2.940×10^8

(a) 三维图　　(b) 主视图

图1 渔业平台主体框架

渔业平台外围覆盖着合成纤维材料制成的渔网，网线中含有预张力的钢丝。

3 计算模型

3.1 柔性渔业平台模型

网衣的自编程模型采用离散的质量点，对每一个离散部位利用牛顿第二定律写出其动力学方程。

$$m_i\frac{d^2x_i}{dt^2}=F_{dtxi}+F_{dnxi}+F_{atxi}+F_{anxi}+F_{kxi-1}+F_{kxi}$$

$$m_i\frac{d^2y_i}{dt^2}=F_{dtyi}+F_{dnyi}+F_{atyi}+F_{anyi}+F_{kyi-1}+F_{kyi} \quad (5)$$

$$m_i\frac{d^2z_i}{dt^2}=F_{dtzi}+F_{dnzi}+F_{atzi}+F_{anzi}+F_{kzi-1}+F_{kzi}+W_i$$

式中，m_i 是第 i 个质量点的质量，x_i, y_i, z_i 分别是质量点在 x,y,z 方向的位移，$F_{dtxi}, F_{dtyi}, F_{dtzi}$ 为切向阻力在 x,y,z 方向的分量，$F_{dnxi}, F_{dnyi}, F_{dnzi}$ 为法向阻力在 x,y,z 方向的分量，$F_{atxi}, F_{atyi}, F_{atzi}$ 为切向惯性力在 x,y,z 方向的分量，$F_{anxi}, F_{anyi}, F_{anzi}$ 为法向惯性力在 x,y,z 方向的分量，W_i 为质量点的湿重。

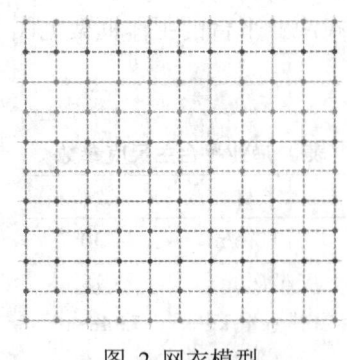

图 2 网衣模型　　　　　　　　　图 3 整体模型

3.2 刚性渔业平台水动力模型

大型框架式渔业平台水动力模型见图 4。在水动力分析的基础上进行平台运动及内域波面变化分析，三种模型布置均沿 X 轴呈轴对称，定义 X 轴正向为平台艏部，Y 正向指向左舷，Z 轴在平台中心处指向上方，XY 平面上与平台底部重合，YZ 平面位于中横剖面处。浪向定义：0°为随浪，180°为顶浪。图 5 是模型三维示意图。

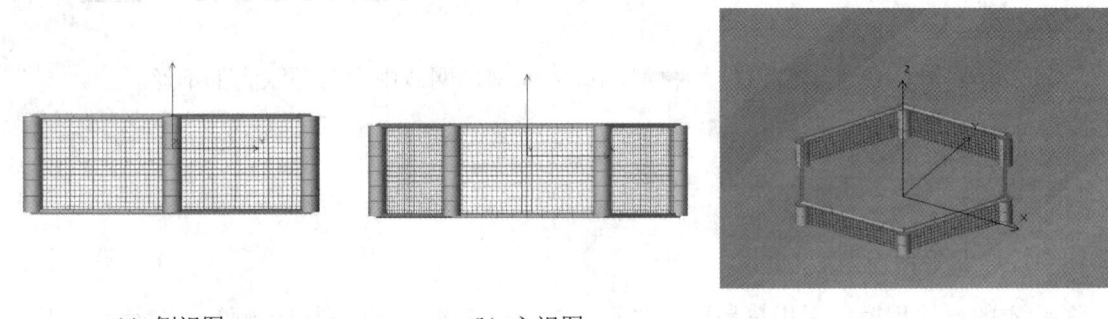

　　(a) 侧视图　　　　　　　(b) 主视图　　　　　　　　图 4 水动力模型
　　　　　　图 5 AQWA 模型

4 计算结果与分析

4.1 单根网线张力结果

对单根缆绳的计算模型进行分析。对水平方向两端固定的缆绳给定均匀流，单位长度的质量是 100 kg，EA=1e7N，考察缆绳稳定后两端的受力情况，与 Orcaflex 的计算结果进行对比。缆绳总长 100 m，详细计算结果见表 2。时域共计算了 50 s，缆绳基本稳定，表格中展示了 5 种工况的计算结果，总体而言与 Orcaflex 的计算结果吻合得较好。具体来说，在小刚度情况下误差较小，不超过 1.12%，大刚度情况下误差 3%，左右两端的张力结果较为接近。图 6 展示的是刚度 1e7N，2 m/s 流速下缆绳运动形态时域变化结果，可以看出缆绳受流体力作用后有较大的动力响应，在 10 s 左右达到最大值，随后缆绳在张力作用下往后收缩，稳定后的横向位移在 4 m 左右。

表 2 张力结果对比

工况		张力值（N）		误差百分比
		Orcaflex	自编程	
V=3m/s, EA=1e7N	左端	176920	175144	-1.00
	右端	176920	174943	-1.12
Vc=2m/s EA=1e7N	左端	139203	138447	-0.54
	右端	139203	138389	-0.58
Vc=1m/s EA=1e7N	左端	126654	126942	0.23
	右端	126654	126118	-0.42
Vc=0 m/s EA=1e7N	左端	125650	126392	0.59
	右端	125650	126449	0.64
V=3m/s, EA=1e9N	左端	813808	796235	-2.16
	右端	813808	789469	-2.99

4.2 单根网线运动结果

采用两段固定的单根缆绳竖直固定的模型，均匀流的环境条件，水流的速度是 2 m/s，单位长度的质量分别是 20 kg，30 kg，40 kg，60 kg，80 kg，EA=1e6N，初始没有预张力，采用时域从竖直状态开始演算分析，共计算 50 s，所得的稳态计算结果见图 7。结果表明，随着单位质量的增加，所得结果的稳态构型有着下坠的趋势。

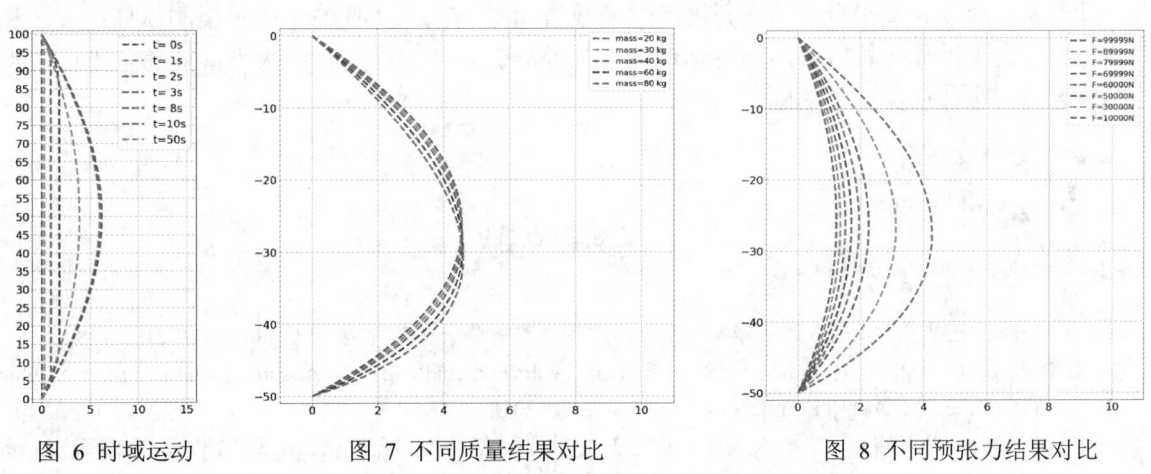

图 6 时域运动　　　　图 7 不同质量结果对比　　　　图 8 不同预张力结果对比

设置不同的预张力，采用均匀流的环境条件，水流的速度是 2 m/s，采用时域从竖直状态开始演算分析，共计算 50 s，所得的不同预张力情况下的稳态计算结果见图8。结果表明，随着预张力的增加，所得结果的稳态构型横向位移减小。

4.3 平台整体自由衰减模拟

分别在 AQWA 和自编程中给定渔业平台 30°的初始 ry 转角（图 9），让渔业平台进行纵摇自由衰减运动，得到的结果见图 10。结果显示 AQWA 中一开始的衰减慢于柔性网衣的自由衰减，这是由于网衣的变形造成水动力增加的缓慢，进而柔性网衣中的平台纵摇周期小于 AQWA 中所计算得到的结果。

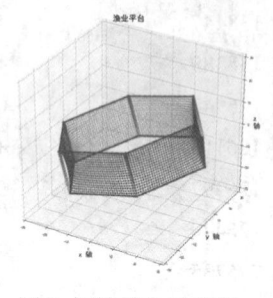

图 9 初始转角示意图

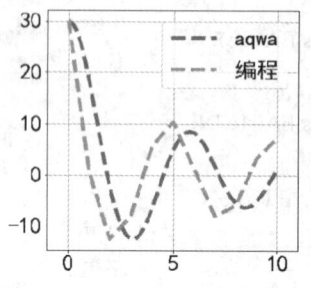

图 10 纵摇结果对比

5 结语

本研究基于柔性多体动力学，并结合黏性流体载荷计算方法，开发了用于评估渔业养殖平台的流固耦合程序，时域模拟柔性网衣及平台主体结构在海洋环境下受到的水动力。采用基本算例与水动力分析软件 Orcaflex 进行对比分析，初步验证了程序的有效性。同时，对一大型渔业养殖平台实例在开展了时域数值模拟，对比了 AQWA 中采用刚体分析方法和自编程中柔性体分析方法所得的运动响应的差异。这些工作为后续大型渔业养殖平台波浪中运动响应评估奠定了基础。

参考文献

1　纪毓昭, 王志勇. 我国深远海养殖装备发展现状及趋势分析 [J]. 船舶工程, 2020, 42(S2): 1-4+82.
2　Buck B H, Troell M F, Krause G, et al. State of the art and challenges for offshore integrated multi-trophic aquaculture (IMTA) [J]. Frontiers in Marine Science, 2018, 5: 165.
3　Harkell L. "海峡 1 号"投入福建大黄鱼养殖项目，迪玛仕拟开拓海外项目[EB/OL]. 胡路怡, 编译. https://www.sohu.com/a/403664642_174909?_trans_=000014_bdss_dkmwzacjP3p:CP=, 2020-06-23.
4　Chu Y I, Wang C M, Park J C, et al. Review of cage and containment tank designs for offshore fish farming [J]. Aquaculture, 2020, 519: 734928.
5　Dou R. Numerical modeling and analysis of a semi-submersible fish-cage [D]. NTNU, 2018.
6　桂福坤. 深水重力式网箱水动力学特征研究 [D]. 大连: 大连理工大学, 2006.

7. Zhao Y P, Li Y C, Dong G H, et al. An experimental and numerical study of hydrodynamic characteristics of submerged flexible plane nets in waves [J]. Aquacultural engineering, 2008, 38(1): 16-25.
8. Klebert P, Lader P, Gansel L, et al. Hydrodynamic interactions on net panel and aquaculture fish cages: A review [J]. Ocean Engineering, 2013, 58: 260-274.
9. Zhao Y P, Gui F, Xu T J, et al. Numerical analysis of dynamic behavior of a box-shaped net cage in pure waves and current [J]. Applied Ocean Research, 2013, 39: 158-167.
10. Yao Y, Chen Y, Zhou H, et al. Numerical modeling of current loads on a net cage considering fluid–structure interaction [J]. Journal of Fluids and Structures, 2016, 62: 350-366.
11. Bihs H, Kamath A, Chella M A, et al. A new level set numerical wave tank with improved density interpolation for complex wave hydrodynamics [J]. Computers & Fluids, 2016, 140: 191-208.
12. Kristiansen T, Faltinsen O M. Modelling of current loads on aquaculture net cages [J]. Journal of Fluids and Structures, 2012, 34: 218-235.
13. Cifuentes C, Kim M. Numerical simulation of fish nets in currents using a Morison force model [J]. Ocean Syst. Eng, 2017, 7(2): 143-155.
14. Huang X H, Guo G X, Tao Q Y, et al. Dynamic deformation of the floating collar of a net cage under the combined effect of waves and current [J]. Aquacultural Engineering, 2018, 83: 47-56.
15. Li L, Fu S, Li R. Dynamic responses of the floating cage system in current and waves[C]. International Conference on Offshore Mechanics and Arctic Engineering. American Society of Mechanical Engineers, 2012, 44885: 239-248.
16. Cheng H, Li L, Aarsæther K G, et al. Typical hydrodynamic models for aquaculture nets: A comparative study under pure current conditions [J]. Aquacultural Engineering, 2020, 90: 102070.
17. Huang C C, Tang H J, Liu J Y. Modeling volume deformation in gravity-type cages with distributed bottom weights or a rigid tube-sinker [J]. Aquacultural Engineering, 2007, 37(2): 144-157.
18. Kristiansen T, Faltinsen O M. Experimental and numerical study of an aquaculture net cage with floater in waves and current [J]. Journal of Fluids and Structures, 2014, 54: 1-26.
19. Moe-Føre H, Christian Endresen P, Gunnar Aarsæther K, et al. Structural analysis of aquaculture nets: comparison and validation of different numerical modeling approaches [J]. Journal of Offshore Mechanics and Arctic Engineering, 2015, 137(4).
20. Yang R Y, Tang H J, Huang C C. Numerical modeling of the mooring system failure of an aquaculture net cage system under waves and currents [J]. IEEE Journal of Oceanic Engineering, 2019, 45(4): 1396-1410.

Fluid-structure coupling analysis of large frame structure

YU Jun[*], CHENG Xiao-ming, LIU Xiao-long, NI Xin-yun, CAI Zhi-wen

(China Ship Scientific Research Center, Wuxi 214082, Email: yyj@cssrc.com.cn)

Abstract: Hydrodynamic analysis is an important part of the performance evaluation of floating structures. The large-scale fishery platform, which is gradually developing from the coast to the deep sea, suffers huge environmental loads under the action of waves, so it is necessary to study its hydrodynamic response under the action of waves. The net cage is usually flexible and deformable under the action of the ocean environment, which makes its hydrodynamic response different from that of the rigid body. Moreover, the net clothing accounts for a high proportion in the aquaculture platform, and the viscous force on the whole platform cannot be ignored. Based on flexible multibody dynamics and viscous fluid load calculation method, this paper developed a fluid-solid coupling program for evaluating fishery culture platform, and simulated the hydrodynamic force of flexible netting and platform main structure in ocean environment in time domain. The basic examples are compared with the hydrodynamic analysis software AQWA and Orcaflex, and the effectiveness of the program is verified. At the same time, the time domain numerical simulation of a large-scale fishery platform is carried out, and the difference of motion response obtained by rigid body analysis method in AQWA and flexible body analysis method in self-programming is compared. These work have laid a foundation for the follow-up evaluation of the wave motion response of large-scale aquaculture platforms.

Key words: Aquaculture platform; Fluid-solid coupling in time domain; Flexible netting.

基于仿生侧线感知的翼型外流场流速与攻角估计

徐文华，许国冬*

（哈尔滨工程大学 船舶工程学院，哈尔滨 150001, Email: xuguodong@hrbeu.edu.cn）

摘要：翼型广泛用于海洋航行器的运动控制结构中，如潜航器的水翼，实时估计水翼与海流的相对流速与攻角，对于潜航器的操纵有重要意义。本研究融合仿生压力感知与无迹卡尔曼滤波建立翼型相对流速与攻角估计模型。该模型的先验系统模型为翼型定常线性涡层模型，观测模型为伯努利方程。通过CFD模拟获取观测数据。小攻角下，本模型对恒定攻角和缓慢变攻角工况具有较好的估计效果，雷诺数越大估计误差越小。

关键词：仿生感知；翼型；势流；无迹卡尔曼滤波；状态估计

1 引言

在潜航器的操纵控制中，水翼起到了关键的作用，水翼与海流相对流速与攻角决定了升力大小。受到随机海流的干扰，水翼的地速与转角并不等于相对流速与有效攻角，进而影响潜航器的操纵过程，因此，估计水翼与海流的相对流速与有效攻角对于提升潜航器的操纵精度具有重要意义。

要估计相对流速和攻角，需要感知外部流场。自然界中的鱼类经过漫长的演化，具备极佳的水下机动能力，侧线系统的流场感知能力起到了重要作用[1-2]。鱼类侧线含有槽道神经丘，对压力差敏感[3-4]。压差感知具有易于实现且抗干扰能力强的优点[5]。因此本研究采用压差感知的方法来感知水翼的外流场。

本研究根据少量的压差感知数据反向估计水翼与流体的相对流速和有效攻角，需要利用非线性估计的方法实现。常用的非线性估计方法有离散贝叶斯滤波，无迹卡尔曼滤波和粒子滤波等，其中离散贝叶斯滤波与粒子滤波计算量较大，而无迹卡尔曼滤波基于高斯分布假设，能够较好地平衡估计精度和计算速度[6]。本研究应用无迹卡尔曼滤波根据压差感知数据估计水翼与流体的相对流速和有效攻角。

基金项目：国家自然科学基金(11602067)

2 水翼相对流速和有效攻角估计模型

本研究通过测量水翼表面压差实现对外部流场的感知。选定 NACA0018 翼型,弦长 $c = 0.15\,\mathrm{m}$。水翼处于流速为 U 的水流中,水翼绕转轴摆动,转轴距离水翼前缘 0.33 倍弦长,在水翼表面布置三个压力感知点,其中 p_0 位于水翼前缘,p_1 和 p_2 距离水翼前缘 0.06 倍弦长,本研究通过压差 p_1-p_0 和 p_2-p_0 来估计水翼与外部流场的相对流速和有效攻角(图1)。

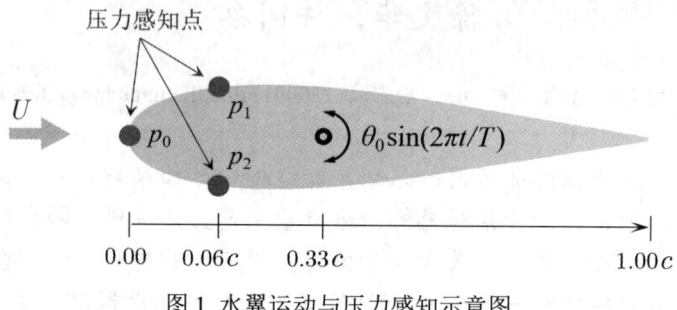

图 1 水翼运动与压力感知示意图

基于有限点的压力感知反向估计相对流速和攻角是一个非线性的估计问题,本研究应用无迹卡尔曼滤波来实现。无迹卡尔曼滤波利用高斯分布近似系统变量的真实概率密度分布,通过无迹变换实现非线性先验估计,通过卡尔曼增益与实际观测值实现后验估计,其具体实现方法可参考文献[7]。无迹卡尔曼滤波包括先验物理模型与观测模型两个部分

$$\begin{cases} x_{k+1} = f(x_k) + v_k, & x_k \in \mathrm{R}^{n \times 1} \\ z_{k+1} = h(x_{k+1}) + w_{k+1}, & z_k \in \mathrm{R}^{m \times 1} \end{cases} \quad (1)$$

式中,x_k 为第 k 个时间步的状态值,z_k 为第 k 个时间步的观测值,$f(\cdot)$ 为先验物理模型,$h(\cdot)$ 为观测模型,v_k 和 w_k 分别为系统白噪声和观测白噪声,且 $P(v) \in (0, Q)$,$P(w) \in (0, R)$。Q 和 R 分别为过程噪声矩阵和观测噪声矩阵。

本研究涉及定常或缓慢变化的小攻角机翼绕流估计问题,因此其物理模型可简化为定常机翼绕流问题。需要估计的物理量为相对流速 U 与有效攻角 θ,因此其状态变量为 $x = [U, \theta]$,估计值表示为 $\hat{x} = [\hat{U}, \hat{\theta}]$。基于势流方法,利用线性涡层模型建立水翼定常绕流模型,作为无迹卡尔曼滤波的先验物理模型。将机翼表面划分为 N 个线性涡元,水翼表面满足不可穿透条件,定常情况下水翼环量无变化,因此先验物理模型具体形式为

$$\begin{cases} \sum_{j=0}^{N-1} A_{i,j} \cdot \gamma_{j,j+1} = U \cdot n_x & (i=1,2,\ldots,N) \\ \gamma_0 + \gamma_N = 0 \end{cases} \quad (2)$$

式中，$A_{i,j}$ 为影响系数，$\gamma_{j,j+1}$ 为第 j 个线元，n_x 为水翼线元单位法向量的水平分量。

由于系统观测量为压力差，可采用伯努利方程计算。对于水翼运动较为缓慢，即非定常效应较弱的情况，水翼可近似为定常绕流问题，水翼表面水动压力简化为

$$p = -\frac{1}{2}\rho|V|^2 \tag{4}$$

式中，V 为流体合速度。

本研究中将压差 p_1-p_0 和 p_2-p_0 作为观测量，因此观测模型的具体形式为

$$\begin{cases} dp_1 = p_1 - p_0 \\ dp_2 = p_2 - p_0 \end{cases} \tag{5}$$

3 结果分析

图 2 给出了水翼物理环境仿真与外流场参数化估计示意图。采用 Star CCM+ 软件模拟二维机翼的外流场，其压差计算值加入白噪声作为无迹卡尔曼滤波器的观测值。应用无迹卡尔曼滤波算法估计相对流速和攻角。数值模拟的具体参数为：翼型 NACA0018，弦长 $c = 0.15$ m，流速分别为 $U = 0.25$ m/s 和 $U = 2.5$ m/s，攻角幅值 $\theta_0 = 5°$。两种流速对应的雷诺数分别为 $Re = 3.75×10^4$ 和 $Re = 3.75×10^5$。对两种运动工况进行了研究，分别为①水翼从零攻角转到 5°攻角后停止转动；②水翼以 $\theta(t) = \theta_0 \sin(2\pi/T)$ 转动，$\theta_0 = 5°$，周期 $T=12$ s。

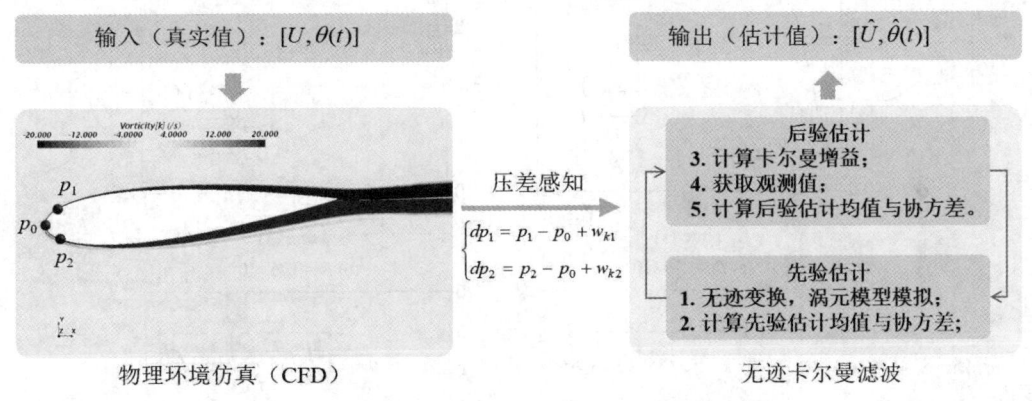

图 2 水翼物理环境仿真与外流场参数化估计示意图

首先研究水翼从零攻角转到 5°攻角的工况。图 3 给出了两种雷诺数下压差感知输入数据。在 CFD 数值模拟中加入白噪声即为压差感知，传递给无迹卡尔曼滤波模型，即为系统的观测值。$Re = 3.75×10^4$ 时 dp_1 和 dp_2 的变化均值为 35 Pa 和 -15 Pa，$Re = 3.75×10^5$ 时 dp_1 和 dp_2 的变化均值为 -3800 Pa 和 -1800 Pa，可以看到，速度和雷诺数相差 10 倍，压差变化则相差约 100 倍。

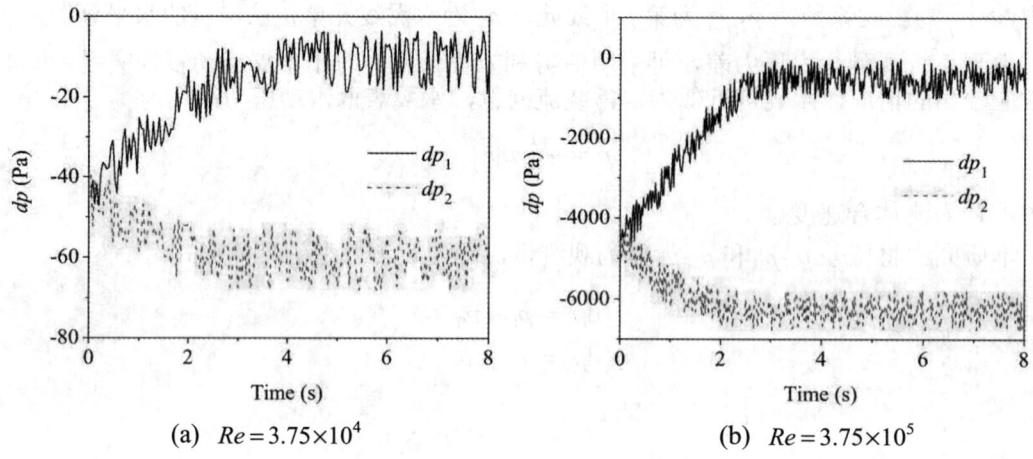

图 3 偏转至 5°攻角时的压差感知

图 4 显示了从零攻角转到 5°攻角工况的估计结果。其中图 4(a)(c)给出了时 $Re=3.75\times10^4$ 的流速和攻角估计，图 4(b)(d)给出了 $Re=3.75\times10^5$ 时的流速和攻角估计。本模型对流速的估计值偏高约 6%，对攻角的估计值则与真实值偏差较大，$Re=3.75\times10^4$ 时偏差约 20%，$Re=3.75\times10^5$ 时偏差约 10%。可见随着雷诺数的增大，整体估计误差降低。对比两种工况下的收敛速度，雷诺数较大时模型可以更快的趋近于真实值。

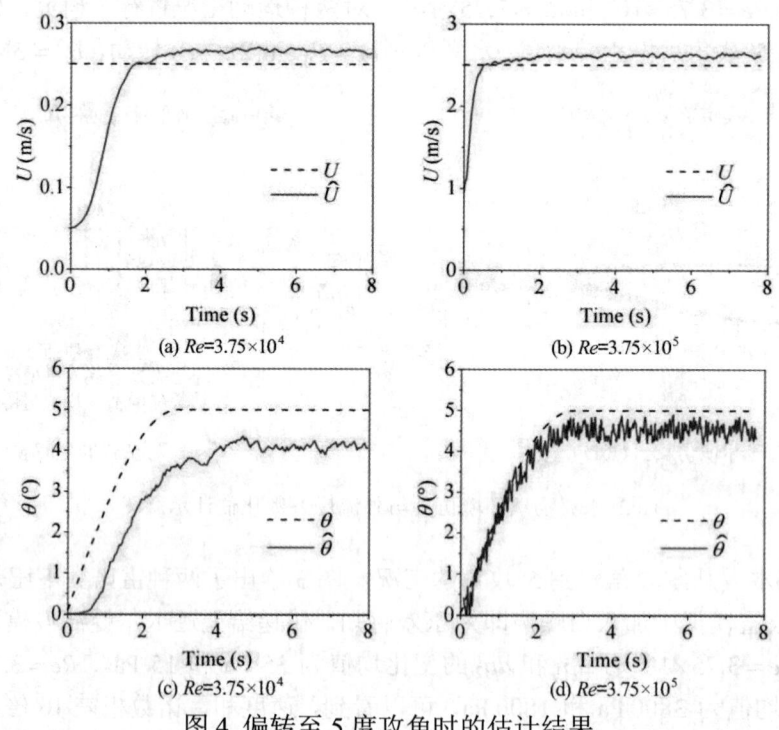

图 4 偏转至 5 度攻角时的估计结果

图 5 给出了水翼以 $\theta_0 = 5°$, $T = 12s$ 进行周期性摆动下的估计结果。可以看到，模型对于流速的估计值较为稳定，但在攻角发生缓慢变化时亦会产生小幅波动。模型能够跟踪攻角的变化。$Re = 3.75 \times 10^4$ 时攻角的估计误差较大，并呈现一定的滞后；$Re = 3.75 \times 10^5$ 时攻角的估计误差较小，且跟随的同步性较好。综合两种工况下的估计结果，高速与高雷诺数下估计效果较好的原因主要有两个：①随着流速的增大，对应的斯特罗哈数减少，流动的非定常效应相对降低，更接近定常流动；②随着雷诺数的增大，测量值与水翼线性涡元模型的计算值误差变小，无迹卡尔曼滤波模型的估计值就越趋近于真实值。

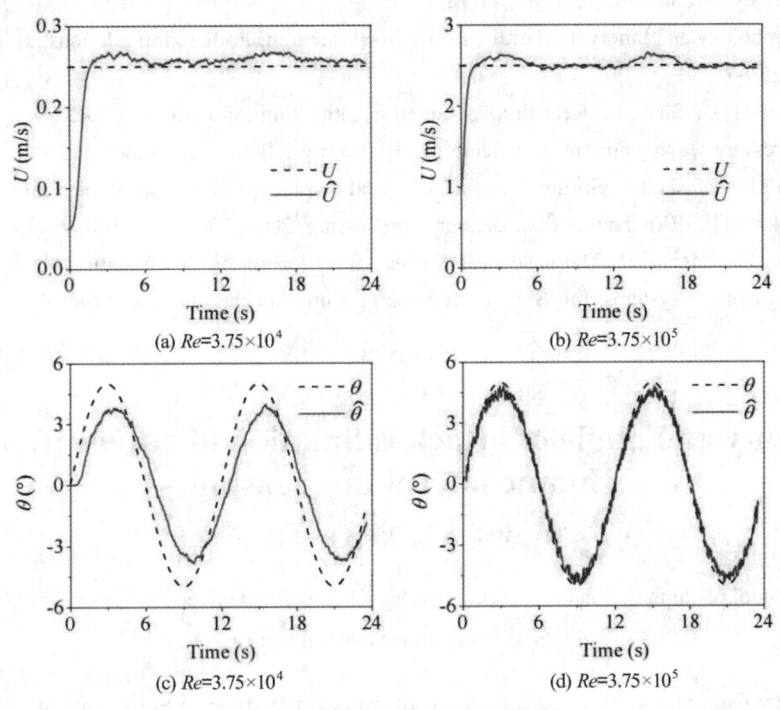

图 5 周期转动时的估计结果

4 结论

本研究基于仿生压差感知与无迹卡尔曼滤波研究了水翼与流场相对流速与攻角的估计问题，验证了基于表面稀疏压差感知反向估计水翼与流场相对流速和攻角的可能性；所采用的模型对高雷诺数和非定向效应较弱的工况具有较好的估计效果；当前模型具有一定的局限性，无迹卡尔曼滤波的先验物理模型为定常涡元模型，难以应对非定常效应较强的工况，后续研究中，无迹卡尔曼滤波的先验物理模型与观测模型均需计及非定常效应。

参考文献

1. Mogdans J, Bleckmann H. Coping with flow: behavior, neurophysiology and modeling of the fish lateral line system [J]. Biological cybernetics, 2012, 106(11): 627-642.
2. 周晗. 水下仿生推进流场适应性控制方法与实验研究 [D]. 长沙: 国防科学技术大学, 2015.
3. Northcutt G R. The phylogenetic distribution and innervation of craniate mechanoreceptive lateral lines [J]. The Mechanosensory Lateral Line, 1989, 17-78.
4. Münz H. Morphology and innervation of the lateral line system insarotherodon niloticus [J]. Zoomorphologie, 1979, 93(1): 73-86.
5. Xu W H, Xu G D, Shan L. Real-time parametric estimation of periodic wake-foil interactions using bioinspired pressure sensing and machine learning [J]. Bioinspiration & Biomimetics, 2022.
6. Arulampalam M S, Maskell S, Gordon N, et al. A tutorial on particle filters for online nonlinear/non-Gaussian Bayesian tracking [J]. IEEE Transactions on signal processing, 2002, 50(2): 174-188.
7. Wan E A, Van Der Merwe R. The unscented Kalman filter for nonlinear estimation[C]. Proceedings of the IEEE 2000 Adaptive Systems for Signal Processing, Communications, and Control Symposium, 2000: 153-158.

Flow velocity and angle of attack estimation of a hydrofoil based on bionic lateral line sensing

XU Wen-hua, XU Guo-dong*

(School of shipbuilding engineering, Harbin Engineering University, Harbin 150001,
Email: xuguodong@hrbeu.edu.cn)

Abstract：Hydrofoils are widely used in the motion control structures of marine vehicles, such as the hydrofoil of a submarine. Real time estimation of the relative velocity and angle of attack between the hydrofoil and the current is of great significance for the control of a submarine. In this study, the biomimetic pressure sensing and unscented Kalman filter are combined to establish the estimation model of relative velocity and angle of attack of a hydrofoil. The prior system model of the model is a steady linear vortex panel model, and the observation model is Bernoulli equation. The observed data were obtained by CFD simulation with white noise. At small angle of attack, the model has good estimation on constant angle of attack and slowly variable angle of attack. The larger the Reynolds number, the smaller the estimation error.

Key words：Bionic flow sensing; Hydrofoil; Potential flow; Unscented Kalman filter; State estimation.

考虑旋涡效应的空化/湍流模型的修正与评价

洪伯杰，胡常莉*

（南京理工大学能源与动力工程学院，南京 210094, Email: changlihu@njust.edu.cn）

摘要：考虑涡旋运动对非定常空化流动的影响，将由应变率张量和旋转率张量构建的修正函数引入到 Zwart 空化模型的蒸发/冷凝系数中，使在减少涡旋区域凝结率的同时增加其蒸发率，来修正对空化相变过程的模拟。另外，在该修正函数的基础上添加一个经验系数，对 SST $\gamma\text{-}Re_{\theta t}$ 模型中比耗散率生成项进行修正，通过降低涡旋区域的湍流黏性来减小涡旋耗散的速度。采用修正后的空化/湍流模型计算了绕二维 Clark-Y 水翼非定常云状空化流动，通过与实验结果进行对比，发现该修正模型可以较好地预测绕水翼云空穴的非定常演化过程，尤其能够捕捉到大尺度空泡团的脱落，并且，计算得到水翼升力系数随时间的波动情况与实验数据吻合较好。

关键词：旋涡效应；云空化；湍流模型；空化模型

1 引言

空化是一种复杂的水动力学现象，涵括了湍流、相变、可压缩等几乎所有的复杂流动问题[1]，且经常会发生在各种水力机械中。空穴的非定常演化过程与旋涡运动息息相关，空穴的出现增强了流场中的旋涡结构；反之，空化流场中丰富的旋涡结构也会诱导和影响空穴的产生和发展[2]。因此，在空化湍流特性的研究中有必要考虑旋涡的影响。

关于空化流动的数值模拟，近年来应用比较广泛的是基于 N-S 方程的计算方法，该方法在数值计算中需要耦合相应的空化模型和湍流模型。然而，未考虑旋涡效应的空化/湍流模型并不能准确预测空化流场中的相变过程和湍流黏性[3]。针对这一不足，众多学者对空化/湍流模型展开了相关的修正工作。Spalart 和 Shur[4]将与应变率和旋转率有关的修正函数作用于 SA 模型的湍流生成项中，对空气流动进行了考虑旋转和曲率的修正，并取得不错

基金项目：国家自然科学基金项目(52076108)

效果。赵宇等[2]将文献 3 中的修正函数引入到标准 k-ε 模型的湍动能生成项中，改善了对二维 Clark-Y 水翼空化流动的预测精度。张冬云等[5]通过在高旋度区域引入一个仅由应变率张量和旋转率张量构建的修正函数，对 Wilcox k-ω 湍流模型中 ω 方程的生成项进行修正，改善了其对三角翼旋涡流动的模拟。另一方面，赵宇[6]基于空化涡的概念，提出了一种考虑旋涡空化相互作用的空化模型，并表明该模型具有良好的适用性。郭嬗[7]对文献 3 中的修正函数进行了简化，并建立了其与 Zwart 空化模型中凝结系数间的变化关系，形成了可识别涡强度的 VIZGB 空化模型，实现了对下游空化泄漏涡的合理预测。

但是，目前针对空化流中考虑旋涡效应的模型修正工作尚未广泛开展，且基本上都是单独围绕空化模型或湍流模型进行修正。本研究受文献 5 研究成果的启发，将其构建的修正函数引入到 Zwart 空化模型的蒸发/冷凝系数中；并在该修正函数的基础上添加了一个经验系数，引入到有着良好预测分离转捩能力的 SST γ-$Re_{\theta t}$ 湍流模型的比耗散率生成项中，以同时对空化/湍流模型进行修正。并对绕二维 Clark-Y 水翼周围云状空化流动进行计算，通过与实验结果的对比，对修正后的数值模型进行了评价。

2 数值计算方法

本研究基于均相流模型，相间处于热力学平衡且无速度滑移。以 Zwart 空化模型[8]为基础，为考虑涡旋运动对非定常空化流动的影响，引入了 $\min(r^2,1)$ 这一修正函数[5]对空化模型的蒸发/冷凝系数进行修正，修正后的蒸发/冷凝系数分别为：

$$F_{\mathrm{vapNEW}} = \frac{F_{\mathrm{vap}}}{\min(r^2,1)} \tag{1}$$

$$F_{\mathrm{condNEW}} = F_{\mathrm{cond}} * \min(r^2,1) \tag{2}$$

其中：

$$r = \frac{S}{\Omega};\quad S^2 = 2S_{ij}S_{ij};\quad \Omega^2 = 2\Omega_{ij}\Omega_{ij} \tag{3}$$

$$S_{ij} = \frac{1}{2}\left(\frac{\partial u_i}{\partial x_j} + \frac{\partial u_j}{\partial x_i}\right);\quad \Omega_{ij} = \frac{1}{2}\left(\frac{\partial u_i}{\partial x_j} - \frac{\partial u_j}{\partial x_i}\right) \tag{4}$$

式中，S_{ij} 和 Ω_{ij} 分别表示应变率张量和旋转率张量。

对蒸发/冷凝系数进行修正后的 Zwart 空化模型，能够在减少涡旋区域凝结率的同时增加其蒸发率，进而修正对空化相变过程的模拟。

湍流模型采用的是 SST γ-$Re_{\theta t}$ 模型[9]。该模型在 SST k-ω 的基础上耦合了包含间歇因子 γ 和转捩起始动量厚度雷诺数 $Re_{\theta t}$ 的双方程转捩模型，对分离转捩的预测能力较好。但

SST γ-$Re_{\theta t}$ 模型没有考虑涡旋效应对空化流动的影响，使得涡核区域黏性预测过大，空穴的溃灭速度过快。因此本研究在使用修正函数对 Zwart 空化模型进行修正的同时，也对该湍流模型的比耗散率生成项 P_ω 进行修正，但在该修正函数的基础上添加了一个经验系数：

$$p_{\omega_{\text{NEW}}} = \left(\frac{\alpha}{v_t} p_k\right)_{\text{NEW}} = \frac{\frac{\alpha}{v_t} p_k}{\min(cr^2,1)} \tag{5}$$

式中，$p_{\omega_{\text{NEW}}}$ 为修正后的比耗散率生成项，经验系数 c 取 0.5。

修正后的 SST γ-$Re_{\theta t}$ 湍流模型能够降低涡核区域的湍动能，使得涡旋耗散的速度减小，空穴不会过快的溃灭消失。

本研究的模拟对象为攻角 8°的 Clark-Y 水翼，翼型的弦长 C=70 mm，计算域长 10.7C，宽 2.9C（图 1）所示。入口边界的流速 U=10 m/s，调节出口压力使得空化数 σ=0.8。计算域的前、后设为对称边界，上、下边界为自由滑移壁面，水翼表面则为绝热无滑移壁面边界。

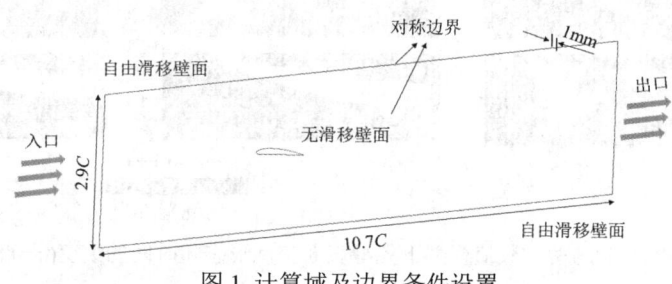

图 1 计算域及边界条件设置

3 结果讨论与分析

图 2 给出了某典型周期内，绕水翼云空化流动在实验与两种数值模型下的空泡形态演变过程。结果表明采用两种模型都能预测到绕水翼表面空穴的非定常演化过程。但与原始模型相比，对空化/湍流模型进行修正后的数值模型（之后统称修正模型）可以更好的捕捉到往下游脱落的空泡团，如 t_0 和 t_0+T 时刻所示。此外，修正模型预测的附着空穴更贴近水翼吸力面，与实验结果更为接近，如 $t_0+0.38T$~$0.84T$ 时刻所示。

为了进一步分析修正模型与原始模型的差异，图 3 给出了采用两种模型计算得到的水翼表面空化源项和湍流黏性在某典型周期内的对比情况，其中空化源项的正/负值区域分别代表蒸发/凝结过程。结合图 2 的空泡演变图可以看出，相比原始模型，修正模型计算所得的蒸发源项在空穴区域的分布更广，表明该修正模型可以促进空化现象的发生；且在脱落的空泡团中大规模的蒸发源项也在一定程度上保证了空泡团能够持续更长的时间。另一方面，修正模型可以有效降低水翼周围的湍流黏性，尤其是靠近水翼尾缘的区域，这也促使该区域脱落的大尺度空泡团不会过快的耗散溃灭。

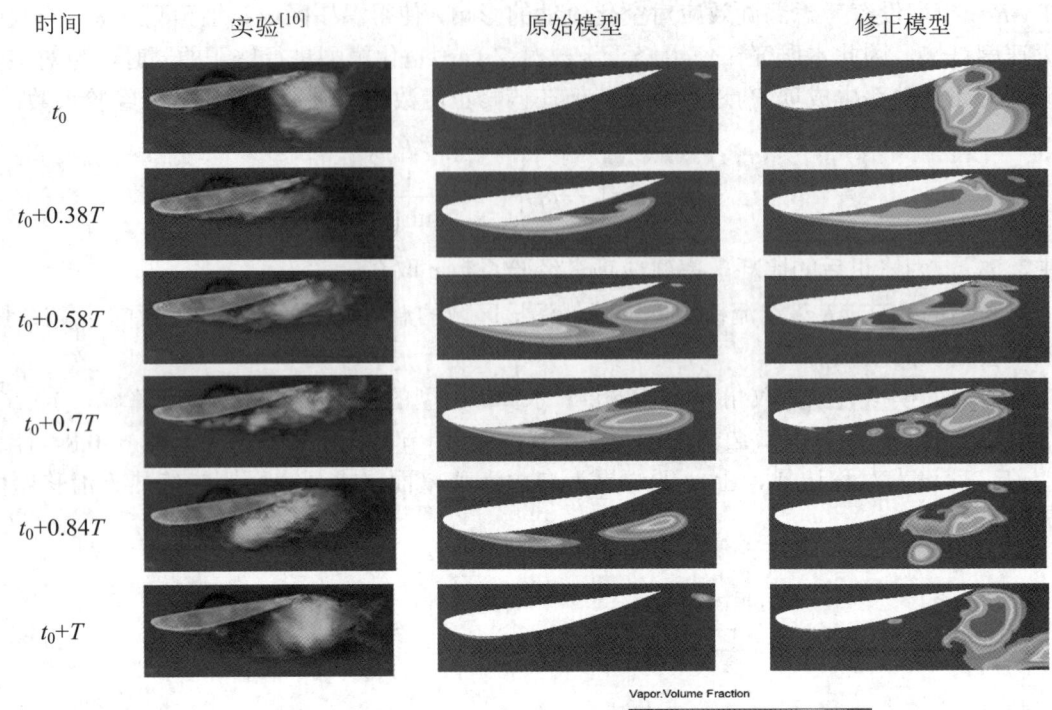

图 2 实验与两种数值模型下翼型表面空泡形态随时间的演变($\sigma=0.8$)

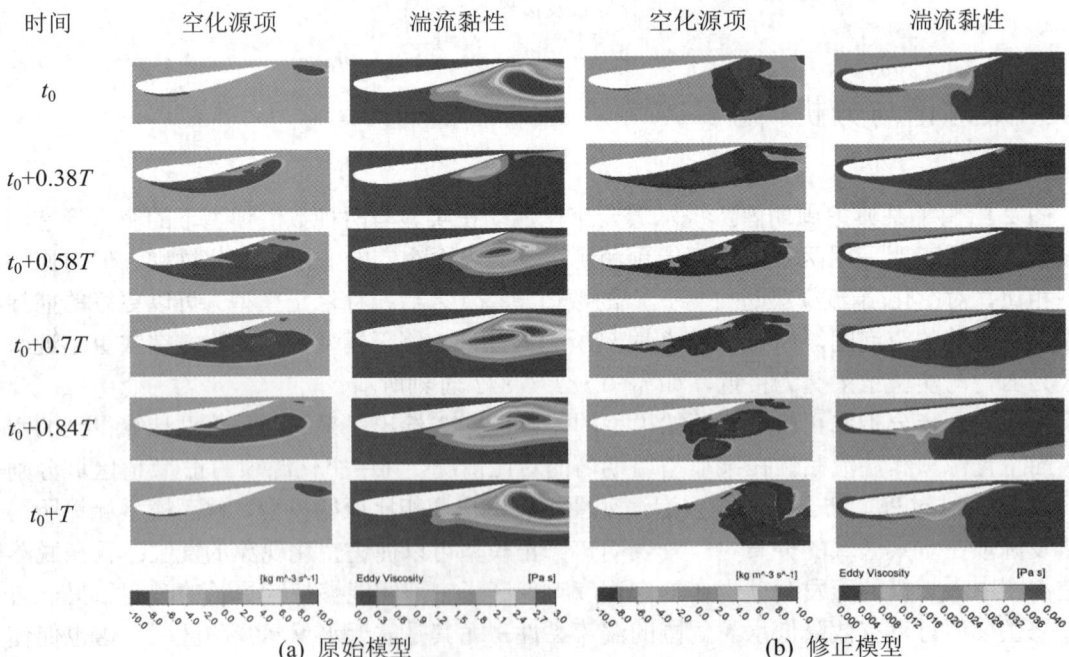

(a) 原始模型　　(b) 修正模型

图 3 两种数值模型下翼型表面空化源项和湍流黏性对比($\sigma=0.8$)

表 1 给出了通过实验与数值得到的 Clark-Y 水翼时均升阻力系数。从表 1 中可以看出，修正模型能较好的预测出水翼的升阻力大小，且对阻力的预测较原始模型更为精确。为了进一步研究两种数值模型对空化湍流场脉动现象模拟水平的差异，图 4 展示了实验与数值下水翼的升力系数时程曲线与功率谱密度图。从图 4(a)中可以看出，所有工况的水翼升力系数都随时间发生周期性的波动。但与原始模型相比，采用修正模型明显产生了更多的局部波动，这与通过实验测量所观察到的情况更为相符，表明其计算所得的流场具有更强的非定常性。此外，由图 4(b)的升力系数功率谱密度图中可以看出，修正模型预测的升力系数的主频（St=0.233）较原始模型（St=0.175）更高，意味着其计算所得的空穴周期性演变的特征频率更大。

表 1 实验与数值下水翼的水动力特性(σ=0.8)

项目	C_l	C_d
实验[10]	0.67	-
实验[11]	0.76	0.119
原始模型	0.71	0.104
修正模型	0.58	0.120

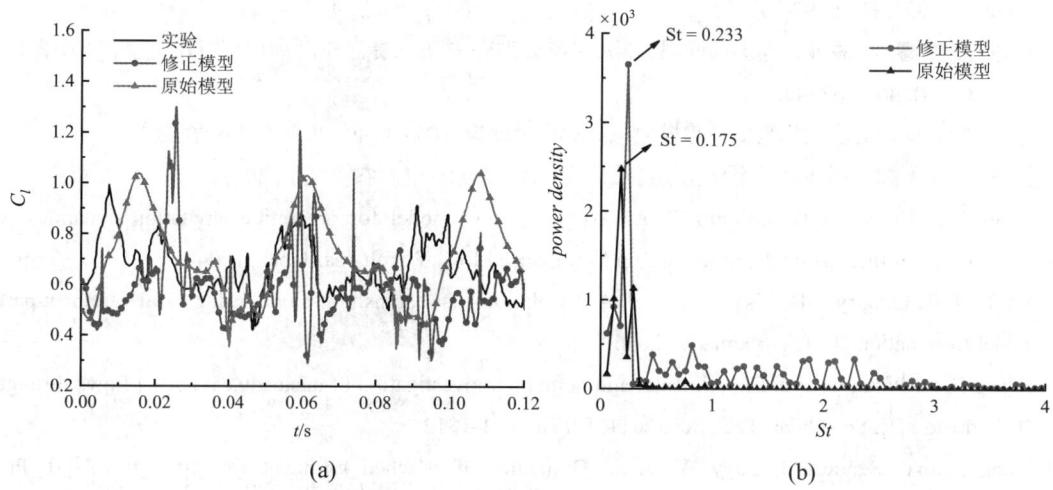

图 4 实验与数值下水翼的升力系数时程曲线(a)与功率谱密度图(b)

4 结论

本研究为考虑涡旋运动对非定常空化流动的影响，在原 Zwart 空化模型和 SST γ-$Re_{\theta t}$ 湍流模型的基础上，通过引入由应变率张量和旋转率张量构建的不同修正函数来分别对空化模型的蒸发/冷凝系数和湍流模型的比耗散率生成项进行修正。采用修正后的空化/湍流模型计算了二维 Clark-Y 水翼周围的空化湍流场，通过与实验结果进行对比，得到以下主要结论：①修正模型计算所得的蒸发源项在空穴区域的分布更广，促进了空化的发生；在脱落的空泡团中大规模的蒸发源项也保证了空泡团能够持续更长的时间。此外，修正模型可以有效降低水翼尾部区域的湍流黏性，促使脱落的大尺度空泡团不会过快的耗散溃灭。②修正模型能较好地预测出水翼的升阻力情况，且水翼升力系数随时间产生了更多的局部波动细节，这与实验结果更为一致。此外，修正模型预测的升力系数以更高的主频波动。

参考文献

1. 季斌, 程怀玉, 黄彪, 等. 空化水动力学非定常特性研究进展及展望 [J]. 力学进展, 2019, 49: 428-479.
2. 赵宇, 王国玉, 黄彪. 考虑当地涡旋运动修正的湍流模型在非定常空化湍流流场计算中的应用 [J]. 应用力学学报, 2014, 31(01): 1-6.
3. Wang Xiaohua, Thangam S. Development and application of an anisotropic two-equation model for flows with swirl and curvature [J]. J. Appl. Mech., 2006, 73(3): 397-404.
4. Spalart P R, Shur M. On the sensitization of turbulence models to rotation and curvature [J]. Aerosp. Sci. Technol., 1997, 1(5): 297-302.
5. 张冬云, 李喜乐, 杨永, 等. Pω增强型k-ω湍流模型在三角翼旋涡流动的应用 [J]. 空气动力学学报, 2016, 34(04): 461-467+475.
6. 赵宇. 叶顶间隙旋涡空化数值计算模型与流动机理研究 [D]. 北京: 北京理工大学, 2016.
7. 郭嬗. 叶顶间隙泄漏涡流及空化流场特性研究 [D]. 北京: 中国农业大学, 2017.
8. Zwart P J, Gerber A G, Belamri T. A two-phase flow model for predicting cavitation dynamics [C]. Proceedings of International Conference on Multiphase Flow, Yokohama, Japan, 2004.
9. Menter F R, Langtry R B, Likki S R, et al. A correlation-based transition model using local variables-part I: model formulation [J]. J. Turbomach., 2006.
10. Huang Biao, Wang Guoyu. Experimental and numerical investigation of unsteady cavitating flows through a 2D hydrofoil [J]. Sci. China-Tech Sci., 2011, 54(7): 1801-1812.
11. Wang Guoyu, Senocak I, Shyy W, et al. Dynamics of attached turbulent cavitating flows [J]. Prog. Aerospace Sci., 2001, 37(6): 551-581.

Modification and evaluation of cavitation / turbulence model considering vortex effect

HONG Bo-jie, HU Chang-li[*]

(School of Energy and Power Engineering, Nanjing University of Science and Technology, Nanjing 210094, Email: changlihu@njust.edu.cn)

Abstract: Considering the influence of the vortex motion on the unsteady cavitation flow, a modification function constructed by the strain rate tensor and the rotation rate tensor is introduced into the evaporation / condensation coefficient of the Zwart cavitation model, so as to reduce the condensation rate and increase its evaporation rate in the vortex region to modified the simulation of cavitation phase transition process. Moreover, an empirical coefficient is added on the basis of the modification function to modified the production term of the specific dissipation rate in the SST γ-$Re_{\theta t}$ model, the vortex dissipation rate can be reduced by reducing the turbulent viscosity in the vortex region. The modified cavitation / turbulence model is used to simulate the unsteady cloud cavitation flow around the two-dimensional Clark-Y hydrofoil. Compared with the experimental results, it is found that the modified model can well predict the unsteady cavity evolution around the hydrofoil, especially the shedding of large-scale cavity can be captured. Moreover, the fluctuation of the hydrofoil lift coefficient with time agrees well with the experimental data.

Key words: Vortex effect; Cloud cavitation; Turbulence model; Cavitation model.

不同回转体空化噪声特性对比分析

高健，胡常莉*，周毅，程诚

（南京理工大学 能源与动力工程学院，南京 210094, Email: changlihu@njust.edu.cn）

摘要：为了探究头型对回转体空化噪声影响规律，选用平头、90°锥头和圆头三种回转体为研究对象，采用大涡模拟（LES）结合渗流 FW-H 方程对回转体空化噪声进行了数值计算，对比分析了相同流速下的无空化噪声和相同空化数下的空化噪声特性。研究结果表明：在无空化条件下，三种回转体的声指向性均呈偶极子特性。当空化产生时，三种回转体总声压级均显著增大，其周围空泡为主要噪声源，声压线谱峰值受空泡脱落频率调控，带谱部分频段则会以斜率 $f^{-1} \sim f^{-2}$ 的规律衰减。空泡脱落溃灭引起声压周期性震荡，在聚集融合时声压降低，且声指向性呈球形单极子特性。

关键词：回转体；空泡；头型；噪声特性；数值研究

1 引言

空化是一种含有相变过程的特殊水动力现象，存在于高速流动液体中，或发生于许多高速水下物体表面，例如水力机械、船舶以及水下航行器等[1]。然而当空化发生时，由空泡体积脉动引起的空泡噪声，尤其是在空泡的溃灭阶段，会产生强烈的声脉冲，严重降低水下设备水动力性能和隐蔽性能。因此研究水下回转体空化噪声具有重要意义。

目前国内外学者通过实验和数值模拟方法对空泡流噪声进行了大量研究，莱特希尔[2-3]开创性的提出声类比的思想理论，为气动声学奠定了基础。现阶段对空泡流噪声的数值方法有经验/半经验方法、有限元法、边界元方法、混合 CFD 方法和直接数值计算方法。目前较为广泛方法是采用 FW-H 方程来预测声场。Lidtke 等[4]利用渗流 FW-H 声类比方法对水翼片空化噪声进行了预报与分析，并研究了积分面选取对噪声预报的影响。刘志辉[5]也同样采用可渗透边界的 FW-H 方程结合非定常 RANS 方程对三维水翼非稳态空化流场及其辐射噪声进行了模拟研究，发现扭曲翼空化流噪声主要集中在低频区，而空化流噪声的强度与空泡长度和空化脱落模式有关。Bai 等[6]通过对积分面的选取研究水翼梢隙空化和附着空化分别对声场的影响，结果表明，虽然两者体积相差近一个数量级，但对声场影响相当。

基金项目：国家自然科学基金项目(52076108)

除 FW-H 方程外，廖敏泉[7]采用计算流体力学结合有限元方法对翼型空化噪声特性进行研究，发现翼型尾缘区域声压级强度最大。谢骏[8]将时域蒙特卡罗模型与调制特性理论相结合，建立螺旋桨空化噪声调制谱波形仿真算法，研究发现螺旋桨空化噪声调制特性频域不均匀性本质是空化噪声连续谱形状的不稳定性造成的。在实验方面，宋明太等[9]在小型高速空泡水筒中通过梢隙空化噪声测量结合空化形态高速摄像对水翼梢隙空化噪声特征进行了试验研究，发现空化噪声随空化数升高较快衰减。He[10]通过实验研究了各种空化状态下空化噪声的时频特性，并发现空化噪声与背景噪声具有完全不同的频率特性。由此可知，国内外对于空化噪声问题主要集中于水翼、螺旋桨等，对于回转体周围的空化噪声问题还鲜有研究。

本研究以平头、90°锥头及圆头三种头型的回转体为研究对象，采用渗流 FW-H 方程对回转体空化噪声进行求解，进而分析了在相同空化条件下的声场指向性以及声学监测场点的频域特性。

2 数值计算方法

流场部分计算采用大涡模拟和 s-s 空化模型，噪声部分的计算采用 Ffowcs Williams & Hawkings（FW-H）模型。FW-H 方程在 Lighthill 声类比理论的基础上考虑了界面 S 对声场的影响。假设流场区域内存在界面 S，则 FW-H 方程表达式为：

$$\frac{1}{c^2}\frac{\partial^2 p}{\partial t^2}-\nabla^2 = \frac{\partial}{\partial t}[\rho v_n]\delta(f)-\frac{\partial}{\partial x_i}[pn_i\delta(f)]+\frac{\partial^2}{\partial x_i \partial x_j}\left[H(f)T_{ij}\right] \quad (1)$$

方程的左侧为声传播项，右侧为声源项分别由质量通量、动量变化（外力）以及 Lighthill 应力张量（T_{ij}）诱导的声源。前两项合称为面声源，常称为单极子和偶极子声源，最后一项叫体声源，也就是四级子声源。

式中，v_n 代表界面沿其法线方向的速度，$f=0$ 为物面，物面的单位法向量为 n_i，$\delta(f)$ 为狄拉克 δ 函数，H 为 Heaviside 阶跃函数：

$$H(f) = \begin{cases} 0 & f<0 \\ 1 & f>0 \end{cases} \quad (2)$$

四极子噪声远场解：

$$4\pi p'_Q(\vec{x},t) = \int_{f>0}\left[\frac{K_1}{c^2 r}+\frac{K_2}{cr}+\frac{K_3}{r}\right]dV \quad (3)$$

渗流 FW-H 方程，与原方程相比，控制方程完全相同，仅在远场解的表达上有差异。由四级子远场解可以看出，只对 $f>0$ 时，也就是积分面外体声源有解。对渗流 FW-H 的积分面上的面声源做面积分获得的解相当于 FW-H 方程的物面声源加上声源区域内的体声源的声辐射总效果，同时该方法也因对控制面做面积分比对控制体做体积分计算量大大降低。

3 计算设置与方法验证

数值求解过程中，采用有限体积法离散控制方程，采用 SIMPLEC 算法解决动量方程中速度和压力耦合求解问题。对流项离散格式中一阶迎风格式容易产生假扩散，模拟过程中采用二阶迎风格式，选用 QUICK 格式对水蒸汽相进行离散，选用二阶迎风格式对湍流输运方程进行离散。如图 1 所示，计算域边界条件采用速度入口，压力出口，上下前后四个面设为自由滑移壁面，回转体为无滑移壁面，入口速度设为 8.8 m/s，雷诺数 $Re=1.76\times10^5$，空化数为 0.8。

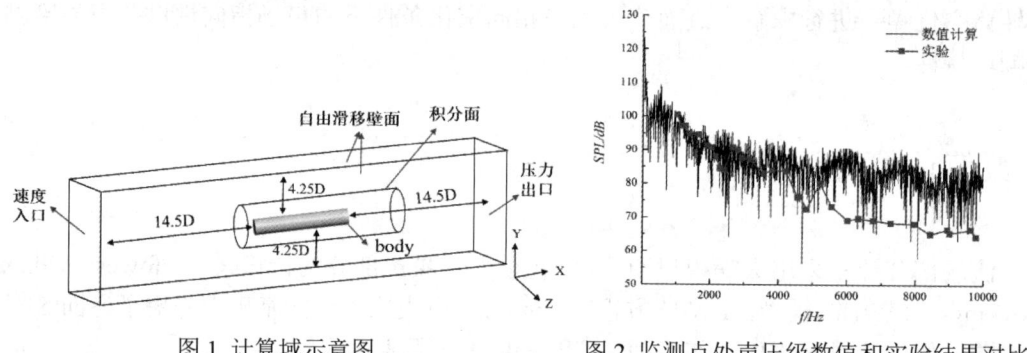

图 1 计算域示意图　　　　图 2 监测点处声压级数值和实验结果对比

计算中，先采用标准 $k\text{-}\varepsilon$ 湍流模型定常计算 500 步，接着采用大涡模拟待非定常流场计算进入稳定后，连续采集 3000 个时间步长，并进行远场声辐射特性分析。壁面 $y+\approx1\sim5$，匹配湍流模型对近壁面附近流动求解的要求。参考声压为 1×10^{-6} Pa，水中声速为 1497 m/s。本研究选取三套网格 M1~M3，网格数分别为 205 万、308 万、450 万，将无空化条件下绕平头回转体近壁面处时均速度分布的计算结果与实验结果[11]进行对比，得出三套网格流动再附着点均在 1.35D 附近，以实验结果为参考，M1 无量纲速度的相对误差为-22.76%，M2 为 13.98%，M3 为 23.11%，同时考虑计算效率和可靠性，选用网格 M2。

本研究选用李福新[12]的回转体空泡噪声实验数据来验证计算方法的可靠性，而以往实验往往不符合国际拖曳水池会议(ITTC) 空泡委员会规定的距离 1 m，所以要根据经验公式对测量结果进行修正以获得 1 m 处的声压[5]，其表达式为 $SPL = SPL_1+ 20\log(r)$，其中 SPL_1 为测量值，r 为水听器距离实验模型的距离。图 2 为监测点声压级数值和实验结果的对比，从整个频率范围来看计算值与实验值的趋势显示出较好的一致性，只是在高频段存在一定偏差，这是由于噪声频谱的高频段分布与小尺度旋涡运动有关，而数值模拟对小尺度旋涡运动捕捉不足，造成频谱高频段的分布略高于实验值。

4 结果分析与讨论

由图 3 可知，同一空化数下三种回转体的空穴分别呈现不同形态，此时空穴都已基本均匀包裹着回转体肩部的整个圆周，对于平头回转体而言，空穴形态呈现为聚集的游离状小尺度空泡团，其表面并不光滑，相比之下，锥头回转体的空穴尺度明显变小，表面比较光滑，而对圆头回转体，空穴仅仅在肩部覆盖，厚度也较前两者更薄。

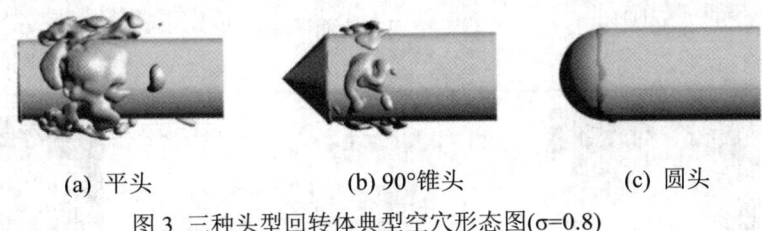

(a) 平头　　　　　　(b) 90°锥头　　　　　　(c) 圆头

图 3　三种头型回转体典型空穴形态图(σ=0.8)

表 1 为平头回转体单个典型周期内空泡演化过程的实验与数值模拟对比图。图 4 选取同一时刻头部 Y 方向 1 m 处声压说明其与空泡形态非定常变化的关联。如图 4 所示，受空化体积准周期性变化影响而使得声压变化亦呈准周期性，并且会产生一些尖脉冲声压信号。在 a 时刻，回转体周围的空穴较均匀地环绕在其肩部下游的一段区域，之后在整个周期内，实验和模拟结果都显示周围空穴形态会经历局部断裂溃灭、小尺度空泡团聚集融合、局部空穴的断裂溃灭、再次聚集融合的反复过程。a~c 时刻局部空穴发生溃灭，空穴形态为多个小尺度空泡团零散地环绕在回转体的头部，从截面图中也可以看出其分布呈现不均匀性，空泡体积减少，声压逐步达到峰值并产生明显震荡。随后在 d~e 时刻，回转体周围零散的小尺度空泡团会不断生长，聚集融合从而形成较大尺度的空泡团，最后又较均匀地分布在回转体四周，声压在此过程中不断降低，完成一个周期。

为了更好地分析回转体空化噪声的频谱特性，选取回转体头部上方 1 m 处作为场点，对场点频谱图进行研究分析。图 6 为空化产生时三种头型声学监测场点的声压频谱曲线，平头、90°锥头、圆头分别在 73.3 Hz、187.1 Hz 和 35.36 Hz 处取得峰值，从图 5 阻力系数频谱图中可以看出，峰值频率所在位置与空穴脱落频率基本一致，说明各空化阶段的空化噪声，都受回转体周围空穴调控，同时空化噪声具有明显的宽带特性，在场点监测到的三种头型声音信号频谱的衰减斜率都在 f^{-1}~f^{-2} 之间，高频段都存在驼峰，且以不同的频率为中心。

接着研究噪声传播特性，对无空化和空化产生两种条件下的远场声指向性做分析，以回转体中轴线的中心为圆心，半径为 10 m，分别在横纵面上每隔 10°布置 36 个监测点。由图 7(a)(b)可知，在无空化条件下，三种头型回转体的声指向性均呈偶极子特征，X-Y 平面类似于"8"字形，在 90°和 270°方向总声压级最大，而在来流方向上，总声压级较小，Y-Z 面呈圆形。当空化产生时，声场的方向性极大的发生了改变，声压在两个平面上分布得更加均匀。由图 7(c)(d)可以看出，整体总声压级明显提升，三种头型在同一空化数下分别呈现不同的空穴形态，平头为云空泡，90°锥头为片云空泡，而圆头为初生空泡。Y-Z 面和 X-Y 纵剖面总声压级同时呈圆形，且大小相当，整个远场声压级呈球形分布，明显反应出单极子声源特征，因为空泡本质是体积脉动，引起流体密度发生变化，这也说明空化产生时，回转体周围空泡为主要噪声源。

表1 不同时刻空泡形态和等值面($\alpha_v=0.1$)分布

时刻	实验[11]	空泡等值图($\alpha_v=0.1$)	空泡形态截面图(Z=0)
$\tau_a=0T$			
$\tau_b=0.14T$	小尺度空泡团		
$\tau_c=0.29T$			
$\tau_d=0.64T$	聚集		
$\tau_e=T$	融合		

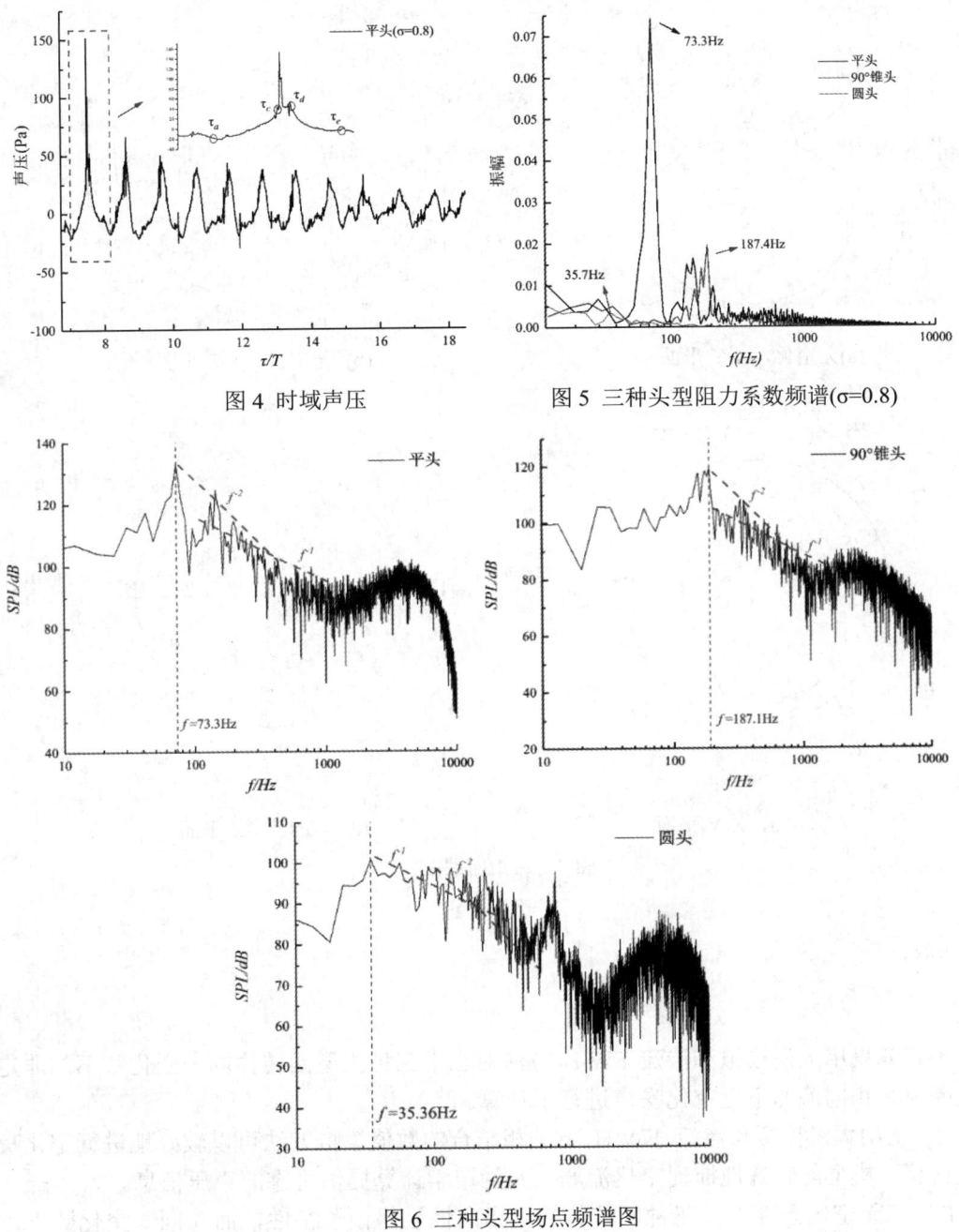

图 4 时域声压　　图 5 三种头型阻力系数频谱(σ=0.8)

图 6 三种头型场点频谱图

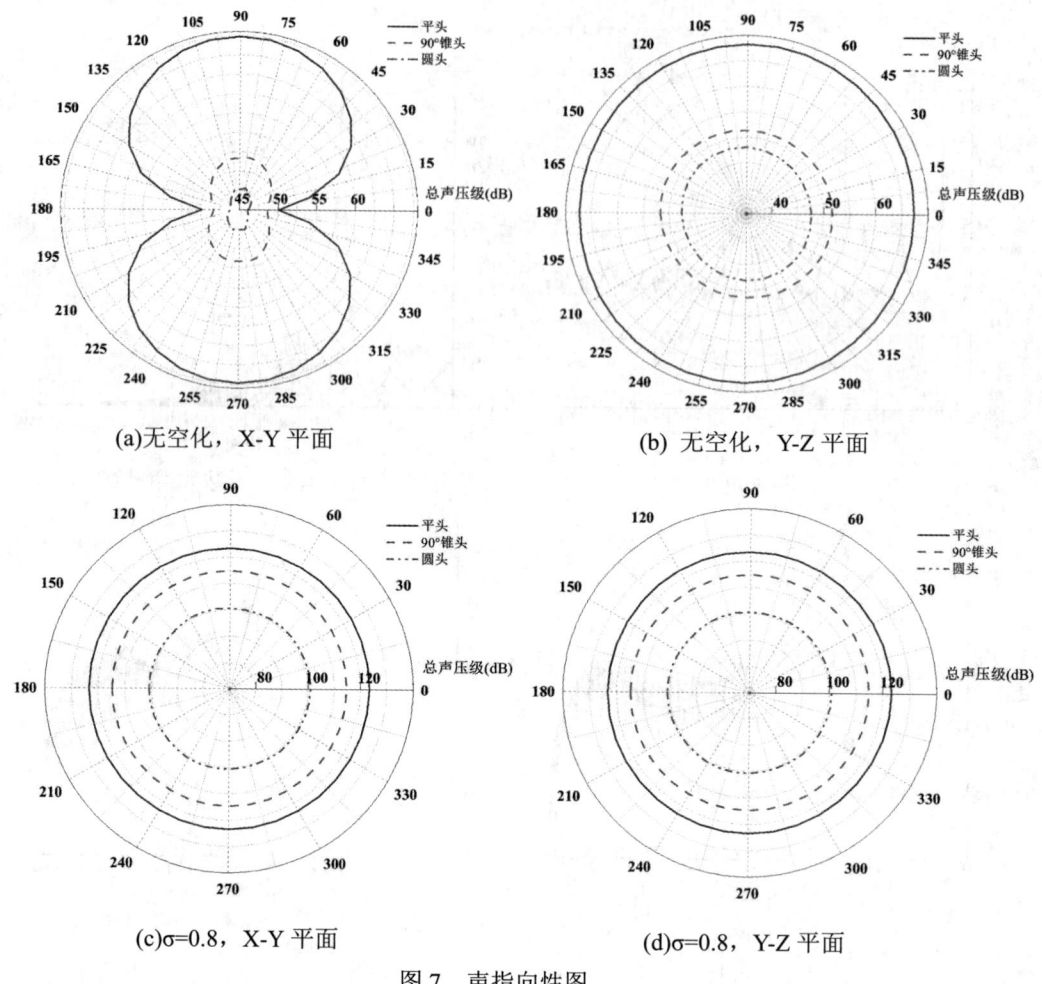

图 7 声指向性图

5 结论

本研究采用大涡模拟和渗流 FW-H 方法对水下三种头型回转体同一空化数下的非定常空化噪声和相同流速下无空化噪声进行了计算。

(1) 采用大涡模拟与渗流 FW-H 方法相结合的数值模拟方法可以较好地进行空化噪声数值计算，模型能较好地捕捉空化流场，并为声学计算提供可靠的声压信息。

(2) 在无空化条件下，三种回转体的声指向性呈偶极子特性，而在同一空化数下，三种回转体周围空穴呈现不同形态，相较于无空化总声压级均显著增大，其周围空泡成为主要噪声源，声压线谱峰值受空泡脱落频率调控，带谱部分频段则会以斜率 $f^{-1} \sim f^{-2}$ 的规律衰减，且声指向性呈球形单极子特性。

(3) 空泡演化过程与其辐射噪声密切相关，且呈周期性变化。空泡脱落溃灭过程会产生强烈的声压脉冲，之后在空泡聚集融合阶段，声压又会逐渐降低。

参考文献

1. 季斌, 程怀玉, 黄彪, 等. 空化水动力学非定常特性研究进展及展望 [J]. 力学进展, 2019, 49(00): 428-479.
2. Lighthill M J. On sound generated aerodynamically i. general theory [J]. Proceedings of the Royal Society of London. Series A. Mathematical and Physical Sciences, 1952, 211(1107): 564-587.
3. Lighthill M J. On sound generated aerodynamically II. Turbulence as a source of sound[J]. Proceedings of the Royal Society of London. Series A. Mathematical and Physical Sciences, 1954, 222(1148): 1-32.
4. Lidtke A K, Turnock S R, Humphrey V F. Characterisation of sheet cavity noise of a hydrofoil using the ffowcs Williams-hawkings acoustic analogy [J]. Computers & Fluids, 2016, 130: 8-23.
5. 刘志辉. 三维水翼非稳态空化流场及其辐射噪声的数值模拟研究 [D]. 上海交通大学, 2019.
6. Bai X, Cheng H, Ji B. LES Investigation of the noise characteristics of sheet and tip leakage vortex cavitating flow [J]. International Journal of Multiphase Flow, 2022, 146: 103880.
7. 廖敏泉, 司乔瑞, 邱宁, 等. 基于CFD/CA混合算法的翼型空化噪声数值模拟 [C]. 第十六届全国水动力学学术会议暨第三十二届全国水动力学研讨会论文集(上册). 北京: 海洋出版社, 2021: 762-773.
8. 谢骏, 笪良龙, 唐帅. 舰船螺旋桨空化噪声建模与仿真研究 [J].兵工学报, 2013, 34(03): 294-300.
9. 宋明太, 吕江, 徐良浩, 等. 水翼梢隙空化噪声特征试验研究 [C]. 2019中国西部声学学术交流会论文集. 2019: 303-305.
10. He Y, Liu Y. Experimental research into time–frequency characteristics of cavitation noise using wavelet scalogram [J]. Applied acoustics, 2011, 72(10): 721-731.
11. 胡常莉. 绕回转体空化流动特性与机理研究 [D]. 北京: 北京理工大学, 2015
12. 李福新, 邓飞, 鲍鹏, 等. 回转体头部空化噪声特性的实验研究 [J]. 流体力学实验与测量, 2002(2): 42-46.

Numerical analysis of cavitation noise characteristics of different axisymmetric body

GAO Jian, HU Chang-li*, ZHOU Yi, CHENG Cheng

(Institute of energy and power engineering, Nanjing University of technology,
Nanjing 210094, Email: changlihu@njust.edu.cn)

Abstract: In order to explore the influence of head shape on the cavitation noise of axisymmetric body. Three axisymmetric bodies, flat head, 90 ° cone head and round head, are selected as the research object in this paper, Large eddy simulation (LES) combined with Ffowcs Williams-

Hawkings (FW-H) is used to calculate the cavitation flow noise of axisymmetric body. The results show that under the condition of no cavitation, the acoustic directivity of the three rotating bodies presents dipole characteristics. It is found that the total sound pressure level of the flat head axisymmetric body is the largest. When cavitation occurs, the total sound pressure level of the three axisymmetric bodies increases significantly, and the surrounding cavitation is the main noise source. The peak value of the sound pressure line spectrum is regulated by the cavitation shedding frequency. Some frequency bands of the band spectrum will decay with the law of slope $f^{-1} \sim f^{-2}$. The collapse of the cavitation causes the sound pressure to oscillate periodically, the sound pressure decreases when it gathers and fuses. and the sound directivity shows the characteristics of spherical monopole.

Key words: Axisymmetric body; Vacuole; Head shape; Noise characteristics; Numerical research.

基于 Liutex-shear 相互作用的流动行为分析

庞碧玉，丁媛，王义乾[*]

（苏州大学 数学科学学院，苏州 215006, Email: yiqian@suda.edu.cn）

摘要：基于 Liutex 矢量的第三代涡识别方法克服了前两代方法的缺点，包括阈值问题、剪切污染等。文章选取边界层转捩过程中相对规则的发卡涡和 Λ 涡，观察涡结构的时空演化发展，提取涡核线数据，通过 Liutex 与剪切 S 的相关性分析，探究 Liutex 与剪切 S 相互演化机理上可能存在的物理规律，展示流动中涡结构的行为和关系。研究表明，Liutex 矢量可以准确提取流体运动中的刚性旋转部分。Liutex 与剪切 S 的相互作用会使涡结构发生位移和变形，此外还可能影响涡的产生与耗散。

关键词：涡；Liutex；边界层；剪切

1 引言

在自然界和工业应用中，涡结构无处不在，尤其是在湍流中存在着大量尺度和强度各异的涡结构。针对以往涡识别存在的问题，Chaoqun Liu 等[1]提出了基于 Liutex 矢量的涡识别方法，将涡量 ω 分解为旋转部分 R 和纯剪切 S，即

$$\omega = R + S \tag{1}$$

Liutex 矢量具有明确的物理意义，其方向是速度梯度张量 ∇v 的实特征值对应的特征向量方向，代表当地旋转轴，大小等于当地刚体旋转角速度的两倍，其显示公式[2]为

$$R = \left[(\omega \cdot r) - \sqrt{(\omega \cdot r)^2 - 4\lambda_{ci}^2} \right] r \tag{2}$$

式中，r 为 ∇v 的特征向量，涡量 $\omega = \nabla \times v$，定义旋转轴方向为 $\omega \cdot r > 0$。Shrestha 等[3]从理论上分析了主坐标系下不同涡识别方法的污染问题。结果表明，相较于其他涡识别方法，Liutex 不受剪切污染，能够代表流体的刚性旋转运动部分。

2 边界层转捩中的数值研究

研究选取边界层转捩过程中具有规律的涡，如 Λ 涡、发夹涡，通过观察涡结构的时空演化发展，提取具有代表性的涡核线数据，做 Liutex 与剪切 S 的相关性分析，从而展示流

动中涡结构的行为和关系[4-5]。

相关性分析是指对两个或多个具备相关性的变量元素进行分析，从而衡量两个因素的相关密切程度。两个变量之间的 Pearson 矩阵相关系数定义为这两个变量的协方差与二者标准差积的商，即

$$\rho_{xy}=\frac{\text{cov}(X,Y)}{\sigma_X\sigma_Y}=\frac{E\left[(X-\mu_X)(Y-\mu_Y)\right]}{\sigma_X\sigma_Y} \quad (3)$$

通常认为 $0.5\leq|\rho|\leq 0.8$ 具有显著线性关系，$|\rho|>0.8$ 具有高度线性关系。这里，采用双尾检测，即只考虑数据间是否有差异。

2.1 发夹涡

图 1 针对边界层转捩中发夹涡的研究发现，当 Liutex 和剪切 S 之间的方向大致平行时，涡主要沿流向、法向发生偏移。随时间演化，涡头位置会上升，涡结构发生变形，表现为支腿间距变短，涡颈和支腿的发展表现为先增强后耗散。从位置上看，高剪切主要集中在壁面附近，由于涡头远离壁面位置，该位置的涡结构演化维持时间更长[6]。因为涡头处 Liutex 与剪切 S 近似平行，所以研究随时间变化 Liutex 在涡量中的占比（图 2）。随时间变化，Liutex 在整个涡量中的比例呈增加趋势，说明 Liutex 的高占比会增强涡的稳定性。

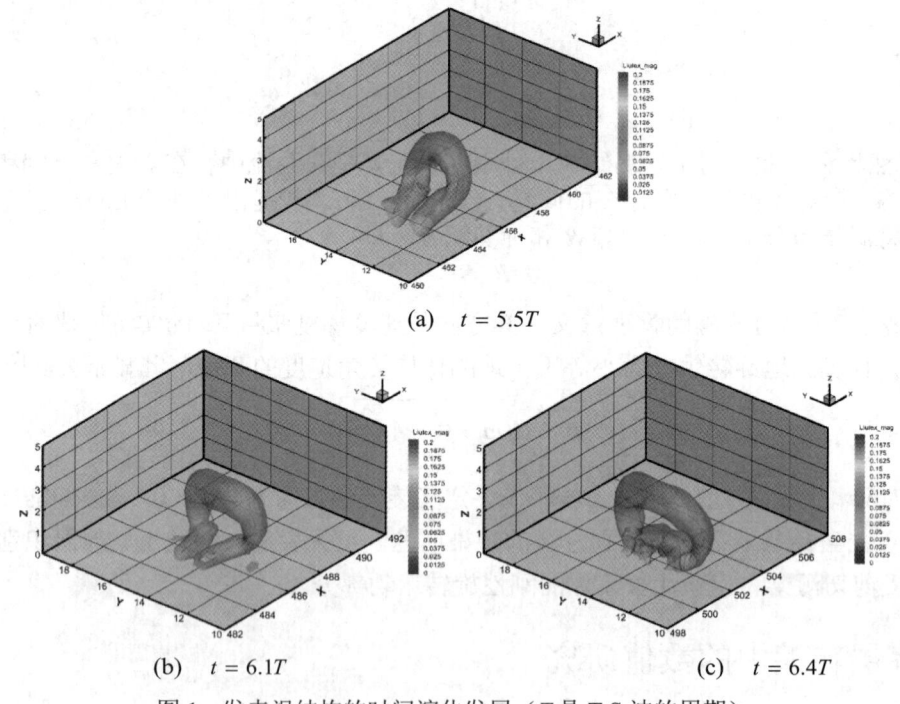

(a) $t = 5.5T$

(b) $t = 6.1T$ (c) $t = 6.4T$

图 1 发夹涡结构的时间演化发展（T 是 T-S 波的周期）

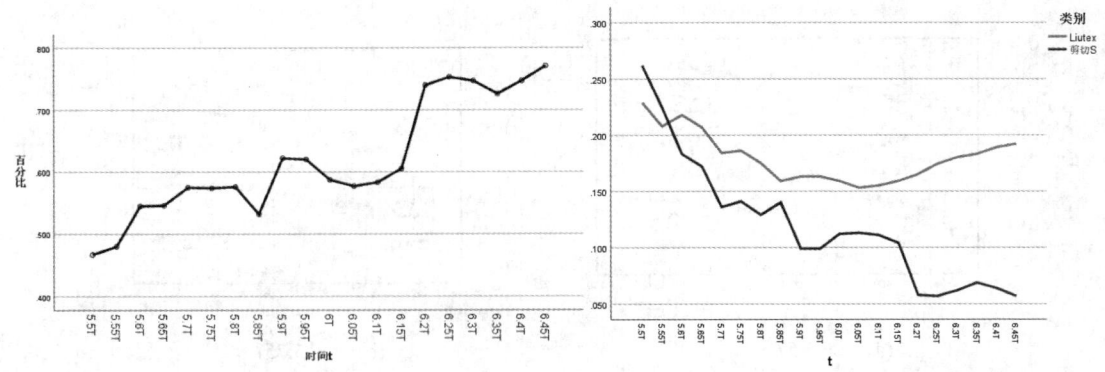

图 2　Liutex 在涡量中的占比及 Liutex、剪切 S 随时刻变化值

根据图 1 可知，发夹涡涡颈随时间演化会出现变形，故研究涡颈处 Liutex 与剪切 S 的相关性。表 1 数据显示，在涡颈处 Liutex 与剪切 S 相关性数值为-0.841，说明二者相关性强且为负相关，涡量与剪切 S 相关性强且为正相关。在靠近壁面处，剪切 S 占主导，随剪切 S 减小，Liutex 值增加，结合可视化结果图 1 的分析，说明剪切对稳定性高的涡结构的影响作用表现为位移与变形[7]。

表 1　发夹涡涡颈处 Liutex、涡量和剪切 S 的相关性分析(t=5.5T)

		Liutex	涡量	剪切S
Liutex	皮尔逊相关性	1	-.294	-.841**
	Sig.（双尾）		.069	.000
涡量	皮尔逊相关性	-.294	1	.764**
	Sig.（双尾）	.069		.000
剪切S	皮尔逊相关性	-.841**	.764**	1
	Sig.（双尾）	.000	.000	

**. 在 0.01 级别（双尾），相关性显著。

2.2　Λ 涡

如图 3 所示，对 Λ 涡的研究发现，高剪切 S 主要集中在支腿前段（靠近壁面），支腿上的剪切值呈先减小后增加的趋势，Liutex 呈先增加后减小的趋势，特别地，剪切值在支腿后段（远离壁面）增大。Λ 涡随时间演化为发夹涡结构直至耗散，说明剪切 S 对涡结构的形成和发展起着重要作用。

从图 4 可以观察到，在远离壁面的支腿后段依次出现低剪切层和高剪切层，在沿展向剪切层 Sy 和法向速度 w 的作用下涡腿后端抬高，随时间演化发展为发夹涡涡颈等结构。为此，下面进一步探究 Λ 涡支腿后段 Liutex 与剪切 S 之间的关系。

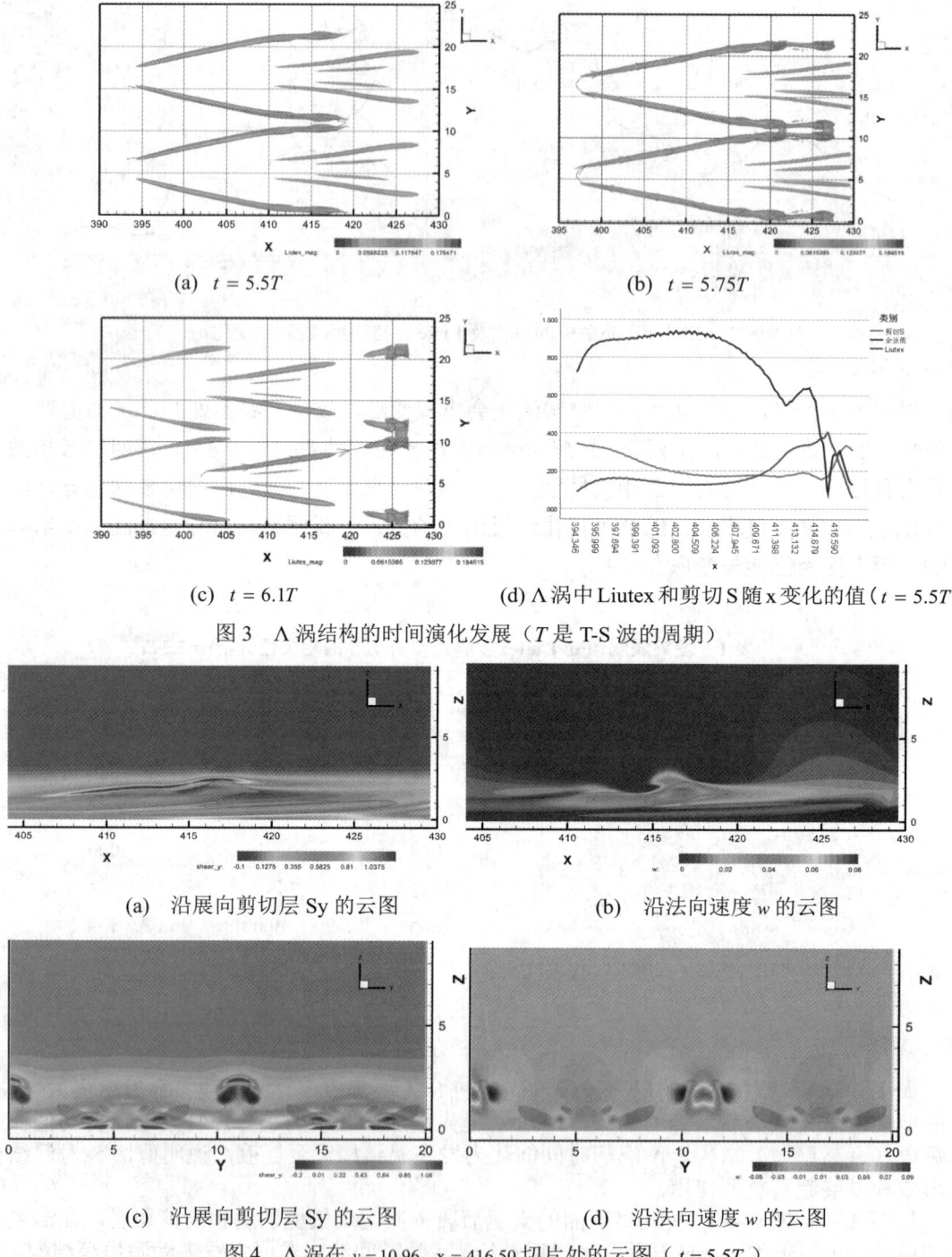

(a) $t = 5.5T$
(b) $t = 5.75T$
(c) $t = 6.1T$
(d) Λ涡中 Liutex 和剪切 S 随 x 变化的值（$t = 5.5T$）

图 3　Λ 涡结构的时间演化发展（T 是 T-S 波的周期）

(a) 沿展向剪切层 Sy 的云图
(b) 沿法向速度 w 的云图
(c) 沿展向剪切层 Sy 的云图
(d) 沿法向速度 w 的云图

图 4　Λ 涡在 $y=10.96$、$x=416.50$ 切片处的云图（$t=5.5T$）

根据图 3 观察到的 Λ 涡结构随时间演化的可视化结果，考虑对 Λ 涡支腿后段的数据进行相关性分析。表 2 数据显示，显著性数值为 0.000 < 0.01，Λ 涡支腿后段 Liutex 与剪切分量 Sy 的相关性数值为-0.950，与涡量的相关性数值为 0.934，剪切 S 与夹角余弦值的相关性数值为 0.773。这表明 Λ 涡支腿后段上的 Liutex 变化主要受剪切分量 Sy 的影响，涡结构的变化不仅受剪切 S 大小的影响，还受二者夹角的影响，结合可视化分析结果见图 3 和图 4，进一步说明了剪切 S 对稳定性低的涡结构的影响作用表现为涡生成与耗散[7]。

表2　Λ涡支腿后段Liutex、剪切S、Sy和夹角余弦值的相关性分析($t=5.5T$)

		涡量	Liutex	剪切S	剪切分量Sy	余弦值
涡量	皮尔逊相关性	1	.934**	.419**	-.890**	-.107
	Sig.（双尾）		.000	.002	.000	.453
Liutex	皮尔逊相关性	.934**	1	.077	-.950**	-.449**
	Sig.（双尾）	.000		.591	.000	.001
剪切S	皮尔逊相关性	.419**	.077	1	-.036	.773**
	Sig.（双尾）	.002	.591		.800	.000
剪切分量Sy	皮尔逊相关性	-.890**	-.950**	-.036	1	.386**
	Sig.（双尾）	.000	.000	.800		.005

**. 在 0.01 级别（双尾），相关性显著。

综上，通过 Liutex 与剪切 S 的相互作用，边界层转捩中稳定性高的涡结构会发生位移与变形，而稳定性低的涡结构会发生涡合并与耗散。

参考文献

1　Liu C, Gao Y, Dong X, et al. Third generation of vortex identification methods: Omega and Liutex/Rortex based systems [J]. Hydrodyn, 2019, 31(2): 205-223.

2　Wang Y, Gao Y, Liu J, et al. Explicit formula for the Liutex vector and physical meaning of vorticity based on the Liutex-Shear decomposition [J]. Hydrodyn, 2019, 464-474.

3　Shrestha P, Nottage C, et al.. Stretching and shearing contamination analysis for Liutex and other vortex identification methods [J]. Aia. 2021.

4　Lu P, Liu C. Numerical study on mechanism of small vortex generation in boundary layer transition [J]. AIAA, 2011, 2011-2287.

5　Lu .P, Liu C. DNS study on mechanism of small length scale generation in late boundary layer transition [J]. Physical D, 2012, 11-24.

6 Kleiser L, Zang T.A. Numerical simulation of transition in wall-bounded shear flows [J]. Annu. Rev. Fluid. Mech, 1991, 495-537.

7 Yu Y, Shrestha P, et al.. Investigation of correlation between vorticity, Q,λci,λ2, Δ and Liutex [J]. Comput. Flui, 2021, 321-345.

Flow behavior analysis based on Liutex-shear interaction

PANG Bi-yu, DING Yuan, WANG Yi-qian[*]

(School of Mathematical Sciences, Soochow University, Suzhou 215006, Email: yiqian@suda.edu.cn)

Abstract：The third generation vortex identification methods based on Liutex vector overcome the shortcomings of the previous two generation methods, including threshold problem, shear contamination and so on. The research selects several vortices with regularity in the flow, observe the spatio-temporal evolution and development of these vortex structures, extract the vortex core line data, analyze the correlation between Liutex and shear, explore the possible physical laws in the mutual evolution mechanism of Liutex and shear, and show the behavior and relationship of vortex structure in the flow. The research shows that Liutex vector can accurately extract the rigid rotating part of fluid motion. Liutex-shear interaction will cause displacement and deformation of vortex structure, and may also affect the generation and dissipation of vortex.

Key words：Vortex; Liutex; Boundary layer; Shear.

不同外形物体小角度高速触水滑跳特性数值研究

孙士明 [1,2*]，郁伟 [1,2]

（1. 中国船舶科学研究中心 水动力学重点实验室，无锡 214082；
2. 深海技术科学太湖实验室，无锡 214082，Email: ssm702@126.com）

摘要：跨介质航行体小角度高速触水会产生滑跳现象，本研究采用基于重叠网格的 CFD 方法针对不同几何外形的物体近水面小角度触水弹跳过程开展数值模拟，获得了 7 种不同构型物体撞水过程中流体动力及运动特性规律。研究发现：椭圆抛物体似乎是最有利于稳定滑跳的结构形式，其可以在保持姿态变化很小的同时，实现较小的垂向和水平过载。楔形体构型有效的减小物体触水过程中的最大表面压力，其在速度衰减和姿态稳定方面也有相对较好的特性。本研究成果可为未来相关近水面跨介质航行器的研究工作提供参考。

关键词：跨介质；滑跳；入水；计算流体力学

1 引言

水面滑跳是航行体近水面小角度撞水过程中所发生的一种特殊运动，人们常见的"打水漂"就是一种典型的滑跳现象。近年来不断有学者提出利用这种滑跳运动来实现近水面高速机动飞行的新概念跨介质航行体。跨介质航行体在近水面高速飞行过程中，在两种情况下会出现滑跳运动：一种是航行体在近水面超低空掠海飞行时，受到海面不规则波浪的影响，某一时刻会出现航行体与波峰相互接触，产生撞水问题，此时航行体受到水体冲击，会出现被动滑跳现象；另一种航行体在近水面的主动滑跳行为，航行体通过调整自身姿态达到适宜滑跳的运动状态，完成水面滑跳过程，以此躲避掠海雷达的探测，实现良好的反侦测机动特征。无论是主动滑跳还是被动滑跳，都可归结为航行体小角度撞水问题，如何保持航行体出水后的稳定是其核心问题。

国外对于水面滑跳的研究开展得较早，早期的研究主要集中在简单几何外形物体的水面滑跳特性，基于理论和试验方法获得了圆盘、圆球等特殊形状物体的水面滑跳力学特性以及临界角度等规律[1-6]。国内的研究多集中在数值计算方面，主要采用的方法包括有限体积法、ALE 和 SPH 方法等[7-10]。近年来，部分学者开始针对各类复杂外形跨介质航行体的近水面运动过程开展研究，主要通过数值模拟或试验的方法分析航行体触水滑跳过程的运动规律[11-14]。研究中，滑跳过程主要通过航行体自身整体或部分表面撞水产生升力来实现，但这会对航行体整体的结构载荷产生较大的压力。如果跨介质航行体能够伸出某种滑板结构，利用滑板撞水产生滑跳升力，则可以降低航行体主体所承受的载荷。有学者针对带滑板的跨介质航行体滑跳过程开展数值研究，滑板结构形式包括平板、圆球等[15-16]。不同结构形式对航行体撞水滑跳过程的影响目前还未见开展。

本研究采用基于重叠网格技术的 CFD 方法，研究不同几何外形的物体水面滑跳过程运动特性，为未来相关近水面跨介质航行器的研究工作提供参考。

2 数学模型和计算方法

2.1 多相流模型控制方程

本研究选取了 VOF 多相流模型进行计算。VOF 即流体体积分数法多相流模型，是计算互不掺混多相流动问题的一种著名方法，它通过求解动量方程和跟踪流体体积分数的变化情况可以模拟两相流或多相流的自由界面。用这一方法求解可以避免将流场分区域、分介质、分方法求解，而是通过整个流场用同一种方法同时耦合求解，这样的解在物理上更为接近实际情况。在 VOF 模型中，不同的流体组分共用着一套动量方程，计算时在全流场的每个计算单元内，都记录下各流体组分所占有的体积率。由于 VOF 模拟相之间的界面运动规律更加出色，所以在研究入水问题时采用 VOF 模型，其控制方程如下：

（1）连续性方程：

$$\frac{\partial \rho_m}{\partial t} + \frac{\partial}{\partial x_i}(\rho_m \bar{u}_i) = 0 \tag{1}$$

方程中，ρ_m 为混合物密度，$\bar{u}_i$ 为流体微团在 i 方向上的速度，其计算表达式为：

$$u_i = \frac{\sum_{k=1}^{n} \alpha_k \rho_k u_{i_k}}{\rho_m} \tag{2}$$

式中，α_k 为第 k 相体积分数，ρ_k 为第 k 相的密度，u_{i_k} 为第 k 相在 i 方向上的速度。

（2）动量方程：

$$\frac{\partial}{\partial t}(\rho_m \bar{u}_j) + \frac{\partial}{\partial x_j}(\rho_m \bar{u}_i \bar{u}_j) = -\frac{\partial \bar{p}}{\partial x_j} + \frac{\partial}{\partial x_j}\left[\mu \frac{\partial \bar{u}_i}{\partial x_j} - \rho_m \overline{u_i' u_j'}\right] + \rho_m f_i \tag{3}$$

式中，f_i 为质量力，$\bar{p}$ 为流体压力，流体密度定义为 $\rho_m = \sum_{k=1}^{n} a_k \rho_k$，式中体积分数 a_m 表示第 k 相流体体积占总体积的比例，并且有 $\sum_{k=1}^{n} a_k = 1$，μ 为相体积分数的平均动力黏性系数，与密度定义的形式一致。

（3）相体积分数方程：

对于第 k 相，其体积分数方程为如下形式：

$$\frac{1}{\rho_k}\left[\frac{\partial}{\partial t}(\alpha_k \rho_k) + \frac{\partial}{\partial x_i}(\alpha_k \rho_k u_{i_k})\right] = S_{\alpha_k} + \sum_{k=1}^{n}(\dot{m}_{kr} - \dot{m}_{rk}) \tag{4}$$

式中，$\dot{m}_{kr}$ 为第 r 相到第 k 相的质量传递率，$\dot{m}_{rk}$ 为第 k 相到第 r 相的质量传递率。

2.2 湍流模型

本研究计算选取当前应用最为广泛的 $k-\varepsilon$ 湍流模型。$k-\varepsilon$ 湍流模型分为标准 $k-\varepsilon$ 模型、RNG $k-\varepsilon$ 模型和 Realizable $k-\varepsilon$ 模型。其中，标准 $k-\varepsilon$ 标准模型是最早发展的基于湍动能和湍动能耗散率输运方程的半经验模型，随后的 RNG $k-\varepsilon$ 模型和 Realizable $k-\varepsilon$ 模型都是在其基础上进行修改提出的。本研究应用 Realizable $k-\varepsilon$ 湍流模型进行计算。该湍流模型中，湍动能 k 和湍流耗散率 ε 的方程表示为如下形式：

$$\begin{aligned}\frac{\partial(\rho k)}{\partial t} + \frac{\partial(\rho \bar{u}_j k)}{\partial x_i} &= P - \rho\varepsilon + \frac{\partial}{\partial x_i}\left[\left(\mu + \frac{\mu_t}{\sigma_k}\right)\frac{\partial k}{\partial x_j}\right] \\ \frac{\partial(\rho \varepsilon)}{\partial t} + \frac{\partial(\rho \bar{u}_j \varepsilon)}{\partial x_i} &= C_{\varepsilon 1}\frac{\varepsilon}{k}P - C_{\varepsilon 2}\rho\frac{\varepsilon^2}{k} + \frac{\partial}{\partial x_i}\left[\left(\mu + \frac{\mu_t}{\sigma_\varepsilon}\right)\frac{\partial \varepsilon}{\partial x_j}\right]\end{aligned} \tag{5}$$

式中，湍流黏性系数 $\mu_t = C_\mu k^2/\varepsilon$，$C_{\varepsilon 1}$、$C_{\varepsilon 2}$、$\sigma_k$ 和 σ_ε 为经验系数。

C_μ 采用如下形式计算：

$$C_\mu = \frac{1}{A_0 + A_s U^* \frac{k}{\varepsilon}} \tag{6}$$

式中，$U^* = \sqrt{S_{ij}S_{ij} + \Omega_{ij}^* \Omega_{ij}^*}$，$\Omega_{ij}^* = \Omega_{ij} - 2\varepsilon_{ijk}\omega_k$，$\Omega_{ij} = \bar{\Omega}_{ij} - \varepsilon_{ijk}\omega_k$。$\bar{\Omega}_{ij}$ 是在以角速度 ω_k 旋转的坐标系中的平均旋转速率。$A_s = \sqrt{6}\cos\varphi$，其中，$\varphi = \frac{1}{3}\cos^{-1}(\sqrt{6}\omega)$，$\omega = \frac{S_{ij}S_{jk}S_{ki}}{(S_{ij}S_{ij})^{3/2}}$。

2.3 六自由度运动

本研究使用六自由度求解器可以利用作用在流场中运动刚体上的力和力矩来计算相对于刚体质心的平移运动和旋转运动。六自由度求解器在计算平移运动时加速度计算较精确，在惯性参考坐标系下建立刚体平移运动控制方程为：

$$\dot{\mathbf{v}}_g = \frac{1}{m}\sum \mathbf{f}_g \tag{7}$$

式中，$\dot{\mathbf{v}}_g$ 是质心平移加速度矢量，m 是刚体质量，$\mathbf{f}_g$ 是作用在物体上的外力。

而物体的转动则在刚体坐标系下建立：

$$\dot{\boldsymbol{\omega}} = L^{-1}\left(\sum \mathbf{M} - \boldsymbol{\omega}\times L\boldsymbol{\omega}\right) \tag{8}$$

式中，L 是刚体的惯性张量，$\mathbf{M}$ 是刚体的外力矩，$\boldsymbol{\omega}$ 是刚体的角速度。

外力矩从惯性坐标系到刚体坐标系的转换方程为：

$$\mathbf{M} = R\mathbf{M}_g \tag{9}$$

式中，R 是如下的转换矩阵：

$$\begin{pmatrix} \cos\theta\cos\psi & \cos\theta\sin\psi & -\sin\theta \\ \sin\phi\sin\theta\cos\psi - \cos\phi\sin\psi & \sin\phi\sin\theta\sin\psi + \cos\phi\cos\psi & \sin\phi\cos\theta \\ \cos\phi\sin\theta\cos\psi + \sin\phi\sin\psi & \cos\phi\sin\theta\sin\psi - \sin\phi\cos\psi & \cos\phi\cos\theta \end{pmatrix} \tag{10}$$

式中，θ、ϕ、ψ 表示刚体转动的三个欧拉角。

2.4 离散方法

采用有限体积法对控制方程进行离散，压力场求解采用 SIMPLE 算法，对流项采用二阶迎风格式，扩散项采用二阶中心差分格式。采用隐式求解对时间项离散，每一个时间步采用 Gauss-Seidel 方法结合 AMG 求解器求解。

3 计算模型和网格

3.1 计算对象

考虑到跨介质航行体的复杂构型会对本研究的问题带来干扰，因此，本研究将问题进行一定程度的简化。忽略主体的外形，仅考虑触水滑跳的滑板部分，目的是对不同触水跳跃外形的运动特点做初步的探索。

滑跳物体构型的不同，会影响滑跳过程中作用在物体上的流体动力大小和分布，进而影响滑跳过程的运动姿态变化。本研究对不同几何外形的结构体进行仿真计算，比较不同外形物体在触水滑跳过程中受力及运动特性。不同外形的结构形式见图 1，共计算了 7 种不同的结构形式，分别是：楔形体、切割圆柱体、圆平板、椭圆抛物体、向上弯平板、向下弯曲平板、平板等。不同结构形式的滑板平放于水平面时，投影尺寸保持一致。

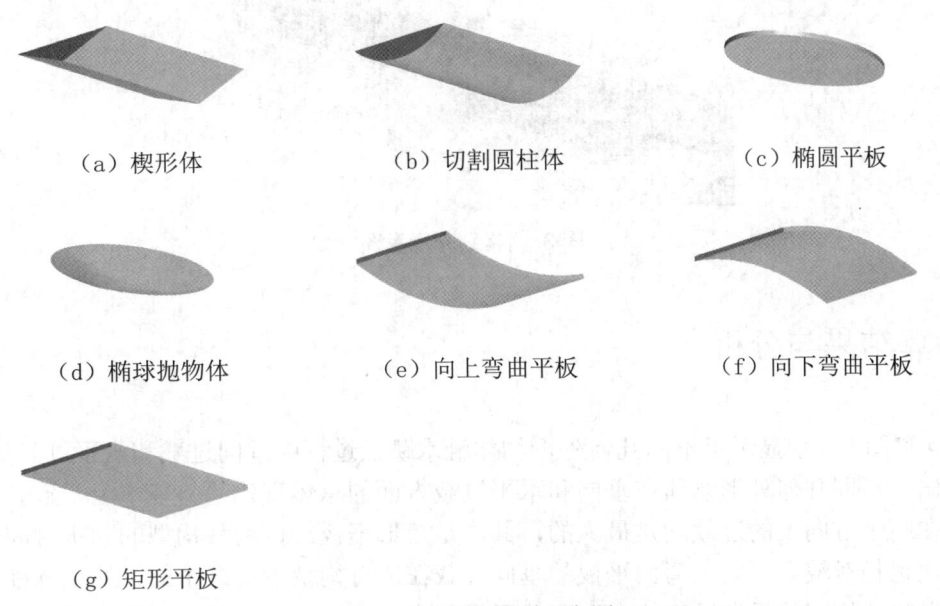

（a）楔形体　　　　　（b）切割圆柱体　　　　　（c）椭圆平板

（d）椭球抛物体　　　（e）向上弯曲平板　　　　（f）向下弯曲平板

（g）矩形平板

图 1 不同滑跳构型示意图

计算中，航行体质心位置见图 2，位于结构物的上方（虚拟质心）。航行体的质量、惯量参数赋予滑板结构，以椭圆抛物体结构为例说明计算中参数设置情况。计算中存在两个坐标系，一个是大地坐标系 $Oxyz$，坐标系原点位置见图 2；另一个是随体坐标系，物体运动的随体坐标系原点选在航行体的质心 o 处。ox 轴沿弹体纵轴，指向前为正；oy 轴垂直于 ox 轴，弹体在地面水平放置时，指向上为正；Oz 轴垂直于 Oxy 平面，其正向使 $Oxyz$ 构成右手直角坐标系。除物体几何外形不同外，其他参数保持一致，即入射角 $\alpha=1°$，物体倾角 $\beta=10°$，入水速度 $V=70$ m/s。

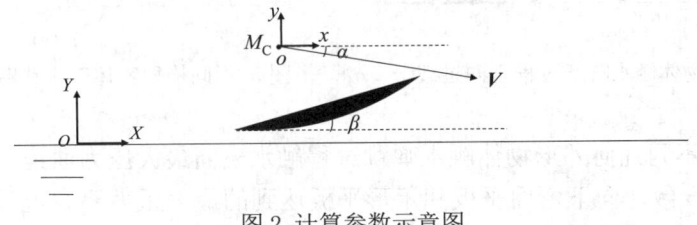

图 2 计算参数示意图

3.2 计算网格

计算域网格划分及边界条件见图 3，整个计算域呈长方体，考虑到航行体为对称模型，因此取模型的一半进行计算，中截面设置为对称面，滑板表面均为固壁边界条件，计算域四周均为压力边界条件。采用重叠网格技术划分网格，计算域总体采用切割六面体网格形式，并在滑跳物体周围、撞水区域以及自由面附近进行局部加密。计算域总网格数约为 187 万。

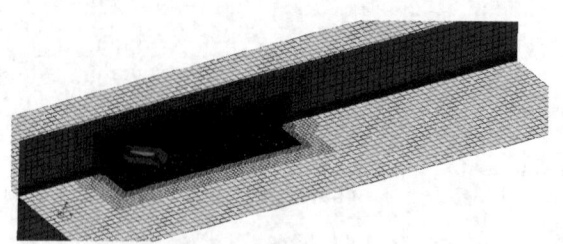

图 3 网格划分示意图

4 计算结果与分析

图 4 和图 5 分别显示了不同几何外形物体触水跳跃过程中垂向过载和水平过载的变化。可以看出，不同几何外形物体在垂向和水平过载方面的总体变化趋势基本上一致。向下弯曲平板在两个方向上的过载均是最大的，其次是矩形平板。这两种构型的触水时间和其它构型相比也相对较短。向上弯曲平板的垂向过载在所有构型中是最小的，切割圆柱体构型和椭圆抛物体构型的垂向过载比向上弯曲平板稍大一点。但是，对于水平过载，椭圆抛物体最小。

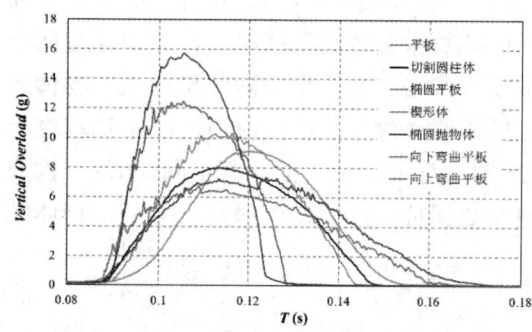

图 4 不同构型物体触水跳跃过程垂向过载

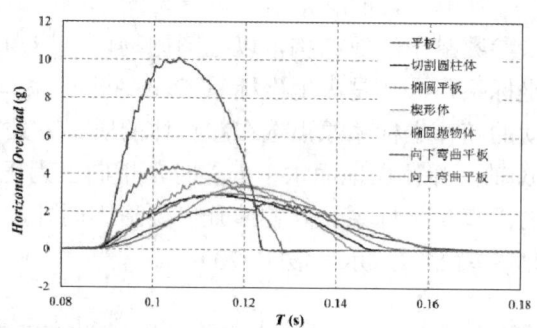

图 5 不同构型物体触水跳跃过程水平过载

图 6 显示了不同几何外形物体触水弹跳过程触水表面最大压力曲线。可以看出，与垂向载荷比较结果一致，向下弯曲平板和矩形平板达到的最大压力要大于其他构型。不同的是，所有几何外形中，楔形体可以保证触水弹跳过程中表面最大压力保持一个相对较小的值，其次是椭球抛物体构型。

不同几何外形物体触水过程中受到的流体动力不同，会导致其运动特性的不同。图 7 显示了不同几何外形物体弹跳过程中垂向位置的变化。从对比结果来看，向下弯曲平板触水过程浸没深度最小，但因为其受到的过载最大，却实现最大的弹跳高度。矩形平板也表现出了类似的特征。椭圆抛物体触水过程浸没深度最大，但因为受力相对较为平缓，其弹跳的高度最小，与向上弯曲平板相当。

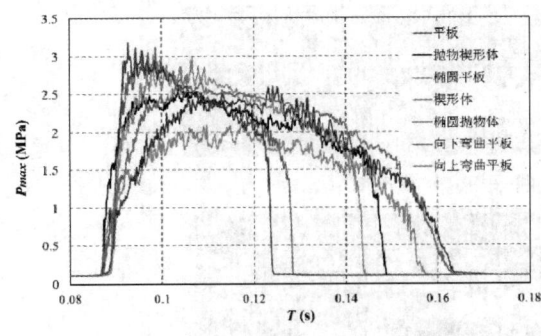
图 6 触水跳跃过程表面最大压力曲线

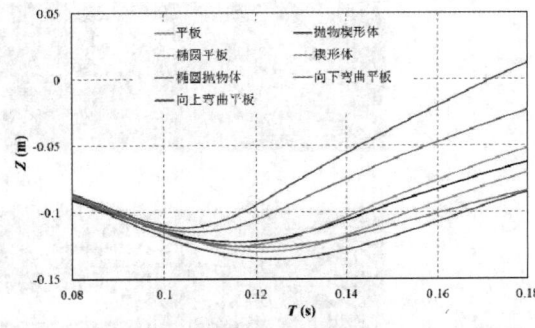
图 7 触水跳跃过程垂向运动距离

图 8 显示了不同几何外形物体触水跳跃过程水平速度衰减情况的对比，可以看出，除了向下弯曲平板外，其余各构型物体在触水后的速度衰减基本在同一量级，相比之下，椭球抛物体构型速度衰减最小。

图 9 显示了不同几何外形物体触水跳跃过程俯仰角变化对比，其中，正向代表航行体向低头方向运动。可以看出，姿态变化最大的仍是向下弯曲平板。椭圆抛物体滑跳过程中姿态变化最小，可以认为几乎保持了姿态的相对稳定。向上弯曲平板是唯一弹跳过程中俯仰角向抬头方向变化的。

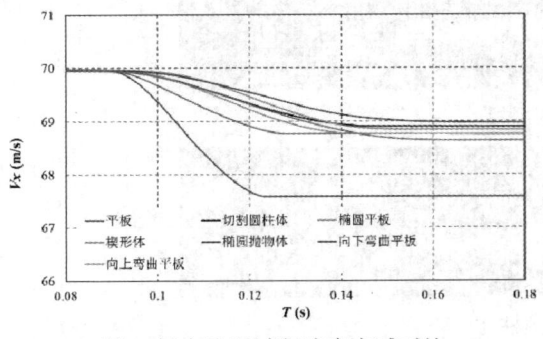
图 8 触水跳跃过程速度衰减对比

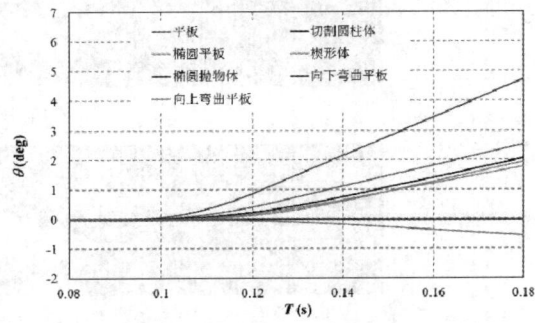
图 9 触水跳跃过程俯仰角变化对比

从前文不同构型物体触水跳跃过程的计算结果对比来看，椭圆抛物体似乎是最有利于稳定滑跳的结构形式，其可以在保持姿态变化很小的情况下，同时实现较小的垂向和水平过载。楔形体构型有效的减小物体触水过程中的最大表面压力，其在速度衰减和姿态稳定方面也有相对较好的特性。

图 10 显示了不同构型物体撞水过程达到最大浸水深度时刻的物体姿态及自由面形态。可以看出，椭球抛物体和向上弯曲平板在滑跳过程中会在水面产生较长的空穴，说明其触水时间相对较长，受力相对平缓，这也是这两种构型滑跳过程姿态角变化较小的原因，而矩形平板和向下弯曲平板产生的空穴较短。另外，平板类构型（包括矩形平板、向上弯曲平板、向下弯曲平板、椭圆平板）在滑跳过程中，会有明显的射流从物体底面向前射出，这会造成一定的能量损失，且该类构型滑跳产生的飞溅也会相对较大。

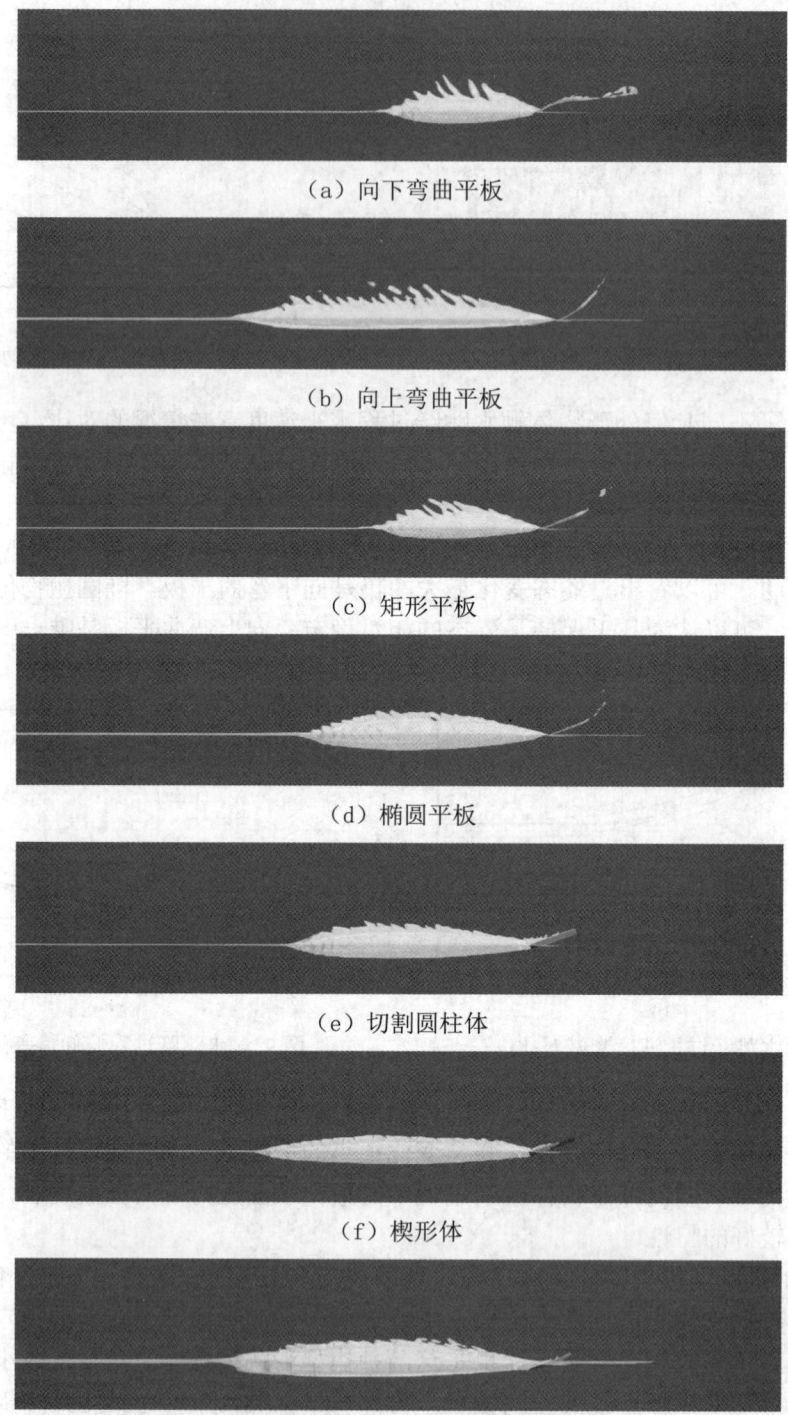

(a) 向下弯曲平板

(b) 向上弯曲平板

(c) 矩形平板

(d) 椭圆平板

(e) 切割圆柱体

(f) 楔形体

(g) 椭球抛物体

图 10 不同构型物体触水跳跃过程最大浸深时刻自由面形态

5 结论

本研究基于 CFD 方法，针对跨介质航行体触水部分的不同几何外形对滑跳过程的运动及受力特性的影响进行分析，通过对比 7 种不同几何外形的物体小角度高速触水滑跳过程，发现椭圆抛物体似乎是最有利于稳定滑跳的结构形式，其可以在保持姿态变化很小的情况下，同时实现较小的垂向和水平过载。楔形体构型可以有效减小物体触水过程中的最大表面压力，其在速度衰减和姿态稳定方面也有相对较好的特性，研究结果可为后续跨介质航行体触水滑跳装置设计提供一定的技术参考。

参考文献

1 Bocquet L, The physics of stone skipping [J]. American Journal of Physics, 2003, 71(2): 150-155.
2 Clanet C, Hersen F, Bocquet L, Secrets of successful stone-skipping [J]. Nature, 2004, 427(6969): 29-29.
3 Rosellini L, Hersen F, Clanet C, et al. Skipping stones [J]. Journal of Fluid Mechanics, 2005, 543: 137-146.
4 Nagahiro S, Hayakawa Y, Theoretical and numerical approach to "magic angle" of stone skipping [J]. Physical review letters, 2005, 94(17): 174501.
5 Do J, Lee N, Ryu K W. Realtime simulation of stone skipping [J]. International journal of computers, 2007, 4(1): 251-254.
6 Hewitt I J, Balmforth N J, McElwaine J N. Continual skipping on water [J]. Journal of Fluid Mechanics, 2011, 669: 328-353.
7 陈诗伟，基于ANSYS/LS-DYNA的圆盘击水弹跳研究 [J]. 舰船电子工程, 2013, 223(1): 122-124.
8 华厦，邹恒，徐鹏等，基于SPH 方法与ALE方法的圆盘水漂对比研究 [J]. 科学技术与工程, 2013, 13(2): 421-424.
9 赵坤，水漂动力学建模与仿真 [D]. 哈尔滨: 哈尔滨工业大学, 2014.
10 Shiming Sun, Kai Yan, Weiqi Chen, Numerical study on kinetic characteristics of disk skipping over water surface [J]. 2021, 25(6): 716-725.
11 裴譞，张宇文，李闻白，等. 跨介质飞行器气/水两相弹道仿真研究 [J]. 工程力学, 2010, 8: 039.
12 王伟，张宇文，朱灼. 跨介质飞行器弹道仿真分析 [J]. 计算机仿真, 2012, 28(12): 1-4.
13 李金洪，杨安强，栗凌云. 跨介质UAV水面滑跳转向特性建模与仿真 [J]. 鱼雷技术, 2012, 20(6): 401-
14 孙士明，陈玮琪，王宝寿，等. 航行体近水面滑跳运动试验研究 [J]. 数字海洋与水下攻防, 2019, 2(2): 79-83.
15 黄敏慧，周仕明，李道奎，等. 基于打水漂原理的水面滑翔装置仿真分析 [C]. 第十七届中国CAE工程分析技术年会，浙江，中国, 2021.
16 田北辰，李达钦，刘涛涛，等. 跨介质飞行器触水滑跳运动特性数值模拟 [J/OL]. 兵工学报, 2021.

Numerical study on the high-speed water skipping of vehicles with different shapes at small incident angle

SUN Shi-ming[1,2*], YU Wei[1,2]

(1. China Ship Scientific Research Center, National Key Laboratory on Hydrodynamics, Wuxi 214082, China,
2. Taihu Laboratory of Deepsea Technological Science, Wuxi 214082, China,
Email: ssm702@126.com)

Abstract: The water skipping phenomenon will occur when the high-speed vehicle contacts with the water at a small incident angle. In this paper, the CFD method based on overlapping grid is used to simulate the water skipping process of vehicles with different geometric shapes at small incident angle, and the hydrodynamic and kinematic characteristics of objects with seven different configurations are obtained. It is found that the elliptical parabolic body seems to be the best shape for stable water skipping, which can achieve small vertical and horizontal overload while maintaining small attitude change. Wedge body can effectively reduce the maximum surface pressure in the process of water skipping, and it also has relatively good characteristics in velocity attenuation and attitude stability. The research results of this paper can provide a reference for the future research work of trans-media vehicles.

Key words: Trans-media; water skipping; Water entry; Computational fluid dynamics.

水下球体垂向逼近冰板过程的水动力研究

谭浩，倪宝玉*，周朔，李好纯

（哈尔滨工程大学 船舶工程学院，哈尔滨 150001, Email: nibaoyu@hrbeu.edu.cn）

摘要：基于 CFD-FEM 耦合的方法，对球体自由上浮接近冰板并碰撞的过程进行了研究。通过将球体出水的模拟结果与文献进行对比证明了计算方法的准确性。分别将冰板简化为刚性板和弹性板，计算并得到球体在接近不同种类边界时球体运动的变化以及边界的运动响应。可为物体上浮接近冰盖过程中的运动预报提供参考，也为后续探究物体与可破碎冰板之间的相互作用提供技术支撑。

关键词：冰板；球体；水动力；FEM-FVM 耦合

1 引言

由于全球气候变暖，北极航道全年通航已成为可能，其极高的经济价值已成为世界的焦点[1]。因此，如何快速、高效地破冰就成为研究者关心的问题。目前人们破冰方式多为接触式破冰，本研究的上浮破冰就是其中之一。物体靠近冰板的过程中涉及冰板对物体水动力影响的问题，而壁面对运动物体水动力的影响一直是学术研究和工程实践中较为关心的话题[2-4]。C. Lei 等[5]针对平面边界对圆柱体受力和涡脱落影响进行了实验研究，发现圆柱与平板之间的间距增加会导致圆柱的驻点上移和基础压力的减小。Zovatto L 和 Pedrizzetti G[6]采用基于涡量-流函数公式的有限元数值方法对平行壁面间的圆柱扰流进行了研究，发现壁面对于圆柱扰流涡的脱落有抑制作用。李刚等[7]采用数值模拟和试验相结合的方法对某型载人深潜器水下接近海底结构物时的水动力变化规律进行了研究，发现潜器在接近海底结构物时，总升力受来流速度和海底结构物尺度影响最大的结论。Wang 等[8]采用了 MRT–LBM–LES 耦合方法研究了流体绕过运动壁面附近椭球体的流动，计算结果表明，减小间隙比和长短轴比均能抑制涡旋脱落，而增加雷诺数则减缓其抑制能力。本研究将冰板分别简化为刚性板和弹性板，采用数值模拟的方法对球体自由上浮逼近冰板的过程进行的计算。探究刚性板和不同厚度的弹性板对球体水动力的影响，为后续研究物体与可破碎冰板之间的相互作用提供技术支撑。

2 数值计算模型

本工况不考虑流体的可压缩性和表面张力，使用 N-S 方程来描述流体运动：

$$\nabla \cdot \boldsymbol{u} = 0 \tag{1}$$

$$\frac{\partial \rho u}{\partial t} + \nabla \cdot (\rho u u) = \nabla \cdot \mu \nabla u - \nabla p + \rho g \tag{2}$$

式中，u 为速度矢量，ρ 为流体密度，p 为压力，g 表示重力矢量，μ 为黏度系数。

假设结构为线弹性材料，在水压力等外载荷作用下相对于原平衡位置做刚体运动和变形，其结构运动方程通过有限元方法得到：

$$m\ddot{x} + c\dot{x} + kx = F(t) \tag{3}$$

式中，m 为结构质量矩阵，c 为结构阻尼矩阵，k 为结构刚度矩阵，x 为节点位移列阵，$F(t)$ 为外界各种力合成的等效节点力列阵。

对于线弹性材料而言，其应力应变关系为线性关系，由胡克定律给出：

$$\sigma = D\varepsilon \tag{4}$$

式中，D 为材料正切系数，σ 为应力，ε 为应变。

在耦合计算中，采用 CFD-FEM 双向耦合。在初始时刻 t_0，由 CFD 计算得到流体域上表面（即冰板下表面）压力并以数据映射的方法传递给有限元模块中的冰板模型，在压力作用下，冰板产生形变并将节点数据传给流体域并更新交界面。由 CFD 计算出的压力场和速度场以及 FEM 计算出节点的速度和加速度将传递给下一时间步。

3 计算方法验证

为了验证流体计算方法和网格划分方法的准确性，计算并模拟球体零初速自由上浮出水的过程，并将计算结果与已发表文献[9]进行对比。本节模拟了直径 D=140mm，质量 M=0.15 kg 的球体，在初始浸没深度 L=210 mm 的位置无初速自由上浮，直到球体达到原自由液面位置为止，即浸没深度 L=70 mm。计算域尺寸参照实验值选取，长×宽×高均为 0.8 m。运用重叠网格技术实现球体的重叠域在水池的背景域中运动；运用 VOF 法捕捉自由液面；运用 DFBI 模块进行球体上浮运动的流固耦合计算。时间步长严格满足 CFL 条件，即 t=0.2 ms。湍流模型选择 Realizable $k-\varepsilon$ 模型，球体边界层网格划分使其第一个点落在对数律层，满足 $y+>30$ 的建议。

图 1 和图 2 分别表示模拟工况和边界条件、计算域网格划分并着重展示了球体边界层网格。为了减小计算过程中重叠域与背景域数据传输产生的误差，重叠域网格与背景域加密网格尺寸相同。同时为了更好的捕捉液面变化，自由液面处的背景域网格也进行了一定的加密。图 3(a)展示了计算停止时刻的自由液面轮廓、球体表面压力和中纵剖面速度云图、速度矢量图，图 3(b)为对应时刻的实验照片。通过对比可以看出，计算得到的球体靠近时自由液面产生水冢现象与实验十分吻合，甚至可以将自由液面看做厚度为 0 的薄板，推测球体在靠近弹性板时弹性板也会出现类似的形变。图 4 展示了球体上浮过程中速度随时间变化数值解与实验值。通过对比可知，球体出水前的速度与实验对比结果良好，因此证明了本方法的准确性。

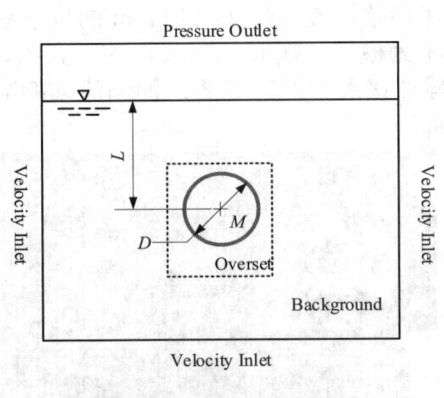

图 1 模拟工况与边界条件

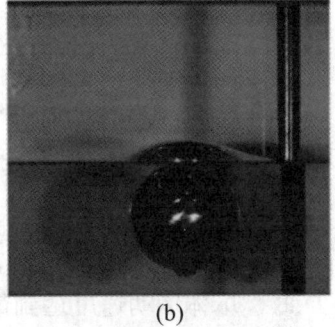

图 2 网格划分策略示意图

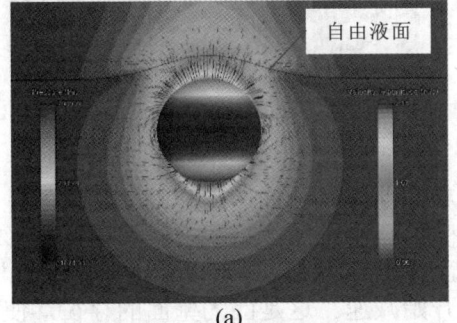

图 3 (a) 接近自由液面时，球体表面压力及中纵剖面速度云图、矢量图；(b) 实验中，球体接近自由页面形成水冢[9]

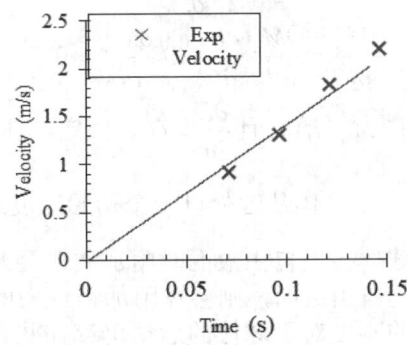

图 4 间距 140 mm 自由释放，球体上浮速度以及实验测量速度

4 计算结果与分析

在上述内容的基础上进行球体自由上浮靠近刚性板和弹性板的研究。弹性板长宽均为 800 mm，厚度分为 5 mm、7.5 mm 和 10 mm；密度 900.0 kg/m³；弹性模量 2.0 GPa；泊松

比 0.33。直径 D=140 mm、质量 M=0.15kg 的球体在初始浸没深度 L=210 mm 的位置零初速自由上浮与刚性板和弹性板发生碰撞并回弹。图 5 为模拟工况和边界条件的示意图。图 6 展示了计算域生成的网格，并且为了更好地捕捉球体接近壁面时二者之间的流动特征，对壁面网格进行细化。其余设置参考第三节内容。

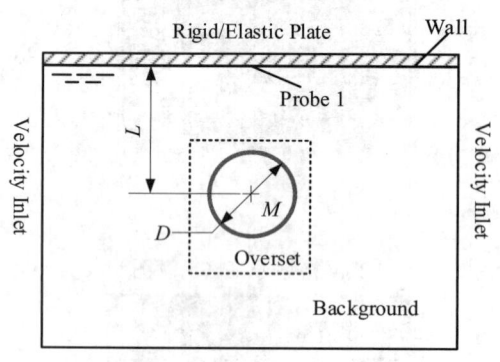
图 5 模拟工况与边界条件

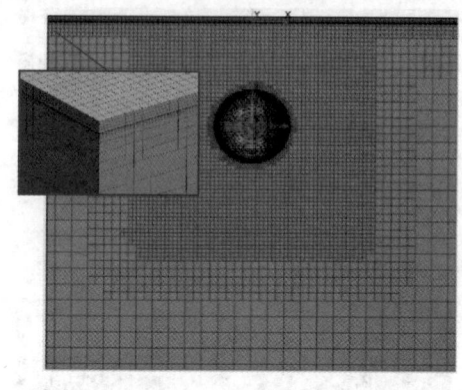
图 6 弹性板网格划分

图 7 展示了球体上方边界为自由液面、固壁和弹性板时球体速度随时间变化的过程。相比于上方为自由液面时的工况，刚性板和弹性板的存在对球体运动产生了明显的影响：球体先加速，在距离刚性板/弹性板 0.4 D 时，明显感受到球体加速减缓；当距离刚性板/弹性板 0.1 D 时，球体运动速度达到最大值，之后开始减速。这是因为壁面的存在，使得球体的附加质量随着间距的减小而增大[10]。可将球体与周围的流体视作一个整体，则整个系统的总动能随时间应当是一个常数：

$$\frac{\partial T}{\partial t} = \frac{1}{2}\frac{\partial}{\partial t}\left[(M+M_a)U^2\right] = \frac{1}{2}\frac{\partial M_a}{\partial t}U^2 + (M+M_a)U\frac{\partial U}{\partial t} = 0 \qquad (5)$$

$$\frac{\partial M_a}{\partial t} = \frac{\partial M_a}{\partial L}\frac{\partial L}{\partial t} = U\frac{\partial M_a}{\partial L} > 0 \qquad (6)$$

式中，球体质量为 M，附加质量 $M_a(L)$，且 $\frac{\partial L}{\partial t} = U$。假定球体靠近壁面的运动 $U > 0$。为了使式(5)成立，则有 $\frac{\partial U}{\partial t} < 0$，表示球体从远处以一个初始速度靠近壁面，则会在附加惯性力的作用下不断减速。相反，球体接近自由液面时附加质量会减小，根据上述推导可知，球体从远处以一个初始速度靠近自由液面，则会在附加惯性力的作用下不断加速。

即使均为固体边界，边界的刚度对于球体的运动仍存在些许的影响。通过将碰撞时刻的曲线放大图（图 7）可知，球体靠近刚度最小的 5 mm 厚弹性板时速度最大；而厚度 10 mm 的弹性板和刚性板对于球体运动的影响几乎相同。相比于球体与刚性板碰撞时的最大速度，球体与 5 mm 厚弹性板碰撞工况的最大速度增大 0.93%；球体与 10 mm 厚弹性板碰撞工况的最大速度增大 2.29%。根据结果我们可以断定，本模拟中的弹性板对球体运动的影响与刚性板基本相同。

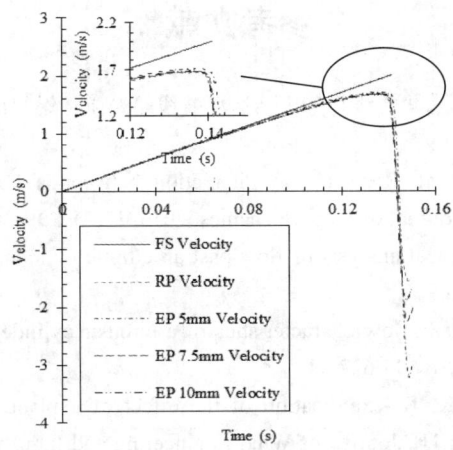

图 7 球体上方边界条件分别为自由液面、刚性壁面、弹性壁面，球体速度-时间曲线

图 8 展示了厚度 5 mm、7.5 mm 和 10 mm 的弹性板监测点（Probe 1）的位移随时间变化曲线，其中弹性板最大挠度之比为 1：2：9。由图 8 可知，在球体与弹性板碰撞前，随着球体的靠近，厚度为 5 mm 的弹性板挠度一直增加；而厚度为 7.5 mm 和 10 mm 的弹性板随着球体的靠近出现"增加-减小-再增加"的现象，其中厚度为 10 mm 的弹性板虽振幅较小但振动频率大于厚度为 7.5 mm 的弹性板。这些现象都归因于弹性板刚度 $D = Eh^3/12(1-v^2)$。

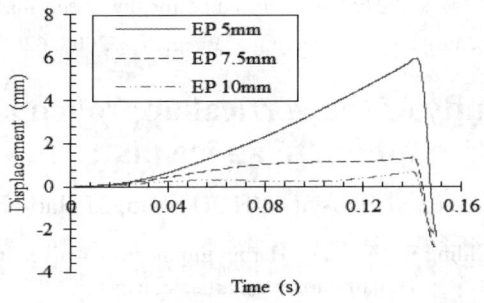

图 8 自由液面及弹性板监测点（Probe 1）的位移-时间曲线

5 结论

通过将球体上方冰板简化为刚性板和弹性板，研究了球体在水中固定浸深零初速自由上浮并冰板发生碰撞的过程。通过观察与分析模拟的结果与现象，得到如下结论：①模拟了球体自由上浮出水过程并与实验进行了对比，验证了计算方法的准确性。②模拟发现球体以一定速度靠近刚性板和弹性板时出现减速现象，是因为球体接近壁面过程中所受附加质量力增大。同理，球体靠近自由液面时会出现加速的现象。③在本研究涉及的工况中，弹性板刚度对于球体运动影响有限，但对于自身挠度变化有较大影响。

参考文献

1. 骆巧云, 刘伟, 寿建敏. 北极东北航线与苏伊士运河航线船舶航行燃料碳强度对比 [J]. 大连海事大学学报, 2021, 47(4): 65-72.
2. Su Y M, Ju L, Yu X Z, et al. Research on Interaction between a Large Underwater Carrier and a Mini-underwater Vehicle [J]. Journal of Ship Mechanics, 2013, 17(3): 239-248.
3. Wang L, Guo C, Su Y. Numerical analysis of flow past an elliptic cylinder near a moving wall [J]. Ocean Engineering, 2018, 169: 253-269.
4. Wang X K, Tan S K. Near-wake flow characteristics of a circular cylinder close to a wall [J]. Journal of Fluids & Structures, 2008, 24(5): 605-627.
5. Lei C, Cheng L, Kavanagh K. Re-examination of the effect of a plane boundary on force and vortex shedding of a circular cylinder [J]. Journal of Wind Engineering and Industrial Aerodynamics, 1999, 80(3): 263-286.
6. Zovatto L, Pedrizzetti G. Flow about a circular cylinder between parallel walls [J]. Journal of Fluid Mechanics, 2001, 440: 1-25.
7. 李刚, 段文洋. 载人深潜器接近海底结构物时水动力变化特性研究 [J]. 船舶力学, 2012, 16(8): 877-884.
8. Wang L, Guo C, Su Y. Numerical analysis of flow past an elliptic cylinder near a moving wall [J]. Ocean Engineering, 2018, 169: 253-269.
9. Wu Q G, Ni B Y, Bai X L, et al. Experimental study on large deformation of free surface during water exit of a sphere [J]. Ocean Engineering, 2017, 140: 369-376.
10. Kharlamov A A, Chára Z, Vlasák P. Hydraulic formulae for the added masses of an impermeable sphere moving near a plane wall [J]. Journal of Engineering Mathematics, 2008, 62(2): 161-172.

Hydrodynamic study of the vertical approach of an underwater sphere to an ice plate

TAN Hao, NI Bao-yu[*], ZHOU Shuo, LI Hao-chun

(College of Shipbuilding Engineering, Harbin Engineering University, Harbin 150001,
Email: nibaoyu@hrbeu.edu.cn)

Abstract: Based on the method of CFD-FEM coupling, the process of buoyancy sphere approaching and colliding with the ice plate is studied. To certify the accuracy of the calculated method, the results of water-exit of a sphere are compared with the experimental data from reference. The ice plate is simplified as rigid plate and elastic plate, respectively. When the sphere approaches different types of boundaries, we get the change of the sphere's motion and the response of the boundaries. It can provide a reference for the motion prediction of the object floating up and approaching the ice plate, and also provide technical support for the follow-up exploration of the interaction between the object and the breakable ice plate.

Key words: Ice plate; Sphere; Hydrodynamic; CFD-FVM.

随机波背景下基于 NLSE 模型的极端波预测与分析

刘俊鹏，冯兴亚[*]

（南方科技大学工学院海洋科学与工程系，深圳 518000，Email: fengxy@sustech.edu.cn）

摘要：极端波现已经被广泛的认为是一类突发的海上自然灾害[1]，由于其非线性成因复杂，其一般被认为是难以预测的。非线性薛定谔方程（NLSE）模型广泛被应用于极端波的研究，随着研究的深入，有学者发现 NLSE 的呼吸子解存在可预测的频谱特性。然而针对该频谱特性的研究集中于模型本身，尚未广泛涉及其在真实的随机海况下的表现。为探究 NLSE 呼吸子解频谱预测特性在接近真实海况下的随机波背景下是否依旧适用。本研究选取 NLSE 一阶呼吸子解作为极端波模型，JONSWAP 作为随机波背景谱。通过实验和模拟的方法，分析其预测性及非线性特征。

关键词：极端波；非线性薛定谔方程；呼吸子解

1 引言

极端波现象在海洋领域通常指的是突发地出现和消失，最大波高显著高于视波高的极端波浪的一类海上自然灾害。由于其突发性和大波高（可达到 20~30 m）随之带来的大破坏性，对于无法提前预知的海上操作人员来说，是极具威胁的隐患。且近年来随着观测技术的进步，人们发现极端波并不罕见，所以若能在极端波完全形成之前进行有效的预警，使得人员和财产进行及时的转移，对实现人－海和谐有重大的深远意义。

波浪调制不稳定性被认为是深水极端波可能的产生机理之一，而非线性薛定谔方程（nonlinear Schrödinger equation，后文简称为 NLSE）能很好地描述水波的调制不稳定性。Peregrine 基于 NLSE 方程推导出了一个解析解，也叫 Peregrine 呼吸子（PB）解，该解在时间和空间上的最大增长率都是 3，满足最大波峰突然出现突然消失的特征，因此常被用做极端波研究的理想模型。且 NLSE 在量子物理、非线性光学和水波理论中具有重要而广泛的应用，许多学者对 NLSE 方程进行了大量的研究。一般二维无量纲化 NLSE 可写为[1]：

$$i\frac{\partial A}{\partial X}+\frac{\partial^2 A}{\partial T}+|A|^2 A=0 \tag{1}$$

其呼吸子解可写为：

$$A=\left[1-4\frac{1+4iT}{1+4X^2+4T^2}\right]e^{2iT} \tag{1a}$$

式中，A 表示极端波包络，X 表示波浪传播方向上的空间坐标，T 表示时间（均为无量纲参数）。

Akhmediev 等[2]首次提出利用 NLSE 呼吸子解描述极端波时，其频谱特征具有可预测的潜质。其方法即对式（2）进行傅里叶变换。观察期频谱特征发现其频谱在任意空间位置都存在三角形的频谱区域，且在达到最大波高值时频谱区域最大。并随即[3]在随机波背景下进行了一定的尝试，结果表明，即便在随机波背景下捕捉的极端波，利用 NLSE 呼吸子解描述地极端波的频谱特征，依旧存在可预测的潜质。为了证实其预测特性在实际情况中的有效性，本研究将尝试选取真实海况下频谱——JONSWAP，和 NLSE 一阶呼吸子解模型叠加构造一种考虑随机波背景的极端波。将在理论结果、实验结果、模拟结果中分别对其频谱预测特性的有效性和适用性进行验证。相互比较，评估频谱特性在近似真实海况下的预测性。

2 考虑随机波背景的极端波的构造

对于 NLSE 理论模型中，NLSE 量纲化模型的公式表达为[4]：

$$q(x,t)=\exp(\frac{-ik_0^2 a_0^2 \omega_0}{2}t)\times(1-\frac{4(1-ik_0^2 a_0^2 \omega_0 t)}{1+(2\sqrt{2}k_0^2 a_0^2(x-c_g t))^2+k_0^4 a_0^4 \omega_0^2 t}) \tag{2}$$

式中，k_0 表示 NLSE 的输入波数 ω_0 为圆频率，a_0 为波幅 c_g 为波速。

事实上，最终对于谐波项的真实的波数 k 为：

$$k=\left(\frac{-\frac{ik_0^2 a_0^2 \omega_0}{2}}{g}\right)^2$$

基于式（2）我们可以构造基于 NLSE 呼吸子模型的极端波。对于随机波的构造，我们利用公式：

$$S(\omega)=\frac{320 H_s^2}{T_p^4}\omega^{-5}\exp\left(\frac{-1950}{T_p^4}\omega^{-4}\right)\gamma^4 \tag{3}$$

式中，

$$A = \exp\left[-\left(\frac{\frac{\omega}{\omega_p}-1}{\sigma\sqrt{2}}\right)^2\right]$$

式中，σ：若 $\omega<\omega_p$，则等于 0.07，若 $\omega>\omega_p$，则为 0.09。其中 H_s 为有义波高，T_p 和 ω_p 表示谱峰处对应的周期和圆频率，$\gamma=3.3$。

选择合适的初始参数，在 JONSWAP 谱的主要频段选取一定数量的不同频率值，根据频率分布情况将所取不同频率得谐波进行叠加，最终构造出随机波。

利用上述两种模型的线性叠加，我们得到了考虑随机波背景的 NLSE 呼吸子解极端波模型（后简称为叠加波）。为了保证实际演化尽可能接近理论情况，叠加用到的随机波的有义波高选取 NLSE 模型载波的十分之一。初始参数为周期 0.5 s，载波波幅 0.01 m。

其线性理论演化过程见图 1。

图 1 叠加波理论演化

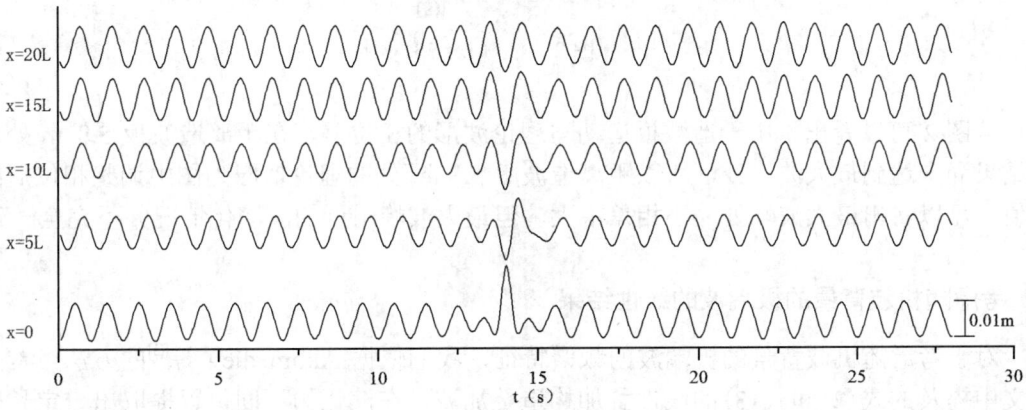

图 1 表示叠加波理论上从距离最大波高 20 倍波长（$x=20L$）处演化至最大波高处（$x=0$）的演化过程。

对于模拟所用到的模拟方法，采用二维全非线性水槽进行叠加波的模拟。该数值水槽基于经典势流理论开发而成，使用完全非线性势流理论并采用高阶边界元法求解，能够模拟波浪的运动。将理论叠加模型的波面信号转换为造波板运动信号，选取合适的观测时长即可得到波浪演化的全过程。

3 结果分析与讨论

3.1 基于 NLSE 的极端波模拟结果

数值水槽长为 20 m，宽为 0.04 m，水深 0.5 m。所选极端波参数周期为 0.5 s，波幅为 0.01 m。预计演化位置在距离约造波板 5.8 m（15 倍波长）处。

波峰处情况见图 2。

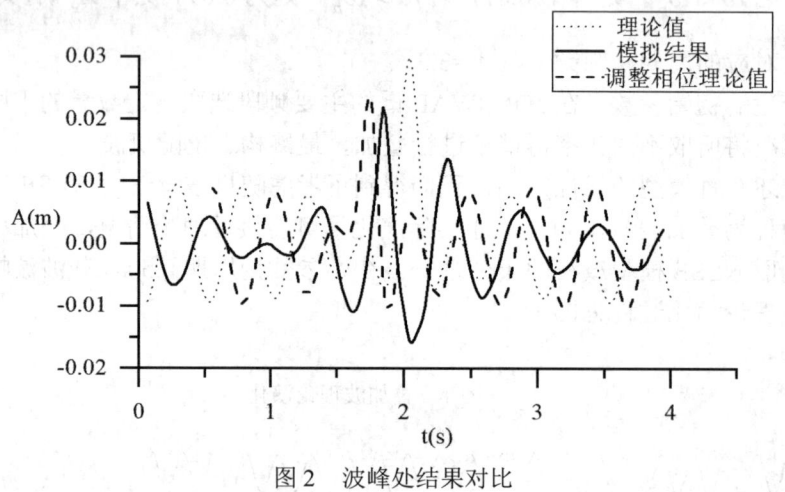

图 2 波峰处结果对比

从图 2 可以看出，由于造波板运动与理论波形的相位差，在距离造波板 5.8 m 处，模拟结果尚未达到最大波峰处，所以距离造波版 5.8 m 处的理论值应为图中调整相位后的理论值。可以看出最大波峰处大小相差不大，但最大波峰附近的波演化情况并不完全一致。

3.2 考虑随机波背景的极端波的线性结果

对于考虑随机波背景的极端波的频谱特征，我们依据 Akhmediev 等[2]的方法，首先利用文中提及的式(2)和式(3)的线性叠加构造叠加波，在演化的不同位置提取出一定长度的波群数据，取该数据进行傅里叶变化结果，其中 NLSE 模型的极端波和叠加波的部分频谱演化见图 3，左侧为 NLSE 模型的极端波频谱演化情况，右侧为考虑随机波背景的叠加波的情况。

x 表示距离最大波峰处的距离，可以看出，随着距离波峰处越近，频谱的高能量低频区域逐渐变大，最终在达到最大波峰处达到顶峰，而基于 NLSE 模型的极端波，由于其时空上是对称的，这种能量集中在达到最大波峰后又会逐渐消失。这在 NLSE 模型所描述的极端波的演化中十分明显，而在考虑随机波背景的叠加波模型中，这种逐渐变大的总体趋势依旧是存在的，所以理论上在参数合适的情况下，随机波背景对于基于 NLSE 模型描述的极端波的频谱预测特征的影响是较小的。

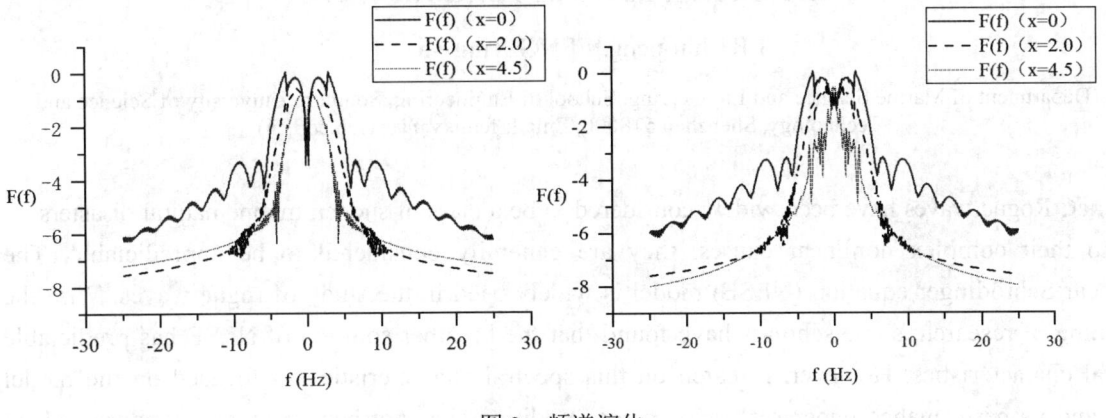

图 3　频谱演化

参考文献

1. Akhmediev N, Soto-Crespo J M, Ankiewicz A. Rogue waves that appear from nowhere: On the nature of rogue waves [J]. Phys. Lett. A, 2009, 373(25): 2137-2145.
2. 廖波. 基于 Peregrine 呼吸子的水流对畸形波影响的研究 [D]. 大连: 大连理工大学, 2018: 1-2.
3. Akhmediev N, Ankiewicz A, Soto-Crespo J M, et al. Rogue wave early warning through spectral measurements [J]. Physics Letters A, 2011: 541-44.
4. Akhmediev N, Soto-Crespo J M, Ankiewicz A, et al. Early detection of rogue waves in a chaotic wave field [J]. Physics Letters A, 2011: 2999-3001.
5. Chabchoub A. Rogue wave observation in a water wave tank [J]. Physical Review Letters, 2011: 204502.

Prediction and analysis of rogue waves based on NLSE model under the background of random waves

LIU Jun-peng, FENG Xing-ya*

(Department of Marine Science and Engineering, School of Engineering, Southern University of Science and Technology, Shenzhen 518000, Email: fengxy@sustech.edu.cn)

Abstract: Rogue waves have been widely considered to be a class of sudden marine natural disasters [1]. Due to their complex nonlinear causes, they are generally considered to be unpredictable. The nonlinear Schrödinger equation (NLSE) model is widely used in the study of rogue waves. With the deepening of research, some scholars have found that the breather solution of NLSE has predictable spectral characteristics. However, research on this spectral characteristic has focused on the model itself, and its performance under real random sea conditions has not been extensively addressed. In order to explore whether the spectral prediction characteristics of the NLSE breather solution are still applicable in the background of random waves close to the real sea state. This paper selects the NLSE first-order breather solution as the rogue wave model, and JONSWAP as the random wave background spectrum. Through experiments and simulations, its predictive and nonlinear characteristics are analyzed.

Key words: Rogue waves; Nonlinear Schrödinger equation; Breather solution.

冰间航道下浸没圆柱运动的数值模拟

熊航，倪宝玉*，曾令东

（哈尔滨工程大学 船舶工程学院，哈尔滨 150001, Email: nibaoyu@hrbeu.edu.cn）

摘要：水下物体运动会在自由液面兴起波浪，浮冰的存在会造成水面边界条件产生变化，物体运动兴波也预期发生改变。为此，研究了冰间航道下浸没圆柱运动引起的响应问题。基于势流理论下的边界元法，构建了浸没圆柱在两块刚性冰板形成的冰间航道下运动的数值模型，模型求解中，在处理自由液面和刚性冰板的交界点时，进行了数值上的拆分，得到了流场速度势分布，应用辅助函数法求解了圆柱表面水动压力。通过比较开阔水域和冰间航道下圆柱逼近水面的响应情况，确定了冰板的存在对圆柱受到的水动力具有影响，进而讨论了冰间自由液面的宽度、圆柱运动速度、圆柱与冰面边界的相对距离对自由面响应以及圆柱所受流体力的影响。

关键词：冰间航道；边界元法；辅助函数法

1 引言

受北极气候变化的影响，升温带来的海冰融化导致北极冰层厚度及覆盖面积急剧下降，极地通航已经成为可能。为了保障海洋结构物在极地冰区开展作业，破冰技术的发展一直是国内外关注的重要问题。近年来在极区采用的破冰方法除了破冰船破冰、气垫船破冰等接触式破冰方法之外，还有非接触式破冰方法。其中，基于水下物体运动兴波理论的冰下运动物体兴波破冰作为一种新型破冰技术受到了广泛关注。当物体在水中运动时，自由液面会在物体运动方向上出现波浪，当有冰板存在时，自由液面的边界条件发生了变化，由水下物体运动引起的响应也会发生变化。早在 1994 年，Kozin 等人[1]首次公开了冰下物体激起冰面水弹性波的模型试验研究，研究表明，在冰下模型运动时，能在冰面激发一定振幅的弯曲重力波，可以部分或者完全破坏冰盖。此后，基于不同冰面边界条件下物体运动的情形，学者们开展了大量研究。其中，对于在非完整冰面的研究中，Sturova[2]计算了碎冰层下的物体运动兴波问题，与自由液面相比，在相同力的作用下，碎冰的存在使波的幅值减小。Sturova[3]基于水弹性线性理论研究了二维圆柱在单块浮冰和冰间湖两种结构下震荡引起圆柱表面波和弯曲重力波的辐射问题，发现了波浪运动本质上依赖于淹没体相对于弹性板边缘的位置。Tkacheva[4]也基于水弹性线性理论研究了二维浸没椭球体在部分被冰覆盖的流体中的小振荡问题。Li 等[5]基于线性化速度势理论和边界元方法，研究了水下物体震荡激起的波浪与含有多个任意间距裂缝的冰盖间相互作用的问题。本研究将冰面假设为刚性板模型，考虑二维圆柱在两块浮冰形成的冰间湖下垂直向上的运动，借助边界元法进行求解，分析不同物体运动速度、不同冰厚、不同自由液面宽度和圆柱的不同相对位置等条件下自由液面的响应，进一步探究冰间湖边界条件对物体兴波破冰能力的影响。

2 数学模型

本研究问题的数学模型见图1。半径为 a 的圆柱在冰间湖下以速度 v 做垂向运动，圆柱中心的浸没深度为 h。建立笛卡尔坐标系 Oxy，以未扰动的水平自由液面为 x 轴，原点 O 在水面中心，y 轴垂直向上，与重力加速度 g 的方向相反，建立以圆柱中心为原点的局部坐标系（图1）。

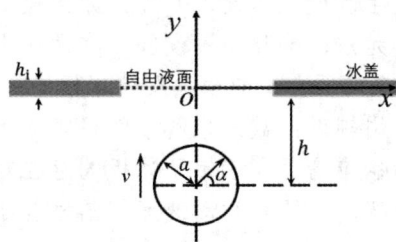

图 1 圆柱在冰间湖下运动示意图

假设不可压缩理想流体上方两侧冰面为刚性冰面，圆柱运动引起的流场流动无旋，流场存在速度势函数 $\varphi(x,y,t)$，可以通过求解 Laplace 方程的边值问题，确定各时刻的流体速度场。

$$\nabla^2 \varphi = 0 \quad (x,y) \in \Omega \tag{1}$$

$$\frac{\partial \varphi}{\partial n} = v\sin\alpha \quad (x,y) \in \Gamma_b \tag{2}$$

$$\frac{\partial \varphi}{\partial n} = 0 \quad (x,y) \in \Gamma_p \tag{3}$$

$$\varphi = 0 \quad (x,y) \in \Gamma_f \tag{4}$$

$$\varphi = 0, \frac{\partial \varphi}{\partial n} = 0 \quad (x,y) \in \Gamma_\infty \tag{5}$$

式中，Ω 是流域，$\Gamma = \Gamma_b + \Gamma_p + \Gamma_f + \Gamma_\infty$ 是流域边界，Γ_b 是圆柱表面，Γ_p 是冰板湿表面，Γ_f 是自由液面，Γ_∞ 是无穷远边界，n 是指向流场的外法线向量。

作用在流域内的流体水动压力可以由伯努利方程求得

$$p = -\rho\left(\varphi_t + gy + \frac{1}{2}|\nabla\varphi|^2\right) \tag{6}$$

自由液面 Γ_f 上质点的运动和流体质点相同，满足运动学边界条件

$$\frac{dx}{dt} = \nabla \varphi \quad (7)$$

结合伯努利方程（6），可得 Γ_f 上满足的动力学边界条件

$$\frac{d\varphi}{dt} = -g\eta + \frac{1}{2}|\nabla \varphi|^2 \quad (8)$$

式中，η 为波面。在后续数值求解程序中可通过式（8）对自由面节点的速度势进行更新。

圆柱运动所受的流体力可由局部坐标系下沿圆柱表面的水动压力积分求得，

$$F_x(t) = -a\int_0^{2\pi} p(a,\alpha,t)\cos\alpha \, d\alpha$$
$$F_y(t) = -a\int_0^{2\pi} p(a,\alpha,t)\sin\alpha \, d\alpha \quad (9)$$

3 数值方法

本文通过二维边界元数值计算方法[6]来求解边值问题式（1）至式（5）。根据格林公式，在流域内部处处满足的 Laplace 方程能够转化成在流域边界满足的边界积分方程

$$\varepsilon(p)\varphi(p) = \int_\Gamma \left(G(p,q)\frac{\partial \varphi(q)}{\partial n_q} - \varphi\frac{\partial G(p,q)}{\partial n_q} \right) d\Gamma \quad (10)$$

式中，p 是流场中的固定点，q 是边界上的积分点，n_q 为边界的法向量，以指向流场为正，$\varepsilon(p)$ 是在点 p 处观察流场的立体角，二维格林函数 $G(p,q)$ 取为简单格林函数，也叫 Rankine 源，

$$G(p,q) = \ln\frac{1}{r_{pq}} \quad (11)$$

式中，r_{pq} 是 p，q 两点之间的距离。

将冰面、自由液面、圆柱表面边界离散，形成线性边界单元，节点取为相邻单元的交点，这样在每一个单元上的点处的物理量都可以表征为对应单元两端处的物理量值的线性表达，具体可参照文献[7]将边界积分方程（10）整合成矩阵形式，

$$\mathbf{H}\boldsymbol{\varphi} = \mathbf{G}\boldsymbol{\varphi}_n \quad (12)$$

式中，系数矩阵 $\mathbf{H}$ 与 $\mathbf{G}$ 的组成元素 H_{ij}，G_{ij}（第 i 行，第 j 列）是以场点 p_i，边界 j 单元上源点 q_j 形成的系数，文献[7]里对应求解 H_{ij}，G_{ij} 的积分式在本研究中通过 8 点高斯公式求得。立体角 $\varepsilon(p)$ 取为 2π。

对于本研究的冰间航道下圆柱运动的数值模拟问题，最为特殊的地方在于其边界上存在流固交界节点，刚性冰板间的自由面和冰板直接接触，接触点在边界积分法的处理中既是满足自由液面的狄利克雷边界条件，又满足刚性冰面的纽曼边界条件。因此交界节点就同

时存在了已知的液面速度势和刚性冰板的法向速度。在进行计算的时候，采用了刘云龙[8]改进的倪宝玉[9]的流固节点处理模型，将交界节点进行数值上的拆分，将其拆分为两个分别仅知速度势和法向速度的不同节点 f_i 和 p_i，将其代入式（12），自由面 Γ_f 和刚性冰面 Γ_p 部分可写作

$$\begin{bmatrix} G_{ff} & G_{ff_i} & G_{fp_i} & G_{fp} \\ G_{f_if} & G_{f_if_i} & G_{f_ip_i} & G_{f_ip} \\ G_{p_if} & G_{p_if_i} & G_{p_ip_i} & G_{p_ip} \\ G_{pf} & G_{pf_i} & G_{pp_i} & G_{pp} \end{bmatrix} \begin{bmatrix} \varphi_{nf} \\ \varphi_{nf_i} \\ \varphi_{np_i} \\ \varphi_{np} \end{bmatrix} = \begin{bmatrix} H_{ff} & H_{ff_i} & H_{fp_i} & H_{fp} \\ H_{f_if} & H_{f_if_i} & H_{f_ip_i} & H_{f_ip} \\ H_{p_if} & H_{p_if_i} & H_{p_ip_i} & H_{p_ip} \\ H_{pf} & H_{pf_i} & H_{pp_i} & H_{pp} \end{bmatrix} \begin{bmatrix} \varphi_f \\ \varphi_{f_i} \\ \varphi_{p_i} \\ \varphi_p \end{bmatrix} \quad (13)$$

式中，两节点的速度势视作是一定的，因此（11）式可进一步改写成

$$\begin{bmatrix} \varphi_{nf} \\ \varphi_{nf_i} \\ \varphi_p \end{bmatrix} = \begin{bmatrix} G_{ff} & G_{ff_i} & -H_{fp} \\ G_{f_if} & G_{f_if_i} & -H_{f_ip} \\ G_{pf} & G_{pf_i} & -H_{pp} \end{bmatrix}^{-1} \begin{bmatrix} H_{ff} & H_{ff_i}+H_{fp_i} & -G_{fp_i} & -G_{fp} \\ H_{f_if} & H_{f_if_i}+H_{f_ip_i} & -G_{f_ip_i} & -G_{f_ip} \\ H_{pf} & H_{pf_i}+H_{pp_i} & -G_{pp_i} & -G_{pp} \end{bmatrix} \begin{bmatrix} \varphi_f \\ \varphi_{f_i} \\ \varphi_{np_i} \\ \varphi_{np} \end{bmatrix} \quad (14)$$

式中，等式左端为未知量。

在求解了流域速度场后，式（6）中的 φ_t 项在固定刚性冰面上可通过直接差分法求得，对于移动的圆柱表面，使用差分法会较为复杂，本研究采用 Wu[10]提出的辅助函数法对圆柱表面的 φ_t 项进行求解，引入辅助函数

$$\chi = \frac{\partial \varphi}{\partial t} + v\frac{\partial \varphi}{\partial y} \qquad (x,y) \in \Omega \quad (15)$$

$\chi(x,y,t)$ 在流域内满足 Laplace 方程，代入式（2）和式（8）得[10]

$$\frac{\partial \chi}{\partial n} = \frac{\mathrm{d}v}{\mathrm{d}t} n_y \qquad (x,y) \in \Gamma_b \quad (16)$$

$$\chi = v\frac{\partial \varphi}{\partial y} - g\eta - \frac{1}{2}|\nabla \varphi|^2 \qquad (x,y) \in \Gamma_f \quad (17)$$

式中，在定速问题中，式（16）右侧为 0，自由面节点速度通过边界元法求解得到后，式（17）右侧也容易获得，那么有关 $\chi(x,y,t)$ 的求解过程类似于求解 φ，圆柱表面的 φ_t 项即可获得，水动压力通过（9）直接求解。

4 数值结果

本节对圆柱在冰间航道下垂向运动引起的冰间自由液面的响应以及圆柱所受流体力进行数值计算，在确保网格收敛性良好的前提下，将水下圆柱表面等分为 128 个节点及单元，单个单元的弦长 l_b，刚性冰板厚度方向和靠近自由液面的冰板长度方向以 0.0025 m 为间隔均匀划分网格，为提高运算效率，在远离自由液面的刚性冰板长度方向按 0.5 m 进行划分，而对于自由液面，在轴线范围内采用均匀分布的网格，此外采用逐渐稀疏的网格直至刚性冰板。计算参数见表 1。

表 1 计算参数取值

参数	冰厚 h_i	单块冰板长度 L_i	圆柱半径 a	初始浸深 h_0	重力加速度 g	液体密度 ρ
数值	0.8m	5m	1m	1.5m	9.8 m/s²	1000 kg/m³

表 1 中的参数数值在计算中保持不变。圆柱运动速度 v，两冰板之间的自由液面宽度 l_f，圆柱中心在图 1 中 x 轴坐标值的 x_b 在具体计算结果中会特别说明。圆柱匀速垂直向上接近冰间自由液面，取时间步长为 0.001s，计算终止时刻取为浸深 $h = a + l_b$，后续计算结果取该时刻数据进行分析。

图 2 展示了圆柱在 $x = 0$ 的轴线上以速度 $v = 1$ ms^{-1} 分别在 $l_f = \infty$ 和 $l_f = 3$ m 时垂直向上运动引起的液面变形情况。在没有冰板限制时，自由液面呈余弦曲线分布，中点到两端平滑过度。而当自由液面两端存在冰板时，如图 2(b)所示，自由面初始位置设置在冰板厚度方向的 1/9 高度处，受冰板的限制影响，自由液面在靠近冰板的位置向外突起。

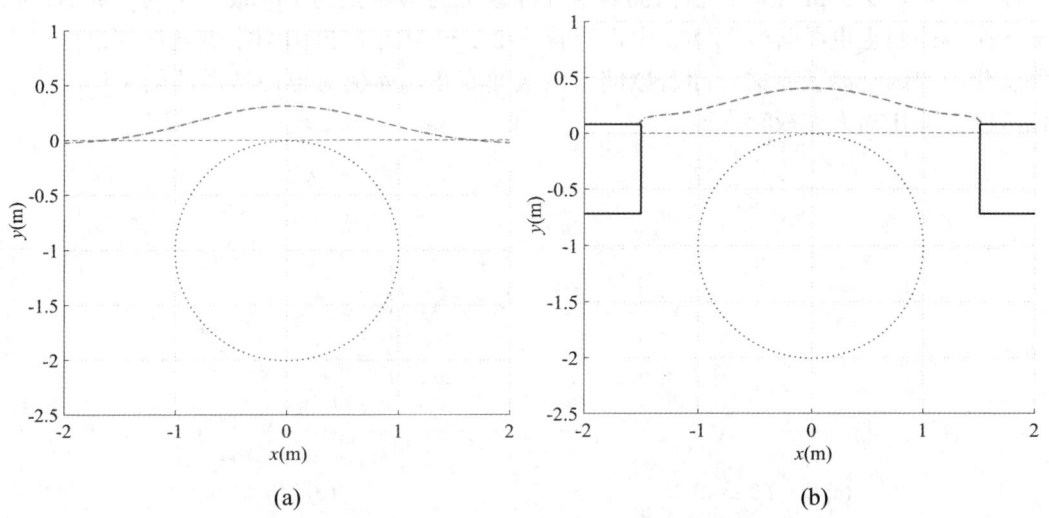

图 2 终止时刻(a)无冰板以及(b)有冰板时自由液面的响应

（初始时刻自由液面位置：虚线；终止时刻液面位置：点划线；终止时刻圆柱位置：点线；冰板：实线）

将图 2 中的自由液面提取在同一个图中（图 3），有冰板存在时，波高要略高于无冰板时的液面高度。在该算例中，冰间自由液面的宽度为 3 m，而在图 3 中可以发现，自由液面两端长度超过了 1.5 m，表明此时自由液面浸没了部分冰板。这一点也可以从图 2(b)中观察得到。由于冰板的限制作用，水下圆柱运动引起的自由液面的响应会比无限制时更加剧烈。接下来分析冰间自由液面宽度、冰下物体运动速度、运动物体与冰板的相对位置三个因素来研究自由液面和冰板的响应。

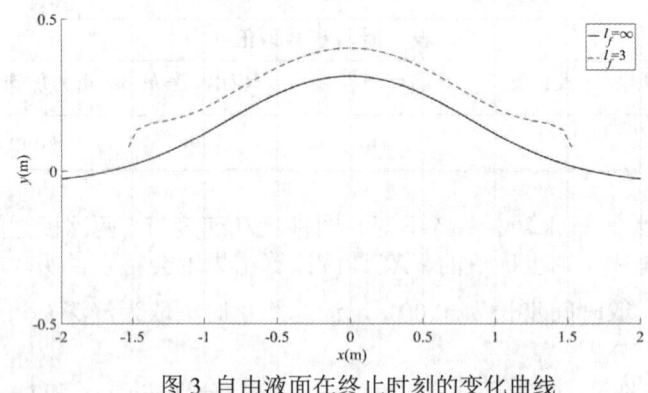

图 3 自由液面在终止时刻的变化曲线

图 4 给出了冰间自由面宽度在 2.2 m、2.6 m 以及 3.0 m 时，圆柱在 $x=0$ 的轴线上以速度 $v=1\ {\rm ms}^{-1}$ 垂直运动到终止位置处的液面波动情况，从图 4(a)，(b)，(c)的对比中可以发现，冰间航道在 2.2 m 宽时，自由面两端在冰板上的落点更远于冰板与水的交界面，接近冰板的两端凸起也更显著。图 4(d)中也能看出 2.2 m 宽时，自由面中点处波高最大。出现这种变化的原因与冰板有关，随着冰间自由液面变宽，冰板对自由液面的限制作用变小，自由液面的变化向无冰板存在时靠拢。

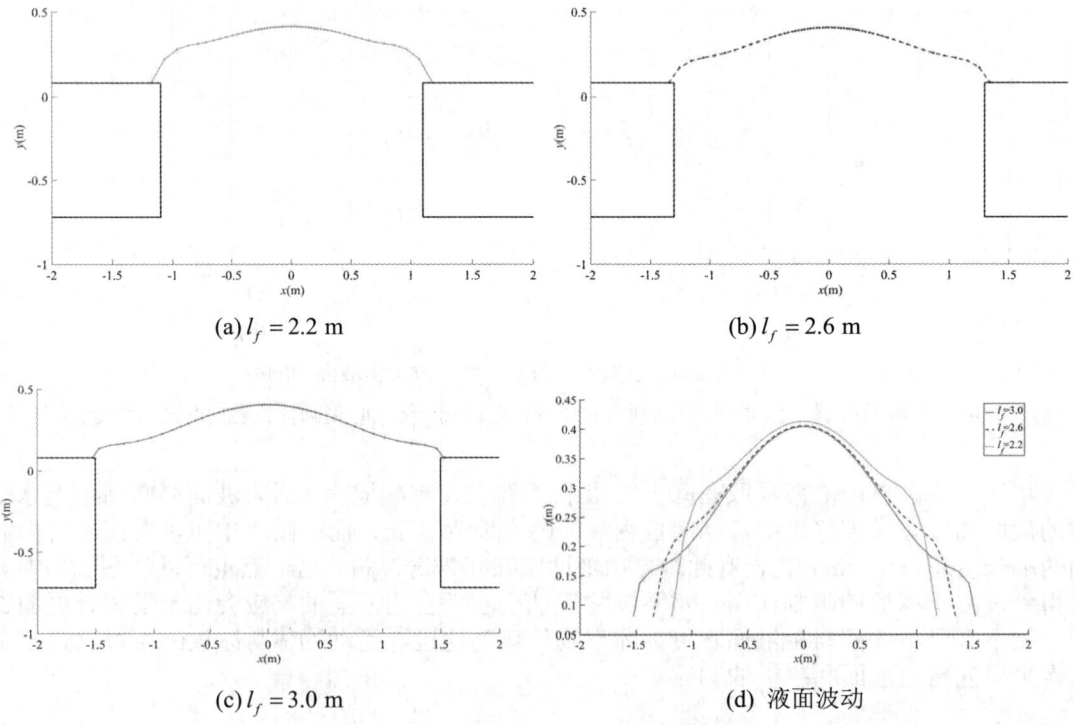

(a) $l_f = 2.2$ m (b) $l_f = 2.6$ m

(c) $l_f = 3.0$ m (d) 液面波动

图 4 自由液面在终止时刻的变化曲线

圆柱在 $x=0$ 的轴线上运动，流场对称，圆柱仅受垂向流体力的作用，图 5 给出了对应图 4 情况下，圆柱所受流体力的变化。可以发现，垂向的流体力随着自由液面宽度的增加而增加。从图 4 中可以看到冰间自由面变窄，两侧冰板的限制作用加剧，自由面涌上冰板的程度更大，水动压力反映在圆柱上则表现为圆柱受流体力的减小。

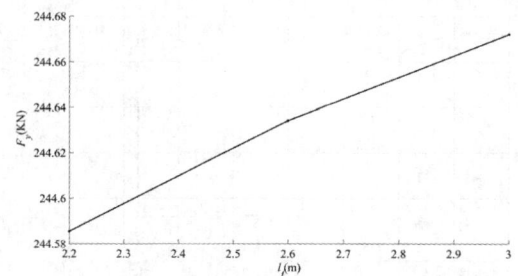

图 5 在终止时刻圆柱所受流体力随冰间自由面宽度变化的变化曲线

保持冰间自由面宽度为 3.0m 不变，仅改变圆柱运动的速度大小，在终止时刻自由面中点高度值如表 2 所示，圆柱所受流体力如图 6 所示，自由液面波高的变化是不大，圆柱运动速度变化主要影响了圆柱所受流体力的大小，圆柱所受流体力与圆柱运动速度正相关。

表 2 冰间自由液面中点高度随运动速度的变化

圆柱运动速度(m/s)	1.0	2.0	3.0
冰间自由面高度(m)	0.4062	0.4067	0.4072

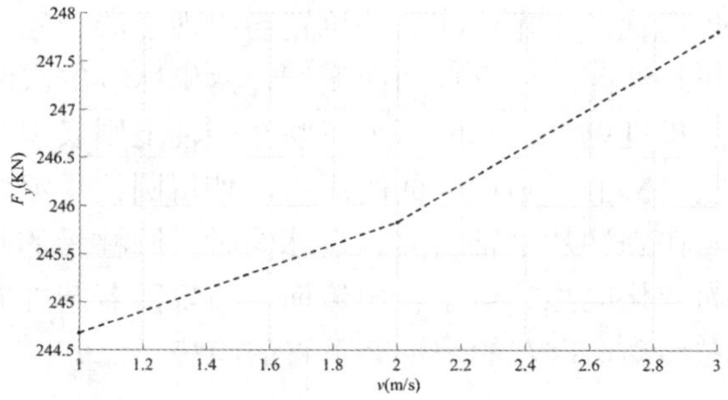

图 6 在终止时刻圆柱所受流体力随运动速度变化的变化曲线

保持冰间自由面宽度为 3.0 m，圆柱运动速度 2 m/s 不变，考虑圆柱在 $x=0.3$ m 的轴线上运动，与在 $x=0$ 时运动的情况相比较，表 3 给出了两种条件下圆柱受垂向流体力的情况，图 7 给出了两种情况下引起的自由面波动响应结果。显然圆柱靠近右侧冰板，其对自由面响应以及圆柱受力的影响加剧，表现为自由液面波形不对称且偏向右侧冰板，圆柱受水平流体力作用且垂向受力有所增加。这种现象也与 Sturova[3] 的发现一致，即冰下物体震荡引起的波浪运动依赖于浸没体相对于冰面边缘的位置。

表 3 终止时刻下，流场对称与非对称时圆柱所受流体力的结果

圆柱运动轴线	$x = 0$	$x = 0.3$ m
圆柱所受水平流体力 F_x (KN)	0	0.282
圆柱所受垂向流体力 F_y (KN)	245.83	245.87

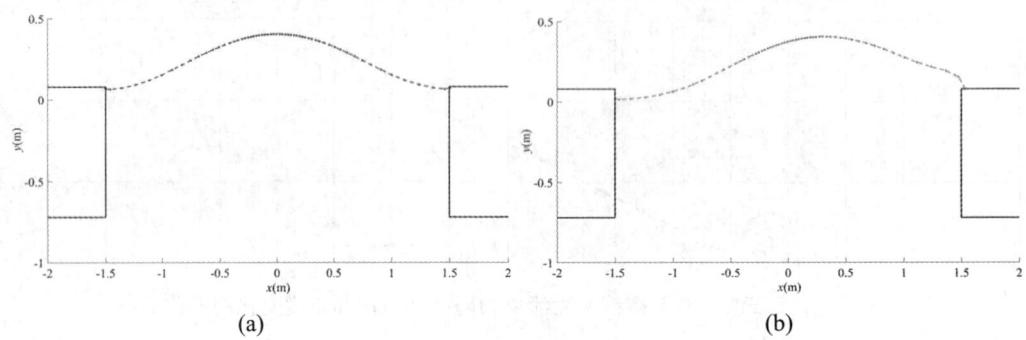

(a)　　　　　　　　　　　　(b)

图 7 以(a) $x = 0$ 以及(b) $x = 0.3$ 为轴线运动至终止时刻时自由液面的响应

（终止时刻液面位置：点划线；冰板：实线）

5 结论

本研究基于边界元法求解了冰间航道下圆柱垂向运动的问题，分析了冰间自由液面宽度、圆柱运动速度、物体与冰板的相对位置这三种因素对自由液面和圆柱响应的影响，得到以下结论：①有冰面时的自由液面波高大于无冰面时的波高，且自由液面的波形在有冰面存在时不再呈现正余弦形状，在靠近冰面的位置会出现小的凸起。②变冰间自由液面宽度会影响自由液面的波形和波高，冰间自由面变窄，两侧冰板的限制作用加剧，自由面波高变大，两侧涌上冰板的程度更大，水动压力反映在圆柱上则表现为圆柱受流体力减小。③改变圆柱的运动速度主要影响了圆柱表面的压力，使得圆柱受流体力发生较大变化，对自由液面的影响不大。④在圆柱从中轴右移靠近冰面时，圆柱受的垂向和横向流体力均在增大，尤其是横向流体力变化明显。对于自由液面，波峰随着圆柱右移而逐渐右移，靠右的波形明显地向上和向右移动，靠左的波形有下移的趋势。

参考文献

1　V M Kozin, A V Onishcuk. Model investigations of wave formation in solid ice cover from the motion of a submarine [J]. Journal of Applied Mechanics and Technical Physics, 1994, 35(2).

2　Motion of a slender body in a fluid under a floating plate [J]. Journal of Applied Mechanics and Technical Physics, 2012, 53:27-37.

3　I V Sturova. Radiation of waves by a cylinder submerged in water with ice floe or polynya [J]. Fluid Mech. 2015, 784: 373-395.

4 L A Tkacheva. Oscillations of a cylindrical body submerged in a fluid with ice cover [J]. Appl. Mech. Tech. Phys. 2015,56 (6): 1084-1095.

5 Li Z F, Wu G X, Ji C Y. Interaction of wave with a body submerged below an ice sheet with multiple arbitrarily spaced cracks [J]. Physics of fluids, 2018, 30(5).

6 Brebbia C A. Boundary element methods in engineering [M]. New York: Springer, 1982.

7 任康. 二维运动物体非线性水动力学研究 [D]. 上海: 上海交通大学, 2015.

8 刘云龙. 改进的气泡动力学模型在舰船抗冲击中的应用 [D]. 哈尔滨: 哈尔滨工程大学, 2014.

9 Ni B Y, Zhang A M, Wu G X. Numerical simulation of motion and deformation of ring bubble along body surface [J]. Applied Mathematics & Mechanics, 2013, 34(12): 1495-1512.

10 Wu G. Hydrodynamic force on a rigid body during impact with liquid. Journal of Fluids & Structures, 1998, 12(5): 549-559.

Numerical simulation of submerged cylinder motion in the ice channel

XIONG Hang, NI Bao-yu*, ZENG Ling-dong

(College of Shipbuilding Engineering, Harbin Engineering University, Harbin 150001,
Email: nibaoyu@brbeu.edu.cn)

Abstract: The motion of underwater objects generates waves on the free liquid surface. The existence of floating ice will change the surface boundary conditions, and the motion of objects is expected to change. In this paper, the response of a submerged cylinder in an ice channel is studied. Based on the boundary element method within the potential flow theory, we developed a numerical model to simulate the motion of the submerged cylinder under the ice channel, which is formed by two rigid ice plates. To solve the model, the split on the numerical is applied in the treatment of the free surface and rigid ice plate junction, obtaining the distribution of flow velocity potential. The auxiliary functions method is used here to solve the hydrodynamic forces acting on the cylinder. By comparing the response of the cylinder approaching the water surface in open water and the ice channel, it is confirmed that the existence of an ice plate affects the hydrodynamic force of the cylinder. The influences of the width of the free surface of the ice, the velocity of the cylinder and the relative distance between the cylinder and the ice boundary on the response of the free liquid surface in the ice channel and hydrodynamic forces of the cylinder are discussed.

Key words: Ice channel; Boundary element method; Auxiliary functions method.

跌坎水跃自由面非稳定性及掺气特性研究

郑晓慧[1]，刘善均[1]，白瑞迪[1*]，宁荣福[1]，郭艳梅[2]，张亚芳[2]，王浩[2]，
颜洲[1]，王宇豪[1]

(1. 四川大学水 力学与山区河流开发保护国家重点实验室，成都 610065, Email: zhengxhscu@163.com;
2. 永城市水利局，永城 476000)

摘要：水跃广泛应用于泄水建筑物的消能设计中，通过表面的漩滚和内部强紊动来达到消能的目的。水跃是当水流由急流状态过渡到缓流状态时产生的一种水面突然跃起的特殊局部水力现象，其主要特征为水深的急剧增加、大尺度漩滚、强烈掺气、液滴飞溅等现象。在消力池底部增设跌坎，可以增加水跃的稳定性，以达到更充分消能的目的。以往研究中主要对跌坎水跃的临底流速和消能率进行了大量研究，而对跌坎水跃自由面的非稳定性，以及水流的掺气特性研究较少。本研究采用模型实验的方法，采用超声测距仪与接触式探针，对不同跌坎高度及弗劳得数下水流的掺气浓度、气泡频率、流速、跃长等进行了系统测量。实验结果表明：(1)与平底板水跃相比，跌坎水跃的跃长略微增加；(2)自由面的波动峰值随着跌坎高度的增加呈减小变化趋势； (3)跌坎水跃断面最大掺气浓度和最大气泡频率，与平底板水跃相比，沿程衰减规律几乎相同，但其位置变化规律具有较大差异。本研究同时也探讨了跌坎下游漩滚区对消能的影响。

关键词：水跃；跌坎高度；共轭水深；自由面波动；掺气浓度

1 引言

泄水建筑物是水利水电工程中极为关键部分。底流消能作为一种常见的泄洪消能方式，是通过水跃中的表面漩滚和强烈紊动来达到消能的目的。水跃是当水流由急流过渡到缓流时产生的一种水面突然跃起的特殊局部水力现象。水跃区域内，水流紊动，强烈掺气，上部漩滚回流区和下部主流剪切层之间不断进行质量和能量交换，从而达到消能的目的。但当高坝工程上下游水位差超过 120 m 时，消力池流速可达到 40 m/s，临底流速很高，会对消力池造成冲磨破坏。针对此问题提出"多股多层水平淹没射流"的理念，即大幅度抬高入池水舌，形成很高的跌坎，主流入池后远离消力池底板，降低了临底流速，称之为跌坎底

流，广泛应用于向家坝、金安桥等高坝工程。

对于跌坎水跃研究也发展已久，Willi H 等[1]对跌坎水跃的水深和跃长进行了测量，并对水跃类型进行了分类和定义。Iwao Ohtsu 等[2]定义了高跌坎和低跌坎，通过大量实验，给出了不同来流条件下两者水跃基本类型与特征。Michele M 等[3]提出下游水深对水跃类型有着重要影响，且部分情况下由于水跃的不稳定性，水跃类型会发生类似周期性变化。孙双科等[5]、李志高等[6]提出增设跌坎可降低消力池临底流速。李杰[4]通过试验分析得出跌坎高度越大，消能效率越高。

而对于水跃中掺气特性的研究也随着技术的不断发展而不断进步。Murzyn[7]和Chanson[11]通过采用探针对水跃的掺气沿程变化规律进了系统研究，发现其垂向变化规律，并将过流断面分为上部漩滚区和下部紊动剪切区。Murzyn[9]采用超声测距仪记录水跃段自由面水深随时间变化过程线。

虽然对于水跃的特性研究已经较为充分，但是对于跌坎水跃的研究主要还是集中在临底流速和消能效率上，对于跌坎水跃自由面非稳定性和水流掺气特性等定量分析较少，本研究采用模型试验，采用超声测距仪和接触式探针，对不同跌坎高度和 Fr 下，水流的自由面特性和掺气浓度、气泡数量、水跃长度等进行了系统的测量。

2 实验模型和试验方法

2.1 试验装置和测量仪器

实验装置由一个长 2.5 m、宽 2.5 m、高 1.7 m 的高水头水箱和一个长 5.6 m、宽 0.4 m、高 0.5 m 的水平矩形水槽及下游三角量堰组成。水槽底板和侧墙由玻璃、有机玻璃制备。其中水箱和水槽由一个长 0.6 m、宽 0.4 m 的光滑压坡连接，压坡出口高度固定为 0.02 m。水槽末端，设置堰板，以控制下游水位。实验流量采用三角堰测量，精度为±2%。

跃趾位于 x_1=0.52 m 处(图 1 (a))。跃前水深 d_1 采用精度为 0.1 mm 的测点仪测量，下文所有实验中 d_1=0.023 m(表 1)。跌坎水跃自由面波动采用两个超声波位移测距仪(Acoustic displacement meter,)测量，型号为 MicrosonicTM Mic + 25/IU/TC，量程为 3~35 cm，精度在 0.18 mm 以内。测量时，传感器发射声波束，当声波束到达水面后就会反射回传感器，即可得到传感器和水面间的距离。因水跃自由面波动剧烈、液滴飞溅等现象，发射出的部分声波束不能返回到传感器，ADM(Acoustic displacement meter)采集信号中就包含部分错误信号，因此 Bai 等[10]之前的研究介绍了 ADM 信号处理技术。本实验采样频率为 100 Hz，采样时间为 180 s。水流掺气特性采用侵入式双针尖相位探针测量，探针由两个针形传感器组成，两个针形传感器平行放置，一长一短，针尖探头之间纵向间距和横向间距分别为 10 mm 和 2 mm。其工作原理为探头尖端刺穿气泡，导致电路被切断，从而使输出的电压信号下降，每个检测到的气泡到会导致电阻发生剧烈变化，产生剧烈波动的方波信号。侵入式探针由电子系统激发，该电子系统相应时间小于 10μs。实验中以 40 kHz 的频率采样 45 s。

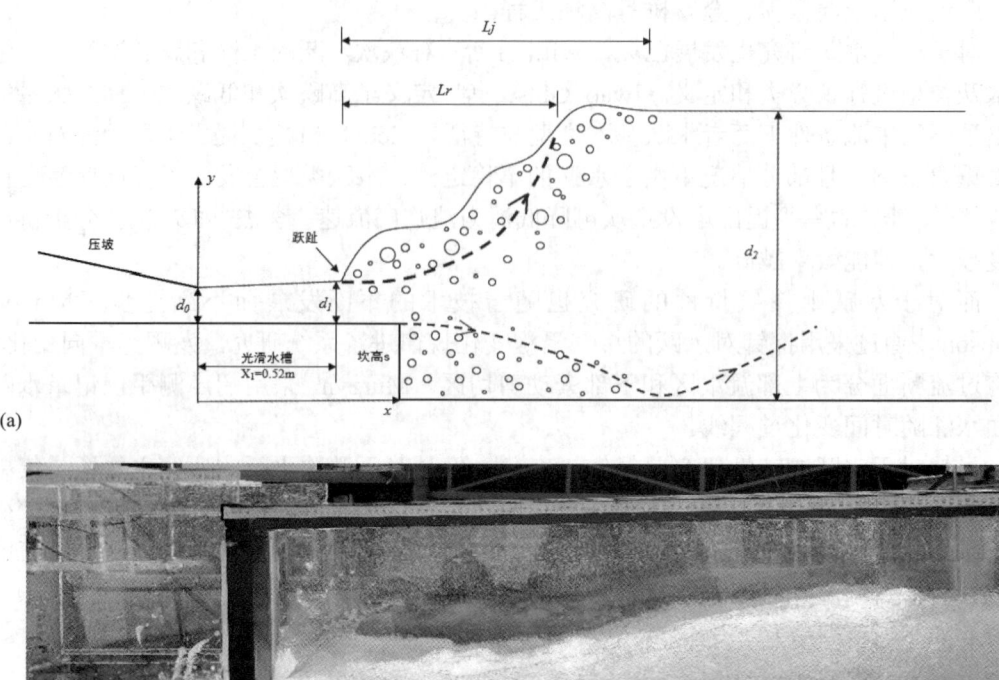

图 1 (a)跌坎水跃示意图; (b)跌坎水跃图像

2.2 试验工况和来流条件

实验将压坡出口高度固定为 2 cm,首先开展了无跌坎水跃(即 $d=0$ cm)试验作为对照试验,设定 4 个 Fr,分别为 4.07、6.10、7.64、10.31。后开展跌坎高度为 2 cm、4 cm、8 cm 不同组别的试验,每组试验的 Fr 与无跌坎水跃试验相同。各组试验都通过水槽下游尾部堰板控制下游水深,以控制水跃发生位置,保证各组实验中跃趾位于 $x_1=0.52$ m 处。共计开展 16 组实验。

通过对比分析,研究跌坎对于水跃自由面非稳定性和水流掺气特性的影响。具体实验工况见表 1。

表 1 跌坎水跃试验数据

试验组别	s/m	q_w/ m³·s⁻¹	d_1/m	V_1/m·s⁻¹	d_2/m	d_2/d_1	Fr	$Re/\times 10^5$	L_j/m
T1-1		0.0178	0.023	1.93	0.126	5.5	4.07	44500	0.59
T1-2	0	0.0267	0.023	2.90	0.190	8.3	6.10	66675	0.91
T1-3		0.0334	0.023	3.63	0.240	10.4	7.64	83475	1.19
T1-4		0.0450	0.023	4.90	0.317	13.8	10.31	112600	1.35
T2-1		0.0178	0.023	1.93	0.144	6.3	4.07	44500	0.63
T2-2	0.02	0.0267	0.023	2.90	0.198	8.6	6.10	66675	1.13
T2-3		0.0334	0.023	3.63	0.248	10.8	7.64	83475	1.47
T2-4		0.0450	0.023	4.90	0.307	13.4	10.31	112600	1.85
T3-1		0.0178	0.023	1.93	0.164	7.1	4.07	44500	0.59
T3-2	0.04	0.0267	0.023	2.90	0.206	9.0	6.10	66675	1.09
T3-3		0.0334	0.023	3.63	0.247	10.7	7.64	83475	1.24
T3-4		0.0450	0.023	4.90	0.310	13.5	10.31	112600	1.60
T4-1		0.0178	0.023	1.93	0.200	8.7	4.07	44500	0.73
T4-2	0.08	0.0267	0.023	2.90	0.241	10.5	6.10	66675	0.98
T4-3		0.0334	0.023	3.63	0.274	11.9	7.64	83475	1.22
T4-4		0.0450	0.023	4.90	0.328	14.3	10.31	112600	1.48

3 自由面非稳定特性

3.1 共轭水深与水跃长度

下游水深在水槽尾部基本保持不变,达到一个稳定值(图 4)。对于光滑水平矩形水槽,由动量方程可得:

$$\frac{d_2}{d_1} = \frac{1}{2} \times \left(\sqrt{1+8 \times Fr^2} - 1 \right) \tag{1}$$

式中,d_2 为共轭水深。

试验测得的 d_2/d_1 与公式结果进行对比(图 2)。结果表明,d_2/d_1 随着 Fr 增加而增大,不同跌坎高度下增长趋势一致。d_2/d_1 随着跌坎高度的增加而增大,且低 Fr 时,跌坎高度的影响更加明显。分析原因可能是因为跌坎存在,在原本下游水深 d_2 的基础上又增加了一个跌坎的高度,导致 d_2 变大,因此 d_2/d_1 增加;而当 Fr 变大,原本下游水深 d_2 较深,跌坎高度 s 相对于 d_2 较小,其对 d_2/d_1 的影响就相对较小。

水跃长度 L_j 定义为从跃趾位置到水深最大 η_{max} 位置的距离。对于给定跌坎高度，水跃长度随 Fr 的增加而增大，跌坎水跃与无跌坎水跃变化趋势一致；对于给定 Fr 值，跃长随跌坎高度的增加而略有增加，但增加变化并不明显规律。无论跌坎高度多少，其水跃长度都比无跌坎水跃长度略大。

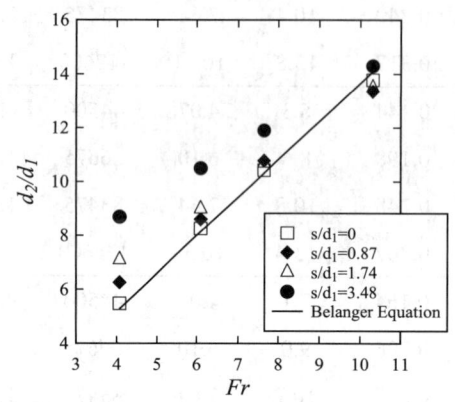
图 2 不同跌坎高度下共轭水深与 Fr 关系

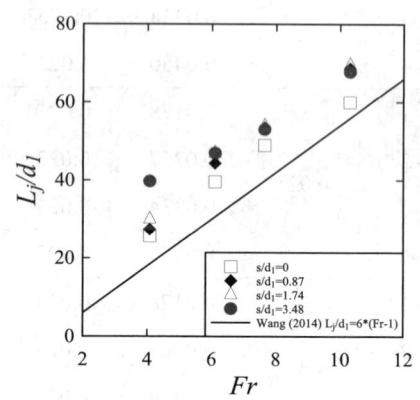
图 3 无量纲的水跃跃长与 Fr 关系

3.2 自由面波动值

实验观察发现，跃趾稍下游位置，水深显著增加，自由面波动剧烈，在水跃结束位置，水深基本稳定。测量各个试验工况下，水槽中心线水深平均值与波动值。图 4 为水深的平均值 η/d_1 的无量纲与 x/d_1 的关系，图 5 为自由面波动值 η'/d_1 的无量纲与 x/d_1 的关系，其中 η 为水深平均值，η' 为自由面波动值，$x-x_1$ 为断面到跃趾距离。

试验表明，水深在跃趾后迅速增加，增加到最大值后基本保持不变。下游水深 d_2 随着 Fr 的增加而增加，随着跌坎高度的增加而增加；在低 Fr 下，跌坎高度对下游水深 d_2 的影响更为明显。

图 5 为沿水流方向上水跃自由面波动值。可以看出，在跃趾上游位置，水面波动值很小且基本不变，说明来流水深 d_1 基本不变。在跃趾稍下游位置自由面波动值急剧增加，迅速达到最大值后下降，说明跃趾稍下游位置为自由面波动最剧烈的位置。在水跃下游位置，自由面波动值变小，基本达到一个较小的稳定值，但该值比跃趾前自由面波动值大，说明跃后水深波动较跃前水深大。且各个跌坎高度下，跃后水深的波动值基本相同，增设跌坎对跃后水深波动没有明显的影响。自由面波动最大值随着 Fr 的增加而增加，但随着跌坎高度的增加而减小，在高 Fr 下，跌坎高度对其影响更加明显。说明增设跌坎可以减小自由面波动值，而增加跌坎高度可以加大对自由面波动值的影响，进一步说明增设跌坎可以增加水跃稳定性。

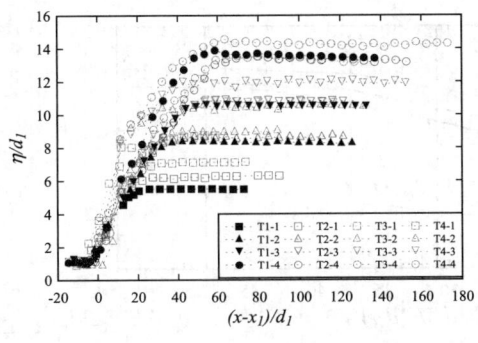 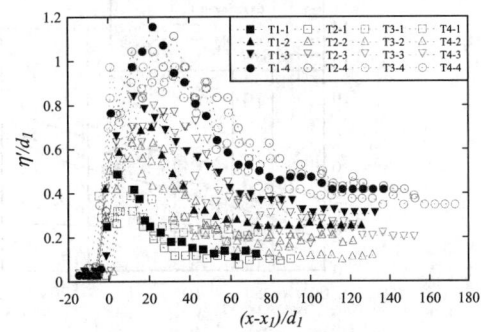

图 4　纵向上水深的平均值　　　　　　　图 5　纵向上自由面波动值

4　掺气浓度与气泡特性

水跃中，掺气浓度分布在湍流剪切区中有明显的峰值[11]。图 6 和图 7 给出了跌坎水跃中从跃趾到下游区域的掺气浓度 C、无量纲气泡数量 $F·d_1/V_1$ 的典型断面垂向分布，其中垂向高度 y 采用 d_1 进行无量纲处理。无跌坎的水平水跃与跌坎水跃的断面垂向掺气浓度和气泡数量分布规律相似。在湍流剪切区，掺气浓度从底部上升到最大值后下降，在上部回流区，自由面附近掺气浓度增加到100%。

在湍流剪切区，掺气浓度分布符合气泡平流扩散方程的解析解：

$$C = C_{\max} \times \exp\left(-\frac{1}{4D^{\#}} \times \frac{\left(\dfrac{y - y_{C\max}}{d_1}\right)^2}{\dfrac{x - x_1}{d_1}}\right) \tag{2}$$

式中，$D^{\#} = D_t/(V_1 \times d_1)$，为无量纲扩散系数，$C_{\max}$ 为局部掺气浓度最大值，$y_{C\max}$ 为局部掺气浓度最大值点到底板的垂向高度。

图 6 对比了无跌坎与跌坎高度 4 cm 两种工况下沿程断面掺气浓度分布。结果表明，无跌坎水跃与跌坎水跃的剪切区掺气浓度的最大值 $C_{\max}$ 沿程衰减，规律相似，但 $C_{\max}$ 沿程位置变化规律不同。无跌坎水跃中 $C_{\max}$ 的垂向位置沿程为上升趋势，但跌坎水跃中 $C_{\max}$ 的垂向位置沿程为下降趋势，且跌坎高度越大，下降趋势越明显。进一步分析掺气特性特殊线的位置关系，无跌坎水跃中，y_{90} 的位置高于 y_{50}，高于水面线平均值，其中 y_{90} 为掺气浓度 C 为 90%的垂向位置，y_{50} 为掺气浓度 C 为 50%的垂向位置。而在跌坎水跃中，y_{90} 高于 y_{50} 与水面线平均值，但 y_{50} 与水面线平均值没有明显差距，在跃趾稍下游位置，y_{50} 与水面线平均值还有明显区别，但在水跃后半部分，y_{50} 与水面线平均值基本重合。但其沿程位置上升的趋势相同。

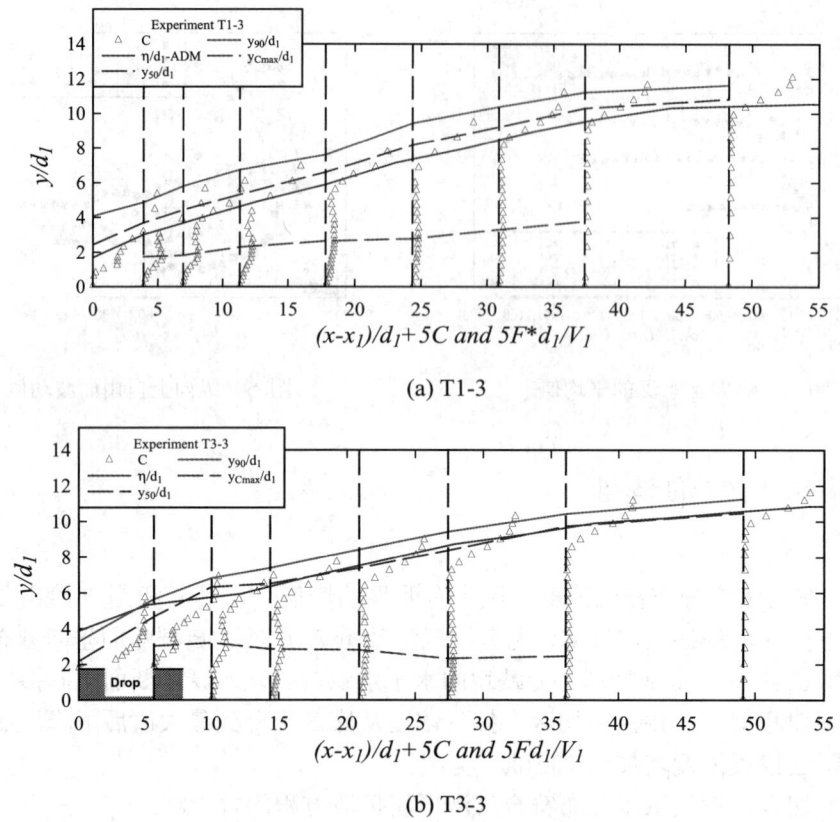

图 6 纵向上水跃自由面高度、掺气浓度分布

图 7 为无跌坎与跌坎高度 4 cm 两种工况下沿程断面气泡数量无量纲分布。分析可知，无跌坎水跃与跌坎水跃的剪切区气泡数量的最大值 F_{max} 沿程衰减，规律相似，但 F_{max} 沿程位置变化规律不同。无跌坎水跃中 F_{max} 的垂向位置沿程为上升趋势，但跌坎水跃中 F_{max} 的垂向位置沿程为下降趋势。这说明剪切层区域位置不同，剪切层位置下移。分析原因，可能是因为增设跌坎，使得水跃在跌坎前后并不连续，部分打断了剪切层的发展。

图 6、图 7 显示了掺气浓度 C、气泡数量 $F·d_1/V_1$ 在各断面的垂向分布及其沿纵向的发展。总的来说，跌坎有无对掺气浓度 C、气泡数量 $F·d_1/V_1$ 的纵向分布规律没有影响，但对 C_{max}、F_{max} 的沿程位置变化有明显影响。

跌坎后消力池内底部位置会形成一定厚度的水垫，相比于平板水跃，水流进入跌坎后消力池内，会与消力池内上、下两部分水体产生强烈的剪切、摩擦作用，在主流下方形成底部漩滚，同时水流紊动扩散，在上部产生强烈的漩涡。这一点从对 C_{max}、F_{max} 的沿程位置变化中可以体现出来。跌坎后的漩滚加强了各部分水体间的相互交汇、碰撞、掺混，加强了水体的紊动，有利于消能。

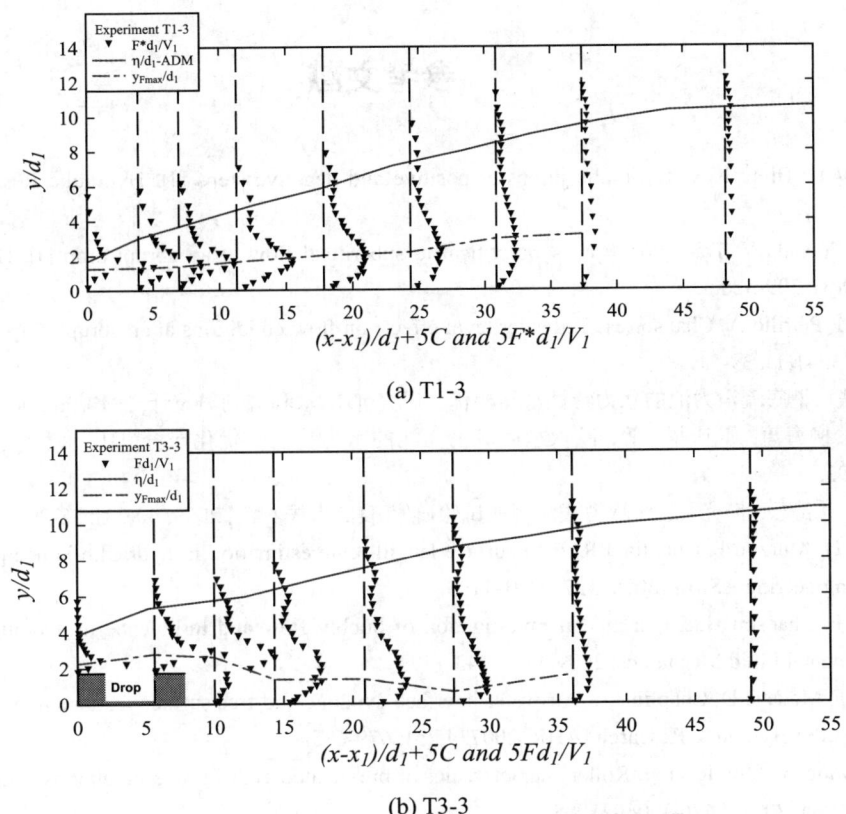

(a) T1-3

(b) T3-3

图 7 纵向上水跃自由面高度、气泡数量分布

5 结论

本研究在 $4<Fr<11$ 的范围内，对不同跌坎高度下，水跃的水力特性进行了系统研究。采用超声测距仪与接触式探针系统测定了从跃趾到下游区域水跃的自由面非稳定性和水流掺气特性。

(1) 自由面波动的最大值随着 Fr 的增加而增加，但随着跌坎高度的增加而减小，在高 Fr 下，跌坎高度对其影响更加明显。

(2) 对于给定跌坎高度，水跃跃长随着 Fr 的增加而增大；在相同 Fr 值下，跌坎水跃跃长较平底板水跃(无跌坎水平水跃)略大。

(3) 紊动剪切区断面最大值掺气浓度 C_{max} 和气泡频率 F_{max} 沿程衰减规律与平底板水跃相似。但 C_{max}、F_{max} 的沿程位置变化规律不同，但跌坎水跃中 C_{max}、F_{max} 的垂向位置沿程为下降趋势，且跌坎高度越大，下降趋势越明显。

参考文献

1. Hager W H, Bretz N V. Hydraulic jumps at positive and negative steps [J]. Hydraulic Res. 1986, 24(4): 237-253.
2. Ohtsu I, Yasuda Y. Transition from supercritical to subcritical flow at an abrupt drop [J]. Hydraulic Res. 1991, 29(3): 309-328.
3. Mossa M, Petrillo A, Chanson H. Tailwater level effects on flow conditions at an abrupt drop [J]. Hydraulic Res. 2003, 41(1): 39-51.
4. 李杰. 跌坎型底流消力池的水力特性与结构优化研究 [J]. 水利规划与设计, 2017(06): 96-98.
5. 孙双科, 柳海涛, 夏庆福, 等. 跌坎型底流消力池的水力特性与优化研究 [J]. 水利学报, 2005(10): 1188-1193.
6. 李志高, 翟静静, 向光红. 跌坎型底流消能试验研究 [J]. 人民长江, 2009, 40(23): 28-29.
7. Mouaze D, Murzyn F, Chaplin J R. Free surface length scale estimation in hydraulic jumps [J]. Journal of Fluids Engineering ASME, 2005, 127: 1191-1193.
8. Murzyn F, Chanson H. Experimental investigation of bubbly flow and turbulence in hydraulic jumps [J]. Environmental Fluid Mechanics, 2009, 9(2): 143-159.
9. Murzyn F, Mouaze D, Chaplin J R. Air-water interface dynamic and free surface features in hydraulic jumps [J]. Journal of Hydraulic Research IAHR, 2007, 45(5): 679-685.
10. Bai R, Wang H, Tang R, et al. Roller characteristics of pre-aerated high-Froude-number hydraulic jumps [J]. Hydraul. Eng, 2021, 147(4): 04021008.
11. Chanson H, Brattberg T. Experimental study of the air-water shear flow in a hydraulic jump [J]. International Journal of Multiphase Flow, 2000, 26(4): 583-607.

Free surface characteristics and aeration characteristics in hydraulic jump with an abrupt drop

ZHENG Xiao-hui[1], LIU Shan-jun[1], BAI Rui-di[1*], NING Rong-fu[1], GUO Yan-mei[2], ZHANG Ya-fang[2], WANG Hao[2], YAN Zhou[1], WANG Yu-hao[1]

(1. State Key Laboratory of Hydraulics and Mountain River Engineering, Sichuan University, Chengdu 610065, China, Email: zhengxhscu@163.com;
2. Yongcheng Water Conservancy Bureau, Yongcheng 476000)

Abstract: Hydraulic jump is widely used in the energy dissipation design of discharge structures. The purpose of energy dissipation is achieved through the swirling and strong turbulence on the surface of hydraulic jump. Hydraulic jump is a special hydraulic phenomenon in which the water surface suddenly jumps when the flow transitions from a supercritical to subcritical flow. Its characteristics are the sudden increase of water depth, large-scale swirling, strong aeration, splashing. A stilling basin with a negative step can increase the jump stability and energy dissipation. Previous studies mainly focused on the bottom velocity and energy dissipation rate of the jump with a drop, but less on the instability of the free surface and the aeration characteristics of the flow. In this paper, the aeration concentration, bubble frequency, flow velocity and jump length of water flow under different drop height and Froude number are systematically measured by model experiment, using ultrasonic displacement meters (ADMs, MicrosonicTM Mic + 25/IU/TC) and a double-tip conductivity probe ($\phi = 0.1$ mm). The experimental results show that: (1) the conjugate depth increases with the increase of the height of drop, while the maximum fluctuation of the free surface decreases with the increase of the drop height. (2) The change of drop height has no effect on the jump lengths. (3) Compared with the classical jump, the change law of void fraction and bubble count rate with increasing distance from the jump toe is similar, but the location y_{Cmax} of the local maximum in void fraction and the location y_{Fmax} of bubble count rate are greatly different with the classical jump. In addition, this study also discusses the influence of the large eddy downstream of drop on energy dissipation.

Key words: Hydraulic jump; drop height; Conjugate depth; Free surface fluctuation; Void fraction.

抛物型海脊俘获波的完整解析理论

刘建豪，王岗*，郑金海

（河海大学 海岸灾害及防护教育部重点实验室，南京 210098, Email: gangwang@hhu.edu.cn）

摘要：海脊的导波作用能够影响海啸的空间能量分布和远场最大波高到达时刻，因此海脊俘获波的特性研究对于海啸的预报以及风险评估等具有重要意义。Zheng 等[1]基于对称抛物型海脊推导了俘获波的自由水面运动与频散关系的解析表达。本研究进一步从理论上指出其所提解析解理论仅包含了对称俘获波，实际在对称海脊上还存在着反对称的俘获波。在此基础上基于线性浅水方程，详细推导了抛物线海脊上俘获波的完整解析理论。利用虚宗量 Bessel 函数描述俘获波的波面运动，并推导其色散关系以及波群速度的具体表达式，进一步分析讨论了俘获波的运动特性，包括色散关系、波群速度与波面空间分布等。

关键词：海啸；海脊导波；俘获波；解析解

1 引言

海啸是一种灾难性的海浪，是由海底地震、火山爆发、海底滑坡等扰动引起的具有超长波长和周期的重力波[2]。在开阔的深海中其传播速度快且波幅较小，行进至近岸时，波能在垂直和水平方向聚集，波高急剧上升，对沿海地区造成灾害影响。在海港或狭窄海湾边缘形成的海啸波可能发生持续反射和干涉，引起海水的大幅持续波动，进一步加剧了灾害[3]。

按照相对受灾地区的距离远近，海啸可分为局地海啸、区域海啸和越洋海啸（远洋海啸）[4]。越洋海啸不仅对震源地区造成破坏，还致使千米之外的地区遭成严重损失。研究表明，越洋海啸对远场造成严重灾害的主要原因是由于海脊对海啸的俘获与引导效应所致。此外，由于海脊的导波作用，使得海啸最大波的出现时刻远晚于由震源直接传播而至的先导波。如 2004 年印度尼西亚海啸，最大波高抵达南美、北美、澳大利亚等地均滞后于首波数小时[5]。2006 年 Kuril 海啸，由于太平洋的 Koko 海山和 Hess 海隆对海啸有显著的汇聚和俘获作用，Crescent City 在首波到达 2h 后出现了能量更大的波列[6]。类似现象同样在 2011 年 Tohoku 海啸中也得到证实[7]。

基金项目：国家自然科学基金项目(52071128, 51579090)

海脊俘获波的研究最早可以追溯到 Ursell[8]，他证明了半径足够小的水下圆岛可能存在俘获波。Jones[9]基于简化的特征值问题论证了顶部淹没的任意对称海脊地形均能产生俘获波。Longuet-Higgins[10]给出了台阶型剖面海脊俘获模态的波面解。随后 Buchwald[11]进一步推导了两侧水深不等的台阶型海脊上俘获波的频散关系。Shaw 和 Neu[12]基于 Kummer 函数给出了三角型剖面俘获波的隐式解析解。近年来，Zheng 等[1]采用 Bessel 函数推导了抛物型海脊上俘获波的波面解析解和色散关系表达式。胡见等[13]针对实际连续变化地形海脊，推导了双曲余弦型海脊俘获波解析解和色散关系表达式。万鹏等[14]基于射线理论推导了指数型海脊上波浪轨迹的理论解。于洪荃等[15]基于 MIKE21-BW 模型分析了剖面为指数地形的弯曲海脊上俘获波的运动规律。许洋等[16]基于势流理论提出了台阶型海脊地形上的解析理论。最近，Wang 等[17]基于线性浅水方程，给出了双曲余弦平方剖面海脊上的俘获波完整解，并采用 FUNWAVE-TVD 进行数值模拟验证其所提理论。郑金海等[18]给出了大洋海脊导波和岛礁周围长周期波的俘获机理和条件。张怿帷等[19]给出了非对称指数型海脊俘获波解析理论并分析了其运动特性。

Zheng 等[1]推导的对称抛物型海脊俘获波解析理论仅考虑了对称形式的俘获波，实际还存在反对称的俘获波。本研究详细给出对称抛物型海脊上俘获波的完成理论，并进一步讨论其运动特性。

2 理论推导

采用抛物型函数拟合实际海脊地形。如图 1 所示，沿海脊横向为 x 轴，海脊中心线为 y 轴，考虑海脊地形对称分布的情况，此时水深函数可以表示为：

$$h(x) = s(|x|+b)^2 \tag{1}$$

式中，s 和 b 是描述山脉形状的系数，s 的量纲为 m^{-1}，b 的量纲为 m。

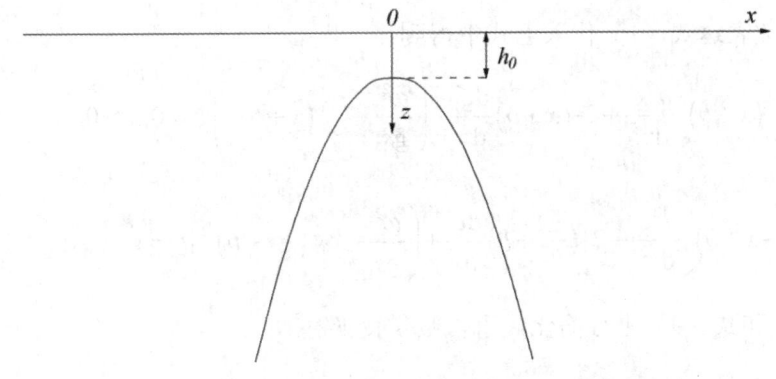

图 1 抛物型海脊剖面图

采用线性浅水波浪理论来描述海啸俘获波的运动。对应的线性浅水连续方程为

$$\frac{\partial \eta}{\partial t} + \frac{\partial (uh)}{\partial x} + \frac{\partial (vh)}{\partial y} = 0 \tag{2}$$

动量方程为

$$\frac{\partial u}{\partial t} = -g \frac{\partial \eta}{\partial x} \tag{3}$$

$$\frac{\partial v}{\partial t} = -g \frac{\partial \eta}{\partial y} \tag{4}$$

式中，η 为自由水面，t 为时间，h 为水深，u 和 v 分别为 x、y 方向的速度分量。忽略科氏力的影响。将式（3）和式（4）代入式（2）中消去 u 和 v，得

$$\frac{\partial^2 \eta}{\partial t^2} - g\left[\frac{\partial}{\partial x}\left(h\frac{\partial \eta}{\partial x}\right) + \frac{\partial}{\partial y}\left(h\frac{\partial \eta}{\partial y}\right)\right] = 0 \tag{5}$$

主要考虑海脊俘获波沿海脊即 y 方向传播，则其自由水面 η 可以表示为

$$\eta(x,y,t) = \zeta(x)\exp\left[i(k_y y - \omega t)\right] \tag{6}$$

式中，ω 为俘获波的圆频率，k_y 为沿 y 方向的波数分量，i 为虚数单位。将式（6）代入式（5）中，可得

$$h\frac{d^2\zeta}{dx^2} + \frac{dh}{dx}\frac{d\zeta}{dx} + \left(\frac{\omega^2}{g} - k_y^2 h\right)\zeta = 0 \tag{7}$$

将水深函数表达式（1）代入上式中得到

$$(x+b)^2 \frac{d^2\zeta}{dx^2} + 2\cdot(x+b)\frac{d\zeta}{dx} + \left(\frac{\omega^2}{gs} - k_y^2 (x+b)^2\right)\zeta = 0, x > 0 \tag{8}$$

$$(-x+b)^2 \frac{d^2\zeta}{dx^2} - 2\cdot(-x+b)\frac{d\zeta}{dx} + \left(\frac{\omega^2}{gs} - k_y^2 (-x+b)^2\right)\zeta = 0, x < 0 \tag{9}$$

对式（8）和式（9）进行简化，引入数学变换

$$\tau = k_y(|x|+b) \tag{10}$$

$$\zeta = \sqrt{\pi/2}\tau^{-\frac{1}{2}}\xi \qquad (11)$$

得到变型 Bessel 方程的形式

$$\tau^2 \frac{d^2\xi}{d\tau^2} + \tau \frac{d\xi}{d\tau} - \left(\tau^2 + v^2\right)\xi = 0, x \neq 0 \qquad (12)$$

式中,

$$v = \frac{1}{2}\sqrt{1 - \frac{4\omega^2}{gs}} \qquad (13)$$

方程（12）的通解可以表示为

$$\zeta = A \cdot \tau^{-\frac{1}{2}} \cdot I_v(\tau) + B \cdot \tau^{-\frac{1}{2}} \cdot K_v(\tau) \qquad (14)$$

式中, A 和 B 为待定系数, $I_v(\tau)$ 和 $K_v(\tau)$ 分别为第一类变型 Bessel 函数和第二类变型 Bessel 函数

$$I_v(\tau) = i^{-v} J_v(i\tau) = \sum_{k=0}^{\infty} \frac{1}{k!\Gamma(v+k+1)} \left(\frac{\tau}{2}\right)^{v+2k} \qquad (15)$$

$$K_v(\tau) = \frac{\pi}{2} \cdot \frac{I_{-v}(\tau) - I_v(\tau)}{\sin v\pi} \qquad (16)$$

式中, J_v 为第一类 Bessel 函数, Γ 为伽马函数

$$\Gamma(\tau) = \int_0^{\infty} \exp(-t) t^{\tau-1} dt \qquad (17)$$

当海脊宽度较大时，假设波能主要集中在山脊附近，则对应的无穷远处波幅趋近于 0，即

$$\zeta\big|_{|x|\to\infty} = 0 \qquad (18)$$

此时 $I_v(\tau)$ 和 $K_v(\tau)$ 有下列渐近公式

$$\begin{cases} I_v(\tau) = \dfrac{e^{\tau}}{\sqrt{2\pi\tau}}\left[1 - O\left(\tau^{-1}\right)\right] \\ K_v(\tau) = \sqrt{\dfrac{\pi}{2\tau}} e^{-\tau}\left[1 + O\left(\tau^{-1}\right)\right] \end{cases} \qquad (19)$$

式中，第二类变型 Bessel 函数 $K_v(\tau)$ 趋近于 0，而第一类变型 Bessel 函数 $I_v(\tau)$ 趋近于∞，与式（18）矛盾，故舍去 $I_v(\tau)$ 项，令系数 $A=0$，通解（14）改写为

$$\zeta = B \cdot \tau^{-\frac{1}{2}} \cdot K_\nu(\tau) \tag{20}$$

不论连续与否，对称地形上自由表面运动总是可以分为对称型和反对称型，下面分别讨论这两种情况的解。

对称波形：

要求 ζ 是 x 的偶函数，即

$$\left.\frac{d\zeta}{dx}\right|_{x=0} = 0 \tag{21}$$

利用数学关系 $2K'_\nu(\tau) = -[K_{\nu+1}(\tau) + K_{\nu-1}(\tau)]$，得到

$$K_{\nu-1}(k_y b) + \frac{1}{k_y b} \cdot K_\nu(k_y b) + K_{\nu+1}(k_y b) = 0 \tag{22}$$

上式即为对称俘获波的色散关系，用于描述 ω 与 k_y 之间的关系。对上式进行分析可知，式（22）适用于 $4\omega^2/gs > 1$ 的情况。

进一步，根据式（22）写出其能量速度表达式

$$c_g = \frac{d\omega}{dk_y} = \frac{-gs\nu\left(\left(\frac{2}{k_y^2 b} + 2b\right)K_\nu(k_y b) + b\left(K_{\nu-2}(k_y b) + K_{\nu+2}(k_y b)\right) + \frac{1}{k_y}\left(K_{\nu-1}(k_y b) + K_{\nu+1}(k_y b)\right)\right)}{2\omega\left(\frac{1}{k_y b}K_\nu^{(1,0)}(k_y b) + K_{\nu-1}^{(1,0)}(k_y b) + K_{\nu+1}^{(1,0)}(k_y b)\right)} \tag{23}$$

反对称波形：

要求 ζ 是 x 的奇函数，即

$$\zeta|_{x=0} = 0 \tag{24}$$

得到频散关系

$$K_\nu(k_y b) = 0 \tag{25}$$

式（25）即为反对称情况下对应的色散关系，与对称情形类似，适用于 $4\omega^2/gs > 1$，ν 为纯虚数的情况。

进一步，根据式（25）写出其能量速度表达式

$$c_g = \frac{d\omega}{dk_y} = \frac{-bgs\nu\left(K_{\nu-1}(k_y b) + K_{\nu+1}(k_y b)\right)}{2\omega K_\nu^{(1,0)}(k_y b)} \tag{26}$$

3 结果讨论

3.1 色散关系

根据式(22)和式(25)可知，给定海脊形状参数时，可以得到每一个确定的 ω 所对应的 k_y 值。如图2所示，图$(a)(b)$分别给出了对称俘获波与反对称俘获波的色散关系。两种情况下，k_y 均随 ω 的增大而增大，且随着模态增加，增加越慢。而相对对称情况，反对称情况下实际上不存在0模态，且相应模态的 k_y 随 ω 增大增加更快。

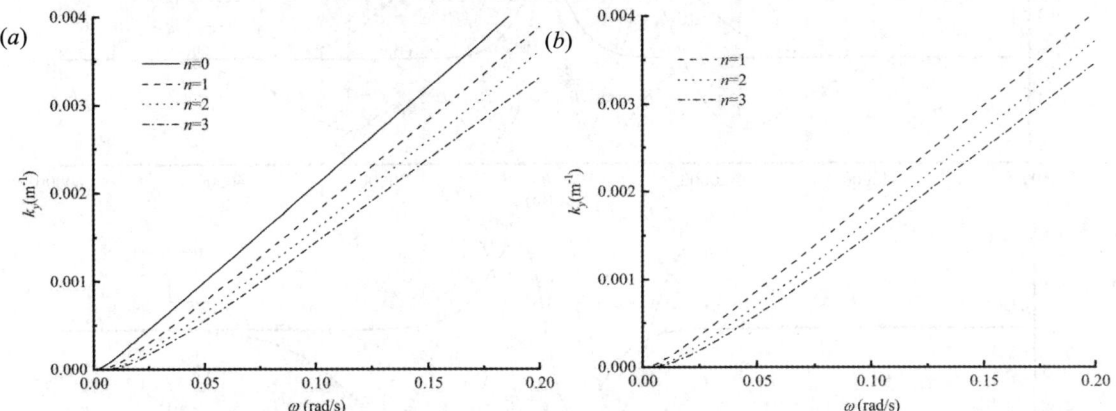

图2 图(a)为对称俘获波色散关系；图(b)为反对称俘获波色散关系（s=7.63×10^{-7}m^{-1}, b=1.62×10^{4}m, h_0 = 200 m, h_1 = 2000 m, L = 35000 m）

3.2 群速度

海啸在大洋中传播时，由于频散逐渐分成一个频率相近的波群向前传播，因此研究波群速度对于准确预测海啸到达时刻具有重要现实意义。根据式(23)和式(26)，分别画出对称和反对称俘获波的群速度与圆频率 ω 关系图（图3）。在给定 s 和 b 时，群速度 c_g 随着圆频率 ω 的增加而减小，模态越高，减小越慢，总体减小幅度越来越缓，最后趋于一个固定值$(gh_0)^{0.5}$。反对称情况下对应模态群速度减小趋势更快。

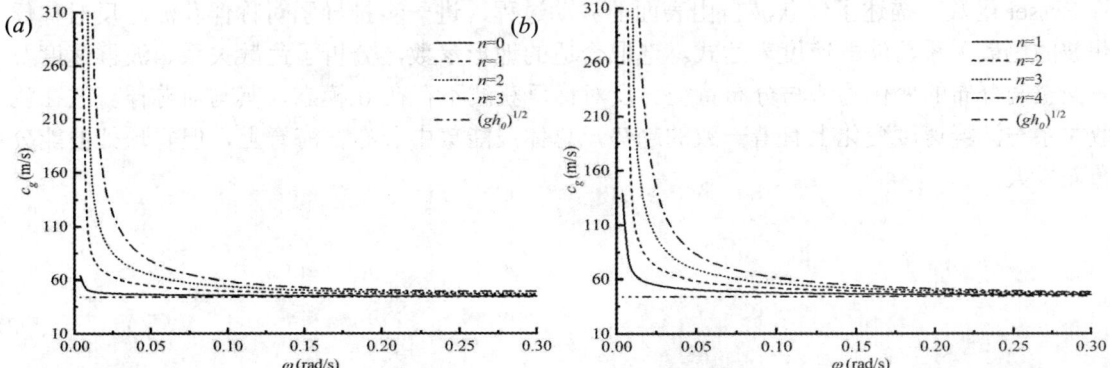

图3 图(a)为对称俘获波群速度关系；图(b)为反对称俘获波群速度关系（s=7.63×10^{-7}m^{-1}, b=1.62×10^{4}m, h_0 = 200 m, h_1 = 2000 m, L = 35000 m）

3.3 空间能量分布

图 4 为对称和反对称俘获波在横截面的空间分布。如图 4 所示，俘获波的模态与海脊两侧的波节点相对应。对称俘获波波形态关于海脊中心线对称，各模态最大振幅均出现在脊顶处；反对称俘获波波形态关于海脊中心线反对称，脊顶处波幅为 0。在海脊横断面上，所有波面最终趋于静止水面，俘获波的能量分布主要集中在海脊附近，模态越高其能量越难被海脊束缚，波能在更大的范围内分布。

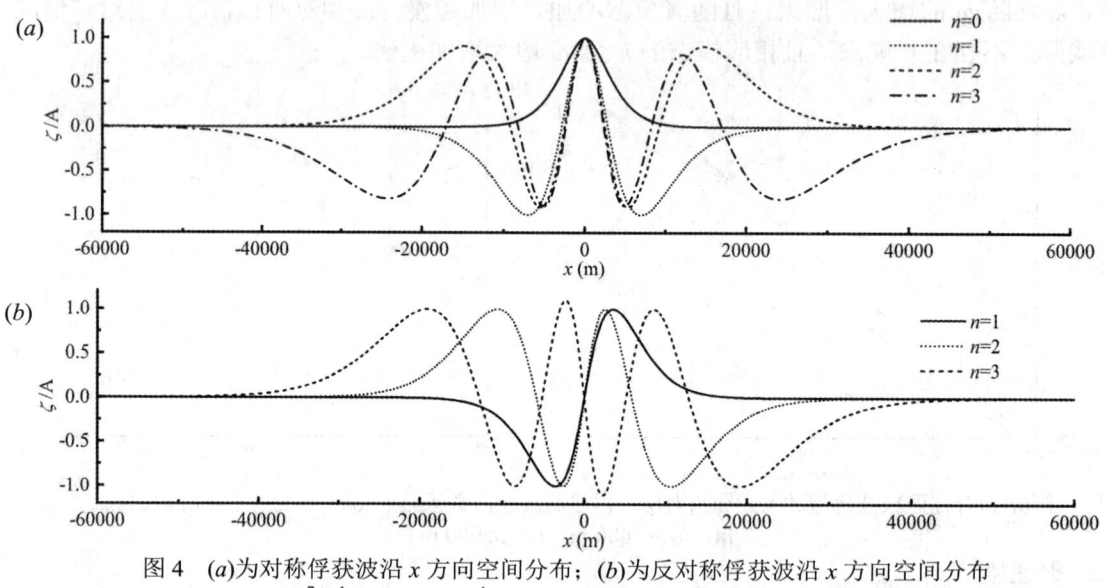

图 4 (a)为对称俘获波沿 x 方向空间分布；(b)为反对称俘获波沿 x 方向空间分布
($s=7.63\times10^{-7}\text{m}^{-1}$, $b=1.62\times10^{4}\text{m}$, $h_0 = 200 \text{ m}$, $h_1 = 2000 \text{ m}$, $L = 35000 \text{ m}$)

4 结论

本研究基于线性水波理论分析推导出抛物型海脊剖面上俘获波的完整解析解，采用 v 阶 Bessel 函数，描述了俘获波自由表面的波动过程，进一步推导了对称俘获波与反对称俘获波的色散关系与波群速度表达式。选取合适的地形参数，分析了色散关系、波群速度及波面空间分布的变化趋势与分布特征。反对称俘获波不存在 0 模态，其与对称俘获波在色散关系与波群速度变化上有着一致的趋势，总体波能集中分布在海脊上，但脊顶处波能分布差异大。

参考文献

1. Zheng J h, Xiong M j, Wang G. Trapping mechanism of submerged ridge on trans-oceanic tsunami propagation [J]. China Ocean Engineering, 2016, 30(2): 271-282.
2. 姚远, 蔡树群, 王盛安. 海啸波数值模拟的研究现状 [J]. 海洋科学进展, 2007: 487-494.
3. Cheung K F, Bai Y, Yamazaki Y. Surges around the Hawaiian Islands from the 2011 Tohoku tsunami [J]. Journal of Geophysical Research: Oceans, 2013, 118(10): 5703-5719.
4. Commission I O. Tsunami glossary [M]. United Nations Educational, Scientific and Cultural Organization, 2019.
5. Rabinovich A B, Candella R N, Thomson R E. Energy decay of the 2004 Sumatra tsunami in the world ocean [J]. Pure and Applied Geophysics, 2011, 168(11): 1919-1950.
6. Kowalik Z, Horrillo J, Knight W, et al. Kuril Islands tsunami of November 2006: 1. Impact at Crescent City by distant scattering [J]. Journal of Geophysical Research, 2008, 113(C01020): 1-11.
7. Wilson R I, Admire A R, Borrero J C, et al. Observations and impacts from the 2010 Chilean and 2011 Japanese tsunamis in California (USA) [J]. Pure and Applied Geophysics, 2013, 170(6): 1127-1147.
8. Ursell F. Trapping modes in the theory of surface waves [J]. Mathematical Proceedings of the Cambridge Philosophical Society, 1951, 47(2):
9. Jones D S. The eigenvalues of $\nabla^2 u + \lambda u = 0$ when the boundary conditions are given on semi-infinite domains [J]. Mathematical Proceedings of the Cambridge Philosophical Society, 1953, 49(4): 668-684.
10. Longuet-Higgins M S. On the trapping of waves along a discontinuity of depth in a rotating ocean [J]. Journal of Fluid Mechanics, 1968, 31(3): 417-434.
11. Buchwald V T. Long waves on oceanic ridges [J]. Proceedings of the Royal Society of London Series A Mathematical and Physical Sciences, 1968, 308(1494): 343-354.
12. Shaw R P, Neu W. Long-wave trapping by oceanic ridges [J]. Journal of Physical Oceanography, 1981, 11(10): 1334-1344.
13. 王岗, 胡见, 王培涛, 等. 双曲余弦海脊上海啸俘获波的解析与数值研究 [J]. 海洋学报, 2018, 40(5): 15-23.
14. 万鹏, 王岗, 于洪荃, 等. 基于射线理论的海脊俘获波机制 [J]. 海洋学报, 2019, 41: 35-39.
15. 于洪荃, 胡见, 王岗, 等. 海啸俘获波在弯曲海脊上的传播规律 [J]. 海洋学报, 2020, 42(1): 40-45.
16. 许洋, 王岗, 王培涛, 等. 台阶型海脊俘获波的实验研究 [J]. 海洋预报, 2020, 37(2): 29-37.
17. Wang G, Liang Q, Shi F, et al. Analytical and numerical investigation of trapped ocean waves along a submerged ridge [J]. Journal of Fluid Mechanics, 2021, 915(A54): 1-33.
18. 郑金海, 时健, 陈松贵. 珊瑚岛礁海岸多尺度波流运动特性研究新进展 [J]. 热带海洋学报, 2021, 40(3): 44-56.
19. 张怿帷, 王岗, 郑金海, 等. 非对称指数型海脊上俘获波解析研究 [C]. 第十六届全国水动力学学术会议暨第三十二届全国水动力学研讨会, 北京: 海洋出版社, 2021: 381-389.

A complete analytical investigation of trapped ocean waves along a parabolic ridge

LIU Jian-hao, WANG Gang*, ZHENG Jin-hai

(Key Laboratory of Coastal Disaster and Protection, Ministry of Education, Hohai University, Nanjing 210098, Email: gangwang@hhu.edu.cn)

Abstract: The spatial energy distribution of the transoceanic tsunami and the arrival time of the maximum wave height in the far field can be guided by the oceanic ridges, so the characteristic investigation of trapped waves along a ridge is of great significance for tsunami forecast and risk assessment. Zheng et al. (2016) derived the analytical solutions to describe the free surface and dispersion relationships over a symmetric parabolic ridge. In this paper, the new complete solutions indicate that anti-symmetric trapped waves also exist on a symmetric ridge. Based on the linear shallow water equation, the complete analytical theory of trapped waves is derived in detail. The specific formulation of the free surface, dispersion relationships and group velocity is described using the modified Bessel functions. Further analyzing the movement characteristics of trapped waves is discussed, including dispersion relationships, group velocity and surface spatial distribution.

Key words: Tsunamis; Oceanic guided waves; Trapped waves; Analytical solutions.

不同增长速率斜坡函数对瞬态波浪传播过程的影响研究

陈群斌，冯兴亚*

（南方科技大学 海洋科学与工程系，深圳 518055，Email: fengxy@sustech.edu.cn）

摘要：斜坡函数广泛应用于物理/数值水槽的造波过程中，以抑制造波板突然启动产生的大幅瞬态波前波浪，然而目前较少有文献从理论方面定量分析斜坡函数对瞬态波浪传播过程的影响。本研究基于含斜坡函数的瞬态波浪时域解析解，结合傅里叶级数展开技术，分析了三种不同增长速率的斜坡函数对瞬态波浪传播过程的影响。研究结果表明，造波信号起始阶段添加斜坡函数可显著降低瞬态波浪波前区域的最大波波幅，并且斜坡函数起始阶段的增长速率越慢，其波前区域最大波幅值的减少越明显。

关键词：时域解析解；瞬态波浪；斜坡函数

1 引言

在海洋工程、海岸工程和船舶工程等领域中，都会面临波浪及其与海洋结构物相互作用的问题。物理模型试验和数值模拟是研究海洋波浪与结构物相互作用的两种重要研究手段，其研究结果可为海工建筑物设计提供重要的科学依据。其中，造波系统是物理模型试验和数值模拟的核心关键模块，其生成波浪的准确与否直接影响研究结果的准确性。因此，对造波过程的理论研究具有重要的理论意义和实际应用价值。

在造波过程中，造波板通常都是从静止状态突然开始运动，因此其初始阶段的瞬时加速度较大，导致造波过程中会出现波高较大的瞬态波前，该波浪极不稳定且易发生波浪破碎，影响后续波浪的传播。为了抑制瞬态波前的波幅，常见的做法是在造波信号的初始阶段引入斜坡函数（Ramp Function），使得造波信号的振幅由零值平稳过渡到预期的振幅，减小造波板启动的加速度，从而达到减小瞬态波前波幅的目的。然而，目前虽然已提出了多种不同的斜坡函数，但是并没有从理论上详细考察不同斜坡函数对瞬态波浪传播演化过程的影响。

为了从理论上分析造波信号中斜坡函数的引入对瞬态波浪传播过程的影响，需要求解含造波边界条件的时域定解问题。在有限水深情形下，Dai 等[1]通过求解时域定解问题得到了造波板简谐运动产生瞬态波浪的解析解，但是该解析解在波数 $k = k_0$ 具有奇异性，在数值计算时颇有不便。Chen 等[2]基于 Dai 等[1]提出的瞬态波浪解析解，通过围道积分的计算，在复平面上得到了解析非奇异的瞬态波面解析解，该解析解将瞬态波面分解为四个波浪成分，即初始成分、局部成分、稳态成分和波前成分。随后，Chen 等[3]进一步分析了波前成分在波浪演化过程中的变化规律。最近，Chen 等[4]根据 Chen 等[2]提出的基本解，得到了含一般斜坡函数的瞬态波浪解析解。

然而，在 Chen 等[4]的研究中主要侧重于含一般斜坡函数瞬态波浪理论解的推导，只简要分析了 Eatock Taylor 型[5]和 Lighthill 型[6]的斜坡函数对瞬态波面传播过程的影响。事实上，斜坡函数的增长速率也会对瞬态波浪的传播过程产生影响。鉴于此，本研究将讨论三类不同斜率的斜坡函数对瞬态波浪传播过程的影响。

2 含斜坡函数瞬态波浪时域解析解

考虑水深为 h 的半无限长理想流体，在 $x = 0$ 处有一弹性造波板，速度为 $R(t)F(z)\sin(\omega t)$，其中，$F(z) = A\exp(kz)$ 为其沿垂向水平速度分布，A 为造波板运动的幅值；$R(t)$ 为斜坡函数，当 $0 \leq t \leq t_R$ 时，$R(t) = r(t)$，当 $t > t_R$ 时，$R(t) = 1$。因此，线性条件下，造波板运动产生瞬态波浪的时域定解问题可以归结为如下初边值问题。具体地，速度势 Φ 需满足如下控制方程及初边值边界条件。

控制方程：

$$\frac{\partial^2 \Phi}{\partial x^2} + \frac{\partial^2 \Phi}{\partial z^2} = 0, \qquad x > 0,\ -h < z < 0,\ t > 0. \tag{1}$$

边界条件：

$$\begin{aligned}
&\left.\frac{\partial \Phi}{\partial z}\right|_{z=-h} = 0, & & x > 0,\ t > 0. \\
&\left.\left(\frac{\partial^2 \Phi}{\partial t^2} + g\frac{\partial \Phi}{\partial z}\right)\right|_{z=0} = 0, & & x > 0,\ t > 0. \\
&\left.\frac{\partial \Phi}{\partial x}\right|_{x=0} = R(t)F(z)\sin(\omega t), & & -h < z < 0,\ t > 0. \\
&\lim_{x \to \infty}\Phi \text{ 有界}, & & -h < z < 0,\ t > 0.
\end{aligned} \tag{2}$$

初始条件：

$$\begin{aligned}
&\left.\Phi\right|_{t=0} = 0, & & x > 0,\ -h < z < 0. \\
&\left.\frac{\partial \Phi}{\partial t}\right|_{t=0} = 0, & & x > 0,\ z = 0.
\end{aligned} \tag{3}$$

将 $t \in [0, t_R]$ 的 $r(t)$ 进行傅里叶余弦展开，则斜坡函数 $R(t)$ 可写为：

$$R(t) = \begin{cases} \sum_{n=0}^{N} a_n \cos(\omega_n t), & 0 \leq t \leq t_R = \beta T, \\ 1, & t > t_R, \end{cases} \quad (4)$$

式中，N 为傅里叶级数展开项数，a_n 为第 n 项傅里叶余弦展开项系数，$\omega_n = n\pi/(\beta T)$，$\beta$ 为正实数，T 为造波板简谐运动的周期。则造波边界条件可进一步写为：

$$\begin{aligned}\left.\frac{\partial \Phi}{\partial x}\right|_{x=0} &= F(z) \times \begin{cases} \sum_{n=0}^{N} a_n \cos(\omega_n t) \sin \omega t, & 0 \leq t \leq t_R \\ \sin \omega t, & t > t_R \end{cases} \\ &= F(z) \times \begin{cases} \sum_{n=0}^{N} \frac{a_n}{2} \{ \sin[(\omega + \omega_n)t] + \sin[(\omega - \omega_n)t] \}, & 0 \leq t \leq t_R, \\ \sin \omega t, & t > t_R. \end{cases}\end{aligned} \quad (5)$$

由 Chen 等[4]的结果可知，定解问题(1)至问题(3)所得的瞬态波面表达式为：

$$\begin{aligned}\eta_R(x,t;\omega) = &\sum_{n=0}^{N} \frac{a_n}{2} \left[\eta_{se}(x,t;0,t_R,\omega+\omega_n) + \eta_{se}(x,t;0,t_R,\omega-\omega_n) \right] \\ &+ \eta_s(x,t;t_R,\omega) H(t-t_R), \quad t \geq 0.\end{aligned} \quad (6)$$

式中，$\eta_{se}(\cdot)$ 表示含斜坡函数造波信号（该造波信号从 $t = 0$ 开始至 $t = t_R$ 结束）产生的瞬态波面，$\eta_s(\cdot)$ 表示从 $t = t_R$ 开始的简谐造波信号产生的瞬态波面，$H(\cdot)$ 为 Heaviside 函数。

3 数值结果与讨论

本研究讨论的三种特殊形式斜坡函数见图 1，即 $r(t) = t^{1/2}, t^1, t^2$。当 $r(t) = t$ 时，则 $r'(t) = 1$ 即该斜坡函数的斜率为恒定值。$r(t) = t^{1/2}$ 与 $r(t) = t^2$ 互为反函数，其图像关于 $r(t) = t$ 对称。在起始阶段 $r(t) = t^{1/2}$ 的增长速率较快，当 t 接近 1 时，$r(t) = t^{1/2}$ 的增长速率逐渐减小。而 $r(t) = t^2$ 的增长速率与 $r(t) = t^{1/2}$ 正好相反。因此可以通过上述三种特殊形式的斜坡函数考察斜坡函数值增长速率不同对后续瞬态波浪传播过程的影响。将上述三种斜坡函数进行傅里叶余弦展开，则不同展开项下 $r_{FFT}(t)$ 和 $r(t)$ 的对比见图 2，可以发现随着傅里叶级数展开项数的增加，$r_{FFT}(t)$ 与原函数 $r(t)$ 的曲线逐渐吻合，图 2 中当 $r_{FFT}(t)$ 与 $r(t)$ 逼近时，二者之间的误差小于 0.1%。将 $r_{FFT}(t)$ 改写为 $r_{FFT}(t/t_R)$，则可改变斜坡函数持续时间为 t_R。

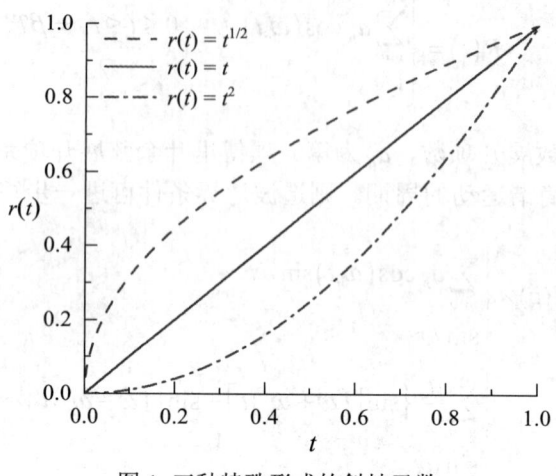

图 1 三种特殊形式的斜坡函数

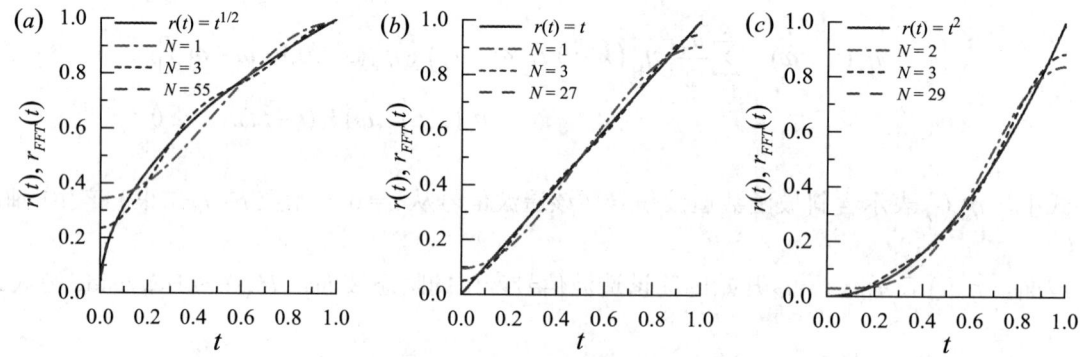

图 2 不同傅里叶余弦级数展开项下 $r_{FFT}(t)$ 和 $r(t)$ 的对比

图 3 为上述三种特殊形式斜坡函数所对应的造波信号之间的对比，其中斜坡函数的持续时间 $t_R = 6T$，$T = 2\pi/1.5$，图中黑色实线为不含斜坡函数的简谐造波信号。图 4 为图 3 所示造波信号，在 $t = 30T$ 时刻所对应的瞬时波面，可以发现，与不含斜坡函数的情形相比，斜坡函数的添加会显著减少瞬态波前区域最大波的幅值，并且斜坡函数起始阶段的增长速率越小，其波前区域最大波幅值的减少越显著。图 4 中斜坡函数 $r(t/t_R) = (t/t_R)^{1/2}$, $(t/t_R)^1$, $(t/t_R)^2$ 的添加使得波前区域最大波幅值的减少量分别可达 21.92%，35.21%，49.30%。

上述数值结果表明，为了尽可能地减少瞬态波前区域最大波的幅值，在设计新的斜坡函数时，应尽量选取初始增长速率较小的斜坡函数。

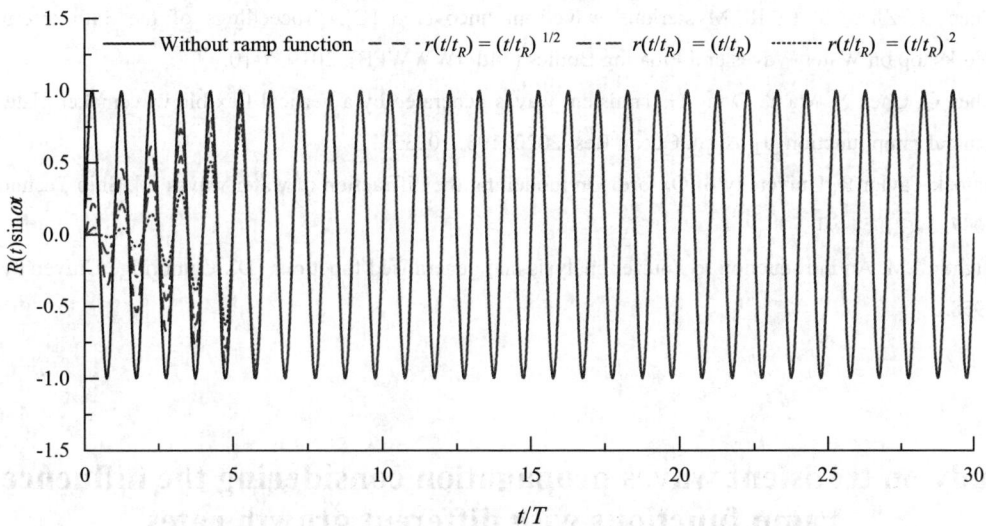

图 3 含不同斜坡函数造波信号的对比，其中黑色实线为不含斜坡函数的造波信号

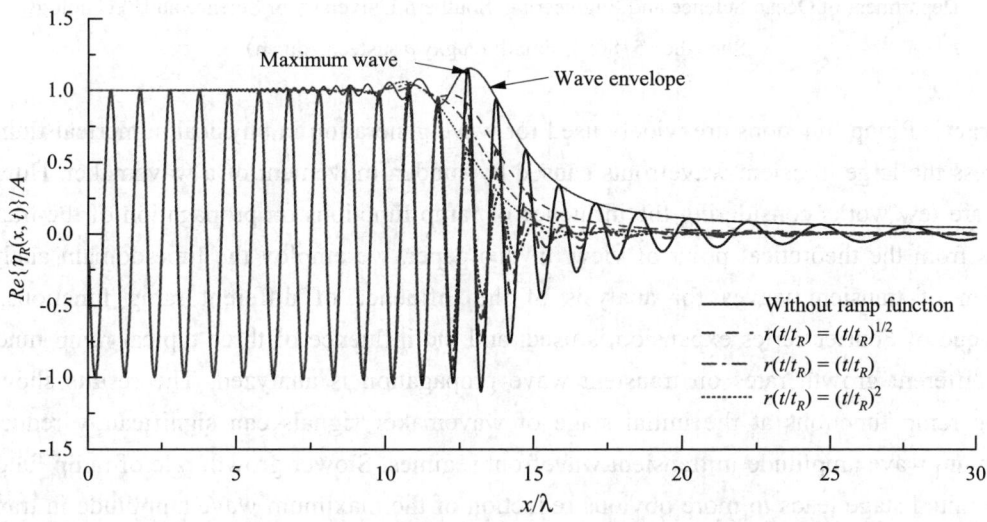

图 4 含不同斜坡函数造波信号在 $t = 30T$ 时刻所产生的瞬时波面

参考文献

1 Dai Y, He W. The transient solution of plane progressive waves [J]. China Ocean Eng, 1993, 7: 305-305.
2 Chen X, Li R. Reformulation of wavenumber integrals describing transient waves [J]. J. Eng. Math, 2019, 115(1): 121-140.

3 Chen X, Zhao B, Li R. Mysterious wavefront uncovered [C]. Proceedings of the 34th International Workshop on Water Waves and Floating Bodies (34th IWWWFB), 2019: 7-10.

4 Chen Q, Chen X, Ma Y, Dong G. Transient waves generated by a vertical flexible wavemaker plate with a general ramp function [J]. Appl. Ocean Res, 2020, 103: 102335.

5 Eatock Taylor R, University of Oxford. On modelling the diffraction of water waves [J]. Ship Technol. Res, 2007, 54(2): 54-80.

6 Lighthill M. An introduction to Fourier analysis and generalised functions [D]. Cambridge University Press, 1958.

Study on transient waves propagation considering the influence of ramp functions with different growth rates

CHEN Qun-bin, FENG Xing-ya[*]

(Department of Ocean Science and Engineering, Southern University of Science and Technology, Shenzhen 518055, Email: fengxy@sustech.edu.cn)

Abstract: Ramp functions are widely used for wave generation in physical/numerical flumes to suppress the large transient wavefronts caused by sudden movement of a wavemaker. However, there are few works considering the influence of ramp functions on propagation of the transient waves from the theoretical point of view. In this paper, we employ the time-domain analytical solution of transient waves for analysis of the influence of different ramp functions. The technique of Fourier series expansion is used, and the influence of three typical ramp functions with different growth rates on transient wave propagation is analyzed. The results show that adding ramp functions at the initial stage of wavemaker signals can significantly reduce the maximum wave amplitude in transient wavefront regimes. Slower growth rate of ramp functions at the initial stage leads to more obvious reduction of the maximum wave amplitude in transient wavefront regimes.

Key words: Time-domain analytical solution; Transient waves; Ramp functions.

船舶不沉性模型试验方法

杨春蕾 [1,2*]，王金宝 [1,2]，范佘明 [2,3]

（1. 喷水推进重点实验室，上海 200011，Email: ycl229@163.com；
2. 中国船舶及海洋工程设计研究院，上海 200011；
3. 上海市船舶工程重点实验室，上海 200011）

摘要：波浪中破损船舶水动力特征受破舱内进水、海况等因素影响具有强非线性特征。为了分析船舶不沉性，需要多种形式的动态场景数据和相关物理量实时的试验验证数据。针对破损船舶模型试验方法，在综述了试验在不沉性评估中的应用进展基础上，分析了不同试验方法的适用场景，并总结和展望了模型试验技术在原理性验证中的应用。

关键词：不沉性设计；破舱进水；倾覆现象；模型试验；非线性

1 引言

由于碰撞、搁浅、爆炸等原因造成船舶结构破损，如果破损位置在水线以下则会造成破舱进水，从而造成船体倾斜，在极端情况下可能导致倾覆或沉没。典型的船舶事故证明了中间状态比最终状态更危险[1]。现行的基于静水力学理论和事故统计数据为基础的船舶安全性设计规范校核具有局限性，图 1 为进水过程时历示意曲线，在瞬态阶段的横摇角大于规范许可的最大横摇角但船体有可能是安全的，在渐进进水阶段船体规范校核是安全的但实际海况下可能会沉没。在破损进水风险评估中，对中间过程进行基于水动力的时域精确计算分析显得尤为重要。

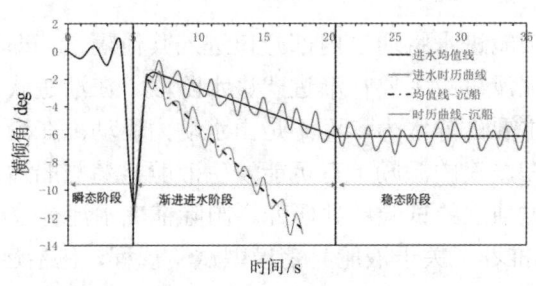

图 1 破损船舶进水过程

在中间过程中，受损船舶在瞬态和渐进进水阶段的物理特征十分复杂，取决于与初始船舶静水力性能、环境条件、水密舱室内部开口和分舱等众多因素。不对称进水可造成显著的高瞬态横摇，甚至在初始阶段倾覆[2-3]，一些模型试验[4-6]也有所验证。在实船研发中，国际海事组织(International Maritime Organization, IMO)、国际船级社协会(IACS, International Association of Classification Societies)、中国船级社(CCS, China Classification Society)等[7-9]推出了综合安全评估与基于风险的船舶设计相关指南，其中重要的内容是物理模型试验可以作为风险评估设计的替代评估方法。

当前研究中对破损进水问题的船舶稳性研究进展综述比较多，而物理模型方法在破舱进水问题验证的综述比较少，缺乏综合性的系统分析。受制于多种因素的制约，国内从事破损船舶水动力试验的研究也比较少。本文将在研究破损进水物理过程和影响要素的基础上结合水池模型试验，总结模型试验技术在破损船舶问题中的应用进展。

2 破舱进水物理过程

试验的实施常根据破舱进水的物理过程的不同阶段进行设计，一般的进水过程分为三个阶段：瞬态、渐进和稳态。瞬变阶段发生在损伤产生之后水开始通过破口进入船体，这一阶段的流入速度可能很快。在渐进阶段，进水持续稳定的进入船舶。瞬态和渐进阶段通常被称为进水的中间阶段，船舶的静水力学和几何特征影响进水过程的复杂性[7]。

瞬态进水现象出现在受损船舶的初始浸没阶段，特点是出现大的瞬态横倾角，有可能导致船舶在达到稳定状态之前倾覆。当水流入损坏的隔室时，考虑到隔室的几何形状，水首先会以不对称不平衡的方式分布。即使在对称空间中，自由表面效应和从水通过损坏开口的瞬间也会出现不平衡分布，导致瞬态大的横倾力矩。如果瞬间进水产生足够高的能量，会导致横倾力矩迅速增加，从而产生大的横摇运动。当船舱内的水的频率和船的频率同时发生时，进水可以导致共振。具有典型水动力特征的滚装船破舱进水，由于进水自由晃动导致的稳性下降以及附加惯性矩对横摇运动的影响更导致船舶容易倾覆，Vredeveldt[11]通过试验验证了破损稳性必须考虑水动力学效应。Spanos 等[12]通过基于试验修正基础是开发了考虑进水的横摇运动效应数值模型，体现了瞬态进水对横摇运动的影响。

在渐进进水阶段，破舱进水将通过内部开口进入其他隔室，即横贯进水。统计数据显示，已有的船舶倾覆或沉没事故主要在渐进式进水阶段。在渐进式进水的最后阶段和静止状态之前，问题的本质主要由静水力，而不是由水动力驱动。在渐进进水阶段，当进水量增大到舱室一定高度，在波浪的激励下有可能发生液舱晃荡与船体运动的耦合作用。液舱进水效应的评估通常通过独立的试验单独研究。国际拖曳水池会议(ITTC, The International Towing Tank Conference)推荐了关于液舱晃荡模型试验规程，包括运动平台、模型舱、传感器配置等模型试验准备项目，以及数据测量、环境参数设置和数据分析方法，列出了基础试验文献内容[13-14]。在国内 Lu[15]和杨素军等[16]研发了六自由度平台上液舱晃荡试验测试系统如图 2，通过给定平台在给定海况下的运动，实现液舱晃荡的力矩测量进而分离出液舱内液体水动力系数，为准确评估液舱水动力效应提供了基础。

图 2 六自由度运动平台

3 破舱进水影响因素

　　破舱进水的影响要素对不同的船型的敏感性不同，通常包括：破口特征、完整船舶初始浮态和静水力特征、包括舱室布局、开口、通风因素的几何布置、与海口相关的浪向、风力等级等。当破口面积大时破舱进水的流速增大，且会在破损侧迅速积水而产生大的瞬时横倾，如果甲板边缘浸没严重则过大的横倾力矩会导致倾覆，倾覆时间取决于横倾角增大的速率。针对破口大小和形式对破舱进水的敏感性研究表明，破口影响初始进水速率但对最终进水质量没有影响。欧盟 NEREUS 项目[17]de Kat 等[18]研究破口的进水速率与第一个瞬态横摇角度的峰值的关系。

　　船舶的完整稳性是破舱进水过程分析的基础，主要受船重、几何特征和装载影响。在破口形成后静水力特征决定了第一个峰值横摇角，船舶达到最大横摇峰值所需的时间受稳心高度和由进水的瞬时横倾力矩影响，稳心高增大则会使最大横摇峰值减小[6-19]指出了稳心高度和自由面效应对破损船舶生存能力影响的重要性。在进水过程中，通风管道等内部开口和障碍物显著影响进水过程以及船舶运动，由于在舱室的瞬时进水积聚产生瞬态非对称进水，出现朝向受损侧的瞬时倾斜角。Van't Veer 等[20]研究了舱室布置、障碍物等对进水和对船体共振频率的影响，Santos 等[3]研究了横向障碍物尺寸对瞬态进水的影响。

　　在中间进水阶段，进水受通风水平的影响。Xia 等[21]通过计算发现，如果排气管与横贯进水管的面积之比大于 15%，则可以忽略空气压缩的影响。Ruponen[1]进行了系统的数值研究发现，当百分比大于 10 时就可以实现完全通风，当面积比小于 1%时空气压缩将显著减缓进水。实船设计中横贯布置管径选取通常考虑允许水或空气自由流动和隔舱通风，横贯系统安装在部件损坏后可能进水的区域，下溢装置允许进水进到一个较低的甲板舱，从而实现提高稳性。当舱室被淹没时，如果当通风管道与溢流开口相比非常小，进水很快舱室的通风无法逸出形成气穴，导致延迟进水。空气压力的增加将产生复杂的气流影响进水，因此通过对压缩空气行为进行建模，并将其包含在进水船的数学模型中能够提高预报精度。Palazzi[22]从实验和数值两方面评估了气流在模拟受损护卫舰行为中的重要性，研究表明，在初始阶段滞留空气增加进水自由面的压力，并影响进水扩散。

4 模型试验评估

目前的试验章程有 ITTC 为一般船型的波浪中破损船舶稳性模型试验[0]、IMO 更新版的模型试验验证方法[24]，旨在为滚装船提供生存能力评估程序的水池试验方法。ITTC 波浪中稳性委员会针对客滚船和邮轮进行了三次波浪中破损船舶稳性试验基准研究和数值预报模型的验证研究[25-26]，2001年第一次基准研究是考虑规则波和不规则波下船舶破损进行试验，破损船舶横摇周期和横摇阻尼的试验与预报结果偏差较大，这也导致了运动响应结果对比差异较大，虽然基于线性理论的运动响应预报方法对高度非线性的横摇问题仍有困难，但更重要的是对进/出水的物理过程缺乏足够认识。在借鉴了相关经验的基础上，2004 年第二届基准会议单独进行静水中破舱进水模型试验，排除了波浪的影响使得问题简化。图 3 为一驳船的横摇响应无量纲曲线。

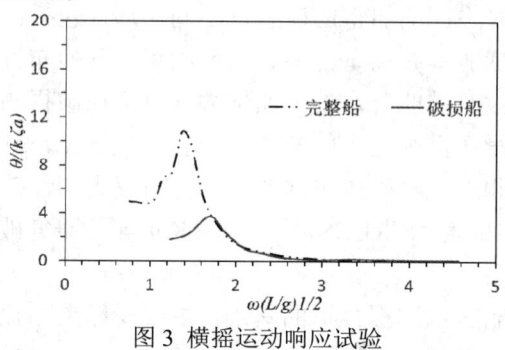

图 3 横摇运动响应试验

破损稳性模型试验缩尺比的确定尤为重要，大尺度模型测量有利于降低破舱进水测量误差，且易于传感器布置，但水池造波和拖车能力限于了模型尺度不能过大。图 4 为一液舱进水液位测量与 CFD 计算结果，以船舶吃水对液位无量纲化，以 5 分钟为时间无量纲化，试验目的是通过模型试验修正计算模型，以更好的评估实船破损进水。如果模型比例过小，试验值受测量精度和外扰动力影响较大，容易失真。

破口的破损实现方式和破口的形状设计对测量精度影响较大，特别是流量系数的确定。Katayama 等[27]通过测试两个形状相同但尺度不同的开口，研究了尺度对矩形尖顶开口流量系数的影响。开口流量系数取决于模型尺寸和水密舱内的空气压缩，以及浸水条件，即浸水舱内相对于初始吃水的相对水位。破舱进水的实际物理过程受到事故发生的状态的影响，但准确评估或再现实际状态还需更多研究。在破舱进水前实际上船体已经受到撞击影响产生了瞬态运动，这有可能影响稳性，因此有学者提出将碰撞事件与破损稳性试验结合起来[28]。目前碰撞对破损稳性的研究还较少，对破损接触力和损伤时间等[29]在预报模型中考虑结构性能、碰撞角度位置、碰撞速度方向等还需更多的试验数据支撑。

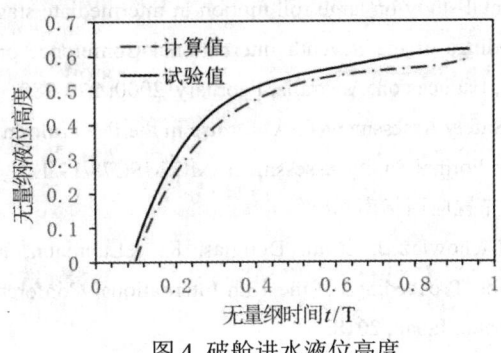

图 4 破舱进水液位高度

5 结论

破损船舶稳性模型试验方法在创新设计中将具发挥更重要作用。总结如下：

(1) 通过分析破舱进水物理过程和影响因素，总结了试验方法在破损船舶运动及破舱进水验证的应用。模型试验方法在瞬态进水时的复杂流动等问题中，有助于提高破损进水基本原理的理解，但仍需开展更广泛的试验以增强数据的可靠性。

(2) 目前的破损进水问题的试验方法，还不能体现影响因素之间的相互作用，主要是受制于试验时间和成本代价，基于数理统计学的试验设计(DOE, Design of Experiment)[30]方法是提高效率的有效方法，Khaddaj-Malla 等[31-32]通过系列破舱进水试验建立了评估影响要素之间相互作用的模型，并评估了效率和局限性，未来有望能进一步的推广并应用到破舱稳性问题中。

参考文献

1 Ruponen P. Progressive flooding of a damaged passenger ship [D]. Dissertation for the Degree of Doctor of Science in Technology, TKK Dissertations 94, 2007.

2 Spouge J R. The technical investigation of the sinking of the ro-ro ferry 'european gateway' [C]. Transactions of the Royal Institution of Naval Architects, 128, 1986: 49-72.

3 Santos A, Soares G. Study of the dynamics of a damaged ro-ro passenger ship [C]. Proceedings of the 9th International Conference on Stability of Ships and Ocean Vehicles, Rio de Janeiro, Brazil, 2006: 25-29.

4 Ikeda Y, Ishida S, Katayama T, et al. Experimental and numerical studies on roll motion of a damaged large

passenger ship in intermediate stages of flooding [C]. Proceedings of the Seventh International Ship Stability Workshop, China, November, 2004: 42-46.

5　Ikeda Y, Shimoda S, Takeuchi Y. Experimental studies on transient motion and time to sink of a damaged large passenger ship [C]. Proceedings of the Eight International Conference on the Stability of Ships and Ocean Vehicles (STAB 2003), Madrid, Spain, September, 2003: 243-252.

6　Ikeda Y, Ma Y. An experimental study on large roll motion in intermediate stage of flooding due to sudden ingress of water [C]. Proceedings of the Seventh International Conference on the Stability of Ships and Ocean Vehicles (STAB 2000), Launceston, Australia, February, 2000: 270-285.

7　IMO. Guidelines for Formal Safety Assessment(FSA) for use in the IMO rule-making process(2002).

8　IACS (2004). Experience with Formal Safety Assessment IMO MSC78/19/1.

9　CCS (2019)船舶替代设计和布置应用指南.

10　Vassalos D, Atzampos G, Cichowicz J, et al. Douglas, K. &Luhmann, H. Life-cycle flooding risk management of passenger ships. Proceedings of the 13th International Conference on the Stability of Ships and Ocean Vehicles, STAB, Kobe, Japan, 2018.

11　Vredeveldt A W, Journée J M J. Roll motions of ships due to sudden water ingress, calculations and experiments [C]. International Conference on Ro-Ro Safety and Vulnerability the Way Ahead, London, England, April 1991.

12　Santos T A. Time domain simulation of accidental flooding of RoRo ship [D]. University of Glasgow, 1999.

13　Kim H I, Kwon S H, Park J S, et al. An experimental investigation of hydrodynamic impact on 2-D LNGC model s [C]. Proceedings of the Nineteenth International Offshore and Polar Engineering Conference. Osaka, Japan, June 21-26, 2009.

14　Loysel T, Gervaise E, Moreau S, et al. Results of the 2012-2013 sloshing model test benchmark [C]. Proceedings of the Nineteenth International Offshore and Polar Engineering Conference. Alaska, USA, June, 2013.

15　Lu Zhimei, Fan Sheming. A practical prediction method of sloshing induced impact loads [C]. The Twenty-fifth International Ocean and Polar Engineering Conference, Hawaii, USA, June 2015.

16　杨素军, 吴永顺, 夏召丹. 液舱晃荡试验系统设计研究 [C]. 中国造船工程学会船舶力学学术会议 2016: 389-392.

17　Letizia L, Besse P, Papanikolaou A, et al. First principles design for damage resistance against capsize [R]. GROWTH Project G3RD-CT 1999-00029 "NEREUS" (200-2003), The Ship Stability Research Centre of the University of Strathclyde, 2003.

18　De Kat J O, Kanerva M, Van't Veer, et al. Damage survivability of a new Ro-Ro ferry." Proceedings of the Seventh International Conference on Stability for Ships and Ocean Vehicles, Launceston, Australia, February, 2000.

19　Mironiuk W. The research on the flooding time and stability parameter of the warship after compartments damage [C]. Proceedings of the Tenth International Conference on Stability of Ships and Ocean Vehicles, St. Petersburg, Russia, June, 2009: 253-260.

20　Van't Veer R, De Kat J O. Experimental and numerical investigation on progressive flooding and sloshing in complex compartment geometries [C]. Proceedings of the Seventh International Conference on Stability for Ships and Ocean Vehicles, Launceston, Australia, February, 2000: 363-384.

21 Xia J, Jensen J J, Pedersen P T. A dynamic model for roll motion of ships due to flooding [J]. Ship Technology Research. 1999, 46(4): 208-216.

22 Palazzi L, De Kat J O. Model experiments and simulations of a damaged ship with air-flow taken into account [C]. Proceedings of the Sixth International Ship Stability Workshop, New York, Oct., 2002.

23 ITTC 7.5-02-07-04.2 Model Tests on Damage Stability in Waves 2017.

24 IMO Revised Model Test Method Under Resolution 14 of the 1995 SOLAS Conference. Resolution MSC.141(76).

25 Papanikolaou A. Benchmark study on the capsizing of a damaged ro-ro passenger ship in waves [R]. ITTC Specialist Committee on the Prediction of Extreme Motions and Capsize, December, 2001.

26 Papanikolaou A, Eliopoulou E. Impact of the new damage stability regulations on ship de-sign [C]. Proceedings 2nd International Maritime Conference on Design for Safety. Sakai, Japan, October 2004.

27 Katayama T, Ikeda Y. An experimental study of fundamental characteristics of inflow velocity from damaged opening [C]. Proceedings of the Eighth International Ship Stability Workshop, Istanbul, Turkey, October, 2005.

28 Vassalos D, Jasionowski A. SOLAS 2009-raising the alarm [C]. Proceedings of the Ninth International Ship Stability Workshop, Hamburg, Germany, Aug. 2007: 239-247.

29 Tabri K, Määttänen J, Ranta J. Model-scale experiments of symmetric ship collisions [J]. Journal of Marine Science and Technology. 2007: 71-84.

30 Ryan T P, Morgan J P. Modern experimental design [J]. Journal of. Statistical Theory and Practice. 2007, 1: 501-506.

31 Khaddaj-Mallat C. Jean-Luc T, Jean-Marc R, et al. Investigating the transient flooding and sloshing in internal compartments of an ITTC damaged Ro-Ro ferry-part i: experimental set up [C]. Proceedings of the ASME 2010 29th International Conference on Ocean, Offshore and Arctic Engineering, Shanghai, China, June, 2010: 1-10.

32 Khaddaj-Mallat C, Vadeboin F, Davoust F, et al. 2010b, Investigating the transient flooding and sloshing in internal compartments of an ITTC damaged Ro-Ro ferry-partii: experimental analysis [C]. Proceedings of the ASME 2010 29th International Conference on Ocean, Offshore and Arctic Engineering, Shanghai, China, June, 2010: 1-11.

33 Brunton S L, Noack B R, Koumoutsakos P. Annual review of fluid mechanics machine learning for fluid mechanics [J]. 2020. 52: 477-508.

Motel experiment method for unsinkability design of ships

YANG Chun-lei[1,2*], WANG Jin-bao[1,2], FAN She-ming[2,3]

(1. Key Laboratory of Waterjet Propulsion, Shanghai 200011, China, Email: ycl229@163.com;
2. Marine Design &Research Institute of China, Shanghai 200011, China;
3. Shanghai Key Laboratory of Ship Engineering, Shanghai 200011, China)

Abstract: hydrodynamics characteristics for a damaged ship in waves are very complicated, and Strong nonlinearity is caused by floodwater motions in tanks and sea states. In order to investigate unsinkability, various forms of hydrodynamic flooding scenario and real-time data of related flow parameters are needed. Aiming at the model test method, based on the review of the application of the test for the unsinkability, the application scenarios of different tests methods are analyzed, and the summary and outlook of the model test method in principal verification is provided.

Key words: Unsinkability design; Damaged floodwater; Capsizing phenomenon; Model test; Nonlinear.

基于黏流求解的螺旋桨敞水效率优化设计及模型试验验证

李亮[1,2*]，谢硕[1,2]，刘登成[1,2]，王琦[1,2]

(1. 中国船舶科学研究中心，无锡 214082;
2. 深海技术科学太湖实验室，无锡 214082, Email: heuliliang@foxmail.com)

摘要：在国际航运节能减排的大背景下，采用先进的优化算法在更大的设计空间里寻求最佳效率的螺旋桨设计方案为船舶能效提升提供了新思路。本文针对某大型矿砂船螺旋桨，基于 Heeds 优化平台，运用螺旋桨三维参数化建模技术和黏流水动力求解方法，以强度、空泡和设计点负荷为约束，以螺旋桨敞水效率为目标，对螺旋桨螺距、拱度和弦长径向分布进行了多参数联合优化设计。模型试验结果显示，相同负荷系数下螺旋桨优化方案敞水效率较原方案提升约 3%，有效验证了本文优化设计方法，可为船舶螺旋桨设计提供新的手段和途径。

关键词：螺旋桨优化；黏流；参数化建模；模型试验

1 引言

推进器效率是螺旋桨设计中的一个永恒话题，近年来随着全球温室气体减排要求的不断向前推进，推进器效率设计目标的重要性更是得到凸显[1]。在 2015 年巴黎协定的大框架下，国际海事组织（IMO）拟订了船舶温室气体减排初步战略，包括进一步提高 EEDI[2]要求，部分船型如气体运输船和集装箱船的船舶能效设计指数（EEDI）Phase3 启动日期已从 2025 年 1 月提前至 2022 年 4 月；航运碳强度 2030 年下降 40%，2050 年下降 70%、温室气体（GHG）尽快达峰，2050 年下降 50%等。在国际航运节能减排的大背景下，无论是新建船舶，还是现有船舶，为了达到相关能效指数要求，取得运营证书，均开始从轴系效率、燃料替换、节能装置设计、螺旋桨效率优化等多方面着手以进一步提高船舶能效[3-4]，其中首当其冲的便是进一步挖掘螺旋桨效率的设计潜力。面对绿色船舶建设需求的紧迫性，船东和螺旋桨设计人员之间已经达成了一个基本共识，即将螺旋桨效率作为民船螺旋桨设计过程中第一性能评判指标。

螺旋桨作为一种极为成熟的船舶推进类型，采用传统图谱法和环流理论设计在大多数情况下均能获得较为满意的方案，但面对愈发严苛的设计要求，传统螺旋桨设计方法的设计空间也越来越有限，出现了设计参数趋同和性能挖掘见底等问题。近年来，随着计算机能力的不断提高，采用先进的优化算法在更大的设计空间内里寻求最佳效率的螺旋桨设计方案为船舶能效提升提供了新思路。目前应用于螺旋桨设计的优化算法主要包括有实验设计方法（DOE）[5]、粒子群算法（PSO）[6]、遗传算法（GA）[7]、模拟退火算法（ASA）[8]等，其中DOE算法是一种安排实验和分析实验数据的数理统计方法，通过较小的试验规模研究和处理多个设计参数与目标函数及约束之间的关系，在变量较多的情况下可以节省大量时间；PSO算法属于进化算法的一种，和ASA算法相似，从随机解出发，通过迭代寻找最优解，具有实现容易、精度高、收敛快等优点，但无法直接用于处理多目标问题；GA算法可处理多目标问题，应用范围广，可求出优化问题的全局最优解，但控制变量多，收敛速度慢。由上可知，在复杂的各类工程问题中，每一种优化算法既有它的适用性，也有它的局限性，如果选择了不恰当的优化算法作为研究工具，往往会导致研究工作事倍功半。另外，文献调研发现以往优化设计中应用于螺旋桨水动力求解的工具主要以图谱水动力系数拟合[9]和势流面元法[10]为主，虽然求解速度较快，但也因此带来螺旋桨水动力计算精度不足和优化结果有效性存疑等问题。

针对上述问题，本文基于 Heeds 平台[11]，采用了一种平台自带的新型高效优化算法 Sherpa，运用螺旋桨三维参数化建模技术和黏流水动力求解方法，以强度、空泡和设计点负荷为约束，以螺旋桨敞水效率为目标，对螺旋桨螺距、拱度和弦长径向分布进行了多参数联合优化设计，获得了敞水效率较原方案有明显提升的螺旋桨优化设计方案，可为船舶螺旋桨设计提供新的手段和途径。

2 优化问题描述

2.1 优化对象和参数

本文的优化对象为某大型矿砂船螺旋桨，该螺旋桨模型缩尺比为 47.368，其主参数如表 1 所示。

表 1 螺旋桨原方案主参数

直径/mm	叶数	盘面比	螺距比$(P/D)_{0.7R}$	侧斜角/°	旋向
228	4	0.386	0.795 5	25	右

优化参数包括螺距径向分布、拱度径向分布和弦长径向分布，其中螺距采用 4 点 B 样条（P1~P4）表达，拱度采用 5 点 B 样条（f1~f5）表达，弦长采用 5 点 B 样条（C1~C5）表达，考虑到梢部零弦长约束，实际优化参数为 13 个，图 1 给出了螺距分布曲线控制示意图。图 2 给出了 B 样条拟合曲线与原螺距参数分布曲线的对比图，可以看到，在上述优化参数的控制下，B 样条拟合曲线可以很好地将原桨参数分布曲线表达出来。

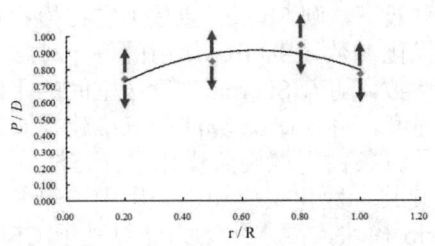 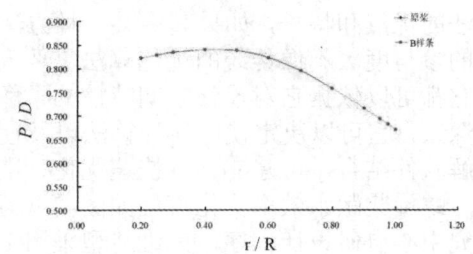

图 1 参数径向分布曲线控制　　　　　　图 2 B 样条拟合曲线与原参数分布曲线对比

2.2 优化目标和约束

本次优化中将螺旋桨敞水效率作为优化目标,以尽可能提高船舶能效指数。同时为了满足工程应用需求,螺旋桨优化方案还需通过强度和空泡校核,且满足机-桨匹配要求。螺旋桨强度校核根据中国船级社(CCS)2001 年颁发的《钢质海船入级与建造规范》中相关规定进行,螺旋桨优化方案 0.25R 和 0.6R 剖面处的桨叶厚度需大于船级社规范要求的最小桨叶厚度。空泡校核采用柏利尔(Burrill)法进行,首先计算出 0.7R 处的空泡数,然后从 Burrill 图中读出单位投影面积的平均载荷系数 τ_c,由此计算投影面积 A_P 以及伸张面积 A_E,最后得到需求的最小盘面比 $A_E/A_O = A_E/0.25\pi D^2$。

$$A_P = \frac{T}{\tau_c \frac{1}{2}\rho V_{0.7R}^2} \tag{1}$$

$$A_E = \frac{A_P}{1.067 - 0.229 P/D} \tag{2}$$

式中,T 为螺旋桨推力,$V_{0.7R}^2$ 为 0.7R 处剖面与水流的相对速度之平方,P/D 为螺距比,D 为螺旋桨直径。由计算公式可知,在设计对象和工况不变的情况下,空泡数保持不变,空泡校核结果主要与推力 T 和螺距比 P/D 有关,优化过程中螺旋桨直径、叶数和盘面比等主参数保持不变,水动力相当的情况下推力 T 和螺距比 P/D 也在有限范围内变化,因此空泡约束可认为是个软约束,各优化方案基本都能通过空泡校核。机-桨匹配则通过螺旋桨设计点转矩系数进行约束:

$$\frac{|K_{Qcal} - K_{Qtag}|}{K_{Qtag}} \leq 3\% \tag{3}$$

式中,K_{Qcal} 为优化方案转矩系数计算值,K_{Qtag} 为优化方案转矩系数目标值。

2.3 优化平台和流程

螺旋桨敞水效率优化设计基于 Heeds 优化平台完成,该平台与所有常用的 CAE 应用软件均有接口,可以使设计过程自动化,它还能调用多种软件工具进行前处理,后处理,分析计算和多学科优化。本文采用的优化算法为平台独有的 Sherpa 算法,该算法是一种特别的搜索算法,在一次单一的搜索中,Sherpa 会同时使用多种搜索方法,充分利用各种搜索方法的优点和特长，如果其中某一种方法被认为效率低下，则 Sherpa 会减小它在搜索过程中的参与度。不像传统的优化算法需要人工去调节优化参数，Sherpa 使用的每一种搜索方法它都可以依据它对设计空间特性的了解自动调节参数。随着 Sherpa 对设计空间的不断了解深入，它可以决定使用何种算法以及使用到何种程度。将 Sherpa 算法和三维建模及黏流求解软件结合，可建立一种快速优化、准确评估的黏流条件下螺旋桨优化设计方法。

螺旋桨敞水效率优化流程如图 3 所示。其中螺旋桨参数化型值输出采用中国船舶科学研究中心自研设计程序，三维造型采用 UG 软件 Grip 模块，敞水水动力计算基于 CFD 黏流求解软件完成，为了减小计算量，水动力求解采用单流道形式。

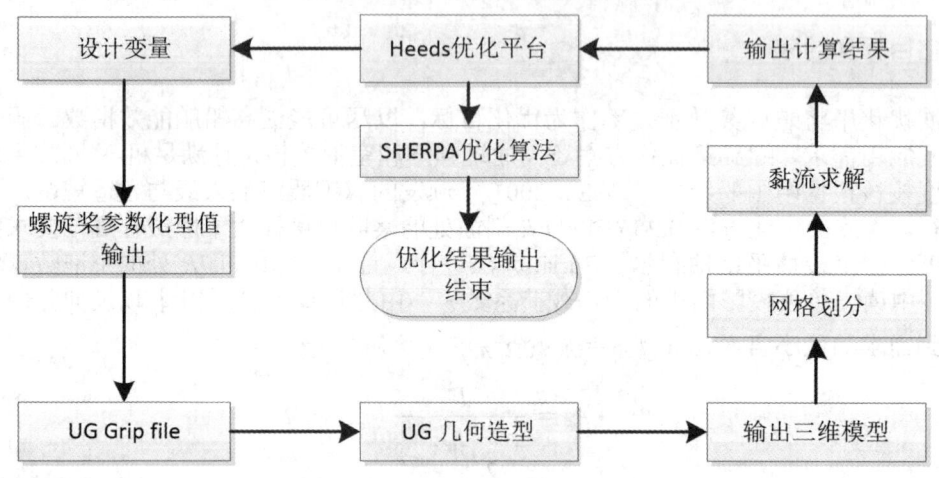

图 3 螺旋桨敞水效率优化流程

3 优化结果分析及模型试验验证

3.1 优化结果分析

本次优化设计总迭代次数为 1266 次，包含错误案例 280 例（多数由于几何过渡扭曲，三维造型失败），成功案例 986 例，成功案例中满足约束的有 258 例，其中 163 例敞水效率较原方案有提升，最大效率提升约为 3%(表 2)。图 4 给出了优化过程中的主要几何变化图，图 5 为优化方案三维造型对比图。分析发现，优化方案拱度和弦长分布较原方案有较大变化，主要体现在根部弦长变长，拱度变小；梢部弦长变短，拱度变大。

表 2 优化方案水动力计算结果

项目	J_0	K_T	$10K_Q$	η_0
原方案	0.535	0.1461	0.1874	0.6638
优化方案	0.535	0.1483	0.1848	0.6834
偏差/%	—	↑1.51	↓1.39	↑2.95

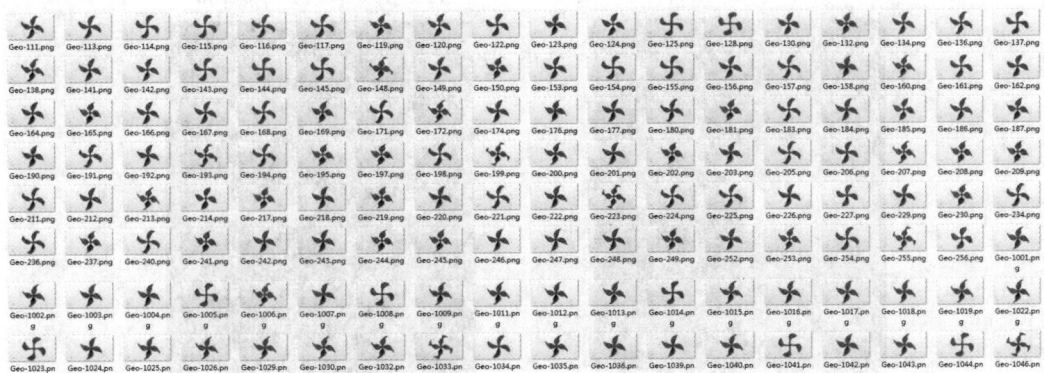

图 4 螺旋桨优化过程主要几何变化

（1）原方案　　　　　　　　　　　　　（2）优化方案

图 5 优化方案三维造型对比

3.2 模型试验验证

为了验证优化方案的有效性，针对优化方案开展了模型加工，并在中国船舶科学研究中心拖曳水池中完成了敞水水动力模型试验，试验转速为 20.5 r/s。图 6 给出了优化方案敞水试验照片。图 7 给出了优化方案敞水试验结果对比，可以看到，各个进速系数下优化方案敞水效率均较原方案有所提高，由于优化方案水动力负荷较原方案有所变化，为了排除负荷不同所带来的影响，图 8 给出了敞水效率随负荷系数 C_T 变化的曲线对比图，图中效率偏差线为 3%。对比可知，在设计点附近（C_T=1.26~1.28），相同负荷系数下优化方案敞水效率较原方案提高约 3%，与 CFD 预报结果吻合较好，有效验证了本文优化方法的有效性。

图 6 优化方案敞水模型试验照片

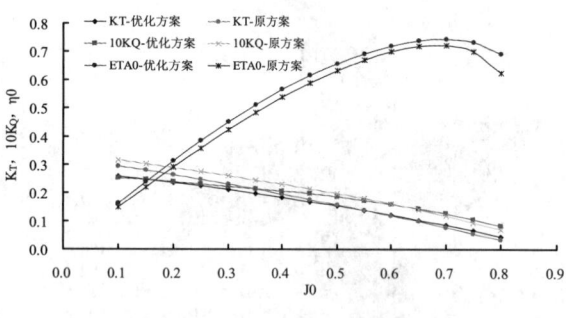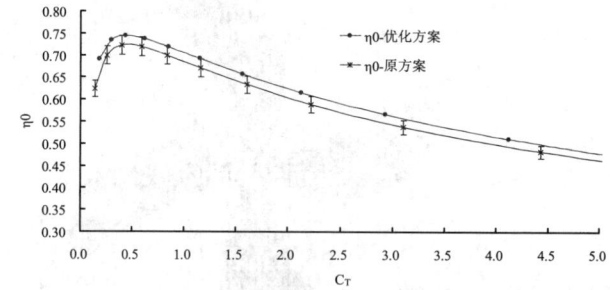

图 7 优化方案敞水试验结果对比　　　　　图 8 优化方案敞水效率随负荷系数变化曲线对比

4 结论

基于 Heeds 平台和 CFD 黏流求解软件建立了螺旋桨参数化建模和敞水效率优化设计方法，并以某大型矿砂船螺旋桨为对象，采用 Sherpa 优化算法开展了敞水效率优化迭代设计。CFD 预报结果显示优化方案敞水效率较原方案有明显提升，最大约为 3%，敞水模型试验结果与之吻合较好，有效验证了本文优化方法的可靠性，可为螺旋桨工程设计提供新的思路和方法，但优化结果背后的流体机理和物理本质还需进一步深入研究。

参考文献

1 韩用波. 船舶艉型和螺旋桨统筹设计方法究 [D]. 无锡: 中国船舶科学研究中心, 2019.
2 Resolution MEPC. 203(62). Amendments to the Annex of the protocol of 1997 to amend the international convention for the prevention of pollution from ships, 1973, as modified by the protocol of 1978 Relating thereto [S]. IMO, 2011.

3　达勇, 张跃文, 张鹏, 等. 基于 EEDI 的船舶主机选型研究. 舰船科学技术,2016, 38(05): 93-100.

4　中国船级社. 绿色船舶规范 [S]. 北京: 中国船级社, 2015.

5　Minchev A, Schmidt M, Schnack S. Contemporary bulk carrier design to meet IMO EEDI requirements. Third International Symposium on Marine Propulsors, Launceston, Tasmania, May 2013.

6　程成, 须文波, 冷文浩. 基于 iSIGHT 平台 DOE 方法的螺旋桨敞水性能优化设计. 计算机工程与设计, 2007, 28(6): 1455-1459.

7　Törnros S, Klerebrant O, et al. Propeller optimization for a single screw ship using BEM supported by cavitating CFD. Sixth International Symposium on Marine Propulsors, Rome, Italy, May 2019.

8　曾志波, 丁恩宝, 唐登海. 基于 BP 人工神经网络和遗传算法的船舶螺旋桨优化设计. 船舶力学, 2010, 14(1-2): 20-27.

9　马艳. 导管螺旋桨的水动力性能分析与设计优化 [D]. 哈尔滨: 哈尔滨工程大学, 2010.

10　吴小平, 刘洋浩, 张磊. 基于遗传算法的船舶螺旋桨优化设计. 船舶与海洋工程, 2014(04): 31-37.

11　任万龙. 船舶螺旋桨多参数优化设计方法研究 [D]. 哈尔滨: 哈尔滨工程大学, 2013.

12　Simens Heeds mdo help. 2016.

Optimal design based on the viscous flow solution and model test verification for the propeller open water efficiency

LI Liang[1,2*], XIE Shuo[1,2], LIU Deng-cheng[1,2], WANG Qi[1,2]

(1. China Ship Scientific Research Center, Wuxi 214082;
2. Taihu Laboratory of Deepsea Technological Science, Wuxi 214082, Email: heuliliang@foxmail.com)

Abstract：Under the background of international shipping energy saving and emission reduction, it provides a new idea to increase the ship energy efficiency by adopting advanced optimization algorithm to search the optimal efficiency propeller design in a bigger design space. Multi-parameter joint optimization is performed for a propeller of large ore carrier based on the Heeds optimization platform in this paper. During the optimization process, the technology of propeller three-dimensional parametric modeling and method of viscous flow solution are applied. The propeller strength, cavitation and design point load are taken as the optimal constraints. The propeller open water efficiency is taken as the optimal object. The model test results show that the propeller open water efficiency of the optimal design is improved about 3% in the condition with the same load coefficients compared with original design. The optimal design method is verified effectively and it can provide new tools and approaches for the ship propeller design.

Key words：Propeller optimization; Viscous flow; Parametric modeling; Model test.

操舵作用下喷水推进船的水动力试验研究

刘小健[1,3]*，孟小峰[3]，沈佳诚[3]，范佘明[2,3]

（1.喷水推进技术重点实验室，上海200011；
2.上海市船舶工程重点实验室，上海200011；
3.中国船舶及海洋工程设计研究院，上海200011,Email: liuxiaojian@maric.com.cn）

摘要：喷水推进船依靠喷水推进装置进行推进和操纵，航速高，操纵灵活，性能优越。喷水推进船往往有中速巡航，低速进坞进港等工况，中低航速下的性能往往较桨舵组合的推进操纵方式差，有必要开展相关研究。本研究基于拖曳水池试验，通过自航试验获取转子转速，在水池中以不同的速度拖曳船模，测试船模在不同舵角下受到的纵向力、横向力和摇首力矩等。由操舵水动力导数分析发现，随航速的提高，舵效稍有减小，航速对线性操舵水动力导数影响在10%以内；随舵角和航速的增加，耦合操舵水动力导数的影响有限。

关键词：喷水推进船；航速；舵角；水动力导数

1 引言

喷水推进船依靠喷水推进装置进行推进和操纵，航速高，操纵灵活，性能优越。中低航速下的性能往往较桨舵组合的推进操纵方式差，喷水推进船往往有中速巡航，低速进坞进港等工况，有必要开展舵效等相关研究，为操纵运动仿真奠定基础。

目前的喷水推进船水动力性能研究，主要集中在喷水推进泵流动、噪声和空泡以及船舶快速性等方面，对于船舶的操纵性研究还是比较粗的。Norbert Bulten 使用 CFD 方法对荷兰瓦锡兰公司提出的 WDL 新型轴流泵进行了数值模拟，有效控制了泵的直径和质量[1]。Park 使用 CFD 方法对喷水推进系统进行数值模拟，有助于对喷泵流动机理的研究[2]。Kim 用 CFD 方法和试验方法模拟了导管泵水动力性能，考虑真实叶轮，叶轮推力等与试验值比较均比较合理[3]。Eslamdoost 提出了一种能够快速稳定的模拟船体和喷泵相互作用的数值方法，将该方法与 Shipflow 势流软件结合对 ATHENA 船型直航状态下喷泵的推力、推力减额和阻力等进行了数值预报，计算结果与试验值比较，吻合良好[4]。Gong 使用 StarCCM+ 软件对四喷泵喷水推进船的喷水推进装置和船体间相互干扰进行了研究，文中研究了不同航速下船体对内喷泵和外喷泵水动力性能的不同影响[5]。Tavakoli 使用 2D+T 理论通过数学模型模拟了高速滑行艇的平面运动机构试验，计算出船体受到的纵向力、横向力、转首力矩三个重要受力信息，且与模型试验结果比较误差较小[6]。Huang 对无人喷水推进船的操纵性进行了数值模拟，并没有考虑到推进器、船体之间的相互干扰，其模拟结果也没有得到验证，但是该数学模型方法计算效率高，非常具有实用性[7]。丁江明、徐梓京等[8-9]对喷水推进船的操纵性进行了模拟。以上研究基本没有考虑船体对推进装置的影响，操纵时推力和操舵力的估算较为简化。有必要考虑船体影响下的操舵力测量，进行舵效分析，建立更为精确的数学模型。

本研究利用平面运动机构测试不同航速不同舵角情况下的操舵导数。首先通过自航试验获得了喷水推进装置转子的转速，其次在水池中以不同的速度拖曳船模，测试船模在不同舵角下受到的纵向力、横向力和摇首力矩等，最后基于操纵运动数学模型，采用最小二乘法分析得到操舵水动力导数。由操舵导数分析发现，随航速的提高，舵效稍有减小，航速对线性操舵水动力导数影响在10%以内；随航速的增加，耦合操舵水动力导数的影响有限。

2 试验设备和方法

试验在中国船舶及海洋工程设计研究院大型船模拖曳水池中进行，水池长280m、宽10m和深5m。试验所用主要设备为图1中的大振幅水平面平面运动机构（LAHPMM），试验船模通过传感器与平面运动机构的前后支杆相连接，进而再与水平梁相连。模型随拖车前进，可沿横梁作指定的横荡运动；水平梁可绕垂直梁旋转，实现船模的首摇运动。

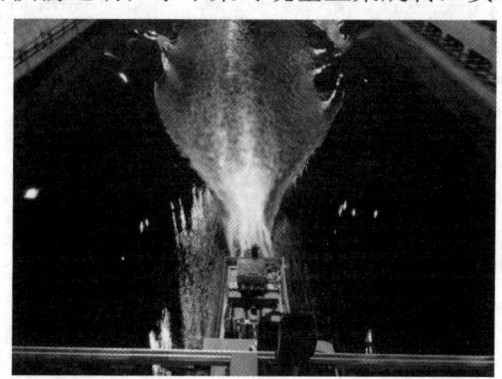

图1 喷水推进船平面运动机构模型试验

表1给出了船模的主尺度和主要参数，该船模垂线间长5.425m，船模上安装了4个喷水推进器（含进出口流道和喷泵）和操舵导航机构，由伺服电机控制操舵机构的转动。

表1 船模的主尺度及参数表

名称	符号	单位	模型
垂线间长	L_{pp}	m	5.425
型宽	B_s	m	0.682
首吃水	d_a	m	0.202
尾吃水	d_f	m	0.202
排水体积		m^3	0.342
试验航速/转速1	V/n_m	(m/s)/(r/s)	1.971/23.0
试验航速/转速2	V/n_m	(m/s)/(r/s)	2.957/34.6

首先通过强迫自航模试验，获取对应航速需要的转子转速；其次开展了四个喷水推进器正常工作时的自航操舵试验；最后开展了自航操舵纯摇首试验。

3 流量标定以及转速确定

在喷水推进器出口流道的两个不同截面上分别安装 4 个压力传感器，采用称重法，测量得到转子在 20r/s~60r/s 不同转速下的流量(图 2)及分析得到截面不同压差情况下的流量(图 3)。

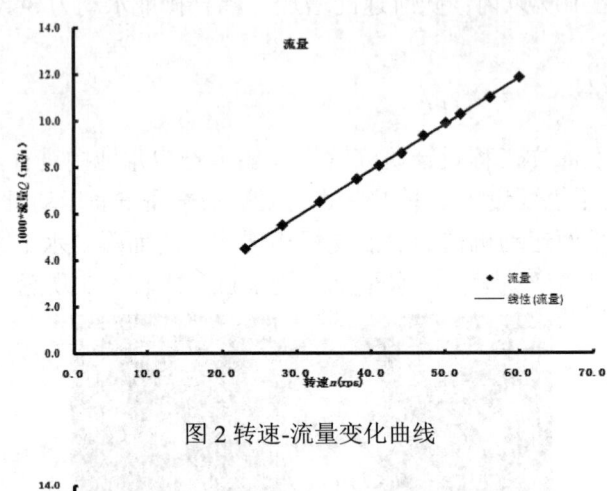

图 2 转速-流量变化曲线

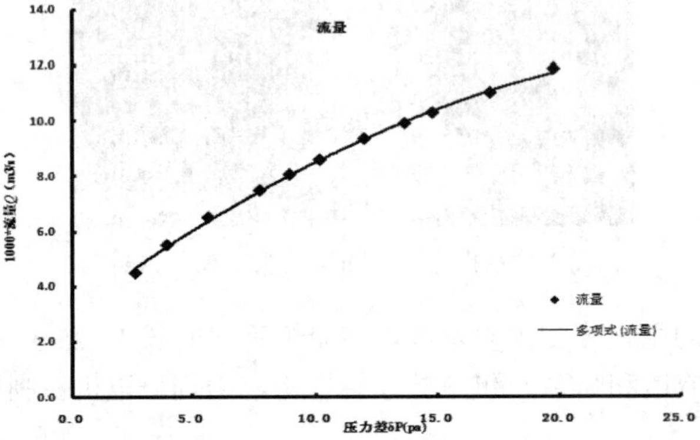

图 3 压力差-流量变化曲线

由图 2 可知，转速与流量基本成线性关系，$Q=(0.198n-0.58)/1000$；压力差与流量成非线性关系，$Q=(-0.011\delta p^2+0.662\delta p+2.984)/1000$。

单个喷水推进器标定完成以后，将 4 个喷水推进器安装到船模上，通过强迫自航试验，测试得到不同航速下转子对应的转速，通过不同截面压差分析得到不同航速下喷水推进器的流量。航速 1.971m/s 时，对应的转速为 23r/s，流量为 $0.004496m^3/s$，出口流速为 3.247m/s；航速 2.957m/s 时，对应的转速为 34.6r/s，流量为 $0.0067928m^3/s$，出口流速为 4.905m/s。

4 自航操舵试验

自航操舵试验分为直航自航操舵试验以及自航操舵摇首试验。

直航自航操舵试验，是指船模以一定的航速拖曳向前运动，喷水推进装置开启，产生的推力与阻力平衡，在此基础上，操舵导航机构偏转一定的角度，测试操舵过程中船体产生的纵向力、横向力和摇首力矩等。

试验在 1.971m/s 以及 2.957m/s 两个航速下进行，在每个试验航速下分别执行 10°、20° 和 30°舵角，分析在此系列舵角下产生的操舵水动力导数 Y'_δ、N'_δ 等的数值变化。

根据整体式运动数学模型，船舶的操纵运动可看成直航、斜航、摇首、横荡和操舵等运动的叠加，方程如下所示：

$$\begin{cases} m[\dot{u} - vr - x_G r^2 - y_G \dot{r} + z_G pr] = X_H \\ m[\dot{v} + ur - y_G(r^2 + p^2) - z_G \dot{p} + x_G \dot{r}] = Y_H \\ I_z \dot{r} + m[x_G(\dot{v} + ur) - y_G(\dot{u} - vr)] = N_H \\ I_x \dot{p} + m[y_G vp - z_G(\dot{v} + ur)] = K_H \end{cases} \quad (1)$$

式中，m 为船的质量；I_x、I_z 分别为绕 Ox 轴、Oz 轴的转动惯量；x_G、y_G、z_G 为重心在船体坐标系中的坐标。下标 H 分别表示船体。在式(1)中只有船体力，其方程如式(2)所示：

$$\begin{cases} X_H = X_{\dot{u}}\dot{u} + X(u) + X_{vv}v^2 + X_{rr}r^2 + X_{vr}vr + X_{\delta\delta}\delta^2 \\ Y_H = Y_{\dot{v}}\dot{v} + Y_{\dot{r}}\dot{r} + Y_0 + Y_v v + Y_{v|v|}v|v| + Y_r r + Y_{r|r|}r|r| + Y_{|v|r}|v|r + Y_{v|r|}v|r| \\ \quad + Y_\phi\phi + Y_{|v|\phi}|v|\phi + Y_{v|\phi|}v|\phi| + Y_{|\phi|r}|\phi|r + Y_{\phi|r|}\phi|r| + Y_\delta\delta + Y_{|r|\delta}|r|\delta \\ N_H = N_{\dot{v}}\dot{v} + N_{\dot{r}}\dot{r} + N_0 + N_v v + N_{v|v|}v|v| + N_r r + N_{r|r|}r|r| + N_{|v|r}|v|r + N_{v|r|}v|r| \\ \quad + N_\phi\phi + N_{|v|\phi}|v|\phi + N_{v|\phi|}v|\phi| + N_{|\phi|r}|\phi|r + N_{\phi|r|}\phi|r| + N_\delta\delta + N_{|r|\delta}|r|\delta \\ K_H = K_{\dot{v}}\dot{v} + K_{\dot{r}}\dot{r} + K_0 + K_v v + K_{v|v|}v|v| + K_r r + K_{r|r|}r|r| + K_\phi\phi \\ \quad + K_{\dot{p}}\dot{p} - 2\mu\sqrt{(I_x - K_{\dot{p}})mgh}\,p - mgh\sin\phi + K_\delta\delta \end{cases} \quad (2)$$

式中，$X(u)$ 是船体阻力与喷推推力的合力。在直航自航操舵试验中，v、r 以及其导数都等于零，经过简化的方程如（3）式所示：

$$\begin{cases} X_H = X(u) + X_{\delta\delta}\delta^2 \\ Y_H = Y_0 + Y_\delta\delta \\ N_H = N_0 + N_\delta\delta \\ K_H = K_0 + K_\delta\delta \end{cases} \quad (3)$$

式中，X_H、Y_H、N_H、K_H 分别传感器所测量的船体纵向力、横向力、绕安装中心的回

- 219 -

转力矩和绕传感器安装位置的横倾力矩。Y_0、N_0、K_0 为零漂角直航时的试验值，由船模加工的不对称性引起。基于最小二乘回归分析方法，采用 ITTC 推荐的无因次化形式，获得无因次化水动力导数(表 2)。

表 2 直航自航操舵试验所测的水动力导数

航速/m·s^{-1}	1.971	2.957	比较/%
$X'_{\delta\delta}$	-2.052×10^{-3}	-2.195×10^{-3}	107
Y'_{δ}	-1.206×10^{-3}	-1.099×10^{-3}	91
N'_{δ}	5.901×10^{-4}	5.507×10^{-4}	93
K'_{δ}	2.711×10^{-5}	2.499×10^{-5}	92

从表 2 中可以看出，2.957m/s 航速操舵引起的纵向力、横向力、摇首力矩和横倾力矩分别是航速 1.971m/s 时的 107%、91%、93%和 92%，速度高时操舵引起阻力增加，也导致与横向力、摇首力矩等相关的水动力导数略有减小，且减小在 10%以内。

自航操舵摇首试验，是指船模以一定的航速拖曳向前运动，喷水推进装置开启，产生的推力与阻力平衡，在此基础上，操舵导航机构偏转一定的角度，船模本体进行纯摇首运动，测试运动过程中船体产生的纵向力、横向力和摇首力矩等。

在自航操舵摇首试验中，v 以及其导数等于零，经过简化的方程如（4）式所示：

$$\begin{cases} X_H = X_{\dot{u}}\dot{u} + X(u) + X_{\delta\delta}\delta^2 \\ Y_H = Y_{\dot{r}}\dot{r} + Y_0 + Y_r r + Y_{r|r|}r|r| + Y_{\delta}\delta + Y_{|r|\delta}|r|\delta \\ N_H = N_{\dot{r}}\dot{r} + N_0 + N_r r + N_{r|r|}r|r| + N_{\delta}\delta + N_{|r|\delta}|r|\delta \\ K_H = K_{\dot{r}}\dot{r} + K_0 + K_r r + K_{r|r|}r|r| + K_{\delta}\delta \end{cases} \quad (4)$$

根据式（4），利用一个周期内力和力矩的测量曲线在不同象限内的积分，进行正交分离，得到耦合水动力导数，如式（5）所示。通过开展 5 个振荡周期的试验，每个试验保证 3~5 个振荡周期力和力矩的测试。

$$\begin{cases} Y_c = \dfrac{1}{4}\left(\int_0^{\pi/2} Y_H \mathrm{d}\omega t + \int_{\pi/2}^{3\pi/2} Y_H \mathrm{d}\omega t + \int_{3\pi/2}^{2\pi} Y_H \mathrm{d}\omega t\right) = Y_{|r|\delta}\dfrac{a\omega^2}{U_0}\delta + (Y_0 + Y_\delta\delta)\dfrac{\pi}{2} \\ Y_{\text{out}} = \dfrac{1}{4}\left(\int_0^{\pi} Y_H \mathrm{d}\omega t - \int_{\pi}^{2\pi} Y_H \mathrm{d}\omega t\right) = (Y_r - mu)\dfrac{a\omega^2}{U_0} + Y_{r|r|}(\dfrac{a\omega^2}{U_0})^2\dfrac{\pi}{4} + Y_{r|\delta}\dfrac{a\omega^2}{U_0}|\delta| \\ N_c = \dfrac{1}{4}\left(\int_0^{\pi/2} N_H \mathrm{d}\omega t + \int_{\pi/2}^{3\pi/2} N_H \mathrm{d}\omega t + \int_{3\pi/2}^{2\pi} N_H \mathrm{d}\omega t\right) = N_{|r|\delta}\dfrac{a\omega^2}{U_0}\delta + (N_0 + N_\delta\delta)\dfrac{\pi}{2} \\ N_{\text{out}} = \dfrac{1}{4}\left(\int_0^{\pi} N_H \mathrm{d}\omega t - \int_{\pi}^{2\pi} N_H \mathrm{d}\omega t\right) = (N_r - mx_G u)\dfrac{a\omega^2}{U_0} + N_{r|r|}(\dfrac{a\omega^2}{U_0})^2\dfrac{\pi}{4} + N_{r|\delta}\dfrac{a\omega^2}{U_0}|\delta| \end{cases} \quad (5)$$

式中，X_H、Y_H、N_H、K_H分别为传感器所测量的船体纵向力、横向力、绕安装中心的回转力矩和绕传感器安装位置的横倾力矩。Y_0、N_0、K_0为零漂角直航时的试验值，由船模加工的不对称性引起。基于最小二乘回归分析方法，采用 ITTC 推荐的无因次化形式，获得无因次化水动力导数(表3)。

表 3 直航自航操舵试验所测的水动力导数

航速/m·s^{-1}	1.971	2.957	比较/%
$Y'_{|r|\delta}$	8.003×10^{-4}	8.139×10^{-5}	10
$N'_{|r|\delta}$	6.412×10^{-4}	-3.954×10^{-5}	6

表 3 中给出了摇首运动下的操舵水动力导数，这些数值量级较小。航速提高会减小摇首运动对水动力导数的影响，2.957m/s 航速操舵引起的横向力、摇首力矩分别是航速 1.971m/s 时的 10%、6%。船舶操纵运动为低频缓慢运动，无因次摇首角速度值一般在 0.01 左右，$Y'_{|r|\delta}×0.01$ 即相当于 Y'_δ 的值，可以说摇首运动对操舵水动力导数的影响非常是有限的，几乎可以忽略不计。

5 结论

本研究利用平面运动机构测试了不同航速不同舵角情况下的操舵水动力导数。首先通过自航试验获得了喷水推进装置转子的转速；其次在水池中以不同的速度拖曳船模，测试船模在不同舵角下受到的纵向力、横向力和摇首力矩等，最后基于整体式操纵运动数学模型，采用最小二乘分析法得到操舵水动力导数。由操舵导数分析发现，随航速的提高，舵效稍有减小，航速对线性操舵水动力导数影响在 10%以内；同时发现，耦合操舵水动力导数量级很小，随航速的增加，操舵对耦合操舵水动力导数的影响有限，几乎可以忽略不计。

参考文献

1. Norbert B, A breakthrough in waterjet propulsion systems[C]. Doha International Maritime DefenceExhibition and Conference, Qatar, 2008.
2. Park W, Jang J H, Chun H, et al. Numerical flow and performance analysis of waterjet propulsion system[J].Ocean Engineering, 2005, 32(14): 1740-1761.
3. Kim M, Park W, Chun H, et al. Comparative study on the performance of pod type waterjet by experiment and computation[J].International Journal of Naval Architecture and Ocean Engineering,2010, 2(1): 1-13.
4. Eslamdoost A, Larsson L, Bensow R, et al. Analysis of the thrust deduction in waterjet propulsion-the froude number dependence[J]. Ocean Engineering, 2018,152:100-112.
5. Gong J, Guo C, Wang C, et al. Analysis of waterjet-hull interaction and its impact on the propulsion performance of a four-waterjet-propelled ship[J]. Ocean Engineering, 2019,180:211-222.
6. Tavakoli S, Dashtimanesh A. Mathematical simulation of planar motion mechanism test for planing hulls byusing 2D+T theory[J]. Ocean Engineering,2018,169: 651-672.
7. Huang S, Xu Y, Pang Y, et al. Maneuvering simulation for water-jet propulsion unmanned surfacevehicle[C].Conference on Industrial Electronics and Applications, 2011,1755-1760.
8. 丁江明,王用生,王鹏飞. 喷水推进船转弯过程中的喷泵性能研究[J].武汉理工大学学报(交通科学与工程版), 2006, 30(1):5-8.
9. 徐梓京,林辉,杜冬梅,等. 双泵推进船操纵性模拟[J].上海交通大学学报,2019,24(1):19-23.

The hydrodynamics analysis of water-jet propelled ship regarding to rudder deflection

LIU Xiao-jian[1,3*], MENG Xiao-feng[3], SHEN Jia-cheng[3], FAN She-ming[2,3]

(1. Science and Technology on Water Jet Propulsion Laboratory, Shanghai, 200011;
2. Shanghai Key Laboratory on Ship Engineering, Shanghai, 200011;
3. Marine Design and Research Institute of China, Shanghai200011, Email: liuxiaojian@maric.com.cn)

Abstract: Generally, the maneuvering of water-jet propelled ship is very good, but the ship usually sailsat different velocities including low speed, high speed. Some research is necessary to carry out. In this article, some tank tests are done such as the self-propelled tests, the rudder deflection tests with self-propelled water-jet pumps, the yaw tests with self-propelled water-jet pumps. Some hydrodynamic coefficients are analyzed based on the force and moment histories by the least square method. The results show that the linear coefficients of the rudder decrease a little as the ship speeds increase, and that the combination coefficients are very small and can be neglected in the simulation.

Key words: Water-jet Propelled Ship; Speed; Rudder; HydrodynamicCoefficient.

双层流水槽中简谐波造波理论研究

闫雪，勾莹*，滕斌

(大连理工大学 海岸和近海工程国家重点实验室，大连 116024, Email: gouying@dlut.edu.cn)

摘要：在具有自由面的两层流体中，造波板运动会同时产生表面波和内波。本研究基于线性势流理论，推导了双层流水槽中造波板运动与自由表面和内界面波浪幅值关系的解析表达式，建立了两层流中简谐波的造波模型。上下层流体都满足拉普拉斯方程，两个域的边界条件包括自由水面边界条件、水底不可渗透边界条件、造波板表面的法向速度连续条件，以及双层流体交界处的法向速度和压力连续条件，利用特征展开法求解。通过与单层流体中简谐波造波结果的对比，验证了本研究模型的正确性。利用推导的解析解计算了单摇板式、双推板式及双摇板式三种不同形式的造波板运动产生的简谐波浪，对比分析了三种不同造波形式产生的波浪幅值随造波板运动频率的变化规律。结果表明，在造波板运动幅值一定的情况下，单摇板式生成的表面波浪幅值最大，且生成的简谐内波的幅值最小；双推板式及双摇板式在内界面处具有良好的造波效果且生成的表面波浪较小。针对双推板式造波，研究了上下层密度比不同和上下层水深比不同时，自由面以及内界面处的波浪幅值情况。研究结果对双层流水槽中简谐波造波提供了理论依据。

关键词：两层流体；内波；特征展开法；简谐造波；造波板

1 引言

海洋中存在显著的海水垂向层化现象，当有扰动源存在时，就会在海洋内部激发内波。内波可能对海洋工程结构物产生不容忽视的影响[1]，因此海洋内波的研究具有很高的工程价值和学术价值。

实验室模拟是研究内波的重要途径之一。在实验室内波造波方面，内孤立波的造波已有较多的研究。Walker[2]建立了分层流内波水槽，由处于两层流体内界面处具有浮力的 D 型桨运动来产生内孤立波，研究了该造波方法得到的内孤立波的波浪要素特征以及其波动特性。Wessels and Hutter[3] 建立了双板联动式内孤立波造波水槽，上下推板中间由薄滑板相连接，两板可在滑板上前后滑动。实验时控制上下推板的运动方向和速度即可生成不同振幅的内孤立波。较为常用的内孤立波造波原理是重力塌陷法，挡板两侧的液体形成一定的水位差，快速抽离挡板后，较高水位的水体流入另一侧形成扰动，在密度稳定分层的液体中激发内孤立波。魏岗等[4]将挡板设计为旋转的百叶门装置，装置上的若干细长薄型叶片能够瞬时旋转开启和闭合，提高了造波质量。

在密度均一的单层流体中，周期性表面波的造波理论已经较为成熟[5]，但是在双层流水槽中，对于给定频率，有两种模态的波系存在，分别为表面波模态和内波模态[6]。因此，表面波和内波都是由这两种模态的波浪叠加得到的，可见分层流水槽中周期性内波的可控造波较为复杂。Thorpe[7]推导了连续分层流体中制造有限振幅波的解析表达式，利用自行设计的摇板和楔块组合式造波机生成简谐振荡的内波，并与理论值符合良好。徐肇廷[8]在连续分层条件下导出了生成内波的振幅理论公式，并利用设计的摇板式造波机进行了验证。上海交通大学建造了一个大型多功能分层流水槽[9]，采用了摇板式内波造波机以及楔形消波装置进行造波与消波。

综上，在双层流水槽中通过造波板的简谐运动会产生两种模态的波浪，但还缺乏相应的造波理论。鉴于此，本研究建立两层流体中的线性造波机理论，对比造波板不同运动形式下自由表面及内界面处的波幅情况，探究不同参数对造波幅度的影响情况。对实验室简谐内波的可控造波具有重要的现实意义和应用价值。

2 理论模型

2.1 基本假定和边界条件

基于势流理论，即假定流体是不可压缩、无黏、流动无旋的理想流体。定义直角坐标系 OXZ，坐标轴 OZ 垂直向上，OX 与静水面重合(图 1)。上层流体的密度和深度分别为 ρ_1 和 h_1，下层流体的密度和深度分别为 ρ_2 和 h_2，两层流体的密度比为 $\gamma = \rho_1/\rho_2$，总水深为 $h = h_1 + h_2$。

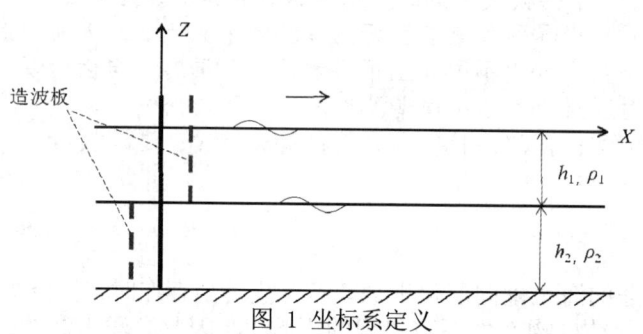

图 1 坐标系定义

造波板的平均位置与 Z 轴重合，假定造波板做频率为 ω 的小振幅简谐运动，初始时刻造波板在平衡位置处，$\xi(z)$ 为造波板上各点的水平运动幅值，则造波板在任意时刻所处的位置为：

$$X(z,t) = \xi(z)\sin(\omega t) = Re[i\xi(z)e^{-i\omega t}] \tag{1}$$

造波板的运动速度为：

$$\dot{X}(z,t) = Re[\omega \xi(z)e^{-i\omega t}] \tag{2}$$

用 $\phi^{(l)}$ 分别表示流域中上下层的速度势，其中 $l=1$ 表示上层速度势，$l=2$ 表示下层速度势，满足如下的定解问题：

$$\nabla^2 \phi^{(l)} = 0 \qquad (-h < z < 0) \tag{3}$$

$$\phi_z^{(1)} = K\phi^{(1)} \qquad (z=0) \qquad (4)$$

$$\phi_z^{(2)} = 0 \qquad (z=-h) \qquad (5)$$

$$\phi_z^{(1)} = \phi_z^{(2)} \qquad (z=-h_1) \qquad (6)$$

$$\gamma(\phi_z^{(1)} - K\phi^{(1)}) = \phi_z^{(2)} - K\phi^{(2)} \qquad (z=-h_1) \qquad (7)$$

其中，$K = \omega^2/g$。

造波板表面的边界条件可近似地写为：

$$\phi_x^{(1)} = \omega\xi(z) \qquad (x=0) \qquad (8)$$

此外，还有生成波浪向外传播的远场条件。

2.2 理论解推导

基于分离变量法，将造波板右侧流域中速度势表示为：

$$\phi(x,z) = \frac{g}{i\omega}\left\{ C_0^{(1)} e^{ik_0^{(1)}x} Z_0(k_0^{(1)},z) + C_0^{(2)} e^{ik_0^{(2)}x} Z_0(k_0^{(2)},z) \right. \\ \left. + \sum_{n=1}^{+\infty} C_n^{(1)} e^{-k_n^{(1)}x} Z_n(k_n^{(1)},z) + \sum_{n=1}^{+\infty} C_n^{(2)} e^{-k_n^{(2)}x} Z_n(k_n^{(2)},z) \right\} \qquad (9)$$

式中，$k_0^{(m)}$ 表示两种模态的波数，$m=1$ 表示表面波模态，$m=2$ 表示内波模态。第一项对应于表面波模态向右传播的传播波浪，第二项对应于内波模态向右传播的传播波浪，后两项分别表示两种模态的非传播波浪。非传播波浪主要出现在造波板附近，并且随着离开造波板距离的增加而以指数形式逐渐衰减为零。由边界条件推导出的垂向特征函数表达式为：

$$Z_0(k,z) = \begin{cases} \dfrac{K^2 \operatorname{sh} kz + kK \operatorname{ch} kz}{kK \operatorname{ch} kh_1 - k^2 \operatorname{sh} kh_1} & (-h_1 \le z \le 0) \\ \dfrac{K \operatorname{ch} k(z+h)}{k \operatorname{sh} kh_2} & (-h \le z \le -h_1) \end{cases} \quad (k=k_0^{(m)}, m=1,2) \qquad (10)$$

$$Z_n(k,z) = \begin{cases} \dfrac{K^2 \sin kz + kK \cos kz}{k^2 \sin kh_1 + kK \cos kh_1} & (-h_1 \le z \le 0) \\ -\dfrac{K \cos k(z+h)}{k \sin kh_2} & (-h \le z \le -h_1) \end{cases} \quad (k=k_n^{(m)}, m=1,2, n=1,2,...) \qquad (11)$$

为简洁表达，本研究中将 $\sinh(x)$ 和 $\cosh(x)$ 写为 $\operatorname{sh}(x)$ 和 $\operatorname{ch}(x)$。

代入内界面处的连续性条件，可得到双层流体中两种模态的波数 $k_0^{(1)}$ 和 $k_0^{(2)}$ 的求解关系式：

$$\omega^2 = \frac{gk_0}{2(1+\gamma t_1 t_2)}\left\{ t_1 + t_2 \pm \sqrt{(t_1+t_2)^2 - 4\varepsilon t_1 t_2 (1+\gamma t_1 t_2)} \right\} \qquad (12)$$

式中，$\varepsilon = 1-\gamma, t_1 = \tanh k_0 h_1, t_2 = \tanh k_0 h_2$。

对于非传播项，$k_n^{(1)}$ 和 $k_n^{(2)}$ 分别按下式求得[10]：

$$\omega^2 = -\frac{gk_n}{2(1-\gamma T_1 T_2)}\left\{T_1 + T_2 \pm \sqrt{(T_1+T_2)^2 - 4\varepsilon T_1 T_2 (1-\gamma T_1 T_2)}\right\} \quad (13)$$

式中，$T_1 = \tan k_n h_1, T_2 = \tan k_n h_2$

将造波板处边界条件代入速度势表达式中，可得：

$$\begin{aligned}&\{ik_0^{(1)}C_0^{(1)}Z_0(k_0^{(1)},z) + ik_0^{(2)}C_0^{(2)}Z_0(k_0^{(2)},z) \\ &-\sum_{n=1}^{+\infty}k_n^{(1)}C_n^{(1)}Z_n(k_n^{(1)},z) - \sum_{n=1}^{+\infty}k_n^{(2)}C_n^{(2)}Z_n(k_n^{(2)},z) = K\xi(z) \quad (n=1,2,...)\end{aligned} \quad (14)$$

利用垂向特征函数系的正交关系，即：

$$\int_{-h}^{0} q(z) Z(k_m,z) Z(k_n,z) \mathrm{d}z = 0 \quad (m \neq n) \quad (15)$$

其中，$q(z)$是权函数，当$-h \leq z \leq -h_1$时，取值为1，当$-h_1 \leq z \leq 0$时，取值为γ。将式(14)两端分别用不同特征值对应的垂向特征函数进行正交，并在全域内对水深进行积分，可求得待定系数为：

$$C_0^{(m)} = \frac{K f_{k_0^{(m)}}}{ik_0^{(m)} N_{k_0^{(m)}}}, \quad C_n^{(m)} = \frac{-K f_{k_n^{(m)}}}{k_n^{(m)} N_{k_n^{(m)}}} \quad (m=1,2, n=1,2,...) \quad (16)$$

式中，$f_{k_0^{(m)}} = \int_{-h}^{0} q(z) Z_0(k_0^{(m)},z) \xi(z)\, \mathrm{d}z$, $N_{k_0^{(m)}} = \int_{-h}^{0} q(z) \left[Z_0(k_0^{(m)},z)\right]^2 \mathrm{d}z$

$f_{k_n^{(m)}} = \int_{-h}^{0} q(z) Z_n(k_n^{(m)},z) \xi(z)\, \mathrm{d}z$, $N_{k_n^{(m)}} = \int_{-h}^{0} q(z) \left[Z(k_n^{(m)},z)\right]^2 \mathrm{d}z$

将待定系数代入式(9)可确定流域内速度势。水槽中不同位置处产生的水面波动，可利用波面方程求得。自由水面处的波面升高为：

$$\begin{aligned}\eta^{(1)} &= -\frac{1}{i\omega}\frac{\partial \phi^{(1)}}{\partial z}\bigg|_{z=0} \\ &= C_0^{(1)} e^{ik_0^{(1)}x} \frac{K}{K\,\mathrm{ch}\,k_0^{(1)}h_1 - k_0^{(1)}\,\mathrm{sh}\,k_0^{(1)}h_1} + C_0^{(2)} e^{ik_0^{(2)}x}\frac{K}{K\,\mathrm{ch}\,k_0^{(2)}h_1 - k_0^{(2)}\,\mathrm{sh}\,k_0^{(2)}h_1} \\ &+ \sum_{n=1}^{+\infty} C_n^{(1)} e^{-k_n^{(1)}x}\frac{K}{K\cos k_n^{(1)}h_1 + k_n^{(1)}\sin k_n^{(1)}h_1} + \sum_{n=1}^{+\infty} C_n^{(2)} e^{-k_n^{(2)}x}\frac{K}{K\cos k_n^{(2)}h_1 + k_n^{(2)}\sin k_n^{(2)}h_1}\end{aligned} \quad (17)$$

内界面处的波面升高为：

$$\begin{aligned}\eta^{(2)} &= -\frac{1}{i\omega}\frac{\partial \phi^{(1)}}{\partial z}\bigg|_{z=-h_1} = -\frac{1}{i\omega}\frac{\partial \phi^{(2)}}{\partial z}\bigg|_{z=-h_1} \\ &= C_0^{(1)} e^{ik_0^{(1)}x} + C_0^{(2)} e^{ik_0^{(2)}x} + \sum_{n=1}^{+\infty} C_n^{(1)} e^{-k_n^{(1)}x} + \sum_{n=1}^{+\infty} C_n^{(2)} e^{-k_n^{(2)}x}\end{aligned} \quad (18)$$

待定系数表达式中造波板上各点的水平运动幅值$\xi(z)$取决于造波板的运动形式(图2至图5)：

对于单推板式造波机：

$$\xi(z) = S \ (S\text{为一常数}) \quad (19)$$

对于绕水槽底部转动的单摇板式造波机：

$$\xi(z) = S(1+\frac{z}{h}) \qquad (20)$$

式中，S 为摇板在水面处的运动幅值。

对于双推板式造波机，通过分别位于上下层流体中的两块推板的反相位往复运动实现造波，造波板上各点的水平运动幅值为：

$$\xi(z) = \begin{cases} S & (-h_1 \leq z \leq 0) \\ -S & (-h \leq z \leq -h_1) \end{cases} (S \text{ 为一常数}) \qquad (21)$$

对于双摇板式造波机，通过分别位于上下层流体中的两块摇板反相位摆动实现造波。上层流体中的摇板绕顶部摆动，下层流体中的摇板绕底部摆动，造波板上各点的水平运动幅值为：

$$\xi(z) = \begin{cases} -S\dfrac{z}{h_1} & (-h_1 \leq z \leq 0) \\ -S\dfrac{h+z}{h_2} & (-h \leq z \leq -h_1) \end{cases} \qquad (22)$$

式中，S 为摇板在内界面处的运动幅值。

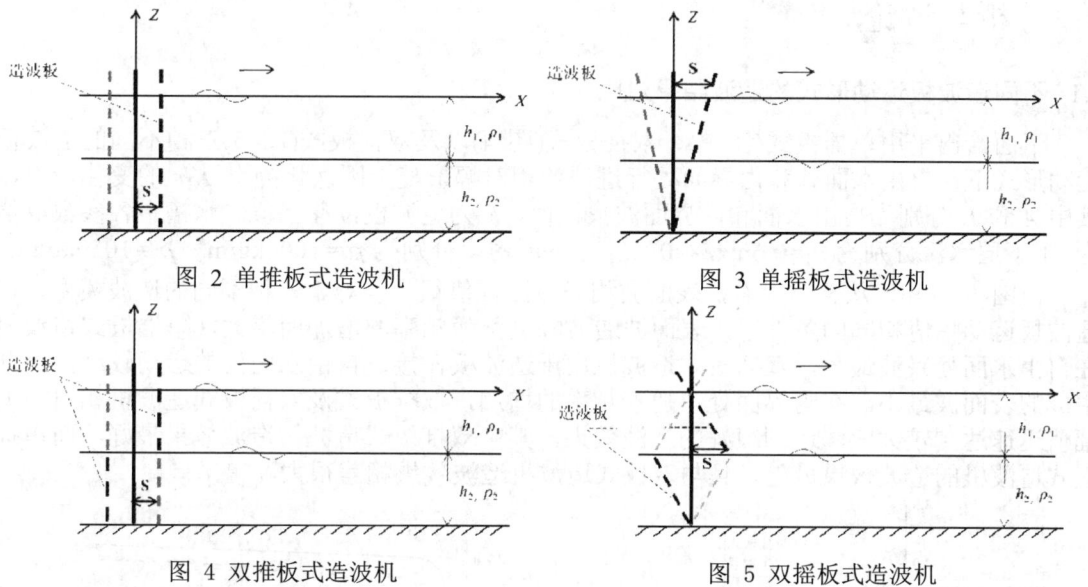

图 2 单推板式造波机　　　　图 3 单摇板式造波机

图 4 双推板式造波机　　　　图 5 双摇板式造波机

2.3 计算结果的验证

为验证本研究建立的双层流水槽造波理论和计算程序的正确性，将本研究计算结果与单层流体中线性造波机理论的计算结果进行对比。当上下层流体密度比接近于 1 时，两层流模型造波结果将趋近于单层流结果。造波参数取值如下：单层流体中密度为 ρ =1000 kg/m³，水深 h=1.0 m；双层流体中上下层流体水深分别为 h_1=0.6 m，h_2=0.4 m，总水深 h=1.0 m，上下层流体密度分别为 ρ_1=1000.0 kg/m³，ρ_2=1010.0 kg/m³，即密度比 γ=0.99。

图 6 图6给出在单推板式和单摇板式两种不同的造波形式下，上述参数条件下双层流体与单层流体在自由水面处相对造波幅度 A/S 与无因次化频率 Kh (其中 $K=\omega^2/g$)的关系曲线。由图6可以看出，双层流体中自由水面处造波幅度与单层流体中的造波结果十分接近，从而证明本文建立的理论解的正确性。

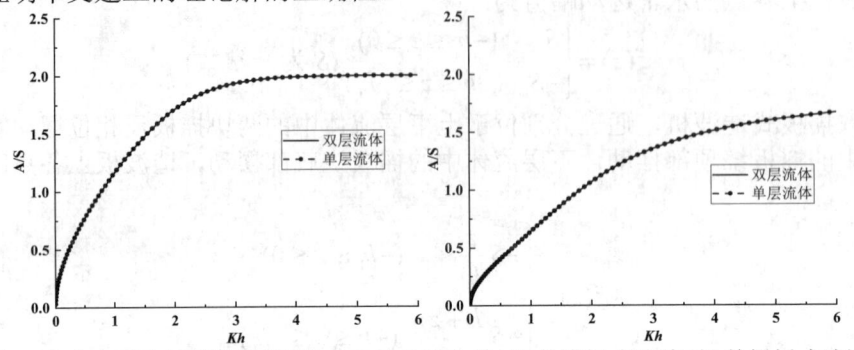

图 6 自由水面处相对造波幅度与 Kh 的关系曲线(左)单推板式造波(右)单摇板式造波

3 分析与讨论

3.1 不同造波板运动形式的造波结果对比

下面给出采用单摇板式(图 3)、双推板式(图 4)以及双摇板式(图 5)三种不同的造波板运动形式下，自由水面处和内界面处行进波的相对幅值随无因次化频率 Kh 的变化情况，其中 A 和 B 分别为自由水面和内界面波浪幅值，S 为造波板位移幅值。水槽中各参数取值为：上下层水深分别为 h_1=0.6m, h_2=0.4m；上下层密度分别为 ρ_1=1000kg/m³，ρ_2=1050kg/m³。

由图 7 可知，从整体上看，表面波相对造波幅值很小，对于三种不同的造波模型，在造波板运动幅值相同的条件下，表面波造波幅度都随频率的增加而增大，单摇板式造波机在自由水面处兴波最大，双摇板式造波机由于造波板在接近自由水面处的运动较小，因此生成的表面波最小。在内界面处，随着频率的增加，双推板式及双摇板式造波机相对造波幅值迅速达到较大值，达到很好的造波效果，其中双推板式造波机造波效果最好，而单摇板式造波机的造波效果最差，且与双板式造波机造波效果相差很大。

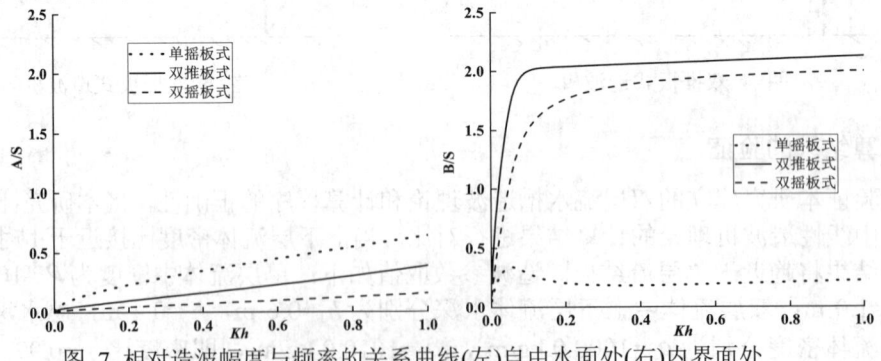

图 7 相对造波幅度与频率的关系曲线(左)自由水面处(右)内界面处

综合自由水面和内界面处的波幅情况，可以得出，单摇板式造波机生成的表面波浪最大，但制造简谐内波的效果最差；双板式造波机生成的表面波浪较小，但在内界面上生成波幅较大的简谐内波。

考虑到双推板造波机更易于实施，以下主要以双推板造波机为例，对层化参数对造波性能的影响进行分析。

3.2 层化参数对造波效果的影响

采用造波效果良好的双推板式造波，探究不同层化参数下造波幅度的影响规律。图 8 给出不同密度比下自由水面和内界面处造波幅值与无因次化频率 Kh 的关系曲线。给定的水槽参数为：上下层水深为 h_1=0.6m、h_2=0.4m，选取 5 个不同的密度比，分别为 γ=0.70，0.80，0.90，0.95，0.99。从图 8 可以看出，密度比对内界面处的幅值影响显著，对自由表面的幅值影响有限。在自由表面处，相对造波幅值 A/S 在相对较低的频率区间内随上下层密度比的增大而减小，而在之后相对较高的频率区间内随上下层密度比的增大而增大。在造波机输入相同的频率下，内界面相对造波幅度 B/S 随着密度比的增大而增大。

图 9 给出当总水深保持不变、内界面处于不同位置时，自由水面和内界面处的造波幅度与 Kh 的关系曲线。给定的水槽参数为：上下层密度为 ρ_1=1000 kg/m³、ρ_2=1050 kg/m³，即密度比 γ=0.95，选取 5 个不同的上下层流体分层。从图 9 可以看出，流体分层位置对自由表面处的波幅影响较为显著。在相对低频处即 kh<0.2 时，当上下层水深比越接近 1 时(即内界面位置越接近水深的一半)，相对造波幅值 A/S 的值越小，且上下层水深差值的绝对值相同时，相对造波幅值也较为接近，但随着 kh 增加，上层水深越大时相对造波幅值越大；在内界面处，幅值变化不是很明显，与表面波的影响规律基本一致。

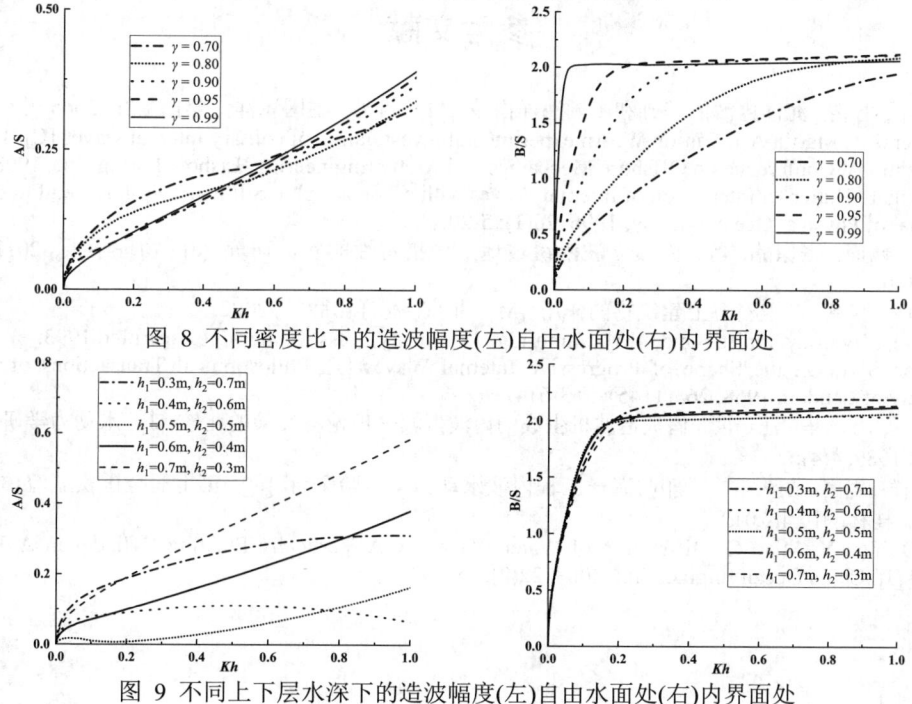

图 8 不同密度比下的造波幅度(左)自由水面处(右)内界面处

图 9 不同上下层水深下的造波幅度(左)自由水面处(右)内界面处

4 结论

本研究基于双层流体模型和线性势流理论,建立了双层流水槽中造波板运动的简谐波造波理论。利用特征展开法,推导了两个域内的流体速度势以及自由水面和内界面处的波面方程,推导了造波板运动与自由表面和内界面波浪幅值关系的解析表达式。计算并对比了单摇板式、双推板式及双摇板式三种不同形式的造波板运动产生的自由表面及内界面简谐波浪幅值,探讨了三种不同造波形式产生的波浪幅值随造波板运动频率的变化规律。探究了不同上下层密度比、不同内界面位置对双推板式造波模型在自由表面及内界面处造波幅值的影响规律。

(1) 对于单摇板式、双推板式及双摇板式三种不同形式的造波板,表面波造波幅度都随频率的增加而增大,在造波板运动幅值相同的条件下,单摇板式在自由水面处兴波最大,双摇板式生成的表面波最小。在内界面处,随着频率的增加,双推板式及双摇板式造波机相对造波幅值迅速达到较大值,达到很好的造波效果,而单摇板式造波效果较差,在造波板运动幅值相同的条件下,生成的简谐内波幅值与双板式结果相差较大。

(2) 上下层密度比对自由水面波幅影响较小,但对内界面波幅有显著的影响,内界面波幅随着密度比的增大显著增加;当水深一定时,上下层水深比对自由水面波幅影响显著,但对内界面波幅影响较小,当频率较小时,上下层水深比越接近 1 时自由水面幅值越小,随着频率增加,对于上下层水深差值的绝对值相同的两种情况,上层水深越大时自由水面相对造波幅值越大。

参考文献

1 方欣华, 杜涛. 海洋内波的基础和中国海洋内波 [M]. 青岛: 中国海洋大学出版社, 2005.
2 Walker S A, Martin A J, Easson W. An experimental investigation of solitary internal waves [C]. 17th International Conference on Offshore Mechanics and Arctic Engineering, Lisbon, Portuguese, 1998.
3 Wessels F, Hutter K. Interaction of Internal Waves with a Topographic Sill in a Two-Layered Fluid [J]. Journal of Physical Oceanography, 1996, 26(1): 5-20.
4 杜辉, 魏岗, 张原铭, 等. 内孤立波沿缓坡地形传播特性的实验研究 [J]. 物理学报, 2013, 62(06): 353-360.
5 李玉成, 滕斌. 波浪对海上建筑物的作用 [M]. 北京: 海洋出版社, 2002.
6 Lamb H. Hydrodynamics 6th ed [M]. Cambridge University Press, Cambridge, reprinted 1993.
7 Thorpe S A. On the Shape of Progressive Internal Waves [J]. Philosophical Transactions of the Royal Society of London, 1968, 263(1145): 563-614.
8 徐肇廷, 方欣华, 汪一明. 偶板造波机生成的内波振幅—理论与实验的比较 [J]. 水动力学研究与进展 A 辑, 1989, 4(4): 7.
9 尤云祥, 魏岗, 胡天群. 船舶与海洋工程内波水动力学试验平台 [C]. 第七届全国实验流体力学学术会议, 桂林, 中国, 2012.
10 Shi Q, You Y, Miao G. Diffraction of Water Waves by A Vertically Floating Cylinder in A Two-Layer Fluid [J]. China Ocean Engineering, 2008, 22(2): 181-93.

Theoretical study on linear harmonic wave generation in a two-layer fluid flume

YAN Xue, GOU Ying[*], TENG Bin

(Dalian University of Technology, State Key Laboratory of Coastal and Offshore Engineering, Dalian 116024, Email: gouying@dlut.edu.cn)

Abstract: In a two-layer fluid system, wave-making plate motion generates both surface and internal waves. Based on the linear potential flow theory, this paper deduced the analytical expression of the relationship between the motion of the wave-maker plate and the wave amplitude of the free surface and inner interface, and established the model of harmonic wave generation in the two-layer fluid system. The upper and lower layers of the fluid satisfy Laplace's equation, and the boundary conditions in both domains include the free water surface boundary condition, the impermeable boundary condition at the bottom of the water, the normal velocity continuity condition at the surface of the wave-making plate, and the normal velocity and pressure continuity conditions at the junction of the two-layer fluid, which are solved by using the eigenfunction expansion method. The correctness of the model in this paper is verified by comparing the results with those of simple harmonic waveform generation in a single-layer fluid. The wave amplitude of the waves generated by three types of wave makers is compared and analyzed. The results show that the single-paddle wave maker generates the largest surface waves and the smallest internal waves, while the double-piston type and the double-paddle type have good wave generation at the internal interface. The wave generation by the double-piston wake maker is investigated with the variation of density ratios and water depth ratios. The results provide a theoretical basis for simple harmonic wave generation in a double-layer flume.

Key words: Two-layer fluid system; Internal wave; Eigenfunction expansion method; Simple harmonic wave generation; Wave maker.

基于水池模型试验的船舶运动视景仿真系统实现方法研究

李震缘[*]，魏纳新

(中国船舶科学研究中心 水动力学科研部 深海技术科学太湖实验室，无锡 214000，
Email: lizy@cssrc.com.cn)

摘要：视觉提供了最高效的感知输入，通过视觉船舶操纵人员可直观快速地对操纵决策效果作出判断，为决策的优化提供依据，进而为船舶操控的智能化研究提供重要支撑。本研究采用水池模型试验获得的船舶运动响应 RAO，构建了相对准确的船舶运动模型，实现了船舶六自由度运动时历数据输出。采用新兴的消息队列（MQ）通信总线技术，进行了数据通信接口的开发，实现了视景仿真基础平台和船舶运动模型的关联。视景仿真基础平台基于 Unreal Engine 4 平台构建，通过三维动画的形式进行船舶运动展示。本系统能够实现对船舶波浪中操纵运动性能的模拟和动画展示，满足对目标船舶进行运动性能展示和决策评估的要求。

关键词：水池模型试验；船舶仿真系统；视景仿真；船舶运动模型；数据接口

1 引言

根据统计结果，2017 年以来，海上安全事故中，人为因素相关占比在 80%以上，部分船员经过培训后，虽然在一定程度上具备了相应的航海知识，但是由于经验的缺乏，依然无法保证安全驾驭船舶[1]。

在实际船舶操控过程中，目前主要依靠人员通过手动操作的方式进行操控。此种方式一方面严重依赖于操船人员的经验积累；另一方面，在恶劣海况、突发/应急状态、复杂/繁忙航道中的船舶操控特别复杂，尤其是突发/应急等偶遇状态往往没有经验可参考。因此从技术上提高船舶操控智能化程度，在决策和操作上减轻驾驶员的负担，逐步实现船舶操控的智能化和自动化，减小人为因素影响，对减少或者避免海事事故发生具有重要的现实意义，智能化也成为发展方向船舶设计、航运发展的主要方向之一。

在智能化分阶段实施过程中，运动建模与仿真是最基础的阶段，通过模型和仿真结果辅助人工判断与决策，以人作为决策中心，延续了现有的航行规则和安全评估体系，使手

工操控平缓、安全地向自动操控过渡。视景仿真可以让操船人员迅速对决策效果作出判断，总结出合理的操纵方案，形成知识库，为智能操纵提供依据和途径。

2 系统结构及原理

对仿真平台的需求贯穿了船舶设计-服役-退役的全寿命周期。在研制阶段，通过仿真平台可以构建复杂的使用环境和任务环境。在模拟的不同海况条件下，通过构建多域协同使用环境，进行极限使用海况下的运动模拟和综合使用海况下的综合性能测试。在交付与服役阶段，通过船舶运动仿真平台，可以进行包括交互操作、应急演练在内的一系列船员使用培训。同时，通过在虚拟平台中构建复杂的工况及任务环境，可以实现对特殊工况和应用场景的任务风险评估、决策优化算法验证等高层级应用。在船舶的维护阶段，仿真平台可以支撑基于数字孪生的仿真分析系统建设，提供船舶状态的实时仿真复现。

在各个阶段中，研制阶段对船舶运动视景仿真系统的需求更加突出。传统手段主要通过水池模型试验，获得船舶的水动力学导数、船舶波浪运动响应（RAO）等数据，从而构建船舶运动模型，实现对船舶总体性能的预报和评估。近年来随着计算能力的迅速提高，CFD 为船舶运动评估提供了低成本方案。但两者的结果表达都是以图表和曲线等方式为主，无法通过周围视景的变化直观地感知船舶运动性能以及周围态势，为操船人员或客户提供高效的效果评估方法，视景仿真系统则可以对船舶的航行性能进行综合、形象直观地表达，及时发现诸如操控策略中的不足，此外仿真系统可通过外推，对传统模型试验中风险较大的极端海况条件的航行性能进行初步模拟，进而优化试验方案、提高模型试验效率、降低试验风险和成本。因此，通过船舶运动视景仿真系统，对船舶在各种风浪环境下的运动性能进行预报，对船舶操纵策略进行评估成为了一种迫切的需求。

船舶运动视景仿真系统主要由两大部分构成：船舶运动计算模块和船舶运动视景仿真展示模块，以及视景系统标准接口、仿真系统标准接口等数据接口模块，与操纵台等设备进行相互连接，如图 1 所示。

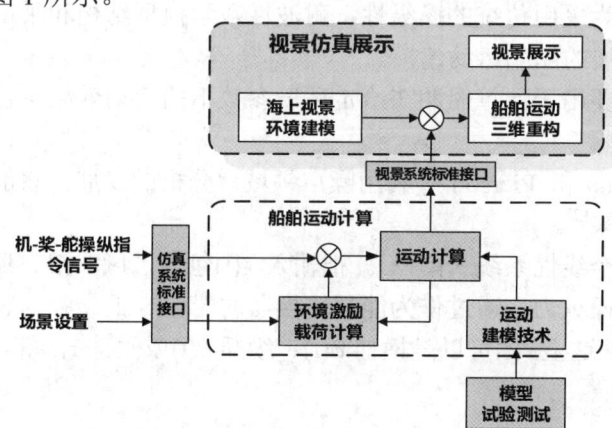

图 1　船舶运动视景仿真系统架构

为适应不同的操纵装置，通过信号转换器或中间件把机、桨、舵等操纵指令信号以及场景设置信息等转化成预定的标准数据形式，以数据包的形式通过网络发送。即通过仿真系统标准接口，统一接收操纵台输出的操纵指令信号和教练站输出的场景设置信号，并转换成符合统一格式标准的数据包，通过仿真系统标准接口模块，发送到船舶性能综合仿真计算平台，从而实现船舶运动计算软件和硬件无关。

船舶运动计算模块主要包括环境载荷计算、运动计算两部分。环境载荷计算通过仿真系统标准接口接收输入的风、浪等场景设置信号，并转换成相应的环境载荷数据，作为运动计算模块的输入。通过水池模型试验获得船舶水动力学导数、RAO 等必要参数。以此构建船舶运动数学模型，形成船舶运动计算模块。

运动计算模块接收到环境载荷计算部分输入的风、浪、流等环境因素产生的对船舶运动的绕动力，以及仿真系统标准接口输入的舵、桨等操纵数据，根据船舶运动数学模型进行船舶在不同风浪环境中的运动响应结果的计算。计算完成后，将结果转换为船舶六自由度运动的时域数据，并通过视景系统标准接口进行输出。

视景仿真展示模块主体为视景仿真平台，主要包括海上视景环境建模模块、船舶运动三维重构模块等，主要功能是以视景动画的形式对海上风浪环境以及船舶的六自由度运动状态进行展示。海上视景环境建模模块通过视景系统标准接口，接收设置的风、浪、气象环境、障碍物等环境数据，并以动画场景的形式进行展示。船舶运动三维重构模块通过视景系统标准接口，读取船舶运动的六自由度时间历程数据，并加载到对应的船舶模型，实现船舶在海洋环境中的运动状态展示。

3 船舶运动计算模块

船舶的运动模型使虚拟船舶模型在外界激励的作用下能够按照内置程序的计算结果改变船舶的航速，航向和船舶的位置。

船舶运动建模技术主要根据模型试验结果，对各水动力学参数进行辨识，获得船舶运动模型。又可以细分为采用传统的操纵性、耐波性数学模型结构和采用支持向量机、神经网络等智能算法，开展的船舶运动建模。

船舶运动软件主要用于计算船舶在给定环境参数下的运动效果。包含数学模型和数据转换两个部分。

1953 年，St. Dinis 和 Pierson 等利用噪声领域谱分析的发展，将船舶响应的谱密度和输入海洋波谱联系起来[2]。

船舶被看做是一个线性系统（图 2）。把输入 $\zeta(t)$ 包含了风、浪、流等形成的环境载荷以及舵、桨等引起的操纵力，通过作为能量转换器的船舶 S 的转换，将其能量传递给作为输出的摇荡运动 $y(t)$。这里 $y(t)$ 可以是横摇 $\phi(t)$、纵摇 $\theta(t)$ 或垂荡 $z(t)$ 等。

图 2 线性系统示意

应用 St.Denis 和 Pierson 的方法,通过输入波谱和船体六自由度 RAO,即可在运动计算模块中通过计算生成船舶六自由度运动的时间历程数据,用于在视景仿真软件中展示。

在本系统建设过程中,首先进行了大尺度模型的水池试验,获取船舶的六自由度运动响应数据。以纵摇和垂荡两个自由度运动为例,180°浪向下运动响应的 RAO 曲线如图 3 图 4 所示。

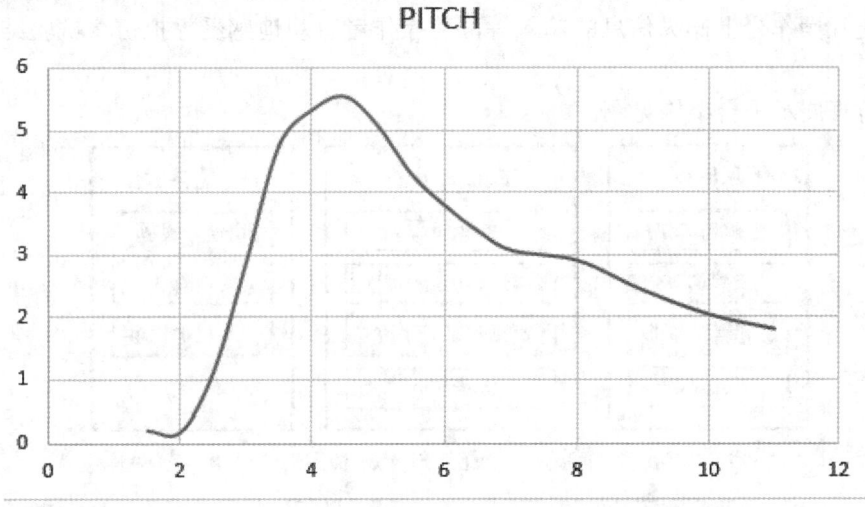

图 3 180°浪向纵摇 RAO,横轴为波长,纵轴为纵摇

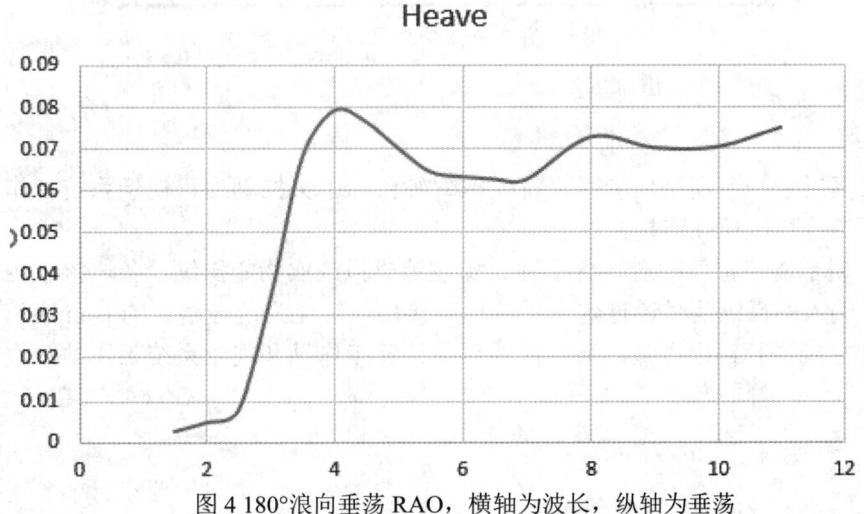

图 4 180°浪向垂荡 RAO,横轴为波长,纵轴为垂荡

通过试验获取船体 RAO 后，以 Python 语言编制后台数据处理程序，通过 RabbitMQ 数据总线以 json 字符串的形式接收波浪参数基本信息并进行计算。

计算完成后，生成六自由度时间历程数据，通过插值处理的方式，将数据间隔调整至 0.02s，对应 50Hz 采样频率。通过 RabbitMQ 数据总线，以 json 字符串形式输出。为使视景比较平滑，发送速率为每秒 50 条运动数据。

4 视景仿真展示平台

视景仿真展示模块通过平台软硬件建设，搭建虚拟试验仿真输入、计算、展示、分析平台，实现信号的同步采集、分发管理、航行场景、船舶姿态、气象环境导调控制及显示，以及人机交互操作台上操纵信息的输入等，使操作者直观地感受虚拟仿真试验结果及存在的风险。

视景仿真展示平台架构见图。

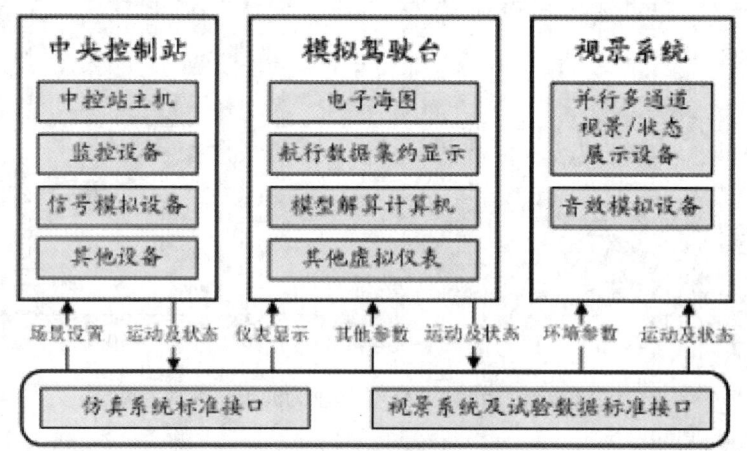

图 5 视景仿真平台架构

4.1 硬件平台

视景仿真展示平台通过局域网，将模拟驾驶台、中央控制站、视景系统工作站、数据总线服务器等计算机相互连接。

如图 6 所示，模拟驾驶台包含车钟、操舵等模拟或实物的操纵设备，接收用户的操纵输入。用户输入的操纵信号通过仿真系统标准接口，转化为统一格式的 json 字符串数据，并通过 MQ 总线进行输出，被局域网内的运动计算工作站和视景系统工作站接收。

图 6 视景操作台

视景展示部分硬件设备以目前的主流大型船舶的驾驶台为样板，设计建造一个具有较高仿真度的仿真典型船舶驾驶台，配备 180°水平视场角液晶拼接屏显示系统，可逼真显示船舶模型、相关物标和海域的三维视景，给操作人员以身临其境的感觉（图 7）。

图 7 船舶模型

4.2 视景动画场景构建

视景动画场景基于虚幻引擎 4（UnrealEngine4）构建。

首先通过 CAD 软件或其他 3D 模型制作软件构建船舶模型，将模型导出成文件后，在视景动画构建软件中进行导入。

模型导入后,通过对模型的交互响应程序进行编辑,可以设置从 MQ 数据总线或从 TCP 端口读取数据,对数据进行解析后,进行模型的六自由度运动展示。其中,横摇、纵摇、艏摇三个自由度的运动以船舶模型本身为原点,围绕模型中心运动。横荡、纵荡、垂荡三个自由度的运动以场景中心为原点,相对大地坐标系进行运动。

通过动画软件编辑器,创建基础地形,创建完成后,对地形进行雕刻修改(图 8)。构建符合实际仿真需要的地形效果。例如港口、码头、内河等。也可以使用其他专用的地形软件进行制作,然后导入到引擎。

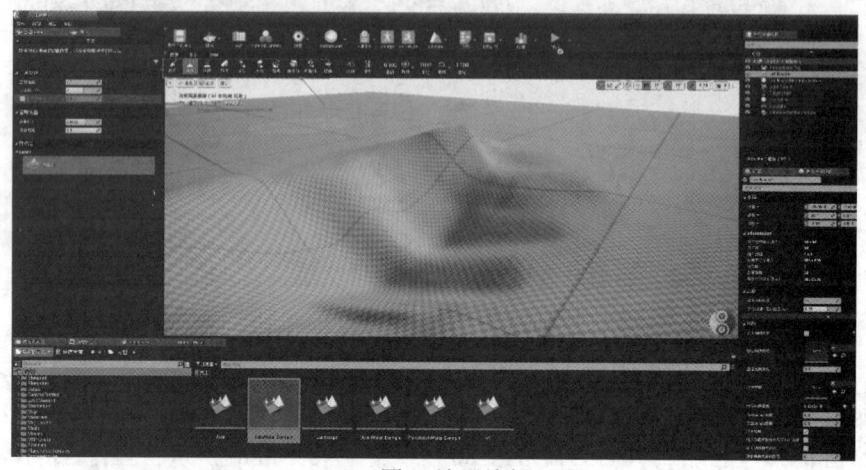

图 8 地形编辑

船舶模型和场景地形构建完成后,需要对模型进行材质赋予(图 9)。将需要使用的材质球直接托拽到模型的材质位置完成材质赋予,并对颜色、金属度、高光度、粗糙度、自发光颜色等材质基础节点信息进行修改。修改完成后,可以对材质进行功能编写。编写完成后对材质进行实例化转换,以节省系统资源。

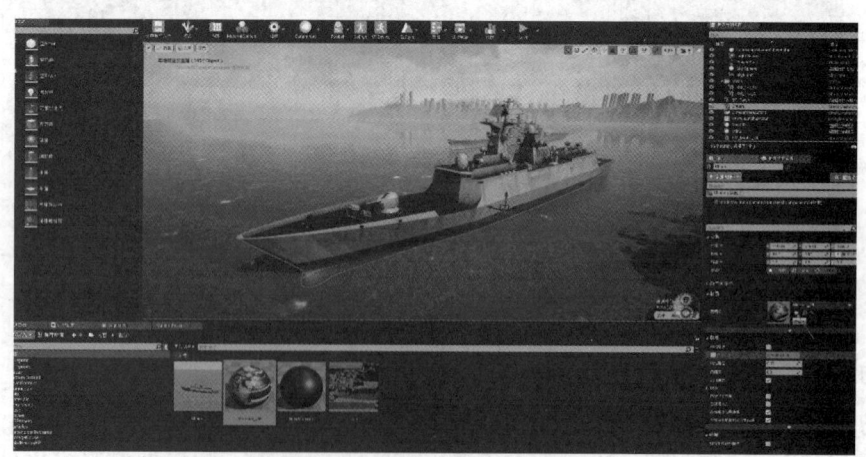

图 9 材质调整

完成场景构建和模型导入后，通过在软件平台中添加天空球、光源等，实现背景和不同时间段环境效果的展示（图10）。

图 10 背景与光照

4.3 系统数据接口

系统包含如下数据接口。

波浪数据接口：根据用户在操控台输入的波浪参数（周期、波高等），实时展现海面波浪动画效果。

船舶运动数据接口：根据从 RabbitMQ 总线或 TCP 端口获得的船舶六自由度运动时间历程数据（文本格式），展示船舶在海面的摇荡与位移运动。

海洋环境数据接口：系统根据用户输入的海况条件，通过计算、插值等方式，生成风、浪、流等海洋环境的时间历程数据，并通过 RabbitMQ 总线或 TCP 端口，以文本格式输出。

模拟传感器数据接口：在场景中的任意波面设置波高测量传感器，在船舶仿真模型任意位置设置姿态、位置、加速度计等运动姿态传感器，模拟测量船舶运动与环境状态，模拟传感器数据通过网络端口或数据总线发出。

5 总结

通过船舶运动视景仿真系统实现方法研究，主要获得了以下成果。

(1) 对船舶运动建模方法进行了调研，总结出适合船舶水动力总体性能展示与预报需要的运动建模方法与途径。

(2) 对运动仿真系统建设进行调研论证，根据船舶模型在水池进行试验的特点，设计了运动建模与视景仿真应用系统，能够对模型在不同设计环境下的运动结果进行预报，并结合系统对预报结果进行视景展示。

后续将进行运动模型预报结果与模型试验结果比对工作，结合机器学习等新技术手段，进一步优化本系统中的运动性能模型，最终形成一套服务于船舶水动力学总体性能预报与展示，支撑辅助决策算法评估的综合验证平台。

参考文献

1　石爱国. 面向驾驶员的便携式船舶操纵操演盒.

2　St. Dinis M, Pierson J W J. On the Motions in Confused Seas [J]. Trans. Sname, 1953, 61: 280-358.

3　Schmid PJ, Henningson D S. Stability and transition in shear flows [R]. Department of the Navy Strategic Roadmap for Unmanned Systems(Short Version), 2018.

4　张秀凤, 王晓雪, 孟耀, 等. 船舶运动建模与仿真研究进展及未来发展趋势 [J]. 大连海事大学学报, 2021, 47(01): 1-8..

5　迟迎. ROV作业视景仿真技术研究 [D]. 哈尔滨: 哈尔滨工程大学, 2013.

6　邓健, 廖芳达, 谢澄, 等. 船舶操纵仿真的狭长通航隧洞航行安全研究 [J]. 中国航海, 2021, 44(04): 7-12.

7　温鲁, 李晓彬, 李亚伟, 等. 船舶操纵模拟器上海洋山港港区三维视景仿真 [J]. 造船技术, 2020(01): 88-92.

8　李明. 大型船舶直航运动视景仿真及姿态预报研究 [D]. 哈尔滨: 哈尔滨工程大学, 2012.

9　常龙昆. 飞行视景仿真系统研究与设计 [D]. 沈阳: 沈阳航空航天大学, 2017.

10　李宇. 分布式虚拟战场视景仿真系统研究 [D]. 上海: 上海交通大学, 2015.

11　王威. 海面视景的三维动态仿真技术研究 [D]. 镇江: 江苏科技大学, 2014.

12　李海江. 航海模拟器中基于物理模型的海洋场景建模 [D].大连:大连海事大学,2020.

13　高帅. 航母编队视景仿真系统设计与实现 [D]. 西安: 西安电子科技大学, 2019.

14　Anders Rosén, Karl Garme, Mikael Razola, et al. Numerical modelling of structure responses for high-speed planing craft in waves [J]. Ocean Engineering, 2020.

15　Bin Mei, Licheng Sun, Guoyou Shi, et al. Ship Maneuvering Prediction Using Grey Box Framework via Adaptive RM-SVM with Minor Rudder [J]. Polish Maritime Research, 2019 (3).

16　苑化健. 船舶安全人为因素浅析及对策 [J]. 珠江水运, 2020, 14: 101-103.

17　桂士宏. 国外军用领域人工智能发展规划机船舶智能化技术运用 [J]. 船舶科学技术, 2020, 7: 174-177.

Study on implementing ship motion simulation system based on tank model test

LI Zhen-yuan[*], WEI Na-xin

(China Ship Scientific Research Center, Wuxi 214000, Email: lizy@cssrc.com.cn)

Abstract: Vision is the most efficient way of perception. People controlling ship can directly and rapidly judge the effect of maneuvering decision by vision and support decision improvement. In future application, this can also support the research of intelligentized and automated ship maneuvering. In this paper, the ship response amplitude operator(RAO) is calculated based on the ship motion characteristic data obtained in tank model test. The accurate ship motion model is built using the ship RAO to output 6 degrees of freedom(DOF) time history data. The data communication socket is developed using the emerging message queue(MQ) technology to connect the ship motion model with the visual simulation platform. The visual simulation basic platform is built using Unreal Engine 4(UE4) to show ship motion in the form of three-dimensional animation. This system shows the ship maneuvering and motion characteristics in waves in the form of animation and proved able to achieve the goal of assessing decisions and showing target ship motion characteristics.

Key words: Tank Model Test; Ship Simulation System; Visual Simulation; Ship Motion Model; Data Socket.

绕振荡水翼空化流动实验研究

张孟杰[1*]，冯付勇[1]，黄彪[2*]，王国玉[2]

(1. 中国北方车辆研究所，北京 100072, Email: mengjie9898@163.com;
2. 北京理工大学，北京 100081, Email: huangbiao@bit.edu.cn)

摘要：基于循环式空化水洞试验平台和水翼驱动装置开展了绕振 Clark-Y 型水翼空化流动的高速全流场和 PIV 实验研究。实验中，应用高速摄像机和 Matlab 图像处理技术建立了绕振荡水翼瞬态空化形态观察与处理方法；发展了绕振荡水翼瞬态速度场测量系统，针对水翼振荡运动导致的计算误差（边界速度场计算误差和局部速度缺少误差），提出了一种基于动边界自识别的速度场计算方法。结果表明，通过高速全流场和 PIV 测量实验可获得绕振荡水翼的非定常空穴形态和速度场的空间和时间分布特性。此外，绕振荡水翼非定常空化流动存在明显的多尺度空穴形态转变过程；随着振荡频率的增加，绕振荡水翼复杂湍流旋涡结构的演变规律发生了延迟现象。

关键词：振荡水翼；空化流动；空穴形态；PIV

1 引言

过去对于空化流动现象的研究多集中在稳定运行工况，然而现实中的空化流动却往往发生在非稳态变载荷运行条件下，比如喷水推进泵、水轮机、潜艇操控舵等[1-3]。当前，国内外学者对静态边界条件下的空化发生和发展的宏观瞬态过程、空化与湍流流动之间的相互作用、空穴的断裂和空泡脱落等非定常流动特征已开展了大量的研究工作[4-6]。然而由于动边界绕流的复杂性，目前直接针对由于水翼运动产生的动态绕流的水动力学研究相对较少，尤其是在空化条件下。

实验研究一直是人们研究空化流动现象及其内在机理的重要手段之一。对于绕静态边界非定常空化流动，反向射流脱落机制与激波脱落机制是被公认的两大类空化脱落机制。其中，反射射流脱落机制最早是被 Kawanami 等[7]于 1997 年通过在水翼吸力面上放置障碍物的实验所发现并证实，激波脱落机制被 Ganesh 等[8]通过高速摄像机和 X 射线技术所观察到。当考虑动边界问题之后，非定常空化发展及脱落机制必然会受到显著的影响，空化与流动分离、动态失速涡等复杂湍流结构的相互作用将进一步加剧，进而对绕动态边界空化

基金项目：国家自然科学基金(52109111)；中国科协青年人才托举工程项目(2021QNRC001)；基础加强计划重点基础研究项目(MKS20210003)

流动精确观测提出了更高的要求。部分研究人员对绕动态边界空化流动试验开展了初步探索研究。Shen 等[9]实验研究了绕振荡平板翼型的非定常空化流动，在振荡过程中发现了两种类型空化-片状空化和云状空化。Franc 等[10]应用染料注射和高速摄像等试验技术研究了绕动态水翼的非定常附着型空化演变过程。结果发现，对流作用和延迟作用影响着绕动态水翼附着型空穴和边界层的形成与发展。Ducoin 等[11-12]应用激光多普勒测振仪、压力传感器以及高速摄像机综合研究了振荡弹性水翼在无空化和空化流动条件下的动态反应。对于无空化工况，在低攻角下层流分离泡脱落和在高攻角下前缘涡脱落导致水翼振动增加。对于空化工况，空化极大地激发了水翼的固有频率，扭转模态的激发也对空化结构演变起到了显著的作用。

本研究针对绕振荡 Clark-Y 型水翼空化流动开展实验研究，建立了振荡水翼驱动装置，基于该平台发展了瞬态空化形态观察与处理方法和瞬态速度场测量与分析方法，获得了不同空化数条件下绕水翼非定常空穴形态和速度场的空间和时间分布特性，验证了方法的可行性，为深入研究绕动态边界复杂空化流动特性提供了实验依据。

2 实验模型与装置

本研究采用的实验模型为由不锈钢材料制成的 Clark-Y 型水翼，其表面充分光滑，厚度比为 11.7%，翼展和翼弦方向的长度分别为 68 mm 和 70 mm。实验研究是基于北京理工大学循环式空化水洞开展完成的，具体空化水洞结构和性能参数可参照文献[13]。基于空化水洞实验平台，自主搭建了振荡水翼驱动装置（图 1）。该振荡水翼驱动装置主要包括伺服电机、连接支架部件、转轴、旋转变压器以及力矩传感器等零部件，详细参数可参照文献[14]。

图 1 振荡水翼驱动装置实物

图 2 给出了平均攻角 α_0 为 10°，振幅 $\Delta\alpha$ 为 5°的振荡水翼攻角变化曲线。当水翼顺时针振荡运动（攻角增大）时，攻角标记为 α^+；当水翼逆时针旋转运动（攻角减小）时，攻角标记为 α^-，无特殊情况下文不再赘述。此外，T 是单周期内所用时间，f^*为水翼的振荡频率。

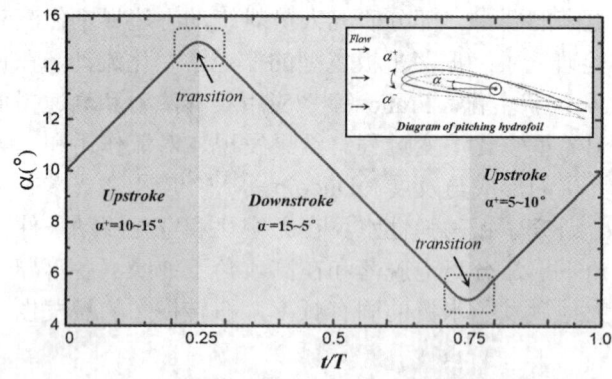

图 2 单周期内振荡水翼攻角随时间的变化

3 实验方法

3.1 瞬态空化形态观察与处理方法

精确观测瞬态空化形态演变过程一直是研究非定常空化流动特性的重要内容，本研究建立了基于振荡水翼测试平台的高速全流场显示系统（图3）。其中高速摄像机（Redlake HG-LE）分别从实验段正视和侧视两个角度对流场进行观察，与此同时采用三台功率为 1 kW 的镝灯作为照明光源，两台做主光源一台做辅光源。为了在实验过程中获取更多流场细节，采集频率设置为 3000 Hz。

针对绕振荡水翼非定常空化汽液两相流动的形态特征，基于 Matlab 图像处理技术，实现了对高速摄像采集图像的批量预处理和图像分析，从而为瞬态空化形态的非定常特性研究提供了定量的实验依据。图4描述了绕振荡水翼空化形态图像处理流程。针对原始图片依次进行灰度处理、区域识别、形态学处理、直方图增强和顶帽校正处理，最终获得空化形态的定量化面积信息。

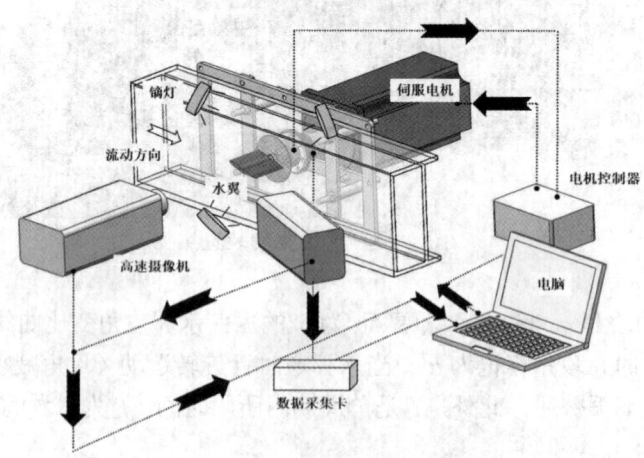

图 3 基于振荡水翼测试平台的高速摄像系统

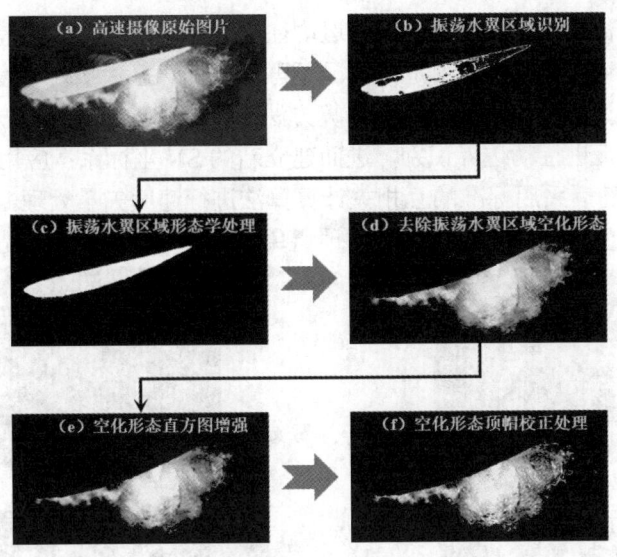

图 4 空化形态图像处理流程

3.2 瞬态速度场测量与分析方法

近年来,粒子成像测速技术 (PIV) 被应用于空化流场的研究中,图 5 为基于振荡水翼测试平台的粒子成像测速系统。该测量系统主要包括：高速摄像机 (SpeedSense M310)、激光器 (RayPower 5000)、激光脉冲同步器、振荡水翼驱动装置等。其中高速摄像机采集频率设置为 5000 Hz。在本实验中,选择连续激光模式,以形成连续的片光源（波长为 523 nm）,实现对瞬时湍流场的测量。研究中,采用的主示踪粒子为空心玻璃珠,粒子直径为 50 μm,为了获取更多流场细节,将离散空泡作为辅助示踪粒子,该方法已经被许多研究学者给予了验证与肯定[15-16]。此外,为了避免模型表面反射光对流场中示踪粒子图像拍摄造成干扰,实验前在水翼模型表面进行荧光镀膜（荧光漆型号为 FP R6G）。通过在高速摄像机镜头上安装光学滤波片,只接受波长为 532 nm 的激光,进而解决了近壁区反光的问题。

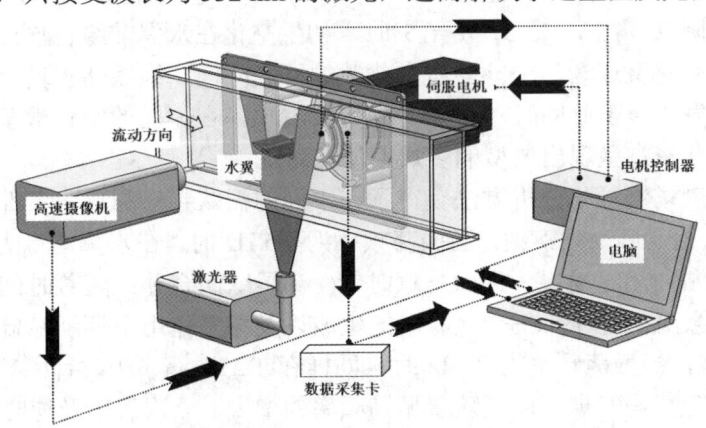

图 5 基于振荡水翼测试平台的粒子成像测速系统

对于绕振荡水翼流动而言，水翼的振荡运动往往会伴随两类计算误差，即边界速度场计算误差和局部速度缺少误差。传统的固定模板已不再适用于绕振荡水翼速度场的计算与分析，这里提出了一种基于动边界自识别的速度场计算方法。图6给出了基于动边界自识别的速度场计算流程。基于边界特征进行动边界识别，进而建立新的 SN 坐标系；应用图像正交变换技术进行图片与像素变换，随后采用标准的互相关计算算法进行速度矢量处理，最后进行坐标反变换获取绕振荡水翼的速度矢量信息，进而有效地避免了速度场计算误差问题。

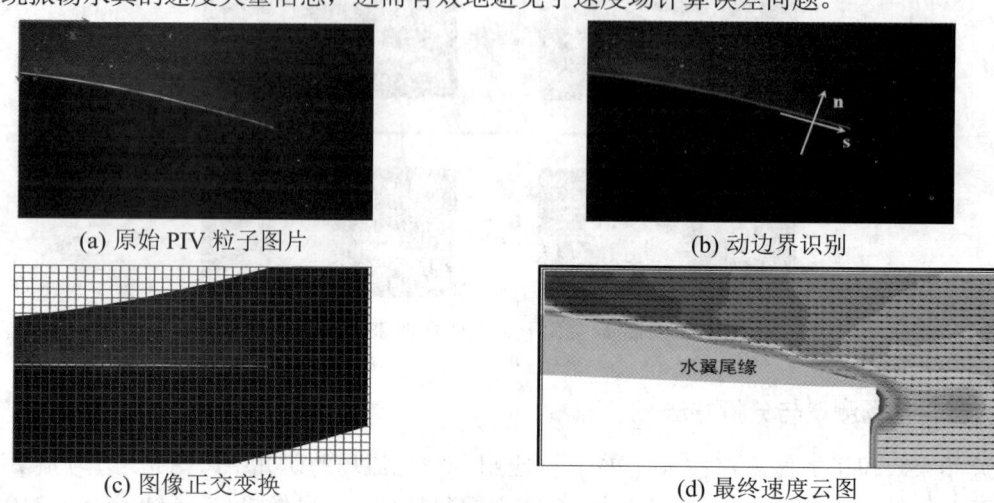

(a) 原始 PIV 粒子图片　　　　　　　　(b) 动边界识别

(c) 图像正交变换　　　　　　　　(d) 最终速度云图

图 6 振荡水翼流动 PIV 速度场处理流程

4 结果与讨论

基于瞬态空化形态观察与处理方法，开展绕振荡水翼高速全流场实验研究。图 7 给出了雷诺数 $Re=4.4\times10^5$，振荡频率 $f^*=2$ Hz 时，在不种空化数和水翼攻角条件下的空化形态演变情况。由图 7 可发现，对于高空化数 ($\sigma=5.46$)，整个振荡运动过程均呈现无空化状态。随着空化数逐渐降低，在 $\sigma=2.95$，$\alpha^+=15°$ 时，初生空化在水翼前缘首次出现，然而随着攻角的下降，初生空化又逐渐消失。随着空化数的持续降低，绕振荡水翼片状空化、云状空化现象依次开始发生。于此同时，从图 7 还可以看出，在相同的空化数条件下，随着水翼攻角的变化，空化形态呈现出典型的多尺度演变特性。

应用瞬态速度场测量与分析方法获得了在不同的振荡频率和攻角条件下的尾缘涡量演变情况(图 8)。从图 8 可以观察到，当振荡频率为 0.5 Hz 时，在水翼尾缘上游附近，二次涡开始生成，并不断向尾缘发展，进而与顺时针("-")尾缘涡合并；随着时间的推移，合并后的顺时针("-")尾缘涡在逆时针("+")尾缘涡的生成以及相互作用下逐渐减弱并向下游脱落。由图 8(b) 可发现，当振荡频率为 2 Hz 时，同样存在二次涡、顺时针("-")尾缘涡以及逆时针("+")尾缘涡的生成与发展；但是随着振荡频率的增大，二次涡以及逆时针("+")尾缘涡的生成在一定程度上有所延迟。

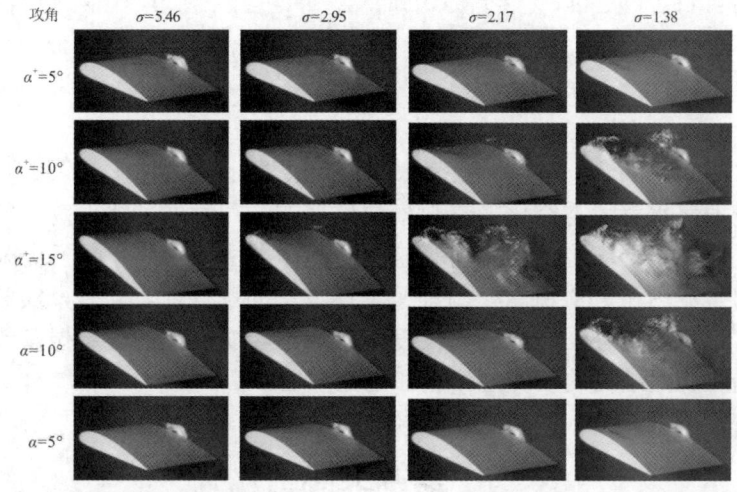

图 7 振荡水翼在不同空化数和攻角下的空化形态（$Re=4.4\times10^5, f^*=2Hz$）

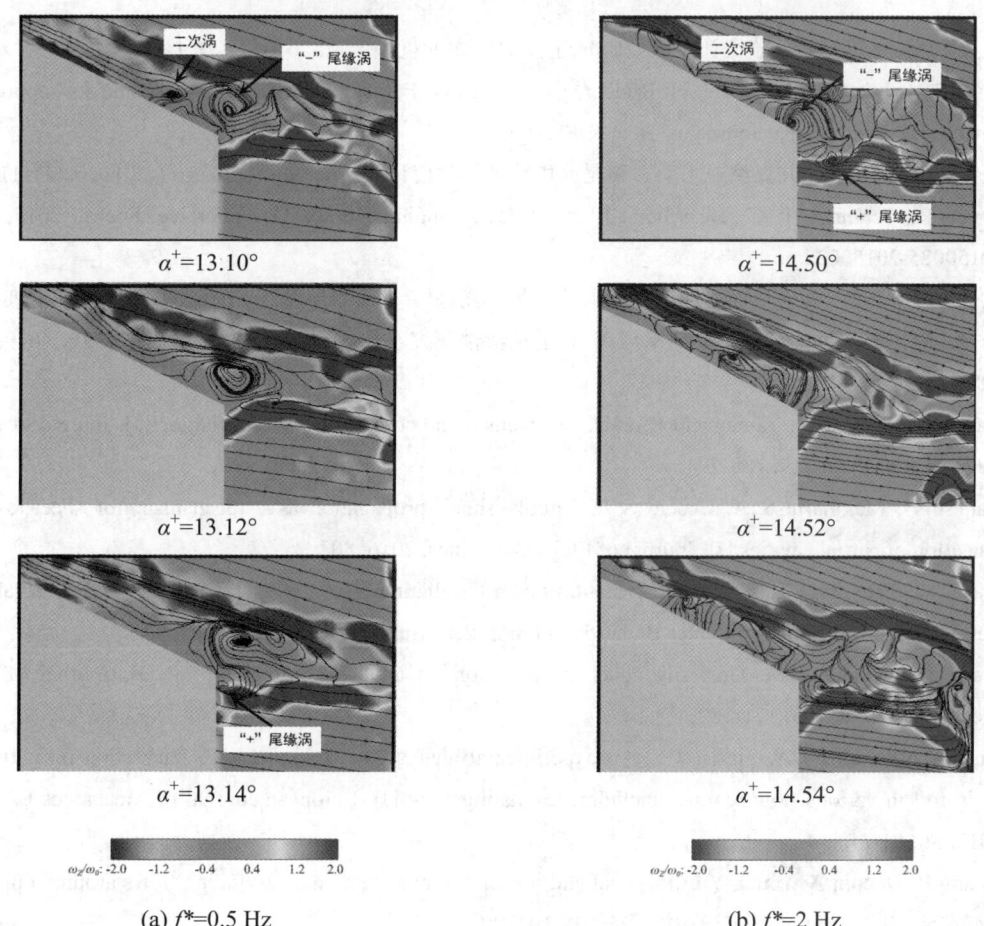

(a) $f^*=0.5$ Hz (b) $f^*=2$ Hz

图 8 在不同振荡频率 ($f^*=0.5$ Hz, 2 Hz) 条件下绕振荡水翼尾缘涡量分布（$Re=4.4\times10^5, \sigma=5.46$）

5 结论

基于空化水洞实验平台,搭建了振荡水翼驱动装置,应用高速摄像机和 Matlab 图像处理技术建立了绕振荡水翼瞬态空化形态观察与处理方法,发展了绕振荡水翼瞬态速度场测量系统,提出了一种基于动边界自识别的速度场计算方法。通过开展了绕振荡 Clark-Y 型水翼空化流动的全流场和 PIV 测量,验证了上述方法的可行性。此外,实验结果表明,绕振荡水翼非定常空化流动存在明显的多尺度空穴形态转变过程;随着振荡频率的增加,绕振荡水翼复杂湍流旋涡结构的演变规律存在延迟效应。

参考文献

1 王福军. 流体机械旋转湍流计算模型研究进展 [J]. 农业机械学报, 2016, 47(2): 1-14.

2 Rhee S H, Lee C, Lee H B, et al. Rudder gap cavitation: Fundamental understanding and its suppression devices [J]. International Journal of Heat & Fluid Flow, 2010, 31(4): 640-650.

3 翟朔, 刘志华. 艇尾共翼型舵水动力和尾流场特征的数值计算研究 [J]. 中国造船, 2019, 60(1): 11.

4 Arndt R, Pennings P C, Bosschers J, et al. The singing vortex [J]. Interface Focus, 2015, 5(5): 20150025-20150025.

5 王一伟, 黄晨光. 高速航行体水下发射水动力学研究进展 [J]. 力学进展, 2018, 048(001): 259-298.

6 季斌, 程怀玉, 黄彪, 等. 空化水动力学非定常特性研究进展及展望 [J]. 力学进展, 2019, 049(001): 428-479.

7 Kawanami Y, Kato H, Yamaguchi H, et al. Mechanism and control of cloud cavitation [J]. Journal of Fluids Engineering, 1997, 119: 788-794.

8 Ganesh H, Makiharju S A, Ceccio S L. Bubbly shock propagation as a mechanism for sheet-to-cloud transition of partial cavities [J]. Journal of Fluid Mechanics, 2016, 802: 37-78.

9 Shen Y T, Peterson F B. Unsteady Cavitation on an Oscillating Hydrofoil [R]. David W Taylor Naval Ship Research and Development Center Bethesda md Ship Performance Dept, 1978.

10 Franc J P, Michel J M. Unsteady attached cavitation on an oscillating hydrofoil [J]. Journal of Fluid Mechanics, 1988, 193: 171-189.

11 Ducoin A, Astolfi J A, Sigrist J F. An experimental analysis of fluid structure interaction on a flexible hydrofoil in various flow regimes including cavitating flow [J]. European Journal of Mechanics-B/Fluids, 2012, 36: 63-74.

12 Huang B, Ducoin A, Young Y L. Physical and numerical investigation of cavitating flows around a pitching hydrofoil [J]. Physics of Fluids, 2013, 25(10): 102109.

13 陈广豪. 附着型非定常空化流体动力特性与机理研究 [D]. 北京: 北京理工大学, 2016.

14 Zhang M J, Huang B, Qian Z D, et al. Cavitating flow structures and corresponding hydrodynamics of a transient pitching hydrofoil in different cavitation regimes [J]. International Journal of Multiphase Flow. 2020, 132: 103408.

15 王志英. 通气空泡湍流旋涡特性与机理研究 [D]. 北京: 北京理工大学, 2018.

16 Wosnik M, Arndt R E A. Measurements in high void fraction turbulent bubbly wakes created by ventilated supercavitation [J]. Journal of Fluids Engineering, 2013, 135: 011304.

Experimental investigation of cavitating flow of a pitching hydrofoil

ZHANG Meng-jie[1*], FENG Fu-yong[1], HUANG Biao[2*], WANG Guo-yu[2]

(1. China North Vehicle Research Institute, Beijing 100072, Email: mengjie9898@163.com;
2. Beijing Institute of Technology, Beijing 100081, Email: huangbiao@bit.edu.cn)

Abstract: The high-speed flow field and PIV experiments of a pitching Clark-Y hydrofoil were carried out based on the looped cavitation tunnel and hydrofoil driver. In the experiment, a observation and treatment of cavity shape of oscillating hydrofoil was established by using high-speed camera and Matlab image processing technology. A measurement system of transient velocity field around oscillating hydrofoil is developed. Aiming at the calculation errors caused by oscillating motion of hydrofoil (calculation errors of boundary velocity field and lack of local velocity errors), a calculation method of velocity field based on self-identification of dynamic boundary is proposed. The results showed that the unsteady cavity shape and the velocity field around the oscillating hydrofoil can be obtained effectively. In addition, there is obvious multi-scale cavity morphology transformation process in whole pitching motion. With the increase of pitching frequency, the evolution of complex turbulent vortex structure around oscillating hydrofoil is delayed.

Key words: Pitching hydrofoil; Cavitating flow; Cavity shape; PIV.

基于粒子图像测速技术的斑马鱼游动机理研究

梁泽军,郭春雨,韩阳*,邻云飞,徐鹏

(哈尔滨工程大学 船舶工程学院,哈尔滨 150001, Email: hanyang@hrbeu.edu.cn)

摘要:鱼类的游动具有较低的扰动噪声以及高效的推进性能,是水下航行器所无法比拟的。对鱼类周围流场动态演化的测量以及鱼体躯干运动的捕捉有助于理解鱼类的高机动性能和推进机理。应用时间解析粒子图像测速技术(Time-resolved Particle Image Velocimetry,TR-PIV)对斑马鱼直线加速游动过程进行捕捉,从运动学特性和动力学机理两方面探究斑马鱼的游动机理。实验结果表明:斑马鱼通过对躯干的精准控制实现运动方向和速度的调整,每次摆尾过程会形成一对旋向相反的旋涡,在旋涡向后演化的过程中伴随着旋涡脱落。前两次大幅摆尾提供了斑马鱼直线加速过程中的主要推力,后续的摆尾仅对游动方向和姿态产生影响。通过对斑马鱼运动特性和流场特征的探究,可以对水下仿生推进器的设计和优化提供理论支撑。

关键词:TR-PIV;斑马鱼;仿生推进;运动学行为特性;动力学机理

1 引言

鱼类数百万年的进化所具有的运动优势是迄今为止任何人造机械所无法企及的,因此,许多有关水动力运动形态与功能的悬而未决的问题往往都是在仿生学领域进行突破[1]。鱼类与水体有较高的契合,仿生推进相较传统推进方式具有极强的优势。应用流体力学原理研究鱼类运动规律与相应的力学特性,揭示鱼类游动的水动力学基础,对于水下航行器推进方法的优化设计具有启示意义。鱼类运动机理的探究可追溯于 20 世纪初期。Bainbridge R 等[2]对鱼类的推进模式进行了细分,为后来的鱼类游动机理的研究奠定了基础。Lighthill 等[3-4]利用经典流体动力学解释了当鱼由弯曲状态向后甩出尾鳍以绷直身体时会产生推进力促使鱼类加速的原因。早期关于鱼类游动的研究主要通过直接获取鱼类运动状态来进行的,如对鱼的轮廓、质心、运动轨迹等主体特征的捕捉或者探究胸鳍、腹鳍、尾鳍等附体

基金项目:国家自然科学基金(52001090)

的运动规律、力学特征对鱼类游动的影响等[5-6]。随着非侵入式全场瞬态流场测试手段 PIV 技术的发展，PIV 技术首次应用于鱼类运动力学研究领域追溯于 Stamhuis E J 等[7]对鲻鱼幼鱼周围流场的测量。后续学者们可以通过定性和定量的测试手段了解鱼类的推进方法，针对鱼类推进水动力学的研究对象逐渐由鱼体向鱼体周围流场以及对流场产生的作用力倾斜[8]。PIV 可以帮助学者探究鱼类的各鳍对整体运动的贡献[9-10]，复现鳍部流场的涡结构。流动可视化还可以帮助学者了解整体涡流尾迹的结构分布，以方便探究运动特性与产生的旋涡尾迹之间的耦合关系[11]，并可从速度场出发进一步量化高阶的流动信息[12-13]，探究推力产生机理。同时，关于鱼类游泳机制特性的研究也延伸到了机械控制与仿生领域，例如 Li 等[14]对仿生机械鱼尾迹的涡量场进行了测量，比较了不同游泳模式下的推力效率。Mignano 等[15]通过仿生鱼模型试验和模拟阐述了鱼鳍摆动产生推进力与几何相位的关系。

对活鱼游动机理的探究是研究仿生推进的首要前提。由于斑马鱼的典型机动时间不到半秒，探究鱼的机动问题所需拍摄帧速率较高。借助 TR-PIV 技术研究斑马鱼直线加速过程流场的精细流动，认识与深入理解斑马鱼游动流场的湍流特性及涡结构演化机理。

2 实验设置与测量手段

本次实验研究对象为成年斑马鱼。斑马鱼生性爱动，在获取有效的运动响应后对实时数据进行保存。实验所捕捉的为斑马鱼自主推进动作，并未施加外界刺激，实验开始前 48h 将斑马鱼置入试验水域提前熟悉实验环境。本次的实验采用的激光系统与图像采集系统分别固定于两个多自由度光学平台上，相机拍摄视角垂直于激光平面。其试验搭建明细如表 1 所示。利用 TR-PIV 进行流场测试时，相机所捕捉的粒子图像可通过基于快速傅里叶变换（FFT）的多重网格迭代来进行互相关分析以获得速度场，为获得最佳分析效果，最小查询区域内粒子数量为 10-15 粒为宜，则设置有 64 pixels×64 pixels、32 pixels×32 pixels 以及 16 pixels×16 pixels 多重查询区域，其重叠率为 50%，采用 3 点高斯亚像素插值进行互相关峰值拟合，精度约为 0.1 像素，最终速度场包含 128×128 个速度矢量，矢量网格大小为 8pixels×8pixels，对应空间分辨率大小约为 0.76 mm×0.76 mm[16]。

表 1 实验搭建明细示意

设备	参数
透明水槽	长×宽×高=400×200×400mm
测量区域	长×宽×高=96.7mm×96.7mm×50mm
水温控制范围	20±0.5℃
激光系统	Nd: YAG
图像采集系统（相机）	Photron-FASTCAM_Mini_UX100 CCD
示踪粒子	聚酰胺颗粒（10 μm）

3 运动学行为特性研究

图 1 为斑马鱼巡游状态下的直行加速时典型的图像序列与相应的身体中线的时历曲线，加速过程共计约为 150 ms。选取 150 ms 时刻内典型的 15 个时间节点时刻的图像序列如图 1（a）所示，借助能量函数法提取斑马鱼的体干曲线，具体如图 1(b)所示。根据斑马鱼的游动状态，发现其尾部摆动过程可分为三个阶段：第一阶段（$t = 0$ ms ~50 ms）为斑马鱼直线加速过程的左摆尾阶段，此时鱼体通过左摆尾产生前进的推力，左右胸鳍交替以保持身体稳定，尾鳍跟随尾部运动，其位置相对滞后。第二阶段（$t = 51$ ms ~90 ms）斑马鱼从左摆尾的峰值逐渐摆尾至右端峰值，再回摆至中心。此阶段为斑马鱼直线加速前行的推力补充阶段。斑马鱼的连续的摆尾推进动作，会导致鱼身呈波状震荡。第三阶段（$t = 91$ ms ~150 ms）鱼尾小幅度左右摆动，可理解为斑马鱼姿势调整阶段。鱼尾复位后，整条斑马鱼呈直线向前滑行。当阻力作用引起的动能耗散导致速度降低甚至悬停的时候，便开始了下一轮的推进过程。此外，图 1(b)中将斑马鱼 0 时刻吻部处作为原点，体干曲线较好的对应了斑马鱼体长 30.1 mm± 0.2 mm，游动前行距离约 18 mm。通过图 1(a)的图像序列发现斑马鱼摆尾动作大致为中-左-中-右-中，与图 1(b)中鱼体中心线尾部的两次旋转有很好的对应。

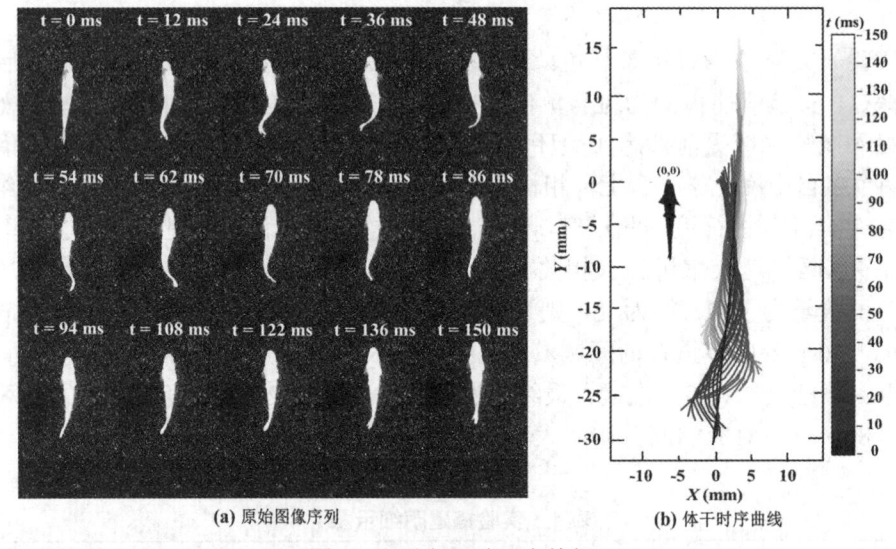

(a) 原始图像序列　　(b) 体干时序曲线

图 1　斑马鱼运动形态特征

4 运动学行为特性研究

借助速度场的等值线云图和流线图来探究斑马鱼直线加速运动的速度场演化信息。图 2(a)为速度 U 的等值线图，图 2(b)代表对应的流线图。通过等值线图可以发现每次摆尾过程产生局部高速区域，此高速区域内压强较低，周围流体相对于此高速区域为高压区，在压差作用下使周围流体逐渐向身体聚集，进而产生前进的动力。同时上阶段产生的高速区域会逐步向下脱落且速度逐渐减小，伴随下一次的摆尾产生新的高速区域。通过流线图可以看出鱼头排挤水面，头部周围流线呈散射状向外发散。鱼体体干左右两侧内凹处形成流体回流区，其流线分布为从外指向回流区域。流线图中标注的点 A 和点 B 为斑马鱼体干左右两侧水流的汇合点，随鱼体前进时序的变化，水流交汇点均存在下移趋势，鱼身左侧水流汇合点 A 消失，新的汇合点 C 出现，且随鱼体向前游动逐渐下移，但水流汇合点移动距离较短。鱼体不同阶段的周期性重复使斑马鱼能够保持连续的机动状态。

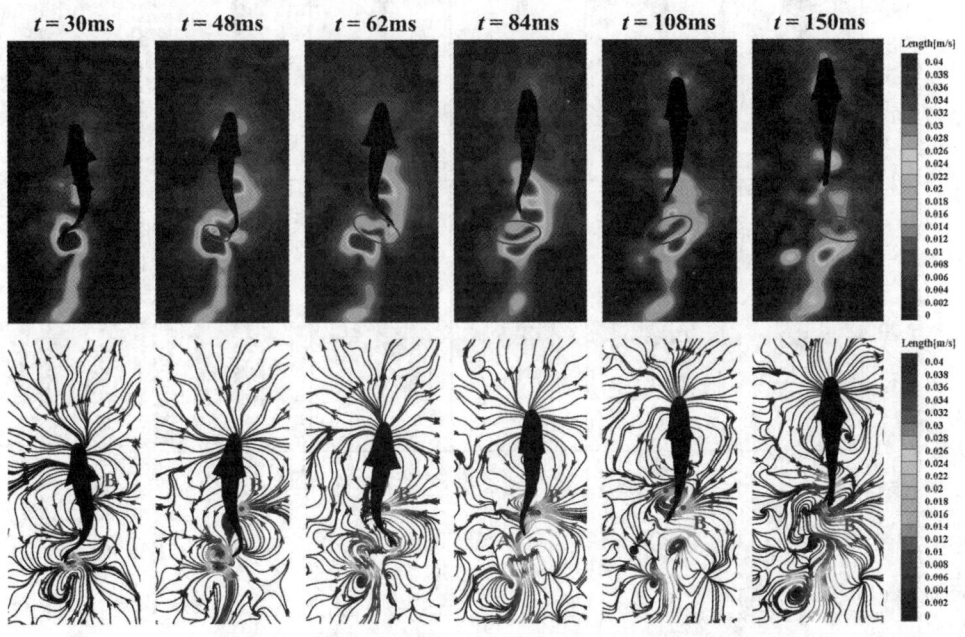

图 2 斑马鱼速度场时序变化图（上）速度场云图；（下）流线图

斑马鱼周围的流场结构主要由尾鳍脱落的连贯涡流结构以及胸鳍与尾部之间的身体波波动引发的激流组成，图 3 显示了斑马鱼直线加速运动状态下不同时刻的瞬时涡度场（逆时针为正）。直行加速时过程中，$t = 24$ ms 时，一个正向涡核从鱼尾脱出，尾鳍向左侧继续摆动，摆动速度降低，已被尾鳍带动的流体由于惯性以相对较高的速度左移，与开始回转的尾鳍间形成剪切运动促使负向涡核的产生与后续脱落（$t = 36$ ms）。在 $t = 70$ ms 时刻左摆尾阶段中产生第二个正值旋涡。后续由于姿势调整阶段存在轻微右摆尾，导致第二个负值旋涡的产生，但涡量值相对较小。说明鱼尾连续不同方向的摆尾会导致一对正负旋涡的产生。总的来看尾鳍尾迹类似于经典的反向卡门涡街，当斑马鱼游动较远时，涡对会逐渐减弱并持续一段时间。

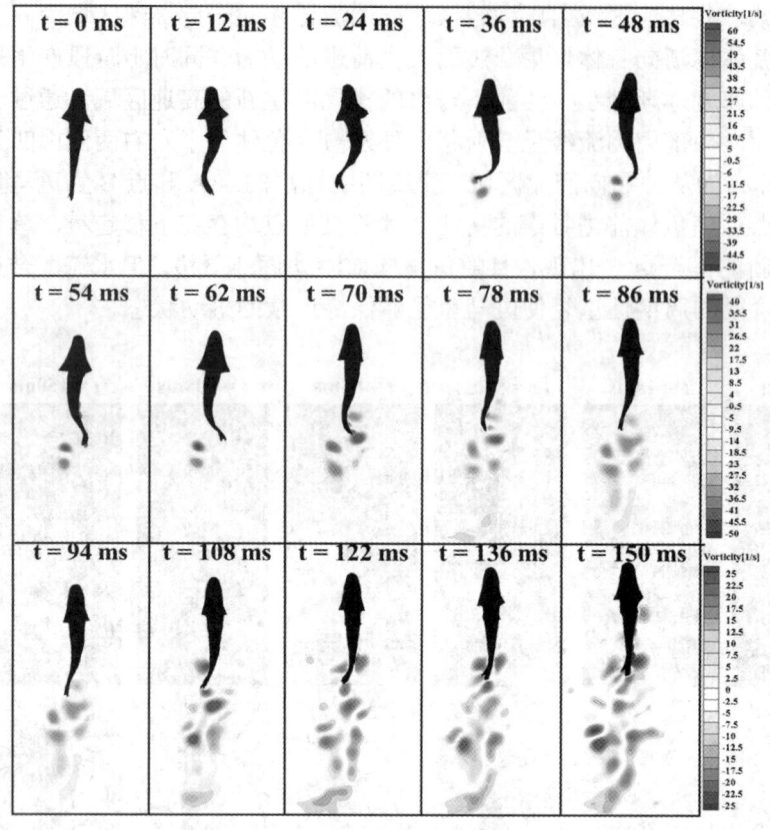

图 3　斑马鱼涡量场时序变化

5　结论

本研究通过 TR-PIV 技术探究了斑马鱼在直行加速过程的运动学行为和动力学行为特性，得到以下结论。

（1）斑马鱼游动时的前进动力主要由前几次大幅的摆尾过程提供，后续的摆尾更主要的作用是对方向及姿态进行调整。

（2）斑马鱼游动前行会带动周围流体，鱼头排挤水面导致周围流线呈散射状。摆尾过程中在鱼体体干左右两侧内凹处形成流体回流区，水流交汇点存在下移趋势，同时每次摆尾过程产生局部高速区域压强较低，周围流体相对于此高速区域为高压区，在压差作用下使周围流体逐渐向身体聚集，进而产生前进的动力。

（3）PIV 可有效的捕捉漩涡的形成和脱落与尾鳍运动的对应关系。斑马鱼在游动过程中通过对身体弯曲的精确控制，可实现运动方向和速度的调整。摆尾动作的产生伴随着涡核的形成，连续的摆尾过程会在尾流中产生持续消减的涡街。

参考文献

1. Lucas K N, Dabiri J O, Lauder G V. A pressure-based force and torque prediction technique for the study of fish-like swimming [J]. Plos One, 2017, 12(12): e0189225.
2. Bainbridge R. Problems of fish locomotion [J]. Symp. Zool. SOC. London 5, 1961: 13-32.
3. Lighthill M. Large-amplitude elongated-body theory of fish locomotion [J]. Proc Roy Soc Lond B, 1971, 179(1055): 125-138.
4. Weihs D. A hydrdynamical analysis of fish turning manoeuvres. Proc Roy Soc Lond B, 1972, 182(1066): 59-72.
5. Gibb A C, Jayne B C, Lauder G V. Kinematics of pectoral fin locomotion in the bluegill sunfish lepomis macrochirus [J]. Journal of Experimental Biology, 1994, 189(1): 133-161.
6. Standen E M. Pelvic fin locomotor function in fishes: three-dimensional kinematics in rainbow trout (Oncorhynchus mykiss) [J]. Journal of Experimental Biology, 2008.
7. Stamhuis E J, Videler J J. Quantitative flow analysis around aquatic animals using laser sheet particle image velocimetry [J]. Journal of Experimental Biology, 1995, 198(Pt 2): 283-294.
8. Smits A J. Undulatory and oscillatory swimming [J]. Journal of Fluid Mechanics, 2019, 874: P1.
9. Lauder G V, Madden P. Advances in comparative physiology from high-speed imaging of animal and fluid motion [J]. Annual Review of Physiology, 2008, 70(1): 143.
10. Standen E M, Lauder G V. Hydrodynamic function of dorsal and anal fins in brook trout (salvelinus fontinalis) [J]. Journal of Experimental Biology, 2007, 210(2): 325-39.
11. Borazjani I, Sotiropoulos F. On the role of form and kinematics on the hydrodynamics of self-propelled body/caudal fin swimming [J]. Journal of Experimental Biology, 2010, 213(1): 89-107.
12. Epps B P, Techet A H. Impulse generated during unsteady maneuvering of swimming fish [J]. Experiments in Fluids, 2007, 43(5): 691-700.
13. Gemmell B J, Fogerson S M, Costello J H, et al. How the bending kinematics of swimming lampreys build negative pressure fields for suction thrust [J]. Journal of Experimental Biology, 2016, 219(24): 3884-3895.
14. Li W, Wang T, Wu G, et al. A novel method based on a force-feedback technique for the hydrodynamic investigation of kinematic effects on robotic fish [C]. IEEE International Conference on Robotics and Automation, ICRA 2011, Shanghai, China, 9-13 May 2011. IEEE, 2011.
15. Mignano, Anthony P, Kadapa, et al. Passing the wake: using multiple fins to shape forces for swimming [J]. Biomimetics, 2019, 4(1): 23.
16. Oxlade A R, Valente P C, Ganapathisubramani B, et al. Denoising of time-resolved PIV for accurate measurement of turbulence spectra and reduced error in derivatives [J]. Experiments in Fluids, 2012, 53(5): p.1561-1575.

Research on swimming mechanism of zebrafish based on particle image velocimetry

LIANG Ze-jun, GUO Chun-yu, HAN Yang*, KUAI Yun-fei, Xu Peng

(College of Shipbuilding Engineering, Harbin Engineering University, Harbin 150001, China,
Email: hanyang@hrbeu.edu.cn)

Abstract: The swimming of fish has low disturbance noise and efficient propulsion performance, which is unmatched by underwater vehicles. The measurement of the dynamic evolution of the flow field around the fish and the capture of the fish torso motion can help to understand the high maneuverability and propulsion mechanism of the fish. Time-resolved Particle Image Velocimetry (TR-PIV) was used to capture the straight acceleration swimming process of zebrafish, and to explore the swimming mechanism of zebrafish from the two aspects of kinematic characteristics and dynamic mechanism. The results showed that: The zebrafish can adjust the movement direction and speed through precise control of the trunk. Each time the tail swings process, a pair of vortices with opposite directions will be formed, and the vortices will fall off during the backward evolution of the vortices. The first two large tail swings provided the main thrust during the straight acceleration of the zebrafish, and the subsequent tail swings only affected the swimming direction and attitude. By exploring the motion characteristics and flow field characteristics of zebrafish, theoretical support can be provided for the design and optimization of underwater bionic thrusters.

Key words: Hydrodynamic stability; Boundary layer; Bickely jet; Coordinate transform; Spectral method.

风浪联合作用下桥面板波浪荷载试验研究

刘智超，郭安薪*

(哈尔滨工业大学 结构工程灾变与控制教育部重点实验室，哈尔滨 150090, Email: guoanxin@hit.edu.cn)

摘要：本研究在风洞与浪槽联合实验室开展了风浪联合作用下低净空近海桥梁波浪砰击试验，分析了强风环境对桥面板所受波浪砰击力的影响。试验结果表明，强风会显著增加规则波的偏度和峰度，改变桥面板所受的波浪砰击力；小波高工况下，风会放大桥面板所受的竖向和水平波浪力；随着波高增加风会抑制波浪力；越浪出现后竖向波浪力会被放大。此外，小波高大风速工况由于行波和脱落水体的阻塞作用，一个波浪周期内桥面板所受竖向力会出现两次峰值。本试验说明在桥梁设计中考虑风浪联合作用是十分必要的。

关键词：近海桥梁；风浪联合作用；波浪力

1 引言

随着近年来IV、V级飓风发生频率的增加，近海桥梁在飓风作用下的荷载作用机理成为新的研究热点。相关研究可以追溯到20世纪60年代，飓风Camille发生后，Densen等[1]开展了1:24缩尺模型试验，研究了波浪入射角度、波高、水深及净空对桥面板波浪力的影响规律，为早期研究奠定了基础。飓风伊万和卡崔娜后，国内外研究人员开展了一系列近海桥梁波浪作用的试验和数值分析研究。Douglass等[2]统计了卡崔娜飓风摧毁的密西西比州比洛克西湾上的美国90号大桥的灾后数据，结合已有的研究成果建立了一套简单的估算方程用于近海桥梁设计。随后美国国家公路和运输官员协会制定了沿海风暴对桥梁脆弱性的指导规范[3]，并给出了沿海桥梁设计型经验公式。Bradner等[4]开展了一系列刚性、柔性、固定支撑的桥梁模型水动力试验，研究发现柔性支撑桥面板所受的波浪荷载最大。相关试验研究还包括：1:10缩尺模型试验[5]；波高和入射角对波浪荷载影响的试验[6]；箱梁的缩尺模型试验[7-8]。此外，基于势流理论的解析方法也是研究桥面板波浪力的有效手段[9]。随着计算能力的提升，计算流体力学方法（CFD）也是研究桥梁在飓风荷载的替换方法[10]。Meng等[11]采用FLOW估算了近海桥梁在波浪作用下的荷载。

基金项目：国家自然科学基金(51725801, 52008134, U1834207)

现有的研究多聚焦于近海桥梁的波浪荷载，而忽略了风浪联合作用对近海桥梁的危害。Qu 等[12-13]模拟研究了近海桥梁在规则波和孤立波与风共同作用下的水动力荷载。研究发现强风会显著增加桥面板的水动力荷载。Liu 等[14]试验研究了 1:10 缩尺工字梁桥面板在风浪联合作用下的水动力荷载。试验发现风对波浪力的影响与风速和入射波高相关。

本研究开展了低净空近海桥梁波浪砰击试验，旨在研究强风环境对桥面板所受波浪力的影响。

2 实验设计

试验在哈尔滨工业大学风洞与浪槽联合实验室中进行（图 1（a））。该实验室是一个能够同时模拟风-浪-雨联合作用的实验平台。本实验主要用到其中的水槽和风洞。水槽长度为 50.0 m、宽度为 5.0 m、深度为 4.5 m、水深为 3.6 m。在水槽一端装有摇板造波机，尾部装有消波段降低反射波的影响，风洞中水槽试验段最高风速可达到 15.0 m/s。水槽中部装有一个 9.0 m 长、5.0 m 宽的升降平台，用来安装试验模型。

桥梁试验模型基于 20 m 跨径、10 m 宽的工字简支梁桥设计。试验模型按照 Froude 相似准则 1:10 缩尺设计。模型包括一个主梁整跨、两个 1/4 长度的邻跨主梁和四个桥墩（图 1b），其中整跨主梁为主要观测目标，邻跨用来模拟边跨对主梁的影响，同时起到降低水槽壁面反射对主跨受力的影响。试验中主跨受力通过支撑在其四角的三分力天平获取，边跨所受的波浪力不会传递给主梁。在模型正前方 1.4 m 处、0.1 m 处分别布置了三根浪高仪 WG1-3，用来监测入射波浪的液面时程。

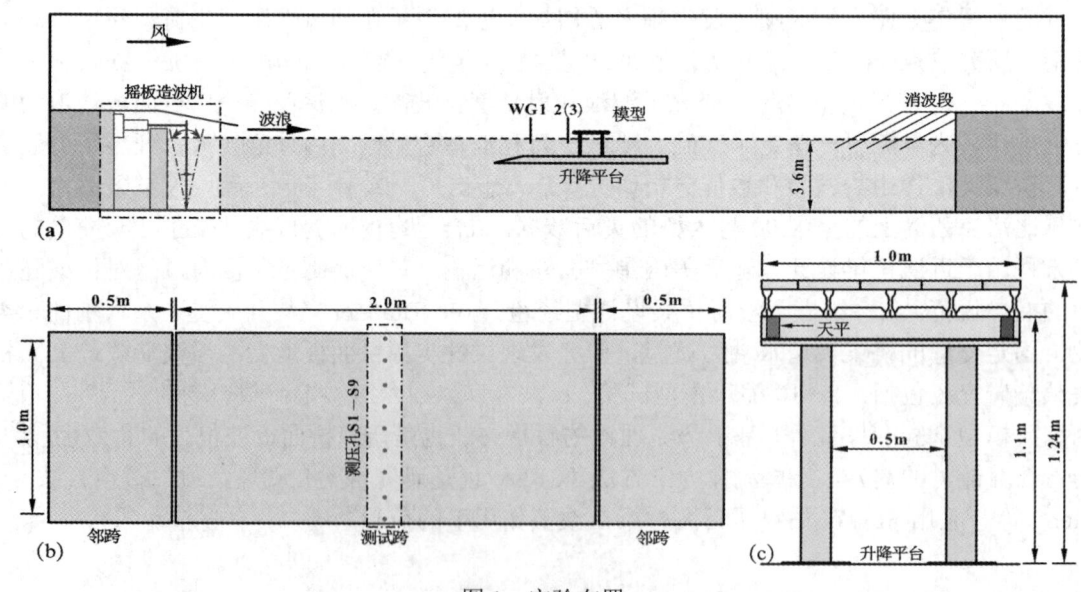

图 1 实验布置

试验中的初始波浪参数按照浪高仪 WG2 监测的波浪选取。风和波浪参数依据现有的飓风灾害统计数据，按照 Froude 相似准则缩尺，缩尺比为 1:10。表 1 列出了相关试验参数：净空（z）为主梁下边缘到静水面的高度，参考风速（U_r）为静水面上方 1.0 m 处的风速。

表 1 风和波浪参数

组次	z/mm	T/s	H/mm	U_r/m·s^{-1}
1	20	2.0	100, 140, 180,	0, 4.0, 5.5, 7.0,
2	40		220, 270, 310	8.5, 10.0

本研究选取了偏度 S 和峰度 K 为指标量化风对波浪液面的影响。

$$S = \langle \eta^3 \rangle / \sigma_\eta^3 \tag{1}$$

$$K = \langle \eta^4 \rangle / \sigma_\eta^4 \tag{2}$$

式中：$\langle \eta \rangle$ 和 σ_η 分别为波浪液面的时间平均和标准差。图 2 给出了不同风速下，波浪液面时程的偏度和峰度。从图 2 可以看出，低风速 $U_r = 4.0$ m/s 工况的 S 和 K 与 $U_r = 0$ m/s 工况差别不明显。随着风速的增加，S 和 K 均呈现出随风速显著增加的趋势。

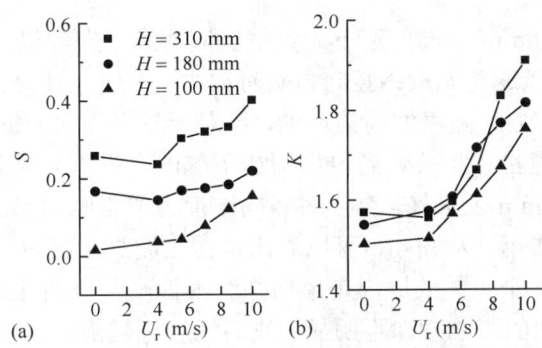

图 2 不同风速下波浪时程: (a)偏度, (b)峰度

3 结果与讨论

3.1 风对波浪荷载的影响

为研究风对波浪力的影响规律，试验中生成稳定的风场后，启动造波机生成一系列规则波作用于桥梁模型。根据 Fang 等[6]研究表明，波浪荷载成分可以分为集中于波浪频率的低频成分和高频的砰击成分。通过分析波浪荷载的频谱，试验中波浪荷载利用 5.0 Hz 的低通滤波分为准静力成分 F_Q 和砰击成分 F_S。图 3 给出了 z =20 mm、H = 310 mm、U_r = 10.0 m/s 工况下的波浪力时程。

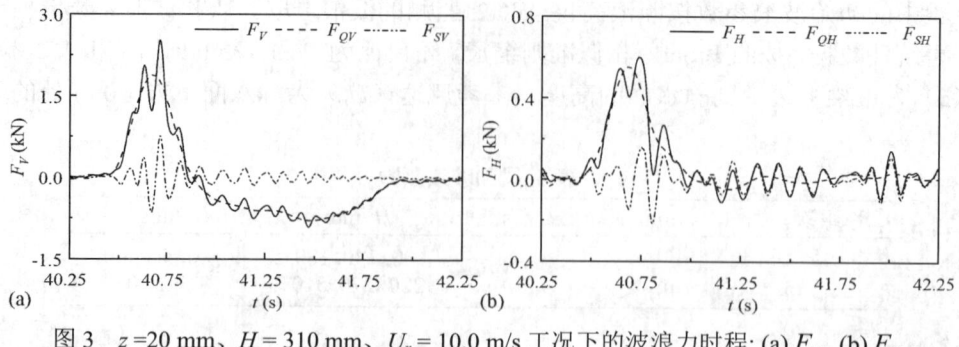

图 3 $z = 20$ mm、$H = 310$ mm、$U_r = 10.0$ m/s 工况下的波浪力时程: (a) F_V, (b) F_H

为量化分析风对波浪力的影响规律，研究了无量纲竖向、水平波浪力与无量纲风速的关系。无量纲风速 U^* 定义为参考风速和入射波浪波速的比值；无量纲波浪力定义如下：

$$F_V^* = F_V / [\rho_{water} g (H/2 - z) A_V] \tag{3}$$

$$F_H^* = F_H / [\rho_{water} g (H/2 - z) A_H] \tag{4}$$

式中：ρ_{water} 为水密度；g 为重力加速度；A_V 和 A_H 分别为桥面板竖向和水平有效面积，分别为 2.0 m^2 和 0.28 m^2。

图 4 给出了净空 20 mm，不同风速下无量纲竖向和水平向波浪力。从图 4(a)可以看出，$H = 100$ mm 工况下，高风速对无量纲竖向力略有放大，此时主要是由于波浪荷载与风荷载幅值相近导致总竖向力增加。随着波高的增加，风对无量纲竖向力促进作用转为抑制作用，且抑制作用与无量纲风速呈正相关。当波高增加至越浪，强风会显著增强无量纲竖向波浪力。总体上，除 $H = 100$ mm 工况外，强风对竖向波浪力的影响由小波高工况的抑制作用转变为大波高工况的促进作用。从图 4(b)可以看出，在小波高工况 $H \leq 180$ mm，风会显著增加无量纲水平波浪力，一个可能的原因是风增强波浪偏度，进而促进了水平力。随着波高增加，风对无量纲水平力的影响规律不明显。波高增加至越浪，强风会抑制无量纲水平力，这与风对竖向波浪力的促进作用有显著不同。

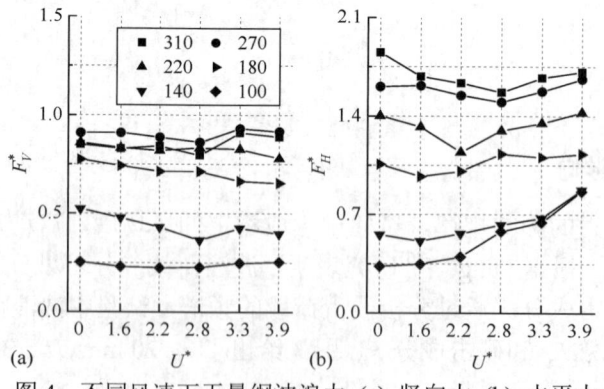

图 4 不同风速下无量纲波浪力: (a) 竖向力, (b) 水平力

3.2 二次准静力问题

试验中发现在净空 $z = 40$ mm，小波高、高风速工况下，竖向准静力在一个波浪周期内存在两个峰值。图 5(a)给出了不同风速下净空 $z = 40$ mm，$H = 140$ mm 工况的竖向准静力时程曲线。从图 5 中可以明显看出，在飓风作用于桥梁结构的起始阶段，只有少量波浪砰击桥面时，桥面板会在一个波浪周期内遭受两次幅值接近的竖向力。分析后发现二次准静力出现的主要原因是行波和脱落水体对桥梁下方风场产生阻塞作用，进而引起向上的竖向压力。基于上述分析建立二次准静力估算公式如下：

$$F_{sp} = S \cdot \frac{1}{2} \rho_{air}(v_2^2 - v_1^2) \tag{5}$$

式中，ρ_{air} 为空气密度；v_1 和 v_2 分别为桥面板下方和上方的风速。由于桥面板复杂的几何外形以及对风场的干扰，获得 v_1 和 v_2 的准确值比较困难。本研究中 v_1 有两种假设方式：一种假设为行波和脱落水体使桥梁下方完全无风 $v_1 = 0$ m/s；另一种假设认为下方风速为入射波浪波速，$v_1 = 2.55$ m/s。v_2 则根据标定风场的风剖面计算获得。

图 5(b)给出了二次准静力估算公式计算得到的不同工况下的二次准静力和实测数据的对比，并给出了准静力首次峰值分析两者的大小关系。从图 5 中可以看出，由于二次准静力主要由风压差引起，其幅值对波高不敏感。二次准静力的实测值基本分布在 $v_1 = 0$ m/s 和 $v_1 = 2.55$ m/s 两种假设的估算范围内。实测值略小于估算值，这主要是由于试验中桥梁下方的风速会比假设的行波速度略大。

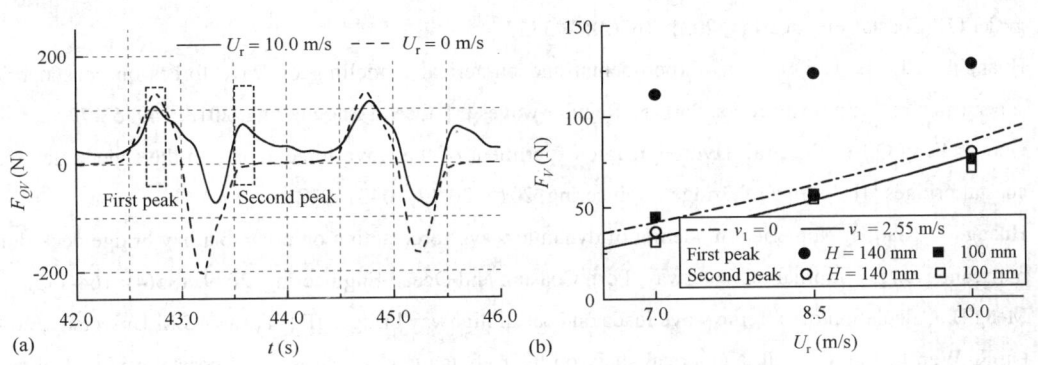

图 5 (a) 净空 40 mm、波高 140 mm、不同风速工况下的准静力时程 (b)二次准静力计算

4 结论

通过 1:10 缩尺模型试验，分析了风浪联合作用下低净空桥面板所受的波浪荷载，以及风对波浪荷载的影响规律。主要的结论如下：①风会显著增强入射波浪的偏度和峰度，其促进作用随风速的增加逐渐增强。②通过分析无量纲波浪力和风速发现，风对竖向力的影响由小波高工况的抑制作用到越浪工况的促进作用的转变。与之相反，风对水平力的影响

表现为小波高工况的促进作用到大波高工况的抑制作用的转变。③分析小波高、大风速的工况发现，由于行波和脱落水体对桥梁下方风场的阻塞作用，导致桥面板在一个波浪周期内遭受两次幅值相近的竖向力。

参考文献

1. Denson K H. Wave forces on causeway-type coastal bridges [R]. NASA STI/Recon Technical Report N, 1978, 79: 20293.

2. Douglass, Scott L, Krolak J. Highways in the coastal environment [R]. Federal Highway Administration, Washington, D.C., 2008.

3. AASHTO. Guide specifications for bridges vulnerable to coastal storms. American Association of State Highway and Transportation Officials, Washington, D.C., 2008.

4. Bradner C, Schumacher T, Cox D, et al. Experimental setup for a large-scale bridge superstructure model subjected to waves [J]. Journal of Waterway Port Coastal & Ocean Engineering, 2011, 137(1): 3-11.

5. Cuomo G, Shimosako K, Takahashi S. Wave-in-deck loads on coastal bridges and the role of air [J]. Coastal Engineering, 2009, 56(8): 793-809.

6. Fang Q, Hong R, Guo A, et al. Experimental investigation of wave forces on coastal bridge decks subjected to oblique wave attack [J]. Journal of Bridge Engineering, 2019, 24(4): 04019011.

7. Fang Q, Liu J, Hong R, et al. Experimental investigation of focused wave action on coastal bridges with box girder [J]. Coastal Engineering, 2021, 165(2): 103857.

8. Huang B, Zhu B, Cui S, et al. Experimental and numerical modelling of wave forces on coastal bridge superstructures with box girders, Part Ⅰ: Regular waves [J]. Ocean Engineering, 2018, 149: 53-77.

9. Guo A, Fang Q, Bai X, et al. Hydrodynamic experiment of the wave force acting on the superstructures of coastal bridges [J]. Journal of Bridge Engineering, 2015, 20(12): 04015012.

10. Huang W, Xiao H. Numerical modeling of dynamic wave force acting on escambia bay bridge deck during hurricane ivan [J]. Journal of Waterway, Port, Coastal, and Ocean Engineering, 2009, 135(4): 164-175.

11. Meng B. Calculation of extreme wave loads on coastal highway bridges [D]. Texas A&M University, 2008.

12. Qu K, Wen B, Lan G, et al. Numerical study on hydrodynamic characteristics of coastal bridge deck under joint action of regular waves and wind [J]. Ocean Engineering, 2022, 245: 110450.

13. Qu K, Wen B, Ren X, et al. Numerical investigation on hydrodynamic load of coastal bridge deck under joint action of solitary wave and wind [J]. Ocean Engineering, 2020, 217: 108037.

14. Liu Z, Guo A, Liu J, et al. Experimental investigation of loads of coastal bridge deck under the combined action of extreme winds and waves [J]. Ocean Engineering, 2022, 252: 111225.

Experimental research of wave loads on bridge deck under the combination of wind and waves

LIU Zhi-chao, GUO An-xin[*]

(Key Lab of Structures Dynamic Behavior and Control of the Ministry of Education, Harbin Institute of Technology, Harbin 150090, Email: guoanxin@hit.edu.cn)

Abstract：In this study, hydrodynamic loads on coastal bridge deck were experimentally investigated under the combined action of extreme wind and waves. The experimental results reveal that under extreme wind condition, the skewness and kurtosis of regular waves are greatly enhanced. The vertical and horizontal wave loads of bridge are both changed. In small-wave-height cases, both the vertical and horizontal forces are enhanced under the combined action. Furthermore, the vertical force comprises an additional peak in high-wind-velocity cases due to the blocking effect. As the wave height increase, the promoting effect of wind on wave force turn to restraining effect. The vertical force is promoted by the wind as overtopping waves occurred. This experiment demonstrates the importance of considering the combined action of wind and waves in bridge design.

Key words：Coastal bridge; Combined action of wind and wave; Wave loads.

规则波作用下悬浮隧道节段缩尺模型水动力实验研究

袁修文，郭安薪*

(哈尔滨工业大学 风洞与浪槽联合实验室，哈尔滨 150000, Email: guoanxin@hit.edu.cn)

摘要：开展了规则波浪作用下悬浮隧道节段缩尺模型水动力实验。研究常规波浪和极端波浪作用下三种不同的缆索布置方式（平行布置、倾斜布置和混合布置）的悬浮隧道动力响应，分析了常规波浪作用下悬浮隧道管体的运动过程和缆索索力的变化特征。分析表明，在缆索水平非对称布置形式下，悬浮隧道管体会产生较大的扭转响应，除了管体自身产生扭转，其水平运动也会大幅度激发扭转运动；背波面缆索索力变化大于迎波面缆索索力，对于混合布置，即使常规波高作用下，也会出现缆索松弛现象；仅考虑波浪荷载作用，平行布置的动力响应最小，但综合多种环境因素，混合布置更为合理，且对于超静定缆索布置形式，应该选择抗扭能力更强的缆索布置形式，并适当提高悬浮隧道浮重比。

关键词：悬浮隧道；规则波；动力响应；扭转

1 引言

水下悬浮隧道是一种新型跨越方案，相比于现有的桥梁、浮桥和海底隧道等方案，具有对风和地震有低敏感型，不影响通航、对海洋环境影响小以及长距离经济实惠等优点，在跨越海峡地形更具有竞争力[1]。1886年英国的Sir Reed James和挪威的Trygve Olsen Dale完整的阐述了悬浮隧道的概念[2]，但是由于各种客观因素，目前世界上未建成一座悬浮隧道。波浪荷载作为最常见的海洋环境荷载，对于特定海域，会时常出现长周期巨幅波浪，对悬浮隧道的服役安全造成了巨大的威胁。

国内外学者对波浪作用下悬浮隧道的动力响应已经具有比较丰富的研究，麦继婷[3-4]分别采用波浪绕射理论和Morison方程对悬浮隧道所受波浪荷载进行了求解，发现波浪入射方向和隧道放置深度悬浮隧道所受波浪荷载均有影响，波浪作用周期过小将导致隧道所受波浪力的变化幅度显著增大，并且在波浪作用周期内峰值次数增加，使得隧道所受波浪力变化趋于复杂。王广地[5-6]考虑了波浪力和悬浮隧道的非线性特性，并采用海流横向升力

基金项目：国家自然科学基金(51725801)

计算方法，建立了流体-结构耦合的悬浮隧道非线性动力分析模型，利用 Morison 方程计算悬浮隧道所受到的波流力，分析了悬浮隧道结构所受波流荷载随悬浮深度、海水深度、海流速度以及管段截面尺寸等因素的变化规律。魏佳奇[7]基于三维弹性悬浮隧道物理模型试验，发现在波浪周期一定的条件下，波高变化将影响悬浮管道的运动形态，波高的增加会导致管体运动转化到更高阶形态。P.X. Zou[8]考虑了单向流体-结构相互作用建立了悬浮隧道和缆索耦合动力模型，认为悬浮隧道的 FIV 主要受波形条件的影响，应避免用大波高和大周期激发悬浮隧道的第一主导模态。

系泊缆索作为张力腿式悬浮隧道的主要约束构件，其布置形式会直接影响悬浮隧道的动力特性。闫宏生[9]对不同类型的水下悬浮隧道和张力腿式水下悬浮隧道的不同缆索布置方式进行了对比分析，并提出水下悬浮隧道选型时应注意的问题。冯治霖[10]忽略波浪的周期力作用，对不同锚固方式的椭圆形截面悬浮隧道动力响应进行参数分析，分析表明 M 型布置方式较其他布置形式整体位移更小。Cristian Cifuentes[11]开展了倾斜布置和垂直布置梁柱缆索锚固方式的悬浮隧道二维波浪试验，发现悬浮隧道运动幅值和缆索张力幅值随波高和周期的增大而增大，倾斜系泊系统比垂直系泊系统更能有效地限制隧道运动。

目前波浪作用下悬浮隧道的动力响应研究内容更为关注悬浮隧道管道的平动响应，对扭转响应的研究相对较少；现有理论计算方法并不能充分你考虑结构的非线性行为，例如大幅波浪作用下系泊缆索可能出现的缆索松弛现象对结构的影响；此外，虽然有对不同缆索布置方式的运动响应对比，但多集中于对运动幅值的研究，未对悬浮隧道的运动形态进行探讨。基于以上研究现状，开展了规则波浪作用下悬浮隧道的动力实验，在现有的研究基础上，研究结构多方向运动可能存在的耦合现象，对比不同缆索锚固方式的悬浮隧道的运动姿态，并对控制结构运动幅值给出相关建议。

2 实验布置

2.1 实验布置及模型参数

实验在哈尔滨工业大学风洞与浪槽联合试验室波浪水槽中进行。水槽长 50 m，宽 5.0 m，深 4.0 m(图 1)，水槽始端设有摇板造波机，可以生成规则波浪，水槽中段有升降平台，用来固定实验模型，水槽末端设置消波段，对来流波浪起到耗散作用。

为了监测实验模型位置处的自由水面波高，在其正上方和前后各 1.5 m 位置处共布置了 5 个波高仪。实验模型通过缆索固定在升降平台上(图 2)，缆索与竖直平面的夹角为 45°，一端连接悬浮隧道模型，然后向下延伸绕过固定在升降平台上的定滑轮，依次连接花篮螺栓、等效弹簧和拉压力传感器，最后固定在刚性横梁上。管道模型顶面位于水面以下 60 cm，实验水深为 222 cm，模型中心位置距离滑轮中心位置的垂直距离为 150 cm。为了测试结构的运动响应(图 4)，在实验模型设置了三个测试截面，分别在 1-1 和 2-2 截面布置两个三向加速度传感器(图 3)，在 1-1 和 3-3 截面采用了图 2 形式的缆索布置方式，并在每根缆索的远端都连接拉压力传感器。

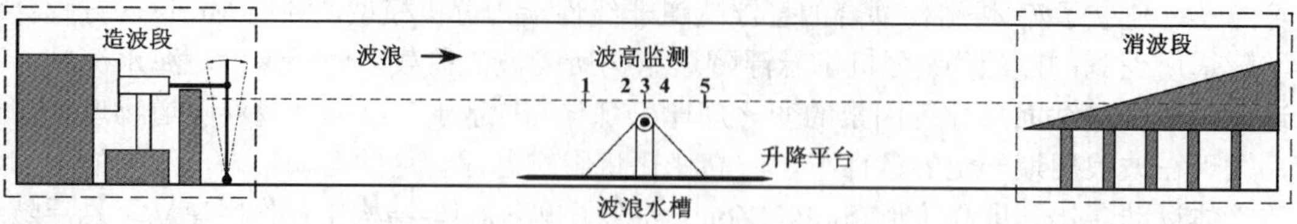

图1 实验布置

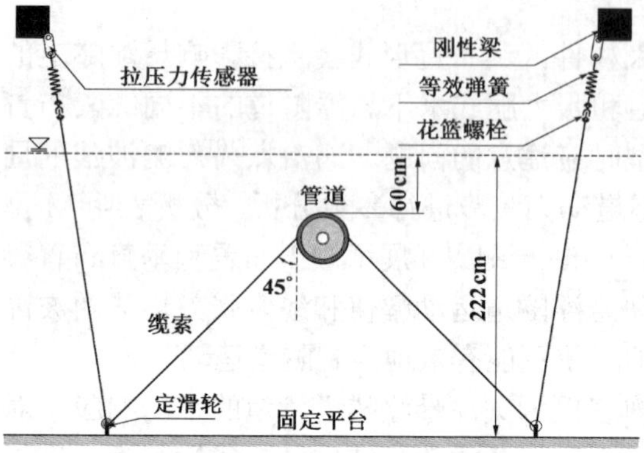

图2 测试截面缆索牵引示意图

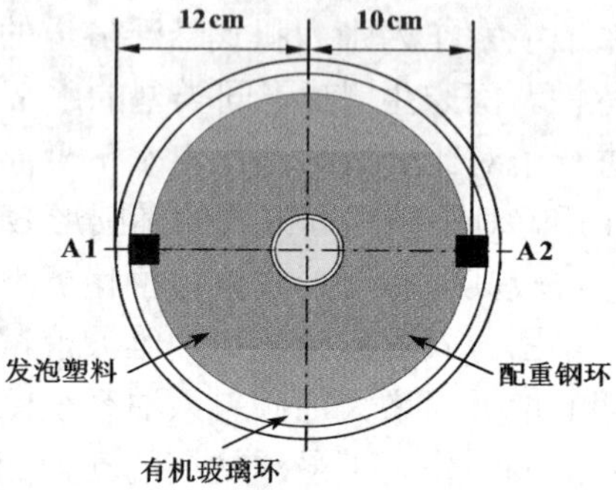

图3 实验模型横截面示意图

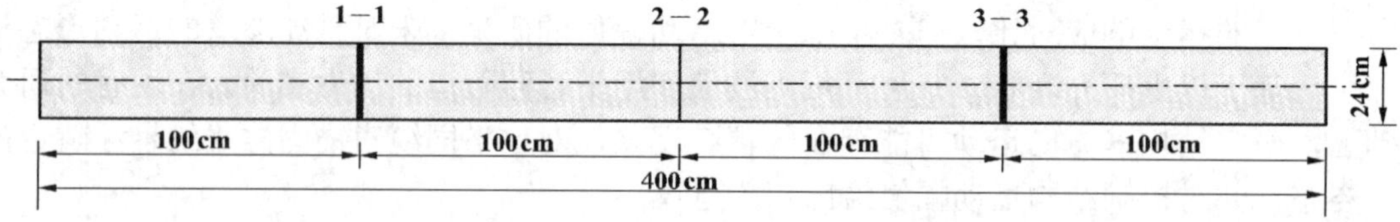

图4 测试截面布置

2.2 实验布置及模型参数

本实验模型参考某悬浮隧道原型[12]，选取两个悬浮隧道节段进行缩尺设计，采用弗汝德数准则和几何相似准则，实验模型的长度缩尺比采用1：50，其外形为圆柱形，长度为400 cm，外径为24 cm(图3)，实验模型从内到外分别采用发泡塑料，钢环和有机玻璃等材料，以满足缩尺模型的尺寸、质量和刚度要求，表1给出了实验模型的详细设计参数。

为了对比不同缆索布置方式的悬浮隧道动力响应特征(图5)，选取了三种具有代表性的缆索布置方式，分别为平行布置、倾斜布置和混和布置(依次用P、I和M表示)。

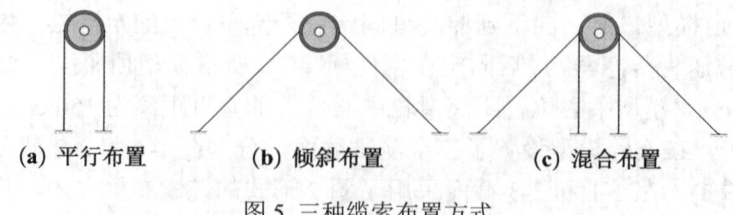

(a) 平行布置　　(b) 倾斜布置　　(c) 混合布置

图5 三种缆索布置方式

表1 管道模型和缆索基本参数

内容	参数	数值	单位
管道模型	长度	4	m
	外径	0.24	m
	质量	138.72	kg
	浮重比	1.298	-
	缩尺比	1：50	-
缆索	杨氏模量	202	GPa
	直径	0.0042	m
	索长	5.42&6.04	m
	等效弹簧刚度	10482 (a) 15394 (b) 2657 & 8834(c)	N/m

在进行动力实验工况测试前,通过自由衰减试验,获取了悬浮隧道模型的动力特性参数,不同缆索布置形式下悬浮隧道模型的自振周期见表2,对于不同缆索布置方式的等效弹簧刚度和自振周期,可以发现模型自振周期并非完全受到等效弹簧刚度的影响,对于含有倾斜缆索的悬浮隧道,缆索几何布置方式对悬浮隧道自振周期也有重要影响。

表2 不同缆索布置方式的实验模型自振周期

周期/s	水平平动	竖向平动	扭转
平行布置	4.35	0.54	0.28
倾斜布置	0.96	0.72	0.35
混合布置	0.91	0.70	0.42

为了研究含有倾斜缆索的缆索布置方式的悬浮隧道运动特性,本实验以缆索倾斜布置的悬浮隧道作为基本研究对象,根据倾斜布置方式的悬浮隧道的基本自振周期,参考悬浮隧道所在海域的波浪条件,并考虑实验室摇板造波机的造波能力,以1.4 s作为主要波浪周期,以2.5 cm为波高工况间隔,此外,为了对比规则波浪作用下不同缆索布置方式下的悬浮隧道动力响应,对其他缆索布置方式也设计了相关实验工况,全部实验工况见表3。

表3 规则波浪实验工况

工况	周期/s	波高/cm
平行布置	1.4	10
倾斜布置	1.4	5 7.5 10 12.5 15
混合布置	1.4	10

实验工况的采样频率为1000 Hz,每个工况测试时间为100 s,在进行动力测试实验前,对模型处周围的波面进行监测,观察波浪质量,经过滤波处理,波浪时程如图6所示,从

图中可以发现，波浪的整体质量符合要求，虽然在波浪水槽末端安装消波段，但是当波浪传播时间超过 50 s 左右后，在模型试验位置处仍然存在一定的反射波，因此只截取部分时段进行后续数据分析。

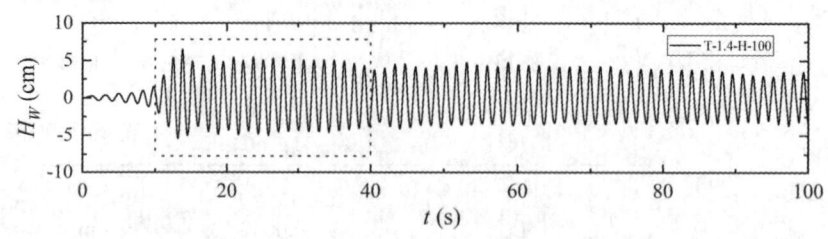

图 6 模型位置波高监测（空场）

3 结果与讨论

3.1 波高条件下悬浮隧道动力响应对比分析

本实验通过加速度传感器测试了实验模型的三向加速度记录，通过对同一截面上的两个加速度纪录进行和处理与差处理，并且在每一步积分过程中考虑扭转角的影响对原始加速度纪录进行修正，然后进行双重逐步积分，最后获得悬浮隧道的位移响应。

图 7 展示了在周期为 1.4 s，波高为 5 cm~15 cm 的波浪作用下缆索倾斜布置方式的悬浮隧道模型的水平平动、竖向平动和扭转响应时程。模型的三个方向的运动幅值都随着波高的增大而增大，对于平动位移，两者在波浪作用下的运动幅值随着波高的呈现线性增大的趋势，而对于扭转响应，当波浪高度为从 5 cm~7.5 cm 时，运动幅值变化增大了 74%，而当波高从 7.5 cm 增大到 10 cm 时，扭转响应幅值增大了 2.6 倍，这种扭转响应的迅速增大说明了结构的运动状态有可能发生改变，主要体现在结构的平动运动开始出现了结构扭转频率周围的频率成分。当波高为 10 cm 时，结构的峰值扭转角已经达到 27.3°，并且还在随着波高的增大而迅速增大；当波高不大于 12.5 cm 时，结构的所有方向的运动幅值都是对称的，但是当波高为 15 cm 时，结构竖向运动的下幅值明显大于上幅值，并且高频成分更加丰富，其运动的非线性更强，缆索松弛现象会使得结构在向下运动过程中恢复力不断减小，从而使得竖向运动的下幅值大于上幅值。

图 8 展示了不同波高条件下缆索的索力时程。迎波面缆索和被波面缆索的索力都随着波高的增大而增大；无论波高大小，迎波面的缆索索力峰值以及缆索索力变化幅值总是小于背波面缆索；在周期波浪力作用下，迎波面缆索和背波面缆索交替出现索力峰值；当波浪高度为 15 cm 时，由于结构的运动幅值过大，迎波面和背波面缆索均出现了应力松弛现象，迎波面缆索出现应力松弛后，索力会迅速攀升至索力峰值，相反的是，背波面缆索出现索力峰值后迅速减小，缆索的索力突然增大会使得连接部位应力陡增，而突然的索力松弛又会使得结构处于无约束状态，使得结构运动幅值增大；当波高为 12.5 cm 和 15 cm 时，缆索的索力出现了更高频的成分，说明大波高激发的结构高阶运动也会激发缆索出现高频应力。

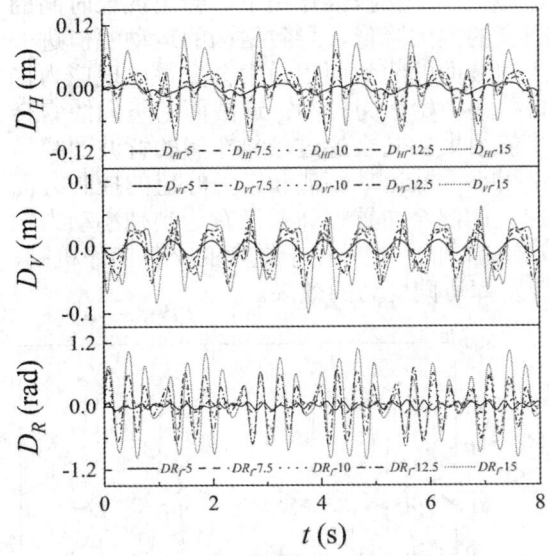
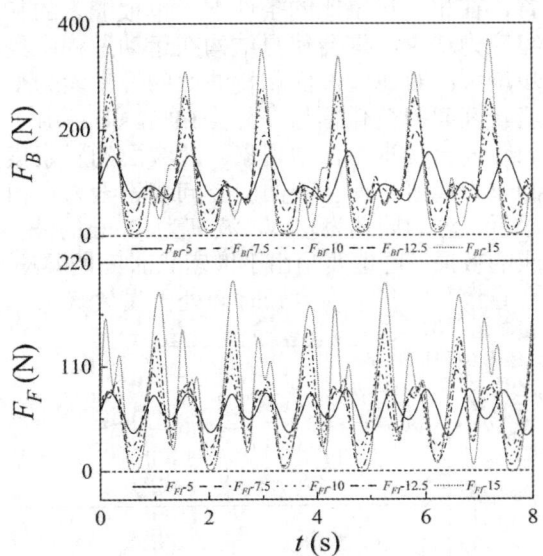

图 7 不同波高条件下实验模型各向位移时程
（D_H:水平平动，D_V:竖向平动，D_R:扭转运动）

图 8 不同波高条件下缆索索力时程
（F_B:背波面索力，F_F:迎波面索力）

3.2 不同缆索布置方式的悬浮隧道动力响应对比分析

悬浮隧道的约束包括端部约束和缆索约束，当悬浮隧道的长径比很大时，悬浮隧道的约束刚度主要由缆索提供，而端部约束提供的约束刚度可以忽略不计，基于此规律，本实验未添加端部约束，缆索既提供所有的约束刚度。

当运动为小幅运动时，对于含有倾斜缆索的悬浮隧道，竖向运动在小幅运动过程中为独立运动，而平移运动过程中会含有同周期运动的扭转运动，水平平动和扭转运动存在几何耦合。

图9展示了周期为1.4 s，波高为10 cm的波浪作用下三种缆索布置方式的悬浮隧道模型各向运动时程。对于水平运动，平行布置方式的模型运动以波浪一阶周期为运动周期在平衡位置做微幅运动，其峰值运动幅值仅为3 mm，并远小于另外两种含有倾斜缆索的缆索布置方式，出现这种现象的原因主要是平行布置的水平基本自振周期较其他两种缆索约束方式远离波浪激发周期；对于竖向平动，平行布置的运动为高频的小幅运动，其他两种缆索布置方式的运动特征为以波浪二阶频率的大幅运动；对于扭转运动，平行布置的运动为高频的小幅扭转，其他两种缆索布置方式的扭转运动为包含高频运动的大幅振动。

对比倾斜布置和混合布置基本动力特性和运动响应，混合布置的水平等效刚度和竖向等效刚度分别为倾斜布置的57%和82%，但是混合布置的整体幅值却是小于倾斜布置，这说明对于含有倾斜缆索的悬浮隧道，将缆索刚度等效为各个方向的等效的弹簧的方式具有很大的局限性。

采用不同的缆索布置方式目的是为了控制结构的运动幅值并减小部分缆索的峰值应力。图10展示了周期为1.4 s，波高为10 cm的波浪作用下三种缆索布置方式的缆索索力时程。平行布置的缆索索力以波浪一阶频率发生变化，其迎波面和被波面缆索索力变化幅值差距不大。混合布置方式的悬浮隧道在锚固截面具有4根缆索，因此，相比于平行布置和倾斜布置，在相同浮重比的条件下，单根缆索的初始索力更小，在波浪作用下，会出现长时间的零应力现象，这会使得结构在运动过程中约束刚度的大大降低，导致结构的运动幅值进一步增大；对比迎波面和背波面的缆索索力变化，迎波面的缆索两根缆索会交替出现应力峰值，其索力变化幅值差异为14%，但是由于竖向缆索初始索力较小，迎波面的竖向缆索会长时间出现索力松弛现象；背波面的斜索索力峰值很大，甚至超过倾斜布置的背波面缆索的索力峰值，而背波面的竖向缆索索力幅值变化很小。从运动幅值和索力峰值的控制方面来看，对于周期为1.4 s，波高为10 cm的波浪工况，此混合布置设计并没有达到减小动力响应的效果，这主要是由于缆索长时间的零应力状态造成的，此外由于缆索的交替工作机制，会导致其中一根缆索长时间处于失效状态，不能发挥协同受力的效果。

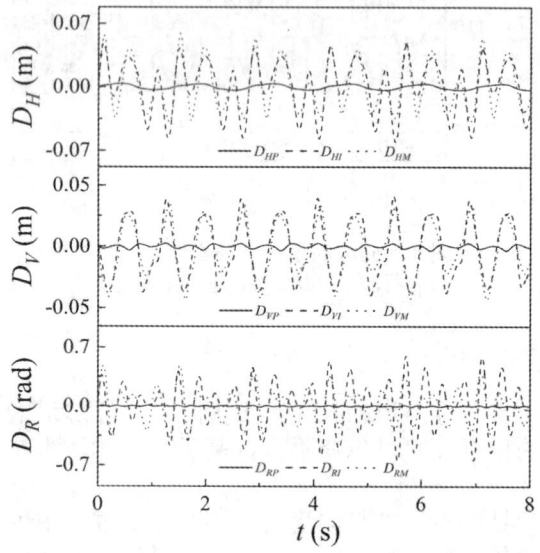

图9 三种缆索布置方式的实验模型各向运动时程　　图10 三种缆索布置方式的缆索索力时程

对比不同缆索布置方式的悬浮隧道的运动响应和缆索索力，如果仅考虑规则波浪作用，平行布置的悬浮隧道由于远离波浪共振区使得其动力响应最小，对于另外两种具有倾斜缆索的缆索布置方式，结构的自振频率需要远离波浪频率，这不仅体现在波浪一阶频率，还包括二阶频率甚至更高阶频率，此外由于平动和扭转的运动耦合现象以及水平运动造成的迎波面和背波面缆索力的巨大差异使得此类悬浮隧道产生剧烈的扭转响应，实验中多缆索的布置方式虽然提高了结构的扭转刚度，但效果不明显，有必要后续开展更多工况的研究进行对比分析。

4 总结

本研究通过规则波浪作用下不同缆索锚固方式悬浮隧道的动力试验，分析了波高变化对缆索倾斜布置方式的悬浮隧道动力响应的影响，对比分析了相同波浪工况下不同缆索锚固方式的悬浮隧道动力响应。

(1) 在缆索水平非对称布置方式下，悬浮隧道管体会产生较大的扭转响应，除了管体自身产生扭转，其与水平运动的耦合现象也会激发扭转运动。

(2) 在规则波浪作用下，含有倾斜缆索的悬浮隧道的背波面缆索索力变化幅值大于迎波面缆索索力变化幅值，对于混合布置方式的悬浮隧道，即使在常规波高作用下，也会出现缆索松弛现象。

(3) 仅考虑波浪荷载作用，平行布置的动力响应最小，但综合多种环境因素（洋流、地震等），混合布置更为合理，对于多缆索布置形式，应该选择抗扭能力更强的缆索布置形式，并适当提高悬浮隧道浮重比。

参考文献

1　陈健云. 水下悬浮隧道结构分析研究进展 [J]. 海洋工程, 2008.
2　Ingerslev C. Immersed and floating tunnels [J]. Procedia Engineering, 2010, 4: 51-59.
3　麦继婷. 用Morison方程计算分析悬浮隧道所受波浪力初探 [J]. 石家庄铁道学院学报, 2003, 16(3): 4.
4　麦继婷, 杨显成. 悬浮隧道所受波浪荷载的计算分析 [J]. 铁道科学与工程学报, 2007, 4(5): 5.
5　王广地. 波流作用下悬浮隧道结构响应的数值分析及试验研究 [D]. 成都: 西南交通大学, 2008.
6　王广地, 周晓军. 水下悬浮隧道波流荷载分析研究 [J]. 铁道建筑, 2007(010): 48-51.
7　魏佳奇, 林鸣, 尹海卿, 等. 波浪作用下水下悬浮管道的加速度响应特性试验研究 [J]. 路桥, 2021, 21(11): 2.
8　Zou P X, Bricker J D, Chen L Z, et al. Response of a submerged floating tunnel subject to flow-induced vibration [J]. Engineering Structures, 2022, 253.
9　闫宏生, 杨国彬. 水下悬浮隧道选型研究 [J]. 施工技术, 2015, 44(7): 4.
10　冯治霖. 悬浮隧道张力腿布置选型及关键参数数值模拟研究 [D]. 重庆: 重庆交通大学, 2020.
11　Cifuentes C, Kim S, Kim M H, et al. Numerical simulation of the coupled dynamic response of a submerged floating tunnel with mooring lines in regular waves. Ocean Systems Engineering, 2015, 5(2): 109-123.
12　庞岩. 三维水弹性悬浮隧道模型制作方法研究 [D]. 大连: 大连理工大学, 2019.

Hydrodynamic experimental study on segmental scaled model of submerged floating tunnel under regular wave

YUAN Xiu-wen, GUO An-xin[*]

(The Joint Laboratory of Wind Tunnel & Wave Flume, Harbin Institute of Technology, Harbin 150000,
Email: guoanxin@hit.edu.cn)

Abstract：The hydrodynamic tests on the scale model of submerged floating tunnel under regular wave action are carried out. The dynamic responses of three different cable arrangement modes (parallel arrangement, tilting arrangement and mixed arrangement) of suspension tunnel under conventional wave action and extreme wave action are studied. The motion process of tube body and the variation characteristics of cable force of suspension tunnel under conventional wave action are analyzed. The analysis shows that the tube of submerged floating tunnel produces a large torsional response under the horizontal asymmetric arrangement of the cable, besides the torsion of the tube itself, the horizontal motion of the tube also greatly excited the torsional motion. The cable force variation of the back wave is greater than that of the front wave, the cable relaxation phenomenon will occur under the action of the conventional wave height for the mixed arrangement. Considering wave load only, the parallel arrangement has the smallest dynamic response, but the mixed arrangement is more reasonable under more environment factors, the cable arrangement with stronger torsional resistance should be selected for statically indeterminate cable arrangement and increasing appropriately the floating-weight ratio of submerged floating tunnel.

Key words：Submerged floating tunnel; Regular wave; Hydrodynamic; Torsion.

近矩形凹槽空化泡动力学行为实验研究

曾卿丰[1]，曾添宝[1]，黄勇浩[1]，何志博[1]，郑智颖[1,2*]，王璐[3]，李惠[2]

（1. 哈尔滨工业大学 能源科学与工程学院，哈尔滨 150001, Email: zhengzhy@hit.edu.cn;
2. 哈尔滨工业大学土木工程学院，哈尔滨 150090；
3. 哈尔滨工程大学航天与建筑工程学院，哈尔滨 150001）

摘要：本研究对平面对称矩形凹槽附近的空化泡动力学行为开展可视化实验研究，搭建了激光诱导空化泡实验系统，获得了不同空化泡尺寸和不同空化泡与凹槽之间距离下的空化泡形态演变，并且以无量纲参数为变量，依据空化泡在凹槽附近展现的不同行为特征进行了演变模式划分。结果表明，空化泡在凹槽边界附近展现了不同于平直刚性边界附近空化泡的全新的动力学行为，矩形凹槽对空化泡的生长和溃灭、射流以及分裂等行为有着强烈的影响，最后对不同演变模式下空化泡的运动轨迹进行了分析。

关键词：空化泡；凹槽；形态演变；微射流；气泡迁移

1 引言

从空化现象的危害被人们认识以来，学者们对其展开了大量的研究。过往的研究发现，空化泡的溃灭和振荡会在局部产生高速微射流和压力冲击波，并使局部达到极高温度，对水力机械（水轮机组、泵、阀等）、冷却系统、泄洪设施等水力设施的过流部件表面造成空蚀破坏，从而导致水力机械和工程设施运行效率下降、寿命缩短等问题，带来巨大的经济损失，甚至造成严重的事故[1-3]。近壁面空化泡的研究对于工程应用有着重要的意义，目前关于空蚀现象的研究大多将问题简化为平直边界附近空化泡的动力学特性研究[4-5]，忽略了壁面的表面形貌对空化泡的影响。但是在对于水轮机中的实践观察发现，水轮机的过流部件会出现不平整表面如焊缝、接缝、刮痕等等。而当过流部件表面存在裂纹时，其表面凹陷结构会导致空化特性发生显著变化[6]，因此从微观角度研究凹陷边界对空化泡动力学行为的作用机制有着重要的意义。本研究搭建了激光诱导空化泡实验系统，对平面对称矩形凹槽附近的空化泡动力学行为开展了可视化实验研究。

基金项目：国家自然科学基金(51806051)和中央高校基本科研业务费专项资金(HIT.NSRIF.2019065)

2 实验系统

2.1 高速摄影及其照明系统

实验台原理与实际布置见图 1，主要实验设备有激光器、电脑、高速相机、水槽、透镜组等。两个存在固定时序的 TTL 信号由电脑控制延迟发生器发出，第一个 TTL 信号控制激光器产生脉冲激光，脉冲激光经过分光镜，一部分经过透镜组汇聚并将去离子水击穿，诱导空化泡产生，另一部分被能量计吸收，测量脉冲激光强度；第二个 TTL 信号触发高速相机开关，记录空化泡的动力学行为。

实验采用 Phantom V1212 高速摄像机对近矩形凹槽的空化泡动力学行为进行捕捉，配置 Navitar 显微镜头(zoom6000，6.5X Zoom，12 mm FF)和放大倍率为 2 的倍镜，最终成像系统采用 1.4 的放大倍率和 200000 帧/s 的帧率，控制曝光时间为 1 μs，高速摄像机的空间分辨率为 20 μm，拍摄视野为(5.12 × 2.24) mm^2（256 × 112 像素）。实验照明光源采用荣峰高亮无频闪 LED 冷光源，以逆光方式为空化泡以及凹槽边界布光，在照射物体的表面实现高且均匀的照度。

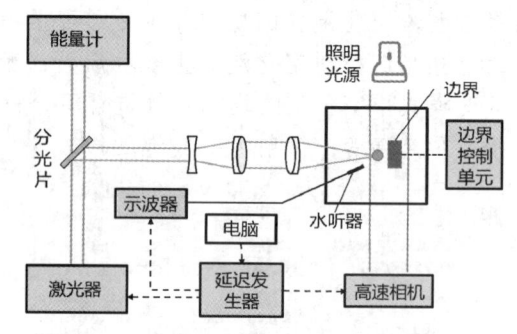

（a）实验台示意图

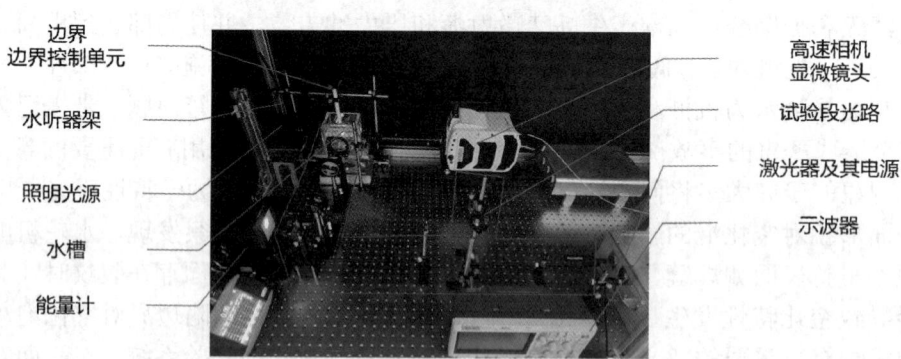

（b）实验台实物图

图 1 实验台布置

2.2 空化泡生成系统

空化泡通过灯泵脉冲发生器（DRLP-532-500-10）产生，激光脉冲波长为(532 ± 3) nm，单个脉冲能量上限为 500 mJ，脉冲宽度为 10 ns，脉冲能量可在 1%~99%之间调节。激光脉冲先通过光阑缩减光束直径至 2 mm，然后通过焦距 $f = -40$ mm 的双面凹透镜和焦距 $f = 200$ mm 的凸透镜进行扩束至 10 mm，再由焦距 $f = 50$ mm 的凸透镜会聚到水槽中，击穿去离子水并产生空化泡。

2.3 边界制作及控制单元

实验采用有机玻璃制作矩形凹槽，有着良好的透光性和硬度。通过机械加工的方式，在尺寸为 5mm×10mm×20mm 的有机玻璃长方体上加工出深度为 5 mm 的凹槽，凹槽模型示意图见图 2(a)，凹槽及其承载平台实物见图 2(b)所示。实验通过多轴控制平台来控制凹槽在三个方向的平移，调整凹槽边界位置使其位于高速相机画面中，同时改变 $f = 50$ mm 的凸透镜的轴向位置控制空化泡与边界之间的距离，进行不同无量纲距离下的空化泡动力学行为实验。

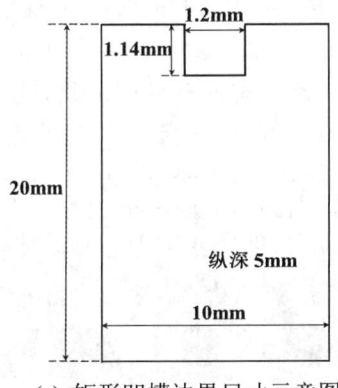
(a) 矩形凹槽边界尺寸示意图

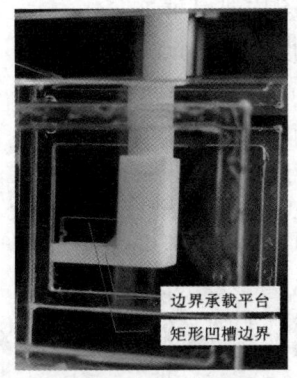
(b) 边界及其承载平台

图 2 矩形凹槽布置

3 实验结果与分析

3.1 水中弹性边界附近空化泡动力学

图 3 给出了矩形凹槽附近空化泡的实验示意模型。矩形凹槽的高 H 为 1.14 mm，空化泡中心位于矩形凹槽中心线上，空化泡中心初始位置与凹槽之间的距离为 d_1，矩形凹槽的宽度 s 为 1.2 mm。

为了研究空化泡尺寸和空化泡与凹槽之间距离对空化泡动力学行为的影响，此处定义两个无量纲参数 γ 和 R_j，I_{max} 为空化泡生长到最大时空化泡壁面距矩形凹槽最远点与空化泡初生位置之间的距离，无量纲参数 γ 定义为空化泡中心初始位置到凹槽表面的距离 d_1

与 I_{max} 的比值，无量纲参数 R_j 定义为 I_{max} 与矩形凹槽深度 H 的比值：

$$\gamma = \frac{d_1}{I_{max}} \quad (1)$$

$$R_j = \frac{I_{max}}{H} \quad (2)$$

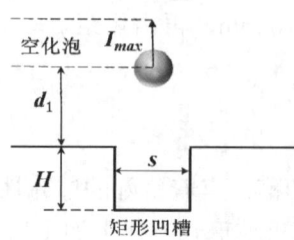

图 3 矩形凹槽附近空化泡实验示意模型

根据对不同空化泡尺寸和空化泡与凹槽之间距离下的空化泡形态演变模式进行分类，发现矩形凹槽附近空化泡形态演变模式可分为 4 种，图 4 至图 7 给出了 4 种不同演变模式的全过程，每组图片都记录了空化泡演变的前两个周期，其中子图之间的时间间隔为 10 μs，画幅长、宽分别为 5.12 mm、2.24 mm。

图 4 给出了 $R_j = 0.44$，$\gamma = 2.48$ 下矩形凹槽附近空化泡形态演变过程，此时空化泡位置距离凹槽表面较远，空化泡的形态变化属于演变模式 1。可以观察到，空化泡在第一个周期阶段受到矩形凹槽边界的影响有限，在生长和溃灭阶段都近乎球形；而在第二个周期的生长阶段产生了朝向凹槽边界的射流，此时空化泡以较高的速度向凹槽边界发生迁移，空化在第二个周期的溃灭阶段空化泡形成了"元宝"的形状，如图 4 的 162.5 μs 时刻所示。

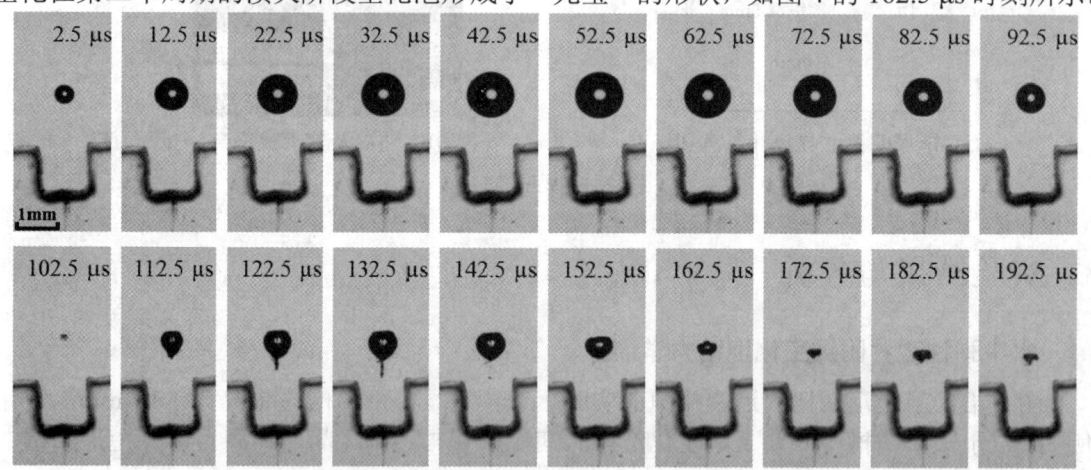

图 4 矩形凹槽附近空化泡形态演变模式 1（$R_j = 0.44$，$\gamma = 2.48$）

图 5 给出了 $R_j = 0.31$，$\gamma = 0.36$ 下矩形凹槽附近空化泡形态演变过程，此时空化泡的形态变化属于演变模式 2。从图中可以观察到，在第一个周期的生长阶段，空化泡近似呈

现球形，而在第一个周期的溃灭阶段，空化泡受到 Bjerknes 力的作用，远离凹槽的空化泡壁面迅速向凹槽内收缩，形成强微射流，在溃灭后期空化泡变得扁平，靠近凹槽边界的空化泡壁面被微射流击穿。在第二个周期，凹槽的存在使射流得到充分的发展，带动空化泡迅速朝向凹槽底部迁移，第二个周期溃灭后期，射流前端与原空化泡脱离，空化泡发生分裂，双空化泡同时朝向凹槽底面移动，如图 5 的 172.5 μs 时刻所示，并最终在凹槽底部溃灭，如图 5 的 192.5 μs 时刻所示。

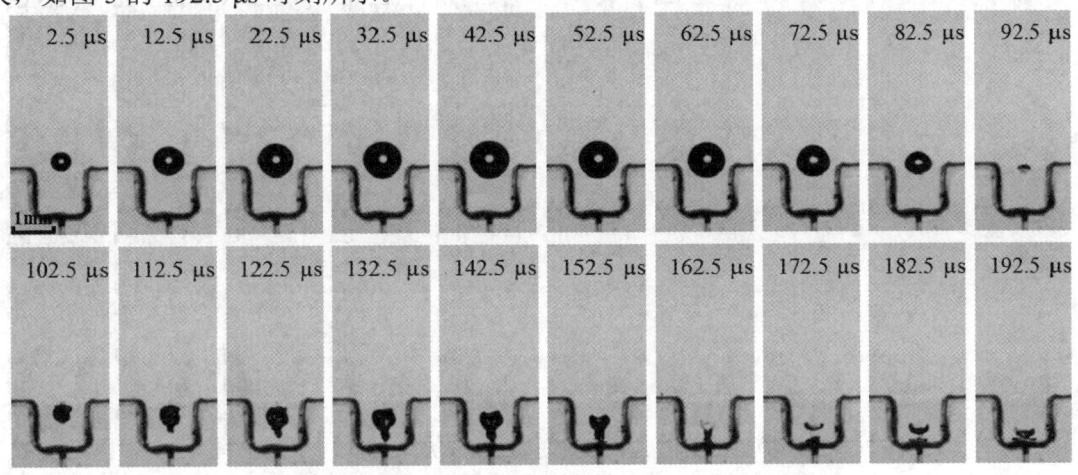

图 5 矩形凹槽附近空化泡形态演变模式 2 （ $R_j = 0.31$ ， $\gamma = 0.36$ ）

图 6 给出了 $R_j = 0.43$ ， $\gamma = -1.43$ 下矩形凹槽附近空化泡形态演变过程，此时空化泡的形态变化属于演变模式 3。空化泡在第一个周期的生长阶段与矩形凹槽边界底面发生接触，在凹槽壁面的挤压下，靠近边界处的空化泡壁面变得平整，接着远离边界的空化泡壁朝向凹槽底部收缩，空化泡逐渐形成"月牙"的形状。在第二个周期空化泡的生长和溃灭紧贴凹槽底部进行，在溃灭阶段空化泡发生分裂，分别向矩形凹槽两侧的壁面迁移，在凹槽底部夹角处溃散。

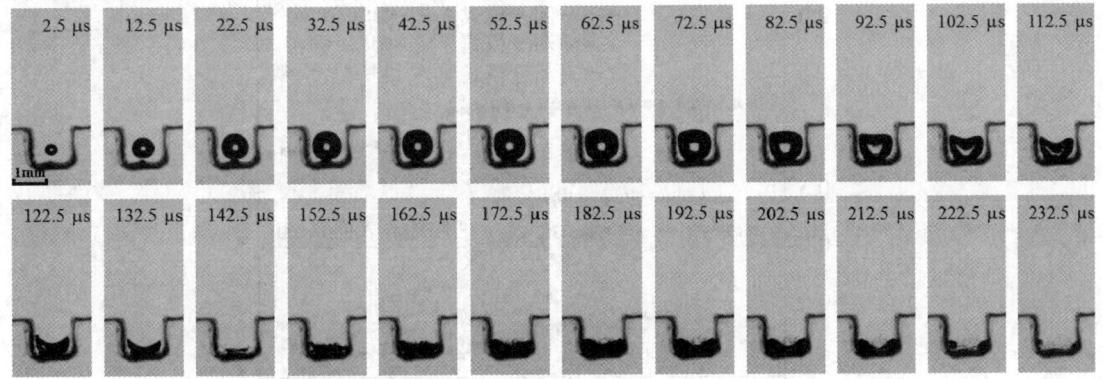

图 6 矩形凹槽附近空化泡形态演变模式 3 （ $R_j = 0.43$ ， $\gamma = -1.43$ ）

图 7 则给出了 $R_j = 0.44$ ， $\gamma = -1.74$ 下矩形凹槽附近空化泡形态演变过程，此时空化泡产生位置在矩形凹槽底部附近，空化泡形态变化属于演变模式 4。初始时刻空化泡与矩形

凹槽底部发生接触，生长时空化泡受到凹槽壁面的严重挤压，空化泡整体呈半球形生长。在溃灭阶段，远离矩形凹槽底部的空化泡壁面朝向凹槽底部移动，空化泡形态逐渐形成矩形，在中心处的空化泡壁面移动速度超过周围空化泡壁面移动速度的情况下，空化泡在第一个周期的后期从中间割裂。而第二个周期时双空化泡的生长和溃灭都在凹槽的两侧壁面进行。

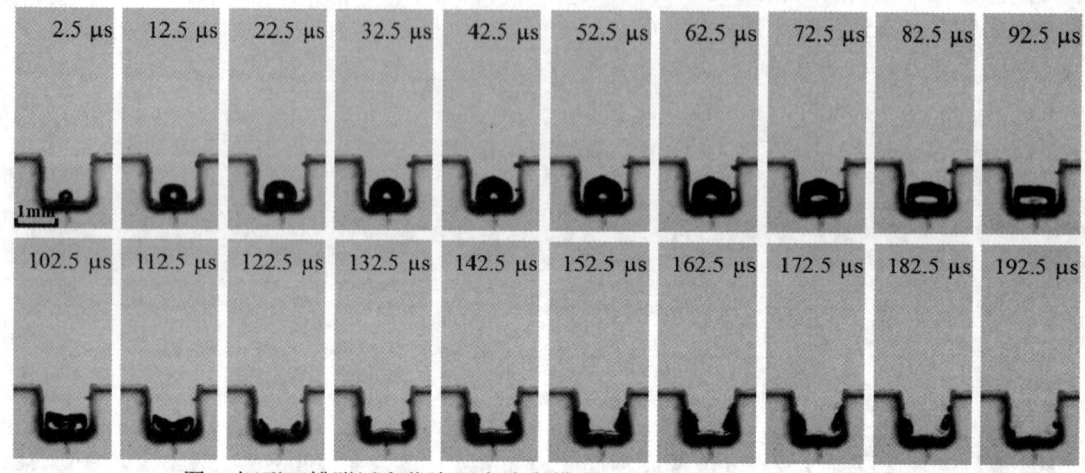

图 7 矩形凹槽附近空化泡形态演变模式 4（$R_j = 0.44$，$\gamma = -1.74$）

图 8 给出了前文所述 4 种演变模式下空化泡形心与凹陷外部平直表面之间的距离 d 随无量纲时间 τ 的变化规律。其中无量纲时间 τ 定义为：

$$\tau = t/T \tag{3}$$

式中，t 为时间，T 为空化泡的实际振荡周期。图 8 中 $d = 0$ 的直线代表了凹陷外部平直边界所处位置，d 大于 0 表示空化泡形心位于凹陷之外，d 小于 0 则表示位于凹陷内部。

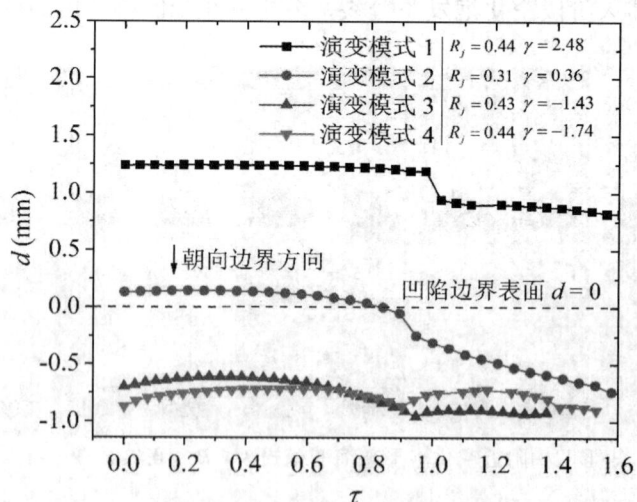

图 8 矩形凹槽附近不同空化泡演变模式下空化泡形心运动轨迹

通过比较演变模式 1 和模式 2 的空化泡形心运动轨迹可以发现，在空化泡距离凹陷边界较近的情况下，空化泡形心会以更大的速度朝向壁面移动；在空化泡溃灭形成射流的时候，形心会发生一次较大的跃迁；而空化泡第二周期时由于距离凹槽更近，空化泡形心的迁移速度会普遍大于第一个周期的迁移速度。而观察演变模式 3 和模式 4 可以发现，空化泡在生长阶段会受到边界的挤压，空化泡形心远离边界移动，而在溃灭阶段又朝向凹槽底部移动，空化泡整体在底部附近反复振荡。

4 结论

本研究对平面对称矩形凹槽附近的空化泡动力学行为开展了可视化实验研究，发现了空化泡在矩形凹槽附近展现了不同于平直边界附近空化泡的全新的动力学行为演变模式。其中不同演变模式的动力学行为特征为：①演变模式 1 中空化泡在第一个周期的生长和溃灭阶段都近乎球形，而在第二个周期的生长阶段产生了朝向凹槽底部的弱射流，溃灭阶段空化泡形成了"元宝"形态；②演变模式 2 下空化泡形成了朝向凹槽底部的强射流，射流击穿空化泡后，空化泡分裂形成双空化泡；③演变模式 3 下在第一个周期远离凹槽的空化泡壁面向内部凹陷，形成"月牙"的形状，在第二个周期时整个空化泡紧贴凹槽底部振荡并发生分裂；④演变模式 4 下空化泡受到凹槽壁面的限制而呈半球形生长，在第一个周期溃灭阶段空化泡便从中间分裂形成两个子气泡，并分别朝向凹槽两侧壁面移动。

当空化泡产生于凹槽外部时，空化泡形心在其溃灭形成射流时发生跃迁，第二个周期空化泡形心的迁移速度大于第一个周期的迁移速度，并且在空化泡距离凹陷边界较近的情况下，其形心更快地朝向壁面移动；当空化泡产生于凹槽内部时，在生长阶段其形心远离边界移动，而在溃灭阶段又朝向凹槽底部移动，空化泡整体在凹槽底部附近振荡。

参考文献

1　薛伟, 陈昭运. 空蚀破坏的微观过程研究 [J]. 机械工程材料, 2005, 29(2): 59-62.
2　Xu R, Rui Z, Cui Y, et al. The collapse and rebound of gas-vapor cavity on metal surface [J]. Optik-International Journal for Light and Electron Optics, 2009, 120(3): 115-120.
3　Song W D. Laser-induced cavitation bubbles for cleaning of solid surfaces [J]. Journal of Applied Physics, 2004, 95(6): 2952-2956.
4　Naude C F, Ellis A T. On the mechanism of cavitation damage by non-hemispherical cavities collapsing in contact with a solid boundary [J]. Journal of Fluids Engineering, 1961, 83(4): 648-656.
5　Benjamin T B, Ellis A T. The collapse of cavitation bubbles and the pressures thereby produced against solid boundaries [J]. Philosophical Transactions of The Royal Society B Biological Sciences, 1966, 260(1110): 221-240.
6　金泰来. 空化与空蚀研究的现状与动向 [J]. 水力发电, 1982(1): 38-44.

Experimental study on dynamic behaviors of cavitation bubbles near a rectangular groove

ZENG Qing-feng[1], ZENG Tian-bao[1], HUANG Yong-hao[1], HE Zhi-bo[1], ZHENG Zhi-ying[1,2]*, WANG Lu[3], LI Hui[2]

(1. School of Energy Science and Engineering, Harbin Institute of Technology, Harbin 150001,
Email: zhengzhy@hit.edu.cn;
2. School of Civil Engineering, Harbin Institute of Technology, Harbin 150090;
3. College of Aerospace and Civil Engineering, Harbin Engineering University, Harbin 150001)

Abstract: Dynamic behaviors of cavitation bubbles near a rectangular groove were studied by visualization experiments. An experiment system utilizing laser-induced cavitation bubble was established, and the evolutions of cavitation bubbles of different sizes at different distances between the bubbles and groove were obtained. Dimensionless parameters were taken as the variables to distinguish the different dynamic behaviors of cavitation bubbles. The results show that the cavitation bubbles near the rectangular groove exhibit new dynamic behaviors, which are different from those of the cavitation bubbles near a flat rigid boundary. The rectangular groove has a strong influence on the bubble growth and collapse, and jet and splitting behaviors. Finally, the migrations of the bubbles with different dynamics behaviors are analyzed.

Key words: Cavitation bubble; Groove; Bubble evolution; Micro-jet; Bubble migration.

循环水槽扩散段设计及流场数值评估研究

翟树成 [1,2*]，彭晓星 [1,2]，樊晓冰 [1,2]，洪方文 [1,2]

（1. 中国船舶科学研究中心 船舶振动噪声重点实验室，无锡 214082；
2. 深海技术科学太湖实验室，无锡 214082, Email: zhaicat@yeah.net）

摘要：本研究针对循环水槽扩散段开展了结构扩展角参数设计，采用 CFD 方法评估分析了其流动分离风险，并给出了建议设计值。此外，还通过填角的方式削弱了扩散段横截面内的回流，提高了扩散段内部流场的均匀性。本研究及评估方法可为循环水槽的结构设计提供技术参考。

关键词：循环水槽；扩散段；填角；CFD

1 引言

循环水槽作为一种重要的试验设施，已成为水动力学研究的重要手段[1]，在拖曳水池中，受限于设备空间、观测时间和位置等，较难跟随船体进行螺旋桨空泡等现象的观测，而循环水槽则很好地克服了这一缺点[2]。

现代循环水槽的设计主要依赖与试验数据和经验公式，随着计算流体力学（CFD）的发展，CFD 技术也在循环水槽的设计中得到应用，如 Kazuyoshi 在日本的新一代循环水槽 FNS 中对轴流泵上下游的流场进行了评估，以控制泵和槽体扩张段的干扰，降低噪声，并指导泵的选型[3]。他们还对水槽的试验段进行了设计，对收缩段的线性进行了参数选取，在试验段获得了较低的湍流度[4]。李金成等采用数值模拟的方法评估了风洞循环水槽的流动品质，在扩张段中安装了分隔板，有效抑制了其流动分离，并显著的提高了试验段的流场均匀性[5]。P.A. Brandner 等设计了可以控制水中气泡特征的循环水槽，包含了气泡注入系统和气泡分离系统，同时还可控制试验段一侧壁面的边界层，此水槽具有低噪音背景特征及低振动水平[6]。

由于循环水槽设施投资较大，且作为一种精密的实验设备，其设计要求较高，除需要保证试验段流场的稳定均匀及较低的湍流度外，还需要满足低噪声低振动的要求。因此对各个部件的设计需要细致考虑。本研究主要采用 CFD 方法研究了循环水槽扩散段曲线设计，评估了不同扩张角带来的流动分离风险，并采用填角处理的方法降低了扩散段横断面角涡的流动，提高了扩散段的流场均匀性。这有利于提高下游弯头导叶的入流均匀性，降低其发生空泡的风险。

2 数值模拟方法简介

雷诺平均后的不可压缩黏性流的基本方程如下：

$$\frac{\partial u_i}{\partial x_i}=0 \tag{1}$$

$$\rho\frac{\partial u_i}{\partial t}+\rho u_j\frac{\partial u_i}{\partial x_j}=-\frac{\partial p}{\partial x_i}+\frac{\partial}{\partial x_j}\left(\mu\frac{\partial u_i}{\partial x_j}-\rho\overline{u_i'u_j'}\right) \tag{2}$$

式中，u_i 为平均速度分量（$u_1=u, u_2=v, u_3=w$），ρ 为流体质量密度，p 为平均压力，μ 为流体分子黏性系数，$-\rho\overline{u_i'u_j'}$ 为雷诺应力项。式(1)和式(2)即为所谓的雷诺平均 Navier-Stokes（Reynolds Averaged Navier-Stokes，RANS）方程。

为了使雷诺平均后的控制方程封闭，必须对雷诺应力项进行模化。长期以来，人们提出了各式各样的湍流模式来对雷诺应力项进行模化，本研究采用了 SST $k-\omega$ 模式，此模型经过人们的大量研究，比较适合于水动力模拟。

3 循环水槽过渡段-扩散段评估

过渡段位于试验段与主扩散段之间，起到连接试验段与扩散段的作用，过渡段采用五次曲线，主扩散段采用直壁形式与过渡段相切过渡，上水平段的示意图及各部分结构示意图见图1，主要参数见表1。

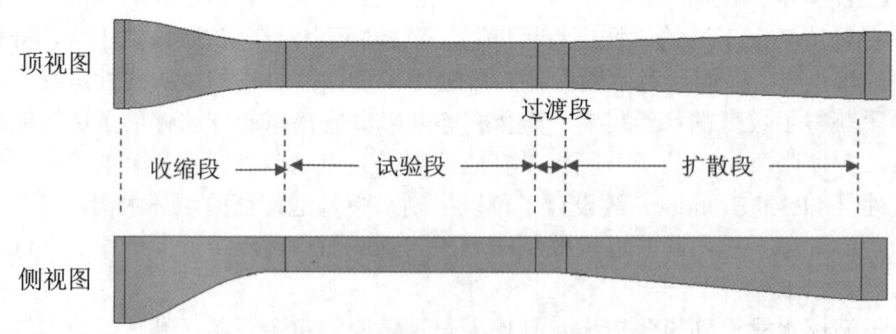

图 1 收缩段-试验段-过渡扩散段三维图

表 1 主要参数

名称	过渡扩散段
扩散比	2.704
过渡段长度	2.5m
出口面积	5300 mm(宽)×5000 mm(高)
入口面积	3500 mm(宽)×2800 mm(高)

3.1 过渡段-扩散曲线设计

试验段与扩散段的衔接部分为过渡段，其下壁面采用五次曲线形式，如下式：

$$Y = C_3 X^3 + C_4 X^4 + C_5 X^5 \qquad (3)$$

其中方程系数满足进口曲率连续、出口曲率连续。由于过渡段主要作用为扩散流体，降低水速，因此希望在过渡段曲线变化时切角单调增加，即由入口切角为 0，出口与直壁段相切时的切角最大。五次曲线拐点位置若在曲线内则有 a1<a2>a3，在拐点处切角最大，不利于过渡段平滑过渡，因此这就要求在五次扩散曲线中不存在拐点，保持曲线的凹凸性不变，即 a1<a2<a3(图 2)，通过以上条件的约束，分别计算获得五次曲线的系数。

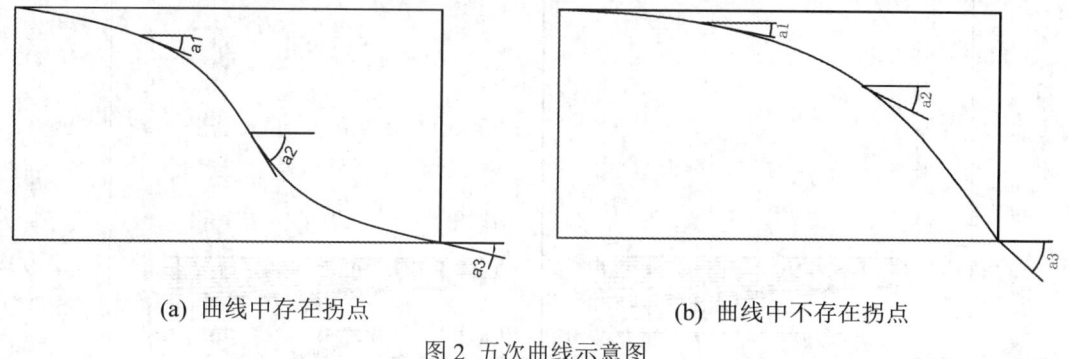

(a) 曲线中存在拐点   (b) 曲线中不存在拐点

图 2 五次曲线示意图

扩散段下壁面扩散角较侧壁扩散角大，因此流动分离危险点主要出现在下壁扩散面上。表 2 给出了过渡扩散段设计参数，此时给出了过渡扩散段 29 m 时的设计参数。

表 2 扩散过渡段设计参数

名称	下壁扩散	侧壁扩散	名称	下壁扩散	侧壁扩散
过渡扩散段总长（mm）	29000		C_3	0.055	0.210
过渡段长度（m）		2.5	C_4	2.403	2.131
扩散幅度（m）	0.080	0.033	C_5	-1.458	-1.341
扩散角 a_z, a_y（°）	4.573	1.873	拐点系数	-0.001	-0.047

扩散段下壁面扩散角较侧壁扩散角大，因此流动分离危险点主要出现在下壁扩散面上。从图3可以看出，扩散长度27 m、28 m时，下扩散面均出现了流动分离现象，直至扩散长度29 m时，流动分离现象消失。流动分离会使流动发生严重紊乱，同时还会产生振动等不利因素，水槽设计时应该避免。从图3可以看出27 m，28 m方案流线稍有弯曲，29 m、30 m方案无明显回流，流线较顺滑，因此扩散段长度为29 m时能够满足设计要求。

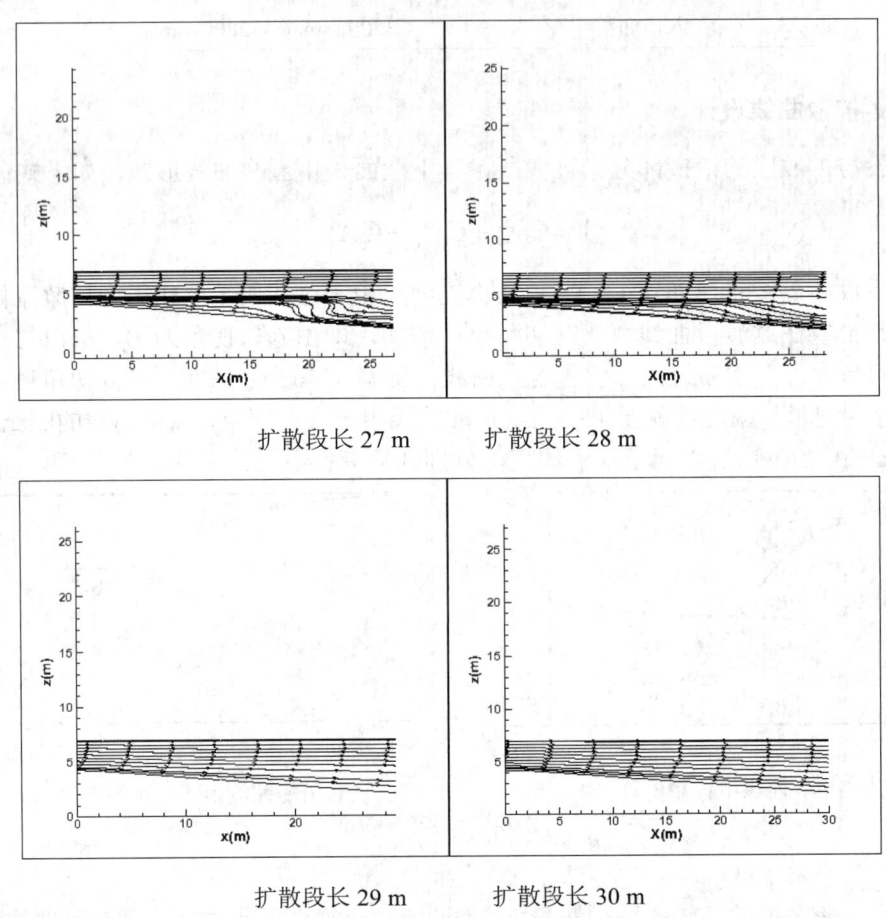

扩散段长 27 m　　　扩散段长 28 m

扩散段长 29 m　　　扩散段长 30 m

图 3　中纵剖面流线

3.2 试验段放置船模型

循环水槽实验过程中需要在试验段安装船模，模型的放入是否增加对扩散段流动分离风险需要评估。此处选取了某水面船模型，总长9.6 m，型宽1.3 m，研究了两个放置位置，①模型靠后，即模型桨盘面距离试验段出口3.5 m；②模型靠前，即桨盘面距离试验段出口8.3 m(图4)。图5为扩散段流线图，通过仿真研究可以判定，放置模型后，扩散段的下壁面并无流动分离风险。

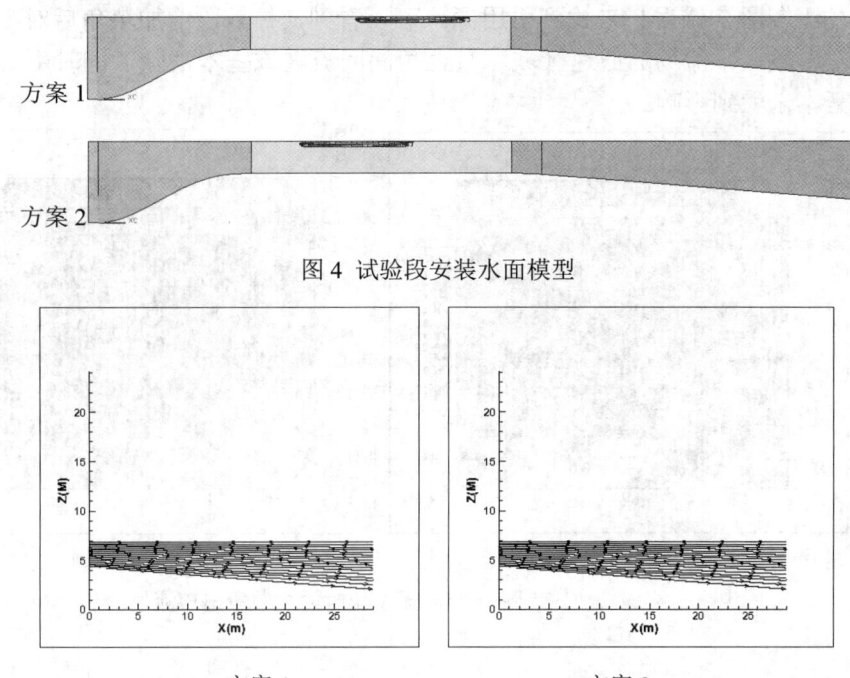

图 4 试验段安装水面模型

方案 1　　　　　　　　　　方案 2

图 5 试验段有水面模型时，扩散段中纵剖面流线

3.3 扩散段增加填角

扩散段横截面采用直角结构，在直角处存在一个角涡低速流动区域，直角涡的存在降低的流动均匀性品质，同时也增加了扩散段的流动分离风险。此外，由于泵前流场的主要流动特征是由上游扩散段引起的，因此可以通过扩散段增加填角来改善入流品质。为了考虑填角的流顺性，需要从上水平段开始增加填角，并最终过渡至竖直段圆柱体。在扩散段增加变尺寸的填角，即在出口时的填角尺寸为 0.5 m×0.5 m，入口的填角尺寸为 0.2 m×0.2 m (图 6)。

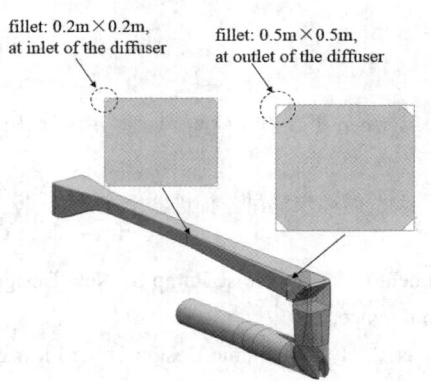

图 6 扩散段有填角时的三维模型

通过比较图 7 错误！未找到引用源。可以看到，扩散段增加填角后对上下底角的低速回流区改善较大，流场的低速区域，甚至角涡回流区域基本消除，同时中心区域的均匀流场区域基本未受到影响。

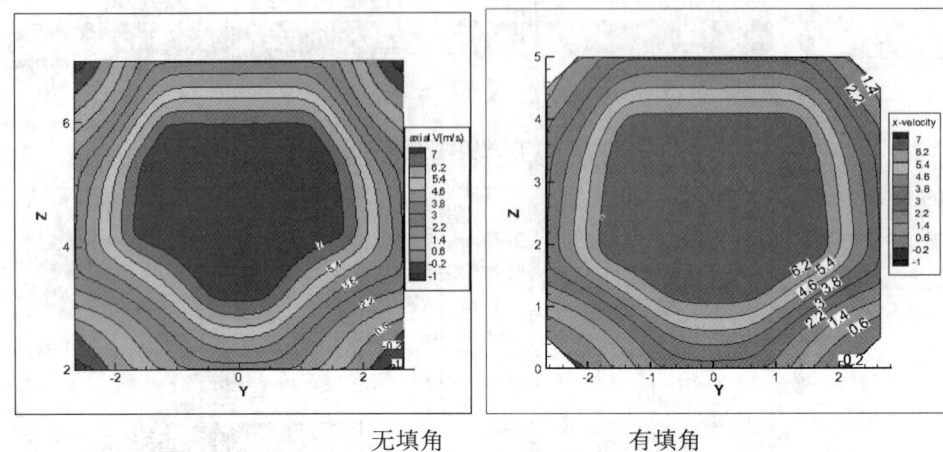

　　　　无填角　　　　　　　　　　　　　有填角
图 7 有、无填角时的扩散段出口流场

4　结论

本研究采用数值模拟方法开展了循环水槽扩散段设计及流场评估，通过规律性分析，评估了设计参数的优劣，为循环水槽的设计提供了技术支撑，通过本研究可以获得以下几点结论：①扩散段长度适当增加可消除下壁面的流动分离，但同时下壁面扩散角也需要匹配设计；②试验段不同位置放置试验模型时，扩散段无流动分离；③通过增加填角，可以改善扩散段流场品质，提高其速度均匀性。

参考文献

1　曾赛, 杜选民, 范威, 等. 对转桨和单桨空泡水筒噪声测量对比试验研究 [J]. 船舶力学, 2018, 22(7): 896-907.
2　黄红波, 吴颖昕, 王建芳, 等. 大型循环水槽吊舱推进器空泡性能试验研究 [J]. 船舶力学, 2017, 21(4): 396-406.
3　Miyagawa K, Sato R. Development of a Low Noise Pump by New Design Concept [C]. ASME/JSME Joint Fluids Summer Engineering Conference, 2003.
4　Mori T, Komatsu Y, Kaneko H, et al. Hydrodynamic Design of the Flow Noise Simulator [C]. ASME/JSME 2003 4th Joint Fluids Summer Engineering Conference, 2003.

5 李金成, 陈作钢, 代燚. CFD在风洞循环水槽设计中的应用 [J]. 水动力学研究与进展A辑, 2012, 27(2): 216-223.

6 Brandner P, Lecoffre Y, Walker G. Design considerations in the development of a modern cavitation tunnel [C]. 16th Australasian Fluid Mechanics Conference (AFMC), Gold Coast, Australia, 2007.

The design and fluid field simulation of tunnel-circulating water channel

ZHAI Shu-cheng[1,2*], PENG Xiao-xing[1,2], FAN Xiao-bing[1,2], HONG Fang-wen[1,2]

(1. China Ship Scientific Research Center, Key Laboratory of Ship Vibration and Noise, Wuxi 214082;
2. Taihu Laboratory of Deep Sea Technological Science, Wuxi 214082, Email: zhaicat@yeah.net)

Abstract: In this paper, the structural diffuse angle parameters are designed for the diffuser section of circulating channel, and the flow separation risk is evaluated and analyzed by CFD method, and the recommended design value is given. In addition, the backflow in the cross-section of the diffuser section is weakened by filling the Angle, and the uniformity of the flow field in the diffuser section is improved. The research and evaluation method in this paper can provide technical reference for the structural design of circulating channel.

Key words: Circulating water channel; Diffuser; Fillet; CFD.

多环境因素下网衣水动力特性试验研究

范亚丽 [1,2*], 匡晓峰 [1,2], 辜坚 [1,2], 赵战华 [1,2]

(1. 中国船舶科学研究中心水动力学重点实验室, 无锡 214082;
2. 深海技术科学太湖实验室, 无锡 214082)

摘要：网衣是海洋渔业养殖装备中的重要组成部分，作为一种复杂的柔性结构物，在海洋环境作用下呈现特殊的受力特性，目前评估网衣水动力特性的技术手段有两种，即数值分析和模型试验。为探索网衣水动力载荷特性，同时也为数值分析方法提供验证数据，基于设计研制的网衣受力测试装置和建立的网衣水动力载荷测量方法，开展了网衣水动力模型试验研究。通过对试验结果的统计分析，获得了水流、规则波以及波流联合等不同影响因素下的网衣水动力载荷，分析了不同环境要素、入射角度、雷诺数、波高及周期等因素对网衣水动力载荷的影响规律，同时初步探索了网衣对周围流场的干扰特性。

关键词：网衣；水动力；载荷；模型试验

1 引言

海洋渔业发展已从捕捞转向养殖，随着近岸养殖蓬勃发展，近岸环境已经到达承载极限，深海养殖成为必然趋势。深水网箱和新型智能化养殖平台是深海养殖的重要装备(图 1)，网衣是此类装备的重要组成部分。作为非常复杂的柔性结构，网衣在海洋环境作用下呈现十分特殊的运动和水动力特性，并且其受力特性与装备总体性能密切相关，因此开展网衣水动力性能研究具有重要意义。

（a）深海网箱　　　　　　（b）新型智能化养殖平台

图 1 典型深海养殖装备

目前,研究网衣水动力性能的技术手段主要有数值分析和模型试验,国内外学者基于两种研究手段开展了大量的研究工作。模型试验方面:詹杰民等[1]根据渔网水动力试验数据分析了网衣密实度、网形状以及流向对网衣阻力的影响。Dong[2]对规则波中的网衣开展了水槽试验研究,分析波陡、网衣密实度、网线材料等对波浪载荷的影响;Lader等[3]开展了波浪作用下三种不同密实度的网帘水动力特性的实验研究。数值分析研究中应用较多的是有限元法和集中质量法,Tsukrov等[4-5]基于网衣受力经验公式,结合有限元法建立网片在波浪和水流环境负荷下的水动力响应模型,之后通过改进修正,可分析网衣的受力与变形。李玉成等[6]、赵云鹏等[7]采用集中质量法分析了水流、波浪条件下的网衣水动力性能。陈天华等[8]、桂福坤等[9]基于集中质量法并通过网目群分方式,研究了不同环境条件下的网衣的水动力特性。但在数值分析中,最关键的还是关于阻力系数的选取,而该系数的确定还需要通过和试验结果比较来选定。因此,开展模型试验是分析网衣水动力特性最为直接和有效的手段。

为探索网衣水动力载荷特性,同时也为数值分析方法提供验证数据,本研究采用模型试验方法,开展目标网衣水动力载荷测试,并基于试验结果分析入射角度、雷诺数、波高、周期等因素对网衣水动力载荷的影响规律。

2 试验方法与内容

2.1 试验设备

试验在波浪水槽开展,水槽长40m,宽0.8m,最大深1m,可以造波和造流,最大波高0.35m,最大流速约0.4m/s(水深0.8m时)。

2.2 试验对象

目标网为矩形网目无结网,网线直径为3mm,目脚长度为23.5mm,网衣密实度为0.360。

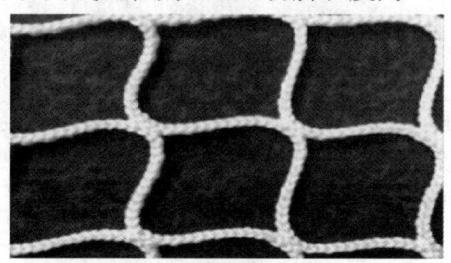

图2 网衣模型照片

2.3 试验方法

网衣在水流或波浪作用下,会产生复杂变形,不便于受力测量,日本学者提出用框架固定网衣,试验中分别测试框架与网衣系统的整体受力和同等输入条件下的单独框架受力,两者相减得到网衣所受水动力载荷,该方法也是目前普遍采用的。本文中沿用该方法,为此，综合考虑试验设备和测试方法的基础上，专门设计了受力测试装置。

测试装置包括框架结构、六维测力天平和固定基础。框架包括两个竖向圆柱形支撑杆、上端天平安装基座以及两个横向流线型加强杆，框架结构通过测力天平与固定基础相连。两侧圆杆和横向加强杆上预留网眼，用于网衣固定安装。

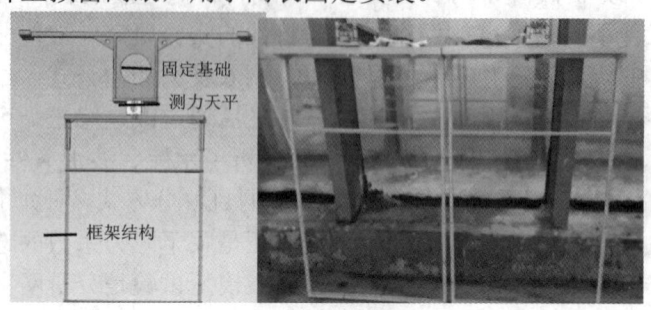

图 3 网衣受力测试装置

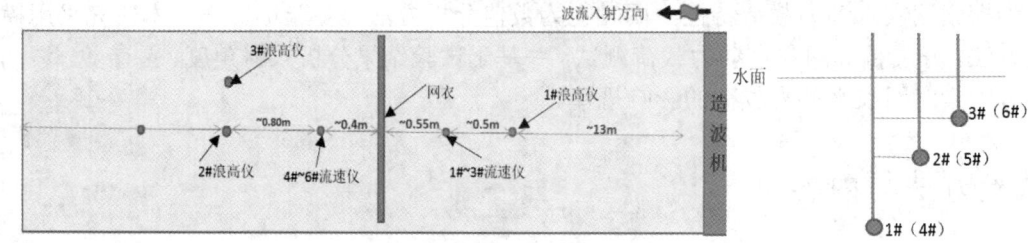

图 4 试验区域及流速仪布置示意图

网衣模型布置在水槽流场稳定区域，两侧距池壁均为10cm，上端距水面9cm，下端距水底10cm，网衣前后分别布置了浪高仪和流速仪，用于监测入射波高、流速(1#~3#流速仪)，以及网后波高、流速(4#~6#流速仪)。

2.4 试验内容

试验环境条件包括单纯流、单纯规则波和波流联合作用。为分析雷诺数影响，设置了0.1m/s、0.2m/s 和 0.3m/s 三个流速，对应雷诺数分别为 300、600 和 900；为分析波高、周期对网衣水动力载荷的影响，设置了80mm 和 130mm 两个波高，每个波高包括1.2s、1.4s、1.8s 和 2.0s 四个周期；另外试验设置了 0°、30° 和 60° 三个波、流入射角度(网衣法向与入射方向的夹角)，以分析入射角度对水动力载荷的影响。

3 试验结果及分析

3.1 单纯流作用下的试验结果及分析

单纯流作用下的试验，数据分析是以流速相对稳定段作为基础，无网框架载荷时历结果为 $f(t)$，框架网衣系统载荷时历为 $F_t(t)$，由两者相减就得到网衣受力时历曲线

$F_w(t)=F_t(t)-f(t)$，再进行统计分析，得到流作用下网衣水动力载荷均值 $\overline{F_w}=\dfrac{1}{N}\sum_{n=1}^{N}F_w(n)$。需要说明的是，试验中测试获得了网衣法向载荷和侧向载荷，但整体分析发现侧向载荷相对于法向载荷较小，这里将重点介绍法向载荷情况。

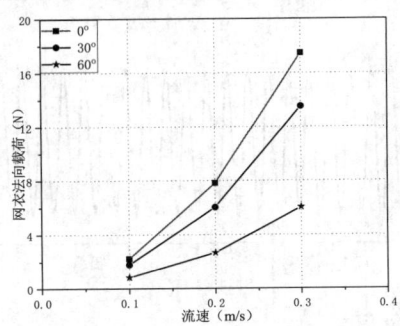

图 5 流作用下网衣法向载荷

图 5 为流作用网衣受力特性，显而易见，网衣法向载荷与流速和流向角有密切关系，且呈现随流速（雷诺数）增大而增大，随流向角增大而减小的趋势。将各流向角下的法向力与 0º 流向相比，比值结果见表 1，法向载荷随流向角减小的趋势显而易见，不难推测，当流向角增大到一定程度时，网衣法向载荷甚至可以忽略。

表 1 不同流向角下法向载荷与 0º 结果的比值

流速/m·s^{-1}	0/º	30/º	60/º
0.1	1.000	0.798	0.372
0.2	1.000	0.771	0.341
0.3	1.000	0.774	0.346

对网衣前后的流速进行了监测(图 6)，网前流速与标定流速均相差不大，网后流速具有明显的衰减效应，平均衰减约 20%。

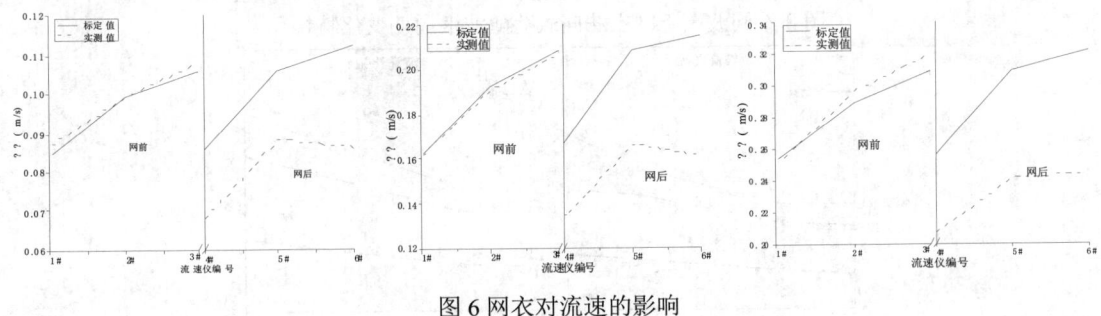

图 6 网衣对流速的影响

3.2 单纯规则波试验结果及分析

依据 3.1 小节介绍的方法，能够获得规则波试验下网衣法向载荷时历数据，典型结果见图 7，显示网衣法向载荷呈现周期变化特性且与波面变化同步，波峰位置时水质点速度最大，对应的水动力载荷也达到最大值，波谷位置时水质点速度最小，对应的水动力载荷也最小。

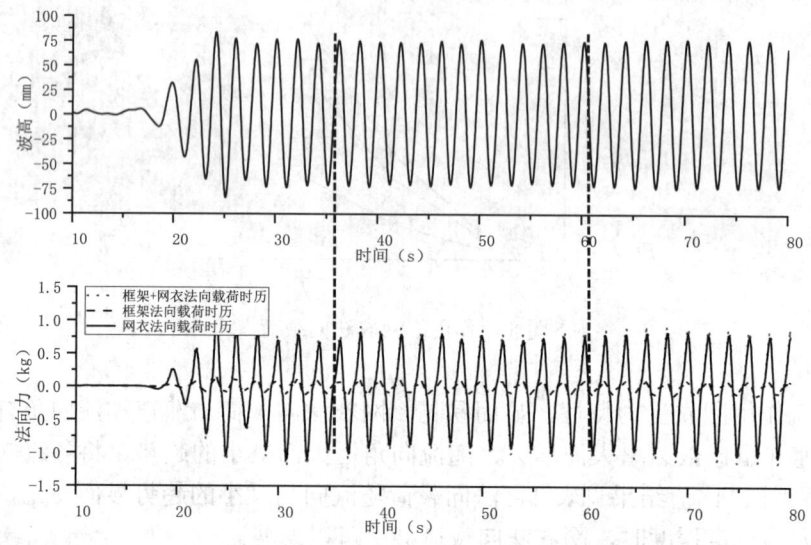

图 7 规则波试验网衣法向载荷时历曲线示例

选取时历曲线中较为平稳的一段进行统计分析，得到网衣载荷双幅值(图 8 和图 9)。

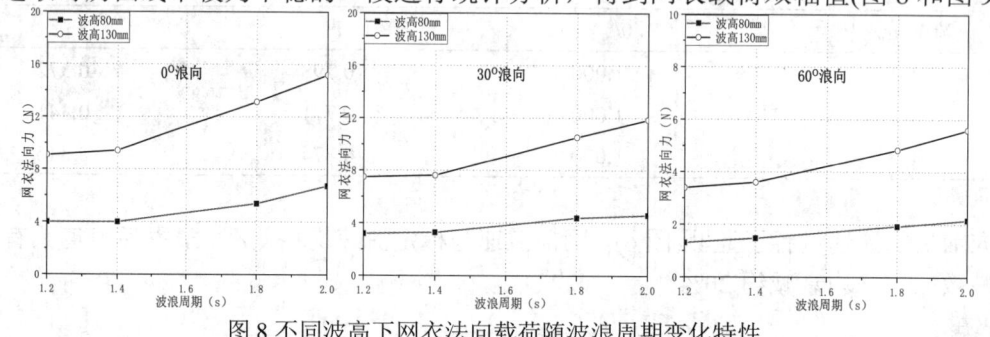

图 8 不同波高下网衣法向载荷随波浪周期变化特性

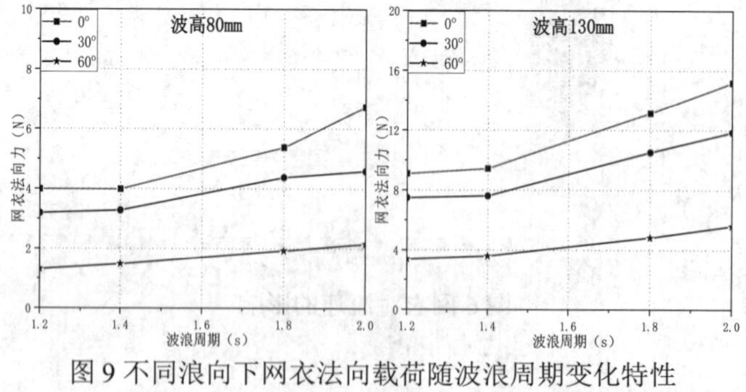

图 9 不同浪向下网衣法向载荷随波浪周期变化特性

图 8 和图 9 中给出的是不同波高下网衣法向载荷随波浪周期变化特性,从图 8 和图 9 中可以看出,网衣法向载荷随波高增大而显著增大;对于同一波高,随波浪周期增大而增大。图中给出的是不同浪向下网衣法向载荷随波浪周期变化特性,同样可以看出网衣受力随波浪周期增大而增大;对于同一波高,反而随浪向角增大而减小。

综上,在规则波试验中,波高、周期、浪向是影响网衣水动力载荷的主要因素。

3.3 波流联合试验结果及分析

波流联合试验数据分析方法与规则波试验相同,试验结果同样以载荷双幅值的形式表达,得到的网衣法向载荷同样呈现与波面同步的周期性变化规律。

网衣载荷与波高、流速、浪/流向的关系见图 10 和图 11,分析可知,流速和波高对网衣法向载荷有显著影响,随着流速和波高的增大而增大;波浪周期对法向载荷也有影响,基本是随波浪周期增大而增大,但在 0.3m/s 流速下,波浪周期 2.0s 的载荷幅值有降低趋势,分析发现该流速时,在保持造波设置不变的情况下实测波高要低于标定结果,波高降低直接导致载荷减小,换言之,该周期下的输入波高要低于其他试验周期,导致其结果偏小;浪/流向的改变的会对网衣载荷产生较大影响,入射角度变大时,网衣受力面积减小,导致载荷出现减小趋势。

综上,对于波流耦合试验,流速、波高、周期、浪/流入射角度都是影响网衣载荷的主要因素。

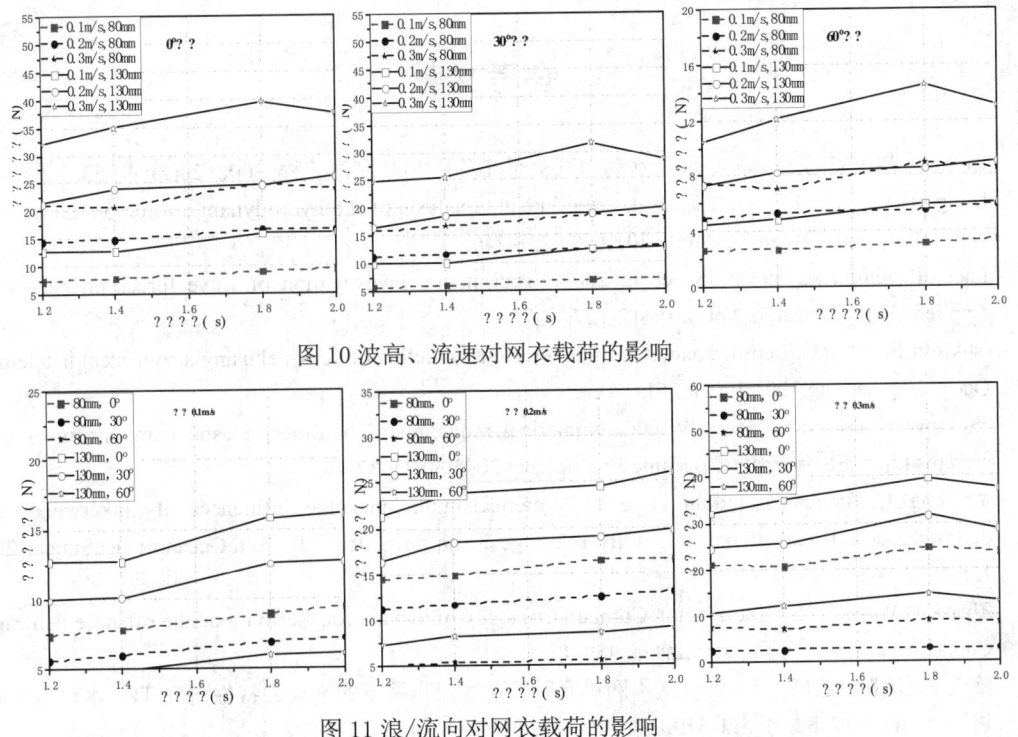

图 10 波高、流速对网衣载荷的影响

图 11 浪/流向对网衣载荷的影响

4 结论

基于研发设计的网衣载荷测试装置和建立的试验方法、数据分析方法，在波浪水槽开展了网衣水动力试验，获得了丰富的试验数据，探索了网衣水动力载荷影响因素，也为数值分析提供了丰富的验证数据，极大助力了相关方法的发展和完善。

主要结论如下：①雷诺数、波高、周期、浪/流入射角度等因素，均是影响网衣水动力载荷的主要因素。②网衣载荷的随上述影响因素的变化规律如下，随雷诺数、波高、周期增大而增大，随浪/流入射角增大而减小。③在规则波和波流联合试验中，网衣载荷时历呈现与波面同步的周期性变化规律。④网衣对周围流场也存在显著影响，将导致网后流速出现明显的衰减效应，试验网衣(密实度 0.36)条件，流速衰减约 20%。

本研究主要分析了网衣水动力载荷的主要影响因素，并给出了定性的变化规律，对研究网衣载荷特性和验证数值分析方法具有重要作用。下一步，将基于现阶段的结果，分析获得阻力系数 C_d 和惯性力系数 C_m，为数值计算参数选取提供更可靠的依据，并通过补充试验样本信息，获得更丰富的网衣载荷数据，努力探索各影响因素与网衣水动力载荷间的定量关系，最终给出可靠性较高的网衣水动力载荷估算公式。

参考文献

1. 詹杰民, 胡由展, 赵陶, 等. 渔网水动力试验研究及分析[J]. 海洋工程, 2002: 20(2): 49-53.
2. Dong G H, Tang M F, Xu T J, et al. Experimental analysis of the hydrodynamic force on the net panel in wave[J]. Applied Ocean Research, 2019, 87: 233-246.
3. Lader P, Jensen A, Sveen JK, et al. 2007 Experimental investigation of wave forces on net structures. Applied Ocean Research. Vol.(29):112-127.
4. TsukrovI, EroshkinO, Fredrikssond, etal. Finite element modeling of netpanel using a consistent netelement [J]. Ocean Engineering, 2003, 30(2): 251-270.
5. TsukrovI, Eroshkin O, Paul W, etal. Numerical modeling of nonlinear elastic components of mooring systems [J]. IEEE Journal of Oceanic Engineering, 2005, 30(1): 37-46.
6. YuchengLI, YunpengZ, Fukun G, etal. Numericalsimulation ofthe influences of sinkerweight on the deformation and load of net of gravity sea cage in uniform flow [J]. ActaOceanologicaSinica, 2006(3): 125-137.
7. ZhaoY P, Wang X X, DecewJ, etal. Comparative study of two approachesto modelthe offshore fish cages [J]. China Ocean Engineering, 2015, 29(3): 459-472.
8. 陈天华, 潘昀, 孟昂, 等. 桩柱式围网单元网片在水流作用下的水动力特性研究 [J]. 水动力学研究与进展(A辑), 2017, 32(4): 511-519.
9. 桂福坤, 陈天华, 赵云鹏, 等. 固定方式对桩柱式围网网片波浪力学特性影响研究 [J]. 大连理工大学学报, 2017, 57(3): 285-292.

Experimental study on hydrodynamic characteristics of fishing net under multiple environmental factors

FAN Ya-li[1,2*], KUANG Xiao-feng[1,2], GU Jian[1,2], ZHAO Zhan-hua[1,2]

(1. China Ship Scientific Research Center, Wuxi 214082, China;
2. Taihu Laboratory of Deepsea Technological Science, Wuxi 214082, China)

Abstract: Fishing net is an important part of aquaculture equipment. As a complex flexible structure, it presents special characteristics under the action of marine environment. At present, numerical analysis and model testcan used to evaluate the hydrodynamic characteristics of fishing net. In order to explore the hydrodynamic load characteristics of fishing net and provide verification data for numerical calculate methods, the hydrodynamic model test of fishing net was carried out and the hydrodynamic loads of the net under different influencing factors such as current, regular wave and wave combinationwith currentwere obtained. Based on the test results, the influence rules of different environmental factors, incident angle, Reynolds number, wave height and period on the hydrodynamic loads of the net were analyzed. Also the interference of the net on the surrounding flow field was preliminarily explored in the paper.

Key words: Fishing net; Hydrodynamic; Load; Model test.

中长周期波作用下防波堤施工推填断面稳定性试验研究

关博文 [1,2]，马玉祥 [1,2*]，赵刘群 [3]，马小舟 [1,2]

(1. 大连理工大学 海岸和近海工程国家重点实验室，大连 116024, Email: yuxma@dlut.edu.cn;
2. 大连理工大学 港航与海洋工程学院，大连 116024;
3. 中交四航局第二工程有限公司，广州 510230)

摘要：在防波堤施工过程中，推填施工断面常常直接暴露在波浪作用下，在恶劣海况下经常出现断面失稳脱落，块石坍塌，防波堤里程倒退等情况。而在"一带一路"沿线项目中的海况以中长周期波为主。在这种情况下，如果施工期波高大，可对防波堤施工断面产生严重的破坏，造成大量堤心石损失，从而影响施工进度。本研究基于国内外规范设计了以 15~300 kg 堤心石为主的推填断面，然而在试验中发现，在中长周期波浪作用下，断面出现块石失稳坍塌，断面回退等现象。为解决这一问题，提出了一种新的防波堤断面块石级配并改进了施工期间块石与堆放策略，并进行了试验验证。结果表明，通过改变断面块石级配以及在断面施工时同时铺设垫层块石与护面块体可以有效避免堤心石失稳脱落情况的发生。

关键词：中长周期波；防波堤施工；物理模型试验

1 引言

随着"一带一路"倡议的深化和推进，各沿线国家与我国的经济文化交流日益增多。同时，各个沿线国家由于有着强烈的发展内生动力，对于港口码头等基础设施建设的需求与日俱增。而中国企业有非常丰富的水运工程建设经验，去"一带一路"沿线国家进行工程建设，有利于我国水运工程建设施工企业在国际竞争中实现快速发展。"21 世纪海上丝绸之路"跨越了南美、东盟、南亚、西亚、北非、欧洲等各大地区，国家分布范围广，海区的自然条件与国内存在很多差异[1]，在多个码头工程的防波堤建设过程中，经常遇到周期长、波能大的恶劣建港条件尤其在南美洲太平洋东岸、印度洋北部、非洲东海岸等海域常年受到中长周期涌浪等恶劣水文条件的影响，且无浪天数很少，给防波堤的施工带来了极大的困难。

在水运工程领域，一般认为波周期在 10 s 以下的为短周期波，周期在 10~30 s 之间的称为中长周期波，30 s 以上为长周期波[2]。国内沿海港口所在海域一般为短周期波环境，而更多的海外工程所面临中长周期波浪的挑战[3]。中长周期波浪有周期长、流速快等特点，如果波高过大，可对防波堤施工断面产生严重的破坏。在"一带一路"涉外已建成的项目过程中，出现了多起施工期间防波堤受到当地中长周期波浪影响而破坏的案例。例如我国承建的印度尼西亚某电厂防波堤工程，项目长期收到平均波高 1 m 以上，谱峰周期在 6~20.6 s 的印度洋中长长周期波浪影响，在施工期间防波堤出现大面积损坏，工程损失巨大[4]。中国公司承建的非洲西北部毛里塔尼亚防波堤工程，近岸的最大波高、周期分别达 4 m 以上和 20 s 以上，施工过程中遭遇波浪冲击，使得施工阶段的防波堤整体发生破坏[1]。掌握中长周期波对防波堤施工期的破坏形态非常重要。

本研究依托秘鲁某码头防波堤工程，利用物理模型试验对设计推填施工断面进行稳定性测试，并根据试验结果和结合现场施工能力提出了相应改进措施，并进行了试验验证。

2 工程概况

拟建工程位于秘鲁中部的钱凯湾，地处南太平洋东岸海域，秘鲁西临太平洋，近岸没有大陆架，水下普遍地形陡峭，波能不能消散，远海的波浪会直接传播至近岸区域[5]。工程项目位置长年受到 12~18 s 的中长周期波作用，并且有效波高较高，70%的波浪有效波高集中在在 1.5~2.5 m。常浪向集中在 SW 和 SSW 方向。如

图 1 所示，试验施工断面位于泊位 2 东侧的主防波堤上。试验段防波堤中轴线与强浪向成近 90°夹角，施工断面直接受到波浪袭击。并且该海域波浪具有周期长、有效波高较高、波浪能量较大的特点，通过物理试验，测定波浪对施工断面稳定性的影响是十分必要的，可以为相关工程项目的开展提供参考和依据。

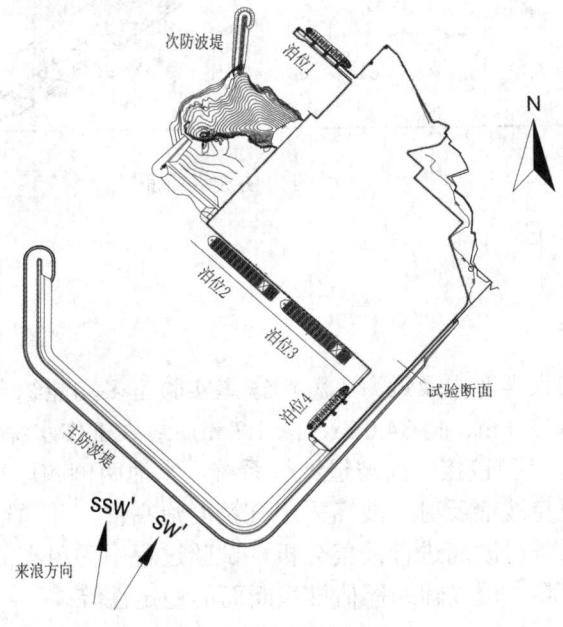

图 1 码头平面布置

2.1 试验波浪要素

根据数模计算结果,施工期波要素见表 1

表 1 施工波要素

施工水位	$H_{1\%}$/m	$H_{5\%}$/m	$H_{13\%}$/m	T_p/s
+0.5 m	2.76	2.58	2.02	14.98

2.2 原设计断面

设计防波堤原断面见图 2。断面底高程-6.5 m,顶高程 9.81 m,斜坡坡度 1:1.5。迎浪侧从底部到+9.6 m 范围内均铺设 10 吨级扭王字块,扭王字块下方垫层由 900~2 700 kg 铺设而成,厚度为 1 760 mm;防波堤顶有钢筋混凝土胸墙;港池侧从-2.00~6.62 m 范围,在堤心石上方铺设 500~1 000 kg 垫层块石。

施工阶段先利用开底驳进行抛填作业,堤心石到高程为-4 m 的位置,再从陆地推填作业形成梯形的推填断面,再在断面上依次铺设垫层块石和护面块体。

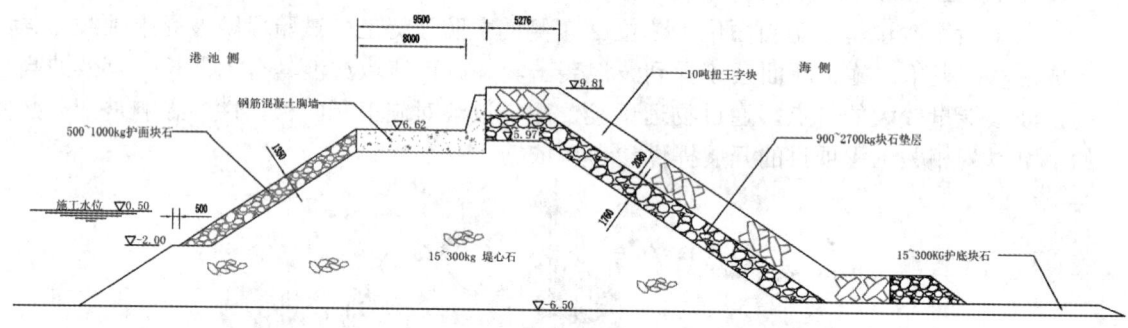

图 2 防波堤断面

3 模型试验设计

3.1 模型布置与制作

试验在大连理工大学海岸及近海工程国家重实验室多功能综合水池中进行,试验布置见图 3。试验水池长 55.0 m、宽 34.0 m、深 1.3 m,最大工作水深 0.9 m。水池前端配备由本实验室研制生产的 U 型铰接多向波造波机系统,水池两侧和尾端安装海绵网消能装置,可有效吸收波能,避免波浪反射。波高采用高精度浪高仪,并通过配套的高精度数字式波浪试验测试和分析系统对波高进行采集分析。试验过程中采用高清数字摄像系统拍摄每组试验前后的照片和视频,用以辅助评估推填断面的稳定性等。

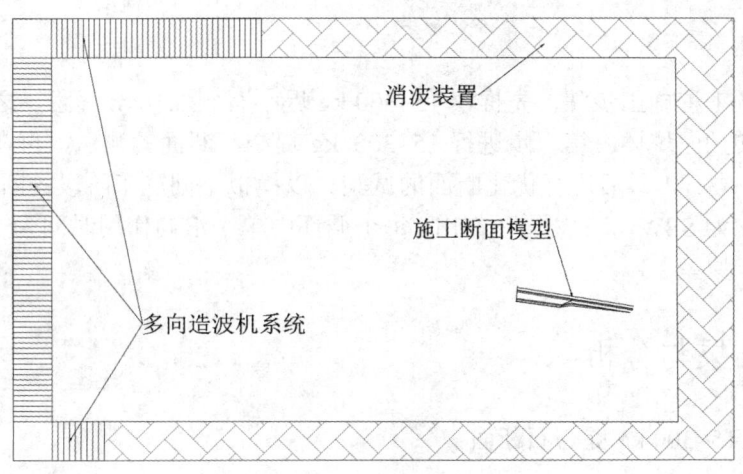

图 3 试验平面布置

采用正态模型，综合考虑试验内容、水池尺寸、工程结构尺寸，三维物理模型试验比尺采用 1:40。模型中各种块石按重力比尺挑选，粒径配比符合 CIRIA 海工岩石规范《The Rock manual》[6]的相关规定。

3.2 波浪模拟

模拟的波浪频谱采用合田改进的 JONSWAP 谱，如式(1)至式(3)所示：

$$S(f) = \beta_J H_{1/3}^2 T_{1/3}^{-4} f^{-5} \exp\left[-1.25(T_P f)^{-4}\right] \cdot \gamma^{\exp\left[-(T_P f-1)^2/2\sigma^2\right]} \tag{1}$$

$$\beta_J \approx \frac{0.06238}{0.230 + 0.0336\gamma - 0.185(1.9+\gamma)^{-1}} \times [1.094 - 0.01915\ln\gamma] \tag{2}$$

$$T_p \approx \frac{T_{H1/3}}{1.0 - 0.132(\gamma+0.2)^{-0.559}} \quad \sigma = \begin{cases} 0.07 & f \leq f_P \\ 0.09 & f > f_P \end{cases} \tag{3}$$

式中，$H_{1/3}$ 为有效波高，$T_{H1/3}$ 为有效周期，T_p 为谱峰值周期，f_p 为谱峰值频率，谱峰升高因子 γ 依据海域情况取 1.0。

试验采用的波浪参数见表 2

表 2 试验波浪参数

波浪谱	原型有效波高 $H_{13\%}$/m	模型谱峰周期 T_p/s	模型有效波高 $H_{13\%}$/m	模型谱峰周期 T_p/s
JONSWAP 谱	2.76	2.58	2.02	14.98

3.3 试验步骤

根据现场工程施工步骤，先推填 15~300 kg 堤心石到 6.18 m 高程，之后在堤心石上铺装垫层块石和护面块体。第一步进行 15~300 kg 堤心石断面的测试，再在原有断面上铺设 900~2 700 kg 块石，最后进行优化断面的试验。以模拟不同施工阶段的断面稳定性。

试验浪向为 SSW 和 SW 循环作用，每个循环中单个浪向作用时间为 15 min。波浪作用总时间相当于原型 1 h。

4 试验结果与分析

4.1 断面 1：15~300 kg 堤心石断面

首先对 15~300 kg 堤心石构成的施工断面进行稳定性测试。
根据试验观察，15~300 kg 堤心石的断面在原型一小时波浪作用后，防波堤里程出现了大幅度后退，后退距离为 91 cm，相当于原型 36.4 m，断面出现了明显失稳现象(图 4-b)所示。断面前侧块石失稳坍落到前方，两侧的块石则坍落到防波堤两侧，部分坍落的块石受波浪作用向防波堤两侧以及岸侧运动；断面上部块石向岸侧堆积，在防波堤上部形成了一个凸起，并在水流的作用下向两侧延伸。前部和两侧堆积坍落的块石和向后堆积的块石共同形成了一个扇形的块石带。块石带最宽的部位宽度为 165 cm，相当于原型 66 m，较原断面最大宽度增加了 65%。

 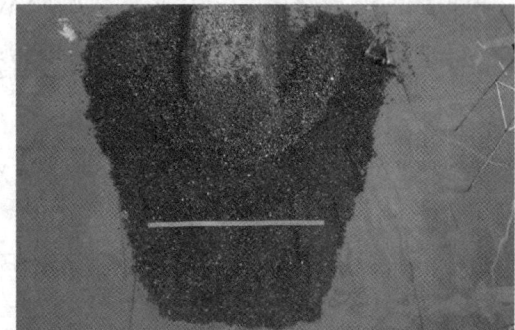

(a) 试验前断面形态　　　　　　　　　　(b) 波浪作用 1 h 后断面形态

图 4 15~300 kg 块石断面试验结果

4.2 断面 2：断面上方铺设 900~2700kg 垫层块石

基于上述现象，在原 15~300kg 堤心石断面上加一层 900~2700kg 的垫层块石，以模拟在垫层块石铺设后对断面稳定性的影响(图 5)。

从图 5 可以看出，断面前部未被垫层块石覆盖位置的堤心石依然在下发生失稳，并坍落在堤身两侧，并在波浪的作用下，形成了扇形的块石带。然而与上个断面试验结果相比，块石带的范围有所减小，块石带最宽部分为 136 cm，相当于原型 54.4 m，较原断面最大宽度增加了 36%。说明坍落块石的数量和范围都有所减少。并且上部有垫层块石覆盖的位置没有出现明显的失稳情况；防波堤里程回退的现象也有一定程度的改善，回退距离为 55 cm，相当于原型 22 m。

可以看出，堤心石推填过后立即铺设垫层块石对增强推填断面稳定性、减少防波堤回退里程是有一定帮助的。

(a) 试验前断面形态　　　　　　　　　(b) 波浪作用 1 h 后断面形态

图 5　铺设 900~2 700 kg 垫层块石试验结果

4.3　断面 3：断面前部铺设 900~2700kg 垫层块石断面

为了保护断面前侧裸露的堤心石，该工况在断面前方铺设了一层 900~2 700 kg 垫层块石(图 6)。

(a) 试验前断面形态　　　　　　　　　(b) 波浪作用 1 h 后断面形态

图 6　断面前部铺设 900~2 700 kg 垫层块石断面试验结果

如图 6(b)所示，在波浪作用 1 h 后，该断面也出现了失稳现象，断面前侧的垫层块石出现坍落，在水流的作用下，断面前侧随着波浪的掏刷逐渐变尖，坡度逐渐变陡。和 15~300 kg 堤心石断面不同的是，上部的垫层块石大部分保持稳定；坍落和冲刷形成的扇形块石带的范围明显减小：块石带最大宽度减小为 120 cm，相当于原型 48 m，较原断面最大宽度增加 20%，垫层块石集中在扇形块石带的外侧，而较小的堤心石集中在块石带内侧；防波堤里程回退的现象依然存在，然而相较于前两种断面形式，防波堤回退里程明显减少，模型回退距离为 35 cm，相当于原型 14 m。可以看出，在断面前部抛填大型块石在一定程度上可以保护前部堤心石免受波浪的冲击导致失稳。

4.4 断面优化

为了保证断面的稳定性，对断面进行了改进，整个断面采用 900~2700kg 块石。断面见图 7。

(a) 试验前断面形态　　　　　　　　　　(b) 波浪作用 1 h 后断面形态

图 7　900~2 700 kg 块石断面试验结果

如图 7(b)所示在波浪作用 1 h 后，断面基本保持稳定，只有极少数块石发生坍落。防波堤里程没有出现回退的现象。因此可以通过增大推填断面块石的级配重量来使断面稳定。

4.5 结果分析及改善措施

试验结果见图 8 和图 9。根据图 8 可以发现，断面 2 与断面 3 的防波堤里程回退情况相较于原始的断面 1 有着明显改善。说明在施工阶段及时堤心石上铺设垫层块石可以一定程度上保护堤心石，减少防波堤里程回退。而利用 900~2 700 kg 块石推填的改善断面，堤头回退变为 0，说明适当增大推填块石的重量也可以防止防波堤里程回退；根据图 9 发现，及时铺设垫层块石或者增大推填块石重量都可以有效地改善块石坍落的现象，减少推填断面的块石损失。

针对本次施工期推填断面稳定性，以及参考相关工程的研究以及技术经验[7-9]，提出了以下改善措施：①在施工期间，应保证堤心石和垫层块石的理坡应同时进行，护面块体应及时铺设，必要时可以在断面处抛填大块石作为断面防护，以减少堤心石和垫层块石单独暴露在波浪下的时间。②在类似水文条件恶劣的中长周期波海况下,可以适当增加推填断面的块石级配重量,以保证施工期间断面的稳定性。

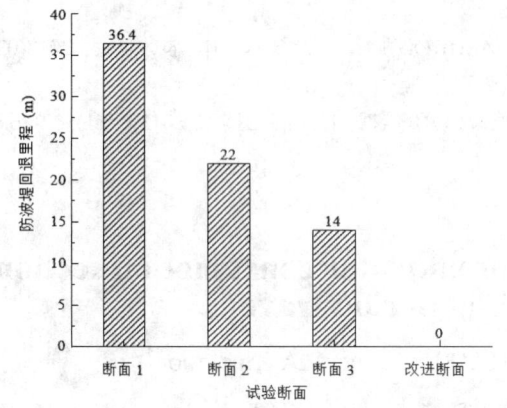
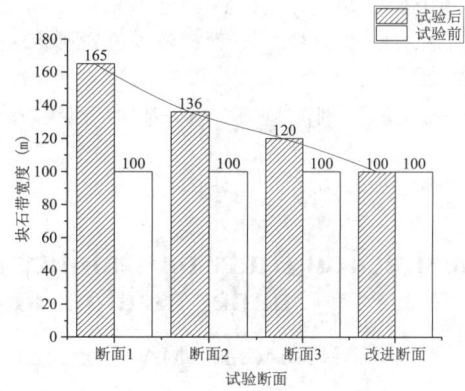

图8 不同断面防波堤回退里程结果　　　　图9 不同断面坍落的块石带宽度结果

5 结论

本研究对中长周期波作用下的施工推填断面的稳定性进行了物理模型试验,通过试验发现了:15~300 kg 堤心石断面,在施工期波浪作用下,断面里程大幅度回退,断面出现明显的失稳现象;在断面上部和断面前方铺设900~2 700 kg 垫层块石后,回退里程和失稳现象有一定改善,但是还是无法满足稳定性要求;而通过改进断面级配,直接采用900~2 700 kg 块石作为推填断面,并未出现堤头回退、块石失稳坍落等现象,满足稳定性需求。根据试验结果提出了几项改进措施,如通过改变断面块石级配以及在断面施工时同时铺设垫层块石与护面块体可以减少堤心石失稳脱落情况的发生。在中长周期波浪控制的海域开展的工程项目,开展防波堤施工期断面稳定性试很有必要的,再次验证了模型试验的在施工优化方面的重要性。

参考文献

1　高梅, 戈龙仔, 彭程. 恶劣水文条件下施工期抛石斜坡堤稳定性研究及改善措施探讨 [J]. 水道港口, 2020, 41(03): 291-295.

2　林朝霞, 姜宁林, 王君辉. 中长周期波作用下防浪墙前波浪力分析 [J]. 中国港湾建设, 2020, 40(05): 7-10+34.

3　黄河, 高峰, 江义, 等. 中长周期波作用下斜坡堤稳定性与堤后次生波试验研究 [J]. 水道港口, 2021, 42(04): 464-470.

4　邓振洲, 冯建国. 印尼某电厂码头防波堤破坏原因分析及修复方案 [J]. 港工技术, 2018, 55(06): 71-74.

5　程伟, 陈中亚. 长周期波作用下港口设计初探 [J]. 中国水运(下半月), 2019, 19(07): 152-153.

6 CIRIA. The Rock Manual - The use of rock in hydraulic engineering [M]. 2007.
7 周加杰，罗春艳，靳克，等. 长周期波作用下斜坡式防波堤稳定性及施工分析 [J]. 中国港湾建设，2013(05): 21-24.
8 滕爱国，熊韬，彭晟，等. 新扩建以色列阿什杜德港(ASHDOD)施工关键技术 [J]. 水运工程，2018(03): 213-220.
9 王美茹，马燕，刘颖辉，等. 境外某电厂码头防波堤破损部分的修复 [J]. 港工技术，2013, 50(1): 32-36.

Experimental study on stability of breakwater construction section under medium and long period wave

GUAN Bo-wen[1,2], MA Yu-xiang[1,2*], ZHAO Liu-qun[3], MA Xiao-zhou[1,2]

(1. State Key Laboratory of Coastal and Offshore Engineering, Dalian University of Technology, Dalian 116023;
2. School of Harbor & Ocean Engineering Dalian University of Technology, Dalian 116023;
3. The Second Engineering Company of CCCC Fourth Harbor Engineering Co., Ltd, Guangzhou 510230,
Email: yuxma@dlut.edu.cn)

Abstract: In the process of breakwater construction, the section of push fill construction is often directly exposed to the action of waves. Under bad sea conditions, the section often loses stability and falls off, the block stone collapses, the mileage of breakwater reverses and so on. However, in the foreign-related projects along the "the Belt and Road", there have been severe sea conditions dominated by medium and long-term periodic waves. In this case, the medium long period wave is tall, long period and fast flow velocity, which can cause serious damage to the breakwater construction section and cause a large number of loss of breakwater core stones, thus affecting the construction progress. Based on the domestic and foreign specifications, this paper designs the push fill section mainly composed of 15 ~ 300kg embankment core stone. However, it is found in the test that under the action of waves during construction, the section appears the phenomena of block rock instability and collapse, section retreat and so on. In order to solve this problem, this paper puts forward a new grading method of breakwater section block stone, improves the block stone and stacking strategy during construction, and carries out experimental verification. The results show that the instability and falling off of the core stone can be reduced by changing the grading of the cross-section block stone and laying the cushion block stone and armour block at the same time during the cross-section construction

Key words: Medium long period wave; Breakwater construction; Physical model test.

卷破波比尺效应的实验研究

台兵，马玉祥*，董国海，张永辉

（大连理工大学 海岸和近海工程国家重点实验室，大连 116023，Email: yuxma@dlut.edu.cn）

摘要： 极端波浪是海洋环境中破坏性最强的荷载因素之一，其在传播过程中往往由于波高极大进而形成卷破波浪，同时可对结构物造成巨大的冲击作用。卷破波演化过程剧烈，且伴随着强烈的气液掺混现象，物理模型试验是研究这一现象的主要方式。然而，物理模型试验研究过程中，不同比尺情况下的卷破波存在着一定的区别。本研究基于重力相似准则在水槽中模拟了三种不同比尺的卷破波浪，进而分析了卷破波的比尺效应。试验结果表明，即使不同比尺浪高仪的测量波面满足比尺相似准则，卷破波的破碎位置和卷曲波面仍然存在着比尺效应。

关键词： 卷破波；比尺效应；物理模型试验

1 引言

波浪是海洋中最主要的荷载因素之一，特别对于极端波浪，其巨大的冲击作用能够对海洋结构物的安全设计及正常运行产生重要的影响。据不完全统计，仅 2006－2018 年世界范围内畸形波导致海洋结构失事及人员伤亡的报道事件高达到 316 起，事故地点广泛分布于沿岸、浅水和深水地区[1-2]。极端波浪波高极大，在传播演化过程中，其持续增长的波峰往往伴随着波浪破碎的发生，其中卷破波的冲击力最大。

卷破波对结构作用十分复杂，不仅包含了复杂的波浪破碎过程，而且还伴随着强烈的砰击过程[3]，给研究工作带来了巨大的挑战。而相比较理论研究和数值研究，物理模型试验研究是研究复杂问题的有利手段，但同时也面临着因模型尺寸缩小而引起的比尺效应问题。如果比尺效应考虑不周全，相关设计参数选取不合理，不仅会对海洋工程的经济性造成影响，甚至会威胁到海洋结构物的安全[4]。特别对于破碎波浪，其比尺效应问题广泛发现于液舱晃荡冲击[5]、平板冲击[6-7]、夹板上浪冲击[8]等多种场景中。然而，目前尚未发现针对卷破波比尺效应的实验研究。因此，本研究即通过物理模型试验方法，在二维水槽中生成多个比尺卷破波，进而对不同比尺卷破波的比尺效应进行研究。

基金项目：国家自然科学基金(51979029)

2 实验设计

2.1 实验装置

本实验在大连理工大学海岸和近海工程国家重点实验室中进行,水槽长 69 m、宽 2 m、深 0.6 m。水槽一端配备液压驱动的不规则造波机;另一端布置网状的消能坡。为便于实验描述,建立参考坐标系,定义波浪传播方向为 x 轴,原点设置在造波板运动的平均位置,具体实验布置见图 1 (a),实验水槽实景见图 1 (b)。实验中选取模型比尺 $S = 1:20$、$S = 1:15$ 和 $S = 1:10$ 三个比尺进行实验,按照重力相似准则,实验水深 h 分别选取为 0.6 m、0.8 m 和 1.2 m。

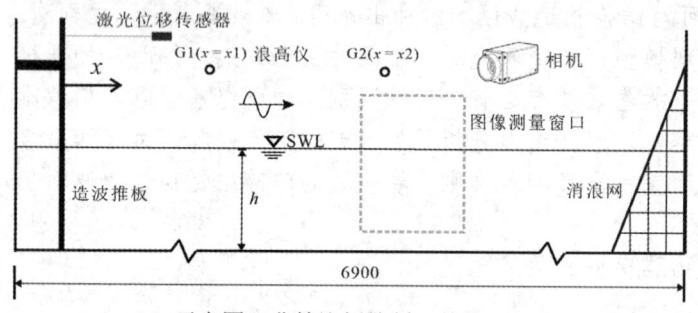

(a) 示意图(非等比例绘制;单位:cm)　　　　(b) 水槽实景

图 1　实验布置

为了对实验系统的外界输入进行监测,实验首先采用激光位移传感器对造波板的运动位移进行了测量。传感器选择为 KEYENCE 生产的 IL-600 型 CMOS 激光位移传感器,测量范围为 200 ~ 1000 mm,测量精度为 50 μm,采样频率设置为 50 Hz。该传感器测量到的信号由江苏东华测试技术股份有限公司生产的 DH5922D 动态信号采集系统进行采集。实验中的波面测量采用 Techno Service 股份有限公司生产的 TWG-600S 波面测量系统,该系统由 A/D 采样板和两个浪高仪组成,测量精度 0.1 cm,采样频率设为 50 Hz。需要注意的是,位于 x_1 位置的 G1 浪高仪用于测量入射波面,而位于 x_2 位置的 G2 浪高仪用于测量波浪破碎前的波面情况,各浪高仪在水槽中的位置如图 1 (a)所示。需要注意的是,在 1:20 比尺下,$x_1 = 7.5$ m、$x_1 = 15$ m,而不同比尺情况下的 x_1 和 x_2 满足重力相似准则。另外,考虑到卷破波具有强烈的时空演化特性,为了对不同比尺卷破波的局部演化进行测量,本实验采用一台 GoPro HERO10 相机对卷破波演化进行测量,采用帧数设置为 240 fps。

2.2 卷破波及不同比尺卷破波的生成

在实验水槽中,卷破波的试验生成技术目前较为成熟,一般可通过风、流、地形等与波浪相互作用形成卷破波;而在无外界因素作用的情况下,卷破波的生成还可利用波浪自身的演化特性形成卷破波，例如色散聚焦、调制不稳定性等。本实验即采用单个波群色散聚焦的方法生成卷破波，其中以 1:20 模型比尺为例，其初始波群为 31 个波陡相等、频率在 0.6~1.2 Hz 上线性分布的规则波线性叠加组成，线性聚焦幅值为 0.15m。图 2 即为入射波浪与线性理论下的理论波浪对比情况，从图 2 中可以看出，无论是时域对比还是频域对比，试验值与理论值吻合较好。为了在 1:15 及 1:10 比尺生成与 1:20 比尺相似程度高的卷破波，本实验采用将不同比尺下的推板位移按照重力相似准换算后进行输入，其中长度比尺为 S、时间比尺为 $S^{1/2}$。不同比尺的推板位移见图 3。

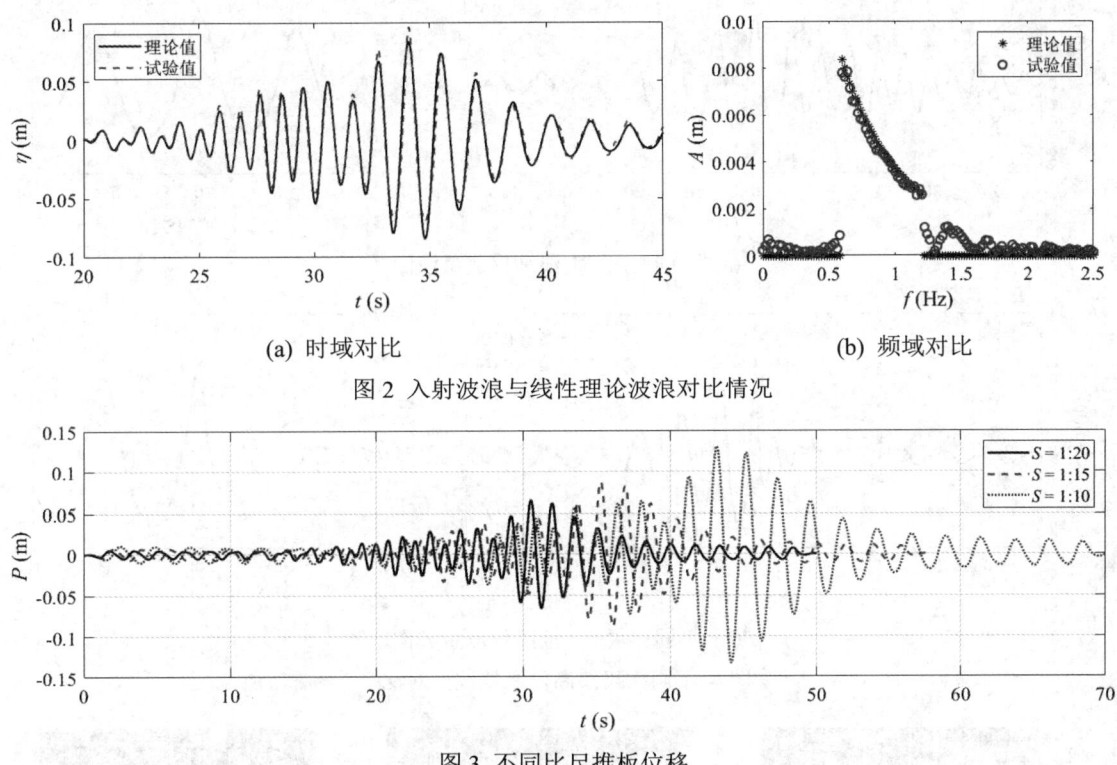

(a) 时域对比　　　　　　　　　　　　(b) 频域对比

图 2 入射波浪与线性理论波浪对比情况

图 3 不同比尺推板位移

3 实验结果与讨论

为比较不同比尺波浪情况，首先将浪高仪测量波面进行对比，对比时按照重力相似准则将波面历时曲线以原型比尺进行展示，对比结果见图 4。图 4 (a)为 G1 浪高仪测量结果，即代表初始入射波浪情况；图 4 (b)为 G2 浪高仪测量结果，此时波浪已演化为极端波浪，测量位置在邻近破碎前的位置。图 4 中结果可以看出，不同比尺下的浪高仪测量波面具有较高的一致性。据计算，G1 浪高仪位置不同比尺最大波面的标准差占其平均值的 0.96%，G2 浪高仪位置不同比尺最大波面的标准差占其平均值的 1.05%。因此，可以得出不同比尺波浪的浪高仪测量波面能够较好地满足重力相似准则。

然而，卷破波波面时空演化剧烈，为进一步对不同比尺情况下的卷破波波面形态进行对比，图 5 给出了不同比尺图像测量波面的对比情况。从图 5 中可以看出，当不同比尺波面在演化至相近的波面卷曲形态时，其在 x 方向出现的位置存在一定的偏移，经计算原型比尺下的偏差距离为 ± 0.56 m。

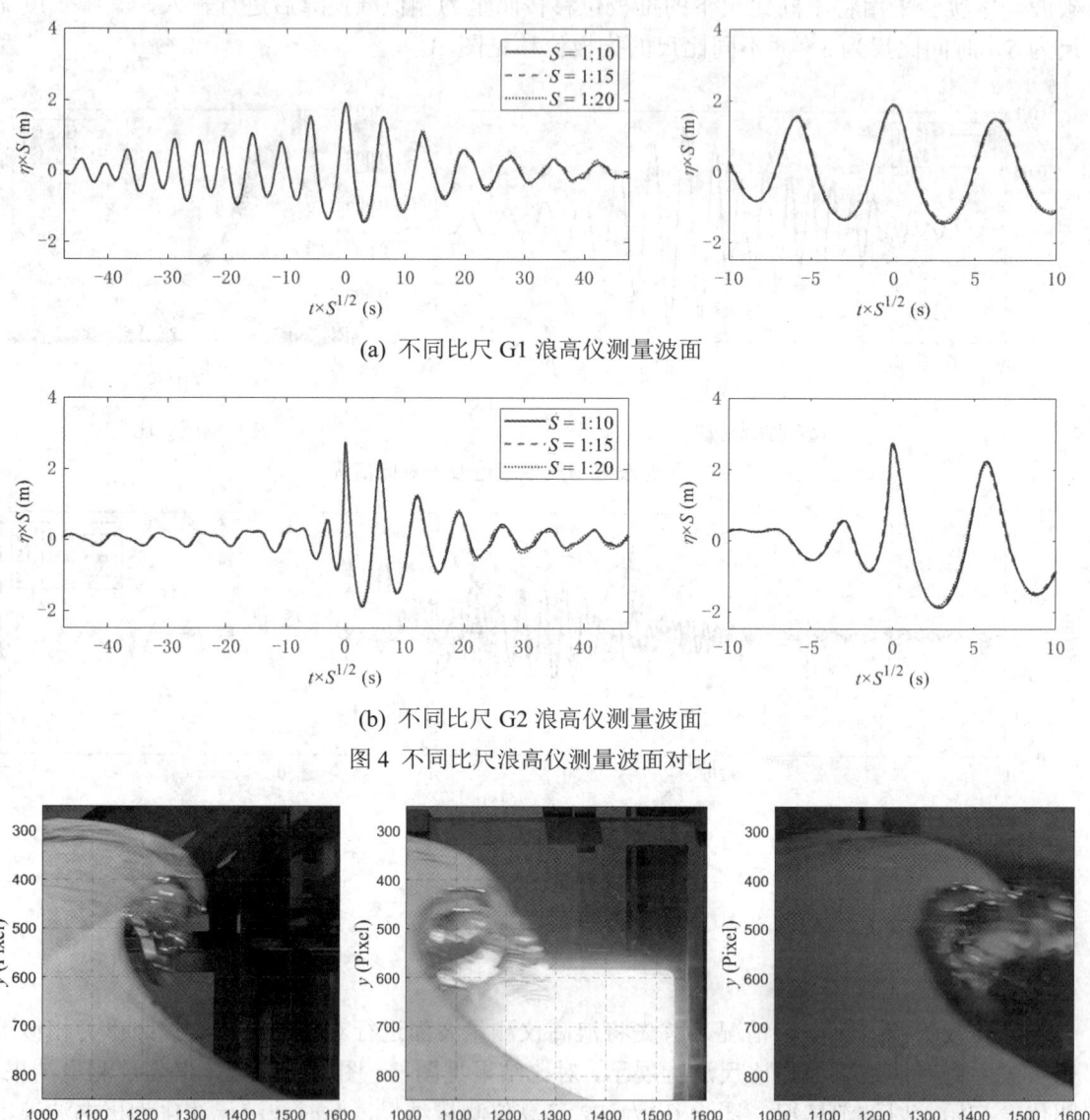

(a) 不同比尺 G1 浪高仪测量波面

(b) 不同比尺 G2 浪高仪测量波面

图 4 不同比尺浪高仪测量波面对比

图 5 不同比尺图像测量波面对比（从左至右分别为 1:10、1:15 及 1:20 模型比尺）

4 结论

本实验首先基于色散聚焦方法在二维实验水槽生成卷破波,随后将造波机推板运动按照重力相似准则生成了三种比尺的卷破波浪,进而对不同比尺卷破波浪的比尺效应进行了研究。实验过程中,分别对波浪的整体波面和局部波面进行了测量,结果表明,由浪高仪测量的整体波面无论是在初始入射时还是临近破碎时,其测量时间序列能够较好地满足重力相似准则;然而,对于通过图像测量的卷破波局部波面,虽然其整体波面演化过程类似,但其破碎位置发生了一定的偏移。

参考文献

1 Nikolkina I, Didenkulova I. Catalogue of rogue waves reported in media in 2006-2010 [J]. Natural Hazards, 2012, 61989-1006.

2 Didenkulova E. Catalogue of rogue waves occurred in the world ocean from 2011 to 2018 reported by mass media sources [J]. Ocean Coastal Manage, 2020, 188105076.

3 Dias F, Ghidaglia J M. Slamming: Recent progress in the evaluation of impact pressures [J]. Annu. Rev. Fluid Mech., 2018, 50(1): 243-273.

4 Heller V. Scale effects in physical hydraulic engineering models [J]. Journal of Hydraulic Research, 2011, 49(3): 293-306.

5 Frihat M, Brosset L, Ghidaglia J M. Experimental study of surface tension effects on sloshing impact loads [C]. In 32th International Workshop on Water Waves and Floating Bodies, 23-26 April, 2017.

6 Kimmoun O, Ratouis A, Brosset L. Sloshing and scaling: Experimental study in a wave canal at two different scales [C]. In Proceedings of the Twentieth (2010) International Offshore and Polar Engineering Conference, June 20-25, 2010.

7 Guilcher P-M, Jus Y, Brosset L. 2d simulations of breaking wave impacts on a flat rigid wall-part 2: Influence of scale [J]. International Journal of Offshore and Polar Engineering, 2020, 30(3): 286-298.

8 Scharnke J. Elementary loading processes and scale effects involved in wave-in-deck type of loading: A summary of the Breakin JIP [C]. In 38th International Conference on Ocean, Offshore and Arctic Engineering, 2019.

Experimental study on scale effects of plunging waves

TAI Bing, MA Yu-xiang*, DONG Guo-hai, ZHANG Yong-hui

(State Key Laboratory of Coastal and Offshore Engineering, Dalian University of Technology, Dalian 116023, Email: yuxma@dlut.edu.cn)

Abstract: Extreme waves is the most destructive factor in the ocean, which could evolve into plunging breaking waves with impacting forces due to its steep wave crest. Plunging breaking waves evolve both in space and time and could have the strong gas-liquid mixing phenomenon, which makes the experiments as the main means of research. However, scale effect in experiments should be considered, especially for breaking waves. Thus, in this study, plunging breaking waves under three different model scales based on the Froude scaling law were conducted in a wave flume, and then their scale effects are analysed. The results showed that wave surfaces measured by wave gauges prior to wave breaking could meet the Froude scaling law well under different model scales, but their breaking positions were in a small variations when wave breaking.

Key words: Plunging waves; Experiment study; Scale effects.

一种准二维的流体实验装置

陈兴，孙姝悦，田新亮*，刘磊

（上海交通大学 海洋工程国家重点实验室，上海 200240, Email: tianxinliang@sjtu.edu.cn）

摘要：本文提出一种新型的准二维流体力学实验装置，用于开展物体与流体间相互作用的实验研究。该装置由一个外缸和一个内缸组成，将内缸从上方嵌入到外缸中。外缸为长方体的玻璃水缸，用于装载流体介质。内缸由两块平行放置的玻璃组成，其间的狭窄通道视作实验槽道。由于内缸实质上是非封闭体，槽道内的流体介质与外缸相通。该种布置方式使得作用在实验槽道两侧的流体静压强相同，有效地避免了槽道大变形，保证槽道在垂直方向上的均匀性。垂直于槽道平面的自由度被限制，由重力驱动的实验物体在槽道中自由地上升或下落可视为准二维运动。该装置有效实验面积高度为 2800 mm，宽度为 1500 mm，槽道间距在 0~120 mm 范围内可自由调节。为了验证该装置的可行性，探索其实验能力，本研究针对圆盘自由下落运动开展实验并分析讨论，评估槽道间距 t 和圆盘直径 d 对圆盘下落运动的影响。实验发现不同圆盘的下落轨迹集可分为四种模式。下落速度随 t 和 d 的增大而缓慢增大。在该装置中实现雷诺数为 400~63000 的流动，并使用荧光素钠示踪其尾迹流场。该装置可以与传统三维水缸和肥皂膜共同开展流动实验研究。

关键词：实验装置；准二维；流体实验；圆盘；自由下落

1 引言

实验装置对于流体力学研究具有重要意义。在流体力学的发展史上，基于巧妙的实验设计和精准的测量方法，获得了许多重大发现。例如，伯努利精心设计一套实验装置研究管道中的流动，最终于 1726 年提出"伯努利原理"[1]。在 19 世纪，雷诺基于一套玻璃管装置进行染色带流迹示踪实验，并提出以"雷诺数"界定流体的流动状态[2]。在近期的研究中，通过特殊设计的实验装置，发现了"软尾减阻"效应[3]，以及水中不一致的拍动会引起集群现象[4]。

在物体与流体耦合运动的问题中，传统的实验装置因便于加工和维修，大多形似水缸。许多三维的研究采用这类装置。例如，利用一个简单的水缸，发现了物体在黏性流体中下

基金项目：国家自然科学基金(U20A20328,11632011,51779141)和上海自然科学基金(19ZR1426300)

落的四种典型运动模式[5]。基于这个话题，关于物体沉降的着陆点[6]、带洞硬币的下落[7]、"Z"字形[8]及螺旋运动模式[9]等问题，也在带有测量和记录系统的类似的水缸中展开讨论。在这类水缸中安装矩阵式泵组和金属网，可以模拟湍流[10]。此外，还开发了带有多相机系统、由透明材料制成的其他装置。这些三维实验装置有力地推动了流体力学的发展。然而，由于三维流动具有复杂性，一些基本问题更适合在二维的空间中开展研究。因此，人们始终努力寻找一种简化的实验装置。

随着肥皂膜装置的发明和应用，原本局限在二维或仿真领域的流动得以通过实验开展研究。20世纪初的肥皂膜装置是水平布置的[11]。在此基础上，垂直的装置被提出和应用[12]。随后，改进出来一种功能更加丰富的肥皂膜装置，并测量了膜的速度场和厚度场[13]。许多科学研究基于肥皂膜装置开展，这也正是由于该装置的可靠性[3,14]。的确，肥皂膜装置提供了一个稳定、优良的二维环境。然而，只有毫克级重量的极细微物体可以在肥皂膜中进行实验，这对流动的观察和测量也带来挑战。

为了解决上述装置的局限性，一种限制侧向运动的准二维装置被研制出来，并已经成功开展了关于长圆柱体自由下落等的研究讨论[15-16]。这种装置是一种细长体的透明水缸，宽厚高分别为400 mm，90 mm和2.8 mm。物体在高度方向的窄缝中运动为准二维环境的开发提供了一个设计灵感。但是，它的有效实验面积有限。扩大和增高实验装置的有效面积将面临无法保证窄缝均匀度的问题，水缸会因受到流体静压力而产生大变形。目前该装置还没有广泛应用。为解决这一问题，本研究提出一种"缸中缸"的布置方式。即，将其中的内缸嵌入至外缸中，内缸内外的流体静压力平衡。内缸中的狭窄通道作为实验槽道。这样的布置可在保证均匀度的前提下，有效增大的实验面积，有利于流体充分发展。实验物体在槽道中由重力驱动下落时侧向运动受到限制，形成准二维的实验环境，并构成一个没有外界干扰的自发的运动系统。该装置可以与传统的三维水缸和肥皂膜装置一起进行流体力学科学研究。

2 实验装置

该装置由两个独立的部分组成，即一个外缸和一个内缸组成，其总体布置如图1所示。外缸是用于装载流体介质，内缸则为实验槽道。因此该装置也被称为"缸中缸"。

外缸是一个中空且具有大的高度厚度比的长方体水缸，垂直摆放，顶面开口。它的高度、宽度和厚度分别为3310 mm，1560 mm，和370 mm。外缸由19 mm厚的具有高强度、高刚度的钢化玻璃制成，以最大限度减小变形，避免局部破坏。尽管如此，外缸下部仍有最大超过10 mm的变形。内缸由两块平整的10 mm钢化玻璃平行摆放构成。由图1的横剖面和插图可知，内缸前玻璃固定安装在距离外缸前玻璃10 mm处，外缸的变形不会传递到内缸。内缸后玻璃可以在0~120 mm的可调范围内自由移动，其与外缸之间留有空隙，保证其在移动时没有摩擦和碰撞。内缸前后玻璃之间的狭窄空间即为实验槽道。这样的布置表明，内缸实质上是一个非封闭体，其间的液体与外缸相通，因此作用在槽道两侧的流体静压相同。这样的布置方式使得槽道的变形小于 0.5 mm，进而保证一个良好的垂直均匀度。该装置的有效实验区域垂直方向 2800 mm，水平方向 1500 mm。这种长槽道和大面积的实验区域有利于流体充分发展。本研究中，用 t 表示实验槽道的间距。该装置的坐标系见图 1。坐标原点为本研究所示实验中实验物体的释放点，位于宽度方向的中点，并在水面以下 120 mm 处。

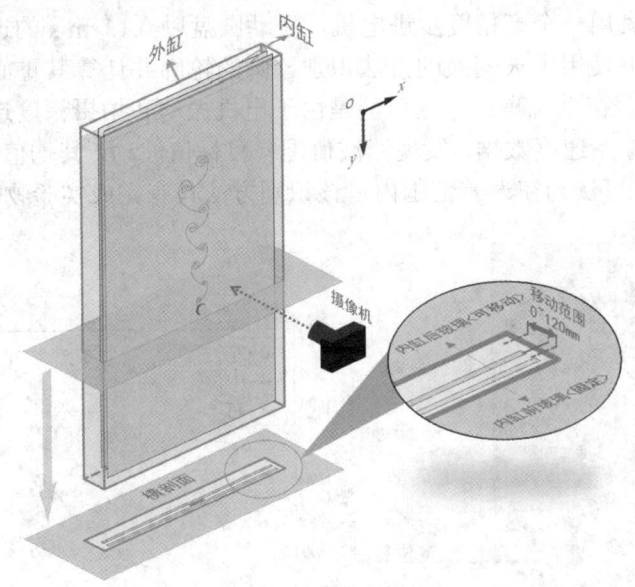

图 1 实验装置示意图

为了保障该装置的工作运行，需要安装一些辅助机械装置。在实验前，使用激光水平仪校准该装置的垂直度，偏差不超过 0.5°。为了保护内缸不受碰撞和损坏，将其整体嵌入一个刚性框架中，再一起嵌入外缸中并在上方吊起。内缸后玻璃的四个角分别设置四个控制点，由四个高精度步进电机控制调节，可以保证实验槽道中各处的 t 是均匀的。一个提篮设置在内缸后玻璃的后方，由一个步进电机驱动，用于将落到槽道底部的实验物体提至上方出口。在该装置中，安装一个净化过滤设施，以保证干净的流体环境。

在本研究中，我们将 (20 ± 5)℃ 的纯净水用做流体介质，其密度为 $\rho_l = 1.009 \times 10^3 \text{ kg/m}^3$，动力黏度系数为 $\mu = 1.01 \times 10^{-3}$ Pa·s。重力加速度为 $g = 9.81 \text{ m/s}^2$。

在实验过程中，我们用摄像机拍摄实验物体的下落轨迹，并识别其速度和加速度。为了拍摄高清照片，提高识别精度，我们为其布置一个暗室环境。一对高功率的防水灯管浸没水中，并贴靠在外缸侧壁的内侧。调整灯管方向，使光线均匀照射实验槽道。一个相机（Nikon D810）架设在该装置的前方，其拍摄分辨率为 1920×1080，帧率为 60 Hz。调整相机位置，使其刚好拍摄该装置全部有效实验区域。为了提高照片的对比度，在该装置的后方悬挂一个吸光黑布。通过一台电脑操控该控制系统和相机，并储存实验数据。该装置的准备工作中，首先进行相机的标定以确定相邻像素点之间的实际距离。一个带有刻度的标定尺分别嵌入实验槽道中三个垂直预定位置和四个水平预定位置，并通过相机拍摄视频和照片，如图 2(a)所示。采用坐标变换和插值法消除录像和照片的畸变。通过读取标定尺的刻度对应的像素点，获取每个预定位置的映射关系。3 个纵向标定结果如图 2(b)所示，其展现了良好的线性关系。结果表明，7 个预定位置的标定均呈现线性关系，竖直方向和水平方向的相邻像素点间的实际间距为 0.81 mm。为了验证该识别方法的可靠性，我们进行一组验证性实验。利用一个高精度步进电机，拉动圆盘以 0.13 m/s 的速度匀速提升。相机记录其轨迹路线，并使用霍夫变换的方法识别该圆的轮廓并计算其重心位置。速度结果如图 3 所示，测量值存在系统噪声，这可能是由于电机振动和拍摄精度造成的。使用五点立方平滑滤波器处理原始速度数据，发现滤波值围绕目标值波动，其均值与目标值吻合良好，误差小于 5%。因此可认为在误差范围内，该识别方法具有完成实验物体跟踪测量的能力。

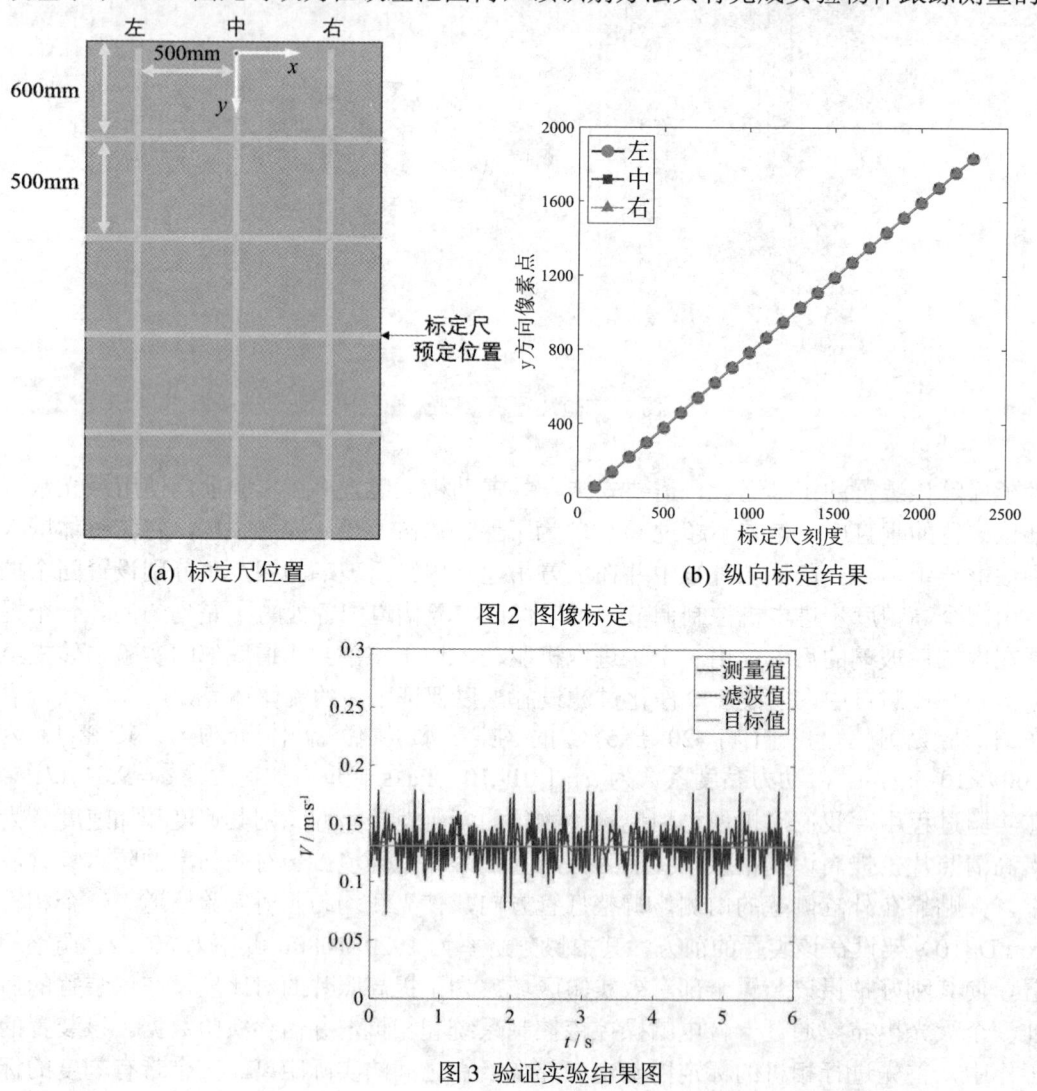

(a) 标定尺位置　　　　　　　　　(b) 纵向标定结果

图 2　图像标定

图 3　验证实验结果图

3 案例实验

3.1 实验物体

为了验证该装置的可行性并探索其实验能力，设计并进行一个案例实验。本研究中的实验对象为圆形盘，其几何形状可以用直径 d，厚度 h 描述。圆盘由 ABS，PVC，和铝合金三种材料制成，分为纯种圆盘和混合圆盘，如图 4(a)所示。其圆盘密度范围为 $1.099×10^3$ kg/m^3~$2.686×10^3$ kg/m^3。设计并制作一个释放机构，并嵌至实验槽道中，使得每次实验中圆盘的释放点相同。圆盘由静止释放，并由重力驱动自由下落。对于每一种工况，进行不少于 10 次的重复实验。

(a) 三种纯种圆盘   (b) 防水涂层

图 4 圆盘实物

为了降低圆盘阴影对识别精度的干扰，图 4(b)圆盘的背面和侧面喷涂黑色疏水涂层。该涂层重量为毫克级，占圆盘总质量的 0.5%以下，不会对圆盘运动产生较大影响。

表 1 两组工况表

组别	ζ	t/mm	d/mm
A1	1.089		
A2	1.567	60~10.0（步长：0.5）	30
A3	2.662		
B1	1.089		
B2	1.567	7.5	20~50（步长 5）
B3	2.662		

在本研究的圆盘在准二维空间的下落运动问题中，限制 h=5 mm，t 的变化可反映下落环境对运动的影响，d 可反映圆盘直径对下落的影响。因此我们针对 t 和 d，分为两组工况进行实验。我们定义一个无因次量 ζ 用于表示实验物体和流体介质的密度比。我们选择三个不同的 ζ 进行实验，分别为 1.089，1.567 和 2.662。具体的工况内容见表 1。为了评估下

落环境的影响，我们进行 A 组实验，在固定 d=30 mm 的情况下改变 t。三个分组实验用于评估材料密度的影响。综合考虑到 h 和实验槽道的均匀度，t 从 6 mm 以 0.5 mm 的步长增大。B 组实验用于评估几何形状的影响，固定 t=7.5 mm，改变 d。

3.2 实验结果和讨论

为了研究圆盘下落运动的一般现象，本节针对重复实验得到的轨迹和速度集展开讨论。我们发现圆盘的下降运动主要呈现出四种模式，其轨迹集分别为：(A)直线，(B)波动线，(C)分叉线，(D)混乱线。在 A 组和 B 组的实验工况中，挑选出四个典型工况分别代表这四种运动模式，其下降轨迹集如图 5 所示，每个工况对应的下降速度集图见图 6。圆盘下落速度用 V 表示。两图中，每个子图展示的是同一工况下 10 条有效的轨迹集及其速度集。在 t，d 和 ζ 均为小量的工况中，圆盘容易以直线和波动线的形式下落。我们以 t=6.5 mm，d=30 mm，ζ=1.567 的工况为例表示直线的下落模式，图 5(a)展示其下落轨迹集。以 t=7.5 mm，d=20 mm，ζ=1.089 为例表示波动线的下落模式，图 5(b)展示其下落轨迹集。由图 5 可知，圆盘以波动线的形式下落，其轨迹在 x 轴方向上有明显的波动趋势，而以直线形式下落的圆盘轨迹几乎呈直线。但下落轨迹整体上均在中心线 x=0 附近，落点也位于底部中点附近。速度图如图 6(a)和(b)所示，这两类工况中的圆盘在经历一个短暂的加速后，V 可趋于平稳，达到稳定下落的状态。这表明圆盘以接近匀速状态落在底部中点附近，没有受到过于剧烈的流体扰动。因此，我们将以直线和波动线形式下落的运动称为稳定模式。

以 t=7.5 mm，d=30 mm，ζ=1.567 工况为例表示分叉线的下落形式，其轨迹集如图 5(c)所示。在多次重复实验后可以发现，在释放点下方 y=200 处附近，存在一个分离点。圆盘下落过程中，在分离点附近向左或向右偏转，并形成两个相对稳定的轨迹子集。同样，这两个轨迹子集几乎绕着中心线 x=0 对称，但圆盘无法直接落在底部正中间。这表明圆盘下落已经受到了流体扰动。由图 6(c)所示，分离点后的下落速度 V 仍可达到稳定状态，这表明流体的扰动没有十分剧烈，且后半程的下落运动是稳定的。因此我们可将以分叉线形式下落的运动称为过渡模式。由于圆盘以匀速下落，作用在圆盘上的力是平衡，因此它们达到一种力学平衡状态。

在较大的 t 和 d 的工况中，尤其对较重的圆盘，以混乱形式下落的运动更容易出现。这些案例中的圆盘通常下落速度很快，并且他们的轨迹集是混乱的。以 t=7.5 mm，d=50 mm，ζ=2.662 工况为例表示混乱线的下落形式，如图 5(d)所示。在 y=600 mm 后，有些轨迹明显呈现斜线或曲线，且这些轨迹是随机出现的，这也表明这种形式的下落运动具有随机性。因此我们可以将这种下落形式称为不稳定模式。每一次圆盘下落运动可以分解为两个阶段，即加速运动的发展阶段，和匀速运动的发展完全阶段。后者可视为达到了力学平衡状态。如图 6(d)所示，一些圆盘的发展阶段很短，V 很快达到匀速。也有一些圆盘经历漫长的发展阶段，加速度较小。这表明圆盘以不稳定模式下落的运动中的流体扰动被激活，不仅影响其下落轨迹，也影响其下落速度。一般来说，下落轨迹与稳定模式或过渡模式相同或类似的圆盘，最终更容易以匀速下落并落在底部中部附近。

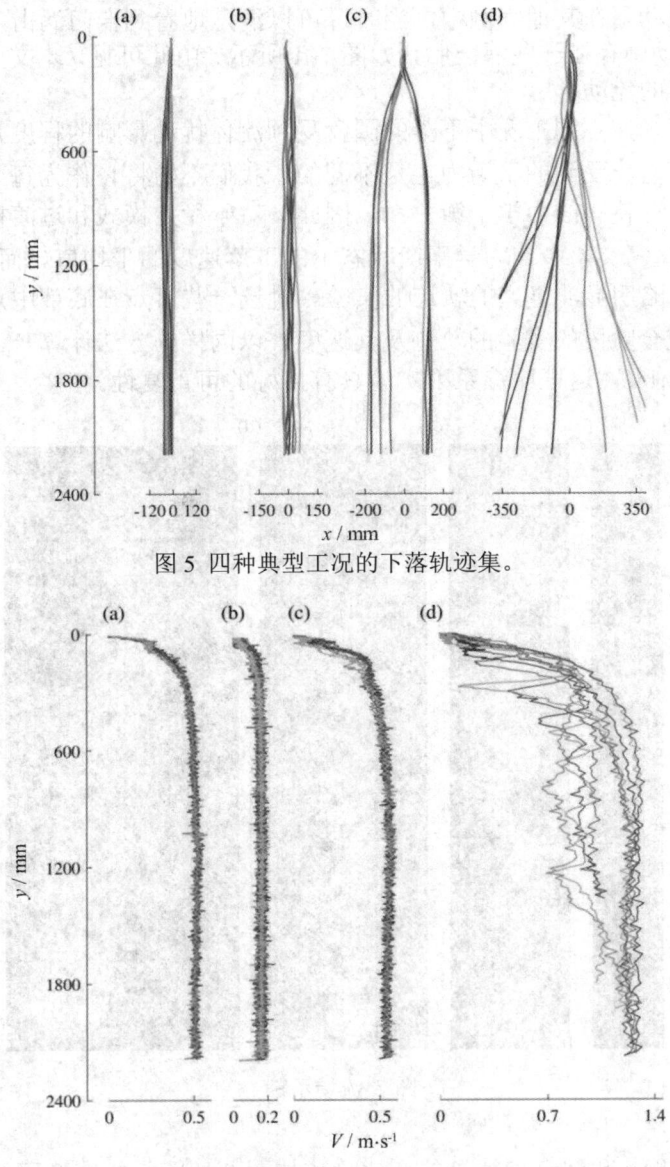

图 5 四种典型工况的下落轨迹集。

图 6 中四种工况对应的下落速度集

图 5 和图 6 也证实，当圆盘下落超过 $y=800$ mm 后，基本上会达到力学平衡状态。即该装置有超过 1 m 的发展完全阶段，用于研究充分发展的流场。为了捕捉更多的流动信息，我们在圆盘侧壁均匀涂抹荧光素钠以示踪流场。图 7 展示了四种典型工况的局部流场细节。本研究以 $\bar{V}$ 表示圆盘在力学平衡状态下的平均下落速度，定义雷诺数 $Re = \rho_l \bar{V} d / u$。在本研究的 A 组和 B 组实验工况中，最大雷诺数约为 $Re \approx 63000$。为了探索该装置可实现的最小雷诺数的流动，我们专门地制作一个混合圆盘，它的密度比 $\zeta =1.04$。在图 7(a)中展示的该圆盘下落运动引起的流动约 $Re=400$，其流动状态接近层流，也是迄今为止在该装置中实现

的最小雷诺数的流动。在其他案例中，当时，可以清楚地看到卡门涡街，如图 7(c)所示。在 Re=63000 的流动中存在一些涡胚胎，如图 7(d)所示。由此可见，本文中该装置可实现雷诺数 400 到 63000 的流动。

由上述分析可知，不同工况中下落的圆盘受到流体扰动影响的程度是不同的。即，当圆盘以匀速 $\overline{V}$ 下落时，受到的平衡力也是不同的。我们不妨将 $\overline{V}$ 作为每个工况的特征，其可以映射出每个工况特有的力学平衡关系。因此，对于稳定模式和过渡模式，每个工况中的 $\overline{V}$ 为 10 条有效重复实验中在力学平衡状态下的下落速度的平均值。而对于不稳定模式，本文中有选择地忽略明显非竖直的轨迹的实验。挑选一些落点在底部中点附近且最终有不少于 1 m 的发展完全阶段的实验的轨迹及其速度，以同样的方法计算 $\overline{V}$。统计计算的每个工况的标准差小于 1%，这证明该系列实验具有良好的可重复性。

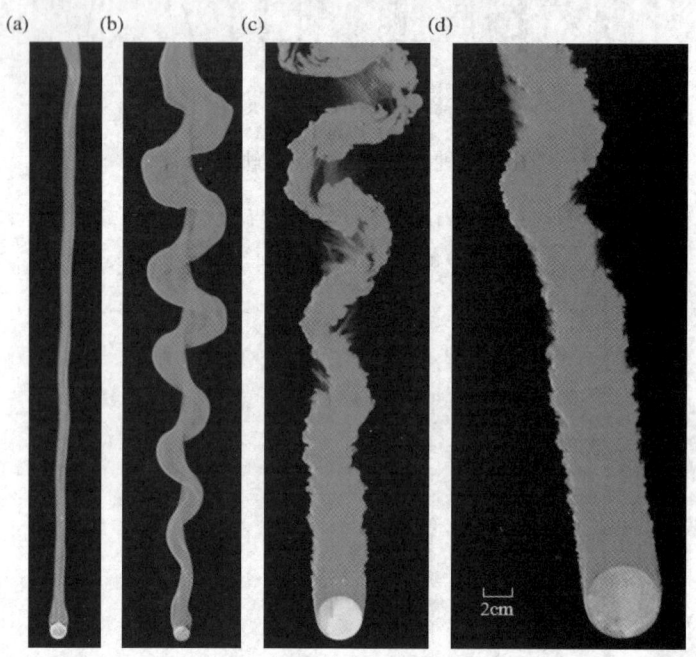

图 7 流场示踪

$\overline{V}$ 随着内缸间距 t 和圆盘直径 d 的变化趋势如图 8 所示。由图 8 可知，不同 ζ 的圆盘下落 $\overline{V}$ 趋势线区分明显，这表明圆盘密度是影响下落运动的主要因素。$\overline{V}$ 随着 t 和 d 的增加而增长。图 8(a)中展示的 A 组实验的结果表明，内缸间距逐渐增大，下落速度加快，这表明圆盘受到实验槽道的影响正在减弱。当 t 增大到某一临界值后，槽道对下落运动的影响变得微弱，例如在 $\zeta = 2.662$ 实验组中的 t=8.5 mm。这一临界值与 ζ 有关，重的圆盘的临界值会提前。B 组实验结果在图 8(b)中显示，该组实验限制了 t=7.5 mm。直径大的圆盘需要以更快的速度下落才能达到力学平衡状态。

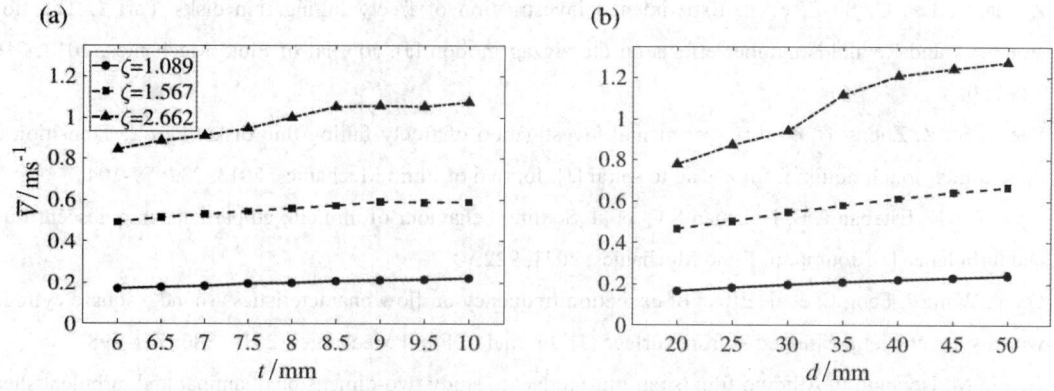

图 8 平均速度 $\overline{V}$ 随内缸间距 t 和圆盘直径 d 的变化关系。

4 结论

本研究提出一种细长体垂直的准二维流体实验装置。该装置由一个长方体外缸和非封闭的内缸组成，分别用于装在流体介质和视作实验槽道。为了保证槽道的均匀度，内缸被嵌入到外缸中。该装置有效的实验面积在垂直方向有 2800 mm，水平方向有 1500 mm。槽道间距在 0~120mm 可调。为了测试装置的可行性及其实验能力，以圆盘自由下落为例开展一系列案例实验。我们发现四种典型的下落运动形式，其轨迹集呈现为直线，波动线，分叉线，混乱线。圆盘密度是影响下落速度的主要因素。随着 t 和 d 增加，下落速度缓慢增大。本研究中实现了染色剂流场示踪，并实现了雷诺数 400~63000 的流动。

参考文献

1 Mikhailov, GK. Daniel bernoulli, hydrodynamica (1738). Elsevier, 2005: 131-142.

2 Reynolds, O. An experimental investigation of the circumstances which determine whether the motion of water shall be direct or sinuous, and of the law of resistance in parallel channels [J]. Philosophical Transactions of the Royal society of London, 1883, 174: 935-982.

3 Gao S, Pan S, Wang H, et al. Shape deformation and drag variation of a coupled rigid-flexible system in a flowing soap film [J]. Physical Review Letters, 2020, 125: 034502.

4 Newbolt J W, Zhang J, Ristroph L. Flow interactions between uncoordinated flapping swimmers give rise to group cohesion [J]. Proceedings of the National Academy of Sciences, 2019, 116(7): 2419-2424.

5 Field S B, Klaus M, Moore M G, et al. Chaotic dynamics of falling disks [J]. Nature, 1997, 388(6639): 252-254.

6 Vincent L, Shambaugh W S, Kanso, E. Holes stabilize freely falling coins [J]. Journal of Fluid Mechanics, 2016, 801: 250-259.

7 Zhong H, Lee C, Su Z, et al. Experimental investigation of freely falling thin disks. Part 1. The flow structures and Reynolds number effects on the zigzag motion [J]. Journal of Fluid Mechanics, 2013, 716: 228-250.

8 Lee C, Su Z, Zhong H, et al. Experimental investigation of freely falling thin disks. Part 2. Transition of three-dimensional motion from zigzag to spiral [J]. Journal of Fluid Mechanics, 2013, 732: 77-104.

9 Chan T T K, Esteban L B, Huisman S G, et al. Settling behaviour of thin curved particles in quiescent fluid and turbulence [J]. Journal of Fluid Mechanics, 2021, 922.

10 Qu Y, Wang J, Feng L, et al. Effect of excitation frequency on flow characteristics around a square cylinder with a synthetic jet positioned at front surface [J]. Journal of Fluid Mechanics, 2019, 880: 761-798.

11 Gharib M, Derango P. A liquid film (soap film) tunnel to study two-dimensional laminar and turbulent shear flows [J]. Physica D: Nonlinear Phenomena, 1989, 37(1-3): 406-416.

12 Rutgers M A, Wu X L, Daniel W B. Conducting fluid dynamics experiments with vertically falling soap films [J]. Review of Scientific Instruments, 2001, 72(7): 3025-3037.

13 Georgiev D, Vorobieff P. The slowest soap-film tunnel in the southwest [J]. Review of scientific instruments, 2002, 73(3): 1177-1184.

14 Chikkam N G, Kumar S. Flow past a rotating hydrophobic/nonhydrophobic circular cylinder in a flowing soap film [J]. Physical Review Fluids, 2019, 4(11): 114802.

15 Gianorio L, D'Angelo M V, Cachile M, et al. Influence of confinement on the oscillations of a free cylinder in a viscous flow [J]. Physics of Fluids, 2014, 26(8): 084106.

16 D'Angelo M V, Cachile M, Hulin J P, et al. Sedimentation and fluttering of a cylinder in a confined liquid [J]. Physical Review Fluids, 2017, 2(10): 114301.

A quasi-two-dimensional apparatus for fluid experiments

CHEN Xing, SUN Shu-yue, TIAN Xin-liang[*], LIU lei

(State Key Laboratory of Ocean Engineering, Shanghai Jiao Tong University, Shanghai 200240, Email: tianxinliang@sjtu.edu.cn)

Abstract: A vertical apparatus has been proposed for the quasi-two-dimensional fluid experiments to investigate the fluid-structure-interaction problems in this paper. The apparatus is composed of two tanks, namely one outer tank and one inner tank. The outer tank is a cuboid glass tank with a large height-thick ratio to load fluid medium, while the inner tank is served as the experimental channel and consists of two pieces of parallelly installed glass. The static fluid pressures acting on the channel are balanced so that a high-level uniformity of the channel can be guaranteed within 0.5 mm deformation. The lateral degree of freedom perpendicular to the channel is restrained and form a quasi-two-dimensional flow environment. The experimental object could fall or rise freely along the channel driven by gravity to form a spontaneous system. The effective experimental area is around 2800 mm × 1500 mm in vertical and in horizontal respectively. The channel gap distance is able to adjust from 0 to 120 mm. To verify the feasibility and test the capacity, an experiment with a series of circular disks falling at rest is conducted. We have found four distinct falling styles. The effects on gap distance and disk diameter for the falling motion are investigated. A flow and its visualization with a Reynolds number from 400 to 63000 can be implemented in this apparatus.

Key words：Experimental apparatus; Quasi-two-dimensional; Fluid experiment; Circular disk; Freely falling motion.

波浪水池消波装置反射系数试验研究

兰波[*]，喻太君，湛俊华，胡定健

(中国船舶科学研究中心 水动力学重点实验室，深海技术科学太湖实验室，无锡 214082，
Email: lanbo@cssrc.com.cn)

摘要：水池模型试验为评估船舶水动力性能最直接、有效的手段，消波装置为波浪水池中必不可少的设施，其消波效果对试验结果具有重要的影响。本研究基于圆弧斜坡式消波装置分别开展了水槽/水池试验，对不同波浪工况下的消波装置反射系数进行了分析。研究表明，该消波装置的使用满足水池波浪模拟精度的要求。同时发现，在相同的试验工况下，波浪水池的消波装置反射系数与水槽中测试结果相当，采用水槽试验的方法设计、验证消波装置的消波效果具有一定的指导意义。

关键词：波浪水池；水槽；消波装置；圆弧斜坡式；试验研究

1 引言

在波浪水池中开展缩比模型试验是评估船舶水动力性能最直接、有效的手段。为了消除反射波的影响，保证试验波浪品质，从而提高试验精度，有必要在水池中安装消波装置。

圆弧斜坡式消波装置是目前比较常用的消波装置，中国船舶科学研究中心对其开展了大量的研究[1-3]，其基本结构为具有一定半径的圆弧曲面，并在圆弧曲面上铺设消波条，其主要消波机理是摩擦、涡动和破碎。当波浪沿斜坡面上爬时，由于坡面上水深逐渐减小，波浪破碎而消耗能量。上爬的水体达到一定高度后即回落，并与随后来波相互干扰再次消耗能量。波浪在上爬和回落过程中需克服坡面上消波条的阻力，则水体会产生涡动而消耗能量。由于消波装置在水池试验中作用重大，因此在消波装置设计过程中对其消波效果的检验尤为重要。

本研究基于设计的圆弧斜坡式消波装置，先后开展了水槽/水池试验，获得了不同波浪工况下的消波装置反射系数，对比分析了水槽/水池消波装置消波效果，该研究可为波浪水池消波装置的设计选型提供依据。

2 试验概况

2.1 试验对象

试验对象为圆弧斜坡式消波装置，其设计主要考虑了水池船舶水动力试验对波浪的消波要求。水池消波装置实物长 8 m，水深 6 m。水槽试验模型与水池实物在消波装置长度、圆弧面形式、消波条尺度等一致，仅在试验水深与宽度上有所区别。水槽消波装置宽 1 m（水槽宽度 1 m），水深约 2 m。消波装置示意图见图 1，实物照片见图 2。

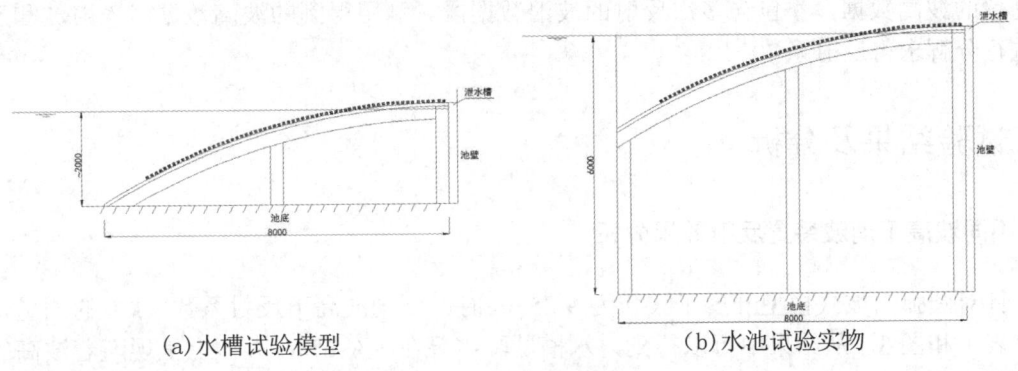

(a) 水槽试验模型　　　　　　　　　(b) 水池试验实物

图 1　消波装置示意图

(a) 水槽模型照片　　　　　　　　　(b) 水池实物照片

图 2　消波装置照片

2.2 试验设备和方法

试验在中国船舶科学研究中心水槽及大型波浪水池中进行。水槽长 40 m，宽 1 m，水深为 2 m，大型波浪水池长 170 m，宽 47 m，水深 6 m。水槽/水池造波方式均为摇板式，规则波波浪周期为 0.5～5.0 s，规则波最大波高为 600 mm。试验时，5 根浪高仪布置在水槽

/水池试验区域,沿纵向分布,其中迎浪方向第一根浪高仪距造波机约 20 m/80 m(水槽/水池),第二根与第一根的间距为 200 mm,其他浪高仪间距都为 500 mm。

试验在不同波长和波高规则波中进行,主要开展波长为 9.25 m 时,不同波高下反射系数测量,以及波高为 200 mm 时,不同波长下反射系数测量。通过试验检验水槽/水池中圆弧斜坡式消波装置的消波效果(一般波浪水池模型试验对波浪模拟精度的要求为波浪反射系数不超过 10%)。

对于规则波,其反射系数可以表示为反射波波幅与入射波波幅的比值。试验时通过浪高仪来测量反射波和入射波叠加后的波高。数据采样时间为 100 s 左右,采样开始点为波浪经过 5 个浪高仪后,从池端开始反射回来的时刻点。数据处理时取其中数据较稳定的两个浪高仪的波高数据,不包含多次反射的波浪数据段。利用得到的波高数据对入射波和反射波进行分解求得反射系数[4]。

3 试验结果及分析

3.1 不同波高下消波装置反射效果分析

针对圆弧斜坡式模型开展了波长为 9.25 m 时,不同波高下反射系数(k)的测量,结果见表 1 和图 3。从结果中可以得到,水槽试验结果在 3%~6%,大体上呈现随着波高的增大反射系数减小的趋势;水池试验结果在 1%~5%,大体上呈现随着波高的增大反射系数增大的趋势。所列测试工况中水槽/水池反射系数均在 8%以下,满足波浪水池模型试验对波浪模拟精度的要求。

总的来说,在波长为 9.25 m、不同波高情况下,水槽/水池反射系数总体上测试结果相当,波浪反射系数都不超过 10%,设计的消波装置在测试工况中具有较好的消波效果。

表 1 不同波高下消波装置反射系数测量结果(波长 9.25 m)

波高/mm	水槽试验/%	水池试验/%
50	5.7	1.7
100	4.9	2.2
150	6.2	1.6
200	5.2	1.0
250	4.3	1.2
300	2.9	1.9
350	3.9	3.2
400	4.0	3.9
450	3.5	4.4
500	3.4	4.9

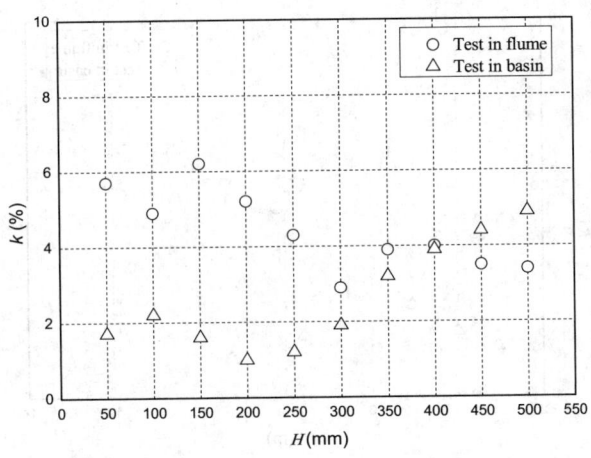

图 3　反射系数随波高的变化图（波长 9.25 m）

3.2 不同波长下消波装置反射效果分析

针对圆弧斜坡式模型开展了波高为 200 mm 时，不同波长下反射系数 k 的测量，结果见表 2 和图 4。从结果中可以得到，水槽试验结果在 3%~8%，水池试验结果在 1%~8%，都呈现随着波长的增大反射系数增大的趋势。所列测试工况中水槽/水池反射系数均在 8% 以下，满足波浪水池模型试验对波浪模拟精度的要求。

总的来说，在波高为 200 mm、不同波长情况下，水槽/水池反射系数总体上测试结果相当，波浪反射系数都不超过 10%，设计的消波装置在测试工况中具有较好的消波效果。

表 2　不同波长下消波装置反射系数测量结果（波高 200 mm）

波长/m	水槽试验/%	波长/m	水池试验/%
11.31	7.8	12.19	7.7
10.28	6.9	10.54	5.3
9.25	5.2	9.25	1.0
8.19	5.0	8.99	3.0
7.13	4.6	7.56	1.6
6.05	3.3	6.25	1.2
4.99	3.8	5.06	2.4
3.98	2.8	4.00	1.7
3.51	3.4	3.51	2.0
3.06	4.1	3.06	1.3

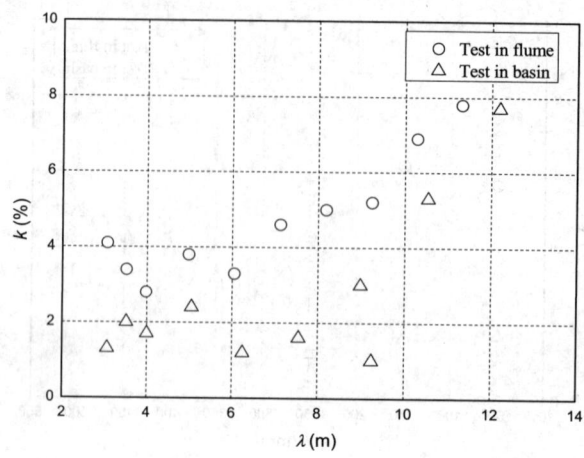

图 4　反射系数随波长的变化图（波高 200 mm）

4 结论

通过对设计的圆弧斜坡式消波装置，先后开展水槽/水池试验，得到主要结论如下。

（1）圆弧斜坡式消波装置反射系数总的变化趋势是当波高一定时，反射系数随着波长的增大而增大。

（2）在所列测试工况中，水槽/水池反射系数都不超过 10%，满足波浪水池使用要求，这也验证了该圆弧斜坡式消波装置的适用性。

（3）在相同的试验工况下，水槽/水池反射系数总体上测试结果相当，这表明在消波装置设计过程中，可采用水槽试验的方法对其消波效果进行验证。

本研究可为波浪水池消波装置的设计提供参考与依据。

参考文献

1　杨森华. 消波器的试验研究报告. 海洋工程试验设备论文集, 1996. 3.
2　兰波, 周德才, 胡定健. 波浪水池圆弧斜坡式消波装置改型试验研究 [C]. 第二十九届全国水动力学研讨会论文集, 北京, 2018.
3　兰波, 缪泉明, 姚木林, 等. 波浪水池消波装置选型的试验研究 [C]. 第十三届中国海洋（岸）工程学术讨论会论文集. 北京, 2007.
4　Shutang Zhu and Allen T. Estimation of laboratory wave reflection by a transfer function method [J]. Journal of engineering mechanics, march 2001.
5　邵利民. 入、反射波浪的分离与反射系数的研究 [D]. 大连: 大连理工大学, 2003.
6　张洪雨, 张鑫. 多层变孔径倾斜孔板式消波装置的试验研究 [J]. 应用科技, 2015 (4): 74-80.
7　王永学, 彭静萍, 孙鹤泉, 等. 分离入射波与反射波的解析方法 [J]. 海洋工程, 21(1).

Experimental study on reflection coefficient of wave absorber for wave basin

LAN Bo[*], YU Tai-jun, ZHAN Jun-hua, HU Ding-jian

(China Ship Scientific Research Center, National Key Laboratory of Science and Technology on Hydrodynamics, Taihu Laboratory of Deepsea Technological Science, Wuxi 214082, Email: lanbo@cssrc.com.cn)

Abstract: The model test is the most direct and effective means to evaluate the hydrodynamic performance of the ship. The wave absorber is the indispensable facility in the wave basin, and its absorbing efficiency has an important influence on the test results. In this paper, based on the circular type of wave absorber, the flume and wave basin tests are carried out respectively to analyze the reflection coefficient under different wave conditions. The research shows that the use of the wave absorber meets the requirements of the wave simulation accuracy in the basin. At the same time, it is found that under the same test conditions, the reflection coefficient of the wave absorber in the wave basin is comparable to the test results in the flume. It is of certain guiding significance to design and verify the wave absorber's absorbing efficiency by using the flume test method.

Key words: Wave basin; Flume; Wave absorber; Circular type; Experimental study.

锚泊辅助动力定位平台运动性能试验研究

刘长德[1,2*]，张隆辉[1,2]，胡定健[1,2]，范亚丽[1,2]

(1. 中国船舶科学研究中心 水动力学重点实验室，无锡 214082；
2. 深海技术科学太湖实验室，无锡 214082, Email: liucd@cssrc.com.cn)

摘要：针对海洋平台由于锚泊系统布置空间不足，通常采用陡峭性的系泊方式进行系泊定位，此时锚泊系统回复力较小，平台将产生较大的运动，对平台安全作业带来严重影响。锚泊辅助动力定位系统是一种将锚泊定位与动力定位结合起来的新型定位方式，该方式可弥补系泊系统的定位精度，又能降低动力定位时的燃油消耗。本研究以半潜平台为对象，建立了风浪流环境下锚泊辅助动力定位模型试验技术，开展了不同浪向状态下锚泊辅助动力定位作业试验研究，获得了锚泊辅助动力定位模式下平台运动特性，并对不同定位模式下平台运动性能进行了对比分析，研究成果可为锚泊辅助动力定位系统工程应用提供技术支撑。

关键词：锚泊辅助；动力定位；模型试验

1 引言

海洋平台在海上作业时，由于风、浪、流的作用会偏离期望的位置，通常采用锚泊定位或动力定位系统将海洋平台维持在安全的作业范围。在特殊作业过程中，由于平台锚泊系统没有足够的布置空间，通常会采用陡峭性的系泊方式，此时锚泊系统回复力较小，平台运动将会增大，如果采用联合定位方式，动力定位系统可有效弥补陡峭性锚泊系统的缺陷，从而确保海洋平台安全作业。

对于锚泊辅助动力定位的研究，Sargent[1]于20世纪70年代对锚泊辅助动力定位系统的设计方法进行了初步探讨。90年代，荷兰MARIN水池的Johan等[2]开展了相关理论研究，Aalbers等[3]以一艘20万吨级FPSO为例，通过数值仿真验证了锚泊辅助动力定位的有效性。自1990年起，挪威科技大学以Fossen[4-5]为首的研究团队，对不同的控制策略进行了系统研究，通过在Cybership模型首部布置了4根锚链进行了相关试验研究，对比分析了锚泊定位与锚泊辅助动力定位的效果。Strand等[6]设计了锚泊辅助动力定位系统的控制器，有效提高了定位精度。Yamamoto等[7]利用一艘FPSO，开展了数值仿真和模型试验研究，通过对比定位精度和功率消耗验证了 H∞ 控制理论的优越性。巴西圣保罗大学 Tannuri[8]以 FPSO 为对象，采用滑模控制方法，通过数值仿真验证了动力辅助锚泊定位的有效性，并开发了三维数值仿真软件，KONGSBERG 公司已推出了联合定位模式产品。

由于非线性、海洋环境的随机性以及系泊缆的影响，锚泊辅助定位系统的耦合影响更为复杂，使得数值计算难以有效评估锚泊辅助动力定位作业过程中的运动特性，因此通过试验技术评估锚泊辅助动力定位下海洋平台运动特性将变得尤为重要。本研究基于前期建立的锚泊定位和动力定位试验技术，建立了锚泊辅助动力定位试验技术，并对不同定位模式下平台运动性能、功率消耗和锚链受力进行了对比分析，通过模型试验可为锚泊辅助动力定位工程应用提供更好的技术支撑。

2 试验概述

2.1 试验模型

试验对象为半潜式平台，模型缩尺比为 1:40，该平台主尺度见表 1，图 1 为模型照片。

表 1 半潜式支持平台主尺度参数

名称	单位	实体	模型
排水量	ton	28624	0.4363
浮筒长	m	97.50	2.4375
型宽	m	82.60	2.0650
纵向惯性半径	m	25.52	0.6380
横向惯性半径	m	25.73	0.6433

图 1 试验模型

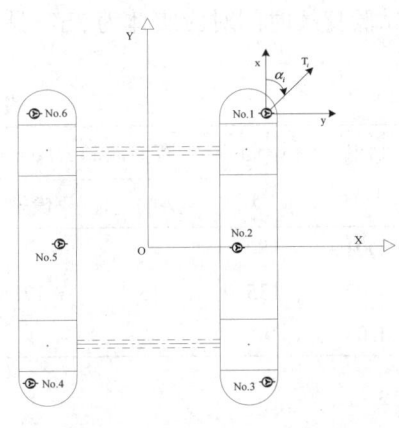

图 2 推进器布局示意图

该平台左右浮筒对称布置了 6 台全回转推进器，推进器编号、布置位置与推力坐标系定义见图 2。试验采用的推进器按缩尺比进行加工制作，推力按动力相似模拟。

2.2 试验环境模拟

模型试验时，波浪采用 JONSWAP 谱进行模拟（谱峰升高因子 γ=1.96），根据半潜平台风洞试验获得的无因次风载、流载系数，计算得不同风向角下对应风速作用下试验模型所受的风力及力矩，通过等效力模拟动力定位试验模型所受的风载荷及流载荷。

2.3 系泊系统模拟

平台采用八锚系泊，左右对称布置于浮筒两侧，锚链布置图及编号见图 3。试验中通过锚泊截断设计确保系泊系统对平台总的水平回复力和系泊缆索的张力特性一致。

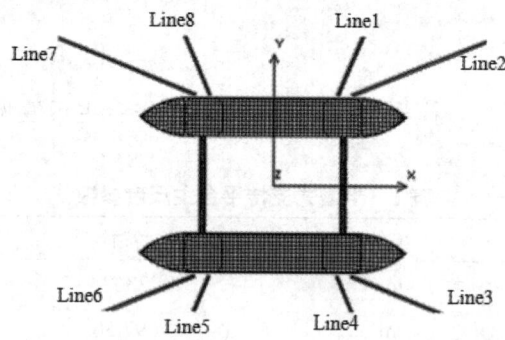

图 3 半潜式支持平台系泊系统布置

2.4 试验内容

控制系统实时地对平台横荡、纵荡和艏向运动进行控制，使其保持在目标位置和艏向，试验持续时间对应实体为3h，具体试验内容见表2。

表 2 锚泊辅助动力定位试验内容

试验编号	浪向 (º)	有义波高 $H_{1/3}$(m)		谱峰周期 T_p(s)		风速 V_w(m/s)		流速 V_c(m/s)	
		实船	模型	实船	模型	实船	模型	实船	模型
D01	180								
D02	135	7.15	0.1788	11.8	1.866	25.7	4.06	1.1	0.09
D03	90								

3 试验结果及分析

通过统计分析,获得了不同工况下横荡、纵荡、艏摇运动及各锚链拉力的平均值、最大值和最小值,不同工况下的运动统计结果见表 3。表 3 中所有试验结果均换算为实体状态。由不同浪向下试验结果可得。

艏向运动在艏斜浪 135°时最大,最大值为 1.79°,顶浪 180°时次之,横浪 90°时最大值仅为 0.66°;纵荡运动最大偏移发生在顶浪 180°时,最大偏移为 40.16 m;横荡运动最大偏移发生在横 90°时,最大偏移为 30.59 m。

表 3 不同定位方式试验统计结果

试验编号	浪向(°)	名称	单位	平均值	最小值	最大值
D01	180	艏向	(°)	-0.03	-0.96	1.16
		纵荡	m	-7.76	-40.16	16.63
		横荡	m	-0.44	-10.57	7.72
D02	135	艏向	(°)	0.41	-1.27	1.79
		纵荡	m	-8.68	-23.84	6.63
		横荡	m	7.73	-7.17	20.38
D03	90	艏向	(°)	-0.01	-0.66	0.55
		纵荡	m	0.24	-3.26	3.20
		横荡	m	19.40	5.39	30.59

进一步分别对锚泊辅助定位、动力定位和锚泊定位三种定位方式的试验结果进行对比分析,图 4 至图 9 分别为顶浪 180°、艏斜浪 135°和横浪 90°时艏向、横荡和纵荡最大偏移和平均值的对比结果,由结果可得:①对于艏向最大值,锚泊辅助动力定位模式明显优于动力定位,三种模式下艏向平均值相当;②对于横荡最大值,锚泊辅助动力定位模式明显优于动力定位模式和锚泊定位模式,对于横荡平均值,锚泊辅助动力定位在艏斜浪 135°时定位精度提高较为明显;③对于纵荡最大值,锚泊辅助动力定位模式在顶浪 180°和横浪 90°时相比动力定位模式和锚泊定位模式略有提高,锚泊辅助动力定位和动力定位模式下纵荡平均运动结果相当,在顶浪 180°时明显优于锚泊定位模式。

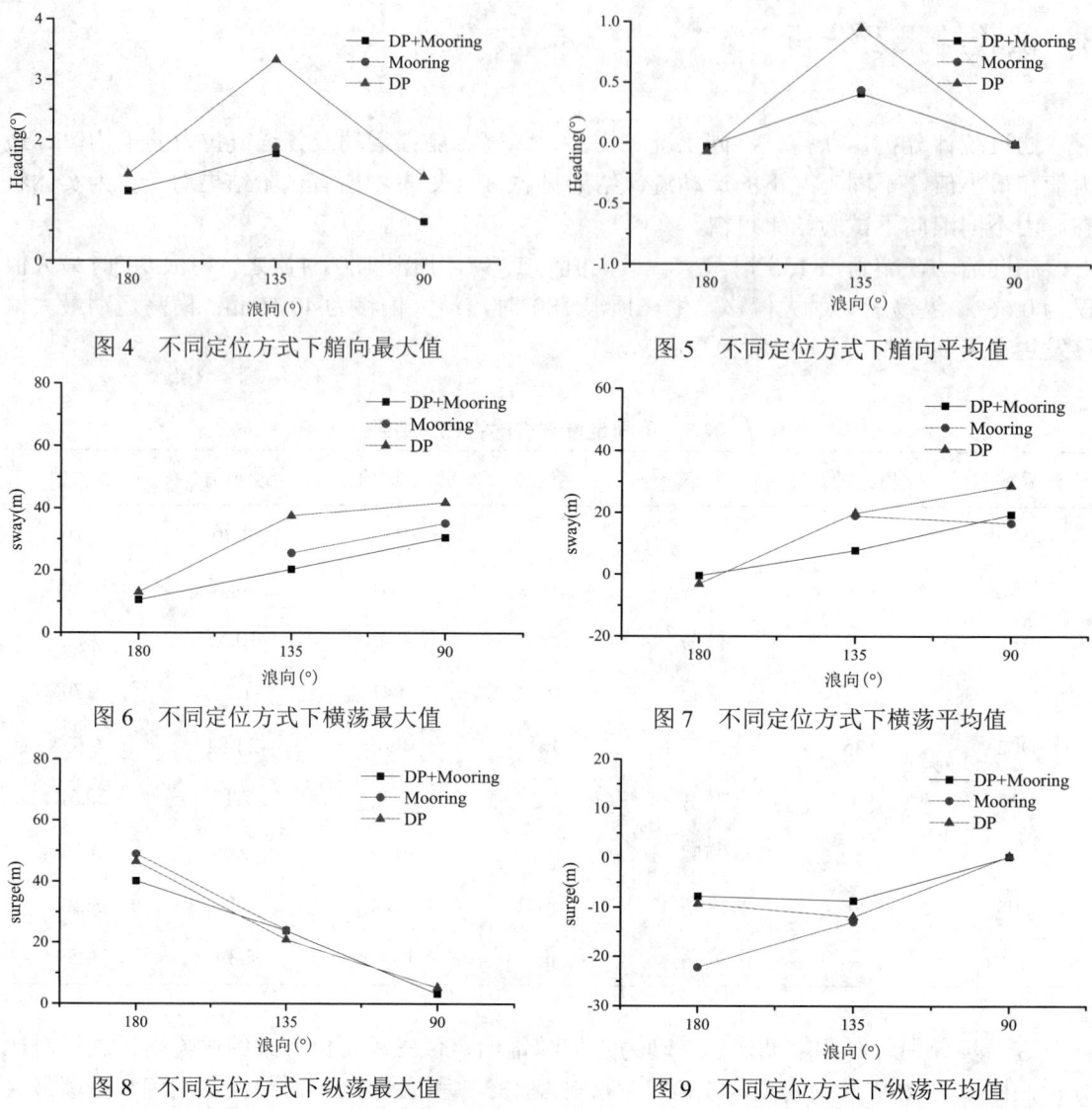

图4 不同定位方式下艏向最大值 图5 不同定位方式下艏向平均值

图6 不同定位方式下横荡最大值 图7 不同定位方式下横荡平均值

图8 不同定位方式下纵荡最大值 图9 不同定位方式下纵荡平均值

图 10 为不同工况下锚泊辅助动力定位和动力定位模式下推进器平均功耗对比结果，由图 10 结果可得，在锚泊辅助动力定位模式下，顶浪 180°时，推进器功率平均利用率较低，为 25.75%；艏斜浪 135°时，推进器功率平均利用率为 34.67%；横浪 90°时，艏向相对于其它浪向更易于控制，推进器平均功率消耗仅为 18.45%。相比动力定位模式，各浪向下锚泊辅助动力定位功率平均消耗较动力定位降低约 15%~20%。

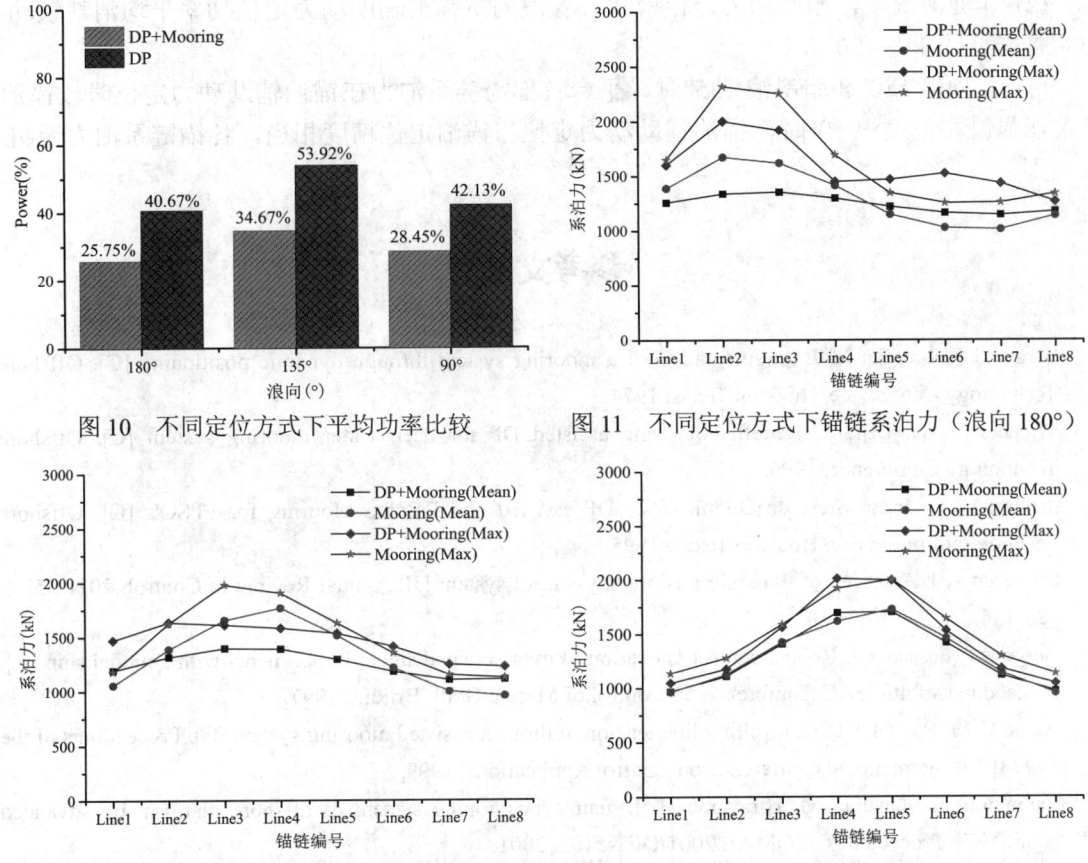

图 10 不同定位方式下平均功率比较

图 11 不同定位方式下锚链系泊力（浪向180°）

图 12 不同定位方式下锚链系泊力（浪向135°）

图 13 不同定位方式下锚链系泊力（浪向90°）

图 11 至图 13 分别为顶浪 180°、艏斜浪 135°和横浪 90°时各锚链系泊力平均值与最大值对比图，由结果可得，浪向 180°和 135°时，首部锚链系泊力在锚泊辅助动力定位时较锚泊定位明显减小；浪向 90°时，锚泊辅助动力定位与锚泊定位精度相当，各锚链系泊力无明显差别。

4 结论

本研究以半潜平台为研究对象，建立了风浪流环境载荷、锚泊系统以及动力定位系统联合作用下的锚泊辅助动力定位试验技术，通过试验可得如下结论。

(1) 对于艏向和横荡控制，锚泊辅助动力定位模式明显优于动力定位，纵荡在顶浪 180°和横浪 90°时相比动力定位模式和锚泊定位模式略有提高，锚泊辅助动力定位模式下平均纵荡与动力定位模式相当。

(2) 作业海况下，相比动力定位模式，各浪向下锚泊辅助动力定位功率平均消耗较动力定位降低约 15%~20%。

(3) 在顶浪 180°和艏斜浪 135°时，平台首部锚链系泊力在锚泊辅助动力定位时较锚泊定位明显减小；横浪 90°时，锚泊辅助动力定位与锚泊定位精度相当，各锚链系泊力无明显差别。

参考文献

1 Sargen J S, Morgan M J. Augmentation of a mooring system through dynamic positioning [C]. Offshore Technology Conference, Houston Texas, 1974.

2 Wichers J, van Dijk R. Benefits of using assisted DP for deep water mooring system [C]. Offshore Technology Conference, 1996.

3 Aalbers A B, Janse S A, de Boom W C. DP assisted and Passive Mooring for FPSO's [C]. Offshore Technology Conference, Houston Texas, 1995.

4 Sørensen A J. A survey of dynamic positioning control system [J]. Annual Review in Control. 2011 35(1): 123-136.

5 Berge S P, Fossen T I. Robust control allocation of over actuated ships: Experiments with a model ship [C]. Proceedings of 4th IFAC Conference on Control of Marine Craft, Brijuni, 1997.

6 Aamo O M, Fossen T L. Controlling line tension in thruster assisted mooring system [C]. Proceedings of the 1999 IEEE International Conference on Control Applications, 1999.

7 Yamamoto I, Matsuura M. Hirayama H. Dynamic positioning system of offshore platform by advanced control [C]. Proceedings of OMAE 2001/OFT-5102, 2001.

8 Tannuri E A, Donha D C, Pesce C P. Dynamic positioning of a turret moored FPSO using sliding mode control [J]. Int. J. Robust Nonlinear Control. 2001, 13: 1239-1256.

Experimental research on assisted dynamic positioning of a moored semi-submersible platform

LIU Chang-de[1,2*], ZHANG Long-hui[1,2], HU Ding-jian[1,2], FAN Ya-li[1,2]

(1. Key Laboratory of Science and Technology on Hydrodynamics, China Ship Scientific Research Center, Wuxi 214082;
2. Taihu Laboratory of Deepsea Technological Science, Wuxi 214082, Email: liucd@cssrc.com.cn)

Abstract: In view of the insufficient space for the layout of the mooring system of the offshore platform under special operating conditions, the steep mooring system is usually designed. The restoring force of the mooring system will be small and have a serious impact on the safe operation of the platform. The mooring assisted dynamic positioning system is a new positioning method, which can not only compensate for the positioning accuracy of the mooring system but also reduce the fuel consumption during dynamic positioning. In this paper, the model experiments are carried out for assisted dynamic positioning of a moored semi-submersible platform in wind, waves, and current. Motion characteristics are analyzed with different positioning modes in different wave directions. The research results can provide technical support for the engineering application of mooring system assisted dynamic positioning system.

Key words: Assisted dynamic positioning; Mooring system; Model experiment.

水下高速外流减摩阻功效测试方案设计与验证

孙海浪[*]，徐良浩，陈默，李永成，潘子英，张华，朱爱军

(1. 中国船舶科学研究中心，无锡 214082;
2. 水动力学重点实验室，无锡 214082;
3. 深海技术科学太湖实验室，无锡 214082, Email: sunhailang@cssrc.com.cn)

摘要：为了支撑高速水下航行器减摩阻方案的选型和优化，设计了空泡水筒中的回转体模型高速外流减摩阻功效测试方案。采用由多个测力天平组成的框架式整体结构进行模型的总阻力测量，结构振动小、天平实际测量精度高。提出了兼顾总阻力测量重复性、摩擦阻力占比两个方面的减摩阻功效测试精度分析方法。开展了光滑回转体模型的总阻力重复性测试，并分析了相应的减摩阻功效测试精度。结果表明：在 6~14 m/s 水速范围内，总阻力测量重复性优于 1%，减摩阻功效测试精度优于 2.3%。相关结果可为高速水下航行器减摩阻方案的选型和优化提供支撑。

关键词：减摩阻；测试；外流；水下；高速

1 引言

航速是水下航行器的重要性能指标，现代水下航行器逐渐向高速化方向发展。就提高航速而言，在推进效率一定的情况下，可通过增加动力和减少阻力两种途径。采用减小阻力的方式，理论上可在保持航行器排水量和主机功率不变的前提下，达到与单纯加大功率同样的提速效果，是一种更具发展潜力的技术途径[1-4]。

一般可将水下航行器的阻力分为摩擦阻力(摩阻)和黏压阻力，其中，摩阻约占总阻力的 50%~80%。经过多年的技术发展，通过常规的线型优化技术减小黏压阻力的空间和幅度越来越小，而大幅降低占比高达 50%~80%的摩擦阻力，是显著提高水下航行器航速的重要突破口[3-4]。近年来，逐渐形成了表面微沟槽[5]、柔性表皮[6]、喷注高分子聚合物[7]、低表面能涂层、超疏水涂层等多种减摩阻技术方案[8-10]。

对上述技术方案的减摩阻功效进行准确的试验测量是减摩阻方案优选和优化设计的前提和基础。由于目前摩阻的测量技术尚不成熟，通常在实验室通过测量总阻力来判断减阻

功效[11-13]。对大量文献中的测量结果进行对比分析表明，各技术方案的减阻功效整体较为分散[10]。造成这种分散性的原因一方面是总阻力测量的精度有待提高；另一方面是未进行减摩阻功效的分析。由于不同形状水下航行器的摩阻占比差别较大，采用同样减摩阻功效的技术措施时，实现的减总阻功效差别同样较大。因此，对于减摩阻技术措施的功效测量，不应局限于仅获得减总阻功效。

本研究面向高速水下航行器减摩阻方案的选型和优化，开展空泡水筒中回转体模型高速外流减摩阻功效测试方案的设计与验证。

2 水下高速外流高精度总阻力测量方案设计

由于减摩阻试验为对比性试验，因此，首先需确保"测试样"和"对照样"在模型尺寸、形状、表面粗糙度等方面的一致性(即严格的几何相似性)。其次，还需确保模型安装姿态角(特别是攻角和漂角)的一致性以及测试系统(包括水洞/水筒流场、电测系统)的稳定性。

考虑上述因素，设计了空泡水筒(图1)中的回转体模型减摩阻试验方案(图2)。中国船舶科学研究中心小型多功能高速空泡水筒试验段尺寸为长×宽×高=1600 mm×225 mm×225 mm，收缩比为12.61，湍流度小于0.5%，最高水速为25 m/s，流场品质良好。试验方案主要由洞壁连接板、天平底座(导流罩)、单分力天平、模型连接板和回转体模型组成。其中，洞壁连接板用于固定整套测试系统，与水洞底壁平齐安装。采用两个单分力天平并联测量阻力，结构振动小、天平实际测量精度高，天平绝大部分位于导流罩内。

图1 中国船舶科学研究中心小型多功能高速空泡水筒

回转体模型长800 mm，中体直径65 mm。为了提高对比试验中模型加工的一致性、降低后续减摩阻方案的加工难度,模型连接板没有采用传统的在模型上开凹槽并平齐安装到模型内部的方式,而是作流线型处理后外露在模型表面,较完整地保留了回转体的线型。回转体模型通过流向排列的螺纹孔与模型连接板固连,更换模型时,其余部分均无需拆装,无需额外调整即可较好地满足模型攻角和漂角的一致性。

图 2 回转体模型减摩阻试验方案

3 光滑模型总阻力重复性测试

为验证上述方案的有效性,在开展减摩阻方案的功效测试前,首先进行了表面水力光滑回转体模型的总阻力重复性测试。模型采用铝合金(LY12)制作,表面粗糙度 $Ra \leqslant 3.2(\mu m)$,共 3 件,编号分别为 1#、2#、3#。试验水速范围为 6~14 m/s,间隔 2 m/s。试验结果见表 1 和图 3。

表 1 光滑模型总阻力重复性测试结果

水速 U /m·s^{-1}	总阻力 R_t /N					重复性 (极差/均值)/%
	1#	2#	3#	均值	极差	
6	18.86	18.91	18.85	18.87	0.07	0.4
8	32.02	32.10	32.02	32.05	0.08	0.2
10	48.76	49.04	48.84	48.88	0.27	0.6
12	69.24	69.60	69.46	69.43	0.36	0.5
14	93.35	94.31	94.16	93.94	0.97	1.0

试验结果表明,光滑回转体模型总阻力的测量重复性(以极差/均值表示)较好,6~14 m/s 水速范围内,测量重复性优于 1%。

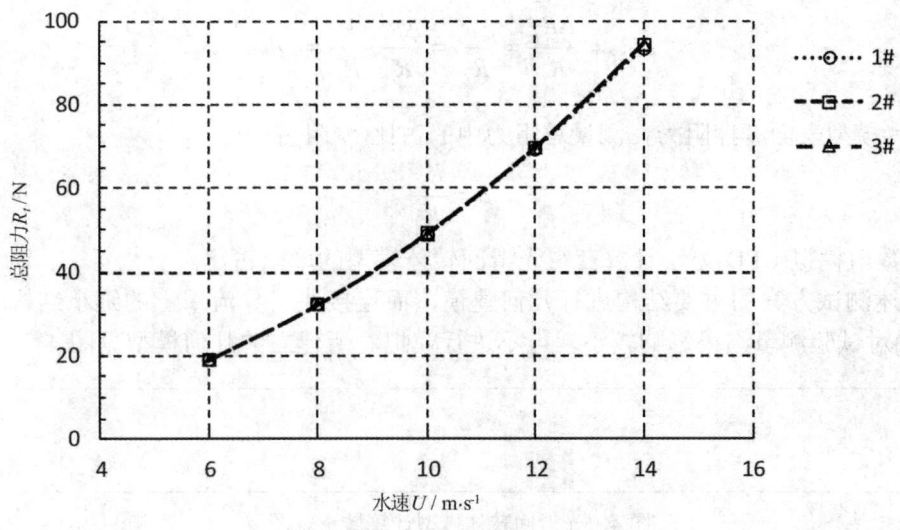

图 3 光滑模型总阻力重复性测试结果

4 光滑模型摩阻占比计算分析

通过对比试验，可测量获得相应减阻方案的减总阻率。而对于水下航行器模型，总阻力 R 包含摩擦阻力 R_f 和黏压阻力 R_{pv}。目前，常见的减摩阻方法(如表面微纳结构、柔性表皮、涂层等)对摩擦阻力有一定影响，但对黏压阻力影响较小，可忽略。当模型周围流动流态不变时，黏压阻力仅与模型线型相关。具体到本研究中的测试方案，试验测量获得的总阻力 R_t 除了模型总阻力外，还包括模型连接板总阻力 R'。由于模型及模型连接板均为流线型，因此二者的流动相互影响较小，可忽略，模型连接板总阻力同模型黏压阻力一样，在对比分析中可作为固定的基础值存在。

$$R_t = R + R' = R_f + R_{pv} + R' \tag{1}$$

因此，对于减摩阻试验而言，在充分发展的湍流状态下，试验测得的减总阻力量 ΔR_t 等于减摩擦阻力量 ΔR_f。

$$\Delta R_t = \Delta R_f \tag{2}$$

若将减总阻率 DR 表示为：

$$DR = \frac{\Delta R_t}{R_t} \tag{3}$$

则减摩阻率 DR_f 可表示为：

$$DR_f = \frac{\Delta R_f}{R_f} = \frac{\Delta R_t}{R_f} = \frac{\Delta R_t}{R_t} \cdot \frac{R_t}{R_f} = DR \cdot \frac{1}{a} \qquad (4)$$

式中，a 为模型表面摩擦阻力在测量总阻力中的占比(摩阻占比)。

$$a = \frac{R_f}{R_t} \qquad (5)$$

采用数值模拟(CFD)方法计算获得光滑回转体模型的摩阻占比。

对上述测试方案的主要结构进行几何建模，而连接块、导流罩上的细小结构(如螺栓/螺钉孔等)对试验测量结果影响较小，可不进行模拟。所建立的几何模型见图 4。

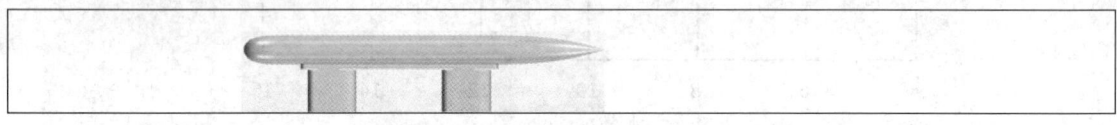

图 4　光滑回转体模型计算域示意图

计算域横截面为 225 mm×225 mm(宽×高)，与水筒试验段相同；纵截面见图 4，其中，入口距模型前缘 0.5 m，出口距模型后缘 1.2 m。入口设置为速度入口，出口设置为压力出口，其余表面设置为壁面。

近壁面附近采用边界层网格，共 12 层，第一层网格高度 Y^+ 设为 30，网格增长率设为 1.1。此外，模型周围网格加密(图 5)所示。计算网格总数约 180 万。

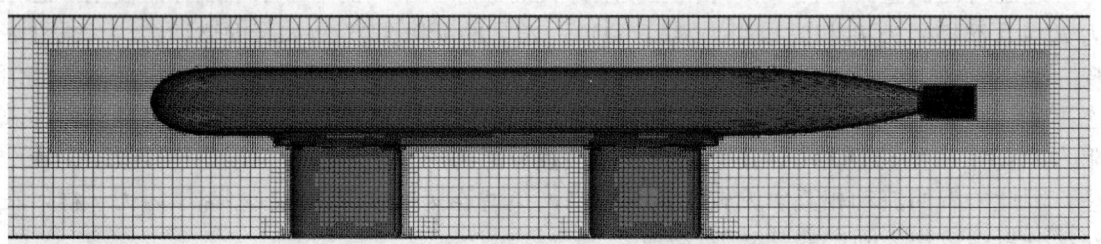

图 5　光滑回转体模型周围计算网格示意图

采用 RANS 方法结合 RNG k-ε 湍流模型开展计算，计算结果见表 2 和图 6。

表 2　光滑回转体模型阻力 CFD 结果

水速 U/m·s^{-1}	总阻力 R_t/N	与试验差别/%	摩擦阻力 R_f/N	摩阻占比 a/%
6	20.07	6.3	9.04	45.0
8	33.04	3.1	15.05	45.5
10	49.42	1.1	22.58	45.7
12	68.97	-0.7	31.40	45.5
14	93.29	-0.7	41.68	44.7

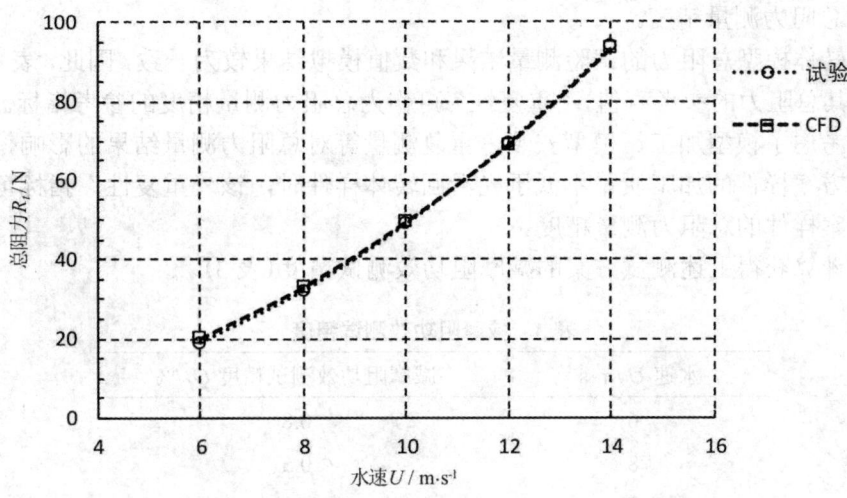

图 6 光滑回转体模型总阻力比较

可以发现，总阻力 R_t 的数值模拟结果与试验结果吻合较好，最大差别小于 6.3%，且二者差别随水速的增加呈下降趋势。不同计算工况下的摩阻占比值较为稳定，均值为 45.3%，波动量小于 1%。

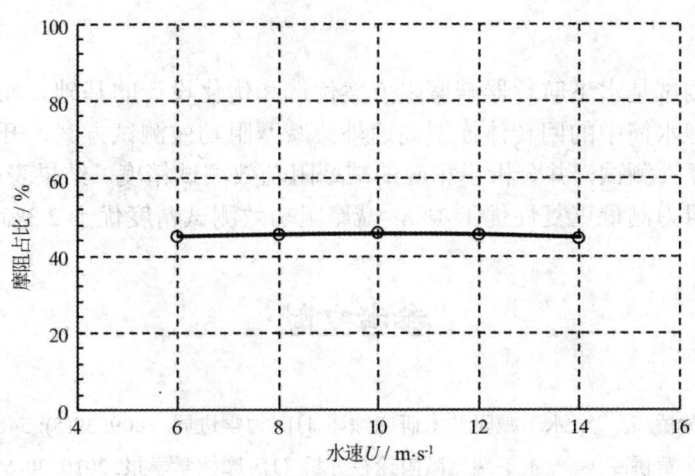

图 7 光滑回转体模型表面摩阻占比

5 减摩阻功效测试精度分析

根据前文分析结果，上述测试方案的减摩阻功效测试精度 Q_f 可按以下公式计算：

$$Q_f = \frac{Q_t}{a} \tag{6}$$

式中，Q_t 为总阻力测量精度。

光滑回转体模型总阻力的试验测量结果和数值模拟结果较为一致，因此，表1中的"均值"可作为其总阻力的参考真值，"重复性"可作为总阻力测量精度的参考指标。上述重复性测试综合考虑了模型加工、模型安装、重复测量等对总阻力测量结果的影响，因此，当后续减摩阻方案样件的加工质量不低于光滑回转体样件时，该"重复性"指标可定量反映各减摩阻方案样件的总阻力测量精度。

最后，计算获得上述测试方案的减摩阻功效测试精度(表3)。

表3 减摩阻功效测试精度

水速 U /m·s^{-1}	减摩阻功效测试精度 Q_f /%
6	0.8
8	0.5
10	1.2
12	1.1
14	2.3

6 结论

减摩阻功效测试是水下航行器减摩阻方案优选和优化设计的基础。面向高速水下航行器研发，设计空泡水筒中的回转体模型高速外流减摩阻功效测试方案，开展了光滑回转体模型的总阻力重复性测试，并分析了相应的减摩阻功效测试精度。结果表明：在 6~14 m/s 水速范围内，总阻力测量重复性优于 1%，减摩阻功效测试精度优于 2.3%。

参考文献

1 柯贵喜, 潘光, 黄桥高, 等. 水下减阻技术研究综述 [J]. 力学进展, 2009, 39(5): 546-554.
2 胡海豹, 宋保维, 黄桥高, 等. 水下湍流减阻途径分析 [J]. 摩擦学学报, 2010, 30(6): 620-628.
3 朱爱军, 冯玉龙. 潜艇减阻技术及验证方法探索 [C]. 空气动力学/水动力学研讨会论文集, 2012.
4 谢华, 沈泓萃, 张军, 等. 水下航行体仿生减阻技术研究方案探讨 [C]. 第二届全国生物交叉技术学术会议论文集, 2015.
5 谢华. 仿生壁面减阻机理及表面微结构设计方法研究. 北京: 中国舰船研究院, 2017.
6 张效慈. 柔性面技术在新概念潜艇中的应用 [J]. 船舶力学, 2003, 7(1): 112-115.
7 孙海浪, 季锦梁, 徐良浩, 等. 高雷诺数下喷注聚合物外流减阻的水筒试验研究 [C]. 第十二届全国实验流体力学学术会议论文集, 2021.
8 Marc P, David R D, Steven L C. Freeman Scholar Review: Passive and Active Skin-Friction Drag Reduction in Turbulent Boundary Layers [J]. Journal of Fluids Engineering, 2016, 138: 1-16.

9 Tian G Z, Fan D L, Feng X M, et al. Thriving artificial underwater drag-reduction materials inspired from aquatic animals: progresses and challenges [J]. RSC Advances, 2021, 11: 3399-3428.
10 Park H, Choi C H, Kim C J. Super-hydrophobic drag reduction in turbulent flows: a critical review [J]. Experiments in Fluids, 2021, 62: 229.
11 黄微波, 陈国华, 卢敏, 等. 聚脲柔性减阻材料的制备及性能 [J]. 高分子材料科学与工程, 2007, 23(3): 247-250.
12 徐良浩, 王隆威, 刘建华, 等. 水下无人系统超疏水表面减摩阻实验研究 [C]. 水下无人系统技术高峰论坛, 2020.
13 豆照良, 刘峰斌. 船用防污减阻复合功能涂层的制备及性能 [J]. 船舶工程, 2018, 40(10): 1-4.

Design and verification of the skin friction reduction test scheme for underwater high-speed external flow

SUN Hai-lang*, XU Liang-hao, CHEN Mo, LI Yong-cheng, PAN Zi-ying, ZHANG Hua,

ZHU Ai-jun

(1. China Ship Scientific Research Center (CSSRC), Wuxi 214082;
2. National Key Laboratory of Science and Technology on Hydrodynamics, Wuxi 214082;
3. TAIHU Laboratory of Deepsea Technological Science, Wuxi 214082, Email: sunhailang@cssrc.com.cn)

Abstract: In order to select and optimize the skin friction reduction scheme for high-speed underwater vehicles, a rotating body model test scheme of skin friction reduction efficiency for high-speed external flow use was designed in a water tunnel. The total resistance of the model is measured by a frame structure composed of several load cells. The vibration of the structure is small and the actual measurement accuracy of the cells is high. An analytical method for the accuracy of skin friction reduction efficiency measurement is proposed, which takes into account the repeatability of total resistance measurement and the proportion of skin friction. The repeatability test of the total resistance of three smooth rotating body models was carried out, and the corresponding accuracy of skin friction reduction efficiency measurement was analyzed. The results show that, within the water speed of 6 m/s ~ 14 m/s, the repeatability of total resistance measurement is better than 1%, and the accuracy of skin friction reduction efficiency measurement is better than 2.3%. The results can provide support for the selection and optimization of the skin friction reduction scheme for high-speed underwater vehicles.

Key words: Skin friction reduction; Model test; External flow; Underwater; High-speed.

截锥型弹体小角度入水空泡及冲击载荷特性实验研究

隋宇彤，李帅*，明付仁

（哈尔滨工程大学 船舶工程学院，哈尔滨 150001，Email: lishuai@hrbeu.edu.cn）

摘要：导弹、鱼雷等武器头型对入水冲击载荷和水下弹道特性有重要的影响。本研究通过实验方法研究了截锥型弹体小角度入水问题，采用高速摄像机和弹体内置加速度采集仪，探究截锥型弹体头型系数和入水角度对弹体入水初期空泡演化和冲击加速度特性的影响规律。实验结果表明，不同头型系数下弹体头部可能引导两类空泡：①由头部平面和弹体肩部引发的两个初始空泡融合为一个连续的空泡；②两个初始空泡单独发展并且不会发生融合。对于第二类空泡，头部平面产生的空泡的闭合发生在弹头侧面，并且其闭合时间随入水角度减小而增大。对于弹体的冲击加速度，与产生第一类空泡的弹体相比，产生第二类空泡弹体的冲击加速度增长速率较为缓慢但波形更复杂，并且其加速度达到峰值后不会立刻下降而是持续一段时间。此外，弹体冲击加速度的上升速率和峰值随入水角度的减小而减小。

关键词：入水；冲击加速度；空泡；高速摄影

1 引言

入水问题在军事和民用领域均有重要意义，例如船体航行过程入水砰击[1-2]、水上飞机设计[3]、航天器回收[4]、鱼雷以及弹体入水[5-7]等问题。结构入水问题是一种复杂的瞬态多相流问题，弹体撞击自由面后会在水中形成空泡，并且弹体由空气跨越自由液面进入水中，弹体可能会受到持续数毫秒较大幅值的冲击加速度[8-9]，该冲击载荷极可能造成弹体结构和内部设备的损伤，因此，掌握入水过程中弹体承受的冲击载荷规律和形成机理具有实际意义。以往研究表明，弹体的几何构型、弹体质量、弹体表面沾湿性、入水角度、入水速度和角速度[8,10-12]均会对入水特性造成不同程度的影响。

基金项目：中央高校基本业务费(3072020CFJ0105)和黑龙江省博士后科研启动金(LBH-Q20016)资助项目。

弹体入水载荷主要由结构与流体之间的相互作用状态决定，因此，弹体入水的空泡特性在此过程中起到重要作用。Bodily 等[8]开展了对锥型弹头、橄榄型弹头和平头弹体入水载荷特性的研究。结果表明，不同的入水角会导致弹体入水弹道的偏转和阻力特性的变化。同时也发现，平头弹体入水冲击加速度至少达到其他头型弹体入水冲击加速度的 20 倍。Shi 等[13]针对橄榄头型弹体入水特性展开了详细研究，主要关注橄榄型弹体头型系数、入水速度、入水角度在细长体入水问题中的影响。结果表明，尽管入水弹体均为橄榄头型，但是入水飞溅、空泡形态、空泡闭合和空泡振荡均与头型系数密切相关。入水问题需要考虑物体在水中的运动特性、流固耦合特性、空泡的不稳定特性以及自由液面飞溅等。由于存在此类强非线性和不稳定流动问题，入水空泡演化和弹体入水冲击载荷仍有很多问题需要解决，并且目前尚无法建立一个能够完全描述结构入水全过程的物理模型。基于上述讨论，本研究对不同头型的截锥头型弹体入水进行了实验研究，主要关注入水初期空泡特性和弹体承受的瞬态载荷，同时分析了截锥头型弹体入水冲击载荷与流动特性的关系。

入水速度是入水特性演化的重要影响因素[5]，结构低速入水所形成的空泡内部通常充满空气，然而物体在高速入水过程中会引发空化现象[14]，所形成的空泡会充满由空气和空化形成的水蒸气的混合物。并且，当空泡能够完全包围整个弹体时，弹体表面仅存在很小的沾湿面积，摩擦阻力较小，此种现象被称为超空泡现象，并在水下武器的减阻问题中得到了广泛应用[6,10,15]。以往研究开展了弹体高速入水形成的自然超空泡的宏观演化特性，然而目前对于空泡的初期生成及自由液面附近的演化问题研究较少[16]，并且，入水空泡的初始演化特性对空泡的后续发展过程具有重要作用。本研究利用高速摄影技术获得了截锥型弹体入水的初期演化特性，发现了不同头型系数的截锥型弹体入水所形成的两种典型空泡，分析了不同空泡特性的形成机理。

已有研究也对于弹体高速入水的运动学和动力学特性进行了分析，结果表明，弹体的固有属性和运动参数影响着弹体入水后的速度衰减、加速度和弹体轨迹。Yan[17]和 Chen[15]在航行体内部安装加速度采集系统以获取结构入水冲击载荷特性，得到了航行体在不同入水速度和入水角度的入水冲击载荷特性。本研究利用弹体内置型加速度采集系统，获得了截锥型弹体高速入水过程的冲击加速度数据，通过研究流体与结构的相互作用，分析了不同头部参数弹体的冲击加速度的生成机制。

2 实验方法

图 1 为弹体入水实验设备示意图，该系统主要由高压气枪、水箱、内置加速度采集系统、弹体初速度测量系统、高速相机和数据处理系统组成。实验中弹体由高压气枪向水箱中发射，由高速摄像机和加速度采集系统分别获取入水空泡和入水冲击加速度特性数据。实验水箱尺寸为 5 m × 1 m × 1.8 m（长×宽×高），进行实验时水箱注水深度为 1.2 m。所有实验工况均在常温常压状态下开展。入水发射系统由可调角度支撑架、高压容器、电磁阀

和发射管组成。每一个弹体均由铝制弹头和加速度采集系统安装段组成,加速度采集系统量程为±200g,采样频率为 100 kHz。一台高速摄像机放置于弹体入水方向的侧向来得到入水初期的空泡演化结果,高速摄像机采样频率为 12,000 fps。两组碘钨灯放置于相机对侧用于提供拍摄光源,同时为了减缓图像的阴影区域,在高速相机同侧也设置了一组灯阵。

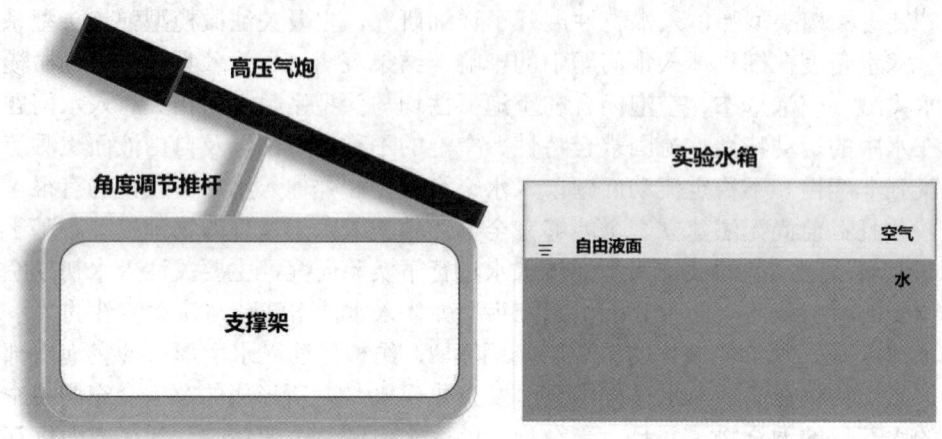

图 1 入水实验设备,主要由发射装置和实验水箱构成

本研究主要开展了截锥型弹体斜入水特性的研究,弹体头型参数在入水问题中起重要作用,因此有必要对头型参数进行量化定义。图 2 为回转体型截锥型弹体截面的几何构型,弹体的截面可由三个参数进行定义:弹体主体直径,弹体头部平面直径和弹体头部锥角。所有的实验工况中弹体主体直径 d_1 均为 34 mm,因此截锥头型可由两个无量纲头型参数定义,分别为:$K=(d_1/d_2)^2$ 和弹头锥角 θ。实验中弹体质量均为(480 ± 5) g。此外,弹体入水速度均为 40 m/s,与之对应的空化数为 $\sigma=(p_\infty-p_v)/(0.5\rho V_0^2)=0.116$ 和弗汝德数为 $Fr=V_0/\sqrt{gd_1}=71.02$。

在实验过程中首先将加速度采集系统安装在弹体内部,然后将组装完成的弹体放入发射管内部,随后空气压缩机向高压容器内充入指定压力的高压空气,用以推动弹体到达指定速度。最后,通过同步器同时触发电磁阀和高速摄像机,弹体在高压空气的驱动下向水箱中发射。发射结束后,将弹体从水箱中取出然后读取加速度采集系统所获得的实验数据。

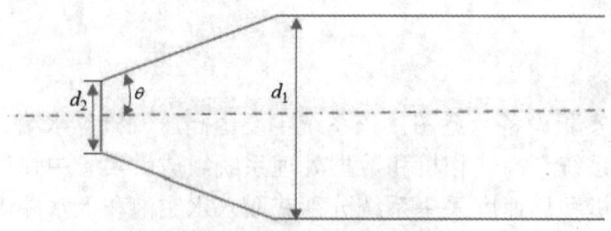

图 2 截锥型弹体头型几何参数定义

(d_1 = 34 mm 为弹体主体部分直径,d_2 和 θ 分别为截锥头部平面直径和弹头锥角)

3 结果与讨论

3.1 头型参数对空泡演化影响

图 3 为头型参数为 $(K, \theta) = (7, 15°)$ 的截锥型弹体入水初期空泡特性的高速摄影图像。当弹体头部平面边缘撞击自由液面时，会形在头部附近形成明显的飞溅和空泡。随着弹体向水中运动，当弹体肩部撞击自由面时会形成第二个空泡(图3)。在图3中第2~4帧，第一个空泡的上侧边界向弹体尾部移动，同时第二个空泡的下侧边缘朝向弹体头部运动。接下来，两个初始空泡合并为一个独立的连续型空泡，如图 3 中第 3 帧所示。两个空泡合并后会形成一条明显的交界线。图 3 中第 4 帧显示了得到充分发展的连续腔。在此种连续型空泡情况下，弹体头部的沾湿面积仅存在于头部平面，并且空泡分离线位于头部平面边缘。

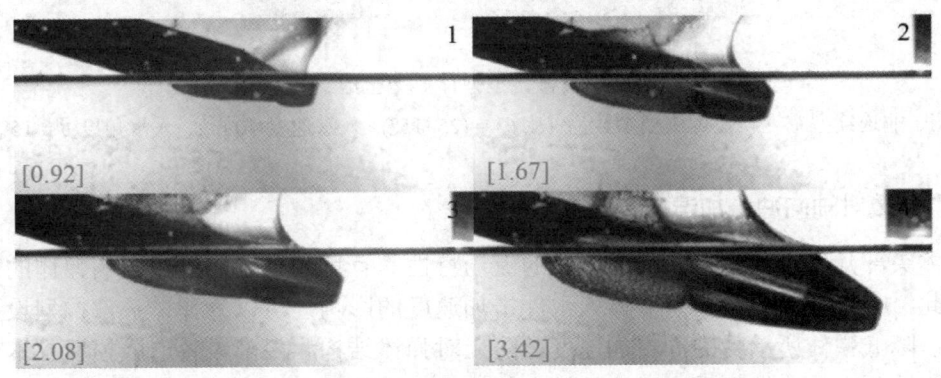

图 3 截锥型弹体典型空泡

(Ⅰ. 连续型空泡. 弹体头型参数为 $(K, \theta) = (7, 15°)$, 入水速度 40 m/s, 入水角度 $\beta = 15°$)

图 4 为头型参数 $(K, \theta) = (25, 15°)$ 的截锥型弹体入水初期空泡特性的高速摄影图像。与图 3 中连续型空泡特性相比较，改变头型参数对空泡特性的影响，首先反映在由头部平面形成的第一个空泡生成过程。在该工况下，头部平面形成的空泡体积较小并且空泡壁面非常模糊。随着弹体向水中运动，弹体肩部同样形成了第二个空泡。在接下来的空泡发展中，弹体肩部持续引导第二个空泡的膨胀，同时也发现第一个空泡在弹头侧面上发生了闭合，此后第一个空泡不再与大气环境连通，随后该空泡开始溃灭。如图 4 第 4~5 帧所示为充分发展的空泡，在此种工况下空泡分离线位于弹体肩部。本研究中，对于两个初始空泡不发生合并的情况，定义为非连续型空泡，此种空泡的特性与连续型空泡存在较大差异。如图 4 第 5 帧所示，非连续型空泡由两个独立空泡构成：①头部平面引导的第一个空泡，②肩部引导的第二个空泡，并且这两个空泡之间的弹头侧面存在着较大的沾湿面积。

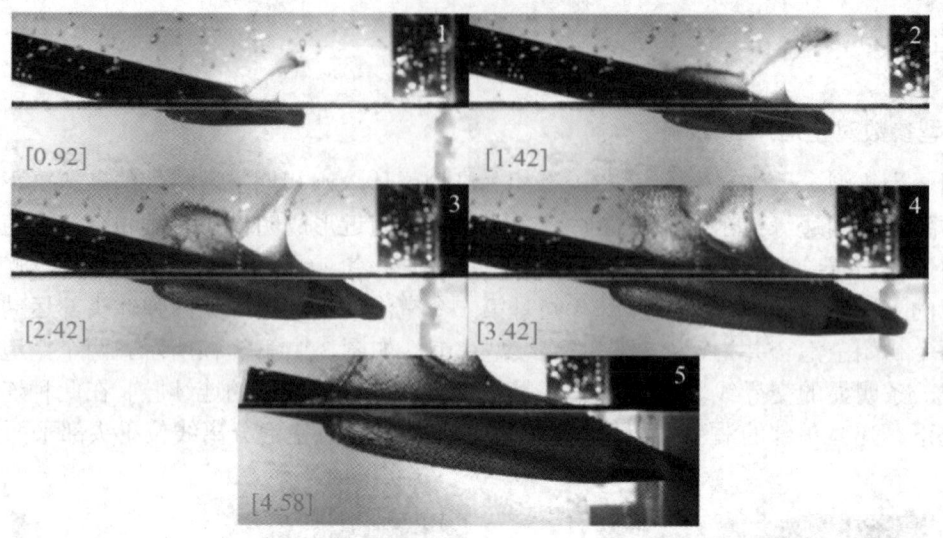

图 4 截锥型弹体典型空泡

(Ⅱ. 非连续型空泡。弹体头型参数为 (K, θ) = (25, 15°), 入水速度 40 m/s, 入水角度 β = 15°)

3.2 头型参数对轴向冲击加速度影响

弹体头部几何形状对自由液面附近的流场特性具有重要影响，进而影响弹体的载荷特性。因此，分析弹头几何构型弹体入水冲击加速度的影响，可以为弹体头部构型设计提供参考，以降低弹体所承受的冲击加速度，防止对弹体结构和内部设备造成损坏。本节研究了伴随连续型和非连续型空泡弹体的轴向加速度。弹体的冲击载荷数据由弹体内部的加速度采集系统获得。弹体的受力情况与空泡演化特性密切相关，结构上的水动力与沾湿面积有关。弹体的沾湿面积主要存在于弹体头部，弹体的主体部分几乎不存在沾湿面积，因此弹体的水动力主要由头型参数决定。弹体受到的水动力可有下式表示

$$\vec{F} = m\vec{a} = \int_s P\vec{n} \cdot \vec{k} \mathrm{d}S \tag{1}$$

本节选取了头型参数为 (K, α) = (7, 15°) 和 (K, α) = (25, 15°) 的截锥型弹体，主要关注入水初期的瞬态冲击加速度特性。

3.2.1 伴随连续型空泡的弹体加速度

首先分析了伴随连续型空泡弹体的入水冲击加速度。图 5 为头型参数为 (K, θ) = (7, 15°) 弹体的轴向加速度时历曲线。在该工况下，弹体轴向冲击加速度直接增长至最大值，随后载荷伴随着振荡逐渐下降。在载荷的上升阶段，弹体头部撞击水面后，由于头部平面沾湿载荷开始上升；在 $t \approx 1.1$ ms 时，加速度达到最大值并且头部平面完全沾湿。同时，实验结果也表明，弹头侧面几乎不存在沾湿面积。

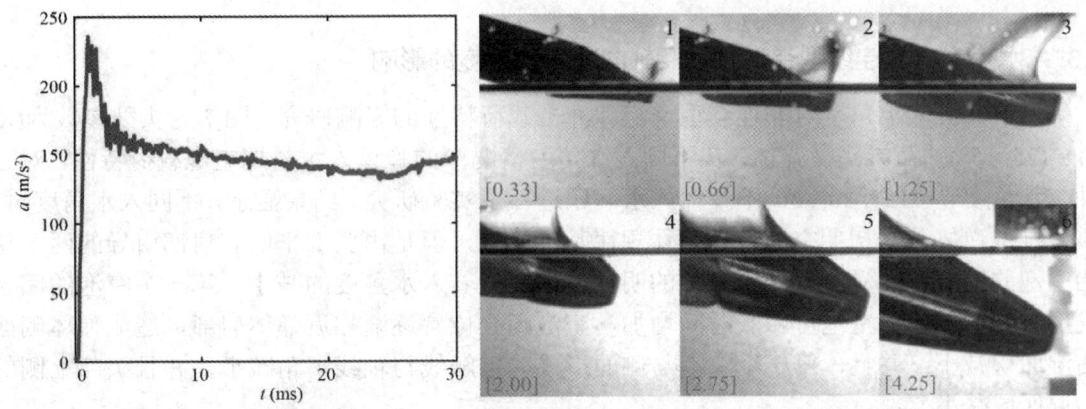

图 5 伴随连续型空泡弹体轴向冲击加速度特性(截锥型弹体头型参数为 $(K, \theta) = (7, 15°)$)

3.2.2 伴随非连续型空泡的弹体加速度

本节分析了伴随非连续型空泡弹体的入水冲击加速度。图 6 为头型参数$(K, \theta)=(25, 15°)$弹体的轴向加速度时历曲线。与伴随连续型空泡弹体的轴向加速度相比较，此种弹体的轴向加速度演化过程更为不稳定，伴随着剧烈的振荡，该现象可以归因于非连续型空泡发展的多阶段性及第一个空泡闭合后的溃灭。实验结果表明，弹体入水冲击载荷的增长过程分为两个阶段。在第一阶段中，弹体头部平面和侧面沾湿造成加速度的增长；第二阶段载荷主要由弹头侧面沾湿面积增加造成。但是与第一阶段相比，其加速度增长速率减小。另一方面，实验结果表明弹头侧面沾湿面积远大于头部平面的沾湿面积，这意味着侧面沾湿产生的水动力在弹体入水受力过程中起到重要作用。接下来，随着弹体向水中运动，弹体轴向加速度在 $t ≈ 4$ ms 时达到峰值，此时弹体头部完全进入水中。上述结果表明，弹体侧面沾湿面积在伴随非连续型空泡弹体的加速度演化过程中起到关键作用。随后，弹体加速度并没有在峰值过后迅速下降，而是在峰值附近维持一段时间。

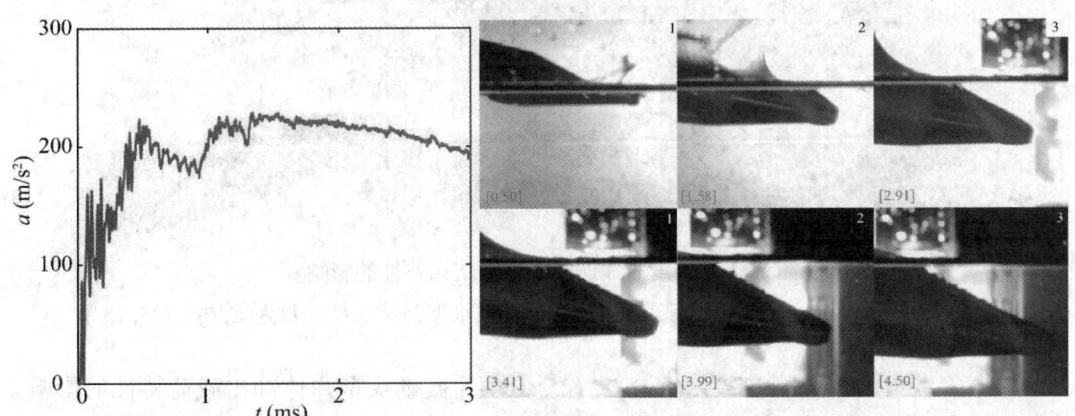

图 6 伴随非连续型空泡弹体轴向冲击加速度特性(截锥型弹体头型参数$(K, \theta) = (25, 15°)$)

3.3 入水角度对非连续型空泡特性及轴向冲击加速度的影响

本节开展入水角度对非连续型空泡和冲击载荷特性的影响研究。图 7 为头型参数为$(K, \theta) = (25, 15°)$的截锥头型弹体，在不同入水角度情况下的弹体入水初期空泡载荷特性，对三种入水角度 $\beta = 15°, 20°, 30°$下弹体入水问题进行了实验研究。结果显示，不同入水角度时，该截锥型弹体入水初期空泡特性总体规律基本一致，但是由头部平面和肩部引导的两个初始空泡的发展特性受到了入水角度的明显作用。随着入水角度的减小，第一个空泡的闭合发生时刻增加，此空泡可膨胀时间增加，空泡闭合位置逐渐靠近弹体肩部，造成弹体侧面沾湿面积减小；并且，第一个空泡与侧面形成的接触线与轴线夹角减小，并且头部上侧的沾湿区域减小。

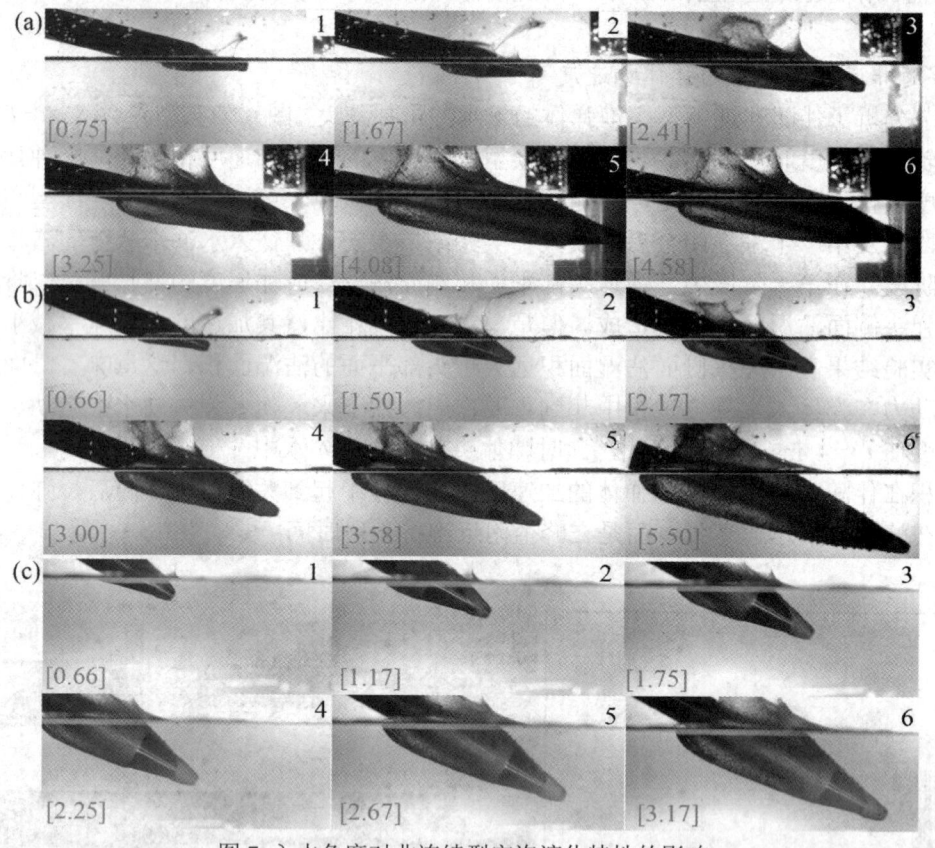

图 7 入水角度对非连续型空泡演化特性的影响

(入水角度 $\beta = 15°, 20°, 30°$，入水速度均为 40 m/s，截锥型弹体头型参数为$(K, \theta) = (25, 15°)$)

图 8 为入水角度对头型参数为$(K, \theta) = (25, 15°)$的截锥头型弹体冲击载荷特性的影响。通过实验结果可知，在此三种入水角度的情况下，弹体的冲击载荷随时间演化的总体规律基本一致，均存在着两个上升阶段和载荷持平阶段。结果表明，入水角度对第一上升阶段

加速度上升速率和最大值影响较小。对于第二上升阶段，其增长速率明显随入水角度的增加而增加。这是由于第一个空泡的闭合发生时间增加，因此侧面沾湿面积的增长速率减小，因此第二上升阶段的加速度上升速率减小。同时也发现，该头型弹体载荷最大值随入水角度增加而增加。这是由于随着入水角度的增加，第一个空泡的闭合时间增加，进而此空泡的膨胀时间增加，侧面沾湿面积减小，因此弹体受到的水动力减小。

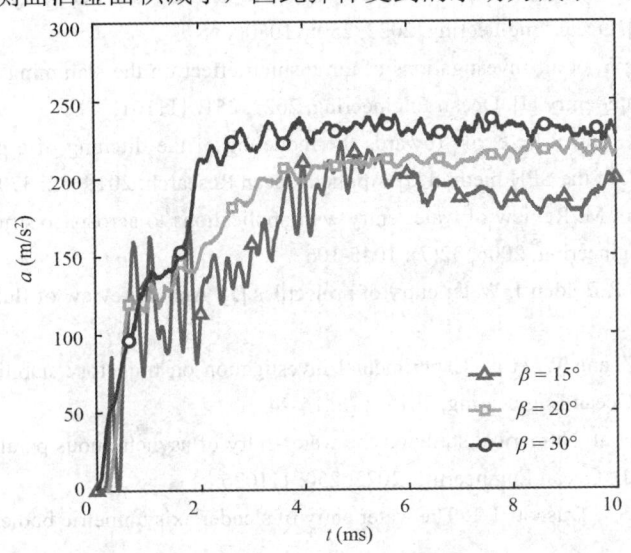

图 8 入水角度对轴向加速度的影响
(入水角度 β = 15°、20°、30°，入水速度均为 40 m/s，截锥型弹体头型参数为(K, θ) = (25, 15°))

4 结论

本研究对具有不同头型系数的截锥头型细长体高速入水问题进行了实验研究，主要关注两个无量纲头型系数，K 和 θ，对弹体入水初期空泡和轴向冲击加速度的影响。采用高速摄影技术观察了弹体入水初期空泡演化特性，包括空泡的生成、两个初始空泡的融合以及空泡溃灭。利用弹体内置加速度采集系统获取了弹体入水过程中所承受的轴向加速度特性。通过分析头部沾湿面积和轴向加速度特性，得到了截锥头型弹体与空泡演化特性之间的关联。不同头型系数的截锥型弹体入水过程可产生两种典型空泡：连续型空泡和非连续性空泡。对于第一种空泡，由头部平面和肩部引导的两个初始空泡发生合并，生成一个连续型空泡。对于第二类空泡，两个初始空泡在后续发展独立发展，且不发生合并。截锥型弹体入水轴向加速度特性主要与弹头沾湿面积演化特性相关，而沾湿面积的演化与空泡特性紧密关联。对于伴随着连续型空泡的弹体，弹体加速度的增长和下降相对稳定，其载荷特性主要由头部平面的沾湿面积决定。对于伴随着非连续型空泡的弹体，弹体载荷受侧面沾湿面积的强烈影响，载荷的上升过程由两个阶段组成，并且载荷在到达峰值后不会立刻下降而是维持一段时间；此外，弹体加速度的上升速率和峰值随入水角度的减小而减小。

参考文献

1. Chen J, Xiao T, Wu B, et al. Numerical study of wave effect on water entry of a three-dimensional symmetric wedge [J]. Ocean Engineering, 2022, 250: 110800.
2. Jiang Y, Bai J, Dong Y, et al. Investigations of air cushion effect on the slamming load acting on trimaran cross deck during water entry [J]. Ocean Engineering, 2022, 251: 111161.
3. Cheng H, Ming F R, Sun P N, et al. Towards the modeling of the ditching of a ground-effect wing ship within the framework of the SPH method [J]. Applied Ocean Research, 2019, 82: 370-384.
4. Seddon C, Moatamedi M. Review of water entry with applications to aerospace structures [J]. International Journal of Impact Engineering, 2006, 32(7): 1045-1067.
5. Truscott T T, Epps B P, Belden J. Water entry of projectiles [J]. Annual review of fluid mechanics, 2014, 46: 355-378.
6. Chen T, Huang W, Zhang W, et al. Experimental investigation on trajectory stability of high-speed water entry projectiles [J]. Ocean Engineering, 2019, 175: 16-24.
7. Lu L, Yan X, Li Q, et al. Numerical study on the water-entry of asynchronous parallel projectiles at a high vertical entry speed [J]. Ocean Engineering, 2022, 250: 111026.
8. Bodily K G, Carlson S J, Truscott T T. The water entry of slender axisymmetric bodies [J]. Physics of Fluids, 2014, 26(7): 072108.
9. Sui Y T, Zhang A M, Ming F R, et al. Experimental investigation of oblique water entry of high-speed truncated cone projectiles: Cavity dynamics and impact load [J]. Journal of Fluids and Structures, 2021, 104: 103305.
10. Truscott T T, Techet A H. Water entry of spinning spheres [J]. Journal of Fluid Mechanics, 2009, 625: 135-165.
11. Sun T Z, Shen J, Jiang Q, et al. Dynamics analysis of high-speed water entry of axisymmetric body using fluid-structure-acoustic coupling method [J]. Journal of Fluids and Structures, 2022, 111: 103551.
12. Sui Y T, Li S, Ming F R, et al. An experimental study of the water entry trajectories of truncated cone projectiles: The influence of nose parameters [J]. Physics of Fluids, 2022, 34(5): 052102.
13. Shi Y, Wang G H, Pan G. Experimental study on cavity dynamics of projectile water entry with different physical parameters [J]. Physics of Fluids, 2019, 31(6): 067103.
14. Brennen C E. Cavitation and bubble dynamics [M]. Cambridge University Press, 2014.
15. Chen C, Yuan X, Liu X, et al. Experimental and numerical study on the oblique water-entry impact of a cavitating vehicle with a disk cavitator [J]. International Journal of Naval Architecture and Ocean Engineering, 2019, 11(1): 482-494.
16. Weiland C, Vlachos P P. Time-scale for critical growth of partial and supercavitation development over impulsively translating projectiles [J]. International Journal of Multiphase Flow, 2012, 38(1): 73-86.
17. Yan G X, Pan G, Shi Y, et al. Experimental and numerical investigation of water impact on air-launched auvs [J]. Ocean Engineering, 2018, 167: 156-168.

Experimental study on the cavity dynamics and impact load of the shallow angle water entry of the truncated-cone projectile

SUI Yu-Tong, LI Shuai*, MING Fu-Ren

(College of Shipbuilding Engineering, Harbin Engineering University,
Harbin 150001, Email: lishuai@hrbeu.edu.cn)

Abstract: The nose shape have great influence on the impact load and trajectory of the water entry of the torpedo, missile, etc.. In the paper, the shallow angle water entry experiments of the truncated-cone projectiles are conducted. The effects of the nose parameters and impact angle on the water entry are considered. We used a high-speed camera and an acceleration acquisition system to obtain the cavity dynamics and acceleration characteristics, respectively. Results present that the evolution of the two initial cavities that induced by the leading plane and the shoulder are affected by the nose parameters. The cavity dynamics can be divided into two regimes. In the first regime, the two cavities coalesces into a single cavity. In the second regime, the two initial cavities expands independently. The closure and collapse of the first cavity occur on the side of the nose in the later stage. The closure time is decreased with decreasing the impact angle. We also study the transient impact acceleration, which mainly dependents on the evolution of the wetted area on the nose. The impact acceleration that companies the second category of cavity is unstable, and the growth process is more complicated, compared with the first category of the cavity. The maximum and growth of the impact acceleration is decreased with decreasing the impact angle.

Key words: Water entry; Impact acceleration; Cavity dynamics; High-speed photography.

突变水深下波浪非线性传播和陷波现象的数值模拟与试验研究

吴倩 [1,2]，冯兴亚 [1*]，董优 [2]

（1. 南方科技大学 海洋科学与工程系，深圳 518055, Email: fengxy@sustech.edu.cn;
2. 香港理工大学 土木工程系，香港 999077）

摘要：本研究对水波在突变水深下的非线性传播和陷波现象进行了数值与试验研究。在势流理论框架下，采用保角变换法，将变化地形和非线性自由面变换为虚拟坐标系内的水平直线，建立了波浪在变化地形上非线性传播的数值模型，同时开展了水池试验研究。通过理论计算，在限定入射波频范围内设计了水深突变前后水深比例，使波浪在特定的入射频率下可以产生陷波。讨论了在陷波入射波频和非陷波入射波频下，非线性波浪在时域和频域结果，通过偏度、峰度来描述非线性变化特性。实验结果验证了数值方法的准确性。谐波分析结果表明，第一个水深突变会激发波浪高次谐波的产生，二阶波幅在浅水处有较大提升，陷波入射波频下可观察到明显六阶谐波成分。同时结果表明，波浪相位在突变处出现大幅度偏离且波幅增大，可以认为畸形波发生的机率在突变处有所增加。

关键词：流动稳定性；边界层；射流；坐标变换；谱方法

1 引言

在近岸水域中，畸形波的发生会对海岸结构造成极大的破坏，因而畸形波的生成机理也一直受到众多研究者的关注。目前存在多种畸形波生成机理的假说，主要可以分为外部影响和内部影响两类，前者包括受风暴、地形变化、反向流和导致的波浪折射、波浪反射及破碎等影响而造成的异常大的波浪，后者主要指波浪与波浪之间的线性叠加或者非线性能量聚集等[1]。近年来，研究者发现新的潜在畸形波生成机理，水深突变会造成波浪的异常变形，从而加大畸形波生成的概率[2]。但是目前的相关研究还未成熟，所以对该机理进行进一步的研究，深入探讨其原理是至关重要的。Li[3]通过理论和实验方法研究波群在突变水深下的非线性传播，探讨了二阶波在波浪的非线性传播中的重要性。但是在沿海地区，规则波更为常见，所以研究普遍波形在突变水深下的非线性传播也是必不可少的。在浅水长波理论中,当波浪的波长和海底梯形结构尺寸满足陷波的发生条件时,波浪和结构的共振也会导致波浪的异常变化[4]。目前较少有相关研究将梯状结构物的长度考虑在内,忽略了波浪与水深变化部分的共振作用机理。因此需要将波浪-结构共振因素考虑在内,进一步研究突变水深对波浪非线性传播的影响。本研究采用保角变换的数值方法研究了规则波经过特殊突变水深的非线性传播,以及波浪和突变地形的共振作用,为突变水深对畸形波生成机理的影响提供了进一步的解释,并进行了相关水池实验验证。

2 保角变换方法

本研究采用保角变换方法[5]将非线性自由液面和地形映射到虚拟坐标系内的两条平行水平直线之间,将物理区域和映射区域进行相互转换 $Z = X(\xi,\eta,t)+iY(\xi,\eta,t)$。

物理域和映射域的对应关系为:

$$Y = \tilde{y}(\xi,0,t), \eta = 0 \quad (1a)$$
$$Y = b(\xi,h(x),t), \eta = -h \quad (1b)$$

式中,$b(x)$ 为地形变化曲线,$-h$ 是映射区域内两条平行线之间的距离。将映射域内 $Y = \tilde{y}(\xi,0,t)$ 表示成级数的形式 $Y = \sum_{n} \hat{Y}_n e^{ink\xi}$,通过柯西-黎曼关系 $X_\xi = Y_\eta$ 和 $X_\eta = -Y_\xi$,转换得到物理域内波面方程和地形变化方程,以及对应的欧拉方程边界条件。通过谱方法求解转换后的欧拉方程,得到波面和地形随时间变化的偏微分方程。最后对偏微分方程进行时间积分,从而得到波浪在变化地形上的非线性传播过程。

3 数值模拟和实验验证

波浪的入射频率分为两种,陷波入射波频和非陷波入射波频。陷波入射波频是在浅水长波理论计算下得到陷波模态对应的入射波频。其中陷波的模态频率 0.94 Hz,非陷波入射波频 1.21 Hz,入射波陡 ka 为 0.1。水深变化比例 $h_2/h_1 = 0.36$,$h_2 = 0.36$ m,梯状地形的长度为 2.4 m。

为了检验数值模拟的准确性,水池试验同样在香港理工大学水动力学实验室波浪水槽中进行。水槽长 27 m,宽 0.75 m,高 1.5 m,外加活塞式造波装置和末端的消波装置。其中,在梯状地形上布置了 8 个电容式波高仪测量波面时间升高历程(图1)。图2 为实验结果和数值模拟结果的对比,从图2可以看出,在波浪稳定后,实验数据的波形和数值的结果拟合得非常好。在稳定前的 2~3 个波内,可以看出实验数据和模拟结果存在差距。因为在数值模拟的过程中,一开始波浪状态就由较深处的水深和入射波浪的参数计算出来,之后随着时间的积分,波浪逐渐向较浅处移动,但是这并不影响之后波浪的非线性传播过程。

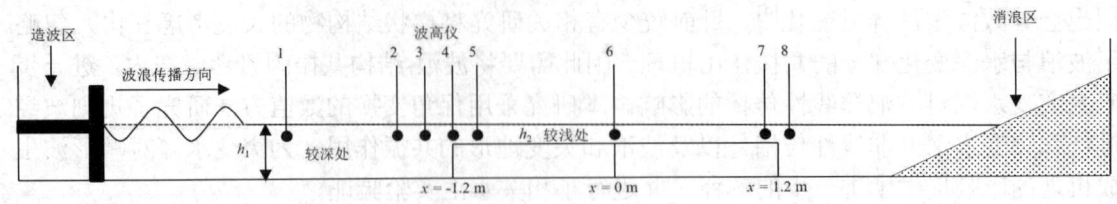

图 1 实验装置

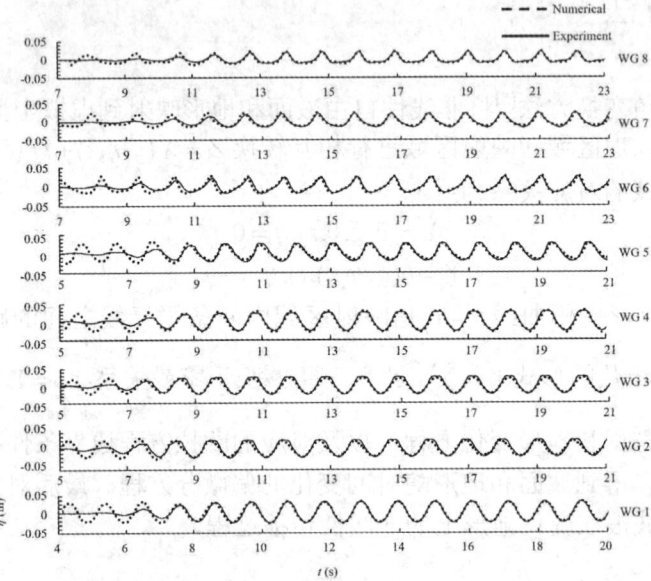

图 2 数值模拟数据（虚线）和实验数据（实线）结果（$f = 0.94$ Hz, $a = 0.03$ m）

4 数值计算结果

波浪的数值传播过程（图3），描述了波浪在空间上随时间变化的波面升高变化曲线。其中图 3(a)是陷波入射波频，图 3(b)是非陷波入射波频。从图 3 可以看出，陷波入射波频下，波浪更容易受到水深突变的影响，入射波在较浅处（阶梯上方）产生复杂的高阶非线性谐波，造成波峰更尖，波谷更加平缓的现象。同时由于受较浅处结构的阻碍，波长在梯状地形的上方增长，波高减小。在经过第二个水深突变后，波长和波高逐渐恢复到入射波的状态，这一点可以通过下文的偏度和峰度的分析佐证。非陷波入射波频下波浪也有相似的变化趋势，但是整体上非线性程度不高。

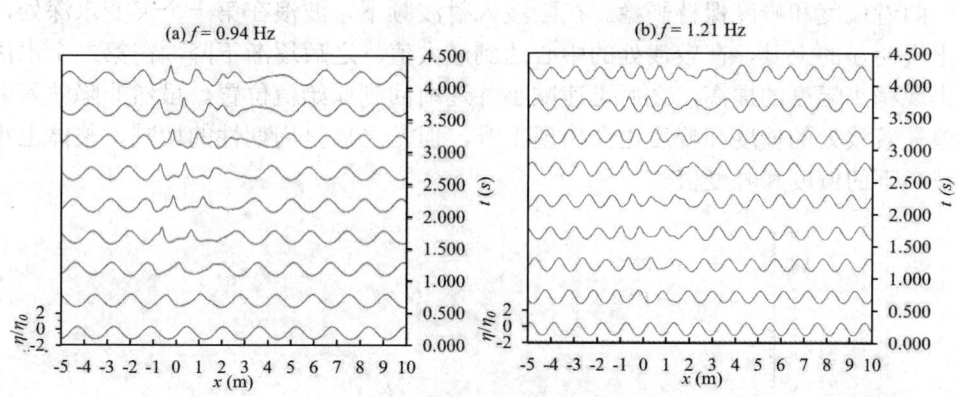

图 3 在空间上的波面升高时间历程

图 4 为陷波入射波频和非陷波入射波频下各波高仪处的波幅波谱分析。从图 4 中可以看出，较深处的波浪只显示了弱非线性（波高仪 1），二阶波的占比非常的小，三阶和四阶谐波可以忽略不计。然而，在经过第一个水深变化时，二阶谐波的波幅突然增长，并且之后各个位置上二阶谐波的波幅都有一定程度的增加。当入射波频为 0.94 Hz 时，较浅处中心位置（波高仪 6）甚至有 6 阶谐波的存在。另外在第二个突变水深后（波高仪 8），波浪更为复杂，幅值波频的结果不能够清晰地展示，表明各谐波成分可能发生能量转移。而非陷波状态下的二阶波在较浅处有少量的增长，在梯状地形上方和后面的差距很小。

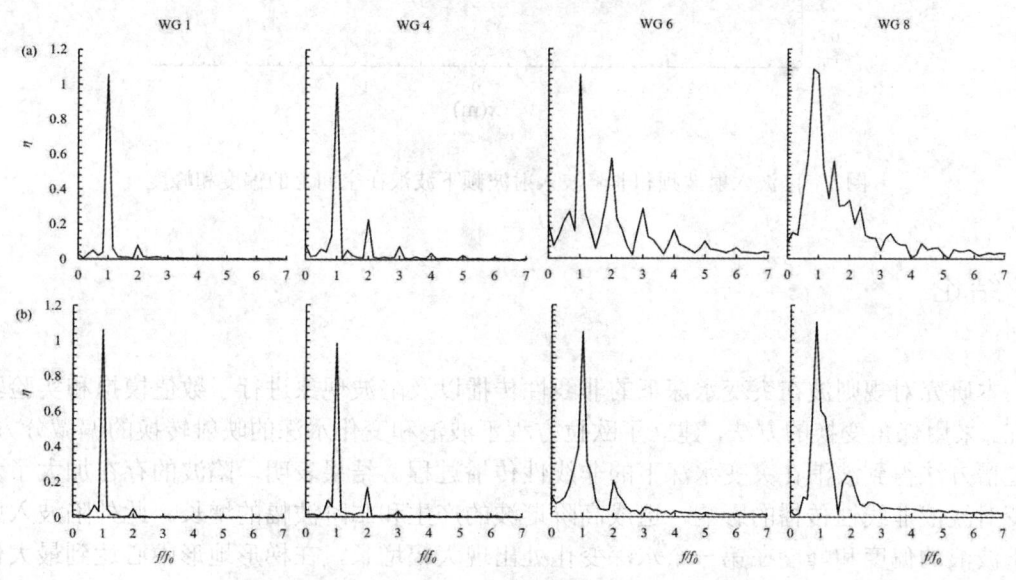

图 4 非陷波入射频率和陷波入射频率下波谱（$f = 0.94$ Hz 和 1.21 Hz）

在陷波入射波频和非陷波入射波频下，波面在空间域内的偏度和峰度分布见图 5。在较深处，两者偏度和峰度保持平稳。在陷波入射波频下，波浪在第一个突变水深处，偏度和峰度出现明显的上升，在较浅处的中心达到最大值。之后逐渐下降，在第二个水深变化后，又出现稍小幅度的提高，之后迅速减小并逐渐回到原始值位置。虽然非陷波入射波频下，波浪在较浅处的偏度和峰度也会出现上升，但是之后呈周期性的增减，整体上小于陷波入射波频下的偏度和峰度值。

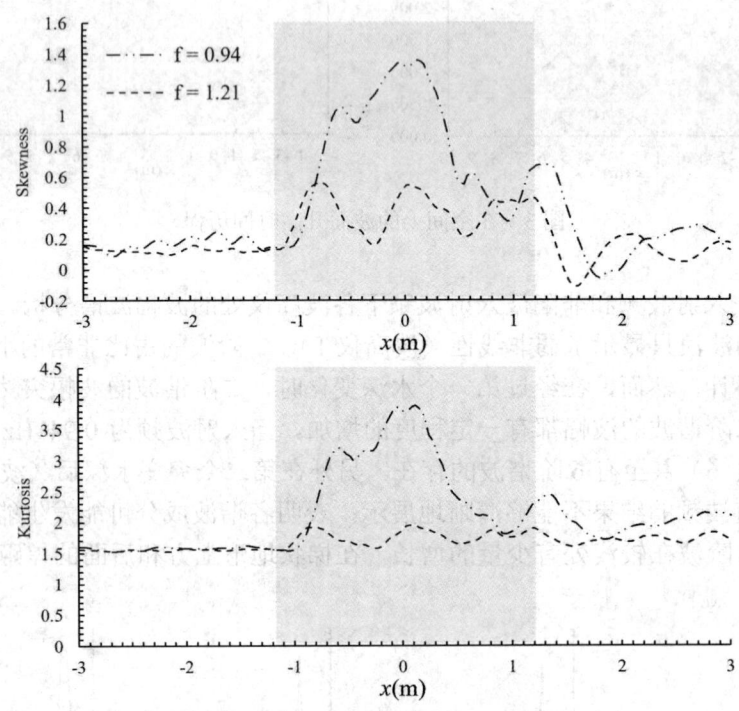

图 5　陷波入射波频和非陷波入射波频下波浪在空间上的偏度和峰度

5　结论

本研究对规则波在突变水深下的非线性传播以及陷波现象进行了数值模拟和实验验证研究。采用保角变换的方法，建立了欧拉方程下波浪和变化水深的映射转换的偏微分方程，通过谱方法得到波浪在突变水深下的非线性传播过程。结果表明，陷波的存在加大了水深突变对波浪非线性传播的影响，造成高阶谐波的产生和二阶波幅的增长。此外陷波入射波频下波浪的偏度和峰度在第一个水深变化处出现大幅增长，在梯形地形中心达到最大值。陷波频率下偏度和峰度的值都远大于非陷波入射波频下的结果，可以认为波浪和地形的共振提高了海岸波浪演化成畸形波的概率。

参考文献

1. Chien H, Kao C C, Chuang L Z H. On the characteristics of observed coastal freak waves [J]. Coastal Engineering Journal, 2002, 44: 301-319.
2. Li Y, Draycott S, Zheng Y, et al. Van Den Bremer TS. Why rogue waves occur atop abrupt depth transitions [J]. Journal of Fluid Mechanics, 2021, 919.
3. Li Y, Draycott S, Adcock T A, Van den Bremer TS. Surface wavepackets subject to an abrupt depth change. Part 2. Experimental analysis [J]. Journal of Fluid Mechanics, 2021, 915.
4. Koshimura SI, Imamura F, Shuto N. Characteristics of tsunamis propagating over oceanic ridges: Numerical simulation of the 1996 Irian Jaya earthquake tsunami [J]. Natural Hazards, 2001, 24: 213-29.
5. Viotti C, Dutykh D, Dias F. The conformal-mapping method for surface gravity waves in the presence of variable bathymetry and mean current [J]. Procedia IUTAM, 2014, 11: 110-8.

Numerical and experimental study of trapped waves propagation over a submerged step

WU Qian [1,2], FENG Xing-ya [1*], DONG You [2]

(1. Department of Ocean Science and Engineering, Southern University of Science and Technology, Shenzhen 518055, Email: fengxy@sustech.edu.cn;

2. Department of Civil and Environmental Engineering, The Hong Kong Polytechnic University, Hong Kong 999077)

Abstract: In this paper, propagation of trapped waves traveling along a submerged step is investigated numerically and verified by experiments. Within the framework of the exact model of surface gravity waves, a numerical model based on a conformal mapping method is developed to simulate nonlinear wave propagation. Regular incident waves over a range of driving frequencies and ratio of the depth in shallower water (h_2) and deeper water (h_1) are designed to generate the trapped modes. For trapped mode frequency and non-trapped mode frequency, the numerical results of wave propagation in time and spatial domain are obtained and analyzed. Laboratory studies are conducted to verify the numerical simulation which show good agreement. The first water depth change triggers higher harmonics and increase the second harmonic's amplitude. In addition, the wave-structure resonance enhances the skewness and kurtosis on the first abrupt depth change which rises the probability of occurrence of extreme waves.

Key words: Trapped mode; Nonlinear waves; Conformal mapping.

基于自适应 PIV 算法的气泡尾流实验观测

叶鑫玮，牛小静*

（清华大学 水沙科学与水利水电工程国家重点实验室，北京 100084，Email: nxj@tsinghua.edu.cn）

摘要：气泡运动是许多领域中常见的现象。气泡运动过程的形态变化和轨迹相对容易观测，但由于其尾流结构复杂，对细观流场的观测研究相对较少。传统的 PIV 算法在处理气泡尾流图像时，计算准确性会因为尾流中涡的存在而下降。因此，本研究采用了一种改进的自适应 PIV（Particle Image Velocimetry）算法对气泡运动以及尾流的细观流场进行了实验研究，提升了气泡尾流流场粒子图像的处理精度，研究了气泡上浮过程中流场的特征，特别是尾流中涡的位置和大小的变化。结合气泡上升过程的运动规律和自身形态变化，讨论了气泡对于周围水体的扰动影响范围。实验观察到气泡后一对附着涡及其脱落过程。实验表明，气泡运动会在其侧后方诱导产生一对位置对称且旋转方向相反的涡。随着气泡沿"之"字形路径上浮，其路径拐点伴随着涡的脱落。脱落涡的强度和大小会持续衰减，其中心追随气泡向上运动一段时间后最终停滞。

关键词：PIV；气泡；两相流；尾流；涡

1 引言

气泡尾流流场结构复杂，气泡的运动诱导产生涡，而涡的发展和脱落也会对气泡的运动产生影响[1]。不同大小气泡的运动特征不同，对水体产生扰动的范围也不一样[2]。气泡的"之"字形或螺旋上升、气泡变形、路径偏转和气泡的附着涡脱离密切相关。因此，用实验观测的手段对气泡尾流中的涡进行直接观测，对认识气泡多相流中气泡和气泡、气泡和液相之间的相互作用有着十分重要的作用。但运动气泡尾流流场复杂，存在大小不一的涡，精细观测有一定难度，所以现阶段对于气泡尾流的研究以数值模拟居多。

通过高速相机拍摄和图像处理的方法是现阶段常用的流动显示手段，其通过粒子的运动表征流体的运动从而获取流场信息。其中，PIV 技术以其对流场无干扰、能够通过快速准确地计算流场形态的特点，成为图像粒子测速技术中的最常用的技术，并用于各种流动结构的研究。William 等基于 MATLAB 开发了开源程序 PIVLab，是现阶段常用的 PIV 计算

基金项目：国家自然科学基金(51479101)和水沙科学与水利水电工程国家重点实验室自主项目(2022-KY-05)

软件[0]。但气泡尾流流场结构复杂,直接使用常规的 PIV 互相关算法计算,会因为计算窗口内的速度梯度和相关峰峰值降低而计算出错误矢量,从而无法得到准确的流场结构。针对大梯度流场,国内外学者已经做了许多相关的研究。针对复杂流场采取多重窗口迭代变形法等方法,即在通过图像变形适应梯度的基础上加入窗口迭代,以逐步增加计算出来的速度场的精确程度,从而使 PIV 技术在大速度梯度的流场中也能获得良好的结果[4-5]。

但是,由于涡结构的旋转流场特性,速度梯度场也存在空间变化。通过图像变形和窗口与迭代的方法,误差也无法被完全消除。因此,本研究采用了一种自适应的 PIV 算法对气泡尾流流场进行计算,以获得更加准确的流场,并分析气泡尾流中的结构特点和气泡与液体的相互作用规律。

2 自适应 PIV 算法

PIV 算法的基本原理是通过粒子在询问窗内的灰度分布模式来进行相关性匹配,通过相关峰的位置确定窗口内粒子的位移,再根据时间间隔获得速度场。设两张图片中的询问窗口内的灰度分布模式分别为 $f(x,y)$ 和 $g(x,y)$,通过计算互相关系数,其相关峰的偏移量即是图像中粒子的位移:

$$C_{fg}(\tau_x,\tau_y) = \iint f(x,y)g(x+\tau_x,y+\tau_y)\mathrm{d}x\mathrm{d}y \tag{1}$$

$$C_{fg}(\tau_x,\tau_y) \simeq C_f(\tau_x-\Delta x,\tau_y-\Delta y) = \iint f(x,y)f(x+\tau_x-\Delta x,y+\tau_y-\Delta y)\mathrm{d}x\mathrm{d}y \tag{2}$$

式中,τ_x 和 τ_y 是互相关矩阵中的坐标。同时,由于自相关函数在坐标原点 $C_f(0,0)$ 取到最大值,因此互相关函数在 $C_{fg}(\tau_x,\tau_y)$ 将在 $\tau_x = \Delta x$,$\tau_y = \Delta y$ 处取得最大值。这样一来,相关函数峰值的位置就是询问窗口中粒子的平均位移,进而代表了询问窗口内粒子的位移。在实际计算中,通常采用快速傅里叶变化(FFT)的方式来提高互相关匹配过程的运算效率[0]。

互相关算法原理中假设询问窗口内的粒子具有同样的运动模式,但当窗口内存在涡等复杂结构时,真实的流场情况就和该假设存在较大的偏差。而当流场中存在大小各异的涡,直接用统一的窗口进行计算会引入较大的误差,因此需要通过自适应的算法来使得 PIV 获得最好的计算结果。根据前期的 PIV 精度影响因素分析[7],一般来说,流场中局部速度梯度越大,就会使得包含该区域的询问窗口内的粒子运动差异增大,从而引起计算误差的增大。除此以外,对于涡来说,PIV 互相关算法的计算误差随着涡自身的速度梯度增加而增加。而对于不同大小的涡,计算误差取决于询问窗大小和涡尺度的相对比率。当涡的半径小于窗口大小时,会因为窗口内大部分粒子具有不同的运动模式而引起较大的误差,而随着涡半径增大且越来越接近窗口大小,计算误差也随之下降。当窗口大小和涡尺度相当时,误差最小且趋于稳定。实际计算中,为了保证涡的分辨率,不能采用过大的窗口计算,否则涡会直接被计算后的平均流场替代[0]。因此,对于气泡尾流这种复杂流场,其中存在着大小不一的涡，采用同一大小的询问窗进行计算会造成误差增大或者涡无法分辨的情况，所以对于不同大小的涡应当分别用最接近的窗口大小进行计算能够获得较好的结果。

自适应算法的基本原理是首先通过大窗口对流场进行粗略预计算，并根据所得到的流场进行初步的涡识别（图1）。本研究中采用Q准则以获得涡的大小和涡的位置，并根据涡的大小选取相应的大小相当的窗口对其进行局部加密计算，以获得误差更小的计算结果。这样一来，能够在保证算法整体运算效率的基础上，增加计算效果的准确率。

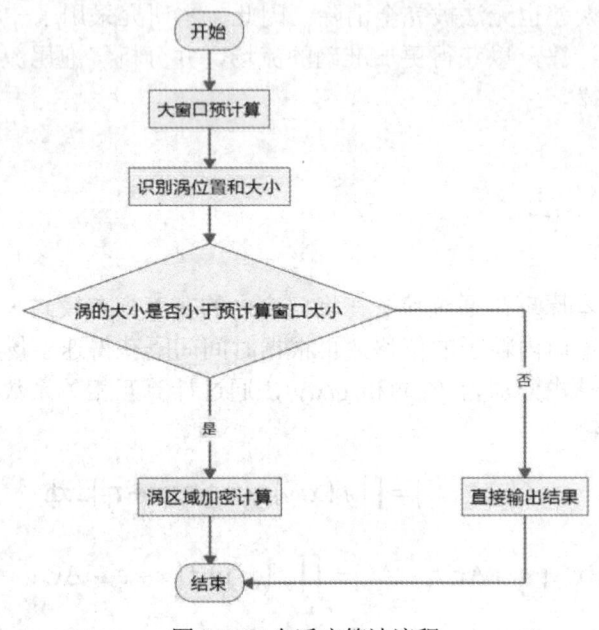

图1 PIV自适应算法流程

3 气泡尾流实验观测

在研究流场结构对PIV互相关算法误差的影响时，需要先确定粒子的播撒条件。播撒条件指粒子的浓度，其会直接影响互相关系数的计算。考虑到互相关函数的计算方式是以窗口为计算单元，所以粒子浓度的定义为单个窗口内粒子的个数。对于常规的流场来说，当每个窗口内的粒子大于10~15个后就能够达到较好的计算效果[6]。

3.1 实验装置

如图2所示为实验系统示意图，测量系统硬件包括分光器、同步器、LED控制器、红光LED灯阵列、激光、激光控制器、电脑、高速相机[6]。实验在一个横截面为0.5 m×0.5 m、高度为0.6 m的透明水箱中进行。水箱中充满了自来水，空气通过气泡发生器从底部释放，产生一个具有弱侧壁影响的羽流。荧光示踪粒子（1~20 μm）被用来标记连续相，通过532 nm

的激光器来激发粒子,使之发出 570~590 nm 的荧光。通过 580 nm 的窄带滤光片,以获得带有连续相信息的荧光粒子图像,由高速照相机 1 拍摄。离散相即气泡的运动是用背光阴影成像法测量的。水箱背后红色 LED 灯阵列提供光源,其以照亮测量区域得到气泡阴影图像。

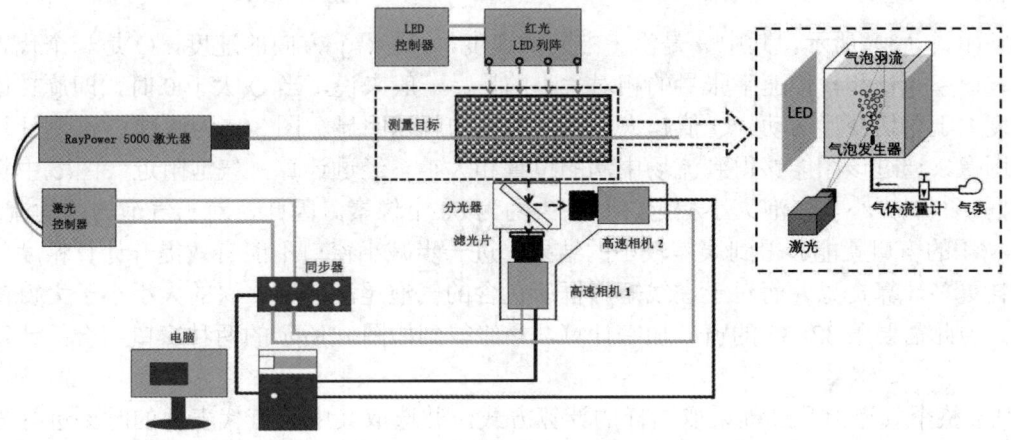

图 2 实验系统示意图

3.2 实验图像

通过气针产生静水中上升的单个气泡,固定拍摄区域,采样速率为每秒 338 帧,以此获得 2336×1400 像素的实验图像。图 3(a)为实验原始图像,经过比例尺换算,气泡的等效直径约为 5.5 mm。

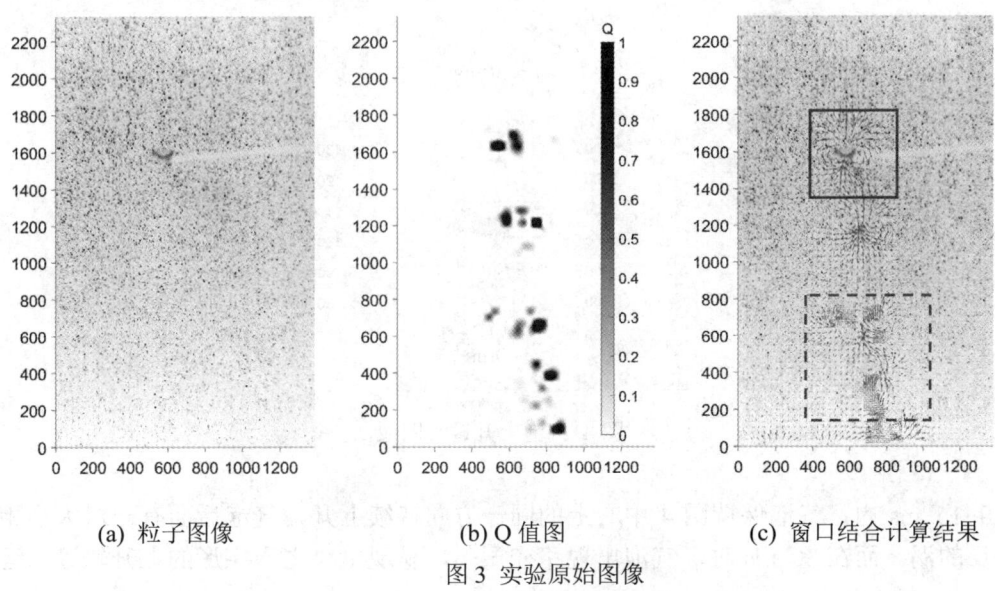

(a) 粒子图像　　　　　　(b) Q 值图　　　　　　(c) 窗口结合计算结果

图 3 实验原始图像

通过自适应 PIV 方法对图像进行处理，得到预估的速度场后采用 Q 准则进行计算：

$$Q = -\frac{1}{2}\left[\left(\frac{\partial u}{\partial x}\right)^2 + \left(\frac{\partial v}{\partial y}\right)^2 + 2\frac{\partial u}{\partial y}\frac{\partial v}{\partial x}\right] \quad (3)$$

Q 准则如式（3）所示，其中 u 是沿 x 方向的速度，v 是沿 y 方向的速度，Q 是一个代表局部旋转速率张量和拉伸速率张量的相对大小的量。一般来说，当 Q 大于 0 时，即旋转运动的强度大于剪切变形运动。Q 值越大，涡旋的结构就越明显。图 3(b)为通过 Q 准则计算的 Q 值图像，通过该图能够得到流场中涡的位置和大小。经过计算，气泡附近（图(c)中实线矩形框）的涡大小与气泡大小相近，直径大约为 60 个像素。因此，对于气泡周围的流场，用 64×64 的窗口就能够得到误差较小的结果，进一步减小窗口不能有效提升计算精度，且会消耗更多计算资源。而对于虚线矩形框所包含的气泡尾流区域，涡的大小小于大窗口的尺度，因此需要用 32×32 的窗口加密计算。最终得到如图(c)所示的两种窗口结合的计算结果。

对于整个气泡上升过程采取同样的计算方式，并选取其中具有代表性的时刻进行分析（图 4）。图 4 中左边为一段时间内气泡上升轨迹，可以看出，气泡上升过程中具有明显的路径振荡和形状变化。其上升过程中存在明显的"之"字形路径，而形状以椭球形为主。

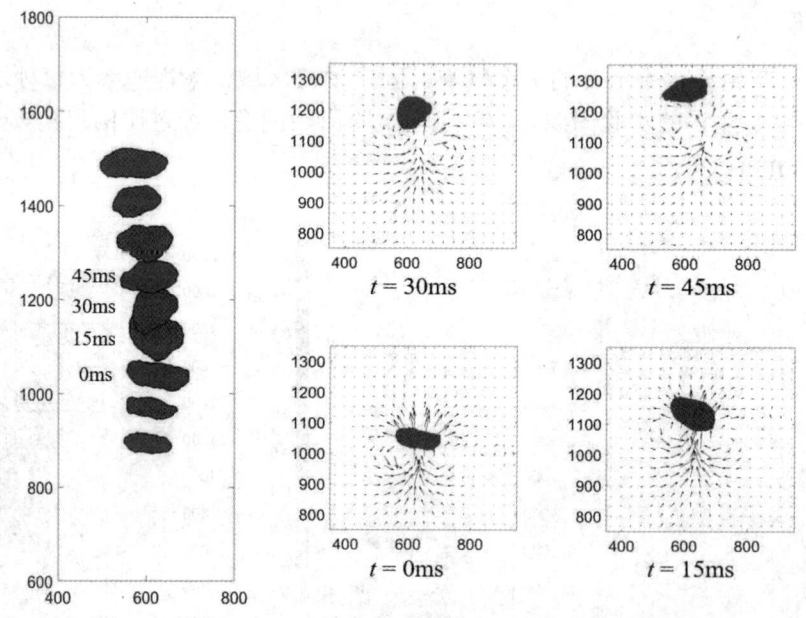

图 4 气泡上升过程图像

在 0~15 ms 内，气泡保持图 4 中右上的同一方向持续上升，气泡后面有一对大小相近方向相反的涡。而在 30 ms 时，气泡出现路径振荡，呈现出"之"字形的上升轨迹，运动方向出现变化，开始向着左上继续运动。而此时，气泡后面的附着涡不再分布于气泡后的两侧，而是出现在气泡的右侧，开始呈现出脱离的趋势。随着气泡的继续上升，到 45 ms 时，气泡的运动方向完全改变，与其后面跟随的附着涡完全脱离。在拉格朗日观点下，用漩涡中心的位置描述涡的运动，可以发现在 t=15 ms 前，涡跟随气泡以相同的速运动，当涡与气泡脱落后（t=30 ms 至 t=45 ms），涡中心移动的速度已经降低为原来的 69.2%。而对于速度方向，从图 4 中可以看出，在涡脱落后这对涡以气泡改变方向前的轨迹继续向前运动。同时，从六流场图中也能观察到，涡的大小和强度随着继续运动也在逐渐减弱。因此，气泡运动会产生一对附着涡跟随气泡运动，并逐渐发展。当其与气泡脱离后，将沿着脱离前的方向继续运动并减速，同时伴随着涡强度的衰减，最终消失。

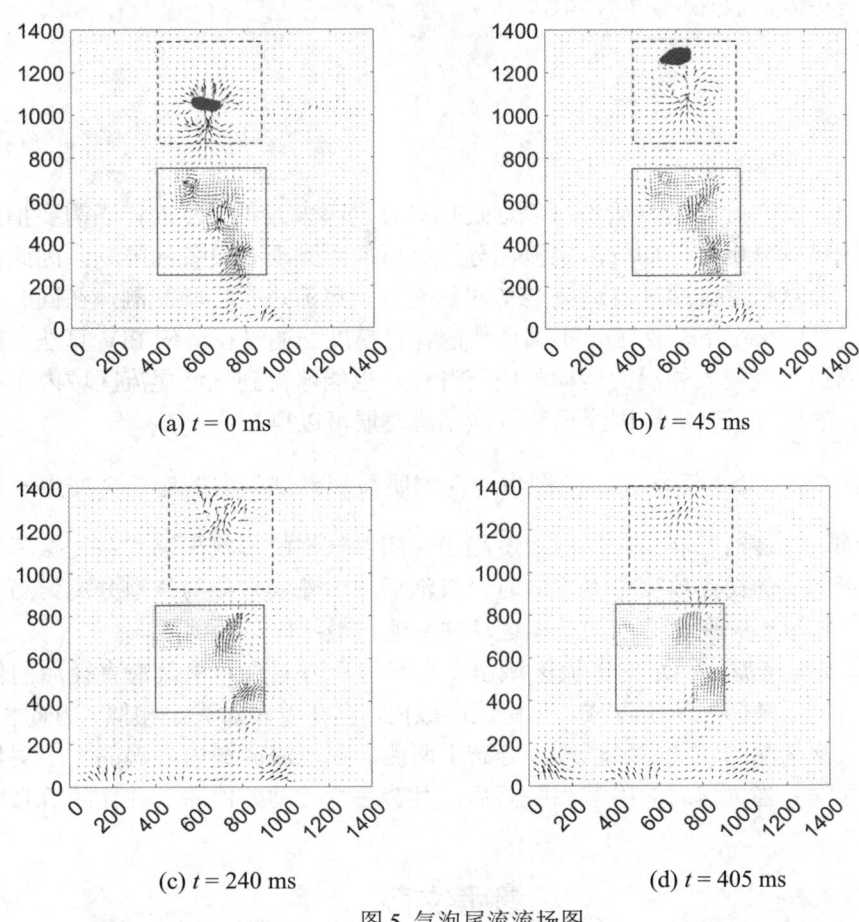

图 5 气泡尾流流场图

而对于气泡尾流，由于气泡上升诱导的涡逐步脱落后开始衰减，涡的大小相对较小。如果采用常规的大窗口进行直接计算，小尺度的涡会因为窗口内速度的平滑而被过滤掉，因此需要用 32×32 的窗口计算才能够得到精细的结果。如图 5 所示为气泡在上升过程中气泡经过后尾迹区域的流场图，其中虚线矩形框内展示了气泡后附着涡的脱落和运动，实线矩形框内为具有明显涡特征的气泡尾流区域。从位置上来看，在气泡后方先存在着气泡运动诱导生成的紧跟气泡的涡对，在图 5(a)和图(b)中能够看到这对附着涡的明显运动，中心位置从图中坐标 1000 处运动到 1100 左右，而在图 5(c)和图 5(d)两个图中可以看到涡的运动速度明显减弱，1250 处并几乎停滞，且涡的强度逐渐衰减。而在长度为 5~6 倍气泡直径后的区域内存在相对稳定的气泡尾流区域。从实线框所包含的尾流区域中存在着沿着气泡上升的轨迹两侧对称分布的大小相近方向相反的涡对，而这些涡以相对气泡运动更加缓慢的速度继续运动。如图 5(c)和图 5(d)所示，在经过 240 ms 左右，尾流区涡的运动速度急剧下降，几乎停滞；而当运动时间达到 405 ms 时，即气泡后附着涡脱落后 375 ms 时，可以观察到尾流区中脱落涡几乎完全消散。

4 结论

通常来说，PIV 计算的准确性可以通过提高分辨率来改善。然而，当需要拍摄一个相对较大的区域进行分析时，如气泡尾流，分辨率可能受到现有设备的限制。因此需要兼顾采样区域以及计算精度，通过自适应 PIV 算法对气泡尾流进行实验观测，在同时记录气泡运动和尾流发展的情况下，保证了不同局部的计算精度。通过自适应 PIV 算法，能够同时观察到气泡附近尺度较大的涡的运动与脱落过程，也能够得到气泡尾流区域内小尺度涡的运动与分布。通过分析气泡周围流场和气泡尾流发展可以得知：

(1) 对于气泡周围的流场，实验图像中能够明显观察到气泡的运动会产生一对附着涡跟随气泡运动，并逐渐发展至与气泡尺度相当。随着气泡的形状振荡和路径振荡，当气泡在"之"字形上升的拐点改变速度方向时，气泡后的附着涡将会与气泡分离。当其与气泡完全脱离后，将沿着脱离前的方向继续运动并减速，最终停滞后消散。

(2) 对于气泡尾流，稳定的尾流区域出现在气泡后方五到六倍气泡直径后的位置，是由气泡诱导产生后脱落的涡所形成。在尾流区域内，存在着多对大小相似，方向相反的涡，其沿着之前气泡运动的"之"字形轨迹，分布于两侧。在尾流区域内，涡的大小明显小于气泡后方的附着涡。当气泡后的附着涡脱落后，其会逐渐运动并停滞，并伴随着强度和大小的衰减。

参考文献

1 Zhang W, Chen X, Pan W, et al. Numerical simulation of wake structure and particle entrainment behavior during a single bubble ascent in liquid-solid system [J]. Chemical Engineering Science, 2020, 253, 117573.
2 余正东, 牛小静. 水体中两个不同气泡的相互影响模式研究 [C]. 第十届全国流体力学学术会议论文集,杭州, 中国, 2018.

3. Thielicke W, Sonntag R. Particle image velocimetry for MATLAB: Accuracy and enhanced algorithms in PIVlab [J]. Journal of Open Research Software, 2021, 9: 12.
4. Huang H T, Fiedler H E, Wang J J. Limitation and improvement of PIV [J]. Experiments in Fluids, 1993, 15(4), 263-273.
5. Scarano F. Iterative image deformation methods in PIV [J]. Measurement Science and Technology, 2001, 13(1), R1-R19.
6. Eckstein A, Vlachos P P. Assessment of advanced windowing techniques for digital particle image velocimetry (DPIV) [J]. Measurement Science and Technology, 2009, 20(7): 075402.
7. Ye X, Niu X. Optimization in PIV algorithm for visualizing vortices in bubble wake [J]. Flow Measurement and Instrumentation, 2022, 86,102177.
8. Michaelis D, Neal D R, Wieneke B. Peak-locking reduction for particle image velocimetry [J]. Measurement Science and Technology, 2016, 27(10), 104005.
9. 周豪杰, 牛小静, 邵冬冬. 气泡羽流结构的实验测量和图像处理方法 [C]. 第十届全国流体力学学术会议, 2018.10.25-28, 杭州, 中国.

Experimental observation of bubble wake based on an adaptive PIV algorithm

YE Xin-wei, NIU Xiao-jing

(State key laboratory of hydroscience and engineering, Tsinghua University, Beijing 100084,
Email: nxj@tsinghua.edu.cn)

Abstract: Bubble flow is a common phenomenon in many fields. The changes of shapes and trajectories during bubble rising are relatively easy to observe, but few observations of the fine-scale flow field have been studied due to the complex structure of bubble wake. The presence of vortices in the bubble wake will decrease the accuracy of the traditional PIV algorithm in processing bubble wake images. Therefore, an improved adaptive PIV (Particle Image Velocimetry) algorithm is used to study the bubble flow and the fine-scale flow field of the wake, which can improve the accuracy of the observation of the bubble rising flow field. The structure of the flow field during the bubble rising process is then investigated, especially the changes of the position and size of the vortices in the wake flow. By using the adaptive PIV algorithm, a pair of attached vortices behind the bubble and their shedding process were observed. It is shown that the bubble will induce a pair of vortices with symmetrical position and opposite rotation direction on its rear flanks. The change of the bubble rising trajectory is accompanied by the shedding of the vortices. After separating from the bubble, the intensity and size of the vortices will continue to decay while the vortices keeping moving forward and eventually stagnate.

Key words: PIV; bubble; Two-phase flow; Bubble wake; Vortex.

浮式风机半实物模型试验方法：系统开发及初步验证

江志昊[1]，温斌荣[1,2]*，陈刚[1]，魏汉迪[1,2]，田新亮[1,2]，董晔弘[3]

(1. 上海交通大学 海洋工程国家重点实验室，上海 200240；
2. 上海交通大学 三亚崖州湾深海科技研究院，三亚 572000；
3. 中国船舶集团海装风电股份有限公司，重庆 400000)

摘要：随着浮式风机不断向着深海和大型化发展，现有传统海洋工程模型试验技术在高精度环境载荷模拟、全功能模型风机开发以及成本及拓展性方面面临瓶颈。半实物模型试验方法的引入为海洋工程试验技术突破带来新的思路。本研究提出了基于 Stewart 六自由度运动平台实物缩尺风机模型、载荷采集系统和运动控制系统组成的半实物模型试验方法。通过载荷采集与数值程序之间的数据交互，完成物理风机模型与数值浮体模型运动之间的耦合，以期实现在陆上开展浮式风机风浪流联合模型试验。完成搭建半实物模型试验系统后基于自由衰减试验初步验证了该模型试验方法的可行性。

关键词：浮式风机；半实物模型试验；Stewart 平台

1 引言

进入 21 世纪以来，大力发展绿色可再生能源得到国际社会普遍共识。以风能、太阳能为代表的可再生能源技术在世界范围内蓬勃发展。经过数十年的研究，浮式风机技术得到了巨大发展，其可靠性以及应用前景得到了广泛认可。随着研究的深入，水深超过 50m 的水域拥有风速更高、稳定性更好、储量更高的优质风场资源，同时远离浅海渔业养殖及繁忙的航运通道，被认为是更理想的风能开发利用场所[1]。水深超过 50m 就不适合布置固定式风机，浮式风机技术应运而生。浮式风机由于服役环境恶劣以及其特殊的结构形式，主要受力部件风轮高耸，表现出复杂的刚柔耦合特性。深入研究浮式风机在不同环境载况下的动态响应特性尤为重要。

基金项目：国家自然科学基金青年科学基金项目(12102251)、海南省自然科学基金联合项目(120LH050)和国家自然科学基金重点项目(U20A20328)

作为和数值仿真手段相互验证的模型试验在浮式风机研究领域扮演着重要角色[2]。然而随着浮式风机向着深水化、大型化不断发展，现有模型试验技术仍存在以下难点和限制：① 在开放空间的波浪水池中还原高精度风场难度大；② 雷诺相似和弗汝德相似不能同时实现，力学特性匹配难度大；③ 小尺寸、质量分布敏感的模型机械功能还原及载荷监测难度大；[3]④ 设计优化、定型及更换浮体形式成本高，拓展性局限大。

为突破现有模型试验技术的瓶颈，数值仿真和模型试验相结合的半实物模型试验方法开始被引入浮式风机研究领域。在该方法中，模型试验系统被分为物理模型部分和数值模型部分[4]。通过数据采集系统实现二者之间的耦合。目前，在半实物仿真试验技术研究领域，已有相关研究团队开展相关理论及物理模型试验技术研究：

Azcona 等[5]采用 Star Wind 模型平台结合涵道风扇的形式模拟和复现浮式风机风轮气动载荷。气动载荷由数值程序 FAST 实时求解；Hall 等[6]在几何相似的模型风机基础上使用施力缆绳将气动力作用于系统，公布了实验数据和结果，并对试验精度和闭环控制的延迟情况展开讨论；Bayati 等[7]采用了一种创新的浮式风机试验方法，修改风机的缩尺关系，在风洞中开展浮式风机模型试验，浮式基础的运动通过数值浮体-并行机器人运动平台试验系统进行求解，开展浮式风机纵荡及纵摇 2-DOF 的半实物仿真模型试验，并指出此类模型试验技术相较于传统海洋工程模型试验，可以适用于多种平台形式，可模拟各类海况。

本研究提出了一套基于 Stewart 六自由度运动平台的浮式风机半实物模型试验方法，建立了相应模型试验系统，并与水池模型试验中的自由衰减结果进行对比，初步验证了该试验方法和系统的可行性。

2 半实物模型试验基本原理

半实物模型试验方法的基本思路大致为：将全物理模型试验系统拆分为物理模型部分和数值模型部分，通过实时的载荷采集及处理、响应计算及实时复现的控制闭环实现更高质量的模型试验。本研究所建立的半实物模型试验方法将传统模型试验系统拆分为数值浮体和模型风机两部分，系统由①物理模型风机；②Stewart 运动平台及载荷采集交互系统；③时域数值模型及控制系统等三部分组成。半实物模型试验系统示意见图1。

图 1 半实物模型试验系统示意图

该陆上系统中，物理模型风机与 Stewart 运动平台之间由 6 自由度载荷采集系统连接，实时测量模型风机对浮体系统的作用力，通过实时的修正处理后调入时域数值模型，作为一项外部激励参与迭代；在获得浮体六自由度运动响应目标值后，由控制系统经过判断和修正补偿后，驱动 Stewart 运动平台实现运动复现；系统不断重复上述闭环控制，实现浮式风机风浪流联合半实物模型试验。

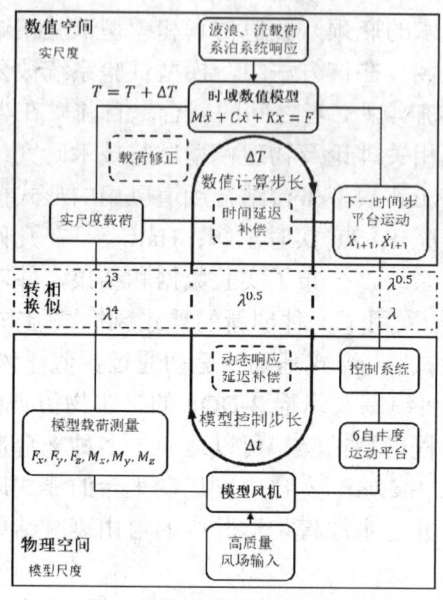

图 2 半实物模型试验原理

3 浮式风机模型

3.1 平台模型

本研究选用的浮式风机为中国海装设计的某型半潜式平台。平台由三立柱、上横撑、下浮箱以及制荡舱等结构组成，搭载 6.2MW 上风向 3 叶片风力发电机机组。作业海域水深 65 m，平台作业吃水 18 m。（图 3）。平台主尺度见**表 1**。

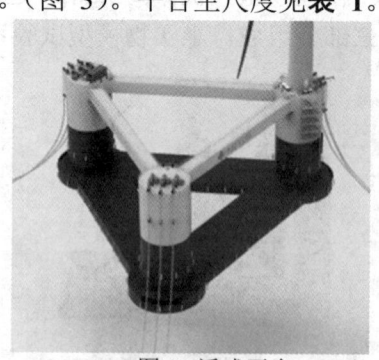

图 3 浮式平台

表 1 浮式平台主尺度

参数	数值	单位
立柱间距	60.00	m
立柱直径	13.00	m
立柱高度	29.50	m
制荡舱直径	20.00	m
制荡舱高度	3.50	m
下浮箱宽度	14.00	m
总排水量	15173.200	kg
重心高度	11.156	m

该平台采用 3x3 布置的悬链式系泊系统。模型试验中主要模拟锚链的湿重及轴向刚度。

该模型风机的水池试验于上海交通大学海洋工程国家重点实验室开展。试验内容完整，包含①静水试验：自由衰减试验、水平系泊刚度试验、系泊衰减试验等；②规则波及白噪声试验；③工作工况试验；④极限工况试验：极限风浪流工况试验、系泊缆破断工况试验、故障停机试验。试验获得了丰富的水动力参数结果以及系统在风浪流联合作用下的运动响应及关节结构节点载荷数据。

3.2 风机模型

本研究所用风机模型根据某型 6.2MW 风电机组依据付汝德相似准则以及气动性能相似进行缩尺设计，缩尺比 $\lambda=50$。

风轮 风机模型最为关键的部件即风轮部分。风机模型的风轮分为桨毂、碳纤维叶片及配重。碳纤维叶片根据载荷展向匹配法设计[8]，以实现在模型尺度下的气动性能相似。本研究中模型叶片长度 148 cm，在试验前严格按照质量要求进行配重。

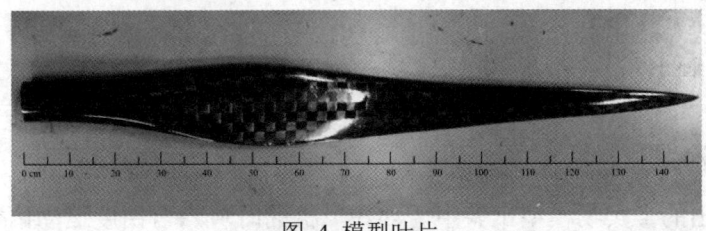

图 4 模型叶片

机舱 浮式风机模型试验中，机舱承载风轮部件，负责还原风机运行机制，同时搭载各类监测系统。在保证足够强度的同时，还需要严格遵守结构重量限制。本研究所涉及模型风机机舱选用铝合金材料制成，结构设计尽可能实现轻量化。理想的模型机舱应具备完整的变转速控制器、变桨距控制器、偏航控制器以及完整的转速、扭矩、叶片载荷、机舱载荷监测系统,以实现全功能还原和全方位、多层次的状态监测。但在重量严格限制的传统水池试验中,这类繁复的机舱模型几乎没有应用的可能。

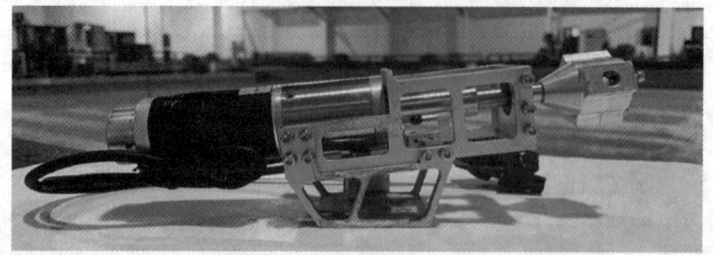

图 5 模型机舱

塔筒 为更精确模拟浮式风机复杂结构响应特性,模型塔筒的设计目标为一阶模态相似。本研究采用的塔筒设计方法为"三明治"法,即由一阶模态相似金属内芯-传感器内部走线-泡沫气动外形这 3 层组成。塔筒模型及示意图见图 6。

图 6 模型塔筒

4 浮体运动时域计算模型

4.1 浮体时域计算方程

本研究所提出的半实物模型试验中,浮式风机的时域六自由度运动由数值模型计算完成。浮体在海上的六自由度时域运动方程可表示为:

$$M\ddot{x} + C\dot{x} + D_1\dot{x} + Kx = q(t, x, \dot{x}) \tag{1}$$

式中,$M=m+A(\omega)$,m 是系统质量阵,$A(\omega)$是频率相关的附加质量阵;$C=C(\omega)$是频率相关势流阻尼阵;D_1 为一阶线性阻尼阵,一般由水池模型试验得到;K 为静水刚度阵;$q(t,x,\dot{x})$

代表系统外载荷,包含当前时刻的波浪载荷、气动载荷、黏性阻尼载荷以及系泊力。在实际计算过程中,$A(\omega)=A_\infty+a(\omega)$,$C(\omega)=C_\infty+c(\omega)$。其中,$C_\infty=C(\omega=\infty)\equiv 0$。根据 Kramers-Krönig 关系[9],$a(\omega)$和 $c(\omega)$在计算过程中通过时域卷积进行计算,并反映到六自由度时域运动方程中,最终式(1)可以改写为式(2):

$$(m+A_\infty)\ddot{x}+D_1\dot{x}+Kx+\int_0^t H(t-\tau)\dot{x}(\tau)d\tau=F(t,x,\dot{x}) \tag{2}$$

式中,$\int_0^t H(t-\tau)\dot{x}(\tau)d\tau$ 即为时域卷积项,代表自由液面流体的动量变化对后续流体的运动影响,其中的 $H(t)$为时延函数。

时域计算所需的附加质量阵、势流阻尼阵、静水刚度阵以及运动幅值响应算子(RAO)等水动力参数由 HydroD 的 Wadam 频域模块计算得到。需要注意的是,在频域计算时,建模水线以下浮体部分,采用平台-风机系统总质量,不考虑系泊系统带来的垂向预张力,布置于作业吃水进行计算。

时域计算过程中,为提高程序的求解速度,减少计算带来的时延影响,对波浪力进行简化考虑,只计入一阶波浪力,忽略二阶波浪力。一阶波浪力则根据提前加载的波浪时历与水动力参数文件提前计算储存,并在时域计算时调入使用。

系泊系统的回复力则根据悬链线模型进行迭代计算。计算中考虑锚链的湿重、轴向刚度以及海底摩擦,忽略锚链的弯曲刚度和黏性阻尼等因素。每一时刻根据海底锚点坐标及当前时刻对应导缆孔坐标位置进行迭代计算[10]。

半实物模型试验中的气动载荷通过 Stewart 运动平台与实物模型风机之间的力学传感器采集获得。由于风机质量在频域计算中已计入总重,且出于更精细功能还原和更全面的载荷监测的目的,风机模型上将搭载更多的设备,导致重量不相似。故在调入时域计算之前,需对直接采集得到的 F_{local} 进行修正得到 F_{wt}。该部分内容将在 4.1 节进行讨论。

4.2 黏性阻尼及修正

文中所用时域数值计算模型由魏汉迪[11]等开发,基于 MATLAB 环境运行。程序仅考虑一阶线性阻尼。由于本文选用的浮式风机浮体具有明显的制荡舱结构,流动分离导致的黏性阻尼载荷不能被忽略,尤其对垂荡自由度运动影响最为明显。因此需要根据水池试验的结果对数值模型进行修正。未进行修正时得到的垂荡自由衰减曲线如图 7 所示。

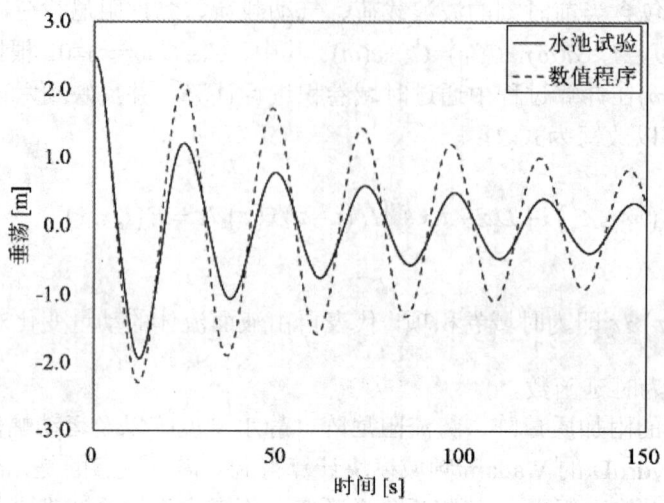

图 7 未修正阻尼垂荡衰减计算结果

可见对于本文所涉及的浮式平台结构,仅考虑一阶线性阻尼时的模拟效果较差。根据 Edgard B.等[12]的研究可得,线性阻尼系数 ζ,二阶阻尼阵 D_2 之间的关系可表示为式(3):

$$\frac{1}{2\pi}\ln\frac{x_{k-1}}{x_{k+1}} = \zeta + \frac{4}{3\pi}\frac{D_2}{(m+A)}x_k \tag{3}$$

式中,线性阻尼系数 ζ 可以通过模型试验获得,x_i 表示衰减曲线上的幅值。分别计算自由衰减下垂荡、横摇及纵摇自由度的二阶阻尼系数,即可获得二阶阻尼阵 D_2。随后对式(2)进行修正可以得到式(4):

$$(m+A_\infty)\ddot{x} + D_1\dot{x} + D_2\dot{x}|\dot{x}| + Kx + \int_0^t H(t-\tau)\dot{x}(\tau)d\tau = F(t,x,\dot{x}) \tag{4}$$

式中,$D_2\dot{x}|\dot{x}|$ 即为二阶黏性阻尼项,与速度的平方相关。修正数值模型后的自由衰减结果将在 3.3 节讨论。

4.3 数值模型验证

数值程序使用四阶龙格-库塔法实现时域迭代计算。需要注意的是,在时域计算的过程中,与频率相关的附加质量和势流阻尼的卷积项是时间相关的,故同样需要参与龙格-库塔迭代。随后使用该时域计算模型进行浮式风机静水自由衰减计算模拟。因自由衰减不含系泊系统回复力,故只有垂荡、横摇及纵摇3个自由度结果(图8)。

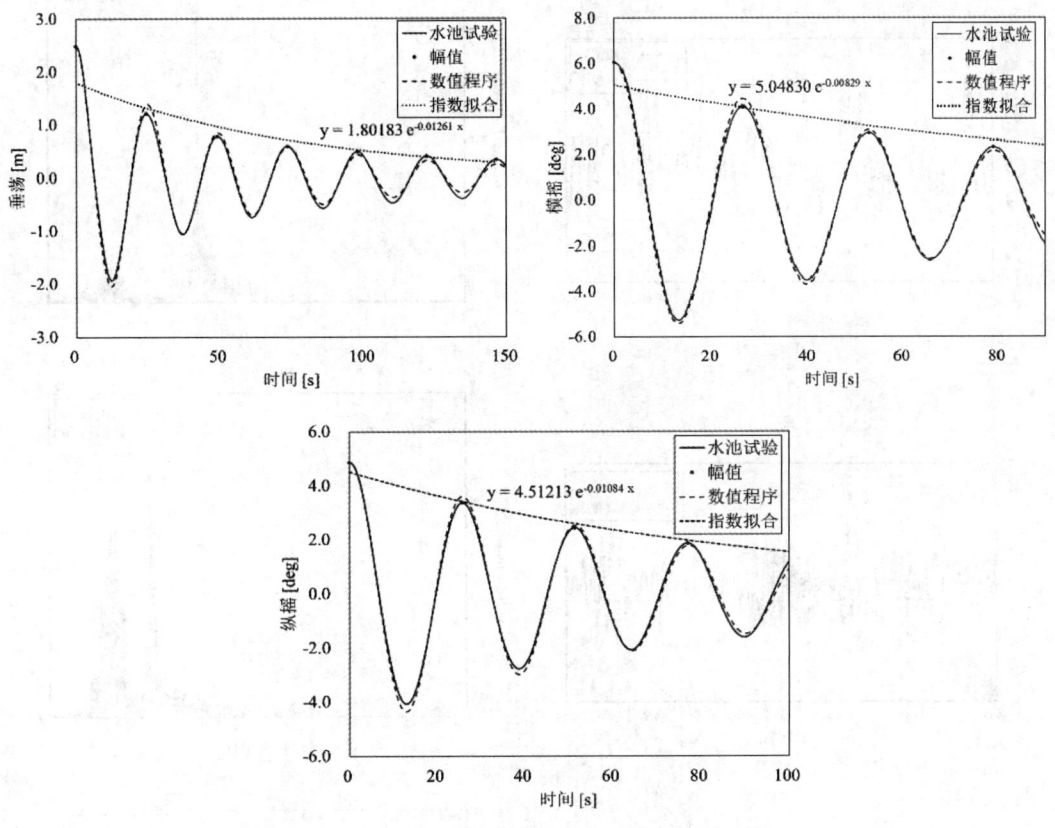

图 8 修正阻尼后自由衰减计算结果

然后导入水池试验所用波浪时历，对纯波浪工况进行时域计算。该部分计入系泊系统回复力。工况参数为：180Deg 入流，H_s=3.92m，T_p=10.1s，γ=1。

运动时历结果及频谱结果见图 9。

该工况为 180Deg 入流，主要激励纵荡、垂荡和纵摇 3 个自由度的运动响应。在纵荡和垂荡自由度上，数值程序可以较好的复现平台运动响应，但纵摇自由度运动计算和水池模型试验结果对应较差，其原因是水池试验中，传感器线束悬置于模型后方，对模型纵摇自由度产生一定影响，导致运动时历复现差异。

由结果可知，经过阻尼修正的数值计算模型可以较好的复现水池模型试验得到的自由衰减曲线，也可以较好的求解波浪下浮式平台的运动响应，可进一步应用于验证半实物模型试验系统。

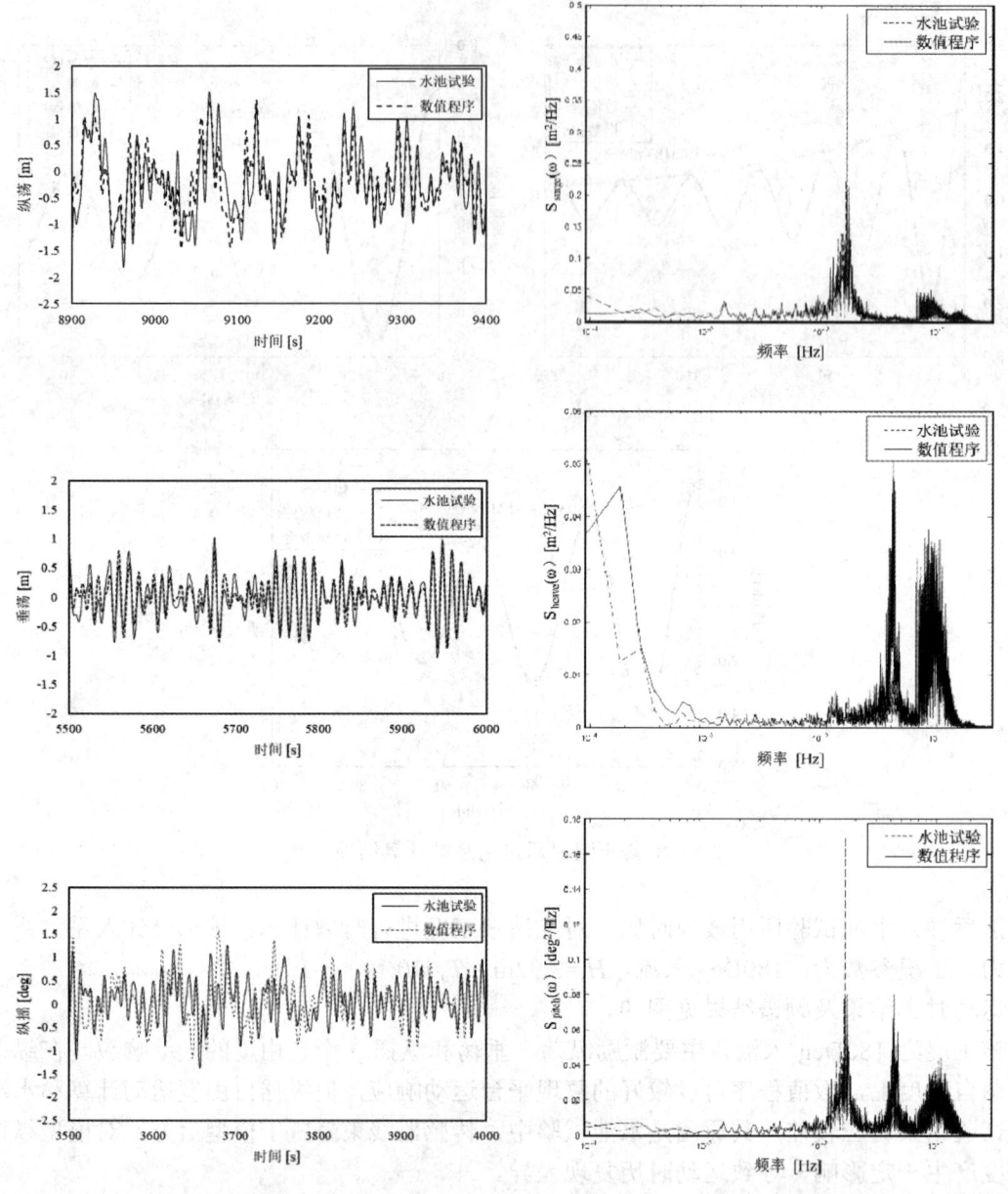

图 9 纯波浪工况计算结果

5 半实物模型试验系统

在完成数值计算模型验证的基础上，本研究搭建了一套半实物模型试验系统。该系统主要由以下几个部分构成：实物缩尺风机模型、载荷采集系统、运动控制系统、Stewart

平台和数值计算模型。实物缩尺风机模型与前述水池模型试验保持一致,以便于对比验证。后续的研究中将进一步替换为搭载载荷监测系统的全功能模型机舱。

5.1 数据采集与处理系统

载荷数据实时采集及高效处理是半实物模型试验系统的重要一环。由于风机模型的质量和惯量已经计入水动力计算环节,因此需要对实时采集得到的载荷数据 F_{local} 进行修正。

$$F_{wt} = F_{local} - F_{corr} \tag{5}$$

其中的 F_{corr} 为修正力,包含风机模型的质量分量、惯性力以及其他数据修正,如对数据毛刺的修正等。然后将所得的气动力 F_{wt} 调入时域数值模型进行计算。

5.2 控制系统

半实物模型试验系统涉及实尺度时域计算、模型尺度运动控制及数据采集,保证各环节时间步对应匹配是该控制闭环的重要内容。本研究采用上位机与下位控制器之间 UDP 协议通讯,需要匹配的时间步包括实尺度迭代步长 T_s,模型尺度控制步长 T_m,时域计算模型每次实际计算时间 T_d 以及其他环节响应和运行的时间 t。需要注意的是

$$T_s = \sqrt{\lambda} T_m \tag{6}$$

$$T_m = Td + t \tag{7}$$

在实际程序的运行过程中,最为理想的状态是每一次的控制闭环严格遵守式(10),但由于时域计算每一循环的时间 T_s 会发生变化。因此控制系统每次发出指令时需要对实际的 T'_m 做出判断。如果 $T'_m < T_m$,控制系统需要延迟控制指令的发送;如果 $T'_m > T_m$,控制系统需要对运动指令进行预测修正。本研究采取的是基于现有运动数据拟合外推的方法[13-14]。需要注意的是,若采取预测修正,则下一次时域迭代计算的初值需要修正为预测值。

5.3 Stewart 平台及性能测试

本研究半实物模型试验系统中用于模拟浮式风机浮体六自由度运动的平台为 Stewart 形式平台。Stewart 运动平台具有大刚度、大承载力以及不累计运动误差等多项特点[15]。运动平台结构由底板、上甲板以及铰接于两板之间的电缸及伺服电机组成(图 10)。该平台的运动参数如下:Z 轴运动行程 200 mm,X 轴和 Y 轴行程 ±150 mm,横摇、纵摇及艏摇范围 ±18deg;运动精度为 0.1 mm 及 0.1deg。

图 10 Stewart 平台

本节在团队刘浩学[16]工作的基础上,针对现有 Stewart 运动平台,开展平动、转动及正弦运动性能测试,结果见图 11 和图 12。

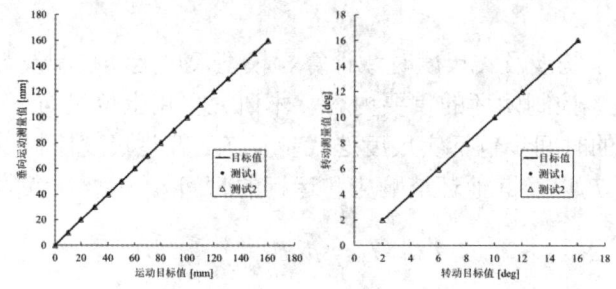

图 11 平动及转动运动测试结果

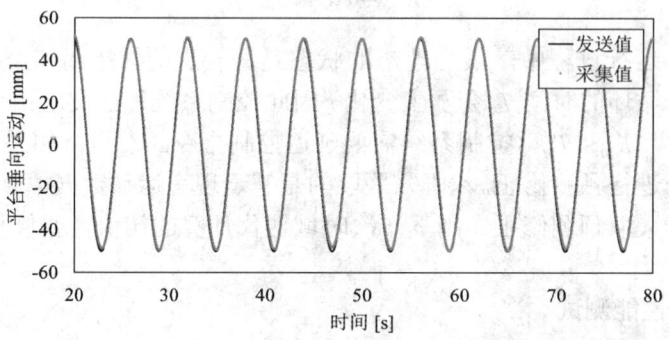

图 12 正弦运动测试结果

6 半实物模型系统验证

基于上一节所建立的浮式风机半实物模型试验系统,开展了浮式风机自由衰减试验,并将试验结果与水池模型试验进行对比。

6.1 自由衰减验证试验

试验开始前,通过控制系统将 Stewart 运动平台置于和水池自由衰减试验相同的初始位置，然后运行时域数值仿真程序，完成相应自由度的自由衰减试验。相关结果见图 13。结果展示的数据已经过滤波处理并还原为实尺度，以便对比前述内容所得衰减曲线。

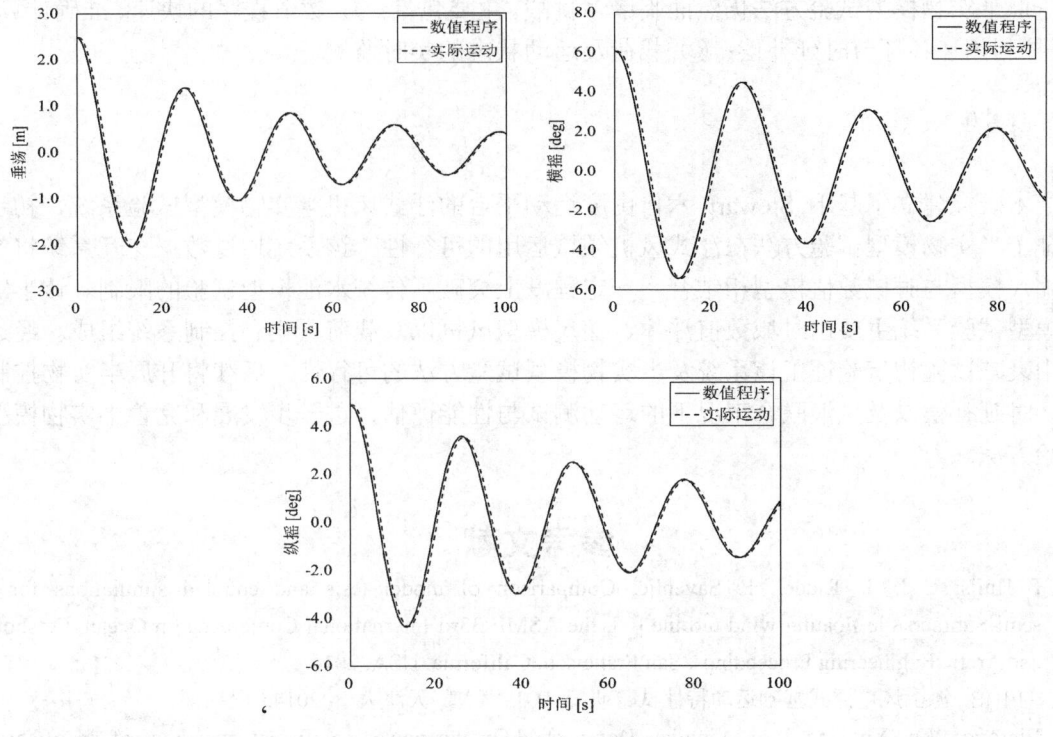

图 13 自由衰减验证试验结果

根据采集得到的实际运动曲线可知，该试验方法可以较好的复现自由衰减运动的幅值和周期，但通过运动时历对比，仍可观察到存在一定时延。该部分时延主要由控制器驱动伺服电机响应这一环节导致。在自由衰减模拟过程中，不涉及外部激励，且运动并未发散，故本研究没有深入讨论针对这一部分的时延补偿。进一步开展风浪流联合工况试验时必须对该部分时延进行有效补偿，否则将会使平台运动与外部载荷在时间和相位上不匹配，导致运动复现不准确甚至发散[17]。

6.2 结果与讨论

本节在搭建浮式风机半实物模型试验系统的基础上，开展了浮式风机自由衰减试验，初步验证了该试验方法的可行性。目前的模型试验技术受限于尺寸、质量、环境载荷模拟等多方面原因，对浮式风机的发电功率、气动载荷监测、变桨距/偏航控制等方面的关注度不足，相关的研究结果鲜见于刊，该半实物模型试验系统提供了一种解决思路。

半实物模型试验方法可以实现在陆地风洞中开展浮式风机风浪流联合试验，更高质量的风场可以更准确地模拟和反映浮式风机风轮气动特性。数据采集和交互过程中对于风机物理模型的质量及惯性力的修正在一定程度上突破了模型试验中的质量限制，有利于布置全功能机舱及搭载完善的载荷监测系统。此外，由于浮体部分运行于数值空间，变更和优化浮体形式变得更为方便，很大程度上降低了试验成本和复杂度。

但半实物模型试验方法仍然面临诸多挑战。主要包括：① 数值程序的快速、准确计算；② 控制闭环各环节时延补偿；③ 载荷及运动状态的实时监测。

7 结语

本研究建立了基于 Stewart 六自由度运动平台的浮式风机半实物模型试验系统，初步论证了半实物模型试验方法在浮式风机领域运用的可行性。该系统通过数据交互系统将实物缩尺模型与时域数值模型相结合，一定程度上突破了传统水池模型试验的限制。该半实物模型试验系统主要由时域数值浮体、缩尺模型风机以及载荷采集和控制系统组成。经过自由衰减试验初步验证了该系统及半实物模型试验方法的可行性。后续将开展半实物控制闭环时延补偿以及风浪联合工况下的运动测试与性能评估，进一步发展和完善半实物模型试验方法。

参考文献

1. F Huijs, E J. de Ridder, F. Savenije, Comparison of model tests and coupled simulations for a semi-Submersible floating wind turbine [C]. the ASME 33rd International Conference on Ocean, Offshore and Arctic Engineering Proceedings, San Francisco, California, USA, 2014.
2. 刘中柏. 海上风电浮式基础运动特性试验研究 [D]. 天津：天津大学, 2014.
3. Binrong Wen, Xinliang Tian, Xingjian Dong, et al.On the power coefficient overshoot of an offshore floating wind turbine in surge oscillations [J]. Wind Energy, 2018, 21(11): 1076-1091.
4. Erin E. Bachynski,Valentin Chabaud, Thomas Sauder. Real-time hybrid model testing of floating wind turbines: sensitivity to limited actuation [J]. Energy Procedia, 2015, 80: 2-12.
5. José Azcona, Faisal Bouchotrouch, Marta González, et al.Aerodynamic thrust modelling in wave tank tests of offshore floating wind turbines using a ducted fan [J]. Journal of Physics: Conference Series, 2014, 524(1): 012089-012089.
6. Matthew Hall, Andrew J. Goupee.Validation of a hybrid modeling approach to floating wind turbine basin testing [J]. Wind Energy, 2018, 21(6): 391-408.
7. I. Bayati A. Facchinetti A. Fontanella, et al. 6-Dof hydrodynamic modelling for wind tunnel hybrid/hil tests of FOWT: the real-time challenge [C]. the ASME 37th International Conference on Ocean, Offshore and Arctic Engineering Proceedings, Madrid, Spain, 2018.
8. Binrong Wen, Xinliang Tian, Xingjian Dong, et al. Design approaches of performance-scaled rotor for wave basin model tests of floating wind turbines [J]. Renewable Energy, 2020, 148(C): 573-584.
9. Simo Project Team, Simo-theory manual version 4.18.1 [M]. Trondheim, Norway: Marintek, 2020.
10. Handi Wei, Longfei Xiao, Xinliang Tian, et al. Four-level screening method for multi-variable truncation design of deepwater mooring system [J]. Marine Structures, 2017, 51: 40-64.
11. Handi Wei, Longfei Xiao, Xinliang Tian, et al. Nonlinear coupling and instability of heave, roll and pitch motions of semi-submersibles with bracings [J]. J Fluids Struct, 2018, 83: 171-193.

12. Edgard B. Malta, Rodolfo T. Goncalves, Fabio T. Matsumoto, et al. Damping coefficient analyses for floating offshore structures [C]. The ASME 29th International Conference on Ocean, Offshore and Arctic Engineering Proceedings, Shanghai, China, 2010.
13. Ahmadizadeh M, Mosqueda G, Reinhorn am. Compensation of actuator delay and dynamics for real-time hybrid structural simulation [J]. Earthquake Engineering & Structural Dynamics, 2008, 37(1): 21-42.
14. Bonnet PA, Williams MS, Blakeborough A. Compensation of actuator dynamics in real-time hybrid tests [J]. Proceedings of the Institution of Mechanical Engineers, Part I: Journal of Systems and Control Engineering, 2007, 221(2): 251-264.
15. J P Merlet. Parallel Robots [B]. Netherlands, Springer, 2006.
16. 刘浩学, 温斌荣, 魏汉迪, 等. 海上浮式风机混合模型试验系统开发 [J]. 实验室研究与探索, 2020, 39(5): 71-76.
17. Chenkun Qi, Feng Gao, Xianchao Zhao, et al. Low-order model based divergence compensation for hardware-in-the-loop simulation of space discrete contact [J]. Journal of Intelligent & Robotic Systems, 2017, 86(1): 81-93.

Hybrid model test method for floating wind turbine: System development and preliminary verification

JIANG Zhi-hao[1], WEN Bin-rong[1,2*], CHEN Gang[1], WEI Han-di[1,2], TIAN Xin-liang[1,2], DONG Ye-hong[3]

(1. State Key Laboratory of Ocean Engineering, Shanghai Jiao Tong University, Shanghai 200240, China;
2. SJTU Yazhou Bay Institute of Deepsea Technology, Sanya 572000;
3. China State Shipbuilding Corporation Haizhuang Wind Power Co., Ltd., Chongqing 400000, China)

Abstract: With the continuous development trend towards deep sea and large-scale of floating wind turbine, the existing ocean engineering model test techniques encounter bottlenecks in high-precision environmental loads simulation, full-function model wind turbine design, cost and expansibility. The introduction of hybrid model test method brings new ideas for the breakthrough of ocean engineering model test techniques. The hybrid model test system composed of scaled model wind turbine, load acquisition system, motion control system and Stewart platform is proposed. In order to perform wind, wave and current joint model tests for floating wind turbine on land, the physical model wind turbine and numerical floating body motion are coupled by the data interaction between load acquisition system and numerical program. After the hybrid model test system is established, free decay tests are simulated and the feasibility of the hybrid model test method is preliminary validated.

Key words: Floating Wind Turbine; Hybrid Model Test; Stewart Platform.

圆管水跃紊动掺气特性的初步实验研究

刘芸，倪诚阳，王航[*]

（四川大学 水力学与山区河流开发保护国家重点实验室，成都 610065，Email: wanghang39@scu.edu.cn）

摘要：非满管流由于流阻突然增加而在管道内形成水跃是一种常见的水动力学现象，常常引起输水过程中的流态失稳和气液掺混。本研究利用自循环管道装置，对位于水平圆形管道中的自由水跃进行紊动和掺气实验观测。通过记录跃趾振荡，总结高频、低频两种振荡形式的差异，发现特征振荡频率受流量或相对临界水深的影响较大。使用自制水-气两相流探针测量水跃的气泡卷吸和输运特性，获取掺气浓度、气泡频率、气泡速度在轴线上的空间分布，及流量对其特征值沿程衰减趋势的影响。

关键词：非满管流；圆管水跃；跃趾振荡；掺气；水-气两相流探针

1 引言

圆管水跃是指在未完全充满的管道内形成的、由急流进入缓流从而引起水面突然跃起的局部水力现象。与矩形明渠水跃类似，其过程表现为水深急剧增加，伴随着剧烈的速度和压力脉动、大量掺气及流动能量损失；而其不同之处在于圆管水跃具有明显的二维流动特征[1]，且其水体掺气过程和流动稳定性受到管内气体通量的影响。在环境、化工等领域，常通过管道水跃实现对气体的利用[2]；但当水跃发生在输排水管道、压力管道、泄水隧洞等内部时，可能造成压力冲击、结构振动、输水效率降低等一系列不良后果，因此有必要对圆管水跃的水动力学特性进行研究。

尽管人们对各类明渠水跃进行了大量充分的研究，但特别针对相对封闭的圆形管道内的水跃的研究较少。在理论研究方面，陈亚梅推导了圆管水跃的基本方程，并给出了管道水平及倾斜时消能系数的公式[3]；马子普和张根广提出了分界水深和圆心角的概念，将圆管水跃方程转化为极坐标形式[2]。在实验研究方面，Hager 与 Stahl 通过实验观测，以来流水深与管径之比 d_1/D 对圆管水跃进行了分类，并量化总结了水跃的基本形态特征[1,5]；对管内水跃通气量的研究表明弗劳德数[6-7]、雷诺数[2]、管道横截面[8]、下游流态[8]对其影响较大，而管道倾角[6,8]、管道长度[2]、水跃发生位置[7]的影响较小；Escarameia 拍摄测量了水跃下游气泡大小及运动速度[8]；Mortensen 等则探讨了温度对管内水跃挟气的影响[9]。当涉及水跃掺气特性时，现有研究均基于对管道通气量的测量，尚无对水跃内部水气两相流性质的直接观测和细观描述。

本研究通过在自循环管道装置中进行圆管水跃实验，记录并分析跃趾振荡特性，比较高频、低频振荡的差异；使用介入式水气两相流探针直接测量水跃两相流特性，分析掺气浓度 C、气泡频率 F、气泡速度 V 的分布规律。本研究有助于加强对圆管水跃形态及内部结构的认识，对管道和隧洞的设计运行具有一定参考价值。

2 实验方法

2.1 实验装置布置

本圆管水跃实验在四川大学水力学与山区河流开发保护国家重点实验室进行。实验装置见图1，主要由水箱、水泵、电磁流量计、上游管段、上游排气孔、上游闸门、进气孔、观测管段、下游闸门、下游管段组成。水箱长、宽均为 1.3 m，高 1 m，中间设置挡板分隔进、回水，减少回水掺气对进水区水流的影响。上游软管段隔绝水泵震动对观测段的扰动。上游排气孔清除来流掺气，进气孔实现管道通风。上游闸门板为矩形，开设弓形孔，孔径与观测段内径吻合，开度 h_0 为弦高，可通过更换闸板改变 h_0。闸板上游为有压管流，出流为弓形断面明流。观测管段为长 2 m、内径 20 cm 的水平有机玻璃管道，在中部 1 m 管段顶部开设 4 mm 宽的狭槽用以插入探针进行水气两相流测量，同时用防水胶封住槽口其余位置保证观测管段的气密性。下游矩形闸门通过顶部螺杆调节开度，用以控制下游水深和水跃位置。

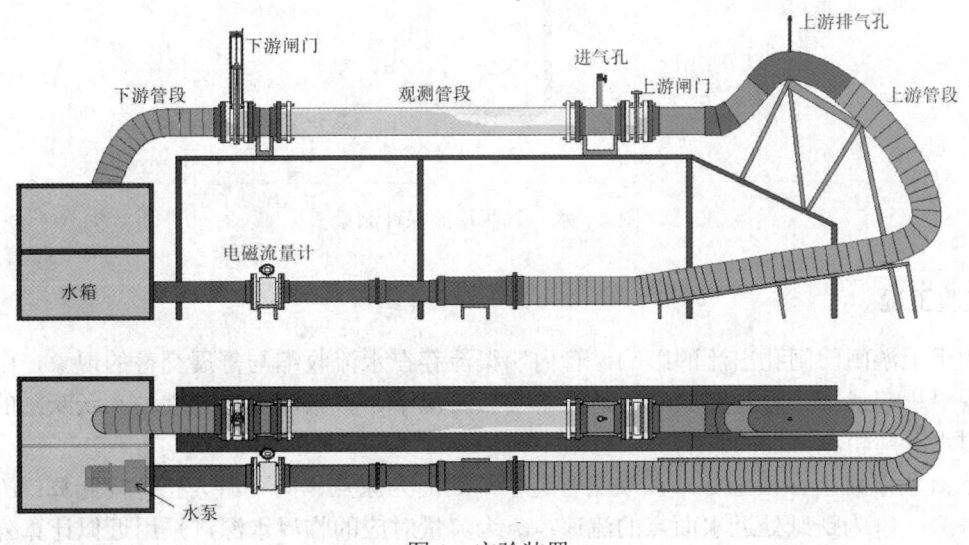

图 1 实验装置

2.2 实验方法

实验采用电磁流量计读取水跃来流流量,电容式波高仪与水位测针共同测量中线水深,毕托管测量清水流速。

高清数码摄像机观测水跃形态并拍摄记录跃趾振荡特性。摄像机以 30 fps 帧率侧视拍摄水跃运动视频 90 min,逐帧提取水跃跃趾坐标,对时域坐标信号做快速傅里叶变换进行频域分析。

水气两相流探针测量中线处水跃两相流特性。由于跃趾振荡明显而探针位置固定,故设置探针采样频率为 20 kHz,单次采样时间 5 s,各测点重复采样 20 次并分别进行数据处理,取 20 组结果的中位数 $a = A_{1/2}$ 进行分析,以四分位距 $b = |A_{3/4} - A_{1/4}|$ 做误差估计,置信区间为 $[a-b/2, a+b/2]$。

如图 2 所示,探针从圆管顶部狭槽伸入测量。探针首部平行放置两根测针,间距 2 mm,长、短针长度相差 $\lambda = 10$ mm,每根测针由外径 0.8 mm 的不锈钢套筒和直径 0.1 mm 的铂芯线分别作为正负极,中间由绝缘胶层隔开。由于水与空气存在导电性差异,每根测针可以独立通过针尖处正负极间的电流变化识别水、气两相,获取两相流信号。该信号呈双峰概率分布,采用峰间 50%阈值将原始信号转换为二进制瞬时含气量信号,进而分析获得水、气两相流特性[10],如掺气浓度 C、气泡频率 F,C 定义为水、气两相流中气体体积占比,F 定义为每秒测得的气泡数量。对两根测针的原始信号进行互相关分析,得到水－气交界面速度 V[11],计算式为 $V = \lambda / T$,T 为最大互相关系数对应的迟滞时间,s。忽略气泡在针尖的滑移变形时,可认为界面速度 V 代表掺气水流中的气泡速度[12]。

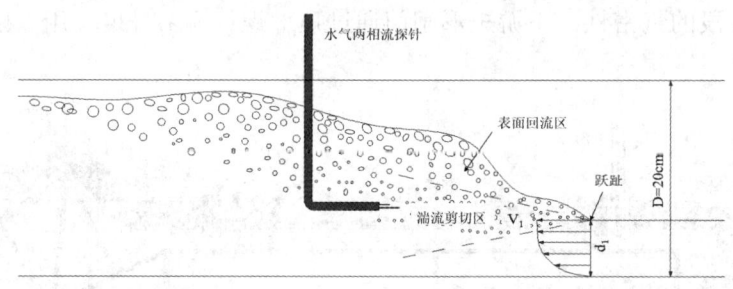

图 2 水－气两相流探针测量

2.3 实验工况

由于上游闸门闸孔出流的影响,管内明渠流存在水流收缩与舒展交替的现象,中线水深呈现沿程起伏。经过预实验确认,在本实验工况下,该来流非均匀性与水跃跃趾的相对位置对水跃两相流特性的影响可以忽略不计。

记 x_1 为跃趾所在横坐标,以观测管道中部断面为原点、向下游为正方向起算;d_1 为跃趾处水深;V_1 为跃趾处近水面点的流速;d_c 为流量对应的临界水深,采用近似计算公式 $d_c = D k^{0.2555}$,其中 $k = 1.085 \alpha Q^2 / (g D^5)$;$F_{r1}$ 为弗劳德数,定义式为 $F_{r1} = V_1 / (g d_1)^{0.5}$。

本研究所有工况使用同一个上游闸门板，开度 h_0 为 0.067 m，流量范围为 0.0139~0.0181 m³/s，经过测量跃趾处中线上的流速分布，来流边界层均充分发展至自由表面，水跃下游未完全填充满管道（表1）。

表1 实验工况

Tests	h_0 (m)	Q (m³/s)	x_1 (m)	d_c (m)	d_c/D (-)	d_1 (m)	V_1 (m/s)	F_{r1} (-)
1	0.067	0.0139	-0.20	0.100	0.501	0.049	2.33	3.36
2	0.067	0.0160	-0.30	0.108	0.538	0.061	2.56	3.31
3	0.067	0.0181	-0.30	0.114	0.572	0.060	2.94	3.83

3 实验结果与分析

3.1 跃趾振荡特性

分析水跃运动视频，可以观察到水跃跃趾围绕平均位置 x_1 做往复的类周期性运动，并存在高频振荡与低频振荡两种运动形式。矩形明渠水跃中，高频振荡的特征频率约在 0.1~2Hz，与水跃旋滚区中涡旋结构的生成、聚并及跃趾处的掺气有关；低频振荡的特征频率远小于 0.1Hz，水跃产生整体位移，其与不同水跃形态之间的转化相关。在管流水跃中，低频振荡运动受到管内通气量的显著影响。

当 $d_c/D=0.538$ 时，从拍摄的 90min 视频中随机提取 60s，分析水跃高频振荡特性，每 2 帧记录一次相对跃趾位移 Δx，跃趾向下游运动为正值，做出时域图。（图 3），60s 内跃趾围绕平均位置做往复运动约 59 次，向上游运动相对位移较大，对应周期在 0.5~2s 范围。对 90min 的视频做低频振荡分析，每 5s 记录一次 Δx，做出时域图，（图4），在 90 min 内，跃趾围绕平均位置做往复运动约 36 次，向上游、下游运动相对平均，对应周期在 100~150 s 范围。

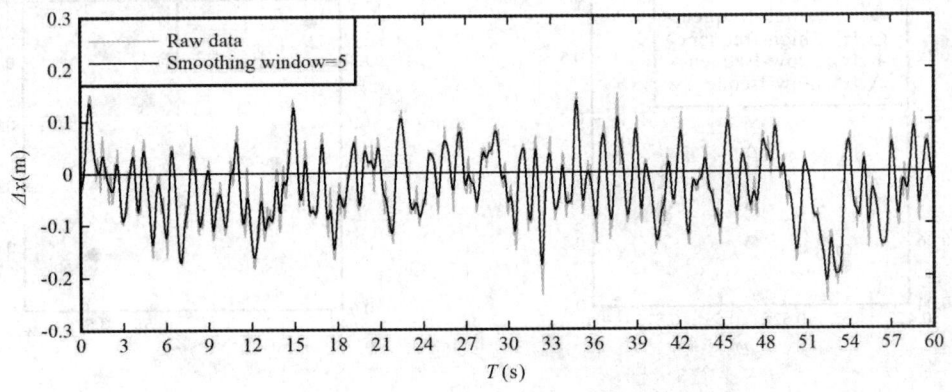

图 3 $d_c/D=0.538$，高频振荡时域

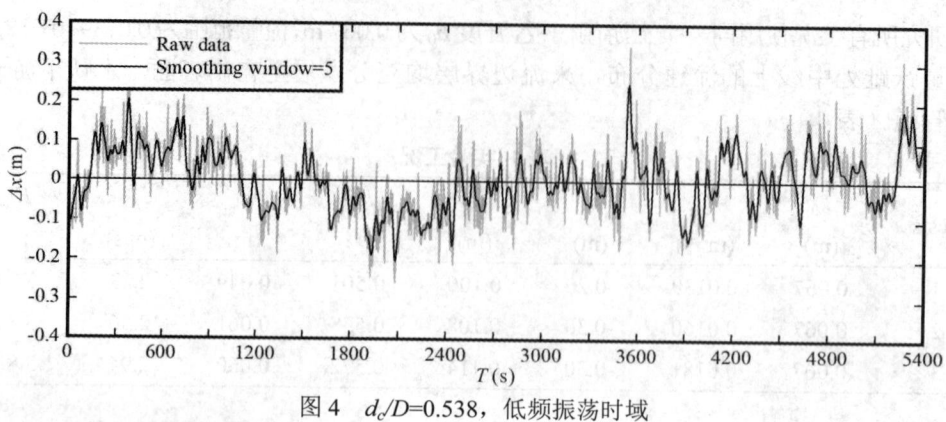

图 4　$d_c/D=0.538$，低频振荡时域

对原始信号做快速傅里叶变换，得到功率密度谱。图 5 中观察到明显的主频 0.95Hz，对应振荡次数为 57 次，与时域分析基本一致。图 6 中主频相对不明显，存在多峰现象，结合时域分析，选取 0.0071Hz 为特征频率，对应振荡次数为 38 次。

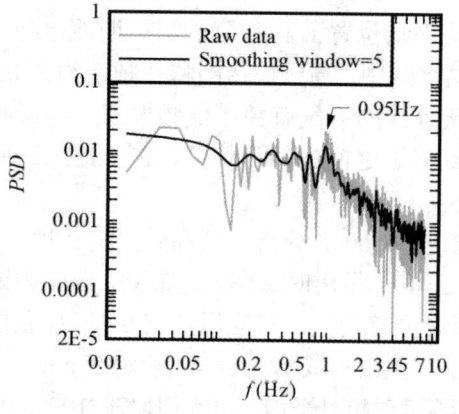

图 5　$d_c/D=0.538$，高频振荡功率密度谱图

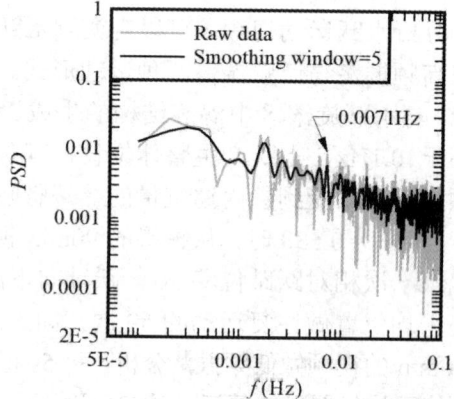

图 6　$d_c/D=0.538$，低频振荡功率密度谱图

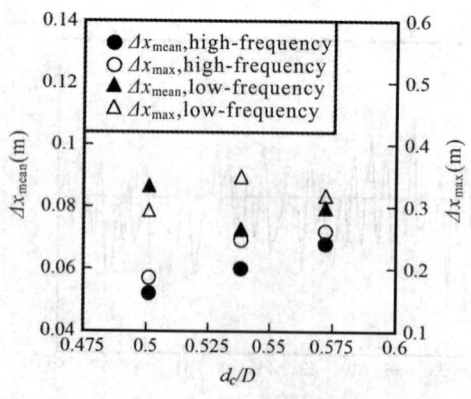

图 7　跃趾振荡振幅对比

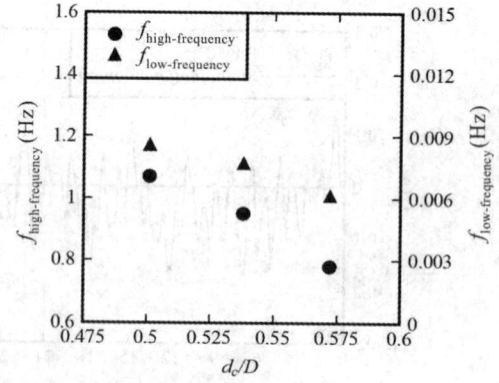

图 8　跃趾振荡特征频率对比

对所有工况跃趾振幅（平均振幅及最大振幅）与特征频率进行对比分析（图7和图8）。随着 d_c/D 即流量增加，高频振荡的振幅增加，低频振荡的振幅变化趋势不明显，总体趋于不变，而两者的特征频率均减小。所有低频振荡的振幅均大于高频振荡振幅，表明低频振荡的运动范围更广，周期更长，不易在短时间观测中记录到。

3.2 两相流特性

水跃伴随着强烈的掺气（图2），空气在跃趾处被卷吸进入湍流剪切区，在剪切力作用下迅速破碎成大量小气泡，并随着湍流涡旋结构的发展向下游传输扩散。在此过程中，气泡在浮力作用下不断通过自由面逸出。湍流剪切区的上部是表面回流区，自由表面存在回流旋滚、液滴飞溅和剧烈水气交换等现象。两个区域可由水气两相流特性 C、F、V 的分布曲线描述。

$d_c/D=0.572$ 时的掺气浓度 C 分布见图9。在第一个断面，从管底至顶部，C 的分布呈"S"型曲线，C 由0逐渐增加到局部最大值 C_{max}，随后逐渐减小到局部最小值 C_{min}，最后增加到1，一般认为达到0.9时即超出水气两相流区域[14]。记 C_{max}、C_{min}、$C=0.9$ 对应的高程分别为 Y_{Cmax}、Y_{Cmin}、Y_{90}。$0 \sim Y_{Cmin}$ 所在区域为湍流剪切区，$Y_{Cmin} \sim Y_{90}$ 所在区域为表面回流区。沿下游发展，随着气泡在浮力、扩散和涡旋结构输送的联合作用下由湍流剪切区进入上层表面回流区，C_{max} 逐渐减小；由于剧烈上下波动的自由表面触及上方管壁，下游断面近管顶处 C 无法达到0.9，并于近壁区域出现减小的趋势。

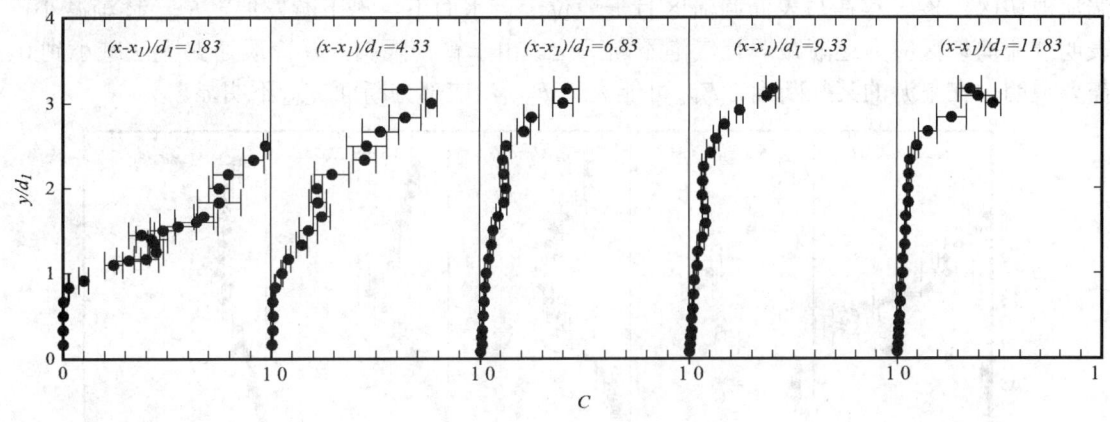

图9 $d_c/D=0.572$，掺气浓度 C 分布

计算所有工况各断面的平均掺气浓度 C_{mean}，其定义为

$$C_{mean} = \frac{1}{Y_{90}} \int_0^{Y_{90}} C \mathrm{d}y \tag{1}$$

做出对比图（图10），C_{mean} 沿流动方向总体呈减小趋势，但在 $d_c/D=0.501$、0.538时存在先增加后减小的现象，原因是其流量较小，水跃爬升相对较慢，且第一个断面靠近跃趾，掺

气较少的情况下气泡向底部清水区扩散较慢，导致 C_{mean} 计算值小。自第二个测量断面起，不同 d_c/D 间 C_{mean} 值较接近，与明渠水跃的观测一致。

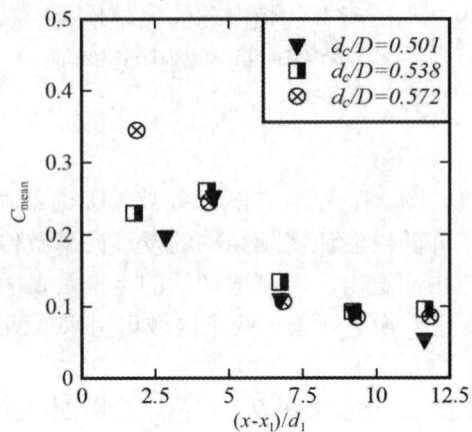

图 10 平均掺气浓度 C_{mean} 分布对比

$d_c/D=0.572$ 时的气泡频率 F 的无量纲形式分布如图 11 所示，在第一个断面，从管底至顶部，F 由 0 逐渐增加到第一个最大值 F_{max}，随后减小到局部最小值，再逐渐增加到第二个局部最大值 F_{sec}，最后逐渐减小到 0，F_{max}、F_{sec} 对应的高程为 Y_{Fmax}、Y_{Fsec}。Y_{Fmax} 存在于湍流剪切区，Y_{Fsec} 存在与表面回流区且一般位于近水面下。沿下游发展，F_{max} 逐渐减小，表明湍流剪切区应力逐渐减弱且气泡不断逸出。由于管径限制，近管顶处 F 无法减小到 0。需要说明，在下游的某些断面，F_{sec} 可能大于 F_{max}，或部分断面 F_{sec} 不明显。

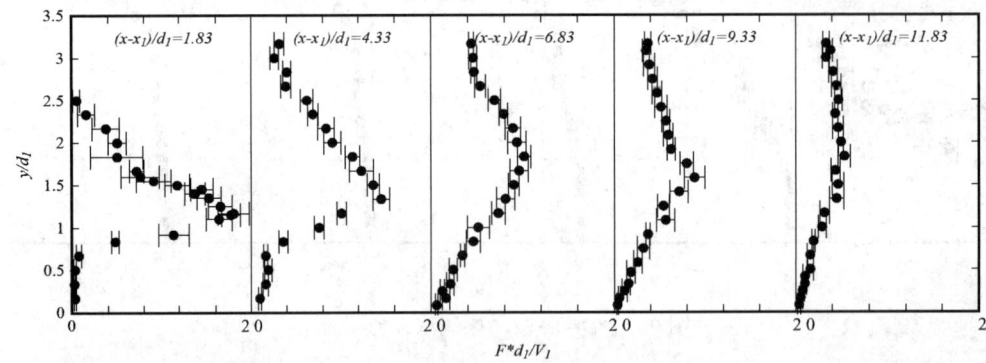

图 11 $d_c/D=0.572$，气泡频率 F 分布

$d_c/D=0.572$ 时的气泡速度分布见图 12 所示，在第一个断面，从管底至顶部，V 在边界层中由 0 迅速增加到 V_{max}，随后逐渐减小到负速度，V_{max} 对应的高程为 Y_{Vmax}。负速度存在于表面回流区，湍流剪切区位于负流速区以下。沿下游发展，V_{max} 逐渐减小，垂向气泡速度的分布逐渐接近明渠流速分布，负流速随着回流区逐渐消失。需要说明，由于做三维运

动的气泡在测量时段内从不同角度接近探针,造成测针信号互相关性降低,正、负流速区过渡不平滑,与理论的二维射流速度分布曲线存在差异,计算误差较大;在底部由于掺气量小,气泡数量较少,降低了互相关分析的准确性,置信区间范围较大。

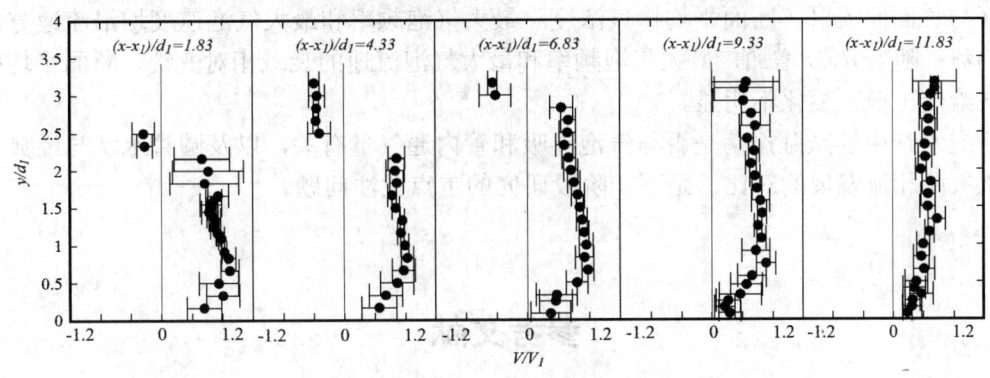

图 12 $d_c/D=0.572$,气泡速度 V 分布

提取所有工况各断面的 F_{max} 和 V_{max} 进行对比分析(图 13 和图 14),所有无量纲 F_{max} 和 V_{max} 均沿流向均呈减小趋势。随着 d_c/D 增加, F_{max} 和 V_{max} 增加,其沿程下降速率减缓。

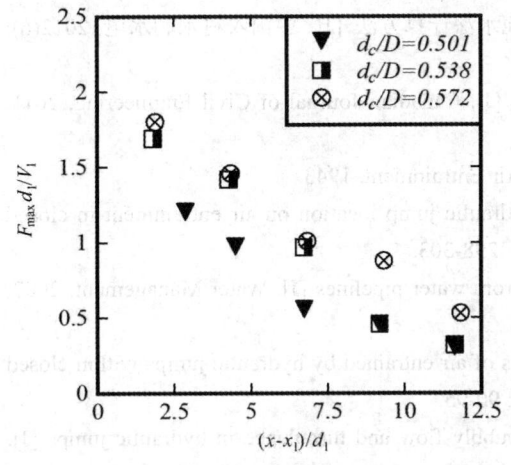

图 13 最大气泡频率 F_{max} 分布对比图

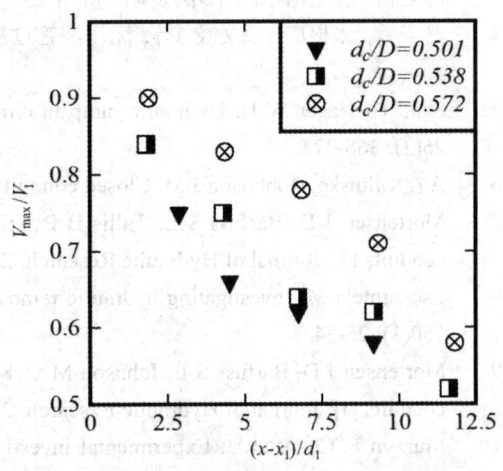

图 14 最大气泡速度 V_{max} 分布对比

4 结论

对圆管水跃进行实验研究,得到以下初步观测结果。

(1)采用摄像记录跃趾振荡特性,发现其存在高频、低频两种振荡形式。相较于高频振荡,低频振荡的运动范围更广,频率更低,周期更长。随着 d_c/D 增加,高频振荡的振幅不断增加，低频振荡的振幅变化不明显，两种振荡形式的特征频率均呈下降趋势。

（2）使用水气两相流探针测量掺气水跃的水气两相流特性，得到掺气浓度 C、气泡频率 F、气泡速度 V 的垂向及纵向分布曲线，发现与经典明渠水跃类似，圆管水跃存在湍流剪切区与表面回流区。断面平均掺气浓度、最大气泡频率和最大气泡速度均沿流速方向呈减小趋势；随着 d_0/D 增加，最大气泡频率和最大气泡流速的衰减相对变缓，断面平均掺气浓度在给定工况下变化不明显。

管道水跃中的跃趾振荡是否与气泡卷吸和管内通气量有关，以及圆管水跃与经典明渠水跃水气两相流发展的对比，是下一阶段研究的重点关注问题。

参考文献

1　Hager W H. Energy dissipators and hydraulic jump [M]. Springer Netherlands, 1992.
2　Mehmet Unsal, Omer Yesiltepe, Yakup Cuci. Using Circular Conduits in Ozone Injection [J]. Ozone: Science & Engineering, 2014, 36: 2, 191-195.
3　陈亚梅. 管道内水跃 [D]. 贵阳：贵州工业大学, 2001.
4　马子普, 张根广, 段文姣, 等. 无压圆管过流水跃共轭水深计算方法 [J]. 中国农村水利水电, 2012(6): 3.
5　Stahl H, Hager W H. Hydraulic jump in circular pipes [J]. Canadian Journal of Civil Engineering, 2011, 26(3): 368-373.
6　A A Kalinske, Robertson J M. Closed conduit flow [J]. Air Entrainment, 1943.
7　Mortensen J D, Barfuss S L, Tullis B P. Effects of hydraulic jump location on air entrainment in closed conduits [J]. Journal of Hydraulic Research, 2012, 50(3): 298-303.
8　Escarameia M. Investigating hydraulic removal of air from water pipelines [J]. Water Management, 2007, 160(1): 25-34.
9　Mortensen J D, Barfuss S L, Johnson M C. Scale effects of air entrained by hydraulic jumps within closed conduits [J]. Journal of Hydraulic Research, 2011, 49(1): 90-95.
10　Murzyn F, Chanson H. Experimental investigation of bubbly flow and turbulence in hydraulic jumps [J]. Environ Fluid Mech, 2009, 9(2): 143-159.
11　Crowe C T, Schwarzkopf J D, Sommerfeld M, et al. Multiphase Flows with Droplets and Particles [M]. 1998.
12　Rao N S L, Kobus H, Barczewski B. Characteristics of self-aerated free-surface flows (Water and waste water current research and practice) [M]. E. Schmidt, 1975.
13　赵延风, 宋松柏, 李宇. 圆形断面临界水深的近似计算公式 [J]. 水利水电科技进展, 2008(02): 62-64.
14　Cain P, Wood I R. Measurements of Self-Aerated Flow on a Spillway [J]. American Society of Civil Engineers, 1981, 107(11): 1425-1444.

Preliminary experimental study on turbulence and air entrainment characteristics of hydraulic jumps in a circular pipe

LIU Yun, NI Cheng-yang, WANG Hang[*]

(State Key Laboratory of Hydraulics and Mountain River Engineering, Sichuan University, Chengdu 610065, Email: wanghang39@scu.edu.cn)

Abstract: A hydraulic jump forming in a partially-filled pipe due to the sudden increase in flow resistance is a common hydraulic phenomenon that often causes flow instability and air-water mixing in pipeflows. In this work, free hydraulic jumps in a horizontal circular pipe are observed in terms of turbulent flow motions and air entrainment. Measurement of the jump toe oscillations revealed the differences between the high- and low-frequency oscillating motions. The characteristic oscillation frequency was influenced by the flow rate represented by the relative critical depth to pipe diameter. Employing a home-made air-water phase-detection probe, air bubble entrainment and transport in the hydraulic jumps were measured. The spatial distributions of air concentration, bubble count rate and interfacial velocity along the pipe centerline were obtained, and the streamwise attenuation of their characteristic values were analyzed for various flow rates.

Key words: Partially-filled free-surface pipeflow; Hydraulic jump in circular pipe; Jump toe oscillation; Air entrainment; Air-water phase-detection probe.

楔形云空化形成及演化过程的实验研究

周泽才,程新生,张凌新*,邵雪明*

(浙江大学 工程力学系,杭州 310027, Email: zhanglingxin@zju.edu.cn, mecsxm@zju.edu.cn)

摘要:云空化现象机理复杂、危害性大,但对于其内部结构及演化过程的认识仍然有限。本文基于高速摄影和激光诱导荧光粒子图像测速技术,对楔形云空化内部流动及其形成、演化过程开展研究。结果表明:在低空化数($\sigma \approx 2.9$)下,楔形云空化的生长阶段伴随有激波;激波可能来源于下游空化云团溃灭形成的压力波,并最终导致上游空化云团的脱落。在高空化数下($\sigma \approx 3.6$),实验测量得到了云空化内部的汽液两相速度场,证实空化云团中存在着显著的汽液相间滑移,这说明云空化内部可能存在潜在的相间动量交换与附加湍流。

关键字:云空化;激波;相间滑移

1 引言

空化现象在船舶推进、水力机械以及水利工程中普遍存在,其出现往往会诱发水力性能下降、振动、噪声以及空蚀等问题。在不同空化类型中,云空化是最具危害性的一种空化类型[1]。因而,了解云空化的形成与发展规律,进而抑制云空化的危害,具有明确的现实意义[2]。

一般认为,云空化的形成与片空化尾部的失稳有关。多数情况下,片空化经历着从生长到脱落的非稳态过程,其失稳机制是学术界研究的重点方向之一。1975 年,Furness 和 Hutton[3] 提出了尾部回射流导致片空化失稳的猜想。随后,De Lange[4]、Laberteaux 等[5]、Foeth 等[6] 以及 Callenaere 等[7]进一步揭示了回射流引发片空化失稳的机理,并发展了相应的回射流理论模型。然而,随着实验技术的发展,也有不同的片空化失稳机制被提出。Ganesh 等[12]于 2017 年对楔形空化进行 X 射线实验,表明激波也可能是空化云团脱落的重要原因。总体来看,目前已发现有两种片空化失稳机制:回射流机制与激波机制。前者已经获得了充分的研究和证实[8-11],而后者则需要进一步研究和检验。

云空化形成后,在与液相湍流场的相互作用下,其形态将发展演化为一种汽液两相的

基金项目:国家自然科学基金重点项目(91852204)

大尺度湍流结构。受制于传统实验测量手段的不足，目前对于云空化内部结构演化的认识仍然十分有限[12]。数值模拟技术的发展为认识云空化流场特征提供了有效手段。当前的空化流数值模拟方法，大多基于均相假设[13-15]，即将汽液两相混合为一种连续介质，共有同一速度场。然而，Khlifa 等[16]采用快速 x 射线成像技术，于 2017 年对毫米级文丘里管空化流场进行了测量，首次发现这种微尺度空化内部存在显著的相间滑移速度。目前，对于这种相间滑移现象在空化中存在的普遍性与显著性，尚缺乏进一步的研究和验证。

本研究将通过实验研究不同空化数下楔形云空化的时空演化过程，检验云空化的形成机制，分析空化云团内部汽液两相速度场特征，以提高对云空化时空演化机理的认识。

2 实验测量技术

实验装置为浙江大学的空化水洞。实验采用的楔形几何参数(图 1)。本实验固定入口流速为 5.9 m/s，不同空化数通过调节流场压强实现。测量手段主要为高速摄影与激光诱导荧光粒子图像测速（PIV/LIF）技术。测量系统由高速摄像机、高频双脉冲激光发射器以及分光镜组成。水中的荧光粒子与汽泡在激光的诱导下，分别散射两种不同波段的光。两台高速摄像机装配不同波段滤光镜片，实现汽液两相图像的分离。另外布置高速摄像机用于捕捉空化的整体形态。PIV/LIF 的测量窗口位于楔形顶点后方 130 mm 处，视窗尺寸为 80 mm×80 mm(图 1)。

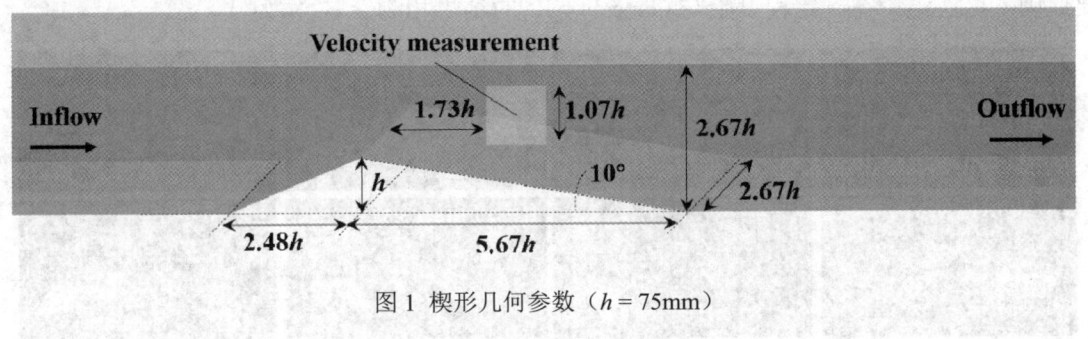

图 1 楔形几何参数（h = 75mm）

3 结果与讨论

图 2 中展示了一个典型周期内的云空化形成与演化过程。总体来看，流场中的空化依次经历生长（1/8T 至 4/8T）、脱落（4/8T 至 6/8T）、输运（6/8T 至 7/8T）与溃灭（7/8T 至 1/8T）等不同阶段。在生长阶段，空化泡尾部向下游延长；空化增大至一定体积之后进入脱落阶段，连续的空化泡被从上游斩断，形成一个较大尺度的云团状结构；空化云团在液相旋涡流场的作用下，伴随着展向旋转向下游发展，最终在下游的高压区发生溃灭。

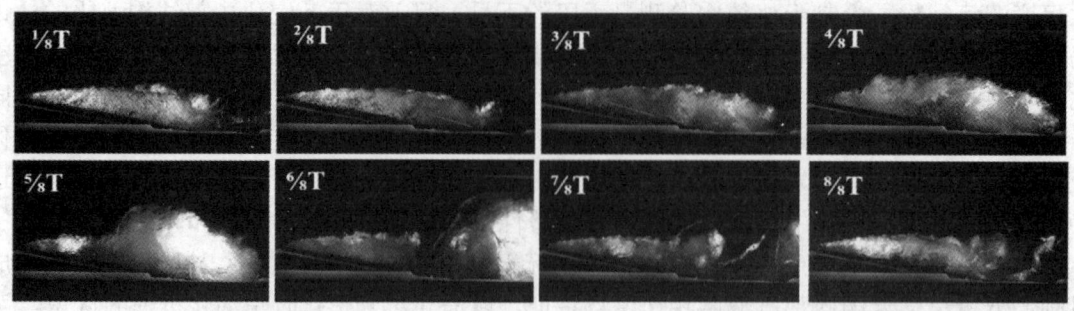

图 2 云空化的形态演化过程（$\sigma \approx 2.9$, T=140 ms，图中红色箭头指向激波位置）

在图 2 中可以看到，在下游空化云团溃灭后，上游空化重新进入发展阶段；此时，激波在空化内出现，并快速传播至上游；随后，空化云团出现脱落。简而言之，激波发生在溃灭阶段后与脱落阶段前。这表明，空化泡内的激波可能来源于下游高压区内蒸汽云团溃灭形成的压力波。压力波一旦形成后开始向四周传播，很快遇到上游空泡。强烈的压力波使得上游蒸汽泡群发生溃灭，在连续的空化泡内形成了一个明显的汽液间断区，如图 3 所示。这个间断区内的汽泡很小，反射光线不足，形成了一个与上、下游相比较暗的区带，可以清晰显示出激波的位置。在 35 ms 的时间内，激波快速从空化泡尾部传播至上游。在这之后，连续的空化泡自上游开始失稳并断裂，最终脱落形成云空化。另外，在目前的工况中未观察到明显的回射流再入现象。因而，在这种情况下，激波可能是云空化形成的主要原因。这些结论在一定程度上与 Ganesh 等[12]的结果相吻合。

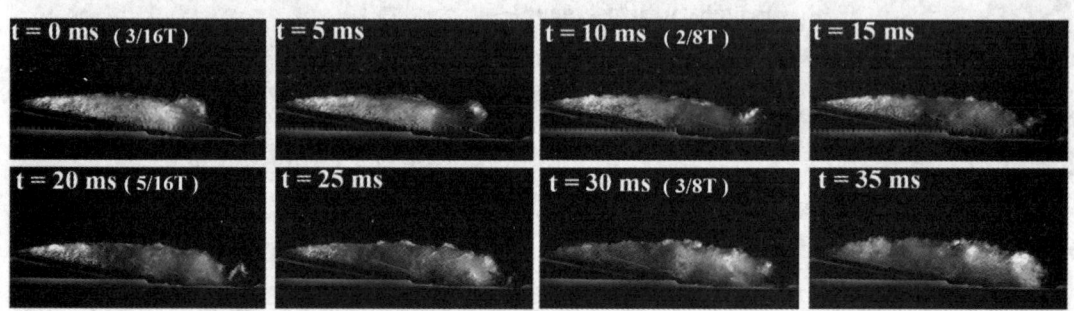

图 3 激波的形成与传播过程（$\sigma \approx 2.9$，T=140 ms，图中红色箭头指向激波位置）

在较低体积分数下（$\sigma \approx 3.6$），基于 PIV/LIF 技术，实验测量得到了图 1 方形区域中的汽液两相时均速度分布（图4）。可以看到，由于汽液惯性不同，液相速度值始终较汽相更大。自上游至下游，汽液滑移速度逐渐减小。这种趋势与 Khlifa 等[16]基于 X 射线的测量结果一致，这可能与汽相体积分数的分布有关。自楔形壁面向上，相间滑移速度值呈现先减小后增大再减小的趋势，这显然与液相流场结构直接相关。液相流经楔形顶点后发生流动分离，分离涡在近壁面处形成回流，使得滑移速度在近壁区改变方向。然而，在 Khlifa 等[16]的测量结果中,未发现明显的近壁区滑移速度方向反转现象。这可能是由于毫米级的微型流动中黏性效应非常突出,壁面边界层较厚,难以产生足够速度的回流。

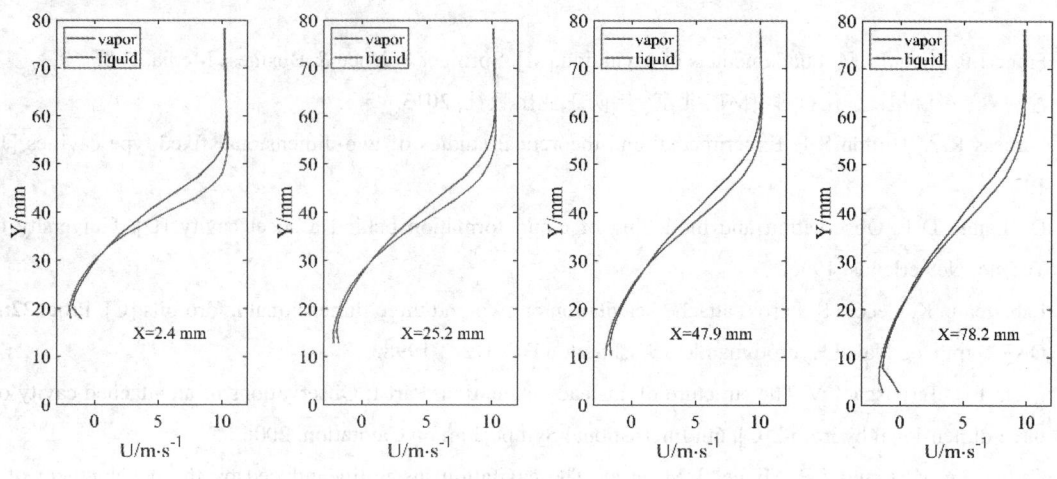

图4 实验测得的汽液两相时均速度分布

($\sigma \approx 3.6$,图中X为测点与速度测量区前缘的距离,Y为测点与速度测量区下缘的距离)

总体而言,目前的测量结果表明,云空化内部具有显著的汽液相间滑移速度,尤其在上游的汽泡密集区。在距测量区域前缘 2.4 mm 处,滑移速度最大值超过 1 m/s,占液相速度比值超过 10%。据此推测,在云空化流场内部,汽液两相间将存在一定的相互作用力,使得两相间产生动量交换。另外,具有滑移速度的汽泡群,将对液相流动结构产生影响,体现为汽泡诱导产生的液相附加湍流。显然,无论相间动量交换还是液相附加湍流,都无法在基于均相假设的空化流数值模拟中计入。在未来,需要对这些因素进行深入研究和评估,以改进现有数值模拟方法。

4 总结

基于高速摄影与激光诱导荧光粒子图像测速技术,研究了楔形云空化的形成与演化过程,分析了云空化内部的汽液两相速度场特征。

(1) 在空化数为 2.9 的情况下,证实了云空化形成的激波机制。激波可能来源于下游高压区内的空化云团溃灭形成的压力波,并最终导致上游空化云团的脱落。

(2) 在空化数为 3.6 的情况下,证实了云空化内部存在显著的相间滑移。这表明,云空化汽液流场内部存在一定的相间动量交换与附加湍流。如何在数值模拟中引入这些因素的影响,将是下一步研究的重点。

参考文献

1. Franc J P, Michel J M. Fundamentals of cavitation [M]. Springer Science & Business Media, 2006.
2. 潘森森, 彭晓星. 空化机理 [M]. 北京: 国防工业出版社, 2013.
3. Furness R A, Hutton S P. Experimental and theoretical studies of two-dimensional fixed-type cavities [J]. 1975.
4. De Lange D F. Observation and modelling of cloud formation behind a sheet cavity [D]. University of Twente, Netherlands, 1996.
5. Laberteaux K, Ceccio S. Partial attached cavitation on two-and three-dimensional hydrofoils [C]. Proc. 22nd ONR Symp. on Naval Hydrodynamics, Washington DC, USA, 1998.
6. Foeth E J, Terwisga T V. The structure of unsteady cavitation. Part I: Observations of an attached cavity on three-dimensional hydrofoil [C]. 6th International Symposium on Cavitation, 2006.
7. Callenaere M, Franc J P, Michel J M, et al. The cavitation instability induced by the development of a re-entrant jet [J]. Journal of Fluid Mechanics, 2001, 444: 223-256.
8. Leroux J B, Coutier-Delgosha O, Astolfi J A. A joint experimental and numerical study of mechanisms associated to instability of partial cavitation on two-dimensional hydrofoil [J]. Physics of fluids, 2005, 17(5): 052101.
9. Ji B, Luo X, Wu Y, et al. Numerical analysis of unsteady cavitating turbulent flow and shedding horse-shoe vortex structure around a twisted hydrofoil [J]. International Journal of Multiphase Flow, 2013, 51: 33-43.
10. Zhang L X, Khoo B C. Computations of partial and super cavitating flows using implicit pressure-based algorithm (IPA) [J]. Computers & Fluids, 2013, 73: 1-9.
11. Huang B, Zhao Y, Wang G. Large eddy simulation of turbulent vortex cavitation interactions in transient sheet/cloud cavitating flows [J]. Computers & Fluids, 2014, 92: 113-124.
12. Ganesh H, Mäkiharju S A, Ceccio S L. Bubbly shock propagation as a mechanism for sheet-to-cloud transition of partial cavities [J]. Journal of Fluid Mechanics, 2016, 802: 37-78.
13. Delannoy Y. Two phase flow approach in unsteady cavitation modelling [C]. Proc. of Cavitation and Multiphase Flow Forum, 1990. 1990.
14. Arndt R E A. Some remarks on hydrofoil cavitation [J]. Journal of Hydrodynamics, Ser. B, 2012, 24(3): 305-314.
15. Kunz R F, Boger D A, Stinebring D R, et al. A preconditioned Navier-Stokes method for two-phase flows with application to cavitation prediction [J]. Computers & fluids, 2000, 29(8): 849-875.
16. Khlifa I, Vabre A, Hočevar M, et al. Fast X-ray imaging of cavitating flows [J]. Experiments in fluids, 2017, 58(11): 1-22.

Experimental study on the formation and evolution of cloud cavitation over a wedge

ZHOU Ze-cai, CHENG Xin-shang, ZHANG Ling-xin[*], SHAO Xue-ming[*]

(Department of Engineering Mechanics, Zhejiang University, Hangzhou 310027,
Email: zhanglingxin@zju.edu.cn, mecsxm@zju.edu.cn)

Abstract: The cloud cavitation is complex in mechanisms and harmful in engineering, but the understanding of its internal structure and evolution is still limited. Based on the high-speed photography and Laser-induced Fluorescent Particle Image Velocimetry technique, we study the formation and evolution of cloud cavitation over a wedge in this paper. The experimental results show that at a low cavitation number ($\sigma \approx 2.9$), the development of cavitation is accompanied with a shock wave. The shock wave may originate from the pressure wave induced by the collapse of the downstream bubble clouds, and eventually lead to the shedding of upstream bubble clouds. At a high cavitation number ($\sigma \approx 3.6$), the two-phase velocity field in the cloud cavitation is experimentally measured, confirming that there is a significant interphase slip velocity in the cloud cavitation. These phenomena indicate that there may be potential interphase momentum exchange and additional turbulence inside the cloud cavitation.

Key words: Cloud cavitation; Shock wave; Interphase slip.

船舶推进器在水-淤泥两相流中的水动力特性数值研究

李浩然[1]，冀楠[1*]，胡茂林[1]，罗意[1]，万德成[2]

(1. 重庆交通大学 航运与船舶工程学院，重庆 400074，E-mail: jinan@cqjtu.edu.cn;
2. 上海交通大学 船舶海洋与建筑工程学院 船海计算水动力学研究中心(CMHL)，上海 200240)

摘要：近岸航道、港口内所淤积的淤泥所产生的浅水效应，对航行中船舶的操纵及推进性能产生影响。为降低淤泥对航行船舶的限制，PIANC 所提出的"海底（Nautical bottom）"概念，将淤泥层视为通航深度的一部分。本研究模拟船舶航行于淤泥水域，研究淤泥密度、富裕水深 UKC 对螺旋桨推进器水动力的影响。首先在流场内引入 Herschel-Bulkle 本构模型，以模拟淤泥的流变特性，建立起水-淤泥两相流数值模型。以 KP458 螺旋桨为研究对象，进行淤泥水域航行船舶推进器水动力、尾流特性进行数值模拟分析。研究表明：在 UKC=-0.31 D~0.55 D 范围内，推进器推进效率随富裕深度的增大而减小；当淤泥密度 $\rho<1256$ kg/m³ 时，推进效率随淤泥密度变化的趋势较小，而 $\rho>1256$ kg/m³ 时，推进效率随淤泥密度变化的趋势加剧；从推进器的推进效率，降低推进器所消耗的主机功耗方面考虑，大连港港口的适航淤泥密度是 $\rho=1196$ kg/m³。

关键词：两相流；Herschel-Bulkley 本构模型；淤泥；富裕水深；KP458

1 引言

受到水流和强风的作用，航道、河岸的土壤发生迁移，并在近岸、港口区域形成一定厚度的淤泥层。淤泥层的存在会直接降低航道适航水深，大型船舶会因此受到浅水效应影响，增大了船舶航行中安全操纵和保持稳定性的难度。

淤泥层的存在能够显著影响船舶水动力性能，尤其是在富裕深度 UKC＜0 时。为保证船舶航行安全，降低在清淤方面的支出，PIANC 提出了将淤泥层视作通航水深一部分的"海

基金项目：国家重点研发计划(Grant No. 2018YFB1600400)；重庆市科学技术委员会基础与前沿研究计划项目(Grant No. cstc2015jcyjA70009)

底（Nautical bottom）"概念。这一概念主要是确保大型船舶能够安全航行通过具有淤泥层的航道，即 UKC 不超出临界值。对于不同的港口而言，淤泥的物理特性并不近乎相同，该组织所给出的临界值也只是海底淤泥的密度。而对于淤泥而言，密度会随着剪切速率的变化而变化，并不能够精确体现淤泥情况。因此，近些年来海底概念中的临界值及淤泥层船舶性能影响始终是国内外学者的研究关注点。

Toorman[1]对淤泥的流变特性进行分析，研究了淤泥流变特性对船舶适航的影响。Wurpts 等[2]对在淤泥航区的适航深度的研究中指出，淤泥密度、流变特性是直接影响船舶适航深度的重要因素。Lataire[3]通过试验手段研究淤泥对大吃水船舶航行的影响，并在研究中指出，淤泥密度限值为 1.2t/m³。叶建林[4]、高志亮等[5]以连云港航道底部淤泥参数为依据，进行淤泥流变性试验，分别对连云港航道适航密度限值取值提出建议。而蔡南树等[6]则是针对广州港南沙港区港池进行淤泥流变研究，指出了广州港南沙港区港池的适航水深及淤泥适航密度。

在淤泥流变特性的影响下，船舶近似在限制水域中航行。港口航道底部淤泥层会对船舶机动性、升沉、航行姿态等产生影响[7]。Delefortrie[8-10]通过模型试验，并采用流化参数构建激动模型测试程序，对淤泥航区船舶水动力特性和机动性进行预测，讨论了淤泥对船舶阻力、螺旋桨推力及舵力的影响。Kaidi 等[11]基于 CFD 技术研究了淤泥密度、UKC 等对船舶阻力和船舶深蹲的影响，对船舶与淤泥之间的相互作用进行分析。钱志鹏等[12]建立了气-水-淤泥三相流数值模型，研究了淤泥密度、UKC、船舶航速对船舶水动力及流场特性的影响。

本研究以 KP458 螺旋桨为研究对象，基于 CFD 技术引入 Herschel-Bulkley 本构模型模拟淤泥流变特性，结合 VOF 模型和对 RANS 方程求解进行水-淤泥两相流数值模拟。分析了不同淤泥密度、UKC 对船舶推进器水动力性能及流场特性的影响。

2 数值方法

2.1 控制方程

对于不可压缩黏性流体而言，RANS 方程组中的连续性方程及动量方程如下：

$$\frac{\partial U_i}{\partial x_i} = 0 \tag{1}$$

$$\frac{\partial U_i}{\partial t} + U_j \frac{\partial U_i}{\partial X_i} = -\frac{1}{\rho}\frac{\partial p}{\partial x_i} + \frac{\mu}{\rho}\frac{\partial^2 U_i}{\partial x_j \partial x_j} - \frac{1}{\rho}\frac{\partial \left(\rho \overline{u_i u_j}\right)}{\partial x_{ij}} \tag{2}$$

式中，U_i 为平均速度分量，x_i 和 x_j 为坐标分量，ρ 为流体密度，p 为流体平均压强，μ 为流体的动力黏度，t 为时间，$\rho \overline{u_i u_j}$ 为雷诺应力项。

2.2 Herschel-Bulkley 本构模型

在数值计算中采用 Herschel-Bulkley 本构模型展现淤泥黏度随剪切速率变化而变化的流变特性，将该模型引入求解器后的数学方程如下：

$$\mu = \frac{\tau_0}{\dot{\gamma}} + \mu_d \left(\frac{\dot{\gamma}}{\dot{\gamma}_0}\right)^{n-1} \quad (\tau > \tau_0) \tag{3}$$

$$\mu = \tau_0 \left(\frac{2\dot{\gamma}_0 - \dot{\gamma}}{\dot{\gamma}_0^2}\right) + \mu_d \left[(2-n) + (n-1)\frac{\dot{\gamma}}{\dot{\gamma}_0}\right] \quad (\tau \leq \tau_0) \tag{4}$$

式中，τ、τ_0 分别为剪切应力和屈服应力；μ 为淤泥黏度；$\dot{\gamma}$ 为剪切速率；μ_d 由淤泥流变试验所获得。

2.3 湍流模型及 VOF 模型

湍流模型所选择的是由 Metter 所提出的 SST $k-\omega$ 模型，该湍流模型综合了 $k-\omega$、$k-\varepsilon$ 模型的优点。VOF 模型主要用于捕捉自由液面，此方法能够精确模拟自由液面所具有的非线性特性。湍流模型、VOF 模型的数学方程介绍分别见参考文献[13]与文献[14]。

2.4 模型及求解器设置

图 1 为螺旋桨运转于淤泥航区的示意图。初始富裕水深 UKC 数值为螺旋桨位于船后位置时距航道底部的距离 0.12 D，且 UKC 数值决定了水-淤泥交界面的位置。其中，D 为螺旋桨的直径。

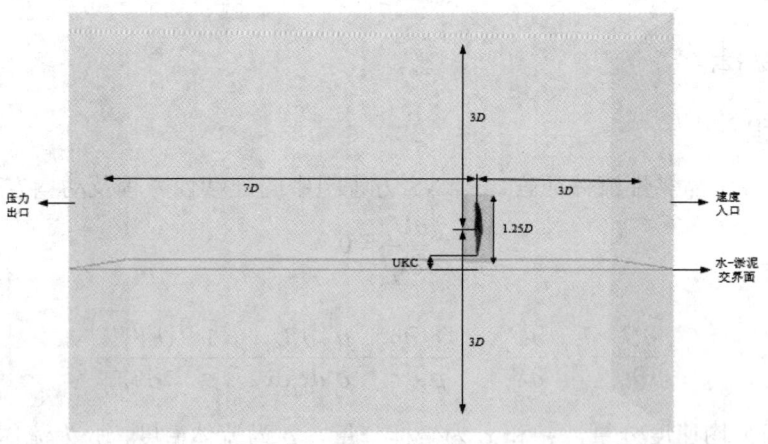

图 1　螺旋桨运转于淤泥航区的示意图

本研究利用 STAR-CCM+软件进行数值模拟过程中，通过调节 HRIC 参数为保证自由液面的捕捉精度。采用 SIMPLE 算法保证压力-时间之间的耦合精度,每一计算时间步螺旋桨所旋转的度数为3°,时间离散采用二阶迎风式。

3 计算域设置及验证

3.1 计算模型

本研究所选择的研究对象是标准船模 KVLCC2 的推进器 KP458,该模型的几何形状及主要参数见图 2 及表 1。

图 2 推进器 KP458 几何形状示意图

表 1 推进器 KP458 几何参数

参数	实尺度	模型尺度
桨叶数	4	4
直径 D/m	9.86	0.212
螺距比 P/D(0.7R)	0.71	0.721
盘面比 Ae/A_0	0.431	0.431
毂径比	0.155	0.155

3.2 网格划分及边界条件设置

计算域为长方体区域,速度入口距桨盘面 3 D,压力出口距桨盘面 7 D,其他边界分别距离螺旋桨 X 轴线、Y 轴线 3 D(图 1)。其中,除入口、出口边界外,其他边界的边界条件均为对称平面。螺旋桨旋转区域采用圆柱体区域,直径为 1.25 D。背景域采用 Trimmed cell Mesher,基础尺寸为 0.1 D,最大网格尺寸为 0.2 D;旋转域采用 Polyhedral Mesher,桨叶尺寸为 0.005 D,边界层厚度为 0.0005 D;对水-淤泥交界面进行自由液面加密。计算中,保证 Y+ 数值保持在 1 左右。网格划分情况如图 3 所示。

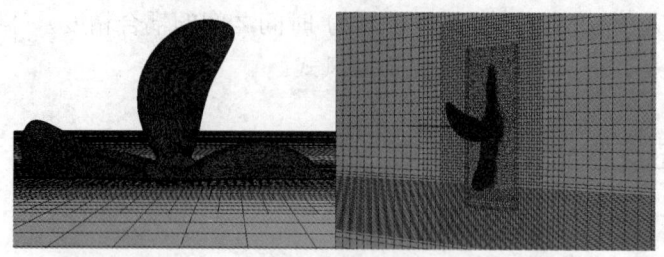

图 3　网格划分

3.3 KP458 敞水性能验证

参照 3.2 小节网格划分参数设置,对推进器 KP458 进行敞水性能验证,以验证网格划分设置的合理性。参照 SIMMAN2020 所公布的推进器 KP458 试验数据进行对比,对比曲线图见图 4。数值模拟计算数据与试验数据对比,各项参数误差均在工程误差所允许的 10% 范围内,证实了由该网格划分方式所建立模型的合理性。

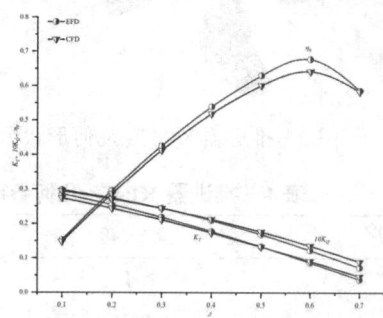

图 4　推进器 KP458 敞水验证曲线

3.4 工况介绍及淤泥参数

船舶入港或航行于近岸航道时处于低速航行状态,因此选择 $Fr=0.1266$ 的航速进行计算。当 $Fr=0.1266$ 时,KVLCC2 船舶对应的航速为 1.0494m/s,对应螺旋桨进速系数 $J=0.5$。具体计算工况参数见表 2。其中,不同密度淤泥参数参照高志亮[5]对连云港港口淤泥所进行的流变试验,具体参数见表 3。

表 2　计算工况

流速/m·s⁻¹	UKC	淤泥密度/kg·m⁻³
	-0.31 D	1135
	-0.09 D	1196
1.0494	0.12 D	1256
	0.34 D	1315
	0.55 D	1406

表3 不同密度淤泥对应参数[5]

ρ /kg·m^{-3}	τ_0/Pa	γ/Pa·s	μ_d/Pa·s	n
1406	76.3	7.45	0.204	0.76
1315	18.49	10.24	0.059	0.75
1256	656	12.08	0.045	0.73
1196	2.45	20.83	0.034	0.72
1135	1.39	27.85	0.03	0.71

4 计算结果分析

4.1 富裕深度 UKC 对推进器性能的影响

在不同的富裕深度工况下,富裕深度对于推进器的水动力性能有着显著的影响。从图 5 可以看出,不同富裕深度下推进器的推力系数 K_T、扭矩系数 K_Q 与效率 η_0 曲线,对应计算公式见参考文献[15]。航道底部淤泥密度一定,当 UKC=0.12D~0.55D,随富裕深度的减小,推进器的 K_T 及 K_Q 减小;当 UKC=-0.31D~0.12 D,随富裕深度的减小,推进器的 K_T 及 K_Q 增大。而对于推进器的效率 η_0,在 UKC=-0.31D~0.55 D 范围内,随富裕深度的增大而减小。在船舶推进器入淤泥之前,浅水效应导致推进效率降低;而在入淤泥后,淤泥的附着导致推进器运转耗能增加,从而导致推进效率降低。

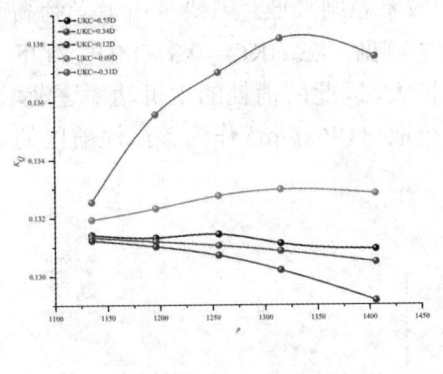

(a) 推进器推力系数

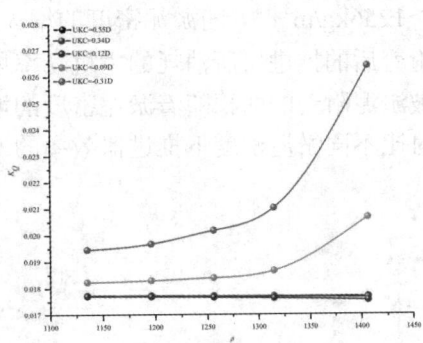

(b) 推进器扭矩系数

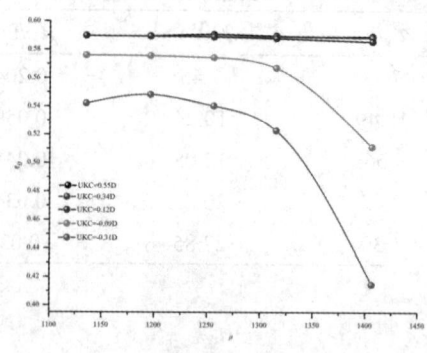

（c）推进效率

图 5 不同 UKC 下，推进器水动力性能变化曲线

4.2 不同淤泥密度对螺旋桨性能的影响

由图 6 可见，运转于淤泥航区的船舶推进器，水动力性能受到淤泥密度的影响。由图 6(c)效率曲线可见，推进器叶片接触淤泥后，当淤泥密度 $\rho<1256kg/m^3$ 时，淤泥密度对推进器效率的影响较小，且当淤泥密度 $\rho=1196kg/m^3$ 时，推进器效率有所提升；当淤泥密度 $\rho>1256kg/m^3$ 时，随淤泥密度的增大，推进器的效率急剧降低，主要是由于受到高密度淤泥附着后的推进器所消耗的主机功率增大。由图 7 可见，在 UKC=-0.31D 的工况下，推进器被淤泥附着的面积随着淤泥密度的增大而逐渐扩大，因此所消耗的主机功率逐渐增大。通过对比不同淤泥密度下推进器效率的变化情况，可取 $1196kg/m^3$ 作为该淤泥航区的适航密度。

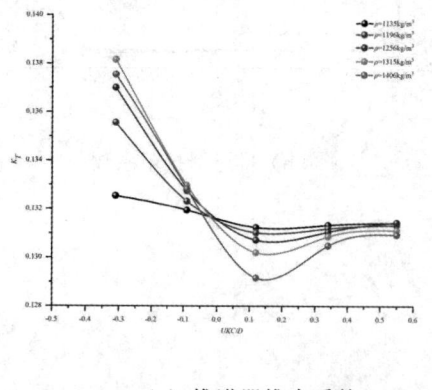

（a）推进器推力系数

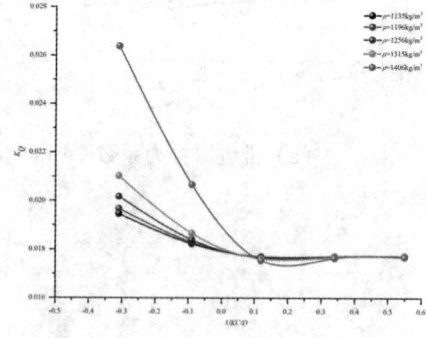

（b）推进器扭矩系数

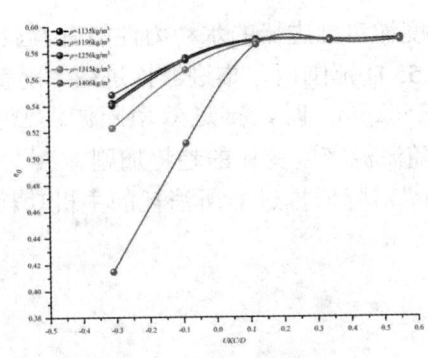

（c）推进效率

图 6 不同淤泥密度下，推进器水动力性能变化曲线

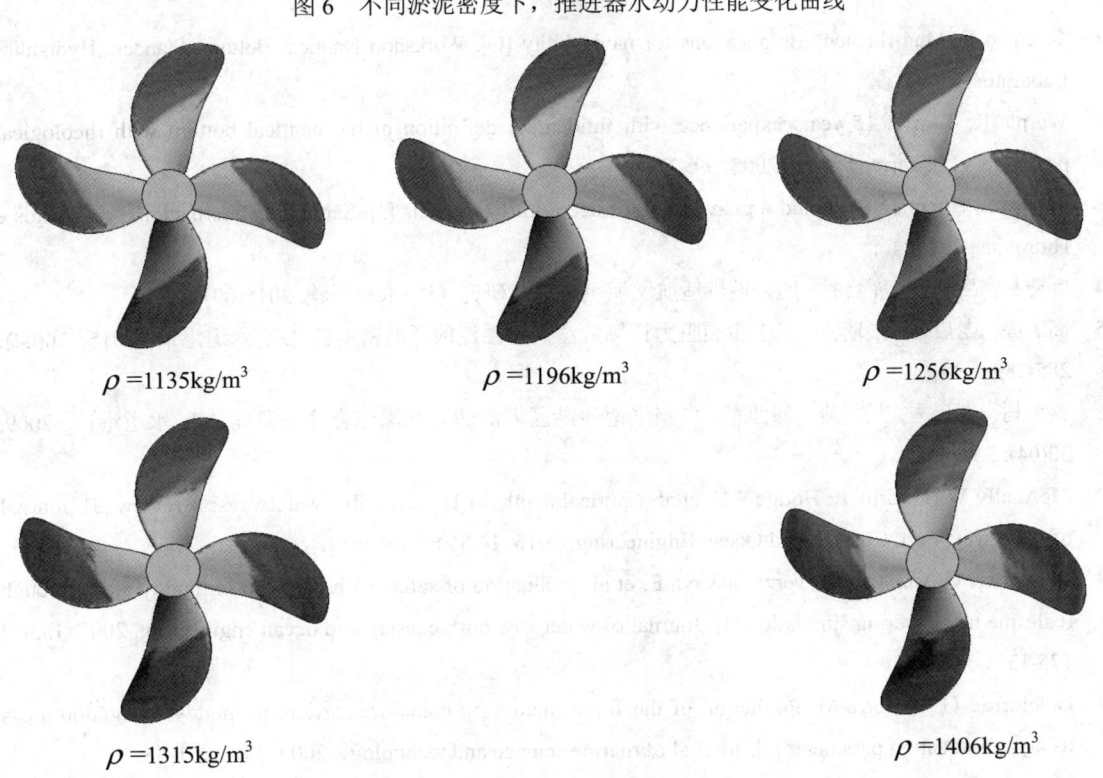

图 7 UKC=-0.31 D，不同密度淤泥在推进器表面附着情况

5 结论

本研究以船舶推进器 KP458 为研究对象，采用大连港港口淤泥参数，对在淤泥航区运转的状态进行模拟，主要分析了不同富裕深度、淤泥密度对推进器水动力性能的影响，得

出以下结论。

(1) 富裕深度、淤泥密度均对推进器的水动力性能有着显著的影响。

(2) 在 UKC=-0.31 D~0.55 D 范围内，推进器推进效率随富裕深度的增大而减小。

(3) 当淤泥密度 ρ ＜1256kg/m³ 时，推进效率随淤泥密度变化的趋势较小，而 ρ ＞1256kg/m³ 时，推进器效率随淤泥密度变化的趋势加剧。

(4) 从推进器的推进效率，降低推进器所消耗的主机功耗方面考虑，大连港港口的适航淤泥密度是 ρ =1196kg/m³。

参考文献

1 Toorman E. Mud rheology: implications for navigability [C]. Workshop Nautical Bottom. Flanders Hydraulics Laboratory, 2005.

2 Wurpts R, Torn P. 15 years experience with fluid mud: definition of the nautical bottom with rheological parameters [J]. Terra et Aqua, 2005, 99: 22-32.

3 Lataire E. Effect of fluid mud on navigation of deep-drafted vessels [J]. Seminário Internacional em Portos e Hidrovias, 2014: 46.

4 叶建林, 吕小波, 庞启秀. 连云港港适航淤泥重度取值研究 [J]. 水运工程, 2015(09): 35-41.

5 高志亮, 庞启秀, 张瑞波. 基于船舶阻力计算方法确定浮泥的适航密度值 [J]. 水道港口, 2015, 36(04): 285-289.

6 蔡南树, 庞启秀, 杨树森, 韩西军. 广州港南沙港区港池适航水深综合论证研究 [J]. 水道港口, 2009, 30(04): 253-256.

7 McAnally W H, Kirby R, Hodge S H, et al. Nautical depth for US navigable waterways: A review [J]. Journal of Waterway, Port, Coastal, and Ocean Engineering, 2016, 142(2): 04015014.

8 Delefortrie G, Vantorre M, Verzhbitskaya E, et al. Evaluation of safety of navigation in muddy areas through real-time maneuvering simulation [J]. Journal of waterway, port, coastal, and ocean engineering, 2007, 133(2): 125-135.

9 Delefortrie G, Vantorre M. Prediction of the forces acting on container carriers in muddy navigation areas using a fluidization parameter [J]. Journal of marine science and technology, 2009, 14(1): 51-68.

10 Delefortrie G, Vantorre M. Ship manoeuvring behaviour in muddy navigation areas: State of the art [C]. 4th MASHCON-International Conference on Ship Manoeuvring in Shallow and Confined Water with Special Focus on Ship Bottom Interaction. 2016: 26-36.

11 Kaidi S, Lefrançois E, Smaoui H. Numerical modelling of the muddy layer effect on Ship's resistance and squat [J]. Ocean Eng, 2020, 199: 106939.

13 Qian Z, Ji N, Yang G, et al. Fluid-structure interaction Simulation for Hydro-elastic Performance of marine

Propeller at Full-Scale [C]. Journal of Physics: Conference Series. IOP Publishing, 2021, 2029(1): 012041.
14 冀楠, 杨春, 万德成, 等. 沿岸航行肥大型船舶的流场偏移特性研究 [J]. 船舶工程, 2021, 43(07): 68-75.
15 盛振邦, 刘应中. 船舶原理下册 [M]. 上海: 上海交通大学出版社, 2004.

Numerical study on hydrodynamic characteristics of ship propeller in water-muddy two-phase flow

LI Hao-ran[1], JI Nan[1*], HU Mao-lin[1], LUO Yi[1], WAN De-cheng[2]

(1. School of Shipping and Naval Architecture, Chongqing Jiaotong University, Chongqing 400074, China, Email: jinan@cqjtu.edu.cn;

2. Computational Marine Hydrodynamics Lab (CMHL), School of Naval Architecture, Ocean and Civil Engineering, Shanghai Jiao Tong University, Shanghai 200240, China)

Abstract：The shallow water effect caused by the mud accumulated in the near-shore channel and harbor affects the maneuvering and propulsion performance of the ship during navigation. To reduce the limitation of mud to navigable vessels, the concept of "Nautical bottom" proposed by PIANC considers the mud layer as part of the navigable depth. This paper simulates ship sailing in silty waters to study the effects of silt density and rich water depth UKC on the hydrodynamic force of the propeller. The Herschel-Bulkley instanton model is firstly introduced in the flow field to simulate the rheological properties of the muddy, and a numerical model of water-mud two-phase flow is established. And the KP458 propeller is used as the object of study to conduct numerical simulation analysis of the hydrodynamic and wake characteristics of propeller of a ship sailing in muddy waters. The study shows that in the range of UKC=-0.31D~0.55D, the thruster propulsion efficiency decreases with the increase of rich depth. When muddy density $\rho < 1256$ kg/m^3, the trend of propulsion efficiency varies less with muddy density, while $\rho > 1256$ kg/m^3, the trend of propulsion efficiency varies more with muddy density. Considering the propulsion efficiency of the thruster and reducing the power consumption of the main engine consumed by the thruster, the seaworthy silt density of the port of Dalian is $\rho = 1196$ kg/m^3.

Key words: Two-phase flow; Herschel-Bulkley model; Muddy; UKC; KP458.

船舶浅水阻力计算及尺度效应研究

马忠鑫[1], 冀楠[1*], 罗意[1], 胡茂林[1], 万德成[2]

(1. 重庆交通大学 航运与船舶工程学院, 重庆 400074, Email: jinan@cqjtu.edu.cn
2. 上海交通大学 船海计算水动力学研究中心(CMHL)船舶海洋与建筑工程学院, 上海 200240)

摘要: 为了评估尺度效应对浅水航行船舶水动力性能的影响, 本研究基于 RANS 方程, 采用 VOF 方法处理自由液面并结合 Realizable k-ω 湍流模型, 以国际标准集装箱船 KCS 为研究对象, 对实尺度和模型尺度下的水动力特性进行数值计算, 并与相关实验数据进行对比, 证明数值模拟方法的合理性。然后, 分别对实尺度和模型尺度船舶进行不同水深和不同船体粗糙度下的数值模拟计算, 通过对比实尺度和模型尺度下的计算结果, 分析实船和船模在不同粗糙度和不同水深时的受力情况, 探究浅水效应及尺度效应对自由液面、船体受力的影响。研究发现: 尺度效应和船体表面摩擦度会对自由液面造成影响, 对船舶水动力性能的影响不可忽略。文中所得的计算结果及规律总结, 可以对实尺度船舶建造和性能优化提供一定的参考。

关键词: 尺度效应; 限制水域; 船舶阻力; 浅水; 粗糙度; KCS

1 引言

船舶安全性一直以来都是船舶行业的重点关注内容, "3·23 苏伊士运河货轮搁浅事故"更是再次提升了整个行业对船舶安全航行的关注度, 船舶在浅水航道航行时, 其浅水效应会使得船舶受力发生改变, 易出现下蹲现象, 这会对船舶水动力性能有重要影响, 进而导致安全事故的发生。此外, 实尺度船舶与船模的雷诺数等条件无法达到完全相似, 这会造成船模的数值模拟计算分析结果与实尺度船舶有所不同。因此, 分别对船模与实尺度船的水动力特性进行数值计算具有重要意义。

在目前情况下, 利用数值模拟计算来预报实尺度船舶性能仍是一个重要的预报方式, CFD 技术对实船航速预报和试航修正的作用越来越显著[1], 实尺度船舶由于边界层的影响在数值计算模拟过程中相较于模型尺度有一定差异[2], 不同湍流、边界层等条件设置对实尺度的数值模拟计算有一定的影响[3]。船舶受力在限制水域中变得更加复杂, Terziev 等[4]

基金项目: 国家重点研发计划(Grant No. 2018YFB1600400); 2021 年重庆市研究生科研创新项目(2021S0044)

考虑不同缩尺比下的船舶在浅水航道航行时尺度效应的影响，冀楠等[5]对沿岸航行肥大型船舶进行了流场与受力的分析，Raven 等[6]讨论了水深对船舶阻力的影响，并且介绍了一种新的修正水深影响的方法；Bekhit 等[7]分析了浅水对集装箱船模型总阻力、垂直运动和波浪剖面的影响，邹璐等[8]对不同水深和离岸距离对邮船进行分析计算，获得船舶的受力和力矩，并通过分析流场得到限制水域下的邮轮水动力特性。在限制条件中，水流黏性对实际情况会有较大影响，而某一单一模型与公式在预报限制航道船舶的水动力特性时会有一定的误差[9-10]。宋科委等[11]设置不同船舶条件，对 DTMB5415 船舶在多种情况下的阻力性能进行研究，分析了尺度效应的相关问题。

本研究对不同尺度和岸壁条件下的国际标准集装箱船 KCS 进行不同水深的数值计算，分析实船和船模在不同粗糙度和不同水深时的受力情况，探究浅水效应及尺度效应对船舶流场、船体受力的影响。

2 数值方法

2.1 控制方程

本研究通过求解雷诺平均纳维-斯托克斯(Reynolds average Navier-Stockes，RANS)方程进行研究，控制方程的连续方程和动量方程如下：

$$\frac{\partial U_i}{\partial x_i}=0 \tag{1}$$

$$\frac{\partial U_i}{\partial t}+U_j\frac{\partial U_i}{\partial X_i}=-\frac{1}{\rho}\frac{\partial p}{\partial x_i}+\frac{\mu}{\rho}\frac{\partial^2 U_i}{\partial x_j \partial x_j}-\frac{1}{\rho}\frac{\partial\left(\overline{\rho u_i u_j}\right)}{\partial x_{ij}} \tag{2}$$

式中，U_i 为平均速度分量，x_i 和 x_j 为坐标分量，ρ 为流体密度，p 为流体平均压强，μ 为流体的动力黏度，t 为时间，$\overline{\rho u_i u_j}$ 为雷诺应力项。

2.2 湍流模型

综合考虑计算精度与效率，选取 SST 湍流模型。其湍流动能和湍流耗散率如下：

$$\frac{\partial(\rho k)}{\partial t}+\frac{\partial(\rho k u_i)}{\partial x_i}=\frac{\partial}{\partial x_j}\left[\Gamma_k\frac{\partial k}{\partial x_j}\right]+G_k-Y_k \tag{3}$$

$$\frac{\partial(\rho\omega)}{\partial t}+\frac{\partial(\rho\omega u_i)}{\partial x_i}=\frac{\partial}{\partial x_j}\left[\Gamma_\omega\frac{\partial k}{\partial x_j}\right]+G_\omega-Y_\omega+D_\omega \tag{4}$$

式中，k 为絮流动能；ω 为耗散率；Γ 为有效扩散率；G 为生成项；Y 为扩散项；D 为交叉扩散项。

3 数值方法

3.1 计算模型及网格划分

本研究选取国际标准集装箱船 KCS 为计算对象，船体三维模型见图 1，船体几何参数见表 1。

图 1 KCS 船体模型

表 1 船体几何参数

主要参数	船模	实船
缩尺比 λ	31.6	1
垂线间长 L_{PP}/m	7.2786	230
船宽 B/m	1.0190	32.2
吃水 T/m	0.3418	10.8
排水体积 ∇/m³	0.6505	52030

本研究采用重叠网格技术，船体重叠域网格范围为：$-0.14L_{PP} \leq x \leq 1.1L_{PP}$，$-0.16L_{PP} \leq y \leq 0.16L_{PP}$，$-0.14L_{PP} \leq z \leq 0.11L_{PP}$；背景域网格范围：$-3L_{PP} \leq x \leq 3L_{PP}$，$-2.2L_{PP} \leq y \leq 2.2L_{PP}$，$-0.9L_{PP} \leq z \leq 0.55L_{PP}$，出口为压力出口边界，其余边界条件为速度入口。

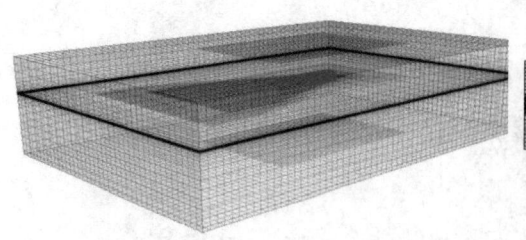

图 2 计算域及三维网格　　　　　图 3 重叠区域网格分布

3.2 网格可行性验证

本研究采用重叠网格技术,船体重叠域网格范围为:$-0.14L_{PP} \leq x \leq 1.1L_{PP}$,$-0.16L_{PP} \leq y \leq 0.16L_{PP}$,$-0.14L_{PP} \leq z \leq 0.11L_{PP}$;背景域网格范围:$-3L_{PP} \leq x \leq 3L_{PP}$,$-2.2L_{PP} \leq y \leq 2.2L_{PP}$,$-0.9L_{PP} \leq z \leq 0.55L_{PP}$,出口为压力出口边界,其余边界条件为速度入口。本研究所采用的时间步长设置数值小于$0.01L_{PP}/U$[12]。

本文通过计算东京 2015 船舶 CFD 研讨会弗劳德数 Fr=0.152 算例[13],同时与文献[14]对比弗劳德数 Fr=0.26 时实尺度的计算误差,得表 2:

表 2 计算结果验证

项目	$C_t \times 10^{-3}$	计算值×10^{-3}	误差/%
实尺度船	2.203	2.355	6.90
船模	3.641	3.791	4.12

4 数值模拟结果与分析

考虑到实尺度船体表面为粗糙壁面,故分别对船模、光滑表面实尺度船与考虑船体粗糙度的实尺度船在弗劳德数 Fr=0.152 下不同吃水时的数值模拟计算,根据文献[2],设置等效砂粒粗糙度高度 ε = 32 μm,具体计算工况如表 3 所示,图 4 为水深工况示意图。

表 3 计算工况

航速	尺度比	h/T
Fr=0.152	船模λ=31.6	1.5
	实尺度船λ=1(光滑)	2.0
	实尺度船λ=1(带粗糙度)	3.0
		5.0

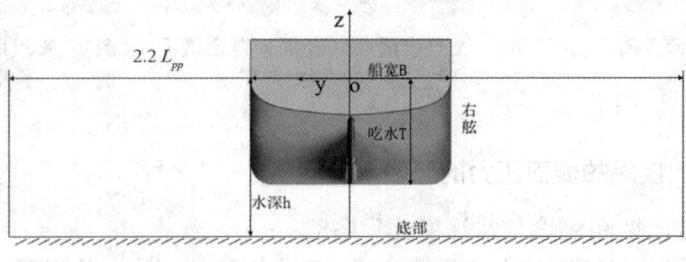

图 4 航行计算域示意图

压力系数C_P、阻力系数C_T公式如下，

$$C_p = 2(P - \rho g h)/(\rho U^2) \tag{5}$$

$$C_T = F_T / (\frac{1}{2}\rho U^2 S) \tag{6}$$

式中：P为总压力；ρ为水的密度；g为重力加速度；h为水深；U为设定航速；S为船舶湿表面积；F_T为船舶总阻力。

4.1 尺度效应及粗糙度对阻力系数及自由面的影响

阻力系数C_T随水深变化见表4，h/T=2.0时自由液面(Z/L_{PP})见图5至图7：

由表4可得：实尺度船舶阻力系数计算结果，在考虑表面粗糙度时，其整体上大于光滑实尺度船舶的阻力计算值，且数值都随水深的增大而减小。

由图5和图6可得：因为实尺度船舶受高雷诺数的影响，水面波形变化较模型尺度船舶更为剧烈。由图6和图7可得：当考虑船体粗糙度时，粗糙船体会对来流造成一定影响，使得水面波动情况更加平缓。

表 4 阻力系数 C_T 随水深变化

	h/T	船模	实尺度船舶（光滑）	实尺度船舶（带粗糙度）
	2.0	4.12	2.23	2.27
$C_T \times (10^{-2})$	3.0	3.99	2.04	2.11
	5.0	3.88	1.99	2.01

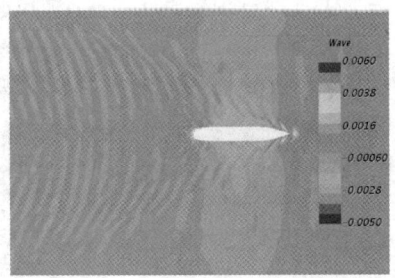 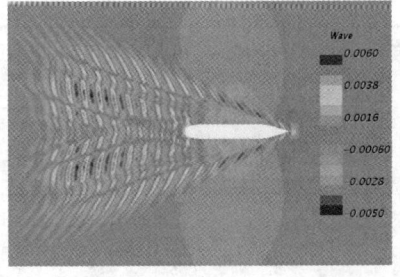 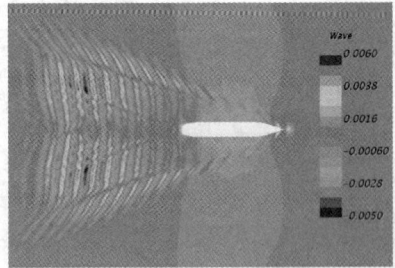

图5 船模自由液面示意图　　图6 实尺度船舶（光滑）自由液面示意图　　图7 实尺度船舶（带粗糙度）自由液面示意图

4.2 粗糙度对实尺度船舶表面压力的影响

船体压力系数C_P随粗糙度与水深变化见图8。

由图8可得：船体与池底间水流受挤压，导致水流流速增大，使得船舶中部区域流场压

力不断减小,形成低压区域。在对实尺度船舶进行数值计算时,受船体表面粗糙度的影响,粗糙船体表面低压区域大于光滑船体,其低压区域的范围都随水深的增大而减小。

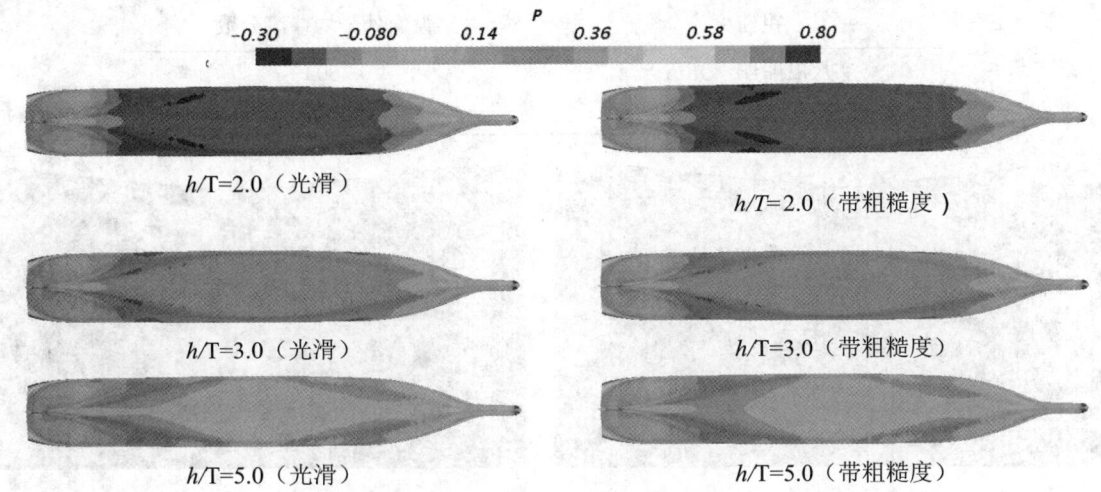

图 8 船体压力系数C_p随粗糙度与水深变化示意图

4.3 尺度效应对池底压力的影响

池底压力分布见图9和图10。

由图9和图10可得:受尺度效应影响,模型池底船舶在航行时,其池底压力分布较实尺度船舶更为剧烈,但实尺度船舶的船中部位低压区域较大。

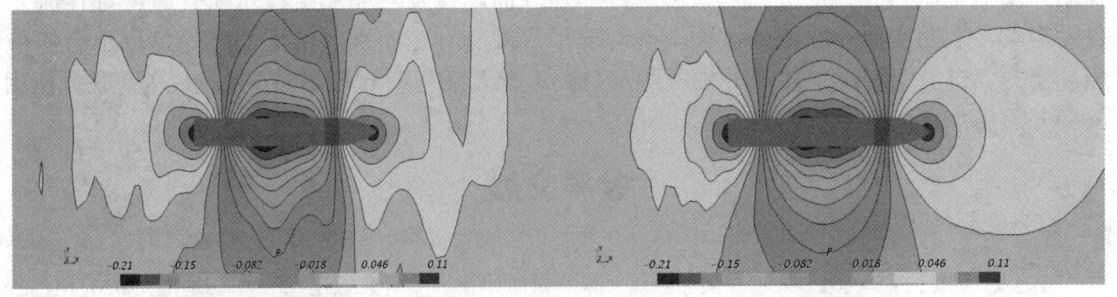

图 9 模型尺度池底压力分布示意图　　图 10 实尺度池底压力分布示意图

4.4 粗糙度对桨盘面伴流分数的影响

桨盘面处平均伴流分数见表5,分布示意图见图11和图12:

由图11、图12和表5可得:船体粗糙表面会对船体周围流场产生影响,进而减少船体表面伴流分数区域。但在桨盘面处,由于此处来流受前段船体粗糙度影响,仅在此位置处,考虑粗糙度的船舶桨盘面处的伴流分数大于光滑船体所产生的伴流分数。

表 5 h/T=2.0 实尺度船舶桨盘面平均伴流分数

粗糙度	桨盘面处平均伴流分数
实尺度船舶（光滑）	0.2604
实尺度船舶（带粗糙度）	0.2685

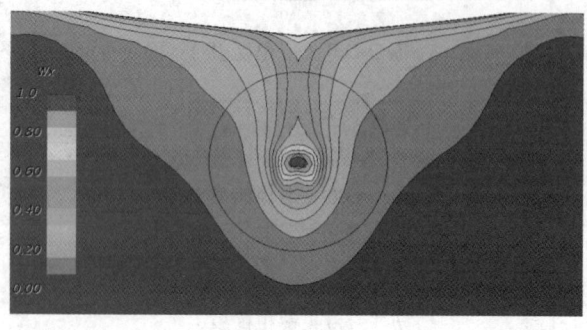

图 11　实尺度船舶桨盘面处伴流分布示意图（粗糙）　　图 12　实尺度船舶桨盘面处伴流分布示意图（光滑）

5　结论

本研究在考虑实尺度船舶表面粗糙度的情况下，对船模与实尺度KCS船型在浅水航道内航行进行数值计算，得到了实尺度船舶与船模在浅水航行情况下的阻力系数、波面特征和船体及池底压力分布情况，以及考虑到船体表面摩擦度对船舶在浅水航行时尾部伴流分数的影响，表明实尺度船舶的波面情况与模型尺度有一定差别，考虑船体粗糙度也会使得船舶受力、自由面和尾部伴流分数发生变化。未来，还可对尺度效应同浅水-岸壁联合作用问题开展更加深入细致的研究。

参考文献

1　王金宝, 吴琼, 于海. CFD技术在实船航速预报和试航修正中的研究综述 [J]. 中国造船, 2020, 61(S2): 100-112.

2　CASTRO A M, CARRICA P M, STERN F. Full scale self-propulsion computations using discretized propeller for the KRISO container ship KCS [J]. Computers & Fluids, 2011, 51(1): 35-47

3　苏玉民, 林健峰, 赵大刚, 等. 实尺度船舶快速性数值模拟方法综述 [J]. 中国造船, 2020, 61(02): 229-239.

4　Terziev M, Tezdogan T, Incecik A. A numerical assessment of the scale effects of a ship advancing through restricted waters [J]. Ocean Engineering, 2021, 229: 108972.

5　冀楠, 杨春, 万德成, 等. 沿岸航行肥大型船舶的流场偏移特性研究 [J]. 船舶工程, 2021, 43(07): 68-75.

6　Raven H C. Shallow-water effects in ship model testing and at full scale [J]. Ocean Engineering, 2019, 189: 106343.

7 Bekhit A, Popescu F. Numerical Investigation of the Shallow Water Effect on the Total Resistance, Vertical Motion and Wave Profile of a Container Ship Model [J]. IOP Conference Series: Materials Science and Engineering, 2021, 1182(1): 012005 (11pp).
8 邹璐, 邹早建, 夏立, 等. 近岸航行邮轮水动力数值分析研究 [J]. 中国造船, 2020, 61(S02): 12.
9 Van Hoydonck W, Toxopeus S, Eloot K, et al. Bank effects for KVLCC2. Journal of Marine Science & Technology, 2019, 24(1): 174-199.
10 YUAN Z M. Ship hydrodynamics in confined waterways. Journal of Ship Research, 2019, 63(1): 16-29.
11 宋科委, 郭春雨, 孙聪, 等. 实尺度船舶阻力计算及尺度效应研究 [J]. 华中科技大学学报: 自然科学版, 2021, 49(6): 74-80.
12 ITTC-Recommended Procedures and Guidelines: Guidelines on use of RANS tools for ship manoeuvring prediction [S]. 2011.
13 https://t2015.nmri.go.jp/Instructions_KCS/Case_2.1/Case_2-1.html
14 张恒, 詹成胜. 基于CFD的船舶阻力尺度效应研究 [J]. 武汉理工大学学报(交通科学与工程版), 2015, 39(2): 329-332.

Calculation of resistance and study on scale effect of a ship advancing through restricted waters

MA Zhong-xin[1], JI Nan[1*], LUO Yi[1], HU Mao-lin[1], WAN De-cheng[2]

(1. School of Shipping and Naval Architecture, Chongqing Jiao Tong University, Chongqing 400074, China, Email: jinan@cqjtu.edu.cn;

2. Computational Marine Hydrodynamics Lab(CMHL), School of Naval Architecture, Ocean and Civil Engineering, Shanghai Jiao Tong University, Shanghai 200240, China)

Abstract: In order to analyze the influence of scale effect on the hydrodynamic performance of ships advancing through shallow water, this paper based on RANS equation, VOF method is used to process the free surface and use Realizable k-ω turbulence model, the international standard container ship KCS is the research object, to simulate the hydrodynamic characteristics of full-scale ship and model-scale ship, and compared with the relevant experimental data to prove the rationality of the numerical simulation method. Afterwards, simulating of the full-scale ship and model-scale ship with different water depth, speed and roughness of hull. Analyzing form factor, component of resistance and the scale effect of the flow field around the hull. Explore the influence of shallow water effect and scale effect on free surface and force of hull. It is found that the scale effect and the friction degree of the hull surface will affect the free surface, and the influence on the hydrodynamic performance of the ship cannot be ignored. The research results can provide reference for the construction and the performance optimization of full-scale ship.

Key words: Scale effect; Restricted waters; Ship resistance; Shallow water; Roughness; KCS.

基于 PINN 方法的浅水方程数值模拟研究

孙岸竹 [1,2*]，孙泽 [1,2,3]，丁军 [1,2]，周叶 [1,2]

（1. 中国船舶科学研究中心, 无锡 214082, Email: sunanzhu@163.com;
2. 深海技术科学太湖实验室, 无锡 214082;
3. 湖南大学深海装备研究中心, 长沙 410000）

摘要：物理引导的神经网络（PINN）作为一种新的人工智能与计算力学交叉学科方法，已被许多学者用于各种偏微分方程的求解。本研究应用 PINN 方法求解二维浅水方程，通过改进优化算法和训练策略解决深度学习算法收敛困难的问题，并验证了结果的合理性。

关键词：PINN；浅水方程；数值模拟

1 引言

近年来，物理引导的神经网络（PINN）作为一种新的数值模拟方法受到了学术界的关注。PINN 方法由 Raissi 等[1]提出，与寻常的基于数据驱动的深度学习不同，此方法还要求满足物理系统的控制方程。PINN 属于无网格计算方法，避免了微分方程的离散化。

一些学者已将物理引导的神经网络方法运用于流体力学和波动问题中进行研究，如球面上的浅水方程（Bihlo 和 Popovych[2]）、Navier-Stokes 方程（Jin 等[6]）、声波方程（Moseley 等[3]）。然而，若干研究[2,4,5,7,8]表明，运用深度学习模型对微分方程进行求解时算法的收敛可能存在困难。一个关键原因是训练需保证控制方程和约束条件都能同时满足，即方程的求解成为了一个多任务学习问题。Wang 等[7]在研究中识别出一个失效模式是由数值刚度引起的非平衡后向传播梯度导致的，根据此问题建立学习率退火（learning rate annealing）算法。Yu 等[5]根据某些条件中梯度造成的有害影响，发展出 PCGrad 算法用于调整不同任务中相互冲突的梯度。Maddu 等[8]研究了多尺度特性对应的非平衡导致的失效问题，提出倒转的 Dirichlet 加权算法。

由此可见，PINN 算法的收敛性问题有进一步改善的空间。在近似符合浅水模型的问题中，该方法还没有被学者充分研究。本研究运用深度学习模型求解浅水方程，基于一个直角坐标系中的浅水方程求解程序[2]，对目标函数、优化算法和深度学习模型等方面进行改进和发展，分析结果准确度与模型结构、优化算法之间的关联，探讨改善算法收敛性的策略。

2 控制方程与模型

本研究是直角坐标系下的浅水模型，具体的表达式为：

$$\frac{\partial u}{\partial t}=-u\frac{\partial u}{\partial x}-v\frac{\partial u}{\partial y}-g\frac{\partial h}{\partial x} \qquad (1)$$

$$\frac{\partial v}{\partial t}=-u\frac{\partial v}{\partial x}-v\frac{\partial v}{\partial y}-g\frac{\partial h}{\partial y} \qquad (2)$$

$$\frac{\partial h}{\partial t}=-u\frac{\partial h}{\partial x}-v\frac{\partial h}{\partial y}-h\left(\frac{\partial u}{\partial x}+\frac{\partial v}{\partial y}\right) \qquad (3)$$

式中，u, v 是流体速度分量，h 是界面高度。初始条件为：

$$u=v=0,\ h=A\exp\left(-\gamma\left(x^2+y^2\right)\right)+B\sin\left(\frac{\pi x}{2}\right)+C \qquad (4)$$

边界条件为 y 方向上的周期性条件。试验中计算域为 $-D\leq x\leq D$，$-D\leq y\leq D$，终止时间 $t=t_\mathrm{f}$；设置 $g=1$，$D=1$。实际计算前，先将上述方程进行无量纲化。下文呈现的界面分布图像是在原始量纲下衡量的。数值研究中使用 PINN 方法求解界面和速度场的演化：建立神经网络模型，以 x, y, t 为输入参量，u, v, h 为输出参量，通过模型训练使流场和界面分布近似满足初值条件、边值条件和控制方程。训练损失函数由三项组成，定义如下：

$$L=L_\mathrm{e}+\alpha L_\mathrm{iv}+\beta L_\mathrm{bv} \qquad (5)$$

$$L_\mathrm{e}=\frac{1}{N_\mathrm{e}}\sum_{i=1}^{N_\mathrm{e}}\sum_{n=1}^{3}\Delta_{i,n}^2,\ L_\mathrm{iv}=\frac{1}{N_\mathrm{iv}}\sum_{i=1}^{N_\mathrm{iv}}\left|\mathbf{u}_i-(\mathbf{u}_\mathrm{iv})_i\right|^2,\ L_\mathrm{bv}=\frac{1}{N_\mathrm{bv}}\sum_{i=1}^{N_\mathrm{bv}}\left|\mathbf{u}_i-(\mathbf{u}_\mathrm{bv})_i\right|^2 \qquad (6)$$

上述定义式中，$L_\mathrm{e}, L_\mathrm{iv}, L_\mathrm{bv}$ 分别代表控制方程组、初始条件、边界条件引起的损失，$N_\mathrm{e}, N_\mathrm{iv}, N_\mathrm{bv}$ 分别是这三项中的训练数据集数量，Δ 是无量纲控制方程残差，$\mathbf{u}=\left[\tilde{u},\tilde{v},\tilde{h}\right]^\mathrm{T}$ 是各无量纲参量构成的向量。数值计算中使用 Python 编程语言和 TensorFlow 库进行模型搭建和目标函数优化。训练中采用 Adam 优化算法和文献[5]的 PCGrad 改进方法（并作了略微调整），包括 3 种方案：(A) 对 $L_\mathrm{e}, L_\mathrm{iv}, L_\mathrm{bv}$ 三项运用 PCGrad 算法；(B) 对 $L_\mathrm{e}, L_\mathrm{iv}$ 两项运用 PCGrad 算法；(C) 不使用 PCGrad 算法。

3 数值计算结果分析

为了分析比较不同优化策略对收敛效果的影响，进行如下的试验（以下简称为试验 1）：取模型参数 $A=1$, $B=0.2$, $C=0.5$, $\gamma=20$，终止时间 $t_\mathrm{f}=0.5$，权值 $\beta=1$。神经网络结构为 5 层，每层 50 个单元；初始学习率为 0.2。不同优化算法与精度下的模型预测结果参见表 1。表中低精度对应 $N_\mathrm{e}=10000$, $N_\mathrm{iv}=2000$, $N_\mathrm{bv}=1000$，迭代步数 $i_\mathrm{t}=4\times10^4$；高精度对应 $N_\mathrm{e}=80000$, $N_\mathrm{iv}=16000$, $N_\mathrm{bv}=8000$，结果是在低精度训练基础上继续训练原有模型所得；$\alpha=1$ 的结果在 $\alpha=5$ 模型训练基础上继续训练所得。算法 B 和高精度模型（$\alpha=5$）预测的界面分布随时间的演化如图 1 所示。

表 1 不同优化算法与精度条件下预测结果中的各项损失值

优化算法、精度与迭代步数		L_e	L_{iv}	L_{bv}
算法 B	低精度，$\alpha=5$	2.4×10^{-4}	6.1×10^{-6}	4.3×10^{-7}
	高精度，$\alpha=5$, $i_t=42000$	1.6×10^{-4}	7.0×10^{-6}	4.3×10^{-7}
	低精度，$\alpha=1$	1.6×10^{-4}	1.9×10^{-5}	4.0×10^{-7}
	高精度，$\alpha=1$, $i_t=44000$	9.7×10^{-5}	2.2×10^{-5}	4.7×10^{-7}
算法 C	低精度，$\alpha=5$	1.8×10^{-3}	7.6×10^{-6}	3.5×10^{-7}
	高精度，$\alpha=5$, $i_t=43000$	2.0×10^{-4}	9.8×10^{-6}	3.4×10^{-7}
	低精度，$\alpha=1$	1.2×10^{-3}	3.0×10^{-5}	3.2×10^{-7}
	高精度，$\alpha=1$, $i_t=44000$	1.2×10^{-4}	4.0×10^{-5}	3.0×10^{-7}

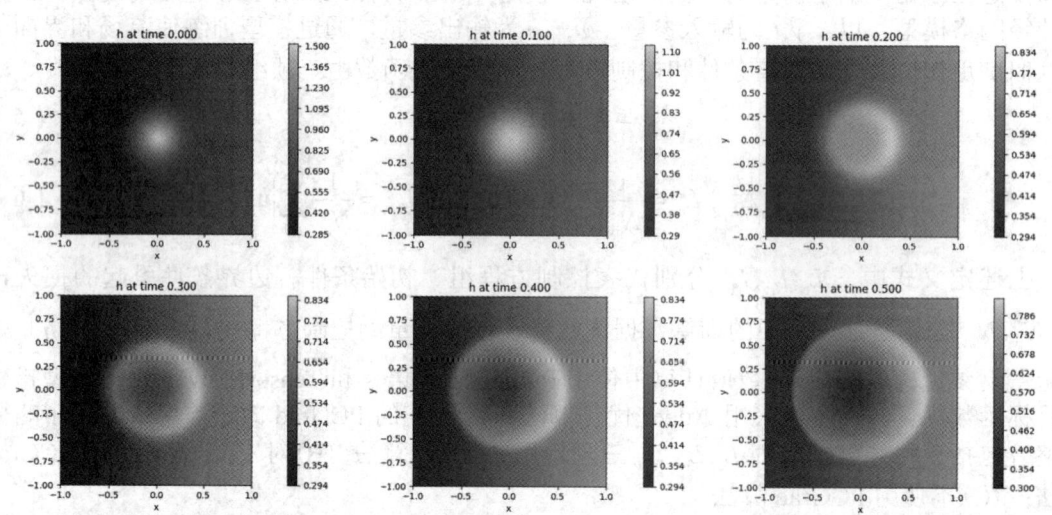

图 1 试验 1 使用算法 B 和高精度数据（$\alpha=5$）时得出的界面高度 h 随时间的演化

从表 1 中可知，使用 PCGrad 优化算法能有效降低 L_e, L_{iv}（目标函数中较大的两项）。在低精度条件下算法的改善效果尤为明显，与算法 C 相比，算法 B 的微分方程损失减小了约 1 个数量级。随着样本容量的提高（保持其他条件不变），L, L_e 均呈下降趋势。本试验中选取 $\alpha=5$ 时仍能将控制方程的匹配度维持在较好水平，且能大幅提高初始值的精确度，因此这不失为一个更佳的设置。由图 1 可知，界面在初始状态是一个轴对称的波峰和一个单向变化的背景波面形状的叠加，随着时间的推进，初始波峰向外呈环状扩散，原来的波峰演变为局部波谷。在图 1 的模型设置下，L_e, L_{iv}, L_{bv} 分别达到了 $10^{-4}, 10^{-6}, 10^{-7}$ 量级（表 1）。

由上述分析得知，运用当前模型能够得出较为精确的结果，并具有合理的收敛性。

为进一步探讨模型预测的物理现象，在试验 2 中，使用相同的初始条件，将终止时间拓展到 $t_f = 2.0$；为了使算法收敛，调整深度学习模型：选用 $\alpha = \beta = 5$；神经网络为 8 层，每层 50 个单元；选用优化算法（A），初始学习率仍为 0.2；训练时设置 $N_e = 40000$，$N_{iv} = 2000$，$N_{bv} = 1000$，在 $i_t = 3 \times 10^4$ 之后扩充样本容量，最终各项样本量（$i_t = 36000$）分别为初始数值的 16 倍。这一试验能揭示初始波峰引起的环状波扩散到边界时的物理现象（图 2），由于 y 方向的周期性条件，环状波在上下边界产生"反射"，随后沿相反方向传播，在 t_f 时刻波阵面到达对称轴（$y = 0$）附近。该模型能够模拟出合理的物理过程和波阵面形状。此试验的局限性在于与试验 1 相比，同时刻（$t = 0.5$）界面分布存在较大误差（图 1 和图 2），这是因为时间区间拓展后物理参量无法与初始值很好地匹配，表现出一定的数值扩散效应[2]。

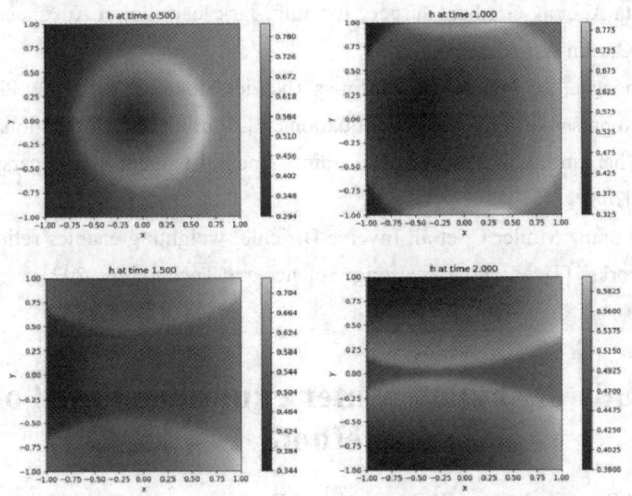

图 2 试验 2 模型预测的界面高度 h 随时间的演化

4 总结

本研究运用 PINN 方法对直角坐标系中的浅水方程进行数值模拟。测试表明，改进的优化算法（PCGrad）能够提升预测准确度，在样本容量低时效果明显。扩大训练样本量能显著降低总损失值和控制方程残差，这一结果也同时验证了算法的收敛性。试验预测出符合物理规律的界面演化过程，深度学习模型的运用避免了网格的建立和方程的离散，具有一定的灵活性。缩短时间区间能提高物理参量计算的准确度，这表明将计算域按时间分成多个区域分别训练[2]是一个可采用的技巧。

参考文献

1. Raissi M, Perdikaris P, Karniadakis G E. "Physics-informed neural networks: A deep learning framework for solving forward and inverse problems involving nonlinear partial differential equations" [J]. J. Comput. Phys. 2019, 378: 686-707.
2. Bihlo Alex, Popovych Roman O. Physics-informed neural networks for the shallow-water equations on the sphere [J]. Journal of Computational Physics, 2022, 456.
3. Moseley B, Markham A, Nissen‐Meyer T. Solving the wave equation with physics-informed deep learning [J/OL]. arXiv: Computational Physics, 2020.
4. Wang S, Teng Y, Perdikaris P. Understanding and mitigating gradient pathologies in physics-informed neural networks [J]. SIAM J. Sci. Comput., 2021, 43, A3055-A3081.
5. Yu T, Kumar S, Gupta A, et al. Gradient surgery for multi-task learning, in Advances in Neural Information Processing Systems, Curran Associates, 2020.
6. Jin Xiaowei, Cai Shengze, Li Hui, et al. NSFnets (Navier-Stokes flow nets): Physics-informed neural networks for the incompressible Navier-Stokes equations [J]. Journal of Computational Physics, 2021: 426.
7. Wang, Sifan et al. When and why PINNs fail to train: A neural tangent kernel perspective [J]. J. Comput. Phys., 2022, 449: 110768.
8. Maddu S, Sturm D, Lorenz Müller C, et al. Inverse Dirichlet weighting enables reliable training of physics informed neural networks" [J]. Machine Learning: Science and Technology, 2021.

Numerical study of shallow water equations based on the PINN method

SUN An-zhu[1,2*], SUN Ze[1,2,3], DING Jun[1,2], ZHOU Ye[1,2]

(1. China Ship Scientific Research Center, Wuxi 214082;
2. Taihu Lake Laboratory of Deep Sea Technology and Science, Wuxi 214082;
3. Deep Sea Equipment Research Center, Hunan University, Changsha 410000)

Abstract: Physics Informed Neural Networks (PINN) has been applied by many scholars in solving various types of partial differential equations as a new multi-disciplinary approach combining artificial intelligence with computational mechanics. In this work, we solve the two-dimensional shallow water equations using the PINN method, address the difficulties in the convergence of the deep learning algorithm by improving the optimization algorithm and training strategies, and verify the validity of the results.

Key words: PINN; Shallow water equations; Numerical simulation.

低雷诺数下带有固定式分隔板的弹性支撑圆柱流致振动特性数值模拟研究

赵思涵，王恩浩*

(清华大学 深圳国际研究生院 海洋工程研究院，深圳 518055, Email: enhao.wang@sz.tsinghua.edu.cn)

摘要：流体流过弹性支撑的圆柱结构时，会在其表面产生交替泻放的旋涡，当旋涡脱落频率接近圆柱的固有频率时，将引起结构物的大幅涡激振动。背流侧安装有固定式分隔板的圆柱结构的流致振动特性与圆柱结构存在明显差异。特定的板长可能诱发结构驰振，使得振动的振幅随约化速度的增加而持续增大。这种现象可潜在应用于流动能量捕获。本研究采用开源计算流体动力学程序OpenFOAM，对低雷诺数下带有固定式分隔板的弹性支撑圆柱的流致振动开展数值模拟研究，探究不同分隔板长度对该模型的振动响应、水动力特性以及尾迹泻涡模式的影响。

关键词：低雷诺数；流致振动；驰振；弹性支撑；分隔板

1 引言

钝体结构在流体作用下产生振动现象被称为流致振动。其既涉及工程实际中结构物的疲劳损伤问题，振动本身又可潜在用于流动能量捕获。当流体流过弹性支撑的圆柱时，会在其表面产生交替泻放的旋涡，旋涡脱落频率接近圆柱固有频率，将会引起结构物的大幅涡激振动。能够自由摆动的分隔板作为一种流动控制装置，常被用于涡激振动抑制。而当圆柱背流侧的分隔板为固定式时，可能导致驰振现象的发生，振幅可达圆柱直径的数倍。因此，开展带有固定式分隔板的弹性支撑圆柱流致振动研究，探究该类结构的流致振动特性，揭示其中蕴含的水动力学机理具有较高的理论意义和工程应用价值。

目前，带有分隔板的柱体结构流致振动的相关研究主要关注如何抑制柱体表面的旋涡脱落，Bearman等[1]和Gerrard[2]系统地研究了分隔板长度(L)及分隔板与柱体之间间距(S)对旋涡脱落抑制效果的影响。Apelt等[3]开展了静止的圆柱-分隔板系统的水槽试验，所考虑的

基金项目：国家自然科学基金(51909189)、广东省基础与应用基础研究基金自然科学基金(2022A1515010846)、清华大学深圳国际研究生院(QD2021023C)

雷诺数范围为 $Re = 10^4$–5×10^4，板长与圆柱直径之比 $L/D \leq 2.0$，结果表明：当分隔板沿圆柱的中心线布置时，圆柱所受的拖曳力显著减小，同时还观测到了比纯圆柱更窄的泻涡尾迹，当 $L/D = 1.0$ 时，拖曳力达到了最小值。Unal 和 Rockwell[4]在雷诺数 $Re = 140$~3600 范围内，采用较大的板长直径比($L/D = 24.0$)，通过改变分隔板与圆柱间的距离，发现当间距增大时，泻涡模式从无涡状态过渡到有连续涡街状态，分隔板首缘不稳定压力也提高了一个数量级，该试验充分说明圆柱尾迹泻涡机制易受到背流侧分隔板的干扰而改变。Parkinson[5]在对圆形截面和 D 形截面柱体的流致振动开展了试验研究，发现结构在较低的约化速度($V_r = U/(f_n D)$，U 为来流速度，f_n 和 D 分别表示圆柱的固有频率和直径)下容易发生涡激振动，而在较高的约化速度可能发生驰振，如果开始发生驰振的临界流速大于发生涡激振动的流速区间，那么将可能发生同一个结构在不同的来流速度下产生不同的振动现象。Assi 等[6]进行了三组不同的带分隔板圆柱的流致振动试验，包括固定式分隔板、自由旋转式分隔板和平行分隔板，试验结果表明平行分隔板的减阻率最大，约为 38%。继而，Assi 等[7-8]提出了旋转摩擦力是影响分隔板流动控制效果的关键参数，如果旋转摩擦力太小，分隔板随机摆动，整个结构产生不稳定振动；而如果旋转摩擦力太大，分隔板呈刚性，整个结构易产生驰振。此外，Assi 等[9]对比了固定式分隔板与带孔固定式分隔板对圆柱流致振动特性的影响，发现孔隙率对驰振起到减缓作用。Stappenbelt[10]对板长直径比 $L/D \leq 4.0$，约化速度 $V_r = 3.0$~60.0 的带有固定式分隔板的圆柱流致振动开展了试验研究，发现随着板长的增大，出现了从涡激振动到驰振的平滑过渡，在低约化速度下，结构主要受到泻涡的影响而产生涡激振动，而在高约化速度下，结构的振动响应将完全由驰振主导。在 Liang 等[11]的试验中，$L/D = 0.0$~0.5，$L/D = 1.0$~3.0，$L/D = 4.0$~5.0 三个不同板长区间内，观测到了不同的流致振动现象。

综上所述，带有固定式分隔板圆柱结构的流致振动现象包括涡激振动和驰振，二者可能通过调整结构参数而发生在同一个结构的不同约化速度下，其内在联系和转换机理需要更加深入的研究，特别是分隔板对振动机理的改变以及对泻涡模式的影响。因此本研究采用开源计算流体动力学程序 OpenFOAM，对低雷诺数下带有固定式分隔板的弹性支撑圆柱的流致振动响应、水动力特性以及旋涡脱落模式进行系统的研究。

2 数值方法

2.1 流体动力学模型

基于非定常不可压缩 Navier-Stokes 方程，利用重叠网格技术对流场进行模拟，图 1 为计算域的示意图以及柱体周围网格的示意图。流体动力学模型的控制方程如下式所示：

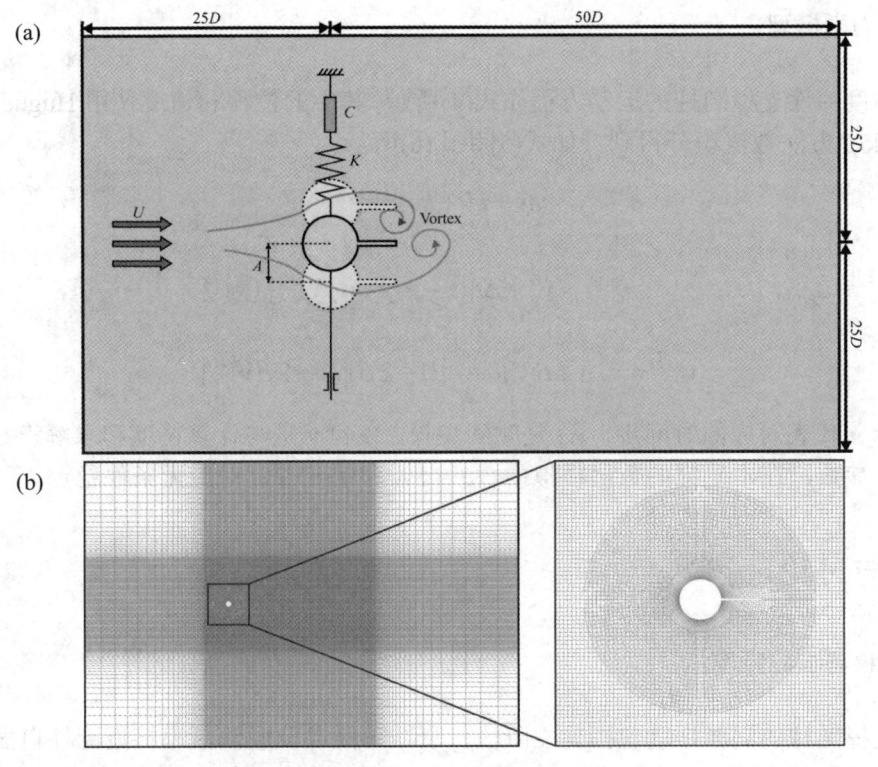

图 1 (a) 计算域示意图和(b)重叠网格图

$$\frac{\partial u_i}{\partial x_i} = 0 \tag{1}$$

$$\frac{\partial u_i}{\partial t} + \frac{\partial u_i u_j}{\partial x_j} = -\frac{1}{\rho}\frac{\partial p}{\partial x_i} + \nu \frac{\partial^2 u_i}{\partial x_i \partial x_j} \tag{2}$$

式中，x_i 表示笛卡尔坐标，u_i 为流体在 x_i 方向上的速度分量，t 代表时间，p 为压强。

上述控制方程采用有限体积法（FVM）进行离散，时间项使用二阶向后欧拉格式进行离散，对流项的离散运用二阶迎风格式，梯度项采用二阶高斯线性格式处理，压力-速度耦合利用 Issa[12]提出的 PISO 算法。运用重叠网格技术处理模拟中涉及的动网格问题，不同网格间通过插值传递计算信息，关于重叠网格技术的具体内容可参考 Chan 和 Pandya[13]和 Druyor[14]。网格间的插值利用距离权重函数：

$$\phi_r = \frac{\sum_{i=1}^{N} \phi_i / d_i}{\sum_{i=1}^{N} 1 / d_i} \tag{3}$$

式中，ϕ_r 和 ϕ_i 分别为受体网格和供体网格的流体变量，N 为供体网格数量，d_i 为两类网格间的距离。

2.2 结构动力学模型

单自由度弹性支撑圆柱的运动方程如式(4)所示,其中的位移和速度使用 Hughes[15]提出的 Newmark-β 方法数值积分得到,如式(5)和式(6)所示。

$$m\ddot{y} + c\dot{y} + ky = F_y \tag{4}$$

$$\dot{y}^{n+1} = \dot{y}^n + \Delta t[(1-\gamma)\ddot{y}^n + \gamma\ddot{y}^{n+1}] \tag{5}$$

$$y^{n+1} = y^n + \Delta t\dot{y}^n + \frac{\Delta t^2}{2}[(1-2\beta)\ddot{y}^n + 2\beta\ddot{y}^{n+1}] \tag{6}$$

式中,上标 n 代表对应的时间步,Δt 是时间步长,β 和 γ 是与计算精度和求解稳定性相关的两个实数参数,在本研究的数值模拟中,$\beta = 1/4$ 和 $\gamma = 1/2$,对应无条件稳定。

3 结果与讨论

3.1 响应位移与响应频率

弹性支撑圆柱的涡激振动包括建立阶段、衰减阶段以及脱涡频率接近圆柱自振频率而导致大幅振动的锁定阶段,图 2(a)给出了不同板长直径比下计算得到的运动柱体的无量纲振幅 A^*(A/D)随 V_r 的变化情况,图 2(b)则展示了柱体的归一化振动频率 f_{oy}/f_n 随 V_r 的变化情况。可以看出,分隔板的长度对柱体振动特性有明显的影响:当 L/D 为 0.0、0.25 和 0.5 时,柱体具有明显的涡激振动锁定区域;随着 L/D 增大至 0.75 和 1.0,柱体的运动呈现驰振的特点,其振幅随约化速度的增大而一直增加。在三条涡激振动曲线中,随着板长的增大,由非锁定区域到锁定区域的过渡逐渐变得平缓,同时锁定区域的范围和最大振幅均有所增大,$L/D = 0.5$ 的锁定区域是 $L/D = 0.0$ 时的 3 倍左右,并且最大振幅可达自身直径的一倍,远大于 $L/D=0.0$ 时的最大振幅,与亚临界雷诺数下圆柱单自由度涡激振动最大振幅相近[16]。较短的分隔板不仅没有阻断尾流区的相互作用,反而加强了剪切层的扰动,使圆柱振幅增加。在两条驰振曲线中,相较于 $L/D = 0.75$,$L/D = 1.0$ 振幅在 $V_r < 21.0$ 时偏小,而当 $V_r = 21$ 之后,$L/D = 1.0$ 的振幅才超过 $L/D = 0.75$,本研究中计算得到的涡激振动和驰振变化趋势与 Stappenbelt[10]试验结果相吻合。

在图 2(b)中,当 $L/D = 0.0$、0.25 和 0.5 时,在非锁定区域频率比 f_{oy}/f_n 随 V_r 的增大一直增大,呈线性关系,并且三条曲线几乎重合。当 $V_r = 26.0$ 时,频率比达到了 4.0 以上,这表明圆柱在做一个低幅高频的振动,而在锁定区域内,频率进入了一个平台区,数值约为 1.0。当柱体发生驰振时,对于 $L/D = 0.75$ 和 1.0,分隔板越长,其振动频率比就越小。此外,涡激振动的频率比在非锁定区域大致沿斯特劳哈尔频率上升,而驰振的频率比则始终保持在一条低于 $f_{oy}/f_n = 1.0$ 的水平线上。

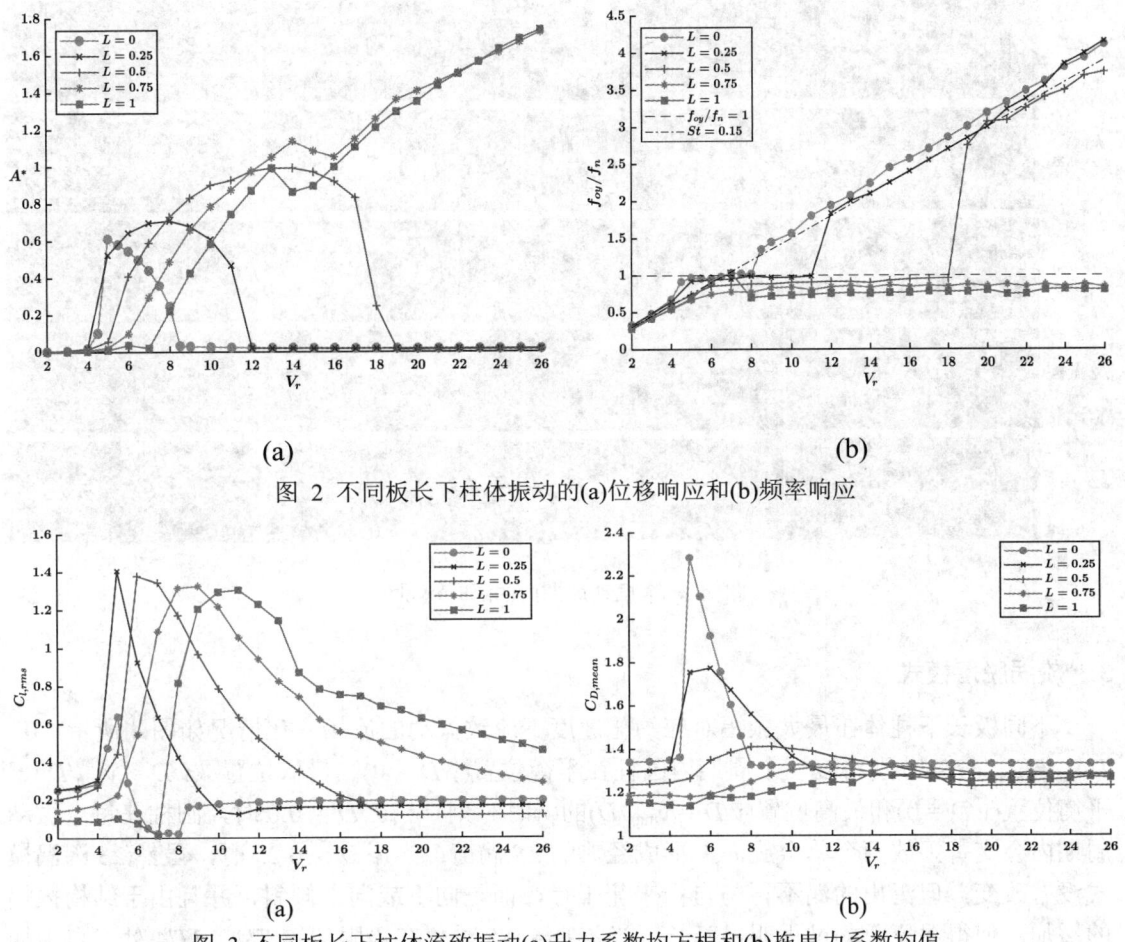

图 2 不同板长下柱体振动的(a)位移响应和(b)频率响应

图 3 不同板长下柱体流致振动(a)升力系数均方根和(b)拖曳力系数均值

3.2 流体力系数分析

图 3(a)和(b)分别显示了带有固定式分隔板的弹性支撑圆柱发生流致振动时的升力系数均方根($C_{L,rms}$)及拖曳力系数的均值($C_{D,mean}$)随约化速度的变化情况。从图 3(a)中可以看出，分隔板显著增加了升力，带分隔板圆柱的 $C_{L,rms}$ 最大值约是纯圆柱最大值的 2 倍。对于涡激振动，在锁定区域内，$C_{L,rms}$ 先开始激增到最大值，然后随约化速度的增加而线性减小，在去同步区域内保持在一个定值上，而对于驰振，$C_{L,rms}$ 急剧增大对应的约化速度位置滞后，并且在去同步区域内没有减小到一个定值，而是随约化速度的增加而持续减小。

而从图 3(b)中可以看出，分隔板可以显著减小拖曳力，当 L/D 为 0.0 和 0.25 时，在锁定区域内拖曳力存在一个峰值；当 L/D = 0.5 时，拖曳力明显减小；当 L/D 为 0.75 和 1 时，拖曳力曲线变得更加扁平。此外，随着约化速度的增加，无论是涡激振动还是驰振，其拖曳力都趋于一个定值。

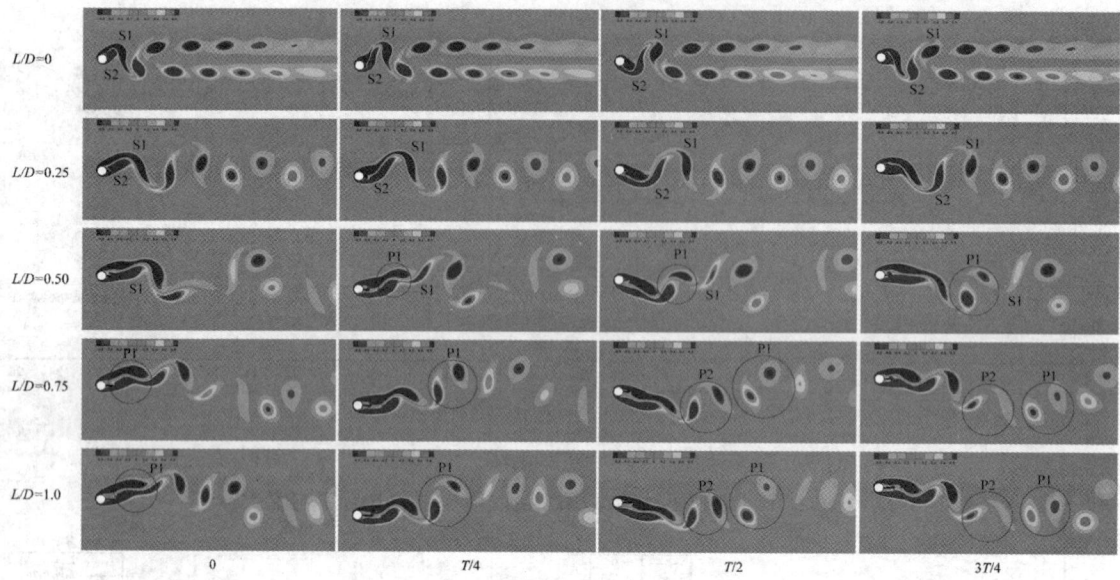

图 4 一个振动周期内的瞬时涡量场

3.3 旋涡脱落模式

不同板长下柱体在最大振幅对应约化速度下流致振动的流场变化情况如图4所示，0、$T/4$、$T/2$、$3T/4$分别对应一个周期内圆柱在平衡位置($y/D = 0$)、最低位置（$y/D = y_{min}/D$）、平衡位置($y/D = 0$)和最高位置($y/D = y_{max}/D$)的瞬时时刻。当 $L/D = 0.0$ 时，圆柱在每个振动周期内会交替泻放两个单个旋涡，形成经典的 2S 涡街；当 $L/D = 0.25$ 时，虽然 2S 泻涡模式没有改变，但泻出的涡不再与自由来流平行，而是向下或向上倾斜，并且由于结构振幅的增加，使得涡流脱落过程明显延长；当 $L/D = 0.5$ 时，在极限位置 $T/4$、$3T/4$ 处，自由切层会重新附着分隔板而导致更大的振幅，图3中也可以看到 $C_{L,rms}$ 显著增加，在每个周期内，圆柱上会脱落一对旋涡和一个孤立的旋涡，形成 $P + S$ 的泻涡模式；当 $L/D = 0.75$ 和 1 时，分隔板明显影响旋涡的脱落，尾流中形成 2P 泻涡模式，随着板长的增加，上下两层流体剪切层的相互作用被延迟到了下游，圆柱和分隔板周围的尾流模式以及压力分布变得更加对称。

4 结论

本研究基于 Navier-Stokes 方程和重叠网格算法，建立了带有固定式分隔板的弹性支撑圆柱流致振动的流固耦合数值模型，研究了不同板长的结构体系在不同约化速度下的动力学响应，水动力特性和泻涡模式。分析计算结果，发现随着分隔板的长度增加，圆柱流致振动机理将由小幅、高频、快速的涡激振动向大幅、低频、慢速的驰振转变，其泻涡模式也由 2S 模式，经过 $P + S$ 模式过渡，最终形成 2P 模式。本研究为柱体流致振动机理研究提供一定的参考，未来希望进一步研究带有固定式分隔板的圆柱流致振动潜在的获能效率。

参考文献

1. Bearman P W, Gartshore I S, Maull D J, et al. Experiments on flow-induced vibration of a square-section cylinder [J]. Journal of Fluids and Structures, 1987, 1(1): 19-34.
2. Gerrard J H. The mechanics of the formation region of vortices behind bluff bodies [J]. Journal of fluid mechanics, 1966, 25(2): 401-413.
3. Apelt C J, West G S, Szewczyk A A. The effects of wake splitter plates on the flow past a circular cylinder in the range 104< R< 5×104 [J]. Journal of Fluid Mechanics, 1973, 61(1): 187-198.
4. Unal M F, Rockwell D. On vortex formation from a cylinder. Part 2. Control by splitter-plate interference [J]. Journal of Fluid Mechanics, 1988, 190: 513-529.
5. Parkinson G. Phenomena and modelling of flow-induced vibrations of bluff bodies [J]. Progress in Aerospace Sciences, 1989, 26(2): 169-224.
6. Assi G R S, Bearman P W, Kitney N. Low drag solutions for suppressing vortex-induced vibration of circular cylinders [J]. Journal of Fluids and Structures, 2009, 25(4): 666-675.
7. Assi G R S, Bearman P W, Tognarelli M A, et al. The effect of rotational friction on the stability of short-tailed fairings suppressing vortex-induced vibrations[C]//International Conference on Offshore Mechanics and Arctic Engineering. 2011, 44397: 389-394.
8. Assi G R S, Bearman P W, Tognarelli M A. On the stability of a free-to-rotate short-tail fairing and a splitter plate as suppressors of vortex-induced vibration [J]. Ocean engineering, 2014, 92: 234-244.
9. Assi G R S, Bearman P W. Transverse galloping of circular cylinders fitted with solid and slotted splitter plates [J]. Journal of Fluids and Structures, 2015, 54: 263-280.
10. Stappenbelt B. Splitter-plate wake stabilisation and low aspect ratio cylinder flow-induced vibration mitigation [J]. International Journal of Offshore and Polar Engineering, 2010, 20(03).
11. Liang S, Wang J, Hu Z. VIV and galloping response of a circular cylinder with rigid detached splitter plates [J]. Ocean Engineering, 2018, 162: 176-186.
12. Issa R I. Solution of the implicitly discretised fluid flow equations by operator-splitting [J]. Journal of computational physics, 1986, 62(1): 40-65.
13. Chan W M, Pandya S A. Advances in distance-based hole cuts on overset grids [C]. 22nd AIAA Computational Fluid Dynamics Conference. 2015: 3425.
14. Druyor Jr C T. Advances in parallel overset domain assembly [J]. 2016.
15. Miranda I, Ferencz R M, Hughes T J R. An improved implicit-explicit time integration method for structural dynamics [J]. Earthquake Engineering & Structural Dynamics, 1989, 18(5): 643-653.
16. Khalak A, Williamson C H K. Motions, forces and mode transitions in vortex-induced vibrations at low mass-damping [J]. Journal of Fluids and Structures, 1999, 13(7-8): 813-851.

Numerical investigation into the flow induced vibration of an elastically mounted circular cylinder with a fixed splitter plate at a low Reynolds number

ZHAO Si-han, WANG En-hao[*]

(Institute for Ocean Engineering, Shenzhen International Graduate School, Tsinghua University, Shenzhen 518055, Email: enhao.wang@sz.tsinghua.edu.cn)

Abstract: Vortices are alternately formed and shed from the surface of an elastically mounted circular cylinder when it is subject to fluid flow. Large-amplitude vortex-induced vibration (VIV) will be caused if the vortex shedding frequency approaches the natural frequency of the cylinder. There exist obvious differences in the flow-induced vibration (FIV) characteristics between a smooth cylinder and a cylinder fitted with a fixed splitter plate. Certain plate length may induce the galloping response in which the vibration amplitude rises continuously with the increase in the reduced velocity. This phenomenon can potentially be beneficial for hydrokinetic energy harvesting. In this paper, numerical simulations using the open-source computational fluid dynamics (CFD) toolbox OpenFOAM are performed to investigate the FIV of an elastically mounted circular cylinder with a fixed splitter plate, and the effect of different splitter plate lengths on the vibration responses, hydrodynamic characteristics and vortex shedding modes will be evaluated.

Key words: Low Reynolds number; Flow-induced vibration; Galloping; Elastically mounted; Splitter plate.

亚临界雷诺数下刚性连接并列双圆柱流致振动数值模拟研究

余志鹏，王恩浩*

(清华大学 深圳国际研究生院 海洋工程研究院, 深圳 518055, Email: enhao.wang@sz.tsinghua.edu.cn)

摘要：相比于单圆柱绕流问题，双圆柱绕流的尾流之间存在相互作用，形态更为复杂，且在实际工程中的很多问题，都可以简化成刚性连接双圆柱模型，因此开展关于刚性连接双圆柱的流致振动研究尤为重要。本研究采用高精度谱单元方法，对亚临界雷诺数(Re = 1000)下，不同间距比(g/D, g 为两个圆柱之间的间距，D 是圆柱的直径)的刚性连接并列双圆柱流致振动进行求解。结果显示，不同的圆柱间距对横流向振幅影响较大，且尾流泻涡特征存在着明显差异。随着雷诺数的升高，圆柱的临界间距并未产生明显变化。此外，本研究展开分析了不同间距比下的圆柱后流场特征。

关键词：刚性连接双圆柱；并列排布；流致振动；谱单元方法

1 引言

在海洋工程、土木工程等工程领域，双圆柱绕流问题都有着广泛的应用。Sumner[1]在其综述中指出，根据并列双圆柱间距比的不同，圆柱后的尾流呈现不同的模态。当间距比 g/D＜1.1~1.2 时，双圆柱的尾涡脱落模式和单圆柱相似，在圆柱后侧仅有一对脱落的旋涡，在圆柱间隙内无旋涡脱落发生[2-3]。当 1.1~1.2＜g/D＜2~2.2 时，圆柱后侧的尾流呈现不对称分布，且间隙流偏向其中的一个圆柱，此时，间隙流偏向的那个圆柱后侧尾流变窄，另一个圆柱后侧的尾流则变宽[4-5]。当间距比进一步增加到 g/D＞2-2.2 时，双圆柱后侧形成了两对独立的涡街，两对尾涡脱落模式和频率都十分相似[4-5]。

当并列双圆柱开始振动时，由于振动的圆柱和周围的流体产生了相互作用，双圆柱后侧的流场进一步复杂化。Chen 等[6]数值研究了雷诺数 Re=100 下不同间距比(2≤g/D≤5)的并列双圆柱涡激振动问题，研究发现当间距比较小时，圆柱间有着较强的相互作用，当间距比 g/D 大于 4.0 时,此时两圆柱之间的相互作用明显降低，并列双圆柱响应与单圆柱涡激振动相近。Xu 等[7]通过对雷诺数 Re=200 下不同间距比的双圆柱研究发现，当间距比 g/D

基金项目：国家自然科学基金(51909189)、广东省基础与应用基础研究基金自然科学基金(2022A1515010846)、清华大学深圳国际研究生院(QD2021023C)

在 1.2~3.2 之间时，两圆柱的涡激振动对圆柱后侧流场有着非常重要的影响。基于以往的研究多在低雷诺数下进行，且以二维数值模拟为主，本研究针对亚临界状态下的不同间距比的并列双圆柱，开展了三维数值研究。

2 数值方法

本研究基本谱单元方法，利用开源代码 Nektar++开展数值研究[8]。其中，数值模拟的控制方程为：

$$\frac{\partial \boldsymbol{u}}{\partial t} = -(\boldsymbol{u} \cdot \nabla)\boldsymbol{u} - \nabla p + \nu \nabla^2 \boldsymbol{u} + \boldsymbol{f} \quad (1)$$

$$\nabla \cdot \boldsymbol{u} = 0 \quad (2)$$

式中，u 为速度，t 为时间，p 为压强，v 为运动黏滞系数，f 为附加体积力矢量。

两个圆柱为刚性连接，且只在横流向进行运动，其运动方程为：

$$m\frac{d^2 y}{dt^2} + c\frac{dy}{dt} + ky = F_y \quad (3)$$

式中，m 为圆柱的质量，c 为结构的阻尼，k 为弹簧的刚度系数，F_y 为圆柱受到的横流向流体力。在本研究中，两圆柱系统的质量比 m^*=1.0，结构阻尼为 0。

图 1 所示的为计算域和网格分布图。在 x-y 平面，圆柱的直径为 D，圆柱之间的距离为 g，两圆柱中间为刚性支撑，且仅能在横流向进行振动。计算域的宽度为 $50D$，长度为 $50D$，其中圆柱前侧长度为 $20D$，尾流区的计算域长度为 $30D$。展向长度为 πD。

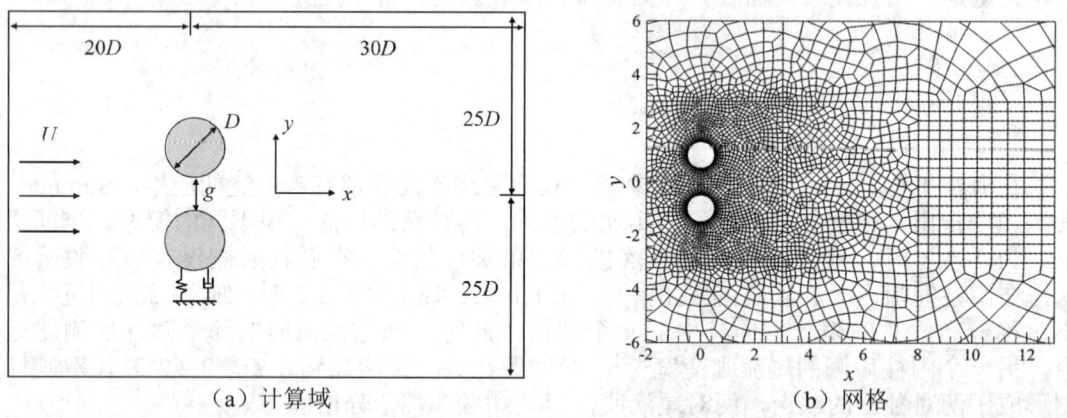

(a) 计算域　　　　　　　　　　　　(b) 网格

图 1 计算域及网格分布情况

计算域采用的网格为非均匀的四边形网格，在圆柱边界层周围采用了加密的结构化网格。在流场的其他区域，采用了非结构化网格。其中，多项式阶数 N_p 的取值为 6，即将每一个网格再划分成 25 个谱网格。计算域的边界条件设置如下：入口处为 Dirichlet 型边界条件(u=1, v=0, w=0)，出口处为 Neumann 边界条件($\partial u/\partial x = \partial v/\partial x = \partial w/\partial x$=0)，上下边界为滑移边界条件($v$=0, $\partial u/\partial y$=0, $\partial w/\partial y$=0)。

3 结果与讨论

图 2 所示为不同间距比下的并列双圆柱的涡量图。当两个圆柱之间的间距比较小时（g/D=0.5），两个圆柱间隙内无旋涡脱落发生。此时，间隙内的剪切层之间存在较强的相互作用，剪切层的长度明显变短，在近尾流区产生了许多破碎的小涡，圆柱的尾涡模式与单圆柱的尾涡脱落模式较为相似。当圆柱间的间距增加至 g/D=2 时，圆柱后侧的尾流呈现不对称分布的特征，间隙流偏向上侧的圆柱。此时，上侧圆柱的尾流变窄，下侧圆柱的尾流则明显变宽，这一现象与 Sumner[1]研究中的描述一致。当圆柱的间距比 g/D 增加至 4 时，尾流间的相互作用已经相对较弱，流场中已经可以分辨出两个相对独立的尾涡，这两个涡的结构基本相似。

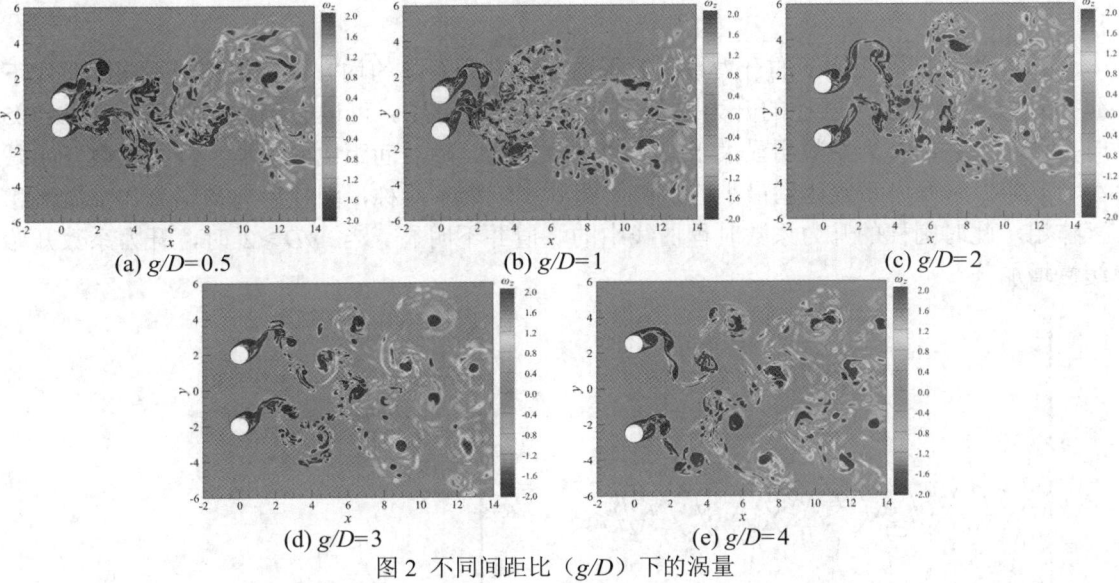

图 2 不同间距比（g/D）下的涡量

图 3(a)和图 3(b)所示的为阻力系数的时程曲线和阻力系数的平均值。可以看到，随着双圆柱的间距比增大，阻力系数逐渐上升，但是阻力系数整体变化的幅度不大。值得注意的是，当圆柱的间距比较小时(g/D=0.5)，由于圆柱后侧尾流较强的相互作用，阻力系数的极值变化较大。当间距比增加时，间隙流的影响逐渐降低，尾流间的相互作用减弱，阻力系数的极值则相对稳定。这也进一步反映了间距比较小时，圆柱尾流之间存在着较强的相互作用。

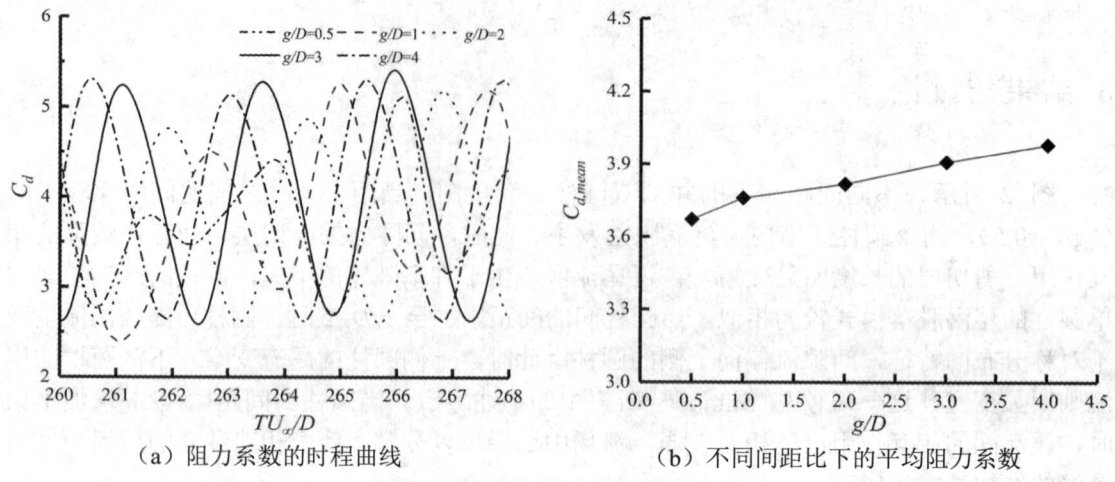

(a) 阻力系数的时程曲线　　　　　(b) 不同间距比下的平均阻力系数

图 3 不同间距比下的升力系数

图 4 为不同间距比下的升力系数时程曲线和升力系数的均方根。相较于不同间距比下阻力系数差异较小，圆柱的升力系数的变化则更为明显。可以看到，当间距比 $g/D=0.5$ 时，此时圆柱的升力系数明显大于其他的几个工况。随着间距比的增加，升力系数开始减小。$g/D=2$ 时升力系数达到最小值，由于圆柱尾流为不对称，圆柱后的宽尾流和窄尾流相互作用，此时圆柱的升力系数时程曲线中的峰值并不明显。当 $g/D>2$ 时，升力系数开始缓慢增加。

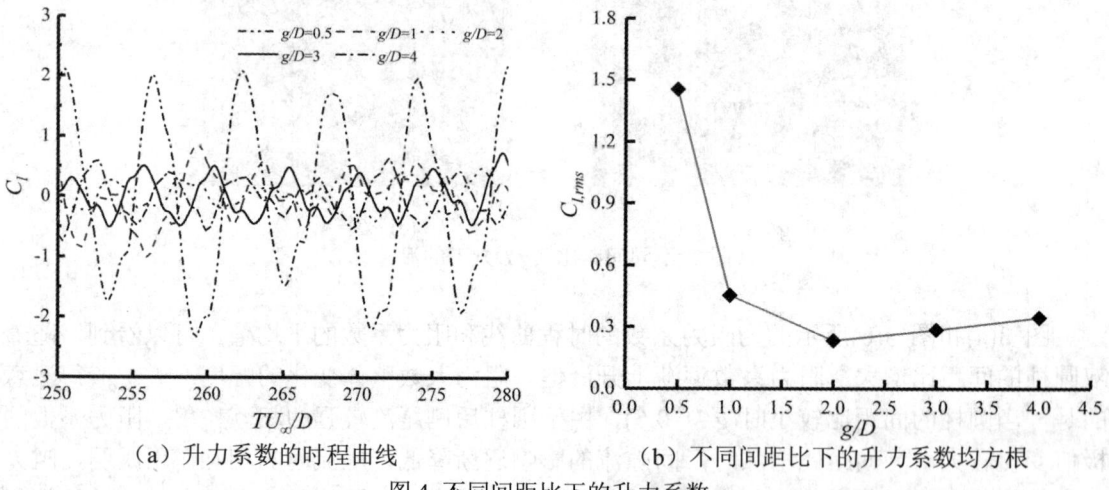

(a) 升力系数的时程曲线　　　　　(b) 不同间距比下的升力系数均方根

图 4 不同间距比下的升力系数

图 5 所示为并列双圆柱在不同间距比下的最大振幅 $A_{y,\max}$。最大振幅 $A_{y,\max}$ 的定义为 $A_{y,\max}=|Y_{\max}-Y_{\min}|/2$，其中 $Y_{\max}$ 表示圆柱中心的最大位移，$Y_{\min}$ 表示圆柱中心的最小位移。当间距比 g/D 为 0.5 时，此时双圆柱的振幅最大，且明显大于其他工况。这与图 3 中观察

到的阻力系数最小、图 4 中观察到的升力系数明显偏大一致。当间距比 $g/D=4$ 时，圆柱的振幅趋向稳定，圆柱尾流之间的相互作用已经较小，可以认为此时双圆柱的临界间距在 4 左右，这与 Chen 等[6]在雷诺数 100 时的研究结果基本一致。

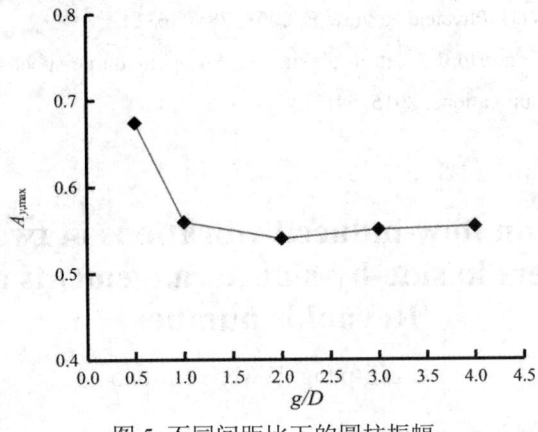

图 5 不同间距比下的圆柱振幅

4 结论

本研究主要对雷诺数 $Re=1000$ 下间距比 $g/D=0.5,1,2,3,4$ 五种工况下的并列双圆柱展开数值研究。两圆柱系统的质量比 $m^*=1.0$，结构阻尼为 0。研究发现，间距比对并列双圆柱的尾流、力学特性及振幅都有着比较明显的影响。当间距比较小时，圆柱尾流的相互作用较强，这使得双圆柱的阻力系数较低，升力系数及振幅都明显偏大。对比雷诺数 1000 与低雷诺数下的尾流模态发现，此时的尾流模态与低雷诺数的尾流模态相似，且临界间距的大小也相近。

参考文献

1 Sumner D. Two circular cylinders in cross-flow: A review [J]. Journal of Fluids and Structures, 2010, 26: 849-899.

2 Sumner D, Wong S S T, Price S J, et al. Fluid behavior of side-by side circular cylinders in steady cross-flow [J]. Journal of Fluids and Structures, 1999, 13: 309-338.

3 A lam M M, Zhou Y. Flow around two side-by-side closely spaced circular cylinders [J]. Journal of Fluids and Structures, 2007, 23: 799-805.

4 Bearman P W, Wadcock A J. The interaction between a pair of circular cylinders normal to a stream [J]. Journal of Fluid Mechanics, 1973, 61: 499-511.

5 Williamson C H K. Evolution of a single wake behind a pair of bluff bodies [J]. Journal of Fluid Mechanics, 1985, 159: 1-18.

6 Chen W L, Ji C N, Xu W H, et al. On the responses and wake patterns of two side-by-side elastically supported circular cylinders in uniform laminar flow [J]. Journal of Fluids and Structure, 2015, 55: 218-236.

7 Xu Y S, Liu Y, Xia Y, et al. Lattice-Boltzmann simulation of two dimensional flow over two vibrating side-by-side circular cylinders [J]. Physical Review E, 2008, 78: 046314.

8 Cantwell D, D Moxey, Comerford A, et al. Nektar++: An open-source spectral/hp element framework [J]. Computer Physics Communications, 2015, 54(3).

Numerical study on flow-induced vibrations of two rigidly coupled circular cylinders in side-by-side arrangements at a subcritical Reynolds number

YU Zhi-peng, WANG En-hao[*]

(Institute for Ocean Engineering, Shenzhen International Graduate School, Tsinghua University, Shenzhen 518055, Email: enhao.wang@sz.tsinghua.edu.cn)

Abstract: Flow past two circular cylinders is of practical significance in many fields of engineering, and it is worth being studied due to the complex interactions between their shear layers and vortices. In this paper, flow-induced vibrations of two rigidly coupled circular cylinders in side-by-side arrangements are numerically simulated at a subcritical Reynolds number of 1000. On the basis of high-fidelity spectral/hp method, a detailed investigation is reported considering flow characteristics with regard to various arrangements of distance ratios (g/D, g is the distance between two cylinders and D is the diameter of the cylinder). The results show that the amplitudes in the cross-flow direction are remarkably different for various distance ratios, and significantly different characteristics of vortex shedding can also be observed. As for the critical spacing, the value is close to that of a low Reynolds number of 100. The wake flow characteristics behind the cylinder pair are also analysed in detail.

Key words: Two rigidly coupled circular cylinders; Side-by-side arrangements; Flow-induced vibrations; Spectral/hp element methods.

基于螺旋度修正 PANS 模型的三维水翼空化流动模拟

耿晨[1]，刘德民[2]，罗先武[1*]

（1. 清华大学 水沙科学与水利水电工程国家重点实验室，北京 100084，Email: luoxw@mail.tsinghua.edu.cn；
2. 东方电气集团东方电机有限公司，德阳 618000，Email: liudemin@dongfang.com）

摘要：为了真实再现空化湍流中的复杂物理现象，本研究对一种动态 MSST PANS 模型进行螺旋度修正，得到了新动态 MSST PANS 模型，即 NMSST PANS 模型。以三维 NACA66 水翼为对象，采用 NMSST PANS 模型进行空化流动数值模拟。与实验数据比较可知，采用螺旋度修正的 NMSST PANS 模型可以更精确地模拟绕水翼空化的形态以及其初生、发展、脱落、溃灭等周期性演化过程。研究发现空泡破碎(空泡体积分数剧烈变化)主要是由空泡上层部分的侧射流导致，而空泡下层部分的侧射流及回射流导致空泡脱落。进一步通过拉格朗日拟序结构及空泡周围局部角动量分析了空泡与脱落涡的运动，发现空泡溃灭对 U 形涡形成起到促进作用。

关键词：湍流模型；水翼空化；U 形涡

1 引言

在旋转水力机械中，螺旋桨或叶轮的叶片是对流体做功的主要部件。然而在一定工况下叶片表面往往会出现非稳态空化现象，空泡脱落及溃灭的过程会侵蚀叶片，严重影响水力性能[1]。因此，对空化发展过程和空化与湍流结构相互作用机理的研究有利于更好地控制叶片附近流动，从而提高水力机械的性能。

由于对三维空化流场速度的量化测量存在难度，数值模拟被作为分析空化流场内部细节的主要方法。将模拟的空化现象与实验中高速摄影的空泡形态进行对比验证，吻合较好的数值结果可以用于后续的研究分析。因此，研究空化过程需要尽可能提高数值模拟的精确性。在空化模型方面，目前对空化的相变模拟主要采用均质多相流模型，这类模型包括 Schnerr-Sauer 模型、Kunz 模型和 Zwart 模型等[2-4]。考虑到水蒸气的可压缩性，在计算空

基金项目：国家自然科学基金(91852103，51776102)

化过程中一般采用密度修正模型[5-6]。在湍流模型方面，RANS 方法具有对网格数量要求较低，计算量少的经济性优势，因此被广泛应用于水翼表面空化流动计算中。RANS 方法通过雷诺时均求解得到时均流场，抹除了小尺度的速度脉动，因此在计算流动分离和旋转运动时仍有缺陷。近些年来随着计算机算力的提高，LES 也被用于翼型的空化计算中，并在流场中体现出了较多的涡结构[7]。然而，巨大的网格数量和较小的时间步长导致 LES 计算量需求仍然很大，难以大规模应用到实际的水力机械计算中。因此学者们希望对 RANS 方法进行合理的改进和修正，在较粗的网格下获得近似于 LES 方法计算得到的结果。

Lakshmipathy 和 Girimaji[8] 在 k-ω 模型的基础上提出部分时均化的 PANS 模型。PANS 模型通过调整控制参数 f_k 的大小实现湍流尺度的全部模化与直接求解之间的桥接。这种方法可以实现 RANS 向 LES 的转化，从而提高计算精度。Luo[9]发展了以 SST k-ω 为基底 RANS 模型的 SST PANS 模型，在后台阶流动中取得较好的效果。为了提高 PANS 模型在大曲率和强旋转流动中的表现，Ye[10]提出了曲率修正的动态 MSST PANS 模型，在相同计算资源下对水翼空化流动预测有更好的精度。

本研究以三维扭曲水翼为研究对象，为了更好地再现空化湍流的复杂物理现象，考虑螺旋度在湍流发展中的影响，对动态 MSST PANS 模型修正，得到了 NMSST PANS 模型。通过与 MSST PANS 模型计算结果及实验数据对比，修正模型可以更好地预测片空化的发展及空泡脱落的准周期性频率。目前关于三维扭曲水翼空化流动的研究成果较多，但目前对空泡含气量变化、片空化内部流动细节的研究相对较少。对空泡体积分数进行量化统计，提取了不同特征时刻下不同流向位置的回流速度分布，得出回射流中主射流和侧射流对空泡演化的不同影响；进一步通过拉格朗日拟序结构及空泡周围局部角动量分析了空泡与脱落涡的运动，发现空泡溃灭对 U 形涡形成起到促进作用。

2 计算方法

在模拟中空化多相流体被视为均质的，不可压缩流体的控制方程为：

$$\frac{\partial \rho}{\partial t}+\frac{\partial (\rho V_j)}{\partial x_j}=0 \tag{1}$$

$$\frac{\partial (\rho V_i)}{\partial t}+\frac{\partial (\rho V_i V_j)}{\partial x_j}=\frac{\partial p}{\partial x_i}+\frac{\partial}{\partial x_j}[(\mu+\mu_t)(\frac{\partial V_i}{\partial x_j}+\frac{\partial V_j}{\partial x_i}-\frac{2}{3}\frac{\partial V_k}{\partial x_k}\delta_{ij})] \tag{2}$$

式中，V 是瞬态速度，p 为静压。对于汽液两相混合流体，其密度及分子黏度用下式定义：

$$\begin{aligned}\rho &= \alpha_v \rho_v + (1-\alpha_v)\rho_l \\ \mu &= \alpha_v \mu_v + (1-\alpha_v)\mu_l\end{aligned} \tag{3}$$

式中，下标"v"和"l"分别表示水蒸气和液态水。α 为水蒸气的体积分数。

对于湍流模型，所采用的 NMSST PANS 模型方程如下：

$$\frac{\partial(\rho k_u)}{\partial t}+\frac{\partial(\rho k_u U_j)}{\partial x_j}=\frac{\partial}{\partial x_j}(\frac{\mu_{tu}^*}{\sigma_{ku}}\frac{\partial k_u}{\partial x_j})+P_{kh}-\beta^*\rho\omega_u k_u \tag{5}$$

$$\frac{\partial(\rho\omega_u)}{\partial t}+\frac{\partial(\rho\omega_u U_j)}{\partial x_j}=\frac{\partial}{\partial x_j}(\frac{\mu_{tu}^*}{\sigma_{\omega u}}\frac{\partial \omega_u}{\partial x_j})+\gamma\frac{\omega_u}{k_u}P_{kh}-\beta'\rho\omega_u^2+2(1-F_1)\sigma_{\omega 2}\frac{\rho}{\omega}\frac{\partial k}{\partial x_j}\frac{\partial \omega_u}{\partial x_j}$$
$$+(1-F_1)\rho(C_1\beta^*S\omega_u - C_2\frac{k(\beta^*\omega_u)^2}{k+\sqrt{\beta^*\nu k\omega}}) \tag{6}$$

式中，k 为湍动能，ω 为湍流频率。下标"u"表示 PANS 模型的不可解部分。S 为剪切应力张量，SST 模型的模型常数在文献[11]中定义。P_{ku} 为通过螺旋度修正的湍动能生成项，修正采用以下公式：

$$P_{kh}=\mu_t f_{rh}(h)\Omega^2$$
$$f_{rh}(h)=1+C_{h1}h^{C_{h2}} \tag{7}$$

式中，Ω 为旋转率张量，f_{rh} 为关于螺旋度 h 的修正函数[12]，C_{h1} 和 C_{h2} 为经验常数，值分别取 0.71 和 0.6。

在式（5）和式（6）中，修正后的湍流黏性 μ_{tu}^* 由以下方程定义

$$\mu_{tu}^*=\min(\mu_{t-rea},\frac{\rho a_1 k}{SF_2})f_{DCM}$$
$$\mu_{t-rea}=\rho C_\mu\frac{k^2}{\varepsilon} \tag{8}$$

式中，f_{DCM}[13] 为基于密度变化的动态函数。f_{DCM} 在修正中考虑了空化过程均质流体密度的变化：

$$f_{DCM}=\frac{\rho_v+(1-\alpha_v)^3(\rho_l-\rho_v)}{\rho_v+(1-\alpha_v)(\rho_l-\rho_v)} \tag{9}$$

在 NMSST PANS 模型中，C_μ 考虑了表面曲率及旋转效应，同原始模型比不再为常数。具体处理方法可以参考文献[10]。模型中不可解能量与总能量之比 f_k 通过当地网格大小和湍流尺度计算：

$$f_k=\min[1,C_s(\frac{\Delta}{l})^{\frac{2}{3}}] \tag{10}$$

式中，C_s 为模型常数，在当前计算中 $C_s=1.0$。l 为泰勒湍流尺度且 $l=k^{1.5}/\varepsilon$，Δ 为当地网格大小且 $\Delta=(\Delta x\cdot\Delta y\cdot\Delta z)^{1/3}$。

对于空化过程中的相变模拟,其质量传递过程应用到了以下方程。右侧的源项基于雷利方程,通过 Zwart 空化模型求解。具体方程如下:

$$\frac{\partial}{\partial t}(\rho_v \alpha_v) + \frac{\partial}{\partial x_j}(\rho_v u_j \alpha_v) = \dot{m}^+ - \dot{m}^- \tag{11}$$

$$\dot{m}^+ = C_e \frac{3\rho_v (1-\alpha_v)\alpha_{nuc}}{R_b} \sqrt{\frac{2}{3}\frac{\max(p_v - p, 0)}{p_l}} \tag{12}$$

$$\dot{m}^- = C_c \frac{3\rho_v \alpha_v}{R_b} \sqrt{\frac{2}{3}\frac{\max(p - p_v, 0)}{p_l}} \tag{13}$$

式中,C_e 和 C_c 为两个经验常数,值分别取 50 和 0.01。α_{nuc} 为气核的体积分数,值为 5×10^{-4},R_b 是气泡半径,对于液态水取值为 1×10^{-6} m.

3 计算模型

图 1 为水翼空化流动的计算域,为节省计算量,计算域沿对称面截取了实际流场的一半。对称截面为三维扭曲水翼攻角最大处。水翼采用了 NACA66 翼型,弦长 200 mm,展长 225mm,其展向攻角变化规律为三次函数,最大攻角为 11°,水翼安装攻角为+1°。计算采用进口速度边界,速度为条件为 u_∞= 7m/s。出口为压力边界条件,根据实验空化数 σ=1.3 计算。对称截面采用对称边界,其余三个面为无滑移壁面。计算采用结构化六面体网格,水翼壁面附近网格分布见图 2。网格无关性验证选择表 2 所示的三套网格进行,通过对比空化脱落的特征频率及升力系数,选择第二套网格进行后续计算。其网格数为 362 万,可以在保证结果精确性的前提下节省计算资源,。

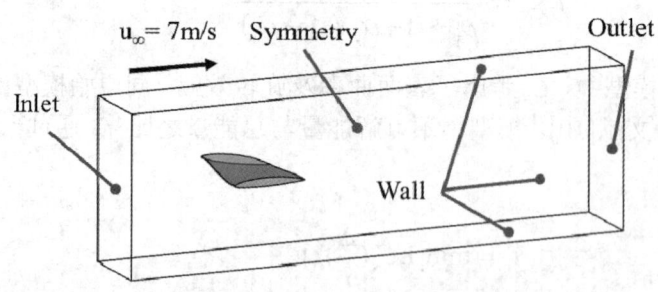

图 1 水翼空化计算域示意图

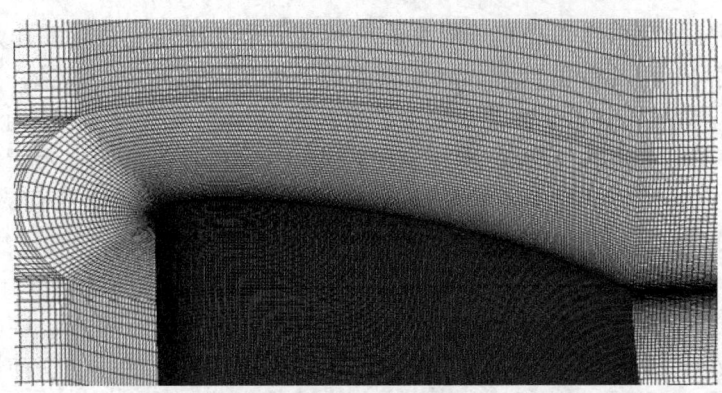

图 2 水翼壁面附近网格

表 1 不同网格数量下计算结果对比

序号	网格数	特征频率(Hz)	升力系数
1	226 万	48.22	0.751
2	362 万	50.0	0.759
3	471 万	50.05	0.760

4 结果验证与分析

4.1 模型结果验证

由于 NMSST PANS 方法是在 MSST PANS 方法上的进行了螺旋度修正，为了验证其在模拟水翼片空化演变上的准确性，本研究采用两种方法对比计算，在相同的计算设置下，将模拟结果的空泡脱落特征频率与实验值比较(表 2)，可以发现二者频率均略高于实验值，但 NMSST PANS 在频率上与实验值更接近。可以证明该方法可以更精确地模拟片空化脱落的现象。

表 2 不同模型计算空化特征频率与实验值对比

	频率(Hz)	误差
MSST PANS	51.11	4.67%
NMSST PANS	50.0	2.40%
实验	48.83	-

为了进一步验证 NMSST PANS 方法模拟片空化流动的结果，以及更详细地探究三维水翼片空化演变的流动规律，图 3 展示了不同时刻下模拟空泡等值面与实验照片的对比，以及对应时刻模拟流场的 Liutex 涡分布。Liutex 涡是刘超群等[14]提出的一种新的涡识别准则，它

将涡量通过张量分解为刚性转动和非对称剪切两部分，并提取刚性转动作为 Liutex 涡的强度。用 Liutex 涡可以避免等值面混入水翼表面速度梯度造成的剪切涡量，更好地展示壁面附近的旋涡流动。为便于比较，在图 3(c)中 Liutex 涡等值面取相对强度，为最大强度的 0.1。

图 3 展示了一个完整的片空化周期，在 0T 时刻片空化被回射流在水翼前缘切断，4/20T 时刻片空化脱落，新的片空化从水翼前缘生长。7/20T 时刻片空化完全脱落，向 U 形空泡演变。在前 3 个时刻可以发现 Liutex 涡大部分分布在空泡区域的前缘和尾缘。12/20T 时刻，脱落空泡大部分溃灭，形成典型的 U 形空泡，此时从图 3(c)中也可以看到伴随空泡的 U 形涡。此外，新的片空化区域生长趋于缓慢，前端的内凹界面逐渐变平，中间聚集了大量高含气量空泡(定义为 $\alpha_v>0.9$ 的空泡)，与实验照片中的高透明度区域吻合。而片空化两侧具有小部分碎气泡，与实验照片中的白色破碎空泡吻合，碎气泡的脱落对应着图 3(c)中二次涡的形成和脱落。在 15/20 时刻，仅过了 3/20T 的周期，回射流迅速发展造成大量二次涡的脱落。同时高含气量空泡两侧的扇形区域受到射流影响变为破碎的空泡，与实验照片的白色破碎气泡吻合。模拟结果证明了 NMSST PANS 模型很好地再现了片空化生长、脱落和 U 形空泡形成过程中的流动现象。

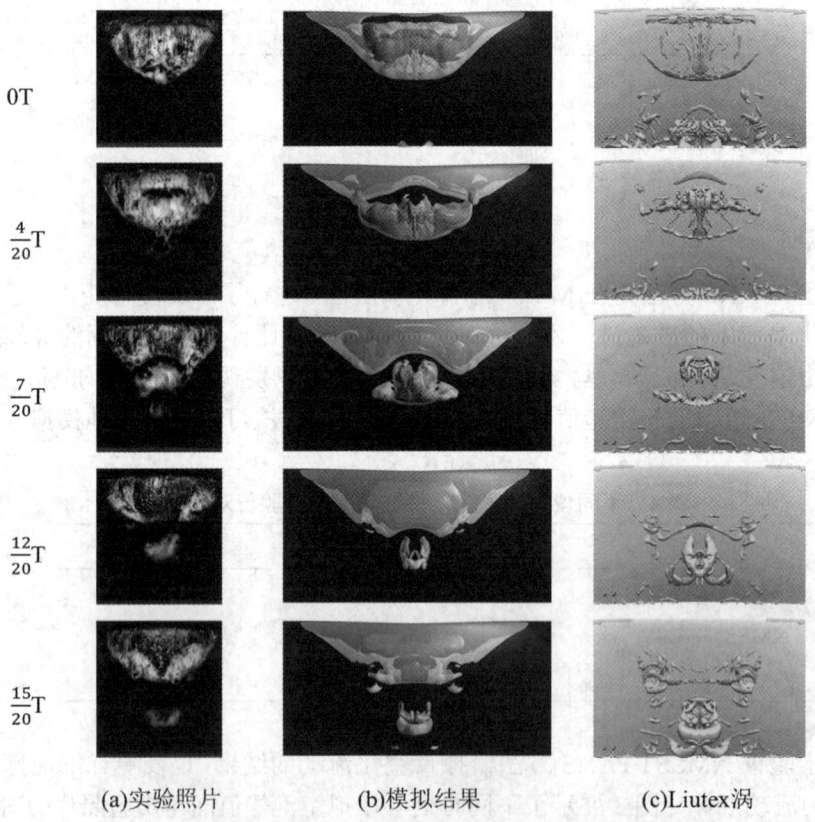

(a)实验照片　　　　(b)模拟结果　　　　(c)Liutex 涡

图 3　不同特征时刻模拟空泡等值面(浅色 $\alpha_v=0.1$，深色 $\alpha_v=0.9$)与实验照片的对比及 Liutex 涡分布

4.2 空泡体积变化

图 3 显示了高含气量空泡的变化规律与回射流的紧密联系。为了定量描述高含气量空泡在整体片空化中的变化，图 4 给出了不同时刻空泡体积变化曲线和高含气空泡体积在整体片空化中占比的变化曲线。五个特征时刻也分别标注在图中。结合图 3 分析可知，一方面，由于片空化脱落时被卷起，体积缩小；另一方面，稳定生长增厚的片空化中部也会聚集大量水蒸气，此时高含气量空泡占比迅速升高。4/20T 到 12/20T 时刻，脱落空泡的溃灭和新片空化区域的增长在同时进行，高含气量空泡的占比处于波动状态。此时空泡体积总体上经历了先上升后下降的过程，片空化生长速度减慢而脱落空泡的溃灭速度加快。12/20T 到 15/20T 时刻，片空化逐渐停止生长、回射流迅速形成，空化正后方的主射流和空化两边的侧射流[15]向前推进时侵入了高含气量空泡区域，总空泡体积和高含气量空泡的占比都迅速下降。

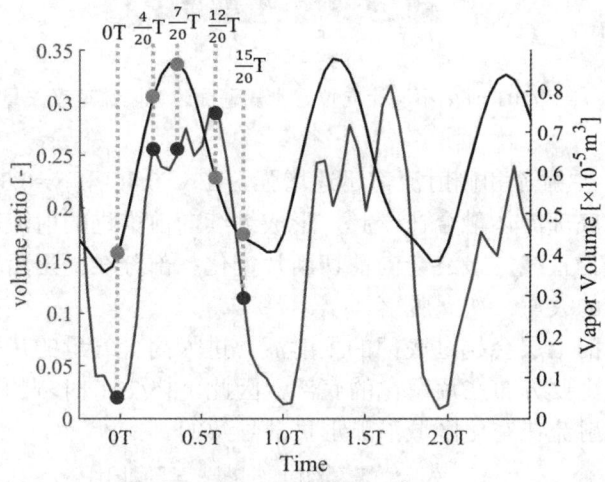

图 4　不同时刻空泡体积变化及高含气空泡体积占比变化

4.3 回射流运动对片空化影响

由于在三维水翼片空化的回射流中，存在主射流和侧射流两种不同分布区域的回流，而两种射流的推进方向并不完全相同，片空化现象较二维水翼更复杂。在 15/20T 时刻，两侧的破碎空泡呈扇形，说明两种回射流对空化影响存在区别。为了进一步分析两种回射流对片空化的影响，图 5 和图 6 分别展示了 12/20T 和 15/20T 时刻不同流向(即 y 方向)截面上，回射流速度矢量在展向(即 x 方向)上的分布。y 值与 x 值分别为距翼型前缘和对称截面的距离，C 为翼型展向长度。

在 12/20T 时刻两种回射流开始形成，速度相对较小。在 y=0.4C 处，可以看到主射流分布在片空化的底部，截面速度矢量呈弧形，向两侧扩散。侧射流分布在两侧区域，底部速度矢量与主射流相反，两股射流发生了碰撞，从而导致空泡的破碎和二次涡的形成。由于水翼几何形状的原因，空泡往往中间厚两边薄，侧射流在片空化上层仍有分布，向翼型中间和前方移动。主射流在 y=0.3C 处时含气量已大幅度上升，丧失大部分动量，并且侧射流非常微弱。

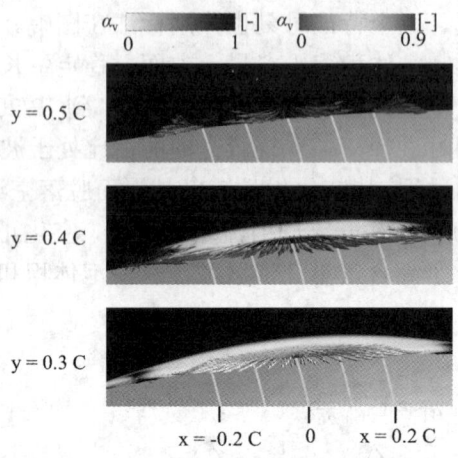

图 5 t =12/20T 时刻不同流向位置水翼壁面附近回流速度矢量分布

在 15/20T 时刻，主射流和侧射流都迅速增强，在 y=0.4C 和 y=0.3C 处，两股射流都发生强烈的碰撞，其中底部流体融合在一起，形成继续向前推进的射流，使得两侧速度矢量增大，截面从弧形变为直线，最终会向前切断片空化；部分在撞击后向上流动，会穿过片空化，造成图 3 所示的大量二次涡脱落。

由此可见侧射流的上层会越过底部的主射流，进入高含气量的片空化上层，并向翼型中部扩散。而主射流主要分布在片空化的底部，因此，15/20T 时刻的扇形破碎空泡区域主要是分布于上层的侧射流在空化区域沿弧形扩散导致的。

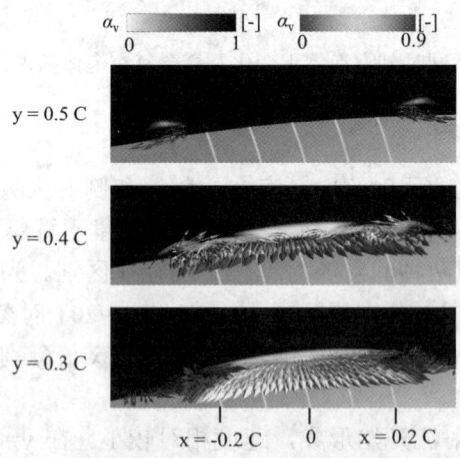

图 6 t =15/20T 时刻不同流向位置水翼壁面附近回流速度矢量分布

4.4 空泡的溃灭与U形涡的形成

由图 3 中的 Liutex 涡可以看出，U 形空泡的形成和 U 形涡的形成密切相关。从 7/20T 到 12/20T 时刻，新的片空化仍在生长，结合图 4 中整体片空化体积的下降可知，U 形空泡的形成发生了脱落空泡的大量溃灭。为了详细描述空泡溃灭前后附近流动的变化，图 7 展示了这两个时刻空泡附近的三维流线图。在空泡溃灭前有大量的空泡团聚集在壁面上方，其中对称面的空泡脱离壁面，两侧的空泡仍和壁面相连。虽然初步形成了 U 形空泡的头部和腿部形态，但是流线显示流动并未在空泡附近停留。中部流线穿过空泡抬升后汇入主流，两侧流线绕过腿部空泡后也汇入了主流。当空泡大量溃灭，可以明显看到流线在 U 形空泡腿部和头部的缠绕，证明附近流体存在强烈的旋涡，也就是 U 形涡。

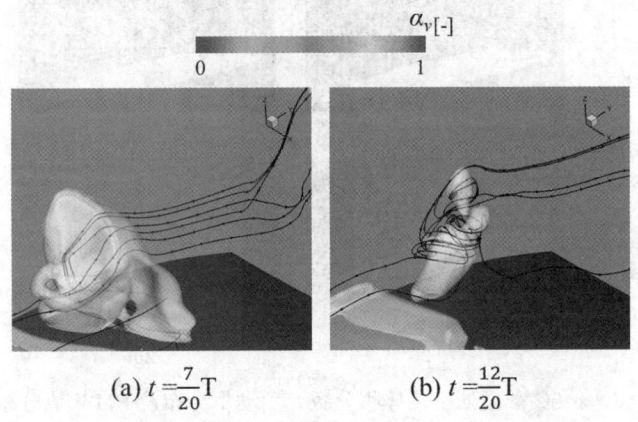

图 7 空泡溃灭过程中 U 形空泡周围三维流线分布比较

为了进一步阐明空泡溃灭促使 U 形涡形成的原因，引入了局部角动量 AM 的概念，计算方法在以下公式中给出：

$$AM = \omega_x \cdot \frac{1}{2} \rho_m r^2 \tag{14}$$

式中，前项 ω_x 为二维展向涡量，近似代表转动角速度，后项为转动惯量，半径 r 通过近似网格体积大小的球体计算获得。AM 的变化可以看出流体密度和旋转强度对流场的影响。为了方便对空化流场中湍流结构的表示，应用了李雅普诺夫指数积分($FTLE$)来表示流场的拉格朗日拟序结构[16]。$FTLE$ 为一定积分时间 T_f 内，两个相邻流体质点的偏离程度，因此 $FTLE$ 的高值部分形成的脊线可以视为流体流动的分界线，也被称为拉格朗日拟序结构，T_f 取 1/2T。

图 8 和图 9 为 U 形涡头部在不同展向位置的 α_v、AM 和 $FTLE$ 分布。选取 7/20T 和 12/20T 两个时刻作对比。可以看到，在高含气量空泡聚集的对称面附近，由于流体密度很小，角动量的高值呈细条状分布在空泡的上方和后方，且 $FTLE$ 分布显示空泡区域没有形成清晰的脊线，即湍流拟序结构。12/20T 时刻，大部分空泡溃灭后，角动量集中分布在 U 形空泡

的周围，*FTLE* 分布在 U 形空泡处，形成了界限清晰的拟序结构，也就是 U 形涡的头部。因此，脱落空泡团的溃灭一方面会使周围流体密度增大，黏度增加，使角动量容易集中；另一方面，空泡的溃灭也会使旋转范围缩小，强度增大，促进拟序结构也就是 U 形涡的形成。

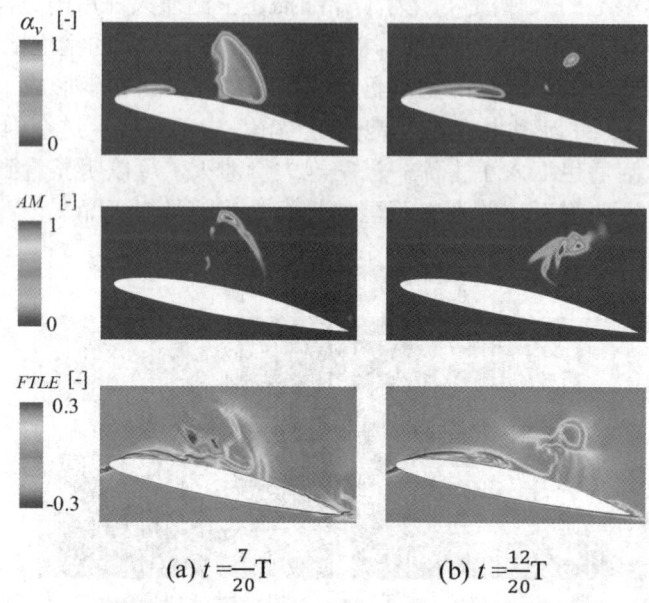

图 8 x=0C 截面处空化体积分数、角动量分布及 FTLE 值分布

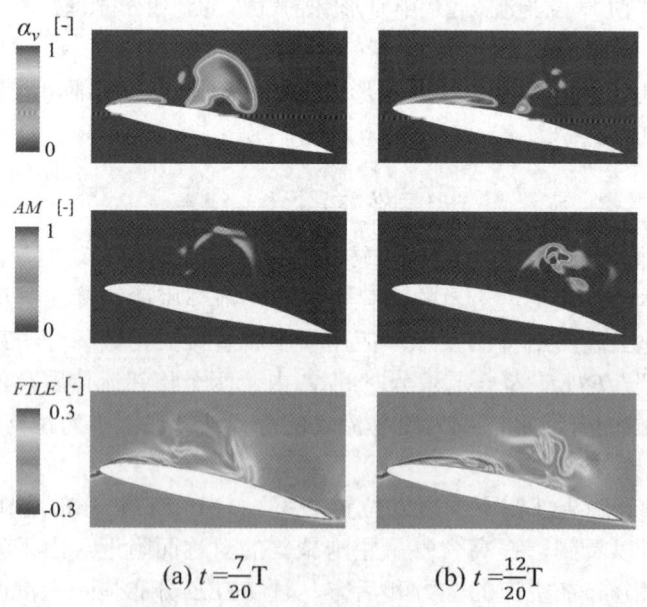

图 9 x=0.05C 截面处空化体积分数、角动量分布及 FTLE 值分布

5 结论

本研究采用基于螺旋度修正的 NMSST PANS 模型对三维水翼空化流动进行模拟,并与实验数据比较,结果证明 NMSST PANS 模型可以更精确地模拟片空化的形态和演变过程,包括空泡的破碎、溃灭及 U 形空泡的形成等现象。通过分析空泡体积分数的时空分布、回流的速度分布以及空泡溃灭前后流场特征的变化,其主要结论如下:①发现片空化演变过程中,空泡体积分数大于 0.9 的高含气量空泡占整体片空化体积的比例经历了迅速增加、波动和迅速减少的周期性过程。②主射流主要存在于片空化底部,侧射流能够进入片空化的上层。两股射流的碰撞加强了底部的回射流,最终切断片空化;同时碰撞会将流体向上方挤压,抬升空泡,促进了二次脱落涡的形成。侧射流在片空化上层的扇形扩散是高含气量空泡破碎的主要原因。③脱落空泡团的溃灭一方面使周围流体密度增大,黏度增加,角动量容易集中;另一方面使流体旋转范围缩小,强度增加,加速了 U 形涡的形成。

参考文献

1 Ji B, Luo X W, Peng X X, et al. Numerical analysis of cavitation evolution and excited pressure fluctuation around a propeller in non-uniform wake [J]. International Journal of Multiphase Flow, 2012, 43: 13-21.

2 Rayleigh, L. VIII. On the pressure developed in a liquid during the collapse of a spherical cavity [J]. The London, Edinburgh, and Dublin Philosophical Magazine and Journal of Science, 1917, 34(200): 94-98.

3 Kunz R F, Stinebring D R, Chyczewski T S, et al. Multi-phase CFD analysis of natural and ventilated cavitation about submerged bodies [C]. Proceedings of the 1999 3rd ASME/JSME Joint Fluids.

4 Zwart P J, Gerber A G, Belamri T. A two-phase flow model for predicting cavitation dynamics [C]. 5th International Conference on Multiphase Flow, 2004, 152: 152.

5 Coutier-Delgosha O, Fortes-Patella R, Reboud J L. Evaluation of the turbulence model influence on the numerical simulations of unsteady cavitation [J]. Journal of Fluids Engineering, Transactions of the ASME, 2003, 125(1): 38-45.

6 Geng C, Li Y, Tsujimoto Y, et al. Pressure oscillations with ultra-low frequency induced by vortical flow inside francis turbine draft tubes [J]. Sustainable Energy Technologies and Assessments, 2022, 51: 101908.

7 Long X P, Cheng H Y, Ji B, et al. Large eddy simulation and Euler–Lagrangian coupling investigation of the transient cavitating turbulent flow around a twisted hydrofoil [J]. International Journal of Multiphase Flow, 2018, 100: 41-56.

8 Lakshmipathy S, Girimaji S S. Partially-averaged Navier-Stokes method for turbulent flows: k-ω Model Implementation [C]. 44th AIAA aerospace sciences meeting and exhibit, 2006: 119.

9 Luo D H. Numerical simulation of turbulent flow over a backward facing step using partially averaged Navier-Stokes method [J]. Journal of Mechanical Science and Technology, 2019, 33(5): 2137-2148.

10 Ye W X, Yi Y C, Luo X W. Numerical modeling of unsteady cavitating flow over a hydrofoil with consideration of surface curvature [J]. Ocean Engineering, 2020, 205: 107305.

11 Wilcox D C. Reassessment of the scale-determining equation for advanced turbulence models [J]. AIAA

12 Liu Y, Tang Y, Scillitoe A D, et al. Modification of shear stress transport turbulence model using helicity for predicting corner separation flow in a linear compressor cascade [J]. Journal of Turbomachinery, 2020, 142(2): 021004.

13 Yu A, Ji B, Huang R F, et al. Cavitation shedding dynamics around a hydrofoil simulated using a filter-based density corrected model [J]. Science China Technological Sciences, 2015, 58(5): 864-869.

14 Liu C, Gao Y S, Dong X R, et al. Third generation of vortex identification methods: Omega and Liutex/Rortex based systems [J]. Journal of Hydrodynamics, 2019, 31(2): 205-223.

15 Ji B, Luo X, Wu Y, et al. Numerical analysis of unsteady cavitating turbulent flow and shedding horse-shoe vortex structure around a twisted hydrofoil [J]. International Journal of Multiphase Flow, 2013, 51: 33-43.

16 Cheng H Y, Bai X R, Long X P, et al. Large eddy simulation of the tip-leakage cavitating flow with an insight on how cavitation influences vorticity and turbulence [J]. Applied Mathematical Modelling, 2020, 77: 788-809.

3D hydrofoil cavitation flow simulation based on helicity modified PANS model

GENG Chen[1], LIU De-min[2], LUO Xian-wu[1*]

(1. State Key Laboratory of Water and Sediment Science and Water Conservancy and Hydropower Engineering, Tsinghua University, Beijing, 100084, Email: luoxw@mail.tsinghua.edu.cn;

2. Dongfang Electric Group Dongfang Electric Co., Ltd., Deyang, 618000, Email: liudemin@dongfang.com)

Abstract: To reproduce the complex physical phenomena in cavitation turbulence, this paper corrects the helicity of a dynamic MSST PANS model, and obtains a new dynamic MSST PANS model, namely the NMSST PANS model. Taking the three-dimensional NACA66 hydrofoil as the object, the NMSST PANS model is used to carry out numerical simulation of cavitation flow. Compared with the experimental data, it can be seen that the NMSST PANS model with helicity correction can more accurately simulate the shape of cavitation around the hydrofoil and its periodic evolution processes such as growth, development, shedding, and collapse. The study found that the cavitation breakage (dramatic change of cavitation volume fraction) was mainly caused by the side jets in the upper part of the cavitation, while the side jets and reentrant jet in the lower part of the cavitation caused the cavitation to fall off. Furthermore, the movement of the cavitation and the shedding vortex is analyzed through the Lagrangian structure and the local angular momentum around the cavitation. It is found that the collapse of the cavitation can promote the formation of the U-shaped vortex.

Key words: Turbulence model; Hydrofoil cavitation; U-shape vortex.

基于 PINN/HFM 的神经网络在圆柱绕流模拟中的应用

闫铃娟*，强以铭，吴天祺，褚学森

（中国船舶科学研究中心，无锡 214082，Email: yanlingjuan_1@163.com）

摘要：计算流体力学在工程领域有着广泛的应用，圆柱绕流是其中一个典型的问题。不同的雷诺数会导致不同的物理现象。通常模拟圆柱绕流问题的方法包括有限差分方法、有限元方法、大涡模拟方法（LES）、直接数值模拟方法。随着神经网络方法的发展，出现了利用神经网络来求解方程的方法。其中，PINN 是一种基于物理背景的求解偏微分方程的神经网络。基于 PINN，又发展出了 HFM 神经网络，并被应用到圆柱绕流问题中。本文将 PINN 和 HFM 神经网络应用到取不同雷诺数的圆柱绕流模拟中，并展示了数值结果。

关键词：圆柱绕流；神经网络；PINN（physics-informed neural networks）；HFM（hidden fluid mechanics）

1 引言

圆柱绕流是计算流体力学中一个典型的问题。在不同的雷诺数(Re)下，流场有不同的物理现象[1]。$Re<5$，流动不发生分离；$5<Re<40$，在圆柱体后面会出现一对位置固定的旋涡；$Re>40$，出现 Karman 涡街，$40<Re<150$，涡街是层流，$150<Re<300$，涡街由层流向湍流转变。模拟圆柱绕流的数值方法通常包括有限差分方法、有限元方法、直接数值模拟方法（DNS）、大涡模拟方法（LES）、离散涡数值模拟方法等[2]。

随着神经网络的发展，一些神经网络被应用于方程的近似求解。其中，PINN（physics-informed neural networks）是一种有效的可以用来求解偏微分方程的神经网络。PINN 的基本思想是将方程加入到损失函数中，从而使神经网络不断拟合，实现损失函数不断减小，从而使神经网络构造的函数尽量满足方程。下面简要介绍 PINN 方法。[3]设考虑的方程为

$$u_t + N(u,\lambda) = 0 \tag{1}$$

当 λ 为已知参数时，方程（1）可以写为

$$u_t + N[u] = 0 \tag{2}$$

令 $f(x,t) = u_t + N[u]$，将其加入损失函数之中。损失函数 MSE 可以写为

$$MSE = MSE_u + MSE_f \tag{3}$$

式中，MSE_u 表示神经网络构造的函数在初边值点与给定的初边值条件之间的误差，MSE_f 表示 $f(x,t)$ 在神经网络的输入层输入的点处的值。减少 MSE_f 即尽量拟合方程成立。当 λ 为未知参数时，将 λ 作为神经网络的一个输出，损失函数仍类似式，只是其中加入了 λ。

基于 HFM（hidden fluid dynamics）的神经网络与 PINN 很类似，只是将 PINN 的损失函数中表示初边值误差的损失函数 MSE_u 换成了在采样点处的误差[4]。在本文中，将这部分误差记作 MSE_c。选取离散点 (x_i, t_i)，在离散点处采样获得离散点处的浓度 C_i，神经网络在这些采样点计算出浓度，记作 $\widehat{C_i}$，两者的绝对误差就构成了 MSE_c。于是损失函数成为

$$MSE = MSE_u + MSE_f \tag{4}$$

相比于 PINN，损失函数里没有加入初边值条件，因此 HFM 神经网络可以处理更容易地处理复杂边界的情形。

在本文中，在雷诺数等于 30，100，200 的情形，分别将 PINN 与 HFM 应用到圆柱绕流问题中，比较两种方法的结果。

2 基于 PINN 和 HFM 的神经网络在圆柱绕流问题中的模拟

设圆柱绕流问题对应的方程如下，

$$u_t + uu_x + vu_y = -p_x + Re^{-1}(u_{xx} + u_{yy}),$$
$$v_t + uv_x + vv_y = -p_y + Re^{-1}(v_{xx} + v_{yy}),$$
$$u_x + v_y = 0$$

式中，u 和 v 表示速度，p 表示压强，Re 表示雷诺数。

如下设置神经网络。输入层的节点数是 3，输入 (x, y, t)；隐藏层有 10 层，每一层的节点数是 200，隐藏层使用 Swish 激活函数，即激活函数为

$$f(x) = x \times sigmoid(x)$$

输出层节点数是 3，输出 (u, v, p)。

采用 LBM（格子玻尔兹曼方法）计算出的数据作为训练和测试数据。计算区间为矩形区域 $(-2.5, 7.5) \times (-2.5, 2.5)$，其中以 $(0,0)$ 为圆心，半径为 0.5 的圆作为绕流体，$\Delta x = \Delta y = 0.01$，每隔 5 个点输出一次数据。在 $Re = 30$ 时，用 LBM 程序计算 2000 个时间步，时间步长为 0.08。在 $Re = 200$ 时，用 LBM 程序计算 110000 个时间步，时间步长为 0.08，

输出 $t \geq 8790.4$ 以后的数据进行神经网络的训练。

在 PINN 中，损失函数设置为边界 $x=-2.5$ 处 u 和 v 的误差加上方程的误差。在基于 HFM 的神经网络中，与原作者提出的关于浓度 C 在一些离散点处采样不同，由于本文使用的 LBM 程序暂时没有计算浓度 C，这里随机取 10%的 u，将这些采样点处 u 的误差加入损失函数里，再加上方程的误差。

在 $Re=30$ 时，图 1 和图 2 是 LBM 在 $Re=30$，$t=160$ 时计算得到的 u 和 v 的结果图，图 3 和图 4 是基于 HFM 的神经网络在相同的雷诺数和时间点得到的 u 和 v 的结果图，图 5 和图 6 是 PINN 在相同的雷诺数和时间点得到的 u 和 v 的结果图，HFM 与 PINN 训练的时间相同。从图 5 和图 6 中可以看出，HFM 的结果更加接近参考解，可以大概看出绕流的形状；而 PINN 的结果显示流体避开中间区域，在上方区域和下方区域流动。

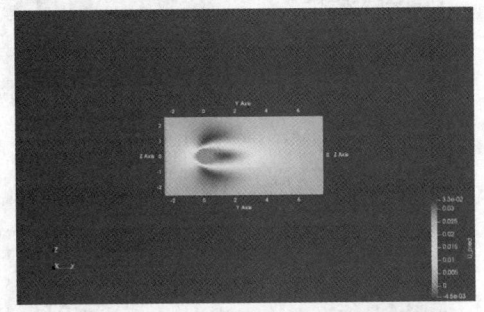
图 1 LBM 在 $Re=30$ 时 u 的结果

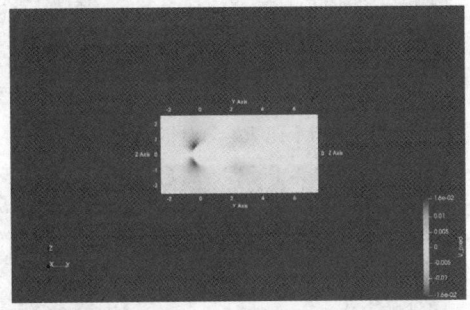
图 2 LBM 在 $Re=30$ 时 v 的结果

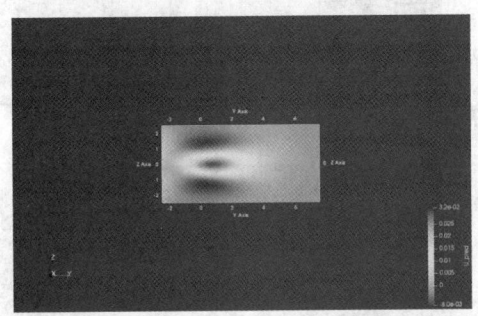
图 3 HFM 在 $Re=30$ 时 u 的结果

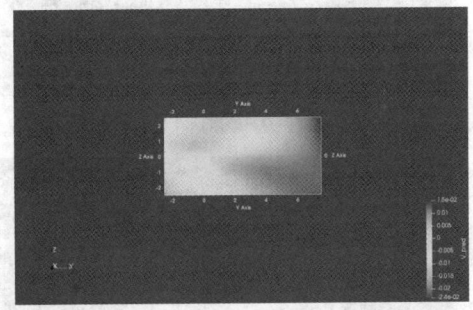
图 4 HFM 在 $Re=30$ 时 v 的结果

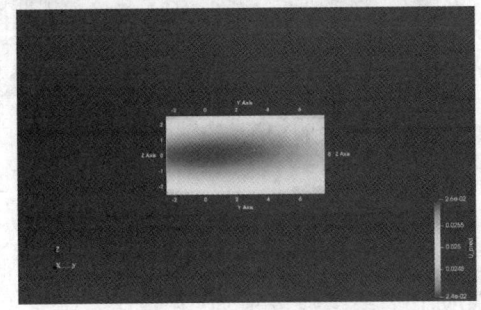
图 5 PINN 在 $Re=30$ 时 u 的结果

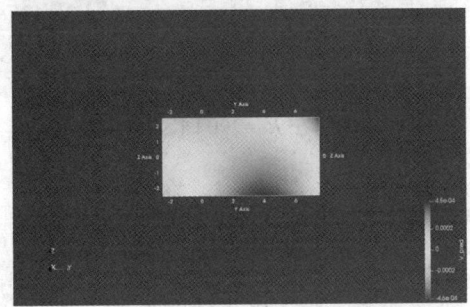
图 6 PINN 在 $Re=30$ 时 v 的结果

在 $Re=200$ 时，出现 Karman 涡街。图 7 和图 8 是 LBM 在 $Re=200$，$t=8800$ 时计算得到的 u 和 v 的结果。图 9 和图 10 是基于 HFM 的神经网络在相同的雷诺数和时间点得到的 u 和 v 的结果。图 11 和图 12 是 PINN 在相同的雷诺数和时间点得到的 u 和 v 的结果图，HFM 与 PINN 训练的时间相同。HFM 的计算结果出现了涡街的形状，而 PINN 的结果只大概显示出流体绕开中间区域，在上方区域和下方区域流动的形状。

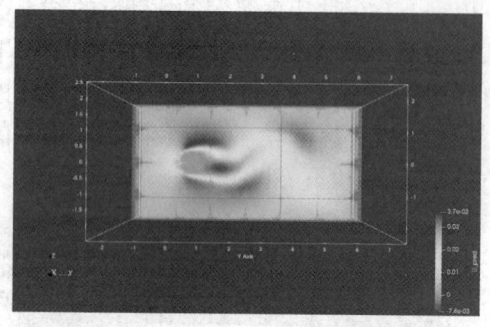

图 7 LBM 在 $Re=200$ 时 u 的结果

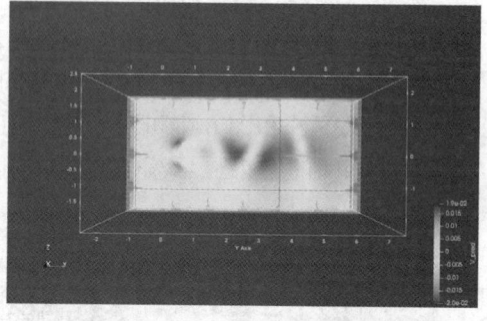

图 8 LBM 在 $Re=200$ 时 v 的结果

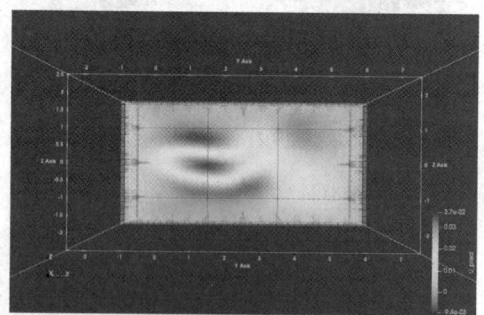

图 9 HFM 在 $Re=200$ 时 u 的结果

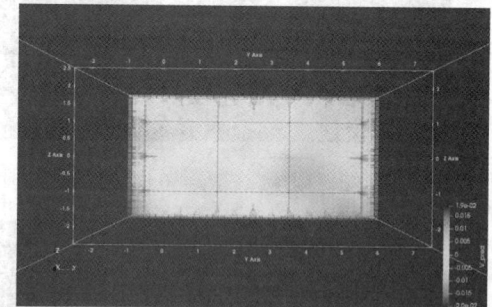

图 10 HFM 在 $Re=200$ 时 v 的结果

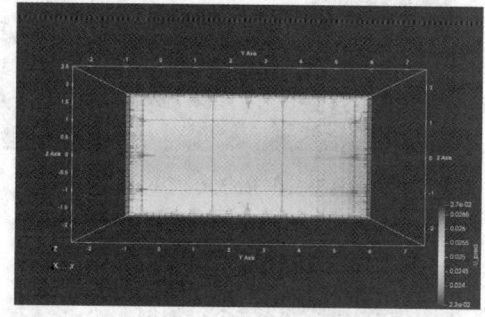

图 11 PINN 在 $Re=200$ 时 u 的结果

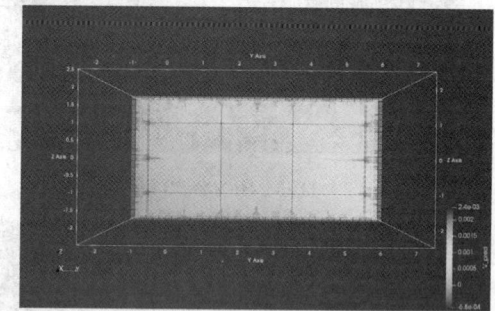

图 12 PINN 在 $Re=200$ 时 v 的结果

3 总结

本文将 PINN 与 HFM 这两种神经网络模型分别应用于雷诺数等于 30 和雷诺数等于 200 的圆柱绕流模拟中。结果显示基于 HFM 的神经网络可以较好的模拟这两个雷诺数的圆柱绕流问题。PINN 的结果不好，这不能说明 PINN 这种方法不好或者不适合于这类问题，本文对于 PINN 方法边界条件的设定需要进一步改进，应该加入绕流体圆柱处的边界条件。

参考文献

1 陈斌, 郭烈锦, 杨晓刚. 圆柱绕流的离散涡数值模拟 [J]. 自然科学进展, 2002, 12(9): 6.
2 王亚玲, 刘应中, 缪国平. 圆柱绕流的三维数值模拟 [C]. 全国流体力学学术会议. 2001: 1464-1469.
3 Raissi M, Perdikaris P, Karniadakis G E. Physics-Informed Neural Networks: A Deep Learning Framework for Solving Forward and Inverse Problems Involving Nonlinear Partial Differential Equations [J]. Journal of Computational Physics, 2018.
4 Raissi M, Yazdani A, Karniadakis G E. Hidden fluid mechanics: a navier-stokes informed deep learning framework for assimilating flow visualization data [J]. 2018, arXiv:1808.04327.

The application of PINN/HFM in the simulation of flow around a circular cylinder

YAN Ling-juan*, QIANG Yi-ming, WU Tian-qi, CHU Xue-sen

(China Ship Scientific Research Center, Wuxi 214082, Email: yanlingjuan_1@163.com)

Abstract: CFD is widely used in many engineering fields, while the simulation of flow around a circular cylinder is a typical problem in CFD. Different Reynolds numbers result in different physical phenomenons. Common methods in solving this problem include finite difference method, finite element method, large eddy simulation(LES), direct numerical simulation(DNS). Recently, some neural networks are applied in solving equations. Among them, physics informed neural network(PINN) is an effective neural network for solving partial differential equations. Based on it, hidden fluid mechanics(HFM) is proposed and applied to this problem. This paper applies PINN and HFM methods in the simulation of the flow around a circular cylinder with different Reynolds number and presents the numerical results.

Key words: Flow around a circular cylinder; Neural networks; Physics-informed neural networks(PINN); Hidden fluid mechanics(HFM).

孤立波与海岸结构物相互作用的 SPH 模拟研究

蔡国朕，魏昭恒，赵西增，罗敏*

（浙江大学 海洋学院，舟山 316021，Email: min.luo@zju.edu.cn）

摘要：本研究采用光滑粒子流体动力学（SPH）方法，模拟研究孤立波与海岸结构物的相互作用。首先，基于孤立波传播算例进行了粒子光滑长度和粒子间距的收敛性分析，然后通过孤立波越过潜堤的工况进一步验证了模型的精度。基于验证的 SPH 模型，模拟研究了孤立波与水平板的相互作用机制，重点分析了板面上的波浪破碎、板面附近的流速场和板面的受力特性。

关键词：光滑粒子流体动力学；孤立波；潜堤；水平板；受力特性

1 引言

由于海平面的持续上升和极端波浪气候的增加，沿海结构物暴露在严重和频繁的海洋风暴中，给海洋结构物的安全带来威胁。国内外学者针对波浪与海岸结构物相互作用开展了大量研究，但因为该问题设计强非线性自由面等复杂因素，它仍然是海岸工程领域的研究热点和难点[1-2]。

近年来随着计算机硬件和数值模拟的快速发展，计算流体力学(CFD)已经在分析波浪与结构物相互作用的问题上发挥了重要的作用。其中，拉格朗日粒子法因在处理大变形、移动边界等方面的优势，在海洋工程领域得到了广泛的应用。典型的粒子法主要包括弱可压缩的光滑粒子法(SPH)[3]、基于投影的移动粒子半隐式方法(MPS)[4]、不可压缩光滑粒子法 (ISPH)[5]和一致粒子法 (CPM)[6]等方法。本研究采用弱可压缩 SPH 的开源代码 SPHinXsys[7]研究了孤立波与海岸结构物的相互作用。

2 SPH 理论方法

SPH 方法的控制方程为连续性方程和 Navier-Stokes 方程：

$$\begin{cases} \dfrac{d\rho}{dt} = -\rho \nabla \cdot \mathbf{v} \\ \dfrac{D\mathbf{v}}{Dt} = -\dfrac{1}{\rho}\nabla p + \nu \nabla^2 \mathbf{v} + \mathbf{g} \end{cases} \quad (1)$$

式中，ρ 表示密度，$\mathbf{v}$ 为粒子速度，p 为流体压强，ν 为运动黏滞系数，$\mathbf{g}$ 为重力加速度，t 为时间。SPHinXsys 是弱可压缩的粒子法，流体压强通过状态方程求解[7]：

$$p = c_0^2(\rho - \rho_0) \quad (2)$$

式中，ρ_0 为参考密度，c_0 为人工声速，通常采用 $c_0 \geq 10 v_{max}$（v_{max} 是预测的最大粒子速度）。控制方程的粒子插值离散形式为：

$$\begin{cases} \dfrac{d\rho_i}{dt} = 2\rho_i \sum_j \dfrac{m_j}{\rho_j}(\mathbf{v}_i - \overline{\mathbf{v}_{ij}}) \cdot \nabla_i W_{ij} \\ \dfrac{d\mathbf{v}_i}{dt} = -2\sum_j m_j \dfrac{\overline{p_{ij}}}{\rho_i \rho_j}\nabla_i W_{ij} + 2\sum_j m_j \dfrac{\eta}{\rho_i \rho_j}\dfrac{\mathbf{v}_{ij}}{r_{ij}}\nabla_i W_{ij} + \mathbf{g}_i \end{cases} \quad (3)$$

式中，$\overline{v_{ij}} = (v_i + v_j)/2$，$\overline{p_{ij}} = (p_i + p_j)/2$，$\eta$ 为动力黏度，m_j 是粒子 j 的质量，W 采用 Wendland C2 核函数。

SPHinXsys 采用 Riemann 解来缓解数值噪音。在 Riemann 求解中，两个粒子之间构造一个虚拟界面，界面左右两侧的状态如下：

$$\begin{cases} (\rho_L, U_L, P_L, c_L) = (\rho_i - v_i \cdot e_{ij}, p_i, c_i) \\ (\rho_R, U_R, P_R, c_R) = (\rho_j - v_j \cdot e_{ij}, p_j, c_j) \end{cases} \quad (4)$$

式中，L、R 分别表示左、右，采用低耗散 Riemann 求解器将左右两侧的参数进行关联：

$$\begin{aligned} v^* &= \dfrac{1}{2}(v_i + v_j) - (U^* - \dfrac{1}{2}(U_L + U_R)) \cdot e_{ij} \\ U^* &= \dfrac{(c_L U_L + c_R U_R + P_L - P_R)}{c_L + c_R} \\ p^* &= \dfrac{(c_L P_R + c_R P_L + c_L c_R (U_L - U_R))}{c_L + c_R} \end{aligned} \quad (5)$$

然后用变量 p^* 和 v^* 替换式(

$$\begin{cases} \dfrac{d\rho_i}{dt} = 2\rho_i \sum_j \dfrac{m_j}{\rho_j}(\mathbf{v}_i - \overline{\mathbf{v}_{ij}}) \cdot \nabla_i W_{ij} \\ \dfrac{d\mathbf{v}_i}{dt} = -2\sum_j m_j \dfrac{\overline{p_{ij}}}{\rho_i \rho_j}\nabla_i W_{ij} + 2\sum_j m_j \dfrac{\eta}{\rho_i \rho_j}\dfrac{\mathbf{v}_{ij}}{r_{ij}}\nabla_i W_{ij} + \mathbf{g}_i \end{cases}$$

3)中 $\overline{v_{ij}}$ 和 $\overline{p_{ij}}$。

本研究的水下障碍物、水平板和计算域等固体边界采用虚拟粒子来模拟，并基于此施加了速度无滑移条件以及压力 Neumann 边界条件[7]。

3 数值模拟研究

3.1 孤立波模拟收敛性分析

首先开展 SPHinXsys 造孤立波的模拟研究,并基于此开展模型的粒子尺寸收敛性分析。如图 1 示,计算域长 6.5 m,水深 0.14 m,波高 0.07 m。模拟中,基于 Boussinesq 理论[8]生成造波板运动,采用移动造波板的方式生成孤立波。首先选择粒子间距 $l_0 = 0.005$ m 进行了粒子光滑长度收敛性分析。如图 2(a)所示,光滑长度 $ds = 1.3l_0$, $1.5l_0$, $1.7l_0$ 和 $1.9l_0$ 在 $x = 0.01$ m 处的波高时程曲线,预测波高分别是 0.0636 m, 0.0659 m, 0.069 m,和 0.0682 m,相对误差分别是-9.143%、-5.857%、-1.429%、-2.571%。为了保证计算精度,采用光滑长度 $ds = 1.7l_0$。然后基于 $ds = 1.7l_0$ 进行粒子间距收敛性分析,选择 $l_0 = 0.01$ m、0.005 m、0.0025 m 三种粒子间距在 $x = 0.01$ m 的波高曲线进行对比,如图 2 (b)所示,预测波高分别是 0.0677 m, 0.0678 m, 0.069 m。为了平衡精度与效率,并与 CPM 模拟的粒子间距保持一致,采用 $l_0 = 0.005$ m。

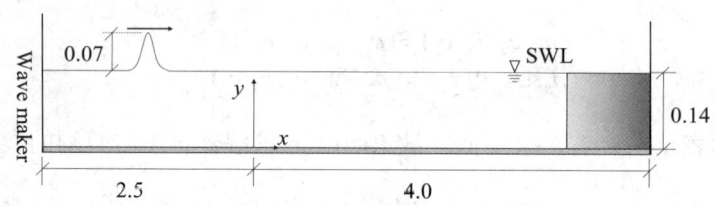

图 1 孤立波产生和传播模型示意图

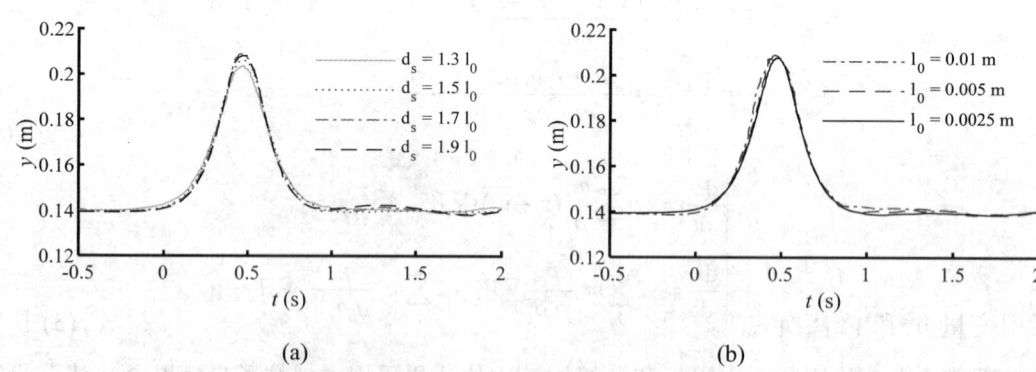

图 2 (a) 不同光滑长度下 $x = 0.01$ m 处的波高时程　　(b) 不同粒子间距下 $x = 0.01$ m 处的波高时程

3.2 孤立波与潜堤相互作用

孤立波与潜堤相互作用的计算域见图 3。水槽长 6.5 m，水深 0.14 m，孤立波波高 0.07 m。潜堤（0.1 m×0.02 m）位于造波板右侧 2.5 m。将潜堤左下角作为坐标原点，水槽中设置三个浪高仪，分别位于 x = -0.67 m (E1) 和 0.357 m (E3)。

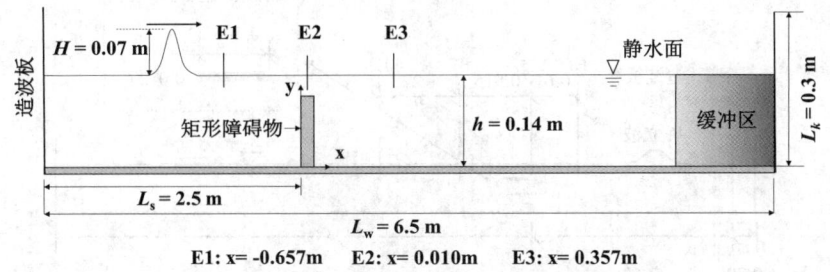

图 3 孤立波与潜堤模型示意图

潜堤附近两个位置的波高时程曲线见图 4。通过对比实验和 Consistent Particle Method (CPM)[6]方法可以看出，SPHinXsys 很好地捕捉到了孤立波越过潜堤时的主波峰，最大相对误差为 3.33%。由于波浪与结构的相互作用以及向后传播的俯冲射流和入射波之间的相互影响，在主波峰经过之后出现次波峰，SPHinXsys 和 CPM 方法都能很好地捕捉该现象，说明了 SPHinXsys 模型的可靠性。

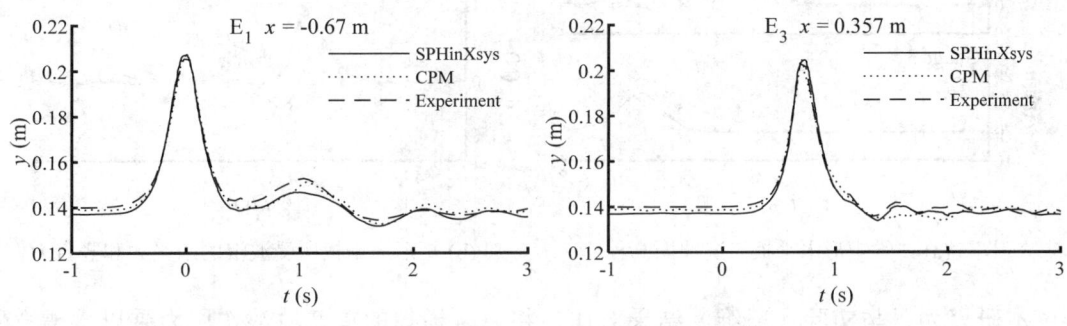

图 4 波面高程曲线

3.3 孤立波与水平板相互作用

孤立波与矩形水平板相互作用的计算域见图 5。水槽长 L = 8.84 m，水深 h = 0.086 m，面板宽 0.305 m，厚 0.0127 m，固定于造波板右侧 2.62 m 处。水平板顶部距离自由水面的高度差与水深之比 z/h = 0.2，孤立波波高与水深之比 H/h = 0.287。该工况采用的粒子间距为 0.005 m，共包含 3.9 万个粒子，模拟物理时长 8 s，计算用时约 40 min。将静止时造波板右下端设为坐标原点，在 x = 0.01 m, 3.535 m, 4.755 m 三个位置布置浪高仪 E1、E2、E3。本节主要分析研究波高时程曲线以及水平板所受波浪的水平力和竖向力。

SPHinXsys 模拟的波高与 Seiffert 等[9]的实验和 OpenFOAM 模拟结果进行对比(图 6(a))。为了便于与文献结果进行对比，对 SPHinXsys 模拟结果的时间序列进行了调整，使得第一个浪高仪处的波峰到达的时间相同。可以看出，SPHinXsys 预测的 E1 处波峰略小于实验结果，E2 和 E3 处的波峰值与实验数据吻合较好，但波峰出现的时间延后 0.2 s 左右，具体原因有待进一步研究。

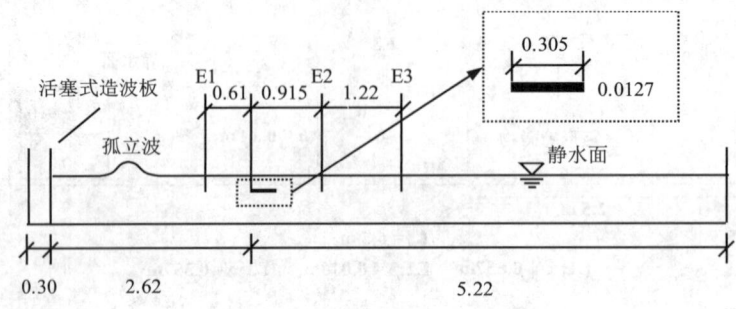

图 5 孤立波与水平板工况模型示意图(单位：m)

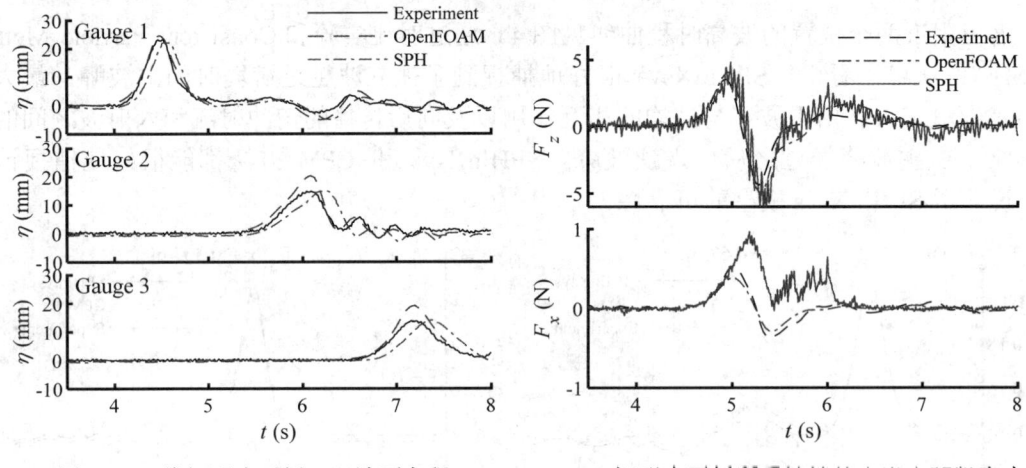

图 6 (a) 二维矩形水平板工况波面高程　　(b) 矩形水平板所受波浪的水平力和竖直力

本研究为了与实验（三维）结果对比，将二维模拟的单宽波浪作用力乘以水槽宽度（0.149 m）得到的波浪水平力和竖直力的时程曲线(　　图 6(b))。其中竖直力 F_z，除了波浪引起的力，还有浮力，因此本研究减去了水平板在无波浪情况下所受竖向力的时间平均值。

从　　图 6(b)中可以看出，竖向力 F_z 的模拟结果与文献结果吻合的较好。而 SPHinXsys 模拟的水平力 F_x 在 $t = 5$ s 至 $t = 6$ s 出现了较大的偏差。在 $t = 5$ s 附近，实验和 OpenFOAM 的 F_x 达到峰值，而 SPHinXsys 的 F_x 值在 $t = 5$ s 后仍在增加，峰值达到了实验结果的两倍。在 $t = 5.3$ s 左右都出现了 F_x 的极小值，但 SPHinXsys 的 F_x 值没有出现文献中的负值。分析原因可能是矩形水平板的厚度较小，在厚度方向仅排布三排粒子，引入计算误差。图 7 是 $t = 5.2$ s、$t = 5.3$ s、$t = 5.4$ s 时水平板附近的速度场和压强场。从图7(a)可以看出，随着孤立波传播，水平板上侧的流体速度方向逐渐背离水平板，在板面右端聚集向上涌起且速度较大，进一步发展为波浪破碎。在这个过程中，液体自由表面被抬高形成变

-456-

化的斜面，致使板面左右两侧的受力不同，产生倾覆力矩。三个时刻，板的上下方的流体速度始终是正向的，即粘性力始终是正向的。由图 7(b)看出，由于波峰前进，左侧水深减小，右侧水深增大，使左侧压强减小，右侧压强增大。可以判断出这段时间水平力确实有减小趋势，但关于负向力的出现是否合理以及产生的原因，还需要进一步探究。

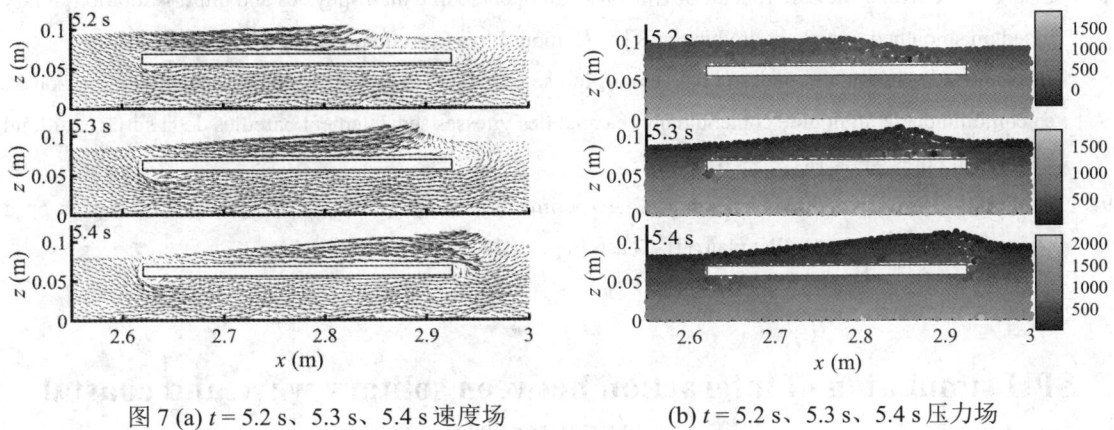

图 7 (a) t = 5.2 s、5.3 s、5.4 s 速度场   (b) t = 5.2 s、5.3 s、5.4 s 压力场

4 结论

本研究基于弱可压缩 SPH 开源程序 SPHinXsys 模拟了孤立波传播及其与潜堤、浸没水平板的相互作用。基于孤立波传播工况进行了粒子光滑长度和粒子间距收敛性分析。然后，基于孤立波与潜堤的工况对比了波高时程曲线，进一步验证了 SPHinXsys 模型的准确性。最后，研究了孤立波与水平板的相互作用，分析了结构物附近的流场变化和水平板的受力情况，其中随着孤立波的传播，水平板右端可能发生波浪破碎且水平板上侧的液体自由面出现较陡的斜面，会对水平板产生较大的倾覆力矩。但是，模拟的水平板所受的正向水平力明显高估，且未出现文献中的负向作用力。后续将进一步提高 SPHinXsys 在模拟极端波浪与结构物相互作用中的精度，对波浪作用力开展更精细化的分析。

参考文献

1　Luo M, Khayyer A, Lin P. Particle methods in ocean and coastal engineering [J]. Appl. Ocean Res., 2021, 114: 102734.

2　Suzuki T, Altomare C. Wave interactions with coastal structures [J]. J. Mar. Sci. Eng., 2021, 9(12): 1331.

3　Monaghan J J. Simulating free surface flows with SPH [J]. J. Comput. Phys., 1994, 110(2): 399-406.

4　Khayyer A, Tsuruta N, Shimizu Y, et al. Multi-resolution MPS for incompressible fluid-elastic structure interactions in ocean engineering [J]. Appl. Ocean Res., 2019, 82: 397-414.

5 Chow A D, Rogers B D, Lind S J, et al. Incompressible SPH (ISPH) with fast Poisson solver on a GPU [J]. Comput Phys Commun, 2018, 226: 81-103.

6 Ren Y, Luo M, Lin P. Consistent Particle Method simulation of solitary wave interaction with a submerged breakwater [J]. Water, 2019, 11(2): 261.

7 Zhang C, Rezavand M, Zhu Y, et al. SPHinXsys: An open-source multi-physics and multi-resolution library based on smoothed particle hydrodynamics [J]. Comput Phys Commun, 2021, 267: 108066.

8 Boussinesq J. Théorie des ondes et des remous qui se propagent le long d'un canal rectangulaire horizontal, en communiquant au liquide contenu dans ce canal des vitesses sensiblement pareilles de la surface au fond [J]. J Math Pures Appl, 1872: 55-108.

9 Seiffert B, Hayatdavoodi M, Ertekin R C. Experiments and computations of solitary-wave forces on a coastal-bridge deck. Part I: Flat plate [J]. Coast. Eng., 2014, 88: 194-209.

SPH simulation of interaction between solitary wave and coastal structures

CAI Guo-zhen, WEI Zhao-heng, ZHAO Xi-zeng, LUO Min[*]

(Ocean College, Zhejiang University, Zhoushan 316021, Email: min.luo@zju.edu.cn)

Abstract: The Smooth Particle Hydrodynamics (SPH) method is used to simulate the solitary wave interaction with coastal structures. Firstly, based on the solitary wave propagation example, the convergence analysis of particle smoothing length and particle spacing is carried out. Then the accuracy of the model is further verified by the case of solitary wave propagating a submerged breakwater. Based on the verified SPH model, the interaction mechanism between solitary wave and a horizontal plate is simulated, as well as the wave breaking on the plate surface, the flow velocity field near the plate surface and the force characteristics of the plate surface are analyzed.

Key words: SPH; Solitary wave; Submerged breakwater; Horizontal plate; Force characteristics.

波浪流经柔性细杆群衰减规律的数值研究

金彩平[1]，张景新[1,2*]

（1. 上海交通大学 船舶海洋与建筑工程学院，上海 200240;
2. 上海交通大学 水动力学教育部重点实验室，上海 200240, Email: zhangjingxin@sjtu.edu.cn）

摘要：在环境水动力学研究问题中，柔性植物群落与带自由表面水流的耦合作用研究是重要的内容之一。柔性细杆群对波浪衰减规律的研究具有较广泛的物理意义。本研究在自主开发的带自由表面水流模型(HydroFlow@)的基础上，建立了柔性细杆群落-水流双向耦合数值模型。结构运动计算模型基于空间弹性细杆理论开发，采用有限元法进行求解。耦合过程中提出了基于三维各向异性高斯核函数的域扩展法传递流-固耦合作用力，且考虑了多孔介质模型。首先根据已有实验结果对耦合模型进行柔性植被衰减波浪的数值验证。结果显示数值模拟波高相对实验波高的均方根误差较小，模拟沿程波高平均值与实验值的相对误差在±5%以内，表明该耦合模型对波浪衰减研究具有较高的适用性。在此基础上，开展了波浪要素(波高、波周期、水深)与柔性植物群落特征(群落密度、分布长度和弹性模量)对波浪传播与衰减规律的数值研究。研究表明，相同水深和波周期条件下，波高增大会造成波高衰减率增大；相同波高、波周期条件下，水深增加会降低波高衰减率的规律。波高衰减率随植物群落密度和分布长度的增大而增大，随柔性植被弹性模量的增大而减小，但波高衰减率变化幅度与植物群落密度、分布长度和弹性模量变化幅度不成正比例关系。

关键词：柔性细杆群；波浪衰减；各向异性高斯核函数；域扩展；耦合数值模型

1 引言

数值模型已成为认识波浪-植被相互作用机理的重要手段。植被根据刚度可分为刚性植被和柔性植被。相对于海藻床等柔性植被对波浪衰减和水流阻力的研究，以红树林为代表的刚性植被计算模型更为成熟，研究成果更丰富[1]。同时已有研究表明柔性植被对消波阻流具有较重要的作用，给海岸防护提供了崭新的思路[2-3]。

由于大挠度柔性细杆具有较强的几何非线性，传统的小挠度计算公式已不适用，且随波浪传播而进行周期性往复运动，进而对水动力学特征的影响也较为复杂。此外真实植被往往具有不同横截面积、抗弯及抗拉等物理特性，对真实植被的概化还需进一步研究。

为求解柔性杆大挠度变形，Garrett[4]和马刚等[5]先后基于空间弹性细杆理论提出和完善了整体坐标系下适用于三维可拉伸细长杆的静力学和动力学有限元数值模型。基于此，已有对单根柔性细杆分别在明渠水流和波浪水流中的动力学响应过程进行了验证和研究[6-7]。耦合过程柔性细杆群的作用通常是在动量方程中添加阻力源项实现[8-9]。本研究在此基础上，引入多孔介质模型和提出了基于各向异性高斯核函数的域扩展模型传递流固耦合作用力，分别考虑了变化的柔性细杆固体体积分数和三维几何各向异性对水流的影响。

首先通过对比柔性细杆群对波浪衰减率的结果验证了柔性细杆群落和波浪水流耦合的数值模型的适用性和精度。随后开展了影响波浪衰减的主要影响因素的数值研究，对柔性细杆群落对波浪衰减的规律有了更深入的认识。

2 数学模型

水流运动控制方程包含连续方程和动量方程，控制方程如式（1）所示，植被对水流的作用通过在动量方程中添加阻力源项和添加多孔介质模型的方法进行处理，并采用 σ 坐标变换来捕捉自由表面，变换后的公式可参考文献[10]。

$$\frac{\partial u_i}{\partial x_i} = 0$$
$$\frac{\partial u_i}{\partial t} + \frac{\partial (u_i u_j)}{\partial x_j} = g_i - \frac{1}{\rho}\frac{\partial p}{\partial x_i} + \frac{\partial}{\partial x_j}\left((\upsilon+\upsilon_t)\frac{\partial u_i}{\partial x_j}\right) - \frac{1}{\rho}F_i^d \tag{1}$$

式中，u_i 为 x、y、z 三个方向的流速，υ 为分子黏度，υ_t 为湍流黏度，p 为水压强，F_i^d 为植被在三个方向上单位体积产生的阻力分量。

单位长细杆所受外荷载 $q_i = w_i + F_i^s + F_i^d$，分别为单位长度所受重力，静水力和水动力。水动力包含惯性力和拖曳力，使用莫里森方程计算运动物体的拖曳力和惯性力：

$$F_i^d = F_i^D + F_i^I = \frac{\rho}{2}C_D nd\left(u_i^N - \dot{r}_i^N\right)\left|u_i^N - \dot{r}_i^N\right| + \rho An\left(C_M \dot{u}_i^N - C_m \ddot{r}_i^N\right) \tag{2}$$

式中，n 为柔性植被杆件个数；u_i^N 和 $\dot{u}_i^N$ 为三个方向水流垂直杆轴线的法向速度和加速度；$\dot{r}_i^N$ 和 $\ddot{r}_i^N$ 分别代表植被杆节点的法向速度和加速度。A 和 d 分别为植被杆横截面积和有效直径；C_D 为阻力系数，C_M 是惯性力系数，附加质量系数 $C_m = C_M - 1$。

根据弹性细杆理论，采用有限元法将细杆运动微分方程及可拉伸控制方程进行离散后如式(3)所示，具体意义及求解方法见参考文献[4]至参考文献[8]。

$$\left(M_{ijlk} + M_{ijlk}^a\right)\ddot{U}_{jk} + \left(K_{ijlk}^1 + \lambda_n K_{nijlk}^2\right)U_{jk} - F_{il} = 0$$
$$A_{mlk}U_{jl}U_{jk} - B_m - C_{mn}\varepsilon_n = 0 \tag{3}$$

流固耦合过程时常采用核函数近似方法，该法可估计随机分布点上的函数的场值。本在此基础提出采用各向异性高斯核函数 $f(R_{ijk}, \sigma_k)$ 计算周围流体网格插值和分配的权重 $\psi_{i,j}$，如式(4)所示：

$$\psi_{i,j} = \frac{f(R_{ijk},\sigma_k)\Delta V_j}{\sum_{j=1}^{NC} f(R_{ijk},\sigma_k)\Delta V_j},\ R_{ij} \leq \frac{D_e}{2};\quad \psi_{i,j} = R_{ij} > \frac{D_e}{2} \tag{4}$$

式中，D_e 为扩展域范围；ΔV_j 为扩展域内周围流体网格的体积。NC 为植被节点对应扩展域内周围流体网格的个数，$f(R_{ijk}, \sigma_k)$ 三维各向异性高斯核函数(式(5))。

$$f(R_{ijk}, \sigma_k) = \frac{1}{(\sqrt{2\pi})^3 \sigma_k} \exp^{-\frac{1}{2}\left[g(R_{ijk}, \sigma_k)\right]} = \frac{1}{(\sqrt{2\pi})^3 \sigma_1 \sigma_2 \sigma_3} \exp^{-\frac{1}{2}\left[\left(\frac{X_{ij1}-r_{t1}}{\sigma_1}\right)^2 + \left(\frac{X_{ij2}-r_{t2}}{\sigma_2}\right)^2 + \left(\frac{X_{ij3}-r_{t3}}{\sigma_3}\right)^2\right]} \quad (5)$$

式中，$g(R_{ijk}, \sigma_k)$ 为周围流体网格中心点与植被节点之间距离，带宽 $\sigma_k = k_k \times l_k$ (k=1,2,3)控制径向作用范围，可根据三个方向上植被的尺寸取值。

3 数值模型验证

3.1 数值模型设置

为验证波浪水流与柔性植物群落模型的耦合模拟精度，本研究选取殷凯在河海大学波浪水槽中开展的柔性植被消波断面物理模型实验进行对比验证[2]。设置数值波浪水槽见图 1。长宽分别为 38 m 和 0.5 m。数值波浪采用源项造波法进行生成。距离植物群落前缘约 9 m 处进行造波，水槽前后端分别设置 1~2λ 的消波区。造波处网格分辨率为 0.05 m×0.02 m，植被区处加密网格分辨率为 0.02 m×0.02 m。时间步长设置为 5.0×10⁻³ s，计算 150 s 使波形稳定。

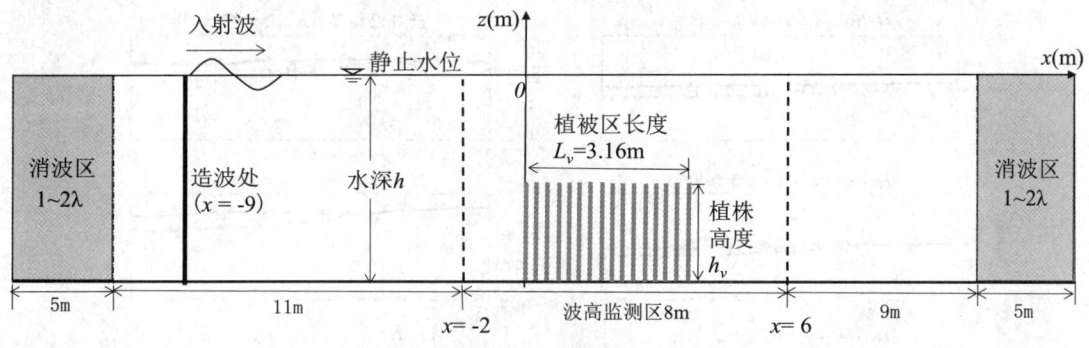

图 1 数值波浪水槽示意图

表 1 波浪计算工况设置及参数取值

模拟工	波高	周期	水深	波长	H/gT^2	h/gT^2	U_w(m/s)	KC	C_D	C_M
工况 1	0.08	1.40	0.35	2.28	0.0042	0.018	0.15	52.2	1.32	1.80
工况 2	0.12	1.80	0.35	3.09	0.0038	0.011	0.24	109.0	1.17	2.52
工况 3	0.08	1.40	0.40	2.39	0.0042	0.021	0.13	45.9	1.35	1.69
工况 4	0.12	1.60	0.40	2.83	0.0048	0.016	0.23	90.5	1.22	2.33
工况 5	0.08	1.60	0.50	3.08	0.0032	0.020	0.13	50.5	1.33	1.78
工况 6	0.12	1.60	0.50	3.08	0.0048	0.020	0.18	71.5	1.26	2.09

计算工况见表 1，静水深 h 变化范围为 0.35~0.50 m，周期 T 变化为 1.4~1.8 s，波高 H 为 0.08 m 和 0.15 m。柔性植被弹性模量 0.16 GPa，密度 1193 kg/m³，直径 d 为 0.004 m，

长度 L_v 为 0.25 m。植物群落区长度为 3.16 m，以交替分布方式布置，行间距和列间距分别为 29.44 mm 和 34 mm，统计学密度 N_v=1012 stem/m²。先前的实验[11]发现圆柱的阻力系数 C_D 和惯性力系数 C_M 与 Keulegan–Carpenter 数（$KC=U_w/d$）有关。本研究在植物群落前缘靠近根部设置速度(U_w)监测点，计算得到不同工况下的 KC、C_D 和 C_M 值(表 1)。在 x 分别为{-2.0, 1.0, 0.0, 0.6, 1.2, 1.8, 2.4, 3, 4, 5, 6}处设置数值水位监测点，并统计稳定后 10 个波周期的平均波高 H。

3.2 数值模型验证结果与分析

对上述六种工况进行无植被和有植被的数值模拟，模拟结果与实验结果的对比见图 2 和表 2。首先从图 2 可看出，各实验条件下的模拟结果和实验结果总体拟合较好，变化趋势均较为一致。其次为量化验证模拟结果与实验结果的拟合程度，引入均方根误差 $RMSE=\sqrt{\left(H_{sim,i}-H_{\exp,i}\right)^2}$ (i=1, 2, ……,7) 和沿程平均波高相对误差 $Herror=\left(\overline{H}_{sim,i}-\overline{H}_{\exp,i}\right)/\overline{H}_{\exp,i}\times100$ (i=1, 2,……,7)进行量化评定。结果表明无植被和有植被条件下各工况模拟波高和实验波高 $RMSE$ 都较小，范围分别为 0.0015~0.0077 m 和 0.0028~0.0075 m，同时无植被和有植被条件下各工况模拟平均波高与实验平均波高的 $Herror$ 均在±5%以内，均表明模拟结果与实验结果拟合较好，计算精度较高。

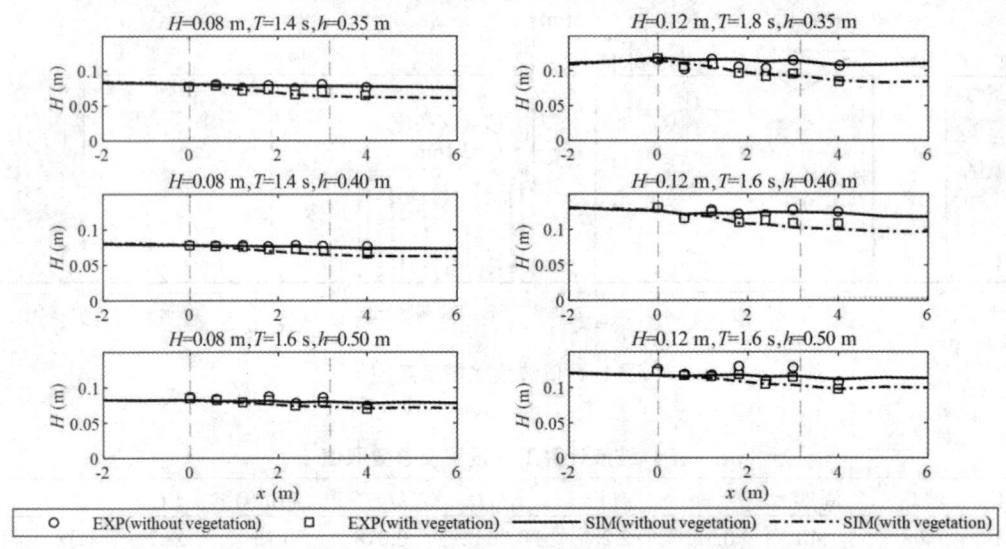

图 2 沿程波高模拟结果和实验结果对比(竖直虚线为植被群落区)

定义植被波高衰减率 K 为 x =4.0 处有植被的平均波高相对无植被平均波高的相对误差。六个工况的波高衰减率实验结果分别为 15.20%，21.27%，13.60%，13.23%，6.09%和 9.32%。模拟结果发现工况 2 的植被波高衰减率最高为 20.42%，其次为工况 1 的 19.97%，工况 5 的最小为 9.67%，其余从大到小排序为工况 3 的 18.75%，工况 4 的 15.08%，工况 6 的 12.28%，其衰减规律一致，数值较为接近。同时对比工况 1 与工况 3、工况 4 与工况 6 可见入射波相同情况下较小水深波高衰减率越大，对比工况 5 与工况 6 可见相同水深和波周期条件下波高越大,会造成越大的波高衰减。表明本研究的数值耦合模型能较为准确地模拟波浪在流经柔性植物群落的传播和波高衰减。

4 柔性植被衰减波浪规律研究

有较多文献表明波浪在流经柔性植被区的波高衰减会受到多种因素的影响,主要包括波浪要素和柔性植物群落的特性(密度,分布长度和弹性模量等)。为研究不同影响因素对波浪的衰减规律,本研究在上述验证模型的基础上,分别增加两组植物群落密度(N_v=700 stems/m^2 和 N_v=400 stems/m^2)、两组植物群落分布长度(L_v=1 m 和 L_v=2 m)和两组弹性模量(E=0.016 GPa 和 E=0.0032 GPa)进行数值模拟。为对比分析,选取工况 1(H=0.08 m, T=1.40 s, h=0.35 m)、工况 3(H=0.08 m, T=1.40 s, h=0.40 m)、工况 4(H=0.12 m, T=1.60 s, h=0.40 m)和工况 6(H=0.12 m, T=1.60 s, h=0.50 m)进行数值模拟,各影响因素下的模拟结果分别见图 3 至图 5,并参考文献[2]方法定量研究各种因素对波高衰减率的影响。

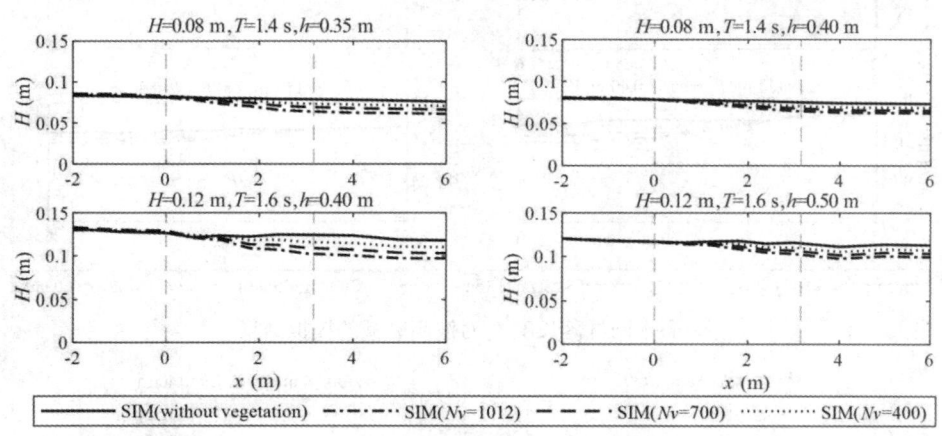

图 3 不同群落密度 N_v 对波高衰减的模拟结果(竖直虚线为植被群落区)

图 3 表明各工况条件下波高衰减率模拟结果整体趋势与柔性植物群落密度成正相关,群落密度越大,波高衰减率越高。群落密度 N_v=1012stems/m^2,所选四种工况的波高衰减率分别为 19.97%、18.75%、15.08%和 12.28%,平均波高衰减率 16.52%;群落密度 N_v=700stems/m^2 的四种工况波高衰减率分别为 13.86%、13.25%、10.96%和 8.78%,平均波高衰减率为 11.71%;群落密度 N_v=400stems/m^2 的四种工况波高衰减率分别为 7.24%、7.02%、6.68%和 5.22%,平均波高衰减率为 6.55%。此外,以群落密度 N_v=400 stems/m^2 为参考密度,700 stems/m^2 和 1012 stems/m^2 的密度增加幅度分别为 75%和 153%,以工况 1 为例,群落密度 700 stems/m^2 和 1012 stems/m^2 的波浪衰减率增加幅度相比参考密度 400 stems/m^2 的分别为 91%和 175%,两者的增加幅度并不相等,表明波高衰减率变化幅度与植物群落密度变化幅度没有成正比关系。对比工况 1 和工况 3,工况 4 和工况 6,相同群落密度、波高、波浪周期条件下,水深增加会降低波高衰减率。

图 4 表明各工况下模拟结果整体趋势为波高衰减与柔性植物群落分布长度成正相关,相同群落密度条件下,群落分布长度越长,波高衰减程度越高。植物群落分布长度 L_v 为 3.16 m 时,所选四种对比工况的波高衰减率分别为 19.97%、18.75%、15.08%和 12.28%;植物群落分布长度 L_v 减小到 2 m,所选四种工况的波高衰减率分别为 12.28%、11.95%、9.86%和 7.82%;植物群落分布长度 L_v 减小至 1 m 时,所选四种工况的波高衰减率分别为 5.06%、4.51%、5.11%和 3.88%。此外,以 L_v 为 1 m 分布长度为参考,2 m 和 3.16 m 的增加幅度分别为 100%和 216%,以工况 1 为例,L_v 为 2 m 和 3 m 的波高衰减率增加幅度相比于参考分布长度 1 m 的分别为 143%和 295%,两者增加幅度不相等,表明波高衰减率变化幅度与植物群落分布长度 L_v 不成正比。对比工况 1 和工况 3,工况 4 和工况 6,相同群落长度、波高、波浪周期条件下,水深增加会降低波高衰减率。

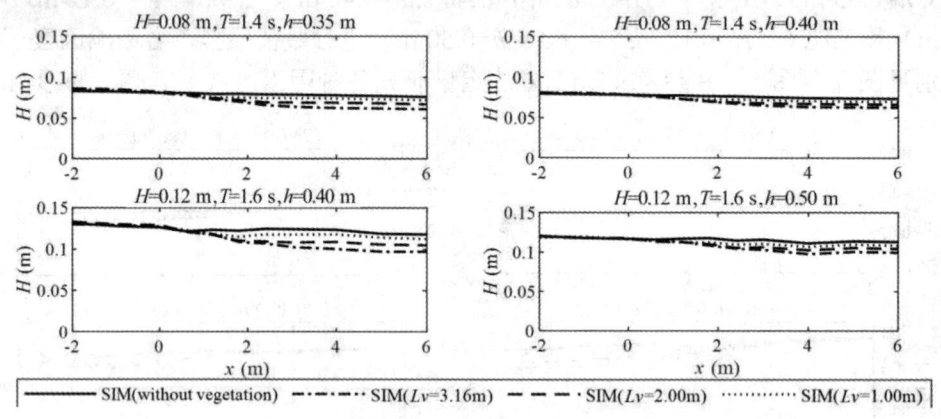

图 4 不同群落长度 L_v 对波高衰减的模拟结果

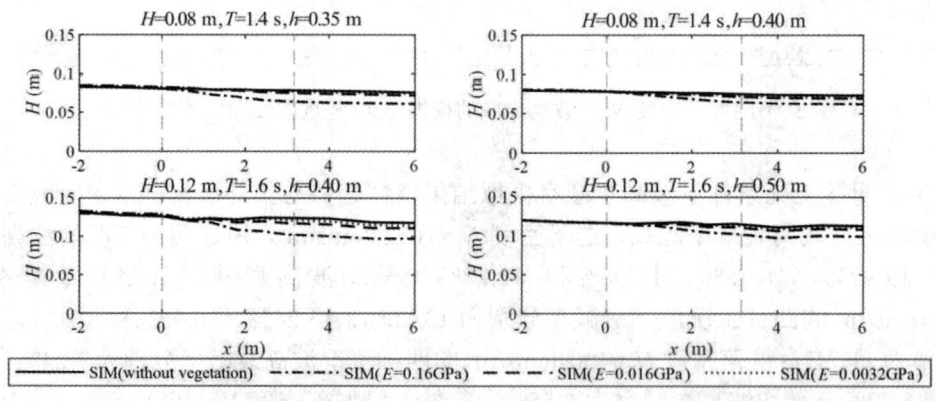

图 5 不同弹性模量 E 对波高衰减的模拟结果(竖直虚线为植被群落区)

较多实验研究证实与刚性植被受力不同的是柔性植被细杆受力主要集中在底部固定端,弹性模量越小,植被上端被动运动越明显,所受阻力越小[8-9]。所以在相同群落密度和分布长度条件下,弹性模量越小对流场的阻碍作用越弱,导致波高衰减程度越低。各工况下模拟结果为波高衰减趋势与柔性植被弹性模量成负相关关系（图5）。弹性模量 E 为 0.16GPa，所选四种对比工况的波高衰减率分别为 19.97%、18.75%、15.08%和12.28%，平均波高衰减率；弹性模量 E 减小到 0.016GPa，所选四种工况的波高衰减率分别为 6.96%、6.28%、5.14%和4.18%；弹性模量 E 减小到 0.016GPa，所选四种工况的波高衰减率分别为 3.28%、2.98%、3.70%和2.23%。分析植被衰减率变化幅度与弹性模量变化幅度发现两者不成正比关系。对比工况1和工况3，工况4和工况6，相同弹性模量、波高、波浪周期条件下，水深增加会降低波高衰减率。

5 结论与展望

本研究开发了波浪水流-柔性植物群落耦合数值模型，并根据已有实验结果对该数值模型进行了验证。在此基础上研究了波浪在流经柔性植被区的波高衰减率与波浪要素和柔性植物群落的密度 N_v，分布长度 L_v 和弹性模量 E 的关系，并得到以下结论：①本研究的数值耦合模型在模拟波浪流经柔性植物群落的传播和波高衰减具有较高的适用性和模拟精度。②相同水深和波周期条件下，波高增大会造成波高衰减率增大；相同波高、波周期条件下，水深增加会降低波高衰减率。③波高衰减率随植物群落密度和分布长度的增大而增大，随柔性植被弹性模量的增大而减小。④波高衰减率变化幅度与植物群落密度、分布长度和弹性模量变化幅度不成正比例关系。

本研究在计算柔性细杆受力时未考虑柔性细杆之间的接触力，在以后的研究中，可从添加接触力提高数值模拟精度。其次，发现波高衰减率变化幅度与柔性植物群落特性的变化幅度不成正比，但是否存在确定的关系，能否用经验方程拟合将有待探索。

参考文献

1 曹海锦, 冯卫兵. 人工柔性植被场中波浪衰减特性研究 [J]. 海洋工程, 2014, 32(3): 9.
2 殷锴. 海岸带柔性植被对极端风暴潮动力衰减规律研究 [D]. 南京: 东南大学, 2019.
3 Yin K, Xu S, Huang W, et al. Numerical investigation of wave attenuation by coupled flexible vegetation dynamic model and XBeach wave model [J]. Ocean Engineering, 2021, 235(5861): 109357.
4 Garrett D L. Dynamic analysis of slender rods [J]. Energy Resour. Technol, 1982, 104(4): 302-306.
5 马刚. 基于弹性细杆理论的深海立管和系泊线动力学模型研究 [D]. 哈尔滨: 哈尔滨工程大学, 2009.
6 金彩平, 张景新. 带自由表面水流与柔性细杆(群)的耦合运动数值模拟研究 [A]. 第十六届全国水动力学学术会议暨第三十二届全国水动力学研讨会 [C]. 北京: 海洋出版社, 2021.,
7 Chen H F, Zou Q P. Eulerian-Lagrangian flow-vegetation interaction model using immersed boundary method and openfoam [J]. Adv. Water Resour, 2019, 126: 176-192.
8 Luhar M, Nepf H M. Flow-induced reconfiguration of buoyant and flexible aquatic vegetation [J]. Limnology and Oceanography, 2011, 56(6): 2003-2017.
9 Luhar M, Nepf H M. Wave-induced dynamics of flexible blades [J]. Fluids Struct, 2016, 61: 20-41.

10 吴梦瑶, 张景新. 基于多孔介质模型的有限柱群绕流模拟 [J]. 水动力学研究与进展 A 辑, 2019, 34(4): 467-474.
11 Keulegan G H, Carpenter L H. Forces on cylinders and plates in an oscillating fluid [J]. J.res.national Standards, 1956, 60(5).

Numerical study on attenuation law of wave flowing through flexible thin rod groups

JIN Cai-ping[1], ZHANG Jing-xin[1,2*]

(1. School of Naval Architecture, Ocean and Civil Engineering, Shanghai Jiao Tong University, Shanghai 200240, China;
2. MOE Key Laboratory of Hydrodynamics, Shanghai Jiao Tong University, Shanghai 200240, China, Email: zhangjingxin@sjtu.edu.cn)

Abstract: The coupling between flexible vegetation patch and free surface flow is one of the most important issues in the study of environmental hydrodynamics. The study of flexible thin rod group on wave attenuation law is of extensive physical significance. Based on the codes in-house software HydroFlow@, a bidirectional coupling numerical model of flexible thin rod groups and flow is established in this paper. The structural motion calculation model is developed based on spatial elastic thin rod theory and solved by the Finite Element Method. A domain extension method based on three-dimensional anisotropic Gaussian kernel function was proposed to transfer the fluid-solid coupling force, and the porous media model was considered. Firstly, based on the existing experimental results, the coupled model is validated numerically. The results show that the root mean square error of simulated wave height relative to experimental wave height is small, and the relative error of simulated wave height relative to experimental wave height is within ±5%, indicating that the coupling model has high applicability to wave attenuation research. On this basis, wave factors (wave height, wave period, water depth) and characteristics of flexible vegetation patch (community density, distribution length and elastic modulus) have been numerically studied on wave propagation and attenuation. The results show that the attenuation rate of wave height increases with the increase of wave height under the same water depth and wave period. Under the same wave height and wave period, the increase of water depth will reduce the attenuation rate of wave height. The attenuation rate of wave height increased with the increase of vegetation patch density and distribution length, and decreased with the increase of flexible vegetation elastic modulus, but the amplitude of wave height attenuation rate was not directly proportional to that of vegetation patch density, distribution length and elastic modulus.

Key words: Wave; Flexible rods groups; Elastic thin rod theory; Domain expansion; Coupled numerical model.

基于涡定义的大涡模拟亚格子模型

丁媛，庞碧玉，王义乾*

（苏州大学 数学科学学院，苏州 215006，Email: yiqian@suda.edu.cn）

摘要：大涡模拟基于湍动能传输机制，对于大尺度的涡，直接通过 N-S 方程求解；而小尺度的涡仅起到耗散作用，所以小尺度涡运动对大尺度涡的影响则通过建立模型体现出来。在提出唯象论亚格子模型的过程中，小尺度脉动被认为来源于各向同性的小尺度涡结构，当这些小涡结构的尺度小于网格尺度时，就需要建立模型来模化小尺度涡结构对大尺度涡结构的影响。直观上，涡代表流体的旋转运动。然而到目前为止，仍然没有被广泛接受的严格涡定义。历史上，涡量曾被用来表征流动中的涡，但当背景剪切较强时，两者的关联性很低。之后人们陆续提出了 Q、λ_2、Δ、λ_{ci} 和 Ω 等涡识别方法方法用于显示复杂流动中的涡结构。Rortex/Liutex 向量是近年来新提出的一种涡结构定义和表征方法，其方向代表当地旋转轴，大小则代表流体当地旋转角速度的 2 倍，能够较好地对湍流流场中的多尺度涡结构进行描述。利用这一新的涡定义方法，开展湍流中多尺度涡结构的相互作用研究，尤其是小尺度对大尺度涡结构的影响，对于优化大涡模拟亚格子模型具有重要意义。

关键词：大涡模拟；亚格子模型；涡

1 引言

湍流直接数值模拟法（DNS）、雷诺平均法（RANS）和大涡数值模拟法（LES）是目前研究湍流的 3 种数值模拟方法。DNS 是数值求解 N-S 方程，可以直接获取流场的全部信息，但对计算机要求比较高；RANS 是在给定平均运动的边界和初始条件下数值求解雷诺方程，计算量小且能解决一定的复杂湍流问题，但普适性不强且无法给予具体的脉动量，只能反映平均。

由于在湍动能传输过程中，大尺度脉动几乎包含所有湍动能，而小尺度脉动主要其起耗散作用，因此 LES 对湍流进行过滤，将其分为可解尺度湍流（包含大尺度脉动）和不可解尺度湍流（包含所有小尺度脉动），可解尺度流动直接数值求解，小尺度脉动对大尺度运动的作用则通过建立模型的方法，即亚格子模型，从而使可解尺度方程封闭。

2 亚格子模型

最简单、最常用的亚格子模型是 Smagorinsky 模型。根据经典的局部各向同性湍流理论，惯性子区中的能量传递处于局部平衡状态，也就是假设亚格子尺度耗散与可解尺度湍流向亚格子尺度湍流传递的能量相等。基于上述理论基础，1963 年 Smagorinsky 模型被提出。该模型中的亚格子涡黏系数表达式为[2]：

$$v_t = (C_s \Delta)^2 (2\overline{S}_{ij}\overline{S}_{ij})^{1/2}$$

式中，Δ 为过滤尺度，C_s 为 Smagorinsky 系数，$\overline{S}_{ij}$ 为可解尺度应变率张量。

需要说明的是，Smagorinsky 模型本身存在着一定的缺陷。①理论值 C_s 不具有普适性，在实际中使用 $C_s = 0.18$ 明显偏大，需要在实践中调整数据以改善结果。Clark 等[3]在各向同性均匀湍流的情况下采用了 $C_s = 0.2$，而 Deardorff[4]对于平面通道流使用 $C_s = 0.1$。②在壁面湍流的近壁附近，亚格子应力或亚格子涡黏系数应与垂直壁面距离的 3 次方成正比[5]，而 Smagorinsky 模式的涡黏系数在壁面附近是有限值。③Smagorinsky 模型耗散过大。

3 基于 Liutex/Rortex 向量的涡识别方法

Liutex 定义为流场中当地流体运动的刚性旋转部分；创新性地将其方向代表当地旋转轴，表示为速度梯度张量的实特征向量；且定义 Liutex 强度为刚体旋转角速度的 2 倍。这意味着 Liutex 对刚体和流体均有效，解决了旋转轴的定位问题。这也代表了流体运动可以分解为一个刚体转动部分和完全不转部分（拉伸压缩、剪切和变形）。

Liutex 向量可以定义为：

$$\boldsymbol{R} = R\boldsymbol{r}$$

式中，$\boldsymbol{R}$ 是 Liutex 的强度，$\boldsymbol{r}$ 是当地旋转轴；

Wang 等[6]提出了 $\boldsymbol{R}$ 的显示表达式：

$$\boldsymbol{R} = R\boldsymbol{r} = \left(\boldsymbol{\omega} \cdot \boldsymbol{r} - \sqrt{(\boldsymbol{\omega} \cdot \boldsymbol{r})^2 - 4\lambda_{ci}^2}\right)\boldsymbol{r}$$

式中，$\boldsymbol{\omega}$ 是涡量，$\boldsymbol{r}$ 是当地旋转轴，λ_{ci} 是速度梯度张量 ∇v 的复特征值。Liutex 向量被证明是唯一的且是伽利略不变量。

参考文献

1 张兆顺, 崔桂香, 许春晓. 湍流大涡数值模拟的理论和应用 [M]. 北京: 清华大学出版社, 2008.
2 Sagaut P. Large Eddy Simulation For Incompressible Flows: An Introduction 3rd Edition [M]. Berlin: Springer, 2006.

3 Clark R A, Ferziger J H, Reynolds W C. Evaluation of subgrid-scale models using an accurately simulated turbulent flow [J]. Fluid Mech, 1979, 91(1): 1-16.
4 Deardorff J W. A numerical study of three-dimensional turbulent channel flow at large Reynolds number [J]. Journal of Fluid Mechanics, 1970, 41(2): 453-480.
5 张兆顺, 崔桂香, 许春晓. 湍流理论与模拟 [M]. 北京: 清华大学出版社, 2005.
6 Y Wang, Y Gao, J Liu, et al. Explicit formula for the Liutex vector and physical meaning of vorticity based on the Liutex-Shear decomposition [J]. Hydrodyn. 2019, 464-474.

Subgrid model of Large Eddy Simulation based on vortex definition

DING Yuan, PANG Bi-yu, WANG Yi-Qian*

(School of Mathematical Science, Soochow University, Suzhou 215006, China Email: yiqian@suda.edu.cn)

Abstract: Large Eddy Simulation (LES) is introduced based on the mechanism of turbulent kinetic energy transfer. In a LES simulation, the large-scale vortices are numerically solved, while the small-scale vortices are modelded to play a dissipation role in most cases. Obviously, the concept of vortex plays a critical part in LES subgrid models. However, there is still no widely accepted definition of the vortex. Historically, vorticity has been used to characterize vortices in flow, but when the background shear is strong, the correlation between them is very low. Several vortex identification methods such as Q、λ_2、Δ、λ_{ci} and Ω have been proposed to visualize the vortex structure in complex flow. Rortex/Liutex vector is a new definition and characterization method of vortex structure proposed in recent years, its direction represents the local rotation axis, and its magnitude represents twice the local rotation angular velocity of the fluid, which can better describe the multi-scale vortex structure in the turbulent flow field. Using this new vortex definition method, the study aims at the interaction of multi-scale vortex structure in turbulence, and possibly a subgrid model for LES using the concept of Liutex vortices.

Key words: Large eddy simulation,; Subgrid model; Vortex.

基于广义有限差分法的两类数值水槽及其动力特性模拟

傅卓佳*，李兰兰，曾维鸿

(河海大学力学与材料学院 南京 211100, Email: 20130010@hhu.edu.cn)

摘要：非线性水波传播广泛存在于近海岸工程中。通过模拟波浪与水下防波堤的相互作用，分析防波堤参数对波浪传播的影响，可以减轻波浪对近岸工程建筑物的损害。本研究基于一种局部无网格配点法——广义有限差分法结合龙格-库塔法建立两类数值水槽，Laplace 型数值水槽和 Boussinesq 型数值水槽；随后研究入射波波高和水下防波堤的几何形状、深度、向波面坡度等不同因素对两类数值水槽的动力特性影响，同时数值比较研究两类数值水槽动力特性的异同点。

关键词：数值水槽；广义有限差分法；龙格-库塔法；水下防波堤；浅水效应

1 引言

中国拥有绵长的海岸线和数量繁多的近海岸工程，波浪抵达岸边时，携带的能量对海岸线及岸边建筑结构造成不可逆的损伤。水下防波堤作为一种有效的防护手段，在波浪作用于海岸建筑物前反射和消耗其部分能量，减少水波对海岸线和近岸工程建筑物的损害。数值水槽在模拟水波运动方面扮演了重要角色[1-2]。广义有限差分法（GFDM）作为一种局部无网格配点法，继承了有限差分法的精度和简洁性，并且在保留无网格算法的优点的同时，相较于全局算法更节省计算空间。本文基于广义有限差分法和龙格-库塔法，建立 Laplace 和 Boussinesq 型数值水槽，研究参数对两类数值水槽的动力特性的影响，并比较异同点。

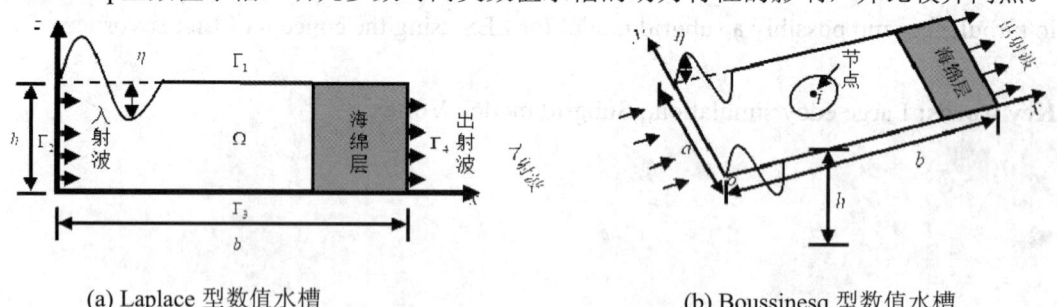

(a) Laplace 型数值水槽   (b) Boussinesq 型数值水槽

图 1 两类水槽示意图

2 两类数值水槽

2.1 Laplace 型数值水槽

图 1(a)所示为一简化的 Laplace 二维立面数值水槽示意图，h 和 b 分别代表初始静水深度和水槽长度。水槽右端部设置海绵层吸收波浪。基于无黏无旋不可压缩的理想液体，提出数值水槽内的流场为势流的假设，因此流场内速度势受拉普拉斯方程控制：

$$\nabla^2 \phi = 0, \ (x,z) \in \Omega \tag{1}$$

式中，$\phi(x,z,t)$ 表示计算域 Ω 内的速度势。水槽由 Γ_1、Γ_2、Γ_3、Γ_4 四条边界组成，分别代表自由液面、入射边界、底面和出流边界。自由液面 Γ_1 随时间变化，采用半拉格朗日法，即质点只发生竖直方向位移。因此质点运动状态满足动力边界条件和运动边界条件：

$$\frac{\partial \phi}{\partial t} = -\frac{1}{2}\left[\left(\frac{\partial \phi}{\partial x}\right)^2 + \left(\frac{\partial \phi}{\partial z}\right)^2\right] + \frac{\partial \phi}{\partial z}\left(\frac{\partial \phi}{\partial z} - \frac{\partial \phi}{\partial x}\frac{\partial \eta}{\partial x}\right) - g\eta - v(x)\eta \tag{2}$$

$$\frac{\partial \eta}{\partial t} = \frac{\partial \phi}{\partial z} - \frac{\partial \phi}{\partial x}\frac{\partial \eta}{\partial x} - v(x)\eta \tag{3}$$

式中，η 表示自由液面与静水面之间的距离，g 为重力加速度，当 $x \geq (b-\beta\lambda)$ 时，定义海绵层阻尼系数 $v(x) = a_s \omega \left[\dfrac{x-(b-\beta\lambda)}{\beta\lambda}\right]^2$，其中 $\omega = 2\pi/\lambda$，λ 为波长，a_s 与 β 为海绵层相关的系数，定义为 $a_s = 1$，$\beta = 1$。入射边界 Γ_2 满足给定的造波条件：

$$\left.\frac{\partial \phi}{\partial x}\right|_{x=0} = R(t)U(t,z) \tag{4}$$

式中，$U(t,z)$ 表示速度势沿 x 轴方向随时间和水深的变化函数，当 $t \leq T_m$ 时，斜坡函数 $R(t)$ 定义为：$R(t) = \dfrac{1}{2}\left[1-\cos\left(\dfrac{\pi t}{T_m}\right)\right]$，其中 T_m 为波浪稳定时间，在本研究中皆取 $T_m = 2T$。底面 Γ_3 为无通量刚性边界，因此满足：

$$\left.\frac{\partial \phi}{\partial n}\right|_{z=0} = 0 \tag{5}$$

式中，n 代表单位外法线向量。Γ_4 符合如下边界条件：

$$\frac{\partial \phi}{\partial t} = -C\frac{\partial \phi}{\partial x} \tag{6}$$

式中，C 表示波速

2.2 Boussinesq 型数值水槽

图 1(b)所示为二维 Boussinesq 型数值水槽，$h(x,y)$ 为初始静水深度，a、b 分别为水槽的宽度和长度。本研究考虑水平自由面上的二维改进 Boussinesq 模型[3]。假设水槽内流体为无黏、不可压缩和无旋流，则流体运动控制方程可由改进的 Boussinesq 方程表示为：

$$\eta_t + \frac{\partial}{\partial x}(Hu) + \frac{\partial}{\partial y}(Hv) = 0 \tag{7}$$

$$r_t = -u\frac{\partial u}{\partial x} - v\frac{\partial u}{\partial y} - g\frac{\partial \eta}{\partial x} + \frac{\beta g}{3}h^2\frac{\partial^2 c}{\partial x^2} + \frac{\beta g}{3}h^2\frac{\partial^2 d}{\partial x \partial y} +$$
$$\beta gh\frac{\partial h}{\partial x}\frac{\partial c}{\partial x} + \frac{\beta g}{2}h\frac{\partial h}{\partial y}\frac{\partial d}{\partial x} + \frac{\beta g}{2}h\frac{\partial h}{\partial x}\frac{\partial d}{\partial y} \tag{8}$$

$$s_t = -u\frac{\partial v}{\partial x} - v\frac{\partial v}{\partial y} - g\frac{\partial \eta}{\partial v} + \frac{\beta g}{3}h^2\frac{\partial^2 c}{\partial x \partial y} + \frac{\beta g}{3}h^2\frac{\partial^2 d}{\partial y^2} +$$
$$\beta gh\frac{\partial h}{\partial y}\frac{\partial d}{\partial y} + \frac{\beta g}{2}h\frac{\partial h}{\partial x}\frac{\partial c}{\partial y} + \frac{\beta g}{2}h\frac{\partial h}{\partial y}\frac{\partial c}{\partial x} \tag{9}$$

式中，β 为定值 0.2，$\bar{\mathbf{u}} = (u,v)$ 表示波浪沿 x、y 轴方向的速度向量，$\beta_1 = \beta + 1$，$H = h + \eta$，$c = \partial\eta/\partial x$，$d = \partial\eta/\partial y$。Boussinesq 型数值水槽两侧为无通量的刚性边界，满足边界条件：

$$n_x\frac{\partial \eta}{\partial x} + n_y\frac{\partial \eta}{\partial y} = 0, \quad un_x + vn_y = 0, \quad \frac{\partial u}{\partial x}\tau_x n_x + \frac{\partial v}{\partial x}\tau_y n_x + \frac{\partial u}{\partial y}\tau_x n_y + \frac{\partial v}{\partial y}\tau_y n_y = 0 \tag{10}$$

式中，n_x、n_y、τ_x、τ_y 分别表示无通量刚性边界的法向量和切向量。水槽造波边界的波速和波高由造波条件给定：

$$u\big|_{x=0} = \frac{\omega}{kh}\eta R\cos\theta、\quad v\big|_{x=0} = \frac{\omega}{kh}\eta R\sin\theta、\quad \eta\big|_{x=0} = \frac{H}{2}R\cos(\omega t) \tag{11}$$

式中，H 为入射波高，θ 为波浪入射方向与水槽长度方向的夹角，$k = 2\pi/L$，L 表示波长。同样引入放大函数 R 以稳定数值，表达式同式（6）。在出流边界设置海绵层防止波浪反射造成数值结果的不稳定。当 $0 \le d \le d_s$ 时，海绵层的阻尼系数定义为 $\mu(x,y) = \exp\left[\left(2^{-d/\Delta d} - 2^{-d_s/\Delta d}\right)\ln\alpha\right]$，其中，$d$ 为计算点与水槽末端的距离，海绵层长度 d_s 定义为 1~2 个波长，Δd 和 α 为常系数，Δd 取值范围为 0.2-0.3，$\alpha = 4$。计算时，在每个时间步内计算得到的数值结果（η、u、v）都要除以阻尼系数 μ。因为海绵层的存在，出流边界的波高和波速均为 0，即：

$$u\big|_{x=b} = 0、\quad v\big|_{x=b} = 0、\quad \eta\big|_{x=b} = 0 \tag{12}$$

3 数值模拟

3.1 广义有限差分法

广义有限差分法基本思想来源于泰勒展开和移动最小二乘法。如图 2(a)所示，选取点 i 附近的 n_s 个邻近点，将函数值在 i 点处进行泰勒展开，略去高阶项，记 $h_{ij} = x_i - x_j^i$，$k_{ij} = y_i - y_j^i$ 分别表示点 i 与邻近点 j 沿 x 和 y 方向的距离，加权残差函数表示为：

$$B(V) = \sum_{j=1}^{n_s} \left[\left(V_i - V_j^i + h_{ij} \frac{\partial V}{\partial x} \bigg|_i + k_{ij} \frac{\partial V}{\partial y} \bigg|_i + \frac{1}{2} h_{ij}^2 \frac{\partial^2 V}{\partial x^2} \bigg|_i + \frac{1}{2} k_{ij}^2 \frac{\partial^2 V}{\partial y^2} \bigg|_i + h_{ij} k_{ij} \frac{\partial^2 V}{\partial x \partial y} \right) w(h_{ij}, k_{ij}) \right]^2 \text{。当}$$

$d_{ij} \le dm_i$ 时，定义 $w(d_{ij}) = 1 - 6\left(\dfrac{d_{ij}}{dm_i}\right)^2 + 8\left(\dfrac{d_{ij}}{dm_i}\right)^3 - 3\left(\dfrac{d_{ij}}{dm_i}\right)^4$，其中，$d_{ij} = \sqrt{h_{ij}^2 + k_{ij}^2}$ 表示计算点 i 与邻近点 j 之间的距离，dm_i 表示计算点与邻近点最远距离。定义 $D_u = \left\{ \dfrac{\partial V}{\partial x} \bigg|_i \quad \dfrac{\partial V}{\partial y} \bigg|_i \quad \dfrac{\partial^2 V}{\partial x^2} \bigg|_i \quad \dfrac{\partial^2 V}{\partial y^2} \bigg|_i \quad \dfrac{\partial^2 V}{\partial x \partial y} \bigg|_i \right\}^T$，并简化式 $B(V)$ 为 $AD_u = b$，其中，A 为只包含权重函数和距离参数的对称矩阵，b 为包含权重函数、距离参数、各点物理量的列函数，右端项 b 可继续分解为：$b = BQ$，其中，$Q = \left\{ V_i \quad V_1^i \quad V_2^i \quad V_3^i \quad \ldots \quad \ldots \quad V_{n_s}^i \right\}^T$ 表示计算点 i 与邻近点 n_s 的物理量的值，则：

$$D_u = A^{-1}b = A^{-1}BQ = EQ = E\left\{ V_i \quad V_1^i \quad V_2^i \quad V_3^i \quad \ldots \quad \ldots \quad V_{n_s}^i \right\}^T \quad (13)$$

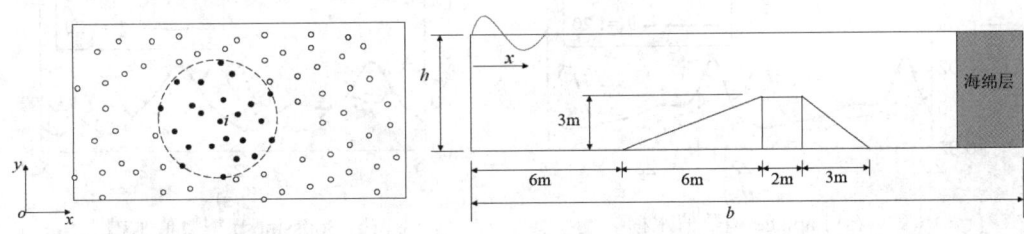

(a) 广义有限差分法离散示意图　　　　(b) 含有梯形防波堤的数值水槽示意图

图 2 示意图

3.2 二阶龙格-库塔法

数值水槽的时间域离散采用二阶龙格-库塔法，又称为 Heun 法。在时间步 t 与 $t+1$ 之间设立一个 * 层，取时间增量为 Δt，则 $t+1$ 时刻的物理量 V^{t+1} 可表述为：

$$V^{t+1} = \frac{V^t}{2} + \frac{1}{2}\left[V^* + \Delta t \left(V^*\right)'\right], \quad V^* = V^t + \Delta t \left(V^t\right)' \quad (14)$$

4 数值结果与比较

4.1 模型验证

梯形防波堤形状和位置参数如图 2(b) 所示。水槽长度 $b = 30\text{m}$，最大静水深 $h = 0.4\text{m}$。入射波周期 $T = 2\text{s}$，波长 $\lambda = 3.693\text{m}$，入射波高 $H = 0.02\text{m}$。追踪并记录四个监测点（$x = 5.7\text{m}$、$x = 10.5\text{m}$、$x = 13.5\text{m}$、$x = 14.5\text{m}$）处自由液面波高数值。数值水槽模拟结果

与实验数据[4]较为一致，但也表现出了差异性：波浪在未发生大变形前 Boussonesq 型数值水槽中波浪幅值略低于实验数据与 Laplace 型数值水槽；在生成次级波峰过程中 Boussonesq 型数值水槽中波浪幅值逐渐高于实验数据与 Laplace 型数值水槽，说明在 Boussinesq 型数值水槽中梯形防波堤对波浪传播的影响更大。

4.2 参数对波浪传播的影响

分别进行四组参数情况模拟，依次研究在两类数值水槽中，入射波高、静水深、向波面坡度和背波面坡度对波浪传播的影响。结果表明，静水深值越小，波形不对称性越明显，越早出现次级波峰，并且导致波浪相位差；入射波高越高，波形不对称性越明显，越早出现次级波峰；向波面坡度对波形影响不明显，但导致波浪出现相位差；背波面坡度变化对波浪传播几乎没有影响。两类数值水槽都展现出了上述现象，但是在相同的参数改变下，Boussinesq 型数值水槽表现出的变化量大于同情况下的 Laplace 型数值水槽，并且更早地出现次级波峰的演变。由于篇幅有限，图 3 仅给出了三种向波面坡度情况下的波高图。

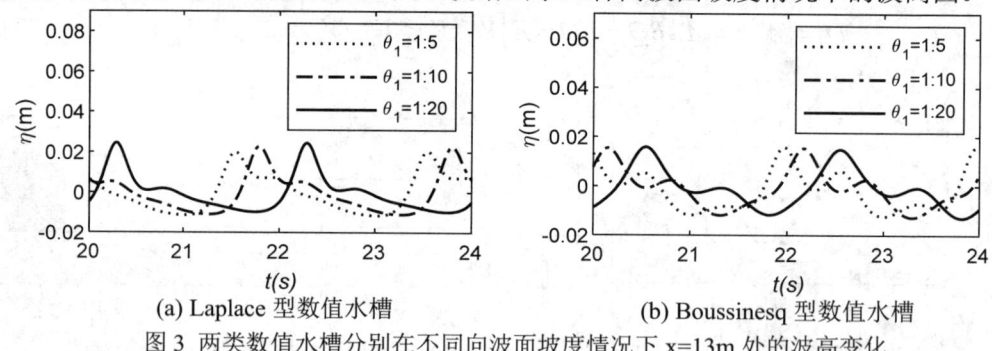

(a) Laplace 型数值水槽　　(b) Boussinesq 型数值水槽
图 3　两类数值水槽分别在不同向波面坡度情况下 x=13m 处的波高变化

5　结论

本研究首先建立了 Laplace 型和 Boussinesq 型数值水槽，然后基于广义有限差分法模拟了波浪通过水下梯形防波堤的过程，数值结果与实验结果的良好吻合验证了广义有限差分法求解两类数值水槽的准确性，最后研究波浪参数和防波堤参数的变化对波浪传播的影响。结果表明，两类数值水槽有一些相同点，静水深越小、向波面坡度越小，波浪受浅水效应影响越大。但在两类数值水槽中，Boussinesq 型数值水槽对参数的变化表现得更敏感，且在波浪参数和防波堤参数发生变化后，Boussinesq 型数值水槽中的波浪发生波峰的演变更早。

参考文献

1　FU Z J, ZHANG J, LI P W, et al. A semi-Lagrangian meshless framework for numerical solutions of two-dimensional sloshing phenomenon [J]. Engineering analysis with boundary elements, 2020, 112(Mar.): 58-67.
2　曾维鸿, 傅卓佳, 汤卓超. 水槽动力特性数值模拟的新型局部无网格配点法 [J]. 应用数学和力学, 2022, 43(4): 392.

3 BE JI S, NADAOKA K. A formal derivation and numerical modelling of the improved Boussinesq equations for varying depth [J]. Ocean Engineering, 1996, 23(8): 691-704.
4 OHYAMA T, BEJI S, NADAOKA K, et al. Experimental Verification of Numerical Model for Nonlinear Wave Evolutions [J]. Journal of Waterway, Port, Coastal, and Ocean Engineering, 1994, 120(6): 637-44.

Simulation of dynamic characteristics in two numerical flumes based on generalized finite difference method

FU Zhuo-jia*, LI Lan-lan, ZENG Wei-hong

(College of Mechanics and Materials, Hohai University, Nanjing 211100, China, Email: 20130010@hhu.edu.cn)

Abstract: Nonlinear water wave propagation widely exists in the fields of coastal engineering. By simulating the interaction between wave and underwater breakwater, and analyzing the influence of breakwater parameters on wave propagation to reduce the damage of sea waves to offshore engineering buildings. This study is to construct two types of numerical flume, Laplace type numerical flume and Boussinesq type numerical flume, which is based on a localized meshless collocation method-Generalized finite difference method (GFDM) in conjunction with Runge-Kutta method. Then, the influence of different factors such as the incident wave height, the geometry, depth and slope of the submerged breakwater to the dynamic characteristics of the two types of numerical flumes are investigated. At the same time, a numerical comparison is made to investigate the similarities and differences of the dynamic characteristics of the two types of numerical flumes.

Key words: Numerical wave flume; Generalized finite difference method; Runge-Kutta method; Submerged breakwater; Shallow water effect.

尾流干涉作用下柔性圆柱结构流激振动数值模拟研究

林柯[1]，王嘉松[1*]，范迪夏[2]

（1. 上海交通大学 船舶海洋与建筑工程学院工程力学系，上海 200240，Email: jswang@sjtu.edu.cn;
2. 西湖大学工学院，杭州 310024）

摘要：在多圆柱体结构组成的柱群结构系统的流激振动问题中，圆柱结构间的尾迹流动会发生流动干涉效应，在尾流干涉条件下圆柱结构的流激振动(FIV)响应，相较于定常来流条件下孤立圆柱结构传统涡激振动(VIV)响应，表现出截然不同且更为复杂的响应特性。本研究基于改进的无网格计算流体力学离散涡方法(DVM),对尾流干涉作用下的细长柔性圆柱结构的流激振动进行了数值模拟研究，揭示了尾流干涉作用下柔性圆柱结构流激振动动力学响应的两个基本特征。并基于强迫振动实验得到的尾流干涉流固耦合水动力数据特征，解释了结构流激振动动力学响应的第一个特征是由于结构在尾流干涉作用下流体向结构运动的能量输入状态会持续到更高的约化速度，从而保证结构在高约化速度条件下的振动维持在较大的幅值上；第二个特征是由于结构附加质量系数，在尾流干涉作用下会达到更小的值，从而保证振动频率与尾流泄涡频率的锁定关系持续到更高的约化速度。通过数值模拟得到的流场分析，揭示了尾流-结构的耦合形态与尾流干涉效应间的相关机制。

关键词：流激振动；尾流干涉；离散涡方法；水动力系数

1 引言

在过去几十年，围绕细长柔性结构流激振动(FIV)的研究，主要针对的是定常来流条件的孤立圆柱型结构，孤立圆柱结构流激振动是由结构尾流漩涡泄放与结构运动间耦合所形成的振动响应，因此也被更确切地定义为涡激振动(VIV)[1]。然而在海洋、桥梁建筑以及能源等诸多实际工程领域，存在着多圆柱体结构紧密布置所形成的柱群及管群结构的应用，比如海洋立管系统、大跨度悬拉索桥梁、风电场的群组风机等。当水流或者风等流体流经这些圆柱群结构时，各圆柱结构形成的尾流间会发生流动干涉，也被称之为尾流干涉效应。

基金项目：国家自然科学基金(12172218)

在非定常尾流干涉作用下，结构的流激振动响应相较于典型孤立圆柱结构的涡激振动响应，存在显著不同且更为复杂的响应特征。

通过对布置在固定刚性圆柱所形成的尾流下的弹性支撑刚性圆柱结构的流激振动的研究，研究者发现在固定圆柱结构所形成的尾流干涉作用下，下游圆柱结构的流激振动幅值会随着上游约化速度的增加而持续增大，并且这个振动幅值随约化速度增加的趋势，会远远超出典型单圆柱涡激振动共振响应的约化速度范围，表现出与经典非流线钝体结构驰振类似的振动响应，这种由尾流干涉所引起的类驰振流固耦合响应也被定义为尾流驰振（WIV[2]或 WIG[3]）。并且通过对不同结构布置间距[2]、结构质量比[5]条件下尾流驰振响应的研究，揭示了上游结构尾流对下游结构的干涉作用达到 20 倍圆柱直径[2]，不同质量比圆柱结构尾流驰振的激发过程存在区别[5]。由于尾流驰振不同于涡激振动以及经典驰振的响应特性，两种主要的尾流驰振分析模型被提出，包括 Zdravkovich 提出的尾流外斥 (Wake-displacement)[6]机制以及 Assi 的尾流刚度(Wake stiffness)[4]概念。

在以上围绕弹性支撑刚性圆柱结构尾流干涉流激振动响应的研究中，圆柱仅能作平面内的单自由度运动，并且仅具有唯一的结构固有频率，而在实际工程应用场景中圆柱结构往往会具有极大的长细比，从而表现出梁或者弦模型多自由度、多模态的结构振动特性，因此尾流干涉作用下细长柔性圆柱结构的流激振动响应相较于弹性支撑的刚性圆柱结构，也会存在显著不同的响应特性。过去针对尾流干涉作用下细长柔性结构流激振动的研究主要通过风洞或者水池试验手段，并主要围绕结构的振动特性进行了分析[7-12]。研究发现在上游圆柱尾流干涉作用下，下游圆柱结构流激振动响应在模态、幅值及频率等关键响应特征上，不仅与孤立柔性圆柱涡激振动均存在着明显的不同，并且与弹性支撑刚性圆柱结构典型尾流驰振也存在着不同的响应特征，包括多频、多模态共振[10]。基于物理实验的研究，主要是对尾流干涉流激振动的结构振动响应进行测量和分析，而难以给出对流激振动流体流动形态及流固耦合过程的认识。虽然基于 CFD 的数值模拟可以得到流场的模拟结果，然而由于尾流干涉流固耦合模型的网格处理复杂以及计算量庞大，因此基于 CFD 的数值模拟研究结果极少，并且也主要停留在与实验结构响应结果的对比分析上[13]。因此目前对于尾流干涉作用下细长柔性圆柱结构流激振动的研究，仍停留在结构响应的观测分析上，而对流激振动结构响应特征的流固耦合机理，以及尾流干涉流动形态的认识尚为缺乏。

因此本研究提出了基于无网格计算流体力学离散涡方法(DVM)耦合结构动力学有限单元法的流固耦合数值模拟方法，对尾流干涉作用下细长柔性圆柱结构的流激振动问题进行数值模拟研究，分析尾流干涉流激振动结构响应的基本特征，并从流固耦合水动力特性的角度揭示结构响应特征的机理，同时给出对尾流干涉流固耦合过程及流场形态的认识。

2 数值模型及方法验证

本研究建立的尾流干涉流固耦合数值模拟算法，以离散涡(DVM)对流场进行数值求解，是一种将有旋流动连续分布的涡量场离散为有限的具有一定环量的涡元粒子，并以涡量流函数方程以及涡量输运方程作为控制方程，计算涡元粒子的相互作用以及涡元粒子在拉格朗日描述下的运动，从而模拟流动的计算流体力学方法。

对于不可压缩牛顿流体的非定常流动，其流动控制方程由连续性方程和 Navier-Stokes(N-S)方程构成。考虑二维流动并且不考虑流体体积力，将控制方程里的速度 V 特征通过方程两端取旋，引入涡量 $\omega = \nabla \times V$ 为特征量，由此连续方程可转化为涡量流函数方程，N-S 方程可变换为涡量输运方程：

$$\nabla^2 \varphi = -\omega \tag{1}$$

$$\frac{\partial \omega}{\partial t} + V \cdot \nabla \omega = \nu \nabla^2 \omega \tag{2}$$

式中，φ 为流函数，ν 为流体的运动黏度，以上方程构成离散涡方法控制方程。在涉及固壁边界结构物，并考虑流体黏性的无界绕流问题中，流动边界条件需满足结构物面上法向不可穿透和切向无滑移条件，以及无穷远流动的速度条件。

$$V \cdot n = U_c \cdot n \tag{3}$$

$$V \cdot \tau = U_c \cdot \tau \tag{4}$$

$$V = U_\infty \tag{5}$$

离散涡方法的核心思想是以一系列不连续分布、具有环量的离散涡元代替流场连续分布的涡量 $\omega(x_p,t)$。

$$\omega(x_p,t) \approx \sum_{i=1}^{N} \Gamma_i \delta(r_p - r_i(t)) \tag{6}$$

式中，N 为流场离散涡元粒子总量，Γ_i 为涡元粒子的环量，$\delta(x)$ 为狄拉克函数。在钝体结构绕流中，流场涡量是从流动边界层中的涡量发展而来。因此在圆柱体结构绕流问题的离散涡模拟中，涡元粒子初始在结构壁面生成，以模拟壁面边界层内生成的涡量。在多圆柱结构的绕流中，涡元粒子会在每个圆柱壁面生成（图1）。

流场涡元粒子生成位置确定以后，根据流动的物面边界条件，来确定新生涡元粒子的环量大小。在确定涡元生成信息后，根据涡量输运方程和涡量流函数方程，求解流场涡元粒子在拉格朗日描述下的运动轨迹，在确定流场涡元位置及环量信息后，从而通过涡量场与速度场的关系，得到流动速度场。对于结构表面流体压力的求解，根据固定圆柱壁面 N-S 方程及凯尔文(Kelvin)定理，流体对圆柱表面的压力分布，可通过壁面涡元环量对时间的相对变化率求解。基于切片理论结合二维离散涡方法对大长径比结构流场进行拟三维模拟，从而加速对细长圆柱结构流激振动的流场求解。

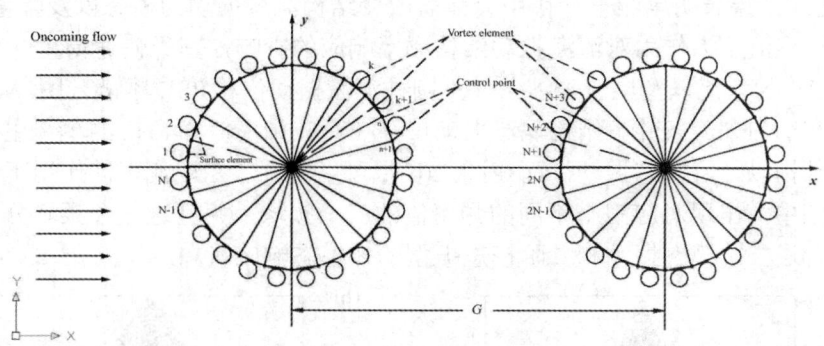

图 1 多圆柱流激振动流场离散涡模拟涡元生成以及壁面边界离散模型

对于长细比很大的柔性圆柱结构，其剪切变形与弯曲变形相比较，前者往往可以忽略不计，因此柔性管柱结构的动力学模型可简化为 Euler-Bernoulli 梁。其动力学响应的求解可通过有限单元法结合 Newmark 算法在时域内进行求解。

3 结果分析

为了对尾流干涉作用下细长柔性结构流激振动响应特征进行分析，研究分别对定常均匀来流条件下的孤立柔性圆柱结构，以及固定圆柱尾流干涉作用下相同柔性圆柱结构的流激振动进行了两方面的数值模拟，并选取 Huera-Huarte 和 Bearman[8]于 2009 年发表的实验模型作为柔性单圆柱涡激振动数值模拟参照模型。试验圆柱模型全长 1.5m，直径 0.016m，来流水深 0.585m，因此仅有 45%的圆柱长度浸没在均匀来流中，均匀来流速度变化范围从 0.2~1.0m/s，相应的雷诺数变化范围为 3600~12000。尾流干涉流激振动试验，采用在柔性圆柱结构的上游另布置一支完全固定的刚性圆柱结构，两支圆柱结构的流向串列间距为 5 倍圆柱直径，从而使得下游柔性圆柱结构完全处于上游的尾涡干涉作用下，进而对上游固定刚性圆柱尾流影响下的下游柔性圆柱流激振动响应进行了数值模拟研究。模拟中上游圆柱具有和下游圆柱完全相同的长度和截面外径，上游圆柱固定且不发生柔性变形，而下游柔性圆柱的几何和物理参数与均匀流条件下的圆柱模型完全相同。

3.1 尾流干涉流激振动结构动力学响应特征分析

为了分析下游柔性圆柱结构在上游圆柱尾流干涉作用下的流激振动，相较于孤立柔性圆柱结构的涡激振动，表现出的不同的动力学响应特征。图 2 中给出了均匀流条件下圆柱涡激振动以及尾流干涉作用下圆柱流激振动在典型约化速度 15.6 横向瞬时位移包络线。从图 2(a)中可以看到，在均匀来流条件下的孤立圆柱振动位移包络线存在两个明显的"波包"，表现出二阶模态振动特征，并且最大振动位移幅值不超过 0.25D，而在图 2(b)中可以看到，在尾流干涉条件下圆柱振动位移包络线仅出现一个明显的"波包"，并且最大振动位移幅值超过 0.5D，对比结果表明尾流干涉作用会显著改变结构流激振动的模态以及幅值响应特征。

为了分析尾流干涉作用对流激振动结构频率响应的影响，基于快速傅里叶变换(FFT)，图2给出了在均匀来流以及尾流干涉条件下圆柱流激振动位移PSD频谱云图。从频谱图2(a)可以看到，在均匀来流条件下结构涡激振动仅存在对应频率值 9.4 Hz 的单一主频，同时两个频峰表明结构以二阶模态振动，而在图 2(b)中可以看到，在尾流干涉作用下，结构流激振动频谱云图中，出现对应三个不同的频率值的三个频峰，并且这三个频峰分别表明结构振动同时包含这一阶模态振动和二阶模态振型的多模态响应状态。

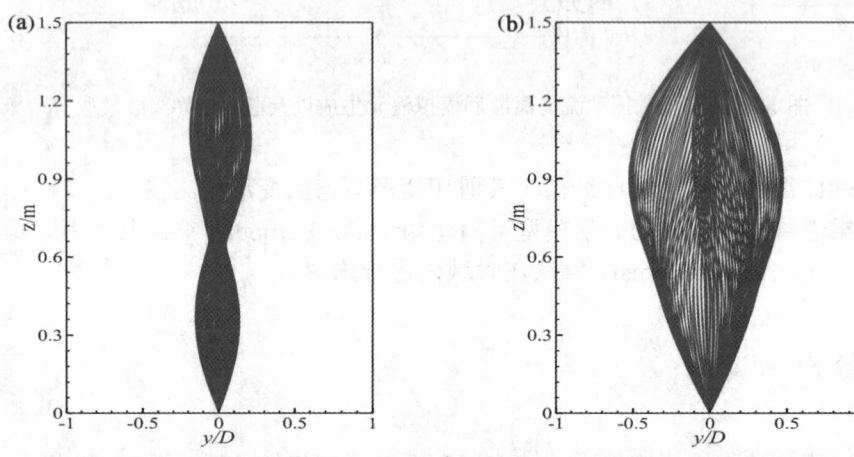

图 2 均匀来流(a)和尾流干涉(b)作用下圆柱 FIV 横向瞬时位移包络线对比

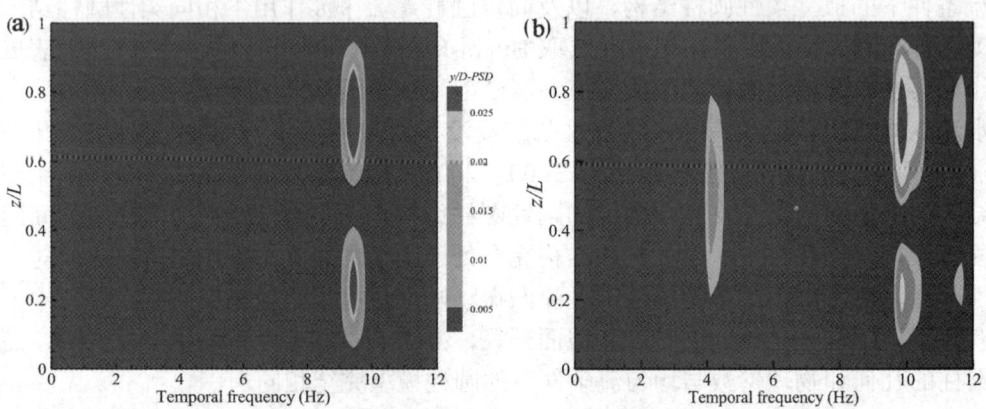

图 3 均匀来流(a)和尾流干涉(b)作用下圆柱 FIV 横向位移频谱云图

图 4 总结了不同约化速度条件下，均匀来流和尾流干涉作用下结构流激振动位移幅值和频率响应的对比。从图 4(a)的幅值响应对比中可以看到，在均匀来流条件下圆柱涡激振动位移幅值存在两个峰值区间，分别对应着一阶模态共振和二阶模态共振响应区间，其中一阶模态共振的约化速度区间在[5, 8]，二阶模态共振的约化速度区间在[18, 21]，在两个模态共振响应过渡区间内，均匀来流条件下结构振动位移幅值在 0.1D 左右，而在尾流干涉作用下

- 480 -

结构振动位移幅值则显著增强，并保持在 0.3D 以上。从图 4(b)的频率响应对比中可以发现，均匀来流条件下结构涡激振动的位移频率在约化速度 12.8 以下锁定在结构一阶固有频率附近，而在约化速度超过 12.8 位移响应频率发生跳变，锁定到结构二阶固有频率附近。然而在尾流干涉作用下，一阶模态共振的频率锁定持续到了约化速度 18.8，而二阶模态共振频率的激发点，则与均匀来流条件下结构响应大体一致，这一结果表明，在尾流干涉作用下，柔性圆柱结构流激振动前阶模态共振终止的约化速度推迟，而后阶模态共振起始的约化速度则不受影响，从而结构振动表现出多频及多模态共振响应特征。

通过以上流激振动结构动力学响应特征的分析可以看出，尾流干涉对流激振动结构响应特征的影响主要存在两个方面：①尾流干涉作用影响下，柔性圆柱流激振动在模态共振响应的过渡区内位移幅值会显著增大；②在尾流干涉作用影响下，柔性圆柱流激振动的模态共振区间会延长到更高的约化速度。

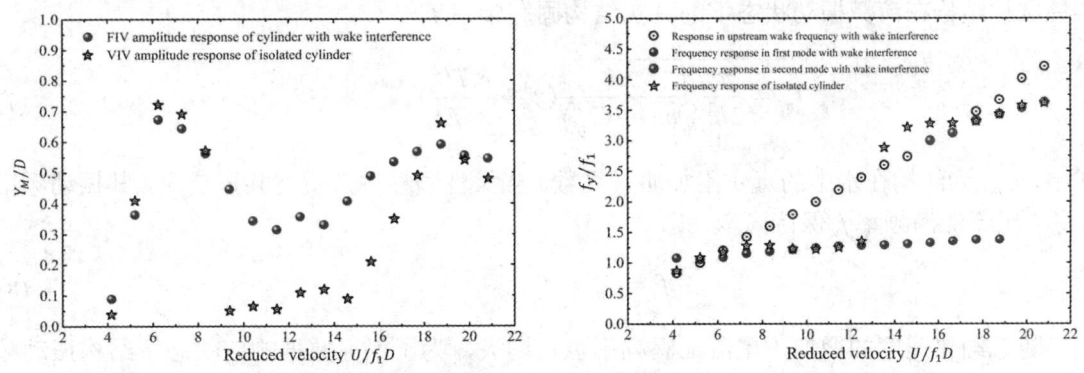

图 4　均匀来流和尾流干涉作用下圆柱 FIV 位移幅值(a)和频率(b)随约会速度变化对比

3.2 流固耦合水动力系数响应特征分析

本节将进一步通过流固耦合水动力附加质量系数以及激励力系数响应特征的分析，来阐释柔性圆柱结构在尾流干涉作用下流激振动两个干涉响应特征的机理。图 5 和图 6 分别给出了在均匀来流和尾流干涉作用下，圆柱结构流固耦合激励力系数以及附加质量系数随结构振动位移幅值和频率变化等值线图谱。

从图 5 中可以看到，尾流干涉作用下圆柱激励力系数正值区间，相较于均匀来流条件下激励力系数正值区间，向着更小的约化频率（对应更大的约化速度）以及更大振动幅值区间延展，而激励力系数为正值表明结构振动更容易从流体获得能量，从而平衡结构自身阻尼的能量耗散，而保持稳定的振动状态，因此通过对流固耦合激励力系数响应特性的分析，可以解释尾流干涉作用下，结构流激振动在超出均匀来流结构涡激振动模态共振响应区间之外的更高的约化速度条件下，结构振动持续表现出较大的幅值。

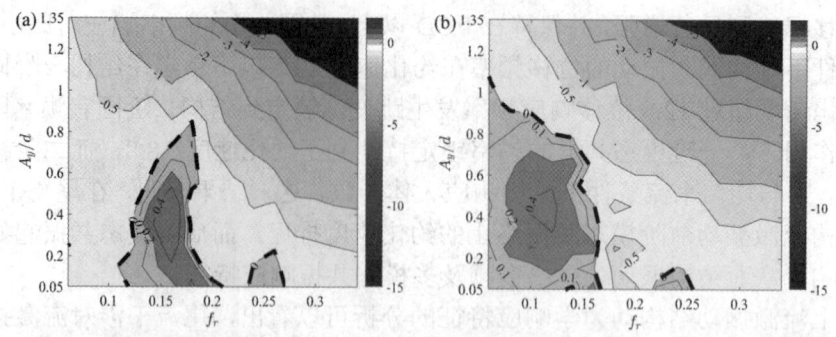

图 5 (a)均匀来流和(b)尾流干涉条件下圆柱流固耦合激励力系数等值线[14]

当浸没在水中发生流激振动响应时，其真实固有频率 f_n^w 需要考虑附加质量的影响于是柔性圆柱结构在流激振动状态下的真实结构固有频率 f_n^w 为

$$f_n^w = \frac{\pi}{2L^2}\sqrt{\frac{EI}{m(1+C_{my})}}(n^4 + \frac{n^2TL^2}{\pi^2 EI})^{1/2} \tag{7}$$

式中，C_{my} 为结构在水中的真实附加质量系数。当柔性圆柱进入模态共振响应，其振动频率 f_y 将与尾流泄涡频率 f_v 保持同步，即

$$f_y = f_n^w = f_v \tag{8}$$

随着约化速度的增加，尾流泄涡频率也将增大，为了保证共振响应状态下结构振动频率与尾流泄涡频率的同步，结构的真实固有频率也将增大。对应固定的柔性圆柱模型，在真实固有频率公式中，仅有模态阶数 n 和附加质量系数 C_{my} 能改变真实固有频率。因此若流固耦合过程中附加质量系数 C_{my} 能达到更小的值，则能保证共振响应的模态 n 不发生跳变，也就是模态共振响应能持续到更高的约化速度条件。通过对图 6 附加质量系数分布的对比分析中可以发现，均匀来流条件下圆柱的附加质量系数最小达到-0.5，而在尾流干涉作用下圆柱附加质量系数随着约化频率的减小(约化速度的增加)会进一步减小，甚至达到-1 左右。由于尾流干涉作用下更小的附加质量值，导致模态共振区间延长到更高的约化速度条件下。

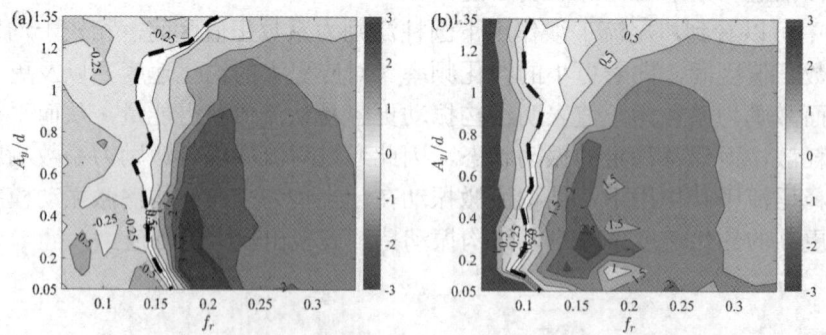

图 6 (a)均匀来流和(b)尾流干涉条件下圆柱流固耦合附加质量系数等值线[14]

3.3 尾流干涉形态与干涉效应的相关性分析

本节通过分析均匀来流以及尾流干涉条件下结构流激振动水动力系数展向分布差异，从而确定尾流干涉效应的强弱，并通过关联数值模拟得到的流场形态，揭示尾流干涉形态与尾流干涉效应间的相关性。图 7(a)和图 7(b)分别给出了均匀来流和尾流干涉条件下流固耦合激励力系数沿结构展向变化曲线。可以看到在 z=0.44 m 高度截面附近，尾流干涉作用下的激励力系数，对比均匀流条件下的激励力系数出现了显著的增大。而在 z=0.11 m 高度截面附近，两种来流条件下的激励力系数分布特征形似。图 7(c)给出了尾流干涉条件下柔性圆柱涡激振动在一个周期内的两个瞬时轴向流场形态。在不同截面高度，下游柔性圆柱由于不同截面高度位移状态的不同，导致上游尾涡与下游结构间的耦合形态存在明显的差异。图 7(d, e)选取了 z=0.11 m 和 z=0.44 m 两个截面高度在一个振动周期内流场的瞬时流动形态。对比两个截面处的上游尾涡与下游结构运动间的耦合形态可以发现，在 z=0.11 m 截面，上游尾流漩涡会与下游圆柱发生碰撞，并且分裂成下游圆柱上下边两个子漩涡。在 z=0.44 m 截面，可以发现下游圆柱在整个振动周期内始终是在上游圆柱尾流漩涡的间隙中"穿梭"，没有与上游漩涡发生碰撞。结果分析表明：当上游尾流漩涡结构与下游结构"相撞"并发生涡结构分裂，上游尾流干涉作用减弱，而当下游结构在整个运动过程中"穿梭"于上游尾涡间隙，上游尾流干涉作用增强。

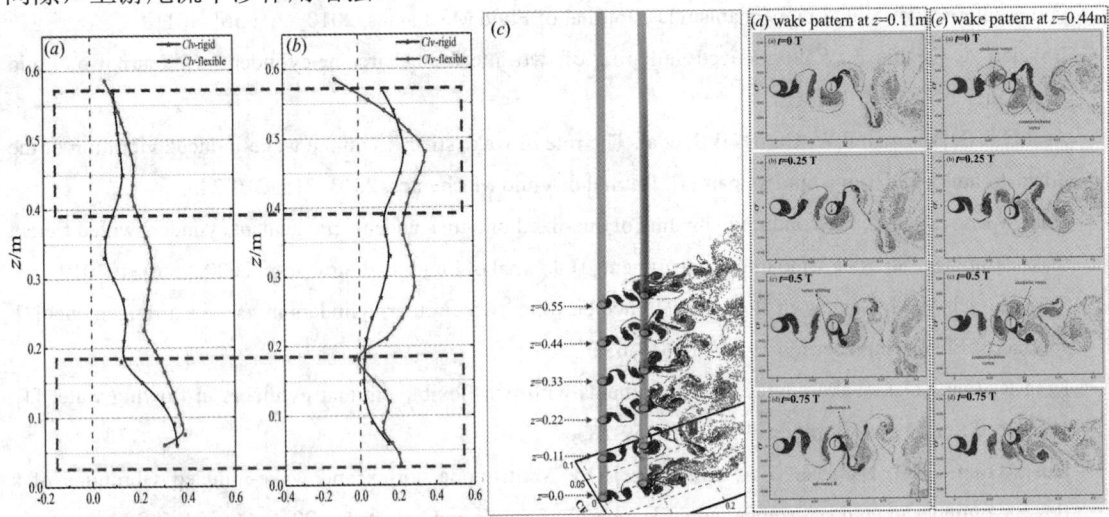

图 7 均匀来流(a)和尾流干涉作用下 (b)圆柱激励力系数分布 (c)尾流干涉圆柱 FIV 瞬时展向流场形态，(d, e)典型截面一个周期内瞬时尾流形态

4 结论

对尾流干涉下柔性圆柱结构的流激振动响应进行了数值模拟研究。

(1) 总结了尾流干涉对柔性圆柱结构流激振动动力学响应的两个影响：①在尾流干涉作用影响下，柔性圆柱流激振动在模态共振响应的过渡区内位移幅值会显著增大；②在尾流干涉作用影响下,柔性圆柱流激振动的模态共振区间会延长到更高的约化速度。

(2) 基于尾流干涉作用下结构水动力系数响应,解释了尾流干涉条件下柔性圆柱流激振动动力学响应的第一个特征,是由于结构在尾流干涉作用下,流体向结构运动的能量输入状态会持续到更高的约化速度;解释了尾流干涉条件下柔性圆柱流激振动动力学响应的第二个特征,是由于结构附加质量系数在尾流干涉作用下会达到更小的值,从而保证模态共振响应持续到更高的约化速度条件。

(3) 揭示了尾流与结构间的耦合形态与尾流干涉效应间的关系:当上游尾流漩涡结构与下游结构相撞并发生分裂,上游尾流干涉作用弱化,而当下游圆柱在整个运动过程中"穿梭"于上游尾涡间隙,上游尾流干涉作用增强。

参考文献

1. Williamson C H K, Govardhan R. Vortex-induced vibrations [J]. Annual Review of Fluid Mechanics, 2004, 36: 413-455.

2. Assi G R S, Bearman P W, Meneghini J R. On the wake-induced vibration of tandem circular cylinders: The vortex interaction excitation mechanism [J]. Journal of Fluid Mechanics, 2010, 661: 365-401.

3. Bokaian A, Geoola F. Wake-induced galloping of two interfering circular cylinders [J]. Journal of Fluid Mechanic, 1984, 146: 383-415.

4. Assi G R S, Bearman P W, Carmo B S, et al. The role of wake stiffness on the wake-induced vibration of the downstream cylinder of a tandem pair [J]. Journal of Fluid Mechanics, 2013, 718: 210-245.

5. Hu Z, Wang J, Sun Y. Flow-induced vibration of one-fixed-one-free tandem arrangement cylinders with different mass-damping ratio using wind tunnel experiment [J]. Journal of Fluids and Structures, 2020, 96(6): 103019.

6. Zdravkovich M M. Review of flow interference between two circular cylinders in various arrangements [J]. Journal of Fluids Engineering, 1977, 78: 618-633.

7. King R, Johns D J. Wake interaction experiments with two flexible circular cylinders in flowing water [J]. Journal of Sound and Vibration, 1976, 45: 259-283.

8. Huera-Huarte F J, Bangash Z A, González L M. Multi-mode vortex and wake-induced vibrations of a flexible cylinder in tandem arrangement [J]. Journal of Fluids and Structures, 2016, 66: 571-588.

9. Huera-Huarte F J, Bearman P W. Vortex and wake-induced vibrations of a tandem arrangement of two flexible circular cylinders with near wake interference[J]. Journal of Fluids and Structures, 2011, 27: 193-211.

10. Huera-Huarte F J, Gharib M. Vortex-and wake-induced vibrations of a tandem arrangement of two flexible circular cylinders with far wake interference [J]. Journal of Fluids and Structures, 2011, 27: 824-828.

11. Allen D W, Henning D L. Vortex-induced vibration current tank tests of two equal-diameter cylinders in tandem [J]. Journal of Fluids and Structures, 2003, 17: 767-781.

12. Xu W, Cheng A, Ma Y, et al. Multi-mode flow-induced vibrations of two side-by-side slender flexible

cylinders in a uniform flow [J]. Marine Structures, 2018, 57: 219-236.
13 Gonzalez L M, Rodriguez A, Garrido C A, et al. CFD simulations on the vortex-induced vibrations of a flexible cylinder with wake interference [C]. In Proceedings of OMAE 2015-34th International Conference on Offshore Mechanics and Arctic Engineering, Newfoundland, Canada, 2015.
14 Lin K, Fan D, Wang J. Dynamic response and hydrodynamic coefficients of a cylinder oscillating in crossflow with an upstream wake interference [J]. Ocean Eng. 2020, 209: 107520.

Numerical study of flow-induced vibrations of long flexible cylinder under wake interference effect

LIN Ke[1], WANG Jia-song[1*], FAN Di-xia[2]

(1. School of Naval Architecture, Ocean and Civil Engineering, Shanghai Jiao Tong University, Shanghai 200240, Email: jswang@sjtu.edu.cn;
2. Westlake University School of Engineering, Hangzhou 310024)

Abstract: For a free oncoming flow past the structure consisting of multiple closely spaced cylinders, the wake behind one cylinder interferes with the wake coming from the other cylinders, which is so-called wake interference effect. A cylinder under the effect of wake interference is excited in flow-induced vibration (FIV) that is different from what is expected for an isolated cylinder. This paper presents a numerical study on flow-induced vibrations of a long and flexible cylinder under upstream wake interference effect, using an improved grid-independent discrete vortex method (DVM). It is revealed that the cylinder FIV response shows two features distinct from the isolated VIV response with the upstream wake interference. The FVI hydrodynamic coefficient property is analyzed to explain the mechanism responsible for the FIV structural response features. The lower added mass coefficient for the FIV with the upstream wake interference than the VIV of the isolated cylinder guarantees the synchronization between the vortex shedding frequency and the "true" natural frequency of the structure persisting to higher reduced velocity in a certain modal resonance response branch. The excitation coefficient distribution indicates that the cylinder FIV with the upstream wake interference reaches higher amplitude at high reduced velocity, instead of ceasing resonance as the isolated cylinder. The numerical wake visualization shows that the upstream wake interference effect is strongly correlated with the vortex–structure interaction pattern between the upstream wake vortices and the downstream motion.

Key words: Flow-induced vibration; Wake interference; Discrete vortex method; Hydrodynamic coefficient.

基于机器学习方法的波浪预测分析

刘强，冯兴亚*

（南方科技大学 海洋科学与工程系，深圳 518055, Email: fengxy@sustech.edu.cn）

摘要：本研究应用机器学习方法建立波浪升高短期预测模型，进行波浪实时预测。支持向量机方法 SVM 作为机器学习方法的一种，泛化学习能力强，可有效实现波浪预测。本研究基于 JONSWAP 波浪谱水池试验实测数据，采用 SVM 方法进行机器学习与预测。提出一种新的波谱分频方法，将波浪时间序列用快速傅里叶变换转换成波浪谱，将波浪谱分成多个子频域区间，应用滤波技术，分离出子频域区间的时间序列，在子频域区间预测波浪升高，再将子频域预测结果进行线性叠加，形成最终预测结果。对影响预测结果的训练时长、取点频率等参数进行充分优化后，建立了波浪短期实时预测模型。对比分析采用分频方法前后模型预测效果，形成了一套基于支持向量机的波浪短期实时预测方法。通过对比可知，结合数据分频方法，预测精度和有效时长得到了提升。

关键词：波浪预测；波浪谱；机器学习；支持向量机

1 引言

机器学习方法作为物理模型和数值模型以外逐渐发展完善的数据方法，可用来预测海洋中实测的不规则波浪信号。虽然时域空间内的波浪传播表现为非线性，但它们不是完全随机的，可以在给定的误差精度范围内进行预测。早期波浪预测中，人工神经网络（ANN）方法应用较为广泛。Makarynskyy 等[1]使用 ANN 预测了葡萄牙西海岸的波高和提前 3h、6h、12h 和 24h 的周期。Kalra 和 Deo [2]根据 19 个近海地点收集的参数值，通过 ANN 估计了沿海地区的有效波高、平均波周期和风速。为了克服简单前向神经网络不能考虑对时间序列的长期依赖性的问题，研究人员开发了递归神经网络（RNN）。

然而，如果训练时间过长，ANN 方法易产生过度拟合且易陷入局部最优，对预测效果是不利的。Mahjoobi 等[3]利用支持向量回归（SVR）方法建立了海浪有效波高预测模型，并指出 SVR 方法对有效波高的预测技巧优于人工神经网络模型、多层感知机模型和径向基函数模型，且所需计算时间相对较少。Ma 等[5]采用 LSSVM 方法，对典型波周期为 8.7s 和 11.8s 的两列真实海浪进行了模型训练与数据预测，并根据所得模型实现了波浪数据准确实时迭代预测。

综上所述，机器学习方法已逐渐应用于波浪预测中，但目前针对波高时间序列的预测仅依据时域信号，未考虑频域特征。如果波浪频域分布宽，波浪升高时间序列变化复杂，加大了机器学习模型预测的难度，模型稳定性可能较差，有效预测时长受限。为此，本研究考虑了波浪时域与频域特性，引入分频预测方法，建立了各子频域 LSSVM 预测模型，并分析了不同输入参数对波高预测效果的影响，为波浪短时变化规律预测提供参考。

2 支持向量机回归方法

本研究对支持向量机（SVM）方法进行改进，使其成为多层次预测模型，可以存储前序时间序列信息，并用于预测未来数据。LS-SVM 是标准 SVM 的最小二乘版本，它求解一组线性方程组。通用 SVM 回归模型从输入向量的高维特征空间估计预测信号。

通用 SVM 回归模型从输入向量的高维特征空间估计预测信号，公式如下：

$$y_p = w^T \varphi(x) + b \tag{1}$$

式中，y_p 为需预测目标，x 为输入向量，w 是权重，φ 为特征空间映射方程，b 为偏差项。给定训练集样本$\{(x_i, y_i)\}$，通过最小化损失函数 J 计算最优权重向量和偏差项，计算公式为

$$\min J(w, e) = \frac{1}{2}\|w\|^2 + \frac{1}{2}\gamma\|e\|^2 \tag{2}$$

服从以下条件：

$$y_k = w^T \varphi(\mathbf{x}_k) + b + e_k, \quad k = 1, 2, 3, ..., N \tag{3}$$

式中，γ 为用于控制 LS-SVM 模型偏差和方差平衡的正则化参数。e 为误差向量。采用拉格朗日乘子法，计算公式

$$L(w, b, e, \alpha) = J(w, e) - \sum_{k=1}^{N} \alpha_k \{w^T \varphi(x_k) - b + e_k - y_k\} \tag{4}$$

式中，α_k 为拉格朗日乘子项。公式求导为 0，得到各系数，带入线性矩阵方程计算可得：

$$\begin{bmatrix} 0 & \vec{1}_u^T \\ \vec{1}_u & \Omega + I/\gamma \end{bmatrix} \begin{bmatrix} b \\ \alpha \end{bmatrix} = \begin{bmatrix} 0 \\ y \end{bmatrix} \tag{5}$$

式中，$\vec{1}_u = (1,1,...,1)^T$，$I$ 为单位矩阵，$y = (y_1, y_2, ..., y_N)^T$。$\Omega = K(x_k, x_l)$ 为核函数，$K(x_k, x_l) = \varphi(x_k)^T \varphi(x_l)$。求解上述方程组，得到 LSSVM 回归函数：

$$y(x) = \sum_{k=1}^{N} \alpha_k K(x, x_k) + b \tag{6}$$

上述公式描述了 LS-SVM 回归方法的一般原理。应用 LS-SVM 回归方法实现波浪升高预测，需要使用自回归模型提前一步进行时间序列预测：

$$\eta_{t+1} = f(\eta_t, \eta_{t-1}, ..., \eta_{t-d+1}) \tag{7}$$

式中，η_t 为单时间序列，d 为自回归模型阶数。$\{(x_i, y_i)\}_{i=1}^{N}$ 可以表示为：

$$x_i = [\eta_{t_i}, \eta_{t_i-1}, ..., \eta_{t_i-d+1}]$$
$$y_i = \eta_{t_i+1} \tag{8}$$

式中，N 代表训练数据集。基于上述原理，模型训练与数据预测过程原理如图 1 所示。图中，各组矩形框内表示已知数据点，目标值代表未知预测数据。将测得数据划分为训练集和预测集两部分，其中训练集数据为 η_1-η_t，预测集数据为 η_{t+1} 及之后数据。以一定的输入输出比对模型进行训练，得到训练模型后在预测集进行预测。

本研究利用信号频域特征，将波浪信号经过傅里叶变换，得到其对应频谱，进行频域划分(图 2)，再通过滤波得到子频域对应的信号子时间序列。本研究采用切比雪夫二型滤波器，进行信号滤波，把结合滤波分频方法的 SVM 方法称为 DFSVM 方法。图 2 中将 JONSWAP 谱分成 10 个子频域空间。

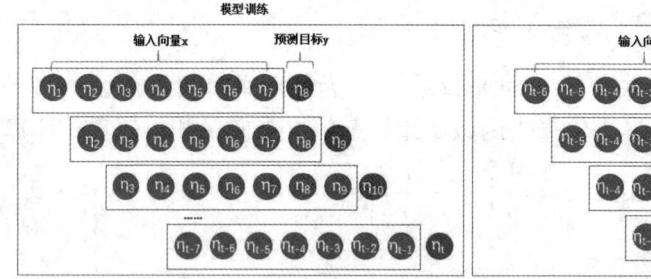
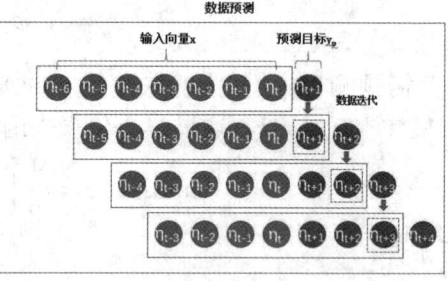

图 1 预测原理

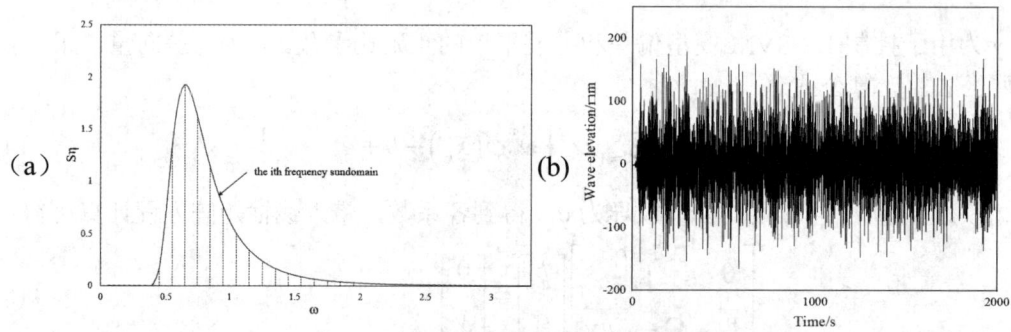

图 2 (a)频域划分; (b)实验室实测时域波浪信号

3 机器学习模型波浪预测结果

3.1 直接预测

本研究所用分析波列为室内实验水池生成的不规则波列。采用 Feng[5] 于英国开尔文水动力学实验室所得实验浪高数据。波浪水池长 76 m，宽 4.6 m，水深 1.8 m。入射波采用

JONSWAP 谱波浪条件造波，谱峰周期 2 s，有义波高 0.312 m，总时长 2000 s，取样频率为 512 Hz。波浪信号如图 2(b)所示。

根据预设的模型参数及输入参数建立支持向量机 SVM 预测模型后，对原始数据进行预测。此处分别选择 500 s 处和 1000 s 处作为训练起始点，训练时长 90 s，预测时长 10 s，对比不同预测长度预测效果变化情况，预测效果见图 3。从图 3 可以看出，预测时长在 2 s 内时，两个预测位置均表现出较高的预测准确度，超出 2 s 时长预测数据出现明显偏差，预测误差快速增大。模型预测效果也会随时间起点变换而有明显不一样，无论是预测时长还是预测准确度都会受到影响。采用线性核函数与高斯核函数预测结果趋势基本一致，但是前者预测效果略优于或者。

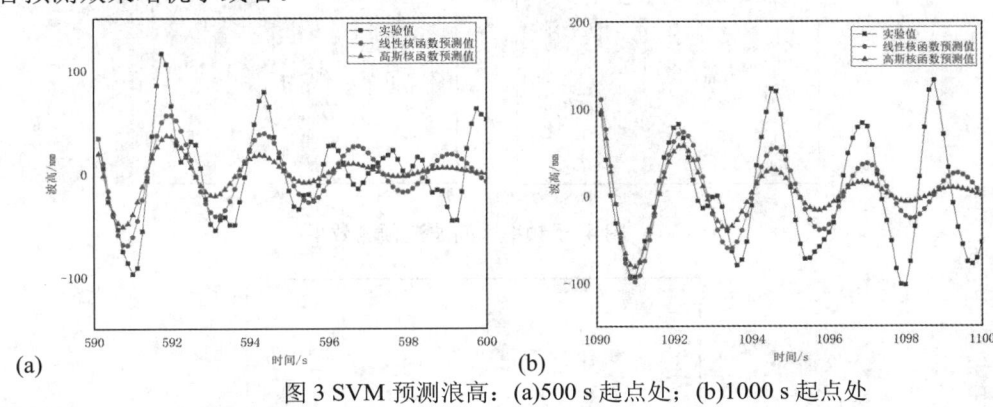

图 3 SVM 预测浪高：(a)500 s 起点处；(b)1000 s 起点处

3.2 分频域预测

为降低数据频域复杂度，采用带通滤波器对数据不同频段进行分别滤波。由于滤波响应函数边界过渡区的存在，频率响应区间会产生少量频域叠加，对滤波结果影响较小，可以忽略。在原始数据中，低频部分($f < 0.1$ Hz)与高频部分（$f > 2.0$ Hz）能量所占比例极小，产生的误差较小，为提高预测效率，只保留中间频部分。采用滤波器，将主频部分滤波为五段子频段，分别为 0.1~0.6 Hz，0.6~0.9 Hz，0.9~1.2 Hz，1.2~1.5 Hz 和 1.5~2.0 Hz。对滤波所得各自子频段进行反傅里叶变化，可得各子频段时程序列。叠加时程序列得总时程序列，与原始时程序列几乎重合。认为所采用的分频区间合理。应用所得 DFSVM 模型分别对子频段时程序列进行预测，得到各子频段预测值与实际值对比(图 4)。由图 4 可知，各子频段时程序列预测长度得到明显延长，预测时长 6s 内均能保持较高的准确性。

将各子频时程序列预测结果叠加，与实际数据进行对比(图 5)。圆形与正方形数据点分别代表了采用 SVM 方法和 DFSVM 方法进行预测所得时间序列。由图可知，对于水池实验数据，在预测时长较短时（2s 内），无论是 SVM 方法还是 DFSVM 方法预测出的结果与实际结果相关系数都高于 0.9，且平均误差较小，可认为两种方法得到的预测结果与实际数据具有较强相关性。当预测时长增长，相较于不分频 SVM 方法，DFSVM 方法预测结果与实际结果仍保持较高的相关系数，平均误差较小，预测稳定性较好，稳定预测时常可达 6s（约三个谱峰周期）。

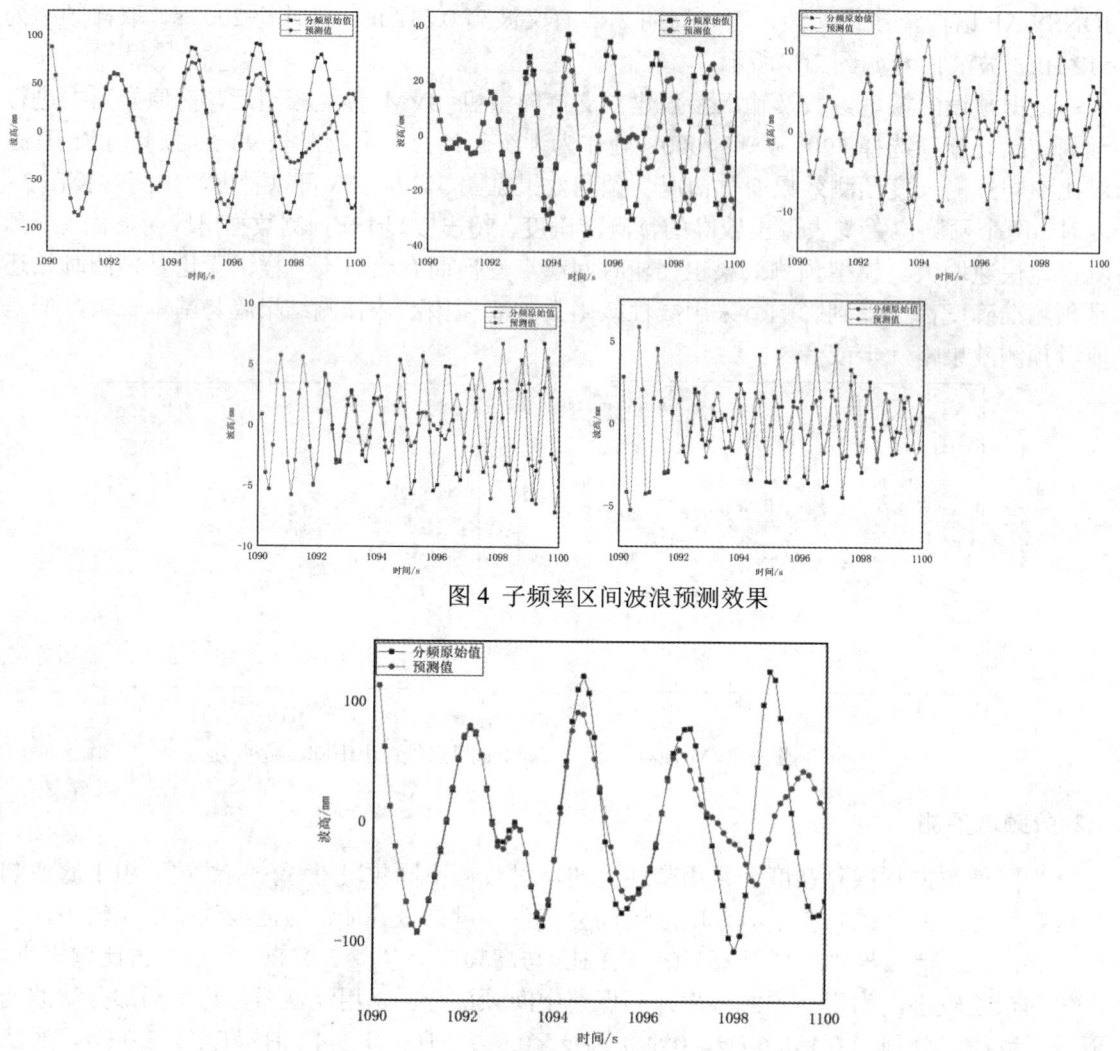

图 4 子频率区间波浪预测效果

图 5 滤波分频方法波浪升高预测效果

参考文献

1. Makarynskyy O, Pires-Silva A A, Makarynska D, et al. Artificial neural networks in wave predictions at the west coast of Portugal [J]. Computers and Geosciences, 2004, 31(4): 415-424.
2. Kalra R, Deo M C. Derivation of coastal wind and wave parameters from offshore measurements of TOPEX satellite using ANN [J]. Coastal Engineering, 2006, 54(3): 187-196.
3. Mahjoobi J, Mosabbeb E A. Prediction of significant wave height using regressive support vector machines [J]. Ocean Engineering, 2009, 36(5): 339-347.

4 Ma Y, Sclavounos P D, Cross-Whiter J, Arora D. Wave forecast and its application to the optimal control of offshore floating wind turbine for load mitigation [J]. Renewable Energy, 2018, 128: 163-176.

5 Feng X. Analysis of higher harmonics in a focused water wave group by a nonlinear potential flow model [J]. Ocean Engineering, 2019, 193: 106581.

A machine learning model for wave prediction based on support vector machine

LIU Qiang, FENG Xing-ya[*]

(Department of Ocean Science and Engineering, Southern University of Science and Technology, Shenzhen 518055, China, Email: fengxy@sustech.edu.cn)

Abstract: In this paper, we propose a least square support vector machine (LSSVM) model to predict ocean wave elevations in a random sea state. The frequency and time domain characteristics of historical wave data are both considered in the proposed model. The wave data following a JONSWAP spectrum measured through an indoor wave tank experiment are used for the study. The measured time series were transformed to frequency domain by the fast Fourier transform and divided into five bands by filtering method. With the time series corresponding to each band, the LSSVM model is trained separately and used to predict future time series. The proposed model is shown to greatly extend the prediction time length, making it more effective to the application of the short-term real-time wave prediction.

Key words: LSSVM; Machine learning; Wave spectrum; Wave prediction.

基于 LBM 湍流大涡模拟壁面边界处理方法研究

杨旭，丁鹏*

（中国石油大学(华东) 新能源学院，青岛 266555, Email: 20090033@upc.edu.cn）

摘要：基于格子玻尔兹曼(LBM)湍流大涡模拟(LES)方法模拟湍流通道流，采用 LBM 湿节点边界条件(wet-node boundary)并且使用壁面函数进行近壁面处理。在数值计算中分别采用 D3Q19、D3Q27 两种格子模型，边界密度计算方法分别采用 Zou-He 法、Guo 法，使用非平衡外推格式、非平衡反弹格式以及有限差分格式等 3 种边界条件，得到了不同格子模型、边界密度计算方法以及边界条件下的双周期通道湍流流速分布以及湍流雷诺应力分布情况。将数值模拟结果与直接模拟进行对比，就数值计算的准确性进行讨论和分析，在模拟通道湍流时，结果表明不同格子模型中 D3Q27 模型的数值模拟结果最为准确，边界密度计算方法中 Guo 法最适合于湍流模拟，不同的边界条件中非平衡外推格式边界条件的准确性最好。

关键词：LBM；大涡模拟；壁面函数；边界条件

1 引言

湍流流动是一种十分常见的自然现象，广泛存在于工程领域中。基于有限体积(FVM)的大涡模拟(LES)方法是目前工程中常用的湍流模拟手段，该方法对非线性微分方程进行离散求解[1]，存在计算成本高、计算速度慢等缺点。基于格子玻尔兹曼大涡模拟方法(LBM-LES)[2]的微观粒子背景使它具有许多优点，例如程序设计简单、易于大规模并行计算等。但是由于湍流壁面附近的流动以粘性力与惯性力处于同一数量级，使用 LBM-LES 方法进行模拟时需要使用大量的网格。为了有效减少壁面模拟所需的网格数，可以采用壁面函数模拟湍流近壁流动[3]。与此同时使用 LBM 湿节点边界条件(wet-node boundary)，该边界中的边界节点位于实际的固体边界附近，仍处于流体范围之内，LBM 方法中对于流体的处理(碰撞与迁移)同样适用于边界节点，但需要求解未知的边界节点速度分布等，现有的 LBM 边界条件包括平衡格式(equilibrium scheme)[3]、有限差分格式(regularized finite difference)[4]、非平衡外推格式(extrapolation non-equilibrium scheme)[5]以及非平衡反弹格式(regularized non-equilibrium bounce-back scheme)[6]，另外边界密度计算方法主要有 Zou-He 法[7]以及 Guo 法[5]。在使用湿节点边界的同时，选择合适的壁面函数模拟壁面附近的粘性影响区域，可以有效地减少网格数。Sagaut 等[8]首次在 LBM-LES 方法中使用壁面函数模拟壁面附近的流动情况，并给出了一种可行的算法实施步骤。Marc 等[3]使用 Schmitt 等格式壁面函数模拟近壁流动，分别采用平衡格式以及非平衡外推格式的边界条件。

现有研究中使用的边界条件、密度计算方法以及 LBM 格子模型等过于单一，并且现有研究集中于中高雷诺数的流动。由于平衡格式边界条件精度较低[3]，本研究采用非平衡外推格式、非平衡反弹格式以及有限差分格式等三种边界条件，Zou-He 法、Guo 法等两种密度计算方法，格子模型分别选择 D3Q19 模型[9]以及 D3Q27 模型[10]，模拟低雷诺数下双周期湍流通道流，并与直接模拟进行对比。

2 数值方法

2.1 格子玻尔兹曼方法

格子玻尔兹曼方法(LBM)基于分子动理论，是一种介观方法，可以分为粒子间的碰撞以及迁移两个步骤。LBGK 模型是目前应用最为广泛的 LBE(Lattice Boltzmann Equation)模型，外力作用下的密度分布演化方程[3]表达式为：

$$f_i(x+c_i\Delta t,\ t+\Delta t) = f_i(t,x) - \frac{1}{\tau}(f_i(x,t) - f_i^{eq}(x,t)) + \Delta t F_i(\rho,u) \tag{1}$$

式中，$f_i(i=0,1,...,q-1)$ 为分布函数，f_i^{eq} 为平衡分布函数，τ 为松弛时间，x 为离散格子所在的位置，Δt 为离散时间步长，c_i 为粒子运动的离散速度。平衡分布函数 f_i^{eq} 为：

$$f_i^{eq} = \rho\omega_i(1+\frac{\boldsymbol{c}_i\cdot\boldsymbol{u}}{c_s^2}+\frac{(\boldsymbol{c}_i\cdot\boldsymbol{u})^2}{2c_s^4}-\frac{\boldsymbol{u}\cdot\boldsymbol{u}}{2c_s^2}) \tag{2}$$

表达式(2)中 ω_i 为格子权系数[10]，$C_s=\frac{1}{\sqrt{3}}$ 为声速。式(1)中 $F_i(\rho,\mathbf{u})$ 为外力的表达式，$\mathbf{g}$ 为外力作用下的加速度。

$$F_i(\rho,\mathbf{u}) = \rho\omega_i(1-\frac{1}{2\tau})[\frac{\boldsymbol{c}_i-\boldsymbol{u}}{c_s^2}+\frac{\boldsymbol{c}_i(\boldsymbol{c}_i\cdot\boldsymbol{u})}{2c_s^4}]\cdot\mathbf{g} \tag{3}$$

流体的运动黏度 υ 与松弛时间 τ 有关，表达式为：

$$\upsilon = c_s^2(\tau-0.5) \tag{4}$$

LBM 方法中格子的排列形式由 D_nQ_m 表示，其中 n 表示维数，m 表示格子链的数目。本研究所用到的模型为 D_3Q_{19} 模型以及 D_3Q_{27} 模型，两模型示意图见图 1 和图 2 如下：

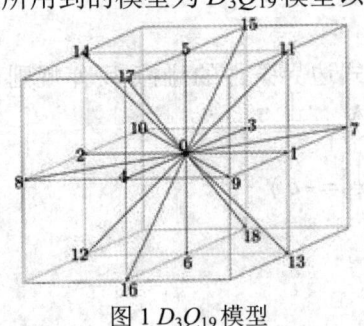 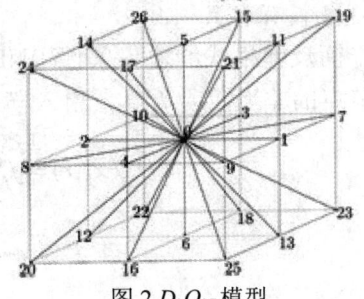

图 1 D_3Q_{19} 模型　　　　　　图 2 D_3Q_{27} 模型

图 1 为三维 19 速模型(D_3Q_{19})，图 2 为三维 27 速模型 (D_3Q_{27}),粒子运动速度集合 C_i 表达式分别如下：

$$c_i = \begin{cases} (0,0,0), i=0 \\ (\pm1,0,0),(0,\pm1,0),(0,0,\pm1), i=1,2,...,6 \\ (\pm1,\pm1,0),(\pm1,0,\pm1),(0,\pm1,\pm1), i=7,8,...,18 \end{cases}, c_i = \begin{cases} (0,0,0), i=0 \\ (\pm1,0,0),(0,\pm1,0),(0,0,\pm1), i=1,2,...,6 \\ (\pm1,\pm1,0),(\pm1,0,\pm1),(0,\pm1,\pm1), i=7,8,...,18 \\ (\pm1,\pm1,\pm1), i=19,20,...,26 \end{cases} \quad (5)$$

2.2 大涡模拟方法

为了实现基于格子玻尔兹曼的大涡模拟，需要用有效运动黏度 v_{eff} 来代替运动黏度 v [3]，并且引入 v_{turb} 来模拟小尺度的涡对大尺度涡的影响，有效运动黏度 v_{eff} 以及 v_{turb} 的表达式如下：

$$v_{eff} = v + v_{turb}, \quad v_{turb} = (C\Delta)^2 |S| \quad (6)$$

式中，常数 C 为 Smagorinsky 常数，$\Delta = (\Delta x \Delta y \Delta z)^{1/3}$ 是网格尺寸决定的过滤尺度，$|S| = \sqrt{2S_{\alpha\beta}S_{\alpha\beta}}$ 与应变率张量 $S_{\alpha\beta}$ 相关，应变率张量 $S_{\alpha\beta}$ 的表达式如下：

$$S_{\alpha\beta} = \frac{1}{2}\left(\frac{\partial u_\alpha}{\partial x_\beta} + \frac{\partial u_\beta}{\partial x_\alpha}\right) \quad (7)$$

2.3 格子玻尔兹曼边界条件

2.3.1 非平衡外推格式

与平衡格式不同的是，非平衡外推格式(EX)利用边界相邻节点的速度分布情况来计算边界节点的非平衡项 f_i^{neq}，表达式如下：

$$f_i(\boldsymbol{x}_b, t) = f_i^{eq}(\rho_w, \boldsymbol{u}_w) + (f_i(\boldsymbol{x}_f, t) - f_i^{eq}(\rho_f, \boldsymbol{u}_f)) \quad (8)$$

式中，$f_i(\boldsymbol{x}_f, t)$ 为与边界节点相邻的格子节点的速度分布函数，ρ_f 为相邻格子节点的密度，$\boldsymbol{u}_f$ 为相邻格子节点的速度，非平衡外推格式具有二阶精度。

2.3.2 非平衡反弹格式

非平衡反弹格式的边界条件(RNEBB)利用反弹格式边界条件的碰撞-反弹规则计算边界格子节点的非平衡项 f_i^{neq}，引入横向动量修正系数 N_t：

$$f_{\bar{i}}^{(1)}(\boldsymbol{x}_b, t) = f_i^{(1)}(\boldsymbol{x}_b, t) - \frac{t \cdot c_i}{|c_i|} N_t (c_{\bar{i}} = -c_i) \quad (9)$$

$$f_i^{neq} = \frac{t_i}{2c_s^4} Q_{i\alpha\beta} \Pi_{\alpha\beta}^{neq} \quad (10)$$

$$Q_{i\alpha\beta} = c_{i\alpha}c_{i\beta} - c_s^2 \delta_{\alpha\beta} \quad (11)$$

$$\Pi_{\alpha\beta}^{neq} = \sum_{i=0}^{z} f_i^{(1)} c_{i\alpha} c_{i\beta} \tag{12}$$

2.3.3 有限差分格式

有限差分格式在求解边界节点的速度分布时需要用到相邻格子节点的分布信息，表达式如下：

$$f_i(x_b,t) = f_i^{eq}(\rho_w, \mathbf{u}_w) - \frac{\rho c_i}{c_s^2 \omega} Q_{i\alpha\beta} : S_{\alpha\beta} \tag{13}$$

式中，$\omega = 1/\tau$，使用有限差分格式时需要求出边界节点附近的速度梯度，具有二阶精度。

2.3.4 边界密度计算方法

边界密度计算方法主要包括 Zou-He 法以及 Guo 法。其中 Zou-He 法表达式如下：

$$\rho_{bc} = \frac{1}{1+u_{bc}^{\perp}} \left(2\sum_{i \in \{i | c_i \cdot \mathbf{n} > 0\}} f_i + \sum_{i \in \{i | c_i \cdot \mathbf{n} = 0\}} f_i \right) \tag{14}$$

式中，$u_{bc}^{\perp}$ 为边界节点速度 $\mathbf{u}_{bc}$ 在垂直于壁面方向上的分量，$\mathbf{n}$ 为垂直于壁面方向的单位法向量。

Guo 法在计算边界节点密度时需要用到边界相邻节点的速度分布情况，C_j 满足 $(C_j \cdot \mathbf{n}) / |C_j| = -1$：

$$\rho_{bc} = \sum f_i(t, \mathbf{x} - |c_j|\mathbf{n}) \tag{15}$$

2.4 壁面函数

2.4.1 Schmitt 格式

Schmitt (SC)格式的壁面函数[11]针对湍流边界层的特点，将壁面函数分为三层，表达式如下：

$$u^+ = \begin{cases} y^+, & 0 \leq y^+ \leq 5 \\ a\log_{10}(y^+) + b, & 5 \leq y^+ \leq 30 \\ C_m(y^+)^m, & y^+ \geq 30 \end{cases} \tag{16}$$

式中，参数 $a = (\frac{1}{\kappa}\log_{10}(30) + B - 5) / \log_{10}(6)$，$b = 5 - a\log_{10}(6)$，$B = 5.2$，$\kappa = 0.4$。

2.5 湍流近壁处理

本研究参考 Marc[3]等提出的算法实施步骤，边界节点见图 3。

$$y_{bc} = 0.5\Delta x \|\mathbf{n}\| \tag{17}$$

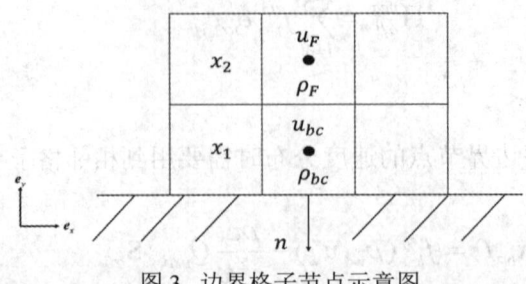

图 3 边界格子节点示意图

Δx 为离散空间步长，n 为垂直于壁面方向上的单位向量，边界节点与壁面间的距离为 y_{bc}。

3 数值模拟区域及结果

3.1 数值模拟区域

使用 LBM-LES 方法模拟双周期湍流流动，在流向(x 轴)以及展向(z 轴)方向上流动具有周期性，上下两平行壁面垂直于法线(y 轴)方向，固体壁面处使用无滑移边界。通道流几何尺寸见图 4。选取 $Re_\tau =182$，通道半高 $H=1$ m，通道高 2H 长度内的网格数为 N，流入通道内流体的湍流强度 I 取值为 5%。

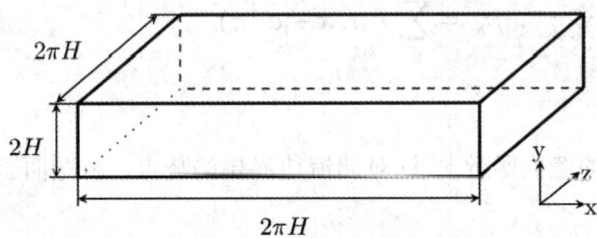

图 4 平板间双周期绕流模型示意图

网格划分如表 1 所示，y_w 为边界节点与壁面间的距离。

$$y_w^+ = \frac{y_w}{\upsilon} u_\tau \tag{18}$$

表 1 网格划分

N	空间步长/m	时间步长/s
25	0.0769	0.0039
40	0.0488	0.0025

3.2 数值模拟结果

3.2.1 不同格子模型数值模拟结果对比

分别采用 D3Q19 以及 D3Q27 模型对通道湍流进行数值模拟，数值模拟结果见图 5，选取网格数 $N=40$，雷诺数 $Re_\tau=182$，边界条件为非平衡外推格式，壁面函数为 Schmitt 格式。

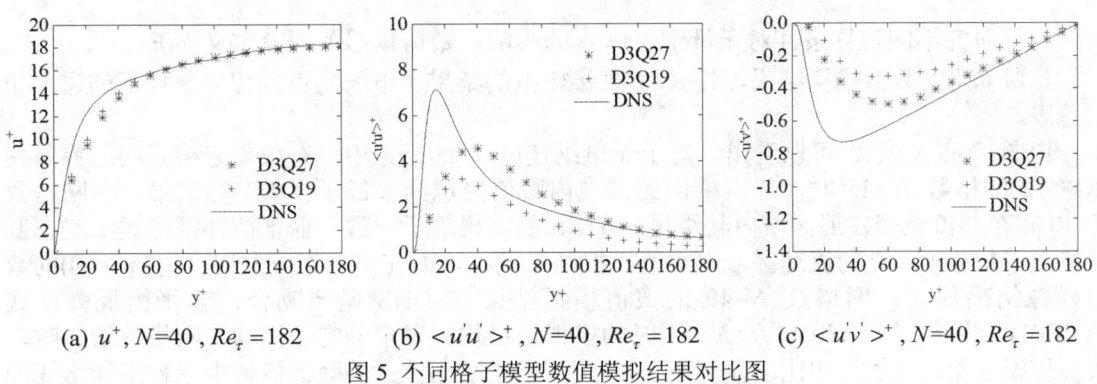

(a) u^+, $N=40$, $Re_\tau=182$ (b) $<u'u'>^+$, $N=40$, $Re_\tau=182$ (c) $<u'v'>^+$, $N=40$, $Re_\tau=182$

图 5 不同格子模型数值模拟结果对比图

对于无量纲速度 u^+ 而言，D3Q19 模型的数值模拟结果与 D3Q27 模型基本一致。对于应力 $<u'u'>^+$ 以及 $<u'v'>^+$ 的数值模拟中，D3Q27 模型的结果与DNS[12]相比误差更小，更适合于通道湍流的模拟，接下来的研究中将使用D3Q27模型。

3.2.2 不同边界密度计算方法数值模拟结果对比

边界密度计算方法分别选择 Zou and He 法(ZH)以及 Guo 法，边界条件选取非平衡外推格式，壁面函数选取 Schmitt 格式，雷诺数 $Re_\tau=182$，网格数 $N=40$，数值模拟结果见图 6。使用 Zou-He(ZH)法对于无量纲速度 u^+ 的数值模拟结果与 DNS 相比在近壁面区域误差较大，模拟结果明显偏低，这也导致 ZH 法对于雷诺应力 $<u'v'>^+$ 以及的 $<u'u'>^+$ 模拟误差较大。相比之下，Guo 法在计算边界格子节点的密度时使用到了相邻节点的分布情况，对于湍流速度以及雷诺应力的模拟更为准确。

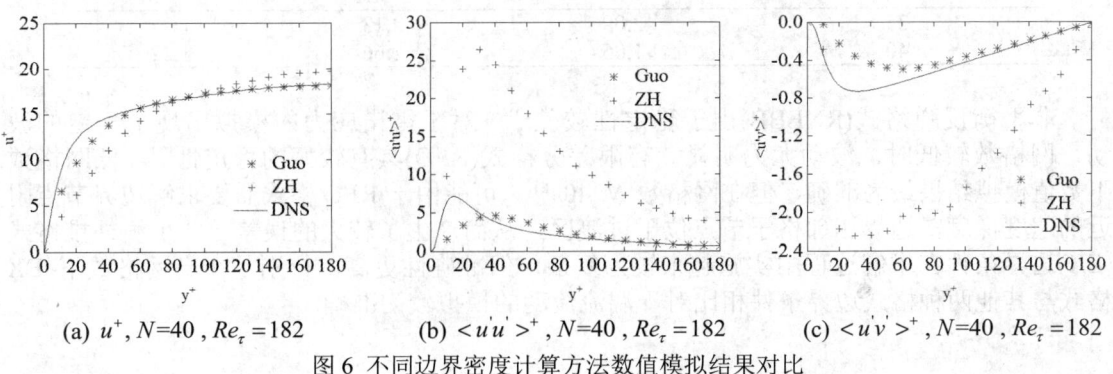

(a) u^+, $N=40$, $Re_\tau=182$ (b) $<u'u'>^+$, $N=40$, $Re_\tau=182$ (c) $<u'v'>^+$, $N=40$, $Re_\tau=182$

图 6 不同边界密度计算方法数值模拟结果对比

3.2.3 不同边界条件数值模拟结果对比

$$E = \frac{\sum_{i=1}^{n}|Y_i - Y_{i,DNS}|}{\sum_{i=1}^{n} Y_{i,DNS}} \tag{19}$$

为了研究不同边界条件对无量纲流速 u^+ 的影响，数值模拟的误差定义为 E：

Y_i 为本研究数值模拟结果，$Y_{i,DNS}$ 为直接模拟的结果，下表为不同边界条件下的误差 E 汇总表。

由图 7 以及表 2 可以看出，对于无量纲速度 u^+ 的模拟中，有限差分格式的边界条件(RFD)在网格数 $N=25$ 时，靠近壁面的区域内数值模拟结果低于 DNS 的结果，在网格数 $N=40$ 时在湍流充分发展区域内其结果与 DNS 的结果趋于一致；非平衡外推格式(EX)在低网格数下位于 $y^+<60$ 的流动区域内数值模拟结果偏小，而在湍流充分发展区内($y^+>60$)的数值模拟结果偏大，网格数 $N=40$ 的数值模拟结果与 DNS 基本吻合；非平衡反弹格式(RNEBB)在网格数 $N=40$ 以及 $N=25$ 时的模拟结果均出现了一定的波动，网格数增加时，数值模拟结果与 DNS 相比误差更小。对于雷诺应力 $<u'u'>^+$ 的数值模拟中三种不同格式的边界条件的数值模拟结果在 $N=25$ 网格条件下与 DNS 的结果相比均出现了较大误差，EX、RFD 边界条件的数值模拟结果在 $y^+=60$ 附近达到最大值，DNS 模拟结果中极值出现在 $y^+=20$ 附近，RFD 格式的模拟结果中极值明显小于 DNS，而 EX 格式的模拟极值大于 DNS，RNEBB 格式的模拟结果出现了较大的波动。$N=40$ 网格条件下，三种不同边界条件的数值模拟的结果的最大值均低于 DNS，最大值出现在 $y^+=40$ 附近，EX 以及 RNEBB 格式下的数值模拟结果在湍流充分发展区内($y^+>100$)与 DNS 的结果基本一致，RFD 格式下的数值模拟结果出现了较大的波动。对于雷诺应力 $<u'v'>^+$ 而言，$N=25$ 网格条件下的模拟结果中，RFD 格式的数值模拟结果与 DNS 相比误差最小，EX 格式边界条件的数值模拟结果小于 DNS，RNEBB 边界下的数值模拟结果出现了较大的波动。在网格数 $N=40$ 条件下，EX 格式的数值模拟结果与 DNS 更为吻合，RNEBB 以及 RFD 格式下的数值模拟均出现了一定波动。

表 2 误差汇总表

N	E_{EX}	E_{RNEBB}	E_{RFD}
25	2.09	2.13	1.27
40	1.05	1.66	1.22

非平衡反弹格式(RNEBB)由于稳定性较差[6]，对于雷诺应力的模拟出现了一定的波动，网格数较低时，波动尤为明显。有限差分格式(RFD)具有较好的稳定性[4]，低网格数下数值模拟结果最为准确，但在网格数 $N=40$ 时，可能由于 RFD 格式需要求解边界节点附近的速度梯度，边界相邻格子节点位于过渡区，从而产生了较大的误差。非平衡外推格式(EX)边界条件在求解过程中实施起来较为复杂，但准确性更高，特别是在高网格数下 EX 格式与其他两种格式边界条件相比对于湍流流动的模拟较为准确。

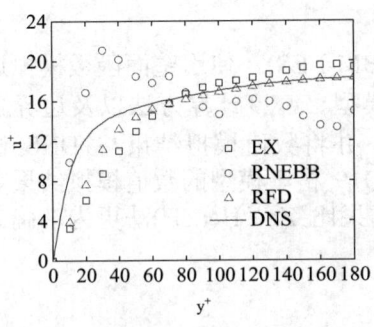

(a) u^+, $N=25$, $Re_\tau=182$, SC

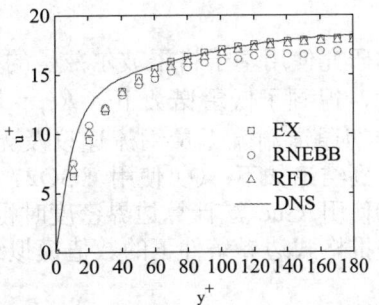

(b) u^+, $N=40$, $Re_\tau=182$, SC

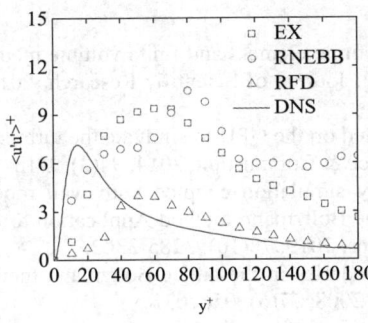

(c) $<u'u'>^+$, $N=25$, $Re_\tau=182$, SC

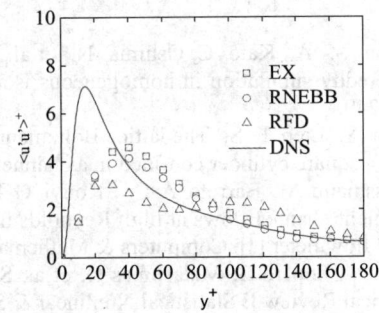

(d) $<u'u'>^+$, $N=25$, $Re_\tau=182$, SC

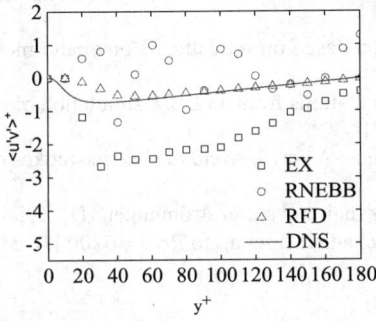

(e) $<u'v'>^+$, $N=25$, $Re_\tau=182$, SC

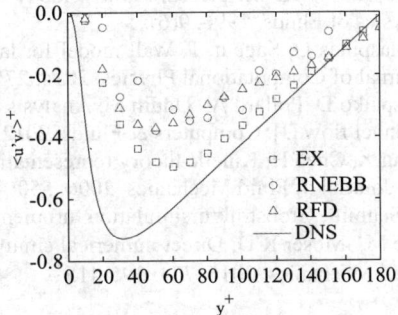

(f) $<u'u'>^+$, $N=25$, $Re_\tau=182$, SC

图 7 数值模拟结果对比图

4 结论

本研究使用基于格子玻尔兹曼的大涡模拟方法(LBM-LES),使用壁面函数模拟近壁区的流动,得到了低雷诺数下($Re_\tau=182$)不同格子模型、密度计算方法以及边界条件下的双周期通道湍流无量纲流速以及无量纲雷诺应力,并将数值模拟结果与 DNS 进行对比,得到结论如下:① 使用 D3Q27 格子模型比 D3Q19 格子模型的数值模拟结果更为准确。②使用 Guo 法计算边界密度时得到的数值模拟结果比 Zou-He(ZH)法更为准确。③非平衡外推格式边界条件下的数值模拟结果最为准确。

参考文献

1. Uddin M A, Kato C, Oshima N, et al. Performance of the finite element and finite volume methods for large eddy simulation in homogeneous isotropic turbulence [J]. Journal of Scientific Research, 2010, 2(2): 237-249.
2. Koda Y, Lien F S. The lattice Boltzmann method implemented on the GPU to simulate the turbulent flow over a square cylinder confined in a channel [J]. Flow Turbulence & Combustion, 2014, 94(3): 1-18.
3. Haussmann M, Barreto A C, Kouyi G L, et al. Large-eddy simulation coupled with wall models for turbulent channel flows at high Reynolds numbers with a lattice Boltzmann method-Application to Coriolis mass flowmeter [J]. Computers & Mathematics with Applications, 2019, 78(10): 3285-3302.
4. Latt J, Chopard B, Malaspinas O, et al. Straight velocity boundaries in the lattice Boltzmann method [J]. Physical Review E Statistical Nonlinear & Soft Matter Physics, 2008, 77(5): 056703.
5. Guo Z, Zheng C, Shi B. Non-equilibrium extrapolation method for velocity and pressure boundary conditions in the lattice Boltzmann method [J]. Chinese Physics B, 2002, 11(4): 9.
6. 刘连国, 杨帆, 王宏光. 格子 Boltzmann 方法三种边界格式的对比分析 [J]. 机械研究与应用, 2012, 25(1): 5.
7. Zou Q, He X. On pressure and velocity boundary conditions for the lattice Boltzmann BGK model [J]. Physics of Fluids, 1996, 9(6).
8. Malaspinas O, Sagaut P. Wall model for large-eddy simulation based on the lattice Boltzmann method [J]. Journal of Computational Physics, 2014, 275: 25-40.
9. Bespalko D, Pollard A, Uddin M. Analysis of the pressure fluctuations from an LBM simulation of turbulent channel flow [J]. Computers & Fluids, 2012, 54: 143-146.
10. Shan X, Chen H. Kinetic theory representation of hydrodynamics: A way beyond the Navier-Stokes equation [J]. Journal of Fluid Mechanics, 2006, 550: 413-441.
11. L. Schmitt, Grobstruktursimulation turbulenter grenzschicht-, kanal-und stufenströmungen [D]. 1988.
12. Lee M, Moser R D. Direct numerical simulation of turbulent channel flow up to $Re_\tau \approx 5200$ [J]. Journal of Fluid Mechanics, 2015, 774: 395-415.

Research on turbulent near-wall region boundary treatment methods with large-eddy simulation based on the Lattice Boltzmann method

YANG Xu, DING Peng*

(School of China University of Petroleum(East China), College of New Energy, Shandong 266555, China)

Abstract: Large-eddy simulation (LES) based on Lattice Boltzmann method(LBM) was used to simulate turbulent channel flow. LBM wet-node boundary conditions coupled with wall functions were used for near-wall treatment. Two LBM lattice models, D3Q19 and D3Q27, were used in numerical simulation, and the boundary density was calculated by Zou-He method and Guo method respectively. Three boundary conditions, such as non-equilibrium extrapolation scheme, non-equilibrium bounce-back scheme and finite difference scheme, were used to simulate turbulent channel flow. The turbulent velocity and turbulent Reynolds stress of different lattice models, different calculation methods of boundary density and different boundary conditions were obtained. By comparing the numerical simulation results with the direct numerical simulation, the accuracy of the numerical simulation was discussed and analyzed. The results show that the D3Q27 lattice model is the most accurate for different lattice models, and the simulation results of the extrapolation method is validated against direct numerical simulation. For different boundary conditions, the non-equilibrium extrapolation scheme is the most accurate.

Key words: Lattice Boltzmann method; Large-eddy simulation; Wall functions; Wet-node boundary conditions.

基于直角网格方法的风浪流长时历演化数值模拟

柴冰，刘成*

(上海交通大学 船舶海洋与建筑工程学院，上海 200240, E-mail: chengliu@sjtu.edu.cn)

摘要：风浪流在海洋环境中普遍存在，是一种分阶段、非线性的复杂水气耦合过程。尽管在过去的研究中已提出多种理论模型，因受实验测量仪器的限制，仍无法准确得到风浪流的速度压力分布，风浪流的生成机制尚不明确。本研究基于自主开发的多相流求解器，对风速为 10.5 m/s 风力驱动下的自由面进行长时历数值模拟。通过分析自由表面涡量、压力的分布对波浪演化的影响，证明了波浪生成前期阶段由风力摩擦驱动主导，后期由风压驱动主导。同时计算了平均波高、波斜率、波数等参数的时历变化，其阶段性特征变化符合实验观测。最后通过波面的压力波动计算了波高增长，数据结果与 Phillips 的压力共振理论预测值相符，证明了求解结果的准确性。

关键词：风浪流演化；数值模拟；直角网格方法

1 引言

风吹过平静的海面，在摩擦力和压力的共同作用下兴起波浪。大风兴起的波浪影响着远洋运输船舶及海洋平台的性能。波浪增长来源于摩擦及压差两种机制，Miles[1]提出剪切流不稳定性机制，认为由于风对波浪的剪切不稳定性，在波面以上存在波致湍流区，风能通过压力通量输送到波浪中。Phillips[2]提出压力共振机制，认为当波数与波浪上方压力波动一致时产生的共振效应使得波浪线性增长，并给出了波浪随时间增长的表达式。受测量仪器限制，实验[3]及现场观测[4]无法准确获得近液面的速度场和压力场，只能通过插值或经验公式进行估算。近年来随着数值模拟技术的发展,部分学者对风浪流进行了一系列的数值模拟，Lin[5]模拟了 3 m/s 风速条件下的风驱动流，证明了波能主要来自于压力波动。Wu[6]模拟了波面下漂移层的增长，探究了空气黏性的对波浪增长的作用。Li[7]模拟了波浪初始生长阶段，并进行了 Phillips 理论验证，分析了波浪增长的主要阶段。然而由于前人使用 DNS 方法模拟对雷诺数有限制，在高风速工况下进行波浪发展的多阶段模拟方面存在不足。

本研究基于自主开发的直角网格多相流快速求解器，使用 VOF 方法捕捉自由液面，对 10.5 m/s 高风速下的初始静水面进行 700 s 长时历计算，弥补了前人计算时长不足、只计算低风速的缺陷，捕捉了波浪发展的多个阶段。通过波浪的平均波数、波高以及波斜率的时

基金项目：国家自然科学基金(51979160)

历变化，分析了波浪发展不同阶段的特点。同时根据涡量及压力与波浪时历演化图的相位差的变化，分析了波浪发展前期与后期不同的主导因素。最后参考 Phillips 波增长理论公式，进行拟合对比，验证了计算结果的准确性。

2 模型设置

2.1 控制方程

本研究使用不可压缩 Navier-Stokes 方程和连续性方程（1）

$$\frac{\partial \boldsymbol{u}}{\partial t} + \nabla \cdot (\boldsymbol{uu}) = -\frac{\nabla p}{\rho} + v\nabla^2 \boldsymbol{u} + \boldsymbol{g}, \quad \nabla \cdot \boldsymbol{u} = 0. \tag{1}$$

式中，t 为时间，$\boldsymbol{u}$ 为速度矢量，p 为压力，$\boldsymbol{g}$ 为重力项，v 是运动黏性系数。速度和压力解耦采用投影法（projection method），过程如式（2）所示：

$$\begin{aligned}\boldsymbol{u}^* &= \Delta t(-\mathbf{C}^{n-1} + \mathbf{D}^{n-1} + \mathbf{g}) + \boldsymbol{u}^{n-1}, \\ \nabla \cdot \frac{1}{\rho}\nabla p^n &= \frac{1}{\Delta t}\nabla \cdot \boldsymbol{u}^*, \\ \boldsymbol{u}^n &= \boldsymbol{u}^* - \Delta t \frac{1}{\rho}\nabla p^n,\end{aligned} \tag{2}$$

式中，C 和 D 分别为对流项 $\nabla \cdot (\boldsymbol{uu})$ 和扩散项 $v\nabla^2\boldsymbol{u}$，空间上对流项采用迎风差分格式，扩散项使用中心差分格式。时间步长 $\Delta t < 0.2 \min(\Delta l)/\boldsymbol{u}^{n-1}$，$\min(\Delta l)$ 为最小网格尺度，$\boldsymbol{u}^{n-1}$ 为上一时间步速度。

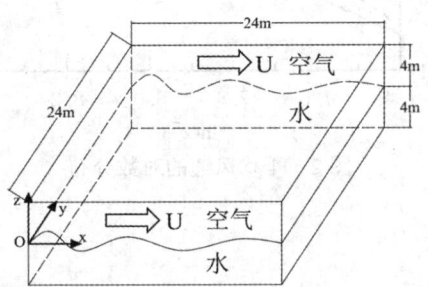

图 1 计算域布置示意图

2.2 计算域设置

计算域布置见图 1。本研究中 $U = 10.5$ m/s，初始波面静止，计算域原点设置在相界面交界处，初始时刻 $z > 0$ 为气相，$z < 0$ 为液相。采用均匀直角网格进行计算，x, y 方向网格间距分别为 0.2 m 和 0.4 m，$-1 \text{m} < z < 1 \text{m}$ 范围内 z 方向网格间距为 0.05 m，其余位置 z 方向网格间距为 0.1 m。模拟时长为 700 s，$t = 700$ s 时波长 $\lambda = 8$ m，波幅 $a = 0.3$ m，临界层（平均风速等于 10.5 m/s 的位置）高度约为 1 m。计算域的边界条件设置为：x 方向及 y 方向使

用周期性边界条件；z 方向顶部使用自由滑移可穿透边界条件；z 方向底部使用自由滑移不可穿透边界条件。

2.3 计算结果验证

采用风平均速度对数分布律 $U^+ = 1/\kappa ln z^+ + b$[5]对求解器进行验证，其中 κ 为卡曼系数，实验常取为 0.4，b 为表面粗糙长度相关系数，Lin 等[5]模拟结果为 0.33。图 2 展示了本算例的平均风速对数分布律，图中横坐标为 $ln(z^+) = ln(z_a u^*/v_a)$，纵坐标为 $U^+ = (u_{mean} - u_s)/u^*$，其中 z_a 为 z 方向坐标，受 z 方向网格分辨率限制，数据处理范围 $ln(z^+) \in (7.4, 8.4)$。u^* 为空气摩擦速度，取为 $0.06U$；v_a 为空气运动黏性系数取 $1.7 \times 10^{-5} (m^2/s)$；$u_{mean}$ 为 z_a 高度平面的 x 方向平均速度；u_s 为波面平均速度。如图 2 所示，模拟结果 κ 的数值在实验和 Lin 等[5]模拟的取值范围内，验证了本求解器结果的准确性。

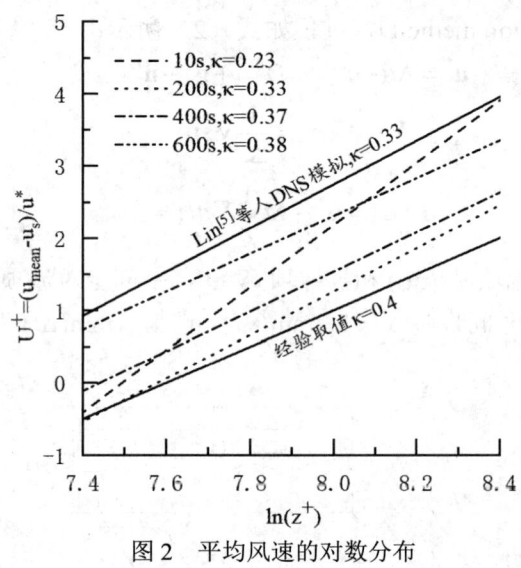

图 2 平均风速的对数分布

3 结果分析

3.1 波浪特征参数的时历变化

图 3 展示了平均波高 $\langle \eta^2 \rangle^{1/2}$，波斜率 $\langle \eta_x^2 \rangle^{1/2}$ 和平均波数 k_{mean} 的时历变化。k_{mean} 计算方法见式（3），其中 k 为对 t 时刻下波高进行傅里叶变换得到波数，波幅的 n 次方 a^n 为波数的加权系数，l 为波数的缩放系数，$n=2, l=10$。使用波高、波斜率和波数的最大值对其本身进行无量纲化。

$$k_{mean} = \left(\frac{a^n(l+k/l)}{sum(a^n)} - l \right) l \tag{3}$$

从图 3 可以看出，在 $t=100$ s，出现波浪增长阶段表现出两种不同的趋势。100 s 之前阶段，波数快速下降，而波高和斜率快速上升，在此阶段波浪快速生成，对应波浪发展的涟漪阶段。100 s 之后阶段，x 方向波斜率维持缓慢增长的平稳趋势，表明波浪传播方向 x 方向波斜率已经基本稳定；y 方向波斜率因展向波浪相连突然下降，后又因波浪展向发展不均匀而缓慢增长；与此同时，此阶段波数缓慢下降，说明波高和波长都在缓慢稳定增长，该阶段对应于波浪的线性发展阶段。以上波浪特征参数的时历发展变化符合实验观测规律[3]。

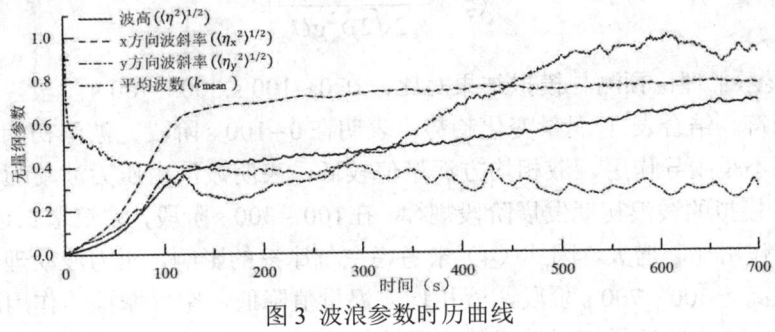

图 3 波浪参数时历曲线

3.2 波浪发展阶段分析

波浪中涡量大小的变化可用于表征风对波浪的黏性摩擦程度[6]。表 1 展示了液相 y 方向均方涡量 $\langle \omega^2 \rangle$ 随时间的变化。可以看出 200 s 以前，涡量大小随时间增加，说明波浪发展前期阶段风的摩擦作用较大，200 s 以后，涡量大小降低，说明波浪发展后期阶段风对波浪的摩擦作用减小。

表 1 均方涡量时历变化

t/s	50	100	200	400	600
$10000\langle\omega^2\rangle/s^{-2}$	3.53	8.82	11.23	5.88	5.29

图 4 展示了 $t=10$ s 及 $t=600$ s 时刻波高与风压的分布。可以看出 10 s 时压力与波高相位差较小，600 s 时相位差较大，压力波峰在波浪迎风侧，波谷在波浪背风侧。结合表 1 及图 4 说明波浪发展前期摩擦驱动占比较大，后期阶段由压力驱动主导，与图 3 中的增长阶段相对应。

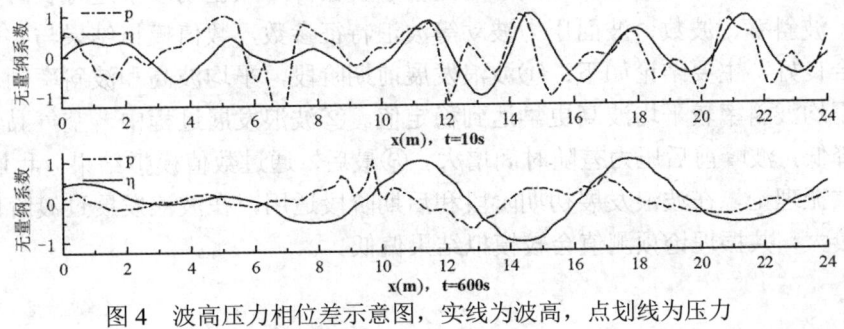

图 4 波高压力相位差示意图，实线为波高，点划线为压力

3.3 Phillips 波高预测

根据 Phillips 的压力共振理论（式（4）），其中 $\langle \xi^2 \rangle$ 为平均波高，$\langle p_a'^2 \rangle$ 为波面处压力平均波动，U_c 定义为 x 方向平均风速，Phillips 定义其可取为 $U_c = 18 u_a^*$，在本研究中，U_c 取为设定的初始风速 U。

$$\langle \xi^2 \rangle \sim \frac{\langle p_a'^2 \rangle}{2\sqrt{2}\rho_w^2 g U_c} t. \tag{4}$$

图 5 展示了理论预测与模拟结果对比，在 0~100 s, 300~700 s 阶段，波高预测值与实际波高值相符。结合表 1 涡量变化趋势，表明在 0-100 s 阶段，波浪初期发展过程中空气黏性摩擦并不是主导作用，液相均方涡量值较低，表明波浪由压力波动驱动生成，此阶段符合 Li 等[7]模拟的波浪初期发展阶段规律。在 100~300 s 阶段，波浪增长达到一定程度时，空气的摩擦作用显著增大，因式（4）未考虑空气摩擦的影响，压力波动理论的预测值便低于实际的波高。300~700 s 阶段，液相均方涡量值降低，空气摩擦的作用减小，模拟值与理论值相符，再次验证了模拟结果的准确性。

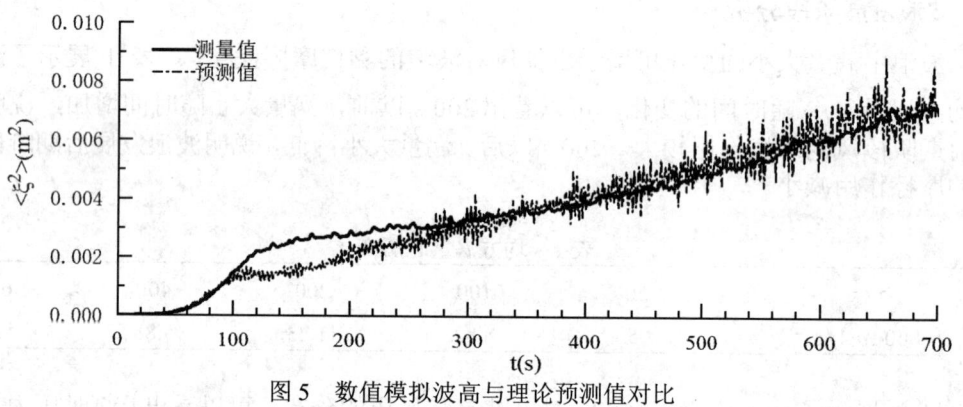

图 5 数值模拟波高与理论预测值对比

4 结论

本研究基于自主开发的两相流直角网格求解器，对风驱动波浪进行长时历模拟，并分析波高、波斜率、波数、波面压力波动等波浪特征参数，数值模拟结果与实验值、理论预测值吻合良好，主要结论如下：①波浪发展前期阶段，平均波高和波斜率同步变化，后期阶段，平均波斜率较平均波高更早达到稳定值。②波浪发展过程中，空气黏性摩擦作用先增大后降低，波峰前后压力差随时间增大。③最后，通过数值模拟结果，我们发现 Phillips 的压力共振理论，在波浪发展初期阶段和后期阶段适用，在波浪发展过渡阶段由于空气摩擦影响较大，共振理论预测值会较模拟结果偏低。

参考文献

1   Miles J W. On the generation of surface waves by shear flows [J]. Fluid Mech, 1957, 3: 185-204.
2   Phillips O M. On the generation of waves by a turbulent wind [J]. Fluid Mech,1957, 2: 417-445.
3   Zavadsky A, Shemer L. Water waves excited by near-impulsive wind forcing [J]. Fluid Mech, 2017, 828: 459-495.
4   徐嘉. 大型浅水湖泊近岸波浪的风、涌分离及其演化机制 [D]. 南京: 南京信息工程大学, 2021.
5   Lin M Y, Moeng C H, Tsai W T, et al. Direct numerical simulation of wind-wave generation processes [J]. Fluid Mech, 2008, 616: 1-30.
6   Wu J. Deike L. Wind wave growth in the viscous regime [J]. Physical Review Fluids, 2021, 6(9).
7   Li T Y, Shen L. The principal stage in wind-wave generation [J]. Fluid Mech, 2022, 934, A41.

Numerical simulation of wind wave current evolution

CHAI Bing, LIU Cheng*

(School of Naval Architecture, Ocean & Civil Engineering, Shanghai Jiao Tong University, Shanghai 200240, Email: chengliu@sjtu.edu.cn)

Abstract: Wind wave evolution is a complex nonlinear water-air coupling process. Due to the limitation of experimental equipment, the detailed velocity and pressure distribution of wind wave flow cannot be accurately measured. Based on the self-assembled multiphase flow solver, 700s long time numerical simulation of free surface driven by wind at 10.5m/s is carried out in this paper. The influence of vorticity and pressure distribution on wave evolution proved that wind friction drives wave in the early stage and wind pressure drives wave in the late stage. The variation of average wave height, wave slope and wave number with time is analyzed. Finally, the wave high growth was consistent with the predicted value of Phillips' pressure resonance theory.

Key words: Wind wave; Generation mechanism; Numerical simulation; Surface gravity wave.

数值模拟交错布置形式下不等直径双圆柱绕流现象

季孟洁，雷林*，石伏龙

（重庆交通大学 船舶与海洋工程学院，重庆 400074，Email: jmjaixuexi@163.com）

摘要：立管是深海石油开采和勘探中的关键设备，海洋立管的布置形式作为重点设计因素，因此研究不同布置形式下的柱体绕流问题具有重大意义。基于计算流体力学理论和方法，数值模拟亚临界雷诺数 Re=3900 圆柱绕流现象，研究交错布置形式下的二维不等直径双柱体绕流干扰问题，分析双柱交错角的变化对圆柱的水动力系数和涡脱落模式的影响，重点对升阻力系数时间历程曲线、斯特罗哈数的变化关系和尾涡流态的演变进行阐述分析，探究不等直径双圆柱之间的互扰效应，为海洋工程多体双柱相互干扰理论分析提供技术支撑。

关键词：圆柱绕流；交错布置；斯特罗哈数；尾涡脱落

1 引言

多柱体系统在实际海洋工程的应用广泛，由于多柱体与海流、波浪等环境载荷之间会相互干扰、相互影响，长期作用会使柱体结构物发生振动与变形，甚至造成疲劳破坏。因此阐明多柱体之间的流动干扰特征和机理，有利于提升多柱体海洋工程设备的可靠性，具有重要的工程意义和广阔的理论意义。

双圆柱系统被认为是研究多柱体系统周围流动力学的简单模型，国内外学者就双圆柱绕流现象和分析方法等相关方面已经展开了大量研究并取得了阶段性成果。Zhou[1]对以往的研究进行了汇编总结，根据双圆柱之间的间距比和相对于入射流的方向划分成不同的区域，详细得讨论了各个区域的流动特性和尾迹变化。Mahbub Alam[2]在雷诺数 200 的条件下，对相同直径的串列双圆柱进行了数值模拟，结果发现间距比和相位滞后都会影响上游圆柱的脉动升力，推导了脉动升力、间距比和相位滞后的关系式。Zha[3]数值模拟了高雷诺数（Re=50000）下不等直径的双圆柱绕流，研究了小圆柱体和大圆柱体之间的直径比为 0.5

基金项目：重庆市教委科学技术青年项目(KJQN202100704)和 2021 年重庆市研究生科研创新项目(CYS21361)

时,小圆柱体的位置角对水动力和涡流脱落频率的影响。他将圆柱的涡流脱落分为单尾迹模式和相互作用脱落模式。Raphaël Dubois[4]研究了串联的粗糙圆柱体在低湍流条件下的绕流问题,分析了不同区域和间距比下的剪切层特征。端木玉[5]基于 OpenFoam 的大涡模拟方法对 Re=3900 的三维圆柱绕流进行研究。张艺鸣[6]基于 CFD 方法得到了不同间距比下的并列不等直径双圆柱的二维数值模拟结果,其中临界间距比为3。于定勇[7]改变并列双圆柱的间距比和直径比,得到三种不同涡脱形态。林凌霄[8]对不同间距比下的并列双圆柱绕流特性和互扰效应进行了研究,其结果验证了间距比对流体力系数和圆柱尾流的影响。涂佳黄[9]对三维串列双圆柱进行数值模拟,重点研究了流体力系数在时空上的演变规律和水动力特性。孙涵[10]采用大涡模拟方法研究串联圆柱在不同雷诺数下的泻涡结构并分析圆柱表面产生周期性升阻力的原因。

本研究首先验证了单圆柱的绕流现象,通过和已有文献的结果对比来确立计算模型的可用、网格的有效、计算方法的适用和相关参数的正确。进一步模拟亚临界雷诺数条件下的二维不等直径圆柱绕流干扰现象,选取圆柱排列与来流方向所形成的角度为 0°、15°、30°、45°、60°、90°、120°、135°、150°、180°,研究角度变化对圆柱尾涡脱落模态、升阻力系数和斯特罗哈数的影响。

2 计算模型及参数

2.1 控制方程

本研究非在定常状态下的不可压缩流体的流动,连续方程和动量方程如下:

连续方程: $\nabla \cdot \boldsymbol{u} = 0$ (1)

动量方程: $\rho \dfrac{\partial \boldsymbol{u}}{\partial t} + \rho \nabla \cdot (\boldsymbol{uu}) = -\nabla p + \nabla \cdot (\mu \nabla \boldsymbol{u})$ (2)

式中,$\boldsymbol{u}=(u,v)$ 为速度向量,u 为 x 方向上的速度分量,v 为 y 方向上的速度分量。ρ 是密度,t 是时间,p 是压强,μ 是流体的动力黏性系数。

2.2 计算域设置

本研究所模拟的交错布置形式下的不等圆柱是处于均匀流中,计算域及边界见图 1。大圆柱的直径为 D,小圆柱直径为 d,$D=2d$,大小圆柱表面之间的间距比为 G,$G=2D$,两圆柱的中心连线与来流方向所形成的夹角为交错角 θ,θ 在 0°~180° 的范围内变化。大圆柱中心距进口和下边界的距离 10D,小圆柱距上边界 10D,为保证尾流的充分发展,小圆柱中心距出口边界 30D。

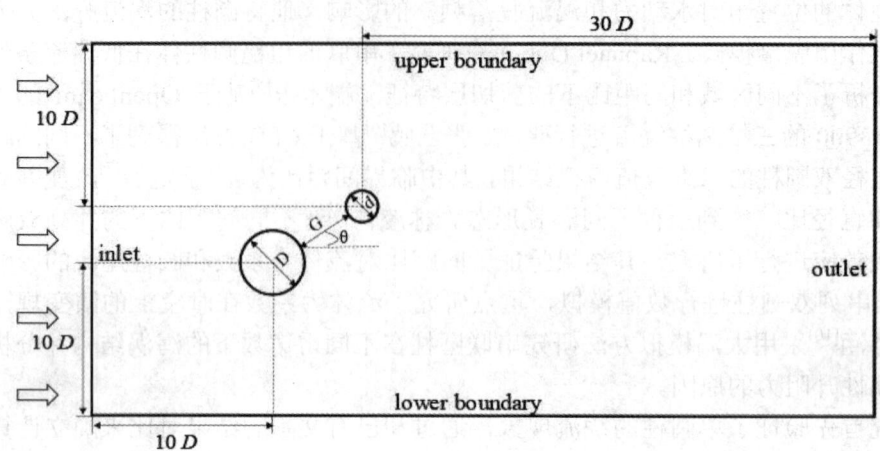

图 1 计算模型

2.3 相关参数

来流速度 u=0.39 m/s，流体密度 ρ=997.561kg/m³，动力黏性系数 μ=0.001N×s/m²，雷诺数 Re=3900。为参数的规范化，将来流速度和圆柱直径用作基准速度和基准长度。边界条件设置如下：进口边界设置为速度进口，即 u_x=0.392，u_y=0；出口边界为压力出口，即 p^*=0，p^* 为标准静压；上下侧边界为对称边界，圆柱表面设置为无滑移壁面。湍流模型选择标准 K-Epsilon 两层模型，该模型适用于发展完全的湍流，设置二阶对流项，求解的时间离散精度为二阶。

3 数值模拟结果分析

3.1 单圆柱绕流

从网格收敛性的角度，设置三套粗细不同的网格进行模拟，其中 case1 网格（网格单元总数 79840）较大、布置较为稀疏，case2 网格（网格单元总数 121560）大小适中，case3（网格单元总数 170586）网格最密。通过对比计算所得圆柱升、阻力系数曲线发现 case2 和 case3 的曲线十分接近，与 case1 有明显区别，为减少计算时间和节约计算资源，选用 case2 的计算模型和相关参数进行后续的计算。

将模拟结果与雷诺数相同的物理模拟实验结果和数值模拟结果进行了对比（表1），可以看出本研究计算结果与参考值较为接近，误差较小，从而验证了所选用模型的正确性和网格的适用性。

表 1 本文所计算的相关系数及有关参考值

项目	雷诺数 Re	平均阻力系数 C_d	斯特鲁哈数 S_t
Norberg[11]	3900	0.99	-
Kravchenko等[12]	3900	1.04	0.21
于定勇等[7]	3900	0.99	0.184
Wornom[13]	3900	0.99	0.21
case1	3900	0.93	0.205
case2	3900	0.95	0.197
case3	3900	0.98	0.197

三种网格的升力系数曲线在整个计算时间都以 0 为中心振荡，以 case2 为例（图 2），在 0~1 s 的时间内，曲线幅值接近零，随着时间的推移，幅值开始逐渐增大直至稳定，在 2.8 s 左右幅值稳定在 0.4 附近，而阻力系数曲线的变化趋势是先急剧下降再逐渐增大直至稳定，其振幅较小但波动较大。而升、阻力曲线产生周期线性变化的原因正是由于产生了周期性的力。在水流流过圆柱之后，会在圆柱的后方生成交替脱落的漩涡，涡的周期性脱落引起了升、阻力系数的周期性变化，对升力系数进行频谱分析得到涡脱频率为 7.66 Hz。单圆柱涡量图见图 3，可以看到圆柱后方的尾流有方向相反，成对出现的卡门涡街。

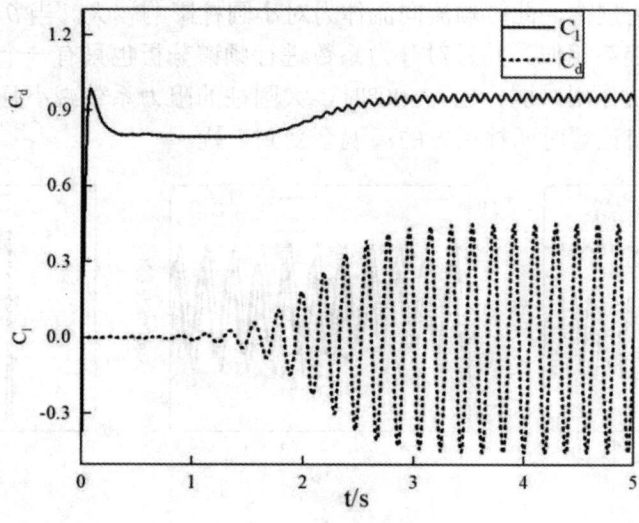

图 2 单圆柱升/阻力曲线

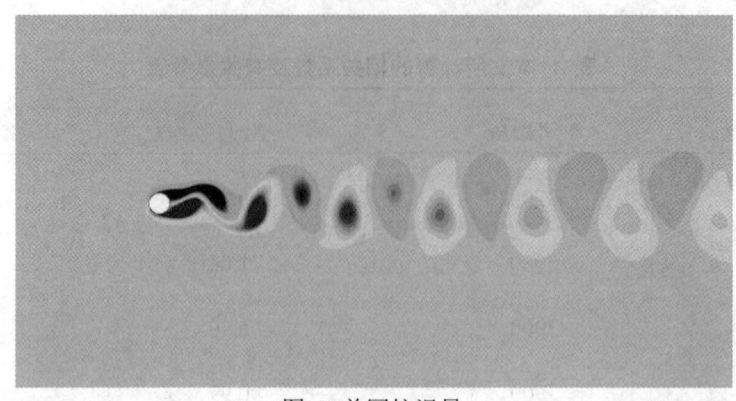

图 3 单圆柱涡量

3.2 双圆柱绕流

利用和单圆柱绕流相同的湍流模型、网格布置、计算域划分、边界层和物理参数的设置，进一步对不等直径的错列双圆柱进行研究。

图 4 给出了大小圆柱在不同交错角下的升、阻力系数随时间的变化曲线，并对升力系数作 FFT 变换得到大小圆柱的涡脱频率。当 $\theta=0°$ 时，即大小圆柱串联布置时，大圆柱表面的阻力系数和升力系数的变化趋势和单圆柱工况十分相似，均表现出强烈的规律性，可能两柱表面所受压力作用都较为稳定。当 $\theta=15°$ 时，大圆柱的升、阻力曲线规律变化不大，小圆柱阻力系数增大，升力系数出现两个峰值，小圆柱此时有两个涡脱频率，说明两圆柱之间的干扰作用加强。当 $\theta=30°$ 时，小圆柱表面升、阻力曲线变得更加不具有规律性，出现该现象的原因可能是间隙流使得两柱的涡数量、结构和强度均不相同，大圆柱的涡脱到达小圆柱表面时对小圆柱涡脱产生了强烈的干扰作用。当 $\theta=45°$ 和 $60°$ 时，阻力系数随时间历程的曲线振荡且无规律，此时顺流向流体力对小圆柱影响较大。当 $\theta=90°\sim150°$ 时，两柱升、阻力曲线变化趋势相似，并且对升力系数进行频谱分析也只有一个峰值，说明泻涡稳定，两柱之间的干扰作用减弱。当 $\theta=90°$ 时，大圆柱的阻力系数减小且规律性较差，说明此时小圆柱处于上游位置时两柱后方的泻涡会受到干扰。

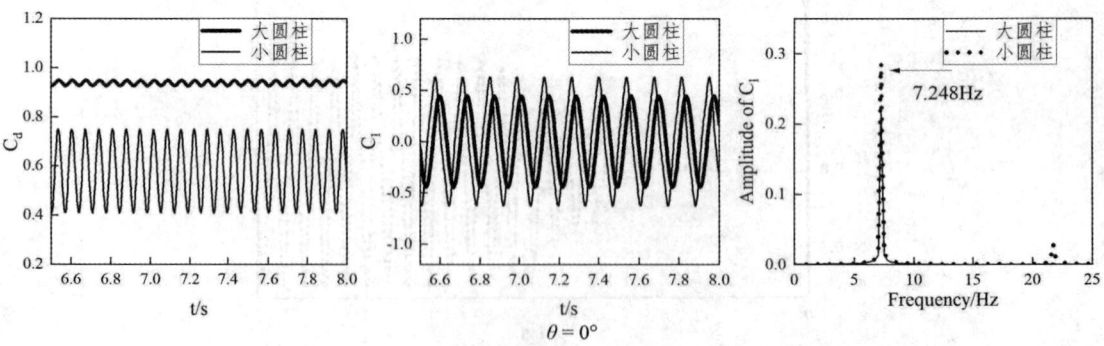

图 4 大小圆柱的升、阻力曲线随时间变化图（Ⅰ）

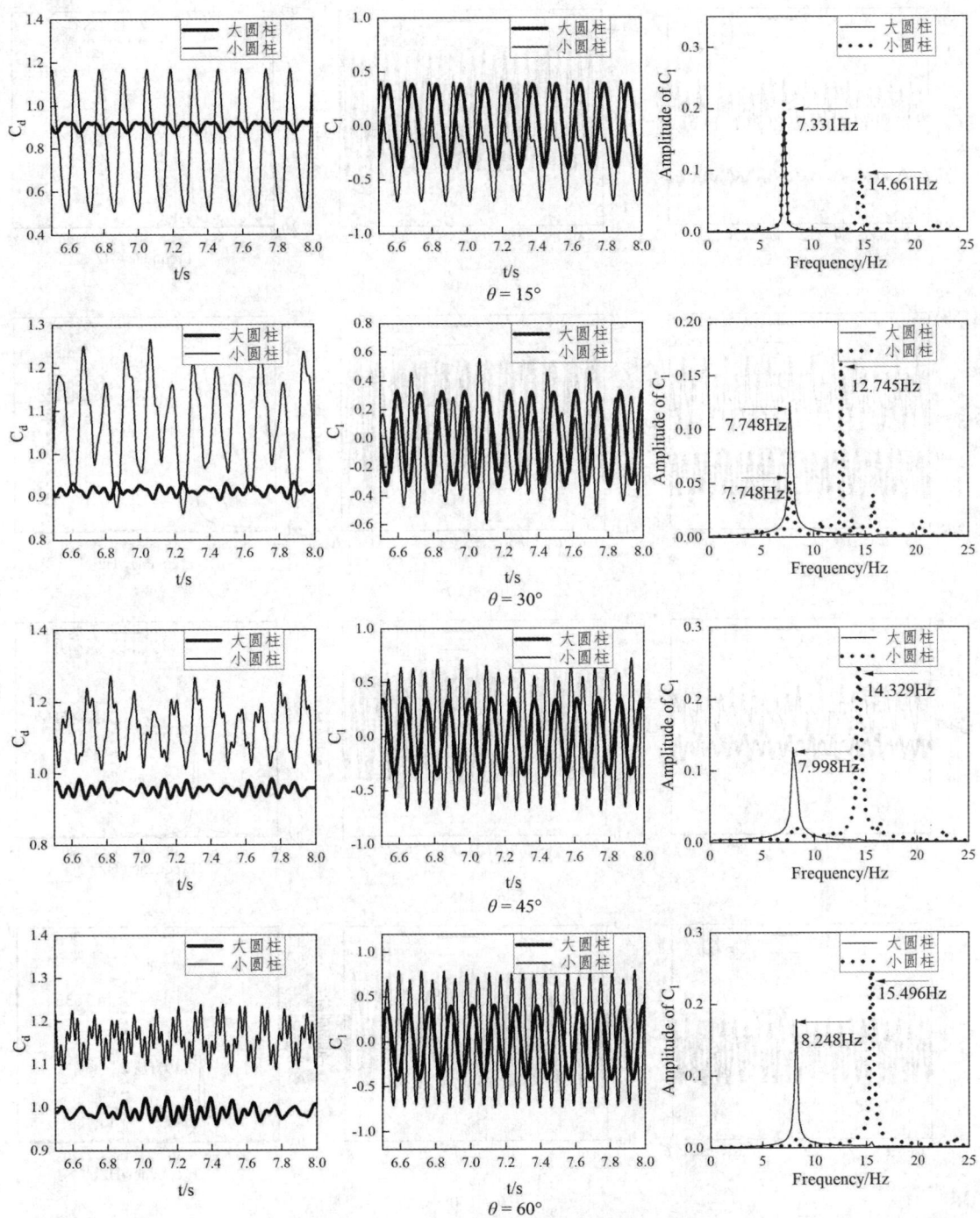

图 5 大小圆柱的升、阻力曲线随时间变化图(Ⅱ)

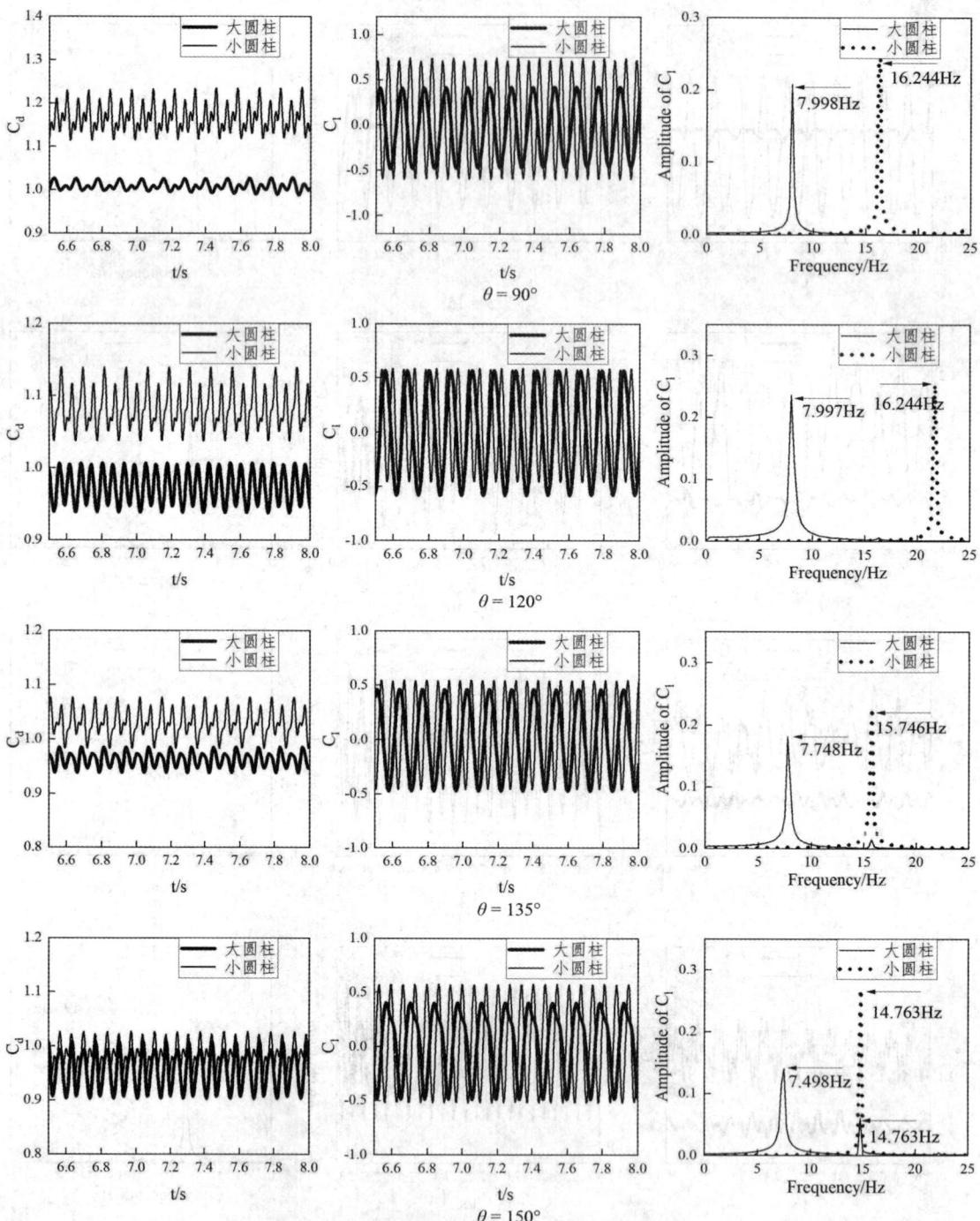

图 6 大小圆柱的升、阻力曲线随时间变化图(III)

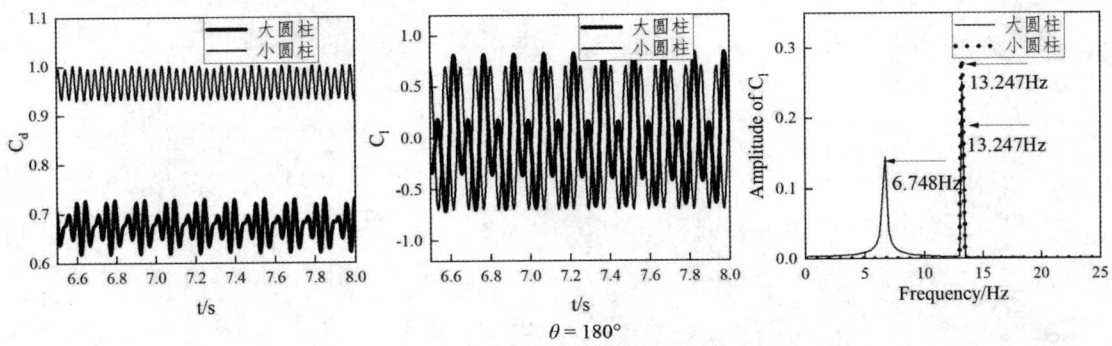

图 7 大小圆柱的升、阻力曲线随时间变化图(IV)

图 5 给出了大小圆柱的尾涡形态。当 $\theta=0°$ 时，小圆柱的尾流完全淹没在大圆柱的尾流之中，圆柱后的漩涡是由大圆柱再附着在小圆柱上，尾流呈现为单一涡脱形态，与单个圆柱的尾流形态相差不大。当 $\theta=15°$、$30°$ 时，大圆柱内部剪切层未重新附着在小圆柱体上，而是穿过圆柱体之间的间隙，大圆柱的外剪切层和小圆柱内剪切层形成的涡相互融合。在 $15°$ 时呈现出一个明显的涡街，而在 $30°$ 时的单一涡街不具有规律性。当 $\theta=45°$、$60°$ 时，尾流呈现出一条宽和一条窄的偏置流涡街。当 $\theta=90°\sim150°$ 圆柱后方均出现两列涡街且涡街相似，不再偏置，上游圆柱体产生的涡到达时，会触发下游圆柱体的涡脱落。因此，在给定的结构下，从圆柱体脱落的涡旋之间的相位滞后是恒定的，这取决于圆柱体之间涡旋的对流速度。当 $\theta=180°$ 时，小圆柱的涡脱在到达大圆柱后消失，小圆柱涡脱收到抑制，而大圆柱涡脱稳定，但涡脱的形态不是像 $0°$ 时方向相反的对称涡街。

斯特罗哈数是描述泻涡频率的重要物理量，图 6 给出了大小圆柱在不同排列方式下的斯特罗哈数的变化情况。当 $\theta=0°$ 时，小圆柱的 St 数为大柱的一半，说明大柱的涡脱周期为小柱的一半，且此时尾流形态稳定，具有规律性。当 $\theta=15°$、$30°$ 时，小柱的 St 数有两个值，且较小的 St 值与 $0°$ 时小柱的 St 值相差不大，说明是由于小柱自身的漩涡脱落引起的，其中一个与大柱 St 数相等或者相接近，说明大柱的尾流影响了小柱的尾流形态，是由间隙流诱导产生的。当 $\theta=45°$、$60°$ 两圆柱尾流涡之间的相互影响和间隙流较弱在下游各自形成稳定的略有偏置的涡街。当 $\theta=90°$、$120°$、$135°$ 时，两柱的 St 值相等，间隙流具有足够的动量，不再表现出偏置。两涡街耦合，涡街相似，涡街交错，横向宽度相同。当 $\theta=150°$、$180°$ 时，大柱的 St 数有两个值，其中较小的一个值与小柱的 St 数相等，而此时小柱位于上游位置，小柱的漩涡脱落引起大柱的涡脱。

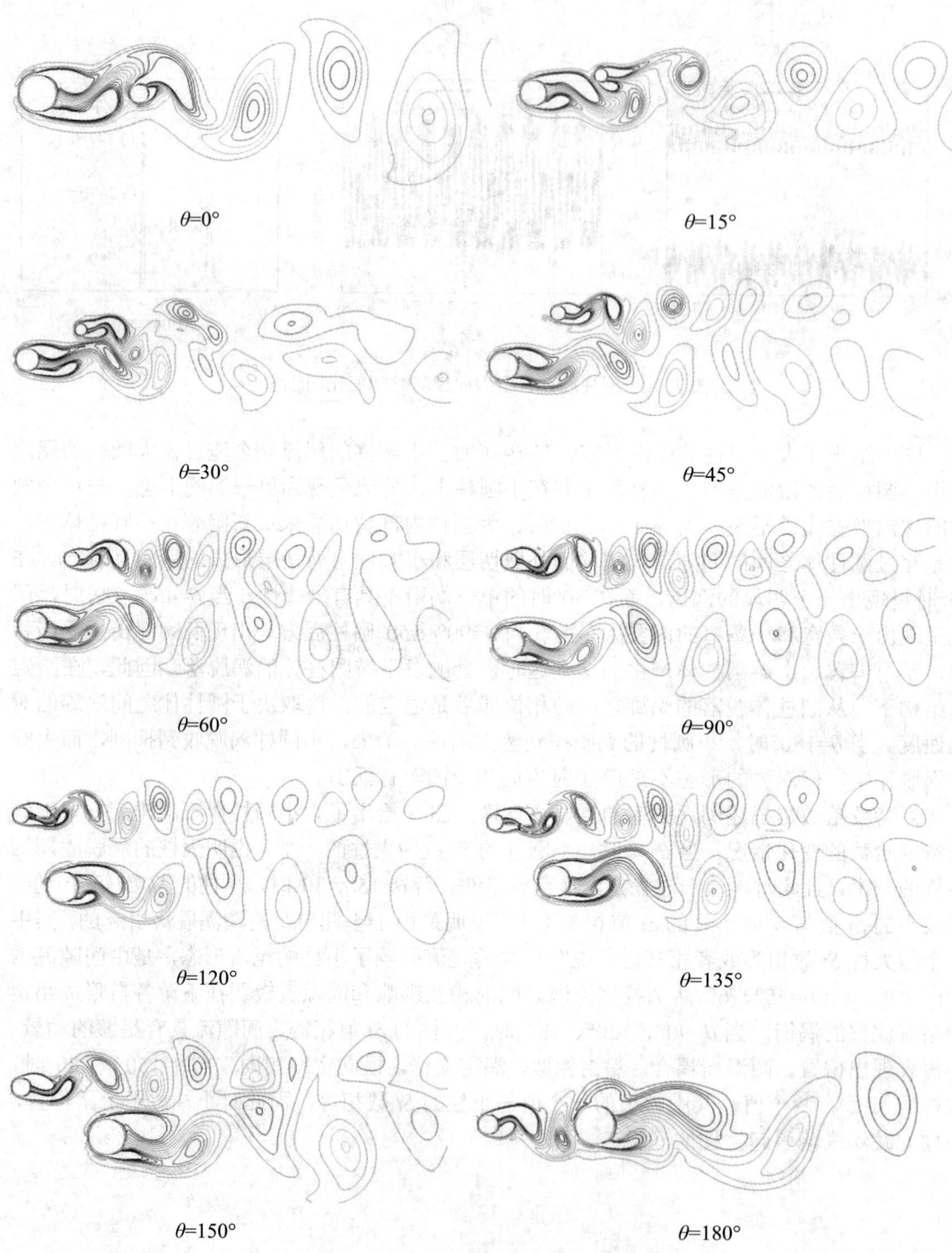

图 8 不等直径圆柱交错排列涡线

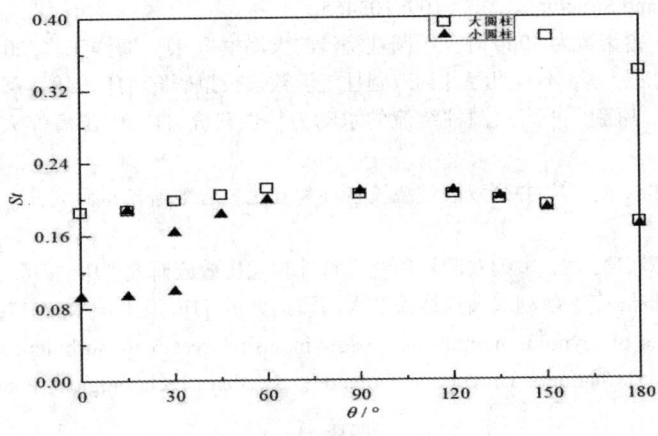

图 9 斯特罗哈数随角度的变化

4 结论

本研究主要采用 CFD 方法，数值模拟了交错布置形式下的二维不等直径双圆柱绕流。得出不等直径的双圆柱随交错角变化其尾涡模态会出现三种不同的模式：单一涡脱状态、偏置流涡脱形态、平行两列涡脱模态。

在单一涡脱区，两柱的升、阻力系数具有较强的规律性，此时尾流形态稳定，且大柱的涡脱周期为小柱的一半。

在偏置流诱导涡脱时，会出现剪切层附着现象，大圆柱的外剪切层和小圆柱内剪切层形成的涡相互融合，由于内部涡旋之间会产生强烈的互扰作用，此时的升、阻力系数规律性较差，并且升力系数随时间变化不稳定，对升力系数进行频谱分析会出现不止一个峰值，此时 St 数也不止一个，说明此时涡脱不稳定。

在出现平行两列涡街时，大小圆柱的漩涡宽度相同，升、阻力系数曲线变化趋势相似，两柱的 St 值相等，涡脱稳定。

参考文献

1　Zhou Y, Alam M M. Wake of two interacting circular cylinders: A review [J]. International Journal of Heat & Fluid Flow, 2016: 510-537.

2　Alam, Mahbub M. Lift forces induced by phase lag between the vortex sheddings from two tandem bluff bodies [J]. Journal of Fluids & Structures, 2016, 65: 217-237.

3　Zhao M, Cheng L, Teng B, et al. Hydrodynamic forces on dual cylinders of different diameters in steady currents [J]. Journal of Fluids & Structures, 2007, 23(1): 59-83.

4　Dubois R, Andrianne T. Flow around tandem rough cylinders: Effects of spacing and flow regimes [J].

Journal of Fluids and Structures, 2022, 109: 103465.

5 端木玉, 万德成. 雷诺数为 3900 时三维圆柱绕流的大涡模拟 [J]. 海洋工程, 2016(06): 15-24.

6 张艺鸣, 罗良, 陈威, 等. 不等直径并列双圆柱绕流数值模拟研究 [J]. 舰船科学技术, 2021.

7 于定勇, 崔肖娜, 唐鹏. 并列双圆柱绕流的水动力特性研究 [J]. 中国海洋大学学报(自然科学版), 2015(5): 7.

8 林凌霄, 陈威, 林永水, 等. 并列双圆柱绕流特性和互扰效应数值模拟研究 [J]. 应用力学学报, 2021, 38(2): 7.

9 涂佳黄, 曹波, 谭潇玲, 等. 串列双圆柱体绕流特性与互扰效应研究 [J]. 应用力学学报, 2019(4): 8.

10 孙涵, 赵瑞亮, 韩冰, 等. 串列双圆柱绕流的大涡模拟分析 [J]. 港工技术, 2017, 54(1): 4.

11 Norberg C. Effects of reynolds number and a low-intensity freestream turbulence on the flow around a circular cylinder [J].Chalmers University, Goteborg, Sweden, Technological Publications, 1987, 87(2): 1-55.

12 Kravchenko A G, Moin P. Numerical studies of flow over a circular cylinder at Re D=3900 [J]. Physics of fluids, 2000, 12(2) :403-417.

13 Wornom S, Ouvrard H, Salvetti M V, et al. Variational multiscale large-eddy simulations of the flow past a circular cylinder: Reynolds number effects [J]. Computers & Fluids, 2011, 47(1): 44-50.

Numerical simulation of flow around two unequal diameter cylinders in staggered arrangement

JI Meng-jie, LEI Lin*, SHI Fu-long

(School of Shipping and Naval Architecture, Chongqing Jiaotong University, Chongqing 400074, Email: jmjaixuexi@163.com)

Abstract：The riser is a key equipment in deep-sea oil extraction and exploration, and the arrangement form of the marine riser as a key design factor, it is important to study the column winding problem under different arrangement forms.Based on the theory and method of computational fluid dynamics, this paper numerically simulates the subcritical Reynolds number Re=3900 cylindrical bypassing phenomenon, studies the two-dimensional unequal-diameter double-column bypassing interference problem under the staggered arrangement form, analyzes the influence of the change of double-column staggering angle on the hydrodynamic coefficient and vortex shedding mode of the column, focuses on the time course curve of the lift drag coefficient, the change relationship of Strohal number and the evolution of the wake vortex flow state.The analysis is elaborated to investigate the mutual interference effect between two columns of unequal diameters, and to provide technical support for the theoretical analysis of mutual interference of multi-body double columns in marine engineering.

Key words：Flow around circular cylinder; Staggered arrangement; Strouhal number; Vortex shedding.

通过主动造波消波边界条件方式数值求解波浪与圆柱相互作用问题

霍帅文，赵伟文，万德成*

（上海交通大学 船海计算水动力学研究中心(CMHL) 船舶海洋与建筑工程学院，上海 200240，
Email: dcwan@sjtu.edu.cn）

摘要：波浪与海洋结构物的相互作用是船海计算流体力学领域热衷关注的经典问题。目前主流的造波方法是松弛区造波法，这种造波方法虽然能够较好地保持入口边界与出口边界流体质量守恒，降低边界处的波浪反射，但松弛区的存在会增大计算成本，不利于工程应用。本研究基于开源计算流体力学软件 OpenFOAM 第三方模块包 wave2Foam，使用一种新提出无松弛区的主动造波消波边界条件(GABC)造波方法，对某一规则波下的固定圆柱开展数值计算，对圆柱附近自由面标高与圆柱受力进行了分析，并与松弛区造波数值结果以及 ITTC 标模实验结果进行了对比。数值计算结果显示，主动造波消波边界条件(GABC)造波法与松弛区造波法对波浪模拟的精度相当，且主动造波消波边界条件(GABC)造波法相比松弛区造波法节约了大量的计算时间，具有较高的工程应用价值。

关键词：主动造波消波边界条件；规则波；固定圆柱；OpenFOAM

1 引言

随着计算机技术的不断发展，计算流体力学所能处理的问题也更为复杂和精细。在船舶与海洋工程领域，数值水池更是能够帮助研发人员在较短的实验周期和较低的成本花费下完成对船舶或海洋结构物的优化设计工作，相比传统的物理水池有很大的优势。

由于海洋中波浪、海流以及其相互耦合的复杂性，在自由表面处采用足够数量的网格以及在计算过程中设置合适的时间步长对数值模拟精度的保证是十分重要的[1]。这使得此类数值模拟通常需要很长的计算时间。

数值水池发展至今，已经实现了仿物理造波板造波[2]、源项造波、边界速度输入造波等造波方法和海绵层消波、多孔介质消波[3]、主动消波等消波方法。目前应用最为广泛的是由 Jacobsen 提出的结合边界输入造波方法和海绵层消波方法的松弛区造波消波方法[4]，

它的原理是通过设置松弛区，实现入口与出口边界流速的均匀过渡。松弛区造波消波方法最大的优势在于松弛区的存在极大程度抑制了波浪的反射，提高了数值模拟的精度。然而，松弛区的存在也必然会增加计算域的长度，增加网格数量，从而大幅增加了计算时间。同时，在处理不规则波问题时，松弛区的存在会使不同频率的波分量叠加所需的计算时间增长。因此松弛区造波消波方法应用于工程领域有一定的弊端。

针对上述问题，Borsboom 等[5]对原有的主动消波方法进行了改进，提出了一种新的主动造波消波边界条件（generating-absorbing boundary conditions 简称：GABC）。其创新性地在 Sommerfeld 边界条件引入了新型的波速函数，使在指定的波数范围内的反射强度控制在5%以内，达到了很好的消波效果。与此同时，主动造波消波边界条件造波方法无需松弛区，在一定程度上缩小了计算域，节约了计算时间。Chen 等[6]已经使用 GABC 造波消波方法对聚焦波作用下有限长圆柱的高频散射波现象进行了研究，并得到了较好的模拟结果。

本研究基于开源流体力学软件 OpenFOAM 并结合第三方波浪模拟模块包 wave2Foam，使用主动造波消波边界条件（GABC）造波方法，对某一规则波工况下波浪与圆柱相互作用开展了数值模拟，着重分析了圆柱表面的自由面标高与圆柱受力，并与松弛区造波数值结果以及 ITTC 标模实验结果进行了对比。

2 数值方法

2.1 流体动力学控制方程

本研究的流体为两相非定常不可压缩的黏性流体，流动的控制方程为 NS 方程：

$$\nabla \cdot \mathbf{U} = 0 \tag{1}$$

$$\frac{\partial \rho \mathbf{U}}{\partial t} + \nabla \cdot (\rho \mathbf{U}\mathbf{U}) = -\nabla p_d - \mathbf{g} \cdot \mathbf{x} \nabla \rho + \nabla \cdot (\mu \nabla \mathbf{U}) + f_\sigma \tag{2}$$

式中，$\mathbf{U}$ 表示流场速度；$p_d = -\rho \mathbf{g} \cdot \mathbf{x}$ 表示流场动压力；$\mathbf{g}$ 表示重力加速度；ρ 表示流体密度；μ 表示流体的运动黏性系数；t 表示时间。

2.2 自由面处理

船舶等海洋结构物与波浪相互作用问题是经典的两相流问题，因此，选取合适的自由面处理方法十分重要。本研究采取由美国加州大学 LosAlamos 科学实验室首先提出并应用的 VOF（Volume Of Fluid）方法[7]来捕捉自由面。

VOF 方法是建立在欧拉网格条件下的界面追踪方法。在该方法中，互不相容的流体组分之间公用一套动量方程，并通过引入相体积分 α 数这一变量来实现对计算域内界面的追踪。为保证方程的封闭性，根据守恒原则，引入了 α 的控制方程，在 α 大于零小于 1 的范围内，就构成了两种流体的交界面。

$$\frac{\partial \alpha}{\partial t} + \nabla \cdot (\mathbf{U}\alpha) = 0 \tag{3}$$

$$\begin{cases} \alpha = 0 \text{气相} \\ 0 < \alpha < 1 \text{交界面} \\ \alpha = 1 \text{液相} \end{cases} \tag{4}$$

式中，α 表示相分数。

2.3 GABC 造波消波方法

GABC 造波采用的是边界输入造波法，即在入口边界网格节点设置随时间变化的水质点速度。本研究采用的是一阶 Stokes 线性波。一阶 Stokes 线性波在波高与波长和水深之比很小时，有比较好的模拟效果。以水线面处为参考平面，借助势流理论可以推导出一阶 Stokes 波的波面方程：

$$\eta = \frac{H}{2}\cos(kx - \omega t + \varphi) \tag{5}$$

水平方向的速度为：

$$u = \frac{\pi H}{T}\frac{\cosh k(z+d)}{\sinh kd}\cos(kx - \omega t + \varphi) \tag{6}$$

垂直方向的速度为：

$$w = \frac{\pi H}{T}\frac{\sinh k(z+d)}{\sinh kd}\sin(kx - \omega t + \varphi) \tag{7}$$

式中，H 为波高；T 为波浪周期；k 为波数；d 为水深；ω 为波浪圆频率。

GABC 消波方法假设边界位于离结构物足够远的地方，此处的流动是无旋的，因此 GABC 消波是基于势流理论的改进 Sommerfeld 边界条件。GABC 消波方法指出，当流场在出口处满足下述改进 Sommerfeld 条件时，可以实现边界无反射。

$$\frac{\partial \phi}{\partial t} + \sqrt{gd}\,a(z)\frac{\partial \phi}{\partial x} = 0 \tag{8}$$

式中，ϕ 为流场出口处的速度势；$a(z)$ 为一与水深 z 有关的参数。

经 Borsboom 等[5]的不断探索，$a(z)$ 的函数表达式如下：

$$a(z) = \sum_{m=0}^{3}\alpha_m\left(\frac{z}{d}+1\right)^m \tag{9}$$

式中，α_m 为待定参数，其取值应使得下述反射系数的积分取得极小值。

$$\frac{1}{(k_+ - k_-)d}\int_{k_-d}^{k_+d}\left|R(\alpha_0, \alpha_2, \alpha_3)\right|^q d(kd) \tag{10}$$

式中，R 为反射系数；k_+ 和 k_- 分别为流场中的最大波数和最小波数。

3 计算模型

3.1 几何模型及波浪参数

为了将数值模拟结果与 MOERI 的截断圆柱模型实验[8]进行对比，本研究中所使用的圆柱体模型是将 MOERI 的截断圆柱模型实验所使用的模型等比例缩放得到的。波浪参数的选取同样参照模型实验，选取了波陡为 1/16 的波浪。圆柱模型见图 1，模型与波浪参数表见表 1。

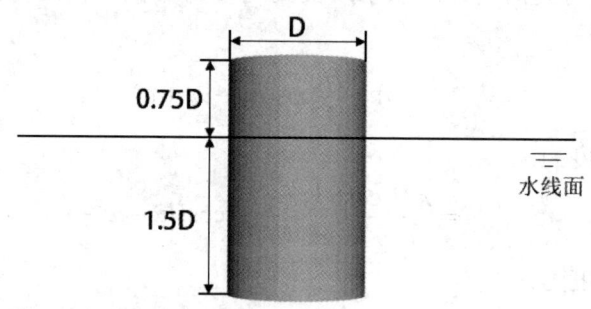

图 1 截断圆柱模型示意图

表 1 圆柱模型参数与波浪参数

参数名称	符号	数值	单位
圆柱直径	D	2	m
圆柱长度	L	4.5	m
圆柱长细比	L/D	2.25	—
波浪周期	T	3.182	s
波高	H	0.9873	m
波长	λ	15.8	m
波陡	H/λ	1/16	—

为了监控圆柱周围波高的变化，在圆柱周围布置了与物理实验位置相同的 6 个测波点，测点分布示意图及测波点坐标分别见图 2、表 2。

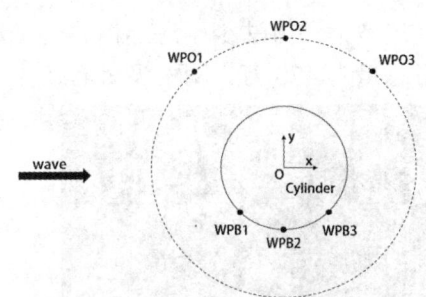

图 2 测波点分布示意图

表 2 测波点坐标

近壁面	坐标(m)	远壁面	坐标(m)
WPB1	(-0.707,-0.707,0)	WPO1	(-1.414,1.414,0)
WPB2	(0,-1,0)	WPO2	(0,1.414,0)
WPB3	(0.707,-0.707,0)	WPO3	(1.414,1.414,0)

3.2 计算域设置及网格划分

以水线面与圆柱模型相交部分的中点为原点建立笛卡尔坐标系，坐标系遵循右手定则。由于松弛区造波消波法相比于 GABC 造波消波法而言，出口边界前端多出一段起到消波作用的海绵区。因此对于 GABC 造波消波方法，计算域的划分为：-16D≤X≤16D，-10D≤Y≤10D，-5D≤Z≤2.5D；对于松弛区造波消波而言，计算域的划分为：-16D≤X≤22D，-10D≤Y≤10D，-5D≤Z≤2.5D。计算域设置示意图见图 3。

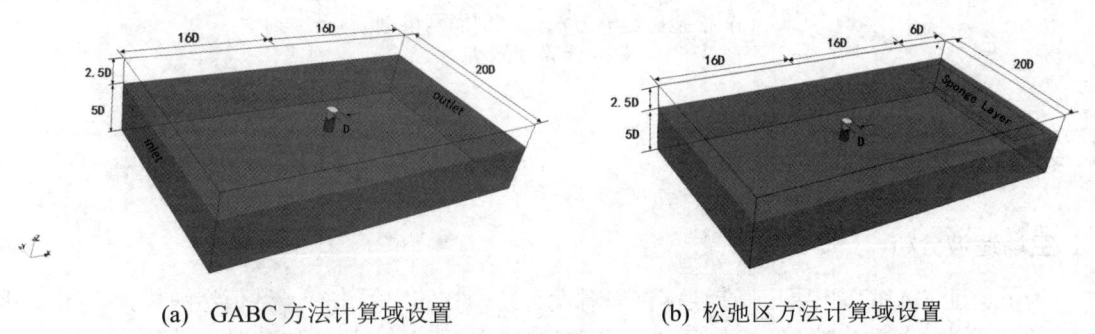

(a) GABC 方法计算域设置　　　　(b) 松弛区方法计算域设置

图 3 计算域设置示意图

计算域网格的划分采取 blockMesh 配合 SnappyHexMesh 的网格划分方法。使用 blockMesh 工具建立背景网格，使用 SnappyHexMesh 提取物面并进行网格的加密。在两相流模拟中，为保证自由面处波浪的模拟精度，减小波浪传播过程中的耗散，因此对自由面附近网格进行了加密，同时为保证模拟结果的准确性，对圆柱体周围的网格也进行了加密。

GABC 造波消波方法相比于松弛区造波消波方法少了海绵消波区，因此 GABC 方法的网格总量为 410 万，松弛区方法的网格总量为 470 万。网格见图 4。

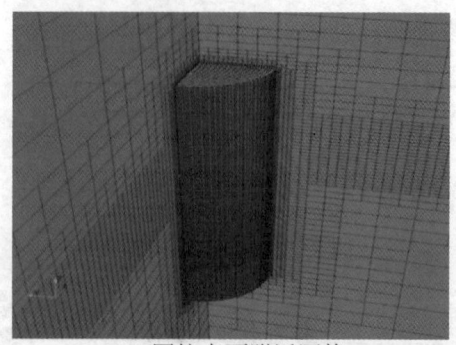

(a) 圆柱表面附近网格

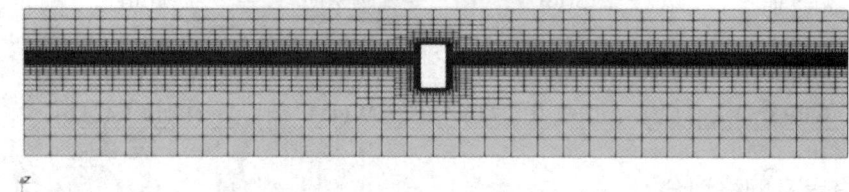

(b) GABC 造波方法中纵剖面网格划分

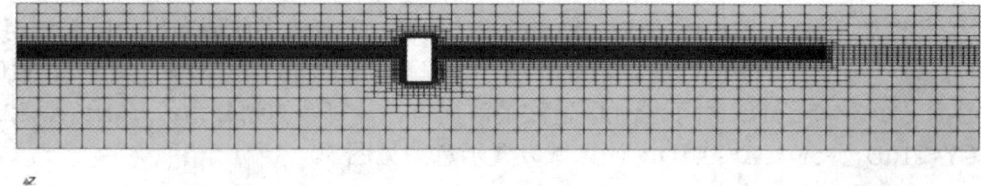

(c) 松弛区造波方法中纵剖面网格划分

图 4 计算域网格

4 结果分析

4.1 空场造波分析

为了验证 GABC 能否正确造波，首先对没有结构物的空场进行了数值造波模拟。图 5 所展示的结果为 GABC 造波、松弛区造波和理论值在坐标原点处的波高时历曲线。由图 5 中的曲线可以看出，GABC 方法所造的规则波在原点处的波浪时历曲线平稳，波形稳定后各个周期内波浪波高保持一致，这说明 GABC 出口边界能够有效控制波浪的反射，使得坐标原点位置处的波浪波形几乎没有受到反射波的影响。与此同时，由图像可以看出，GABC 所造的波浪在原点处的波高很接近理论值，说明 GABC 所造波浪能够达到预期精度。同时，从图像中也可以发现，不论是 GABC 造波还是松弛区造波，所造波浪在波峰处与理论值符合较好，但是在波谷处均比理论值稍小，这是由于波浪黏性与非线性作用和求解所带来的数值耗散形成的。若要达到较小的耗散水平，则需要较密的网格，这无疑会增大计算量，增加计算时间。因此，对于造波问题，在工程上需要不断权衡造波精度和计算成本。

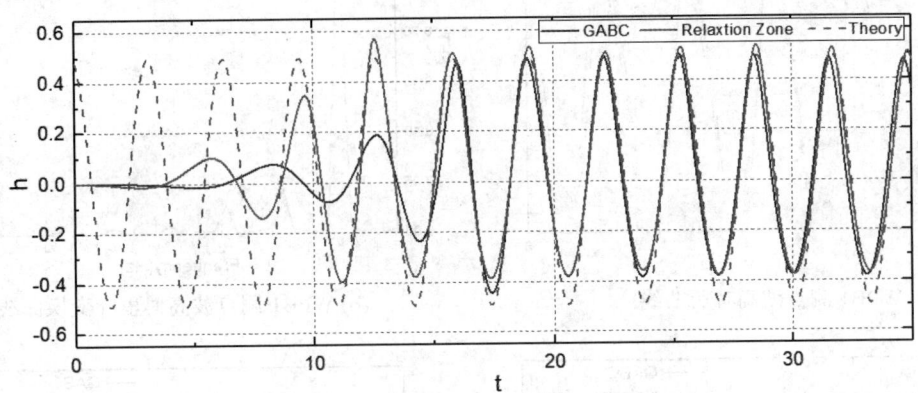

图 5 空场造波数值模型与理论值对比

4.2 波面抬升对比分析

由于数值和实验采取了等比例但大小不同的几何模型，因此为了保证数据的可比性，引入无因次波面抬升高度 $H^*=h/H$，这里 h 为实际波面高度，H 为规则波波高。同时引入无量纲时间 $t^*=tD/u$，这里 t 为实际时间，u 为式(6)中 u 的最大值，D 为圆柱直径。

图 6 展示的是 GABC 造波消波方法、松弛区造波消波方法和物理模型实验近壁面三个测波点位置（"WPB1"、"WPB2"和"WPB3"）波面抬升随时间的变化的对比曲线，以及经过傅里叶变换后的频谱分析图。由图像可知，对于 WPB1 测波点而言，GABC 造波方法结果与松弛区造波和物理实验结果吻合良好，三者的波面高度均呈现波峰尖瘦且向一方偏斜，波谷较为平缓。值得注意的是，GABC 造波消波方法和松弛区造波消波方法均捕捉到了波谷处波浪的小幅二次抬升。从傅里叶频谱图可以看出，物理实验波浪的一阶成分要略高于 GABC 方法和松弛区方法，GABC 方法则在二阶成分峰值处略高于物理实验和松弛区方法，总体而言三种方法所得结果吻合良好。对于位于圆柱肩点的 WPB2 测波点而言，在 $H^*=-0.1$ 附近有一明显的波浪抬升，且对于此波浪抬升的捕捉，GABC 方法所得结果与实验所得结果更为吻合。在频谱图中可以看出，相比于 WPB1 测波点，WPB2 测波点的二阶成分明显增加，且实验相比于两种数值方法，一阶成分和二阶成分偏高，但总体三种方法吻合良好。对于 WPB3 测波点而言，在波峰 $H^*=0.1$ 处呈现波面的二次抬升，GABC 方法呈现的波面二次抬升略高于物理模型实验，松弛区方法的波面二次抬升略低于物理模型实验。由频谱图可以看出，波浪的三阶成分明显提高，且三种结果的吻合程度较好。

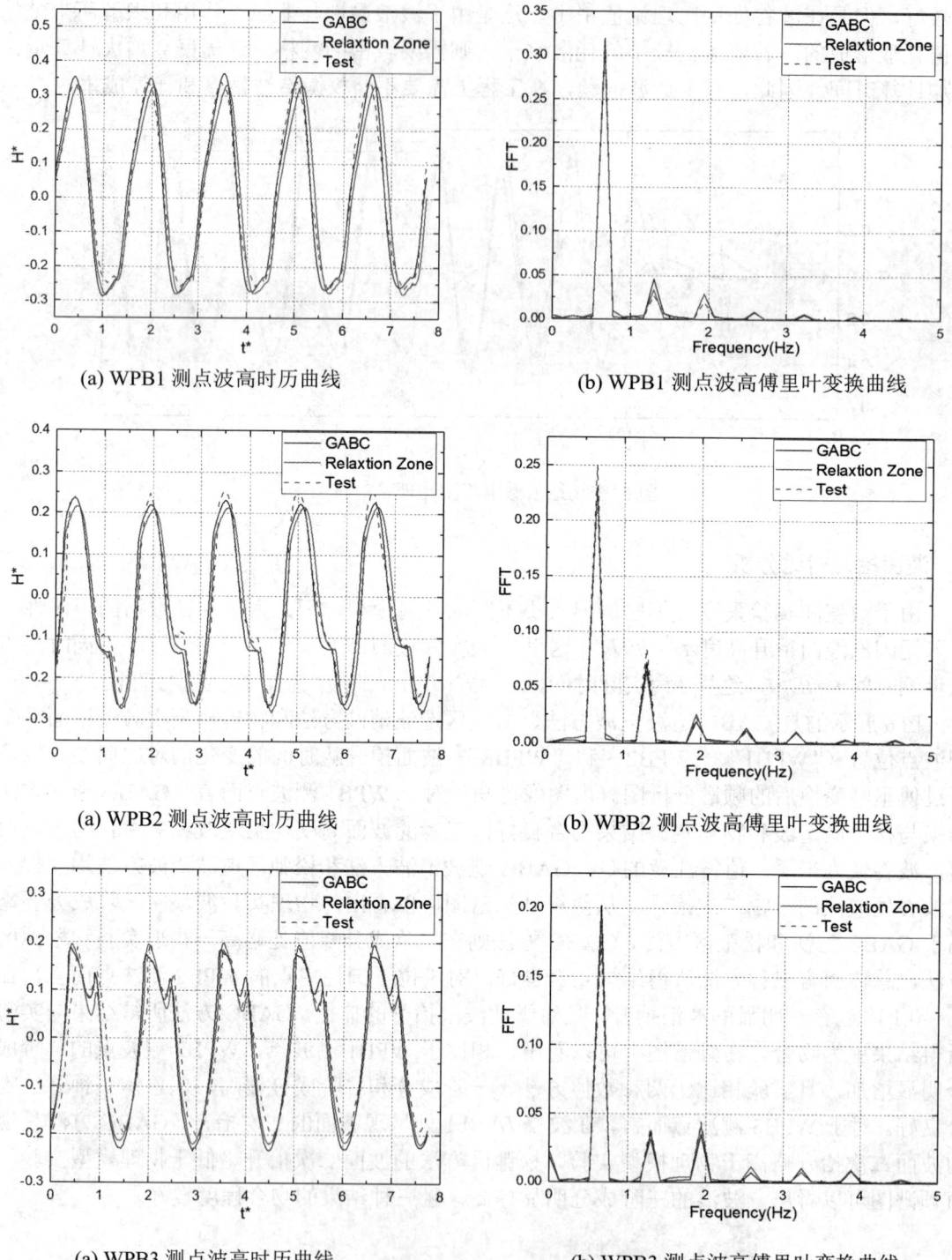

(a) WPB1 测点波高时历曲线　　(b) WPB1 测点波高傅里叶变换曲线

(a) WPB2 测点波高时历曲线　　(b) WPB2 测点波高傅里叶变换曲线

(a) WPB3 测点波高时历曲线　　(b) WPB3 测点波高傅里叶变换曲线

图 6 近壁面测波点波高时历曲线及傅里叶变换曲线

图 7 展示的是 GABC 造波消波方法、松弛区造波消波方法和物理模型实验远离圆柱壁面三个测波点位置("WPO1"、"WPO2"和"WPO3")波面抬升随时间的变化的对比曲线,以及经过傅里叶变换后的频谱分析图。由图中曲线可以看出,不论是时历曲线还是傅里叶变换后的频域曲线,三种方法所得结果的拟合程度良好,无明显差别。但值得注意的是,物理模型实验在 WPO3 处的时历曲线在 $H^*=0.02$ 附近由一微小的波面抬升,不论是 GABC 造波消波方法还是松弛区造波方法,二者对此微小波面抬升的捕获均不明显。这可能是由于网格加密程度不足,此微小波面抬升受数值耗散的影响较大导致的。

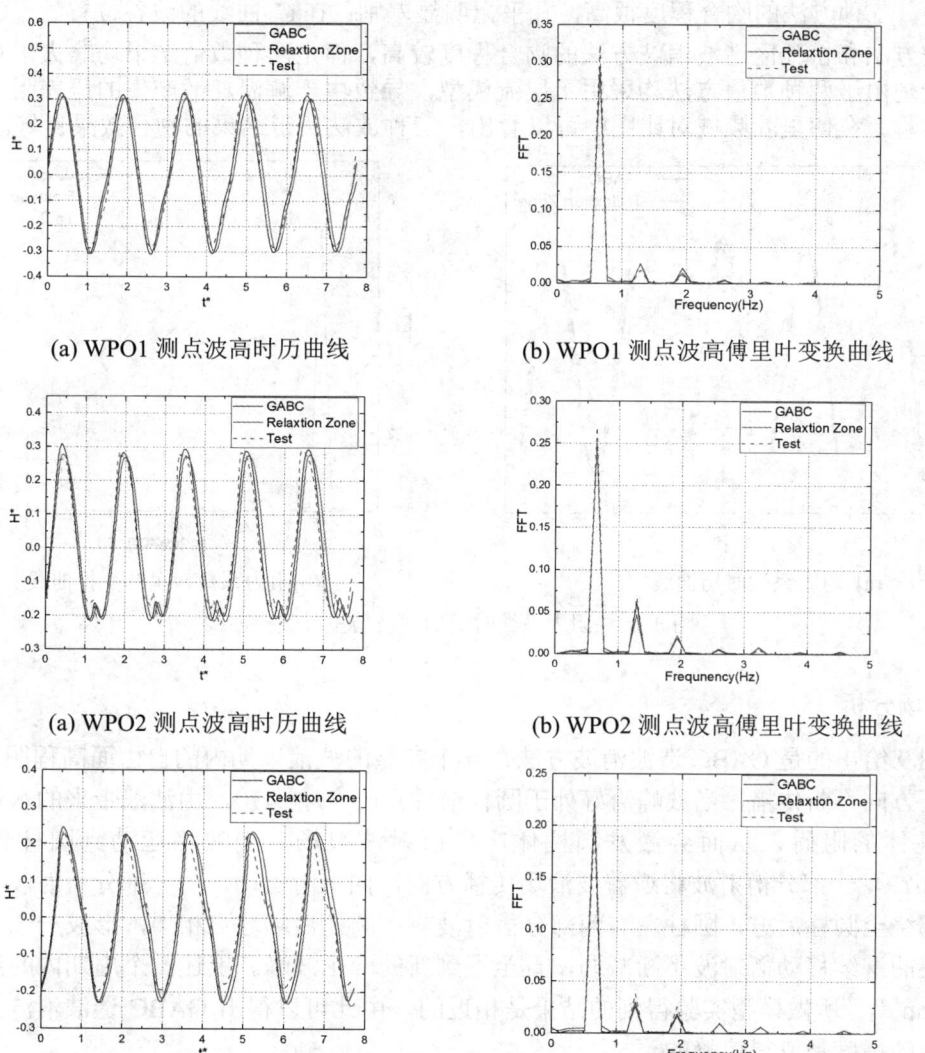

(a) WPO1 测点波高时历曲线　　(b) WPO1 测点波高傅里叶变换曲线

(a) WPO2 测点波高时历曲线　　(b) WPO2 测点波高傅里叶变换曲线

(a) WPO3 测点波高时历曲线　　(b) WPO3 测点波高傅里叶变换曲线

图 7 远壁面测波点波高时历曲线及傅里叶变换曲线

4.3 阻力系数对比分析

对于海浪中结构物与波浪相互作用问题的数值模拟的另一评判标准就是对结构物所受波浪力的模拟精度。引入阻力系数 $C_d = F_d / 0.5\rho U^2 A$。式中 F_d 为迎浪方向圆柱所受阻力。A 为迎浪方向水下部分圆柱最大截面面积。

图 8 所示为 GABC 造波消波方法、松弛区造波消波方法和物理模型实验所测得的圆柱阻力系数时历曲线和相应的傅里叶频域分析图。由时历曲线图可以看出，在 C_d 曲线为正值的时候，三种方法的吻合程度很高，几乎无明显差别；在 C_d 曲线的波谷位置处，GABC 造波消波方法和松弛区造波消波方法的吻合程度较高，但是两种数值结果均略大于实验值。这可能是由于两种数值方法均采用了层流模型，导致由于漩涡耗散产生的压差阻力略小于模型实验。在傅里叶频域对比图中可以看出，三种放法所得结果的吻合效果良好。

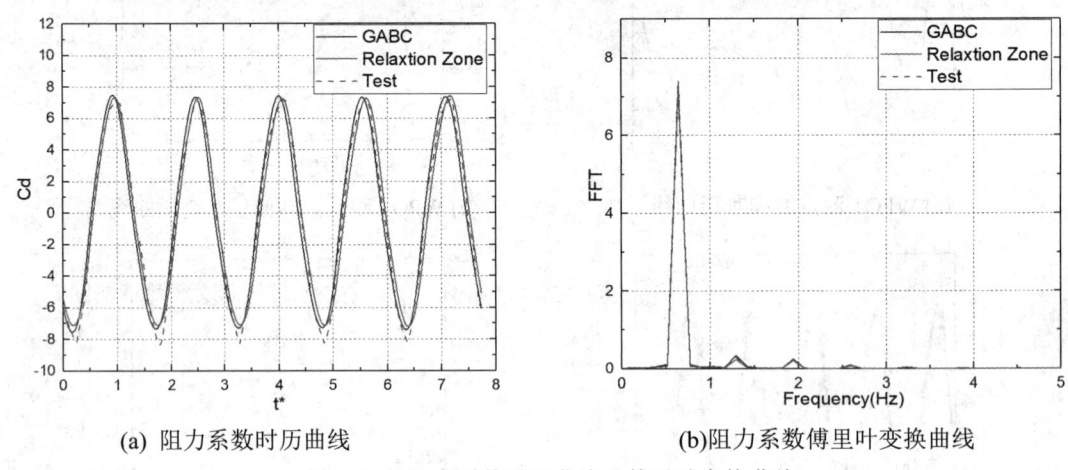

(a) 阻力系数时历曲线　　　　　　　　(b) 阻力系数傅里叶变换曲线

图 8　圆柱阻力系数时历曲线及傅里叶变换曲线

4.4 流场分析

图 9 给出的是 GABC 造波消波方法在一个完整的波浪周期内的自由面高程图。波浪沿着 x 正方向不断传播，当波峰恰好处于圆柱前驻点时（$t=0.4T$），由波浪带来的水体会被受到圆柱体的阻碍，从而会激发圆柱体产生衍射波浪场。当波峰运动到圆柱体后方时（$t=0.6T$），一部分衍射波将逆着波浪场传播方向，向上游运动，另一部分衍射波将从圆柱的肩部绕至圆柱后方，圆柱左右两部分衍射波将在圆柱后端驻点相遇，形成一个水丘。随着波浪的继续移动衍射波不断减弱，直至遇到新的一个波峰。上述一个周期内的波面结果与 Swan 等[9]所做模型实验得到的结果是相近的。由此可以得出 GABC 造波消波方法对流场模拟的精度是值得信赖的。

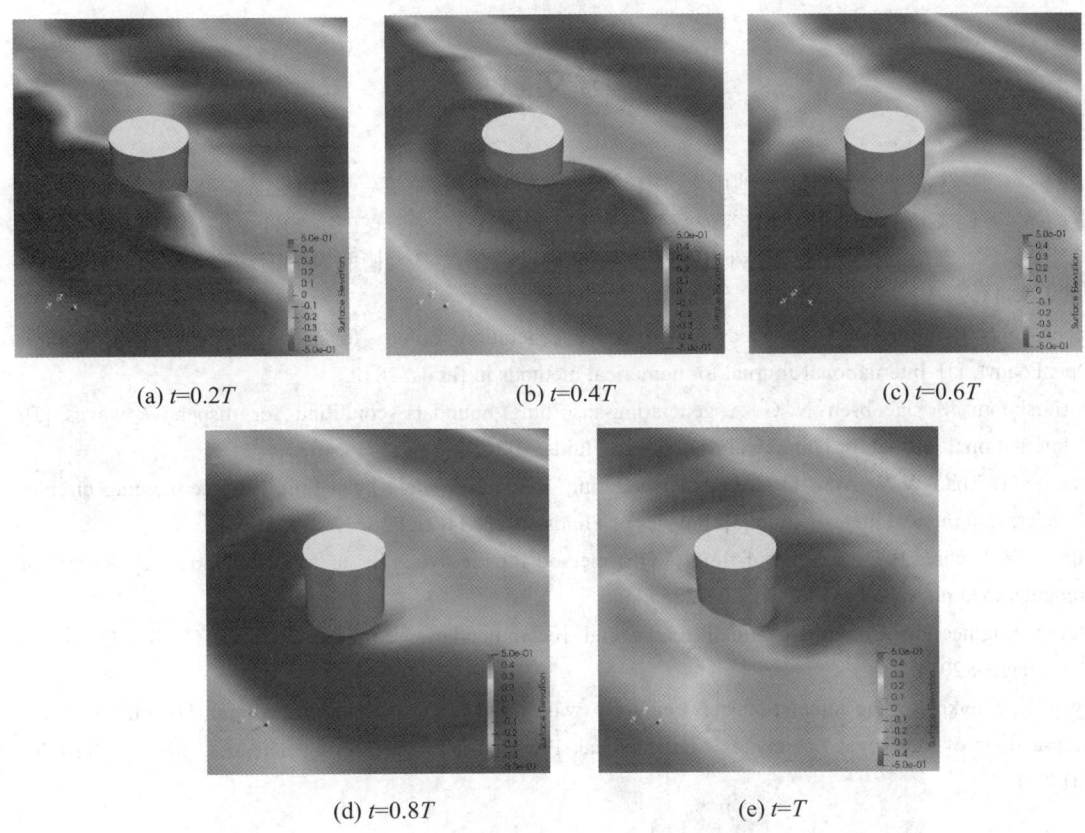

图 9 GABC 造波消波方法在一个完整周期内圆柱附近自由面高程

5 结论

本研究采用了一种新型的主动造波消波边界条件(GABC)造波方法，基于开源软件 OpenFOAM 的 wave2Foam 工具包，对波浪与圆柱相互作用问题进行了数值模拟，并将此数值模拟结果与松弛区造波以及物理模型实验所获得的结果进行了对比，探究了此主动造波消波边界条件(GABC)方法造波消波效果的优劣。

(1) 此主动造波消波边界条件(GABC)造波法所得到的数值结果不论是波面的抬升还是圆柱的受力，均能够与松弛区造波方法以及物理模型实验结果较好地吻合。

(2) 选用同样的求解参数，整个数值模拟过程主动造波消波边界条件(GABC)造波法耗时 219558s，松弛区造波方法耗时 302247s，前者比后者节约了 27%的计算时间。因此，此主动造波消波边界条件(GABC)造波法能够减小计算量，有效节约计算时间。

致谢：本研究得到国家自然科学基金(51879159，51909160，52131102)、国家重点研发计划项目(2019YFB1704200)资助。在此一并表示感谢。

参考文献

1 徐刚, 卢通, 赵丽刚, 等. 数值水池中水波衰减特性分析 [J]. 船舶工程, 2019(S2): 6.
2 查晶晶, 万德成. 用 OpenFOAM 实现数值水池造波和消波 [J]. 海洋工程, 2011, 29(3): 1-12.
3 韩朋, 任冰, 李雪临, 等. 基于 VOF 方法的不规则波数值波浪水槽的阻尼消波研究 [J]. 水道港口, 2009, 30(1): 9-13.
4 Jacobsen N G, Fuhrman D R, Fredsøe J A. wave generation toolbox for the open-source CFD library: OpenFoam® [J]. International Journal for numerical methods in fluids, 2012.
5 Borsboom M, Jacobsen N G. A generating-absorbing boundary condition for dispersive waves [J]. International Journal for Numerical Methods in Fluids, 2021,93(8) : 2443-2467.
6 Chen S T, Zhao W W, Wan D C. On the scattering of focused wave by a finite surface-piercing circular cylinder: A numerical investigation [J]. Physics of Fluids, 2022, 34(3): 035132.
7 Hirt C W, Nichols B D. Volume of fluid (VOF) method for the dynamics of free boundaries [J]. Journal of computational physics, 1981, 39(1): 201-225.
8 Ocean Engineering Committee. Final report and recommendations to the 27th ITTC [R]. Denmark: Copenhagen; 2014.
9 Swan C, Sheikh R. The interaction between steep waves and a surface-piercing column [J]. Philosophical Transactions of the Royal Society A: Mathematical, Physical and Engineering Sciences, 2015, 373(2033): 20140114.

Numerical simulations of the interaction between waves and cylinders by generating-absorbing boundary conditions

HUO Shuai-wen, ZHAO Wei-wen, WAN De-cheng[*]

(Computational Marine Hydrodynamics Lab (CMHL), School of Naval Architecture, Ocean and Civil Engineering, Shanghai Jiao Tong University, Shanghai 200240, China, Email: dcwan@sjtu.edu.cn)

Abstract：The interaction between waves and marine structures is a classic problem that is keenly concerned in the field of ship-ocean computational fluid dynamics. The current mainstream wave-making method is the relaxation zone wave-making method. Although this method can better maintain the fluid mass conservation at the inlet and outlet boundaries and reduce wave reflection, the existence of the relaxation zone will increase computational cost, which is not conducive to engineering applications. Based on the open-source computational fluid dynamics software OpenFOAM third-party module package wave2Foam, this paper uses a newly proposed wave-making method called generating-absorbing boundary conditions (GABC) to carry out numerical calculations for a fixed cylinder under a certain regular wave. The elevation of the free surface near the cylinder and the force on the cylinder are analyzed, and compared with the numerical results of the relaxation zone and the experimental results of ITTC scale model. Numerical calculation results show that the generating-absorbing boundary conditions (GABC) wave-making method and the relaxation-region wave-making method have the same accuracy for wave simulation, and compared with the relaxation zone method, the generating-absorbing boundary conditions method (GABC) saves a lot of calculation time and has higher engineering application value.

Key words: Generating-absorbing boundary conditions; Regular wave; Fixed cylinder; OpenFOAM.

基于CFD方法预报REGAL船的阻力和精细化流场

邵聿明，王建华，万德成*

（上海交通大学 船海计算水动力学研究中心(CMHL) 船舶海洋与建筑工程学院，上海 200240，
Email: dcwan@sjtu.edu.cn）

摘要：船体静水问题的预报是船海水动力领域的经典问题之一，目前随着高性能计算机的发展，通过CFD的方法对船体阻力预报已经较为成熟，但是对于肥大型船体自由面兴波和尾部伴流场的精细化预报还不是很理想。本研究使用基于OpenFOAM自主开发的求解器naoe-FOAM-SJTU对国际上标准船模REGAL船进行了阻力和黏性流场的数值研究。文中采用了有限体积的离散方法，并结合采用界面压缩技术的VOF界面捕捉方法。利用SST k-ω 湍流模型，对REGAL船的阻力进行了预报，并通过三套不同尺度的网格开展网格的收敛性研究。同时，利用基于延迟模式的分离涡模拟DDES方法模拟REGAL船的黏性流场，并与传统的RANS方法结果进行对比，结果表明，采用DDES方法可以捕捉到更精细的船首兴波和尾部伴流等流场细节，可为肥大型船体尾部伴流等流场的预报提供建议。

关键词：精细化流场；REGAL船；RANS方法；DDES方法；尾部伴流

1 引言

船舶在海面上航行时会对水面产生不同的扰动，从而在船体周围形成不同的自由面兴波流场。对船舶这些伴流场的研究有利于探寻船舶水动力学的背后机理，从而对船舶的优化设计提供指导。因此船舶静水问题的研究一直是众多学者关注的重点，该领域也形成了大量的研究成果。目前对船舶流场和阻力等性能的预报主要有船模试验和数值模拟两种方法。

早期人们使用毕托管来对船模周围的定点流速进行测量，但是测量的范围和精度都有很大的局限性。随着PIV（partice image velocity，粒子成像测速）技术在船模试验中的使用，船体流场中更加精细的自由面变化，速度矢量场，涡量场等数据可以被获得。现如今，国际上众多的船舶拖曳水池均做过船模周围的PIV伴流场测量。特别是在2015年的东京船舶水动力CFD国际研讨会上，日本的NMRI对标准船型JBC提供了大量的PIV模型试验

数据,成为之后众多学者研究预测船体周围伴流场方法的数据支撑。Dong 等[1]最先使用 PIV 技术对水面舰艇在 $Fr=0.28$ 和 $Fr=0.45$ 两个工况下船首破波现象进行研究,并提供了详细的艏波波高和涡量等流场细节。Longe 和 Stern 等[2-5]研究团队基于 PIV 技术对 DTMB5412 船模在静水、波浪和横摇等各种工况下的流场进行了测量,得到了关于该船模精细流场的大量数据,并以数据库的形式在其团队网站公布。

由于模型实验的 PIV 设备成本较高,且近年来高性能能计算机不断发展,数值模拟已成为研究船舶流场的主要方法之一。目前对船舶流场的模拟主要使用雷诺平均方法(RANS)。Olivieri[6]使用 RANS 并结合 level-set 界面捕捉方法,详细地展示了 DTMB5415 船在 $Fr=0.35$ 工况下,艏波的速度场、涡量场和波高场等细节。Wang 等[7]使用 RANS 方法模拟了在控制航线上 ONR 船的六自由度运动,分析了 ONR 船在静水和三种不同规则波下自由面兴波和船尾涡结构的变化,同时将船速和六自由度运动幅度和试验进行比较,验证了其数值方法的可靠性。Song 等[8]使用 RANS 方法模拟了实尺度 REGAL 船的自航工况,并把结果与海试数据对比,给出了时间步长、Y+等实尺度船舶仿真策略建议。

RANS 方法以其计算量小而计算精度高而被广泛的应用,但是 RANS 方法会对流场脉动进行时均化处理,导致对流场的精细捕捉能力不够。因此可以使用将 RANS 方法和 LES 方法结合的 DES 方法来捕捉船舶的流场。DES 方法简单来说,就是在船体的近壁区域使用 RANS 方法来降低网格量且保证计算精度,在远离壁面的大尺度流动区域使用 LES 方法来求解流场。Ren 和 Wang[9]使用 DES 方法模拟了 KCS 船舶在不同航速下船首破波的现象,作者还将 DES 和 RANS 得到的自由面兴波,涡量和船首涡结构进行了对比,得出在阻力预测上 RANS 方法优于 DES 方法,而 DES 方法能更好的预测流场波形的结论。

本研究使用基于开源 OpenFOAM 开发的求解器 naoe-FOAM-SJTU[10],使用有限体积的离散方法,VOF 方法捕捉自由面,针对标准船模 REGAL 进行精细化数值模拟。通过 RANS 方法计算了 REGAL 船在 $Fr=0.168$ 的流场,并以三套网格开展网格收敛性验证。最后使用 DDES 方法捕捉更精细的自由面兴波和尾部伴流等细节,和传统的 RANS 方法进行对比分析,验证当前数值方案的可行性。

2 数值方法

文中控制方程采用的是 RANS 方程和 DDES 方程,湍流方程采用的是 $SST\ k-\omega$。其中控制方程可以写为一个连续性方程和一个动量方程:

$$\frac{\partial \overline{u_i}}{\partial x_i} = 0 \tag{1}$$

$$\frac{\partial \overline{u_i}}{\partial t}+\frac{\partial \overline{u_j u_i}}{\partial x_j}=-\frac{1}{\rho}\frac{\partial \overline{P}}{\partial x_i}+\frac{\partial}{\partial t}\left[v\left(\frac{\partial \overline{u_i}}{\partial x_j}+\frac{\partial \overline{u_j}}{\partial x_i}\right)\right]-\frac{\partial \tau_{ij}}{\partial x_j} \quad (2)$$

式中，$\overline{u_i}, \overline{u_j}$ 为平均速度分量；x_i, x_j（$i,j=1,2,3$）为三个方向的空间坐标；ρ 为水的密度；P 为动压力；v 为运动黏性系数；

式中，亚格子应力张量 τ_{ij} 根据 Boussinesq 涡黏假定为 $\tau_{ij}=\frac{2}{3}\delta_{ij}k-2v_t S_{ij}$。

引入涡黏假定后，上式控制方程还需要湍流模型封闭涡黏系数 v_t，本研究采用的是两方程 $SST\,k-\omega$ 模型补充确定。$SST\,k-\omega$ 由 Menter[11]提出，结合了 $k-\varepsilon$ 和 $k-\omega$ 模型的优点，用 $k-\omega$ 处理近壁面边界层区域的流动，用 $k-\varepsilon$ 处理自由剪切流区域的流动。而在本研究的 DDES 方法中 $SST\,k-\omega$ 可描述为湍流动能 k 和湍流耗散率 ω 的输运方程：

$$\frac{\partial k}{\partial t}+\frac{\partial (u_j k)}{\partial x_j}=\tilde{G}-\frac{k^{3/2}}{l_{DDES}}+\frac{\partial}{\partial x_j}\left[(v+\alpha_k v_t)\frac{\partial k}{\partial x_j}\right] \quad (3)$$

$$\frac{\partial \omega}{\partial t}+\frac{\partial (u_j \omega)}{\partial x_j}=\gamma S^2-\beta \omega^2+\frac{\partial}{\partial x_j}\left[(v+\alpha_\omega v_t)\frac{\partial \omega}{\partial x_j}\right]+(1-F_1)CD_{k\omega} \quad (4)$$

DES 是在靠近壁面的边界层和其他区域采用 RANS 的模型，在远离壁面的自由剪切区域采用 LES 亚格子模型求解。在流场中某区域的网格分辨率较高，网格尺寸小于设定的阈值时，该区域将会使用大涡模拟方法来获得更加精细的网格；而在船体附近，湍流的特征长度小于局部网格，该区域将激活 RANS 方法来计算。因此 DES 是以局部网格的尺寸来实现 RANS 区域转化为 LES 区域。但是如果 LES 模型在近壁区域过早的被切换，会导致流动提前分离，湍流黏度被降低，从而影响船舶水动力性能的计算。DDES 方法[12]是在 DES 方法的基础上引入延迟函数来优化特征湍流长度，在保持 DES 捕捉涡结构能力的同时提高计算精度。引入延迟因子的 DDES 湍流特征长度为：

$$L_{DDES}=L_{RANS}-f_d \max(0, L_{RANS}-L_{LES}) \quad (5)$$

式中，延迟函数为 $f_d=1-\tanh\left[(8r_d)^3\right]$，延迟因子定义为 $r_d=\dfrac{v+v_t}{\sqrt{u_{ij}u_{ij}}k^2 d^2}$。

3 计算模型

3.1 几何模型

劳氏船级社在 2016 年组织了世界上首次实尺度船舶水动力数值模拟研讨会，对一艘单桨无球鼻艏的杂货船 REGAL 进行模拟。会上公布了众多参与者的实尺度 REGAL 船的 CFD

模拟结果和劳氏船级社对该船进行的海试数据。之后一些学者[8,13-14]也对该实尺度 REGAL 船进行了数值模拟，探讨实尺度船舶 CFD 模拟方法。本研究将补充 REGAL 船的模型尺度下精细化流场结果，并对其流场进行简要分析。REGAL 船的主尺度参数和模型图见表 1 和图 1。

表 1 船模 REGAL 主尺度参数

参数	标识	实船	船模
缩尺比	λ	1	23.111
垂线间长	L_{PP}(m)	138	5.971
型宽	B(m)	23	0.995
艏吃水	T_fore(m)	2.970	0.129
艉吃水	T_aft	5.865	0.254
艉倾角	ψ(°)	1.21	1.21
排水体积	∇(m^3)	10579.26	0.857

图 1 (a)实船图 (b)模型图 (c)去除上层建筑的模型

3.2 计算域设置及网格划分

由于本研究针对的是静水阻力工况，为了降低计算成本，这里仅采用一半计算域进行数值模拟。图 2 显示了计算域和边界条件，坐标轴原点设置在水线与船首的交点处。计算域在 x 轴方向设置为 5 倍船长，来流速度入口设置在船首前 x=1L_{pp} 船长处，压力出口设置在船尾后 x=-4L_{pp} 处。船舶中线面，右边界，底部边界都设为对称边界条件，右边界距离船舶中线面 1.5L_{pp} 处，底部边界设在 z=-1L_{pp}。上方设为大气边界条件，设在自由面上 z=0.5L_{pp} 处。

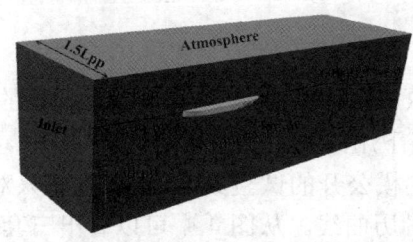

图 2 计算域示意图

本仿真采用 Hexpress 生成的全六面体非结构化网格，网格加密采用在背景网格的基础上对特定区域逐级加密的方法，具体局部区和加密级数见图 3 和表 2。加密等级(x:y:z)表示在背景网格的基础上沿 x,y,z 三个方向细化网格为 $2^x, 2^y, 2^z$ 倍。0 级表示在该方向上不加密。因此本文采用的三套网格，只要改变背景网格的数量即可实现。

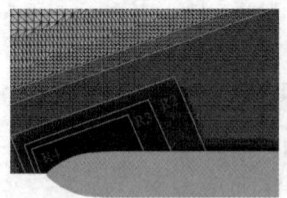 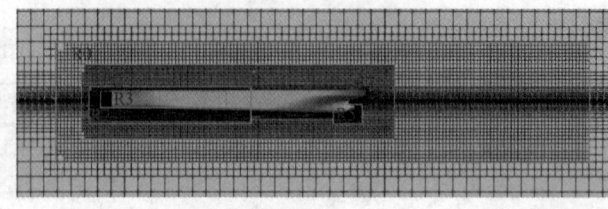 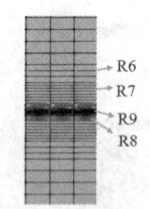

(a) 自由面局部网格　　　　　　(b) 侧面网格　　　　　　(c) 自由面附近的横切面

图 3　网格布置示意图

表 2　局部网格加密等级

区域编号	加密位置	加密等级(x:y:z)
R0	船体周围	2:2:2
R1	船体周围	3:3:3
R2	艏波区域	4:4:4
R3	艏波区域	5:5:5
R4	艏波区域	6:6:6
R5	船尾区域	5:5:5
R6	自由面	0:0:1
R7	自由面	0:0:3
R8	自由面	0:0:4
R9	自由面	0:0:5

4　结果分析

4.1　网格收敛性验证

本研究采用三套网格对 REGAL 船模在 Fr=0.168 工况下的静水问题进行了模拟。表 3 给出了 REGAL 船在三套网格下用的总阻力系数对比。

因为国际上还未有对该船模公开的试验数据，本研究将只对比数值模拟得出来的结果。图 4 是三套网格得到的阻力时历曲线。从图 4 中可以看出三套网格得到的阻力结果在数值和发展趋势上几乎没有差别，可以认为当前数值模拟的计算结果已经收敛，计算结果不受网格尺寸的影响。

表3 REGAL 船的阻力计算值

网格	背景网格数	总网格数	总阻力系数
细网格	90×27×27	631W	0.01234
中等网格	75×23×23	498W	0.01236
粗网格	60×18×18	313W	0.01238

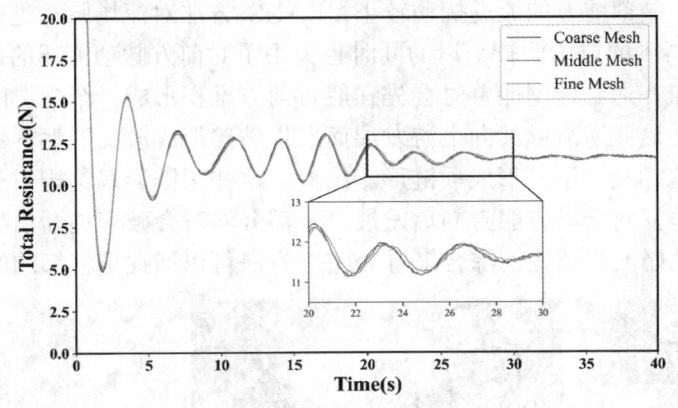

图4 不同网格下总阻力的时历曲线

图5 显示了三套网格下的自由面兴波。整体来看，由于航速较低，船体周围的兴波高度都很小，最大兴波高度出现在船首。因此在总阻力中兴波阻力所占成分很少，以黏性阻力为主。船首横波和散波已经成型，开尔文角可以清晰可见，但是此时自由面仍以横波为主，船首的横波较明显。对比来看，在网格量达到631万时船体周围的兴波捕捉已经非常精细，因此下一节将主要对比分析631万网格下使用 RANS 和 DDES 方法得到的精细流场。

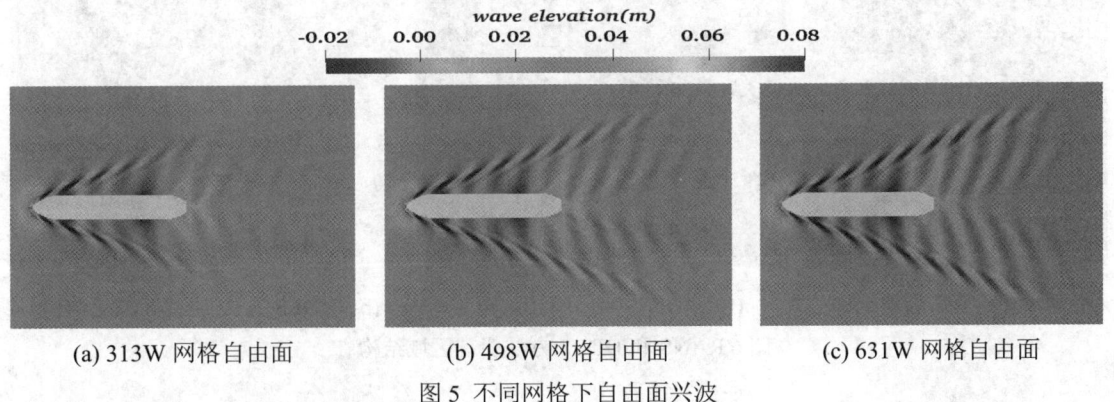

(a) 313W 网格自由面　　　(b) 498W 网格自由面　　　(c) 631W 网格自由面

图5 不同网格下自由面兴波

4.2 RANS 和 DDES 计算结果对比

图6 展示了 RANS 和 DDES 两种方法下的艉波结构对比，其中图 6(a_3)和图 6(b_3)使用的是归一化的 Omega-Liutex[15]方法来捕捉艉波涡结构。这种方法可以获得流场中局部刚性

旋转部分，同时捕获强涡和弱涡，并且可以避免流场中的剪切污染。首先从艏波自由面对比图中，可以发现两种方法比较明显的差异体现在船首首柱前方的流场区域。REGAL 船首使用的是直立型船首，该船首前部呈现出的钝型结构对于流场的绕动与一般的外飘型船首不同。钝型船首使得 REGAL 船水线以上部分扩展的很快，水线进水角较大，因此首波的波峰位置发生破碎并向前翻卷形成逆流，从而对艏部前方自由面流场产生扰动。而在模型尺度下进行模拟，艏部前方的流场扰动较小，RANS 方法对流场脉动进行了平均化处理，导致 RANS 方法得到的自由面较平滑的同时也失去了对前方脉动流场的捕获。从船首的涡结构图来看，来流在遇到钝型船首时会先在船首前方堆积形成一个光滑的凸起区域，随后形成向前的逆流，这些逆流继续向上游发展而发生破碎形成散乱的涡群。此外船首前停滞堆积的逆流与入流相互作用，形成项链形涡结构，这些项链形涡结构内部夹杂着不同旋转方向的涡对，这些涡对会沿着船身向后发展，一部分涡对会破碎逐渐消失，另一部分涡对会汇入远离船体的艏波涡结构。综合来看 DDES 方法可以捕捉更精细的艏波流场。

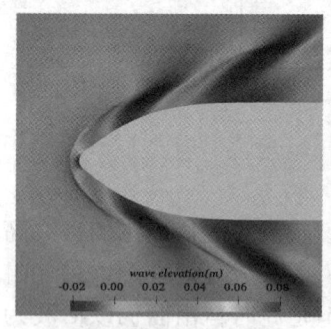 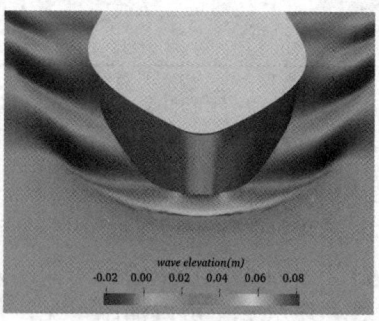 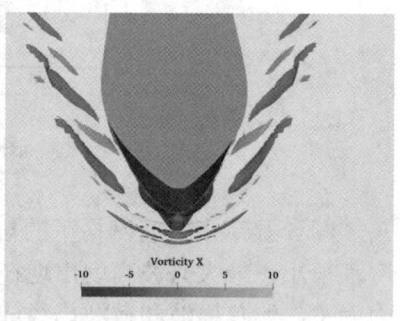

(a_1) RANS 方法-艏波结构　　(a_2) RANS 方法-艏波结构　　(a_3) RANS 方法-船首区域涡结构

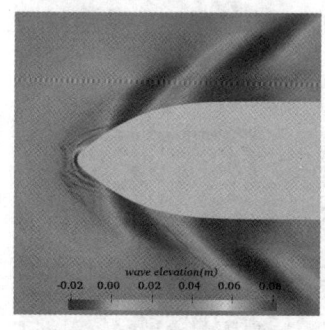 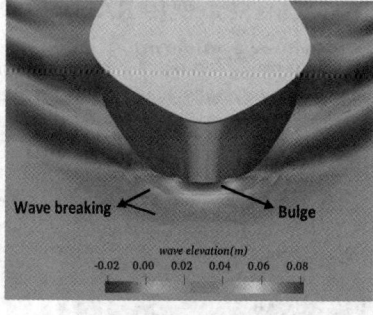 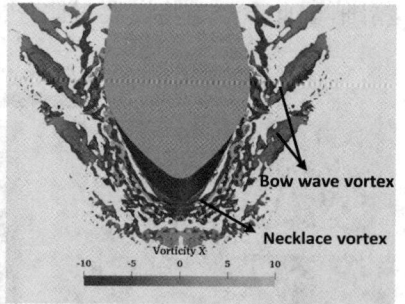

(b_1) DDES 方法-艏波结构　　(b_2) DDES 方法-艏波结构　　(b_3) DDES 方法-船首区域涡结构

图 6 RANS 和 DDES 方法船首区域结构

图 7 展示了不同截面处的尾部伴流分布，其中 X/L_{pp}=0.98 为设计螺旋桨盘面所处的位置。从图中可以发现，REGAL 船肥大的船型产生的纵向涡会导致尾部产生扭曲的伴流，形成钩状的低速区。DDES 方法由于可以捕捉更多流场的脉动，其预报的尾部流场相比于 RANS 方法钩状区域更加的明显，且区域略微增大。图 8 给出了使用 Omega-Liutex 方法捕

捉的 REGAL 船尾部涡结构的对比图,从图中可以看出 DDES 方法预报了更多更长的纵向涡结构,因此 DDES 方法可以更精细的预报船舶尾流变化。

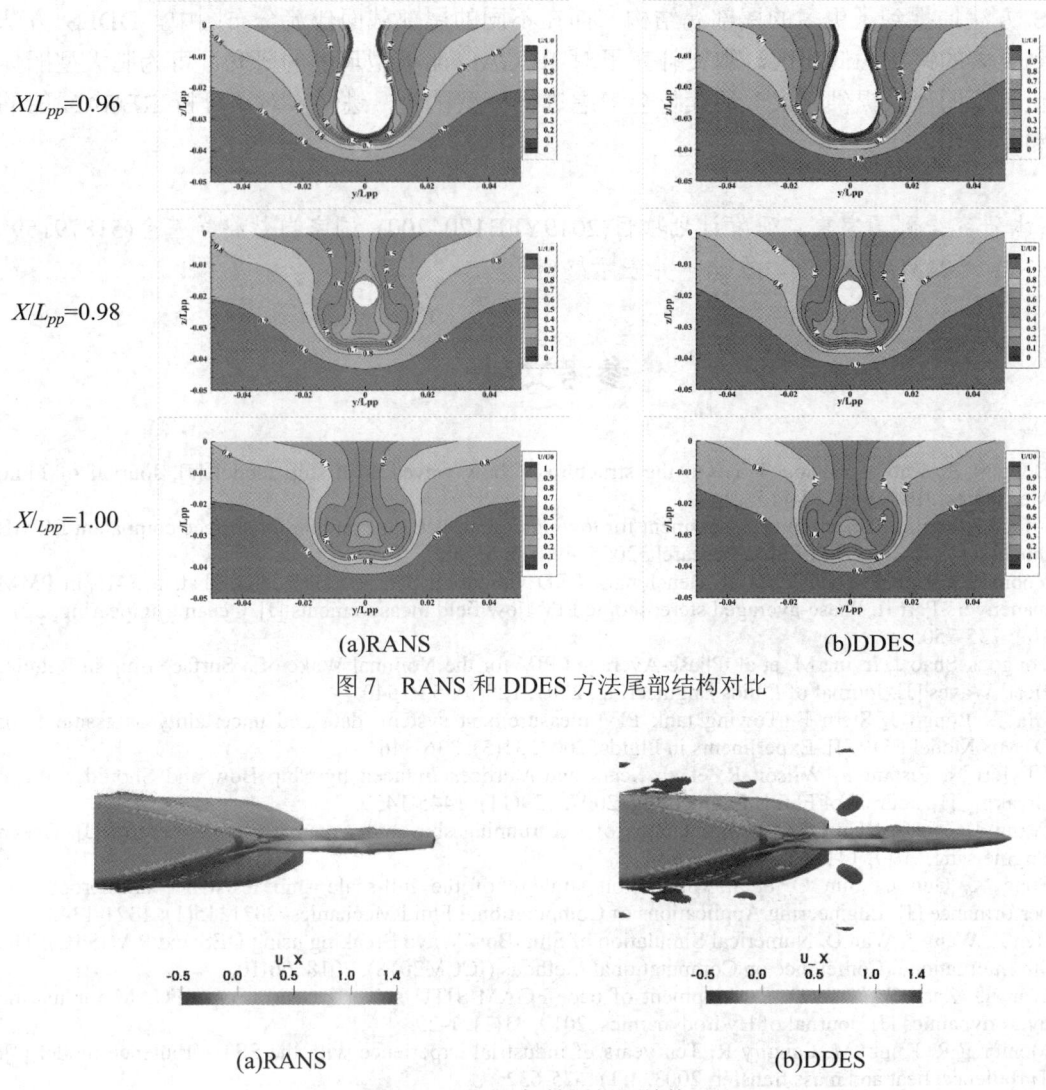

图 7　RANS 和 DDES 方法尾部结构对比

图 8　REGAL 船舶尾部涡结构对比

5　结论

本研究使用 naoe-FOAM-SJTU 求解器,基于 RANS 方法和 DDES 方法对标准船模 REGAL 在 Fr=0.168 工况下进行了数值模拟,重点在于对阻力和精细化流场的预报。使用 RANS 方法通过阻力预报结果分析了三套网格的收敛性,验证了当前数值模拟方法的可行性。在船首兴波预报上，DDES 方法捕捉到了更加精细的流场，来流会在直立型船首前堆积而产生逆流，从而形成比较特殊的项链形涡对结构。在尾流场预报中，DDES 方法相比 RANS 方法捕捉到了更多的尾部涡结构。而在不同的尾部截面伴流分布图中，DDES 方法捕捉到更大的钩状的低速区。本文补充了对 REGAL 船模型尺度的研究，可为肥大型船体精细化流场的预报提供建议，后续将会考虑进行模型试验，进一步对比分析 REGAL 船的阻力和伴流场。

致谢：本研究得到国家重点研发计划项目(2019YFB1704200)，国家自然科学基金(51879159，51909160，52131102)资助。在此一并表示感谢。

参考文献

1. Dong R R, Katz J, Huang T T. On the structure of bow waves on a ship model [J]. Journal of Fluid Mechanics, 1997, 346: 77-115.
2. Longo J, Stern F. Uncertainty Assessment for towing tank tests with example for surface combatant DTMB model 5415 [J]. Journal of Ship Research, 2005, 49(01): 55-68.
3. Yoon H, Longo J, Toda Y, et al. Benchmark CFD validation data for surface combatant 5415 in PMM maneuvers-Part II: Phase-averaged stereoscopic PIV flow field measurements [J]. Ocean Engineering, 2015, 109: 735-750.
4. Longo J, Shao J, Irvine M, et al. Phase-Averaged PIV for the Nominal Wake of a Surface Ship in Regular Head Waves [J]. Journal of Fluids Engineering, 2007, 129(5): 524-540.
5. Gui L, Longo J, Stern F. Towing tank PIV measurement system, data and uncertainty assessment for DTMB Model 5512 [J]. Experiments in Fluids, 2001, 31(3): 336-346.
6. Olivieri A, Pistani F, Wilson R, et al. Scars and Vortices Induced by Ship Bow and Shoulder Wave Breaking [J]. Journal of Fluids Engineering, 2007, 129(11): 1445-1459.
7. Wang J, Zou L, Wan D. CFD simulations of free running ship under course keeping control [J]. Ocean Engineering, 2017, 141: 450-464.
8. Song K, Guo C, Sun C, et al. Simulation strategy of the full-scale ship resistance and propulsion performance [J]. Engineering Applications of Computational Fluid Mechanics, 2021, 15(1): 1321-1342.
9. Ren Z, Wang J, Wan D. Numerical Simulation of Ship Bow Wave Breaking using DES and RANS [C]. The 9th International Conference on Computational Methods (ICCM2018), 2018: 06-10.
10. Wang J, Zhao W, Wan D. Development of naoe-FOAM-SJTU solver based on OpenFOAM for marine hydrodynamics [J]. Journal of Hydrodynamics, 2019, 31(1): 1-20.
11. Menter F R, Kuntz M, Langtry R. Ten years of industrial experience with the SST turbulence model [J]. Turbulence, heat and mass transfer, 2003, 4(1): 625-632.
12. Spalart P R, Deck S, Shur M L, et al. A New Version of Detached-eddy Simulation, Resistant to Ambiguous Grid Densities [J]. Theoretical and Computational Fluid Dynamics, 2006, 20(3): 181-195.
13. Jasak H, Vukčević V, Gatin I, et al. CFD validation and grid sensitivity studies of full scale ship self propulsion [J]. International Journal of Naval Architecture and Ocean Engineering, 2019, 11(1): 33-43.
14. Pena B, Muk-Pavic E, Thomas G, et al. An approach for the accurate investigation of full-scale ship boundary layers and wakes [J]. Ocean Engineering, 2020, 214: 107854.
15. Dong X, Gao Y, Liu C. New normalized Rortex/vortex identification method [J]. Physics of Fluids, American Institute of Physics, 2019, 31(1): 011701.

CFD prediction of the resistance and fine flow field of REGAL ship

SHAO Yu-ming, WANG Jian-hua, WAN De-cheng*

(Computational Marine Hydrodynamics Lab (CMHL), School of Naval Architecture, Ocean and Civil Engineering, Shanghai Jiao Tong University, Shanghai 200240, China,
Email: dcwan@sjtu.edu.cn)

Abstract: One of the basic challenges in the subject of marine dynamics is the prediction of calm water. The prediction of hull resistance by the CFD approach is reasonably mature at the moment, thanks to the development of high-performance computers, however the fine prediction of free surface wave and wakefield of the fat hull is not optimal. The solver naoe-Foam-SJTU, which was built independently on the basis of OpenFOAM, is utilised in this research to perform numerical simulation on the REGAL ship model. The finite volume discrete approach is integrated with the VOF interface capture method in this paper. The resistance of the REGAL ship is predicted using the SST k-ω turbulence model, and the convergence of three different grid scales is proven. The delayed separation eddy simulation (DDES) method is also used to simulate the flow field of the REGAL ship, and the results are compared to the traditional RANS method. The results reveal that the DDES approach can capture more details of the flow field, such as the bow wave and the wakefield, which provide suggestions for the prediction of the wake of fat ships.

Key words: Fine flow field; REGAL ship; RANS; DDES; Wake field.

仿鸮前缘突节风机叶片气动流场数值模拟

薛瑛杰，赵伟文，万德成*

（上海交通大学 船海计算水动力学研究中心(CMHL)船舶海洋与建筑工程学院，上海 200240，
Email: dcwan@sjtu.edu.cn）

摘要： 随着现代社会的飞速发展，传统化石能源已无法满足人们日益增长的能源和环保需求。近年来，风电产业发展迅速，然而受叶片几何尺度限制以及运行中的偏航、剪切风等因素的影响，风机发电功率受到一定限制。因此，有必要针对风机叶片优化进行研究。本研究以 NACA 2412 翼型为研究对象，参考鸮翼前缘做变形处理。基于开源软件 OpenFOAM，使用 RANS 与 LES 湍流模型分析低雷诺数下非光滑前缘突节对风机叶片气动性能的影响。数值模拟结果表明：在大攻角下，前缘突节能够改变流向分布规律，减小吸力面的失速，有效缓解由于失速带来的有效功率突降。同时与原型翼型数据对比，发现非光滑前缘突节在一定程度可改善叶片的气动性能，有利于提高风机的发电功率。

关键词： 仿生；风机叶片；前缘突节；优化；气动性能

1 引言

由于早期的风机叶片是从航空机翼改进而来，故在高雷诺数下具有良好的流体动力性能，而在低雷诺数下，能量利用率较低。同时随着近 30 年来仿生学研究的发展，各种海洋生物与鸟类均被发现出具有较好的运动性能。特别是针对机翼前缘仿生异形叶片的研究，Bushnell 和 Moore[1]从形态学的角度提出了前缘突节的几何特性可以影响机翼的气动性能，Fish 和 Battle[2]在探索座头鲸翻转和操纵时，首次提出了前缘突节会影响水动性能。在过去 20 年中，针对突节影响机理的探索，众多学者进行了数值模拟。

在数值研究方面，Favier 等[3]发现在低雷诺数下前缘突节的存在使失速角向后推迟。Patterson 等[4]求解了非定常雷诺平均 Navier-Stokes（URANS）方程，并表明突节可以改变回流区的形状，改善整体性能。同时他们发现突节的存在可以将失速角向后推迟，产生纵向涡并在失速后阶段提高升力系数。Serson[5]发现波浪形前缘翼型不仅能够延缓失速，且在大攻角下可保持良好的气动性。与此同时许多研究者针对机翼的不同变形特点进行了数值模拟研究，Hasheminejad 等[6]分别对半圆形前缘和三角形前缘的仿生机翼进行数值模拟，

Hua 等[7]基于海鸥翼型设计出 3 种仿生叶片，相比于原型叶片，仿生叶片的扭矩均有所提高，且不易出现边界层分离。李典等[8]以长耳鸮作为仿生对象，研究了不同雷诺数下仿生叶片表面压力分布和尾流涡结构的溃灭。姚伟伟等[9]以实际风机叶片为原型，对比研究了前缘突节下叶片表面压力系数的变化情况。

随着研究的不断深入，逐渐有学者将仿生波浪翼型叶片应用于风力发电机上。Zhang 等[10]针对波浪形叶片的 NREL Phase-VI 风机性能进行研究，发现波动前缘在高速转动时的轴转矩值较高，具有更好的气动性能。Wang 和 Zhuang 等[11-12]以 NACA0018 翼型正弦前缘叶片为研究对象，在对低 TSR 条件下，对垂直风力发电机的功率性能进行了数值研究。发现最大升力系数比标准模型提高了 25%，可以比原型叶片收集更多的风能。

(a) 红角鸮　　　　　　　　(b) 长耳鸮　　　　　　　　(c) 雕鸮

图 1 常见鸮类展翅图（图片来自网络）

综上所述，带有前缘突节的仿生形叶片能够延缓失速状态且减弱流动分离。本研究以红角鸮翅前缘作为仿生对象，对已有的 NACA 2412 翼型前缘做正弦变形处理。使用 RANS 湍流模型中的 $k-\varepsilon$ 和 LES 模型进行数值模拟，讨论在雷诺数 $Re=5.87\times10^5$ 时异形前缘机翼升阻力系数随攻角的变化情况，并对不同攻角下的流场特性进行分析。

2 数值模拟方法

2.1 流体力学控制方程

假定流动不可压，流场的控制方程采用 RANS（雷诺瞬时平均）法

$$u_i(x,t)=\overline{u}_i(x)+u_i^{'}(x,t) \tag{1}$$

$$p(x,t)=\overline{p}(x)+p'(x,t) \tag{2}$$

将式（2）与式（3）带入 N-S 方程中并对时间求平均，可以得到

$$\frac{\partial \overline{u}_i}{\partial x_i}=0 \tag{3}$$

$$\frac{\partial \overline{u}_i}{\partial t}+\overline{u}_j\frac{\partial \overline{u}_i}{\partial x_j}=-\frac{1}{\rho}\frac{\partial \overline{p}}{\partial x_i}+\upsilon\frac{\partial^2 \overline{u}_i}{\partial x_i \partial x_j}-\frac{\partial \overline{u_i'u_j'}}{\partial x_i} \tag{4}$$

式中，$-\overline{u_i'u_j'}$ 称为雷诺应力张量，引入黏涡假定，建立雷诺应力与平均速度梯度之间的关系：

$$-\overline{u_i'u_j'} = v_t\left(\frac{\partial \overline{u_i}}{\partial x_j} + \frac{\partial \overline{u_j}}{\partial x_i}\right) - \frac{1}{3}\delta_{ij}\overline{u_i'u_j'} \tag{5}$$

式中，δ_{ij} 为克罗内克函数，v_t 称为涡黏系数。常用的涡黏性系数假设结合 $k-\varepsilon$、$k-\omega$ 或 SST $k-\omega$ 等方法应用较为广泛，选择标准 $k-\varepsilon$ 模型对尾流场进行 RANS 模拟。

LES 也叫大涡模拟，它是对脉动的一种空间平均。在 LES 的计算中，为模拟涡破碎、湍动能传递到热能的这一过程，额外引入了亚格子应力项：

$$\begin{aligned}&\frac{\partial \rho}{\partial t} + \frac{\partial (\rho U_j)}{\partial x_j} = 0 \\ &\frac{\partial (\rho U_i)}{\partial t} + \frac{\partial}{\partial x_j}(\rho U_i U_j) = -\frac{\partial P}{\partial x_i} + \underbrace{\frac{\partial}{\partial x_j}(\tau_{ij} + \tau_{sgs})}_{\text{粘性+亚格子}}\end{aligned} \tag{6}$$

采用涡黏性的方法对亚格子应力项进行计算：

$$\tau_{sgs} = 2\rho v_{sgs} S_{ij}^* - \frac{2}{3}\rho k_{sgs}\delta_{ij} \qquad S_{ij}^* = \frac{1}{2}\left(\frac{\partial \overline{U_i}}{\partial x_j} + \frac{\partial \overline{U_j}}{\partial x_i} - \frac{1}{3}\frac{\partial \overline{U_k}}{\partial x_k}\delta_{ij}\right) \tag{7}$$

式中，S_{ij}^* 是速度梯度的张量，v_{sgs} 是未知量亚格子黏性。在 LES 计算中，会采用不同方法来计算 v_{sgs}，本研究选择 Smagorinsky 模型来模拟计算，主要对比 RANS 和 LES 计算异同。

2.1 PIMPLE 算法

PIMPLE 算法是 OpenFOAM 结合 PISO 算法和 SIMPLE 算法结合开发的一种用于求解大步长瞬态过程的方法。它在 PISO 算法的基础上，融入大时间步长计算能力，即使在较大的库朗数与低松弛状态下，依然能够保证每一步计算结果收敛。

3 计算模型与边界设定

3.1 仿鸮前缘突节设计

通过 Airfoil 导出的 NACA 2412 二维翼型数据，在弦长 λ 的 30%位置处，有最大厚度 $t = 12\%\lambda$，展长为弦长的 2 倍，本文取 $\lambda = 1.0m$。通过观察鸮类翼展，可以发现红角鸮翼型前缘突节尺寸与整个翅膀弦长比大致在 0.10～0.30，而整个翼展在突节后方拥有相同的攻角和变化曲率，因此我们对原型叶片采用相似的策略进行变形。找取原型叶片上下表面拐点位置，即上表面 $x = 0.31468$、下表面 $x = 0.2089$。以这两点作为分界点，针对前端突出部分采用正弦变换，而分界点之后的翼型点位置保持不变(图2)。

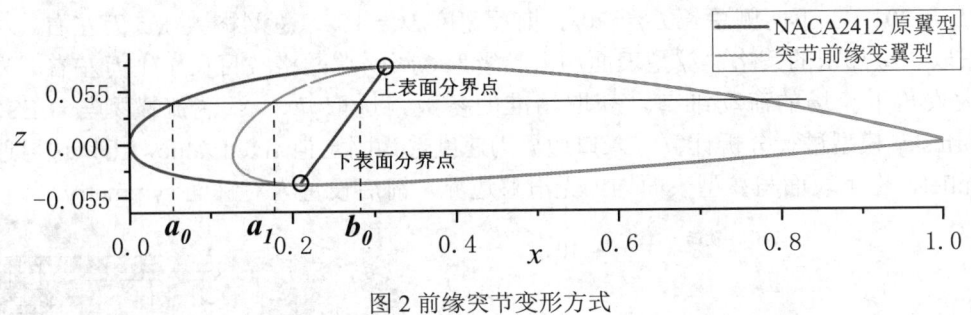

图 2 前缘突节变形方式

对于突节前缘的变形，通常情况下将前缘按照百分比的方式沿展向进行缩小，虽然这种法比较简单，但是受制于原型叶片选取点的数目，故在建模过程中广顺性较差。本研究采用正弦公式的方法，即在保留相同 z 值的情况下，将 x 值向内以正弦形式缩短一定的距离，

$$a_1 = (a_0 - b_0) * \left[1 - \cos\left(\frac{2k\pi}{\lambda} \cdot y \right) \right] \tag{8}$$

式中，a_0 与 b_0 分别表示的是相同 z 位置处，原型叶片与分界点连线的横坐标位置(图2)；a_1 是原翼型点 a_0 经过前缘变形后，弦长方向的位置坐标；λ 为弦长，取 1.0 m；k 表示展长方向内正弦波数，本研究 k 取 2，即一个完整的波型长度为 0.5 m；y 是翼型沿展长方向的坐标值。图3 展示在 0~0.25 m 中几个典型位置处首端位置坐标与剖面翼型，据此可建立出三维叶片模型。

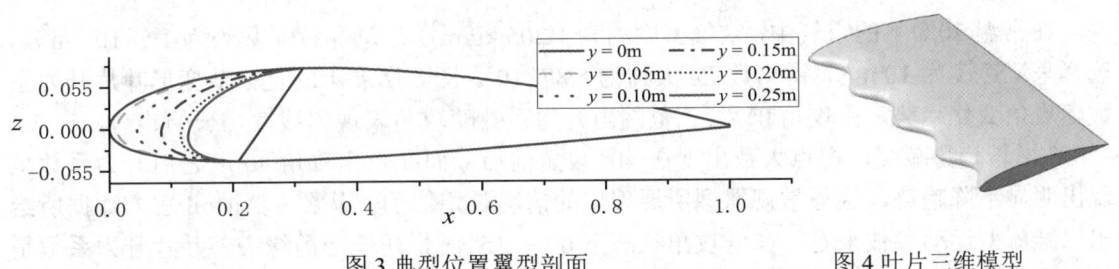

图 3 典型位置翼型剖面　　　　　　图 4 叶片三维模型

表 1 典型位置处首端坐标（$z = 0$ m）

	$y = 0.00$ m	$y = 0.05$ m	$y = 0.10$ m	$y = 0.15$ m	$y = 0.20$ m	$y = 0.25$ m
x / m	0	0.01238	0.04478	0.08484	0.1174	0.1296
z / m	0	0	0	0	0	0

3.2 网格划分与边界条件

基于 ANSYS 中的 ICEM 进行背景网格的构建,并结合 OpenFOAM 的 snappyHexMesh 进行网格的加密。计算域入口边界为半圆形边界,距翼型最前端 $L_A = 9\lambda$,出口边界距翼型尾端 $L_B = 20\lambda$,上下两侧总长 $L_U = 20\lambda$,前后宽度 $L_F = 10\lambda$,总网格数在 5 万左右。对整体网格采取 3 级加密的策略,翼型表面加密等级为 6 级,总网格数目在 171 万左右。为更好观察大攻角下流场的流动细节,获取精准的参数,选取 $k - \varepsilon$ 湍流模型与 LES 中的 Smagorinsky 模型进行分析计算。入口边界为速度选为固定值 fixedValue,出口边界速度为 inletOutlet,上下表面与翼型表面均为无滑移边界,前后设置为对称面 symmetry。

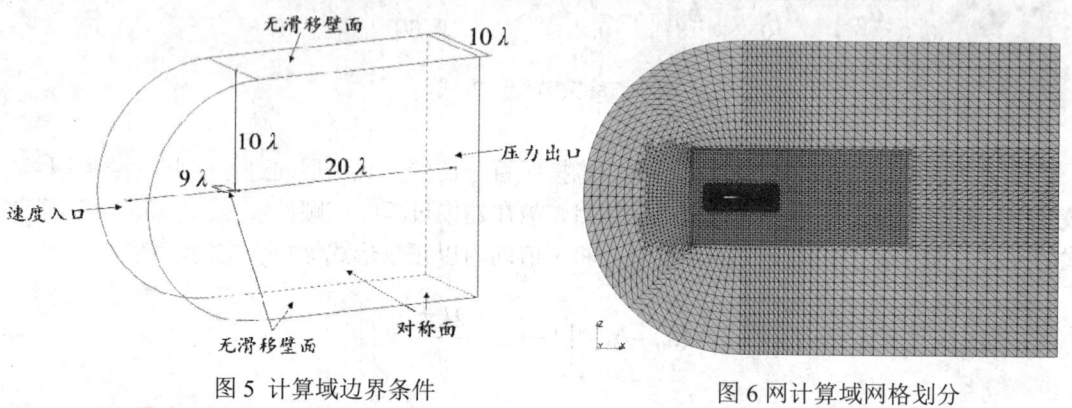

图 5 计算域边界条件   图 6 网计算域网格划分

4 计算结果分析

4.1 升阻力系数变化

在常温 20℃下的空气中,空气密度约为 1.205 kg/m³,运动黏性系数约为 1.5×10^{-5} m²/s。选择来流速度为 10 m/s,雷诺数 Re 大约为 5.87×10^5。图 6 所展示的是突节变形叶片升力系数随攻角变化趋势,在攻角 0º ~ 25º 范围内升力系数随攻角表现出线性增长的趋势,在 25º ~ 30º 增长趋势减缓,拐点大致出现在 40º 攻角前后,而在攻角攻角 40 度之后升力系数呈现出明显下降趋势,这与常规翼型所展现出的情况是相似的。从图 9 Airfoil 官方数据所给出二维翼型运动参数来看,在低攻角状态下 0º ~ 15º 时,仿鸮形前缘突节叶片升力系数是低于原型叶片的升力系数。但在这之后由于原型叶片接近失速攻角,在 20º 攻角之后的范围内,其升力系数远低于仿鸮叶片,可以证明仿鸮形突节前缘能够较好地改善失速状态下的流动性能,延迟失速角,提升特定环境下的升力系数。

对比两种翼型推力系数的变化曲线,可以发现,二者均随攻角增大逐渐加大的趋势。但由于没有开展原型叶片的三维计算,在结果上来看,仿鸮翼型整体推力系数都大于官方所提供的数据,为此我们也将在后续继续对此展开工作。

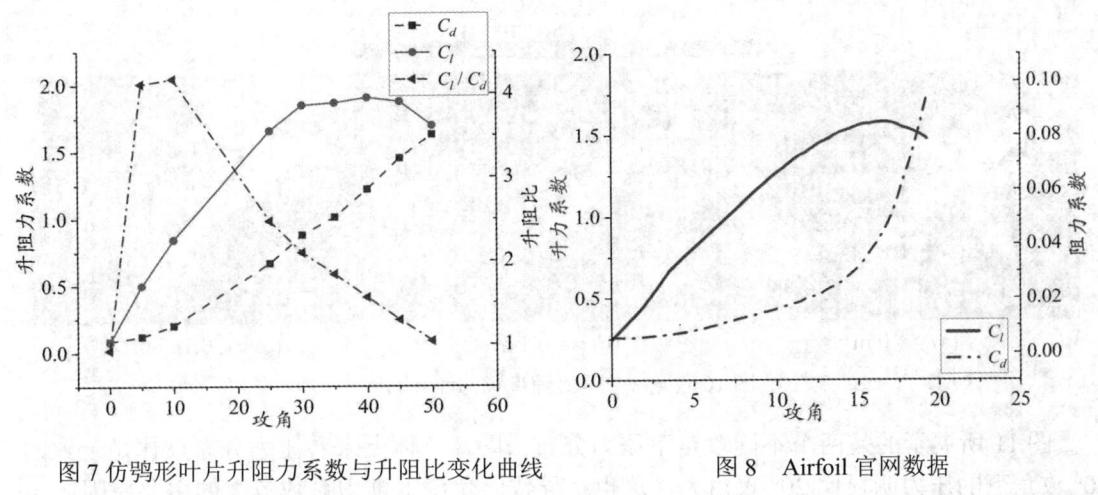

图 7 仿鸮形叶片升阻力系数与升阻比变化曲线　　图 8　Airfoil 官网数据

同时，观察升阻比系数的变化趋势，最大升阻比大约在攻角 5°～10°，这比官方数据的 4.5° 有明显后移倾向，从侧面很好得印证了前缘突节对流动与升阻力影响的变化规律。

4.2 叶片周围流场变化特点

根据真实叶片的应用于分析，通常情况下会展现出一定攻角，而由于该叶片前缘突节是波动对称的，因此针对一个突节波长内几个典型剖面，展示了 20° 与 40° 攻角下速度场与流线轨迹(图 9 与图 10)。当空气流经前缘突节时，受突节带来的变化，叶片前缘上侧速度远大于来流速度，而下侧速度降低，由此形成了吸力面与压力面。对比两种不同攻角下的速度场，40° 攻角下速度场变化更为激烈，流场前端受叶片影响更为宽阔，并且 40° 攻角时能够明显地观察到：吸力面速度从前缘到后方会出现明显的下降趋势，这也是导致尾部形成较小的尾涡回流区的主要原因。而压力面处的流体在经过前端抑制作用后，会加速流经物体下侧表面，在尾部呈现出一定的速度增大趋势。

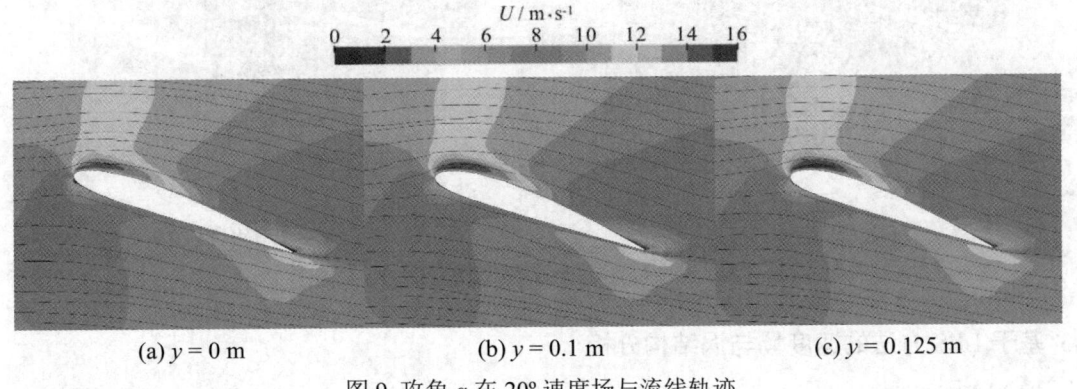

(a) $y = 0$ m　　　　(b) $y = 0.1$ m　　　　(c) $y = 0.125$ m

图 9　攻角 α 在 20° 速度场与流线轨迹

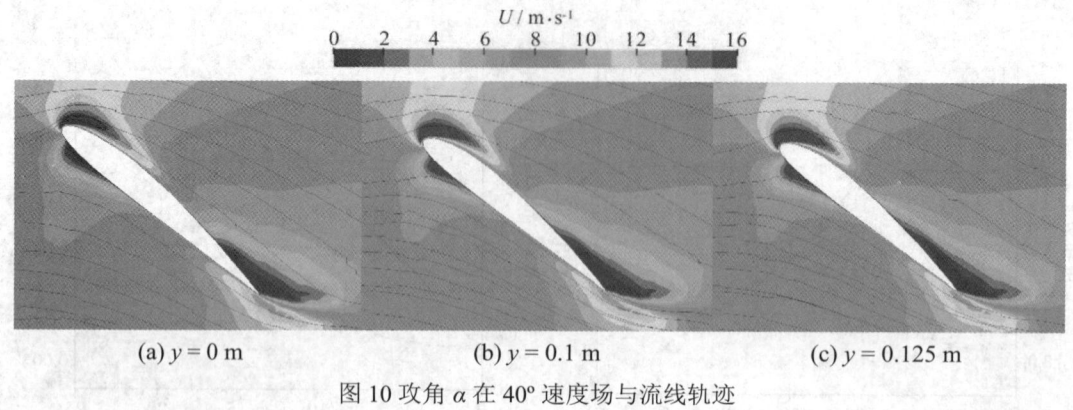

(a) $y = 0$ m (b) $y = 0.1$ m (c) $y = 0.125$ m

图 10 攻角 α 在 40° 速度场与流线轨迹

图 11 所展示的是两个不同攻角下压力分布云图，总体上来看压力分布规律是一致的。40° 攻角下的压力明显比 20° 攻角大，这也是导致此角度下推力系数较大的主要原因之一。受水平方向攻角与叶片前缘的影响，叶片前缘下方出现高压区，这种变化导致计算域的压力都受此影响。观察吸力面上的压力变化，在整个负压区内，仿鸮前缘突节"突出"位置处压力高于"凹陷"位置处，即前缘压力高低变化是随前缘波动翼型变化而变化，"凹陷"位置处压力更低。观察图 11 (a) 低攻角下的压力变化，发现吸力面最前端的压力在沿弦长变化的过程中并不是逐渐增高的，而是呈现出"波动"变化的特点。随着气流在上表面的继续流动，当速度逐渐放缓至来流速度之后，压力也随之增大，顺压流动逐渐发展为逆压流动，同时边界层在此时有可能发生分离。

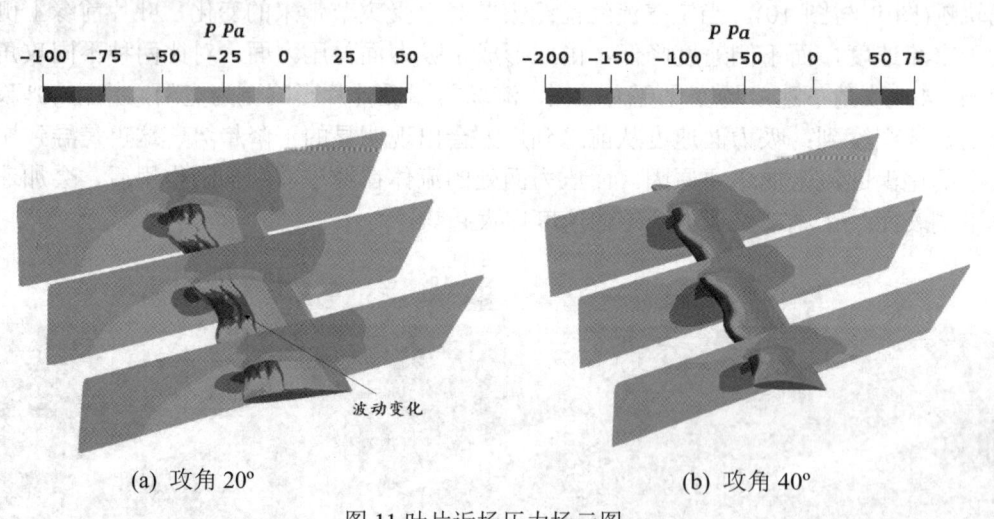

(a) 攻角 20°   (b) 攻角 40°

图 11 叶片近场压力场云图

4.3 基于 LES 方法的速度场与涡结构分析

通过观察图 9 与图 10 的流场运动特性，发现由于湍流模型本身的问题，在低雷诺数下整个流场的尾流几乎与翼型表面贴合，及流动分离并不明显，整个流场处于较为均匀的状态，很难观察到流动分离、转捩以及尾涡的变化趋势。为此基于 LES 方法的 Smagorinsky 模型，对 0º 和 30º 攻角下的叶片进行数值模拟，对比相同攻角下尾涡发展变化趋势。

图 12 展示的是基于 LES 方法在 0º 和 30º 攻角下的速度场与流线分布，与图 9 和图 10 RANS 方法的速度场对比，LES 方法的速度场出现了明显的旋涡。图 12 (b) 可以看到在吸力面上出现了流动分离，存在失速区，且有旋涡的生成。也正是由于流动分离与叶片附近压力场变化，升力系数在计算过程中存在震荡收敛的现象，且对比 RANS 方法数值上有着很大程度的下降。同时阻力系数也因叶片整体所受压力的下降而减小，最后表现出震荡收敛。尽管从速度云图上来看，失速区几乎伴随在整个吸力面上，但在上侧依然有一个高速度区域，且根据表 2 的数据来看，升阻比依然保持在一个较大的值域范围内。考虑到实际风场的变化特点下，LES 方法更符合气体流动。

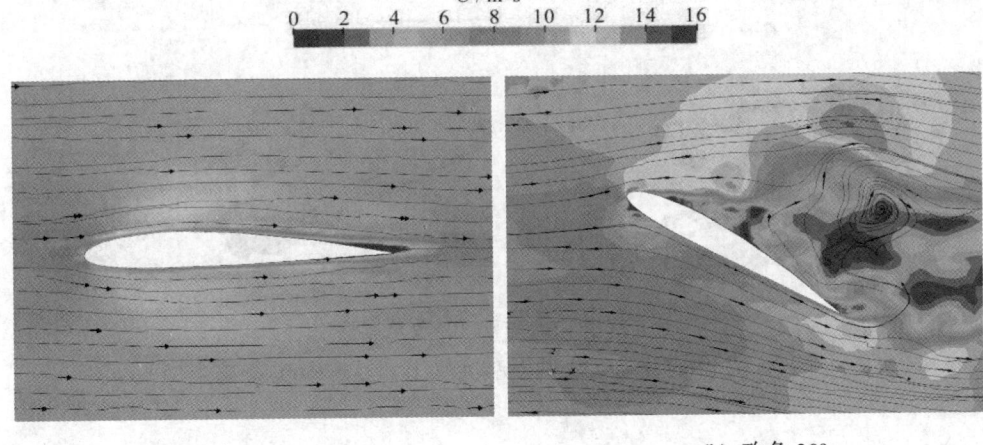

(a) 攻角 0º   (b) 攻角 30º

图 12 基于 LES 方法速度场与流线轨迹图

表 2 攻角 30º 不同湍流模型升阻系数计算结果

项目	RANS $k-\varepsilon$	LES
升力系数 C_l	1.8521	0.7878 ~ 0.9514
阻力系数 C_d	0.8811	0.4148 ~ 0.4906
升阻比	2.0990	1.8564 ~ 2.0574

为了更好地捕捉仿鸮形叶片表面的流动特性，依据 Q 准则等值面，对比两种不同湍流模型下叶片表面附近尾涡的发展运动，着重分析流动分离的位置与大小。图 13 (a) 中展示了基于 $k-\varepsilon$ 湍流模型的尾涡通过速度进行渲染的后处理图像，与速度场与流线轨迹表现出相同运动形式，整体上看流动较为平缓，空气流动贴合在物面，流动分离现象较弱。而 LES 方法展现了复杂的运动特性，在吸力面前 20% 的位置处，受逆压梯度的影响，气流无法保持在壁面流动，在前后压差的作用下使得边界层内的流体减速，因此发生了流动分离。从

尾涡发展情况来看，LES 方法在研究与观察上有较好的效果，更适用于仿生叶片尾涡的研究。

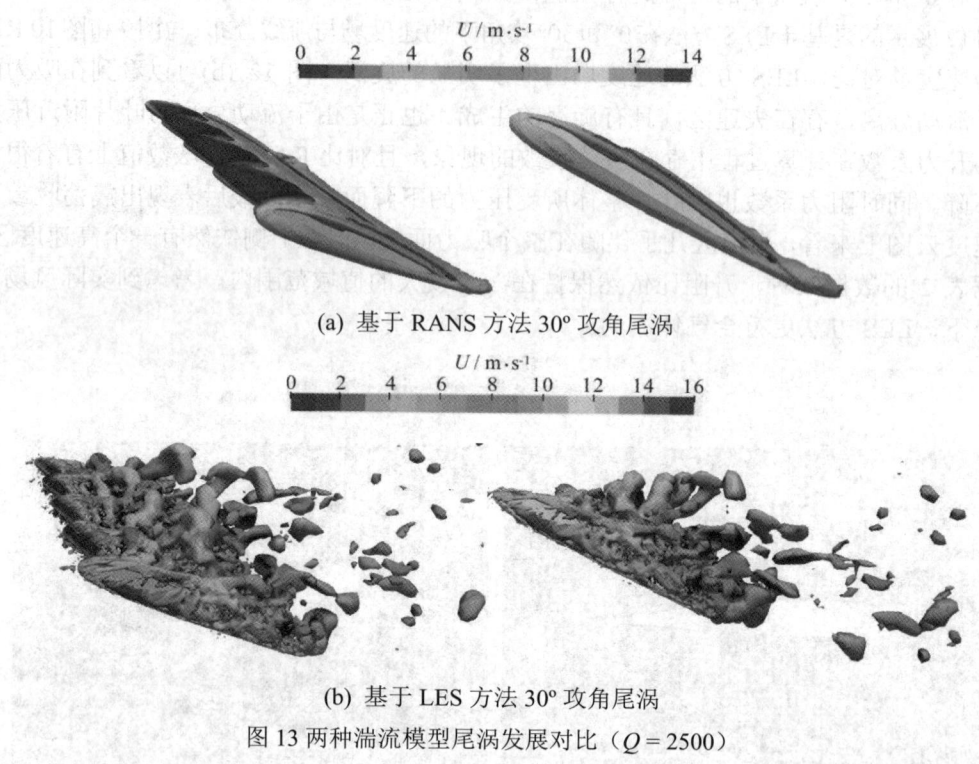

(a) 基于 RANS 方法 30º 攻角尾涡

(b) 基于 LES 方法 30º 攻角尾涡

图 13 两种湍流模型尾涡发展对比（$Q = 2500$）

5 结论

本研究基于 OpenFOAM 中的 pimpleFoam 求解器，应用 RANS 和 LES 两种不同湍流模型，研究了仿鸮形波动前缘突节叶片的流动性能与尾涡发展。通过数值模拟研究，发现：①仿鸮形前缘突节能够提高最大升阻比攻角，增加失速角，在相同攻角下减缓流动分离。叶片吸力面在低攻角下，压力由前端到后端是呈波动下降。②对比 RANS 方法与 LES 方法，二者在求解升阻力系数时差值较大，几乎在 2 倍左右，但升阻比却差异不大。从流动整体的发展方向上来看，LES 所表现出的流动更加剧烈，更符合空气流动的特性。由于风机叶片更关注尾流发展与流动形态，因此 LES 方法更符合预期的发展趋势。但是在计算收敛问题上，明显 LES 对时间精度项要求更高，会占用更多的计算资源。为此，若只针对升阻比对翼型进行高效分析，更适用于 RANS 方法模拟。

致谢：本研究得到国家自然科学基金(51879159，51909160，52131102)、国家重点研发计划项目(2019YFB1704200)资助。在此一并表示感谢。

参考文献

1. Bushnell D M, Moore K J. Drag reduction in nature [J]. Annual review of fluid mechanics, 1991, 23(1): 65-79.
2. Fish F E, Battle J M. Hydrodynamic design of the humpback whale flipper [J]. Journal of morphology, 1995, 225(1): 51-60.
3. Favier J, Pinelli A, Piomelli U. Control of the separated flow around an airfoil using a way leading edge inspired by humpback whaie fippers [J]. Comptesrendus, 2011, 340(1): 107-114.
4. Paterson E G, Wilson R V, Stern F. General-purpose parallel unsteady RANS CFD code for ship hydrodynamics [J]. IIHR Hydroscience and Engineering Report, 2003, 531.
5. Serson D, Meneghini J R. Numerical study of wings with wavy leading and trailing edges [J]. Procedia Iutam, 2015, 14: 563-569.
6. Hasheminejad S M, Mitsudharmadi H, Winoto S H. Effect of flat plate leading edge pattern on structure of streamwise vortices generated in its boundary layer [J]. Journal of Flow Control, Measurement & Visualization, 2014, 2014.
7. Hua X, Zhang C, Wei J, et al. Wind turbine bionic blade design and performance analysis [J]. Journal of Visual Communication and Image Representation, 2019, 60: 258-265.
8. 李典, 刘小民, 杨罗娜. 仿鸮翼的三维仿生翼型叶片气动特性研究 [J]. 西安交通大学学报, 2016, 50(09): 111-118.
9. 姚伟伟, 陈坤, 魏建晖, 等. 仿鸮翼非光滑前缘对风力机叶片气动性能的影响 [J]. 可再生能源, 2021, 39(02): 189-194.
10. Zhang R K, Wu V D J Z. Aerodynamic characteristics of wind turbine blades with a sinusoidal leading edge [J]. Wind Energy, 2012, 15(3): 407-424.
11. Wang Z, Zhuang M. Leading-edge serrations for performance improvement on a vertical-axis wind turbine at low tip-speed-ratios [J]. Applied Energy, 2017, 208: 1184-1197.
12. Wang Z, Wang Y, Zhuang M. Improvement of the aerodynamic performance of vertical axis wind turbines with leading-edge serrations and helical blades using CFD and Taguchi method [J]. Energy conversion and management, 2018, 177: 107-121.

Numerical simulations of areodynamic flow field of bionic blade with a convex leading edge by owl wing

XUE Ying-jie, ZHAO Wei-wen, WAN De-cheng[*]

(Computational Marine Hydrodynamics Lab (CMHL), School of Naval Architecture, Ocean and Civil Engineering, Shanghai Jiao Tong University, Shanghai 200240, China,
Email: dcwan@sjtu.edu.cn)

Abstract: With the rapid development of modern society, traditional fossil energy has been unable to meet people's growing demand for energy and environmental protection. In recent years, the wind power industry has developed rapidly. As the infrastructure of offshore wind power generation, due to the limitation of blade geometric scale and the influence of factors such as yaw and shear wind in operation, the power generation of wind turbine is limited to a certain extent. Therefore, it is necessary to focus on the optimization of blades. In this paper, we take the NACA 2412 airfoil as the research object to transform like the owl wing on the leading edge. The aerodynamic characteristic of blade with rough leading edge is calculated by the open source software OpenFOAM, based on RANS and LES turbulence models at low Reynolds number. The numerical simulation results show that under high angle of attack, the convex leading edge with protrusion can change the flow direction distribution, reduce the stall on the suction surface and effectively alleviate the sudden drop of effective power caused by stall. At the same time, compared with the prototype airfoil data, it is found that the protrusion can improve the aerodynamic performance of the blade, which is conducive to improve the power generation of the fan.

Key words: Bionics; Wind turbine blade; Convex leading edge; Optimization; Aerodynamic characteristic.

基于 WinFm-SJTU 的 Horns Rev 风场尾流快速预报

王魁[1]，王尼娜[2]，万德成[1*]

（1. 上海交通大学 船海计算水动力学研究中心(CMHL) 船舶海洋与建筑工程学院，上海 200240，
Email: dcwan@sjtu.edu.cn;
2. 浙江省深远海风电技术研究重点实验室，杭州 311122）

摘要：在工程项目中，快速预报风电场尾流效应，优化风电场布局是一个研究热点。本研究基于 WinFm-SJTU 尾流快速模拟软件，采用 Park 尾流模型和修正后的能量守恒叠加模型，对 Horns Rev 风电场尾流流动进行模拟仿真，并与 LES 数值模拟结果进行对比。计算结果表明，风场总输出功率对尾流膨胀系数 k 的敏感性很高；入流风向仅改变 14°就可使风场总输出功率提升 52%；修正后的能量守恒叠加模型与 LES 数值模拟结果吻合的很好。

关键词：WinFm-SJTU；大型风电场；尾流快速预报

1 引言

风力发电的基本原理是提取空气中的动能，转换为风机叶片动能进而驱动电机发电。当入流风经过上游风机旋转平面时，上游风机的尾流速度会明显降低，湍流度会增加。下游风机处于上游风机的尾流时，会产生尾流效应，降低下游风机的功率输出[1]，增加下游风机的疲劳载荷[2]。目前，为了降低运行成本，提高风能利用率，风机总是以风电场的方式存在，并逐渐向大型化发展。处于上游风机尾流叠加区域的下游风机会产生更加明显的尾流效应，进一步恶化下游风机的运行条件，大幅度降低大型风电场的整体功率输出。

在风电场尾流效应研究方面，Sun 等[3]采用雷达对复杂地形风电场中两种不同布置形式的风力机组进行了现场实测，发现风机尾流区域存在较大的速度亏损。邹森[4]采用 LBM-LES 方法，对典型的三叶片水平轴风力机复杂的湍流流场进行了数值模拟，发现 LBM-LES 方法能够比较好地捕捉风力机复杂的非定常湍流流场细节及其特征。侯亚丽等[5]采用滑移网格方法以及 LES 方法对自行开发设计的 100 W 小型水平轴风力机的非定常尾流场进行了分析研究。Sezer-Uzol 等[6]采用非结构化动网格方法，对 NREL 两叶片水平轴风力机风轮进行了非稳态流场分析。

然而进行现场实测耗费巨大，LES 模拟方法需要大量计算资源，动网格方法需要重构网格，导致计算量增加很多，且计算精度严重依赖于网格的质量。因此，如何在满足工程精度要求下，快速模拟风电场的尾流流动变得至关重要，本研究基于 WinFm-SJTU 软件，对 Horns Rev 风场尾流进行了预报模拟。

2 数值方法

2.1 Park 尾流模型

Park 尾流模型最早由丹麦国家实验室的 Jensen[7]提出，在 1986 年 Katic[8]结合一维动量定理对该模型进行补充修正得到了现在广泛应用的 Park 尾流模型。该模型假设风机盘面处的尾流半径为转子半径，风机盘面后的的尾流半径随着尾流距离而线性增加，风机尾流区域的截面速度可由下式计算：

$$U_x = U_\infty (1-(1-\sqrt{1-C_T})(\frac{R}{R+kx})^2) \tag{1}$$

式中，U_x 为盘面后流向距离为 x 时的截面速度，U_∞ 为来流速度，C_T 为风机推力系数，R 为风机盘面半径，k 为尾流膨胀系数，$k=0.5/\ln(z/z_0)$，其中 z 为风机轮毂高度，z_0 为地表粗糙度。

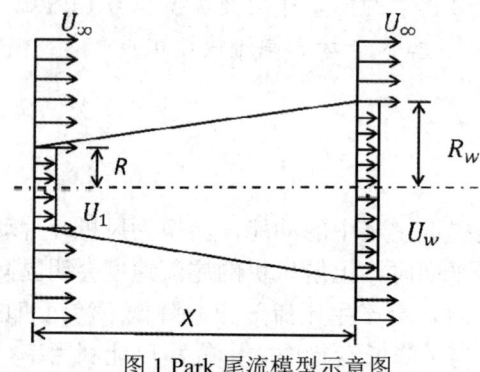

图 1 Park 尾流模型示意图

在 Park 模型中，k 仅由轮毂高度和地表粗糙度决定，但实际情况中，尾流膨胀系数不仅会受到地表粗糙度的影响，还会受到尾流区的环境湍流强度和风力机附加湍流强度的影响。因此，在计算尾流膨胀系数的过程中需要综合考虑地面粗糙度和湍流强度的影响，工程实际中，陆地情况 k 值一般取 0.075，海面情况 k 值一般取 0.04~0.05。

2.2 能量守恒尾流叠加模型

能量守恒尾流叠加从能量守恒的观点出发，不考虑风机尾流和外部大气之间的能量交换，进而推导出的处于上游风机尾流叠加区域的下游风机的尾流速度：

$$U_\infty^2 - U_i^2 = \sum_J^N (U_j^2 - U_{ji}^2) \tag{2}$$

式中，U_∞ 为来流速度，U_i 为处于尾流叠加区域的第 i 台风机的入流风速，U_j 为上游第 j 台风机的入流速度，U_{ji} 为处于上游第 j 台风机尾流中的第 i 台目标风机的入流风速，可由尾流解析模型计算得到。

传统的能量守恒叠加模型存在一定的局限性，该方法是基于简单的假设推导得来的，没有考虑尾流叠加区域高湍流强度而引起的速度恢复，因此会低估下游第 i 台风机的入流速度，参照 Chen[9]，引入了一个修正后的能量守恒尾流叠加模型：

$$w_j = 1 - \frac{326.256}{S} e^{-\frac{d_T}{S_{ji}}} \tag{3}$$

$$U_\infty^2 - U_i^2 = \sum_j^N w_j (U_j^2 - U_{ji}^2) \tag{4}$$

式中，d_T 是风机转子直径，S_{ji} 是上游第 j 台风机到下游第 i 台风机的流向距离，S 是风场的平均流向距离，对于给定的风场布局，其是一个定值。

3 计算模型

3.1 Vestas V-80 2MW 风机

本研究以 Vestas 公司的 V-80 2MW 风机为研究对象，其为一种传统的迎风变速变桨控制的三叶片风力机，额定风速为 15 m/s，额定发电功率为 2MW，风机主要参数见表 1：

表 1　V-80 2MW 风机主要参数

风机参数	值	单位
额定功率	2	MW
叶片朝向	上风向	--
叶片数量	3	--
转子直径	80	m
切入，切出，额定风速	4，25，15	m/s

风机推力系数及输出功率见图 2，V-80 2MW 风力机采用 NACA 63 FFA-W3 翼型，该风机应用广泛，技术成熟，外观见图 3，本研究选取 Horns Rev 风场，使用 WinFm-SJTU 软件进行求解。

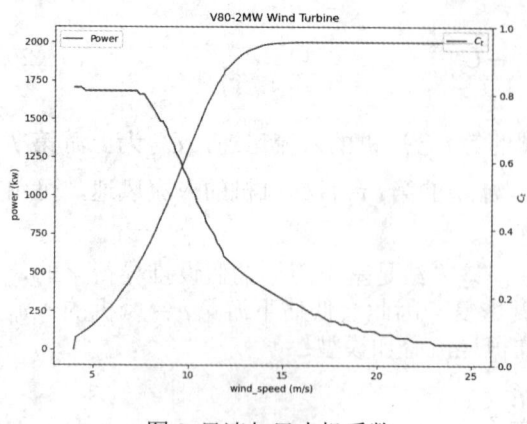
图 2　风速与风力机系数

图 3　Vestas V-80 2MW 风机

3.2 风电场布局及工况设置

Horns Rev 风电场位于北海东部，距离丹麦最西端约 15 km，该风电场在 20 km² 的范围内布置了 80 台 V-80 2MW 风机，风机轮毂高度 70 m，每个风机间的间距为 7D，风机共有 8 排 10 列，每列有 7°的倾角，风场布置及入流风向设置见图 4。

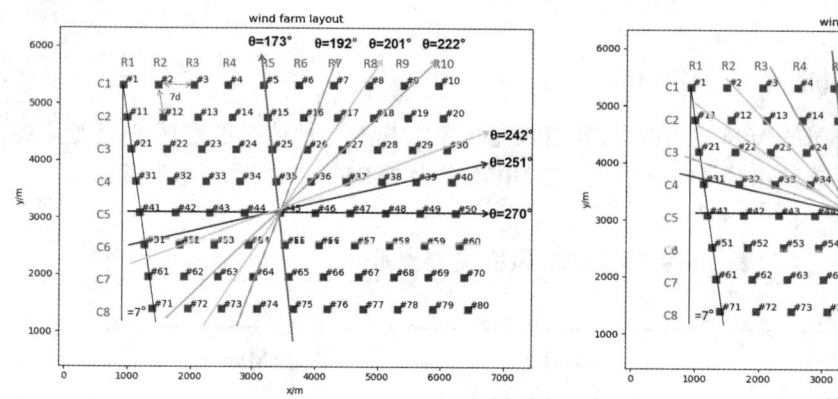
图 4　风向及风力机布局

参照 Wu 等[10]在 LES 模拟中设置的工况，本研究选择了173°～353°范围内的共 14 个入流风向，每个入流风向下的平均流向距离见表 2，同时，为了研究尾流膨胀系数 k 对风场总功率的影响，对比了 $k = 0.04$ 和 $k = 0.05$ 时的风电场总功率。

表 2 工况设置

入流风向/°	平均流向距离/D	入流风速	k
173	7.0	7.5m/s	0.04/0.05
192	21.3	7.5m/s	0.04/0.05
201	15.0	7.5m/s	0.04/0.05
222	9.3	7.5m/s	0.04/0.05
242	15.0	7.5m/s	0.04/0.05
251	21.3	7.5m/s	0.04/0.05
270	7.0	7.5m/s	0.04/0.05
284	28.9	7.5m/s	0.04/0.05
288	22.9	7.5m/s	0.04/0.05
295	16.3	7.5m/s	0.04/0.05
312	10.5	7.5m/s	0.04/0.05
328	16.3	7.5m/s	0.04/0.05
335	22.9	7.5m/s	0.04/0.05
353	7.0	7.5m/s	0.04/0.05

4 结果分析

4.1 风场总功率

图 5 展示了在不同入流风向下的风电场总功率，并基于 V-80 2MW 在 7.5 m/s 入流条件下的输出功率进行了归一化处理，可以发现在入流风向为 173°、270°、353°时，风电场总功率最低，因为在这三个入流风向下，下游所有风机都位于上流风机的尾流影响区域，且流向距离 S 较小，尾流恢复距离较短，需要注意的是，入流风向为 270°时风电场总功率低于 173°和 353°，这是因为前一个工况（270°）有 72 个风机位于尾流影响区域，而后两个工况（270°和 353°）有 70 个风机位于尾流影响区域。同时，当 $k = 0.04$ 时，计算结果与 LES 模拟结果更为接近。

表 3 展示了不同 k 值下的风电场总功率模拟结果，并对比了计算结果和 LES 模拟的结果，可以发现，当 $k = 0.04$ 时，平均误差为 5.62%，当 $k = 0.05$ 时，平均误差为 9.83%。事实上，k 的取值与环境湍流强度与风机附加湍流强度比值有关，$k_{wake} = k(1+I_1/I_0)$，其中 k_{wake} 为考虑各种湍流影响后的尾流膨胀系数，k_{wake} 的取值往往很依赖于经验，对于一般工程，陆地风场 k 值取 0.075，海面情况 k 值取 0.04~0.05。对于本研究，k 取 0.04 较好，下文计算结果分析也是 $k = 0.04$ 的条件。

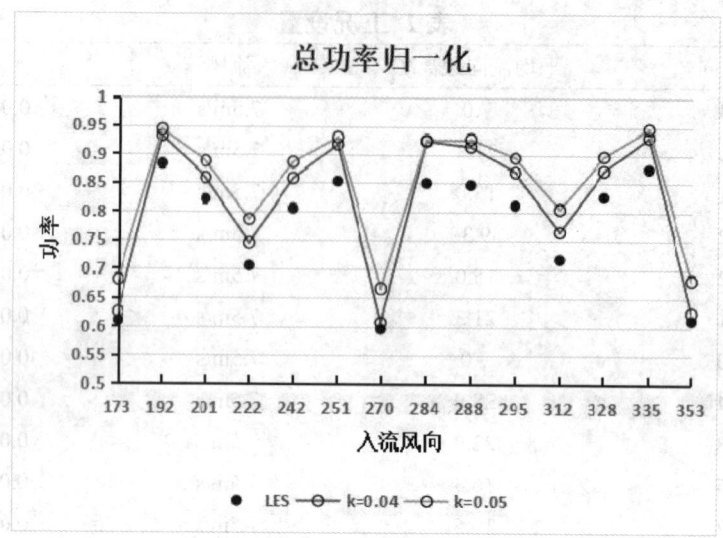

图 5 不同条件下的风场总功率

表 3 不同 k 值下的总功率模拟结果

角度/°	LES	K=0.04	K=0.05	误差/k=0.04	误差/k=0.05
173	0.610	0.625	0.680	2.43%	11.54%
192	0.883	0.932	0.943	5.58%	6.85%
201	0.821	0.858	0.887	4.55%	8.07%
222	0.705	0.745	0.786	5.64%	11.46%
242	0.805	0.858	0.886	6.57%	10.10%
251	0.853	0.918	0.930	7.61%	9.07%
270	0.596	0.607	0.666	1.87%	11.79%
284	0.850	0.924	0.925	8.69%	8.86%
288	0.847	0.914	0.928	7.94%	9.50%
295	0.811	0.869	0.895	7.17%	10.30%
312	0.717	0.764	0.804	6.61%	12.17%
328	0.826	0.872	0.897	5.52%	8.63%
335	0.875	0.931	0.946	6.36%	8.10%
353	0.612	0.625	0.680	2.10%	11.17%

4.2 不同流向风场功率

由表 3 可知，270°下总输出功率最小，仅改变流向角 14°（284°），风电场总功率就提升了 52%，而将流向角增加到 288°时，风电场总功率产生了小幅下降，流向角为 312°时，风电场功率出现了一个局部极小值，流向角为 353°时，风电场总功率再次大幅下降。

本节选择了 270°、284°、312°、353°四个流向下的尾流速度云图(图 6)，对于风电场功率随流向变化可以有如下解释。

(1) 270°流向下，下游风机全部处于上游的尾流中，且流向距离 S=7D，尾流恢复距离短，因此速度损失较大，总输出功率最小。

(2) 270°流向下，风电场存在一个风能"快速通道"，风盘面前是高压区，风进入"快速通道"使入流风损失了一些动能，从而减小总输出功率。

(3) 284°流向下，虽然相较于 270°仅提升了 14°，但是下游风机不完全在尾流区域，所以显著改善了上游风机尾流对下游风机的影响，且流向距离 $S=28.9D$，尾流恢复距离长，下游风机的入流速度几乎没有受到影响，因此该流向下总功率最大，同时，当流向增加到 288°时，下游风机所受尾流影响又继续增大，所以总功率又减小。

(4) 312°流向下，下游风机又完全处于上游风机的尾流影响区内，但是因为该流向下流向距离 $S=10.5D$，尾流恢复距离相较于 270°流向长，所以总输出功率大于 270°流向。

(5) 353°流向下，风机分布与 270°流向几乎相同，二者流向距离 S 也相等，但是因为 353°流向有 70 台风机处于下游，而 270°流向有 72 台风机处于下游，因此 353°流向总输出功率略大于 270°。

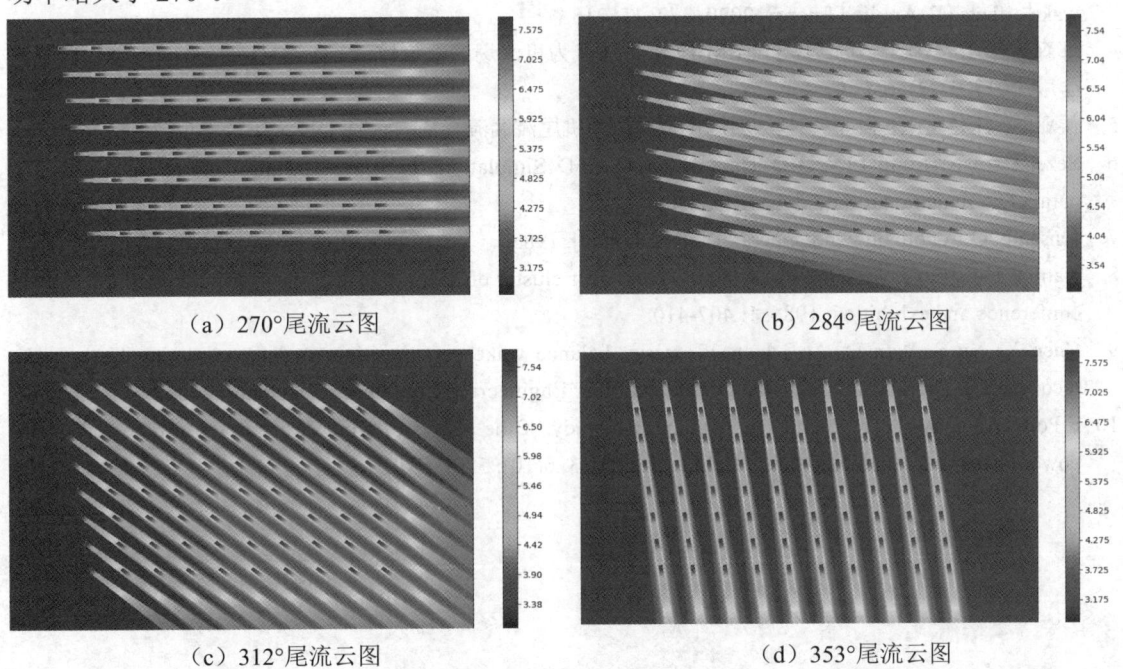

(a) 270°尾流云图　　　　　　　　　　　(b) 284°尾流云图

(c) 312°尾流云图　　　　　　　　　　　(d) 353°尾流云图

图 6 不同流向下尾流速度云图

5 结论

本研究采用 WindFm-SJTU 软件研究了 Horns Rev 风电场的总输出功率与入流风向和尾流膨胀系数 k 的关系，并将计算结果与 LES 数值模拟计算结果对比，有以下主要结论：①

Park 模型中 k 的选取十分依赖于风场的湍流数据和经验,且风电场对 k 十分敏感,对于本研究,k 仅差别 0.01 时,可导致总功率输出产生 5%左右的误差。②仅将入流风向从 270°增加到 284°,就可以增加总输出功率 52%,所以建造风电场时,要充分考虑风场的风资源分布,设计合理的布局。

致 谢:本研究得到国家自然科学基金(51879159,52131102)、国家重点研发计划项目(2019YFB1704200)资助。在此一并表示感谢。

参考文献

1 F González-Longatt, Wall P, Terzija V. Wake effect in wind farm performance: Steady-state and dynamic behavior [J]. Renewable Energy, 2014, 39(1): 329-338.2.

2 Breton S P, Nilsson K, Olivares-Espinosa H , et al. Study of the influence of imposed turbulence on the

3 Sun H, Gao X, Yang H. Experimental study on wind speeds in a complex-terrain wind farm and analysis of wake effects [J]. Applied Energy, 2020, 272: 115215.

4 邹淼, 刘勇, 冯欢欢, 等. 基于 LBM-LES 方法风力机流场的数值模拟 [J]. 南昌航空大学学报: 自然科学版, 2017, 31(2): 6.

5 侯亚丽, 汪建文, 王强, 等. 基于大涡模拟的风力机尾流湍流特征的研究 [J]. 太阳能学报, 2015, 36(8): 7.

6 Sezer-Uzol N, Long L N. 3-D Time-Accurate CFD Simulations of Wind Turbine Rotor Flow Fields [J]. parallel computational fluid dynamics, 2006.

7 Jensen N O. A note on wind generator interaction [J]. 1983.

8 Katic I, Højstrup J, Jensen N O. A simple model for cluster efficiency[C]. European wind energy association conference and exhibition. 1986, 1: 407-410.

9 Chen X, Xu S, Wan D. An advanced energy balance wake superposition model considering faster wake recovery[C]. The 31st International Ocean and Polar Engineering Conference. OnePetro, 2021.

10 F Porté-Agel, Wu Y T, Chen C H. A numerical study of the effects of wind direction on turbine wakes and power losses in a large wind farm [J]. Energies, 2013, 6(10): 5297-5313.

Numerical simulations of vortex-induced vibration of three risers in tandem arrangemnet

WANG Kui[1], WANG Ni-na[2], WAN De-cheng[1*]

(1. Computational Marine Hydrodynamics Lab (CMHL), School of Naval Architecture, Ocean and Civil Engineering, Shanghai Jiao Tong University, Shanghai 200240, China, Email: dcwan@sjtu.edu.cn;
2. Key Laboratory of Far-Shore Wind Power Technology of Zhejiang Province, Hangzhou 311122, China,)

Abstract：In engineering projects, fast prediction of wind farm wake effect and optimization of wind farm layout is a research focus. Based on WinFm-SJTU fast simulation software, this paper uses Park wake model and modified energy conservation superposition model to simulate the wake flow of Horns Rev wind farm. Compared with LES numerical simulation results, it is found that for this wind field, the total output power of the wind field is highly sensitive to the wake expansion coefficient k. The total output power of wind field can be increased by 52% when the inlet wind direction changes only 14 degree. The modified superposition model of energy conservation agrees well with LES numerical simulation results.

Key words: WinFm-SJTU solver; Large wind farms; Fast wake prediction.

基于 MPS-DEM 方法数值分析不同浓度下固体颗粒对水平管道混输运动的影响

李仁祥，潘宣景，万德成[*]

（上海交通大学 船海计算水动力学研究中心(CMHL) 船舶海洋与建筑工程学院，上海 200240,
Email: dcwan@sjtu.edu.cn）

摘要：长距离管道水力输送是一种高效、环保的输送方式，近年来已被广泛应用于煤、石灰石等矿物的输送。在管道混输过程中伴随着固体沉积、管壁冲蚀、效率低等问题。考虑模型实验费用高昂，管道内部存在两相流问题，本研究采用可以良好解决界面问题的 MPS-DEM 数值方法对不同固体颗粒浓度下的管道混输运动进行研究，并使用课题组自主研发的求解器 MPSDEM-SJTU，对定长圆形管道内部的流体和固体速度分布、粒子散布、管道磨蚀情况等进行分析研究，数值结果可以为优化矿物水力输送提供理论参考。

关键词：水平管道；MPSDEM-SJTU 求解器；固液两相流；固体颗粒浓度

1 引言

自 20 世纪初以来，管道水力输送技术不断发展，现已广泛应用于矿业、能源、石油、化工等领域中[1]。通过管道来输送矿物等固体颗粒具有运输连续稳定、节能等优点[2]，已成为一种重要的运输方式。然而，管道水力输送问题的研究非常复杂，对于水平管道的矿物输送问题，受到液体和固体参数的影响，改变这些参数会直接影响管道内的流场特性。Uzi 等[3]研究了液体速度和固体颗粒粒径大小对流场特性的影响，并提出固体颗粒浓度同样对管内流动状态有较大影响，考虑到固体颗粒浓度与输运量有关，研究不同浓度下固体颗粒对水平管道混输运动的影响，可以为优化水力输送系统提供参考。

在过去的研究中，管道的流动状态可以通过建立压力梯度与液体流速等控制参数的关系式的形式进行预测[4]，但这种方法具有局限性，无法推广到一般性的研究当中。此外，模型实验不仅花费高，且受限于观察技术，难以捕捉更加详细的流场信息。

另外一种研究管道水力输送流场特征的方法是数值模拟。近年来，随着计算机计算能力的显著提高，数值模拟计算成为了研究多相流流动状态的有力工具。对固液两相流流场的描述计算，目前有三种模型方法：Euler-Euler、Euler-Lagrange 和 Lagrange -Lagrange[5]。其中 Euler-Euler 模型根据 Navier-Stokes 方程将固相和液相建立为连续的模型，这种方式使得计算变得简单，但是不能准确模拟固体颗粒的碰撞，不利于对管壁磨蚀等情况的研究。Gopaliya 等[6]采用 Euler-Euler 模型对泥浆的水力输送进行了模拟，结果显示该模型可以准确预测压降。Euler-Lagrange 模型是应用最多的模型，其将固相处理为离散实体，离散单元法（Discrete Element Method, DEM）是基于牛顿第二定律的拉格朗日方法，这种方法可以模拟计算域中每个粒子的碰撞，但相应地也提高了计算量。Iwamoto 等[7]对海啸与防波堤之间的相互作用进行了研究，其中防波堤由 DEM 粒子构成。近年来，国内外对基于 Lagrange-Lagrange 模型的数值方法进行了研究，并开发出许多 DEM 和其他粒子方法的耦合方法[8]，因为 Lagrange 方法在处理两相流的边界问题上有很大优势，本课题组内开发了 MPSDEM-SJTU 求解器[9]，以解决液固两相流问题。

本研究使用 MPSDEM-SJTU 求解器研究不同固体颗粒浓度下的流场特性。首先对固、液两相的数值模型进行了介绍。然后对四个不同固体颗粒浓度工况的计算结果进行处理分析，研究不同浓度下固体颗粒对液体速度、固体颗粒速度、固体颗粒角速度的影响，并给出了固体颗粒浓度对于流场特性影响的相关结论。

2 数值方法

2.1 液相模型

在 MPSDEM-SJTU 求解器中，流体的动量方程采用由安德森和杰克逊[10]提出的模型，方程如下所示：

$$\frac{\partial}{\partial t}(\tilde{\rho}_p) + \nabla \cdot (\tilde{\rho}_p \bar{u}) = 0 \tag{1}$$

$$\frac{D}{Dt}(\tilde{\rho}_p \bar{u}) = -\nabla p + \varepsilon_p \mu_p \nabla^2 \bar{u} + \tilde{\rho}_p \bar{g} - \bar{p}_{\text{int}} \tag{2}$$

$$\tilde{\rho}_p = \varepsilon_p \rho_p \tag{3}$$

式中，p 为液体粒子，ρ、ε、u、t 分别表示液体密度、体积分数、动力黏度和时间。$\bar{f}_{\text{int}}$ 表示由不同相动量交换而引起的体积力。

液相采用移动粒子半隐式方法（MPS），该方法中粒子间的相互作用由核函数控制，针对固液两相流计算，MPSDEM-SJTU 求解器采用了 Zhang 等[11]提出的核函数：

$$W(r) = \begin{cases} \dfrac{r_o}{0.85r + 0.15r_o} - 1 & 0 \leq r < r_o \\ 0 & r_o \leq r \end{cases} \tag{4}$$

式中，r 为两粒子间的间距，r_o 为粒子间的相互作用半径，该核函数可以有效避免非物理压力振荡。

液体粒子相互作用模型包括三部分：梯度模型，散度模型和拉普拉斯模型，对于流场中的压力则通过 Tanaka[12]提出的混合源项方法对压力泊松方程求解获得。

2.2 固相模型

固相采用上述的 DEM 方法建立数值模型，由下列公式表示：

$$m_k \frac{D\vec{v}_k}{Dt} = \sum_l \vec{F}_{c,kl} + m_k \vec{g} + \vec{F}_k^{\text{int}} \tag{5}$$

$$I_k \frac{D\vec{\omega}_k}{Dt} = \sum_l \vec{T}_{c,kl} \tag{6}$$

式中，k 和 l 为流场中的固体粒子，m_k、I_k、$\vec{v}_k$、$\vec{\omega}_k$ 分别为固体粒子质量、转动惯量、速度和角速度。$\vec{F}_{c,kl}$ 和 $\vec{T}_{c,kl}$ 分别为由于固体粒子间相互作用而产生的接触力和力矩，$\vec{F}_k^{\text{int}}$ 为固体粒子上的总水动力。在本数值模型中，DEM 粒子被视为一种软球体[13]，并允许相互重叠。

2.3 边界条件

在计算过程中对流体粒子和固体粒子进行区分处理(图 1)。在管壁附近有多层液体粒子，在靠近液体粒子附近布置一层第一类边界粒子，该类型粒子的中心经过管壁，粒子的压力通过压力泊松方程求解。

在第一类边界粒子外布置多层第二类边界粒子，其为管壁附近的流体粒子提供支撑，第二类边界粒子的层数由粒子相互作用半径 r 决定，它的压力是通过外推获得的，边界粒子在获得压力后不会继续更新速度和位移。本研究使用的边界条件可以解决固体粒子与管壁的碰撞问题，并通过软球模型[13]进行模拟计算。

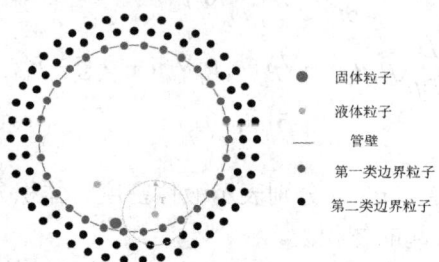

图 1 MPS-DEM 耦合方法边界条件

3 计算模型

3.1 几何模型

用于矿物运输的管道水力输送系统中管道多为水平放置，因此针对定长水平管道内的液固两相流进行研究，沿管道径向方向设置重力加速度为-9.81 m/s^2，即为文中的 Z 轴方向。管道模型见图 2，管道长度 L=4 m，管道直径 D_c=0.2m，其中流体流速 U 取 1 m/s。

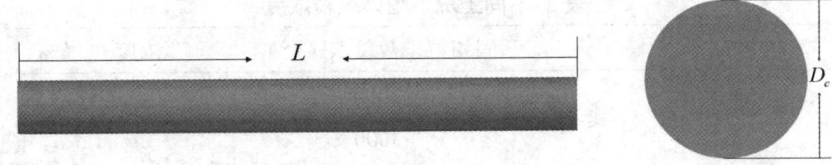

图 2 水平管道几何模型

3.2 计算参数设置

在 MPSDEM-SJTU 求解器中，固液两相均在粒子形式的基础上进行计算，因此固相和液相粒子模型的参数对计算结果有较大影响。在大密度固体颗粒的背景下对固液两相粒子的参数进行了设置，详细数值分别见表 1 和表 2。

表 1 固相粒子参数设置

参数名称	数值	单位
粒子密度	2500	Kg/m^3
粒子半径	0.005	m
杨氏模量	1.0×10^8	N/m^2
摩擦系数	0.3	—
恢复系数	0.7	—

表 2 液相粒子参数设置

参数名称	数 值	单 位
粒子密度	1000	Kg/m^3
运动粘度	1×10^{-6}	m^2/s
起始粒子间距	0.007	m

固相和液相粒子在管道内的分布模型见图 3。研究不同浓度下固体颗粒对流场的影响，固体颗粒的浓度通过调整固相粒子数量进行改变，选取四个不同浓度的工况进行研究，详细情况见表 3。

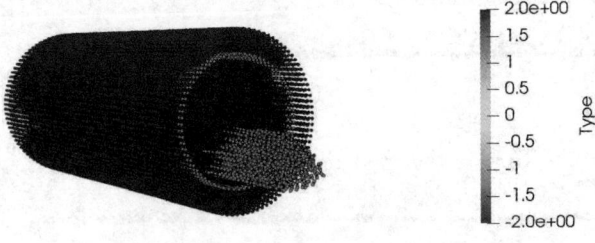

图 3 固相和液相粒子模型

表 3 不同工况下固体颗粒浓度

工况	固相粒子数量 N（个）	浓度 C_v（%）
工况一	2000	0.8
工况二	3000	1.3
工况三	4000	1.7
工况四	5000	2.1

4 结果分析

4.1 固体颗粒浓度对颗粒散布的影响

图 4 为不同浓度工况下固体粒子的散布情况。

从图 4 中可以看出，固体颗粒没有出现大范围的悬浮流动，相反，在输运过程中，固体颗粒迅速沉降，在管道底部形成一层颗粒床，随着时间的推移，颗粒床的厚度随之增加，呈现非均质流动，这种现象随着固体颗粒浓度的升高变得更加明显。此外，在高浓度条件下，固体粒子与管道底部的接触面积变大。上述现象可能是固体颗粒密度较大，更容易沉降导致，这使得在高浓度情况下，固体颗粒与管壁之间存在大量摩擦和碰撞损失，更容易造成管道的磨蚀。

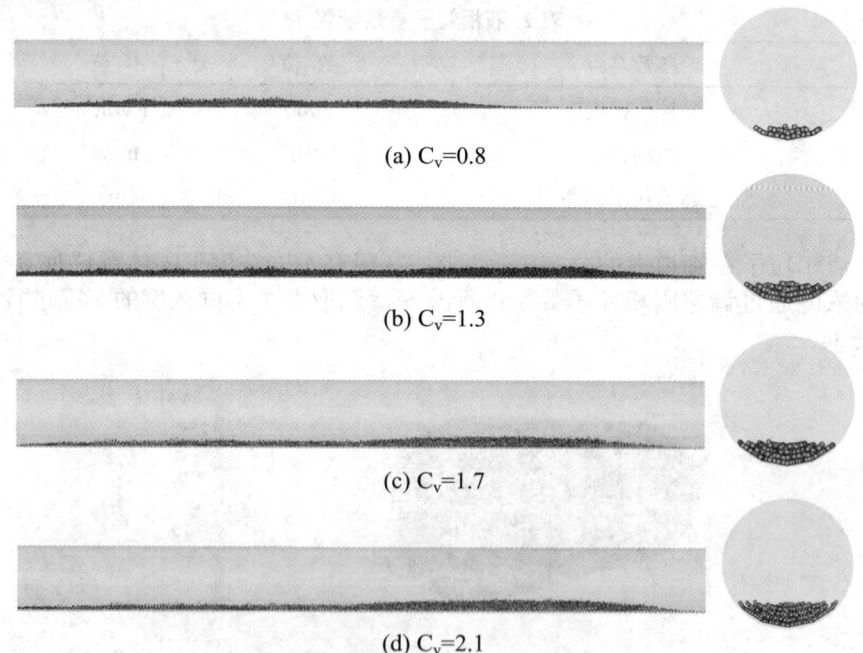

(a) C_v=0.8

(b) C_v=1.3

(c) C_v=1.7

(d) C_v=2.1

图 4 不同浓度下固体粒子散布情况

4.2 固体颗粒浓度对液体速度的影响

在计算稳定后，取管道横截面进行分析，进一步得到液体平均速度分布情况见图 5。曲线表示液体速度沿径向分布规律。可以看到，四个工况中液体速度分布均符合这样的趋势：随着径向距离的增加，起初存在一个较大的速度梯度，速度明显上升，而后会出现小幅度的速度回落现象，在管道中心附近，液体速度达到最大值，其中速度回落现象是由于液体与固体粒子发生动量交换后速度降低导致的，不同工况下液体速度达到的最高值也基本相同。此外，受黏性和无滑移边界条件的影响，液体在管壁处的速度接近 0。

随着浓度的升高，可以看到液体速度达到最大值的径向距离增大，同时速度回落现象在径向距离上推迟出现，由图 4 中固体粒子的散布情况可以知道，这可能是由于浓度的增大导致了颗粒床厚度的增大而导致。

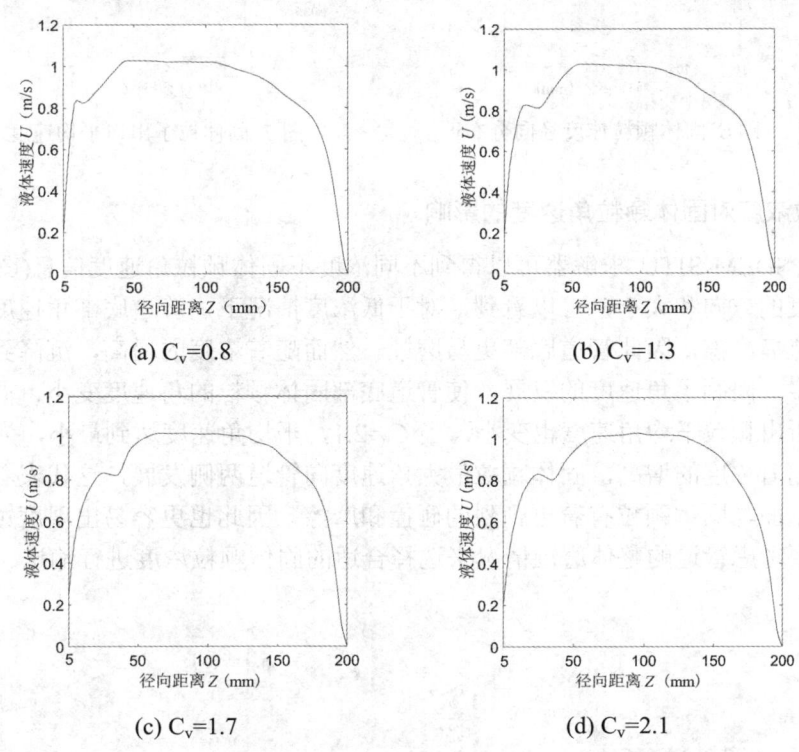

(a) $C_v=0.8$

(b) $C_v=1.3$

(c) $C_v=1.7$

(d) $C_v=2.1$

图 5 液体速度沿径向分布曲线

4.3 固体颗粒浓度对固体速度的影响

图 6 为不同浓度下固体颗粒速度沿管道径向分布曲线图，从图 6 中可以看到，在不同工况下的固体颗粒速度均随着径向距离的增大而增大。但随着浓度的增大，在相同径向距离上固体粒子速度变小，这说明在高浓度工况中形成的较厚的颗粒床使固体粒子之间产生更大的摩擦和碰撞损失，速度减小。对于管道底部的固体颗粒速度，不同工况下基本相同，

这说明管道底部的固体颗粒速度受浓度影响较小。此外，在颗粒径向散布距离上，浓度越大，散布距离越大，在 C_v=2.1 散布距离达到了 44.2mm。

对固体颗粒出口平均速度也进行了研究(图 7)。可以看到浓度越高固体颗粒的平均出口速度越低，这进一步说明浓度大的工况下，固体颗粒之间，固体颗粒与管壁之间存在更大的摩擦损失。

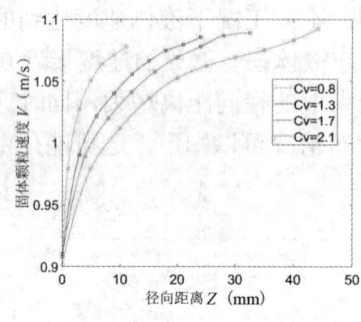 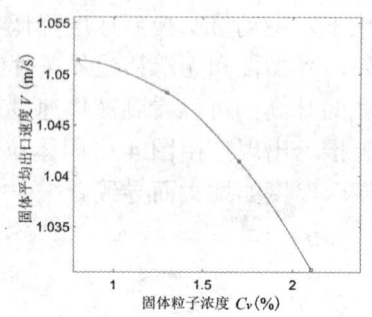

图 6 固体颗粒速度径向分布　　　　图 7 固体粒子出口平均速度

4.4 固体颗粒浓度对固体颗粒角速度的影响

通过 MPSDEM-SJTU 求解器可以得到不同浓度下固体颗粒角速度信息(图 8)，图中箭头代表角速度的方向和大小，可以看到，对于低浓度情况下，管道底部角速度最大，固体颗粒与管壁碰撞摩擦，因此管道底部更易磨蚀。然而随着浓度的增高，沉降到管道底部的固体颗粒增多，限制了角速度的发展，使管道底部固体颗粒的角速度变小，同时根据流场信息可以分析出颗粒平均角速度也变小，当 C_v=2.1，平均角速度达到最小，为 53.1 rad/s。

此外，随着浓度的增高，固体颗粒最大角速度向管道两侧发展，这代表着高浓度情况下管道两侧壁面与固体颗粒有着更剧烈的碰撞和摩擦，因此也更容易出现磨蚀现象。在实际工程中，要考虑管道的整体磨蚀情况来选择合适的固体颗粒浓度进行输送。

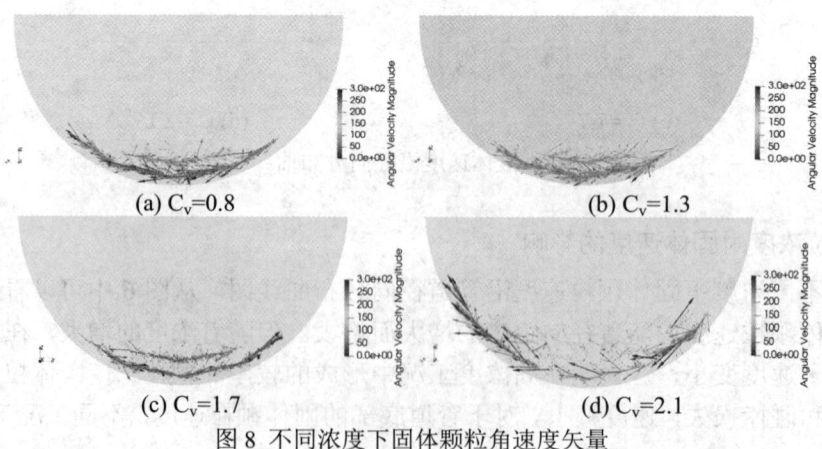

图 8 不同浓度下固体颗粒角速度矢量

5 结论

本研究使用课题组开发的 MPSDEM-SJTU 求解器，对水平管道中的固液两相流问题进行仿真计算，研究不同浓度的固体颗粒对管道内流场的影响，通过分析固体颗粒散布、液体速度、固体颗粒速度等一系列参数变化，得出以下主要结论：

(1) 在本文所设工况下，固体颗粒在输运过程中沉降到管道底部，进而形成颗粒床。随着浓度的升高，颗粒床厚度也随之增高，固体颗粒与管壁接触面积增大，产生更多的碰撞和摩擦损失。

(2) 液体速度在管道中沿径向整体呈现先升高后降低的趋势，在管道中心附近液体速度达到最大，其中液体速度在上升时出现小幅度的速度回落现象，且随着浓度的升高，速度回落现象在径向距离上推迟出现。

(3) 固体颗粒速度在管道中沿径向整体呈现逐渐升高的趋势。在相同径向距离上浓度越高，固体颗粒速度越低，同时固体颗粒出口平均速度越低，固体颗粒间、颗粒与管道之间存在更大的摩擦损失，管道更易磨蚀。管道底部固体颗粒速度受浓度影响较小。

(4) 随着浓度升高，固体粒子平均角速度降低，最大角速度出现位置由管道底部向管道两侧发展，管道磨蚀也向管道两侧发展。

未来可以继续研究输运速度、固体粒径以及管道尺寸等参数对混输运动的影响。

致谢：本研究得到国家自然科学基金(51879159，52131102)、国家重点研发计划项目(2019YFB1704200)资助。在此一并表示感谢。

参考文献

1. 王继红，张腾飞，王树刚，等. 水平管道内固液两相流流动特性的 CFD 模拟 [J]. 化工学报, 2011, 62(12): 3399-3404.
2. R. Silva, F.A., Garcia, P.M., et al. Settling suspensions flow modelling: a review [J]. KONA Powder Part. J, 2015, 32(0): 41-56.
3. Avi, U., Avi, L. Flow characteristics of coarse particles in horizontal hydraulic conveying [J]. Powder Technology, 2018, 156(1): 43-51.
4. V. Matoušek. Research developments in pipeline transport of settling slurries [J]. Powder Technology, 2005, 326: 302-321.
5. D.R. Kaushal., T. Thinglas., et al. CFD modeling for pipeline flow of fine particles at high concentration [J]. International Journal of Multiphase Flow, 2012, 43: 85-100.

6 M. Kumar Gopaliya,. D.R. Kaushal. Modeling of sand-water slurry flow through horizontal pipe using CFD [J]. Journal of Hydrology and Hydromechanics, 2016, 64(3): 261-272.

7 Iwamoto, T., Nakase, H., et al. Application of SPH-DEM coupled method to failure simulation of a caisson type composite breakwater during a tsunami [J]. Soil Dynamics And Earthquake Engineering, 2019, 127: 105806.

8 Xu, W.J., Dong, X.Y. Simulation and verification of landslide tsunamis using a 3D SPH-DEM coupling method [J]. Computers and Geotechnics, 2021.

9 Xie, F.Z., Zhao, W.W., Wan, D.C. Numerical simulations of liquid-solid flows with free surface by coupling IMPS and DEM [J]. Applied Ocean Research, 2021, 114: 102771.

10 Kafui KD, Thornton C, Adams MJ. Discrete particle-continuum fluid modelling for gas–solid fluidized beds[J]. Chemical Engineering Science., 2002,57(13): 2395-2410.

11 Zhang, Y.X., Wan, D.C., Hino, T. Comparative study of MPS method and level-set method for sloshing flows[J]. Journal of Hydrodynamics, 2014, 26(4): 577-585.

12 Tanaka, M., Masunaga, T. Stabilization and smoothing of pressure in MPS method by quasi-compressibility [J]. Journal of Computational Physics, 2010, 229 (11): 4279-4290.

13 Hertz, H. Ueber die Berührung fester elastischer Koerper [J]. Journal Fur Die Reine Und Angewandte Mathematik, 1881, 92: 156-171.

Numerical analysis of the influence of concentration of solid particles on the characteristics of horizontal pipe transportation based on MPS-DEM method

LI Ren-xiang, PAN Xuan-jing, WAN De-cheng[*]

(Computational Marine Hydrodynamics Lab (CMHL), School of Naval Architecture, Ocean and Civil Engineering, Shanghai Jiao Tong University, Shanghai 200240, China, Email: dcwan@sjtu.edu.cn)

Abstract: In recent years, as an environmentally friendly and efficient way, pipeline hydraulic transportation has been widely used in the transportation of coal, sulfur, limestone and other minerals. In the process of solid-liquid two-phase transportation, some problems may occur such as solid deposition, pipe wall abrasion and low efficiency. Considering the high cost of experiment and two-phase flow in pipeline. In this paper, the MPS-DEM numerical method which can well solve the interface problem is used to study the two-phase transportation characteristics under different concentrations of solid particles. The solver MPSDEM-SJTU is also used to analyze the two-phase velocity distribution, particle distribution and pipeline abrasion in the fixed length circular pipeline. The numerical results can provide a theoretical reference for optimizing the hydraulic transportation.

Key words: Horizontal pipeline; MPSDEM-SJTU solver; Solid-liquid two-phase flow; Concentration of solid particals.

MPS 方法模拟单气泡上升与悬浮过程

管祥善[1], 查若思[1], 万德成[2*]

（1. 中山大学 海洋工程与技术学院 珠海 519082;
2. 上海交通大学 船海计算水动力学研究中心(CMHL)船舶海洋与建筑工程学院, 上海 200240,
Email: dcwan@sjtu.edu.cn）

摘要：在纯水的环境中，如果气泡上升到水面，由于表面张力和毛细作用，气泡会迅速破裂并消失。但在海洋环境中，由于水中含有大量杂质，这些杂质会改变气泡薄膜的表面张力系数等物理性质，防止了气泡的破裂和聚合，使气泡以泡沫的形式悬浮在水面上。本研究采用移动粒子半隐式(MPS)方法对单个气泡在水面上的悬浮进行了数值模拟。首先，采用改进的自由表面判断方法准确识别出构建薄膜的粒子，然后对薄膜粒子的表面张力系数和黏性系数进行修正，并对薄膜粒子施加人工应力以保持气泡膜的稳定性，以保持悬浮气泡的弹性。最终模拟了单个气泡在水面上保持稳定而不破裂的物理过程，证明了 MPS 方法模拟悬浮气泡的可行性。

关键词：MPS 方法；气泡悬浮；气泡薄膜

1 引言

在海洋环境中，波浪破碎时会夹杂着大量的气泡。这些气泡可能是海水运动时由于空气卷入或波浪自由表面破碎形成的。气泡由于受到浮力而上升，当它们到达自由表面时，在每个气泡和自由表面之间形成一层薄膜。由于重力和毛细管力而使薄膜变薄的过程称为排水过程。在排水过程中，气泡会在表面上悬浮一段时间，直到薄膜被戳破，气泡破裂。在纯水中，气泡在表面漂浮的时间很短，这是由于纯水的表面张力很大，液膜很难维持一个稳定的状态而迅速破碎，气泡迅速消失在大气中。但在海水中，由于海水中大量的化学物质改变了海水的物理性质，海水的表面张力会迅速降低，海水中的气泡就可能聚集在水面上，形成泡沫[1-2]。

海水中气泡的形成和悬浮过程属于典型的多相流问题，目前大部分已有的多相流数值方法是基于网格类方法发展起来的，比如 Level Set 方法和 VOF(Volume of Fluid)方法[0]。这一类方法的基本原理和特征是将流体域在欧拉网格系统上进行离散，在气泡动力学领域得到了广泛应用。但是，网格类多相流方法中往往需要引入一套复杂界面算法来进行两相界面的捕捉或重构，而此过程会引入额外的计算误差。并且，当多相流动变得剧烈，两相界面十分复杂时，界面算法的稳定性和精度会遇到巨大挑战。

不同于网格类方法，无网格粒子类方法的基本原理是将流体域用一系列可自由移动的空间粒子来进行离散。这些粒子自身携带质量、速度、压力等物理量，并可基于拉格朗日描述法的 N-S 方程计算粒子的受力和运动，从而对整个流动过程进行模拟。从已有应用成果来看，无网格粒子类方法在求解气泡动力学中带有大变形自由面的流动问题时具有很大的优势和潜力[4-5]。

结合无网格方法在界面捕捉上的优势，其已被广泛应用于多种复杂气泡问题中[6-7]。Colagrossi 和 Landrini 最早用 SPH 方法模拟了二维气泡的上浮和撕裂过程，证明了 SPH 方法在模拟气-液两相流中的精度和优势[8]；随后，Grenier 等进一步用 SPH 模拟了二维气泡的融合过程[9]。Duan 等采用 MPS 方法模拟了二维和三维单气泡上升问题，获得的气泡形状和上升高度与 Hysing 等标准算例结果[10]吻合，但其二维结果中气泡上升速度存在一定的振荡，而三维结果中气泡运动速度则稍快于标准算例结果[11]。Guo 等在多相流 MPS 方法基础上，通过引入高阶 Laplacian 模型以及考虑流体可压缩性和误差补偿源项的压力泊松方程(Error Compensating Source of PPE，ECS)，形成了一种改进的多相流 MPS 方法，并应用该方法模拟了二维高密度比单气泡上升问题[12]。其模拟的气泡形状和上升高度与 Hysing 等标准算例结果吻合，尤其是气泡上升速度更加准确。Xia 等提出了一种包含粒子汽化模型的多相流 MPS 方法，并将其用于二维单气泡上升模拟。经过与标准模型对比验证后，又进一步将该方法应用于对液滴受热沸腾汽化过程的模拟，计算结果与解析解吻合较好[13]。此外，Zuo 等基于一种多分辨率 MPS 方法，研究了不同初始直径大小的氮气泡，在液态铅铋合金中的上升行为。但是其所采用的 MPS 方法实质是一种单相流方法，即只对液相进行粒子建模和计算，气泡内部则视为空腔，直接根据气体状态方程计算空腔压力，并赋值给相界面附近的流体粒子[14]。

针对更为复杂的双气泡和多气泡问题，Guo 等基于多相流 MPS 方法进行了数值研究，在双气泡的研究中，分别模拟了高密度比情况下，初始时刻垂直分布两气泡在上升过程中的追逐现象，以及平行分布两气泡在上升过程中的聚并现象。在多气泡的研究中，则模拟了二维密闭水-气分离器中多气泡上升和相互作用过程，验证了多相流 MPS 方法在实际工业问题中的适用性[15]。文潇基于多相流 MPS 方法对一系列含复杂界面的气泡流问题进行了数值研究和分析，并针对实际工业应用中的多气泡相互作用问题，分别开展了二维和三维数值模拟。同时，为分析表面张力对气泡变形和运动的影响，开展了不同邦德数下的多气泡上升过程模拟[16]。但这些针对气泡运动和变化的数值模拟，很少涉及到气泡在液面悬浮的过程，大部分的模拟结果，在气泡到达液面时就发生破碎，这符合纯水的物理现象，但是针对实际海洋环境中的气泡，却并不适应。

本研究将在课题组多相流 MPS 方法的基础上，采用异相粒子完备性的判据识别薄膜粒子，然后对薄膜粒子的表面张力系数和黏性系数进行修正，并对薄膜粒子施加人工应力以保持气泡薄膜的稳定性,以保持悬浮气泡的弹性,最终模拟了单个气泡在水面上保持稳定而不破裂的物理过程。

2 数值方法

2.1 MPS 方法控制方程

在 MPS 方法中,控制方程采用拉格朗日描述下粘性不可压缩流体的连续性方程和动量方程,可写成如下形式:

$$\frac{D\rho}{Dt} = -\rho(\nabla \cdot \mathbf{V}) = 0 \tag{1}$$

$$\rho \frac{D\mathbf{V}}{Dt} = -\nabla P + \mu \nabla^2 \mathbf{V} + \mathbf{g} \tag{2}$$

式中,$\mathbf{V}$,t,ρ,P,μ 和 $\mathbf{g}$ 分别代表速度向量,时间,流体密度,压力,运动粘性系数以及重力。

核函数(kernel function)在无网格粒子类方法中起到权重函数的作用。原始的 MPS 核函数由 Koshizuka 和 Oka 在 1996 年提出[0],形式如下:

$$W(r_{ij}, r_e) = \begin{cases} \dfrac{r_e}{r_{ij}} - 1 & 0 < r_{ij} \le r_e \\ 0 & r_{ij} > r_e \end{cases} \tag{3}$$

式中,下标 i,j 代表不同粒子的编号,r_{ij} 为相邻两粒子的间距,r_e 代表粒子相互作用的最大半径,也称为粒子的影响半径。当两粒子距离无限接近 0 时,核函数的值变得无穷大。此时,粒子间距的微小变化也会导致核函数的剧变,并对数值稳定性带来消极影响。为此,Zhang 和 Wan[0]提出了一种新的无奇点核函数,并且经过一系列数值测试,证明了其具有良好的稳定性。因此,后续计算中均采用该核函数,形式如下:

$$W(r_{ij}, r_e) = \begin{cases} \dfrac{r_e}{0.85 r_{ij} + 0.15 r_e} - 1 & 0 < r_{ij} \le r_e \\ 0 & r_{ij} > r_e \end{cases} \tag{4}$$

MPS 方法中所采用的粒子相互作用模型,主要包括梯度模型、散度模型和拉普拉斯模型,分别为:

$$\langle \nabla \phi \rangle_i = \frac{D}{n^0} \sum_{j \ne i} \frac{\phi_j - \phi_i}{|\mathbf{r}_j - \mathbf{r}_i|^2} (\mathbf{r}_j - \mathbf{r}_i) \cdot W(r_{ij}, r_e) \tag{5}$$

$$\langle \nabla \mathbf{\Phi} \rangle_i = \frac{D}{n^0} \sum_{j \ne i} \frac{\mathbf{\Phi}_j - \mathbf{\Phi}_i}{|\mathbf{r}_j - \mathbf{r}_i|^2} (\mathbf{r}_j - \mathbf{r}_i) \cdot W(r_{ij}, r_e) \tag{6}$$

$$<\nabla^2 \phi>_i = \frac{2D}{n^0 \lambda} \sum_{j \neq i} (\phi_j - \phi_i) \cdot W(r_{ij}, r_e) \quad (7)$$

式中，ϕ 代表任意标量；$\mathbf{\Phi}$ 代表任意矢量；D 为计算域的空间维数；n^0 为初始分布下的流体粒子数密度。λ 为修正参数，计算方式如下：

$$\lambda = \frac{\sum_{j \neq i} W(r_{ij}, r_e) \cdot |r_j - r_i|^2}{\sum_{j \neq i} W(r_{ij}, r_e)} \quad (8)$$

粒子数密度的计算公式如下：

$$<n>_i = \sum_{j \neq i} W(r_{ij}, r_e) \quad (9)$$

2.2 自由液面粒子判断条件

采用一种基于粒子分布对称性的判别方法[6](图1)，对于流场内部的粒子，其邻居粒子的分布具有较好的对称性。但在自由面附近区域，由于粒子的影响域存在截断，其邻居粒子全部分布于靠向流体内部一侧。因此，可将粒子分布对称性较低作为自由面粒子的判断条件之一。为定量表示粒子分布对称性，改进方法中首先根据邻居粒子分布定义了如下矢量：

$$\mathbf{F}_i = \frac{D}{n^0} \sum_{j \neq i} \frac{(\mathbf{r}_j - \mathbf{r}_i)}{|\mathbf{r}_j - \mathbf{r}_i|} \cdot W(r_{ij}, r_e) \quad (10)$$

当粒子位于自由面附近区域时，矢量 $\mathbf{F}$ 模值较大，并且指向流场外。而当粒子为流体内部粒子时，矢量 $\mathbf{F}$ 的值较小。因此可以判定，如果目标粒子满足：

$$\begin{array}{l} <n>_i < \beta_1 n^0 \text{ 或} \\ <n>_i > \beta_1 n^0 \text{ 且 } <n>_i < \beta_2 n^0 \text{ 且 } |\mathbf{F}|_i > \alpha |\mathbf{F}^0| \end{array} \quad (11)$$

则该粒子为界面粒子。

式中，$\beta_1 = 0.8$，$\beta_2 = 0.97$。$|\mathbf{F}^0|$ 为初始粒子布置时，自由面处粒子的 $|\mathbf{F}|_i$ 值，α 为常数，取值为 0.9。

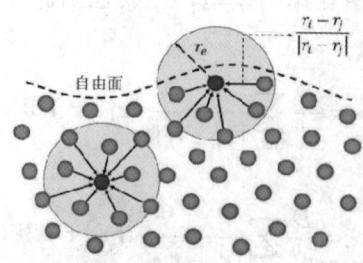

图 1 基于粒子分布对称性的自由面粒子判断方法

3 薄膜粒子识别和应力修正

3.1 数值计算模型

本小节将首先采用如图 2 所示的数值计算模型，对二维单气泡上升过程进行模拟和分析，几何参数如图所示。数值计算中的重力加速度取值仅为现实情况下的 1/10，即 $g=0.98m/s^2$。分别采用两组不同的流体进行数值模拟。液体和气体的密度分别为 $1000kg/m^3$ 和 $100kg/m^3$，动力粘度分别为 $10N.s/m^2$ 和 $1N.s/m^2$，表面张力系数分别为 $49 N/m$ 和 $4.9N/m$。因此，此算例中的密度比和黏度比较低，均为 10:1，可采用低密度比多相流 MPS 方法进行模拟。气泡上升过程的模拟结果见图 2(b)，基于自由液面粒子判断条件，可以准确的识别出自由液面粒子。

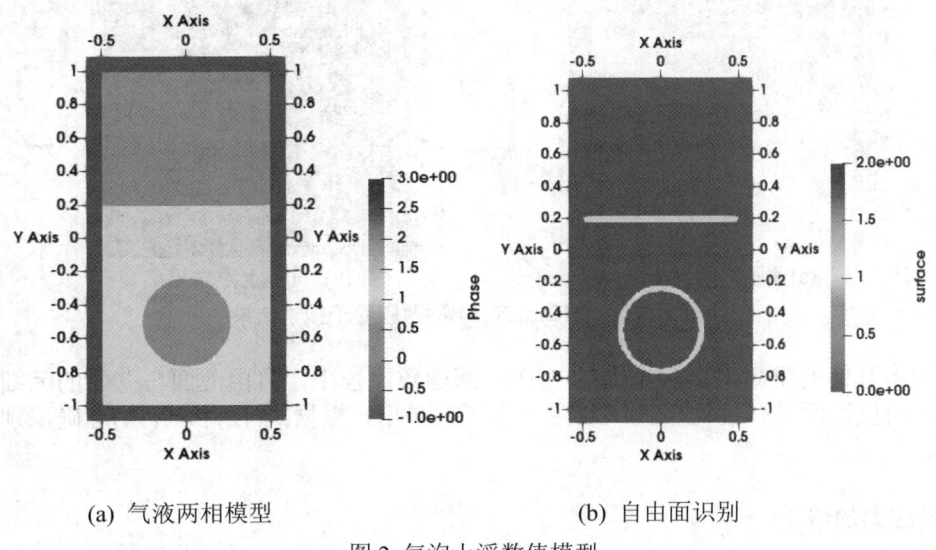

(a) 气液两相模型　　　　　　(b) 自由面识别

图 2 气泡上浮数值模型

3.1 薄膜粒子识别判据

薄膜粒子和自由面粒子不同，薄膜粒子两侧都存在异相粒子(图 3)。如果采用自由面/界面的判断方式，粒子的对称性往往很完备，所以基于自由液面粒子的判别方式并不能识别出薄膜粒子，所以本研究提出了一种薄膜粒子识别方式：

$$F_{i,\text{film}} = \frac{D}{n_0 \sum_{\text{phase}_j=\text{air}} \max(\sum_{y_j \geq y_i}\sum_{x_j \geq x_i} 1, \sum_{y_j \geq y_i}\sum_{x_j < x_i} 1, \sum_{y_j < y_i}\sum_{x_j \geq x_i} 1, \sum_{y_j < y_i}\sum_{x_j < x_i} 1)} \sum_{\text{phase}_j=\text{air}} \left(\frac{|\mathbf{r_i}-\mathbf{r_j}|}{r_e}\right)^{0.5} \quad (12)$$

$$r_e = 4r_p$$

$$\sum_{\text{phase}_j=\text{air}}(\sum_{x_j>=x_i,y_j>=y_i}1)*(\sum_{x_j<x_i,y_j>=y_i}1)*(\sum_{x_j>=x_i,y_j<y_i}1)*(\sum_{x_j<x_i,y_j<y_i}1)>0 \tag{13}$$

$$f_{i,\text{film}}=\frac{D}{n_0\max(1,\sum_{\text{phase}_i\neq\text{phase}_j}1)}\sum_{i\neq j}(\frac{|\mathbf{r_i}-\mathbf{r_j}|}{r_e})^{0.5}<\frac{0.8D}{n_0}\quad(r_e=1.2r_p) \tag{14}$$

r_p 是粒子间距，综合式(15)至式(17)的模拟结果见图3。

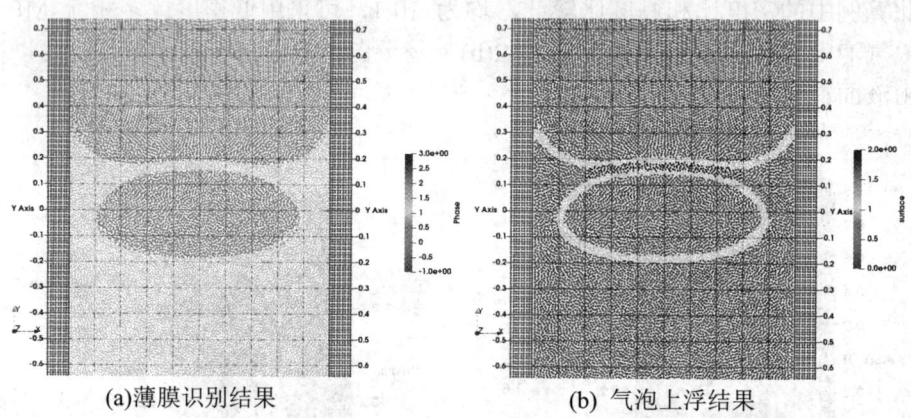

(a) 薄膜识别结果　　　　　　　　(b) 气泡上浮结果

图 3　基于式(12)至式(14)的薄膜粒子搜索结果

由于本算例的重力是实际重力的 1/10，邦德数比较小，自由液面与壁面的毛细现象比较明显，所以液面的弧度比较大。从图3中可以看出，根据式(12)和式(14)准确识别出了薄膜粒子。

3.3 薄膜应力的修正

在正常的气泡上浮模拟过程中，当前气泡上升到液面处时，由于表面张力的作用，液膜会迅速破碎，这符合纯水物理性质。气泡悬浮在液面上不破碎，主要原因是由于表面活性物质降低了薄膜的表面张力。在识别出薄膜粒子之后，为了维持薄膜的稳定，需要对薄膜的表面张力进行修正。

本研究中表面张力的计算是基于颜色函数梯度，公式如下：

$$F^s=\sigma\kappa\nabla C \tag{15}$$

式中，F^s 代表由表面张力，σ 为由流体自身性质决定的表面张力系数，κ 为粒子所处位置的界面曲率，C 为由粒子所属流体种类决定的颜色函数，∇C 为颜色函数梯度。本研究中采用的颜色函数为：

$$C_{ij} = \begin{cases} 0 & \text{phase}_i = \text{phase}_j \\ \dfrac{2\rho_i}{\rho_i + \rho_j} & \text{phase}_i \neq \text{phase}_j \end{cases} \quad (16)$$

在表面张力的计算过程中，如果粒子被识别为薄膜粒子，则对表面张力等物理量进行修正。

4 结果分析

将图中算例中薄膜粒子的表面张力调整为液体粒子的10%和1%，模拟结果见图4。

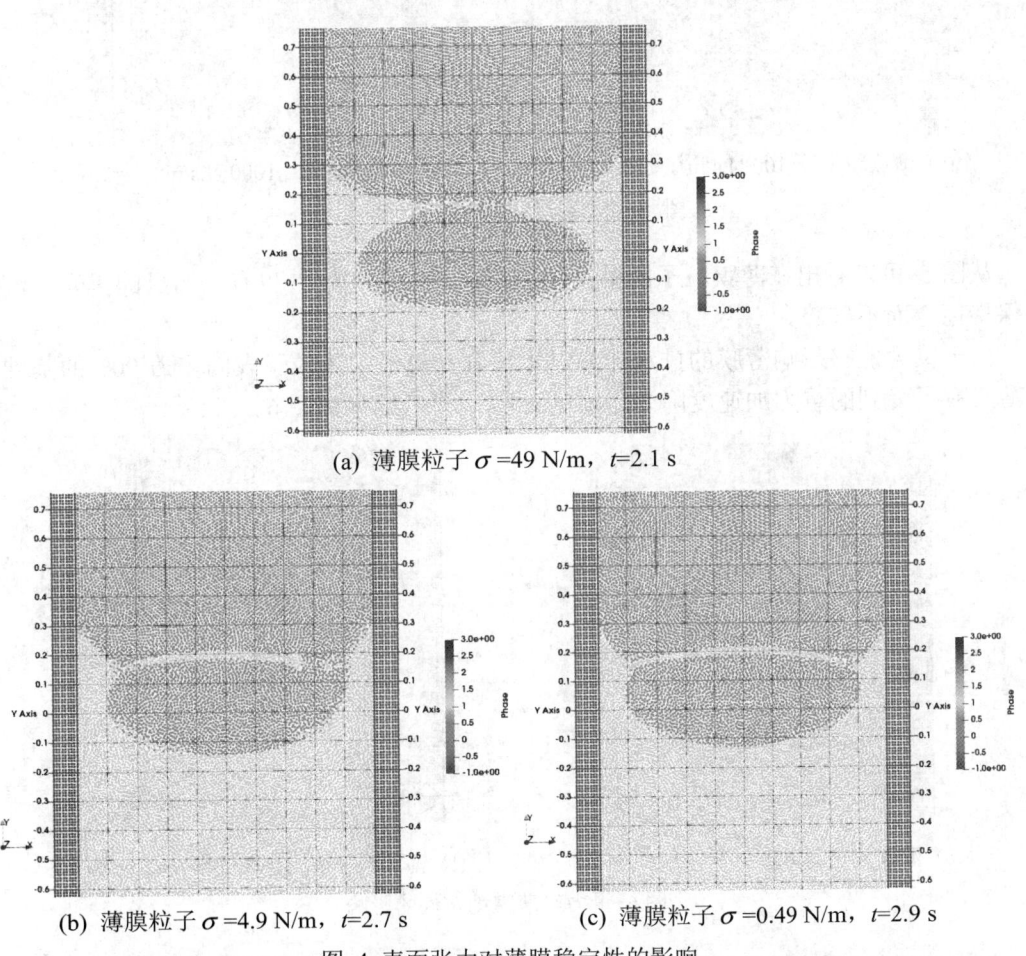

(a) 薄膜粒子 σ =49 N/m，t=2.1 s

(b) 薄膜粒子 σ =4.9 N/m，t=2.7 s　　(c) 薄膜粒子 σ =0.49 N/m，t=2.9 s

图 4 表面张力对薄膜稳定性的影响

从模拟结果中，我们可以看出表面张力降低后的薄膜稳定性更好，可以维持一段时间而不破裂，但当薄膜变薄之后，薄膜还是会出现断裂，降低到1%也是如此。液膜的断裂也可能是由于数值误差导致的。

如果不降低表面张力而增加黏度，气泡的破碎时间和图9a类似。本研究在降低90%表面张力的基础上，将薄膜粒子的黏度增加为液体粒子的10和100倍，模拟结果见图5。

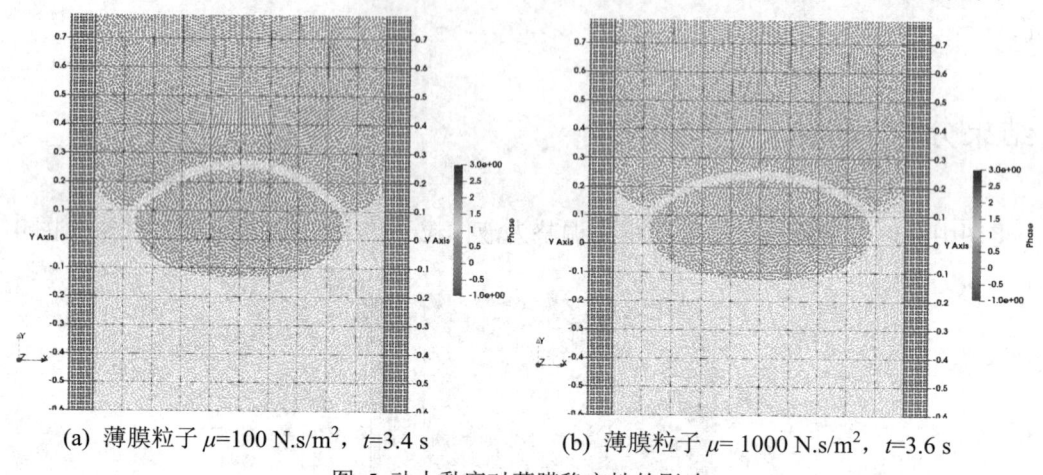

(a) 薄膜粒子 μ=100 N.s/m^2，t=3.4 s   (b) 薄膜粒子 μ= 1000 N.s/m^2，t=3.6 s

图 5 动力黏度对薄膜稳定性的影响

从图5可以看出在薄膜粒子的黏度增加后，薄膜的稳定性也有了明显的提升，液膜能够保持稳定而不破碎。

由于重力能够影响薄膜的排水速率，本研究在降低薄膜粒子表面张力90%的基础上，将薄膜粒子受到的重力加速度降为之前的10%，模拟结果见图6。

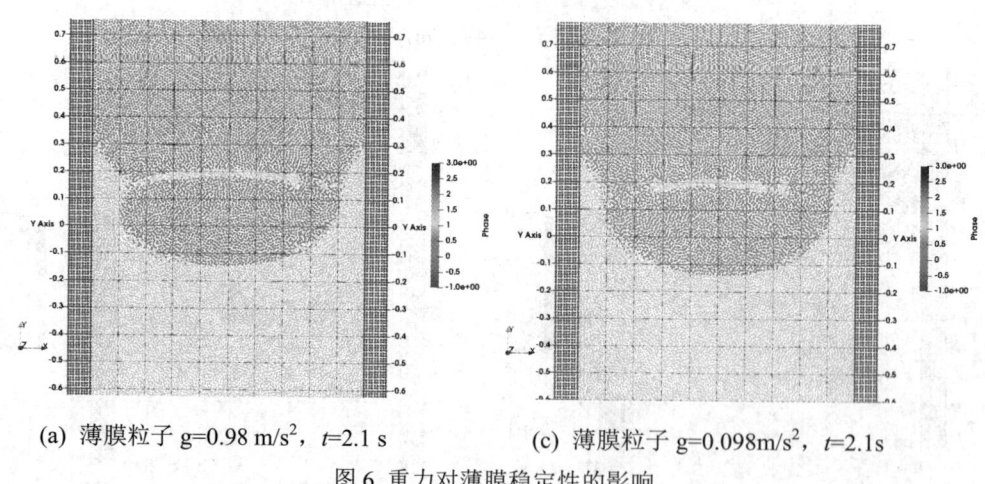

(a) 薄膜粒子 g=0.98 m/s^2，t=2.1 s   (c) 薄膜粒子 g=0.098m/s^2，t=2.1s

图 6 重力对薄膜稳定性的影响

气泡薄膜的破碎时间并没有太大变化，甚至稍有提前，这是因为薄膜粒子所受重力降低，但气泡中的压力继续推动薄膜扩张，缺少重力的平衡，薄膜破碎反而会提前一些。

5 结论

本研究基于 MPS 方法，对于多相流的气泡悬浮问题进行了模拟，提出了薄膜粒子的判别方法，并对薄膜粒子的受力进行修正，在控制变量的情况下，研究了表面张力系数，黏性系数和重力对于薄膜稳定性的影响。

(1) 本研究提出的基于异相粒子完备性的薄膜粒子判别方式可以准确识别出薄膜粒子，为气泡薄膜的稳定提供基础。

(2) 降低薄膜粒子的表面张力，提高薄膜粒子的黏性，可以提高了气泡薄膜在自由液面的稳定性，改变重力对气泡薄膜的稳定性影响不大。

致谢：本研究得到国家自然科学基金(51879159，52131102)、国家重点研发计划项目(2019YFB1704200)资助。在此一并表示感谢。

参考文献

1. Atasi O, Legendre D, Haut B, et al. Lifetime of Surface Bubbles in Surfactant Solutions [J]. Langmuir, 2020.
2. Puthenveettil B A, Saha A, Krishnan S, et al. Shape parameters of a floating bubble [J]. Physics of Fluids, 2018, 30(11).
3. Li H Y, Yap Y F, Lou J, et al. Numerical modelling of three-fluid flow using the level-set method [J]. Chemical Engineering Science, 2015, 126: 224-236.
4. Patio-Nario E A, Galvis A F, Pavanello R, et al. Numerical study of single bubble rising dynamics for the variability of moderate Reynolds and sidewalls influence: A bi-phase SPH approach [J]. Engineering Analysis with Boundary Elements, 2021, 129(1): 1-26.
5. 孙鹏楠. 物体与自由液面耦合作用的光滑粒子流体动力学方法研究 [D]. 哈尔滨：哈尔滨工程大学.
6. Chen R, Dong C, Guo K, et al. Current achievements on bubble dynamics analysis using MPS method [J]. Progress in Nuclear Energy, 2020, 118: 103057.
7. Wang M, Y Deng, Kong X, et al. Thin-Film Smoothed Particle Hydrodynamics Fluid [J]. ACM Transactions on Graphics, 2021.
8. Colagrossi A, Landrini M. Numerical simulation of interfacial flows by smoothed particle hydrodynamics [J]. Journal of Computational Physics, 2003, 191(2): 448-475.
9. Grenier N, DL Touzé, Colagrossi A, et al. Viscous bubbly flows simulation with an interface SPH model [J]. Ocean Engineering, 2013, 69(sep.1): 88-102.
10. Hysing S, Turek S, D Kuzmin, et al. Quantitative benchmark computations of two-dimensional bubble dynamics [J]. International Journal for Numerical Methods in Fluids, 2010, 60(11): 1259-1288.

11. Duan G, Chen B, Koshizuka S, et al. Stable multiphase moving particle semi-implicit method for incompressible interfacial flow [J]. Computer Methods in Applied Mechanics and Engineering, 2017, 318(MAY1): 636-666.
12. Guo K, Chen R, Qiu S, et al. An improved Multiphase Moving Particle Semi-implicit method in bubble rising simulations with large density ratios [J]. Nuclear Engineering and Design, 2018, 340(DEC.): 370-387.
13. Xl A, Km B, Shuai Z C. Direct numerical simulation of incompressible multiphase flow with vaporization using moving particle semi-implicit method – ScienceDirect [J]. Journal of Computational Physics, 2020, 425.
14. Zuo J, Tian W, Chen R, et al. Two-dimensional numerical simulation of single bubble rising behavior in liquid metal using moving particle semi-implicit method [J]. Progress in Nuclear Energy, 2013, 64(apr.): 31-40.
15. Wen X, Zhao W, Wan D. A multiphase MPS method for bubbly flows with complex interfaces [J]. Ocean Engineering, 2021, 238(4): 109743.
16. Koshizuka S, Oka Y. Moving-Particle Semi-Implicit Method for Fragmentation of Incompressible Fluid [J]. Nuclear Science & Engineering, 1996, 123(3): 421-434.
17. Zhang Y X, Wan D C. Numerical simulation of liquid sloshing in low-filling tank by MPS [J]. Chinese Journal of Hydrodynamics, 2012.

Numerical simulation of a single bubble rising and suspended on water surface by MPS method

GUAN Xiang-shan[1], ZHA Ruo-si[1], WAN De-cheng[2*]

(1. School of Marine Engineering and Technology, Sun Yat-Sen University, Zhuhai, Guangdong, China;
2. Computational Marine Hydrodynamic Lab (CMHL), School of Naval Architecture, Ocean and Civil Engineering, Shanghai Jiao Tong University, Shanghai, China, Email: dcwan@sjtu.edu.cn)

Abstract: If the bubbles rise to the water surface in clean water, they will burst and disappear quickly due to the surface tension and capillarity. In the natural environment, the water contains a lot of impurities, which will change the surface tension coefficient and other physical properties of the bubble film. These changes prevent the bubble film from breaking and converging, which allows the bubbles to be suspended on the water surface in the form of foams. In this paper, the Moving Particle Semi-implicit (MPS) method is used to simulate the suspension of a single bubble on the water surface. Firstly, the particles forming the bubble film are determined by the improved free surface judgment method. The surface tension coefficient and viscosity coefficient of the bubble film particles are modified, and an artificial force is applied to the bubble film particles to maintain the stability of the bubble film. Then a surface tension force is applied to the gas particles in the bubble to maintain the elasticity of the suspended bubble. Finally, a single bubble remaining stable on the water surface without bursting is simulated, which proves the feasibility of the MPS method to simulate the foams.

Key words: MPS method; Suspended bubble; Bubble film.

基于深度强化学习的波浪中船舶航向 PID 控制器参数智能匹配研究

刘义 [1,2*]，马翔 [1]，赖鹏宇 [3]，汤雅敏 [1]，徐辉 [3]，张伟 [1,2]

（1. 上海市船舶工程重点实验室 中国船舶及海洋工程设计研究院，上海 200011，
Email: liuyi3511@maric.com.cn;
2. 喷水推进重点实验室，上海 200011；
3. 上海交通大学航空航天学院，上海 200240）

摘要：船舶航向控制目前最常用的方式是基于 PID 参数控制。传统的 PID 控制器虽然结构简单，但是控制精度依赖于初始设定参数，尤其是船舶在遭遇不同浪况下，需要人工调节参数，无法适应船舶智能航行控制的要求。本研究基于深度强化学习方法，采用近端策略优化算法（Proximal Policy Optimization, PPO），设计状态空间、动作空间和奖励函数，对波浪中航向 PID 控制器参数进行智能匹配优化研究。最后对控制器进行训练，将训练完成的控制器与传统 PID 控制器进行对比研究。仿真结果表明，本研究设计的 PPO-PID 控制器能够根据波浪的变化智能匹配 PID 参数，与传统的 PID 控制器相比，可更快更稳定地达到设定航向。

关键词：深度强化学习；PID 控制；PPO 算法；船舶航向控制

1 引言

现代航运业的蓬勃发展和运输结构的优化，推动着船舶向专业化和智能化发展，从而对船舶的操纵与控制性能提出了越来越高的要求。同时，提高营运效率，减少人工成本也日益受到船东的重视。因此，实现船舶航行的自主运动控制既有理论意义，又有实际的工程应用价值。航向控制是自动操舵装置控制系统（简称自动舵）的主要功能，对于船舶具有强非线性、大时滞、大惯性等特点，加上外部环境干扰力的影响，使得设计航向控制器的困难加大。船舶航向控制目前最常用的方式是基于 PID 参数控制。传统的 PID 控制器

基金项目：军科委项目(80907010601)

虽然结构简单，但是控制精度依赖于初始设定参数，尤其是船舶在遭遇不同浪况下，需要人工调节参数，无法适应船舶智能航行控制的要求。所以船舶在复杂环境下运动控制参数智能匹配目前是提升船舶智能化水平中所迫切需要解决的一个关键问题。

现代基于 PID 参数控制优化算法有神经网络算法、蚁群算法、遗传算法及模拟退火算法等。此外，深度学习、强化学习等新技术的迅猛发展为解决该问题，提供了新的技术手段。强化学习是一种高精度且高可靠性的方法，可以在复杂领域中实现一系列模式识别，建模和控制目标[1]。结合深度学习和强化学习，Silver 等提出了深度强化学习(Deep Reinforcement Learning, DRL)技术[2]。随着 DRL 应用的普及，也有一部分船海领域的学者采用 DRL 方法进行相关研究：例如 Øvereng 等将动力定位船舶设计了一款基于 DRL 的控制器，并在海试中获得了较好的动力定位效果。但是只考虑了流力的影响，并没有考虑波浪的影响；徐宏威[3]、张旋武[4]、王艳[5]分别基于深度确定策略梯度（deep deterministic policy gradient, DDPG）算法的策略梯度强化学习方法，对无人船路径规划进行研究。

针对目前设计的控制器存在的大量参数整定、复杂算法计算等问题，为实现船舶在波浪中精准控制航向，本研究基于深度强化学习方法，采用近端策略优化算法（Proximal Policy Optimization, PPO），设计状态空间、动作空间和奖励函数，对波浪中航向 PID 控制器参数进行智能匹配优化研究。

2 船舶操纵运动数学模型

本研究以某高速船为研究对象。采用了 MMG 模型进行船舶运动建模。

采用船体固定坐标系 $o\text{-}xyz$，其中 $o\text{-}xy$ 平面位于静水面上，z 轴垂直向下。在此坐标系下，考虑波浪干扰力影响的三自由度船舶操纵运动方程如下：

$$\begin{cases} (m+m_x)\dot{u} - (m+m_y)vr = -R(u) + X_{vv}vv + X_{vr}vr + X_{rr}rr \\ \qquad\qquad + X_P(u,n) + X_R(\delta,u,v,r) + \tau^X_{\text{wave}} \\ (m+m_y)\dot{v} + (m+m_x)ur = Y_v v + Y_r r + Y_{vvv}vvv + Y_{vvr}vvr + Y_{vrr}vrr \\ \qquad\qquad + Y_{rrr}rrr + Y_P(u,v,r) + Y_R(\delta,u,v,r) + \tau^Y_{\text{wave}} \\ (I_z + J_z)\dot{r} = N_v v + N_r r + N_{vvv}vvv + N_{vvr}vvr + N_{vrr}vrr \\ \qquad\qquad + N_{rrr}rrr + N_P(u,v,r) + N_R(\delta,u,v,r) + \tau^M_{\text{wave}} \end{cases} \quad (1)$$

式中，m 和 I_z 为船舶质量和绕 z 轴惯性矩，m_x、m_y 和 J_z 为相应的附加质量和附加惯性矩；u、v 和 r 分别为船舶纵向速度、横向速度和转首角速度；n 为螺旋桨转速；δ 为舵角；R 为船舶直航时的阻力；X_{vv}、X_{vr} 等为船体水动力导数；下标 "P" 和 "R" 分别代表由螺旋桨和舵引起的力或力矩分量；$(\tau^X_{\text{wave}}, \tau^Y_{\text{wave}}, \tau^M_{\text{wave}})$ 为波浪干扰力和力矩，包含一阶波浪力和二阶波浪力，其中一阶波浪力只引起船舶绕平均位置的高频摇荡运动，而二阶波浪力引起船舶的漂移，从而对操纵性产生显著影响，波浪力和力矩的计算采用文献[6-7]选定的经验公式。

3 基于 Actor-Critic 框架的 DRL

强化学习的基本框架见图 1。

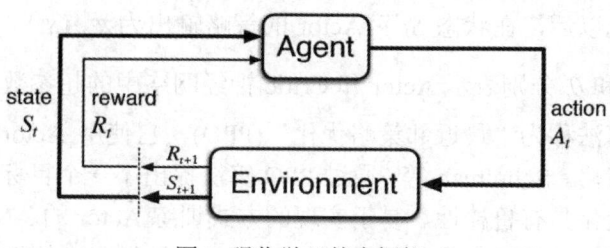

图 1 强化学习基本框架

图 1 中为船舶智能体（Agent）从环境(Environment)中获得当前时刻的状态 S_t、奖励 R_t，并因此产生动作 A_t 作用在环境中，这里的 Agent 能够接受所有 $S_t \in S$，$R_t \in R$，其中 S 为环境所能存在的状态空间，R 为对当前时刻状态的奖励集合，Agent 产生对应的动作 $A_t \in A$，同样的 A 为其动作空间，强化学习所要做的工作，Agent 得到的状态和奖励值，根据学习的策略产生该条件下最优的动作，即其要学习一个控制策略 policy $\pi:P(S) \to A$，评价该策略标准是使得累计回报值：

$$G_t = R_{t+1} + \gamma R_{t+2} + ... = \sum_{k=0}^{\infty} \gamma^k R_{t+k+1} \tag{1}$$

达到最大值，其中 $\gamma<1$，因为不同时间段的奖励对目标的影响程度不同，随着时间的推移，很自然的认为距离当前时间 t 越远的奖励值对当前时间 t 产生的影响越小，但实际应用中不可能将所有不同时间的状态、动作遍历一遍，再根据上述公式得到最有策略，故采用对上述公式取期望：

$$V_\pi(s) = E_\pi[G_t | S_t = s] \tag{2}$$

函数 $V_\pi(s)$ 被称为状态价值函数，表示在状态 s 下对未来回报的期望，同样的还有一种与之类似的表示：

$$Q_\pi(s,a) = E_\pi[G_t | S_t = s, A_t = a] \tag{3}$$

即基于当前状态和动作，对未来回报的期望，这样的函数称之为动作价值函数，上述两种期望方程也成为 Bellman 期望方程。智能体和环境的相互作用过程也叫做马尔可夫决策过程（Markov Decision Process，MDP）。

根据值函数和上述最佳控制策略（policy）的定义，最佳 policy π^* 总是满足以下条件：

$$\pi^* = \arg\max V_\pi(s) = \arg\max Q_\pi(s; a) \tag{4}$$

各种 RL 算法以不同的方式将策略函数与价值函数相结合,以逼近最优策略。通过引入神经网络进行近似,RL 算法在求解具有连续状态和动作空间的 MDPs 时的表达能力得到了提高。Actor-Critic 算法使用深度人工神经网络(deep Artificial Neural Network,ANN)来近似策略(Actor)和价值函数(Critic)。

当把策略参数化以后,在状态 S_t 下 Actor 的策略输出为 $\pi_{\theta_a}(s_t)$,Critic 的价值函数输出 $\hat{V}_{\theta_c}(s_t)$,其中 θ_a 和 θ_c 分别表示 Actor 和 Critic 神经网络中的超参数。

本研究使用的算法称为"最近邻策略优化"(PPO),它使用 Actor-Critic 结构,在价值函数的帮助下学习策略。Schulman 等[9]通过 PPO 算法提出了一个目标函数,以一种数据高效、相对于超参数变化具有鲁棒性、易于实现的方式训练 Actor 的 ANN。该算法是在信任范围区间内,保证期望回报最大化的同时限制对 Actor 神经网络的更新量。它通过使用一个状态-动作(S_t,A_t)的期望回报的保守估计来做到这一点:

$$E_t[G_t] \approx E_t[\overline{r}(\theta_a)_t \hat{A}_t] \tag{5}$$

式中,$\overline{r}(\theta_a)_t$ 是在当前状态下使用新网络参数 θ_a 执行操作与使用旧网络参数 $\theta_{a,\text{old}}$ 之间的概率比:

$$\overline{r}(\theta_a)_t = \frac{\pi_{\theta_a}(a_t|s_t)}{\pi_{\theta_{a,\text{old}}}(a_t|s_t)}$$

$$\overline{r}(\theta_a) \geq 0; \quad \overline{r}(\theta_{a,\text{old}})_t = 1.0 \tag{6}$$

$\hat{A}_t$ 表示对优势函数的估计,表示状态 S_t 下选择的动作 a_i 回报与所有可能的动作平均回报与之比。使用广义优势估计方程来估计优势:

$$\hat{A}_t = \sum_{i=0}^{\infty}(\gamma\lambda)^i(r_t + \gamma\hat{V}_{\theta_c}(s_{t+1}) - \hat{V}_{\theta_c}(s_t)) \tag{7}$$

通过限制参数更新时 $\overline{r}(\theta_a)_t$ 的大小,可以对目标函数进行改进。PPO 算法是限制 $\overline{r}(\theta_a)_t$ 大小来限制概率比,令 $\overline{r}(\theta_a) \in [1-\varepsilon, 1+\varepsilon]$,定义剪切替代目标函数有:

$$J(\theta_a)_t = \min(\overline{r}(\theta_a)_t \hat{A}_t, clip(\overline{r}(\theta_a)_t, 1-\varepsilon, 1+\varepsilon)\hat{A}_t) \tag{8}$$

Critic 网络参数更新,试图最小化其价值函数估计与测试值的偏差,使用均方误差函数来实现参数更新。参数 θ_c 的更新规则见式(9)。Actor 试图最大化剪切替代目标函数，参数 θ_a 更新规则如公式(10)所示。

$$\theta_{c,k+1} \leftarrow \arg\min_{\theta_c} \left\{ \frac{1}{T} \sum_{t=1}^{T} (\hat{V}_{\theta_{c,k}}(s_t) - G_t)^2 \right\} \tag{9}$$

$$\theta_{c,k+1} \leftarrow \arg\min_{\theta_a} \left\{ \frac{1}{T} \sum_{t=1}^{T} J(\theta_a)_t \right\} \tag{10}$$

按照这些更新规则进行训练的过程见图 2，其中来自奖励函数的奖励被传播到 Critic 网络，Critic 网络反过来计算 Actor 网络更新规则的信息(式(7)和式(8))。

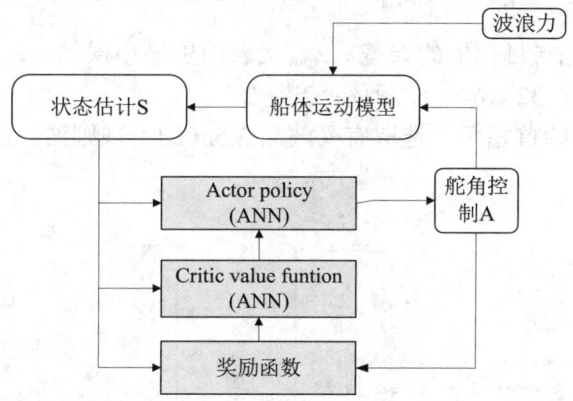

图 2 基于 Actor-Critic 框架的 DRL 训练过程

4 控制器设计及实现

基于 DRL 的 PID 控制器参数匹配框架见图 3。

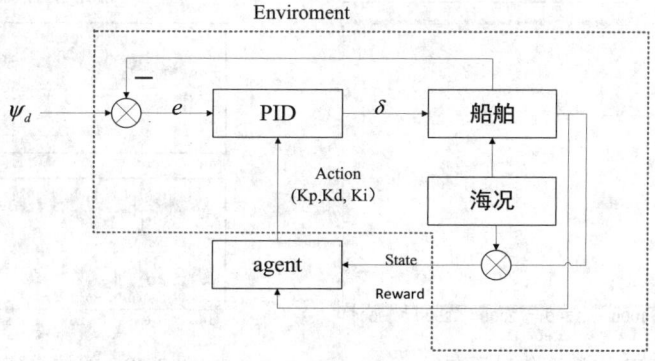

图 3 基于 DRL 的 PID 控制器参数匹配框架

其状态空间、奖励函数定义如下：

状态空间 $s \in S$ 定义为：$s=\{\tilde{x}, r, \dot{r}, kp, ki, kd\}$，$\tilde{x}=\psi_d-\psi$，$K_p \in [0,50], K_i、K_d \in [0,1]$

式中，ψ_d 为期望首向角，ψ 为当前船舶首向角，kp, ki, kd 分别为 PID 的比例参数、积分参数及微分参数

命令空间 $a \in A$ 定义为：$A=\{\delta n_d\}$

定义奖励函数如下：

$$R = \begin{cases} Exp(-e_{cur})/Step \times 250, \text{if } |e_{cur}| \leq |e_{min}| \\ -e_{cur}/\pi/Step \times 250, \text{otherwise} \end{cases} \tag{11}$$

e_{cur} 代表当前训练与目标值的误差，e_{min} 代表历史最小误差。

轨迹并行采样数：32 – 64；学习率：$2^{-8} \sim 2^{-9}$

随机产生 6 个初始首相角，选取有义波高 2.5m 的不规则波，PPO-PID 控制结果见图 4 至图 7。

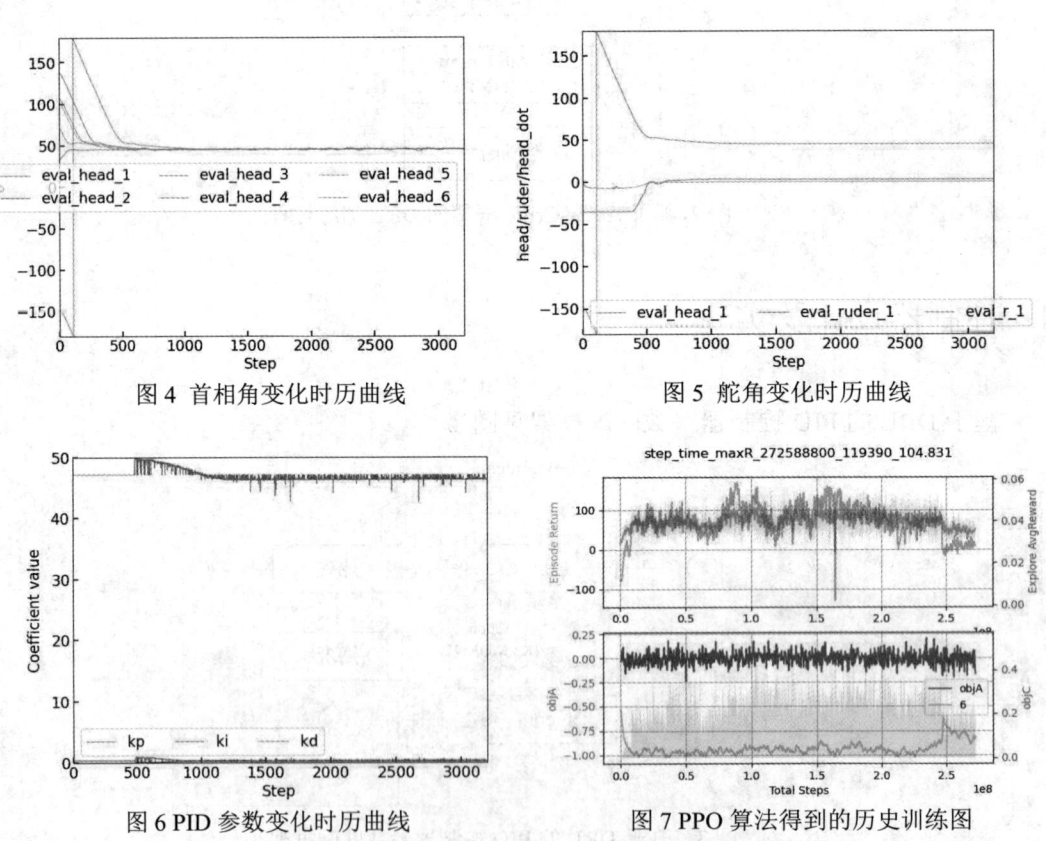

图 4 首相角变化时历曲线　　　　图 5 舵角变化时历曲线

图 6 PID 参数变化时历曲线　　　　图 7 PPO 算法得到的历史训练图

为了对比控制效果，选取 kp=15.26, ki=0.18, kd=0.32，有义波高 2.5m 的不规则波下的纯 PID 首向控制结果见图 8。

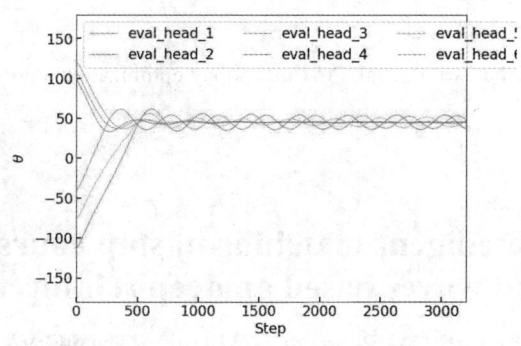

图 8 PID 控制下的首向角变化时历曲线

将图 4 和图 8 的结果对比，可以看出，PID 控制在四级海况下，控制效果并不稳定，舵角振动频率高；本研究提出的 PPO-PID 控制方法，通过智能调节 PID 参数，可以在风浪中达到较为稳定的控制结果。

5 总结

本研究介绍了 PPO 算法的实现，用于开发一种 DRL 控制方案，智能匹配 PID 控制参数，将其应用于波浪中船舶航向控制问题。与传统方法相比，仿真结果令人满意。仿真证明本研究提出的 PPO-PID 方法的性能既准确又高效，能够在较高海况下还能抑制稳态偏差。该方法还能解决计算复杂度的问题，因为控制方案的神经网络计算时间可以忽略不计。

参考文献

1. Roveda L, Pallucca G, Pedrocchi N. et al. Iterative learning procedure with reinforcement for high-accuracy force tracking in robotized tasks [J]. IEEE Transactions on Industrial Informatics, 2018, 14(4): 1753-1763.
2. Silver D, Huang A, Maddison C. et al. Mastering the game of Go with deep neural networks and tree search [J]. Nature, 2016, 529: 484-489.
3. Øvereng S S, Nguyen D T, Hamre G. Dynamic positioning using deep reinforcement learning [J]. Ocean Engineering, 2021, 235: 109433.
4. 徐宏威. 基于深度强化学习的无人船路径规划研究 [D]. 大连：大连海事大学，2020.
5. 张旋武. 基于强化学习的无人船路径跟随控制 [D]. 武汉：武汉理工大学，2020.

6　王艳. 无人船建模及路径跟踪控制 [D]. 杭州: 浙江大学, 2019.

7　贾欣乐, 杨盐生. 船舶运动数学建模——机理建模与辨识建模 [M]. 大连: 大连海事大学学报, 1999.

8　Li Zhen. Path following with roll constraints for marine surface vessels in wave fields [D]. USA: The University of Michigan, 2009.

9　Schulman J, Wolski F, Dhariwal P, et al. Proximal policy optimization algorithms, 2017.

Research on intelligent matching of ship course PID controller parameters in waves based on deep reinforcement learning

LIU Yi[1,2*], MA Xiang[1], LAI Peng-yu[3], XU Hui[3], ZHANG Wei[1,2], TANG Ya-min[1]

(1. Shanghai Key Laboratory of Ship Engineering, Marine Design and Research Institute of China, Shanghai 200011, China, Email: liuyi3511@maric.com.cn;
2. Science and Technology on Water Jet Propulsion Laboratory, Shanghai 20001;
3. School of Aeronautics and Astronautics, Shanghai Jiao Tong University, Shanghai 200240)

Abstract：PID parameter control is the most commonly used method in ship course control. The traditional PID controller is simple in structure, but the control accuracy depends on the initial set parameters. Especially when the ships encounter different wave conditions, it needs to adjust the parameters manually, which cannot meet the ship requirements of intelligent navigation control. In this paper, the Proximal Policy Optimization (PPO) algorithm is adopted to design the state space, action space and reward function based on the deep reinforcement learning method. The intelligent matching optimization of the course PID controller parameters in waves is studied and the training of the controller is conducted. The results show that the PPO-PID controller can intelligently match the PID parameters according to the changes of the wave and achieve the set course more quickly and stably than the traditional PID controller.

Key words：Deep reinforcement learning; PID controller; Proximal Policy Optimization (PPO) algorithm; Ship course control.

用 CFD-FEM 方法数值模拟带弹性障碍物溃坝流动

贺帆，王建华，万德成*

（上海交通大学 船海计算水动力学研究中心(CMHL) 船舶海洋与建筑工程学院，上海 200240，
Email: dcwan@sjtu.edu.cn）

摘要：随着船舶和海洋结构物的大型化发展，船海结构物的流固耦合问题研究越来越重要。溃坝流对水槽底部弹性障碍物的砰击作用过程是一个典型的流固耦合问题，其剧烈变化的自由液面及对障碍物的瞬时的砰击压力都与船舶的入水砰击，砰击上浪等问题相似。本研究基于自主开发的 CFD-FEM 流固耦合求解器，对二维溃坝流对弹性障碍物的砰击过程进行数值模拟，并与使用纯刚体求解器模拟的相同配置下溃坝流对刚性障碍物的砰击过程进行对比分析。通过数值计算得出了弹性障碍物顶端的位移时历曲线，分析了考虑结构物弹性对砰击过程的影响。相关研究结果可以为溃坝流对弹性结构物的砰击特性研究提供技术支撑。

关键词：溃坝流；弹性障碍物；流固耦合；CFD-FEM 结合

1 引言

随着现代船舶向着大型化、高速化发展，船体梁两节点垂向固有频率变得越来越小，并且逐渐进入一般海况的遭遇频率的范围，船体遭受波浪砰击、甲板上浪等非线性载荷的影响越来越大，更容易出现弹振和颤振等现象。为了能够对大型船舶的水弹性振动进行模拟，以此准确预报船舶所受的波浪载荷，对船海结构的流固耦合问题的研究越来越重要。

目前研究各类船海结构的水弹性响应时主要采用势流理论。船舶水弹性理论从 20 世纪 70 年代开始发展。二维水弹性力学理论将船 体结构简化为船体梁，将流体简化为二维流场，以船体的干模态叠加表达船体的真实运动与变形状态，通过满足船体各横向切片上的边界条件，建立流固耦合运动方程。Wu[1]通过结合三维适航性理论和三维结构动力学理论，建立了广义流固界面条件，将水弹性理论扩展到了三维，从而可以分析任意的三维可变形体。杜双兴[2]基于已有的三维水弹性力学分析方法，建立了一种计入了航速和非均匀稳态

流的影响的频域分析方法。王大云[3]基于广义流固边界条件和三维时域格林函数,建立了一种可用于分析超大型浮式结构物的三维水弹性力学时域分析方法。但是势流理论难以模拟波浪破碎、砰击、甲板上浪等剧烈的自由表面流动,不能准确地预测结构遭遇强非线性波浪时的大幅的运动及变形。而 CFD 不仅能够模拟这些现象,还能考虑流体的黏性,更加准确地模拟波浪的各种非线性现象[4]。Paik 等[5]提出了一种基于 CFD 的流固耦合计算方法,并分别用单向耦合和双向耦合的方式计算了 S175 集装箱船在规则波中的结构载荷,其中双向耦合方式所得的结果与实验数据更加接近。

溃坝流剧烈变化的自由液面及其对障碍物的瞬时的砰击压力都与船舶的入水砰击,砰击上浪等问题相似,常被用来作为这类问题的简化来进行研究。Walhorn 等[6]通过分别模拟溃坝流对刚性障碍物和弹性障碍物的砰击过程,研究了障碍物的弹性对砰击过程的影响,同时验证了所采用的强耦合方法的可行性。此后,Franci 等[7]、Missume 等[8]分别用了强耦合和 MPS-FEM 方法对这一流固耦合问题进行数值模拟,来验证各自流固耦合方法的准确性。

本研究将基于开源 CFD 软件 OpenFOAM 中的 interfoam 求解器进行修改,将结构求解部分嵌入 interfoam 中,通过计算结构的位移并将其反映到流场网格的变化实现双向耦合[9]。将用该求解器模拟经典流固耦合问题——溃坝流对弹性障碍物的砰击过程,并与使用纯刚体求解器模拟的相同配置下溃坝流对刚性障碍物的砰击过程以及文献[6,8]计算的结果进行对比分析,以此验证改求解器的准确性。

2 数值方法

2.1 流体动力学控制方程

假设流体是不可压缩的,则流场的控制方程可使用连续性方程和 N-S 方程:

$$\frac{\partial u}{\partial x}+\frac{\partial v}{\partial y}+\frac{\partial w}{\partial z}=0 \tag{1}$$

$$\frac{\partial \rho \mathbf{U}}{\partial t}+\nabla \cdot (\rho \mathbf{UU})-\nabla \cdot \tau = -\nabla p+\rho \mathbf{g}+\mathbf{F} \tag{2}$$

式中,$\mathbf{U}$ 为速度向量; t 为时间;ρ 为流体密度;p 为作用在微元体上的压力;μ 表示流体的粘性系数,$\mathbf{g}$ 为重力加速度。

2.2 结构动力学控制方程

结构求解方面采用 Euler-Bernoulli 梁模型。结构动力学控制方程为:

$$[M][\ddot{x}]+[C][\dot{x}]+[K][x]=[F] \tag{3}$$

式中，[M]为结构质量矩阵，[C]为结构阻尼矩阵，[K]为结构刚度矩阵，[F]为等效节点力矩阵，[x]为节点位移矩阵。

采用 Newmark-β 方法求解结构动力学方程。通过第 i 节点的位移、速度、加速度等可求出第（$i+1$）节点的位置变化：

$$\hat{K}x_{i+1} = \hat{F}_{i+1} \tag{4}$$

$$\hat{K} = K + \frac{1}{\beta(\Delta t)^2}M + \left(\frac{\delta}{\beta(\Delta t)}\right)C \tag{5}$$

$$\hat{F}_{i+1} = F_{i+1} + \left[\frac{1}{\beta(\Delta t)^2}x_i + \frac{1}{\beta(\Delta t)}\dot{x}_i + \left(\frac{1}{2\beta}-1\right)\ddot{x}_i\right]M + \left[\frac{\delta}{\beta(\Delta t)}x_i + \left(\frac{\delta}{\beta}-1\right)\dot{x}_i + \frac{\Delta t}{2}\left(\frac{\delta}{\beta}-2\right)\ddot{x}_i\right]C \tag{6}$$

式中，β 和 δ 是由经验确定的常数。

2.3 耦合方法

耦合方式分为单向耦合和双向耦合两种方式。对于单向耦合的情况，将 CFD 计算的刚性船体上的外部载荷应用于结构有限元模型，以进一步获得结构响应和变形。CFD 模拟中不会考虑结构的变形，因此不能直接考虑结构振动的附加质量。因此，单向耦合通常适用于结构变形较小且对流场影响可忽略的情况。由于结构响应不影响流体流动，FEM 的结构响应可以与 CFD 计算并行进行，也可以在 CFD 计算完成后进行。

对于双向耦合的情况，从 FEM 导出的柔性结构的运动和变形都将反馈给 CFD 求解器，以更新流场网格信息。再应用动网格技术，通过 CFD 计算变形后结构上的流体载荷，然后再将其应用到结构的有限元模型中，用于后续的结构求解。因此，应在 CFD 和 FEM 之间实时进行并行计算。双向耦合的一个优点是，水弹性振动部分的附加质量和阻尼系数也会被考虑到。

3 数值模拟

3.1 几何模型及相关参数

溃坝流对水槽底部障碍物的砰击作用过程是一个经典的流固耦合问题，有许多的学者都用这个模型来验证他们的流固耦合求解器。建立的模型(图1)。计算域的大小为 0.584 m×0.4 m，在计算域的左侧放置宽 0.146 m、高 0.292 m 的水柱，计算域底部固定了一个宽 0.012 m、高 0.08 m 的矩形障碍物，障碍物的底部为固定端约束。流体与结构的具体参数见表 1，本研究中流场求解的时间步与结构求解的时间步相等，均为 0.0001 s。

表 1 流场与结构求解相关参数

参数名称	数值	单位
流体密度	1000	kg/m³
运动粘性系数	1×10^{-6}	m²/s
重力加速度	9.81	m/s²
结构密度	2500	kg/m³
弹性模量	1×10^{6}	Pa
质量阻尼系数	0	—
刚度阻尼系数	0.025	—
障碍物高度	0.08	m
时间步长	0.0001	s

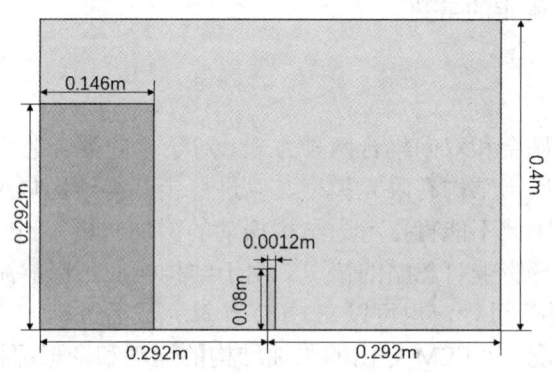

图 1 几何模型示意图

本文在模拟二维溃坝流对弹性障碍物的砰击过程时分别划分了 5 W、11 W、22 W 三套网格，分别记为 D1（5 W 网格量）、D2（11 W 网格量）、D3（22 W 网格量），以便验证计算的网格无关性。模拟二维溃坝流冲击刚性障碍物时的网格与 D2 相同，记为 D4 本研究还同时在三维情况下对相同的模型进行了模拟，只是在计算时限制了弹性障碍物在宽度方向的位移。三维模拟时宽度方向的计算域尺寸为 0.07 m，网格数量为 60 W，记为 D5。

3.2 计算结果分析

3.2.1 二维溃坝流问题

本研究的 CFD-FEM 求解器分别模拟二维情况下溃坝流对刚性和弹性障碍物的砰击过程。所得结果见图 2，左右分别为障碍物是刚性和弹性时流场的变化历程。可以看到溃坝流右下方的水体与障碍物先发生砰击，然后水体改变方向越过障碍物飞射出去，并且水体会一直保持相似的状况直到右侧尖端部分与壁面接触。因为弹性障碍物会相应地向右弯曲，在溃坝流越过弹性障碍物时，水流飞溅的角度会更小，向右的速度分量也会更大一点，水体最终也会更早地与右侧壁面接触。

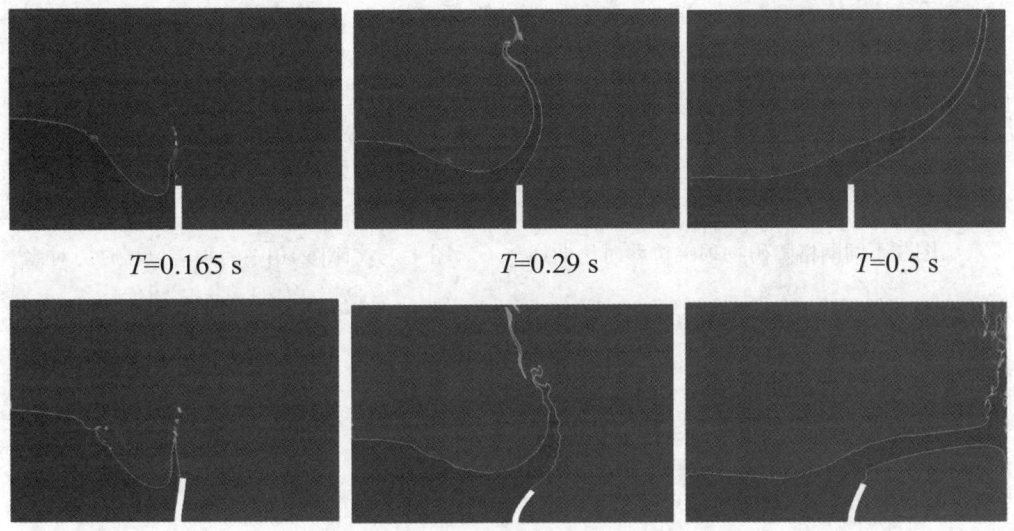

图 2 刚性与弹性情况下流场变化对比图

图 3 是用不同的网格量模拟弹性障碍物受到砰击时顶端的位移时历曲线。从图 3 中可以看到在 0.5s 以前的结果非常接近，顶端位移的最大值也只相差 0.56%，而在 0.5s 以后，不同网格的计算结果开始分离，并且随着网格数量的增加，障碍物顶端位移的变化幅度越来越大。这是因为使用了 VOF 方法捕捉气液交界面，而 VOF 模型作为网格依赖类求解器，网格数量对模拟结果的影响较大，而在 0.5s 以后，飞射出去的水体部分开始下落，与下方被围住的空气互相混合，这时网格越密才能更好地捕捉自由液面。

本研究所得出的障碍物顶端位移峰值与文献中的数据大约相差 4%。图 4 是 22W 网格计算结果与文献[6,8]中的计算结果的对比，从中可以看到在 0.6s 以前本研究结果与文献中的结果吻合较好，而在 0.6 s 之后，障碍物回弹的幅度不一样，这是因为本研究中考虑了空气的影响，水体在下落时对障碍物的作用会因为空气的存在而延后并且减弱。

图 5 是刚性和弹性情况下障碍物左侧中点处所受压力的时历图，从图 5 中可以看到因为弹性障碍物发生了形变，对溃坝流的阻碍作用减小，故所受砰击压力峰值远小于刚性障碍物所受砰击压力峰值。

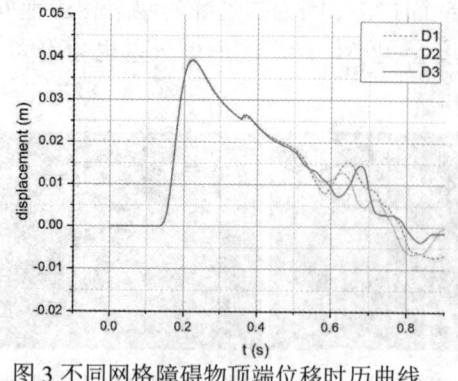

图 3 不同网格障碍物顶端位移时历曲线　　图 4 与文献[6,10]中的顶端位移时历对比

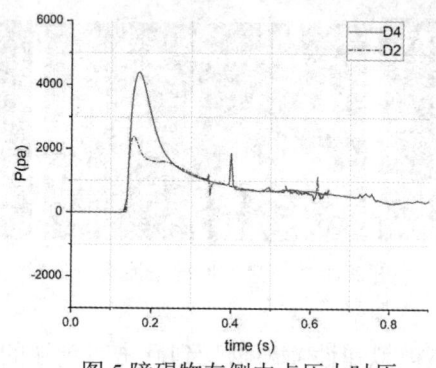

图 5 障碍物左侧中点压力时历

3.2.2 三维溃坝流问题

本研究还在三维的情况下模拟了溃坝流对弹性障碍物的影响(图 7)。图 6 是二维情况与三位情况下弹性障碍物顶端位移时历的对比。可以看到三维情况下计算所得障碍物顶端位移的最大值相较于二维时略大，并且在砰击之后弹性障碍物的回弹更加明显，这是因为在三维情况下，下方气体对水体下落的影响没有二维情况时那么显著，故水体下落后对障碍物的压力会更大。

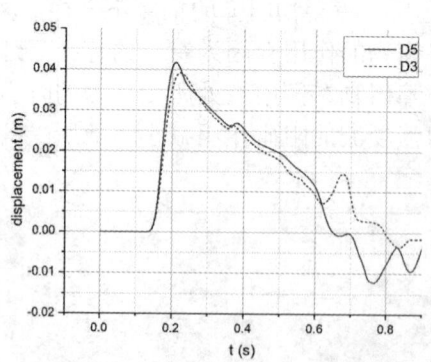

图 6 二维与三维障碍物顶端位移时历

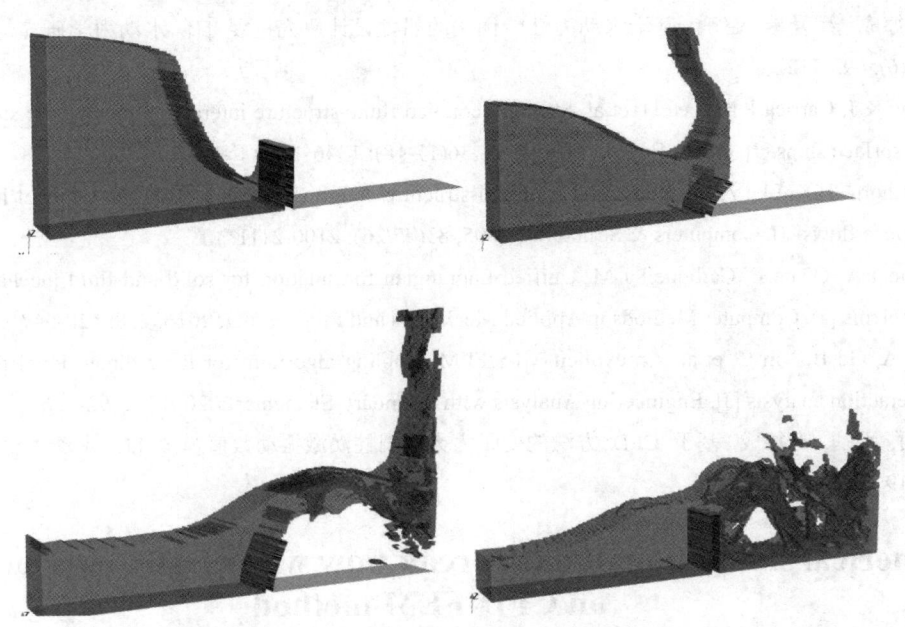

图 7 三维情况下流场的变化过程

4 结论

本研究基于自主开发的 CFD-FEM 求解器，分别对二维溃坝流对弹性和刚性障碍物、三维溃坝流对弹性障碍物的砰击过程进行了数值模拟。通过模拟溃坝流对刚性障碍物的砰击过程，可以看到该求解器可以较好地模拟溃坝流冲击障碍物时流场的变化过程；通过模拟溃坝流对弹性障碍物的模拟，并将模拟所得的障碍物顶端位移时历曲线与 Walhorn 等[6] 和 Mitsume 等[8]的计算结果进行对比，可以说明该求解器可以很好地模拟溃坝流冲击弹性障碍物的流固耦合问题；通过对比二维及三维情况下，弹性障碍物顶端的位移时历曲线，说明该求解器对三维问题的模拟也较好。

致谢：本研究工作得到国家自然科学基金（51809169，51879159，52131102），基础加强计划项目课题"基于粘流理论的船体强非线性运动与载荷预报方法研究"，国家重点研发计划项目(2019YFB1704200)资助。在此一并表示感谢。

参考文献

1　Wu Ys. Hydroelasticity offloating boddies [D]. London: University of Brunel, 1984.

2 杜双兴. 完善的三维航行船体线性水弹性力学频域分析方法 [D]. 江苏:中国船舶科学研究中心, 1996.

3 王大云. 三维船舶水弹性力学的时域分析方法 [D]. 无锡: 中国船舶科学研究中心, 1996.

4 万德成, 缪爱琴, 赵敏. 基于水动力性能优化的船型设计研究进展 [J]. 水动力学研究与进展, 2019, 34(6): 693-712.

5 Paik K J, Carrica P M, Lee D, et al. Strongly coupled fluid–structure interaction method for structural loads on surface ships [J]. Ocean Engineering, 2009, 36(17-18): 1346-1357.

6 Walhorn E, KoLke A, B. Hübner, et al. Fluid-structure coupling within a monolithic model involving free surface flows [J]. Computers & Structures, 2005, 83(25/26): 2100-2111.

7 Franci A, Oñate E, Carbonell J M. Unified Lagrangian formulation for solid and fluid mechanics and FSI problems [J]. Computer Methods in Applied Mechanics and Engineering, 2016, 298: 520-547.

8 Zz A, Gd B, Nm C, et al. An explicit MPS/FEM coupling algorithm for three-dimensional fluid-structure interaction analysis [J]. Engineering Analysis with Boundary Elements, 2020, 121: 192-206.

9 王哲, 邓迪, 万德成. 基于 CFD 方法的变张力柔性圆柱涡激振动数值模拟 [J]. 水动力学研究与进展, 2019, 34(2): 201-209.

Numerical simulation of dam break flow with elastic barriers based on CFD-FEM method

HE Fan, WANG Jian-hua, WAN De-cheng*

(Computational Marine Hydrodynamics Lab (CMHL), School of Naval Architecture, Ocean and Civil Engineering, Shanghai Jiao Tong University, Shanghai 200240, China.
Corresponding author email: dcwan@sjtu.edu.cn)

Abstract:With the large-scale development of ships and marine structures, the study of fluid-solid coupling of ship-ocean structures is becoming more and more important. The slamming process of the dam break flow on the elastic obstacle at the bottom of the tank is a typical fluid-solid coupling problem. Problems such as green water are similar. Based on the self-developed CFD-FEM fluid-structure coupling solver, this study numerically simulates the slamming process of the two-dimensional dam-breaking flow on the elastic obstacle, and simulates the dam-breaking flow on the rigid body under the same configuration. The slamming process of obstacles is compared and analyzed. The displacement time-history curve of the top of the elastic obstacle is obtained by numerical calculation, and the influence of the elasticity of the structure on the slamming process is analyzed. The relevant research results can provide technical support for the research on the slamming characteristics of elastic structures by dam break flow.

Key words:Dam break flow; Elastic obstacle; Fluid-structure interaction; CFD-FEM.

基于虚实结合的波浪环境下船舶操纵运动机器学习建模研究

刘义 [1,2*]，黄文斌 [1]，马翔 [1]，张伟 [1,2]

（1. 上海市船舶工程重点实验室 中国船舶及海洋工程设计研究院，上海 200011，
Email: liuyi3511@maric.com.cn;
2. 喷水推进重点实验室，上海 200011）

摘要：实船在波浪中的操纵运动数学建模是船舶操纵性预报的难点。数据驱动的静水中实船操纵运动建模相对较易实现，在此基础上结合波浪力数学模型，可以产生虚拟的船舶在波浪中的操纵运动数据，结合有限的波浪环境实测数据，形成虚实融合的数据，从而可以利用数据驱动手段，开展实船在波浪中的操纵运动数学建模研究。本文以某船为例，基于静水环境下实船实测数据，使用物理内嵌神经网路（Physics Informed Neural Network, PINN）辨识船舶操纵运动 MMG 方程水动力导数。记及波浪力模型后形成船舶在波浪中操纵运动数学模型，基于此数学模型构造操纵运动数据，再结合有限的波浪环境数据，利用长短期记忆型（Long Short Term Memory, LSTM）开展实船在波浪中操纵运动在线建模研究。

关键词：波浪中的操纵性；PINN；LSTM；机器学习；数据驱动

1 引言

船舶操纵运动的预报以及控制系统的设计，首先都需要建立其空间运动方程。目前应用最为广泛的一种思路是建立可反映船舶操纵运动特性的水动力模型，即机理建模，其关键在于精确确定水动力导数，这些水动力导数可通过系统辨识方法得到（亦被称作白箱建模）。例如 Revestido Herrero 等[1]简化整体型模型结构，解决为水动力导数提供有效激励的问题；Sutulo 等[2]将经典遗传算法结合 Hausdorff 矩阵应用于离线的船舶操纵运动辨识建模中，利用白噪声模拟测量噪声对辨识算法的鲁棒性进行了测试。另外一种思路为非参数建模，可通过系统辨识来实现（亦被称作黑箱建模），即基于系统外部输入输出数据驱动，

基金项目：船舶总体性能创新研究开放基金(项目编号: 31422116)

绕开动态系统的内部机理，寻找一个能反映船舶操纵运动系统动态特性的最优映射模型。例如 Hess 等[3]基于递归神经网络对船舶操纵运动开展了一系列的黑箱建模研究，考虑了风浪等环境力的影响以及实现了在线预报功能；Moreno 等[4]开展了基于 KRR 以及核岭回归置信机的非参数建模对比研究。

此外，Brown 大学的 Raissi 博士[5-7]发展出一套基于物理认知神经元网络（PINN）的框架，可以通过数据准确地建立 Burges 方程、kdv 方程以及薛定谔方程。而另一方面 PINN 还可以利用试验数据开展流动建模与流动参数等相关研究。为基于数据的操纵运动建模提供了新的手段。

本文采用 PINN 方法，辨识 MMG 模型中的水动力导数，在此基础上添加波浪力模型，用于开展波浪中的船舶操纵运动仿真，为进一步开展虚实数据融合的建模提供仿真数据。进而使用 LSTM 对数据进行建模，为开展实船数据建模提供方法。

2 操纵运动建模的机器学习方法

2.1 基于 PINN 的水动力导数辨识

本文以某船为研究对象。采用了 MMG 模型进行船舶运动建模，采用船体固定坐标系 $o\text{-}xyz$，其中 $o\text{-}xy$ 平面位于静水面上，z 轴垂直向下。在此坐标系下，考虑波浪干扰力影响的三自由度船舶操纵运动方程如下：

$$\begin{cases} (m+m_x)\dot{u} - (m+m_y)vr = -R(u) + X_{vv}vv + X_{vr}vr + X_{rr}rr \\ \qquad\qquad + X_P(u,n) + X_R(\delta,u,v,r) + \tau_{\text{wave}}^X \\ (m+m_y)\dot{v} + (m+m_x)ur = Y_v v + Y_r r + Y_{vvv}vvv + Y_{vvr}vvr + Y_{vrr}vrr \\ \qquad\qquad + Y_{rrr}rrr + Y_P(u,v,r) + Y_R(\delta,u,v,r) + \tau_{\text{wave}}^Y \\ (I_z + J_z)\dot{r} = N_v v + N_r r + N_{vvv}vvv + N_{vvr}vvr + N_{vrr}vrr \\ \qquad\qquad + N_{rrr}rrr + N_P(u,v,r) + N_R(\delta,u,v,r) + \tau_{\text{wave}}^M \end{cases} \quad (1)$$

式中，m 和 I_z 为船舶质量和绕 z 轴惯性矩，m_x、m_y 和 J_z 为相应的附加质量和附加惯性矩；u,v 和 r 分别为船舶纵向速度、横向速度和转首角速度；n 为螺旋桨转速；δ 为舵角；R 为船舶直航时的阻力；X_{vv}, X_{vr} 等为船体水动力导数，本文中基于静水中的数据对船体水动力导数进行辨识；下标 "P" 和 "R" 分别代表由螺旋桨和舵引起的力或力矩分量；$(\tau_{\text{wave}}^X, \tau_{\text{wave}}^Y, \tau_{\text{wave}}^M)$ 为波浪干扰力和力矩，包含一阶波浪力和二阶波浪力。在此，基础上构建了用于操纵运动建模的 PINN 方法，其结构如图 1 所示：

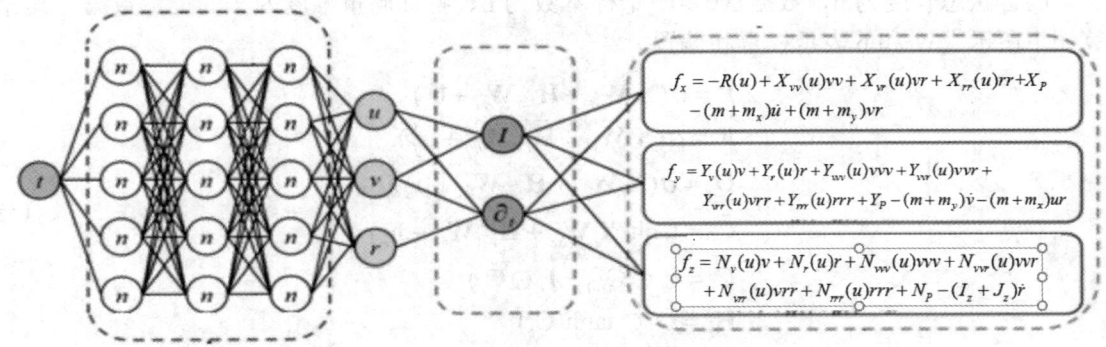

图 1 基于 PINN 的操纵运动建模网络结构

PINN 的损失函数分别有神经元网络部分的损失函数和 MMG 方程的损失函数组成，其中数据部分损失函数的由船体首摇角及 2 个方向速度分量的 L2 误差组成，总体损失函数定义如下：

$$MSE = MSE_u + MSE_f$$

$$MSE_u = \frac{1}{N_u}\sum_{i=1}^{N_u}\left|u\left(t_u^i, x_u^i\right) - u^i\right|^2 \tag{2}$$

$$MSE_f = \frac{1}{N_f}\sum_{i=1}^{N_f}\left|f\left(t_f^i, x_f^i\right)\right|^2$$

其中全连接神经网络包括 3 个隐藏层，每层有 20 个节点，首先使用 Adam 算法进行训练，总计 200 000 步，再使用 L-BFGS-B 进一步训练直到满足收敛条件。

2.2 基于 LSTM 的波浪环境中操纵运动建模

LSTM 是一种门控循环神经网络，结构如图 2 所示。主要包括：输入门：It，遗忘门：Ft，输出门：Ot，候选细胞：Ct，细胞：Ct，隐含状态：Ht。

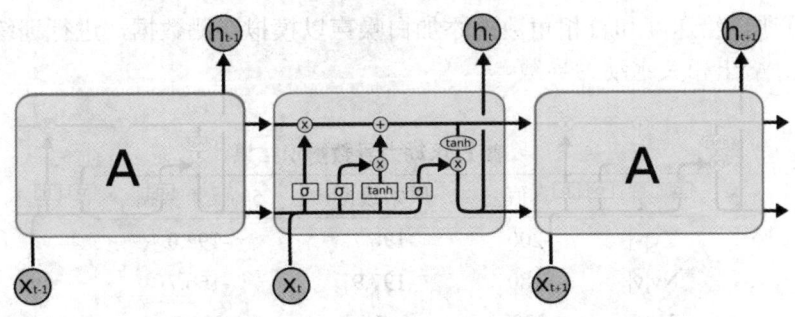

图 2 LSTM 网络结构

隐含状态长度为 h，数据 Xt 是一个样本数为 n、特征向量维度为 x 的批量数据，其计算如下所示（W 和 b 表示权重和偏置）：

$$\begin{aligned}
\mathbf{I}_t &= \sigma(\mathbf{X}_t \mathbf{W}_{xi} + \mathbf{H}_{t-1} \mathbf{W}_{hi} + \mathbf{b}_i) \\
\mathbf{F}_t &= \sigma(\mathbf{X}_t \mathbf{W}_{xf} + \mathbf{H}_{t-1} \mathbf{W}_{hf} + \mathbf{b}_f) \\
\mathbf{O}_t &= \sigma(\mathbf{X}_t \mathbf{W}_{xo} + \mathbf{H}_{t-1} \mathbf{W}_{ho} + \mathbf{b}_o) \\
\tilde{\mathbf{C}}_t &= \tanh(\mathbf{X}_t \mathbf{W}_{xc} + \mathbf{H}_{t-1} \mathbf{W}_{hc} + \mathbf{b}_c) \\
\mathbf{C}_t &= \mathbf{F}_t \odot \mathbf{C}_{t-1} + \mathbf{I}_t \odot \tilde{\mathbf{C}}_t \\
\mathbf{H}_t &= \mathbf{O}_t \odot \tanh(\mathbf{C}_t)
\end{aligned} \quad (3)$$

文中输入层 X 为 n 个时刻前的船舶运动状态，包括方位角、速度、加速度、推进器转速及舵角。输出为下一时刻的方位角、速度、加速度。

2.3 波浪力模型

本研究基于 PINN 方法对方程（1）中的水动力导数开展辨识，此外方程（1）右端可通过添加波浪力添加波浪对操纵运动的影响，其中一阶波浪力只引起船舶绕平均位置的高频摇荡运动，而二阶波浪力引起船舶的漂移，从而对操纵性产生显著影响，波浪力和力矩的计算采用文献[9-10]选定的经验公式。

3 仿真结果

首先，在本研究基于 PINN 的水动力导数辨识方面，根据某船数据计算水动力导数形成静水中的 MMG 方程，利用该模型对 Z 型操做进行仿真，获取 Z 型操作的相关数据，然后基于 PINN 进行训练，图 3 给出了原始数据以及训练后基于深度神经网络的预报结果，可见预报结果与原始数据吻合一致，仅角加速度存在过拟合现象。但对角速度影响较小，因此对轨迹的预报结果不明显。

表 1 给出了水动力导数的辨识结果，其中对 Z 型操作较为敏感的有 Yv|v|，Nv|v|，Yr|r| 及 Nr|r|。并且通过给速度和首相角数据添加白噪声以模拟实测数据，进行训练，结果表明 PINN 可以较好给出相关水动力导数。

表 1 水动力导数辨识结果

	真值	原始数据	5%噪声数据
Yv|v|	-200	-196.7	-192.0
Nv|v|	-180	-197.9	-166.7
Yr|r|	300	295.9	304.3
Nr|r|	-200	-1 988.8	-1 978.6

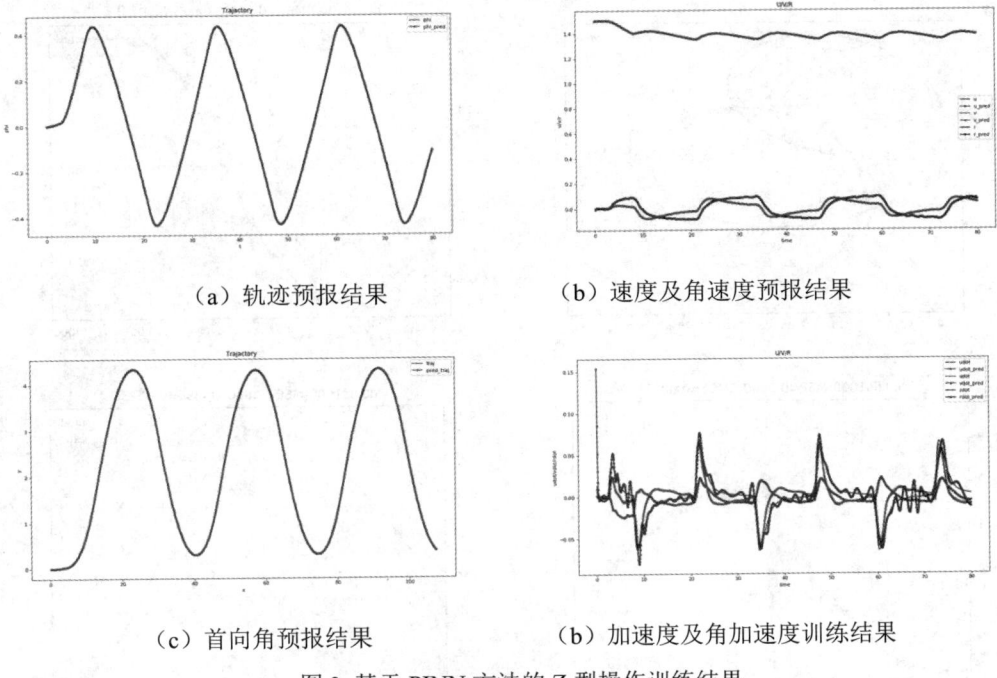

(a) 轨迹预报结果　　　　　　　　(b) 速度及角速度预报结果

(c) 首向角预报结果　　　　　　　(b) 加速度及角加速度训练结果

图 3 基于 PINN 方法的 Z 型操作训练结果

在此基础上，在 MMG 方程中添加波浪力模型，形成波浪中操作运动模型。通过数值仿真，得到数据波浪中操纵运动的数据，如图 4 所示：

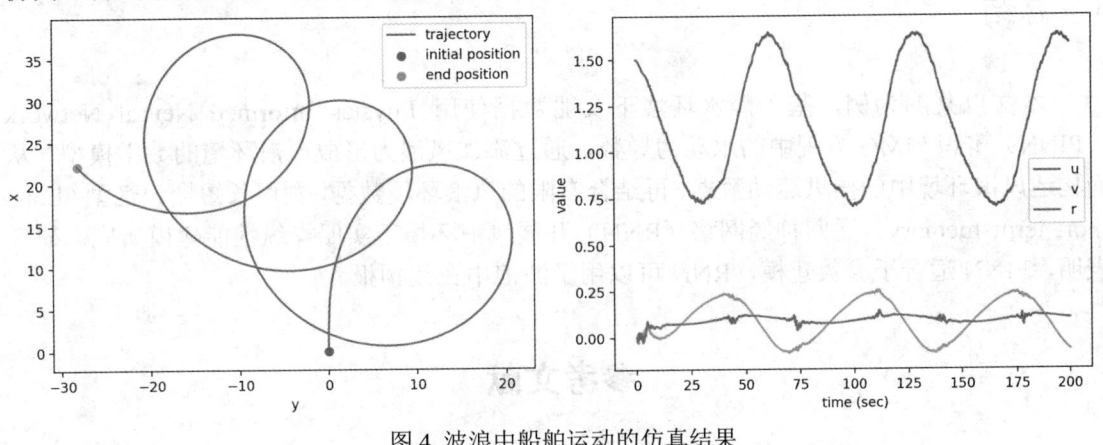

图 4 波浪中船舶运动的仿真结果

图 5 给出了 LSTM 根据原始数据预报的轨迹速度角速度的初步结果，从初步预报结果看，LSTM 可以给出速度各分量及角速度，且能预报其中的高频成分。

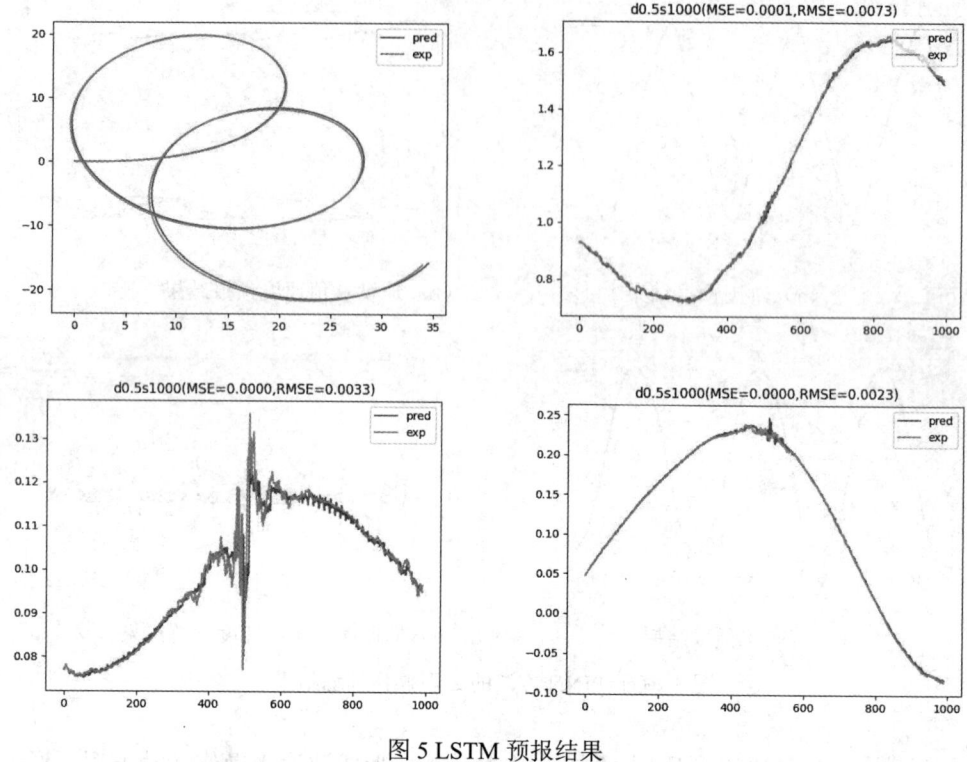

图 5 LSTM 预报结果

4 总结

本文以某船为例,基于静水环境下实船数据使用 Physics Informed Neural Network (PINN) 辨识 MMG 方程中的水动力导数,通过添加风浪力形成风浪环境的数学模型。从而构造风浪环境中的操纵运动数据,再结合有限的风浪环境数据,利用长短期记忆型(Long short term memory)递归神经网络(RNN)开展风浪环境下实船操纵性能建模研究。研究表明,PINN 适合于参数建模,RNN 可以用于波浪中在线预报。

参考文献

1. Revestido Herrero, E, Velasco González, F. J. Two-step identification of non-linear manoeuvring models of marine vessels [J]. Ocean Engineering. 2012, 53: 72-82.
2. Sutulo S, Guedes Soares C. An algorithm for offline identification of ship manoeuvring mathematical models from free-running tests [J]. Ocean Engineering, 2014, 79: 10-25.

3. Hess D, Faller W, Lee J. Ship maneuvering simulation in wind and waves: a nonlinear time-domain approach using recursive neural networks [C]. 26th Symposium on Naval Hydrodynamics, Rome, Italy, 2006.
4. Moreno R, Moreno-Salinas D, Aranda J. Black-box marine vehicle identification with regression techniques for random manoeuvres [J]. Electronics, 2019, 8(5): 492.
5. Raisse M, Yazdani A, Karnidadakis G E. Hidden fluid mechnics: Learning veclocity and pressure fields from flow visulaizations [R]. Science, 2020, 10.1126/science.aaw4741
6. Raisse M, Wang Z, Karnidadakis G E, et al. Deep learning of vortex-induced vibrations [J]. J. Fluid Mech, 2019, 861: 119-137.
7. Raisse M, Perdikaris P, Karnidadakis G E. Physics-informed neutral networks: A deep learning framework for solving forwars and inverse problems involving nonlinear partial differential equations [J]. Journal of Computational physics, 2019, 378: 686-707.
8. Raisse M, Deep hidden physics models: deep learning of nonlinear partial differential equations [J]. J. of Machine learning research, 2018, 19: 1-24.
9. 王艳. 无人船建模及路径跟踪控制 [D]. 浙江大学, 2019.
10. 贾欣乐, 杨盐生. 船舶运动数学建模——机理建模与辨识建模 [J]. 大连海事大学学报, 1999.

Machine learning for ship maneuvering in wave

LIU Yi[1,2*], HUANG Wen-bin[1], MA Xiang[1], ZHANG Wei[1,2]

(1. Shanghai Key Laboratory of Ship Engineering, Marine Design and Research Institute of China, Shanghai 200011, China, Email: liuyi3511@maric.com.cn;
2. Science and Technology on Water Jet Propulsion Laboratory, Shanghai 20001)

Abstract: Mathematical modeling of ship maneuvering motion in waves is a difficult problem in ship maneuverability prediction. However, Mathematical modeling of ship maneuvering motion in calm water based on data driven is relatively easy to establish. Then, virtual ships motion data in waves is created by combing the ship maneuvering motion model with wave force model. Combined with the limited data of measured wave information, the virtual actual fusion data is created. Finally, the study of mathematical modeling of ship maneuvering motion in waves can be carried out by using data driven method. In this paper, taking one ship as an example, Physics Informed Neural Network (PINN) method is used to identify the hydrodynamic derivatives of the MMG equation for ship maneuvering motion based on the measured data of the ship in calm water. The mathematical model of ship maneuvering motion in waves is formed by adding the wave force model. The training data of ship motion in waves are constructed. Combining with the limited wave environment data, The Long Short Term Memory (LSTM) is used to study the modeling of ship maneuvering motion in waves.

Key words: Ship maneuvering in waves; PINN; LSTM; RNN.

液态 CO_2 射流与水射流相变特征对比分析

何林漪 [1,2]，付旭辉 [1,2*]，罗媛媛 [1,2]，朱海彬 [1,2]

（1. 重庆交通大学，重庆 400074，Email: 413903511@qq.com；
2. 国家内河航道整治工程技术研究中心，重庆 400074）

摘要： 液态 CO_2 流体具有低黏度、高密度和强扩散溶解能力等优异特性，由于这些优点，液态 CO_2 射流切割有可能开辟水射流切割不适用的新应用领域。在射流切割过程中，相态变化对液态 CO_2 射流作业效果有较大影响；在开采非常规油气资源过程中，CO_2 流体不含水及固相颗粒，不会对储层造成损害，同时增加了单井产量和油气采收率。为帮助液态 CO_2 射流在射流切割、石油钻井及压裂增产中的推广应用，揭示相态变化对液态 CO_2 射流特性的影响规律，本文结合液态 CO_2 的性质和水射流理论，利用计算流体力学方法模拟了初始压力下液态 CO_2 射流的相变特征并和水射流的相变特征进行了对比分析。具体研究内容包括：总压、速度、相变气体质量分数、迹线、温度分布。研究结果表明：液态 CO_2 射流在刚出喷嘴瞬间由于汽化过程比水射流更剧烈，会产生部分向后方散逸的 CO_2 气体，水射流则不会；液态 CO_2 射流的平均温度比水射流略高，但其温度变化非常均匀，而水射流的温度呈现出明显的中间高四周低；在喷嘴内液态 CO_2 射流比水射流的总压略高，前期衰减小、后期衰减大，在计算域末端两者的总压均衰减至 21MPa；液态 CO_2 射流比水射流的射流速度更大，但到计算域末端时液态 CO_2 射流比水射流速度衰减更高。研究结果进一步加深了对液态 CO_2 射流相变特征的认识，探究了液态 CO_2 射流和水射流的差异性，为液态 CO_2 射流技术的推广应用提供了理论参考。

关键词： 液态 CO_2 射流；水射流；相变特征；汽化过程

1 引言

液体射流切割又称液体喷射加工[1]。其中，液态 CO_2 射流在射流切割中具有广阔的应用前景。液态 CO_2 射流与相同压力和喷嘴条件下的水射流相比，这些射流在更靠近喷嘴的位置分解，较短的射流长度导致切口深度更低、宽度更小，可以进行更精确的切割[2-4]。

此外，材料的干切割和无残留切割是当今制造工程研究的一个重要课题[5]。但是，水

基金项目：重庆市技术创新与应用示范专项重点研发项目(cstc2018jszx-zdyfxmX0021-05)；"成渝地区双城经济圈建设"科技创新项目(KJCXZD2020030)；重庆交通大学教育教学改革研究项目(2103016)

射流的液体残留对于某些应用和部件来说可能会产生问题,这些问题阻碍了喷射技术的推广[6]。液态 CO_2 流体具有高密度、低黏度和强扩散溶解能力等优异特性,由于这些优点,液态 CO_2 射流切割有可能开辟水射流切割不适用的新应用领域[7-8]。

液态 CO_2 射流可以替代水射流用于在膨胀至大气压之前加工各种材料和功能表面,然而,从液相到气相的转变意味着会改变切削性能[9]。因此,对于液态 CO_2 射流与水射流的相变特征对比,需要进一步研究。

页岩油气是具有巨大开发潜力的非常规油气藏,由于其低孔隙度、低渗透率以及高含黏土矿物等特征,采用常规钻井及开发方式易发生黏土遇水膨胀、采收率低等问题[10]。CO_2 流体不含水及固相颗粒,不会对储层造成损害,同时增加了产层的孔隙度和渗透率,增加了原油的流动性,提高了储层能量[11-12]。此外,由于 CO_2 对储层岩石的吸附能力强于 CH_4,CO_2 将取代吸附的页岩气和煤层气,提高单井产量和油气采收率[13-14]。

在作业环境中,通过试验手段来辨识相变射流流束及定量描述流束中液态 CO_2 射流与水射流流动参数的分布存在较大困难[15]。因此,本文采用 CFD 方法对液态 CO_2 射流与水射流进行对比模拟分析,以此促进液态 CO_2 射流理论研究进程,这对液态 CO_2 射流技术在射流切割、石油钻井及压裂增产中的应用具有一定的意义。

2 射流流场模型的建立

2.1 几何模型

选取常用的锥直型喷嘴结构,使用 Fluent 软件、CFD 计算流体力学方法进行数值模拟,为了使喷嘴入口和出口流体流动更稳定、避免影响喷嘴内流场,在喷嘴入口和出口前后各增加了一节直管稳流段,建立轴对称物理模型如图 1 所示,主要结构设置为:喷嘴入口直径 18 mm,喷嘴出口直径 6 mm,混合腔内直径、喷嘴外流场直径 60 mm。直管加速段长度与出口直径之比为 2:1,喷嘴收缩夹角为 30.5°。红色区域为入口稳流段,长度 60 mm;白色区域为喷嘴段,长度 50 mm;蓝色区域为出口稳流段,长度 90 mm。

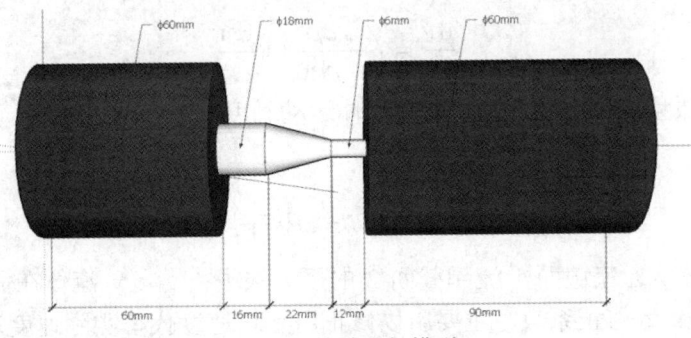

图 1 计算域几何模型
Fig. 1 sketch of the geometric model

图 2 为喷嘴射流流场模拟区域三维几何模型。采用多区网格划分法将流场区域划分为六面体单元组成的结构化网格,并添加映射面网格划分选项使网格单元排列更规则,使计算容易收敛。左侧为模型的入口边界,根据液态 CO_2 流体的可压缩特性设置为压力入口边界条件。

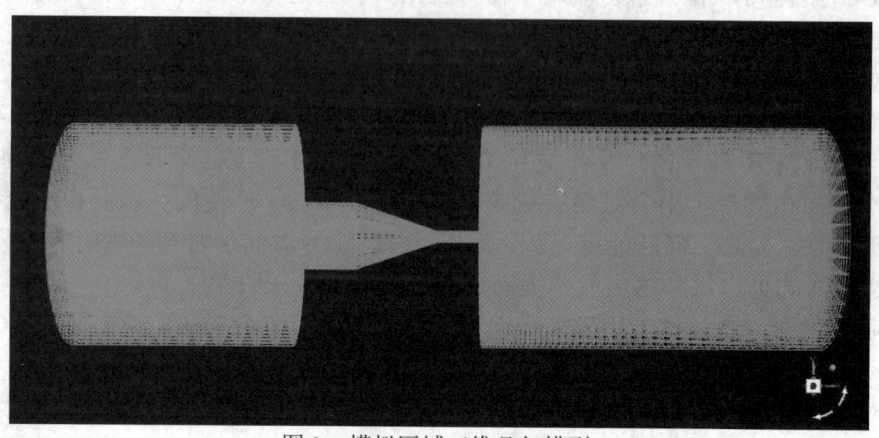

图 2　模拟区域三维几何模型
Fig. 2 3D geometric model of the simulated area

2.2 数学模型

从本质上讲液态 CO_2 相变射流过程是一种流体动力学现象,在该过程中,CO_2 内存储的内能等转变为动能和切割、破岩时的机械能等。CO_2 流体仍满足计算流体力学的质量、动量和能量三大守恒定律。通过对流体基本方程的分析,可以为后续的研究提供理论基础。CO_2 流体动力学基本方程主要包括:连续性方程、运动方程、能量方程及其动量方程。

连续性方程:

$$\rho_1 v_1 A_1 = \rho_2 v_2 A_2 \tag{1}$$

式中,v_1、v_2 为流体经过截面 1 和截面 2 时的平均流速;A_1、A_2 为截面面积。

运动方程:

$$\frac{dv}{dt} = f - \frac{\partial \rho}{\rho \partial x} + v \frac{\partial^2 v}{\partial x^2} \tag{2}$$

式中,f 为单位质量流体的体积力;v 为流体运动黏度。

能量方程:

$$p_1 + \rho g z_1 + \frac{1}{2}\alpha_1 \rho v_1^2 = p_2 + \rho g z_2 + \frac{1}{2}\alpha_2 \rho v_2^2 + \Delta p_w \tag{3}$$

式中,Δp_w 为流体从通流截面 1 流到截面 2 的压力损失;v_1,v_2 流体在截面 1、截面 2 的平均流速;α_1、α_2 为修正系数,主要用以修正用平均速度代替实际速度造成的误差。

动量方程:

假设该段液体在 t 时刻的动量为 $(m\vec{v})_{1-2}$，经过 Δt 后，该段液体移动到 Ⅰ`和Ⅱ`截面间，液体动量为 $(m\vec{v})_{1'-2'}$，该过程中流体的动量方程为：

$$\sum F = \frac{\mathrm{d}(m\vec{v})}{\mathrm{d}t} = \frac{(m\vec{v})_{1-2} - (m\vec{v})_{1'-2'}}{\Delta t} = \rho q(\alpha_2 v_2 - \alpha_1 v_1) \tag{4}$$

式中，q 为流量。

3 求解方法及无关性验证

3.1 求解方法设置

根据液态 CO_2 射流高速可压缩的特点，选择密度基求解器。本文主要研究对象为直射流流场，喷嘴内外流场均为高雷诺数区域，不存在剧烈涡旋流动，考虑到液态 CO_2 相变射流过程复杂，选用该条件下更为适用的 Standard k-ε 两方程湍流模型[16]。

其湍动能及耗散率运输方程为：

$$\frac{\partial(\rho k)}{\partial t} + \frac{\partial(\rho k u_i)}{\partial x_i} = \frac{\partial}{\partial x_j}\left[\left(u + \frac{u_t}{\sigma_k}\right)\frac{\partial k}{\partial x_j}\right] + G_k + G_b - \rho\varepsilon - Y_M \tag{5}$$

多相流通常指气液、气固、液固两相或气-液-固三相所组成的流动体系，在 Fluent 中，多相流模型包括 VOF、Mixture 和欧拉模型，VOF 模型的构建基于欧拉框架，常用来区分不相溶流体的分界面，如气液交界面[17]。本文研究对象为相变液体射流，模拟射流在喷出后的气液两相变化，综合计算精度、复杂程度、计算时间考虑，采用 VOF 模型模拟气液两相的流动特性。其控制方程如下：

$$\frac{1}{\rho_q}\left[\frac{\partial}{\partial t}(\alpha_q \rho_q) + \nabla \cdot (\alpha_q \rho_q \vec{v}_q)\right] = \sum_{p=1}^{n}(m_{pq} - m_{qp}) + s_{\alpha_q} \tag{6}$$

3.2 网格无关性验证

在 CFD 计算过程中，网格尺度造成的误差会对迭代计算的收敛性、精度和效率产生较大影响[18]。一般而言网格越精细，迭代越容易收敛，模拟结果也越精确，但所需要的计算机资源和时间成本也越大。通过调整划分网格的密度，得到数目分别为 80432、89462 和 94972 这 3 种不同的网格，并设置相同边界条件进行计算，选择喷嘴出口处轴线上的流体速度作为比较对象，结果如图 3 所示。

从图 3 可以看出，三种网格在轴线上的速度分布相差很小，仅在速度开始衰减处有微小差异。综合考虑迭代的收敛性、数值的稳定性及计算效率，选用数目为 80432 的网格作为计算的网格模型。

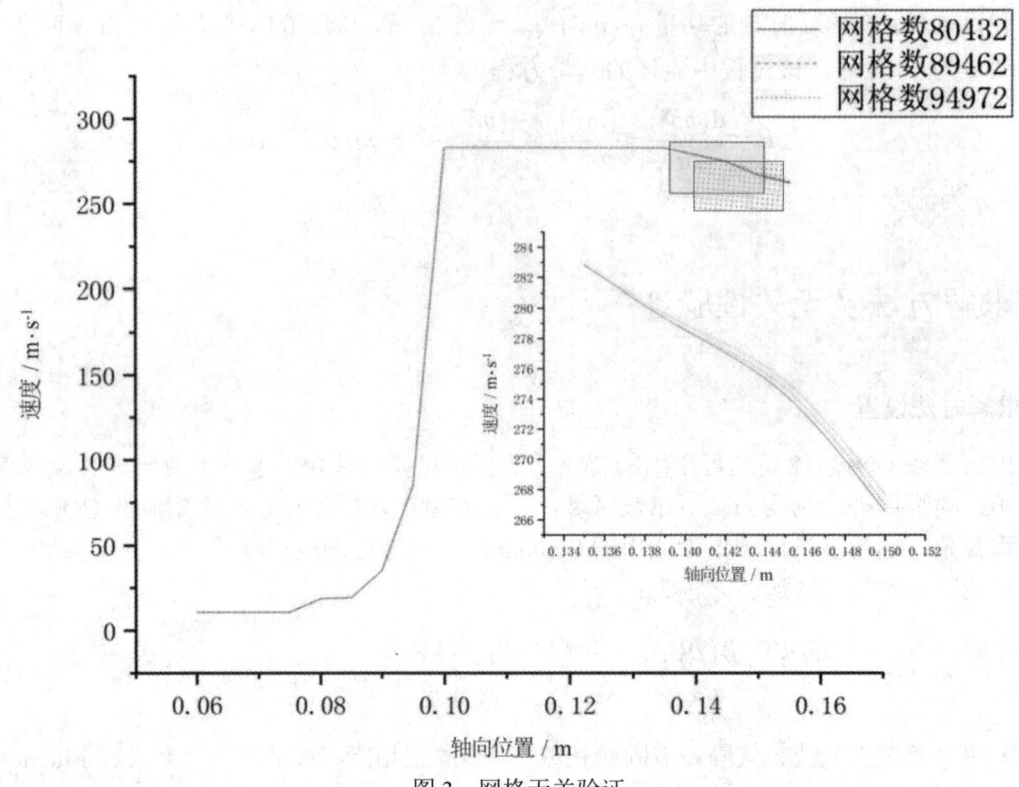

图 3 网格无关验证
Fig. 3 Grid-independent validation

4 相变特征分析

流体从喷嘴喷出后，所形成的射流核心区即是射流切割、冲击破碎能力的重要表征[19]，因此为了探究液态 CO_2 射流与水射流相变特征的异同、研究初始压力下液态 CO_2 射流和水射流射流核心区的相变气体质量分数分布、温度分布、迹线分布、总压分布和速度分布特征，选用出口直径 6 mm 喷嘴，喷嘴外为常压，流体与环境温度为 300 K。在此组模拟中，初始压强取 40 MPa 进行计算。

4.1 相变气体质量分数分布

图 4 为 40 MPa 初始压力下不同射流介质的相变气体质量分数分布图。从红圈部分可以看出：除了向外扩散之外，液态 CO_2 射流喷嘴前端有部分气体向后散逸，而后则与水射流的相变过程一致，均是向前散逸。可以说明液态 CO_2 射流在刚出喷嘴时由于压力骤降相变过程剧烈，水射流相变相对较弱；除此之外随着喷射距离增加，液态 CO_2 射流在轴向上的相变 CO_2 气体逐渐增多，而水射流相对稳定。

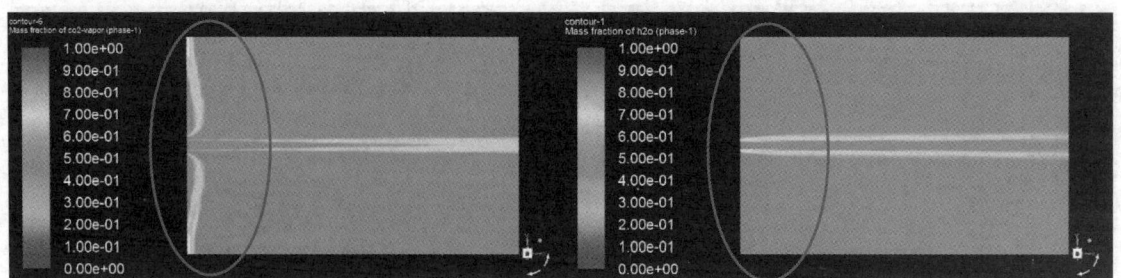

图 4 40 MPa 初始压力下液态 CO_2 射流和水射流相变气体质量分数分布图

FIG. 4 Mass fraction distribution of phase change gas in liquid CO_2 jet and water jet at initial pressure of 40 MPa

4.2 迹线分布

图 5 为 40 MPa 初始压力下不同射流介质随时间变化的迹线分布图,可以看出:液态 CO_2 射流的扩散轨迹和水射流略有不同,至 7.2 mm 红线处时,除了向外扩散之外,其出喷嘴时前端有部分向后散逸,这是压力急剧下降时液态 CO_2 射流产生了较多的相变气体所致。图中画圈区域可以看出,7.2 mm 红线后液态 CO_2 射流与水射流轨迹相似,但是略有不同:液态 CO_2 射流与水射流的相变过程一致,均是向前散逸,但是迹线明显宽于水射流,这表明液态 CO_2 射流比水射流的相变过程和扩散程度更剧烈,而且越往末端越剧烈。

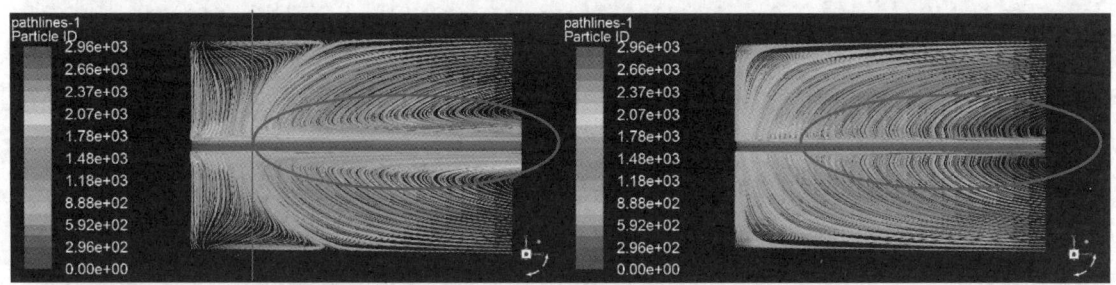

图 5 40 MPa 初始压力下液态 CO_2 射流和水射流迹线分布图

FIG. 5 Trace lines distribution of liquid CO_2 and water jet at initial pressure of 40 MPa

4.3 温度分布

图 6 为不同射流介质在 40 MPa 初始压力下的温度分布图。从图 6 可以看出:液态 CO_2 射流的平均温度比水射流略高,但其温度变化非常均匀,这是由于相变气体较多,其隔绝外界空气、热交换微弱所致;水射流的温度则呈现出明显的中间高四周低,虽然水射流的相变相对于液态 CO_2 射流并不剧烈,但因其比热容较大、汽化时可吸收更多的热量,致使射流内部温度高、外部温度低。

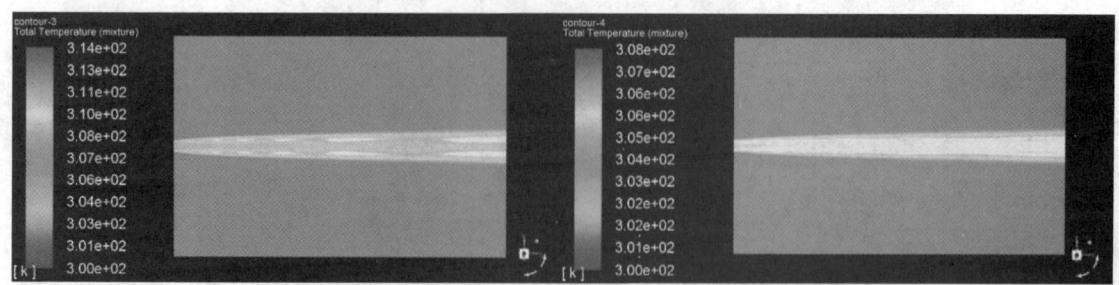

图 6　40 MPa 初始压力下液态 CO_2 射流和水射流温度分布图

FIG. 6 Temperature distribution of liquid CO_2 jet and water jet at initial pressure of 40 MPa

4.4 总压分布

图 7 为不同射流介质在 40 MPa 初始压力下的总压轴向分布曲线，其中横坐标为中心线上各点位置坐标，白线部分是液态射流，红线部分是相变气体。从图 7 可以看出，0 m~0.1 m 进入喷嘴段之前，两者的曲线相似；至 0.1 m~0.11 m 喷嘴内时，由于其密度、黏度等特性与水射流不同，可压缩性比水射流更好，呈现出缓慢增压的状态；0.11 m~0.155m 段可以看出，出喷嘴后液态 CO_2 射流的总压均高于水射流，衰减率更低；0.155 m~0.2m 段随着距离的增长，水射流的总压曲线衰减率更低，最后趋于平稳，两者在计算域末端的总压基本持平，为 21 MPa。得知在 0.11 m~0.155m 段，液态 CO_2 射流相变时会在射流周围产生较多高速运动的 CO_2 气体，隔绝了流体和外界静止的空气，所以总压衰减率比水射流更低；在 0.155 m~0.2 m 段，相变过程持续进行，CO_2 流体消耗更多的同时 CO_2 气体也在不断生成，致使总压衰减率比水射流更高，但是核心区域的总压仍然高于水射流。

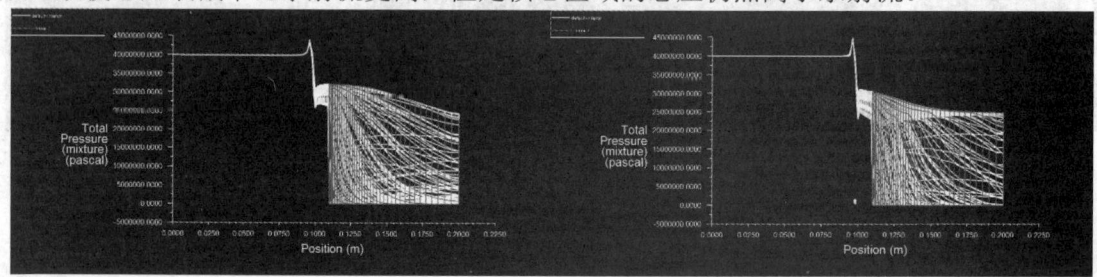

图 7　40 MPa 初始压力下液态 CO_2 射流和水射流总压曲线

FIG. 7 Total pressure curves of liquid CO_2 jet and water jet at initial pressure of 40 MPa

4.5 速度分布

图 8 为不同射流介质在 40 MPa 初始压力下的射流速度轴向分布曲线，横坐标为中心线上各点位置坐标，白线部分是液态射流，红线部分是相变气体。从图 8 可以看出：0 m~0.11 m 段，二者喷嘴轴线上的最高速度即核心区内的流体速度曲线相似，但是由于液态 CO_2 射流质量和密度等物理性质与水射流不同，液态 CO_2 射流速度比水射流高，液态 CO_2 射流最大

速度为 275.02 m/s，水射流最大速度则为 245.85 m/s；0.11 m~0.155 m 在刚出喷嘴时，与总压曲线类似，液态 CO_2 射流相变时会在射流周围产生较多高速运动的 CO_2 气体，隔绝了流体和外界静止的空气，所以速度衰减率比水射流更低；0.155 m~0.2 m 段随着距离的增长，液态 CO_2 射流速度衰减率比水射流更高，但是核心区轴向速度仍然高于水射流，水射流的射流速度轴向分布曲线衰减逐渐降低，最后趋于平稳，到计算域末端液态 CO_2 射流最大速度为 238.32 m/s，水射流则为 225.03 m/s。

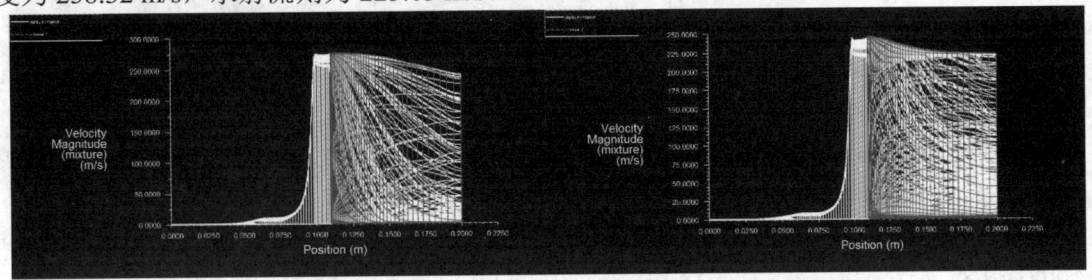

图 8　40 MPa 初始压力下液态 CO_2 射流和水射流速度曲线

FIG.8 Velocity curves of liquid CO_2 jet and water jet at initial pressure of 40 MPa

5　结论

液态 CO_2 的密度和黏度等物性会随温度、压力的变化而改变，因而液态 CO_2 射流的相变特征与水射流存在差异。

（1）液态 CO_2 射流表现出与水射流明显不同的相变特征。无论是从相变气体质量分数分布图还是从迹线分布图来看，液态 CO_2 射流在刚出喷嘴瞬间由于汽化过程比水射流更剧烈，会产生部分向后方散逸的 CO_2 气体，而水射流则不会；除此之外，从迹线分布图来看，液态 CO_2 射流比水射流的相变过程和扩散程度更剧烈，而且越往末端越剧烈。

（2）液态 CO_2 射流的平均温度比水射流略高，但其温度变化非常均匀，这是由于相变气体较多，其隔绝外界空气、热交换微弱所致；水射流的温度则呈现出明显的中间高四周低，虽然水射流的相变相对于液态 CO_2 射流并不剧烈，但因其比热容较大、汽化时可吸收更多的热量，表现出与液态 CO_2 射流不同的温度分布特征。

（3）在相同压力下，液态 CO_2 射流由于可压缩性比水射流更好，在喷嘴内部会缓慢增压，而且比水射流的总压衰减更小，但是到 0.155 m 后液态 CO_2 射流总压衰减率比水射流更高。在计算域末端两者的总压均衰减至相同水平，为 21 MPa。

（4）在相同压力下，液态 CO_2 射流比水射流的射流速度更大，刚出喷嘴时液态 CO_2 射流最大速度为 275.02 m/s，水射流则为 245.85 m/s；到计算域末端液态 CO_2 射流最大速度为 238.32 m/s，水射流则为 225.03 m/s。刚出喷嘴时液态 CO_2 射流呈现出比水射流更缓慢的衰减速度，但是到 0.155 m 后液态 CO_2 射流速度衰减率比水射流更高。

参考文献

1. 冯晓春. 高压磨料水射流切割硬脆材料理论及试验研究 [D]. 哈尔滨: 哈尔滨理工大学, 2012.
2. E. Weidner, S. Pollak, Einsatz und Verwendung von CO2, in: M. Fischedick, K. Görner, M. Thomeczek, (Eds.), CO2: Abtrennung, Speicherung, Nutzung [J]. Springer,Berlin/Heidelberg, 2015, pp. 93-110.
3. L. Engelmeier, S. Pollak, M. Kretzschmar, E. Weidner, Schneiden und Bohren mitflüssigem Kohlendioxid, CIT 88 (2016) 672-676.
4. M. Bilz, E. Uhlmann, Dry and residue-free cutting with high-pressure CO2-blasting [J]. Advanced Materials Research, 1018 (2014) 115-122.
5. Uhlmann E, John P. Dry cutting with high-pressure liquid CO2 jets [J]. Advanced Materials Letters, 2019, 10(1): 2-8.
6. Engelmeier L, Pollak S, Kilzer A, et al. Liquid carbon dioxide jets for cutting applications [J]. The Journal of Supercritical Fluids, 2012, 69: 29-33.
7. L. Engelmeier, S. Pollak, A. Kilzer, E. Weidner, Liquid carbon dioxide jets for cuttingapplications [J]. Supercrit. Fluids, 69 (2012) 29-33.
8. L. Engelmeier, S. Pollak, A. Kilzer, E. Weidner, Bohren und Schneiden mit Kohlendioxid, CIT 84 (2012) 1387.
9. L. E, S. P, E. W. Investigation of superheated liquid carbon dioxide jets for cutting applications [J]. The Journal of Supercritical Fluids, 2018, 132.
10. Wang H, Li G, Tian S, et al. Flow field simulation of supercritical carbon dioxide jet: Comparison and sensitivity analysis*[J]. Journal of Hydrodynamics, 2015, 27(2): 210-215.
11. 杜玉昆. 超临界二氧化碳射流破岩机理研究 [D]. 中国石油大学(华东), 2012.
12. Tian S, He Z, Li G, et al. Influences of ambient pressure and nozzle-to-target distance on SC-CO2 jet impingement and perforation [J]. Journal of Natural Gas Science and Engineering, 2016, 29: 232-242.
13. WANG Zai-ming. Feature research of supercriticalcarbon dioxide drilling fluid [D]. Doctoral Thesis, Qingdao, China: China University of Petroleum (EastChina), 2008(in Chinese).
14. SHEN Z., WANG H., LI G. Feasibility analysis ofcoiled tubing drilling with super critical carbon dioxi-de [J]. Petroleum Exploration and Development, 2010, 37(6): 743-747.
15. 王香增, 郑永, 吴金桥. 超临界CO_2射流特性数值模拟研究 [J]. 石油机械, 2019, 47(09): 90-97.
16. 徐阿猛. 深孔欲裂爆破抽放瓦斯的研究 [D]. 重庆: 重庆大学, 2007.
17. 王长洲. 气固流化床分布板及颗粒属性优化的模拟研究 [D]. 西安: 西安理工大学, 2021.
18. 刘厚林, 董亮, 王勇, 等. 流体机械 CFD 中的网格生成方法进展 [J]. 流体机械, 2010, 38(4): 32-37.
19. 钟声玉, 廖其奠, 朱勇. 喷嘴结构对高压水射流性能影响的研究[J]. 水动力学研究与进展, 1987, 2(4): 42-51.

Comparative analysis of phase change characteristics of liquid CO_2 jet and water jet

HE Lin-yi[1,2], FU Xu-hui[1,2*], LUO Yuan-yuan[1,2], ZHU Hai-bin[1,2]

(1. Chongqing Jiaotong University, Chongqing 400074, Email: 413903511@qq.com;
2. National Engineering Research Center for Inland Waterway Regulation, Chongqing 400074)

Abstract: Liquid CO_2 fluid has excellent properties such as high density, low viscosity and strong diffusion dissolution ability. Because of these advantages, liquid CO_2 jet cutting may open up new application fields that water jet cutting is not applicable. In the jet cutting process, the change of phase state has a great influence on the operation effect of liquid CO_2 jet. In unconventional oil and gas production, the CO_2 fluid is free of water and solid particles and does not damage the reservoir, while increasing production per well and oil recovery. In order to help the promotion and application of liquid CO_2 jet in jet cutting, oil drilling and fracturing stimulation, and to reveal the influence law of phase state change on liquid CO_2 jet characteristics, this paper combined the properties of liquid CO_2 and water jet theory. The phase change characteristics of liquid CO_2 jet at initial pressure are simulated by computational fluid dynamics method and compared with that of water jet. The specific research contents include: total pressure, velocity, mass fraction of phase change gas, trace and temperature distribution. The results show that the evaporation process of liquid CO_2 jet is more intense than that of water jet at the moment when it comes out of the nozzle, and part of CO_2 gas will be dispersed backward, while water jet will not. The average temperature of liquid CO_2 jet is slightly higher than that of water jet, but the temperature variation is very uniform. The temperature of water jet is obviously high in the middle and low around. In the nozzle, the total pressure of liquid CO_2 jet is slightly higher than that of water jet, with small attenuation in the early stage and large attenuation in the late stage. At the end of the computational domain, the total pressure of both of them decays to 21MPa. The velocity of liquid CO_2 jet is higher than that of water jet, but the velocity attenuation of liquid CO_2 jet is higher than that of water jet at the end of computational domain. The research results further deepen the understanding of phase transformation characteristics of liquid CO_2 jet, explore the difference between liquid CO_2 jet and water jet, and provide theoretical reference for the promotion and application of liquid CO_2 jet technology.

Key words: Liquid CO_2 jet; Water jet; Phase transition characteristics; The evaporation process.

气体泄漏对海管水动力特性的影响分析

朱红钧 [1,2*]，胡洁 [1]

(1. 西南石油大学 石油与天然气工程学院，成都 610500, Email: zhuhj@swpu.edu.cn;
2. 天津大学 水利工程仿真与安全国家重点实验室，天津 300350)

摘要：本文数值模拟研究了 Re=160 时气体泄漏点位于 90°、180°和 270°三个位置的海底输气悬跨管水动力系数与尾涡流场的演变特征，对比了考虑气体浮升力与否的流场结构、流体作用力以及泄漏气泡与旋涡间的干涉作用，辨识了三种气体运移模式。计算结果显示，当不考虑气体浮升力时，泄漏气体对管道绕流特性的影响较小，管道后方尾涡脱落模式未发生变化；当考虑气体浮升力时，管道后方尾涡脱落模式发生明显变化，流体作用力随之显著改变。

关键词：泄漏；旋涡脱落；水动力参数

1 引言

海底输气管道腐蚀穿孔会造成气体泄漏，而在泄漏初期，由于内外压差较大，气体往往以射流的形式流入外部海洋环境。此时气体可能影响管道周围的绕流流场，使水动力特性发生变化，而这种影响与泄漏点位置密切相关。因此，探究气体泄漏与海管绕流间的相互作用特性对海管泄漏的及时发现和泄漏位置的判定具有一定工程意义和学术价值。

Doneker 和 Jirka [1-2] 实验研究了均匀来流作用下的射流过程，发现射流介质会在初始动量、浮力和来流速度的共同作用下向斜上方迁移。Bemporad [3] 以及 Zheng 和 Yapa [4] 通过理论和数值模拟验证了上述结果，进一步补充了射流的流动细节，然而他们的研究未涉及射流与柱体绕流间的相互作用。王晋军等 [5-6] 实验研究了布置于前驻点、后驻点和分离点位置附近的合成射流对圆柱绕流流场结构的影响，发现三个位置处的合成射流均可有效推迟流动分离，改变涡脱模式，最终起到减阻效果。丁林等 [7] 模拟研究了对称布置的合成射流对圆柱尾流特性的影响，发现当射流角度（以前驻点为起点并顺时针旋转的角度）大于 120°时，圆柱后方旋涡被有效抑制，因此升力也大幅减小。上述学者主要考虑了与外部流体同

基金项目：国家自然科学基金(51979238)和水利工程仿真与安全国家重点实验室开放基金(HSSE-2005)

相的射流对圆柱绕流的影响,并未考虑不同相介质射流对圆柱绕流的影响,如气体射流对液体绕流的影响。Zhu 等[8]数值研究了对称布置的气体射流对圆柱涡激振动的影响,发现气体射流的存在使旋涡形成位置延长,从而抑制了柱体的涡激振动,且这种抑制效果随射流速度的增加而增大。

然而,已有研究并未同时考虑外部来流与浮力作用下的气体泄漏和圆柱尾涡的相互作用。因此,本文对比分析了悬跨海管在 90°、180°和 270°位置处发生气体泄漏时气体的运移、旋涡的脱落和流体作用力的变化规律。

2 物理模型和数值方法

2.1 物理模型与计算域

本文采用如图 1(a)所示的矩形计算域(流向 40 D×横向 35 D)对海管二维绕流流场进行数值模拟。其中,海管管轴距上游入口边界 10 D,距下游出口 30 D。为更好地捕捉气泡的浮升过程,海管距下部边界 15 D,距上部边界 20 D。上游入口采用狄利克雷边界条件($u = u_{in}$,$v = 0$),下游出口采用诺依曼边界条件($\partial u/\partial x = 0$,$\partial v/\partial x = 0$),上、下侧均为对称边界条件($\partial u/\partial y = 0$,$v = 0$),泄漏孔设置为速度入口,且气体以与上游来流相同的速度沿泄漏孔法线方向射入计算域,海管表面采用无滑移壁面边界。

如图 1(b)所示,泄漏孔对应的圆弧角度为 $\gamma = 5°$,以海管前驻点为起始位置顺时针旋转至泄漏孔中心的夹角为泄漏孔方位角 θ,选择 $\theta = 90°$、180°、270°进行对比分析。计算的来流雷诺数固定为 $Re=160$($Re=u_{in}D/v$,其中 u_{in} 为来流速度,D 为海管直径,v 为流体运动黏度)。上游来流介质为水,从泄漏孔流出的介质为甲烷。同时开展了无泄漏海管、不考虑和考虑气泡浮升作用下海管绕流二维数值模拟,以分析气体泄漏和浮升对海管绕流的影响。

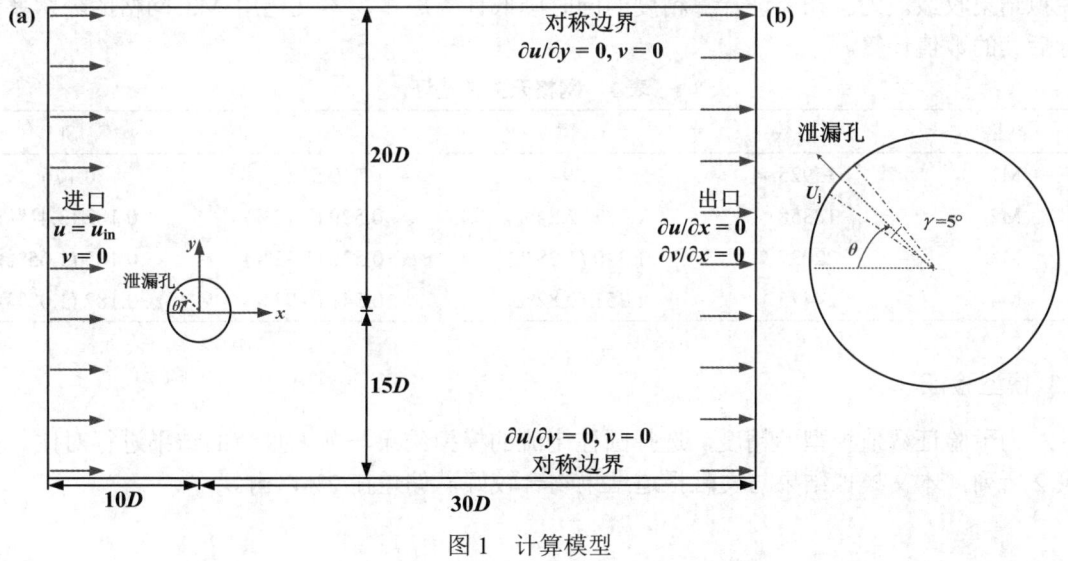

图 1 计算模型

2.2 网格划分与无关性验证

如图 2 所示,利用 O-H 网格划分策略将计算域划分为 9 个子区。沿海管轴向等间距划分 160 节点,在包裹海管的圆形区域中,沿径向的网格增长率设为 1.04,海管壁第一层网格大小为 $0.02D$,满足 $y^+ \approx 0.5$。

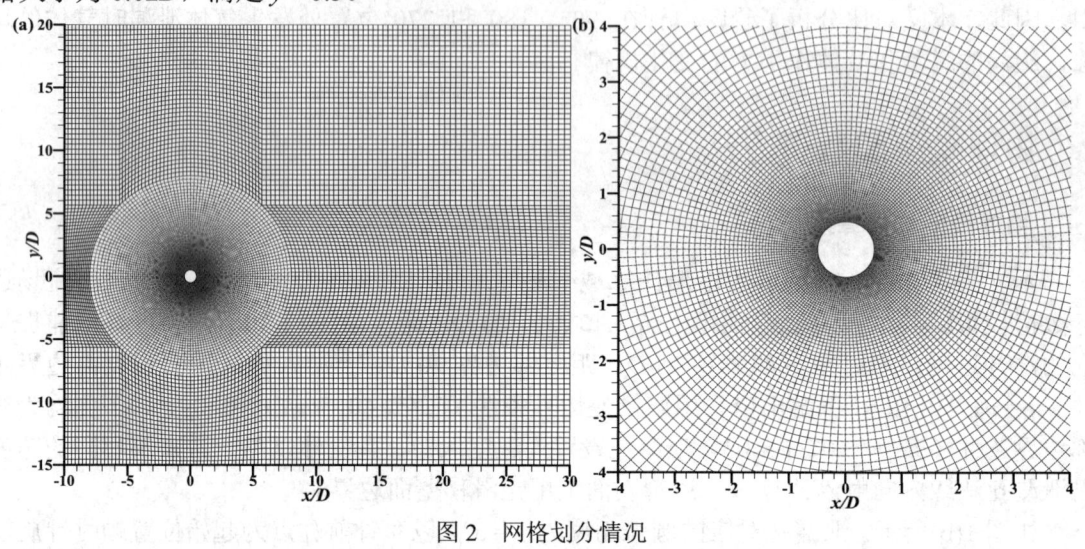

图 2 网格划分情况

在正式模拟计算之前,以无泄漏海管为例,对所选的网格划分策略进行网格无关性验证,其计算结果如表 1 所列。随着网格数的增加,相邻网格系统计算得到的升、阻力系数及斯特劳哈数差异逐渐减小,当网格数为 22037 和 24475 时变化百分比已小于 1.2%,表明模拟结果收敛。为了在保证计算精度的同时降低计算成本,本文选用 M3 网格的分辨率进行后续的数值计算。

表 1 网格无关性验证

网格	网格数	C_d^{mean}	C_l	St
M1	15925	1.294	0.518	0.176
M2	18358	1.323 (2.24%)	0.529 (2.12%)	0.182 (3.41%)
M3	22037	1.340 (1.28%)	0.536 (1.32%)	0.185 (1.65%)
M4	24475	1.351 (0.82%)	0.541 (0.93%)	0.187 (1.08%)

2.3 模型验证

为了验证数值模型的精度,选择圆柱绕流的模拟结果与前人报道的结果进行对比。如表 2 所列,本文模拟结果与文献报道结果吻合较好,偏差在 2%以内。

表 2 模型验证结果

参考文献	C_D^{mean}	C_L'	St
Williamson[9]	/	/	0.187
Hammache and Gharib[10]	/	/	0.187
Henderson[11]	1.330	/	/
Barkley and Henderson[12]	/	/	0.186
Park et al.[13]	1.320	0.550	0.187
本文	1.340	0.536	0.185

3　结果讨论

图 3 为升力达到最大值和最小值时的气相体积分数以及涡量等值线。根据气泡迁移方式的不同辨识出三种气泡运移模式。当不考虑气泡浮升时，三种角度泄漏的气泡运移模式均为模式 I，此时泄漏出的气体以气团形态聚集于海管后方，跟随剪切层的卷曲和旋涡的脱落，且气泡包裹于涡量等值线中，随旋涡一起向下游迁移。在考虑气泡浮升的情况下，$\theta = 90°$和$\theta = 180°$时气泡的运移模式为模式 II，此时气体以小气泡的形式逐个由泄漏孔流出，并穿过上侧剪切层向斜上方运移；$\theta = 270°$时，气体的运移模式为模式 III，此时气体有两条运移路径，一是在从海管后侧直接向斜上方运移；二是从海管迎流面绕至海管上方再向斜上方运移。

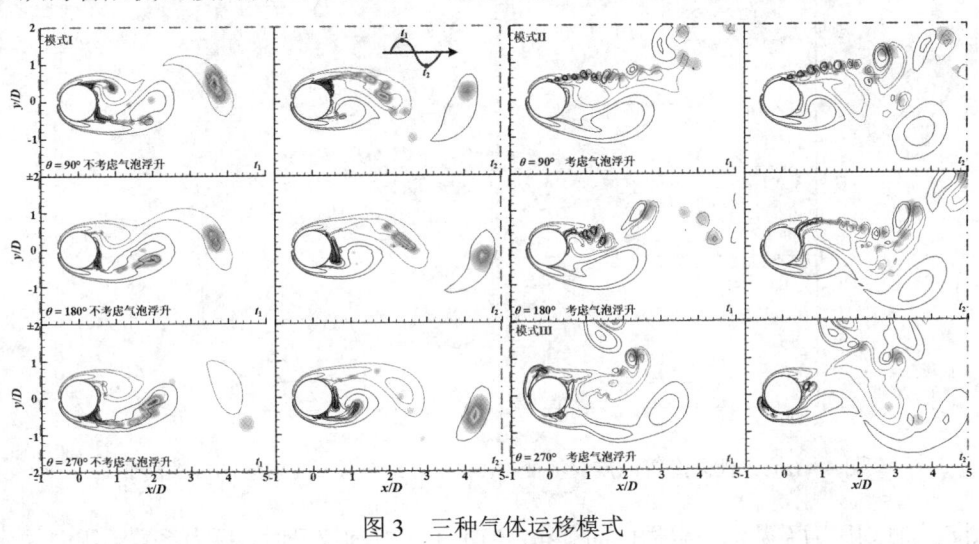

图 3 三种气体运移模式

图 4 和图 5 给出了上述三种气体运移模式下升力系数一个周期内的瞬时涡量云图。由图 4 可知，相较于无泄漏海管而言，气体以模式 I 运移时海管后方尾涡脱落模式未发生变化，仍为"2S"模式。同时，对比海管后方旋涡的涡间距可知，此时的旋涡脱落频率也未发生太大变化。由图 5（a）可知，模式 II 时，t_1时刻海管上侧形成了一对气体诱导的旋涡

（A_1、C_1），下侧由剪切层卷曲形成的逆时针旋涡刚脱落。从 t_1 至 t_3 时刻，海管下侧的旋涡缓慢向下游迁移，而海管上侧陆续出现了三对旋涡（A_1、C_1，A_3、C_2，A_4、C_3），说明气泡诱导产生的旋涡脱落周期明显小于由剪切层卷曲形成的旋涡，其原因可能是气体密度较小，运移速度较液流更快，因此"泡致旋涡"频率更大。t_4 时刻，海管上侧由剪切层卷曲形成的旋涡受气体的排挤向海管下侧脱落，导致海管下侧形成一对旋涡（A_2、C_3）。此时涡对 A_3、C_2 与 A_4、C_4 融合为 A_3+A_4、C_2+A_4，并与下侧剪切层卷曲形成的旋涡对共同构成"2P"涡脱模式。由图 5（b）可知，沿海管前缘向上浮升的气泡形成了旋涡对 A_1、C_1，沿海管后缘向上浮升的气泡形成了涡对 A_2、C_2。此时海管下侧由剪切层卷曲形成的旋涡刚脱落。t_3' 时刻，气体绕前缘形成新的旋涡对 A_4、C_4，而此时 A_1、C_1 和 A_2、C_2 经历分离-再融合过程后形成了四个旋涡组成的旋涡组。在 t_4' 时刻，C_1' 耗散消失，原有的四个旋涡组成的旋涡组变为由三个旋涡组成的旋涡组，与此同时海管上侧由剪切层卷曲形成的顺时针旋涡也已脱离海管，并在气体的排挤下与海管下侧的逆时针旋涡组成旋涡对。海管上侧脱落一对旋涡和一个旋涡组，下侧则脱落一对旋涡，形成了"PTP"涡脱模式。

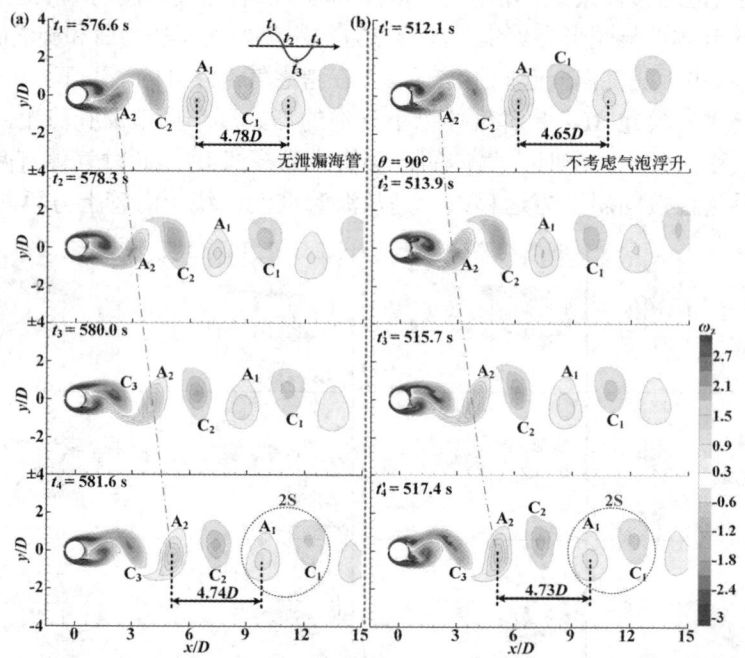

图 4 （a）无泄漏海管的旋涡演变；（b）气体运移模式 I 对应的旋涡演变

图 6 为时均压力系数沿海管周向的分布。当不考虑气泡浮升时，压力系数沿周向的分布与无泄漏海管近似，其主要原因在于此时气体的运移模式为模式 I，涡脱模式和脱落频率均未发生太大变化，因此压力的变化也不大。在模式 II 和模式 III 作用下，时均压力系数明显降低，而压力的变化也进一步导致海管水动力的变化。如图 7 所示，存在气体泄漏时 $C_{D, rms}$ 明显增大，说明泄漏的存在增强了流体作用力沿流向的波动。在模式 I 时，$C_{L, rms}$ 和 $C_{D, mean}$ 变化不大；而在模式 II 和模式 III 时，$C_{L, rms}$ 随泄漏角度的增大而增大，$C_{D, mean}$ 则与泄漏角度呈反比。

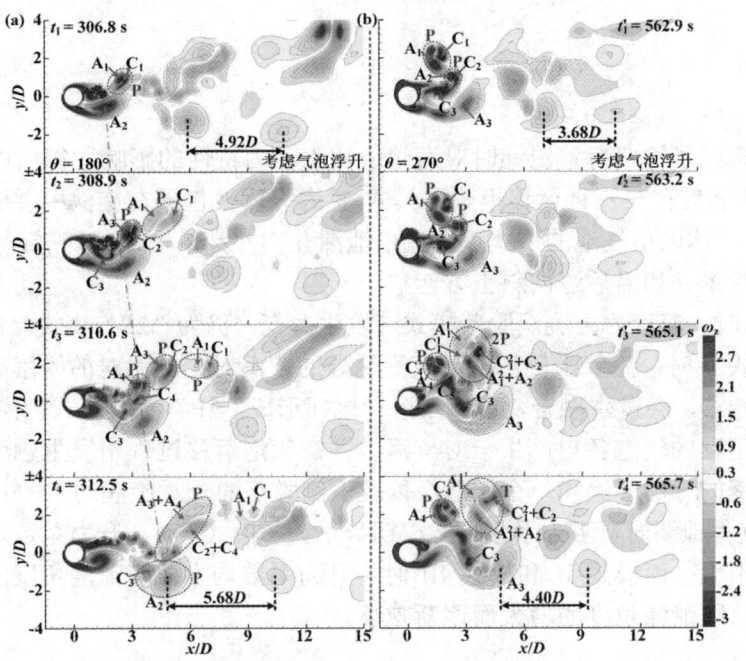

图 5 (a) 气泡运移模式 II 对应的旋涡演变；(b) 气泡运移模式 III 对应的旋涡演变

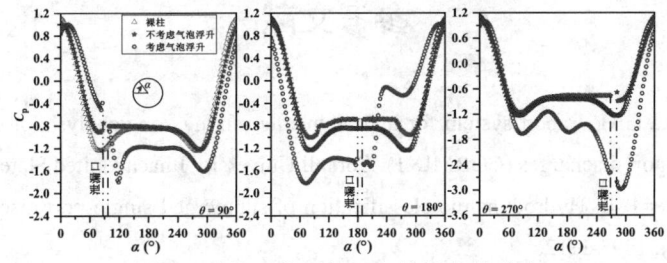

图 6 时均压力系数沿海管周向的分布

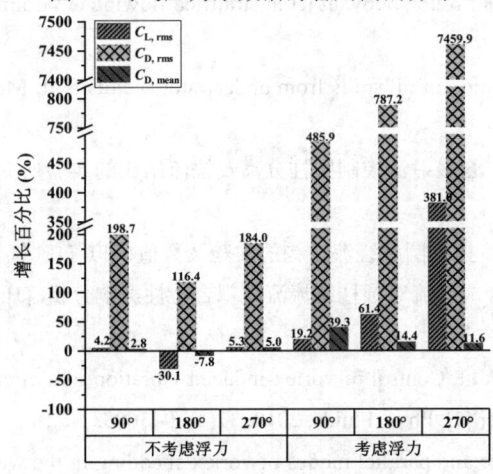

图 7 升阻力系数的变化百分比

4 结论

本文模拟研究了输气海管泄漏时对海管绕流水动力特性的影响,得出以下主要结论:

(1) 气体泄漏后存在三种运移模式,模式 I 为气体被包裹在旋涡中并随旋涡向下游迁移;模式 II 的气体以小气泡的形式逐个流出泄漏孔,并穿过上侧剪切层;模式 III 的气体同时沿海管前缘攀升和沿后缘向斜上方运移。

(2) 模式 I 时,海管后方旋涡脱落模式未发生改变,仍为"2S"模式,且此时涡脱频率几乎不变;模式 II 时,海管上侧形成了气泡诱导的旋涡对,旋涡对的脱落频率较高,但旋涡对并非匀速迁移,会发生融合,最终在海管尾部形成"2P"涡脱模式;模式 III 时,从海管前缘和后缘运移的气泡各自产生一对旋涡,并在气泡运移过程中发生融合、耗散,最终形成了上侧脱落的一对旋涡和一个旋涡组以及下侧脱落的一对旋涡的"PTP"涡脱模式。

(3) 存在气体泄漏时,阻力系数均方根明显增大。模式 I 时,升力系数均方根和阻力系数平均值变化不大;而模式 II 和模式 III 时,升力系数均方根随泄漏角度的增大而增大,阻力系数平均值随泄漏角度的增大而逐渐减小。

参考文献

1. Doneker R L, Jirka G H. Expert system for hydrodynamic mixing zone analysis of conventional and toxic submerged single port discharges (CORMIX1). Cornell University Ithaca United States, 1990.

2. Jirka G H, Doneker R L. Hydrodynamic classification of submerged single-port discharges [J]. J. Hydraul. Eng., 1991, 117(9): 1095-1112.

3. Bemporad G A. Simulation of round buoyant jet in stratified flowing environment [J]. J. Hydraul. Eng., 1994, 120(5): 529-543.

4. Zheng L, Yapa P D. Simulation of oil spills from underwater accidents II: Model verification [J]. J. Hydraul. Res., 1998, 36(1): 117-134.

5. 王晋军, 冯立好, 徐超军. 合成射流控制圆柱分离及绕流结构的实验研究 [J]. 中国科学 E 辑: 技术科学, 2007, 37(07): 944-951.

6. 冯立好, 王晋军. 合成射流控制圆柱绕流结构的实验及数值模拟 [J]. 气体物理, 2015, 10(4): 108-115.

7. 丁林, 杨林, 王海博, 等. 合成射流对圆柱绕流流固耦合特性影响分析 [J]. 航空动力学报, 2019, 34(12): 2529-2538.

8. Zhu H, Tang T, Zhao, H, et al. Control of vortex-induced vibration of a circular cylinder using a pair of air jets at low Reynolds number [J]. Phys. Fluids, 2019, 31(4): 043603.

9. Williamson C H K. Oblique and parallel modes of vortex shedding in the wake of a circular cylinder at low Reynolds numbers [J]. J. Fluid Mech., 1989, 206: 579-627.

10 Hammache M, Gharib M. An experimental study of the parallel and oblique vortex shedding from circular cylinders [J]. J. Fluid Mech., 1991, 232: 567-590.

11 Henderson R D. Details of the drag curve near the onset of vortex shedding [J]. Phys. Fluids, 1995, 7(9): 2102-2104.

12 Barkley D, Henderson R D. Three-dimensional Floquet stability analysis of the wake of a circular cylinder [J]. J. Fluid Mech., 1996, 322: 215-241.

13 Park J, Kwon K, Choi H. Numerical solutions of flow past a circular cylinder at Reynolds numbers up to 160 [J]. J. Mech. Sci. Technol., 1998, 12(6): 1200-1205.

Effect of gas leakage on the hydrodynamic characteristics of flow around a free span pipeline

ZHU Hong-jun[1,2*], HU Jie[1]

(1. State Key Laboratory of Oil and Gas Reservoir Geology and Exploitation, Southwest Petroleum University, Chengdu 610500, Email: zhuhj@swpu.edu.cn;

2. State Key Laboratory of Hydraulic Engineering Simulation and Safety, Tianjin University, Tianjin 300350)

Abstract: This work numerically investigates the flow around a free span pipelines with a leakage hole positioned at $\theta = 90°$, 180° and 270° at Reynolds number of 160. The flow structure, hydrodynamic characteristics and the interaction between the gas migration and vortex shedding are examined taking the gas buoyancy into account or not. Three types of gas migration modes are identified. Moreover, it is observed that the leaked gas has little influence on the flow structure and fluid forces when the gas buoyancy is ignored. In contrast, when the buoyancy is considered, the vortex shedding pattern is altered obviously and thus the distinct modification of hydrodynamic forces.

Key words: Gas leakage; Vortex shedding; Hydrodynamic coefficients.

可拉伸气囊结构在水中的静力特性

柏玉，勾莹*，滕斌

（大连理工大学 海岸和近海工程国家重点实验室，大连 116024, Email: gouying@dlut.edu.cn）

摘要：本文针对一种底端固定的可拉伸的三维轴对称柔性气囊结构，建立静力分析数值模型，研究了气囊结构在静水中的平衡位型以及静力特性的变化规律。气囊表面均布一定数量经度方向的张力筋腱，张力筋腱的拉伸性能满足胡克定律。数值结果表明，气囊水平宽度、张力以及总体积随张力筋腱刚度和底端吃水深度的增大而减小，随气囊内压的增加而增加，气囊排水体积随吃水深度的增加先增大后减小。结合该静力特性分析的结果，可以为实际海域环境中柔性气囊结构的尺度和材料选择提供一定的参考价值。

关键词：气囊结构；可拉伸；张力筋腱；静水位型；静力特性

1 引言

为了应对复杂多变的海洋环境荷载，海洋工程结构物逐渐由刚性向柔性发展，不同于刚性结构，柔性结构在海洋环境荷载的作用下通常表现出大变形的典型特征，通过灵活改变其几何外形来适应各种环境条件。气囊结构是一种充气膜结构，作为最为典型的柔性结构物之一，它具有质量轻、造价低、运输方便以及适应能力强等优点。随着新型建筑膜材的出现，不少气囊式海洋结构物应运而生，包括充气式漂浮艇、直升机的应急漂浮气囊、船用气囊的下水及上排、气囊式波能发电等。

充气膜结构的初始形态主要取决于其薄膜表面预应力的大小和分布，因而在实际工程应用中，首先需要依据给定的结构参数寻求满足边界条件以及功能要求的理想几何曲面。到目前为止，国内外对充气膜结构进行形态分析的方法主要包括理论法和数值法。在充气膜结构的理论研究方面，Pagitz[1-2]对有筋腱气球的几何形态进行了研究，认为气球的张力筋腱是主要的受力元件。黄无量等[3]通过建立有关球形结构的基本微分方程组，对具有旋转对称性的球膜在固定升空高度的应力状态进行了分析，并结合解析分析的结果总结出了最为理想的几何球体曲面。在充气膜结构的数值研究方面，李方会等[4]利用非线性有限元的方法编制了充气膜结构的初始形态分析程序，并将其计算结果与有限元软件 Ansys 进行了对比，验证了数值结果的准确性。高会贤等[5]基于无矩薄壳理论提出了充气拱结构有限元分析的薄膜平衡方程及解法，计算得到的有限元解与理论解比较接近。目前，关于充气膜结构的空气弹性问题已得到了较为全面的研究成果，而对于柔性气囊结构的水弹性理论仍有待进一步发展。

考虑水荷载的影响，Taylor[6]最先提出了一种针对静水中的充气式膜结构平衡外形的数值计算方法，基于线性变化的静水压力，薄膜内外的压差随水深增大，置于水中的柔性气囊呈倒置桃子状。Harrison[7]对静水作用下的充气水坝进行了理论分析。Chaplin 等[8-9]提出了一种漂浮式气囊结构的静位型数值分析方法，并通过实验验证了该数值计算结果的准确性。本文基于上述研究的基础上，考虑一种受静水荷载作用下的固定式气囊结构，气囊表面的柔性薄膜由一定数量沿经度方向均布的张力筋腱包络而成。当气囊承受外荷载时，薄膜通过结构的曲率变化来减小膜内拉力，此时张力筋腱是主要的承重元件，并且张力筋腱是可拉伸的。在给定气囊内压的条件下，通过静力平衡方程的迭代求解建立了底部固定的可拉伸柔性气囊在水中的静力分析方法。利用建立的方法计算了不同拉伸刚度下的气囊结构在一定吃水位置的静水位型，并分析了张力筋腱刚度、气囊内压以及吃水深度对气囊结构静力特性的影响。

2 数值模型的建立

不同于形状固定的刚体，内部充满气体的柔性气囊结构浸入水中后，气囊会发生一定程度的弹性变形。图 1 为静水作用下固定式气囊结构的示意图，气囊在静水中的平衡形状是由其内部气压和浸没深度共同决定的。Chaplin 等[8]提出了确定气囊静平衡位型的方法，该方法需遵循以下三个假设条件：

（1）忽略气囊结构本身以及内部气体的质量；
（2）气囊张力完全由张力筋腱承担，薄膜不受力；
（3）静水下，气囊表面受力均匀，可将其视为轴对称结构，取其经过顶点的纵截面为研究对象。

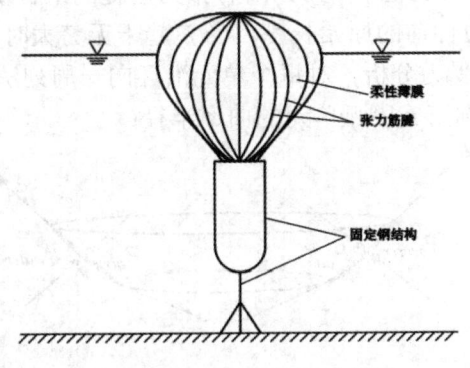

图 1 固定式气囊结构示意图

基于Chaplin[8]的方法,建立张力筋腱可拉伸的柔性气囊静水位型的数值模型。引入笛卡尔坐标系(R,Z),以纵截面与静水面的交线为R轴,Z轴与对称轴重合,其中$z=0$在平均自由水面上。将所有张力筋腱离散为N段弧长相同但曲率半径未知的弧单元,如图 2 所示,单元弧长l与曲率半径r_n满足以下关系式:

$$l = -2r_n\phi_n \tag{1}$$

式中,ϕ_n为弧单元圆心角的一半。当单元向外膨胀时,定义其曲率半径为正。(R_n, Z_n)和(R_{n+1}, Z_{n+1})分别是单元两端点坐标值,根据图 3 的单元几何关系分析,可以得到单元两端径向坐标差与垂向坐标差的表达式:

$$\begin{aligned}\delta R_n &= (l/\phi_n)\sin\phi_n \cos(A_n+\phi_n) \\ \delta Z_n &= (l/\phi_n)\sin\phi_n \sin(A_n+\phi_n)\end{aligned} \tag{2}$$

式中,A_n为单元切线与水平方向的下夹角。

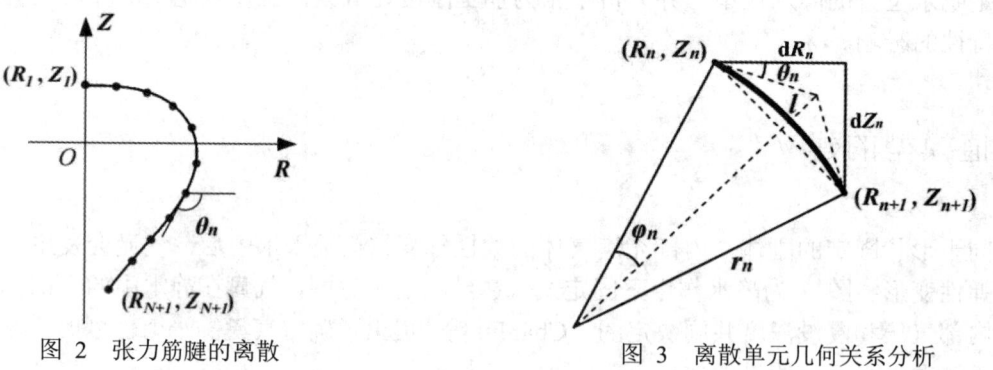

图 2　张力筋腱的离散　　　　图 3　离散单元几何关系分析

考虑张力筋腱是可拉伸的,其拉伸性能满足以下胡克定律:

$$l = l_0(1+T/EA) \tag{3}$$

式中,T为所有张力筋腱的张力总和,A为所有张力筋腱的组合横截面积,E为张力筋腱的弹性模量;l_0为张力筋腱拉伸前的原始长度,当E趋于无穷大时,l即趋于l_0。

根据图 4 中单元体的受力分析,对每个单元沿环向一周列法向受力平衡方程,根据法向受力平衡关系,可以得到第n段弧单元的曲率半径:

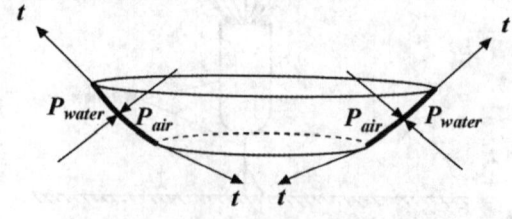

图 4　环向单元体受力分析

$$r_n = \frac{T}{2\pi R_{n+0.5}(P+\rho g H_{n+0.5} Z_{n+0.5})} \tag{4}$$

式中，$R_{n+0.5}$ 和分别为第 n 段弧单元中点处的径向坐标和垂向坐标。$H_{n+0.5}$ 为单位阶跃函数，作如下定义：

$$H_{n+0.5} = \begin{cases} 0, & Z_{n+0.5} > 0 \\ 1, & Z_{n+0.5} < 0 \end{cases} \tag{5}$$

由气囊的顶端到底端逐个求解单元的曲率半径，就可以得到气囊的静水位型。由于气囊张力筋腱的张力和顶端垂向高度都是未知的，故需要运用 Newton 迭代法求解气囊的静平衡位型。气囊内部压力和底端浸没深度已知，给定张力筋腱的张力 T 和顶端垂向坐标 Z_1 的初值，从气囊顶端开始计算。$R_1=A_1=0$，初次迭代时，假设 $\phi_1=0$，由式(4)计算得到顶端弧单元曲率半径 r_1 的第一迭代值；根据式(1)和式(2)即可更新下一步迭代时的半圆心角 ϕ_1 以及单元两端点的坐标差值，从而得到弧单元的下端点坐标值 R_2 和 Z_2，再将中点坐标值 $R_{1.5}$ 和 $Z_{1.5}$ 代入平衡方程(4)即可得到曲率半径新的迭代值 r_1；不断进行迭代直至曲率半径收敛，得到单元下端点的合理坐标值。接下来，基于上一段弧单元的求解结果，重复上述过程，由上到下依次求解每一段单元，直到气囊底端。由于气囊底部是固定的，所以如果 R_{n+1} 和 Z_{n+1} 的迭代值与实际值的误差不满足要求，则修改张力筋腱的张力和顶端垂向坐标 Z_1 的初值，重复上述步骤，直到满足合理误差时，结束迭代过程得到合理的气囊静平衡位型。

3 底端固定的气囊结构静力特性分析

3.1 数值模型验证

为了验证本文建立数值模型的正确性，计算可拉伸固定式气囊结构的静力特性，本文选取张力筋腱刚度 $EA=1GN$ 时的数值结果与 Chaplin 的实验结果进行了对比。当张力筋腱刚度 $EA=1GN$ 时，近似认为张力筋腱是不可拉伸的，此时可以改变固定式气囊结构的几何参数，通过数值模型计算相应的静水位型。两种不同结构的几何参数见表 1，气囊内部气压为 0.37 m 水柱。

表 1 固定式气囊结构几何参数

几何参数	气囊 1	气囊 2
张力筋腱初始长度 l_0/m	0.95	1.50
气囊底端吃水深度 d/m	-0.439	-0.476
气囊底端半径 r_{bot}/m	0.07	0.15

图 5 和图 6 分别为两种不同尺度下气囊结构数值与实验的静水位型对比结果，结果显示张力筋腱长度较小的情况下，两者吻合良好，张力筋腱长度较大的情况下，两者的静位型结果稍有不同。因此，下面将对 $l_0=0.95$ m 的固定式气囊结构进行静力特性的分析。

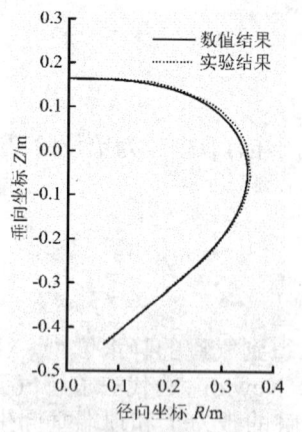
图 5 l_0= 0.95 m 时数值与实验的静水位型

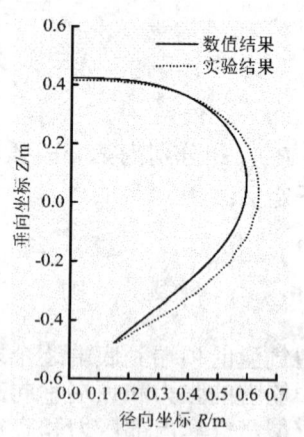
图 6 l_0= 1.50 m 时数值与实验的静水位型

3.2 张力筋腱刚度的影响

为了研究不同刚度下固定式气囊静平衡位型的变化特征,给定初始张力筋腱长度 l_0 为 0.95 m、底端半径 r_{bot} 为 0.07 m 的气囊结构,气囊底端吃水 d 为 0.45 m,内部气压 P 为 0.3 m 水柱。图 7 记录了不同拉伸刚度下气囊顶端垂向坐标与右端径向坐标的变化趋势,图 8 分别展示了张力筋腱刚度 EA=5kN、EA=10kN、EA=20kN 以及 EA=50kN 时气囊静水位型的数值模拟结果。

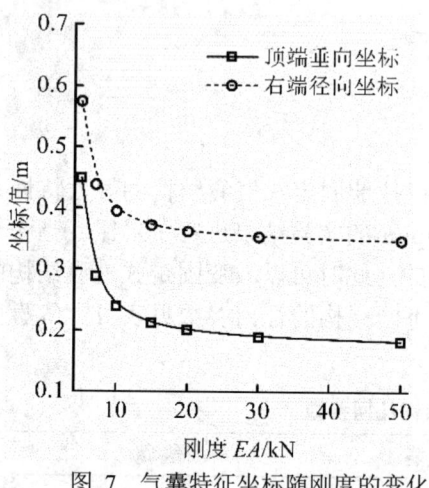

图 7 气囊特征坐标随刚度的变化　　　　图 8 不同刚度下气囊的静水位型

从图 7 和图 8 中的结果可以看到,对于固定式柔性气囊结构来说,单根张力筋腱的轨迹基本呈"C"形,随着抗拉刚度 EA 的递增,气囊的静水位型呈现由外向内的收缩趋势,其张力、顶端垂向坐标值、最大径向坐标值、气囊体积以及内部空气质量均呈现负相关的变化趋势。当抗拉刚度 EA 达到 50kN 时,张力筋腱的可拉伸性能较为薄弱,其静水位型基本呈现一个稳定形状。

表 2 刚度对固定式柔性气囊结构参数的影响

刚度 EA/kN	张力 T/N	气囊总体积 V/m^3	气囊排水体积 V_1/m^3	内部空气质量 m_{air}/kg
5	3043	0.565	0.199	0.731
7	1770	0.265	0.131	0.364
10	1439	0.199	0.112	0.284
15	1279	0.170	0.102	0.249
20	1211	0.158	0.099	0.234
30	1150	0.148	0.094	0.221
50	1112	0.142	0.092	0.214
1e+06	1050	0.131	0.088	0.201

表 2 记录了不同刚度下固定式柔性气囊结构相关参数的计算结果。当张力筋腱的刚度足够大时，近似认为张力筋腱是不可拉伸的，因此将表中 EA=1GN 的情况近似为张力筋腱不可伸长的柔性气囊。结果表明，当气囊内部气压和底端吃水深度一定时，随着张力筋腱刚度的增大，张力筋腱总张力、气囊总体积、气囊排水体积以及内部空气质量均呈现负相关的变化趋势。

3.3 气囊内压的影响

假定气囊初始内部气压为 0.2m 水柱，当不断向其内部注入空气时，气囊内压会不断增大，使得气囊的几何外形发生一定程度的改变，此时柔性气囊的变形程度与张力筋腱的拉伸刚度具有密切的关系。图 9 分别展示了张力筋腱刚度 EA=7kN、EA=10kN、EA=20kN、EA=50kN 以及 EA=1GN 时气囊内压对柔性气囊静平衡位型的影响。

从图 9 中可以看到，当拉伸刚度较小时，气囊整体随气压的增加呈现逐渐膨胀的趋势，气囊垂向高度随着内压的增加不断增大，这是由于刚度小的情况下张力筋腱可拉伸性能较好。当拉伸刚度较大时，随着内压的增加，气囊垂向高度不断减小，水平宽度不断增加。气囊当刚度大至一定程度时，近似认为张力筋腱是没有弹性的，即不可伸长的，充气膨胀会导致气囊左右两边外扩而顶端位置不断降低。这是因为随着气囊内部空气质量的增加，所有张力筋腱将在水平方向具有逐渐拉长的轮廓。

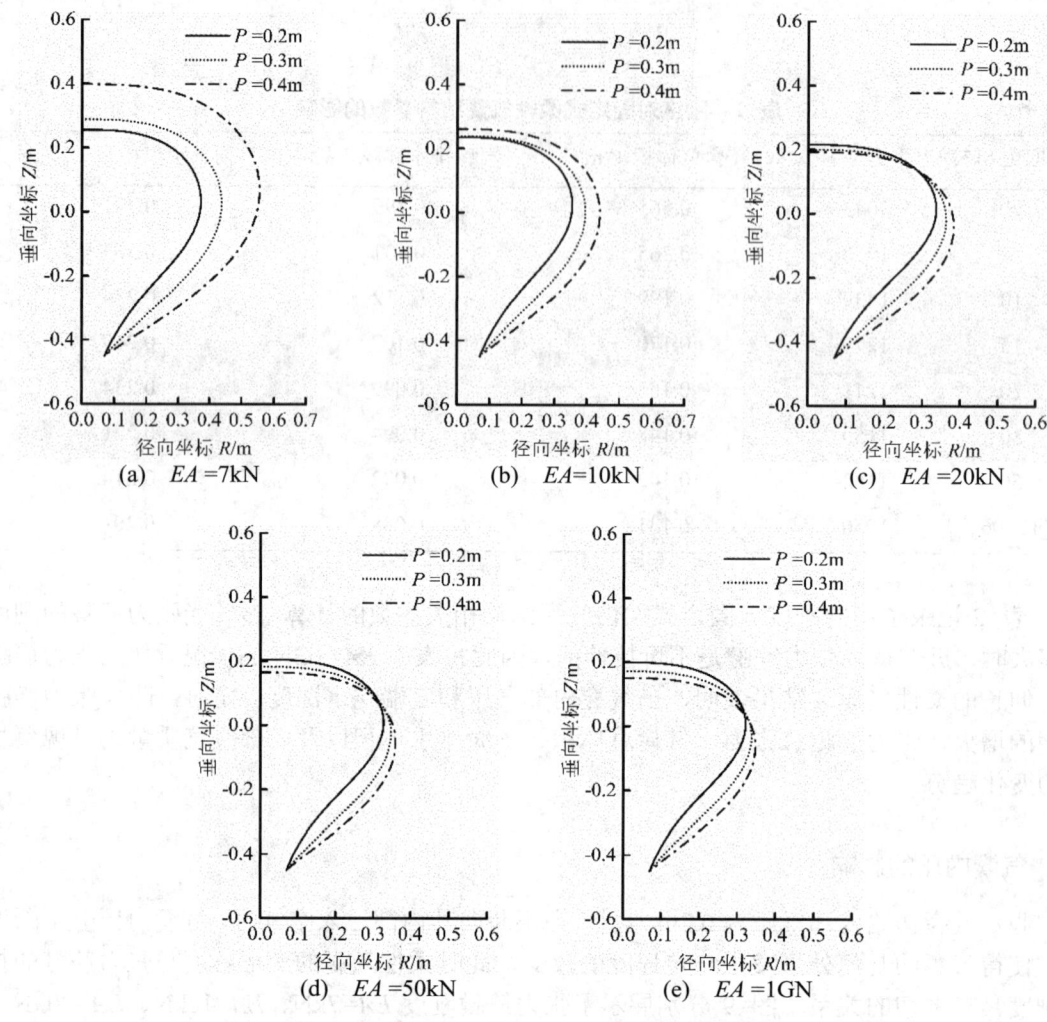

图 9 不同刚度下气囊静水位型随内压的变化

图 10 至图 13 分别为不同抗拉刚度下 EA=7kN、EA=10kN、EA=20kN 以及 EA=1GN，气囊结构相关静力参数（气囊垂向高度、张力筋腱张力、气囊总体积以及排水体积）随内部气压 P 的变化曲线。从图 10 至图 13 中可以看到，刚度确定的情况下，气囊结构相关静力参数的变化趋势较为相似。刚度为 7kN 和 10kN 时，气囊的静力参数随着内压的变化均呈现明显的非线性，刚度越小，非线性越强，这是由于张力筋腱可拉伸性过大而导致的。刚度为 1GN 时，由于张力筋腱几乎是不可拉伸的，因此气囊整体的体积随内压的变化量很小，由于气囊水平方向的膨胀，导致顶高程逐渐下降，其在水中淹没部分的体积不断增加，张力筋腱的张力呈线性变化。

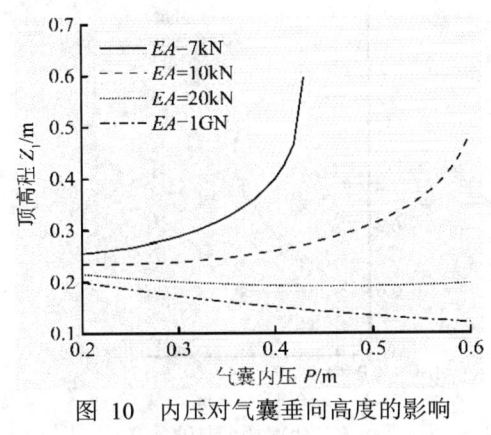
图 10 内压对气囊垂向高度的影响

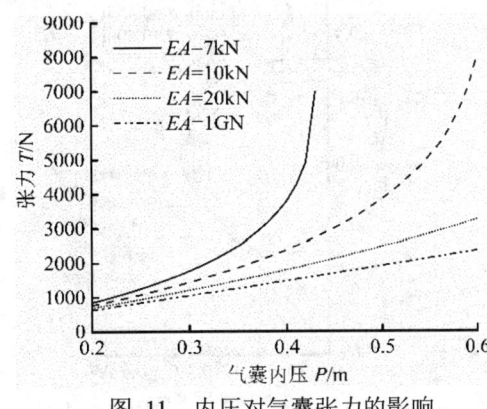
图 11 内压对气囊张力的影响

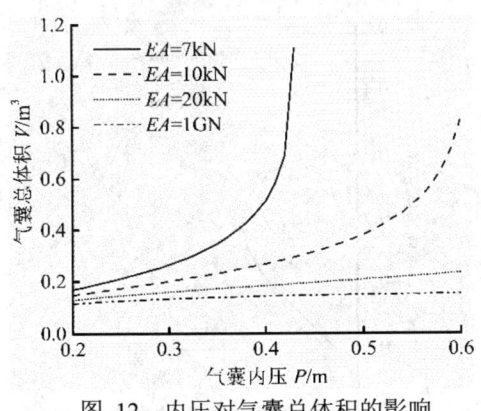
图 12 内压对气囊总体积的影响

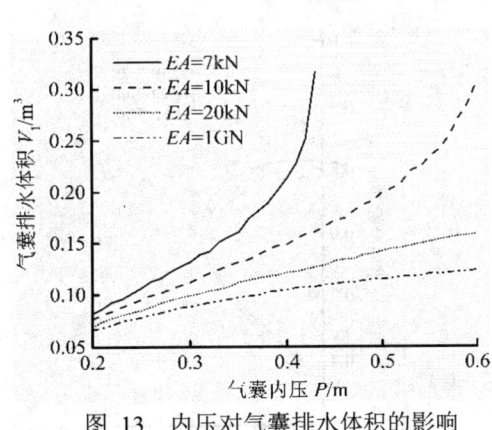
图 13 内压对气囊排水体积的影响

3.4 底端吃水深度的影响

除了气囊张力筋腱的刚度和内部气压以外，气囊底端吃水深度也是影响固定式气囊结构静力特性的重要因素之一。本节给定气囊内部气压 P 为 0.3 m 水柱，改变气囊底端吃水深度，记录张力筋腱刚度 EA=7kN、EA=10kN、EA=20kN 以及 EA=1GN 时气囊底端吃水深度 d 对柔性气囊静平衡位型的影响（图 14）。由于张力筋腱刚度 EA=50kN 和 EA=1GN 的静位型结果基本一致，此处不再赘述刚度 EA=50kN 时气囊静水位型以及相关静力参数随底端吃水的变化结果。

由图 14 可知，张力筋腱刚度不同的情况下，气囊静水位型随底端吃水的变化趋势基本一致。同一刚度下，随着吃水深度的增加，气囊顶端垂向坐标和最大径向坐标不断减小，其静水位型由扁平状逐渐转变为细长状，由于气囊内部气压恒定不变，气囊顶高程的变化幅值与气囊底高程的变化幅值基本一致。

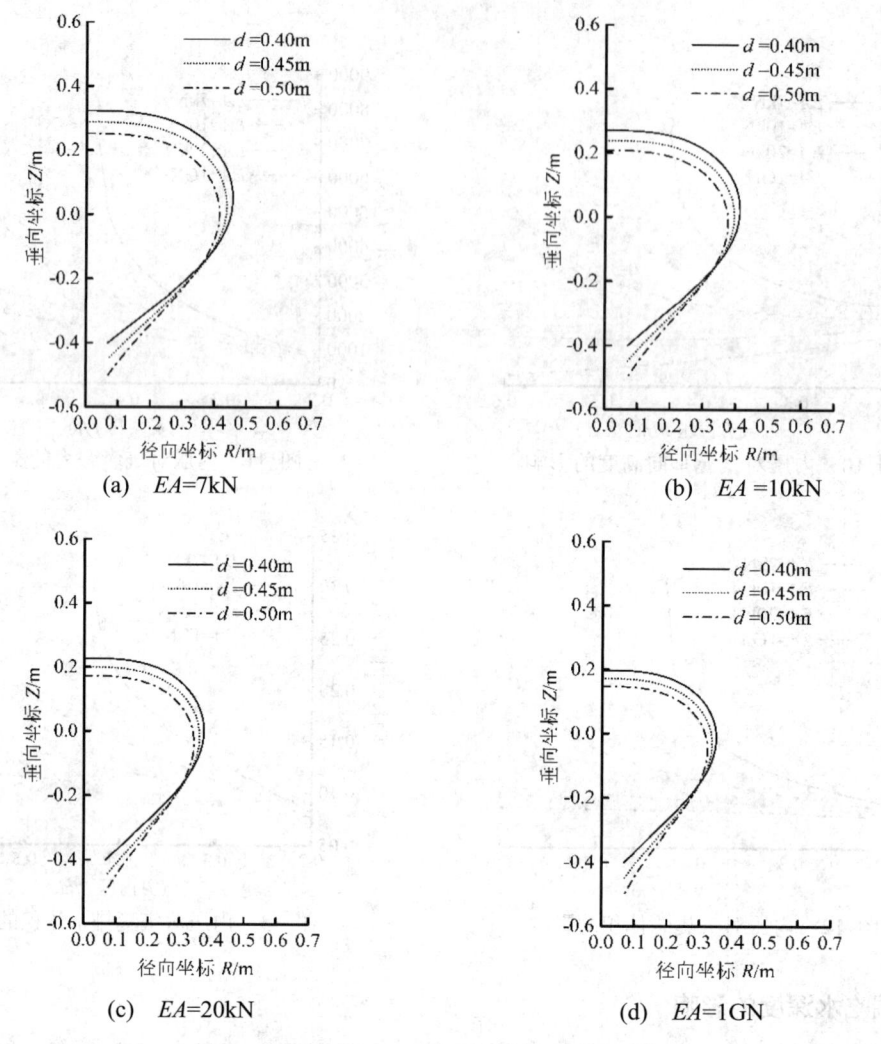

图 14 不同刚度下气囊静水位型随底端吃水的变化

图 15 至图 19 分别为不同拉伸刚度下 EA=7kN、EA=10kN、EA=20kN 以及 EA=1GN，气囊垂向高度、水平宽度、张力筋腱总张力、气囊总体积以及排水体积随底端吃水深度 d 的变化曲线。分析可知，随着气囊底端吃水深度的增加，气囊垂向高度不断增大，气囊水平宽度、张力筋腱总张力、气囊总体积均不断减小，这是由于随着气囊在水中的底端位置不断降低导致气囊受到逐渐增大的静水压强，气囊内外压力差的增加使得气囊水平方向的压缩程度加剧。不同于其他结构参数，气囊排水体积随吃水深度的增加呈现先增大后减小的变化趋势，并在某一特定吃水深度时，气囊排水体积达到其变化范围内的最大值，气囊排水体积达到峰值则说明此时柔性气囊受到的浮力达到了一定范围内的峰值，需要较大的底部拉力才能保持整体结构的平衡，从而保证气囊结构在实际工程应用中的稳定性。

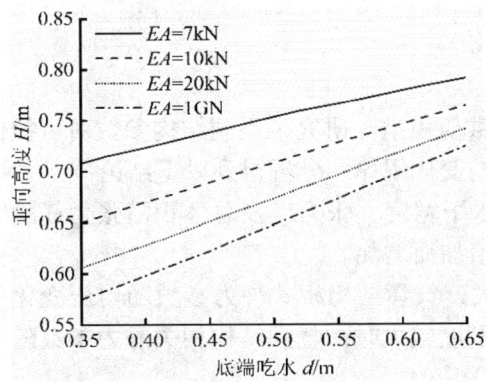

图 15　底端吃水对气囊垂向高度的影响

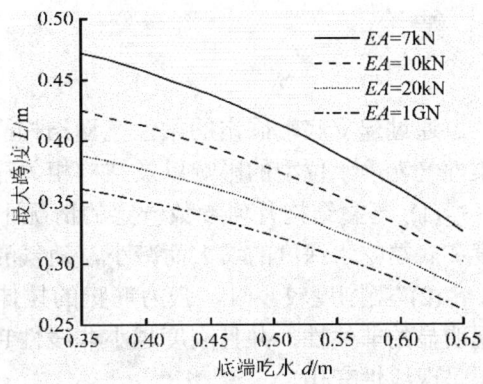

图 16　底端吃水对气囊水平宽度的影响

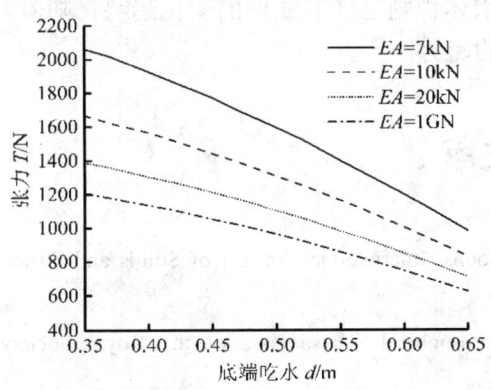

图 17　底端吃水对气囊张力的影响

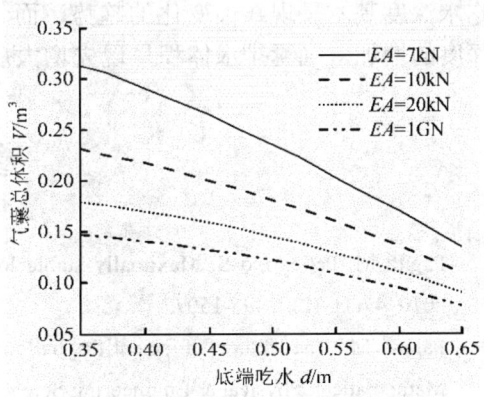

图 18　底端吃水对气囊总体积的影响

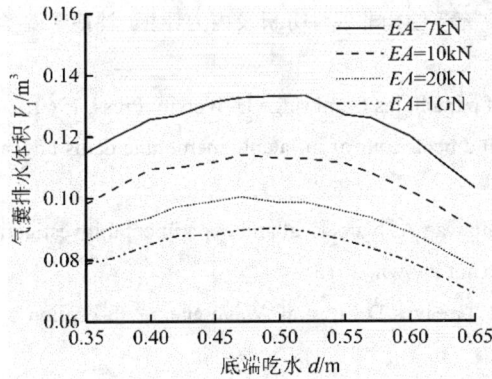

图 19　底端吃水对气囊排水体积的影响

4 结论

通过建立底端固定的柔性气囊结构静力分析数值模型，研究了不同结构参数对可拉伸柔性气囊静水位型的影响以及结构相关静力特性的变化规律，分析得到以下结论：

(1) 气囊结构几何参数一定的情况下，气囊水平宽度、张力以及总体积随张力筋腱刚度和底端吃水深度的增大而减小，随气囊内压的增加而增加。

(2) 当刚度较小时，张力筋腱的拉伸变形较大，气囊结构相关静力参数随内压变化呈现明显的非线性，并且刚度越小非线性越强；当刚度较大时，气囊结构相关静力参数随内压呈现线性变化。

(3) 张力筋腱刚度不同的情况下，气囊垂向高度、水平宽度、张力以及总体积随底端吃水深度基本呈现线性变化的趋势，而气囊排水体积则呈现非线性的变化趋势，随着吃水深度的增加，气囊排水体积呈现先增大后减小的趋势。

参考文献

1. Pagitz M, Pellegrino S. Maximally stable lobed balloons. International Journal of Solids and Structures, 2010, 47(11-12): 1496-1507.

2. Pagitz M. The future of scientific ballooning. Philosophical Transactions of the Royal Society A: Mathematical, Physical & Engineering Sciences, 2007.

3. 黄无量，徐春娴，吴枚，等. 高空科学气球的应力分析与球形设计. 空间科学学报, 1986, (1): 82-88.

4. 李方会，沈世钊，卫东. 气承式膜结构的找形与受荷分析，第十届空间结构学术会议 [C]. 2002.

5. 高会贤，赵成泉，张晋元. 充气结构非线性分析及内力计算. 淄博学院学报(自然科学与工程版), 2002, 第4卷(1): 31-37.

6. Taylor G I. On the shape of parachutes Cambridge University Press, 1963: 26-33.

7. Harrison H. The analysis and behaviour of inflatable membrane dams under static loading. Ice Proceedings, 1970, 45(4): 661-676.

8. Chaplin J R, Farley F, Kurniawan A. Numerical and experimental investigation of wave energy devices with inflated bags. France: Press not known, 2015.

9. Kurniawan A, Chaplin J R, Greaves D M, et al. Wave energy absorption by a floating air bag. JFM, 2017, 812:294-320.

Static performance of stretchable airbag structures in calm water

BAI Yu, GOU Ying[*], TENG Bin

(State Key Laboratory of Coastal and Offshore Engineering, Dalian University of Technology, Dalian 116024, Email: gouying@dlut.edu.cn)

Abstract: In the paper, a numerical model is established for static analysis of a stretchable axial-symmetric airbag with a fixed bottom, and the equilibrium configuration and the static performance of the airbag in static water are studied. The surface of the airbag is evenly distributed by a certain number of tendons along the longitude, and the tensile properties of the tendons meet Hooke's law. The numerical results show that the top elevation, tension and total volume of the airbag decrease with the increase of tendon stiffness and bottom draft depth, and increase with the increase of internal pressure of the balloon. The water displacement of the airbag increases first and then decreases with the increase of draft depth. Combined with the results of static characteristics analysis, it can provide some reference value for the scale and material selection of flexible airbag structure in the actual marine environment.

Key words: Airbag structure; Stretchable; Tendon; Equilibrium configuration in calm water; Static performance.

内流场持气率对提升管道耦合振动影响的数值模拟

张华宇*，陈圣涛

（大连海事大学船舶与海洋工程学院，大连 116026, Email: 975336200@qq.com）

摘要：气升泵的主体是一根垂直立管即提升管道，其通过在管底供入压缩空气，使管内形成向上的两相流，从而达到提升的目的。由于提升管道往往具有较大的长径比，会在管内外流场耦合作用下产生振动，振动会影响管道的提升效率甚至造成疲劳损伤，所以要分析管道的振动规律进而得到抑制的方法。本文通过数值模拟的方法，得到了不同条件内外流场耦合作用下的管道振动情况，研究了不同雷诺数的外流场条件下，内流场持气率对管道耦合振动的影响规律。本文的研究对大长径比提升管道的工程应用提供参考作用。

关键词：提升管道；持气率；耦合振动

1 引言

气升泵是一种用于提升液体、液固混合物等物质的装置，其主体是一根垂直立管即提升管道，使用时从底部通入压缩空气，利用管内的混合物比水轻的原理达到提升的目的[1]。随着国家建设海洋强国战略的提出，提高海洋资源的开发利用能力、发展海洋经济成为国家经济发展的关键一环。海洋资源的开发和利用主要依托于先进的技术和装备，其中提升管道因其结构简单、成本低、安装方便和稳定性高的优点，广泛应用于海洋工程施工过程中，尤其是海底采矿。此外，随着经济全球化的蓬勃发展，海上运输也日益繁盛，船只的急剧增加、运输频率的提高同时也使海上运输的风险越来越高，打捞任务也变得非常艰巨，其中提升管道作为打捞工程中沉船减重的重要装备，在沉船除泥和货物打捞等方面也发挥着巨大作用。但是，提升管道通常工作于几百米甚至上千米的深海，长距离输送的内部混合物往往具有复杂的运动规律，在操作压力不当等情况下会造成管道的振动，并且大长径比的提升管道还会受到外部流场的作用产生涡激振动，故提升管道就会在内外流场的耦合作用下产生振动，这种振动不仅会影响提升管道的提升效率，而且长时间的作用也会导致管道的疲劳损伤，进而造成严重的经济损失。

近年来国内外学者对于管道的涡激振动(VIV)以及管道的耦合作用展开较为深入的理论及实验研究。Xiangxi Han 等[2]采用双向流固耦合方法研究大长径比管道的涡激振动特性，通过数值模拟结果与以往实验数据的对比，验证了流固耦合方案的可行性、网格的合理性和边界条件。通过研究三维管道在不同流动条件下的 VIV 特性和管道结构响应特性，成功地捕捉到了相邻阶振动模式的切换现象以及管道两端的"行波"和"驻波"特性。M.J.Thorsen 等[3]研究了内部浆体对管道的 VIV 效应及疲劳损伤的影响，采用一种新颖的内流管道耦合分析框架来研究管道的 VIV 效应，通过数值模拟，分析得出不同密度内部浆体对管道 VIV 效应及疲劳损伤的影响。Weixing Liang 等[4]建立了管道内部水合物相变多相流动的数值模型。考虑内部多相流的影响，建立了管道的 VIV 方程。采用 Newmark-β 方法求解时域 VIV 响应。分析得到了进气比对管道固有频率和 VIV 响应的影响。Sarge[5]研究了内部流体压力对管道 VIV 响应的影响，通过数值模拟，分析得到了不同内部流体压力下管道后面旋涡的脱落模式以及水动力特性。Chunguang Wang 等[6]研究了管道材料对于大长径比管道 VIV 效应的影响，并通过数值模拟方法，比较了多种涡激振动条件下玻璃钢立管和钢制立管的动力特性，并通过各项数据对比验证了玻璃钢立管在抵抗涡激振动影响方面的优势。

2 几何模型

如图 1 所示，建立内流场-提升管道-外流场三维计算模型。管径为 D=20mm，壁厚为 $0.05D$，长径比为 200，外流场长和宽分别为 $40D$ 和 $20D$，其中外流场右端为速度入口，左端为压力出口，四周为对称边界，内流场底部为气体速度入口，顶部为液体压力出口，管道内外壁面以及内外流场与管道的接触面设置为流固耦合交界面。外流场、内流场和提升管道网格划分如图2、图 3 和图 4 所示，网格总数为 6458360，且模型通过网格无关性测试。

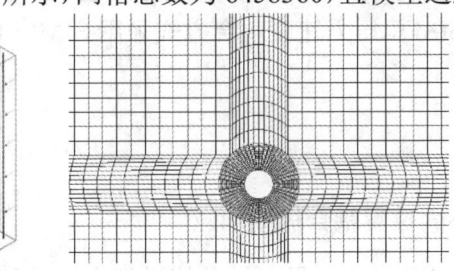

图 1 计算模型图 2 外流场局部网格

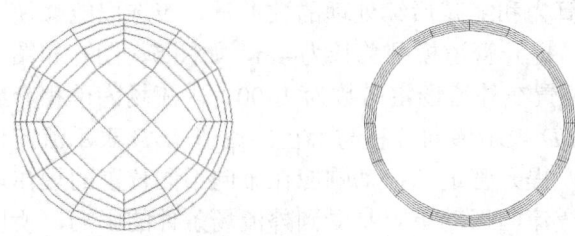

图 3 内流场局部网格图 4 提升管道局部网格

3 数值模型

3.1 控制方程

内外流场均可视为黏性不可压缩流体。连续性方程和动量方程分别为：

$$\nabla \cdot (\rho \vec{v}) = 0 \tag{1}$$

$$\frac{\partial}{\partial t}(\rho \vec{v}) + \nabla \cdot (\rho \vec{v} \vec{v}) = -\nabla P + \nabla \cdot (\tau) \tag{2}$$

式中，P 为静压力；τ 为应力张量；ρ 为流体密度；$\vec{v}$ 为速度矢量。

对提升管道的振动响应采用基于三维实体单元的有限元方法进行模拟，提升管道的振动控制方程为：

$$m\frac{\partial^2 \lambda}{\partial t^2} - T\frac{\partial^2 \lambda}{\partial z^2} + EI\frac{\partial^4 \lambda}{\partial z^4} + c\frac{\partial \lambda}{\partial t} = F \tag{3}$$

式中，m 为立管的质量，T 为恒定张力，EI 为弯曲刚度，c 为阻尼。立管的位移矢量 $\lambda = [\lambda_x, \lambda_z]^T$。$F = [F_d, F_t]^T$，$F_d$ 为立管的阻力，F_t 为立管的升力。

3.2 计算方法

本文在 Workbench 中完成内流场-提升管道-外流场的耦合计算，外流场使用可靠性高、收敛性好的 k-ω 湍流模型，内流场使用欧拉两相流模型，因为是三维数值模型需要考虑重力的影响，因此在 y 轴方向添加-9.81m/s²重力加速度，故压力差值方式采用体积力加权方式（Body Force Weighted），压力速度耦合方式采用 SIMPLE 算法，计算时间步长为 0.001s。

4 结果与讨论

4.1 提升管道轴向不同位置耦合振动响应

探究多种外流场条件下内流场对提升管道耦合振动的影响，因为是三维计算模型，需要考虑的影响因素较多，所以为了节约算力和缩减后续处理的数据量，应选取能够便于反应耦合振动规律变化的监测值及监测点。提升管道模型总长为 4m，如图 5、图 6 和图 7 所示，是提升管道轴向（y 轴方向）不同位置在外流场雷诺数为 1000，内流场为单相介质水时的管道流向横向瞬时位移曲线，其中 x/D 表示横向位移与管径的比值，z/D 表示流向位移与管径的比值。从图中反应的情况可知，提升管道的振动响应在轴向不同位置的规律均表现为横向振幅高于流向振幅，且由于管道流向振动更容易受到外流场条件的影响，所以管道横向振动能更方便分析管道的涡激振动特性以及内流场对于管道耦合振动影响的规律。

此外，从图中还可以看出，由于管道两端受预紧力、重力等条件的影响，振动规律波动较大，管道中间段的振动规律较为平稳，所以在后续探究内流场对于管道耦合振动的影响规律时选取了管道轴向中间点为监测点。

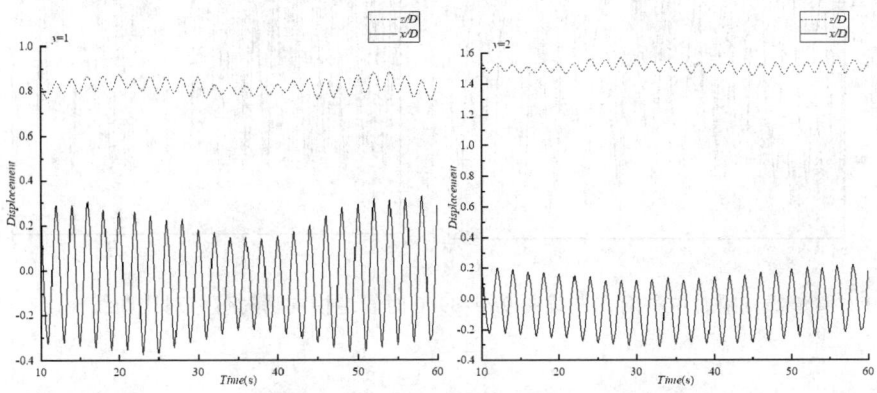

图 5 管道 1m 处流向横向瞬时位移曲线　图 6 管道 2m 处流向横向瞬时位移曲线

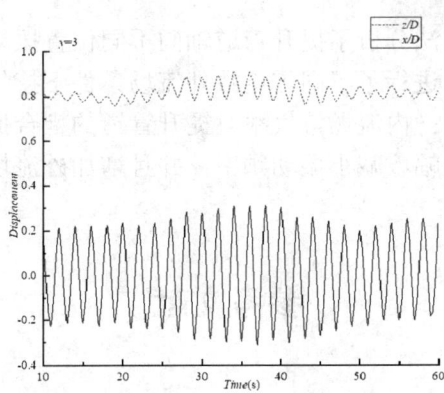

图 7 管道 3m 处流向横向瞬时位移曲线

4.2 内流场持气率对管道耦合振动的影响

为了研究内流场持气率对于管道耦合振动的影响，并根据 4.1 小节的分析，本文分别在外流场雷诺数为 1000 和 3900 两种条件下，进行了内流场持气率为 0.25、0.5 和 0.75 的管道耦合振动分析，如图 8 和图 9 所示，得到了不同持气率下管道横向瞬时位移的对比曲线。可以看出随着管道内流场持气率的增加，管道横向振动振幅增大、频率降低，且随着外流场雷诺数的增加，管道横向振动随机性增加，内流场持气率的影响效果减弱。

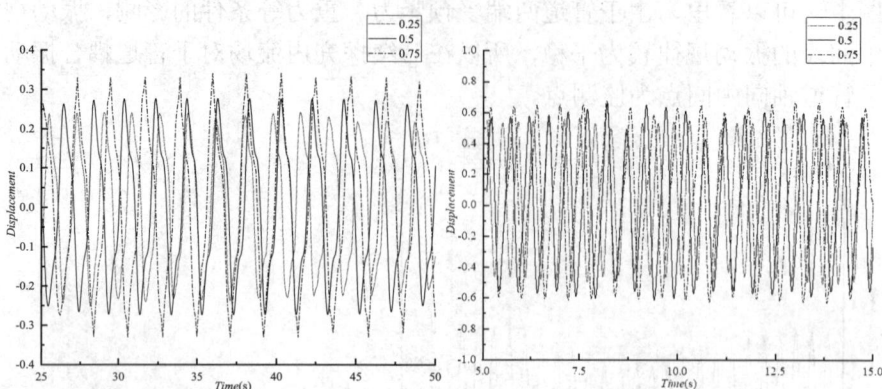

图 8 Re=1000 时管道横向瞬时位移对比曲线 图 9 Re=3900 时管道横向瞬时位移对比曲线

5 结论

本文利用数值模拟的方法分析了提升管道轴向不同位置振动响应规律，选取便于计算和分析的监测值和监测点，进行了不同雷诺数外流场条件下持气率对管道耦合振动的影响规律分析，得到了以下结论：内流场持气率对提升管道的耦合振动响应有影响，增加持气率可以增大管道横向振动振幅、减小振动频率，并且增加外流场雷诺数可以降低持气率对管道耦合振动的影响。

参考文献

1 气升泵[J].有色金属(采矿部分),1974(01):60.

2 Xiang-xi Han,Wei Lin. Understanding vortex-induced vibration characteristics of a long flexible marine riser by a bidirectional fluid–structure coupling method[J].Journal of Marine Science & Technology, 2020, 25(2):620-639.

3 M.J.Thorsena, N.R.Challabotla.A numerical study on vortex-induced vibrations and the effect of slurry density variations on fatigue of ocean mining risers[J]. Ocean Engineering, 2019, 174:1-13.

4 Weixing Liang,Min Lou. Numerical simulation of vortex-induced vibration of a marine riser with a multiphase internal flow considering hydrate phase transition[J]. Ocean Engineering, 2020, 216:107758.

5 Sarga. Numerical examination on the effect of internal fluid presssure on the hydrodynamic response of a marineriser[J].International Journal of Innovative Technology and Exploring Engineering, 2019, 8:1310-1315.

6 Chunguang Wang,Shiquan Ge. Comparative study of vortex-induced vibration of FRP composite risers with large length to diameter ratio under different environmental situations[J].Applied Sciences, 2019, 9(3):517.

Numerical simulation of influence of gas holdup of internal flow field on coupling vibration of lifting pipeline

ZHANG Hua-yu[*], CHEN Sheng-tao

(Naval Architecture and Ocean Engineering College, Dalian Maritime University, Dalian116026, Email:975336200@qq.com)

Abstract: The main body of the air-lift pump is a vertical the lifting pipeline, which provides compressed air at the bottom of the pipe to form an upward two-phase flow in the pipe, so as to achieve the purpose of lifting. Because the lifting pipeline often has a large aspect ratio, it will produce vibration under the coupling effect of the internal and external flow field in the pipe, and vibration will affect the lifting efficiency of the pipeline and even cause fatigue damage. Therefore, the vibration law of the pipeline should be analyzed to obtain the method of suppression. In this paper, by means of numerical simulation, the pipeline vibration under the coupling effect of internal and external flow field under different conditions is obtained, and the influence law of gas holdup of internal flow field on pipeline coupling vibration under different Reynolds number external flow field is studied. The research of this paper provides reference for the engineering application of large aspect ratio lifting pipeline.

Key words: Lifting pipeline;Gas holdup;Coupling vibration.

神经网络方法在致密油藏渗流模型中的应用

丁荷颖[1]，宋付权[1*]，汪勇[2]，孙业恒[2]

(1. 浙江海洋大学 石油化工与环境学院, 舟山 316022, Email: songfuquan@zjou.edu.cn;
2. 中国石油化工股份有限公司胜利油田分公司勘探开发研究院, 东营 257015)

摘要：微纳米尺度下流体的流动规律呈现非线性渗流规律，基于微纳米空间中受限流体的非牛顿流体特征，建立了液体的非线性渗流模型，模型中的参数需要通过流动实验得到。为了更方便地获取模型参数，预测流体在致密油藏孔隙中的渗流特征，基于神经网络预测方法，用现有的实验拟合数据进行机器学习，从而预测模型参数。以胜利油田某致密油藏为研究对象，选取77块致密岩芯并测量其物性参数，将渗透率、孔隙半径、稠度系数作为输入参数，建立了预测模型参数的神经网络模型。研究表明：使用反向传播神经网络（BPNN）方法，可以准确预测致密油藏中油、水流动时的非线性渗流模型参数，未来可用于预测油藏储层中其他物性特征，具有较高的准确性和广阔的前景。

关键词：致密油藏；神经网络方法；模型参数预测；非线性渗流模型

1 引言

人工神经网络（Artificial Neural Network，ANN）是一种模拟大脑神经元和神经网络结构、功能基础上而建立的一种信息处理系统[1]，从20世纪80年代开始，已经取得了突破式成就，成为现代最好的模糊数学模型之一，广泛运用于模式识别、计算机视觉、智能机器人、专家系统等领域。通过不同层之间的神经元互连，确定输入和输出的关系从而解决很多复杂的非线性问题[2]，目前神经网络方法主要分为三种：前馈神经网络、循环神经网络以及自组织网络[3]。

误差回传神经网络模型是一种多层无反馈的前向网络，也是目前应用最广泛的神经网络模型之一，由信息的正向传播和误差的反向传播两个过程组成。输入层的神经元负责接受外界输入的各种信息，并将输入信息传递给隐藏层神经元，中间隐含层神经元负责将接受到的信息进行处理，根据输出信息的需求，设置一层或多层隐藏层结构，然后通过最后一层的隐

基金项目：国家重大专项 (No. 2017ZX05072005)和国家自然科学基金 (NO. 11472246)

含层将信息传递到输出层，这是 BP 神经网络正向传播过程；当实际输出与理想输出之间的误差超过期望时，需要进入误差的反向传播，它首先从输入层开始，对各层权值进行修正，并依次向隐含层、输入层传播，这是反向传播的过程[4-5]。本文将建立人工神经网络模型，预测非牛顿流体的模型参数，对微纳米尺度下单相液体的渗流规律进行解释，从而对该模型的性能进行评价。

1977 年，Batchelor[6]将 0.1~10 μm 范围内的流动问题称为"微水动力学"，致密油藏中多孔介质的孔隙流动空间正好符合微水动力学研究的尺度范围。致密油藏中原油的存储主要集中于 0.1~1 μm 的孔隙中，液体表现出不同于宏观条件下的物理性质[7]，很多学者提出了不同的模型。我们基于微纳米空间中受限流体的非牛顿流动特征，建立一个非线性渗流模型。

幂律型非牛顿流体在圆管中的应力应变关系[8]：

$$\tau = H\gamma^n \tag{1}$$

式中，τ 为流体所受的应力，Pa；H 为稠度系数，mPa.s；γ 为流体的应变，s^{-1}，n 为幂律指数。

利用无滑移边界条件（$r=r_0$，$v=0$）可得流速公式为：

$$v = \left[\left(\frac{1}{2H}|\nabla p|\right)^{1/n} \cdot \frac{n}{n+1}\right]\left(r_0^{\frac{n+1}{n}} - r^{\frac{n+1}{n}}\right) \tag{2}$$

式中，r_0 为圆管半径，m；v 为流速，m/s；∇p 为压力梯度，Pa/m。

对于多孔介质，利用毛管束模型，假设毛管束平均半径为 $\overline{r_0}$，可得低渗透致密油藏中的渗流速度公式：

$$\overline{v} = -\frac{k}{\mu_e}\nabla p \tag{3}$$

渗透率和表观黏度分别定义为：

$$k = \frac{\phi\overline{r_0}^2}{8}, \quad \mu_e = \left(\frac{1+3n}{8n}\right)\overline{r_0}^{n-1/n}\left(\frac{1}{2H}\right)^{-1/n}\left(-\frac{dp}{dL}\right)^{n-1/n} \tag{4}$$

式中，k 为多孔介质的渗透率，μm^2；$\overline{r_0}$ 为多孔介质平均孔隙半径，μm；ϕ 为孔隙度；

当 $n=1$ 时，表观黏度 $\mu_e=H$，即呈现牛顿流体的特征。根据式（3），得到某典型的致密砂岩岩芯中水、油的流速拟合曲线（图1）。

2 人工神经网络模型的建立

基于 MLP 模型，利用实验数据建立非牛顿幂律参数的预测模型，以胜利油田某致密油藏作为研究对象，选取 77 块致密岩芯进行训练和测试。图 2 显示了人工神经网络模型的示意图,将渗透率 k、孔隙平均半径 $\bar{r}_0$、流体稠度系数 H 作为神经网络模型的输入参数,幂律参数 n 作为输出参数,在所有实验数据中,训练样本占大约 70%,其余 30%数据样本用于测试,然后将实际测量值和预测值进行比较,将计算得到的误差值原路径返回到网络中,并用迭代的方式不断调整权重来减小误差。

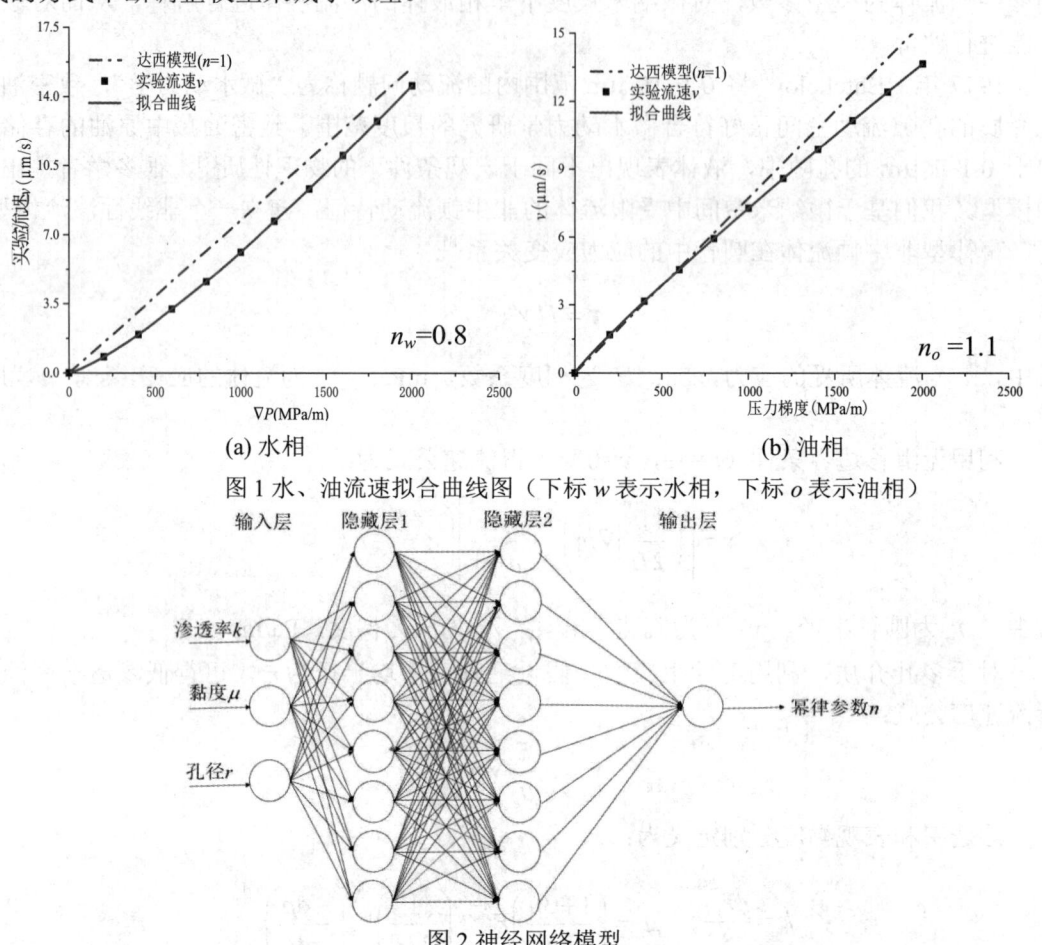

图 1 水、油流速拟合曲线图(下标 w 表示水相,下标 o 表示油相)

图 2 神经网络模型

3 结果与分析

在神经网络的工作中,为了预测致密岩芯内液体流动的模型参数,选取 77 块不同岩性的致密岩芯液体流动模型的实验数据,渗透率、孔隙度、孔隙平均半径等岩石基本物理参数由实验测定,非线性参数 n 值由实验拟合得到。

表 1 列举了部分岩芯的基本物理学参数,油、水两种液体流经岩石孔隙时的稠度分别为 5 mpa.s 和 1 mpa.s。

表 1 三种岩石的物理参数及拟合 n 值

岩芯	渗透率 k/mD	平均孔径/μm	水相 n_w 值	油相 n_o 值
滩 1-1	0.622	0.573	0.83	1.27
滩 1-2	0.538	0.536	0.84	1.1
滩 1-3	0.195	0.322	0.87	1.26
樊 154-1-1	0.160	0.318	0.87	1.25
樊 154-1-10	4.776	1.345	0.79	1.05
樊 154-1-4	0.413	0.451	0.85	1.23
利 911-66	1.899	1.015	0.81	1.07
利 911-67	0.519	0.526	0.84	1.24
利 911-70	1.102	1.048	0.80	1.06

根据不同岩石样品的基本物理参数，以及流经孔隙的液体稠度，以水、油为例，根据已建立的非线性渗流模型，通过实验拟合得到流动模型参数 n 值（表1）。

利用建立的神经网络模型进行训练的时候，一共使用 50 个样本进行训练，形成稳定的预测网络模型，为了检验训练算法网络的体系结构和性能，找到真正可靠的模型，将训练过程中的样本实验值和预测值进行比较（图3）。

图 3 表示了由神经网络模型的学习样本实验得到的模型参数值和预测值的相关关系，预测结果优于常用的多元统计方法，预测值与实验值相比偏差很小。水相相关系数为 0.95，油相相关系数为 0.98，两者都接近于 1，说明建立的神经网络模型是正确的。

图 3 表示了由神经网络模型的学习样本实验得到的模型参数值和预测值的相关关系。水、油相关系数分别为 0.95 和 0.98，两者都接近于 1，说明建立的神经网络模型是正确的。

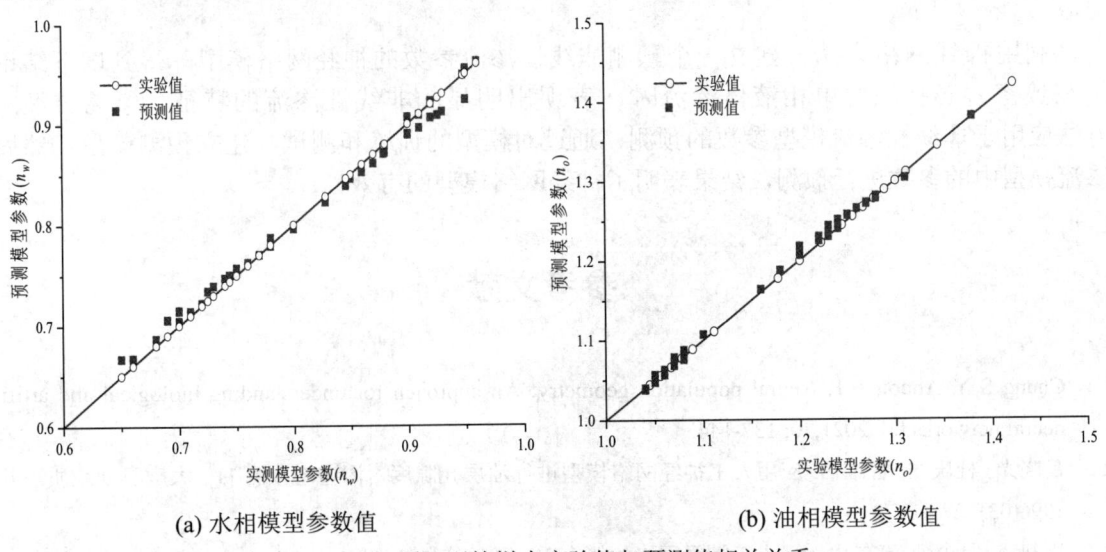

(a) 水相模型参数值　　　　　　　　　(b) 油相模型参数值

图 3 训练样本实验值与预测值相关关系

采用 MATLAB 语言编程实现 BP 神经网络模型的建立，根据致密岩芯的物理参数对岩芯中流体流动的非线性模型参数进行预测。将自变量（$k, \bar{r}_0, \mu$）代入到人工神经网络模型中，分别进行训练和测试，在训练的过程中，考虑到迭代次数和学习率对全局误差的影响，不断调整迭代次数和学习率，经过反复实验，水相液体流动预测模型的学习率取 0.001，油相预测模型的学习率取 0.01，最终将模型参数的预测值与实验值进行比较，如图 4 所示：预测值与实验值的误差较小，预测效果良好。

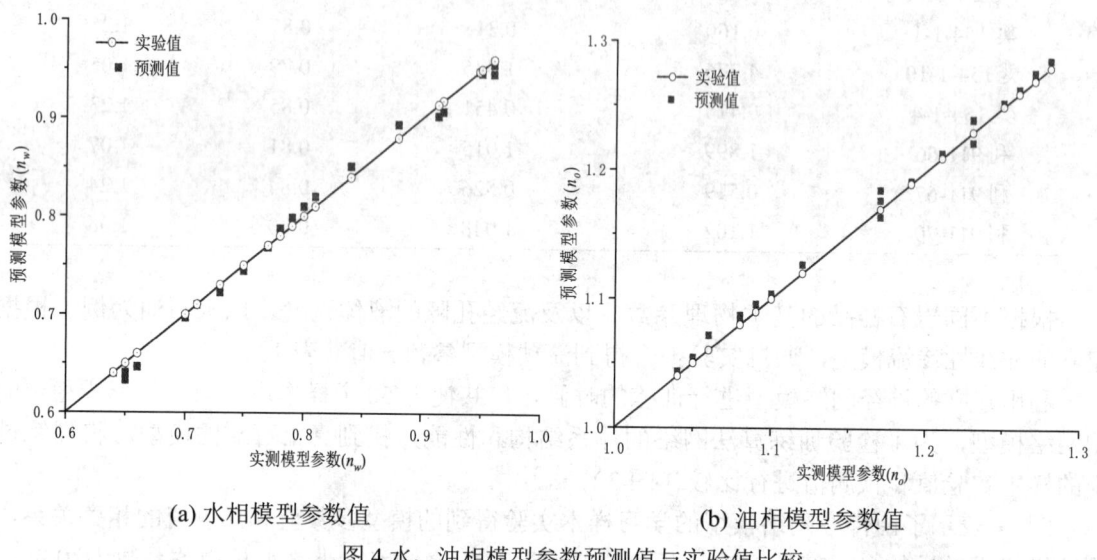

(a) 水相模型参数值　　　　　　　　(b) 油相模型参数值

图 4 水、油相模型参数预测值与实验值比较

4 结论

利用神经网络方法，建立一个预测非线性渗流参数的神经网络模型，得到以下结论：①在致密岩芯孔隙内单相液体渗流时，表现出明显的非线性渗流的特征。②将神经网络方法应用于非线性渗流模型参数的预测，通过对模型的训练和测试，建立预测模型，然后对渗流模型中的参数进行预测，结果表明了神经网络模型的有效性。

参考文献

1　Chung S Y, Abbott L F. Neural population geometry: An approach for understanding biological and artificial neural networks [J]. 2021,70: 137-144.

2　吕晓光, 杜庆龙, 曹维福. 应用人工神经网络模型进行油层孔隙度、渗透率预测 [J]. 大庆石油地质与开发, 1996(03): 27-31+78.

3　周利锋, 原少勤, 高尔生, 等. 人工神经网络的概念 [J]. 医学信息, 1998(11): 7-9.

4 Zhu J. Starting pressure head gradient and flow of Bingham plastics through a scaled fractal fracture network [J]. International Journal of Non-Linear Mechanics, 2020(126).

5 刘文超, 姚军, 孙致学, 等. 基于渗透率连续变化的低渗透多孔介质非线性渗流模型 [J]. 计算力学学报, 2012, 29(6): 885-892.

6 Batchelor G K. Developments in micro hydrodynamics in theoretical and applied mechanics. 1976.

7 Yong Wang, Fu-quan Song, Kai Ji, et al. Flow characteristics of silicon oil in nanochannels [J]. Hydrodynamics, 2021, 33: 1282-1290.

8 孔祥言. 高等渗流力学 [M]. 合肥: 中国科学技术大学出版社, 2010: 298-301.

Application of neural network method in tight reservoir seepage model

DING He-ying[1], SONG Fu-quan[1*], WANG Yong[2], SUN Ye-heng[2]

(1. School of Petro-chemical and Energy Engineering, Zhejiang Ocean University,
Zhoushan 316022, Email: songfuquan@zjou.edu.cn;
2. Exploration and development scientific research institute of Shengli oil field branch of Sinopec,
Dongying 257015)

Abstract: The flow law of fluid at micro-nano scale presents nonlinear seepage law. Based on the characteristics of non-Newtonian fluid of confined fluid in micro-nano space, a nonlinear seepage model of liquid is established. The parameters in the model need to be obtained through flow experiments. In order to obtain model parameters more conveniently and predict the seepage characteristics of fluid in tight reservoir pores, based on neural network prediction method, the existing experimental fitting data are used for machine learning to predict model parameters. Taking a tight reservoir in Sheng Li Oilfield as the research object, 77 tight cores were selected and their physical parameters were measured. Taking permeability, pore radius and consistency coefficient as input parameters, a neural network model for predicting model parameters was established. The research shows that the Back Propagation Neural Network (BPNN) method can accurately predict the nonlinear seepage model parameters of oil and water flow in tight reservoirs. It can be used to predict other physical properties in reservoirs in the future, with high accuracy and broad prospects.

Key words: Tight reservoir; Neural network method; Model parameter prediction; Nonlinear seepage model.

异步数据准确回归对流换热准则式的方法

冷学礼，王美霞，田茂诚*，张冠敏

(山东大学能源与动力工程学院，济南 250061, Email: tianmc65@sdu.edu.cn)

摘要：换热器及传热元件的对流换热测试实验及准则式回归是实验过程中很重要的总结归纳过程，实验流程步骤和准则式回归方法对回归精度有很重要的影响，论文分析当前回归方法的主要缺陷后提出了使用异步数据准确回归对流换热准则式的方法，可以在物性改变较大，换热过程中单侧换热特性未知以及间壁热导不确定的情况下使用，对于提高测试过程回归精度有很大的促进作用．

关键词：对流换热；准则式分离；换热器测试

1 引言

换热装置或者元件的单侧对流换热准则方程式是研究对流换热特征现象的归纳总结，获得准则方程式时要根据换热装置特征选择对应的回归方法并进行相应实验获取原始数据。由于间壁式换热器内两股流体参与换热，因此准则式回归中很重要的过程是实现流动换热分离并得到单侧表面传热系数与流量间的关系。在单侧对流换热系数和间壁热阻已知时可以使用威尔逊图解法[1]；在两侧流道结构与工质均相同并且间壁热阻已知的换热器内可以用等流速法或等雷诺数法回归得到准则式[2-3]；当两侧流道结构不一致、介质不同、间壁热阻未知等任一情况存在将导致等雷诺数法和等流速法得到的准则方程式偏离。针对此种情况，发展出了可以适应两侧流体介质不同、流动通道结构不同、间壁热阻未知等情况下回归准则式的最小方差法[4]，该方法需要实验过程中一侧的对流换热系数保持稳定，一般通过固定该侧的工质流量和温度近似保证，威尔逊法对实验要求与此类同。但是威尔逊法和最小方差法有两个缺点：①由于一侧流动换热条件固定后，另一侧流体以 1：10 的流量进行换热时，形成的两侧流道热容量不匹配导致测量误差难以控制，部分原始数据误差增大影响到回归的准确性。②在实验过程中由于另一侧流体流量的变化造成两侧流体温度分布改变，物性变化后固定侧流体的表面传热系数保持稳定的条件受到部分影响。

20 世纪 90 年代发展出的单吹瞬变法在不使用分离的条件下实现了板翅式换热器的测试和准则式回归[5]，但测试中也有 3 个主要缺点：①测试过程为非稳态，结果受温度传感器响应时间和测量系统动态特性的影响；②单吹测试过程中流动介质热容量与固体壁面热容量之比对测试结果准确性影响很大，因此气侧流动换热测试占主导。③测试过程中温度变化导致了以肋片和肋基为主的固体壁面肋效率和热导的变化影响难以消除，导致单吹瞬变测试在实际应用中发展缓慢。

近 20 年来单相对流换热准则式回归方法创新缓慢，主要原因是使用准则式回归方法过程中不考虑上述缺陷时也能够得出回归结果，但得出结果不代表实现了准确回归。通过分析进一步发展出与最小方差法具有相同优点，但是原始数据获取条件受限制更小的实验方案及回归方法很有必要，因此撰文推广这一准确可靠、适应性强的准则式回归方法。

2 异步数据回归对流换热准则式的计算过程

对于第一组实验得到的总传热系数，根据传热公式可以表述为：

$$1/k_{1,i} = 1/h_{B1,i} + \delta/\lambda + 1/h_{A1,i} \tag{1}$$

第二组实验得到的总传热系数，根据传热公式可以表述为：

$$1/k_{2,i} = 1/h_{B2,i} + \delta/\lambda + 1/h_{A2,i+1} \tag{2}$$

实验中第一组数据和第二组数据 B 侧流量相同，其表面传热系数基本一致，假设传热过程的导热热阻基本不发生变化，两式相减后可以消除 $h_{B,i}$ 和 δ/λ，表示为：

$$1/k_{1,i} - 1/k_{2,i} = 1/h_{A1,i} - 1/h_{A2,i+1} \tag{3}$$

定义 A 侧的准则式曲线为：

$$N_u = cRe^m Pr^n \tag{4}$$

根据 $N_u = hl/\lambda$，得到 h 与雷诺数之间的关系

$$h = cRe^m Pr^n \lambda/l \tag{5}$$

为求解方便，令 $cPr^n \lambda/l = C$，于是得到：

$$h = CRe^m \tag{6}$$

将式(6)代入到等式(3)中，得到：

$$k_{1i} \cdot k_{2i}/(k_{2i} - k_{1i}) = CRe_{2i}^m \cdot Re_{1i}^m/\left(Re_{2i}^m - Re_{1i}^m\right) \tag{7}$$

至此，重新整理得到了 A 侧对流换热准则式与两次实验间总传热系数差异相关的数据序列，对整个换热过程进行考察，得到：

$$\sum_{i=0}^{n} CRe_{2i}^m \cdot Re_{1i}^m / \left(Re_{2i}^m - Re_{1i}^m\right) = \sum_{i=0}^{n} k_{1i} \cdot k_{2i}/(k_{2i} - k_{1i}) \tag{8}$$

设定不同的 m 求解等式(8)，可以得到对应的 C 值，从而确定 A 侧准则式系数和指数间的关联性，此关联性仅代表得到了 C 和 m 的求解空间.

令 $k_{1i} \cdot k_{2i} / (k_{2i} - k_{1i}) = B_i$，实验过程中数据系列产生的平方差表示为：

$$\delta^2 = \sum_{i=0}^{n} \left(C \cdot Re_i^m \cdot Re_{i+1}^m - B_i \cdot \left(Re_{i+1}^m - Re_i^m \right) \right)^2 \tag{9}$$

标准差对 m 取导数，得到：

$$\frac{d\delta^2}{dm} = \sum_{i=0}^{n} \begin{bmatrix} 2 \cdot \left(CRe_i^m Re_{i+1}^m - B_i \left(Re_{i+1}^m - Re_i^m \right) \right) \cdot \\ \left[CRe_i^m Re_{i+1}^m \cdot (\ln Re_i + \ln Re_{i+1}) - B_i \cdot \left(Re_{i+1}^m \cdot \ln Re_{i+1} - Re_i^m \cdot \ln Re_i \right) \right] \end{bmatrix} \tag{10}$$

当回归到准确的 m 时式(10)达到最小值，通过前面式(8)确定出的 $C=f(m)$ 函数，通过二分法求解式(10)即可得到回归准则式中的 m，随后根据 $C=f(m)$ 函数确定 C。至此已经完成了异步数据回归准则式的关键步骤，后面对应的常规求解步骤不再赘述。

3 回归方法的理论及设计数据检验

在对流传热的实验中两侧对流换热准则式虽然存在，但在分离前是未知的，分离后得到的结果只是与给定的单侧准则式接近，而且不同分离方法的结果有差异，因此回归算法有效与否的检验不是实验研究能够完成的任务。一个比较可靠的方法是构建出两侧的准则式，利用给定的数据得到 A 侧雷诺数与总传热系数的关系，然后调用回归算法得到 A 侧回归结果，若与设定的准则式相同，则表明回归算法基本可靠。设定 A 侧 $C=10$，$m=0.7$，B 侧 $C=20$，$m=0.6$，间壁热导为 10000W/(mK)，得到如表 1 所示两组回归前数据，以及如图 1 所示的两组总传热系数与雷诺数的关系。

表 1 检验回归方法所用的理论计算数据

B 侧雷诺数	B 侧 h W/(mK)	一组 A 侧 Re	一组 A 侧 h	二组 A 侧 Re	二组 A 侧 h	一组 k_1 W/(mK)	二组 k_2 W/(mK)
1000	1262	1000	1259	1500	1672	593	671
3000	2440	3000	2716	3900	3264	1139	1225
5000	3314	5000	3884	6300	4566	1517	1611
7000	4056	7000	4916	8700	5724	1818	1918
9000	4716	9000	5861	11100	6788	2072	2177
10000	5024	10000	6310	12300	7293	2186	2293

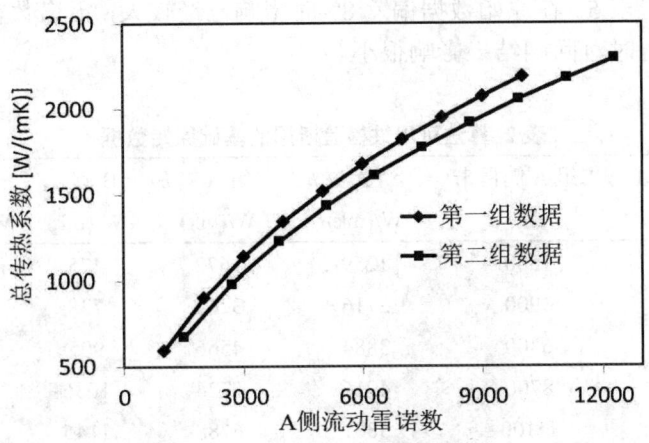

图 1 检验用理论总传热系数与 A 侧流动雷诺数的关系

根据表 1 中的数据，按照上述求解步骤首先得到如图 2 所示的解空间，可以看出预先设定的 C 和 m 在解空间范围内，随后根据式(10)解出如图 3 所示的回归后的 m 值，与前文设定的 m 值一致，进而回到解空间中求得对应的 C 值仍与设定值一致，表明使用无误差的原始数据验证时，回归方法是准确有效的。

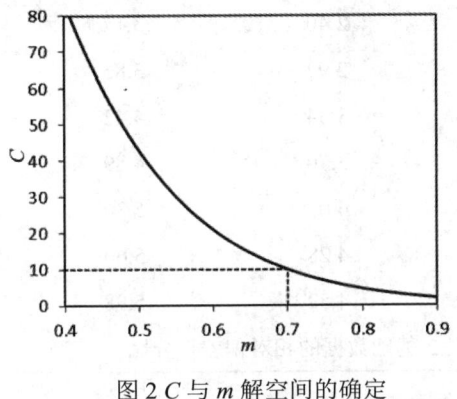

图 2 C 与 m 解空间的确定

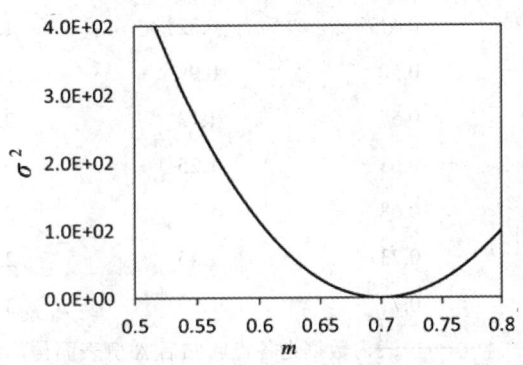

图 3 最小方差确定出解空间内的 m 值

使用上述无误差原始数据验证表明异步回归算法初步可行，需要进一步分析原始数据出现偏差时，回归算法是否仍然可以准确回归得到准则式。在该回归算法检验过程中，保证实际测试序列的趋势与如表 2 所示原始数据相同，对回归前的原始数据附加有规则的偏离，单点数据对原始数据的偏离依次为±1%至±8%，回归后准则式得到的表面传热系数与原始数据间的偏差见表 3，可以发现原始数据偏差±8%以内回归结果与原始数据的偏差仍然在 5.98%以内，各偏差下的最终回归结果见表 4，表明回归算法具有比较好的适用性。

使用管壳式换热器设计模拟软件对管壳式换热器进行模拟后得到与回归检验有关的总传热系数与雷诺数关系曲线见图 4，利用回归算法得到各原始数据偏离造成的回归偏差见

图 5，最终回归结果表 5。在原始数据偏差 8%时影响已经较大，雷诺数较大时达到了 12%，但数据偏差 4%以内时对回归结果影响很小。

表 2 算法可用性检验所用的基础原始数据

B 侧雷诺数 /一组 A 侧雷诺数	二组 A 侧雷诺数	一组 A 侧 h W/(mk)	二组 A 侧 h W/(mk)	B 侧 h W/(mk)	k_1 W/(mk)	k_2 W/(mk)
1000	1500	1259	1672	475	334	357
3000	3900	2716	3264	738	548	568
5000	6300	3884	4566	905	684	702
7000	8700	4916	5724	1036	788	806
9000	11100	5861	6788	1145	874	892
10000	12300	6310	7293	1194	913	931

表 3 基础数据出现偏差后对准则式回归结果的影响

1%数据偏差	2%数据偏差	4%数据偏差	6%回归偏差	8%回归偏差
-0.14	-0.28	-0.58	-0.90	-1.24
0.14	0.27	0.52	0.77	0.99
0.30	0.59	1.16	1.72	2.27
0.41	0.82	1.62	2.40	3.17
0.50	0.99	1.96	2.92	3.86
0.57	1.13	2.25	3.34	4.42
0.63	1.25	2.49	3.70	4.89
0.68	1.36	2.69	4.01	5.30
0.73	1.45	2.88	4.28	5.66
0.77	1.53	3.04	4.52	5.98

表内数据为各点回归后 A 侧表面传热系数与表 2 基础数据的相对偏差百分比

表 4 各数据偏差下的回归结果列表

数据偏差/%	回归 m	回归 C	回归最大偏差/%
0	0.7000	10.0000	0.00
1	0.6961	10.2889	0.77
2	0.6922	10.5843	1.53
4	0.6844	11.1954	3.04
6	0.6767	11.8343	4.52
8	0.6690	12.5015	5.98

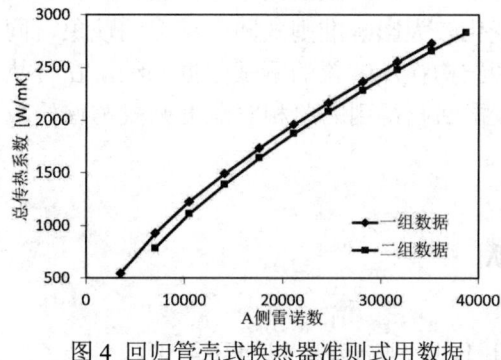
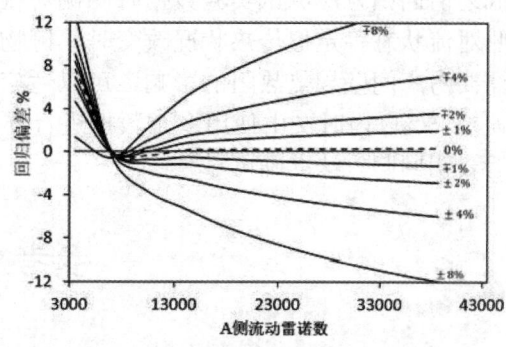

图 4 回归管壳式换热器准则式用数据　　　　图 5 各数据偏差下的到的回归偏差

对比表 5 的回归结果可以发现数据偏差对最终回归结果造成的表观差异很大，说明不同的实验及回归算法得到的系数差别很大是一种正常的情况，关键是要比较算法与原始数据偏离的程度，例如在 2%偏差下形成的 C 和 m 差异很大，但在回归中二者最大偏差仅相差 6%左右。同时根据管壳式换热器模拟运行的原始数据，被回归侧用的 C 为 1.3678, m 为 0.7939，在没有原始数据偏差的情况下回归值和设计数据仍有一定偏差，比理论数据回归结果精度低，这是由于换热器内部流动过程中流体物性、换热器内的偏流等均对准确回归造成影响，实际回归过程中无法准确避免，因此在换热器实验中回归结果靠近真实准则式的程度完全靠回归算法确定，这也是我们在实验中要充分理解实验特性并选择合适回归算法的原因所在。

表 5 管壳式换热器内回归结果

偏差/%	C	m
0	1.329	0.7972
±1	1.445	0.7877
∓1	1.220	0.8068
±2	1.571	0.7783
∓2	1.120	0.8164
±4	1.851	0.7596
∓4	0.941	0.8360
±8	2.545	0.7233
∓8	0.656	0.8761

4 结论

传热过程的分离和准则式拟合是传热学研究中总结归纳换热特征的重要工具，在应用过程中需要持续发展创新，文中提出的使用异步数据回归单相对流换热准则式的方法，可以降低之前回归方法测试实验数据时两侧对流热容量不匹配造成的测量误差增大，以及由于单侧对流状态稳定但传热状况改变时单侧物性变化较大影响准则式回归精度的现象，同时不需要考虑间壁导热热阻的影响，可以适应复杂结构换热装置的测试数据归纳，在传热过程误差 5%以内时文中使用多个数据进行异步数据回归得到的单相对流准则式与原始数据接近表明回归方法准确可靠。

参考文献

1. 在换热器传热试验中用威尔逊图解法确定给热系数 [J]. 化工与通用机械, 1974(7): 24-35.
2. 欧阳新萍, 陶乐仁, 等. 雷诺数法在板式换热器传热试验中的应用 [J]. 热能动力工程, 1998(2): 39-41.
3. 欧阳新萍, 吴国妹, 刘宝兴, 等. 流速法在板式换热器传热试验中的应用 [J]. 动力工程, 2001(03): 1260-1262.
4. 冷学礼, 邱燕, 田茂诚, 等. 基于最小方差的对流换热准则式非线性回归算法及检验 [J]. 化工学报, 2014, 65(11): 4309-4314.
5. 史燕华. 基于脉冲函数瞬变法的紧凑换热结构热力性能试验方法 [D]. 上海: 华东理工大学, 2017.

Accuracy convective correlation regression with asynchronous experimental data

LENG Xue-li, WANG Mei-xia, TIAN Mao-cheng*, ZHANG Guan-min

(School of Energy and Power Engineering, Shandong University, Jinan 250014, Email: tianmc65@sdu.edu.cn)

Abstract: The convection heat exchange test experiments of heat exchangers and heat transfer elements and the standard regression are very important summary processes in the experiment process. The regression method is important for accuracy concluding correlations in heat transfer experiments for device testing. The procedure of the experiment and regression method is compare to make a great influence on the regression accuracy. This paper analyzing the main defects of the current regression method and put forward a method of using asynchronous data to accurately regressive convection correlations without physical properties changing influence.

Key words: Convective heat transfer; Correlation regression; Heat exchanger experiment.

旋流器内油水两相流动机理研究

罗炼，陈瑶瑶，李斌，杨乐乐[*]

（华南理工大学 土木与交通学院，广州 510641, Email: yanglele@scut.edu.cn）

摘要：石油作为不可再生的国家重要战略资源，对国家的生存和社会的发展有着巨大影响。海洋作为世界上石油资源的重要储藏区域，我国对海洋石油的开采自20世纪70年代以来已有半个世纪。由于海上油田开采随着时间的推移，油田的含水率逐渐增大，为了满足经济效益和营运要求，需要高效的水下油水分离装置。对于高含水率油田开采中遇到的油水两相分离问题，文章采用了圆柱型旋流器，采用离散相模型进行数值模拟，选用欧拉模型和雷诺应力湍流模型，分析旋流器中油水两相的流动机理，研究圆柱型旋流器不同截面的相含率和压降等流动特征，有助于实现现实中高效的油水分离。

关键词：油水分离；柱型旋流器；离散相

1 引言

石油是现代工业的"血液"，是海洋中的黑色金子，全球海域油气资源丰富，能源战略意义深远。海洋油气储量约占全球油气资源总量的1/3。其中，海洋油气资源约60%分布在浅海大陆架，深水、超深水占比约30%。目前，全球共发现海域常规油气田数量为4311个，海域在产常规油气田数量为1175个，技术剩余可采储量为1117亿吨油当量，占全球油气技术剩余可采储量的29%[1]。开采海洋油田有着高风险、高投入、高技术的特点，对国家各方面科技的实力要求非常之高，虽然有时受到国际油价低迷、油田开采成本过高等因素的影响，深海油田开采项目容易中止，但由于石油资源的不可或缺性，对一个国家而言深海油田仍将是未来石油开采的主要领域。

对我国而言，我国南海的石油有着巨大的开采空间，油田分阶段的进行开采，随着油田开采的深入，油田开采的剩余潜力虽然还有许多，可此时的油田含水率往往较大，油田的采收率逐步下降，影响油田的开采利润甚至最终不得不中止油田开采。高含水率油田开采过程中的油水分离问题严重影响了油田的采收率。此外，随着海洋石油科学的发展，对设备尺寸与效率的要求也在不断提高。传统的重力式分离器因其结构繁琐，占地面积较大而不能满足需求；而新型的柱型旋流分离器则具有结构紧凑、体积小、质量轻、工艺简单且处理时间短的特点[2]。

在过去的 30 年中,许多的专家学者对柱型旋流分离器在油水分离中的应用做了大量的理论研究和实验探索。C. Oropeza-Vazquez 等[3]研发了一种紧凑型的柱型油水旋流分离器,并做了大量的实验研究验证了柱型旋流分离器可以用来分离油水两相。I A Dharma 等[4]研究了柱型旋流分离器的混合液入口速度、溢流口的分流比、分离器的管道直径对分离器分离效率的影响。Yunfeng Li 等[5]通过大量的研究对比发现混合液进入口倾角为 27°时分离效果最为理想。何兆勋[6]通过数值模拟验证了锥段长度对旋流器分离性能的影响,锥段部分的设计为液体形成涡流提供了相当大的初速度,维持了足够大的离心力,保证了分离效率。

本研究将重点探究油水混合液中不同油滴粒径分布以及不同含油率对旋流器内两相流动流场的影响,由于涡流数学模型的复杂性,需要运用计算流体动力学 (CFD)进行数值模拟,通过建立适用于油水两相分离的多相流数值模型,分析流动场内两相的体积分数、压降等变量,比较不同工况下的流场特征,探究油水两相流动组分运输中的流动机理。

2 数值模型

2.1 多相流模型

柱型旋流器的目的是分离油水两相,针对水下旋流器中油水两相流动的实际情况,在进行数值模拟时,相较于 VOF 模型和 Mixture 模型,Euler 模型的计算精度更高,且更适用于混合两相流动中的分离,Euler 模型考虑各相之间的相互作用,对每一相求解的连续性方程和动量方程如式(1)和式(2):

$$\frac{\partial(\alpha_q \rho_q)}{\partial t} + \nabla \cdot (\alpha_q \rho_q \vec{v}_q) = 0 \tag{1}$$

式中,$\vec{v}_q$ 是 q 相的速度,连续相时下标 q 为 c、离散相时下标 q 为 p

$$\frac{\partial}{\partial t}(\alpha_q \rho_q \vec{v}_q) + \nabla \cdot (\alpha_q \rho_q \vec{v}_q \vec{v}_q) = -\alpha_q \nabla p + \nabla \cdot \overline{\overline{\tau}}_q + \sum_{p=1}^{n}(\vec{R}_{pq} + \dot{m}_{pq}\vec{v}_{pq}) + \alpha_q \rho_q \vec{g} + \alpha_q \rho_q (\vec{F}_{lift,q} + \vec{F}_{Vm,q}) \tag{2}$$

式中,$\overline{\overline{\tau}}_q$ 是 q 相的压力应变张量;$\dot{m}_{pq}$ 为相 p 与相 q 之间的质量转变,一般为 0;

旋流器中 $\vec{R}_{pq}$ 为油水两相间作用力,$\vec{F}_{lift,q}$ 是升力,$\vec{F}_{Vm,q}$ 是虚拟质量力,p 是两相共享的压力。

2.2 湍流模型

目前常见解决湍流运动的模型有湍流输运系数模型、雷诺应力模型(RSM)和大涡模拟三种,柱型旋流器中油水两相混合物形成强旋流,因此采用雷诺应力模型(RSM)直接求解湍流应力，同时也适用于此种高雷诺数的旋流场。其输运方程见式(3)：

$$\frac{\partial}{\partial t}(\rho \overline{u_i' u_j'}) + \frac{\partial}{\partial x_k}(\rho \overline{u_k} \overline{u_i' u_j'}) = -D_{Tij} + D_{Lij} - p_{ij} + \phi_{ij} - \varepsilon_{ij} - F_{ij} \quad (3)$$

式中，D_{Tij}、D_{Lij}、p_{ij}、ϕ_{ij}、ε_{ij}、F_{ij} 分别为湍流扩散项、分子黏性扩散项、剪应力产生项、压力应变项、黏性耗散项和系统旋转产生项：

$$D_{Tij} = \frac{\partial}{\partial x_k}\left(\frac{\mu_{tm}}{0.82}\frac{\partial \overline{u_i' u_j'}}{\partial x_k}\right) \quad (4)$$

$$\mu_{tm} = 0.09 \rho_m \frac{\kappa^2}{\varepsilon}, \quad \kappa = 0.5\overline{u_i' u_i'} \quad (5)$$

$$D_{Lij} = \frac{\partial}{\partial x_k}\left[\mu_m \frac{\partial(\overline{u_i' u_j'})}{\partial x_k}\right] \quad (6)$$

$$\mu_m = \sum_{n=1}^{N} \alpha_n \mu_n \quad (7)$$

$$p_{ij} = \rho_m \left(\overline{u_i' u_k'} \frac{\partial u_j}{\partial x_k} + \overline{u_j' u_k'} \frac{\partial u_i}{\partial x_k}\right) \quad (8)$$

$$\phi_{ij} = \overline{p\left(\frac{\partial u_i'}{\partial x_j} + \frac{\partial u_j'}{\partial x_i}\right)} \quad (9)$$

$$\varepsilon_{ij} = \frac{2}{3}\delta_{ij}\rho_m \varepsilon \quad (10)$$

$$F_{ij} = 2\rho_m \Omega_k \left(\overline{u_j' u_i'}\varepsilon_{ikm} + \overline{u_i' u_m'}\varepsilon_{jkm}\right) \quad (11)$$

耗散方程：

$$\frac{\partial}{\partial t}(\rho_m \varepsilon) + \frac{\partial}{\partial x_i}(\rho_m \varepsilon u_i) = \frac{\partial}{\partial}\left[\left(\mu_m + \mu_{tm}\frac{\partial \varepsilon}{\partial x_j}\right)\right] + 0.72 p_{ii}\frac{\varepsilon}{k} - 1.92\rho_m \frac{\varepsilon^2}{\kappa} \quad (12)$$

2.3 方案描述

图 1 为旋流器的几何模型，由水平入口管、柱体部分、上部的溢流管、下部的底流管组成，水平进液口采用楔形入口，油水混合物切向进入产生涡流，利用高速旋转产生离心

力，在离心力和重力的作用下，密度小的油相向柱体轴心附近运动形成油核，经旋流器的溢流口排出，密度大的水相运动到壁面附近，经下部的底流管流出。

模型使用结构化网格划分，共有 110 万个网格。油滴粒径分布选用大粒径和小粒径两种粒径分布。计算分为两个部分，第一部分是监测油水混合液在油水两相分离过程中的压力变化；第二部分是通过观察油水混合物在不同截面高度下的截面相含率分析旋流器分离性能。

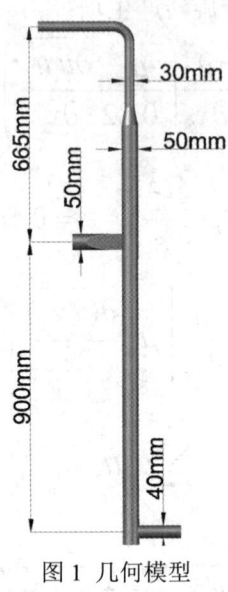

图 1 几何模型

3 数值模拟与结果

对柱型旋流器内油水两相分离的数值模拟是在 ANSYS Fluent 软件里完成的。通过改变油滴粒径分布、油水混合液含油率等参数，得到了以下结果，图 2 显示了油水混合物入口速度为 1.2379m/s，油水混合物油相体积分数为 0.5%下的压力沿管道轴向的变化曲线和对应情况下旋流器的纵剖面压力变化云图，从图 2 中可以看出，两者之间的压力分布十分接近，且都呈现出进液口周围压力大，之后随着旋流流动逐渐减小，但在高度 1.3m 左右又有了一个压力的突变，这是管道在此处作了缩颈的处理，混合液消耗动能过多。

本次模拟采用离散相数值模型，油滴粒径分布影响着旋流器内流场分布，图 3 是油水混合液油相体积分数为 0.5%，入口速度为 1.2379m/s 时距底流口不同高度的油相体积含率沿旋流器管道的径向分布，图 4 为其对应高度截面油相含率的分布云图。不难看出，整体油相经过旋流后集中在旋流器轴心附近，且越靠近管道壁面油相含率越低，进液口附近油相聚集程度高，之后由于压力损失导致旋流强度减弱油相趋于稳定，结果符合油水两相旋流分离机理。

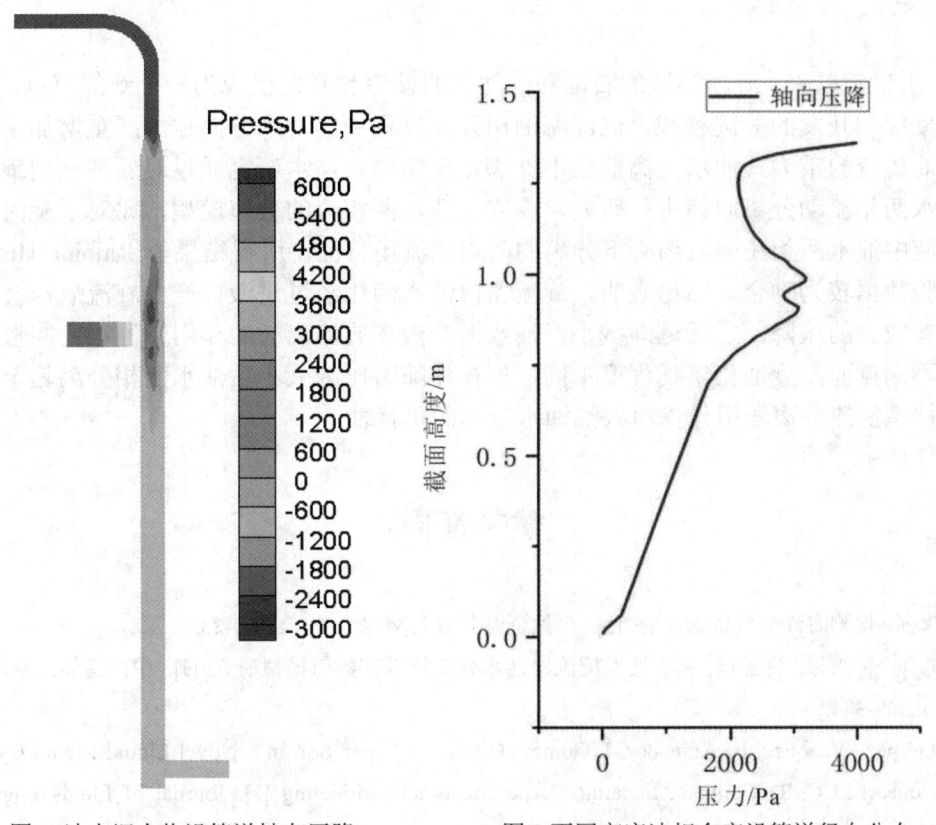

图 2 油水混合物沿管道轴向压降　　　　图 3 不同高度油相含率沿管道径向分布

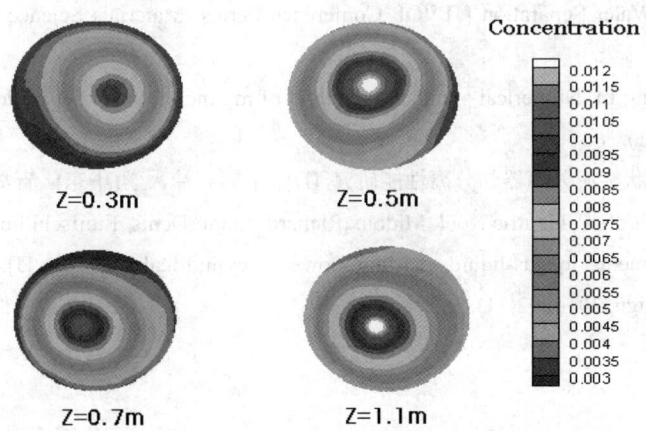

图 4 不同高度截面油相含率分布云图

4 结论

自 21 世纪以来，海洋领域的石油和天然气的勘探和开发已成为一个新的重点，深水能源更是勘探和开发的关键领域。但深海油田开发过程中的油水分离技术严重增加了开发成本，当前传统的重力式油水分离器已不能满足现实需求，本研究通过对新型柱型旋流分离器中油水两相流动分离问题进行研究，建立了油水两相流的数值模型，比对了旋流器中油水混合液中油水两相在旋流离心下分离的两相流流场特征，所得结果与 Rainier Hreiz 等[7]所得实验数据较为吻合。结论表明，旋流器内油水两相经过进液口产生旋流后，会在进液口附近有较大的压降，之后逐渐减小，油水混合液在旋流离心的作用下油相会向管道轴心聚拢，不同截面高度油相聚拢程度不同，但在伴随着压降减小后油水两相分离趋于稳定，验证了柱型旋流分离器用作深海采油油水分离的可行性。

参考文献

1　王建强. 探测海洋油气资源之路 [J]. 自然资源科普与文化, 2021(4): 20-23.

2　刘海飞, 钟兴福, 许晶禹, 等. 柱型旋流器油水分离特性的数值模拟研究 [J]. 中国造船, 2009, 50(增刊1): 369-374.

3　C. Oropeza-Vazquez, E. Afanador, L.Gomez. Oil-Water Separation in a Novel Liquid-Liquid Cylindrical Cyclone (LLCC~R) Compact Separator-Experiments and Modeling [J]. Journal of Fluids Engineering: Transactions of the ASME, 2004, 126(4).

4　I A Dharma, A Widyaparaga, F I Faza. Performance Evaluation of a Liquid-Liquid Cylindrical Cyclone (LLCC) for Oil-Water Separation [J]. IOP Conference Series: Materials Science and Engineering, 2019, 532(1).

5　Yunfeng Li, Yuting Li. Numerical simulation method of marine oil-water separation [J]. Thermal Science, 2021, 25(6A_2021).

6　何兆勋. 液-液柱状旋流分离器的分离性能研究 [D]. 中国石油大学(华东), 青岛, 中国, 2017.

7　Rainier Hreiz, Caroline Gentric, Noël Midoux, Richard Lainé, Denis Fünfschilling. Hydrodynamics and velocity measurements in gas-liquid swirling flows in cylindrical cyclones [J]. Chemical Engineering Research and Design, 2014, 92(11).

Study on oil-water flow mechanism in cyclone separator

LUO Lian, CHEN Yao-yao, LI Bin, YANG Le-le[*]

(School of Civil Engineering and Transportation, South China University of Technology, Guangzhou 510641, Email: yanglele@scut.edu.cn)

Abstract: As an important strategic resource of non-renewable countries, oil has a huge impact on the survival of the country and social development. As an important storage area of oil resources in the world, China's offshore oil exploitation has been half a century since the 1970 s. Since the water content of offshore oilfield increases gradually with the passage of time, in order to meet the economic benefits and operational requirements, efficient underwater oil-water separation device is needed. For the oil-water two-phase separation problem encountered in the exploitation of oil fields with high water content, this paper adopts the cylindrical cyclone, adopts the discrete phase model for numerical simulation, selects the Euler model and the RSM turbulence model, analyzes the flow mechanism of oil-water two-phase in the cyclone, and studies the flow characteristics such as phase holdup and velocity of different sections of the cylindrical cyclone, which is helpful to realize the efficient oil-water separation in reality.

Key words: Oil-water separation; Cylindrical cyclone; Discrete phase.

反导叶分流叶片对水泵水轮机导叶-反导叶干涉的影响规律

台格园，王文杰*，裴吉，张晨滢，孙菊

（江苏大学 流体机械工程技术研究中心，镇江 212013，E-mail: wenjiewang@ujs.edu.cn）

摘要：对于高水头的抽水蓄能机组，两级水泵水轮机反导叶流道内通常存在复杂的涡流和回流现象，对机组的高效运行产生不良影响。为了改善反导叶内部流态，设计了三种带有分流叶片的反导叶方案，并将其与原始方案进行对比，探究多工况下反导叶的内部流动与分流叶片参数的内在联系。本研究选取一台水泵水轮机的低压级作为研究对象，采用 Blade Gen 设计反导叶分流叶片，对泵工况下反导叶内的流体进行定常模拟。计算结果表明：在 6+6 叶片的方案 2 中，原型叶片前缘和分流叶片前缘处流线光顺，没有发生明显的流体撞击现象，说明分流叶片能够有效改善导叶-反导叶区流道内的流态，有利于提高水泵水轮机的级间效率。

关键词：分流叶片；反导叶；定常模拟；内部流动

1 引言

为了实现"碳中和"目标，2021 年 10 月国务院发布了《中共中央国务院关于完整准确全面贯彻新发展理念做好碳达峰碳中和工作的意见》，提出要构建"清洁低碳、安全高效"的能源体系。"新能源+抽水蓄能"的联合调度是构建"清洁低碳、安全高效"能源体系的关键所在。但是随着高比例的可再生能源并入电网，电网供电质量差、供电不稳定的问题日益突出。为了满足电力系统的要求，能够快速平衡负荷、调节频率的抽水蓄能电站至关重要。作为抽水蓄能电站的核心设备，水泵水轮机的高效、稳定运行一直是国内外学者们研究的重点和难点[1-3]。而反导叶流道内的高幅值压力脉动和其造成的水力损失很大程度上限制了水泵水轮机的高效、稳定运行。

为了揭示反导叶流道内的复杂流动，国内外许多学者就反导叶的内部流动进行了研究。王文杰等[4]和阳君等[5]对水泵水轮机低压级进行数值模拟，发现反导叶前缘吸力侧存在回

基金项目：江苏省研究生科研与创新项目(Grant No. KYCX22_3652)

流现象和高幅值的压力脉动,且数值模拟得到的这一结果与高速摄影机拍到的结果一致。Pavesi 等[6]对二级水泵水轮机进行数值计算,发现随着功率下降,固定导叶流场内的旋转失速现象加剧。朱鹏艳等[7]在对一台冷却塔专用水轮机进行数值计算的过程中发现级间导叶造成的水力损失占据整个机组水力损失的 30%~40%。李国栋等[8]采用试验研究与数值模拟相结合的方式,探究了停机瞬态过程中的动态特性,发现随着活动导叶开度持续减小,固定导叶附近漩涡越来越大。以上学者均指出了反导叶流道内存在严重的流动不均匀现象,并且严重影响机组效率,因此对于反导叶的优化设计研究势在必行。

谢星等[9]对一带有分流叶片的离心叶轮进行了优化优化设计,发现分流叶片最好为主叶片做功的 0.5 倍,且流向长度不宜过短。张旭等[10]对带分流叶片的混流泵进行了非定常流动特性研究,发现分流叶片的添加使得叶片最大应力减小,使应力分布更加均匀。吴国桥等[11]设计了 3 个长短不同的带有分流叶片方案,发现叶轮流道内的压力脉动特性与分流叶片的几何参数紧密相关,且分流叶片对中流线上监测点的压力脉动影响较大。周月等[12]研究发现设置分流叶片不仅可以提高离心泵性能,还能改善其内部流场使其运行更加稳定。以上学者的研究均表明,分流叶片改善内部流动的有效性,因此通过设置分流叶片的办法来改善反导叶内部流动具有一定的可行性。但是,通过前期的文献调研,发现分流叶片几何参数与内部流动之间的内在联系并不清晰,因此笔者在前人研究的基础上,进一步进行了分流叶片几何参数对内部流动的影响研究。

本研究基于 Blade Gen 设计了三种带有分流叶片的反导叶方案,并将其与原始方案做对比,探究设计工况下四种方案反导叶的内部流动特性,揭示了分流叶片参数对反导叶内部流动特性的影响。

2 计算模型

水泵水轮机过流部件包括吸水管、叶轮、动导叶、扭曲三维反导叶以及尾水管,转速 n=600r/min、叶轮叶片数 Z=7、动导叶叶片数 Z_1=22、反导叶叶片数 Z_2=11,整个计算域见图 1。过流部件的主要几何参数见表 1。湍流模型的选取是内部流动模拟的关键,本研究选取了 k-Epsilon 模型作为本次定常模拟的湍流模型。计算域的边界条件设置为:进口设置为试验获得的进口总压,出口设置为质量流量。通过 ICEM 和 Turbo grid 对计算域进行了全流道的结构化网格划分,吸水管、叶轮、动导叶、扭曲三维反导叶以及尾水管的网格数分别为 142 万、170 万、241 万、264 万、32 万,计算域的总网格数为 849 万,主要过流部件网格划分见图 2。

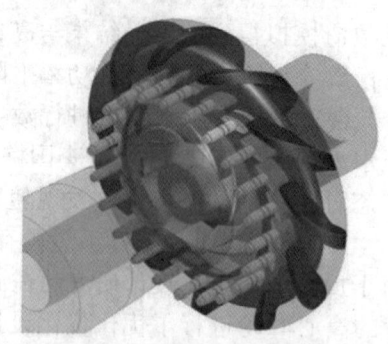

图 1 计算模型

表 1 过流部件主要参数

叶轮	出口直径 D_2 400 mm	叶片出口宽度 B_2 40 mm	叶片数 Z 7	叶片出口角 β_{2b} 26.5°
动导叶	进口直径 D_3 410 mm	叶片进口宽度 B_3 40 mm	叶片数 Z_1 22	进出口角 λ -8-8°
反导叶	进口直径 D_4 516 mm	叶片进口宽度 B_4 40 mm	叶片数 Z_2 11	

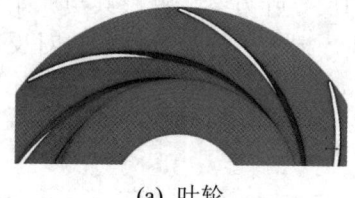 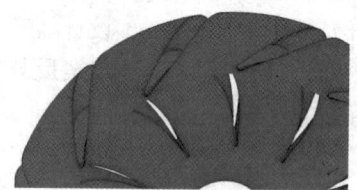

(a) 叶轮   (b) 反导叶

图 2 网格划分

3 分流叶片设计

本研究采用 Blade Gen 设计了三种带有分流叶片的反导叶方案，具体方案见下表 2。

表 2 分流叶片设计方案

方案	叶片数	分流叶片长度
原始方案	11 个原型叶片	L
方案 1	5 个原型叶片+5 个分流叶片	0.8L
方案 2	6 个原型叶片+6 个分流叶片	0.8L
方案 3	7 个原型叶片+7 个分流叶片	0.8L

四个方案的反导叶三维造型见图3。

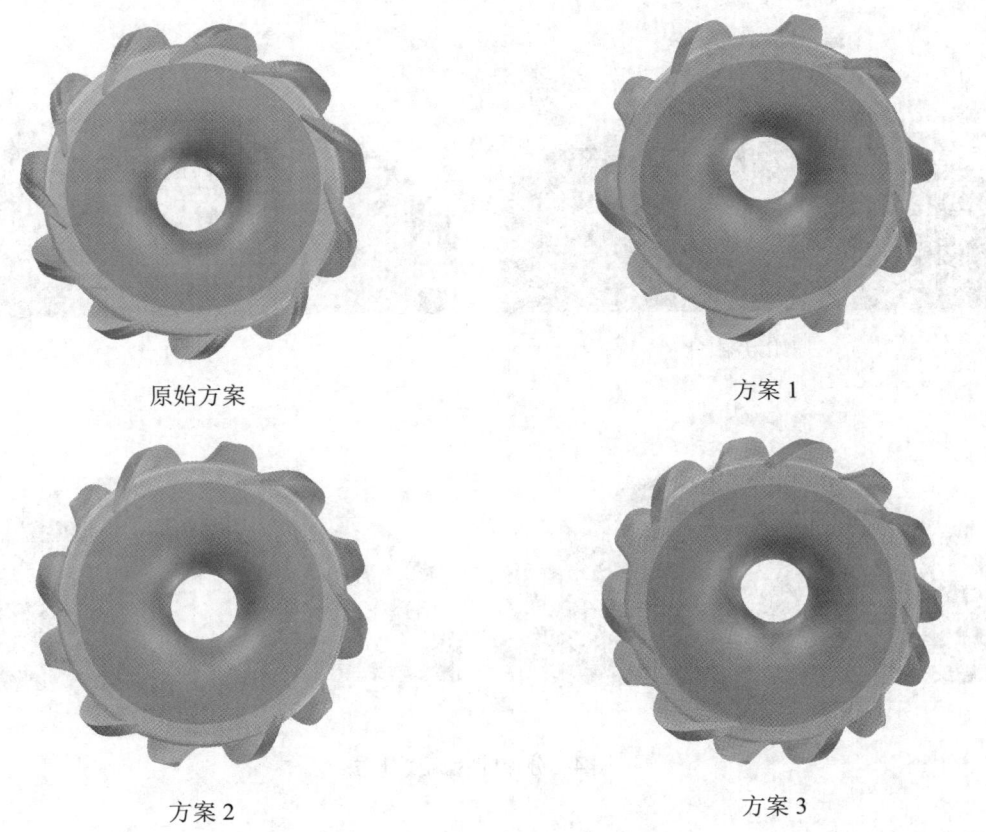

图 3　分流叶片设计方案

3　设计工况下内部流动分析

3.1　流场分布

　　本研究采用 Ansys post 对反导叶的内部流场进行分析，反导叶流道内存在严重的漩涡和回流现象，而在方案1和方案2中，反导叶流道内的流体紧贴叶片壁面流动，没有明显的漩涡分布和回流现象。这主要是由于，在方案1和方案2中，流道内的流体在分流叶片前缘处流线光顺，只产生了非常轻微的撞击现象，说明分流叶片对于减少流线对叶片的撞击作用明显。值得注意的是，除了方案2，方案1和方案3在叶轮出口处产生了流动不均匀现象，尤其是方案3中，这种现象更为剧烈。另外，带有分流叶片的三个反导叶方案中，高速流体分布明显减少，这主要是因为分流叶片的叶片长度较短，撞击作用减少而引起流体流速降低。以上现象均说明，分流叶片与原型叶片之间的间隔距离或者分流叶片数对反导叶内部的流动特性影响很大。

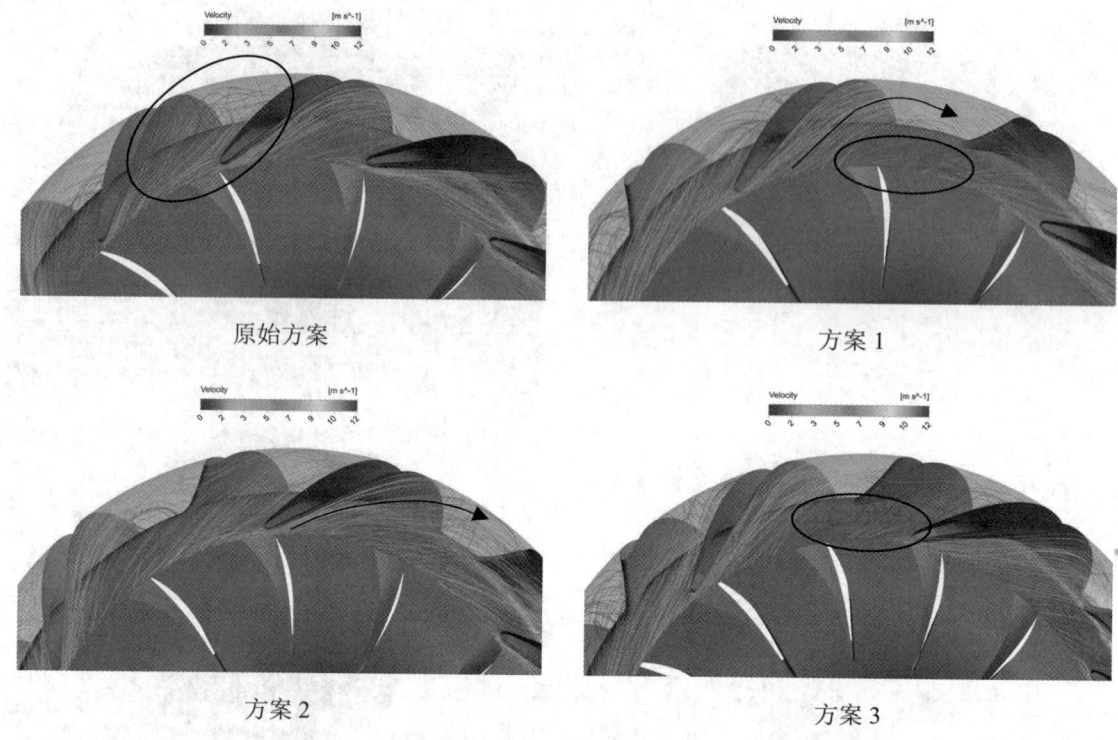

图 4 分流叶片流线分布

3.2 压力分布

为了进一步探明分流叶片数与反导叶内部流动特性之间的影响关系，本研究对四个方案反导叶叶片及分流叶片的压力分布进行了分析。在原始方案中，各个反导叶叶片在前缘处均出现了红色的高压分布，这与图 4 中流线撞击叶片的现象相对应。在方案 1 和方案 3 中，分流叶片前缘没有高压区，但是原型叶片的前缘处却均出现了高压区，这与图 4 中方案 1 和方案 3 的分析结果相对应，说明分流叶片前缘处光顺的流线分布降低了该处的压力强度，而原型叶片前缘处产生的撞击现象引起了该处的压力增大。值得一提的是，在方案 2 中，不管是原型叶片的前缘还是分流叶片的前缘处，都没有出现压力增大的现象。以上现象均说明分流叶片的数量与反导叶内的内部流动关系密切。

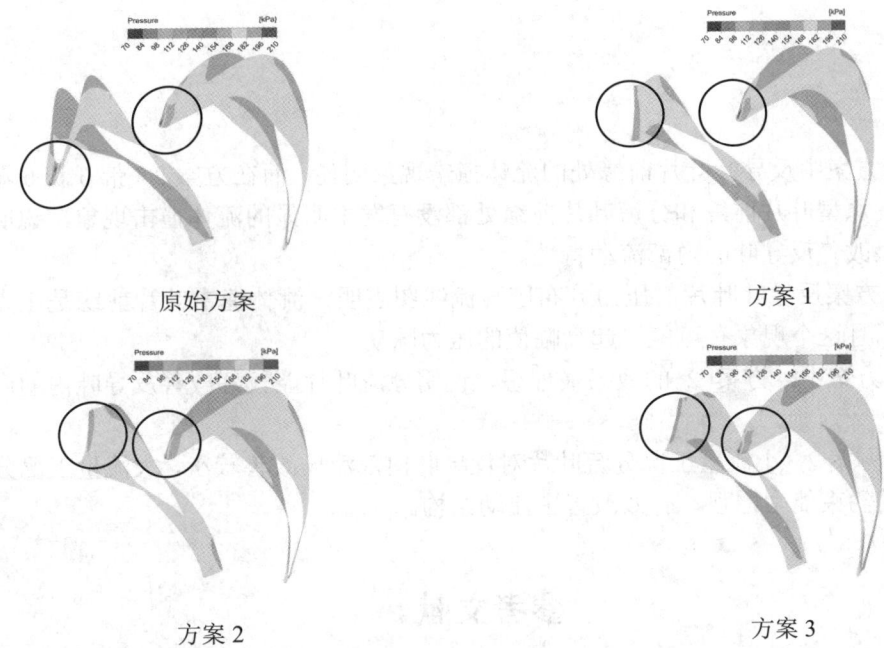

图 5 分流叶片压力分布

4 多工况下内部流动分析

通过前面的分析，发现方案 2 的分流叶片效果最好，方案 1 和方案 3 次之。为了进一步明确方案 2 下反导叶的高效区范围，对反导叶多工况下的内部流动特性进行了分析。

当机组处于小流量工况运行时，反导叶流道内出现了流动紊乱现象，这与小流量工况下分流叶片对流体的约束能力减弱有关。当机组处于大流量工况下时，反导叶内流线光顺，几乎没有流动不均匀或者流动紊乱的现象。说明带有分流叶片的反导叶的机组更适合在较大流量工况范围下运行。

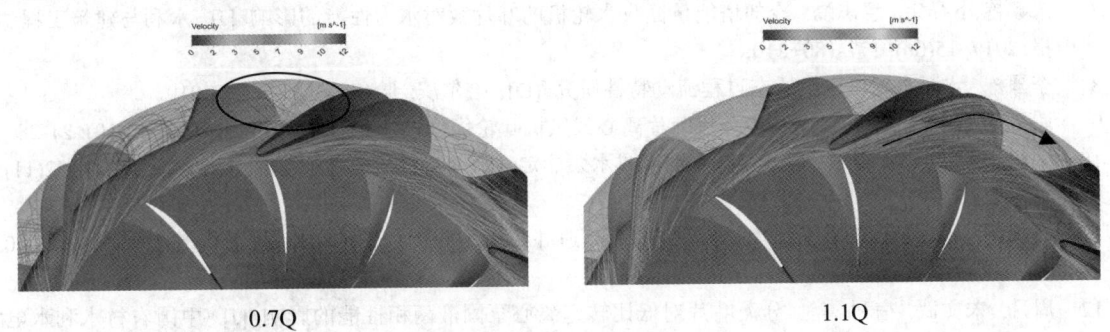

图 6 不同流量工况下反导叶内部流线分布

5 结论

(1) 原始方案中反导叶叶片前缘处的流体撞击现象明显,而在方案2(带6长6短叶片反导叶)中,原型叶片前缘和分流叶片前缘处都没有发生明显的流体撞击现象,说明分流叶片可以明显改善反导叶的内部流动特性。

(2) 四个方案反导叶叶片的压力分布图与流线图表明,流体撞击叶片前缘是压力增高的重要原因,且这个现象有可能引起高幅值的压力脉动。

(3) 四个方案中,方案2的效果最理想,说明分流叶片能较好改善反导叶内的内部流动。

(4) 针对方案2,小流量工况分流叶片对反导叶内部流场改善较小,大流量工况分流叶片对反导叶的约束能力增强,有效改善了流动结构。

参考文献

1　王文杰, 裴吉, 袁寿其. 考虑壁面网格滑移的水泵水轮机导叶关闭瞬态数值模拟 [C]. 第二十九届全国水动力学研讨会论文集(上册), 北京: 海洋出版社, 2018, 588-597.

2　唐茂嘉, 泰荣, 程永光, 等. 甩负荷过程水泵水轮机流激振动数值模拟研究 [J]. 水力发电学, 2022, 1-9.

3　张涛, 胡南, 谭信, 等. 导叶不同开度下抽水蓄能机组水轮机工况内流特性分析 [J]. 水电与抽水蓄能, 2021, 7(05): 83-88.

4　Wang wenjie, Pavesi G, Pei Ji, et al. Transient simulation on closure of wicket gates in a high-head francis-type reversible turbine operating in pump mode [J]. Renewable Energy, 2020, 145: 1817-1830.

5　Yang Jun, Pavesi G, Liu Xiaohua, et al. Unsteady flow characteristics regarding hump instability in the first stage of a multistage pump-turbine in pump mod [J]. Renewable Energy, 2018, 127: 377-385.

6　Pavesi G, Cavazzini G, Ardizzon G. Numerical analysis of the transient behaviour of a variable speed pump-turbine during a pumping power reduction scenario [J]. Energies, 2016, 9(7): 534.

7　朱鹏艳, 卜祥宇, 惠志磊. 冷却塔能量回收水轮机的叶片数对水力性能的影响 [J]. 水利与建筑工程学报, 2017, 15(06): 177-180+210.

8　李国栋. 水泵水轮机停机瞬态过程流动特性研究 [D]. 哈尔滨: 哈尔滨工业大学, 2019.

9　谢星, 王红彪, 李振林, 等. 带分流叶片离心式风机叶轮优化设计 [J]. 流体机械, 2021, 49(10): 21-28.

10　张旭, 王鹏飞, 阮晓东. 带分流叶片混流式水泵非定常流动特性研究 [J]. 农业机械学报, 2021, 52(11): 153-160.

11　吴国桥, 张井超, 蒋小平, 等. 分流叶片对高速井泵压力脉动的影响 [J]. 排灌机械工程学报, 2020, 38(4): 346-352.

12　周月, 宋文武, 宿科, 等. 分流叶片对低比转速离心泵固液两相性能的影响 [J]. 中国农村水利水电, 2021(6): 119-125.

The effect of return channel with splitter vane on inner flow in pump-turbine

TAI Ge-yuan, WANG Wen-jie*, PEI Ji, ZHANG Chen-ying, SUN Ju

(National Research Center of Pumps, Jiangsu University, Zhenjiang 212013,
Email: wenjiewang@ujs.edu.cn)

Abstract: For the Pumped Hydro Energy Storage with high head, complex eddy currents and backflow phenomena usually exist in the return channel of two-stage pump-turbine, which have adverse effects on the high-efficiency operation of the unit. In order to improve the internal flow characteristics of the return channel, three return channel schemes with splitter vanes are designed in this paper. And they are compared with the original scheme to explore the inner relationship of the internal flow and the parameters of splitter vanes under multiple working conditions. In this paper, the low pressure stage of a pump-turbine is selected as the research object, and Blade Gen is used to design the splitter vane of the return channel, and the fluid in the return channel is simulated steadily under the pump condition. The calculation results show that: in scheme 2 (6+6), the streamlines at the leading edge of the prototype vane and the leading edge of the splitter blade are smooth, and there is no obvious fluid impact phenomenon. It indicates that the splitter vane can effectively improve the flow characteristics in the guide vane space. It is beneficial to improve the interstage efficiency of the pump-turbine.

Key words: Stay vane; Splitter vane; Flow characteristics; Design condition.

基于致动线模型对潮流能水轮机的尾迹特性研究

赵梦昫[1]，吴晓笛[1]，万德成[2*]

（1. 中山大学 海洋工程与技术学院，珠海 519082；
2. 上海交通大学 船海计算水动力学研究中心(CMHL)船舶海洋与建筑工程学院，
上海 200240, Email: dcwan@sjtu.edu.cn）

摘要：为探究不同转速对潮流能水轮机水动力特性的影响，合理布置多机组阵列间距，本研究基于致动线模型，采用直角网格取代贴体网格对不同转速下的潮流能水轮机进行非定常模拟，采用大涡模拟以提高尾流场模拟精度。通过模型试验验证致动线模型的准确性，致动线模型可有效预测水轮机的水动力特性；近尾流场叶尖位置速度损失最大，之后轮毂正后方速度损失占主导，远尾流场中以转轮扫略区域范围内速度损失为主。转速的增高会加快尾流场速度的恢复速率。横向尾流场速度沿转轮中心线基本呈对称分布；随着转速的增大，叶尖涡带之间的螺距逐渐减小，高转速会加快叶尖涡带脱落和破碎速率，通过提高尾流场湍流强度而加快尾迹的速度恢复速率。

关键词：致动线；不同转速；潮流能水轮机；尾迹特性

1 引言

环境污染与能源供需是世界各国发展中高度关注的两大问题，采用清洁的可再生能源作为能源供应为人类兼顾在能源大量需求的背景下降低环境污染提供了一种新的思路。近年来太阳能、风能、海洋能等作为可再生能源发展迅速，其中海洋能由于储量丰富、开发程度低而引起世界各国的关注，潮流能作为海洋能中的一种，具备其能量密度大、可预测性强、不受季节性限制等独特的优势受到诸多学者的青睐，潮流能的开发通常采用水平轴或垂直轴潮流能水轮机，在目前已有的商用潮流能电站中，水平轴潮流能由于效率较高而成为大多数电站采用的机型[1]。

基于模型试验和数值模拟，国内外学者对水平轴潮流能水轮机的水动力特性进行了大量的研究。研究发现提高湍流强度可加快尾流场的恢复，但是对横向流场、叶尖涡半径及叶轮的平均性能影响较小[2]，对于偏航工况，Frost 等[3]对其进行了试验研究，发现偏航不仅降低水轮机的性能，且转子端的弯矩明显增大，结构破坏效应明显，此外也有学者基于浸入边界法采用 vof 和 level-set 方法探究了自由液面对潮流能水轮机的影响[4]，除此之外，各国学者对潮流能水轮机的叶片优化[5]、尾迹特性[6]和流固耦合特性[7]进行了大量的研究。

海洋环境具有高湍流、强剪切、非稳态的特点，海浪的存在致使工作环境更加复杂多变，Zang 等[8]探究了线性波对水轮机尾迹和湍流积分尺度的影响，研究发现湍流强度受波高，湍流积分尺度受波浪影响较大。Zhang 等[9]通过模型试验探究了不同波参数对水轮机尾流场湍流各向异性和涡流数的影响，研究表明波浪通过影响尾迹的湍流强度而影响尾流场的各向异性，此外众多学者对水轮机单桩的冲刷进行了大量研究[10-11]。除波浪对水轮机的影响，由波浪诱导的多自由度运动对水轮机的水动力特性也会产生明显的影响，Shu-qi Wang 等[12-13]基于 CFX 平台采用动网格技术对潮流能水轮机的横摇纵荡耦合运动和横摇纵荡耦合运动进行了研究，研究发现当发生同频和非同频耦合运动时，波动的振幅和频率明显受到纵荡运动的影响，此外耦合运动下水动力系数曲线为单自由度下水动力系数曲线的线性叠加，通过对横摇单自由度下 研究发现横荡频率和幅值对阻尼系数影响不大[14]。Kai 等[15]对垂直轴水轮机艏摇强迫运动进行了研究，研究发现水动力系数摆动幅值随艏摇频率的增大而等大，但平均水动力系数影响较小。漂浮式风力机与水轮机工作原理均遵循"贝茨定律"，仅工作介质有所不同，许多学者对漂浮式风力机的强迫运动也进行了大量的研究，由于漂浮式风力机发展较早，因此对水轮机的研究可借鉴风力机的技术路线及研究方法。

在目前对潮流能水轮机的数值模拟研究中，对潮流能水轮机的研究多基于贴体网格的计算方法，并且对湍流多采用 RANS 模型进行时均化处理，精细化程度不足。本研究基于致动线模型模化叶片的几何外形，基于大涡模拟和直角网格对不同工况下的潮流能水轮机进行非定常模拟，探究潮流能水轮机的水动力特性，以期对潮流能水轮机的商业化运行提供理论依据。

2 数值方法

2.1 控制方程

数值模拟采用的控制方程为三维不可压缩 N-S 方程：

$$\frac{\partial \rho}{\partial t} + \nabla \cdot (\rho v) = 0 \tag{1}$$

$$\frac{\partial}{\partial t}(\rho v) + \nabla \cdot (\rho v v) = -\nabla p + \nabla \cdot (\tau) + S \tag{2}$$

式中，V是惯性坐标系下的速度矢量，t是时间，ρ是流体密度，p是静压，τ是应力张量，S为水轮机施加给流体的体积力源项。

在LES方法中，通过滤波器函数将每个变量分为两个部分：大尺度分量和小尺度分量。大尺度分量在LES模拟时直接参与计算；而对于小尺度分量则通过模型表示。本研究采用常用Smagroinsky亚格子模型，该亚格子模型的应力 τ_{ij} 表达式如下：

$$\tau_{ij} = 2\nu_{SGS}\tilde{S}_{ij} - \frac{1}{3}\tau_{kk}\delta_{ij} \ , \ \tilde{S}_{ij} = \frac{1}{2}\left(\frac{\partial \tilde{u}_i}{\partial \tilde{u}_j} + \frac{\partial \tilde{u}_j}{\partial \tilde{X}_i}\right) \tag{3}$$

式中，V_{SGS}d代表亚格子黏度系数，由下式定义：

$$V_{SGS} = (C_S\Delta)^2(2\tilde{S}_{ij}\tilde{S}_{ij})^{0.5} \tag{4}$$

式中，C_S代表Smagroinsky常数，Δ代表滤波常数，该算法详细细节可参看文献[16]。

2.2 致动线模型

致动线模型最早由 Sørensen 和 Shen 提出[17]，主要基于风力机翼型的升阻力参数来预测风力机的气动性能和尾迹特性。致动线模型的核心思想是将三维叶片简化为空间中沿径向方向分布的线（致动线），构成三维叶片的每个叶素被定义为制动点，每个制动点所受到的力通过给定的升阻力参数计算得到，致动线模型通过在制动点上加载体积力来施加叶片对流场的作用，进而求解 N-S 方程获得其动力特性和尾迹特性。由于致动线模型模化了潮流能水轮机叶片的三维几何拓，因此无需采用动网格、滑移网格或重叠网格等技术实现水轮机的旋转，也无需求解叶片表面边界层。

全几何模型模化为致动线模型见图 1。右侧为某个叶素的速度三角形，关于致动线模型的基础理论可参考文献[17]，同时考虑机舱和塔架对尾流场的影响，机舱和塔架体积的计算方法也可参考文献[17]，本研究选用高斯核函数将体积力光顺至制动点周围网格，高斯投影宽度取为 2 倍的网格尺度。

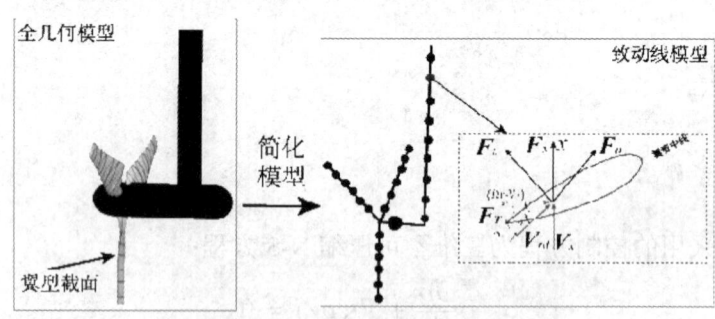

图 1 致动线模型示意图

2 计算模型及网格

2.1 计算模型

计算模型采用河海大学自主设计的三叶片潮流能水轮机，水轮机叶片的基础翼型为标准 NREL S822/S823 翼型，弦长和扭角沿半径方向的变化及其他参数可参考文献[9]。为了定量描述潮流能水轮机的性能，采用 C_p 来描述潮流能水轮机的能量利用率[18]。

2.2 计算域设置及网格划分

采用 OpenFOAM 自带的 SnappyHexMesh 加密工具进行三层网格加密，网格总数约为 960 万。时间步长保证库郎数（CFL）小于 0.5，本次数值模拟采用的时间步长为叶片旋转 1°所用的时间，计算总时长为叶片旋转 30 周。进口设置为固定的速度入口（0.4 m/s），出口为 inletoulet 边界条件，底部和顶部设置为滑移边界，两侧壁面设置为对称边界。

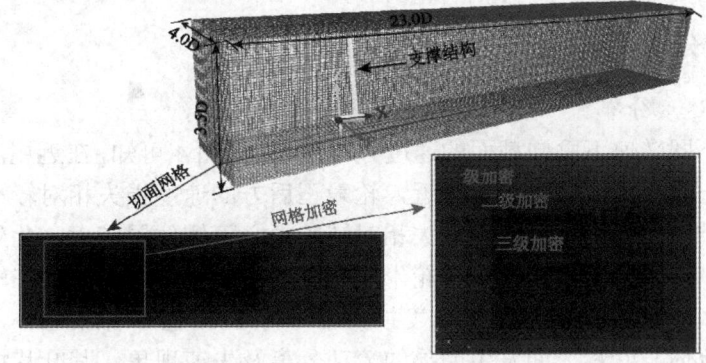

图 2 计算域尺寸和网格示意图

3 结果分析

3.1 数值验证

为验证致动线模型计算结果的精度，本研究以参考文献[9]中的试验工况结果作为对比，文献中试验采用 HBM 公司的 T21WN 扭矩仪进行扭矩测量，通过内置角位移测量装置进行速度的检测，可测量最高转速为 20000 r/m，试验的设备布见图 3(a)，数值计算结果与试验数据对比见图 3(b)。

图 3(b)中 BEM 与试验数据为参考文献中数据，ALM 为本次数值模拟结果。由图 3 可知，在较低和较高叶尖速比下数值计算结果误差较大，最大误差约为 25.1%，在设计工况附近，计算结果误差较小，最小误差约为 0.05%，相比与 BEM 方法，ALM 的计算结果更

为准确。总体来说，数值计算结果整体趋势与试验数据保持一致，整体误差保持在可接受的范围之内。分析数值模拟与试验的误差可能主要由以下两方面构成：①数值模拟中其湍流强度、边壁粗糙度等外部环境条件与试验条件不完全相同。②模型试验中实验设备自身存在一定的误差。综上所述，基于致动线模型构建的潮流能水轮机数值模拟方法可有效预测其水动力性能。

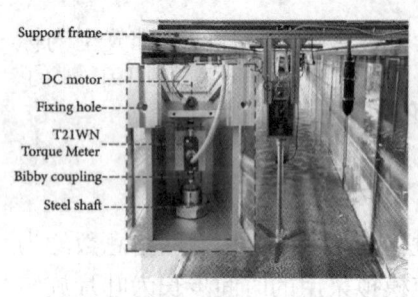

（a）文献模型试验装置

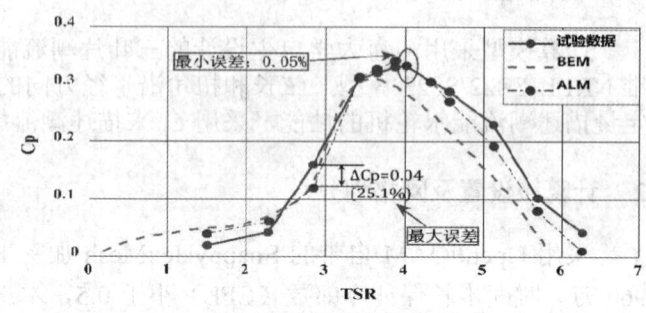

（b）数值模拟计算结果

图3 模型试验装置和数值模拟计算结果对比

3.2 尾流场速度分布

3.2.1 垂直截面速度分布

图4为在不同转速下垂向截面的速度分布曲线。由图4可知，在近尾流场1.5D位置处，最大速度损失出现在两侧叶尖位置附近，轮毂正后方的速度损失相对较小，转轮中心上侧位置由于支撑结构的作用，其速度损失相对转轮中心下侧位置较大，此外，在低转速时其速度损失最小，这是因为低转速下转轮未能充分利用来流的能量，而在较高的叶尖速度比下（TSR=5.13），其叶尖位置附近的速度损失相对与TSR=3.85来说略小，这是由于在较高叶尖速比下，流体与叶片之间发生明显的流动分离及失速现象，其叶片捕获流体能量的能力降低，而在额定工况附近，其叶片的转换效率最高，因此速度损失最大，这种现象在尾流场7D范围内均可观察到。

对于轮毂的阻塞效应，在低叶尖速比下（TSR=2.85），在尾流场1~4.0D范围内的由于轮毂的阻塞而产生明显的速度损失，而在远尾流场中其最大速度损失明显位于叶尖位置附近。在TSR=3.85和TSR=5.13时，分别在尾流场10D和8D位置处，轮毂的阻塞效应较为明显，表明低叶尖速比下轮毂阻塞效应在近尾流场附近较为明显，这主要是由于未能充分吸收来流能量而造成，而转速的增高会使轮毂产生的阻塞效应向后方延迟，在远尾流场最大速度损失仍在叶尖位置附近。轮毂的阻塞效应仅作用在近尾流场而在远尾流场仍以叶尖位置速度损失为主。

在低叶尖速比下，由于尾流场未能充分的交互动量与能量，因此尾流场的速度恢复较慢，在尾流场7.0D位置处，最大速度损失恢复至80%左右，在7.0~15.0D范围内尾流场速度恢复均不明显。在高叶尖速比下（TSR=5.13），在尾流场15.0D位置处速度基本恢复至入口来流速度，转速的升高提高了尾流场的湍流度，导致叶尖涡更加容易破碎，加速流体微团之间速度和能量的交换，因此加快了尾流场速度的恢复。整体来说，高叶尖速比可以加快尾流场速度的恢复。

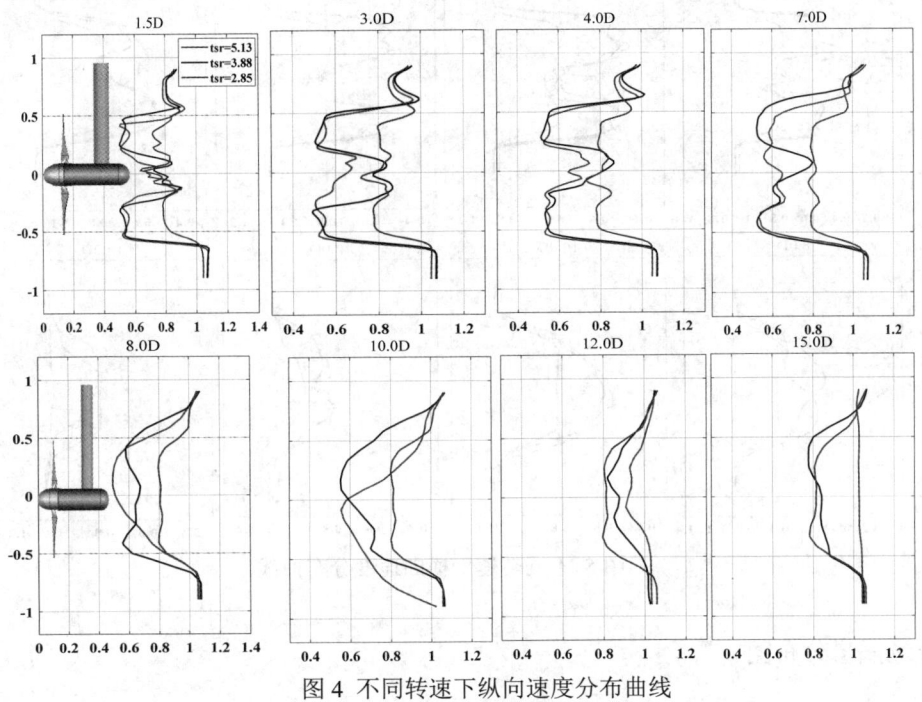

图 4 不同转速下纵向速度分布曲线

3.2.2 水平截面速度分布

图 5 为不同转速下的横向截面的速度分布曲线。由图 5 可知在近尾流场 1.5~4.0D 位置处，低叶尖速比（TSR=2.85）下，最大速度损失位于轮毂正后方位置附近，而在高叶尖速比下（TSR=3.85 和 TSR=5.13）最大速度损失位于叶尖位置附近，且在额定工况附近（TSR=3.85）的叶尖速度损失较大，在近尾流场区，最大速度损失和水轮机的效率有关，水轮机的效率越高，吸收来流能量的能力越强，导致近尾流区的速度损失越大。在尾流场 7.0~10.D 内，高转速（TSR=5.13）下的工况速度损失最大，这可能是由于转速的升高，叶尖涡带开始在此范围内脱落并破碎，流体之间的相互作用导致其速度损失增大。在尾流场 12.0 范围之后，高转速（TSR=5.13）下的尾流场速度恢复速度最快，这是由于在高转速下破碎的涡带提高尾流场的湍流强度，而高湍流强度的尾流场可以加快速度的恢复[19]。在横向尾流场下，尾流速度分布基本呈现对称分布，且在低叶尖速比下尾流场速度恢复较慢，从 TSR=2.85 工况下 8.0D 位置之后的速度分布可明显的看出。

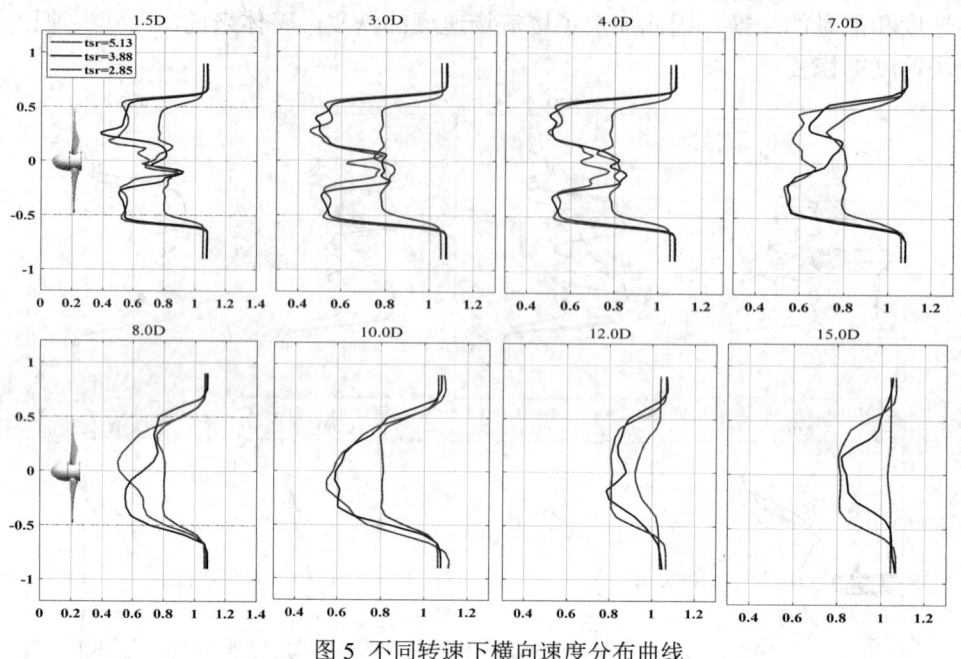

图 5 不同转速下横向速度分布曲线

3.3 尾流场涡量分布图

图 6 为不同转速下尾流场纵向截面涡量分布云图。由图 6 可知高涡量区域主要存在叶尖位置附近和叶根位置附近。由于上侧支撑结构的存在导致在其正后方呈现明显的高涡量区域，并与上侧叶尖涡相互干扰，不同工况下支撑结构对后方涡量影响区域约在 6.5D 范围之内。在低叶尖速比（TSR=2.85）下，叶尖涡带间距较大，向后传播至 7D 左右高涡量区域基本完全耗散，在远尾迹区仅在叶尖正后方呈现不明显的高涡量区域。随着转速的升高，近尾流场叶尖涡带间距逐渐减小，尾流场叶尖涡带破碎发生更早，导致尾流场湍流强度更高，转速的升高会通过提高尾流场湍流强度进而提高尾流场速度的恢复速率。

图 7 为采用 Q 准则（Q=0.6）在不同转速下显示的尾流场涡带，颜色采用速度染色。在低叶尖速比下，在转轮后方形成较为稳定的的叶尖和轮毂涡带，且在后方远尾迹区域未产生明显的叶尖和轮毂破碎涡，这表明在低叶尖速比下尾流场较为稳定，其破碎的涡带快速被原先的流场所掺混，对远尾流场的湍流强度影响较小。在上叶尖附近，由于支撑结构存在，在不同转速下上叶尖后方均产生了较为明显的干扰涡。随着转速的升高，其尾流场的涡带脱落、破碎逐渐加快，产生的小尺度破碎叶尖涡和毂涡会提高尾流场中的湍流强度，提高速度的恢复速度。

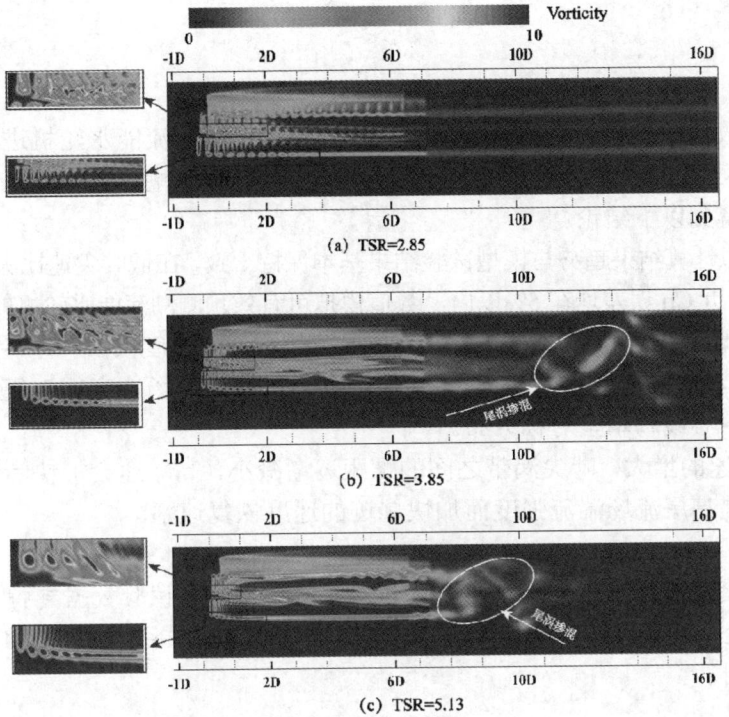

图 6 不同转速下尾流场纵向截面涡量分布云图

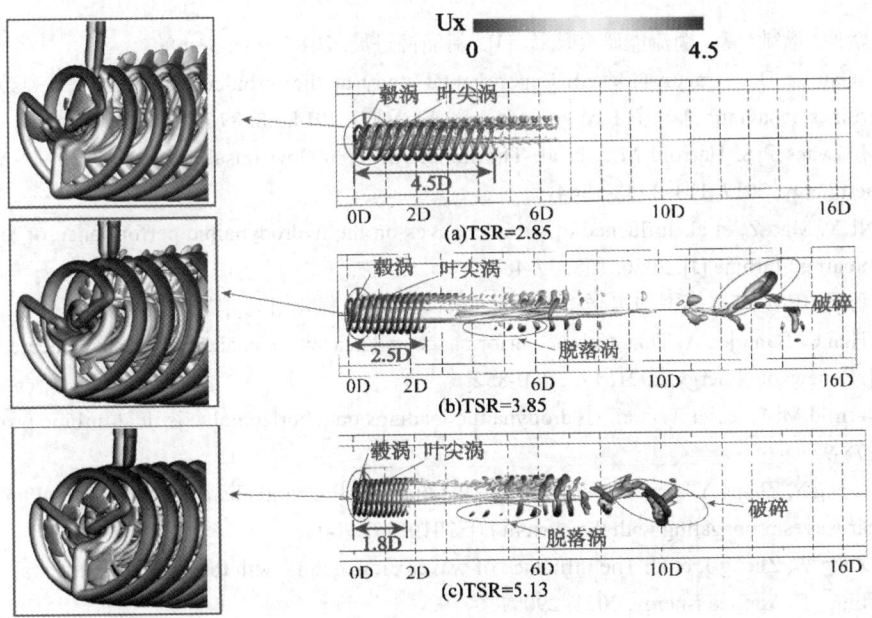

图 7 不转速下的涡带分布

4 结论

本研究基于致动线模型，采用直角网格对不同转速下的潮流能水轮机进行非定常模拟和 LES 湍流模型以提高尾流场模拟精度，通过对比不同转速下潮流能水轮机的尾迹速度和涡量分布，主要得到以下结论。

（1）数值模拟计算结果趋势与模型试验结果基本保持一致，在低叶尖速比失速状态下误差较大，额定工况附近 Cp 误差均在 5%以内，数值模拟可有效预测潮流能水轮机的水动力性能。

（2）近尾流场叶尖位置速度损失最大，之后轮毂正后方速度损失占主导，远尾流场中以转轮扫略区域范围内速度损失为主。转速的增高会加快尾流场速度的恢复速率。横向尾流场速度沿转轮中心线基本呈对称分布。

（3）随着转速的增大，叶尖涡带之间的螺距逐渐减小，高转速会加快叶尖涡带脱落和破碎速率，通过提高尾流场湍流强度而加快尾迹的速度恢复速率。

致谢：本研究感谢河海大学张玉全青年教授和郑源教授团队的试验数据支持。本研究得到国家自然科学基金(51879159，52131102)、国家重点研发计划项目(2019YFB1704200)资助。在此一并表示感谢。

参考文献

1. 张亮, 李新仲, 耿敬, 等. 潮流能研究现状 [J]. 新能源进展, 2013, 1(1): 53-68.
2. Mycek P, Gaurier B, Germain G, et al. Experimental study of the turbulence intensity effects on marine current turbines behaviour. Part II: Two interacting turbines [J]. 2014, 68: 876-892.
3. Frost C H, Evans P S, Harrold M J, et al. The impact of axial flow misalignment on a tidal turbine [J]. Renewable Energy, 2017, 113: 1333-1344.
4. Tian W, Ni X, Mao Z, et al. Influence of surface waves on the hydrodynamic performance of a horizontal axis ocean current turbine [J]. 2020, 158: 37-48.
5. 陈雪梦. 基于 BEM-CFD 模型的水平轴潮流能发电装置叶轮优化研究 [D]. 杭州: 浙江大学, 2018.
6. Vinod A, Han C, Banerjee A. Tidal turbine performance and near-wake characteristics in a sheared turbulent inflow [J]. Renewable Energy, 2021, 175: 840-852.
7. Ouro P, Harrold M, Stoesser T, et al. Hydrodynamic loadings on a horizontal axis tidal turbine prototype [J]. 2017, 71: 78-95.
8. Zang W, Zheng Y, Zhang Y, et al. Experiments on the mean and integral characteristics of tidal turbine wake in the linear waves propagating with the current [J]. 2019, 173: 1-11.
9. Zhang Y, Zang W, Zheng J, et al. The influence of waves propagating with the current on the wake of a tidal stream turbine [J]. Applied Energy, 2021, 290: 116729.
10. 陈汩梨, 林祥峰, 张明宗, 等. 往复流作用下潮流能水轮机单桩基础冲刷研究 [J]. 河海大学学报(自然科学版), 2022, 50(2): 17-22.
11 Lin X-F, Zhang J-S, Zhang Y-Q, et al. Comparison of actuator line method and full rotor geometry simulations of the wake field of a tidal stream turbine [J]. Water, 2019, 11: 560.
12 Wang S-Q, Sun K, Xu G, et al. Hydrodynamic analysis of horizontal-axis tidal current turbine with rolling and surging coupled motions [J]. Renewable Energy, 2017, 102: 87-97.
13 Wang S-Q, Xu G, Zhu R-Q, et al. Hydrodynamic analysis of vertical-axis tidal current turbine with surging and yawing coupled motions [J]. 2018, 155: 42-54.
14 Wang S-Q, Sun K, Zhang J-H, et al. The effects of roll motion of the floating platform on hydrodynamics performance of horizontal-axis tidal current turbine [J]. 2 Journal of Marine Science and Technology, 2017, 22(2): 259-269.
15 Wang K, Sun K, Sheng Q-H, et al. The effects of yawing motion with different frequencies on the hydrodynamic performance of floating vertical-axis tidal current turbines [J]. 2016, 59: 224-235.
16 钱潇如. 基于OpenFOAM的涡轮叶栅及典型内冷通道数值研究 [D]. 哈尔滨: 哈尔滨工业大学, 2017.
17 程萍. 浮式风机气动-水动耦合复杂流场数值模拟 [D]. 上海: 上海交通大学, 2019.
18 王树齐. 复杂环境下水平轴潮流能叶轮水动力特性研究 [D]. 哈尔滨: 哈尔滨工程大学, 2015.
19 张玉全, 赵梦晌, 郑源, 等. 不同湍流强度下潮流能水轮机尾流特性试验研 [J]. 中国电机工程学报[J]. 2020, 40(15): 4902-4910.

Wake characteristics analysis of tidal turbines using actuator line model

ZHAO Meng-shang[1], WU Xiao-di[1], WAN De-cheng[2*]

(1. School of Marine Engineering and Technology, Sun Yat-sen University, Zhuhai 519082, China;
2. Computational Marine Hydrodynamic Lab (CMHL), School of Naval Architecture, Ocean and Civil Engineering, Shanghai Jiao Tong University, Shanghai 200240, China)

Abstract: In order to investigate the effect of the different rotational speeds on wake characteristics of tidal turbine and arrange the multi-unit array reasonably, the unsteady numerical simulation is carried at different rotational speeds using the ALM to replace the traditional body-fitted mesh method and the LES to improve the simulation accuracy of wake field. The accuracy of ALM is verified by model experiment, it indicates that ALM can predict the hydrodynamic characteristics of tidal turbine accurately; The maximum velocity deficit in the near wake field is at the tip of the blade, then the it is located behind the hub dominates, velocity deficit in the far wake field is dominanted by swept area of the runner. The increase of rotational speed would accelerate the recovery rate of the wake velocity. The velocity of transverse wake field is basically symmetrically distributed along the center line of the runner; With the increase of rotational speed, the pitch between the blade tip vortex gradually decreases, and the high rotational speed will accelerate the rate of blade tip vortex shedding and breaking, which will increase the turbulence intensity of the wake field and accelerate the velocity recovery rate of the wake.

Key words: ALM; Different rotational speeds; Tidal turbine; Wake characteristics.

叶梢倾角对船舶螺旋桨性能的影响研究

朱文才*

(华东交通大学 载运工具与装备教育部重点实验室,南昌 330013, Email: wencai_zhu@163.com)

摘要：采用欧拉多相流模型对基准螺旋桨和叶梢不同倾角的螺旋桨进行研究。结果表明,叶梢向吸力面弯曲的螺旋桨相对于基准螺旋桨的推力系数明显增加,主要是由于其吸力面的压力相对于基准螺旋桨有所降低。叶梢向吸力面弯曲的螺旋桨具有高效的性能,主要体现在高效运转的工作范围有所增加。通过汽相体积分数云图可以得出,相同工况下叶梢向吸力面弯曲的螺旋桨的汽相体积明显大于基准螺旋桨的汽相体积。

关键词：螺旋桨；敞水特性；压力系数；空泡

1 引言

为了节约能源和降低燃料成本,船舶行业的研究者一直致力于节能设备的设计与开发。其中螺旋桨作为目前船舶应用最为广泛的推进器,自然也就成为研究人员研究的主要对象之一。为了提高螺旋桨的推进效率,世界各国及研究机构不断开发了新型螺旋桨,如 PBCF 螺旋桨、导管螺旋桨、Kappel 螺旋桨及小翼螺旋桨等[1-4]。其中,Andersen 等[5]通过对传统螺旋桨和叶梢向吸力面弯曲的螺旋桨进行的海上试验,得出叶梢向吸力面弯曲的螺旋桨的效率提高了 4%,且在较低的压力脉动下获得了较高的效率,但叶梢向吸力面弯曲的螺旋桨相比于传统螺旋桨更容易产生汽蚀现象。王文全等[6]对螺旋桨 P1727 的端板变参数模型进行了空化计算,以研究端板对尾流收缩叶梢负载（CLT）螺旋桨空化性能的影响,研究表明叶片表面空化区与低压区基本一致,倾角越大,推力和扭矩越大,空化时推力衰减越大。Kang 等[7]通过改变最大尺寸和起始倾角半径,完成了叶梢倾角的参数研究,经过优化设计的螺旋桨效率分别比参考螺旋桨（KP505）提高 2%左右。Lungu[8]对非常规螺旋桨敞水特性的尺度效应进行了数值研究,得出螺旋桨的最大推力由 $0.8 < r/R < 0.9$ 之间的径向截面产生。Cheng 等[9]数值研究了具有端板效应螺旋桨的尺度效应,结果表明具有端板的螺旋桨在叶梢附近相比于传统螺旋桨出现更大的应力集中。Ghassemi 等[10]研究了叶尖前角对船舶螺

基金项目：江西省教育厅科学技术研究项目(200654)

旋桨水动力特性和声压级的影响，得出当叶梢倾角向前或向后增大时，效率略有降低，噪声也减小。本研究采用 STAR-CCM+的欧拉多相流模型对叶梢不同倾斜角度的螺旋桨水动力性能及空化进行研究，通过与基准螺旋桨进行比较，分析螺旋桨表面的压力分布情况，从而进一步得出叶梢倾角对船舶螺旋桨性能的影响规律。

2 数值模型

本研究以 MAU5-80 螺旋桨作为基准螺旋桨，其直径取 250 mm。在研究叶梢倾角对螺旋桨性能的影响时，新型螺旋桨模型的主要几何参数与基准螺旋桨相同，新型螺旋桨与基准螺旋桨的主要区别在于其叶梢附近的后倾角有所不同。其中，新型螺旋桨相对于基准螺旋桨沿 Z 轴（即螺旋桨叶梢向吸力面方向）偏移的距离 Z_T 采用三次函数，表达式如下：

$$Z_T = a(X-0.8R)^3 \tag{1}$$

其中系数 a 取决于在 r/R = 1.0 处新型螺旋桨相对于基准螺旋桨倾斜的度数，新型螺旋桨模型在 r/R = 1.0 处的倾斜角度从 1°~8°，X 的取值为 0.9R、0.95R 和 1.0R，所生成的螺旋桨三维模型如图 1 所示。

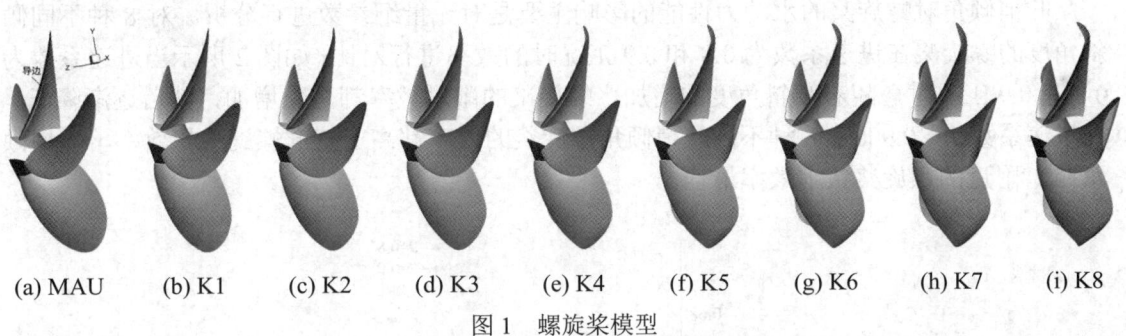

(a) MAU　(b) K1　(c) K2　(d) K3　(e) K4　(f) K5　(g) K6　(h) K7　(i) K8

图 1　螺旋桨模型

用于模拟的整个计算域的几何结构为圆柱体，整个计算域采用静止域和旋转域相结合的方式，其中圆柱体的直径是螺旋桨直径的 5 倍，入口和出口之间的距离是螺旋桨直径 8 倍。雷诺平均纳维－斯托克斯方程（RANS）和 SST k-ω 湍流模型用于流场分析。采用隐式不定常和运动参考坐标系（MRF）模型进行求解计算，其中时间步设为 1×10^{-4} s，螺旋桨的转速为 1500 r/min。多相流模型采用流体域体积(VOF)模型，种子密度和种子直径采用 STAR-CCM+默认的多相材料特性，分别取 1×10^{12} 1/m^3 和 1×10^{-6} m。进口设定为均匀的速度入口，出口设置为压力出口，壁面定义为无滑移壁面。

网格模型采用的是多面体和棱柱层（边界层）网格生成器，将螺旋桨叶梢和导边附近采用体积控制的方法进行局部加密处理。其中螺旋桨的表面尺寸为 1%D，加密区域的螺旋桨表面网格尺寸为 0.12%D。边界层厚度为 0.184%D，即 0.46 mm，层数设为 20 层。考虑到第一层网格对计算结果的影响，棱柱层增长率设定为 1.2。首先对三种不同的网格数（947 万、542 万和 363 万）在 $J = 0.8$ 工况下的收敛性进行分析评估，从表 1 中可以得出，网格是单调收敛。采用网格收敛指数法（GCI）[11]对网格进行离散误差分析，精细网格的 K_T 和 $10K_Q$ 数值不确定性分别为 0.065%和 0.035%，符合数值模拟的要求。考虑到计算速度和精度，所以对螺旋桨的模拟计算都采用中等类型的网格进行分析。

表 1 网格灵敏度($J = 0.8$)

ID	K_T	$10K_Q$
实验	0.1491	0.2820
精细	0.1488	0.2804
中等	0.1485	0.2801
粗糙	0.1477	0.2793

3 结果分析

叶梢倾角对螺旋桨的水动力性能的影响主要是对无量纲参数进行分析。对 8 种不同倾斜角度的螺旋桨在进速系数为 0.8 和 0.9 工况时的效率进行对比，如图 2 所示当进速系数为 0.8 和 0.9 工况时，随着倾斜角度的增加，螺旋桨的敞水效率都是先增加，然后逐渐降低。在进速系数 $J = 0.9$ 时，8 种不同叶梢倾角螺旋桨的效率都高于基准螺旋桨的效率，叶梢倾角在 5°附近的螺旋桨敞水效率最佳。

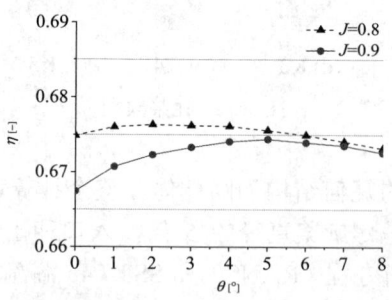

图 2 不同倾斜角螺旋桨的效率

图 3(a)为基准螺旋桨和倾斜角为 5°的 K5 螺旋桨的敞水特性曲线，可以得出，K5 螺旋桨的推力系数和扭矩系数基本上都大于基准螺旋桨。当进速系数 J 小于 0.7 时，K5 螺旋桨的效率比基准螺旋桨略有所下降。然而，当进速系数大于 0.8 时，K5 螺旋桨的效率并没和基准螺旋桨一样出现下降趋势，K5 螺旋桨在进速系数大于 0.9 之后才出现降低。当进速系

数 $J = 0.9$ 时，K5 螺旋桨的效率比基准螺旋桨的效率提高约 1.05%，在进速系数 $J = 1.0$ 时，效率增加了约 5.15%。相对于基准螺旋桨，叶梢向吸力面弯曲的螺旋桨具有高效的性能主要体现在高效运转的工作范围明显增加。图 3(b)为不同载荷系数下的基准螺旋桨和 K5 螺旋桨的敞水效率曲线，虽然在载荷系数大的工况下，K5 螺旋桨产生的效率小于基准螺旋桨的效率，但载荷系数较大的工况一般主要出现在船舶加速航行时。然而对于商船而言，船舶大部分时间都是处于载荷系数较小的稳定航速下航行。载荷系数较小的工况下，K5 螺旋桨的效率明显大于基准螺旋桨的效率。因此安装有叶梢向吸力面弯曲的螺旋桨在航行时可以达到节能的目的。

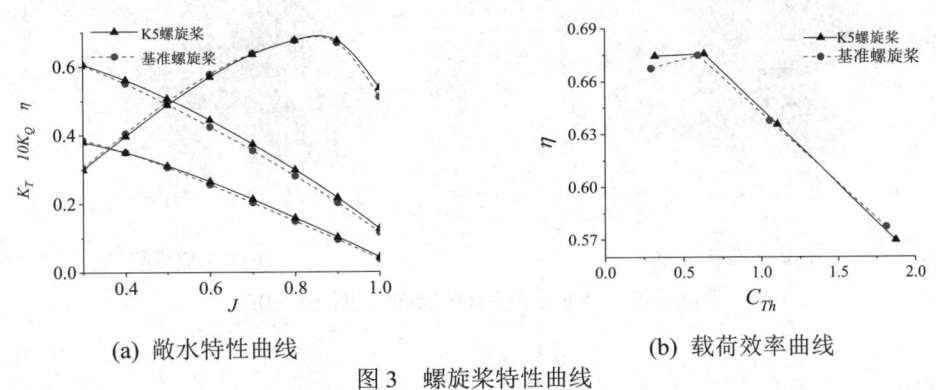

(a) 敞水特性曲线　　(b) 载荷效率曲线

图 3　螺旋桨特性曲线

图 4 为基准螺旋桨和 K5 螺旋桨在进速系数为 0.9 的压力系数分布情况。从图 4(a)中可以看出，在 r/R = 0.9 处，对于压力面，K5 螺旋桨和基准螺旋桨的压力系数几乎相同，然而，K5 螺旋桨吸力面的压力系数明显小于基准螺旋桨。从图 4(b)中可以看出，在 r/R = 0.95 处，K5 螺旋桨吸力面的压力系数同样小于基准螺旋桨。对于压力面，虽然在随边附近 K5 螺旋桨的压力系数略微小于基准螺旋桨，但是在叶梢附近螺旋桨表面的中部 K5 螺旋桨的压力系数是大于基准螺旋桨。所以 K5 螺旋桨叶梢吸力面和压力面之间的压差相对于基准螺旋桨明显增加，进一步解释了 K5 螺旋桨的推力系数大于基准螺旋桨的推力系数。

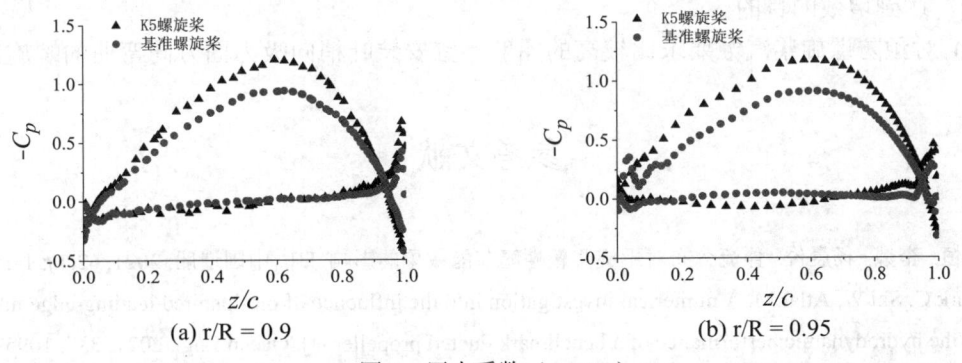

(a) r/R = 0.9　　(b) r/R = 0.95

图 4　压力系数（$J = 0.9$）

在空泡数为 2.0 工况下对螺旋桨产生的空泡进行分析研究，螺旋桨进速系数 $J = 0.7$ 工况时的汽相体积分数为 60%的等值云图如图 5 所示，K5 螺旋桨的汽相体积明显大于基准螺旋桨的汽相体积，说明叶梢向吸力面弯曲的螺旋桨更容易产生梢涡空泡现象，因此对要求预防汽蚀比较高的船舶不宜安装叶梢向吸力面弯曲的螺旋桨。在进速系数较小时，叶梢向吸力面弯曲的螺旋桨产生的梢涡大于基准螺旋桨的梢涡，从而使得叶梢向吸力面弯曲的螺旋桨的效率有所降低，使其效率低于基准螺旋桨的效率。

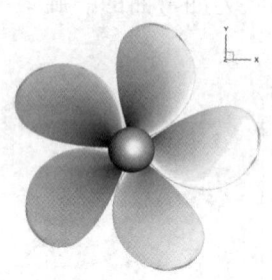

(a) 基准螺旋桨　　　　　　　　　　　　(b) K5 螺旋桨

图 5　汽相体积分数为 60%等值云图（$J = 0.7$）

4　结论

通过对叶梢向吸力面方向弯曲的不同倾角的螺旋桨进行研究，得出如下结论：

(1) 对于叶梢采用三次函数弯曲的螺旋桨，倾角在 5°附近的螺旋桨的敞水效率最佳，其中在进速系数 $J = 0.9$ 工况下，K5 螺旋桨的效率比基准螺旋桨的效率提高了 1.05%左右。

(2) 在载荷系数较小的工况下，叶梢向吸力面方向弯曲的螺旋桨的效率明显大于基准螺旋桨的效率。

(3) 螺旋桨的叶梢往吸力面弯曲主要是降低了叶梢附近吸力面压力，从而增加螺旋桨的推力，达到增效的目的。

(4) 对预防螺旋桨汽蚀要求比较高的船舶不宜安装叶梢向吸力面方向弯曲的螺旋桨。

参考文献

1　张恒, 李巍, 杨晨俊. 伴流分布对螺旋桨毂帽鳍节能效果的影响 [J]. 中国造船, 2021, 62(1): 1-10.

2　Stark C, Shi W, Atlar M. A numerical investigation into the influence of bio-inspired leading-edge tubercles on the hydrodynamic performance of a benchmark ducted propeller [J]. Ocean Eng., 2021, 237: 109593.

3　王睿, 熊鹰, 叶金铭, 等. Kappel 桨水动力性能模型试验研究 [J]. 华中科技大学学报(自然科学版), 2017 (2): 17-22.

4 Gao H, Zhu W, Liu Y, et al. Effect of various winglets on the performance of marine propeller [J]. Appl. Ocean Res., 2019, 86: 246-256.

5 Andersen P, Friesch J, Kappel J J, et al. Development of a marine propeller with nonplanar lifting surfaces [J]. Mar. Technol. SNAME N., 2005, 42(3): 144-158.

6 王文全, 赵雷明, 马开放, 等. 端板对叶梢负载桨空化性能影响数值分析 [J]. 推进技术, 2021, 42(9): 2145-2151.

7 Kang J G, Kim M C, Kim H U, et al. Study on propulsion performance by varying rake distribution at the propeller tip [J]. J. Mar. Sci. Eng., 2019, 7(11): 386.

8 Lungu A. Scale effects on a tip rake propeller working in open water [J]. J. Mar. Sci. Eng., 2019, 7(11): 404.

9 Cheng H, Chien Y, Hsin C, et al. A numerical comparison of end-plate effect propellers and conventional propellers [J]. J. Hydrodyn., 2010, 22(1): 478-483.

10 Ghassemi H, Gorji M, Mohammadi J. Effect of tip rake angle on the hydrodynamic characteristics and sound pressure level around the marine propeller [J]. Ships Offshore Struc., 2018, 13(7): 759-768.

11 Zhu W, Gao H. Hydrodynamic characteristics of bio-inspired marine propeller with various blade sections [J]. Ships Offshore Struc. 2021, 16(2): 156-171.

Research on the influence of blade tip inclination on the performance of marine propellers

ZHU Wen-cai[*]

(Key Laboratory of Conveyance and Equipment, Ministry of Education, East China Jiaotong University, Nanchang 330013, Email: wencai_zhu@163.com)

Abstract: The Eulerian multiphase flow model is used to study the reference propeller and propellers with different tip inclination angles. The results show that the thrust coefficient of the propeller with the blade tip curved toward the suction surface increases significantly compared with the reference propeller, mainly because the pressure on the suction surface is lower than that of the reference propeller. The high-efficiency performance of the propeller with the blade tip curved toward the suction surface is mainly reflected in the increased working range of high-efficiency operation. From the iso-surface of vapor phase volume fraction, it can be concluded that under the same working conditions, the vapor phase volume of the propeller with the blade tip bent toward the suction surface is significantly larger than that of the reference propeller.

Key words: Propeller; Open water characteristics; Pressure coefficient; Cavitation.

规则斜浪中船舶多自由度运动与波浪增阻数值计算研究

杨云涛*

(江苏科技大学 船舶与建筑工程学院, 张家港 215600, Email: yuntao_yyt@foxmail.com)

摘要: 船舶在斜浪中航行时会产生六自由度的摇荡运动和额外的阻力增加。本研究基于三维频域势流理论,采用 Rankine 源高阶面元法求解船舶斜浪航行时的辐射和绕射问题,进而根据计算出的水动力系数和运动响应获得了波浪增阻。其中,长波中的增阻采用远场公式进行计算,短波中的增阻则是基于 NMRI 半经验公式获得。对 S175 和修改的 KVLCC2 船在规则波中以不同遭遇浪航行时的运动响应和波浪增阻进行了计算分析。研究表明: 本文数值方法的计算结果与试验值吻合良好,为斜浪中航行船舶的运动和阻力增加预报提供了快速有效的分析手段。

关键词: 斜浪;运动和波浪增阻;有航速;Rankine 源高阶面元法

1 引言

船舶在波浪中航行时,会产生摇荡运动和阻力增加,影响着船舶的使用性、保持航速的能力甚至是安全性等问题。因此,寻求合理而实用的数值方法对波浪中航行船舶的运动以及波浪增阻等水动力响应进行预报研究,对船舶的设计、使用等具有重要意义。

势流方法因其高效并能保有足够的精度,在船-波作用问题中应用广泛。最简单的势流方法是切片法,但是它的高频、低速、船体细长等假定限制了其进一步的发展与应用。近年来出现了大量关于三维势流方法的研究工作,这些方法通常可以分为自由面格林函数法和 Rankine 源法两类。自由面格林函数法自动满足辐射和自由面条件,离散量小,是目前解决零航速问题的一种有效方法;但在有航速水动力分析中的稳定性和效率难保证,并存在无法考虑流动耦合、非线性等缺陷。相对而言,Rankine 源法可以克服这些局限。

Rankine 源法根据时间项的不同处理方式可分为时域和频域法。时域 Rankine 由于使用灵活、可采用只含速度势一阶导数的自由面条件等优势[1],被广泛应用于船-波相互作用问

基金项目: 国家自然科学基金(52101357);江苏省高等学校基础科学(自然科学)研究项目资助(21KJB580012)

题。但在采用该方法对船舶斜浪航行水动力问题进行数值模拟时，存在纵荡、横荡和首摇模态缺少回复力的问题[2]。相比时域，频域模型不存在没有回复力的问题，更适合斜浪中船舶运动响应计算，且计算效率也更高。但是由于在 Brard 数小于 0.25 时难以处理辐射条件等原因[3]，目前关于频域 Rankine 源法的研究大多局限于高航速或高频的迎浪工况。

鉴于此，本研究在频域势流理论框架下，建立求解规则斜浪中船舶水动力问题的 Rankine 源高阶面元法。首先对船舶斜浪航行时的运动响应进行计算，为了计及流体黏性对横摇运动的影响，在频域运动方程求解过程中引入了黏性横摇阻尼系数修正。在获得运动响应的结果后，进一步对船舶在不同浪向下的波浪增阻进行计算。波浪增阻的计算采用将远场公式和短波增阻半经验公式相结合的混合法，以便在全频率范围内得到令人满意的结果。

2 理论模型和数值方法

设船舶以平均速度 U 和遭遇浪向 β 在波幅为 A、圆频率为 ω_0、波数为 k 的深水规则波中斜浪航行。在波浪的作用下，船舶会产生摇荡运动和波浪增阻。建立图 1 所示的两组右手坐标系，其中 $o\text{-}xyz$ 为以船速 U 运动的参考坐标系，$o_b\text{-}x_by_bz_b$ 为固定于船体的动坐标系。

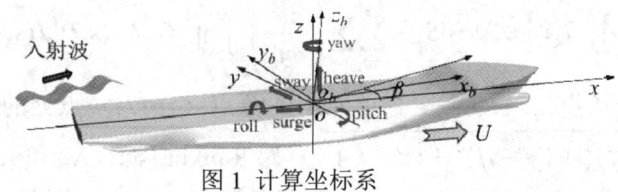

图 1 计算坐标系

2.1 控制方程和边值条件

假设水是均匀、不可压缩且无黏的理想流体，流动是无旋的。根据频域势流理论，流场的非定常速度势可以分解为入射势、辐射势和绕射势。其中入射势是已知的，因此求解船舶在波浪中运动问题的关键在于绕辐射势的计算，它满足如下的控制方程和边值条件[4]：

$$\begin{cases} \nabla^2 \phi_j = 0, \text{ 在流域内} \\ \left(\mathrm{i}\omega_e + U\frac{\partial}{\partial x}\right)^2 \phi_j + g\frac{\partial \phi_j}{\partial z} - \Im[\bar{\phi},\phi_j] + \mathrm{i}\mu\omega_e\phi_j = \begin{cases} 0 & (j=1,...,6) \\ \Im[\bar{\phi},\phi_1] & (j=7) \end{cases}, z=0 \\ \frac{\partial \phi_j}{\partial n} = \begin{cases} \tilde{n}_j + \dfrac{\mathrm{i}}{\omega_e}m_j & (j=1,2,...,6) \\ -\dfrac{\partial \phi_1}{\partial n} & (j=7) \end{cases}, \text{ 在船体表面} \\ \lim_{z\to-\infty}\nabla\phi_j = 0 \\ \text{远离船体处有扰动波外传} \end{cases} \quad (1)$$

式中，ϕ_j ($j=1, 2,..., 6$) 为船舶在 j 方向以单位速度摇荡产生的规范化辐射势；ϕ_I 和 ϕ_7 分别为入射势和绕射势的空间部分；ω_e 为遭遇频率；μ 为 Rayleigh 人工阻尼，用来消除船舶扰动波传到上游边界被其反射而产生的反射波；m_j 表征了船舶定常兴波对非定常摇荡兴波的干扰；$\bar{\phi}$ 为定常扰动势；$\tilde{n}_j$ 为船体表面的广义内法向量。

2.2 Rankine 源高阶面元法

根据格林第三公式，绕辐射势 ϕ_j 可以通过构建边界积分方程进行求解。为了克服传统常值单元离散所存在的变量在边界上不连续、离散量大以及难以获得精确的物面导数等缺陷，本研究采用 9 节点等参单元对物面进行离散[4]。于是，可得如下的离散边界积分方程组：

$$4\pi C(p_i)\phi_j(p_i) + \sum_{e=1}^{N_B}\sum_{k=1}^{9}\phi_j(q_e)\int_{-1}^{1}\int_{-1}^{1}\frac{\partial G_R}{\partial n_q}N_k(s,t)|J(s,t)|\mathrm{d}s\mathrm{d}t +$$

$$\sum_{e=N_B+1}^{N_B+N_F}\left[\phi_j(q_e)\iint_{\Delta S_e}\frac{\partial G_R}{\partial n_q}\mathrm{d}S_q - \frac{1}{g}\iint_{\Delta S_e}G_R\left(\Im[\bar{\phi},\phi_j] - \left(\mathrm{i}\omega_e + U\frac{\partial}{\partial x}\right)^2\phi_j - \mathrm{i}\mu\omega_e\phi_j\right)\mathrm{d}S_q\right] = \quad (2)$$

$$\begin{cases}\sum_{e=1}^{N_B}\sum_{k=1}^{9}\left((\tilde{n}_j)_k + \frac{\mathrm{i}}{\omega_e}(m_j)_k\right)\int_{-1}^{1}\int_{-1}^{1}G_R N_k(s,t)|J(s,t)|\mathrm{d}s\mathrm{d}t & (j=1,...,6) \\ \left(\frac{1}{g}\sum_{e=N_B+1}^{N_B+N_F}\iint_{\Delta S_e}G_R\Im[\bar{\phi},\phi_I]\mathrm{d}S_q - \sum_{e=1}^{N_B}\sum_{k=1}^{9}\left(\frac{\partial \bar{\phi}}{\partial n_q}\right)_k\int_{-1}^{1}\int_{-1}^{1}G_R N_k(s,t)|J(s,t)|\mathrm{d}s\mathrm{d}t\right) & (j=7)\end{cases}$$

式中，p_i 表示第 i 个场点，q_e 表示第 e 个单元上的源点；$C(p)$ 为 p_i 点处的固角系数；$G_R(p, q)=1/r$（其中 $r=\sqrt{(x-\xi)^2+(y-\eta)^2+(z-\zeta)^2}$）为 Rankine 源；$N_B$ 和 N_F 分别代表离散船体表面和自由面的单元数；$N_k(s, t)$ 和 $J(s, t)$ 分别为形函数和 Jacobian 矩阵。为了提高计算的精度、避免不稳定，本研究数值实现时采用积分法计算物面条件中的 m_j 项、采用二阶迎风差分格式处理自由面条件中的二阶偏导数[4]。

3 船舶斜浪航行时的运动响应和波浪增阻

将前面求得的 ϕ_j 代入船舶水动力的计算公式，便可获得附加质量 μ_{ij}、阻尼系数 λ_{ij}、入射力以及绕射力。在此基础上，求解以下频域运动方程，便可得到船舶的运动响应 X_j：

$$\sum_{j=1}^{6}\left[-\omega_e^2(m_{ij}+\mu_{ij}) - \mathrm{i}\omega_e(\lambda_{ij}+\lambda_{eij}^v\delta_{4j}) + c_{ij}\right]X_j = f_i^I + f_i^D \quad (i=1,2,\cdots,6) \quad (3)$$

式中，$\{m_{ij}\}$ 为船舶质量惯性力系数；λ_{eij}^v 为等效线性化的黏性阻尼系数；δ_{4j} 为 Kronecker 函数；c_{ij} 为恢复力系数；f_i^{F-K} 和 f_i^D 分别为入射力和绕射力的复数幅值。

在获得运动响应后，就可以进一步计算波浪增阻。计算波浪增阻的方法可分为近场法和远场法。近场法[5]优点在于可对波浪增阻的不同成分进行详细分析，但是该方法的鲁棒性较差。相对而言，远场法在实际应用中更受青睐。学者们陆续提出了多种远场公式，其中

Hong 等[6]在辐射能量法基础上推导出的公式鲁棒性和精确性均令人满意。因而，本研究采用此方法。该方法将波浪增阻分为辐射增阻和绕射增阻两个部分，它们的计算公式分别为：

$$R_{AW}^{R} = -\sum_{i,j}^{6} \frac{\omega_0^2}{2g} \left[-\mu_{ij}\omega_e^2 \left(X_{jR}X_{iI} - X_{jI}X_{iR} \right) + \lambda_{ij}\omega_e \left(X_{jR}X_{iR} + X_{jI}X_{iI} \right) \right] \cos\beta \quad (4a)$$

$$R_{AW}^{D} = -\mathrm{Re}\left\{ \frac{i}{2}\rho k \iint_{S_B} \left(\phi_7 \frac{\partial \phi_1^*}{\partial n} + \frac{\partial \phi_0}{\partial n} \phi_1^* \right) \mathrm{d}S \right\} \cdot \cos\beta \quad (4b)$$

式中，X_{jR} 和 X_{jI} 分别代表 X_j 的实部和虚部；ϕ_1^* 为入射势 ϕ_1 的共轭复数。

上式是在线性理论范围内建立的，当入射波长较短时，并不适用。为了克服这一缺陷，日本海上技术安全研究所（NMRI）提出了一种短波增阻半经验计算公式：

$$R_{AW-S} = \frac{1}{2}\rho g A^2 \alpha_d (1+\alpha_U) B B_f(\beta) \quad (5)$$

式中的相关系数见文献[7]。在 Hong 等[6]的长波和 NMRI 的短波增阻计算公式（4a）、（4b）和式(5)的基础上，参照 Guo 和 Steen[8]所提出混合法，便可求得到全频率范围内的波浪增阻。

4 数值结果与分析

基于上述理论，本研究采用 Fortran 开发计算程序，并选择 S175 和修改的 KVLCC2 这两种存在大量试验数据的船舶为算例，开展斜浪中运动响应和波浪增阻预报研究。S175 的船长 L=175m，船宽 B=25.4m，吃水 D=9.5m，排水量 Δ=24742t，纵摇惯性半径 k_{yy}=0.24L，横摇惯性半径 k_{xx}=0.328B；修改的 KVLCC2 船长 L=320m，船宽 B=58m，吃水 D=20.8m，排水量 Δ=324000t，纵摇惯性半径 k_{yy}=0.25L，横摇惯性半径 k_{xx}=0.35B，型线图见文献[9]。

图 2 给出了 S175 以 Fr=0.275 在不同浪向的规则波中航行时运动响应的计算结果与试验值[10]的比较。从图中可以看出，数值结果与试验值吻合良好，表明本研究方法适用于不同浪向下船舶运动响应的预报。斜浪与迎浪中的运动相比，它们的幅值随波长的变化趋势类似，但是随着浪向角的减小，峰值波长会逐渐减小。这主要是因为船舶以一定的航速在波浪中航行时，波浪是以遭遇频率的振荡规律作用于船舶，运动共振发生在遭遇频率等于固有频率的工况。对于垂荡和纵摇，S175 迎浪航行时的 RAO 峰值总体来说要比斜浪中的 RAO 峰值更大；而对于横摇运动，S175 在横浪下的摇荡明显比其它浪向下更为明显。

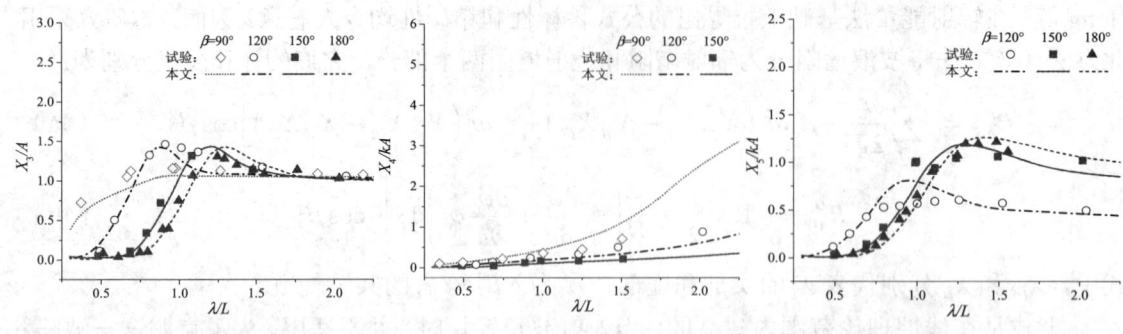

图 2 S175 以不同的遭遇浪向在规则波中航行时的运动响应(Fr=0.275)

图 3 给出了修改的 KVLCC2 以航速 Fr=0.099 在尾斜浪 β=30°、横浪 β=90°以及首斜浪 β=150°中航行时,垂荡、横摇和纵摇运动响应随入射波长的变化。由图 3 可见,本方法总的来说可以较好地预报修改的 KVLCC2 在斜浪中的运动响应。比较不同浪向下的运动结果可以发现,修改的 KVLCC2 在横浪工况下(β=90°),不仅横荡和横摇运动幅值比斜浪下(β=30°和 150°)更大,垂荡也更为严重。

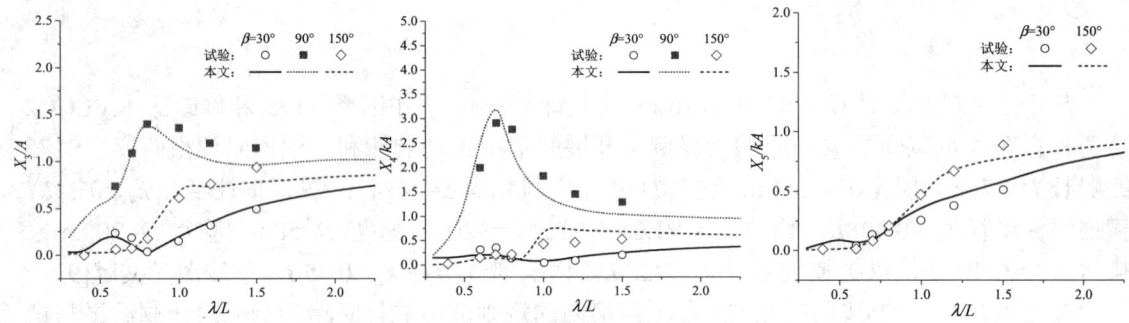

图 3 修改的 KVLCC2 以不同的遭遇浪向在规则波中航行时的运动响应(Fr=0.099)

图 4(a)和图 4(b)分别给出了 S175 以航速 Fr=0.25、修改的 KVLCC2 以航速 Fr=0.099 在不同浪向的规则波中航行时波浪增阻的计算值与试验值[11-12]的对比。从图 4 中结果可以看出,本方法不仅可以较好地预报出迎浪时的波浪增阻,在斜浪工况下,计算结果与试验值也吻合良好。波浪增阻呈现出对浪向角的依赖特性,它的峰值波长随着浪向角的减小逐渐向短波偏移。对比不同浪向下 S175 的波浪增阻的大小可以发现,迎浪时波浪增阻的峰值要远大于浪向角 β=120°时的峰值,但是与浪向角 β=150°时的峰值差异不大。这可能是因为相比迎浪,船舶在斜浪中航行时,除了纵向运动引起的波浪增阻,还存在横荡、横摇和首摇运动引起的波浪增阻。

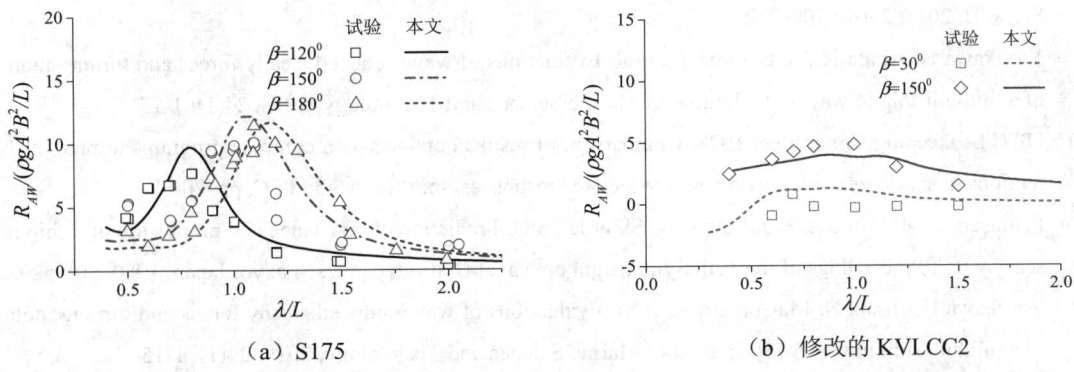

(a) S175　　　　　　　　　　(b) 修改的 KVLCC2

图 4 S175 和修改的 KVLCC2 以不同的遭遇浪向在规则波中航行时的波浪增阻

5 结语

本研究基于三维频域势流理论，采用 Rankine 源高阶面元法对船舶斜浪航行时的辐射和绕射问题进行求解，并分别采用远场公式和半经验公式计算长波增阻和短波增阻。对不同浪向下 S175 和修改的 KVLCC2 的运动及波浪增阻进行了数值模拟，结果表明：本方法的计算结果与试验值吻合良好，可以较为准确地预报不同船型在斜浪中航行时的运动响应和波浪增阻，为工程上提供了快速有效的船舶耐波性分析手段。

参考文献

1　Chen X, Zhu R C, Zhao J, et al. Study on weakly nonlinear motions of ship advancing in waves and influences of steady ship wave [J]. Ocean Engineering, 2018, 150: 243-257.

2　Chen J P, Zhu D X. Numerical simulations of wave-induced ship motions in regular oblique waves by a time domain panel method [J]. Journal of Hydrodynamics, Ser. B, 2010, 22: 419-426.

3　Yuan Z M, Incecik A, Jia L. A new radiation condition for ships travelling with very low forward speed [J]. Ocean Engineering, 2014, 88(5): 298-309.

4　杨云涛. 航行船舶运动的三维频域高阶面元法数值计算研究 [D]. 上海: 上海交通大学, 2020.

5　Peng H H, Qiu W. Computation of motion and added wave resistance with the panel-free method [J]. Journal of Offshore Mechanics and Arctic Engineering, 2014, 136(3): 31103.

6　Hong L, Zhu R C, Miao G P, et al. An investigation into added resistance of vessels advancing in waves [J]. Ocean Engineering, 2016, 123: 238-248.

7　Tsujimoto M, Shibata K, Kuroda M, et al. A practical correction method for added resistance in waves [J]. Journal of the Japan Society of Naval Architects and Ocean Engineers, 2008, 8: 177-184.

8　Guo B J, Steen S. Evaluation of added resistance of KVLCC2 in short waves [J]. Journal of Hydrodynamics,

Series B, 2011, 23(6): 709-722.

9 Yasukawa H, Hirata N, Matsumoto A, et al. Evaluations of wave-induced steady forces and turning motion of a full hull ship in waves [J]. Journal of Marine Science and Technology, 2018, 24(1): 1-15.

10 ITTC Seakeeping Committee, 1978. Comparison of results obtained with compute programs to predict ship motions in six-degrees-of-freedom and associated responses. In: Proc. 15th ITTC. pp. 70-92.

11 Faltinsen, O M, Minsaas, K J, Liapis, N, Skjørdal, S O. Prediction of resistance and propulsion of a ship in a seaway [C]. Proceedings of the 13th Symposium on Naval Hydrodynamics. Tokyo, Japan, 1980, 505-529.

12 Yasukawa H, Hirata N, Matsumoto A, et al. Evaluations of wave-induced steady forces and turning motion of a full hull ship in waves [J]. Journal of Marine Science and Technology, 2019, 24(1): 1-15.

Numerical solution of motion responses and added resistance of ships advancing in regular oblique waves

YANG Yun-tao[*]

(School of Naval Architecture and Civil Engineering, Jiangsu University of Science and Technology, Zhangjiagang 215600, Email: yuntao_yyt@foxmail.com)

Abstract: When ships advancing in oblique waves, 6-DOF motion responses and added resistance will be induced. In this paper, the high-order Rankine source method based on 3D potential theory in frequency domain is used to solve the ship radiation and diffraction problems. With the solution of hydrodynamic coefficients and motions, the added resistance on the ship can then be evaluated by adopting the far-field method in long waves and semi-empirical formula of NMRI in short waves, respectively. By conducting numerical investigations on the wave-induced motions and added resistance of S175 and a modified KVLCC2 with different forward speeds and heading angles, it is found that the present numerical method can produce satisfactory predictions for ships advancing in oblique waves.

Key words: Oblique waves; Motion and added resistance; Forward speed; Rankine source.

内倾船首柱倾角对运动和载荷的影响研究

周辉，胡开业*，毛丽君，廖康平

（哈尔滨工程大学 船舶工程学院，哈尔滨 150001, E-mail: hukaiye@126.com）

摘要：内倾船型的首柱倾角对船舶在波浪中的运动和载荷特性具有一定的影响。本研究选取了倾角为 30°、45°和 60°的三种首部构型方案，采用数值水池-直角网格有限差分方法(CNT-CGFDM)，研究了在不同的首柱倾角下内倾船型的运动响应以及甲板上浪载荷特性。与首柱倾角为 45°和 60°的船模试验进行对比，该文的数值模拟结果吻合良好。结果表明：首柱倾角对内倾船型的运动响应影响很小，而对内倾船型的上浪载荷有一定的影响。

关键词：内倾船型；首柱倾角；直角网格；运动响应；上浪载荷

1 引言

内倾船型通常采用穿浪首和干舷内倾设计，能够极大地增加隐身性能以及降低在航行中首部的兴波阻力。然而，内倾设计也更容易形成甲板上浪现象，加剧船舶升沉和纵摇运动的非线性。为降低因首柱内倾设计而导致的甲板上浪对船体造成破坏的风险，对分析和研究内倾船型的首柱倾角对船舶运动和载荷的影响具有十分重要的实际意义。

国内外学者对于内倾船的研究主要从模型试验和数值模拟两方面展开。Olivieri 等[1]通过对一艘新概念内倾船进行半约束控制试验，研究了内倾船在横浪中的自由升沉和极限横摇运动情况。Elshiekh 等[2]在 IHR 水池中进行了 ONRT 内倾船静水及规则波中的标准操纵性试验，该试验为开发计算作用在船舶模型上的力和力矩的数学模型和建立 CFD 验证的基准数据库提供了参考。张进丰等[3]对迎浪规则波和不规则波下内倾船型的甲板上浪等非线性水动力现象进行了模型试验，结果表明，内倾船在迎浪中的纵向运动具有明显的非线性。Li 等[4]采用内倾船分段自航船模进行水池试验，对甲板上浪高度和冲击压力进行了测量，结果表明，随着入射波高和航速的增加，内倾船甲板上浪现象更加严重。张涛等[5]通过数值计算研究了内倾式船型的方案设计，结果表明，船舶首部型线的内倾在一定程度上会加剧船体的纵向运动响应。魏成柱等[6]对压浪干舷的纵倾角和优选纵倾角下的半滑行穿浪船在静水中的航行性能进行了分析，发现在较小的纵倾角情况下，压浪干舷对船舶的性能有明显的改善作用。刘怡锦[7]基于势流理论研究了内倾设计的穿梭艇的快速性和波浪上的耐波性能，结果表明，增大内倾角度能有效降低首部承受的压力和首波的高度。Sun 等[8]根据三维势流理论计算了内倾船的运动响应，采用溃坝流动模型计算了上浪高度和压力分布，总结出规则波中内倾船上浪砰击的一些规律。Liu 等[9]利用OpenFOAM 对迎浪航行状态下的内倾船进行数值模拟，研究结果表明，内倾船高速航行状态下在大波陡的波浪中的纵向运动具有很明显非线性特征。

本研究采用数值水池-直角网格有限差分方法(CNT-CGFDM)，研究了不同首部构型方案对内倾船在规则波中的运动响应和波浪载荷的影响，有效模拟了波浪传播、爬升、翻卷和破碎等自由液面剧烈运动，基于浸入边界法原理准确模拟船舶大幅运动，并同模型试验结果进行对比分析，较为精确地预报了不同首柱倾角下内倾船的运动和上浪砰击载荷特点。

2 数学模型

2.1 控制方程求解

本研究基于直角笛卡尔坐标系统，利用有限差分法进行Navier-Stokes方程的空间离散[10]。控制方程如下所示：

$$\frac{\partial u_i}{\partial x_i} = 0 \tag{1}$$

$$\frac{\partial u_i}{\partial t} + \frac{\partial u_i u_j}{\partial x_j} = -\frac{1}{\rho}\frac{\partial p}{\partial x_i} + \frac{1}{\rho}\frac{\partial \tau_{ij}}{\partial x_j} + f_i + f_{Bi} \tag{2}$$

式中，u_i $(i=1,2,3)$ 是坐标系统中的三个速度分量；p 是压力变量；ρ 是流体的密度；$\tau_{ij} = \mu(\partial u_i/\partial x_j + \partial u_j/\partial x_i)/2$ 是剪切应力张量，μ 是流体的动力黏性系数；f_i 为体积力，f_{Bi} 是由于刚体运动对流体产生的作用力。

利用分步法[11]求解控制方程，具体过程如下所示：

①采用具备三阶精度的CIP方法[12]（约束插值方法）求解对流方程：

$$\frac{u_i^* - u_i^n}{\Delta t} + \frac{\partial u_i^n u_j^n}{\partial x_j} = 0 \tag{3}$$

②处理黏性项和体积力：

$$\frac{u_i' - u_i^*}{\Delta t} = \frac{1}{\rho}\frac{\partial \tau_{ij}^n}{\partial x_j} + f_i + f_{Bi} \tag{4}$$

③利用双共轭梯度法求解关于流场压力和速度耦合的泊松方程：

$$\frac{\partial}{\partial x_i}\left(\frac{1}{\rho}\frac{\partial p^{n+1}}{\partial x_i}\right) = \frac{1}{\Delta t}\frac{\partial u_i'}{\partial x_i} \tag{5}$$

式中，上标n代表当前时刻所属的物理量，$n+1$代表下一时刻的物理量；u^* 和 u' 为计算过程中的中间物理量；Δt 为时间步长。

通过引入THINC/SW算法[13]求解关于体积分数ϕ_1的对流方程(7)，有效的实现自由液面的精确捕捉。

$$\frac{\partial \phi_1}{\partial t} + u_j \frac{\partial u_i}{\partial x_j} = 0 \tag{6}$$

式中，$\phi_1=0$表示气相，$\phi_1=1$表示液相。

2.2 浸入边界法

本研究基于浸入边界法[14]原理，将由刚体运动对流体产生的作用力直接以动量力源项的形式添加到动量方程中，如式(2)所示，采用具有二阶精度的插值算法进行物体边界速度重构，在这种数值方法中，整个计算域被视为一个多相场，利用THINC/SW算法求解ϕ_1来捕捉自由液面；ϕ_3用以确定直角笛卡尔网格系统中的物体几何形状，可以通过给定刚体物面一系列的网格点计算获得[15]；ϕ_2可以由$\phi_2 = 1 - \phi_1 - \phi_3$计算得到；基于单个网格内固体域所占网格的体积分数$\phi_3$，得到物面不可滑移边界条件为：

$$u_i^{n+1} = u_{Bi}^{n+1} \cdot \phi_3 + u_{Fi}^{n+1} \cdot (1-\phi_3) \tag{7}$$

式中，u_{Bi}^{n+1}表示当前时刻刚体表面网格节点速度，u_{Fi}^{n+1}表示当前时刻未考虑刚体运动影响时的流场速度，u_i^{n+1}表示经过体积分数加权更新后的流场速度。

3 数值模拟及试验方法

本研究所采用的单体内倾船的主要参数如表1所示，计算模型与实船的缩尺比为1:40。为了研究不同的首柱倾角对内倾船运动和载荷的影响，采用了三种不同的首柱倾角方案，对应的首柱倾角分别为$\alpha = 30°$(模型A)、$\alpha = 45°$(模型B)和$\alpha = 60°$(模型C)，如图1所示。

表1 内倾船实船与模型主要参数

项目	实船	模型
设计水线长/m	180.000	4.500
设计水线宽/m	20.990	0.525
型深/m	15.000	0.375
吃水/m	7.000	0.175
设计排水量/t	14000.0	0.2134
重心高/m	7.780	0.195
重心纵向位置/m	-3.301	-0.083

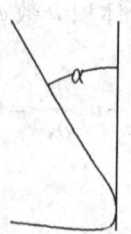

图1 船型参数示意图

根据模型参数,确定计算域的水深为3.5 m,长度和宽度分别为16 m和10 m,并确定其边界条件。计算域速度入口处输入五阶Stokes波。模型尺度下,船体表面网格尺寸为0.02 m,在波高方向划分20份网格,波长方向划分80份网格。

模型试验在哈尔滨工程大学船模拖曳水池实验室进行,实验室由水池、造波机和拖车三个基本设施组成,水池的深度为3.5 m,长度和宽度分别为108 m和7 m。造波机可以生成最大波高为0.4 m的规则波。试验中采用自航模型,运用适航仪测量模型运动,采用压力传感器测量甲板上浪和砰击压力。

4 结果与讨论

4.1 收敛性分析

在进行计算前,根据自由液面和船体周围网格的加密要求,设计了粗、中、细三套不同的计算网格方案,网格数量分别为391W、637W和820W。选取模型尺度下航速为1.46 m/s,波高为0.1 m,波长船长比为1.2的工况,以模型B为分析对象,开展规则波中内倾船运动响应的数值模拟。

对比使用上述三套网格进行数值模拟后得到的船体运动时历曲线(图2),从图2结果中可以发现,无论是对于升沉还是纵摇运动,中网格下运动平均幅值与细网格运动幅值的差值均小于粗网格与中网格的差值,证明网格的分析结果已经收敛,中网格方案已经可以较好地模拟内倾船的运动。本研究的后续数值模拟均采用中网格方案。

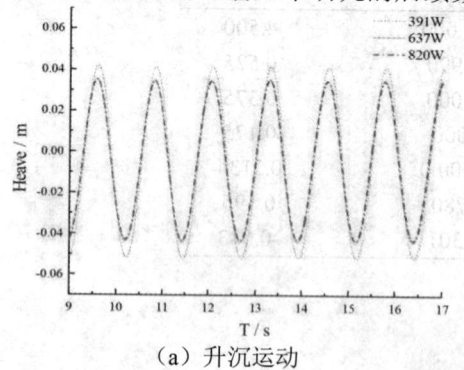
(a)升沉运动

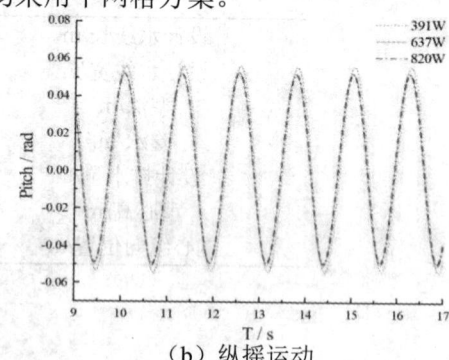
(b)纵摇运动

图2 网格收敛性分析

由于本研究中所使用的数值模拟程序在计算时是变时间步长的,故不在此进行时间步的收敛性分析。

4.2 首部构型对内倾船运动响应的影响

在运动响应的数值模拟中，研究不同首柱倾角下内倾船在0.1 m波高下，航速0 m/s、0.81 m/s、1.46 m/s和2.44 m/s迎浪规则波中的运动响应特性，其船长波长比选取0.6、0.8、0.9、1.0、1.2、1.5和2.0。

由于模型试验中仅选取了首柱倾角为45°和60°的船型来进行研究，因此本研究在此选取1.46m/s航速和不同波长船长比下与水池试验相对应的计算模型来进行数值模拟，并将运动响应结果与试验值进行对比验证。表2中分别给出了1.46 m/s航速时模型B的升沉和纵摇运动试验与数值模拟的RAO结果及对比误差。其中，Z 表示升沉幅值，θ 表示纵摇幅值；ζ_a 表示入射波波幅，k 为波数。

表2 模型B运动响应及误差

λ/L	Z/ζ_a			$\theta/(k\zeta_a)$		
	试验	计算	误差/%	试验	计算	误差/%
0.6	0.12661	0.14178	11.98	0.02194	0.01930	-12.03
0.8	0.36671	0.36088	-1.59	0.25351	0.29720	17.23
0.9	0.59027	0.60191	1.97	0.40433	0.47516	17.52
1.0	0.74273	0.72563	-2.30	0.58145	0.63112	8.54
1.2	0.81243	0.76924	-5.32	0.83783	0.83900	0.14
1.5	0.75783	0.75755	-0.04	0.89022	0.95834	7.65
2.0	0.79467	0.83208	4.71	0.92727	0.98132	5.83

可以看出，除在短波情况下计算误差稍大外，总体上数值模拟结果与试验结果基本吻合，故本研究中所使用的数值水池-直角网格有限差分方法(CNT-CGFDM)足以有效预报内倾船型在波浪中的运动响应，这也为后续准确预报甲板上浪现象和载荷响应提供了基础。

基于以上对内倾船运动响应数值结果的验证分析，开展首柱倾角对运动响应影响的研究，分别计算在不同航速下三种模型的运动响应。

由图3(a)至图6(a)可以看出，迎浪状态时，各航速下模型A、模型B和模型C的升沉响应随波长船长比的变化趋势相同。0 kn航速时，三种模型的升沉运动响应基本一致，除航速18 kn与30 kn、波长船长比为1.2与1.5时，表现出模型C的升沉响应稍大于模型B的升沉响应，且模型B的升沉响应稍大于模型A的升沉响应外，总体上模型A、模型B和模型C的升沉运动响应差异很小。

由图3(b)至图6(b)可知，各航速下三种模型的纵摇运动响应随波长船长比的变化趋势也相同，除航速30 kn时，波长船长比在1.0~1.5时，表现出模型A的纵摇响应稍大于模型B的升沉响应，且模型B的升沉响应稍大于模型C的纵摇响应外，整体上三种模型的纵摇运动响应均达到了高度的一致。

根据以上对三种首柱倾角方案下不同内倾船模型在规则波中的运动响应的比较分析可知，首柱倾角对内倾船型在规则波中的运动响应很小。

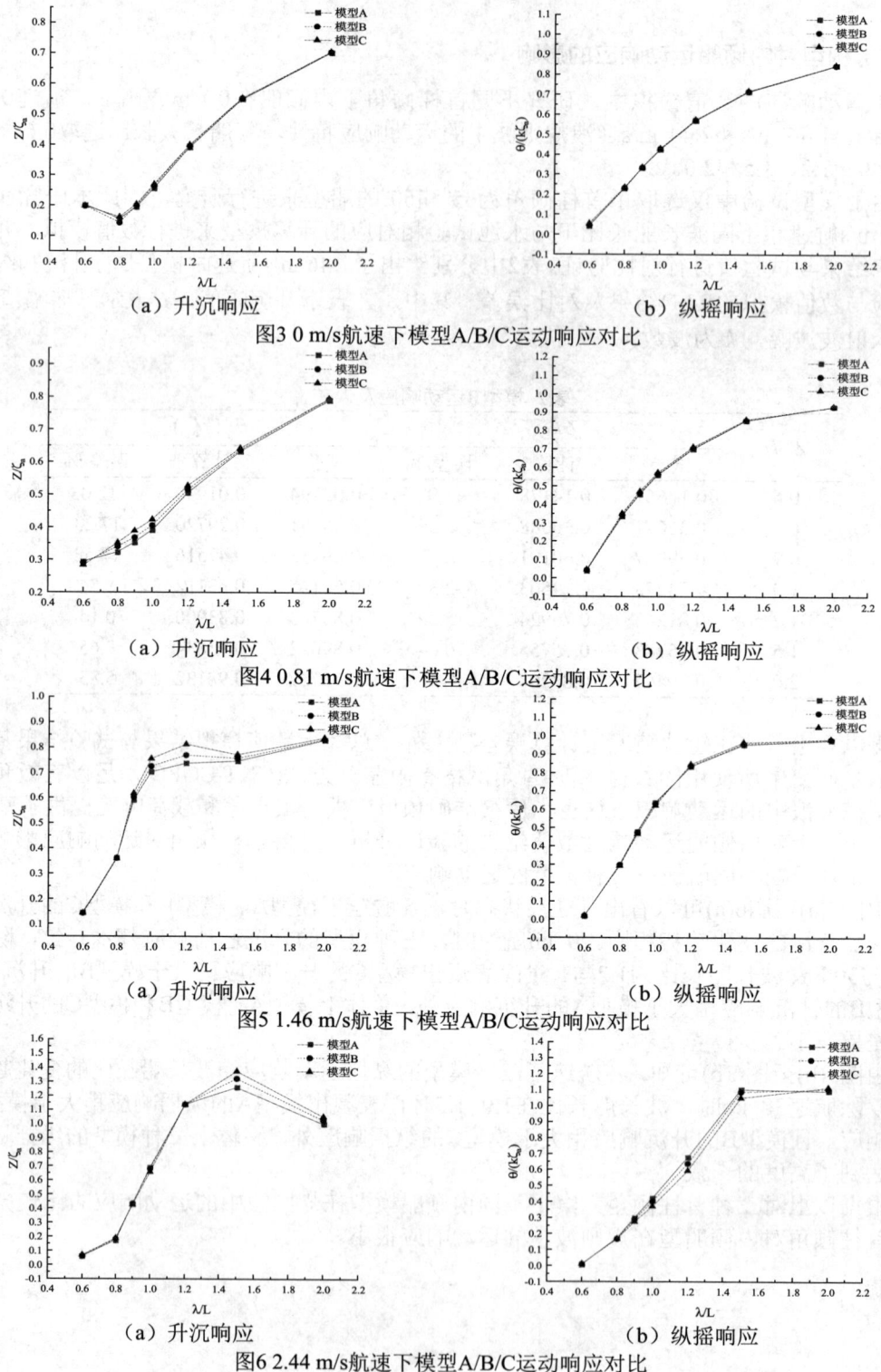

(a) 升沉响应　　　　　　　　　　　(b) 纵摇响应
图 3　0 m/s 航速下模型 A/B/C 运动响应对比

(a) 升沉响应　　　　　　　　　　　(b) 纵摇响应
图 4　0.81 m/s 航速下模型 A/B/C 运动响应对比

(a) 升沉响应　　　　　　　　　　　(b) 纵摇响应
图 5　1.46 m/s 航速下模型 A/B/C 运动响应对比

(a) 升沉响应　　　　　　　　　　　(b) 纵摇响应
图 6　2.44 m/s 航速下模型 A/B/C 运动响应对比

4.3 首部构型对内倾船甲板上浪波浪载荷的影响

模型A、模型B与模型C的差异在于首柱倾角的不同,且船体形状主要体现在船首水线之上。为了更进一步探究首柱倾角对内倾船型上浪载荷的影响,对三种船模各选取3个典型工况:工况1(H=0.15 m,V=2.44 m/s,λ/L=1.0)、工况2(H=0.225 m,V=1.46 m/s,λ/L=1.0)和工况3(H=0.3 m,V=0.81 m/s,λ/L=1.0),分析三型船距离首部顶点最近测点的上浪压力以及对上建前壁冲击力的差异。表3为三种首部构型内倾船相对于坐标原点的测点空间位置。

为了验证甲板上浪高度和砰击压力数值结果的准确性,选择典型工况2下模型B的数值模拟结果与试验对比(表4)。

表3 模型A/B/C测点空间位置

编号	船型	剖面位置x/m	横向位置y/m	垂向高度z/m	测量内容
PA	模型A	1.9955	0	0.375	
	模型B	1.8830	0	0.375	甲板上浪压力
	模型C	1.7705	0	0.375	
C	模型A	0.5158	0	0.425	
	模型B	0.5158	0	0.425	上建前壁压力
	模型C	0.5158	0	0.425	

表4 模型B数值模拟结果及误差

测试内容	模型B		
	试验	计算	误差/%
甲板上浪高度	0.1779	0.1519	14.61
甲板上浪压力	2177.14	1879.90	13.65
上建前壁压力	2426.50	2106.30	13.20

可以看出,整体上,利用直角网格计算流体力学程序计算得到的甲板上浪压力以及上建前壁的冲击压力能与试验结果保持一致,证明了本研究采取的数值策略可以较为准确有效地对规则波下内倾船甲板上浪现象进行模拟。

基于以上讨论和验证,分别对三个典型工况下不同首部构型的波浪载荷进行分析。如图7(a)至图9(a)所示为高海况下三型船的甲板上浪压力对比,可以看出,在工况1下模型A的甲板上浪压力最大,模型C的上浪压力略大于模型B,但相差不大;在工况2下模型A的上浪压力最大,模型B次之,模型C最小;在工况3下甲板上浪压力表现出与工况2相似的现象。整体上可以发现,在高海况下,随着内倾船首柱倾角的增大,甲板上浪压力呈现出减小的趋势。

如图7(b)至图9(b)所示为三型船的上建前壁冲击压力对比情况,三种典型工况下模型C的上建前壁冲击压力均显著大于模型A和模型B的冲击压力,工况1下模型B的冲击压力高于模型A;工况2下模型B和模型A的上建前壁冲击压力未表现出明显差异;工况3时模型B的冲击压力峰值明显大于模型A的压力。可见,内倾船首柱倾角的增大会导致其上建前壁冲击压力的增加。

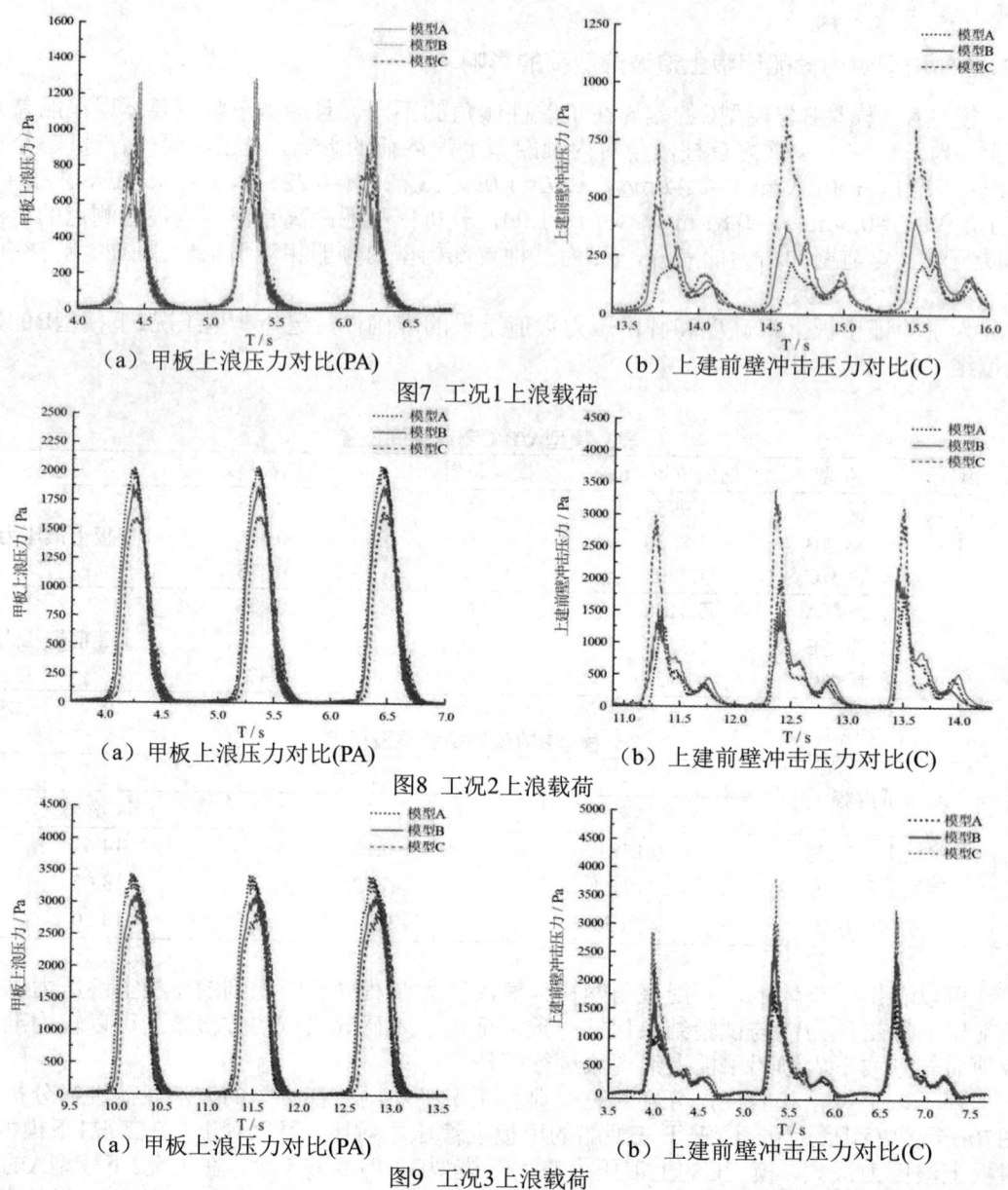

图7 工况1上浪载荷

图8 工况2上浪载荷

图9 工况3上浪载荷

根据以上分析，综合各工况下三型船所受到的波浪载荷情况，模型B的甲板上浪压力小于模型A，且模型C的上浪压力相较于模型B并未得到显著降低，模型C的上建前壁冲击压力较模型B却发生了明显的提高。因此，相较于模型A和模型C，模型B在波浪中的综合载荷性能更加优异。

5 结论

本研究采用了一种数值水池-直角网格有限差分方法(CNT-CGFDM)，研究了不同首柱倾角方案对内倾船在规则波中的运动响应和波浪载荷的影响，得到了以下结论：

（1）通过与模型试验进行对比，表明本研究所使用的CFD方法能够较为准确地预报内倾船型在规则波中的运动响应和波浪载荷。

（2）首部构型对内倾船型在规则波中的运动响应的影响很小。

（3）综合各工况下三型船所受到的波浪载荷情况，相较于首柱倾角为30º和60º的构型方案，首柱倾角为45º的内倾船型在波浪中的载荷性能更加优异。

参考文献

1. Olivieri A, Francescutto A, Campana E, et al. Experimental investigation of parametric roll in regular head waves for the ONR tumblehome [C]. 28th Symposium on Naval Hydrodynamics. Pasadena, California, 2010.

2. Elshiekh H A. Maneuvering characteristics in calm water and regular waves for ONR tumblehome [J]. Dissertations & Theses-Gradworks, 2014.

3. 张进丰，顾民，魏建强. 低干舷隐身船波浪中纵向运动的模型试验及理论研究[J]. 船舶力学，2009，13(2): 169-176.

4. Hui Li, Bao-Li Deng, Shu-Zheng Sun, et al. Experimental investigation of the green water loads on a wave-piercing tumblehome ship [C]. 36th International Conference on Ocean, Offshore and Arctic Engineering. Trondheim, Norway, 2017.

5. 张涛，杨磊，张艳平. 内倾船型耐波性方案论证与数值分析研究 [J]. 南阳理工学院学报，2015，7(2): 72-75.

6. 魏成柱，毛立夫，李英辉，等. 单体半滑行穿浪船船型与静水航行性能 [J]. 中国舰船研究，2015，10(5): 16-21.

7. 刘怡锦. 基于势流理论的穿梭船型性能特征研究 [D]. 上海：上海交通大学，2013.

8. Shuzheng Sun, Wenlei Du, Hui Li. Study on green water of tumblehome hull using dam-break flow and RANSE models [J]. Polish Maritime Research Special Issue, 2017, S2(94): 172-180.

9. Le Liu, Xiaofei Mao. Research on the longitudinal nonlinear motion of the Tumblehome ship in the waves based on CFD [J]. Journal of Wuhan University of Technology(Transportation Science and Engineering Edition), 2017, 41: 682-686.

10. 廖康平，马庆位，段文洋，等. 基于直角网格CFD方法的船舶甲板上浪砰击研究 [C]. 第二十八届全国水动力学研讨会论文集，2017.

11. Xiao F. A computational model for suspended large rigid bodies in 3d unsteady viscous flows [J]. Journal of Computational Physics, 1999, 155(2): 348-379.

12　Yabe T, Takizawa K, Chino M, et al. Challenge of CIP as a universal solver for solid, liquid and gas [J]. International Journal for Numerical Methods in Fluids, 2005, 47: 655-676.

13　Xiao F, Satoshi I, C G, Revisit to the THINC scheme: A simple algebraic VOF algorithm [J]. Journal of Computational Physics, 2011, 230: 7089-7092.

14　Peskin C S. Flow patterns around heart valves [J]. Journal of Computational Physics, 1972, 10: 252-271.

15　Hu C H, Kashiwagi M, Kishev Z, et al. Application of CIP method for strongly nonlinear marine hydrodynamics [J]. Ship Technology Research, 2006, 53(2): 74-87.

Research on the effect of bowsprit inclination angle on motion and load of inwardly inclined ship

ZHOU Hui, HU Kai-ye*, MAO Li-jun, LIAO Kang-ping

(College of Shipbuilding Engineering, Harbin Engineering University, Harbin 150001, China)

Abstract: The bow column inclination angle of the inwardly inclined ship type has a certain influence on the motion and load characteristics of the ship in waves. In this paper, three kinds of bow configurations with inclination angles of 30°, 45° and 60° are selected, and the motion response of the inclined ship type and the deck wave load characteristics under different bow inclination angles are studied by using the numerical pool-rectangular mesh finite difference method (CNT-CGFDM). The numerical simulation results are in good agreement with the ship model tests with inclination angles of 45° and 60°. The results show that the inclination angle of the first column has little effect on the motion response of the inclined ship, but has a certain effect on the wave load of the inclined ship.

Key words: Inclined ship; Inclination angle; Cartesian grid; Motion response; Wave load.

倾斜布置柔性管涡激振动响应与 IP 准则适用性评价研究

朱红钧 [1,2*]，张旭 [1]，赵宏磊 [1]

(1. 西南石油大学 石油与天然气工程学院，成都 610500, Email: zhuhj@swpu.edu.cn;
2. 大连海事大学 海底工程技术与装备国际联合研究中心，大连 116026)

摘要：本研究利用双机位高速摄像非介入式测试方法在波流同造实验水槽中开展了倾斜布置柔性管的涡激振动响应与尾涡结构的捕捉，所用柔性管模型长径比为72，与来流布置倾角为 0°~60°，对应的最大雷诺数为2900。通过最大均方根振幅及其对应的振频判别了 IP 准则的适用性，并选择相同法向约化速度 U_m=4.76 工况对不同倾角布置的柔性管振动进一步细化分析，结合水动力系数、振动响应、尾涡模式等流固耦合特性参数综合判断 IP 准则的适用性。实验结果表明：倾角的改变使流向振动由多频变为单频，由一阶主导变为二阶主导，横向振动频率则无明显变化。在柔性管下游倾角不小于 30°时旋涡模态由 2S 转变为 2P，柔性管中游、上游位置的旋涡模态则一直为 2S 模式，综合均方根振幅频率及旋涡结构表明，IP 准则不适用于柔性管振动的预测。

关键词：柔性管；涡激振动；非介入测试；IP 准则

1 引言

海洋管道并不总是垂直于来流，曲线状布置的柔性立管、频繁变化的海流流向等都会造成了海洋管道与来流夹角的时空变化。对于与来流存在一定倾角的刚性圆柱，现有报道认为倾角小于 30°~45°时，可以用垂直于圆柱的速度分量来预测流体作用力与涡脱频率，而忽略沿圆柱轴向的速度分量，被称作 Cosine 准则或 IP 准则。但柔性管振动过程中振幅、频率均可能存在空间上的差异，致使迎流倾角沿管轴和随时间发生变化，此时 IP 准则的适用性与相应的临界倾角还有待明晰。

Hanson[1]和 Van Atta[2]开展了低雷诺数刚性倾斜圆柱的涡脱频率实验测试，提出了适用

基金项目：国家自然科学基金(51979238)

于刚性倾斜圆柱的 IP 准则。随后，众多学者对柔性管 IP 准则的适用范围和影响因素进行了判别，Xu[3]发现倾角不小于 45°时，流体的切向速度分量不可忽略，而倾角不大于 30°时，最大均方根振幅和旋涡脱落频率的变化与只考虑法向速度分量的结果吻合。Bourguet 和 Triantafyllou[6-7]将大倾角下 IP 准则失效的原因归结为沿轴向不同位置法向速度存在差异。此外，Bourguet[8]通过直接数值模拟观察到倾斜柔性管的尾涡模式，认为轴向张力较大时 IP 准则适用。Han[9]则指出倾角等于 45°时张力对振幅最大值的影响不大，振动呈多频多模态参与的特征明显增强。但 Seyed-Aghazadeh[4-5]认为对于柔性管而言，IP 准则即使在很小的倾角下也不成立。可见，学者们对 IP 准则预测柔性管振动响应的适用性还存在争议。

本研究在波流同造实验水槽中，对布置倾角在 0°~60°范围内的柔性管振动响应进行了测试，从最大均方根振幅及其对应的主导频率判别了 IP 准则的适用性，并以 U_{rn}=4.76 为例，讨论了柔性管振幅、振频、轨迹及尾涡模式随倾角的变化规律。

2 实验布置及测试方法

实验在西南石油大学波流同造实验水槽中开展，实验测试段长 2 m、宽 0.5 m、高 1 m，水槽底壁及侧壁均为透明玻璃，以便于高速摄像拍摄。如图 1 所示，柔性管两端用控制杆固定约束，通过改变两根控制杆的前后距离改变柔性管轴线与来流的倾角，实验测试倾角为 0°~60°。在柔性管上游 1m 处布置 ADV（超声多普勒测速仪）以测量来流速度，来流最大雷诺数为 2900。在柔性管正前方用细管喷射白色示踪剂勾勒尾涡结构，由高速摄像捕捉尾涡脱落的过程。

实验采用透明硅胶管作为柔性管模型，长 45 cm、管径 6 mm，长径比为 72。在管道轴向均匀标记 23 个黑色标记点，通过两台高速摄像（侧视和仰视）非介入同步采集管道的流向和横向振动位移。在静水中通过自振衰减实验测得前三阶固有频率分别为 $f_{1x}=f_{1z}$=4.63 Hz、$f_{2x}=f_{2z}$=9.76 Hz、$f_{3x}=f_{3z}$=15.27 Hz。为判别 IP 准则的适用性，将倾斜柔性管法向约化速度 U_{rn} 定义为来流约化速度 U_r 与倾斜角度 θ 余弦值的乘积，即 $U_{rn}=U_r\cos\theta$。

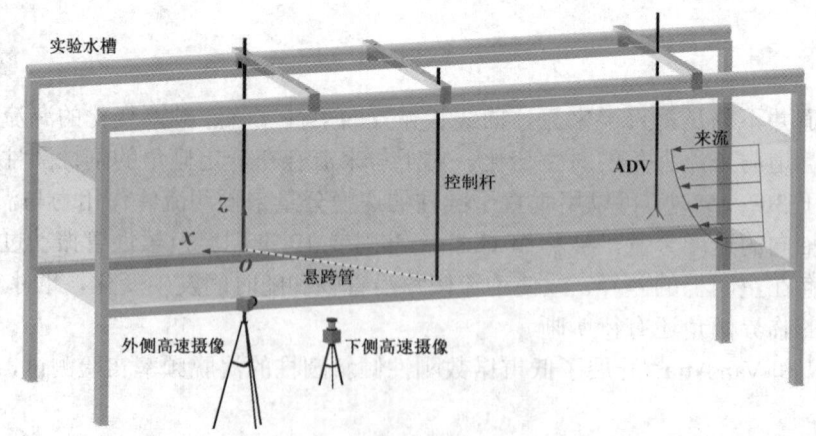

图 1 实验布置

3 不同倾角下悬跨管的振动分析

3.1 振幅和频率特征

图 2(a)给出了不同倾角下柔性管流向和横向最大振幅随法向约化速度的变化。随着倾角的增大，柔性管最大振幅呈先减小后增大的趋势。$\theta=45°$时，柔性管的流向最大振幅最小，而横向最大振幅在$\theta=15°$、$30°$和$45°$时基本接近，小于$\theta=0°$和$\theta=60°$时的对应数值。$\theta=15°$与$\theta=0°$时的流向最大振幅基本吻合，其余倾角只有在部分约化速度范围内满足数值近似相等，如$U_{rn}=6\sim9$范围内$\theta=30°$与$\theta=0°$的流向最大振幅值基本重叠，而$\theta=45°$和$60°$的流向最大振幅明显偏离$\theta=0°$的数值，表明$\theta\leq15°$时柔性管的流向最大振幅可以用法向流速近似预测。而对于横向振动而言，改变倾角后的最大振幅均与$\theta=0°$的数值有明显偏离，表明仅考虑法向流速不能准确预测柔性管的横向振幅。图 2(b)为最大振幅出现位置的主导振动频率随法向约化速度的变化情况。整体而言，流向振动主导频率约为横向振动主导频率的 2 倍，且不同倾角的横向振动主导频率基本吻合。这表明，评价 IP 准则的适用性，不能仅仅依据振幅或频率等单一变量进行判断，而应结合水动力系数、振动响应、尾涡模式等流固耦合特性参数综合判断。因此，选择相同的法向约化速度$U_{rn}=4.76$，对不同倾角布置的柔性管振动进一步细化分析。

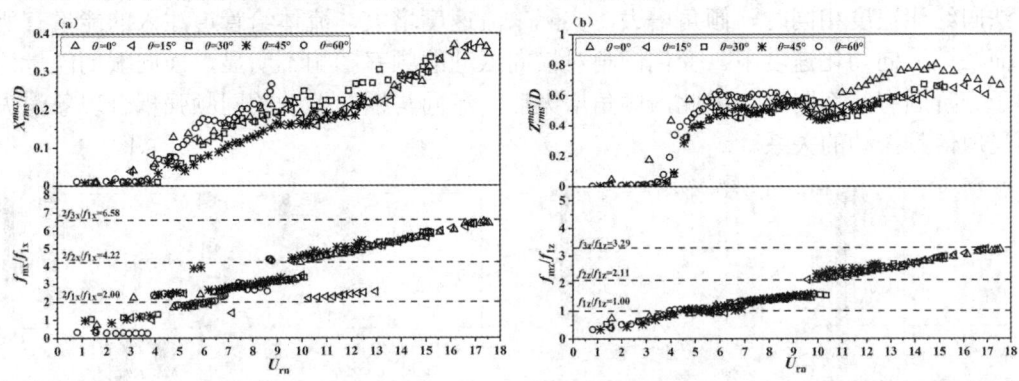

图 2 不同倾角下柔性管最大振幅及其对应的频率随法向约化速度的变化

3.2 低振幅倾斜柔性管振动响应的时空特征

图 3 为$U_{rn}=4.76$时不同倾角柔性管的流向和横向均方根振幅图。可见，均方根振幅总体呈先减小后增加的趋势，且关于柔性管跨中对称分布。$\theta=0°$时的流向均方根振幅远大于其他倾角时的数值，且为一阶模态主导，而其他倾角时的流向振动为二阶模态主导，表明仅考虑法向约化速度相等的条件下不同倾角的柔性管流向振动阶数存在差异。尽管不同倾角的柔性管横向振动均为一阶模态主导，但均方根振幅的数值并不吻合，$\theta=15°$和$\theta=30°$的横向均方根振幅基本重叠，且为最小振幅，$\theta>30°$时横向均方根振幅随倾角的增大有所增加。

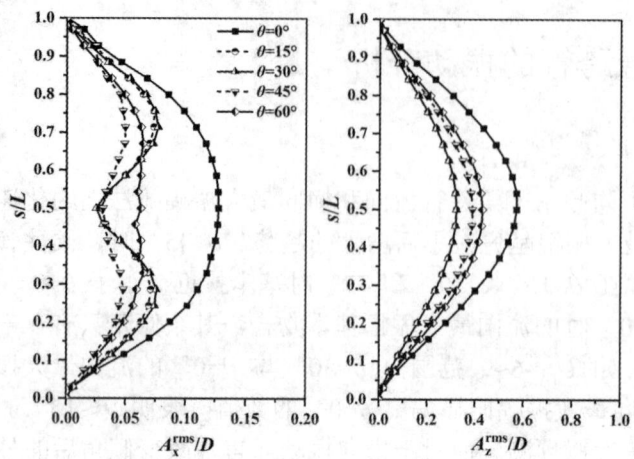

图 3 不同倾角下柔性管流向与横向的均方根振幅（U_m=4.76）

通过对比图 4 可知，θ=0°时流向振动存在多个频率参与，但能量主要集中于一阶固有频率附近，这是其表现为一阶主导振动形态的原因。此外，θ=0°的横向振动能量也集中于一阶固有频率附近，表明两个方向的主导频率相同，振动出现强耦合现象。随着倾角的增大，流向振动由多频变为单频，位于二阶固有频率附近，因而振动过渡为二阶主导。这是由于法向约化速度相同时，倾角增大，实际来流速度增大，流体给管道注入的能量有所增加。而在该法向约化速度下，变化倾角对横向振动的频率影响不明显，横向振动能量始终集中于一阶固有频率附近。因此，倾角增大后，流向与横向振动的同频强耦合现象消失，转而呈现倍频振动的关系。

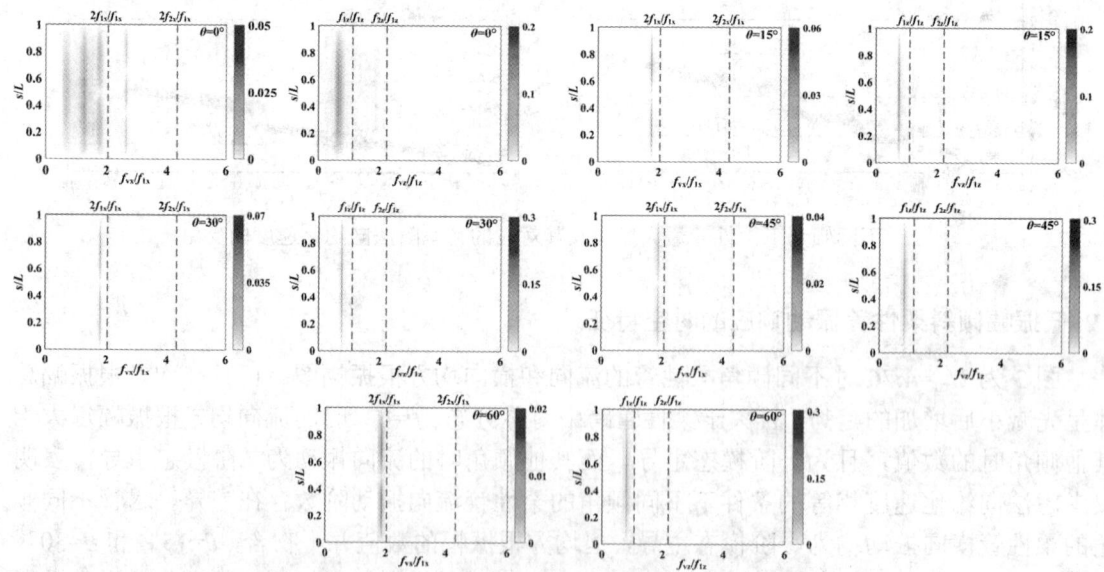

图 4 不同倾角下柔性管流向与横向振动频率的空间分布（U_m=4.76）

图 5 给出了 U_m=4.76 时不同倾角柔性管 23 个标记点的振动轨迹。可以看出，不同倾角柔性管最大振幅均发生在跨中 12#点（s/L≈0.5）处。θ=0°时，轨迹在 8 字形和椭圆形间转换，体现了两个频率的竞争现象。而其余倾角的流向与横向振动频率 2 倍关系，均表现出 8 字形轨迹。在 θ=15~45°时，跨中的轨迹变窄，这是由于该点的流向振动转为二阶，刚好处于均方根振幅的波谷处，流向振幅较小所致。

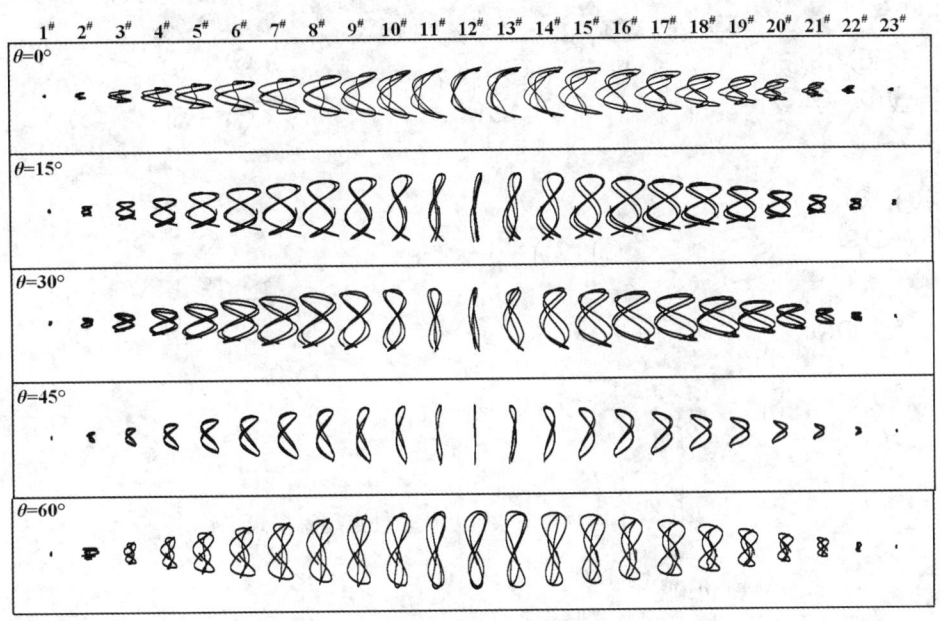

图 5 不同倾角下柔性管运动轨迹

3.3 低振幅倾斜柔性管振动响应的时空特征

图 6 显示了 U_m=4.76 时不同倾角柔性管代表性标记点的尾涡脱落模式。6#、12#和 18#点分别位于柔性管的下游（s/L≈0.24）、跨中（s/L≈0.5）和上游（s/L≈0.76）。可以看出，旋涡尺寸随倾角的增大逐渐减小，在 θ≥45°时，已无法捕捉到较为清晰的尾涡结构。12#和 18#点后方的尾涡模式始终为 2S 模式，而 6#点在 θ≥30°时尾涡模式从 2S 转变为 2P。表明可能存在轴向二次流对柔性管下游的尾涡结构产生影响。

图 7 给出了不同倾角时柔性管无量纲切向瞬时速度，其中虚线为柔性管位于流向平衡位置时的无量纲切向速度，阴影显示了瞬时切向速度的变化范围。在该法向约化速度下，沿轴向的无量纲切向速度变化不大，最大为 0.03，整体呈现下游切向速度小，上游切向速度大的特点。切向流速在柔性管两端及跨中的变化较大，除 θ=0°外，切向速度在 6#点和 18#处存在节点，表明这两个位置的切向速度几乎不随时间变化。切向速度沿管轴方向的变化体现了柔性管与来流的倾角在空间上的变化，且随着柔性管的流向振动响应而发生时间上的波动，其时空变化特性可能影响了轴向二次流的强弱，是导致 IP 准则失效的主要原因。

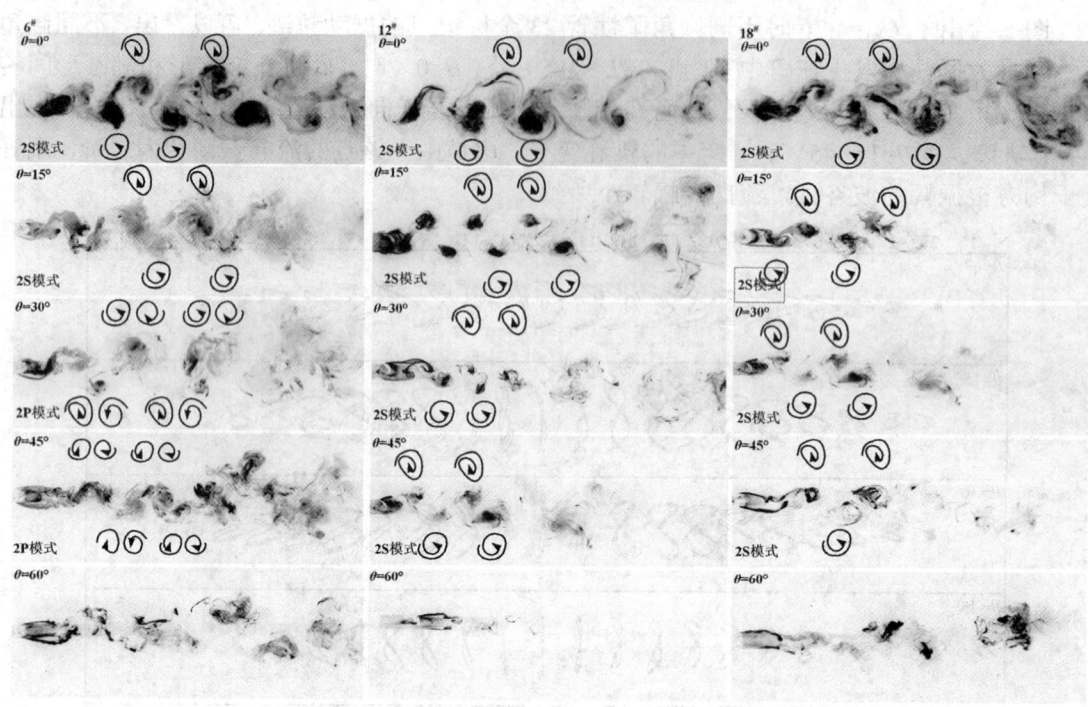

图 6　不同倾角下柔性管代表性点尾涡模式

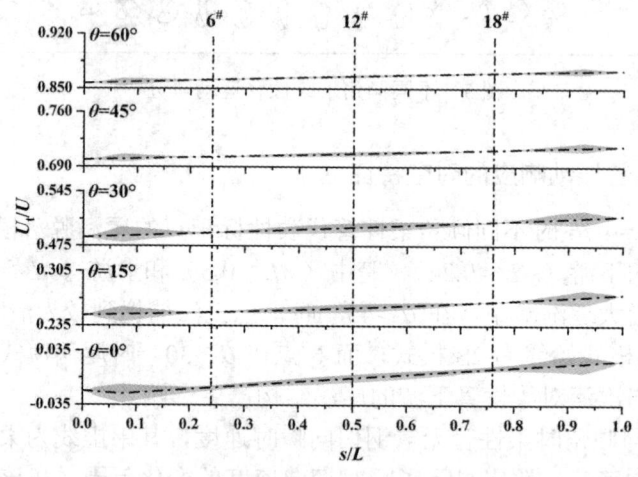

图 7　不同倾角切向速度分量与来流流速之比

4　结论

通过在波流同造实验水槽开展不同倾角柔性管涡激振动响应测试，评价了 IP 准则的适用性。

（1）倾角的增大使柔性管最大振幅呈先增后减小的趋势。流向振动在 $\theta\leqslant15°$ 时振幅可用法向流速近似预测，但横向振动在倾角改变后振幅有明显差别。两个方向最大振幅对应的主导频基本吻合。但仅凭最大振幅和对应的主导频率进行评价并不全面，应结合水动力系数、振动响应、尾涡模式等流固耦合特性参数综合判断。

（2）对低振幅倾斜柔性管而言，倾角增大使柔性管旋涡尺寸逐渐减小，下游尾涡模式在 $\theta\geqslant30°$ 时模态由 2S 转化为 2P，中游、上游尾涡模式在 $\theta\leqslant45°$ 时始终为 2S 模式。切向流速在柔性管两端及跨中的变化较大，其时空变化特性可能影响了轴向二次流的强弱，进而导致 IP 准则的失效。

参考文献

1　Hanson A R, Vortex-shedding from yawed cylinders [J]. AIAA J. 1966, 4: 738-740.

2　Van Atta C W, Experiments on vortex shedding from yawed circular cylinders [J]. AIAA J. 1968, 6, 931-933.

3　Xu W, Ma Y, Ji C, et al. Laboratory measurements of vortex-induced vibrations of a yawed flexible cylinder at different yaw angles [J]. Ocean Engineering, 2018, 154: 27-42.

4　Seyed-Aghazadeh B, Modarres-Sadeghi Y. Reconstructing the vortex-induced-vibration response of flexible cylinders using limited localized measurement points [J]. Journal of Fluids and Structures, 2016, 65: 433-446.

5　Seyed-Aghazadeh B, Modarres-Sadeghi Y. An experimental study to investigate the validity of the independence principle for vortex-induced vibration of a flexible cylinder over a range of angles of inclination [J]. Journal of Fluids and Structures, 2018, 78: 343-355.

6　Bourguet R, Triantafyllou M S. Vortex-induced vibrations of a flexible cylinder at large inclination angle [J]. Philosophical Transactions of the Royal Society A: Mathematical, Physical and Engineering Sciences, 2014, 373: 20140108.

7　Bourguet R, Triantafyllou M S. The onset of vortex-induced vibrations of a flexible cylinder at large inclination angle [J]. Journal of Fluid Mechanics, 2016, 809: 111-134.

8　Bourguet R, Karniadakis G E, Triantafyllou M S. On the Validity of the Independence Principle Applied to the Vortex-Induced Vibrations of a Flexible Cylinder Inclined at 60° [J]. Journal of Fluids and Structures, 2015, 53: 58-69.

9　Han Q, Ma Y, Xu W, et al. Hydrodynamic characteristics of an inclined slender flexible cylinder subjected to vortex-induced vibration [J]. International Journal of Mechanical Sciences, 2018, 148: 352-365.

Research on vortex-induced vibration Response and Applicability Evaluation of IP principle for flexible cylinder with yaw angles

ZHU Hong-Jun[1,2*], ZHANG Xu[1], ZHAO Hong-Lei[1]

(1. State Key Laboratory of Oil and Gas Reservoir Geology and Exploitation, Southwest Petroleum University, Chengdu 610500, Email: zhuhj@swpu.edu.cn;

2. State Key Laboratory of Hydraulic Engineering Simulation and Safety, Tianjin University, Tianjin 300350)

Abstract: A nonintrusive measurement with high-speed cameras is employed to capture the vortex-induced vibration response and the vortex shedding of an oblique flexible pipe in a water flume. The length-to-diameter ratio of the flexible pipe is 72. The inclination angle is examined at $\theta = 0\text{-}60°$ with the corresponding maximum Reynolds number of 2900. The independence principle (IP) is evaluated from the maximum root-mean-squared amplitudes and the associated dominant frequencies. The vibration response of flexible pipe at different inclination angles is further compared at the same normal reduced velocity of $U_{rn} = 4.76$. The experimental results illustrate that the in-line response shifts from multi-frequency vibration to mono-frequency one with the increase of inclination angle, and the dominant mode changes from the 1st to 2nd. In contrast, there is no obvious alteration in the cross-flow dominant frequency that corresponds to the maximum cross-flow amplitude. At $U_{rn} = 4.76$, the vortex shedding mode of the downstream pipe evolves from 2S to 2P when $\theta \geq 30°$, while the shedding mode keeps the 2S pattern for the middle and upstream section as θ increases. It indicates that the IP is not applicable to the vibration prediction of a flexible pipe.

Key words: Flexible pipe; Vortex-induced vibration; Nonintrusive measurement; Independence principle.

横浪中船舶横向运动黏性水动力数值研究

张杰杰[1*]，马翔[1]，刘义[1,2]，张伟[1,2]，夏召丹[1,2]，范佘明[1,2]

(1. 上海市船舶工程重点实验室 中国船舶及海洋工程设计研究院，上海 200011；
2. 喷水推进重点实验室，上海 200011)

摘要：目前船舶在波浪中操纵运动预报的主流方法是直接采用传统波浪力的船舶耐波性理论，没有考虑操纵运动下，其横向运动分量的波浪力对操纵运动的影响，导致操纵运动的预报误差较大，未能达到工程应用精度要求。船舶在横向运动时，船体周围产生复杂的湍流流动，船舶受到的水动力黏性作用很大，而目前针对波浪下的船舶横向运动研究较少。故本研究拟采用黏流 CFD 求解器，结合重叠网格技术，分别采用约束模型和自由自航模型，分别研究船舶横浪横向运动的水动力性能，分析横向速度对船舶横摇、纵摇及所受波浪力的影响。

关键词：横向运动；横浪；重叠网格；波浪力

1 引言

船舶在波浪中操纵运动时，波浪漂移力对操纵运动特性影响很大。目前船舶在波浪中操纵运动预报的主流方法是，波浪力直接采用传统的船舶耐波性理论，没有考虑斜航运动对波浪载荷的影响，导致操纵运动的预报误差较大，未能达到工程应用精度要求。个别中国学者基于势流理论考虑了斜航运动的影响，但是，势流理论仅适用于小飘角（$\psi<5°$）、细长体、流线型，很难应用于实际船型。本研究旨在对目前的主流方法进行改进，考虑将斜航运动分解为沿船长方向的纵向运动和垂直于船长方向的横向运动，假定纵向运动和横向运动时的波浪载荷相互不耦合，即斜航运动的波浪力为纵向运动波浪力与横向运动波浪力的总和。纵向运动的波浪载荷可采用传统的船舶耐波性理论求解，此处重点研究船舶在波浪中横向运动时的水动力预报方法。

大部分国内外学者对波浪中船舶直航或小漂角斜航下的运动响应和受力进行了研究：Linjia Yang, Yihan Tao[1]运用黏性 CFD 求解器，将船舶固定，计算了船舶横浪状态下，相同波高不同波长以及相同波长不同波高状况下，船舶所受波浪力。得出波浪力随波长与波高变化的规律。Hironori Yasukawa, Faizul Amri Adnan 等[2]运用切片理论，以 S-175 集装箱船为研究对象，计算得到迎浪和横浪状态下，船舶在波浪力作用下的运动，并与实验结果相对比，验证了计算方法的正确性。Xuefeng Chen 等[3]采用黏流方法分别计算出有孔洞带盖子浮箱的前面、背面以及盖子在横浪中各部分所受波浪力大小，并做了相关试验，最后将试验结果与计算结果相对比，验证了该方法的准确性。曾柯等[4]以集装箱船为研究对象，用黏流、势流以及试验方法探究了船舶在方波中六自由度模型和三自由度模型状况下的受力和运动规律。Liu S 等[5]以六艘船为研究对象，首先比较了已经公布的试验数据，数据有很好的重复性；然后用经验公式和三维面元法，探究了船舶在低航速不同浪向下所受到的横荡漂移力。周涛[6]利用内河经验公式、池田法和黏性 CFD 仿真软件 Star CCM+对瘫船在横浪工况下进行强迫横摇数值模拟，并将结果相互比对，验证计算结果的可靠性，给出了内河船横摇阻尼评估方法。李云波等[7]利用 OpenFOAM 对三体船在横浪中的受力和运动进行了数值仿真预报，探讨了波陡和波频对三体船横摇运动的影响。Dong-Min Park 等[8]以自航模为研究对象，利用试验和、切片法和三维 Rankine 面元法探究了船舶在斜浪中波浪增阻规律。Jialong Jiao 等[9]运用 CFD 数值仿真方法，造出了由不同方向规则波构成的方波，并将波高时历曲线与计算理论值相对比以验证所造方波的可靠性；之后探究了船舶在方波中航行的运动。Jiao, J-W 等[10]用试验方法，以 KVLCC2 为研究对象，探究了船舶约束和不约束纵荡运动对船舶受力的影响。Min Guk Seo 等[11]用试验和势流理论的 Rankine 面元法探究了 KVLCC2 船舶在斜浪中航行时所受的纵荡和横荡漂移力。采用 CFD 方法直接预报波浪中的操纵性，但计算量较大，难以实现工程应用。

综上所述，国内外对于波浪中船舶横浪横向航行研究较少，由于船舶在横向运动时，船体周围产生复杂的湍流流动，船舶受到的水动力黏性作用很大。本研究利用 CFD 黏性计算软件，探究了不同横向速度下，船舶横浪横向航行时横浪对船舶的运动响应以及波浪漂移力的影响。

2 数值计算方法

对本研究中采用的数值计算方法进行简要介绍，主要包括控制方程、湍流模型、造波方法和 VOF 波。

2.1 控制方程

物理守恒定律是 CFD 模拟的基础。质量、动量和能量的守恒是物理守恒定律的基础。质量守恒定律公式。

$$\frac{\partial \rho}{\partial t}+\frac{\partial(\rho u)}{\partial x}+\frac{\partial(\rho v)}{\partial y}+\frac{\partial(\rho w)}{\partial z}=0 \tag{1}$$

式中，ρ 为流体密度，u,v,w 为速度 $\vec{u}$ 在三个方向上的分量。

在直角坐标系下，X,Y,Z 三个方向的动量守恒方程可以表示为，

$$\frac{\partial(\rho u)}{\partial t}+div(\rho u\vec{u})=-\frac{\partial p}{\partial x}+\frac{\partial \tau_{xx}}{\partial x}+\frac{\partial \tau_{xy}}{\partial y}+\frac{\partial \tau_{xz}}{\partial z}+F_x \qquad (2)$$

$$\frac{\partial(\rho u)}{\partial t}+div(\rho u\vec{u})=-\frac{\partial p}{\partial y}+\frac{\partial \tau_{yx}}{\partial x}+\frac{\partial \tau_{yy}}{\partial y}+\frac{\partial \tau_{yz}}{\partial z}+F_y \qquad (3)$$

$$\frac{\partial(\rho u)}{\partial t}+div(\rho u\vec{u})=-\frac{\partial p}{\partial z}+\frac{\partial \tau_{zx}}{\partial x}+\frac{\partial \tau_{zy}}{\partial y}+\frac{\partial \tau_{zz}}{\partial z}+F_z \qquad (4)$$

式中，p 为压力，$\tau_{xx},\tau_{xy},\tau_{xz},\tau_{yx},\tau_{yy},\tau_{yz},\tau_{zx},\tau_{zy},\tau_{zz}$ 为黏性压力的分量，F_x,F_y,F_z 为 X、Y、Z 方向上体积力。

2.2 湍流模型

基于 Boussinesq 假设，$k\text{-}\varepsilon$ 模型是一种适合于船舶仿真的流域模型[12]。湍流动能方程（k）和湍流能量耗散率方程（ε）分别为，

$$\frac{\partial}{\partial t}(\rho k)+\frac{\partial}{\partial x_i}(\rho k u_i)=\frac{\partial}{\partial x_j}[(\mu_0+\frac{\mu_t}{\sigma_k})\frac{\partial k}{\partial x_j}]+P_K-\rho\varepsilon \qquad (5)$$

$$\frac{\partial(\rho\varepsilon)}{\partial t}+\frac{\partial(\rho\varepsilon u_i)}{\partial x_i}=\frac{\partial[(\mu_0+\frac{\mu_t}{\sigma_s})\frac{\partial\varepsilon}{\partial x_j}]}{\partial x_j}+C_{s1}\frac{\varepsilon}{k}P_K-C_{s2}\frac{\varepsilon^2}{k}P_K-R_S \qquad (6)$$

2.3 数值造波方法

通过模拟柔性造波板入口边界处的速度分布，产生入射波。基于无限水深线性波理论，规则波的自由波面可以表示为，

$$\zeta=a\cos(kx-\omega t) \qquad (7)$$

边界速度场为，

$$u=a\omega e^{kz}\cos(kx-\omega t) \qquad (8)$$

$$v=0 \qquad (9)$$

$$w=a\omega e^{kz}\cos(kx-\omega t) \qquad (10)$$

式中，a 为波幅；ω 为波浪圆频率；k 为波数；u 为纵向速度；v 为水平方向速度；w 为垂向速度。

2.4 VOF 模型控制方程

船舶耐波性的准确预报的基础是自由液面的准确捕捉。本研究主要运用了 VOF 波两相流模型。VOF 方法的公式如下，

$$\frac{\partial \alpha_q}{\partial t} + u_q \cdot \nabla \alpha_q = 0 \tag{11}$$

式中，ρ_q、α_q、u_q 分别表示第 q 相流动的密度、体积分数和流动速度。

为了改善空气交界面与液体的控制数值耗散及捕捉精度，本论文采用了界面压缩法进行修正，弱化由数值离散格式导致的界面扩散的影响，相关计算公式如下，

$$\frac{\partial \alpha_q}{\partial t} + u_q \cdot \nabla \alpha_q + u_q \cdot (u_c \nabla \alpha_q (1-\alpha_q)) = 0 \tag{12}$$

式中，u_c 为压缩速度，表达式如下，

$$u_c = C_\alpha |u| \frac{\nabla \alpha}{|\nabla \alpha|} \tag{13}$$

式中，$\nabla \alpha / |\nabla \alpha|$ 为气液分界面的单位法向量；$|u|$ 为流动速度的大小，表征界面的扩散情况；C_α 为锐化因子，主要用来控制压缩项的使用和压缩量，取值范围为 0-1。

3 数值模拟计算网格及工况

研究对象主要尺寸如表 1 所示。计算域的大小为：船前为 3 倍船长，船后为 5 倍船长，船舶上下接近 1.5 倍船长。入口为速度入口，设为来流速度和波传播速度；出口为压力出口，压力为设为静水压力；流体区的上下部分设为速度入口；侧面设为速度入口。为了避免波的反射，在压力出口前设置了一个波阻尼区。

表 1 船舶主要尺寸

主要尺寸	船模
垂线间长 L_{PP}/m	5
型宽 B/m	0.70
型排水体积 /m³	0.284
横向惯性半径/m	0.256
纵向惯性半径/m	1.345
重心距基线高/m	0.346
浮心纵向位置/m	-0.431

由于船舶在横浪工况下，船舶横摇较大，所以采用了重叠网格技术来处理船体复杂的运动。当使用重叠网格技术时，需要在整个流体区域内设置背景区域和运动区域，压力、速度等相关物理量通过背景区域和运动区域的交界面传递。在计算过程中主要分为两组：一组为约束模型（fixed），通过在入口边界条件设置速度入口来模拟船舶航行，计算过程中释放横摇、垂荡、纵摇；另一组为自航模型(unfixed)，将约束模型得到对应工况下船舶所受横向力，施加在船舶重心处，释放横荡、横摇、垂荡、纵摇，使船自由自航运动。

为了满足重叠网格区域与背景网格区域的插值条件以及捕捉波面的形状，对局部网格进行加密，选用的网格如图1所示。

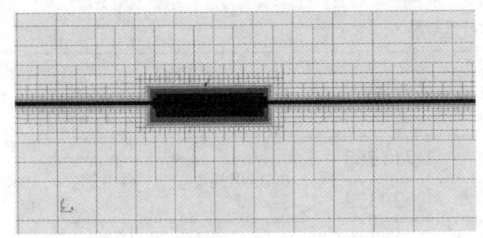 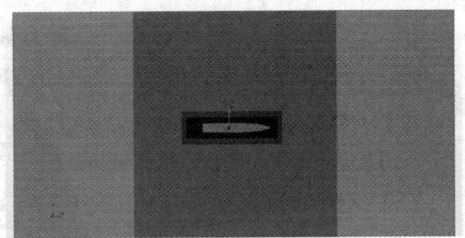

(a)重叠网格区域及背景域网格　　　　　　　(b) 兴波自由面附近网格

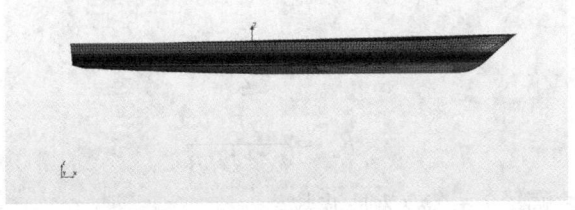

(c) 船体表面网格

图1 船舶网格

本研究主要研究船舶自航模型下的船舶横向漂移力和不约束横荡对船舶运动响应的影响，具体计算工况见表2。

表2 计算工况

Sway	V(m/s)	Wave Type
Fixed	0.5	Flatwave
Unfixed		
Fixed	0.5	
Unfixed		
Fixed	0.35	Regular Wave (L=3.5m, H=0.05m)
Unfixed		
Fixed	0.2	
Unfixed		

- 713 -

4 计算结果与分析

4.1 数值方法验证

为了验证 CFD 数值模拟的正确性,通过对比相同航速静水工况下 fixed 和 unfixed 模型的船舶受力和横摇以验证数值计算方法的可靠性。数值仿真结果对比见表 3。

表 3 数值模拟对比结果

	F	x_4	R_{aw}	TF_4	Diff F	x_4
fixed	73.68	4.402	0.330221	1.711763	-0.08%	-4.82%
unfixed	73.62	4.19	0.329952	1.629324		

表中,TF_4 为无因次化横摇,R_{aw} 为无因次化阻力,F, x_4 分别是垂荡幅值和纵摇幅值。表达式如下。

$$TF_4 = \frac{x_4}{\zeta_I} \quad (14)$$

$$R_{aw} = \frac{F}{k\zeta^2 L^2/B} \quad (15)$$

式中,ζ 是入射波的波幅,$k = 2\pi/\lambda$ 是波数。

由表 3 可知,计算误差小于 5%,从而说明本研究选用的计算网格以及数值算法具有较高的精度。

两种工况下波形见图 2 和图 3。

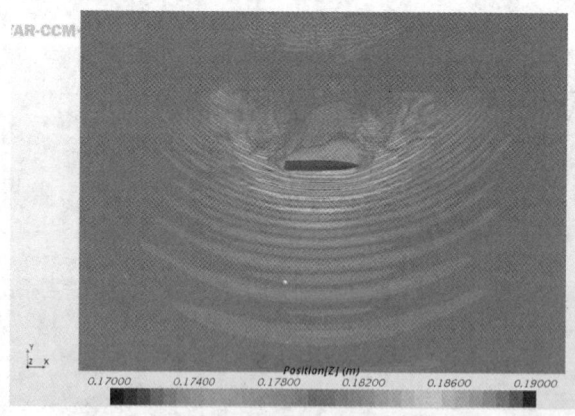
图 2 约束模型横荡波形

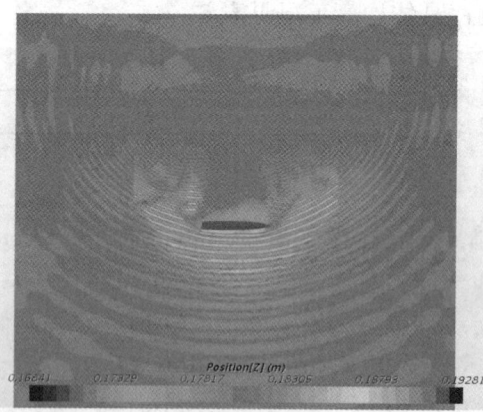
图 3 自航模型波形

4.2 船舶运动特性分析

首先约束船舶横荡,在速度入口处设置来流速度,计算出船舶在波浪中所受总阻力平均值(约束模型),然后再释放横荡,将模拟计算出的船舶阻力施加在船舶重心处,其余自由度不变(自航模型)。将两种模拟工况下计算得到的垂荡、横摇运动进行对比分析,表 4 展示了模拟计算计算结果,图 4 和图 5 分别展示了船舶垂荡运动响应和横摇运动响应对比曲线图。

表 4 船舶运动响应计算结果

	0.50		0.35		0.20	
	Fixed	Unfixed	Fixed	Unfixed	Fixed	Unfixed
heave	0.027	0.029	0.025	0.028	0.025	0.025
roll	0.936	0.441	0.748	0.386	0.602	0.376
TF_3	1.080	1.169	0.996	1.114	0.984	1.004
TF_4	20.856	9.832	16.672	8.598	13.423	8.381

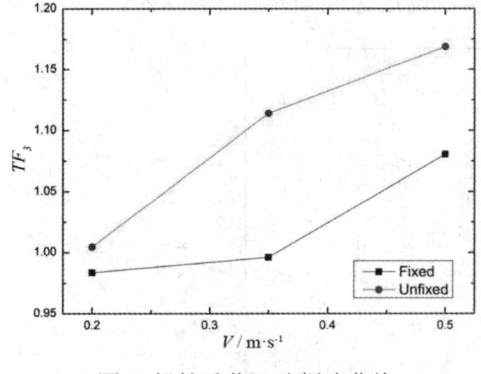

图 4 船舶垂荡运动频响曲线

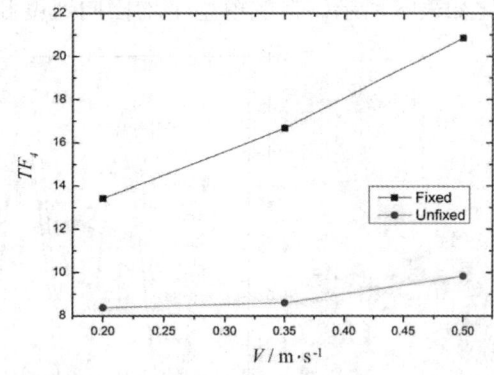

图 5 船舶横摇运动频响曲线

由表 4 可以看出,横浪航行状态下,约束模型的船舶垂荡略有增加,但增加不大;约束横荡工况的横摇运动相比未约束横荡工况下横摇 2 倍。由此可见是否约束横荡对船舶横摇影响很大。三个横向速度下船舶垂荡运动小幅增加,说明横向速度对船舶垂荡运动影响较小;随着横向速度的增加,船舶横摇大幅增加,说明横向速度对船舶横摇有较大的影响。

仿真计算中,在船前两个波长处,设置了波高监测点,若不考虑船舶对波浪的影响,则该监测点与船舶所遭遇的波浪相位相同,图 6 为航速 0.5m/s 约束模型与自航模型工况下船舶波形图,由图 6 可以看出横浪横向航行状态下,船舶对波浪有很大的反射作用,在反射作用下,反射波与波浪相互叠加,会使造成船舶遭遇波峰与波谷有一定的滞后性。

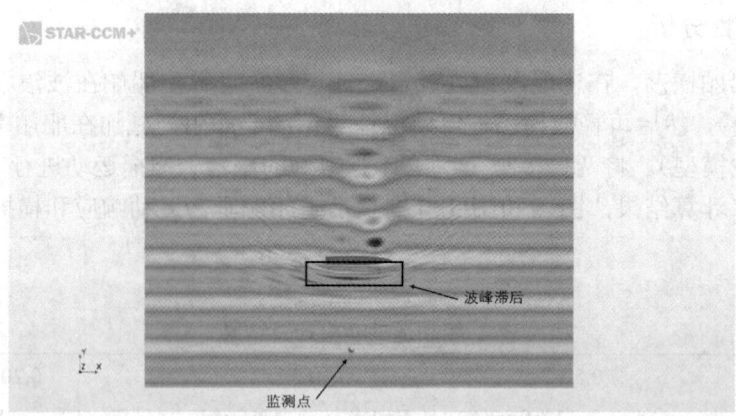

图 6 V=0.5m/s 自航模型波形

船舶航速和波高时历曲线对比见图 7。通过对比船舶横向运动时历曲线和波高时历曲线，考虑到船舶横向运动所造成的波浪的滞后性，可以看出船舶从波峰运动到波谷速度增加，到达波谷时速度最大；船舶从波谷运动到波峰速度减小，到达波谷时波速最小。航速对比如表 5 所示，自航模型平均横向速度和约束模型设定速度差别在 5%以内。

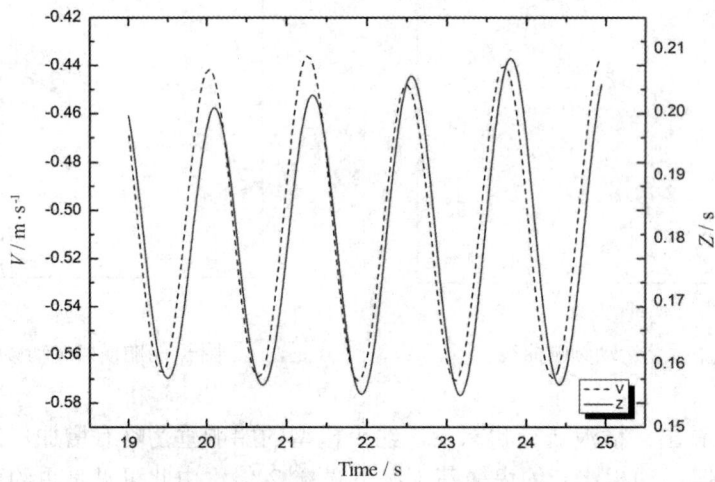

图 7 船舶航速与波高时历曲线对比

表 5 航速对比

	V	
fixed	unfixed	DIFF
0.2	0.192	-3.85%
0.35	0.357	2.00%
0.5	0.495	-1.00%

4.3 横向波浪力分析

约束模型和自航模型下，船模受到的横向波浪漂移力无因次化结果见图 8。由图 8 中数据可以看出两者相差很小，并且随着速度的增加无因次化阻力逐渐增加。图 9 至图 11 分别是航速为 0.2 m/s、0.35 m/s、0.5 m/s 约束模型和自航模型船模横向波浪力时历曲线对比图，由图可以看出约束模型下船模横向波浪力的最大值大于自航模型下的最大值，最小值小于自航模型下的最小值。由此可知，释放横荡可减小横向波浪力的峰谷值。

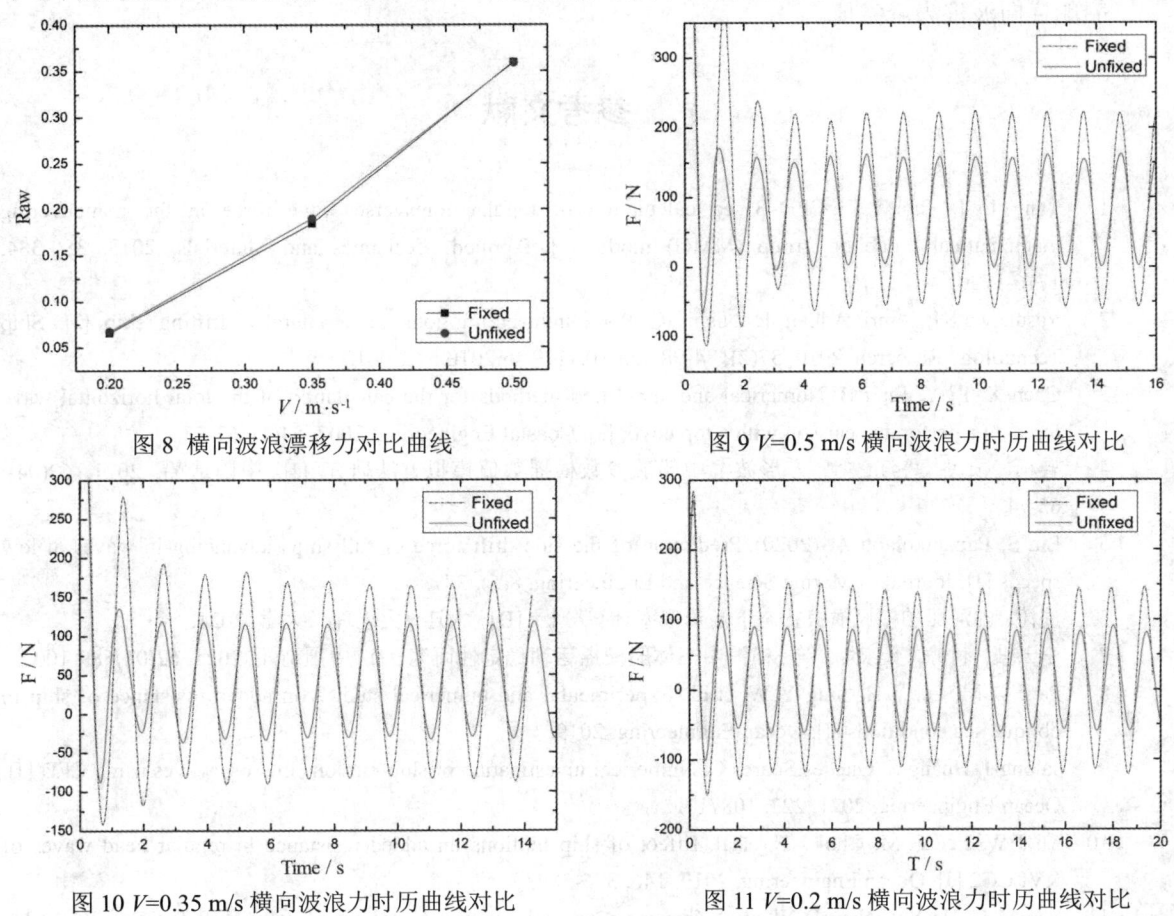

图 8 横向波浪漂移力对比曲线　　　　　图 9 V=0.5 m/s 横向波浪力时历曲线对比

图 10 V=0.35 m/s 横向波浪力时历曲线对比　　　图 11 V=0.2 m/s 横向波浪力时历曲线对比

5 研究结论

本研究利用流体力学软件 Star CCM+开展了波浪中船舶的横浪横向航行运动数值分析，通过分析可以得到以下结论：

(1) 船舶在横浪横向航行时，是否约束横荡运动对船舶垂荡影响较小，对船舶横摇有较大影响，约束横荡时横摇运动较未约束横荡时大幅增加；航速对垂荡运动影响不大，随着横向速度的增加，船舶横摇运动逐渐增加。

(2) 船舶在横浪横向航行时，从波峰运动到波谷速度增加，到达波谷时速度最大；从波谷运动到波峰速度减小，到达波谷时波速最小。

(3) 随着横向速度的增加，横向波浪漂移力也逐渐增加；约束和不约束横荡运动，船舶横向波浪漂移力几乎相同，但是约束横荡时船舶横向波浪力峰谷值要远大于未约束横荡船舶横向波浪力峰谷值。

参考文献

1. Yang L J, Tao Y H. CFD-Based calculation of regular transverse wave force in the maneuvering mathematical modeling group (MMG) model [J]. Applied Mechanics and Materials, 2013, 380-384, 1716-1720.
2. Yasukawa H, Amri Adnan F, Nishi K. Wave-induced motions on a laterally drifting ship [J]. Ship Technology Research, 2010, 57(2), 84-98. doi:10.1179/str.2010.57.2.001.
3. Chen X, Li Y, Teng B. Numerical and simplified methods for the calculation of the total horizontal wave force on a perforated caisson with a top cover [J]. Coastal Engineering, 2007, 54(1), 67-75.
4. 曾柯, 顾民, 鲁江, 等. 方形波浪中船舶参数横摇数值模拟方法研究 [J]. 中国造船, 2021, 62(04): 65-74.
5. Liu S, Papanikolaou A. (2020). Prediction of the side drift force of full ships advancing in waves at low speeds [J]. Journal of Marine Science and Engineering, 8(5), 377.
6. 周涛. 内河船舶横风横浪状态下倾覆概率计算分析 [D]. 大连: 大连理工大学, 2021.
7. 李云波, 付峥, 龚家烨, 等. 横浪中三体船横摇运动稳定性研究 [J]. 中国造船, 2021, 62(04): 89-100.
8. Park D M, Lee J H, Jung Y W, et al. Experimental and numerical studies on added resistance of ship in oblique sea conditions [J]. Ocean Engineering, 2019.
9. Jialong J, Huang S, Guedes Soares C. Numerical investigation of ship motions in cross waves using CFD [J]. Ocean Engineering, 2021, 223, 108711.
10. Yu J W, Lee C M, Choi J E, et al. Effect of ship motions on added resistance in regular head waves of KVLCC2 [J]. Ocean Engineering, 2017, 146, 375-387.
11. Seo M G, Ha Y J, Nam B W, et al. Experimental and numerical analysis of wave drift force on KVLCC2 moving in oblique waves [J]. Journal of Marine Science and Engineering, 2021, 9(2): 136.
12. McKean H P. Boussinesq's equation on the circle [J]. Physica D: Nonlinear Phenomena, 1981, 3(1-2): 294-305.

Research on viscous hydrodynamics of ship's horizontal motion in transverse waves

ZHANG Jie-Jie[1*], MA Xiang[1], LIU Yi[1,2], ZHANG Wei[1,2], XIA Zhao-Dan[1,2], FAN She-Ming[1,2]

(1. Shanghai Key Laboratory of Ship Engineering, Marine Design and Research Institute of China, Shanghai 200011, China;

2. Science and Technology on Water Jet Propulsion Laboratory, Shanghai 20001)

Abstract: At present, the mainstream method for predicting the maneuvering motion of ships in waves is to directly use the traditional wave force theory of ship seakeeping. Without considering the influence of the wave force of the transverse motion component on the maneuvering motion, resulting in a large prediction error of the maneuvering motion and failing to meet the accuracy requirements of engineering application. When the ship is moving in the transverse direction, there is a complex turbulent flow around the hull, and the hydrodynamic viscosity of the ship is very large. However, there are few studies on the transverse motion of the ship under waves. Therefore, this paper intends to use viscous flow CFD solver, combined with overset grid technology, using constraint model and free self-propelled model, respectively, to study the hydrodynamic performance of ship transverse motion, and analyze the influence of transverse velocity on ship roll, pitch and wave force.

Key words: Horizontal motion; Transverse waves; Overset grid; Wave force.

阻塞效应对近岸船舶自航性能的影响研究

钱志鹏[1]，冀楠[1*]，罗意[1]，胡茂林[1]，万德成[2]

(1. 重庆交通大学 航运与船舶工程学院，重庆 400074, Email: jinan@cqjtu.edu.cn;
2. 上海交通大学 船舶海洋与建筑工程学院，船海计算水动力学研究中心(CMHL)，上海 200240)

摘要：船舶在限制航道内航行会受阻塞效应的影响，且近岸航行船舶的周围流场具有强非对称性特征，导致船舶的水动力特性和推进性能会发生显著变化。本研究以现代集装箱船 KCS 及其配套螺旋桨 KP505 为研究对象，采用基于计算流体力学（CFD）的雷诺平均纳维—斯托克斯（RANS）方法和重叠网格技术，开展船舶近岸自航数值模拟研究。模拟过程中，考虑了船模与实船的尺度效应，进行摩擦阻力修正。基于得到的计算结果，分析不同阻塞比和航速工况下的船舶水动力和推进性能变化，并从流场的角度对船舶水动力和推进性能变化进行了解释。

关键词：限制水域；船舶自航；重叠网格；推进性能；阻塞效应

1 引言

在规模效应的驱使下，小型船舶已无法满足世界经济发展要求，船舶尺度在稳步增长，尤其是油船、集装箱船、LNG 船等主要民用船舶，主尺度的大型化已成为必然趋势。与之相对的，自然河流、人工运河、港口等航道难以以相同的速度进行拓展。相比于开阔水域，浅水域水流阻塞效应明显，会增大船舶阻力和下蹲运动；靠岸航行的船舶周围流场呈强非对称性，船体会受到附加的横向力和转首力矩。限制水域的阻塞效应使船舶的快速性和操纵性发生了显著的变化，因此，研究限制水域的船舶水动力性能和流场特征具有重要的意义，也日益成为专家学者关注的热点内容。

限制水域内船舶水动力研究手段主要有以下三种：理论方法、试验方法以及数值计算方法。1964 年 Tuck[1]开创性地提出了内外场匹配的细长体理论，依此讨论在浅水中船舶直航的水动力和下蹲问题。Newman[2]将该方法拓展到船舶横漂运动。比利时根特大学弗兰德斯水利研究所的 Vantorre 和 Eloot[3-5]团队基于浅水、淤泥等限制性水域开展了大量的约束

基金项目：国家重点研发计划(Grant No. 2018YFB1600400)；重庆市科学技术委员会基础与前沿研究计划项目(Grant No. cstc2015jcyjA70009)

模和自由模试验，积累了丰富的试验数据。Peng 等[6]基于淤泥航道自航模回转和 Z 型操纵试验结果，分析了龙骨下间隙对船舶阻力、航向稳定性和回转半径的影响，综合评价了船舶在淤泥航道中航行的操纵性。相比于成本昂贵、限制繁多的物理试验，数值模拟开展了更为广泛和丰富的研究。

势流理论基于无黏性假设，针对某些特定操纵性问题可以提供较为精确的结果。Debaillon 等[7]基于势流方法，计算了岸壁影响下的船舶下蹲运动，将计算结果与经验公式和试验结果进行了对比。熊新民和吴秀恒[8]采用基于 Rankie 源的三维面元法，考虑了自由面的影响，计算岸壁条件下的船舶直航水动力，着重讨论自由面和岸壁对船舶水动力特性的影响。由于势流方法模型忽略了黏性力，而黏性应力是评估船舶阻力的关键，因此将其应用于阻力预测是困难的。随着计算机硬件和数值方法的迅猛发展，计算流体力学（CFD）方法在研究限制水域船舶性能问题中得到了广泛应用，已被国际拖曳水池（ITTC）推荐为主流地预报船舶性能的方法之一。Carrica 等[9]采用重叠网格技术实现了浅水工况下的 KCS 船模修正型 20/5Z 形操纵试验数值模拟。杨春等[10-12]基于 RANS 方法和滑移网格技术，采用商业软件 STAR-CCM+进行限制水域的 KVLCC2 船模自航模拟，分析船舶水动力特性和螺旋桨涡结构。然而，目前针对限制水域的自航船舶性能研究并未考虑到船模与实船的尺度效应，集中于限制水域对船模操纵性能、船体与桨的相互作用，难以推及到实尺度。

综上所述，本研究将通过数值模拟手段，基于 RANS 方法和重叠网格技术，以现代集装箱船 KCS 为研究对象，考虑尺度效应的修正，进行船体、螺旋桨、舵配合下的船舶自航试验数值模拟，分析不同航速和阻塞比工况的船舶水动力和推进性能变化。

2 物理模型及数值方法

2.1 物理模型

本研究以肥大型船 KCS 为计算对象，KCS 为韩国海洋工程研究所（KRISO）设计的现代集装箱船型，该船型带球艏以及复杂的艉部曲面，具有相当详尽的试验数据以备参考，为 CFD 算例验证的标准船型之一。KCS 的几何模型见图 1，主尺度参数见表 1。在图 1 中可见，KCS 船模尾部安装了舵，在计算过程中舵也考虑在内。

表 1 KCS 主尺度参数

参数	实船	模型
缩尺比 λ	1	31.6
船长 L_{PP}/m	230	7.2786
型宽 B/m	32.2	1.019
吃水 T/m	10.8	0.34
方形系数 C_B	0.6505	0.6505
湿表面积 S/m^2	9424	9.4379

图 1 KCS 几何模型

内河船舶在沿岸航行往往速度较低,在实船航速为 10~14 kn 范围内选取 10 kn、12 kn、14 kn(对应弗汝德数 Fr=0.108、0.13、0.152)三个航速作为航速工况。水深和船-岸距离见图 2,其中:η 代表船体距离右侧岸壁距离,h 代表水深。

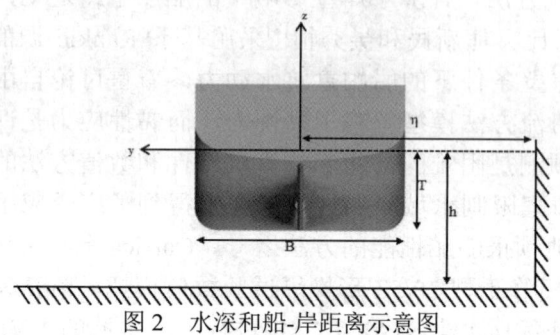

图 2 水深和船-岸距离示意图

根据文献[8],船-岸距离小于一半船长时,岸壁效应开始作用于船舶。如果船-岸距离小于 0.2 倍船长,岸壁效应明显。根据文献[13],水深低于 10 倍吃水,浅水效应开始产生作用。因此,为了分析限制水域内船舶水动力特性变化,定义半船阻塞比 m[14]:

$$m = \frac{2\eta \times h}{B \times T} \tag{1}$$

选取三种水深、船—岸距离工况,计算得半船阻塞比(表 2)。

表 2 三种工况下的半船阻塞比

工况	h/T	η/B	阻塞系数 m/%
高阻塞比	1.5	0.75	44.44
中阻塞比	2	1	25
低阻塞比	5	2.5	4

2.2 数值方法

船体周围的流动被认为是三维非定常不可压缩条件,流体求解控制方程为雷诺平均纳维-斯托克斯方程(RANS)方程:

$$\frac{\partial u_i}{\partial u_x} = 0 \tag{2}$$

$$\rho \frac{\partial u_i}{\partial t} + \rho u_j \frac{\partial u_i}{\partial t_j} = -\frac{\partial P}{\partial x_i} + \frac{\partial}{\partial x_j}(\mu \frac{\partial u_i}{\partial x_j} - \overline{\rho u_i' u_j'}) \tag{3}$$

式中:x_i 和 x_j 为空间坐标分量;u_i 和 u_j 为空间平均速度分量;ρ,P,μ 分别是流体密度,静压力和流体动力黏度;$-\overline{\rho u_i' u_j'}$为雷诺应力项,需引入湍流模型使方程封闭。本研究中引入两方程SST k-ω 湍流模型封闭雷诺应力项,该模型综合了标准k-ω模型和k-ε模型的优点,近壁面选择All y^+ wall treatment 进行处理。船舶自航产生的自由表面兴波采用流体体积(VOF)法进行界面捕捉,高分辨率界面捕捉技术(HRIC)被用来提高自由面的模拟精度。

本研究中,船舶自航运动通过模拟船后螺旋桨真实旋转来实现,针对这类多级运动问题,采用重叠网格技术进行模拟。重叠网格技术是将重叠区域的网格通过挖洞、插值的方式嵌套到背景网格中,重叠网格界面存在数据交换。本研究中的船-桨-舵配合下的自航模拟共有三套计算网格,一套背景网格、一套船体网格以及一套螺旋桨网格。

3 数值方法验证

为了验证重叠网格方法的可靠性,对 KCS 船以及配套螺旋桨 KP505 进行螺旋桨敞水试验、开放水域拖航试验以及自航试验进行数值模拟,计算工况及其相关试验数据来自于 2015 东京船舶流体动力学 CFD 研讨会[15]的算例(Case 2.5)。船模航行姿态固定在水线面上,不考虑纵倾与升沉。

计算域布局分为背景域与重叠域,背景域用于求解远场流场,重叠域又分为船体域与螺旋桨所在的旋转域。背景域范围为:$-1.5L_{PP} \leq x \leq 2.5L_{PP}$, $-1.5L_{PP} \leq y \leq 1.5L_{PP}$, $-1L_{PP} \leq z \leq 0.5L_{PP}$;船体重叠域范围为$-0.12L_{PP} \leq x \leq 1.1L_{PP}$, $-0.12L_{PP} \leq y \leq 0.12L_{PP}$, $-0.1L_{PP} \leq z \leq 0.09L_{PP}$,背景边界类型详见表 3。后文计算存在浅水和岸壁的工况中,将水底与岸壁的边界类型改为滑移壁面。

表3 计算域边界类型

边界名称	位置	边界条件
入口边界	距船首 $1.5L_{PP}$	速度入口
出口边界	距船尾 $1.5L_{PP}$	压力出口
侧面边界	距船体 $1.5L_{PP}$	速度入口
顶部边界	距船体 $0.5L_{PP}$	速度入口
底部边界	距船体 $1.0L_{PP}$	速度入口

通过赋予船舶航行时所受阻力大小相等、方向相反的强制力给船体实现船舶匀速拖航;通过赋予航速大小、方向相等的速度给背景域实现背景域与重叠域相同的运动,以避免所需计算域过大,浪费计算时间。待阻力稳定,以及自由兴波充分发展以后,获得船舶自航试验的初始流场,由此引入螺旋桨进行船舶自航试验。螺旋桨转速通过引入 PI 控制器进行控制,螺旋桨调整转速以达到船舶指定的航速。螺旋桨 PI 控制器公式如下[16]:

$$n = Pe + I\int_0^t e\partial t \tag{4}$$

式中,P 和 I 分别为比例常数和积分常数,本研究设置为 $P=I=1000$;e 为目标航速和实时航速之间的误差:

$$e = U_{\text{target}} - U_{\text{ship}} \tag{5}$$

背景域以及船体重叠区域采用切割体网格进行划分，重叠边界网格尺寸保持一致，以减少插值误差。船首、尾轴曲率较大的地方进行局部加密，船体周围放置 5 层边界层，第一层网格高度为 0.8 mm，以保证 y^+ 值在 30~60 范围内。自由波面波高方向划分 10~12 层网格以捕捉船舶航行带来的兴波。螺旋桨旋转域采用多面体网格划分，在桨叶壁面、导边、随边进行网格加密处理，桨叶表面的 y^+ 值在 2~5 范围内。图 3 为船-桨-舵系统耦合下的自航试验模拟网格分布。

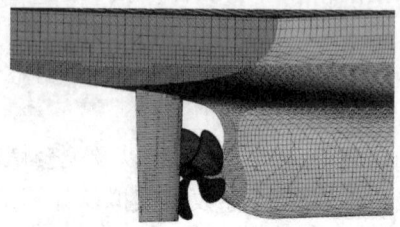

(a)船-桨-舵表面网格

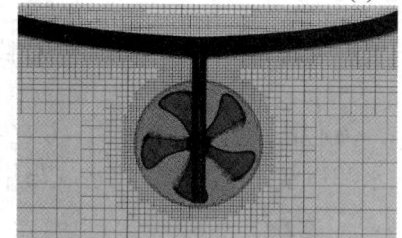

(b)螺旋桨桨盘面处横剖面网格

(c)船体中纵剖面网格

图 3 船-桨-舵系统网格划分

图 4 显示了螺旋桨敞水试验的水动力计算结果。整体上，计算得推力系数 K_T 与转矩系数 K_Q 偏大，最大误差出现在进速系数 J=0.5，推力系数 K_T 误差在 3.14%，转矩系数 K_Q 误差在 1.35%；计算得敞水效率相较于试验值偏小，敞水效率误差在 1% 以内。

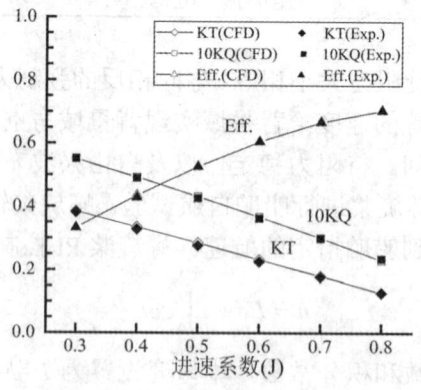

图 4 敞水性能曲线

开放水域船舶自航试验的工况为：弗汝德数 Fr=0.26，不带舵，姿态固定。对应的强制力 SFC 计算得 30.25N。计算结果与试验值进行对比（表 4）。误差较大的主要集中在螺旋桨的计算结果中，导致计算得的推进效率偏小，误差在-3.11%。

表 4　KCS 自航计算结果对比

	$C_{t(tow)} \times 10^3$	$C_{t(sp)} \times 10^3$	$1-t$	$1-w_t$	n	J
EFD	3.550	3.966	0.853	0.792	9.50	0.727
CFD	3.557	3.973	0.843	0.786	9.59	0.720
E%D	0.20	0.18	-1.17	-0.76	0.95	-0.96
	K_T	$10K_Q$	η_H	η_O	η_R	η_D
EFD	0.170	0.288	1.077	0.682	1.011	0.740
CFD	0.167	0.287	1.072	0.669	0.999	0.717
E%D	-1.59	-0.49	-0.46	-1.91	-1.19	-3.11

4　结果与讨论

4.1　推进性能分析

本研究采用 Raven 浅水修正公式对三种水深的 $1+k$ 进行修正，该式适用于 $h/T>2$ 水深工况。但最近 Zeng[14]通过计算 KCS 黏性阻力发现该式在 $h/T>1.2$ 工况下都有很好的适用性。

$$(1+k)/(1+k)_{deep} = 1+0.57(h/T)^{-1.79} \tag{6}$$

绘制 KCS 浅水形状因子 $1+k$ 修正曲线（图 5）。由图 5 中可以看出，水深吃水比 $h/T<2$ 时，形状因子增长梯度较大。较浅的水深会大大影响形状因子，从而增大船体所受黏性阻力。

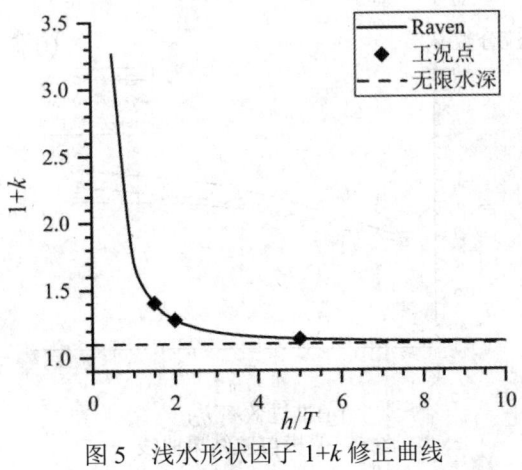

图 5　浅水形状因子 $1+k$ 修正曲线

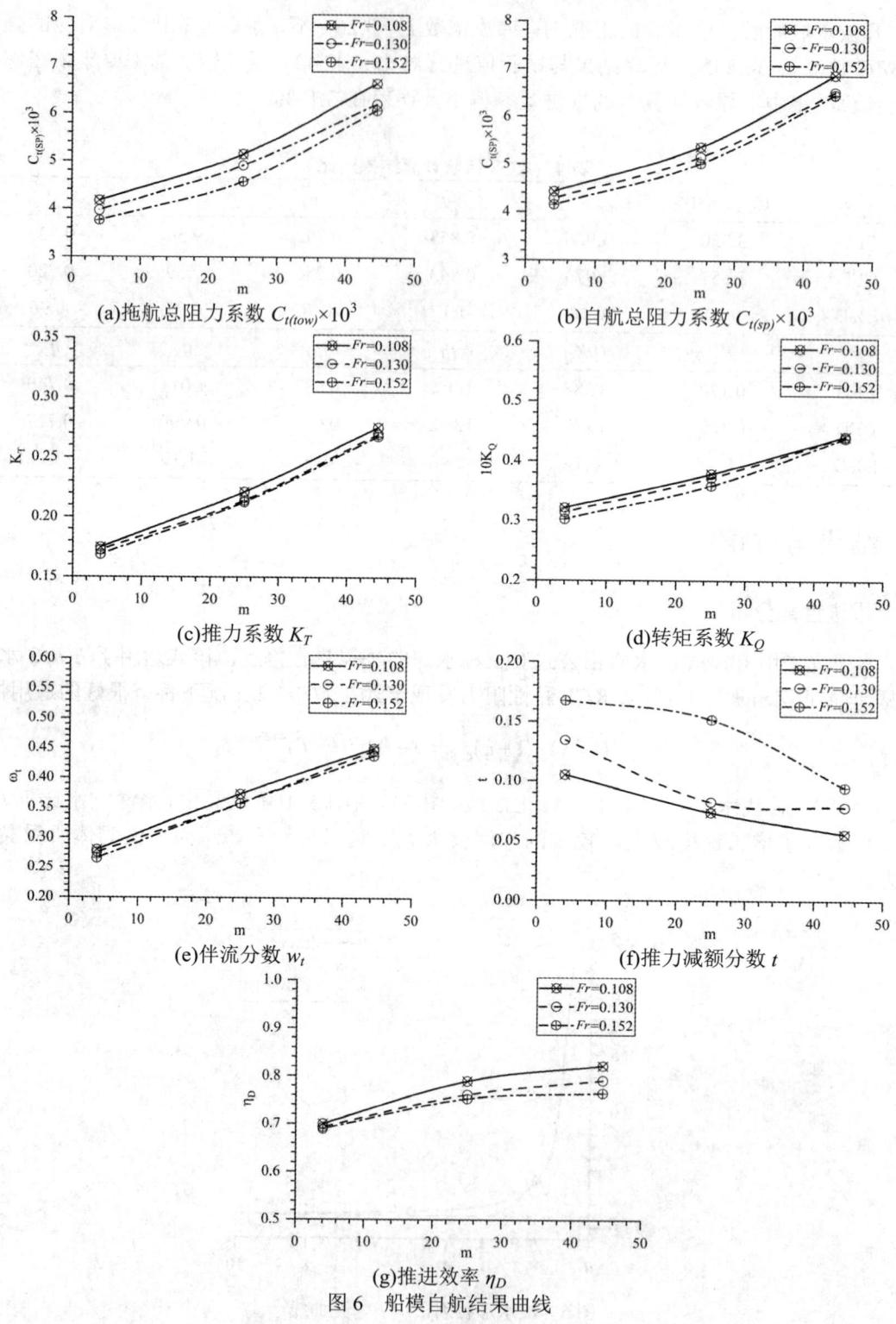

图 6 船模自航结果曲线

为了方便叙述，下文中提到的阻塞比代表靠近岸壁一侧。不同阻塞比和航速下的 KCS 自航数值模拟结果如上图 6 所示。

(1) 图 6(a)和图 6(b)显示了总阻力系数随着阻塞系数 m 的增加而有所增大，随着航速 U 增大而有所减小。总阻力系数与航速的关系其实与深水中的变化趋势一致。

(2) 图 6(c)和(d)表明了船后螺旋桨的推力系数 K_T 和转矩系数 K_Q 都因阻塞系数的增加而有所增大。推力系数和转矩系数的变化规律显示出航道的狭窄会使船后螺旋桨的负载增加，因此，进速系数 J 有所减小。

(3) 伴流分数与推力减额分数的变化趋势由图 6(e)和(f)给出。可以看到两张曲线图的变化趋势是相反的，阻塞系数增大会使伴流分数 w_t 有所增大，推力减额分数 t 有所减小，因此船身效率 η_H 是增大的。

(4) 推进效率 η_D 由图 6(g)给出。显然，推进效率因阻塞系数增大是增大的，且阻塞系数加剧了推进效率的增长。

4.2 速度场分析

船后螺旋桨的进流速度可分为两种成分：一部分为船体伴流速度；另一部分为螺旋桨自身旋转产生的切向速度。为了研究船体伴流速度分布受阻塞比的影响，对弗汝德数 $Fr=0.152$ 时的孤立船体周围伴流和流线分布情况进行分析（图 7）。

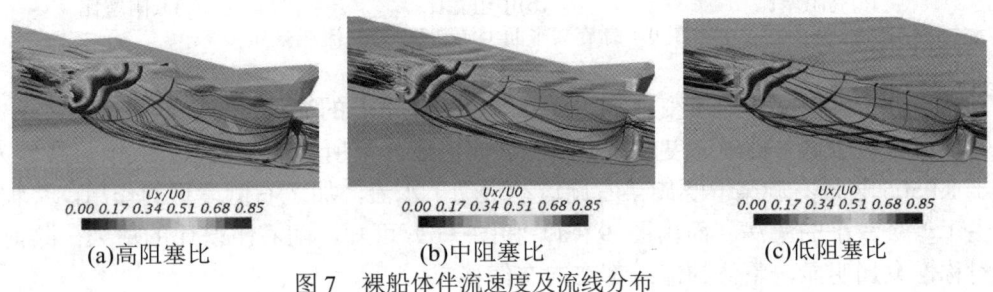

(a)高阻塞比　　　　　(b)中阻塞比　　　　　(c)低阻塞比

图 7　裸船体伴流速度及流线分布

船体底部和水底之间的流速加快，导致船身周围的流体剪切速率变化梯度增大，边界层厚度也有所减小。观察船尾桨盘面处的伴流可以发现，岸壁的存在使伴流呈非对称性，且平均伴流分数也随船—岸距离减小而有所增大，但影响并没有浅水大。船体下部和桨毂位置为高伴流区，随着阻塞比增大，两个高伴流区都在扩展，并且有相连结的趋势，事实上，不只是高伴流区，整个伴流等值线都在向外拓展，这意味着水深的减小会增大平均伴流分数。因为船体右舷有狭隘通道，桨盘面伴流有向右偏移的趋势，高伴流区在往右侧偏移。

考虑螺旋桨的抽吸作用，对不同阻塞比下的螺旋桨平面上游 $0.2\ D$ 处的轴向速度进行分析（图 8），平面另外两个方向位置位于：$-0.04 \leq y/L_{PP} \leq 0.04$、$-0.055 \leq z/L_{PP} \leq 0$。

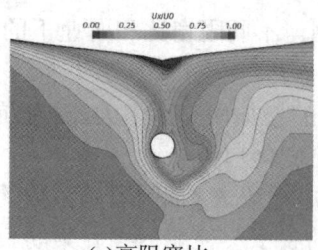
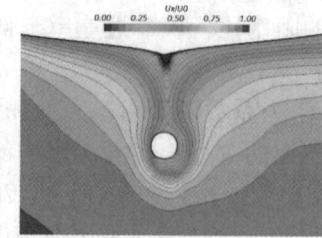
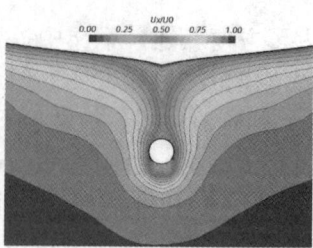

(a)高阻塞比　　　　　　　(b)中阻塞比　　　　　　　(c)低阻塞比

图 8　螺旋桨平面上游 0.2D 处的轴向速度分布

由图 8 可以看出，船体尾部和桨轴低速区有所扩大，即高伴流区有所扩大，且偏移现象随着阻塞比的增大更加明显，规律与图 7 得到的结论一致。与孤立船体不同，螺旋桨与船体存在相互作用。在船后工作的螺旋桨产生抽吸作用改变了船尾的流线、界层厚度。桨叶所受负载与进流速度有直接关系，当叶片处于最上方位置，轴向进流速度最小，螺旋桨的负载最大。

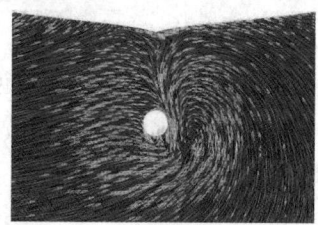
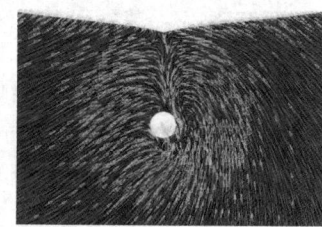
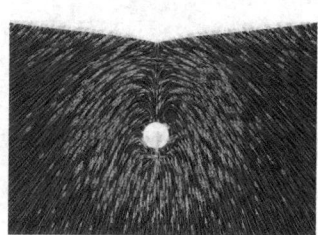

(a)高阻塞比　　　　　　　(b)中阻塞比　　　　　　　(c)低阻塞比

图 9　螺旋桨平面上游 0.2D 处的流线分布

为了分析桨前切向速度变化，图 9 展示了上述平面的流线分布。低阻塞比（$m=4\%$）的整体伴流分数较低，轴向速度较大，因此切向速度分量所占比重较低，桨前流线较为对称。由于 KP505 桨是右旋桨，螺旋桨右旋运动带动了水流，加之右侧岸壁的作用，桨轴右上侧产生了一个较小的漩涡。而由图 9（a）和图（b）可知，随着阻塞比的增大，桨前的流线非对称性愈加明显，整体的流线都在向右偏移。

结合图 8 中的伴流分布情况具体分析，船体尾部和桨轴之间的低速区，即高伴流区的轴向速度有所降低，加之螺旋桨转速会随着阻塞比的增大有所提高，切向速度分量所占比重增大，船体尾部和桨轴之间的部分流体会向右侧偏移，绕过桨轴右侧流动，与底部的来流汇合，在右侧重新形成漩涡。漩涡会因偏移现象向右下侧移动，强度也随着增大。流线的改变必然会导致螺旋桨水动力性能产生变化。两种进流速度分量导致桨前进流会以一定的攻角面对桨叶，进流速度越小，攻角越大，桨叶的升力也就越大，即螺旋桨的负载增大，提高螺旋桨的推力和转矩。

将阻塞比与螺旋桨的水动力性能建立联系，可以得出结论：因为右侧岸壁的存在和螺旋桨的右旋运动，桨前流线产生了偏移现象。阻塞比的变化使得螺旋桨桨叶的进流速度和攻角发生了改变，阻塞比逐步增大，桨叶进流速度有所减小，而进流攻角会增大，最终导致螺旋桨的推力和转矩增大。这个结论也很好地验证了上文中的船舶自航因子计算结果。

5 结论

本研究采用重叠网格技术和基于 RANSE 求解的 CFD 方法进行近岸船舶自航数值模拟。自航模拟过程中考虑了船模与实船之间的尺度效应，基于水深吃水比参数对形状因子进行修正，以便在船模上施加修正过后的强制力。依据不同半船阻塞比工况的模拟结果，重点分析了半船阻塞比对船舶自航因子的影响，并从流场角度对其机理进行了解释。

从自航因子中的变化可以得出狭窄航道会增大船舶阻力和螺旋桨负载，导致船-桨-舵相互作用有所变化，整体上看船舶推进效率有一定程度的提高。当然，实际操作过程中会涉及到机桨配合问题。给定最大的主机转速和功率前提下，螺旋桨的转速和转矩中只有一者发生变化，而本研究是通过螺旋桨有效推力和船舶所受阻力的再平衡来达到和保持目标航速，并未对螺旋桨的转速和转矩的阈值进行限制。因此，在未来的研究中会结合具体实际，如螺旋桨"重载"或"轻载"状态，以此对转速或转矩加以限制。通过对不同半船阻塞比下的流场特征进行对比，可以发现近岸航行船舶周围的流场呈现非常强的非对称性，且这种非对称性随着阻塞比的增大而更加显著，这会对船-桨和桨-舵相互作用产生影响。

参考文献

1. Tuck E O. Shallow-water flows past slender bodies [J]. J. Fluid Mech., 1966, 26(01): 81-95.
2. Newman J N. Lateral motion of a slender body between two parallel walls [J]. J. Fluid Mech. 2006, 39(01): 97-115.
3. Delefortrie G, Vantorre M, Eloot K. Modelling navigation in muddy areas through captive model tests [J]. J. Mar. Sci. Tech., 2005, 10(04): 188-202.
4. Delefortrie G, Vantorre M, Eloot K, et al. Squat prediction in muddy navigation areas. Ocean Eng., 2010, 37(16): 1464-1476.
5. Eloot K, Delefortrie G, Vantorre M, et al. Validation of ship manoeuvring in shallow water through free-running tests [C]. In: ASME 2015 34th International Conference on Ocean, Offshore and Arctic Engineering, Newfoundland, Australia, 2015.
6. Peng W C, Ni L Y, Xiu P Q, et al. Experiment of Ship Maneuvering Motion in Muddy Navigation Area [C]. In: 2020 5th International Conference on Renewable Energy and Environmental Protection, Shenzhen, China, 2020.
7. Deballion P. Numerical investigation to predict ship squat [J]. J. Ship Res., 2010, 54(02): 133-140.
8. 熊新民, 吴秀恒. 自由面和岸壁对限制航道中船舶操纵性水动力的影响 [J]. 中国造船, 1994(01): 34-44.
9. Carrica P M, Mofidi A, Eloot K, et al. Direct simulation and experimental study of zigzag maneuver of KCS in shallow water [J]. Ocean Eng., 2016, 112: 117-133.
10. 冀楠, 杨春, 万德成, 等. 限制水域内船后螺旋桨梢涡特性研究 [J]. 水动力学研究与进展 A 辑, 2021, 36(2): 153-162.

11 冀楠, 杨春, 万德成, 等. 限制水域内船-桨-舵一体螺旋桨轴承力数值研究 [J]. 水动力学研究与进展 A 辑, 2021, 36(3): 411-420.
12 冀楠, 杨春, 钱志鹏, 等. 限制水域船-桨-舵一体舵力及脉动压力数值研究 [J]. 水动力学研究与进展 A 辑, 2021, 36(5): 677-685.
13 孙帅, 王超, 常欣, 等. 浅水效应对船舶阻力及流场特性的影响分析 [J]. 哈尔滨工程大学学报, 2017, 38(04): 499-505.
14 Zeng Q, Thill C, Hekkenberg R. A benchmark test of ship resistance in extremely shallow water [C]. In: Progress in Maritime Technology and Engineering: Proceedings of the 4th International Conference on Maritime Technology and Engineering (MARTECH 2018). CRC Press, Lisbon, Portugal, 2018.
15 https://t2015.nmri.go.jp.html.
16 Castro A M, Carrica P M, Stern F. Full scale self-propulsion computations using discretized propeller for the KRISO container ship KCS [J]. Comp. Fluids, 2011, 51 (01): 35-47.

Study on the influence of blockage-effect on the self-propulsion performance of nearshore ships

QIAN Zhi-Peng[1], JI Nan[1*], LUO Yi[1], HU Mao-lin[1], WAN De-cheng[2]

(1. School of Shipping and Naval Architecture, Chongqing Jiaotong University, Chongqing 400074, Email: jinan@cqjtu.edu.cn;

2. Computational Marine Hydrodynamics Lab (CMHL), School of Naval Architecture, Ocean and Civil Engineering, Shanghai Jiao Tong University, Shanghai 200240)

Abstract: Ships navigating in restricted waterways such as natural rivers, artificial canals and ports will be affected by block effect, and the viscous flow field around ships navigating near shore has strong asymmetry characteristics, leading to significant changes in hydrodynamic characteristics and self-propulsion characteristics of ships. This paper takes modern container ship KCS and its supporting propeller KP505 as the research object, adopts Reynolds Averaged Navier-Stokes equations based on computational fluid dynamics and overset grid technology to carry out the numerical simulation of off-shore self-propulsion of ship. In the process of simulation, the scale effect of model-scale ship and full-scale ship is considered, and the friction resistance is corrected. Based on the calculated results, the hydrodynamic and self-propulsion characteristics changes of ships under different half-ship block ratio and speed conditions are analyzed. The hydrodynamic and self-propulsion characteristics changes of ships were explained from the perspective of flow field.

Key words: Restricted waterways; Ship Self-propulsion; Overset grid; Self-propulsion characteristics; Blockage effect.

波浪作用下带横摇运动并联双箱间窄缝水体共振问题研究

刘浩[1]，姜胜超[2*]

（1. 大连理工大学 海岸和近海工程国家重点实验室，大连 116024;
2. 大连理工大学 船舶工程学院，大连 116024, Email: jiangshengchao@foxmail.com）

摘要：并联双箱间的水体在特定周期波浪激励下会发生明显的共振行为。共振的发生将导致窄缝内的水体大幅运动，箱体所受波浪力显著增加，并进一步影响箱体的运动。本研究采用黏性流数值模型对该问题进行求解，对箱体存在横摇运动时窄缝内水体的运动情况及箱体的运动情况进行研究。结果表明，当箱体存在横摇运动时，窄缝内的水体共振周期与固定情况相比发生明显的偏移，窄缝内的响应波幅也显著增加；箱体的横摇运动随着窄缝内的水体响应发生变化，并在水体共振时达到运动的最大值。

关键词：并联双箱，共振，黏性流数值模型，横摇运动

1 引言

并联作业的船舶间会形成狭长的窄缝，窄缝内的水体在特定频率/周期的外部激励作用下会发生大幅的运动，窄缝内水体的大幅运动将极大地增加结构物的受力并影响作业安全和效率，这种并联船舶间形成的水体在特定外部激励发生共振的现象称为窄缝共振。与窄缝共振类似，月池内的水体共振和超大型浮体模块间的水体共振问题都可以归为此类问题。对该问题的研究常常简化为二维情况下外部激励对并联双箱的作用。

Molin[1]采用解析方法给出了月池流体共振频率的理论计算方法，Faltinsen 等[2]给出了有限水深情况下月池共振频率的理论计算公式，预测公式可以大致预测水体的共振频率，但针对复杂形状及数值结果则无法准确预测。线性势流模型可以准确地预测窄缝内水体的共振频率且可以获得理论上的共振模态，但由于势流理论忽略了流体黏性的作用，水体振动的波高常常在共振频率附近被过高估计。为了克服传统势流理论的这一问题，人工阻尼项常常被用于对过高估计的共振波高进行修正，Newman[3]通过在自由水面边界条件中增加体积力的方法加入人工阻尼；Chen[4]在自由水面边界条件中加入阻尼力项，用于模拟黏性

带来的能量耗散；Jean-Robert 等[5]通过在自由水面处加入线性耗散项降低波高；Lu 等[6]通过加入与速度大小成正比的人工阻尼力项来降低过高估计的共振波高。上述的多种方法有效降低了传统势流过高估计共振波高的问题，但所施加的阻尼大小要依靠实验或者是 CFD 结果来辅助确定，此外黏性耗散通过阻尼项来模拟也并不能准确地反映真实的物理本质。基于以上问题，采用黏性流数值模型对当前问题进行研究。

以往的研究多是针对固定并联双箱间的共振问题进行研究，但在实际问题中物体的运动也会带来不可忽视的影响，Tan 等[7]在对带垂荡/横荡运动的箱体与直墙形成的窄缝水体共振问题研究时发现，窄缝内的水体不仅在其固有频率处会发生共振现象，物体运动的加入也会导致额外峰值的出现。物体运动需要外部能量的支持，同时物体运动会对其周围的水体响应产生影响，这将进一步导致窄缝内的水体响应发生改变。因此，对运动物体间水体共振问题研究十分必要。

综上所述，采用基于 OpenFOAM 的黏性流数值模型，对波浪作用下带横摇运动的并联双箱间窄缝水体共振问题进行研究。

2 控制方程与数值方法

黏性流数值模型采用两相不可压缩流体，模型中涉及网格运动，因此对 Navier-Stokes 方程在任意拉格朗日-欧拉 (ALE) 观点下进行重新推导，其形式为：

$$\frac{\partial \rho u_i}{\partial x_i} = 0 \tag{1}$$

$$\frac{\partial \rho u_i}{\partial t} + \frac{\partial \left(\rho (u_i - u_i^m) u_j\right)}{\partial x_j} = -\frac{\partial p}{\partial x_i} + \mu \frac{\partial}{\partial x_j}\left(\frac{\partial u_i}{\partial x_j} + \frac{\partial u_j}{\partial x_i}\right) + f_i \tag{2}$$

式中，ρ 为流体密度，u_i 表示 i 方向的速度分量，u_i^m 为网格运动速度在 i 方向的分量，μ 为流体的动力学黏性系数，f_i 表示单位体积流体所受到的体积力，本研究中为重力，取 9.81 m/s²。

采用 VOF 方法对自由水面运动进行捕捉，定义流体相函数如下：

$$\varphi = \begin{cases} \varphi = 0, & \text{in air} \\ 0 < \varphi < 1, & \text{in freesurface} \\ \varphi = 0, & \text{in water} \end{cases} \tag{3}$$

它满足 ALE 观点下的边界面方程，

$$\frac{\partial \varphi}{\partial t} + (u_i - u_i^m)\frac{\partial \varphi}{\partial x_i} = 0 \tag{4}$$

两相流的密度及动力黏性系数分布，如下：

$$\rho = \varphi \rho_w + (1-\varphi)\rho_a \tag{5}$$

$$\mu = \varphi\mu_w + (1-\varphi)\mu_a \tag{6}$$

式中，脚标 w 和 a 分别代表水和空气。自由水面由 $\varphi=0.5$ 的等值线来确定。

在数值模拟中，采用有限体积法 (FVM) 对控制方程及边界面方程进行离散，时间离散项采用 Euler 格式，使用 PISO (Pressure Implicit with Splitting of Operators)方法对控制方程进行求解。

3 数值模型设置

图 1 为波浪与并联双箱作用的数值模型示意图，坐标系原点定义在双箱间静水面处，x 轴从左指向右侧，与波浪传播方向一致；y 轴指向上方。数值水槽的水深为 0.50 m，两个方箱放置于数值水槽中，分别定义为 BoxL 和 BoxR，宽度为 $B_L=B_R=0.50$ m，吃水为 $d_L=d_R=0.15$ m (箱体高度的一半)，箱体的间距为 $B_g=0.05$ m。分别在箱体系统前 0.05 m 处，箱体间中心处，箱体系统后 0.05 m 处设置浪高仪对水面运动进行捕捉。文中的波浪模型采用一阶斯托克斯波，波高设置为 0.02 m。

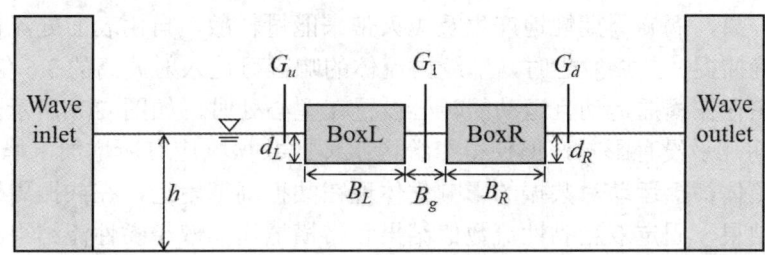

图 1 数值模型示意图

箱体存在横摇运动，其重心定义在箱体的型心处。针对箱体旋转中心的设定，本研究采用两种不同方法，一种是按照以往的研究方法将转心的位置设置与重心一致(即型心处)；另外一种方法则是按照船舶静力学的初稳心确定方法来确定转心（由水线面惯性矩及排水体积确定转心与浮心距离，浮心高度位于箱体吃水一半处，进而确定转心位置），根据初稳心的设定，当船体横摇角度小于 15°时适用，本研究中算例皆适用初稳心设定。

在本研究中首先对采用上述算例设置，同时采用不同转心位置的两组算例进行对比，探究转心位置对当前问题的影响。然后，以稳心为转心，探究箱体在不同吃水情况下的共振特性。根据所研究内容共设置四组不同算例，具体的设置参数见表 1。

表1 算例参数设置

算例	箱体吃水/m	重心高度/m	浮心高度/m	转心高度/m	转动惯量/kg·m^2
CaseA	0.15	0.00	-0.075	0.0000	2.125
CaseB	0.12	0.03	-0.060	0.1136	2.119
CaseC	0.15	0.00	-0.075	0.0639	2.431
CaseD	0.18	-0.03	-0.090	0.0257	2.830

4 数值结果分析

4.1 转动中心设置对共振响应的影响

图 2 中给出了在两种不同的转心设置情况下，窄缝内流体响应的幅值-波浪周期结果，(a)为转心设置在型心处的结果，(b)为转心按初稳心设置的结果，箱体固定时的势流和黏性流数值结果也绘制于图中用作对比。可以看到，在固定情况下，势流理论虽然可以得到共振周期，但由于其忽略了流体黏性的作用，导致其无法正确模拟能量耗散，同时所使用的模型为线性势流模型，自由水面的非线性运动无法捕捉，两者共同导致共振周期附近的响应被过高估计。黏性流模型反映了真实的共振现象，流体在经过箱体底角时由于黏性的作用会发生流动分离，涡旋周期性地产生及湮灭带来能量耗散，自由表面处流体的非线性运动也可以被正确捕捉。共振发生时，窄缝内流体的响应可达入射波高的3.6倍。

当并联双箱存在横摇运动且运动的转心设置在型心处时，如图 2(a)所示，横摇运动的存在对共振周期几乎没有影响，但使得窄缝内水体的共振响应有所增加，峰值达到约 4.4 倍入射波高。箱体横摇运动对共振的影响只体现在共振周期附近，在共振周期区间以外，线性势流模型结果，固定双箱黏性流数值结果和带横摇运动双箱黏性流结果给出了几乎一致的流体共振响应。

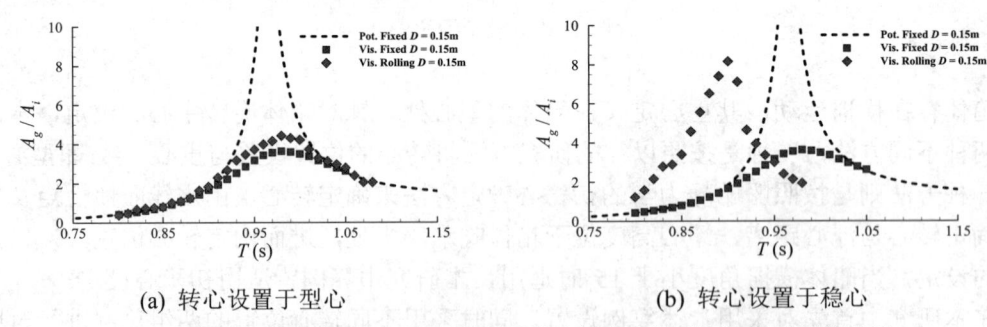

(a) 转心设置于型心　　　　　　(b) 转心设置于稳心

图 2 不同周期波浪作用下两种转心设置的窄缝内水体无因次运动幅值结果

当转心设置在稳心时，如图 2(b)所示，水体的共振周期大幅度地向短周期偏移，最大的响应幅值也大幅增加至约 8 倍入射波高。两种工况下结果存在明显的差异，如图 3 所示，以偏转角度 5°为例（黑色实线为初始位置，蓝色及红色虚线为偏转后的位置），当转心和型心在同一点时，虽然箱体随着波浪发生周期性偏转，但两箱体的运动是围绕箱体中心变化，箱体间形成的窄缝空间内包含的水体变化并不明显；当转心设置于稳心时，此时转心位于静水位以上，当箱体随着波浪发生运动时，箱体间形成的窄缝空间内包含的水体随着箱体运动大幅改变，导致共振周期发生偏移。

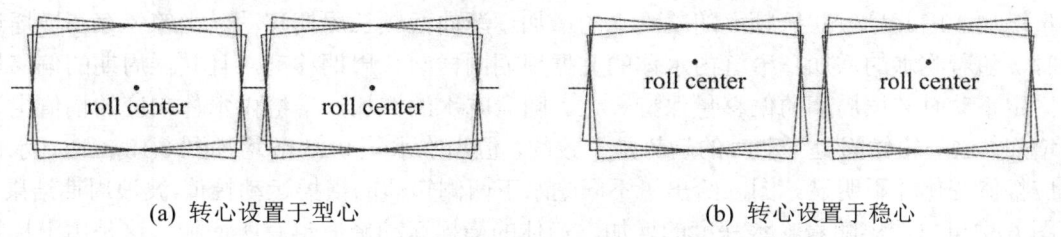

(a) 转心设置于型心　　　　　　　　　　(b) 转心设置于稳心

图 3 不同转心设置运动示意图

图 4 给出了两种转心设置情况下箱体的横摇运动幅值-波浪周期结果。图 3(a)中给出了转心设置在型心时的结果，当共振发生时，窄缝内的流体响应大幅度增加，导致箱体所受力矩增加，箱体运动幅值大幅度增加并在共振点附近达到最大值。箱体所受力矩主要来自于箱体所受压力，压力主要受箱体左右侧水位差控制，而相比于箱体系统的迎浪测和背浪侧波高，窄缝内水体的响应明显更高，因此箱体的运动主要受窄缝内水体运动控制，两侧箱体的运动幅值趋势较为一致。图 3(b)中给出了转心设置在稳心时的结果，由于窄缝内的流体响应大幅度增加，箱体所受力矩显著增加，箱体的横摇运动幅值也显著增加。相比于窄缝内水体响应的增加比例，箱体横摇运动的增加比例明显更高，这是由于转心在静水位之上导致力臂增加，进而使箱体所受力矩增加，最终导致箱体发生更大幅度的横摇运动。

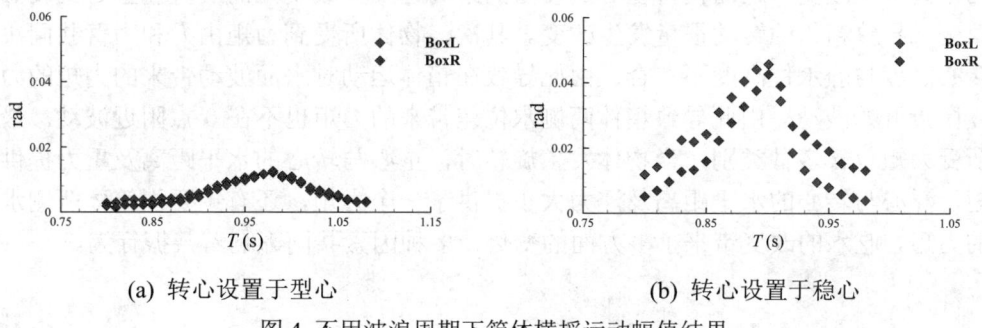

(a) 转心设置于型心　　　　　　　　　　(b) 转心设置于稳心

图 4 不用波浪周期下箱体横摇运动幅值结果

综上所述，当箱体存在横摇运动时，无论是窄缝内的流体响应还是横摇运动的情况都会受到明显的影响。根据生产作业中的实际情况，船体横摇的转心以稳心为准，因此在下面吃水对共振现象的影响中采用均采用稳心作为转动中心。

4.2 吃水深度对共振响应的影响

保持其他设置不变，分别对箱体吃水 d =0.12 m，0.15 m，0.18 m 三种工况进行研究，三种工况的具体设置已在第 3 节给出。图 4 中分别给出了三种吃水下窄缝内水体的响应幅值-入射波浪周期结果，线性势流结果和箱体固定不动时的黏性流结果同样绘于图中。

由线性势流结果和黏性流箱体固定结果可见，吃水的增加导致窄缝内参与共振的水体质量增加，因此导致共振频率随着吃水的增加逐渐向低频长周期移动。当箱体存在横摇运动时，随着吃水的增加，窄缝内水体的共振周期同样向长周期移动，且共振周期的偏移量与固定不动时共振周期的偏移量保持一致。随着吃水的增加，窄缝内水体响应的幅值也逐渐增加，这与箱体固定不动时的趋势是一致的，但当吃水从 0.15 m 增加到 0.18 m 时，水体响应幅值变化并不明显。图 6 给出了不同吃水下两侧箱体的横摇运动幅值-波浪周期结果，从图 6 中可以看出随着吃水深度的增加，箱体的横摇运动峰值也有所增加，这是由于尽管箱体的转动惯量随着吃水的增加逐渐增加，但随着吃水增加而带来的水体响应幅值也有所增加，最终导致箱体所受的横摇力矩增加使箱体运动更剧烈。

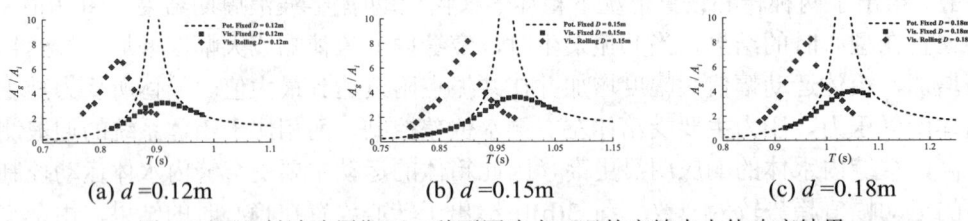

(a) d =0.12m (b) d =0.15m (c) d =0.18m

图 5 不同入射波浪周期下三种不同吃水工况的窄缝内水体响应结果

吃水对共振的影响不仅包括共振周期和幅值，还包括共振响应的趋势。这种趋势上的变化来自于多个方面。首先，吃水的改变导致箱体质量和排水体积发生变化，使得浮心到转心的距离发生改变，进而使得重心到转心的距离也发生改变，而质量和重心到转心距离同时改变又导致箱体的转动惯量发生改变。其次，物体所受到力矩由力和力臂共同决定，由于转心高度与静水位高度不重合，由此导致在箱体运动时水面波动带来的力矩的力臂并不从 0 附近开始波动，由此导致箱体两侧水位差带来的力矩也不在 0 点附近波动。最后，箱体所受力矩包含多种类别，当物体发生旋转时，重心与转心的水平距离及重力提供了一个力矩，浮心与转心的水平距离及浮力大小提供了一个力矩，还有主要由箱体两侧水位差主导的力矩。吃水的改变带来了多方面的变化，多种因素共同影响着共振行为。

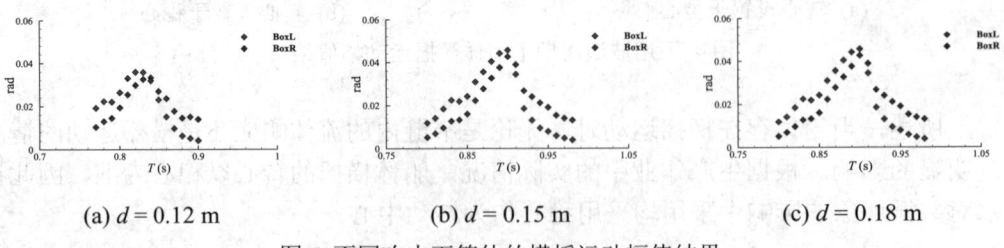

(a) d = 0.12 m (b) d = 0.15 m (c) d = 0.18 m

图 6 不同吃水下箱体的横摇运动幅值结果

图 7 分别给出了三种吃水情况下，共振周期处箱体两侧水位曲线和箱体运动曲线（以 BoxL 为例），从图 7 (a)-(c)可以看出，吃水为 0.12 m 和 0.18 m 时箱体运动的平衡位置并不在 0 点附近，而是向一侧倾斜，且两者的倾斜方向并不一致。横摇运动的平衡位置与力矩的平衡有关，先假定箱体不动，当流体周期性运动时，箱体所受的来自流体的力矩也周期性的变化，按照当前的稳心位置计算箱体所受力矩，箱体的力矩平衡位置不在 0 点；然后解锁箱体运动，当箱体围绕转心发生转动时，由于重心于转心不在同一垂线上产生与运动方向相反的重力矩。流体力矩促使箱体运动，重力矩阻碍箱体运动，两个力矩的共同作用决定了平衡位置。

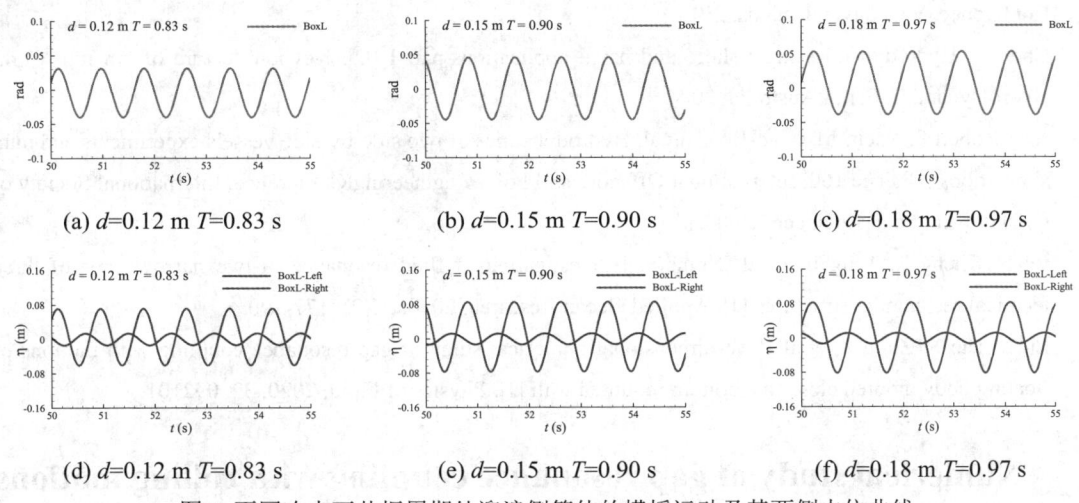

图 7 不同吃水下共振周期处迎浪侧箱体的横摇运动及其两侧水位曲线

当吃水为 0.15 m 时，箱体未发生明显的平衡位置的偏离，箱体横摇运动在 0 点附近波动，这与另外两种吃水情况存在明显不同。箱体运动是否存在平衡位置的偏离与箱体所受流体带来的力矩成因密切相关，根据以往研究，当箱体固定时，箱体所受的水平力主要由箱体两侧水位差提供。为了研究的简便性，由于垂向力与转心的水平距离较小，这里忽略垂向力与转心不共线带来的力矩，可以认为使箱体偏转的力矩主要来自于两侧水位的变化。箱体所受力矩的改变由力和力臂共同决定，箱体两侧水位的差值决定了箱体所受水平力的大小和方向，而两侧水位的平均位置和转心的距离决定了力臂的大小，力与力矩乘积带来的力矩周期性的变化最终决定了箱体运动的情况。这也是三种不同吃水情况下箱体横摇运动平衡位置不同的原因。

5 结论

箱体横摇运动对窄缝内流体共振现象存在明显的影响。横摇运动的影响与转心位置密切相关，当转心与型心保持一致时，横摇运动的存在对共振周期影响不大，但使共振周期附近窄缝内流体的响应增加；当转心与型心不重合时，横摇运动的存在使窄缝内流体的共振周期向短周期移动，在共振周期附近窄缝内流体响应大幅增加。由于流体的周期性运动，箱体发生周期性横摇运动，不同吃水下的横摇运动平衡位置存在明显不同，这与箱体所受的力矩密切相关。总之，箱体横摇运动的存在会显著影响窄缝内流体共振现象。

参考文献

1 Molin B. On the piston and sloshing modes in moonpools [J]. Journal of Fluid Mechanics, 2001, 430: 27-50.
2 Faltinsen O, Rognebakke O, Timokha A. Two-dimensional resonant piston-like sloshing in a moonpool [J]. Journal of Fluid Mechanics, 2007, 575: 359-397.
3 Newman. Progress in wave load computations on offshore structures [C]. Invited Lecture, 23th OMAE Conference, Vancouver, Canada, 2014.
4 Chen X. Hydrodynamics in offshore and naval applications-part I [C]. Keynote lecture of 6th Intl. Conf. HydroDynamics, Perth, Australia, 2004.
5 Jean-Robert F, Naciri M, Xiao-Bo C. et al. Hydrodynamics of two side-by-side vessels experiments and num simulations [C]. The 16th International Offshore and Polar Engineering Conference, International Society of Offshore and Polar Engineers, 2006.
6 Lu L, Cheng L, Teng B. et al. Numerical investigation of fluid resonance in two narrow gaps of three identical rectangular structures [J]. Applied Ocean Research, 2010, 32(2): 177-190.
7 Lu L, Tan L, Zhou Z, et al. Two-dimensional numerical study of gap resonance coupling with motions of floating body moored close to a bottom mounted wall [J]. Physics of Fluid, 2020, 32, 092101.

Numerical study of gap resonance coupling with rolling motions of two side-by-side boxes under wave action

LIU Hao[1], JIANG Sheng-chao[2]*

(1. State Key Laboratory of Coastal and Offshore Engineering, Dalian University of Technology, Dalian 116024;

2. School of Naval Architecture, Dalian University of Technology, Dalian 116024,

Email: jiangshengchao@foxmail.com)

Abstract：The fluid bulks formed by two side-by-side boxes will resonance under certain frequency wave action. Occurrence of resonance will lead to high wave responses in gap, the wave forces on boxes will increase, and further the motions of boxes will be influenced. In present study, viscous flow model is adopted, wave responses and boxes motions are studied. The results indicate that the resonant periods are affected by rolling motions of boxes, wave responses are also affected and lead to higher values. The motions of boxes are mainly affected by wave responses in gap and reach its maximums around resonant periods.

Key words： Two side-by-side boxes; Resonance; Viscous flow model; Rolling motion.

完全非线性波浪与二维有吃水大型漂浮弹性板相互作用的数值模拟

梁爽，滕斌*，勾莹

（大连理工大学海岸和近海工程国家重点实验室，大连 116024, Email:bteng@dlut.edu.cn）

摘要： 现有的非线性波浪与漂浮弹性板作用的时域模型大都假设弹性板无吃水，但实际的海上大型浮体往往有一定的吃水深度。本研究运用二维高阶边界元与模态展开耦合的方法，结合四阶龙格-库塔法，构建了完全非线性波浪与有吃水大型漂浮弹性板相互作用的时域势流模型，弹性板的吃水会随着水面波动和弹性板振动不断变化，但是一直是正值。模拟结果与一阶波浪与二维有吃水大型弹性板作用的频域模型结果吻合良好，与弹性板无吃水情况的频域模型结果有明显不同。

关键词： 完全非线性；水弹性；高阶边界元法；模态展开法；数值波浪水槽

1 引言

近几十年，人们对于海洋资源开发的需求持续增长，因此在海上建设了很多超大型浮体，比如海上机场、海上工作平台、大型船体、人工岛等。这类超大型浮体由于水平尺度远大于垂向尺度且弯曲刚度较小，它们受到波浪作用不仅会发生刚性变形，还伴随着不可忽略的弹性变形。在水动力研究中，这类超大型浮体一般可简化为漂浮的弹性板。

关于波浪与漂浮弹性板作用的研究非常多，本文主要讨论此类研究的非线性问题。频域方法中，Liang 等[1]运用高阶边界元和一种弹性板的格林函数耦合求解了二阶波浪与漂浮弹性板作用问题。时域方法方面，Liu 和 Sakai[2]采用边界元与有限元耦合的方法，Mollazadeh 等[3]和 Mirafzali 等[4]采用一种无网格数值方法，Ma 等[5]采用光滑粒子法和有限元耦合的方法，Cheng 等[6]将弹性板面看作有着特殊性质的水面与自由水面一起进行时间步进。这些时域模型中的弹性板尺度都较小，直接忽略了弹性板的吃水，而实际的海上大型浮体都有着一定的吃水深度，本模型将运用高阶边界元和模态展开法耦合求解完全非线性波浪与有吃水的大型漂浮弹性板相互作用这一问题。

基金项目：国家自然科学基金(51879039)

2 模型与边界条件

完全非线性二维数值水槽中波浪与有吃水漂浮弹性板作用的模型如图 1 所示。本研究建立了一个笛卡尔坐标系以便进行描述，x 轴与静水面重合，其正向水平向右、且与波浪传播方向相同，z 轴与弹性板中点处的垂线重合，其正向竖直向上垂直于弹性板面，坐标原点为 x 轴与 z 轴的交点，位于弹性板内部。水深为 h，弹性板长度为 L，厚度为 d，吃水为 c。Ω 代表整个计算域，S_F 代表水面，S_B 代表弹性板湿表面，S_D 代表水槽底面，S_R 代表水槽左壁面，S_T 代表水槽右壁面。

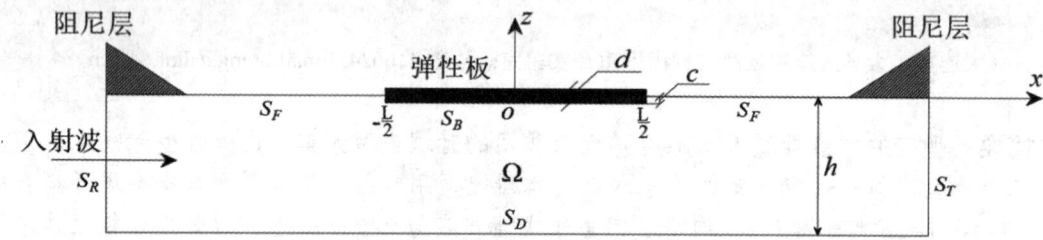

图 1 完全非线性二维数值水槽中波浪与有吃水漂浮弹性板作用示意图

假设流体无黏且不可压缩，其运动无旋，那么流体中存在速度势 ϕ 满足拉普拉斯方程：

$$\nabla^2 \phi = 0, \qquad \text{in } \Omega, \tag{1}$$

在水槽底部和右边壁满足不可透水条件：

$$\frac{\partial \phi}{\partial n} = 0, \qquad \text{on } S_D, S_T, \tag{2}$$

左边壁存在入射速度：

$$\frac{\partial \phi}{\partial n} = R_m v, \qquad \text{on } S_R, \tag{3}$$

其中 v 采用二阶 Stokes 波解析解，R_m 是缓冲函数[7]，其作用是减弱模型造波初期的冲击性。

在瞬时水面上，速度势满足完全非线性的运动学条件和动力学条件，本研究采用混合欧拉-拉格朗日方法更新水面节点的速度势、横向位移和垂向位移。水槽两端设立阻尼层，左侧阻尼层配合左边壁条件采用滤波法起到造波作用。水面节点满足下列形式：

$$\begin{cases} \dfrac{dx}{dt} = \dfrac{\partial \phi}{\partial x} - D(x)(x - x_0), \\ \dfrac{d\eta}{dt} = \dfrac{\partial \phi}{\partial z} - D(x)(\eta - R_m E_0), \\ \dfrac{d\phi}{dt} = -g\eta + \dfrac{1}{2}(\nabla \phi \cdot \nabla \phi) - D(x)(\phi - R_m \phi_0), \end{cases} \tag{4}$$

式中，物质导数 $(d/dt)=(\partial/\partial t)+\nabla\phi\cdot\nabla$，$x_0$ 是各节点的初始 x 坐标，E_0 和 ϕ_0 在 x 小于 0 时是该点的二阶 Stokes 波理论波高和理论速度势，在 x 大于 0 时等于 0，$D(x)$ 是阻尼函数[7]，用于消除壁面反射波。

弹性板位移满足经典欧拉-伯努利梁振动方程：

$$EI\frac{\partial^4\eta}{\partial x^4}+\rho g\eta+m_s\eta_{tt}=-\rho\phi_t+\frac{1}{2}\rho(\phi_x^2+\phi_z^2),\quad \text{on } z=-c,\ -\frac{L}{2}<x<\frac{L}{2}, \tag{5}$$

式中，E 为弹性模量，I 为弯曲刚度，m_s 为弹性板单宽密度，ρ 为水体密度。同时，弹性板位移需满足端部自由条件：

$$\frac{\partial^2\eta}{\partial x^2}=0 \text{ 和 } \frac{\partial^3\eta}{\partial x^3}=0,\quad \text{at } z=-c,\ x=-\frac{L}{2} \text{ or } x=\frac{L}{2}. \tag{6}$$

为了得到满足计算精度要求的弹性板条件中位移的高阶导数，可采用模态展开法对弹性板位移用模态展开法表示：

$$\eta(x,t)=\sum_{j=1}^{\text{modes}}\zeta_j(t)f_j(x), \tag{7}$$

式中，$\zeta_j(t)$ 代表 t 时刻各模态的比重，$f_j(x)$ 是与时间无关的模态函数，本文选用 Newman[8] 证明过收敛性的自然模态函数。

3 模型数据更新过程

在初始时刻 $t=0$ 时，水面节点 $\phi=0$ 且 $\eta=0$，弹性板底面节点位移及速度都为 0，即 $\zeta_j(0)=0$ 且 $\dot{\zeta}_j(0)=0$，板面各节点速度势导数可根据速度换算得到。

选用二维 Rankine 源和它关于海底的镜像作为格林函数并运用格林第二定理可建立下列积分方程：

$$\begin{aligned}&\alpha(\mathrm{p})\phi(\mathrm{p})-\int_{S_{B+R+T}}\phi(\mathrm{p})\frac{\partial G(\mathrm{p;q})}{\partial n}ds+\int_{S_f}G(\mathrm{p;q})\frac{\partial\phi(\mathrm{p})}{\partial n}ds=\\ &-\int_{S_{B+R}}G(\mathrm{p;q})\frac{\partial\phi(\mathrm{p})}{\partial n}ds+\int_{S_f}\phi(\mathrm{p})\frac{\partial G(\mathrm{p;q})}{\partial n}ds,\end{aligned} \tag{8}$$

式中，α 为固角系数，其取值与流域边界形状有关，G 为格林函数：

$$G(\mathrm{p;q})=\frac{1}{2\pi}\left(\ln\sqrt{(x-x_0)^2+(z-z_0)^2}+\ln\sqrt{(x-x_0)^2+(z+z_0+2h)^2}\right)$$

得到水面节点的速度势导数后即可运用四阶龙格-库塔法结合式(4)进行时间步进，得到下一时刻节点的位移及速度势。

弹性板各节点默认无水平位移，底面节点垂向加速度可通过伽辽金法获得：

$$\sum_{j=1}^{M}\int_{S_B}\left[EI\frac{d^4 f_j}{dx^4}\zeta_j(t)+\rho g\zeta_j(t)f_j+m_s\ddot{\zeta}_j(t)f_j\right]f_i ds = \int_{S_B}\left[-\rho\phi_t+\frac{1}{2}\rho(\phi_x^2+\phi_z^2)\right]f_i ds, \quad (9)$$

接着可运用四阶龙格-库塔法结合牛顿运动方程对弹性板底面节点下一时刻的速度及位移进行时间步进。

水面与弹性板侧壁的的交点默认无水平位移，其垂向位移随着水面条件进行时间步进，弹性板底面端部节点在求得加速度后对位移进行时间步进，弹性板侧面节点可通过对上述水板交点和板端部节点位移插值的方式更新相应的垂向位移。

4 结果与讨论

为验证模型的正确性，我们将模拟结果与运用高阶边界元和模态展开法耦合求解的一阶波浪和有吃水弹性板作用的频域模型进行了对比，同时给出了频域模型中弹性板无吃水的情况以说明吃水条件对超大型浮体水弹性问题的影响。具体模型参数如下：水深 10m，入射波浪频率 1.5rad/s，波幅 0.1m，水密度 $1023 kg/m^3$，弹性板弹性模量 $550\times10^6 N/m$，弹性板密度 $682 kg/m^3$，板长 500m，板厚 0.3m，吃水 0.2m，泊松比 0.3，模拟时间 90 个周期，每个周期分为 120 个时间步。

弹性板右端部的比对数据如图 2 所示，实线代表该时域模型模拟的结果，虚线代表弹性板有吃水的一阶频域模型结果，点划线代表弹性板无吃水的一阶频域模型结果。由于非线性的影响，时域结果的波峰与有吃水频域结果的波峰基本重合，而波谷略高于有吃水频域结果的波谷。相较于上述二者，无吃水频域结果的波峰更高，波谷更低，差异比较明显。利用傅里叶变换可得到图 2 中时域结果的一倍频位移，数值为 0.1181m，与有吃水频域模型中弹性板右端部的一阶位移 0.1199m 非常接近，而无吃水频域模型中弹性板右端部的一阶位移与上述二者差距较大，数值为 0.1236m。所以本时域模型在研究有吃水的超大型浮体水弹性问题时有更好的适配性。

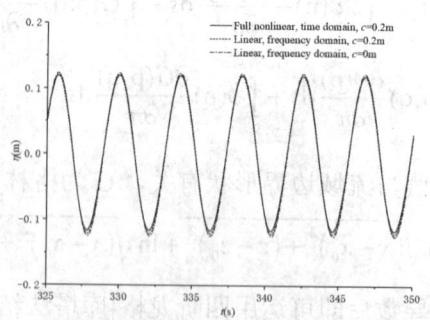

图 2 弹性板右端部在波浪作用下的垂向位移随时间变化历程曲线

参考文献

1. Liang S, Teng B, Gou Y. The singularity in the second-order solution of flexural-gravity waves and the influence of plate length on the second-order response of a finite elastic plate [J]. Ocean Engineering, 246, 2022, Ocean Engineering, 2022-02-15, Vol.246.
2. Liu X D, Sakai S. Time domain analysis on the dynamic response of a flexible floating structure to waves[J]. J EngMech, 2002, 128(1):48-56.
3. Mollazadeh M, Khanjani M J, Tavakoli A. Applicability of the method of fundamental solutions to interaction of fully nonlinear water waves with a semi-infinite floating ice plate[J]. Cold RegSciTechnol, 2011, 69(1):52-8.
4. Mirafzali F, Tavakoli A, Mollazadeh M. Hydroelastic analysis of fully nonlinear water waves with floating elastic plate via multiple knot B-splines[J]. Applied Ocean Research, 2015, 51:171-80.
5. Ma C, Iijima K, Oka M. Nonlinear waves in a floating thin elastic plate, predicted by a coupled SPH and FEM simulation and by an analytical solution[J]. Ocean Engineering, 204, 2020, Ocean engineering, 15 May 2020, Vol.204.
6. Cheng Y, Ji C Y, Zhai G J, et al. Fully Nonlinear Numerical Investigation on Hydroelastic Responses of Floating Elastic Plate over Variable Depth Sea-bottom[J]. Marine Structures, 2017, 55: 37-61.
7. Ning D Z, Teng B. Numerical simulation of fully nonlinear irregular wave tank in three dimension[J]. International Journal for Numerical Methods in Fluids, 2007, 53(12), 1847-1862.
8. Newman J N. Wave effects on deformable bodies[J]. Applied Ocean Research, 1994, 16: 47-59.

Numerical simulation of interaction between fully nonlinear waves and a 2D large floating elastic plate with draft

LIANG Shuang, TENG Bin[*], GOU Ying

(State Key Laboratory of Coastal and Offshore Engineering, Dalian university of Technology, Dalian116024, Email:bteng@dlut.edu.cn)

Abstract: Most researches on the interaction between nonlinear waves and with floating elastic plates have neglected the effect of plate draft, although the actual large floating structures at sea have a certain draft depth. In this study, a time-domain potential flow model for the interaction between fully nonlinear waves and alarge floating elastic plate with draft is constructed by using the method of coupling two-dimensional higher-order boundary element and modal expansion. The draft of the elastic plate changes with the water surface fluctuation and the vibration of the elastic plate, but it is always positive.The simulation results are in good agreement with the results of frequency domain model for the interaction between first-order waves and a two-dimensional large elastic plate with draft, and are obviously different from the results of the frequency domain model of elastic plate without draft.

Keywords: Fully nonlinear; Hydroelasticity; Higher-order boundary element method; Modal expansion method; Numerical wave tank.

全海深载人潜水器水面拖航作业偏荡运动影响因素研究

张凤伟*，倪阳，湛俊华，潘子英

（中国船舶科学研究中心 水动力学国家重点实验室，无锡 214082, Email: zhangfengwei_cssrc@163.com）

摘要：水面拖航作业是母船对潜水器进行水面回收的关键过程，拖航过程中的大幅偏荡是作业时的主要风险，以全海深载人潜水器为研究对象，开展了不同物理参数对偏荡运动的影响研究。主要针对潜水器水面稳定拖航阶段，利用数值仿真及模型试验两种技术手段研究不同拖航速度、不同拖缆长度、不同缆绳刚度等参数对潜水器偏荡运动的影响。获得了影响全海深载人潜水器偏荡运动的显著性因素，为后续进行偏荡运动控制提供依据，也为水面回收作业提供技术支撑。

关键词：全海深载人潜水器；偏荡运动；不同参数；影响规律

1 引言

载人潜水器完成作业任务上浮至水面后，母船需要开展水面回收工作。由于母船航行产生的紊流场可能对潜水器造成影响，因此需要在远离母船的地点带缆，然后开展水面拖航及回收作业，此时，母船、拖缆与潜水器组成的拖航系统在复杂海况条件下，由于恶劣气候与大风浪的影响，拖航系统拖航作业会遭遇到极大的困难[1]，给拖航及回收作业造成极大的风险，这种风险主要包括被拖结构物的大幅偏荡、横倾等，其中偏荡问题最为棘手，该状况如果处理不当，可能造成潜水器倾覆、断缆等严重后果，从而导致拖航不成功。近年来，关于拖航研究，相关学者开展了大量的研究工作。文献[2]至文献[4]运用线性方法对拖航问题进行了研究，主要针对拖缆刚度、悬垂度、质量、拖点、缆长等参数对拖航系统航向稳定性的影响进行了分析。文献[5]和文献[6]运用非线性理论，对拖船与被拖船的平稳转向运动进行全耦合时域分析，并在广岛大学拖曳水池开展了模型试验并对数值方法进行了验证。文献[7]从工程应用角度出发，针对FPSO的拖航作业，分析了偏荡问题产生的原因，并列举了工程实践经验，包括船尾附拖曳物、调整被拖船的装载、调节缆长、调整拖航速度以及改变拖航航向等作为应急措施。文献[8]运用力学原理，对海上被拖物的偏荡问题的改善措施进行了初步探索。文献[9]从打捞工程应用角度出发，从被拖结构物的受力着手分析，得出风、流是造成偏荡的主要因素，提出了调整被拖船吃水差、航向、船速、缆长、带缆方式以及操舵等抑制或改善偏荡的措施。文献[10]至文献[12]基于船舶操纵运动方程和动力学运动方程提出的被拖物拖点匹配法，可用来研究被拖物航向稳定性与横向稳性的关系，并讨论了拖点、缆长、航速对拖带航向稳定性的影响。文献[13]和文献[14]利用数值手段研究了首尾吃水差的不同对拖航系统稳定性的影响，同时研究了舵控系统对拖航系统的影响，结果表明用电流舵可以使拖航系统在没有大横荡及大艏摇的情况下保持航向稳定性。

相关学者对拖航问题开展了系统的分析工作，并且对偏荡产生的原因进行了初步探索并给出了工程应对措施，但研究对象多为水面船，对于小型载人潜水器的拖航研究不多。

造成潜水器偏荡产生的原因是多方面的（图1）。潜器被拖过程中流场涡旋脱落产生的首摇力矩可能是偏荡运动产生的根源，而缆长、拖航速度、刚度、吃水差、拖点等都可能对偏荡的幅度产生影响，但拖点、装载状态等因素从某种程度上来讲是难以改变的，研究其他其余主要因素对偏荡量d（图2）的影响从而提出针对性的改善措施对于潜水器的拖航及回收作业有着现实意义。

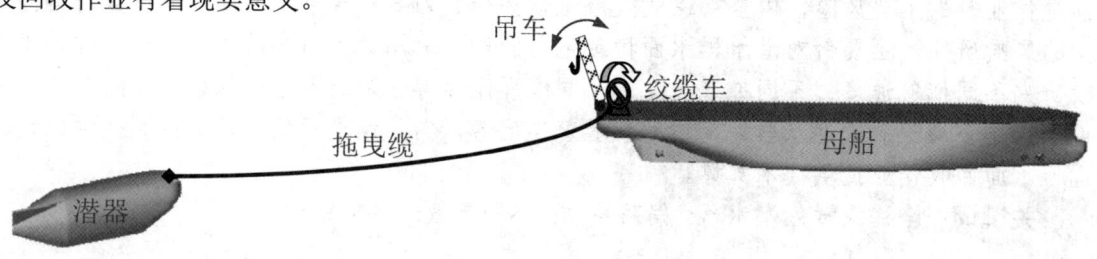

图1 潜水器回收过程示意图

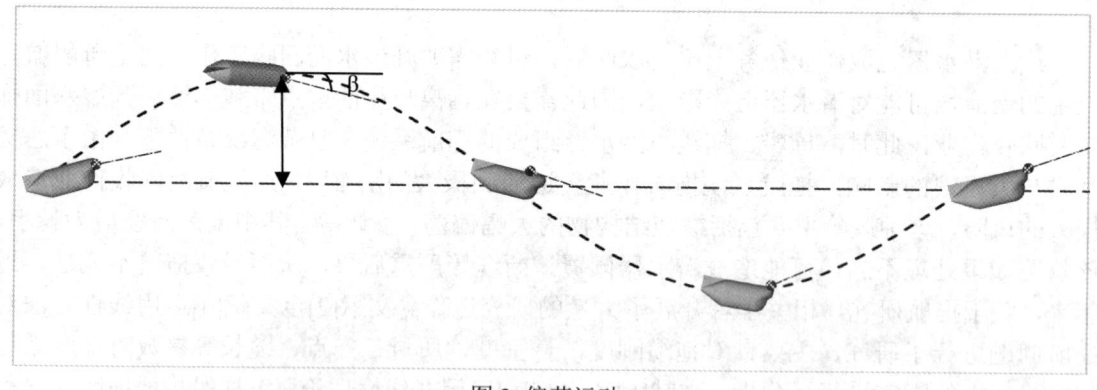

图2 偏荡运动

针对全海深载人潜水器，基于黏流方法，开展了静水中拖航作业的非线性数值仿真研究，主要研究了不同缆长、拖航速度、拖缆刚度对潜水器偏荡的影响，并对典型工况进行了模型试验验证。

2 研究条件

2.1 数值研究描述

研究对象为全海深载人潜水器，数值模拟中自由面使用VOF（Volume of Fluid，流体体积）方法处理，使用RNG k-ω 湍流模型。

数值模拟中，艇体六自由度运动通过动网格技术和重叠网格技术的结合来实现。横荡和纵荡运动应用移动外域的动网格技术实现（图3），有效降低了计算区域，极大地减小了网格数量；垂荡、纵摇、横摇和艏摇应用重叠网格技术实现，外域作为背景网格，艇体运动后，内域网格（艇体贴体网格）不需要重新生成，仅仅重新生成网格间的插值信息即可。

网格划分采用剪裁体网格结合棱柱层网格，在关键部位进行加密。图3给出计算区域的网格划分示意图，图中展示了主要的加密控制区域。图4给出了艇体表面网格划分结果及内域和外域交接处的重叠网格过渡情况。

拖曳缆采用线弹性缆进行模拟，刚度与试验一致，计算过程见图5。

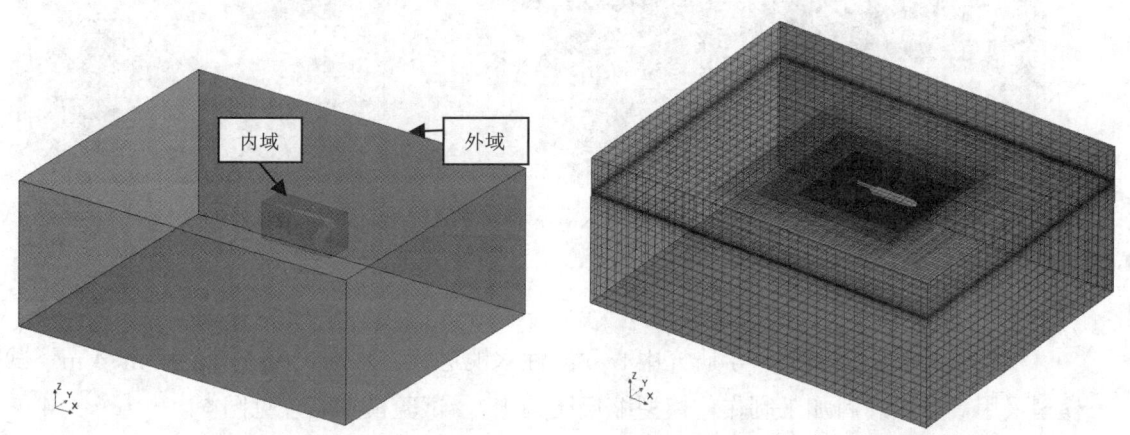

图3 全海深载人潜水器计算区域及网格划分

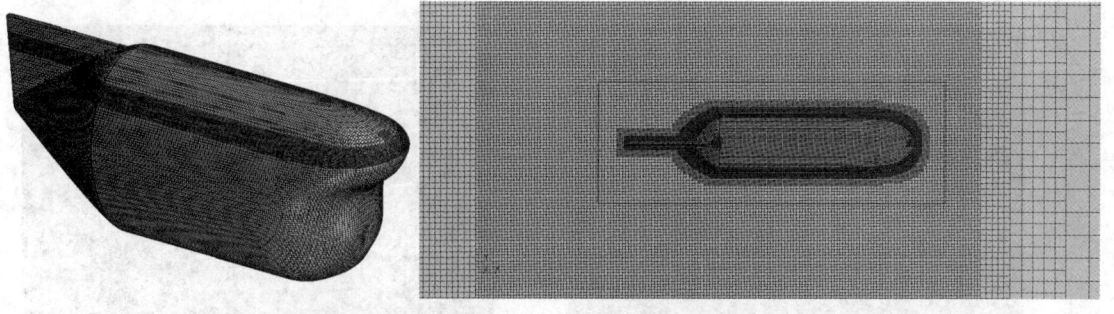

图4 全海深载人潜水器艇体及内外域交界网格处理

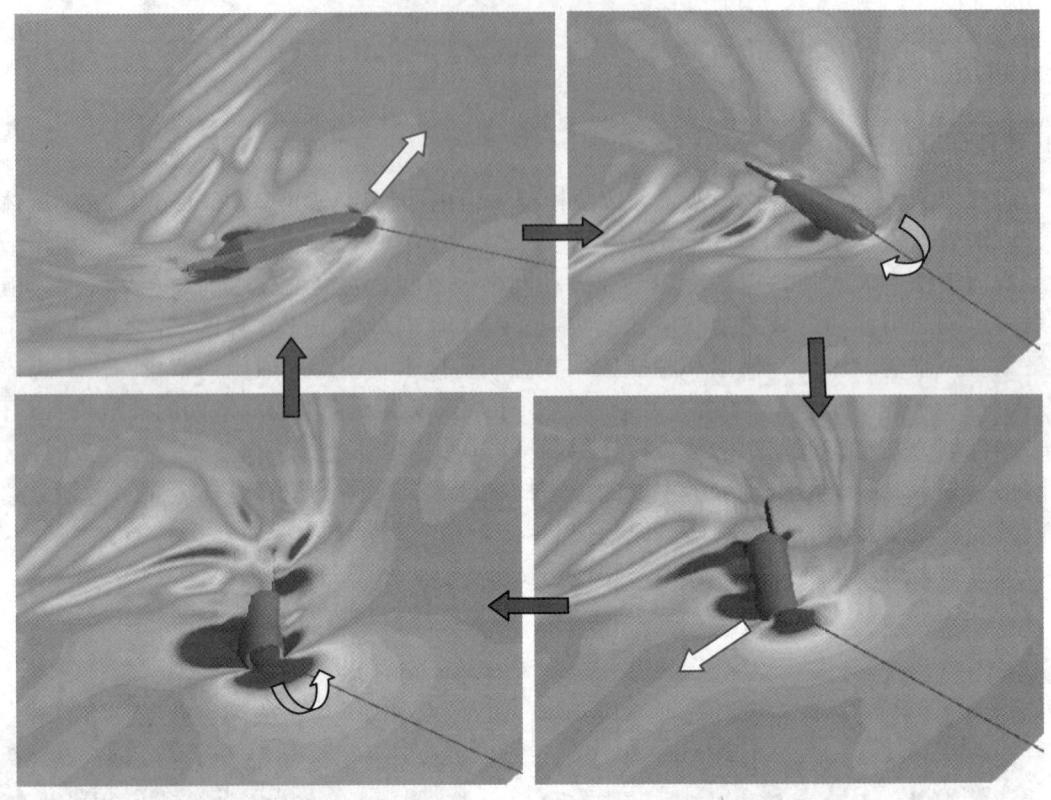

图 5 全海深载人潜水器偏荡运动周期图示

2.2 试验研究描述

模型试验在中国船舶科学研究中心耐波性水池进行,水池尺度 69 m×46 m×4 m。试验模型采用高分子材料加工制作,模型缩尺比为 1:7,试验模型照片见图 6。

试验中选用线弹性缆模拟,缆绳模拟满足几何相似,质量相似以及刚度特性相似,缆绳的刚度特性通过弹簧来调节。试验照片见图 7。

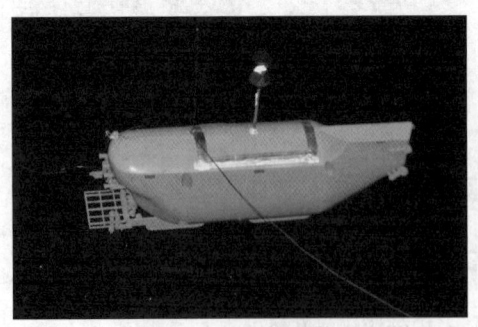

图 6 试验模型

图 7 试验照片

3 研究结果及分析

3.1 研究工况设置

造成潜水器偏荡产生的原因是多方面的，对于潜水器被拖过程中流场涡旋脱落产生的首摇力矩可能是偏荡运动产生的根源，而拖航速度、缆长、缆绳刚度特性可能会影响偏荡的幅度和周期。针对以上参数，开展静水中偏荡因素影响研究。研究工况见表1。

表1 研究工况

工况	缆长/m	拖航速度/kn	刚度/N	技术手段
1	50	2	9.42E6	数值+试验
2	75	2	9.42E6	数值
3	100	2	9.42E6	数值
4	100	3	9.42E6	数值
5	100	4	9.42E6	数值+试验
6	100	4	3.56E6	数值
7	100	4	5.56E5	数值

3.2 数值仿真与模型试验结果对比

图8给出了相同工况下数值仿真与模型试验偏荡运动的对比。由对比曲线可以看出，在同一条件下，模型试验偏荡结果与数值仿真结果总体吻合较好。

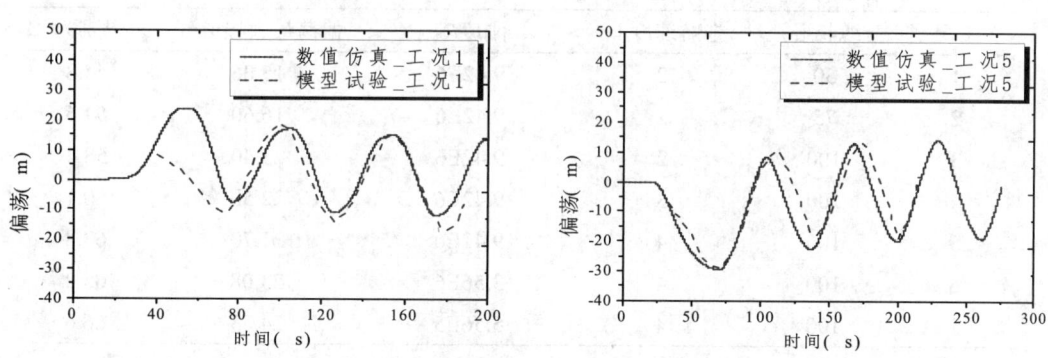

图 8 模型试验与数值仿真结果比较

3.3 不同参数对偏荡运动影响研究

利用数值手段，研究了不同拖缆长度、不同拖航速度以及不同刚度对全海深载人潜器拖航偏荡的影响规律。对比曲线见图9至图11。不同工况偏荡最大幅值及周期比较列于表2。

通过对比结果可以看出：

（1）增加拖缆长度，偏荡的往复周期相应增加，偏荡幅值略有增大，然而由于增大缆长可以降低潜水器偏荡角β的大小，增加拖航稳定性。除此之外，拖缆长度的增加会增大拖缆的悬垂度，这样能够更好的缓解拖航过程中由于波浪冲击导致的拖缆力的极值，因此对于拖航安全性是有利的；

（2）增加拖航速度，潜水器的偏荡幅度略有降低，这是由于潜器在由中心位置向极限位置运动过程中，水动力与拖曳力对潜水器转动的合力矩增大，潜水器转向速度提升的缘故，而随着拖航速度的增加，造成拖航中的相对流阻增加，导致往复周期略有增加。增加拖航速度，由于流阻增加，会导致拖缆张力增加，对缆绳的强度要求提高。

（3）拖曳缆刚度的减小，使得在拖航过程中缆绳的伸长量增加，相当于长度增加，因此其偏荡的往复周期相应增加，偏荡幅值略有增大。减小拖缆刚度同样对缓解风浪对浮体产生的冲击力。

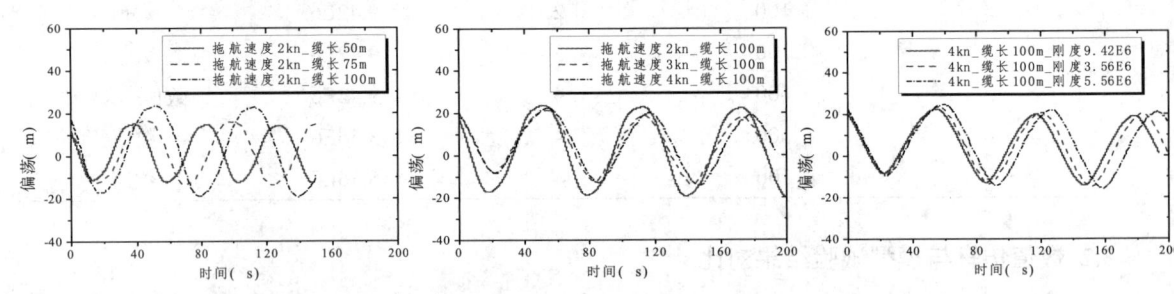

图 9 缆长对偏荡的影响比较　　图 10 拖航速度对偏荡的影响比较　　图 11 刚度对偏荡的影响比较

表2 研究结果

工况	缆长/m	拖航速度/kn	刚度/N	偏荡最大幅值/m	周期/s
1	50	2	9.42E6	15.06	44.8
2	75	2	9.42E6	16.60	54.6
3	100	2	9.42E6	23.40	58.4
4	100	3	9.42E6	22.50	60.1
5	100	4	9.42E6	21.70	63.8
6	100	4	3.56E6	23.08	65.2
7	100	4	5.56E5	24.73	66.6

4 结论

针对全海深载人潜水器拖航过程中的偏荡问题开展了不同参数的影响研究，得到主要结论如下。

（1）增加拖缆长度，偏荡的往复周期相应增加，偏荡幅值略有增大，但对于拖航安全性有利，所以在条件允许的情况下，可适当增加拖缆长度提高拖航安全性。

（2）增加拖航速度，潜水器的偏荡幅度略有降低，往复周期略有增加，但增加拖航速度，会导致拖缆张力增加，对缆绳的强度要求提高，因此建议拖航时适当的降低速度。

（3）随着拖曳缆刚度的减小，其偏荡的往复周期相应增加，偏荡幅值略有增大。减小拖缆刚度同样对缓解风浪对浮体产生的冲击力，提高拖航的安全性。

（4）以上对静水中不同参数对拖航时偏荡运动的影响进行了研究，下一步将开展波浪中拖航时的偏荡问题以及拖缆的受力问题，综合分析各特征参数对拖航的影响规律，为制定安全稳定的拖航方案提供依据。

参 考 文 献

1　姚竞争, 韩端峰, 赵鹏举. 船舶拖航系统仿真研究 [J]. 中国造船, 2011, 52(3): 74-82.
2　Strandhagen A G, Sehoenherr K E, Kobayashi F M. The dynamic stability on course of Towed ship [J]. Sname, 1958, (58): 32-66.
3　Inoue S, Lim S T. The course stability of towed boats-When the mass of tow ropes is considered [J]. Transaction of the West-Japan Society of Naval Architects, 1972, 44: 129-140.
4　Charters B. et al, Analysis of towed vessel course stability in shallow water [J]. Tran, RINA, VOL, 1986, 127: 247-258.
5　Tao Jiang, Rupert Henn, Som Deo SHARM. Dynamic Behavior of a Tow System under an Autopilot on the Tug [C]. Val de Reuil, France: International Symposium and Work shop on Forees Aetinga Manoeuring Vessel MAN, 1998.
6　Fitriadhy A, Yasukawa H, Maimun A. Theoretical and experimental analysis of a slack towline motion on tug-towed ship during turning [J]. Ocean Engineering, 2015(99): 95-106.
7　杨洪所. 浮式生产储卸油装置拖航偏荡原因分析及应急措施 [J]. 中国造船, 2015, 56(2): 440-445.
8　高均清. 关于运用力学原理制止海上被拖物偏荡的探索 [J]. 救捞与潜水, 1999, 1: 33-34.
9　林大钦. 拖航中偏荡分析及其应对措施 [C] .第五届中国国际救捞论坛论文集, 2008, 82-86.
10　朱军, 张旭, 陈强. 缆船非线性拖带系统及数值仿真 [J]. 中国造船, 2006, 2(47): 1-7.
11　朱军, 李炜, 程虹. 波浪作用下缆船拖带系统非线性运动数值模拟 [J]. 船海工程, 2006: 24(3): 56-62.
12　曾广会, 朱军, 邵优华, 等. 风作用下缆船非线性拖带系统运动数值模拟 [J]. 海军工程大学学报, 2006, 18(6): 96-101.
13　Kijima K, Furukawa Y, Kishimoto T. On the towing system for disabled ships [J]. Journal of the Society of Naval Architects of Japan, 2000, 188: 191-199.
14　Kishimoto T, Kijima K. The manoeuvring characteristics on tug-towed ship system [J]. Control Applications in Marine Systems, 2001: 173-178.
15　张凤伟. 全海深载人潜水器水面回收模型试验报告 [Z].中国船舶科学研究中心科技报告, 无锡, 2018.

Study on interfering factor of slewing during towing operation for full ocean depth submersible

ZHANG Feng-wei[*], NI Yang, ZHAN Jun-hua, PAN Zi-ying

(China Ship Scientific Research Center, China State Key Laboratory of Coal Combustion, Wuxi 214082, Email: zhangfengwei_cssrc@163.com)

Abstract: In this paper, influence of different parameters on slewing study was carried out for full ocean depth submersible. According to the drag process, the effective of different towing speed, towing line length, and towing line stiffness on the slewing were studied using numerical method and model test method. The influence laws of the parameter on the slewing of full ocean depth submersible are obtained. The results can provide a basis for subsequent slewing control, and also provide technical support for water surface recovery.

Key words: Full ocean depth; Slewing; Different parameter; Influence law.

基于间接时域法的甲板上浪及对船舶运动性能影响研究

田浩枫,朱仁传*

(上海交通大学 船舶海洋与建筑工程学院 海洋工程国家重点实验室,上海 200240,
Email: renchuan@sjtu.edu.cn)

摘要:甲板上浪是一种由船体在波浪中的大幅纵摇和升沉运动引起的强非线性的物理现象。本研究基于弱散射假定的间接时域法根据相对运动考虑非线性的上浪载荷,采用溃坝模型和洪水波模型对甲板上浪水体的流动进行分析。以 S175 集装箱船为例,将船首上浪高度计算时历与试验结果对比,证明了该方法的准确性。文中还对该船不同迎浪工况下的上浪载荷对运动性能的影响进行了研究。结果表明,甲板上浪对船舶运动的影响与入射波波高、遭遇频率关系很大,还发现高航速船舶的运动受上浪载荷的影响更大。

关键词:甲板上浪;时域模拟;波浪载荷;溃坝模型;洪水波模型

1 引言

大洋中的暴风常常会带来恶劣的海况,风浪会强迫船舶进行摇荡运动,当船舶在波浪中运动时的下沉、首倾值超过一定阈值后,船首的波浪将会高于船首甲板干舷的高度,这就是所谓甲板上浪现象。上浪水体造成的载荷可能会使上层建筑的外壳破损,破坏甲板机械,造成船体结构变形,威胁船体安全。此外,如果上浪水体的冲击载荷破坏了舱口盖,使得大量海水进入货舱,将大幅降低船舶的稳性,在恶劣海况下的船舶甚至有可能面临倾覆的危险。因此研究船舶在波浪中运动时产生的甲板上浪现象,具有重要的现实意义。

Tasai[1]最早发现当考虑到动态船首波面升高时,船首水体的高度将远大于只考虑入射波的高度。Hoffman 等[2]利用线性切片理论计算出船体与波浪之间的相对运动,并根据模型试验结果修正了船波相对运动响应算子。Buchner[3]应用浅水波溃坝理论,预报了一艘储油轮的上浪载荷,其结果与试验所得数据相比较为接近。Ogawa[4]忽略了明渠非恒定流理论中的惯性项,考虑了船舶航行速度和纵倾角,提出了洪水波模型。

第 2 节介绍了弱散射假定的间接时域法的基本思想和甲板上浪载荷的计算方法。第 3 节给出了上浪水体高度时空分布计算结果与试验值的对比。第 4 节给出了考虑上浪载荷的

S175 集装箱船摇荡运动计算时历，分析了航速、入射波波高与频率与甲板上浪载荷对船舶摇荡运动的影响之间的关系。最后在第 5 节中给出了本研究的结论。

2 数学计算模型

2.1 弱散射假定的间接时域法

波浪中运动的船舶可看做是刚体，由六自由度刚体运动方程可得：

$$\sum_{j=1}^{6} m_{ij} \ddot{x}_j = F_i^R + F_{Wi} + F_i^S, \quad i,j=1,2...,6 \tag{1}$$

左端 m_{ij} 为广义质量矩阵中的元素，$\ddot{x}_j$ 分别为六模态广义加速度。右端第一项为辐射力，第二项为波浪力，包括弗汝德-克雷洛夫力和绕射力，第三项为静水回复力。

在弱散射假定下，用线性理论计算时域船体运动方程中的辐射力和绕射力，并根据瞬时波浪高度分布与船体摇荡位移建立船体瞬时湿表面网格，在瞬时湿表面上进行压强积分得到静水恢复力和弗汝德-克雷洛夫力[5]。线性理论下的辐射力和绕射力可通过间接时域法由线性频域水动力结果进行转换得到。以辐射力为例，有航速辐射力可分解为：

$$F_i^R(t) = -\sum_{j=1}^{6} \left[\mu_{ij} \ddot{x}_j(t) + b_{ij} \dot{x}_j(t) + c_{ij} x_j(t) + \int_0^t K_{ij}(t-\tau) \dot{x}_j(\tau) \mathrm{d}\tau \right] \tag{2}$$

右端系数 μ_{ij}，b_{ij} 和 c_{ij} 均与时间无关，对给定船体可用格林函数法在平均湿表面上一劳永逸地求出。$K_{ij}(t)$ 为时延函数，频域附加质量 $A_{ij}(\omega)$、阻尼系数 $B_{ij}(\omega)$ 用移动脉动源方法求解，具体求解方法可参考《船舶在波浪上的运动理论》中的船舶微幅摇荡的辐射问题部分。时延函数与附加质量、阻尼系数满足有航速 Kramers-Kronig 关系：

$$\left. \begin{aligned} K_{ij}(t) &= \frac{2}{\pi} \int_0^\infty (B_{ij}(\omega) - b_{ij}) \cos(\omega t) \mathrm{d}\omega \\ K_{ij}(t) &= \frac{2}{\pi} \int_0^\infty \omega (\mu_{ij} - A_{ij}(\omega) - \frac{c_{ij}}{\omega^2}) \sin(\omega t) \mathrm{d}\omega \end{aligned} \right\} \tag{3}$$

瞬时湿表面上傅汝德-克雷洛夫力引起的动压力 p_D 和静水恢复力的静压力 p_S 计算式为：

$$\left. \begin{aligned} p_D &= -\rho \frac{\partial \phi}{\partial t} - \rho \frac{|\nabla \phi|^2}{2} \\ p_S &= \rho g z \end{aligned} \right\} \tag{4}$$

2.2 甲板上浪载荷计算方法

根据瞬时船首波高与船体垂荡、纵摇位移，可计算得船首初始上浪高度[6]。

$$h_e(t) = S_R - F = SUC(-x_3 + rx_5 + \xi) - F \tag{5}$$

式中，x_3，x_5 为垂荡、纵摇位移，r 为船首到船中的距离，SUC 为相对运动升高系数，ζ 为船首波高，F 为船首干舷高度。

无航速时，用溃坝模型计算上浪水体高度分布，溃坝波波形为二次抛物线方程：

$$h(x,t)=\frac{1}{9}\left(3\sqrt{h_e(t)}-\frac{x}{t\sqrt{g}}\right)^2 \tag{6}$$

有航速时，用洪水波模型计算上浪水体高度分布[7]：

$$h(x,t)=\frac{h_e(t)}{2}\left\{1-erf\left(\frac{x}{2\sqrt{Dt}}-\frac{C_d}{2}\sqrt{\frac{t}{D}}\right)+e^{\left(\frac{C_d x}{D}\right)}\left[1-erf\left(\frac{x}{2\sqrt{Dt}}+\frac{C_d}{2}\sqrt{\frac{t}{D}}\right)\right]\right\} \tag{7}$$

式中，erf 为误差函数，其与 C_d 和 D 定义如下。

$$erf(x)=\int_0^x e^{-\eta^2}\mathrm{d}\eta, C_d=\frac{5}{3}U_0, D=\frac{U_0 h_e}{2\sin\theta_{\max}} \tag{8}$$

式中，U_0 表示航速。对甲板上的压强求积分可以计算得甲板上浪引起的流体压力。若甲板上方的流体总质量为 m，且甲板垂向移动速度为 v_z，则由牛顿第二定律，流体作用在甲板上的各点压强为：

$$p=\rho gh\cos\theta+\frac{\mathrm{d}(\rho h v_z)}{\mathrm{d}t}=\rho h\left(g\cos\theta+\frac{\mathrm{d}v_z}{\mathrm{d}t}\right)+\rho g v_z\frac{\partial h}{\partial t} \tag{9}$$

3 甲板上浪水体高度分布验证

在实际使用上浪模型前，需要对上浪模型的准确性进行证明。数值计算结果由上文介绍的间接时域法和洪水波模型得到，试验数据由 Phama 和 Varyani 测得[8]。其中 DP4 点对应实 S175 集装箱船中距离首垂线 5.5 m 的点，DP7 对应实船中测量点距离首垂线 11 m 的点。图 1 为甲板上浪水体高度时空分布，可以看出，数值计算结果与试验值的变化趋势和幅值相近，认为该方法能够满足初步研究上浪对船体运动影响的要求。

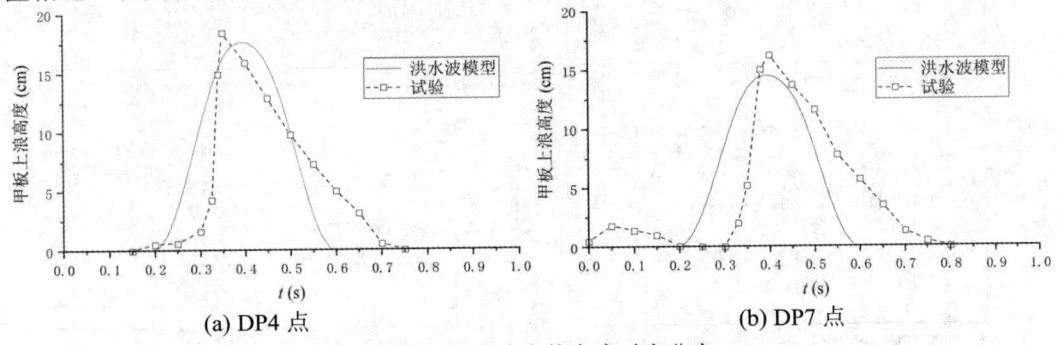

图 1 甲板上浪水体高度时空分布

4 考虑甲板上浪载荷的 S175 集装箱船摇荡运动

图 2 为构建的 S175 集装箱船在某时刻的瞬时湿表面网格。图 3 为无航速 S175 集装箱船的垂荡、纵摇水动力系数。A 表示附加质量，单位为 kg；B 表示阻尼系数，单位为 kg/s。

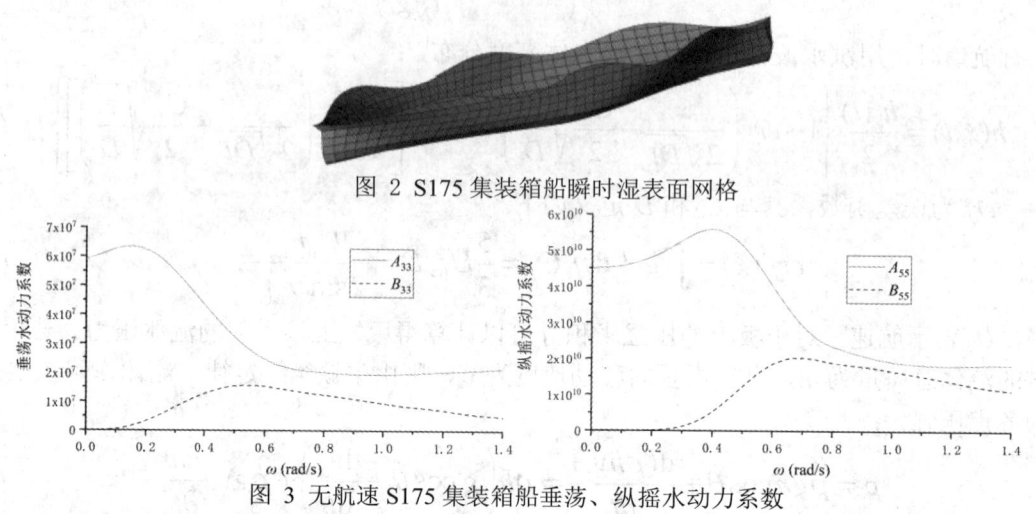

图 2 S175 集装箱船瞬时湿表面网格

图 3 无航速 S175 集装箱船垂荡、纵摇水动力系数

以波幅为 4.8 m，遭遇频率为 0.586 rad/s，浪向角为 180°的入射波为例。图 4 为计算得到的 S175 集装箱船无航速时和弗汝德数为 0.275 的有航速时的平稳段摇荡运动时历。可以看出无航速时，甲板上浪载荷对船舶摇荡运动的影响十分微弱；有航速时，甲板上浪载荷对船舶摇荡运动有一定影响。

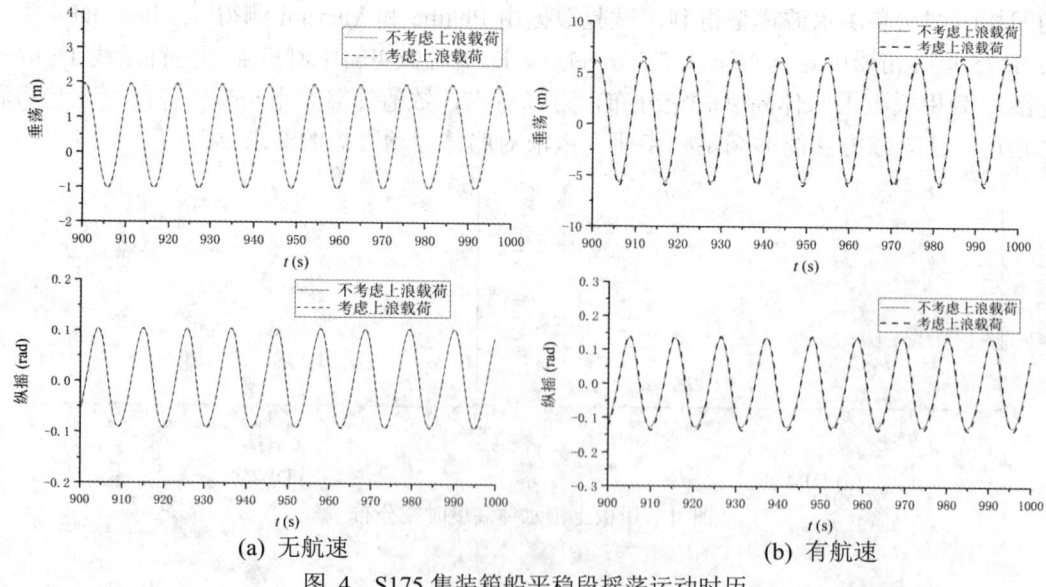

(a) 无航速　　　　　　　　　　　　　(b) 有航速

图 4 S175 集装箱船平稳段摇荡运动时历

选取不同波幅的入射波，遭遇频率为 0.586 rad/s。图 5 为 S175 集装箱船在各波幅规则波作用下，考虑上浪载荷的摇荡响应幅值算子相比原响应幅值算子变化的比例。发现入射波波幅越大，甲板上浪载荷对船舶摇荡运动的影响也越大。

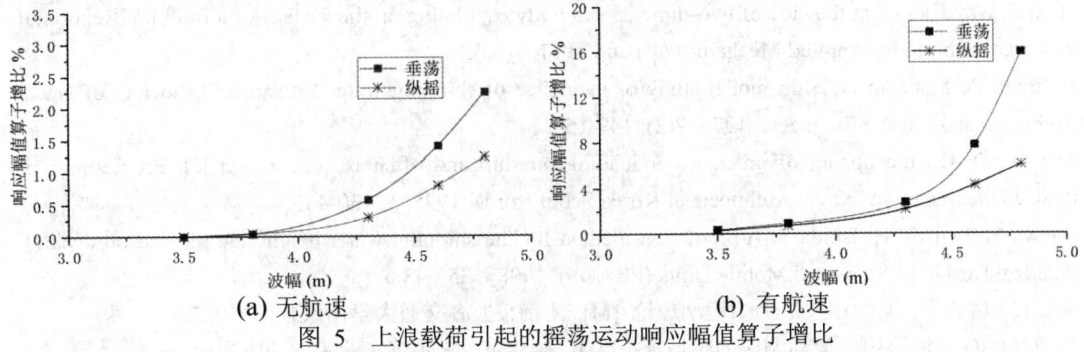

图 5 上浪载荷引起的摇荡运动响应幅值算子增比

选取不同频率的入射波，入射波波幅为 4.6 m。图 6 为有航速 S175 集装箱船在各频率入射波作用下的垂荡和纵摇响应幅值算子。发现入射波的频率与甲板上浪载荷的关系密切且复杂，遭遇频率不同，上浪载荷对船体摇荡运动的影响也完全不同。

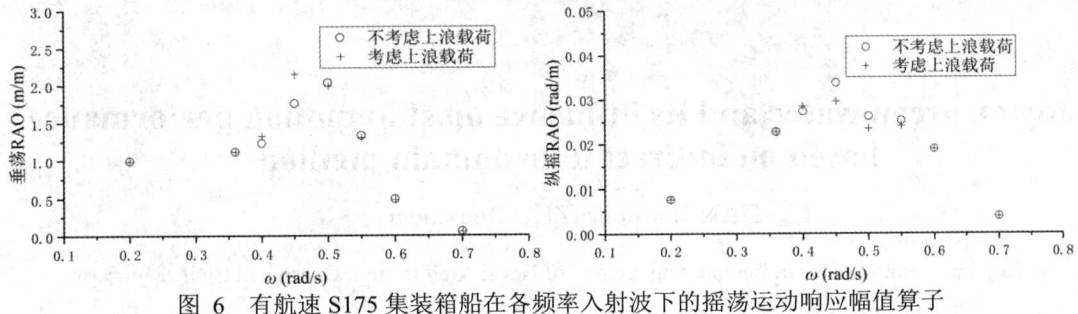

图 6 有航速 S175 集装箱船在各频率入射波下的摇荡运动响应幅值算子

5 结论

本研究基于弱散射假定的间接时域法，利用溃坝模型和洪水波模型编写了计算上浪水体时空分布的程序。将时域船体摇荡运动与甲板上浪载荷耦合，分析了上浪载荷对船舶运动性能的影响。结果表明：①甲板上浪载荷对有航速船体摇荡运动的影响远大于对无航速船体的影响。②上浪载荷对船体运动的影响大小与入射波波幅正相关。③甲板上浪载荷与遭遇频率关系密切，在不同频率下，甲板上浪载荷分别可能对船体摇荡起抑制或加剧的作用。

参考文献

1. Tasai F. Wave height at the side of two-dimensional body oscillating on the surface of a fluid [J]. Reports of Research Institute for Applied Mechanics (Japan). 1961, 9(35).
2. Hoffman D, Maclean W. Ship model study of incidence of shipping water forward [C]. Society of Naval Architects and Marine Engineers. 1970, 7(2): 149-158.
3. Buchner B. On the impact of green water loading on ship and offshore unit design [J]. Proceedings of Prads95 the Society of Naval Architects of Korea Seoul Korea, 1995, 1: 430-443.
4. Ogawa Y, Taguchi H, Ishida S. A prediction method for the shipping water height and its load on deck[J]. Practical Design of Ships and Mobile Units (PRADS), 1998: 535-543.
5. 朱仁传, 缪国平. 船舶在波浪上的运动理论 [M]. 上海: 上海交通大学出版社, 2019: 229.
6. 陈曦. FPSO 在波浪中的运动响应的时域模拟 [D]. 哈尔滨: 哈尔滨工业大学, 2013: 64.
7. 张海彬. FPSO 储油轮与半潜式平台波浪载荷三维计算方法研究 [D]. 哈尔滨: 哈尔滨工程大学, 2004: 116-132.
8. Pham X P, Varyani K S. Evaluation of green water loads on high-speed containership using CFD [J]. Ocean Engineering, 2005, 32(5/6): 571-585.

Study on green water and its influence on ship motion performance based on indirect time domain method

TIAN Hao-feng, ZHU Ren-chuan*

(State Key Laboratory of Ocean Engineering, School of Naval Architecture, Ocean and Civil Engineering, Shanghai Jiao Tong University, Shanghai 200240, Email: renchuan@sjtu.edu.cn)

Abstract: Green water is a strong nonlinear physical phenomenon caused by the large amplitude pitch and heave motion of the hull. Based on the assumption of weak scattering, the indirect time-domain method considers the nonlinear wave load according to the relative motion, and uses the dam break model and flood wave model to analyze the flow of green water on the deck. Taking S175 container ship as an example, the calculation time history of bow green water height is compared with the test results to verify the accuracy of the method. The influence of the green water load on the motion performance of the ship under different wave conditions of head sea is also studied in this paper. The results show that the influence of green water on ship motion is remarkably related to the incident wave height and encounter frequency, it is also found that the motion of high-speed ship is always more affected by the green water load.

Key words: Green water; Time-domain simulation; Wave load; Dam break; Flood wave.

船舶螺旋桨模型表面流动形态分析

洪方文*，郑巢生，翟树成，陆芳

（中国船舶科学研究中心，无锡 214082, Email: hongfangwen@sina.com）

摘要：流动形态观测是流体力学实验测量的一项重要内容，它可用于水动力作用机理、流场特性和特征分析，以及流动数值模拟的准确性验证。本文针对船舶螺旋桨对其模型状态下叶片表面流动形态，及其与水动力的联系进行了分析。通过油流显示，螺旋桨叶片表面主要包含三种流动形态：径向为主的流动、周向为主的流动，以及两者之间的混乱流动。这三种流动形态与叶片表面的流动状态相关，径向为主流动处于层流区，周向为主的流动处于湍流区，混乱流动为转捩区或流动分离区。对于实船螺旋桨叶片表面基本为湍流状态，对于模型螺旋桨层流区域占有相当的比例，叶片上的油流可以清楚显示这一点。由于螺旋桨的水动力与叶片表面流动状态相关，在螺旋桨设计中 要高精度预报水动力，必须使用能够同时模拟层流和湍流的数值方法。

关键词：螺旋桨；流动形态；油膜试验；CFD

1 引言

计算流体力学(CFD)是研究与流体相关问题的主要工具，在船舶领域 CFD 已经成为螺旋桨水动力计算的日常手段，其计算精度是螺旋桨设计者最为关心的问题。计算精度与是否正确捕捉到螺旋桨表面流态有密切的关系，螺旋桨附近存在层流、湍流以及转捩等复杂的流动，它们在桨叶表面表现出丰富的流动形态，了解这些流动形态对判断 CFD 的计算精度是非常必要的。

20 世纪六七十年代，为给螺旋桨模型试验确定临界雷诺数，克服尺度效应修正问题，人们开始利用油膜技术研究螺旋桨表面的流动[1]，发现螺旋桨表面丰富的流动形态。螺旋桨叶片表面存在层流和湍流两种区域，随着雷诺数的增加，层流区变小，湍流区增加[1-3]。一般情况下，在临界雷诺数(约为 5×10^5)以上湍流区占主，但经常在雷诺数大于 1×10^6 的情况下，层流区域还存在不可忽视的面积，特别是在小盘面比的螺旋桨叶面上，即使雷诺数大于临界雷诺数，层流区域也有可能占有主要成分，所以有学者建议对于小盘面比应提高临界雷诺数[4]。另外在 Eppler's 剖面螺旋桨上，层流区域的占比也经常会比 NACA 剖面的螺旋桨大[5]，对于大侧斜螺旋桨也会出现这种情况[6]。层流和湍流之间存在湍流转捩区。在叶片的吸力面，雷诺数较低时，湍流转捩区往往会发生流动分离，高雷诺数时，流动分离出现较少，层流光滑过度到湍流。在叶片的压力面上，层流与湍流之间一般不会发生流动分离，层流和湍流之间光滑过度[2,7]。在叶片导边的位置也会出现流动分离，但一般会重新附着形成层流分离泡，并导致导边分离涡的产生[6]。在叶片的小半径处更容易出现流动分离，而在大半径处湍流区域会沿伸到导边附近，导边分离后直接出现湍流，不出现层流和转捩区[2]。

近期，在节能减排的压力下，为提高螺旋桨的推进效率，螺旋桨的盘面比越来越小，模型自航试验时，螺旋桨叶片上层流区占比很大[9-10]，为分析实船快速性预报的 ITTC'78 规程是否合理，以及螺旋桨流动 CFD 计算的全湍流模式是否合适，人们加大了对螺旋桨模型叶片上流态细节的关注。在相同的雷诺数下，船后螺旋桨模型叶片上的湍流区比敞水试验的状态下要大，但流动现象和各区的占比情况整体上是一致的，而与高雷诺数的敞水状态相比有很大的差别，导致水动力特性和自航因子产生变化[11]。层流与湍流间转捩区的流动分离是逆压梯度引起的，当逆压梯度大时更容易产生流动分离。同等负荷下，小盘面比螺旋桨的逆压梯度大，模型试验中流动分离严重，有时分离区占据整个湍流区域，使得螺旋桨的水动力特性产生很大的变化，针对这种情况采用两种雷诺数(自航模型试验雷诺数和大于临界雷诺数)的敞水试验进行快速性预报更为合理[12]。对于小盘面比，在低雷诺数时，层流区占比较大，流动分离严重，随着雷诺数增加，分离减弱，螺旋桨的水动力系数增加，当雷诺数大到一定程度后，分离被完全抑制，雷诺数再增加时，水动力系数逐渐减小[10]。对于层流区占比较大较大的情况，采用现在流行的全湍流模型的 CFD 方法进行模拟并不合适，需要采用能够模拟层流和湍流并存，以及它们之间转换的模型，才能得到更为准确的结果[13-15]，虽然已经提出了具有转捩特性的湍流模型，但要完全模拟螺旋桨叶片上的层流向湍流转捩过程还有一定的距离[16-17]，这方面的模型还要进一步发展。

在本研究中将对以往螺旋桨模型叶片表面流态的形态研究进行综合论述。第一节中介绍用于叶片表面流态显示的油膜技术理论基础，以及油流形态与流动状态之间的关系；第二节介绍螺旋桨叶片表面流态的总体特征，以及模型油膜试验研究的结果；第三节分析螺旋桨表面流态特性与其水动力特性之间的关系，第四节介绍螺旋桨表面流态 CFD 模拟的研究结果

2 螺旋桨叶片表面流态显示

对于水中螺旋桨模型的叶片表面流态显示使用较为普遍的是油膜法。油膜法是将带有细微示踪粒子的油剂涂在试验模型表面[18]形成油膜，油膜在流体边界层的作用下缓慢运动形成油流谱(图1)[19]。

建立如图 2 的叶片表面局部坐标系，x 轴沿进流的方向，z 轴同叶片表面法向一致，y 轴与 x-z 平面垂直，近似与径向重合，指向半径增大的方向。h 表示油膜厚度，δ 表示边界层厚度，u、v、w 分别代表 x、y、z 方向的速度，下标 p、f 代表油膜和流体，u、p_0 表示

边界层外的速度和压强,f_x、f_y 是流体在 x 和 y 方向的剪切力分量,V_p 是油流的速度矢量,α_p 油流迹线与 x 方向的夹角。

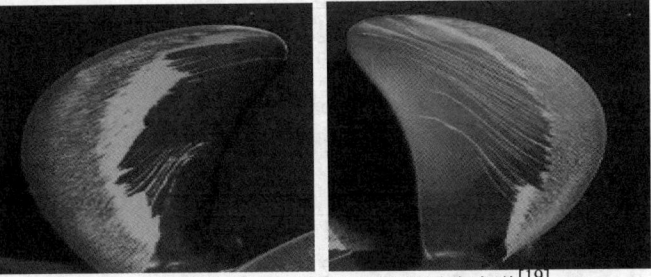

图 1 螺旋桨模型叶面和叶背表面油流谱[19]

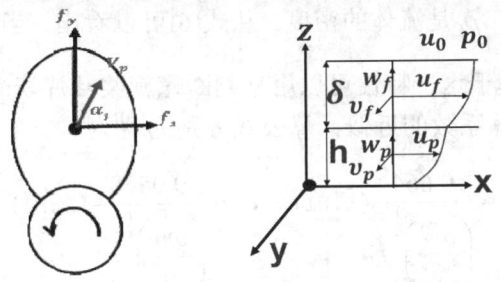

图 2 叶片旋转局部坐标系

油膜内油流与边界层流动类似,满足边界层流动控制方程,油膜的下表面是物面,为无滑移边界条件,上表面与流体相连,其速度以及剪切力与流体一致。在一阶近似下由 NS 方程可以得到油流的边界层方程和交界面处力学边界条件[3]:

$$\mu_p \frac{\partial^2 u_p}{\partial z^2} = \frac{\partial p_0}{\partial x} \tag{1}$$

$$\mu_p \frac{\partial^2 v_p}{\partial z^2} = \frac{\partial p_0}{\partial y} - \rho_p \omega^2 r \tag{2}$$

$$\mu_p \frac{\partial u_p}{\partial z} = \mu_f \frac{\partial u_f}{\partial z} \quad \mu_p \frac{\partial v}{\partial z} = \mu_f \frac{\partial v_f}{\partial z} \tag{3}$$

式中,μ_p 代表油膜的动力学黏性系数,ρ_p 是油膜的密度,ω 是螺旋桨旋转角转速,r 是半径位置。通过式(1)和式(2)的两次积分,利用式(3)和物面边界条件,得到油流迹线的方向公式[3]:

$$\operatorname{tg}\alpha_p = \frac{v_p}{u_p} = \frac{\left(\frac{\partial v_f}{\partial z}\right)_{z=h} - \frac{h}{u_f}\left(\frac{\partial p_0}{\partial y} - \rho_p \omega^2 r\right)}{\left(\frac{\partial u_f}{\partial z}\right)_{z=h} - \frac{h}{u_f}\frac{\partial p_0}{\partial x}} \tag{4}$$

一般，对于径向的剪切力和压强梯度比流向的要小很多，可以忽略，这样有：

$$\mathrm{tg}\alpha_p = \frac{h\rho_p \omega^2 r}{f_x - h\frac{\partial p_0}{\partial x}} \tag{5}$$

当流体未发生分离时，由于油膜厚度很小，式(5)分母的第二项同样可以忽略，把剪切力用摩擦力系数(螺旋桨叶剖面的来流速度近似为ωr)表示得到：

$$\mathrm{tg}\alpha_p \approx \frac{h\rho_p}{\frac{1}{2}c_x \rho_l r} \tag{6}$$

式中，c_x是局部摩擦系数，ρ_l是流体的密度。从式(6)可以看出，当c_x发生突变时，油流的迹线方向也会发生突变，基于这一特性可以用来判断螺旋桨叶片表面从层流向湍流的转变。对于层流和湍流，局部摩擦系数的近似计算公式分别为[20]为：

$$c_x \approx \frac{0.664}{\left(\frac{\omega\theta}{\nu}\right)^{\frac{1}{2}} r}(层流) \quad c_x \approx \frac{0.0528}{\left(\frac{\omega\theta}{\nu}\right)^{\frac{1}{5}} r^{\frac{2}{5}}}(湍流) \tag{7}$$

式中，θ离导边的角度位置，ν是流体的运动学黏性系数。这样油流迹线的角度可以进一步表示为：

$$\mathrm{tg}\alpha_p \approx 3h\frac{\rho_p}{\rho_l}\left(\frac{\omega\theta}{\nu}\right)^{\frac{1}{2}} r(层流) \quad \mathrm{tg}\alpha_p \approx 38h\frac{\rho_p}{\rho_l}\left(\frac{\omega\theta}{\nu}\right)^{\frac{1}{5}} r^{-\frac{3}{5}}(湍流) \tag{8}$$

对于油膜厚度 0.02 mm 左右，油膜密度与水密度比为 4，模型螺旋桨的转速 10r/s，在半径 0.0625 mm，离导边 20°的地方，利用式(8)计算得到的油流迹线的角度在层流和湍流情况下，分别为：

$$\alpha_p \approx 48°(层流) \quad \alpha_p \approx 25°(湍流) \tag{8}$$

也就是在层流的情况下，油流迹线斜向上偏向于径线方向，湍流情况下油膜迹线方向偏向周向，更趋向于沿等半径流动。当层流向湍流转捩时，油流迹线的方向会有较大的改变，由偏径向改变为偏周向，这也就是从油流图谱判断是否发生流动转捩的原理。

从式(8)可以看出，不论是对层流还是湍流，油流迹线的角度随螺旋桨转速增加而增加，随离导边的距离增加而增加，这是因为流动的剪切应力随当地雷诺数的增加而减小的缘故。在层流情况下，油流迹线角度与半径无关，而在湍流情况下，随半径的增大而减小，对于大比例螺旋桨模型或者实桨，在桨叶上面的大部分面积油流的迹线方向主要沿周向。从式(6)可以看到，当发生流动分离时，当地剪切应力等于零，油流迹线的角度桨接近于 90°，也就是几乎沿半径向外运动，这是通过油流流谱判断桨叶表面是否发生流动分离的依据。以上的分析都是忽略了压强梯度得到的,当压强梯度很大时,它对油流迹线的方向还是有一定影响的,从式(5)中可以看到,对于顺压梯度,将使油流迹迹线偏向径向,对于逆压梯度将偏向周向。

3 螺旋桨叶片表面流动形态

在螺旋桨叶片上一般存在层流区、湍流区,转捩和分离区,图3是两张典型的螺旋桨模型油流试验后在叶背上的油流流动形态,观察图3[19]的左图有:①从叶片的导边到叶片的中部,油流迹线的方向逐渐由导边附近的周向为主转向中部的径向为主,这从前文式(8)可以得到解释,当离导边距离增加时,迹线的角度增加,此时流动处在层流状态;②在叶片的随边附近,油流迹线沿周向流动,角度很小,表明表面摩擦系数较大,此时流动为湍流状态;3)在叶片的弦长中部,呈现油流堆积现象,油流迹线的方向发生改变,在大半径处油流迹线方向直接由径向逐渐改变为周向,这表明此时发生了由层流向湍流转捩的现象,在小半径处油流迹象方向先急剧增加,变为几乎完全沿径向运动,然后突然改变为周向运动,这表明此时发生了层流分离,随后流动转捩为湍流。在图3的右图中,同样可以从油流迹线识别出层流区、湍流区、转捩和分离区,但在大半径处,油流迹线方向从导边到随便基本都是沿周向流动,同样从式(8)的湍流部分分析,表明在此区间全部为湍流,即预示流动在导边处很短的距离内由层流转捩为湍流[8]。

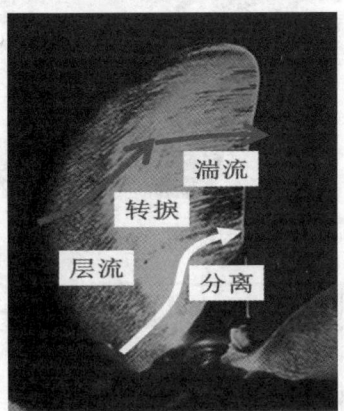 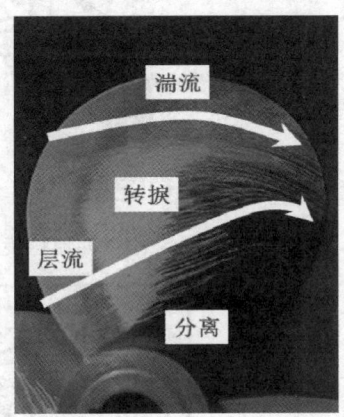

图3 螺旋桨模型表面流动形态[19]

在螺旋桨叶片的导边处经常会存在层流分离。图4[8]的左图,在叶片的叶背上可以发现在螺旋桨叶片大半径的导边处,油流迹线沿导边流向叶梢,表面明处发生了流动分离。导边流动分离后有可能再附着,形成层流分离泡,也可能直接转捩成湍流,延展到叶片的随边。导边层流分离的原因是由于存在很大的负压强,产生强烈的逆压梯度导致的。图4的右图,叶片几乎整个叶面都为层流。这是因为叶面上压力为顺压梯度,抑制了层流向湍流转捩。另外在叶背的随边处存在一条流动分离线,这应该是随边处的尾涡发放引起的。

有些情况下,在叶背上层流向湍流的转捩并没有发生流动分离(图 4 左图),油流迹线的方向从径向为主光滑过渡到周向,而对于小盘面比螺旋桨,层流区后发生较为严重的分离,分离线几乎延申到梢部,分离流动保持到随边处(图 5[21]右图)。出现这一现象的原因是由于在同等负荷下,小盘面比的压力梯度大,在叶背上逆压梯度也就大,导致分离严重,在叶面上顺压梯度变大,层流更加不容易转捩为湍流,使得在叶面上都保持为层流流动。当雷诺数变大时,叶背和叶面都会转为以湍流为主(图 6)[7],在叶背和叶面上绝大部分区域,油膜的迹线方向都是周向的。

 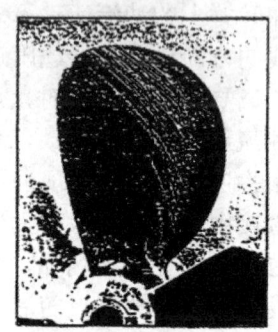

图 4 螺旋桨模型叶背和叶面流动形态对比[8]

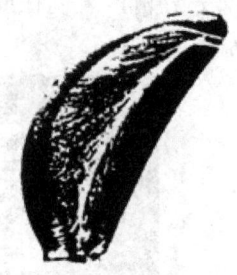 

图 5 小盘面比螺旋桨模型叶背和叶面流动形态对比[21]

图 6 高雷诺数螺旋桨模型叶背和叶面流动形态对比[7]

4 螺旋桨水动力与流态关系

螺旋桨在水中运转时会产生推力和扭矩，推力和扭矩来自于螺旋桨叶片剖面的升力和表面摩擦力。升力主要由叶片剖面边界层外的势流压强决定，摩擦力由叶片剖面边界层的剪切应力决定。边界层由层流转捩为湍流，剪切应力会增加，边界层发生分离时压强会发生改变，也就是讲边界层内的流动形态发生改变时，螺旋桨的推力和扭矩会产生相应的改变。

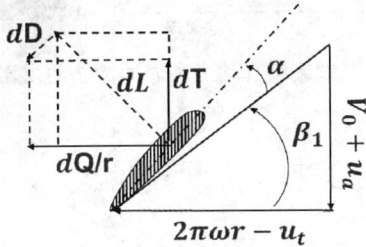

图 7　螺旋桨叶元体受力分解

在图 7 中给出了半径 r 处叶片叶元体的受力情况，叶元体感应的轴向速度为 V_0+u_a，周向速度为 $2\pi\omega r - u_t$，u_a、u_t 分别为轴向和周向诱导速度，V_0 为前方来流速度。β_1 为水动力螺距角，α 为叶元体的攻角。dL 为叶元体所受的升力，dD 为叶元体所受的阻力，dT 为叶元体所的推力，dQ 为扭矩。螺旋桨整体所受的推力和扭矩为式(10)和式(11)。

$$T = Z\int_{rH}^{R} dTdr = Z\int_{rH}^{R}(dL\cos\beta_1 - dD\sin\beta_1)dr \tag{10}$$

$$Q = Z\int_{rH}^{R} dQdr = Z\int_{rH}^{R}(dL\sin\beta_1 - dD\cos\beta_1)dr \tag{11}$$

式中，Z 是叶片数。当层流变为湍流时，边界层的剪切应力增加，阻力 dD 增加，从式(10)和式(11)可以看出，螺旋桨推力 T 减小，扭矩 Q 增加，反之，推力 T 增加，扭矩 Q 减小。当流动分离减弱时，dL 增加，推力 T 和扭矩 Q 都增加。

图 8[10]是利用 CFD 计算和在空泡水筒的油膜试验得到的螺旋桨模型水动力和叶片表面流态随雷诺数的变化情况。在低雷诺数时，随雷诺数的增加，叶片表面的分离流动逐渐减弱，叶片的升力增加，推力和扭矩增加。中等雷诺数的情况下，叶片表面的分离流动消失，推力达到最大值，雷诺数继续增加时，层流区域缩小，湍流区域增大，叶片所受剪切应力增加，即阻力增加，致使叶片推力下降，扭矩增加，这时叶片的效率是减小的。在高雷诺数情况下，整个叶片几乎被湍流占住，雷诺数进一步增加时，剪切应力逐渐减小，这时推力呈增加的趋势，扭矩呈减小的趋势，叶片效率增加。从这些分析可知，模型试验的雷诺数应高于特定的值，也就是所谓的临界雷诺数，使得叶片上主要是湍流区，得到的水动力结果采用外推到实尺度螺旋桨上，否者修正关系很复杂。

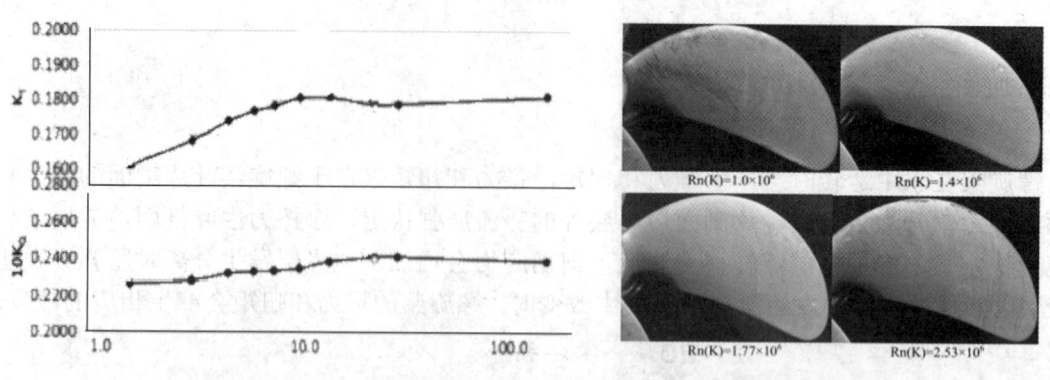

图 8 螺旋桨水动力和表面流态随雷诺数的变化[10]

5 螺旋桨表面流动的 CFD

计算流体力学(CFD)是现在流体力学研究的主要手段之一，基于 RANS 方法的 CFD 计算被广泛应用到工程评估中，同样在螺旋桨的性能预报中也得到广泛应用。螺旋桨水动力 CFD 计算的精度大部分情况下达到了较好的水平，但仍然存在计算结果误差较大[22]的情况。出现这些现象，主要是由于螺旋桨叶片的流动状态没有得到正确的模拟。RANS 方法的 CFD 计算普遍采用的二方程湍流模式都是把流动作为全湍流进行模拟的，从前文的分析可以看出，实际上螺旋桨模型流动，叶片上还有部分区域为层流流动，当层流区域面积较大时，使用全湍流进行模拟是不合理的，需要使用具有转捩能力的湍流模型进行模拟[16][17]。表 2[22]给出利用 $SST\ k-\omega$ 湍流模型和 $\gamma-\tilde{Re}_\theta$ 转捩模型针对某螺旋桨模型计算得到的 Kt 和 $10Kq$ 以及与试验结果对比的误差。对于 $SST\ k-\omega$ 模型，Kq 的计算误差很小，但 Kt 的计算误差较大。对于 $\gamma-\tilde{Re}_\theta$ 模式计算得到的误差，Kt 和 Kq 都在一个较好的水平。

表 2 螺旋桨模型 Kt 和 Kq 不同湍流模型计算结果[22]

	$SST\ k-\omega$		$\gamma-\tilde{Re}_\theta$	
	Kt	$10Kq$	Kt	$10Kq$
计算结果	0.1394	0.1929	0.1467	0.1856
计算误差	-6.5%	0.5%	-1.6%	-3.3%

计算显示使用带有转捩的湍流模型计算结果与试验更为吻合，这说明桨叶表面有很大的区域保持层流状态。在图 9[22]给出了两种湍流模式计算的桨叶表面流态。从流态看非转捩模型计算的结果压力面分离区较小，且吸力面和压力面沿周向的流动更明显，呈现湍流的流动特性。转捩模型计算结果在吸力面有较大的分离区，吸力面和压力面径向流动更明

显，呈现层流的流动特性。层流区占主导时，相比湍流状态，叶剖面摩擦阻力大幅降低，从式(10)和式(11)看，推力增加，而扭矩减小，这与表 2 的结果是一致的。所以在数值模拟时，如果雷诺数较低，叶面上层流区域较大，使用全湍流模式的计算结果精度将不高，需要采用能够模拟层流和湍流并存的湍流模式。

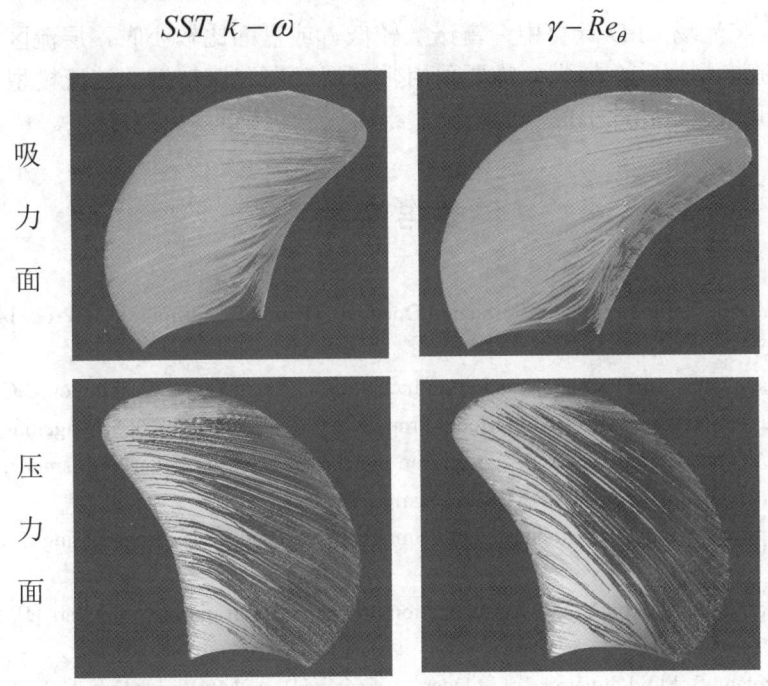

图 3 螺旋桨桨叶表面流动状态不同湍流模拟计算结果[22]

6 总结

螺旋桨叶片表面的流动状态是模型试验和数值计算中必须关注的物理现象，它是判断模型试验结果和数值计算结果的准确性的依据。本研究简要回顾了关于螺旋桨模型叶片表面流态的研究状况，描述了油膜试验中油流迹线遵守的规律，以及流动状态与油流迹线形态的关系，系统总结了相关文献关于螺旋桨模型叶片表面流态的特性和演变规律，同时分析了表面流态与螺旋桨水动力之间的定性关系，从流态模拟的角度，给出在 CFD 模拟中使用带湍流转捩湍流模型的必要性。具体可以总结为以下几点：

(1) 从 20 世纪六十年代开始利用油膜试验研究螺旋桨模型叶片的表面流态，到现在为止仍然是螺旋桨研究的一个重要方面，在螺旋桨流动的尺度效应研究和 CFD 模拟验证时经常观测螺旋桨模型叶片表面的流动形态；

(2) 螺旋桨叶片表面主要呈现的流动形态有层流、湍流，以及它们之间的转捩，还包括流动分离，在油膜试验中，层流区油流迹线以径向为主，湍流区以周向为主，转捩区由

径向转变为周向,分离区油流几乎沿半径方向运动;

(3) 当雷诺数逐渐增高时,叶片上的流动分离减少,湍流区逐渐扩张,最后整个叶片几乎全处于湍流状态,对于推力和扭矩首先逐渐增加,然后推力变小,而扭矩继续增加,最后在全湍流状态下,推力随雷诺数的增加而缓慢增加,扭矩变化很小,但保持减小的趋势;

(4) 在螺旋桨流场 CFD 计算中,雷诺数较低,或盘面比较小时,层流区占比较大,采用全湍流的湍流模型误差会较大,需要采用带有层流向湍流转捩的湍流模型进行计算,才能够较好地模拟螺旋桨叶片上的表面流态,给出误差较小的水动力结果。

参考文献

1 Sasajima T. A study of the Propeller Surface in Open and Behind Conditions" [C]. Proc. 14th ITTC, Vol.3., Ottawa, 1975.

2 Kuiper G. Scale Effects on Propeller Cavitation Inception [C]. 12th ONR, Washington D.C., 1978.

3 Kuiper G. Cavitation Inception on Ship Model Propellers [D]. NSMB Publ. 655, Wageningen, 1981.

4 Nakazaki M, Kubo H, Saino S, et al. A study on the three bladed propeller with smaller blade area ratio designed by the new method [C]. PRADS'89, Symp., Varna, 1986.

5 Kubo H. Improved Propeller Efficiency with Smaller-Area Blades [J]. Shipbuilding Tech. International, 1989.

6 Takei Y, Kakugawa A, Ukon Y. Flow visualization on the blades of marine propellers [J]. Journal of FVSJ, 1987, 7(26): 141-144.

7 Lakshiminarayana B. Fluid dynamics of inducers-A review [J]. ASME Fluids Eng. Vol. 104, Dec. 1982.

8 Ito M. A Practical Calculation Method for Boundary Layers on Rotating Propeller Blades [J]. Trans. WJSNA, 1986.

9 Lücke T, Streckwall H. Experience with small blade area propeller performance" [C]. Fifth International Symposium on Marine Propulsors smp'17, Espoo, Finland, 2017.

10 Hasuike N, Okazaki M, Okazaki A, et al. Scale effects of marine propellers in POT and self-propulsion test conditions [C]. Fifth International Symposium on Marine Propulsors smp'17, Espoo, Finland, 2017.

11 Heinke H, Hellwig-Rieck K, Lübke L. Influence of the Reynolds number on the open water characteristics of propellers with short chord lengths [C]. Sixth International Symposium on Marine Propulsors smp'19, Rome, Italy, 2019.

12 Li D Q, Lindell P, Werner S. Transitional flow on model scale propellers and their likely influence on performance prediction [C]. Sixth International Symposium on Marine Propulsors smp'19, Rome, Italy, 2019.

13 Rijpkema D, Baltazar J. Falc˜ao de Campos J A C. Viscous flow simulations of propellers in different Reynolds number regimes [C]. 4th International Symposium on Marine Propulsors smp'15, Austin, Texas, USA, 2015.

14 Bhattacharyya A, Neitzel J C, Steen S. Influence of flow transition on open and ducted propeller characteristics [C]. 4th International Symposium on Marine Propulsors smp'15, Austin, Texas, USA, 2015.

15 Yao H, Zhang H. Improvement of scaling method recommended by ITTC at lower Reynolds Number Range (in Chinese) [J]. Journal of Shanghai Jiao Tong University, 2019, 53(1).
16 Baltazar J, Rijpkema D, Falc˜ao de Campos J.A.C., On the Use of the γ-Reθ Transition Model for the Prediction of the Propeller Performance at Model-Scale" [C]. Fifth International Symposium on Marine Propulsors smp'17, Espoo, Finland, 2017.
17 Baltazar J, Rijpkema D, Falc˜ao de Campos J.A.C., Prediction of the Propeller Performance at Different Reynolds Number Regimes with RANS [C]. Sixth International Symposium on Marine Propulsors smp'19, Rome, Italy, 2019.
18 范洁川. 近代流动显示技术 [M]. 北京: 国防工业出版社, 2002.
19 陆芳, 董世汤, 王天奎. 螺旋桨空化尺度效应的试验研究 [J]. 舰船性能研究, 1989, 4.
20 吴望一. 流体力学 [M]. 北京: 北京大学出版社, 1983.
21 Ito M. An experimental Investigation of Flow on Rotating Propeller Blades [J]. Trans. WJSNA, 1987.
22 洪方文, 张志荣, 刘登成, 等. 转捩模型在螺旋桨数值计算中的应用 [J]. 船舶力学, 2021, 25(4): 393-398.

Analysis of flow pattern on the blades of marine propeller model

HONG Fang-wen[*], ZHENG Chao-sheng, ZHAI Shu-cheng, LU Fang

(China Ship Scientific Research Center, Wuxi 214082, Email: hongfangwen@sina.com)

Abstract: The investigation of flow pattern is an important part of experimental measurement in fluid mechanics. It can be used for the analysis of hydrodynamic mechanism, flow field characteristics, as well as the accuracy verification of flow numerical simulation. In this paper, the flow pattern on the blade surface of a ship propeller in its model state and its relationship with hydrodynamic forces are analyzed. The oil flow shows that the propeller blade surface mainly contains three flow patterns: radial flow, circumferential flow and transition flow between them. These three flow patterns are related to the flow state on the blade surface. The radial dominated flow is in the laminar flow region, the circumferential dominated flow is in the turbulent region, between them, there is a transition region or a flow separation region. For the model propeller, the laminar flow area accounts for a considerable proportion, which can be clearly shown by the oil flow on the blade, but for the full scale propeller, on the blade surface, the flow almost is turbulent. Because the hydrodynamic force of propeller is related to the flow state on the blade surface, a numerical method that can simulate both laminar flow and turbulent flow must be used to predict the hydrodynamic force with high accuracy in propeller design.

Key words: Propeller; Flow pattern; Oil film; CFD.

内河船舶舵力特性研究

师超*，韩阳，邱耿耀

(中国船舶科学研究中心 水动力学重点实验室 深海技术科学太湖实验室，
无锡 214082，Email: shichao@cssrc.com.cn)

摘要：内河船舶常会遇到船只密集，航道变浅、变窄等航行环境，要求内河船舶具备较好的机动控制能力，而船舶的操舵系统性能的优劣直接关系着内河船操纵与安全航行性能。本研究以内河船为研究对象，采用CFD开展了敞水舵水动力特性数值计算，给出了舵升力、阻力等水动力特性曲线；考虑到内河船航行环境和船桨对舵力的影响，研究了不同水深下作用于船后舵的水动力特性，分析了水深对于舵力特性的影响，为内河船舶操舵系统设计提供重要支撑。

关键词：内河船；舵；水动力性能；水深

1 引言

内河船舶是航行于内陆江、河、湖泊等水域的船舶，其航行环境复杂，航道狭窄，水流变化多样，船只密集，安全操纵难度大，易发生船舶碰撞等事故。因此，在内河航道航行的船舶要求具有好的操控性能，而船舶操舵系统性能的优劣直接关系着船舶的操纵与航行安全。针对内河船的航道环境和操控特点，评估和掌握内河船用舵的水动力特性，对于舵机选型及内河船的安全操纵是很有必要的。

本研究选取典型的内河船舶为研究对象，以CFD为技术手段开展敞水舵水动力性能计算，分析舵升力和舵力矩的水动力特性，考虑到船桨对舵前来流的影响及内河船航行环境水深的变化，开展了不同水深状态下，作用于船后舵的水动力性能计算，分析船桨对舵水动力特性的影响，评估水深对于船后舵水动力特性的影响，为内河船舶操舵系统设计提供重要支撑。

2 计算对象

本研究以内河船舶7500吨级散货船为研究对象，该船采用双桨双舵作为操控系统，其舵为襟翼舵。图1为船体线型图，图2为舵轮廓图。

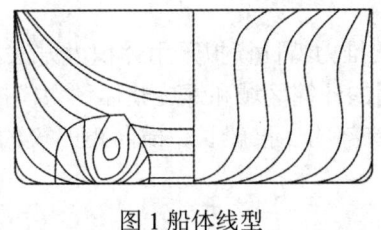 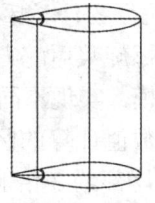

图 1 船体线型　　　　　　　　　　　图 2 舵轮廓

3 数值计算方法

3.1 控制方程

船体周围的三维流场是不可压的黏性流场，控制方程有连续性方程和 RANS 方程。

连续性方程：

$$\frac{\partial u_i}{\partial x_i} = 0 \tag{1}$$

RANS 方程：

$$\frac{\partial u_i}{\partial t} + u_j \frac{\partial u_i}{\partial x_j} = -\frac{1}{\rho}\frac{\partial p}{\partial x_i} + \frac{\partial}{\partial x_j}\left(\nu \frac{\partial u_i}{\partial x_j} - \overline{u_i' u_j'}\right) \tag{2}$$

3.2 湍流模型

湍流模型是以雷诺平均运动方程与脉动运动方程为基础，依靠理论和经验的组合，引进一系列模型假设，而建立起来的一组描写湍流平均量的封闭方程组。本研究进行数值计算时采用 Realizable k-ε Two-Layer 湍流模型。Realizable k-ε Two-Layer 模型结合了 k-ε 模型和壁面处理的两层方法。该模型的求解湍流动能 k 和湍流耗散率 ε 的输运方程表示如下：

$$\frac{\partial}{\partial t}(\rho k) + \nabla \cdot (\rho k \overline{V}) = \nabla \cdot \left[\left(\mu + \frac{\mu_t}{\sigma_k}\right)\nabla k\right] + P_k - \rho(\varepsilon - \varepsilon_0) + S_k \tag{3}$$

$$\frac{\partial}{\partial t}(\rho \varepsilon) + \nabla \cdot (\rho \varepsilon \overline{V}) = \nabla \cdot \left[\left(\mu + \frac{\mu_t}{\sigma_\varepsilon}\right)\nabla \varepsilon\right] + \frac{1}{T_e}C_{\varepsilon 1}P_\varepsilon - C_{\varepsilon 2}f_2\rho\left(\frac{\varepsilon}{T_e} - \frac{\varepsilon_0}{T_e}\right) + S_\varepsilon \tag{4}$$

3.3 计算区域、边界条件及网格划分

3.3.1 敞水舵方案计算区域及网格划分

敞水舵舵力特性计算采用的区域如图 3 所示，其大小为：前端距舵首部约 6 倍弦长，横向距舵上表面约 6 倍弦长，后端距舵尾部约 6 倍弦长，舵体为壁面。

3.3.2 船后舵方案计算区域及网格划分

船体和螺旋桨后舵力特性数值预报时，螺旋桨推力特性模拟采用体积力方法，船体和舵进行单独建模，实现不同舵角下的数值模拟。采用的计算区域和螺旋桨体积力模拟如图4和图5所示。数值计算的区域大小为：前端距船模首部约2倍船长，横向距船模约2倍船长，后端距船模尾部约3倍船长，船体和舵为壁面。

3.3.3 边界条件

数值计算中，边界条件的具体设置：前端和两侧，定义为速度入口，给定入口流动速度；后端定义为压力出口，其压力设置为标准大气压；在舵和船体表面，引入标准壁面函数；自由表面采用VOF方法。

3.3.4 网格划分

采用剪裁体网格结合棱柱层网格，在船体和舵体进行适当加密，且采用由壁面向外生长的棱柱层来进行边界层网格划分；远离船体的区域网格逐渐稀疏。敞水舵舵力特性计算网格如图3所示，船后舵舵力特性计算网格如图4所示。

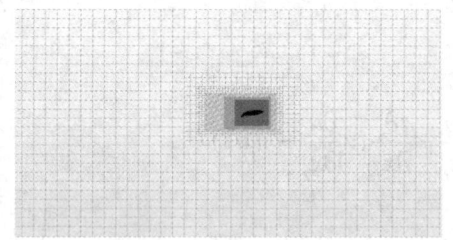

图3 敞水舵计算域及网格

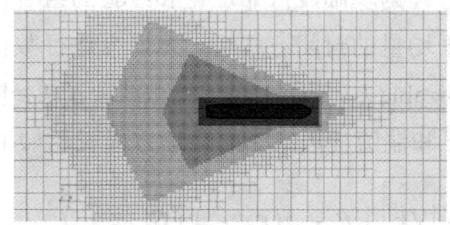
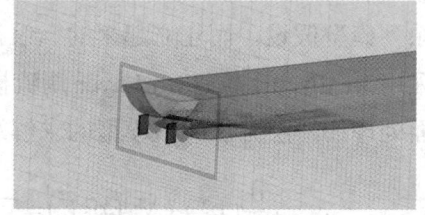

图4 船体、舵计算域及网格　　　　　　图5 螺旋桨体积力模拟

4 计算结果分析

4.1 敞水舵数值计算结果分析

本研究开展了襟翼舵在敞水状态下不同舵角下的阻力，升力和舵轴力矩数值计算，计算结果见图6和图7。从结果可看出，敞水舵在主舵舵角25°附近发生了失速现象，随舵角增大，升力降低；对于舵轴力矩，主舵的水动力作用中心在舵轴前，而尾翼的水动力作用中心在舵轴后。

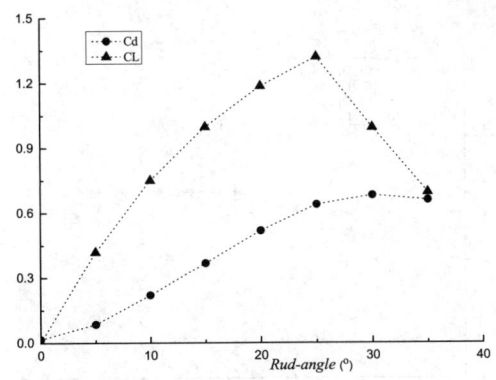

图6 敞水舵不同舵角下的升力和阻力系数

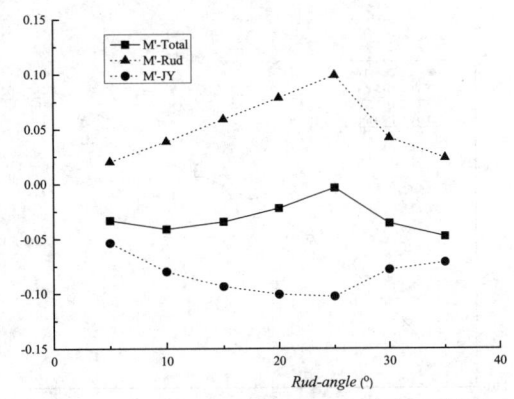

图7 敞水舵不同舵角下的主舵和尾翼舵的舵轴力矩

4.2 船后舵数值计算结果分析

考虑船体和螺旋桨对舵力特性的影响，开展了船后舵水动力数值预报研究，其中螺旋桨部分采用体积力进行模拟。同时针对内河船航行环境，开展了航道水深对舵力特性的影响，水深分别为深水、15 m、12.5 m和9 m，水深吃水比分别为大于4(即深水)、2.89、2.40、1.73。本研究开展船后舵水动力数值计算时，船模漂角为0°，舵角为0°、5°、10°、15°、25°和35°，船模和舵模的缩尺比为30，计算结果列于图8至图13。从预报结果可看出：

a. 对比敞水舵，由于船体和螺旋桨尾流的作用，舵的失速角变大；

b. 对比敞水舵，船后舵的舵轴力矩增大。

c. 对于本研究选定的计算水深工况，当水深大于12.5 m(即水深吃水比大于2.4)时，水深对于作用于舵上的升力影响不大；当水深为9 m时(即水深吃水比大于1.73)时，水深对襟翼舵的升力有一定影响。

d. 对于本研究选定的计算水深工况，水深对左右舵舵轴的力矩有一定影响，舵角越大，影响越显著。

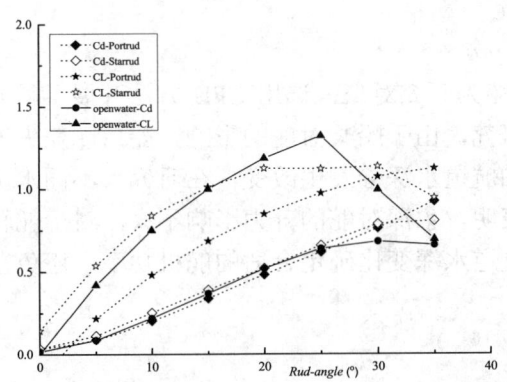

图8 深水中不同舵角下舵的升力和阻力系数

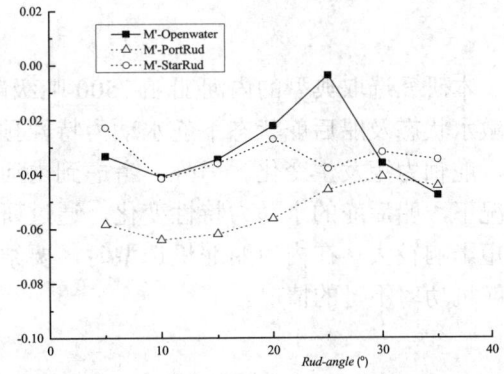

图9 深水中不同舵角下舵的舵轴力矩系数

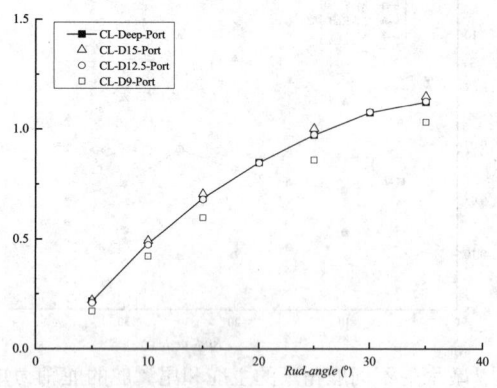

图 10 不同水深、不同舵角下左舵升力系数

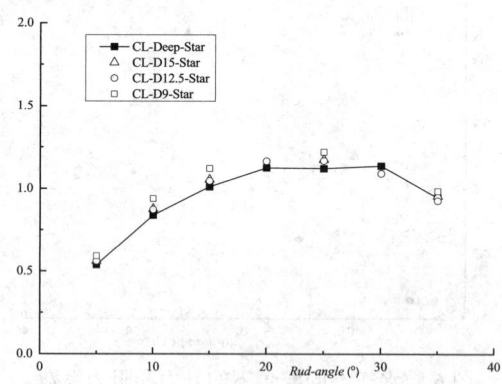

图 11 不同水深、不同舵角下右舵升力系数

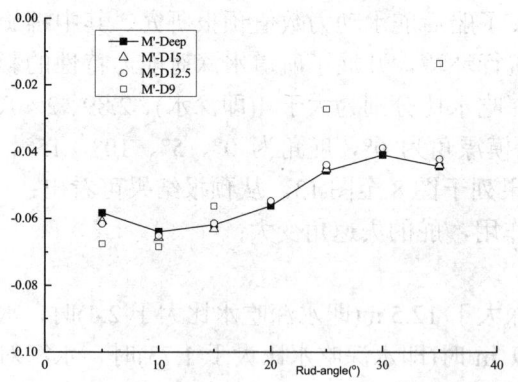

图 12 不同水深、不同舵角下左舵舵轴力矩系数

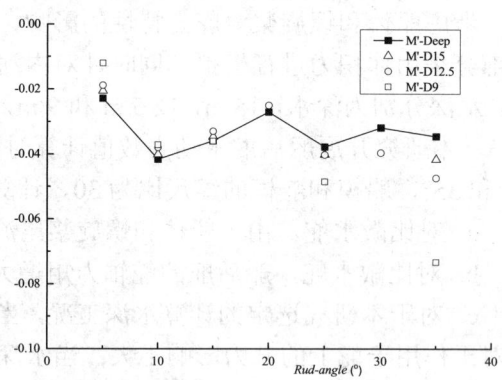

图 13 不同水深、不同舵角下右舵舵轴力矩系数

5 结论

本研究选取典型的内河船舶 7500 吨级散货船为研究对象，选用 CFD 方法开展了舵方案敞水状态及船后舵状态下舵水动力特性预报研究，由于船桨对舵的影响，船后舵舵失速角、舵轴力矩发生变化。另外，考虑到内河船舶航道水深会发生改变，在研究了不同水深情况下，船后舵的水动力特性变化，通过研究表明，水深对舵的升力影响不大，对于舵轴力矩影响较大。在内河船舵机选型时，要结合航道水深变化确定合适的舵机功率，避免发生舵机功率不足的情况。

参 考 文 献

1. 田淼杰. 船用襟翼舵的设计及水动力性能研究 [D]. 南京: 南京航空航天大学, 2015.
2. 常婷婷. JfS 襟翼舵水动力性能及设计研究 [D]. 上海: 上海交通大学, 2017.
3. 杨立, 张华, 沈定安, 等. 舵型参数对襟翼舵升力特性影响的数值计算研究. 中国造船, 2017(1): 19-27.
4. 冀楠, 杨春, 钱志鹏, 等. 限制水域船-桨-舵一体舵力及脉动压力数值研究 [J]. 水动力学研究与进展 A 辑, 2021(3): 411-420.
5. 许辉, 麻绍钧. 基于 CFD 的船-舵水动力干扰数值研究 [J]. 水动力学研究与进展 A 辑, 2017(3): 273-281.

Study on the rudder hydrodynamic performance of inland navigation vessel

SHI Chao[*], HAN Yang, QIU Geng-yao

(China Ship Scientific Research Center, Taihu Laboratory of Deep-sea Technological Science, Wuxi 214082, China, Email: shichao@cssrc.com.cn)

Abstract: Inland vessels always encounter the navigation environment, such as dense ships, shallow and narrow waterways, which requires inland vessels to have good maneuvering performance. And the performance of ship steering system is directly related to the maneuvering and safe navigation performance of inland ships. In this paper, one inland vessel is taken ad the research object. By applying CFD method, the hydrodynamic performance of a free-stream rudder is predicted. Then, considering the inland vessel navigation environment and the hull-rudder hydrodynamic interaction, the viscous flow around a hull-rudder system moving straight ahead with different rudder angle are simulated on different water depth. The influence of water depth on the hydrodynamic performance of rudder is analyzed. The research results of this paper provide support for the optimal design of inland vessel rudder.

Key words: Inland vessel; Rudder; Hydrodynamic performance; Water depth.

海洋结构分析通用软件 SAM 研发及其在典型工程中的应用

李敏 [1,2*]，丁军 [1,2]，王墨伟 [1]，严伟 [1]，孙晓颖 [3]

(1. 中国船舶科学研究中心，无锡 214082, Email: 390922629@qq.com;
2. 深海技术科学太湖实验室，无锡 214082;
3. 中国核电工程有限公司，北京 100840)

摘要：目前我国船舶 CAE 工业软件的现状具有：(1)国外商业软件占垄断地位；(2)核心求解算法和模块受制于人；(3)国产化壁垒越来越高；(4)体系散乱、通用性不强等特点。本文瞄准海洋工程基础性能数值预报存在的环境载荷、结构安全性、振动噪声和爆炸冲击等主要、常用且亟待解决的核心问题，以自主研发的数值计算方法和程序为基础，跨学科建立具有完全自主知识产权且直接服务于海洋结构基础性能预报的通用软件 SAM (Structure Analysis of Marine Structures)。随后将 SAM 软件应用于典型海洋工程结构物的总体性能评估中，通过与已有模型试验以及现场实测结果的对比分析，验证了 SAM 软件的正确性和可靠性。SAM 软件的成功研发，可以为海洋结构基础性能预报软件国产化、重大海洋工程装备基础性能设计、评估模式的革命性转变和效能的大幅度提升提供技术支撑。

关键词：海洋结构；软件工程；工业软件；基础性能评估

1 引言

目前，船舶行业 CAE 软件自主化水平整体偏低，国外软件发展更加成熟，商业化应用水平较高。长期以来，我国船舶工业 CAE 技术严重依赖国外商业软件，缺乏中国自主的船舶 CAE 软件，在基础研究和关键技术研究方面比较薄弱。结构分析软件常用的有美国的 MSC.PATRAN/NASTRAN、ANSYS 和法国的 ABAQUS 等。Abaqus 拥有丰富的、可模拟任意几何形状的单元库，并拥有各类型的材料模型库，可模拟各种点心工程材料，具有强大的分析功能，尤其在求解非线性问题时具有非常明显的优势[1][2]；MSC.Software 公司的产品被广泛应用于各个行业的工程仿真分析，Nastran 具有很高的软件可靠性，有很多公司及工业行业采用 Nastran 的计算结果作为标准代替其他质量规范，占据了船舶与海洋工程 90%以上的分析市场[3]；Ansys 软件是融合结构力学、热力学、流体力学、电磁学、声学等分析

本论文得到《华龙一号及在役核电机组关键技术装备攻关工程项目——核电结构分析软件》支持。

于一体的大型通用有限元商用分析软件,通过不断的收购和嵌入更先进、多领域的分析模型使得体系不断壮大。

船舶行业 CAE 软件覆盖结构分析、流体分析、热力学分析、振动噪声分析等专业领域,海洋结构物的基础性能评估中,用户多是针对不同问题选取不同的商业软件,还没有一个全面系统化的软件平台可以全方位地解决海洋结构总体性能评估中存在的共性问题[4-5]。瞄准海洋结构物设计及优化对环境载荷、结构部安全性、振动噪声和爆炸冲击等基础性能智能预报和评估能力的需求,中国船舶科学研究中心联合国内优势力量,在国家战略和具体政策的扶持下,全力发展一款符合国内船舶与海洋工程行业发展趋势且广受用户喜爱的通用软件分析平台,彻底摆脱目前受制于人和瓶颈制约的被动局面。

本研究首先阐述了海洋结构自主化软件的迫切需求,然后对海洋结构基础性能预报的通用软件 SAM 软件的总体设计、主要功能模块设计进行了详细的介绍,最后通过两个典型实例验证,通过与已有模型试验以及现场实测结果的对比分析,验证了 SAM 软件的正确性和可靠性。

2 自主化海洋结构分析通用软件 SAM 的总体设计

2.1 软件总体框架设计

自主化海洋结构分析通用软件 SAM 以开放式面向对象结构有限元分析设计与研发为核心,构建环境载荷评估子系统、结构安全性评估子系统、振动噪声评估子系统、爆炸冲击评估子系统四个子系统。软件整体框架可分为核心计算层、支撑层、应用层三个部分:核心计算层以自研结构有限元求解器为核心,分析类型支持静力分析、模态分析、稳态响应分析、瞬态动力分析、接触分析等多种分析类型,有限元计算结果传递给四个子系统,用于基础性能评估的进一步分析,同时,四个子系统之间也存在一定的数据传递,实现四个子系统之间的耦合;软件支撑层主要包括软件的公共功能模块,前后处理功能模块,开放式接口等模块;应用层主要包括四个子系统的具体评估规程。软件总体框架示意图见图1。

软件系统模块整体划分为:基础功能模块、前后置模块、结构分析基础模块、软件子系统模块四大部分。

(1) 基础功能模块作为软件系统的底层支撑模块,主要包括用户界面设计模块,数据存储接口模块,图形引擎操作主要部分。

(2) 前后置模块依赖于基础模块中的部分关键功能模块,进行软件的前后置处理,前处理功能模块主要包括 CAD/CAE 接口模块,几何工具模块,网格工具模块,材料属性定义等主要模块;后处理功能模块主要包括计算结果的表格、曲线、云图、动画等形式展示,报告生成及导出主要模块。

(3) 结构分析基础模块主要包括:静力分析模块、模态分析模块、谐响应分析模块、瞬态动力分析模块、接触分析模块。

(4) 四大评估子系统主要包括：环境载荷评估子系统，结构安全性评估子系统，振动噪声评估子系统，抗暴抗冲击评估子系统。前后置模块与结构分析基础模块为各个软件子系统关键功能的实现提供支撑。

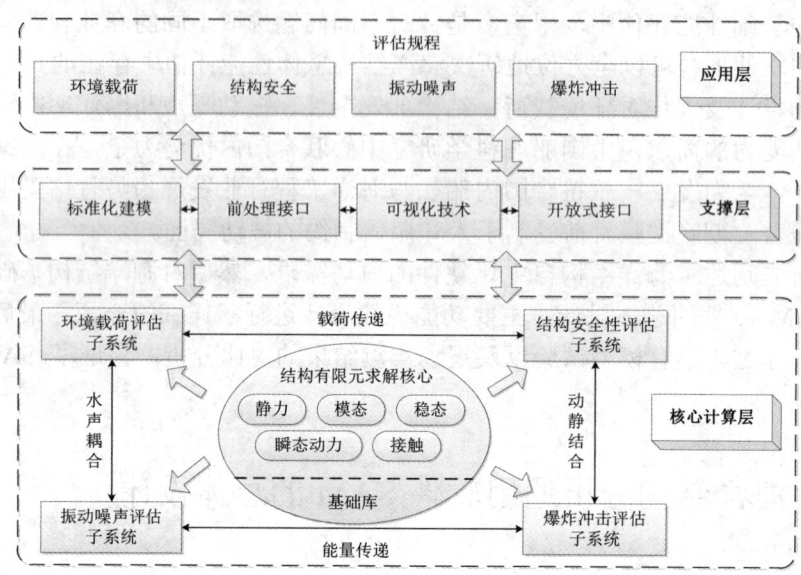

图 1 软件总体框架示意图

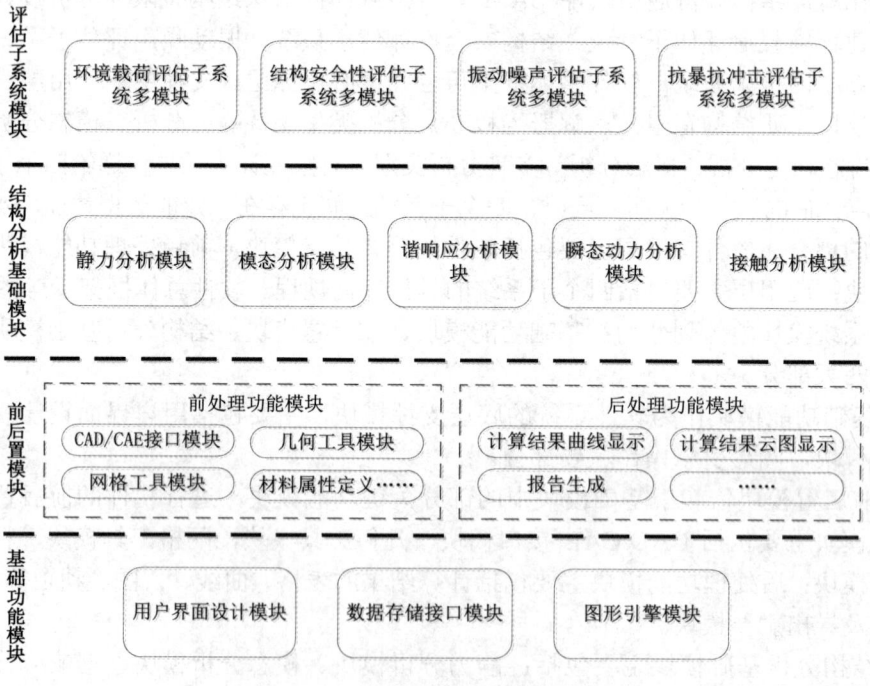

图 2 系统模块组成

2.2 软件界面与流程设计

软件整体界面设计参考 Patran、Abaqus 等主流商用 CAE 软件的用户界面，借鉴其能够显著提升用户操作效率、降低用户使用门槛的优秀设计思想，结合目标用户的使用习惯，设计本软件的用户界面。SAM 软件主窗口主要包含以下几个部分：上方主窗口工具栏、左侧工程树区域、右侧视图窗口、下方输出窗口以及弹出框式工程子窗口。主页常用工具栏包括工程工具、视图工具、模型显示工具等；属性、载荷、边界条件工具栏用于定义前处理物理属性信息；后处理工具栏包括常用后处理工具，云图、动画、曲线、报告设置等工具。子系统工具栏当用户切换到子系统中时，加载该子系统所拥有的多个分析模块。进入某个子系统模块进行规程评估时，左侧流程树自动切换到该评估规程对应的流程树。

用户进入软件后，默认进入有限元分析子系统，可先进行基础有限元分析，再进入四个子系统，使用有限元分析结果进行子系统某一功能模块的流程化基础性能评估，并使用统一的后处理工具，对计算结果进行云图、曲线、动画等多种形式的查看及导出（图 3）。导入 18 万吨散货船模型进行模态分析，后处理查看模态分析结果，切换到环境载荷评估子系统，选择有限元分析已计算好的弹性模态，进行环境载荷评估，最后绘制环境载荷评估后处理曲线，查看评估结果（图 4）。

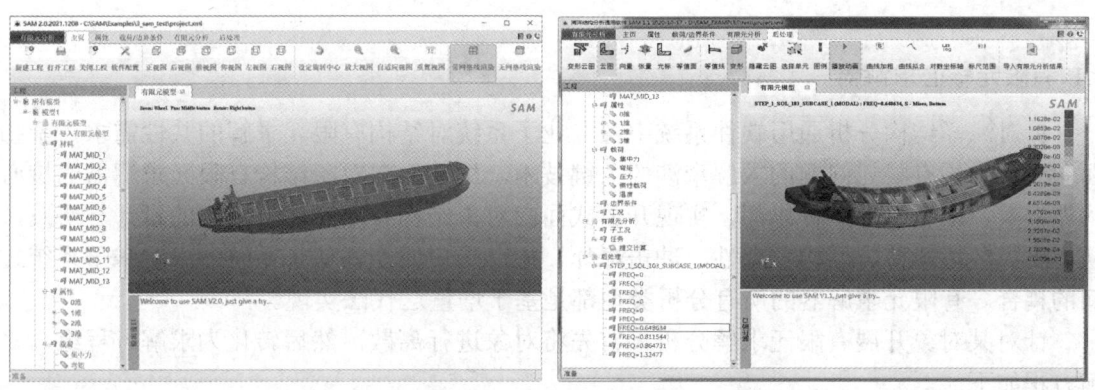

图 3 有限元分析模型导入及模态分析结果查看

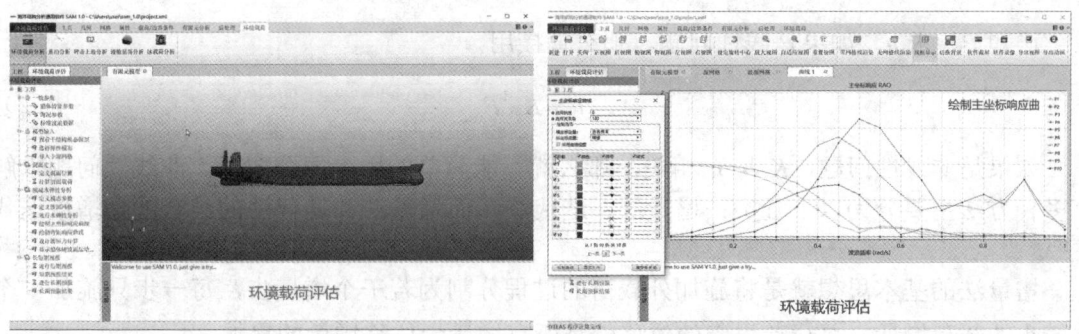

图 4 环境载荷评估及后处理结果查看

2.3 软件数据存储交互设计

在编写应用程序的时候，往往需要将程序的某些数据存储在内存中，然后将其写入某个文件或是将它传输到网络中的另一台计算机上以实现通信。这个将程序数据转化成能被存储并传输的格式的过程被称为"序列化"（Serialization），而它的逆过程则可被称为"反序列化"（Deserialization）。序列化就是将对象实例的状态转换为可保持或传输的格式的过程。在序列化期间，对象将其当前状态写入到临时或持久性存储区。与序列化相对的是反序列化，它能通过从存储区中读取或反序列化对象的状态，重新创建该对象，或者根据数据流重构对象。将这两个过程结合起来，就可以轻松地存储和传输数据。

为了使不同模块之间具备无缝集成和数据交换能力，在统一架构下实现模型映射和高效耦合，使用适用于海洋结构的多学科耦合分析的系统模块集成及并行耦合技术，使得各个模块之间遵循相同的模型标准和接口规范，异构网格之间采用并行物理量映射算法和高效数据通信技术，从而使模型数据和边界条件可以在两个模型之间双向传递，进而实现不同模块之间的集成和并行耦合。

3 功能模块设计与实现

3.1 有限元核心求解器

针对海洋结构分析通用软件系统中各专业子系统对结构有限元求解的共性需求，紧扣面向对象结构有限元问题的求解牵涉的关键技术，构建面向对象结构有限元求解器的核心功能框架，依据软件工程思想，实现开放式面向对象结构有限元求解核心的设计与研发，从而支撑环境载荷、结构安全性、冲击爆炸、振动噪声四个评估子系统的求解和子系统之间的耦合。有限元求解器的所有分析类型都是基于增量迭代法实现。

针对某对象开展有限元求解分析，首先将对象进行离散，然后转化为求解方程组，平衡方程如下：

$$K_T(u)u = P \tag{1}$$

已知 P，求 u。如果是线性问题，那么直接用，

$$u = K_T^{-1}P \tag{2}$$

如果是非线性问题，K 与 u 相关，那么就不能简单的用上面公式了。非线性问题求解有多种方法主要分为以下几类：增量法、迭代法，而增量法和迭代法的结合就是增量迭代法[6]。

增量法的基本思想就是将施加外载荷的过程分割为若干个增量步，每一步只施加一个比较小的载荷增量，总载荷引起的位移就是所有增量步位移增量的累加。

对于每一个载荷增量 ΔP，平衡方程，

$$K_T(u)\Delta u = \Delta P \tag{3}$$

在一个增量步内，可以把位移和载荷的变化看做是线性变化的过程。只要这些增量步取得够小，最后求解的位移结果与实际值之间的差异将在容许的误差范围内。

理论上讲，如果没有极值点，也就是 P 和 u 一一对应，那么增量法总能求得真实解。但实际工程应用情况中，增量步的步长不可能无限小且增量步位移增量的累积误差可能非常大造成最终结果偏差很大。同时，在位移-载荷曲线的极值点处，切线刚度矩阵为零，位移方程无解（图5）。

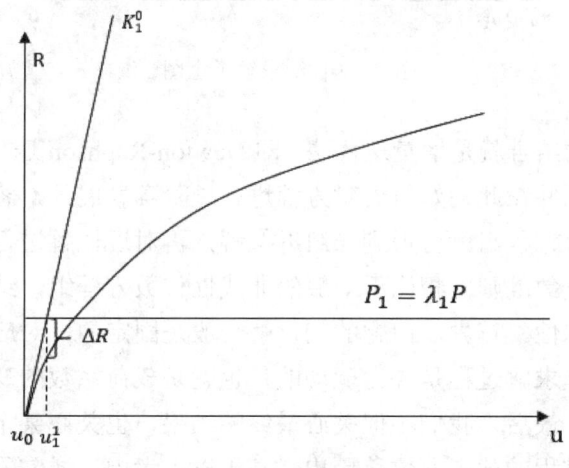

图 5 增量法求解示意图

在迭代法中，可将方程改写成等价的形式，

$$u = \varphi(u) \tag{4}$$

选择一个初始值 u_0，将它带入式右端，即可就得：

$$u_1 = \varphi(u_0) \tag{5}$$

如此反复迭代，则有，

$$u_{k+1} = \varphi(u_k) \tag{6}$$

可以称上述方程为迭代方程，如果有 $\lim\limits_{k\to\infty}u_k = u^*$，则称迭代方程收敛，且 u^* 就是非线性方程的解（图6）。由此可见，迭代法就是选择合适的迭代方程，用总载荷作用下不平衡的线性解去逼近平衡的线性解，迭代过程就是消除失衡力的过程。

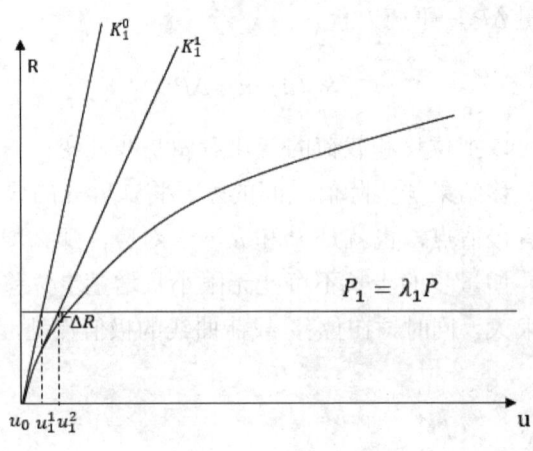

图 6 迭代法求解示意图

增量法和迭代法的结合就是增量迭代法，即 Newton-Raphson 迭代。该方法的思路是给定一组方程的初始值，并在此初始值处对方程进行一阶泰勒展开，忽略高阶项后得到一组线性代数方程组，求解方程组就可得到一组近似解，再对近似解进行同样处理，直到得到的近似解满足一定的收敛准则。相比于一般的非线性代数方程组，结构有限元的非线性代数方程组具有一些特殊性。首先，问题的初始解一般是固定的，对应着结构没有加载而完全自由的状态；其次，求解过程是外力驱动的，也就是载荷系数的变化趋势或者外力加载的方向一般是已知的；最后，我们不但关心最终的结果，也关心某个特定载荷系数下结构的响应甚至整个加载过程的载荷－位移历史。基于以上考虑，通常采用增量－迭代求解算法来求解此类问题，这也是目前所有大型商用非线性有限元软件（Abaqus/Ansys）采用的通用求解算法，本软件在研发过程中将主要对标这两种商业软件（图7）。

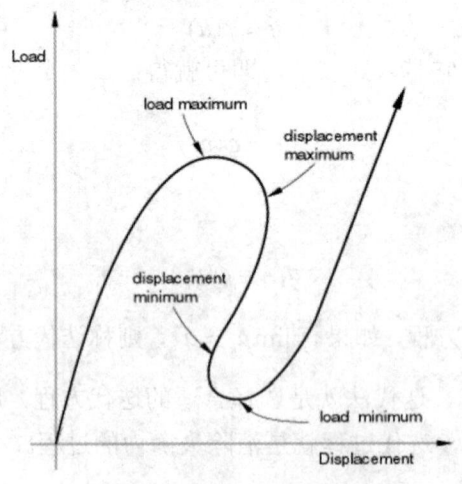

图 7 增量迭代法示意图

系统整体执行流程按照增量迭代步的进行，上述的功能模块提供各个流程中各个节点功能的具体实现，增量－迭代求解算法将整个求解过程分成若干个时间步，并通过一定的平衡迭代保证每个时间步内力与外力的平衡。

3.2 四个评估子系统

SAM 软件以开放式面向对象结构有限元分析设计与研发为核心，构建环境载荷评估子系统、结构安全性评估子系统、振动噪声评估子系统、爆炸冲击评估子系统四个子系统。为满足子系统的耦合需求，结构有限元求解器提供外部交互接口，规范子系统与求解器之间交互数据的组织结构，同时规范求解器的流程控制接口。通过调用外部交互接口，平台能够方便地控制结构有限元求解流程，在结构有限元求解开始时向求解器传入系统的计算结果，在计算完成后将求解器的计算结果反馈给子系统。同时，环境载荷评估子系统与结构安全性评估子系统之间存在载荷传递，与振动噪声子系统之间可实现水声耦合；爆炸冲击评估子系统与振动噪声评估子系统之间存在能量传递，与强度评估子系统之间可进行动静结合分析。子系统之间可以共享计算结果，从而提高子系统分析计算效率，使得软件平台构成一个有机整体（图 8）。

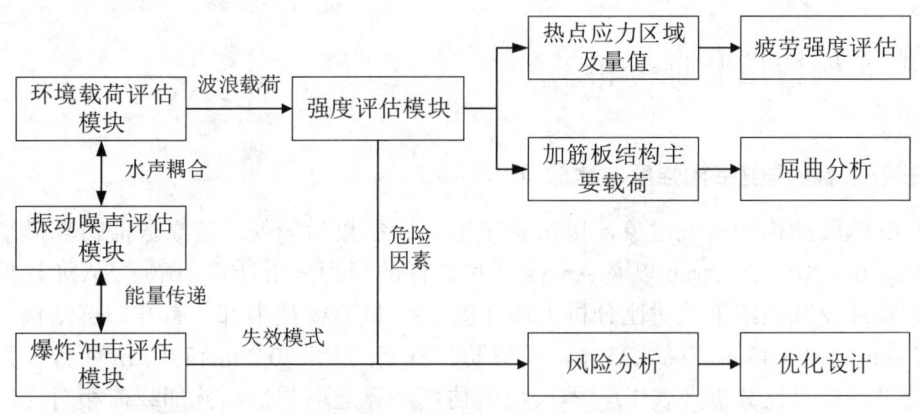

图 8 子系统模块间数据流转

四个子系统主要使用的方法理论及所包含的模块如下所述。

(1) 环境载荷评估子系统。环境载荷评估子系统作为海洋结构分析软件 SAM 中四大评估子系统中的一部分，为海洋工程装备的环境载荷分析评估提供相应的技术手段，并为其设计和建造提供重要支撑。基于复杂波浪环境水波模型、三维水弹性力学理论[7]、系泊动力学、广义 Wangner 方法和离散元法等理论[8-9]，构建环境载荷评估各模块。子系统包括复杂环境预报模块、波浪载荷预报模块、系泊系统动力分析模块、砰击上浪分析模块以及冰载荷分析模块。

(2) 结构安全性评估子系统。结构安全性评估子系统，其波浪载荷基于环境载荷子系统的计算结果进行载荷的施加，并合理施加边界条件[10]，完成强度评估，对应的结构安全性采用相应的规范或标准进行评估[11-12]。基于理想结构单元法、累积损伤法、正交异性板弹性大挠度理论、遗传算法和逻辑模糊模型等理论，构建结构安全性评估各模块[13-14]。子系统包括极限强度分析模块、疲劳强度分析模块、屈曲分析模块、优化设计模块、风险分析模块。

(3) 振动噪声评估子系统。从大型船舶振动噪声预报的现实需求出发，开展全频段、多尺度声振耦合系统动力学建模、预报方法、程序研制的工作。基于三维声弹性理论、统计能量法、动刚度法、功率流法和能量有限元法等理论[15-16]，构建振动噪声评估各模块。子系统主要包括结构振动分析模块、隔振系统效能分析模块、舱室噪声分析模块、水下噪声分析模块、声目标强度分析模块。

(4) 爆炸冲击评估子系统。以舰船遭受水下爆炸冲击动响应和破坏为背景，结合边界元方法、结构有限元方法与计算流体动力系方法，建立水下爆炸载荷传播、瞬态流固相互作用、舰船冲击环境预报与分析、结构变形和破坏全过程的数值计算仿真[17]。基于水下爆炸理论、冲击动力学理论、双重渐进近似方法和动力学设计分析方法等[18-19]，构建爆炸冲击评估各模型。子系统主要包括水下爆炸载荷预报模块、冲击环境预报模块、设备抗冲击评估模块、近场爆炸毁伤效应分析模块及碰撞和搁浅分析模块。

4 典型实例应用验证分析

4.1 船舶舱段试验模型结构强度对比验证

以船舶舱段结构为研究对象，以试验模型原始参数为输入，建立数值仿真模型，通过 SAM、Abaqus、MSC.Nastran 以及 Ansys 四种软件的静力分析计算，开展 SAM 软件与其他三种仿真软件及试验结果的对比分析工作（图9）。试验模型中部具有开口群结构，模型试验段长 3.4 m，宽 3.45 m，高 2.35 m，模型肋骨框架间距为 0.2 m 和 0.3 m 两种。为了便于与试验结果进行对比分析（表1），本次数值仿真计算选取与试验施加载荷相对应的四个工况进行分析，四个工况施加的载荷分别为 272kN，572kN，876kN 和 1175kN（表1、表2和图10、图11）。

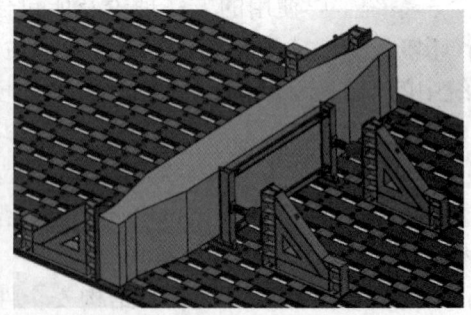

图 9 船舶舱段结构试验模型

表 1 数值仿真计算效率对比

对比参数	SAM	Abaqus	MSC.Nastran	Ansys
平均计算时间	620s	44s	43s	15s
内存最大消耗	7.9G	3.5G	6.3G	6.3G
Cup 使用率	30%	30%	30%	50%

表 2 272kN 计算结果对比

载荷	对比参数	SAM	Abaqus	MSC.Nastran	Ansys
272kN	最大 Von mises 应力(MPa)	93.8	93.7	89.2	91.4
	最大垂向位移(mm)	3.59	3.59	3.58	3.58
	最大主应力(MPa)	36.7	37.0	37.2	43.8
	纵向应力(MPa)	32.4	32.4	31.7	36.8
	横向应力(MPa)	32.8	32.8	32.6	25.1
	剪切应力(MPa)	41.0	40.8	40.8	39.0

表 3 1175kN 计算结果对比

载荷	对比参数	SAM	Abaqus	MSC.Nastran	Ansys
1175kN	最大 Von mises 应力(MPa)	405.1	404.5	385.2	394.7
	最大垂向位移(mm)	15.51	15.51	15.48	15.53
	最大主应力(MPa)	158.7	159.8	161.0	189.1
	纵向应力(MPa)	139.9	139.9	137.0	159.2
	横向应力(MPa)	141.8	141.7	140.8	108.4
	剪切应力(MPa)	177.0	176.1	176.4	168.5

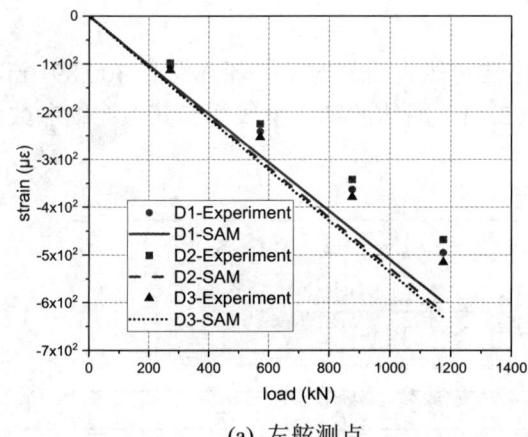

(a) 左舷测点

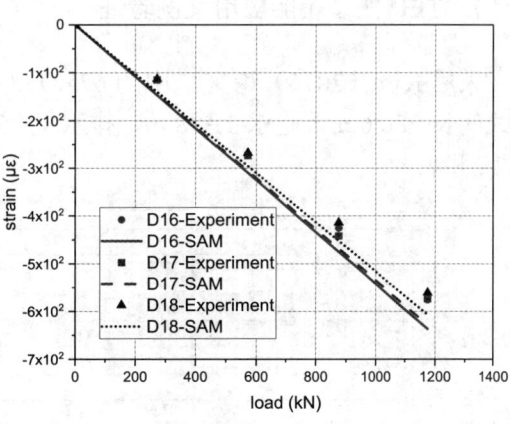

(b) 右舷测点

图 10 甲板部分对称测点应变对比

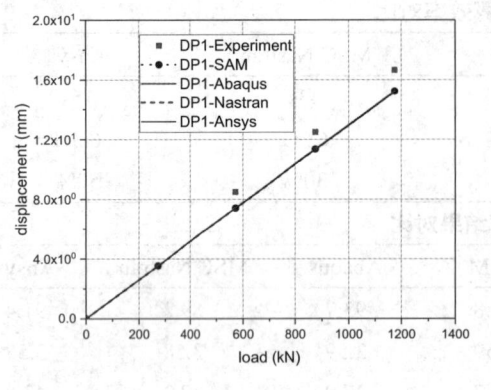 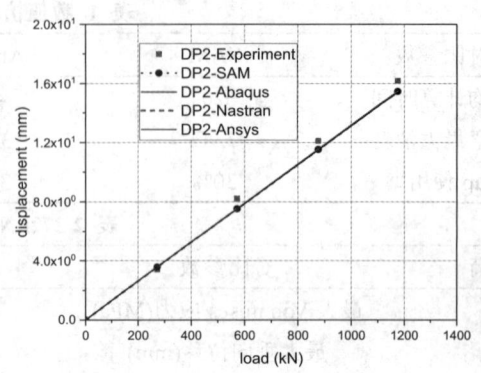

(a) 位移测点 DP1　　　　　　　　　　　　(b) 位移测点 DP2

图 11 位移测点仿真与试验结果对比

通过对四种数值仿真软件计算所获得的最大 Von Mises 应力、最大垂向位移、最大主应力、最大纵向应力、最大横向应力以及最大切向应力结果的对比可以发现，SAM 软件计算结果与 Abaqus 及 MSC.Nastran 软件计算结果较为一致，Ansys 软件计算结果与前三者相比，其合成应力与差异不大，位移结果较为一致，但三个方向应力成分存在一定的差异性。差异的主要原因在于求解的数值方法对于单元的处理存在一定的区别。由于 Nastran 默认显示的为节点应力，因此，为直观显示差异性。通过与试验应变测点和位移测点的结果对比可以发现，SAM 软件与试验结果吻合较好，通过计算效率的对比可以发现，同等条件下 SAM 软件的计算效率相比于其他三种数值仿真软件略低，消耗内存略大。

4.2 6750TEU 集装箱船应用案例验证

采用 Kim（2016）论文[20]中的 6750TEU 集装箱船为研究对象，船体总长 300.891 m，垂线间长 286.6 m，吃水 11.98 m，排水量 85562.7 t，船体的剖面型线图和其他详细参数见图 12 和表 4。

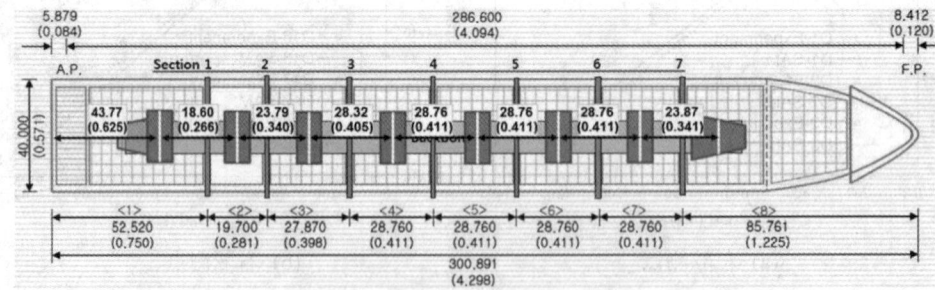

图 12 6750TEU 集装箱船船体分段

表 4　6750TEU 船体主要参数

变量名称	单位	量值
总长	m	300.891
垂线间长	m	286.6
船宽	m	40
船高	m	24.2
吃水	m	11.98
排水量	t	85562.7
重心垂向位置	m	16.562
重心距尾垂线的距离	m	138.395
横摇半径	m	14.6
纵摇半径	m	70.144
艏摇半径	m	70.144

采用 SAM 软件中的"有限元分析"模块对梁模型进行模态分析，图 13 给出了环境载荷评估模块中所选择的参与水弹性计算的部分模态振型。

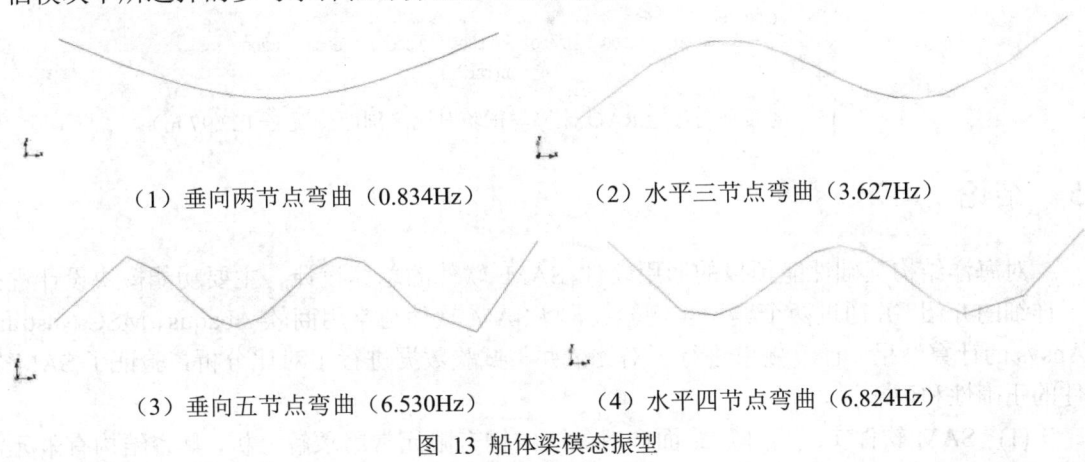

（1）垂向两节点弯曲（0.834Hz）　　（2）水平三节点弯曲（3.627Hz）

（3）垂向五节点弯曲（6.530Hz）　　（4）水平四节点弯曲（6.824Hz）

图 13　船体梁模态振型

将 SAM 软件计算的运动、载荷传递函数与模型试验结果进行了比对，浪向为 180°，试验数据来源于 Kim(2016)的论文[20]。图 14 分别给出了垂向运动 RAO、纵摇运动 RAO 的计算与试验的比对结果。图 15 给出了船体梁 x=122.97 m 剖面的垂向弯矩 RAO 计算与试验的比对结果。从对比结果看，计算和试验数据吻合较好，能够获得合理的计算结果。

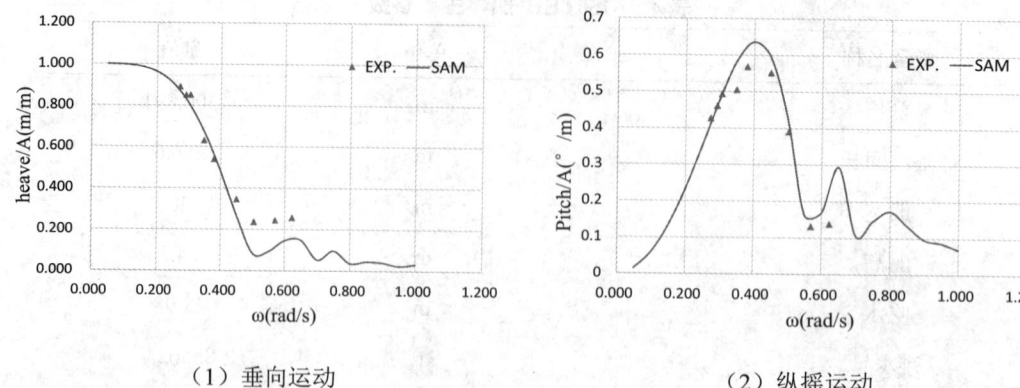

（1）垂向运动　　　　　　　　　　　（2）纵摇运动

图 14　RAO 计算与试验对比

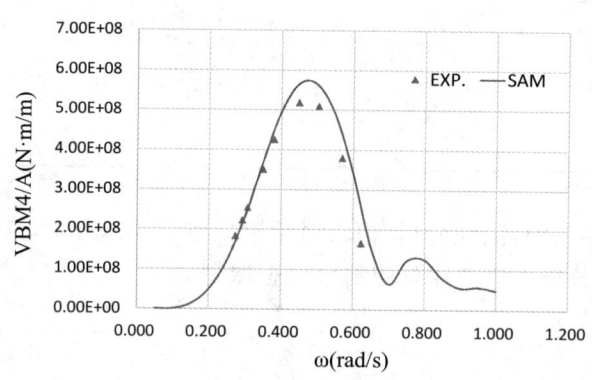

图 15　剖面垂向弯矩 RAO 计算与试验对比（剖面位置 x=122.97 m）

5　结论

对海洋结构基础性能预报的通用软件 SAM 软件的总体设计、主要功能模块设计进行了详细的介绍，并通过两个典型实例验证，将 SAM 软件与常用商软 Abaqus、MSC.Nastran、Ansys 的计算结果，计算效率进行了对比，并与试验数据进行了对比分析，验证了 SAM 软件的正确性和可靠性。

(1) SAM 软件实现了开放式面向对象的结构有限元常用求解分析，具备结构有限元常用分析类型和单元、材料、载荷等基础算法组件，求解器计算精度和商用结构 CAE 相当，具有自主化、高精度、专业化、全面性、开放性和可靠性等特色。

(2) SAM 软件可以开展海洋工程领域内重大海洋工程装备的全天候、全海况、全生命周期和全海域的总体性能评估，为海洋工程领域重要海洋装备的设计研发和技术攻关提供重要支撑。

(3) SAM 软件形成了海洋工程领域第一款具有完全自主知识产权的通用软件，打破国外商业软件的垄断地位，克服自身的技术劣势，打造软件产业链，为国防科技工业气体领域的国产软件发展提供参考依据。

未来的工作将进一步提高有限元核心求解器的内存处理能力，提高计算效率；针对几何建模、网格划分等前处理核心功能模块进行提升和完善，进一步丰富海洋结构基础性能预报的四个子系统各个功能模块。

参考文献

1. 石亦平, 周玉蓉. ABAQUS有限元分析实例详解 [M]. 北京：机械工业出版社, 2006.
2. Simulia D. Abaqus 6.11 analysis user's manual [M]. 2011.
3. Rodden W P, Johnson E H. MSC/NASTRAN Aeroelastic analysis user's guide. version 68 [J]. 1994.
4. 刘占群. 船长大于140 m的内河货船有限元强度直接计算的几点思考 [J]. 中国水运：下半月, 2022(12).
5. 杨骏, 王尧, 张红伟, 等. 基于三维体验平台的船舶设计软件接口集成研究 [J]. 船舶与海洋工程, 2022, 38(1): 5.
6. Jin J, Hai P. Research on FEM Generation Techniques in Ship CAE Analysis [C]. International Conference on Fast Sea Transportation(FAST2007), Shanghai, China, 2007.
7. Yousheng Wu. Hydroelasticity of floating bodies [D]. Brunel University, UK, 1984.
8. 朱仁传, 缪国平. 船舶在波浪上的运动理论 [M]. 上海：上海交通大学出版社, 2019.
9. 盛振邦, 刘应中. 船舶原理(下) [M]. 上海：上海交通大学出版社, 2004.
10. 戴仰山, 沈进威. 船舶波浪载荷 [M]. 北京：国防工业出版社, 2007.
11. 李政杰, 赵南, 司海龙, 等. 复杂载荷作用下加筋板极限强度研究 [C]. 2014年船舶与海洋结构学术会议暨中国钢结构协会海洋钢结构分会第七届理事会第三次会议, 威海, 中国, 2014.
12. 司海龙, 蒋彩霞, 赵南. 砰击载荷作用下船体局部结构优化设计 [J]. 舰船科学技术, 2019(3): 5.
13. 张正伟, 陈彧超, 李志伟, 等. 科学实验平台波浪载荷分析 [R]. 中国船舶科学研究中心.
14. Miao Y J, Ding J, Tian C, et al. Experimental and numerical study of a semi-submersible offshore fish farm under waves [J]. Ocean Engineering, 2021, 225(4): 108794.
15. 朱竑祯, 王纬波, 殷学文. 变厚度圆环板/圆板横向自由振动的动刚度法求解 [J]. 应用力学学报, 2019, 36(6): 8.
16. 朱竑祯, 王纬波, 殷学文, 等. 船舶开孔有限薄板横向弯曲振动问题研究简 [J]. 船舶力学, 2018.
17. 董九亭, 刘建湖, 汪俊, 等. 水下爆炸下舰艇不同部位冲击环境数值分析 [J]. 中国舰船研究, 2018, 13(5): 7.
18. 刘国振, 汪俊, 刘建湖, 等. 水下爆炸载荷下充水多壳体结构动态响应计算方法 [J]. 北京理工大学学报, 2018, 38(4): 7.
19. 刘国振, 汪俊, 刘建湖, 等. 考虑内流场的水下爆炸下瞬态流固耦合效应研究 [C]. 第十二届全国冲击动力学学术会议, 宁波, 中国, 2015.
20. Yonghwan Kim, Jung-Hyun Kim. Benchmark study on motions and loads of a 6750-TEU containership. Ocean Engineering [J]. 2016, 119: 262-273.

The development of Structure Analysis of Marine Structures and its application in typical projects

LI Min[1,2*], DING Jun[1,2], WANG Mo-wei[1], YAN Wei[1], SUN Xiao-ying[3]

(1. China Ship Scientific Research Center, Wuxi 214082, Email: 390922629@qq.com;
2. Taihu Laboratory of Deepsea Technological Science, Wuxi 214082;
3. China Nuclear Power Engineering Co.,Ltd, Beijing 100840)

Abstract：The current situation of China's shipbuilding CAE industry software is as follows: (1) foreign commercial software occupies a monopoly position; (2) The core solution algorithm and module are controlled by others; (3) Localization barriers are getting higher and higher; (4) The system is scattered and not universal. Aiming at the common and urgent core problems existing in the numerical prediction of basic performance of offshore engineering, such as environmental load, structural safety, vibration and noise and explosion impact, this paper establishes a general software SAM (Structure Analysis of Marine Structures) with completely autonomous intellectual property rights and directly serving the basic performance prediction of offshore structures based on the independently developed numerical calculation methods and programs. Then, the SAM software is applied to the overall performance evaluation of typical offshore engineering structures. Through the comparative analysis with the existing model test and field measured results, the correctness and reliability of the SAM software are verified. The successful development of SAM software can provide technical support for the localization of basic performance prediction software for offshore structures, the basic performance design of major offshore engineering equipment, the revolutionary transformation of evaluation mode and the substantial improvement of efficiency.

Key words：Marine structures; Software engineering; Industrial software; Basic performance evaluation.

泵喷推进器水动力性能及尺度效应数值研究

杨春，郭春雨，孙聪*，王超，岳启辉

（哈尔滨工程大学 船舶工程学院，哈尔滨 150001，Email: suncong@hrbeu.edu.cn）

摘要：本研究对两种尺度下泵喷推进器的敞水性能进行了数值研究。数值模拟利用 STAR-CCM 软件，采用雷诺平均 Navier-Stokes（RANS）方法和 SST k-ω 湍流模型，利用全结构化网格对计算域进行离散处理，滑移网格用于处理转子和其他部件之间的相对运动。首先通过网格收敛性分析来验证本研究数值方法的可行性，数值计算结果与模型试验数据进行了比较，两者吻合良好；然后对两种尺度泵喷推进器模型的敞水性能进行了数值计算。通过获得两种尺度下的推力、扭矩等水动力系数以及对流场分布进行研究，表明实尺度推力系数要更大，扭矩系数更小；在高进速系数下，实尺度模型的整体效率比缩尺模型高 9% 左右；在相同进速下，缩尺模型的叶顶间隙涡会更早脱落。

关键词：泵喷推进器；水动力性能；尺度效应；滑移网格

1 引言

泵喷推进器作为一种新型推进器，相比七叶大侧斜螺旋桨，具有低噪声，效率高等特点，泵喷推进器中的导管可以有效地屏蔽一部分辐射噪声，不同形式的导管还可改善泵喷推进器的空泡性能；定子分为前置定子和后置定子，其中前置定子可以为后方转子的进流进行预旋，从而改善转子进流的条件；后置定子可以回收转子周向旋转尾流，可以有效提高泵喷推进器的推进效率，因此世界各国海军将其应用于潜艇、鱼雷等装备。

如今，螺旋桨的性能通常通过模型试验来预测，因为全尺寸模型试验通常太大、太昂贵。因此，预测将受到尺度效应的影响。对于泵喷推进器的研究，大多数采用数值和试验方法，而进行试验研究需要划分大量的人力、物力和财力。最近几十年，随着计算机硬件的迅猛发展，CFD 技术越来越成熟可靠。相比试验研究，进行 CFD 数值模拟，可以大大降

基金项目：黑龙江省自然科学基金(LH2021E042)

低成本。Yao 和 Zhang[1]研究了缩尺螺旋桨和实尺度螺旋桨的尺度效应。结果表明，螺旋桨性能的尺度效应主要是由不同的边界层流动引起的。Yang 等[2]数值研究了三种几何相似的 7 叶大侧斜螺旋桨的空化流体动力学和空化低频噪声谱。随着几何尺度的增大，螺旋桨推力系数增大，扭矩系数减小。Soydan 和 Bal[3]基于 OpenFOAM 研究了在无空泡和有空泡条件下，尺度效应对 DTMB4119 螺旋桨水动力性能的影响，研究发现，几何的增大会使空化百分比增加。Gao 等[4]分析了轴流泵的性能，并研究了转子和定子之间不同间距的影响。数值结果与实验结果吻合良好。李晗等[5-8]对某泵喷推进器进行了尾流场不稳定性研究，研究表明 PJP 流场中存在两个涡相互作用系统，控制着流动的不稳定性。此外，秦登辉等[9]对单转子模型进行了尾流场的不稳定性分析。

本研究以某 13 叶定子，9 叶转子泵喷推进器为研究对象，利用 RANS 方程，采用滑移网格技术和 SST $k-\omega$ 湍流模型，首先进行缩尺模型下网格收敛性分析和敞水性能验证，然后进行数值计算尺度效应对该泵喷推进器的水动力性能，分析其水动力和流场差异，可更加理解尺度效应对泵喷推进器水动力性能的影响。

2 数值方法与验证

2.1 研究对象

研究对象为前置定子泵喷推进器 PJP 模型，它是由 13 叶前置定子、9 叶转子、1 个导管和 1 个桨毂组成。泵喷推进器三维模型如图 1 所示，来流方向为 x 的正方向，n 为转子的转速，旋转方向为顺时针。惯性坐标系 $o-xyz$ 为转子的旋转坐标系，原点 o 位于转子基准面和旋转轴之间的交点，z 轴垂直向上。实尺度模型和缩尺模型的缩尺比为 1：3.5，缩尺模型直径 D_r 为 204.85 mm，实尺度模型直径 D_r 为 716.98mm；缩尺模型转子与导管之间的间隙高度为 1mm，实尺度模型的间隙高度为 3.5 mm；缩尺模型的转子转速为 16 r/s，根据弗汝德数和进速系数相等，实尺度模型转子转速为 8.55 r/s，主要参数见表 1。

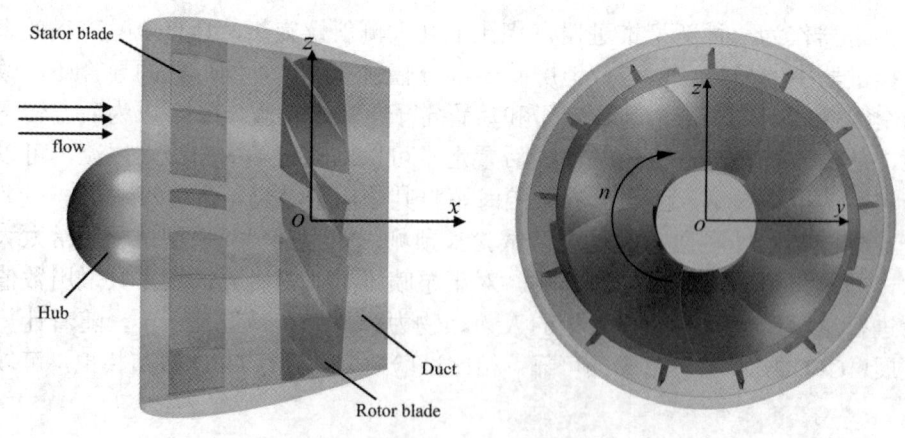

图 1 泵喷推进器三维模型

表 1 泵喷推进器主要参数

参数	实尺度模型	缩尺模型
缩尺比	3.5	1
定子叶数	13	13
转子叶数	9	9
转子直径 D_r/mm	716.98	204.85
叶梢间隙/mm	3.5	1
转速/rps	8.55	16

为了对数值结果进行对比和讨论，对泵喷推进器水动力系数进行无量纲化。进速系数 J、转子推力系数 K_{Tr}、转子扭矩系数 K_{Qr}、定子推力系数 K_{Ts}、导管推力系数 K_{Td}、泵喷推进器整体推力系数 K_T 以及泵喷推进器整体效率 η_0 定义如下：

$$J = \frac{V}{nD}, \quad K_{Tr} = \frac{T_r}{\rho n^2 D^4}, \quad K_{Qr} = \frac{Q_r}{\rho n^2 D^5}, \quad K_{Ts} = \frac{T_s}{\rho n^2 D^4},$$

$$K_{Td} = \frac{T_d}{\rho n^2 D^4}, \quad K_T = K_{Tr} + K_{Ts} + K_{Td}, \quad \eta_0 = \frac{J}{2\pi} \times \frac{K_T}{K_Q}$$

式中，D 为转子的直径 D_r，T_r 和 Q_r 为转子的推力和扭矩，T_s 为定子的推力，T_d 为导管的推力。

2.2 计算域及网格划分

本研究的计算域见图 2，入口设置在距离模型 $4D_r$ 处，边界条件设置为速度入口(velocity inlet)，在数值模拟中，将固定转子转速，入口速度根据进速系数来进行调整；出口设置在距离模型 $7D_r$ 处，边界条件设置为压力出口(pressure outlet)；根据 J.Baltazar 等[10]进行了计算域大小对螺旋桨水动力性能的研究。研究表明，计算域大小对螺旋桨水动力系数的影响很小，因此在本研究中计算域圆柱直径为 $4D_r$，边界条件设置为无滑移壁面(wall)。

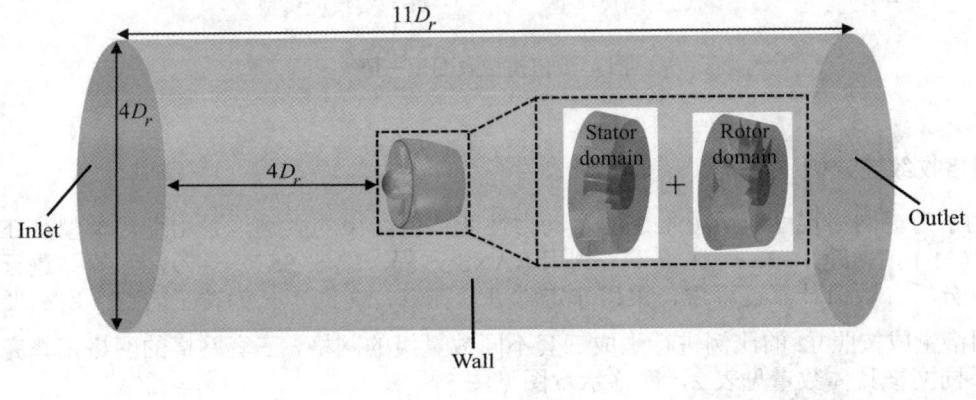

图 2 计算域

由于泵喷推进器结构复杂,在数值模拟时,将整个计算域分为三个域,分别为包含转子叶片的转子域、包含定子叶片的定子域以及包含剩余部分的大域。为了方便控制网格节点的分布,网格划分采用 ICEM 全结构化六面体网格,在对转子域和定子域划分网格时,采用周期性网格,先对单个转子叶片和定子叶片进行结构网格划分,并且在叶片附近进行了"O"型拓扑,然后通过周期旋转生成整个转子域和定子域的网格。缩尺模型 $y+$ 控制在 0~10,实尺度 $y+$ 控制在 30~300(图4)。利用滑移网格技术来处理转子的旋转运动,三套网格之间通过滑移交界面(Interface)进行数据的交互,如图3所示。

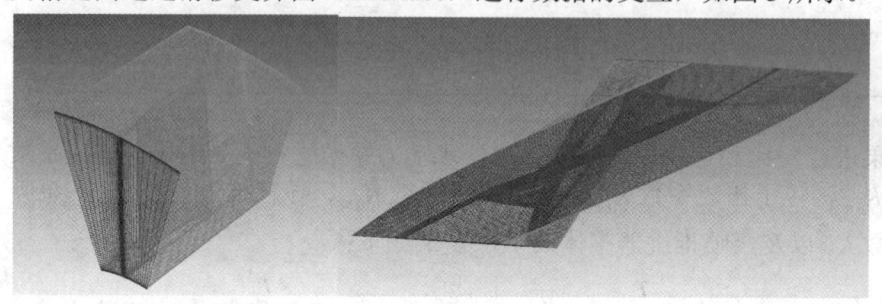
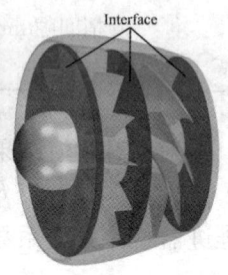

(a)定子单流道网格　　　(b)转子单流道网格　　　(c)滑移网格交界面

图3 定转子单叶片网格及交界面

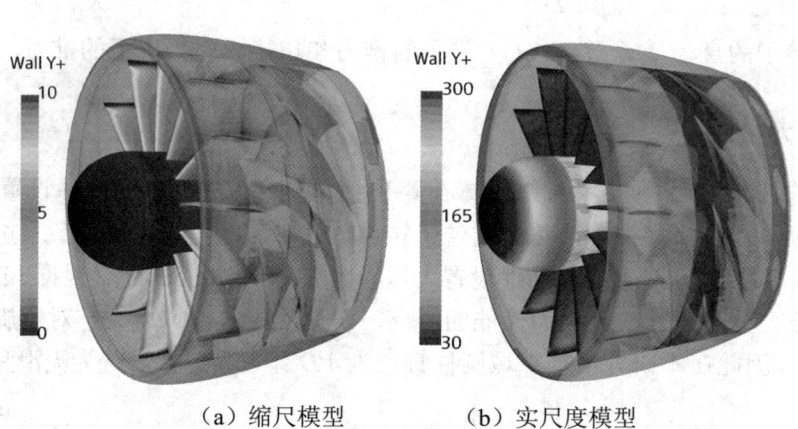

（a）缩尺模型　　　（b）实尺度模型

图4 数值模型表面 $y+$ 值

2.3 网格收敛性分析

为了考虑网格尺寸对泵喷推进器水动力性能数值结果的影响,采用缩尺模型,在进速系数 $J=1.1$,转速 $n=16$ r/s 工况下,利用 RANS 方程,选取 SST $k-\omega$ 湍流模型进行网格收敛性分析。数值计算过程中,采用非定常进行计算,时间步长为转子转 1° 所需要的时间。网格生成按照 $\sqrt{2}$ 的比例进行生成三套不同数量级的网格,三套网格的网格拓扑完全一致。不同网格具体数量见表2,网格示意图见图5。

表2 三套不同数量的网格（M：百万）

ID	Mesh	Rotor domain	Stator domain	External domain	Total
1	Fine	7.68M	4.80M	4.86M	17.33M
2	Medium	2.65M	1.77M	1.85M	6.27M
3	Coarse	0.89M	0.57M	0.65M	2.11M

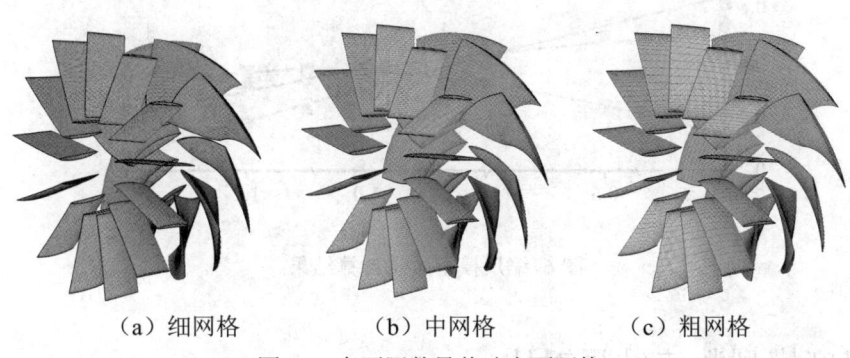

(a) 细网格　　　　　(b) 中网格　　　　　(c) 粗网格

图5 三套不同数量桨叶表面网格

由表3所示，随着网格数的增多，转子推力系数 K_{Tr} 和转子扭矩系数 K_{Qr} 与实验值的误差越来越小，并且在误差均在6%以下，说明本研究采用的数值方法是比较合理的，后续为了分析流场细节，故采用细网格进行后续计算。

表3 数值计算结果

网格数量/百万	K_{Tr}	实验值	误差/%	K_{Qr}	实验值	误差/%
17.33	0.53842		-3.42	0.13544		4.48
6.26	0.53282	0.5575	-4.42	0.1358	1.2963	4.75
2.10	0.52400		-5.86	0.13678		5.51

2.4 缩尺模型敞水验证

采用细网格，对缩尺模型进行敞水性能计算，然后与实验值进行对比，数值计算结果见图6。其中转子推力系数 K_{Tr} 在重载 $J = 0.4$ 和轻载工况下误差较大，为-5.9%，其余进速下，误差都在-5%以内；整体推力系数 K_T 和转子扭矩系数 K_{Qr} 误差均在5%左右；整体效率 η_0 误差均在2%以下。整体来看，各曲线与实验值均吻合良好。

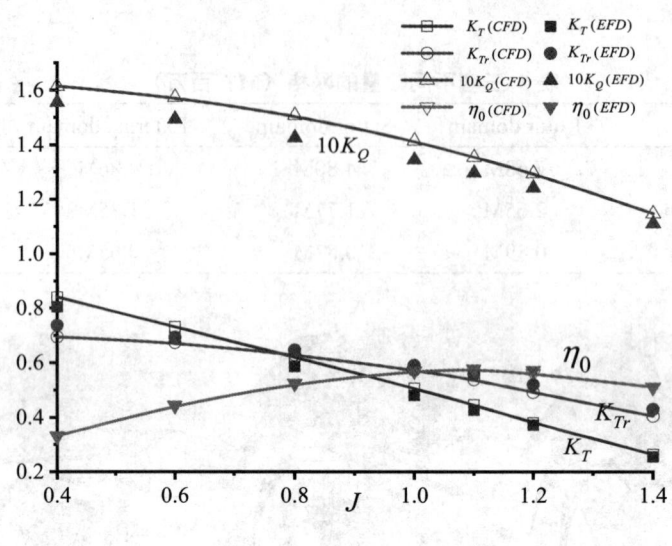

图 6 缩尺模型敞水计算结果

3 两种尺度模型数值结果对比

3.1 水动力系数对比

在进行实尺度模型计算时,网格拓扑与缩尺模型完全一致,只需在缩尺模型下将网格放大 3.5 倍,由于实尺度模型尺寸较大,在边界层附近布置较细棱柱层将增加大量的网格,因此根据实尺度模型 $y+$ =30~300 来调整第一层厚度,将数值结果与缩尺模型数值结果进行对比(表 4)。

表 4 两种比例下水动力系数对比

J	模型	K_{TD}	K_{Tr}	K_T	$10K_Q$	η_0
0.4	缩尺	0.1467	0.6938	0.8405	1.6144	0.3315
	实尺度	0.1783	0.7039	0.8823	1.5974	0.3516
0.8	缩尺	-0.0085	0.6293	0.6209	1.5073	0.5244
	实尺度	0.0161	0.6324	0.6484	1.4869	0.5553
1.1	缩尺	-0.0923	0.5384	0.4461	1.3544	0.5767
	实尺度	-0.0682	0.5471	0.4789	1.3501	0.6210
1.4	缩尺	-0.1417	0.4053	0.2637	1.1481	0.5117
	实尺度	-0.1202	0.4296	0.3095	1.1479	0.6007

从表 4 可以看出缩尺模型和实尺度模型的水动力系数具有一定的差异,在重载工况($J=0.4$)下,实尺度模型的整体效率 η_0 高于缩尺模型 2%;而随着进速系数的增大,两种模型的整体差异越来越大;在轻载工况下($J=1.4$)下,实尺度模型整体效率的整体效率 η_0 高于缩尺模型 9%。主要和两种模型的雷诺数有关,缩尺模型的雷诺数比实尺度模型雷诺数小,缩尺模型边界层更厚,而实尺度边界层更薄,使得实尺度模型的切向力系数,导致实尺度模型的扭矩系数比缩尺模型的小。在推力系数方面,实尺度模型的转子推力系数和整体推力系数均要大于缩尺模型。

3.2 流场对比

图 7 为不同进速系数下导管内流场无因次轴向速度云图,图 7 中放大图为导管尾缘区域。从图 7 中可以看出在低进速系数($J=0.4$)下,两种尺度下导管尾缘区域均出现了边界层分离现象,且大致一致;而在高进速系数($J=1.4$)下,具有一定的差异,缩尺模型下的边界层分离更严重。还可以看出图中虚线梯形部分的轴向速度在低进速系数下基本一致,而在高进速系数下,实尺度模型的低速区更向尾流方向延伸。

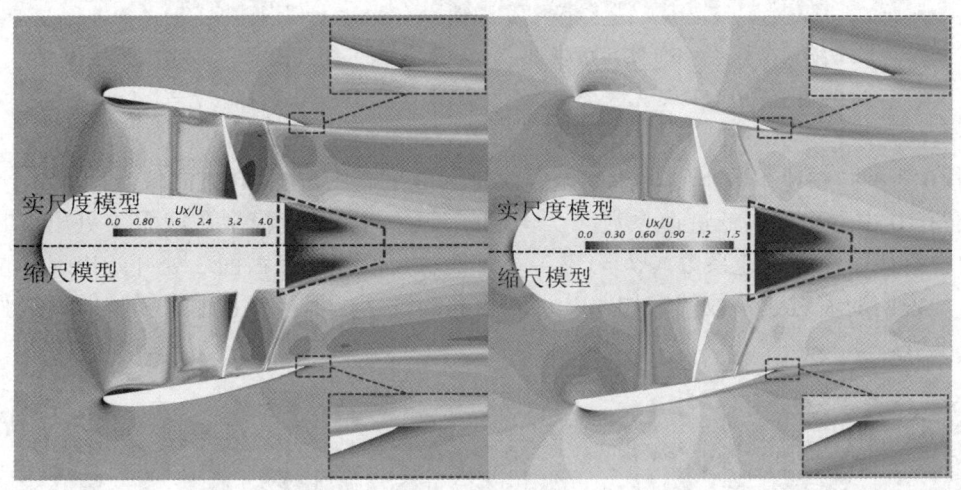

(a) $J=0.4$ (b) $J=1.4$
图 7 不同进速系数下导管内流场无因次轴向速度云图

截取转子旋转 9.6 转后的流场信息,图 8 和图 9 为不同进速系数下转子前后 0.15D 处无因次轴向速度分布云图。从云图中可以看出在不同的进速系数下,实尺度模型和缩尺模型转子前后 0.15D 轴向速度分布云图的大致轮廓是一致的,而实尺度模型的轴向速度要比缩尺模型大。这是由于实尺度模型 K_{Tr} 略大于缩尺模型,因此在实尺度模型下,转子叶片对前方来流的抽吸作用更大。

(a) 缩尺模型　　(b) 实尺度模型　　(c) 缩尺模型　　(d) 实尺度模型

图 8 转子前 0.15D 处无因次轴向速度云图（左：$J=0.4$；右：$J=1.4$）

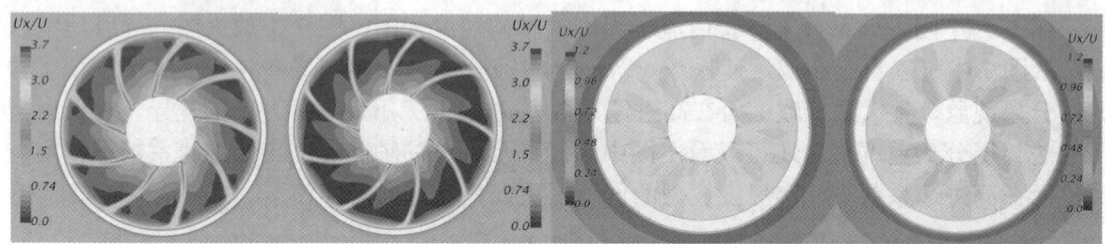

(a) 缩尺模型　　(b) 实尺度模型　　(c) 缩尺模型　　(d) 实尺度模型

图 9 转子后 0.15D 处无因次轴向速度云图（左：$J=0.4$；右：$J=1.4$）

图 10 为不同进速系数下间隙流场无因次轴向速度云图，在桨叶方向依次截取 7 个截面。可以从图 10 中看出，在低进速系数（$J=0.4$）下，两种尺度模型在截面 1 处出现叶顶间隙涡的脱落；而在高进速系数（$J=1.4$）下，两种尺度模型在截面 3 处开始出现叶顶间隙涡脱落，说明随着进速系数的增加，叶顶间隙涡的脱落延迟；并且缩尺模型的涡量强度均比实尺度大。

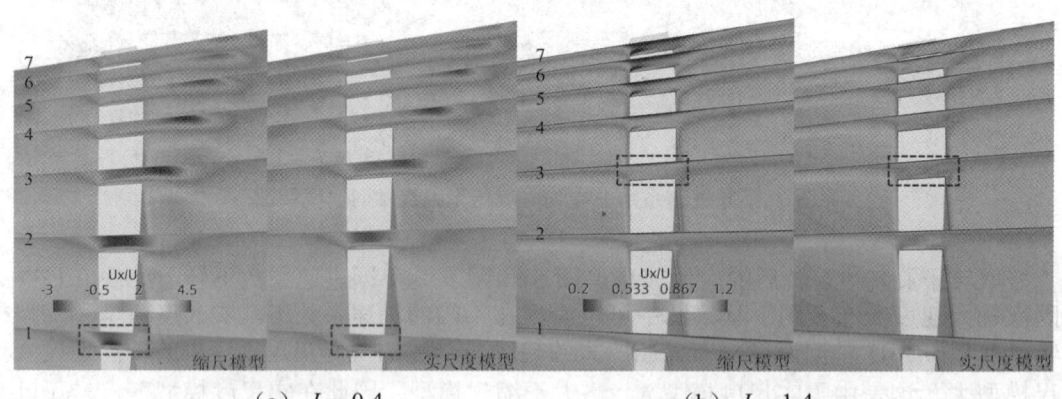

(a) $J=0.4$　　　　　　　　(b) $J=1.4$

图 10 间隙流场无因次轴向速度云图

4 结论

通过 RANS 方程，对泵喷推进器缩尺模型和实尺度模型进行敞水计算，首先在缩尺模型下进行了网格收敛性分析以及敞水曲线验证，验证了数值方法的可靠性；然后对尺度效应进行了数值分析。

（1）由于两种尺度下雷诺数不同，使得实尺度下推力系数更大，而扭矩系数更小；并且在导管尾缘处缩尺模型边界层分离更严重。

（2）整体效率的差异随着进速系数的增大而增大，在轻载工况下，实尺度模型整体效率比缩尺高 9%左右。

（3）由于实尺度模型推力系数更大，使得在转子前后 0.15D 处无因次轴向速度更大。

（4）随着进速系数的增加，叶顶间隙涡的脱落延后；并且缩尺模型叶顶间隙涡的涡量强度比实尺度大。

综上所述，使用缩尺泵喷推进器模型下的水动力来预报实尺度的敞水特性，会低估实尺度泵喷模型的水动力性能。在数值预报时，应尽可能选择实尺度模型。

参考文献

1. Yao H, Zhang H. Numerical simulation of boundary-layer transition flow of a model propeller and the full-scale propeller for studying scale effects. J. Mar. Sci. Technol [J]. 2018, 23: 1004-1018.
2. Yang Q, Wang Y, Zhang Z. Scale effects on propeller cavitating hydrodynamic and hydroacoustic performances with non-uniform inflow [J]. Chin. J. Mech. Eng. 2013, 26: 414-426.
3. Soydan A, Bal S. An investigation of scale effects on marine propeller under cavitating and non-cavitating conditions [J]. Ship Technol. Res. 2021, 68: 166-178.
4. Gao H, Lin W, Du Z. Numerical flow and performance analysis of a water-jet axial flow pump [J]. Ocean Eng, 2008, 35: 1604-1614.
5. Li H, Huang Q G, Pan G. Wake instabilities of a pre-swirl stator pump-jet propulsor [J]. Phys. Fluids, 2021, 33: 085119.
6. Li H, Pan G, Huang Q G. Transient analysis of the fluid flow on a pumpjet propulsor [J]. Ocean Eng, 2019, 191: 106520.
7. Li H, Huang Q G, Pan G, et al. The transient prediction of a pre-swirl stator pump-jet propulsor and a comparative study of hybrid RANS/LES simulations on the wake vortices [J]. Ocean Eng, 2020, 203: 107224.
8. Li H, Pan G, Huang Q G, et al. Numerical prediction of the pumpjet propulsor tip clearance vortex cavitation in uniform flow [J]. J. Shanghai Jiao Tong Univ. (Sci.), 2020, 25(3): 352-364.
9. Qin D H, Huang Q G, Pan G, et al. Numerical simulation of vortex instabilities in the wake of a preswirl pumpjet propulsor [J]. Phys. Fluids, 2021, 33: 055119.
10. J. Baltazar, D. Rijpkema, J. A. C. F. D. Campos, et al. Prediction of the open-water performance of ducted propellers with a panel method [C]. Fifth International Symposium on Marine Propulsors, Finland, 2017.

Numerical study on hydrodynamic performance and scale effect of pump-jet propulsor

YANG Chun, GUO Chun-yu, SUN Cong[*], WANG Chao, YUE Qi-hui

(College of Shipbuilding Engineering, Harbin Engineering University,
Harbin 150001, Email: suncong@hrbeu.edu.cn)

Abstract: In this study, numerical study of the open-water performance of the pump-jet propulsor was carried out at two scales. Numerical simulation using STAR-CCM software, using Reynolds averaged Navier-Stokes (RANS) method and SST k-ω turbulence model, the computational domain is discretized with a fully structured grid, and a sliding mesh is used to handle rotors and other components relative motion between them. Firstly, the feasibility of the numerical method in this paper is verified by grid convergence analysis. The numerical calculation results are compared with the experimental results, and the two are in good agreement. Then, the open water performance of the two pump-jet propulsion models is numerically calculated. By obtaining the hydrodynamic coefficients such as thrust and torque at the two scales and studying the flow field distribution, it is shown that the real-scale thrust coefficient is larger and the torque coefficient is smaller; under the high advance coefficient, the overall efficiency of the full-scale model is about 9% higher than that of the scaled model; at the same advance coefficient, the tip clearance vortex of the scaled model will fall off earlier.

Key words: Pump-jet propulsor; Hydrodynamic performance; Scale effect; Sliding mesh.

基于液面监测数据的非圆柱体波浪荷载识别方法

刘嘉斌[*]

(哈尔滨工业大学土木工程学院，哈尔滨 150091, Email: liujiabin@hit.edu.cn)

摘要：波浪荷载是作用在大型跨海桥梁桥墩结构服役期间的主要外部荷载。如何通过监测数据识别不同海况、不同时刻下作用在桥墩结构上的波浪荷载成为跨海桥梁健康监测方面的重点研究方向。首先针对非圆柱体结构提出了基于液面监测数据的大尺度柱体结构波浪荷载识别方法。随后，开展了类椭圆截面柱体结构波浪荷载作用试验，验证了非圆柱体结构波浪荷载识别方法的有效性与准确性。

关键词：柱体；波浪作用；液面波动；荷载识别

1 引言

海洋中的波浪荷载是跨海大桥桥墩结构在服役期间的重要荷载之一，开展该类结构波浪荷载的监测与识别方法研究对于结构的安全维护和数据积累具有重大的工程意义。然而实际工程实施中仍面临多种问题，比如未扰动的波浪场无法直接获得，桥墩结构几何形式复杂等。同时，由于桥墩结构刚度大，其在荷载作用下变形较小，使得传统的采用应变测力方法难以实现。此外，实际工程采用在结构表面布置压力传感器来获得结构上的实时波浪荷载，但该方法存在设备安装、替换困难及数据量大等问题。因此，需要一种新的科学方法和工程技术来实现桥墩结构波浪荷载的识别与监测。

2 波浪荷载识别方法

基于上述实际工程问题，Liu[1]提出了一种基于柱体表面液面波动监测数据的结构上波浪作用的识别方法，上述方法在圆柱上已经得到了试验验证，但针对非圆柱体的波浪荷载识别结果的有效性与准确性仍待检验。非圆柱体波浪荷载识别方法采用势流理论实现了底

基金项目：国家自然科学基金(52008134)

部固定柱体周围的波浪液面方程与压力方程的物理映射。针对非线性较弱的波浪荷载工况，可以采用线性化的波浪荷载计算方法，以实现快速简便的结构上波浪力实时计算。为建立波浪-结构间相互作用的数学模型，做如下假设：①流体无黏且不可压缩；②流体在固体结构周围未分离；③忽略表面张力、溶解气体、空化、密度和温度梯度变化；④柱体为刚性，底部固定在海床上。在该假设下，流场域存在着标量速度势。

假设非圆柱体侧表面波浪液面波动数据由线性和二阶波浪成分构成，如

$$\eta(\theta,t) = \eta^l(\theta,t) + \eta^{\pm}(\theta,t) \tag{1}$$

其中线性波浪成分可以写为

$$\eta^l(\theta,t) = \sum_{m=M_1^l}^{M_2^l} \left(A_m^l(\theta)\cos(\Omega_m^l) + B_m^l(\theta)\sin(\Omega_m^l) \right) = \sum_{n=-\infty}^{\infty} \xi_n^l e^{in\theta} \tag{2}$$

$A_m^l(\theta)$，$B_m^l(\theta)$，ξ_n^l 为线性波浪液面数据的傅里叶系数。二阶波浪成分表达为

$$\eta^{\pm}(\theta,t) = \sum_{m=M_1^{\pm}}^{M_2^{\pm}} \left(A_m^{\pm}(\theta)\cos(\Omega_m^{\pm}) + B_m^{\pm}(\theta)\sin(\Omega_m^{\pm}) \right) \tag{3}$$

$$\eta^{r,\pm}(\theta,t) = \sum_{m=M_1^l}^{M_2^l} \sum_{\tilde{m}=M_1^l}^{M_2^l} q_{m\tilde{m}}^{\pm}(\theta) A_m^l(\theta) A_{\tilde{m}}^l(\theta) \cos(\Omega_m^l \pm \Omega_{\tilde{m}}^l)$$

$$+ \sum_{m=M_1^l}^{M_2^l} \sum_{\tilde{m}=M_1^l}^{M_2^l} p_{m\tilde{m}}^{\pm}(\theta) B_m^l(\theta) B_{\tilde{m}}^l(\theta) \sin(\Omega_m^l \pm \Omega_{\tilde{m}}^l) \tag{4}$$

$$= \sum_{n=-\infty}^{\infty} \alpha_n^{\pm} e^{in\theta_i}$$

$A_m^{\pm}(\theta)$，$B_m^{\pm}(\theta)$，$\alpha_n^{\pm}$ 为二阶波浪液面数据的傅里叶级数系数；$q_{m\tilde{m}}^{\pm}(\theta)$ 和 $p_{m\tilde{m}}^{\pm}(\theta)$ 是波浪液面的二阶传递函数。

此时，非圆柱体结构上的受力通过如下公式进行求解

$$F(\theta_0,t) = -\rho g R \int_0^{2\pi} \tilde{\eta}_F(\theta,t)\cos(\theta-\theta_0)\mathrm{d}\theta \tag{5}$$

其中

$$\tilde{\eta}_F^l(\theta,t) = \sum_{m=M_1^{\pm}}^{M_2^{\pm}} \lambda_m \left(A_m^{\pm}(\theta)\cos(\Omega_m^{\pm}) + B_m^{\pm}(\theta)\sin(\Omega_m^{\pm}) \right) = \sum_{n=-\infty}^{\infty} \tilde{\xi}_n^l e^{in\theta} \tag{6}$$

$$\tilde{\eta}_F^{r,\pm}(\theta,t) = \sum_{m=M_1^l}^{M_2^l} \sum_{\tilde{m}=M_1^l}^{M_2^l} \alpha_{m\tilde{m}} q_{m\tilde{m}}^{\pm}(\theta) A_m^l(\theta) A_{\tilde{m}}^l(\theta) \cos(\Omega_m^l \pm \Omega_{\tilde{m}}^l)$$

$$+ \sum_{m=M_1^l}^{M_2^l} \sum_{\tilde{m}=M_1^l}^{M_2^l} \alpha_{m\tilde{m}} p_{m\tilde{m}}^{\pm}(\theta) B_m^l(\theta) B_{\tilde{m}}^l(\theta) \sin(\Omega_m^l \pm \Omega_{\tilde{m}}^l) \tag{7}$$

$$= \sum_{n=-\infty}^{\infty} \tilde{\xi}_n^{\pm} e^{in\theta}$$

3 试验验证与分析

试验模型采用桥梁工程上常用的类椭圆桥墩结构（图1），类椭圆截面的半径函数可以表示为：

$$R(\theta)\big|_{\alpha=0°} = \begin{cases} \dfrac{R_0}{\cos(\theta)} & 0 \leq \theta < \arctan(L/2R_0) \\ \dfrac{L\sin(\theta)+\sqrt{4R_0^2-L^2(1+\cos(2\theta))/2}}{2} & \arctan(L/2R_0) \leq \theta \leq \pi/2 \\ r(\pi-\theta)\big|_{\alpha=0°} & \pi/2 \leq \theta < \pi \\ r(\theta-\pi)\big|_{\alpha=0°} & \pi \leq \theta \leq 2\pi \end{cases} \quad (8)$$

桥墩侧表面法向量为

$$\vec{\mathbf{n}}_s = \frac{1}{\sqrt{R^2(\theta)+\dot{R}^2(\theta)}}(R(\theta),-\dot{R}(\theta),0) \quad (9)$$

试验在哈尔滨工业大学风洞与浪槽联合实验室进行（图1），该水槽长50 m，宽5 m，试验水深为0.8 m，试验所采用的模型为底部固定圆柱，半径为150 mm，柱体安装在水槽模型平台中心。不规则波浪通过摇板式造波机生成，频谱为JONSWAP，谱峰周期采用1 s。试验测试中，圆柱体周围液面高度时程信息通过均匀布置在柱体侧面的12个波高仪进行采集。为得到波浪作用下的结构受力和基底弯矩，采用将测力天平固定于柱体底部进行直接测量，其中传力路径为结构上波浪荷载通过柱体内部的钢骨架传递给传感器。测试中，结构物表面的液面高度和波浪荷载数据进行同步采集，采样频率设置为400Hz。

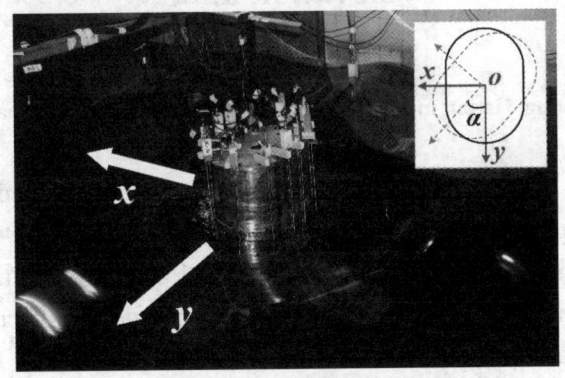

图1 非圆圆柱体结构波浪荷载作用试验

图2给出了[0, 150] s 时间内沿 x 方向的测量和计算波浪力对比结果。该图表明，通过液面数据得到的波浪力与测力天平实测的波浪力能够很好地吻合。但是，在荷载峰值点处，波浪荷载识别结果存在一定的高估，在反向力的峰值点存在低估。总体来讲，通过波浪液

面数据对非圆柱体波浪荷载识别结果在相位上能够很好的与力的时程吻合，能够反映出波浪荷载的时程特征，进而通过类椭圆模型水动力试验验证了所提基于液面监测数据的柱体波浪荷载计算方法针对非圆柱体结构波浪荷载识别的可行性与准确性。

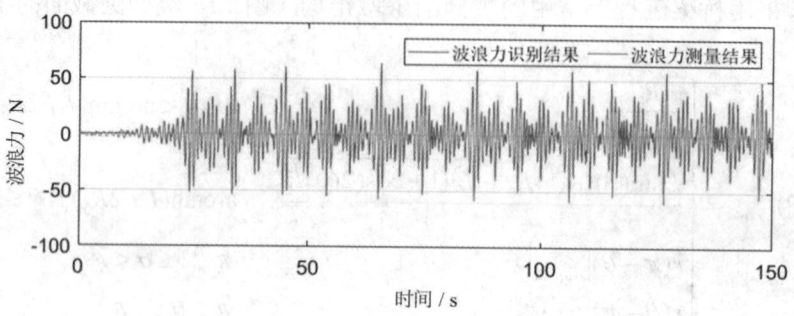

图 2 非圆柱体结构波浪荷载识别结果对比

参考文献

1. Liu J, Guo A, Li H. Methodology for wave force monitoring of bottom-mounted cylinder using the measurement of the wave surface elevation around the body surface [J]. Journal of Fluids and Structures, 2018, 78: 197-214.

Wave load identification for noncircular cylinders based on wave elevation data

LIU Jia-bin[*]

(School of Civil Engineering, Harbin Institute of Technology, Harbin 150091, Email: liujiabin@hit.edu.cn)

Abstract: Wave loads are the main external loads acting on the bridge foundation of large cross-sea bridges during their service life. How to identify the wave loads acting on bridge foundation structures under different sea conditions and at different times through monitoring data has become a key research direction in the health monitoring of cross-sea bridges. In this paper, a method for identifying wave loads on large scale structures based on wave surface monitoring data is first proposed for non-cylindrical structures. Subsequently, wave load tests on elliptical section column structures were carried out to verify the effectiveness and accuracy of the wave load identification method for non-cylindrical structures.

Key words: Cylinder; Wave action; Wave elevation; Load identification.

冰缘区船舶辐射与绕射水动力特性研究

李志富*，石玉云

（江苏科技大学 船舶与海洋工程学院，镇江 212100, Email: zhifu.li@hotmail.com）

摘要：为研究冰缘区船舶与水波的耦合作用，基于势流理论描述流体运动，采用弹性薄板模型表征海冰动力学行为，提出了一种冰边缘区船舶辐射与绕射水动力特性分析方法。该方法基于冰缘区流场动力特征，沿冰缘线引入傅里叶积分变换，垂向利用本征函数展开，横向进行物理空间匹配，推导冰缘区流场脉动点源格林函数，并结合最速下降法构建了格林函数远场渐近表达式。根据格林第二定理，建立辐射和绕射速度势边界积分方程，同时计及了不规则频率的影响。

关键词：冰缘区；水动力；格林函数；边界元

1 引言

冰缘区船舶水动力特性十分复杂，入射波及船体扰动兴波在海冰边缘被部分反射，导致船舶辐射水动力系数和波浪激励力随频率出现系列极值，可能诱导产生大幅船舶摇荡运动。因此，冰缘区船舶辐射与绕射水动力特性研究，对北极航道开发和保障船舶冰区航行安全具有重要指导意义。国内外学者如 Fox、Balmforth、Linton 等[1-3]分别基于本征函数法、Winer-Hopf 法与复变残差法进行了冰与波浪耦合特性相关问题研究。目前，对于船舶与冰、波浪耦合作用下船舶水动力研究相对较少，主要为浸没物体[4]、规则浮体[5]的水动力特性响应分析。本研究旨在提出一种冰边缘区船舶水动力分析方法，研究冰缘区船舶辐射与绕射水动力特性，分析波浪入射参数和海冰物理性质对船舶水动力的影响，为北极航线船舶设计建造提供支撑。

2 冰缘区流域方程及边界条件

对于冰缘区船舶，假定波浪幅值与船舶运动幅值和波长相比均为小量，基于线性频域势流理论，建立冰缘区船舶水动力数学模型。首先，流场速度势表示为

基金项目：国家自然科学基金(52071162、52101315、51709131)

$$\Phi(x,y,z,t) = \text{Re}[\eta_0 \phi_0(x,y,z)e^{i\omega t} + \sum_{j=1}^{6} i\omega \eta_j \phi_j(x,y,z)e^{i\omega t}] \tag{1}$$

式中，$\phi_0 = \phi_I + \phi_D$ 为散射势，η_0 为入射波波幅，ϕ_I 为入射势，ϕ_D 为绕射势。η_j（$j=1,\dots,6$）为船舶六自由度运动幅值，ϕ_j 为相应辐射速度势。速度势需满足流域方程

$$\nabla^2 \phi_j + \frac{\partial^2 \phi_j}{\partial z^2} = 0 \tag{2}$$

式中，$j = 0,\dots,6$，

$$\nabla^2 = \partial^2/\partial x^2 + \partial^2/\partial y^2 \tag{3}$$

为求解流域方程，需确定冰缘区边界条件。根据线性动力学与运动学条件，冰缘区自由表面边界条件可表示为

$$-\omega^2 \phi_j + g \frac{\partial \phi_j}{\partial z} = 0, \quad z = 0 \tag{4}$$

对于冰缘区冰层，定义冰层为单侧半无限长，根据弹性薄板理论以及流场脉动压力，给出其动力学条件

$$(L\nabla^4 + \rho_w g - m_i \omega^2)\frac{\partial \phi_j}{\partial z} - \rho_w \omega^2 \phi_j = 0, \quad y \geq b+0, \quad z = 0 \tag{5}$$

式中，$L = Eh^3/[12(1-\nu^2)]$ 为弯曲刚度，$m_i = \rho_i h$ 为单位面积质量。$b-0$ 表示自由表面区向冰层趋近，$b+0$ 为冰层区向自由表面区趋近。此外，冰层覆盖表面需满足运动学条件，即

$$\frac{\partial W}{\partial t} = \frac{\partial \Phi}{\partial z}, \quad y \geq b+0, \quad z = 0 \tag{6}$$

式中，冰层挠度为

$$W(x,y,t) = Re[\eta_0 w_0(x,y)e^{i\omega t} + \sum_{j=1}^{6} i\omega \eta_j w_j(x,y)e^{i\omega t}] \tag{7}$$

对于冰层边缘，需满足自由端边界条件，即弯矩、剪力为零，则有

$$\mathcal{B}(\frac{\partial \phi_j}{\partial z}) = 0, \quad \mathcal{S}(\frac{\partial \phi_j}{\partial z}) = 0, \quad y = b+0 \; z = 0, \quad j = 0,\dots,6 \tag{8}$$

式中，

$$\mathcal{B} = \frac{\partial^2}{\partial y^2} + \nu \frac{\partial^2}{\partial x^2}, \quad \mathcal{S} = \frac{\partial}{\partial y}[\frac{\partial^2}{\partial y^2} + (2-\nu)\frac{\partial^2}{\partial x^2}] \tag{9}$$

对于流域底部，则满足

$$\frac{\partial \phi_j}{\partial z} = 0, \quad \frac{\partial \phi_D}{\partial z} = 0, \quad j = 1,\dots,6 \tag{10}$$

船舶表面需满足不可穿透条件，即

$$\frac{\partial \phi_j}{\partial n} = n_j, \quad \frac{\partial \phi_D}{\partial n} = -\frac{\partial \phi_I}{\partial n}, \quad j = 1,\ldots,6 \tag{11}$$

式中，$\vec{n}$ 为围绕旋转中心 $\vec{r}_0 = (x_0, y_0, z_0)$ 的广义法向量。此外，冰缘区流场速度势需满足相应的辐射条件。

3 冰缘区流场边界积分方程

基于格林函数法，建立冰缘区流场边界积分方程，即

$$\ell \phi(p) + \int_{S_B+S_E} \frac{\partial G(p,q)}{\partial n_q} \phi(q) \mathrm{d}s_q = \int_{S_B} G(p,q) \frac{\partial \phi(q)}{\partial n_q} \mathrm{d}s_q \tag{12}$$

$$-4\pi \phi(p) + \int_{S_B+S_E} \frac{\partial G(p,q)}{\partial n_q} \phi(q) \mathrm{d}s_q = \int_{S_B} G(p,q) \frac{\partial \phi(q)}{\partial n_q} \mathrm{d}s_q \tag{13}$$

式中，ℓ 为固角系数，S_E 为船舶内部拓展平面。其中 G 为李志富等[2]推导的冰缘区格林函数，表达式为

$$G = \begin{cases} F + 2\sum_{m=0}^{\infty} Z_m(z) \int_0^{+\infty} a_m \mathrm{e}^{-\mathrm{i}\beta_m(b-y)} \cos[\alpha(x-\xi)] \mathrm{d}\alpha, & y \leq b-0 \\ 2\sum_{m=-2}^{\infty} Q_m(z) \int_0^{+\infty} b_m \mathrm{e}^{-\mathrm{i}\gamma_m(y-b)} \cos[\alpha(x-\xi)] \mathrm{d}\alpha, & y \geq b+0 \end{cases} \tag{14}$$

式中，$\beta_m^2 = k_m^2 - \alpha^2$，$\gamma_m^2 = \kappa_m^2 - \alpha^2$，以及

$$F = \sum_{m=0}^{\infty} \frac{\pi}{\mathrm{i} P_m} Z_m(\zeta) Z_m(z) H_0^{(2)}(k_m R) \tag{15}$$

式中

$$P_m = \int_{-H}^{0} Z_m(z) Z_m(z) \mathrm{d}z = \frac{2k_m H + \sinh(2k_m H)}{4k_m \cosh^2(k_m H)} \tag{16}$$

$$Z_m(z) = \frac{\cosh[k_m(z+H)]}{\cosh(k_m H)} \tag{17}$$

k_m 源自自由面色散方程，即

$$K_1(\omega, k) = gk \tanh(kH) - \omega^2 = 0 \tag{18}$$

此外，
$$Q_m(z) = \frac{\cosh[\kappa_m(z+H)]}{\cosh(\kappa_m H)} \quad (19)$$

同理，κ_m 为冰层覆盖流域色散方程的根，满足
$$K_2(\omega,k) = (Lk^4 + \rho_w g - m_i\omega^2)k\tanh(kH) - \rho_w\omega^2 = 0 \quad (20)$$

对于格林函数 G，a_m 与 b_m 为未知系数，通过下式进行求解

$$\begin{aligned}
&i\gamma_m \sum_{m=0}^{\infty} \frac{1}{\beta_{\tilde{m}}P_{\tilde{m}}} e^{-i\beta_{\tilde{m}}(b-\eta)} Z_{\tilde{m}}(\zeta) V_{m,\tilde{m}} = \gamma_m \sum_{m=0}^{\infty} a_{\tilde{m}} V_{m,\tilde{m}} - b_m \gamma_m U_m \\
&- \frac{LT_m}{\rho_w\omega^2} \sum_{m=-2}^{\infty} b_{\tilde{m}} T_{\tilde{m}} [\nu\alpha^2(\gamma_{\tilde{m}}+\gamma_m) - 2\alpha^2\gamma_m + \gamma_m^2(\gamma_{\tilde{m}}-\gamma_m) - \gamma_{\tilde{m}}(\kappa_m^2+\kappa_{\tilde{m}}^2)]
\end{aligned} \quad (21)$$

$$ie^{-i\beta_m(b-\eta)} Z_m(\zeta) = -\beta_m P_m a_m - \sum_{m=-2}^{\infty} b_{\tilde{m}} \gamma_{\tilde{m}} V_{\tilde{m},m} \quad (22)$$

式中，
$$T_m = \kappa_m \tanh(\kappa_m H) \quad (23)$$

$$U_m = \frac{2\kappa_m H + \sinh(2\kappa_m H)}{4\kappa_m \cosh^2(\kappa_m H)} + \frac{2LT_m^2 \kappa_m^2}{\rho_w\omega^2} \quad (24)$$

$$V_{m,\tilde{m}} = \int_{-H}^{0} Q_m Z_{\tilde{m}} \mathrm{d}z = \frac{T_m - \omega^2/g}{\kappa_m^2 - k_{\tilde{m}}^2} \quad (25)$$

格林函数满足除船舶表面以外的边界条件，因此对于辐射势，可以直接利用式(12)与式(13)进行求解。对于绕射势，我们将其进一步分解为

$$\phi_D = \phi_D^{(1)} + \phi_D^{(2)} \quad (26)$$

式中，$\phi_D^{(1)}$ 定义为基于 ϕ_I 的绕射势，$\phi_D^{(2)}$ 为基于下式

$$\varphi = \phi_I + \phi_D^{(1)} \quad (27)$$

的绕射势。φ 可写为

$$\varphi = \bar{\varphi}(y,z) e^{-ik_x x} \quad (28)$$

φ 推导方式与格林函数推导过程类似。

4 冰缘区船舶辐射与绕射水动力

流场脉动压力可由伯努利方程获得，船舶辐射与绕射水动力系数为压力在船舶表面的积分，即

$$\tau_{jk} = \mu_{jk} - \mathrm{i}\frac{\lambda_{jk}}{\omega} = \rho_w \int_{S_B} \phi_k n_j \mathrm{d}s \tag{29}$$

$$f_{E,j} = -\mathrm{i}\omega\rho_w \int_{S_B} \phi_0 n_j \mathrm{d}s \tag{30}$$

式中，μ_{jk} 与 λ_{jk} 分别为附加质量与阻尼系数，$f_{E,j}$ 为波浪激励力。

基于建立的冰缘区船舶水动力数值计算方法，对 KCS、KVLCC2 等船型进行了数值模拟。篇幅所限，数值结果将在会议上进一步展示。结果表明，冰缘区船舶所受水动力随频率振荡变化。

参考文献

1. Fox C., Squire V. A. Reflection and transmission characteristics at the edge of shore fast sea ice [J]. Journal of Geophysical Research: Oceans, 1990, 95: 11629.

2. Balmforth N. J., Craster R. V.. Ocean waves and ice sheets [J]. Journal of Fluid Mechanics, 1999, 395: 89-124.

3. Linton C. M., Chung H. Reflection and transmission at the ocean/sea-ice boundary [J]. Wave Motion, 2003, 38: 43-52.

4. Sturova I. V. Radiation of waves by a cylinder submerged in water with ice floe or polynya [J]. Journal of Fluid Mechanics, 2015, 784: 373-395.

5. Ren K., Wu G. X., Thomas G. A. Wave excited motion of a body floating on water confined between two semi-infinite ice sheets [J]. Physics of Fluids, 2016, 28:127101.

6. Li Z. F, Wu G. X. Hydrodynamic force on a ship floating on the water surface near a semi-infinite ice sheet [J]. Physics of Fluids, 2021, 33: 127101.

Hydrodynamic force on a ship floating near the marginal ice zone

LI Zhi-fu[*], SHI Yu-yun

(School of Naval Architecture and Ocean Engineering, Jiangsu University of Science and Technology, Zhenjiang 212100, Email: zhifu.li@hotmail.com)

Abstract: The interaction problem of wave with a ship floating near the marginal ice zone is investigated, based on the linear velocity potential theory and thin elastic plate model. The Green function, which satisfies all the boundary condition apart from that on the ship, is introduced through the combination of Fourier integral transform and eigenfunction expansion. Then, a boundary integral equation is established for the diffracted and radiated velocity potentials, and the effect of irregular frequency is removed through an extended boundary integral equation method. Based on the asymptotic expression of the Green function, the oscillatory behaviours of the hydrodynamic force are discussed in detail.

Key words: Marginal ice zone; Hydrodynamic force; Green function; Boundary element method.

载人潜水器 VR 系统航行运动仿真技术研究

赵鑫 [1,2*]，金建海 [1,2]，田志峰 [1]，钱卫东 [1]

（1. 中国船舶科学研究中心，无锡 214082；
2. 深海技术科学太湖实验室，无锡 214082, Email:selcon-zx@163.com）

摘要：运动控制系统是载人潜水器 VR 系统的重要组成部分，主要用来模拟 VR 系统运行过程中载人潜水器的运动情况，模拟仿真控制系统通过程序代码承载起载人潜水器本体和相关传感器的功能，是保证载人潜水器 VR 系统运行过程中数据流与信息流循环流动不断更新的关键。本研究基于操纵性六自由度空间运动方程，研究建立载人潜水器的动力学仿真模型，在此基础上引入水池试验得到的水动力系数与实际海试数据改进潜水器无动力潜浮模型，开发出了更为真实的载人潜水器 VR 航行运动仿真系统。

关键词：载人潜水器；VR 系统；航行运动仿真模型

1 引言

载人潜水器虚拟现实系统设计的基础是真实的载人潜水器系统，而作为载人潜水器的核心单元控制系统是关系到载人潜水器所有系统的组成部位，为了满足载人潜水器 VR 系统总体设计的要求，开展基于 VR 系统的载人潜水器控制系统仿真技术研究。仿真控制系统是载人潜水器 VR 系统的重要组成部分，主要用来模拟 VR 系统运行过程中载人潜水器的运动情况、相关传感器输出数据情况。模拟仿真控制系统通过程序代码承载起载人潜水器本体和相关传感器的功能，是保证载人潜水器 VR 系统运行过程中数据流与信息流循环流动不断更新的关键。控制系统仿真设计主要完成基于 VR 系统的载人潜水器控制系统指令集与反馈响应仿真研究、控制系统作业流程仿真研究、控制系统预警与应急处理仿真研究等内容，以支撑载人潜水器 VR 系统总体设计。

2 控制系统仿真体系结构及信息流程分析

2.1 控制系统仿真体系结构分析

在控制系统仿真过程中，仿真控制系统主要负责根据 VR 系统传递来的操作控制信息，通过执行机制模拟、数学模型运算等一系列处理，最终得到当前时刻载人潜水器运动速度、

基金项目：科技部国家重点研发计划(2018YFC0309300)

位置和姿态信息；接下来，仿真控制系统还需要将得到的潜水器速度、位置和姿态信息发送到 VR 系统，并从 VR 系统得到潜水器当前时刻高度和周围障碍物信息。根据对仿真控制系统主要功能的分析，仿真控制系统需要包括用于模拟载人潜水器在控制信号作用下运动状态和位姿变化情况的动力学模型、推进器模型。

2.2 控制系统仿真流程分析

控制系统仿真过程中，操作人员通过 VR 系统控制载人潜水器进行前进/后退、上浮/下潜、左转/右转、左移/右移、前倾/后倾的运动，这些潜水器操作信息将发送到仿真控制系统。仿真控制系统对这些操作信息进行分析处理之后，基于水动力模型和推进器模型进行解析计算，得出潜水器当前时刻的速度、姿态、加速度等信息。

动力学模型包括推进系统模型和载人潜水器模型两部分。推进系统模型在接到推进系统控制信息后，根据各推进器控制指令和推进器模型，通过计算得到推进系统作用的载人潜水器上的力和力矩，作为载人潜水器模型进行动力学运算的一个输入。同时，通过计算还得到推进器电机转速和电流信息，作为虚拟传感器模块生成电机状态信息的依据。

载人潜水器模型在进行动力学运算之前，需要获得执行机构状态信息以更新潜水器模型参数，另外还需要获得推进系统输出力和力矩信息以及潜水器当前运动状态信息等。在获得这些信息之后，即可根据载人潜水器动力学模型，通过运算得到载人潜水器最新的运动速度和姿态信息，并将这些信息发送到 VR 系统。

3 仿真控制系统功能模块划分

仿真控制系统主要包括参数设置模块、动力学模型、通信模块等功能模块。

参数设置模块负责仿真控制系统中载体参数、水动力参数、海洋环境参数和初始状态设置，与功能相对应，其包括载体参数设置、水动力参数设置、海洋环境参数设置和初始状态设置几个子模块[1]。

动力学模型主要负责模拟在控制信号作用下推进系统执行情况和载人潜水器运动速度、位置和姿态变化情况，包括推进系统模型和载人潜水器模型两个子模块。

通信模块主要负责处理仿真控制系统与外部之间的通信，主要是与 VR 系统之间的通信。仿真控制系统与 VR 系统之间通过以太网进行通信。

4 控制系统仿真流程

仿真控制系统主要执行步骤如下。
步骤一：参数及初始状态设置。
在控制系统仿真开始前，首先需要设置仿真过程中所需要的各个参数，这些参数主要包括与载人潜水器自身质量、转动惯量、排水体积等相关的载体参数，用于潜水器动力学运算的水动力参数，与海流分布等相关的海洋环境参数等。除设置参数外，还需要设置仿真的初始状态，包括潜水器的初始位置坐标、初始姿态、初始运动状态以及与之对应的各传感器的初始数据等。

步骤二：更新潜水器模型参数。

执行机构的动作会对载人潜水器动力学模型中包括潜水器质量、转动惯量、重心位置等在内的参数造成影响，因此需要根据执行机动作情况，评估其对相关参数造成的影响，对载人潜水器模型参数进行更新。

步骤三：根据推进系统控制信息计算推进系统输出力和力矩。

航行控制计算机对操作人员的操作指令进行处理之后，通过万可节点模块以模拟量的形式向各推进器输出控制信号，从而调节各推进器输出，控制潜水器运动。仿真过程中，潜水器各个自由度的控制信号由 VR 系统发送，经处理之后发送到仿真控制系统，仿真控制系统根据各推进器控制信号和推进器模型计算推进系统输出力和力矩情况。

步骤四：载人潜水器动力学模型运算。

载人潜水器动力学模型是虚拟环境软件的核心，根据载人潜水器动力学模型运算结果，可以得到当前时刻潜水器运动速度、位置和姿态信息，这些信息是进行三维视景仿真和传感器信息模拟的基础。

步骤五：向 VR 系统发送潜水器运动速度、位置和姿态信息，更新传感器信息和设备状态指示界面。

在进行载人潜水器动力学模型运算之后，仿真控制系统需要执行一系列后续动作，包括：将潜水器运动速度、位置和姿态信息发送到 VR 系统供仿真使用，根据潜水器速度、位置、姿态信息以及仿真过程中得到的其他信息更新相关传感器信息；根据收到的设备控制信息和仿真过程中得到的相关设备状态信息更新设备状态指示界面。

步骤六：判断是否结束仿真。

如果收到结束信息，则结束仿真；如果未收到结束信息，则返回步骤二继续仿真[2]。

5 仿真控制系统功能模块设计

5.1 参数设置模块

参数设置模块包括载体参数设置、水动力参数设置、海洋环境参数设置和初始状态设置四个子模块。

5.1.1 载体参数设置

载体参数设置模块用于设置潜水器载体参数，主要包括潜水器质量、重心位置、转动惯量、排水体积等，载体参数具体定义见表1。

表 1 载体参数定义

符号	定义
M	载人潜水器质量
P	载人潜水器所受重力
P_0	载人潜水器全排水量
B	载人潜水器所受浮力
M	载人潜水器质量
x_g	载体坐标系下重心沿 x 轴的坐标
y_g	载体坐标系下重心在 y 轴的坐标
z_g	载体坐标系下重心沿 z 轴的坐标
x_c	载体坐标系下浮心沿 x 轴的坐标
y_c	载体坐标系下浮心沿 y 轴的坐标
z_c	载体坐标系下浮心沿 z 轴的坐标
I_x	关于载体坐标系 x 轴的转动惯量 $I_x = \int (y^2 + z^2) \mathrm{d}m$
I_y	关于载体坐标系 y 轴的转动惯量 $I_y = \int (x^2 + z^2) \mathrm{d}m$
I_z	关于载体坐标系 z 轴的转动惯量 $I_z = \int (x^2 + y^2) \mathrm{d}m$
I_{xy}	质量沿 x,y 轴分配不均而产生的转动惯量，一般为零。$I_{xy} = I_{yx} = \int xy \mathrm{d}m$
I_{xz}	质量沿 x,z 轴分配不均而产生的转动惯量，一般为零。$I_{xz} = I_{zx} = \int xz \mathrm{d}m$
I_{yz}	质量沿 y,z 轴分配不均而产生的转动惯量，一般为零。$I_{yz} = I_{zy} = \int yz \mathrm{d}m$

5.1.2 水动力参数设置

水动力参数设置子模块用于设置黏性水动力参数和惯性水动力参数，它们均是在实验中得出的无量纲水动力参数的基础上换算得到的有量纲参数，水动力参数直接影响潜水器运动状态的计算。

5.1.3 海洋环境参数设置

海洋环境设置子模块主要设置仿真过程中海流的大小和方向。海流对载人潜水器的运动具有重要影响，在仿真过程中，为了将问题简化，假设在较小空间区域内海流的大小和方向基本保持不变。在仿真开始前，可根据需要模拟海域的流场统计资料，自行设置各个区域内海流的大小和方向。在程序的内部将根据用户的设置继续细化区域的分割，并根据海流变化规律设置每个区域海流的大小和方向。

5.1.4 初始状态设置

在仿真开始前，需要设置载人潜水器初始位置坐标、初始姿态、初始速度以及各执行机构初始状态等信息，用户可根据具体仿真任务和预设的仿真场景进行设置。

另外，还需根据初始状态设置与之相符合的传感器初始值，比如初始高度、初始深度、初始速度、初始艏向角等，作为整个仿真开始的基础。

5.2 载人潜水器动力学模型

动力学模型包括推进系统模型和载人潜水器模型，是虚拟环境软件的核心部分。动力学模型是半物理仿真过程中对潜水器运动速度、位置和姿态进行推算的依据，模型是否精确，直接影响整个仿真系统的性能和可信度。

5.2.1 坐标系及姿态参数符号定义

1）坐标系定义

为了建立载人潜水器的数学模型并研究其运动规律，首先需要建立坐标系[3]，在描述载人潜水器运动时所建立的固定坐标系（E-ξηζ）和载体坐标系（O-x y z）如图1所示。

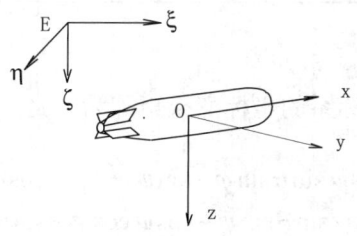

图1 固定坐标系与载体坐标系

固定坐标系（E-ξ η ζ）为北东坐标系，其坐标原点 E 的位置根据实际情况选取，E-ζ 轴的正向指向地心，E-ξ 正向指向地理北，E-η 正向指向东。

载体坐标系的坐标原点 O 取在载人潜水器主对称轴的中点，O-x 轴和载人潜水器主对称轴重合并指向载人潜水器的艏部，O-y 轴与辅对称轴重合并指向前进方向的右侧，O-z 轴正向指向下，三个轴构成右手直角坐标系。

2）姿态参数及符号定义

潜水器重心相对于地球的速度为 U，在载体坐标系（O-x y z）中，速度 U 沿三个坐标轴的分量，分别为纵向速度 u、横向速度 v 和垂向速度 w；绕潜水器重心转动的角速度为 Ω，在载体坐标系（O-x y z）中，绕三个轴的分量，分别为横摇角速度 p、纵倾角速度 q 和艏向角速度 r；作用在潜水器上的外力 F，在载体坐标系（O-x y z）中，沿三个坐标轴的分量，分别为纵向力 X、横向力 Y 和垂向力 Z；对于重心的外力矩为 T，在载体坐标系（O-x y z）中，绕三个坐标轴的分量，分别为横摇力矩 K、纵倾力矩 M 和转艏力矩 N。

在固定坐标系（E-ξ η ζ）中，潜水器重心 G 的位移 ρ 在三个轴上的分量用 ξ、η、ζ 来表示，其中 ξ 为纵向位移，η 为横向位移，ζ 为垂向位移。角位移 π 在三个轴上的分量用 Φ、θ、Ψ 来表示，其中 Φ 为横摇角即潜水器纵剖面（x-O-z）与地球坐标系中 ξ-E-ζ 平面间的夹角；θ 为纵倾角即潜水器 x-O-y 平面与水平面 ξ-E-η 之间的夹角；Ψ 为艏向角即潜水器 O-x 轴在水平面 ξ-E-η 内的投影与 E-ξ 轴之间的夹角[1]。

各姿态参数符号的定义见表 2。

表 2 载人潜水器姿态参数及符号定义

坐标系	载体坐标系（O-xyz）			固定坐标系（E-ξηζ）		
参数	x 轴	y 轴	z 轴	ξ 轴	η 轴	ζ 轴
速度 U	u	v	w			
角速度 Ω	p	q	r			
力 F	X	Y	Z			
力矩 T	K	M	N			
位移 ρ				ξ	η	ζ
姿态角 π				Φ	θ	Ψ

5.2.2 坐标变化

从载体坐标系到固定坐标系的坐标变换矩阵为

$$R = \begin{bmatrix} \cos\psi\cos\theta & \cos\psi\sin\theta\sin\varphi - \sin\psi\cos\varphi & \cos\psi\sin\theta\cos\varphi + \sin\psi\sin\varphi \\ \sin\psi\cos\theta & \sin\psi\sin\theta\sin\varphi - \cos\psi\cos\varphi & \sin\psi\sin\theta\cos\varphi - \cos\psi\sin\varphi \\ -\sin\theta & \cos\theta\sin\varphi & \cos\theta\cos\varphi \end{bmatrix} \quad (1)$$

由于固定坐标系和载体坐标系都是正交坐标系，故此 R 是正交矩阵。因此一个速度矢量从固定坐标系到载体坐标系的转换矩阵可以写为：

$$R^{-1} = R^T \quad (2)$$

根据运动学知识可以将载人潜水器姿态角与运动坐标系中角速度的关系用下列式子表示：

$$\dot{\phi} = p + q\tan\theta\sin\phi + r\tan\theta\cos\phi \quad (3)$$

$$\dot{\theta} = q\cos\phi - r\sin\phi \quad (4)$$

$$\dot{\Psi} = \frac{q\sin\phi + r\cos\phi}{\cos\theta} \quad (5)$$

5.2.2 载人潜水器动力学模型

动力学模型主要研究载人潜水器在所受合力作用下的运动情况，通过动力学模型，可以得到载人潜水器在各个时刻的运动速度、位置和姿态等信息，这些信息时进行三维视景仿真和传感器信息模拟的基础。

1) 原始模型

设载体坐标系下潜水器重心的坐标为 G（xg，yg，zg），对应的位置向量为 RG=（xg，yg，zg）T；浮心 B 的坐标为 C（xc，yc，zc），对应的位置向量为 Rc=（xc，yc，zc）T；潜水器相对海流的运动速度 UR=（u，v，w）T，角速度 Ω=（p，q，r）T；海流速度 UW=（ux，uy，uz）T；潜水器绝对速度 U=UR+UW。

在理想流体假设下（黏性力视为外力），对由载人潜水器和附连水构成的载人潜水器系统应用动量定理和动量矩定理，可推导出载人潜水器的运动方程：

平动方程：

$$M_T \dot{U} + A_T \dot{U}_R + (M_{RT}^T + A_{RT}^T)\dot{\Omega} + \Omega \times [M_T U + A_T U_R + (M_{RT}^T + A_{RT}^T)\Omega] = F \tag{6}$$

转动方程：

$$M_{RT}\dot{U} + A_{RT}\dot{U}_R + (M_R + A_R)\dot{\Omega} + \Omega \times [M_{RT}U + A_{RT}U_R + (M_R + A_R)\Omega] + \\ U \times (M_T U + M_{RT}^T \Omega) + U_R \times (A_T U_R + A_{RT}^T \Omega) = L \tag{7}$$

2) 面向实时仿真的模型简化求解

载人潜水器的空间运动方程是非线性的，而且各个自由度之间存在着耦合，这样就给它的求解带来了很大的困难。同时模型求解中水动力的计算也非常复杂，这导致原始模型在仿真中无法实际应用，需要根据具体需求对动力学模型和水动力进行简化。

第一种简化方法以原始模型（6）、（7）为基础，其求解过程如下：

在小区域范围内，海流可认为是大小和方向都不变的恒定流。设固定坐标系下恒定流表示为 UWS=（Uξ，Uη，Uζ）T，其中 Uξ，Uη，Uζ 为常数；此恒定流在载体坐标系下表示为 UW=（ux，uy，uz）T，则 UW 和 UWS 之间的关系为：

$$U_W = R^{-1} U_{WS} \tag{8}$$

由上式可知，UW 各分量都是 Φ，θ，Ψ 的函数，随时间而变化。

在恒定流假设下，有：

$$\dot{U}_W = \dot{R}^{-1} U_{WS} \tag{9}$$

把以上两式展开，经过推导可以证明在恒定流条件下有下式成立：

$$\dot{U}_W + \Omega \times U_W = 0 \tag{10}$$

根据方程（10）可以把方程（9）和（8）简化，得到恒定流条件下载人潜水器运动方程：

$$M_T \dot{U}_R + A_T \dot{U}_R + (M_{RT}^T + A_{RT}^T)\dot{\Omega} + \Omega \times [M_T U_R + A_T U_R + (M_{RT}^T + A_{RT}^T)\Omega] = F \tag{11}$$

$$M_{RT}\dot{U}_R + A_{RT}\dot{U}_R + (M_R + A_R)\dot{\Omega} + \Omega \times [M_{RT}U_R + A_{RT}U_R + (M_{RT}^T + A_{RT}^T)\Omega] + U_R \times (M_T U_R + M_{RT}^T \Omega) + U_R \times (A_T U_R + A_{RT}^T \Omega) = L \tag{12}$$

经过解算方程（11）、（12）得：

$$\dot{U}_R = \Delta G^{-1}[(D^T Q^{-1}\Omega' D + D^T Q^{-1} U_R' A_T - \Omega' G)U_R + (D^T Q^{-1}\Omega' Q + D Q^{-1} U_R' D^T - \Omega' D^T)\Omega] + \Delta G^{-1}(F - D^T Q^{-1} L) \tag{13}$$

$$\dot{U}_R = \Delta G^{-1}[(D^T Q^{-1}\Omega' D + D^T Q^{-1} U_R' A_T - \Omega' G)U_R + (D^T Q^{-1}\Omega' Q + D Q^{-1} U_R' D^T - \Omega' D^T)\Omega] + \Delta G^{-1}(F - D^T Q^{-1} L) \tag{14}$$

在这里载人潜水器的外力和外力矩 F，L 有一部分是由黏性水动力产生的，另外一部分是由外部的推进器产生的。黏性水动力，它们不仅与载人潜水器的几何形状有关，也与载人潜水器的运动速度和角速度有关，而且其关系是非线性的。黏性水动力要依靠水池试验加以测定。由于在试验中黏性力和惯性力不便分割，采用下述的近似处理方法来解决不便分割的矛盾。这一方法将忽略一些不易分割的黏性水动力。

黏性水动力对应的外力（矩）可表为：

$$F_F = (A_{F1} + A_{F1U})U_R + (A_{F2} + A_{F2U\Omega}^*)\Omega \tag{15}$$

$$L_F = (A_{L1} + A_{L1U})U_R + (A_{L2} + A_{L2U\Omega}^*)\Omega \tag{16}$$

在矩阵 A_{F1}，A_{L1}，A_{F1U}，A_{L1U} 中的各一阶和二阶水动力系数可通过静态水动力实验获得。但在试验中由于黏性水动力与惯性水动力难以分割，由试验测得的 A_{L1U} 的系数中也包含了惯性水动力。为避免把惯性水动力重复地计算两次造成错误，应该把惯性力模型中的 $U_R \times A_T U_R$ 项去掉，即把式（13）和式（14）的 DTQ-1URAT 和 URAT 项去掉。考虑到这一点后，写成矩阵形式：

$$\begin{bmatrix} \dot{U}_R \\ \dot{\Omega} \end{bmatrix} = A_{U\Omega}\begin{bmatrix} U_R \\ \Omega \end{bmatrix} + H\begin{bmatrix} F_1 \\ L_1 \end{bmatrix} \tag{17}$$

其中：

$$A_{U\Omega} = \begin{bmatrix} \Delta_G^{-1}(D^T Q^{-1}\Omega D - \Omega G + A_{F1} + A_{F1U}) & \Delta_G^{-1}[D^T Q^{-1}(\Omega Q + U_R D^T - A_{F2} - A_{F2U\Omega}^*) - \Omega D^T] \\ \Delta_Q^{-1}[D G^{-1}(\Omega G - A_{L1} - A_{L1U}) - \Omega D] & \Delta_Q^{-1}(D G^{-1}\Omega D^T - \Omega Q - U_R D^T + A_{L2} + A_{L2U\Omega}^*) \end{bmatrix}$$

$$H = \begin{bmatrix} \Delta_G^{-1} & -\Delta_G^{-1} D^T Q^{-1} \\ -\Delta_Q^{-1} DG^{-1} & \Delta_Q^{-1} \end{bmatrix}$$

设定仿真的积分步长为 step，则可以得到

$$\begin{bmatrix} U_R \\ \Omega \end{bmatrix}_{T+1} = \text{step} \times \begin{bmatrix} \dot{U}_R \\ \dot{\Omega} \end{bmatrix} + \begin{bmatrix} U_R \\ \Omega \end{bmatrix}_T \tag{18}$$

在求得 U_R, Ω 之后，可通过下式求得载人潜水器的绝对运动速度：

$$U = U_R + U_W \tag{19}$$

第二种简化求解方法以六自由度动力学模型为基础，其求解方法如下：
六自由度方程可化成如下的形式：

$$A_1 \dot{u} + B_1 \dot{r} + C_1 \dot{q} = f_1 \tag{20}$$

$$A_2 \dot{v} + B_2 \dot{p} + C_3 \dot{r} = f_2 \tag{21}$$

$$A_3 \dot{w} + B_3 \dot{q} + C_3 \dot{p} = f_3 \tag{22}$$

$$A_4 \dot{p} + B_4 \dot{w} + C_4 \dot{r} + D_4 \dot{v} = f_4 \tag{23}$$

$$A_5 \dot{q} + B_5 \dot{u} + C_5 \dot{w} = f_5 \tag{24}$$

$$A_6 \dot{r} + B_6 \dot{v} + C_6 \dot{u} + D_6 \dot{p} = f_6 \tag{25}$$

即：

$$\begin{bmatrix} A_1 & 0 & 0 & 0 & C_1 & B_1 \\ 0 & A_2 & 0 & B_2 & 0 & C_2 \\ 0 & 0 & A_3 & C_3 & B_3 & 0 \\ 0 & D_4 & B_4 & A_4 & 0 & C_4 \\ B_5 & 0 & C_5 & 0 & A_5 & 0 \\ C_6 & B_6 & 0 & D_6 & 0 & A_6 \end{bmatrix} \begin{bmatrix} \dot{u} \\ \dot{v} \\ \dot{w} \\ \dot{p} \\ \dot{q} \\ \dot{r} \end{bmatrix} = \begin{bmatrix} f_1 \\ f_2 \\ f_3 \\ f_4 \\ f_5 \\ f_6 \end{bmatrix} \tag{26}$$

其中各个符号的意义如下：

$A_1 = m - X_{\dot{u}}, B_1 = -my_g, C_1 = mz_g$

$$f_1 = m\left(vr - wq + x_g\left(q^2 + r^2\right) - y_g pq - z_g pr\right) + X_{qq}q^2 + X_{rr}r^2 + X_{rp}rp +$$
$$X_{vr}vr + X_{wq}wq + X_{uu}u^2 + X_{vv}v^2 + X_{ww}w^2 + T_x - (P - B)\sin\theta$$

$$A_2 = m - Y_{\dot{v}}, B_2 = -mz_g - Y_{\dot{p}}, C_2 = mx_g - Y_{\dot{r}}$$

$$f_2 = m\left(wp - ur + y_g\left(r^2 + p^2\right) - z_g qr - x_g pq\right) + Y_{p|p|}p|p| + Y_{pq}pq + Y_{qr}qr +$$
$$Y_{vq}vq + Y_{wp}wp + Y_{wr}wr + Y_r r + Y_p p + Y_{v|r|}\frac{v}{|v|}\left(v^2 + w^2\right)^{\frac{1}{2}}|r| + Y_0 u^2 +$$
$$Y_v v + Y_{v|v|}v\left|\left(v^2 + w^2\right)^{\frac{1}{2}}\right| + T_y + Y_{vw}vw + (P - B)\cos\theta\sin\phi$$

$$A_3 = m - Z_{\dot{w}}, B_3 = -mx_g - Z_{\dot{q}}, C_3 = my_g$$

$$f_3 = m\left(uq - vp + z_g\left(p^2 + q^2\right) - x_g rp - y_g rq\right) + Z_{pp}p^2 + Z_{rr}r^2 + Z_{rp}rp + Z_{vr}vr +$$
$$Z_{vp}vp + Z_q q + Z_{w|q|}\frac{w}{|w|}\left(v^2 + w^w\right)^{\frac{1}{2}}|q| + Z_{|w|}|w| + Z_{w|w|}w\left(v^2 + w^2\right) + T_z + Z_{vv}v^2 +$$
$$(P - B)\cos\theta\cos\phi$$

$$A_4 = I_x - K_{\dot{p}}, B_4 = my_g, C_4 = -K_{\dot{r}}, D_4 = -mz_g - K_{\dot{v}}$$

$$f_4 = \left(I_y - I_z\right)qr - m\left(y_g(vp - uq) - z_g(ur - wp)\right) + K_{p|p|}p|p| + K_{pq}pq +$$
$$K_{qr}qr + K_p p + K_r r + K_{vq}vq + K_{wp}wp + K_{wr}wr + K_0 u^2 + K_v v +$$
$$K_{v|v|}v\left|\left(v^2 + w^2\right)^{\frac{1}{2}}\right| + K_{vw}vw + M_{Tx} +$$
$$(y_g P - y_c B)\cos\theta\cos\varphi - (P_0 h + z_g P - z_c B)\cos\theta\sin\phi$$

$$A_5 = I_y - M_{\dot{q}}, B_5 = mz_g, C_5 = -mx_g - M_{\dot{w}}$$

$$f_5 = \left(I_z - I_x\right)rp - m\left(z_g(wq + vr) - x_g(vp - uq)\right) + M_{pp}p^2 + M_{rr}r^2 + M_{rp}rp +$$
$$M_{q|q|}q|q| + M_{vr}vr + M_{vp}vp + M_q q + M_{|w|q}\left|\left(v^2 + w^2\right)^{\frac{1}{2}}\right|q + M_0 u^2 + M_w w +$$
$$M_{w|w|}w\left|\left(v^2 + w^2\right)^{\frac{1}{2}}\right| + M_{|w|}|w| + M_{ww}w\left|\left(v^2 + w^2\right)^{\frac{1}{2}}\right| + M_{Ty} -$$
$$(P_0 h + z_g P - z_c B)\sin\theta - (x_g P - x_c B)\cos\theta\cos\phi$$

$$f_5 = (I_z - I_x)rp - m(z_g(wq+vr) - x_g(vp-uq)) + M_{pp}p^2 + M_{rr}r^2 + M_{rp}rp +$$
$$M_{q|q|}q|q| + M_{vr}vr + M_{vp}vp + M_q q + M_{|w|q}\left|(v^2+w^2)^{\frac{1}{2}}\right|q + M_0 u^2 + M_w w +$$
$$M_{w|w|}w\left|(v^2+w^2)^{\frac{1}{2}}\right| + M_{|w|}|w| + M_{ww}w\left|(v^2+w^2)^{\frac{1}{2}}\right| + M_{Ty} -$$
$$(P_0 h + z_g P - z_c B)\sin\theta - (x_g P - x_c B)\cos\theta\cos\phi$$

$$A_6 = I_z - N_{\dot{r}}, B_6 = mx_g - N_{\dot{v}}, C_6 = -my_g, D_6 = -N_{\dot{p}}$$

$$f_6 = (I_x - I_y)pq - m(x_g(ur-wp) - y_g(wq-vr)) + N_{r|r|}r|r| + N_{pq}pq + N_{qr}qr +$$
$$N_{vq}vq + N_{wp}wp + N_{wr}wr + N_r r + N_p p + N_{v|r|}\frac{v}{|v|}\left|(v^2+w^2)^{\frac{1}{2}}\right||r| + N_0 u^2 +$$
$$N_v v + N_{v|v|}v\left|(v^2+w^2)^{\frac{1}{2}}\right| + N_{vw}vw + M_{Tz} +$$
$$(x_g P - x_c B)\cos\theta\sin\varphi + (y_g P - y_c B)\sin\theta$$

令 $M = \begin{bmatrix} A_1 & 0 & 0 & 0 & C_1 & B_1 \\ 0 & A_2 & 0 & B_2 & 0 & C_2 \\ 0 & 0 & A_3 & C_3 & B_3 & 0 \\ 0 & D_4 & B_4 & A_4 & 0 & C_4 \\ B_5 & 0 & C_5 & 0 & A_5 & 0 \\ C_6 & B_6 & 0 & D_6 & 0 & A_6 \end{bmatrix}$, $\dot{U} = \begin{bmatrix} \dot{u} \\ \dot{v} \\ \dot{w} \\ \dot{p} \\ \dot{q} \\ \dot{r} \end{bmatrix}$, $F = \begin{bmatrix} f_1 \\ f_2 \\ f_3 \\ f_4 \\ f_5 \\ f_6 \end{bmatrix}$

解得:
$$\dot{U} = M^{-1}F \tag{27}$$

$U_{T+1} = \Delta t \times \dot{U} + U_T$,其中 Δt 为积分步长。

6 结论

仿真控制系统是载人潜水器 VR 系统运动仿真部分的核心,对仿真的可靠性和可信度至关重要。本报告分析了仿真控制系统的体系结构和信息流程,对功能模块进行了划分,设计了软件的主要程序执行流程,并对各功能模块进行了设计,为以后工作打下基础。

参考文献

1. 刘涛, 王璇, 王帅, 等. 深海载人潜水器发展现状及技术进展 [J]. 中国造船, 2012, 53(3): 233-243.
2. 孟宪伟, 王晓辉, 刘开周, 等. 载人潜器半物理虚拟仿真系统及其性能分析 [J]. 系统仿真学报, 2006(1): 71-75.
3. 黄金锋, 陶伟, 赵罡, 等. 虚拟现实技术在人机工程中的应用要求标准研究 [J]. 中国舰船研究, 2008, 3(6): 49-53+60.
4. 任康旭. 载人潜水器运动控制系统研究 [D]. 哈尔滨: 哈尔滨工程大学, 2009.

Research on diving and motioning technologies for VR system of Human Occupied Vehicle

ZHAO Xin[1,2*], JIN jian-hai[1,2], TIAN Zhi-feng[1], QIAN Wei-dong[1]

(1. China Ship Scientific Research Center, Wuxi 214082, China, Email: selcon-zx@163.com;
2. Taihu Laboratory of Deep-sea Technological Science, Wuxi 214082, China)

Abstract: Motioning control system is an important part of the VR system of the HOV. It is used to simulating the movement of the HOV on VR system. The motioning control system carries the body and related sensors of the HOV, which is the key to ensure the continuous updating of the data flow and information flow during the operation of the VR system of the manned submersible. In this paper, based on the six degree of freedom space motion equation, developing the dynamic simulation model of HOV. On this basis, the hydrodynamic coefficient obtained from pool test and the actual sea test data are introduced to improve the unpowered diving and floating model of the HOV, and a more realistic VR navigation motion simulation system of the manned submersible is developed.

Key words: HOV; VR system; Simulation model of moving.

基于量子粒子群优化算法的螺旋桨设计优化方法研究

金建海 [1,2]*，华隽杰 [1,2]，强以铭 [1,2]，李超 [3]，孙俊 [3]

(1. 中国船舶科学研究中心，无锡 214082S, Email: jjh@cssrc.com.cn;
2. 深海技术科学太湖实验室，无锡 214082;
3. 江南大学人工智能与计算机学院，无锡 214122)

摘要：本研究提出一种基于量子行为粒子群优化算法的螺旋桨设计数据优化方法。首先使用 PCA 对螺旋桨设计参数进行降维，然后分别用多种回归模型和 BP 神经网络拟合降维后的数据得到模型。接着，把拟合得到的模型当作目标函数，使用量子行为粒子群优化算法进行优化。实验结果显示，我们所提出的方法能够显著优化螺旋桨设计参数。

关键词：量子粒子群优化算法；螺旋桨设计；PCA；BP 神经网络

1 引言

螺旋桨是船舶推进系统的主要装置，其形状和性能随着行业的发展要求提高而不断改善。螺旋桨的设计研究主要解决两个方面的问题：一方面为效率问题，研究如何在给定功率下获得推力最大化；另一方面为空泡与激振问题，研究如何保证螺旋桨的安全使用。螺旋桨的几何参数[1]包括桨叶数、盘面比、螺距分布、弦长分布等，影响螺旋桨的性能。在螺旋桨的理论设计中，螺旋桨的几何参数往往是给定的，但有时并不能满足螺旋桨性能的实际要求。因此，需要对几何参数进行优化，设计出性能更优的螺旋桨。

设计出更加优化的螺旋桨需要挖掘几何参数和性能之间关系。数据拟合是为了得到符合数据的函数关系，能够更好发掘数据之后的数学意义，对数据各个参数有更加深入的理解。线性回归模型和神经网络都是数据拟合的方式。BP 神经网络[2]拥有强大的非线性表达能力，还具有一定的学习能力。神经网络拟合帮助我们实现螺旋桨几何参数和敞水性能、空泡性能、振动噪声性能之间的映射，也可以完成预测工作。

王广东等[3]将最大化螺旋桨效率作为优化目标，加入了减少螺旋桨桨叶表面空泡的约束条件，改进了遗传算法，优化了螺距、进速系数、盘面比、桨叶数等，获得了更加优化的螺旋桨数据模型。程成[4]优化了螺旋桨螺距，降低了螺旋桨叶片表面工作时产生的压力。韩磊等[5]提出了一种基于遗传算法的螺旋桨快速设计方法,采用 Bessel 曲线参数化弦长和扭转角,采用遗传算法螺旋桨优化设计方法进行优化设计。

传统的优化方法针对单一的目标或者单一的参数,不能使螺旋桨的性能得到全面的提升,因此我们需要对螺旋桨的性能进行多目标优化。实际中优化问题大多数是多目标优化问题,一般情况下,多目标优化问题的各个子目标之间是矛盾的,一个子目标的改善有可能会引起另一个或者另几个子目标的性能降低,也就是要同时使多个子目标一起达到最优值是不可能,而只能在它们中间进行协调和折中处理,使各个子目标都尽可能地达到最优化。其与单目标优化问题的本质区别在于,它的解并非唯一,而是存在一组由众多 Pareto 最优解组成的最优解集合,集合中的各个元素称为 Pareto 最优解。

量子粒子群优化算法(quantum particle swarm optimization,QPSO)[6]是群体智能算法中拥有比较好的全局优化性能的算法之一。QPSO 算法将粒子放在量子空间中,用波函数表示粒子的位置,建立粒子的量子势能场模型,应用 Monte Carlo 方法求出粒子的位置,并且利用所有粒子自身最优位置的中心点对粒子位置进行更新。QPSO 算法不仅具有粒子群优化算法(PSO)的优点,还提高了 PSO 算法的随机性和全局搜索能力。QPSO 算法采用仅有位移的模型,参数较少,易于实现。因此,将量子粒子群算法应用于解决多目标优化问题上具有很大的优势。

本研究提出了一套螺旋桨参数优化研发方法(图 1),先用 PCA 降维消除数据的多重共线性并归一化,然后通过 BP 神经网络拟合建立螺旋桨数据模型,再基于拟合得到的模型使用量子行为粒子群优化算法进行多目标优化,从而得到能使多项性能指标更优的螺旋桨设计方法。

第 2 节将介绍螺旋桨数据模型的构建和优化方法,第 3 节展开实验,通过对比回归模型和 BP 神经网络的拟合效果,以及对比模型优化前后的性能,来说明本方法的有效性。最后简单总结全文。

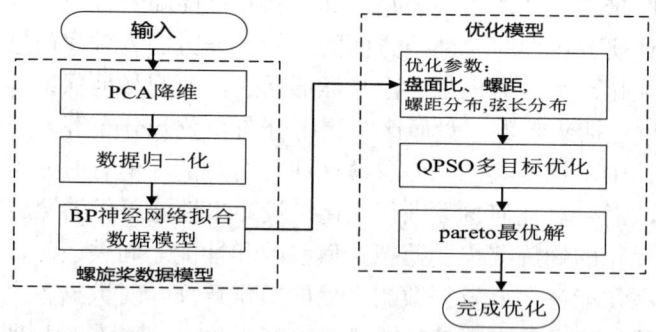

图 1 螺旋桨数据模型构建及 QPSO 优化过程流程

2 螺旋桨性能预报与优化模型

螺旋桨设计时牵涉到的设计参数很多,在概念设计等前期阶段,一般首先考察螺旋桨的直径、桨叶数,盘面比,螺距等主要几何设计参数,依据各类图谱或者数值手段获得目标方案的水动力、空泡等性能指标。然后根据性能指标结果，不断迭代修改几何参数直至性能结果符合设计要求。

本研究针对之前的经验模型，先用 PCA 降维消除数据的多重共线性并归一化，然后通过 BP 神经网络拟合建立螺旋桨数据模型，再基于拟合得到的模型使用量子行为粒子群优化算法进行多目标优化。之前基于经验的性能预报模型，相关的样本数据，包括输入参数和输出参数。

输入参数包括螺旋桨几何设计参数和工况参数，可用 N 行 26 列的矩阵 X 表示，N 为样本数，每行的参数为 $[Z, A_E/A_o, P_{0.7R}, P/D, C/D, J_o]$，其中 $Z, A_E/A_o, P_{0.7R}, P/D, C/D, J_o$ 分别表示为螺旋桨的桨叶数，盘面比，0.7R 螺距，螺距分布，弦长分布等几何参数和进速系数这一工况参数。其中，对于本项目中的螺距分布和弦长分布，分别为 0.2R、0.3R、0.4R、0.5R、0.6R、0.7R、0.8R、0.9R、0.95R、0.975R 和 1R 处的螺距分布和弦长分布，也均被作为设计参数纳入考量。

输出参数为性能参数，包括推力系数 K_t，转矩系数 K_q，叶背最小压力系数 C_{pmin} 和脉动压力系数 K_p。

2.1 PCA 降维

螺距分布和弦长分布的数据存在多重共线性，会对数据拟合产生较大的影响。为消除多重共线性对模型拟合的影响，选择主成分分析法(Principal Component Analysis，PCA)进行特征降维。

根据表 1 我们可以看出螺旋桨几何参数的主成分有 6 维，因此将设计参数降维到 6 维。

表 1 螺旋桨数据每个主成分解释的总方差的百分比

	1	2	3	4	5	6
Explained/%	46.26	40.13	4.89	3.73	3.06	1.15

我们首先将数据取平均值，计算协方差矩阵 $\frac{1}{n}XX^T$，通过 SVD 分解协方差矩阵算法计算得到协方差矩阵的特征值与特征向量。对特征值从大到小排列并选取前 6 个最大的特征值，将其对应的特征向量分别作为列向量组成特征向量矩阵。经过以上计算就可以将数据转换到 6 维降维数据 X_pca。

2.2 神经网络拟合螺旋桨数据模型

BP 神经网络是一种具有 3 层或者更多层的神经网络，每一层都有若干个神经元组成。BP 学习规则是使用最速下降法，通过反向传播来不断调整网络的权值和阈值，是网络的误差平方和最小。BP 神经网络模型拓扑结构包括输入层、隐藏层和输出层，输入层各神经元负责接收外界的输入信息,并传递给隐藏层的各神经元;隐藏是内部信息处理层,负责信息变换,最后一个隐藏层输出层各神经元的信息,经进一步处理之后,完成一次学习的正向传播处理过程,由输出层向外界输出结果。当输出与期望不符时,进入误差的反向传播阶段。误差通过输出层,按误差梯度下降的方式修正各层权值,向隐藏层、输出层逐层反传。周而复始的信息正向传播和误差反向传播过程,是各层权值不断调整的过程,也是神经网络学习的过程,此过程一直到输出误差达到规定值或者达到预设定的学习次数为止。首先对 PCA 降维后的数据进行归一化。

$$x\_maxmin = \frac{(X\_pca_{max} - X\_pca_{min})*(X\_pca - X\_pca_{min})}{(X\_pca_{max} - X\_pca_{min})} \tag{1}$$

选取归一化的数据作为网络的输入参数,输出参数分别为推力系数 K_t,转矩系数 K_q,叶背最小压力系数 C_{pmin} 和脉动压力系数 K_p,共获得 4 个螺旋桨数据拟合模型。设置网络结构为 6-8-8-1,网络结构见图 2,网络的学习速率为 0.01,迭代次数 上限设置为 5000,学习精度设置 10^{-8}。

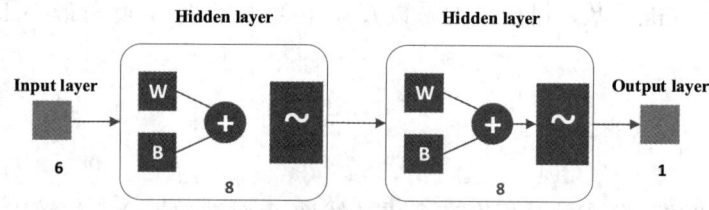

图 2 BP 神经网络结构示意图

2.3 QPSO 多目标优化螺旋桨数据模型

将上文 2.2 小节所述的 4 个螺旋桨数据拟合模型作为目标函数,基于量子行为粒子群算法优化模型,找到模型的最优化设计参数组合。

首先,根据螺旋桨几何参数的取值范围随机生成粒子数量为 M,维度为 26 的粒子群 $X = X_1, X_2, \cdots, X_M$。在 t 时刻,第 i 个粒子位置表示为 $X_i(t), i = 1, 2, \cdots, 26$,在 QPSO 中粒子没有速度向量。个体最好位置表示为 $P_i(t)$,种群的全体最好位置表示为 $G(t)$,且有 $G(t) = P_g(t)$ 其中 g 为处于全局最好位置粒子的下标,$g \in 1, 2, \cdots, M$。并生成大小为 k 的外部集存储 Pareto 最优解。

在每次迭代过程中,根据 QPSO 的更新公式更新粒子的位置。

$$p_i(t) = \varphi(t) \cdot P_i(t) + [1 - \varphi(t)] \cdot G(t) \tag{2}$$

$$X_i(t+1) = p_i(t) \pm \alpha |C(t) - X_i(t)| \cdot ln[1/u_i(t)] \tag{3}$$

式中,$\varphi(t) \sim U(0,1)$,$u_i(t) \sim U(0,1)$。

接着，将 Pareto 最优解存入外部集，用网格把目标空间等分成小区域，以每个区域中包含的粒子数作为粒子的密度信息。粒子所在网格中包含的粒子数越多，其密度值越大，反之越小。当集中的粒子数超过了规定大小时，需要删除多余的个体以维持稳定的规模。

3 实验

3.1 多种回归模型和 BP 神经网络

本实验选取大小为 1344 的螺旋桨数据集，按照 8：2 的比例分成训练集和测试集。分别采用线性回归、支持向量机回归(SVM)、高斯过程回归和 BP 神经网络拟合数据。误差函数为

$$Accuracy = \frac{|predict_y - y|}{|y|} \tag{4}$$

式中，$predict_y$ 表示预测值，y 为测试集数据。

(1) 线性回归：多元线性回归模型的目的是构建一个回归方程，利用多个自变量估计因变量，从而解释和预测因变量的值。

(2) 支持向量机回归(SVM)：在 Margin 区域内的样本点越多，则 Margin 区域越能够较好的表达样本数据点，此时，取 Margin 区域内中间的那条直线作为最终的模型；用该模型预测相应的样本点的 y 值。

(3) 高斯过程回归：给定输入 x，得到函数 $f(x)$的分布。利用概率确定预测点的表达式。

表 2 多种回归模型和 BP 神经网络在测试集上拟合误差。

表 2 BP 神经网络及其他经典模型预测对比（%）

	K_t	K_q	C_{pmin}	K_p
线性回归	57.36	26.95	11847	6.43
SVM 回归	28.24	21.53	1190	5.49
高斯过程回归	2.30	0.52	1866	5.49
BP 神经网络	1.26	0.61	4.62	0.06

从表 2 可以看出，BP 神经网络的拟合效果优于线性回归、支持向量机回归(SVM)、高斯过程回归模型。可见 BP 神经网络的激活函数提高非线性映射能力，能够使预测更加逼近螺旋桨的性能。

3.2 多目标优化螺旋桨数据模型

本实验设置粒子群大小为 200、外部集大小为 50。固定桨叶数和进速系数，将盘面比、0.7R 螺距，螺距分布，弦长分布作为调整参数，基于 QPSO 多目标优化敞水效率 η、叶背

最小压力系数 C_{pmin} 和脉动压力系数 K_p 等[7]。

敞水效率的公式为

$$\eta = \frac{K_t}{K_q} \frac{J_o}{2\pi} \quad (5)$$

我们要求优化后的敞水效率越大越好，叶背最小压力系数越大越接近于 0 越好，脉动压力系数越小越好。

表 3 至表 6 分别选取四种螺旋桨，对盘面比、0.7R 螺距，螺距分布，弦长分布进行优化，我们可以看出敞水效率 η、叶背最小压力系数 C_{pmin} 和脉动压力系数 K_p 都得到了提升。

表 3 桨叶数为 3，进速系数为 0.1

	K_t	K_q	C_{pmin}	K_p	η
优化结果	0.472	0.772	-187.04	0.006	0.0097
螺旋桨数据	0.548	0.999	-230.16	0.012	0.0087
提升精度（%）			18.69%	43.33%	11.49%

表 4 桨叶数为 5，进速系数为 0.5

	K_t	K_q	C_{pmin}	K_p	η
优化结果	0.523	0.579	-2.586	0.015	0.061
螺旋桨数据	0.405	0.757	-7.994	0.016	0.042
提升精度（%）			67.58%	5.62%	4.37%

表 5 桨叶数为 4，进速系数为 1

	K_t	K_q	C_{pmin}	K_p	η
优化结果	0.135	0.304	-0.559	0.008	0.070
螺旋桨数据	0.232	0.549	-0.928	0.029	0.0309
提升精度（%）			39.68%	30.95%	4.90%

表 6 桨叶数为 7，进速系数为 0.3

	K_t	K_q	C_{pmin}	K_p	η
优化结果	0.519	0.579	-12.213	0.029	0.043
螺旋桨数据	0.403	0.623	-28.169	0.029	0.0309
提升精度/%			56.64%	=	38.5%

4 结论

本研究首先采用主成分分析对螺旋桨设计参数进行特征降维，接着采用多种回归模型和 BP 神经网络拟合数据。BP 神经网络很好地表现螺旋桨性能的非线性关系，拟合出精确度高的螺旋桨数据模型。

将 BP 神经网络拟合螺旋桨数据模型作为目标函数，基于量子行为粒子群算法多目标优化模型，可获得更优化设计参数组合。

参考文献

1　盛振邦, 刘应中. 船舶原理·下册 [M]. 上海交通大学出版社, 2005.
2　翟鑫钰, 陆金桂. 基于神经网络的螺旋桨敞水性能预测 [J/OL]. 南京工业大学学报(自然科学版), 2022.
3　王广东, 杨丽, 余建星. 基于改进进化算法的螺旋桨设计方法研究 [J]. 船舶工程, 2004, 026(002): 20-23.
4　程成. 基于iSIGHT的螺旋桨优化系统的开发及应用研究 [D]. 无锡: 江南大学, 2007.
5　韩磊, 李喜乐. 基于遗传算法的螺旋桨气动优化设计 [C]. 北京力学会第二十八届学术年会论文集(上), 2022:66-69.
6　Jun Sun, Fang W, Wu X, et al. Quantum-behaved particle swarm optimization: analysis of individual particle behavior and parameter selection [J]. Evolutionary Computation, 2012, 20(3): 349-393.
7　彭言峰, 赵淼, 许磊. 船用螺旋桨推进性能优化设计及试验方法 [J]. 舰船科学技术, 2021.

Research of propeller design optimization method based on quantum particle swarm optimization algorithm

JIN Jian-hai[1,2*], HUA Jun-jie[1,2], QIANG Yi-ming[1,2], LI Chao[3], SUN Jun[3]

(1. China Ship Scientific Research Center, Wuxi 214082, Email: jjh@cssrc.com.cn;
2. Taihu Laboratory of Deepsea Technological Science;
3. School of Artificial Intelligence and Computer, Jiangnan University, Wuxi 214122, China)

Abstract: We propose a propeller data optimization method based on quantum behavior particle swarm optimization algorithm. Firstly, PCA was used to reduce the dimensionality of the propeller data, and the data after dimensionality reduction was fitted with multiple regression models and BP neural networks to obtain the model. Next, the fitted model is used as an objective function and optimized using the quantum behavior particle swarm optimization algorithm. The experimental results show that the proposed method can significantly optimize the propeller design parameters.

Key words: Quantum Particle Swarm Optimization; Propeller design; PCA; BP neural network.

船型参数对骑浪/横甩薄弱性衡准的敏感性分析

储纪龙，黄苗苗，曾柯，王田华，卜淑霞

(中国船舶科学研究中心 水动力学重点实验室 深海技术科学太湖实验室，无锡 214082)

摘要：目前，国际海事组织（IMO）已完成第二代完整稳性衡准的制定，其中就包括骑浪/横甩薄弱性衡准，用以评估船舶在波浪中发生骑浪/横甩的概率，确保船舶在实际海况中安全航行。本研究首先以易于发生骑浪/横甩稳性失效的样船为例，选取船长 L、船宽 B、吃水 T、棱形系数 C_p 为特征参数，利用 CAESES 软件进行船型变换生成系列新船型；然后根据骑浪/横甩薄弱性衡准方法，对新船型进行骑浪/横甩薄弱性衡准计算，分析各个特征参数的变化对船舶骑浪/横甩薄弱性的影响趋势，为 IMO 船舶第二代完整稳性衡准骑浪/横甩薄弱性衡准的制定提供技术支撑。

关键词：第二代完整稳性衡准；骑浪；横甩；船型参数；船型变换

1 引言

目前，国际海事组织（IMO）已完成第二代完整稳性衡准的制定，包括瘫船稳性、参数横摇、过度加速度、纯稳性丧失和骑浪/横甩五种稳性失效模式。每种稳性失效模式的衡准评估流程都由第一层薄弱性衡准、第二层薄弱性衡准和直接稳性评估三个层次的评估方法组成，三层评估方法的计算复杂性依次递增，评估的准确性也依次提高[1-3]。

骑浪/横甩稳性失效模式主要发生在 Fn 大于 0.3 的舰艇，或者渡船、渔船等小型船舶上，当船舶在随浪或尾斜浪中高速航行时，在波浪力、阻力和推力的共同作用下，船舶与波浪达到相对静止，船舶以波速向前运动，该现象称为骑浪。处于骑浪状态下的船舶，多数会因航向不稳定性而发生横甩，横甩的船舶常伴有大幅横摇和首摇，严重威胁船舶航行安全。

本研究以 IMO 骑浪/横甩薄弱性衡准方法为基础，基于自主开发的骑浪/横甩薄弱性衡准校核软件，以易于发生骑浪/横甩稳性失效的样船为研究对象，通过母型船改型，进行骑浪/横甩薄弱性衡准计算、比较和分析，开展船型特征参数对船舶骑浪/横甩薄弱性衡准的影响分析研究。

由于改型船缺少阻力试验数据,文中采用 Holtrop 法计算改型船阻力,作者曾开展过不同阻力计算方法对船舶骑浪/横甩薄弱性衡准的影响研究,验证过黏流方法、势流方法、Holtrop 法预报高航速区域的阻力值差别较大,但三种方法计算的阻力值对船舶骑浪/横甩薄弱性衡准影响较小,在缺少试验数据时,尤其在船舶设计前期研究和概念设计阶段,可采用 Holtrop 法估算阻力用于船舶骑浪/横甩第二层薄弱性衡准校核[4-5]。

2 计算方法

2.1 骑浪/横甩薄弱性衡准

如果船舶满足条件(1),则认为该船舶满足第一层衡准校核,不易发生骑浪/横甩;对于不满足条件的船舶,需要进行第二层衡准校核。

$$L > 200m \quad or \quad Fr \leq 0.3 \tag{1}$$

式中:L 为船长;Fr 为船舶静水服务航速对应的弗汝德数。

如果船舶静水服务航速对应的衡准值 C 小于标准值 0.005,则认为该船舶满足第二层衡准校核,不易发生骑浪/横甩。衡准值 C 计算公式:

$$C = \sum_{HS}\sum_{TZ}\left(W2(H_S,T_Z)\sum_{i=1}^{N_\lambda}\sum_{j=1}^{N_a}W_{ij}C2_{ij}\right) \tag{2}$$

式中:$W2(H_S,T_Z)$ 为短期海况的权重因子,代表长期波浪统计数据中各个短期海况的发生概率,是有义波高 H_S 和平均跨零周期 T_Z 的函数,这里采用北大西洋波浪统计的散点图;W_{ij} 为短期海况中各个规则波的统计权重;$C2_{ij}$ 为判断规则波中是否发生骑浪的标准;$N_\lambda=80$,$N_a=100$[6-7]。

2.2 阻力预报方法

本研究中采用 Holtrop 法估算船舶阻力,近似公式为

$$R = R_F(1+k_1) + R_{APP} + R_W + R_B + R_{TR} + R_A \tag{3}$$

式中:R 为总阻力;R_F 为摩擦阻力;R_{APP} 为附体阻力;R_W 为兴波阻力;R_B 为球鼻艏水线附近的黏压阻力;R_{TR} 为浸没方艉产生的黏压阻力;R_A 为船模修正阻力;$1+k_1$ 为船体的形状因子。R_F,R_{APP},R_W,R_B,R_{TR},R_A 和 k_1 的详细计算公式参见文献[8]。

2.3 船型变换

根据母型船型线,采用船型参数化建模,通过调整特征参数即可获得变换船型。在船

型变换中，特征参数的选取直接影响了船体几何形状，作者主要研究船型主尺度和船型系数对船舶骑浪/横甩薄弱性衡准的影响，所以选取了在实际设计中较为关注的几个特征参数：包括船长 L、船宽 B、吃水 T、棱形系数 C_p。通过这些特征参数，进行船型变换得到系列船型。

3 计算模型

本研究选择了一艘易于发生骑浪/横甩的样船为母型船分析船型特征参数对船舶骑浪/横甩薄弱性衡准的影响。样船的主要参数见表 1。

表 1 样船的主要参数

主要参数	样船 1
船长 L/m	154.0
船宽 B/m	23.5
型深 D/m	14.4
吃水 T/m	6.8
服务航速对应的 Fn	0.40

4 计算分析

以样船 1 为母型船，船长 L、船宽 B、吃水 T、棱形系数 C_p 等多个船型特征参数同时在一定范围内均匀变化，通过船型变换得到一系列的变换船型，分析特征参数对变换船型骑浪/横甩薄弱性衡准值 C 的影响。40 艘变换船型的特征参数变化趋势见图 1，其中船型编号为 0 对应母型船。

计算母型船和变换船型在不同 Fn 对应的骑浪/横甩第二层薄弱性衡准值 C，Fn 计算范围为 0.25~0.5。根据骑浪/横甩第二层薄弱性衡准，衡准值 C 大于 0.005，则认为该船型易于发生骑浪，如图 2 中蓝色区域，变换船型与母型船相比发生骑浪/横甩的临界 Fn_{cr} 变化较小，都在 0.31 附近变化。

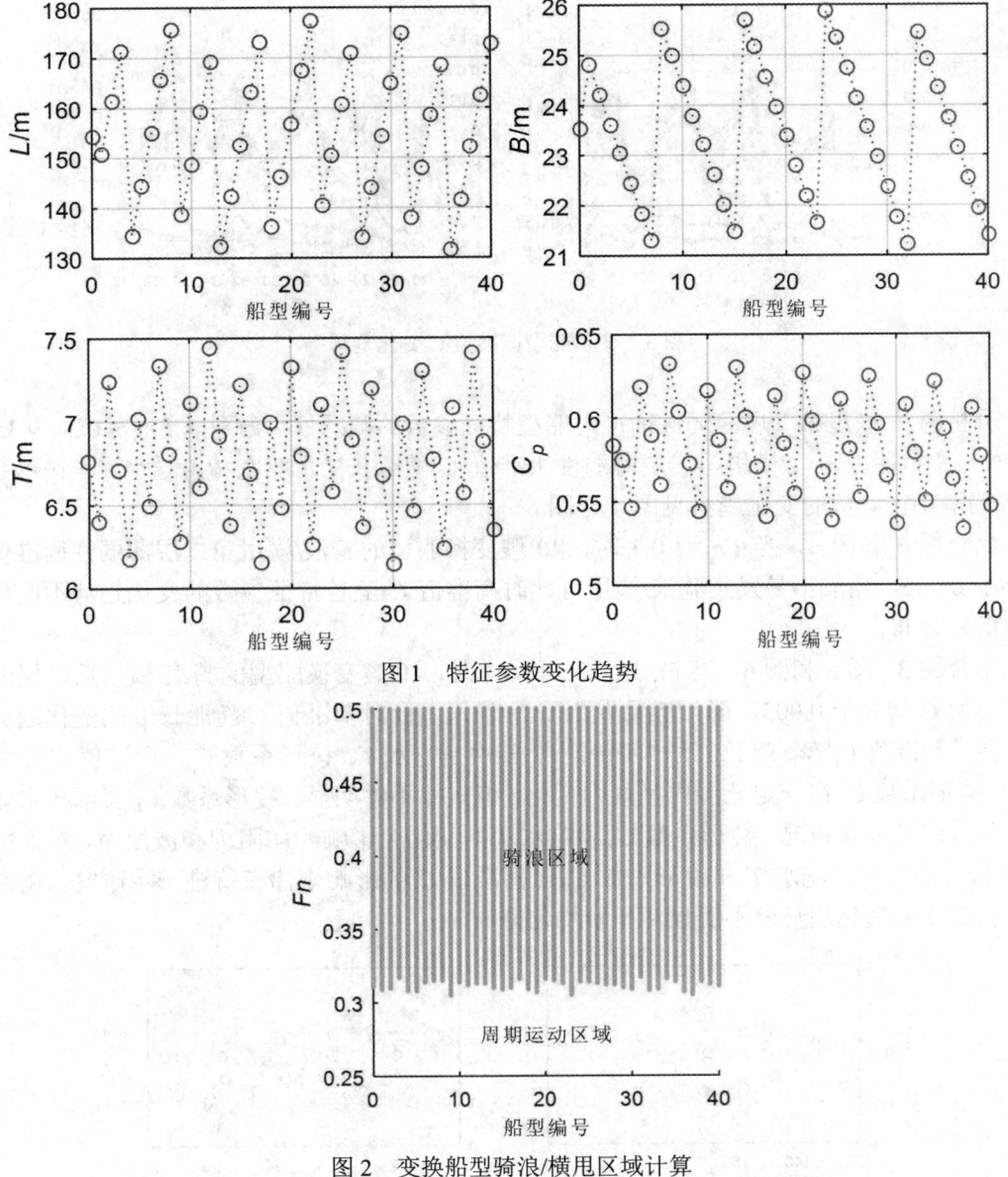

图 1 特征参数变化趋势

图 2 变换船型骑浪/横甩区域计算

Fn 为 0.3~0.39 范围内，母型船和变换船型骑浪/横甩第二层薄弱性衡准值 C 变化趋势见图 3。从图 3 中可以看出，随着 Fn 的增大，船舶的衡准值 C 变化趋势与船长 L 变化趋势正好相反，也就是衡准值 C 随着船长 L 增大而减小，随着船长 L 减小而增大。说明船舶骑浪/横甩第二层薄弱性衡准值 C 对船长 L 变化较为敏感。

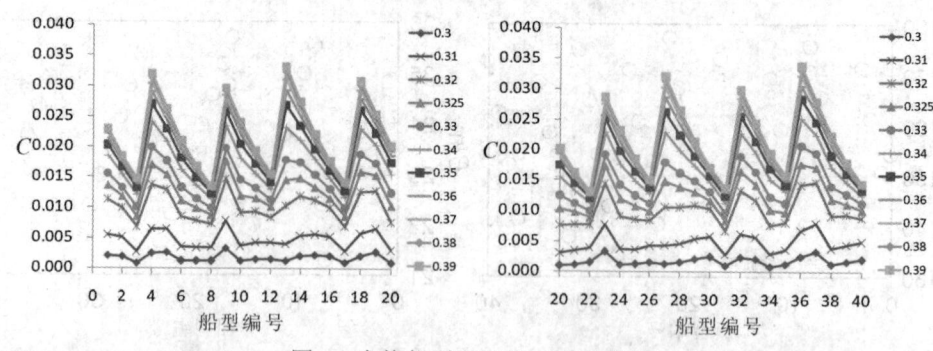

图 3 变换船型衡准值 C 变化趋势

分析骑浪/横甩第二层薄弱性衡准对船型特征参数的敏感性。分别取 Fn 为 0.3、0.35 和 0.4 时，变换船型骑浪/横甩第二层薄弱性衡准值 C 随船长 L、船宽 B、吃水 T、棱形系数 C_p 等船型特征参数的变化趋势见图 4 至图 6。

结合图 3 和图 4，当 Fn 为 0.3 时，40 艘变换船型的骑浪/横甩第二层薄弱性衡准值 C 均小于 0.005，船舶不易发生骑浪/横甩，此时衡准值 C 随各特征参数的变化趋势不明显，都呈散乱分布。

结合图 3、图 5 和图 6，当 Fn 为 0.35 和 0.4 时，40 艘变换船型的骑浪/横甩第二层薄弱性衡准值 C 均大于 0.005，船舶容易发生骑浪/横甩。此时衡准值 C 随船长 L 的变化趋势最为明显，衡准值 C 随着船长 L 增大而减小。其次是吃水 T、棱形系数 C_p，衡准值 C 随着吃水 T、棱形系数 C_p 在一定范围内呈规则变化，但规律不够明显。棱形系数 C_p 表示排水体积沿船长方向的分布情况，棱形系数 C_p 和吃水 T 的变化会影响船舶阻力和波浪力，进而影响骑浪/横甩的发生，吃水 T 和棱形系数 C_p 对衡准值 C 的影响规律有待进一步研究。衡准值 C 随船宽 B 的变化趋势最不明显，呈较均匀分布。

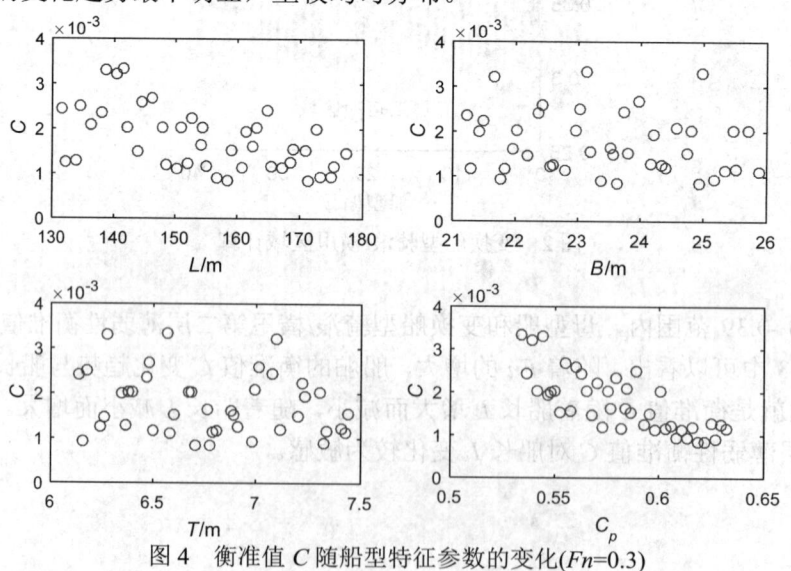

图 4 衡准值 C 随船型特征参数的变化(Fn=0.3)

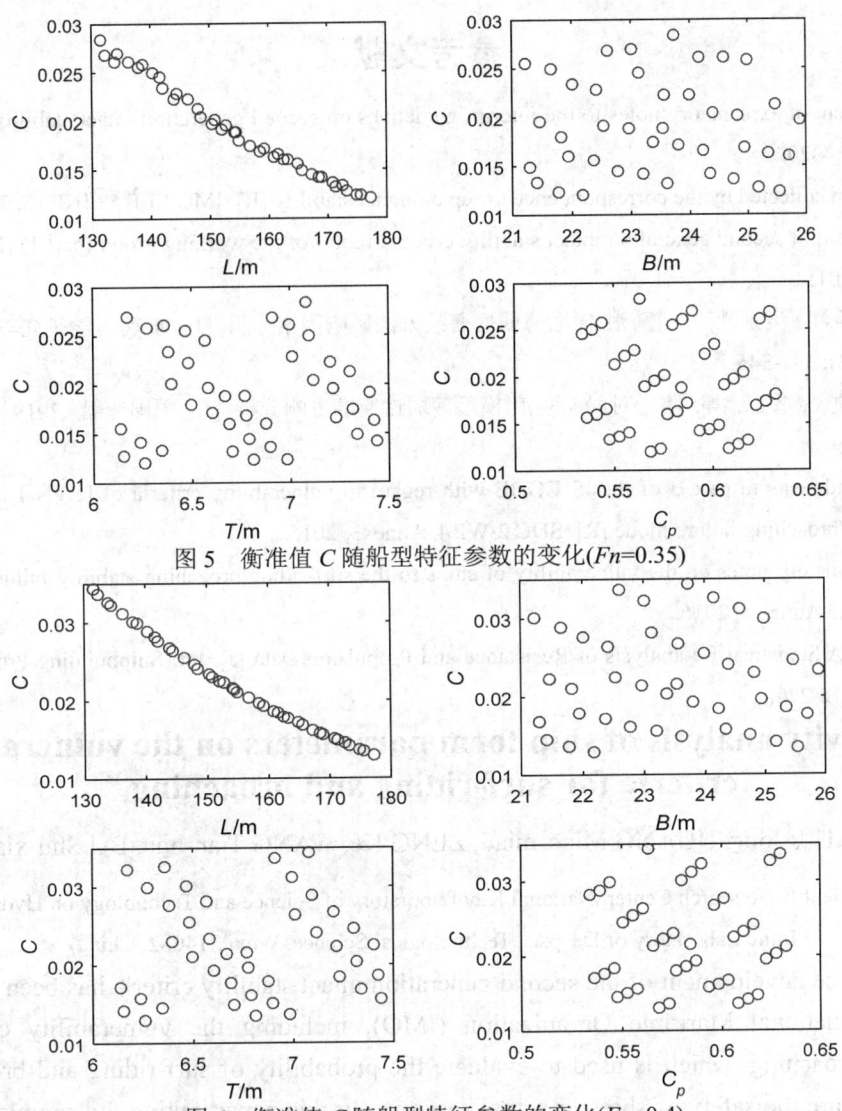

图 5 衡准值 C 随船型特征参数的变化(Fn=0.35)

图 6 衡准值 C 随船型特征参数的变化(Fn=0.4)

5 结论

本研究以骑浪/横甩薄弱性衡准方法为基础，开展船型特征参数对骑浪/横甩薄弱性衡准值影响分析研究，研究发现：当船长 L、船宽 B、吃水 T、C_p 多个船型特征参数同时变化时，船舶骑浪/横甩第二层薄弱性衡准值 C 对船长 L 变化最为敏感，其次是吃水 T、棱形系数 C_p，对船宽 B 的变化最不明显。其中，Fn 较大时，船舶的衡准值 C 变化趋势与船长 L 变化趋势正好相反，也就是衡准值 C 随着船长 L 增大而减小。

船型特征参数对骑浪/横甩薄弱性衡准值的影响还需要通过更多的样船进行验证分析。本课题的研究成果可为船型设计提供技术指导。

参考文献

1. Development of explanatory notes to the interim guidelines on second generation intact stability criteria [R]. SDC 8/WP.4, 2022.
2. Information collected by the correspondence group on intact stability [R]. IMO SLF 53/INF.10, 2011.
3. Development of second generation intact stability criteria, report of the working group (part 1) [R]. IMO SLF 53/WP.4, 2011.
4. 储纪龙, 鲁江, 吴乘胜, 等. 骑浪/横甩薄弱性衡准方法影响因素分析 [J]. 水动力学研究与进展 A 辑, 2016, 31 (3): 341-345.
5. 储纪龙, 顾民, 鲁江, 等. 阻力对船舶骑浪/横甩薄弱性衡准影响分析 [J]. 中国造船, 2019, 60(增刊 2): 212-222.
6. Draft amendments to part B of the IS CODE with regard to vulnerability criteria of levels 1 and 2 for the surf-riding/broaching failure mode [R]. SDC 2/WP.4, Annex3, 2015.
7. Draft explanatory notes on the vulnerability of ships to the surf-riding/broaching stability failure mode [R]. SDC 3/WP.5 Annex 5, 2016.
8. Holtrop J. A Statistical Re-analysis of Resistance and Propulsion Data [J]. Intl Shipbuilding Progress, 1984, 31 (363): 272-276.

Sensitivity analysis of ship form parameters on the vulnerability criteria for surf-riding and broaching

CHU Ji-long, HUANG Miao-miao, ZENG Ke, WANG Tian-hua, BU Shu-xia

(China Ship Scientific Research Center, National Key Laboratory of Science and Technology on Hydrodynamics, Taihu Laboratory of Deepsea Technological Science, Wuxi 214082, China)

Abstract: The development of the second generation intact stability criteria has been completed by the International Maritime Organization (IMO), including the vulnerability criteria for surf-riding/broaching, which is used to evaluate the probability of surf-riding and broaching in waves to ensure the safety of ships in actual seaways. In this paper, taking the sample ship with vulnerability to surf-riding/broaching as an example, new ships are produced by using the software CAESES with changing ship form parameters L, B, T, Cp and LCB. Based on the approach of vulnerability criteria for surf-riding/broaching, the new ships are calculated to analyze the influence of ship form parameters on the vulnerability criteria of surf-riding and broaching. This study provides technical support for the development of vulnerability criteria for surf-riding/broaching in the second generation intact stability criteria.

Key words: Second generation intact stability criteria; Surf-riding; broaching; Ship form parameters; Ship transformation.

基于空化特征的实船机动状态支架臂进流有效攻角评估方法

曹彦涛[1,2*]，徐良浩[1,2]，彭晓星[1,2]

(1. 中国船舶科学研究中心 船舶振动噪声重点实验室，无锡 214082；
2. 深海技术科学太湖实验室，无锡 214082, Email: caoyantao@126.com)

摘要：工程中船舶轴支架通常由翼型剖面结构构成，设计中一般以保障其在直航状态不发生空化为原则，即直航状态支架臂剖面相对来流攻角为0。这使船舶在机动状态，伴随船体转向，支架臂与来流之间必然存在一定攻角。当航速提升到一定程度时，则支架臂可产生空化。但实际航行中只能获得航速及舵角等信息，无法获得支架臂的有效攻角。本文根据支架臂翼型剖面空化特征，利用空泡相对长度与攻角和空化数之间的关系，根据实船空泡试验结果结合水翼模型试验数据，建立了一种基于空化特征的实船机动状态支架臂进流有效攻角评估方法，并以此对典型工况下支架臂有效攻角进行了评估，可为实船空化特征成因的认识提供支撑。

关键词：实船；支架臂；空化；有效攻角

1 引言

实船支架一般由一定几何形状的翼型结构组成，其出现空化后通常会引起局部振动、噪声以及空蚀等危害。当出现上述问题后，通常可以借助实船空化观测技术获取其实际流动状况，以对其成因进行分析。

实船空化观测技术是利用摄像方法获取实船特定部位空化状态的一项测试技术，可为过流部件局部空化的有无及范围等信息的判断提供直接依据，目前在世界范围内已经得到广泛应用[1-3]。但是由于实船测量条件限制，船体上附体的实际进流角度难以获得，所以无法准确得到附体的有效流动状态。即实船空化观测试验过程目前仅可观察并记录相应部位空化存在状况，而无法获得实际航行状态附体空化部位进流的有效攻角，因而设计中难以采取针对性措施对其进行优化控制。因此，在获得实尺度附体空化特征条件下，如何利用

基金项目：国家自然科学基金(11902295)

模型试验结果构建实尺度有效攻角换算方法，是解决上述问题的关键。而在翼型空化特性研究领域，利用摄像手段获取空化形态特征已经成为一种常规的研究手段[4-7]。在缩比模型试验中，通过统计方式获得水翼空泡相对长度与攻角及空化数之间的关系也成为一种广为使用的数据处理方法。而特定水翼的空化特征则仅取决于其剖面特性，因此可以借助上述规律，利用与实船支架剖面特征一致的水翼模型，获得模型尺度下空泡相对长度与空化数和攻角之间的统计规律，再结合实船支架臂空化特征获得其实际流动的进流攻角特性。

基于上述思想，本文提出一种获取实船支架臂有效进流角度的方法。在获得实船支架空化特征的基础上，设计与实船支架臂剖面一致的水翼模型，通过模型试验获得其在系列攻角和空化数下的空化形态统计特征，并以此反推获得产生实船支架臂空化特征的有效进流条件，从而为实船空化特征成因的分析提供依据。

2　方法及流程

本文所述攻角指翼型结构与来流方向之间的夹角(图1)。实船附体空化通常是由局部进流攻角过大引起，其出现会导致局部振动、噪声以及空蚀等系列危害。当前实船空化观测试验可获得一定航速下附体局部的空化形态特征以及航速、吃水等信息，由此可得到空泡的相对长度和空化数，但是难以得到实际航行状态附体空化部位进流的有效攻角。针对上述问题并基于上述信息特征，利用同剖面水翼模型空化特性统计规律，反推获得攻角特征。

2.1　同剖面翼型构建

首先以实尺度附体几何剖面为基本几何，构建适用于模型试验的缩比模型。当前船舶实尺度附体如支架、舵等均为翼型剖面的结构（图2），其剖面特征决定了其空化特征。因而选取与实尺度一致的剖面构建等截面水翼缩比模型（图3），以反映实尺度结构剖面的空化特性。试验中为减小壁面效应，选取的水翼模型展弦比（即展长 s 与弦长 c 之比）应不小于2。

图1　攻角示意图

图2　实船附体结构示意图

2.2 缩比水翼模型试验

然后利用缩比模型在空泡水筒中开展空化试验。在同一攻角 α 下通过调节试验段的背景压力获得不同的空化数 σ，从而获得同一攻角、不同空化数的试验状态；而攻角 α 变换方法是从某一较小角度开始以一定间隔覆盖一定范围内的系列攻角，从而获得系列攻角下不同空化数的试验状态，由此获得系列攻角和系列空化数组合状态的试验结果。

2.3 相对空泡长度分布特征获取

每个试验状态下，利用高速相机记录正对模型发生空化一侧的空化形态图像(图4)，时间长度不少于 20 周期。之后进行图像后处理得到空泡长度信息：即对空化形态图像序列进行时间平均获得该测试状态下的平均空化形态，再将平均空化形态图像换成二值图像后在展向进行平均，获得空泡体积分数沿弦向的平均分布；以空泡体积分数 0.1 为临界值获得空泡前沿和后沿的坐标，并由二者差值结合图像中模型实际长度计算得到该工况下空泡的绝对长度 L；最后将空泡绝对长度除以缩比模型弦长 c 得到空泡相对长度 $\frac{L}{c}$。之后以空泡相对长度 $\frac{L}{c}$ 为纵坐标，以空化数和 2 倍攻角比值为横坐标 $\frac{\sigma}{2\alpha}$，形成空泡相对长度以及空化数与攻角比值之间的统计分布（图5）。

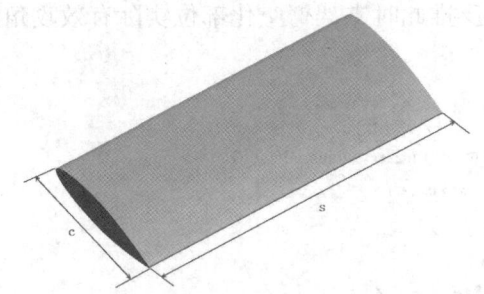

图 3 等截面水翼模型示意图

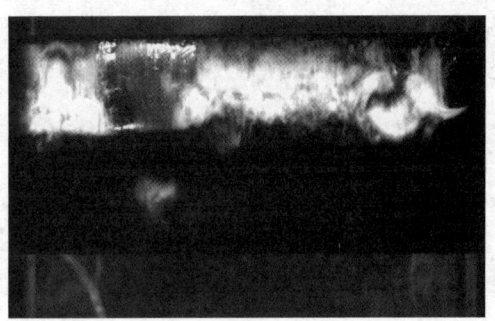

图 4 空化形态高速摄影图像

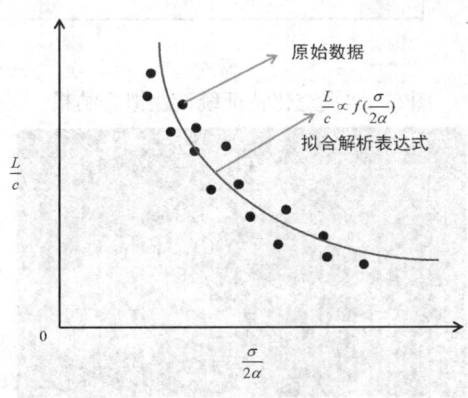

图 5 数据分布及解析表达式拟合示意图

2.4 数据拟合及解析表达式构建

根据统计分布选取合适的拟合方法构建空泡相对长度与空化数和攻角比值之间的解析关系，并将其作为当前几何剖面空化特征的标尺。

$$\frac{L}{c} \propto f(\frac{\sigma}{2\alpha})$$

2.5 有效攻角反推

最后以实尺度附体空化的相对空泡长度 $\frac{L_f}{c_f}$ 和空化数 σ_f 为输入，代入解析表达式便可反推得到实尺度附体的有效攻角 α_f。

3 试验结果及分析

本文将上述方法应用于某实船支架臂空化案例，对其实际空化部位的有效攻角进行了评估。其同剖面水翼空化特征统计及拟合结果见图 6。然后针对实船舵角 25°支架臂空化的工况(图 7)，经计算其空泡相对长度及空化数，反推此时支架臂空化部位实际有效攻角约为 12.5°。

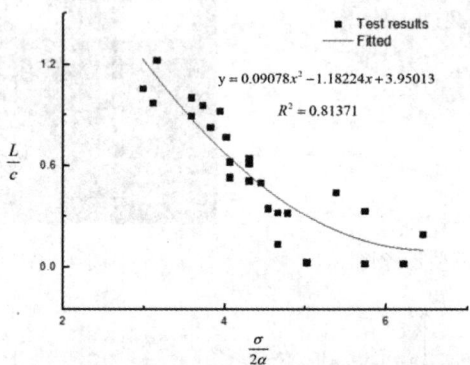

图 6 水翼空化特征统计及拟合结果

图 7 实船支架空化试验结果

由此可知，船舶在机动航行状态下，由于船体不同部位运动的差异，其进流角度存在较大差别。利用本文所提出的方法可评估实际船舶运行状态局部的进流角度，并可据此对翼型剖面的空化敏感攻角范围进行针对性设计优化，从而达到空化控制的目的。

3 结论

本文以模型尺度水翼空化特征为标尺，建立了一种实船支架臂空化进流有效攻角的换算方法，并利用实船空化试验结果获得特工况下实船支架臂空化时的实际有效攻角。结果表明，所提出的实船支架臂空化进流有效攻角的方法可行，可为今后实船附体空化特征的分析提供支撑。

参考文献

1. Friesch J. Erosion damages on propellers and rudders caused by cavitation [C]. Proceedings of the Ninth International Conference on Fast Sea Transportation(FAST2007). Hamburgische Schiffbau-Versuchsanstalt GmbH (HSVA), Hamburg, Germany, 2006.
2. Atlar M, Aktas B, Sampson R, et al. A multi-purpose marine science and technology research vessel for full-scale observations and measurements [C]. 3rd International Conference on Advanced Model Measurement Technologies for the Marine Industry. 2013.
3. Ahn J W, Paik B G, Seol H S, et al. Comparative study of full-scale propeller cavitation test and lct model test for mr tanker [J]. Journal of the Society of Naval Architects of Korea, 2016, 53(3): 171-179.
4. Leroux J B, Coutier-Delgosha O, Astolfi J A. A joint experimental and numerical study of mechanisms associated to instability of partial cavitation on two-dimensional hydrofoil [J]. Physics of Fluids, 2005, 17(5).
5. Foeth E J, Terwisga T V, Doorne C V. On the collapse structure of an attached cavity on a three-dimensional hydrofoil [J]. Journal of Fluids Engineering, 2008, 130(7): 933-43.
6. Harish, Ganesh, Simo, et al. Bubbly shock propagation as a mechanism of shedding in separated cavitating flows [J]. Journal of Hydrodynamics Ser B, 2017.
7. Ganesh, Harish, Makiharju, et al. Bubbly shock propagation as a mechanism for sheet-to-cloud transition of partial cavities [J]. Journal of Fluid Mechanics, 2016.

A proposed method to evaluate the effective angle of full scale shaft bracket under manoeuvring state

CAO Yan-tao[1,2*], XU Liang-hao[1,2], PENG Xiao-xing[1,2]

(1. National Key Laboratory on ship Vibration & Noise, CSSRC, Wuxi 214082, China,
2. Taihu Laboratory of Deepsea Technological Science, Wuxi 214082, China, Email: caoyantao@126.com)

Abstracts: Shaft bracket are primarily made of foil structure in the field of ship engineering. To ensure there's no cavitation on the bracket under straight forward state, the attack angle corresponding to the incoming flow of bracket is generally kept to be zero. Thus make it inevitable that there's gap on the direction between the bracket and the incoming flow. When the ship speeds up to a certain value, cavitation would occur. However, due to the limitation of finite information available from full scale situations, such as ship speed and the angle of the rudder, the real attack angle of the bracket could not be acquired. In this paper, an approach to evaluate the effective angle of the bracket under manoeuvring conditions was proposed Based on the cavitation characteristic of foil sections, combining the cavitation behavior from the full scale cavitation observation and the test result of hydrofoil, the relation between the relative cavity length and the ratio from cavitation number to attack angle could be established. Then it was applied to typical cases.

Key words: Full scale; Shaft bracket; Cavitation; Effective angle.

浮冰区波浪传播理论分析方法与响应特性研究

石玉云，李志富*

（江苏科技大学 船舶与海洋工程学院，镇江 212100, Email: zhfu.li@hotmail.com）

摘要：本研究以波浪与半无限尺度海冰耦合作用精确解为基础，通过对自由表面波与冰水弯曲重力波垂向特征函数展开模态分析，根据波浪各模态渐近变化特征，并利用人工引入虚拟界面压力和速度连续条件，提出了一种多尺度浮冰区波浪场的快速近似匹配计算分析方法。

关键词：浮冰区；波浪演化；波浪场；特征函数；近似匹配

1 引言

浮冰区波浪传播过程十分复杂，在浮冰对波浪的多重散射作用下，冰区局部水域可能发生波浪共振现象，诱导形成冰下大幅压力场及海冰介质大幅弯曲变形。因此，开展浮冰区波浪传播理论分析与响应特性研究，对极地波浪驱动浮冰分布和指导极地装备冰区作业具有重要意义。

对于波浪在冰区的传播，国内外学者开展了若干解析或数值研究。如 Fox 等[1]利用本征函数展开法，提出了单侧半无限长浮冰与水波传播问题的精确解。Linton 等[2]基于复变残差法，进行了类似问题的数值求解。Li 等[3]推导了近半无限长浮冰区 Green 函数，为船舶在近冰区的流场模拟与直接计算提供有效工具。针对单浮冰限制水域，如冬季覆冰港口，Li 等[4]基于本征函数法与边界元法，对覆冰港口内波浪传播机理进行了研究。而对于浮冰区，环境相对复杂，存在水波与多浮冰的耦合现象。因此，本研究基于波浪与单无限长浮冰下的精确解，提出了一种近似方法，用于快速求解浮冰区波浪传播问题。

2 浮冰区流域方程及边界条件

浮冰区一般两侧为连续大尺度冰层，中间浮冰尺度多样。基于此，建立浮冰区数学模型。定义浮冰区存在 n 块连续冰层，冰层宽度不一，最左及最右端冰层分别向两侧无限延

基金项目：国家自然科学基金(52071162、52101315、51709131)

伸，冰层长度均为无限长，冰层之间存在 $n-1$ 组自由液面。建立一组直角坐标系 $o-xyz$。其中，原点 o 位于第一块冰层与第二块冰层所夹的未受扰动平均静水面，x 轴沿水平方向，z 轴垂直向上。

当浮冰区浮冰尺度与流体运动相对于波长为小量，流体无黏无旋不可压，可用势流理论表征流场特征。流体运动随圆频率 ω 正弦变化，速度势可表示为

$$\Phi(x,z,t) = Re[\alpha_0 \phi(x,z) e^{i\omega t}] = Re\{\alpha_0[\phi_I(x,z) + \phi_D(x,z)]e^{i\omega t}\} \tag{1}$$

式中，α_0 为入射势幅值，ϕ_I 和 ϕ_D 分别为入射势与绕射势。

浮冰区满足的流域方程为

$$\nabla^2 \phi_D = 0 \tag{2}$$

浮冰间自由表面满足的边界条件为混合的线性运动学和运动学条件：

$$-\omega^2 \phi_D + g\frac{\partial \phi_D}{\partial z} = 0 \tag{3}$$

式中，g 为重力加速度。假设浮冰区每块冰层为连续介质且各向同性冰，冰层底部满足混合的冰面边界条件

$$(L_j \frac{\partial^4}{\partial x^4} - m_j \omega^2 + \rho g)\frac{\partial \phi}{\partial z} - \rho \omega^2 \phi = 0, \quad z = 0 \tag{4}$$

式中，ρ_j 为密度，E_j 为杨氏模量，ν_j 为泊松比，h_j 为冰厚度，d_j 为冰吃水。$m_j = h_j \rho_j$ 为单位面积质量，$L_j = Eh_j^3/[12(1-\nu_j^2)]$。

浮冰冰层满足的冰边缘条件为

$$\frac{\partial^2}{\partial x^2}(\frac{\partial \phi}{\partial z}) = 0 \tag{5}$$

$$\frac{\partial^3}{\partial x^3}(\frac{\partial \phi}{\partial z}) = 0 \tag{6}$$

即弯矩和剪力为零。此外，冰层端点垂直面满足不可穿透条件：

$$\frac{\partial \phi}{\partial x} = 0 \tag{7}$$

以及有限水深流场底部边界条件：

$$\frac{\partial \phi_D}{\partial z} = 0, \quad z = -h \tag{8}$$

此外，扰动势应满足远方辐射条件：

$$\lim_{x \to -\infty}(\frac{\partial \phi_D}{\partial x} - \kappa_0^{(1)} \phi_D) = 0 \tag{9}$$

$$\lim_{x \to +\infty}(\frac{\partial \phi_D}{\partial x} + \kappa_0^{(n)} \phi_D) = 0 \tag{10}$$

式中，$\kappa_0^{(j)}$ 为冰域色散方程纯正虚根。

3 浮冰区波浪场近似匹配

Shi 等[5]基于双半无限长浮冰波浪场基本解，进行了多冰间航道的水波散射快速求解。本研究中，针对浮冰区多浮冰问题，我们将整个浮冰区分解为 $2n-2$ 个子域。其中每个子域为波浪与半无限尺度海冰覆盖子流场。因此，浮冰区流场的求解，可通过先求解水波与半无限尺度海冰耦合作用流场精确解。以其为子域基本解，经过子域间恰当的匹配，实现浮冰区流场的快速求解。对于波浪经半无限长冰层覆盖流域向开敞自由面水域传播问题，速度势表示为

$$\psi_L^{(2j-1)} = (e^{-\kappa_0^{(j)}X} + R_L^{(2j-1)}e^{+\kappa_0^{(j)}X})f^{(j)}(Z), \quad X \to -\infty \tag{11}$$

$$\psi_L^{(2j-1)} = T_L^{(2j-1)}e^{-\lambda_0 X}g(Z), \quad X \to +\infty \tag{12}$$

$$\psi_R^{(2j-1)} = T_R^{(2j-1)}e^{+\kappa_0^{(j)}X}f^{(j)}(Z), \quad X \to -\infty \tag{13}$$

$$\psi_R^{(2j-1)} = (e^{+\lambda_0 X} + R_R^{(2j-1)}e^{-\lambda_0 X})g(Z), \quad X \to +\infty \tag{14}$$

对于波浪经开敞自由面水域向半无限长冰层覆盖流域传播问题，速度势表示为

$$\psi_L^{(2j)} = (e^{-\lambda_0 X} + R_L^{(2j)}e^{+\lambda_0 X})g(Z), \quad X \to -\infty \tag{15}$$

$$\psi_L^{(2j)} = T_L^{(2j)}e^{-\kappa_0^{(j+1)}X}f^{(j+1)}(Z), \quad X \to +\infty \tag{16}$$

$$\psi_R^{(2j)} = T_R^{(2j)}e^{+\lambda_0 X}g(Z), \quad X \to -\infty \tag{17}$$

$$\psi_R^{(2j)} = (e^{+\kappa_0^{(j+1)}X} + R_R^{(2j)}e^{-\kappa_0^{(j+1)}X})f^{(j+1)}(Z), \quad X \to +\infty \tag{18}$$

其中，

$$f^{(j)}(z) = \frac{\cos[\kappa_0^{(j)}(z+h)]}{\cos[\kappa_0^{(j)}(h-d_j)]} \tag{19}$$

$$g(Z) = \frac{\cos[\lambda_0(z+h)]}{\cos[\lambda_0(h)]} \tag{20}$$

式(11)至式(18)中的系列反射系数与投射系数均可从波浪与半无限尺度海冰耦合作用问题

中获得精确解。因此,子域速度势可表示为

$$\begin{cases} \phi^{(2j-1)}(x,z) = \varepsilon^{(2j-1)}\psi_L^{(2j-1)}(x-x_{2j-1},z) + \gamma^{(2j-1)}\psi_R^{(2j-1)}(x-x_{2j-1},z) \\ \phi^{(2j)}(x,z) = \varepsilon^{(2j)}\psi_L^{(2j)}(x-x_{2j},z) + \gamma^{(2j)}\psi_R^{(2j)}(x-x_{2j},z) \end{cases} \quad (21)$$

在各子域间交界面上,满足连续性条件,譬如:

$$\phi^{(2j-1)}(x_{2j}^C,z) = \phi^{(2j)}(x_{2j}^C,z) \quad (22)$$

$$\frac{\partial \phi^{(2j-1)}(x_{2j}^C,z)}{\partial x} = \frac{\partial \phi^{(2j)}(x_{2j}^C,z)}{\partial x} \quad (23)$$

应用连续性条件,实现子域间速度与压力匹配。对于含有 n 块浮冰的浮冰区,基于该近似方法建立的线性方程组,其系数矩阵为窄带对角阵,相比于精确解算法,将有效简化求解过程。

4 浮冰区波浪场数值模拟

当浮冰间距趋于零时,浮冰区相当于缺陷裂纹连续冰层,Li 等[6]进行了该问题的精确求解。图 1 和图 2 给出了 $n=3$ 与文献对比结果。其中,海冰参数为 $E = 5\text{Gpa}$,$\rho_j = 922.5 \text{ kg}\cdot\text{m}^{-3}$。由图可知,本研究获得的反射与透射系数与精确解结果吻合良好,验证了近似方法的准确性。

篇幅所限,讨论会上将进一步详细给出浮冰间距不为零的浮冰区计算分析结果。结果表明,波浪在经过浮冰区时,波浪反射系数与透射系数均随着频率呈振荡变化。在一些特定频率点,波浪能量会全部透射。在一些特殊频率段,波能则会几近全反射。

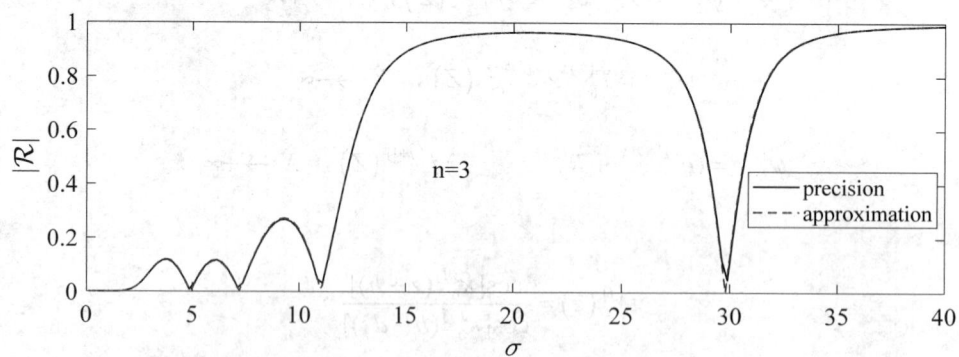

图 1 三块间距为零的浮冰间反射系数

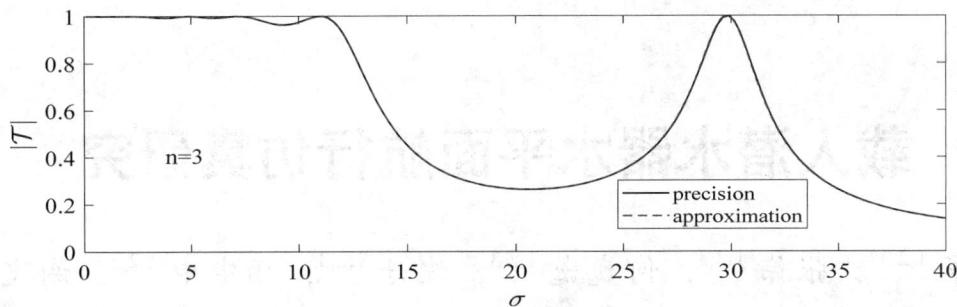

图 2 三块间距为零的浮冰间透射系数

参考文献

1. Fox C, Squire V A. Reflection and transmission characteristics at the edge of shore fast sea ice [J]. Journal of Geophysical Research: Oceans, 1990, 95, 11629.
2. Linton C M, Chung H. Reflection and transmission at the ocean/sea-ice boundary [J]. Wave Motion, 2003, 38: 43.
3. Li Z F, Wu G X. Hydrodynamic force on a ship floating on the water surface near a semi-infinite ice sheet [J]. Physics of Fluids, 2021, 33: 127101.
4. Li Z F, Wu G, Ji C. Interaction of wave with a body submerged below an ice sheet with multiple arbitrarily spaced cracks [J]. Physics of Fluids, 2018, 30: 057107.
5. Shi Y Y, Li Z F, Wu G X. Interaction of wave with multiple wide polynyas [J]. Physics of Fluids, 2019, 31: 067111.
6. Li Z F, Shi Y Y, Wu G X. Interaction of ocean wave with a harbor covered by an ice sheet [J]. Physics of Fluids, 2021, 33: 057109.

Fast numerical solution of wave propagation in marginal ice zone

SHI Yu-yun, LI Zhi-fu*

(School of Naval Architecture and Ocean Engineering, Jiangsu University of Science and Technology, Zhenjiang 212000, Email: zhifu.li@hotmail.com)

Abstract: Due to the precise solution of wave interaction with a semi-infinite ice sheet, an approximated method based on wide space assumption is introduced in this paper. In solution, the marginal ice zone is divided into series of sub-domain. Velocity potential in free-surface and ice floe covered sub-domain is respectively expanded into eigenfunction series. By introducing the continuity of pressure and velocity potential on interfaces, a complete solution is established and the validation of method has been provided.

Key words: Marginal ice zone; Wave propagation; Wave field; Eigenfunction expansion; Approximated matching method

载人潜水器水平面航行仿真研究

李德军 [1,2,3*]，张伟 [1,2,3]，何巍巍 [1,2,3]，沈丹 [1,2,3]，杨申申 [1,2,3]，谢飞 [1,2,3]

（1. 中国船舶科学研究中心，无锡 214082；
2. 深海载人装备国家重点实验室，无锡 214082；
3. 深海技术科学太湖实验室，无锡 214082, Email: 2541086522@qq.com）

摘要：采用载人潜水器六自由度运动模型，基于 C++开发了载人潜水器航行仿真软件，在此基础上，分析了垂向水动力干扰对水平面航行的干扰作用，并开展了定深下的直航和回转航行仿真研究，仿真结果表明该潜器可较好地进行定深水平面航行运动，对潜器近海底安全航行作业具备一定的工程意义。

关键词：载人潜水器；水平面航行；定深；仿真

1 引言

载人潜水器，特别是深海载人潜水器，是深海进入、探测和开发的重要技术手段和装备。目前中国、美国、法国、俄罗斯、日本拥有世界上仅有的几艘深海载人潜水器，其中我国比较典型的载人潜水器是"蛟龙号"、"深海勇士号"和"奋斗者号"[1-7]。深海载人潜水器的任务使命是要求潜水器必须具备在复杂深海环境下执行各种航行、避碰、悬停、作业等综合能力，因而对其航行性能的研究显得尤为重要。

深海载人潜水器是一个复杂的非线性系统，各个自由度之间的耦合非常严重，载人潜水器水平面航行时，会受到垂向水动力干扰。本研究以某型载人潜水器为研究对象，开展了定深下的直航和回转航行仿真研究，仿真结果表明该潜器可较好地进行定深水平面航行运动，对潜器近海底安全航行作业具备一定的工程参考意义。

2 载人潜水器航行仿真模型

我们可以把潜水器看作为一个刚体，对潜水器进行受力分析，采用刚体运动动量定理和动量矩定理[8]，可得到潜水器空间六自由度方程组：

$$\begin{cases} m\left[\dot{u}-vr+wq-x_G\left(q^2+r^2\right)+y_G(pq-\dot{r})+z_G(pr+\dot{q})\right]=\sum_i X_i \\ m\left[\dot{v}-wp+ur-y_G\left(r^2+p^2\right)+z_G(qr-\dot{p})+x_G(qp+\dot{r})\right]=\sum_i Y_i \\ m\left[\dot{w}-uq+vp-z_G\left(p^2+q^2\right)+x_G(rp-\dot{q})+y_G(rq+\dot{p})\right]=\sum_i Z_i \\ I_x\dot{p}+(I_z-I_y)qr+m\left[y_G(\dot{w}+pv-qu)-z_G(\dot{v}+ru-pw)\right]- \\ (\dot{r}+pq)I_{xz}+\left(r^2-q^2\right)I_{yz}+(pr-\dot{q})I_{xy}=\sum_i K_i \\ I_y\dot{q}+(I_x-I_z)rp+m\left[z_G(\dot{u}+qw-rv)-x_G(\dot{w}+pv-qu)\right]- \\ (\dot{p}+qr)I_{xy}+\left(p^2-r^2\right)I_{xz}+(qp-\dot{r})I_{yz}=\sum_i M_i \\ I_z\dot{r}+(I_y-I_x)pq+m\left[x_G(\dot{v}+ru-pw)-y_G(\dot{u}+qw-rv)\right]- \\ (\dot{q}+rp)I_{yz}+\left(q^2-p^2\right)I_{xy}+(rq-\dot{p})I_{xz}=\sum_i N_i \end{cases} \quad (1)$$

式中，外力和外力矩包括螺旋桨推力、水动力、重力和浮力及力矩等，而环境引起的干扰力可由具体的作业环境进行分析，对于外力和外力矩建模可参考文献[9]。

水动力系数的来源是风洞和旋臂水池中的模型试验，基于C++开发了载人潜水器航行仿真软件，通过MFC设计界面显示潜器航行重要参数(图1)。

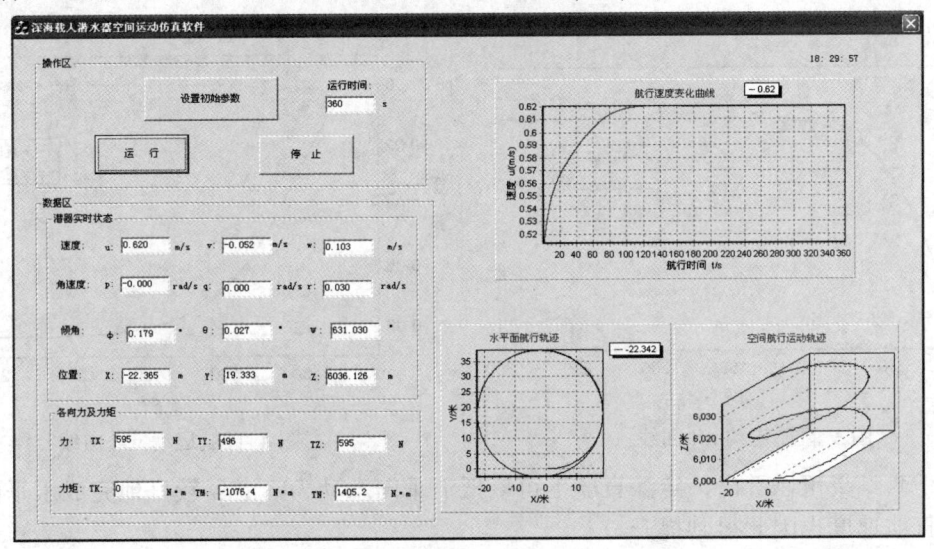

图1 载人潜水器航行运动仿真软件界面

3 水平面航行仿真

载人潜水器由于外形复杂，水平面航行过程中，会产生垂向水动力，从而诱导潜器做空间运动。在文献[10]中，潜水器进行正航回转运动，潜水器上下不对称从而诱导产生垂直向上的水动力,进而导致潜水器做空间运动,仿真结果见图 3 和图 4。

为保证载人潜水器水平面安全航行作业,开展了定深直航和定深回转仿真研究。

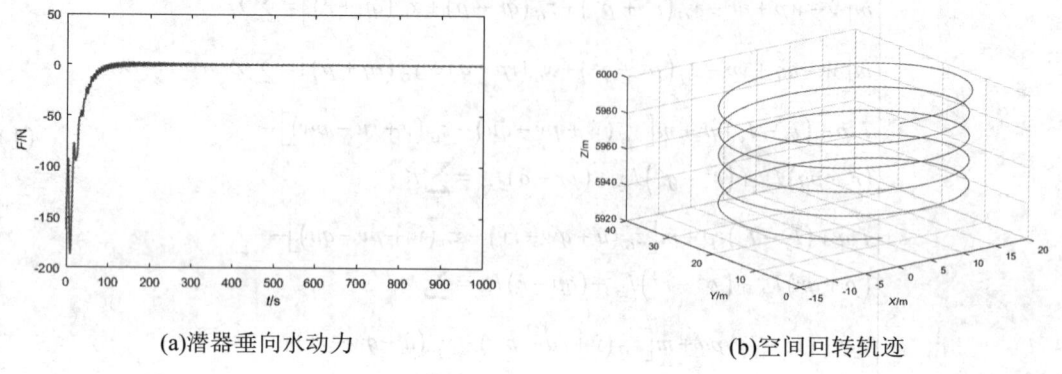

(a)潜器垂向水动力 　　　　　　　　　(b)空间回转轨迹

图 2　文献[10]仿真结果

3.1 定深直航

推进器的输入推力：$T=[520N,0,0,0,0,0]^T$；初始状态：$x_0=[0.01\ m/s,0,0,0,0,0,0,0,6000\ m,0,0,0]$，潜水器进行直航运动。同样的初始状态和推力输入,开启自动定深功能,潜器进行定深直航运动。仿真结果如下。

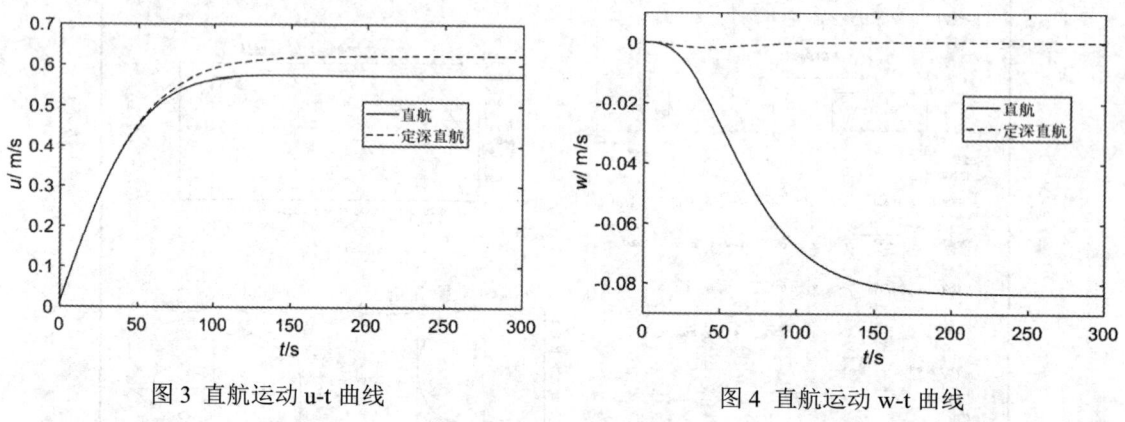

图 3　直航运动 u-t 曲线　　　　　　　图 4　直航运动 w-t 曲线

从仿真结果可以看出,定深直航下可以抵消垂向水动力,潜器较好地完成水平面航行运动,直航速度也因此得到提升。

3.2 定深回转

推进器的输入推力：$T=[520N,392.5N,0,0,0,1112N\cdot m]^T$；初始状态：$x_0=[0.514\ m/s,0,0,0,0,0,0,6000\ m,0,0,0]$，潜水器进行正航回转运动。同样的初始状态和推力输入,开启自动定深功能,潜器进行水平面定深回转运动。仿真结果见图 5 至图 7。

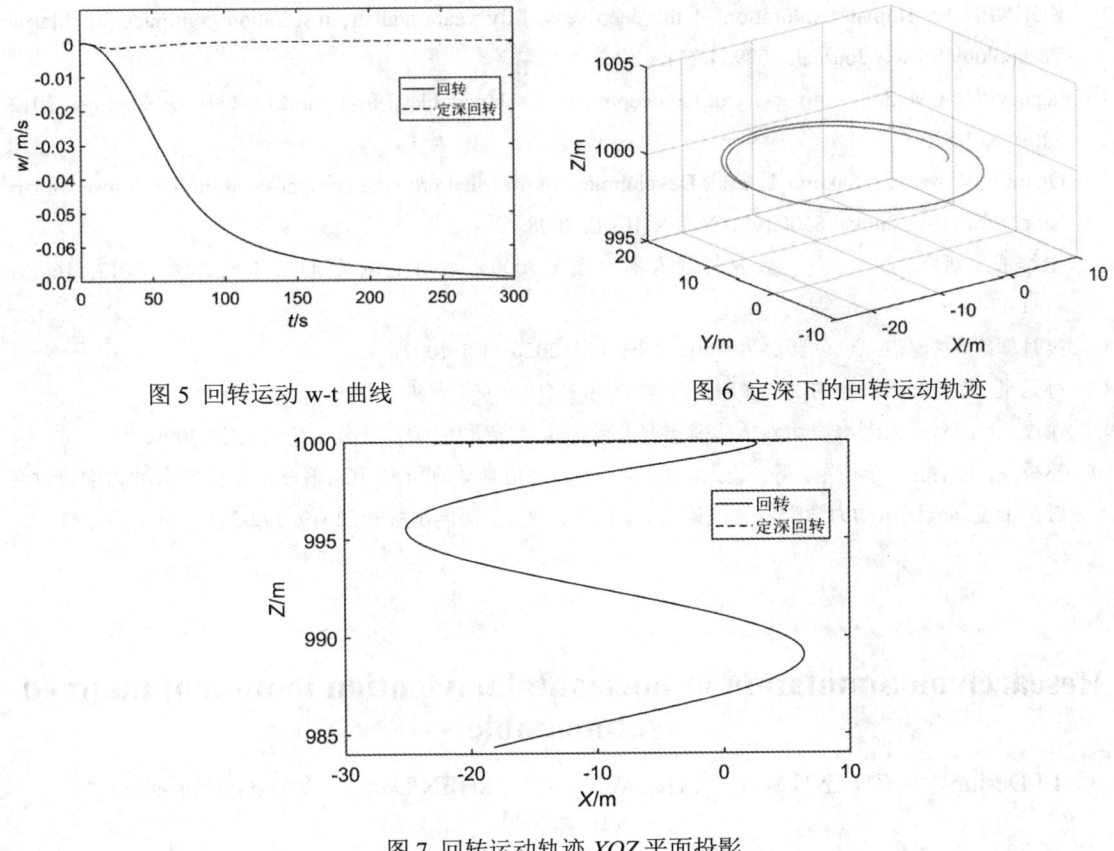

图 5 回转运动 w-t 曲线　　　　图 6 定深下的回转运动轨迹

图 7 回转运动轨迹 XOZ 平面投影

从仿真结果可以看出，开启自动定深功能，潜器较好地完成水平面回转运动，垂向水动力可得到抵消。

4 结论

在复杂外形载人潜水器航行作业中，通过自动定深，可保证潜器较好完成水平面航行运动。研究结果可为载人潜水器空间运动特性和水平面航行控制研究提供基础，对潜器近海底安全航行作业具备一定的工程意义。

参考文献

1 姜哲, 崔维成. 全海深潜水器水动力学研究最新进展 [J]. 中国造船, 2015, 56(04): 188-199.
2 Barrie B. Walden, Robert S. Brown. A replacement for the alvin submersible [J]. Marine Technology Society Journal, 2004, Vol.38(2): 85-91.

3 KOHNEN W. Human exploration of the deep seas: fifty years and the inspiration continues [J]. Marine Technology Society Journal, 2009, 43(5): 42-62.

4 Sagalevitch A M. 25th anniversary of the deep manned submersibles Mir-1 and Mir-2 [J]. Oceanology, 2012, 52(6): 817-830.

5 Ogura S, Kawama I, Sakurai T, et al. Development of oil filled pressure compensated lithium-ion secondary battery for DSV Shinkai 6500 [C]. Oceans, IEEE, 2008.

6 崔维成, 刘峰, 胡震, 等. 蛟龙号载人潜水器的7000米级海上试验 [J]. 船舶力学, 2012, 16(10): 1131-1143.

7 吴月辉. 下潜深度见证创新高度 [N]. 人民日报, 2020-11-18(007).

8 孙元泉. 潜艇和深潜器的现代操纵理论与应用 [M]. 北京: 国防工业出版社, 2001.

9 谢俊元. 深海载人潜水器动力学建模研究及操纵仿真器研制 [D]. 无锡: 江南大学, 2009.

10 赵桥生, 何春荣, 李德军, 等. 载人潜水器空间运动仿真计算研究 [C]. 第三十届全国水动力学研讨会暨第十五届全国水动力学学术会议论文集(下册). 北京, 海洋出版社, 2019: 372-378.

Research on Simulation of horizontal navigation motion of manned submersible

LI De-jun[1,2,3]*, ZHANG Wei[1,2,3], HE Wei-wei[1,2,3], SHEN Dan[1,2,3], YANG Shen-shen[1,2,3], XIE Fei[1,2,3]

(1. China Ship Scientific Research Center, Wuxi 214082;
2. State Key Laboratory of Deepsea Manned Vehicle, Wuxi 214082;
3. Taihu Laboratory of Deep-sea Technological Science, Wuxi 214082, Email: 2541086522@qq.com)

Abstract: Using the six degree of freedom motion model of manned submersible, the navigation simulation software of manned submersible is developed based on C ++. On this basis, the interference effect of vertical hydrodynamic interference on horizontal navigation is analyzed, and the simulation research of direct navigation and rotary navigation under fixed depth is carried out. The simulation results show that the submersible can better carry out the navigation movement of fixed depth horizontal plane, which has certain engineering significance for the safe navigation operation of submersible near the seabed.

Key words: Manned submersible; Horizontal navigation; Fixed depth; Simulation.

岛礁环境条件下浮式栈桥运动特性研究

苗玉基[1,2,3*]，陈徐均[2]，叶永林[1,3]，蔡志文[1,3]，计淞[2]

（1. 深海技术科学太湖实验室，无锡 214082;
2. 陆军工程大学 野战工程学院，南京 210007;
3. 中国船舶科学研究中心，无锡 214082, Email: miaoyuji@cssrc.com.cn）

摘要：浮式栈桥广泛用于沿海滩涂开发及远海岛礁建设，其运动特性的计算分析对浮式栈桥设计及安全使用至关重要。浮式栈桥一般由多个桥节通过连接器连接而成，由于其布设位置水深相对较浅，因此其运动响应会受到岛礁地形的影响。本研究在三维水弹性力学理论的基础上，发展了一种针对岛礁环境条件下浮式栈桥动力响应的时域水弹性计算方法，在此基础上使用实测波浪谱对浮式栈桥开展计算分析，采用该方法研究考虑岛礁地形影响前后浮式栈桥的动力响应。计算结果表明，相比于开阔海域波浪谱，在低频段具有较高能量的波浪谱的作用下浮式栈桥线位移会出现更大的运动响应。

关键词：浮桥工程；数值模拟；运动响应；近岛礁波浪；水弹性力学

1 引言

浮式栈桥是远海岛礁建设、沿海滩涂开发的关键装备，并在应急保障工程中发挥重要作用。在岛礁海域应用的浮式栈桥通常会面临极其复杂的海洋环境，甚至会遭遇台风浪的袭击，使浮式栈桥使用功能及安全运行面临重大挑战。在沿海滩涂和远海岛屿开发建设中，传统浮桥及浮式栈桥能够承受的海况等级较低，且难以在桥两端设置可靠的支撑构件，因此在研究过程中逐步提出了多型浮式栈桥构型[1-2]，其中由陈徐均等[0]提出的一种新型箱桁组合式浮式栈桥，桥节由浮箱和桁架组成，可适用于中等海况以上的海洋环境条件。

一般采用数值计算[3-4]、模型试验[5-6]及实桥测试等[0]方法对浮式栈桥及浮桥的动力特性开展研究。近岛礁海域的波浪特征与开阔海域的波浪特征不同，为了研究岛礁附近海域的波浪演化情况，在某近岛礁海域开展了多年的海上监测，吴有生等基于三维水弹性力学理论[0]率先提出了近岛礁浮式结构物水弹性响应的分析方法[0]，并对近岛礁浮式结构物关键技术的发展进行了总结归纳，提出了未来需要关注的重点问题和研究方向[0]。通过分析测量到的风浪数据，发现受岛屿、礁盘和潟湖的影响后，近岛礁区域的波浪呈现出色散性弱、非

基金项目：工信部高性能船舶科研资助项目(工业和信息化部[2019]357号文&[2016]22号文)和江苏省青年基金项目(SBK2022044712)

线性强的特征，实测得到的波浪谱形式不同于深海常规波浪谱，出现了较为明显的双峰或多峰特征[11-13]。

作者在文献 0 中基于三维水弹性力学理论对新型浮式栈桥的运动响应进行了频域水弹性计算分析，在此基础上为进一步研究新型浮式栈桥在近岛礁海洋环境下的运动特性，本研究在三维水弹性力学理论的基础上[0]，发展了一种针对近岛礁浮式栈桥的时域水弹性计算方法，并结合海上实测波浪参数对浮式栈桥进行了数值计算，对比分析不同海况下浮式栈桥的运动特性，最终给出相关结论和建议。

2 基本原理

浮体时域水弹性运动方程可表示为：

$$[a+A_\infty]\{\ddot{q}(t)\}+[b]\{\dot{q}(t)\}+[c]q(t)+\int_0^t K(t-\tau)\{\dot{q}(t)\}\mathrm{d}\tau=\{F(t)\} \quad (1)$$

式中，a 为浮体的结构广义质量阵，A_∞ 为频率趋于无穷大时的附加质量阵，b 是浮体的广义阻尼阵，c 是浮体的广义静水恢复力阵，与浮体的几何尺度有关，$K(t-\tau)$ 为系统的时延函数；$F(t)$ 为作用在浮体上的广义力阵；$q(t)$ 为浮体的主坐标响应列阵。

若给定浮体运动的初始条件 $q(0)$ 和 $\dot{q}(0)$，由式(1)可唯一确定浮体在后续各时刻的运动响应。式(1)是时域计算中基于线性流体动力学理论的运动方程，在此基础上，可根据浮体实际情况加入某些项，从而更加贴合实际工程。为了考虑黏性效应和浮体湿表面的变化等，在运动方程中引入由于流体黏性引起的水阻力，由瞬时湿表面变化引起的非线性恢复力和力矩，以及由系泊系统引起的线性或非线性系泊力等，用来更加确切地描述浮体的实际受力和运动特性。计及上述影响的浮体时域非线性水弹性运动方程可写为：

$$\begin{aligned}&[a+A_\infty]\{\ddot{q}(t)\}+[b]\{\dot{q}(t)\}+\int_0^t K(t-\tau)\{\dot{q}(t)\}\mathrm{d}\tau=\\&\{F_\mathrm{I}(t)\}+\{F_\mathrm{D}(t)\}+\{F_\mathrm{R}(t)\}+\{G(t)\}+\{F_\mathrm{m}(t)\}+\{F_\mathrm{C}(t)\}\end{aligned} \quad (2)$$

式中，$F_\mathrm{I}(t)$ 为考虑大幅运动和瞬时湿表面影响的非线性广义入射波浪力，$F_\mathrm{D}(t)$ 为广义绕射波浪力，$F_\mathrm{R}(t)$ 为考虑大幅运动和瞬时湿表面影响的非线性广义静水恢复力，$G(t)$ 为浮体的重力，$F_\mathrm{m}(t)$ 为广义系泊力，$F_\mathrm{C}(t)$ 为由于流体黏性引起的水阻力。其中，$F_\mathrm{I}(t)$、$F_\mathrm{R}(t)$ 和 $F_\mathrm{C}(t)$ 在瞬时湿表面上进行求解，$F_\mathrm{D}(t)$ 在平均湿表面上进行求解，系泊力则根据系泊类型选取合适数学模型计算得到。

3 数值计算模型

本研究计算对象为由 4 个桥节组成的浮式栈桥段，其中单个桥节长 30.0 m，型宽 8.0 m，型深 1.8 m，单个桥节的主要参数见表1。相邻桥节间通过浮箱和桁架上的连接件连接，桥节间连接部位长度为 0.24 m，因此浮式栈桥全长为 120.72 m。该浮式栈桥布设海域水深约为 9.0 m，工作吃水为 0.4 m。由于采用时域计算时需考虑瞬时湿表面变化，因此须将可能入水的单元全部建模，浮式栈桥时域水弹性计算水动力网格见图 1。

表 1 浮式栈桥桥节参数

项目	实桥
长/m	30.00
宽/m	8.00
高/m	1.80
吃水/m	0.40
排水量 Δ/kg	9.80E3
重心（m）	(15.00,0.00,1.26)
转动惯量 I_{xx}/（kg·m^2）	7.28×10^5
转动惯量 I_{yy}/（kg·m^2）	5.54×10^6
转动惯量 I_{zz}/（kg·m^2）	5.99×10^6

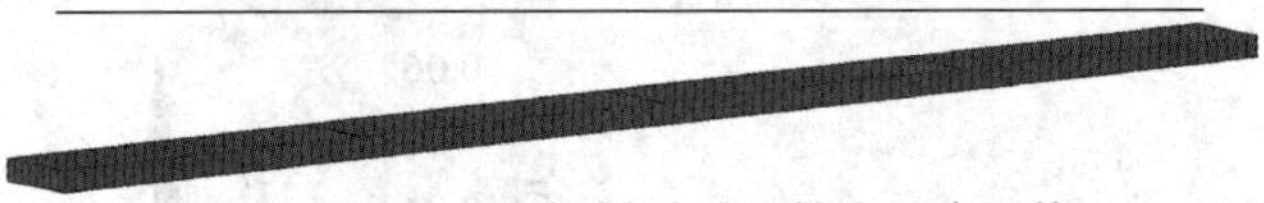

图 1 四桥节浮式栈桥时域计算水动力网格

通过实测得到了某岛礁附近的波浪参数，选取台风期间和寒潮期间的波浪谱作为浮式栈桥水弹性计算的输入波浪谱，对浮式栈桥运动响应和剖面载荷进行短期预报，实测得到的波浪谱参数见表 2。图 2 展示了几个典型的实测波浪谱，并与同等能量的 Jonswap 谱进行了对比，其中图 2(a)为寒潮期间测得的波浪谱，图 2(b)和(c)为台风期间测得的波浪谱，图 2(d)为台风已登陆测得的波浪谱。由图 2 可知岛礁附近波浪谱的能量分布与传统开阔海域波浪谱能量分布具有明显差异，特别是在寒潮期间岛礁附近海域的 Jonswap 谱在低频段会集聚较大的能量，在台风期间的实测谱与 Jonswap 谱差别较小。

表 2 岛礁附近实测波浪谱参数

工况	有义波高 Hs/m	谱峰周期 Tp/s	谱峰频率/rad·s^{-1}
Mea.1	0.33	8.33	0.75
Mea.2	1.02	3.70	1.70
Mea.3	1.13	3.85	1.63
Mea.4	0.66	4.76	1.32
Mea.5	1.44	6.67	0.94
Mea.6	1.57	5.88	1.70
Mea.7	0.85	3.70	1.07
Mea.8	0.91	7.69	0.82
Mea.9	1.07	7.14	0.88
Mea.10	0.81	3.85	1.63

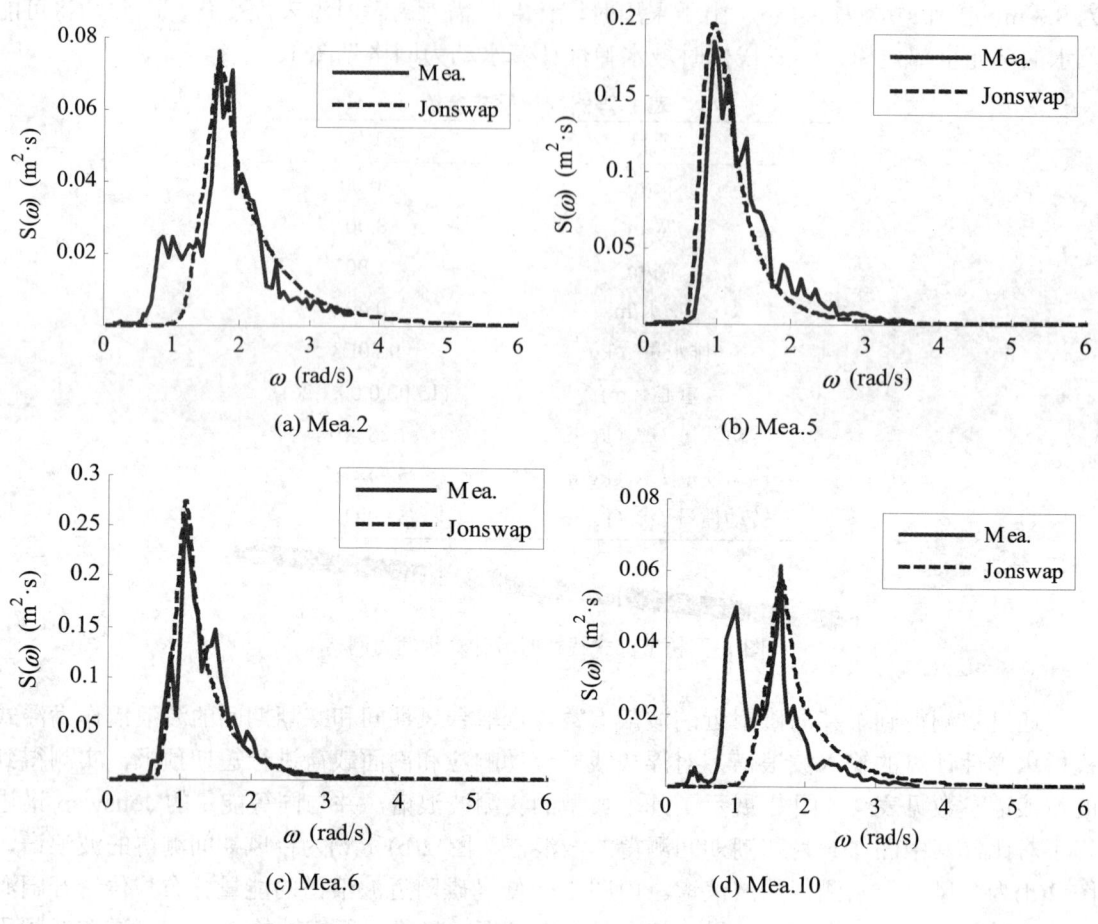

图 2 典型实测波浪谱

4 计算结果和讨论

图 3 和图 4 给出了 0° 浪向下采用实测谱得到的浮式栈桥第一个桥节和第二个桥节运动响应最大值，并与等能量的 Jonswap 谱下的计算结果进行了对比，图中横轴序号即为表 2 中的工况序号。由图 3 和图 4 可知，岛礁实测波浪谱作用下浮式栈桥桥节运动响应与传统 Jonswap 谱作用下的运动响应有显著区别。在 0° 浪向下，第一个桥节和第二个桥节的纵荡响应差别不大，但实测波浪谱作用下浮式栈桥第一个桥节的纵荡比等能量的 Jonswap 谱作用下的计算结果大，其中实测谱 Mea.2、Mea.3、Mea.7 和 Mea.10 作用下的纵荡最大值增大了 435%、405%、314%和 576%，实测谱 Mea.4、Mea.5 和 Mea.6 作用下的桥节纵荡最大值增大了 182%、42%和 165%，实测谱 Mea.9 作用下桥节纵荡最大值增大了 88%，但实测谱 Mea.8 作用下桥节纵荡最大值减小了 7%。

由图 3(b)和图 4(b)可知，桥节垂荡响应同样受岛礁波浪影响较大，实测谱 Mea.2 、Mea.3、Mea.7 和 Mea.10 作用下的第一个桥节的垂荡最大值分别增大约 60%、57%、65% 和 116%，Mea4 和 Mea.6 作用下的第一个桥节的垂荡最大值分别增大约 6%和 8%，但实测谱 Mea.5 作用下的桥节垂荡最大值减小了 5%；Mea.8 和 Mea.9 作用下的桥节垂荡最大值减小了 20%和 1%。由图 3(c)可知，实测谱 Mea.2 、Mea.3、Mea.6、Mea.7 和 Mea.10 作用下的第一个桥节的纵摇最大值分别增大约 122%、126%、17%、120%和 206%，但实测谱 Mea.5、Mea.8 和 Mea.9 作用下的桥节纵摇最大值减小了 5%、27%和 5%。在同一波浪谱作用下，第一个桥节与第二个桥节的纵荡大小基本相同，但第一个桥节的垂荡和纵摇比第二个桥节的结果大，这是由于存在遮蔽效应的缘故。

引起上述现象的主要原因在于实测波浪谱的能量分布与开阔海域 Jonswap 谱具有较大差异，特别是寒潮期间的实测谱中具有较多长波成份，与浮式栈桥桥节运动响应幅值传递函数较大的频段基本一致。而台风期间实测谱与 Jonswap 谱的能量分布差异略小，且能量更为集中。因此，在计算布设于近岛礁海域的浮式栈桥运动响应时，需采用当地实测波浪谱作为入射波浪，若采用传统单峰谱则无法考虑近岛礁波浪能量分布的特点，会导致计算结果出现较大偏差。

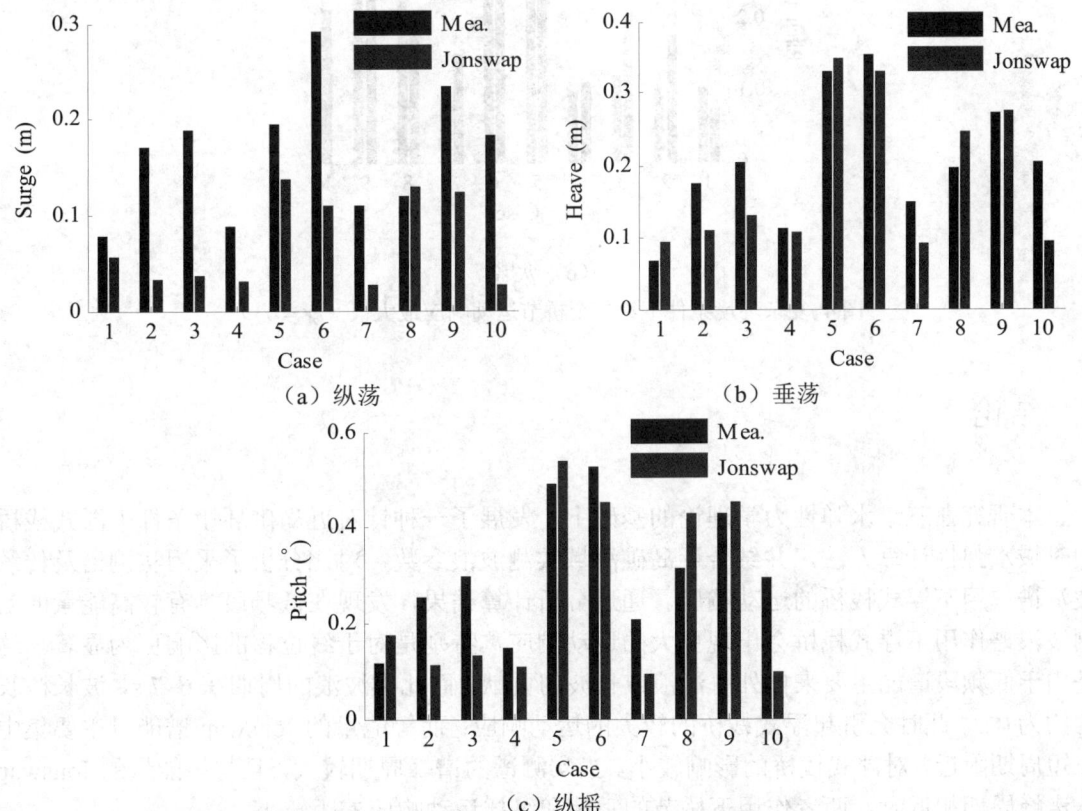

（a）纵荡　　　　　　　　（b）垂荡

（c）纵摇

图 3 复杂环境条件下第一个桥节运动响应最大值（$\chi = 0°$）

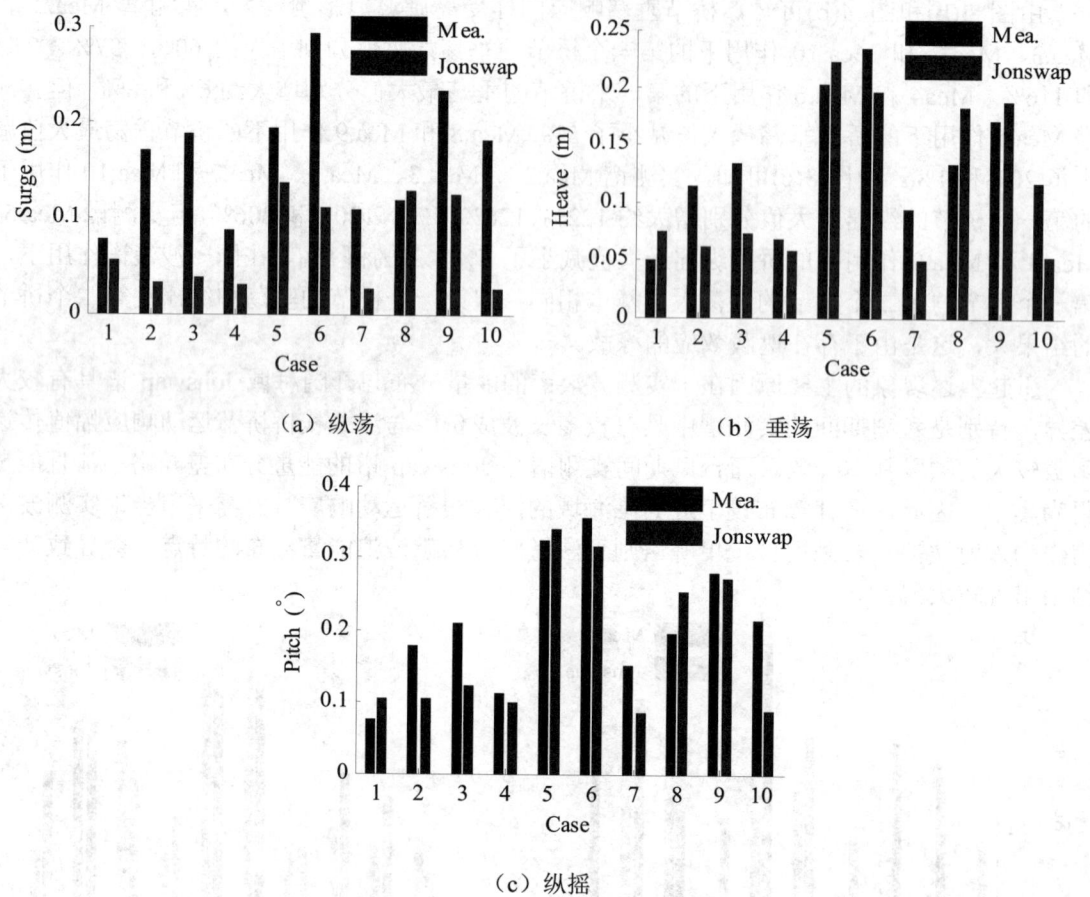

(a) 纵荡　　　　　　　　　　　　　(b) 垂荡

(c) 纵摇

图 4 复杂环境条件下第二个桥节运动响应最大值（$\chi=0°$）

5 结论

本研究在三维水弹性力学理论的基础上，发展了一种针对近岛礁环境条件下浮式栈桥的时域水弹性计算方法，并结合近岛礁海域实测波浪参数，对比分析了采用实测谱及传统波浪谱作用下浮式栈桥的运动响应。通过分析计算结果，发现在低频段具有较高能量的实测波浪谱作用下浮式栈桥会出现更大的运动响应，特别是对于线位移的影响更为显著。这是由于低频段谱能主要来自外海涌浪或长波的贡献，而此类波浪的周期在 6~7 s，波长桥长比约为 0.5，此时会引起浮式栈桥的较大的运动响应；而等能量的 Jonswap 谱能量主要集中在短周期附近，对浮式栈桥的影响较小。当实测谱的谱峰周期较大，且与等能量的 Jonswap 谱谱峰周期相近时，两者作用下桥节的垂荡和纵摇运动响应差距较小。

参考文献

1. 陈徐均, 沈海鹏, 苗玉基, 等. 箱桁组合式浮游栈桥 [P]. 中国: ZL201610980041.0, 2018.11.13.
2. 陈徐均, 施杰, 吴广怀, 等. 一种浮游栈桥 [P]. 中国: ZL201610979696.6, 2017.12.29.
3. 苗玉基, 陈徐均, 叶永林, 等. 波流联合作用下通载浮桥动力特性研究 [J]. 船舶力学, 2021, 25(2): 228-237.
4. 苗玉基. 变水深条件下海上浮式栈桥的动力特性分析 [D]. 南京: 中国人民解放军理工大学硕士学位论文, 2016
5. 苗玉基, 陈徐均. 复杂地形条件下浮式栈桥运动响应的频域分析 [J]. 中国造船, 2017, 58 (2): 108-117.
6. Chen X J, Miao Y J, Tang X F, et al. Numerical and experimental analysis of a moored pontoon under regular wave in water of finite depth [J]. Ships and Offshore Structures, 2017, 12(3): 412-423.
7. 陈徐均, 林铸明, 吴广怀, 等. 通载浮桥动态位移的测试方法与数据分析[J]. 振动、测试与诊断, 2006, 26(2): 97-101.
8. Wu Y S. Hydroelasticity of floating bodies [D]. London: Brunel University, 1984.
9. 吴有生, 田超, 宗智, 等. 波浪环境下超大型浮式结构物的水弹性响应研究[C]. 第二十五届全国水动力学研讨会暨第十二届全国水动力学学术会议文集(上册), 北京: 海洋出版社, 2013.
10. Wu Y S, Ding J, Gu X K, et al. The progress in the verification of key technologies for floating structures near islands and reefs [J]. Journal of Hydrodynamics, 2021, 33(1): 1-12.
11. 蔡志文, 刘小龙, 陈文炜, 等. 台风"莎莉嘉"过境期间某潟湖内波浪特征分析[C]. 纪念《船舶力学》创刊二十周年学术会议论文集, 中国, 舟山, 2017: 1-10.
12. 陈文炜, 刘小龙, 杭涔, 等. Ochi-Hubble 双峰谱在近岛礁海域的适用性研究 [J]. 中国造船, 2020, 61(2): 120-130.
13. 刘小龙, 蔡志文, 陈文炜, 等. 南海沙质地和珊瑚礁地质浅水区域波浪衰减实测研究 [J]. 中国造船, 2018, 59(4): 178-187.
14. 苗玉基, 陈徐均, 沈海鹏, 等. 基于三维水弹性理论的箱桁组合式浮式栈桥运动响应研究 [J]. 船舶力学, 2022, 26(05), 714-726.

Research on the motion properties of floating trestle bridge near the islands and reefs

MIAO Yu-ji[1,2,3*], CHEN Xu-jun[2], YE Yong-lin[1,3], CAI Zhi-wen[1,3], JI Song[2]

(1. Taihu Laboratory of Deepsea Technological Science, Wuxi 214082;
2. Field Engineering College, PLA Army Engineering University, Nanjing 210007;
3. China Ship Scientific Research Center, Wuxi 214082, China, Email: miaoyuji@cssrc.com.cn)

Abstract: Floating trestle bridge is widely used in the development of coastal tidal flats and the construction of offshore islands and reefs. The calculation and analysis of its motion characteristics is very important for the design and safe use of floating trestle bridge. Floating trestle bridge is generally composed of multiple pontoons connected by connectors. Due to its relatively small draught, its motion responses will be affected by the terrain of islands and reefs. Based on the three-dimensional hydroelasticity theory, this paper develops a time-domain hydroelasticity calculation method for the dynamic responses of the floating trestle bridge under the environmental conditions of islands and reefs. On this basis, the measured wave spectrum is used to carry out the calculation and analysis of the floating trestle bridge. This method is used to study the dynamic responses of the floating trestle bridge taking into account the influence of the topography of the islands and reefs. The calculation results show that, compared with the wave spectrum in the open sea, the displacement of the floating trestle bridge will have a larger motion response under the action of the wave spectrum with higher energy in the low frequency band.

Key words: Floating bridge engineering; Numerical simulation; Motion response; Near islands and reefs; Hydroelasticity theory.

内孤立波作用下水下航行体控制方法及其效果研究

程路，杜鹏*，张淼，汪超，李卓越，胡海豹，陈效鹏

（西北工业大学 航海学院，西安 710072, Email: dupeng@nwpu.edu.cn）

摘要：内波常发生在密度层结的海域中，因其振幅大且携带巨大的能量，当航行体在水下正常巡航遭遇内波时，航行体运动姿态会发生突变，甚至发生"掉深"现象，使其失去控制，并造成严重伤害。为揭示其原因，避免"掉深"现象的发生，基于雷诺平均的 Navier-Stokes 方程（RANS）及内孤立波理论建立了内孤立波数值水槽，对水下悬浮航行体施加不同的控制并进行水动力特性及运动响应分析。研究结果表明：当悬浮航行体位于密度跃层以下，并与内孤立波相遇时，若未对航行体施加控制，航行体受力发生突变，其垂荡位移显著，低头趋势明显，垂向速度增大，最后发生"掉深"，使其失稳；若对航行体施加控制，可有效避免"掉深"现象发生，施加控制后航行体受力变化趋势与未加控制时基本一致，但垂向速度最终会恢复至零，且质心垂荡位移会向初始位置回调，若控制适宜，最后质心垂荡位移几乎为零。

关键词：内孤立波；水动力特性；运动响应；控制；掉深

1 引言

海水因盐度与温度的垂向差异造成密度层结现象，进而由于海洋系统的内部扰动与外部扰动造成等密面的波动，这一现象称为"内波"[1]。内孤立波是特殊的非线性内波，与表面波相比，内孤立波具有较大的振幅和较低的频率，其在传播过程中携带巨大的能量，传播距离长，在破碎之前可以从源头传播数千米，且可保持恒定波形与波速稳定传播[2-3]。另外大振幅内孤立波在传播过程中会造成突发性的强流（波致流）和显著的幅聚幅散，使密度跃层上下的海水剪切流动。因此会对海洋工程结构以及航行体的安全产生重大威胁。

当航行体遭遇内孤立波时，其运动响应和水动力载荷都会受到严重的影响，进而影响航行体的航行稳定性，甚至使航行体失去控制，导致其运动姿态发生大幅度偏转。由于航行体的快速下沉，发生断崖式"掉深"，当航行体超过最大安全下潜深度时，航行体会受

到严重损坏。目前内孤立波已成为航行体安全航行中必须考虑的重要因素，为了探究内孤立波对航行体的影响，需进一步研究内孤立波引起的复杂水动力，分析其对航行体运动响应及受力载荷特性的作用机理，同时为有效避免航行体在运行过程中发生"掉深"现象，对航行体施加控制并对施加控制后的航行体进行运动响应和受力载荷特性的分析是相当有必要的。

2 内波理论

非线性效应和频散效应是影响内孤立波传播演化特性的两个基本特征，其中非线性效应使波形趋于陡峭，频散效应与之相反。建立内孤立波数值水槽是研究内孤立波与航行体相互作用的关键，在建立密度分层海洋的数值模型时，为简化模型常采用两层流体模型。在两层流体模型中内孤立波可采用 mKdV 理论模型来描述，在 mKdV 理论中，其内孤立波的理论解[4-5]为：

$$\zeta(x,t) = \frac{a\,\text{sech}^2\left[(x-c_{\text{mKdV}}t)/\lambda_{\text{mKdV}}\right]}{1-\mu\tanh^2\left[(x-c_{\text{mKdV}}t)/\lambda_{\text{mKdV}}\right]} \tag{1}$$

式中，ζ 是界面位移，$\bar{h}$ 是界面与临界水平 h_c 之间的距离，并且 $\bar{h}=h_2-h_c$，h_2 是下层流体的厚度，h 是上下层流体的总厚度 λ_{mKdV} 是特征波长，c_{mKdV} 是波的相速度。

对于密度为 ρ_i 的不可压缩流体，在笛卡尔坐标系 Oxy(图1)中的速度分量(u_i, v_i)和压力 p_i 满足连续性方程和 Navier-Stokes 方程：

$$u_{ix} + v_{iy} = 0 \tag{2}$$

$$u_{it} + u_i u_{ix} + v_i u_{iy} = -p_{ix}/\rho_i + \nu(u_{ixx} + u_{iyy}) \tag{3}$$

$$v_{it} + u_i v_{ix} + v_i v_{iy} = -p_{iy}/\rho_i + \nu(v_{ixx} + v_{iyy}) - g \tag{4}$$

式中，$i=1(2)$表示上（下）层流体。

3 数值方法

在 Fluent 软件平台上，建立数值水槽，用于模拟凹陷内孤立波的数值水槽长×高为 15m×1m，水槽中上下层流体的厚度 h_1、h_2 分别为 0.2 m、0.8 m，上下层流体的密度 ρ_1、ρ_2 分别为 995 kg/m³、1 023 kg/m³，然后利用 Fluent 二次开发功能编写 UDF（用户自定义函数）实现速度入口造波，数值水槽的顶部根据"刚盖假设"定义为对称边界，底部定义为无滑移壁面条件，左侧边界定义为速度入口，右侧边界定义为压力出口。模型采用美国国防高等研究计划署的 SUBOFF 潜艇光体，按缩尺比 1:10 缩小后，潜体重心水平位置距离头部长 0.203 32 m。

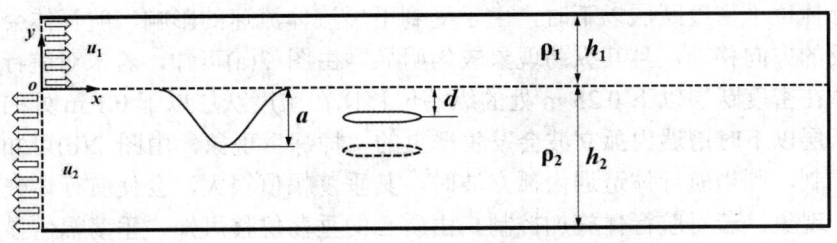

图 1 数值水槽示意图

4 结果分析

当航行体位于密度跃层以下时,航行体在运动过程中遇到内孤立波会发生"掉深"现象,为了避免类似情况的发生,尝试对航行体施加一定的控制,下面是对航行体施加控制及未施加控制时位于密度跃层以下不同位置处的水动力特性和运动响应的分析。

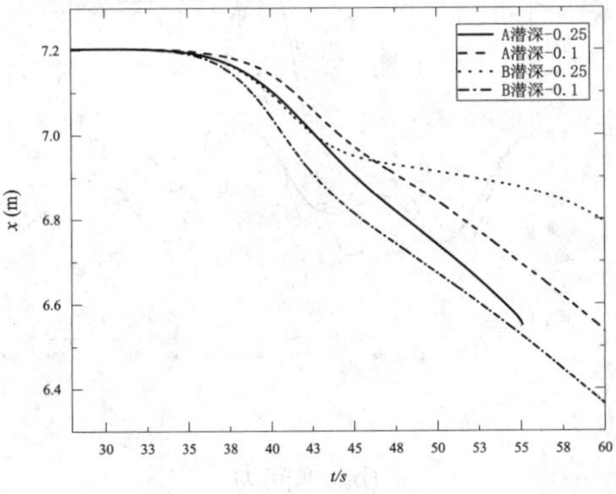

(a) 纵向位移

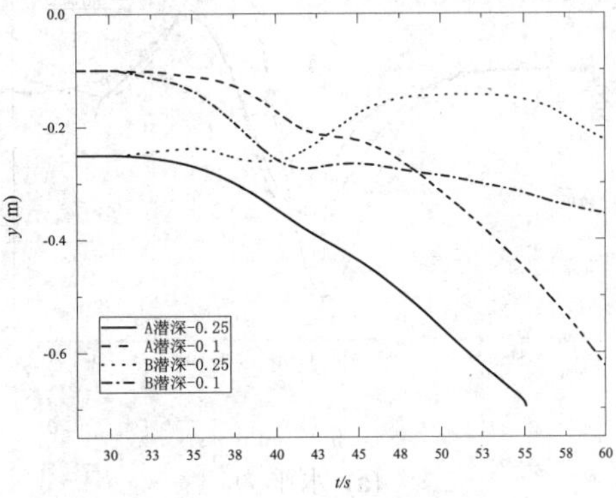

(b) 垂向位移

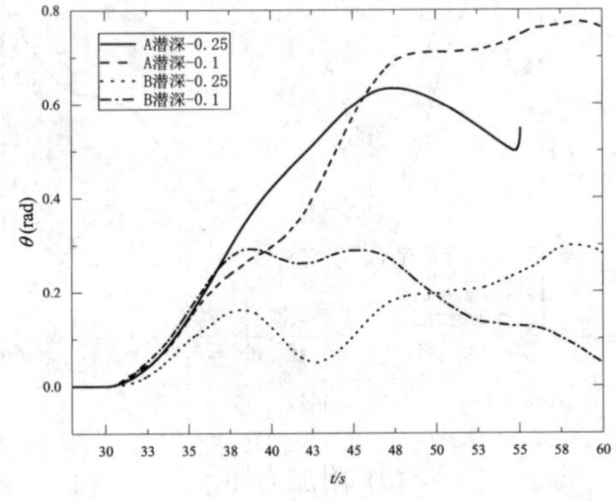

(c) 俯仰角度

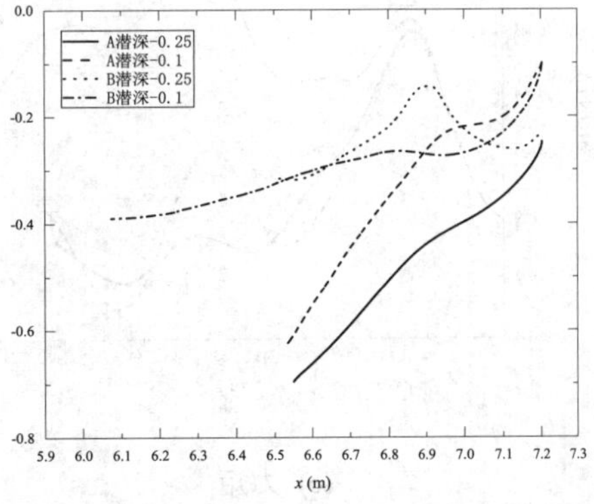

(d) 航行体运动轨迹曲线

图 2 航行体受内波作用运动响应

当航行体位于密度跃层以下时，由于受到下层流体流速的影响，航行体会向与内波传播方向相反的方向移动，且其纵荡现象较为明显。由图 2(a)可知，若未对航行体施加控制时，航行体在密度跃层以下 0.25 m 处的纵荡位移比在密度跃层以下 0.1 m 处的大；当航行体在密度跃层以下时遭遇内孤立波会发生严重的"掉深"现象，由图 2(b)可知，若未对航行体施加控制，则当航行体遭遇内孤立波时，其垂荡幅值很大，会使航行体失去平衡，发生"掉深"现象。若对航行体施加控制，由质心的垂荡位移可知，垂荡幅值显著减少，无论如何，对密度跃层以下的悬浮航行体施加控制，其纵荡位移相对于未施加控制时明显减少；图 2(c)为悬浮航行体的纵摇运动响应，从图 3 中可以看出，航行体未施加控制时，其俯仰角变化显著，当航行体位于密度跃层以下 0.1 m 时，最大俯仰角为 0.77 rad，当航行体位于密度跃层以下 0.25 m 时，最大俯仰角为 0.63 rad；当对航行体施加控制时，俯仰角的幅值明显较少。

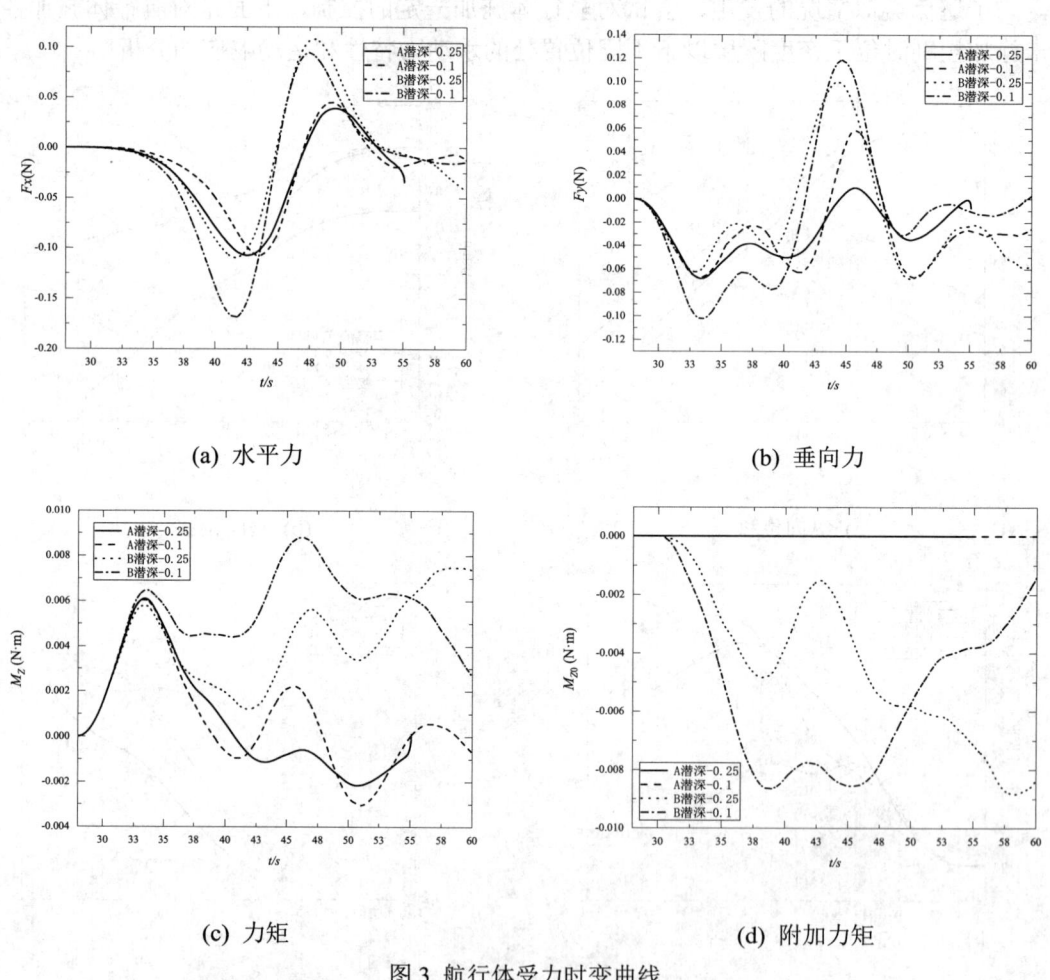

(a) 水平力　　(b) 垂向力

(c) 力矩　　(d) 附加力矩

图 3 航行体受力时变曲线

由图 3(a)水平力的变化可知，悬浮航行体在开放 3 个自由度后，加控制与不加控制的航行体水平力的变化趋势大致相同，均向左逐渐增大，然后又减小为零，后向右逐渐增大，最后又减小至零；图 3(b)是悬浮航行体垂向力的变化，由图 3 可知，加控制与未加控制航行体垂向力前 55s 以前的变化趋势基本一致，加控制后的悬浮航行体所受的垂向力均大于未受控制的悬浮航行体；悬浮航行体未加控制时，位于密度跃层以下 0.1 m、0.25 m 处的航行体所受垂向力的最大值分别为 0.058 N，0.009 5 N，当对航行体施加控制时，位于密度跃层以下 0.1 m、0.25 m 处的航行体所受垂向力的最大值分别为 0.12 N，0.1 N；图 3(c)是悬浮航行体的力矩变化图，未加控制的航行体在密度跃层以下不同位置时，它所受力矩均是先正后负，且所受力矩的最大值均在 0.006N·m 左右。当对悬浮航行体施加控制后，其力矩变化较为显著。图 3(d)是对航行体施加的附加力矩时变曲线，由图 3 可知对航行体施加的附加力矩与航行体自身所受力矩变化趋势刚好相反。

5 结论

当悬浮航行体位于密度跃层以下，并与内孤立波相遇时，若未对航行体施加控制，航行体受力发生突变，运动姿态也会随之改变，其垂荡位移显著增大，低头趋势明显，且垂向速度增大，最后发生"掉深"，使其失稳；若对航行体施加控制，可有效避免"掉深"现象发生，施加控制后航行体受力变化趋势与未加控制时基本一致，但垂向速度最终会恢复至零，且质心垂荡位移会向初始位置回调，若控制适宜，最后质心垂荡位移几乎为零。

参考文献

1. 王展，朱玉可. 非线性海洋内波的理论、模型与计算 [J].力学学报, 2019, 51(06): 1589-1604.
2. Cai S, Xie J, He J. An overview of internal solitary waves in the South China Sea [J]. Surveys in Geophysics, 2012, 33(5): 927-943.
3. Lien R C, Henyey F, Ma B, et al. Large-amplitude internal solitary waves observed in the northern south china sea: properties and energetics [J]. Journal of Physical Oceanography, 2014, 44(4): 1095-1115.
4. Kakutani T, Yamasaki N. Solitary waves on a two-layer fluid [J]. Journal of the Physical Society of Japan, 1978, 45(2): 674-679.
5. Michallet H, Barthelemy E. Experimental study of interfacial solitary waves [J]. Journal of Fluid Mechanics, 1998, 366: 159-177.

Study on the control method of underwater vehicle under the action of internal solitary waves and its effect

CHENG Lu, DU Peng*, ZHANG Miao, WANG Chao, LI Zhuo-yue, HU Hai-bao, CHEN Xiao-peng

(School of navigation, Northwestern Polytechnical University, Xi'an 710072, Email: dupeng@nwpu.edu.cn)

Abstract: Internal waves often occur in densely stratified sea areas. Because of their large amplitude and huge energy, when a vehicle is normally cruising underwater and encounters internal waves, the motion posture of the vehicle will change abruptly, or even "falling deep", causing it to spin out of control and cause serious injury. In order to reveal the reason and avoid the occurrence of the phenomenon of "falling deep", an internal solitary wave numerical tank was established based on the Reynolds-averaged Navier-Stokes equation (RANS) and the internal solitary wave theory, and different controls were applied to the underwater suspended vehicle. Hydrodynamic characteristics and motion response analysis. The research results show that: when the suspended vehicle is located below the densitocline and meets the internal solitary wave, if the vehicle is not controlled, the force on the vehicle will change abruptly, the heave displacement is significant, the head-down trend is obvious, and the vertical velocity increases, and finally "falling deep", making it unstable. If control is applied to the vehicle, the phenomenon of "falling depth" can be effectively avoided. The vertical velocity will eventually return to zero, and the heave displacement of the centroid will return to the initial position. If the control is appropriate, the heave displacement of the centroid will be almost zero at last.

Key words: Internal solitary waves; Hydrodynamic characteristics; Motion response; Control; Falling deep.

内孤立波作用下水下航行器运动响应特性试验研究

高德宝 [1,2*]，苏博越 [1,2]，姚志崇 [1,2]，张军 [1,2]，樊晓冰 [1,2]，周根水 [1,2]

（1. 中国船舶科学研究中心船舶振动噪声重点实验室，无锡 214082,
Email:gaodebao1989@126.com,;
2. 江苏省绿色船舶技术重点实验室，无锡 214082）

摘要：水下航行器受内孤立波作用会引起姿态大幅变化，甚至失控，危及安全性。开展水下航行器内孤立波作用下的运动响应特征，对于提高水下航行器的操纵性能和安全性能有着重要意义。本文在分层流水池中开展了内孤立波作用下水下航行器运动响应特性模型试验研究，采用电导率仪阵列测量了内孤立波的波幅、传播速度等特征，通过CCD相机记录了模型的运动，采用图像处理方法测量了模型纵荡、垂荡以及运动轨迹，通过内置姿态传感器测量了模型的纵摇、横摇，并且研究了模型位于分层界面不同位置时的运动响应特性。结果表明，测量得到的内孤立波传播速度与理论计算结果吻合，内孤立波的波幅决定了模型的垂荡幅度，模型与跃层的相对位置对模型运动响应特性有明显影响。

关键词：内孤立波；水下航行器；运动响应；试验研究

1 引言

海洋内孤立波发生在层化的海洋中，是在海洋内部产生的一种波动，其最大振幅出现在海洋内部，海上实测的最大波幅甚至达到了 170 m，诱导的最大流速可达 2 m/s[1]，特征波长也可达几百米甚至上千米。正是由于内波峰高谷深这一特点，他所产生的垂向作用力也很大，在产生内波的上下跃层水体中形成两支流向相反的内波剪切流，这种内波剪切流破坏力非常大，足以危机水下航行体的安全性。

研究内孤立波与水下航行体相互作用具有重要意义，国内外许多学者对此开展了数值与实验研究。付东明[2]通过数值模拟研究了二维内孤立波与固定以及与航速潜体的相互作用，分析了深度对潜体所受内孤立波载荷的影响，并且对比分析了两种条件下得到的水平力、垂向力和力矩。陈钰[3]利用商业CFD软件Fluent构建二维数值水槽，研究了矩形和椭圆两种类型的潜体在内孤立波作用下的受力特性，分析了两种外形的潜体所受载荷的差别。姚志崇等[4]采用数值计算方法分析了水下航行体内孤立波载荷形成机理，模型会同时受内孤立波流场水动力作用以及分层密度差静力作用,穿越波面时分层密度变化影响起到决定性作用。

实验研究作为流体力学研究中的重要手段,是客观认识内波以及内波与结构物相互作用特性的重要途径。试验研究中首要解决的问题就是流体分层环境的模拟和内孤立波造波的实验室模拟问题。流体分层环境的模拟方法主要为"双缸法"。在内波的实验室模拟方面,采用摇板、抽板、闸门及活塞等方式,在密度分层水槽中已经能够模拟各种尺度的规则线性内波及非线性内孤立波。

在物理试验方面,徐肇廷等[5]结合自行研制的造波机,在分层流水槽中研究了水平桩柱与内波的相互作用问题,并分析了水平阻力和内波波要素的关系。结果表明,当内波振幅增大时,作用于桩柱上的内波阻力也随着增大。魏岗等[6]在内孤立波试验水池中通过试验研究了内孤立波与细长型潜体的相互作用,分析了载荷变化规律。杜辉等[7]在大型重力式分层流水槽中,采用重力塌陷造波和模型半柔性约束方法对细长潜体的运动特性进行研究,在下凹型内孤立波作用下的模型质心运动轨迹近似于椭圆;实验结果证实了模型运动特性与内孤立波致流场分布的相关性。

从以上研究可见,内孤立波与水下航行体的相互作用的研究主要集中在两个方面,其一是内波作用下的载荷特性;其二是内波作用下的运动响应,实际两者是相互关联的,内波作用下模型的运动响应特性集中反应模型在内波作用下的运动结果,对这一问题的实验研究相对较为薄弱。本研究以标准 suboff 为试验研究对象,在分层流水池中开展了内孤立波作用下水下航行器运动响应特性模型试验,采用电导率仪阵列测量了内孤立波的波幅、传播速度等特征,通过 CCD 相机采用图像处理方法测量了模型纵荡、垂荡以及运动轨迹,通过内置姿态传感器测量了模型的纵摇,并且研究了模型位于跃层不同位置时的运动响应特性。

2 造波方法及原理

本研究造波方法为溃坝式造波,即在水槽中部设置一道闸门,将整个水槽分为左、右两部分。两部分内分别盛放淡水和盐水。开始时,突然抽走隔板,这样,盐水就会从底部潜入淡水一侧,产生典型的异重流。

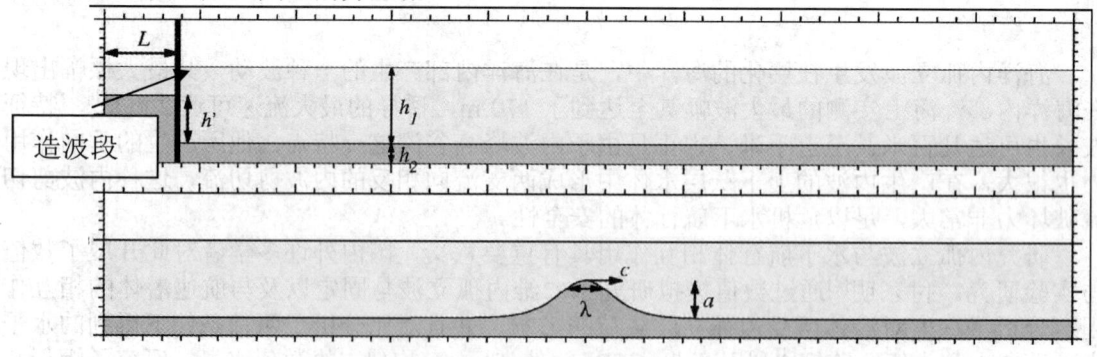

图 1 造波原理示意图

根据 KDV 理论，内孤立波参数关系如下：

$$\eta = a\,\text{sech}\,h^2(\frac{x-ct}{\lambda}) \quad (1)$$

$$c = c_0(1 - \frac{a(h_1 - h_2)}{2h_1 h_2}) \quad (2)$$

$$c_0 = \sqrt{\frac{gh_1 h_2(\rho_2 - \rho_1)}{(h_1 + h_2)(\rho_2 + \rho_1)/2}} \quad (3)$$

$$\lambda = \frac{2h_1 h_2}{\sqrt{3a(h_1 - h_2)}} \quad (4)$$

式中，h_1、h_2 为上下层流体的高度，ρ_1、ρ_2 为上下层流体的密度，c 为波的传播速度，η 为波高，a 和 λ 分别为内孤立波振幅与特征波长，h' 为造波段盐水高度与试验段盐水高度的差值。通过控制分层参数可以改变内孤立波的波形参数，当 h_1 大于 h_2 将形成上凸形内孤立波，当 h_1 小于 h_2 将形成下凹形内孤立波。

试验在中国船舶科学研究中心的分层流水池进行，水池长 25m，宽 3m，深度 1.5m，试验水池还配有密度分层系统，盐水淡化系统，试验水池还配有密度分层系统，盐水淡化系统，拖车拖曳系统以及绳轮拖曳系统，可实现分层流体的制取和再利用。在水池的南侧有造波闸门，在水池的北侧有内波消波系统。

3 试验对象与测试方法

本次试验对象为全附体 Suboff 艇模，根据分层流水池的尺度，模型长度为 1m，直径为 0.117m，试验模型见

图2。试验中可以通过增减配重块对模型的重量进行调节以使其悬浮在不同深度的盐水中。试验中模型初始静止处于迎浪状态，即内孤立波传播方向与模型长度方向平行。定义沿着模型长度从尾部到艏部为 x 正方向，水平面内与 x 轴垂直的方向为 y 方向，模型的纵摇沿 z 轴按照右手定则，向上抬艏为正，向下为负，模型的横摇也以 x 轴按照右手定则定义。

模型横摇和纵摇的运动测量由存储式姿态传感器完成，它置于模型内部，可以记录模型的横摇角、纵摇角以及漂角，其中横摇角、纵摇角的测量误差为 0.05°，漂角的测量误差为 1°，测量时姿态传感器数据直接记录在存储卡内。

模型的纵荡以及垂荡通过水池侧面的高清录像机记录。

在水池同一纵向位置、宽度间隔 Δy=10cm、深度方向间隔 Δz=1cm 均匀分布电导率仪阵列以测量内孤立波的波高；通过在水池纵向布置两根探头测量内孤立波的传播速度，纵

向探头的间距为49cm。

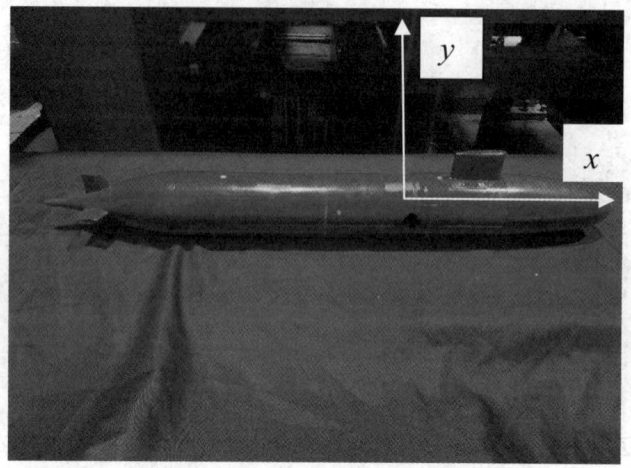

图 2　Suboff 试验模型

4　内孤立波特征分析

图 3 为典型密度垂向剖面，其中上层流体与下层流体之比为 $h_1/h_2 = 0.36$ 和上层流体 $\rho_1 = 0.99\text{g/cm}^3$，下层流体 $\rho_2 = 1.20\text{g/cm}^3$；根据浮力频率定义 $N(z)=\sqrt{(g/\rho)(\partial\rho/\partial z)}$ 可获得其对应的垂向分布，这里 $\rho = \rho(z)$ 为密度垂向分布，g 为重力加速度，图 4 给出了浮力频率曲线。

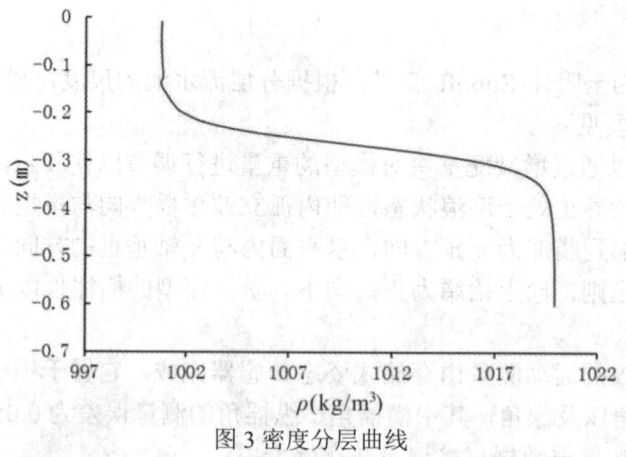

图 3 密度分层曲线

根据试验中标定的密度分层曲线可以得到测量电压与深度的关系，因此可以将试验测量得到的电压值换算为深度即可以得到每个电导率仪传感器测量的当地波高。定义内孤立波无量纲波幅为 $\alpha = a/H$，其中 a 为内孤立波的波幅，H 为试验总水深。图 5 给出了试验电导率仪测量的内波波形，可以看到波形完整的下凹型内孤立波，最大波幅为 $a = 0.125$。图给出了纵向的两个电导率仪 m1 和 m2 测量的密度差随时间变化曲线，纵坐标减去了电导率仪深度的基准密度，其中 m1 先受到内孤立波作用，m2 后受到内孤立波作用，通过相关分析获得内波的传播速度为 0.163m/s。根据理论式（1）至式（3）估算，内波的传播速度约为 0.198m/s，相差约 18%。

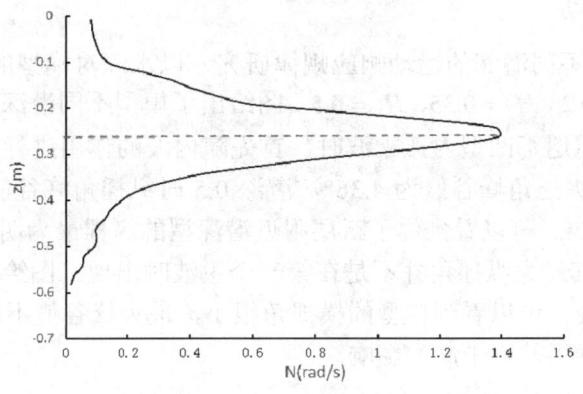

图 4 浮力频率曲线

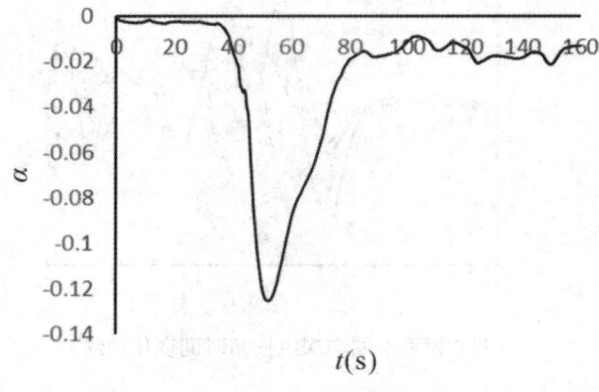

图 5 内波波形

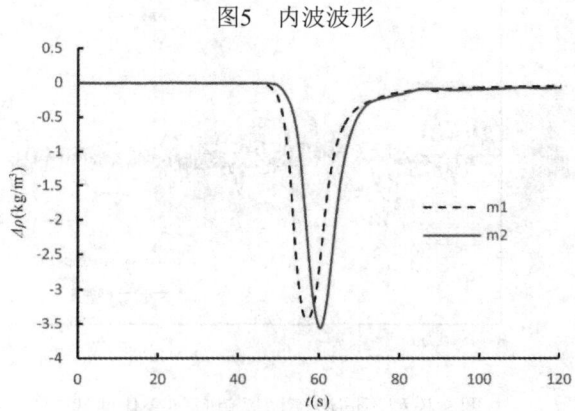

图 6 纵向电导率密度差时间变化曲线

5 模型运动响应特征分析

5.1 模型横摇与纵摇运动

试验中开展了模型不同潜深的运动响应规律研究，以水深对模型的潜深进行无量纲化，三个潜深分别为 $H_1 = 0.2$、$H_2 = 0.35$、$H_3 = 0.5$。图给出了模型不同潜深时纵摇角随时间变化曲线。可以看到模型遭遇下凹型内孤立波时，首先随内波的作用进行埋艏运动，然后做纵摇运动。潜深 0.35 时纵摇角峰谷值为 4.36°，潜深 0.5 时纵摇角峰谷值为 1.494°，潜深 0.2 时纵摇角峰谷值为 2.07°。可以看到位于跃层附近潜深型的纵摇最为明显，另外还可以看到模型潜深为 0.5 时，其最大纵摇角并不是在第一个主波时出现。图给出了不同潜深时模型横摇角随时间变化曲线，可以看到模型的横摇角很小，最大峰谷值不超过 0.3°，因此试验中内孤立波对于模型横摇基本未产生影响。

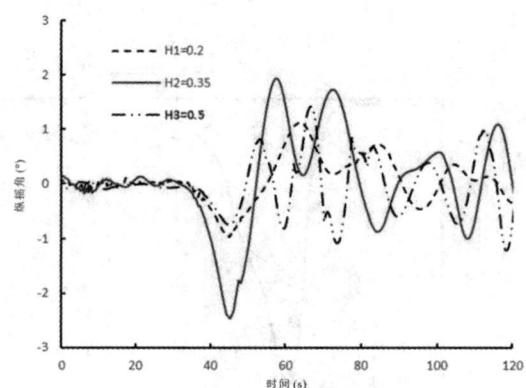

图 7 模型不同潜深纵摇角时间变化曲线

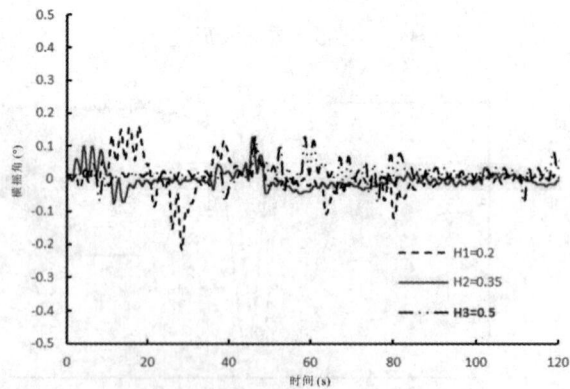

图 8 模型不同潜深横摇角时间变化曲线

5.2 模型纵荡与垂荡运动

图给出了模型不同潜深时垂荡随时间变化曲线，图 9 中还给出了内孤立波的波形图。从曲线看垂荡曲线与波形的斜率与波幅都基本相当，模型随内孤立波的运动基本处于随波逐流的状态。在潜深 $H_1 = 0.2$ 和 $H_2 = 0.35$ 两个深度，模型下沉的深度与内孤立波波幅基本相同，在潜深 $H_3 = 0.5$ 时，此时模型基本位于分层界面下方，模型的下沉深度略小于内孤立波的波幅，增大潜深有助于减小垂荡位移。

图给出了不同潜深时模型纵荡运动结果，负坐标表示模型向后运动，正坐标表示模型向前运动。下凹型内孤立波界面上方流动与内孤立波传播方向相同，界面下方的流动与波传播方向相反，可以看到潜深 $H_1 = 0.2$ 时，遭遇内孤立波时模型产生了向前大范围的纵荡运动距离超过 1m 已经超出了相机视场的范围。在潜深 $H_2 = 0.35$ 和 $H_3 = 0.5$ 时，模型先向后运动，后向前运动，潜深 $H_3 = 0.5$ 向后运动的最大幅度远大于模型潜深 $H_2 = 0.35$ 时。图给出了模型位于不同潜深时中心一点的运动轨迹，起点在坐标原点。可以看到模型位于不同潜深时，其运动特征区别很大，潜深在界面附近 $H_2 = 0.35$ 时形成的轨迹包络线更为"瘦高"，显然更加不利于模型的安全性。

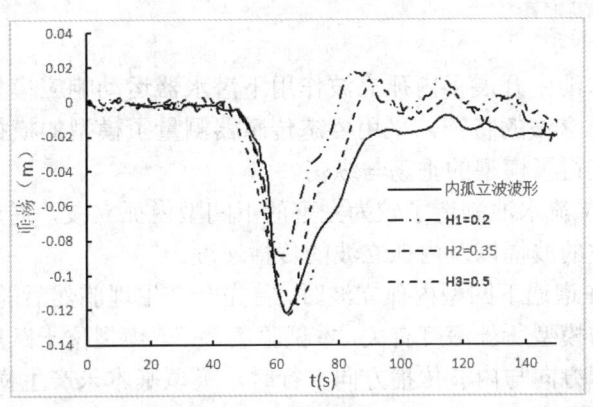

图 9 不同潜深时模型垂荡运动时间变化曲线

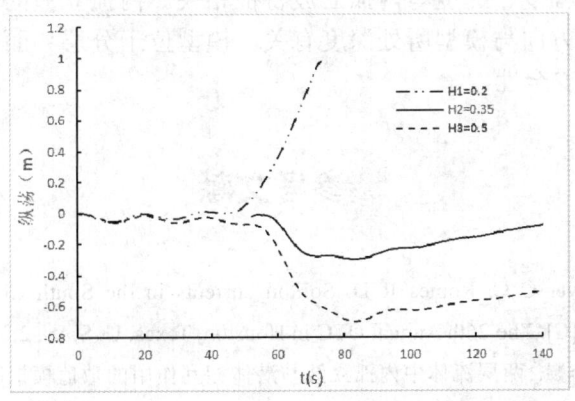

图 10 不同潜深时模型纵荡运动时间变化曲线

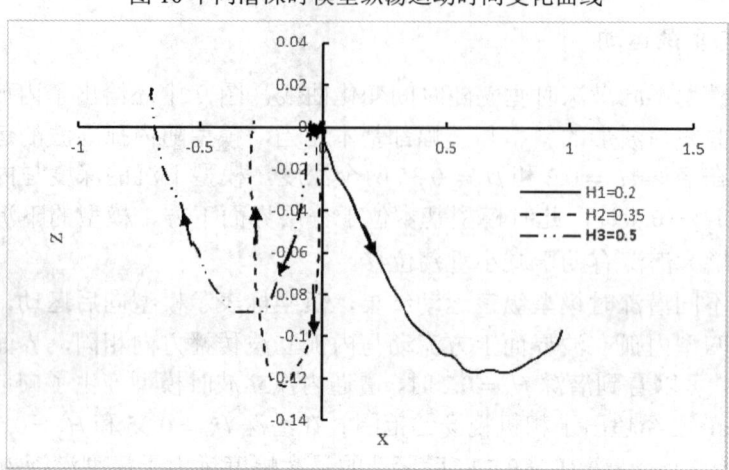

图 11 不同潜深处模型质心运动轨迹

6 结论

在分层流水池中开展了内孤立波作用下潜水器运动响应模型试验研究。采用电导率仪测量了内孤立波的特征，采用姿态传感器测量了模型的横摇与纵摇，采用录像图像处理的方法获得了模型的垂荡与纵荡。

（1）在分层流水池制造了较为完整的下凹型内孤立波，通过电导率仪阵列的方式测量了内孤立波的波幅以及内孤立波的传播速度。

（2）模型在遭遇下凹型内孤立波时，首先会产生埋艏然后随内孤立波而产生纵摇，纵摇角度大小与模型所处深度有关，本试验条件下，模型位于跃层中间时纵摇最严重，另外，模型长度方向与内波传播方向平行时，模型基本未产生横摇。

（3）通过录像的方法获得了模型的运动轨迹，模型会随内孤立波而产生垂荡运动，模型垂荡运动的幅度、速度与内孤立波特征相关。内孤立波的作用也会使模型产生纵荡，初始纵荡的方向与模型所处深度有关。模型位于分层界面附近时运动轨迹较为陡峭，更不利于其安全性。

参考文献

1　Bole J B, Ebbesmeyer C C, Romea R D. Soliton currents in the South China Sea: Measurements and theoretical modeling[C]. The 26th Annual OTC in Houston, Texas, U. S. A. , 2-5 May, 1994: 387-396.

2　付东明, 尤云祥, 李巍. 两层流体中内孤立波与潜体相互作用的数值模拟[J]. 海洋工程, 2009, 27(3):

38-44.

3   陈钰. 海洋内孤立波与潜体相互作用数值模拟研究[D]. 广州: 华南理工大学, 2010.

4   姚志崇, 刘传奇, 刘乐, 等. 水下航行器内孤立波载荷形成机理数值模拟研究[J]. 舰船科学技术, 2022, 44(1):6.

5   徐肇廷, 陈旭, 吕红民, 等. 内波场中水平桩柱波阻的实验研究[J].中国海洋大学学报, 2007, 37(1): 1-6.

6   Wei Gang, Du Hui, XU Xiaohui et al. Experimental investigation of the generation of large-amplitude internal solitary wave and its interaction with a submerged slender body[J]. SCIENCE CHINA: Physics, Mechanics & Astronomy. 2014, 57:301-310.

7   杜辉, 魏岗, 曾文华,等. 下凹型内孤立波对细长潜体运动特性影响的实验研究[J]. 船舶力学, 2017, 21(10):1210-1217.

Experimental study on motion response characteristics of underwater vehicle under the action of internal solitary waves

GAO De-bao[1,2]*, SU Bo-yue[1,2], YAO Zhi-chong[1,2], ZHANG Jun[1,2], FAN Xiao-bing[1,2], ZHOU Gen-shui[1,2]

(1. China Ship Scientific Research Center, National Key Laboratory on Ship Vibration&Noise,Wuxi 214082, Email: gaodebao1989@126.com;
2. Jiangsu Key Laboratory of Green Ship Technology, Wuxi214082)

Abstract：Under the action of the internal solitary wave, the underwater vehicle will cause a great change of attitude and even run out of control, jeopardizing the safety. The motion response characteristics of underwater vehicles under the action of solitary waves is of great significance to improve the maneuverability and safety performance. In this paper, a model test study on the motion response characteristics of an underwater vehicle under the action of internal solitary wave was carried out in a stratified tank. The conductivity meter array was used to measure the amplitude and propagation velocity of the internal solitary wave. The motion of the model was recorded by a CCD camera, the image processing method was used to measure the model's pitch, heave and motion trajectory, and the attitude sensor was used to measure the model's pitch and roll. And the motion response characteristics of the model at different positions of the stratification interface was studied. The results show that the measured internal solitary wave propagation velocity is consistent with the theoretical calculation results. the heave amplitude of the model is determined by the amplitude of the internal solitary wave. And the relative position between the model and the stratification interface has a significant impact on the model's motion response characteristics.

Key words：Internal solitary waves; Underwater vehicles; Motion response; Experimental studies.

中型邮轮耐波性与波浪增阻特性研究

张宏绪 [1,2]，张志恒 [1,2]，张新曙 [1,2*]，鲁江 [3]，汪学锋 [1,2]

（1. 上海交通大学 海洋工程国家重点实验室，上海 200240, Email: xinshuz@sjtu.edu.cn；
2. 上海交通大学 船舶海洋与建筑工程学院，上海 200240；
3. 中国船舶科学研究中心，无锡 214082）

摘要：本研究基于势流理论的计算模型，计算和分析了邮轮在迎浪中的运动响应及波浪增阻特性。首先，基于三维势流耐波性软件 Wasim 计算了邮轮零航速下的运动响应，与 WAMIT 计算结果基本一致，结果表明用 Wasim 计算无航速耐波性问题的结果具有可靠性；然后，改变船体面元网格与自由面网格数量，对邮轮的运动响应进行收敛性分析，对比设计航速下邮轮的运动响应结果和试验数据发现，计算结果与试验结果吻合度良好，验证了计算模型的可靠性；最后，研究了邮轮在不同航速下运动响应和波浪增阻的变化规律，在邮轮舷侧自由面处布置多个监测点，计算了船体和波面间的相对运动，并研究了甲板上浪情况。研究阐明了迎浪条件下邮轮运动响应、波浪增阻和甲板上浪随航速或波长的变化规律。

关键词：势流模型；耐波性；甲板上浪；波浪增阻

1 引言

国际邮轮协会（CLIA）发布的《邮轮行业展望报告》[1]指出，亚太地区邮轮市场迅速增长。2018 年，我国明确提出"到 2035 年中国邮轮市场将建设成为全球最具活力的市场之一"的目标。因此，增加邮轮产业投入，加大邮轮研发力度对我国经济发展具有重要意义。

不同于其他运输船舶，邮轮不仅是旅游运输工具，更是旅游休闲之处，这就决定了其要有更好的耐波性能。因此，在邮轮设计阶段开展耐波性研究十分重要。张牧等[2]采用 CFD 方法对一艘大型豪华游轮进行耐波性预报，为邮轮安全和舒适性评估提供了参考数据。章新智等[3]采用 Motion 软件计算分析了三种豪华邮轮船型，得到了台湾海峡和东南亚航区的较佳船型，提出豪华邮轮耐波性衡准标准。Scamardella 等[4]针对客船提出了一种新的耐波性指标总体晕船率(Overall Motion Sickness Incidence)，使用参数化建模获得不同船型，最

基金项目：工信部项目（中型邮轮设计建造技术研究(No. MC-201917-C09)）

终对比得到最优的船型。董奕清等[5]采用自由变形方法（FFD）对豪华邮轮尾板进行局部变形，然后采用黏流求解器 naoe-FOAM-SJTU 对样本船进行水动力评估，建立水动力性能参数与船型参数之间的克里金近似模型，最后通过多目标遗传算法获得 Pareto 优化解集，但优化幅度有待提高。Cao 等[6]基于三维线性势流理论预报了豪华邮轮的耐波性能，但基于势流得到的结果缺少流场细节。Kim 等[7]采用非稳态雷诺平均纳维斯托克斯（URANS）方法比较了 KVLCC2 和其改进型，通过计算和试验获得了两种船型耐波性的差异。Song 等[8]基于三维时域去奇点 Rankine 源法，使用近场法和中场法计算了在规则波中迎浪航行的船舶的波浪增阻，通过比较计算结果和试验数据，证明了基于叠模流线性化的近场法和中场法可以准确预报船舶在 $Fn \leq 0.25$ 时的波浪增阻。

本文基于三维时域耐波性软件 Wasim，研究了中型邮轮迎浪条件下的耐波性问题与波浪增阻特性。首先基于 Wasim 软件计算了邮轮在无航速条件下的运动响应，并与 WAMIT 结果比较分析。然后改变船体面元网格和自由面网格数量，对邮轮运动响应结果做收敛性分析，对比邮轮设计航速下的运动响应结果和试验数据，验证了计算模型的可靠性。最后研究了邮轮运动响应与波浪增阻随航速的变化规律，并分析了在设计航速下邮轮甲板上浪情况。本研究阐明了迎浪条件下中型邮轮耐波性参数和波浪增阻随航速或波长的变化规律。

2 数值模型

研究船舶在波浪中的运动问题，需要定义三种右手坐标系：大地坐标系 $O\text{-}x_0y_0z_0$，坐标原点 O 在大地上，船舶以航速 $\vec{W}=(U,0,0)$ 行驶；随船坐标系 $o\text{-}xyz$，其坐标原点 o 位于船中且以航速 U 跟随船舶一起运动；参考坐标系 $O\text{-}XYZ$，坐标原点 O 与随船坐标系原点重合，X 轴指向船首方向，Y 轴指向左舷，Z 轴垂直向上。假定船体是刚体则有：

$$\vec{\delta}=\vec{\xi}_T+\vec{\xi}_R\times\vec{X} \tag{1}$$

式中，$\vec{\delta}$ 为船舶总的运动；$\vec{\xi}_T$ 为船舶平移向量 (ξ_1,ξ_2,ξ_3)，$\vec{\xi}_T$ 为船舶转动向量 (ξ_4,ξ_5,ξ_6)。

假定船舶所处流场为理想流体，即流体无旋、无黏、不可压缩。控制方程和边界条件可表示为：

$$\nabla^2\phi=0 \tag{2}$$

$$\left(\frac{\partial}{\partial t}-(\vec{W}-\nabla\phi)\cdot\nabla\right)(z-\eta(x,y,z))=0 \tag{3}$$

$$(\frac{\partial}{\partial t}-(\vec{W}-\nabla\phi)\cdot\nabla)\phi=-g\eta+\frac{1}{2}\nabla\phi\cdot\nabla\phi \tag{4}$$

$$\vec{n}\cdot\nabla\phi=\vec{W}\cdot\vec{n}+\vec{V}_H\cdot\vec{n} \tag{5}$$

式中，$\eta(x,y,t)$表示自由面高度；g表示重力加速度；$\vec{W}$表示船舶航行速度；$\vec{V}_H$表示船体任意一点的运动速度，$\vec{n}$表示流体单位外法线向量，指向物体内部为正。

在本文中，自由面边界条件和物面边界条件使用叠模势(double-body flow)线性化，表示为：

$$\phi(\vec{x},t) = \Phi(\vec{x}) + \phi_d(\vec{x},t) + \phi_I(\vec{x},t) \tag{6}$$

$$\eta(x,y,z) = \bar{\eta}(x,y) + \eta_d(x,y,z) + \eta_I(x,y,z) \tag{7}$$

式中，Φ表示定常势；ϕ_d和ϕ_I分别表示绕射势和入射势；$\bar{\eta}$是定常波高；η_d是绕射波高；η_I是入射波高。

叠模势线性化条件满足 Laplace 和如下边界条件：
在 $z=0$ 处：

$$\frac{\partial \Phi}{\partial z} = 0 \tag{1}$$

在平均湿表面处：

$$\vec{n} \cdot \nabla \Phi = \vec{n} \cdot \vec{W} \tag{9}$$

将式(6)和式(7)分别代入式(3)和式(4)中，并对 $z=0$ 处的瞬时波高泰勒展开，线性化自由面边界条件可写做：

$$\left(\frac{\partial}{\partial t} - (\vec{W} - \nabla \Phi) \cdot \nabla\right)\eta_d = \frac{\partial^2}{\partial z^2}(\eta_d + \eta_I) + \frac{\partial \phi_d}{\partial z} - \nabla \Phi \cdot \nabla \eta_I \tag{10}$$

$$\left(\frac{\partial}{\partial t} - (\vec{W} - \nabla \Phi) \cdot \nabla\right)\phi_d = -g\eta_d - \nabla \Phi \cdot \nabla \phi_I \tag{11}$$

同样的，将式(6)和式(7)代入式(5)中，可得线性化物面条件：

$$\frac{\partial \phi_d}{\partial n} = \sum_{j=1}^{6}\left(\frac{\partial \xi_j}{\partial t} n_j + \xi_j m_j\right) - \frac{\partial \phi_I}{\partial n} \tag{2}$$

式中，n_j是流体单位外法线向量在j方向上的分量，$\vec{n} = (n_1, n_2, n_3)$，$\vec{x} \times \vec{n} = (n_4, n_5, n_6)$；$m_j$表示了定常流动和非定常流动的耦合作用。

在完成边界值问题求解后，船体压力可通过伯努利方程得到：

$$p = -\rho\left(\frac{\partial \phi}{\partial t} - \vec{W} \cdot \nabla \phi + \frac{1}{2}\nabla \phi \cdot \nabla \phi + gz\right) \tag{13}$$

因此，一阶动压力为：

$$p^{(1)} = -\rho\left[\frac{\partial}{\partial t} - (\vec{W} - \nabla \Phi) \cdot \nabla\right](\phi_d + \phi_I) \tag{14}$$

一阶波浪力为：

$$F_i^{(1)} = \iint_{S_{\bar{B}}} p^{(1)} n_i \mathrm{d}s \quad (i=1,2,...,6) \tag{3}$$

船体标准动力学运动方程可写做：

$$[M_{ij}]\{\ddot{\xi}(t)\} + [C_{ij}]\{\xi_j(t)\} = \{F_i^{(1)}(t)\} \quad (i,j=1,2,...,6) \tag{16}$$

式中，$[M_{ij}]$ 是惯性矩阵；$[C_{ij}]$ 是回复矩阵。

波浪增阻是水平漂移力在纵向上的分力，基于中场法求解公式参考 Wasim 用户手册[9]如下：

$$\vec{F} = -\rho \int_{S_0} \left[-\frac{\vec{n}}{2}(\nabla\phi \cdot \nabla\phi) + \nabla\phi \frac{\partial\phi}{\partial n} \right] \mathrm{d}s - \frac{\rho g}{2}\oint_{\Gamma_0} \vec{m}\eta^2 \mathrm{d}l -$$

$$\frac{\rho g}{2}\oint_{\Gamma_0} \eta \left[\nabla\phi(\Phi \cdot \vec{n} - \vec{W} \cdot \vec{n}) + \nabla\Phi(\nabla\phi \cdot \vec{n}) \right] \mathrm{d}l \tag{17}$$

式中，η 表示自由面波高；$\vec{n}$ 为单位法向量；S_0 表示控制面；Γ_0 表示控制面平均水线面。

3 计算模型验证

3.1 试验设置介绍

本试验为中型邮轮耐波性试验，所用模型缩尺比为 1:55，浪向角为 180°，弗汝德数为 0.2，实船与模型参数详见表1。

图1为本试验所用缩尺比船模，其各项参数已在表1中给出；图2为船体面元网格模型，该网格模型是实尺度模型，与实船的参数保持一致。

表1 实船与船模参数

参数	单位	实船	模型
船长 L_{pp}	m	204.9	3.725
型深 D	m	9.45	0.172
船宽 B	m	31	0.564
吃水 T	m	6.45	0.117
排水量 Δ	m³	28273	0.170
重心纵向位置 LCG	m	88.62	1.611
重心垂向位置 KG	m	15.78	0.287
惯性半径 R_{yy}	m	52.61	0.956

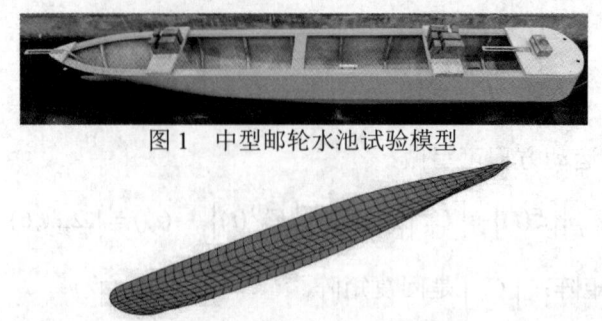

图1 中型邮轮水池试验模型

图2 船体表面面元模型（$N=400$）

试验依托上海交通大学多功能拖曳水池完成，池长 300 m，池宽 16 m，池深 7.5 m，可以满足现代船舶工业的研发需求。为探究不同波长下邮轮运动响应和波浪增阻的变化规律，试验采用不同的波长船长比(λ/L)，设置了波长船长比从 0.3~1.8 多种不同的工况条件。试验中使用压力传感器测得邮轮在纵向上的力；使用非接触式运动采集系统监测邮轮在波浪中的运动响应；使用浪高仪测得波高数据。

3.2 零航速结果比较

WAMIT 由 MIT 的 Newman 教授开发，是计算零航速下浮式结构物与波浪相互作用的势流软件，其本质上是一个进行频域水动力分析的软件；SESAM 由挪威船级社(DNV-GL)推出，Wasim 作为其中的模块之一，其理论基础是三维势流理论，可以针对有航速船舶进行时域水动力计算。本节基于 WAMIT 和 Wasim 软件，使用频域和时域两种方法得到邮轮在零航速下垂荡和纵摇运动结果，对比结果如下。

图3中，A 表示入射波波幅，k 表示波数。从图3可以看出，使用 Wasim 计算得到的运动响应结果与 WAMIT 得到的运动响应结果基本一致，说明 Wasim 同样可以计算无航速耐波性问题，且计算结果具有较高的可靠性。

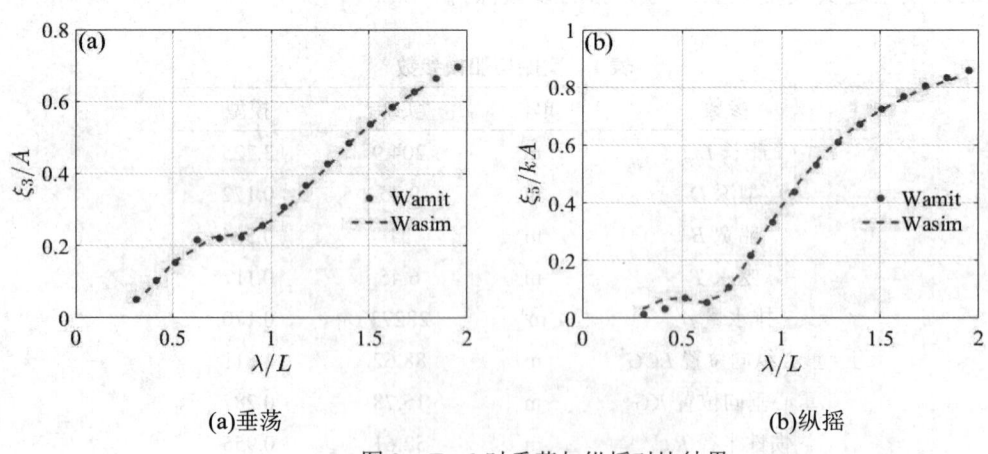

(a)垂荡　　　　　　　　　　　　　　(b)纵摇

图3 $Fn=0$ 时垂荡与纵摇对比结果

3.3 收敛性分析

通过改变中型邮轮船体网格与自由面网格数量,研究邮轮运动响应结果与网格数量之间的关系。首先保持自由面网格不变,改变邮轮船体网格,设置船体网格数量为 300、400 和 640,依次计算邮轮垂荡和纵摇运动。从图 4 可以看出,船体网格数量为 400 和 640 时,邮轮垂荡与纵摇运动响应结果吻合度较高,但船体网格数量为 300 时,邮轮垂荡与纵摇运动响应结果和网格数量为 400 和 600 时的结果有一定差距。因此,当船体网格数量较少时,对邮轮垂荡和纵摇运动响应结果有一定的影响。

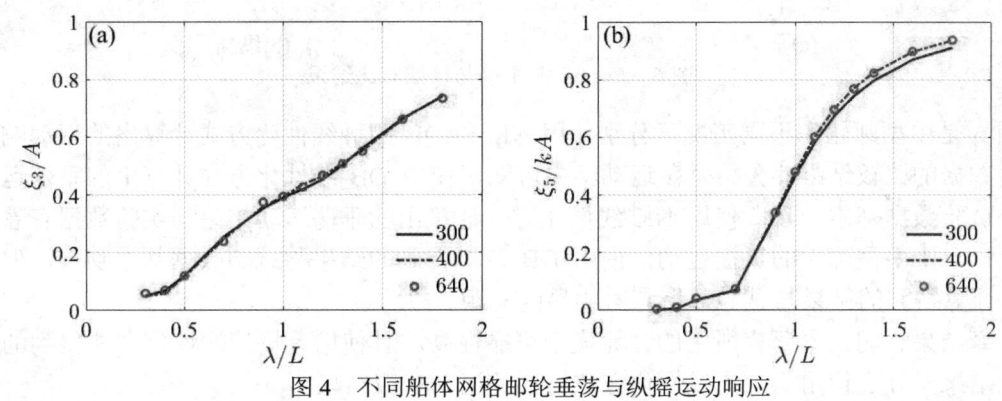

图 4 不同船体网格邮轮垂荡与纵摇运动响应

保持邮轮船体网格不变,设置自由面网格数量为 1152、1638 和 2184,计算邮轮垂荡和纵摇运动。分析图 5 可知,在三种不同的自由面网格下,邮轮的垂荡和纵摇运动响应结果基本吻合。因此,改变自由面网格数量对邮轮垂荡和纵摇运动影响较小。

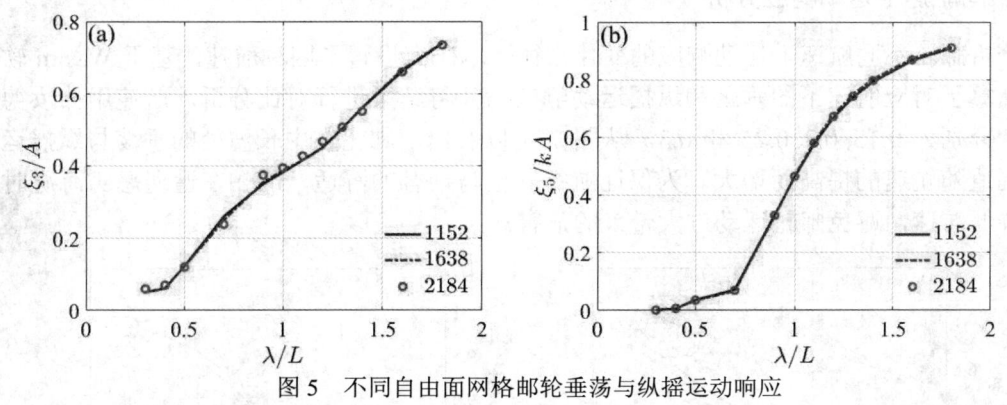

图 5 不同自由面网格邮轮垂荡与纵摇运动响应

3.4 有航速邮轮的运动响应结果对比

本节基于三维势流软件 Wasim 计算了有航速邮轮在迎浪状态下的运动响应,使用均匀流(Uniform flow)和叠模流(Double-body flow)两种线性化方式,即 NK 和 DB,得到垂荡和纵摇的运动响应结果。为验证计算模型的可靠性,选取设计航速 $Fn=0.2$,并将计算结果与试验数据进行比较(图 6)。

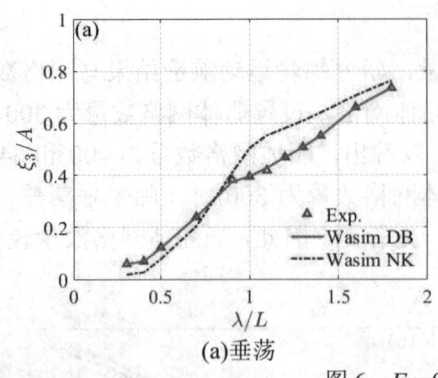
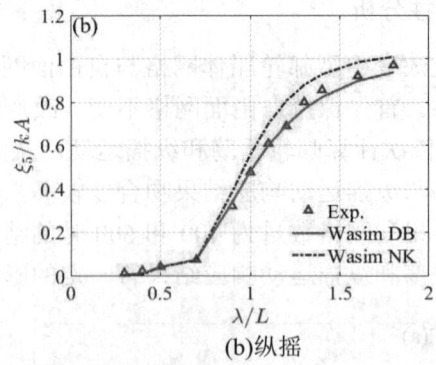

图 6 Fn=0.2 时垂荡与纵摇对比结果

图 6 是中型邮轮在不同工况下分别使用 NK 和 DB 两种线性化方式计算出的运动响应和试验数据的比较结果。分析垂荡运动结果可知，使用 DB 线性化方式计算出的垂荡运动结果与试验数据基本一致，使用 NK 线性化方式计算出的垂荡运动结果与实验数据有着较大差距；对于中型邮轮的纵摇运动，使用 DB 计算得到的结果与试验数据基本吻合，但采用 NK 计算得到的结果与试验数据有着明显的差距。

计算结果表明，本研究所用的计算模型可靠性高，且使用叠模流线性化方法得到的运动响应结果要好于使用均匀流线性化方法得到的运动响应结果。

4 参数化分析

4.1 不同航速下运动响应分析

分析邮轮不同航速下运动响应的变化规律。本研究设置了四种航速，基于 Wasim 软件分别计算了对应航速下的垂荡和纵摇运动响应，并将结果进行对比分析。航速用弗汝德数表示，分别为 0.15, 0.2, 0.25 和 0.3。从图 7 可以看出，邮轮在中长波处的垂荡与纵摇运动响应幅值随航速的提高而增大。为保证航行安全与乘客的舒适，船舶在遭遇恶劣海况时应适当降低航速，避免邮轮运动过大带来的危害。

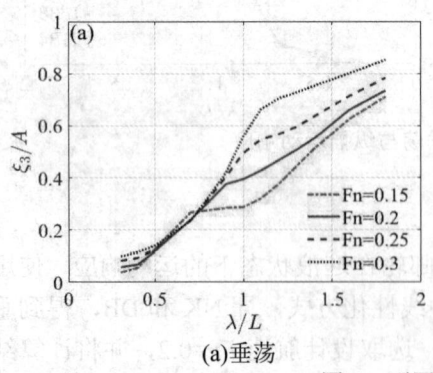
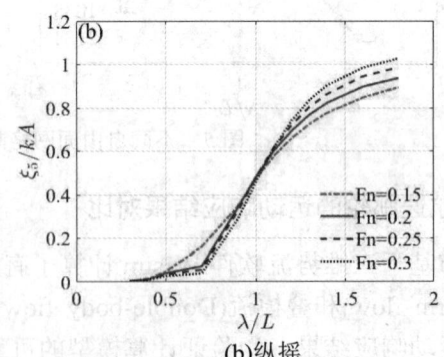

图 7 不同航速下邮轮运动响应曲线

4.2 有航速邮轮甲板上浪计算结果

基于 Wasim 软件，在邮轮一侧的自由面上，从船中至船首依次选取四个监测点，研究邮轮甲板上浪情况。在随船坐标系 $o\text{-}xyz$ 下，四个监测点的 x 坐标分别为 0 m，35 m，70 m 和 100 m。

邮轮上甲板和水面之间的相对距离是判断甲板上浪的重要指标。因此，甲板上浪与波面高度有关。考虑监测点处的船体垂荡运动，船体和波面间的相对高度 Z_R 可表示为：

$$Z_R = (X_3 - X_5 x_d) - \eta \tag{4}$$

式中，η 表示监测点处的总波高，包括入射波，辐射波与绕射波；X_3 和 X_5 分别是邮轮重心处的垂荡和纵摇运动响应幅值；x_d 表示监测点到重心处的距离。

为保证结果的可靠性，选取三种不同的工况，波长船长比依次为：0.5，1.0，1.4，航速选择设计航速 Fn=0.2。图 8 表示在波长船长比为 0.5 时，监测点处船体与波面间相对高度的时历曲线。从图 8 可知，各监测点处船体与波面之间相对高度 Z_R 大于 0，即波面高度低于甲板高度。因此，该工况下邮轮未出现甲板上浪现象。

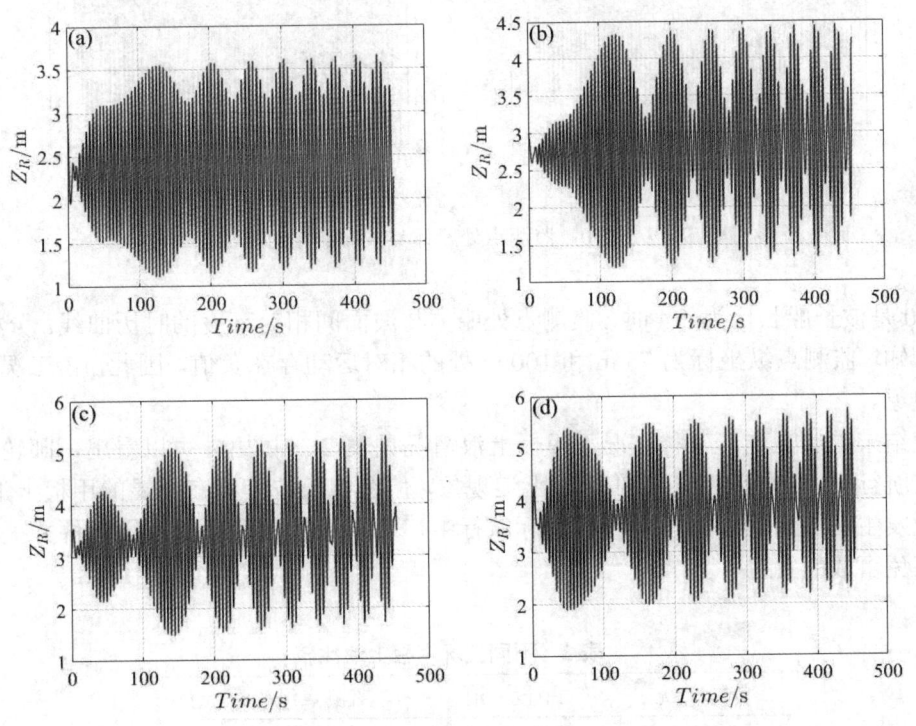

图 8 λ/L=0.5，监测点处船体与波面的相对高度

图 9 是波长船长比为 1.0 时，监测点处船体与波面间相对高度的时历曲线。其中(a)，(b)，(c)和(d)的纵坐标分别为 0 m，35 m，70 m 和 100 m。分析图 9 可知，纵坐标为 35 m，

70 m 和 100 m 的监测点处相对运动存在负值,即波面高度高于甲板高度,该工况存在甲板上浪现象。

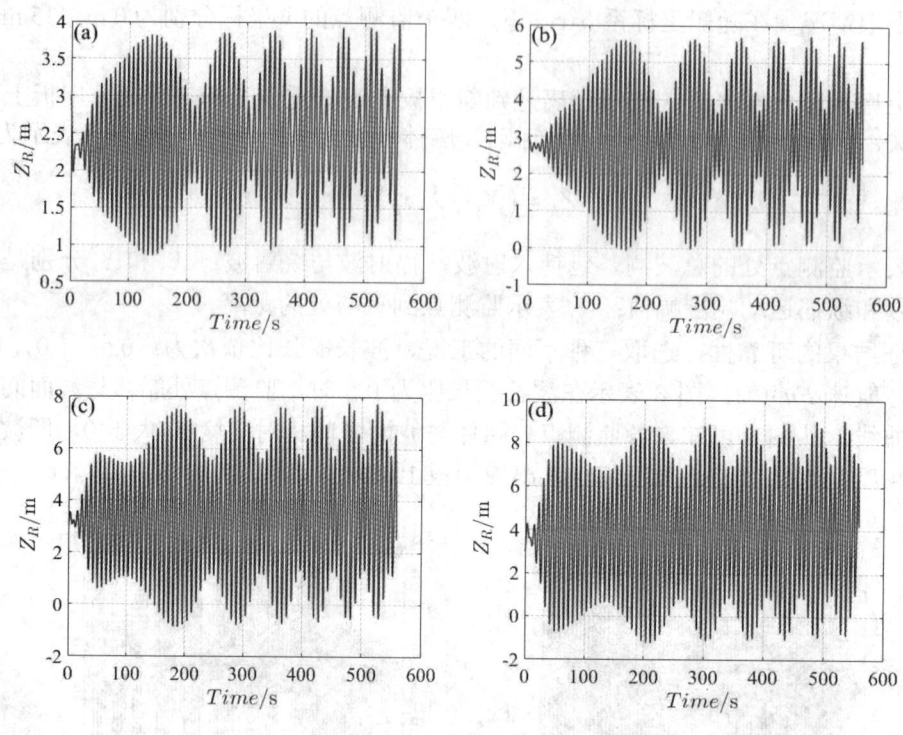

图 9 $\lambda/L=1.0$,监测点处船体与波面的相对高度

图 10 是波长船长比为 1.4 时,监测点处船体与波面间相对高度的时历曲线。分析图 10 中曲线可知,监测点纵坐标为 75 m 和 100 m 处的相对运动存在负值。因此,该工况存在甲板上浪现象。

为使结果更加直观,三种工况下甲板上浪情况见表 2。由表 2 可以看出,邮轮以设计航速迎浪航行时,在短波处不存在甲板上浪现象,但在中长波处存在明显的甲板上浪现象,并且一般发生在靠近船首的位置。在实际航行中,驾驶员应准确判断航行条件并提前通知乘客,避免事故的发生。

表 2 不同工况甲板上浪比较

计算工况	甲板上浪	监测点纵坐标(m)
0.5	不存在	/
1.0	存在	35/70/100
1.4	存在	70/100

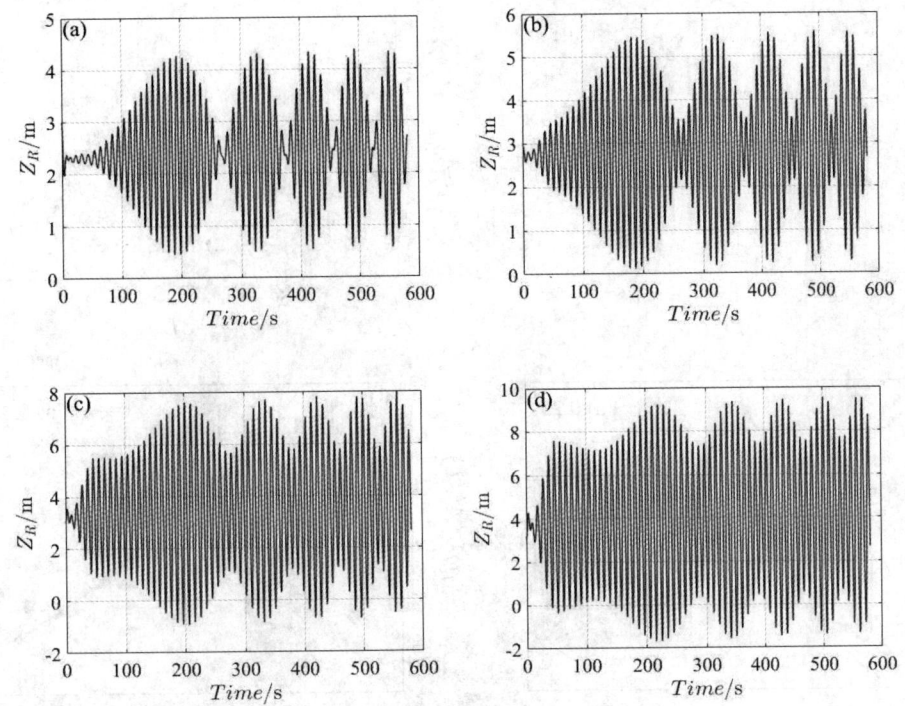

图 10 $\lambda/L=1.4$,监测点处船体与波面的相对高度

4.3 不同航速下波浪增阻分析

为研究邮轮在不同航速下波浪增阻随波长的变化规律,选择 Fn 为 0.15,0.2,0.25 和 0.3 四种不同航速,计算邮轮对应航速下的波浪增阻。

图 11 中(a),(b),(c),(d)分别是 Fn 为 0.15,0.2,0.25 和 0.3 时,波浪增阻随波长变化的曲线。分析图 11 可知,当 Fn 为 0.15 和 0.2 时,波浪增阻最大值出现在波长船长比 1.1 处,即波长为 1.1 倍船长处;当 Fn 为 0.25 和 0.3 时,波浪增阻最大值出现在波长船长比 1.0 处,即波长为 1 倍船长处。此外,波浪增阻的最大值随着航速的提高而增大。

本研究所用船型为中型邮轮,通过参考和研究 Song 等[8]的结果发现,邮轮各个航速下波浪增阻的最大值均小于 KVLCC2 船和 Wigley 船型在对应航速下波浪增阻的最大值,原因是邮轮在各个航速下的纵摇运动响应幅值均小于 KVLCC2 船和 Wigley 船型在对应航速下的纵摇运动响应幅值。

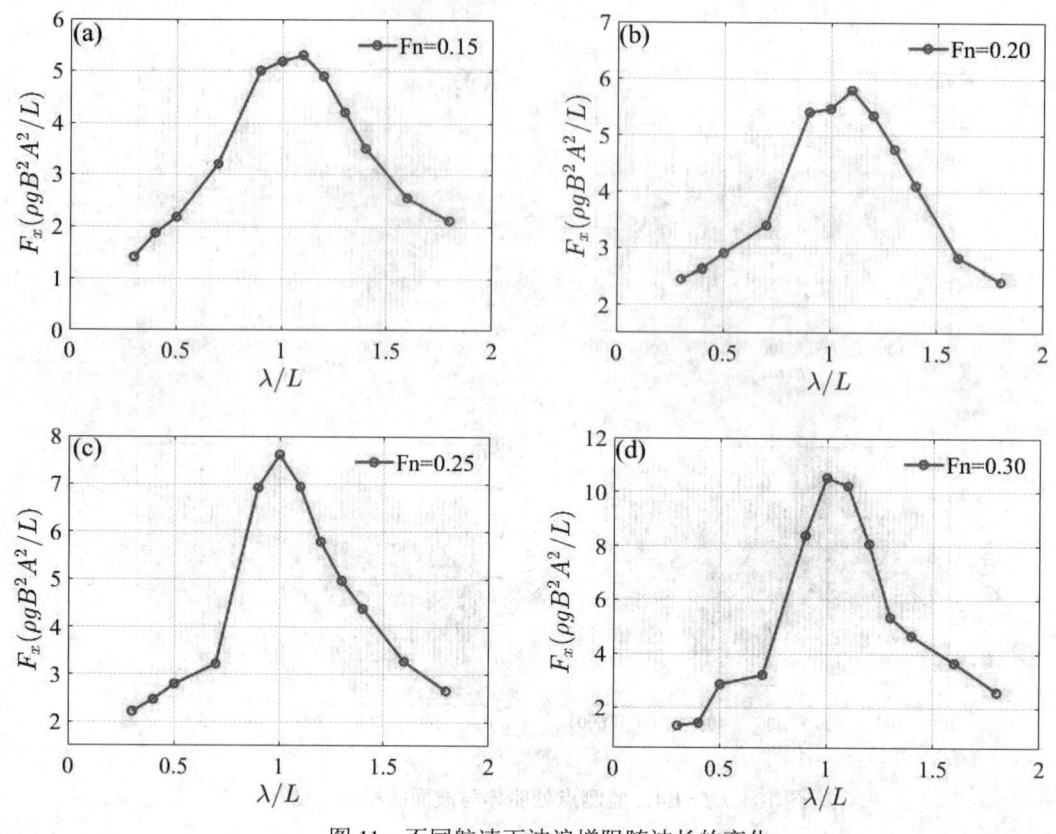

图 11　不同航速下波浪增阻随波长的变化

5　结论

本研究基于三维耐波性时域计算软件 Wasim，研究了不同航速下中型邮轮迎浪航行时的运动响应和波浪增阻特性，得到以下结论：

(1) 邮轮在无航速迎浪条件下，Wasim 与 WAMIT 计算的运动响应结果基本一致，表明 Wasim 在计算无航速耐波性问题时同样可靠。

(2) 改变船体面元网格和自由面网格数量，对邮轮的运动响应结果影响较小。在设计航速 Fn=0.2 时，数值结果与试验数据对比发现，使用叠模流线性化方式(DB)得到的运动响应结果要好于使用均匀流线性化方式(NK)所得到的结果，证明了计算模型的可靠性。

(3) 在中长波处，邮轮运动响应幅值随航速的提高而增大，波浪增阻的最大值随航速的提高而增大。参考其他文献结论可知，由于邮轮纵摇运动响应幅值小于其他船型纵摇运动响应幅值，所以邮轮波浪增阻的最大值低于其他船型波浪增阻的最大值。另外，邮轮以设计航速迎浪航行时，在遭遇中长波时，靠近船首的位置会出现甲板上浪现象。

参考文献

1. 张文萱. 邮轮"大咖"首次齐聚青岛共话邮轮产业复苏——2020 东北亚邮轮产业国际合作会议暨第八届中国(青岛)国际邮轮峰会举行 [J]. 走向世界, 2020(33): 64-66.
2. 张牧, 王建华, 万德成. 基于重叠网格的豪华邮轮多工况耐波性数值分析 [J]. 中国舰船研究, 2022, 17(02): 57-62.
3. 章新智, 王驰明, 郭昂. 豪华邮轮耐波性衡准分析 [J]. 船舶标准化工程师, 2014, 47(04): 13-17.
4. Scamardella A, Piscopo V. Passenger ship seakeeping optimization by the Overall Motion Sickness Incidence [J]. Ocean Engineering, 2014, 76: 86-97.
5. 董奕清, 赵伟文, 万德成. 考虑尾板变形的豪华邮轮阻力及耐波性能综合优化 [C]. 第十六届全国水动力学学术会议暨第三十二届全国水动力学研讨会论文集(下册), 北京: 海洋出版社, 2021: 761-775.
6. Cao Y, Yu B, Wang J. Modeling the seakeeping performance of luxury cruise ships [J]. Journal of Marine Science and Application, 2010, 9(3): 292-300.
7. Kim Y C, Kim K S, Kim J, et al. Analysis of added resistance and seakeeping responses in head sea conditions for low-speed full ships using URANS approach [J]. International Journal of Naval Architecture and Ocean Engineering, 2017, 9(6): 641-654.
8. Song X, Zhang X, Beck R F. Numerical study on added resistance of ships based on time-domain desingularized-Rankine panel method [J]. Ocean Engineering, 2022, 248: 110713.
9. Veritas D N. Sesam user manual [Z]. Hovik, Norway, 1998, 59.

Research on seakeeping performance and added resistance characteristics of medium-sized cruise ship

ZHANG Hong-xu[1,2], ZHANG Zhi-heng[1,2], ZHANG Xin-shu[1,2*], LU Jiang[3], WANG Xue-feng[1,2]

(1. State Key Laboratory of Ocean Engineering, Shanghai Jiao Tong University, Shanghai 200240, China, Email: xinshuz@sjtu.edu.cn;
2. School of Naval Architecture, Ocean and Civil Engineering, Shanghai Jiao Tong University, Shanghai 200240, China;
3. China Ship Scientific Research Center, Jiangsu Wuxi 214082)

Abstract: In this paper, the motion response and added resistance of cruise ship in head waves are calculated and analyzed using a computational model based on potential flow theory. Firstly, the motion response of the cruise ship at zero speed is calculated based on the three-dimensional potential flow software Wasim, and the results are basically consistent with those of WAMIT, which show that the results of seakeeping without speed calculated by Wasim are reliable; then, the number of hull surface element meshes and free surface meshes are changed to analyze the convergence of the motion response of the cruise ship, comparing the results of the motion response of the cruise ship at the design speed with the experimental data, it is found that the computational results agree well with the experimental results, which verifies the reliability of the computational model; Finally, the variation law of motion response and added resistance of cruise ships at different speeds is researched, and several monitoring points are arranged at the free surface of the cruise ship's side to calculate the relative motion between the ship and the wave surface, and the green water condition is studied. The study elucidates the variation of cruise ship motion response, added resistance and green water with speed or wavelength under head waves conditions.

Key words: Potential flow model; Seakeeping; Green water; Added resistance.

基于神经网络的船舶剖面参数化建模与辐射水动力系数预测

尚凡成[1]，孔繁钰[2]，朱仁传[1*]

(1. 上海交通大学 船舶海洋与建筑工程学院 海洋工程国家重点实验室，
上海 200240, E-mail: renchuan@sjtu.edu.cn;
2. 中国船舶及海洋工程设计研究院，上海 200011)

摘要：切片理论是船舶水动力性能评估的重要手段，可显著缩短船型优化设计周期。船舶剖面形状复杂，刘易斯剖面法、田才图谱法等难以实现剖面准确定义，制约水动力系数预报精度。文章基于自动编码器方法提出了一种新的船体剖面参数化方法，在此基础上通过神经网络以数据驱动方式建立了剖面参数化特征、频率参数与二维无限水深水动力系数之间的映射关系，实现了辐射力的准确高效预报。经仿真验证，提出的神经网络模型预测结果与切片理论计算结果吻合良好，预测精度较高，有助于船舶设计与优化工作。

关键词：切片理论；神经网络；自动编码器；水动力系数

1 引言

准确的预报船舶在波浪上运动和波浪载荷对于船舶优化设计具有重要意义。基于势流理论的数值模拟方法特别是采用细长体假定的切片理论是目前工程应用最为广泛且可靠的船舶水动力预报方法[0]。船舶在波浪中运动预测关键难点在于对船舶绕辐射水动力系数求解，在计算中常存在积分高频震荡等问题，影响数值求解精度与计算速度。

随着人工智能技术的发展，神经网络、支持向量机等机器学习方法日趋成熟。由于神经网络可以以任意精度逼近任意的非线性函数[0]，所以它也被广泛地应用在各个工程领域。使用机器学习方法可以实现对船舶剖面水动力系数的高效高精度预测[0]。

船体剖面形状复杂，使用刘易斯剖面法等传统方法总结得到的剖面特征参数过少，难以实现剖面准确定义，制约预测结果的精度。基于此，本研究通过自动编码器建立了一种新的船体剖面参数化方法，在此基础上通过神经网络以数据驱动方式建立了剖面参数化特征、频率参数与二维无限水深水动力系数之间的映射关系，实现了剖面水动力系数的高效高精度预测。

2 切片理论

切片理论是基于细长体假定的近似方法，即认为：①船舶横向尺度远小于船长；②横截面沿纵向变化是缓慢的，沿纵向将船体分为若干段，各段截面形状相同，对于每个截面，流体运动可以近似认为是二维的，按照二维流动求得各横截面遭受的流体作用力后，沿长度积分即可求出作用在船体上的总的流体作用力[0]。故可以得到船舶剖面二维辐射速度势满足的方程和定解条件如下：

$$\left.\begin{array}{l}[L]\nabla^2\phi_j(y,z)=\dfrac{\partial^2\phi_j}{\partial y^2}+\dfrac{\partial^2\phi_j}{\partial z^2}=0\\[6pt] [F]\dfrac{\partial\phi_j}{\partial z}-k\phi_j=0(在z=0上)\\[6pt] [S]\dfrac{\partial\phi_j}{\partial N}=N_j(在C(x)上)\\[6pt] [B]\lim\limits_{z\to-\infty}\nabla\phi_j=0\\[6pt] [R]\lim\limits_{y\to+\infty}\left(\dfrac{\partial\phi_j}{\partial y}\mp ik\phi_j\right)=0\end{array}\right\} \quad (1)$$

式中，$k=\omega^2/g$ 为振荡波数；$j=2,3,4$ 为对应的运动模态；$C(x)$ 为对应剖面平均湿周线。

上述定解问题可使用二维格林函数法求解，满足上述定解条件的格林函数可以写作：

$$G(P,Q)=\ln r-\ln r_1+2P.V.\int_0^\infty e^{m(z+\zeta)}\dfrac{\cos m(y-\eta)}{m-k}\mathbf{d}m-ie^{k(z+\zeta)}\cos k(y-\eta) \quad (2)$$

式中，(y,z) 为场点 P 坐标，(η,ζ) 为源点 Q 坐标；$r=[(y-\eta)^2+(z-\zeta)^2]^{1/2}$；$r_1=[(y-\eta)^2+(z+\zeta)^2]^{1/2}$；$P.V.$ 表示积分主值。

求得速度势后可以通过积分进而求得流体作用力见式(3)。

$$F_{ij}=f_{ij}e^{-i\omega t}=\rho i\omega e^{-i\omega t}\int_{C_0}\phi_j\dfrac{\partial\phi_i}{\partial N}\mathbf{d}l \quad (3)$$

上述流体作用力中一部分与加速度成比例，一部分与速度成比例，故可由式(4)定义剖面的附加质量 A_{ij} 和阻尼系数 B_{ij}。

$$\rho\int_{C_0}\phi_j\dfrac{\partial\phi_i}{\partial N}\mathbf{d}l=A_{ij}+\dfrac{i}{\omega}B_{ij} \quad (4)$$

为了验证编制计算程序的有效性，对 Wigley-III 型船舶剖面水动力系数进行了计算，并按照 STF 法沿船长方向积分求得船体垂荡运动附加质量和阻尼系数。图 1 显示了切片理论与船模试验的对比结果，由此可见数值计算结果精度较高，与试验值吻合良好。

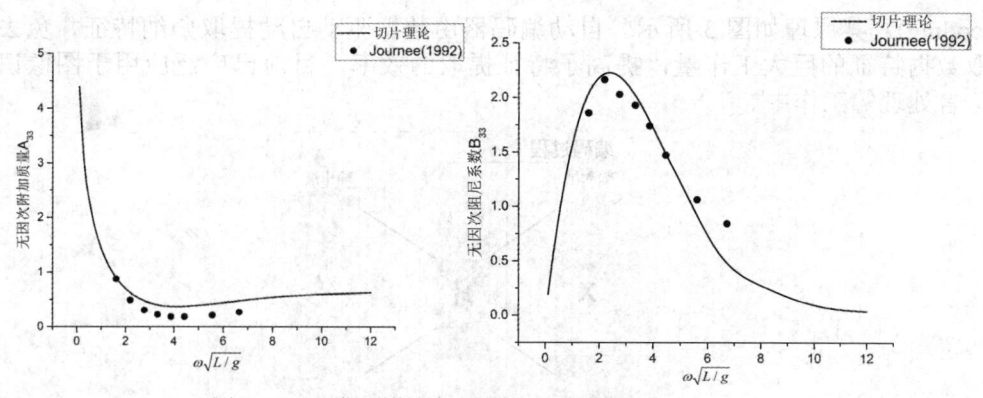

图 1 Wigley 船垂荡附加质量和阻尼系数(Fr=0.2)

3 剖面参数化建模与预测模型

3.1 基于神经网络的预测模型

无因次化的船体剖面水动力系数与剖面几何特征和遭遇频率具有强相关性,建立高精度的数据驱动模型对剖面水动力系数进行预报离不开对船体剖面特征的准确表达。传统的图谱法和经验公式回归可以视为对数据驱动模型的早期尝试,其中较为经典的方法如刘易斯剖面法[⁰]、田才图谱等[⁰]根据保形映射推导选用宽度吃水比 B/T、剖面面积系数 $\sigma = \dfrac{S}{BT}$ 表征船体剖面特征。随着具有直壁段和折角线的船体剖面以及球艏的出现,仅使用上述特征已经无法准确描述复杂的船体剖面(图 2),相同特征参数不能保证对应剖面的唯一性,制约预测效果。而多参数保形映射往往需要复杂的迭代推导过程。

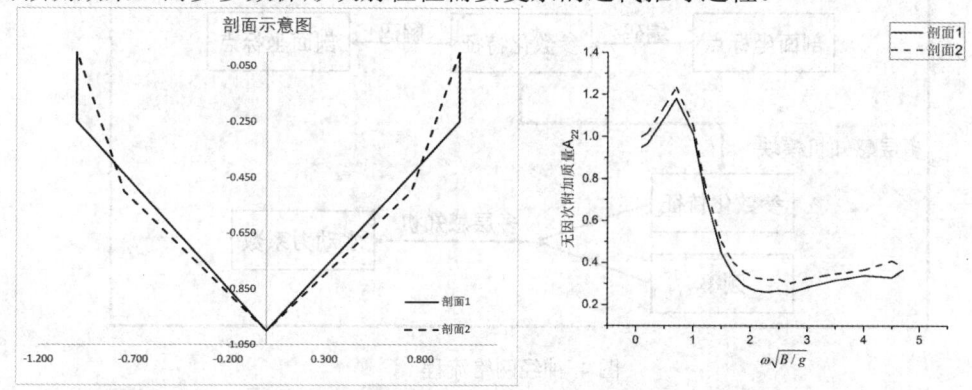

图 2 两剖面水动力系数对比($B/T = 2.0; \sigma = 0.625$)

随着机器学习技术的发展,自动编码器提供了一种剖面参数化的新选择。自动编码器是一种无监督的神经网络模型[⁰],它可以学习到输入数据的隐含特征,这称为编码(encoding)过程,同时用学习到的新特征可以重构出原始输入数据,称之为解码过程

(decoding)，其原理如图 3 所示。自动编码器由数据驱动自动提取归纳特征，免去了人工提取数据特征的巨大工作量，提高了特征提取的效率，目前已广泛应用于图像识别与自然语言处理等工作中。

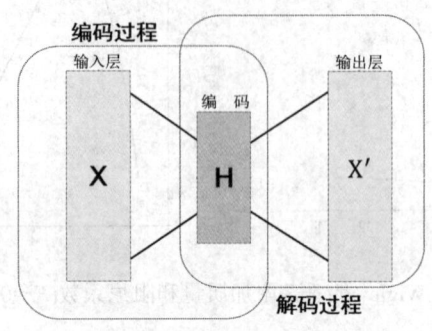

图 3 自动编码器原理示意图

虽然船舶剖面几何形状逐渐复杂化，但仍可使用有限的坐标对剖面特征进行准确的刻画。直接应用剖面坐标学习水动力系数往往受制于剖面坐标抽样方式等问题，其结果泛化性与实用性不佳。本研究通过自动编码器对剖面坐标点进行无监督学习，自动归纳剖面特征参数，进而将归纳得到的剖面特征与自然频率作为多层感知机输入参数，成功建立了高精度的剖面水动力系数预报模型。由于将参数化过程与后续预报过程分开，在参数化中无须使用水动力计算结果进行监督学习，避免了水动力数据生成和准备的困难。该方法保证了后续的水动力系数预报模型相应参数是固定的，免去了预报模型重复训练的困扰，方便模型的实际应用。同时自动编码器可以将参数化后的剖面特征解码为剖面坐标点，进而可以指导训练数据更科学合理的生成。

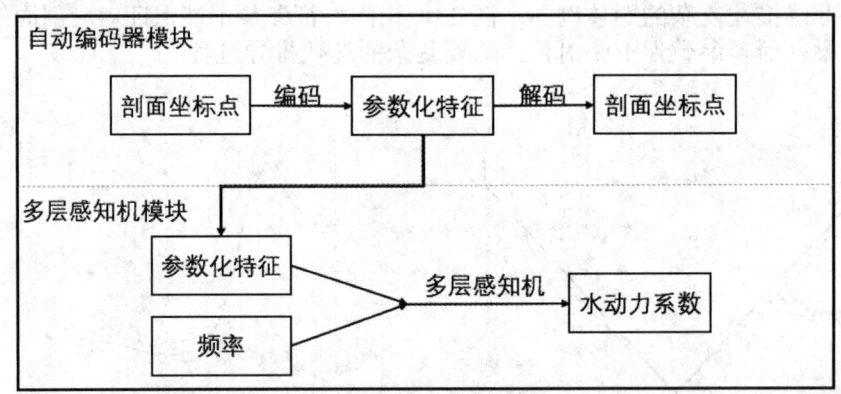

图 4 神经网络流程

3.2 用于剖面几何参数化的自动编码器改进

剖面坐标点由于抽样方式的不同，其数据分布不能保证完全相同，因此若参数化过程中对自动编码器的迭代优化方向不加以任何约束，往往不能保证同一剖面（以不同坐标点作为输入）得到的参数是一致的。同时剖面坐标点往往反应剖面局部特征，难以保证对坐标点的学习得到的剖面参数化特征是全局的且具有几何含义。针对上述问题提出了对自动编码器进行如图 5 所示的改进。

(1) 为了使自动编码器更好地适应不同数据分布，具有更好的迁移性，使用相同剖面随机采样的不同数据训练两个神经网络，并进行交替训练更新参数，使神经网络对于同一剖面提取特征具有一致性。

(2) 为了剖面参数化更加合理，在模型训练过程中加入先验知识，即在编码结果后添加一层全连接神经网络，保证编码结果可以直接得到剖面宽度吃水比 B/T 和面积系数 σ 两特征（刘易斯剖面法），保证了编码得到的剖面参数化特征的合理性。

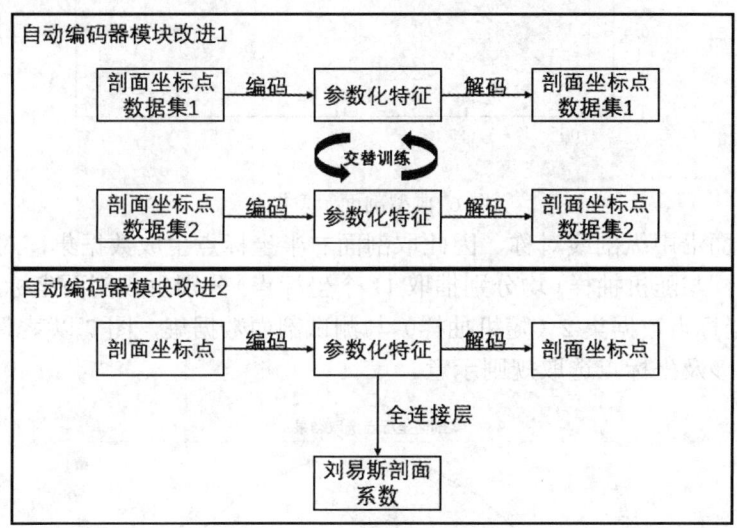

图 5 自动编码器改进示意图

4 预测结果与分析

4.1 数据说明

对图6所示的S60，S175等船舶典型剖面进行归纳提取，并使用仿射变换和FFD(free form deformation)方法对采集的剖面变形以增加样本数目，经筛选可以得到 $\sigma \in [0.25,1.0]$，$B/T \in [0.34,3.30]$ 的典型剖面1804个，上述剖面按照半宽进行归一化，并使用编制程序计算无因次频率 $\omega_e \in [0,3]$（其中 $\omega_e = \omega\sqrt{B/g}$）对应的辐射水动力系数，剖面自由变形与筛选方法同参考文献[3]。

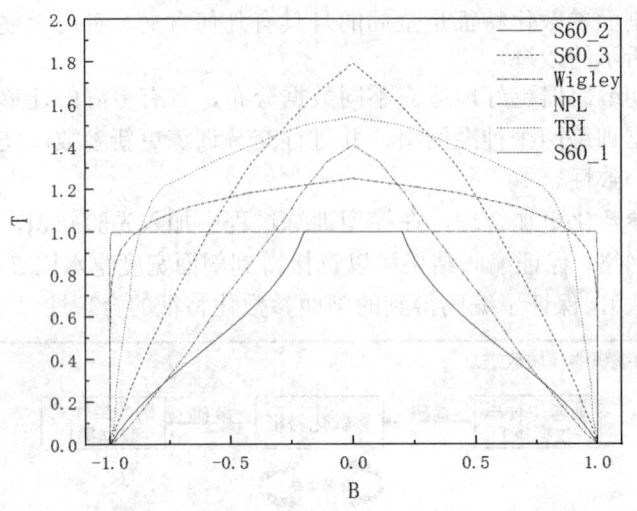

图 6 典型剖面示意图

由于船舶剖面沿中纵剖线对称,因此取剖面右半坐标点生成数据集,对右半剖面上坐标点进行均匀抽样与随机抽样(均分别抽取 11 个坐标点)分别生成剖面坐标点数据集1(均匀抽样)、剖面坐标点数据集2(随机抽样)与测试剖面数据集,图 7 以某船首剖面为例给出了不同数据集涉及坐标点选取规则示意。

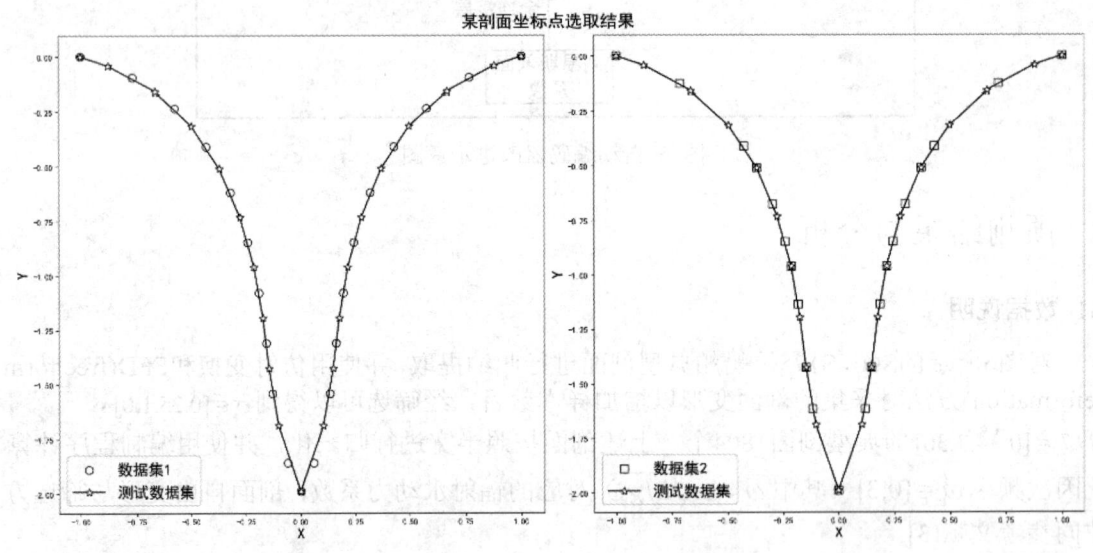

图 7 坐标点数据集示意图

4.2 剖面参数化结果

使用本研究所述改进的自动编码器对剖面数据集进行训练,输入参数为数据集对应(x, y)坐标共 22 个参数,编码后参数化特征维度为 10,编码器隐藏层神经元数目分别为

[32,64,32,16]，解码器隐藏层神经元数目为[16,32,64,32]，并在隐藏层使用批处理归一化（BatchNorm）处理以提高神经网络稳定性。损失函数为均方误差函数，迭代次数 10000次，优化算法使用 Adam 算法[0]（其参数设置：lr=0.001，beta_1=0.9，beta_2=0.99，epsilon=1e-8）。

使用均方误差 MSE 与相关系数 R2 表征神经网络性能，其定义见式（5）。

$$MSE = \frac{1}{m}\sum_{i=1}^{m}(y_i - \hat{y}_i)^2$$
$$R2 = 1 - \frac{\sum_i(\hat{y}_i - y_i)^2}{\sum_i(\overline{y}_i - y_i)^2} \tag{5}$$

式中，y 为真实值，$\hat{y}$ 为神经网络输出。训练结果如表 1 所示，其中原始自动编码器与 AE1 训练数据集为上文所述坐标点数据集 1，AE2 训练数据集为坐标点数据集 2，测试集统一使用测试剖面数据集。AE1 与 AE2 采用 3.2 小节所述改进方法，经交替训练得到。表中测试集编码 MSE 与 R2 结果均为与同一剖面的训练集编码结果对比。由表可知，改进后的自动编码器解码后还原原始坐标点的能力存在一定的下降，但是其具有识别同一剖面的能力，对于同一剖面的参数化编码结果基本一致。图 8 给出了 AE1 对图 7 所示剖面的编码结果，改进后的自动编码器具有良好的剖面参数化能力，且泛化性较好。

表 1 剖面参数化结果对比

方法	原始自动编码器	AE1	AE2
训练集解码 MSE	2.807E(-4)	1.174E(-3)	5.683E(-3)
训练集解码 R2	0.8421	0.8272	0.7703
测试集编码 MSE	0.0190	2.982E(-5)	7.841E(-6)
测试集编码 R2	0.9232	0.9968	0.9994

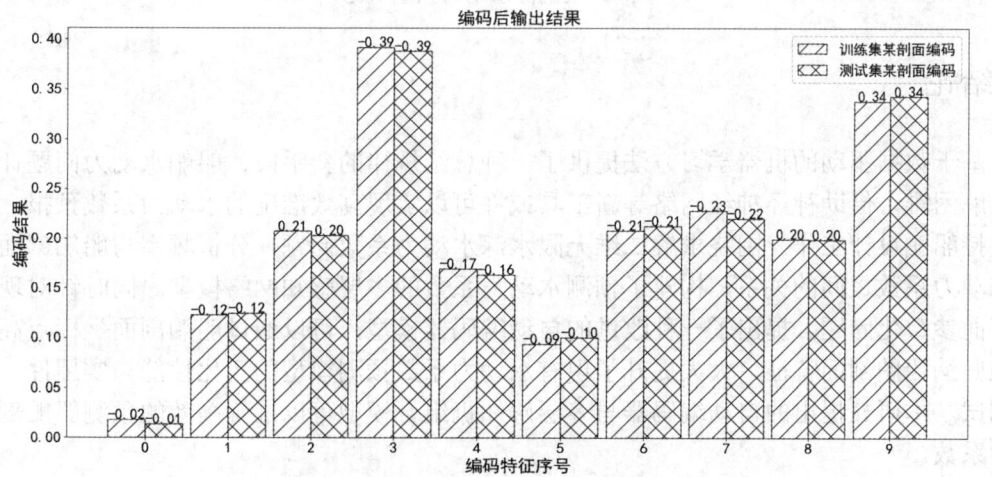

图 8 同一剖面参数化编码结果

4.3 水动力系数预测结果

将自动编码器 AE1 编码后的剖面特征参数与无因次频率作为神经网络输入建立水动力系数预测模型，隐藏层神经元数目分别为[8,32,8]，损失函数为均方误差函数，迭代次数 10000 次，优化算法使用 Levenberg-Marquarelt 算法[6]，同时为了防止训练中出现过拟合现象，使用交叉验证与早停机制（验证集结果连续 6 次变差时停止训练过程）。表 2 使用上文提出的测试数据集作为测试集，以无因次附加质量 A'_{33}，阻尼系数 B'_{33} 为例给出水动力系数预测结果，可见预测精度较高。图 9 给出了使用本研究所述方法和直接使用多层感知机学习剖面坐标点对某剖面无因次附加质量 A'_{33} 的预测结果，可见本文提出方法泛化性较强，实用效果较好。

表 2 水动力系数预测结果

指标	无因次附加质量 A'_{33}	无因次阻尼系数 B'_{33}
测试集 MSE×10^{-4}	8.710	2.442
测试集 R2	0.9976	0.9934

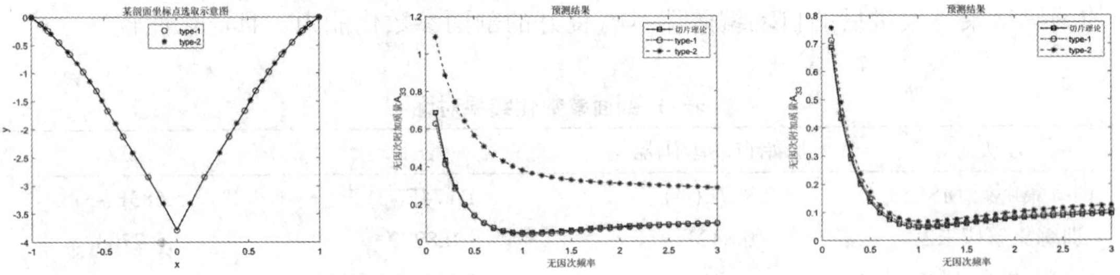

(a) 某剖面示意图　　(b) MLP 直接预测结果　　(c) 本文方法预测结果

图 9 某剖面水动力预测对比

5 结论

基于数据驱动的机器学习方法提供了一种总结规律的新手段，船舶水动力问题计算复杂求解困难，借助神经神经网络等新工具或许可以实现高效准确的水动力系数预报，更好地支持船舶设计工作。围绕求解二维无限水深水动力系数问题，分析频率与船舶剖面特征与水动力系数之间的关系，构建了预测水动力系数的多层感知网络模型。同时针对现有船舶剖面参数化问题，提出了一种改进的自动编码器模型，可以通过船舶剖面坐标点高效准确地归纳船舶剖面特征，大大提升了现有水动力系数预测模型的泛化性能与实用性。经仿真测试，本研究提出的自动编码器与多层感知机组合模型可以准确高效的预测船舶剖面水动力系数。

参考文献

1. 朱仁传, 缪国平. 船舶在波浪上的运动理论 [M]. 上海: 上海交通大学出版社, 2019: 4-10.
2. Hornik K M, Stinchcomb M, White H. Multilayer feedforward networks are universal approximator [J]. Neural Networks, 1989, 2(5).
3. 孔繁钰, 朱仁传, 范佘明. 基于神经网络的船体剖面水动力机器学习与验证 [J]. 水动力学研究与进展 (A 辑), 2021, 36(03).
4. Salvesen N, Tuck E O, Faltinsen. Ship motion and sea loads [J]. Trans Sname, 1970, 78.
5. Lewis F M. The inertia of the water surrounding a vibrating ship [J]. Sname, 1929, 37.
6. 田才福造, 高木又男. 規則波中の答理論および計算法 [A]. 耐航性に関するシンポジウム [C]. 日本造船学会, 1969. 40.
7. Hinton G E, Osindero S, Teh Y W. A fast learning algorithm for deep belief nets [J]. Neural Computation, 2006, 18 (7): 1527-1554.
8. Kingma D, Ba J. Adam: a method for stochastic optimization [J]. Computer Science, 2014.
9. Hagan M T, Menhaj M B. Training feed forward network with the marquardt algorithm [J]. IEEE Transactions on Neural Networks, 1994, 6(6): 861-867.

The parametric modeling of ship profiles and prediction of radiation hydrodynamic coefficients using neural network

SHANG Fan-cheng[1], KONG Fan-yu[2], ZHU Ren-chuan[1*]

(1. State Key Laboratory of Ocean Engineering, School of Naval Architecture, Ocean and Civil Engineering, Shanghai Jiao Tong University, Shanghai 200240, E-mail: renchuan@sjtu.edu.cn;
2. Marine Design and Research Institute of China, Shanghai 200011)

Abstract: Fast and efficient hydrodynamic calculation methods can significantly shorten the ship design cycle. The shape of the ship section is complex, and using the Lewis Forms or Tasai graphics to define it accurately is formidable, which restricts the accuracy of hydrodynamic coefficient prediction. In this paper, a new hull section parameterization method is proposed based on Auto-Encoder, and study the mapping relationship between profile parameterization features, frequency parameters, and two-dimensional infinite water depth hydrodynamic coefficients using Neural Network. Experiments show that the neural network model proposed in this paper has high prediction accuracy and practicality, which can guide the ship design and optimization work.

Key words: Strip theory; Neural networks; Auto-Encoder; Hydrodynamic coefficients.

基于 LSTM 的船舶波浪中实时运动预报

何国联[1]，姚朝帮[1*]，孙小帅[2]，董国华[1]

（1. 华中科技大学船舶与海洋工程学院，武汉，E-mail: yaochaobang@hust.edu.cn；
2. 中国海洋开发研究中心，北京）

摘要：船舶在真实海洋环境中航行时具有复杂的运动状态。船舶极短期的实时运动预报对于船舶航行和海上作业至关重要，如直升机起降、航行中补给等。实时运动状态是船体和波浪相互作用的结果。基于此，开展了基于 LSTM（Long Short-Term Memory Network）的波浪与船舶运动组合预报模式，形成双输入 LSTM 模型，并采用数值模拟得到的船舶不规则波中的 2000 s 多自由度运动响应数据作为分析与验证的样本。结果表明，双输入 LSTM 模型相比于单输入 LSTM 模型，可以提高运动响应预报结果 1%~6%精度。进一步探讨了数据采样率对预报精度和预报时长的影响规律，在运动预报误差不大于 15%的前提下，采样率 5 Hz 时，未来预报时长 5 s，采样率 10 Hz 时，未来预报时长 4s，满足工程使用要求。

关键词：实时运动预报；LSTM；双输入模型；采样率

1 引言

在复杂的海洋环境中，船舶有六个自由度的运动响应，包括纵荡、横荡、垂荡、横摇、纵摇和首摇。船舶过大的运动响应不仅会影响船员的舒适性，还会产生安全隐患。船舶运动预报可以运用于提前判断未来船舶的运动趋势，降低风险。

船舶运动预报是一个时间序列分析问题。目前，船舶运动预报模型主要分为数学模型、统计模型和机器学习模型。数学模型方法是利用现有的船舶姿态参数如坐标、设计参数、风速、风向等，建立船舶运动的数学模型和海洋环境模型。如，Yang 等通过对船舶运动动力学估计模型的研究，提出了一种在随机海况下的船舶运动动态变化趋势不确定性预报新方法[1]。基于数学模型的预报方法通常复杂度高，计算效率低，且不能保证精度。

统计模型法是在分析船舶运动时历数据的基础上，建立预报模型。广泛采用的有：自回归(Autoregressive model, AR)模型和自回归移动平均(Autoregressive Moving Average model, ARMA)模型[2-3]。大多数基于统计模型的预报方法都是在平稳波浪条件下进行分析的。该方法在非线性海况下预报精度有限，难以满足工程要求。

基金项目：国家自然科学基金资助项目(52071148, 51509256)和航空科学基金(批准号：202000023079001)

随着科学的发展和计算机技术的成熟，科学计算的效率大大提高。机器学习和深度学习的技术也逐渐被引入到船舶运动预报和分析中。机器学习模型在时间序列中的应用主要包括支持向量机(Support Vector Machines, SVR)、决策树、卷积神经网络、循环神经网络等等。机器学习模型具有很强的非线性拟合能力，在船舶运动时间序列预报中得到了越来越多的应用。如，Yin 等采用基于支持向量机和船舶操纵运动 4 自由度线性化方程的方法，推导出船舶操纵与横摇运动的耦合响应模型[4]。Hou 和 Zou 利用支持向量机[5]方法分析了 FPSO 在规则波中的非线性横摇运动方程。Yin 等利用小波变换和径向基函数神经网络模型(RBF)[6]预报船舶的横摇运动。Duan 等提出了一种基于人工神经网络(ANN-WP)的波浪预报模型来分析长峰波浪[7]。通过与实验波浪数据集的比较，验证了 ANN-WP 模型的预报精度。Jiang 等提出了一种基于变结构径向基函数神经网络(RBFNN)[8]的在线船舶运动预报模型。

长短时记忆(Long and short memory, LSTM)是递归神经网络的一种变体，具有短期时间记忆功能，可以根据时间序列数据的历史信息生成预报结果。LSTM 模型在时间序列预报中有着广泛的应用。如，Akita 等使用 LSTM 模型预报股价趋势[9]。Liu 等利用 LSTM 模型预报风速[10]。

近年来，基于 LSTM 模型的船舶运动预报有许多研究。如，Liu 等运用 LSTM 预报了船舶运动[11]，并研究了输入向量的维数，以增强该方法的适应性。Christoph Jörges 等开发了一种基于 LSTM 的机器学习模型，用于近岸显著波高(SWH)[12]的短期和长期预报。首次利用水深数据对海洋环境中的浪高进行预报和重铸。Wang 等提出了基于深度学习的单输入单输出和多输入单输出船舶预报方法，并研究了输入变量对船舶运动预报模型[13]的影响。Zhang 等提出了一种基于 LSTM 神经网络模型的多注意机制，形成了基于多尺度注意机制的 LSTM[14]。

虽然机器学习模型具有良好的非线性表达能力，但在应用于船舶运动预报分析时仍存在一些困难问题。首先，模型的优化非常困难。模型的损失函数为非凸函数，很难找到全局最优解。其次，模型和训练数据的参数量非常大。另一方面，由于机器学习模型的高度复杂性和较强的拟合能力，容易在训练集上产生过拟合，从而对未知的新数据缺乏泛化能力。

本研究探讨了波浪和船舶运动之间的映射关系，并基于 LSTM 进行了分析。根据船舶在波浪中运动的时历数据，基于 LSTM 建立预报模型。通过对输入和输出向量的分析，提出了双输入 LSTM 模型（Dual Input LSTM）。首先，对船舶运动和波高时历数据进行预处理。采用滑动窗口法对原始数据进行重组，并对训练集和测试集进行划分。然后将这些数据输入 LSTM 模型进行训练，直到模型的误差收敛到某一值。最后进行预报，并将预报结果与实际值进行对比验证。

2 模型方法

2.1 LSTM 模型

深度学习中的神经网络模型具有很强的非线性数据拟合能力，神经网络模型的结构可以类比于人类的大脑结构。神经网络模型的基本单元是人工神经元。数学上表现为，给定一组输入，然后得到输出。神经网络模型可分为输入层、隐含层和输出层。每一层由一个或多个神经元组成。

假设神经元接收到的输入为 $x=[x_1,x_2,x_3,\cdots,x_n]$，$a$ 表示神经元的输出。有：

$$a=f\left(\sum_{i=1}^{n}\omega_i x_i+b_i\right) \quad (1)$$

式中，$\omega=[\omega_1,\omega_2,\omega_3,\cdots,\omega_n]$ 为权重，$b=[b_1,b_2,b_3,\cdots,b_n]$ 为偏置，$f(\cdot)$ 非线性函数称为激活函数。

循环神经网络（Recurrent Neural Network, RNN）是一种具有记忆容量的神经网络模型。在循环神经网络中，神经元不仅可以接收来自其他神经元的信息，也可以接收来自自身的信息，形成具有环路的网络结构。它可以解决非线性时间序列问题。在训练 RNN 模型时，将模型中的循环层扩展为权值相同的全连接层。输入层的步数需要与循环层中的层数相同，称为特征长度，或时间步长。当时间步长过长时，模型的训练效率会降低。

LSTM 是循环神经网络的一种变体，它引入了选择性更新和选择性遗忘的门控机制，有效地提高了循环神经网络的长期依赖性，缓解了梯度消失和梯度爆炸问题。LSTM 网络的核心是其内部单元。通过引入一个新的状态量 c_t，输入和输出由门控机构控制。t 时刻隐含层的输出表示为，其更新公式如下：

$$f_t=f\left(\omega_{xf}x_t+\omega_{hf}h_{t-1}+\omega_{cf}c_{t-1}+b_f\right) \quad (2)$$

$$i_t=f\left(\omega_{xi}x_t+\omega_{hi}h_{t-1}+\omega_{ci}c_{t-1}+b_i\right) \quad (3)$$

$$o_t=f\left(\omega_{xo}x_t+\omega_{ho}h_{t-1}+\omega_{co}c_{t-1}+b_0\right) \quad (4)$$

$$c_t=f_t c_{t-1}+i_t\tanh\left(\omega_{xc}x_t+\omega_{hc}h_{t-1}+b_c\right) \quad (5)$$

$$h_t=o_t\tanh(c_t) \quad (6)$$

式中，t 为时刻的输入状态。f_t,i_t,o_t 表示三个门，0 表示空，1 表示全部通过。三个门控制 LSTM 内部的信息传输。$f(\cdot)$ 是激活函数。c_t 表示 t 时刻的中间状态。

式中，$f_t\in[0,1]$ 为遗忘门，$i_t\in[0,1]$ 为输入门，$o_t\in[0,1]$ 为输出门。这三个门的功能是：
(1)遗忘门 f_t 控制前一状态的遗忘量；
(2)输入门 i_t 控制当前待机状态的保存量；
(3)输出门 o_t 控制输出外部多少的当前内部状态。

LSTM 的结构见图 1。

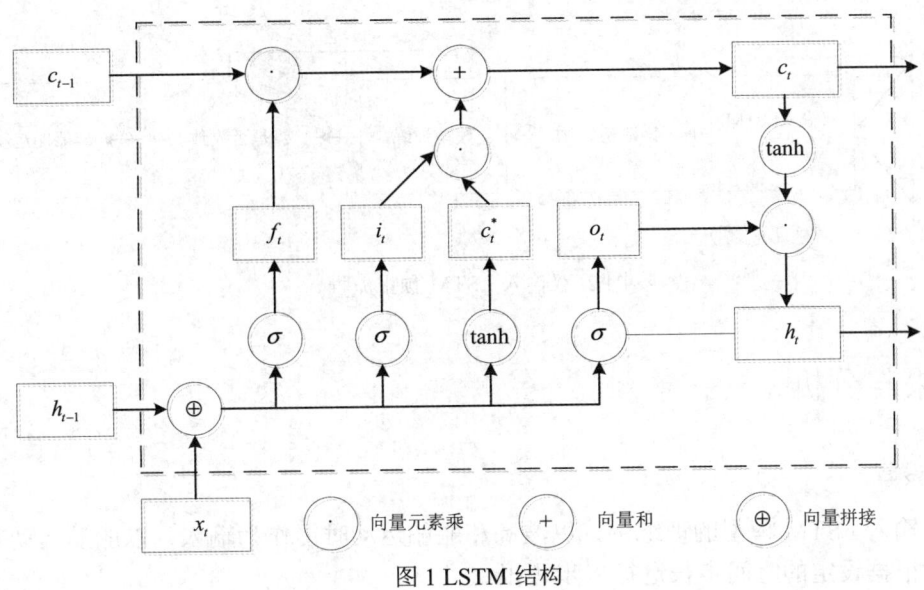

图 1 LSTM 结构

2.2 双输入 LSTM

双输入 LSTM 模型的主要目的是通过训练建立输出与输入之间的非线性映射关系，其用于船舶运动预报的过程如下。

(1)选择一个连续的船舶运动和波浪时间序列，通过滑动窗口的方法，根据设定的输入向量和预报时间，将其分为多组对应的输入输出，并分别合并为输入矩阵和特征矩阵，作为 LSTM 模型的训练集。同时，对数据集进行归一化处理，将所有的特征都转化为[0,1]之间的数据。

(2)设置神经网络模型的参数和超参数，随机生成一组初始权值。

(3)根据设定的批处理大小，将训练集分批次输入 LSTM 神经网络模型。数据在神经网络中向前传播，直到到达输出层，计算并保存每批的输出值。其中，在包含 LSTM 神经元的模型中，数据会在神经元进入后进入下一层神经元，循环层按照设定的时间步长循环一定次数。

(4)对每批输入输出对应的标签，计算损失函数，同时，基于梯度下降法，分别求解梯度神经网络的所有权值。然后，根据梯度调整神经网络的权值，遍历整个训练集，完成一个训练历程。

(5)重复步骤 4，直到神经网络模型的损失函数结果保持不变。然后我们认为神经网络的权值已经收敛，训练已经完成。

(6)将之前训练完成的神经网络模型保存，并在未用于训练的数据集上进行验证分析。

双输入 LTSM 模型预报船舶运动的主要流程图如图 2 所示，

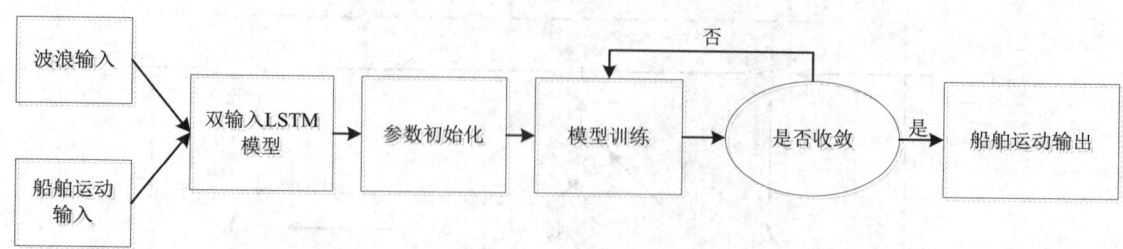

图 2 双输入 LSTM 预报流程

3 结果与分析

3.1 参数设置

在双输入 LSTM 模型的训练中，以波高和船舶运动时历作为输入，以船舶运动时历作为输出，根据设定的时间步长进行多步预报。

双输入 LSTM 模型由简单的 LSTM 模型演化而来，该模型由输入层、隐藏层和全连接的输出层组成。通过数值模拟，生成了 2000 s 的不规则波浪和船舶六自由度运动数据。将数据的前 1400 s 作为训练集进行模型训练。在训练模型之后，使用后 600 s 数据来评估双输入 LSTM 模型的性能。样本数据的初始采样频率为 5 Hz，即 1 秒内有 5 个数据点。由于数据是离散点，预报性能用步长表示。预报时间与预报步长之间的关系如下：

$$t = \frac{step}{f} \tag{7}$$

式中，t 为预报时间，$step$ 为预报步长，为 f 采样频率。

表 1 双输入 LSTM 模型的参数和超参数

项目	类型或数值
模型	LSTM
训练集：测试集	7：3
优化器	Adam
初始学习率	0.001
损失函数	MSE
Batchsize	64
Dropout	0.2

表 1 中给出了双输入 LSTM 模型中选择的一些参数和超参数。在海洋环境中，船舶六自由度运动具有一定的周期性，船舶运动与波浪之间存在强相关性，如垂荡运动与波浪波高之间具有一定的相似性。图 3 为波浪波高和垂荡运动的时历曲线。

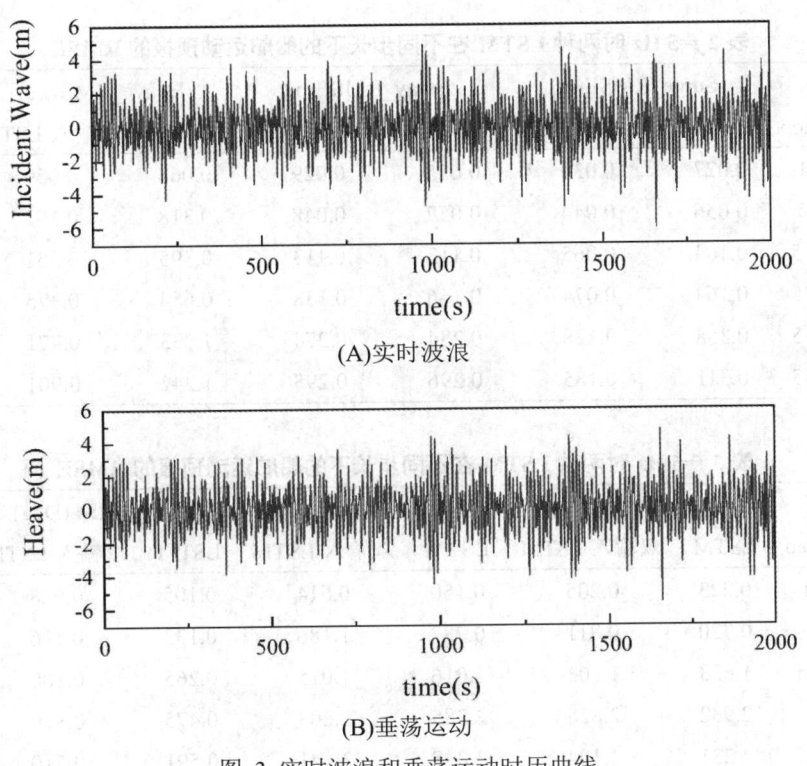

图 3 实时波浪和垂荡运动时历曲线

3.2 双输入 LSTM 预报结果

传统的 LSTM 模型进行运动预报时，仅仅用到了船舶运动时历数据的"记忆效应"，是一种单纯对于时间序列的曲线拟合预报。双输入 LSTM 模型，在船舶运动数据的基础上，引入了波浪信息，并将两者一同作为模型的输入，将运动作为输出。客观上，运动是船与波浪相互作用的直观表现，因此，两者之间存在着一个非线性函数关系。

双输入的 LSTM 模型相比于传统的 LSTM 模型，会引入了更多的特征，提高了模型的表现力和泛化能力。具体预报结果见图 4。

表 2 和表 3 给出了采样频率为 5HZ 下，基于单输入 LSTM 模型和双输入 LSTM 模型的一系列预报步长的六自由度船舶运动预报的均方根误差（RMSE）。

从表 2、表 3 和图 4 中可以看出，单输入 LSTM 模型和双输入 LSTM 模型的 RMSE 随预报步长的增加而增大。

在一定范围内，双输入 LSTM 模型的 RMSE 明显小于简单 LSTM 模型，可以直观地看出，两种模型在纵荡、垂荡和首摇运动的预报性能存在显著差异。纵荡、垂荡和首摇运动数据中所包含的特征有限。双输入 LSTM 训练时，引入了波浪信息，增强了模型的拟合能力，预报结果的 RMSE 更小。

表 2 $f=5$ Hz 时两种 LSTM 在不同步长下的船舶运动预报的 RMSE

Step	Surge_RMSE(m)		Sway_RMSE(m)		Heave_RMSE(m)	
	LSTM	双输入 LSTM	LSTM	双输入 LSTM	LSTM	双输入 LSTM
1	0.027	0.030	0.025	0.029	0.068	0.059
5	0.056	0.044	0.057	0.048	0.318	0.152
15	0.104	0.065	0.112	0.113	0.395	0.351
25	0.164	0.074	0.166	0.138	0.654	0.375
35	0.358	0.128	0.284	0.274	1.233	0.771
45	0.311	0.185	0.296	0.295	1.242	0.901

表 3 $f=5$ Hz 时两种 LSTM 在不同步长下的船舶运动预报的 RMSE

Step	Roll_RMSE(Deg)		Pitch_RMSE(Deg)		Yaw_RMSE(Deg)	
	LSTM	双输入 LSTM	LSTM	双输入 LSTM	LSTM	双输入 LSTM
1	0.223	0.205	0.150	0.514	0.105	0.028
5	0.720	0.811	0.787	1.186	0.133	0.116
15	1.623	1.103	1.016	1.015	0.265	0.180
25	2.932	2.828	2.385	2.208	0.475	0.310
35	4.231	4.104	3.098	3.441	0.591	0.510
45	4.829	4.513	4.670	5.112	0.721	0.644

在横荡、横摇和纵摇运动的预报中，双输入 LSTM 模型的 RMSE 与简单 LSTM 模型接近，两种模型的预报性能略有不同。当预报步长较小时，双输入 LSTM 模型的预报性能略优于简单 LSTM 模型。由于横荡、横摇和纵摇运动时间序列包含的特征量较多，预报步长很小，LSTM 模型拟合能力强，单输入 LSTM 或双输入 LSTM 都能够达到一定的预报效果。随着预报步长的增加，两种模型的均方根误差（RMSE）也逐渐增大，预报效果下降，但是，双输入 LSTM 模型的预报效果更优。

为了直观的显示两种 LSTM 模型的预报性能，在采样频率为 5Hz 时，以步长为 25 为例进行作图。预报结果见图 5。

从图中可以看出，双输入 LSTM 模型和单输入 LSTM 模型都具有一定的预报效果，在一定程度上预报效果较好。

进一步分析，采样频率对于预报精度和预报时长的影响，根据采样定理，数据的采样频率至少是船舶运动的最高频率的 2 倍，才能使得采集后的数据完整保留真实的运动信息。因此，分别分析了采样频率为 5Hz 和 10Hz 时，两种 LSTM 模型的预报性能。

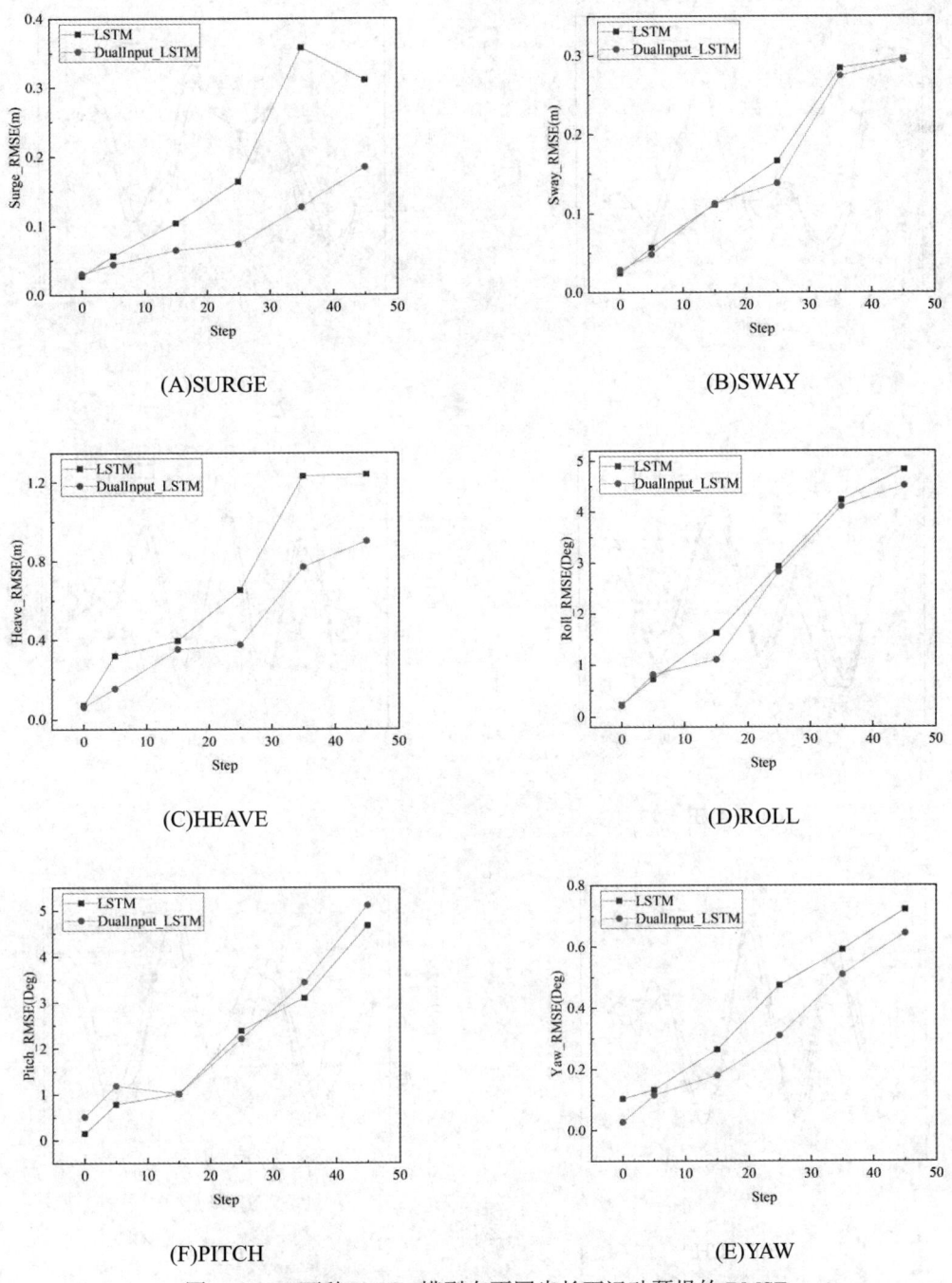

图 4 f=5Hz 两种 LSTM 模型在不同步长下运动预报的 RMSE

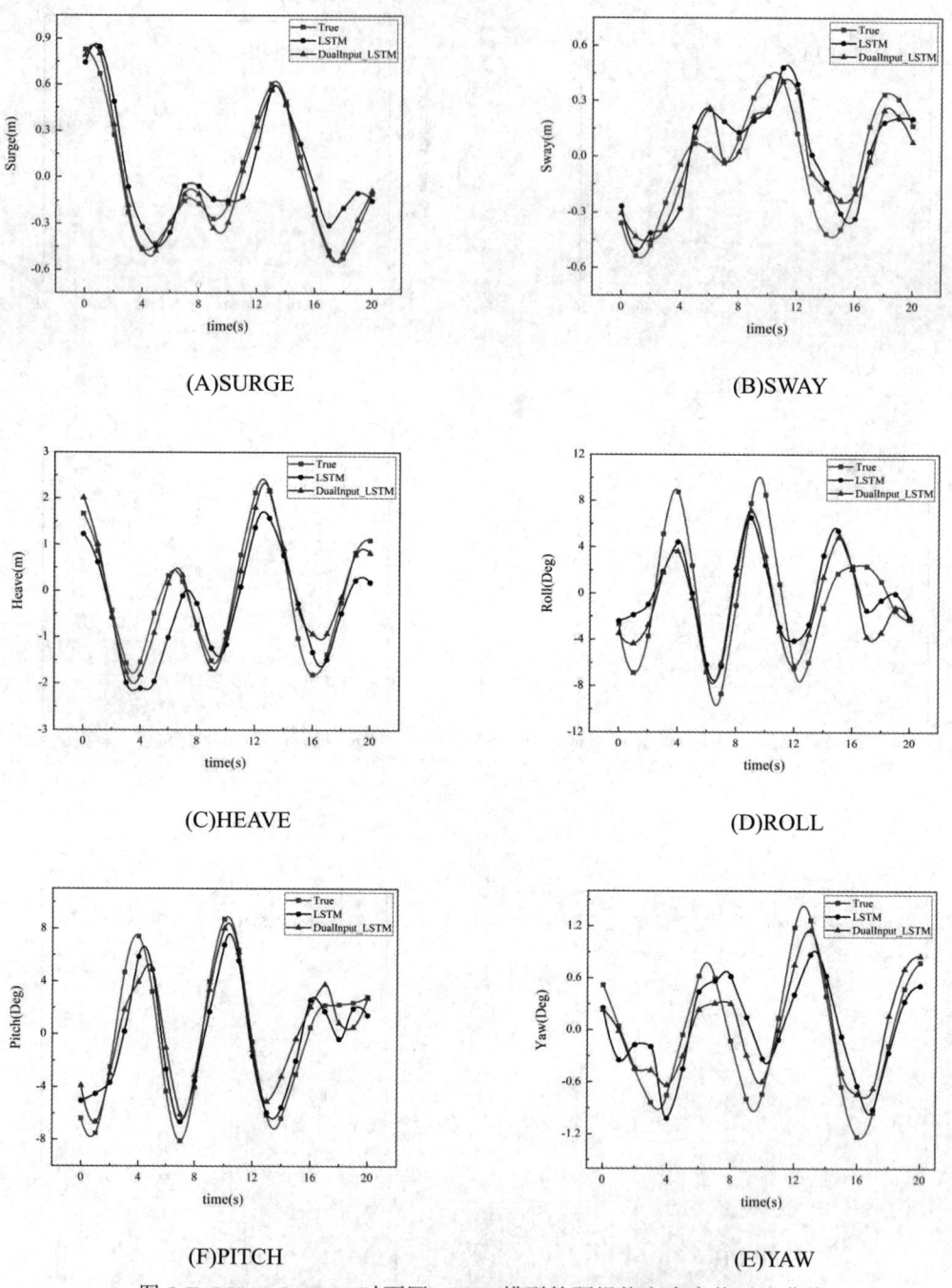

图 5 F=5 Hz,Step=25 时不同 LSTM 模型的预报值和真实值对比曲线

表 4 f=5Hz，Step=25 时两种 LSTM 对船舶运动预报的误差百分比

Ship motion	Surge/%	Sway/%	Heave/%	Roll/%	Pitch/%	Yaw/%
LSTM	9.14	8.95	9.39	11.12	9.31	11.68
双输入 LSTM	3.18	7.42	5.27	10.93	8.56	7.50
差值	5.96	1.53	4.12	0.19	0.75	4.18

表 5 f=10Hz，Step=40 时两种 LSTM 对船舶运动预报的误差百分比

Ship motion	Surge/%	Sway/%	Heave/%	Roll/%	Pitch/%	Yaw/%
LSTM	9.06	9.80	9.94	14.49	14.41	12.46
双输入 LSTM	5.99	8.51	9.60	13.76	14.33	11.86
差值	3.07	1.29	0.34	0.73	0.08	0.60

当 f=5Hz，Step=25 时，预报时间为 5 s。从表 4 可以看出，在对横荡、横摇和纵摇运动预报，双输入 LSTM 模型的预报效果，预报效果在一定程度上改善，但改善效果在 1% 左右。在船舶纵荡、垂荡和首摇运动预报中，双输入 LSTM 模型的改善效果明显，改善效果均大于 4.12%。其中，双输入 LSTM 模型对纵荡预报效果改善最大，达到 5.96%。

当 f=10 Hz，Step=40 时，预报时间为 4 s 时，双输入 LSTM 模型在船舶六自由度运动预报中，在横荡、横摇和纵摇运动预报中，双输入 LSTM 模型相比于传统的 LSTM 模型具有一定的改进作用，但改善的效果不明显，约为 1%。在船舶纵荡、垂荡和首摇运动预报中，双输入 LSTM 模型的改善效果比较明显，改善效果大于 0.60%。其中，双输入 LSTM 模型对纵荡预报效果改善最大，达到 3.07%。

这表明，双输入 LSTM 模型不仅提高了船舶六自由度运动预报的整体精度，而且也保证了大多数预报点与真实数据点之间的偏离程度较小，相比传统的 LSTM 模型具有一定程度的改善。并且，双输入 LSTM 模型对于船舶的六自由度的运动都具有一定的适配性。

4 结论

本研究针对船舶六自由度运动的随机性和非平稳性，提出了一种船舶运动预报的双输入 LSTM 模型。该模型将船舶运动与波浪两者作为输入，以运动作为输出，以 LSTM 模型为基本框架，形成独特的双输入单输出模式。

结果表明：双输入 LSTM 模型相比于单输入 LSTM 模型，可以提高运动响应预报结果 1%~6% 精度。在运动预报误差不大于 15% 的前提下，采样率 5 Hz 时，未来预报时长 5 s；采样率 10Hz 时，未来预报时长 4 s，并且能基本工程实用性的要求。综上所述，提出了一种船舶运动预报的双输入 LSTM 模型，实现了未来 4 s 内的船舶六自由度运动预报，且相

比简单 LSTM 模型具有更好的预报精度，双输入 LSTM 模型可作为六自由度船舶运动预报的一种新的优化预报方法。后续将进一步开展多自由度运动相互耦合作用下的 LSTM 预报模型构建及预报精度验证。

参考文献

1. Xilin Yang, Hemanshu Pota, Matt Garratt, et al. Ship motion prediction for maritime flight operations [J]. IFAC Proceedings Volumes, 2008, 41(2), 12407-12412.
2. Huang L M, Duan W Y, Han Y, et al. A review of short-term prediction techniques for ship motions in seaway [J]. Chuan Bo Li Xue/Journal of Ship Mechanics, 2014, 18 (12): 1534-1542.
3. Yumori, Isao Roy, Real time prediction of ship response to ocean waves using time series analysis [J]. Oceans Conference Record (IEEE), 1981, 2, 1082-1089.
4. Jian-chuan Yin, Zao-jian Zou, Feng Xu. On-line prediction of ship roll motion during maneuvering using sequential learning RBF neuralnetworks [J]. Ocean Engineering, 2013, 61: 139-147.
5. Xian-Rui Hou, Zao-Jian Zou. SVR-based identification of nonlinear roll motion equation for FPSOs in regular waves [J]. Ocean Engineering, 2015, 109: 531-538.
6. Jian-Chuan Yin, Anastassios N, Perakis, Ning Wang. A real-time ship roll motion prediction using wavelet transform and variable RBF network [J]. Ocean Engineering, 2018, 160: 10-19.
7. Wenyang Duan, Xuewen Ma, Limin Huang, et al. Phase-resolved wave prediction model for long-crest waves based on machine learning [J]. Computer Methods in Applied Mechanics and Engineering, 2020, 372: 113350.
8. Yan Jiang, Xue-Gang Wang, Zao-Jian Zou, et al. Identification of coupled response models for ship steering and roll motion using support vector machines [J]. Applied Ocean Research, 2021, 110: 102607.
9. Akita A. Yoshihara T. Matsubara and K. Uehara. Deep learning for stock prediction using numerical and textual information [C]. 2016 IEEE/ACIS 15th International Conference on Computer and Information Science (ICIS), Okayama, Japan, 2016.
10. Hui Liu, Xi-wei Mi, Yan-fei Li. Wind speed forecasting method based on deep learning strategy using empirical wavelet transform, long short term memory neural network and Elman neural network [J]. Energy Conversion and Management, 2018, 156: 498-514.
11. Yucheng Liu, Wenyang Duan, Limin Huang, et al. The input vector space optimization for LSTM deep learning model in real-time prediction of ship motions [J]. Ocean Engineering, 2020, 213: 107681.
12. Christoph Jörges, Cordula Berkenbrink, Britta Stumpe. Prediction and reconstruction of ocean wave heights based on bathymetric data using LSTM neural networks [J]. Ocean Engineering, 2021, 232: 109046.
13. Yuchao Wang, Hui Wang, Bin Zhou, et al. Multi-dimensional prediction method based on Bi-LSTMC for ship roll [J]. Ocean Engineering, 2021, 242: 110106.
14. Tao Zhang, Xiao-Qing Zheng, Ming-Xin Liu, Multiscale attention-based LSTM for ship motion prediction [J]. Ocean Engineering, 2021, 230: 109066.

Real-time motion prediction of a ship advancing in waves based on LSTM

HE Guo-lian[1], YAO Chao-bang[1*], SUN Xiao-shuai[2], DONG Guo-hua[1]

(1. School of Naval Architecture and Ocean Engineering, Huazhong University of Science and Technology, Wuhan, China, Email: yaochaobang@hust.edu.cn;
2. China Marine Development and Research Center, Beijing, China)

Abstract: Vessel motions due to the ocean waves are important for martime operational safety and efficiency. The real-time prediction of ship motion in the near future seconds is essential to actual operational strategy, such as the helicopter landing, underway replenishment. The real-time motion of a ship advancing in a complex ocean environment is incuded by the incident waves. The goal of this paper is to establish a joint mathematical model of wave and ship motion time histories based on LSTM deep learning model, combining the wave parameter data, forming a dual input LSTM mode. The time histories of ship motion were obtained by use of the time-domain simulation in irregular waves. Numerical results indicated that the accuracy of predicted results based on present combined LSTM model can be improved due to the incorporation of the related features and the predicted results based on LSTM can basically meet the requirements of engineering.

Key words: Real-time ship motion prediction; LSTM model; Dual features input.

动力定位能力评估方法对比分析研究

刘正锋 [1,2*]，张隆辉 [1,2]，滕延斌 [1,2]，魏纳新 [1,2]

（1. 中国船舶科学研究中心 水动力学重点实验室，无锡 214082；
2. 深海技术科学太湖实验室，无锡 214082，Email: liuzf@cssrc.com.cn）

摘要：动力定位能力是指在特定海况条件下船舶保持位置及艏向的能力，它是动力定位系统设计、建造的依据，并且对实船动力定位作业控制有着重要的指导意义。因此，动力定位能力评估是动力定位船舶设计建造必不可少的技术环节。参考不同的规范及指导文件，动力定位能力主要有极限风速（IMCA）、推进器最大使用率（API）以及动力定位能力指数（DNV）三种不同的表达形式。本研究简要介绍这三种动力定位能力表达形式的分析方法及计算流程，以某实船为对象进行了动力定位能力计算，对比分析了这三种表达形式的差异。结果表明，三种计算结果都可以很好地描述船舶的动力定位能力，在一定程度上可以相互印证，计算结果的差异主要体现在风浪的长期统计关系上。对于工程应用来讲，应该结合 DP 船舶的设计要求及工作海况条件，计算更为准确的动力定位能力计算，从而为实船的推进系统选型以及动力定位作业控制提供更好的指导。

关键词：动力定位；控位能力；极限风速；推进器使用率；蒲福风级

1 引言

随着深海战略的推进以及海洋开发的深入，动力定位系统的应用及需求日益广泛。尤其在海洋工程领域，动力定位系统已经成为深水海洋工程船舶的标准配置。动力定位系统通过实时测量船舶的实际位置与目标位置的偏差，结合外界风、浪、流等环境条件，计算出使船舶恢复至目标位置所需的推力的大小，对船舶上各推力器进行推力分配，进而使各推进器发出相应的推力，从而使船舶保持在目标位置上。

动力定位能力是指在特定海况条件下船舶利用自身保持位置及艏向的能力，它是动力定位系统设计、建造的依据，并且对实船动力定位作业控制有着重要的指导意义。因此，动力定位能力评估是动力定位船舶设计建造必不可少的技术环节。各大船级社均要求动力定位船舶必须进行动力定位能力分析，主要参考依据有：美国石油协会（API）的 RP 2SK 部分《浮式结构定位系统设计和分析的推荐做法》[1]、国际海事承包商协会（IMCA）的建议《动力定位能力曲线说明书》[2]以及 DNV 规范《动力定位船舶位置保持能力评估》[3]。

国内外动力定位系统设计单位或者厂家根据上述指导意见开发了相关分析软件。

动力定位能力评估本质上是推进系统推力与外界载荷的平衡，常用全周向的包络图来表示，但是不同规范对于计算结果的表达形式略有不同。本研究简要介绍了这三种动力定位能力表达形式的分析方法及计算流程，通过算例对比分析了这三种表达形式的差异。

2 计算模型

船舶在海面上进行动力定位作业控制时，会不可避免地受到风、浪和海流的干扰。因此，动力定位系统在设计阶段，会根据船舶主尺度以及推进器布局，结合设计海况条件需求，来进行推进系统各推进器的选型以及功率匹配，从而满足外界环境载荷（风、浪和海流）和推进系统推力总体平衡。动力定位系统主要对船舶的低频运动进行控制，因此在计算环境载荷时主要计算的是船舶所受的低频载荷，包括风载荷、海流载荷以及波浪漂移力。

一般认为，在计算动力定位能力时，风、浪和海流是从相同方向作用于船舶之上，不考虑相互之间的影响，力(力矩)可以线性叠加，即：

$$\begin{cases} F_X = F_{Xw} + F_{Xc} + F_{Xwa} \\ F_Y = F_{Yw} + F_{Yc} + F_{Ywa} \\ N = N_w + N_c + N_{wa} \end{cases} \quad (1)$$

式中，F_X, F_Y, N 分别表示纵向力，横向力和艏摇力矩，下标 w, c, wa 分别表示风、海流以及波浪。对于风和海流各方向载荷的计算，可以采用风洞试验进行准确的测定。在缺少相关试验数据时，也可以通过 CFD、经验公式或者相似船型系数来计算标定。对于波浪漂移力的计算，可以通过水池试验测量得到，也可以通过经验公式或者相似船型数据进行估计，但目前最常采用的方法是通过船舶运动响应谱进行积分得到式（2）：

$$F_{wa} = 2\int_0^\infty S(\omega) RAO(\theta, \omega) d\omega \quad (2)$$

式中，ω 为波浪频率，$S(\omega)$ 为波浪谱密度，$RAO(\theta, \omega)$ 为波浪与船作用不同方位时的系数，可以通过计算获得。

对于推进系统，根据推进器的不同位置以及工作状态，可以建立推进系统推力模型的统一表达形式为：

$$\begin{cases} T_x = \sum_{i=1}^n \rho_i T_i \cos(\theta_i) \\ T_y = \sum_{i=1}^n \rho_i T_i \sin(\theta_i) \\ T_N = \sum_{i=1}^n \rho_i T_i [x_i \sin(\theta_i) - y_i \cos(\theta_i)] \end{cases} \quad (3)$$

式中，ρ_i 表示第 i 个推力器的状态，$\rho_i = 1$ 表示该推力器工作，$\rho_i = 0$ 表示该推力器不工作，

$0<\rho_i<1$ 表示推力器推力有衰减。T_i 为第 i 个推力器推力，θ_i 为该推力角度。

动力定位能力评估时，推力器产生的合力（力矩）需要平衡船舶所受的环境外载荷，可以建立如下平衡方程：

$$\begin{cases} \sum \rho_i T_i \cos(\theta_i) + F_{xw} + F_{xc} + F_{xwa} + F_{xa} = 0 \\ \sum \rho_i T_i \sin(\theta_i) + F_{yw} + F_{yc} + F_{ywa} + F_{ya} = 0 \\ \sum \rho_i T_i (x_i \sin(\theta_i) - y_i \cos(\theta_i)) + N_w + N_c + N_{wa} + N_a = 0 \end{cases} \quad (4)$$

式中，最后一项小标 a 表示作用于船上的其余外力，如管绳系统的张力等。通常，动力定位船舶上推力器的个数均超过 3 个，需被求解的参数远远超过 3 个，而方程仅有式（4）中的 3 个方程。这是一个典型的不确定解问题，因此，在求解的过程中，结合相应的推力器性能约束条件，可以将动力定位能力评估看成是一个约束寻优的过程。

通常，以推进系统消耗功率最小为目标，即：

$$\min\ P = \sum W_i T_i^2 \quad (5)$$

约束条件：
a) 推力平衡方程（4）
b) 推力器性能约束：

$$|T_i| \leq T_{i\max}, \theta \in D \quad (6)$$

在某些情况下，还需考虑推力器推力禁区角的设置。求解此类非线性优化问题，可以采用模拟退火法、遗传算法、序列二次规划等具体方法[4-6]。

2.1 推进器最大使用率——API

API 规范中，动力定位能力以最大推力百分比包络图形式给出，其计算流程见图 1。因此，从迎面来风（0°风向角）开始，风浪流同向，计算当前状态的环境总载荷，根据推力分配关系求得系统最小总功率以及此时的各推进器的推力分配，并计算推力使用率的最大值；该方向计算完成时，风向角增加 10°，并进行风向角度更新后推进器使用率最大值的计算；一直增加至 360 度完成整个计算。根据不同风向条件下所得的最大推进器使用率，画出该平台的推进器使用率包络曲线。

2.2 极限风速——IMCA

IMCA 指导文件以给定流速下的极限风速包络图来表示动力定位能力，并且计算过程中，波浪是由风生成的，满足某种长期统计关系。分析时，从迎面来风（0°风向角）开始，求得该风向下船舶所能承受的最大风速以及此时的各推进器的推力分配；该风向计算完成时，风向角增加 10°，并进行风向角度更新后极限风速的计算；一直增加至 360°完成整个计算。根据不同风向条件下所得的最大风速，可以画出该船舶的控位能力玫瑰图（图 2）。

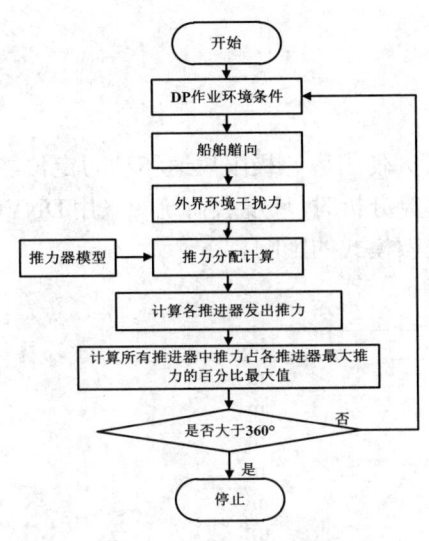
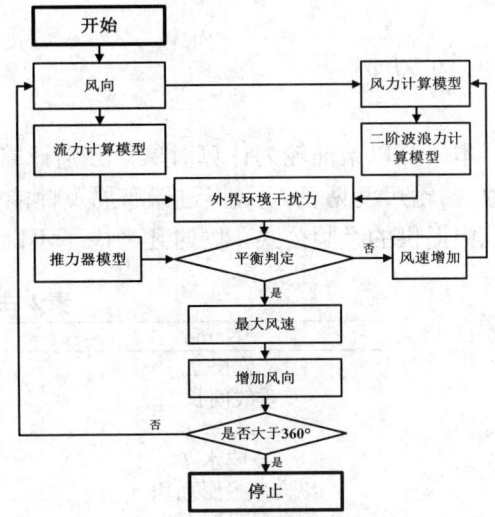

图 1 推进器最大使用率计算流程　　　　图 2 极限风速计算流程

2.3 动力定位能力指数——DNV

DNV 规范结合蒲福风级设定了各级能力指数所对应的风浪流环境条件（表 1）。因此，DNV 规范中的动力定位能力就是计算出能力指数以及对应的风浪流组合条件。一定程度上可以认为，DNV 的动力定位能力分析包含了极限风速和推进器最大使用率的计算。分析时，从迎面来风（0°风向角）开始，求得该风向下在满足功率限制时船舶所能承受的最大风浪流条件以及此时的各推进器的推力分配；该风向计算完成时，风向角增加 10°，并进行风向角度更新后极限风速的计算；一直增加至 360°度完成整个计算。DNV 的动力定位能力最后以对应风级的包络来表示。

表 1 动力定位能力指数与蒲福风级 (DNVGL)

Beaufort Number	DP Capability Number	Description	V_w/ m·s^{-1}	H_s/m	T_p/s	V_c/m·s^{-1}
0	0	Calm	0	0	NA	0
1	1	Light air	1.5	0.1	3.5	0.25
2	2	Light breeze	3.4	0.4	4.5	0.5
3	3	Gentle breeze	5.4	0.8	5.5	0.75
4	4	Moderate breeze	7.9	1.3	6.5	0.75
5	5	Fresh breeze	10.7	2.1	7.5	0.75
6	6	Strong breeze	13.8	3.1	8.5	0.75
7	7	Moderate gale	17.1	4.2	9	0.75
8	8	Gale	20.7	5.7	10	0.75
9	9	Strong gale	24.4	7.4	11.5	0.75
10	10	Storm	28.4	9.5	12	0.75
11	11	Violent storm	32.6	12.1	NA	0.75
12	12	Hurricane force	NA	NA	NA	NA

3 算例分析

本研究以某油轮为计算对象，分别计算推进器最大使用率、极限风速和动力定位能力指数。油轮尺度见表2所示，推进器布局及性能见表3。计算分析时，环境载荷统一采用DNVGL规范中提供的经验公式，同时还考虑了不同推进器失效模式的影响。

表2 主尺度参数

Name	Value	Unit
总长 L_{oa}	240	m
垂线间长 L_{pp}	230	m
船宽 B	42	m
吃水 T	15	m
纵向风投影面积 A_{Fw}	1051	m^2
侧向风投影面积 A_{Lw}	2937	m^2
水下侧向投影面积 A_{Lc}	3104	m^2

表3 推进系统参数

No.	Type	X/m	Y/m	T/KN
1	Tunnel	110.5	0	444.7
2	Azimuth	106	0	556
3	Azimuth	-82	0	556
4	Tunnel	-97	0	336.9
5	Propeller+Rudder	-110	0	2205

计算结果见图3至图6所示。以推进器完整模式为例，推进器最大使用率最小值的浪向对应着极限风速计算结果中风速最大的方向和定位能力指数最大的方向，即这些方向下，船舶的动力定位能力最强；推进器使用率结果中较恶劣的方向对应着极限风速结果中风速较小的方向以及能力指数较小的方向，即这些方向下船舶的动力定位能力较弱，甚至不满足设计海况条件下的定位要求。这在一定程度上表明三种不同的结果形式所示的动力定位能力是一致的。

动力定位能力分析时，一般要求分析推进器失效对动力定位能力的影响。从图4和图5的结果可以看出，不同推进器失效对动力定位能力有着不同的影响。算例中，三种结果形式都表明艏部侧推失效对动力定位能力的影响比艉部侧推失效的影响更加显著。这也从一定程度上表明三种不同表达方式是一致的。

动力定位能力评估本质上是静态力的平衡，三种表达形式中环境载荷的计算略有差别。推进器最大使用率计算时，环境载荷计算是基于设计海况条件要求，风浪流等环境条件一般由作业海区决定的；极限风速计算认为波浪是由风生成的，风和浪满足一定的长期统计关系，IMCA推荐的是北海的长期风浪统计关系，海流条件相对独立；定位能力指数计算时，风浪流参考蒲福风级，形成了一系列固定的组合形式。在设计过程中，设计人员会根据风浪估计来对推进系统选型和功率匹配。但对于工程应用来讲，应该结合实际的海况条件计算动力定位能力，指导动力定位作业控制。

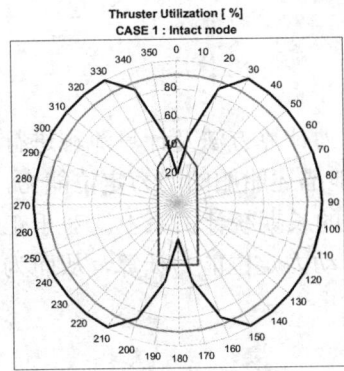 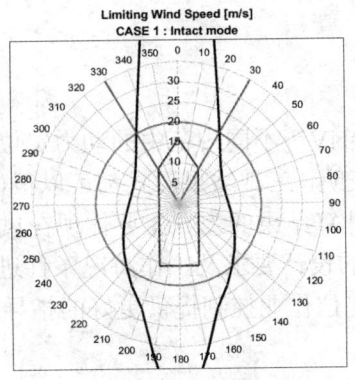 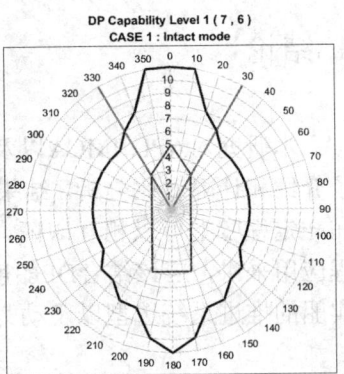

| Thruster Utilization | Limiting wind speed | Beaufort Wind Scales |

图 3 完整模式下的动力定位能力

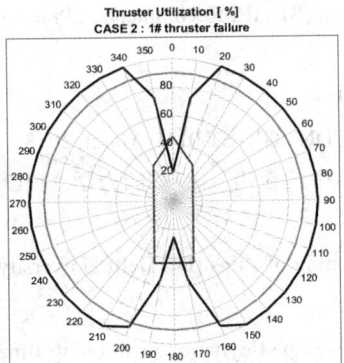 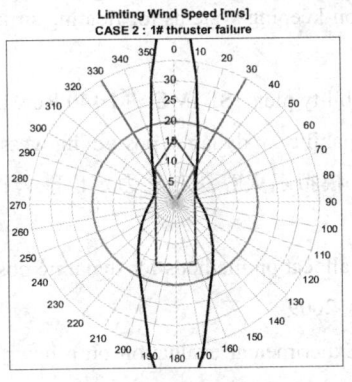 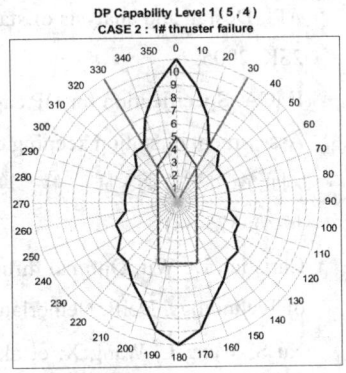

| Thruster Utilization | Limiting wind speed | Beaufort Wind Scales |

图 4 艏部侧推失效时动力定位能力

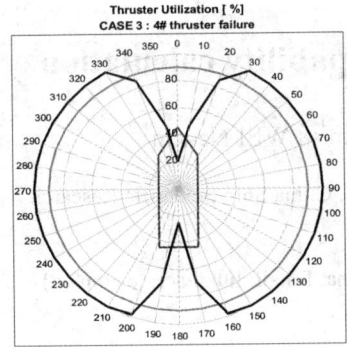 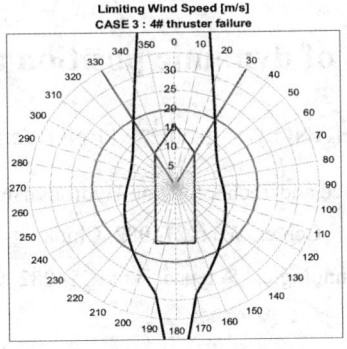 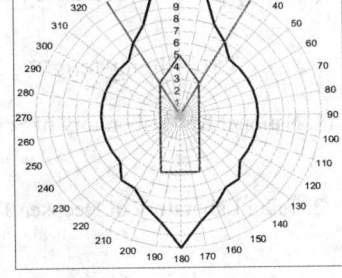

| Thruster Utilization | Limiting wind speed | Beaufort Wind Scales |

图 5 艉部侧推失效时的动力定位能力

4 结论

本研究对API、IMCA以及DNV等不同规范中的动力定位能力计算方法及计算流程进行了介绍和计算对比分析。结果表明，三种结果形式都可以很好地描述船舶的动力定位能力，在一定程度上可以相互印证，计算结果的差异主要体现在风浪的长期统计关系上。对于工程应用来讲，应该结合DP船舶的设计要求及工作海况条件进行动力定位能力计算，从而为实船的推进系统选型以及动力定位作业控制提供更好的指导。

参考文献

1. API. Design and analysis of station-keeping systems for floating structures [S]. API Recommended Practice 2SK, 2005.
2. IMCA. Specification for DP capability plots [S]. IMCA M 140 Rev. I, 2017.
3. Assessment of station keeping capability of dynamic positioning vessels. DNVGL -ST-0111. March 2018.
4. 刘正锋, 刘长德, 匡晓峰, 等. 模拟退火算法在动力定位能力评估中的应用 [J]. 船舶力学, 2013, 17(4): 375-381.
5. Christian De Wit. Optimal thrust allocation methods for dynamic positioning of ships [D]. Delft University of Technology, Delft, Netherlands, 2009.
6. Xu S, Wang L, Wang X, et al. Experimental evaluation on a newly developed dynamic positioning time domain simulation program [J]. Journal of Ship Mechanics, 2016, 20(6): 686-698.

Comparative analysis of dynamic position capability calculation

LIU Zheng-feng[1,2]*, ZHANG Long-hui[1,2], TENG Yan-bin[1,2], WEI Na-xin[1,2]

(1. National Key Laboratory of Science and Technology on Hydrodynamics, China Ship Scientific Research Center, Wuxi 214082, China;

2. Taihu Laboratory of Deepsea Technological Science, Wuxi 214082, China, Email: liuzf@cssrc.com.cn)

Abstract: Dynamic position (DP) capability plays an important part in DP system design and construction. According to different specifications and guidance rules, DP capability has three different expression forms: limiting wind speed (IMCA), thruster utilization (API) and DP capability number (DNV). In this paper, the analysis method and procedure of different expression forms are introduced. And then, dynamic position capability of a real ship is calculated. Meanwhile, comparative analysis of different expression forms is carried out. It is shown that all the three expression forms can describe the ship's positioning capability well, and the calculation results can confirm each other to some extent. Because of the different environmental conditions, mainly referring to long term statistical relationship of wind and wave, the resulting capability has a few differences. For engineering application, it is necessary to combine with the real working sea conditions, to obtain more reliable dynamic position capability, which can be helpful for propulsion system selection and real ship positioning operation control.

Key words: Dynamic position (DP); Position keeping; Limiting wind speed; Thruster utilization; Beaufort wind scale.

基于深度学习的水下航行体对内孤立波的实时水动力感知

张淼,杜鹏*,程路,汪超,李卓越,胡海豹,陈效鹏

(西北工业大学 航海学院,西安 710072, Email: dupeng@nwpu.edu.cn)

摘要:内孤立波是产生于海面下的大波幅波浪,当水下航行体遭遇内孤立波时,极易导致"掉深"现象。针对此问题,文章基于雷诺平均数值模拟方法(RANS)、mixture 方法以及连续密度分层内孤立波理论建立了内孤立波数值水槽,利用重叠网格技术建立了航行体与内波之间流场的双向耦合。通过在航行体壁面上布置压力与壁面剪应力测点,将其测量到的时域信号输入到深度学习网络中,最终实现了水下航行体在内孤立波中的位置感知。

关键词:内孤立波;数值模拟;深度学习;位置感知

1 引言

内孤立波常常发生在密度层化海域,由于其在传播过程中携带着巨大的能量,因此对海域内的水下航行体的安全具有重要的影响[1-3]。由于观测的困难,目前孤立波的研究主要集中在实验室物理模拟以及数值模拟方面[4]。非线性与色散效应是密度分层海域中影响内波演化的两个重要因素,基于弱非线性、弱色散条件,可以用 KdV (Korteweg-de Vries)、eKdV(extended KdV)和 mKdV (modified KdV)等理论进行描述,为了克服弱非线性的限制,Choi 和 Camassa 建立了强非线性和弱色散的两层 Green-Naghdi 模型,在一定条件下该模型与 Miyata 提出的内孤立波理论相同,因此将二者合并称为 MCC 理论[5]。

前述的内孤立波理论都是基于密度强分层假设的,然而实际内孤立波发生的海域中密度是连续分层的,上层与下层密度变化不明显,中间的密跃层变化剧烈。因此为了贴近真实情况,采用 Dubreil-Jacotin-Long (DJL)方程对内孤立波流场进行数值建模[6]。将航行体放置于内波流场的不同位置处,在需要进行探测时开放航行体的自由度(即不施加控制),通过布置在航行体壁面的压力与壁面剪应力传感器来得到信号,最终通过深度神经网络预测航行体与内孤立波的相对位置,从而实现航行体对内孤立波的实时水动力感知。

2 数值模型

全非线性 DJL 方程表示如下:

$$\nabla^2 \eta + \frac{N^2(z-\eta)}{c^2}\eta = 0, \quad \eta = 0 \quad at \quad z = 0, -H \quad (1)$$

$$\eta = 0 \quad at \quad |x| \to \infty$$

式中,η 代表密度等值线上点的位移,H 为计算域水深,c 代表波的传播速度,z 代表纵向位置,N 代表浮频率,定义如下:

$$N^2(z) = -g\frac{d\rho_0(z)}{dz} \quad (2)$$

式中,g 代表重力加速度,$\rho_0(z)$ 代表参考密度。

密度的初始分布采用,Aghsaee 等[7]提出的双曲正切形式,即:

$$\rho(z) = \frac{\rho_1 + \rho_2}{2} - \frac{\rho_2 - \rho_1}{2}\tanh\left(\frac{z - z_{pyc}}{d_{pyc}}\right) \quad (3)$$

式中,ρ_1 为计算域顶端密度,ρ_2 为计算域底端密度,z_{pyc} 为密跃层中心位置,d_{pyc} 为密跃层厚度的 1/2。

求解 DJL 方程时,涉及的参数 ρ_1,ρ_2,z_{pyc} 以及 d_{pyc} 等参考 REN-CHIEH LIEN 等[8]关于南海的实测数据,DJL 方程求解结果见图 1。

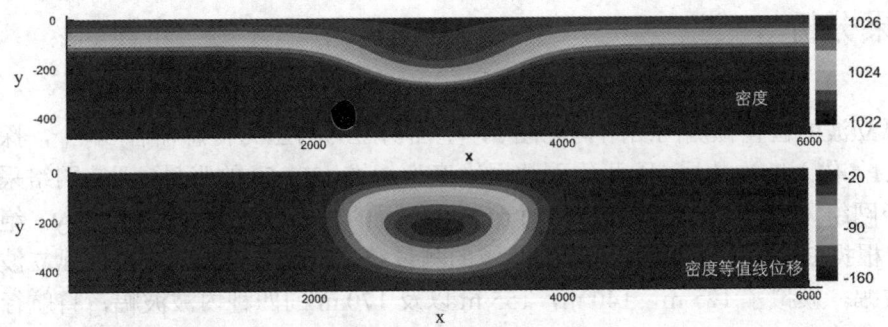

图 1 波幅为 155 m 的内孤立波的密度云图及密度等值线位移云

将上述 DJL 方程流场结果与 CFD 耦合求解航行体在内孤立波中的运动,其中,将尺寸放大 5 倍的 SUBOFF 模型放置于内波流场的不同位置处,当遭遇内孤立波时,会造成航行体的俯仰运动,不同位置处的航行体偏转角度以及相应的压力、壁面剪应力分布都会呈现出一定的变化规律,通过在壁面上添加一定数目的压力及壁面剪应力传感器收集信号,并将信号通过神经网络的处理,可以预测出航行体与内孤立波的相对位置。

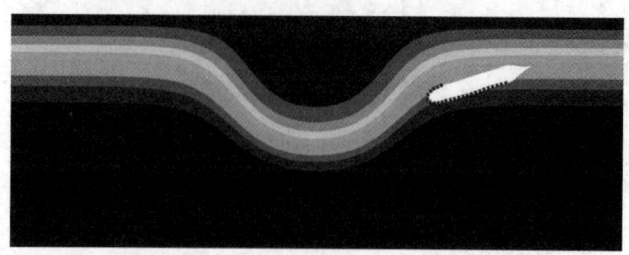

图 2 航行体在内波流场中的运动示意图

在对航行体在内波流场中运动过程进行模拟时，运用了重叠网格、多相流 mixture 等模型，采用基于压力基的非定常求解器求解，湍流模型设置为 Standard k-epsilon，壁面函数为标准壁面函数。将采集到的壁面剪应力及压力信号传入到开源软件包 tensorflow 中进行深度神经网络的搭建。

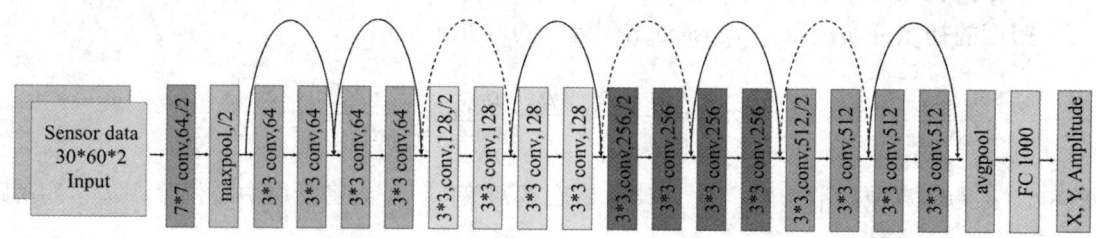

图 3 内孤立波位置预测网络

3 结果分析

内孤立波的位置预测网络结构见图 3，壁面剪应力与压力传感器各 30 个，探测时间为 6 s，每 0.1 s 传入一次数据，因此传入数据维度为 2 维，30×60 的张量，训练网络采用 Resnet 残差神经网络，输出结果为航行体相对于波谷位置的横向位置 x，纵向位置 y、绝对长度以及波幅，根据 REN-CHIEH LIEN 等的海域的测量结果，通过增大或减少内孤立波能量值 A 来控制波幅，模拟了 125 m，140 m，155 m 以及 170 m 的四种内波波幅，将航行体放置于内孤立波前缘的不同位置处，选取测试集的数据作为探测结果的展示见图 4。图 4 中 x 与 y 位置的预测结果精度可以达到 92%，绝对长度的精度可以达到 95%。为了更加清楚地表现预测值与真实值之间的线性关系，引入了线性相关系数 R，R 值在 0 与 1 之间，越靠近 1 说明线性程度越高。由内孤立波的波幅预测相对误差箱式图可见，误差的平均值在 0 上下浮动，最大最小值都未超过 5%，因此精度可以达到 95% 以上，其中当波幅为 170m 时波幅的预测误差最小。

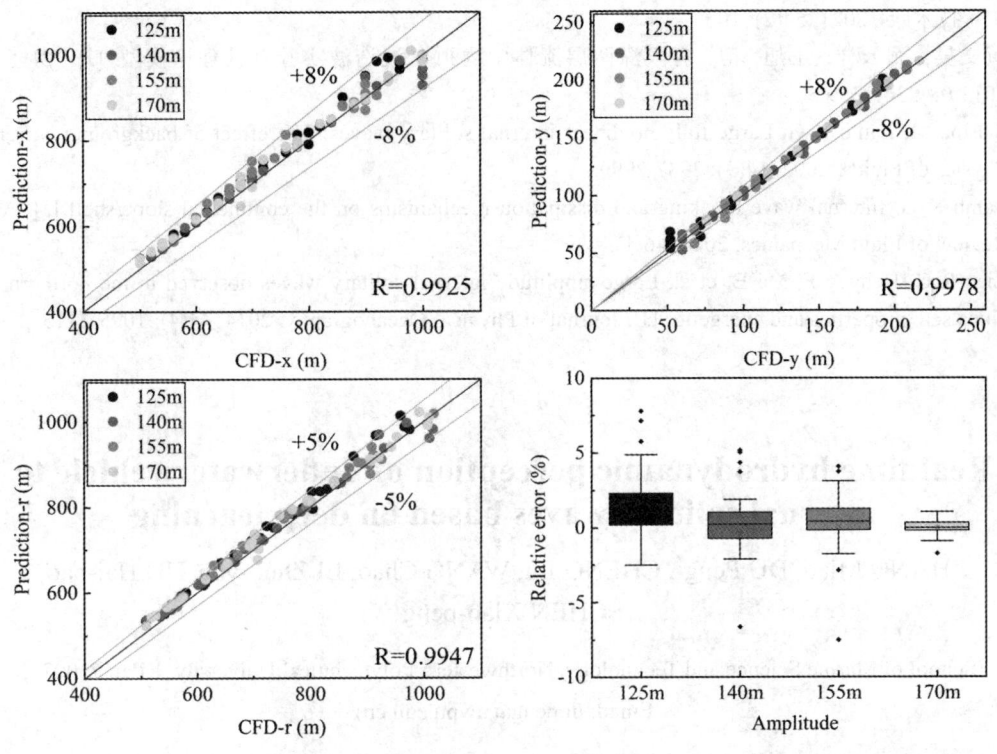

图 4 内孤立波的预测结果

4 结论

针对内孤立波的实时探测，实现了观测得到的大波幅内孤立波的数值实现，通过 CFD 软件模拟了水下航行体在内孤立波中的航行，通过布置 30 个压力以及壁面剪应力传感器来收集相关特征，通过搭建一套神经网络系统实现了内孤立波的预测。结果表明，在 x 方向以及 y 方向位置的预测精度可以达到 92%以上，绝对长度的预测精度达到 95%以上，对于波幅的预测精度可以达到 95%以上。

参考文献

1　蔡树群, 何建玲, 谢皆烁. 近10年来南海孤立内波的研究进展 [J]. 地球科学进展, 2011, 26(7): 8.
2　黄文昊, 林忠义, 尤云祥. 内孤立波作用下Spar平台动力响应特性 [J]. 海洋工程, 2015, 33(2): 11.
3　尤云祥, 李巍, 时忠民, 等. 海洋内孤立波中张力腿平台的水动力特性 [J]. 上海交通大学学报, 2010(1): 6.

4   李景远, 张庆河, 陈同庆. 密度连续变化水体内孤立波数值模拟研究 [J]. 天津大学学报(自然科学与工程技术版), 2021, 54(2): 10.
5   黄文昊, 尤云祥, 王旭, 等. 有限深两层流体中内孤立波造波实验及其理论模型 [J]. 物理学报, 2013(08): 346-359.
6   Stastna M, Lamb K G. Large fully nonlinear internal solitary waves: The effect of background current [J]. Physics of Fluids, 2002, 14(9): 2987-2999.
7   Lamb K G. Internal wave breaking and dissipation mechanisms on the continental slope/shelf [J]. Annual Review of Fluid Mechanics, 2013, 46(1).
8   Lien R C, Henyey F, Ma B, et al. Large-amplitude internal solitary waves observed in the northern south china sea: properties and energetics [J]. Journal of Physical Oceanography, 2014, 44(4): 1095-1115.

Real time hydrodynamic perception of underwater vehicle to internal solitary waves based on deep learning

ZHANG Miao, DU Peng*, CHENG Lu, WANG Chao, LI Zhuo-yue, HU Hai-bao, CHEN Xiao-peng

(School of Marine Science and Technology, Northwestern Polytechnical University, Xi'an 710072, Email: dupeng@nwpu.edu.cn)

Abstract: Internal solitary waves are large amplitude waves generated under the sea. When an underwater vehicle encounters an internal solitary wave, it is very easy to lead to the phenomenon of "falling deep". To solve this problem, based on Reynolds average numerical simulation method (RANS), mixture method and continuous density layered internal solitary wave theory, an internal solitary wave numerical flume is established, and the two-way coupling of flow field between vehicle and internal wave is established by using overlapping grid technology. By arranging pressure and wall shear stress measuring points on the wall of the underwater vehicle, the measured time-domain signal is input into the depth learning network, and finally the position perception of the underwater vehicle in the internal solitary wave is realized.

Key words: Internal solitary waves; Numerical simulation; Deep learning; Position perception.

旅游平台水弹性响应分析

王琦彬 [1,2*],丁军 [1,2],倪歆韵 [1,2],程小明 [1,2],张欣玉 [1,2],
吴有生 [1,2],何春荣 [1,2]

(1. 中国船舶科学研究中心,无锡 214082, Email: wangqibin@cssrc.com.cn;
2. 深海技术科学太湖实验室,无锡 214082)

摘要:"海洋之心"旅游平台属于一种全新构型的多连通域海上浮式平台。该平台整体成心形并由多个模块组成,且水平尺度远大于垂向尺度,导致整体结构刚度较小。此外该平台还存在内部自由水域,在波浪作用下很可能发生内域水体共振现象,使得内域波面升高急剧增大并威胁浮体安全。本研究采用刚性模块、弹性连接器(RMFC)方式建立了新构型旅游平台的结构模型,并基于三维时域水弹性响应分析方法,分析了连接器刚度对运动和剖面载荷的影响,并对内域波浪特征开展了研究,揭示了浮体运动和内域水体共振的耦合现象。

关键词:水弹性;旅游平台;RMFC 模型;剖面载荷;内域波浪;水体共振

1 引言

"海洋之心"旅游平台属于一种全新构型的多连通域海上浮式平台。该平台整体成心形并由多个模块组成,且水平尺度远大于垂向尺度,导致整体结构刚度较小,在波浪的作用下容易产生弹性变形。此外该平台还存在内部自由水域,在波浪作用下很可能发生内域水体共振现象并导致结构响应进一步增大。因此针对该型旅游平台,有必要进一步开展浮体的水弹性响应分析工作,并全面掌握平台的运动、剖面载荷和内域波浪响应特征。

基于已开发的多连通域浮体时域水弹性响应分析方法[1],在对旅游平台原有构型研究[2]的基础上,对新构型"海洋之心"旅游平台的运动、结构剖面载荷以及内域波浪进行了分析。首先对三维时域水弹性响应分析方法的基本理论进行介绍。其次简要介绍了旅游平台的 RMFC 模型的建立方法以及连接器刚度选取对运动和剖面载荷的影响。最后对旅游平台内域波浪进行了研究,揭示了浮体运动和内域水体共振的耦合现象。

基金项目:工信部项目[2019]357,江苏省青年基金项目(351510008K0708LA00)

2　基本理论

建立如图 1 所示的平衡坐标系 $Oxyz$。坐标原点 O 位于自由面处且位于浮体重心正上方。坐标系 x 轴沿船体长度方向，z 轴与自由面垂直且指向上方。

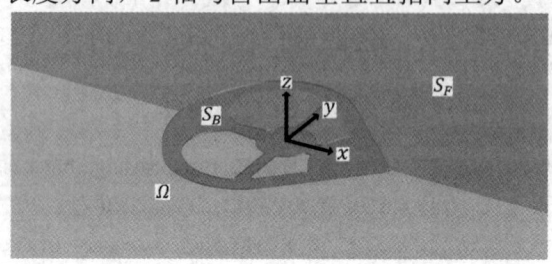

图 1 平衡坐标系示意图

本研究采用三维时域水弹性力学分析方法对计算旅游平台的水弹性响应。该方法假定浮体的刚体运动和弹性变形为小量，总体响应可以由各模态响应的线性叠加得到[3]。并结合 Cummins 脉冲响应函数法对速度势进行分解，结合 Rankine 源法对水动力系数进行求解，最终形成时域水弹性响应方程[1]。

3　旅游平台计算结果与分析

3.1　计算模型

新构型"海洋之心"旅游平台的主要参数见表 1，平台整体呈心形且由若干个模块构成。与原构型[2]相比，新构型沿船长方向采用局部加深的变吃水设计，使吃水沿船长方向在 3.5~7.5 m 之间变化，以保证平台载荷较大的位置处有足够大的型深，从而满足结构强度要求。平台结构有限元模型和模块编号见图 2，结构模型为 RMFC 模型，由 14 个刚体模块和 17 根连接器构成，以更加细致地分析平台在连接器处的剖面载荷情况。

模块之间采用连接器通过 MPC 进行连接，各个模块间的剖面编号和剖面局部坐标系见图 3。由于旅游平台的吃水远小于其水平尺度，导致水平作用力比垂向作用力要小得多，因此仅关注剖面局部坐标系下的剖面垂向弯矩 My。

平台水动力网格见图 4。外域自由面由于形状较为规则，因此采用了圆形自由面和四边形网格进行划分，其半径设置为 1200 m 以考虑长波的影响；而内域由于形状不规则，这里采用了三角形网格进行划分。计算水深为 50 m。计算时不对刚体运动添加人工阻尼，根据计算可知垂荡和纵摇运动的固有周期分别为 9.72 s 和 10.08 s。

表 1 "海洋之心"旅游平台主尺度

物理量	量值
垂线间长 (m)	400.00
型宽 (m)	388.00
吃水 (m)	3.50~7.50
排水量 (ton)	3.08e5
重心距艉垂线 (m)	185.16
重心距基线 (m)	5.90
横摇转动惯量 ($kg \cdot m^2$)	2.92e12
纵摇转动惯量 ($kg \cdot m^2$)	3.20e12
艏摇转动惯量 ($kg \cdot m^2$)	6.11e12

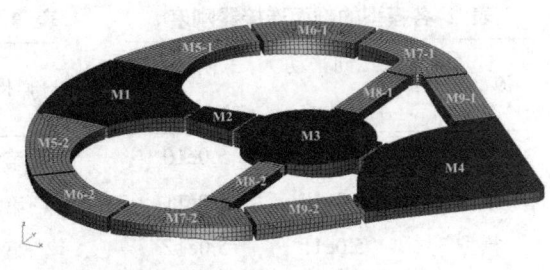

图 2 旅游平台结构有限元模型

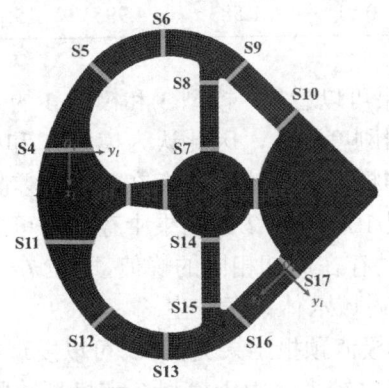

图 3 旅游平台剖面位置编号

图 4 旅游平台水动力计算网格

3.2 连接器刚度对运动和剖面载荷的影响

平台的前期设计中通常缺少连接器的详细设计和两端的连接结构形式，因此需要通过对连接器的刚度进行估算，从而通过水弹性计算方法确定连接器的载荷，进而为连接器和结构的设计载荷输入。根据已有的 300m 级维权执法平台的连接器设计可知单根连接器的线刚度和转动刚度分别为 $O(10^9 N/m)$ 和 $O(10^{10} Nm/rad)$[4]，考虑到平台模块间通常需要布置若干根连接器，因此模块间剖面的线刚度和转动刚度约为 $O(10^{10} N/m)$ 和 $O(10^{11} Nm/rad)$。然而尽管旅游平台 400m 的长度与维权执法平台较为接近，但平台的结构形式截然不同，因此确定连接器的刚度变化对旅游平台剖面载荷的影响是十分必要的。

这里建立了 4 种不同连接器刚度的计算模型，其三向平动和三向转动的刚度如**表 2**所示。由于生存工况下旅游平台为单点系泊状态，具有风向标效应，因此这里仅对 180°浪向下平台的运动和结构剖面载荷进行分析。生存工况采用 JONSWAP 谱进行短期预报，不规则波为长峰波，有义波高和谱峰周期分别为 5.0m 和 12.0s，谱峰升高因子 γ 选为 3.3。

本研究选取各模型的前 9 阶对称弹性模态参与计算，根据经验规定各个弹性模态的结构阻尼比为 2.0%。各模型的前 5 阶对称弹性模态的湿频率以及最大阶湿频率见**表 3**。

表 2 各模型的剖面连接器刚度

模型编号	三向平动 (N/m)	三向转动 (Nm/rad)
模型 1	5.0e9	5.0e10
模型 2	5.0e10	5.0e11
模型 3	5.0e11	5.0e12
模型 4	5.0e12	5.0e13

表 3 各模型前 5 阶对称弹性模态湿频率及最大阶湿频率

弹性模态	湿频率(Hz)			
	模型 1	模型 2	模型 3	模型 4
第 1 阶	0.111	0.168	0.388	1.174
第 2 阶	0.118	0.206	0.542	1.678
第 3 阶	0.173	0.388	1.176	3.701
第 4 阶	0.176	0.427	1.306	4.115
第 5 阶	0.376	1.145	3.610	11.410
最大值	0.511	1.583	4.995	15.790

180°浪向下各个模型的垂荡 RAO 见图 5。从结果可以看出，模型 3 和模型 4 的垂荡运动 RAO 几乎完全重合，考虑到这 2 个模型的连接器刚度较大，因此认为模型 3 和模型 4 更接近于刚体模型。而模型 1 和模型 2 的运动结果与模型 3 和模型 4 存在一定的差异，这种差异在波浪周期小于 15s 时比较明显，原因是模型 1 和模型 2 的结果中存在不可忽略的水弹性响应贡献。进一步观察发现 4 个模型的垂荡运动存在周期相同的峰值，即在 T=7.76 s、T=8.61 s 和 T=9.74 s 处存在峰值，这些峰值有可能由内域水体共振产生。

生存工况下各个模型的剖面垂向弯矩 M_y 的短期极值预报结果见图 6。可以发现模型 2 至模型 4 的载荷短期极值比较接近，而模型 1 则相差比较大。由于模型 3 和模型 4 的载荷计算结果几乎重合，并且通过运动分析可知模型 3 和模型 4 呈现出刚体的特征，因此认为这两个模型的载荷计算结果为刚体模型的载荷结果，即准静态载荷。模型 1 结果相差较大的原因有两点：一是前 9 阶对称弹性模态的湿频率的最大值仅为 0.511Hz，说明通过模态叠加法计算出的载荷并没有收敛；二是模型 1 的结构柔性很强，使得其与刚体模型的载荷结果差异较大。此外，在一些剖面上模型 2 的结果较刚体模型的载荷结果存在较为明显的差异，说明模型 2 的水弹性变形对剖面载荷存在一定的贡献。

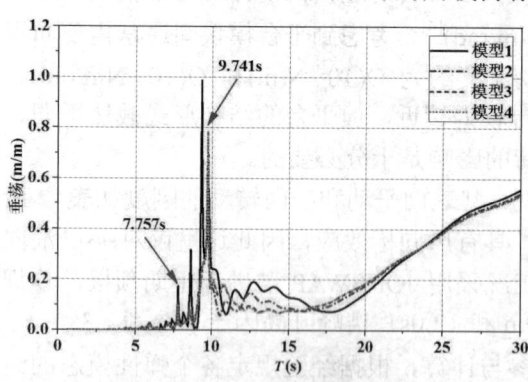
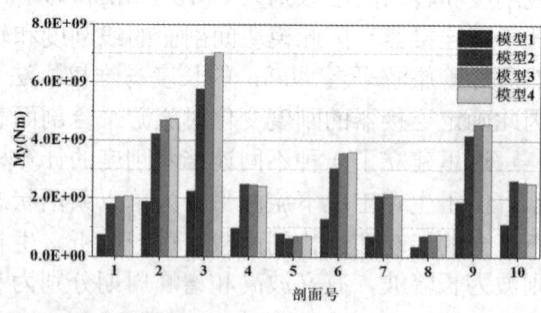

图 5 180°浪向下不同模型的垂荡 RAO 对比　　图 6 生存工况下剖面垂向弯矩短期预报极值对比

3.3 内域水体共振分析

由于 3.2 节中垂荡运动 RAO 的若干峰值可能由平台内域水体共振导致,因此这里采用模型 2 对内域的波面升高进行分析,以研究内域水体发生共振时的平台运动和内域波浪特性。由于辐射波波面升高脉冲响应函数是通过对平台施加"瞬时"的单位位移后得到的,因此可以通过其研究内域的波浪特性,从而确定内域水体共振周期。这里采用如下步骤对内域水体共振情况进行分析:①在内域中央选取若干个点,通过对这些位置的脉冲响应函数进行 FFT 分析确定可能共振的周期;②在①中所选择的内域位置计算波浪 RAO,寻找内域共振的周期;③根据波浪 RAO 峰值点绘制共振周期处的平台内域波浪 RAO 分布图,分析内域水体共振情况。

这里选取了两个内域中央位置进行波浪分析(图 7),其中 P1 位于大内域,而 P2 位于小内域。这里对横摇引起的辐射波脉冲响应函数进行分析,并对脉冲响应函数进行 FFT 分析得到如图 8 所示的振幅谱。通过振幅谱分析可知辐射波脉冲响应函数能量主要集中在几个周期处,包括与垂荡固有周期十分接近的周期 9.81s,这些周期很可能是内域水体共振周期。

进一步对 0°浪向下图 7 中 P1 和 P2 点处的波浪 RAO 进行计算(图 9)。可以发现在周期为 T=7.71 s、T=8.61 s 和 T=9.74 s 处波浪 RAO 出现了峰值,呈现出内域波浪共振的现象。同样由 0°浪向下的垂荡结果(图 10)可知 T=7.71 s、T=8.61 s 和 T=9.74 s 处的垂荡 RAO 同样出现了峰值,说明内域水体共振会使平台的垂向运动激增。由于 T=9.74 s 与垂荡运动固有周期十分接近,因此认为在该周期下垂荡运动与内域水体共振相互耦合,使得垂荡运动和内域波浪均比较大。

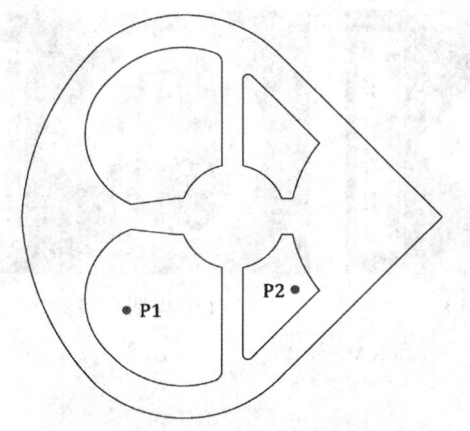

图 7 平台内域波浪分析位置

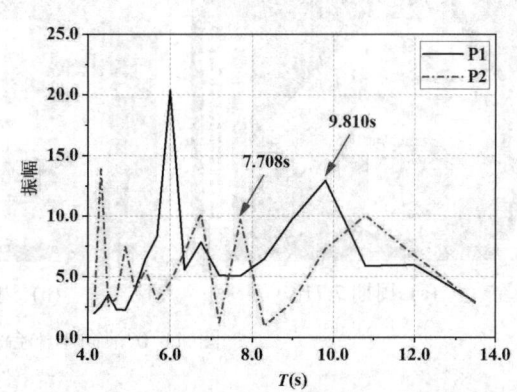

图 8 横摇引起的辐射波浪脉冲响应函数的振幅谱

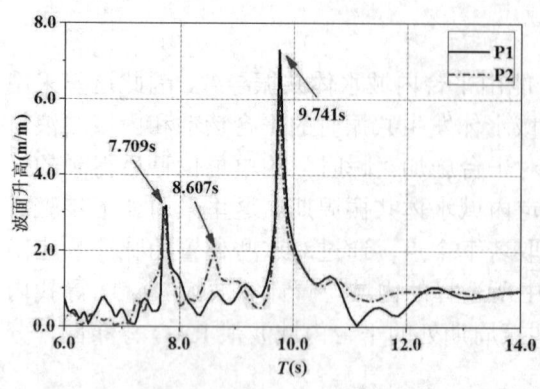
图 9 0°浪向下平台内域波浪 RAO

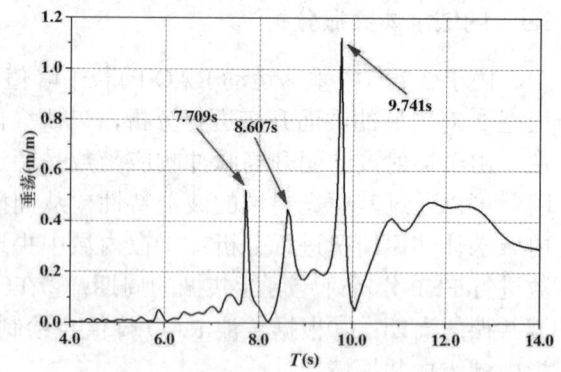
图 10 0°浪向下平台垂荡 RAO

0°浪向下波浪周期为 $T=7.71$ s、$T=8.61$ s 和 $T=9.74$ s 的内域波面升高 RAO 分布见图 11，可以发现 $T=7.71$ s 和 $T=9.74$ s 时平台大内域中的波面升高幅值可达 7 m（波高 14 m）以上，此时内域的波浪非常大且波浪极值位移内域中央附近，严重威胁了平台安全。尽管 $T=8.61$ s 时的波面升高 RAO 相对较小，可以发现小内域的波浪分布呈现两端波浪较大而中央波浪较小的现象，这与 1 节点驻波现象比较相似，说明此时小内域发生了水体共振现象。

需要说明的是计算结果并没有考虑流体粘性和波浪破碎等影响，在实际情况下平台垂荡运动和内域波高可能无法达到如此高的情况，但是内域水体共振导致垂荡运动和内域波浪激增的现象仍然是存在的，因此在旅游平台的前期设计中应充分考虑内域水体共振对平台运动、内域波浪甚至结构载荷等因素的影响。

(a) 周期 7.71 s

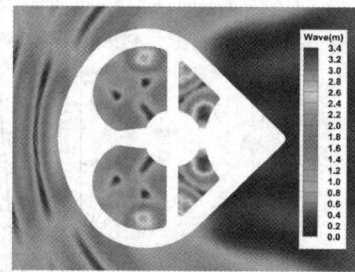
(b) 周期 8.61 s

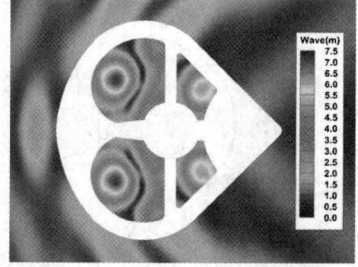
(c) 周期 9.74 s

图 11 0°浪向下平台内域波面升高 RAO 分布

4 结论

本研究基于已开发的三维时域水弹性响应分析方法，对"海洋之心"旅游平台的运动、结构剖面载荷以及内域波浪进行了分析，并得出如下结论：①对于旅游平台而言，连接器刚度在合理的范围内变化不会对平台整体载荷的大小和分布产生大的影响；②旅游平台在周期为7.71 s、8.61 s和9.74 s处发生内域水体共振，且内域水体共振会使得平台垂荡运动激增；③内域发生水体共振时，内域多个位置处的波浪RAO在共振周期处可能出现峰值。

参考文献

1 王琦彬, 丁军, 陈彧超, 等. 多连通域复杂构型浮体水弹性响应研究 [C]. 第三十一届全国水动力学研讨会, 北京: 海洋出版社, 厦门, 中国, 2020.
2 王琦彬, 丁军, 陈彧超, 等. "海洋之心"旅游平台运动和载荷响应研究 [C]. 第十六届全国水动力学学术会议暨第三十二届全国水动力学研讨会并第八届海峡两岸水动力学研讨会, 北京: 海洋出版社, 无锡, 中国, 2021.
3 Wu Y S. Hydroelasticity of floating bodies [D]. London: Brunel University, 1984.
4 陈彧超, 王琦彬, 路振, 等. 维权执法平台连接器等效刚度评估. 中国船舶科学研究中心, 2018.

Hydroelastic analysis of the tourism platform

WANG Qi-bin[1,2*], DING Jun[1,2], NI Xin-yun[1,2], CHENG Xiao-ming[1,2],
ZHANG Xin-yu[1,2], WU You-sheng[1,2], HE Chun-rong[1,2]

(1. China Ship Scientific Research Center, Wuxi 214082, Email: wangqibin@cssrc.com.cn;
2. Taihu Laboratory of Deepsea Technological Science, Wuxi 214082)

Abstract: The tourism platform "Heart of Ocean" is a new kind of the Multi-Connected Domain Floating Structure (MCDFS). This platform is heart-shaped and composed of several modules, and its horizontal size is much larger than its vertical one, which leading to low structural stiffness. In addition, this platform has several inner free surfaces, so wave resonance is more likely to happen due to the excitation of ocean waves and leads to large structural responses. In this paper, the structural model of the tourism platform is built as a Rigid Module and Flexible Connector (RMFC) model. The hydroelastic analysis method for the MCDFS is used for studying the influence of different connector stiffnesses on section loads and waves on inner free surfaces, and revealing the coupling between the floating body motion and the inner wave resonance.

Key words: Hydroelasticity; Tourism platform; RMFC model; Sectional load; Wave on inner free surface; Wave resonance.

旁靠多浮体系统水动力性能研究

陈天文[*]，范菊

（上海交通大学 船舶海洋与建筑工程学院 海洋工程国家重点实验室，上海 200240，
Email: chentianwen@sjtu.edu.cn）

摘要：旁靠多浮体之间会产生复杂的水动力干扰作用，由于传统势流方法忽略黏性，在共振频率附近，势流方法会过高地估计间隙内波面响应幅值以及水动力系数。本研究基于三维势流理论，在间隙自由面条件中添加阻尼，用于抑制异常间隙共振幅值，数值结果与试验值吻合良好。考虑到在实际中，间隙内各个位置处黏性效应不尽相同，在不同频率下的阻尼值有所差异。为此，建立了均匀、线性以及非线性三种阻尼盖模型，通过对比分析三种阻尼盖模型下的间隙共振响应以及水动力系数，可以得出非线性阻尼盖能够更精确模拟间隙自由面的黏性效应。

关键词：间隙共振；阻尼盖法；三维势流理论；多浮体运动；水动力相互影响

1 引言

旁靠外输是海洋工程领域常见的作业形式，例如：浮式液化天然气生产储卸装置（FLNG：Floating Liquefied Natural Gas）与液化天然气运输船（LNG Carrier）之间的油气输运、舰艇之间的旁靠补给作业等。然而在旁靠外输作业过程中，船体之间通常仅相距 4~10 m，狭窄的间隙会产生复杂的水动力干扰作用[1]。尤其是当船体处于横浪环境下时，两船之间的相对横摇加剧，碰撞的概率增加。因此，准确预报船体之间的相对运动对于保障旁靠外输作业安全进行尤为重要。

现阶段，出于对计算效率与精度的考虑，势流方法仍然是海洋工程领域中常用的评估方法。由于势流方法中忽略流体黏性，数值结果会过高地估计共振频率附近间隙内波面运动幅值与船体水动力系数[1-2]，Molin 等[3]学者认为，双体之间狭长的间隙与月池类似，具有类似共振特性。针对此类问题，学者们陆续提出了诸多修正方法，大体可以分为三类：区域分解法、壁面阻尼法与阻尼盖法。首先是区域分解法，Faltinsen & Timokha[4]和 Tan[5]将流域分解为各个不同区域，通过在区域交界面上引入合适传递函数模拟能量耗散，从而量化估计黏性带来的能量损失，这种方法主要应用于二维问题。如果考虑三维情况，需要

基金项目：国家自然科学基金(51479117)

确定区域的交界界面，对比实验数据调整边界传递函数。Liu[6]认为间隙两侧的壁面阻尼是能量耗散的主要原因，提出壁面阻尼法，通过在间隙两侧壁面布置阻尼，达到限制了异常共振幅值的目的，但是壁面阻尼与共振频率相关，需要根据间隙共振试验数据拟合得到。阻尼盖法[7-8]作为一种简单有效的方法，已被成功应用于 WADAM 与 HydroSTAR 等主流势流软件之中，该方法通过在双船体间隙内布置面元，在间隙自由面边界条件中添加人工阻尼项用于抑制异常共振幅值。阻尼盖法需要额外布置阻尼盖面元，并引入了阻尼系数，阻尼系数需要通过对比试验数据确定。同时，单一的阻尼系数并不适用于所有工况，系数的选取与波浪频率，浪向、间隙宽度相关，Tan[9]将阻尼的来源分解为摩擦阻尼与漩涡阻尼，针对 Chen[8] 阻尼盖法中阻尼系数，提出了阻尼系数的估算公式。

本研究以旁靠双驳船模型为研究对象，结合阻尼盖模型来抑制异常的间隙共振响应，与试验数据进行了对比，并分析了均匀、线性以及非线性阻尼盖模型下间隙共振响应以及水动力系数的差异。

2 理论方法

2.1 三维频域势流理论

势流理论建立在流体无黏、无旋假设的基础上，通过定义速度势Φ来描述整个流场，且速度势满足拉普拉斯方程：

$$\nabla^2 \Phi(x,y,z;t) = \left(\frac{\partial^2}{\partial x^2} + \frac{\partial^2}{\partial y^2} + \frac{\partial^2}{\partial z^2}\right)\Phi = 0 \tag{1}$$

对于包含自由面的水动力问题，其非线性自由面运动学与动力学边界条件可以写作：

$$\frac{\partial \xi}{\partial t} + \frac{\partial \Phi}{\partial x}\frac{\partial \xi}{\partial x} + \frac{\partial \Phi}{\partial y}\frac{\partial \xi}{\partial y} = \frac{\partial \Phi}{\partial z}, z = \xi(x,y,t) \tag{2a}$$

$$\frac{\partial \Phi}{\partial t} + \frac{1}{2}\nabla\Phi\cdot\nabla\Phi + g\xi = C - \frac{P_a}{\rho}, z = \xi(x,y,t) \tag{2b}$$

线性化之后的自由面条件可以写作：

$$\frac{\partial \xi}{\partial t} = \frac{\partial \Phi}{\partial z}, z = 0 \tag{3a}$$

$$\frac{\partial \Phi}{\partial t} + g\xi = 0, z = 0 \tag{3b}$$

选择合适的格林函数函数[10]，仅需要在物体表面布置面元，基于分布源模型对该初边值问题进行求解，具体的求解过程详见参考文献[10]，在此不再赘述。

2.2 阻尼盖模型

由于自由面边界条件中黏性的缺失，传统的势流方法通常会过大估计共振频率附近的液面幅值。通常会比试验值高出 2~5 倍，并且间隙越窄偏差越大。阻尼盖法[7-8](The Damping Lid Method)是现阶段成熟且有效的一类限制间隙共振波幅的方法，该类方法通过在间隙自由面（如图 1 中 F_2 位置）边界条件中添加人工阻尼项，以抑制阻尼共振频率附近的异常响应幅值。

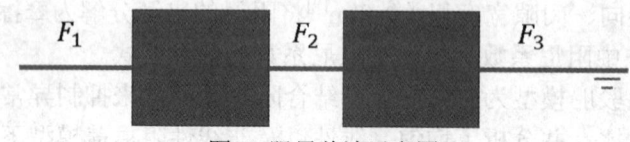

图 1 阻尼盖法示意图

本研究主要以 Newtonian[7]阻尼盖模型基础上开展，该方法通过在自由面运动学边界条件上添加阻尼项，以遏制异常的间隙共振幅值，添加阻尼项后的自由面运动学边界条件如公式（4）所示：

$$\frac{\partial \xi}{\partial t} = \frac{\partial \Phi}{\partial z} - a\xi + \frac{b}{g}\Phi, z = 0 \tag{4}$$

取 $\Phi(x,y,z;t) = \phi(x,y,z) \cdot e^{-i\omega t}$，$\xi = -1/g \cdot \partial \Phi / \partial t$，$\partial \phi / \partial z = k \cdot \phi$，得到色散关系如下

$$kg = \omega^2 + i\omega a - b \tag{5}$$

$$\omega = -\frac{ia}{2} + \sqrt{gk + b - \frac{a^2}{4}} \tag{6}$$

令 $a = 2\mu, b^2 = \mu$，则 $\omega = -i\mu + \sqrt{gk}$，

$$\frac{\partial \phi}{\partial z} = \frac{(\omega + i\mu)^2}{g}\phi, z = 0 \tag{7}$$

令 $\varepsilon = \mu / \omega$，则

$$\frac{\partial \phi}{\partial z} = k(1 + i\varepsilon)^2 \phi, z = 0 \tag{8}$$

则添加阻尼盖后的分布源模型边界积分方程可以写作：

$$\begin{bmatrix} 2\pi & 0 \\ 0 & 4\pi \end{bmatrix} \cdot \sigma(x) + \iint_{S_{Hull}+S_{Lid}} \sigma(Q) \frac{\partial G(x;Q)}{\partial n_x} dQ = \begin{bmatrix} \dfrac{\partial \phi(x)}{\partial n_x} \\ k(1+i\varepsilon)\phi \end{bmatrix}, x \in \begin{bmatrix} S_{Hull} \\ S_{Lid} \end{bmatrix} \quad (9)$$

$$\phi(x) = \iint_{S_{Hull}+S_{Lid}} \sigma(Q) G(x;Q) dQ, \ x \in \begin{bmatrix} S_{Hull} \\ S_{Lid} \end{bmatrix} \quad (10)$$

可以发现，上述的阻尼盖模型采用的阻尼系数 μ 与频率，空间位置无关，称为均匀阻尼盖模型，系数 $\varepsilon = \mu/\omega$ 与频率线性相关，频率越大对应的阻尼系数 μ 值越大。

然而实际上，间隙内的每个位置处黏性的影响不尽相同，除此之外，在不同频率下自由面阻尼值的大小也有所变化。因此，为了提高阻尼盖对黏性能量耗散模拟的准确度，本研究定义阻尼系数。

$$\mu(\omega, x) = \begin{cases} \mu_0 \\ \varepsilon_0 \cdot \omega \\ \mu_0 \cdot f(\omega) \cdot g(x) \end{cases} \quad (11)$$

分别存在上三种阻尼系数分布形式，分别为均匀阻尼盖，线性阻尼盖及非线性阻尼盖，其中，$f(\omega), g(x)$ 分别为阻尼系数随频率 ω 以及空间位置 x 变化关系。

3 数值结果

3.1 计算模型及验证

首先对频域计算程序进行验证，选择如图 2 所示的驳船模型作为验证模型[11]，模型详细参数见表 1，四边形面元数量为 1946，频域计算结果与 WADAM 计算结果对比见图 3，水动力系数与波浪力吻合良好，证明了本研究计算程序的正确性。

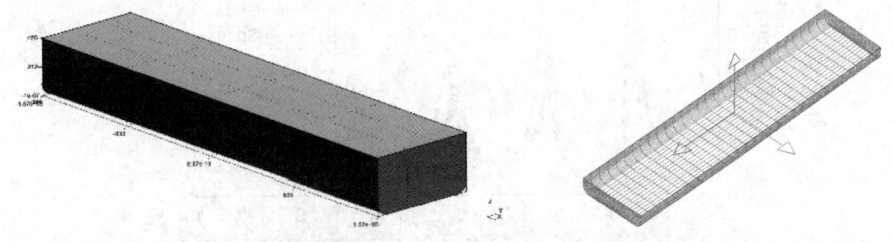

图 2 整体模型(左)，水面以下面元模型(右)

表 1 模型基本参数

参数名称	数值	参数名称	数值
模型缩尺比 λ	1:60	舭部圆角半径 R/m	0.083
长 L/m	3.333	排水体积 V/m^3	0.460
高 H/m	0.425	重心/m	(0, 0, 0.1)
宽 B/m	0.767	浮心/m	(0, 0, -0.09)
吃水 D/m	0.185	惯性半径/m	(0.379, 1.160, 1.160)

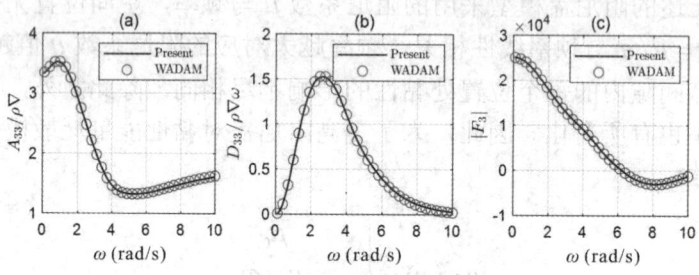

图 3 与 WADAM 结果对比

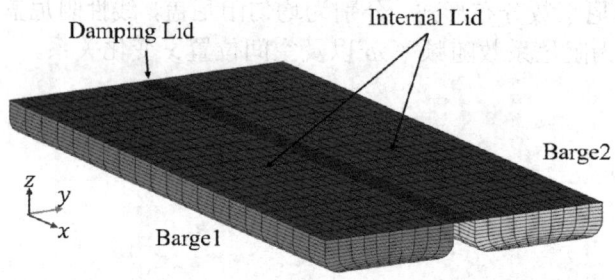

图 4 旁靠双浮体计算模型

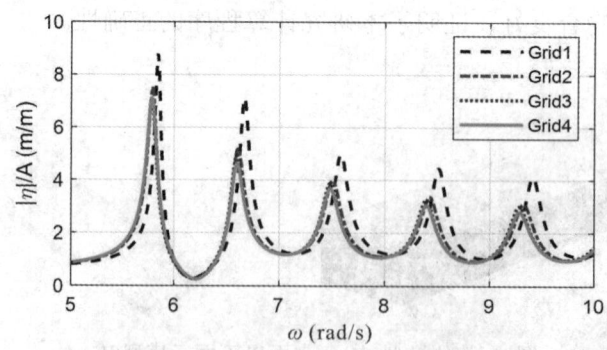

图 5 不同网格下,间隙中心位置波面升高 RAO

建立如图 4 所示的面元模型，其中 Barge1 与 Barge2 为两个相同的驳船模型，Internal Lid 用于消除频域计算中不规则频率成分[12]，Damping Lid 为双船体间隙中添加的阻尼盖模型，用于抑制异常波面幅值。在间隙区域沿着横向与纵向布置若干波面监测点。坐标原点位于间隙中心位置，两个驳船间隙距离为 0.133m（对应实尺度间距 8m）。

建立如表 2 所描述的 4 套面元网格，开展收敛性验证分析。图 5 展示了 4 套网格下间隙中心位置自由面共振响应，以一阶共振频率对应幅值为衡量标准，Grid3 与 Grid4 结果相近，认为在 Grid3 网格条件下达到收敛，接下来数值计算均在 Grid3 网格下开展。

表 2 面元网格参数

网格编号	Barge	Internal Lid	Damping Lid	总面元数	一阶共振峰值
Grid1	836	200	400	2272	8.785
Grid2	1946	200	400	4492	7.520
Grid3	3276	200	400	7152	7.124
Grid4	5516	200	400	11632	7.115

3.2 三种阻尼盖模型

图 6 展示了在横浪条件下，间隙距离为 Gap/L=1/25 时，不同阻尼系数均匀阻尼盖模型下的间隙中心位置液面响应，并与 Zhao[2]试验值进行对比。

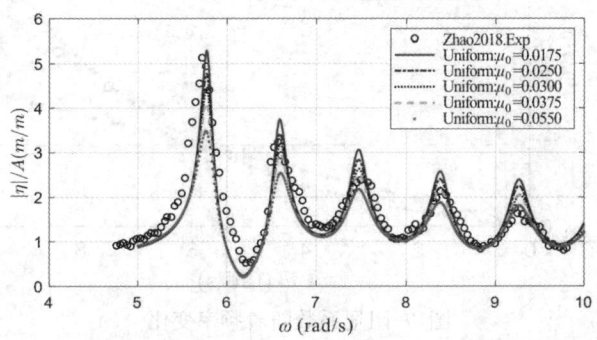

图 6 不同均匀阻尼系数下，间隙中心位置间隙共振 RAO

从图 6 中可以发现，在不同均匀阻尼系数下，共振区域附近响应幅值存在较大差异，而非共振区域几乎一致，阻尼盖的作用效果微弱。对比试验结果，均匀的阻尼系数并不适用于所有共振频率，并且共振频率越高，所需的阻尼系数数值越大。因此，均匀阻尼盖并不能满足模拟自由面黏性耗散精度需求，需要选取合适的非均匀阻尼系数频域分布形式，本研究针对当前算例，选取 $f(\omega)$ 为指数形式，如式(12)所示。

$$f(\omega) = a\left(e^{b\omega} - 1\right) \quad (12)$$

式中，系数 a, b 由"共振频率-最佳阻尼系数"关系确定，前五阶共振频率以及对应的均匀阻尼系数见表 3，采用一阶共振频率对应阻尼系数作归一化处理，对 $f(\omega)$ 进行拟合确定阻尼系数分别为 a=2.45e-01, b=2.80e-01。图 7 展示了三种不同的阻尼系数频率分布形式，通过对前五阶共振频率响应峰值的拟合，确定其阻尼系数如图 7 中方形标记点所示。再通过数据拟合，获得阻尼系数非线性分布形式，如点线所示。虚线表示频域线性分布，这也是商业软件 WADAM[14]中采用的阻尼分布形式。通过对比发现，非线性的阻尼系数频域分布更符合实际情况。

表 3 各阶共振频率对应阻尼系数数值

共振频率(rad/s)	均匀阻尼系数 μ_0	μ_0/μ_0^1
5.77	0.0175	1.0000
6.60	0.025	1.4286
7.47	0.030	1.7143
8.38	0.0375	2.1429
9.28	0.055	3.1429

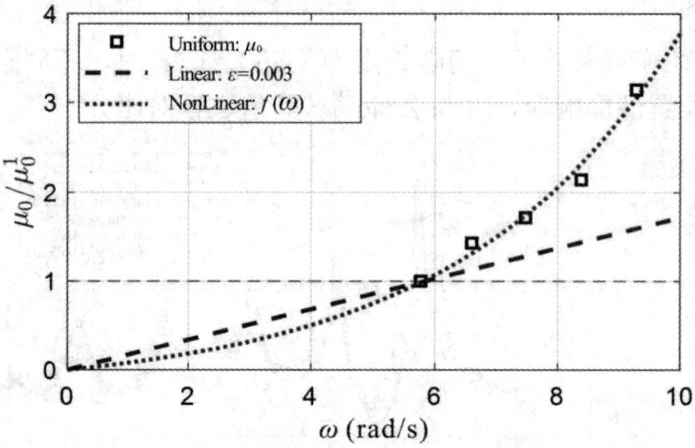

图 7 阻尼系数随着频率变化

Wang[13]通过数值模拟认为，壁面阻尼是间隙共振的主要能量耗散来源。同时观察到一阶共振模态的特点

(a)波面幅值　　　　　　　　　　(b)波面实部

图 8)，认为间隙中心阻尼大于两端。因此，选取 $g(x)$ 为式(13)形式作为阻尼系数空间分布形式。式中，x_C 为阻尼盖中心位置，L 为间隙特征长度，沿着间隙长边方向。

$$g(x) = 0.5\cos\left(\frac{|x-x_C|}{2L}\cdot\pi\right) + 0.5 \tag{13}$$

Wang[13]通过数值模拟认为，壁面阻尼是间隙共振的主要能量耗散来源。同时观察到一阶共振模态的特点

(a)波面幅值 　　　　　　　　　　　　　　(b)波面实部

图 8），图 8 中展示了阻尼系数为 0 时，一阶共振频率下，空间波面的幅值与实部。因此，认为间隙中心阻尼大于两端，选取 $g(x)$ 为式(13)形式作为阻尼系数空间分布形式，式中 x_C 为阻尼盖中心位置，L 为间隙特征长度，本研究中选择为沿着间隙长度为特征长度 L。至此，通过系列的算例结果分析，对比试验数据，确定三种阻尼盖模型的阻尼形式以及阻尼系数（表 4）。

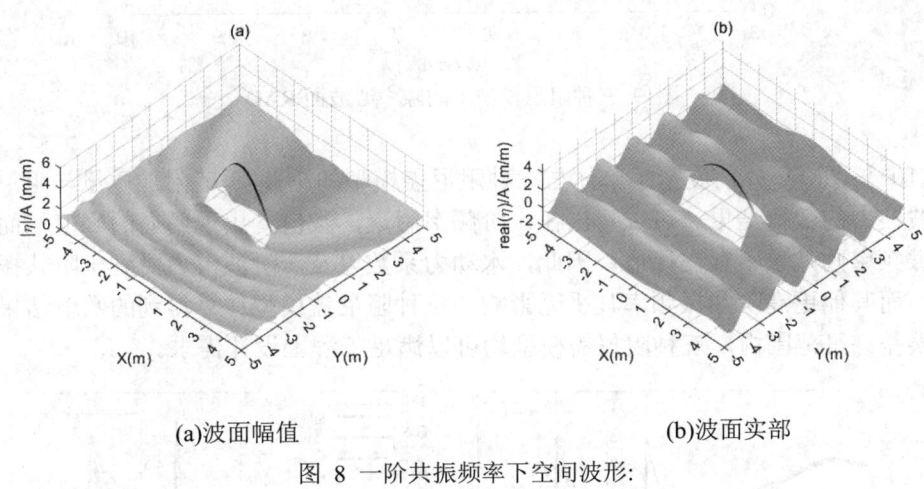

(a)波面幅值 　　　　　　　　　　　　　　(b)波面实部

图 8 一阶共振频率下空间波形:

表 4 阻尼系数数值

阻尼盖模型	阻尼盖形式	阻尼符号	阻尼系数数值
均匀阻尼盖	$\mu(\omega,x) = \mu_0$	μ_0	0.0175
线性阻尼盖	$\mu(\omega,x) = \varepsilon_0 \cdot \omega$	ε_0	0.0030
非线性阻尼盖	$\mu(\omega,x) = \mu_0 \cdot f(\omega) \cdot g(x)$	μ_0	0.0175

3.3 数值结果对比

上一小节中确定了三种阻尼盖模型的阻尼形式以及阻尼系数，接下来将从间隙共振响应、波浪力以及水动力系数三个方面比较其差异。图 9 展示了三种阻尼盖模型下间隙中心波面运动响应，对比实验数据，可以发现非线性阻尼盖模型能够跟精确模拟高阶共振幅值，三者均能够较好预测一阶共振幅值。

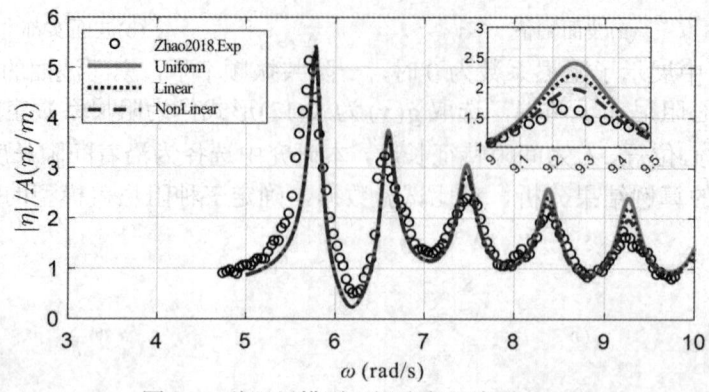

图 9 三种阻尼模型下间隙中心波面 RAO

图 10 与图 11 分别展示了单体与三种阻尼盖模型的垂荡-垂荡附加质量与阻尼系数以及垂荡波浪力的数值结果。可以看出在一阶频率附近，数值均出现明显的峰值，而其他更高阶共振频率则几乎不存在峰值。因此，水动力系数以及一阶波浪力受到一阶共振频率影响较大，而其他更高阶共振频率几乎无影响。三种阻尼盖模型计算得到的数值结果几乎一致，在误差许可范围内，三种阻尼盖模型均可以满足工程上设计需求。

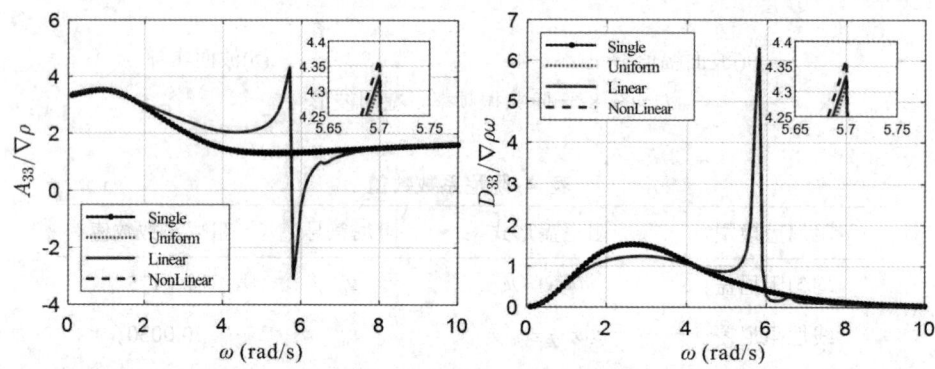

图 10 垂荡-垂荡附加质量（左）与阻尼系数（右）

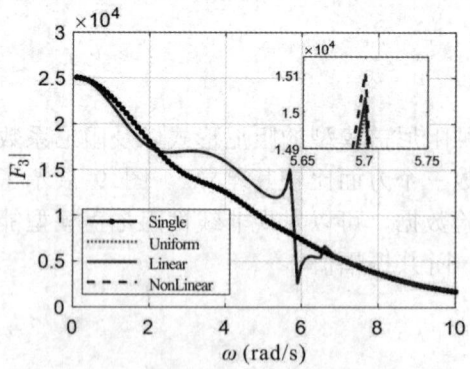

图 11 横浪条件下，一阶垂荡波浪力

4 总结

本研究以旁靠双驳船模型为研究对象，基于三维势流理论，通过添加阻尼盖模型，以抑制异常间隙共振幅值，数值结果与试验值吻合良好。同时建立了均匀，线性以及非线性三种阻尼盖模型，通过对比分析三种阻尼盖模型下的间隙共振响应以及水动力系数，可以得出：水动力系数以及一阶波浪力主要受到一阶共振频率的影响，导致出现明显峰值；非线性阻尼盖能够更精确模拟间隙自由面的黏性效应，准确预测间隙高阶共振响应。

参考文献

1. Zhao W, Milne I A, Efthymiou M, et al. Current practice and research directions in hydrodynamics for FLNG-side-by-side offloading [J]. Ocean Engineering, 2018, 158: 99-110.
2. Zhao W, Pan Z, Lin F, et al. Estimation of gap resonance relevant to side-by-side offloading [J]. Ocean Engineering, 2018, 153(1): 1-9.
3. Molin B, Remy F, Camhi A, et al. Experimental and numerical study of the gap resonances in-between two rectangular barges [C]. 13th Congress of Intl. Maritime Assoc. of Mediterranean, 2009, August: 12-15.
4. Faltinsen O M, Rognebakke O F, Timokha A N. Two-dimensional resonant piston-like sloshing in a moonpool [J]. In Journal of Fluid Mechanics, 2007.
5. Tan L, Lu L, Tang G Q, et al. An energy dissipation model for wave resonance problems in narrow gaps formed by floating structures [C]. International Workshop on Water Waves and Floating Bodies, 2017.
6. Liu Y, Falzarano J. A wall damping method to estimate the gap resonance in side-by-side offloading problems [J]. Ocean Engineering, 2019, 173(1): 510-518.
7. Kim Y B, Dynamic analysis of multiple-body floating platforms coupled with mooring lines and risers [D]. Texas A&M Univeristy, 2003.
8. Chen X B. Hydrodynamic analysis for offshore LNG terminals [C]. 2nd Int Workshop on Applied Offshore Hydrodynamics, 2005.
9. Tan L, Lu L, Tang G Q, et al. A viscous damping model for piston mode resonance [J]. Journal of Fluid Mechanics, 2019: 510-533.
10. Liang H, Wu H, Noblesse F. Validation of a global approximation for wave diffraction-radiation in deep water [J]. Physics Procedia, 2018, 74: 80-86.
11. Ekerhovd I, Ong M C, Taylor P H, et al. Numerical study on gap resonance coupled to vessel motions relevant to side-by-side offloading [J]. Ocean Engineering, 2021, 241(October), 110045.
12. Lee C H, Newman J N, Zhu X. An extended boundary integral equation method for the removal of irregular frequency effects [J]. International Journal for Numerical Methods in Fluids, 1996. 23(7): 637-660.
13. Wang H, Wolgamot H A, Draper S, et al. Resolving wave and laminar boundary layer scales for gap resonance problems [J]. Journal of Fluid Mechanics, 2019, 866: 759-775.
14. Sesam User Manual-WADAM, Version 9.3 [Z]. DNV GL, Høvik, Norway, 2016.

Hydrodynamic analysis of side-by-side multi-body floating system

CHEN Tian-wen[*], FAN Ju

(School of Naval Architecture, Ocean & Civil Engineering, Shanghai Jiao Tong University, Shanghai 200240, China, Email: chentianwen@sjtu.edu.cn)

Abstract: Due to the lack of viscosity in the traditional potential method, the complex hydrodynamic interaction between the side-by-side multi-floating bodies will occur, the potential method overestimates the amplitude of gap response and hydrodynamic coefficients of the bodies. Based on the 3D potential theory, the damping lid model is added to the gap free surface to suppress the abnormal gap resonance amplitude. Considering the fact that the viscous effect is nonuniform along the gap, the damping coefficient also varies with frequency. In this paper, uniform, linear and nonlinear damping lid models are established, and the gap resonance response and hydrodynamic coefficients under the three damping lid models are analyzed, it can be concluded that the nonlinear damping lid can simulate the viscous effect of the gap free surface more accurately

Key words: Gap resonance; Damping lid method; 3D potential theory; Multi-body motion; Hydrodynamic interaction.

破口参数对破损船舶进水过程的影响

卜淑霞*，郝寨柳，张培杰，顾民

（中国船舶科学研究中心，深海技术科学太湖实验室，水动力学重点实验室，无锡 214082，
Email: bushuxia8@163.com）

摘要：本研究基于三自由度耦合运动模型和势流理论开展了静水中舷侧破损工况下船舶运动及破损流动的研究，借助修正的伯努利方程处理破损口进出水，并通过瞬时湿表面积分获得更为准确的船舶水动力。本研究基于纵摇、垂荡时历曲线定义了特征进水（角）速度，基于 Sobol 序列生成大量破口尺寸参数组，重点关注了破损开口跨越/不跨越水线时特征进水（角）速度随破口参数的变化规律，并通过相关性分析确定了破损船舶进水过程的主要影响因素。结果表明，特征进水（角）速度可以表征进水快慢，其值与破口中心位置无关，而会随着破损开口面积、高度、长度的增加而增加直至稳定，其中水线以下破损开口面积的影响最大。

关键词：破损船舶；舷侧破损；船舶进水；破口尺寸；势流理论；Sobol 序列

1 引言

船体由于碰撞、搁浅、触礁等事故引起单个或多个舱室舷侧或者底部破损后，会造成外界流体通过破损开口进入舱室内部，舱室内部的流体同时会通过舱室之间的连通口进入其他相邻的舱室，这些进水一方面会改变船体固有参数和运动姿态；另一方面船体的运动姿态也会反过来改变流动形式。这个过程中根据破损开口相对于自由液面的位置，会产生不同的流动模式：如果破损开口远离自由液面，比如底部破损开口，进水主要以流动为主，但舱室内部的进水会受到舱室内部空气的严重影响；如果破损开口在自由液面附近，则短时间的进水在内外较大压差的作用下会产生溃坝现象，直到进水达到稳定阶段，此时进水同时受到波流耦合作用；如果破损开口位于自由液面以上，则船体主要受到波浪激励的影响，但如果运动姿态过大，也会产生间断性进水。上述运动中还会发生不同模式的转变，同时伴随着气液掺混的大幅晃荡，破损引起的流动现象极为复杂。可以看出，破损开口流动受到多种影响的因素，比如破损开口参数、舱室本身的参数、连通方式、船型等。本报告主要研究破损开口参数与破损流动之间的关系。

目前对船舶破损流动及运动响应等行为的研究基本分为基于势流理论的力学模型、基于黏流理论的力学模型和基于黏流与势流耦合的力学模型。基于势流理论的力学模型可快速评估破损船舶的运动特征，计算效率高。笔者前期[1-2]采用修正的伯努利方程处理破损进出水，并考虑波浪和速度对破损开口处水质点速度的影响，建立了计及复杂流动的破损船舶运动预报方法，并通过模型试验、全黏流方法对该方法进行了验证，验证中选用的对象是 ITTC 破损驳船。文中同样选用该模型开展研究，且对预报方法的验证不再重复。

2 理论模型和预报方法

2.1 计及复杂流动的破损船舶运动

根据理想流体假设，采用 Bernoulli 方程描述破损开口处水的进/出流动，此时破舱口处内外流体质量的变化可表示为式（1），沿破舱口的面积积分可得到进出水的质量。

$$\dot{M}_{\text{water}}(t) = K \int_{\text{Sdamage}} \text{sgn}(h_{\text{out}} - h_{\text{in}}) \cdot \sqrt{2g|h_{\text{out}} - h_{\text{in}}|} \cdot \mathrm{d}A$$

$$M_{\text{water}} = \int_0^t \dot{M}_{\text{water}}(t) \cdot \mathrm{d}t \tag{1}$$

式中，$\dot{M}_{\text{water}}(t)$ 为破损进出水的速率；M_{water} 为破损进水量；h_{out} 为破损开口处外部自由液面的高度；h_{in} 为破损开口处舱室内部自由液面的高度。

考虑到应该尽可能用具有明确物理意义的模型来研究破损船舶的极限运动性能，本研究采用与选取对象模型试验[3-4]一样的运动方法，即采用垂荡-横摇-纵摇相互耦合的三自由度运动模型：

$$\{[M]+[M_W(t)]+[A_\infty]\}\{\ddot{Q}\} + \begin{cases} \{\dot{M}_W(t)+[B]_{\text{Viscous}}\}\{\dot{Q}\} & \text{heave, pitch} \\ \{\dot{M}_W(t)\}\{\dot{\phi}\} + N_1\dot{\phi} + N_2\dot{\phi}|\dot{\phi}| & \text{roll} \end{cases}$$

$$+\int_0^t K(t-\tau)\{\dot{Q}(\tau)\}\mathrm{d}\tau = \{F\}_W + \{F\}_R + \{F\}_{GG} \tag{2}$$

式中，[M]是不考虑船舶破损时的质量矩阵；[$M_W(t)$]是流动产生的质量矩阵（瞬时表面平行于平均水面）；[A_∞]是不考虑船舶破损时的附加质量矩阵；[$\dot{M}_W(t)$]是流动的速率（相当于阻尼）；[B]$_{\text{Viscous}}$ 是非线性的阻尼矩阵；$\int_0^t K(t-\tau)\{\dot{Q}(\tau)\}\mathrm{d}\tau$：卷积，代表辐射阻尼；$\{F\}_W$ 代表波浪力；$\{F\}_R$ 代表恢复力；$\{F\}_G$ 代表重力；横摇阻尼系数采用模型试验结果[15]。

2.2 Sobol 序列及相关性分析

为探寻破口参数与船舶进水过程间的关系,需要在大量破口参数组合下进行数值计算,而不当的参数选择会严重影响结果的准确性。为避免带入人为选择误差,同时确保参数组合的完备性,本研究中的破口几何参数组合全部基于 Sobol 序列随机生成。Sobol 随机序列是一种低差异序列,分布均匀性好,耗时少。基于 Sobol 序列生成样本空间时,先基于该方法生成大量均匀分布的随机样本点,然后再换算到研究工况。

文中选用相关系数指标衡量破口参数与进水过程间相关关系的强弱,其定义如下:

$$Correl(X,Y)=\frac{\sum(x-\bar{x})(y-\bar{y})}{\sqrt{\sum(x-\bar{x})^2\sum(y-\bar{y})^2}} \tag{3}$$

3 研究对象和模型试验简介

为了能够与已有的试验结果进行对比,选用 ITTC 破损进/出水及运动的标模为研究对象,该模型试验由 NAPA 公司和 HUT 船舶实验室联合资助,目的是为破损进/出水数值模拟方法的研究提供试验对比数据,由 Ruponen 分享了试验数据[3-4],并作为 ITTC 破损流动研究的标模。作者前期针对舷侧破损工况开展了研究 0,具体主尺度及船型参数见表1,模型几何形状和舱室构造见图1。在此基础上,继续开展破损开口特征研究。

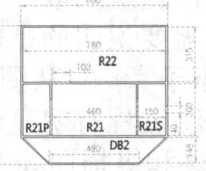
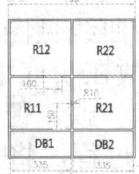

图 1 破损流动计算模型几何外形和破损舱室截面

表 1 破损驳船及舱室主尺度

项目	值	项目	值	项目	值
总长	4.0 m	初始横倾	0.0°	浮心垂向位置 KB	0.270 m
船宽	0.8 m	初始纵倾	0.0°	初始稳性半径 BM	0.118 m
高度	0.8 m	方形系数	0.906	初始稳性高度 GM	0.110 m
吃水	0.5 m	排水体积	1.45 m³	重心垂向位置 KG	0.278 m

4 结果分析和讨论

4.1 浸没型破损口

分别选取浸没型和跨越型两种破损开口形式（图），浸没型破损口完全在 R21S 舱室的壁面范围内，跨越型破损口分布在 R21S 舱室和 R22 舱室的壁面范围内，且跨越水线。借助 Sobol 样本生成方式生成 2000 个工况点，同时考虑到破损开口的宽度或长度不能为 0，从初次生成的工况点中去除明显不符合实际物理规律的点，筛选后浸没型工况点为 1889 个，跨越型工况点为 757 个。

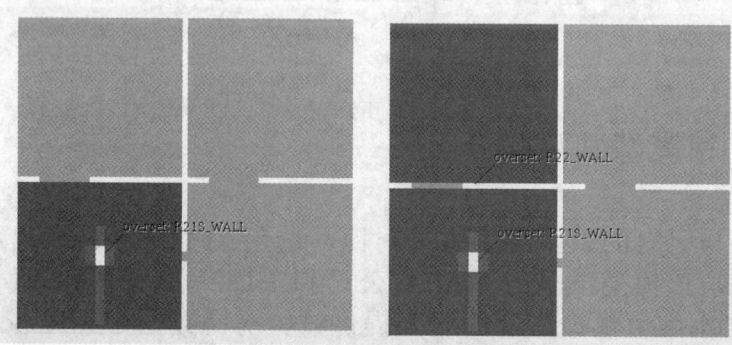

图 2 浸没型和跨越型开口位置示意图

3.1 特征（角）速度

为确定进水过程的特征量，随机选取三个工况点计算破损船舶运动，得到的垂荡和纵摇时历曲线见图。需要说明的是，由于该模型稳性较好，计算中横摇幅值基本为 0，故在研究中不予考虑。从图中可以看出，不同破口工况下船舶最终运动状态趋于一致，但运动过程有明显区别，而运动过程与进水过程息息相关。为量化进水过程，将垂荡和纵摇曲线上 $t_0=79\ s$ 对应的幅值点作为进水过程的特征点，将该幅值点与原点的连线斜率定义为进水过程的特征（角）速度，进而分析破口参数对该特征（角）速度的作用规律（图 4）。

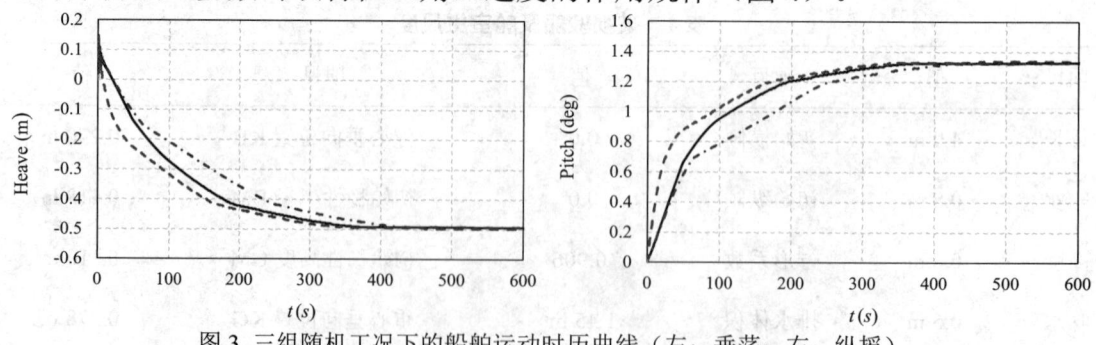

图 3 三组随机工况下的船舶运动时历曲线（左：垂荡；右：纵摇）

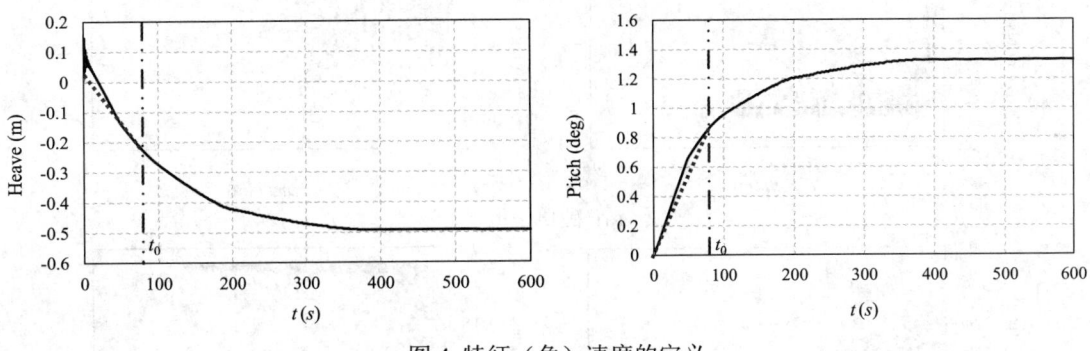

图 4 特征（角）速度的定义

3.2 浸没型破损口计算结果分析

计算 1889 组浸没型破损口工况下进水过程的特征（角）速度，绘制其随破口长度、破口宽度（垂向高度）、破口面积、破口中心位置变化的散点图（图 5）。

从图 5 中可以看出，随着破口长度和破口宽度的增加，特征（角）速度向绝对值增大的方向集中，说明两者之间存在一定的正相关关系，但相较之下，破口宽度的作用更为显著。从图(c)可以看出，特征（角）速度的分布集中于特定曲线上，这说明特征（角）速度与破口面积间存在明确的函数关系，且随着破口面积的增加，特征（角）速度迅速增加直至稳定到最大值。为进一步说明特征（角）速度与破口几何参数间的关系，相关系数见表 2。相关系数的值越大，表明两者间的相关性越强，从表中结果可以看出，特征（角）速度与破口面积和破口宽度的相关性较大，破口长度次之，与破口位置关系不大。

表 2 相关性分析结果

破口几何参数	特征速度	特征角速度
长度	-0.36525	0.348851
宽度	-0.46647	0.447847
面积	-0.44153	0.41641
中心 x 坐标	0.053782	-0.05343
中心 z 坐标	-0.01749	0.018519

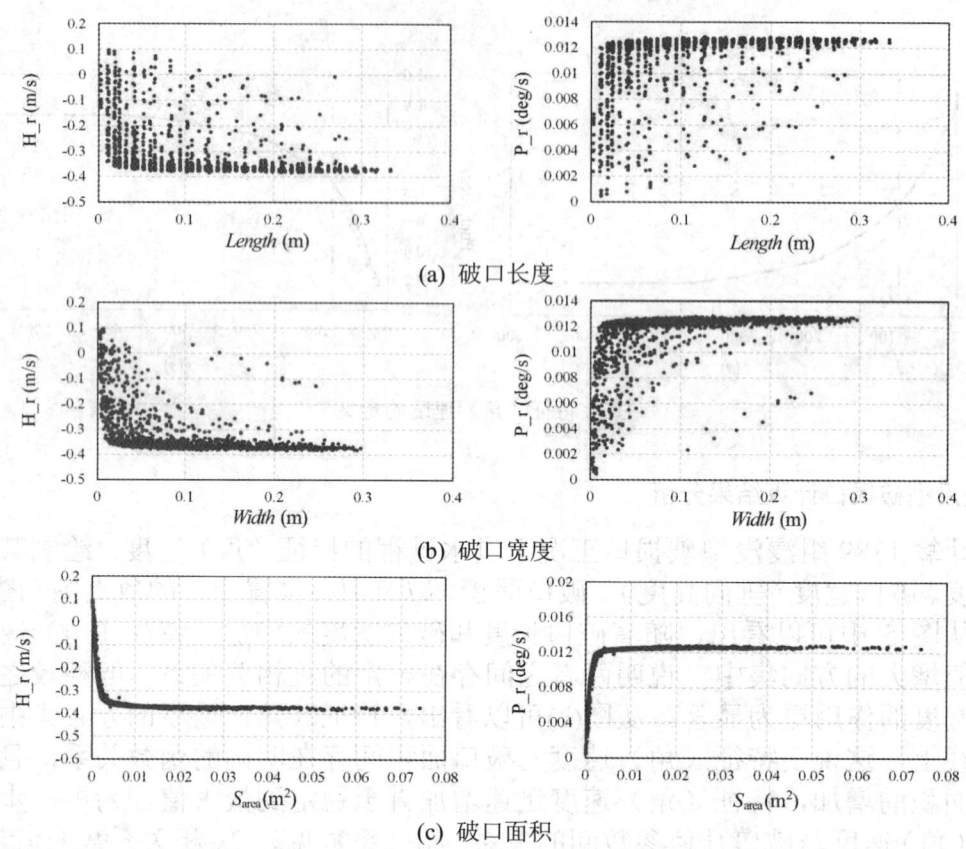

图 5 特征（角）速度随破口参数的变化散点图（左列：特征速度；右列：特征角速度）

3.3 跨越型破损口计算结果分析

跨越型破损口工况下进水过程的特征（角）速度随破口长度、破口宽度（垂向高度）、破口面积、水线下破口面积的散点图（图 6）。从图中可以看出，随着破口位置的改变，特征（角）速度的分布基本一致，说明两者间基本不相关，而随着破口长度、宽度的增加，特征（角）速度的分布向绝对值增大的方向集中，说明两者之间存在一定的正相关关系，但相较之下破口长度的作用稍显著。对于破口面积，特征（角）速度随其值的增加迅速增加直至稳定，特征（角）速度与破口面积、水下破口面积间呈现出较强的相关关系，但并未表现出类似浸没型破损口工况中明确的函数关系。进一步进行相关性分析，结果如所示。从相关系数的结果也可以看出，特征（角）速度与破口面积（尤其是水线以下破口面积）间相关性较大，破口长度次之，与破口位置基本无关。

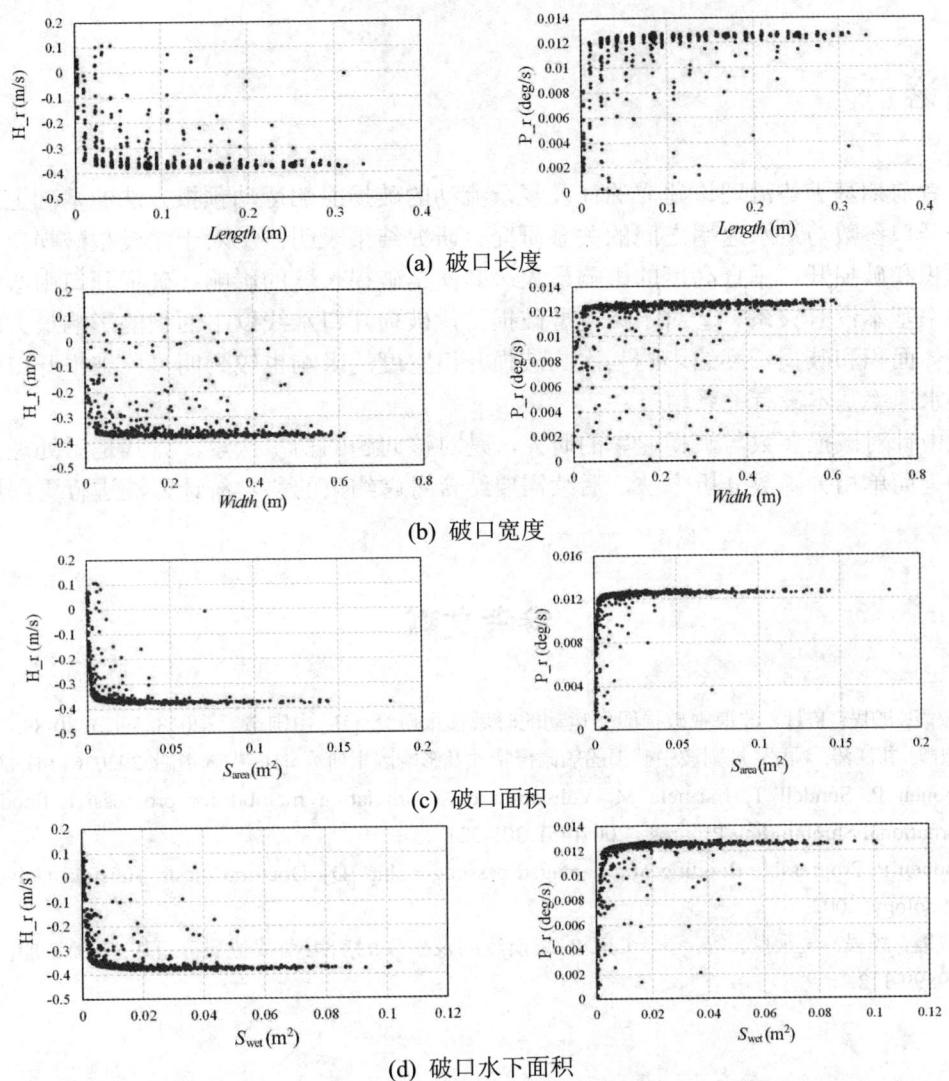

图 6 特征（角）速度随破口参数的变化散点（左列：特征速度；右列：特征角速度）

表 3 相关性分析结果

破口几何参数	特征速度	特征角速度
长度	-0.35424	0.33978
宽度	-0.2635	0.245109
中心点纵坐标	-0.03267	0.032145
中心点横坐标	0.082724	-0.08092
中心点面积	-0.35732	0.336373

5 结论

作者前期基于势流理论建立的计及复杂流动的破损船舶运动预报方法的基础上，开展了破损开口参数与进水速率之间的关系研究。研究结果表明：①对于浸没型破损口，破损开口面积和破损开口垂直高度的影响最大；其次是破损长度的影响；破损开口中心位置与进水速率基本没有关系。②对于跨越型破损口，破损开口水线以下面积的影响最大；破损开口整体面积和破损长度的影响其次；破损开口宽度的影响也较为明显；破损开口中心位置与进水速率基本没有关系。

文中针对破损参数与破损速率的研究，是对该问题的初步探索，尤其是后处理方面，采用的是简单相关函数分析方法，后续需要结合考虑约束的科学统计方法进行更深层次的分析。

参考文献

1. 卜淑霞, 顾民, 鲁江. 波浪中破损船舶运动的时域预报研究 [J]. 中国造船, 2018, 59(2): 80-89.
2. 卜淑霞, 祁江涛, 顾民. 规则波中破损船舶倾覆特性及影响因素研究 [J]. 中国造船, 2020, 61 (4): 60-69.
3. Ruponen P, Sundell T, Larmela M. Validation of a simulation method for progressive flooding [J]. International Shipbuilding Progress, 2007(45): 305-321.
4. Ruponen P. Progressive flooding of a damaged passenger ship [D]. Doctoral thesis, Helsinki University of Technology, 2007.
5. 卜淑霞, 顾民, 吴乘胜, 等. 基于CFD的破损流动及破损船舶运动数值研究 [J]. 中国造船, 60(S2), 2019: 99-112.

Investigation on the effect of damage openings on the flooding process of a damaged ship

BU Shu-xia[*], HAO Zhai-liu, ZHANG Pei-jie, GU Min

(China Ship Scientific Research Center, Deep Sea Technology and Science Laboratory, National Key Laboratory of Science and Technology on Hydrodynamics, Wuxi 214082, Email: bushuxia8@163.com)

Abstract: The flooding process and ship motion of a damaged ship with different side damage openings in calm water at zero speed is investigated numerically by potential flow method. 3-DoF model is adopted to simulate ship's motion and a modified Bernoulli's equation is utilized to calculate the flow rate through the damage opening. In order to quantify the flooding process, characteristic velocity and angular velocity are derived from the heave and pitch history curves, respectively. Special attention is paid to the variation of the characteristic velocity and angular velocity against the length, width, area and location of the damage opening which are generated from a low-discrepancy Sobol sequence. Besides, correlation analyses are conducted for further examination. It turns out that flooding process is greatly affected by the opening area below the waterline and has nothing to do with the location of damage openings.

Key words: Side damage openings; Flooding process; Potential flow method; Sobol sequence.

月池流体共振的数值分析

兰俊杰，姜胜超*

（大连理工大学 船舶工程学院，大连 116024, Email: jiangshengchao@foxmail.com）

摘要： FPSO等大型浮式结构系统通常具有贯穿结构主体的月池结构，在特定的波浪条件下，月池流体会产生共振，影响作业效率及安全。本文用基于OpenFOAM建立的二维数值波浪水槽对波浪作用下月池中的流体共振情况进行了研究，并利用实验数据及线性势流解析解对数值模拟结果进行验证，确保了模型的准确性。数值结果表明，当入射波以共振频率入射时，随着波陡增加，会有更多的能量被反射，导致月池内流体的共振波幅减；远离共振频率时，随着波陡的增加，反射系数、透射系数及能量耗散均减小。

关键词： 月池共振；OpenFOAM；能量耗散；波浪作用

1 引言

随着油气资源的逐步被开采，陆地油气资源日益短缺，但在广袤的海洋中蕴涵着许多的资源，因而对海洋资源的开发能力，将成为推动中国快速发展的有效能力之一。资料表明，全球在海底中所蕴涵的油气资源约有1400~2000亿，20世纪末海上石油产量约占世界总产量的1/3[1-2]。近年来，深海石油开采主要采用FPSO作为主要开采工具，FPSO全称为浮式生产储油系统，其是具有生产、储存、输送、居住等功能一体化的海洋大型石油生产基地。

月池是穿过船舶甲板和船体的通透开口结构，钻进船、FPSO、Spar等海洋工程装备上都布置有月池，使钻井设备能穿过月池深入海底，并避免波浪载荷的作用。月池内存在自由液面，其内部的流体的主要运动形式为沿着垂直方向的"活塞"运动和沿水平方向的"晃荡"运动[3]。FPSO在作业时，月池内流体会在一定入射波幅下发生剧烈的振荡，此时振幅将会大于入射波幅，这种情况就是月池流体共振。此时作用在结构上的波浪力会急剧增加，使得作业平台在波浪作用下急剧晃动，进而影响作业效率及安全性。

月池内流体共振的早期研究集中于线性势流理论的共振研究。Faltinsen 等[4]提出了一种在有限水深下预测月池中线性活塞运动的理论方法，采用势流理论框架下的数值模拟与其实验结果结合研究共振问题。有大量研究表明，线性势流理论可以很好地预测月池内流体的共振频率，但是采用这种方法会导致过度预测共振频率附近的共振波幅。这主要是因为在势流模型中忽略了流体的黏度，通过引入阻尼系数可以有效的解决势流理论过度预测共振波幅的情况[5-6]。姜胜超等[7]研究了在波浪作用于双箱时的共振问题，结果表明，自由水面的非线性和流体黏性均对共振波幅有重要的影响。宁德志等[8]研究发现月池内发生共振时，流体的共振波高和透射波高最大，此时迎浪侧波浪非线性最强。姜胜超等[9]通过提出黏性流模型的能量耗散系数 E 值，为流体黏性能量耗散的影响研究提供了一个新的视角。

上述结果均表明，流体黏性引起的能量耗散会对月池内流体的共振波幅和频率产生较大的影响，但同样的自由表面大振幅运动所产生的能量转换也会对月池内流体共振产生影响。主要研究的是对不同频率入射波作用后的反射系数、透射系数及二者平方和定义的能量系数来考虑能量转换和能量耗散的变化对月池内流体共振频率附近的水动力响应进行分析并研究月池区域涡旋脱落对共振的影响。

2 理论方法

本研究在波浪作用下月池内部流体共振时的水动力问题，考虑到流体不可压缩的黏性和两相流问题，且涉及动网格运动，因此主要采用基于不可压缩的 Navier-Stokes 方程的数值工具箱 Waves2Foam 进行模拟分析，基于任意拉格朗日-欧拉（ALE）理论的观点，对 Navier-Stokes 方程进行重新推导，形式如下：

$$\frac{\partial \rho u_i}{\partial x_i} = 0 \tag{1}$$

$$\frac{\partial (\rho u_i)}{\partial t} + \frac{\partial \left(\rho \left(u_i - u_i^m\right) u_j\right)}{\partial x_j} = -\frac{\partial p}{\partial x_i} + \mu \frac{\partial}{\partial x_j}\left(\frac{\partial u_i}{\partial x_j} + \frac{\partial u_j}{\partial x_i}\right) + f_i \tag{2}$$

式中，ρ 代表流体密度；u_i 表示 i 方向的速度分量；u_i^m 表示在 i 方向的网格运动速度分量；t 表示时间；μ 表示流体动力学的黏性系数；f 表示单位体积流体所受到的体积力，在本研究中代表的是重力加速度，取为 9.81 m/s^2。

本亦采用 VOF 方法对自由表面的水面运动进行捕捉，同时满足模拟波浪破碎时候的情况。对流体相函数 φ 定义：

$$\varphi = \begin{cases} \varphi = 0, & \text{空气中} \\ 0 < \varphi < 1, & \text{自由表面} \\ \varphi = 1, & \text{水中} \end{cases} \quad (3)$$

其满足 ALE 理论下的边界面方程:

$$\frac{\partial \varphi}{\partial t} + \left(u_i - u_i^m\right)\frac{\partial \varphi}{\partial x_i} = 0 \quad (4)$$

依据上式可以确定两相流的密度与动力黏性系数分布为:

$$\begin{cases} \rho = \varphi \rho_w + (1-\varphi)\rho_a \\ \mu = \varphi \mu_w + (1-\varphi)\mu_a \end{cases} \quad (5)$$

式中,下标 ω 和 a 分别代表水和空气,也就是 ρ_a 和 ρ_ω 分别代表空气和水的密度;μ_a 和 μ_ω 分别代表空气和水的动力黏性系数。在处理数据时,取 φ =0.5 等值线作为液体的自由液面。

采用有限体积法(FVM)对控制方程(1)、式(2)和边界方程(4)离散,并使用欧拉格式对时间离散。采用 Gauss Vanleer 和 Gauss linera 格式分别对散度和梯度进行计算,扩散项采用 Gauss linear corrected 格式。使用 PISO(Pressure implicit with splitting of operators)方法[10]对 Navier-Stokes 方程进行求解,其中速度方程可直接采用代数方法求解。

在数值波浪水槽中,在入口处和出口处设置松弛区以产生入射波和消除透射波,并且其还可以在计算过程中有效的避免内波的反射,松弛函数为:

$$\alpha_R(\chi_R) = 1 - \frac{\exp(\chi_R^{3.5})}{\exp(1)-1} \quad \chi_R \in [0,1] \quad (6)$$

式(7)运用于松弛区内:

$$\vartheta = \alpha_R \vartheta_C + (1-\alpha_R)\vartheta_T \quad (7)$$

式中,ϑ 是 μ_i 或者 φ,下标 C 和 T 分别表示计算值和目标值,其中 α_R 仅在松弛区使用,在非松弛区始终为 1。

3 数值模型设置与验证

图 1 所示为在波浪水槽放置的月池数值模型,用于研究在某种特定频率的入射波作用下月池内部流体共振问题,其中坐标系定义在静止水面上,x 轴从左往右为波浪传播方向;y 轴向上为正。本次模拟将长宽均为 0.201 m 的双箱放置于水深为 1.00 m 的波浪水槽内,吃水为 0.097 m,双箱中间形成的窄缝即为月池,月池宽 B_g=0.10 m,在水槽边壁、水槽底

及物体表面设置无滑移边界条件。数值水槽的高度固定为 1.5 m，在数值模拟过程中，于波浪水槽的两侧设置了两个松弛区用于消波，通常松弛区的长度为 1.5～2.0L，其中 L 表示波长，波浪水槽长度设置为 20 m。

使用此模型模拟入射波波陡 A_i/L 为 1/90 和 1/120，入射频率为 5.00～9.00 rad/s 的情况。数值计算从静止状态开始，因此设置静态水压力和初始速度为 0 作为初始条件，本次模拟中，共配置四个浪高仪 G1～G4 对自由表面测量波高。其中 G1 和 G2 用于分离入射波和反射波，二者间隔保持 0.25L；G3 用于测量月池内部流体液面波高 A_g，放置于月池中央；G4 用于透射波的测量；G2 和 G4 分别放置于距离 A 箱和 B 箱外侧的 1.5L 处。

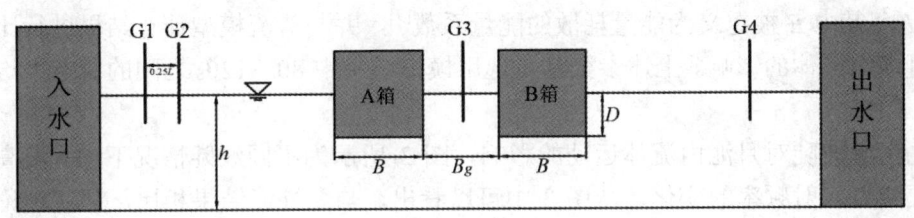

图 1　数值模型示意图

在计算域内采用非均匀网格设置，以此节约计算时间和节省计算成本，并且在箱子周围和水面附近，特别是在月池内部均采用了高分辨率的细网格。在产生入射波处的松弛区采用中等分辨率的细网格，在消除透射波处采用较粗的网格。月池内部和箱子附近设置的网格见图 2。

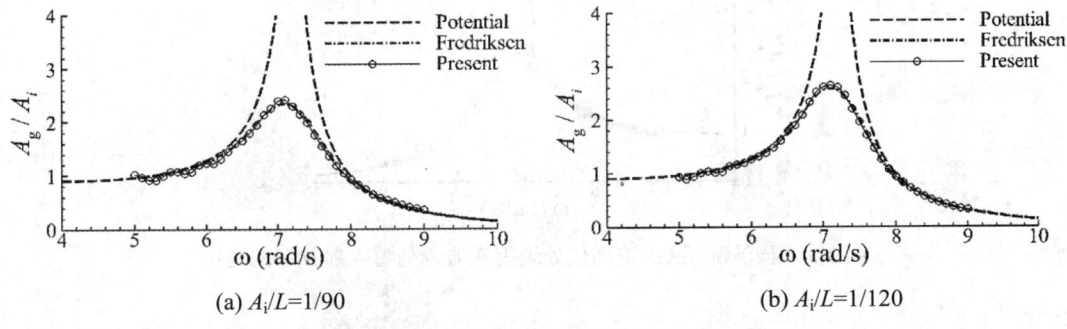

(a) A_i/L=1/90　　　　　　　　(b) A_i/L=1/120

图 2　浪高仪 G3 处自由液面波幅随频率变化的数值验证

为了验证此数值模型能否准确模拟在波浪作用下月池内部流体的实际情况，通过与 Fredriksen 等[11]的实验室试验结果进行比较，图 2 分别比较了在波陡 A_i/L=1/90 和 1/120 时浪高仪 G3 即月池中央处的平均归一化波幅 A_g/A_i，其中入射波幅 A_i 为浪高仪 G1 和 G2 测量所得。结果表明，该模型的数值结果与实验所测量的结果几乎一致，数值波浪水槽能够很好的预测波浪响应，如月池内部流体的共振波幅和频率。从图 2 观察到，势流模型能够很好的预测到共振频率，但是对于共振波幅会过高的估计，这主要是由于势流模型忽略了流体的黏性，因此在模拟中为能更贴近生活实际情况，考虑黏性流是非常有必要的。

4 入射波波陡对月池内流体共振相应影响

上一节的网格收敛性验证表明，目前的数值水槽可以很好地再现月池内流体共振的情况。因此通过该二维数值波浪水槽继续讨论在不同波陡时，月池内流体的共振频率和共振波幅的变化情况。模拟过程采用斯托克斯五阶波从流体共振波幅、反射系数、透射系数、$E=K_r^2+K_t^2$，其中 E 被定义为能量耗散的能量系数[9]，并与势流模型计算结果进行比对分析波浪对月池内流体的影响。上述参数都是选用模拟结果中 80~120s 之间的稳态平均值计算得到的。

首先考虑波陡对月池内流体运动的影响，图 3 所示为不同波陡情况下 G3 浪高仪处无因次波幅随着入射频率的变化，从图 3 中可以看出，与黏性流结果相比，势流理论可以很准确地预测共振频率，但是会高估共振频率附近的共振波幅，这主要是因为其没有考虑流体的黏性运动所产生的能量耗散和能量转换及自由水面的运动的非线性效应。因此采用黏性模型可以准确地预测共振频率及准确获取共振频率附近的共振波幅的计算结果。从本研究的数值结果可以看出，在共振频率附近月池内流体的振幅随波陡的增大而减小，月池内部流体的共振频率几乎保持不变。

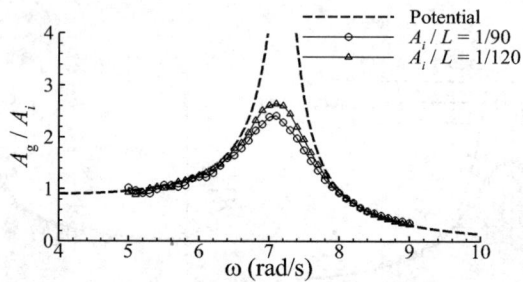

图 3 不同波陡下 G3 浪高仪处无因次波幅随着入射频率的变化

接下来进一步考虑月池内流体的透射系数 K_t 和反射系数 K_r 在不同的入射波波陡时的变化情况。如图 4 所示，势流理论在共振频率附近可以很好的预测入射波和反射波对应的极大值和极小值，但是在没有考虑黏性流体能量耗散的情况下，这个结果实际上高于真实情况下的结果，从结果可以看出黏性流模型的模拟结果总是会小于势流结果。进一步分析势流结果可知，当入射波的频率逐渐趋于 0 时，反射系数 K_r 会接近于 0，透射系数 K_t 则接近于 1，此时意味着全透射的发生。同理，相反情况下当入射波的频率无限大时，便会发生全反射现象。这种现象的发生主要和波长有关，使用势流模型可以准确的进行模拟，但是势流模型确无法准确的模拟共振频率附近的反射和透射系数的结果。

从图 4(b)中可以看出，透射系数随波陡的增加而减少，且在月池内流体运动的监测中无法预测到如势流理论在共振频率附近所预测的极大值，实际情况是很难识别到有极大的透射系数的变化。其中的主要原因应该是由于，透射波的产生很大一部因素是来源于月池内流体的大幅振动运动，而势流理论由于过高的估计了月池内流体在共振频率附近的振幅，因此也会对透射系数有过高的估计。实际情况是流体的黏性和自由水面的非线性反射的作用下会使得月池内流体的振幅变小，因此产生的透射较小，故不会发生如势流理论所预测的剧烈增加。

对于反射系数，随着波陡的增加，处于共振频率附近处反射系数随着波陡的增加而增加，低频处反射系数随着波陡的增加而减少，这说明在共振频率下的波浪作用在 A 箱边壁时有更多的能量被反射回了前方。且从图 4(a)中可以看出反射系数相对于透射系数随波陡的变化更为敏感。

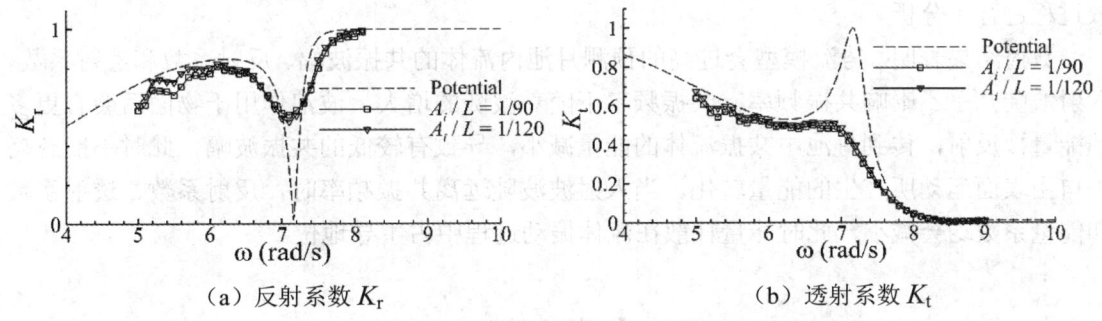

(a) 反射系数 K_r　　　　　　　　(b) 透射系数 K_t

图 4　不同波陡条件下反射系数和透射系数随频率的变化

从图 5 中可以看出，势流理论满足能量守恒，因此其能量系数 $E=K_r^2+K_t^2=1$，E 在共振频率附近随着波陡的增加而增加，结合图 4 可以说明在共振频率附近，当波陡更大时，往往会有更大的能量反射，进入月池内的波能相对少，从而有更少的能量耗散，这说明波浪反射引起的能量转化会随波陡的增加导致共振频率处月池内流体的振幅变小。进一步分析图 5 可以得知波陡更大的情况下，月池内流体的整体能量耗散都更大。综合分析图 4 和图 5 可以说明在远离共振频率时，较大的波陡具有较小的反射系数、透射系数和能量系数，这意味着在此时流体黏性运动所引起的能量耗散是主要因素。

对上述的物理现象进行总结，可以得出月池内流体共振发生的能量转移和耗散的过程为：随着波陡的增加，在共振频率处波浪的自由水面非线性特征增强，进而导致在波浪作用于物面后被反射的能量增加，进入月池内的能量减少，导致在共振频率处产生的共振波幅减少。

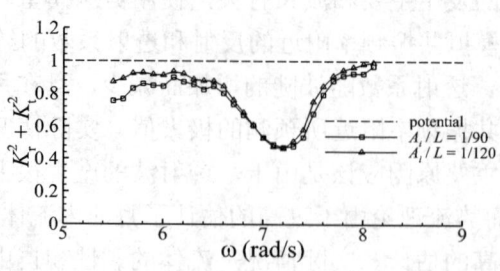

图 5   不同波陡条件下能量系数 E 随频率的变化

5 总结

基于 OpenFOAM 构建的数值水槽对波浪作用下月池内流体共振问题进行了数值模拟，主要对在不同波陡下，共振发生时流体的共振波幅、反射系数、透射系数、能量转换及耗散过程进行了分析。

数值结果表明，势流模型会过高的预测月池内流体的共振波幅、反射系数和透射系数。入射波陡几乎不影响共振频率。共振频率下随着波陡的增大，波浪作用于物面后会有更多的能量被反射，传到月池中共振流体的能量减小，导致有较低的共振波幅，此时不能忽略由自由表面运动所产生的能量转化。当入射波波陡远离共振频率时，反射系数、透射系数和能量系数均会减小，此时能量耗散在流体振动过程中占主导地位。

参考文献

1 王芳. 加强海洋资源开发促进社会经济可持续发展 [J]. 国土资源, 2002(07): 22-24.

2 陈惠民. 加快技术创新 促进我国海洋工程开发 [J]. 中国海洋平台, 1999(03): 5-8+3.

3 黄磊, 刘利琴, 唐友刚. 二维矩形月池内流体自振特性研究 [J]. 振动与冲击, 2014, 33(22): 139-145.

4 Faltinsen O M, Rognebakke O F, Timokha A N. Two-dimensional resonant piston-like sloshing in a moonpool [J]. Journal of Fluid Mechanics, 2007, 575: 359-397.

5 Newman J N. Progress in wave load computations on offshore structures [J]. Invited lecture, 2004.

6 Chen X B. Hydrodynamics in offshore and naval applications-Part I [C]. Keynote lecture of 6th Intl. Conf. HydroDynamics, Perth (Australia). 2004.

7 姜胜超, 宗智, 邹丽. 波浪对并联双箱作用的耦合水动力共振分析 [J]. 海洋工程装备与技术, 2017, 4(03): 150-156.

8 宁德志, 苏晓杰, 滕斌. 波浪与带有窄缝结构作用的非线性数值模拟 [J]. 船舶力学, 2017, 21(02): 143-151.

9 Jiang S C, Bai W, Tang G Q. Numerical simulation of wave resonance in the narrow gap between two non-identical boxes [J]. Ocean Engineering, 2018, 156(MAY15): 38-60.

10 Issa R I. Solution of the implicitly discretised fluid flow equations by operator-splitting [J]. Journal of Computational Physics, 1991, 62(1): 40-65.

11 Fredriksen A G, Kristiansen T, Faltinsen O M. Wave-induced response of a floating two-dimensional body with a moonpool [J]. Philosophical Transactions of the Royal Society A: Mathematical, Physical and Engineering Sciences, 2015, 373(2033): 20140109.

Numerical analysis of the moonpool fluid resonance

LAN Jun-jie, JIANG Sheng-chao[*]

(School of Naval Engineering, Dalian University of Technology, Dalian 116024,
Email: jiangshengchao@foxmail.com)

Abstract: Large floating structure systems such as FPSO usually have a moonpool structure running through the main body of the structure, and under specific wave conditions, the fluid in the moonpool will produce resonance, which will affect the operation efficiency and safety. In this paper, a two-dimensional numerical wave flume based on OpenFOAM is used to investigate the resonance of the fluid in the moonpool under wave action, and the numerical simulation results are verified using experimental data and linear potential flow analytical solutions to ensure the accuracy of the numerical model. The numerical results show that when the incident wave is incident at the resonant frequency, more energy is reflected as the wave steepness increases, resulting in a decrease in the resonant wave amplitude of the fluid in the lunar pool; away from the resonant frequency, the reflection coefficient, transmission coefficient and energy dissipation decrease as the wave steepness increases.

Key words: Moonpool resonance; OpenFOAM; Energy dissipation; Wave effect.

风电运维船动力定位与运动补偿舷梯协同作业技术研究

孙强*，张震

（中国船舶科学研究中心，无锡 214082, Email: sunq702@aliyun.com）

摘要：在风电运维船作业过程中，动力定位控制偏差降低了运动补偿舷梯的作业能力，本研究提出了一种协同机制，利用对接状态下的舷梯和船舶运动状态信息精确估计船舶空间位置，仿真结果证明，通过减小动力定位控制偏差，可以显著降低舷梯补偿能力消耗，提升实际作业能力，对于工程应用有重要的参考意义。

关键词：风电运维船；动力定位；运动补偿舷梯；协同作业；作业能力

1 引言

随着海上风电产业的迅猛发展，风电设备运维作业的需求显著提升，运维船舶与风机设备之间的人员转移更为频繁，复杂的海洋环境对作业人员的安全构成了严峻挑战，传统的人员转移方式如船舶顶靠、直升机投放以及起重机吊放等，在安全性和经济性上存在明显不足。随着科技的进步，在风电运维船上联合使用动力定位系统和运动补偿舷梯为工作人员转移提供了一种更安全高效、经济性好的解决方案，近些年的应用日益广泛[1]。

本研究以风电运维船动力定位与运动补偿舷梯联合使用为工程背景，针对动力定位控制偏差导致运维船作业能力降低的实际问题，提出了一种动力定位系统与运动补偿舷梯协同作业解决方案，可为风电运维船工程作业提供参考。

2 问题分析及解决方案

2.1 作业模式

海上风电场的环境条件恶劣，运维船舶的空间六自由度运动极为剧烈，人员在船舶和风机桩之间的转移作业面临严重安全威胁。目前的最佳作业解决方案是联合使用动力定位系统和运动补偿舷梯（图1）。动力定位系统将船舶纵荡、横荡和艏摇等水平面三自由度运动限制在一个较小的范围内；运动补偿舷梯自身至少具备伸缩、俯仰和回转三个运动自由度，主要负责补偿船舶的升沉、纵摇和横摇等运动，同时也补偿动力定位系统不能完全控制的、船舶水平面的小幅度波动，从而使舷梯顶端与风机桩登乘平台之间的相对位置保持不变。动力定位与运动补偿舷梯的联合使用大大增加了人员转移作业的安全性与经济性，提高了作业效率[2]。

图1　风电运维船作业示意图

2.2 问题分析

运动补偿舷梯作为甲板机械，其补偿能力受限于物理尺度和功率配置，同时也与运维船在波浪中的运动特性直接相关，因此实际工程需要将两者结合计算，用作业能力玫瑰图说明该船在不同波浪条件下的作业能力极限范围。典型风电运维船作业能力玫瑰图见图2。

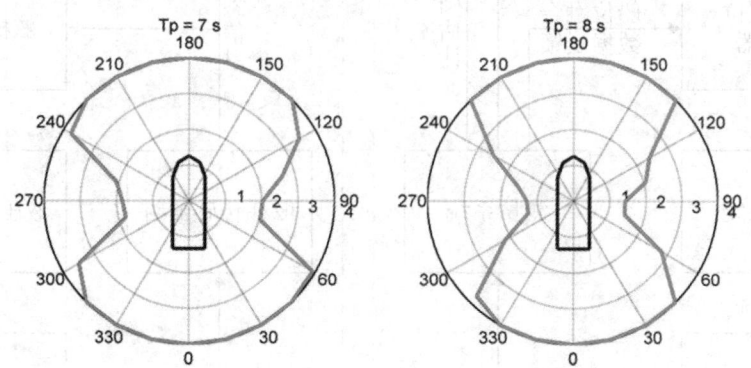

图2　风电运维船作业能力玫瑰图

在同样海况下，作业能力玫瑰图中曲线所围成的面积越大，说明运维船的作业能力越强，这意味着该船在一年中的作业天数和作业成功次数越高，因此作业能力是运维船最为重要的技术指标之一。但作业能力玫瑰图默认船体的纵荡、横荡和艏摇等三自由度运动为零，而实际船舶在动力定位系统控制下，其纵荡和横荡是呈现波动状态，这种位置波动需要消耗运维作业能力予以补偿，因此动力定位控制的偏差越大，风电运维船实际可输出的作业能力越小，作业成功率越低。

2.3 解决方案

基于以上分析，在风电运维船联合使用动力定位和运动补偿舷梯的情况下，需要尽可能提高动力定位控制精度，减少对运维船的作业补偿能力的消耗，从而提高作业成功率。

船舶动力定位技术基于反馈控制原理，成熟的商用化产品的控制精度取决于位置参考系统的精度[3]。目前动力定位船舶普遍使用的卫星定位系统，其精度为米级，差分系统的精度可以做到亚米级，但仅依赖卫星定位系统都无法避免船舶位置波动幅度较大的问题。

本研究考虑结合风电运维船作业的特点，把对接风机桩作为位置参考基点（有精确位置信息），在当前动力定位系统和运动补偿舷梯的基础上，设计一个连接两者的协同作业单元，其核心功能，是利用运动补偿舷梯上的高精度传感器（毫米级）更准确估计船舶实际位置，使动力定位系统实现更高精度的定位控制。系统运行框见图3。

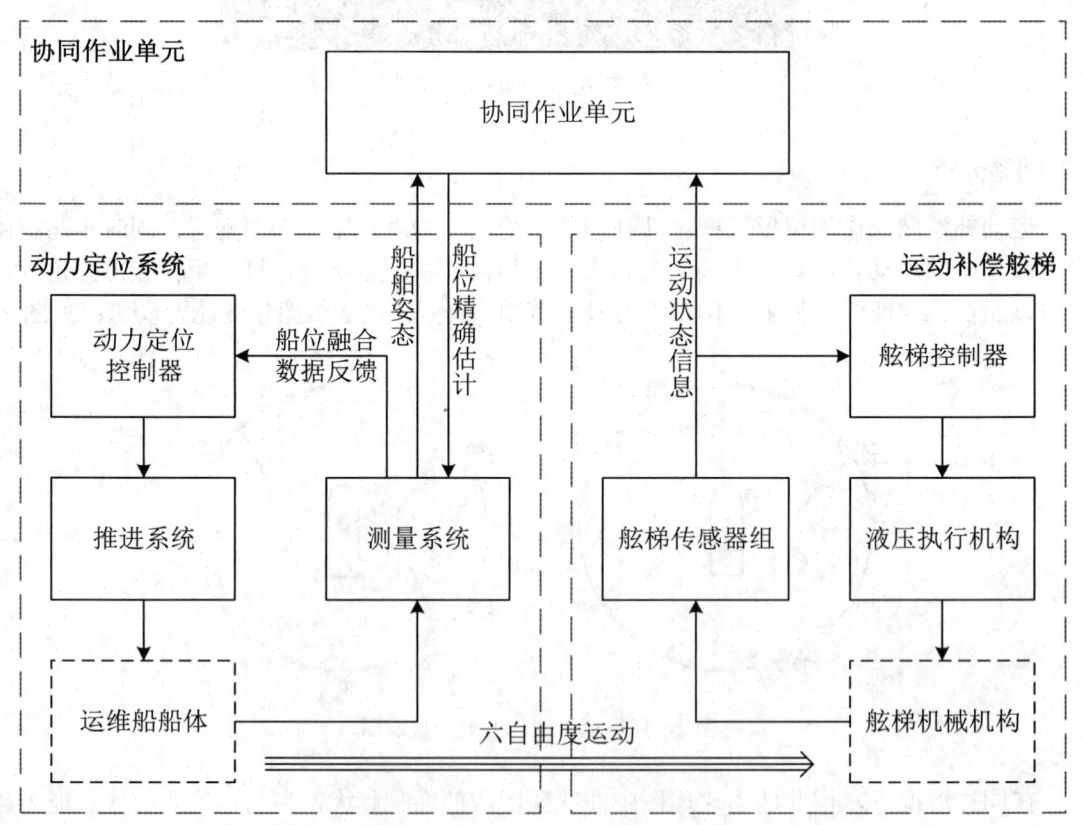

图 3　动力定位与运动补偿舷梯协同作业方案

3 船舶位置计算

3.1 运动学建模

首先建立如图 4 所示的坐标系。

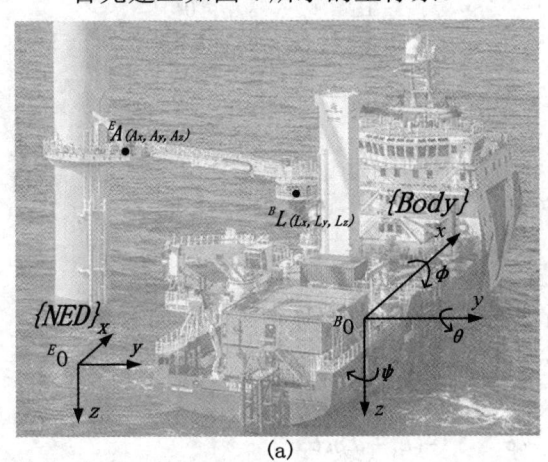
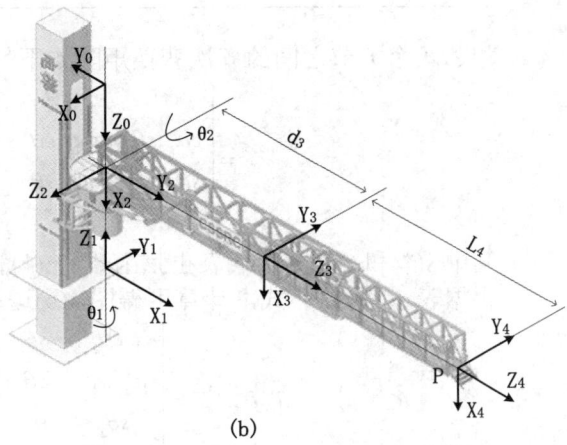

图 4 协同作业系统坐标系说明

图 4 中有三个坐标系,分别为大地坐标系{NED}、船体坐标系{Body}和舷梯坐标系。

大地坐标系{NED}:以地球上某一固定点为原点,以正北为 X 轴正向,以正东为 Y 轴正向,遵循右手定则,Z 轴正向垂直水平面向下,因此风机桩对接点(舷梯对接目标)在此坐标系下表示为坐标点 $^{E}A(A_x,A_y,A_z)$。

船体坐标系{Body}:以运维船重心为原点,以船艏为 X 轴正向,以右舷方向为 Y 轴正向,遵循右手定则,Z 轴正向指向船底。为简化计算,本文忽略舷梯回转轴、俯仰轴和伸缩轴之间的位置偏差,设 3 轴交于空间点 L,则点 L 在船体坐标系中的坐标点表示为 $^{B}L(L_x,L_y,L_z)$。

舷梯坐标系:采用 Denavit-Hartenberg 参数齐次变换法(D-H 参数法)构建舷梯的运动模型,此处把运动补偿舷梯组合看做一个 RRP 机械臂(2 个旋转自由度以及 1 个伸缩自由度),设舷梯的第一个运动关节为回转关节,转角变量为 θ_1,第二个运动关节为俯仰关节,转角变量为 θ_2,第三个运动关节为伸缩关节,长度变量 d_3,L_4 为舷梯移动段固定长度。根据 D-H 参数法定义,坐标轴 Z_i 与当前关节轴重合,坐标轴 X_i 垂直于 Z_{i-1} 与 Z_i 构成的平面,Y_i 的方向遵循右手定则,多个关节之间的坐标关系以此类推[4-5]。

根据图 4 中船体和舷梯的坐标系定义,定义 D-H 矩阵参数见表 1。

表 1 运动补偿舷梯 D-H 参数

i	a_{i-1}	α_{i-1}	d_i	θ_i
1	0	π	0	θ_1
2	0	$\pi/2$	0	θ_2
3	0	$-\pi/2$	d_3	0
4	0	0	L_4	0

相邻两个关节之间的齐次变换矩阵如下[6]：

$$^{i-1}_iT = \begin{bmatrix} c\theta_i & -s\theta_i & 0 & a_{i-1} \\ c\alpha_{i-1}s\theta_i & c\alpha_{i-1}c\theta_i & -s\alpha_{i-1} & -d_is\alpha_{i-1} \\ s\alpha_{i-1}s\theta_i & c\alpha_{i-1}s\theta_i & c\alpha_{i-1} & d_ic\alpha_{i-1} \\ 0 & 0 & 0 & 1 \end{bmatrix} \quad (1)$$

其中 $s(*)$ 和 $c(*)$ 分别代表正弦函数 $\sin(*)$ 和余弦函数 $\cos(*)$。

根据表 1 和（1）式，计算可得图 4(b)运动补偿舷梯的齐次变换矩阵结果如下：

$$^0_4T = {^0_1T}{^1_2T}{^2_3T}{^3_4T} = \begin{bmatrix} c\theta_1c\theta_2 & -s\theta_1 & -c\theta_1s\theta_2 & -(L_4+d_3)c\theta_1s\theta_2 \\ s\theta_1c\theta_2 & -c\theta_1 & s\theta_1s\theta_2 & (L_4+d_3)s\theta_1s\theta_2 \\ -s\theta_2 & 0 & -c\theta_2 & -(L_4+d_3)c\theta_2 \\ 0 & 0 & 0 & 1 \end{bmatrix} \quad (2)$$

因此舷梯端部坐标可表示如下：

$$^0P = \begin{bmatrix} ^0P_x \\ ^0P_y \\ ^0P_z \end{bmatrix} = \begin{bmatrix} -(L_4+d_3)c\theta_1s\theta_2 \\ (L_4+d_3)s\theta_1s\theta_2 \\ -(L_4+d_3)c\theta_2 \end{bmatrix} \quad (3)$$

3.2 船舶位置解算

为简化计算，当舷梯端部与风机桩 ^EA 点对接时，设运维船重心的最优作业位置为大地坐标系{NED}的原点 ^EO，设船舶重心的实际位置为 $^EB(B_x,B_y,B_z)$，则 B_x 和 B_y 为动力定位系统需要控制的水平面位置偏差。

结合图 4，定义如下矩阵：

$$^EA = \begin{bmatrix} ^EA_x \\ ^EA_y \\ ^EA_z \end{bmatrix}, \quad ^EB = \begin{bmatrix} ^EB_x \\ ^EB_y \\ ^EB_z \end{bmatrix}, \quad ^BL = \begin{bmatrix} ^BL_x \\ ^BL_y \\ ^BL_z \end{bmatrix} \quad (4)$$

设船体的横摇、纵摇和艏摇分别为 φ、θ 和 ψ，船体的空间旋转矩阵如下[7]：

$$R_{z,y,x} = \begin{bmatrix} c\psi c\theta & s\psi c\phi + c\psi s\theta s\phi & s\psi s\phi - c\psi s\theta c\phi \\ -s\psi c\theta & c\psi c\phi - s\psi s\theta s\phi & c\psi s\phi + s\psi s\theta c\phi \\ s\theta & -c\theta s\phi & c\theta c\phi \end{bmatrix} \quad (5)$$

则有如下等式成立：

$$^{E}P = R_{z,y,x} \cdot (^{B}L + {}^{0}P) + {}^{E}B \tag{6}$$

运动补偿舷梯端部与风机桩平台对接的状态下，有：

$$^{E}P = {}^{E}A \tag{7}$$

故可求得：

$$^{E}B = {}^{E}A - R_{z,y,x} \cdot (^{B}L + {}^{0}P) \tag{8}$$

至此，以风机桩对接点为参考点，利用运动补偿舷梯和船体姿态，可计算得到船体重心在大地坐标系下的实际位置，由于采用了舷梯上的传感器，该数据的精度和连续性远远高于卫星定位系统数据，因而可以使动力定位系统实现更高的控制精度。

4 仿真及分析

4.1 仿真条件设计

仿真分析以某 60 m 风电运维船为对象，参考图 4 定义，相关信息见表 2。

表 2 仿真分析相关参数

符号	名称	数据范围
θ_1	回转角	-180~0°
θ_2	俯仰角	70°~110°
d_3	伸缩量	0 m~6 m
L_4	舷梯固定段长度	10 m
$^{B}L_x$	舷梯安装位置（船体坐标系）	10 m
$^{B}L_y$		-5 m
$^{B}L_z$		-15 m
$^{E}A_x$	风机桩对接点位置（大地坐标系）	12 m
$^{E}A_y$		-17 m
$^{E}A_z$		-16 m

仿真条件设定如下：①运维船最佳作业状态下重心位置 $^{E}B(0,0,0)$；②仅考察水平面位置偏差的影响，默认船体的垂直面三自由度运动和艏向角都为 0；③参考实船动力定位系统控制精度[3]，假设舷梯端部与风机桩保持对接，在协同作业单元的辅助下，船舶纵荡 $^{E}B_x$ 和横荡 $^{E}B_y$ 的最大波动幅度从 1 m 降低到 0.5 m（分别以 0.1 Hz 的正弦波模拟），考察 θ_1，θ_2 和 d_3 这三个控制输出量的变化。

根据以上设定条件，利用公式（8）对舷梯做逆向运动学求解，有：

$$\theta_1 = \tan^{-1}\left(-\frac{{}^E A_y - {}^E B_y - {}^B L_y}{{}^E A_x - {}^E B_x - {}^B L_x}\right) \tag{9}$$

$$\theta_2 = \tan^{-1}\left(-\frac{{}^E A_y - {}^E B_y - {}^B L_y}{({}^E A_x - {}^E B_x - {}^B L_x)\cdot \sin\theta_1}\right) \tag{10}$$

$$d_3 = \frac{{}^E A_y - {}^E B_y - {}^B L_y}{\sin\theta_1 \cdot \sin\theta_2} - L_4 \tag{11}$$

4.2 仿真结果及分析

船舶纵向定位最大偏差幅度为 0.5 m 和 1.0 m 时，运动补偿舷梯的补偿控制量 θ_1，θ_2 和 d_3 的波动对比见图 5。船舶横向定位最大偏差幅度为 0.5 m 和 1.0 m 时，运动补偿舷梯的补偿控制量 θ_1，θ_2 和 d_3 的波动对比见图 6。

分析图 5 和图 6 的仿真数据，有如下结果：①对于 RRP 结构的运动补偿舷梯，提高运维船动力定位控制精度能够减小舷梯补偿控制量的波动范围，有更多控制余量用于垂直面三自由度运动补偿，提升了实际作业能力；②船舶纵向位置偏差幅度对运动补偿舷梯三个控制量的影响基本相当，纵向定位精度提高 50%，舷梯三个控制量的波动范围大约减小 50%；③船舶横向位置偏差幅度对运动补偿舷梯的两个角度控制量影响相稍弱，但对伸缩控制量影响显著，从数据来看，横向定位精度提高 50%，伸缩控制量的波动减小约 60%。

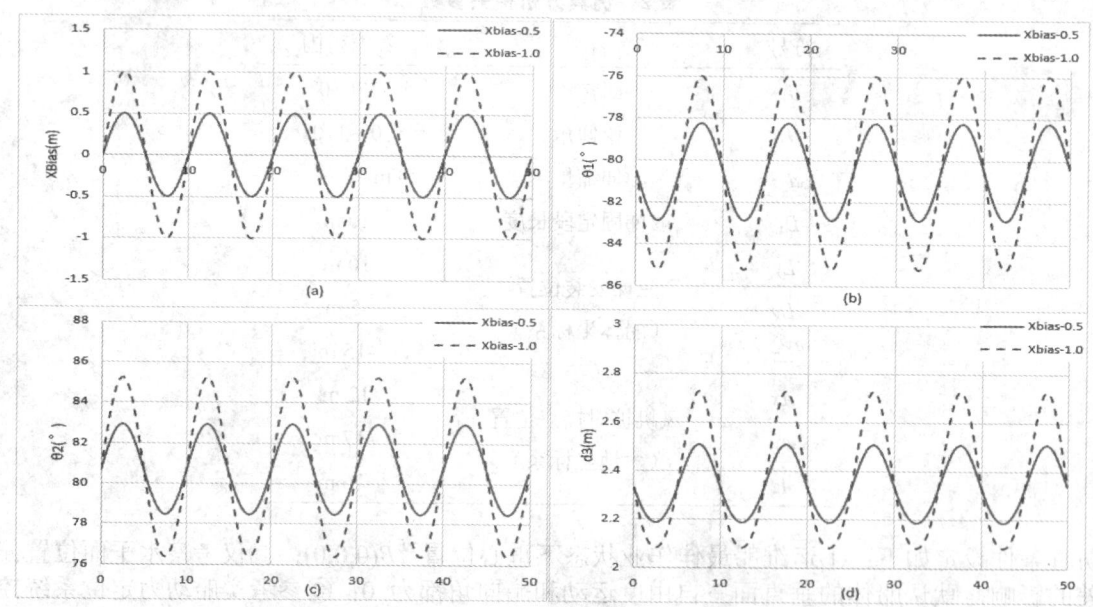

图 5 运维船纵向位置偏差对舷梯控制量的影响

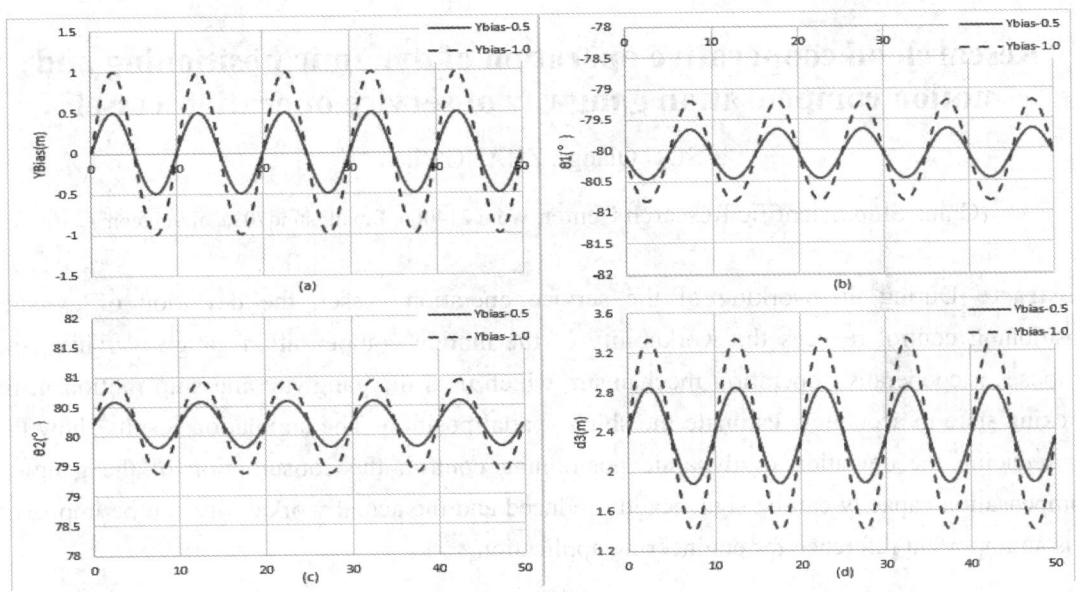

图 6 运维船横向位置偏差对舷梯控制量的影响

5 结论

本研究以风电运维船联合使用动力定位与运动补偿舷梯为工程背景，提出构建协同作业机制，利用舷梯和船舶运动状态信息精确估计船舶位置，提高动力定位控制精度，进而提升运动补偿舷梯实际作业能力。仿真结果量化验证了设计目标，因而建立风电运维船动力定位与运动补偿舷梯协同作业机制具有重要的工程意义。

参考文献

1 王哲骏, 谢金辉, 高剑, 等. 波浪补偿技术现状和发展趋势 [J]. 舰船科学技术, 2014(11): 1-7.
2 白玉, 胡永攀. 海上并靠补给波浪补偿技术发展趋势 [J]. 船舶与海洋工程, 2016, 32(5): 1-4.
3 边信黔, 付明玉, 王元慧. 船舶动力定位 [M]. 北京: 科学出版社, 2011.
4 Lang Lihua, Le Zhiwen, Zhang Songtao, et al. Modeling and controller design of an active motion compensated gangway based on inverse dynamic in joint space [J]. Ocean Engineer, 2020 (197): 287-297.
5 刘畅, 周瑞平, 刘轩. 大型波浪补偿舷梯运动学建模与仿真 [J]. 舰船科学技术, 2019(7): 95-100.
6 John J. Craig. Introduction to Robotics: Mechanics and Control (Third Edition) [M]. Pearson New International Edition, Harlow, Edinburgh Gate, UK, 2014.
7 Fossen T I. Handbook of Marine Craft Hydrodynamics and Motion Control [M]. John Wiley & Sons, Chichester, West Sussex, UK, 2011.

Research on cooperative operation of dynamic positioning and motion compensation gangway of service operation vessel

SUN Qiang*, ZHANG Zhen

(China Ship Scientific Research Center, Wuxi 214066, Email: sunq702@aliyun.com)

Abstract: During the working of the service operation vessel, the deviation of dynamic positioning control reduces the workability of the motion compensation gangway. This paper proposes a cooperative operation mechanism, which uses the gangway and ship motion in the docking state to accurately estimate the ship's spatial position. The simulation results show that by reducing the deviation of dynamic positioning control, the consumption of the gangway compensation capacity can be significantly reduced and the actual workability can be improved. It is an important reference for engineering application.

Key words: Service operation vessel; Dynamic positioning; Motion compensation gangway; Cooperative operation; Workability.

面向浮式风力机组混合模型试验的多通道载荷复现器设计与性能测试

梁泽浩 [1,2]，田新亮 [1,2]，温斌荣 [1,2]*，彭志科 [3,4]，李欣 [1,2]，武广兴 [5]

（1. 上海交通大学 海洋工程国家重点实验室，上海 200240, Email: wenbinrong@sjtu.edu.cn;
2. 上海交通大学 三亚崖州湾深海科技研究院，三亚 572000;
3. 上海交通大学 机械系统与振动国家重点实验室，上海 200240;
4. 宁夏大学，银川 750000;
5. 华北电力大学 新能源电力系统国家重点实验室，北京 102206）

摘要：针对浮式风力机组水池模型试验对于风力机组模型尺度气动载荷精确实时模拟的要求，本研究以 OO-Star 10MW 浮式风力机组为模拟对象，设计制作了一套面向浮式风力机组混合模型试验的多通道载荷复现器。对载荷复现器进行了一系列静态、动态载荷复现测试。结果表明，复现器对于稳态风载的复现误差小于 0.4%，最大正向、负向载荷变化率分别为 30 N/s 和 27 N/s；在实景湍流风场作用下，复现器对固定式风力机组的时变气动推力的频谱能量主区复现率达到 99.2%，对于浮式风力机组则达到 97.1%，可有效提升水池模型试验的准确性与可靠性。

关键词：海上浮式风力机组；混合模型试验；载荷模拟；实验装备

1 引言

风能作为一种清洁可再生能源，已成为世界各国能源发展的重点方向[1]。随着陆地风电开发的渐趋饱和及近海空间资源的不断减少，风电机组逐渐由近海走向远海[2]。由于固定式风力机组的建设与维护成本随着水深的增加而急剧增加[3]，大型浮式风力机组将逐步取代固定式风力机组成为风电行业的主力装备[4]。

一体化水池模型试验是浮式风力机组设计研发与性能优化至关重要的环节[5]。区别于油气平台等传统漂浮式海洋结构物，浮式风力机组水池模型试验中必须同时考虑弗汝德数相似和雷诺数相似[6]，使得传统海洋工程的水池模型试验技术难以完全适用于浮式风力机

基金项目：国家自然科学基金青年科学基金项目(12102251)、海南省自然科学基金联合项目(120LH050)、国家自然科学基金重点项目(11632011，U20A20328)、国家自然科学基金创新研究群体项目(12121002)、汕尾市省级科技专项资金("大专项+任务清单")项目(2020B001)

组。由于弗汝德数相似与雷诺数相似的不兼容性,试验所得模型数据无法直接换算成实型值[7],从而影响了水池模型试验的准确性和可靠性,成为了目前浮式风力机组水池模型试验亟待突破的技术瓶颈。而解决这一问题的关键就在于如何正确模拟模型风力机组的气动载荷,以抵消在弗汝德缩尺后雷诺数急剧减小带来的不利影响[8]。

2 气动载荷模拟研究现状

在浮式风力机组模型试验中,为精确模拟模型风力机组的气动载荷,国内外学者提出了多种方案,大致可分成两种思路。第一种思路是保留完整的叶片形态,还原实物的一切细节和变量。Koo 等[9]采用了几何缩尺叶片,对 NREL 5MW 风力机组进行了系列模型试验,以验证 MLTSIM-FAST 程序的水动力载荷和系泊系统动力学计算结果的准确性。Wen 等[10-11]采用几何缩尺叶片,针对浅吃水单柱式浮式风力机组 SJTU-S4 开展了系列试验研究,揭示了浮式风力机组塔筒、叶片等关键结构的载荷特性。需要说明的是,由于雷诺数的巨大差异,几何缩尺叶片的气动推力远低于理论值,甚至会出现"负功率"的情况[12]。Fowler 等与 Martin 等提出了在模型尺度下重新设计叶片的方法[13, 14]。这些叶片往往采用低雷诺数翼型,具有更长的弦长以提高升阻比,更厚的厚度保证叶片强度,这种叶片往往不满足几何相似,被称为性能相似叶片[15]。2015 年,Bozonnet 等[16]采用性能相似叶片,围绕 5MW TLP 风力机组开展水池模型试验。2020 年,Wen 等[17]提出了一种基于展向载荷匹配的性能相似叶片设计方法,实现了对风轮总推力、叶片载荷展向分布的准静态匹配。第二种思路则是用执行器结构取代叶片,模拟叶片的一部分关键气动载荷,从而减轻物理模型的复杂度。Roddier 等[18]、Wan 等[19]、Guanche 等[20]采用基于阻力圆盘的风荷载模拟方案,使用圆盘代替风轮在风场中受力以模拟风推力,同时通过旋转圆盘模拟陀螺效应。

需要说明的是,上述方法都需要搭配复杂、昂贵的造风系统使用。而开敞环境下的造风系统很难实现高质量的风场模拟。为此,学者们提出了多种等效风载荷模拟装置,摆脱了对风轮重构和风场复现的束缚。2015 年,Matha 等[21]在塔顶拉一根恒张力缆绳模拟风轮的稳定推力。2014 年,Jose 等[22]提出采用基于塔顶涵道风力机组的风载荷模拟方案,并提出了"硬件在环(SIL)"技术思路。2016 年,Sauder 等[23-25]提出了一种基于多线缆执行器的气动载荷模拟方案。

近年来,基于多旋翼执行器的载荷模拟方案更加受到学者们的青睐。2019 年,Urban 与 Guanche 等[26]提出了基于六旋翼可调速风扇系统的风载荷模拟方案,其中四个风扇朝向水平方向用于模拟轴向推力,两个风扇朝向垂直于方向以模拟扭矩。2020 年,Otter 等[27]开发了一种类似的的多旋翼执行器,将垂直平面内的两个旋翼与水平平面内的四个旋翼彻底分开,以减小两组旋翼间的气动干扰。Vittori 等[28]采用基于四旋翼可调速风扇系统的风载荷模拟方案,在 CEHINAV 水池对 INNWIND 10MW 张力腿浮式风力机组进行了水池模型试验,证实了模拟器对于提升风力机组水池模型试验精度的作用。

上述文献已初步展现了多旋翼系统模拟气动载荷的可行性与优越性,并且在多自由度载荷方面模拟取得了一定的成功,但是在提高载荷复现精度和实时性、改善动态响应性能方面仍有不足。此外,现有研究缺乏对气动载荷模拟装置全面系统的性能标定与评估,相关解决方案的可行性与可靠性仍需进一步验证。围绕上述问题,本研究针对浮式风力机组模型尺度气动载荷精确实时模拟的要求,设计开发了一套基于组合式旋翼的多通道载荷复现器,并针对该复现器的静态性能、动态性能、重复性等开展了系统测试,为气动载荷复现精度提升和动态性能改善提供有益参考。

3 多通道载荷复现器设计

本研究以 DTU 10 MW OO-Star 漂浮式风力机组为研究对象,设计开发多通道载荷复现器,复现其在水池模型试验中的气动载荷,缩尺比为 1:50。DTU 10MW 风力机组的风轮直径为 178.3m,额定风速为 11.4m/s[29-30]。综合考虑到气动载荷模拟量程和控制精度,将复现器的推力复现范围定为 0~20N。多风扇复现器结构见图 1,系统主要由支撑框架、多旋翼系统、载荷测量系统组成。

图 1 多通道复现器结构与实物

复现器支撑框架呈"X"型,臂展为 80 cm,框架整体总重为 1.8 kg。框架留设有压载调节系统,通过调整压载大小和位置,使复现器整体重量和重心与 DTU 10MW 原型系统相匹配。多旋翼系统主要由 4 组旋翼及其动力、控制单元构成。旋翼直径为 24.2 cm,相邻两旋翼之间的距离约为 56.4 cm。四组旋翼均产生向着正前方的气流,以此给框架中心(即风力机组模型塔筒顶端)施加向后的推力,模拟轴向推力载荷。在安装时,相邻的旋翼采用不同转向的特制旋翼(正转和反转旋翼)以抵消彼此的扭矩。旋翼转速由 PWM 波信号控制。在仿真软件中计算得到不同工况下的风力机组模型的轴向推力载荷的时间序列,结合由试验标定获得的 PWM 信号-推力对应关系,得到对应工况的控制信号时间序列。载荷测量由六分力传感器实现,安装于风力机组模型塔筒顶部,位于全尺寸风力机组风轮机舱组件的质量中心,实时监测推力并在计算机软件中显示。

4 多通道载荷复现器基础性能测试

4.1 PWM-推力对应曲线标定

确定控制信号与复现器推力之间的关系是准确复现推力的基础和前提,在通过仿真软件计算得到风力机组模型的推力载荷的时间序列之后，需要根据 PWM 信号-复现器推力曲线反解得到对应的 PWM 控制信号时间序列，从而控制旋翼得到正确的转速和推力。图 2 为 20 次扫描测试（控制信号从最小到最大递增）得到的样本曲线及其均值曲线。20 个样本之间的误差较小，体现了复现器系统良好的可重复性。

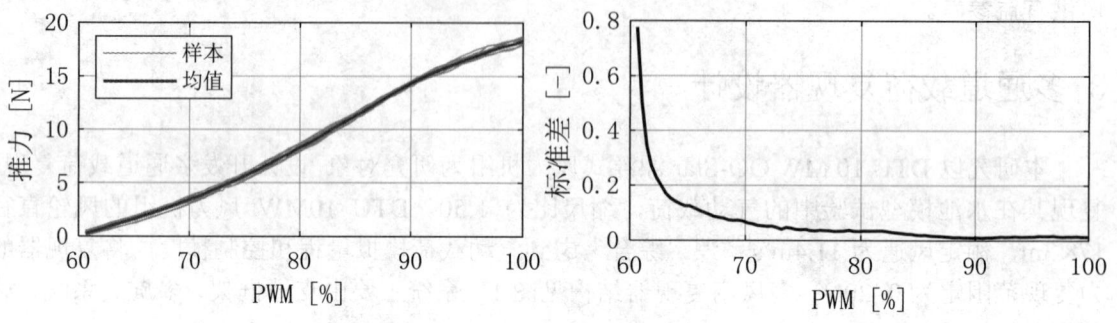

图 2 PWM-推力标定曲线

4.2 阶跃推力复现测试

接下来对复现器进行阶跃推力复现测试，以评估复现器对稳态推力的复现精度以及对快变推力的响应能力。让复现器以 2N-4N-9N-14N-15N-10N-4N 的顺序复现阶跃推力曲线，结果如图 3 所示。通过对阶跃过程的推力分析，发现复现器加速段的最大变化率为 30 N/s，减速时为 27 N/s。Pegalajar 等针对 DTU 10 MW 风力机组的全尺寸仿真分析指出，11.4 m/s 的平均风速和 19%的湍流强度作用下，风轮推力最大变化率为 140 kN/s，在 1:50 比例下为 7.9 N/s[29]。因此，本研究提出的复现器可满足实际风力机组对气动载荷快变特性的模拟要求。图 3 中放大图显示了测量值与理论值两个时间序列之间良好的一致性，稳态阶段的最大相对误差约为 0.4%。

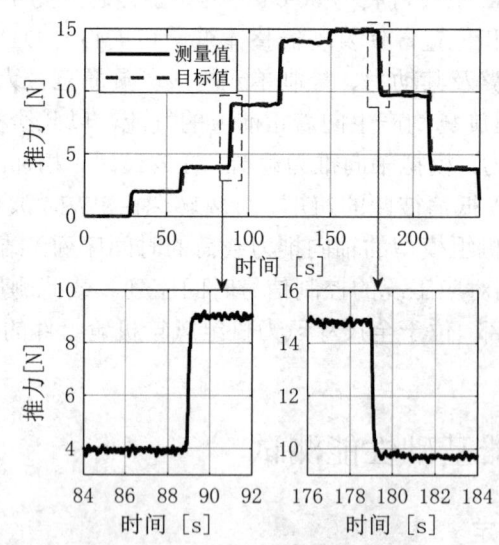

图 3 阶跃推力复现曲线

4.3 正弦推力复现测试

为了进一步评估复现器对于非定常气动载荷的复现性能,对复现器进行了一系列正弦推力复现测试,测试其对于动态推力曲线的时间序列复现与频谱能量复现准确度。

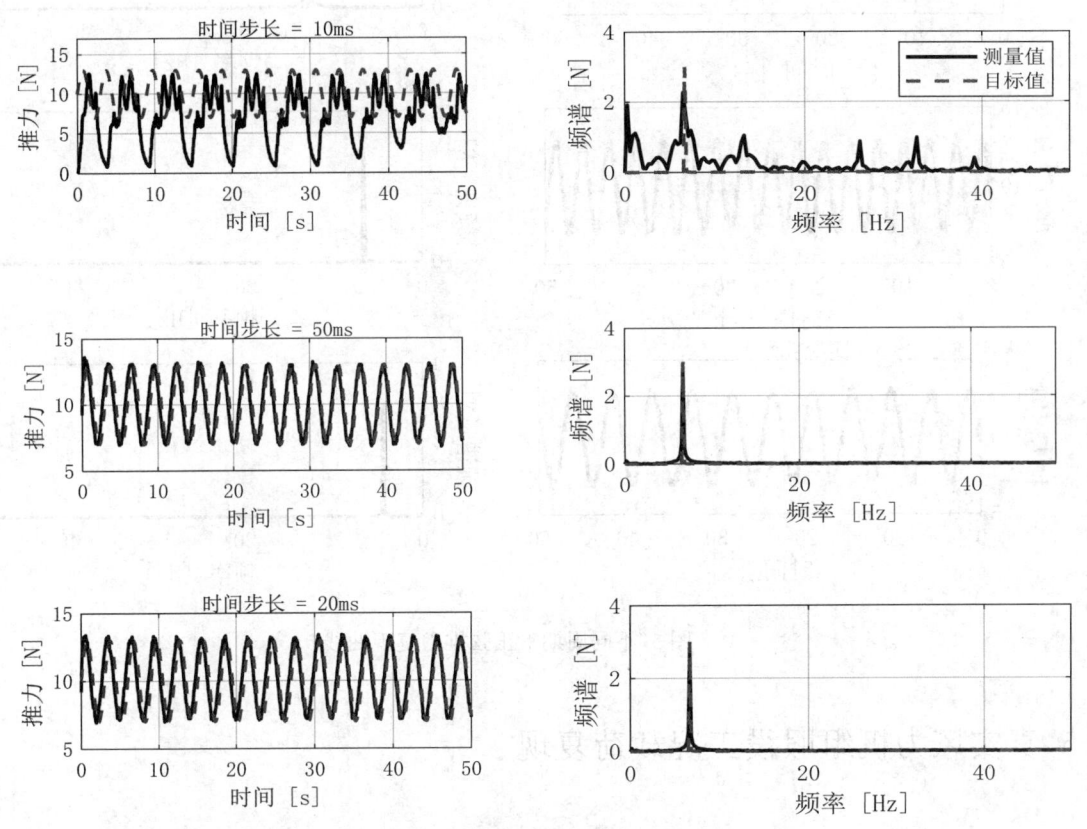

图 4 不同时间步长下的正弦推力复现曲线

控制步长对于复现器的动态载荷模拟性能具有重要影响。为确定复现器最佳控制时间步长,测试了复现器在 10ms、20ms、50ms 三种时间步长下的推力模拟情况,结果如图 4 所示。由图可知,在 10ms 时间步长条件下,由于执行系统的物理性能限制,无法及时响应控制信号,复现器处于失控状态;在 20ms、50ms 时间步长下,复现器对于正弦信号的时序和频谱复现表现良好。在能够及时响应的前提下,更短的时间步长意味着更高的复现精度与可控性,故得本文复现器控制步长同一设定为 20ms。

图 5 所示为不同正弦推力参数下的复现器性能测试结果。共测试了三组不同工况,其推力波动幅值为 3N,波动周期分别为 3s,1.5s 和 4.5s。由图 5 可知,复现器对于正弦推力曲线具有良好的复现精度,正弦推力曲线在时域和频谱均与理论值保持高度一致。

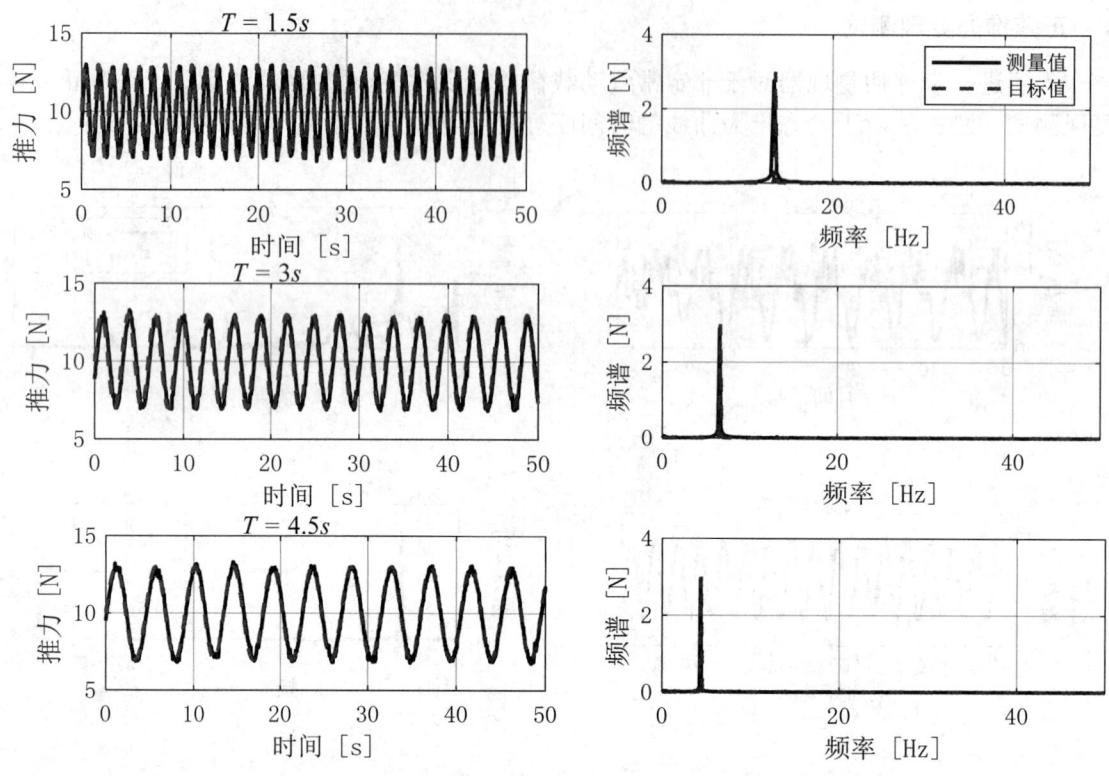

图 5 不同周期下正弦推力复现曲线

5 真实风力机组服役工况载荷复现

为进一步评估复现器对于真实风力机组气动载荷的模拟能力，以 DTU 10MW 风力机组为模拟对象，计算其搭载于固定式基础和浮式基础时，在湍流风场作用下的气动推力情况。随后，用复现器实时模拟该气动推力，以全面、系统评估复现器对动态推力的复现能力。

图 6 和图 7 分别为 DTU 10MW 风力机组搭载于固定式基础和漂浮式基础时的动态推力复现情况。二者均对应 11.4m/s 的 Kaimal 湍流风。时域和频域复现结果均与软件仿真模型结果高度一致。其中，f_p 为平台固有频率，f_t 为塔筒固有频率。复现器对于固定式风力机组频谱在 3Hz 前的频谱能量复现率达到 99.2%，对于浮式风力机组则达到 97.1%。它展示了多通道复现器系统对湍流风条件下推气动力载荷复现能力。对于较高频处频谱能量复现则与理论值存在一些差异。对比 Urban 团队的方案[26]，其在 1Hz 以前的频谱能量复现率达到 96%，而更高频率处则会产生较大误差，本研究的方案在频率能量复现率上有所突破，而要达到更好频谱复现效果，则需要进一步提高复现器的动态性能。

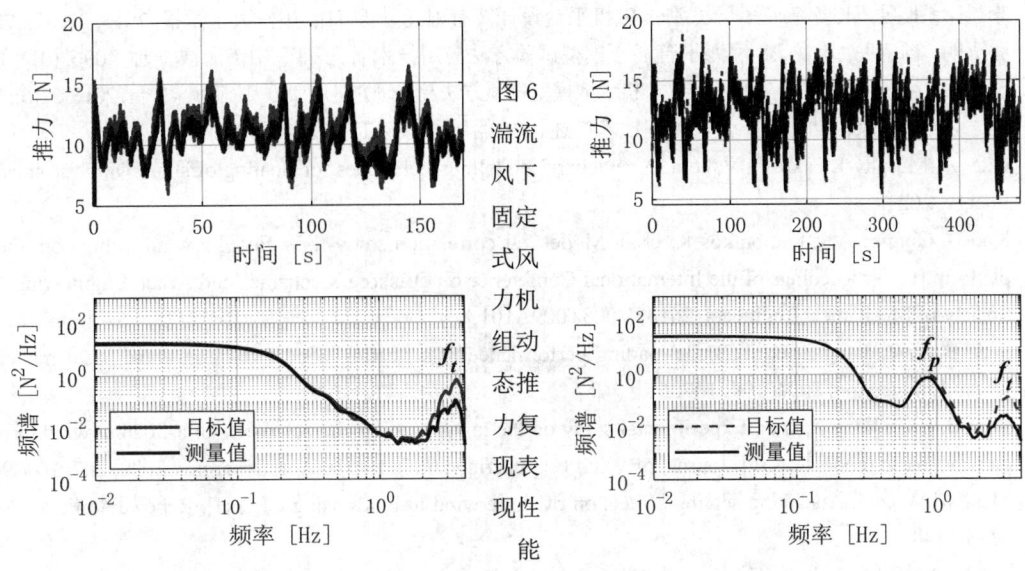

图 6 湍流风下固定式风力机组动态推力复现表现性能

图 7 湍流风下浮式风力机组动态推力复现表现性能

6 结论

本研究围绕浮式风力机组缩尺模型对气动载荷模拟的要求，以 DTU 10MW 风力机组为参考，设计制作了一套基于组合式旋翼的多通道气动载荷复现器，并开展了系统的性能测试。

(1) 结合浮式风力机组缩尺模型对气动载荷模拟的高精度、快响应、少干扰要求，设计制作了一套基于四旋翼的气动载荷复现器，该系统具有结构紧凑、参数可调、易于实现的优点。

(2) 提出的载荷复现器对于稳态推力复现的最大相对误差为 0.4%，加速时最大载荷变化率为 30 N/s，减速时为 27 N/s，其动态性能满足实际风力机组非定常风载模拟的快变特性要求。

(3) 围绕 DTU 10MW 实际风力机组动态推力开展实验研究，针对稳态风、湍流风作用下固定式、漂浮式风力机组部署下的动态推力复现与评估。结果表明，复现器可精确复现实际风力机组在真实湍流风场作用下的非定常气动载荷。对于固定式风力机组，复现器的频谱（<3Hz）能量复现率达到 99.2%，对于浮式风力机组则达到 97.7%。

参考文献

1　侯梅芳, 潘松圻, 刘翰林. 世界能源转型大势与中国油气可持续发展战略 [J]. 天然气工业, 2021, 41(12): 9-16.
2　王富贵, 廖晓东. 我国风电产业与核心技术未来发展趋势分析 [J]. 现代经济信息, 2016, (10): 376-377+379.
3　HUIJS F, De Ridder E J, Savenije F. Comparison of model tests and coupled simulations for a semi-submersible floating wind turbine [C]. Proceedings of the International Conference on Offshore Mechanics and Arctic Engineering, American Society of Mechanical Engineers, 2014: V09AT09A012.

4 李晨阳, 张昱, 张晓健, 等. 浮式海上风机平台设计及有限元分析 [J]. 焦作大学学报, 2013, 27(01): 73-75.

5 张火明, 杨建民, 肖龙飞. 深海平台混合模型试验方法应用技术研究 [J]. 中国海洋平台, 2006, (01): 16-19.

6 郭子伟, 孟龙, 赵永生, 等. 海上浮式风机水池模型试验方法及其研究进展 [J]. 中国海洋平台, 2016, 31(6): 1-8+14.

7 胡志强. 浮式风机动力响应分析关键技术综述 [J]. 船舶与海洋工程, 2020, 36(6): 1-13.

8 Otter A, Murphy J, Pakrashi V, et al. A review of modelling techniques for floating offshore wind turbines [J]. Wind Energy, 2021.

9 Koo B, Goupee A J, Lambrakos K, et al. Model test correlation study for a floating wind turbine on a tension leg platform [C]. Proceedings of the International Conference on Offshore Mechanics and Arctic Engineering, American Society of Mechanical Engineers, 2013, V008T009A101.

10 Wen B, Li Z, Jiang Z, et al. Blade loading performance of a floating wind turbine in wave basin model tests [J]. Ocean Engineering, 2020, 199: 107061.

11 Wen B, Li Z, Jiang Z, et al. Experimental study on the tower loading characteristics of a floating wind turbine based on wave basin model tests [J]. Journal of Wind Engineering and Industrial Aerodynamics, 2020, 207: 104390.

12 Make M, Vaz G. Analyzing scaling effects on offshore wind turbines using CFD [J]. Renewable Energy, 2015, 83: 1326-1340.

13 Fowler M J, Kimball R W, Thomas Iii D A, et al. Design and testing of scale model wind turbines for use in wind/wave basin model tests of floating offshore wind turbines [C]. Proceedings of the International Conference on Offshore Mechanics and Arctic Engineering, American Society of Mechanical Engineers, 2013: V008T009A004.

14 Le Boulluec M, Ohana J, Martin A, et al. Tank testing of a new concept of floating offshore wind turbine [C]. Proceedings of the International Conference on Offshore Mechanics and Arctic Engineering, American Society of Mechanical Engineers, 2013: V008T009A100.

15 Gueydon S, Bayati I, De Ridder E. Discussion of solutions for basin model tests of FOWTs in combined waves and wind [J]. Ocean Engineering, 2020, 209: 107288.

16 Bozonnet P, Caillé F, Blondel F, et al. A focus on fixed wind turbine tests to improve coupled simulations of floating wind turbine model tests [C]. Proceedings of the The 27th International Ocean and Polar Engineering Conference, OnePetro, 2017.

17 Wen B, Tian X, Dong X, et al. Design approaches of performance-scaled rotor for wave basin model tests of floating wind turbines [J]. Renewable Energy, 2020, 148: 573-584.

18 Roddier D, Cermelli C, Aubault A, et al. WindFloat: A floating foundation for offshore wind turbines [J]. Journal of renewable and sustainable energy, 2010, 2(3): 033104.

19 Wan L, Gao Z, Moan T, et al. Comparative experimental study of the survivability of a combined wind and wave energy converter in two testing facilities [J]. Ocean Engineering, 2016, 111: 82-94.

20 Sarmiento J, Iturrioz A, Ayllón V, et al. Experimental modelling of a multi-use floating platform for wave and wind energy harvesting [J]. Ocean Engineering, 2019, 173: 761-773.

21 Matha D, Sandner F, Molins C, et al. Efficient preliminary floating offshore wind turbine design and testing methodologies and application to a concrete spar design [J]. Philosophical Transactions of the Royal Society A: Mathematical, Physical and Engineering Sciences, 2015, 373(2035): 20140350.

22 Azcona J, Bouchotrouch F, González M, et al. Aerodynamic thrust modelling in wave tank tests of offshore floating wind turbines using a ducted fan [C]. Proceedings of the Journal of Physics: Conference Series, IOP Publishing, 2014: 012089.

23 Sauder T, Chabaud V, Thys M, et al. Real-time hybrid model testing of a braceless semi-submersible wind turbine: Part I-The hybrid approach [C]. Proceedings of the International Conference on Offshore Mechanics and Arctic Engineering, American Society of Mechanical Engineers, 2016: V006T009A039.

24 Bachynski E E, Thys M, Sauder T, et al. Real-time hybrid model testing of a braceless semi-submersible wind turbine: Part II-Experimental results [C]. Proceedings of the International Conference on Offshore Mechanics and Arctic Engineering, American Society of Mechanical Engineers, 2016: V006T009A040.

25 Berthelsen P A, Bachynski E E, Karimirad M, et al. Real-time hybrid model tests of a braceless semi-submersible wind turbine: part III-calibration of a numerical model [C]. Proceedings of the International Conference on Offshore Mechanics and Arctic Engineering, American Society of Mechanical Engineers, 2016: V006T009A047.

26 Urbán A M, Guanche R. Wind turbine aerodynamics scale-modeling for floating offshore wind platform testing [J]. Journal of Wind Engineering and Industrial Aerodynamics, 2019, 186: 49-57.

27 Otter A, Murphy J, Desmond C. Emulating aerodynamic forces and moments for hybrid testing of floating wind turbine models [C]. Proceedings of the Journal of Physics: Conference Series, IOP Publishing, 2020: 032022.

28 Azcona J, Bouchotrouch F, Vittori F. Low‐frequency dynamics of a floating wind turbine in wave tank–scaled experiments with SiL hybrid method [J]. Wind Energy, 2019, 22(10): 1402-1413.

29 Pegalajar Jurado A, Bredmose H, Borg M, et al. State-of-the-art model for the LIFES50+ OO-Star Wind Floater Semi 10MW floating wind turbine [C]. Proceedings of the Journal of Physics: Conference Series, IOP Publishing, 2018: 012024.

30 Bak C, Zahle F, Bitsche R, et al. The DTU 10-MW reference wind turbine [C]. Proceedings of the Danish Wind Power Research, Danish Wind Power Research, 2013.

Design and performance test of multi-channel aerodynamic loading simulator for hybrid model test of floating offshore wind turbines

LIANG Ze-hao [1,2], TIAN Xin-liang [1,2], WEN Bin-rong [1,2*], PENG Zhi-ke [3,4], LI Xin [1,2], WU Guang-xin [5]

(1. Shanghai Jiao Tong University, State Key Laboratory of Ocean Engineering, Shanghai 200240, Email: wenbinrong@sjtu.edu.cn;
2. SJTU Yazhou Bay Institute of Deepsea Technology, Sanya 572000;
3. Shanghai Jiao Tong University, State Key Laboratory of Mechanical System and Vibration, Shanghai 200240;
4. Ningxia University, Yinchuan 750000;
5. North China Electric Power University, State Key Laboratory of Alternate Electrical Power System with Renewable Energy Sources, Beijing 102206)

Abstract：Accurate simulation of the aerodynamic loads is strictly required in the integrated model test of Floating Wind Turbines (FWTs). In this paper, a Multi-channel Aerodynamic

Loading Simulator (MALS) is designed and manufactured dedicatedly for the hybrid model test of FWTs, taking OO star 10MW FWT as the analysis object. To evaluate the performance of the proposed MALS, a series of static and dynamic tests for thrust reproduction are carried out. The results show that the error of the MALS for steady-state wind load is less than 0.4%. The capacity of acceleration and deceleration of the MALS are 30 N/s and 27 N/s, respectively. When regenerating the aerodynamic thrust in turbulent winds, over 99.2% of the thrust energy can be well reproduced as for fixed wind turbines, and 97.1% for FWTs. It is shown that the proposed MALS can effectively improve the accuracy and reliability of hybrid model test for FWTs.

Key words: Offshore Floating Wind Turbine; Hybrid Model Testing; Load Simulation; Experimental Equipment.

风浪联合作用下浮式风力机整体耦合流场的数值模拟

陈斯麒[1]，赵伟文[2]，万德成[2*]

（1. 中山大学 海洋工程与技术学院，珠海 519082；
2. 上海交通大学 船海计算水动力学研究中心(CMHL)船舶海洋与建筑工程学院，上海 200240，
Email: dcwan@sjtu.edu.cn）

摘要：风波浪联合作用下对浮式风机的气动特性、平台水动力特性的研究愈发重要，同时对浮式风力机运动响应的模拟也提出了更高的要求。本研究基于 OpenFOAM 平台，采用非稳态致动线模型和大涡模拟探究浮式风力机的气动特性，基于动网格技术研究浮式风力机在风浪联合作用下的运动响应特性。以课题组开发的 naoeFoamv3-beta 求解器对 NREL 5MW 风力机和 OC3-SPAR 式浮式平台进行数值模拟，研究浮式风力机在 11.4 m/s 均匀风与规则波或者不规则波的运动和动力响应特性。以期为风浪联合作用下的浮式风力机的数值模拟提供一定的数据参考。

关键词：浮式风力机；naoeFoamv3-beta 求解器；运动响应特性；动力响应特性

1 引言

21 世纪以来，抑制气候变暖成为了人类面临的重大难题，大力发展清洁能源是人类解决此类问题的重要举措之一。风能作为一种清洁、可再生的能源，在过去的 10 年间迅速成为全球可再生能源发展的主要形式。由于人类对于风能的巨大需求，使得风机逐渐从陆地走向海洋，由单个风机向阵列型风场发展，这使得风机的气动特性更加复杂，。因此，对浮式风机的气动特性以及尾涡结构的研究变得愈发重要。

关于浮式风力机风浪联合作用下的气动特性和尾涡结构的研究开始变得越发重要，黄亚振等[1]以 NREL-5MW 全尺寸浮式风力机作为研究对象，分析在单自由度作用下浮式风力机的叶片非定常气动特性。赵玉娜[2]以海上浮式风力机系统为研究对象，将广义动态尾流（GDW）理论、Beddoes-Leishman 动态失速理论、叶素理论等结合，研究了叶轮气动特性以及风力机系统运动响应特性。黄扬等[3]以 NREL-5MW 浮式风力机作为研究对象，基于致

动线方法进行数值模拟,研究了在规则波作用下浮式风力机的气动性能以及平台运动响应特性。刘利琴等[4]以 NREL-5MW 风力机作为研究对象,基于叶素动量理论,和 Matlab 开发环境研发了非定常气动载荷计算程序,用以研究浮式风力机的气动性能。丁勤卫[5]利用 Fortran 语言对软件进行二次开发用以探究浮式风机的动态响应特性和平台的运动规律。

本研究以 OC3 项目中的 HywindSpar 式的浮式风力机系统作为研究对象,采用课题组自主开发的求解器 naoeFoamv3-beta 求解器来对浮式风力机进行数值仿真分析。通过改变波浪参数,进而对不同波浪下风浪联合作用的浮式风力机进行气动特性、尾涡特性分析。为后续的风浪联合作用下的浮式风力机的性能研究提供一定的数据参考。

2 数值方法

2.1 非稳态致动线模型

致动线的概念最早是由 Sørensen 和 Shen[6]引入,它是将风力机叶片沿展向进行离散,成为一系列的致动点,利用分布在叶片的体积力模拟叶片对流场的作用。致动线模型可模拟风机不同的工作状态,是一种三维的计算方法[7]。致动线方法通过叶片的二维翼型数据对致动点上的体积力进行求解,再利用正则化核函数将这些力反作用于流场的控制方程[8]。

使用的 naoeFoamv3-beta 求解器气动部分使用的是非稳态致动线模型。致动线模型只适用于对固定式风机的气动性能进行预报分析,而对于浮式风机而言,风力机和平台相互作用,会在翼型截面的速度三角形中引入一个有平台运动产生的速度矢量。具体的叶片局部截面的速度三角形见图 1。

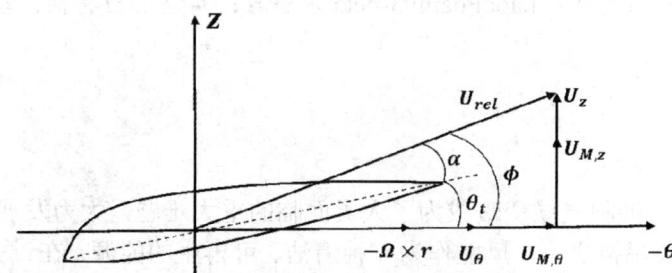

图 1 考虑平台运动影响的浮式风力机叶片局部截面上的速度三角形[3]

在叶片二维截面处的相对速度可以通过下式进行计算:

$$U_{rel} = U_\theta - \Omega \times r + U_z + U_M \tag{1}$$

叶片二维截面处的相对速度则为:

$$|U_{rel}| = \sqrt{(U_z + U_{M,Z})^2 + (U_\theta - \Omega r + U_{M,\theta})^2} \tag{2}$$

式中，U_θ 和 U_z 代表的是来流风速在风轮旋转平面的投影速度，Ω 是风轮旋转角速度，每经过一个时间步，平台都会产生新的额外速度，此时随体坐标系与大地坐标系进行转换。

2.2 六自由度运动模块

六自由度运动模块的作用是求解平台的运动响应，因为平台会产生运动，所以运动的求解是建立在两套不同的坐标系下的，一个是大地坐标系，另一个是随着平台一起运动的的随体坐标系。每经过一个时间步，都会在随体坐标系下求解平台的六自由度方程，力则是在大地坐标系下进行求解。

由于平台运动而使风力机叶片截面处增加的速度矢量可以通过下式计算得

$$\frac{\partial \rho U}{\partial t} + \nabla \cdot \left(\rho (U - U_g) \right) U = -\nabla p_d - g \cdot x \nabla \rho + \nabla \cdot (\mu_{eff} \nabla U) + (\nabla U) \cdot \nabla \mu_{eff} + f_\sigma + f_s \quad (3)$$

式中，U 表示速度场；U_g 表示网格节点的速度；$p_d = p - \rho g \cdot x$ 表示动压力场；$\mu_{eff} = \rho(v + v_t)$ 表示有效动力黏性系数，其中 v 表示运动黏性系数，v_t 表示涡黏系数，由 $k-\omega$ 湍流模型得到。

3 计算模型

3.1 几何模型

本研究选取 OC3 项目中的 Spar 型浮式风机系统作为研究对象，其中风力机部分为美国国家能源部可再生能源实验室研发的 NREL-5MW 风机，浮式平台采用的是 Spar 型浮式平台。NREL-5MW 风力机的主要参数见表1。

表 1 NREL-5MW 风机主要参数

参 数	数 值
单机功率	5 MW
转子朝向	上风向
叶片数量	3
叶片/轮毂直径	128 m，3 m
桨毂中心高度	89.8 m
悬臂长度，轴倾斜角，叶片预偏角	5 m, 5°, 2.5°
切入、额定、切出风速	3 m/s, 11.4 m/s, 25 m/s
切入转速、额定转速	6.9 r/m, 12.1 r/m

浮式风力机采用的 OC3 项目 Spar 式支撑平台，其特征参数见表 2。

表 2 OC3-Spar 式支撑平台主要参数

参 数	数 值
总吃水	120 m
水线以上平台高度	10 m
圆台上表面距水线距离	4 m
圆台下表面距水线距离	12 m
圆台以上部分圆柱直径	6.5 m
圆台以下部分圆柱直径	9.4 m
平台重量	7466330 kg
平台重心沿中心线向下距水线距离	89.92 m
平台对重心横摇惯性矩	4229230000 kg/m²
平台对重心纵摇惯性矩	4229230000 kg/m²
平台对重心艏摇惯性矩	164230000 kg/m²

Spar 式平台的系泊系统由三条系泊线组成，呈对称式分布在平台的周围，相关的平台参数见表 3，布置方式见图 2。

表 3 OC3-Spar 式平台系泊系统参数

参 数	数 值
锚链根数	3
相邻缆之间的夹角	120°
锚点距静水面距离（水深）	320 m
导缆孔距静水面距离	70 m
锚点距平台中心线水平距离	853.87 m
导缆孔距平台中心线水平距离	5.21 m
锚链未伸长长度	902.21 m
单根缆直径	0.09 m
单根缆等效线密度	77.7066 kg/m
锚链湿重	698.094 N/m
锚链等效拉伸刚度	384243000 N

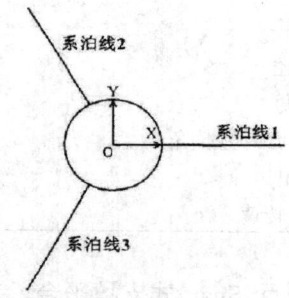

图 2 系泊线布置形式示意图[9]

3.2 计算工况

本研究规则波的计算工况中风速和波浪的设置参考了 Jonkman[10]在 2010 年的工作，算例来流风速选择 11.4 m/s，来流类型为均匀风。不规则波的计算工况风速和波浪的设置参考了 Zhou 等[11]在 2021 年的工作中一阶 Stocks 深水不规则波参数取值，算例来流风速选择 11.4 m/s，来流类型为均匀风。

表 4 计算工况设置

算例编号	波浪类型	Hs/m	Tp/s	H_{max}/m	Th_{max}/s
1	一阶 Stocks 规则波	5.5	11.3	/	/
2	一阶 Stocks 不规则波	1.94	15	3.32	14.45
3	一阶 Stocks 不规则波	2.49	15	4.62	15.08

3.3 计算域及边界条件设置

本研究中的算例计算域按照如下方式进行设定：长度为 3 倍波长，宽度为 2 倍波长，其中气相域的高度为 2 倍波长，水相域的深度采用 0.75 倍的实际水深，在该水深下已经可以忽略水深对平台运动性能的影响。平台位于计算域的中心距离入口边界 0.9 倍波长的位置，出口位置的前 120 m 为消波区，目的是为了避免波浪反射对平台的运动性能产生影响。另外对风机叶轮后方区域的网格进行了加密处理，加密处理之后的网格见图 3。

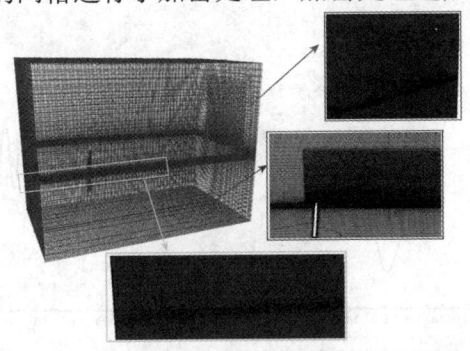

图 3 规则波算例计算域的网格划分示意图

入口边界条件采用波浪入口条件，压力条件采用 Neumann 边界条件。出口边界条件采用的是 OpenFoam 自带的 inletOutlet，压力条件采用 Dirichlet 边界条件。上边界压力与速度条件均采用 Dirichlet 边界条件，下边界则采用可滑移边界条件，计算域的底部并非实际的海底。左右边界的边界条件定义为 symmetryPlane。模型物面则采用移动壁面的边界调节。

4 结果分析

文中对两种波浪来流条件的三个计算工况进行了计算，得到了 OC3 项目 Spar 式浮式风力机的动力响应特性，接下来将对浮式风机的气动性能、尾涡结构以及平台的动力响应进行分析。

4.1 平台运动响应

本研究使用了非稳态致动线对浮式风力机进行模拟，分析了浮式风机耦合动力响应特性。作为浮式风机的重要组成部分，平台的运动响应是分析平涛六自由度特性的重要部分，本节对规则波算例的平台运动响应进行分析。

图4为平台六自由度运动响应的时历曲线，可以看到，当有波浪时，浮式风力机明显产生摇荡运动，纵荡和垂荡方向产生周期性波动，其波动周期约为2倍的波浪周期，横荡方向波动周期不明显。三个摇自由度方向产生周期性波动，其波动周期约为2倍的波浪周期，且横摇方向的振幅最小，纵摇方向的振幅最大，但纵摇方向波动呈现不同振幅的规律脉动现象，有关此现象的原因尚不明确，有待进一步研究。

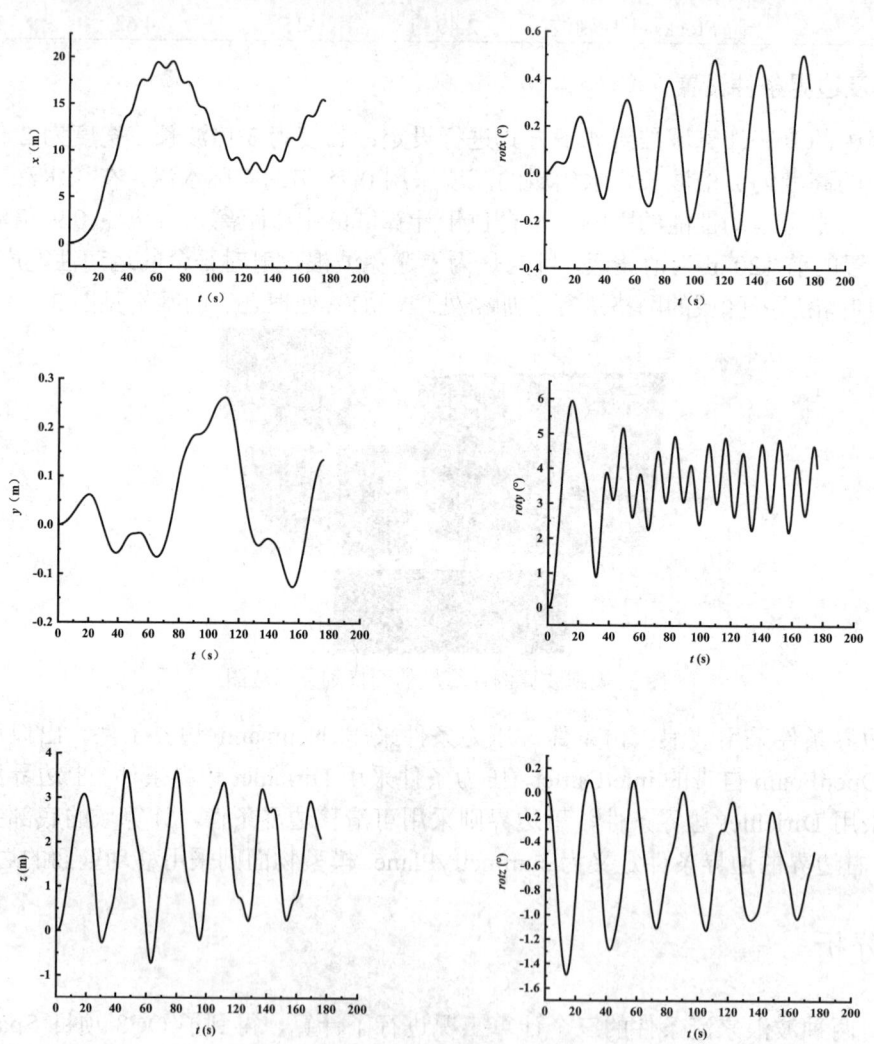

图4 平台六自由度运动响应时历曲线

4.2 平台动力响应

本节对两个不规则波来流下的平台动力响应进行对比分析。图 5 为浮式平台在两种不规则波的作用下，所受单向合力随时间变化的曲线图。图 6 则是平台所受单向合弯矩的大小随时间变化的曲线图。

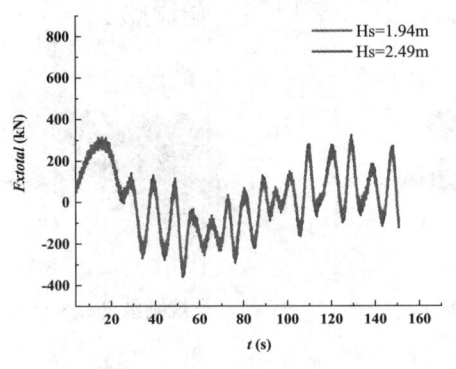

图 5 浮式平台所受单向合力时历曲线　　图 6 浮式平台所受单向合弯矩时历曲线

由图 5 和图 6 可以看出，在不规则波情况下，平台的受力随时间做周期性的波动，波动周期与波浪周期较为接近，由于 Hs=1.94 m 和 Hs=2.49 m 的两个工况，所对应的 Tp 是相同的，所以两者的波动周期几乎重合。而且两个工况下，平台所受的 x 方向的合力大小比较相似，波高较大的时候，会使得平台受力增大，但是增大的幅度与合力波动幅度相比很小，证明在额定风速下的两个不规则波工况由于波高增大并不会造成平台受力以及弯矩的大幅度增加。

4.2 尾涡结构分析

图 7 显示的是在风浪来流作用下，风力机叶片和流场之间的相互作用所产生的尾涡结构在一个周期内浮式风力机的尾涡结构的演化情况。其中，尾涡采用流场速度梯度张量的二阶不变量 Q 对涡进行可视化，并采用风速进行染色，波面用波浪高度进行染色。

由图 7 可以看出，在风轮后方区域，近尾流区域的叶根涡和叶尖涡能保持较完整的结构，随着距离的增大，尾涡产生了一定的涡环融合，在周围环境的作用下，产生了脱落现象。由图中可以看出，在规则波的作用下，尾涡相比于不规则波而言产生翻转脱落现象的时间更早，两个不规则波虽然波浪高度不同，使得平台六自由度运动不同，但是对尾涡结构并没有产生较大的影响，两者比较相似。

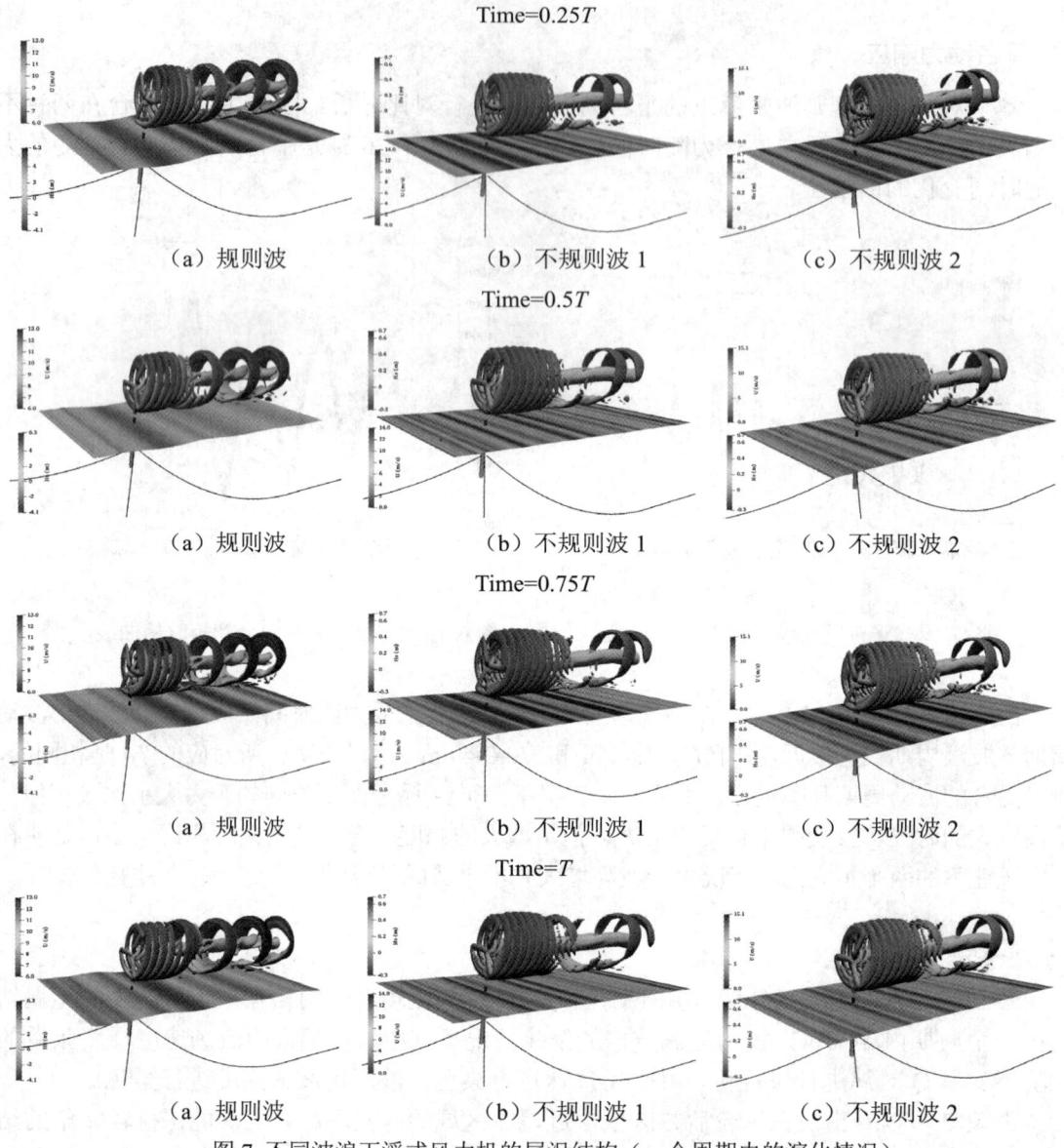

图 7 不同波浪下浮式风力机的尾涡结构（一个周期内的演化情况）

5 结论

　　本研究以 OC3-Spar 式浮式风力机为研究对象，基于开源软件 OpenFoam，对相同风速下和不同波浪下的三个计算工况进行数值模拟。以探究不同的波浪来流下，浮式风机的平台动力响应和尾涡结构变化，本文的主要结论如下：①在额定风速下，两个不规则波在波高由 1.94m 增加至 2.49m 时会造成平台受力的增加，但不会有大幅度的波动。②在相同的风速下，规则波的尾涡相比于不规则波产生翻转脱落现象的时间更早。两个不规则波波浪高度的差异，不会对尾涡结构产生较大的影响。

致谢：本研究得到国家重点研发计划项目(2019YFB1704200)，国家自然科学基金(51879159，51909160，52131102)资助。在此一并表示感谢。

参考文献

1. 黄亚振, 陈嘉佳, 沈昕, 等. 浮式风力机横荡运动下气动特性分析 [J]. 太阳能学报, 2021, 42(9): 279-285.
2. 赵玉娜. Spar 型海上浮式风力机系统运动耦合计算方法及性能研究 [D]. 哈尔滨: 哈尔滨工程大学, 2014.
3. 黄扬, 程萍, 万德成. 不同叶尖速比浮式风机气动-水动耦合动力计算分析 [C]. 第十八届中国海洋(岸)工程学术讨论会论文集(上), 北京: 海洋出版社, 2017: 674-684.
4. 刘利琴, 肖昌水, 郭颖. 海上浮式水平轴风力机气动特性研究 [J]. 太阳能学报, 2021, 42(1): 294-301.
5. 丁勤卫. 风波耦合作用下漂浮式风力机平台动态响应及稳定性控制研究 [D]. 上海理工大学, 2019. DOI:10.27308/d.cnki.gslgu.2019.000007.
6. Sørensen J N, Shen W Z. Numerical modeling of wind turbine wakes [J]. Journal of fluids engineering, 2002, 124(2): 393-399.
7. 段鑫泽. 基于致动线模型的多风机尾流干扰分析 [D]. 上海: 上海交通大学, 2019.
8. Sørensen J N, Shen W Z. Computation of wind turbine wakes using combined Navier-Stokes/actuator-line Methodology [C]. 1999 European Wind Conference and Exhibition. 1999: 156-159.
9. 白玥. 基于粒子群算法的海上风力机叶片优化研究 [D]. 哈尔滨: 哈尔滨工程大学, 2018.
10. Jonkman J, Musial W. Offshore code comparison collaboration (OC3) for IEA Wind Task 23 offshore wind technology and deployment [R]. National Renewable Energy Lab.(NREL), Golden, CO (United States), 2010.
11. Zhou Y, Xiao Q, Peyrard C, et al. Assessing focused wave applicability on a coupled aero-hydro-mooring FOWT system using CFD approach [J]. Ocean Engineering, 2021, 240: 109987.

Numerical simulation of the coupled flow field of floating wind turbine under combined wind and wave action

CHEN Si-qi[1], ZHAO Wei-wen[2], WAN De-cheng[2]*

(1. School of Marine Engineering and Technology, Sun Yat-Sen University Zhuhai 519082, China;
2. Computational Marine Hydrodynamics Lab (CMHL), School of Naval Architecture, Ocean and Civil Engineering, Shanghai Jiao Tong University, Shanghai 200240, China,
Email: dcwan@sjtu.edu.cn)

Abstract: The study of the aerodynamic characteristics and the hydrodynamic characteristics of floating wind turbines under the combined action of wind and waves is becoming increasingly important, and the simulation of the motion response of floating wind turbines has also put forward higher requirements. This paper investigates the aerodynamic characteristics of floating wind turbine based on OpenFOAM, using UALM (unsteady actuation line model) and LES (large eddy simulation), and the motion response characteristics of floating wind turbine under the combined wind and wave action based on dynamic grid technique. Numerical simulation of NREL 5MW wind turbine and OC3-SPAR floating platform with naoeFoamv3-beta solver developed by the research team to study the motion and dynamic response characteristics of floating wind turbine under 11.4 m/s uniform wind with regular or irregular waves. In order to provide data reference for the numerical simulation of the floating wind turbine under the combined wind and wave action.

Key words: Floating wind turbine; NaoeFoamv3-beta solver; Kinematic response characteristics; Dynamic response characteristics.

规则波下中型邮轮运动响应及砰击载荷的 CFD 数值预报

王澳，王建华，万德成*

（上海交通大学 船海计算水动力学研究中心(CMHL)船舶海洋与建筑工程学院，
上海 200240, Email: dcwan@sjtu.edu.cn）

摘要：船舶在恶劣海况中航行时很容易发生砰击现象，这种砰击不仅会导致船舶减速，甚至还会对船体结构造成威胁。本研究以一艘中型邮轮为对象，对规则波下的船舶运动和砰击载荷进行了数值仿真分析。计算工况选择航速 Fr=0.253，波长船长比 λ/L=1.1。数值模拟采用课题组开发的船舶水动力求解器 naoe-FOAM-SJTU 进行计算，流场求解采用两相流 RANS 方法，湍流模型采用 $k\text{-}\omega$ SST，自由面采用 VOF 方法捕捉。通过计算得到了船舶的纵摇和垂荡运动时历曲线，给出了砰击过程中的自由面变化情况，最后分析了船艏砰击载荷随时间和空间的变化规律。结果显示当船艏与波峰相遇时，艏部压力出现极大值，极大值主要分布在靠近船中纵剖面处。本研究的数值预报结果可以为中型邮轮在恶劣海况下的设计方案提供参考。

关键词：规则波；中型邮轮；砰击载荷；运动响应

1 引言

在海洋中航行的船舶时常会遭遇各种类型的波浪，当波浪的作用使船体与水面之间产生剧烈的相对运动时，水流会对船体形成冲击，从而产生砰击现象。砰击会产生高额冲击载荷，对船体结构安全造成威胁。此外，恶劣海况中波浪的频繁冲击也容易导致局部结构损坏。因此，砰击载荷预报成为船舶设计制造领域中的关注重点。

早期对砰击问题的研究主要集中在理论分析和模型实验。在理论方面，Von Karman[1]首先提出了二维楔形结构入水砰击模型，Wagner[2]用势流方法开发了一套更加实际的入水砰击方法，Mei 等[3]采用保角映射得到了适用于多种截面形状的解析解，Wang 和 Guedes Soares[4]提出了一种简化模型并对二维弹性楔形体入水问题进行了分析。在实验方面，Kim 等[5]对一艘 10000TEU 集装箱船模在不同航速、波高、波长和航向角下进行了规则波以及不规则波的砰击载荷研究，Ha 等[6]对 FPSO 在迎浪不规则波下的砰击载荷特性进行了研究，结果表明，定向横荡和横摇对砰击载荷起决定作用。目前理论方法对于二维复杂结构以及三维结构的研究仍然较少，模型实验虽然可以处理三维问题，但受限于多种因素导致成本偏高。

在计算机技术高度发达的今天，数值方法比实验成本低且测量更简单，逐渐成为船舶砰击载荷预报研究的重要手段。Shen 等[7]用 OpenFOAM 对二维船体截面进行了落体测试，用 STAR CCM+对三维船体在波浪条件下进行了测试。Takami 等[8]开发了一种 CFD-FEA 耦合模型，在恶劣海况下对 6600TEU 集装箱船进行了砰击压力研究，数值计算结果与实验结果非常吻合。Acharya 和 Datta[9]用商业 CFD 软件 ANSYS Fluent 对 KCS 船模进行了详细的参数化研究，分析了波陡、波长、船速、船艏形状对砰击载荷的影响，得到了一个可用于快速预测船艏砰击压力的经验公式，该公式与船级社的规则吻合良好。Xie 等[10]应用一种混合两步法并且结合 CFD 方法对斜浪中船舶的不对称砰击载荷进行了预测，系统分析了压力的时空分布，结果表明斜浪条件下的砰击载荷要大于迎浪条件。李远鹤等[11]使用重叠网格方法，在规则波下对 3800PCTC 滚装船船艏外漂波浪砰击载荷进行了研究，讨论了不同海况下的砰击载荷、船波相对速度特性和非线性分布。

本研究基于课题组自主开发的 naoe-Foam-SJTU[12]求解器，使用动态变形网格方法，考虑一阶斯托克斯深水波并且仅放开纵摇和垂荡两个自由度，对迎浪规则波下的中型邮轮进行运动响应以及砰击载荷数值预报，分析砰击载荷的时间和空间分布特性。

2 数值方法

2.1 控制方程

假定流动非定常不可压，流体具有黏性，采用雷诺平均 N-S 方程（RANS）作为流场的控制方程，引入动态网格技术，控制方程组的连续性方程和动量方程为：

$$\nabla \cdot U = 0 \tag{1}$$

$$\frac{\partial \rho U}{\partial t} + \nabla \cdot (\rho(U-U_g)U) = -\nabla p_d - g \cdot x \nabla \rho + \nabla \cdot (\mu_{eff} \nabla U) + (\nabla U) \cdot \nabla \mu_{eff} + f_s \tag{2}$$

式中，U 为流体速度矢量；U_g 为网格节点的速度矢量；p_d 为流体动压力，其值为总压力与静水压力之差 $p - \rho g x$；ρ 为流体密度；g 为重力加速度；$\mu_{eff} = \rho(\nu + \nu_t)$ 为有效动力黏性系数，其中 ν 和 ν_t 分别是运动粘性系数和涡粘系数，前者由流体的性质决定，后者采用 $k\text{-}\omega$ SST 湍流模型求解得到；f_s 为消波阻尼项。对控制方程中的速度压力耦合采用 PISO 算法进行求解。

2.2 自由面处理

船舶航行的过程是船体与水相互作用的过程，观察自由面的流动状态有助于分析船体运动和砰击过程，因此有必要对自由面进行捕捉。为了实现船体周围复杂自由面流动界面的捕捉，本研究采用引入人工压缩项的 Volume of Fluid (VOF)法，在动态网格条件下其输运方程为：

$$\frac{\partial \alpha}{\partial t} + \nabla \cdot (U - U_g)\alpha + \nabla \cdot [U_r(1-\alpha)\alpha] = 0 \tag{3}$$

式中，U_r 为压缩界面速度矢量，α 为流体体积分数，在本研究中是水与网格单元体积的比值，当 $\alpha=1$ 时表示网格单元内部都是水，当 $\alpha=0$ 时表示单元内部都是空气，当 $0<\alpha<1$ 时表示空气与水的交界面。

2.3 数值造波以及消波技术

当前应用在数值水池中的中的造波方式主要有：造波板造波法、质量源函数造波法以及设置造波边界造波法。与其他造波方式相比，造波边界造波法具有计算简单、容易生成各种波浪的特点，因此在本研究中采用造波边界造波法来生成斯托克斯一阶深水波。该方法通过在计算域的入口边界设定初始速度场 U 以及 VOF 方法中的流体体积分数 α 实现造波，具体的边界条件取值可以由斯托克斯一阶深水波理论得到。

在消波方面，数值水池中最常用的方法为阻尼消波法，其通过模拟海绵或海滩对波浪的吸收方式在流体的动量方程中增加阻尼项来达到消波的目的。本研究采用一种改进的海绵层方法，在数值水池出口处添加一个相对速度 U_{ref} 并令其等于计算域的入口速度以保证计算域内的流体质量守恒，使消波区内的速度得到逐步过渡。

3 计算模型

3.1 模型尺寸

本研究以一艘模型尺度下的中型邮轮为研究对象，船体形状及主要参数见图 1 和表 1。

表 1 中型邮轮船型主要参数

参数名称	单位	实船	模型
缩尺比 λ	-	55	1
垂线间长 L_{pp}	m	204.9	3.725
设计水线长 L_{wl}	m	216.0	3.927
型宽 B	m	31.0	0.564
吃水 T	m	6.45	0.117
排水体积 ∇	m³	27307	0.164
重心纵向位置 LCG(距艉垂线)	m	-	2.069
重心垂向位置 KG	m	15.78	0.287
惯性矩 I	kg·m²	-	(8.342,142.37,142.37)

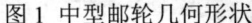

图 1 中型邮轮几何形状

3.2 计算域设置及网格划分

由于本研究仅考虑船舶在规则波中迎浪航行的工况，波浪与船体均具有对称性，因此为了减少计算量，选择半船进行数值计算，从而计算域的布置仅限半船部分，计算域的布置如图 2 所示。坐标原点设置在设计水线与艏垂线的交点处，坐标系符合右手定则，x 轴正向沿着中纵剖面水平指向船尾，y 轴正向指向右舷，z 轴正向指向上方。整个计算域的大小为：$-1.0L_{wl}<x<3.0L_{wl}$，$0<y<1.0L_{wl}$，$-1.0L_{wl}<z<1.0L_{wl}$。其中，$x=-1.0L_{wl}$ 处为造波边界，$x=3.0L_{wl}$ 处为边界出口，$z=1.0L_{wl}$ 处为上边界，$z=-1.0L_{wl}$ 处为下边界，$y=0$ 处为对称边界，$y=1.0L_{wl}$ 处为右边界。网格生成采用 OpenFOAM 中的 snappyHexMesh 工具，为了提高计算的准确性，在船体表面、自由液面、艏部砰击区等进行了网格加密，网格总量大约为 185 万。计算域网格设置见图3。

 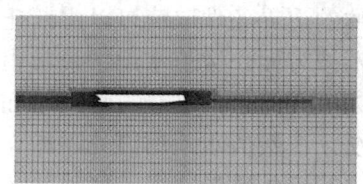

图 2 计算域示意图　　　　　　　　　　图 3 计算网格主视

3.3 计算工况与测试点布置

本研究中选择波长船长比 $\lambda/L_{pp}=1.1$ 的规则波工况进行计算，波陡 $H/\lambda=1/36$，波浪周期 $T=1.619s$，实尺度下船舶的航速为 22kn，对应的弗汝德数 $Fr=0.253$。船舶迎浪航行，考虑到规则波迎浪航行下垂荡和纵摇运动最为显著，于是计算中仅放开纵摇和垂荡两个自由度。

为了分析艏部外飘区域砰击载荷的时空分布，在外飘布置一系列测试点，测点的位置见图 4。根据船艏的形状特征，将船艏外飘区域分为艏柱前外漂区和艏柱后外漂区，在实尺度下进行测点布置。艏柱前外飘区包含 1~12 号测试点，在船长方向，8~12 号测点位于船艏柱（$x=0$），4~7 及 1~3 号分别距艏柱-5m、-10m，在船宽方向，三列测点均以船中纵剖面（$y=0$）为基准，向舷侧按 2m 等间距分布；艏柱后外漂区包含 13~24 号测试点，在船长方向，13~16、17~20 和 21~24 号测点分别距艏柱 5m、10m、15m，在型深方向，16、20 和 24 号测点均距离基线 9m，各列测点均以此为基准，向上按 3m 等间距分布。

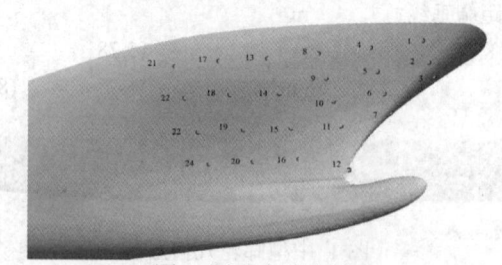

图 4 测试点分布情况

4 结果分析

4.1 规则波下的运动响应

本研究采用的 FOAM-SJTU 求解器提供了船舶运动姿态监测功能,将模型尺度下的垂荡和纵摇运动绘制成时历曲线(图5)。

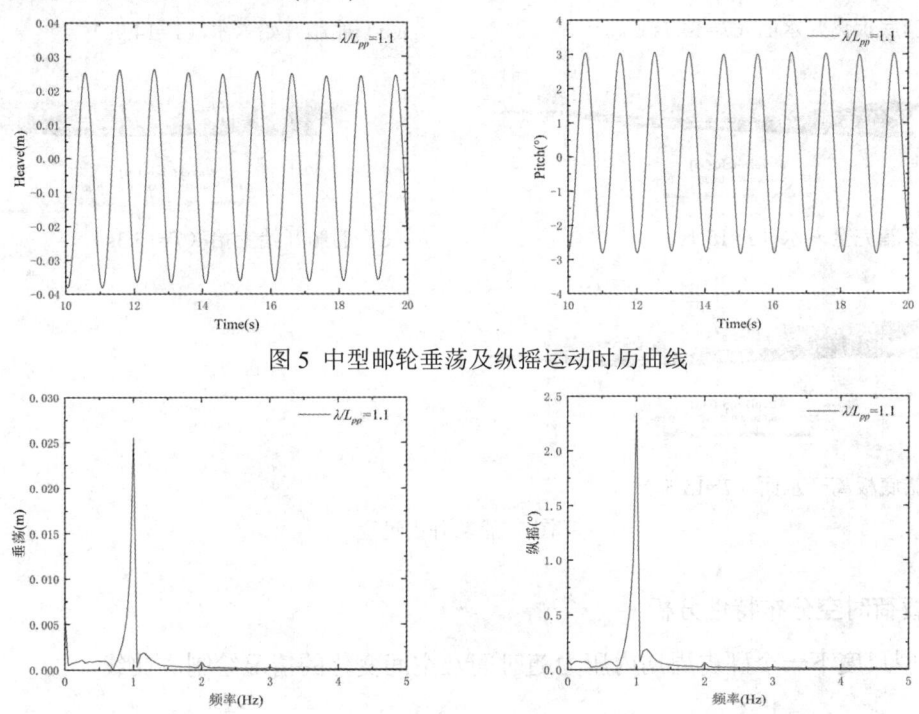

图 5 中型邮轮垂荡及纵摇运动时历曲线

图 6 中型邮轮垂荡及纵摇运动频域曲线

从图 5 中可以看到,在规则波下船舶的垂荡及纵摇运动具有明显的周期性特征,在一个运动周期内,两者都经历了从零到峰值到谷值再回到零的变化。对时域曲线进行快速傅里叶变换(FFT),得到频域下的垂荡和纵摇曲线(图6)。从频域曲线可以看到,在规则波作用下船舶垂荡和纵摇的 1 阶幅值占主要成分,这表明船舶的运动主要表现为 1 阶线性响应。

4.2 船舶砰击过程分析

提取船舶一个砰击周期内自由面的变化,分析砰击发生的过程(图7)。从自由面变化中可以发现,船舶砰击过程主要分为 5 个阶段:艏底板出水、艏部开始入水、艏部完全入水、艏部上抬、艏底板出水。在第一个阶段,船体被波浪抬升到一定高度,船底板离开水面,艏部位于波谷的上方,即将于下一个波峰相遇;在第二个阶段,船艏与波峰相遇,球鼻艏没入水中，部分外飘区域与水接触；在第三个阶段，船艏位于波峰上方，整个艏部区域与水大面积接触，有轻微的甲板上浪现象；在第四个阶段，波峰向船后移动，船艏被抬高，部分外飘区域离开水面；在第五个阶段，波峰离开船艏区域，艏底板重新出水。

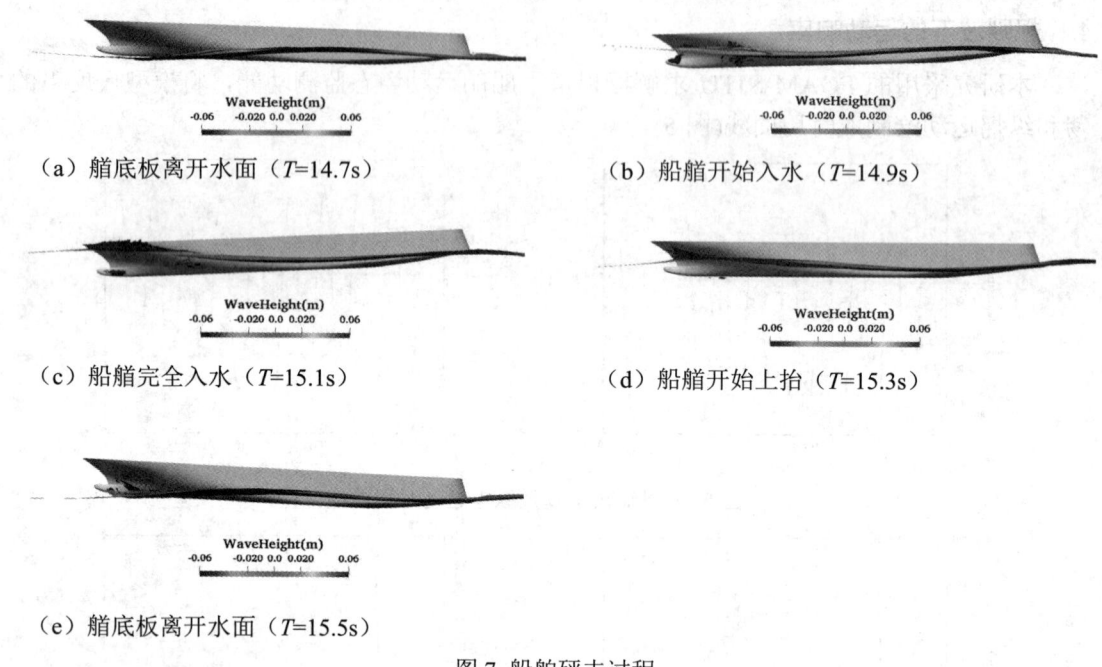

图 7 船舶砰击过程

4.3 砰击载荷时空分布特性分析

将模型尺度下一个砰击周期内压力随时间及空间变化的情况绘制成曲线。

4.3.1 艏柱前外飘区

图 8 展示了艏柱前外飘区沿 x 方向分布的三个位置处压力随时间变化的曲线以及压力最大值沿 y 方向的分布情况。在图 8(a)、(b)、(c)中都能明显看到，在短时间内压力经历了大幅度变化，这表明砰击是一种瞬时、剧烈的现象。此外还可以观察到，随着与中纵剖面距离的增加，测点开始受到砰击作用以及达到峰值的时刻会延后，砰击压力峰值的大小也会逐渐减小。其中，$x=0$m 处的 12 号测点看似不满足该规律，并且出现了两个峰值。注意到该点位于艏柱与水线的交点处，因此导致这种现象的原因可能是：当船首向下落入水中时，自由面正好处于抬高阶段，此时发生了第一次冲击；当波峰与船艏完全接触时，船艏已经埋首入水中最深处，此时静水压使得压力再次达到峰值。对于空间分布，从图 8(d)中可以看到，在纵向上，艏柱前外飘区域压力最大值出现在偏向艏柱的地方；靠近船中纵剖面时艏柱以前的压力较大，远离中纵剖面时艏柱处的压力较大；在横向上，向舷侧方向压力逐渐减小。

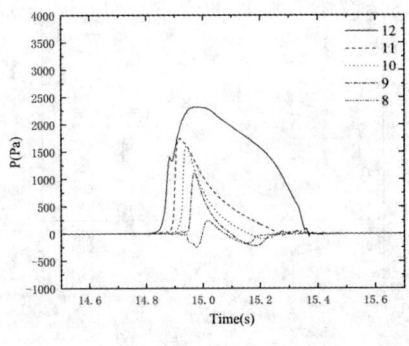

（a）*x*=0m 处测点的压力时历

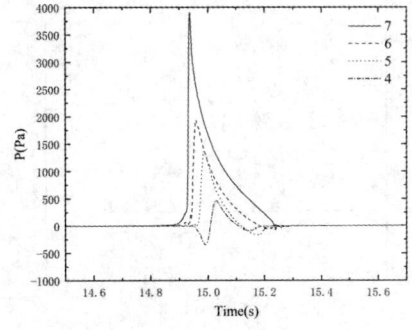

（b）*x*=-5m 处测点的压力时历

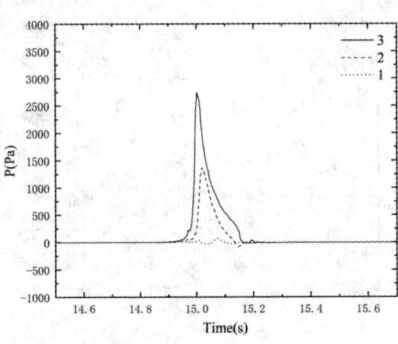

（c）*x*=-10m 处测点的压力时历

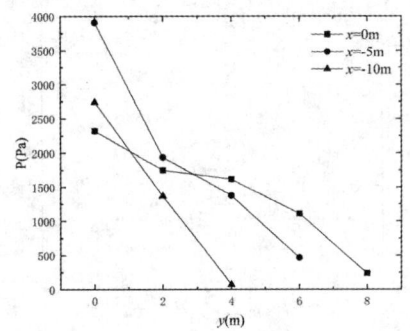

（d）测点压力最大值沿 *y* 方向的分布

图 8 艏柱前外飘区压力变化

4.3.2 艏柱后外飘区

图 9 展示了艏柱后外飘区沿 *x* 方向分布的三个位置处压力随时间变化的曲线以及压力最大值沿 *z* 方向的分布情况。其中，16 号测点出现了双峰现象，且第一个峰值大于第二个峰值。可能的原因与艏柱前外飘区类似，但 16 号测点在水线以上，砰击的影响大于静水压，砰击现象比较明显。对于空间分布，在纵向上，离艏柱近的地方压力最大，远离艏柱的地方压力较小；在垂向上，离基线越远，压力越来越小。

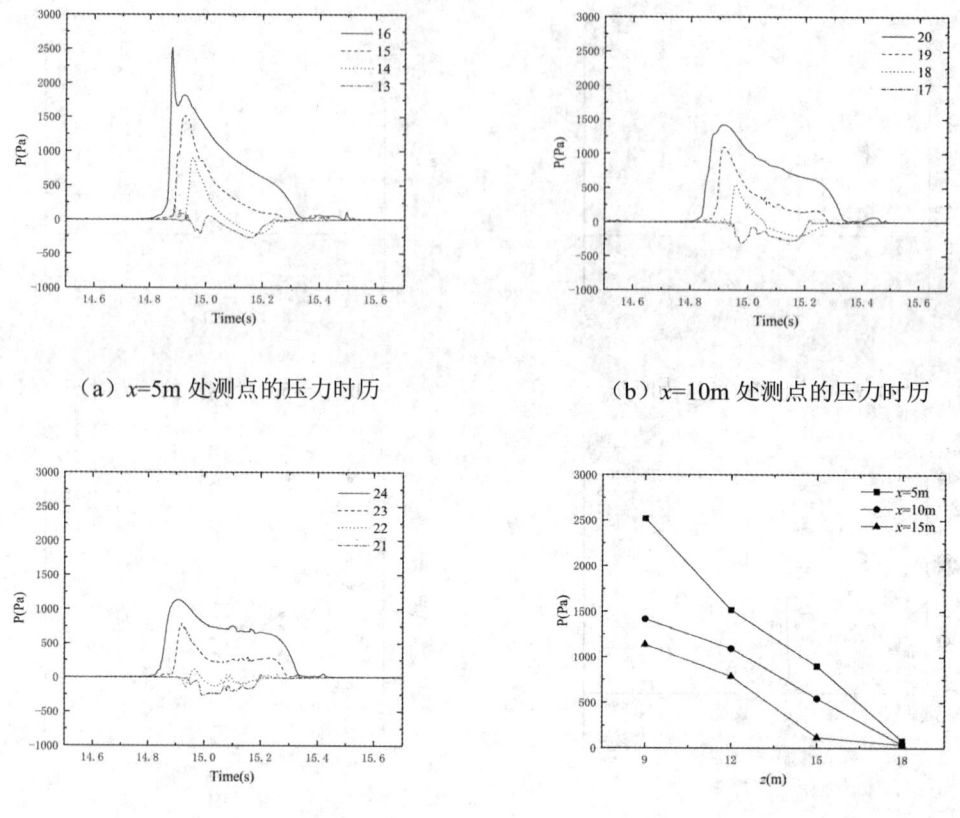

(a) $x=5m$ 处测点的压力时历 (b) $x=10m$ 处测点的压力时历

(c) $x=15m$ 处测点的压力时历 (d) 测点压力最大值沿 z 方向的分布

图 9 艏柱后外飘区压力变化

5 结论

本研究借助于 naoe-FOAM-SJTU 求解器，考虑流体黏性，对中型邮轮在规则波中的运动响应与砰击载荷进行了数值预报，对船舶在波浪中的运动、艏部砰击过程、自由面变化以及砰击压力的时空分布等进行了分析。

(1) 对于运动响应，船舶在规则波中的运动具有周期性，由频域分析可以发现其运动以线性响应为主，当前计算的算例工况非线性特征不显著。

(2) 对于砰击载荷，在艏部外飘区域，砰击压力的最大值出现在艏柱前外飘区，该部分区域在砰击时与波浪正面接触，砰击压力峰值大，持续时间短，容易造成船体结构的局部损坏，因此在设计时需要特别注意这部分区域的结构强度；各部分砰击压力的最大值主要分布在船中纵剖面的位置，远离船中的地方砰击压力逐渐减小；在水线附近的区域，砰击压力会出现两个峰值，这种现象是由砰击直接引起的压力和静水压力共同作用的结果。

当前的计算只是针对刚体进行运动与砰击载荷问题的研究，未来可以考虑引入流固耦合的水弹性求解模型，更为精确的预报波浪作用下的砰击载荷特征。

致谢：本文工作得到国家重点研发计划项目（2019YFB1704205），国家自然科学基金项目（51809169, 51879159, 52131102）的资助。在此表示感谢！

参考文献

1. Karman T V. The impact of seaplane floats during landing [J]. Technical Report Archive & Image Library, 1929.
2. Wagner H. The Phenomena of impact and planing on water [J]. National Advisory Committee for Aeronautics Translation Zamm, 1932, 12.
3. Mei X, Liu Y, Yue D. On the water impact of general two-dimensional sections [J]. Applied Ocean Research, 1999, 21(1): 1-15.
4. Wang S, Soares C G. Simplified approach to dynamic responses of elastic wedges impacting with water [J]. Ocean Engineering, 2018, 150(FEB.15): 81-93.
5. Kim K H, Kim B W, Hong S Y. Experimental investigations on extreme bow-flare slamming loads of 10,000-TEU containership [J]. Ocean Engineering, 2019, 171: 225-240.
6. Ha Y J, Kim K H, Bo W N, et al. Experimental study for characteristics of slamming loads on bow of a ship-type FPSO under breaking and irregular wave conditions [J]. Ocean Engineering, 2021, 224(3): 108738.
7. Shen Z, Hsieh Y F, Ge Z, et al. Slamming Load Prediction Using Overset CFD Methods[C]. Offshore Technology Conference. 2016.
8. Takami T, Matsui S, Oka M, et al. A numerical simulation method for predicting global and local hydroelastic response of a ship based on CFD and FEA coupling [J]. Marine Structures, 2018, 59: 368-386.
9. Acharya A, Datta R. Parametric study of bow slamming for a KRISO container ship [J]. Ocean Engineering, 2022, 244: 110420.
10. Xie H, Liu F, X Liu, et al. Numerical prediction of asymmetrical ship slamming loads based on a hybrid two-step method [J]. Ocean Engineering, 2020, 208(2): 107331.
11. 李远鹤, 罗广恩, 王一镜, 等. 规则波作用下船首外飘波浪砰击载荷研究 [J]. 舰船科学技术, 2021, 43(11): 9.
12. Wang J, Zhao W, Wan D. Development of naoe-FOAM-SJTU solver based on OpenFOAM for marine hydrodynamics [J]. Journal of Hydrodynamics, 2019, 31(1): 1-20.

Numerical prediction of the motion response and slamming load of a medium-sized cruise ship under regular waves based on CFD

WANG Ao, WANG Jian-hua*, WAN De-cheng

(Computational Marine Hydrodynamics Lab (CMHL), School of Naval Architecture, Ocean and Civil Engineering, Shanghai Jiao Tong University, Shanghai 200240, China, Email: dcwan@sjtu.edu.cn)

Abstract: Slamming is prone to occur when ships are sailing in bad ocean conditions. This slamming will not only slow down the ship, but even threaten the hull structure. In this study, a numerical simulation analysis of ship motion and slamming load under regular waves was carried out for a medium-sized cruise ship. For the calculation conditions, select the speed Fr=0.253 and the wavelength-to-length ratio λ/L=1.1. The numerical simulation is carried out by the ship hydrodynamic solver naoe-FOAM-SJTU developed by the research group. The two-phase flow RANS method is used to solve the flow field, the k-ω SST is used for the turbulence model, and the VOF method is used to capture the free surface. The time-history curves of pitch and heave motion of the ship are obtained by calculation, and the change of the free surface during the slamming process is given. Finally, the variation law of the bow slamming load with time and space is analyzed. The results show that when the bow meets the wave crest, the bow pressure reachs the maximum value which are mainly distributed near the longitudinal section of the ship. The numerical prediction results of this study can provide a reference for the design of medium-sized cruise ships under severe ocean conditions.

Key words: Regular wave; Medium-sized cruise ship; Slamming load; Motion response.

深水缓波形立管非线性动力响应数值研究

吴颖，范菊*

（上海交通大学 船舶海洋与建筑工程学院，海洋工程国家重点实验室，上海 200240，
Email: WuYing2020@sjtu.edu.cn）

摘要：本研究主要以缓波形钢悬链立管（SLWR）为研究对象，基于三维大变形杆理论的数值模型，在立管的运动方程中考虑了内部流动的影响，即对具有内流的深水立管进行动力响应分析。采用全局坐标系来建立控制方程，用 Galerkin 法对控制方程离散化，进行数值求解。建立浮式平台与立管的耦合模型，对立管的运动响应进行计算，并分析波流载荷、立管的浮力段位置以及内流速度对深水缓波形立管动力响应的影响。

关键词：缓波形钢悬链立管；动力响应；耦合模型；大变形杆理论

1 引言

缓波形立管增加重量沿立管长度方向分布的浮力模块，分布的重量及浮力很容易形成立管需要的形状，以从底部接触点减弱船舶运动。针对海洋立管的动力响应特性，众多学者已开展多方面的研究。Garrett[1]提出一种等主刚度不可伸长的三维有限元模型，该模型可广泛用于海洋工程的静动态分析。Ahmad 和 Datta[2]采用时间推进数值积分求解运动方程，在时域内获得了海洋立管对规则波和随机波的动力响应。

对于波流相互作用下的缓波形钢悬链立管，其运动和受力较自由悬链立管型式更为复杂。Wang 等[3]建立了由海底管道的传统小变形梁理论和悬空段大变形梁理论组成的控制方程，研究洋流和内流对 SLWR 静力性能的影响。Cheng 等[4]研究了波浪水池中 SLWR 在强迫振动和随机运动下的水动力响应。Ruan 等[5]将成熟的自然悬链线理论和梁的线性变形理论相结合，评估受船舶慢漂运动和洋流影响的深水 SLWR 的准确静态轴向应力范围估计。Cheng 等[6]提出了一种时域数值方案，通过使用三维非线性有限元方法来研究 SLWR 在船舶偏移和波流载荷下的动态性能。

基于三维大变形杆理论，开发了海洋立管动态响应的水动力分析程序，对在悬挂段引入拱弯和垂弯的深水缓波形钢悬链立管在波浪和海流、内流及管土相互作用下的动态响应进行水动力计算，并对缓波形钢悬链立管的构型变化和受力进行分析。

2 缓波形钢悬链立管力学模型

由于引入了浮力段，在考虑上部运动、波流载荷、立管-海床相互作用和内部流动的影响下，SLWR 在三维空间内的非线性动力响应的分析较为复杂。在本研究中，将 SLWR 简化为不可伸长和非旋转的杆，并允许存在大的偏移。将内部流动简化为细长活塞流，截面上的每一个点的速度相同。水平海床为位于海床上的管道提供垂直支撑力和纵向摩擦力，海底和管道之间没有相对滑动。如图 1 所示，SLWR 的三维有限元模型建立在 1648m 水深的全局坐标系 Oxyz 中，典型的 SLWR 由两部分组成：一是位于海床上的从 F 点到 O 点的流线段，另一段是悬浮在水中的段。立管的触地点 TDP(touch down point)是下降段的终点，与坐标原点 O 重合。流线段的末端 F 点与 O 点相距较远，假定流线段 F-O 几乎水平地放置在海床上，其主要受到管土相互作用和沿管道内部流动的载荷。悬挂于水中的立管的下端点 O 与海床上的出油管道相连，而上端点（即悬挂点）E 与浮式平台相连。点 A、拱点(B)和升力点(C)分别是浮力段的起点、峰值和终点。D 点和悬挂点(E)分布在悬挂段上，D 是悬挂段的最低点。

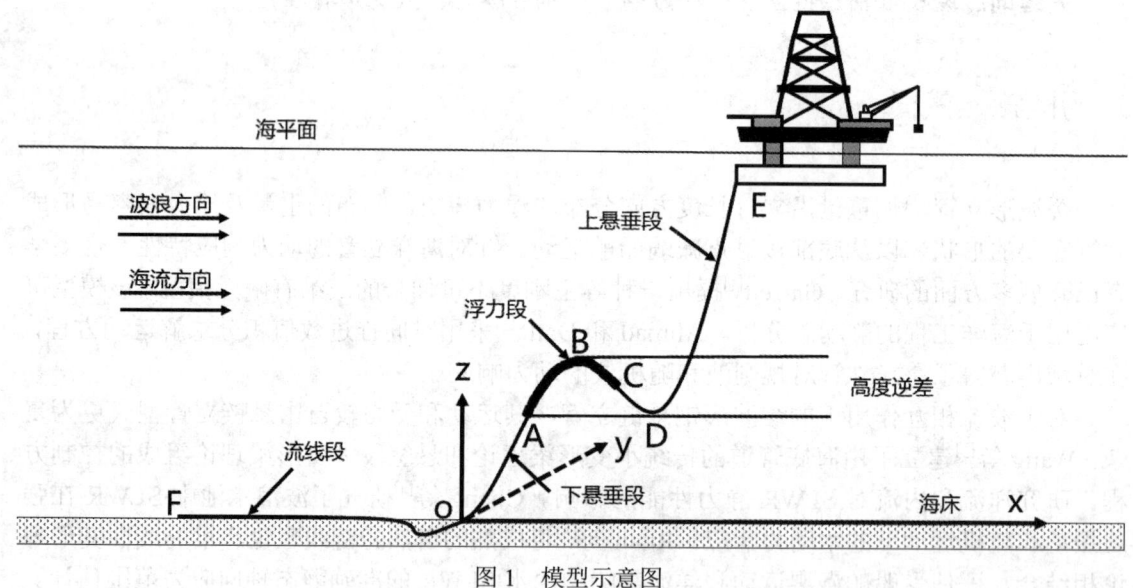

图 1 模型示意图

2.1 悬挂段模型

深水缓波形钢悬链立管的悬挂段由三个部分组成：下悬垂段 O-A，浮力段 A-B-C 和上悬垂段 C-D-E，这里讨论上、下悬垂段模型。立管靠近触地点的倾斜角较小，流线段近似水平。由于受到浮力段的浮力模块的浮托作用，产生的升力使立管产生拱弯和垂弯的区域倾斜角迅速变化，引起立管的应变关系的非线性变化。此时，自然悬链线理论以及小变形梁理论不再适用，应将大变形梁理论用于分析悬挂段的动力响应。

本研究应用大变形弹性杆理论求解 SLWR 的动态特性。如图 2 所示，以触地点 TDP 为坐标原点 O，建立三维笛卡尔惯性系 Oxyz。将杆的瞬时构型表示为与沿杆的弧长 s 和时间 t 相关的距离原点的矢量 r(s,t)。

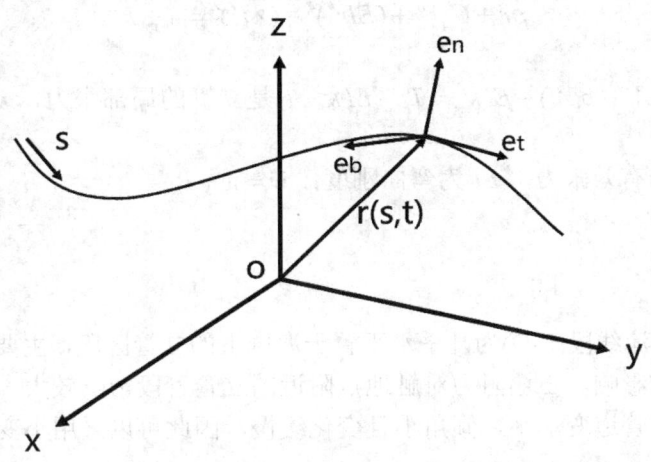

图 2 惯性坐标系的简图

根据线性动量守恒和动量矩守恒，弹性杆的运动方程可以写成(Garrett 2005[7]):

$$-(EIr'')'' + (\lambda r')' + q = \rho \ddot{r}(s,t) \tag{1}$$

$$\frac{1}{2}(r' \cdot r' - 1) = \frac{T - T_0}{EA} \tag{2}$$

式中，EI 是弯曲刚度；$r(s,t)$ 是杆的中心线位置；$\lambda = T - EIr'' \cdot r''$ 是拉格朗日乘子；ρ 是杆单位长度的质量；T 是张力，T_0 是未拉伸的张力；EA 是轴向刚度；q 为施加的载荷（重量、阻力等），其可以表示为：

$$q = w + B + [(p_o A_o - p_i A_i) r']' + F^d \tag{3}$$

式中，w 表示立管所受的重力；B 是立管单元上的浮力；p_o 和 p_i 分别表示立管外部和内部的流体压力；A_o 和 A_i 分别表示立管外部和内部的横截面积；F^d 是立管所受的水动力，立管属于小而细长的结构，F^d 的计算采用半理论半经验的 Morison 方程求解，可表示为：

$$F^d = -C_A \ddot{r} + \rho_w \frac{\pi D^2}{4}(\dot{V}^n + C_a \dot{V}^n) + \frac{1}{2} C_D \rho_w D |V^n - \dot{r}^n|(V^n - \dot{r}^n) \tag{4}$$

式中，$C_A = C_a \rho_w \pi D^2/4$，$C_a$ 是惯性系数；C_D 是阻力系数；ρ_w 是水的密度；D 是立管的外径；$\dot{r}^n$ 和 $\ddot{r}^n$ 是杆的速度和加速度的法向分量；$\dot{V}$ 是流体加速度，V^n 和 $\dot{V}^n$ 分别是流体速度和垂直于杆中心线的加速度分量。

将式(3)和式(4)代入到式(1)中，可得到最终的运动方程

$$\rho \ddot{r} + C_A \ddot{r}^n + (EIr'')'' - (\bar{\lambda} r')' = \bar{w} + \bar{F}^d \tag{5}$$

式中，$\bar{\lambda} = (T + p_o A_o - p_i A_i) - EI\kappa^2 = T_e - EI\kappa^2$，$T$ 是立管的局部张力，$\kappa = r''$ 是管线的局部曲率，T_e 为立管的有效张力，EI 为弯曲刚度；$\bar{w} = w + B$。

2.2 流线段模型

如图 2 所示，流线段(F-O)为几乎水平置于海床上的立管区段，主要受到管土相互作用和立管内部流动的影响。土壤阻力对触地点附近的立管管段影响较大。海床上的立管受到较大的轴向拉力，管道变形小，倾角小且变化缓慢，因此可以采用小变形梁理论对管道截面进行建模。在流线段建立局部坐标系(x, y_f)，与全局坐标系重合。流线段($x \leq 0$)的控制方程可以表示为(Wang and Duan 2015[3])：

$$EI_r \frac{d^4 y_f}{dx^4} - (T - \rho_i A_i v_i^2) \frac{d^2 y_f}{dx^2} + \tau \frac{dy_f}{dx} + k y_f + w_r = 0 \tag{6}$$

式中，y_f 是位于海床上的立管的垂直位移；EI_r 是立管的弯曲刚度；T 是立管的轴向刚度；w_r 是单位长度立管的湿重，$w_r = (\rho_r A_r - \rho_o A_o)g$，$\rho_r$ 和 ρ_o 分别是立管的密度和外部海水的密度，A_r 和 A_o 分别是立管的横截面积和外横截面积。

海床上沿立管的弯矩和剪力可推导为：

$$M_f(x) = EI_r \frac{d^2 y_f(x)}{dx^2} \tag{7}$$

$$F_f(x) = EI_r \frac{d^3 y_f(x)}{dx^3} \tag{8}$$

2.3 浮力段模型

浮力段是由浮力模块覆盖的从 A 点到 C 点的管段，它的构型看起来像一个拱形弯曲，拱点 B 是浮力段的峰值。浮块是由低吸水率的复合泡沫制成，需要紧紧固定在立管上避免滑动。在系统的整体运动分析中，可将浮力段建模为受到浮块引起均匀分布的升力的管段，根据大变形梁理论建立浮力段的截面模型。浮力段的控制方程可表示为：

$$EI_e \frac{d^3\theta}{ds^3} - T\frac{d\theta}{ds} + w_e \cos\theta = 0 \tag{9}$$

$$\frac{dT}{ds} = w_e \sin\theta \tag{10}$$

式中，EI_e 是浮力段的等效弯曲刚度，包括浮力模块和钢悬链立管，$EI_e = EI_r + EI_b$，EI_r 是立管的弯曲刚度，EI_b 是浮力模块的弯曲刚度；w_e 是整个浮力段包含浮力模块和立管的湿重，$w_e = (\rho_r A_r + \rho_b A_b - \rho_o A_{bo})g$，$\rho_b$ 是浮力模块的密度，A_b 是浮力模块的横截面积。

在全局坐标系下，沿 SLWR 的水平位移，垂直位移，弯矩和剪力可推导为：

$$x_b = \int \cos\theta \, ds \tag{11}$$

$$y_b = \int \sin\theta \, ds \tag{12}$$

$$M_b = EI_e \frac{d\theta}{ds} \tag{13}$$

$$F_b = \frac{dM_b}{ds} = EI_e \frac{d^2\theta}{ds^2} \tag{14}$$

2.4 边界条件

对于提出的 SLWR 模型，考虑到 O 点(TDP)、A 点、C 点的倾斜角、弯矩、剪力、轴向张力的连续性，简化流线段终点 F 和悬挂点 E，SLWR 的边界条件可表示为(Wang 等[8])：

对于点 O：

$$\begin{cases} y_f(0) = 0 \\ y'_f(0) = \tan(\theta_l(0)) \\ M_f(0) = M_l(0) \\ F_f(0) = F_l(0) \\ T_f = T_l(0) \end{cases} \tag{15}$$

对于点 A：

$$\begin{cases} \theta_l(S_l) = \theta_b(S_l) \\ M_l(S_l) = M_b(S_l) \\ F_l(S_l) = F_b(S_l) \\ T_l(S_l) = T_b(S_l) \end{cases} \tag{16}$$

对于点 C：

$$\begin{cases} \theta_b(S_l+S_b) = \theta_u(S_l+S_b) \\ M_b(S_l+S_b) = M_u(S_l+S_b) \\ F_b(S_l+S_b) = F_u(S_l+S_b) \\ T_b(S_l+S_b) = T_u(S_l+S_b) \end{cases} \tag{17}$$

对于悬挂点 E：

$$M_u(S_l+S_b+S_u) = 0 \tag{18}$$

对于点 F：

$$\begin{cases} y_f(-L_f) = w_r/k \\ \dfrac{d^2 y_f(-L_f)}{dx^2} = 0 \end{cases} \tag{19}$$

3 模型验证与对比分析

为了研究海流速度、浮力段位置和内流速度对深水缓波形钢悬链立管的影响，对同一 SLWR 在相同的悬挂深度和顶部角度的条件下，设置五组不同的内流、三组不同的浮力段位置以及内流速度来进行计算和比较。SLWR 的详细物理性质和环境参数见表 1。将 SLWR 安装在 1648 m 的水深中，以触地点 TDP 为原点 O 建立全局坐标系 Oxyz。

通常来说，浮力模块提供的浮力大约是立管本身重量的 2 倍，因此可假定浮力段的浮力模块的湿重与立管湿重相等，方向垂直向上，可表示为 $w_e = -w_r$。

考虑到离散的浮力模块的弯曲刚度相对于立管而言较小，可假定浮力段的弯曲刚度等于立管的弯曲刚度，$EI_e = EI_r$。将浮力段的外径和立管外径设为相等，$D_{bo} = D_r$。

3.1 海流速度对 SLWR 的影响

这里研究海流速度对 SLWR 的非线性动力响应的影响。SLWR 受到高度为 6 m、周期为 10s 的线性波的作用，分析考虑了 5 种不同的海流速度，即 $v_1 = -1.5$ m/s, $v_2 = -0.75$ m/s, $v_3 = 0$ m/s, $v_4 = 0.75$ m/s, $v_5 = 1.5$ m/s。

在不同海流下的缓波形钢悬链立管的构型良好吻合（图 3）。随着海流速度的大小和方向发生变化，SLWR 移动到了不同的位置，流线段基本置于海床上。海流方向从 -x 变化到 x，下悬挂段逐渐靠近海床，且上悬挂段和悬挂点右移，立管的拱弯部分下移，垂弯部分略微上移。

SLWR 在不同海流下的轴向张力由图 4 给出，可以看到随着海流速度逐渐增大，下悬垂段的轴向张力随之增大，与之相对，上悬垂段的轴向张力逐渐减小，可以得出海流大小和方向的改变使浮力段位置发生变化，因此改变了立管各单元的张力大小。

表 1 SLWR 属性和环境参数

参数	符号	值
海水密度(kg/m³)	ρ_o	1024
立管密度(kg/m³)	ρ_r	7860
内流密度(kg/m³)	ρ_i	998
弹性模量(Pa)	E	2.06×10^{11}
SLWR 外径(m)	D_{ro}	0.2032
SLWR 壁厚(m)	T	0.0191
下悬垂段长度(m)	S_l	390
浮力段长度(m)	S_b	520
上悬垂段长度(m)	S_u	1690
流线段长度(m)	L_f	200
土壤刚度(N/m)	k	11300
土壤在管道上产生的单位长度纵向摩擦力(N/m)	τ	15
法向阻力系数	C_{Dn}	1.0
切向阻力系数	C_{Dt}	0.03
触地点的轴向张力(N)	T_{TDP}	150000

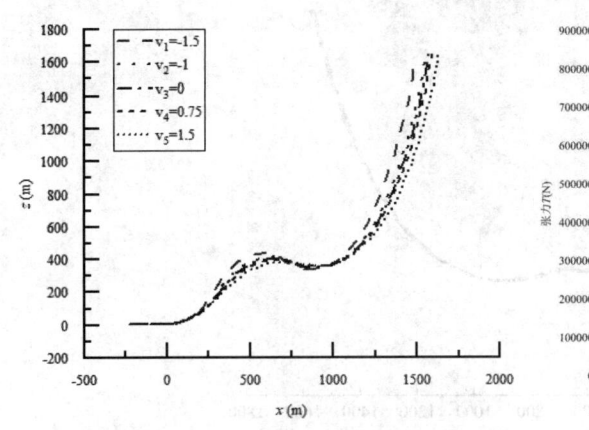
图 3 SLWR 在不同海流下的构型

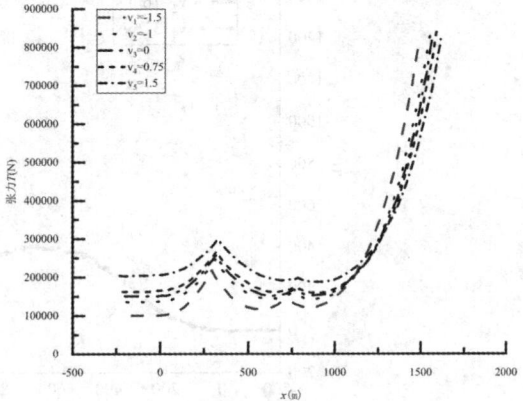
图 4 SLWR 在不同海流下的轴向张力

3.2 浮力段位置对 SLWR 的影响

SLWR 的浮力段上的浮块需要紧紧固定在立管上避免滑动,浮块滑动会改变立管形式,本节选取 3 个浮力段的位置,"-100 m"指浮力段向触地点移动 100 m,"+100 m"指浮力段向悬挂点移动 100 m,探究浮力段位置对 SLWR 动态响应的影响。

如图 5 和图 6 所示,当浮力段向上移动时,最大弯曲应力以及局部应力的峰值也向悬挂点移动,且 TDP 轴向应力曲线初值明显增大,且总轴向应力峰值略微增大。

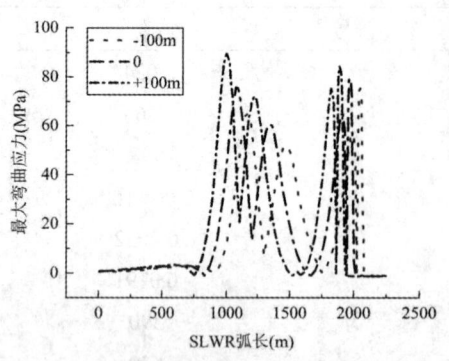 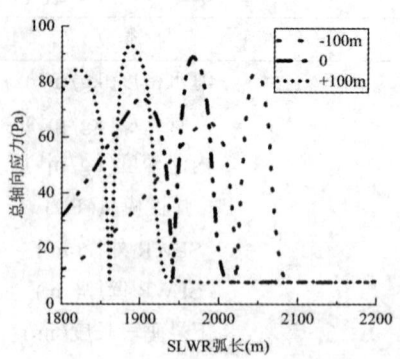

图 5 浮力段位置对 SLWR 最大弯曲应力的影响　　图 6 浮力段位置对 SLWR 的 TDP 总轴向应力的影响

3.3 内流速度对 SLWR 的影响

内流密度为 998 kg/m³，设置三组不同的内流速度 $v_1 = 0$ m/s，$v_2 = 16$ m/s，$v_3 = 32$ m/s 来研究内流速度对 SLWR 的影响。从图 7 中可以看出，随着内流速度的变化，SLWR 的构型基本保持一致，因此可以忽略内流速度对 SLWR 构型的影响。

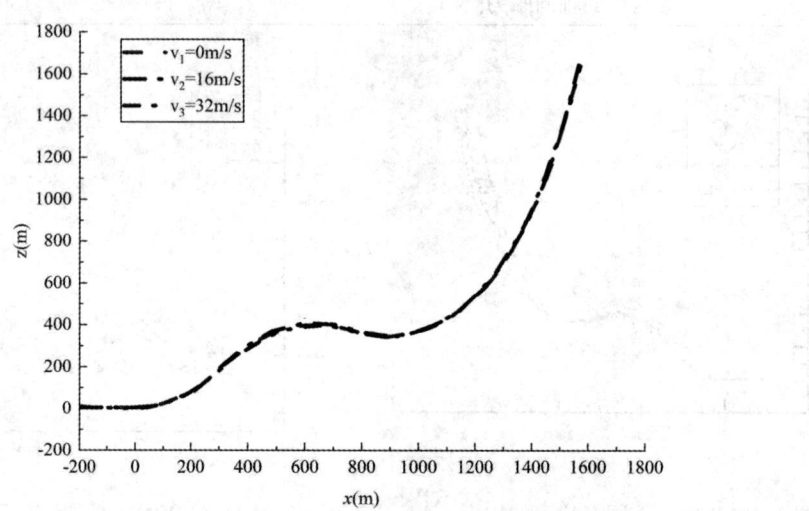

图 7 内流速度对 SLWR 构型的影响

沿 SLWR 的张力如图 8 所示，随着内流速度的增大，SLWR 的整体轴向张力仅略微增大，说明内流速度对 SLWR 整体的轴向张力影响甚微。TDP 处轴向张力变化明显，因此应该主要考虑内流速度对触地点处轴向张力的影响。

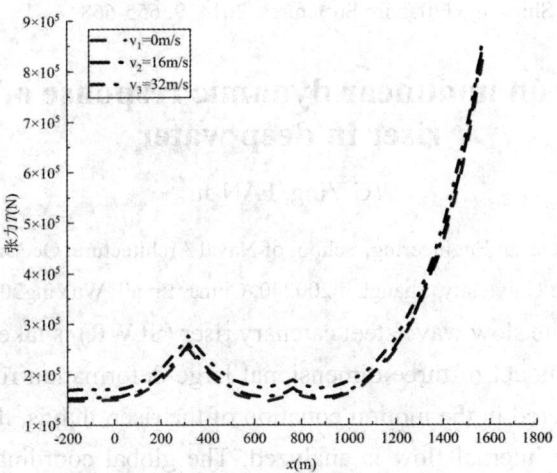

图 8 内流速度对 SLWR 的轴向张力的影响

4 结论

本研究基于三维大变形杆理论,针对深水缓波形钢悬链立管的动力响应问题开发程序,对海流、立管浮力段位置以及内流对 SLWR 的动力响应进行分析,结果表明:海流速度改变引起立管构型的变化引起张力显著变化;浮力段位置的改变使弯曲应力的峰值向改变的方向移动;内流速度的变化对 SLWR 构型以及轴向张力影响较小,但 TDP 处轴向张力变化不可忽略。

参考文献

1　Garrett D L. Dynamic Analysis of Slender Rods [J]. Journal of Energy Resources Technology, 1982, 104: 302-306.
2　Ahmad S. Datta T K. Dynamic response of marine risers [J]. Engineering Structures, 1989, 11: 179-188.
3　Wang J. Duan M. A nonlinear model for deepwater steel lazy-wave riser configuration with ocean current and internal flow [J]. Ocean Engineering , 2015, 94: 155-162.
4　Cheng J, Cao P, Fu S. et al. Experimental and Numerical Study of Steel Lazy Wave Riser Response in Extreme Environment [C]. ASME 2016 35th International Conference on Ocean, Offshore and Arctic Engineering, Busan, South Korea, 2016.
5　Ruan W, Shang Z, Wu J. Effective static stress range estimation for deepwater steel lazy-wave riser with vessel slow drift motion [J]. Ships and Offshore Structures, 2019, 14: 899-909.
6　Cheng Y, Tang L. Fan T. Dynamic analysis of deepwater steel lazy wave riser with internal flow and seabed interaction using a nonlinear finite element method [J]. Ocean Engineering, 2020, 209: 107498.
7　Garrett D L. Coupled analysis of floating production systems [J]. Ocean Engineering, 2005, 32: 802-816.
8　Wang J, Duan M, He T. et al. Numerical solutions for nonlinear large deformation behaviour of deepwater

steel lazy-wave riser [J]. Ships and Offshore Structures, 2014, 9: 655-668.

Numerical study on nonlinear dynamic response of steel lazy wave riser in deep water

WU Ying, FAN Ju[*]

(State Key Laboratory of Ocean Engineering, School of Naval Architecture, Ocean and Civil Engineering, Shanghai Jiao Tong University, Shanghai 200240, China, Email: WuYing2020@sjtu.edu.cn)

Abstract: In this paper, the slow wave steel catenary riser (SLWR) is taken as the research object. Based on the numerical model of three-dimensional large deformation rod theory, the influence of internal flow is considered in the motion equation of the riser, that is, the dynamic response of the deep-water riser with internal flow is analyzed. The global coordinate system was used to establish the governing equation, and Galerkin method was used to discretize the governing equation and solve it numerically. The coupling model of floating platform and riser was established to calculate the motion response of the opposing pipe, and the effects of wave flow load, buoyancy position of riser and internal flow velocity on the dynamic response of steel lazy wave riser in deep water were analyzed.

Key words: Steel lazy wave riser; Dynamic response; Coupling model; Large deformation bar theory.

船体首部舷外结构入水砰击数值模拟研究

杨淮国 [1]，孙树政 [1,2*]，方昭昭 [3]

（1. 哈尔滨工程大学船舶工程学院，哈尔滨 150001；
2. 烟台哈尔滨工程大学研究院，烟台 265500；
3. 中国舰船设计研究中心，武汉 430064）

摘要：船体首部舷外结构暴露于主船体外侧，在波浪中航行时容易发生砰击现象。结构物的入水砰击是一个复杂的流固耦合问题，在结构物入水的瞬间，会产生比较大的砰击载荷，造成结构变形甚至破坏。砰击发生时伴随自由液面的大变形和波浪破碎，研究表明，势流方法对自由面大变形的求解存在较大难度，CFD 方法可以较好的模拟砰击现象。本研究针对两种不同型式舷台，采用 RANS 求解器模拟首部舷外局部船体结构入水砰击过程，采用 VOF 方法追踪自由液面变化，对首部舷外入水砰击过程进行数值模拟。通过对不同速度、不同高度的结构入水砰击进行模拟，得到不同位置处砰击压力分布和自由面变化情况，进而分析不同构型舷外结构砰击载荷特性，为结构设计载荷确定和局部结构设计提供参考。

关键词：首部舷外结构；入水砰击；CFD；VOF；砰击载荷

1 引言

当船舶在恶劣海况下航行时，船体与波浪会产生很强的相互作用，因此导致船体剧烈运动，而船舶的首部舷外结构暴露于主船体外侧，会受到较大的砰击载荷，对首部舷外结构造成较大威胁。因此，研究船舶首部舷外结构入水砰击时的压力分布及其与自由液面的相互作用，对于工程实践具有重要意义。

目前，很多学者对入水问题进行了研究。吴景健[1]利用 Ls-dyna 软件，对楔形体模型进行二维和三维数值模拟，计算出结构入水的加速度、砰击压力和应力响应得出结构的加速度以及应力随着结构质量的变化规律。朱仁庆等[2]建立三维楔形体模型来模拟船首部位，结合有限体积法与动网格技术，引入 VOF 模型，数值模拟了波浪作用下不同刚度三维楔形体垂直入水的过程。孙士丽[3]采用三维全非线性不可压缩势流理论方法研究了有限水深中非对称体的斜向入水砰击问题，给出一种改进的欧拉方法，克服了三维自由液面复杂变化所带来的数值困难。陈宇翔等[4]应用 VOF 结合动网格技术的方法对零浮力水平圆柱入水过程的气液两相流动和刚体运动耦合的问题进行了数值模拟。捕捉了圆柱入水过程中射流的形成、运动和空气垫效应等自由表面的变化现象。并比较了湍流黏性对入水的影响。郑坤等[5]采用 SPH 方法建立数值水槽，讨论了规则波对水平板砰击过程，采样一种新的评价估计方法得到了砰击时历曲线，且更为准确。

本文主要研究不同速度、不同高度、不同构型的舷外结构的入水过程。详细介绍了本文数值模拟的基本理论，验证研究方法的有效性，数值模拟舷外结构的入水过程，得到舷外结构入水的砰击压力分布和砰击压力极值，对比分析不同构型舷外结构入水过程中砰击压力的差异。

2 数值模型

2.1 湍流模型

本研究采用的是在 RANS 湍流模型基础上建立起来的涡流黏度模型 K-Epsilon 模型。K-Epsilon 模型作为工业中应用最为广泛的模型，已经使用了数十年。自 K-Epsilon 模型问世以来，已经有无数学者对其进行了改进，这些先进的改进大部分都包含在 STAR CCM+ 之中。K-Epsilon 湍流模型是一个两方程模型，它求解湍流动能 k 和湍流耗散率 ε 的输运方程，以确定湍流涡流黏度。

k 方程：

$$\frac{\partial}{\partial t}(\rho k)+\nabla\cdot(\rho k\overline{v})=\nabla\cdot\left[\left(\mu+\frac{\mu_t}{\sigma_k}\right)\right]+P_k-\rho(\varepsilon-\varepsilon_0)+S_k \tag{1}$$

ε 方程：

$$\frac{\partial(\rho\omega)}{\partial t}+\nabla\cdot(\rho U\omega)=\nabla\cdot\left[\left(\mu+\frac{\mu_t}{\sigma_{\omega 3}}\right)\nabla\omega\right]+(1-F_1)\times 2\rho\frac{1}{\sigma_{\omega 2}\omega}\nabla k\nabla\omega+\alpha_3\frac{\omega}{k}P_k-\beta_3\rho\omega^2 \tag{2}$$

2.2 砰击压力峰值

船体首部舷外结构入水砰击受到的压力除了和入水速度有关外，还与外壳板斜倾角、计算点位置有关。试验研究表明，砰击压力持续时间短且在量值上有显著变化，首部舷外结构入水砰击压力峰值与入水速度的平方基本呈线性关系。因此，作用在外壳板上的砰击压力的设计值定义如下：

$$P=k_\beta k_h V_r^2 \tag{3}$$

式中，k_β 为砰击压力系数；k_h 为计及外壳点相对于静水面垂直距离的系数；V_r 为外壳板表面计算点相对于波浪的最大着水速度。

2.3 VOF 理论

VOF 方法为流体体积法，最初是被 Hirt 和 Nichos 提出用来处理任意自由液面的研究方法，是界面捕捉法中非常具有代表性的方法，目前被广泛采用。该方法将水和空气看成是同一介质，引入流体体积函数 ϕ，表示一种流体与网格体积的比值，如果 $\phi=1$ 则表示单元全部被水占据，如果 $\phi=0$ 则表示网格单元全部被空气占据，在 ϕ 从 0~1 突变，则表明该区域为混合相界面。将整个计算区域表示为 Ω，水所在的区域即为 Ω_1，空气所在区域记为 Ω_2，并定义 $a=0.5$ 处为自由液面，则首先定义如下函数：

$$a(x,t) = \begin{cases} 1, & x \in \Omega_1 \\ 0, & x \in \Omega_2 \end{cases} \tag{4}$$

式中，Ω 表示流体 a 所在的计算区域。

因为流体是由互不相溶的两种流体组成，则满足

$$\frac{\partial a}{\partial t} + u\frac{\partial a}{\partial x} + v\frac{\partial a}{\partial y} + w\frac{\partial a}{\partial z} = 0 \tag{5}$$

式中，$V=(u,v,w)$ 表示流体的速度场函数。

在每个单元体网格 C_{ijk} 上做积分，并由此定义出 VOF 函数

$$\phi_{ijk} = \frac{1}{\Delta V_{ijk}} \oint_{C_{ijk}} a(x,t) dv \tag{6}$$

式中，ϕ_{ijk} 表示单元格上的流体体积函数 ΔV_{ijk} 表示单元格体积。

因此，流体体积函数 ϕ 应该满足

$$\frac{\partial \phi}{\partial t} + u\frac{\partial \phi}{\partial x} + v\frac{\partial \phi}{\partial y} + w\frac{\partial \phi}{\partial z} = 0 \tag{7}$$

求出每个小的单元体（即网格）对应的流体体积函数，就可以得到整个流域的流体体积函数，最后构造出自由液面形状。

2.4 数值模型

2.4.1 模型建立及边界条件设置

首先建立几何模型，选择局部模型所在舱段作为数值模拟对象，进而建立数值计算模型。在网格划分之前，需要对计算域进行选取，为了保证对流场信息的捕捉，真实地反映流场的情况，同时将网格数量控制在一定范围内以节约计算成本，本研究采用长方体计算域[6]。船宽方向计算域长度为 8 倍舱段宽度，船长方向计算域长度为 4 倍舱段长度，船深方向计算域长度为 5 倍舱段深度。该流体域设置主要考虑两点，一是首部舷外结构入水运动区域重叠网格及背景区域划分需要，二是首部舷外结构入水砰击后水体运动能得到充分发展，图 1 和图 2 分别为具体计算域布置及边界条件设置示意图和砰击压力监测点示意图。

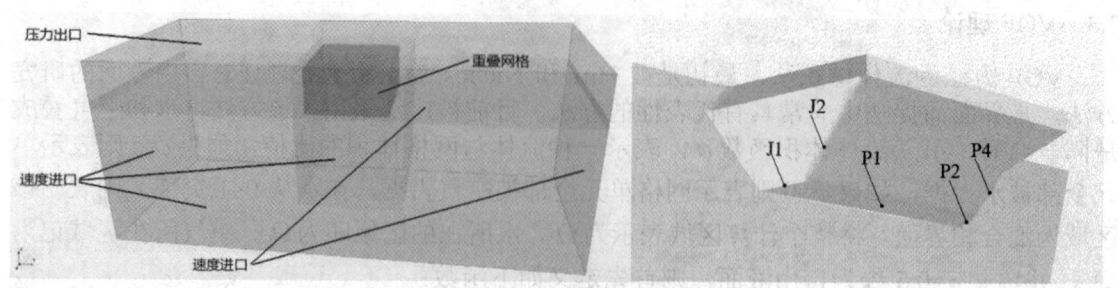

图 1 计算域布置及边界条件　图 2 压力监测点

2.4.2 网格划分

网格作为 CFD 计算中最关键的因素，其形状好坏，质量大小，数量多少都对计算结果的精度和收敛性有直接的影响。本研究采用 STAR-CCM+中的网格划分功能，XT 及舱段采用棱柱层网格划分，其余部分采用切割体网格划分。此外为了准确捕捉舱段周围流场信息，需要对自由液面、舱段运动区域和入水砰击区域进行网格加密。为保证相邻区域之间网格尺寸的连续性，网格大小以指数形式递增，网格总数为 620 万。图 3 为网格划分示意图。

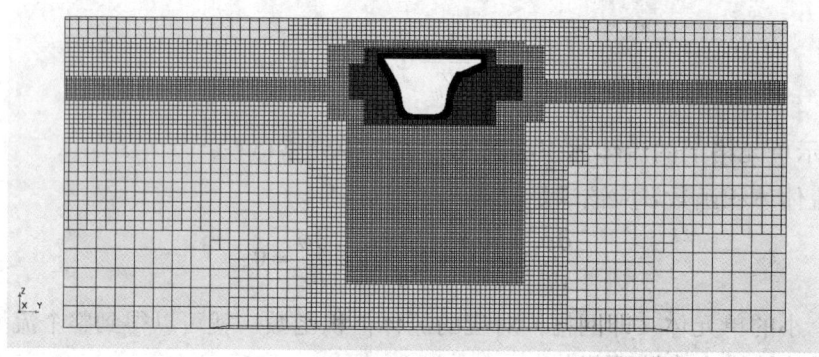

图 3 网格划分

2.4.3 计算参数设置

计算模型以静水面为界包括空气和水下两个部分：上方为空气，密度为 1.184 kg/m^3；下方为水，密度为 997.7 kg/m^3，基准压力值为 101325Pa。数值计算中采用有限体积法离散控制方程，选择隐式非稳态求解器，计算时间步长取 0.005s。

2.4.4 网格收敛性分析

为验证网格数量对计算的影响，同时为控制网格数量在 1000 万以内，分别建立了 3 种计算模型，基础网格尺寸分别为 6m、4m、3.5m，对应的网格总数分别为 240 万、620 万、850 万，物理模型选择 K-Epsilon 模型。图 4 和图 5 中"Model 1"、"Model 2"、"Model 3"

分别表示 240 万、620 万、850 万三种不同网格模型。三种网格模型砰击分别从 1.095s、1.105s、1.1s 开始增大，逐渐达到峰值 583.7kPa、594.9kPa、631.9kPa，Model 1 的峰值出现在 1.155s，Model 2、Model 3 峰值都出现在 1.165s。数值模拟结果相比于设计值计算结果分别小 20.46%、18.92%、13.16%。从柱状图和 P1 点压力时历曲线图可以看出三种网格计算结果差异不大，在综合考虑计算效率和计算精度，以及参考论文后选择基础网格尺寸 3.5m 作为后续数值模拟的网格模型[7]。

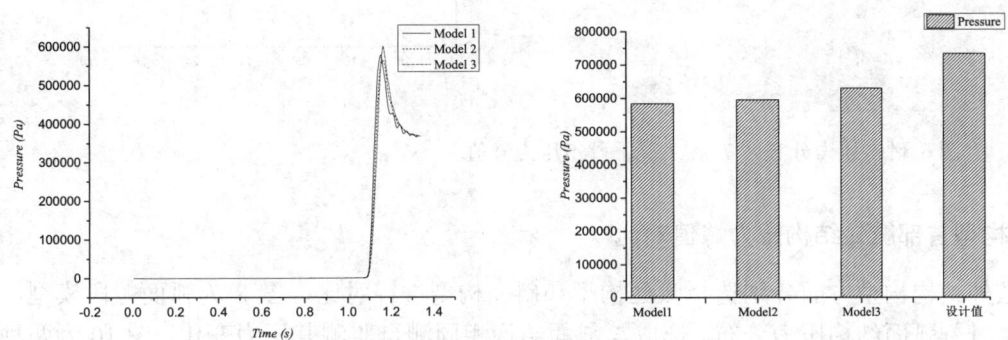

图 4 P1 点压力时历曲线图 5 不同网格模型计算结果与规范值对比

3 首部舷外结构入水砰击数值模拟研究

3.1 不同工况压力峰值对比

表 1 记录的是首部舷外结构入水砰击的数值模拟结果，包括入水速度和入水砰击压力峰值。

表 1 首部舷外结构入水砰击数值模拟结果

工况	入水速度 $v / \mathrm{m \cdot s^{-1}}$	砰击压力峰值 p/kPa
1	14.68	629.8
2	17.05	848.9
3	26.52	1612.9

图 6 为工况 1 下某时刻结构压力分布，图 7 为各工况下首部舷外结构砰击压力峰值对比。可以看到砰击压力峰值的大小随着入水速度的增加而增加。

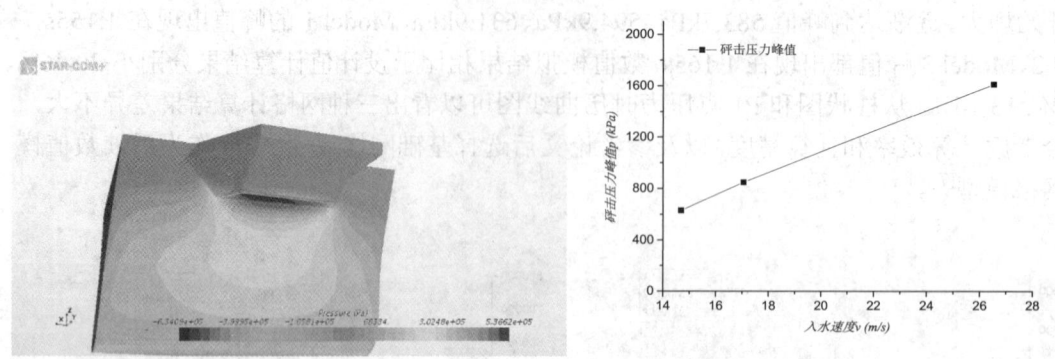

图6 砰击压力分布图7 各工况下砰击压力峰值

3.2 不同构型首部舷外结构压力峰值对比

在舷外结构构型方面分别选择弧面构型和斜面构型进行对比，图 8 为弧面舱段模型，图 9 为某时刻弧面结构压力分布。选取与斜面结构相同测点监测其压力变化，图 10 为两种构型模型相同测点压力变化曲线对比，图 11 为两种模型砰击压力峰值对比。表 2 记录的是两种结构入水砰击的数值模拟结果，包括入水速度和入水砰击压力峰值。

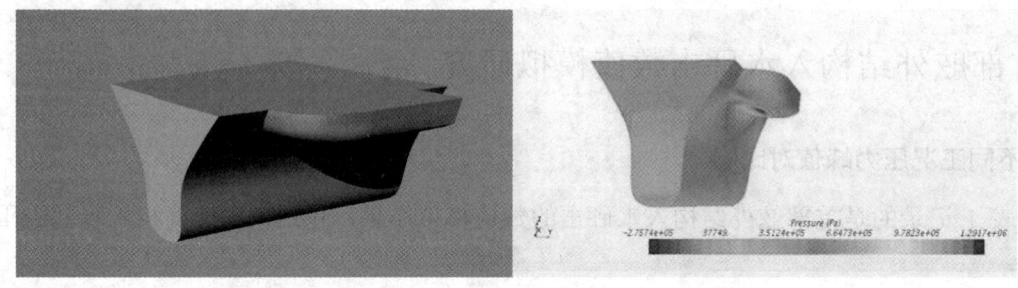

图 8 弧面构型舱段模型图 9 弧面构型砰击压力分布

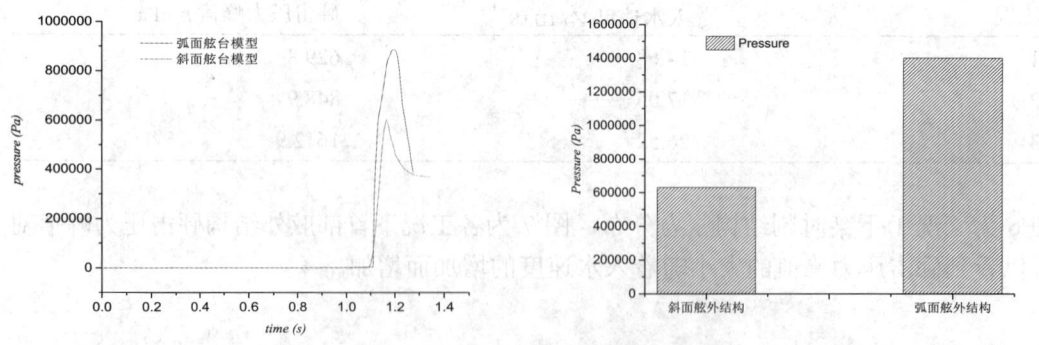

图 10 两种构型模型 P1 点压力时历曲线图 11 两种构型模型砰击压力峰值对比

表 2 不同构型结构入水砰击数值模拟结果

构型	入水速度/ $m \cdot s^{-1}$	砰击压力峰值 p/kPa
斜面模型	14.68	629.8
弧面模型	14.68	1401.2

两种结构接触水体后,压力峰值都由结构与舱段的连接处逐渐向结构下表面中心过渡,并在结构下表面中心处达到最大值。因弧面结构底部较大,其达到峰值的时间要大于斜面方案结构,且其峰值也随着时间的增加而逐渐增大。弧面结构整体砰击压力的峰值区域相较于斜面方案结构有着明显的向外延伸,斜面方案通过折角处理,有效的减少了这种峰值区域的延伸,使得整体的砰击压力峰值相较于圆弧方案有着显著的降低。

3.3 不同入水高度对模拟结果影响分析

从入水砰击模拟可以看出,如果初始入水速度较大,舱段入水后引起的水体剧烈翻卷使得结构下表面接触到小部分水体,说明入水速度及结构距水面高度对砰击结果有较大影响。因此,本研究针对不同结构下表面距水面高度对砰击数值模拟结果的影响开展研究。

由图 13 可见,随着结构下表面距水面的高度的降低,结构所受到的砰击压力极值逐渐增大,砰击压力的分布范围相近。分析原因是砰击压力最大值主要与砰击发生时,水面水体翻卷程度有关,因此舷外结构下表面距水面初始高度对砰击压力模拟结果有较大影响。

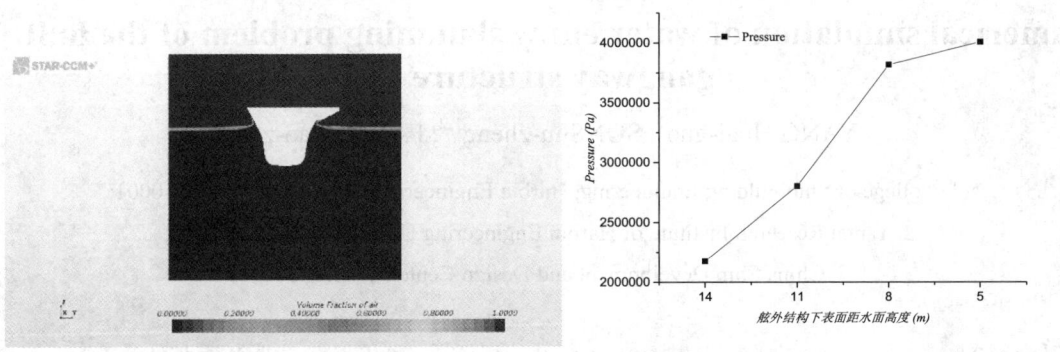

图 12 结构入水砰击过程图 13 不同入水高度下的砰击压力峰值

4 结语

通过本研究,可以得出如下结论:①随着结构入水速度的增加,结构的砰击压力峰值会显著增大;②通过两种结构模型的对比分析,我们可以看出弧面方案的结构入水砰击压力峰值约为斜面方案舷台结构的 2 倍，因此建议使用斜面方案的结构；③计入舱段影响的结构入水砰击是一种水体翻卷攀升引起的接触砰击，与结构单独入水有一定的区别，通过调整下表面距水面高度，可以看出随着结构下表面距水面高度的逐渐降低，砰击压力峰值在逐渐增大，这说明入水高度对砰击压力模拟结果有较大影响。

参考文献

1　吴景健.加筋板楔形体结构水弹性砰击试验与仿真研究[D].天津：天津大学，2014.
2　朱仁庆,陆嘉文，纪仁玮，等. 波浪作用下三维楔形体入水砰击数值模拟[J].舰船科学技术,2019,41(7):6-11.
3　孙士丽,吴国雄. 有限水深中非轴对称体斜向入水砰击问题研究[J].水动力学研究与进展A辑,2013,28(4):445-452.
4　陈宇翔,郜冶,刘乾坤.应用VOF方法的水平圆柱入水数值模拟[N].哈尔滨工程大学学报,2011-11-08(11).
5　Zheng K, Sun Z C, Chen C P, et al. Numerical simulations of regular wave impact on horizontal plate based on SPH methods[J]. Applied Mechanics and Materials,2013,353:3531-3536.
6　陈光茂,郑小波. 二维楔形体入水问题的数值和实验研究[J]. 舰船科学技术,2019,43(1):53-60.
7　骆寒冰，等.基于OpenFoam的无转角和有转角楔形体舱段入水砰击载荷数值模拟研究[J].船舶力学,2019,23(11): 1320-1330.

Numerical simulation of water entry slamming problem of the hull gangway structure

YANG Huai-guo[1], SUNShu-zheng[1,2], FANG Zhao-zhao[3]

(1. College of Shipbuilding Engineering, Harbin Engineering University, Harbin150001;
2. Yantai Research Institute of Harbin Engineering University, Yantai265500;
3. China Ship Development and Design Center, Wuhan430064)

Abstract：The gangway structure is exposed to the outside of the main hull, which is prone to slamming when sailing in waves. The slamming of a structure into water is a complex fluid-solid coupling problem. When the structure enters the water, a relatively large slamming load will be generated, resulting in structural deformation or even damage. The slamming occurs with large deformation of the free surface and wave breaking. The research shows that the potential flow method is difficult to solve the large deformation of the free surface, and the CFD method can simulate the slamming phenomenon well. In this paper, for two different types of gangway, the

RANS solver is used to simulate the slamming process of the local hull structure of the gangway, and the VOF method is used to track the change of the free liquid surface, and the numerical simulation of the slamming process of the gangway is carried out. By simulating the water slamming of the structure at different speeds, different angles and different heights, the slamming pressure distribution and free surface change of the gangway at different positions are obtained, and then the slamming load characteristics of different configurations of the gangway are analyzed.And finally provide reference for structural design load determination and local structural design.

Key words: Gangway; Water entry slamming; CFD; VOF; Slamming loads.

台风过境全过程半潜式平台波浪砰击荷载研究

朱庭瑞[1,2]，柯世堂[1,2*]，李文杰[1,2]，陈静[1,2]，员亦雯[1,2]，任贺贺[1,2]

（1. 南京航空航天大学 土木与机场工程系，南京 211106，Email: keshitang@163.com；
2. 南京航空航天大学 江苏省机场基础设施研究中心，南京 211106）

摘要：半潜式平台在台风等极端海洋环境下的动态响应及波浪砰击荷载准确预测是保障其安全性能的关键前提。本研究基于中尺度 WRF-SWAN-FVCOM 耦合模拟，分析了超强台风"Meranti"台风眼、台风眼壁、台风外围多阶段风-浪-流时空分布规律；结合小尺度 CFD 数值模拟方法对比分析了平台立柱及甲板在台风多阶段中的砰击荷载特性。结果表明：台风眼壁处波高明显高于另两种工况，从台风眼至台风外围波陡参数先增大后减小；台风不同阶段对半潜式平台的波浪砰击有明显影响，由于波浪汇集对平台甲板产生的波浪砰击比波浪爬升对平台甲板产生的砰击更为剧烈。

关键词：台风全过程；风-浪-流耦合；半潜式平台；砰击荷载

1 引言

半潜式平台是一种建造速度快、经济效益高且不受海域水深限制的浮式结构物，在服役期间时刻都承受着波浪的砰击作用，波浪的砰击荷载是造成平台结构过载损坏的主要原因之一[1]，对平台的安全使用造成极大威胁。目前，模型试验方法是研究波浪砰击荷载最可靠的方法[2]，但实验测量步骤繁琐，既不实用也不经济，同时无法完全模拟如台风等极端环境下的真实海况；由于波浪砰击时间短，可以忽略其黏性，基于势流理论的数值模拟方法首先被广泛采用[3]，然而，在极端的风浪流耦合环境下，基于势流理论的数值模拟无法精确模拟自由液面的高度非线性特征，此时计算流体力学（CFD方法）具有较大优势。

目前，已有的波浪砰击数值模拟研究涉及包括工作水深、波浪参数、波向等对波浪荷载的敏感性分析，以及畸形波等极端环境、拖航等特殊工况下半潜式平台的波浪荷载[4-5]，

基金项目：江苏省自然科学基金(BK20210309，BK20211518)

鲜有涉及台风作用下半潜式平台波浪砰击荷载的相关研究，特别是较少考虑台风、波浪、海流耦合作用的影响。然而，我国拥有狭长的海岸线，所处的西北太平洋海域是强台风侵袭最为频繁的地区，在强台风浪的影响下，海洋平台毁坏事故屡见不鲜。其次，台风结构的复杂性导致其具有不同的区域特征[6]，准确预测强台风与浪流耦合作用下不同区域中半潜式平台波浪砰击荷载特性是保障其安全性能的关键前提。

基于此，首先按照台风风场将波浪场及海流场分为台风眼、台风眼壁和台风外围三个区域，分析台风核心区三区域波浪特征得到不同区域波浪参数分布规律，使用重叠网格 CFD 方法基于 SST k-ω 湍流模型研究了台风不同区域半潜式平台波浪砰击荷载分布特性，为极端台风环境下半潜式平台的安全性能研究提供参考。

2 台风-浪多阶段模拟

基于 MCT 耦合平台二次开发，实现了中尺度大气模式 WRF、第三代海浪模式 SWAN 和海流模式 FVCOM 的双向迭代耦合，具体耦合方法、WRF 方案参数设置和 W-S-F 耦合模拟平台参数设置详见文献[7]。台风"Meranti"是 2016 年登录我国的最强台风，于 2016 年 9 月 11 日 14 时成为强热带风暴，12 日 11 时加强为超强台风，15 日登陆我国厦门。本研究从 9 月 11 日 17 时开始模拟，图 1 给出了模拟 48 h 台风进入强风期时台风风场云图，其中虚线部分代表选取的 Jason-2 卫星轨迹，同时给出了对应时间台风核心区的台风区域划分。

鉴于文献[7]已对台风路径及台风中心附近最大风速进行有效性验证，这里不再赘述，仅对台风不同区域内模拟波高进行验证。图 2 给出了本研究 W-S-F 模拟波高与 Jason-2 卫星观测波高的对比结果。由图 2 可知，虽然在 9 月 13 日与 9 月 14 日 Jason-2 卫星扫掠地区未经过台风的核心区，导致其观测波高数值较小，但本研究模拟结果与卫星观测结果在趋势和数值上具有一致性，可以认为本研究对波浪的模拟结果准确有效。

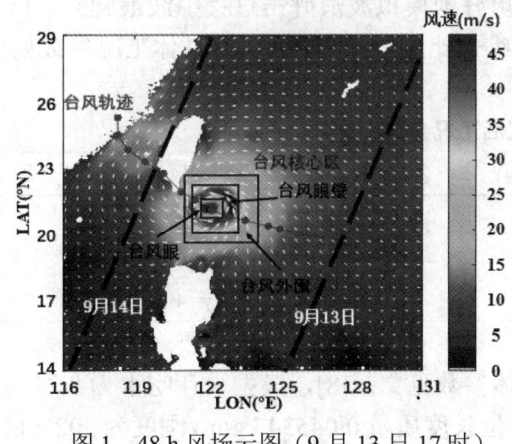

图 1 48 h 风场云图（9 月 13 日 17 时）

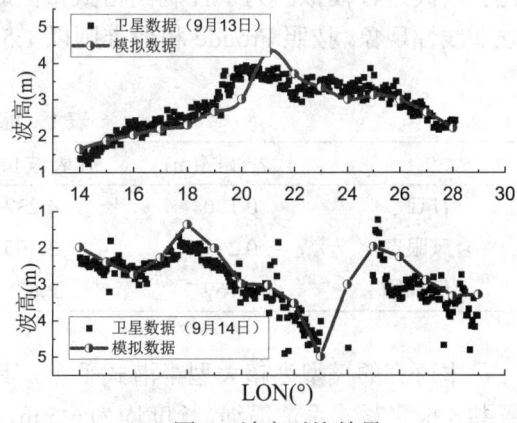

图 2 波高对比结果

按照图 1 分区进行测点布置，以提取台风眼、台风眼壁及台风外围三个区域的波浪特征参数，不同区域的波高（h）、及波陡参数（$K=h/\lambda$）的概率密度分布见图 3。由图 3 可知，外围及眼壁区的波高跨度可达 8 m，显著大于台风眼波高跨度（4 m），且从台风中心向外，随着与台风中心距离的增大，波浪波高先增大后减小；波浪波陡参数显然有如下数值关系：台风眼壁>台风外围>台风眼，说明在台风中心处波浪较为平缓，在远离台风中心的过程中，波浪先变陡后变缓，但台风外围波陡参数依然明显大于台风眼波陡参数。

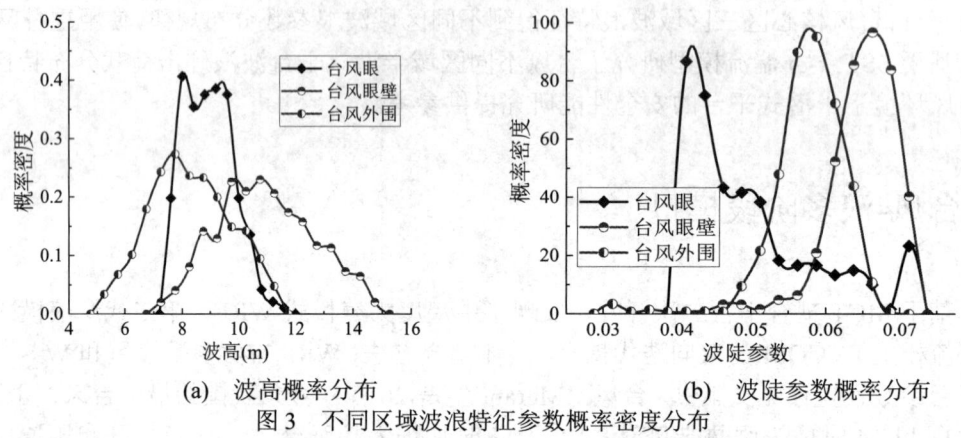

(a) 波高概率分布　　(b) 波陡参数概率分布
图 3　不同区域波浪特征参数概率密度分布

3　小尺度 CFD 模拟

将图 3(a)中概率密度前五的点对应的波高值取平均作为台风核心不同区域代表波高，取不同区域概率密度曲线峰值对应的波陡参数为代表波陡参数并反推出波长；取文献[7]不同区域表层流速的有义值作为代表流速；考虑到台风不同区域在千米量级的小尺度范围内波浪参数变化并不明显，且本研究模拟时间相较于台风移动可忽略不计，本文使用五阶斯托克斯波进行模拟。为了控制网格数量同时更好地模拟波浪砰击过程中波浪爬升、破碎等强非线性现象，按照 Froude 相似准则以 1:50 缩尺比进行模拟，缩尺后具体工况参数见表 1。

表 1　缩尺后工况参数

	代表波高(m)	代表波长(m)	流速(m/s)	风剖面(m/s)
台风眼	0.180	4.232	0.051	$y=3.06(x/0.2)^{0.046}$
台风眼壁	0.219	3.305	0.060	$y=6.94(x/0.2)^{0.098}$
台风外围	0.169	2.875	0.076	$y=4.81(x/0.2)^{0.097}$

本研究的模型为超大型半潜式平台，具体参数见文献[8]，模型设计吃水为 0.24 m。设置共 8 根张紧式系泊缆绳，长度均为 6.5 m，单位长度质量 0.04534 kg/m，刚度为 302.4 kN/m，同系泊点处缆绳之间夹角以及缆绳与 x、y 轴之间夹角在垂向上的投影均为 30°。采用数值

边界造波法在入口处输入指定波面函数与速度函数实现造波，采用阻尼消波方法在出口处设置消波区，通过在垂向上增加阻尼以增强波浪耗散，减少出口处波形反射的影响。利用 VOF 方法进行自由液面捕捉，动态重叠网格方法实现物体的六自由度运动及多物理运动分析。流域为不可压缩流体，采用 SST $k\text{-}\omega$ 湍流模型进行三维非定常隐式求解，其中，动量方程、湍动能及湍动耗散率均采用二阶迎风格式，三维数值水池见图 4。

全域采用切割体进行网格划分，保证一个波长内有 80~100 个网格，对自由液面处进行两层网格加密，第一层加密范围为 3 倍波高，保证一个波高内有 10~20 个网格，第二层加密高度与网格尺寸均为第一层的两倍，计算域设置及网格划分均部分参考文献[9]。为验证本文造波方式及网格设置的准确性，在同一套网格下设置了时间子步 0.002 s、0.005 s、0.01 s 共三种工况，布置浪高仪监测模拟的波浪高程并与理论值对比如图 5，由图波浪模拟效果较好，可以证明本文网格设置的合理性，考虑到计算效率选取时间子步为 0.005 s。

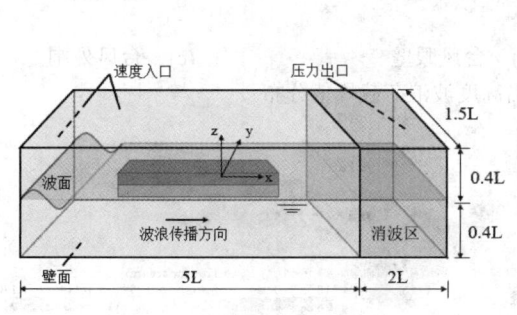

图 4　三维数值水池示意图

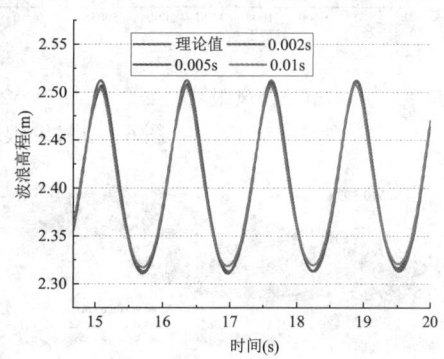

图 5　波高模拟值与理论值对比图

4　结果分析

图 6 给出了三种工况下半潜式平台五立柱迎浪端沿高度波浪荷载峰值分布，其中高度 0 m 值代表静水水线位置，立柱 1 至立柱 5 分别为迎浪端第 1 至第 5 个立柱。由图 6 可知，台风眼壁中立柱全高度均存在明显的波浪砰击，台风外围立柱波浪砰击高度稍大于台风眼中砰击高度。同高度处台风眼壁内波浪荷载显著大于其他两种工况，对比台风眼和台风外围可知，同高度处迎浪端前两个立柱波浪荷载数值相差不大，但立柱 3 至立柱 5 台风眼工况中波浪荷载明显小于台风外围工况下的波浪荷载；0 m 高度处三种工况下立柱 1 与立柱 5 波浪荷载差值分别为 364.90 Pa、512.46 Pa、288.00 Pa，说明台风眼壁波浪能量衰减最为严重，台风眼次之，台风外围波浪能量衰减相对较少。

为研究甲板底部波浪砰击特性，图 7 给出了台风眼壁区某个典型波峰经过半潜式平台全过程波浪场的演化图。由于波浪砰击发生在极短的时间内，为更好的展示波浪砰击效果，波浪场的演化图时间均取波浪砰击荷载峰值对应时刻后 0.02 s。由图 7(a)可知，波浪在第一排立柱处产生分流，一部分波浪沿立柱爬升并对立柱前侧甲板造成波浪砰击，另有两股波浪沿立柱两侧加速向后冲击；在立柱中间分别沿立柱侧面向后冲击的两股水流发生汇集，巨大的能量使其向上对甲板造成强烈的波浪砰击，如图 7(b)所示；砰击后的水流与从第一排立柱外侧向后冲击的水流汇聚并沿第二排立柱向上爬升再次对甲板造成砰击。后续演化过程与前文相似，但在后三排立柱处未因为波浪爬升产生较大的波浪砰击，故此处未给出相应的波浪场云图，但仍会发生由于波浪汇集产生的波浪砰击。

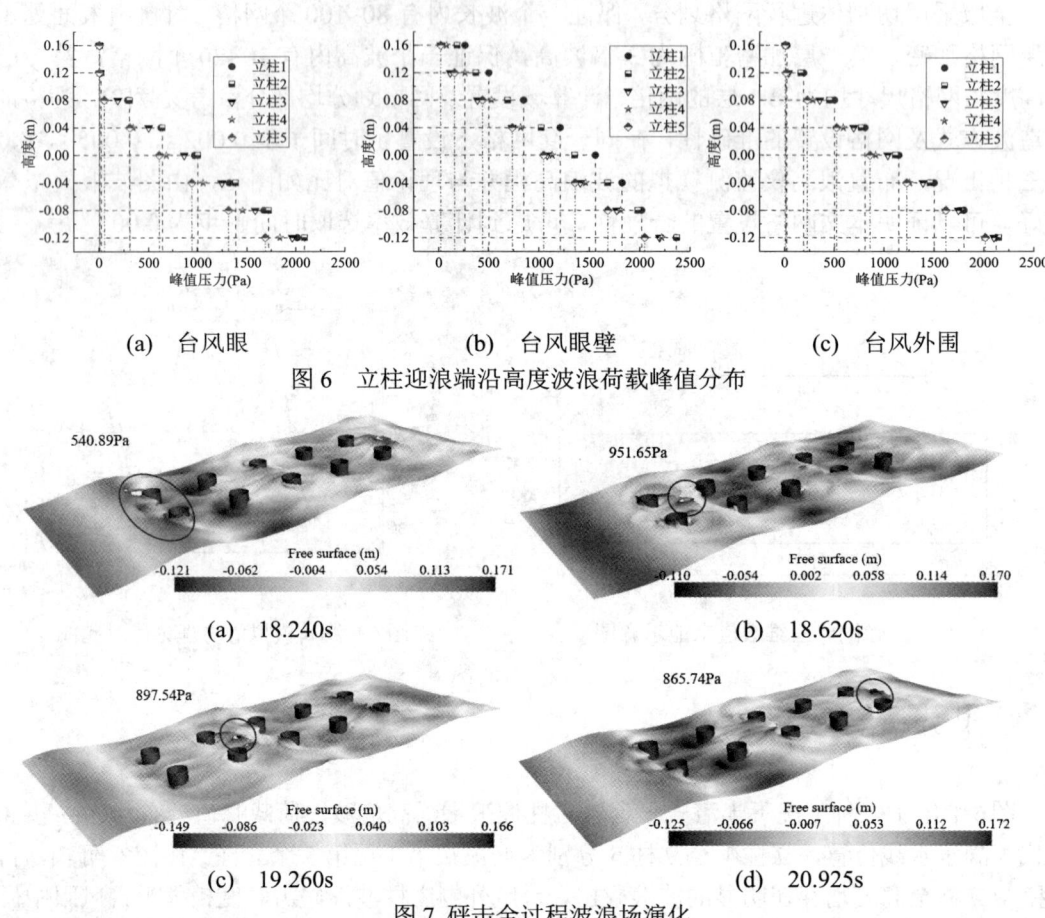

(a) 台风眼　　　　　　　(b) 台风眼壁　　　　　　　(c) 台风外围

图 6　立柱迎浪端沿高度波浪荷载峰值分布

(a) 18.240s　　　　　　　(b) 18.620s

(c) 19.260s　　　　　　　(d) 20.925s

图 7　砰击全过程波浪场演化

为研究平台甲板底部的波浪砰击具体分布，同时考虑到平台的对称性，对甲板底部进行分区布置测点如图 8 所示。定义甲板底部波浪砰击荷载值 100~500 Pa 为有效砰击，500 Pa 以上为强烈砰击。图 9 给出了台风眼及台风眼壁甲板底部不同分区波浪砰击分布统计，由于台风外围仅 L2 产生 13 次有效砰击和 24 次强烈砰击，X3、X5 分别产生 7 次和 4 次有效砰击，故未进行绘图统计，说明半潜式平台甲板的波浪砰击主要发生在台风眼和台风眼壁。由图 9 可知，由于爬升产生的波浪砰击主要出现在迎浪端前两个立柱，与图 7 波浪场的演化图相对应，这是由于平台前端波浪砰击消耗了大量的波浪能量，当波浪传播至平台尾端立柱时，波浪能量不足以支撑其沿立柱爬升并对甲板造成砰击，X 区的波浪汇集砰击在次数和强度上均明显大于 L 的爬升砰击，台风眼中 X 区相对于 L 区有效砰击和强烈砰击次数分别增加了 55.81%、82.35%，台风眼壁中对应次数分别增加了 14.29%和 470.00%。

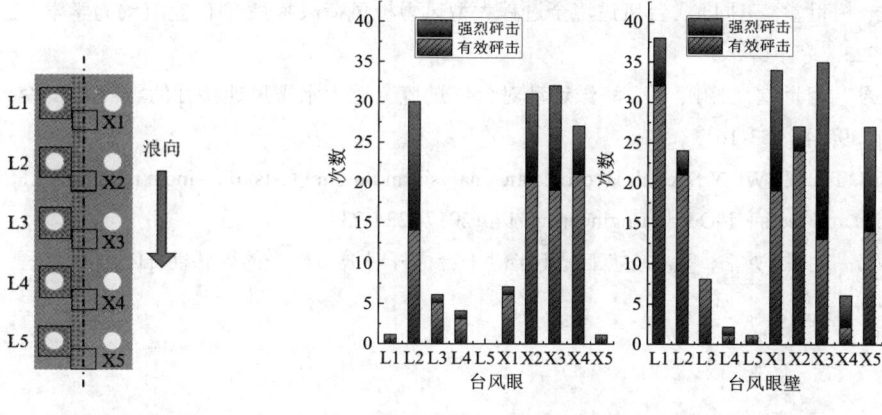

图 8　甲板底部分区　　　　图 9　不同分区波浪砰击次数统计

5 结论

本研究分析了台风"Meranti"强风期台风核心区台风眼、台风眼壁和台风外围三阶段的风场、波浪场和海流场，得到了不同核心区波浪参数分布规律；在此基础上，探究了处于不同台风阶段的半潜式平台在台风、波浪、海流联合作用下波浪砰击特性。

（1）台风眼壁波高均值显著大于台风眼和台风外围，从台风眼至台风外围，波陡参数先增大后减小，但台风外围波陡依然明显大于台风眼处波陡；

（2）相较于其余两种工况，台风眼壁中立柱的波浪荷载最大；波浪对甲板底部的砰击按照产生原因分为爬升砰击和汇集砰击，且汇集砰击发生次数更多，荷载极值更大。

参考文献

1　余杨, 王华昆, 余建星, 等. 中型邮轮玻璃幕墙波浪砰击载荷研究 [J]. 中国造船, 2021, 62(03): 13-27.

2　Scharnke J, Vestbostad T, de Wilde J.D, et al. Wave-in-Deck Impact Load Measurements on a Fixed Platform Deck[C]. ASME 2014 International Conference on Ocean, Offshore and Arctic Engineering, 2014, pp. V01AT01A013-V001AT001A013.

3　霍发力, 张健, 杨德庆. 工作水深对浮式平台波浪砰击影响的敏感性分析 [J]. 上海交通大学学报, 2017, 51(04): 410-417.

4　Brodtkorb B. Prediction of Wave-in-Deck Forces on Fixed Jacket-Type Structures Based on CFD Calculations [C]. ASME 2008 27th International Conference on Offshore Mechanics and Arctic Engineering, Estoril, Portugal, 2008, 713-721.

5. Entezam S, Kazemi S. Numerical modeling of wave run-up along columns of semi-submersible platforms [J]. Journal of Marine Science and Engineering, 2015, 216-232.
6. 王浩, 柯世堂, 王同光. 台风过境全过程大型风力机风荷载特性 [J]. 空气动力学学报, 2020, 38(05): 915-923.
7. 员亦雯, 柯世堂, 王硕, 等. 海洋运动对台风过境全过程水平风速特性的影响 [J]. 空气动力学学报, 2021, 39(04): 153-161.
8. Ding J, Tian C, Wu Y S, et al. Hydroelastic analysis and model tests of a single module VLFS deployed near islands and reefs [J]. Ocean Engineering, 144(2017) 224-234.
9. 安康, 高明月, 姚智, 等. 拖航工况下半潜平台撑杆对波浪砰击的敏感性 [J]. 船舶工程, 2020, 42(09): 133-141.

Study on wave slamming load of semi-submersible platform during typhoon transit

ZHU Ting-rui[1,2], KE Shi-tang[1,2*], LI Wen-jie[1,2], CHEN Jing[1,2], YUN Yi-wen[1,2], REN He-he[1,2]

(1. Department of Airport and Civil Engineering, Nanjing University of Aeronautics and Astronautics, Nanjing 211106, Email: keshitang@163.com;

2 Jiangsu Airport Infrastructure Safety Engineering Research Center, Nanjing University of Aeronautics and Astronautics, Nanjing 211106)

Abstract: The accurate prediction of dynamic response and wave slamming load of semi-submersible platform in extreme marine environment such as typhoon is the key premise to ensure its safety performance. Based on the mesoscale WRF-SWAN-FVCOM coupling simulation, this paper analyzes the temporal and spatial distribution of multi-stage wind wave current in the eye, eye wall and periphery of super typhoon "Meranti"; Combined with small-scale CFD numerical simulation method, the slamming load characteristics of platform column and deck in multi-stage typhoon are compared and analyzed. The results show that the wave height at the typhoon eye wall is significantly higher than the other two working conditions, and the wave steepness parameters from the typhoon eye to the periphery of the typhoon first increase and then decrease; Different stages of typhoon have obvious effects on the wave slamming of semi submersible platform. The wave slamming on the platform deck caused by wave aggregation is more severe than that caused by wave climbing.

Key words: The whole process of typhoon; Wind wave current coupling; Semi-submersible platform; Slamming load

船舶最小推进功率新旧导则评估方法研究

王艳霞*，郑安燃，宗涛

（中国船舶科学研究中心上海分部，上海 200011, Email: wangyanxia@702sh.com）

摘要：国际海事组织(IMO)于 2021 年通过了"船舶在恶劣海况下维持操纵性的最小推进功率计算导则"，该计算导则是在临时导则的基础上修订而成。本研究梳理了两个导则中船舶最小推进功率评估方法的差异，并对典型船型的船舶最小功率进行了评估。计算结果表明：2021 计算导则的实施使得船舶最小推进功率履约难度有所提高。

关键词：EEDI；船舶最小推进功率；恶劣海况

1 引言

随着船舶能效设计指数(Energy Efficiency Design Index, EEDI)的强制实施，船舶设计者可能选择降低船舶设计航速的方法来获得符合国际海事组织(IMO) 标准的 EEDI，这就会导致船舶推进功率的降低，并使船舶在恶劣海况下可能无法保证安全航行，由此船舶最小推进功率问题受到普遍关注。船舶最小推进功率议题最早由 IACS（International Association of Classification Societies,国际船级社协会）在 MEPC61/5/32[1]提案中提出，于 2013 年通过了 MEPC.232(65)决议[2] "2013 确定恶劣海况下维持船舶操纵性的最小推进功率临时导则"，并于 MEPC 第 68 次会议进行了修订(下文简称"2013 临时导则"）；历经十几届 MEPC 的讨论和修订[3-5]，于 2021 年 MEPC 第 76 次会议通过了"船舶在恶劣海况下维持操纵性的最小推进功率计算导则"[6]（下文简称"2021 计算导则"），同时废除了 2013 临时导则。两个导则的计算流程上是一致的，均规定船舶最小推进功率的评估包括两个层次[7]，若第一层次的标准不满足，则需开展第二层次评估。第一层次的评估，也即基线评估法，是基于统计得到的最小推进功率基线公式进行计算，两个导则在第一层次的评估方法上是相同的。第二层次的评估，也即简化评估法，是基于模型试验或数值计算进行评估，当前文献[8-10]都是针对 2013 临时导则进行研究，而未曾见到对 2021 计算导则评估方法的研究，且两个导则的差异对我国船舶的影响也未见文献报道。

因此，本研究主要针对船舶最小推进功率评估方法，梳理了 2013 临时导则和 2021 计算导则中第二层次评估方法的差异，并采用两个导则对典型船型的船舶最小功率进行了对比分析，研究了 2021 计算导则的实施对我国新造船舶的影响。

2 2013临时导则与2021计算导则第二层次评估方法的差异

2013临时导则和2021计算导则第二层次评估方法的差异主要体现在恶劣海况、最小航速、波浪增阻计算、推力减额、伴流分数、判断标准等方面。

2.1 恶劣海况的定义

船舶最小推进功率评估对应的恶劣海况参数是依据船长进行定义的(表1)。船长小于200 m的船舶，2013临时导则和2021计算导则对应的风速分别是15.7 m/s、19.0 m/s，有义波高分别是4.0 m、4.5 m；船长大于250 m的船舶，2013临时导则和2021计算导则对应的风速分别是19.0 m/s、22.6 m/s，有义波高分别是5.5 m、6.0 m；船长居于中间的船舶，根据船长线性插值得到风速和有义波高。谱峰周期均是7~15 s。

可以看出，对于同一船长的船舶，在采用2021计算导则评估船舶最小功率时，采用的风速和有义波高均明显高于2013临时导则，风浪条件更趋恶劣。

表1 恶劣海况定义

	2013临时导则			2021计算导则		
船长L_{pp} (m)	$L_{pp} < 200$	$200 \leq L_{pp} \leq 250$	$L_{pp} > 250$	$L_{pp} < 200$	$200 \leq L_{pp} \leq 250$	$L_{pp} > 250$
风速V_w(m/s)	15.7	根据船长进行线性插值	19.0	19.0	根据船长进行线性插值	22.6
有义波高h_s(m)	4.0		5.5	4.5		6.0

2.2 最小航速的确定

2013临时导则规定，船舶在夏季最大吃水恶劣海况顶风顶浪中的最小前进航速 $v_s = \max(4, V_{ck})$，其中 V_{ck} 定义如下：

$$V_{ck} = V_{ck,ref} - 10.0 \times (A_{R\%} - 0.9) \tag{1}$$

式中，$V_{ck,ref}$ 为航向保持参考速度，单位 kn。对于散货船、液货船和兼用船，$V_{ck,ref}$ 取决于船舶正投影受风面积 A_F 和侧投影受风面积 A_L 的比值，具体取值见表2。$A_{R\%}$ 为舵的实际面积 A_R 与经船宽修正后船舶侧向浸没面积 $A_{LS,cor}$ 的比值：

$$A_{R\%} = \frac{A_R}{A_{LS,cor}} \times 100 \tag{2}$$

式中，A_R 为舵的实际面积，$A_{LS,cor}$ 为经船宽修正后的船舶侧向浸没面积：

$$A_{LS,cor} = L_{pp} \times T_m \times \left[1.0 + 25.0 \times \left(\frac{B_{wl}}{L_{pp}}\right)^2\right] \quad (3)$$

式中，L_{pp} 为船舶垂线间长，T_m 为船舯吃水，B_{wl} 为船舶水线宽。

表 2 航向保持参考速度 $V_{ck,ref}$ 的取值表

范围	$A_F/A_L \leq 0.1$	$A_F/A_L \geq 0.4$	$0.1 < A_F/A_L < 0.4$
$V_{ck,ref}$ (kn)	9.0	4.0	线性插值

2021 计算导则规定，船舶在夏季最大吃水恶劣海况中迎浪与艏斜浪 30°范围内的最小前进航速 U 定义为 2kn。

对比可知，2013 临时导则和 2021 计算导则在最小航速确定方法上的区别主要为：①前者综合考虑了舵面积和水线以上侧投影面积，后者直接定义为 2kn，且后者明显小于前者；②前者考虑迎风迎浪，后者考虑迎浪至艏斜浪 30°范围以内的波浪环境。

2.3 阻力计算

船舶在恶劣海况下受到的总阻力主要包括静水阻力、风阻力、波浪增阻和附体阻力四部分，其中波浪增阻计算方法的差异最大。

2021 计算导则中提出了两种计算波浪增阻的方法，一种是经验公式，一种是谱方法，两种方法可二选一。其中，经验公式如下：

$$X_d = 1336 \times (5.3 + U) \times \left(\frac{B \cdot d}{L_{PP}}\right)^{0.75} \cdot h_s^2 \quad (4)$$

式中，B 和 d 分别是船宽、计算吃水，h_s 是有义波高，取值见表 1。

谱方法计算公式如下：

$$X_d = 2\int_0^\infty \int_0^{2\pi} \frac{X_d(U,\mu',\omega')}{A^2} S_{\zeta\zeta}(\omega')D(\mu-\mu')\mathrm{d}\omega'\mathrm{d}\mu' \quad (5)$$

式中，$\frac{X_d}{A^2}$(N/m²) 是波浪增阻传递函数，是根据耐波性试验或经管理部门/认可机构验证的等效方法定义的，可以使用通函 MEPC.1/Circ.850/Rev.3 附录 2 的附录中的半经验方法，$S_{\zeta\zeta}(\omega')$ 是峰值参数为 3.3 的 JONSWAP 谱函数，$D(\mu-\mu')$ 是方向扩展函数，ω'(rad/s) 是波频，μ(rad) 是浪向角，μ'(rad) 是波分量的方向。

对于方向扩展函数 $D(\mu-\mu')$，也可以假定为 1，此时考虑到长峰波中的最大阻力增加并不总是对应于顶浪方向，因此波浪增阻 X_d 可在长峰不规则波中的增阻上乘以修正系数 1.3 来确定。

2013 临时导则中波浪增阻计算公式如下：

$$R_{aw} = 2\int_0^\infty \frac{R_{aw}(v_s,\omega)}{\zeta_a^2} S_{\zeta\zeta}(\omega)\mathrm{d}\omega \tag{6}$$

式中，$\frac{R_{aw}}{\zeta_a^2}(\mathrm{N/m}^2)$ 是波浪增阻传递函数，临时导则指出该参数可以通过耐波性试验或经管理部门/认可机构验证的等效方法来获得，但并未明确具体计算方法。

对比 2013 临时导则和 2021 计算导则中的波浪增阻获取方法，可知：①2021 计算导则中提供了三种波浪增阻的计算方法，包括经验公式、短峰波计算、长峰波计算，并给出了具体的计算过程，而 2013 临时导则并未明确数值计算方法；②与 2013 临时导则关注顶风顶浪的风浪条件相比，2021 计算导则关注的是迎浪至舷斜浪 30° 以内的风浪条件。

2.4 桨推力和推进相关计算

在进行螺旋桨推力及推进性能计算时，2013 临时导则和 2021 计算导则的计算过程是相同的，不同的是推力减额 t 和伴流分数 w 的取值。

2013 临时导则中，推力减额 t 可由模型试验或经验公式 $t=0.7w$ 获得，伴流分数 w 的取值方法可由表3得到。而 2021 计算导则中，推力减额 t 和伴流分数 w 的取值采用默认的保守值：$t=0.1$，$w=0.15$。

表3 伴流分数建议取值

方形系数	单桨船	双桨船
0.5	0.14	0.15
0.6	0.23	0.17
0.7	0.29	0.19
0.8 及以上	0.35	0.23

2.5 船舶最小功率判断标准

经过一系列的计算，可得到螺旋桨的收到功率 P_D。根据计算结果判断船舶是否满足最小功率规范要求。两个导则的判断标准略有差异。

2013 临时导则中，由 P_D 进一步得到螺旋桨扭矩 $Q(N\cdot m)$，并与主机的扭矩限制线 $Q_{\max}$ 进行对比。如果 $Q<Q_{\max}$，则该船满足最小推进功率第二层次评估要求，否则，不满足。

相对于 2013 临时导则从扭矩的角度进行判断，2021 计算导则是从功率角度进行判断。2021 计算导则要求，在恶劣海况下 2 节前进航速所需的制动功率 P_B^{req} 不应超过相同条件下主机的可用制动功率

$$P_B^{av}: P_B^{req} \le P_B^{av}$$

式中，$P_B^{req} = \frac{2\pi Q n_p}{\eta_s \eta_g \eta_R}$，$n_p$ 是螺旋桨转速(1/s)，η_s 是轴系传递效率，η_g 是齿轮箱传递效率，η_R 是相对旋转效率。

可以看出，虽然 2021 计算导则和 2013 临时导则的判断标准在形式上是有差异的，但其本质是一致的，因为功率和扭矩之间是可以相互转换。

3 算例

选取典型肥大船 32 万吨级油船和 21 万吨级散货船作为算例，计算了船舶最小推进功率。两条船主尺度见表 4。根据计算结果，32 万吨级油船和 21 万吨级散货船均在波浪周期为 13 s 时需要的主机功率最大，不同评估方法得到的数据和结论见表 5。

表 4 算例船主尺度

参数	32 万吨油船	21 万吨散货船
垂线间长(m)	326.6	294.4
型宽(m)	60	50
吃水(m)	22.5	18.45

表 5 计算结果

对应导则方法	参数	VLCC 数据	VLCC 结论	21 万吨散货船 数据	21 万吨散货船 结论
2013 临时导则	最小航速(kn)	5.86	满足	5.6	满足
	对应螺旋桨转速(rpm)	47.3		55.9	
	对应螺旋桨扭矩(N·m)	2400		1388	
	主机最大扭矩(N·m)	2469		1615	
2021 计算导则-经验公式	最小航速(kn)	2	满足	2	满足
	对应螺旋桨转速(r/m)	40.6		49.6	
	船舶所需制动功率(kW)	8401		6252	
	主机可用制动功率(kW)	8446		7449	
2021 计算导则-短峰波	最小航速(kn)	2	不满足	2	满足
	对应螺旋桨转速(r/m)	42.6		50.5	
	船舶所需制动功率(kW)	9743		6627	
	主机可用制动功率(kW)	9491		7735	
2021 计算导则-长峰波	最小航速(kn)	2	不满足	2	满足
	对应螺旋桨转速(r/m)	46.8		55.8	
	船舶所需制动功率(kW)	12969		9014	
	主机可用制动功率(kW)	11944		9441	

从表 5 可以看出：

（1）采用 2013 临时导则时，两条船对应的螺旋桨扭矩均小于相同条件下主机最大扭矩，满足船舶最小推进功率评估要求；

（2）采用 2021 计算导则时，基于经验公式、短峰波和长峰波三种方法的计算结果均显示，21 万吨级散货船在最小航速 2kn 时所需的制动功率小于相同条件下主机最大制动功率，满足船舶最小推进功率评估要求；对于 32 万吨级油船，只有经验公式计算得到的结果满足最小推进功率评估要求，另外两种方法得到的结果则不满足最小推进功率评估要求。

（3）综上，2021 计算导则中的评估方法使得船舶最小推进功率履约难度有所提高。

4 结论

本研究主要聚焦船舶最小推进功率评估方法，梳理了 2013 临时导则和 2021 计算导则中船舶最小推进功率第二层次评估方法的差异，并采用两个导则对典型肥大船的最小推进功率进行了评估，基于计算结果分析了 2021 计算导则的实施对我国新造船舶的影响。研究结果表明：

(1) 2021 计算导则与 2013 临时导则第二层次评估方法上差异较大，主要体现在恶劣海况、最小航速、波浪增阻计算、推力减额、伴流分数、判断标准等方面。

(2) 从船舶最小推进功率导则的满足角度看，对于同一条船，存在采用 2013 临时导则计算时满足而采用 2021 计算导则计算时不满足的可能性，因此船舶最小推进功率的规范履约难度有所提高；

(3) 从计算方法本身看，2021 计算导则中提供了三种计算波浪增阻的方法供选择，任何一种都可用于船舶最小推进功率的评估。但算例结果表明，三种方法得到的结论不完全一致，因此极低航速下波浪增阻的计算方法需要深入研究。

作为新设计船舶必须遵守的规范之一，随着 EEDI 第二和第三阶段的逐步实施，船舶最小推进功率评估的重要性会愈发凸显出来，最小推进功率评估方法的完善以及现行导则的应对策略研究将是下一步亟需开展的工作重点。

参考文献

1 Consideration of the energy efficiency design index for new ships – minimum installed power to maintain safe navigation in adverse conditions [R]. Marine environment protection committee 61st session agenda item 5. MEPC 61/5/32.London, England, 2010.

2　IMO. 2013 interim guidelines for determining minimum propulsion power to maintain the manoeuvrability of ships in adverse conditions [S]. MEPC. 232(65), London, 2013.

3　IMO.Amendments to the 2013 interim guidelines for determining minimum propulsion power to maintain the manoeuvrability of ships in adverse conditions (resolution MEPC.232 (65)) [S]. MEPC. 255(67), London, 2014.

4　IMO. Amendments to the 2013 interim guidelines for determining minimum propulsion power to maintain the manoeuvrability of ships in adverse conditions (resolution MEPC.232 (65), as amended by resolution MEPC.255(67))[S]. MEPC. 262(68), London, 2015.

5　IMO.2013 interim guidelines for determining minimum propulsion power to maintain the manoeuvrability of ships in adverse conditions, AS AMENDED (resolution MEPC.232 (65), as amended by resolution MEPC.255(67) and MEPC.262(68)) [S]. MEPC.1/Circ.850/Rev.2, 2017.

6　IMO. Guidelines for determining minimum propulsion power to maintain the manoeuvrability of ships in adverse conditions [S]. MEPC.1/Circ.850/Rev.3, 2021.

7　魏锦芳, 王杉, 苏甲, 等. 船舶最小推进功率跟踪研究 [J]. 中国造船, 2014, 55(4): 20-25.

8　刁峰, 周伟新, 魏锦芳, 等. 基于模型试验的船舶最小推进功率研究 [J]. 中国造船, 2017, 58(4): 31-37.

9　张亚晖, 杨博, 陈继峰, 等. 最小推进功率计算中波浪增阻计算方法研究 [J]. 中国造船, 2020, 61(special 2): 421-429.

10　李传庆, 董国祥. 最小推进功率评估方法研究 [J]. 中国造船, 2014, 55(1): 104-112.

Study on evaluation method of guidelines for minimum propulsion power of ships

WANG Yan-xia[*], ZHENG An-ran, ZONG Tao

(China Ship Scientific Research Center Shanghai Branch, Shanghai, 200011, Email: wangyanxia@702sh.com)

Abstract: In 2021, the International Maritime Organization (IMO) adopted " Guidelines for determining minimum propulsion power to maintain the manoeuvrability of ships in adverse conditions", which is revised on the basis of the provisional guidelines. In this paper, the differences of the evaluation methods of minimum propulsion power between the two guidelines are discussed, and the minimum power of typical ship types is evaluated. The calculation results show that the implementation of 2021 calculation guidelines makes it more difficult to perform the minimum propulsion power.

Key words: EEDI; Minimum propulsion power; Adverse condition.

准零刚度浮式防波堤消波性能研究

金华清，张海成*，徐道临

（湖南大学 机械与运载工程学院，长沙 410082, Email: zhanghc@hnu.edu.cn）

摘要：浮式防波堤在保护港口和海洋结构物免受海浪冲击方面发挥着重要作用，传统的浮式防波堤存在长波（低频波）消波效果较差的瓶颈问题。基于减小等效刚度的思想，本文通过附加斜弹簧负刚度机构提出了一种具有非线性刚度的浮式防波堤来提升其消波性能。对于该新型浮式防波堤的非线性水动力耦合问题，本文提出了一种耦合特征函数展开匹配法和多谐波平衡法的半解析求解方法。最后以一个具有准零刚度的柱约束非线性防波堤为例，验证了混合解析求解模型的可行性并揭示非线性防波堤的消波机理。通过准零刚度防波堤与线性刚度防波堤的对比，表明非线性刚度防波堤可以有效拓宽消波频带。本文提出的非线性浮式防波堤为消低频波提供了一种新的技术思路，所采用的混合求解方法可推广到其它波浪与结构物非线性耦合问题。

关键词：浮式防波堤；准零刚度；非线性响应；流固耦合

1 引言

码头、港口和海上建筑物在支持人类海上活动等方面发挥着重要作用，所以减小波浪对沿海和近海结构的冲击、侵蚀影响是至关重要的。防波堤是一种简单的海上结构物，能有效减少波浪在近岸水域的作用强度，从而减少海水对海岸的侵蚀，保护港口的安全，同时可以保障海洋浮式结构物的安全。

防波堤一般分为坐底式和浮式。传统的坐底式防波堤一般为矩形或梯形，通过反射入射波来衰减波浪。由波能理论可知大多数波能集中在自由表面，超过 90%的波能分布在自由表面以下三倍于波高的深度内[1]。很明显，坐底式结构防波堤的宽度的变化与波能沿水深的分布不相匹配。此外，这些坐底式防波堤严重阻碍了自然的水循环，加重了保护区内的污染和泥沙问题。因此，相对于传统的固定式防波堤，浮式防波堤是非常合理的选择，它不受水深、潮差和地基土质的影响，并且可以进行水交换改善港口内水质[2-3]。由于浮式防波堤优异的性能，浮式防波堤被科研人员和海洋工程师们大量的研究，人们提出、设计和建造了各种形式的防波堤。Hales[4]、McCartney[5]和 Dai[6]从外形上分类全面地综述了各种浮式防波堤，并评估了其性能和适用性。

然而单浮箱式浮堤的消浪效果往往不理想，特别对较长周期波浪[7]。为提高防波堤的消浪效果，研究人员从增加波浪反射和波能损耗等原理着手对传统的箱型结构防波堤进行了改进。为了增大波能损耗，研究人员在防波堤下部增加阻尼结构起到破碎波浪的作用效果，如板-网型[8]、气腔型[9]；为了增大波浪的反射，研究人员使用多浮箱[10-14]或给传统的矩形防波堤安装垂向板，如Π型[15-16]、T型[17-18]、F型[19]。由以往的研究可知，在增大反射方面，研究人员都是通过使用多浮箱或给浮箱安装附加结构来提升反射效果。使用多浮箱或给浮箱安装附加结构主要是影响浮式防波堤的绕射波，然而，通过调整辐射波来提升浮式防波堤这方面的研究却少于学者涉及。辐射波在浮式防波堤的消波效果中起着重要作用，辐射波与浮体的运动相关，通过改变浮体的运动来达到更好的反射效果是一个新的消波思路。由振动理论可知，系统的运动响应与系统的固有频率息息相关，而固有频率又由系统的质量和刚度决定。对传统浮式防波堤研究来看，浮式系统的谐振频率与消波性能直接相关。是否可以通过改变系统的固有频率来改善消波性能？类比于低频减振问题[20]，是否减小系统固有频率也有利于低频消波？是否引入非线性刚度系统可改善系统的消波性能？减小固有频率意味着减小刚度或者增大质量，但对于浮式系统来说，受限于浮力平衡的要求，系统的质量与刚度往往互相关联，因此这是一个典型的水动力耦合问题。引入非线性刚度同时会引起非线性水动力干扰，给问题求解带了困难，且系统响应机理也不清楚，值得深入研究。

精确的理论模型是评估防波堤性能的前提。浮式防波堤研究的难点和重点是建立防波堤与波浪相互作用的计算模型。边界元法和有限元法是防波堤分析的两种有效的数值方法，已有许多关于各种浮式防波堤的数值方法的研究[18,21-23]。解析方法也广泛用于研究防波堤与波浪之间的相互作用[16-17,24-26]。特征函数展开匹配法是一种高效、准确的方法，已解决了大量波浪与结构相互作用问题[27-31]，该方法原理是将整个流体域划分为多个子域，然后利用满足浮体与流体界面边界条件的正交函数逼近各子域的速度势，正交函数的待定系数可以通过子域间公共边界上的连续条件求解。一些学者通过构造合适的格林函数来研究浮体的水动力特性[32-33]。然而，这些方法很难解决非线性问题。对于非线性波浪，有些人采用完全数值方法，如考虑黏性的时域边界元和CFD方法[18,21,34-35]，但求解时间较长，不适合浮式防波堤机理研究。对于浮式结构振动非线性问题，也有采用基于时频转换的Cummins方程求解浮体非线性运动问题，但对于防波堤分析，难以获得波面信息，所以对于考虑结构非线性运动的波浪和结构物耦合解析求解方法至关重要。

由于传统的矩形浮式防波堤对低频波的抵抗能力较差，研究人员设计研究了各种特殊形状的防波堤来增强防波堤的消波效果。本文从调整浮式防波堤的辐射波这一思路着手，提出并研究了一种新型准零刚度浮式防波堤。通过将非线性刚度引入到浮式防波堤中，可以降低浮式防波堤的等效固有频率，拓宽浮式防波堤的消波频带，提升浮式防波堤的低频消波性能。在该模型中，浮式防波堤为传统的矩形，附加了斜弹簧负刚度机构。对于该非线性的波浪-结构物耦合问题，为了获得波面信息，特征函数展开匹配方法求解线性水波的绕射/辐射问题，多谐波平衡法用于求解防波堤的非线性响应。一个柱约束的准零刚度非线性防波堤被用作算例，证明了非线性防波堤的良好性能并验证了混合模型的可行性。本文提出的非线性浮式防波堤的概念为消波提供了一种新的思路，该非线性防波堤模型不仅可以解决二维和单浮筒问题，它的研究思路还可以扩展到许多波浪-结构非线性耦合问题。

2 非线性浮式防波堤水动力模型及混合解析求解方法

非线性浮式防波堤如图1所示，防波堤仅考虑垂荡方向的运动，水平放置的弹簧在垂直方向提供非线性刚度。模型坐标系、水域参数、浮体宽度和吃水如图1所示。

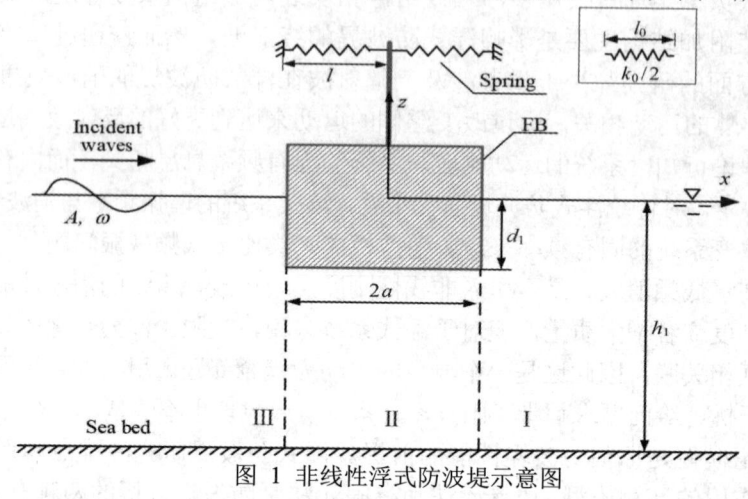

图 1 非线性浮式防波堤示意图

为了清晰地揭示波浪与结构非线性的耦合机理和非线性防波堤性能，本文的模型采用解析方法研究。在本文提出的非线性浮式防波堤模型中，防波堤的非线性运动使得波浪与结构的耦合问题非常复杂。为此，采用特征函数展开匹配法和多谐波平衡法联合求解波浪与浮体结构的非线性耦合问题，特征函数展开匹配方法用于求解线性波浪的绕射/和辐射水动力参数，多谐波平衡法用于求解浮式防波堤的非线性运动响应。下面的流程图用于说明两种方法的联合求解过程。

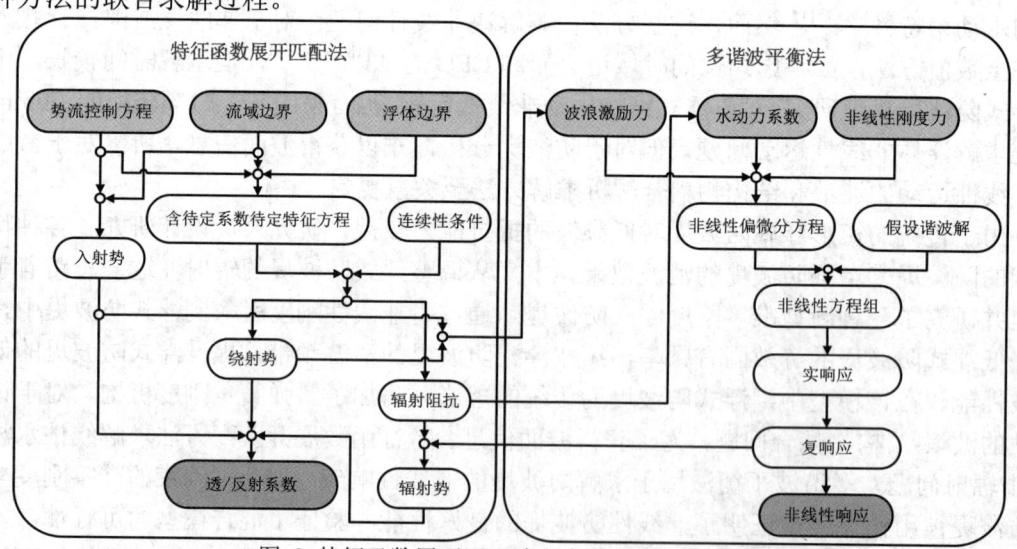

图 2 特征函数展开匹配法和多谐波平衡法求解过程

2.1 线性波浪模型及求解方法

基于势流理论,流域可以用速度势表示

$$\phi = \text{Re}[\Phi(x,z)e^{-i\omega t}] \tag{1}$$

式中,ω 表示波浪频率,t 表示时间,Φ 为复速度势。复速度势满足拉普拉斯方程,在二维直角坐标系中写为

$$\frac{\partial^2 \Phi(x,z)}{\partial x^2} + \frac{\partial^2 \Phi(x,z)}{\partial z^2} = 0 \tag{2}$$

在波浪-结构物相互作用问题中,速度势可以分解为入射势 Φ_I、绕射势 Φ_D 和辐射势 Φ_R。Φ 可以写成

$$\Phi = \Phi_I + \Phi_D + \Phi_R \tag{3}$$

这里仅考虑垂荡方向运动引起的辐射势,$\Phi_R = \text{Re}[-i\omega u \varphi(x,z)]$,$\varphi_R$ 为浮体单位运动幅值所引起的辐射势,u 为浮体运动的复幅值。

由波高 A 和水深 h_1 及拉普拉斯方程自由液面和水底边界条件,可确定入射势为

$$\Phi_I = -\frac{igA}{\omega}\frac{\cosh[k(z+h_1)]}{\cosh(kh_1)}e^{ikx} \tag{4}$$

式中,g 为重力加速度,k 为波数,波数满足色散关系 $\omega^2 = gk\tanh(kh_1)$。

绕射波由入射波经过固定结构物所引起,辐射波由运动结构物所引起,它们满足拉普拉斯方程相应的边界条件,受篇幅所限,这里不以一列举。

为了便于参数研究,本文采用特征函数展开匹配法求解该边值问题。如图 1 所示,将流域划分为 I、II、III 三个子域,每个域的速度势由含待定系数的无穷级数形式的特征函数表示,该特征函数满足拉普拉斯方程和边界条件。其中特征函数的待定系数可由相邻子域间的速度、压力连续条件而确定。详细的求解过程见参考文献[29]。

求得波浪速度势后,根据伯努利方程可求得浮体湿表面的压力,湿表面压力积分即可获得波浪在垂荡方向的激励力

$$F_W = i\rho\omega \int_{-a}^{a}\left[\Phi_I(x,-d_1) + \Phi_D(x,-d_1)\right]dz \tag{5}$$

垂荡方向的辐射力为

$$\tilde{F}_R = \int_{-a}^{a} i\rho\omega \Phi_R(x,-d_1) e^{-i\omega t} dx = \int_{-a}^{a} i\rho\omega\left[-i\omega\Phi_R(x,-d_1)u\right]e^{-i\omega t} dx = \\ \rho\omega^2 u\, e^{-i\omega t}\int_{-a}^{a}\varphi_R(x,-d_1)dx = (\omega^2\mu + i\omega\lambda)ue^{-i\omega t} \tag{6}$$

式中,μ 和 λ 表示附加质量和附加阻尼,表达式为

$$\mu = \rho\int_{-a}^{a}\text{Re}\left[\varphi_R(x,-d_1)\right]dx,\quad \lambda = \rho\omega\int_{-a}^{a}\text{Im}\left[\varphi_R(x,-d_1)\right]dx \tag{7}$$

考虑到浮体做简谐运动时,运动位移可写为 $\tilde{z} = ue^{-i\omega t}$,由速度、加速度与位移响应的关系可知辐射力(6)可表示为

$$\tilde{F}_R = -\mu\ddot{\tilde{z}} - \lambda\dot{\tilde{z}} \tag{8}$$

2.2 非线性动力学模型及求解方法

由牛顿第二定理，非线性防波堤在垂荡方向的运动方程为

$$M \cdot \ddot{Z} + F_H + F_{NL} = F_W + F_R \tag{9}$$

式中，$M = 2\rho a d_1$，为防波堤质量，Z 表示防波堤的垂向位移，"."表示对时间求导。F_W，F_R，F_H，F_{NL} 分别为波浪激励力，辐射力，静水恢复力和非线性刚度力。

静水恢复力为

$$F_H = K \cdot Z \tag{10}$$

式中，$K = 2\rho g a$ 为静水恢复刚度系数。

非线性刚度机构的参数如图1所示，每个弹簧的刚度为 $k_0/2$，始长为 l_0，浮体处于静平衡位置时弹簧长度为 l，通过简单的推导我们可知非线性刚度力的表达式为

$$F_{NL} = k_0 \cdot Z \cdot (1 - \frac{l_0}{\sqrt{Z^2 + l^2}}) \tag{11}$$

设 F_S 为静水恢复力与非线性刚度力之和

$$F_S = F_H + F_{NL} = K \cdot Z + k_0 \cdot Z \cdot (1 - \frac{l_0}{\sqrt{Z^2 + l^2}}) \tag{12}$$

规则波作用下浮体的激励力 F_W 已在式(5)给给出。式(8)仅给出了浮体做简谐运动时辐射力 $\tilde{F}_R$。但对于本文中具有非线性刚度的浮体运动来说，辐射力却不易确定。这是由于辐射力由浮体的运动响应决定，对于非线性系统来说，浮体的运动响应可能存在不同于波浪激励频率的多谐波成分，确定浮体的运动响应形式又需要完全了解系统的激励载荷，即波浪激励力和辐射力。因此该问题是个典型的非线性流固耦合问题。考虑到辐射力的组成，即使是非线性系统，辐射力一定包含附加惯性力和辐射阻尼力两部分

$$F_R = -f_a(\ddot{Z}) - f_c(\dot{Z}) \tag{13}$$

但上式中的附加惯性力 $f_a(\ddot{Z})$ 和辐射阻尼力 $f_c(\dot{Z})$ 的具体表达式完全由系统响应决定。

为了解决以上非线性流固耦合问题，这里用谐波平衡法求解该非线性流固耦合问题。首先为了便于解析求解，将非线性刚度力在 $Z = 0$ 处用泰勒级数展开并保留至三阶

$$F_S(Z) \approx F_S(0) + F_S'(0)Z + \frac{F_S''(0)}{2!}Z^2 + \frac{F_S'''(0)}{3!}Z^3 = \left(1 - \frac{k_0}{K} \cdot \frac{l_0 - l}{l}\right) \cdot K \cdot Z + \left(\frac{k_0}{K} \cdot \frac{3l_0}{l^3}\right) \cdot K \cdot Z^3 \tag{14}$$

令 $r = \frac{k_0}{K} \cdot \frac{l_0 - l}{l}$，$\varepsilon = \frac{k_0}{K} \cdot \frac{3l_0}{l^3}$，因此式(14)可简写为

$$F_S(Z) = (1 - r) \cdot K \cdot Z + \varepsilon \cdot K \cdot Z^3 \tag{15}$$

对于非线性系统，系统响应不仅有基频谐波响应，还可能会有其它频率成分的响应。因此我们假设系统响应为一系列谐波的叠加，为

$$Z(t) = \sum_{j=1}^{N} z_j = \sum_{j=1}^{N} a_j \cos \omega_j t + b_j \sin \omega_j t \tag{16}$$

式中，a_j, b_j 为各阶响应谐波的待定系数。N 为响应谐波的最高阶次，具体由系统参数决定。

如式(16)所示，浮体的非线性运动近似为一系列不同频率谐波的叠加，所以浮体非线

性运动的辐射力也可以考虑为浮体各阶谐波运动辐射的波浪对浮体作用力的和。由式(7)和式(15)可知非线性运动浮体的多频率辐射力 F_R 可表示为

$$F_R = -\left[\sum_{j=1}^{N}\left(\mu(\omega_j)\ddot{z}_j + \lambda(\omega_j)\dot{z}_j\right)\right] \tag{17}$$

式中，$\mu(\omega_j), \lambda(\omega_j)$ 分别为响应频率为 ω_j 的第 j 阶响应谐波运动辐射产生的附加质量和附加阻尼。

为了确定待定系数求得响应解，结合各力表达式，将式(16)代入式(9)，可得

$$\begin{aligned}
&\sum_{j=1}^{N}\left\{\cos(\omega_j t)\left[-\omega_j^2 a_j(M+\mu_j) + \lambda_j\omega_j b_j + (1-r)Ka_j\right]\right.\\
&\left.+\sin(\omega_j t)\left[-\omega_j^2 b_j(M+\mu_j) - \lambda_j\omega_j a_j + (1-r)Kb_j\right]\right\}\\
&+\sum_{i,j,k\in[0;N]^3}\frac{1}{4}\varepsilon K\left\{\left(a_i a_j a_k - a_i b_j b_k - b_i a_j b_k - b_i b_j a_k\right)\cos((i+j+k)\omega_j t)\right.\\
&+\left(a_i a_j a_k + a_i b_j b_k + b_i a_j b_k - b_i b_j a_k\right)\cos((i+j-k)\omega_j t)\\
&+\left(a_i a_j a_k + a_i b_j b_k - b_i a_j b_k + b_i b_j a_k\right)\cos((i-j+k)\omega_j t)\\
&+\left(a_i a_j a_k - a_i b_j b_k + b_i a_j b_k + b_i b_j a_k\right)\cos((i-j-k)\omega_j t)\\
&+\left(b_i a_j a_k + a_i b_j a_k + a_i a_j b_k - b_i b_j b_k\right)\sin((i+j+k)\omega_j t)\\
&+\left(b_i a_j a_k - a_i b_j a_k + a_i a_j b_k + b_i b_j b_k\right)\sin((i+j-k)\omega_j t)\\
&+\left(b_i a_j a_k + a_i b_j a_k - a_i a_j b_k + b_i b_j b_k\right)\sin((i-j+k)\omega_j t)\\
&\left.+\left(b_i a_j a_k - a_i b_j a_k - a_i a_j b_k - b_i b_j b_k\right)\sin((i-j-k)\omega_j t)\right\}\\
&=|F_W|\cos(\omega t)
\end{aligned} \tag{18}$$

基于谐波平衡法，忽略式(18)中高于 N 阶的响应谐波，式(18)左侧有 N 个不同频率的正弦项和 N 个不同频率的余弦项，右侧有一个波浪激励项，基于谐波平衡原理，左右两侧对应谐波项系数相等可得含有 2N 个待定系数的 2N 个非线性代数方程组。该非线性代数方程组可通过牛顿迭代数值方法求解待定系数 a_j, b_j。随后将实振幅转化为复振幅，结合辐射势表达式，可将辐射势确定为多阶谐波叠加的形式。由此，通过多谐波解假设，将非线性流固耦合引起的复杂辐射力表达为不同谐波辐射力的和，即解决了辐射力耦合问题，同时也可以解析求解不同谐波成分，便于机理分析。

2.3 透射和反射系数

透/反射系数是评价防波堤性能的关键参数，透射系数定义为透射波高与入射波高之比，反射系数定义为反射波高与入射波高之比。线性系统中，入射波、绕射波和辐射波皆为单频波，因此线性系统中透反射的计算是很明确的，然而在本文的非线性系统中，由于浮体的非线性运动，辐射波不一定为单频波，因此透/反射系数定义为[36]

$$T_j = \frac{A_j^{(T)}}{A}, \quad R_j = \frac{A_j^{(R)}}{A} \tag{19}$$

式中，A 表示入射波幅，$A_j^{(T)}$ 表示为 j 阶频率的透射波幅，$A_j^{(R)}$ 表示为 j 阶频率的反射波幅。

波幅 $A = |\eta(x)|$，其中 $\eta(x)$ 为波面方程，和速度势有如下对应关系

$$\eta(x) = \frac{\mathrm{i}\omega}{g}\Phi(x,0) \tag{20}$$

因此透/反射可由速度势表示。在本文的研究中，入射波和辐射波为单频波，辐射波可能为多频波，因此 1 阶透/反射系数可写为

$$T_1 = \left|\frac{\eta_\mathrm{I} + \eta_\mathrm{D} + \eta_\mathrm{R}|_1}{\eta_\mathrm{I}}\right|_{x=+\infty} = \left|\frac{\Phi_\mathrm{I} + \Phi_\mathrm{D} + \Phi_\mathrm{R}|_1}{\Phi_\mathrm{I}}\right|_{x=+\infty}, \quad R_1 = \left|\frac{\eta_\mathrm{D} + \eta_\mathrm{R}|_1}{\eta_\mathrm{I}}\right|_{x=-\infty} = \left|\frac{\Phi_\mathrm{D} + \Phi_\mathrm{R}|_1}{\Phi_\mathrm{I}}\right|_{x=-\infty} \tag{21}$$

其中式(21)中的 η_I，η_D 分别为入射波波面和辐射波波面，$\eta_\mathrm{R}|_1$ 为防波堤一阶谐波响应引起的辐射波波面。

高阶透/反射系数可写为

$$T_j = \left|\frac{\eta_\mathrm{R}|_j}{\eta_\mathrm{I}}\right|_{x=+\infty} = \left|\frac{\mathrm{i}\omega_j \Phi_\mathrm{R}|_j}{gA}\right|_{x=+\infty}, \quad R_j = \left|\frac{\eta_\mathrm{R}|_j}{\eta_\mathrm{I}}\right|_{x=-\infty} = \left|\frac{\mathrm{i}\omega_j \Phi_\mathrm{R}|_j}{gA}\right|_{x=-\infty}, \quad (j=2,3,\cdots) \tag{22}$$

式中，$\eta_\mathrm{R}|_j$（$j=2,3,\cdots$）为防波堤高阶谐波响应引起的辐射波波面。由 $\Phi_\mathrm{R}(-x,z) = \Phi_\mathrm{R}(x,z)$，可知 $T_j = R_j$。

2.4 刚度特性

系统的等效刚度为

$$K_E(Z) = \frac{\mathrm{d}F_S}{\mathrm{d}Z} = (1-r)K + 3\varepsilon K Z^2 \tag{23}$$

对于式(23)中的中的等效刚度，由 ε 的表达式可知 $\varepsilon>0$，当调整参数 r 取不同值时，有三种典型的刚度类型。图 2 为该非线性系统的等效刚度图。当 $r>1$，等效刚度在一小段位移范围内为负刚度，这是一个双稳态系统且广泛的应用于振动能量收集[37]。当 $r=1$，系统在静平衡位置处的等效刚度为 0，称为准零刚度。准零刚度机制在非线性隔振器中被广泛地使用。当 $r<1$，此时等效刚度的线性刚度项和立方刚度项皆为正刚度。此外，为了展现非线性刚度的特性，线性刚度也在图 2 中绘制，从图 3 可以到，在防波堤中引入非线性刚度可以在一定范围内降低防波堤系统的总刚度。

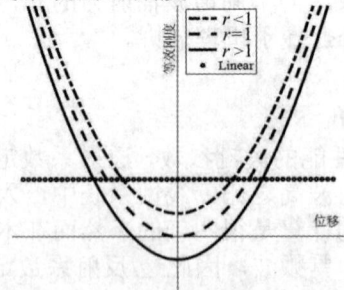

图 3 非线性系统的等效刚度

3 非线性浮式防波堤消波性能及机理研究

准零刚度系统具有高静低动的刚度特性,可以降低系统的等效固有频率,这或许可以使防波堤系统在低频范围内性能优异。因此本章中的算例取用准零刚度。由图 1 中的非线性结构可知,具有准零刚度的浮式防波堤可以通过适当调整弹簧的压缩长度可刚度来实现。另外通过非线性和线性的比较,很好地说明了非线性防波堤的特性。

3.1 运动响应和消波性能

本例中的非线性浮式防波堤算例参数如表 1 所示,水动力系数由特征函数匹配展开法推导并采用多谐波平衡法解非线性振动方程,求解过程见 2.1 节和 2.2 节。对于本例中的非线性浮式防波堤,假设响应为 ω 和 3ω 谐波,即

表 1 非线性浮式防波堤算例参数

波高/m	水深/m	浮堤吃水/m	浮堤宽度/m	调整参数 r	调整参数 ε
1	10	2	4	1	0.2

$$Z = z_1 + z_3 = a_1 \cos\omega t + b_1 \sin\omega t + a_3 \cos 3\omega t + b_3 \sin 3\omega t \tag{24}$$

将式(24)代入振动方程(9),可求得系统的响应。从图 4(a)可以看到非线性防波堤一阶幅频曲线在低频段出现"V"型,这是因为较多的一阶谐波能量转移到高阶谐波中。而且非线性防波堤的共振峰向右弯曲,运动响应在一个频率区间存在多解,同一个激励频率下有三种运动状态,在这个区间内可能会出现跳跃现象,在高阶响应谐波中也会出现多解现象,如图 3(b)所示。

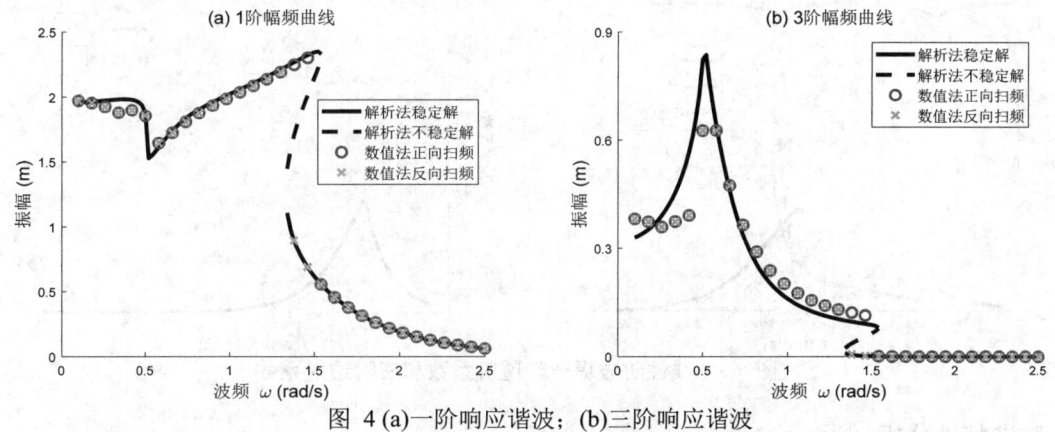

图 4 (a)一阶响应谐波;(b)三阶响应谐波

另外基于四阶龙格-库塔(R-K)算法和快速傅里叶变换(FFT)算法的数值方法用来验证解析法的准确性,结果如图 3 所示。可以到采用龙格-库塔法的数值结果均为稳定解,且在不稳定解区间内存在跳跃现象。在低频区间,我们看到数值方法计算的幅值比谐波平衡法计算的幅值要低。在高频区间,数值解与解析解结果基本一致。为了解误差原因,在波浪激

励频率 ω=0.5 时，将时域响应通过 FFT 变换到频域，如图 4 所示。由图 4 可知，该本例中的非线性防波堤的运动响应存在更多的高阶谐波。

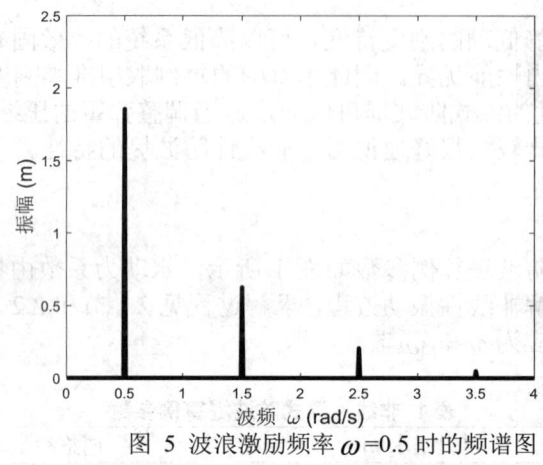

图 5 波浪激励频率 ω=0.5 时的频谱图

但是，我们可以看到高阶谐波的振幅很小，特别是在高频区间。可以根据能量守恒来分析本例中分析非线性防波堤的特性时仅考虑 1 阶谐波和 3 阶谐波是否可行。图 6 为非线性防波堤的 1 阶和 3 阶透/反射系数。对于线性的浮式防波堤，根据能量守恒原理，反射系数 R 和透射系数 T 应满足 $T^2+R^2=1$，对于本例中的非线性防波堤，除一个小区间外，T^2+R^2 的值在整个频率区间内都近似为 1，这是因为在该小区间内一阶谐波的能量转移到了高阶谐波中。所以本例中仅考虑 1 阶和 3 阶谐波几乎不影响非线性防波堤的消波性能和动力学响应研究。

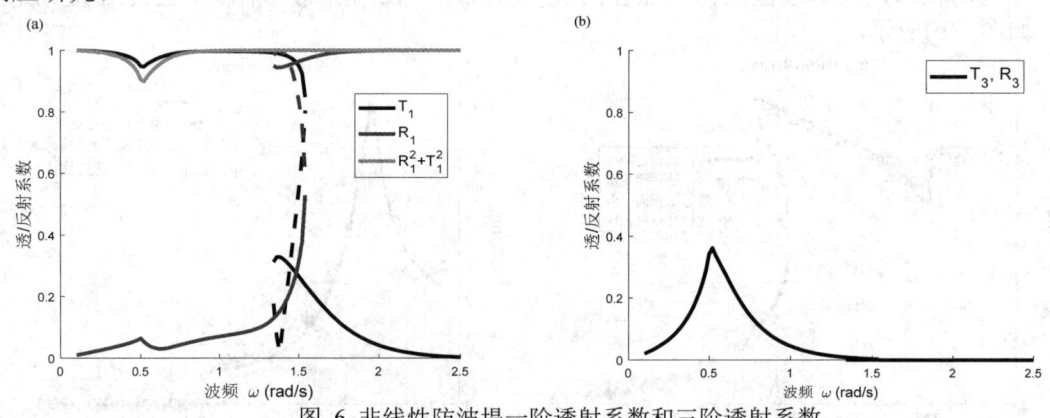

图 6 非线性防波堤一阶透射系数和三阶透射系数

3.2 防波特性分析

由图 4 和图 5 所示结果可知，本例中非线性防波堤的响应中 1 阶谐波起主导作用，因此以 1 阶谐波响应为基础进行分析。为了更好的说明非线性防波堤的特性，线性防波堤被用于对比。

线性防波堤和非线性防波堤的防波差异的原因在于辐射波，而辐射波由浮体运动引起。

图 6 绘制线性防波堤和非线性防波堤的运动响应图。从图 7(a)可以看到，与线性浮式防波堤相比，在低频段非线性防波堤的运动响应更大，这是因为非线性防波堤的等效刚度小于线性防波堤（见图 2）。由于非线性防波堤的等效固有频率更小，幅频曲线的共振峰左移，且非线性防波堤响应谐波与波浪激励力的相位差更趋近 π，所以在中高频段，非线性防波堤的响应振幅比线性防波堤的响应振幅更小。

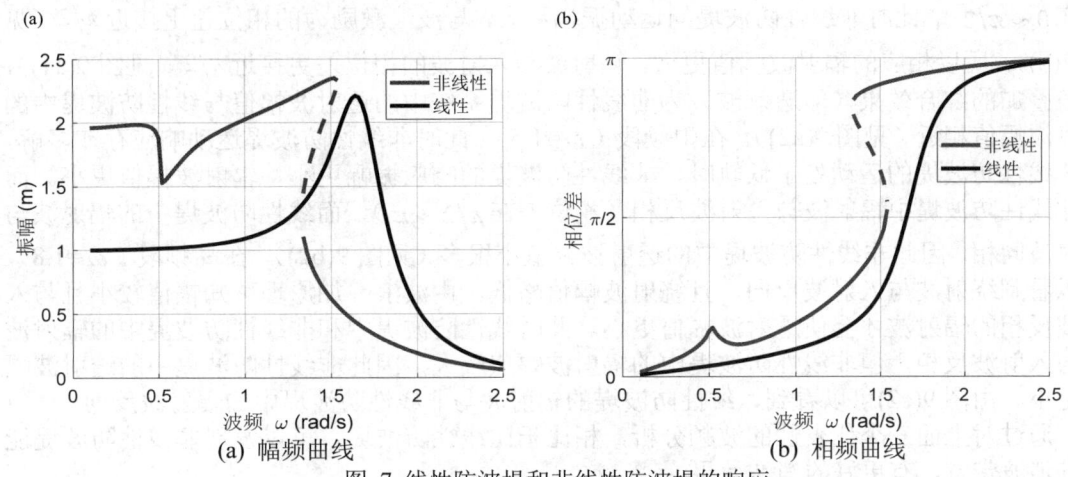

(a) 幅频曲线   (b) 相频曲线

图 7 线性防波堤和非线性防波堤的响应

通过非线性防波堤和线性防波堤的透/反射系数可以帮我们了解到非线性防波堤和线性防波堤在全频段内防波性能和差异，如图 8 所示。可以看到非线性防波堤的透射系数在中高频段更小，这表示非线性防波堤相对于线性防波堤可以消更低频的波，即可以消更长的波。另外由于非线性防波堤的运动响应有不稳定解，因此透射系数也存在不稳定解，在这个不稳定解区间，如果防波堤的运动处于低轨（下值解），非线性防波堤的消波频带可以更宽。

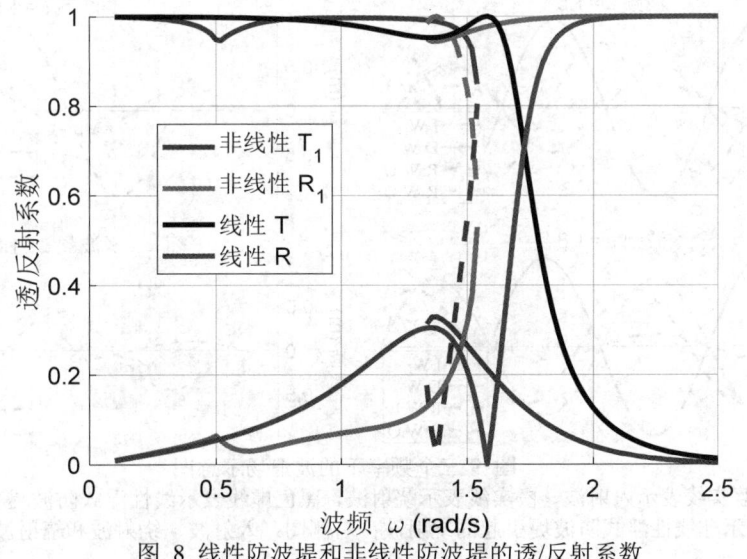

图 8 线性防波堤和非线性防波堤的透/反射系数

波面可以帮助我们直观地的了解到非线性防波堤和线性防波堤防波性能差异的原因。根据图 8 的透/反射系数特点，我们绘制了不同频段时的频率点（ω=1.3，1.5 和 1.8）的波面，如图 9 所示。图中 IW 表示入射波，DW 表示绕射波，RWL 表示线性防波堤引起的辐射波，RWQ 表示由非线性防波堤引起辐射波。

在低频段（ω=1.3），线性防波堤中和非线性防波堤中的辐射波都与入射波同相（相位差在 $0 \sim \pi/2$），此时非线性防波堤的运动振幅更大，与波浪激励力的相位差更接近 $\pi/2$（见图 7(b)），所以相应的辐射波幅值更大，辐射波与入射波的相位差更接近 $\pi/2$（见图 9(a1)），波浪叠加的综合效果（即透射波）为非线性防波堤系统中的透射波幅值与线性防波堤中的透射波幅值相近（见图 9(a2)）。在中频段（ω=1.5），此时非线性防波堤运动响应存在多解，当非线性防波堤的运动处于低轨时，非线性防波堤的响应振幅更小，辐射波幅值更小。而且非线性防波堤中辐射波与入射波反相（相位差在 $\pi/2 \sim \pi$），而线性防波堤中的辐射波与入射波同相，因此非线性防波堤中的透射波幅值小很多（见图 9(b2)）。在高频段（ω=1.8），可以看到绕射波与入射波反向，且绕射波幅值略低。由波浪叠加原理可知幅值较小且与入射波反相的辐射波才会使透射波幅值更小。此时线性防波堤中和非线性防波堤中的辐射波都与入射波反相，但非线性防波堤中的辐射波幅值较大，因此非线性防波堤中的透射波幅值更小。由图 9(c2)可以看到，线性防波堤的辐射波与非线性防波堤中的辐射波反向。

通过对上面三个代表性的波频分析，相比于比线性防波堤，可以发现非线性防波堤能提升消波带宽，有更好的消波效果。

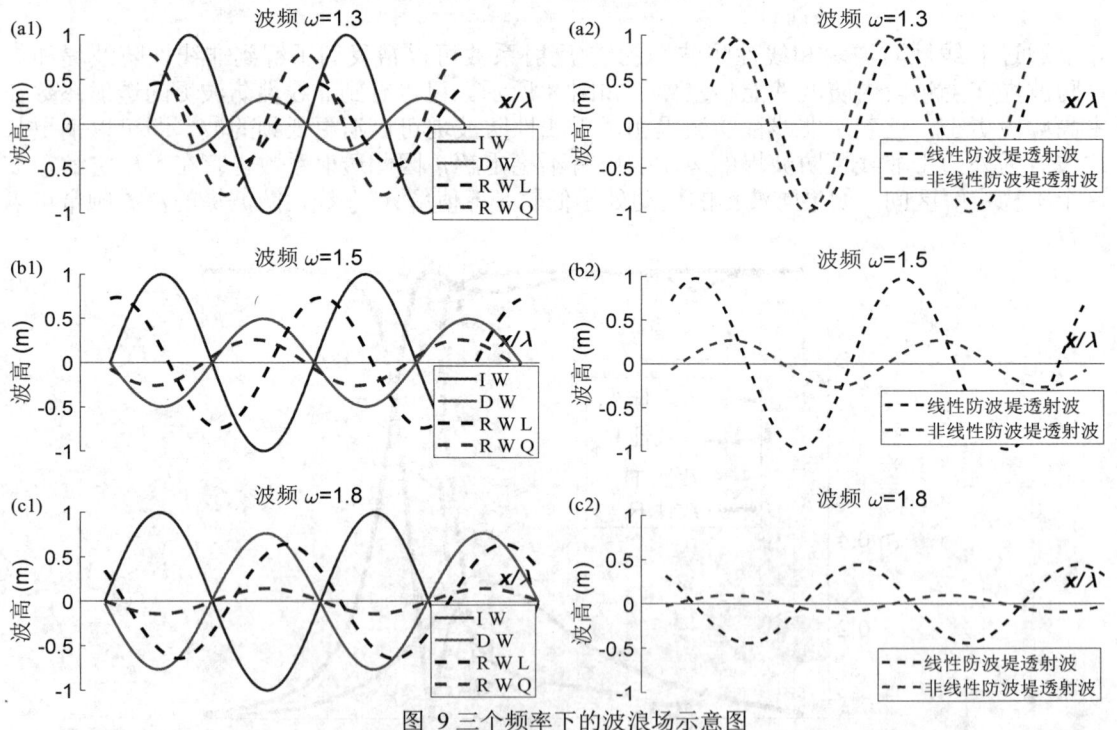

图 9 三个频率下的波浪场示意图
（左侧图：蓝实线表示入射波，橙实线表示绕射波，黑色虚线表示线性浮式防波堤引起的绕射波，红色虚线表示非线性浮式防波堤引起的绕射波；右侧图：入射波、绕射波和辐射波的叠加）

3.3 非线性刚度影响研究

通过上一节的分析可知具有非线性刚度的浮式防波堤可以提升浮式防波堤的消波性能，本节将研究非线性刚度的大小对浮式防波堤的运动响应和防波性能的影响。当调整参数 ε 取不同值时，系统的等效刚度如图 10 所示。

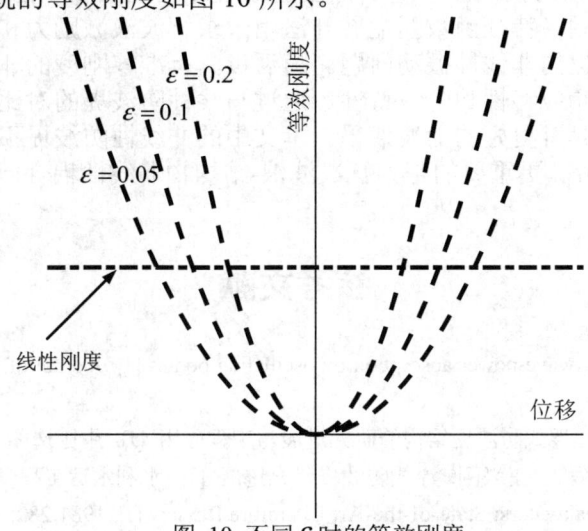

图 10 不同 ε 时的等效刚度

图 11(a)(b)分别为不同非准零刚度时的一阶幅频曲线和透射系数。从图 11(a)可以看到，在低频段，非线性刚度越小（ε 越小），浮体的运动响应振幅越小。在高频段($\omega>1.7$)，不同 ε 时的幅频曲线是一致的。从图 11(b)可以看到，较小的非线性刚度可以有效地降低透射系数，增大消波带宽。这是因为随着立方刚度系数的减小，小的动刚度范围增大(如图 10 所示)，其等效固有频率减小，共振频率减小。与线性防波堤相比，非线性防波堤的非线性刚度系数较小时，能有效提升防波堤的消波性能。

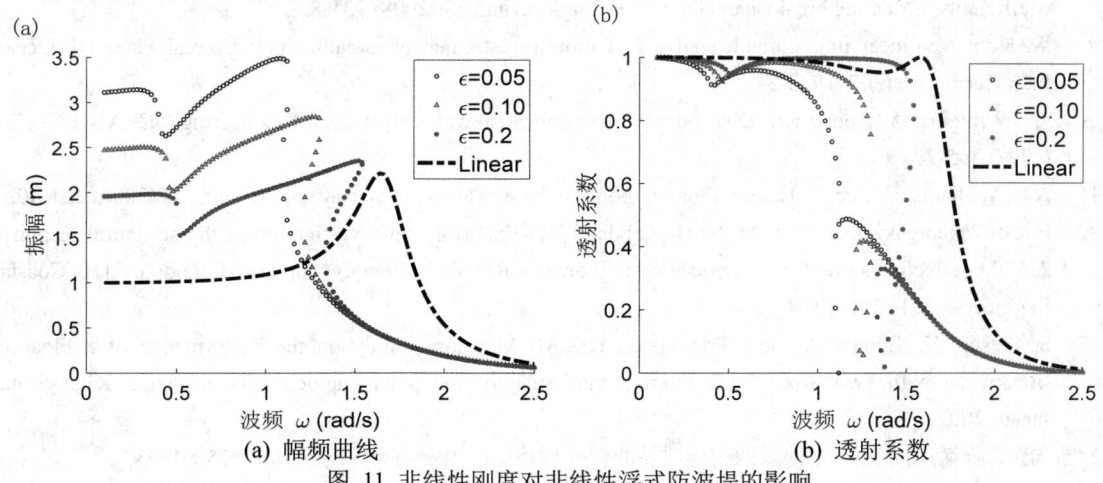

(a) 幅频曲线　　(b) 透射系数

图 11 非线性刚度对非线性浮式防波堤的影响

4 结论

本文将非线性刚度机制应用于海洋消波领域，提出新型非线性浮式防波堤结构来提升传统浮式防波堤的低频消波性能。基于特征函数展开匹配法和多谐波平衡法求解该波浪-结构物非线性耦合问题，特征函数匹配展开法用于求解波浪激励力和水动力系数，多谐波平衡法用于求解防波堤的非线性振动问题。随后以具有准零刚度的非线性防波堤为例，展示了非线性防波堤的响应特性和防波特性。通过与线性防波堤的对比可以发现非线性防波堤的消波带宽更大，具有更好的消波效果。本文中的非线性防波堤不仅为浮式防波堤低频消波提供新的技术思路，更重要的是为解决波浪-结构物非线性耦合问题提供了新的解析求解方法。

参考文献

1. D. Evans. A theory for wave-power absorption by oscillating bodies [J]. Journal of Fluid Mechanics. 1976, 77: 1-25.
2. 王永学，王国玉. 近岸浮式防波堤结构的研究进展与工程应用 [J]. 中国造船. 2002, 43: 314-21.
3. 沈雨生，周益人，潘军宁，王兴刚. 浮式防波堤研究进展 [J]. 水利水运工程学报. 2016, 124-32.
4. L. Hales. Floating Breakwaters: State-of-the-Art Literature Review [J]. 1981, 282.
5. B.L. McCartney. Floating breakwater design [J]. Journal of Waterway, Port, Coastal and Ocean Engineering, 1985, 111: 304-18.
6. J. Dai, C.M. Wang, T. Utsunomiya, W. Duan. Review of recent research and developments on floating breakwaters [J]. Ocean Engineering. 158 (2018) 132-51.
7. M. Isaacson, J. Baldwin, S. Bhat. Wave Propagation Past a Pile-Restrained Floating Breakwater [J]. International Journal of Offshore and Polar Engineering. 8 (1998).
8. G.H. Dong, Y.N. Zheng, Y.C. Li, B. Teng, C.T. Guan, D.F. Lin. Experiments on wave transmission coefficients of floating breakwaters [J]. Ocean Engineering. 35 (2008) 931-8.
9. W. Koo. Nonlinear time-domain analysis of motion-restrained pneumatic floating breakwater [J]. Ocean Engineering. 36 (2009) 723-31.
10. A. Williams, A. Abul-Azm. Dual pontoon floating breakwater [J]. Ocean Engineering-OCEAN ENG. 24 (1997) 465-78.
11. A.N. Williams, H. Lee, Z. Huang. Floating pontoon breakwaters [J]. Ocean Engineering. 27 (2000) 221-40.
12. E. Loukogeorgaki, O. Yagci, M. Sedat Kabdasli. 3D Experimental investigation of the structural response and the effectiveness of a moored floating breakwater with flexibly connected modules [J]. Coastal Engineering. 91 (2014) 164-80.
13. S. Ikesue, K. Tamura, Y. Sugi, M. Takak, K.K.M. Matsuura. Study on the Performance of a Floating Breakwater with Two Boxes [JC]. International offshore and polar engineering conference, Kitakyushu, Japan, 2002.
14. 勾莹，滕斌，宁德志. 波浪与两相连浮体的相互作用 [J]. 中国工程科学. (2004) 75-80+93.
15. C.D. Christian. Floating breakwaters for small boat marina protection [C]. Coastal Engineering 2000-

Proceedings of the 27th International Conference on Coastal Engineering, ICCE 20002000. pp. X2268-77.

16 M.R. Gesraha. Analysis of Π shaped floating breakwater in oblique waves: I. Impervious rigid wave boards [J]. Applied Ocean Research. 28 (2006) 327-38.

17 Z. Deng, L. Wang, X. Zhao, Z. Huang. Hydrodynamic performance of a T-shaped floating breakwater [J]. Applied Ocean Research. 82 (2019) 325-36.

18 J.-m. Zhan, X.-b. Chen, Y.-j. Gong, W.-q. Hu. Numerical investigation of the interaction between an inverse T-type fixed/floating breakwater and regular/irregular waves [J]. Ocean Engineering. 137 (2017) 110-9.

19 W. Duan, x. Shupeng, Q. Xu, R. Ertekin, S. Ma. Performance of an F-type floating breakwater: A numerical and experimental study [C]. Proceedings of the Institution of Mechanical Engineers Part M Journal of Engineering for the Maritime Environment. 231 (2017) 583-99.

20 D. Xu, Y. Zhang, J. Zhou, J. Lou. On the analytical and experimental assessment of the performance of a quasi-zero-stiffness isolator [J]. Journal of Vibration and Control. 20 (2013) 2314-25.

21 B. Chen, D. Ning, C. Liu, C.A. Greated, H. Kang. Wave energy extraction by horizontal floating cylinders perpendicular to wave propagation [J]. Ocean Engineering. 121 (2016) 112-22.

22 S.A. Sannasiraj, V. Sundar, R. Sundaravadivelu. The hydrodynamic behaviour of long floating structures in directional seas [J]. Applied Ocean Research. 17 (1995) 233-43.

23 G.X. Wu, R.E. Taylor. The coupled finite element and boundary element analysis of nonlinear interactions between waves and bodies [J]. Ocean Engineering. 30 (2003) 387-400.

24 C. Wu, E. Watanabe, T. Utsunomiya. An eigenfunction expansion-matching method for analyzing the wave-induced responses of an elastic floating plate [J]. Applied Ocean Research. 17 (1995) 301-10.

25 E. Masoudi, L. Gan. Diffraction waves on large aspect ratio rectangular submerged breakwaters [J]. Ocean Engineering. 209 (2020) 107474.

26 P. Siddorn, R. Eatock Taylor. Diffraction and independent radiation by an array of floating cylinders [J]. Ocean Engineering. 35 (2008) 1289-303.

27 S. Zheng, Y. Zhang. Wave diffraction and radiation by multiple rectangular floaters. Journal of Hydraulic Research. (2015).

28 Y.H. Zheng, Y.M. Shen, Y.G. You, B.J. Wu, D.S. Jie. On the radiation and diffraction of water waves by a rectangular structure with a sidewall [J]. Ocean Engineering. 31 (2004) 2087-104.

29 Y.H. Zheng, Y.G. You, Y.M. Shen. On the radiation and diffraction of water waves by a rectangular buoy [J]. Ocean Engineering. 31 (2004) 1063-82.

30 Y.H. Zheng, P.F. Liu, Y.M. Shen, B. wu, S.W. Sheng. On the radiation and diffraction of linear water waves by an infinitely long rectangular structure submerged in oblique seas [J]. Ocean Engineering. 34 (2007) 436-50.

31 姜胜超, 滕斌, 宁德志, 林子. 波浪对淹没垂直圆柱绕射解析解 [J]. 海洋工程. 28 (2010) 68-75.

32 A.N. Williams, H.S. Lee, Z. Huang. Floating pontoon breakwaters [J]. Ocean Engineering. 27 (2000) 221-40.

33 S.C. Mohapatra, C.G. Soares. Interaction of ocean waves with floating and submerged horizontal flexible structures in three-dimensions [J]. Applied Ocean Research. 83 (2019) 136-54.

34 宁德志. 快速多极子边界元方法在完全非线性水波问题中的应用 [D]. 大连理工大学 2006.

35 滕斌, 勾莹, 宁德志. 波浪与结构物作用分析的一种高阶边界元方法——自由项和柯西主值积分的直

接数值计算 [J]. 海洋学报(中文版). (2006) 132-8.
36 C. Liu, Z. Huang. A mixed Eulerian-Lagrangian simulation of nonlinear wave interaction with a fluid-filled membrane breakwater [J]. Ocean Engineering. 178 (2019) 423-34.
37 R. Harne, K.-W. Wang. A review of the recent research on vibration energy harvesting via bistable systems [J]. Smart Materials and Structures. 22 (2013) 023001.

Analytical investigation on wave attenuation performance of a floating breakwater with quasi-zero stiffness

JIN Hua-qing, ZHANG Hai-cheng[*], XU Dao-lin

(College of Mechanical and Vehicle Engineering, Hunan University, Changsha 410082, China)

Abstract: Floating breakwaters play an important role in protecting harborage and marine structures from wave impact. Traditional floating breakwaters(FBs) are not applicative for their ineffectiveness in low frequency waves attenuation. Based on the idea of reducing equivalent stiffness, this paper proposes a FB with nonlinear stiffness to improve the wave attenuation performance. The eigenfunction expansion matching method and multi-harmonic balance method are corporately applied to solve the new model involving nonlinear coupling problem of water waves and floating structures. A pile restrained FB with quasi-zero-stiffness is taken as an example to verify the feasibility of the hybrid analytical model and to reveal the wave attenuation mechanism of the nonlinear breakwater. The comparison between nonlinear FB and linear FB shows that nonlinear FB can effectively widen the attenuation frequency bandwidth. The conception of nonlinear floating breakwater proposed in this study provides a new technical idea for attenuating low frequency waves and the hybrid solution method adopted in this paper may be extensible to other wave-structure nonlinear coupling problems.

Key words: Floating breakwater; Quasi-zero stiffness; Nonlinear response; Wave-structure interaction.

从"海洋立管涡激振动数字孪生"看"流体智能与信息化"

范迪夏

（西湖大学 工学院，杭州 310024, Email: fandixia@westlake.edu.cn）

摘要：圆柱涡激振动 VIV 这一物理过程涉及复杂的流固耦合（FSI）现象，如漩涡的脱落与干涉、结构的动力响应等，具有 FSI 问题典型的非线性、非定常和系统高维度等特点。与此同时，柔性圆柱结构，如深水立管等，广泛存在于海洋工程领域，针对柔性圆柱 VIV 长期准确的预报是保证系统安全运行的关键。目前，影响立管工业主流预报软件 Shear 7, VIVA 等的计算精确性的核心关键为所使用的 VIV 水动力数据库是否准确。尽管通过大量的实验和数值研究发现，通过刚性圆柱强迫振动得到的水动力系数能较好地描述柔性圆柱 VIV 发生时的水动力分布，但是由于影响水动力变化的参数变量范围过大（参数包括且不仅限于运动幅值、频率、Re 数、表面粗糙度等），传统的枚举式实验或数值计算方式不可取。在本次交流中，笔者将以建立数字孪生为基础的的新一代智能海洋立管 VIV 实时预报系统的目标为切入点，首先讨论智能拖拽水池以及其自动化和智能化流固耦合的实验方法在建立刚性圆柱涡激振动大变量空间的水动力数据库可行性，其次展示如何使用稀疏分布传感器，更新柔性圆柱 VIV 预报模型中的关键结构属性与流动特征，并快速对整体结构响应进行精确预报和监控，最后以 VIV 问题为例，探索如何以物理机制为基础，数据模型为驱动建立起智能化和信息化的水动力研究方法。

关键词：涡激振动；数字孪生；智能流体力学

DigiMaR: Digital twin modeling for marine riser flow-induced vibration

FAN Di-xia

(Westlake University School of Engineering Hangzhou 310024, Email: fandixia@westlake.edu.cn)

Abstract: Assessing the fatigue damage in marine risers due to flow-induced vibrations (FIV) serves as a comprehensive example of using machine learning methods to derive assessment models of complex systems. A complete characterization of response of such complex systems is usually unavailable despite massive experimental data and computation results. These algorithms can use multi-fidelity data sets from multiple sources, including real-time sensor data from the field, systematic experimental data, and simulation data. I therefore, discuss our recent effort in developing several novel algorithms, using a machine learning to develop data-driven models that can be used for accurate and efficient fatigue damage predictions for marine risers subject to VIV, including the establishment of the world first intelligent towing tank powered by Gaussian process regression algorithm as well as using sparse sensing to assess lively the hydrodynamic distribution along the vibration flexible riser. At last, I would like to conclude and propose my humble vision for next generation physics-based and data-assisted modeling approach for marine riser FIV, a "DigiMaR": digital twin modeling for marine riser FIVs.

陡坡阶梯溢洪道预掺气研究

马飞*，吴建华，刘进

（河海大学 水利水电学院，南京 210098, Email: 20130038@hhu.edu.cn）

摘要：为防止大单宽流量下阶梯溢洪道的空蚀破坏，在阶梯溢洪道首部设置预掺气设施是必要的。前期研究表明，窄缝掺气坎对于缓坡阶梯溢洪道简单而有效。溢洪道坡度对窄缝流态影响是重要的，尤其是局部水跃的形成。因此，与缓坡溢洪道相比，陡坡溢洪道的窄缝掺气坎的流态和掺气等水力性能必有显著差异。基于此，本研究在坡度为 39.3° 的陡坡阶梯溢洪道上试验研究了窄缝掺气坎的水力特性。研究结果表明，与缓坡阶梯溢洪道相比，陡坡阶梯溢洪道上的窄缝掺气坎未形成局部水跃，但仍能形成射流。掺气坎下游首级阶梯上的流态是底部掺气的关健。适宜的流态条件下，掺气坎后射流可提供掺气充分的预掺气水流，本研究给出了窄缝掺气坎收缩比合理取值建议。同时，窄缝掺气坎可显著提高阶梯溢洪道消能率。

关键词：阶梯溢洪道；窄缝掺气坎；射流；掺气浓度；消能

1 引言

用阶梯溢流溢洪道代替传统的光滑溢流道，可显著减小下游消力池长度，降低工程造价，故阶梯消能工广泛应用于水电工程的泄水建筑物[1]。然而，大单宽流量下，阶梯消能工的掺气发生点下移，流动存在大范围掺气盲区，因缺少掺气保护而面临空蚀破坏风险，如我国丹江口水库利用施工预留阶梯泄洪超过 100 m²/s，汛后检查发现，阶梯出现多处空蚀破坏。前人研究表明，通过对阶梯消能工进行预掺气，可以有效减免大单宽流量下阶梯溢洪道的空化空蚀，从而提高阶梯溢洪道的最大单宽流量适用范围。

最早提出的阶梯溢洪道预掺气设施是首级阶梯设置通气孔[2-3]。在阶梯消能工的首级阶梯立面设置通气孔，并增加首级阶梯的高度。这种预掺气设施能够发挥预掺气的作用，使掺气发生点显著上移。但单宽流量较大时，随来流佛氏数随之降低，低佛氏数掺气设施可能面临空腔淹没的风险，或导致掺气设施失效。在阶梯式消能工前部的适当位置设置掺气

基金项目：国家自然科学基金(51979082)

挑坎，通过底部强迫掺气，也可以为下游阶梯提供预掺气水流[4-5]。首级前置挑坎措施也面临低来流佛氏数下空腔淹没问题。

在阶梯消能工首部设置掺气池，挑流水舌冲击掺气池内水垫，水舌和池内旋滚将大量气体掺入水流中，使出池水流具有较高掺气浓度，保护下游阶梯段免于空蚀破坏[6-7]。进一步，将上述的挑流掺气池改进为水跃掺气池，去除挑流部分，使水流在掺气池内形成水跃，利用水跃掺气为下游阶梯提供掺气水流[8]。此两种掺气池将阶梯消能工的单宽流量适用范围进一步扩大。窄缝掺气坎在缓坡阶梯溢洪道上能够产生局部水跃和射流水舌，局部水跃于水流表层将空气掺入水流，水舌下缘空腔内，大量空气被掺入水流底部，从而实现了较好的掺气效果[9]。阶梯溢洪道坡度是影响突缩窄缝坎流态的重要因素，对于陡坡阶梯溢洪道上的突缩掺气坎，其流态和掺气特性可能有其另外特点。本研究通过物理模型试验，研究了陡坡阶梯溢洪道上的突缩掺气坎的预掺气特性。

2 试验装置与方法

物理模型试验装置见图 1，包括钢板水箱、阶梯溢洪道、突缩掺气坎、量水堰和试验进出水系统等。阶梯溢洪道上游由一长为 50.0 cm 的宽顶堰与钢板水箱连接，下游由一水平渠道将水流排至尾水渠，尾水渠设有薄壁量水堰。本试验研究中，阶梯溢洪道坡度为 39.3°，阶梯溢洪道宽 B = 15.0 cm，整个溢洪道共 30 个台阶，每个台阶高度均为 9 cm。突缩窄缝掺气坎的窄缝宽度为 b，本研究中它作为窄缝掺气坎的主要结构参数变量。表 1 列出了本研究的试验方案，其中，M0（$B = b$，即 $\gamma = 1$）为传统阶梯，用于与设置有窄缝掺气坎的方案进行比较。突缩掺气坎设置在第 2 级阶梯末端，以尽量减小阶梯溢洪道掺气盲区的范围。

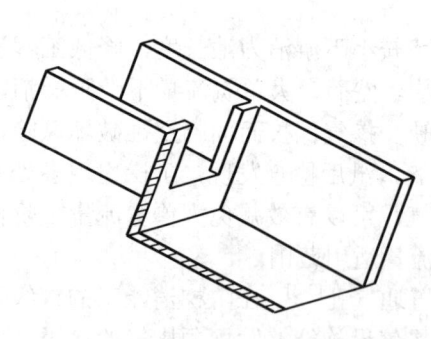

图 1 突缩窄缝掺气坎示意图

图 2 试验装置

底板掺气浓度测点布置在第 4~22 级阶梯底板中央，两个测点间隔 1 个台阶。掺气浓度用 CQ6-2005 电阻式掺气浓度仪测量，测量误差为±0.3%。流量用薄壁堰测量。

表 1 试验方案

Case	b (m)	γ	q (m^2/s)
M0	0.150	1.000	
M1	0.085	0.567	
M2	0.100	0.667	0.09–0.39
M3	0.115	0.767	
M4	0.130	0.867	

3 试验结果与讨论

3.1 流态观察

图 2(a)是传统阶梯溢洪道在较大单宽流量下（$q = 0.391$ m^2/s）的流态照片。由图 2 可见，阶梯溢洪道只在出口处发生了水流表面自掺气现象，而溢洪道大部分均为清水区，实际工程中，这部分的其流速常高于 20 m/s。在如此的高速水流情况下，光滑溢洪道尚且存在空化空蚀的风险，对于缺少掺气保护的阶梯溢洪道，其阶梯结构特征更易引起空蚀破坏。图 2(b)是设有窄缝窄气坎的阶梯溢洪道，其单宽流量 $q = 0.391$ m^2/s，可以看到，水流通过窄缝掺气坎后产生射流，在射流底部空腔和射流表层均发生了明显的掺气，窄缝掺气下游阶梯段的水流呈现白色，表明其掺气充分。在之前的研究中，缓坡阶梯溢洪道上的窄缝掺气设施，其理想的流态是局部水跃和射流同时发生。当无局部水跃时，射流冲击台阶底板后向上反弹，底部掺气水流脱离底板，致使下游一定范围内底板掺气浓度偏低。本研究的陡坡阶梯溢洪道上的窄缝掺气设施，在试验来流条件下，未发生局部水跃，但底部掺气水流紧贴底板向下游流动，即呈滑行流态，下游阶梯底板掺气浓度较高。因此，从流态上看，对陡坡阶梯溢洪道，窄缝掺气坎下游首级阶梯呈滑行流态即可得到较好的底掺气效果。

(a)突缩窄缝掺气坎阶梯 M2　　　　(b) 传统阶梯, M0, $q = 0.391$ m^2 s^{-1}

图 3 阶梯溢洪道流态

3.2 底板掺气浓度分布

阶梯溢洪道的底板掺气浓度是影响空化空蚀的重要因素。一般认为，当底板掺气浓度高于1%时，可有避免泄水建筑物的空蚀破坏[10]。图4给出了本研究各方案在单宽流量 $q = 0.391\ \text{m}^2/\text{s}$ 时的阶梯溢洪道底板掺气浓度分布。可以看出，对于未设预掺气设施的传统阶梯溢洪道（M0），在这个单宽流量下，底板掺气浓度为0，表明其沿程均未发生掺气，发生空蚀破坏的风险很大。对于设置了窄缝掺气坎的阶梯溢洪道（M1-M4），各方案均发生了掺气。M1-M3的底掺气浓度均大于1%，表明其掺气性能良好。而M4的底掺气浓度在12号阶梯前小于1%，此范围掺气保护有所不足。这主要是因为，当窄缝收缩比 γ 达到0.867时，窄缝产生的射流冲击到下游首级阶梯面后向上弹起，底部掺气水流不再贴附底板流动，导致下游一定范围内底掺气浓度较低。因此，阶梯溢洪道上的窄缝掺气坎的收缩比 γ 宜小于0.867。图5为M2在不同来流条件下的阶梯溢洪道底板掺气浓度分布。可以看出，不同来流条件下，阶梯溢洪道沿程底板掺气浓度均满足掺气减蚀保护要求，这表明：对于陡坡阶梯溢洪道，在没有局部水跃的情况下，窄缝产生的射流将大量空气掺入水流，并在向下游流动过程中保持了滑行流态，从而使阶梯溢洪道底板掺气浓度较高，有效减免了空蚀破坏的发生。所以，对于陡坡阶梯溢洪道的窄缝掺气坎，坎后首级阶梯上的流态是重要的，当其流态为滑行流时，底部掺气水流沿底板滑行，底板近壁掺气浓度就高；而当坎后首级阶梯流态为跌落流时，射流撞击阶梯面后向上弹起，掺气水流脱离底板，需要经过一段距离后掺气水流方能扩散至底板，由此产生一个掺气保护不足的区域。

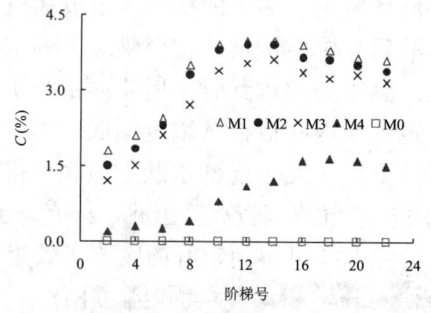 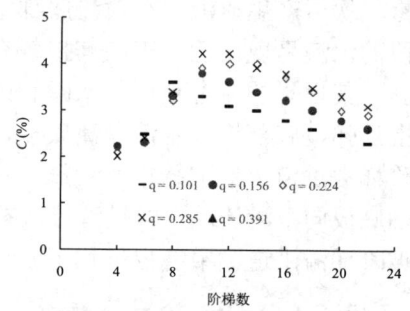

图4 阶梯溢洪道沿程掺气浓度分布($q = 0.391\ \text{m}^2/\text{s}$)　　图5 M2阶梯溢洪道沿程底板掺气浓度分布($q$:$\text{m}^2/\text{s}$)

3.3 窄缝掺气坎对消能的影响

水流通过窄缝掺气坎时产生了局部水头损失，另外，坎后射流冲击下游底板处也带来了较大的局部水头损失。因此，窄缝掺气坎对阶梯溢洪道的消能可能有一定的影响。为估算阶梯溢洪道消能率，选取溢洪道前的宽顶堰进口断面为1-1断面，阶梯溢洪道下游排水渠流动均匀处为2-2断面，E_1 和 E_2 分别为1-1、2-2断面的总能量，则阶梯溢洪道消能率 $\eta = (E_1 - E_2)/E_1$。图6所示的是阶梯消能率 η 随特征水深 h_c/t 之间的关系曲线。其中，h_c 为阶梯溢洪道临界水深，$h_c = (q^2/g)^{1/3}$；q 为单宽流量；g 为重力加速度，取 $9.81\ \text{m/s}^2$；t 为阶梯高度，$t = 9\ \text{cm}$。

由图 6 可知，当 $h_c/t < 1.0$ 时，传统阶梯溢洪道与设置窄缝掺气坎的阶梯溢洪道的消能率皆较高，达到 85%以上。随着特征水深 h_c/t 增大，即单宽流量增大，未设置渐缩式窄缝的阶梯溢洪道消能率 η 迅速下降；而设置渐缩式窄缝的阶梯消能工，其消能率 η 降幅较小，大单宽流量下，窄缝掺气坎可将阶梯溢洪道的消能率提高约 8%。

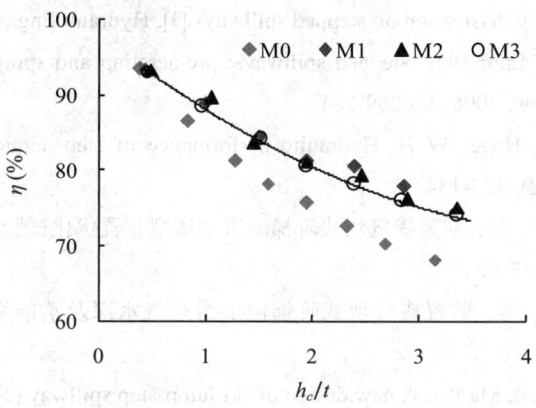

图 6 阶梯溢洪道消能率与相对临界水深的关系

因窄缝掺气坎的收缩比 $\gamma = 0.867$（M4）时，其预掺气效果欠佳，故在消能率的研究中未涉及。由图 6 可以看出，对于 M1-M3，窄缝掺气坎的收缩比对消能率影响非常小，这几个方案的消能率基本一致。由试验结果，设置窄缝掺气坎的阶梯溢洪道消能率可表示为：

$$\eta = 1.149(\frac{h_c}{t})^2 - 11.08\frac{h_c}{t} + 98.04 \qquad (1)$$

$$(\gamma \leq 0.767, \ 0.48 < h_c/t < 3.37)$$

4 结论

本研究针对陡坡阶梯溢洪道上的窄缝掺气坎，试验研究了其水力特性，取得了如下结论：在陡坡溢洪道试验模型上，大单宽流量下，传统阶梯溢洪道水流几乎全程未掺气，而设置结构参数合理的窄缝掺气坎的阶梯溢洪道水流沿程掺气充分。与缓坡阶梯溢洪道相比，陡坡阶梯溢洪道上的窄缝掺气坎未形成局部水跃，但仍产生射流。根据掺气浓度试验结果，当窄缝掺气坎收缩比 $\gamma = 0.867$ 时，大单宽流量下，掺气坎下游约 1.5m 范围的底板近壁掺气浓度偏低，不能达到掺气保护要求；当 $\gamma \leq 0.767$ 时，各种来流条件下，掺气坎下游底板近壁掺气浓度沿程均大于 2%，可有效保护阶梯溢洪道免于空蚀破坏。窄缝掺气坎下游首级阶梯上的流态对下游底板掺气保护非常关键，当其为跌落流态时，掺气水流脱离底板流动，存在掺气不足区域；当其为滑行流态时，掺气水流紧贴底板流动，底板掺气浓度满足减蚀要求。另外，窄缝掺气坎显著地提高了阶梯溢洪道的消能效果。

参考文献

1. Christodoulou G C. Energy dissipation on stepped spillways [J]. Hydraul. Eng., 1993, 119: 5(644), 644–650.
2. Pfister M, Hager W H, Minor H-E. Stepped spillways: pre-aeration and spray reduction [J]. International Journal of Multiphase Flow, 2006, 32: 269-284.
3. Zamora A S, Pfister M, Hager W H. Hydraulic performance of step aerator [J]. Journal of Hydraulic Engineering, 2008, 134 (2): 127-134.
4. 吴守荣, 张建民, 许唯临, 等. 前置掺气坎式阶梯溢洪道体型布置优化试验研究 [J]. 四川大学学报(工程科学版), 2008, 40(3): 37-42。
5. 彭勇, 张建民, 许唯临, 等. 前置掺气坎式阶梯溢洪道掺气水深及消能率的计算 [J]. 水科学进展, 2009, 20(1): 63-68.
6. Wu Jianhua, Qian Shangtuo, Ma Fei. A new design of ski-jump-step spillway [J]. Journal of Hydrodynamics, 2016, (28) 5: 914-917.
7. Qian Shangtuo, Wu Jianhua, Ma Fei. Hydraulic performance of ski-jump-step energy dissipater [J]. Journal of Hydraulic Engineering, 2016, (142)10: 05016004-1-7.
8. Wu Jianhua, Zhou Yu, Ma Fei. Air entrainment of hydraulic jump aeration basin [J]. Journal of Hydrodynamics, 2018, 30(5): 962-965.
9. Ma Fei, Wu Jianhua. Hydraulics of abrupt contraction aerator on stepped chutes [J]. Journal of Hydraulic Rerearch, 2021, 59(2): 345-350.
10. Peterka A J. The effect of entrained air on cavitation pitting [C]. Proceedings of Minnesota International Hydraulics Convention, Minneapolis, Minnesota, 1953, 507-518.

Study on pre-aeration of stepped spillways with steep slopes

MA Fei[*], WU Jian-hua, LIU Jin

(College of Water Conservancy and Hydropower Engineering, Hohai University, Nanjing 210098, Email: 20130038@hhu.edu.cn)

Abstract：It is necessary to adopt pre-aeration device over the stepped spillways under large unit discharge for avoiding the cavitation damage. Previous researches demonstrates that, abrupt contraction aerators are simple and effective for pre-aeration of stepped spillways with mild slopes. The slope of spillways is crucial for flow regimes of abrupt contraction aerator and stepped spillways, especially for occurrence of local hydraulic jump. So the hydraulics of abrupt contraction aerator of the steep stepped spillways must differ from that of the mild stepped spillways. The abrupt contraction aerator model tests are conducted over the stepped spillways with a 39.3° slope. The results indicate that, the local hydraulic jump does not occur, but the aerator generates a jet. The flow regime of the first step downstream of aerator is determinative on air entrainment. The jet from aerator may provide pre-aerated flow under good flow regime. At last, the paper presents the reasonable contraction ratio of aerator and the empirical expression for estimating the energy dissipation of the stepped spillways with the abrupt contraction aerator.

Key words: Stepped spillway; Abrupt contraction aerator; Jet; Air concentration; Energy dissipation.

拦沙坝影响下山洪沟水沙动力学过程数值模拟研究

翟静静[1]，杨青远[1*]，王协康[2]

(1. 长江水利委员会长江科学院，武汉 430010, Email: yangqingyuan@mail.crsri.cn;
2. 四川大学 水力学与山区河流开发保护国家重点实验室，成都 610065)

摘要：本研究采用具有较高精度和数值稳定性的 Godunov 格式求解水深平均水沙动力学方程，对四川省汶川县西河典型山洪沟的山洪水沙过程进行了数值反演，对比分析了不同来水、来沙条件下拦沙坝对山洪水沙过程的影响。研究表明：山洪发生时大量泥沙进入水体会对沿程断面的峰值流量、峰值水位等产生放大效应；而设置拦沙坝后，坝体的存在会引起坝上水流中水沙比例的调整和流量过程的调整，从而对坝下洪峰过程产生增大或减小效应。成果可供山洪水沙过程和山洪预警研究提供参考。

关键词：沟道；山洪水沙；拦沙坝；洪峰放大；数值模拟

1 引言

我国山区（包括高原、丘陵）约占全国总面积的 2/3 以上，而山洪灾害防治区面积占陆地面积的 48%，居住人口占全国人口的 44.2%[1]。山洪灾害是山区强降雨引发的暴涨暴落的洪水灾害，其常伴随滑坡、泥石流等灾害，给山区居民造成严重的经济损失和人员伤亡。根据现有统计，自中华人民共和国成立以来，中国洪涝灾害经济损失的 70%由山洪造成。随着国家大量河道防洪设施的修建，河道洪水所造成的损失比例不断下降，而山洪引起的破坏比例不断上升，在 2003‐2013 年，山洪灾害致死人数占因洪水死亡人数的 79.5%[2]，山洪灾害防治成为洪水灾害防治的重要内容。

在沟道（溪沟）洪水、滑坡和泥石流三种常见山洪灾害中，沟道洪水发生次数和死亡人数均为最多，如 2015 年沟道洪水、滑坡和泥石流致死人数占山洪致死比例分别为 54.2%，21.0%和 25.1%[2-3]。沟道洪水是指强降雨汇集后沿沟道快速向下游运动的洪水，由于多数情况下水体含沙量相对较小（与泥石流相比），尚为牛顿流体[4]，所受阻力较小，具有运动速度快，传播距离长，影响范围大，预警时间短等特点，对位于沟道两侧的居民区造成较大的破坏。沟道两侧的平缓地带是山区人民生产和生活的主要区域，村镇、旅游景点、公

基金项目：国家重点研发计划项目(2019YFC1510703-03)，中央级公益性科研院所基本科研业务费专项资金资助项目(编号：CKSF2021482SL)

路、铁路和桥梁等多依山而建。随着经济的发展和人口的增加，这些沟道聚居区的规模越来越大，价值越来越高，对山洪防护的需求也越来越大。

沟道洪水的快速演进往往伴随着复杂和强烈的输沙过程。沟道在雨季流量较大，沟床大部分被溪水淹没。坡度较陡，洪水发生时流速较高，多处于急流状态，水流挟沙力和冲击力很强，一些大粒径的卵石、漂石亦可被搬运至下游。拦砂坝为在多沙沟道内设置的拦截泥沙以防其下泄危害而建造的坝。当河沟上游土壤流失物以沙石为主时，洪水期水流将携带大量沙石抬高河床，或外溢掩埋河沟两岸农地。为减少径流中的沙石量和调节雨季洪水流量，在有季节性水流的河沟内，选择合适的部位建坝。通常经数年或 10 年左右时间即可淤满坝库。淤满后的坝库即成沙库，平整后加黏土和有机质改良，可开辟做农地。

传统的的拦砂坝设计多基于经验公式分析库内泥沙的淤积过程，拦砂坝过流能力，下泄水流的水舌形态，而较少分析拦砂坝对洪峰过程的影响，本研究将采用水沙动力学模型对拦砂坝影响下的山洪水沙过程进行分析[5-8]。

2 研究区域

研究区域位于四川省汶川县寿溪河流域西河山洪沟内，整个西河山洪沟长约 40 km，沟道末端为三江镇，而本研究区域为西河末端约 10 km 的沟道（图 1）。

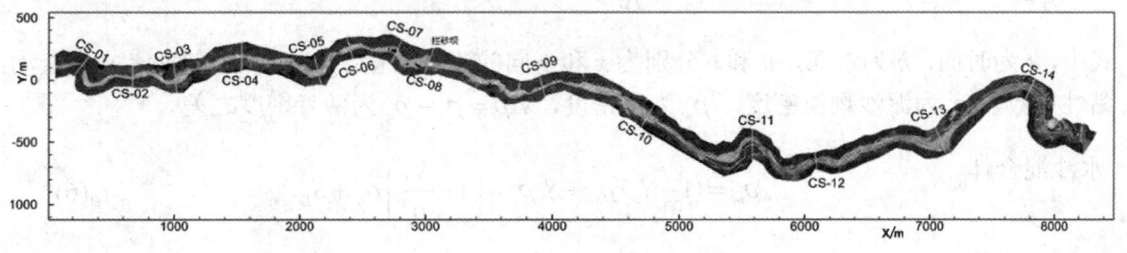

图 1 研究区域卫星图片

汶川县从 2019 年 8 月 19 日 2 时开始发生持续降雨，直至 8 月 22 日 14 时基本结束，主雨集中在 20 日 0 时至 4 时，暴雨引发多地洪涝、地质自然灾害，汶川县境内 100%乡镇和 90%以上的群众不同程度受灾，大部分地区农作物和财产受损严重，都汶高速，国道 213、国道 317 和国道 350 线部分路段不同程度受灾中断或损毁，三江镇、水磨镇和绵虒镇受灾尤为严重，多处山洪沟拦挡坝拥塞体已满，全县已启动防汛 I 级应急响应。

3 水沙动力学模型

在本研究中采用了水深平均的平面二维水沙模型[9-12]对拦砂坝影响下的山洪水沙过程进行了分析。

连续方程
$$\frac{\partial(h)}{\partial t}+\frac{\partial(hu)}{\partial x}+\frac{\partial(hv)}{\partial y}=-\frac{\partial Z_b}{\partial t} \quad (1)$$

动量方程
$$\frac{\partial(hu)}{\partial t}+\frac{\partial}{\partial x}\left(hu^2+\frac{1}{2}gh^2\right)+\frac{\partial}{\partial y}(huv)=$$
$$gh(S_{bx}-S_{fx})+hv_t\left(\frac{\partial^2 u}{\partial x}+\frac{\partial^2 u}{\partial y}\right)-\frac{\Delta\rho gh^2}{2\rho_s\rho_m}\frac{\partial S_T}{\partial x}+\frac{\rho_0-\rho_m}{\rho_m}u\frac{\partial Z_b}{\partial t} \quad (2)$$

$$\frac{\partial(hv)}{\partial t}+\frac{\partial}{\partial x}(huv)+\frac{\partial}{\partial y}\left(hv^2+\frac{1}{2}gh^2\right)=$$
$$gh(S_{by}-S_{fy})+hv_t\left(\frac{\partial^2 v}{\partial x}+\frac{\partial^2 v}{\partial y}\right)-\frac{\Delta\rho gh^2}{2\rho_s\rho_m}\frac{\partial S_T}{\partial y}+\frac{\rho_0-\rho_m}{\rho_m}v\frac{\partial Z_b}{\partial t} \quad (3)$$

推移质输沙方程
$$\frac{\partial(hq_b)}{\partial t}+\frac{\partial}{\partial x}(huq_b)+\frac{\partial}{\partial y}(hvq_b)=-\alpha_b\omega_b(q_b-q_{b*})=-\rho'\frac{\Delta Z_b}{\Delta t} \quad (4)$$

床面变形方程
$$\frac{\Delta Z_b}{\Delta t}=\frac{\alpha_b\omega_b(q_b-q_{b*})}{\rho'} \quad (5)$$

式中，t 为时间，h 为水深，u 和 v 分别为 x 和 y 向的流速分量；g 为重力加速度，v_t 为紊动黏性系数，ρ_s 为泥沙颗粒密度，ρ_w 为水密度，$\Delta\rho=\rho_s-\rho_w$ 为两者密度之差。

水沙混合体密度
$$\rho_m=(1-S_v)\rho_w+S_v\rho_s=\left(1-\frac{S_T}{\rho_s}\right)\rho_w+S_T \quad (6)$$

式中，S_v 为含沙量的体积分数，S_T 为总含沙量(kg/m³)，在本研究中仅模拟推移质，因此 $S_v=q_b$ (kg/m³)推移质体积分数。

$$\rho_0=\left(1-\frac{\rho'}{\rho_s}\right)\rho_w+\rho' \quad (7)$$

式中，ρ_0 和 ρ' 分别为床沙的湿密度和干密度，床面坡度项 $S_{bx}=-\frac{\partial Z_b}{\partial x}$，$S_{by}=-\frac{\partial Z_b}{\partial y}$，床面阻力项 $S_{fx}=n^2u\sqrt{u^2+v^2}/h^{4/3}$，$S_{fy}=n^2v\sqrt{u^2+v^2}/h^{4/3}$ 式中 Z_b 为床面高程；n 为曼宁糙率。

$$q_{b0}=\frac{K_b}{C_0^2}\frac{\rho_s\rho_m}{\rho_s-\rho_m}(U-U_c)\frac{U^3}{g\omega_b} \quad (8)$$

$$q_{b*}=\frac{q_{b0}}{hU}=\frac{K_b}{C_0^2}\frac{\rho_s\rho_m}{\rho_s-\rho_m}(U-U_c)\frac{U^2}{g\omega_b} \quad (9)$$

式中，ω_b 为泥沙沉速；q_{b0} 为以体积分数表示的推移质输沙率，单位为 kg/m³；α_b 推移质非均匀系数，K_b 为经验系数，U_c 为泥沙启动流速，C_0 为无量纲 Chézy 系数。q_{b*} 为单位体积输沙率。

式(1)-式(4)的统一形式为：

$$\frac{\partial U}{\partial t} + \frac{\partial E}{\partial x} + \frac{\partial G}{\partial y} = S \tag{10}$$

式中，$U = \begin{bmatrix} h \\ hu \\ hv \\ hq_b \end{bmatrix}, E = \begin{bmatrix} hu \\ hu^2 + \frac{1}{2}gh^2 \\ huv \\ huq_b \end{bmatrix}, G = \begin{bmatrix} hv \\ huv \\ hv^2 + \frac{1}{2}gh^2 \\ hvq_b \end{bmatrix}$，$S$ 为源项，为除时间项和对流项以外的其他项。

方程的求解依据式（11）进行，采用时间推进的方式，方程采用非结构化三角形和四边形混合式网格，方程离散采用有限体积法。

$$U_i^{n+1} = U_i^n + \sum \left(En_x + Gn_y \right) + S \tag{11}$$

式中，U_i^n 为 n 时刻变量，U_i^{n+1} 为 $n+1$ 时刻变量值，$En_x + Gn_y$ 通过网格边界的通量。为提高求解速度，采用了基于 CPU 和 GPU 的异构并行方法，其中 GPU 采用了 NVIDIA GeForce RTX 3050（68 个流处理器，8704 个 CUDA 核心）。

共模拟 4 种工况，其中清水工况不考虑泥沙输移，无坝工况指未设拦砂坝时的天然沟道。模拟中共设置 14 个监测断面（CS01~CS14），记录其流量及水位变化过程。

表 1 模拟工况

工况	进口流量	进口含沙量	床面初始可动层厚度/m
无坝-清水		0	0
无坝-输沙	图 2	0	1.0
有坝-清水		0	0
有坝-输沙		0	1.0

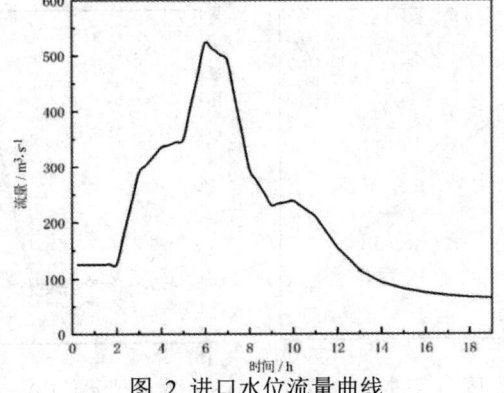

图 2 进口水位流量曲线

4 模拟结果

4.1 洪峰放大效应

洪峰放大效应是指洪水波在传播过程中，由水流挟沙或者地形影响峰值流量和峰值水位发生增大的现象。

图 3 所示为各工况下各断面的峰值流量曲线，可以看出清水工况下，有坝和无坝时各断面峰值流量基本一致，且在四种工况下峰值流量总体偏小，拦砂坝对峰值流量的影响较小。自 CS05 断面至 CS08 断面，输沙工况峰值流量明显大于清水工况，并且有坝输沙时峰值流量大于无坝输沙工况，说明输沙和拦砂坝均对洪峰有放大效应。而自 CS11 以下，无坝输沙工况峰值流量大于有坝输沙流量工况，说明拦砂坝对减小坝下峰值流量有一定帮助。

图 4 所示为各工况下各断面的峰值水位曲线，其中图（a）为峰值水位，图（b）为相对峰值水位，其值为各工况峰值水位与无坝清水工况下的峰值水位之差。可以看出各工况下峰值水位的主要差异存在与库区（CS06-CS08），而在其他区域，峰值水位的差异主要受床面输沙影响。

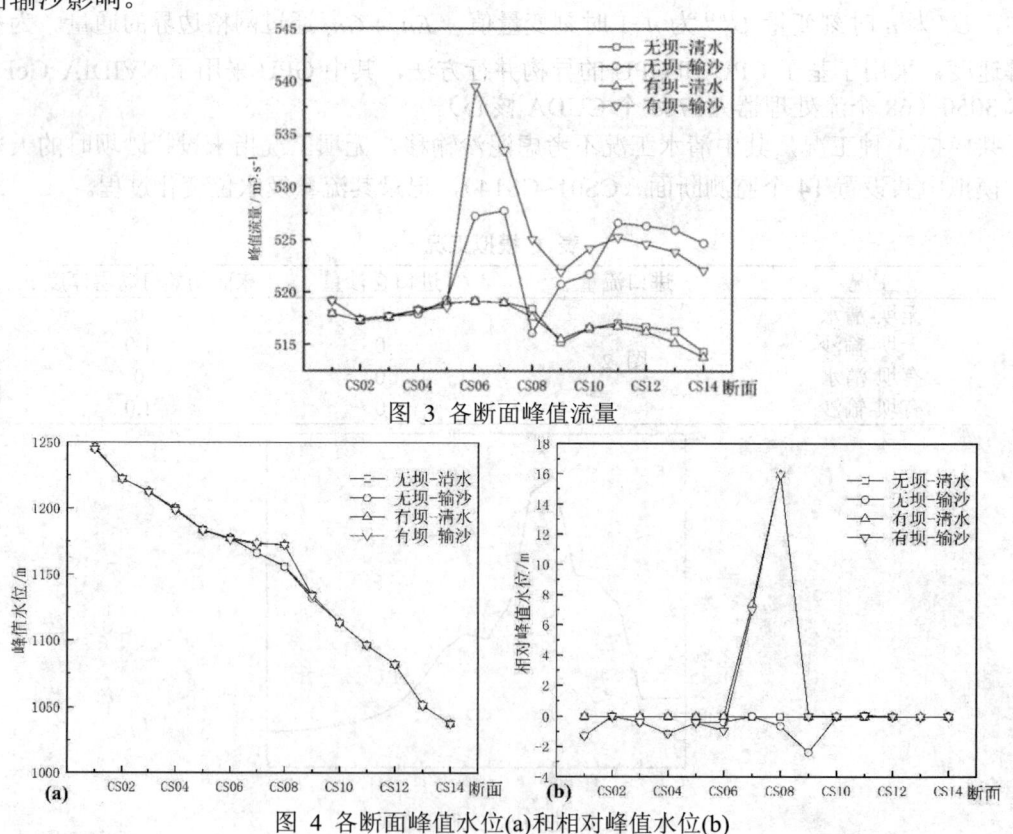

图 3 各断面峰值流量

图 4 各断面峰值水位(a)和相对峰值水位(b)

4.2 沟道淤积

图 5 所示为无坝输沙工况下床面淤积分布图，可以看出未建拦砂坝时泥沙主要淤积在沟道两侧的边滩附近。而建坝后，如

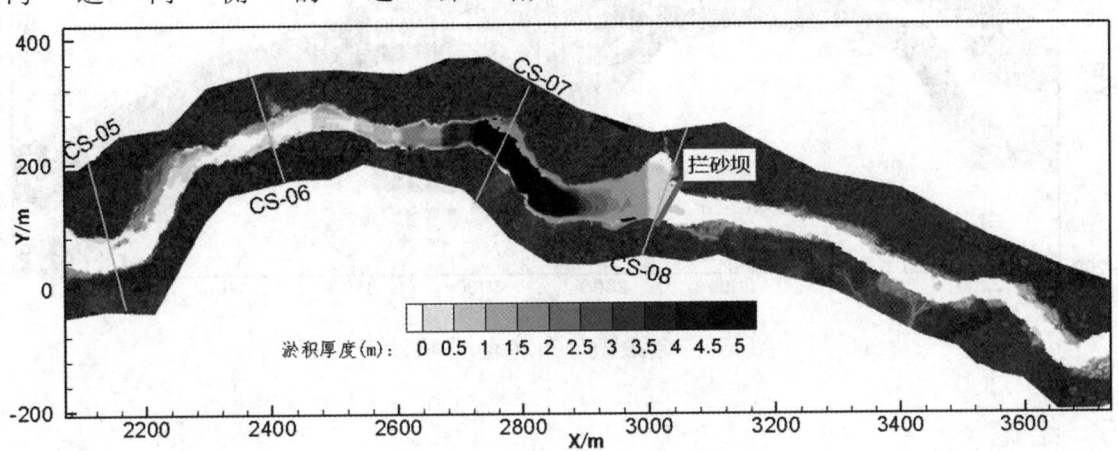

图 6 所示，泥沙主要淤积在库内，在库区上游（CS-05 至 CS-06），沟道淤积形态与天然沟道基本一致，而在拦砂坝下游，床面淤积较轻微。

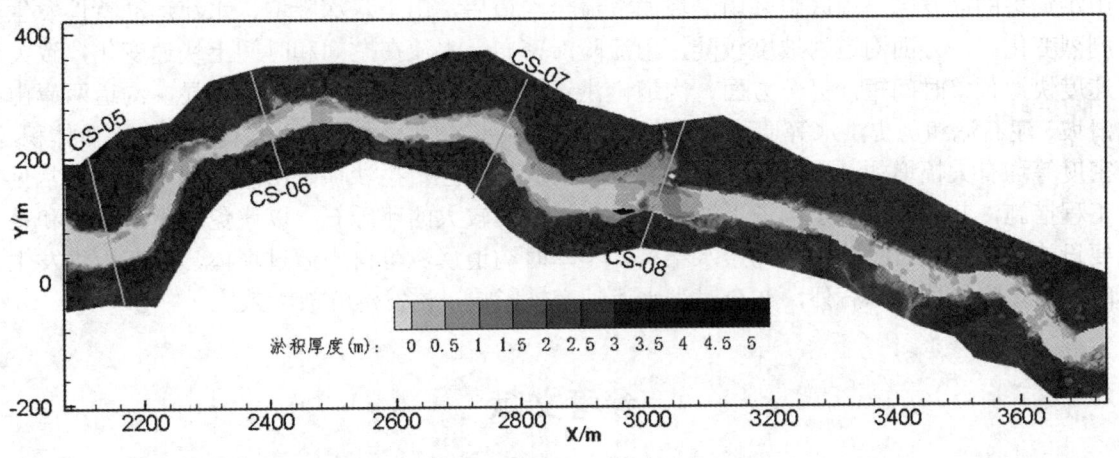

图 5 沟道淤积分布（无坝-输沙）

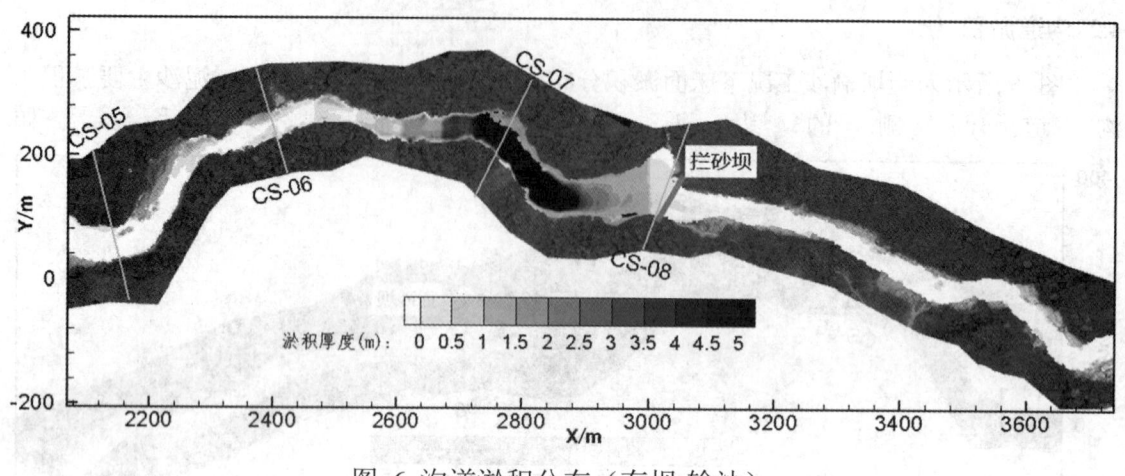

图 6 沟道淤积分布（有坝-输沙）

5 结论

山区村镇、铁路和桥梁等人员和重要设施聚集区往往位于沟道两岸，而这些区域也是山洪灾害的高发区。山区强降雨沿坡面汇流至沟道后，由于水深陡增，水流运动特性发生剧烈变化。一方面沟道内坡度较陡，急流险滩密布，水流在空间和时间上快速变化，致灾速度快，预警时间短；另一方面，沟道山洪运动受床面推移质运动影响明显，沟道两岸由滑坡、泥石流和历史洪水等遗留的泥沙堆积体在洪水冲刷下快速进入水体，洪水水体体积、密度等均有大幅增加，洪水运动速度和破坏力大幅增强。拦砂坝是山洪治理中的一种常见工程措施，其通常设置于沟道上游，用于拦挡直径较大的卵砾石，以避免对下游人员和重要设施产生破坏。拦砂坝多为透水结构，旱季时沟道溪流可自由通过坝体，而在山洪发生时，坝体除拦挡卵砾石外，亦会对洪水运动产生影响，诱发洪峰放大效应。

参考文献

1 王协康, 刘兴年, 周家文. 泥沙输移突变下的山洪灾害研究构想和成果展望 [J]. 工程科学与技术. 2019: 51(04): 1-10.

2 马美红, 黄先龙, 何秉顺, 等. 2015 年中国山洪灾害特点及减灾效益分析 [J]. 人民黄河, 2019: 41(01): 23-27.

3 He B S, Huang X L, Ma M H, et al. Analysis of flash flood disaster characteristics in China from 2011 to 2015 [J]. Natural Hazards 2018, 90(1): 407-420.

4 赵琰鑫. 沟道泥石流运动-淤塞-堵溃数值模拟研究 [D]. 武汉: 武汉大学, 2012.

5 李发斌, 涂建军, 胡凯衡. 基于 GIS 的泥石流拦砂坝优化设计模型 [J]. 中国科学: E 辑, 2003, 33(B12):

11.

6　林雪平, 游勇, 柳金峰, 等. 泥石流拦砂坝溢流口过流能力实验研究 [J]. 自然灾害学报, 2015(1): 6.

7　陈华勇, 柳金峰, 赵万玉. 束流型拦砂坝溢流口及其关键参数确定 [J]. 水科学进展, 2016.

8　郑志山, 潘华利, 欧国强, 等. 泥石流拦砂坝下游局部冲刷研究现状及展望 [J]. 云南大学学报: 自然科学版, 2019, 41(3): 10.

9　Xia J, Falconer R A, Lin B, et al. Modelling flood routing on initially dry beds with the refined treatment of wetting and drying. International Journal of River Basin Management 2010, 8(3-4): 225-243.

10　Yang Q Y, Guan M F, Peng Y, et al. Numerical investigation of flash flood dynamics due to cascading failures of natural landslide dams [J]. Engineering Geology 2020, 276, DOI: 10.1016/j.enggeo. 2020. 105765.

11　Yang Q Y, Lu W Z, Zhou S F, et al. Impact of dissipation and dispersion terms on simulations of open-channel confluence flow using two-dimensional depth averaged model, Hydrological Process 2014, 28(8): 3230-3240.

12　Yang Q Y, Liu T H, Zhai J J, et al. Numerical investigation of a flash flood process that occurred in zhongdu river, Sichuan, China. Frontiers in Earth Science, (2021): 9(486).

Numerical investigations on the flash flood process in Xihe gully with a sediment storage dam

ZHAI Jing-jing[1], YANG Qing-yuan[1*], WANG Xie-kang[2]

(1. Changjiang River Scientific Research Institute, Wuhan 430010, China, Email: yangqingyuan@mail.crsri.cn;
2. State Key Laboratory of Hydraulics and Mountain River Engineering, Sichuan University,
Chengdu 610065, China)

Abstract：In this paper, a two-dimensional depth-averaged model adopting the Godunov method is used to simulate the flood process in Xihe gully in Sichuan province of China. The model present high accuracy and stability in the modelling. Scenarios with different flow and sediment conditions are simulated by the self-developed computer codes. The results show that the huge sediments taken into water will amplify the peak level and discharge at certain cross sections of the river. When the sediment storage dam is set, the dam will adjust the percentage of sediment in water, and further alter the flood process. The peak level and discharge in the reservoir may get enlarged or decreased. The study in this paper is help for studying the flood process, forecasting and preventing of flash food in mountainous area.

Key words: Gully; Flash flood with sediment transport; Sediment storage dam; Flood amplification; Numerical simulation.

西沙不同岛礁波浪环境特征分析

孙泽 [1,2,3*]，丁军 [1,2]，孙岸竹 [1,2]

（1. 中国船舶科学研究中心，无锡 214082, Email: sunzedlut@163.com；
2. 深海技术科学太湖实验室，无锡 214082；
3. 湖南大学深海装备研究中心，长沙 410000）

摘要：波浪环境对于海洋工程结构的设计至关重要，结构设计需要明确所在海域的各种波浪条件。其中作业条件应包括波高、周期、波浪谱模型、波浪散布的联合发生概率等；极端或异常条件应包括相应重现期的波浪谱和/或确定性波高及其周期、波浪方向及散布特性等。本文基于南海岛礁长期后报数据，对西沙海域不同岛礁的波浪环境特性进行分析，并给出相应的分析结果。

关键词：波浪环境；极值；西沙

1 引言

从20世纪50年代至今，海浪数值预报模式得到了迅速发展，目前第三代海浪模式已经成为各国业务化预报海浪的通用工具。WAVEWATCH-III基于波作用平衡方程描述方向波谱的演化过程，波作用平衡方程的左侧描述了波浪谱在时间上的变化以及其在空间中传播，右侧描述了风能引起的波浪能量增长、耗散以及非线性波波相互作用导致的各个波分量之间的能量交换[1-2]。考虑到南海远海珊瑚礁盘和岛的陆地面积较小且地形复杂，计算水深的小小误差都会对计算波高产生很大影响[3-4]。孙泽等发展了覆盖南海全海域到近岛礁的高分辨率非结构计算网格，并得到了岛礁长期波浪观测数据的验证[5-6]。

本研究对基于上述非结构计算网格 WAVEWATCH-III模型计算的长期波浪后报数据进行长期特征分析，时间范围从1988年到2019年，时间分辨率为3h一次，由于地形网格是非结构的，因此地形分辨率大小变化非常大，在南海开阔海域空间分辨率为1°，而在岛礁细部空间分辨率达到300 m。

在第2节中，将介绍西沙海域长期后报结果下的整体波浪特性，在第3节中给出了西沙不同岛礁位置波浪参数长期统计结果。在第5节中，给出总结和结论。

2 整体波浪特性

图 1 给出了西沙海域分非结构化网格水深示意图，通过 WAVEWATCH-III 海浪模式输出的平均波浪参数，可以计算出有义波高在每个网格格点上的平均值。图 2 给出了西沙海域平均有义波高的分布云图，西沙岛礁海域波高分布随着岛礁地形的变化明显不同。西沙开敞海域深水区的平均有义波高在 1.5 m~1.8 m，靠近岛礁后平均有义波高迅速减小，环礁内部的平均波高仅为 0.2 m~0.4 m。宣德群岛的整体海况比永乐群岛恶劣。

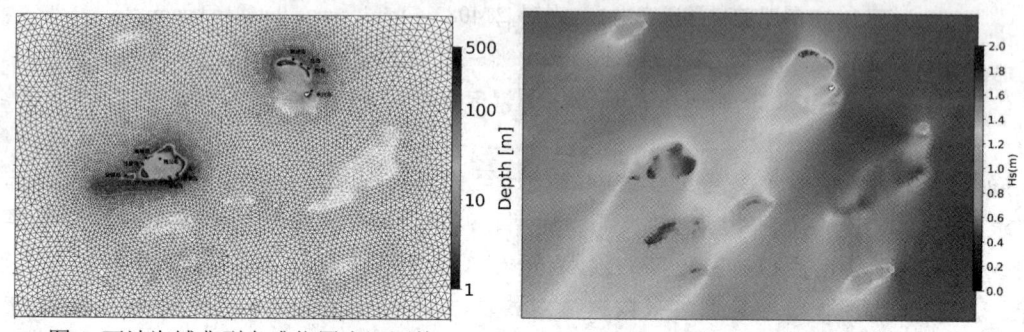

图 1 西沙海域典型岛礁位置水深网格　　　图 2 西沙海域年平均有义波高分布

平均有义波高的季节分布情况见图 3。春季，开敞海域的平均有义波高在 1.0 m~1.3 m；夏季，开敞海域的平均有义波高在 1.2 m~1.5 m；秋季，开敞海域的平均有义波高在 1.5 m~2.2 m；冬季，开敞海域的平均有义波高在 2.2 m~3 m。

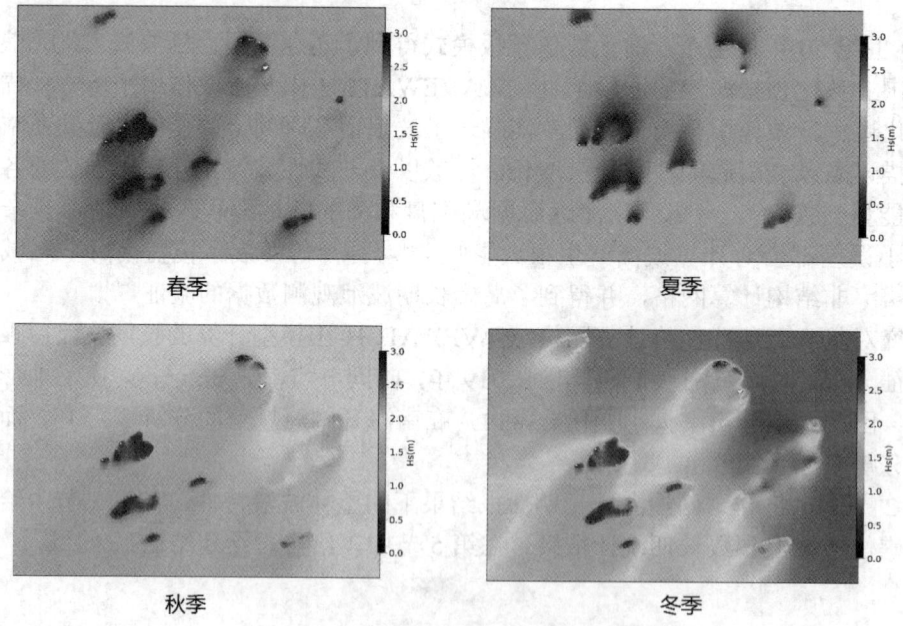

春季　　　　　　　　　　　　夏季

秋季　　　　　　　　　　　　冬季

图 3 西沙海域季度平均有义波高分布

从波浪谱的结构来看，波浪可以分为风浪、涌浪以及两者形成的混合浪。风浪是本地风产生的，又可分为充分发展的海浪和发展中的海浪，前者是一种能量平衡，即风提供的能量输入与波浪的过程耗散达到平衡，而后者中存在净能量输入，导致海浪处于成长过程中。涌浪是指风浪离开其生成区域后的波浪，与本地风没有关系。

WAVEWATCH-III在计算过程中将由基于波龄的动态频率来判断风浪和涌浪部分。这种谱分割数值方法将波浪谱进一步分隔为风浪成分和涌浪成分，可以分离出风浪高度，从而计算出该时刻有义波高中风浪成分占总波高的比值。图4给出了年平均风浪比值系数在西沙海域的分布情况，在开阔海域，以风浪成分为主，大部分海域比值系数在85%以上；受岛和礁盘影响的遮蔽海域，风浪成分减小，涌浪对这些位置的影响占比较大，如宣德群岛西南面风浪成分仅占50%~60%。

图4 西沙海域年平均风浪比值系数分布

3 长期波浪统计

岛礁海域精细化波浪预报模型计算得到的长期后报数据使得我们可以对具体岛礁进行长期波浪统计和分析。选取西沙海域重要的近岛礁位置作为特征点位，这些岛礁包括宣德群岛的赵述岛、北岛、南岛、永兴岛，永乐群岛的金银岛、甘泉岛、珊瑚岛、鸭公岛、晋卿岛和琛航岛。在这些特征点中，除了鸭公岛位置测点在潟湖内部，其余测点都分布在开阔海域到近岛礁的断面上，水深均在40 m~60 m。

图5给出了特征岛礁位置的有义波高和平均浪向玫瑰图。可以看出，宣德群岛四个特征点为的主要波向均为N-E向，其中永兴岛和南岛易受到SSE向来浪的影响。永乐群岛的各个岛礁之间的差异较大，其中，金银岛、甘泉岛和珊瑚岛的主波向为N-E向。鸭公岛由

于在永乐环礁潟湖内，没有明显的主波向，出现频率较高的波向为 NNW 向和 S 向来浪。晋卿岛和琛航岛相近，主波向为 E 向。

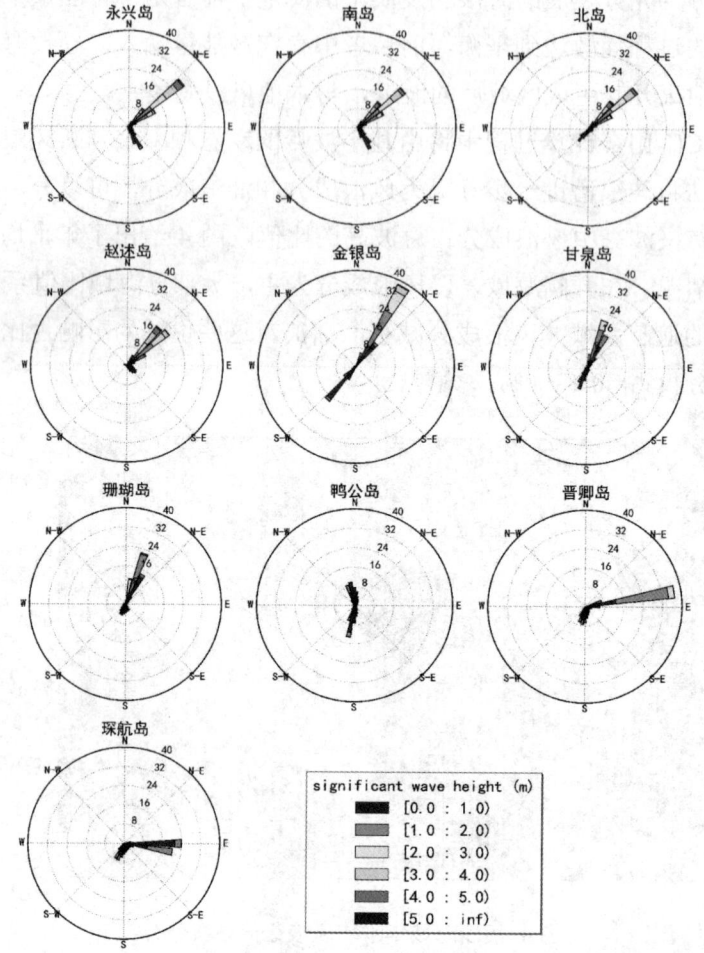

图 5 西沙海域典型岛礁位置波高波向分布玫瑰图

4 结论

通过建立非结构化的 WW3 波浪模型，计算了 1988 年至 2019 年的 32 年后预报数据，基于后预报数据对西沙岛礁海域长期波浪环境特征进行分析。发现西沙开敞海域深水区的平均有义波高在 1.5 m~1.8 m，靠近岛礁后平均有义波高迅速减小，环礁内部的平均波高仅为 0.2 m~0.4 m。不同岛礁特制的之间波高随波向的分布差异巨大，永乐群岛海域的平均波高小于宣德群岛海域。

参考文献

1. Tolman H L, Balasubramaniyan B, Burroughs L D, et al. Development and implementation of wind-generated ocean surface wave Modelsat NCEP [J]. Weather and forecasting, 2002; 17(2): 311-33.
2. The WISE Group, Cavaleri L, Alves J-H G M, et al. Wave modelling: The state of the art [J]. Progress in Oceanography, 2007; 75(4): 603-74.
3. Chawla A, Tolman H L. Obstruction grids for spectral wave models [J]. Ocean Modelling, 2008; 22(1-2): 12-25.
4. Tolman H L. Treatment of unresolved islands and ice in wind wave models [J]. Ocean Modelling, 2003; 5(3): 219-31.
5. Sun Z, Xu D-l, Liu X-l, et al. Observation and simulation of wind waves near a typical reef lagoon in South China Sea [J]. Journal of Hydrodynamics, 2021; 33(1): 24-32.
6. Sun Z, Zhang H, Liu X, et al. Wave energy assessment of the Xisha Group Islands zone for the period 2010-2019 [J]. Energy, 2021, 220: 119721.

Uncertainties in extreme wave analysis

SUN Ze[1,2,3*], DING Jun[1,2], SUN An-zhu[1,2]

(1. China Ship Scientific Research Center, Wuxi 214082, China, Email: sunzedlut@163.com;
2. Taihu Laboratory of Deepsea Technological Science, Wuxi 214082, China;
3. Centre for Marine Technology, Hunan University, Changsha 410082, China)

Abstract: Wave environment is very important for the design of offshore engineering structures. Structural design needs to clarify various wave conditions in the sea area. The operation conditions shall include wave height, period, wave spectrum model, joint occurrence probability of wave dispersion, etc; Extreme or abnormal conditions shall include the wave spectrum and / or deterministic wave height and its period, wave direction and dispersion characteristics of the corresponding return period. Based on the long-term Post report data of islands and reefs in the South China Sea, this paper analyzes the wave environmental characteristics of different islands and reefs in Xisha sea area, and gives the corresponding analysis results.

Key words: Wave height; Extreme value; South China Sea.

实尺度船舶驶经丁坝水动力特性及尺度效应研究

黄浩东[1]，冀楠[1*]，胡茂林[1]，罗意[1]，万德成[2]

(1. 重庆交通大学 航运与船舶工程学院，重庆 400074, Email: jinan@cqjtu.edu.cn;
2. 上海交通大学 船舶海洋与建筑工程学院 海洋工程国家重点实验室
船海计算水动力学研究中心 上海 200240)

摘要：为了分析船舶过丁坝时尺度效应对模拟结果带来的影响，本研究基于 RANS 方程，采用 VOF 方法处理自由液面并结合 Realizable $k-\varepsilon$ 湍流模型，对不同缩尺比下船舶驶经丁坝时的水动力特性进行数值模拟。首先对丁坝和模型船的水动力特性进行数值计算，并与实验数据进行对比，证明数值模拟方法的合理性。然后将河道水流流速及船-丁坝相对位置作为变化参数，进行不同缩尺比下船舶水动力特性计算。研究表明：实尺度及模型尺度下，船舶水动力特性及压力场等存在一定区别；船舶经过丁坝时，横向力峰值出现在丁坝前 0.25 倍船长位置附近，纵向力峰值出现在丁坝轴线位置处，船舶受到的转艏力矩正向峰值出现在丁坝后 0.5 倍船长附近，负向峰值出现在丁坝前 0.5 倍船长附近；水流流速增大，船舶受力及力矩的增量在丁坝前后一倍船长范围内最为显著。研究结果可为丁坝区船舶安全通航及船舶尺度效应研究提供参考。

关键词：尺度效应；限制水域；水动力特性；丁坝

1 引言

丁坝是常见的水工建筑物，常应用于治河工程、防洪工程、航道整治工程中，在长江等航道中分布广泛。丁坝作为人类施加于河流系统中的建筑物，对航道的水流流态产生较大的影响。而在长江部分航道中，航道宽度较窄，再加上丁坝的束窄作用，船舶航行至此区域时，会受到丁坝产生的较大的水动力干扰作用，从而对船舶的安全航行造成不利的影响。目前关于江海突出障碍物（桥墩、船闸）对直航船舶的影响研究较多且多偏向于模型尺度的研究，而针对丁坝区船舶受力等相关研究较少。

国内外对丁坝区的流态分析已经十分充足，Tang 等[1] 通过大涡模拟的方法并用 SIMPLEC 算法求解丁坝三位流场，并进行了实验研究，将模拟结果与实验结果进行对比，两者比对结果良好。魏文礼等[0]采用两相流混合模型并结合 RNG k-ε 湍流模型对非淹没丁坝的三维水流特性进行了数值模拟，对自由液面处理时运用了 VOF 方法，对丁坝后不同回流长度与实验值进行比较发现两者吻合良好，证明该模型能够很好地模拟丁坝区的三维水流特性。马峥等[0]运用不同的湍流模型对船水动力进行分析，对船舶计算流体力学中的湍流模型选择问题进行了讨论。对于方形系数相对较小的集装箱船，标准 k-ε 模型和 SST k-ω 模型相对较好。麻绍钧[0]通过对近岸壁航行的船舶水动力特性分析，对流场细节进行分析讨论，提供了一系列水动力机理分析方法。宋科委等[0]以 DTMB5415 船舶为研究对象，进行了多种尺度下的船舶形状因子和兴波阻力研究，发现模型尺度和实尺度之间的计算差值可达 11.5%，是造成外推方法预报得到的实船阻力存在误差的主要原因。

本研究利用 CFD 软件 STAR-CCM+，基于 RANS 方程，用 VOF 法处理自由液面，采用不可压缩流动 RANS 方程以及 Realizable k-ε 湍流模型，将得到的相关水动力数据与 Jeon[0] 的丁坝实验数据和 KCS 相关实验数据进行对比，验证得模型准确有效。最后用该数学模型模拟研究了不同缩尺比的船舶在丁坝流场中距离丁坝不同距离时的受力变化。

2 数值方法

基于 RANS 方法求解不可压缩黏性流体流场的控制方程为雷诺平均连续性方程和雷诺平均 N-S 方程（RANS 方程）

$$\frac{\partial \bar{u}_j}{\partial x_j} = 0 \tag{1}$$

$$\rho\left[\frac{\partial \bar{u}_i}{\partial t} + \frac{\partial}{\partial x_j}\left(\bar{u}_i \bar{u}_j\right)\right] = -\frac{\partial \bar{p}}{\partial x_i} + \rho f_i + \frac{\partial}{\partial x_j}\left(\mu \frac{\partial \bar{u}_i}{\partial x_j} - \rho \overline{u'_i u'_j}\right), (i=1,2,3) \tag{2}$$

式中，ρ 为水的密度；$\bar{u}_i$ 为流体在 i 方向上的时均速度分量；$\bar{p}$ 为时均流体压力；μ 为流体动力黏性系数，$-\rho \overline{u'_i u'_j}$ 为雷诺应力；f_i 为体积力在 i 方向上的分量。

采用 Realizable k-ε 湍流模型封闭上述方程组，其湍流动能 k 和湍流耗散率 ε 的方程分别是

$$\rho\left[\frac{\partial k}{\partial t} + \frac{\partial(k\bar{u}_i)}{\partial x_i}\right] = \frac{\partial}{\partial x_j}\left[\left(\mu + \frac{\mu_t}{\sigma_k}\right)\frac{\partial k}{\partial x_j}\right] + G_k - \rho\varepsilon \tag{3}$$

$$\rho\left[\frac{\partial \varepsilon}{\partial t} + \frac{\partial(\varepsilon\bar{u}_i)}{\partial x_i}\right] = \frac{\partial}{\partial x_j}\left[\left(\mu + \frac{\mu_t}{\sigma_\varepsilon}\right)\frac{\partial \varepsilon}{\partial x_j}\right] + \rho C_1 E\varepsilon - \rho C_2 \frac{\varepsilon^2}{k + \sqrt{\nu\varepsilon}} \tag{4}$$

式中，k 为湍流动能，ε 为湍流耗散率，ρ 为流体密度，μ_t 为湍流黏性系数。其中公式如下：

$$\mu_t = \frac{C_\mu \rho k^2}{\varepsilon} \tag{5}$$

模型常量如下：C_μ=0.09，C_1=1.44，C_2=1.9，σ_k=1.0，σ_ε=1.2。

3 数值验证

3.1 丁坝流场模拟

3.1.1 计算区域

为验证该数值模型能够精确模拟丁坝流场三维水动力特性，对照 Jeon[0] 的实验资料，设置水槽模型长度为 6.5 m，宽为 0.9 m，高为 0.2625 m。水槽初始水深为 0.21 m，丁坝高度 H 为 0.2625 m。丁坝厚度 D 为 0.04 m，轴线长度 L 为 0.3 m，为非淹没式直丁坝。水流入口位于丁坝轴线前 1.5 m 位置，入口处水流速度为 U_o=0.144 m/s，进口水流量恒定为 Q=0.034 m³/s。将水槽的顶板及入口设置为速度入口，出口设置为压力出口，其他边界都设置为壁面。

为验证丁坝周围水动力计算方法的准确性，取丁坝附近流场纵向流速变化较大的四处探测线模拟数值与实验数据比较，探测线的位置为 x/L=-3.3、-0.9、1.67、3.33 处，探测线的长度为 y 方向为从 0 m~0.9 m 处。计算所得的横向速度 v 与初始流速 U_o。为确保能够更精确地捕捉流场内的流速，丁坝附近设置局部加密，并将所有探测线包裹在内。

3.1.2 计算模型验证

丁坝计算域网格布置如图 2 所示。为了减少网格的疏密给结果带来的误差，同时满足计算精度要求的，选取对计算效率最有利的网格设置。

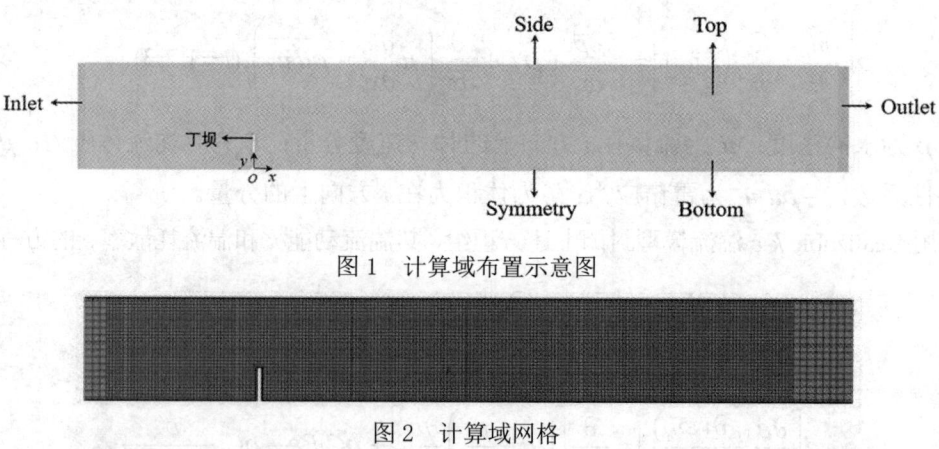

图 1　计算域布置示意图

图 2　计算域网格

从图 3 中可以看出，该数学模型及网格设置能够很好地模拟丁坝流场特性，且与实验吻合较好，故采用该数学模型及网格设置。

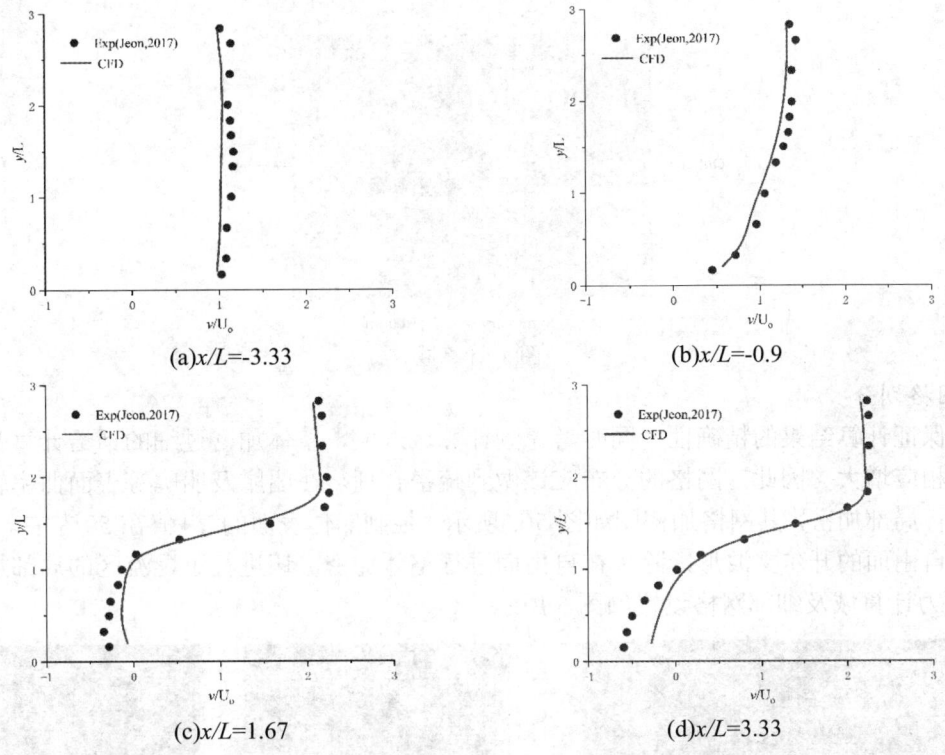

图 3 中层水深面上不同横断面横向流速模拟值与实验值比较

3.2 裸船体阻力数值计算

3.2.1 计算模型

本研究以 KCS 船模为研究对象，该船模为 SIMMAN2014 国际研讨会推荐的标准船型之一，缩尺比为 1：31.6。KCS 虽为海船船型，但其船型的长、宽、吃水与长江过闸船型集-18 的相应参数基本呈 2：1 的尺度比；虽然 KCS 船型的方形系数 0.65 比集-18[0] 的方向系数 0.53 大，但根据船舶原理[0]中关于方形系数对船舶阻力造成的影响可知，在本研究中水流流速不超过 1.2 m/s 流速下方形系数差异造成的船型阻力变化仅为 10%左右。此外，KCS 的相关研究较多，能够提供较多的实验数据进行对比分析。

3.2.2 计算域与边界条件

计算域的长度为 4 倍 L_{pp}，左右边界和上下边界长度为 3 倍 L_{pp}，水深为一倍 L_{pp}，船舶上游边界、底部和顶部为速度进口，船舶下游边界为压力出口，左右边界为对称平面。在出口边界进行了消波。

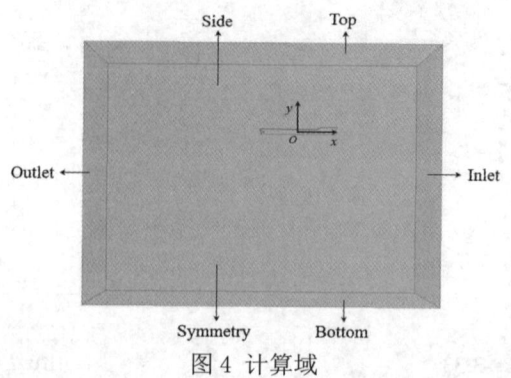

图 4 计算域

3.2.3 网格划分

为保证计算结果的精确性,同时考虑到计算域过大,整体加密过细的话给计算带来的难度也相应增大,因此,网格的分布应该做到疏密合理。在船艏及船艉等表面曲率较大的地方进行局部加密,其网格加密图如图 5(b)所示。控制船体表面的 Y+值在 50 左右。同时,为捕捉自由面的开尔文波形,除了在自由面进行整体加密,还进行了尾流区的局部加密。KCS 阻力计算域及细部网格设置如图 5 所示。

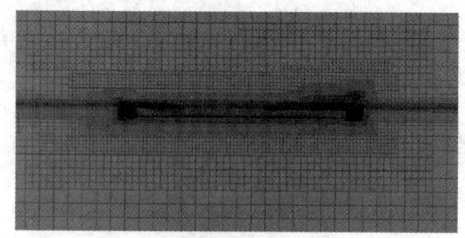
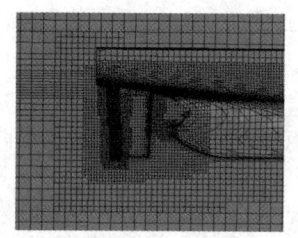

(a)整体网格加密　　　　　　　　　　　(b)船尾及船艏处加密

图 5　KCS 阻力验证网格

3.2.4　KCS 裸船阻力模型验证

船体开放了 Z 方向升沉和 Y 方向纵倾自由度,水流初始速度为 2.196 m/s,取计算时间步长为 0.04 s。待计算稳定后,模拟结果取计算稳定后 20 s 平均值,并求出阻力系数与 2010 哥德堡研讨会[0]给出的的阻力系数进行误差对比,求得相对误差为 1.2%,证明该数学模型及网格设置有效。

$$c_d = \frac{F_d}{\frac{\rho}{2}v^2 A} \tag{6}$$

式中,c_d 为阻力系数,F_d 为总阻力(N),v 为船速(m/s),A 为船体湿表面积(m²),计算结果如表 2 所示。在计算精度得到满足的同时,考虑到计算稳定性和计算效率,选取该网格作为计算时的网格设置。

4 计算结果分析

4.1 计算工况

本研究选取模型尺度及实尺度两个尺度的船在丁坝流场的受力分析，模型尺度与实尺度之比为1:31.6。通过船舶在丁坝流场固定位置处受力的方式分析船舶驶经丁坝时的受力变化，船舶-丁坝的相对距离定义为船舶的重心位置与丁坝的距离，分别为 X/L_{pp} =-2、-1、-0.5、0、0.5、1、2。模型尺度下入口水流流速为 1.2 m/s，根据傅汝德数相等原理计算得实尺度下入口水流流速为 6.746 m/s。

4.2 船舶受力分析

4.2.1 横向力分析

图 6 为模型尺度及实尺度船舶在丁坝区横向受力变化。从图 6 中可知，船舶在丁坝前后一倍船长的范围内横向受力较大，船舶在丁坝区横向受力峰值出现在 X/L_{pp} =-0.5 位置附近。在 $-0.5<X/L_{pp}<1$ 的范围内，实尺度船舶横向力系数要大于模型尺度下船舶的横向力系数。在此范围外，两种尺度船舶的横向力系数基本一致。图 7 为两种尺度下船舶位于 X/L_{pp} =-0.5、0、0.5 位置处时，船舶重心平面流场流速分布。从图 7 中可以看出，船舶位于丁坝前后 0.5 倍 L_{pp} 范围内时（$-0.5<X/L_{pp}<0.5$），丁坝绕流在此范围内产生较高流速的横向水流，船舶在此区域内受到横向水流的冲击作用，横向受力较大，因此船舶在此范围内受到的横向力较大。

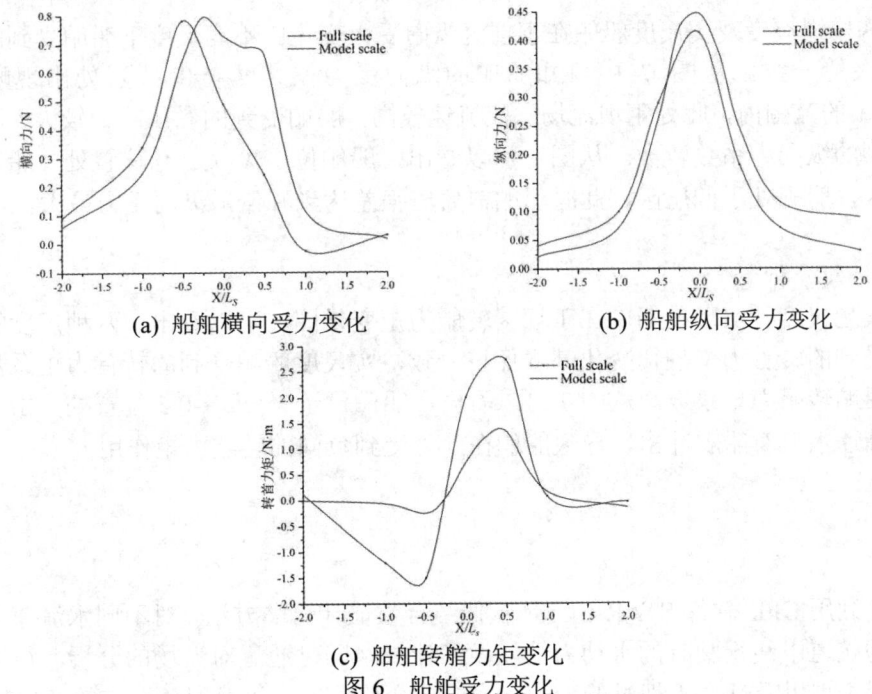

(a) 船舶横向受力变化　　(b) 船舶纵向受力变化

(c) 船舶转艏力矩变化

图 6　船舶受力变化

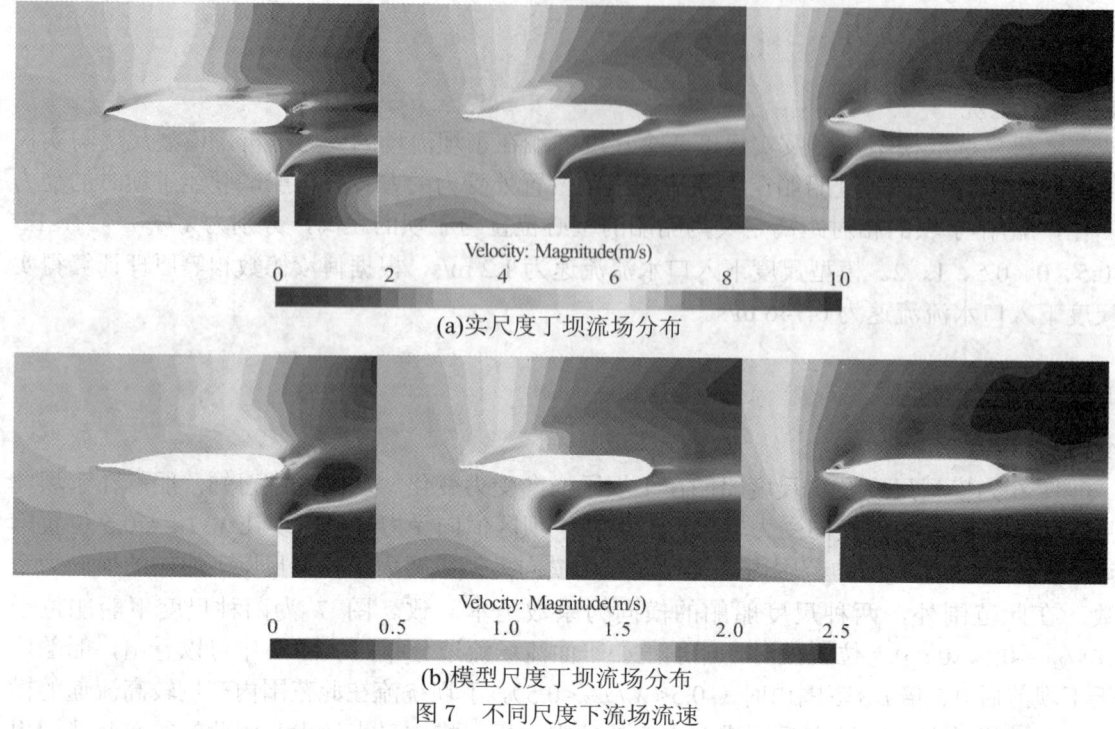

(a)实尺度丁坝流场分布

(b)模型尺度丁坝流场分布

图 7 不同尺度下流场流速

4.2.2 纵向力分析

图 7 为模型尺度及实尺度船舶在丁坝区纵向受力变化。不同尺度下船舶受到的纵向力系数基本保持一致。从图 7 中可知船舶的纵向受力在 $X/L_{pp}=0$ 位置处出现峰值。在 $-1<X/L_{pp}<1$ 的范围内，此处丁坝流场水流流速较高，船舶受到的黏压阻力较大，因此船舶在此处受到的纵向力系数较大。从图 7 可以看出，船舶位于 $X/L_{pp}=0$ 位置处，船舶前部分处于高压区，船艉处于低压区，此时船舶前后压强差达到峰值，纵向受力最大。

4.2.2 转艏力矩分析

图为模型尺度及实尺度船舶在丁坝区转艏力矩变化图。可以看出，两种尺度的船舶在丁坝流场受到的转首力矩规律变化基本保持一致，实尺度船舶受到的转首力矩系数大于模型尺度下船舶转艏力矩系数。从图 7 可以看出，船舶位于 $X/L_{pp}=-0.5$ 位置处，由于丁坝绕流产生的高速水流对船艉冲击，导致船舶在此处受到负向的转艏力矩作用。

5 总结

本研究利用 CFD 软件 STAR-CCM+软件结合数值计算的方法，对不同水流速下船舶沿设有丁坝的航道中线行驶时的水动力性能做了计算。同时通过对流场的分析，得出了船舶在逐渐靠近丁坝以及远离丁坝时的受力、力矩的变化情况，以及船体姿态的变化趋势。

(1) CFD 数值模拟的方法能够有效地减少人力物力，对工程中的实际问题进行模拟可以得到建设性的意见；

(2) 在丁坝上游及下游 1 倍船长的范围内（$-1<X/L_{pp}<1$）范围内，船体所受到的力及力矩显著。实尺度船舶在 $0<X/L_{pp}<1$ 的范围内横向力系数大于模型尺度下船舶横向力系数；两种尺度下船舶纵向力系数变化规律、大小基本保持一致；两种模型尺度下船舶转首力矩系数变化规律相同，实尺度船舶转艏力矩系数大于模型尺度下转艏力矩系数。

致谢

本研究获得工信部数值水池创新专项 VIV/VIM 项目(2016-23/09)、2021 年研究生科研创新项目(2021S0044)以及重庆交通大学船舶与海洋工程水动力研究所的资助，在此一并表示衷心感谢。

参考文献

1. Tang X, Xiang D, Chen Z. Large Eddy Simulations of Three-Dimensional Flows Around a Spur Dike [J]. Tsinghua Science and Technology, 2006, 11(001):117-123.
2. 魏文礼, 洪云飞, 邵世鹏, 等. 梯形断面明渠丁坝绕流水力特性三维数值模拟 [J]. 应用力学学报, 2015, 32(02): 294-298+357.
3. 马峥, 黄少锋, 朱德祥. 湍流模型在船舶计算流体力学中的适用性研究 [J]. 水动力学研究与进展 A 辑, 2009(02): 85-94.
4. 麻绍钧, 邹早建. 船舶沿岸航行水动力数值研究 [D]. 上海: 上海交通大学, 2014.
   宋科委, 郭春雨, 孙聪, 李平. 实尺度船舶阻力计算及尺度效应研究 [J]. 华中科技大学学报(自然科学版), 2021, 49(06): 74-80.
5. Jeon J, Lee J Y, Kang S. Experimental investigation of three‐dimensional flow structure and turbulent flow mechanisms around a nonsubmerged spur dike with a low length‐to‐depth ratio [J]. Water Resources Research, 2018, 54(5): 3530-3556.
6. Larsson L, Stern F, Visonneau M. Numerical Ship Hydrodynamics-Anassessment of the Gothenburg 2010 Workshop [M]. Netherlands, Springer, 2014.
7. 高惠君. 内河船型标准化 [M]. 北京: 人民交通出版社, 2015.
8. 盛振邦, 刘应中. 船舶原理 [M]. 上海: 上海交通大学出版社, 2003.

Hydrodynamic characteristics of full-scale ship passing through spur dike and scale effect study

HUANG Hao-dong[1], JI Nan[1*], HU Mao-lin[1], LUO Yi[1], WAN De-cheng[2]

(1. School of Shipping and Naval Architecture, Chongqing Jiaotong University, Chongqing 400074, China, Email: jinan@cqjtu.edu.cn;

2. Computational Marine Hydrodynamics Lab(CMHL), School of Naval Architecture, Ocean and Civil Engineering, Shanghai Jiao Tong University, Shanghai 200240, China)

Abstract: In order to analyze the influence of scale effect on the simulation results when ship passes through spur dike. This paper based on the RANS equation, VOF method is used to process free surface and use Realizable $k-\varepsilon$ turbulence model to numerically simulate the force and moment of the ship when it passes the spur dike under different scales. Firstly, the hydrodynamic characteristics of the spur dike and the model-scale ship are numerically simulated and compared with the experimental data to prove the rationality of the numerical simulation method. Then, the flow velocity and the relative position of the ship-spur dike were used as the variation parameters to simulate the hydrodynamic characteristics of the ship under different scales. The results show that there are some differences in hydrodynamic characteristics and pressure field between full-scale ship and model-scale ship; When the ship passes through the spur dike, the peak value of transverse force appears at about 0.25 times of the ship length in front of the spur dike, the peak value of longitudinal force appears at the position of the axis of the spur dike, the positive peak value of heading turning moment appears at the position of 0.5 time of the ship length behind the spur dike, and the negative peak value appears at the position of 0.5 time of the ship length in front of spur dike; With the increase of flow velocity, the increment of force and moment of ship is most significant in the range of one ship length in front and rear of the spur dike. The research results can provide reference for the safe navigation of ships in spur dike area and the study ship scale effect.

Key words: Scale effect; Confined water; Hydrodynamic characteristics; Spur dike.

西沙海域极端风速预报与分析

周叶[1,2*], 孙泽[1,2,3], 丁军[1,2], 孙岸竹[1,2]

（1. 中国船舶科学研究中心，无锡 214082, Email: zhuzhudep@163.com;
2. 深海技术科学太湖实验室，无锡 214082;
3. 湖南大学深海装备研究中，长沙 410000）

摘要：随着海上风电的迅速发展，设计海域极端风速的估计对于海上风电的设计安装和建造至关重要。本研究基于南海典型岛礁海域长期风场后报数据，对岛礁海域进行风速极值分析，给出了该海域长期风速统计结果和极值分析预报结果。

关键词：风速；极值；西沙

1 引言

根据平均时长的不同，风速可分为持续风速和阵风风速。持续风速系指在特定高度上 1 min 或以上时长内的平均风速；而阵风风速指在较长的时段内（1 min~1 h），出现的短（3 s~60 s）平均风速的最大值。当需要确定设计风参数极值时，应给出相应重现期的风速、方向、参照高程以及平均时间。极端和异常风速的可靠估计，需要足够长时间的实测数据。而对于大多数海域，长时间的本地实测数据是不存在的，在这种情况下，可以采用数值后报技术解决，但应尽可能通过实测数据对其进行校验。

本节采用的数据来自中国海洋大学高山红团队的数值后报数据产品[1]。基于 ERA5 欧洲气象中心发布的全球背景风场，高山红团队利用沿海站点气压实测数据对背景风场进行修正。风场资料覆盖时间为 1988–2019 年（海面 10m 风速），空间分辨率为 0.1°×0.1°，时间分辨率在 1988–2012 年期间为每 3h 一次，在 2013–2019 年期间为 1 h 一次，覆盖空间区域从 105°E–125°E，9°N–24°N。

在第 2 节中，介绍了西沙海域整体风场特性，在第 3 节中给出了西沙典型岛礁位置的风速长期统计结果，第 4 节利用两种不同极值分析方法对风速进行极值预报，在第 5 节中给出总结和结论。

2 西沙整体风场特性

图 1 给出了西沙海域平均风速分布特征,整体来看,西沙海域的平均风速在 7 m/s~8 m/s,空间上差异不大,宣德群岛位置的平均风速略大于永乐群岛位置。

图 1 西沙海域年平均风速分布

图 2 给出了西沙海域季度平均风速的分布特征,其中冬季平均风速最大,西沙海域均超过了 8.5 m/s;春季平均风速最低,均在 5 m/s ~6.5 m/s。夏季西沙东南方向平均风速较大,秋冬季节东北方向平均风速较大。

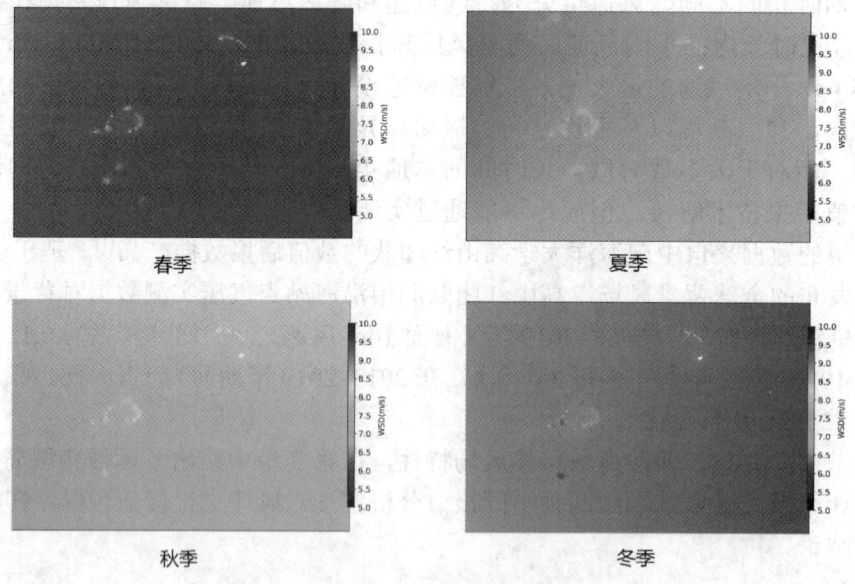

图 2 西沙海域季度平均风速分布

3 长期风速统计

从可用风场数据中提取出珊瑚岛位置的 10 m 风速风向数据,时间范围 1988－2019 年,3 h 一次。图 3 给出了全时段珊瑚岛测点位置的风速风向玫瑰图,从图 3 中可以看出,NNE-NE 向和 NE-NEE 向的风速占比最高;其次是 S 向。NE 来向的风速分布范围较广,S 来向的风速分布相对集中,在 5 m/s~10 m/s。

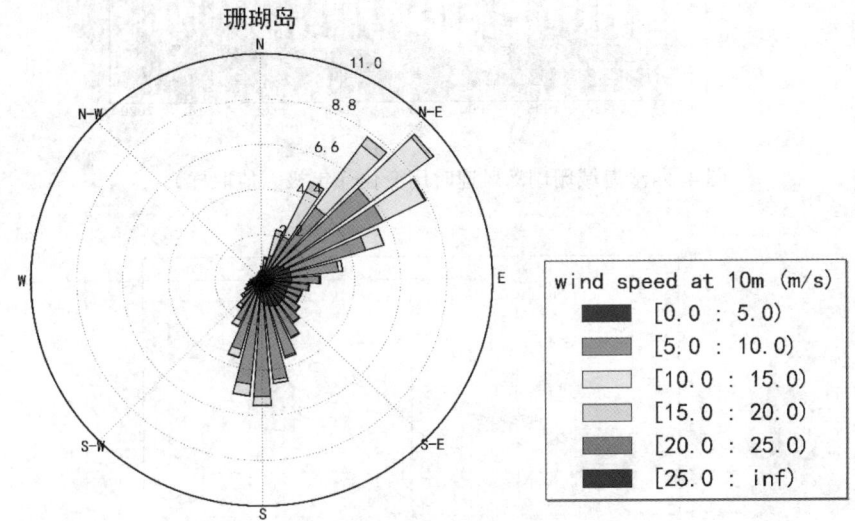

图 3 西沙海域珊瑚岛位置风速风向玫瑰图

4 风速极值分析

极值理论被广泛用于估算气象和海洋数据的回归值,如风速、有义波高、潮位、降水等[2]。对时间序列的数据进行极值分析,方法主要可以分为两种:第一种是通过取足够长时间段的块极大值,如年极大值(Annual Maxima)对数据进行前处理,得到的块极大值在理论上符合通用极值分布函数(Generalized Extreme Value distribution)。第二种方法是对时间序列数据进行过界峰值处理(Peak Over Threshold),使用过界峰值数据的理论分布(Generalized Pareto distribution)进行回归分析。

如图 4 所示,使用年极大值-GEV 方法进行回归分析,第一步需要选取 32 年风速时历数据中每年出现的最大风速作为样本,然后进行经验函数拟合。具体的计算过程可以参考文献[2]。图 5 给出了计算出的风速回归周期与回归值之间的关系曲线,可以看出使用年极大值方法推算出的 100 年一遇风速大小为 50.22 m/s。

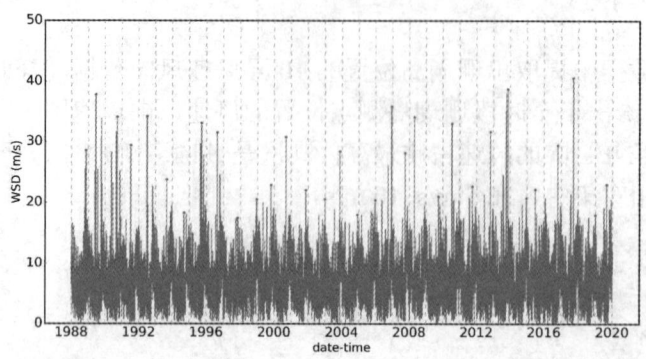

图 4 西沙海域珊瑚岛风速时历变化（年极大值取样）

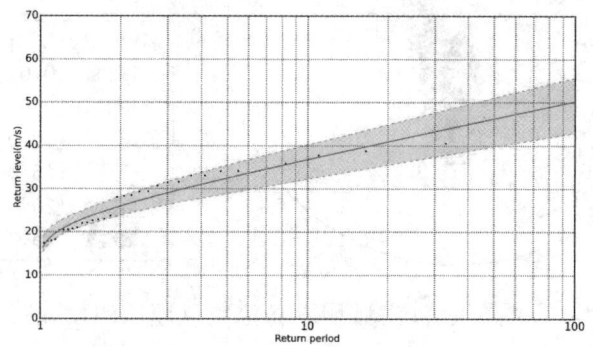

图 5 西沙海域珊瑚岛风速回归曲线（年极大值-GEV 方法）

另一种常用的分析方法是风暴阈值法[3]，其思想是将风暴过程的极大值提取出来，作为相互独立的参考样本，然后使用通用 Pareto 分布进行拟合。首先对影响西沙海域的风暴过程进行分析，这里采用的数据来自联合美国台风预警中心的西北太平洋台风最佳路径数据（https://www.metoc.navy.mil/jtwc/jtwc.html?western-pacific）。确定了风暴过程的起始时间和结束时间，就可以在时历数据中提取出 220 次风暴过程中的最大风速，从而作为风暴极值的独立样本。图 6 给出了按照 220 次热带风暴过程进行极值取样的时间，在这 220 次风暴过程中，有一部分对西沙海域的影响较小，因此我们需要取一个阈值，将小于该阈值的样本去掉。按照文献[4]中的推荐，我们使用 1.5 倍的平均风速作为阈值。图 7 给出了对风暴阈值风速的回归结果，计算出的百年一遇风速为 45.19 m/s。

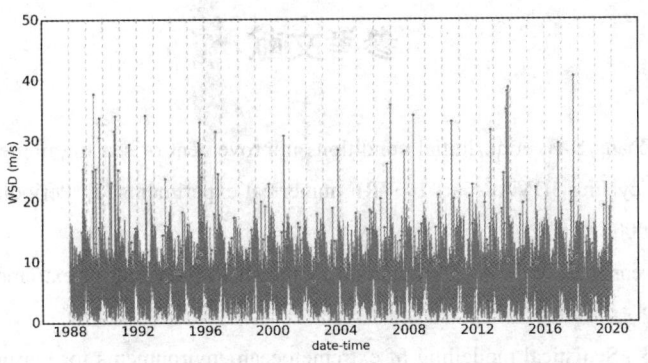

图 6 西沙海域珊瑚岛风速时历变化（热带风暴过程极值取样）

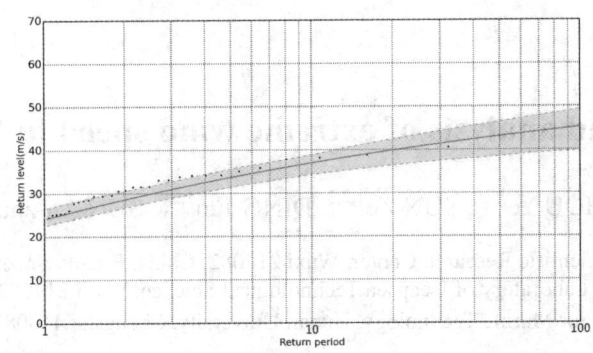

图 7 西沙海域珊瑚岛风速回归曲线（风暴过程极值-GPD 方法）

表 1 两种极值风速分析方法结果对比

方法	50 年一遇（m/s）	100 年一遇（m/s）
AM-GEV	46.23	50.22
Storm-POT	43.09	45.19

5 结论

基于长期风场后预报数据，对西沙岛礁海域长期风场环境特征进行分析。发现西沙海域的平均风速在 7 m/s~8 m/s，空间上差异不大，宣德群岛位置的平均风速略大于永乐群岛位置。基于两种极值分析方法（年极大值法和过界峰值法）对西沙典型岛礁位置进行了百年一遇风速极值预报，发现基于风暴路径定义的过界峰值法拟合结果较好，百年一遇极值风速达到了 45.19 m/s。

参考文献

1. Gao S-H, Qi Y-L, Zhang S-B, et al. Initial conditions improvement of sea fog numerical modeling over the yellow sea by using cycling 3DVAR part 1: WRF numerical experiments [J]. Periodical of Ocean University of China, 2010, 10: 000.
2. Coles S, Bawa J, Trenner L, et al. An introduction to statistical modeling of extreme values [M]. Germany: Springer, 2001.
3. Jonathan P, Ewans K. Statistical modelling of extreme ocean environments for marine design: A review [J]. Ocean Engineering. 2013; 62: 91-109.
4. Boccotti P. Wave Mechanics and Wave Loads on Marine Structures [M]. Amsterdam, Netherlands: Elsevier, 2014.

Prediction and analysis of extreme wind speed in Xisha Islands

ZHOU Ye[1,2*], SUN Ze[1,2,3], DING Jun[1,2], SUN An-zhu[1,2]

(1. China Ship Scientific Research Center, Wuxi 214082, China, Email: zhuzhudep@163.com;
2. Taihu Laboratory of Deepsea Technological Science, Wuxi 214082, China;
3. Centre for Marine Technology, Hunan University, Changsha 410082, China)

Abstract：With the rapid development of offshore wind power, the estimation of extreme wind speed in the design sea area is very important for the design, installation and construction of offshore wind power. Based on the long-term wind field post report data of typical islands and reefs in the South China Sea, this paper analyzes the extreme value of wind speed in the islands and reefs, and gives the long-term wind speed statistical results and extreme value analysis and prediction results.

Key words：Wind Speed; Extreme Value; Xisha Islands.

江西省靖安县"7.21"旅游景区山洪灾害成因及风险分析

王协康[1*]，雷声[2]，王小笑[2]，杨坡[1]

(1. 四川大学 水力学与山区河流开发保护国家重点实验室，成都 610065，
Email: wangxiekang@scu.edu.cn;
2. 江西省水利科学院，南昌 330029)

摘要：山洪灾害具有突发性、水量集中、破坏力大等特点，是所有类型洪水中造成人员伤亡、经济损失最严重的灾害。随着山丘区域旅游经济快速发展，汛期旅游人次逐年增长，景区山洪灾害风险不断上升。近 10 年，山洪灾害造成的各类人员伤亡中，游客占比高达 29.5%。为保障景区游客生命安全及旅游经济的可持续发展，以江西省靖安县吕阳洞景区为研究对象，采用水文水动力模型反演 2019 年 7 月 21 日的山洪洪水过程，通过分析洪水的淹没范围及上涨特性，揭示此次山洪灾害中的游客死亡事件的自然因素。结果发现，区域强对流天气形成的突发性短历时降雨诱发山洪致使河水发生陡涨，极大限制了沿河 4 名游客安全转移时间而造成人员伤亡。此外，分别计算了 5 年、20 年、100 年一遇设计洪水的淹没深度，按防洪能力划分了沿河区域山洪风险等级，为类似旅游山区山洪灾害防治提供依据。

关键词：山洪灾害；水文模型；风险划分；旅游景区

1 引言

受山丘区降雨气象和地形地貌等孕灾环境影响，山洪突发性强，破坏力大，具有明显的区域性和季节性。中国是一个多山国家，山丘区域人口密集，地形复杂，受夏季东亚季风气候的影响暴雨山洪灾害频发。据统计，1949 年以来共发生山洪灾害事件 5.3 万起，累计死亡人数 3970 万人，直接经济损失约 17 万亿元。为保障山丘区人民的生命安全，2009 年全国范围内开展山洪灾害防治项目建设，现已初步建成山洪灾害防治体系，2011—2019 年每年因山洪灾害死亡人数已降低至 353 人[1]。我国在山洪灾害防治中虽然取得了重大进展，但工作中仍存在一些薄弱环节，突出表现为暴雨山洪成灾机理认识不

基金项目：国家自然科学基金重点项目(51639007)

清，山洪过程动态预警及时性不够，应急响应处置时效不高等。近 10 年来，旅游景区由于防洪基础设施不够完善，外来人员流动频繁，山洪预警系统对外来游客很难及时地提供预警信息，加之游客不了解当地降雨气候条件，部分人员防灾意识淡薄，降雨期间在山洪沟内溯溪而上，突遇山洪反应不当，增加了预警和应急响应的不确定性，致使景区山洪灾害事件极为突出。如 2009 年 7 月 11 日，重庆万州 35 名旅游者穿越峡谷遭遇山洪，造成 19 人死亡失踪。2015 年 8 月 3 日，陕西长安区小峪河暴雨山洪造成 9 名游客死亡。2019 年 8 月 20 日，四川汶川县三江镇发生山洪泥石流灾害，死亡 14 人均为外来游客。总体来讲，近 10 年来山丘区旅游经济快速发展，汛期旅游人次屡创新高，景区山洪灾害风险呈加剧趋势，山洪灾害致死人员中外来旅游人员占比已高达 29.5%，现已成为防灾减灾工作中的突出问题。为此，研究景区山洪致灾特点，划分风险区域，为景区防灾减灾提供技术支撑。

关于山洪致灾机理的研究，主要以山洪灾害现场调查与灾害反演模拟为基础，采用水文水动力模拟技术，突出研究山区小流域暴雨洪水致灾过程。例如，Diakakis 等[2]采用地空一体化测量技术对 2017 年曼德拉山洪灾害展开了实地调查，从淹没范围、最高水位和峰值流量三方面系统分析了此次山洪的致灾特征；Yang 等[3]采用耦合泥沙输移和河床变形模型的二维浅水方程，反演了中都河"8.16"山洪灾害过程，揭示了山洪运动过程中水沙耦合致灾机理。对于山洪灾害风险分析的研究，按空间尺度可分为区域性山洪风险分析和单沟山洪风险分析。其中，区域性山洪风险分析一般以大尺度流域或行政区为研究对象，综合地区触发因子（降雨条件）、孕灾环境（地貌、地质特征）及承灾体（经济社会）构建山洪风险评价体系，划分区域风险等级。基于这一思路，张平仓等[4]基于 GIS 的空间叠加分析法将中国山洪灾害防治区划分为 3 个一级重点防治区、12 个二级区和 30 个三级区；Lin 等[5]采用改进的层次分析法和最大似然聚类算法将广东省山洪灾害风险划分为低、中、高三个等级。这种区域型山洪风险分析在大尺度山洪灾害空间预测方面起着重要作用，然而，由于研究区域面积较大，致灾因素复杂多变，承灾体点多面广，同一风险等级区域内的沿河村落受山洪灾害威胁程度不一，对山洪灾害精准防治具有一定局限性。为此，全国山洪灾害防治项目组在《山洪灾害分析评价技术要求》中提出以沿河村落所在单沟小流域为评价对象，根据保护对象防洪能力划分山洪风险等级。杨坡等[6]按照这一技术要求评价了陕西甘泉县 56 个沿河村落防洪能力，分别划为极高危险区（<5 年一遇）、高危险区（5~20 年一遇）、危险区（20~100 年一遇）和不危险区（>100 年一遇）。目前对于旅游景区山洪风险分析基本按照上述两类方法，徐慧茗等[7]采用层次分析法构建山洪灾害风险评估模型，划分了江西南昌大西山景区山洪灾害风险等级范围。本文以江西省靖安县吕阳洞景区为研究对象，基于实地调查及"7.21"山洪灾害幸免游客自述，采用水文水动力模型反演山洪灾害过程讨论此次暴雨山洪的致灾过程，另外，通过模拟不同暴雨情境下山洪淹没范围和淹没深度，根据防洪能力对沿河区域的山洪风险进行划分，以期为景区防灾减灾提供技术支撑。

2 研究区域概况

吕阳洞景区位于江西靖安县西部高湖镇西头村，传说八仙之一吕洞宾在此修仙而得名，为江西省 4A 级乡村旅游示范点，景区内山峦叠翠，峡谷内气候宜人，每年七八月份吸引各地游客达数千人，主要以溯溪、攀岩、观瀑等夏日户外运动为主，该景区未经开发，旅游线路由某户外队多年踏勘设定，沿途缺乏防洪安全设施。景区所在流域的南边河为北潦河南支流，全长约 10 km，集水面积 35.5 km^2，地势西南高东北低，最大高差约 1150 m（图 1），流域内降雨条件复杂，山体坡度与沟床比降较大，汇流快，洪水具有明显的陡涨陡落过程，极易造成山洪灾害事件。2017 年 8 月，几位村民沿溪清理垃圾，因突降大雨河水上涨被困。2018 年 8 月 5 日，吕阳洞景区暴雨诱发山洪，上百名游客被困。最严重一次山洪灾害发生于 2019 年 7 月 21 日，强对流天气引发短历时强降雨，靖安县西头村雨量站最大 1h 雨量达 42 mm，约 5 年一遇，突发性强降雨诱发山洪，77 名游客被困，其中 6 名游客在折返途中涉险过河被洪水冲走，导致 4 人死亡，灾害现场见图 2。

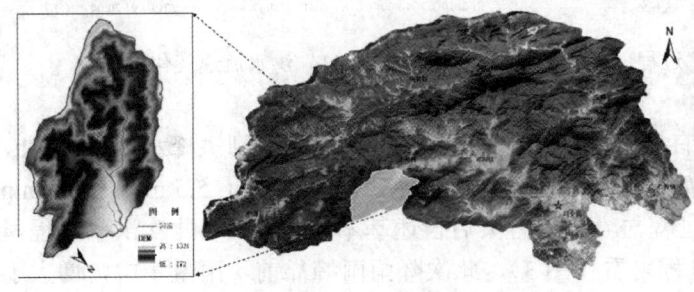 

图 1 吕阳洞景区流域概况　　　　　　图 2 吕阳洞 "7.12" 山洪灾害现场

3 靖安县 "7.21" 山洪灾害成因分析

基于 2019 年 7 月 21 日江安县吕阳洞景区西头村实测雨量资料，采用混合产流模型计算净雨过程，运动波—地貌瞬时单位线模型（KW-GIUH）模拟断面洪水过程（图 3）。基于灾后实地调查，选择灾害事发地点处的断面为控制断面，根据此处河道的床面形态、粗糙度及植被生长等情况直接参照《天然河道糙率取值表》确定糙率为 0.05，以河床比降（0.029）作为计算比降，采用曼宁公式计算控制断面水位流量关系，绘制见图 4。基于控制断面水位流量关系，将断面洪水过程转化为洪水位过程，同时采用山区小流域山洪预警分析系统 V1.0 计算洪水的水位上涨率和流速变化过程（图 5 和图 6）。

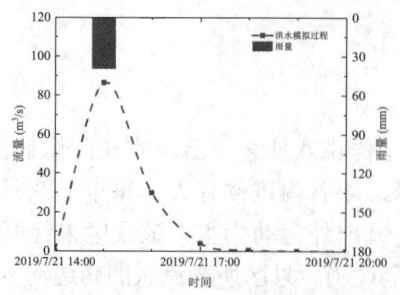

图 3 吕阳洞景区"7.21"降雨-洪水过程

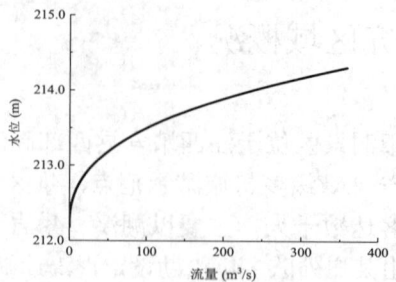

图 4 控制断面水位流量关系

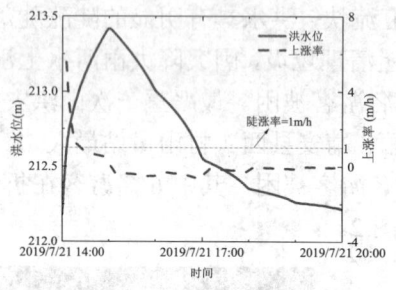

图 5 "7.21"洪水位和上涨率过程

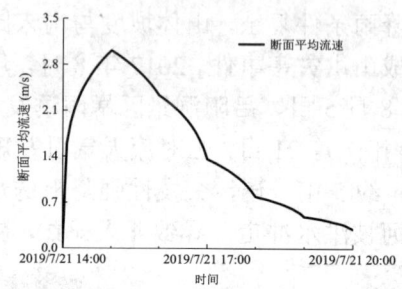

图 6 "7.21"洪水流速变化过程

由图 5 可知,此次洪水过程具有显著的陡涨陡落过程,洪水由起涨到洪峰水位历时 1 h,平均上涨率为 1.25 m/h,尤其在初始陡涨阶段(14:05)洪水上涨率达到了 5.5 m/h,即 5 min 内水位上涨了约 0.5 m,这一上涨过程与当事游客灾后自述基本吻合,表明此次洪水过程模拟结果与实际较为相符。从降雨过程来看(图 3),此次降雨雨峰靠前,雨量集中,增大了洪水的突发性,加之洪水快速上涨极大缩短了游客安全转移时间,是导致人员伤亡主要原因。此外,从控制断面的流速变化可知(图 6),洪水位在快速上涨的同时流速随之增大,洪峰时流速达到最大为 3.0 m/s,在水深上涨了约 0.5 m,水位上涨最快时的断面平均流速就已达到 1.6 m/s,在这一水流条件下,涉水过河的游客势必失稳被洪水冲走。根据当事游客灾后自述可知,6 名游客见河水开始上涨,流速加快,便相互扶持呈"Z"字形涉险过河,在此期间"突遇"洪峰,这是造成此次人员伤亡的客观因素。由此可见,对于溯溪类户外活动的游客,在降雨期间应远离河道,若涉水期间发现河水上涨、水流浑浊、流速加快,则应快速向两岸坡地转移,洪峰可能在 1 h 甚至几分钟内到达,此时禁绝在河道内滞留,切忌等待水位下降或流速减缓时离开河道的错误处置方式。

4 吕阳洞景区山洪风险划分

参照《山洪灾害分析评价技术要求》中的山区小流域山洪风险评价方法,分别模拟 5 年、20 年和 100 年一遇等不同情境下的设计洪水淹没范围和淹没深度,按照区域的防洪能力划分风险等级。首先，通过《江西省暴雨洪水查算手册》查算流域中心处不同设计频率下的雨量值，按照手册中的概化雨型时程分配表进行雨量分配，选择符合流域特征的产流模式计算净雨过程，采用 KW-GIUH 汇流模型计算设计洪水过程（图7）。在西头村与灾害事发地间的河段选取4个控制断面，分别计算不同断面在不同设计频率洪水下的淹没水深（图8），并根据设计洪水位高程划分淹没范围，将5年一遇淹没区划为高风险区，5年~20年一遇淹没区划为中风险区，将20年~100年一遇划分为低风险区（图9）。由图9可知，该景区的高风险区域主要分布于河床及滩地地区，中低风险区主要分布于沿河公路、堤防或较高坡地，考虑到"7.21"山洪灾害发生的区域正好位于1#断面的高风险区，建议游客在降雨期间远离河道。

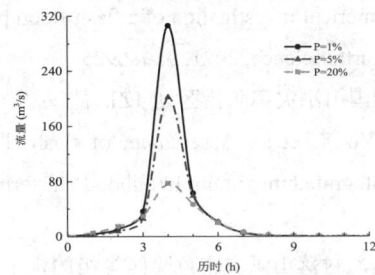

图7 不同频率设计洪水过程

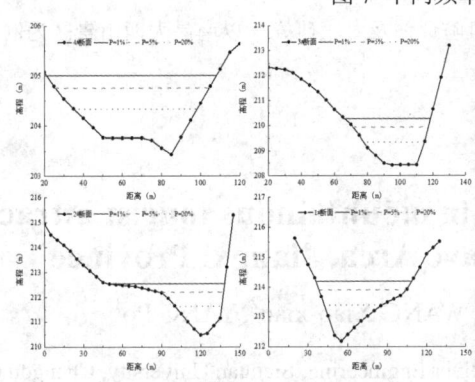

图8 不同设计洪水淹没深度

图9 吕阳洞景区山洪风险区域划分

5 结论

以江西省靖安县吕阳洞景区为研究对象，采用水文水动力模型反演"7.21"山洪暴雨山洪致灾过程，发现突发性强降雨导致洪水陡涨，极大缩短了游客安全转移时间，6名游客发现水位上涨后仍涉险过河是导致人员伤亡主要原因。另外，分别计算了该区域5年、20年和100年一遇的设计洪水淹没范围和淹没深度，按照防洪能力大小将沿河区域划分为高、中和低三个风险区，建议游客在降雨期间远离风险较高的河床或滩地，折返途中尽量沿公路、堤防或两岸高地等中、低风险区行进，最大限度降低山洪灾害风险。

参考文献

1. 涂勇, 吴泽斌, 何秉顺. 2011—2019 年全国山洪灾害事件特征分析 [J]. 中国防汛抗旱, 2020, 30(Z1): 22-25.
2. M. Diakakis E. Andreadakis, E I. Nikolopoulos, N I, et al. An integrated approach of ground and aerial observations in flash flood disaster investigations. The case of the 2017 Mandra flash flood in Greece [J]. International Journal of Disaster Risk Reduction, 2019, 33: 290-309.
3. Yang Q, Liu T, Zhai J, et al. Numerical investigation of a flash flood process that occurred in Zhongdu river, sichuan, china [J]. Frontiers in Earth Science, 2021, 9: 686925.
4. 张平仓, 赵健, 胡惟忠, 等. 中国山洪灾害防治区划 [Z]. 武汉, 中国: 长江出版社, 2009.
5. Kairong L, Haiyan C, Chong-Yu X, et al. Assessment of flash flood risk based on improved analytic hierarchy process method and integrated maximum likelihood clustering algorithm [J]. Journal of Hydrology, 2020, 584: 124696.
6. 杨坡, 魏炳乾, 李新善, 等. 沿河村落山洪灾害危险区等级的定量划分研究 [J]. 自然灾害学报, 2018, 27(3): 130-135.
7. 徐慧茗, 陈华, 何昀. 文化型山岳景区山洪灾害风险评估及对策研究—以南昌大西山景区为例 [J]. 灾害学, 2021, 36(3): 184-188.

Flash flood disasters, risk analysis in mountainous tourist attractions: the case study of Lvyang cave Area, Jiangxi Province

WANG Xie-kang[1*], LEI Sheng[2], WANG Xiao-xiao[2], YANG Po[1]

(1. State Key Laboratory of Hydraulics and Mountain River Engineering, Sichuan University, Chengdu 610065,
Email: wangxiekang@scu.edu.cn;
2. Jiangxi Academy of Water Science and Engineering, Nanchang 330029)

Abstract：Flash Floods, among the most disastrous natural hazards worldwide, are responsible for a large number of fatalities and economic losses each year due to the features of rapid onset, hyperconcentration and enormous destructive power. With the rapid development of tourism economy in hilly areas, flash flood disasters risk in scenic areas are increasing year by year. In the past decade, tourists accounted for 29.5% of all kinds of casualties caused by mountain torrents. In order to ensure the tourists safety and the sustainable economic development, taking Lvyang cave scenic spot in Jing'an County, Jiangxi Province as a target site, the hydrologic and hydrodynamic models were used to reproduce the flash flood disaster process on July 21, 2019.

Analyzing the inundation depth and flood stage rising characteristics to reveal the factors caused tourist deaths in this flash flood disaster. The results showed that the sudden short-term rainfall because of regional strong convective induced the flash flood, resulting in the sharp rise of the river, which greatly limits the safe transfer time for tourists along the river and caused 4 casualties. In addition, calculating the inundation areas and depths under the design flood with a return period of 5 years, 20 years and 100 years respectively, and the flash flood risk areas along the river were classified according to the flood control capacity, so as to provide a technological support for the prevention and control of flash flood disasters in the mountainous scenic regions.

Key words: Flash flood disaster; Hydrologic model; Risk classification; Tourist attraction.

汤加火山爆发中气压扰动诱发太平洋沿岸海啸的机制分析

周裕成，牛小静*，赵广生，叶鑫玮

(清华大学 水沙科学与水利水电工程国家重点实验室，北京 100084，Email: nxj@tsinghua.edu.cn)

摘要：2022 年 1 月 15 日，汤加火山发生普林尼型喷发，形成类似爆炸的大气冲击波，随后环太平洋沿岸许多地方遭受海啸侵袭。本文整理了此次事件中太平洋区域的实测水位与气压数据，结果表明此次大范围海啸的成因除火山爆发直接作用外，还与海面快速移动的气压扰动密切相关。火山爆发引发的大气扰动以爆发点为圆心，在全球范围内快速传播，海面平均波速约为 309 m/s，在日本东南部海域扰动幅值约为 200 Pa，但在沿岸部分地区造成的海啸波波幅高达 1.5 m。为探究海面气压扰动诱发近岸大振幅海啸的机制，本文采用 Delft3D 模型初步分析了气压扰动在此次事件中对日本东南沿岸海啸波的影响。模拟海啸波与实测海啸波的前几个波高度相似，可以判断最先到达日本东南沿岸的海啸波是气压扰动引起的。气压扰动诱发的水面波动在深水仅几厘米，到近岸其波幅迅速增加到几十厘米不等。结果表明，气压扰动诱发的沿岸大振幅水位波动的主因并非是在深水海域发生了 Proudman 共振，而是由于近岸水波放大效应。在类似火山爆发事件的海啸预警中应当注意强大气扰动的影响。

关键词：汤加；火山爆发；海啸；气压扰动；实测数据

1 引言

2022 年 1 月 15 日 12 时 14 分（北京时间 UTC+8，本文均采用北京时间），汤加 Hunga Tonga 火山（20.546°S, 175.390°W）发生普林尼型喷发并引发海啸[1-2]。太平洋海啸预警中心(PTWC)发布了来自 26 个国家的 117 处海啸波测量数据，报告显示破坏性海浪袭击了新西兰、拉罗汤加岛、夏威夷和美国西海岸，远至秘鲁、智利和日本[3]，影响了整个太平洋沿岸地区，其中导致秘鲁一艘运油船发生石油泄漏事故[4]。据世界银行估计，此次火山爆

基金项目：国家自然科学基金(51779125)和水沙科学与水利水电工程国家重点实验室自主项目(2022-KY-05)

发给汤加带来约 9000 万美元的直接损失[5]。为探究此次大范围海啸的成因，本文整理了环太平洋范围内各测站的实测水位与气压数据，采用 Delft3D 模型分析实际气压扰动过程诱发的水面波动（以下简称气压扰动波）与日本东南沿岸实测海啸波的联系，并初步探讨了气压扰动波近岸放大的机制。

2 汤加火山爆发事件观测

汤加火山爆发规模巨大，初步估计此次爆发的"火山喷发指数"(Volcanic Explosivity Index, 简称 VEI)可能在 5 级左右，是自 1991 年菲律宾皮纳图博 6 级火山爆发事件以来最强的火山爆发记录[1]。由日本向日葵气象卫星（Himawari-8）拍摄的图片显示[6]，火山爆发出的气体裹挟着火山灰直冲大气层，形成"蘑菇云"，并以爆发点为圆心向四周迅速扩散。

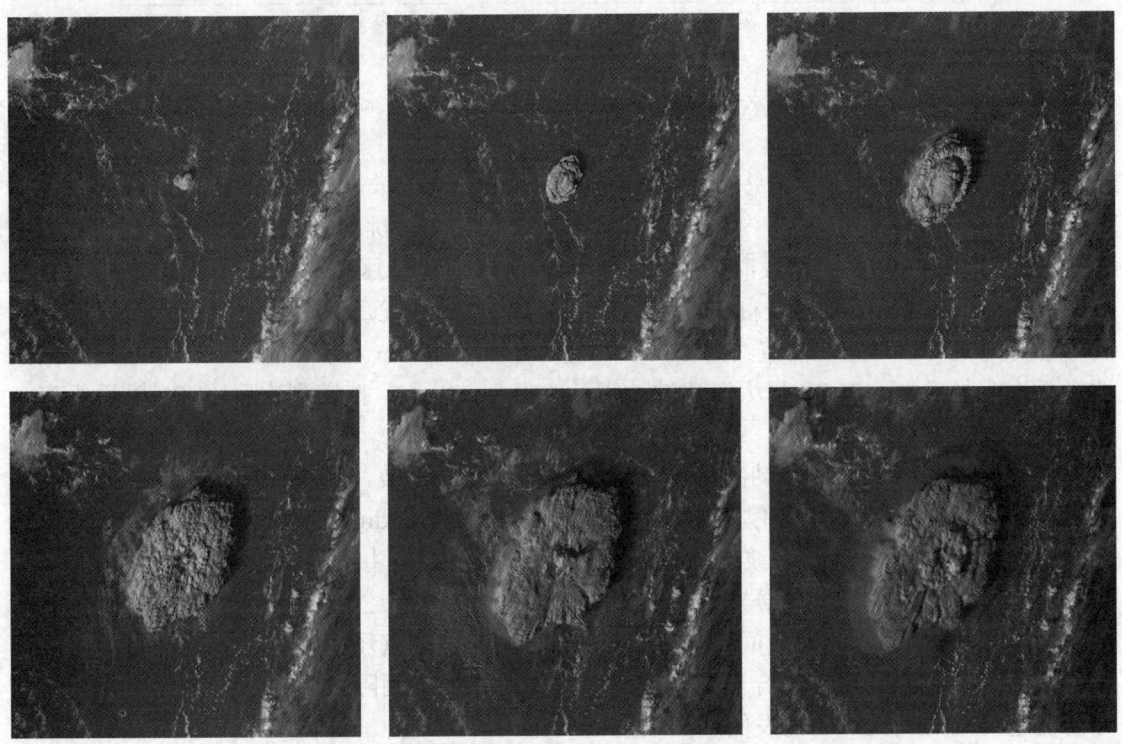

图 1 汤加火山爆发卫星影像（2022.01.15 12:10-13:00, 间隔 10 min）

为定量研究此次火山爆发事件的直接影响，研究对环太平洋范围内各个国家的海上浮标、水位站、气象站等监测站点的气压数据和水位数据进行了整理，其中气压数据来自福建省海洋预报台、日本气象厅(JMA)、美国国家海洋与大气管理局(NOAA)、澳大利亚气象局、菲律宾气象局、智利气象局等，水位数据来自日本海上保安厅。

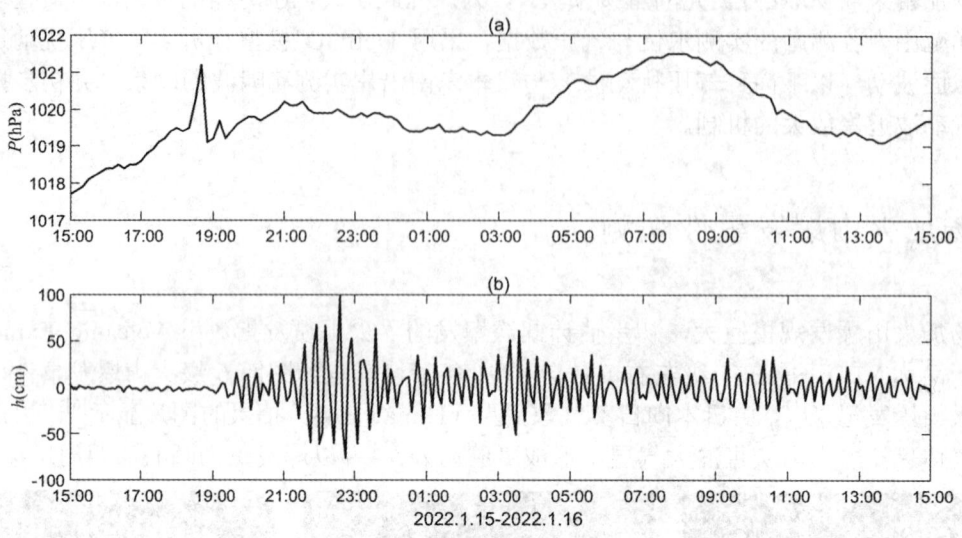

图 2 父岛实测气压与水位数据，(a)实测气压过程；(b)实测水位过程（无潮汐）

以日本小笠原群岛中父岛实测数据为例(Chichijima Island，27°5.5'N 142°11.4'E)，由图 2(a)，15 日 18:20–19:20 内观测到了高频的气压突变，扰动峰值到达时间为 18:40，最大幅值为 210 Pa，火山爆发时间为 15 日 12:14，因此气压扰动峰值到达的传播历时为 6h26min；由图 2(b)，海啸波首波峰值于 15 日 19:10 到达父岛，因此海啸波首波峰值到达的传播历时为 6h56min，幅值约为 15 cm，随后增加至 40 cm 左右，自 21:20 开始，海啸波波幅再次明显升高，22:30 最大海啸波波幅达 150 cm 以上，持续到次日 11:00 以后仍有一定幅值。

大量研究表明，快速移动的气压扰动会诱发水面强迫波，其中 Proudman 共振理论[7]是描述这种现象最经典的理论，得到广泛验证与认可。Proudman 共振理论认为，当气压扰动的运动速度 U 和当地浅水波速 c 接近时，即弗劳德数 Fr 接近 1 时，将引发较大的水面波动响应。对比实测气压数据与水位数据，气压扰动峰值到达时间为 18:40，海啸波首波峰值到达时间为 19:10，两者之间存在 30 min 的时间差，即气压扰动过后的较短时间内海啸波即抵达测站。因此，本文合理推测此次大范围海啸的成因除火山爆发直接作用外，还与海面快速移动的气压扰动诱发的水面波动密切相关。

由图 3 可知，汤加到父岛的海面直线距离为 6978 km，海啸波为重力长波，其运动速度约为 $c=\sqrt{gh}$，其中 g 为重力加速度，取 9.81 m/s，h 为水深，采用全球陆地海洋地形 ETOPO1，估算海啸波从汤加到父岛的传播历时为 11h12min，远大于海啸波首波峰值到达的传播历时 6h56min，因此火山碎屑流、山体塌陷等火山爆发直接作用形成的重力长波不可能是最先到达的海啸波，这进一步证明最先到达的海啸波是气压扰动引起的。

本课题组前期针对气压扰动诱发大振幅水面波动做了大量工作。在无限大的开阔水域，Niu 和 Zhou[8]发现不同弗劳德数 Fr 下水面波动形态表现出不同特征；从能量角度分析，

Niu 和 Chen[9]详细研究了气压扰动强迫波的能量传递和累积过程,结果表明强迫波的能量累积也与 Fr 密切相关。当气压扰动沿斜坡向岸运动时,Chen 和 Niu[10]发现波幅峰值出现滞后于 Fr=1 时出现,即出现了迟滞效应。Sun 和 Niu[11]研究了气压扰动的不同运动方向对港湾内波动响应的影响,发现最危险的情景是当气压扰动以小角度向岸运动。以上的研究,加深了对气压扰动诱发大振幅水面波动机制的认识。

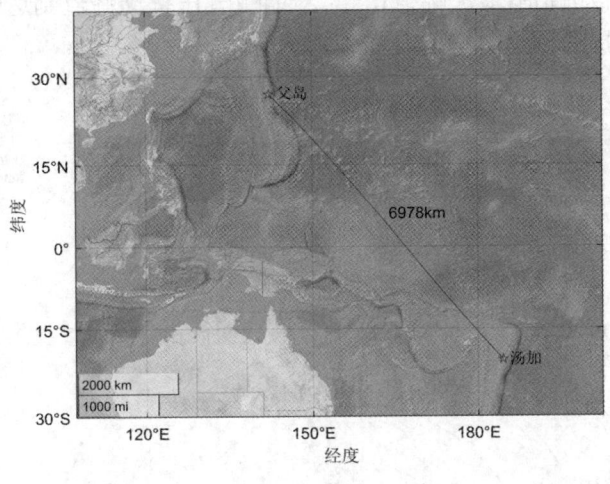

图 3 汤加-父岛

表 1 统计了日本东南沿岸各站点的实测最大海啸波波幅,其中土佐清水波幅最高,接近 150 cm,波幅较高的站点还有御前崎、室户岬、串本等,均超过 100 cm,而位于大阪湾内的神户、大阪等测站均未监测到显著海啸波。

表 1 日本东南沿岸测站最大海啸波波幅

站点名	最大海啸波波幅/cm	站点名	最大海啸波波幅/cm	站点名	最大海啸波波幅/cm	站点名	最大海啸波波幅/cm
油津	104.9	串本	116.2	洲本	5.7	舞阪	44.2
佐伯	14.1	浦神	81.5	神户	4.2	御前崎	144.2
土佐清水	147.4	熊野	45.4	大阪	8.1	清水港	35.0
高知	50.6	尾鹫	101.6	淡轮	12.3	内浦	89.2
室户岬	125.7	鸟羽	65.2	和歌山	20.9	石廊崎	31.4
阿波由岐	91.3	名古屋	6.1	御坊	89.4	小田原	9.4
小松岛	22.1	赤羽根	80.5	白滨	83.0	冈田	27.7

通过对实测数据的分析,可以确认此次汤加火山爆发引发了大范围传播的气压扰动及海啸波,且海啸波长距离传播到日本东南沿岸时仍有显著影响。由海啸波和气压扰动的到时可以判断,最先到达日本的海啸波是由气压扰动波。

3 气压扰动传播特征参数分析

为具体探究气压扰动诱发海啸波的机制，研究对部分测站的实测气压数据进行特征参数分析，统计了气压扰动幅值(最大幅值)、到达时间(气压扰动峰值到达时间)以及传播历时(火山爆发时间与气压扰动到达时间的时间差)(图4)。

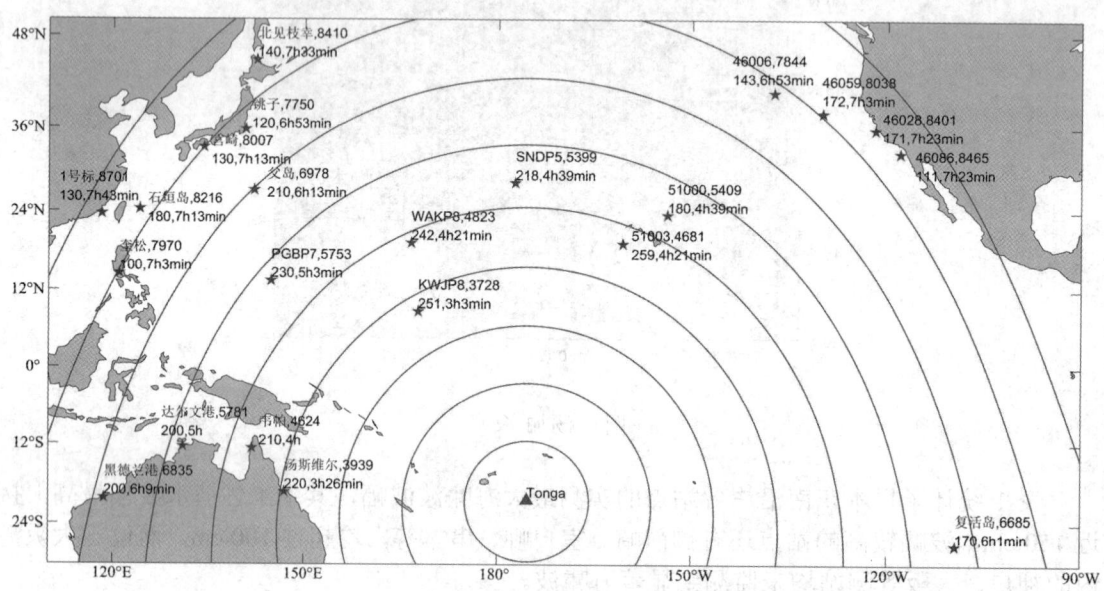

图4 气压数据统计分布，第一行分别为站点名和与汤加的距离(km)，第二行分别为气压扰动幅值(Pa)和传播历时，曲线为1000km间隔等距线

在本文整理的数据范围内，以传播历时为横坐标、测站距汤加距离为纵坐标，以气压扰动幅值为横坐标、测站距汤加距离为纵坐标分别进行线性拟合(图5)。

通过对气压扰动特征参数的分析，可以确认此次汤加火山爆发引发了大范围传播的气压扰动，环太平洋范围内的监测站点均记录到了异常的气压波动。由图4可以看出，相邻等距线间的测站气压扰动到达时间相近；随着距离增加，气压扰动的传播历时也相应增加，由图5(a)可以看出，拟合直线的斜率为309 m/s，这表明气压扰动以火山爆发点汤加为中心匀速向外传播，传播速度为309 m/s，接近声速。同时，随着距离的增加，气压扰动幅值有衰减的趋势，在3000 km~4000 km范围内的澳大利亚西北岸及大平洋中部达200 Pa~250 Pa，而在8000 km附近的福建省、日本及美国西海岸衰减到了150 Pa以下，由图5(b)可以看出，气压扰动幅值的平均衰减率约为0.02 Pa/km。

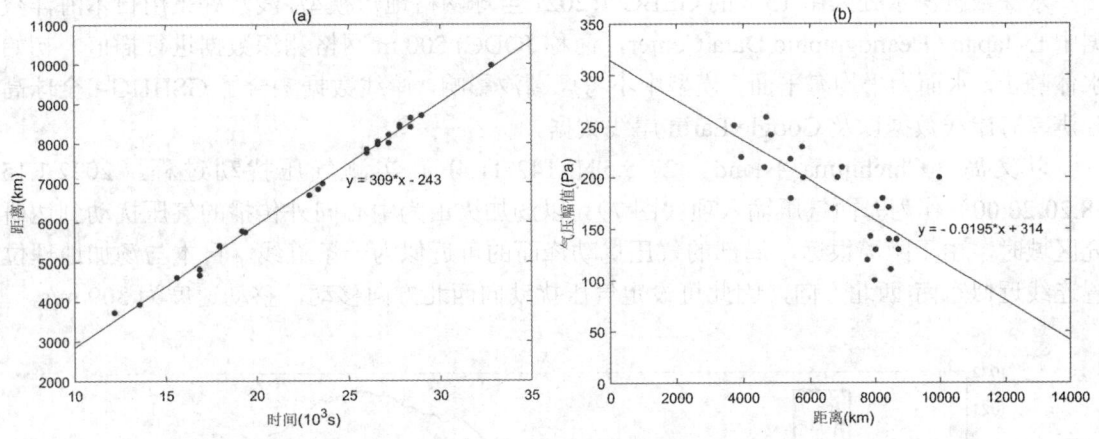

图 5 （a）距离与气压扰动传播历时关系；（b）气压扰动幅值与距离关系

4 气压扰动引发日本沿海海啸数值模拟分析

实测数据表明，汤加火山爆发引发了快速传播的气压扰动，扰动影响了环太平洋范围内的所有地区。尽管随着距离的增加气压扰动幅值有一定减小，但到达日本沿岸地区时仍有 150 Pa 左右的幅值。根据第二节的论述，最先影响日本沿海的海啸波是气压扰动波，本节将通过数值模拟具体探究气压扰动在日本东南沿海诱发海啸的机制。

研究区域选取为日本东南部海域(20 - 36°E，130 - 150°W)，采用 Delft3D 水动力模型中的 FLOW 模块建模，求解在浅水和 Boussinesq 假定下不可压缩流体的纳维尔-斯托克斯(Navier-Stokes)方程组。Delft3D-FLOW 数值求解基于有限差分，采用交错网格的布置形式，模型利用交替方向显、隐式混合格式进行离散求解浅水方程(ADI 方法)，具有二阶精度且无条件稳定，在大量水动力模型有由广泛的运用。

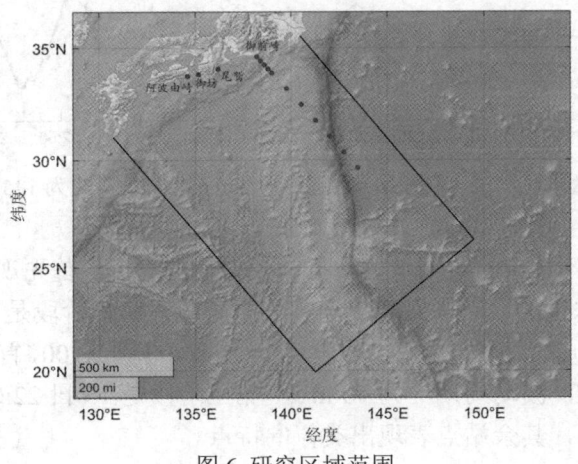

图 6 研究区域范围

水深数据深水处采用 15″ 的 GEBCO_2021 全球网格地形模型,浅水处采用日本海洋数据中心(Japan Oceanographic Data Center,简称 JODC) 500 m 网格测深数据进行插值,初始水体静止,水面为平均海平面,模型中不考虑潮汐影响,岸线数据融合了 GSHHG-f 全球高分辨率海岸线数据以及 Google Earth 岸线数据。

以父岛(Chichijima Island,27°5.5'N 142°11.4E)实测气压扰动过程(2022.1.15 18:20-20:00)作为海面气压输入项(图 7)。以汤加火山为中心向外传播的气压扰动到达研究区域时,由于距离很远,局部的气压扰动锋面的可近似为一条直线。日本与汤加地理位置连线近似东南-西北方向,因此可设定气压扰动向西北方向移动,移动速度为 309 m/s。

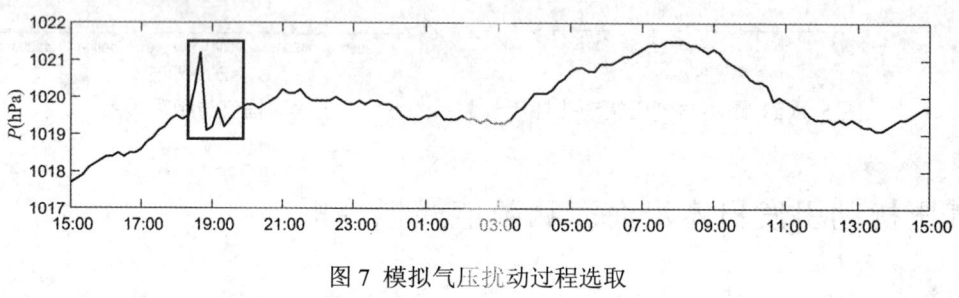

图 7 模拟气压扰动过程选取

模型的计算时间为 2022.1.15 8:20 到 2022.1.16 0:20,底摩阻采用曼宁系数 0.011,计算时间步长采用 1 min。网格尺寸会影响模拟结果精度,当网格尺寸过大时,无法准确捕捉水面波动;网格尺寸过小,将大大增加计算量,降低计算的效率。为验证网格敏感性,取部分区域分别采用 250 m 与 125 m 两种大小的正方形网格进行模拟,图 8 展示了高知站点不同大小网格的模拟结果,结果显示 250 m 网格与 125 m 网格模型的计算结果十分贴近,即采用更细的网格尺度对计算精度的改进不大,因此在下文的模型设置中网格尺寸均选用 250 m。

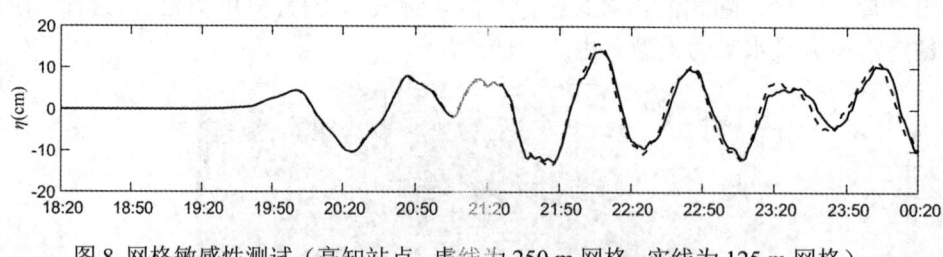

图 8 网格敏感性测试(高知站点,虚线为 250 m 网格,实线为 125 m 网格)

图 9(a)-(d)反映了各站点的实测水位数据与模拟值的对比。首先观察实测水位数据,以阿波由崎为例,实测水位的波动大致可以分为三个阶段,第一阶段是 15 日 20:00 之前,此时水位在平均海平面小幅上下波动;第二阶段是 15 日 20:00 到 22:00,首先波幅突变为 20 cm,随后逐渐增加到 50 cm,波动周期约为 40 min;第三阶段是 15 日 22:00 以后,波幅又再一次明显上升,接近 1 m,其余站点表现出类似的特点。

数值模拟结果显示，各站点的实测值与模拟值在第二阶段前几个波高度一致，如图 9(d) 御前崎站，该站点 15 日 22:00 前实测值与模拟值的波幅、周期、相位一致程度高，可以证明最先到达的海啸波就是气压扰动引发的水面波动。

第三阶段时，模型中已不存在气压扰动场，因此模拟结果是局部不断反射的气压扰动波叠加的结果，相较于实测海啸波波幅明显偏低，模拟值已无法反映真实海啸过程。此阶段实测水位出现突增，原因可能是火山碎屑流、山体塌陷等火山爆发直接作用形成的海啸波传播到了日本东南沿海，与局部反射的气压扰动波叠加，最终形成超 1 m 的灾害性波浪，此时实测值与模拟值的相位、周期的差异同样明显增大，但具体原因还有待验证。

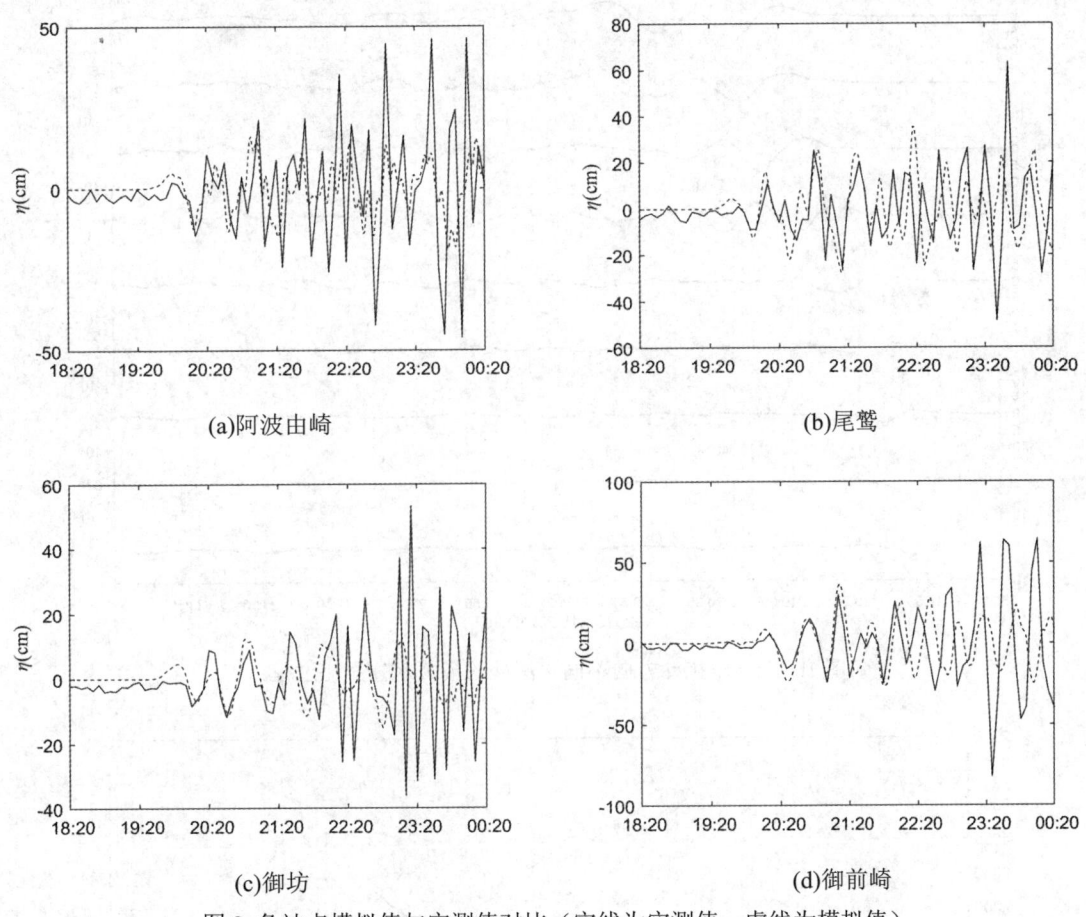

图 9 各站点模拟值与实测值对比（实线为实测值，虚线为模拟值）

选取沿气压扰动运动方向直线上不同位置的一系列观测点绘制模拟水位变化过程（图 10），图 10 中曲线从下到上依次为离岸由远到近，最上方曲线为御前崎的模拟水位过程，各观测点位置和水深见图 6 和图 11。

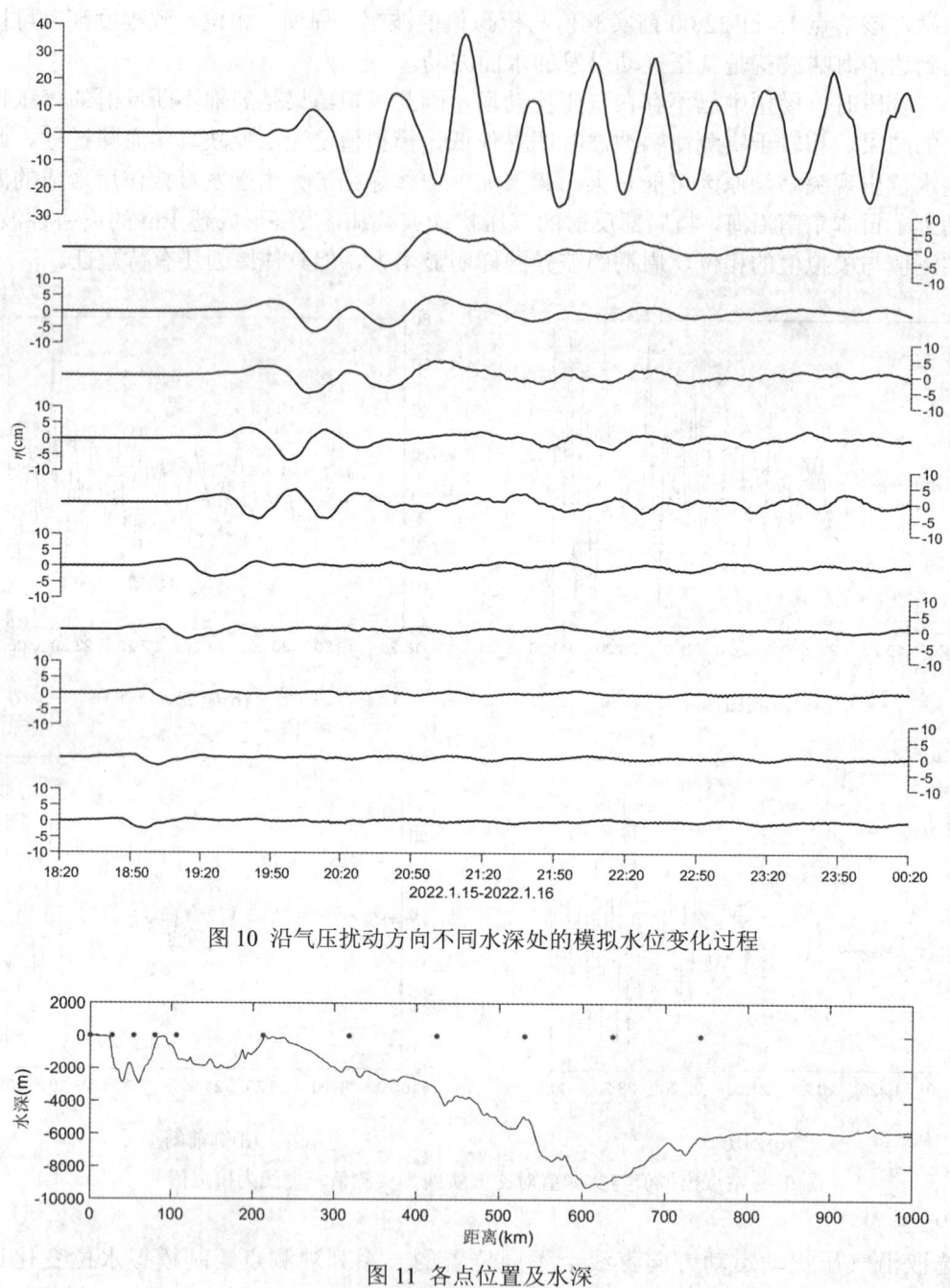

图 10 沿气压扰动方向不同水深处的模拟水位变化过程

图 11 各点位置及水深

由图 10 可以看出，气压扰动诱发的水面波动在离岸最远处的首波波幅约为 3 cm，随着气压扰动波传播到近岸，波动幅值显著放大，最靠近御前崎站观测点的首波波幅约为 10 cm，御前崎站首波波幅高达 32 cm，从离岸到近岸的传播过程中波幅放大了 10 倍。除近岸放大外，向岸的传播过程中气压扰动波的波形也发生了变化，首波的波峰值升高，波谷值降低，波陡增加，同时尾波的波动幅值也不断增加。

观察沿途水深情况（图 11），500 km~700 km 内为马里亚纳海沟，根据深水波波速公式 $c=\sqrt{gh}$，当 $h=9500$ m 时，$c=305$ m/s，此时 $Fr=U/c=1.016$，接近 1，满足 Proudman 共振理论明显水面波动放大的条件，理论上海沟处水面波动会明显增强，但实际情况下受限于作用时间以及海沟深度变化（水深变小后深水波波速下降，气压扰动运动速度大于深水波波速，即 $Fr>1$，为 Proudman 共振超临界状态，不能诱发显著水面波动），经过海沟前后波幅由 3 cm 升高到 4 cm，变化很小；但是随着水深的减小，波动传播到距御前崎站最近的观测点时波幅发展到 9 cm，向御前崎站传播过程中水深进一步减小，波幅继续发展到 30 cm。因此，造成近岸大振幅海啸波的主要原因是浅化效应，Proudman 共振的主要作用是在深水处激发了一定振幅的气压扰动波。

5 总结与讨论

本文整理了汤加火山爆发事件中的实测气压与水位资料，结果显示汤加火山爆发引发的大气扰动以爆发点为圆心，在全球范围内以 309 m/s 的海面平均波速快速传播，日本东南部海域扰动幅值约为 200 Pa，到岸边降低为 150 Pa，部分地区造成的海啸波波幅高达 1.5 m。数值模拟结果证实了最先到达日本东南沿岸的海啸波是气压扰动波。气压扰动波向岸运动过程中波幅由几厘米增加到几十厘米不等，其主要原因是浅化效应，Proudman 共振的影响不大。模拟结果能够证实前期海啸波的来源是气压扰动波，然而无法准确模拟后续更强的波动，猜测为火山爆发直接作用形成的海啸波与局部反射的气压扰动波叠加形成。

研究表明，尽管快速移动的气压扰动于深海处引发的水面波动不明显，但传播到近岸时能引发较大水面波动，且由于气压扰动传播速度大于海啸波波速，气压扰动波也会先于火山爆发直接引起的海啸波到达沿岸地区，并可能相互叠加放大，因此在类似火山爆发事件的海啸预警中应当注意强大气扰动的影响。

参考文献

1 范兴利. 汤加火山的构造背景及其"1•15"大喷发过程的初步观测分析.地质灾害与环境保护 [J]. 2022, 33(01): 3-8.

2 Geologic Hazards Science Center. M 5.8 Volcanic Eruption-68 km NNW of Nuku'alofa, Tonga. https://www.usgs.gov/programs/earthquake-hazards/about#

3 International Tsunami Cente. 15 January 2022, Hunga-Tonga Hunga-Ha'apai Volcanic Eruption and Tsunami. http://itic.ioc-unesco.org/index.php?option=com_content&view=article&id=2186:15-january-2022-hunga-tonga-hunga-ha-apai-volcanic-eruption-and-tsunami&catid=2664&Itemid=3265.

4 GRUPORPP. Paracas: Varios locales afectados por oleajes anómalos tras erupción de volcán en Tonga. https://rpp.pe/peru/actualidad/paracas-varios-locales-afectados-por-oleajes-anomalos-tras-erupcion-de-volcan-en-tonga-noticia-1380925.

5 Gunasekera R, Daniell J, Pomonis A, et.al. Global Rapid Post-Disaster Damage Estimation (GRADE) Report [R]. World Bank Group, 2022: 6-7.

6 National Institute of Information and Communications Technology. The Himawari-8 Real-time Web. https://himawari8.nict.go.jp

7 Proudman J. The Effects on the Sea of Changes in Atmospheric Pressure [J]. Geophysical Journal International, 1929, 2(s4): 197-209.

8 Niu X, Zhou H. Wave pattern induced by a moving atmospheric pressure disturbance [J]. Applied Ocean Research, 2015, 52: 37-42.

9 Niu X, Chen Y. Energy accumulation during the growth of forced wave induced by a moving atmospheric pressure disturbance [J]. Coastal Engineering Journal, 2020, 62(1): 23-34.

10 Chen Y, Niu X. Forced wave induced by an atmospheric pressure disturbance moving towards shore [J]. Continental Shelf Research, 2018, 160: 1-9.

11 Sun Q, Niu X. Harbor resonance triggered by atmospherically driven edge waves [J]. Ocean Engineering, 2021(224): 108735.

Analysis of pressure disturbance induced tsunami along the Pacific coast in the volcanic eruption of Tonga

ZHOU Yu-cheng, NIU Xiao-jing[*], ZHAO Guang-sheng, YE Xin-wei

(Department of Hydraulic Engineering, Tsinghua University, Beijing 100084, Email: nxj@tsinghua.edu.cn)

Abstract: On January 15, 2022, a Pliny-type eruption of Tonga volcano formed an explosion-like atmospheric shock wave, and subsequently many parts of the Pacific coast were hit by a tsunami. This paper analyzes measured water level and pressure data during this event, and results indicate that the cause of this widespread tsunami was closely related to fast-moving atmospheric pressure disturbances at the sea surface in addition to the direct effect of the volcanic eruption. The pressure disturbance caused by the volcanic eruption was centered at Tonga and spread rapidly around the world, with an average wave speed of about 309m/s at the sea surface, and amplitude of about 200Pa on the sea near Japan, but the wave amplitude of tsunami was up to 1.5m in some

Japanese coastal regions. In order to investigate the mechanism of how the sea surface pressure disturbance induced large amplitude tsunami near the shore, Delft3D model is used along the southeast coast of Japan. The simulated tsunami is highly similar to the measured tsunami at first few waves, thus it can be judged that the tsunami reaching the southeast coast of Japan at first are caused by the pressure disturbance. The surface waves induced by the pressure disturbance are only a few centimeters in deep water, but it increases rapidly to several tens of centimeters near the shore. The results show that the amplification of waves induced by pressure disturbance are not due to the Proudman resonance in deep water, but mainly due to the wave shoaling effect. In the future, the effect of pressure disturbance should be noted in the forecast of tsunami triggered by volcanic eruption.

Key words: Tonga; Volcanic eruption; Tsunami; Pressure disturbance; Measured data.

基于探地雷达的白沙河入汇岷江交汇段边滩演变特征探究

陈豪爽，许泽星，王协康*

（四川大学 水力学与山区河流开发保护国家重点实验室，成都 610065，
Email: wangxiekang@scu.edu.cn）

摘要：基于探地雷达实测岷江支流白沙河出口段河床及其历年影像资料，采用三维建模的方法重构了典型边滩变化特征，初步探究了白沙河入汇岷江河段冲淤变形规律。结果表明：汶川震后白沙河流域地表破碎产沙突出，2010.8.13 和 2012.8.18 白沙河山洪造床形成的河床边滩地貌，自 2013 年以来场次山洪诱发了白沙河出口段边滩形态发生显著变化，河流左、右岸典型边滩形成了三层明显分界，与 2013－2014 年、2018－2019 年和 2020－2021 年 3 期较大山洪造床相一致，每期冲淤深度范围为 0.1~3.8 m。本文以探地雷达测量资料构建河床形态，推断边滩冲淤变化特征，可为进一步研究山区河流多沙河段演变提供一种新思路。

关键词：探地雷达；白沙河；河流交汇段；边滩发育；河床演变

1 研究区概况

白沙河流域地处四川盆地的西南部，位于都江堰市，是岷江的一条支流。其全长 49.3km，流域面积 364 km^2，流域海拔 733~4501 m。该区域西北地势高，东南地势低，山高坡陡。河床相对开阔，河道宽范围在 30~100 m，河谷下切明显，发育河流阶地[1-4]。自 2008 年来，白沙河流域频频发生泥石流灾害[5]，根据白沙河区域滑坡调查数据显示白沙河流域在 2008－2015 年总计滑坡次数 136 次，所有地质灾害个数达 648 次[3]。2010 年和 2012 年的山洪灾害导致了白沙河大桥被洪水冲毁，在 2012 年 8 月后，研究区开始修筑防护堤，开展疏浚工程，修建新桥。2013 年发生了 50 年一遇的"7·9"特大暴雨灾害，2018 年发生了"8·20"山洪灾害，2020 年发生了"8·16"暴雨灾害。

利用研究区历史影像和探地雷达三维建模的方法重构地下河床赋存状态，有助于研究

基金项目：国家自然科学基金重点项目(51639007)

河流交汇处边滩冲淤演变规律。本次选取位于白沙河流域与岷江交汇段的河流出口段为研究区。该区域受到河流冲淤作用,边滩的淤积变化明显(图 1)。

图 1 研究区影像图

2 影像分析

本次选取了白沙河出口段 2013－2021 年每年 6 月遥感影像作为研究对象,利用 ArcGIS 软件对影像图层进行处理。针对处理完成的图像将历年河床地貌分为变动期与稳定期。变动期图像见图 2,稳定期图像见图 3。变动期的图像包括了 2013 年、2014 年、2019 年和 2021 年,表示研究区河床地貌产生明显变化的年份。2015－2018 年及 2020 年图像较之 2014 年与 2019 年河床地貌没有明显变化,是河床处于相对稳定的年份。

山区河流造成河床地貌变动的主要来源于山洪造床。山洪造床过程是指滑坡、泥石流等灾害发生后,泥沙汇入河流中,在水流作用下发生分解与沉积,使床沙粗化与细化发生动态的转化,造成河床质组成结构的改变,河床地形达到相对稳定的动态平衡过程[6-7]。汶川震后白沙河流域山洪灾害频发,为造床运动提供了丰富的物质来源与水力条件。由上节可知图 2 中每年汛期,白沙河出口段都遭受了强烈的山洪灾害,致使其河道迁移,河床地貌发生显著改变。图 3 中的河床地貌河道形状基本稳定,没有发生河道迁移情况。

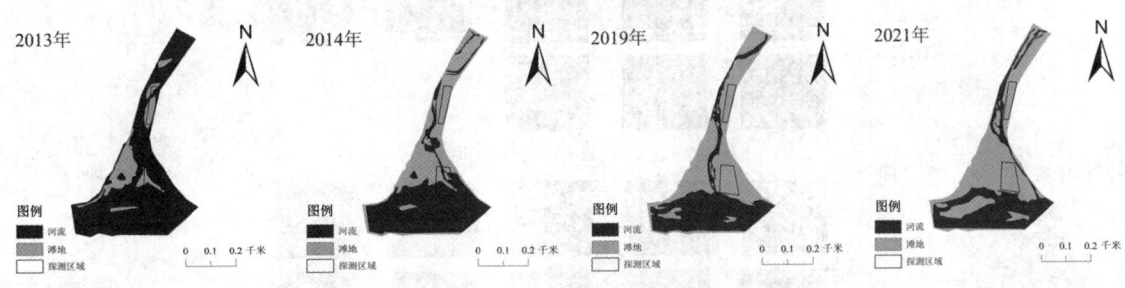

图 2 变动期图像

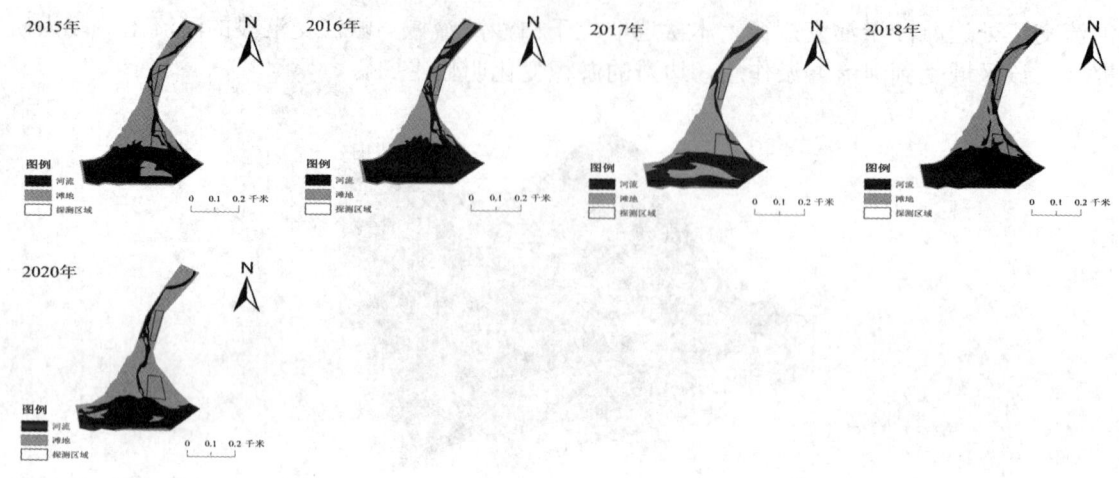

图3 稳定期图像

3 探地雷达资料分析

3.1 探地雷达数据处理

本次探地雷达采用 170MHz 频率探测白沙河出口段左、右岸典型边滩。在右岸测得沿流向数据 8 条，垂直流向数据 2 条。在左岸测得沿流向方向数据 2 条，垂直流向数据 11 条。其中平行河流方向编号为 X。垂直河流测线编号为 Y。探地雷达资料获取后导入到 Reflexw 软件中经过去静地面、去直流漂移、增益、去除水平干扰、带通滤波、滑动平移和相位追踪自动采样等步骤完成图像处理[8]，得到雷达图(图 4 和图 5)。雷达图中 X 轴表示距离，Y 轴表示脉冲电磁波到达反射区域和回波所需的时间，即双程走时。将图 4 和图 5 轴线数据导入模拟软件中，使用插值方法构建河床三维模型得到图 6。

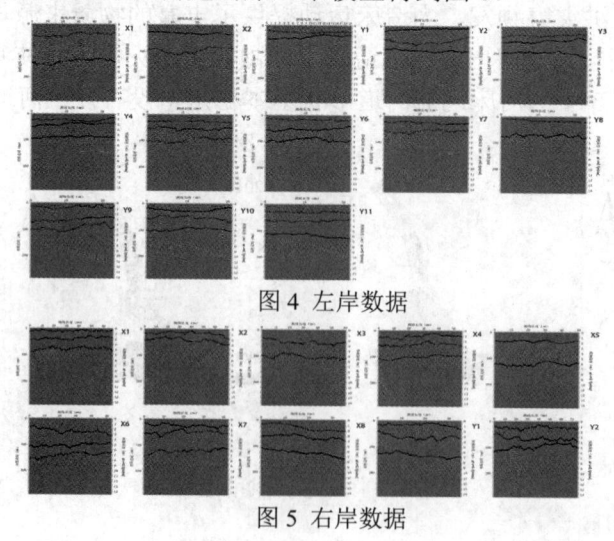

图4 左岸数据

图5 右岸数据

3.2 三维模型冲淤分析
3.2.1 模型分析

图 6 中 X 轴平行于流向方向，数值沿流向方向减小。Y 轴表示垂直流向方向，数值由西至东减小。Z 轴表示纵向埋深高度。图中左、右岸都包含 4 个层面。最表层代表河床表面，L1、R1 表示地下第一层地形，L2、R2 表示地下第二层地形，L3、R3 表示地下第三层地形。由图 6 可知，左、右岸都包括了四层分界面，这与历年山洪造床的情况吻合，即 2008－2013 年发生的山洪灾害和工程建设形成的 2013 年河床形态对应 L3、R3 界面。2013－2014 年山洪造床对应 L2、R2 界面，2018－2019 年山洪造床对应 L1、R1 界面。2020－2021 年山洪造床形成河床表面。

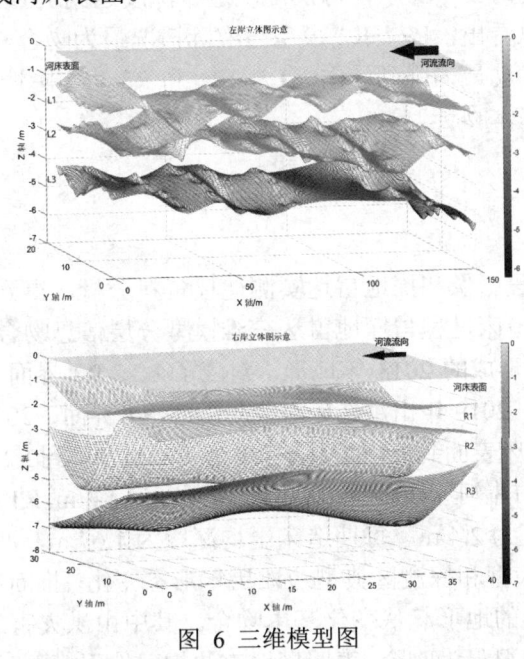

图 6 三维模型图

3.2.2 冲淤分析

2013 年冲淤分析：左岸探测区域覆盖凸岸边滩，及与其相邻滩地，两处滩地间被河流分割。右岸探测区域覆盖了改造后的堤岸及出口段河流。L3 界面平均深度为-4.5 m，界面中凸岸近河流侧地形高度大于内侧地形高度，满足发育规律，河流切割段地形高度从-4 m 降到-6 m。R3 界面平均深度为-5.3 m，符合出口段冲刷特征，但沿 Y 轴 0~10m 区域出现明显上升趋势，与实际情况存在误差。

2014 年冲淤分析：左岸探测区域从探测区域从南至北，覆盖整个边滩，存在从"凹岸-凸岸"的过渡。右岸探测区域覆盖河流出口段，存在"边滩-河流-边滩"的过渡。L2 界面平均深度为-2.7 m，X 轴 0~50 m 处界面表现凹岸冲刷特征向凸岸淤积特征的转换，X 轴 100~150 m 存在一处冲刷下凹地形，结合 2013 年和 2015-2016 年图像知，没有明显造床运动下，此处易被河流切割，地形高度低于周围滩地。R2 界面平均深度为-2.9 m，表现出强烈的冲刷特征。

2019 年冲淤分析：探测区域被边滩覆盖。左岸探测区域较 2018 年，边滩南部有明显扩张淤积的现象。右岸探测区域较 2018 年，河道迁移，泥沙淤积覆盖了探测区域。L1 界面平均深度为-1.2 m，在 X 轴 0-50 m 处，由于滩地扩张淤积，此处地形隆起。R1 界面平均深度为-1.2 m，界面有微弱冲刷。从 2018 年的图像中可知，探测区域中西部是河流冲刷区域，2018 年山洪灾害后泥沙在此处淤积后，其地形高度仍低于周围滩地。

河床表面：2020－2021 年的山洪造床，泥沙淤积覆盖了 L1、R1 界面形成了河床表面。

各层厚度：左岸地面到 L1 的平均厚度为 1.3 m，L1 到 L2 的平均厚度为 1.5 m，L2 到 L3 的厚度为 1.9 m。右岸地面到 R1 的平均厚度为 1.2 m，R1 到 R2 的平均厚度为 1.7 m，R2 到 R3 的平均厚度为 2.4 m。平均每次山洪造床深度达到 1.67 m，冲淤深度范围 0.1~3.8 m。

从以上分析可以看出，L2、R2 模型与实际情况最为吻合，这是因为造成 L2 和 R2 地貌改变的山洪灾害活动最为强烈。L1、L3、R1 和 R3 与实际情况都有一些误差存在，但与边滩历年变化情况基本吻合。

4 结论

基于历年出口段影像和探地雷达实测建模资料分析，得到的主要结果如下。

（1）历年山洪造床过程与探地雷达三维模型分层信息吻合。即 2008－2013 年发生的山洪造床和工程建设形成的 2013 年地形，对应了 L3、R3 界面。2013 年的山洪造床对应了 L2、R2 界面，2018－2019 年山洪造床对应了 L1、R1 界面，2020－2021 年山洪造床后形成了河床表面。左岸河床表面到 L1 的平均厚度为 1.3 m，L1 到 L2 的平均厚度为 1.5 m，L2 到 L3 的厚度为 1.9 m。右岸河床表面到 R1 的平均厚度为 1.2 m，R1 到 R2 的平均厚度为 1.7 m，R2 到 R3 的平均厚度为 2.4 m。每期造床平均深度为 1.67 m，冲淤深度范围 0.1~3.8 m。

（2）根据三维模型和探测区典型边滩历年形态变化，推断出研究区边滩的冲淤变化情况与模型中各分界面的地形起伏变化基本吻合。其中山洪灾害最强烈的 2013 年所对应的 L2、R2 界面与实际情况最为吻合，表明探地雷达构建地下模型时对强烈外力作用更为敏感。

参考文献

1　曾晓丽. 基于数值模拟的白沙河流域干沟泥石流风险评价 [D]. 绵阳: 西南科技大学, 2015.
2　安昀. 基于能值分析的四川天全白沙河流域生态经济系统可持续发展研究 [D]. 雅安: 四川农业大学, 2008.
3　曾特林. 基于 GIS 的白沙河流域滑坡风险评价 [D]. 绵阳: 西南科技大学, 2016.
4　林三益, 缪韧, 易立群. 中国西南地区河流水文特性 [J]. 山地学报, 1999(3): 49-52.
5　向龙, 陈宁生, 李俊. 震后白沙河、龙溪河流域泥石流灾害治理效果分析——以四川都江堰市三合场沟为例 [J]. 人民长江, 2016, 47(23): 60-64.

6 王之晗, 夏叶, 于合理, 等. 侵蚀基准面对石亭江双盛段河床演变的影响 [J]. 工程科学与技术, 2017, 49(S2): 67-73.

7 程根伟. 山区河流准三维水沙输运与河床演变模拟 [J]. 山地学报, 2001(3): 207-212.

8 Akinsunmade A. GPR imaging of traffic compaction effects on soil structures [J]. Acta Geophysica, 2021, 69(2): 643-653.

Study on channel evolution of river confluence zone between Baisha River and Minjiang River using GPR method

CHEN Hao-shuang, XU Ze-xing, WANG Xie-kang[*]

(State Key Laboratory of Hydraulics and Mountain River Engineering, Sichuan University, Chengdu 610065, Email: wangxiekang@scu.edu.cn)

Abstract: Based on the measured riverbed of the outlet section of Baisha river in the Minjiang tributary and its image data over the years, the three-dimensional modeling method is used to reconstruct the variation characteristics of typical beaches, and the erosion and deposition deformation law of the Minjiang reach at the Baisha river confluence is preliminarily explored. The results show that after the Wenchuan earthquake, the surface of the Baisha river basin was broken and sediment yield was prominent. The riverbed side-beach landform formed by the Baisha river flash flood bed in 2010.8.13 and 2012.8.18 was consistent with the three periods of large flash flood bed in 2013－2014, 2018－2019 and 2020－2021, and the typical side-beach on the left and right banks of the river formed a three-layer obvious boundary, which was consistent with the three periods of large flash flood bed in 2013－2014, 2018－2019 and 2020－2021. The erosion and deposition depth range of each period was 0.1~3.8 m. In this paper, the riverbed morphology is constructed based on the ground penetrating radar (GPR) measurement data, and the variation characteristics of erosion and deposition on the edge beach are inferred, which can provide a new idea for further study on the evolution of mountainous rivers in the sandy river section.

Key words: Ground penetrating radar; Baisha river; River intersection; Beach development; Riverbed evolution.

广东省核电站周边海域海啸风险评估

高星宇，牛小静*

（清华大学水利水电工程系，北京 100084，Email: nxj@tsinghua.edu.cn）

摘要：核能是一种高效且清洁的能源方式，然而由于放射性物质的危险性，核电站安全也备受民众关注。海啸是沿海核电站的威胁之一，本研究针对广东省沿海的海啸风险进行了量化分析，讨论了几座沿海核电站附近海域面临的来自马尼拉海沟区域的海啸风险。风险评估基于百万量级潜在地震诱发海啸情景的模拟和统计，以尽可能地遍历各种可能的海啸情景。为实现大规模潜在情景计算，发展了一种高效的海啸模拟方法。利用课题组开发的南海海域海啸空间分布数据集，获取岸外百米水深处海啸波高和周期的联合概率密度分布，然后使用考虑近岸地形特征的放大因子获取近岸海啸峰值高度的概率。为了精确考虑地形的影响，研究中采用了基于 Boussinesq 方程的 FUNWAVE-TVD 模型计算放大因子，该模型可精确地考虑近岸水波非线性、色散性以及能量耗散对海啸演进变形的影响。研究量化了广东省大亚湾核电站、岭澳核电站和台山核电站周边海域的海啸风险，给出了重现期 100 年、500 年以及 1000 年的近岸海啸峰值高度分布，从而给核电站防灾布局以及周边区域开发规划提供参考。

关键词：核电站；海啸；风险评估；Boussinesq 方程；南海

1 引言

核能作为一种高效且清洁的新能源，对解决我国能源匮乏、推动经济发展起着重大作用。核电站通常使用铀和钚作为核燃料，核裂变过程中会产生大量放射性物质。正常情况下核电站不会产生危害，但如果遇到海啸等灾害事件引发核电站泄漏事故时，其危险不容忽视。例如 2011 年日本海啸导致福岛核电站发生泄漏，带来深重的灾难。中国广东省分布有大亚湾核电站、岭澳核电站、台山核电站、阳江核电站等多所核电站，这些核电站面临海啸的风险值得评估。

马尼拉海沟是南海未来最可能发生地震的区域。相关研究表明，南海东侧马尼拉海沟区域菲律宾海板块正以每年 55~91mm 的速度向亚欧大陆板块俯冲[1]，累计应力一旦突然释

基金项目：国家自然科学基金面上项目(51779125)和水沙科学与水利水电工程国家重点实验室自主项目(2022-KY-05)

放,引发的大地震可能将给中国南部沿海区域带来严重的海啸灾害。由于地震引发的海啸威力受震源位置、震级、震源深度、走向角、倾角、滑移角等地震参数影响,这些参数具有强随机性和不确定性,因此全面评估海啸风险是一个很复杂的问题。为了尽可能考虑地震参数的不确定性并减小大量情景带来的计算负担,Zhang 等[2]提出使用单位水面扰动模型,通过线性叠加不同单位源产生的水面扰动来近似直接模拟的海啸水位。由于该方法基于海啸波在深海线性传播的假设,没有考虑非线性、色散项和波浪破碎等因素的影响,只适用于水深较大的离岸区域。在此基础上,Gao 等[3]使用考虑海啸波高和周期联合概率密度分布的放大因子法来量化近岸区域近岸海啸峰值高度的超越概率,本研究使用这种放大因子法对核电站周边海域展开海啸风险评估研究。

2 概率海啸风险评估框架

本研究中使用的概率海啸灾害评估流程图见图 1,更多细节可参考 Gao 等文献[4]。整个过程可分为三个主要步骤:①计算离岸区域海啸波高和周期的联合概率密度分布;②计算每个近岸评估点不同波高和周期下的放大因子;③计算每个近岸评估点的波高超越概率。

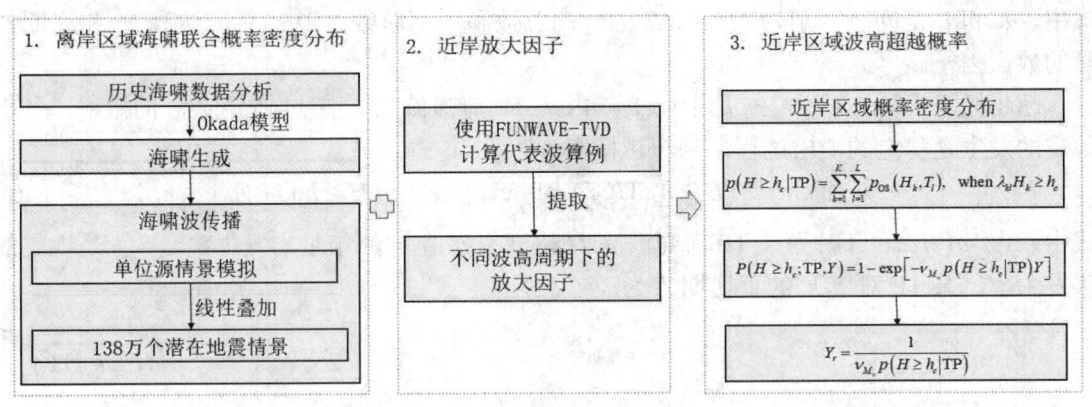

图 1 概率海啸风险评估流程

第一步根据历史海啸数据和高效单位水面扰动模型法,给出离岸 100m 等深线处海啸波高和周期的联合概率密度分布,将其为近岸放大因子计算的输入条件。由 GCMT 的历史地震数据得出每个潜在地震事件的发生概率。假设潜在地震的震级、震中和震源深度之间相互独立,那么某场震级为 M_w、震源中心为 Epi、震源深度为 D 的地震事件 E_i 的发生概率可表示为:

$$p_{E_i} = p_{E_i,M_w} p_{E_i,Epi} p_{E_i,D} \tag{1}$$

式中，$p_{E_i,Epi}$ 和 $p_{E_i,D}$ 为通过历史地震数据统计得到的震源中心 Epi 和震源深度 D 对应的概率值；p_{E_i,M_w} 是利用 G-R（Gutenberg-Richter）关系得到的震级 M_w 对应的概率。

考虑到首波通常是深水中最具威胁性和最大的波[4]，提取地震海啸集 $\Omega = \{E_i, i=1,2,\cdots,N\}$ 中首波的周期 T_{E_i} 和波高 H_{E_i} 作为代表波特征参数。离岸区域海啸波高和周期联合概率分布可表示为：

$$p_{\text{OS}}(H,T) = \sum_i^N p_{E_i}, \quad \text{when } H_{E_i} \in \left[H - \tfrac{1}{2}\Delta H, H + \tfrac{1}{2}\Delta H\right), T_{E_i} \in \left[T - \tfrac{1}{2}\Delta T, T + \tfrac{1}{2}\Delta T\right) \quad (4)$$

第二步利用 Shi 等[5]开发的 Boussinesq 型水波动力模型 FUNWAVE-TVD 进行近岸放大因子计算。该模型可考虑近岸水波的非线性、色散性以及能量耗散，目前被广泛应用于各种海岸工程问题。模拟计算中网格尺寸为 200m，入射波使用正弦波形式，最终得到不同波高 H_k 和周期 T_l 对应的放大因子 λ_{kl}。

第三步通过将离岸区域海啸波高和周期联合概率分布和近岸放大因子结合，展开近岸区域海啸风险评估。某近岸评估点 TP 发生一场地震海啸时海啸波高超越概率可表示为：

$$p(H \geq h_c | \text{TP}) = \sum_{k=1}^{K} \sum_{l=1}^{L} p_{\text{OS}}(H_k, T_l), \quad \text{when } \lambda_{kl} H_k \geq h_c \quad (5)$$

式中，K 和 L 是间隔分别为 ΔH 和 ΔT 的波高总数和周期总数；λ_{kl} 是对应波高 H_k 和周期 T_l 时的放大因子。

超越概率 $P(H \geq h_c; \text{TP}, Y)$ 是指在 Y 年内某 TP 海啸波高 H 超过临界值 h_c 的概率。假设地震的发生是稳定的泊松过程，则超越概率为：

$$P(H \geq h_c; \text{TP}, Y) = 1 - \exp\left[-\nu_{M_w} p(H \geq h_c | \text{TP}) Y\right] \quad (6)$$

式中，$\nu_{M_w} p(H \geq h_c | \text{TP})$ 为某 TP 海啸波高 H 超过临界值 h_c 的年平均发生率，ν_{M_w} 是地震的年发生率。某 TP 对应 h_c 的重现期 Y_r 为：

$$Y_r = \frac{1}{\nu_{M_w} p(H \geq h_c | \text{TP})} \quad (7)$$

3 核电站周边海域概率海啸风险计算

广东省有大亚湾、岭澳、台山和阳江四个在运核电站，其中受计算区域范围限制，阳江核电站并未在本研究中考虑。台山、大亚湾和岭澳核电站的临近海域位置见图 2。本研究只考虑马尼拉海沟发生地震诱发海啸的情景，通过课题组开发的南海海域海啸空间分布数据集，得到离岸区域 100 m 等深线处的海啸波高和周期的联合概率密度分布，将其作为近岸放大因子计算的入射边界。通过结合离岸联合概率密度分布以及近岸评估点的放大因子，对核电站周边海域进行概率海啸风险评估。

图 4 展示了各核电站周边海域百年一遇、五百年一遇和千年一遇的近岸海啸峰值高度

空间分布,可以看出近岸海啸峰值高度随着重现期增大而增大。台山核电站、大亚湾和岭澳核电站周边海域的周边百年一遇近岸海啸峰值高度基本低于 0.5m,五百年一遇近岸海啸峰值高度基本低于 2.0m,千年一遇近岸海啸峰值高度基本低于 3.0m。与大亚湾和岭澳核电站在湾内的地理位置相比,台山核电站相对裸露在海啸袭击下,其遭受海啸风险的可能性更高。图 5 中核电站临近评估点的危险曲线定量反映了这一规律。

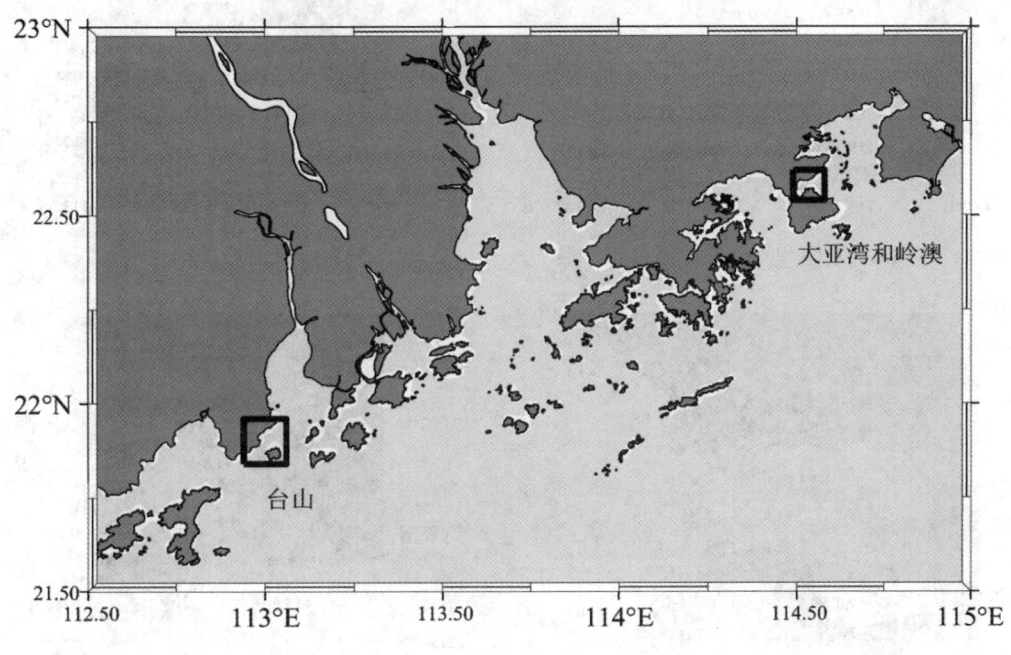

图 2 核电站临近海域位置示意图

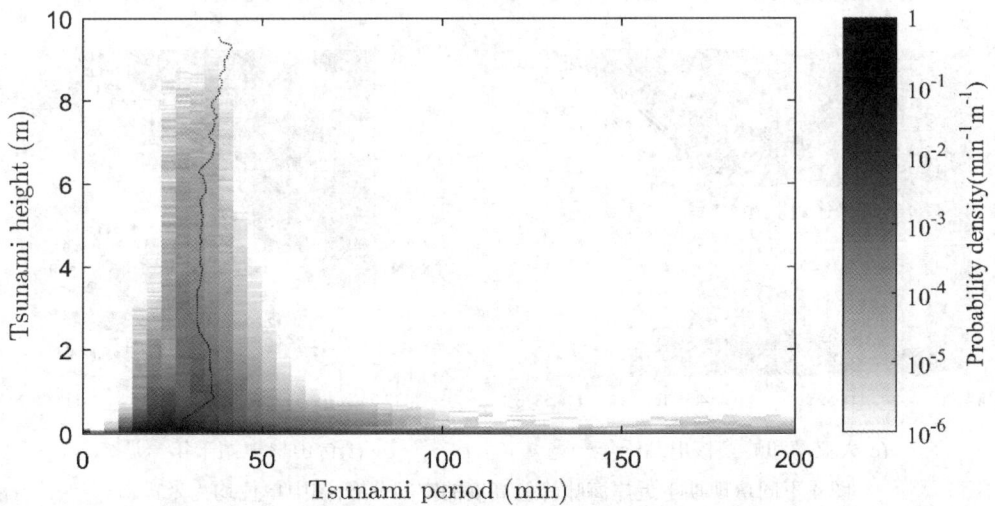

图 3 离岸 100m 等深线处海啸波波高和周期的联合概率密度分布

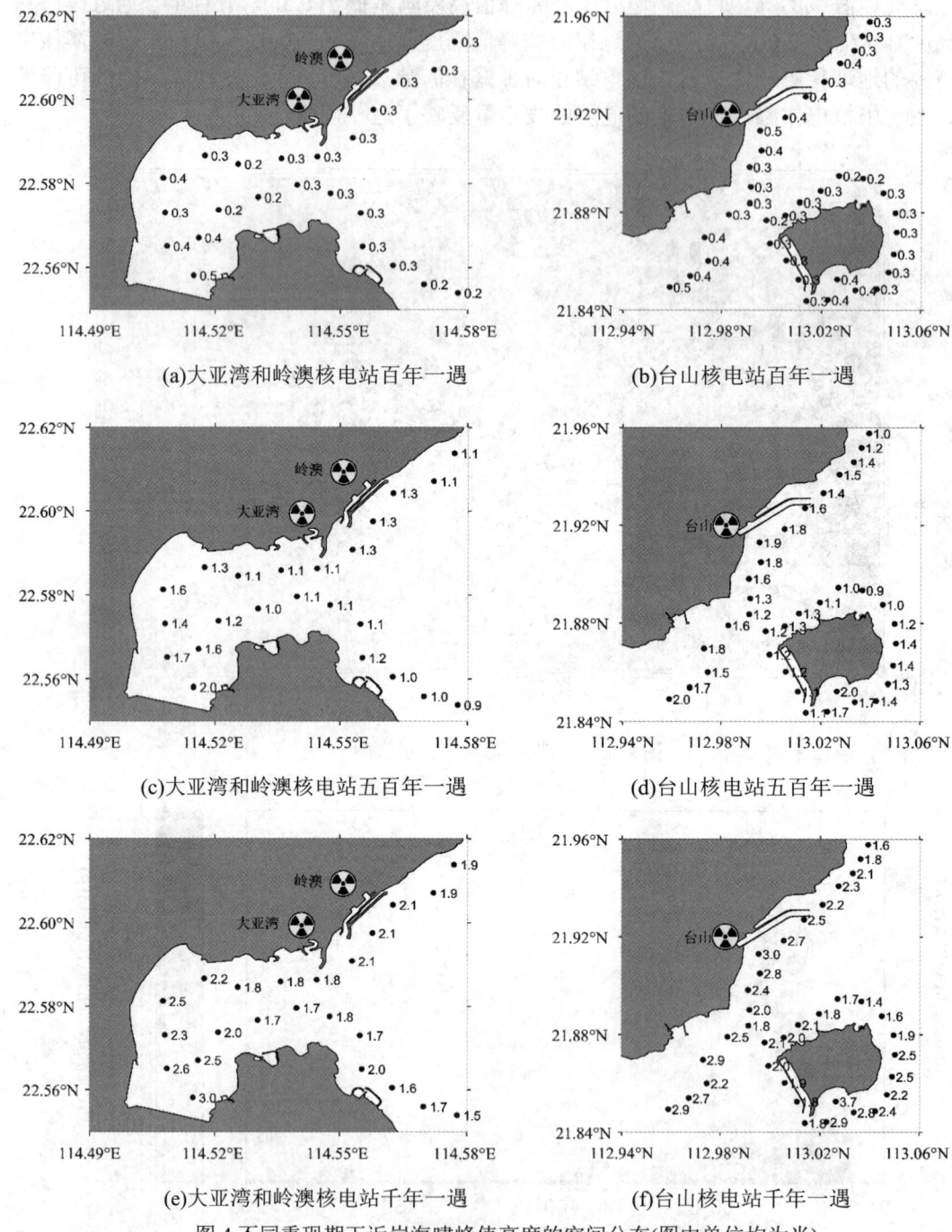

(a)大亚湾和岭澳核电站百年一遇　　(b)台山核电站百年一遇

(c)大亚湾和岭澳核电站五百年一遇　(d)台山核电站五百年一遇

(e)大亚湾和岭澳核电站千年一遇　　(f)台山核电站千年一遇

图 4 不同重现期下近岸海啸峰值高度的空间分布(图中单位均为米)

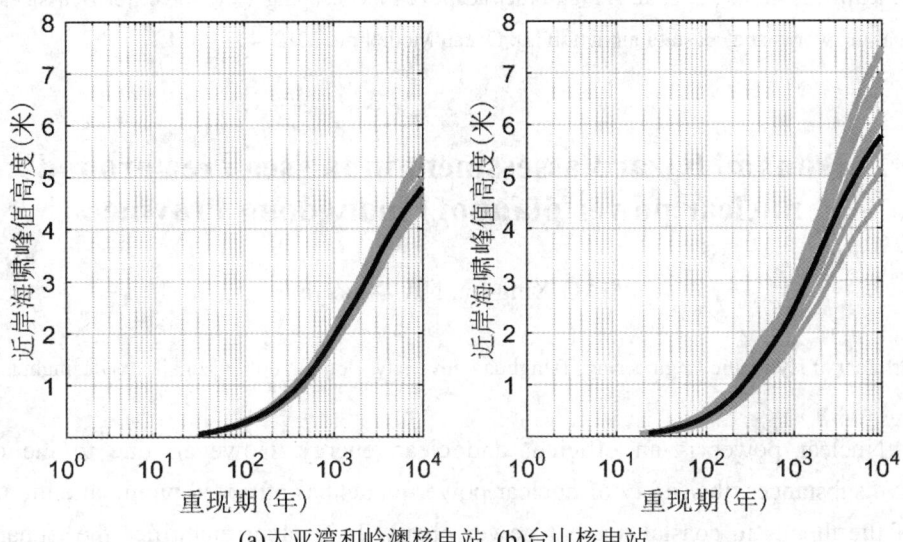

(a)大亚湾和岭澳核电站 (b)台山核电站

图 5 核电站临近评估点的危险曲线(灰线为所有临近评估点结果，黑线为其平均值结果)

4 结论

通过结合离岸区域海啸波高和周期的联合概率密度分布和使用 FUNWAVE-TVD 计算得到的近岸评估点放大因子，对广东省沿海的海啸风险进行了量化分析，给出重现期 100 年、500 年以及 1000 年下核电站周边海域的近岸海啸峰值高度。结果显示大亚湾和岭澳核电站面临相对较小的海啸风险，而台山核电站面临相对较大的海啸风险。需要注意的是，本研究仅给出不同重现期下核电站周边海域的近岸海啸峰值高度，并未考虑核电站陆地淹没以及核电站厂房等结构物的作用，这些需要更精细的淹没计算。

参考文献

1 Hsu Y J, Yu S B, Song T R A, et al. Plate coupling along the Manila subduction zone between Taiwan and northern Luzon [J]. Journal of Asian Earth Sciences, 2012, 51: 98-108.

2 Zhang X, Niu X. Probabilistic tsunami hazard assessment and its application to southeast coast of hainan island from manila trench[J]. Coastal Engineering, 2020, 155: 103596.

3 Gao X, Zhao G, Niu X. An approach for quantifying nearshore tsunami height probability and its application to the pearl river estuary[J]. Coastal Engineering, 2022: 104139.

4 Zhao G, Niu X. Relation between the period of leading tsunami wave and source parameters [J]. Ocean Engineering, 2022, 249: 110891.

5 Shi F, Kirby JT, Harris JC, et al. A high-order adaptive time-stepping TVD solver for Boussinesq modeling of breaking waves and coastal inundation [J]. Ocean Modelling, 2012, 43: 36-51.

Tsunami hazard assessment in the sea area around nuclear power plant of Guangdong Province

GAO Xing-yu, NIU Xiao-jing*

(Department of Hydraulic Engineering, Tsinghua University, Beijing100084, Email: nxj@tsinghua.edu.cn)

Abstract: Nuclear power is an efficient and clean energy. However, due to the danger of radioactive substances, the safety of nuclear power plants has attracted public attention. Tsunami is one of the threats to coastal nuclear power plants. This paper quantifies the tsunami hazard along the coast of Guangdong Province and discusses the tsunami hazardfrom Manila Trench near several coastal nuclear power plants. The risk assessment is based on the simulations and statistics of millions of potential earthquake-induced tsunami scenario.To achieve such a large number of scenario simulations, an efficientapproach for tsunami simulation is developed in this paper. Based on the data set of tsunami spatial distribution in the South China Sea developed by our research group, the joint probability density distribution of tsunami wave height and period on the 100 m isobaths is obtained, then the probability of the peak nearshore tsunami amplitude is obtained by using the amplification factor considering the nearshore topographic features.In order to take into account the influence of topographyaccurately, the FUNWAVE-TVD model based on the Boussinesq equationsis used to calculate the amplification factor, which includes the wave nonlinearity, dispersion and dissipation and can more accurately simulate the behavior of nearshore water waves.The study quantified the tsunami hazard around the Daya Bay nuclear power plant, Ling'ao nuclear power plant and Taishan nuclear power plant in Guangdong Province.Thedistribution of thepeak nearshore tsunami amplitudewith the return periods of 100 years, 500 years and 1000 years has been given to provide a reference for the layout of the nuclear power plant disaster prevention and the development planning of the surrounding area.

Key words: Nuclear power plant; Tsunami;Hazard assessment; Boussinesq equation; The South China Sea.

琴键堰工程应用初步设计方法与水力优化建议

李珊珊[1]，李国栋[1*]，沈桂莹[1]，郭利豪[1]，姜铎[1,2]

（1. 西安理工大学 西北旱区生态水利国家重点实验室，西安 710048，Email: gdli2008@xaut.edu.cn；
2. 榆林市淤地坝建设中心，榆林 719000）

摘要：琴键堰作为一种全新的迷宫堰型，具有超泄能力强、适应单宽流量范围大、基座占地少等优点，在提高新建水库的有效库容以及病险水库的除险加固方面都有着广阔的应用前景。本文在琴键堰现有体型参数及泄流能力研究成果的基础上，考虑不同工程的造价成本及设计的主要需求，制定了琴键堰实际工程的总体设计准则；进一步基于模型实验及数值模拟的水力计算结果，根据工程的约束条件，分别以新建工程项目和已建工程升级改造项目为例，提出了琴键堰实际工程应用的完整的设计方法和具体的设计步骤；最后，在工程初步设计的基础上，提出琴键堰的主要体型参数和辅助体型参数的最终的水力优化建议，为提升琴键堰设计水平，推动其在实际工程中的应用提供技术支撑。

关键词：琴键堰；设计方法；工程应用；优化建议；除险加固

1 引言

琴键堰(PKW，图 1)是在传统的迷宫式溢洪道的基础上提出的改进的堰型，最初由Lempérière 等[1-2]提出，它将原迷宫堰正向(垂直水流方向)垂直的堰墙分别向上游和下游倾斜，同时缩小原基础底座长度，形成上下游悬挑结构。琴键堰和迷宫堰类似，都属于折线形堰，且由于堰轴线沿纵向被拉长，除了正向堰，还具有多个沿水流方向的侧堰，从而在相同的水头下，具有较大的泄流能力[3]。另外，琴键堰是一个特殊的几何形状的堰，它与迷宫形状相结合，使用悬挑的方式来减少基础长度，从而可以直接放在已建或新建重力坝或拱坝等薄坝的坝顶，极大扩大了其应用范围。因此，琴键堰被认为是大坝泄洪能力不足的非常有效且经济性很高的新的解决方案，在新建水库的有效库容优化方面和在病险水库的除险加固方面均有着广阔的应用前景[4]。

基金项目：国家自然科学基金项目(51579206)、陕西省水利厅科技计划项目(2017slkj-17)和国家自然科学基金项目(52079107)

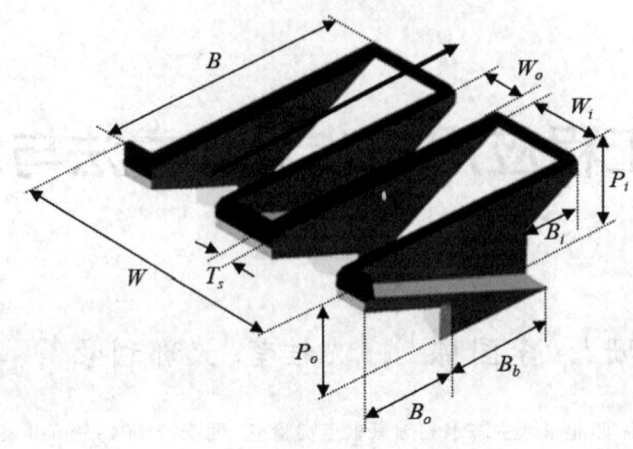

图 1 琴键堰三维体型及主要几何参数

琴键堰体型结构复杂，几何参数包括循环单元数 N，堰高 P，溢流前缘总长度 L，上下游倒悬长度 B_i 和 B_o、进出口宫室宽度 W_i 和 W_o、横向宽度 W、纵向长度 B、基座长度 B_b、进出口宫室坡度 S_i 和 S_o、边墙厚度 T_s 等众多主要几何参数[5]和堰鼻及形状，女儿墙及高度，堰顶形状等辅助几何参数[6]。琴键堰体型的复杂性和众多的几何参数大大增加了其设计和优化的难度，因此自从琴键堰的概念提出以来，包括法国、越南、印度、瑞士、英国、美国和中国等 10 多个国家也都围绕琴键堰的泄流特性、几何参数、水力优化等方面展开了该项目的研究，建设或规划。如 Machiels[7,8]采用大比尺模型，明确了低水头时堰厚的阻流效应，初步揭示出控制断面的形成限制了高水头工况下入口宫室的泄流能力。李国栋教授对标准琴键堰体型进行三维数值模拟研究，详细直观的分析了琴键堰的过流流态[9]。李珊珊和李国栋等人[4]对标准 A 型琴键堰过堰水流三维流场进行物理试验和数值模拟研究，详细分析了琴键堰水力特性及影响 A 型琴键堰泄流能力变化的内在机理。另外，Ouamane 等[10]，Machiels 等[8]，Lempériére 等[11]，Leite Ribeiro 等[12]以及李国栋等[13-14]通过一系列试验，对琴键堰的主要几何参数比 L/W、W_i/W_o、B_o/B_i、H/P 和 P/W_u 等以及辅助几何参数堰顶类型、壁面厚度、堰鼻头型和护栏墙高度等进行了较为系统的研究，并提出了各参数水力优化的范围。

基于琴键堰的泄流特性和几何参数研究，一些学者也相继提出了琴键堰泄流水力计算表达式。如 Lempériére[15]最早给出了计算琴键堰泄流能力的经验公式。Kabiri-Samani 等[16]通过对不同类型的琴键堰水力特性的系统试验，提出了自由流和淹没流条件下的琴键堰流量系数拟合公式。Leite Ribeiro 等[12]提出用一个流量放大比系数 r 来描述琴键堰的泄流能力，并通过将试验得到的测量数据进行数值拟合分析，给出了琴键堰泄流放大比的计算式。Machiels 等[17]则通过分别计算进口宫室泄流量、出口宫室泄流量和侧堰泄流量，提出了按入口、出口、侧向三部分分别叠加计算总流量的方法。李珊珊[18]采用物理模型试验与数值模拟技术相结合的方式，基于多影响因素方法和基于不同泄流断面叠加的方法，分别提出了考虑琴键堰不同参数影响的琴键堰泄流系数表达式和考虑进口、出口和侧面泄流量叠加的琴键堰单宽泄流量计算公式。

从 2006 年法国建成世界上第一座琴键堰实际工程以来[19]，到目前为止，世界上已建或在建的琴键堰工程已有 30 余座，这些琴键堰的设计大多是基于几何比尺的物理模型试验的结果，再根据几何参数的研究成果，逐步修正琴键堰体型结构而得到的[20]，而很少有对于琴键堰整体初步设计的步骤及方法的研究。为了提升琴键堰的设计水平和效率，推动其在实际工程中的应用，本文结合琴键堰水力特性、几何参数及泄流能力的研究成果，根据不同工程的造价成本及设计的主要需求，制定出琴键堰设计的总体设计准则。在此基础上，分别以新建工程和已建工程升级改造为例，提出琴键堰工程应用的初步设计步骤和方法，并通过分析工程运行条件和施工约束条件，给出可接受的设计方案。进一步给出琴键堰最终设计方案水力性能的优化建议，为琴键堰在中国实际工程中的应用提供技术参考。

2 琴键堰设计总体准则

琴键堰突出的超泄能力可以优化新建水库的有效库容并提高病险水库的利用率。但因不同工程受地理位置，地形，造价成本及工程设计的主要需求不同的影响，就现有学者的研究成果而言，最优的确定的单一琴键堰模型是不存在的。但是，我们仍可以按照不同的工程条件，拟定总体的设计准则，以最大程度上达到琴键堰水力性能，设计施工总投资以及工程结构安全性等多方面因素之间的平衡。

首先，根据琴键堰体型参数及泄流能力的研究成果，对于琴键堰的堰高 P，当取其倒悬角正切值 S_i=0.375~0.75 之间时，琴键堰能发挥较高的水力效率[18,21]。因此，对于新建工程，设计最初要优先考虑水力效率较高的方案，以应对不确定的区域水文背景，大坝结构的稳定性及设计成本等综合影响因素。因此，可以选取能获得更高水力性能的堰高，即琴键堰堰高可取其倒悬角正切值 $S_i = 0.75$。

而对于病险水库除险加固工程，由于在原结构拆卸及琴键堰项目建造期间，原溢洪道不可用，因此必须考虑拆卸和工期成本。此外，考虑到原有工程堰顶高程的限制以及修建早，运行时间长，工程安全性的问题，应该优先选取较低的堰高，即，琴键堰堰高可取其倒悬角正切值 $S_i = 0.375$。

其次，不管是对于新建工程项目还是已建工程改造项目，在设计最初，对称 A 型琴键堰都应当是最佳首选，即上下游倒悬比参数 B_o/B_i=1。此外，进出口宽度比也可以以 W_i/W_o=1 为初步方案。因为首先 A 型琴键堰能保证其泄流能力的优势，且对称倒悬结构使得琴键堰结构是自平衡的。另外，整体设计的简单性不仅受地理位置和施工条件限制小，且这种对称结构可以提前预制单元构件，方便直接安置和组装，缩短工程工期，节约项目成本。

而琴键堰的溢流前缘总长度 L，也是设计最初要确定的主要参数，但由于事实上它定义了相对长度展宽比 L/W 以确定低水头下琴键堰的最大效率。根据已有的研究成果，低水头下，琴键堰泄流效率随展宽比的增加而增大，但高水头时这种增加的幅度和差异往往很小，因此采用Lempérière等[11]提出的4~5之间的展宽比，作为泄流能力和结构成本增加之间的合理平衡。

另外，考虑到工程规模的大小在很大程度上影响了琴键堰的设计，尤其是，我国大江大河遍布，很多大型工程都会有极大地泄洪任务，需要多个设计多个琴键堰单元N以满足泄洪要求，这种情况下琴键堰结构也应采取简单对称的设计，以方便预制和建造。那么对于小型工程，受地形宽度的限制，可能只能建造小数目的琴键堰单元，那么要达到泄洪任务就需要尽可能优化琴键堰的体型，提高琴键堰的泄流效率。

最后，琴键堰的设计中，水力设计是最重要的环节，本文引言中介绍的各位学者提出了不同的计算表达式，且Kabiri-Samani等[16]，Machiels等[17]以及李珊珊[18]提出的琴键堰水力设计方法具有较高的精度，但是也受模型参数范围和水力参数范围的限制。对于相对水头较大或者几何无量纲参数比较极端的琴键堰工程，可以采用外推法或者插值确定对应的流量系数，以确保第一阶段的有效设计。除此之外，也可以适当采用按比例缩放的物理模型，从实测结果中获得水头流量关系曲线，对初步设计结果加以验证，此外，成熟的数值模拟技术，也作为验证琴键堰设计方案的有效便捷的辅助工具。

3 琴键堰工程应用初步设计方法

在本研究中，琴键堰的水力设计部分主要采用了李珊珊[18]和Kabiri-Samani等[16]提出的基于多影响因素的琴键堰泄流系数计算公式(也可以其他精度较高、使用起来较方便的琴键堰泄流表达式)，即使公式计算可能不如试验建模实测值精确，但它也提供了一个可以直接使用的琴键堰泄流量评估的使用工具，缩减了试验研究的成本，并且，该公式能评价其随不同几何参数变化时的影响，同样可以在琴键堰体型优化阶段和最终设计方案确定中发挥作用。

琴键堰初步设计以满足泄洪任务为首要目标，并希望在水力性能，经济效益以及工程条件限制等因素之间进行折中，以尽可能接近最终设计方案[20]。具体的设计方法可以分为以下五个步骤。

(1) 确定工程约束条件：任何堰型的设计方法都要基于工程项目的限制条件，在琴键堰设计中，首先要确定相关工程的校核或者设计流量，最大水头和项目所处位置的可用总宽度等限制。

(2) 琴键堰单元数假定与调整：遵循总的设计准则，假定不同数量的琴键堰单元数(为了节约成本和提高泄流量，先假设较少的单元数，但对应于较长的倒悬长度)，并对应于不同的琴键堰主要几何参数。

(3) 选择有效的泄流能力评估工具：选定合适的泄流系数或泄流量计算方法，并利用该方法确定不同参数组合下琴键堰的最大泄流量。

(4) 确定设计方案：根据工程的限制条件和泄洪任务，确定满足条件或者接近条件的参数组合。

(5) 优化设计：基于水力效率和经济效益标准，优化琴键堰结构参数，完善设计方案。

3.1 已建工程升级改造项目初步设计－以越南 Dakmi 4B 大坝项目为例

越南 Dakmi 4B 大坝[22]建于 2011 年，其溢洪道改造项目计划用琴键堰替换坝顶最初的 Creager 堰(图 2)。

图 2 越南 The Dakmi 4B dam 琴键堰实际工程项目

与 Creager 堰的初始设计相比，最终设计的琴键堰方案只降低了 0.70 m 的运行水位 (Full Supply Level)(该水位满足水库周围人口的供水需求)，就达到了将先前最大洪水位 (Maximum Water Level)。并且采用琴键堰升级原有的溢洪道能够最大程度的减小改造成本并缩短工期。

表 1 给出了该琴键堰项目的基本背景及工程约束条件。

表 1 Dakmi 4B 大坝基本资料

详细信息	参数符号		单位
大坝类型	--	混凝土重力坝	--
大坝高度	P_m	18.3	m
修建年份	--	2011	--
琴键堰位置		大坝右岸	--
最大洪水位下大坝设计泄流量	Q_{dam}	642.8	m³/s
最大洪水位下琴键堰设计泄流量	Q	503.1	m³/s
最大洪水位下琴键堰最大堰上水头	H	2.0	m
最大洪水位下单宽泄流量	q	13.6	m²/s
溢洪道可用宽度	W	37	m

琴键堰设计的第一步是确定工程约束条件，由表 1 可知，在该项目中，琴键堰的最大泄流量为 503.1 m³/s 左右，对应的单宽流量为 13.6 m²/s，最大水头为 2 m。传统的 Creager 堰无法实现这一目标。

根据总的设计原则，我们假定单元数分别为 3 个，4 个，5 个，6 个，7 个，8 个，9 个和 10 个。初步设计还是以简单对称 A 型琴键堰结构为先，因此上下游倒悬比参数 B_o/B_i = 1，进出口宽度比参数 W_i/W_o =1。由于该工程为已建工程升级改造项目，因此基于施工成本，建造周期以及原大坝安全性的考虑，按照琴键堰倒悬角正切值 S_i = 0.375 确定堰高并取展宽比 L/W = 5。

由此拟定的琴键堰主要参数见表 2。

表 2 改造项目琴键堰设计单元数及主要参数

N	3	4	5	6	7	8	9	10
W_u	12.3	9.2	7.4	6.2	5.3	4.6	4.1	3.7
$W_i = W_o$	6.1	4.6	3.7	3.1	2.7	2.3	2.1	1.9
L_u	61	46	37	31	27	23	21	19
$B_o = B_i$	6.1	4.6	3.7	3.1	2.7	2.3	2.1	1.9
B	24.6	19	14.8	12.4	10.6	9.2	8.2	7.4
P	6.1	4.6	3.7	3.1	2.7	2.3	2.1	1.9
C_d	1.40	1.26	1.12	1.03	0.95	0.88	0.82	0.77
Q	648.29	583.15	520.6	478.1	440.7	408.4	381.7	358.6

其中 $N = W/W_u$，W_u 为一个琴键堰单元的宽度。

根据李珊珊[18]提出的基于多影响因素的琴键堰泄流系数表达式如下式（1）：

$$C_d = 3.164 \left(\frac{H}{P}\right)^{-0.125} \left(\frac{W_i}{W_o}\right)^{0.05} \left(\frac{B}{P}\right)^{0.139} \times \exp\left(-0.148\frac{B_i}{B} + 0.196\frac{B_o}{B}\right) - 3.070 \quad (1)$$

公式有效范围为：H > 18.6mm，0.1 < H/P < 1.2，2.5 < B/P < 4，0.52 ≤ W_i/W_o ≤ 1.63，0 ≤ B_i/B ≤ 0.25，0 ≤ B_o/B ≤ 0.36。

对应的琴键堰泄流量计算公式如下式（2）：

$$Q = C_d W \sqrt{2g} H^{\frac{3}{2}} \quad (2)$$

根据以上泄流系数计算公式得到的最大堰上水头下各参数组合对应的泄流系数以及琴键堰泄流量也总结在表 2 中。

据此，进一步绘制每个单元数参数组合下琴键堰的水头流量关系曲线(图 3)。

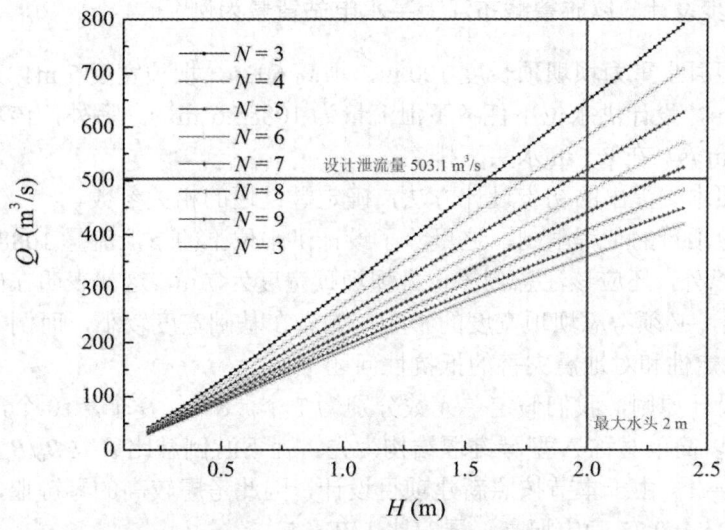

图 3 基于多因素泄流系数的不同单元个数琴键堰已建工程水头流量关系曲线

由图 3 可知，出于工程条件的限制，可接受的解决方案是考虑 3 个，4 个和 5 个琴键堰单元的设计方案（当 $N>5$，泄流能力不能满足）。在这三个设计方案中，我们会注意到，越小的单元数，对应于越大的倒悬长度。倒悬长度是琴键堰项目的常见约束，一方面受坝顶宽度的制约，太长的倒悬会引起结构的不稳定，或者引起结构对地震灾害的响应等；另一方面，施工的技术条件也直接限制了倒悬长度，如起重机的极限长度，此外，还有工程造价的制约，如混凝土中所需钢筋的数量等。在本项目中，原工程没有相关倒悬长度制约的描述，但是综合考虑以上因素，我们可以确定唯一的设计方案，即，$N=5$。

到此，琴键堰的初步设计已经基本完成，将本研究的初步设计方法琴键堰主要参数结果与该工程最终设计结果比较见表 3。

表 3 琴键堰初步设计与实际工程参数对比

参数	本文初步设计	实际工程最终方案	参数	本文初步设计	实际工程最终方案
N	5	7	B_i	3.7	0
W_u	7.4	5.4	B	14.8	9
W_i	3.7	1.8	L/W	5	4.86
W_o	3.7	2.7	P	3.7	2.5
B_o	3.7	2.3	S_i	0.375	0.373

由表 3 可以看出，出于建筑考虑，如果需要进一步缩短琴键堰的倒悬长度，提高泄流能力，就需要按照现有研究，通过优化各主要几何参数及增设辅助体型参数来实现。该工程采用了与本文设计接近的展宽比 L/W，倒悬度 S_i，堰型最终采用了具有更高泄流能力的 B 型琴键堰，从而缩短了倒悬的总长度。

3.2 新建工程初步设计 - 以雅鲁藏布江上某水电站背景为例[23]

该水电站混凝土重力坝坝顶长度 100 m，坝高 60 m，坝顶宽度 7 m。其表孔泄水建筑物坝段长度 81 m，设计洪水位下任务下泄流量为 10885.6 m³/s。另外，该项目溢洪道单宽泄流量为 134.4 m²/s，在 8.5 m 水头下排空。

接下来按照本文提出的初步设计方法，确定琴键堰的相关参数。

首先，确定项目的工程限制，这里除了设计洪水位下的下泄流量 10885.6 m³/s 以及泄流总宽度 81 m 以外，还应该注意到该重力坝坝顶宽度为 7 m，这就表明在确定琴键堰项目倒悬长度的时候，必须考虑坝顶宽度的影响，如若在基础宽度较小，而倒悬长度过大时，可能引起结构稳定性和对地震灾害的抵抗性问题。

根据总的设计原则，我们假定单元数分别为 7 个、8 个、9 个、10 个、11 个、12 个、13 个和 14 个。以简单对称 A 型琴键堰结构为先，上下游倒悬比参数 $B_o/B_i = 1$，进出口宽度比参数 $W_i/W_o = 1$。由于本节按照新建项目设计，因此考虑较高的琴键堰，这里按照琴键堰倒悬角正切值 $S_i = 0.75$ 确定堰高，展宽比 $L/W = 5$。

由此拟定的琴键堰主要参数见表4。

表4 新建项目琴键堰设计单元数及主要参数

N	7	8	9	10	11	12	13	14
W_u	11.6	10.1	9.0	8.1	7.4	6.8	6.2	5.8
$W_i = W_o$	5.8	5.0	4.5	4.0	3.7	3.4	3.1	2.9
Lu	58	50.5	45	40.5	37	34	31	29
$B_o = B_i$	5.8	5.0	4.5	4.0	3.7	3.4	3.1	2.9
B	23.1	20.3	18	16.2	14.7	13.5	12.5	11.6
P	13.0	11.4	10.1	9.1	8.3	7.6	7.0	6.5
C_d	1.53	1.45	1.38	1.33	1.29	1.25	1.21	1.18
Q	13575.7	12885.9	12299.3	11827.5	11430.1	11086.4	10787.4	10523.0

由于按照琴键堰倒悬角正切值 $S_i = 0.75$ 确定堰高，此时 B/P 为 1.8，此时用李珊珊[18]的泄流系数计算公式误差较大（该公式中 B/P 范围为 2.7~5.33），因此，这里我们选用 Kabiri-Samani 等[16]提出的琴键堰泄流系数计算公式(2)获得最大堰上水头下的泄流系数及对应泄流量：

$$C_d = 0.212 \left(\frac{H}{P}\right)^{-0.675} \left(\frac{L}{W}\right)^{0.377} \left(\frac{W_i}{W_o}\right)^{0.426} \left(\frac{B}{P}\right)^{0.306} \times \exp\left(1.504\frac{B_o}{B} + 0.093\frac{B_i}{B}\right) + 0.606 \quad (2)$$

式(2)适用于：$H > 30$ mm，$0.1 \leq H/P \leq 0.6$，$2.5 \leq L/W \leq 7$，$1 \leq B/P \leq 2.5$，$0.33 \leq W_i/W_o \leq 1.22$，$0 \leq B_i/B \leq 0.26$ 以及 $0 \leq B_o/B \leq 0.26$。

对于相对水头较大的情况，我们采用外推法确定对应的泄流系数与泄流量，结果如表 4。绘制每个单元数参数组合下琴键堰的水头流量关系曲线见图 4。

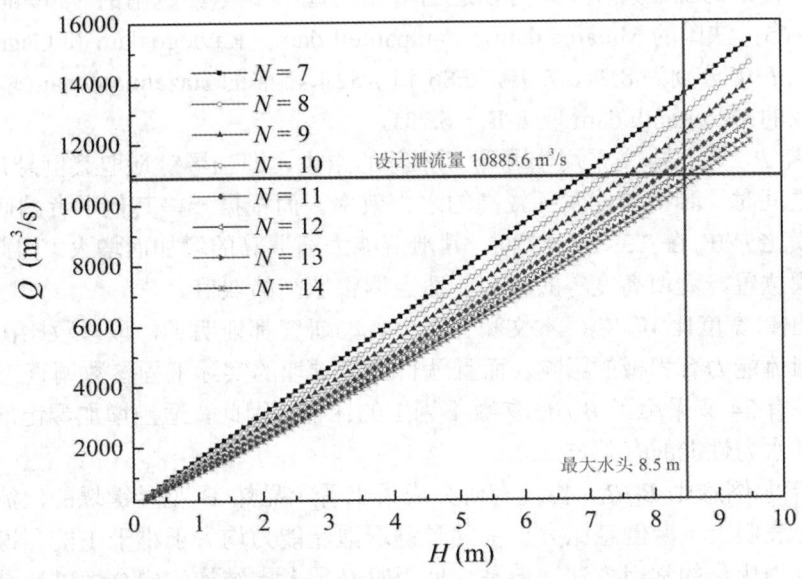

图 4 基于多因素泄流系数的不同单元个数琴键堰新建工程水头流量关系曲线

出于工程泄流任务的限制，本工程中可接受的解决方案是考虑 7 个，8 个，9 个，10 个，11 个，和 12 个琴键堰单元的设计方案(当 $N > 12$，泄流能力不能满足)。此时，必须考虑坝顶宽度(7 m)的影响，所以在这 6 个设计方案中，当单元数为 7 个，8 个，9 个和 10 个时，对应的琴键堰倒悬长度分别是 27.0 m，23.1 m，20.3 m，18.0 m 和 16.2m，这对于超出了 2 倍坝顶宽度，因此除了在结构安全上的风险以外，对混凝土，钢筋以及施工技术等的成本也非常高，因此，在本项目中，考虑 11 个和 12 个琴键堰单元的两种解决方案之间的选择是可以实现泄洪任务和经济利益之间平衡的最终方案。

4 最终水力优化建议

上文详细讨论了琴键堰工程的设计准则和利用基于多影响因素泄流系数分析方法的琴键堰已建工程和新建工程的初步设计过程。并且，这个计算方法也可以用于琴键堰几何参数改进的有效工具。

因此，在琴键堰工程初步设计的基础上，根据工程的具体需求，使用一种或者两种水力计算的方法，围绕初步设计的几何结构实现最终的水力优化。

首先，琴键堰的主要参数，能够在较大水头范围内显著影响琴键堰的泄流能力，故而当工程以水力性能的需求为先时，这些参数的优化能有效解决相关设计问题：

对于第一个主要参数展宽比 L/W，一系列研究结果表明，当相对水头较低时，将 L/W 增加 2 倍，琴键堰泄流系数将增加 50%以上；因此，虽然该参数的最佳值在 4 到 5 之间，但在相对水头较低的工程条件中，可以适当增加展宽比参数(如越南的 Van Phong 琴键堰工程取 $L/W = 5.65$；法国的 Malarce dam，Campauleil dam，Raviege dam 和 Gage dam 琴键堰工程中展宽比 L/W 分别为 8.24，6.95，6.86 和 7.82；南非的 Hazelmere dam 取 $L/W = 6.46$ 以及澳大利亚的 Dartmouth dam 取 $L/W = 6.73$)。

对于堰高 P，根据本文采用李珊珊[18]推荐的结果，即当琴键堰取其倒悬角正切值 $S_i = 0.375~0.75$ 之间时，琴键堰能发挥较高的水力效率。而根据一些其他学者的研究成果，琴键堰垂直纵横比 P/W_u 在 0.3~1.33 之间，其泄流能力随堰高的增加而增大。因此，可以根据不同工程地理位置，大坝高度等的限制，适当调整堰高的取值。

对于进出口宽度比 W_i/W_o，本文和各国学者的研究都证明了，该参数比在 1.25~1.5 之间对琴键堰泄流能力有积极的影响。而且就目前琴键堰的实际工程参数调查来看，35 座琴键堰工程中，有 24 座采用了 W_i/W_o 参数不为 1 的比值。因此，适当增加琴键堰进出口宽度比也是优化其水力性能的有效方法之一。

对于上下游倒悬比 B_o/B_i，由现有研究成果来看，显然 B 型琴键堰的泄流能力是最大的，且各研究表明上下游倒悬比大于 1 的琴键堰泄流能力均大于小于 1 的琴键堰，因此这也是琴键堰水力优化的常用方法。但是，使用时必须考虑结构的安全性以及具体工程的功能，比如对于大多数将琴键堰用作取水侧堰的工程中，更倾向于采用 C 型琴键堰，而当要求琴键堰工程有通过浮木的功能时，也应该考虑上游倒悬较小或者上下游倒悬比小于 1 的琴键堰结构。

其次，正如前文所述，在琴键堰基本结构上，适当增设女儿墙和堰鼻等辅助结构，也能一定程度上提高泄流能力；此外，还可以通过改变琴键堰堰顶形状，侧壁厚度等措施，进一步实现水力效率的提高。

5 结论

琴键堰初步设计以满足泄洪任务为首要目标，按照总的设计准则，并在水力性能，经济效益以及工程条件限制等因素之间进行折中。基于琴键堰泄流特性和几何参数的现有研究成果，以已建工程改造项目和新建工程项目为例，提出的琴键堰工程设计步骤和方法，可以初步确定琴键堰的可接受设计方案，在此基础上，根据工程的具体需求，可以进一步围绕初步设计的几何结构实现最终的水力优化。

在此过程中，琴键堰主要参数展宽比 L/W 的最佳值在 4~5 之间，但在相对水头较低的工程条件中，可以适当增大该参数的取值；对于堰高 P，当琴键堰取其倒悬角正切值 $S_i = 0.375~0.75$ 之间时，琴键堰能发挥较高的水力效率。进出口宽度比 W_i/W_o 在 1.25~1.5 之间对琴键堰泄流能力有积极的影响。上下游倒悬比 B_o/B_i 大于 1 的琴键堰泄流能力均大于小于

1 的琴键堰，B 型琴键堰的泄流能力是最大的，但当琴键堰用作侧堰或有通过浮木功能时，应该考虑上游倒悬较小或者上下游倒悬比小于 1 的琴键堰结构。另外，在琴键堰基本结构上，适当增设女儿墙和堰鼻等辅助结构，也能一定程度上提高泄流能力；此外，还可以通过改变琴键堰堰顶形状，侧壁厚度等措施，进一步实现水力效率的提高。

涉及琴键堰实际工程应用时，也可以适当采用物理模型试验，从实测结果中获得水头流量关系曲线，对初步设计结果加以验证，此外，成熟的数值模拟技术，也可以作为验证和优化琴键堰设计方案的有效便捷的辅助工具。

参考文献

1　Blanc P, Lempérière F. Labyrinth spillways have a promising future [J]. International Journal on Hydropower & Dams, 2001, 8 (4): 129-131.

2　Lempérière F, Ouamane A. The Piano Keys weir: a new cost-effective solution for spillways [J]. International Journal on Hydropower & Dams, 2003, 10 (5): 144-149.

3　耿运生, 孙双科. 一种新型的迷宫堰布置形式-P.K 堰 [J]. 南水北调与水利科技, 2006, 4 (4): 57-59.

4　Li S, Li G, Jiang D. Physical and numerical modeling of the hydraulic characteristics of type-a piano key weirs [J]. Journal of Hydraulic Engineering, 2020, 146 (5): 06020004.

5　Pralong J, Vermeulen J, Blancher B, et al. A naming convention for the Piano Key Weirs geometrical parameters [C]. Proc. Int. Conf. Labyrinth and Piano Key Weirs Liège B, 2011: 271-278.

6　Li S, Li G, Jiang D, et al. Influence of auxiliary geometric parameters on discharge capacity of piano key weirs [J]. Flow Measurement and Instrumentation, 2020: 101719.

7　Machiels O, Erpicum S, Archambeau P, et al. Large scale experimental study of piano key weirs [C]. Proc. 33rd IAHR Congress: Water Engineering for a Sustainable Environment, 2009: 1030-1037.

8　Machiels O, Erpicum S, Dewals B J, et al. Experimental observation of flow characteristics over a piano key weir [J]. Journal of hydraulic research, 2011, 49 (3): 359-366.

9　李国栋, 苗洲, 高蓓, 等. 琴键堰不同溢流前缘泄流特性的数值模拟研究 [J]. 水力发电学报, 2015, 34 (8): 78-85.

10　Ouamane A, Lempérière F. Design of a new economic shape of weir [C]. Proceedings of the International Symposium on Dams in the Societies of the 21st Century, 2006: 463-470.

11　Lempérière F, Vigny J, Ouamane A. General comments on labyrinth and piano key weirs: The past and present [C]. Proc. Intl. Conf. Labyrinth and Piano Key Weirs, Liège B, 2011: 17-24.

12　Ribeiro M L, Pfister M, Schleiss A J, et al. Hydraulic design of A-type piano key weirs [J]. Journal of Hydraulic Research, 2012, 50 (4): 400-408.

13　李珊珊, 李国栋, 苗洲, 等. 琴键堰不同堰高泄流特性的数值模拟 [J]. 水利水电技术, 2016, 47 (5): 60-64.

14 Li G, Li S, Hu Y. The effect of the inlet/outlet width ratio on the discharge of piano key weirs [J]. Journal of Hydraulic Research, 2020, 58 (4): 594-604.

15 Lempérière F. New labyrinth weirs triple the spillways discharge [J]. Water and Eenrgy International, 2011, 68 (11): 77-78.

16 Kabiri-Samani A, Javaheri A. Discharge coefficients for free and submerged flow over piano key weirs [J]. Journal of Hydraulic Research, 2012, 50 (1): 114-120.

17 Machiels O, Pirotton M, Pierre A, et al. Experimental parametric study and design of piano key weirs [J]. Journal of hydraulic research, 2014, 52 (3): 326-335.

18 李珊珊. 琴键堰泄流水力特性与体型参数研究 [D]. 西安: 西安理工大学, 2021.

19 Laugier F. Design and construction of the first piano key weir spillway at goulours dam [J]. International Journal On Hydropower and Dams, 2007, 14 (5): 94.

20 Machiels O, Erpicum S, Archambeau P, et al. Piano key weir preliminary design method: Application to a new dam project [C]. Proceedings of the International Conference Labyrinth and Piano Key Weirs, 2011: 199-206.

21 Machiels O. Experimental study of the hydraulic behaviour of piano key weirs [D]. Université de Liège, Belgium, 2012.

22 Khanh M H T. History and development of piano key weirs in vietnam from 2004 to 2016 [C]. Labyrinth and Piano Key Weirs III: Proceedings of the 3rd International Workshop on Labyrinth and Piano Key Weirs (PKW 2017), February 22-24, 2017, Qui Nhon, Vietnam, 2017: 3.

23 李国栋, 李珊珊, 牛争鸣. 四川大学学报. 表孔、底孔联合泄洪流场数值模拟与冲刷趋势分析 [J]. 工程科学版, 2016 (2016 年 03): 26-34.

Preliminary design method and hydraulic optimization suggestions for Piano Key weir project

LI Shan-shan[1], LI Guo-dong[1*], SHEN Gui-ying[1], GUO Li-hao[1], JIANG Duo[1,2]

(1. State Key Laboratory of Eco-hydraulics in Northwest Arid Region, Xi'an University of Technology, Xi'an 710048, China, Email: gdli2008@xaut.edu.cn;
2. Warping Dam construction center, Yulin 719000)

Abstract: In this paper some aspects of the numerical computation of the linear temporal hydrodynamic stability of the Blasius boundary layer and Bickely jet are considered. The semi-infinite and infinite domain is mapped to finite domain by algebraic and exponential coordinate transform, and then the solutions are expanded in a finite Chebyshev series. The problem with the boundary condition at infinity is overcome by defining an auxiliary variable, and the matrix eigenvalue problem is attacked directly. It is demonstrated by the Blasius equation and Orr-Sommerfeld equation of flat plane boundary layer that algebraic mappings are very useful if the solution being sought behaves in a simple way at infinity. But for stability equation at infinite domain such as Bickely jet, the exponential mappings is the better without physical constrains.

Abstract: As a new type of labyrinth weir, Piano Key weir (PKW) has the advantages of super discharge capacity, large single-width flow range that can be adapted, and less base area, so it has broad application prospects in improving the effective storage capacity of new reservoirs and the danger removal and reinforcement of dangerous reservoirs. Based on the existing research results of geometry parameters and discharge capacity of PKW, considering the cost of different projects and the main requirements of design, the overall design criteria of PKW are proposed; Moreover, according to the calculation results, according to the constraints of the project, the complete design method and specific design steps of the practical engineering application of the PKW are given in detail by taking the new construction project and the existing project upgrading project as examples; Finally, based on the preliminary design of the project, the final hydraulic optimization suggestions for the main shape parameters and auxiliary shape parameters of PKW are put forward, which provides technical support for improving the design level of PKW and promoting its application in practical engineering.

Key words: Piano Key weir; Design method; Engineering application; Hydraulic optimization; Reinforcement.

湿地植被对辽河口海域水动力环境的影响研究

代晓瞳[1]，马玉祥[1*]，艾丛芳[1]，孙家文[2]

（1. 大连理工大学 海岸和近海工程国家重点实验室，大连 116024，Email: yuxma@dlut.edu.cn；
2. 国家海洋环境监测中心，大连 116023）

摘要：海岸湿地是近岸地区重要的生态系统，由于潮汐、径流及湿地植被的影响，导致辽河口海域的水动力环境十分复杂。本研究基于非结构化网格的非静压模型，建立了辽河口海域水动力模型，并利用实测潮位、流速、流向数据对模型计算精度及可靠性进行了验证。在验证数值模型可靠的基础上，采用改变底摩擦曼宁系数的方式来考虑湿地植被如芦苇、翅碱蓬的影响，模拟结果可以较好地展现辽河口海域的复杂流况，为进一步探究植被对辽河口海域潮流引起的水动力的影响规律提供参考。

关键词：非静压模型；湿地植被；辽河口海域；潮流

1 引言

湿地生态系统位于水体与陆地的过渡地带，是受水陆双重作用形成的自然综合体，是重要的国土资源和自然资源[1]。辽河口湿地由辽河、大辽河、大凌河及小凌河等河流冲积而成，芦苇和翅碱蓬是辽河口海域的优势种群，辽河口独特的红海滩景观也是盘锦市重要的生态旅游资源。

河口地区地形复杂，研究方法除现场观测、物理模型试验之外，数值模拟具有计算速度快、成本低、高效便捷的优点，应用更为广泛。国内外学者利用数值模型对河口海域水动力环境进行了大量研究。Yang[2]采用FVCOM三维水动力模型对Skagit河口进行水动力模拟，量化近岸修复工程水动力响应，为修复潮间带湿地提供理论依据。William等[3]使用Delft-3D开发的一种潮流-波浪-植被耦合模型，模拟不同风暴潮条件下塔夫河口的潮流及波浪衰减情况，强调了局部人为海岸管理干预对整个河口系统的影响。Hu[4]将Delft-3D模型应用于半封闭Breton Sound (BS)河口，探究沿海湿地在风暴潮中的作用。李晋[5]利用MIKE 21对辽河口红海滩湿地水域进行数值模拟，探究湿地植被对潮流及盐度的影响。闫孝廉[6]采用MIKE 3建立大凌河口水动力模型，分析不同径流和不同风况下大凌河口污染物的输运特征。

本研究中，基于非静压模型对辽河口海域潮位、流速和流向进行模拟验证，探究湿地植被作用下流场的变化情况，为进一步探究植被对水动力环境的影响及进行海岸带生态修复提供参考。

2 数值模拟

2.1 模型简介

基于不可压缩的N-S方程，Ai等[7]建立了非静压数值模型。其中，压强由静压和动压组成，表示为$P = \rho g(\eta - z) + q$。该模型的控制方程如下：

$$\frac{\partial u}{\partial x} + \frac{\partial v}{\partial y} + \frac{\partial w}{\partial z} = 0 \tag{1}$$

$$\frac{\partial u}{\partial t} + \frac{\partial uu}{\partial x} + \frac{\partial uv}{\partial y} + \frac{\partial uw}{\partial z} = -g\frac{\partial \eta}{\partial x} - \frac{1}{\rho}\frac{\partial q}{\partial x} + v\left(\frac{\partial^2 u}{\partial x^2} + \frac{\partial^2 u}{\partial y^2} + \frac{\partial^2 u}{\partial z^2}\right) \tag{2}$$

$$\frac{\partial v}{\partial t} + \frac{\partial uv}{\partial x} + \frac{\partial vv}{\partial y} + \frac{\partial vw}{\partial z} = -g\frac{\partial \eta}{\partial y} - \frac{1}{\rho}\frac{\partial q}{\partial y} + v\left(\frac{\partial^2 v}{\partial x^2} + \frac{\partial^2 v}{\partial y^2} + \frac{\partial^2 v}{\partial z^2}\right) \tag{3}$$

$$\frac{\partial w}{\partial t} + \frac{\partial uw}{\partial x} + \frac{\partial vw}{\partial y} + \frac{\partial ww}{\partial z} = -\frac{1}{\rho}\frac{\partial q}{\partial z} + v\left(\frac{\partial^2 w}{\partial x^2} + \frac{\partial^2 w}{\partial y^2} + \frac{\partial^2 w}{\partial z^2}\right) \tag{4}$$

$$\frac{\partial \eta}{\partial t} + \frac{\partial}{\partial x}\int_{-h}^{\eta} u\mathrm{d}z + \frac{\partial}{\partial y}\int_{-h}^{\eta} v\mathrm{d}z = 0 \tag{5}$$

式中，$u(x,y,z,t)$、$v(x,y,z,t)$、$w(x,y,z,t)$分别为x、y、z三个方向上的速度分量；$\eta(x,y,t)$为自由液面高度；$q(x,y,z,t)$为非静压项；t为时间；ρ为密度；g为重力加速度；υ为动力学黏性系数。采用有限体积和有限差分相结合的方式对控制方程求解。

在自由表面处给出动水压力项的Dirichlet边界条件

$$q|_{z=\eta} = 0 \tag{6}$$

对于不可渗透底面$z = -h(x,y)$，运动学边界条件为

$$-u\frac{\partial h}{\partial x} - v\frac{\partial h}{\partial y} = w\Big|_{z=-h} \tag{7}$$

2.2 模型建立及设置

本研究区域为辽河口海域，即以葫芦岛和鲅鱼圈为连线的辽东湾北部，地理范围为40°13′ - 41°01′N，122°49′ - 122°16′E。模型基于Bowyer-Watson方法的Delaunay三角化过

程，建立了非结构化三角形网格，在河口区域进行了局部加密，河口区域分辨率为200m，模型区域共计24258个三角形单元，13149个网格节点数（图1）。

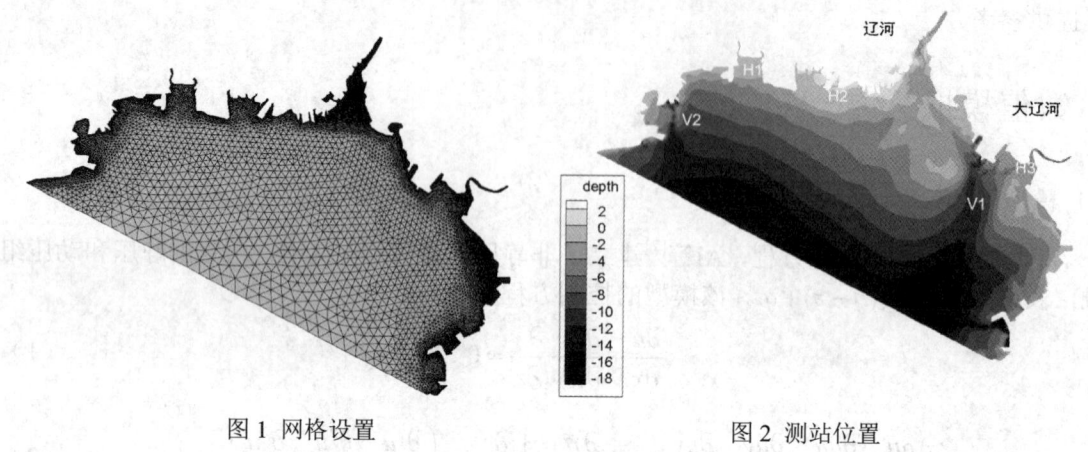

图 1 网格设置　　　　　　　　图 2 测站位置

辽河口海域受到潮汐和径流共同驱动，模型开边界条件包括潮位边界和径流边界。利用 MIKE 21 Toolbox 模型提取预报潮位制作潮位开边界文件。径流边界考虑径流量较大的辽河和大辽河两条河流。辽河径流数据及大辽河径流数据来自辽宁省水文信息网所提供的历年观测站的径流数据，以及海湾志中辽河口多年平均径流量。取辽河口径流量513m³/s[8]，大辽河口径流量为228m³/s[9]。海域岸线为陆地闭边界，在闭边界上，法向量流速为0。计算模型采用冷启动方式，时间步长为3s,初始水位、流速及流向皆为0。

2.3 模型验证

本研究根据盘锦、锦州、丹东等三市海湾、海岸带的全潮水文观测分析报告中的实测数据对模型进行率定。模型的计算起始时间为2021年9月5号0时至9月25号23时。选取三个潮位测站H1、H2、H3，两个潮流测站V1、V2（图2）。

由图3可看出，辽河口为不正规半日潮，模拟潮位与实测潮位吻合较好，H2测站的后半部分模拟值比潮位值偏低，一方面是开边界潮位与实测潮位存在一定差异；另一方面是潮位站点位于潮滩附近，地形较为复杂，岸线尺度不够精细。

使用 T-TIDE[10] 对 H1 测站的潮位进行调和分析，得到的4个主要分潮的振幅与迟角见表1及表2。4个主要分潮中M2分潮振幅最大，在所有分潮中起到主导作用。

选取大潮开展水文全潮观测，流速验证时间为2021年9月18日15时至2021年9月19日18时。图4为大潮期两个潮流测站点的模拟与实测对比图，由图4可知，大潮时的流速和流向具有较小的偏差，但总体趋势一致。

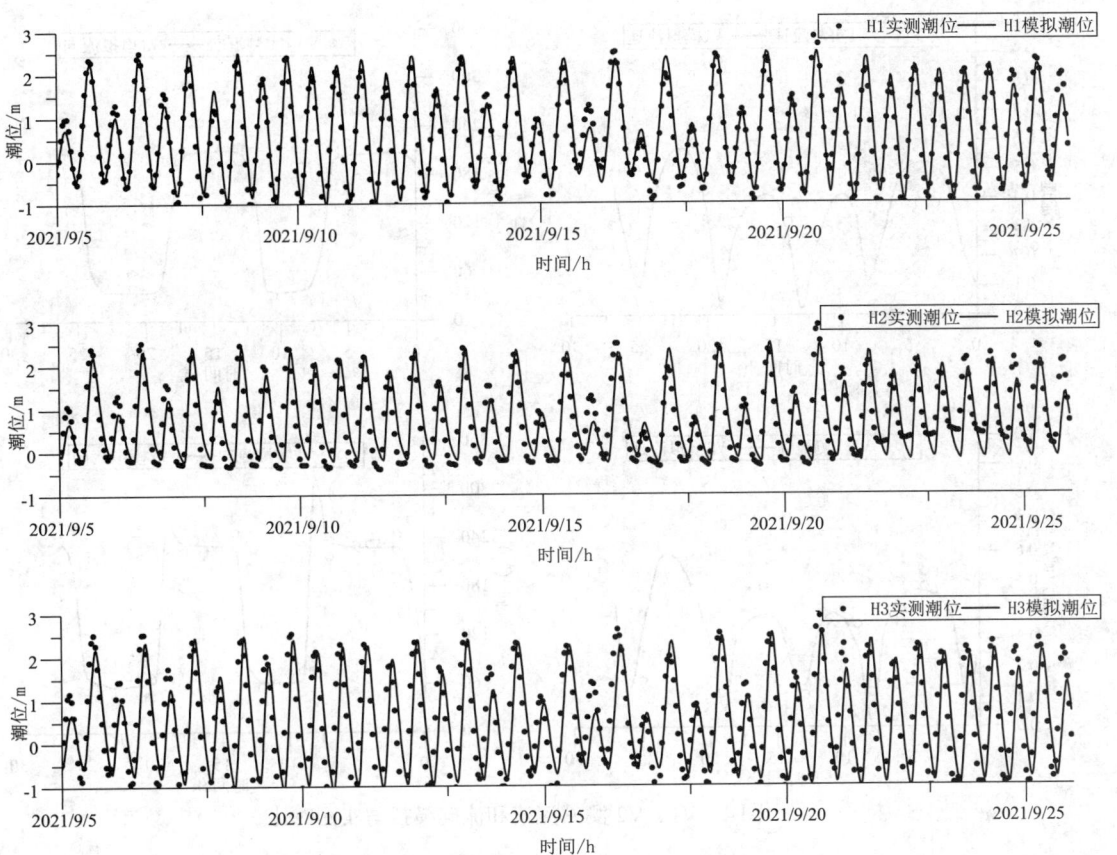

图 3 H1、H2 和 H3 测站实测潮位与模拟潮位对比

表 1 H1 测站振幅调和分析

分潮	实测值	模拟值	误差/%
M2	1.199	1.1484	4.22
S2	0.4359	0.3535	18.90
K1	0.3438	0.3443	0.15
O1	0.3169	0.4004	26.35

表 2 H1 测站迟角调和分析

分潮	实测值	模拟值	误差/%
M2	139.35	149.7	7.43
S2	201.78	220.84	9.45
K1	112.78	112	0.69
O1	58.97	63.02	6.87

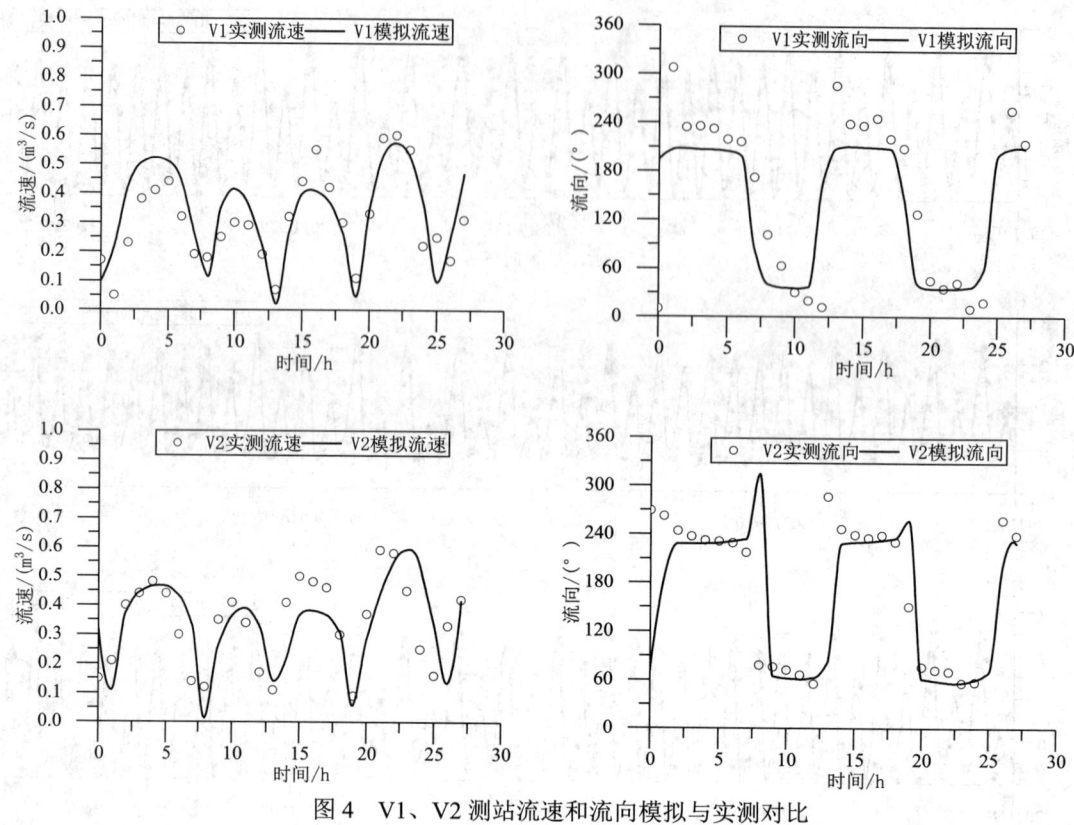

图 4 V1、V2 测站流速和流向模拟与实测对比

3 湿地植被的影响分析

3.1 提取植被信息

辽河口区域的植被信息是通过遥感方法进行提取，选取辽东湾地区的 Landsat-8 遥感影像（覆盖区域云量小于 5%），遥感影像来源于国家地理空间数据云。遥感影像先进行辐射定标、大气校正来消除误差。选取训练样本后进行可分离性检验，采用最小距离法进行监督分类，对影像进行 Linear 2%拉伸，采用聚类处理进行小斑块去除，最后进行分类后处理。图 5 给出了辽河口区域的植被生长信息。

考虑植物作用的曼宁系数 n_v 公式[11]由下式给出：

$$n_v = \sqrt{(\frac{1}{M})^2 + \frac{C_D m D \min(h, h_v) h^{1/3}}{2g}} \tag{8}$$

式中，m 为植被密度，C_D 为拖曳力系数，h_v 为植株高度，h 表示水深，D 为植株直径，M 为河床的曼宁系数，g 为重力加速度。芦苇和翅碱蓬两种植被的直径分别为 0.7 cm 和 0.2 cm；

植物高度分别为 1.6 m 和 0.2 m；植物拖曳力系数分别取为 0.9 和 0.3；植被密度分别为 70 株/m^2 和 200 株/m^2。河床曼宁系数取为 $55\ m^{\frac{1}{3}}/s$。

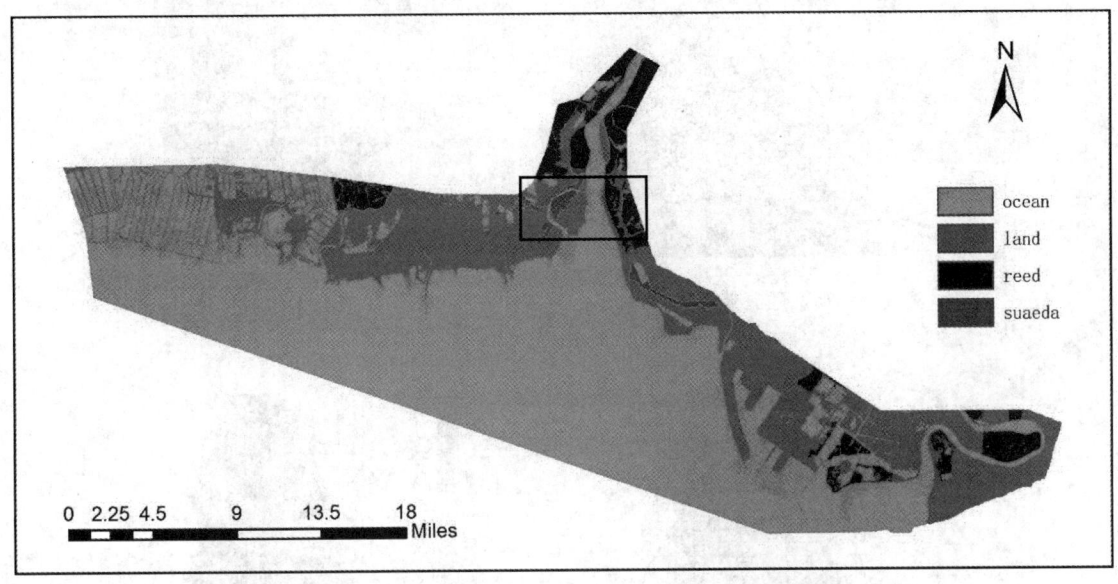

图 5 辽河口植被分布

3.2 流场分析

图 6 及图 7 分别表示大潮涨潮及大潮退潮时辽河口海域的流场矢量图，对应图 5 黑色方框位置。潮波从外海向河口传播的过程中，由于浅滩地形及湿地植被的影响，在汊道潮沟处，能量聚集流速变大。在大潮涨潮区，对于有植被生长的地区，流速从 0.3 m/s 降低至 0.1 m/s，流速明显减慢，可见植被对于潮流的运动具有一定的阻碍作用。相较于翅碱蓬，芦苇的阻碍作用更强，在芦苇生长茂密的地区，流速减弱得更为明显。

4 结论

本研究基于非静压模型建立了辽河口海域水动力数值模型，利用实测潮位和流速数据对模型进行验证，验证结果较好，并使用 ENVI 提取辽河口芦苇及翅碱蓬分布信息，比较有无植被分布情况下的流速分布。结果表明，辽河口的潮汐类型为不规则半日潮，潮流的运动形式为往复流，流向主要在南北两个方向上变化；湿地植被的存在能够显著地降低流速，使得能量在汊道潮沟聚集，流速变大。下一步在完善模型的基础上，进一步量化考虑植被对水动力环境的影响，为海岸带生态修复提供理论指导。

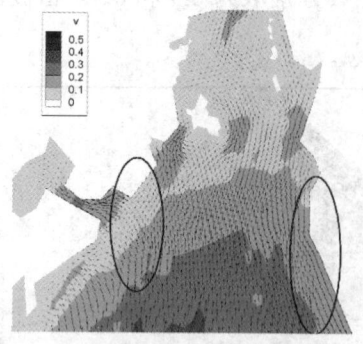 

(a) 有植被作用   (b) 无植被作用

图 6 大潮涨潮期流场

 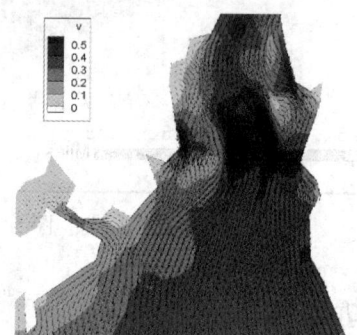

(a) 有植被作用   (b) 无植被作用

图 7 大潮落潮期流场

参考文献

1　张柏. 遥感技术在中国湿地研究中的应用 [J]. 遥感技术与应用, 1996(01): 67-71.

2　Yang Z, Wang T, Dave C, et al. Hydrodynamic modeling analysis to support nearshore restoration projects in a changing climate [J]. JMSE, 2014, 2(1): 18-32.

3　William G. Bennett et al. Computational modelling of the impacts of saltmarsh management interventions on hydrodynamics of a small macro-tidal estuary [J]. Journal of Marine Science and Engineering, 2020, 8(5): 373-373.

4　Hu K, Chen Q, Wang H. A numerical study of vegetation impact on reducing storm surge by wetlands in a semi-enclosed estuary [J]. Coastal Engineering, 2015, 95(Jan.): 66-76.

5　李晋, 乔会婷, 徐天平, 等. 辽河口红海滩湿地海域潮流及盐度的数值模拟 [J]. 大连海洋大学学报, 2018, 33(5): 625-632.

6　闫孝廉. 大凌河口污染物输运特性模拟研究 [D]. 大连: 大连理工大学, 2021.

7　Ai C, Sheng J, Lv B. A new fully non‐hydrostatic 3D free surface flow model for water wave motions [J]. International Journal for Numerical Methods in Fluids, 2011, 66(11): 1354-1370.

8　Wang Q, Guo X, Takeoka H. Seasonal variations of the yellow river plume in the bohai sea: A model study [J]. Journal of Geophysical Research: Oceans, 2008, 113(C8).

9　中国海湾志编纂委员会. 中国海湾志-第十四分册-重要河口 [M]. 北京: 海洋出版社, 1998: 432-447.

10　Pawlowicz R, Beardsley B, Lentz S. Classical tidal harmonic analysis including error estimates in MATLAB using T_TIDE [J]. Computers & Geosciences, 2002, 28(8): 929-937.

11　王中玉. 渐变流植被河道水动力学机制研究 [D]. 北京: 华北电力大学(北京), 2016.

Effect of wetland vegetation on hydrodynamic environment in Liaohe Estuary

DAI Xiao-tong[1], MA Yu-xiang[1*], AI Cong-fang[1], SUN Jia-wen[2]

(1. State Key Laboratory of Coastal and Offshore Engineering, Dalian University of Technology,
Dalian 116024, Email: yuxma@dlut.edu.cn;
2. National Marine Environment Monitoring Center, Dalian 116023)

Abstract: Coastal wetland is an important ecosystem in the coastal area. The hydrodynamic environment of Liaohe Estuary is very complicated due to the influence of tidal, runoff and wetland vegetation. Based on the fully non-hydrostatic model of unstructured grid, a high-resolution numerical model is established to study the hydrodynamic characteristics of Liaohe Estuary. The calculation accuracy and reliability of the model are verified by the measured data such as tidal level, flow velocity and flow direction. On the basis of verifying the reliability of the numerical model, the influence of wetland vegetation, such as reed and suaeda heteroptera, is considered by changing the Manning coefficient of bottom friction. The simulation reveals the complex flow conditions of Liaohe Estuary, which provides a reference for further exploring the influence of vegetation on the hydrodynamic dynamics caused by tidal currents in Liaohe Estuary.

Key words: Non-hydrostatic model; Wetland vegetation; Liaohe Estuary; Tide.

海南岛历史风暴潮模拟和灾害风险评估

赵广生,牛小静*

(清华大学 水沙科学与水利水电工程国家重点实验室,北京 100084, Email: nxj@tsinghua.edu.cn)

摘要:台风风暴潮是我国沿海主要灾害,评估沿海地区的风暴潮灾害风险有助于沿岸防灾减灾和工程设计。文章针对海南岛沿岸的风暴潮灾害,采用历史情景再现的方式进行了研究。论文收集了 1970 年至 2020 年间影响海南岛的历史台风数据,通过海洋水动力模型 FVCOM 构建台风风暴潮模型,模拟再现了这 51 年间的台风风暴潮过程。通过与 2014 年的两场风暴潮过程的实测水位进行对比,表明模拟结果精度良好。进而,基于模拟结果对历史风暴潮进行了统计分析,给出了海南岛周边历史风暴潮最高水位的空间分布和统计特征,初步对海南沿岸的风暴潮灾害进行了评估。

关键词:台风风暴潮;FVCOM;海南岛;统计分析;数值再现

1 引言

风暴潮灾害是我国主要海洋灾害之一。我国是全球少数几个同时遭受台风风暴潮和温带风暴潮危害的国家之一。春秋季节,渤海、黄海沿岸容易发生温带风暴潮,秋冬季节,东南沿海又频繁遭受台风风暴潮袭击。根据中国海洋灾害公报记载,自 2003 年至 2020 年,我国共发生台风风暴潮过程 185 次,温带风暴潮过程 174 次,平均每年有 10.3 次台风风暴潮和 9.7 次温带风暴潮(图1)。风暴潮灾害累积造成的直接经济损失超过 1957 亿元,平均每年 108.8 亿元,其中每年由台风风暴潮造成的直接经济损失约为 100 亿元。

海南是我国海洋面积第一大省,拥有丰富的海洋资源,具有极高的开发价值和战略意义。但同时台风引发的风暴潮增水现象频繁。据统计,大于30cm的风暴潮增水现象平均每年有3.8场,大于50cm的风暴增水现象平均每年有3场。1972年11月8日强台风"柏美娜"在文昌市登陆,造成51人死亡,359艘船只损毁。1973年强台风"玛芝"于9月14日在琼海市沿海登录,造成926人死亡,各类船只649艘损毁。2013年台风"蝴蝶"经过西沙群岛海域时,在永乐环礁避风的3艘渔船沉没,船上作业的74名渔民失踪。2014年台风"海鸥"引起的风暴潮最高潮超过历史记录,达4.17m,超出警戒潮位1.27m。因此,

---

基金项目:水沙科学与水利水电工程国家重点实验室自主课题(2022-KY-05)

加强台风风暴潮的预警和防护对海南的发展尤为重要。

本研究收集了1970年至2020年间影响海南岛的历史台风数据,通过数值模型再现的方法对海南岛周边历史风暴潮最高水位的大小和空间分布特征进行了统计分析,结果用于初步评估海南岛的风暴潮灾害。

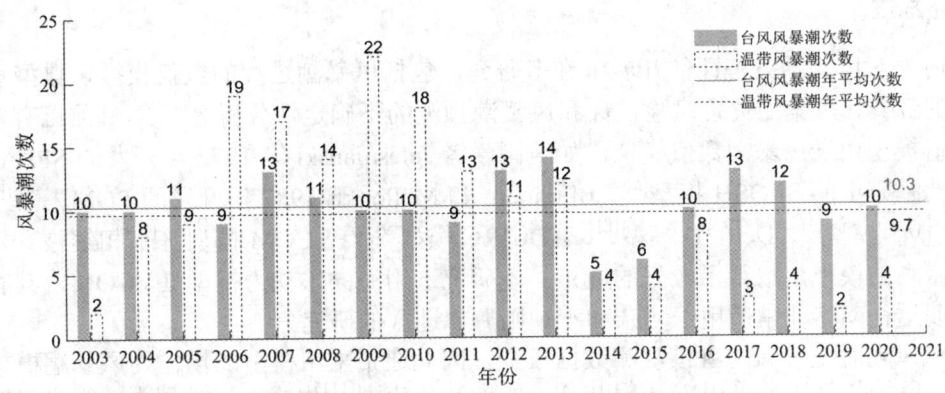

图 1 风暴潮次数统计

2 台风数据统计

台风风场时空分布的直接观测数据较少,一般采用风场的特征参数描述台风路径。本研究采用的是中国台风网的热带气旋最佳路径数据集。该数据集提供了台风中心经纬度、中心最低气压、近中心最大风速、平均风速等参数。2017年前最佳路径数据集提供热带气旋每6小时的位置和强度,2017年后最佳路径数据的时间频次加密为每3小时一次。

收集了 1970 年至 2020 年路径经过海南岛周边的台风,共 163 场。台风的发生月份和强度统计见图 2,可见海南岛平均每年遭遇台风 3~4 场,且多集中在 7-10 月,以 8 月最多。台风强度大多在 4 级以下,但这 51 年间仍发生过 17 场 5 级强台风和 13 场 6 级超强台风,平均每两年就会有一场以上的强台风或超强台风。

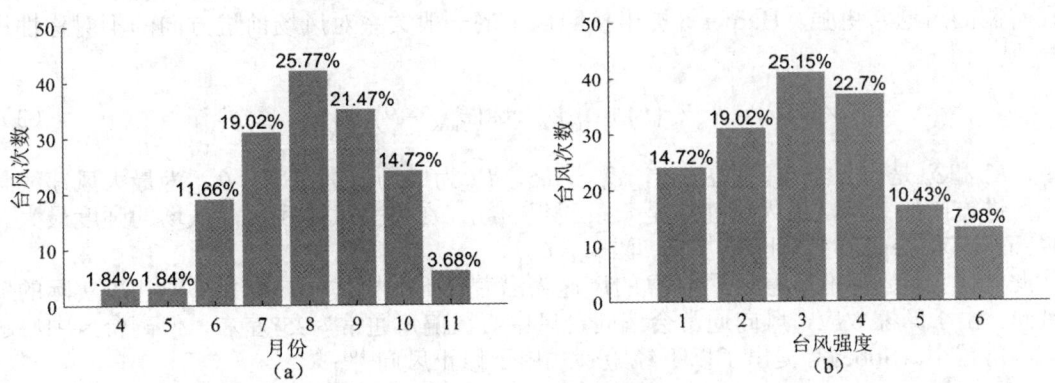

图 2 台风数据统计

3 研究方法和模型设置

3.1 研究方法

国内外对风暴潮灾害评估开展了许多研究，包括风暴潮过程的数值模拟，典型重现期风暴潮的计算，风暴潮灾害风险估计和风暴潮预测的不确定性分析等[1-4]。目前已有多种成熟的数值模型用于风暴潮数值模拟，如美国学者Jelesnianski等1972年开发的SPLASH模型和在此基础上的SLOSH模型[5]，Blumberg和Mellor于1987年开发的POM模型[6]。此后，ROMS模型[7]、Delft3D模型[8]、ADCIRC模型[9]、FVCOM模型等[10]相继被开发并应用于风暴潮的模拟，取得了较好的成果。本研究选用海洋水动力模型FVCOM，其有限体积法和非结构网格非常适用于复杂和不规则海岸地区的研究。

台风风场时空分布的直接观测数据较少，因此通常采用模型风场作为风暴潮模拟的输入条件。风场与气压场采用Young和Sobey的参数化模型[11]生成。该模型中，距离气旋中心一定距离处的旋转风梯度速度由下式给出：

$$V_g = \begin{cases} V_{\max}\left(\dfrac{r}{R_{mw}}\right)^7 \exp\left[7\left(1-\dfrac{r}{R_{mw}}\right)\right] & r < R_{mw} \\ V_{\max} \exp\left[(0.0025R_{mw}+0.05)\left(1-\dfrac{r}{R_{mw}}\right)\right] & r \geq R_{mw} \end{cases} \quad (1)$$

式中，$V_{\max}$是最大风速，R_{mw}是最大风速半径。

根据Shore Protection Manual[12]，气压场如下所示：

$$p(r) = p_c + (p_n - p_c)\exp\left(-\dfrac{R_{mw}}{r}\right) \quad (2)$$

式中，p_c是台风中心的压力，p_n是环境压力场。

同时，由于风场的不对称性，需要对风场进行修正。气旋在北半球逆时针旋转，气旋路径右侧的风通常更强。Harper等提出按照以下的一般关系对风场前进方向的不对称性进行修正[13]：

$$V(r,\theta) = K_m V_g(r) + \delta_{fm} V_{fm} \cos(\theta_{\max} - \theta) \quad (3)$$

式中，K_m和δ_{fm}是修正系数，取K_m=1，δ_{fm}=0.5。V_{fm}为风场前进速度。$\theta_{\max}$为最大风速线与台风前进方向的夹角，最大风速线是一条假想的线，在最大风速线上，风场的强度最大。按照Shapiro和Kepert的估计值[14-15]，取$\theta_{\max}$=65°。

此外，上述参数化风场模型计算的风速为沿着环形的模式，该模式不能代表实际的地面风向。由于摩擦效应，风向通常会偏向台风中心，偏角通常为25°左右，但离台风中心越近，偏角越小。Sobey等提出了以下经验公式用于修正风向[16]：

$$\beta = \begin{cases} 10\dfrac{r}{R_{mw}} & 0 \leq r < R_{mw} \\ 10 + 75\left(\dfrac{r}{R_{mw}} - 1\right) & R_{mw} \leq r < 1.2R_{mw} \\ 25 & r \geq 1.2R_{mw} \end{cases} \quad (4)$$

风场模型与气压场模型需要的参数包括台风中心位置，台风中心气压，最大风速、最大风速半径和台风移动速度。其中大部分参数可通过历史台风路径数据获得，但最大风速半径需通过其他参数估算。最大风速半径和气旋中心气压差负相关，气旋中心气压差越大，最大风速越大，最大风速半径越小。此外，地理纬度越大，最大风速趋于减小而最大风速半径趋于增大。采用房伟[17]提出的经验公式：

$$R_{mw} = (-37.82 + 0.11\varphi)\ln\left[(2.86 - 0.0029\varphi)(P_n - P_c)^{0.7}\right] + 178.2 \quad (5)$$

式中，φ 为地理纬度。周围气压 P_n 取为 1013 hPa。

3.2 模型搭建

选取 105–120°E，12–24°N 为计算域，岸线数据采用 NOAA 的 GSHHG，水深数据在深水区域内选用大洋地势图 GEBCO 数据，在琼州海峡和海南岛沿岸采用官方电子海图 ENC 数据。GEBCO 是由国际海道测量组织 IHO 和政府间海洋学委员会 IOC 协调有关国家联合编制的覆盖全球的地势图，其空间分辨率为 0.25′。但由于其精度在浅水区域较差，所以采用官方电子海图进行修正。官方电子海图是指国家海道测量机构按国际海道测量组织颁布的《数字式海道测量数据传输标准》制作的矢量电子海图，中国海区由中国人民解放军海军海道测量局生产。

3.3 模型验证

以 2014 年的 9 号台风"威马逊"和 15 号台风"海鸥"为例进行模型验证。这两次台风过程具有高度相似的运动路径，登陆位置也很接近。在接近我国沿海地区时，"威马逊"为超强台风，中心最低气压为 910 hPa，最大风速为 60 m/s；"海鸥"为强台风，中心最低气压为 960 hPa，最大风速为 40 m/s。无论是中心最低气压还是最大风速，"威马逊"的强度都要远远强于"海鸥"，但根据海南省秀英站的实测增水数据，二者的最大增水仅相差 0.16 m。这样的增水差异明显和两次台风的强度差异不相符。因此，对"威马逊"和"海鸥"两场台风风暴潮过程进行模拟，并与秀英站观测数据进行了比较。

海南省秀英站坐标为(110°17′E, 20°1′N)，观测结果包括潮汐影响。因此采用大洋潮汐模型TPXO模式作为潮汐边界。TPXO模式是由美国俄勒冈大学建立的反演同化模式。该模式以拉普拉斯潮汐方程组为基础，并同化了 TOPEX/Poseidon Jason 卫星高度计资料和验潮站资料。加入风场和气压场后，"威马逊"与"海鸥"的模拟结果见图3。可以看到，两场风暴潮潮位的模拟结果与实测数据吻合较好,最高潮位数据基本一致,因此认为模型具有较好的可靠性。

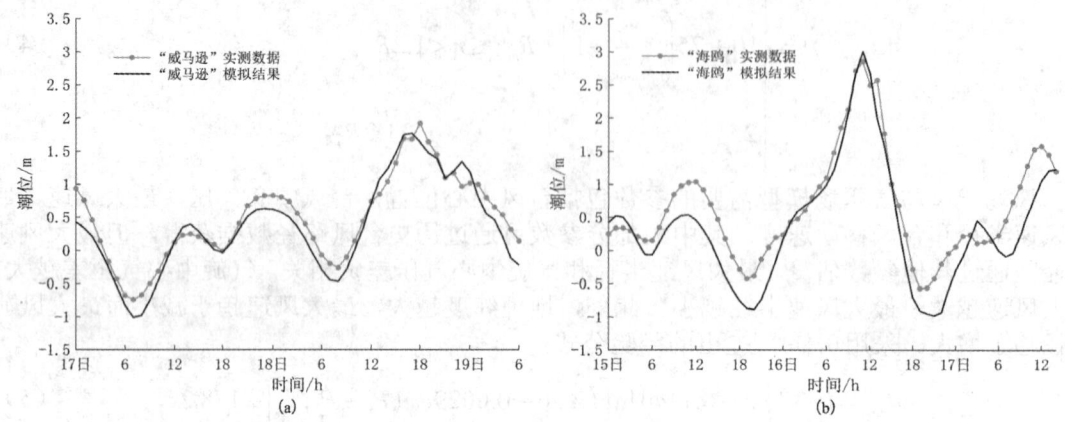

图 3 秀英站风暴潮潮位过程

需要说明的是,本研究中对FVCOM中的风拖曳力系数进行了修改。根据Powell对气旋中心风速实测数据的研究[18],拖曳力系数在大风速下会呈现下降的趋势,这与FVCOM中原始的经验公式在高风速下的表现完全不同。根据Powell的研究,当风速超过40m/s后拖曳力系数才开始下降。本研究对模型中的拖曳力系数的取值进行了调整,采用如下公式计算风拖曳力系数:

$$C_d = \left[0.55 + 2.97 \times w_{10}/31.5 - 1.49 \times (w_{10}/31.5)^2\right] \times 10^{-3} \tag{6}$$

改进公式既保证了低风速范围内拖曳力系数逐渐增长到趋于平稳的变化趋势,也实现了在高风速下拖曳力系数的降低。采用新拖曳力系数的计算结果见图 3,与实测数据吻合较好。

4 台风风暴潮灾害评估

模拟了1970年至2020年路径经过海南岛周边的163场台风,得到海南岛周围平均风暴增水和最大风暴增水的分布(图4),部分主要城市风暴潮增水次数统计见图5。观测点的水深对风暴潮增水有一定影响,本研究选取的观测点均位于海岸外水深10 m处。

根据图 4 风暴潮最大增水的变化范围可知,海南岛周围由风暴潮引起的风暴增水最大可能达到 3 m。下面根据地理分布对风暴潮灾害进行评估。

(1) 北部沿岸:无论是平均值还是最大值,北部沿岸的风暴增水都大于其他区域。这是因为北部海岸整体位于琼州海峡南岸,一般影响本地的热带气旋其东北和西北大风容易造成海水在海峡内部的堆积,因此北部海岸整体风暴潮风险较高。海峡入口处,即海南岛东北区域的风暴潮风险最大,历史最大风暴潮增水超过 3 m。

(2) 东部沿岸:受台风路径的影响,东部海岸的风暴潮发生次数与北部沿岸是接近的,平均风暴增水的大小也与北部海岸接近。海南岛东部沿海是热带气旋影响最多最强的地区,因此也面临较高的风暴增水风险。东北部受琼州海峡地形的影响，风暴潮风险最大，从北到南，平均风暴增水与最大风暴增水均呈下降趋势。

(3) 南部沿岸：南部海岸的风暴潮发生次数与北部接近，但平均增水小于北部和东部。南部沿岸地形不利于海水聚集，大多数热带气旋在南部海岸产生的增水小于 1 m。

(4) 西部岸段：西部沿岸地区风暴潮出现的次数最少，强度也较弱，平均风暴增水与南部海岸接近，但最大风暴增水较小，均小于 1 m。这是由于热带气旋在海南岛东部登陆后移动到西部海岸时强度已减弱，风场结构也不利于西部沿岸增水。但西北方向，如洋浦仍可能受到穿越琼州海峡的热带气旋的影响。

海南岛各岸段均有增水超过 0.5 m 的较大风暴潮潮灾发生的可能性。然而由于所处的地理位置和地形特征不同，海南岛沿岸风暴潮和风暴潮灾害强度以北部、东部最大，南部次之，西部最小。

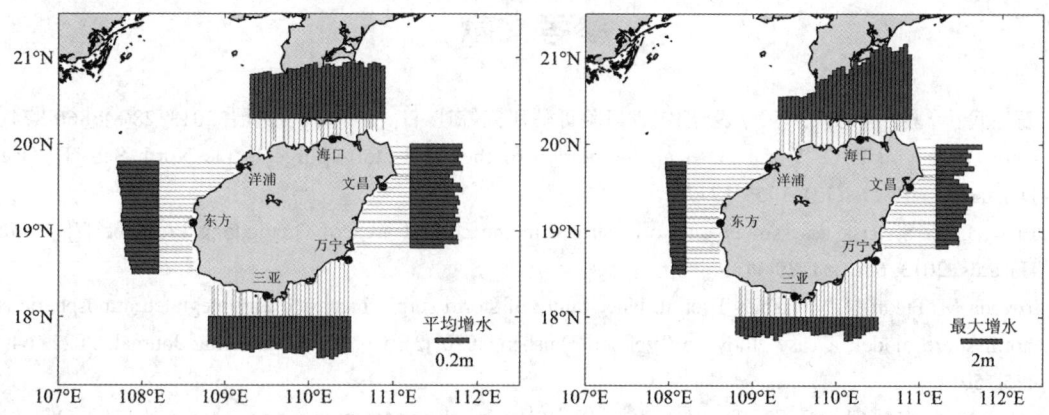

图 4 平均风暴增水和最大风暴增水分布

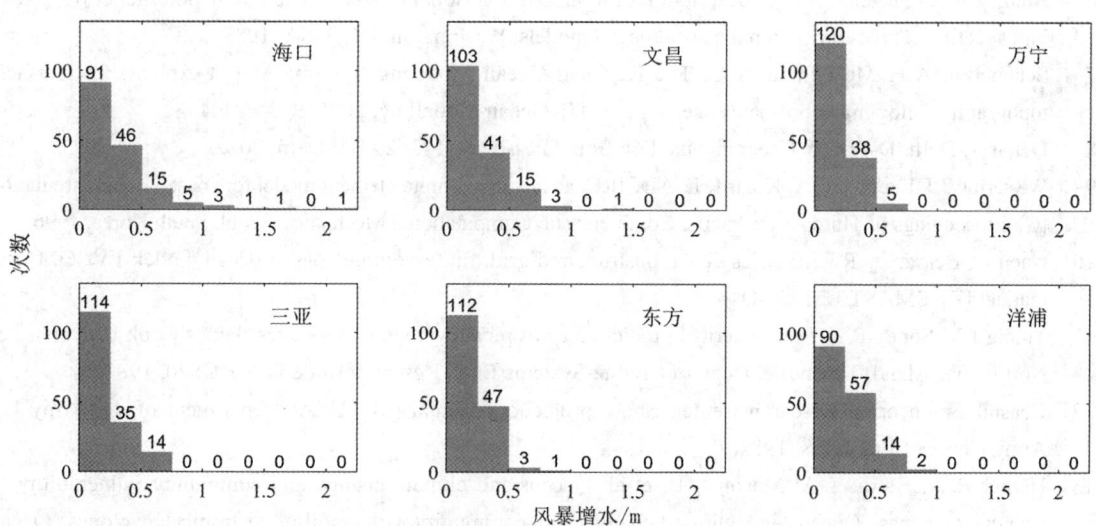

图 5 主要城市历史风暴潮增水次数统计

5 总结

本研究收集台风数据建立了风场和气压场模型，结合水动力模型 FVCOM 来模拟风暴潮过程。共模拟了 1970 年至 2020 年间影响海南岛的 163 场台风风暴潮，对海南岛周边地区的历史风暴增水进行统计分析，并对海南岛沿岸的风暴潮灾害风险进行了初步评估。结果表明，海南岛的北部和东部是风暴潮发生最频繁、最严重的地区，其中东北部琼州海峡入口处的风暴潮灾害最严重；南部风暴潮也比较频繁，但是潮灾相对较轻；西部沿岸风暴潮灾害不严重，但西北地区仍可能遭遇到琼州海峡内海水堆积带来的大潮。

参考文献

1 石先武, 谭骏, 国志兴, 等. 风暴潮灾害风险评估研究综述 [J]. 地球科学进展, 2013, 28(8): 866-874.

2 Choi B H, Kim K O, Yuk J H, et al. Simulation of the 1953 storm surge in the North Sea [J]. Ocean Dynamics, 2018, 68(12): 1759-1777.

3 Li K, Li G S. Risk assessment on storm surges in the coastal area of Guangdong Province [J]. Natural Hazards, 2013, 68(2): 1129-1139.

4 Toyoda M, Fukui N, Miyashita T, et al. Uncertainty of storm surge forecast using integrated atmospheric and storm surge model: a case study on Typhoon Haishen 2020 [J]. Coastal Engineering Journal, 2022, 64(1): 135-150.

5 Jelesnianski C P, Chen J, Shaffer W A, et al. SLOSH-a hurricane storm surge forecast model [C]. OCEANS 84 Coference and Exposition, Washington, DC, USA, 1984.

6 Blumberg A F, Mellor G L. A description of a three-dimensional coastal ocean circulation model [C]. AGU Fall Meeting, Three-dimensional coastal ocean models, Washington, DC, USA, 1987.

7 Schepetkin A F, McWilliams J C. The Regional Ocean Modeling System: A split-explicit, free-surface, topography following coordinates ocean model [J]. Ocean Modelling, 2005, 9: 347-404.

8 Deltares. Delft3D-FLOW Users manual [Z]. Boussinessqweg 1, 2629 HV Delft, 2022.

9 Westerink J J, Luettich R A, Kolar R L. ADCIRC, an advanced finite element model for coastal ocean circulation [C]. Proceedings of Third Asian-Pacific Conference on Computational Mechanics. Seoul, South Korea, 1996.

10 Chen C, Beardsley R C, Cowles G. An unstructured grid, finite-volume coastal ocean model: FVCOM user manual [Z]. SMAST/UMASSD.

11 Young I R, Sobey R J. The numerical prediction of tropical cyclone wind-waves. James Cook University of North Queensland, Townville, Dept. of Civil & Systems Eng., Research Bulletin No. CS20, 1981.

12 Coastal Engineering Research Center. Shore protection manual [M]. USA: Department of the Army US Army Corps of Engineers, 1984.

13 Harper B A, Hardy T A, Mason L B, et al. Queensland climate change and community vulnerability to tropical cyclones, Queensland climate change and community vulnerability to tropical cyclones, Ocean hazards assessment-Stage 1 [R]. Department of Natural Resources and Mines, Queensland, Brisbane,

Australia, 2001.

14 Shapiro L J. The asymmetric boundary layer flow under a translating hurricane [J]. Journal of the Atmospheric Sciences, 1983, 40(8): 1984-1998.

15 Kepert J, Wang Y. The dynamics of boundary layer jets within the tropical cyclone core-Part II: nonlinear enhancement [J]. Journal of the Atmospheric Sciences, 2001, 58(17): 2485-2501.

16 Sobey R J, Harper B A, Stark K P. Numerical simulation of tropical cyclone storm surge along the Queensland coast. Research Bulletin CS-14, Dept Civil and Systems Engineering, James Cook University, 1977.

17 房伟, 陈国平, 赵红军, 等. 最大风速半径对台风浪计算效果的比较研究 [J]. 水道港口, 2017, 38(6): 574-580.

18 Powell M D, Vickery P J, Reinhold T A. Reduced drag coefficient for high wind speeds in tropical cyclones [J]. Nature, 2003, 422(6929): 279-283.

Simulation of historical storm surge and hazard assessment in Hainan Island

ZHAO Guang-sheng, NIU Xiao-jing[*]

(State Key Laboratory of Hydroscience and Engineering, Tsinghua University, Beijing 100084, Email: nxj@tsinghua.edu.cn)

Abstract：Typhoon storm surge is a major disaster in coastal areas of China. Assessing the storm surge hazard in coastal areas is helpful to coastal disaster prevention and engineering design. In this paper, the storm surge hazard along the coast of Hainan Island is studied by the reproduction of historical scenarios. The historical typhoon data affecting Hainan Island from 1970 to 2020 are collected. FVCOM is used to construct the typhoon storm surge model to simulate and reproduce the typhoon storm surge process in these 51 years. Compared with the measured water levels of two storm surge processes in 2014, the simulation results show good accuracy. Based on the simulation results, the historical storm surge is statistically analyzed. The spatial distribution and statistical characteristics of the highest water level around Hainan Island during the historical storm surge events are given, and the storm surge hazard along the coast is preliminarily assessed.

Key words：Typhoon storm surge; FVCOM; Hainan Island; Statistical analysis; Numerical reproduction.

漂浮植被沿程流速纵向分布计算模型

桂子钦[1]，孙思晨[1]，刘超[1*]，单钰淇[2]，刘兴年[1]

(1. 四川大学 水力学与山区河流开发保护国家重点实验室，成都 610065, Email: liuchaoscu@vip.qq.com;

2. 四川大学 灾后重建与管理学院，成都 610065)

摘要：漂浮植被在天然河道中常见，它改变附近区域水流流场，显著影响了河道流速空间演化。基于动量方程和水流连续性方程，引入植被拖曳力，本研究分别建立了漂浮植被内部水流调节区和水流充分发展区沿程流速纵向分布计算模型。开展系列水槽试验详细测量了漂浮植被沿程流速，试验结果表明：水流流速在漂浮植被内部水流调节区逐渐降低，当水流充分发展后流速则保持不变。通过量纲分析发现漂浮植被内部水流调节长度 X_D 与植被密度和无量纲间隙区高度(h_g/H)密切相关。采用水槽试验的实测数据对该模型计算结果进行验证，结果表明，流速实测值与预测值吻合较好，所提出的计算模型可以准确预测漂浮植被沿程流速纵向分布。

关键词：漂浮植被；纵向分布；计算模型

1 引言

漂浮植被在天然河道中常见，它改变附近区域水流流场，显著影响了河道流速空间演化。例如，漂浮植被根系进入水中，对水流产生额外阻力，导致河道过水能力减小，造成水流缓慢流动[1-4]。另一方面，漂浮植被具有十分可观的环境效益，目前生态工程中广泛地应用漂浮植被根系的生化过程来吸附水体中细小的悬浮颗粒，溶解污染物及营养物质，从而达到净化富营养化水体的目的[5-7]。

漂浮植被类似于倒置的淹没植被，其对流场的影响与淹没植被具有一定的相似性。但是，两者关键不同之处在于边界条件：淹没植被底部具有固体边界，顶部为自由水面；漂浮植被的顶部是自由水面，它并不扎根于河底。漂浮植被引起的阻力不连续性导致流速在垂向上重新分布，植被以下的流区除了会受到植被的影响之外，还会受到底部河床制约[1-2]。淹没和非淹没植被的流速分布受河床底部阻力影响很小，所以在底部植被区主要考虑植被拖曳力[8-10]，但在漂浮植被水流中，河床阻力对植被区内部及植被以下流区的速度均有显著影响。因此，淹没及非淹没植被水流的理论及经验方法对漂浮植被并不适用，深入研究漂浮植被对水流结构及流速演化的影响是非常必要的。

本研究采用数学推导与水槽试验相结合的方法对漂浮植被沿程流速纵向分布开展研究。通过在不同水深和植被密度条件下对植被内部流速进行详细测量，提出了一个预测漂浮植被沿程流速纵向分布的计算模型。

2 试验方法

本文试验在长 16 m，宽 1 m，高 0.5 m 的顺直型自循环水槽中进行。水槽床面水平，试验段长 4 m。通过电磁流量计读取水槽的实际流量，调节水槽尾门开度控制水位，从而达到均匀流状态。利用尺子测量试验段上下游水位，当整个试验段内水深相差 3 mm（i.e.0.1%）以内时，即认为水流为均匀流。设置 3 个水深开展试验，H=22.5、28 和 33 cm，水槽断面平均流速（U_0）为 13.3~17.3 cm/s。

在天然河道的滩地和湿地上，观察到的植被直径（d）范围在 0.1~1 cm，因此本研究采用 d=0.8 cm 的刚性木棍模拟漂浮植被，将其以交错排列的形式固定在 1 cm 厚PVC板上。考虑了两种植被密度：n=0.035、0.019 roots/cm^2，产生正面投影阻流面积，a=(nd)=1.6 和 2.8 m^{-1}。8 块 0.5 m 宽，1 m 长，1 cm 厚的 PVC 板悬挂在同一水平面上，并排放置，两块PVC板的相邻边界线与水槽中心线对齐，构成了一个长 4 m，宽 1 m（与水槽等宽）的模型植被区域，因此水流调节仅发生在 x-z 平面。在所有工况中，漂浮植被淹没度均保持一致，i.e. h_c=14 cm。植被下方自由水流区域高度（h_g）定义为从河床至植被底部的距离，h_g= H- h_c。试验参数见表 1。

表 1 试验参数

工况	U_0(cm/s)	H(cm)	h_g(cm)	n(cm^{-2})	a(m^{-1})	ϕ	U_{cf}(cm/s)	RMSE (cm/s)	RMSE/U_0(%)
1	16.8±0.3	33	19	0.035	2.8	0.02	9.5±0.2	0.7	4.1
2	13.3±0.2	33	19	0.035	2.8	0.02	7.7±0.1	0.44	3.3
3	17.3±0.4	28	14	0.035	2.8	0.02	11.3±0.04	0.92	5.3
4	16.7±0.2	22.5	8.5	0.035	2.8	0.02	12.6±0.2	0.68	4.1
5	16.6±0.3	33	19	0.02	1.6	0.01	10.5±0.1	0.51	3.1

水槽坐标系统见图 1，x、y、z 分别表示顺水流方向、横向和垂向。其中 x=0 表示植被区前缘；y=0 表示植被区和水槽中心线；z=0 表示河床表面。三个方向的流速分别为 u (x, y, z) = (U, V, W)。用 Nortek 公司生产的 ADV 详细测量了漂浮植被和水槽中心线的沿程流速。每个测点的采样时间和频率分别为 120 s 和 50 Hz。信噪比（SNR）＜15db，相关性系数＜75%的原始流速数据被剔除，并采用 Goring 等[11]的方法过滤掉了非正常峰值。用 MATLAB

程序将瞬时流速分解为时均流速（U, V, W）和脉动流速（u', v', w'）。在植被区上游和内部，分别测量了纵向流速的垂向分布，发现在一半植被区高度处的纵向流速与植被区垂线平均流速（$Uc = \frac{1}{h_c}\int_{h_g}^{H} U dz$）相差仅 8%。因此，本研究将一半植被区高度（$z = h_g + h_c/2$）的纵向流速作为植被区垂线平均流速 $U_c(x)$。在植被内部水流调节区（$x=0\sim X_D$），相邻两测点之间的距离 $\Delta x=20\sim 30$cm；而在水流充分发展区（$x= X_D \sim L$），每隔 50 cm 设置一测点。在每一测点位置，考虑了一个特征区域（图1），将特征区域内 $y=0$、$y=-dy/8$ 及 $y=dy/8$ 三点流速的平均值作为该测点的时均流速。ADV 探头应与相邻刚性木棍之间的距离保持严格一致以降低空间分布上水流各向异性对流速测量的影响。

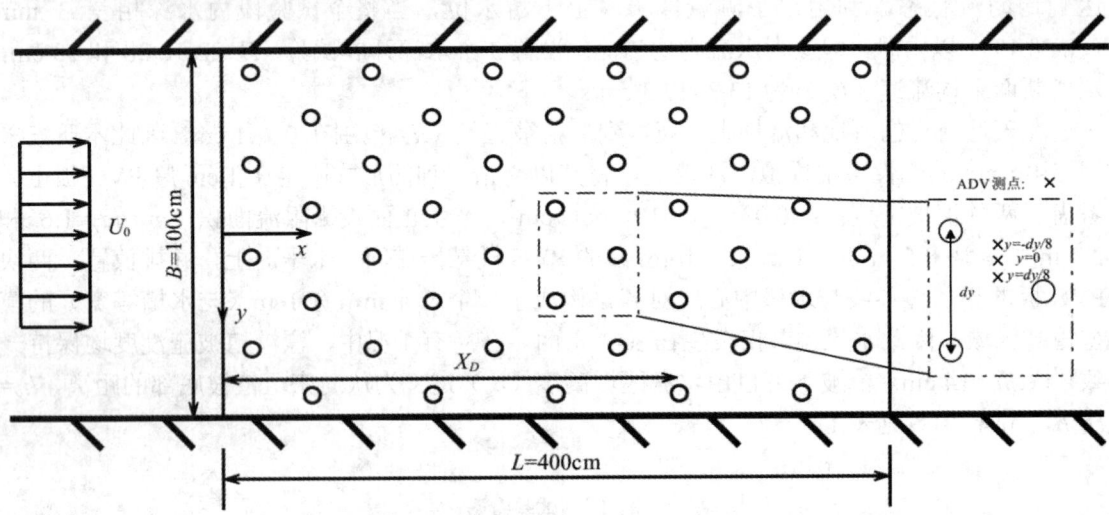

图1 漂浮植被水槽布置示意图，U_0为水槽断面平均流速，B为植被区宽度，L为植被长度，X_D为水流内部调节长度，dy为相邻木棍之间的横向距离

漂浮植被流速纵向分布模型计算值与所有试验工况中流速实测值之间的差异用均方根误差（RMSE）来评判，按下式（1）计算：

$$RMSE = \sqrt{\frac{1}{N}\sum_{i=1}^{N}(U_{c(x)}(m) - U_{c(x)}(p))^2} \quad (1)$$

式中，N为测点个数，$U_{c(x)}(m)$和$U_{c(x)}(p)$分别为纵向流速计算值和实测值。

3 理论分析

当水流进入漂浮植被区，由于受到植被阻力作用，植被内部流速减小（$h_g \leq z \leq H$），水流向植被区下方自由水流区域偏转，植被区下方流速增大（$0 \leq z \leq h_g$）。在漂浮植被内部，水流变化主要发生在 x-z 平面，故用两层模型来表征此二维流动，假设漂浮植被内部流速（$U_c(x)$）和植被下方自由水流区流速（$U_b(x)$）在垂向上均匀分布。

水流连续性方程：

$$U_c(x)h_c(1-\phi) + U_b(x)(H - h_c) = U_0 H \tag{2}$$

植被内部及植被下方自由水流区域动量方程：

$$\rho\left[U_c(x)\frac{\partial U_c}{\partial x} + W_c(x)(\frac{\partial U}{\partial z})_c\right]h_c = \rho g h_c \frac{\partial H}{\partial x} - \frac{\rho C_D a h_c}{2(1-\phi)}U_c(x)^2 + \rho C[U_b(x) - U_c(x)]^2 \tag{3}$$

$$\rho\left[U_b(x)\frac{\partial U_b}{\partial x} + W_b(x)(\frac{\partial U}{\partial z})_b\right](H - h_c) = \rho g(H - h_c)\frac{\partial H}{\partial x} - \rho C[U_b(x) - U_c(x)]^2 - \rho C_b[U_b(x)]^2 \tag{4}$$

式中，ρ 为水体密度；g 为重力加速度；C_D 为植被拖曳力系数，取 1.0[12-13]；C 为剪切系数，表征植被底部交界面处动量交换，采用水槽试验资料（植被底部雷诺应力 τ_{h_g}、植被内部及下方充分发展流速 U_{cf}、U_{bf}）率定，$\tau_{h_g} = \rho C(U_{bf} - U_{cf})^2$，i.e. $C=0.076\pm0.025$；C_b 为河床阻力系数，按 Liu 和 Shan 的方法[14-15]计算，$C_b=0.003\pm0.001$。

为求解控制方程，需给定两个模型边界条件：植被区与无植被区交界面处（$z=h_g$）垂向流速和流速梯度连续，i.e. $W_c(x)=W_b(x)$ 和 $(\partial U/\partial z)_c = (\partial U/\partial z)_b$。

联立式(2)至式(4)，得到关于 $U_c(x)$ 的表达式：

$$\frac{\partial U_c(x)}{\partial x} h_c \frac{U_c(x)[(H-h_c)^2 - (1-\phi)^2 h_c^2] + U_0 H h_c(1-\phi)}{(H-h_c)^2}$$

$$= C\left[U_0 - U_c(x)\left(1 - \frac{h_c}{H}\phi\right)\right]^2 \left(\frac{H}{H-h_c}\right)^3 - \frac{C_D a h_c}{2(1-\phi)} U_c(x)^2$$

$$+ \frac{h_c}{H-h_c} C_b \left[\frac{U_0 H - U_c(x)h_c(1-\phi)}{H-h_c}\right]^2 \tag{5}$$

将式(5)改写为：

$$\frac{\alpha}{\beta} \frac{U_c(x) + A'}{U_c(x)^2 + B'U_c(x) + C'} dU_c(x) = dx \tag{6}$$

式中，α、β、A'、B'、C' 分别为：

$$\begin{cases}\alpha = \dfrac{[(H-h_c)^2-(1-\phi)^2 h_c^{\,2}]h_c}{(H-h_c)^2} \\[6pt]
A' = \dfrac{Hh_c(1-\phi)}{(H-h_c)^2-(1-\phi)^2 h_c^{\,2}}U_0 \\[6pt]
\beta = C\left(\dfrac{H}{H-h_c}\right)^3\left(1-\dfrac{h_c}{H}\phi\right)^2 - \dfrac{C_D a h_c}{2(1-\phi)} + \left(\dfrac{h_c}{H-h_c}\right)^3(1-\phi)^2 C_b \\[6pt]
B' = \dfrac{-2CH^3(1-h_c\phi/H)-2h_c^{\,2}(1-\phi)HC_b}{CH^3\left(1-\dfrac{h_c}{H}\phi\right)^2-\dfrac{C_D a h_c(H-h_c)^3}{2(1-\phi)}+h_c^{\,3}(1-\phi)^2 C_b}U_0 \\[6pt]
C' = \dfrac{1+h_c C_b/CH}{\left(1-\dfrac{h_c}{H}\phi\right)^2-\dfrac{C_D a h_c}{2C(1-\phi)}\left(\dfrac{H-h_c}{H}\right)^3+\dfrac{(1-\phi)^2 C_b}{C}\left(\dfrac{h_c}{H}\right)^3}U_0^{\,2}
\end{cases} \quad (7)$$

将式（6）积分可得：

$$\begin{cases} f(U)=\displaystyle\int \dfrac{U+A'}{U^2+B'U+C'}dU = \dfrac{2A'-B'}{\sqrt{4C'-B'^2}}\arctan\dfrac{B'+2U}{\sqrt{4C'-B'^2}}+\dfrac{1}{2}\ln(U^2+B'U+C') \\[6pt] f(U_c(x))-f(U_0)=\dfrac{\beta}{\alpha}x \end{cases} \quad (8)$$

在水流充分发展区 $(L > x > X_D)$，$\partial U_c(x)/\partial x = 0$，故式(3)和式(4)简化为：

$$\rho g h_c \dfrac{\partial H}{\partial x}=\dfrac{\rho C_D a h_c}{2(1-\phi)}U_{cf}^{\,2}-\rho C[U_{bf}-U_{cf}]^2 \quad (9)$$

$$\rho g(H-h_c)\dfrac{\partial H}{\partial x}=\rho C[U_{bf}-U_{cf}]^2+\rho C_b U_{bf}^{\,2} \quad (10)$$

式中，U_{cf}、U_{bf} 分别为水流充分发展区植被内部及下方的垂线平均流速。该区域水流连续方程写为：

$$U_{cf}h_c(1-\phi)+U_{bf}(H-h_c)=U_0 H \quad (11)$$

联立式(9)至式(11)可得 U_{cf} 计算式：

$$\dfrac{U_{cf}}{U_0}=\dfrac{1}{\dfrac{h_c(1-\phi)}{H}+\dfrac{H-h_c}{H}\times\dfrac{HC+\sqrt{\dfrac{(H-h_c)C_D ahHC-2(1-\phi)HCh_c C_b+(H-h_c)C_D C_b a h_c^{\,2}}{2(1-\phi)}}}{HC+h_c C_b}} \quad (12)$$

漂浮植被内部水流调节长度 X_D 定义为植被区内部流速减小至水流充分发展流速的距离。若植被长度 $L<X_D$，则流速在整个植被区持续减小。通过量纲分析（详细推导过程可查阅文献[16]），发现 X_D/h_c 与植被密度($1/C_Dah_c$)和相对水深(h_g/H)密切相关。采用水槽实测资料（表2），X_D 的预测方程通过线性拟合得到：

$$\frac{X_D}{h_c} = 2.8 + 3.4\frac{1}{C_dah_c} + 3.7(\frac{h_g}{H})^2 \qquad (13)$$

表2 内部调节长度 X_D

工况	a(m^{-1})	H(cm)	h_g(cm)	h_g/H	C_Dah_c	X_D(cm)	X_D/h_c	ε(%)
1	2.8	33	19	0.6	0.4	190±15	13.57	7.2
2	2.8	33	19	0.6	0.4	190±15	13.57	7.2
3	2.8	28	14	0.5	0.4	200±20	14.29	14
4	2.8	22.5	8.5	0.4	0.4	170±15	12.14	2.1
5	1.6	33	19	0.6	0.22	280±15	20	3.1
A1	2.8	18	4	0.22	0.4	155±10	11.07	4.2
A2	2.8	20	6	0.3	0.4	160±15	11.43	2.3
A3	2.8	37	23	0.62	0.4	180±10	12.86	0.5
A4	2.8	40	26	0.65	0.4	170±10	12.14	6.5
A5	1.6	18	4	0.22	0.22	240±10	17.14	6.9
A6	1.6	20	6	0.3	0.22	255±10	18.21	1.4
A7	1.6	40	26	0.65	0.22	270±15	19.29	2.2
A8	1.6	45	31	0.69	0.22	260±10	18.57	7.2

注：ε 为内部调节长度 X_D 测量值与预测值的相对误差，按下式计算：$\varepsilon = (|X_{D(p)} - X_{D(m)}|/X_{D(m)}) \times 100\%$，其中 $X_{D(p)}$、$X_{D(m)}$ 分别代表预测值和测量值。

4 试验结果

图2给出了水槽断面平均流速（U_0）、相对水深（h_g/H）和植被密度对漂浮植被内部流速演化的影响。水流流速在植被内部水流调节区逐渐降低，当水流充分发展后流速则保持不变。以 Case 1 和 Case 2 为例，漂浮植被内部流速 $U_c(x)$ 经 U_0 无量纲处理后变化趋势重合，表明水槽断面平均流速（U_0）对流速演化影响几乎可以忽略不计（图2（a））。从图2（b）可以看出，植被密度越大，引起的植被拖曳力越大，$U_c(x)/U_0$ 则越小（图2（b））。此外，相对水深对流速演化也具有显著影响。在同一密度下，随着相对水深（h_g/H）降低，无量纲流速 $U_c(x)/U_0$ 逐渐增大（图2（c））。因为当 h_g/H 较大时，漂浮植被下方自由水流区域高度越大，使得水流进入植被区前缘垂向分流作用增强，导致了植被区内较小的 $U_c(x)/U_0$。

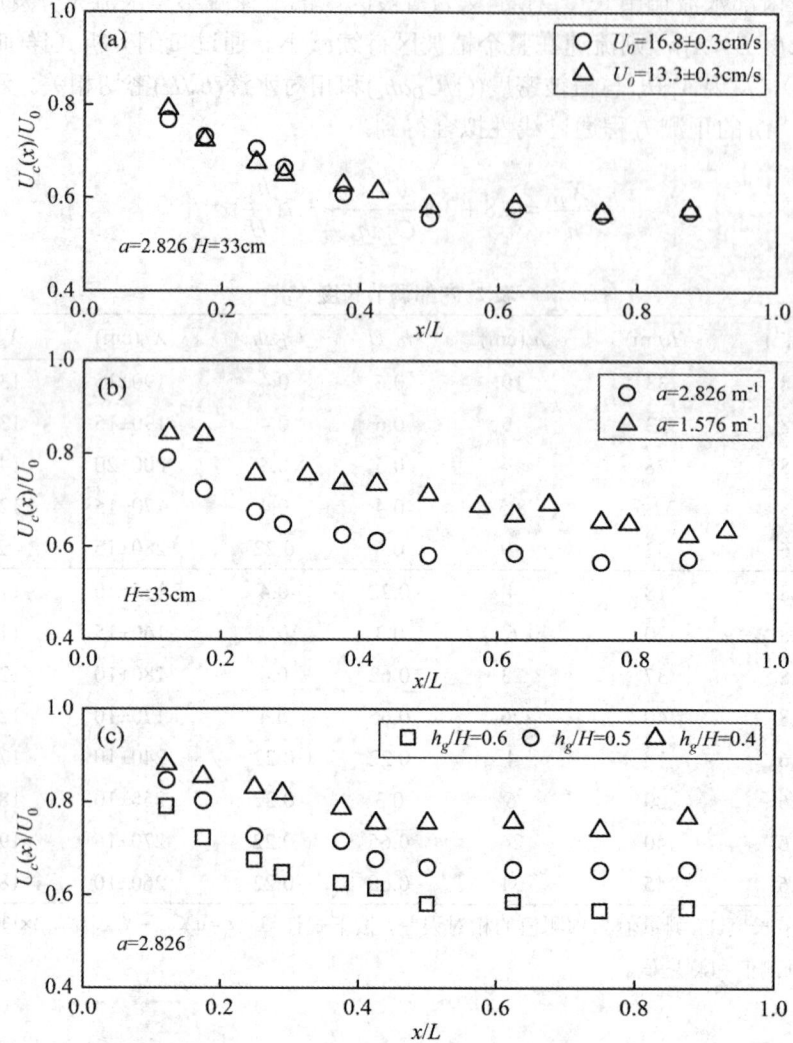

图 2 无量纲流速纵向分布（a）不同水槽断面平均流速：Case1-2（b）不同密度：Case2；Case5（c）不同相对水深：Case2-4

5 模型验证

将 Case 2~5 中漂浮植被区内部的沿程流速实测值与本文提出的漂浮植被流速纵向分布计算模型的预测值进行比较（图3），从而验证模型预测精度。图 3 中虚线代表了该预测模型的不确定度，模型的不确定度主要来自于参数 C、C_b 及 U_0。我们发现漂浮植被流速纵向分布计算值与实测值吻合较好，实测值与计算值之间的 $RMSE$ 值在 0.44~0.92cm/s 以内，且 $RMSE/U_0$ 为 3.1%~5.3%。

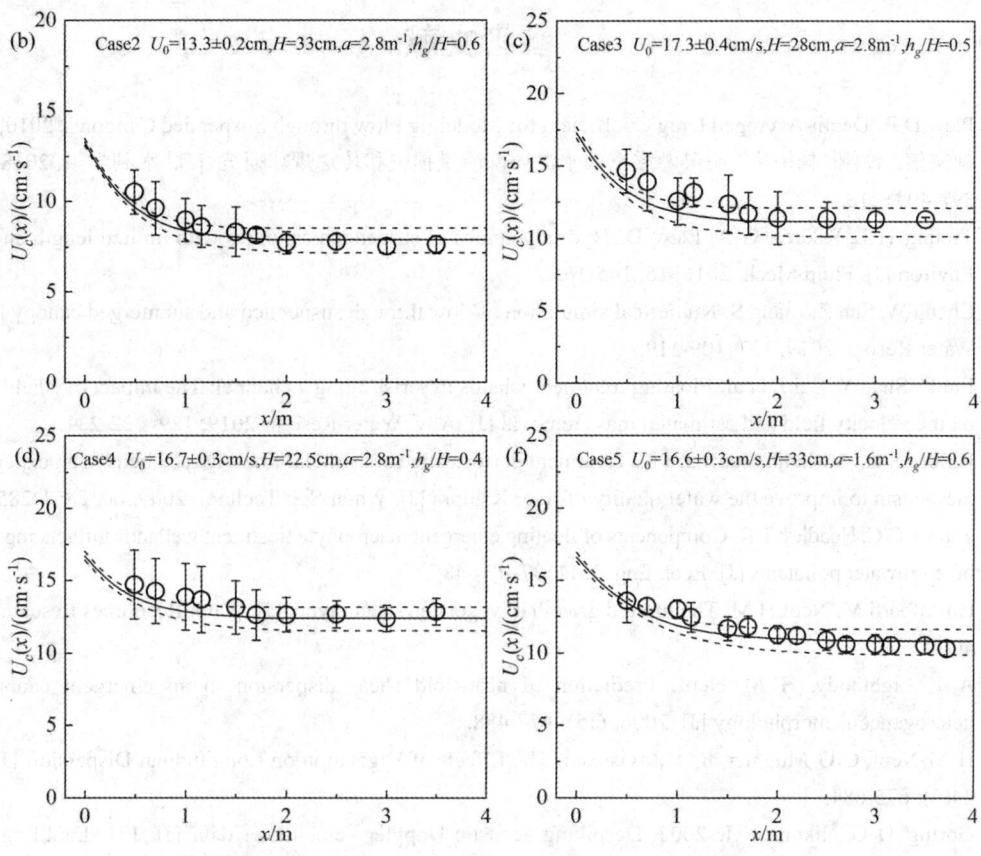

图 3 漂浮植被流速纵向分布 $U_c(x)$ 模型预测值与实测值对比

6 结论

基于水流连续方程和动量方程,本研究提出了漂浮植被沿程流速纵向分布计算模型。在植被区内部,水流沿纵向被划分为两个区域,即植被内部水流调节区和水流充分发展区,对上述两个区域本研究分别给出了解析解。开展系列水槽实验采集漂浮植被沿程流速,试验结果表明:植被密度越大,水流调整更加迅速并在水流充分发展区达到一个较低的流速。即 U_{cf} 更小,植被内部水流调节长度 X_D 更短。此外,X_D 与相对水深(h_g/H)密切相关。通过量纲分析建立了 X_D 的预测方程。采用本研究水槽试验实测资料对模型进行验证,发现流速预测值与实测值吻合均较好,表明该模型能够对漂浮植被沿程流速纵向分布进行精确计算。

参考文献

1. Plew D R. Depth-Averaged Drag Coefficient for Modeling Flow through Suspended Canopies. 2010, 137(2).
2. 槐文信, 钟娅, 杨中华. 明渠漂浮植被水流内部能量损失和传递规律研究 [J]. 水利学报, 2018, 49(04): 397-403+418.
3. Tseung H L, Kikkert G A, Plew D. Hydrodynamics of suspended canopies with limited length and width. Environ [J]. Fluid Mech. 2016, 16, 145-166.
4. Cheng W, Sun Z, Liang S. Numerical simulation of flow through suspended and submerged canopy [J]. Adv. Water Resour. 2019, 127, 109-119.
5. Liu C, Shan Y, Lei J. et al. Floating treatment islands in series along a channel: The impact of island spacing on the velocity field and estimated mass removal [J]. Adv. Water Resour. 2019, 129, 222-231.
6. Billore S K, Prashant, Sharma, J K. Treatment performance of artificial floating reed beds in an experimental mesocosm to improve the water quality of river Kshipra [J]. Water Sci. Technol. 2009, 60, 2851-2859.
7. Tanner C C, Headley T R. Components of floating emergent macrophyte treatment wetlands influencing removal of stormwater pollutants [J]. Ecol. Eng. 2011, 37, 474-486.
8. Ghisalberti M, Nepf H M. The limited growth of vegetated shear layers [J]. Water Resources Research, 2004, 40(7).
9. A F Lightbody, H M Nepf. Prediction of near-field shear dispersion in an emergent canopy with heterogeneous morphology [J]. 2006, 6(5): 477-488.
10. H M Nepf, C G Mugnier, R A Zavistoski. The Effects of Vegetation on Longitudinal Dispersion [J]. 1997, 44(6): 675-684.
11. Goring D G, Nikora V I. 2002. Despiking acoustic Doppler velocimeter data [J]. J.Hydraul.Eng.128(1): 117-126.
12. White F M. Viscous Fluid Flow second ed. New York, USA: McGraw-Hill, 1991.
13. Etminan V, Lowe R J, Ghisalberti M. A new model for predicting the drag exerted by vegetation canopies [J]. Water Resour. Res. 2017, 53, 3179-3196.
14. Liu C, Shan Y. Analytical model for predicting the longitudinal profiles of velocities in a channel with a model vegetation patch [J]. J. Hydrol. 2019, 576, 561-574.
15. Yang J Q, Kerger F, Nepf H M. Estimation of the bed shear stress in vegetated and bare channels with smooth beds [J]. Water Resour. Res. 2015, 51(5): 3647-3663.
16. Lei J, Nepf H. Evolution of flow velocity from the leading edge of 2-D and 3-D submerged canopies [J]. J. Fluid Mech. 2021, 916, 1-27.

An analytical model for the longitudinal distribution of the streamwise velocity along the open channel with suspended canopies

GUI Zi-qin[1], SUN Si-chen[1], LIU Chao[1*], SHAN Yu-qi[2], LIU Xing-nian[1]

(1. State Key Laboratory of Hydraulics and Mountain River Engineering, Sichuan University, Chengdu 610065, Email: liuchaosun@vip.qq.com;

2. Institute for Disaster Management and Reconstruction, Sichuan University, Chengdu 610065)

Abstract: Suspended canopies are commonly distributed in natural rivers, which alter the local fields and significantly affect the spatial evolution of flow velocity. Based on the flow continuity and layer-averaged momentum equation, and introducing the additional resistance produced by suspended canopies, the analytical models were established to predict the longitudinal distributions of the streamwise velocity in the interior adjustment region and the fully developed flow region, respectively. A series of flume experiments were performed to measure the streamwise velocity along the suspended canopies in detail, and the results indicated that the streamwise velocity continuously decelerated over the interior adjustment length X_D. Beyond $x=X_D$, the velocity no longer varied, which meant the flow has fully developed. According to a scale analysis, it was found that X_D depended on the dimensionless gap height h_g/H and the canopy density. To verify the validity of the proposed models, the experimental data from our study were used. The predicted longitudinal profiles of the streamwise velocity were in well agreement with the measured velocities within uncertainty, indicating that the proposed models were capable of accurately predicting the longitudinal profiles of the streamwise velocity within the canopies, $U_c(x)$, in both the interior adjustment region and the fully developed flow region.

Key words: Suspended canopies; Longitudinal distribution of the streamwise velocity; Analytical model.

真实形态植被群落内近底区流速和紊动能分布解析模型

孙思晨[1]，桂子钦[1]，严春浩[2]，单钰淇[3]，刘超[1*]，刘兴年[1]

(1. 四川大学 水力学与山区河流开发保护国家重点实验室，成都 610065, Email: liuchaoscu@vip.qq.com;
2. 重庆交通大学 西南水运工程科学研究所 重庆 400060;
3. 四川大学 灾后重建与管理学院，成都 610065)

摘要：文章给出了真实形态植被群落内近底区流速和紊动能纵向分布的解析计算模型。首先，改进基于指数衰减形式的流速纵向分布解析计算模型，使其适用于真实形态群落内近底区流速纵向分布计算。然后，将床面和植被产生的近底紊动能与近底区流速分布解析计算模型相结合，可得到真实形态植被群落内近底区紊动能纵向分布解析计算模型。最后，开展系列水槽试验详细测量了真实形态植被群落内部近底区流速和紊动能的纵向分布，采用水槽试验数据资料对解析计算模型进行验证，结果表明，流速和紊动能纵向分布的实测值与模型计算值吻合较好。

关键词：植被河道；流速分布；紊动能分布；解析计算模型

1 引言

水生植物会在天然河岸边和滩地组成数量众多，形状各异的植被群落，并通过改变水流结构和床面形态从而影响生态系统[1-3]。植被带来的额外拖曳力使得植被群落内近底流速降低，泥沙更容易沉积[4-5]，但同时单株植被后方产生的漩涡增强了近底区域的紊动能，引起植被群落内的泥沙再悬浮[6-7]。植被区域内水流和泥沙的复杂作用过程会对判断植被区域内的河床演变带来困难，因此了解水流与植被相互作用的过程，特别是在植被区域内近底流速和紊动能的变化规律是非常重要的。

前人在运用模型植被开展水槽试验中，较少考虑到植被真实形态对近底流速与紊动能分布及其沿程变化的影响[7-9]，而真实形态的植被阻水面积会随水深变化，因此会显著影响流速与紊动能分布。本试验在有真实形态植被群落布置的水槽中，对植被群落的近底流速和紊动能纵向分布进行了研究，给出了一个能在真实植被群落内对近底流速和紊动能纵向分布进行准确预测的解析计算模型。

2 试验方法

本试验在四川大学水力学与山区河流开发保护国家重点实验室中进行,水槽全长 13 m、宽 1 m、高 0.5 m。水槽通过流量计读取水流流量,直尺读取水深,利用 Nortek 公司生产的多普勒声速三维流速仪(ADV)进行流速数据的采集。本次试验所有工况水流均为均匀流,水深 H = 20~30 cm;植被群落上游断面平均流速 U_0=11.5~17 cm/s。

本研究选用的仿真芦苇和真实芦苇具有相同的形状和性质[10],叶子的长度和宽度分别在 40~50 cm 和 0.8~2 cm,高度在 77~80 cm(大于试验水深 H = 20~30 cm)。在流速试验中,芦苇在试验流速内(U_0 = 11.5~17 cm/s)并未发生变形。因此所有的真实形态植被均视为非淹没刚性植被群落。在野外观测[11-13]得到的芦苇直径(d)范围为 0.3~1.02 cm,芦苇密度(n)范围为 0.003~0.02 cm^{-2},因此选用的芦苇杆直径为 d_{ms}=0.8 cm,芦苇群落密度范围为 n=0.006~0.028 cm^{-2};将其插在设计有交错孔位的 PVC 板上(床面拖曳力系数 C_f = 0.005)形成植被群落。通过 MATLAB 图像处理程序,将植物照片转化为黑白两色的二值化图片(黑色部分为植被的主茎和枝叶),根据比例尺可将图片中植被在垂向任意高度的像素点个数转化为对应高度的真实阻水面积,即得到单位垂向距离上的阻水面积(A(z))(图 1)。

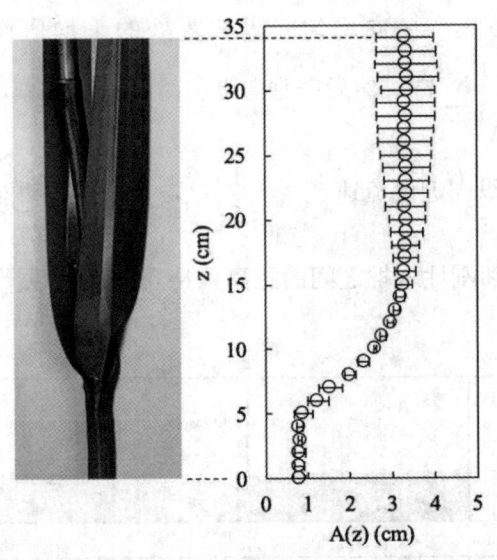

图 1 单株植被阻水面积垂向分布 A(z) (cm^2/cm)

总阻水面积 A 可通过对 A(z)沿水深 H 积分得到。植被群落长度(L)是 300~440 cm,宽度(b)是 33 cm。详细的试验参数见表 1。

表 1 试验参数

工况	H/cm	U_0/cm·s^{-1}	b/cm	L/cm	n/cm^{-2}	A/cm^2	a_d/cm^{-1}	φ
G1	30	11.5	33	440	0.006	78	0.016	0.005
G2	30	11.5	33	300	0.027	78	0.070	0.019
G3	20	17	33	440	0.006	45	0.013	0.005
G4	20	17	33	300	0.027	45	0.062	0.016

注：表中 H 是水流深度；U_0 是植被群落上游断面平均流速；b 是植被群落宽度；L 是植被群落长度；n 是植被群落密度；$a_d\left(=\dfrac{nA}{H}\right)$ 是植被群落单位水体阻水面积；φ 是单位面积植被覆盖率 (用阿基米德原理测得)。

水槽坐标系统中，x、y、z 分别表示顺水流方向、横向和垂向。其中 $x=0$ cm 表示植被群落前缘；$y=0$ cm 表示水槽顺水流方向的右边壁处；$z=0$ cm 表示河床表面。三个方向的流速分别为 $u(x,y,z)=(U,V,W)$。用 ADV 测量了植被群落上游和内部的纵向各测点的流速垂向分布(每间隔 2 cm 从水面往河床底部采集数据)，相邻两个测点之间的纵向距离根据植被群落密度大小而定。每一个测点位置的采样频率和采样时间分别为 50 Hz 和 120 s，即每个测点采集的数据样本至少有 6000 个瞬时流速数据。采集的原始数据使用 Goring and Nikora[14]的方法将原始数据中相关性小于 70 %和信噪比(SNR)小于 15 db 的过滤掉，剩余原始数据通过 MATLAB 程序处理，最终得到时均流速和紊动能。

在每一测点位置考虑一个特征区域(图 2)，将特征区域内 $y=12\sim16$ cm (靠近植被群落中心线 $y=16$ cm) 之间的三个横向均匀间隔位置处的平均值作为该测点的时均流速 $U_t(=\dfrac{1}{3}\sum_1^3 U)$ 和紊动能 $k_t(=\dfrac{1}{3}\sum_1^3 k)$。然后在垂向上将时均流速和紊动能在近底区域内(0 < z < 5 cm)进行水深平均后得纵向近底流速 $U_{(nb)}(=\dfrac{1}{5}\int_0^5 U_t(z)\mathrm{d}z)$ 和紊动能 $k_{t(nb)}(=\dfrac{1}{5}\int_0^5 k_t(z)\mathrm{d}z)$。除此之外，ADV 探头应与相邻刚性木棍之间的距离保持严格一致以降低空间分布上水流各向异性对流速测量的影响。

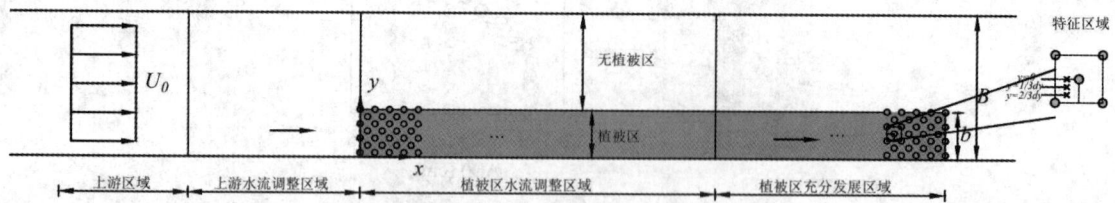

图 2 植被群落布置图及特征区域示意图

模型计算值与所有试验工况中流速实测值之间的差异用百分比误差（ERR）来评判，按式（1）计算：

$$ERR = \frac{1}{\langle X_m \rangle} \sqrt{\frac{1}{N}(X_p - X_m)^2} \tag{1}$$

式中，N 为计算值和实测值的数量，X_p 和 X_m 分别表示计算值和实测值。

3 理论分析

3.1 真实形态植被河道近底流速纵向分布计算模型

基于 Rominger and Nepf[15]的研究成果，计算植被群落内部水流调整长度公式：

$$L_d = (5.5 \pm 0.4)\sqrt{\left(\frac{2}{C_d a}\right)^2 + b^2} \quad (C_d ab \geq 1) \tag{2}$$

$$L_d = (3.0 \pm 0.3)\left[\frac{2}{C_d a}\left(1 + (C_d ab)^2\right)\right] \quad (C_d ab \geq 1) \tag{3}$$

式中，C_d 是植被拖曳力系数，a 是植被群落单位水体阻水面积，对于真实形态的植被(用深度下标 d 表示)，$a_d = \frac{1}{H}\int_0^H nA(z)\mathrm{d}z$；$b$ 是植被群落宽度。

水流进入植被群落后产生的植被拖曳力和床面阻力使近底流速 (U_{nb}) 的纵向分布呈现指数衰减趋势，因此，近底流速的纵向分布可用指数衰减函数来表达：

$$U_{nb}(x) = U_{nb(f)} + \left(U_{nb(0)} - U_{nb(f)}\right)e^{-\frac{3x}{L_d}} \tag{4}$$

式中，$U_{nb(f)}$ 是植被群落内部水流充分发展区域的近底流速；$U_{nb(0)}$ 是植被群落前端处的近底流速，为简化计算，假设 $U_{nb(0)} = U_0$(植被群落上游断面平均流速)；L_d 可由式(2)和式(3)计算得到。

在不考虑植被形态的植被群落内部水流充分发展区域流速($U_{(f)}$)可表达为：

$$U_{(f)} = \sqrt{\frac{gHS}{C_f + \frac{C_d aH}{2(1-\phi)}}} \tag{5}$$

式中，H 是水深；S 是水面比降；C_f 是床面拖曳力系数；ϕ 是固体体积分数。

考虑到植被群落单位水体阻水面积(a)会随着真实植被形态发生垂向变化，且由于植物阻力主导着流动阻力，即 $C_f \ll C_d a_d H$，故 C_f 在式中可以忽略。因此，植被群落内部水流

充分发展区域流速 $U_{nb(f)}$ 可表达为：

$$U_{nb(f)} = \sqrt{\frac{a_d}{a_{nb}}}U_{(f)} = \sqrt{\frac{2gS(1-\phi)}{C_d a_{nb}}} \tag{6}$$

式中，a_{nb} 是近底区域的植被群落单位水体阻水面积(z=0~5 cm)。

3.2 真实形态植被河道近底紊动能纵向分布计算模型

Yang[16]提出植被群落内近底区域的紊动能 $k_{t(nb)}$ 可用床面紊动能 $k_{t(nb)}$ 和植被紊动能 $k_{t(veg)}$ 之和进行计算，$k_{t(nb)} = k_{t(nb)} + k_{t(veg)}$。

植被群落中，床面紊动能与和植被紊动能[17]公式表达为：

$$k_{t(nb)} = \frac{C_f}{\omega}U_{nb}^2 \tag{7}$$

$$k_{t(veg)} = \gamma^2 \left(C_d^{form} \frac{al_t^2}{2(1-\phi)} \right)^{\frac{2}{3}} U_{nb}^2 \tag{8}$$

式中，$\omega(=0.2)$ 是尺度参数；U_{nb} 由式(4)计算得到；$\gamma^2(=1.5\pm0.2)$ 是近底区域的漩涡尺度参数；C_d^{form} 是外形阻力系数，Etminan[18]提出外形阻力占植被拖曳力系数的 90%，因此 $C_d^{form} \approx C_d$；l_t 是涡流尺度，在近底区域等于植被的主茎，d_{ms}，即 $l_t = d_{ms}$；在其他区域等于连接主茎叶子的平均宽度。

结合上述公式，芦苇群落近底区域的紊动能模型为：

$$k_{t(nb)} = \frac{C_f}{\omega}U_{nb}^2 + \gamma^2 \left(C_d \frac{nd_{ms}^2}{2(1-\phi)} \right)^{\frac{2}{3}} U_{nb}^2 \tag{9}$$

4 试验结果及模型验证

从植被群落内部沿特征区域对近底流速分布采集结果来看（图 3 中黑色圆圈），与细长杆件模拟植被群落内部流速纵向分布趋势相似，芦苇群落内部近底流速和紊动能纵向分布同样在沿程减小，水流在经过植被群落内部调整后便不再发生变化。

采用前文的水槽试验实测资料对本模型进行验证，近底流速、紊动能纵向分布的实测值与计算值对比见图 3 和图 4；图中红色虚线代表了该计算模型的不确定度，模型的不确定度主要来自于参数 L_d、γ^2、C_d。在所有工况下，实测值与计算值的相对误差 ERR=10 %，表明该模型能准确计算植被群落内部近底流速和紊动能的纵向发展规律。

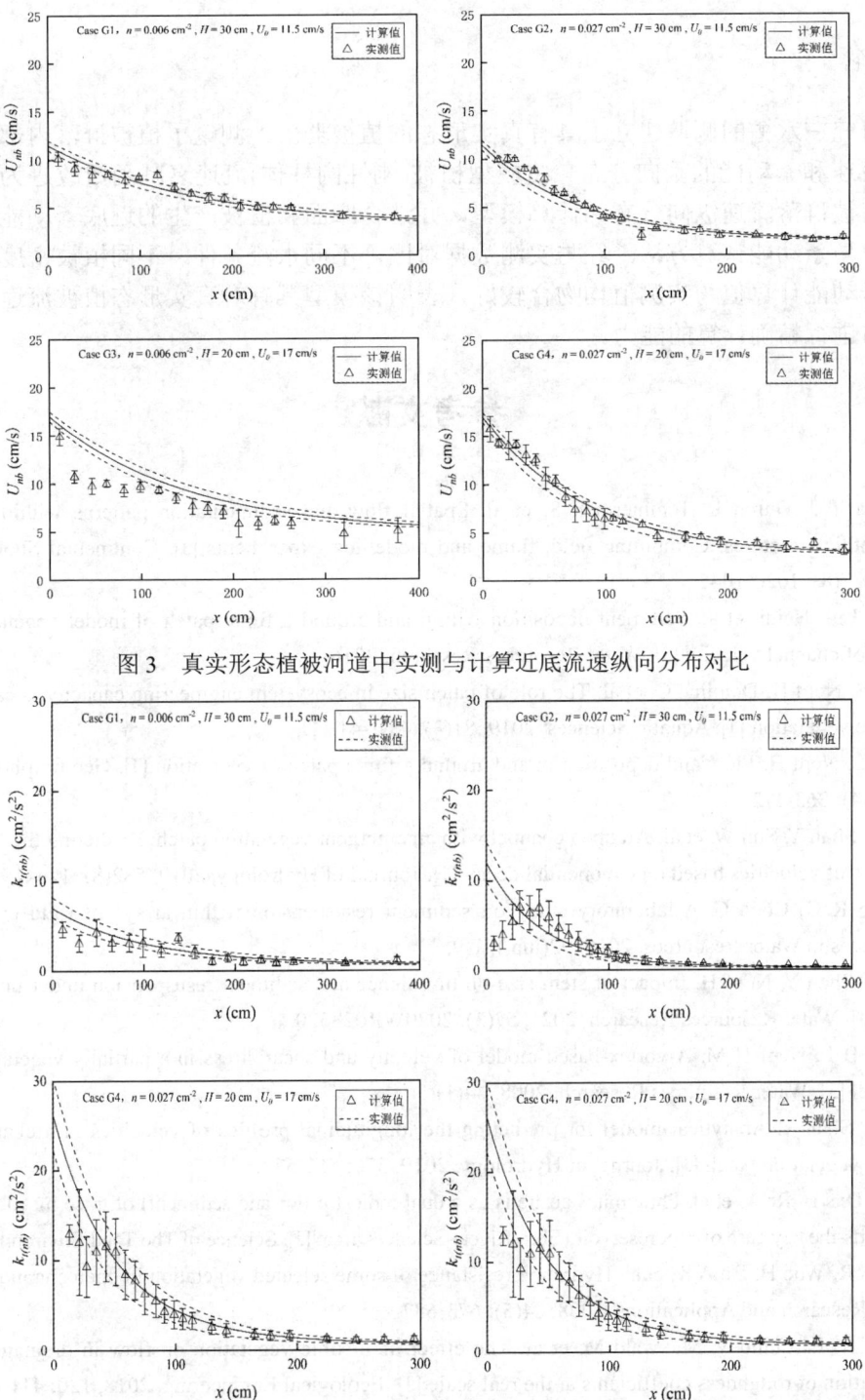

图 3　真实形态植被河道中实测与计算近底流速纵向分布对比

图 4　真实形态植被河道中实测与计算近底紊动能纵向分布对比

4 结论

本研究在水槽的侧壁建立了具有真实形态的植被群落,测量了植被群落内部纵向不同位置的流速和紊动能的垂向分布。将模型植被(刚性圆柱体)流速衰减函数改进为适用于真实形态植被群落流速纵向分布的计算模型,并结合床面和植被产生的近底紊动能,提出了近底流速与紊动能计算方法。经与实测数据对比,不同水流条件、不同植被密度下的近底流速和紊动能计算值与实测值均吻合较好,表明该模型具有对真实形态植被流速和紊动能纵向分布进行精确计算的能力。

参考文献

1 Bouma T J, Duren L, Temmerman S, et al. Spatial flow and sedimentation patterns within patches of epibenthic structures: Combining field, flume and modelling experiments [J]. Continental Shelf Research, 2007, 27(8): 1020-1045.

2 Chao, Liu, Heidi, et al. Sediment deposition within and around a finite patch of model vegetation over a range of channel velocity [J]. Water Resources Research, 2016.

3 Licci S, Nepf H, Delolme C, et al. The role of patch size in ecosystem engineering capacity: a case study of aquatic vegetation [J]. Aquatic Sciences, 2019, 81(3): 41.1-41.11.

4 Zong L, Nepf H. Flow and deposition in and around a finite patch of vegetation [J]. Geomorphology, 2010, 116(3-4): 363-372.

5 Liu C, Shan Y, Sun W, et al. An open channel with an emergent vegetation patch: Predicting the longitudinal profiles of velocities based on exponential decay [J]. Journal of Hydrology, 2019, 582(8): 124429.

6 Tinoco R O, Coco G. A laboratory study on sediment resuspension within arrays of rigid cylinders [J]. Advances in Water Resources, 2016, 92(jun.): 1-9.

7 Liu C, Shan Y, Nepf H. Impact of stem size on turbulence and sediment resuspension under unidirectional flow [J]. Water Resources Research, 2021, 57(3): 2020WR028620.

8 White B L, Nepf H M. A vortex-based model of velocity and shear stress in a partially vegetated shallow channel [J]. Water Resources Research, 2008, 44(1).

9 Liu C, Shan Y. Analytical model for predicting the longitudinal profiles of velocities in a channel with a model vegetation patch [J]. Journal of Hydrology, 2019, 576: 561-574.

10 Eg A, Dxs B, Rr A, et al. Phragmites australis as a dual indicator (air and sediment) of trace metal pollution in wetlands-the key case of Flix reservoir (Ebro River)-ScienceDirect [J]. Science of The Total Environment, 2020.

11 Dong S R, Woo H, Bo A K, et al. Hydraulic resistance of some selected vegetation in open channel Flows [J]. River Research and Applications, 2008, 24(5): 673-687.

12 Errico A, Pasquino V, Maxwald M, et al. The effect of flexible vegetation on flow in drainage channels: Estimation of roughness coefficients at the real scale [J]. Ecological Engineering, 2018, 120: 411-421.

13 MT O'Hare, Mcgahey C, Bissett N, et al. Variability in roughness measurements for vegetated rivers near base flow, in England and Scotland [J]. Journal of Hydrology, 2010, 385(1-4): 361-370.

14 Goring D G, Nikora V I. Despiking acoustic doppler velocimeter data [J]. Journal of Hydraulic Engineering, 2002, 128(1): 117-126.

15 Rominger J T, Nepf H M. Flow adjustment and interior flow associated with a rectangular porous obstruction [J]. Journal of Fluid Mechanics, 2011, 680: 636-659.

16 Yang J Q, Nepf H M. A turbulence-based bed-load transport model for bare and vegetated channels [J]. Geophysical Research Letters, 2018.

17 Tanino Y, Nepf H M. Laboratory investigation of mean drag in a random array of rigid, Emergent Cylinders [J]. Journal of Hydraulic Engineering, 2008, 134(1): 34-41.

18 Etminan V, Ghisalberti M, Lowe R J. Predicting bed shear stresses in vegetated channels [J]. Water Resources Research, 2018, 54(11): 9187-9206.

An analytical model for the distribution of longitudinal velocity and turbulent kinetic energy in the open channel with a real-shape vegetation patch

SUN Si-chen[1], GUI Zi-qin[1], YAN Chun-hao[2], SHAN Yu-qi[3], LIU Chao[1*], LIU Xing-nian[1]

(1. State Key Laboratory of Hydraulics and Mountain River Engineering, Sichuan University, Chengdu 610065, Email: liuchaoscu@vip.qq.com;
2. Chongqing Southwest Research Institute for Water Transport Engineering, Chongqing Jiaotong University, Chongqing 400060;
3. Institute for Disaster Management and Reconstruction, Sichuan University, Chengdu 610065)

Abstract: This paper proposes an analytical model for the longitudinal profiles of streamwise velocities and turbulent kinetic energy (TKE) in the near-bed region within a real-shape vegetation patch. First, the analytical model for predicting longitudinal profiles of streamwise velocities based on the exponential decay was improved to predict the longitudinal profiles of streamwise velocities in the near-bed region within a real-shape vegetation patch. Then, the analytical model for predicting longitudinal profiles of turbulent kinetic energy (TKE) in the near-bed region within a real-shape vegetation patch can be obtained by combing the near-bed turbulent kinetic energy (TKE) generated by the riverbed and vegetation and the analytical model for predicting the longitudinal profiles of longitudinal profiles of streamwise velocities in the near-bed region. Finally, a set of flume experiment were carried out to measure the longitudinal profiles of streamwise velocities and turbulent kinetic energy (TKE) in the near-bed region within a real-shape vegetation patch. The measured data were used to verify the proposed model. The results show that predictions of velocities and turbulent kinetic energy (TKE) agreed well with the measured data.

Key words: Vegetation channel; Distribution of longitudinal velocity; Distribution of turbulent kinetic energy; Analytical model.

孤立波与沉水植物相互作用的三维数值模拟研究

张宸浩 [1,2]，张明亮 [1,2*]

（1. 大连海洋大学 海洋科技与环境学院，大连 116023，
2. 辽宁省近海生态环境与灾害防护工程技术创新中心，大连 116023，Email: zhmliang@126.com）

摘要：海岸植物能够消减波浪能量，研究植物的特征对波浪衰减的影响对于生态护岸工程具有重要意义。本研究基于 IHFOAM 求解器建立了包含刚性淹没植被的精细化三维模型，采用 VOF 方法捕捉自由水面。首先模拟了孤立波在植物水槽中的传播过程，结果显示模型可准确捕捉水位的变化。随后模拟了不同植物特征下孤立波的传播与衰减，结果表明波浪的衰减程度与植物的淹没比和密度均成正比，当淹没比与植物密度中有一项处于较低水平时，另一项的变化对消浪效果影响不大。同样的淹没比与密度下，按照混合分布排列的植物会消散更多的波浪能量。

关键词：OpenFOAM；数值模拟；植物作用；孤立波衰减；

1 引言

由地震、火山爆发和气象变化引发的海啸是一种严重的海洋灾害，会对海岸以及沿岸的建筑物造成破坏，进而危及当地人民的人身和财产安全。因此，采取必要措施消减海啸波一直是一项重要的研究课题。作为缓冲区，沿海植物可以改善海岸生态，减少波浪能量，在近岸水域发挥护岸作用。因此，研究波浪和植物之间的相互作用机制，对提高沿海地区植物的生态护岸功能具有重要意义。

波浪在植物带中的传播是一个复杂的过程，学者们在大量的野外调查[1-2]与实验室实验的基础上[3-4]，开展了理论模型推导[5-6]与数值模拟研究[7-8]。其中，因为数值模拟方法具有成本低，重复性强，灵活度高等优点，在波浪与植物相互作用的研究中被广泛应用。Augustin 等[9]基于 COULWAVE 模型建立数值波浪水槽，求解修正的 Boussinesq 方程，将植物的作用表示为无量纲摩擦系数，利用非线性波浪理论推导了不同物种植物的摩擦系数经验公式。

基金项目：国家自然科学基金项目(51879028，U21A20155)

Blackmar 等[10]采用相位解析数值模型 FUNWAVE 评估了两种混合植物对波浪的衰减作用，在模型中使用两个独立的摩擦系数分别代表水槽的摩擦损失与植物造成的能量耗散，结果表明，将两种植物的摩擦系数相加可以较准确地预测波高的衰减。此外，Wang 等[11]、Maza 等[12]根据动量守恒的概念，在动量方程和湍流方程中添加了由植物引起的阻力源项，分别模拟了孤立波与固定式刚性植物平台和摆动植物的相互作用。目前，许多数值模型将植物作用视作整体的拖曳力，而对于波浪与精细化植物相互作用的数值模拟研究还有待拓展。

本研究中，基于 OpenFOAM®平台中 IHFOAM 求解器，建立包含精细化植物圆柱的三维数值波浪水槽，模拟孤立波与沉水植物的相互作用，探讨了不同植物特征下孤立波传播过程中自由水面的变化规律。

2 数值模型

OpenFOAM（Open Field Operation and Manipulation）中的两相流求解器 interFOAM 求解器基于有限体积法（FVM）离散三维 N-S 方程。Higuera 等[13-14]基于 interFOAM 求解器开发了 IHFOAM 求解器。该求解器可以在三维计算域中基于多种理论生成波浪，也可以模拟波浪与海岸结构物（包括植物圆柱）的相互作用。

2.1 控制方程

基于不可压缩假设的 N-S 方程包含了连续性方程和动量方程，在流体速度与流体压力之间建立联系，具体形式如下：

$$\frac{\partial \bar{u}_i}{\partial x_i} = 0 \tag{1}$$

$$\frac{\partial \rho \bar{u}_i}{\partial t} + \bar{u}_j \frac{\partial \rho \bar{u}_i}{\partial x_j} - \frac{\partial}{\partial x_j}\left(\mu_{\text{eff}} \frac{\partial \bar{u}_i}{\partial x_j}\right) = -\frac{\partial p^*}{\partial x_i} - g_i x_j \frac{\partial \rho}{\partial x_j} \tag{2}$$

式中，$\bar{u}_i (i=1,2,3)$ 是笛卡尔坐标系下的流体速度分量，$\bar{x}_i (i=1,2,3)$ 是坐标系中的位置向量，ρ 是密度，由 $\rho = \alpha \rho_{\text{water}} + (1-\alpha)\rho_{\text{air}}$ 计算得出，α 是 VOF 模型中的界面指标，其取值在 2.2 节中会详细介绍，ρ_{water} 与 ρ_{air} 分别是水和空气的密度，t 是时间，μ_{eff} 是考虑了动态黏度和湍流效应的有效动态黏度，p^* 是拟动压，定义为超过静水压力的压力，$p^* = p - \rho g_i x_i$，p 是总压，$g_i (i=1,2,3, g_3 = 9.81 \text{ m/s}^2)$ 是重力加速度。本研究中采用标准 $k\text{-}\omega$ SST 湍流模型封闭方程，其中的初始值可参见文献[15]。

2.2 VOF 模型

采用 VOF 模型捕捉水面，用界面指标 α 表示网格内的物相状态。当 $\alpha = 1$ 时，网格内充满水；当 $\alpha = 0$ 时，网格内充满空气；$\alpha = 0.5$ 处代表水面。方程形式如下：

$$\frac{\partial \alpha}{\partial t} + \frac{\partial \overline{u}_i \alpha}{\partial x_i} - \frac{\partial \overline{u}_{c,i} \alpha(1-\alpha)}{\partial x_i} = 0 \tag{3}$$

式中，$\overline{u}_{c,i} = \min(C_\alpha |\overline{u}_i| \text{ at } x_i, \max(|\overline{u}_i|) \forall x_i \text{ at the free surface})$，特殊因子 C_a 默认为 1。

2.3 边界条件

本研究中采用了 IHFOAM 中包含的造波边界和主动消波边界。与传统方法中采用的缓冲区相比，这一方法精简了计算区域，提升了计算的效率。IHFOAM 中的造波边界与消波边界设置在数值波浪水槽的两侧。在数值模拟中，孤立波生成公式如下：

$$\eta = H_i \sec h^2 \left[\sqrt{\frac{3H_i}{4h^3}}(x_l - Ct) \right] \tag{4}$$

$$\frac{u}{\sqrt{gh}} = \frac{\eta}{h}\left[1 - \frac{1}{4}\frac{\eta}{h} + \frac{h}{3}\frac{h}{\eta}(1 - \frac{3}{2}\frac{z^2}{h^2})\frac{d^2\eta}{d(x_l - Ct)^3} \right] \tag{5}$$

$$\frac{w}{\sqrt{gh}} = \frac{-z}{h}\left[(1 - \frac{1}{2}\frac{\eta}{h})\frac{d\eta}{d(x_l - Ct)} + \frac{1}{3}h^2(1 - \frac{1}{2}\frac{z^2}{h^2})\frac{d^3\eta}{d(x_l - Ct)^3} \right] \tag{6}$$

式中，其中 η 表示水位，H_i 代表入射波高，h 代表水深，x_l 代表距造波边界的水平距离，$C = \sqrt{g(h+H_i)}$ 为波速，u 和 w 分别是 x 和 z 方向上的速度分量。计算域的底部和植物圆柱表面为 no-slip 边界，上方的压力边界为大气压力，波浪水槽的两侧设定为 cyclic 边界。

3 网格敏感性分析

3.1 模型设置

本节中，采用 Huang 等[16]的实验验证数值模型的计算精度。实验在新加坡南洋理工大学进行，主要研究了实验室尺度下玻璃水槽中的孤立波在传播经过植物带的过程中水位的变化，其中水位的变化由波高计测量。玻璃水槽长 32 m，宽 0.55 m。放置在水槽中的圆柱状植物模型是由有机玻璃制作的，直径为 0.01 m。图 1(a)为三种不同的植物排列方式，排列 A 最密集，固体体积部分 Φ 为 0.175，排列 B 与排列 C 对应的植物密度逐渐稀疏，固体体积部分 Φ 分别为 0.087 与 0.044。水槽中植物带的长度由短到长分别为 0.545 m、1.090 m 与

1.635 m，宽度均为 0.545 m。G1~G7 是位置固定的波高计，用来探测孤立波经过不同位置时自由水面的变化（图 1(b)）。水池中的静水水深始终保持 0.15 m，入射波高范围在 0.02 m 到 0.06 m 之间。各工况的详细设置见表 1。

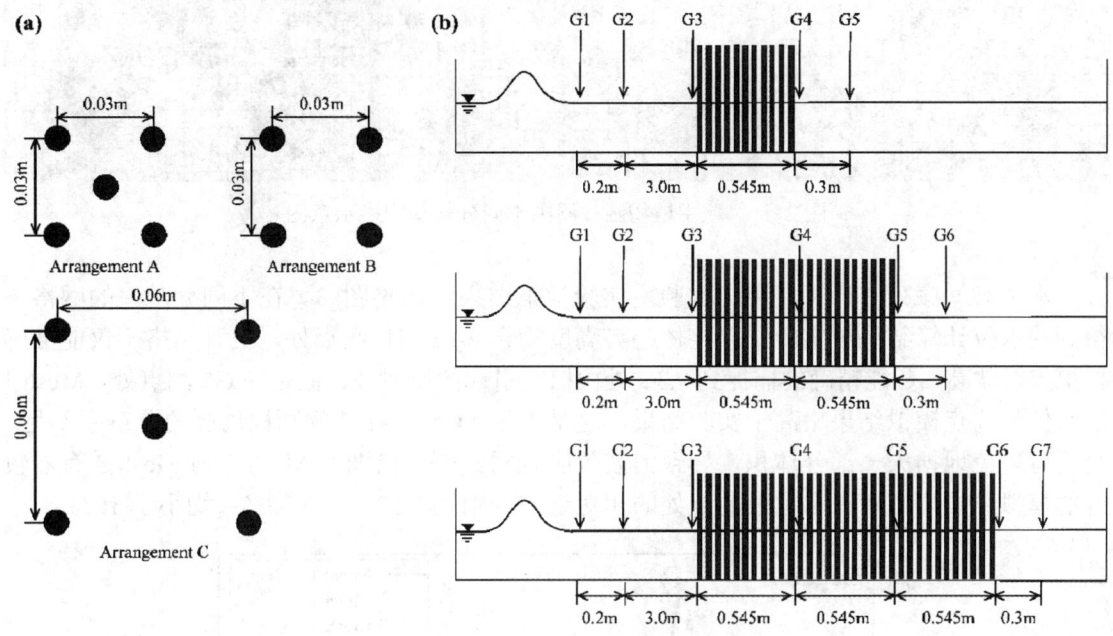

图 1 植物排列方式与实验设置示意图[16]

表 1 实验室波浪-植物相互作用实验详细参数[16]

排列方式	植物密度(stem·m^{-2})	植物带长度 (m)	入射波高 (m)
A	2228	0.545/1.090	0.0417
B	1108	0.545/1.090	0.02/0.03
C	560	0.545/1.090/1.635	0.02/0.04/0.05

3.2 网格敏感性分析

为了平衡计算精度与计算效率，采用不同分辨率的网格进行敏感性分析。选用排列 A 进行模拟计算，三种不同分辨率的网格见图 2。背景网格由 blockMesh 工具生成，分辨率为 0.005 m，在圆柱周围使用 snappyHexMesh 工具进行了加密处理，加密后三种网格的分辨率由低到高分别为 0.0025 m、0.00125 m、0.000625 m，对应的网格总数分别为 712848、2677744、7940448，在 32 核心 HPC 计算机（2.9GHz）上模拟 12 s 需要的时间分别为 16 h、71 h 以及 176 h。

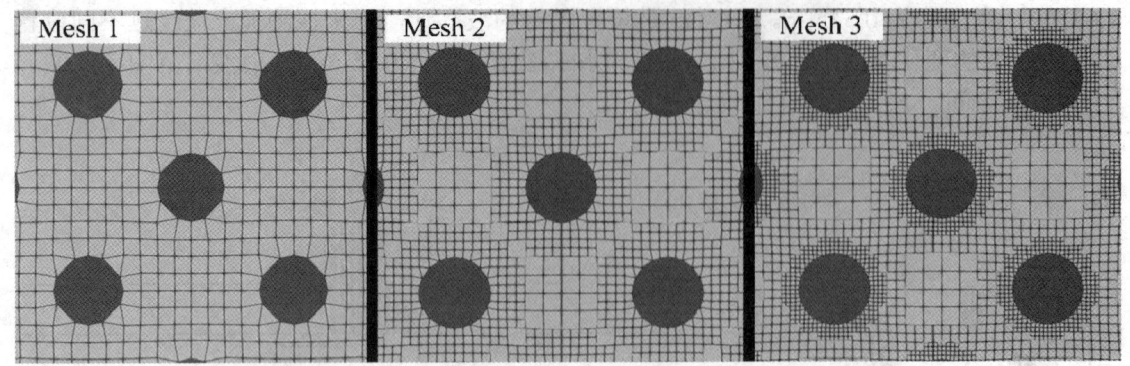

图 2 计算域中植物圆柱周围不同分辨率网格示意图

水位时间序列的计算结果与实验室实验模拟结果对比见图 3。在不同分辨率的网格下得到的水位计算结果与实验结果整体趋势高度吻合。在 G1 测点处,三种网格不仅能准确模拟入射波高,还能精确的捕捉到 9.3 s 处由植物引起的反射波,但是在 G5 测点处,Mesh 1 的水位最高点模拟结果略高于实验结果,这是由于 Mesh 1 在植物圆柱周围的分辨率不足,会不可避免地损失一部分体积,导致消波效应减弱。而更精细的 Mesh 2 与 Mesh 3 有着较好的模拟结果,二者在水位最高点处的相对误差分别为 8.32%与 7.93%,均小于 10%。

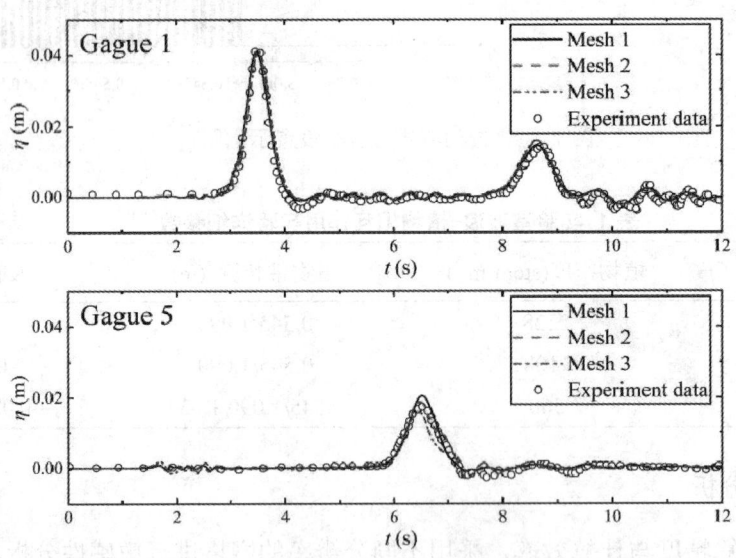

图 3 不同网格的水位时间序列模拟结果与实验室实验结果对比

网格分辨率对模拟结果的影响还体现在植物圆柱受到的力上,图 4 为三种网格下位于水槽中心线上的植物圆柱所受最大波浪力的对比图。用植物带长度 l 对水平距离 x 进行了归一化处理。从图 4 中可以发现,从植物带起始到末尾,植物圆柱上受到的波浪力整体呈现减小趋势,说明波能在被逐渐耗散。Mesh 1 在 $x/l = 0.2$ 之前高估了波浪力,在 $x/l = 0.2$ 之后低估了波浪力,这表明受网格分辨率所限,该网格在评估波浪力方面表现出明显的不稳定。相反,Mesh 2 与 Mesh 3 在结果上仍然保持了高度的一致性,并且 Mesh 2 的计算成本更低,综合考虑计算精度与计算成本,选用 Mesh 2 进行后续的模拟研究。

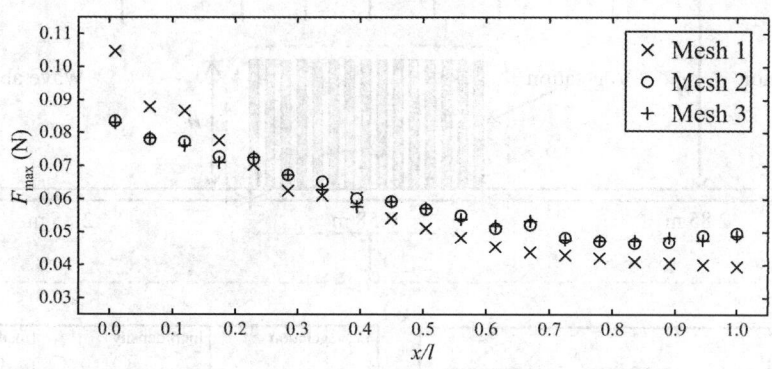

图 4 不同网格下植物圆柱上受到波浪力最大值的模拟结果对比

4 模型应用与模拟结果分析

4.1 数值模型设置

数值计算域见图 5,在图 5(a)中,给出了整体计算域的正视图。图 5 中左右两侧分别设置为造波边界与消波边界,中部是植物区。入射波高固定为 0.02 m,静水水深为 0.16 m,h_v 代表植物的高度。G1~G7 是七个波高测点的位置,它们之间的距离已在图中标出。图 5(b)展示了三种不同高度的植物模型与水深的对比,植物高度分别为 0.04 m、0.08 m 与 0.12 m,对应的淹没比分别为 0.25、0.50 与 0.75。图 5(c)展示了植物圆柱的不同排列方式,包括高密度、中密度、低密度、低-高密度以及高-低密度,其中,将无植物工况作为对照组。表 2 中给出了不同工况的详细参数设置。

表 2 数值模拟实验不同工况详细参数

工况	植物密度 (stem/m^2)	淹没比	排列方式
A1/B1/C1	no vegetation	-	-
A2/B2/C2	546	0.25/0.50/0.75	规则排列
A3/B3/C3	1150	0.25/0.50/0.75	规则排列
A4/B4/C4	2241	0.25/0.50/0.75	规则排列
A5/B5/C5	1150	0.25/0.50/0.75	混合排列(低-高)
A6/B6/C6	150	0.25/0.50/0.75	混合排列(高-低)

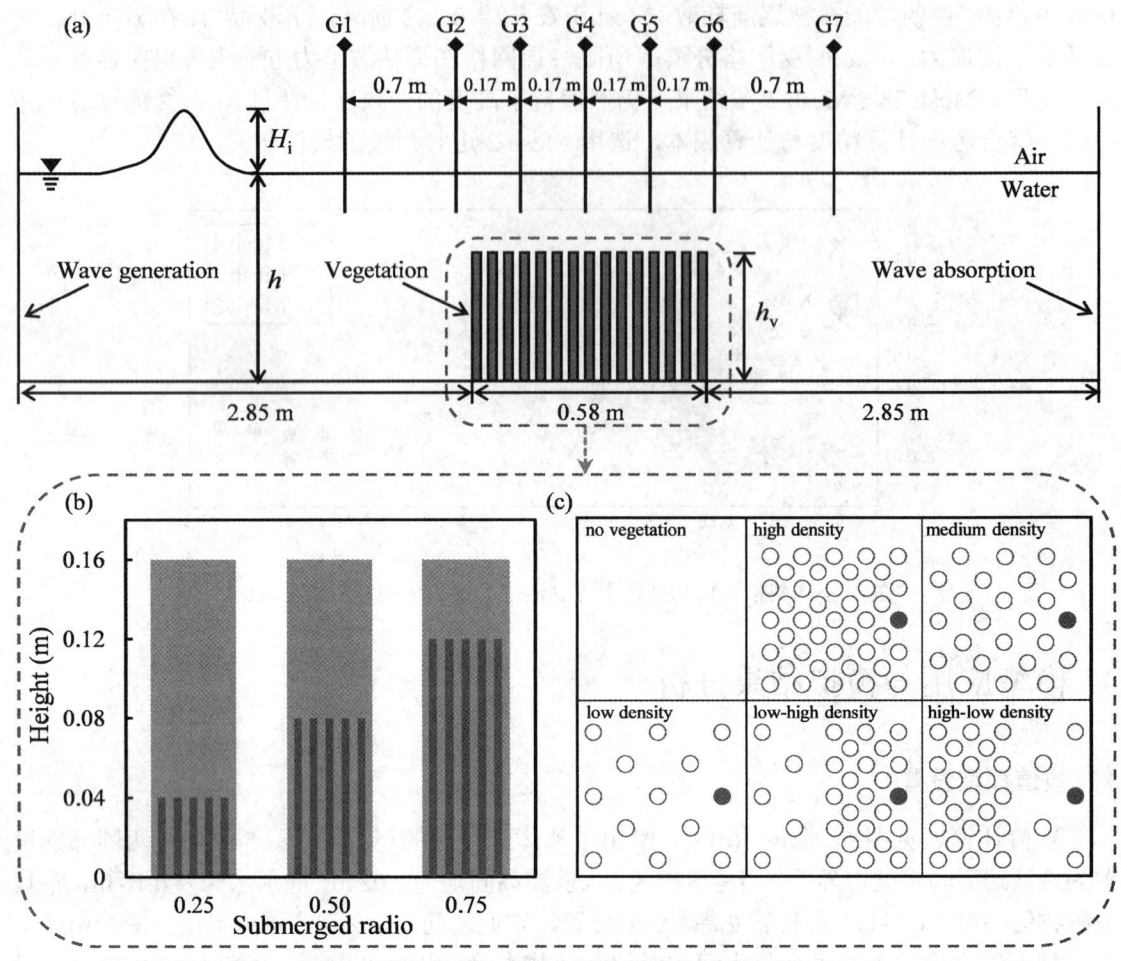

图 5 数值模拟计算域与植物排列方式示意图

4.2 植物特征对孤立波传播的影响

图 6 给出了在淹没比与密度不同的情况下，从 G1~G7 的水位时间序列。第一行算例（A1、B1、C1）代表了水槽中无植物工况的水位计算结果。在图 6 中第二行，算例 A2、B2 与 C2 具有同样的植物密度与植物排列方式，仅淹没比不同，分别为 0.25、0.5 与 0.75。与第一行算例中的模拟结果相比，第二行中的水面形态与水位最高点的模拟结果从 G1~G3 几乎没有变化。在 G4 测点处，第二行中的水面形态未发生变化，但是水位的最高点降低了。从 G4~G7，水位最高点表现出微弱但稳定的下降趋势，水面形态的变化均不明显。这是因为植物的存在削减了孤立波的能量，使得水位最高点降低，但植物的密度处在较低的水平（546 stem/m^2），即使淹没比逐渐增高，孤立波能量的耗散效果也是有限的。在第三行中，A3、B3、C3 的植物密度均为 1150 stem/m^2，这三个算例中植物按照相同的方式排列，淹没比由高到低。在 G4 测点，三个算例中水位最高点的计算结果出现了明显的衰减。此

外，在 G1 测点，算例 C3 的模拟结果在水位最高点之后出现了轻微的水面隆起现象。在 A3 与 B3 中均没有观察到这一现象。算例 A4、B4、C4 的淹没比同样由高到低，植物密度均为 2241 stem/m^2，按照相同的方式排列。在 G1 测点，A4 的水位最高点的模拟结果没有变化，但是在最高点之后的水面出现了隆起现象。在 G2 测点，A4 的水位最高点较 A1 相比上升了，并且在水位最高点之后的水面出现了起伏，波形的对称性降低了。随着淹没比的增大，这两种现象在 B4 与 C4 中更加明显。并且从 G4~G7，随着淹没比的增加，水位最高点的衰减幅度变得剧烈。这是因为当淹没比增加，植物的顶部越来越接近水面，对水体的扰动会更加剧烈。产生了更明显的反射波，推高了水面，干扰了孤立波原有的形态，最终带来了更强的能量耗散效应。

图 6 最左侧纵列（A1、A2、A3、A4）中，算例 A1 是水槽中无植物的工况，算例 A2、A3 以及 A4 有着相同的淹没比，它们的植物密度分别为 546 stem/m^2、1150 stem/m^2 以及 2241 stem/m^2。从 G1~G3，这四组算例无论是在水面形态以及水位最高点的模拟结果都没有明显的区别。在 G4 测点处，A2、A3、A4 的模拟结果与 A1 的模拟结果相比，虽然水面的形态未发生变化，但是水位的最高点降低了。并且从 G5~G7，水面最高点逐渐保持着微弱的幅度持续降低。这说明水槽中的植物在波浪的传播过程中起到了阻碍作用，耗散了波浪的能量。但是，由于这一组中植物的淹没比为 0.25，即植物高度仅为水深的 1/4。即使算例 A4 中的有着最密集的植物，其消波效果也是微弱的，并且不会影响水面形态的变化。在中间的纵列（B1、B2、B3、B4）中的算例有着相同的淹没比和排列方式，淹没比为 0.5。算例 B1 的水槽中无植物，从 B2~B4，水槽中植物的密度逐渐增加。与上一组相似的是，从 G1~G3，B1、B2 与 B3 的水面模拟结果几乎一致。算例 B2 与 B3 中水位最高点的降低发生在 G4 测点。但是算例 B4 在 G1 测点的水面曲线就已经表现出了与其他算例不同的特点：在水位最高点之后出现了第二次水面隆起。之后，在 G2 测点水位最高点的计算结果明显高于这一列中另外三个算例的计算结果，并且水面的形态在水位最高点之后的下降趋势变缓，不再具有对称性。这是因为植物密度增加到 2241 stem/m^2 时，植物之间的孔隙度变小，会将一部分波浪反射回去，并且会推高水面，形成了壅水效应。在图 6 最右侧的纵列中（C1、C2、C3、C4），C1 代表水槽中无植物的模拟结果，C2、C3 与 C4 是植物密度逐渐增加的模拟结果，三者的淹没比均为 0.75，植物按照相同的方式排列。在这一组算例中，G1 测点处出现的水面隆起现象随着植物密度的增加更加明显。C4 算例在 G2 测点处的水位最高点升高现象以及水面形态的不对称现象比 C2、C3 中的现象更加明显。并且在 G7 测点，随着植物密度的增加（从 C2 到 C4），水位的最高点逐渐降低。这表明植物密度增加时，会引发更强烈的波浪衰减效应。

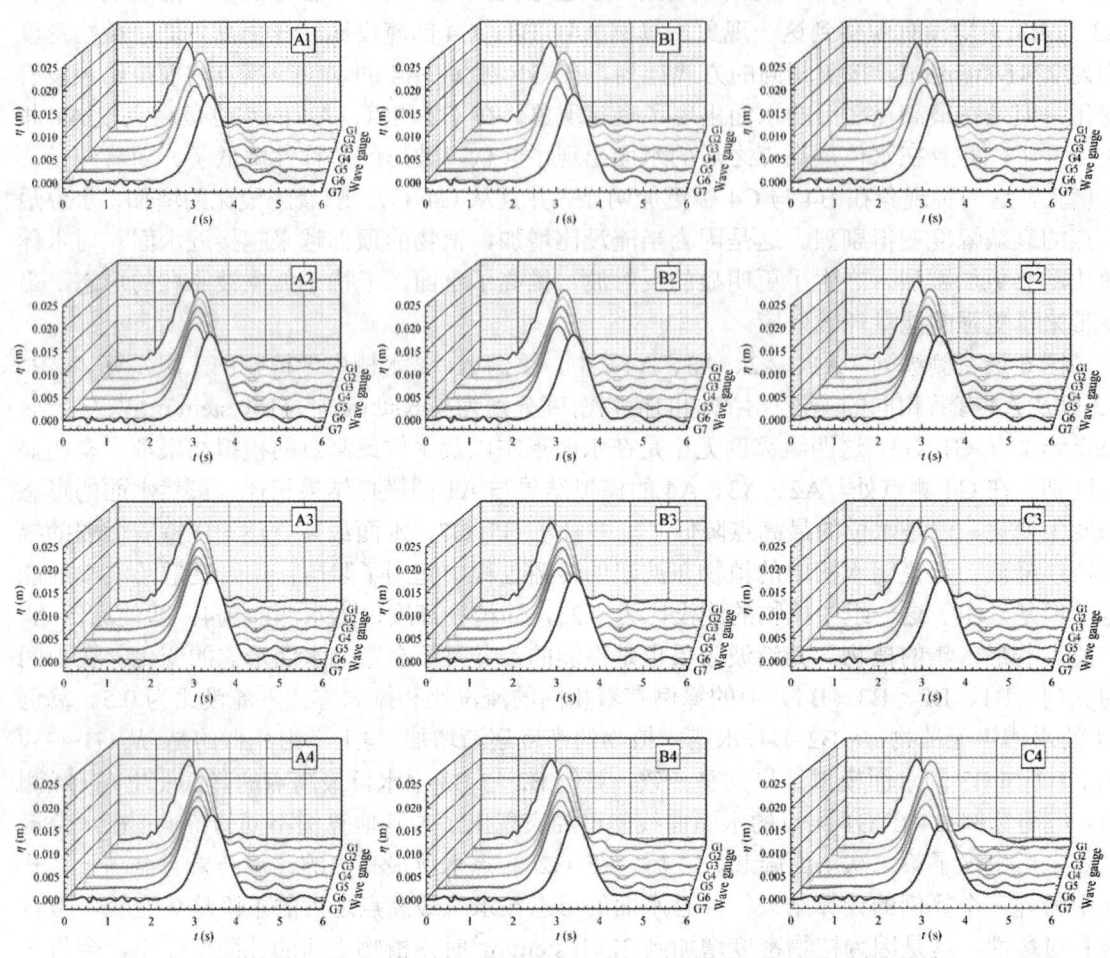

图 6 不同淹没比与不同密度下各工况水面时间序列模拟结果

图 7 展示了植物按照不同方式排列的工况下，水面时间序列的模拟结果。各算例中植物的密度均为 1150 stem/m^2。在图 7 最左侧的一列中（A3、A5、A6、A8），淹没比统一设置为 0.25。整体来说，不同算例中水面的模拟结果以及水位最高点的模拟结果有较高的相似性。在 G2 测点，算例 A5 的水面形态模拟结果与其他算例的模拟结果有细微的不同，但是没有对水位最高点产生影响。这与前文中得到的规律一致，当淹没比较低时，植物顶部距离水面较远，几乎不会对波浪的衰减模式产生影响。在图 7 中间列模拟结果中（B3、B5、B6、B8）不同测点处得到的的模拟结果之间的差别更加明显。在 G1 测点，算例 B5 与 B6 中的水面在水位最高点之后出现了轻微的隆起。在 G2 测点，算例 B5 中水位最高点末尾处的水面形态振荡幅度更加剧烈，算例 B6 中水位最高点则更高。在 G7 测点，B5 和 B6 水位最高点的模拟结果要比 B3 和 B8 的模拟结果低。在最右侧的一列中（C3、C5、C6、C8），

上述现象同样存在且更加明显。这是因为当植物按照混合方式排列时，同时存在植物稀疏与植物密集的区域。当孤立波经过植物密集的区域时，水位最高点就会被抬升，出现的反射波影响了波浪形状原有的对称性。在低-高排列方式中，密集的区域在靠后的位置，出现反射波的时间较晚，并且反射波会经过稀疏植物区，反射波的波形比较平缓。在高-低排列方式中，密集的区域在靠前的位置，反射波出现后不会受到植物的影响，波形会保持初始的陡峭状态。此外，在植物按照规则的方式排列时，前排的植物圆柱会遮挡后排的植物圆柱，形成固定的水流通道。在植物按照随机方式排列时，遮蔽效应减弱，水流通道变得崎岖，孤立波经过时就会耗散更多的能量，最终的水位最高点就会降低。

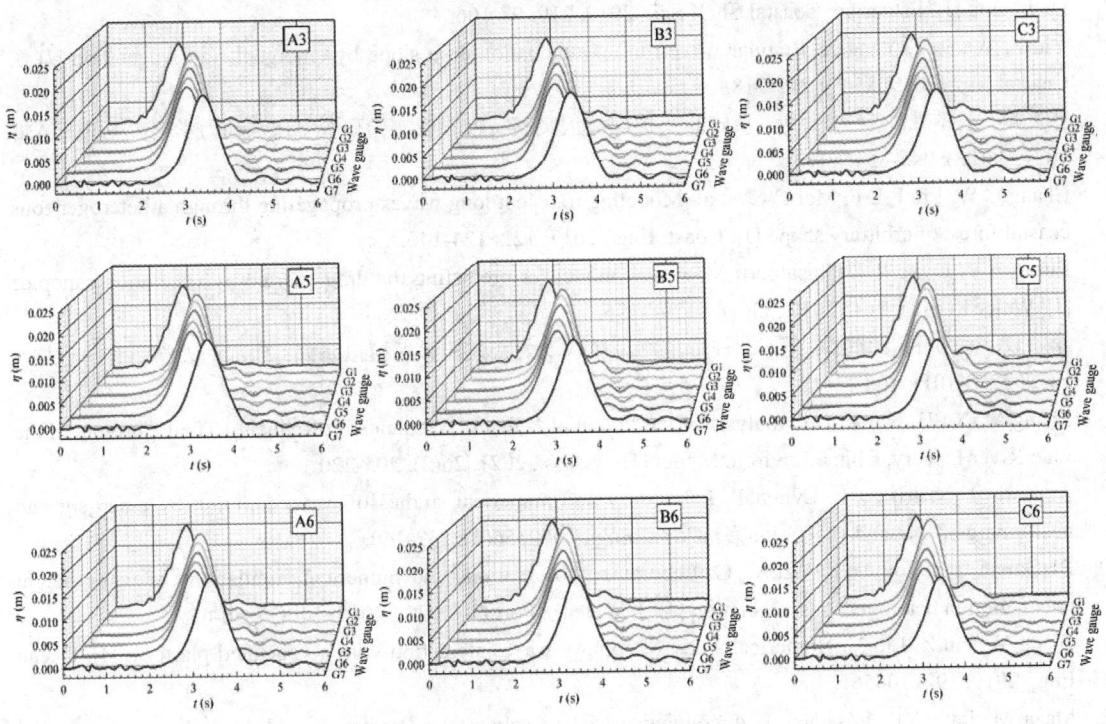

图 7 不同排列方式下水位时间序列模拟结果

5 结论

本研究基于 IHFOAM 求解器建立了一个能够模拟孤立波与植物相互作用的三维数值模型，采用实验室实验结果对模型进行验证，验证结果表明，精细化数值模型的水位模拟结果良好。分析了淹没比、植物密度、植物分布方式对植物消浪效果的影响，结果表明：孤立波的衰减程度随植物淹没比、植物密度增加而增加。此外，当淹没比与植物密度中有一项处于较低水平时，另一项的变化对植物的消浪效果影响不大。当植物淹没比与植物密度恒定时，混合分布的植物排列方式消浪效果更好。研究结果与基本规律可为实际的护岸工程设计提供参考。

参考文献

1　Vuik V, Heo H Y S, Zhu Z, et al. Stem breakage of salt marsh vegetation under wave forcing: a field and model study [J]. Estuarine, Coastal Shelf Sci., 2018, 200: 41-58.

2　Feagin R A, Furman M, Salgado K, et al. The role of beach and sand dune vegetation in mediating wave run up erosion [J]. Estuarine, Coastal Shelf Sci., 2019, 219: 97-106.

3　Yin Z, Wang Y, Yang X. Regular wave run-up attenuation on a slope by emergent rigid vegetation [J]. J. Coastal Res., 2019, 35(3): 711-718.

4　张之琳, 黄本胜, 吉红香, 等. 植物蜂巢护岸波浪爬高特性物模实验研究 [J]. 水动力学研究与进展A辑, 2021, 36(03): 347-354.

5　Chang C W, Liu P L F, Mei C C, et al. Modeling transient long waves propagating through a heterogeneous coastal forest of arbitrary shape [J]. Coast. Eng., 2017, 122: 124-140.

6　Etminan V, Lowe R J, Ghisalberti M. A new model for predicting the drag exerted by vegetation canopies [J]. Water Resour. Res., 2017, 53(4): 3179-3196.

7　李晗玫, 毛劲乔, 龚轶青, 等. 圆柱形植物斑块水动力特性的大涡模拟研究 [J]. 水动力学研究与进展A辑, 2022, 37(01): 108-114.

8　Zhang M, Xu H. Numerical Analysis of the Potential Effect of Wetlands on Reducing Tidal Currents in the Liao River Estuary, China. Environ. Model [J]. Assess., 2021, 26(2): 205-220.

9　Augustin L N, Irish J L, Lynett P. Laboratory and numerical studies of wave damping by emergent and near-emergent wetland vegetation [J]. Coast. Eng., 2009, 56(3): 332-340.

10　Blackmar P J, Cox D T, Wu W C. Laboratory observations and numerical simulations of wave height attenuation in heterogeneous vegetation [J]. J. Waterw. Port C-ASCE., 2014, 140(1): 56-65.

11　Wang Y, Yin Z, Liu Y. Numerical study of solitary wave interaction with a vegetated platform [J]. Ocean Eng., 2019, 192: 106561.

12　Maza M, Lara J L, Losada I J. A coupled model of submerged vegetation under oscillatory flow using Navier–Stokes equations [J]. Coast. Eng., 2013, 80: 16-34.

13　Higuera P, Lara J L, Losada I J. Realistic wave generation and active wave absorption for Navier–Stokes models: Application to OpenFOAM® [J]. Coast. Eng., 2013, 71: 102-118.

14　Higuera P, Lara J L, Losada I J. Simulating coastal engineering processes with OpenFOAM® [J]. Coast. Eng., 2013, 71: 119-134.

15　Menter F R. Improved two-equation k-omega turbulence models for aerodynamic flows [R]. No. A-92183. 1992.

16　Huang Z, Yao Y, Sim S Y, et al. Interaction of solitary waves with emergent, rigid vegetation [J]. Ocean Eng., 2011, 38(10): 1080-1088.

17　Dalrymple R A, Kirby J T, Hwang P A. Wave diffraction due to areas of energy dissipation [J]. J. Waterw. Port C-ASCE., 1984, 110(1): 67-79.

3-D numerical simulation of interaction between solitary waves and submerged vegetation

ZHANG Chen-hao[1,2], ZHANG Ming-liang*[1,2]

(1. School of Ocean Science and Environment, Dalian Ocean University, Dalian 116023;
2. Technology Innovation Center for Coastal Ecological Environment and Disaster Protection, Dalian 116023,
Email: zhmliang@126.com)

Abstract: Wave energy can be reduced by coastal vegetation. The impact of vegetation area features on wave attenuation is extremely important for ecological coastal defense engineering. In this paper, a refined three-dimensional model with rigid submerged vegetation is established using the ihFoam solver, and the free water surface is captured using the VOF method. Firstly, the propagation of a solitary wave in a vegetated flume is simulated, and the results show that the model accurately captures water level variations. The propagation and attenuation of solitary waves are then simulated under various vegetation properties. The results reveal that the degree of wave attenuation is proportional to the submergence ratio and vegetation density. When one of the submergence ratios or vegetation density is low, changing the other has no effect on the wave attenuation. The vegetation distributed according to the mixed arrangement could dissipate more wave energy under the same submergence ratio and density.

Key words: OpenFOAM; Numerical simulation; Vegetation effect; Wave attenuation.

台风-海啸耦合作用下海啸波波高演变特性

蔡青格，柯世堂*，刘凌峰

（南京航空航天大学 土木与机场工程系，南京 211106，Email: keshitang@163.com）

摘要：现有针对极端环境台风-海啸耦合及其调制机理的研究处于空白。为揭示台风和海啸间的相互影响机制，提出了一种台风-海啸耦合模拟方法，以 2011 年日本海啸和 2019 年超级台风"海贝思"为研究对象，开展中尺度 WRF 大气模型和 Delft3D-FLOW 海啸水动力模型耦合仿真模拟，对比分析了台风浪、海啸波及台风-海啸耦合作用下波浪的演变特性，探究了台风场对海啸波波高的影响机理。结果表明，本研究提出的耦合模拟方法可以有效模拟台风-海啸耦合场，台风-海啸耦合波与海啸波最大高差为 1.52m。研究结论可为台风-海啸波数值模型的建立及近海岸结构防灾设计提供参考依据。

关键词：台风；海啸；台风-海啸耦合

1 引言

我国绵长的海岸线既位于台风多发的太平洋西侧又在环太平洋地震带上，饱受极端灾害的威胁[1-2]。进行台风-海啸耦合数值模拟对近海岸工程结构防灾设计有重要指导意义。目前国内外规范[3-4]推荐的设计风速和海啸荷载均是参考气象站的实测数据，并未考虑两者同时发生的情况。

针对海啸的研究大多集中于数值模拟[5-6]、海啸荷载等方面[7-8]；而针对海洋运动与台风之间耦合作用的研究，主要集中于风、浪、流模拟方法及海洋运动与台风之间的相互影响[9-10]。现有研究并未考虑两种极端灾害同时发生的状况，Roeber 等[11]研究表明，台风"海燕"期间，由海浪拍打珊瑚礁产生了类似海啸般的毁灭性波浪，海啸-台风耦合作用不容忽视。

鉴于此，本研究采用中尺度 WRF 大气模型结合能够精确模拟风暴潮和海啸的水动力模型 Delft3D-FLOW 开展海啸-台风耦合场仿真模拟，同时模拟 2011 年日本海啸和 2019 年台风"海贝思"，对比分析了台风浪、海啸、台风-海啸耦合作用下台风作用对海啸波波高的影响特点，结论可为台风-海啸波数值模型的建立及近海岸结构防灾设计提供参考依据。

2 台风-海啸耦合模拟

2.1 台风"海贝思"模拟

台风"海贝思"（Hagibis，国际编号：1919）于 2019 年 10 月 6 日在西北太平洋洋面上生成，7 日 5 时加强为台风，7 日 14 时加强为超强台风，7 日 17 时加强到顶峰（此时风速 65m/s），成为 2019 年以来最强台风。模拟计算时间为 2019 年 10 月 12 日 00 时至 13 日 12 时共 36 h。对数据精度及计算条件综合考虑后，采用 3 层单项嵌套方案 WRF 模式的台风风场计算，水平分辨率为 30 km、5 km、1.2 km。模拟区域中心坐标为(142.05°,31°)，最外层粗网格格距 DO1 为 30 km，网格数为 59×88；第二层网格格距 DO2 为 5 km，网格数为 220×200；最内层网格格距 DO3 为 1.2 km，网格数为 275×275。

表 1 WRF 模式物理方案参数设置及模拟区域网格划分示意图

WRF 参数	物理参数方案	WRF 模式计算区域
微物理过程方案	Lin	
长波辐射	RRTM	
短波辐射	Dudhia	
近地面层方案	Monin-Obukhov	
陆面过程方案	Noah	
行星边界层方案	MYJ	
积云对流方案	Kain-Fritsch	

2.2 311 日本地震海啸模拟

北京时间 2011 年 3 月 11 日 13 时 46 分日本东北部海域发生 9.0 级特大地震，为历史第五大地震，地震诱发了海啸。海啸计算域与 WRF 计算区域内的 DO2、DO3 相同。

图 3 给出了日本海啸初始水面剖面，图 4 给出了不同时刻海啸传播。如图所示，海啸的波谷先传播到陆地，海啸 15 min 后传播至岩手海岸、25 min 后传至宫城海岸。

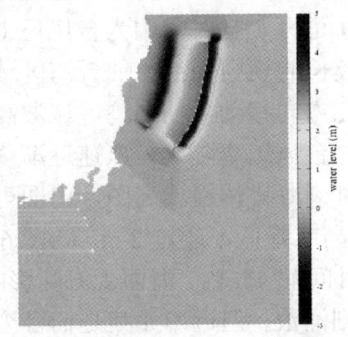 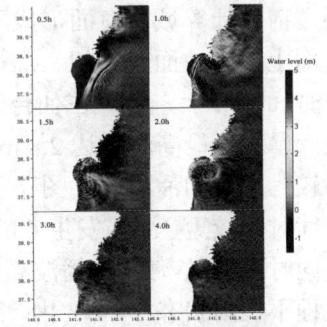

图 3 日本海啸初始水面剖面　　　　　　图 4 海啸传播时刻

2.3 台风-海啸耦合模拟

为同时模拟台风海啸,在 Delft3D-FLOW 中输入 WRF 风场文件,时间分辨率为 1 h,模拟时间为 2019 年 10 月 12 日 14 时至 13 日 02 时,台风"海贝思"沿西南-东北方向移动,海啸由沿东南-西北方向移动。使用"Pavbnd"命令规定开边界平均气压,以防止与气象强迫相互作用时的不稳定性,海啸作为初始条件输入,模拟时间为 12 h。

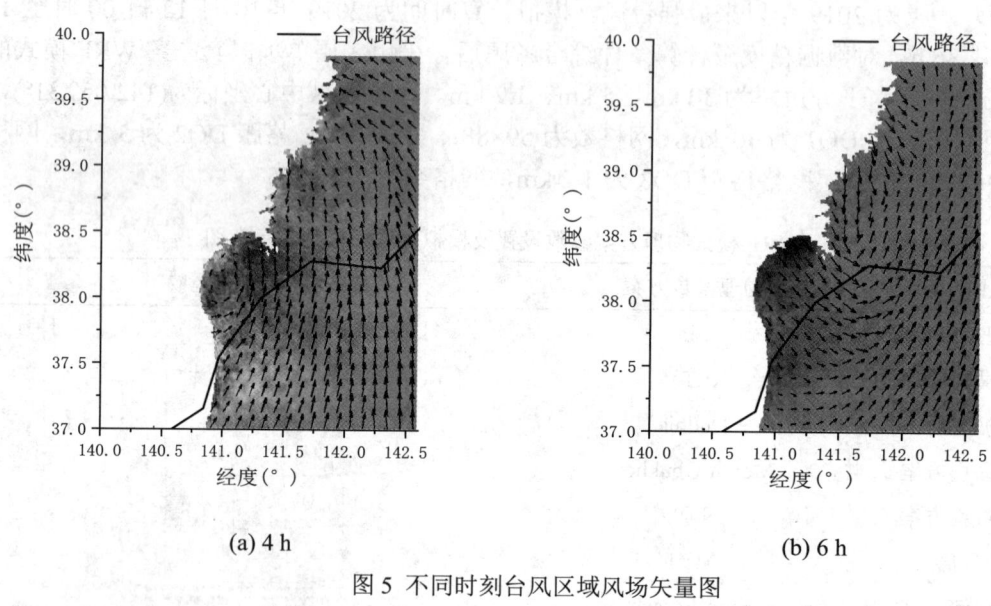

图 5 不同时刻台风区域风场矢量图

3 台风对海啸的影响

3.1 台风-海啸耦合波的传播

图 6 给出了 5 个不同时刻台风浪、海啸波、台风-海啸耦合波对比图。纵向对比可看出:①图 6 第一列给出了不同时刻风趋浪波高图,由图可知模拟时间 2 h 内,在形成稳定的风浪耦合场之前,计算域内海面形成不规则风浪;模拟时间约 4 h 时,因为台风还未移动到海面,海面上形成波面较平坦、周期较稳定、波峰线较长的规则涌浪,仙台湾区域波高降低;模拟时间 3 h 后,台风在仙台湾东南侧海域沿东北方向移动,仙台湾区域波高明显上升,形成风暴潮,最高波高达 2.8 m;模拟时间 6 h 后,台风远离陆地,风速逐渐降低,海面恢复为较为规则的涌浪。②图 7 第二列给出了不同时刻海啸传播波高图,由图可知与台风相比持续时间较短,海啸发生 6 h 后计算域内波高升高或降低不超过 2 m。③图 6 第三列给出了不同时刻台风-海啸传播波高图,由图可知模拟时间前 4 h 内,海面受海啸影响较大,海面波浪程不规则状态;4~6 h 内,近海区域出现较规则涌浪,但近岸尤其是仙台湾区域波高仍保持在 2 m 以上;6 h 后,计算域内海面无明显巨浪,海面主要为风趋浪。

横向对比可看出：①较台风相比，海啸能量巨大，持续时间较短，模拟 5 h 内台风-海啸耦合场下，海啸为主要影响因素，6 h 后台风的影响逐渐加强。②台风所引起的风暴潮和海啸波有叠加效果，台风-海啸耦合波较海啸波波高增加的区域，与仅模拟台风所引起的风暴潮区域重合；当台风使波高降低时，台风-海啸耦合波较海啸波也会明显降低。③台风-海啸耦合波作用范围大于单一海啸波或单一台风浪

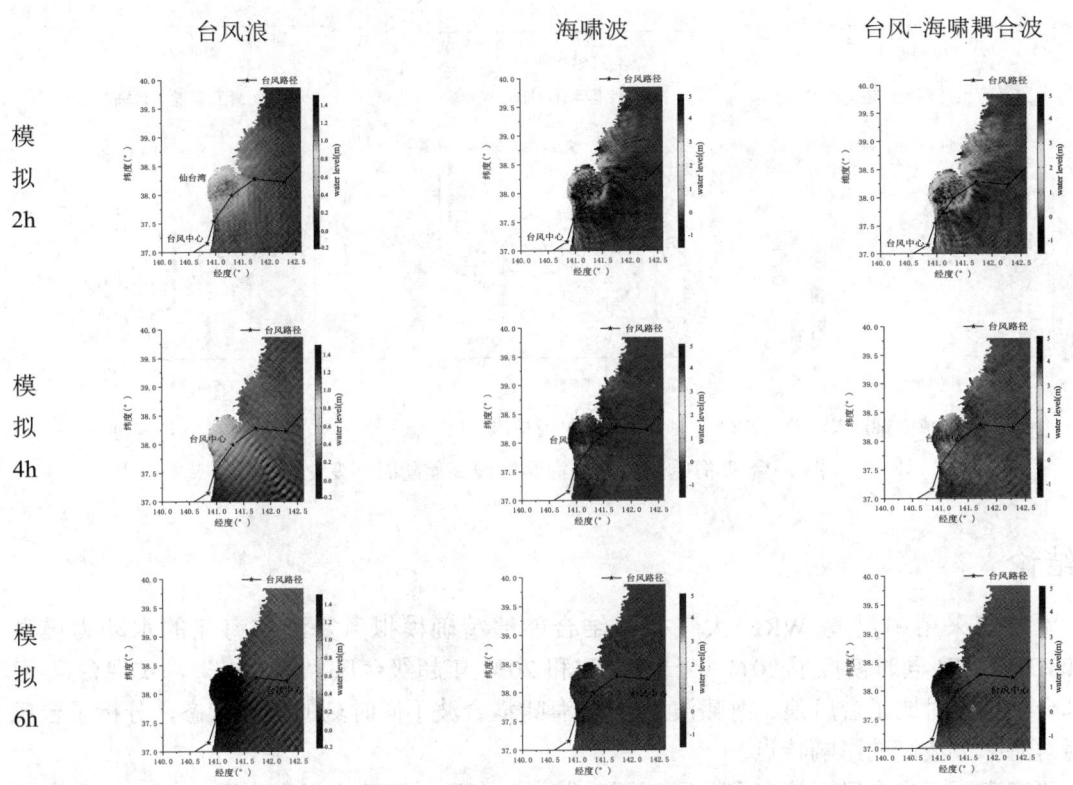

图 6 不同时刻台风浪、海啸波、台风-海啸耦合波对比

3.2 观测点水位高度

定义台风对海啸的影响系数 α_h 计算公式为：

$$\Delta L = L_{\text{cou}} - L_{\text{tsu}} \tag{1}$$

$$\alpha_h = \frac{\Delta L - L_{\text{typ}}}{\Delta L} \times 100\% \tag{2}$$

式中，L_{typ}、L_{cou}、L_{tsu} 分别为台风场、台风-海啸耦合场、海啸场下的水位高度。

图 7 给出了台风-海啸耦合波与海啸波波高差随时间变化，由图 7 可知台风条件下波高有明显差异，在 6 个观测点中差异最大有 1.52 m。在宫古港、山田町港、日本相马港 3 个站点台风-海啸耦合波与海啸波波高差与台风浪吻合较好，其余 3 个站点无明显规律。

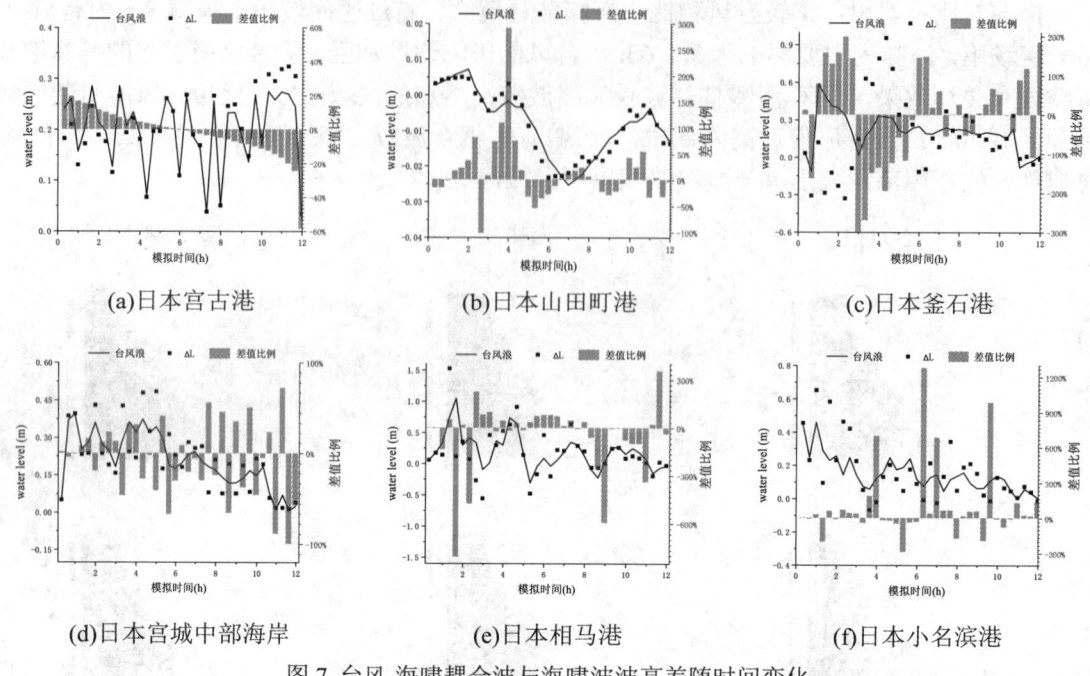

图 7 台风-海啸耦合波与海啸波波高差随时间变化

4 结论

本研究采用中尺度 WRF 大气模型结合能够精确模拟风暴潮和海啸的水动力模型 Delft3D-FLOW 同时模拟了 2011 年日本海啸和 2019 年超级台风"海贝思",实现台风-海啸耦合模拟,对比了台风浪、海啸波、台风-海啸耦合波不同时刻的传播状态,分析了台风作用对海啸波波高的影响特点。

研究表明,当台风海啸在同一区域同时发生,台风对海啸有促进作用。前 5 h 内海啸为波浪形成的主导影响因素,随时间增加影响逐渐减小,6 h 后台风的影响逐渐加强,海面无明显巨浪,风趋浪逐渐成为主导因素。台风对海啸波波速影响较小,几乎不会改变海啸的登陆时间。对海啸波波高影响较大,在所选测站点中,波高最大可增加 1.52 m。研究结论可为台风-海啸波数值模型的建立及近海岸结构防灾设计提供参考依据。

参考文献

1 陈洪滨, 范学花. 2011 年极端天气和气候事件及其他相关事件的概要回顾 [J]. 气候与环境研究, 2012, 17(03): 365-380.
2 任福民, 高辉, 刘绿柳, 等. 极端天气气候事件监测与预测研究进展及其应用综述 [J]. 气象, 2014, 40(7): 860-874.
3 中国工程建设标准化协会.建筑结构荷载规范:GB 50009-2012 [S]. 北京:中国建筑工业出版社, 2012.

4 Gary Y. K. Chock. Design for Tsunami Loads and Effects in the ASCE 7-16 Standard [J]. Journal of Structural Engineering, 2016, 142(11).

5 任叶飞, 杨智博, 温瑞智, 等.地震海啸数值模拟中海洋水深数据的敏感性研究 [J].自然灾害学报, 2015, 24(02):1 5-22.

6 李林燕, 毛献忠.深圳海域潮汐海啸波耦合数值研究 [J].海洋学报(中文版), 2012, 34(03): 11-18.

7 刘洋. 导管架海洋平台海啸荷载作用下的受力分析 [D].东北石油大学, 2013.

8 万全,刘晓华,贺虎成.重要建筑物抗海啸强风的工程减灾措施探讨 [J]. 建筑结构, 2007(04): 119-121+113.

9 员亦雯, 柯世堂, 王硕, 等.海洋运动对台风过境全过程水平风速特性的影响 [J]. 空气动力学学报, 2021, 39(04):153-161.

10 李勇,陈鑫,田立柱,等.基于海气耦合模型的渤海湾风暴潮数值模拟 [J].上海交通大学学报, 2017, 51(12):1512-1519.

11 Roeber V, Bricker J D. Destructive tsunami-like wave generated by surf beat over a coral reef during Typhoon Haiyan [J]. Nature Communications, 2015, 6:7854.

12 NOWPHAS: Nationwide Ocean Wave information network for Ports and HArbourS (Text) [DB/OL]. https://nowphas.mlit.go.jp/pastdata#contents2

Characteristics of tsunami wave height evolution under typhoon-tsunami wave coupling

CAI Qing-ge, KE Shi-tang*, LIU Ling-feng

(Department of Civil and Airport Engineering, Nanjing University of Aeronautics and Astronautics, Nanjing 211106, Email: keshitang@163.com)

Abstract: The tsunami wave caused by earthquake is characterized by high energy and long period, which is different from the wave motion caused by offshore typhoon, at present, the study on the coupling and modulation mechanism of typhoon-tsunami in extreme environment is blank. In order to reveal the interaction mechanism between typhoon and tsunami, using the WRF atmospheric model combined with the hydrodynamics model Delft3D-FLOW, which can accurately simulate storm surges and tsunamis, the 2011 Japanese tsunami and the 2019 super typhoon "Hagibis" were simulated simultaneously, the characteristics of tsunami wave height influenced by typhoon action are analyzed by comparing the propagation state of Typhoon Wave, tsunami wave and typhoon-tsunami coupling wave at different time. The results show that the maximum height difference between typhoon-tsunami coupled wave and tsunami wave is 1.52 m. The results can provide a reference for the establishment of numerical model of typhoon-tsunami wave and the design of offshore structure disaster prevention.

Key words: Typhoon; tsunami; Typhoon-tsunami coupling.

生物污染网衣流场特性研究

龚方玉,李鹏*,秦洪德,于松辰

(哈尔滨工程大学 水下机器人技术重点实验室,哈尔滨 150001, Email: peng.li@hrbeu.edu.cn)

摘要:深远海养殖网箱所处的海域特性不可避免地引起生物污染的问题,对养殖网箱的养殖鱼类和网衣自身造成伤害。目前对带有污染物的网衣水动力及流场特性研究不足,本研究基于数值方法,对带有污染物的网衣流场的流动特性进行研究,对比分析有无污染物存在对流场的影响,为养殖网箱的发展提供参考。

关键词:生物污染网衣;计算流体力学;流场特性

1 引言

渔业和水产养殖是为保障不断增长的世界人口提供基本食物的全球重要产业。面对日渐严重的环境污染和近岸养殖的弊端和水体限制,深海养殖网箱是未来渔业和水产养殖的发展方向。随着养殖环境更远、更深化,养殖网箱处于风浪大、台风频发的高海况环境中对网箱结构会造成恶劣影响,同时深远海的海域特性会给箱体带来严重的生物附着问题,同样影响着养殖网箱的生产活动。网箱上的生物污染会大大增加结构和养殖设备的重量[1],影响网箱养殖系统的稳定性;此外,生物污染的存在会造成网眼堵塞,减少了网箱水体交换[2],增加了结构阻力[3];还会影响了鱼类生活水质[4],对水产养殖质量造成不良影响。目前关于深海养殖网箱的研究多集中于干净网衣的水动力分析[5-8],忽略了实际海况下由于生物附着造成的网衣流场变化。而事实上,生物附着物的存在很大程度上影响了网衣所受水动力特性和周围流体的流动特点。

网箱在海水中受到的污染多种多样,以柔性和硬质生物为两大主要危害生物类别。其中,柔性污染物以藻类生物为主;硬质污染物以双壳类软体动物为主,如紫贻贝、牡蛎、藤壶等。当前对污染网箱的研究有数值模拟和模型试验两种,在物理模型试验中,通过3D打印、实海挂网、人工模型得到模拟污损生物附着的网衣模型;在数值模拟中,一般将附着污染物的网衣的模型等效为多孔介质。毕春伟、陈秋攀等[9]通过在某渔场实海挂网获得带有藻类附着的多组聚乙烯网衣,进行了水流和波浪单独作用下网衣的水动力特性实验。

基金项目:国家自然科学基金(11972268)

Swift[10]通过水槽实验和现场拖曳力的测试实验研究了主要附着物为藻类的网衣受力特性,不同附着程度的污损网衣是通过将干净网衣放置于开放水产养殖站点得到的。Lader[2]将在挪威某养殖场现场试验得到的网片数据用于人工制作水螅虫附着的网绳数据参考,通过实验室水槽实验测得网绳受力。F. Nobakht-Kolur 等[11]对三维网箱模型进行了物理实验,通过将不同长度的尼龙绳缠绕在网眼上得到不同污损程度的网箱,试验研究了污损生物对网箱周围和内部波浪衰减的影响。

目前对网衣污染的研究多集中于对生物污染种类、污染程度及分布方面,关于受污染物对网衣的水动力影响及流场特性和相关数值模拟较少。因此,本研究对不同程度污染的网衣单元进行了数值模拟研究了污染物对网衣周围流场的影响。

2 数值方法

本研究在开源软件 OpenFOAM 中使用大涡模拟湍流模型进行数值模拟。对不可压缩 Navier-Stokes 方程进行滤波,得到大涡模拟的控制方程:

$$\frac{\partial(\rho \bar{u}_i)}{\partial t}+\frac{\partial(\rho \overline{u_i u_j})}{\partial x_j}=-\frac{\partial \bar{p}}{\partial x_i}+\frac{\partial}{\partial x_i}\left[\mu\left(\frac{\partial \bar{u}_i}{\partial x_j}+\frac{\partial \bar{u}_j}{\partial x_i}\right)\right] \quad (1)$$

$$\frac{\partial(\rho \bar{u}_i)}{\partial t}=0 \quad (2)$$

式中,t 是时间;ρ 是流体密度;μ 是流体的动力黏度,p 是栅格过滤压力。

过滤掉的小漩涡对流场的影响通过亚格子尺度雷诺应力(SGS Renolds stress)表示:

$$\tau_{ij}^S=-\rho\left(\overline{u_i u_j}-\bar{u}_i \bar{u}_j\right) \quad (3)$$

本研究中采用 Smargorinsky 模式对亚格子尺度应力进行模拟:

$$\tau_{ij}^S-\frac{1}{3}\tau_{kk}^S\delta_{ij}=\mu_t\left(\frac{\partial \bar{u}_i}{\partial x_j}+\frac{\partial \bar{u}_j}{\partial x_i}\right)=2\mu_t \bar{S}_{ij} \quad (4)$$

式中,$\bar{S}_{ij}=\frac{1}{2_t}\left(\frac{\partial \bar{u}_i}{\partial x_j}+\frac{\partial \bar{u}_j}{\partial x_i}\right)$ 是计算域尺度应变率张量,μ_t 是涡黏度,由 $\mu_t=C_s^2 \rho \Delta^2|\bar{S}|$ 定义,C_s 是 Smagorinsky 系数对各向同性湍流一般取为 0.2,Δ 是滤波尺寸,$|\bar{S}|=\left(\bar{S}_{ij}\bar{S}_{ij}\right)^{1/2}$。

2.2 验证分析

本研究选取长细比为 π 的圆柱在雷诺数为 $Re = 3900$ 的不可压缩流中的水动力特性分析对计算方法进行验证。采用的计算模型(图1),使用OpenFOAM开源软件内网格划分工具 snappyHexMesh进行网格划分。

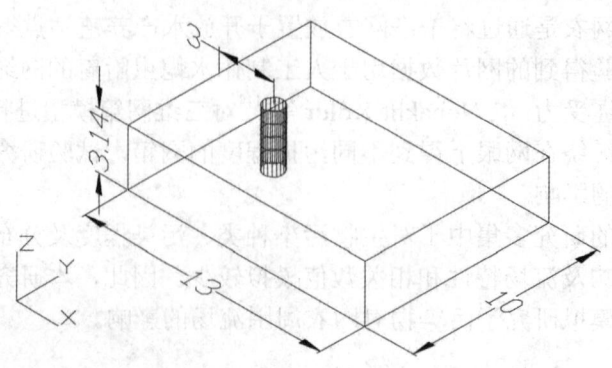

图 1 圆柱绕流计算域

圆柱直径 $D_{cylinder} = 0.01$ m，长度 L = 0.0314 m，计算域长度(x轴的方向)为 $13D_{cylinder}$，宽度（y方向）为 $10D_{cylinder}$，圆柱位于y方向计算域中心，中心轴与来流方向垂直；计算域高度(z轴方向)为 $\pi D_{cylinder}$ 与圆柱长度相等，与圆柱中心轴平行。入口处为定常来流，流速 $U_0 = 0.394$ m/s，$\nu = 1.01 \times 10^{-6}$ m²/s，雷诺数 $Re = \dfrac{U_0 D_{cylinder}}{\nu} \approx 3900$，阻力系数 $C_D = F_x / \left(0.5\rho U_\infty^2 A_p\right)$。

由表1的计算结果可知，本研究采用的大涡模拟方法对圆柱绕流的计算得到的平均阻力系数、与Kravchenko[12]和端木玉[13]的实验和数值模拟结果比较接近。

表1 圆柱算例结果与文献对比分析

算例	C_D
本文	1.1647
端木玉，LES	1.1356
Kravchenko，LES	1.18

3 网衣及污染物数值模拟

3.1 网衣及污染物参数介绍

本研究根据网衣在实海中受污染情况对网衣模型进行简化，对简化后的网衣建模进行数值计算。网衣在海水中附着的污染物实际上很不规律，本研究将污染物分布理想化为均匀分布。如图2所示，一片网衣中以十字结构为一个单元，本研究选取了一个十字结构单元（a）和2×2构型的4个十字结构组成的一个网目单元（b）进行分析。

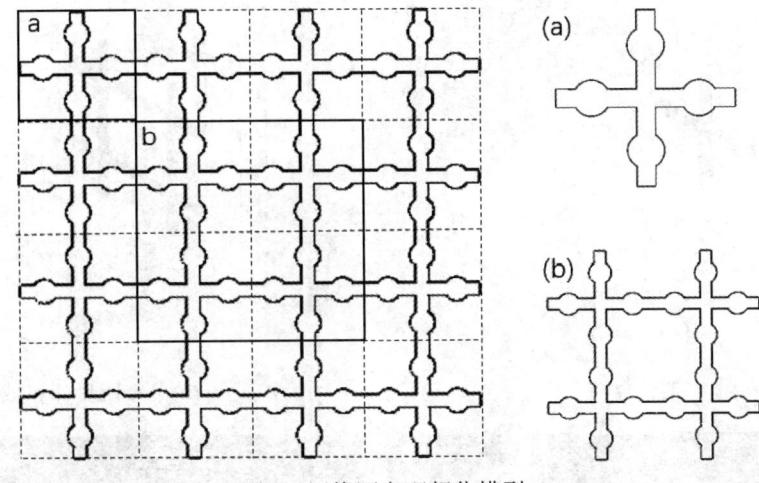

图 2 污染网衣理想化模型

式中，网衣的十字结构单元长度$l = 0.1$ m，网衣直径$d = 0.01$ m，附着在网衣上的刚性污染物简化为直径为D的圆球均匀分布在网线上。对模型在x方向投影的图像处理得到投影面积A_p，网衣密实度S_n为污染网衣在x方向投影面积与网衣总面积之比：

$$S_n = \frac{\text{污染网衣在}x\text{方向投影面积}A_p}{\text{网衣总面积}}$$

对于一个十字结构单元：$S_n = \dfrac{A_p}{l \times l}$，对于4个十字结构组成的单网目单元：$S_n = \dfrac{A_p}{(2l)\times(2l)}$。表1介绍了本研究中各模型的参数。

表 2 污染网衣简化模型参数

结构	D/d	结构在x方向投影面积 A_p /mm²	网衣密实度S_n
十字架	0.00	19.00	0.190
	2.00	23.86	0.239
单个网目	0.00	76.00	0.190
	2.00	95.44	0.239

3.2 网格无关性分析

本研究选取$D/d = 0$的一个十字架和单个网目单元进行网格无关性验证。如图3所示，计算域长度(x轴的方向)为25d，上游断面距离十字结构中心为5d，下游断面距十字结构中心为20d，方向与来流方向一致；计算域高度(z轴方向)为10d，计算域宽度(y轴方向)为10d。入口处为定常来流，流速$U_0 = 0.1818$ m/s，雷诺数$Re = \dfrac{U_0 D}{\nu} \approx 1800$。右侧为压力出口，其余边界为对称平面。

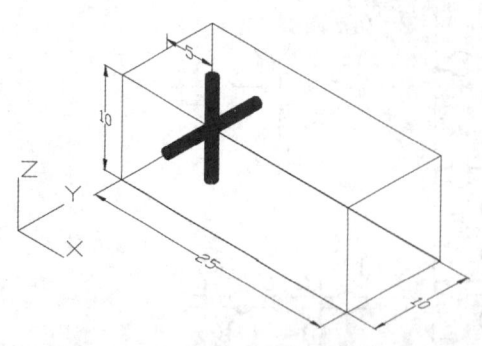
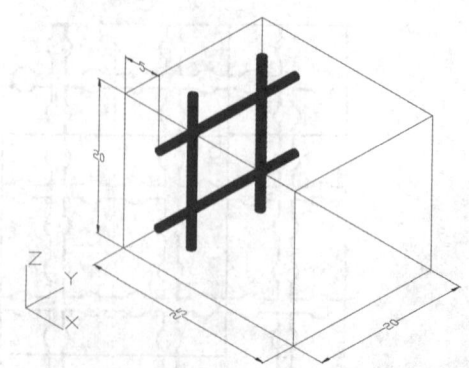

(a)十字架计算域　　　　　　　　　　(b)单个网目计算域

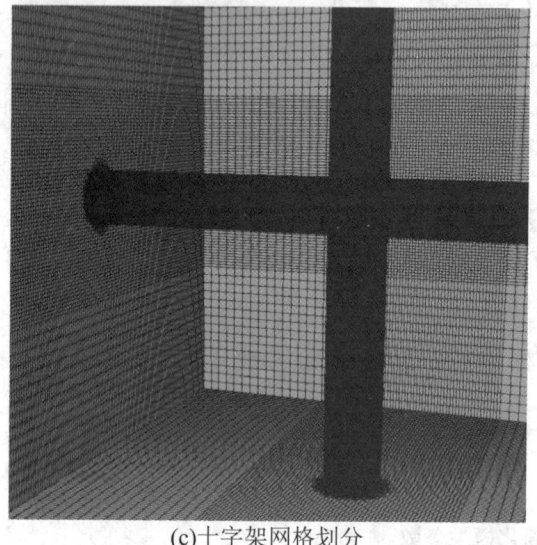

(c)十字架网格划分　　　　　　　　　(d)单个网目网格划分

图 3　计算域及网格划分

本研究采用三种网格数量进行网格无关性分析(表1)。三种网格尺寸下其平均阻力系数变化幅度很小，说明其网格已达到收敛条件。

表 3　网格无关性分析

	网格数量/万	$\bar{C}_D$
十字架单元	496	1.2427
	736	1.2282
	847	1.2294
单个网目单元	582	1.1832
	608	1.1851
	659	1.1827
Ming-Fu Tang[14]	---	1.174

3.3 污染网衣流场特性分析

图4展示了干净和生物附着的十字架及单个网目的$U_x=0$等值面，图1-(a-d)为三维视图，图2-(a-b)为俯视图。由圆柱绕流的尾流场速度变化可知，在水流流过网衣时，网衣会对水流产生屏蔽效应，在网衣后方的一段区域内产生回流区，流速变为负值，而后经过回流区流速逐渐增大，并在远场处趋近于入口流速值。对比图2-(a-b)中的数据，可以发现单个网目模型中交叉点后的回流区长度均略大于十字模型，可见单个网母中的多个十字结构会相互影响，导致交叉部分的尾流发生变化。由图1-(c-d)中可以观察到，回流区关于xoy平面及xoz平面对称，回流区在交叉点处较大。对比图1-a和1-b以及图1-c和1-d可以发现，由于附着生物的影响，网线后方平缓的回流区被阻隔，在附着生物后方的回流区长度几乎为0。并且有污染存在时，交叉点处和横向网线后方的回流区长度均大于干净网衣。由表4数据可知，十字生物附着网衣交叉点的回流区长度与十字干净网衣交叉点的回流区长度之比为1.40倍，横向网线后的回流区长度之比1.72倍，而单个网目模型则分别为1.26倍和1.56倍，虽然单个网目的回流区均大于十字网衣，但生物附着带来的回流区长度并不随着网线的增多而成等比增长，反而增长倍数有所降低。

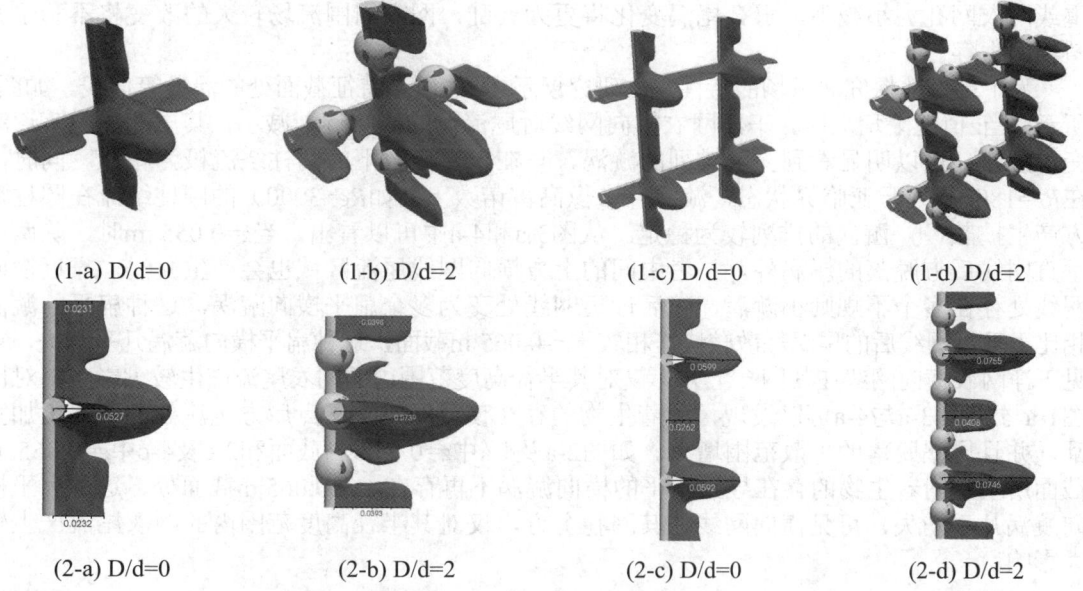

(1-a) D/d=0　　(1-b) D/d=2　　(1-c) D/d=0　　(1-d) D/d=2

(2-a) D/d=0　　(2-b) D/d=2　　(2-c) D/d=0　　(2-d) D/d=2

图 4 有无污染附着的十字架及单个网目流场的 $\overline{u}_x = 0$ 等值面

表 4 各结构回流区长度

结构	D/d	回流区长度
十字架结构	0.00	0.0527
	2.00	0.0739
单个网目结构	0.00	0.0599
	2.00	0.0755

图5展示了干净和生物附着的十字架及单个网目不同视图下的瞬时流场涡量,本研究使用三维Q准则(Q-criterion)识别流场中的涡量等势面。Q的定义如下:

$$Q = \frac{1}{2}\left(|\Omega|^2 - |S|^2\right) = -\frac{1}{2}\left[\left(\frac{\partial u}{\partial x}\right)^2 + \left(\frac{\partial v}{\partial y}\right)^2 + \left(\frac{\partial w}{\partial z}\right)^2\right] - \frac{\partial u}{\partial y}\frac{\partial v}{\partial x} - \frac{\partial u}{\partial z}\frac{\partial w}{\partial x} - \frac{\partial v}{\partial z}\frac{\partial w}{\partial y} \quad (5)$$

由图5组1-(a-c)和3-(a-c)可以观察到,干净十字结构及单网目结构在横向网线的后方涡量开始是较为稳定的状态,而后受交叉点后方尾涡的影响逐渐脱落,且比交叉点后方的尾涡耗散得快。对比图5组2-(a-c)和4-(a-c)有附着生物时,横向网线后方的涡量场明显从一开始便不稳定,且相比于干净网衣的横向网线后方的尾涡耗散要慢很多。对比图1-c与2-c、图3-c与4-c所示yoz面的涡量发现,由于生物附着的存在激发了漩涡产生其影响扩大了很多。图3-c和4-c中可以看到,单个网目的涡量变化仅在靠近网线的范围内,当网衣网孔相比于网线直径较大时,网孔中间区域不受湍流作用的影响。研究发现单个网目的尾流区域首先是产生井字状的涡量场,随后慢慢耗散并在横向和垂向网线交叉点的尾流区域产生不规则的漩涡,此时与十字结构的尾涡十分相似,可见横向网线对网衣结构的尾涡变化趋势具有很大影响。此外,研究发现生物附着对单个网目与十字结构带来的影响具有相似之处,附着生物的影响使得网线交叉点后方的涡量场范围扩大了很多,可以判断若生物附着程度更严重或网衣网孔大小减小,那么尾涡变化将更为紊乱,网衣周围流场较大的改变将不利于养殖物的生存。

为了更好地探究涡量场的特性,本研究展示了图6所示特征截面处的涡量等值线。如图7所示,当z值逐渐增大时,干净网衣横向网线对尾流场的影响逐渐减小,其尾涡的脱落逐渐变得规律,可以明显看到交替排列的漩涡,与在该雷诺数下的圆柱绕流极为相似。同时,在Re=1800下处于亚临界状态,漩涡并未像高雷诺数下(如Re=3900)的圆柱绕流在圆柱后方产生扩散[13],漩涡的排列较为稳定。从图3-a和4-a中可以看出,当z=0.055 m时,除两根垂直网线后方脱落的尾涡外,二者中间的上方横向网线尾流区域也会产生漩涡,靠近横向网线处存在多个不规则小漩涡,随后远离网线处变为多个扁平横向漩涡,这种扁平的漩涡相比于垂直网线后的尾涡耗散较快,相较于z=0.065 m截面,这种扁平横向漩涡几乎消失,可见干净网衣横向网线在其网孔上方,仅对其半径高度范围内的网衣尾流产生较大影响。对比图1-a与2-a和3-a与4-a可以发现,附着生物的存在使得网线交叉点后方尾流处的漩涡更加紊乱,并且尾涡脱落的扩散范围增大。如图2-a及4-a中z=0.055 m截面和2-c及4-c中z=0.065 m截面所示,附着生物的存在导致扁平的横向漩涡不再存在。z=0.065 m截面处,这种扁平横向漩涡几乎消失,可见横向网线在其网孔上方,仅对其半径高度范围内的网衣尾流产生较大影响。

表5 各特征位置的 z 轴高度/m

特征位置	十字架	单个网目
a	0.005	0.055
b	0.015	0.065
c	0.030	0.080
d	0.045	0.095

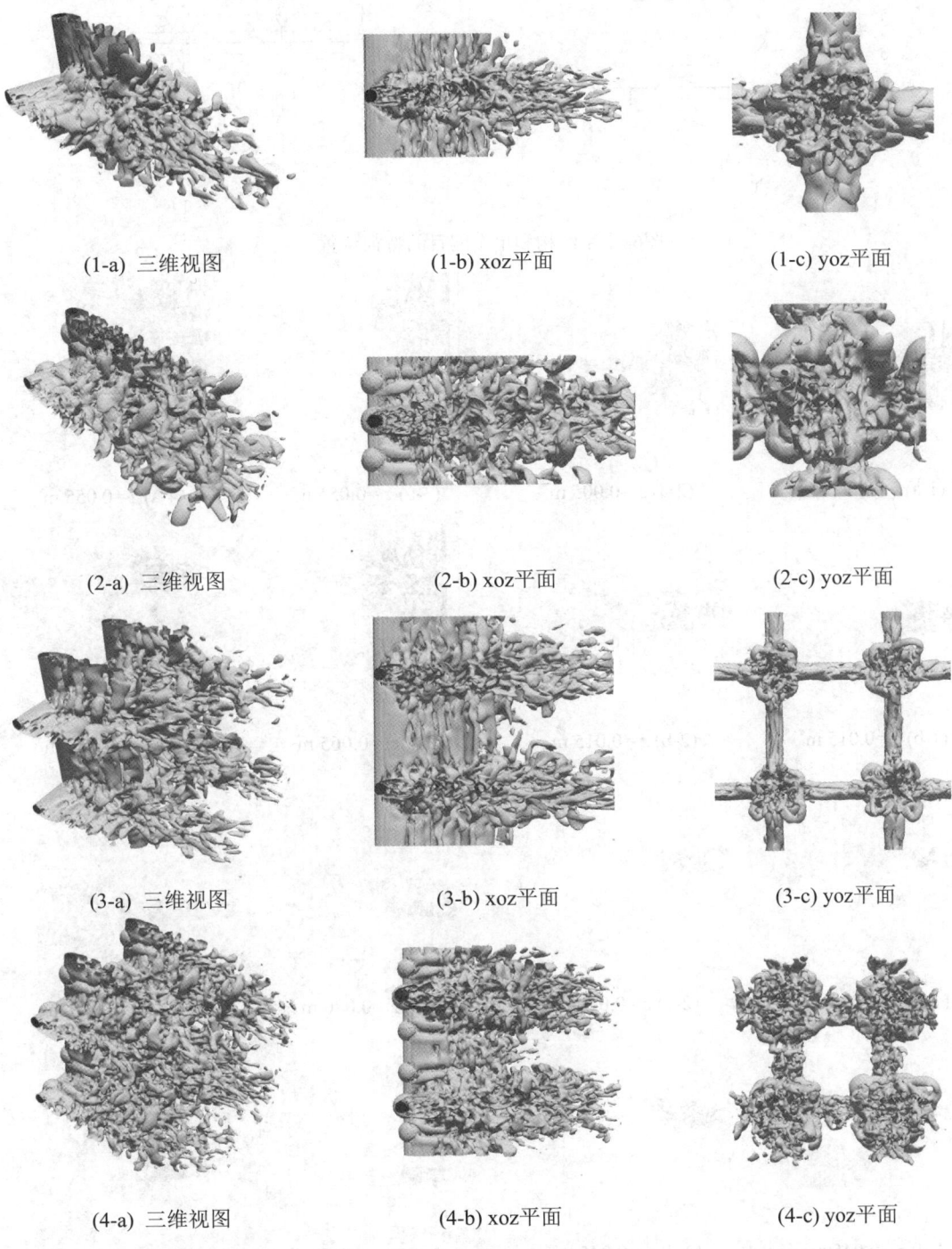

图5 干净和生物附着的十字架及单个网目不同视图下的三维涡量等势面(Q=10)

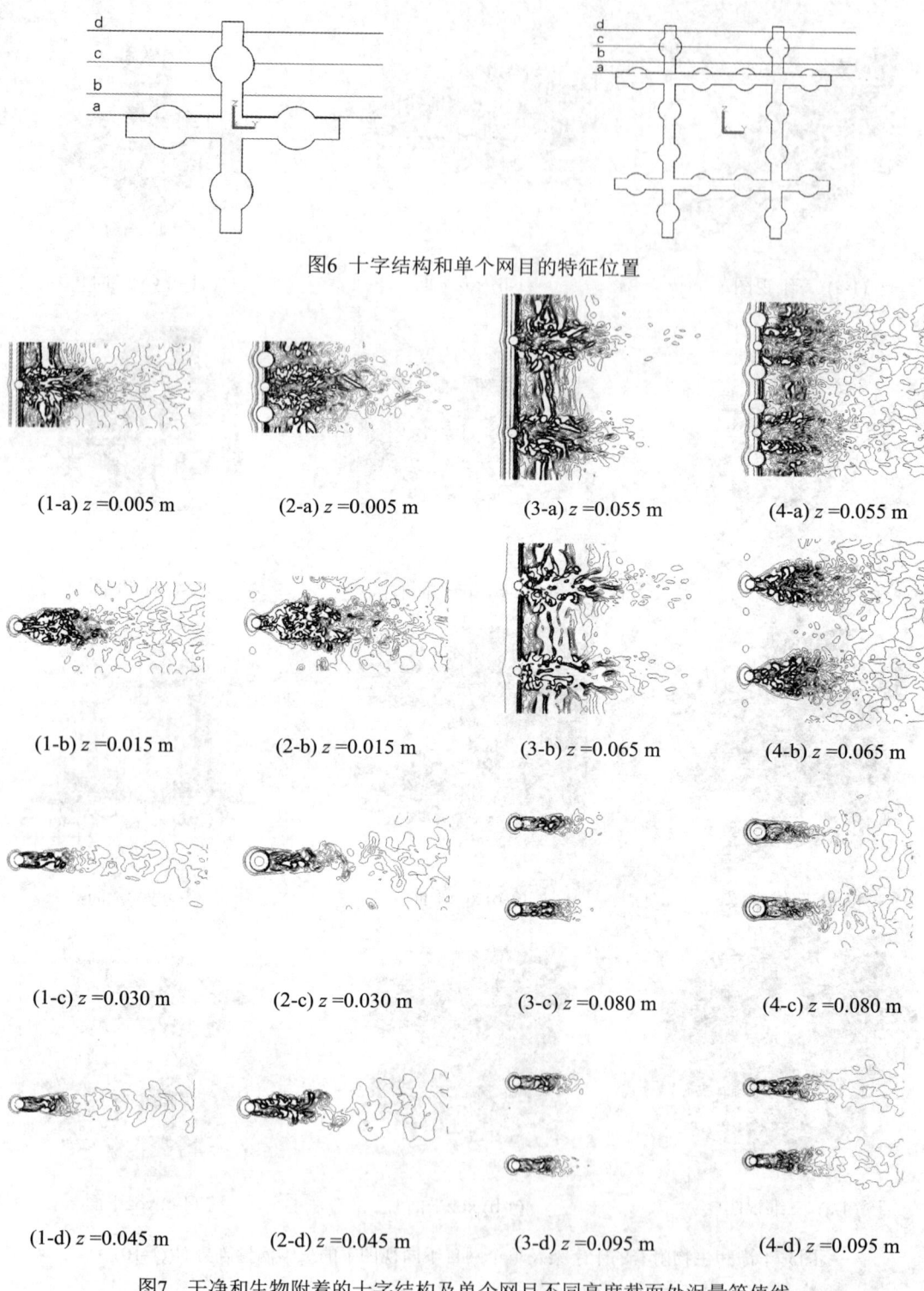

图6 十字结构和单个网目的特征位置

(1-a) $z=0.005$ m　　(2-a) $z=0.005$ m　　(3-a) $z=0.055$ m　　(4-a) $z=0.055$ m

(1-b) $z=0.015$ m　　(2-b) $z=0.015$ m　　(3-b) $z=0.065$ m　　(4-b) $z=0.065$ m

(1-c) $z=0.030$ m　　(2-c) $z=0.030$ m　　(3-c) $z=0.080$ m　　(4-c) $z=0.080$ m

(1-d) $z=0.045$ m　　(2-d) $z=0.045$ m　　(3-d) $z=0.095$ m　　(4-d) $z=0.095$ m

图7 干净和生物附着的十字结构及单个网目不同高度截面处涡量等值线

图8展示了干净和生物附着的十字结构及单个网目的流线分布。图8-(a-d)中可以观察到相似的,网衣网线的交叉点后存在的回流区,且干净网衣的流线分布较为均匀。对比Tang[14]的计算结果,观察到网线交叉点后方的流线存在回流区(recirculation flow)、上升流(up-flow)及尾迹涡(trailing vortex)。此外,生物附着的存在也明显影响着尾流区,对比(a)(c)和(b)(d),生物附着网衣的流线更为松散且较为紊乱,流场分布没有干净网衣的稳定。

(a) 干净十字结构

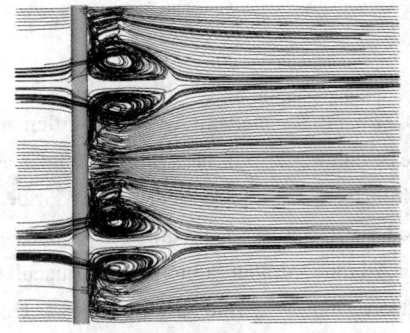

(b) 干净单个网目结构

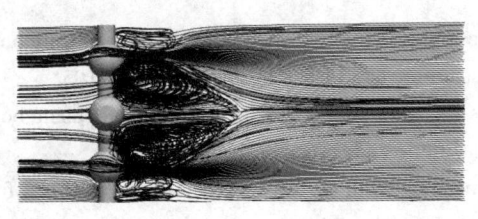

(c) 生物附着十字结构

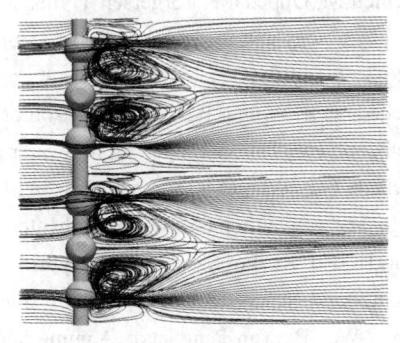

(d) 生物附着单个网目结构

图8 干净和生物附着的十字架及单个网目流线

4 结论

本研究对海水中网衣模型进行了简化与分解,分别对干净网衣和污染网衣进行数值模拟,分析了各结构在均匀流场中的流场特性,得到了以下结论:

(1) 由于附着生物的影响,网线后方平缓的回流区被阻隔,在附着生物后方的回流区长度几乎为0。有污染存在时,交叉点处和横向网线后方的回流区长度均大于干净网衣。

(2) 网线仅对其半径高度范围内的网衣尾流产生较大影响。生物附着的存在激发了漩涡的产生,网衣后方尾涡变化较干净网衣更为紊乱,网衣周围流场产生了较大的改变不利于养殖物的生存。

(3) 生物污染的存在会阻隔回流区内上升流的上升,产生紊乱影响流场的稳定。

致谢：本工作得到国家自然科学基金资助项目(项目批准号:51909040)，黑龙江省自然科学基金资助项目(项目批准号:LH2020E073)及山东省重点研发计划项目(项目批准号:2020CXGC010702)的资助。

参考文献

1. Dharmaraj S, Chellam A. 1983. Settlement and growth of barnacle and associated fouling organisms in pearl culture farm in the Gulf of Mannar. Proc Symp on Coastal Aquaculture, Cochin, India, 1980. Part 2: Molluscan Culture. Cochin (India): Marine Biological Association of India. p. 608-613.
2. Lader P, Dempster T, Fredheim A, Jensen Ø. 2008. Currentinduced net deformations in full-scale sea-cages for Atlantic salmon(Salmo salar). Aquacult Eng 38: 52-65.
3. Claereboudt MR, Bureau D, Coˆ te´ J, Himmelman JH. 1994. Fouling development and its effect on the growth of juvenile giant scallops (Placopecten magellanicus) i n suspended culture. Aquaculture 121: 327-342.
4. Remen M, Oppedal F, Torgersen T, Imsland AK, Olsen RE. 2012. Effects of cyclic environmental hypoxia on physiology and feed intake of post-smolt Atlantic salmon: Initial responses and acclimation. Aquaculture 326-329: 148-155.
5. Kebede G E, Winger P D. A comparison of hydrodynamic forces in knotted and knotless netting, using both helix and conventional ropes for midwater trawls [J]. Aquaculture and Fisheries, 2021, 6(1): 96-105.
6. Kebede G E, Winger P D. A comparison of hydrodynamic forces in knotted and knotless netting, using both helix and conventional ropes for midwater trawls [J]. Aquaculture and Fisheries, 2020.
7. Ma L, Hu K, Fu S, et al. A Hybrid Empirical-Numerical Method for Hydroelastic Analysis of a Floater-and-Net System [J]. Journal of Ship Research, 2016, 60(1): 14-29.
8. Chun-Wei, Bi, Yun-Peng, et al. A numerical analysis on the hydrodynamic characteristics of net cages using coupled fluid-structure interaction model [J]. Aquacultural Engineering, 2014.
9. Bi C W, Chen Q P, Zhao Y P, et al. Experimental investigation on the hydrodynamic performance of plane nets fouled by hydroids in waves [J]. Ocean Engineering, 2020, 213: 107839.
10. Swift M R, Fredriksson D W, Unrein A, et al. Drag force acting on biofouled net panels [J]. Aquacultural engineering, 2006, 35(3): 292-299.
11. Nk A, Mz A, Mmah A, et al. Effects of soft marine fouling on wave-induced forces in floating aquaculture cages: Physical model testing under regular waves.
12. Kravchenko A G, Moin P. Numerical studies of flow over a circular cylinder at Re=3 900 [J]. Physics of Fluids, 2000, 12(403).
13. 端木玉，万德成. 不同长细比圆柱绕流的大涡模拟 [J]. 水动力学研究与进展 A 辑, 2016, 31(3): 295-302.
14. Tang M F, Dong G H, Xu T J, et al. Large-eddy simulations of flow past cruciform circular cylinders in subcritical Reynolds numbers [J]. Ocean Engineering, 2020, 220(1): 108484.

Study on flow field characteristics of hydroid-fouled net

GONG Fang-yu, LI Peng*, QIN Hong-de, YU Song-chen

(State Key Laboratory of Coal Combustion, Huazhong University of Science and Technology, Wuhan 430074, Email: mlxie@mail.hust.edu.cn)

Abstract: The characteristics of the sea area where the cage is located inevitably lead to the problem of biological pollution, which will cause harm to the cultured fish and the net itself. At present, there is insufficient research on the hydrodynamic and flow field characteristics of the net with pollutants. Based on the numerical method, this study studies the flow characteristics of the net with pollutants, compares and analyzes the influence of the existence of pollutants and the size of the relative net on the flow field, so as to provide a reference for the development of aquaculture cage.

Key words: Hydroid-fouled net; Computational fluid dynamics; Flow field characteristics.

基于数学模型和多目标优化的雨水调蓄池设计研究

王静怡，尹海龙[*]

（同济大学 环境科学与工程学院，上海 200092, Email: yinhailong@tongji.edu.cn）

摘要：雨天溢流污染问题是制约水环境质量改善的瓶颈问题，建设调蓄设施是控制排水系统雨天溢流污染的有效技术手段。本研究提出从水量调蓄转变为污染负荷最大化截流的技术思路，开发了面向污染负荷削减和调蓄规模多目标优化的雨水调蓄池优化设计模型系统，实现数学模型和多目标优化算法的交互耦合。在有限的可利用城市空间条件下，实现雨天排放污染削减和建设成本同步优化的目标，为高密度城区背景下分散式调蓄设施的优化设计提供技术支持。

关键词：排水系统；雨天排放；多目标优化；雨水调蓄池

1 引言

随着我国城市污水处理基础设施的不断完善，城市污水处理率达 90%以上[1]。但是，雨天溢流污染仍是制约水环境质量改善的瓶颈问题，建设调蓄设施是削减排水系统雨天溢流污染的有效技术手段[2]。德国、日本、美国等发达国家较早地开始建设雨水调蓄设施以控制溢流污染对受纳水体的影响[3]。借鉴发达国家的工程经验，上海率先建设合流制调蓄池以削减直排苏州河的溢流污染负荷[4]。

目前，我国通常根据《城镇雨水调蓄工程技术规范》[5]来设计雨水调蓄池的有效容积，这是一种基于水量控制的调蓄设施体积设计方法，并未考虑雨天排放水质过程线的复杂变化。此外，我国寸土寸金的城市空间中建筑密度高，如何因地制宜地利用分散式城市空间，基于最小的建设成本来实现雨天排放污染控制目标，是亟需解决的问题。针对这一问题，本研究开发了一个开源式数学模型耦合多目标优化算法的模型系统，基于 Python 语言将 SWMM 模型模拟嵌入多目标算法寻优过程，以实现有限的调蓄池容积能够发挥最大的截污效益。

2 研究区域概况

本研究以马鞍山市慈湖河片区的小河汊排区为研究对象，进行雨水调蓄池优化设计技术的案例分析。研究区域总面积为 2.30km^2，设计排水体制为雨污分流制，在旱季时雨水箱涵末端基本没有污水排河的情况，但是若降雨量过大则存在溢流情况。本研究基于 ArcGIS 软件平台将小河汊雨水管网系统进行抽象和概化处理，并通过 inpPINS 插件导入至 SWMM 模型中，简化后共计 219 个节点，219 条管段和 52 个子汇水区，概化结果见图 1。

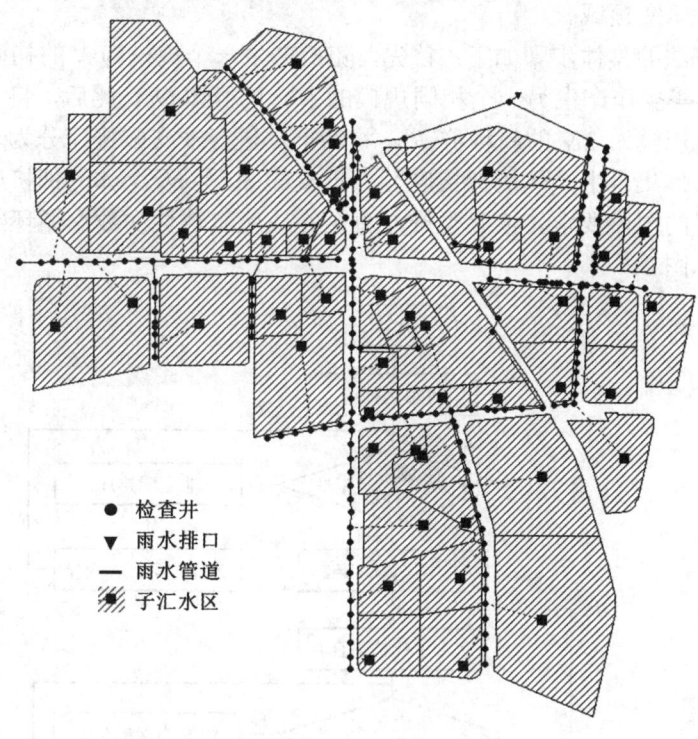

图 1 小河汊雨水管网系统概化示意图

3 SWMM 模型的二次开发及优化算法

由于 SWMM 的免费开源性，用户能够借助编程工具并根据研究需求对 SWMM 源代码进行扩展和开发。基于编程工具调用 SWMM 模型主要有两种方式：一是利用 SWMM 提供的应用程序接口，以及第三方工具库提供的数据接口进行模型的调用；二是针对 SWMM 模型的 inp 文件进行编码和参数自定义。第一种方法操作相对简单，且第三方库在原有

SWMM 模型接口的基础上进一步拓展了可供调用的数据接口；第二种方法能对 SWMM 模型中的任意参数进行自定义，但编程更加复杂。目前，SWMM 二次开发工具箱主要包括 MatSWMM[6]、PySWMM[7]、OSTRICH-SWMM[8]、swmm_api[9]等。本研究中，基于 Markus Pichler 团队开发的第三方工具库 swmm_api 提供的应用程序接口进行调用并耦合优化算法。

Deb 等[10]在非支配排序遗传算法（Non-Dominated Sorting Genetic Algorithm，NSGA）的基础上提出了改进版的 NSGA-II 优化算法，其主要有以下改进之处：其一是提出快速非支配排序的概念，其二是提出个体拥挤距离的概念以及拥挤度比较方法，其三是引入精英策略。由于 NSGA-II 算法具有较好的收敛性以及鲁棒性，且计算效率大幅提升，近年来成为多目标优化问题的主流求解算法之一，被广泛应用于雨洪调控利用与管理、排水系统优化设计与调控等研究领域。

NSGA-II 算法的具体步骤如下：首先，随机产生一个规模为 N 的初始群体 P_0，进行选择、交叉、变异等操作产生另一个相同规模的下一代群体 Q_0。此后，将父代种群和子代群体合并成为种群规模为 $2N$ 的新种群 R_i，将新群体进行非支配排序分为若干层次，并计算每一层非支配个体集合中个体的拥挤度。根据支配关系以及个体的拥挤度进行选择操作，直至满足新种群的规模要求。依此类推，直至完成所有迭代次数，循环结束。NSGA-II 算法的具体流程见图 2。

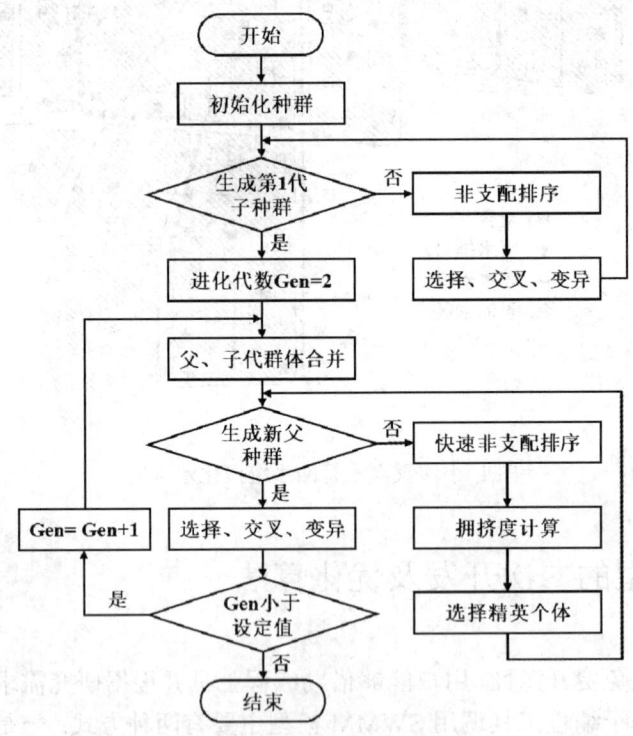

图 2 NSGA-II 算法流程

4 耦合模型模拟与结果分析

4.1 模型的率定及验证

根据小河汊排涝泵站的泵站前池水位和上游某监测点位的污染物浓度，分别对水量模型和水质模型进行率定和验证。用纳什效率系数来评价 SWMM 模型模拟结果与现场实测数据的吻合程度。纳什系数公式如下所示：

$$R_{NS} = 1 - \frac{\sum_{i=1}^{n}(Q_i^{sim} - Q_i^{obs})^2}{\sum_{i=1}^{n}(Q_i^{obs} - Q_i^{ave})^2} \quad (1)$$

式中，R_{NS} 为纳什效率系数；n 为监测次数；Q_i^{obs} 为 t 时刻的实测值；Q_i^{ave} 为实测值的平均值；Q_i^{sim} 为 t 时刻的模拟值。

选取 2021 年 7 月 25 日的降雨事件对模型进行率定，水位、COD 浓度的纳什效率系数分别为 0.76 和 0.79；选取 2021 年 8 月 24 日的降雨事件对模型进行验证，水位、COD 浓度的纳什效率系数分别为 0.76 和 0.73。总体而言，水量模型、水质模型的率定和验证结果是满足模型精度要求的。

4.2 SWMM 模型与 NSGA-Ⅱ算法的耦合

本研究中 NSGA-Ⅱ优化算法与 SWMM 模型的交互耦合，基于 Python 软件平台借助 swmm_api 第三方工具箱来实现。使用 Python 编写多目标优化算法和运行多目标优化程序，同时在优化算法中调用 swmm_api 提供的函数接口来实现 SWMM 模型的运行，包括读取模型文件、更新模型参数、执行模型模拟、读取报告文件等。以雨水调蓄池的总规模最小化、雨天排放污染负荷最小化为优化目标，不同位置处最大可利用土地面积为约束条件，不同位置处调蓄池的体积为决策变量，将 SWMM 模型模拟嵌入多目标寻优过程，从而完成雨水调蓄池多目标优化模型系统的构建。

4.3 结果分析

在本研究中，根据马鞍山市小河汊排区的土地利用类型，共计设置两座雨水调蓄池，包括 1 座末端雨水调蓄池（位置编号为 1）和 1 座中间雨水调蓄池（位置编号为 2）。图 3 显示了降雨重现期 P 为 0.5 年一遇、前期晴天数 t 为 12 天模拟工况下第 1、2、25、50 代的个体分布情况。从图 3 中可以发现，随着迭代过程的进行，与初代粒子相比末代粒子更加接近坐标系的横轴与纵轴，可见末代方案相比初代方案体现出更好的优越性。

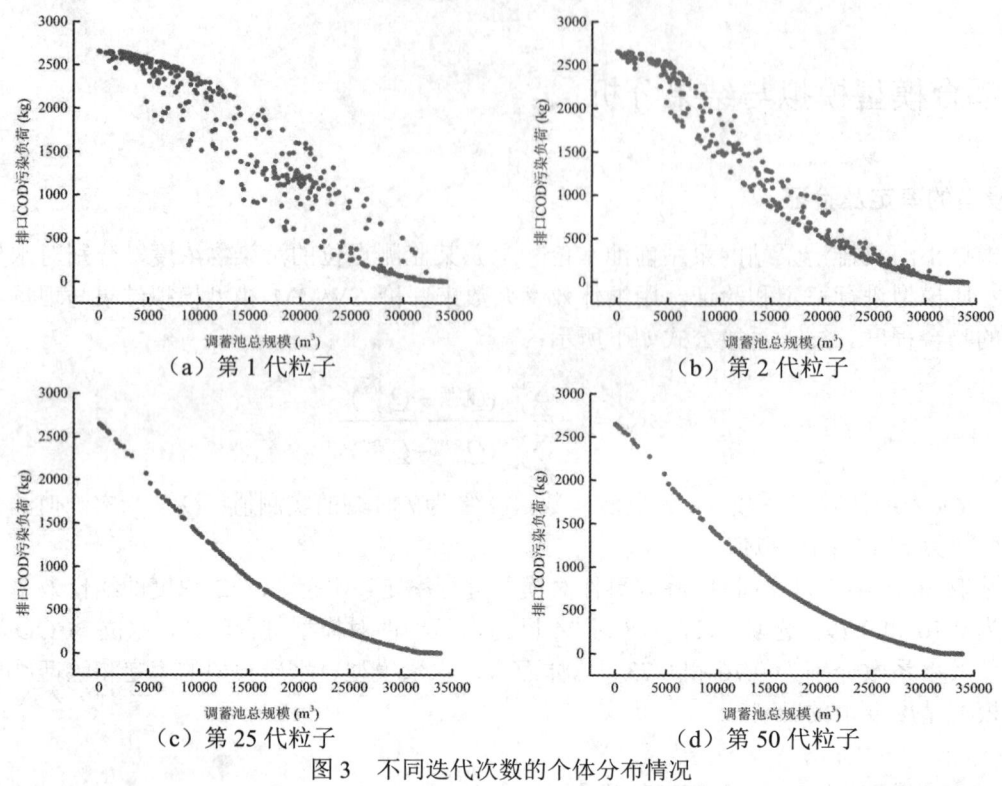

(c) 第 25 代粒子　　　　　　　　　　　(d) 第 50 代粒子

图 3　不同迭代次数的个体分布情况

分散式雨水调蓄池总规模-雨天排放 COD 污染负荷量优化结果见图 4。其中，浅灰色散点表示支配解，深灰色散点表示非支配解，即为 Pareto 最优解。随着调蓄体积的增加，雨天排放污染负荷总量呈现下降的趋势，雨天排放水量和排放污染负荷的削减率均有所提升。在工程实践中，决策者需要针对工程成本和建设效益进行权衡，二者通常很难同时兼顾。若考虑削减 40%、50% 和 75% 雨天排放 COD 污染负荷这三种情况，则分散式雨水调蓄池的优化设计方案见表 1。

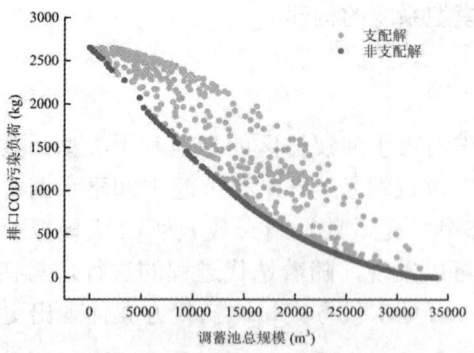

图 4　分散式雨水调蓄池总规模-雨天排放 COD 污染负荷量优化结果

方案一（削减 40%雨天排放 COD 污染负荷）在建设成本方面具有显著优势，而方案三（削减 75%雨天排放 COD 污染负荷）在雨天排放污染控制方面具有明显优势。将表 1 中各最优化的非支配解与图 4 中最不利的支配解进行比较，可以得到削减相同比例雨天排放 COD 污染负荷情况下的调蓄体积削减率。当降雨重现期为 0.5 年一遇时，若要削减 40%、50%和 75%雨天排放 COD 污染负荷量，则对应的调蓄容积削减率分别为 23.3%、16.9%和 13.9%。可见，基于多目标优化模型对调蓄池进行优化设计，能够有效降低建设成本。

表 1 分散式雨水调蓄池优化设计方案

工况	调蓄池总规模/m³	调蓄池位置	调蓄池体积/m³	截流时间/min
削减 40%雨天排放 COD 污染负荷	8351	1	2321	57
		2	6030	53
削减 50%雨天排放 COD 污染负荷	10335	1	3540	61
		2	6795	51
削减 75%雨天排放 COD 污染负荷	17602	1	8293	70
		2	9309	66

5 结论

在 Python 开发环境下编写多目标优化算法和运行多目标优化程序，基于 swmm_api 工具箱完成 SWMM 模型与多目标优化算法之间的交互耦合。以雨水调蓄池的总规模最小化、雨天排放污染负荷最小化为优化目标，不同位置处最大可利用土地面积为约束条件，不同位置处调蓄池的体积为决策变量，构建雨水调蓄池多目标优化模型系统。

以马鞍山市小河汊排区雨水管网系统为研究对象，将 SWMM 与 NSGA-Ⅱ优化算法进行耦合，对排水系统内的两座调蓄池进行优化设计。通过模拟结果来看，将最优化解与最不利解相比时，若要削减 40%、50%和 75%雨天排放 COD 污染负荷量，则设计工况下对应的调蓄容积削减率分别为 23.3%、16.9%和 13.9%。基于多目标优化模型对调蓄池进行优化设计，能够有效降低建设成本。

参考文献

1 中华人民共和国住房和城乡建设部. 中国城市建设统计年鉴2021 [M]. 北京: 中国统计出版社, 2022.
2 Li Huifeng, Lu Lijun, Huang Xiangfeng, et al. An optimal design strategy of decentralized storage tank locations for multi-objective control of initial rainwater quality [J]. Water Supply, 2020, 20(6): 2069-81.
3 杨正, 赵杨, 车伍, 等. 典型发达国家合流制溢流控制的分析与比较 [J]. 中国给水排水, 2020, 36(14): 29-36.

4 葛乐乐, 易莹, 周艳伟, 等. 合流制溢流污染控制研究进展 [J]. 能源与环境, 2022, (02): 105-7.
5 住房和城乡建设部. 城镇雨水调蓄工程技术规范：GB 51174-2017 [M]. 北京：中国计划出版社. 2017.
6 Riaño-Briceño G., Barreiro-Gomez J., Ramirez-Jaime A., et al. MatSWMM-An open-source toolbox for designing real-time control of urban drainage systems [J]. Environmental Modelling and Software, 2016, 83.
7 McDonnell, E. Bryant, Ratliff, et al. PySWMM: The Python Interface to Stormwater Management Model (SWMM) [J]. Journal of Open Source Software, 2020, 5(52): 2292.
8 Macro K, Matott S L, Rabideau A, et al. OSTRICH-SWMM: A new multi-objective optimization tool for green infrastructure planning with SWMM [J]. Environmental Modelling and Software, 2019, 113: 42-47.
9 Pichler, Markus. swmm_api: API for reading, manipulating and running SWMM-Projects with python (0.2.0.16) [Z]. Zenodo, 2022.
10 Deb K, Pratap A, Agarwal S, et al. A fast and elitist multiobjective genetic algorithm: NSGA-II [J]. IEEE Trans Evolutionary Computation, 2002, 6(2): 182-197.

Design of stormwater detention tank based on mathematical model and multi-objective optimization

WANG Jing-yi, YIN Hai-long*

(College of Environmental Science and Engineering, Tongji University, Shanghai 200092,
Email: yinhailong@tongji.edu.cn)

Abstract: Wet-weather overflow pollution is a bottleneck problem restricting the improvement of water environment quality. The construction of detention tanks is an effective technical means to reduce the overflow pollution of drainage system. In this study, the technical idea of designing detention tanks changed from water storage to pollution load interception. A model system coupling mathematical model and multi-objective optimization algorithm was developed, which took total volume of detention tanks and pollution load of wet-weather discharge as objective functions. Under the circumstance of limited available space, the goal of reducing wet-weather discharge pollution and lowering construction costs could be realized. It is expected that the multi-objective model system could provide a reference for optimal design of decentralized detention tanks in high-density urban areas.

Key words：Drainage system; Wet-weather discharge; Multi-objective optimization; Stormwater detention tank.

基于集成学习的海表流预测研究

任磊 [1,2*]，杨凌娜 [1]，王和旭 [1]，韦骏 [2,3]

(1. 中山大学海洋工程与技术学院，Email: renlei7@mail.sysu.edu.cn;
2. 南方海洋科学与工程广东省实验室(珠海);
3. 中山大学大气科学学院)

摘要：海流预测信息不仅是海洋水文气象研究中的重要内容，也是海洋工程设计中需确定的重要荷载之一，对海洋工程建设至关重要。本研究以粤港澳大湾区近海海域为研究对象，基于集成学习算法和岸基高频地波雷达监测系统获取的连续海表流资料，构建单点多步长海表流预测模型，以期为该海域的海洋工程建设、防灾减灾和海岸营救等提供科学重要信息支撑。模型结果表明基于集成学习算法的应用模型最小 MAE 为 1.34 cm/s（P2 点 v 分量），基于人工神经网络的对照模型最小 MAE 为 3.60 cm/s（P5 点 v 分量）。4 个应用模型的 MAE 小于 5 cm/s，海表流单点多步长滚动预测的应用模型的稳定性强于对照模型的稳定性。

关键词：海表流；预测；集成算法；高频地波雷达

1 引言

海洋蕴藏着丰富的可再生能源亟待开发，与其他可再生能源相比，海流能具有规律性强、可预测性强、能量稳定、密度高等明显优势。海流能属于机械能，具有较高的转换效率和较低的发电设备成本，且对周围海洋生态影响小[1]。准确预测海流流动，探索海流驱动机理，推导海流运动规律，对于指导海洋预警预报系统与海洋防灾减灾体系的构建具有必要性；同时，有助于海流能等清洁能源的开发，可推进我国早日实现"碳达峰"与"碳中和"目标。高频地波雷达是一种新兴的海洋监测技术，可以测得海洋流场动力学参数数据，实现对海洋环境大范围、高精度和全天候的实时监测[2]。基于岸基高频地波雷达获取的数据均为遥感实测，更适用于区域的海表流时空特征变化分析。

本研究以粤港澳大湾区近海海域为研究区域，通过岸基高频地波雷达监测系统获取高质量连续海表流观测资料，采用随机森林算法和Adaboost算法结合的集成算法建立海流单点多步长预测的应用模型，对研究区域进行海表流预测，以期为该海域的防灾减灾、海岸营救和海洋工程建设等提供科学依据和重要参考。

2 研究概况

2.1 研究区域

本研究聚焦于粤港澳大湾区近海海域的海表流预测。大湾区所在的华南沿海地区经历了多次构造运动，使大湾区海岸线具有岬湾众多、岸线曲折、河口海湾发育的特点[3]。在潮、风、径流、海底地形、岸线等多因素耦合作用下，再加之近年来的沿海城市经济高速发展及其导致的滩涂围垦与航道疏浚等人类活动，粤港澳大湾区流场变化更趋复杂。

2.2 研究数据

本研究的海表流数据来源于武汉大学研制的阵列式 OSMAR 雷达系统的观测。两个雷达站点分别位于上川岛东和万山岛南，两站相距 98 km，雷达最远量程达 200 km，共同覆盖面积约 40 000 km^2。本文所用雷达数据的时间范围为 2021 年 4 月 1 日 0 时至 2021 年 6 月 31 日 23 时，时间分辨率为 10 分钟，空间范围为 112.7°E~115°E，19.7°N~22.1°N，空间分辨率为 0.05°×0.05°，观测点共 1564 个。观测点位于水深 0~200 m 的粤港澳大湾区近岸海域，地波雷达可观测到海洋上层 1.5 m 左右的海流。本文所使用的风速数据来源于 ECMWF[4]，该数据集的空间分辨率为 0.25°×0.25°，时间分辨率为 1 小时。

2.3 研究方法

集成学习算法是机器学习领域的一个重要研究方向，其特点是将一定数量的弱学习器通过某种集成策略进行组合得到一个整体的强学习器的方法[5]。不同的机器学习算法得出的海表流流速预测值与实测值之间都有误差，为了减少预测值与实测值之间的误差，集成算法通过赋予不同的权重来放大不同模型的优点，对不同方法的预测结果进行整合以提高预测精度[6]。随机森林算法（Random Forest，RF）是一种高度灵活的机器学习算法，其基本单位是决策树。本研究关于 RF 算法的建模和计算基于 MATLAB 平台的 RF 算法工具包。建立 RF 算法模型时，决策树的棵树 N 由试算得出，取 MSE 趋于平稳时对应的数量 500 作为 N；每次分割时的特征选取数 m 以公式得出。AdaBoost 可以将正确率不高的粗糙预测方法，通过特定规则构造出准确度高的预测方法[5]。在本研究中通过 AdaBoost 算法集成的弱学习器为随机生成的 BP-ANN 模型，集成个数 m 为 30 个。

本研究采用随机森林算法和 Adaboost 算法结合成集成算法的方法建立用于海表流单点多步长预测的预测模型。精选出了预测时刻前 26 小时内的海表流速数据与前 20 小时内的风速数据为所有预测因子（156 个历史海表流数据和 20 个风速数据）。将经过海表流特征分析的所有预测因子用于建立 AdaBoost 海表流预测模型，通过 RF 算法分析各预测因子的信息增益率从而判定预测因子的重要性，将重要性大小降序排列后逐个累加，保留占总重要性超过 95%的预测因子作为进一步精简的新预测因子用于建立下一步的 Adaboost 新模型，即为应用模型。

3 结果与讨论

在研究区域内选取代表点的方式(见图1),本研究选取 5 个定点,分别为 P1(113.65°E,21.90°N)、P2(113.10°E,21.35°N)、P3(113.65°E,21.35°N)、P4(114.20°E,21.35°N)和 P5(113.65°E,20.80°N)。

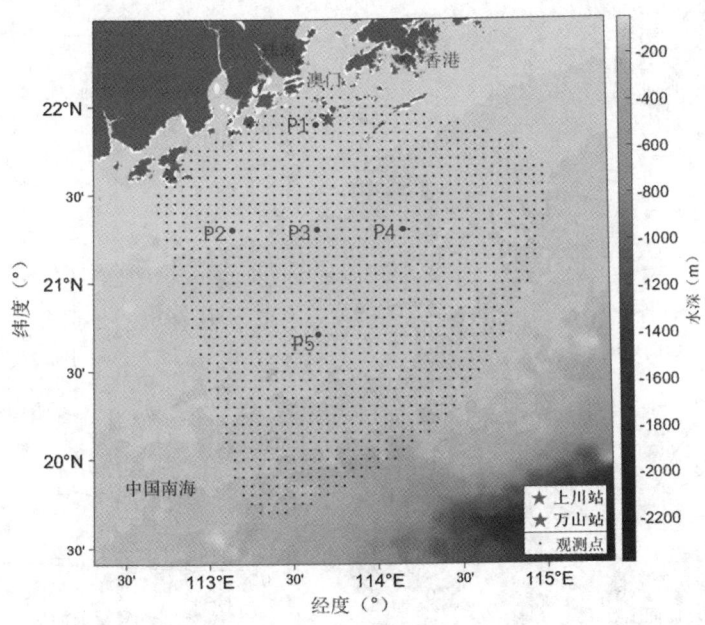

图 1 研究区域及代表点示意图

实际工程应用中往往需要多步长的海表流预测信息,因此,以滚动预测的方式对多步长海表流流速进行预测与分析,并以人工神经网络模型作为对照组,比对集成算法与 BP-ANN 在海表流单点多步长预测性能与精度方面的区别与优势。

本研究将 BP-ANN 的隐藏神经元节点设定为 10,反复训练 10 次,得到 10 个训练模型,对照模型多步长滚动预测方法与应用模型一致。应用模型和对照模型在 P1~P5 五个代表点的海表流分量 u、v 的滚动预测结果如图 2 所示。由图可知,应用模型在对未来海表流的预测上难以刻画海表流流速的变化趋势,仅能延续输入端的海表流流速走势,这导致应用模型在预测的实际海表流变幅较大时精度有所降低。在所有代表点的预测中,应用模型表现类似,预测的海表流流速呈单调变化趋势。在图 2(d)、(f)中实测海表流以一定趋势平稳变化,应用模型的预测结果精度较高,而在图 2(e)中,实测海表流流速的变化趋势为先减小后增大,应用模型预测的海表流流速变化趋势为缓慢增大,应用模型无法反映实际海表流的波动，MAE（平均绝对误差）也相对较大。与应用模型预测结果的单调变化不同，对照模型的预测结果能体现海表流流速的波动，在图 2（a）、（c）、（d）、（h）、（i）中这一特征体现较为明显。

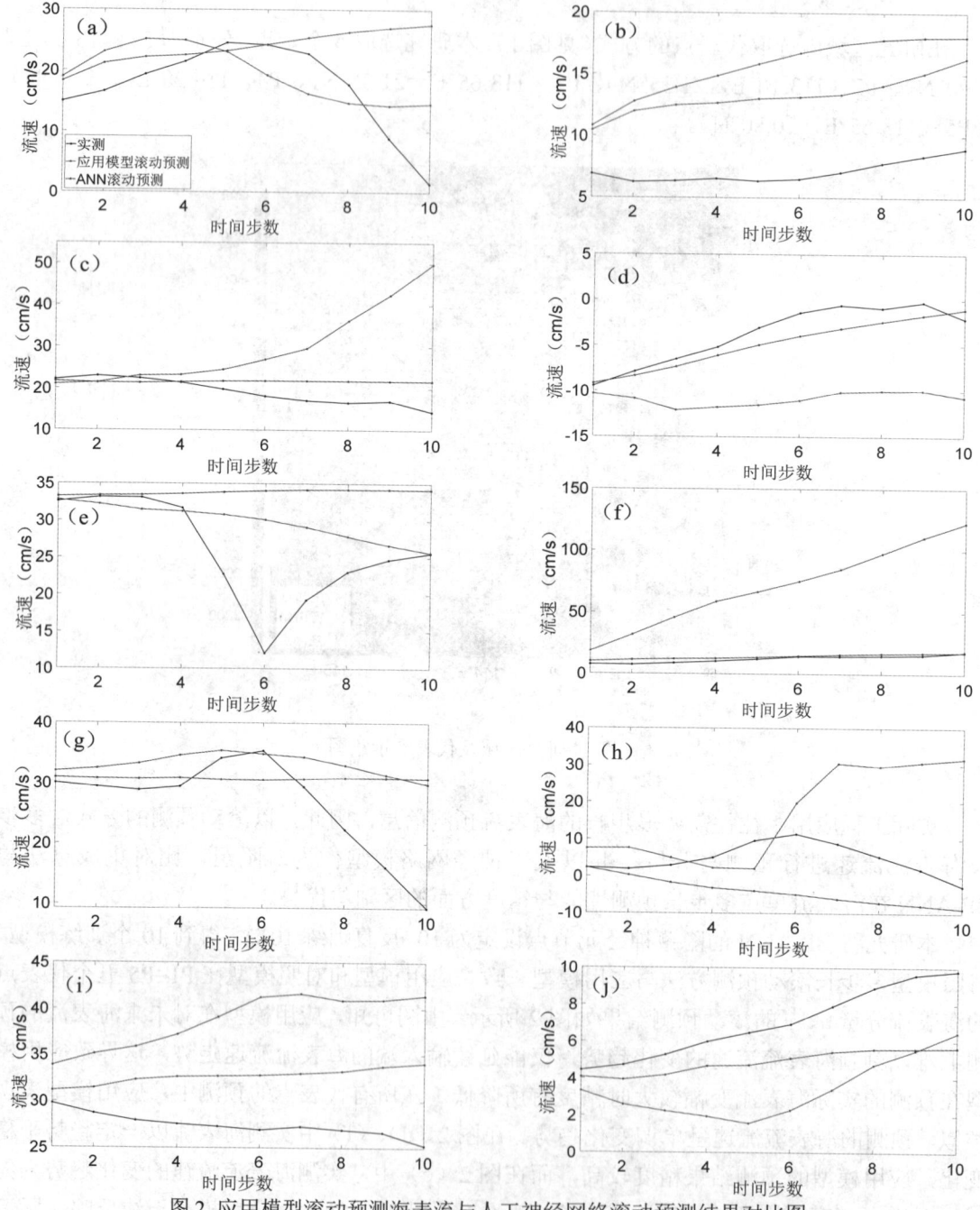

图 2 应用模型滚动预测海表流与人工神经网络滚动预测结果对比图
（左列为 u 分量，右列为 v 分量；第一行至第五行图分别为 P1~P5 代表点）

应用模型与对照模型单点多步长滚动预测的结果如表 1 和表 2 所示。应用模型的最低 MAE 为 1.34 cm/s（P2，v 分量），对照模型的最低 MAE 为 3.60 cm/s（P5，v 分量），可知应用模型在多步长预测时可达到的预测精度上限更高。应用模型最高 MAE 为 11.29 cm/s（P5，u 分量），对照模型最高 MAE 为 59.02 cm/s（P3，v 分量），可知应用模型在多步长预测时的预测精度下限也更高。MAE 小于 5 cm/s 的应用模型有 4 个，MAE 小于 5 cm/s 的对照模型只有 1 个，可知在海表流多步长预测中应用模型的稳定性强于对照模型。

表 1 应用模型单点多步长滚动预测结果(cm/s)

代表点		P1	P2	P3	P4	P5
MAE	u	6.87	3.77	8.03	6.01	11.29
	v	8.52	1.34	1.95	8.78	2.11

表 2 对照模型单点多步长滚动预测结果(cm/s)

代表点		P1	P2	P3	P4	P5
MAE	u	5.43	11.15	4.60	6.80	5.29
	v	6.16	7.10	59.02	14.08	3.60

4 总结

本研究基于集成学习算法构建了单点多步长海表流的预测模型，对粤港澳大湾区海表流进行预测，在单点多步长预测情况下基于集成算法的应用模型在精度上下限与稳定性方面都优于基于 BP-ANN 算法的对照模型。主要结论如下：

（1）随着预测步数的增加，应用模型预测结果与实测海表流的误差整体表现为逐渐变大的趋势，原因是不同步数情况下可获取的历史流速与风速数据不同，随着预测步数增加，预测因子始终不变，会导致预测结果的误差不断增大。

（2）P2 点预测效果最佳，P3 点次之，虽然 P4 与 P5 在海面表层海水的流动过程中相比 P2 和 P3 点受岸边界与底边界影响较小，但由于 P4 和 P5 距两个观测雷达站较远，数据在质量上和完整程度上都不如 P2 与 P3 点。

应用模型在预测变幅较大的海表流时效果不佳，为提升模型对该时段的预测能力，未来研究聚焦于改良模型结构与结合海表流特征选取输入变量的方法，针对不同预测步数进行重构模型，从而实现优化预测结果的目的。

参考文献

1. Chen H, Tang T, Ait-Ahmed N, Benbouzid M E H, Machmoum M, Zaim M E-H. Attraction, challenge and current status of marine current energy [J]. Ieee Access, 2018, 6: 12665-12685.
2. Stewat R H, Joy J W. HF radio measurements of surface current [J]. Deep Sea Research and Oceangraphic Abstracts. 1974, 21(12):1039-1049.
3. 周旋, 李自强, 王彦磊, 等. 海表温度融合方法与系统, CN109668635B[P/OL]. 2020-08-07].
4. 宋石磊. 气象数据归档与查询系统数据管理技术研究与优化 [D]. 国防科学技术大学, 2014.
5. 朱亮, 徐华, 成金海, 等. AdaBoost 的样本权重与组合系数的分析及改进 [J]. 计算机应用: 1-10.
6. 殷利平, 刘宵瑜, 盛绍学, 等. 基于 SVM-BP 神经网络的气象能见度数据缺失值预估 [J]. 南京信息工程大学学报(自然科学版), 2021, 13(04): 494-501.

Forecasting of sea surface currents using integration learning algorithms

REN Lei[1,2], YANG Ling-na[1], WANG He-xu[1], WEI Jun[1,3]

(1. School of Ocean Engineering and Technology, Sun Yat-sen University;
2. Southern Marine Science and Engineering Guangdong Laboratory (Zhuhai);
3. School of Atmospheric Sciences, Sun Yat-sen University)

Abstract: Forecasting information of ocean currents is not only important content of ocean hydrometeorology research, but also one of the important loads to be determined in ocean engineering design, which is of great importance for ocean engineering construction. In this study, coastal waters of the Guangdong-Hong Kong-Macao Greater Bay Area are taken as the study area. Based on the continuous sea surface currents data obtained by the integration learning algorithm and the shore-based High Frequency radar monitoring system, in order to provide scientific support for ocean engineering construction, disaster prevention and mitigation and coastal rescue in the sea areas, a single-point multi-step sea surface current forecast model was developed. Results indicate that the minimum *MAE* of the application model based on integration learning algorithm is 1.34 cm/s (*v* component for P2 point), and the minimum *MAE* of the comparison model based on artificial neural network is 3.60 cm/s (*v* component for P5 point). The *MAE* of four application models is less than 5 cm/s. Stability of the application model of single-point multi-step rolling forecasting of sea surface currents is stronger than that of the comparison model.

Key words: Sea surface currents; Forecasting; Integration algorithm; High Frequency radar.